常用农药

液相色谱-四极杆-飞行时间质谱图集及裂解规律

贺泽英 刘潇威 徐亚平 等著

Collection of Mass Spectra and Fragmentation Pathways of Commonly Used Pesticides on Liquid Chromatography-Quadrupole Time-of-Flight Mass Spectrometry

化学工业出版社

·北京·

内容简介

本书包括388种常用农药及其代谢物的中英文名称、CAS登记号、分子式、分子量、离子加合方式等基础信息，以及农药母体及典型源内裂解碎片的提取离子流色谱图、分子离子峰同位素分布图、不同碰撞能下的二级高分辨谱图，在此基础上给出了每个农药的推测质谱裂解规律图。

本书涉及的农药及其代谢物品种较全且具有较强的代表性，可供科研单位、高等院校、质检机构、第三方检测机构等各类从事农药化学污染物质谱分析计算研究与应用等工作的检测技术人员、科研人员参考使用。

图书在版编目（CIP）数据

常用农药液相色谱-四极杆-飞行时间质谱图集及裂解规律/贺泽英等著. —北京：化学工业出版社，2020.12

ISBN 978-7-122-38175-0

Ⅰ.①常…　Ⅱ.①贺…　Ⅲ.①农药-色谱-质谱-图集　Ⅳ.①TQ450.1-64

中国版本图书馆CIP数据核字（2020）第243695号

责任编辑：刘　婧　刘兴春　　文字编辑：汲永臻
责任校对：李雨晴　　装帧设计：刘丽华

出版发行：化学工业出版社（北京市东城区青年湖南街13号　邮政编码100011）
印　　装：北京新华印刷有限公司
787mm×1092mm　1/16　印张55　字数1251千字　2021年3月北京第1版第1次印刷

购书咨询：010-64518888　　售后服务：010-64518899
网　　址：http://www.cip.com.cn
凡购买本书，如有缺损质量问题，本社销售中心负责调换。

定　　价：398.00元

前言

农药作为重要的生产资料在农业保产增收等方面起着关键作用，但其不合理使用也会引起农药残留的问题。因此各国以及相关国际组织对农产品中的农药残留量有严格的要求。我国《食品安全国家标准　食品中农药最大残留限量》(GB 2763—2019)规定了483种农药在356种(类)食品中的7107项最大残留限量(MRLs)。为了满足如此多农药品种的检测，我国近年来在开发简单、高通量的农药多残留检测方法上加大了标准研制经费的投入。

色谱-串联质谱是目前农药残留检测中应用最为广泛的技术手段，其中液相色谱-串联质谱因适用农药种类多、检测灵敏度高等优势，应用范围最为广泛，常用的液相色谱-串联质谱包括液相色谱-三重四极杆串联质谱(LC-QQQ)、液相色谱-四极杆串联线性离子阱质谱(LC-QqLIT)、液相色谱-四极杆串联-飞行时间质谱(LC-QTOF)等。但在使用液相色谱-串联质谱进行农药多残留检测时，由于农产品基质干扰、农药种类以及同类农药中品种繁多，可能出现检测结果假阳性或假阴性的现象。因此了解和掌握农药在色谱和质谱上的表现，包括色谱保留时间、农药母离子的质量精度、同位素丰度比、农药的裂解规律等关键信息，对于农药残留的定性和定量分析至关重要。此外，自从色谱-串联质谱技术发明应用以来，已有大量关于有机化合物质谱裂解规律的研究报道，但是绝大部分都集中在电子轰击电离源(EI)下奇电子离子的裂解规律的研究，而对于电喷雾电离(ESI)等软电离条件下偶电子离子的裂解规律研究很少。鉴于目前液相色谱-电喷雾电离-串联质谱在目标物分析、未知物鉴定方面的广泛应用，对电喷雾电离下典型有机物的裂解规律研究具有重要意义。

本书选择388种代表性的农药及代谢物，其中345种为我国GB 2763—2019中包含的农药品种，43种为欧盟国家常用的农药品种。这些农药包含有机磷类杀虫剂、氨基甲酸酯类杀虫剂、三唑类杀菌剂、咪唑类杀菌剂、苯并咪唑类杀菌剂、三嗪类除草剂、磺酰脲类除草剂、酰胺类除草剂、酰胺类杀菌剂、新烟碱类杀虫剂、拟除虫菊酯类杀虫剂、二苯醚类除草剂、芳氧苯氧基丙酸酯类除草剂、甲氧基丙烯酸酯类杀菌剂、二硝基苯胺类除草剂、环己烯酮类除草剂、取代脲类除草剂、三嗪酮类除草剂、苯基吡唑类杀虫剂、苯甲酰脲类杀虫剂、双酰肼类昆虫生长调节剂、双酰胺类杀虫剂、特窗酸类杀虫剂、咪唑啉酮类除草剂、生物类农药以及其他杂环类农药，农药的品种及涉及的化合物结构多样，具有很好的代表性。在UPLC-QTOF固定的色谱和质谱条件下，分别使用正源和负源模式采集这些农药的一级高分辨质谱图、同位素丰度图和不同碰撞能(35V±15V、10V、20V、35V、50V、60V)下的二级全扫质谱图。基于高分辨的二级谱图，对每个农药的质谱裂解规律进行研究，并在此基础上选择部分裂解过程复杂的农药，使用四极杆串联线性离子阱质谱（QqLIT）进行 MS^3 分析，明确其裂解路径。考虑到液相色谱-串联质谱分析过程中源内裂解造成部分农药响应低或假阴性的问题，本书还对产生的源内裂解碎片进行了标注，并将部分响应强度高于母体的源内裂解碎片的相关谱图信息随母体农药一并列出供读者参考。

为了展现真实测定条件下不同农药的质谱响应与色谱行为，使用固定浓度的农药混合标准溶液进行数据采集，所有质谱图均显示为绝对响应而非相对丰度，读者可以从本书直接获得 388 种农药的相对保留时间、一级和二级质谱响应、可能的同分异构体干扰，也可以由不同碰撞能下的二级谱图得到液相色谱-串联质谱使用的多反应监测（MRM）离子对参考信息。

本书涉及大量的谱图采集、信息整理、质谱裂解规律分析和结构式绘制等工作，撰写人员包括贺泽英、刘潇威、徐亚平、张艳伟、王璐、耿岳、彭祎、史晓萌、赵刘清、薛鹏飞等。由于本书涉及农药数量较多，结构多样，农药裂解规律解析参考文献较少，同时限于作者的水平和经验，本书的谱图和裂解规律难免会有疏漏之处，恳请同行和广大读者批评指正。

2020 年 8 月

著者

说明

本书按照化合物英文名字母顺序排序，同时提供化合物的分子式和 CAS 号，便于读者查询。分子结构信息中，MW 指分子量（molecular weight），*m/z* 为质荷比。

一、色谱条件

① 色谱柱：C_{18}（HSS T3，2.1mm×100mm，1.8μm,100Å❶）。

② 流动相：A 相为水（含 2mmol/L 甲酸铵和 0.01% 甲酸），B 相为甲醇（含 2mmol/L 甲酸铵和 0.01%甲酸），流动相及其梯度条件见表 1。

③ 流速：0.3mL/min。

④ 柱温：40℃。

⑤ 进样量：1μL。

表 1　流动相及其梯度条件(V_A+V_B)

时间/min	0	1	1.5	2.5	18	23	27	27.1	30
流动相 V_A	97	97	85	50	30	2	2	97	97
流动相 V_B	3	3	15	50	70	98	98	3	3

二、质谱条件

① 离子源：ESI 源（正/负）。

② 扫描方式：TOF MS-IDA-MS/MS（正/负）。

③ 质量范围（质荷比 *m/z*）：50~1000。

④ 电喷雾电压（ISFV）：正源 5500V，负源−4500V。

⑤ 离子源温度（TEM）：500℃。

⑥ 雾化气（GS1）：50psi❷

⑦ 辅助加热气（GS2）：50psi。

⑧ 气帘气（CUR）：35psi。

⑨ 去簇电压（DP）：60V。

⑩ 碰撞能量（CE）：35V±15V、10V、20V、35V、50V、60V。

---

❶ 1Å=10^{-10}m。

❷ 1psi=6894.76Pa。

Abamectin
阿维菌素

CAS 号	71751-41-2	保留时间	24.13min
分子式	$C_{48}H_{72}O_{14}$	加合方式	$[M+Na]^+$
分子量	872. 4922	源内裂解碎片	无

推测裂解规律

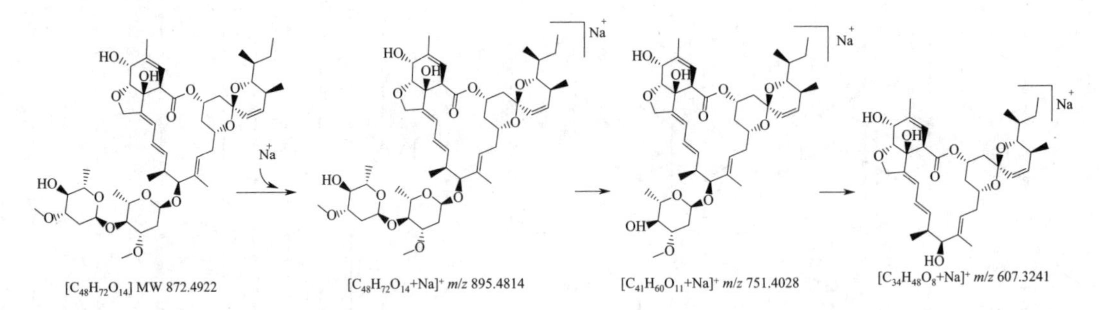

提取离子流色谱图

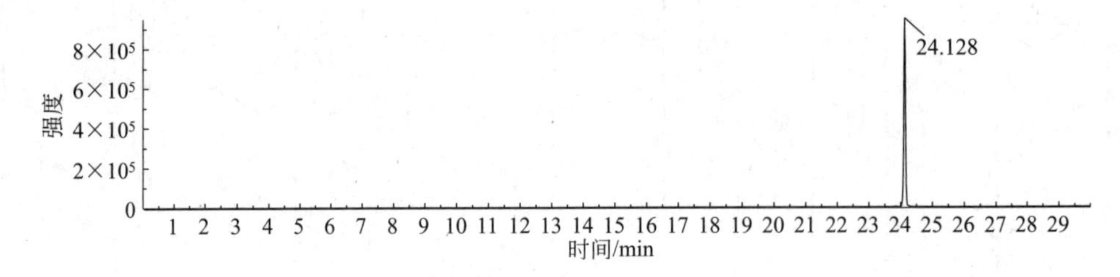

一级质谱图

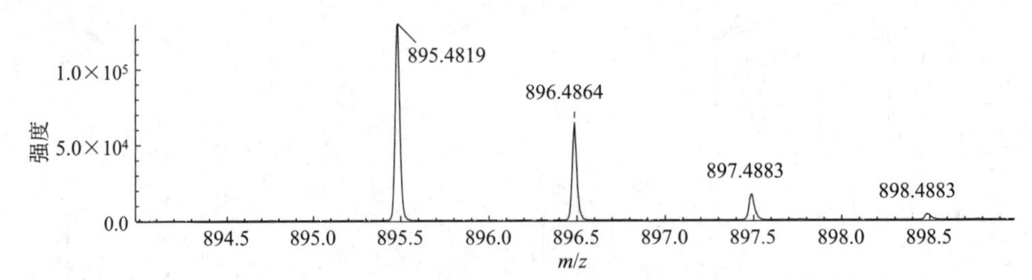

二级全扫质谱图 CE: (35±15)V

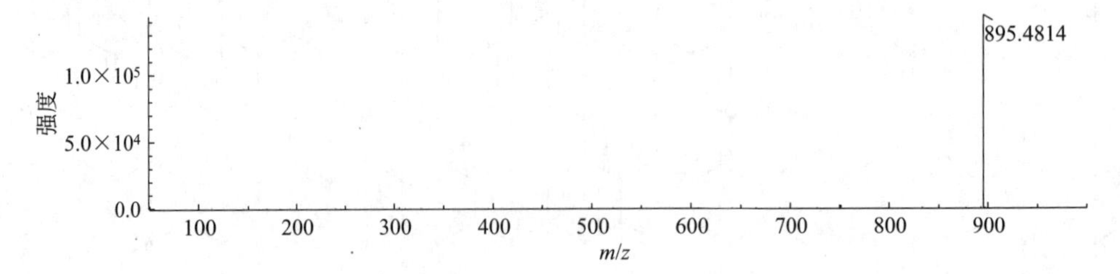

二级全扫质谱图 CE: 10V

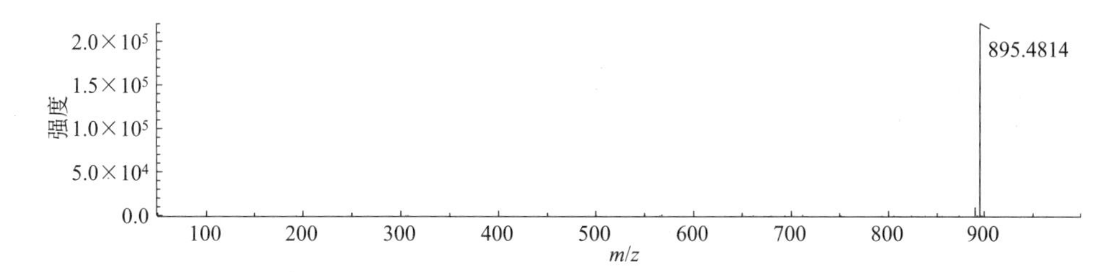

二级全扫质谱图 CE: 20V

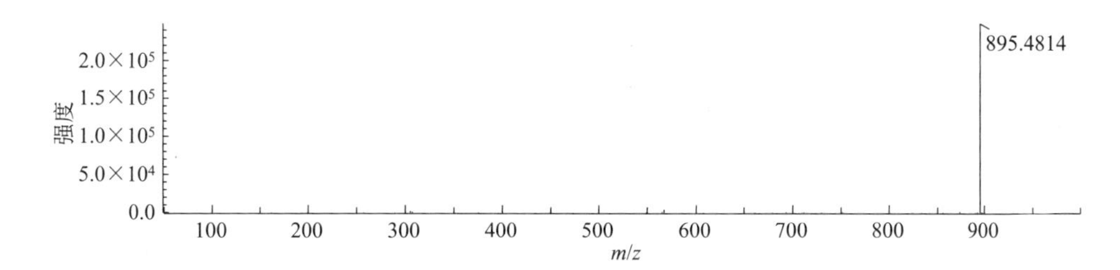

二级全扫质谱图 CE: 35V

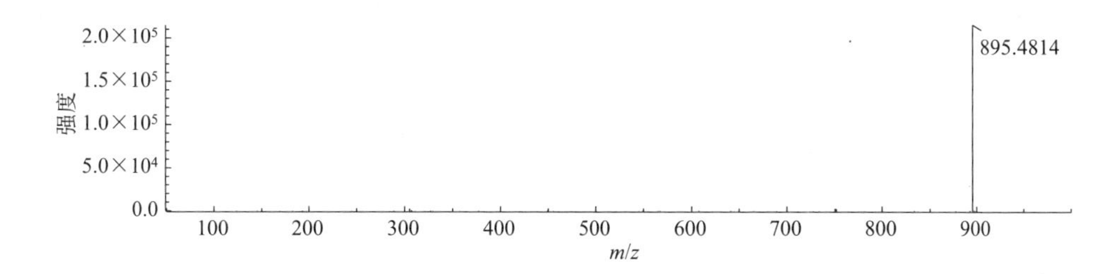

二级全扫质谱图 CE: 50V

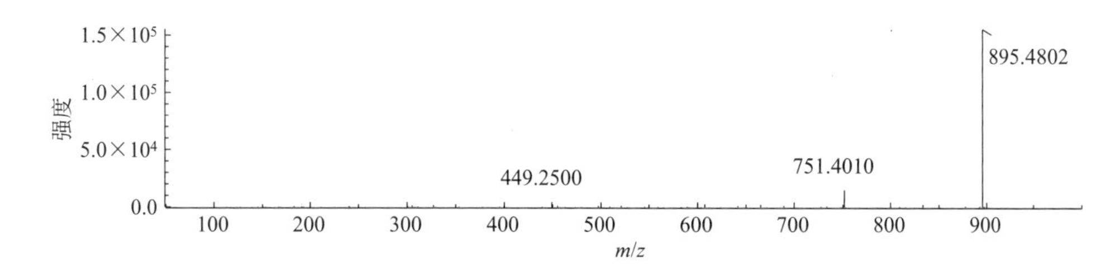

二级全扫质谱图 CE: 60V

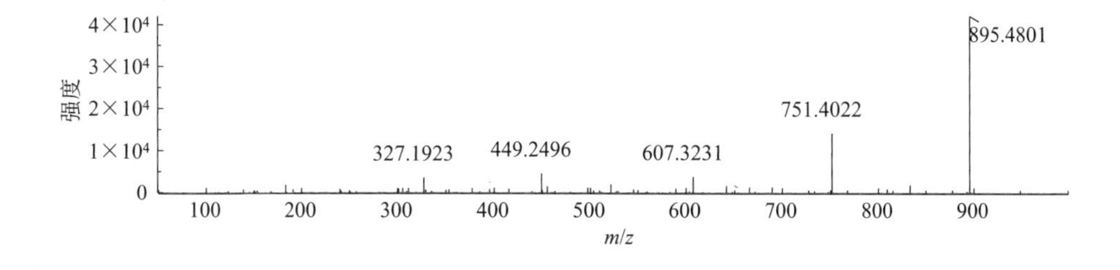

Acephate
乙酰甲胺磷

CAS 号	30560-19-1	保留时间	3.56min
分子式	$C_4H_{10}NO_3PS$	加合方式	$[M+H]^+$
分子量	183.0119	源内裂解碎片	无

推测裂解规律（裂解路径已经 MS^3 确认）

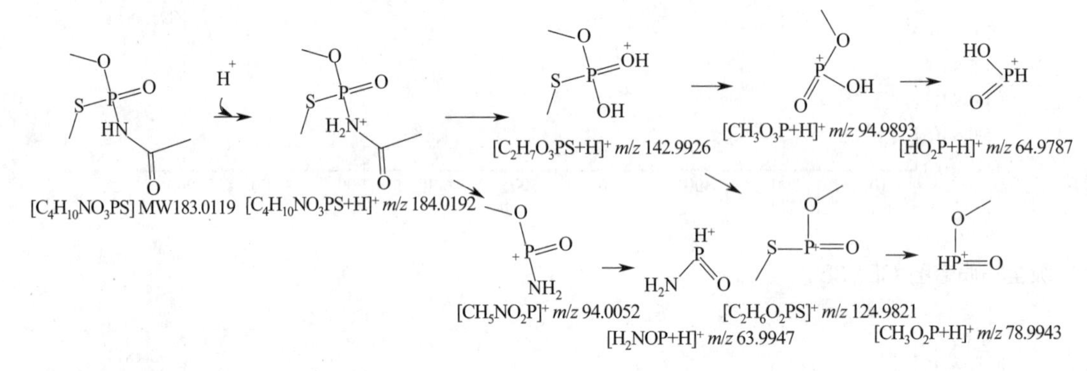

提取离子流色谱图

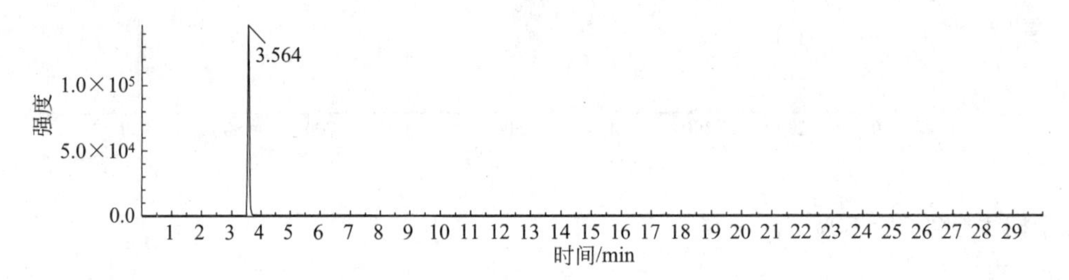

一级质谱图

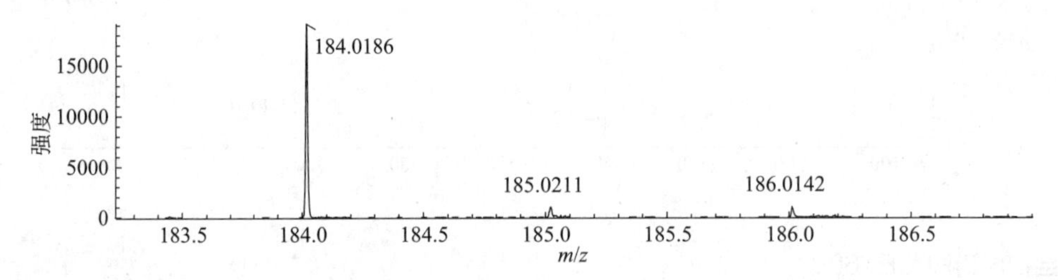

二级全扫质谱图 CE: (35±15)V

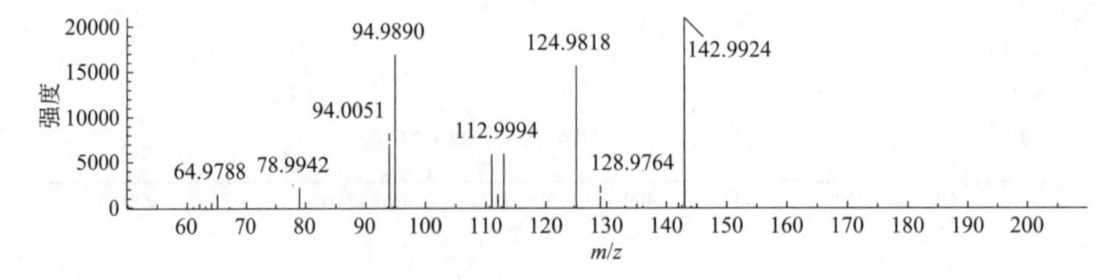

二级全扫质谱图 CE: 10V

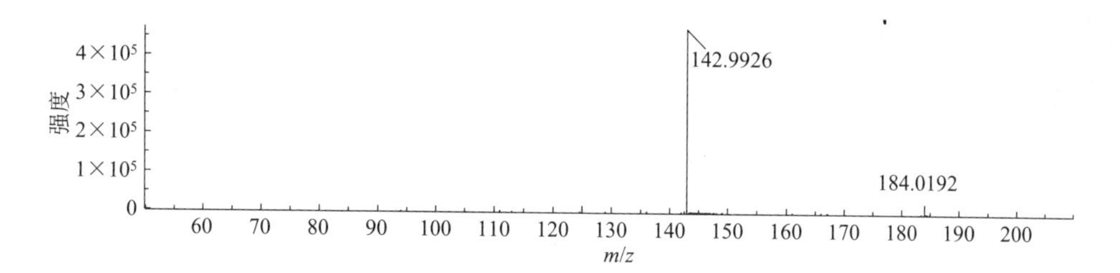

二级全扫质谱图 CE: 20V

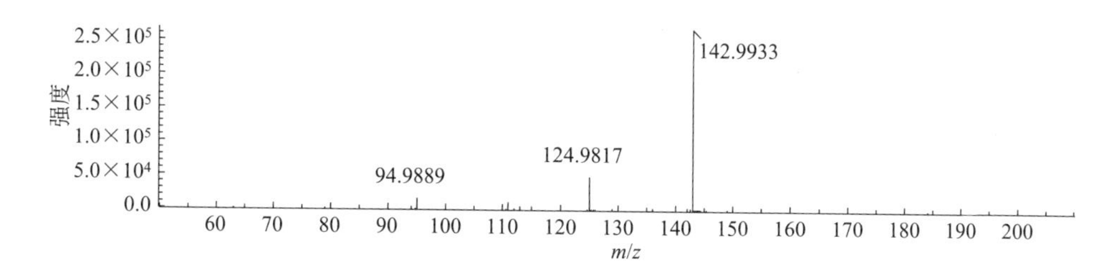

二级全扫质谱图 CE: 35V

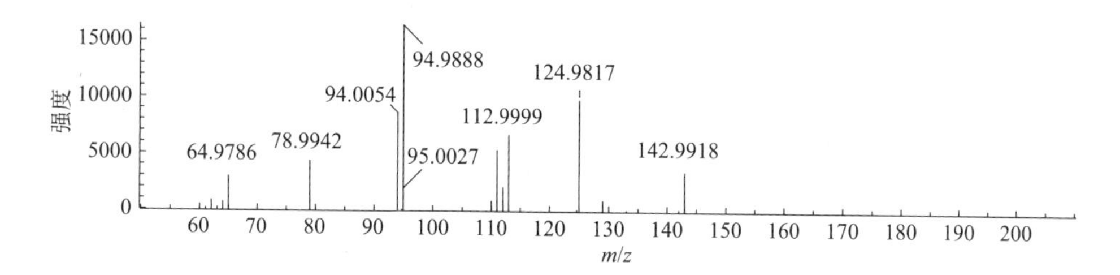

二级全扫质谱图 CE: 50V

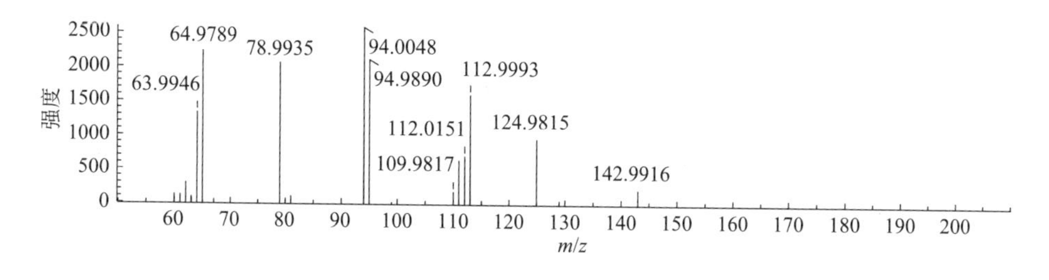

二级全扫质谱图 CE: 60V

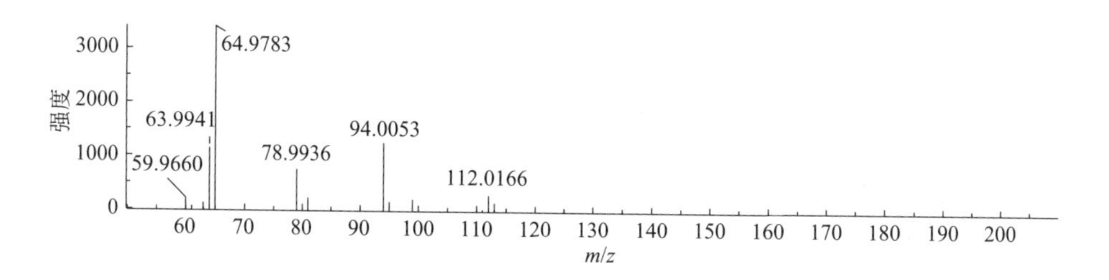

Acetamiprid
啶虫脒

CAS 号	135410-20-7	保留时间	4.65min
分子式	$C_{10}H_{11}ClN_4$	加合方式	$[M+H]^+$
分子量	222.0672	源内裂解碎片	无

推测裂解规律

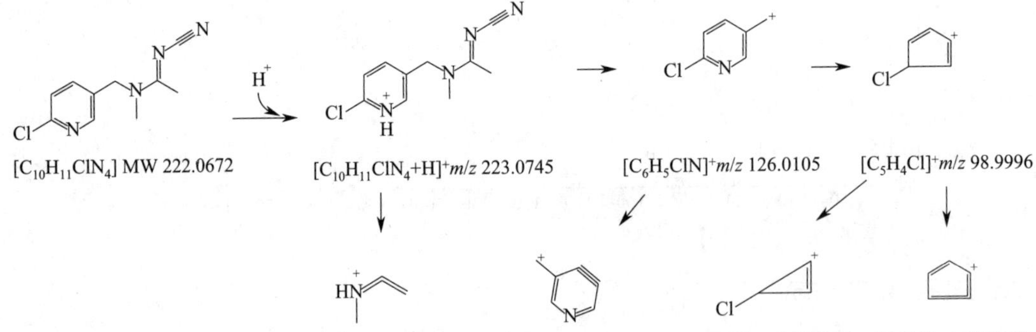

提取离子流色谱图

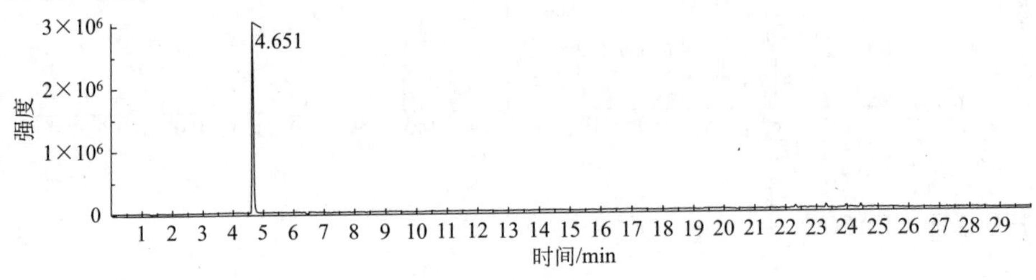

一级质谱图

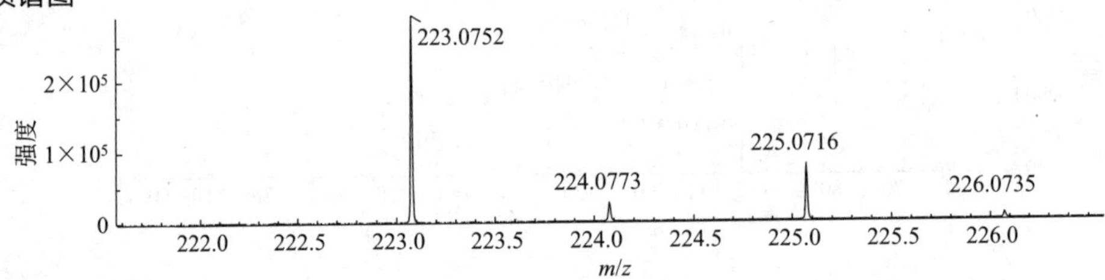

二级全扫质谱图 CE: (35±15)V

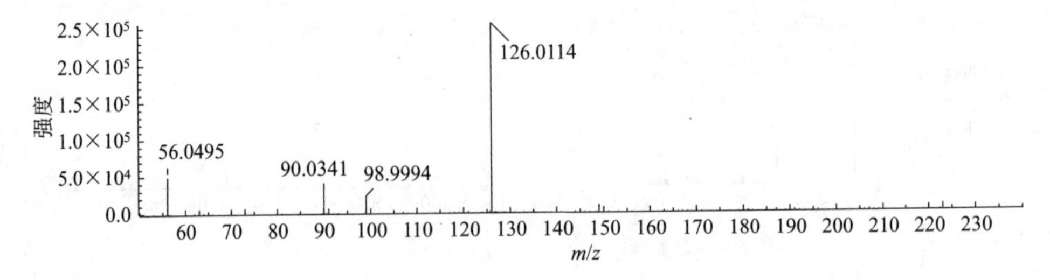

二级全扫质谱图 CE: 10V

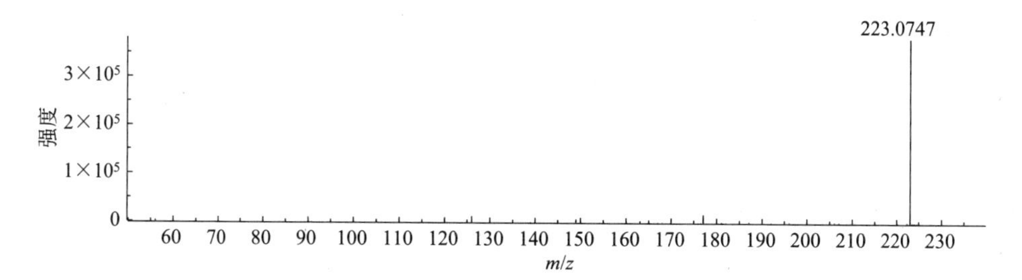

二级全扫质谱图 CE: 20V

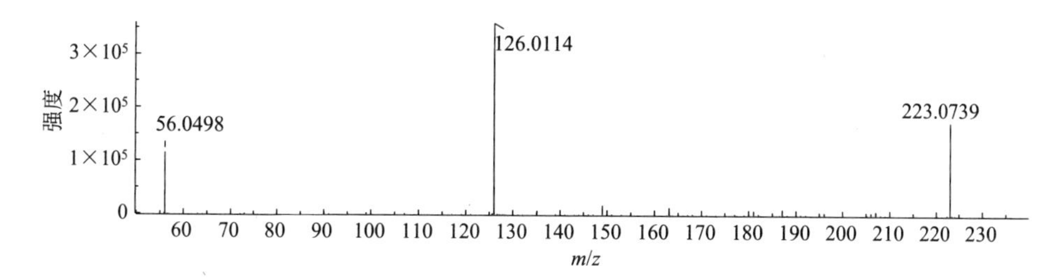

二级全扫质谱图 CE: 35V

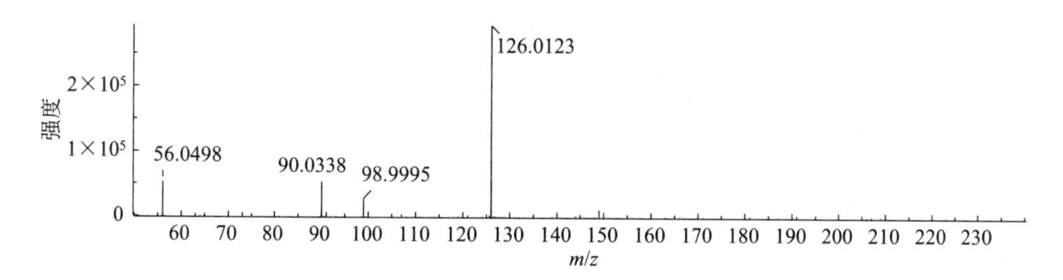

二级全扫质谱图 CE: 50V

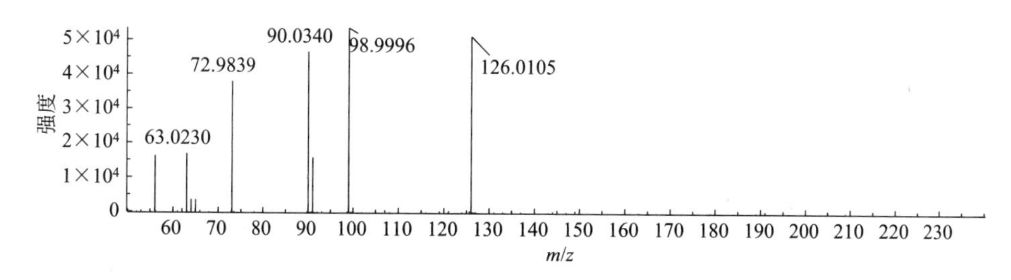

二级全扫质谱图 CE: 60V

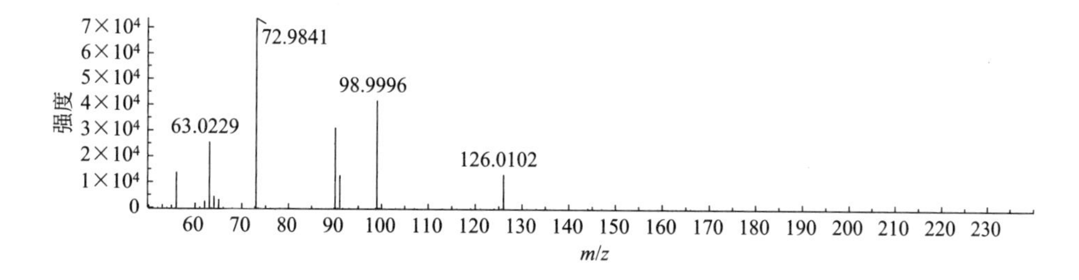

Acetochlor
乙草胺

CAS 号	34256-82-1	保留时间	15.69min
分子式	$C_{14}H_{20}ClNO_2$	加合方式	$[M+H]^+$
分子量	269.1183	源内裂解碎片	m/z 224,148

推测裂解规律（裂解路径已经 MS^3 确认）

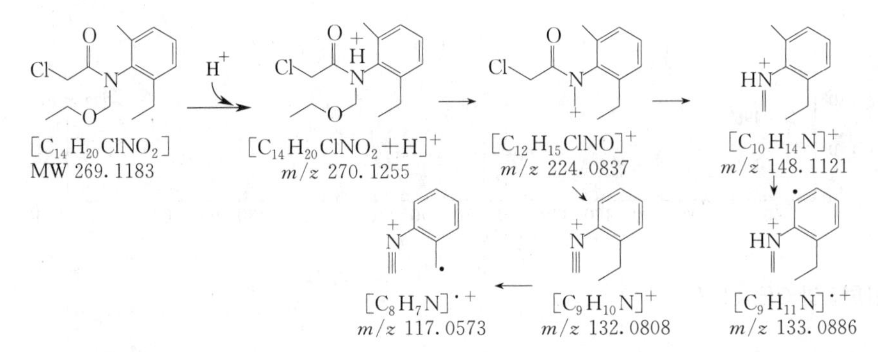

提取离子流色谱图

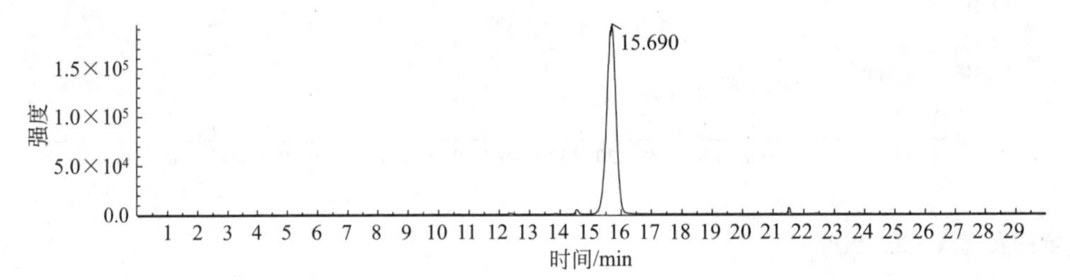

一级质谱图

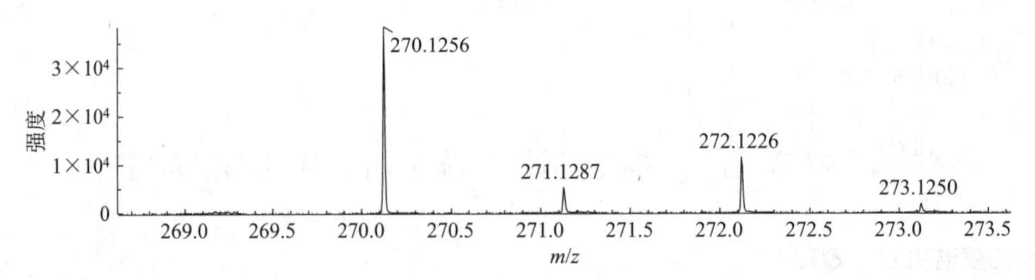

二级全扫质谱图 CE: (35±15)V

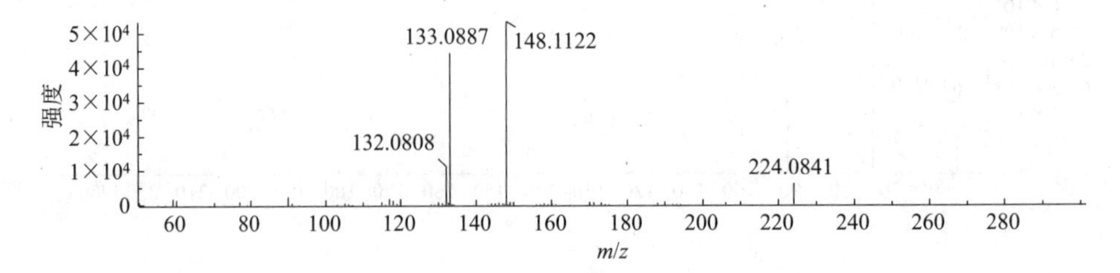

二级全扫质谱图 CE: 10V

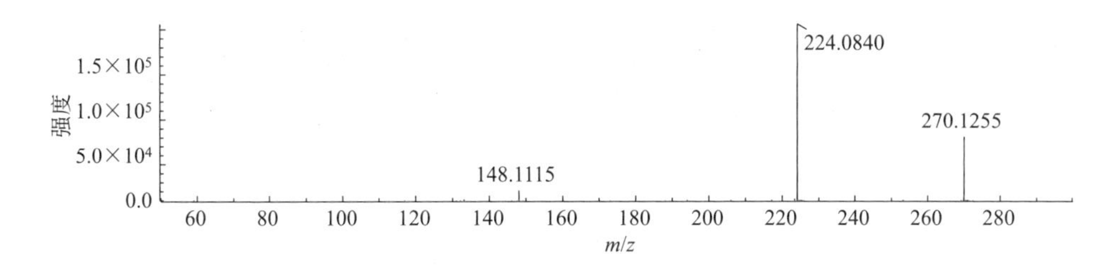

二级全扫质谱图 CE: 20V

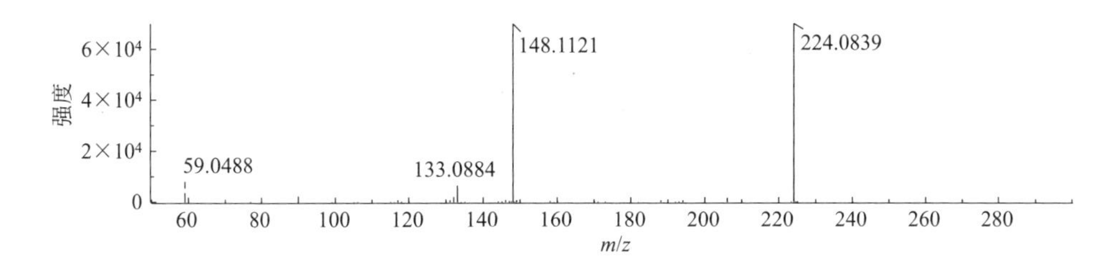

二级全扫质谱图 CE: 35V

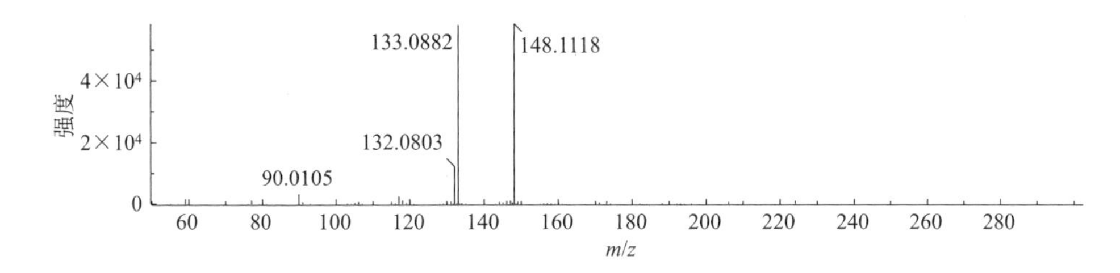

二级全扫质谱图 CE: 50V

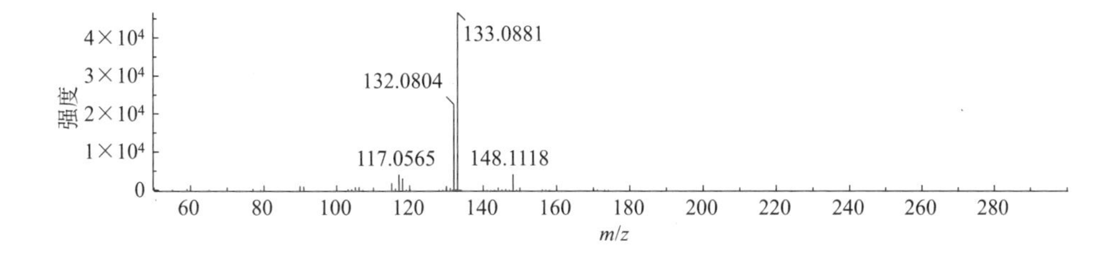

二级全扫质谱图 CE: 60V

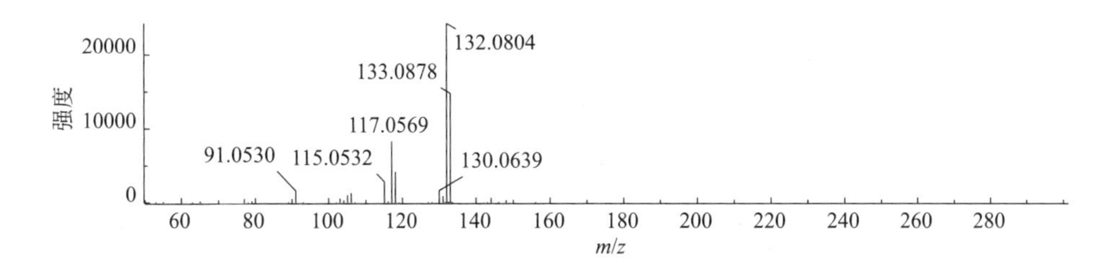

Acetochlor in-source fragment 224

乙草胺源内裂解碎片 224

CAS 号	—	保留时间	15.69min
分子式	$C_{12}H_{15}ClNO^{+}$	加合方式	$[M]^{+}$
分子量	224.0837	源内裂解碎片	无

推测裂解规律

$[C_8H_7N]^{\cdot +}$ m/z 117.0573 ← $[C_{12}H_{15}ClNO]^{+}$ m/z 224.0837 → $[C_{10}H_{14}N]^{+}$ m/z 148.1121 → $[C_9H_{11}N]^{\cdot +}$ m/z 133.0886 ; $[C_9H_{10}N]^{+}$ m/z 132.0808

提取离子流色谱图

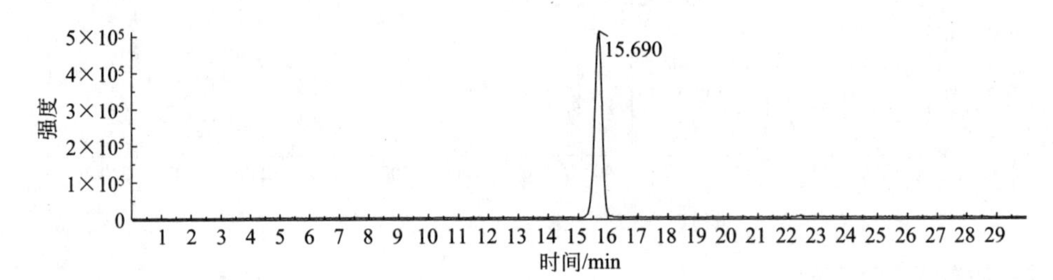

一级质谱图

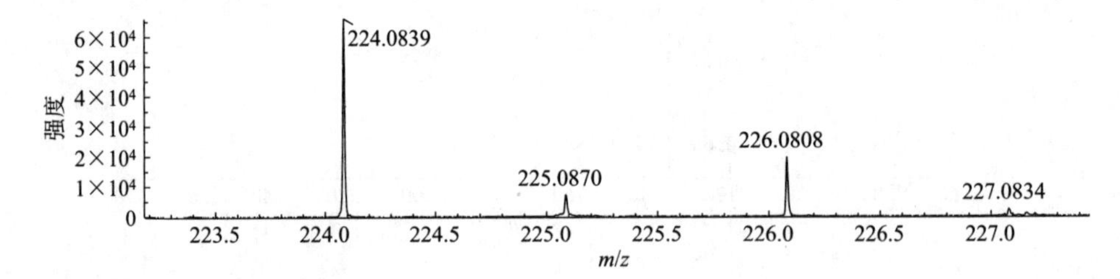

二级全扫质谱图 CE: (35±15)V

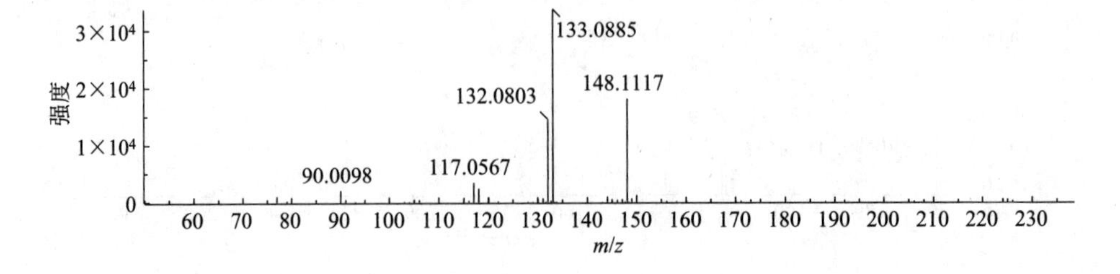

二级全扫质谱图 CE: 10V

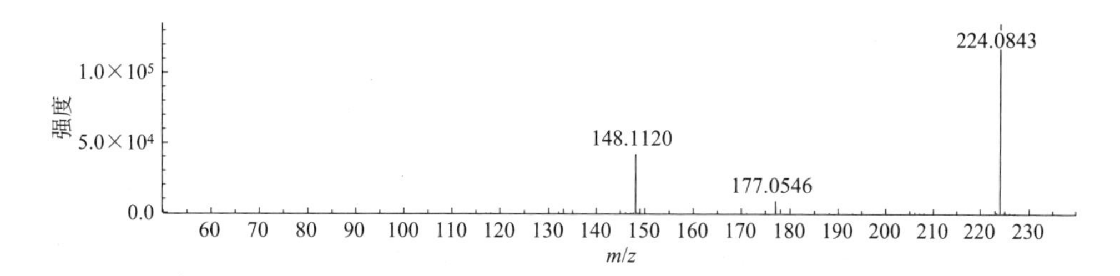

二级全扫质谱图 CE: 20V

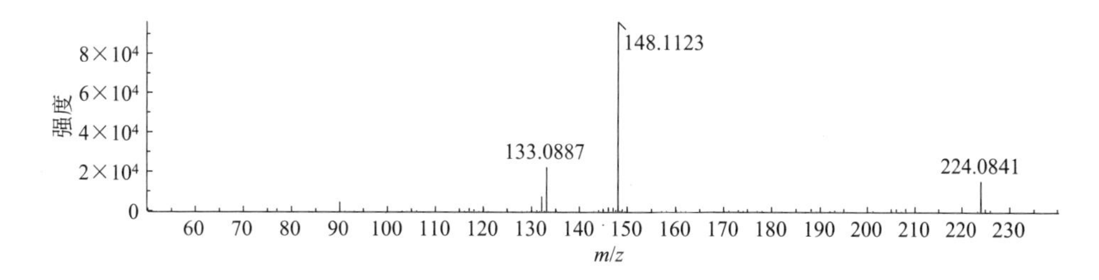

二级全扫质谱图 CE: 35V

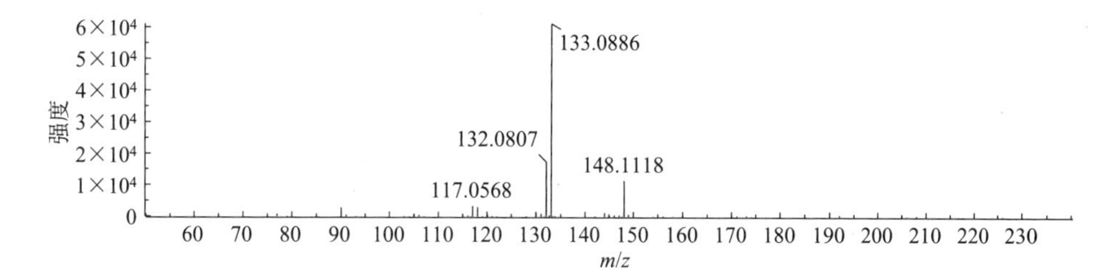

二级全扫质谱图 CE: 50V

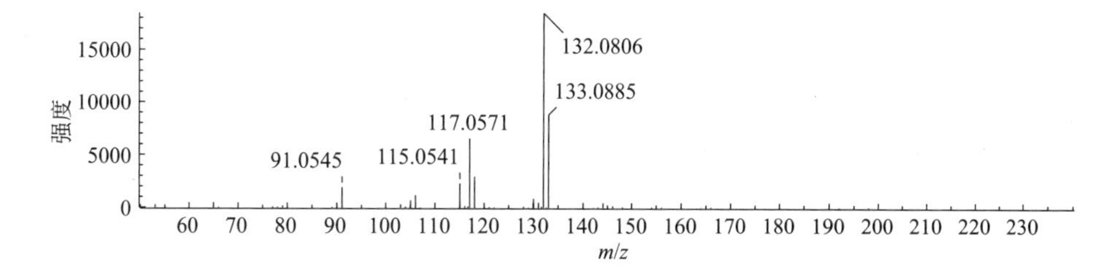

二级全扫质谱图 CE: 60V

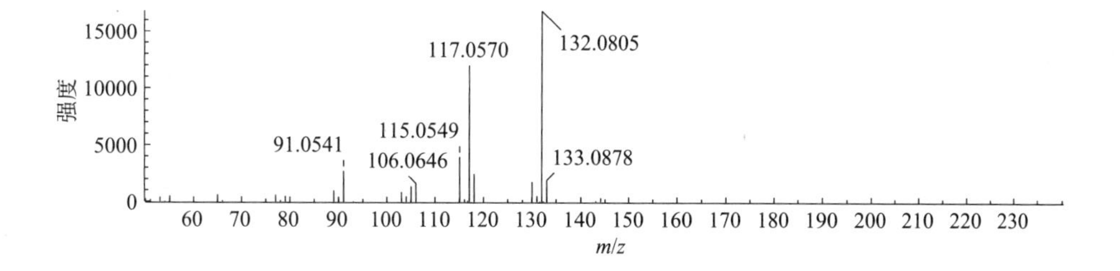

Acifluorfen
三氟羧草醚

CAS 号	50594-66-6	保留时间	11.15min
分子式	$C_{14}H_7ClF_3NO_5$	加合方式	$[M-H]^-$
分子量	360. 9965	源内裂解碎片	无

推测裂解规律（裂解路径已经 MS^3 确认）

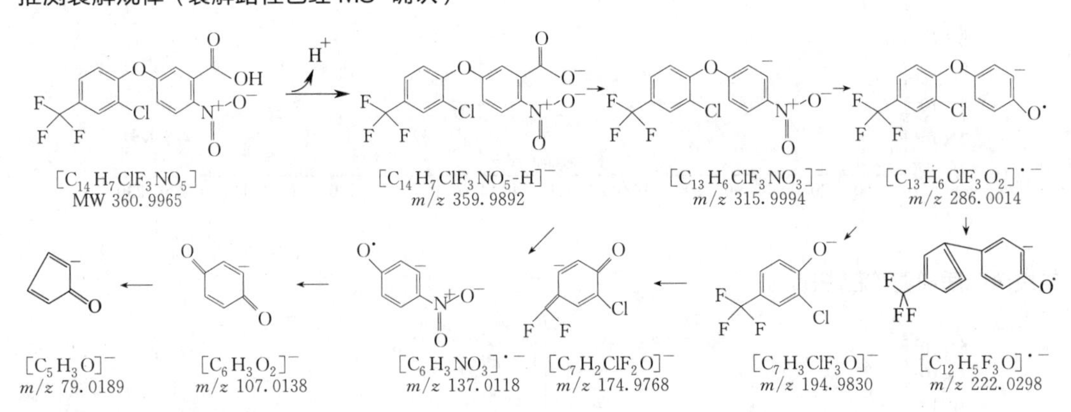

提取离子流色谱图

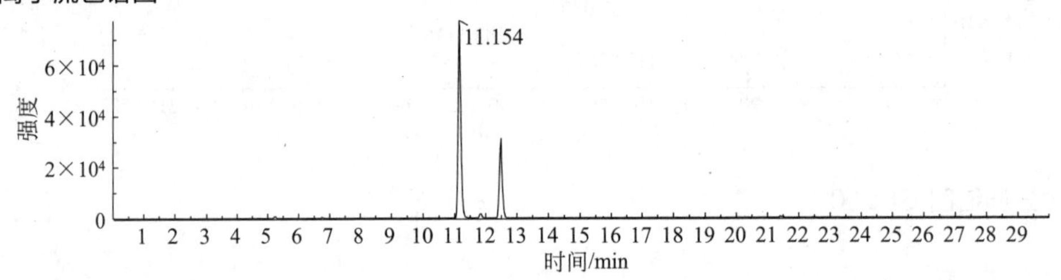

一级质谱图

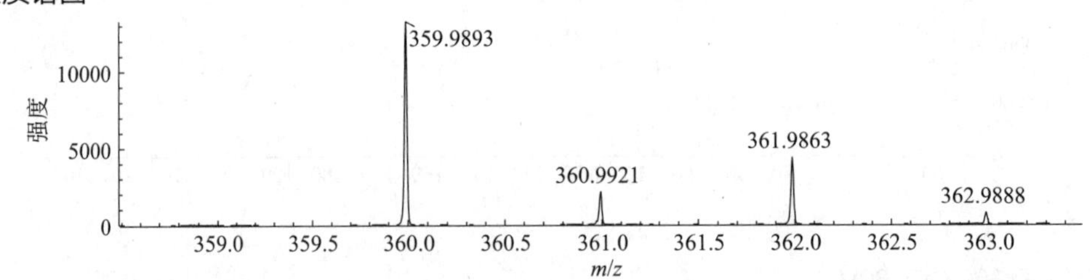

二级全扫质谱图 CE: (35±15)V

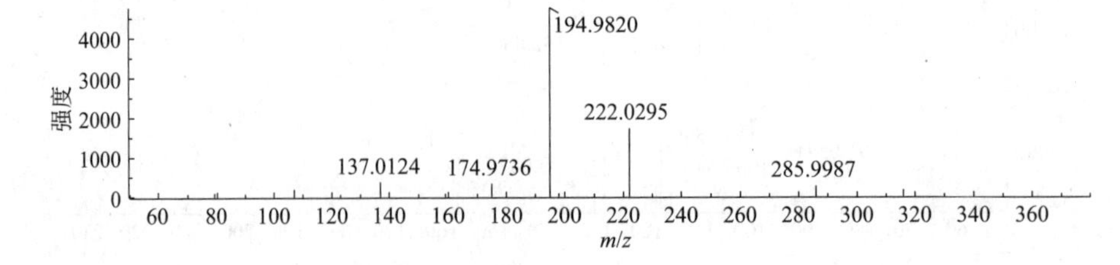

二级全扫质谱图 CE: 10V

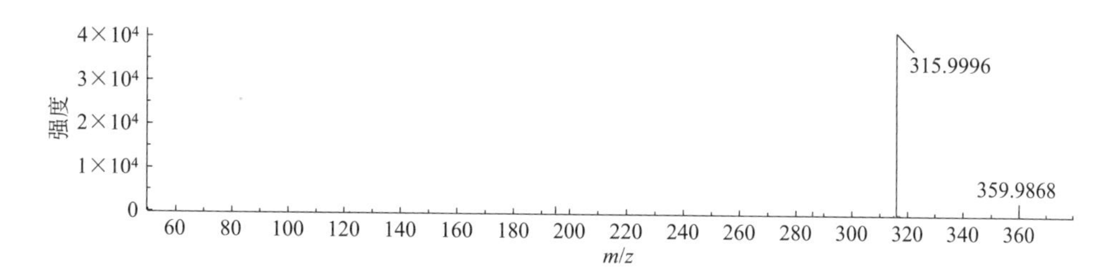

二级全扫质谱图 CE: 20V

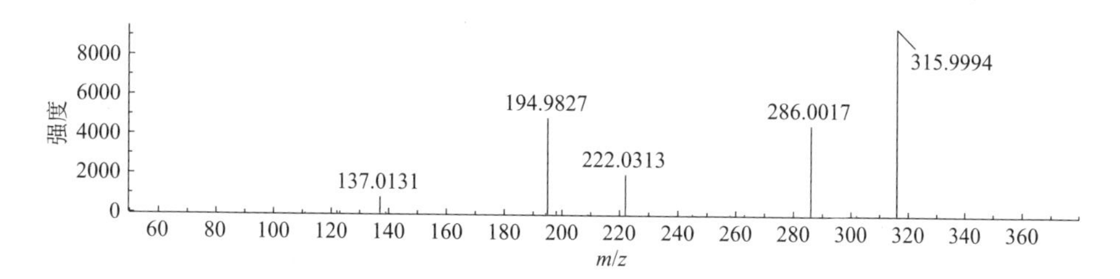

二级全扫质谱图 CE: 35V

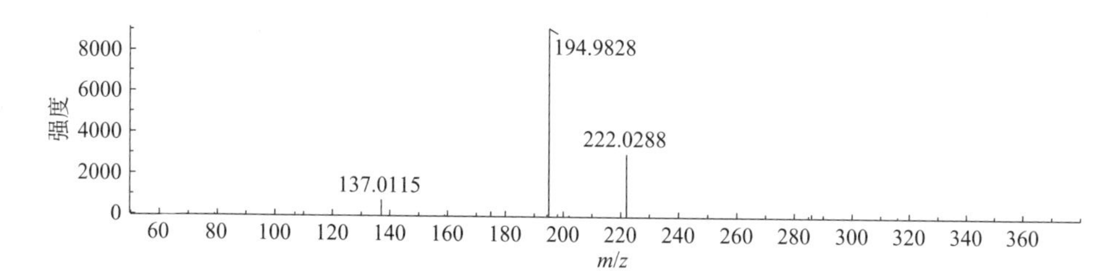

二级全扫质谱图 CE: 50V

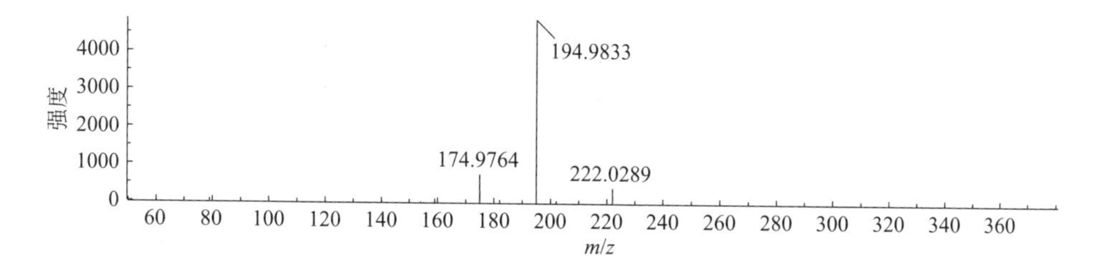

二级全扫质谱图 CE: 60V

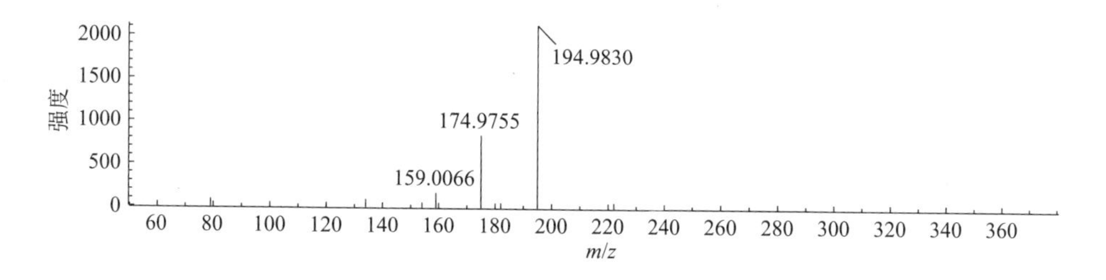

Alachlor

甲草胺

CAS 号	15972-60-8	保留时间	15.69min
分子式	$C_{14}H_{20}ClNO_2$	加合方式	$[M+H]^+$
分子量	269.1183	源内裂解碎片	*m/z* 162,238

推测裂解规律（裂解路径已经 MS^3 确认）

$[C_{14}H_{20}ClNO_2]$ MW 269.1183 → (H^+) $[C_{14}H_{20}ClNO_2+H]^+$ *m/z* 270.1255 → $[C_{13}H_{17}ClNO]^+$ *m/z* 238.0993 → $[C_{11}H_{16}N]^+$ *m/z* 162.1277 → $[C_9H_{10}N]^+$ *m/z* 132.0808 → $[C_8H_7N]^{\cdot+}$ *m/z* 117.0573

$[C_{11}H_{16}N]^+$ *m/z* 162.1277 → $[C_{10}H_{13}N]^{\cdot+}$ *m/z* 147.1042

提取离子流色谱图

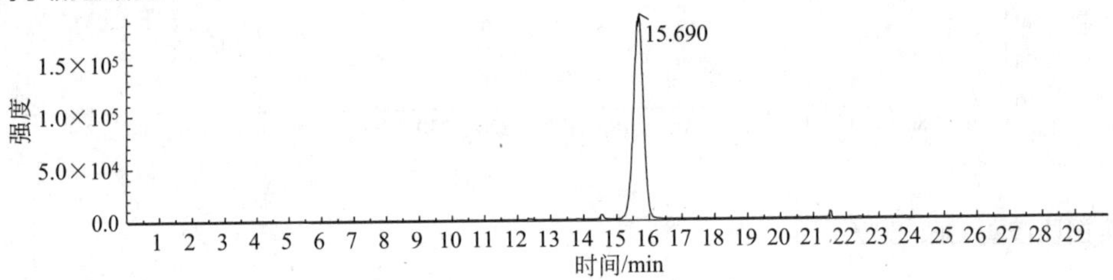

一级质谱图

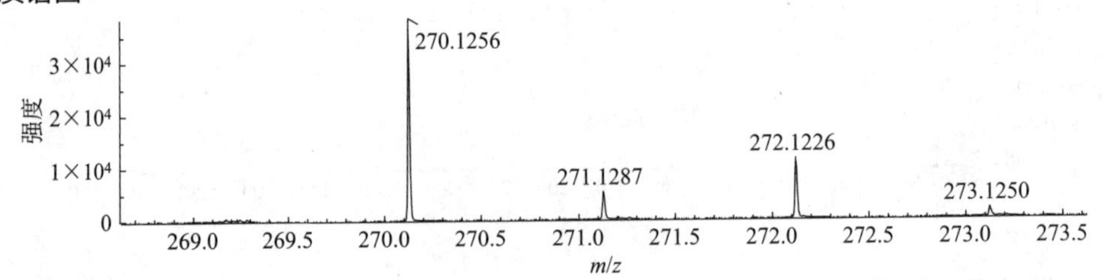

二级全扫质谱图 CE: (35±15)V

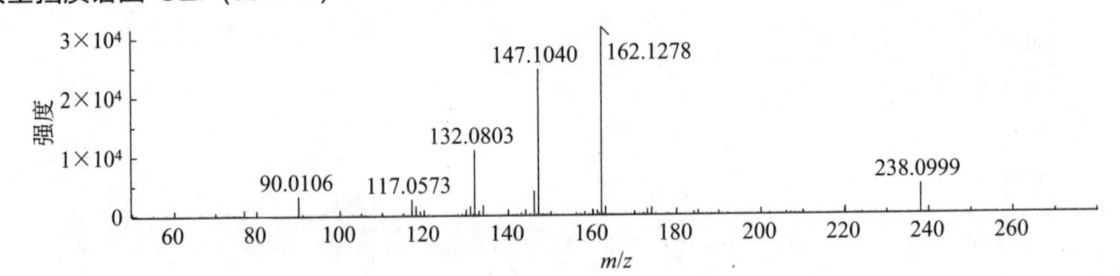

二级全扫质谱图 CE: 10V

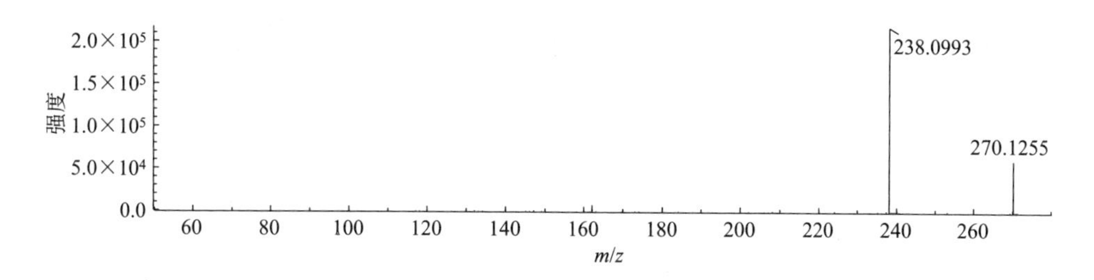

二级全扫质谱图 CE: 20V

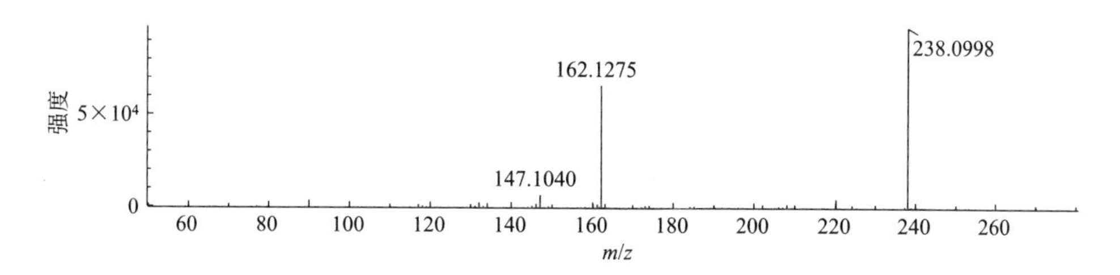

二级全扫质谱图 CE: 35V

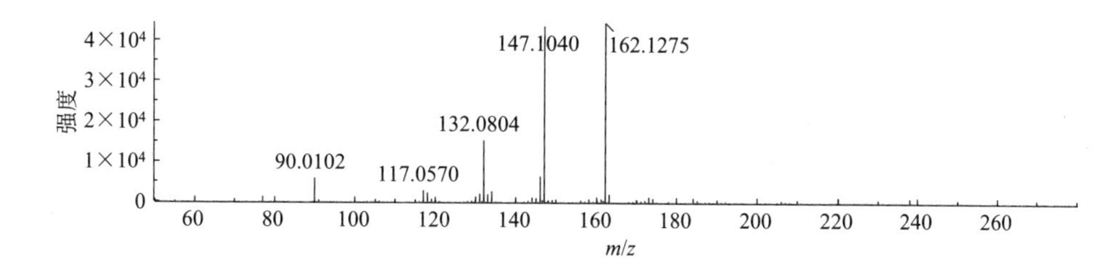

二级全扫质谱图 CE: 50V

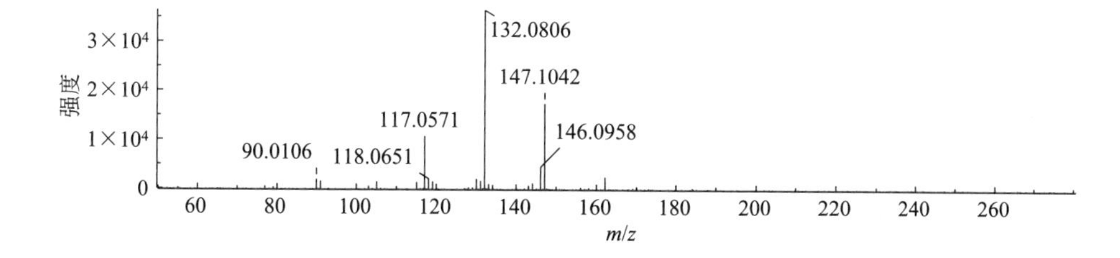

二级全扫质谱图 CE: 60V

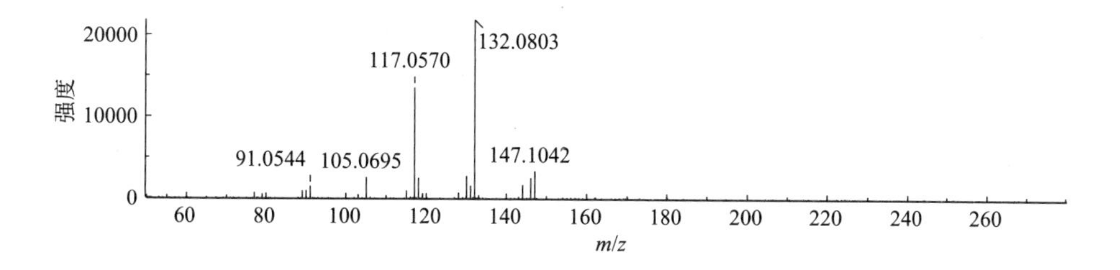

Alachlor in-source fragment 238
甲草胺源内裂解碎片 238

CAS 号	—	保留时间	15.76min
分子式	$C_{13}H_{17}ClNO^{+}$	加合方式	$[M]^{+}$
分子量	238.0993	源内裂解碎片	无

推测裂解规律

$[C_{13}H_{17}ClNO]^{+}$ m/z 238.0993 → $[C_{11}H_{16}N]^{+}$ m/z 162.1277 → $[C_{10}H_{13}N]^{\cdot +}$ m/z 147.1042 → $[C_{8}H_{7}N]^{\cdot +}$ m/z 117.0573

$[C_{11}H_{16}N]^{+}$ m/z 162.1277 → $[C_{9}H_{10}N]^{+}$ m/z 132.0808

提取离子流色谱图

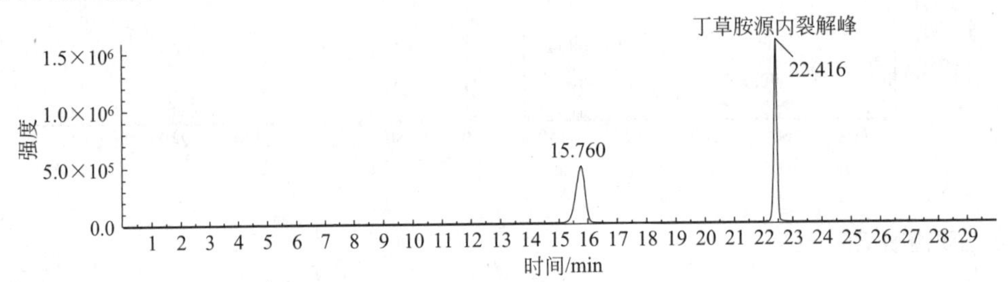

一级质谱图

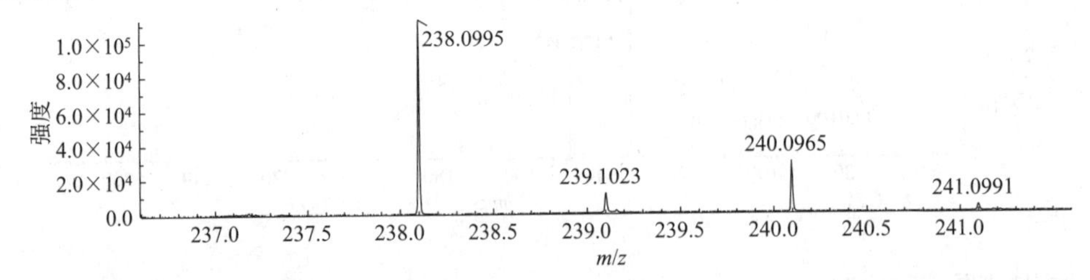

二级全扫质谱图 CE: (35±15)V

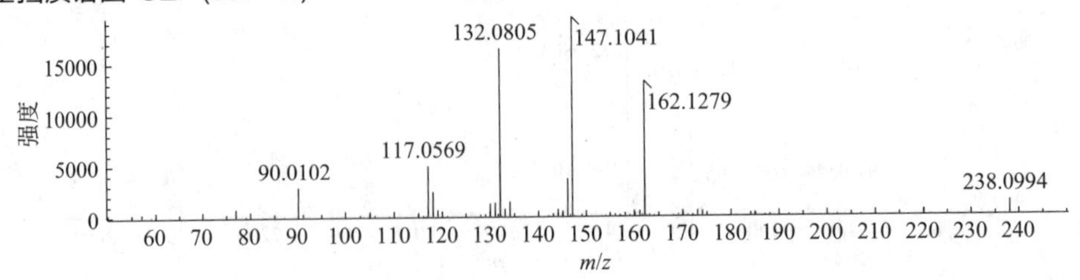

二级全扫质谱图 CE: 10V

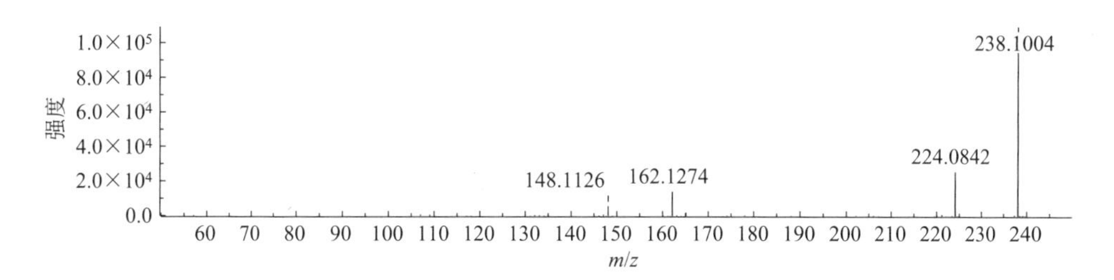

二级全扫质谱图 CE: 20V

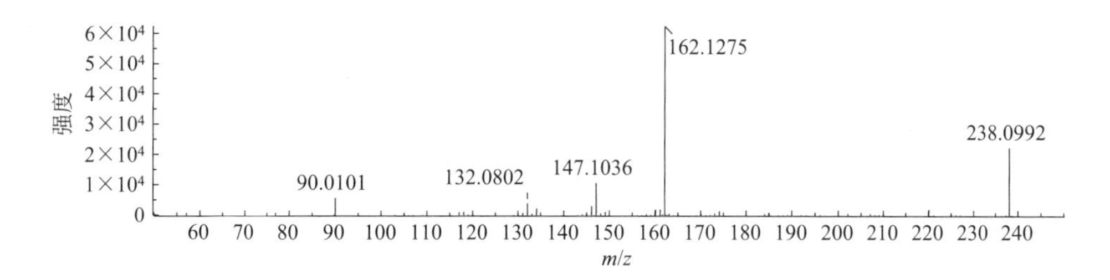

二级全扫质谱图 CE: 35V

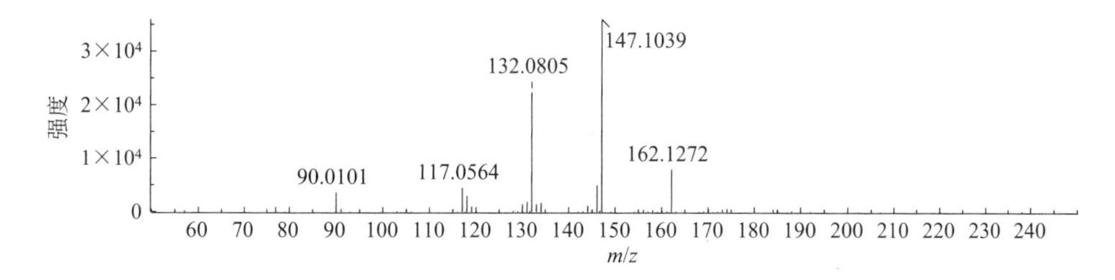

二级全扫质谱图 CE: 50V

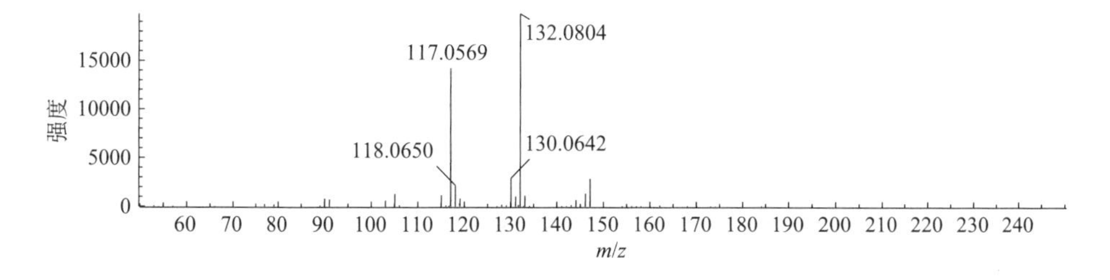

二级全扫质谱图 CE: 60V

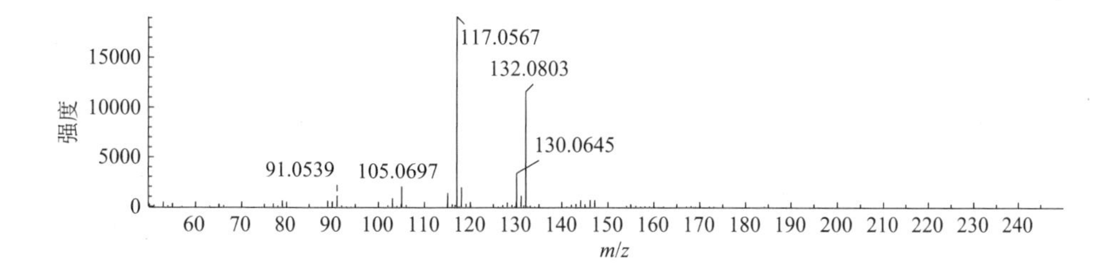

Albendazole
丙硫多菌灵

CAS 号	54965-21-8	保留时间	11. 82min
分子式	$C_{12}H_{15}N_3O_2S$	加合方式	$[M+H]^+$
分子量	265. 0885	源内裂解碎片	*m/z* 234

推测裂解规律

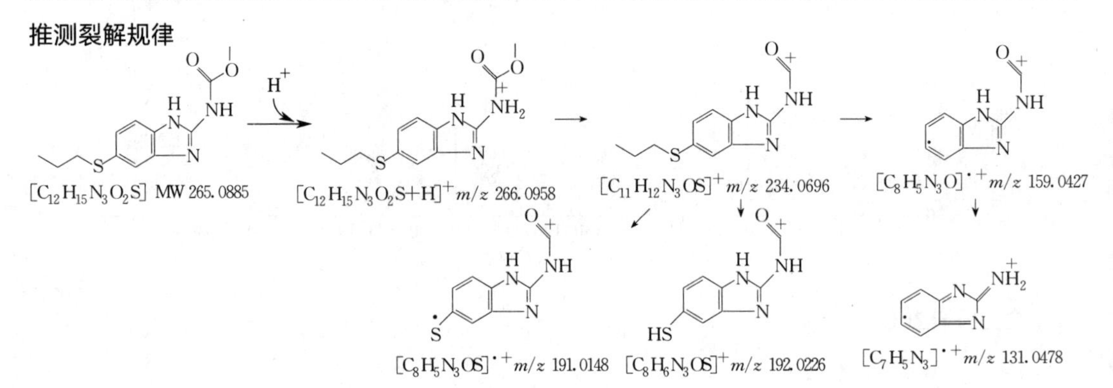

提取离子流色谱图

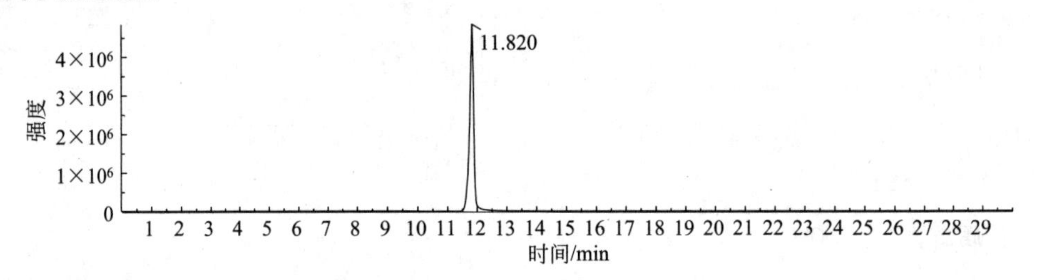

一级质谱图

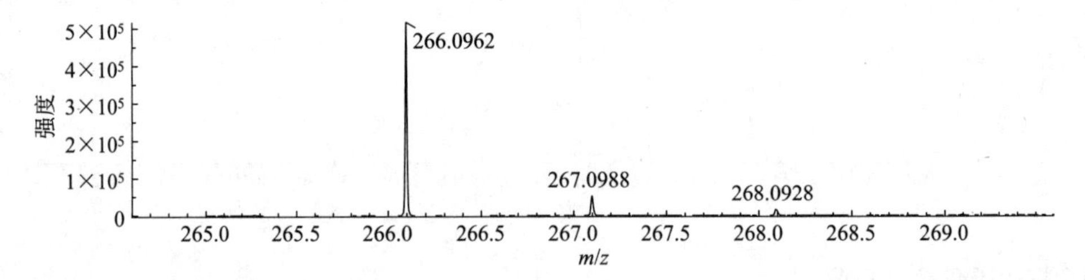

二级全扫质谱图 CE: (35±15)V

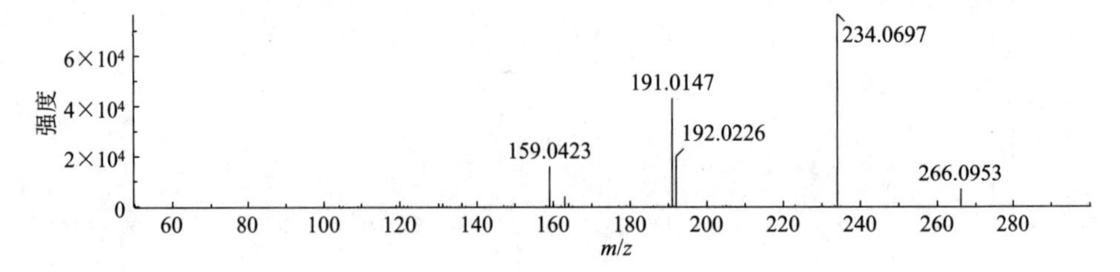

二级全扫质谱图 CE: 10V

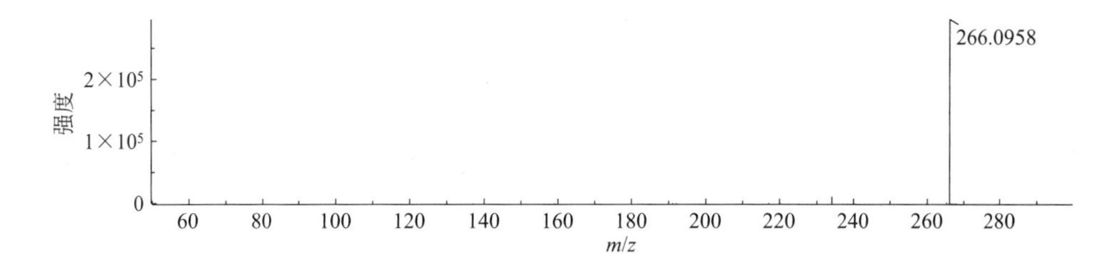

二级全扫质谱图 CE: 20V

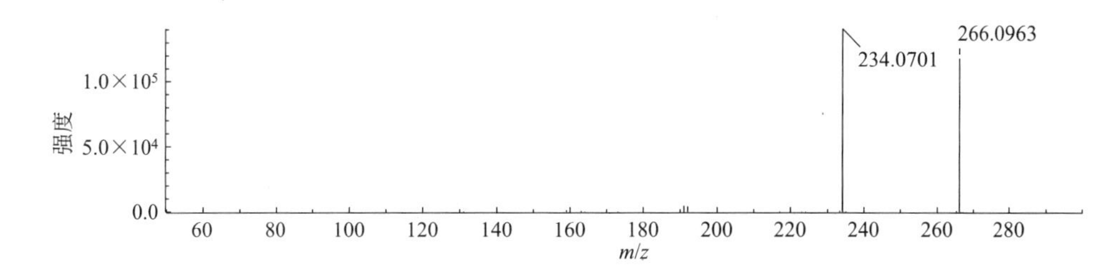

二级全扫质谱图 CE: 35V

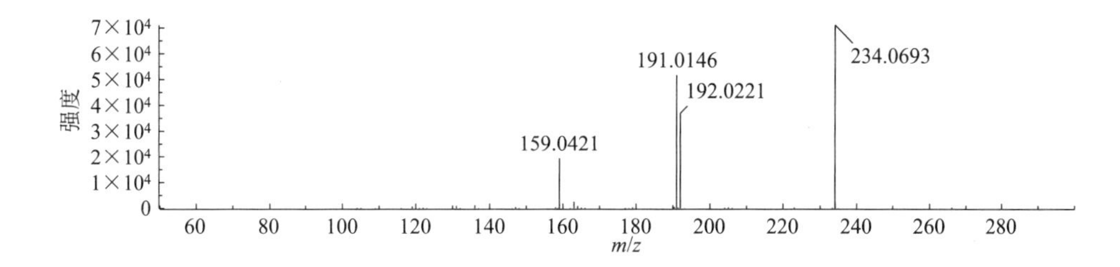

二级全扫质谱图 CE: 50V

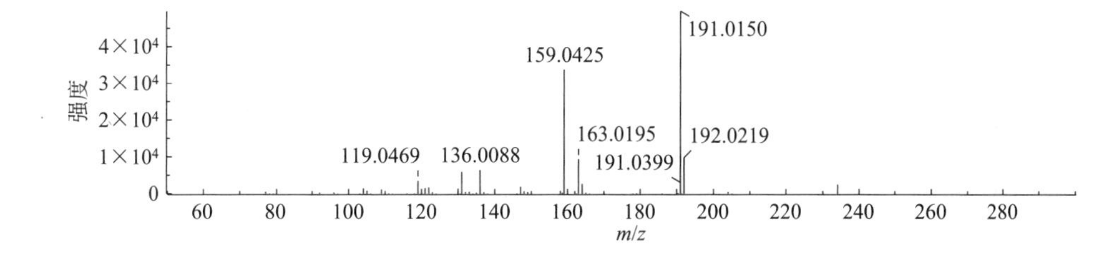

二级全扫质谱图 CE: 60V

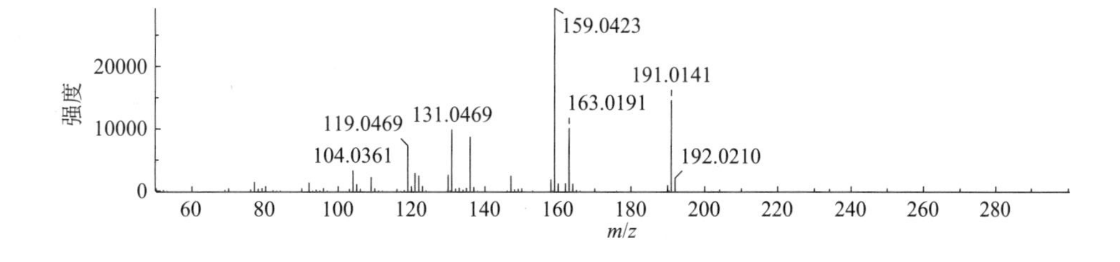

Aldicarb
涕灭威

CAS 号	116-06-3	保留时间	5.76min
分子式	$C_7H_{14}N_2O_2S$	加合方式	$[M+NH_4]^+$
分子量	190.0776	源内裂解碎片	*m/z* 116, 89

推测裂解规律

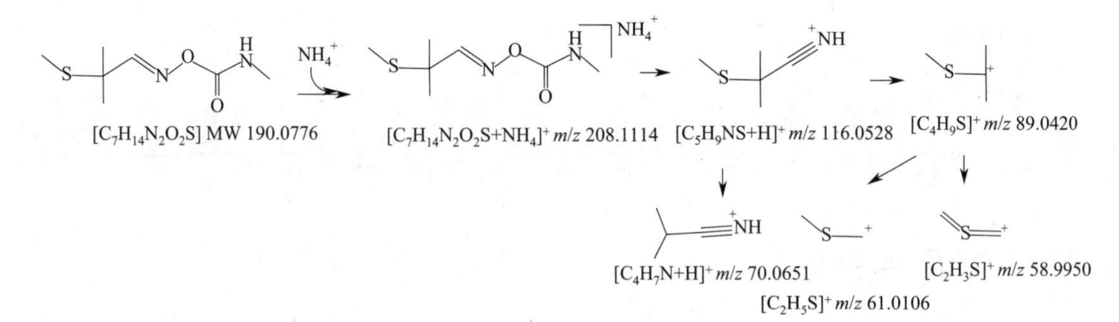

提取离子流色谱图

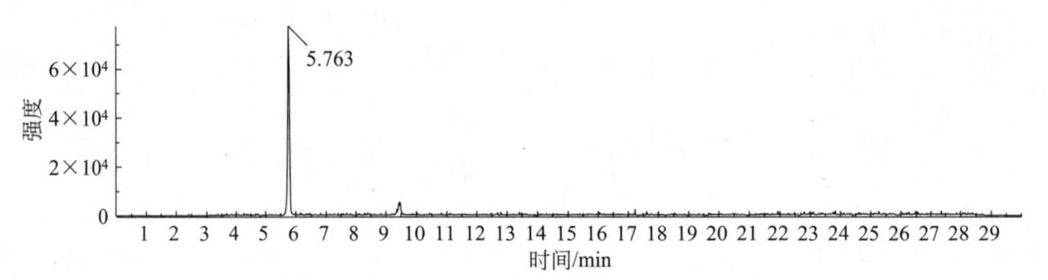

一级质谱图

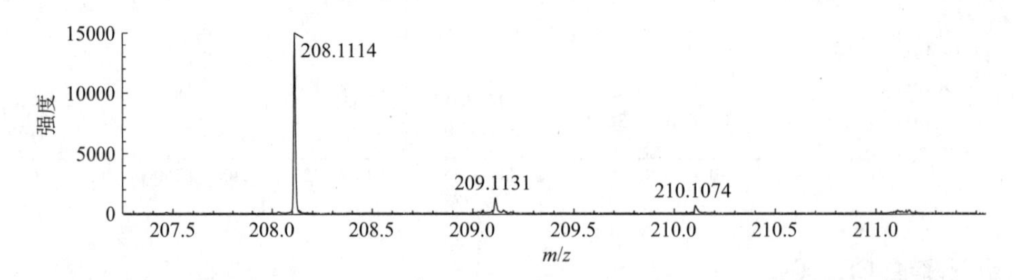

二级全扫质谱图 CE: (35±15)V

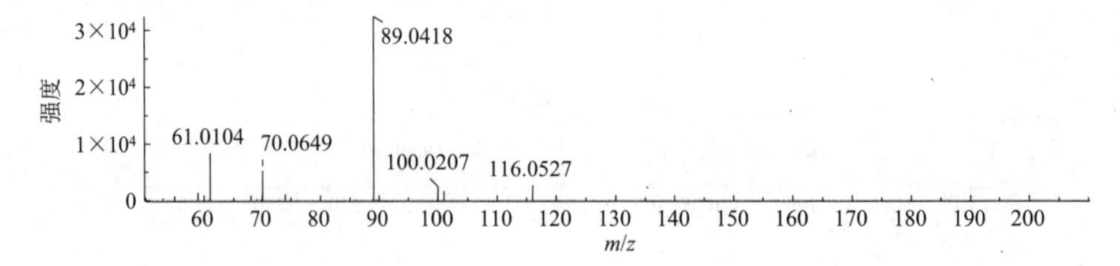

二级全扫质谱图 CE: 10V

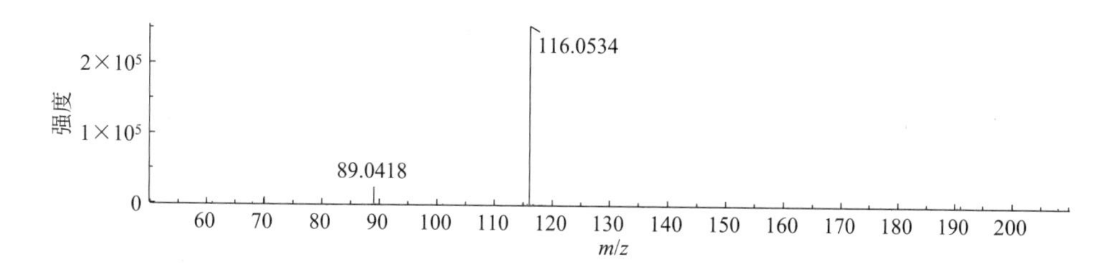

二级全扫质谱图 CE: 20V

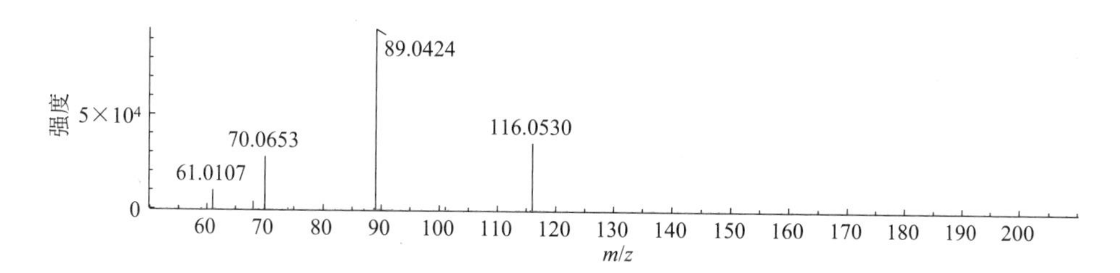

二级全扫质谱图 CE: 35V

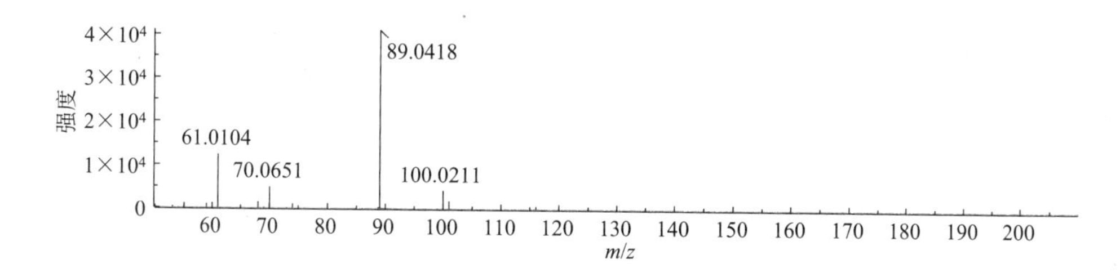

二级全扫质谱图 CE: 50V

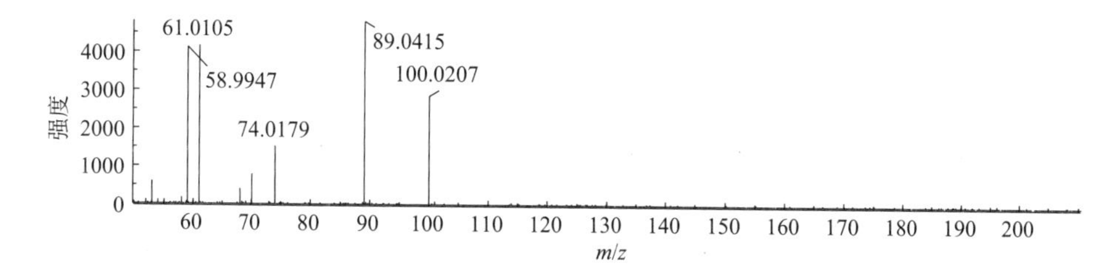

二级全扫质谱图 CE: 60V

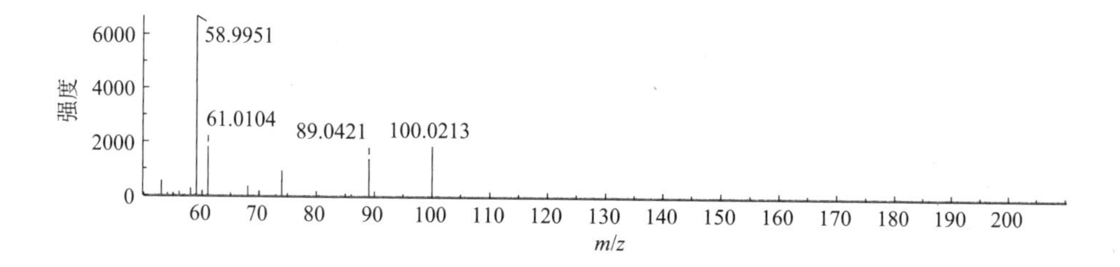

Aldicarb in-source fragment 116
涕灭威源内裂解碎片 116

CAS 号	—	保留时间	5.76min
分子式	$C_5H_{10}NS^+$	加合方式	$[M+H]^+$
分子量	116.0528	源内裂解碎片	无

推测裂解规律

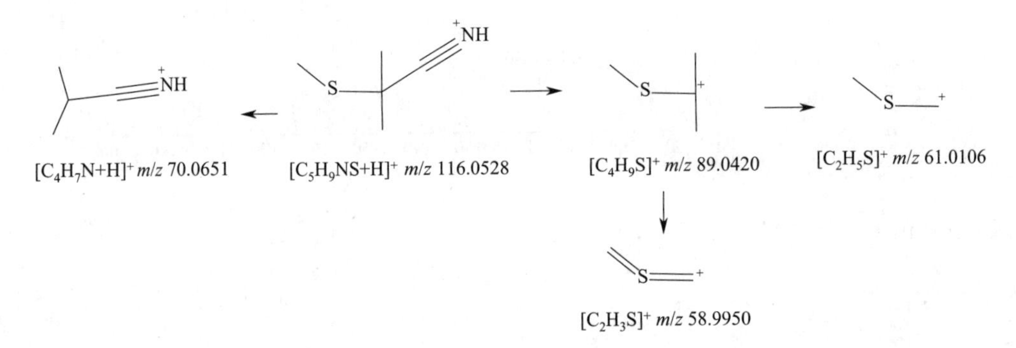

提取离子流色谱图

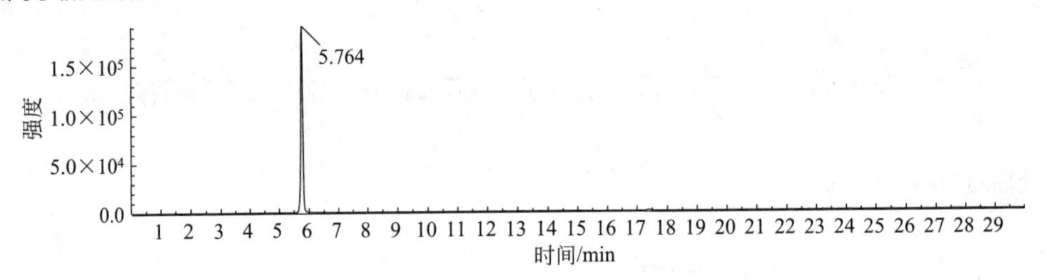

一级质谱图

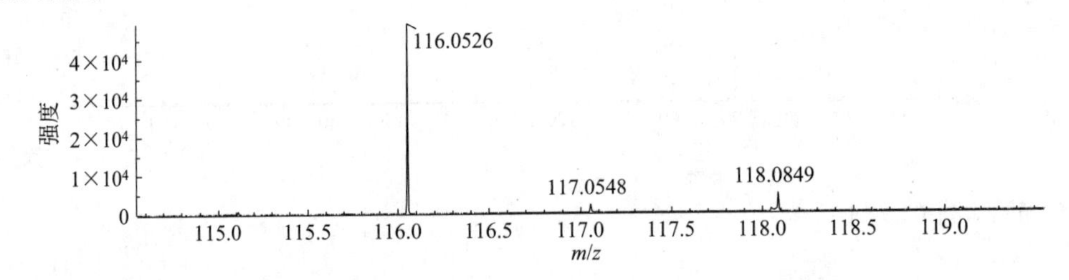

二级全扫质谱图 CE: (35±15)V

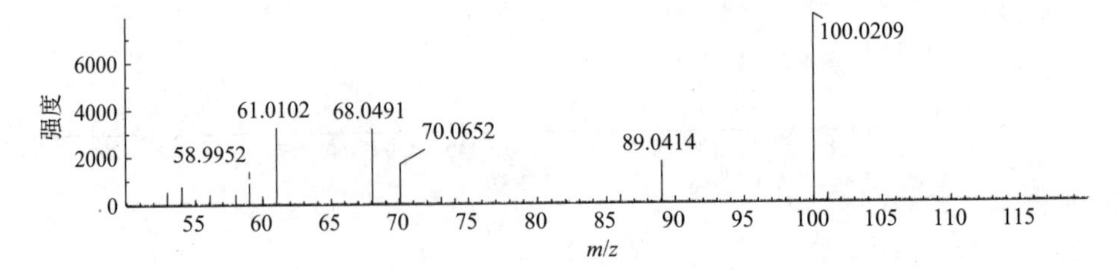

二级全扫质谱图 CE: 10V

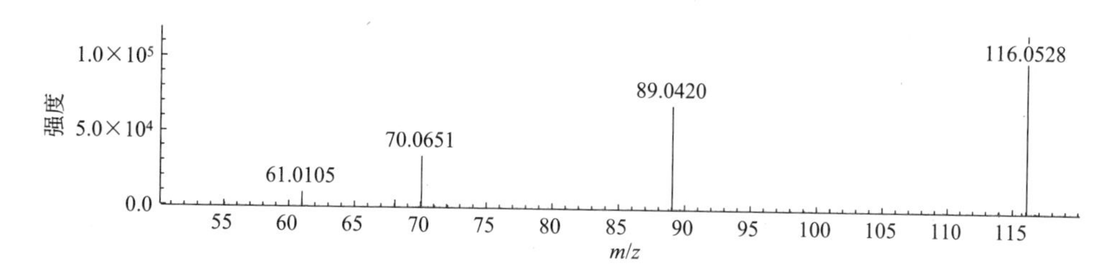

二级全扫质谱图 CE: 20V

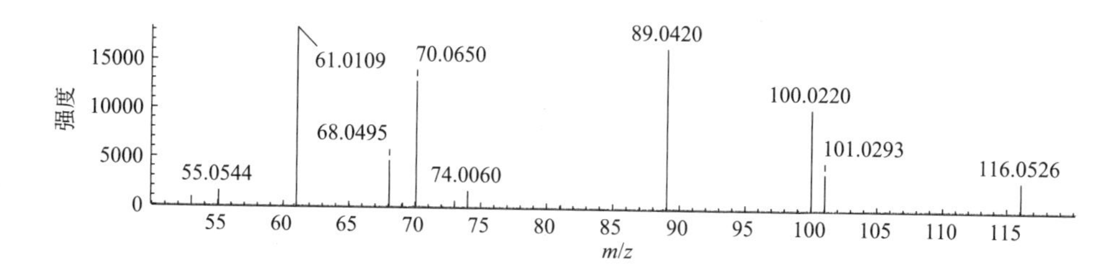

二级全扫质谱图 CE: 35V

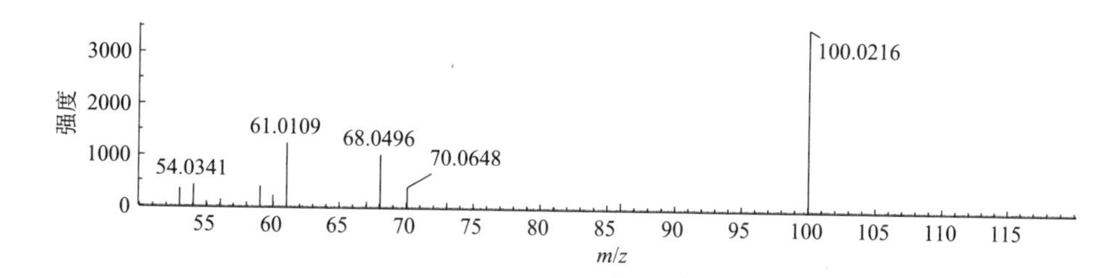

二级全扫质谱图 CE: 50V

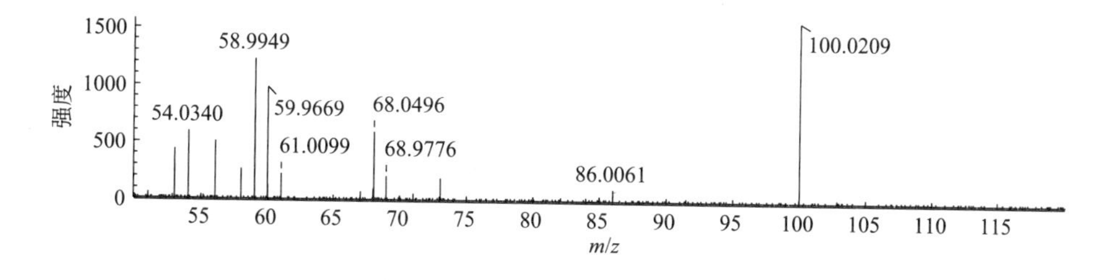

二级全扫质谱图 CE: 60V

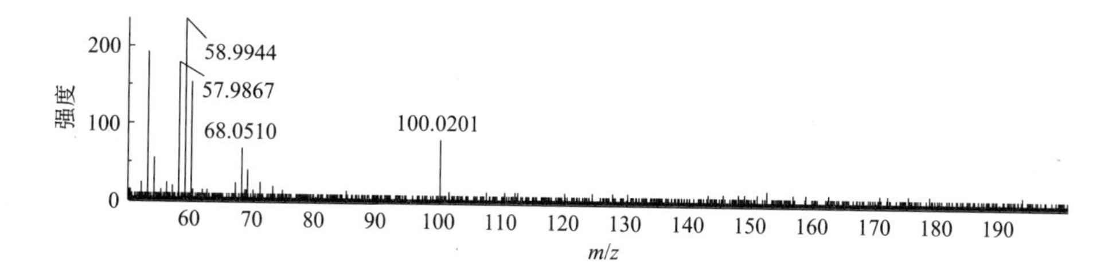

Aldicarb sulfone

涕灭威砜

CAS 号	1646-88-4	保留时间	3.89min
分子式	$C_7H_{14}N_2O_4S$	加合方式	$[M+NH_4]^+$
分子量	222.0674	源内裂解碎片	无

推测裂解规律

$[C_7H_{14}N_2O_4S]$ MW 222.0674 —NH_4^+→ $[C_7H_{14}N_2O_4S+NH_4]^+$ m/z 240.1012 → $[C_7H_{14}N_2O_4S+H]^+$ m/z 223.0747 → $[C_5H_9NO_2S+H]^+$ m/z 148.0427

$[C_7H_{14}N_2O_4S+H]^+$ m/z 223.0747 → $[C_5H_{11}NO_3S+H]^+$ m/z 166.0532 → $[C_4H_8NO]^+$ m/z 86.0600

$[C_5H_{11}NO_3S+H]^+$ m/z 166.0532 → $[C_2H_5NO_2+H]^+$ m/z 76.0393 → $[C_2H_4NO]^+$ m/z 58.0287

提取离子流色谱图

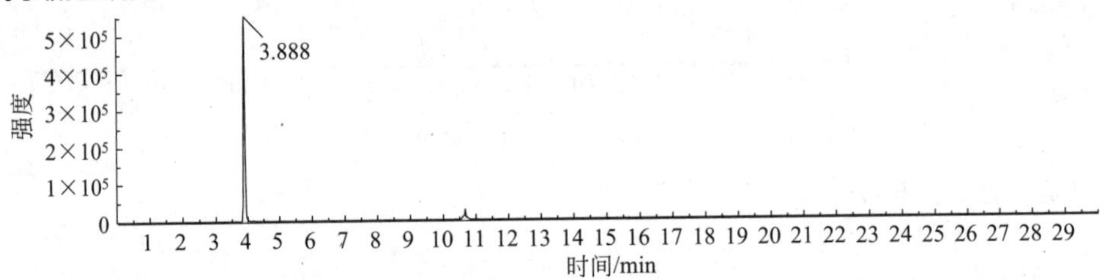

一级质谱图

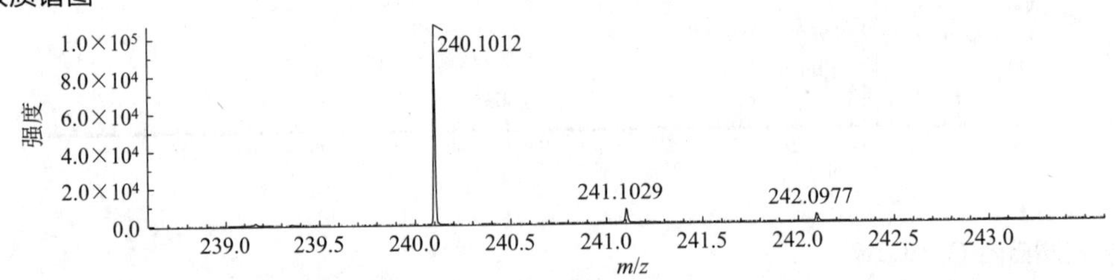

二级全扫质谱图 CE: (35±15)V

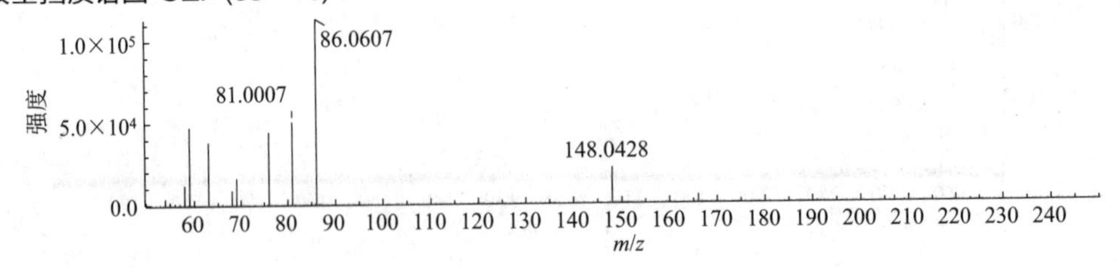

二级全扫质谱图 CE: 10V

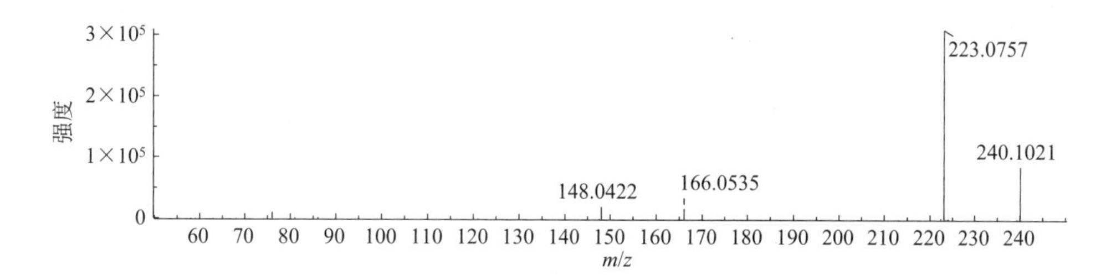

二级全扫质谱图 CE: 20V

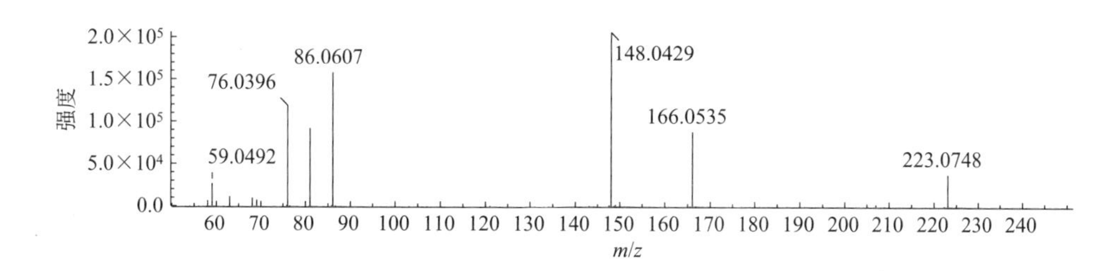

二级全扫质谱图 CE: 35V

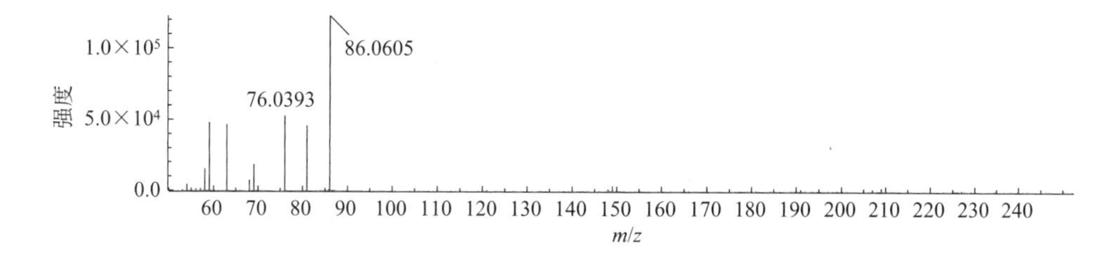

二级全扫质谱图 CE: 50V

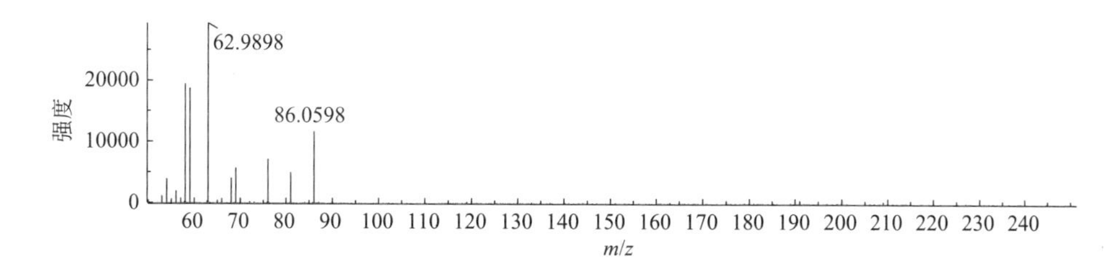

二级全扫质谱图 CE: 60V

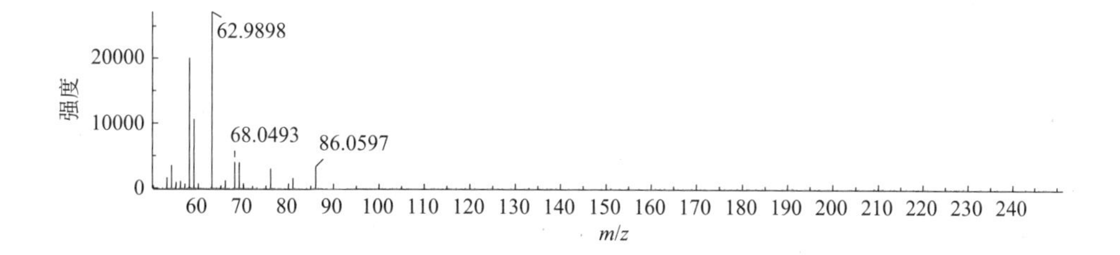

Aldicarb sulfoxide
涕灭威亚砜

CAS 号	1646-87-3	保留时间	3.79min
分子式	$C_7H_{14}N_2O_3S$	加合方式	$[M+H]^+$
分子量	206.0725	源内裂解碎片	无

推测裂解规律

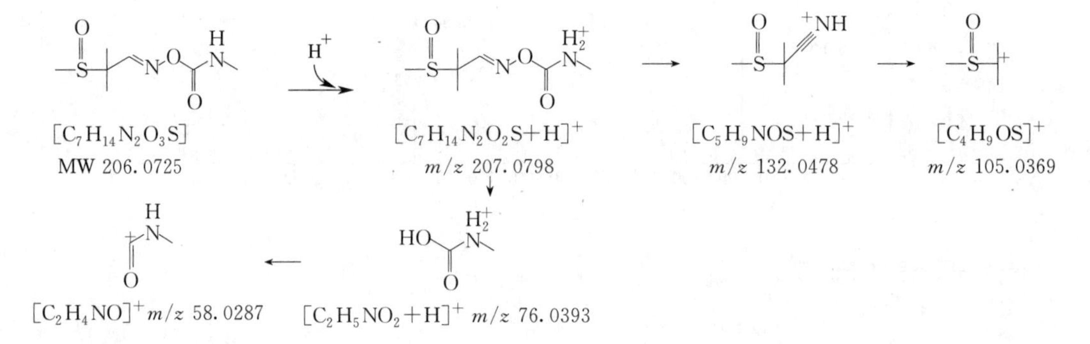

提取离子流色谱图

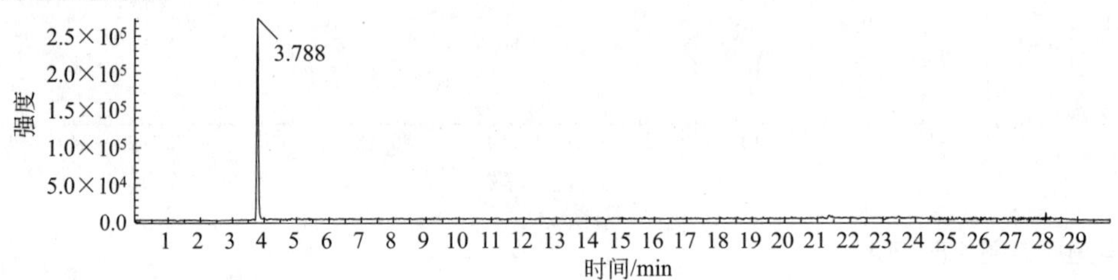

一级质谱图

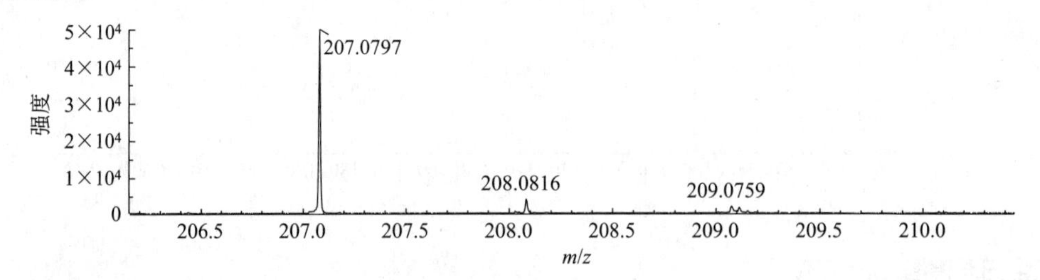

二级全扫质谱图 CE: (35±15)V

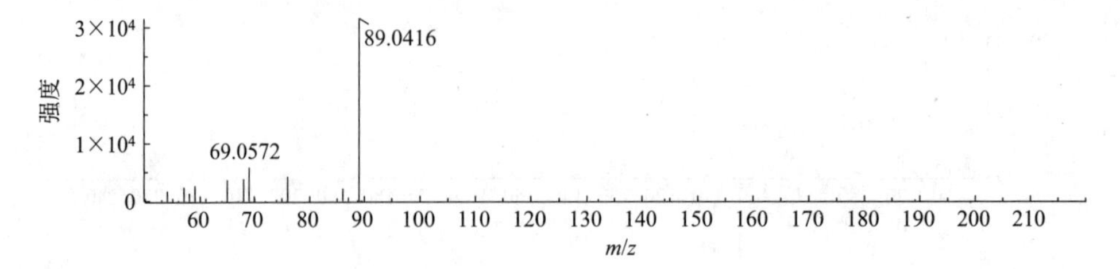

二级全扫质谱图 CE: 10V

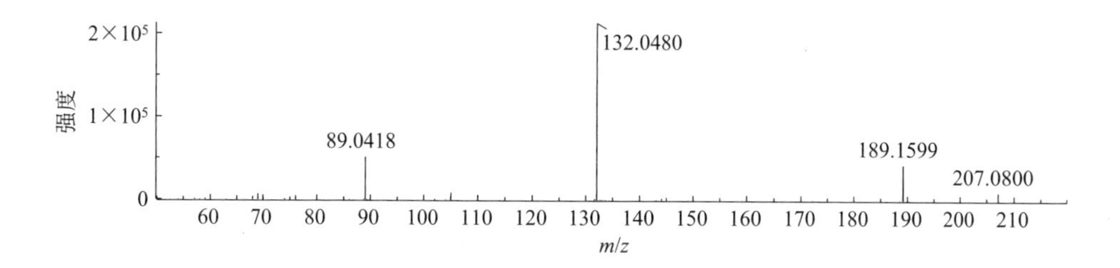

二级全扫质谱图 CE: 20V

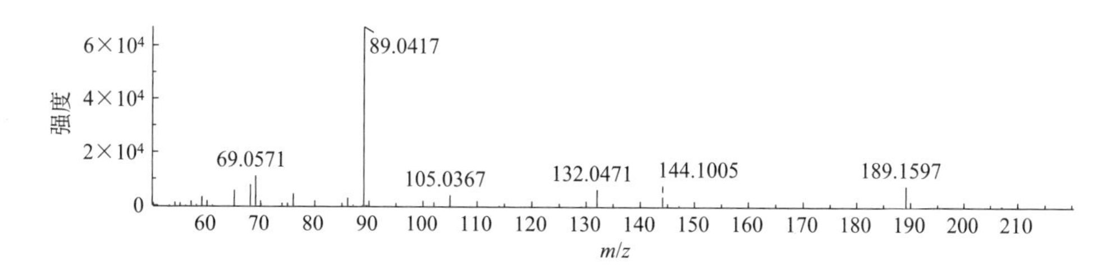

二级全扫质谱图 CE: 35V

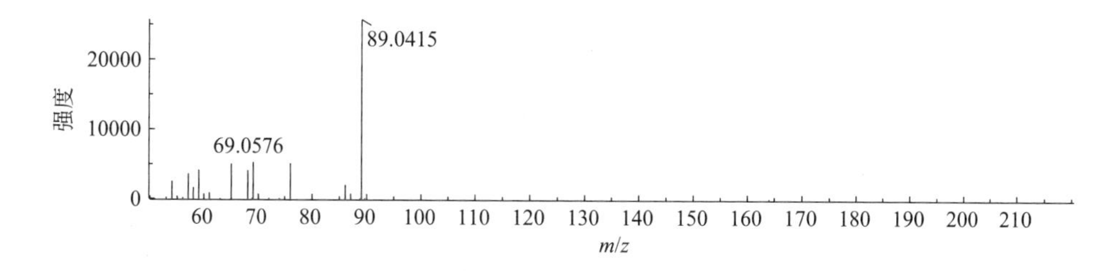

二级全扫质谱图 CE: 50V

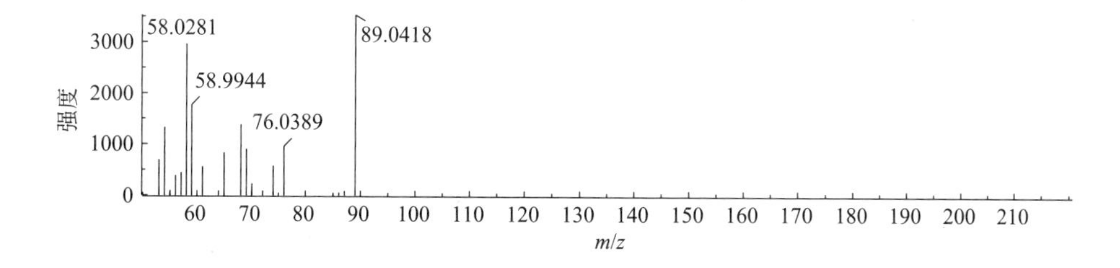

二级全扫质谱图 CE: 60V

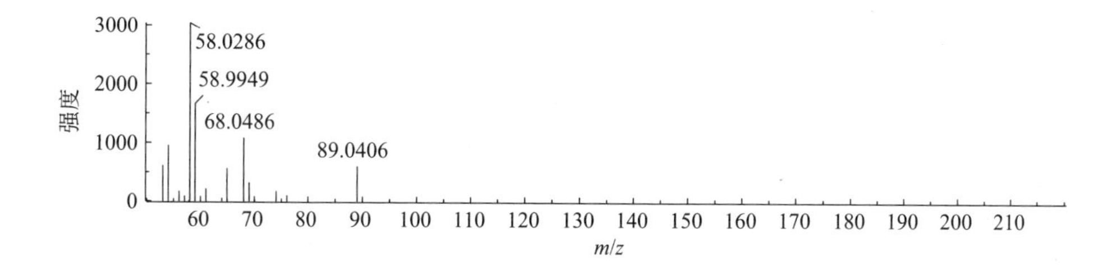

Ametoctradin
唑嘧菌胺

CAS 号	865318-97-4	保留时间	20.65min
分子式	$C_{15}H_{25}N_5$	加合方式	$[M+H]^+$
分子量	275.2110	源内裂解碎片	无

推测裂解规律

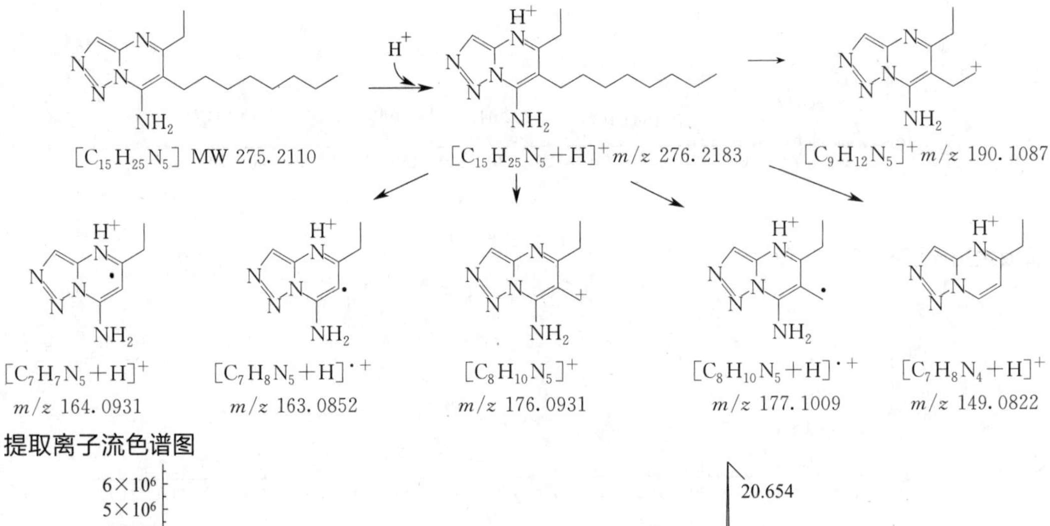

提取离子流色谱图

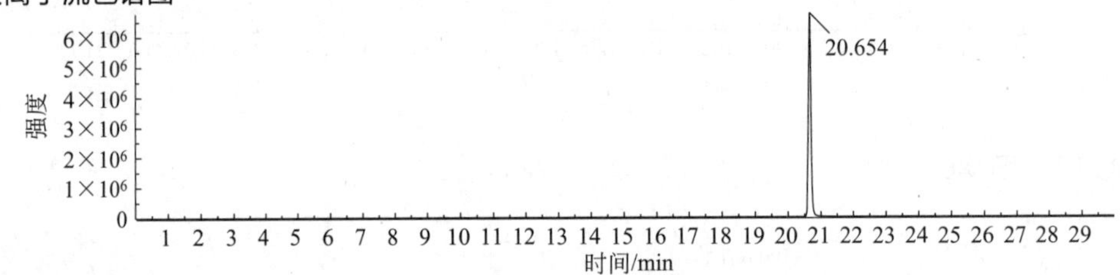

一级质谱图

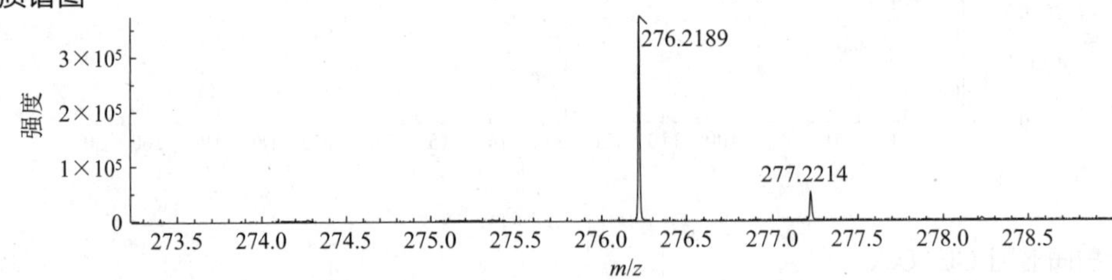

二级全扫质谱图 CE: (35±15)V

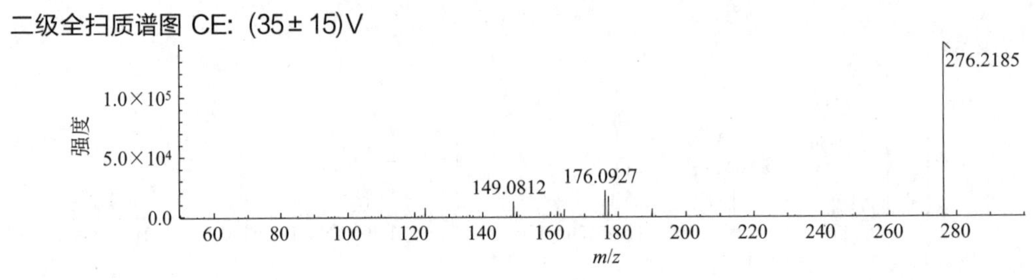

二级全扫质谱图 CE: 10V

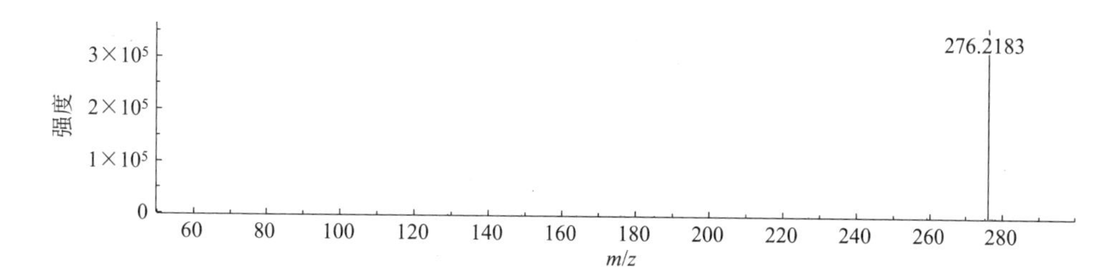

二级全扫质谱图 CE: 20V

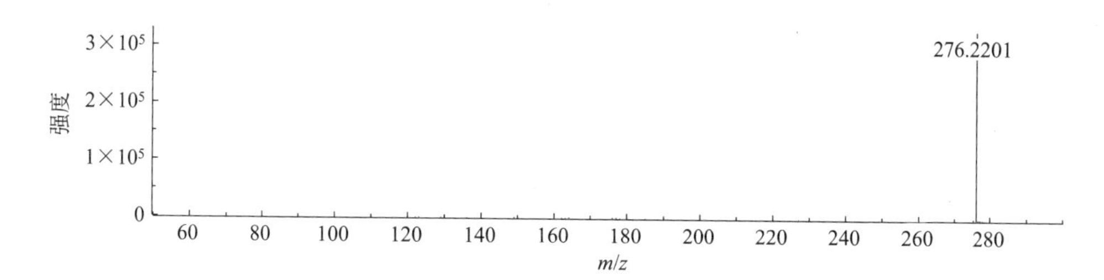

二级全扫质谱图 CE: 35V

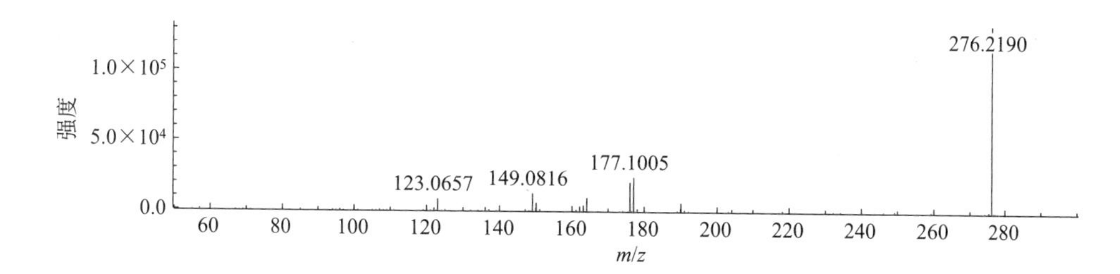

二级全扫质谱图 CE: 50V

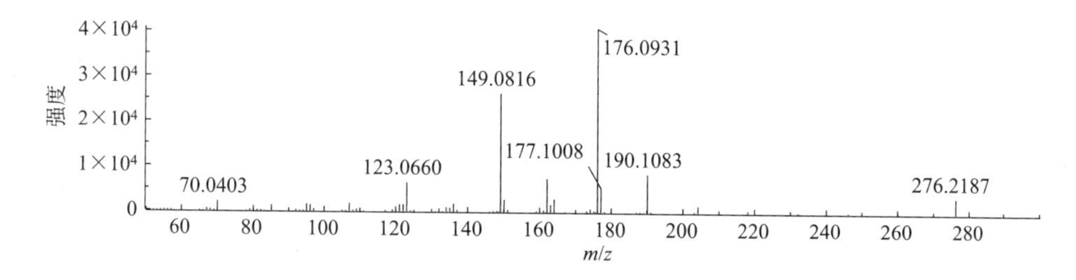

二级全扫质谱图 CE: 60V

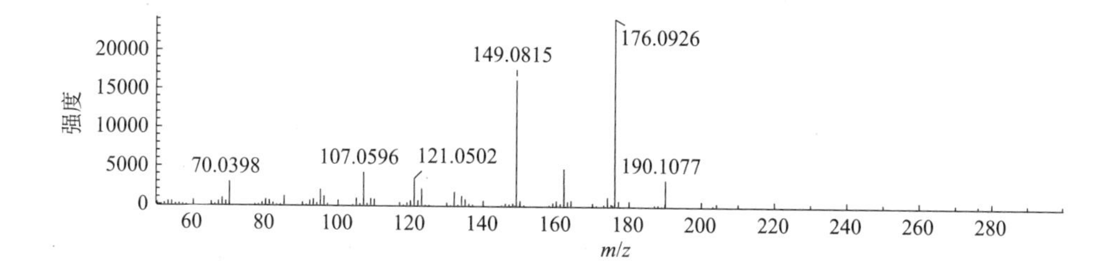

Ametryn

莠灭净

CAS 号	834-12-8	保留时间	11.05min
分子式	$C_9H_{17}N_5S$	加合方式	$[M+H]^+$
分子量	227.1205	源内裂解碎片	无

推测裂解规律（裂解路径已经 MS[3] 确认）

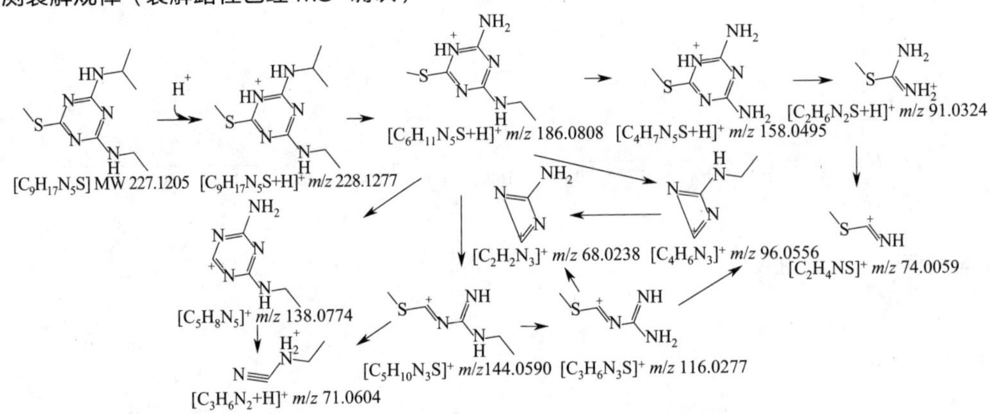

提取离子流色谱图

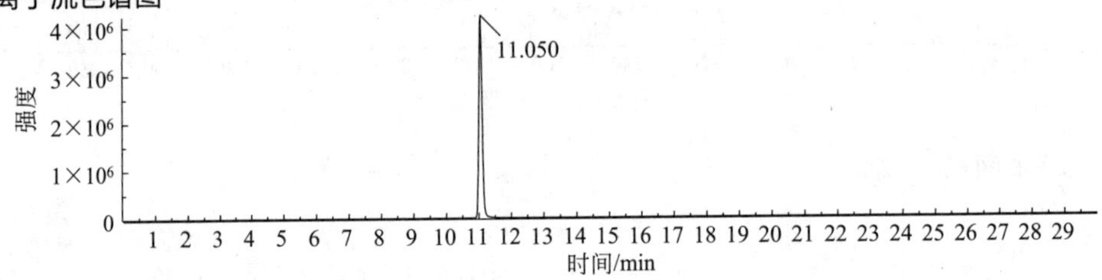

一级质谱图

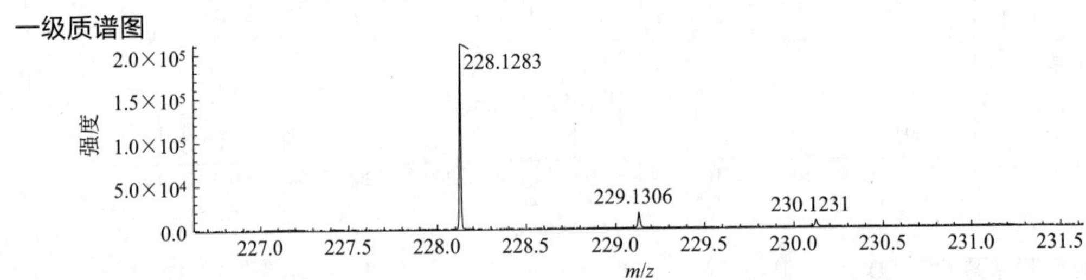

二级全扫质谱图 CE: (35±15)V

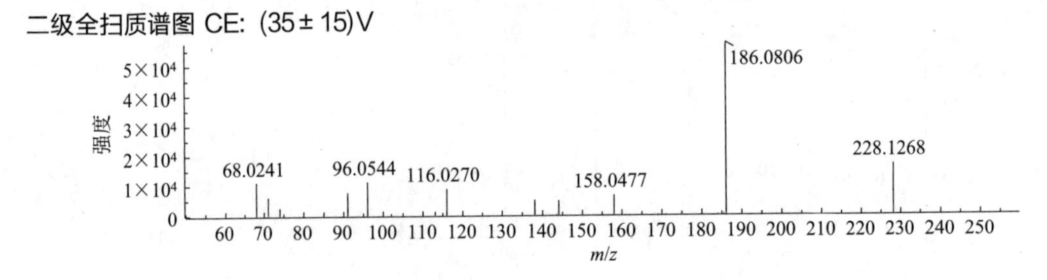

二级全扫质谱图 CE: 10V

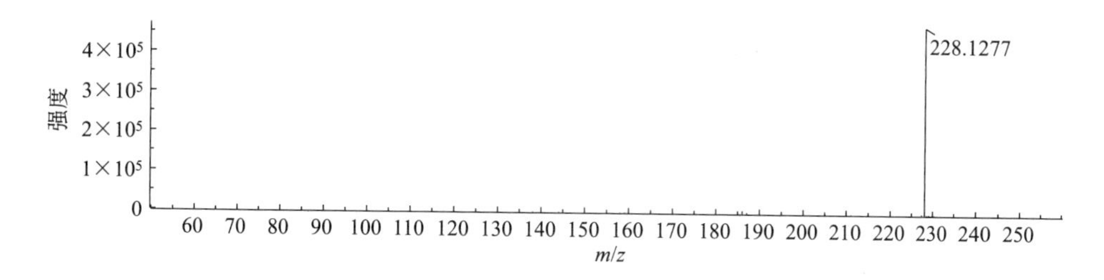

二级全扫质谱图 CE: 20V

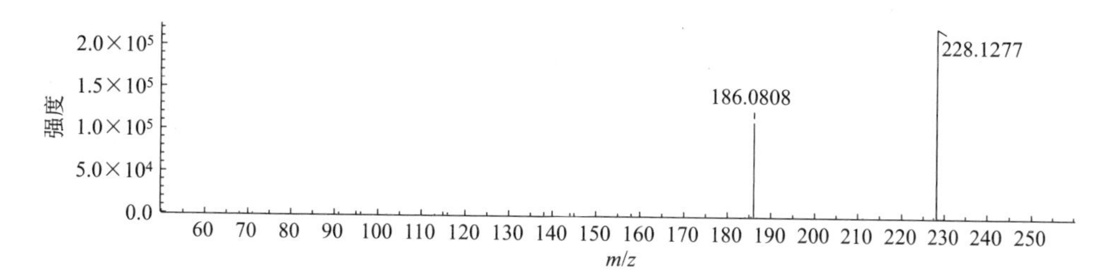

二级全扫质谱图 CE: 35V

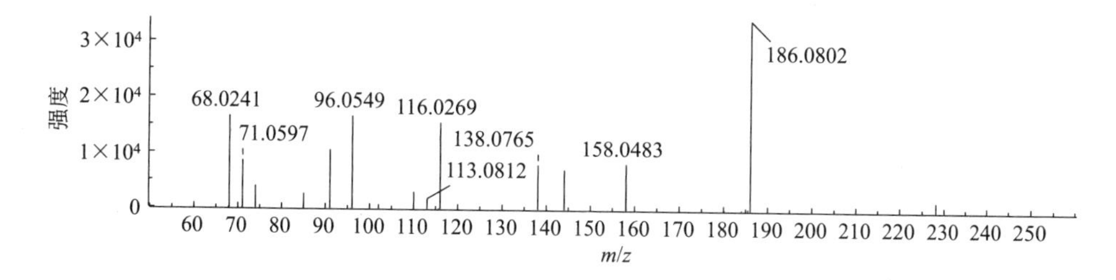

二级全扫质谱图 CE: 50V

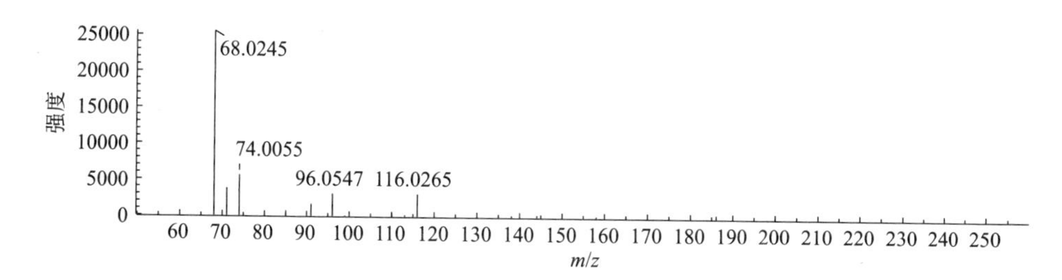

二级全扫质谱图 CE: 60V

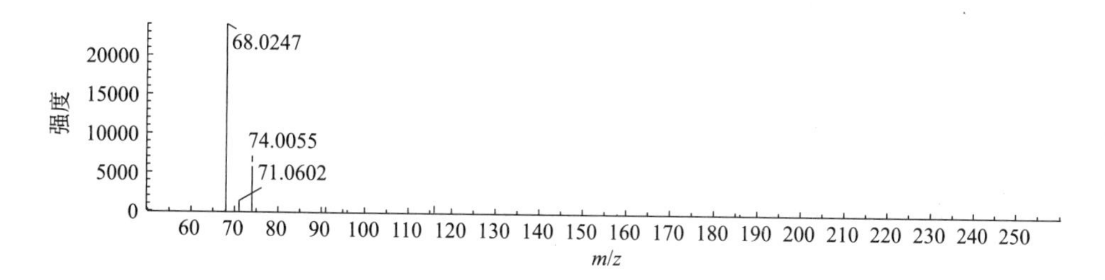

Amidosulfuron
酰嘧磺隆

CAS 号	120923-37-7	保留时间	6.91min
分子式	$C_9H_{15}N_5O_7S_2$	加合方式	$[M+H]^+$
分子量	369.0413	源内裂解碎片	无

推测裂解规律（裂解路径已经 MS³ 确认）

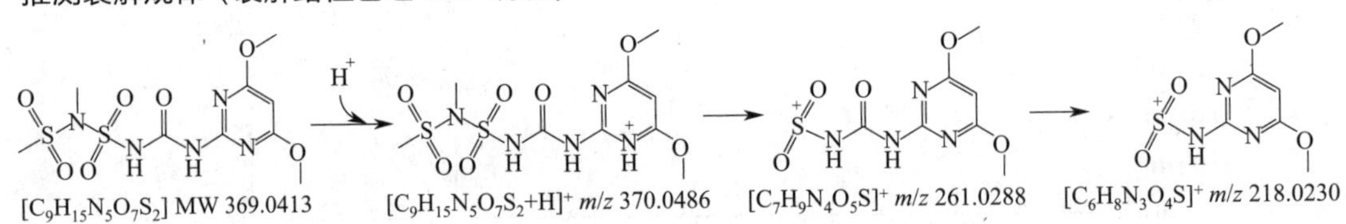

$[C_7H_{10}N_4O_6S+H]^+$ m/z 279.0394

$[C_7H_8N_3O_3]^+$ m/z 182.0560

$[C_5H_5N_3O_2]^{\cdot+}$ m/z 139.0376

$[C_6H_8N_3O_2]^+$ m/z154.0611

$[C_5H_6N_3O]^+$ m/z 124.0505

提取离子流色谱图

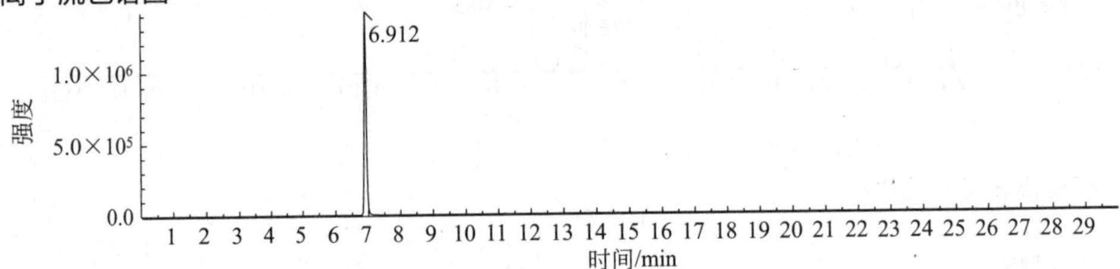

一级质谱图

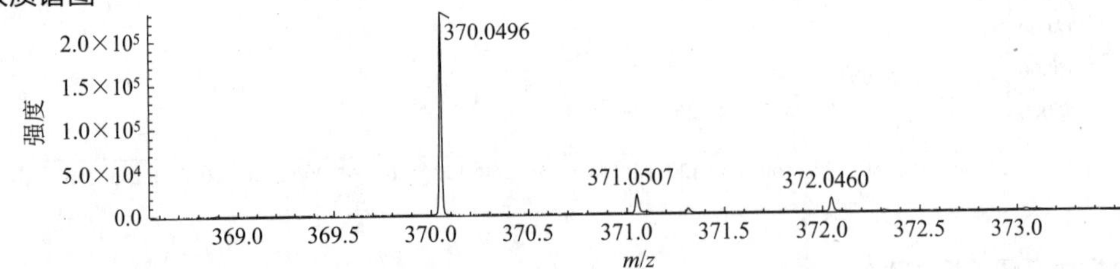

二级全扫质谱图 CE: (35±15)V

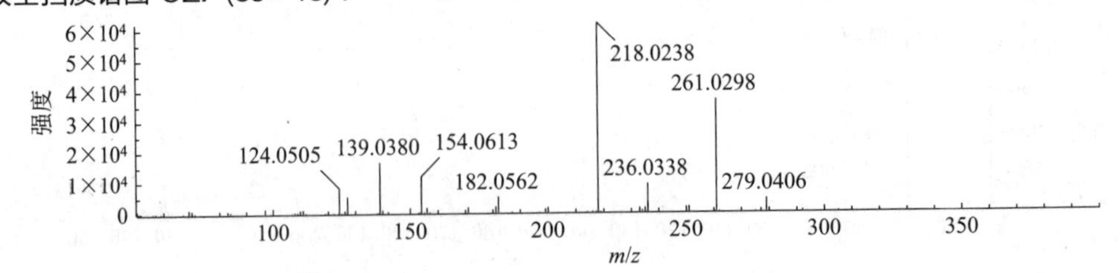

二级全扫质谱图 CE: 10V

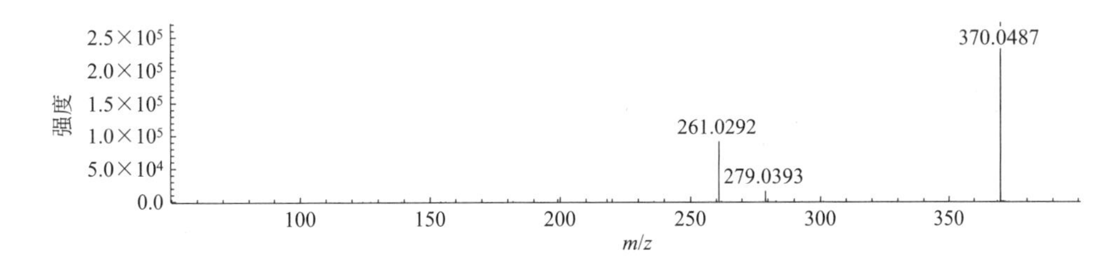

二级全扫质谱图 CE: 20V

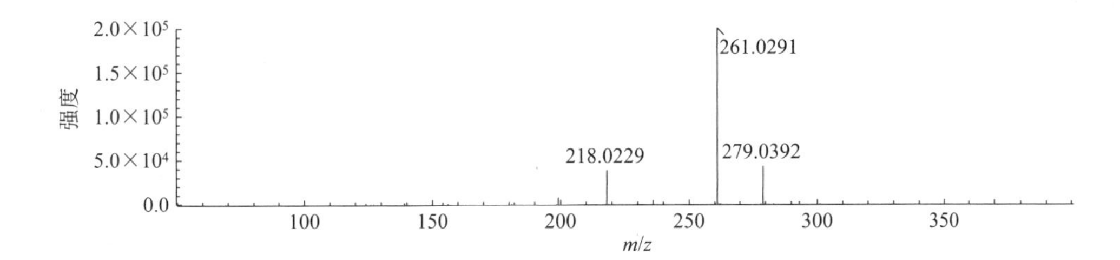

二级全扫质谱图 CE: 35V

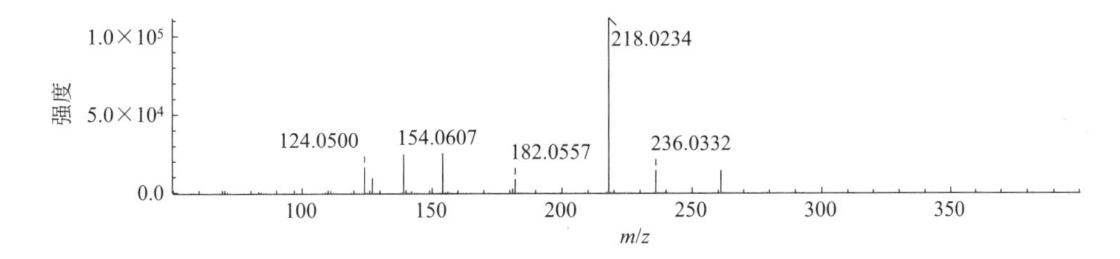

二级全扫质谱图 CE: 50V

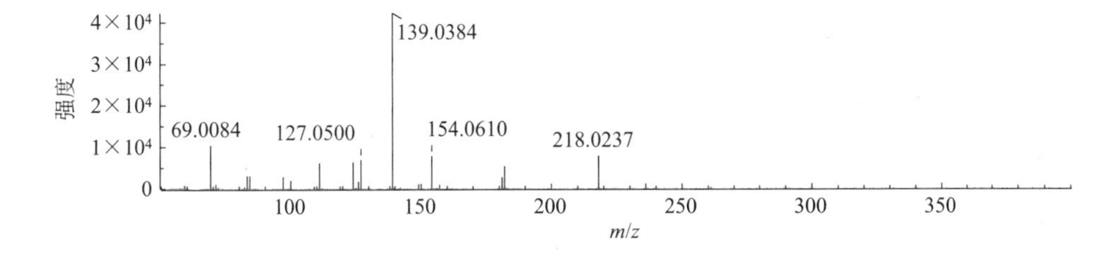

二级全扫质谱图 CE: 60V

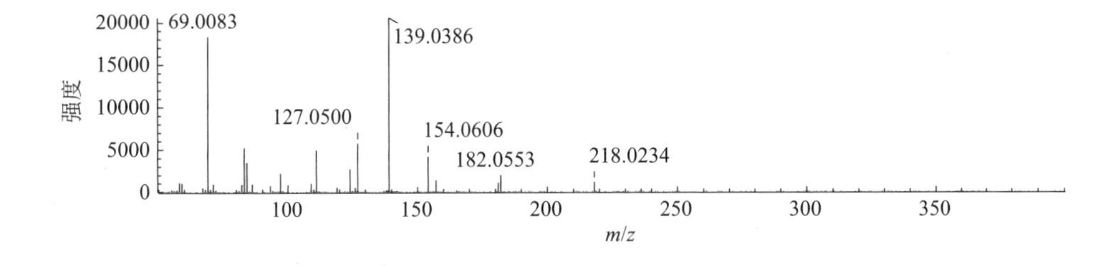

Amisulbrom
吲唑磺菌胺

CAS 号	348635-87-0	保留时间	21.45min
分子式	$C_{13}H_{13}BrFN_5O_4S_2$	加合方式	$[M+H]^+$
分子量	464.9576	源内裂解碎片	无

推测裂解规律

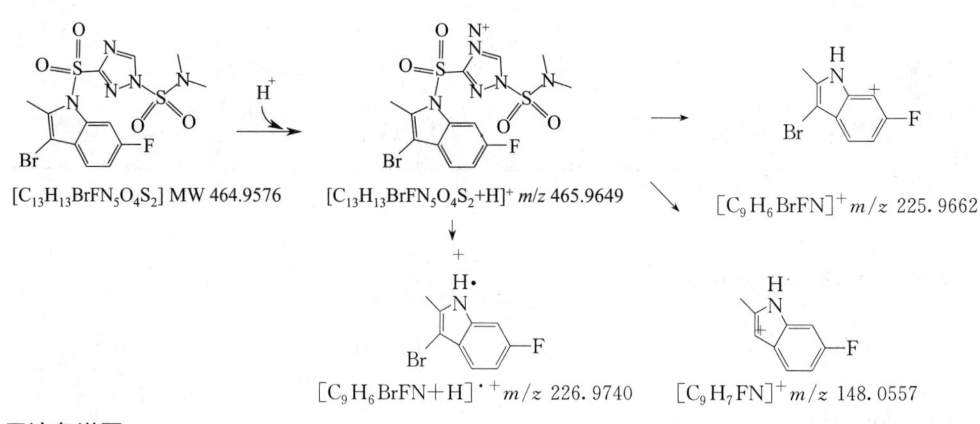

提取离子流色谱图

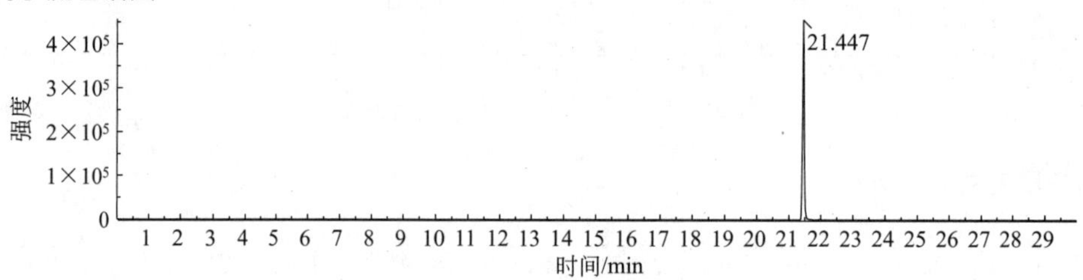

一级质谱图

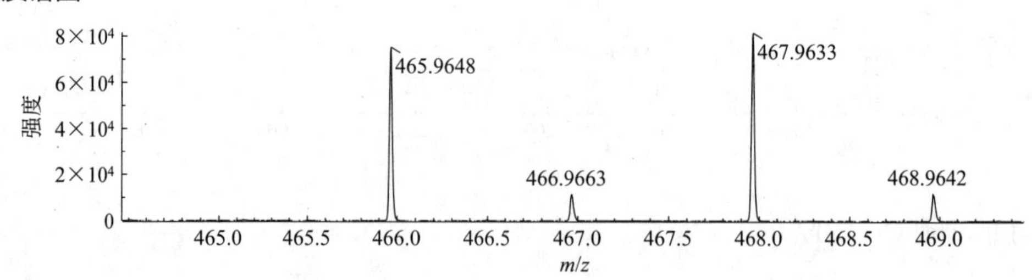

二级全扫质谱图 CE: (35±15)V

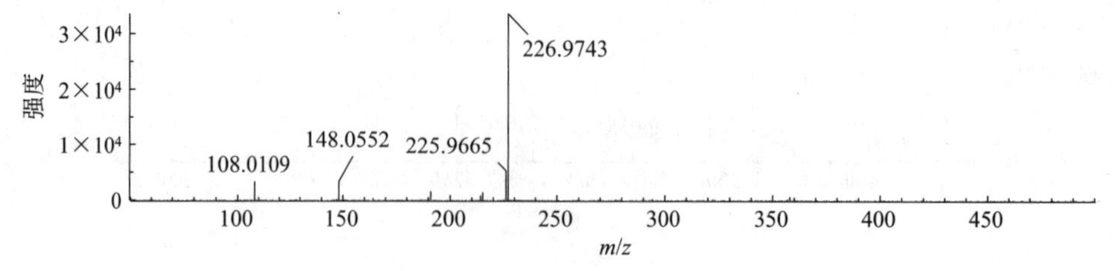

二级全扫质谱图 CE: 10V

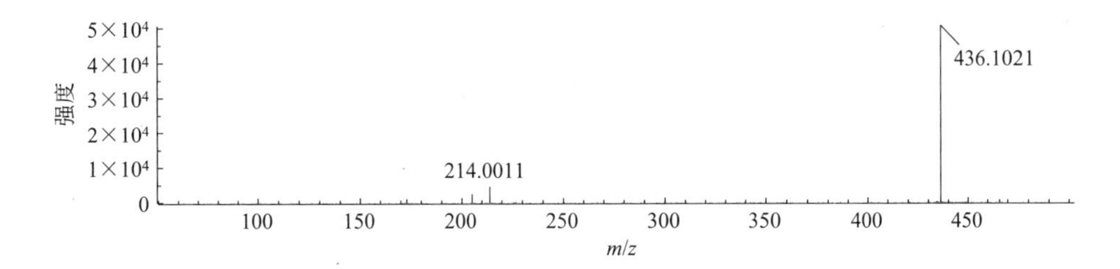

二级全扫质谱图 CE: 20V

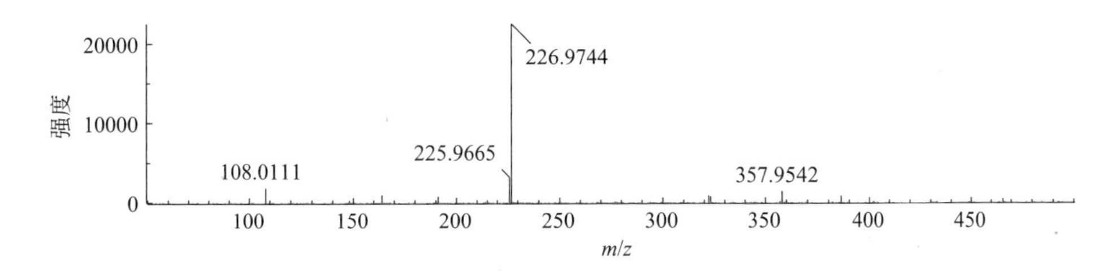

二级全扫质谱图 CE: 35V

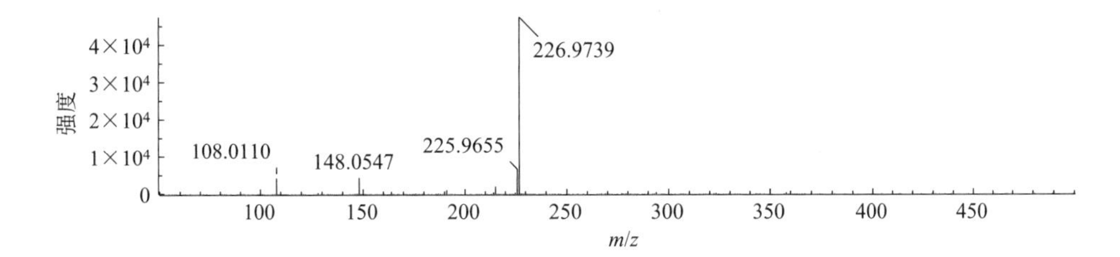

二级全扫质谱图 CE: 50V

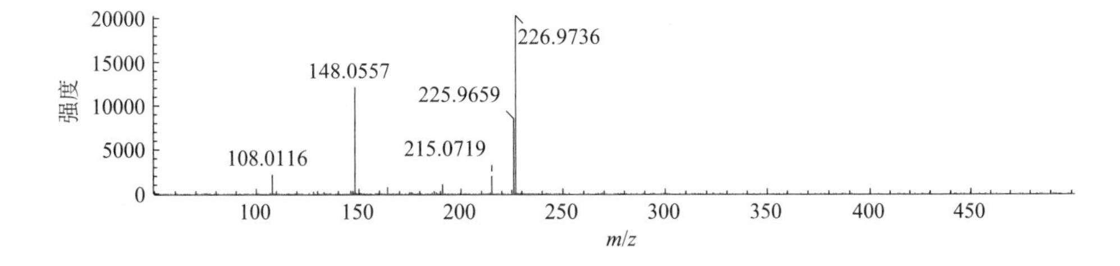

二级全扫质谱图 CE: 60V

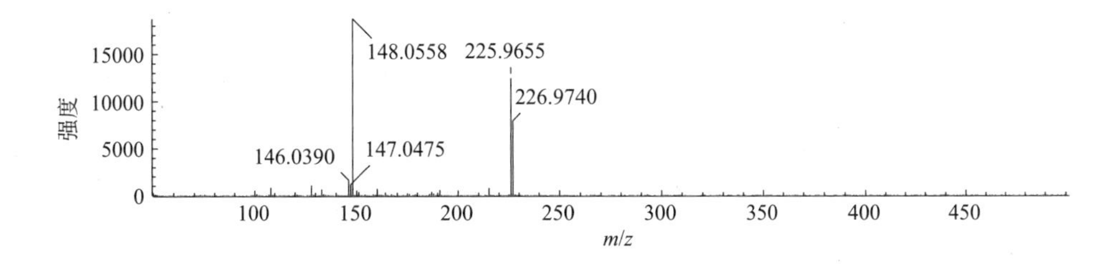

Anilazine
敌菌灵

CAS 号	101-05-3	保留时间	12.75min
分子式	$C_9H_5Cl_3N_4$	加合方式	$[M+H]^+$
分子量	273.9580	源内裂解碎片	无

推测裂解规律

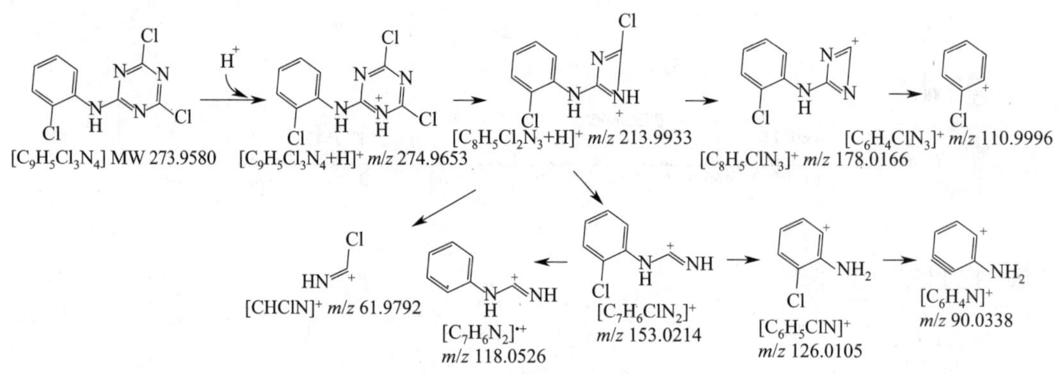

提取离子流色谱图

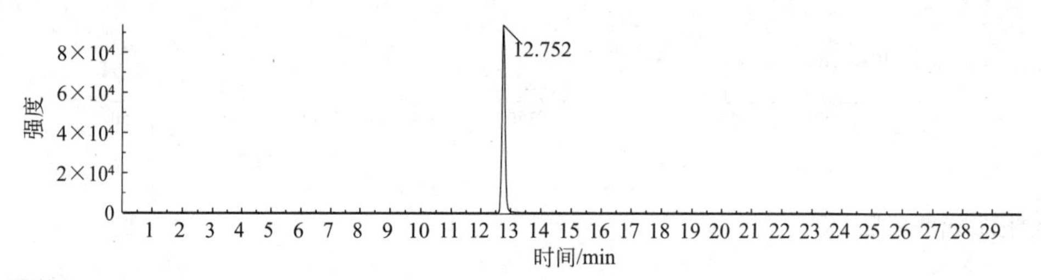

一级质谱图

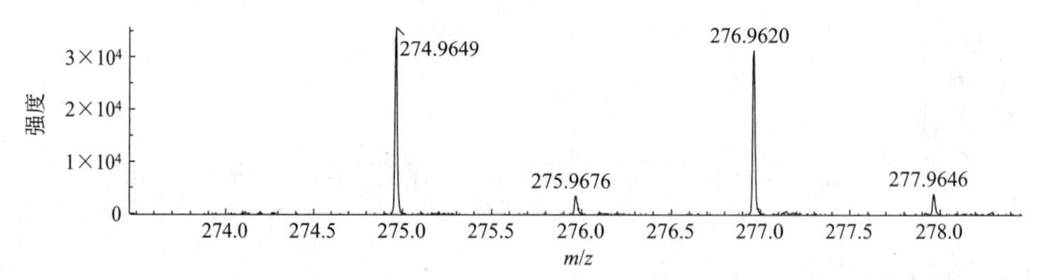

二级全扫质谱图 CE: (35±15)V

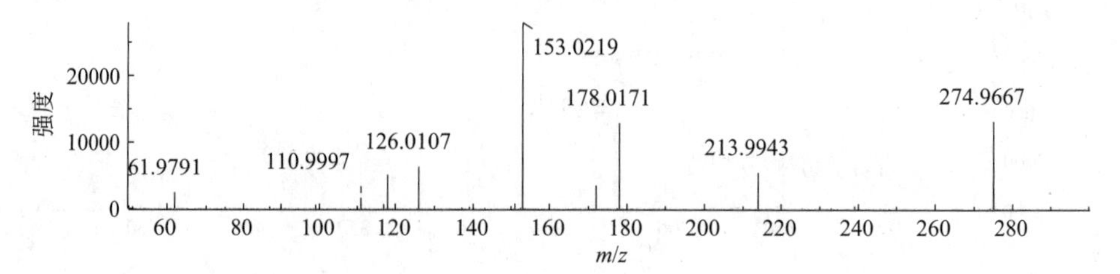

二级全扫质谱图 CE: 10V

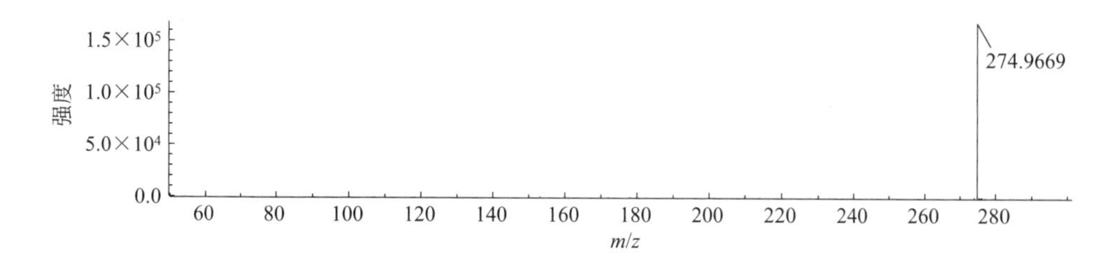

二级全扫质谱图 CE: 20V

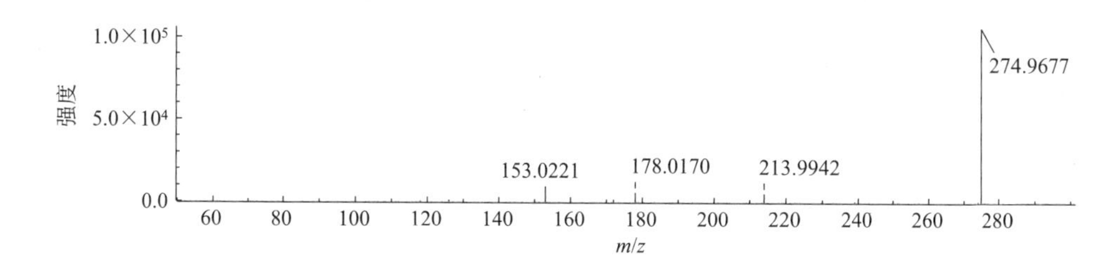

二级全扫质谱图 CE: 35V

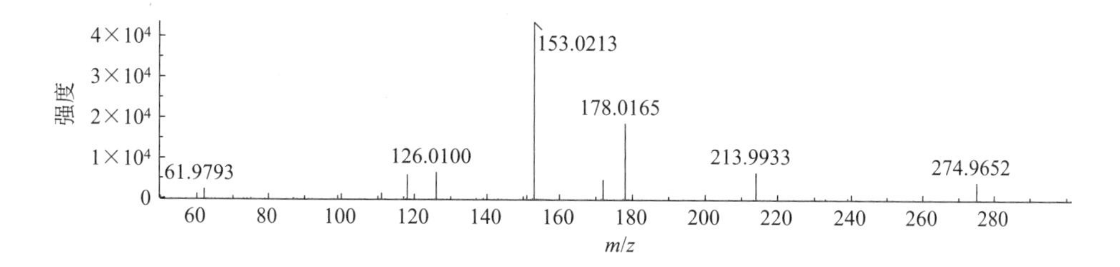

二级全扫质谱图 CE: 50V

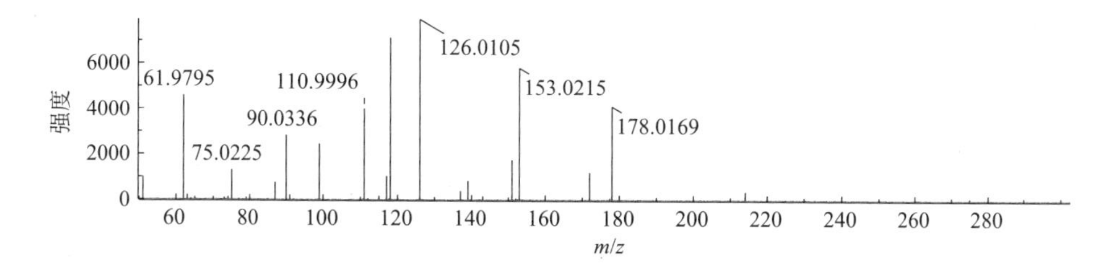

二级全扫质谱图 CE: 60V

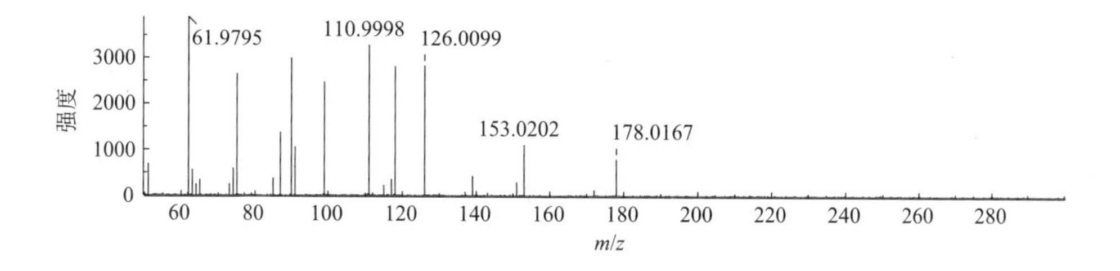

Anilofos

莎稗磷

CAS号	64249-01-0	保留时间	18.83min
分子式	$C_{13}H_{19}ClNO_3PS_2$	加合方式	$[M+H]^+$
分子量	367.0232	源内裂解碎片	无

推测裂解规律

$[C_{13}H_{19}ClNO_3PS_2]$ MW 367.0232

$[C_{13}H_{19}ClNO_3PS_2+H]^+$ m/z 368.0305

$[C_4H_8O_3PS_2]^+$ m/z 198.9647

$[C_3H_8O_2PS_2]^+$ m/z 170.9698

$[C_2H_6O_2PS]^+$ m/z 124.9821

$[C_2H_6O_2PS_2]^+$ m/z 156.9541

$[CH_3O_2P+H]^+$ m/z 78.9943

提取离子流色谱图

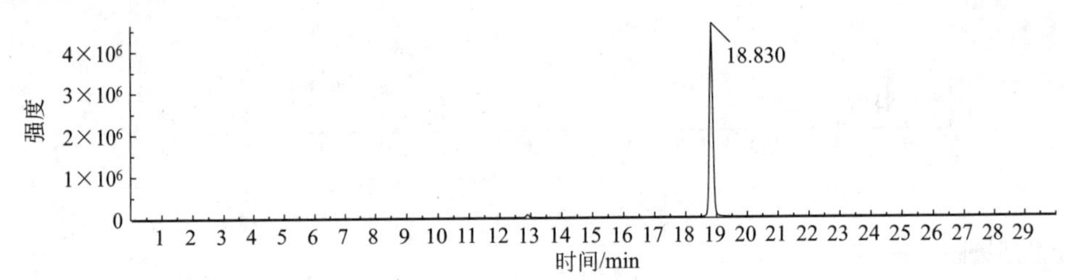

一级质谱图

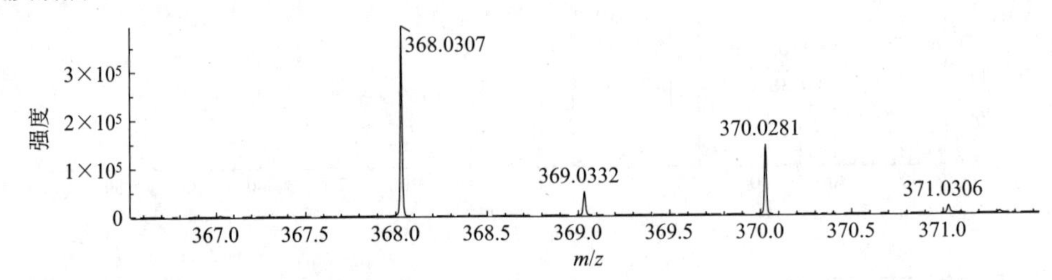

二级全扫质谱图 CE: (35±15)V

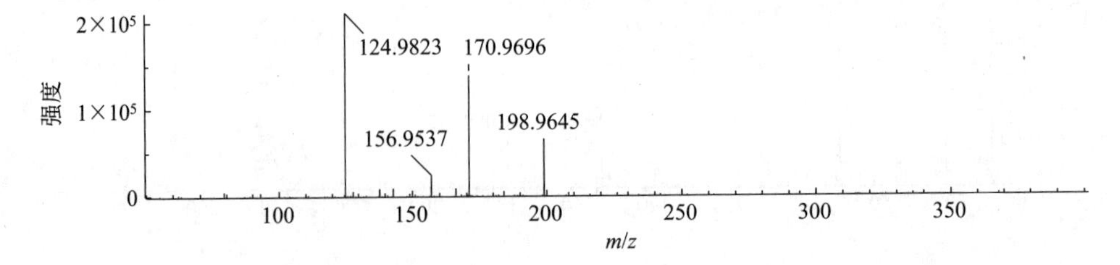

二级全扫质谱图 CE: 10V

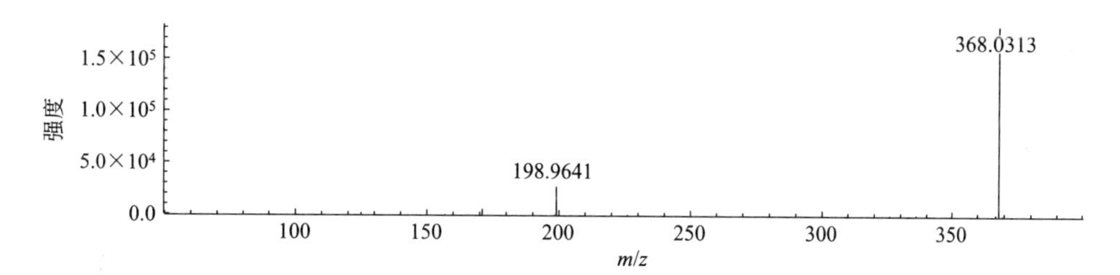

二级全扫质谱图 CE: 20V

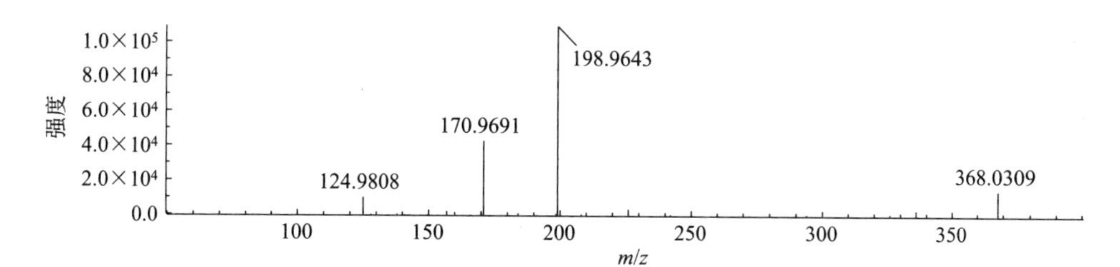

二级全扫质谱图 CE: 35V

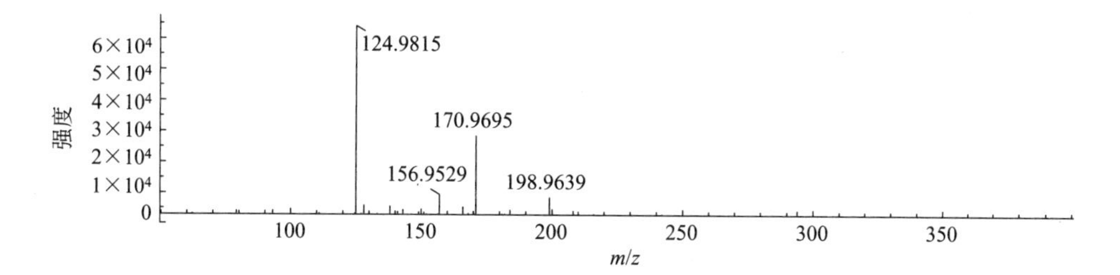

二级全扫质谱图 CE: 50V

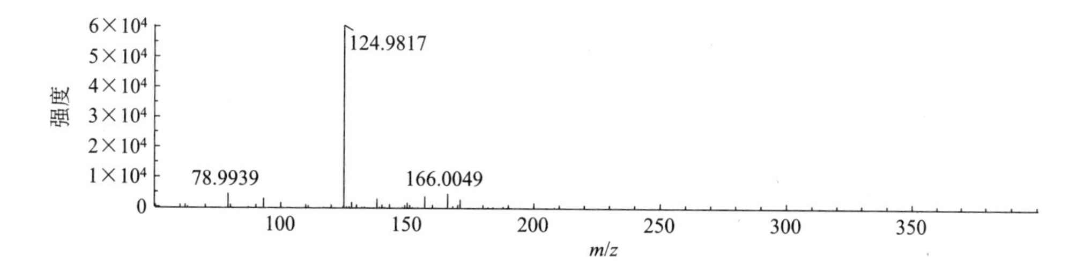

二级全扫质谱图 CE: 60V

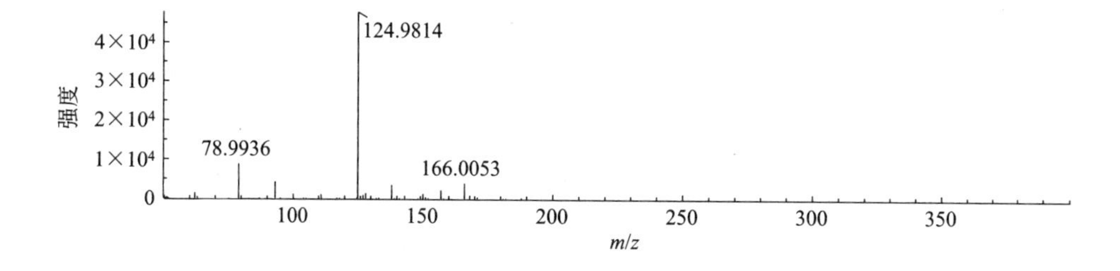

Atrazine
莠去津

CAS 号	1912-24-9	保留时间	8.86min
分子式	$C_8H_{14}ClN_5$	加合方式	$[M+H]^+$
分子量	215.0938	源内裂解碎片	无

推测裂解规律（裂解路径已经 MS^3 确认）

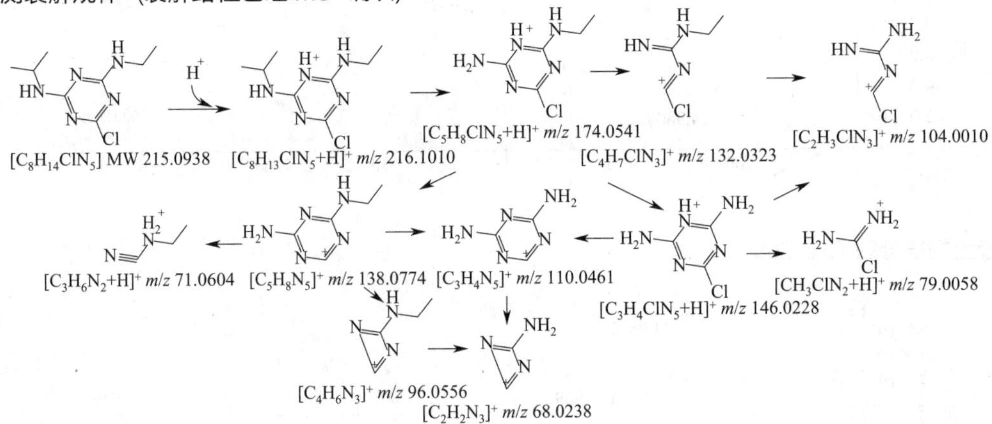

提取离子流色谱图

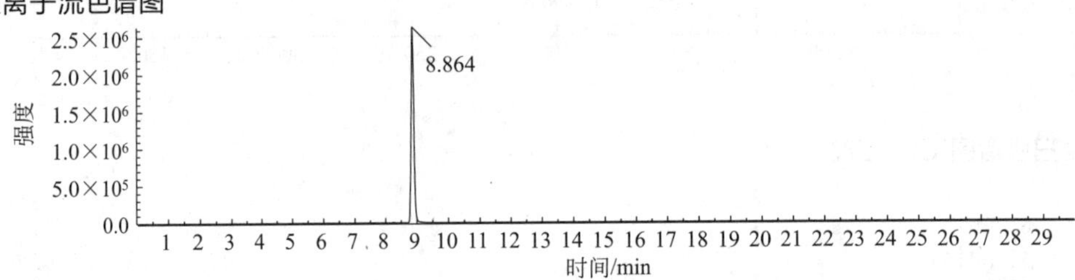

一级质谱图

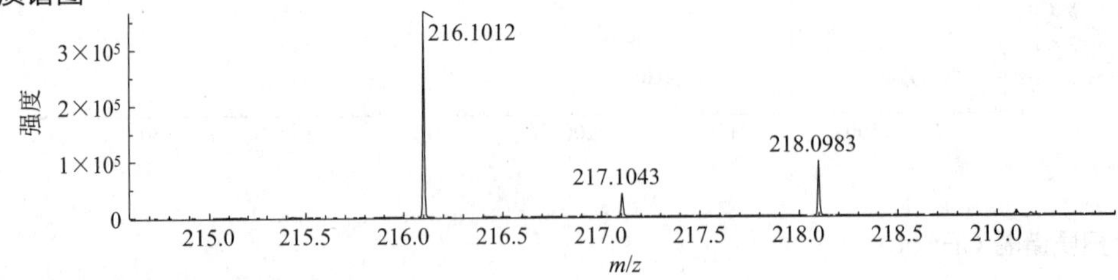

二级全扫质谱图 CE: (35±15)V

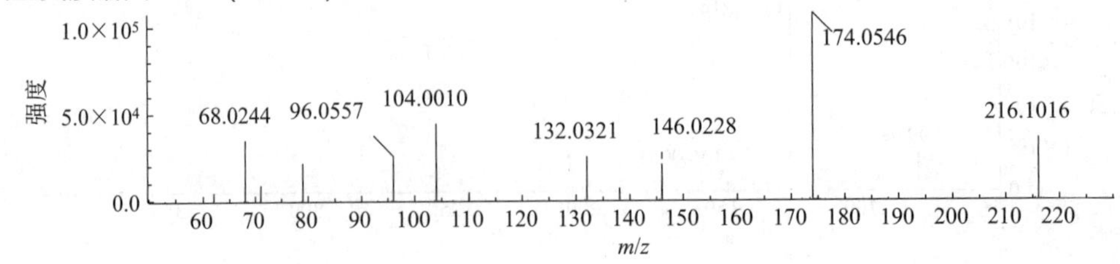

二级全扫质谱图 CE: 10V

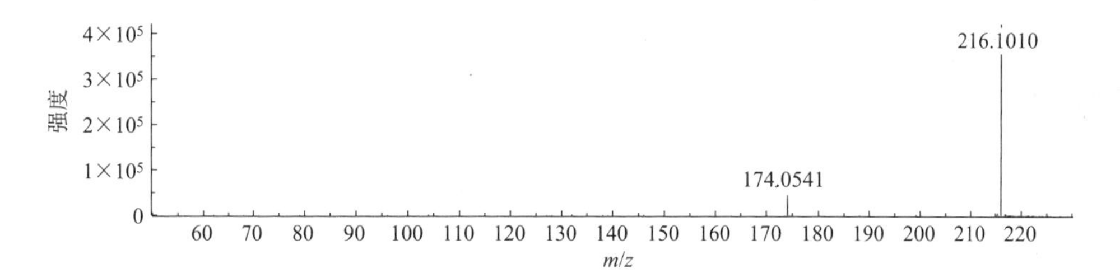

二级全扫质谱图 CE: 20V

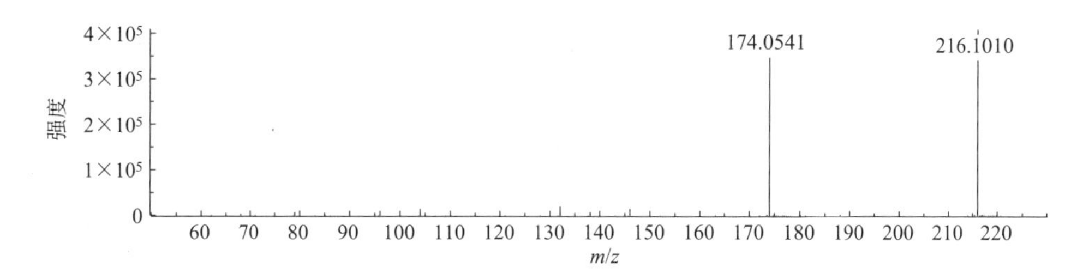

二级全扫质谱图 CE: 35V

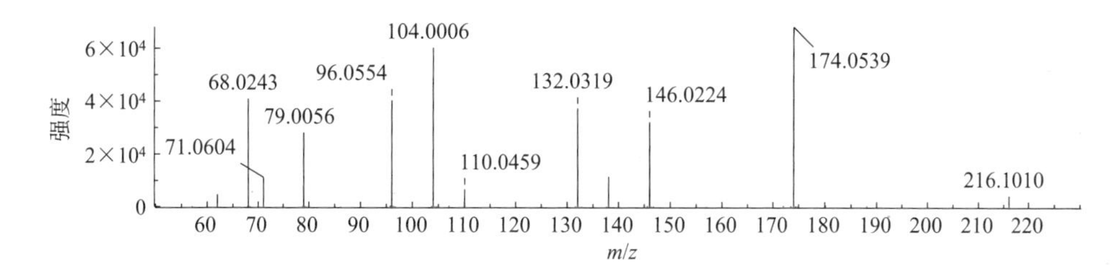

二级全扫质谱图 CE: 50V

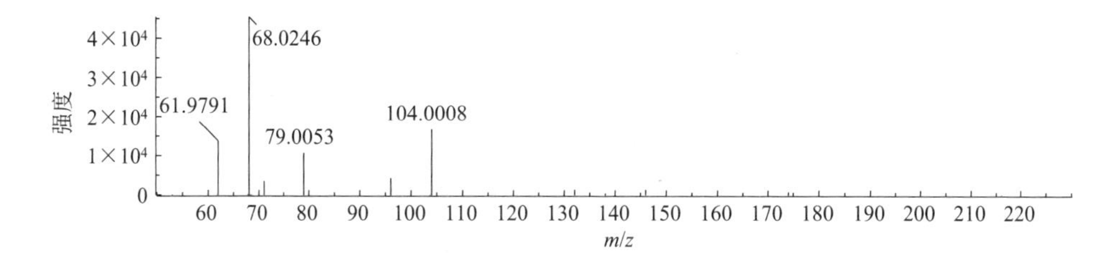

二级全扫质谱图 CE: 60V

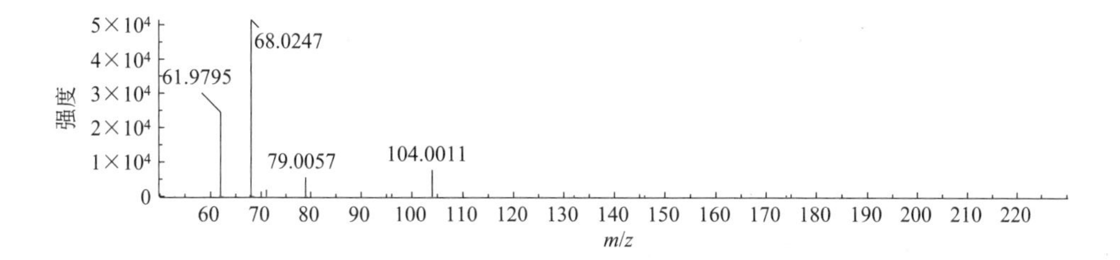

Azinphos-methyl
保棉磷

CAS 号	86-50-0	保留时间	10. 54min
分子式	$C_{10}H_{12}N_3O_3PS_2$	加合方式	$[M+H]^+$
分子量	317. 0058	源内裂解碎片	m/z 132,160

推测裂解规律

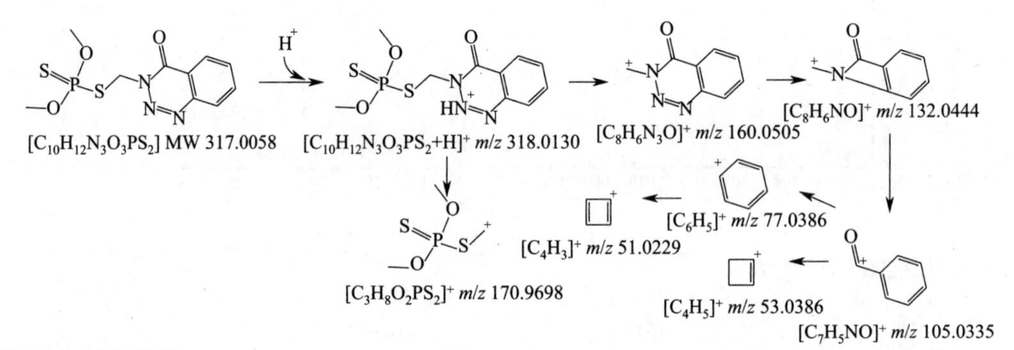

提取离子流色谱图

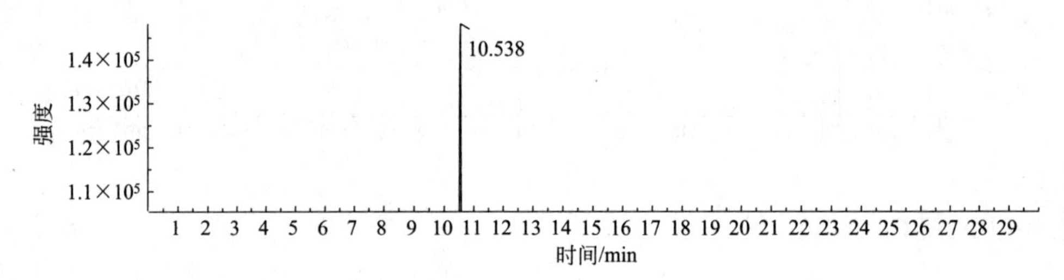

一级质谱图

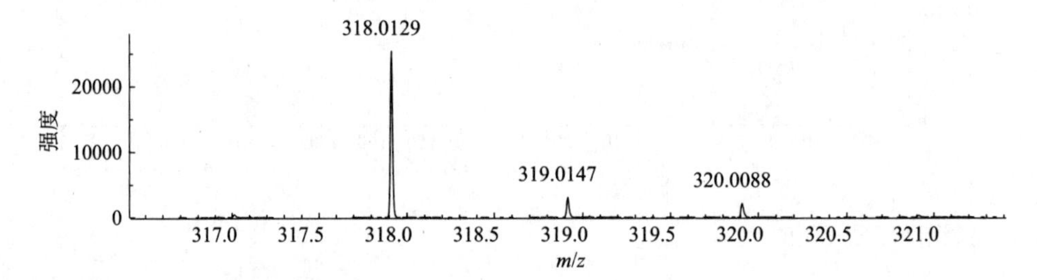

二级全扫质谱图 CE: (35±15)V

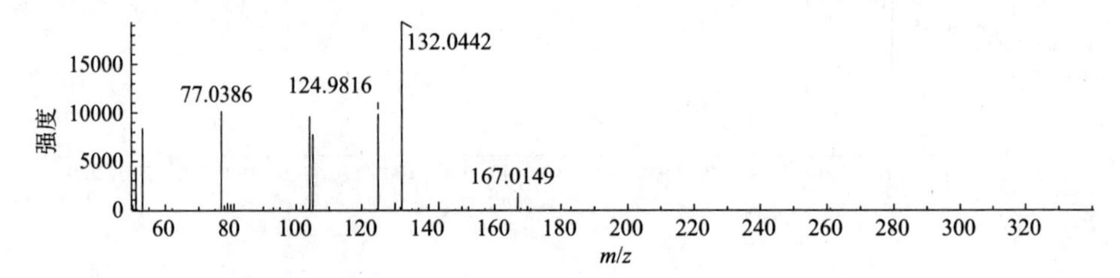

二级全扫质谱图 CE: 10V

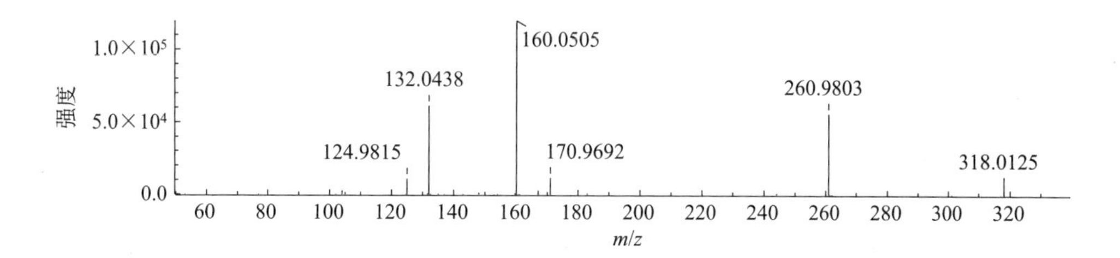

二级全扫质谱图 CE: 20V

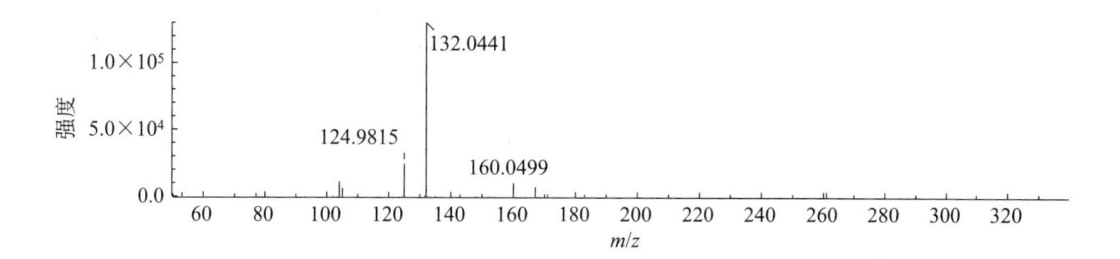

二级全扫质谱图 CE: 35V

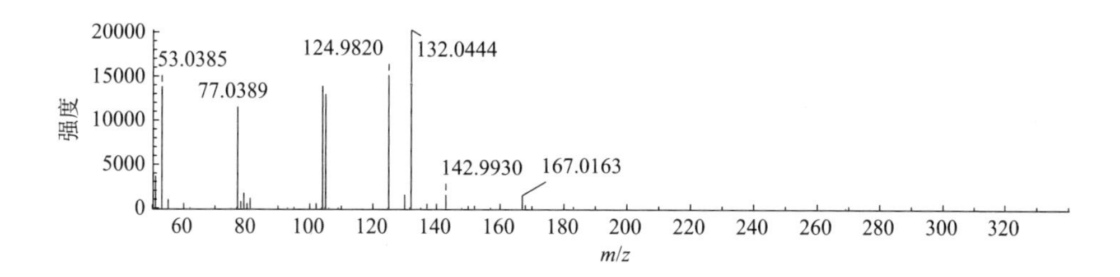

二级全扫质谱图 CE: 50V

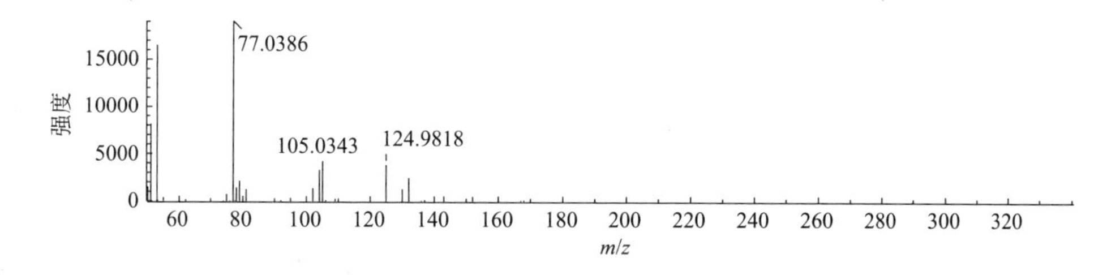

二级全扫质谱图 CE: 60V

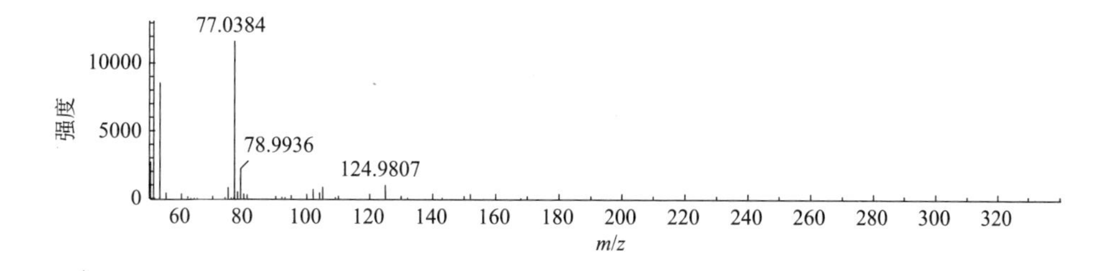

Azinphos-methyl in-source fragment 132
保棉磷源内裂解碎片 132

CAS 号	—	保留时间	10. 54min
分子式	$C_8H_6NO^+$	加合方式	$[M+H]^+$
分子量	132. 0444	源内裂解碎片	无

推测裂解规律

$[C_8H_6NO]^+$ *m/z* 132.0444 → $[C_7H_5NO]^+$ *m/z* 105.0335 → $[C_6H_5]^+$ *m/z* 77.0386 → $[C_4H_3]^+$ *m/z* 51.0229

$[C_7H_5NO]^+$ *m/z* 105.0335 → $[C_4H_5]^+$ *m/z* 53.0386

提取离子流色谱图

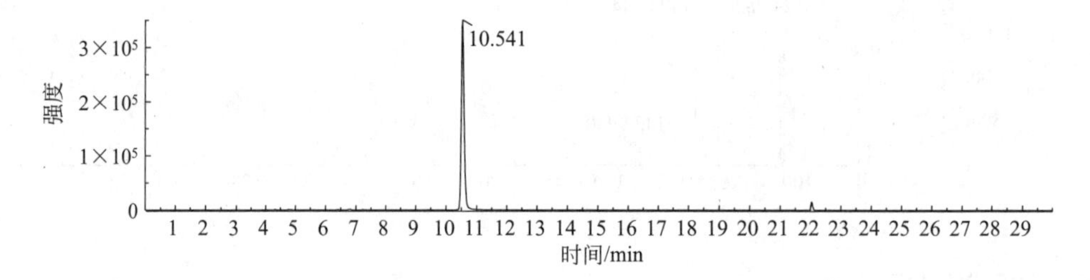

一级质谱图

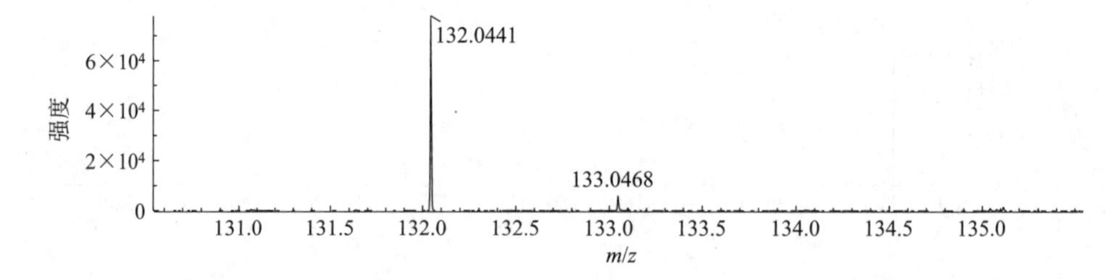

二级全扫质谱图 CE: (35±15)V

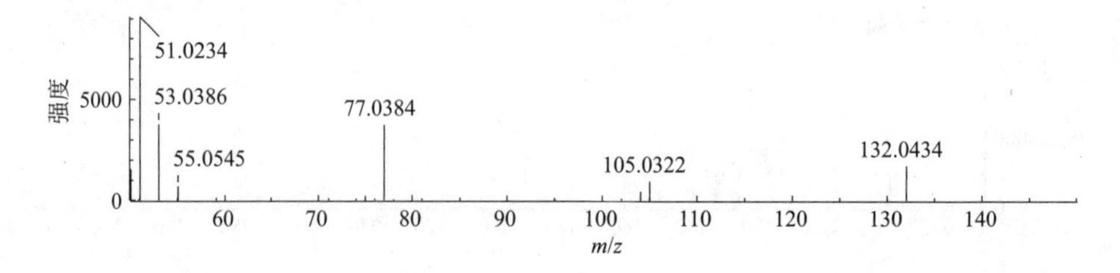

二级全扫质谱图 CE: 10V

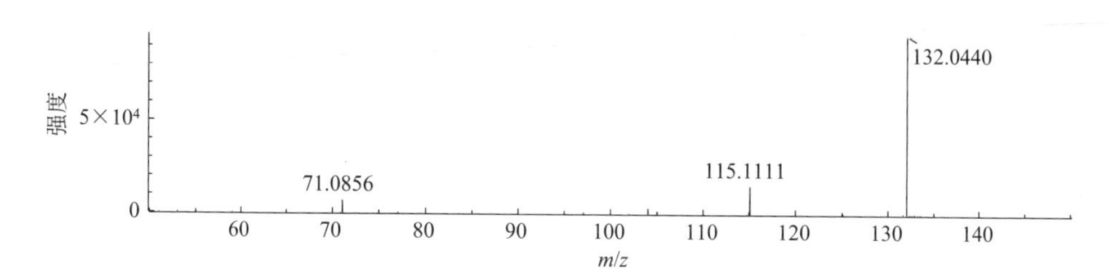

二级全扫质谱图 CE: 20V

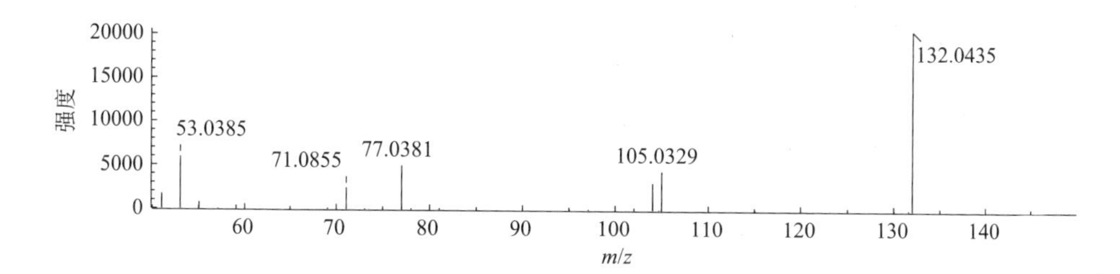

二级全扫质谱图 CE: 35V

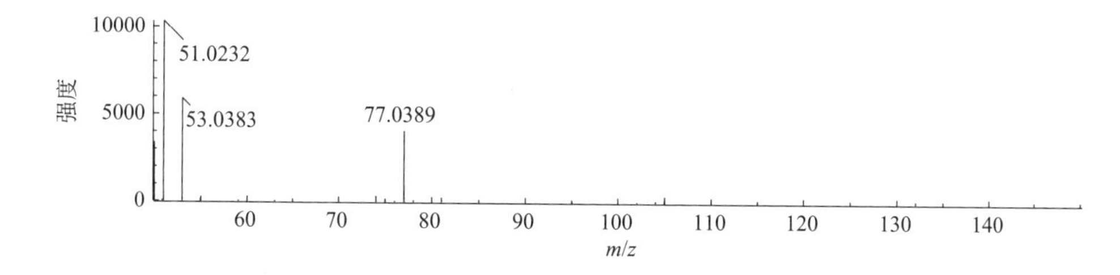

二级全扫质谱图 CE: 50V

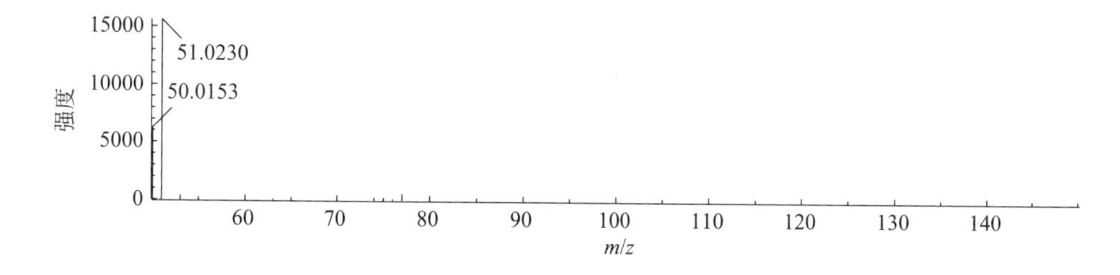

二级全扫质谱图 CE: 60V

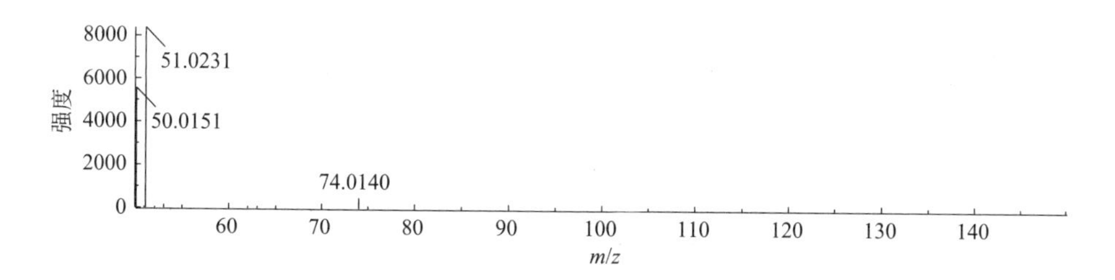

Azinphos-methyl in-source fragment 160

保棉磷源内裂解碎片 160

CAS 号	—	保留时间	10. 54min
分子式	$C_8H_6N_3O^+$	加合方式	$[M+H]^+$
分子量	160. 0505	源内裂解碎片	无

推测裂解规律

$[C_8H_6N_3O]^+$ *m/z* 160.0505 → $[C_8H_6NO]^+$ *m/z* 132.0444 → $[C_7H_5NO]^+$ *m/z* 105.0335 → $[C_6H_5]^+$ *m/z* 77.0386 → $[C_4H_3]^+$ *m/z* 51.0229

$[C_7H_5NO]^+$ *m/z* 105.0335 → $[C_4H_5]^+$ *m/z* 53.0386

提取离子流色谱图

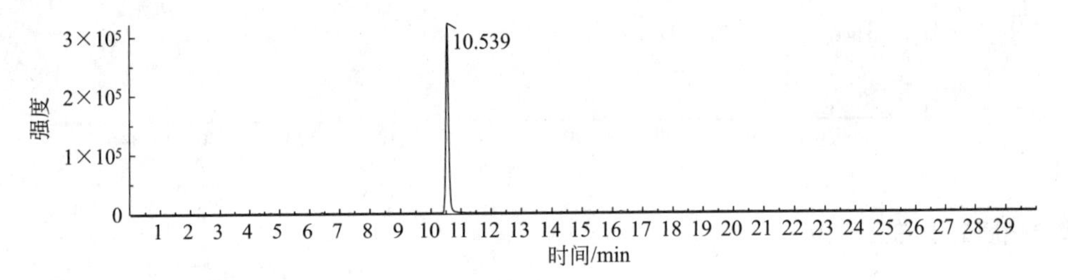

一级质谱图

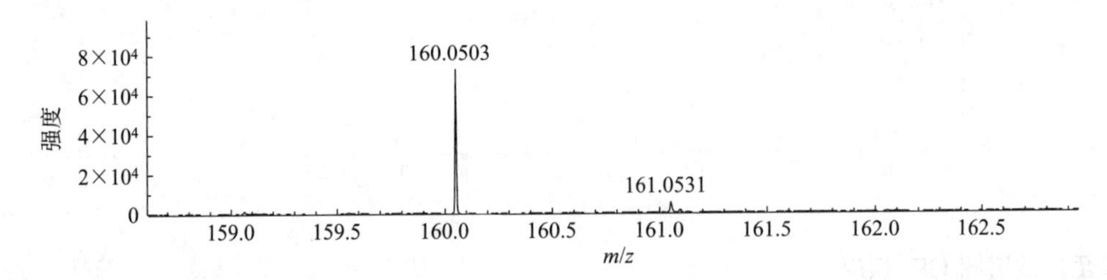

二级全扫质谱图 CE: (35±15)V

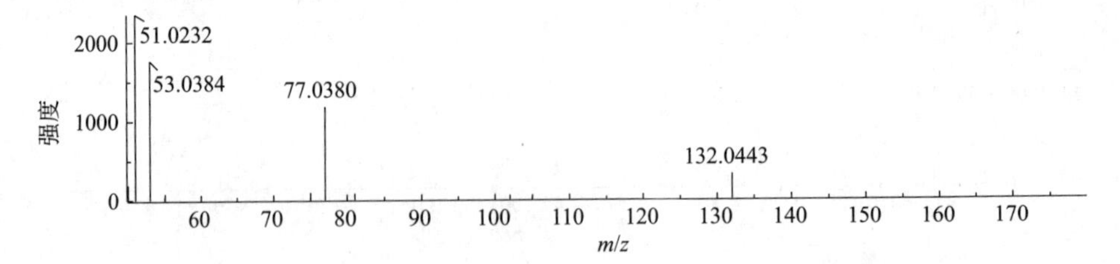

二级全扫质谱图 CE: 10V

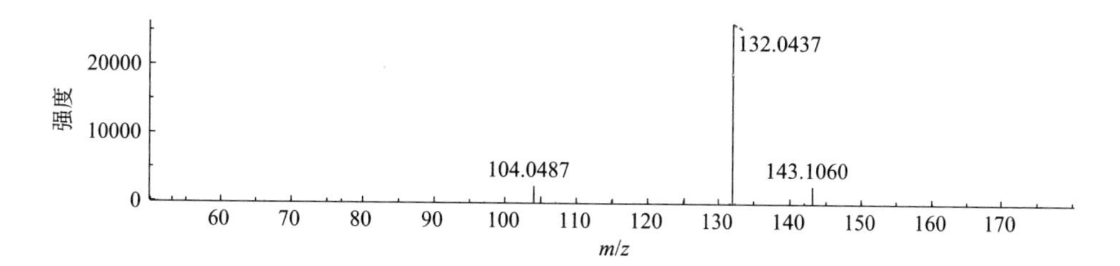

二级全扫质谱图 CE: 20V

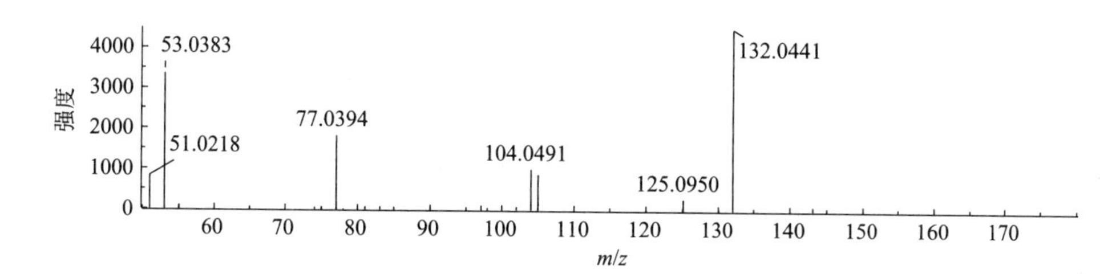

二级全扫质谱图 CE: 35V

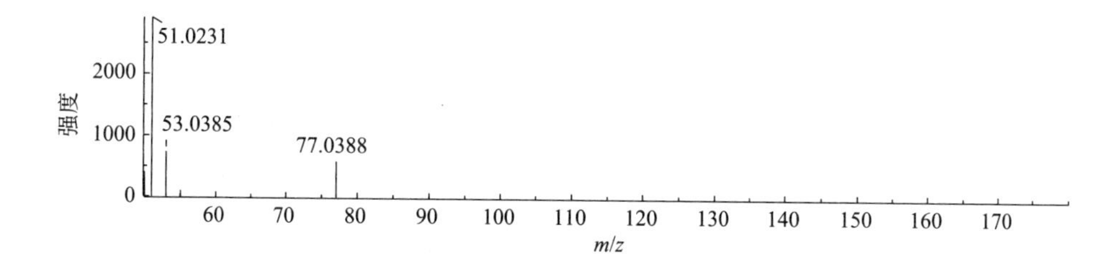

二级全扫质谱图 CE: 50V

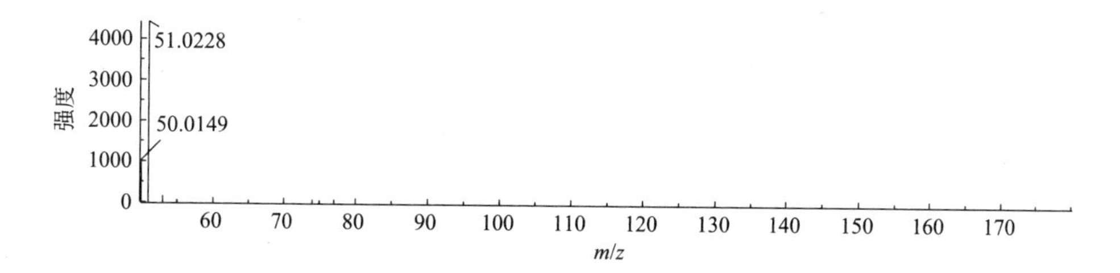

二级全扫质谱图 CE: 60V

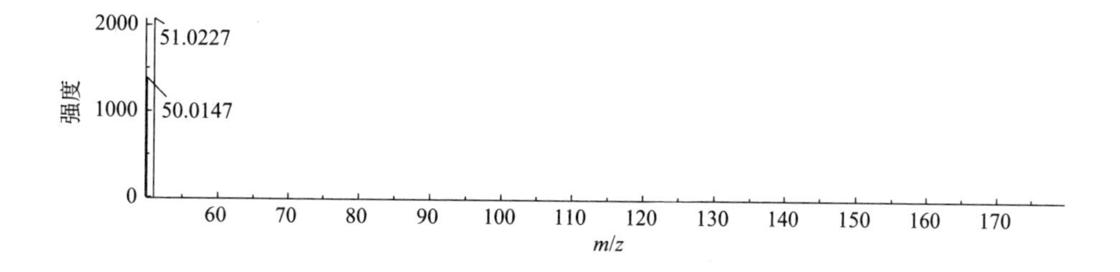

Azoxystrobin

嘧菌酯

CAS 号	131860-33-8	保留时间	12. 16min
分子式	$C_{22}H_{17}N_3O_5$	加合方式	$[M+H]^+$
分子量	403. 1168	源内裂解碎片	无

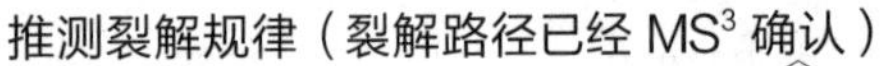

推测裂解规律（裂解路径已经 MS^3 确认）

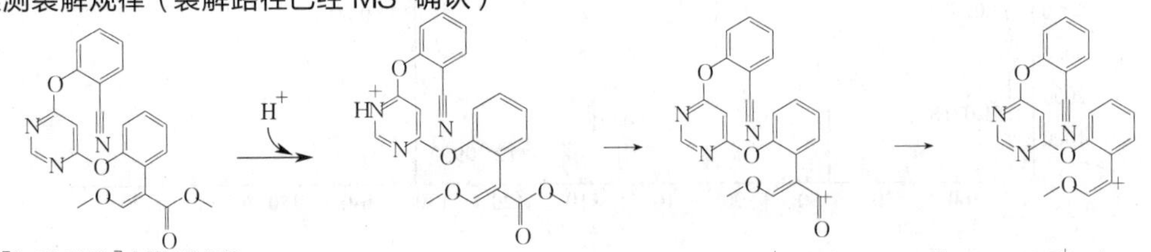

[$C_{19}H_{10}N_3O_3$]$^+$ m/z 328. 0717

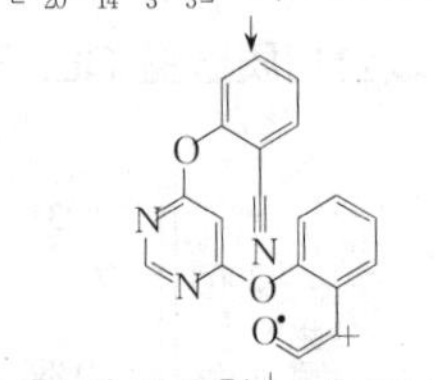

提取离子流色谱图

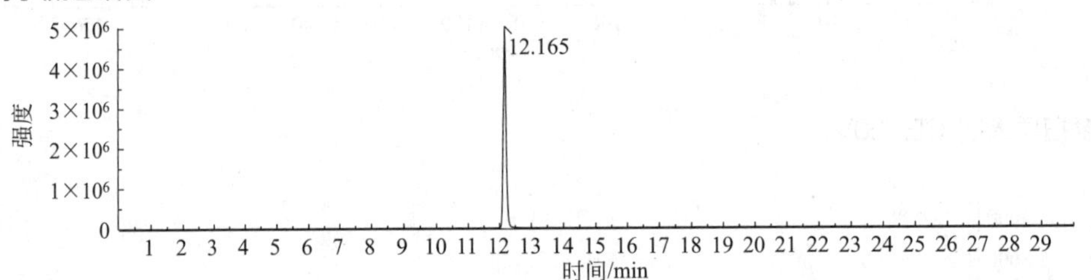

一级质谱图

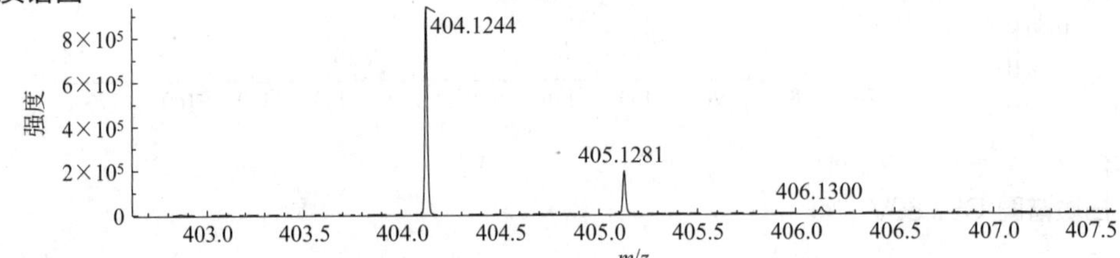

二级全扫质谱图 CE: (35±15)V

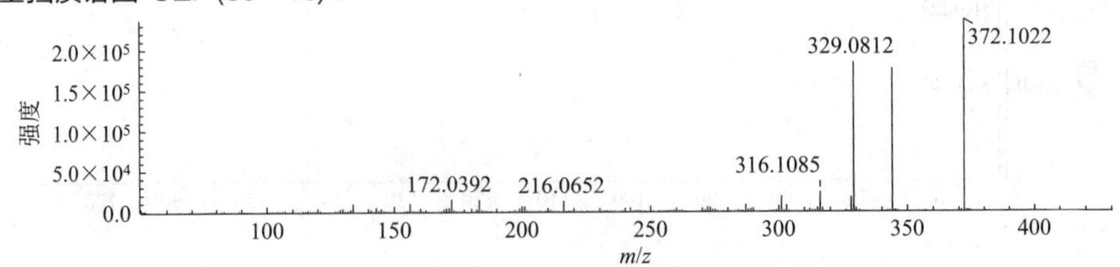

二级全扫质谱图 CE: 10V

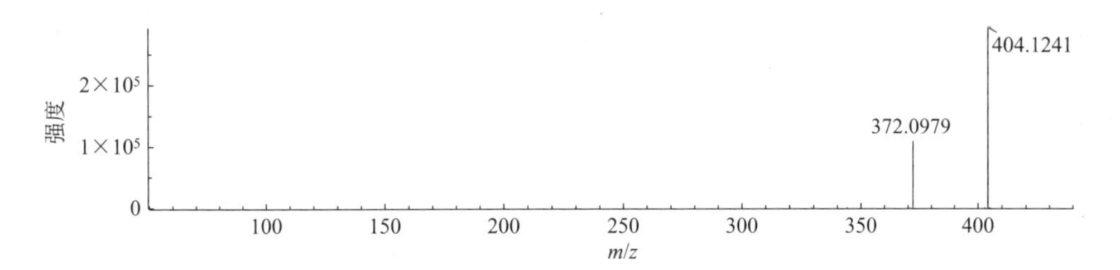

二级全扫质谱图 CE: 20V

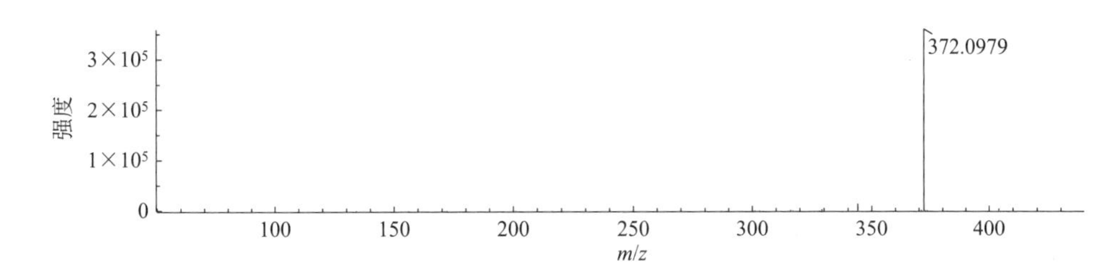

二级全扫质谱图 CE: 35V

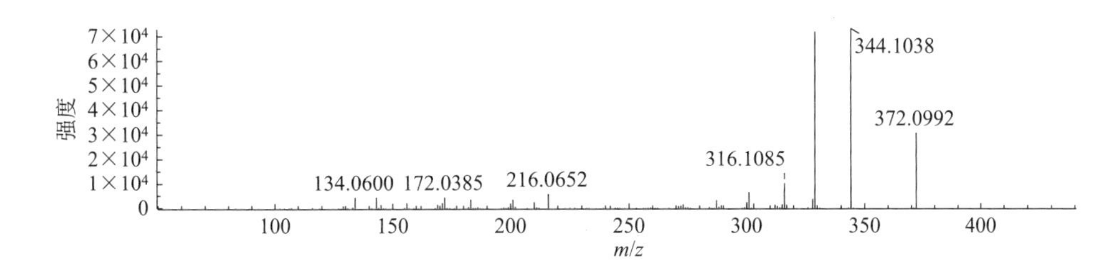

二级全扫质谱图 CE: 50V

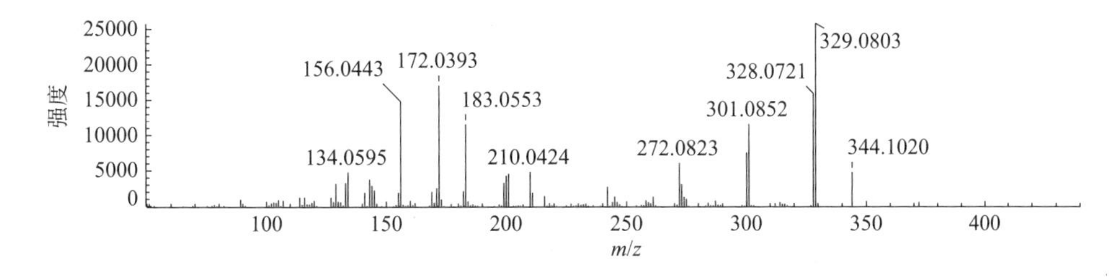

二级全扫质谱图 CE: 60V

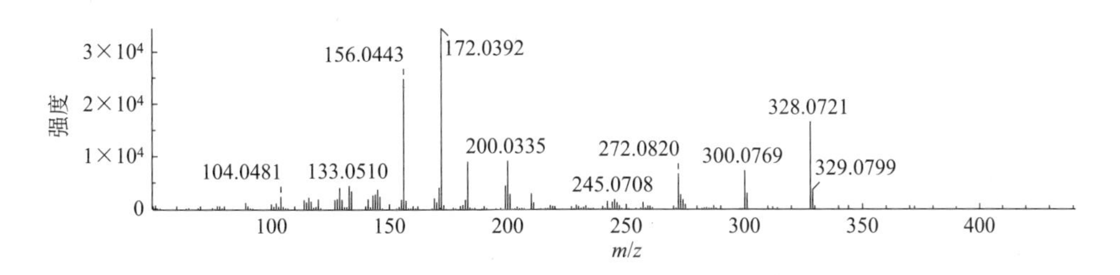

Benalaxyl
苯霜灵

CAS 号	71626-11-4	保留时间	19. 26min
分子式	$C_{20}H_{23}NO_3$	加合方式	$[M+H]^+$
分子量	325. 1678	源内裂解碎片	*m/z* 294

推测裂解规律（裂解路径已经 MS^3 确认）

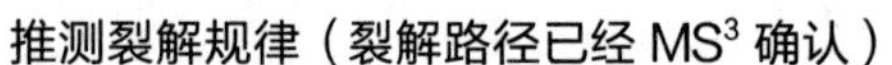

$[C_{20}H_{23}NO_3]$ MW 325.1678　$[C_{20}H_{23}NO_3+H]^+$ *m/z* 326.1751　$[C_{19}H_{20}NO_2]^+$ *m/z* 294.1489　$[C_{18}H_{20}NO]^+$ *m/z* 266.1539　$[C_7H_7]^+$ *m/z* 91.0542

$[C_8H_{10}N+H]^{+\cdot}$ *m/z* 121.0886　$[C_{12}H_{17}NO_2+H]^+$ *m/z* 208.1332　$[C_{10}H_{14}NO]^+$ *m/z* 148.1121　$[C_5H_5]^+$ *m/z* 65.0386

提取离子流色谱图

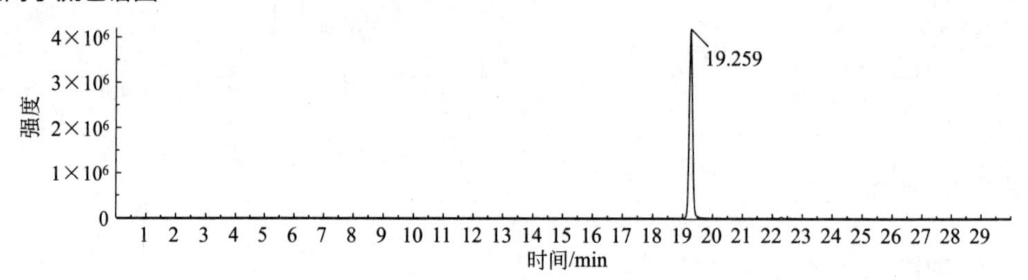

一级质谱图

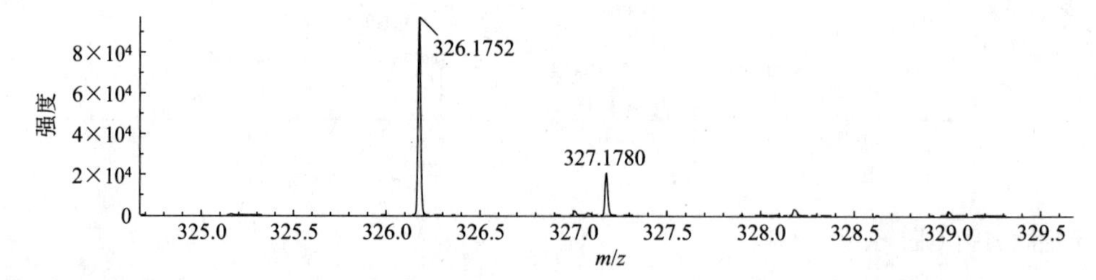

二级全扫质谱图 CE: (35±15)V

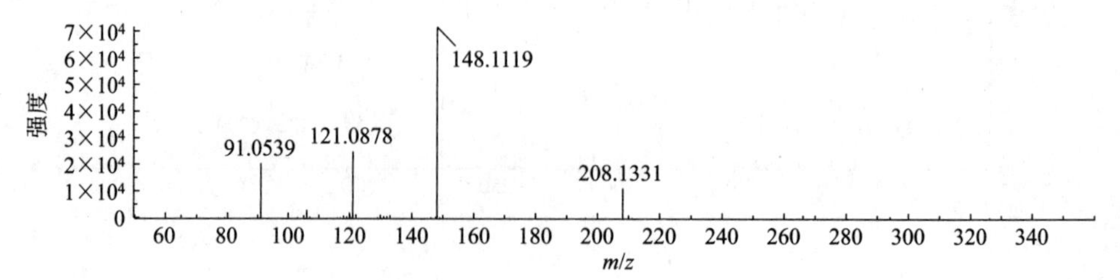

二级全扫质谱图 CE: 10V

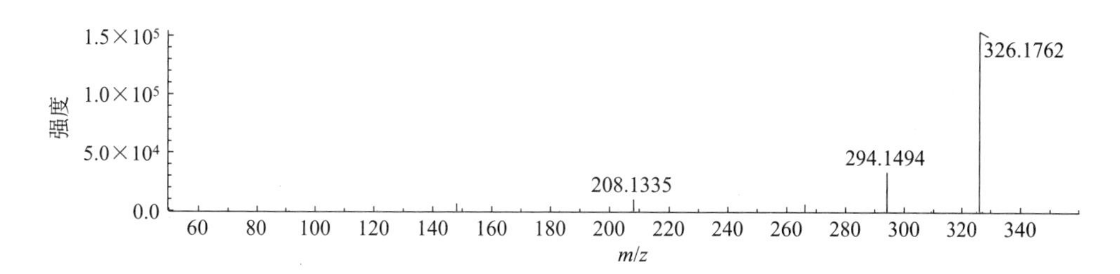

二级全扫质谱图 CE: 20V

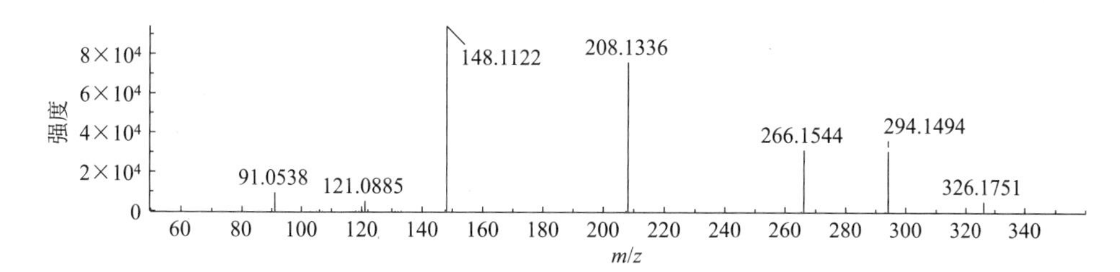

二级全扫质谱图 CE: 35V

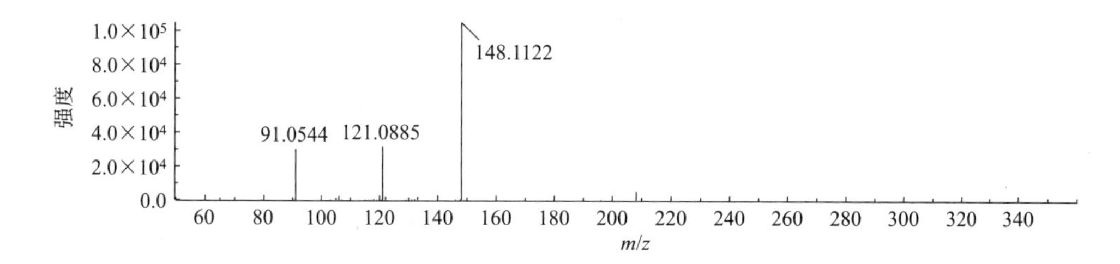

二级全扫质谱图 CE: 50V

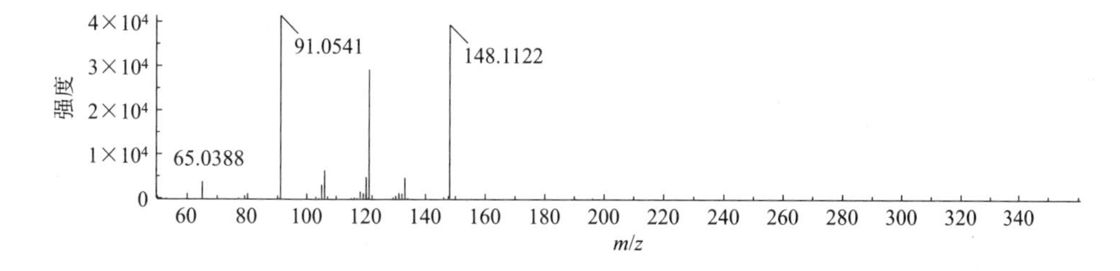

二级全扫质谱图 CE: 60V

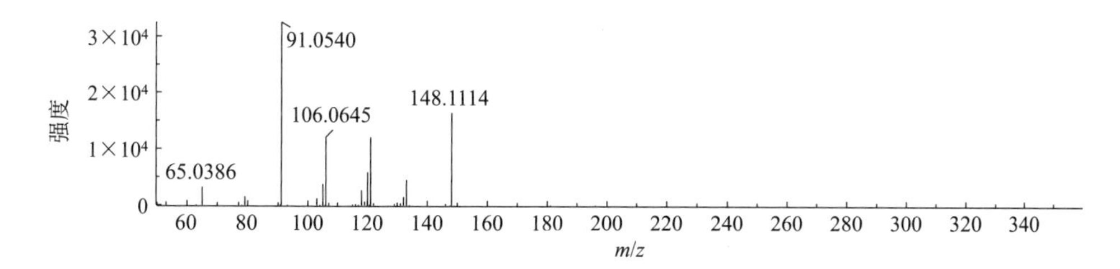

Benazolin

草除灵

CAS 号	3813-05-6	保留时间	5.34min
分子式	$C_9H_6ClNO_3S$	加合方式	$[M+H]^+$
分子量	242.9757	源内裂解碎片	无

推测裂解规律

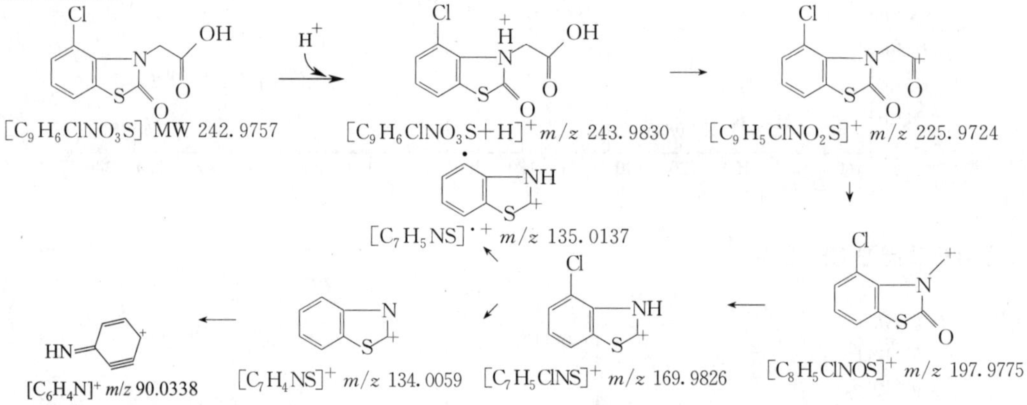

提取离子流色谱图

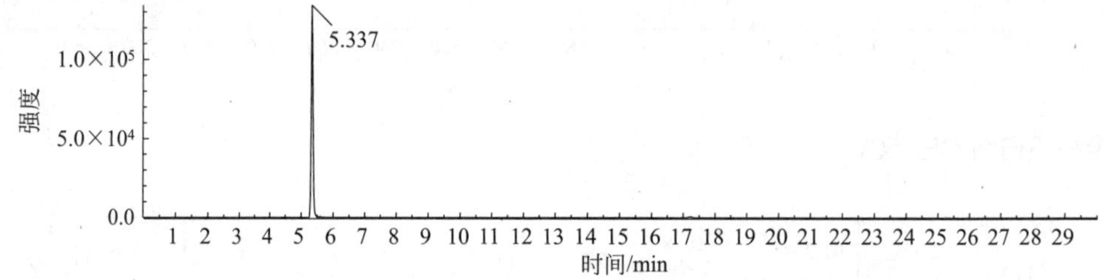

一级质谱图

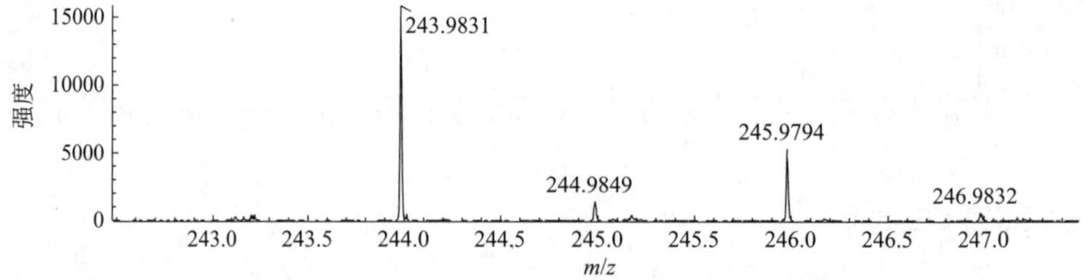

二级全扫质谱图 CE: (35±15)V

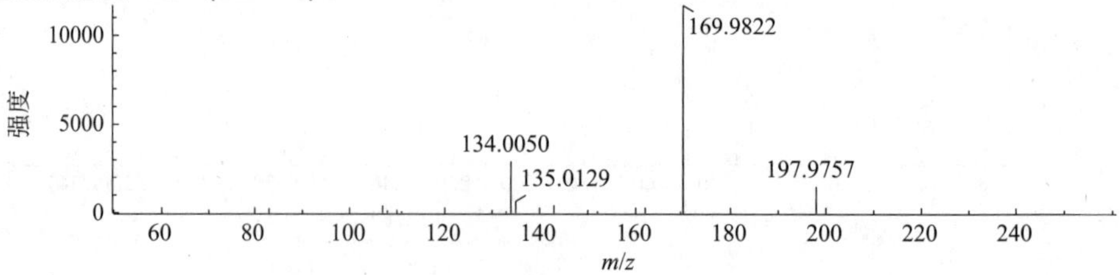

二级全扫质谱图 CE: 10V

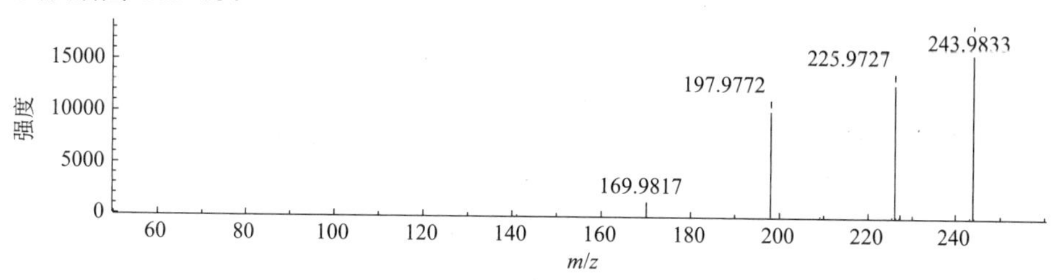

二级全扫质谱图 CE: 20V

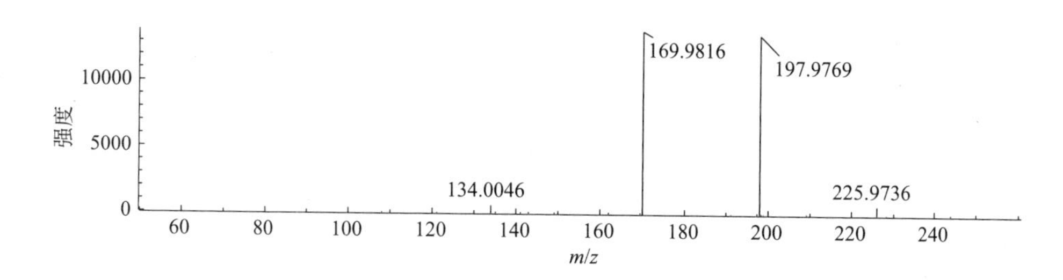

二级全扫质谱图 CE: 35V

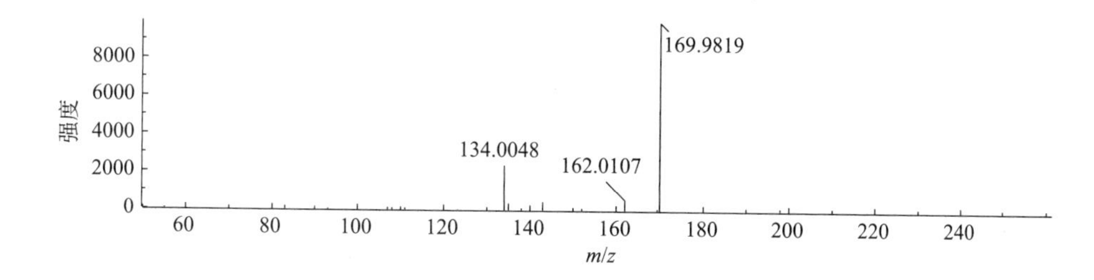

二级全扫质谱图 CE: 50V

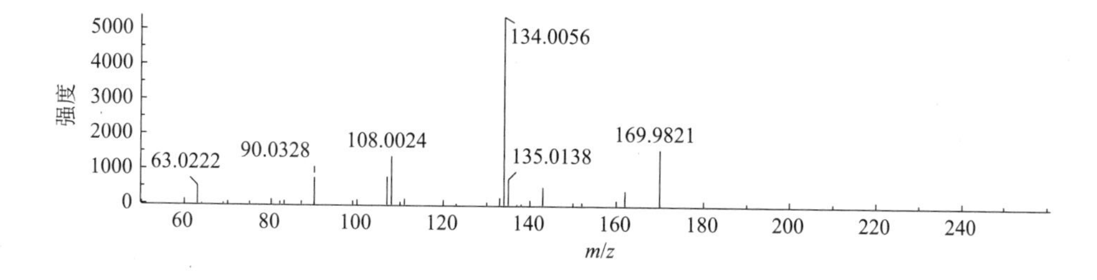

二级全扫质谱图 CE: 60V

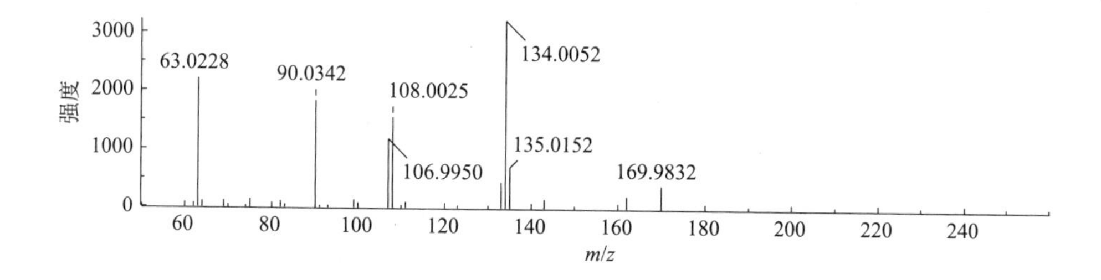

Bendiocarb
恶虫威

CAS 号	22781-23-3	保留时间	6.60min
分子式	$C_{11}H_{13}NO_4$	加合方式	$[M+H]^+$
分子量	223.0845	源内裂解碎片	无

推测裂解规律

$[C_{11}H_{13}NO_4]$ MW 223.0845 → (H^+) $[C_{11}H_{13}NO_4+H]^+$ m/z 224.0917 → $[C_9H_{10}O_3]^+$ m/z 167.0703 → $[C_6H_5O_2]^+$ m/z 109.0284 → $[C_5H_5O]^+$ m/z 81.0335

$[C_9H_{10}O_3]^+$ m/z 167.0703 → $[C_3H_7O]^+$ m/z 59.0491

提取离子流色谱图

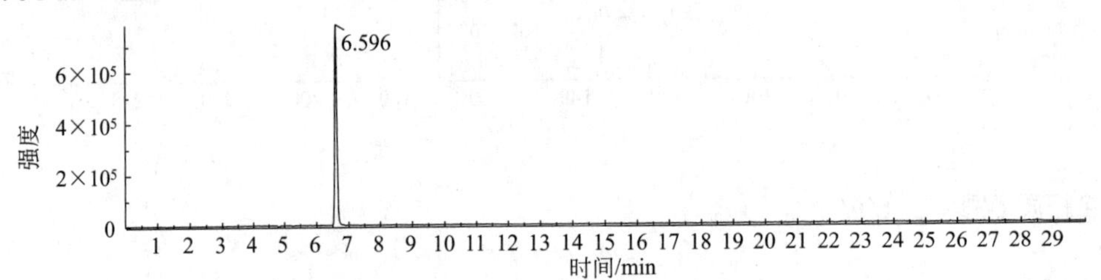

一级质谱图

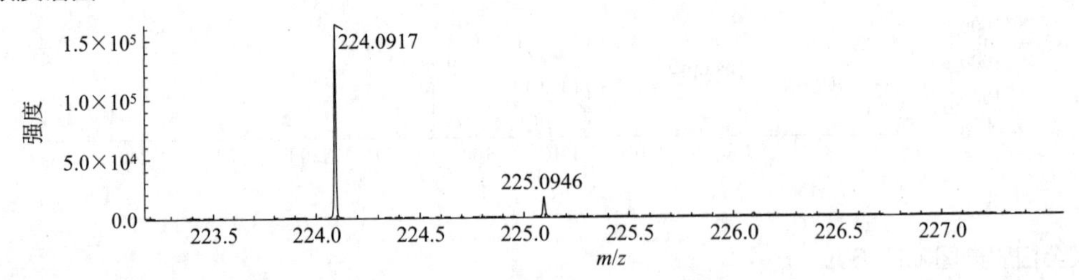

二级全扫质谱图 CE: (35±15)V

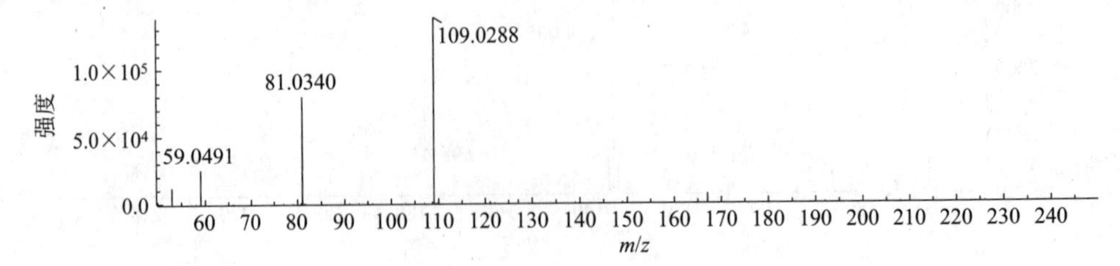

二级全扫质谱图 CE: 10V

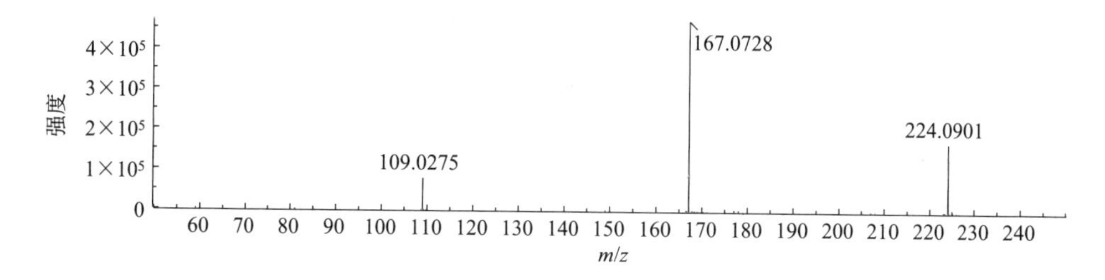

二级全扫质谱图 CE: 20V

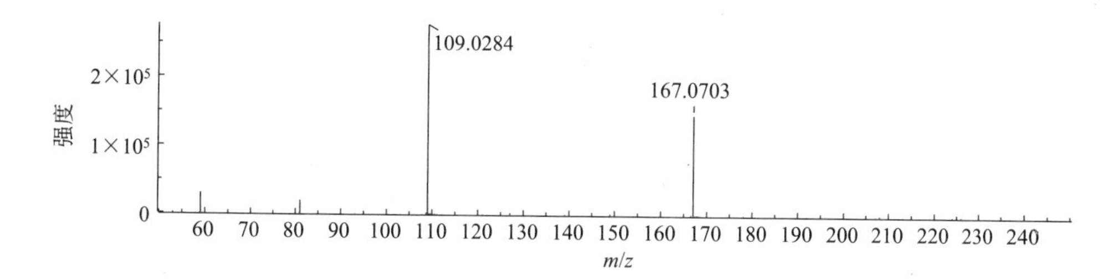

二级全扫质谱图 CE: 35V

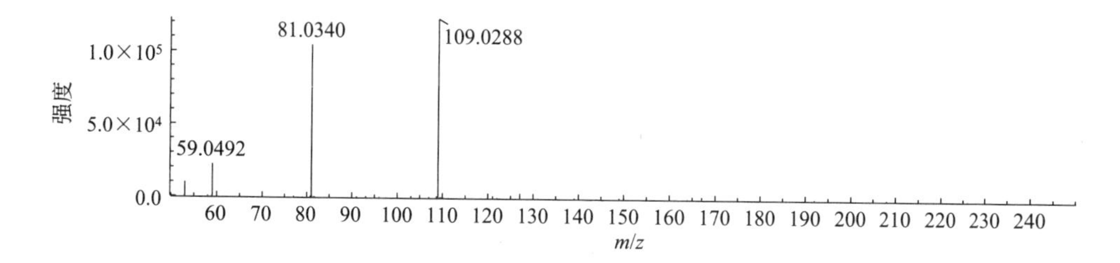

二级全扫质谱图 CE: 50V

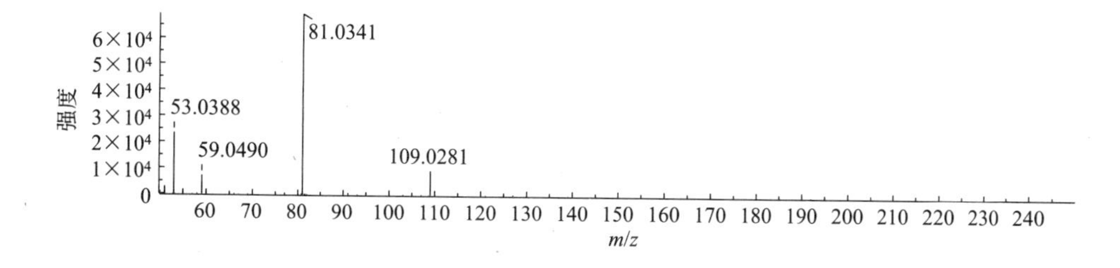

二级全扫质谱图 CE: 60V

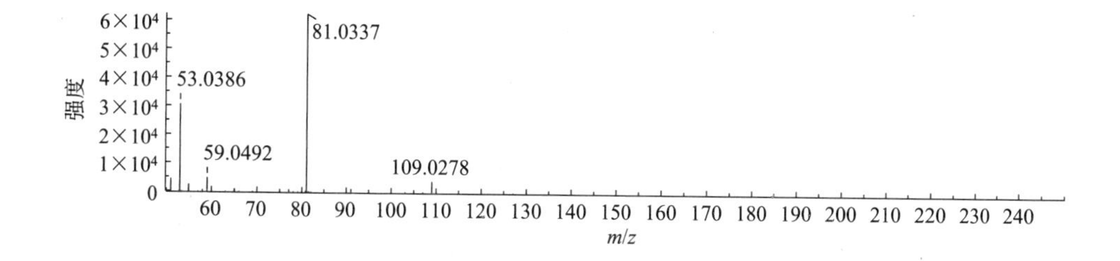

Benfuracarb
丙硫克百威

CAS 号	82560-54-1	保留时间	22.09min
分子式	$C_{20}H_{30}N_2O_5S$	加合方式	$[M+H]^+$
分子量	410.1875	源内裂解碎片	m/z 190

推测裂解规律（裂解路径已经 MS^3 确认）

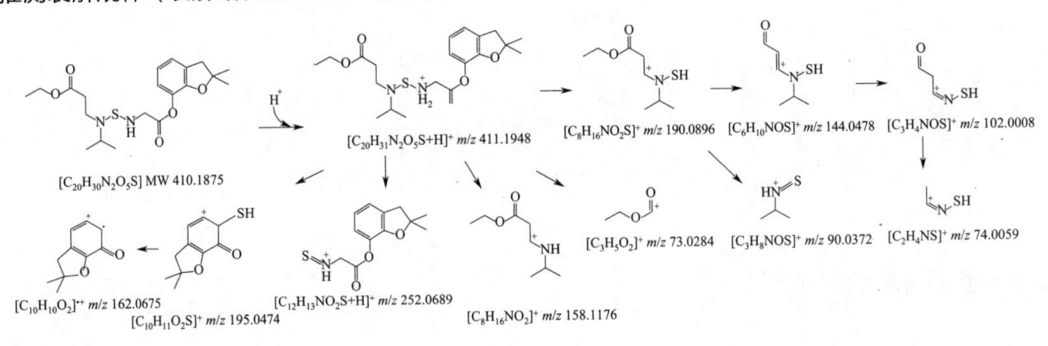

提取离子流色谱图

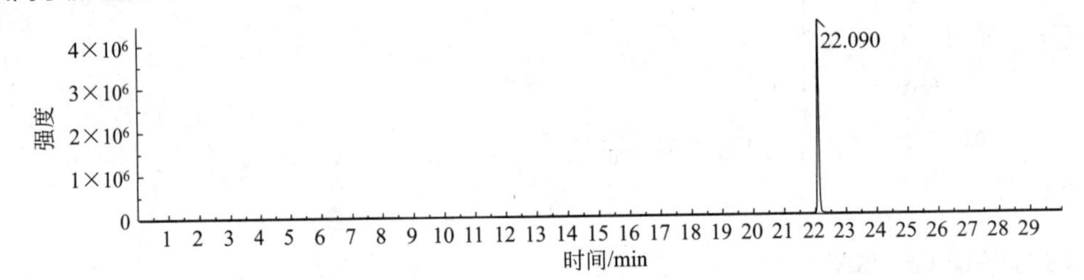

一级质谱图

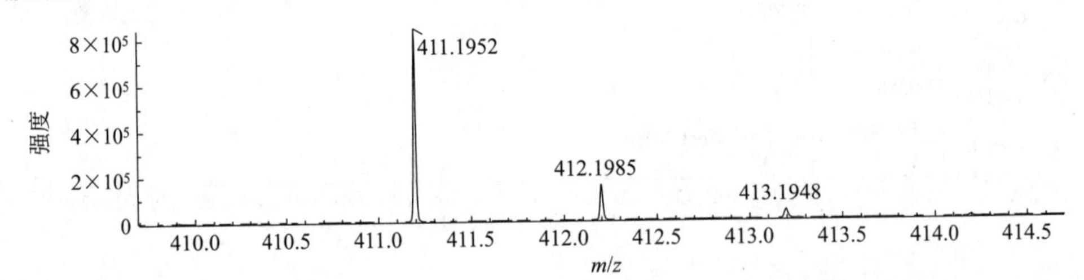

二级全扫质谱图 CE: (35±15)V

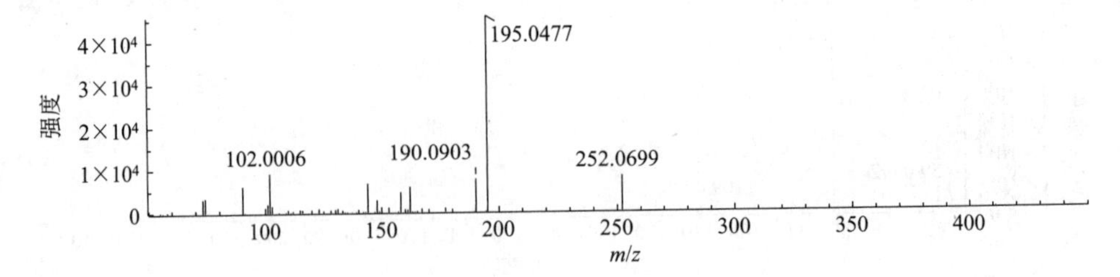

二级全扫质谱图 CE: 10V

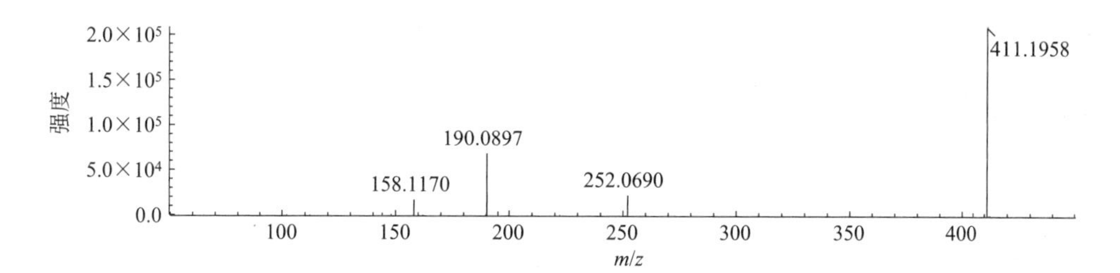

二级全扫质谱图 CE: 20V

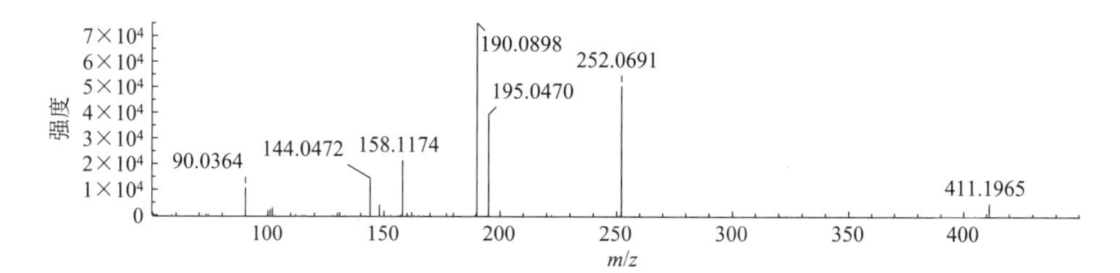

二级全扫质谱图 CE: 35V

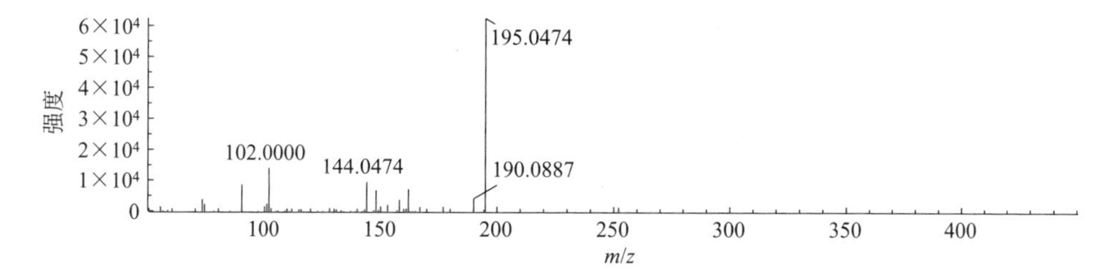

二级全扫质谱图 CE: 50V

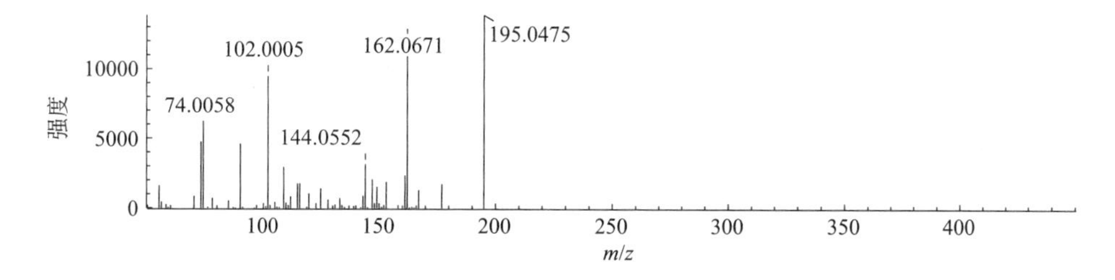

二级全扫质谱图 CE: 60V

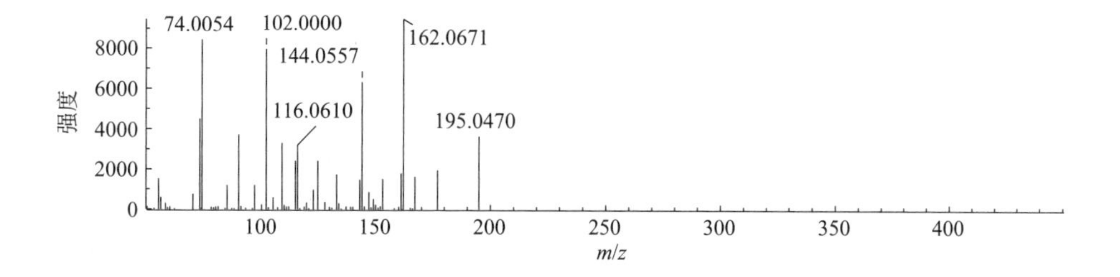

Benfuracarb in-source fragment 190

丙硫克百威源内裂解碎片 190

CAS 号	—	保留时间	22.09min
分子式	$C_8H_{16}NO_2S^+$	加合方式	$[M]^+$
分子量	190.0896	源内裂解碎片	无

推测裂解规律（裂解路径已经 MS^3 确认）

$[C_3H_8NOS]^+$ *m/z* 90.0372 ← $[C_8H_{16}NO_2S]^+$ *m/z* 190.0896 → $[C_6H_{10}NOS]^+$ *m/z* 144.0478 → $[C_3H_4NOS]^+$ *m/z* 102.0008 → $[C_2H_4NS]^+$ *m/z* 74.0059

提取离子流色谱图

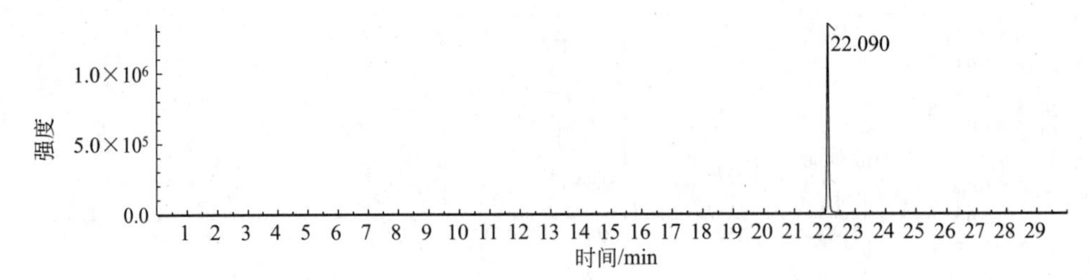

一级质谱图

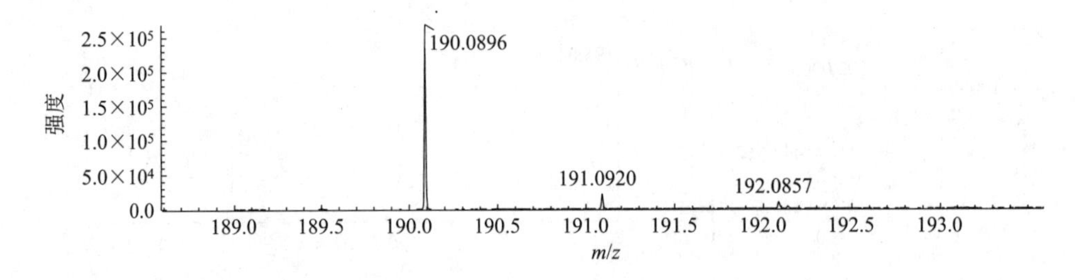

二级全扫质谱图 CE: (35±15)V

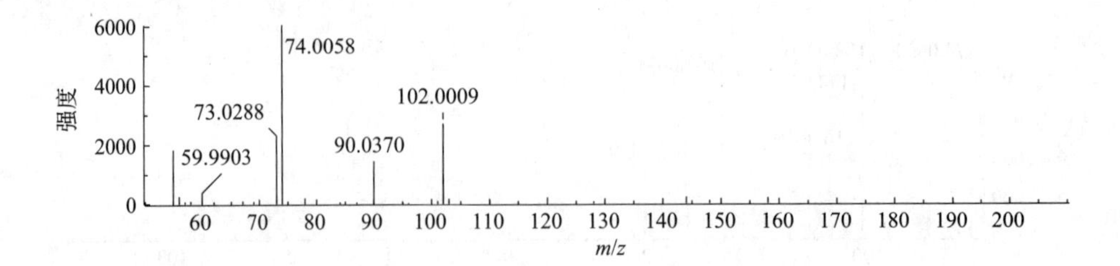

二级全扫质谱图 CE: 10V

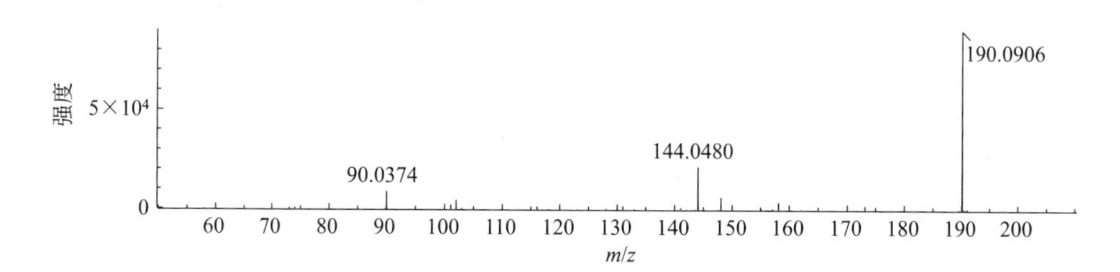

二级全扫质谱图 CE: 20V

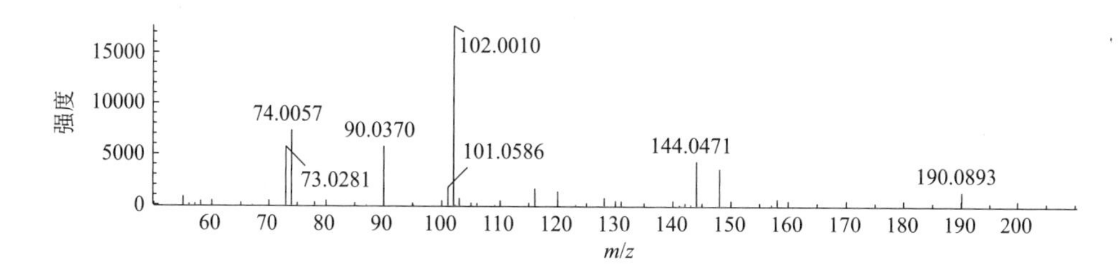

二级全扫质谱图 CE: 35V

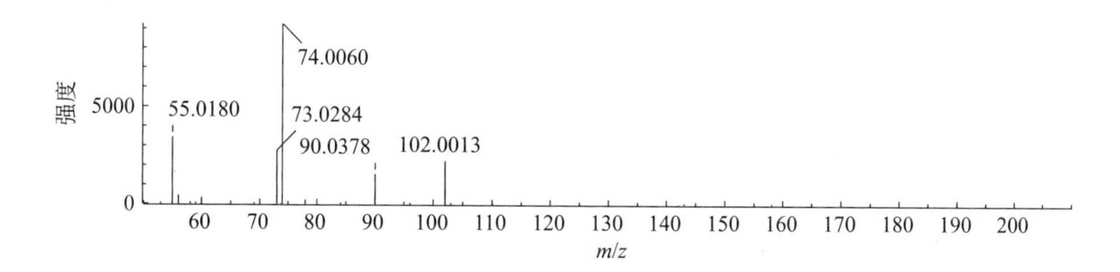

二级全扫质谱图 CE: 50V

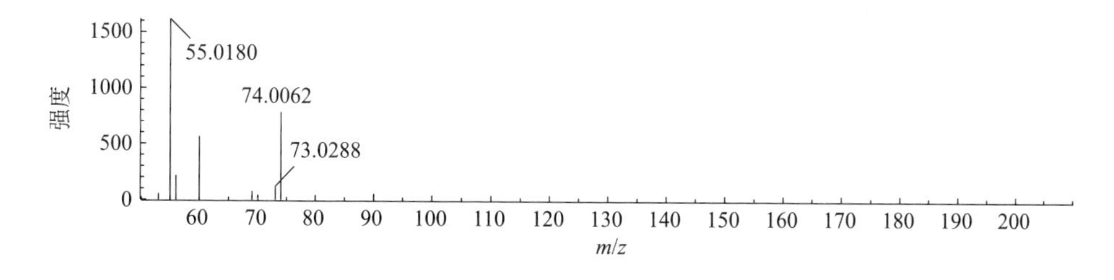

二级全扫质谱图 CE: 60V

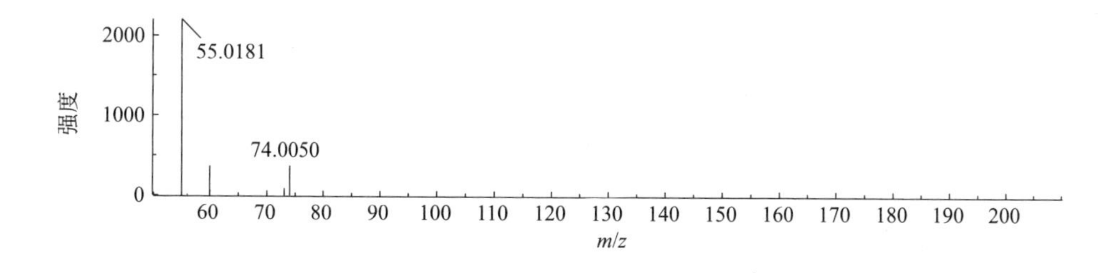

Benomyl
苯菌灵

CAS 号	17804-35-2	保留时间	17.06min
分子式	$C_{14}H_{18}N_4O_3$	加合方式	$[M+H]^+$
分子量	290.1379	源内裂解碎片	m/z 192

推测裂解规律

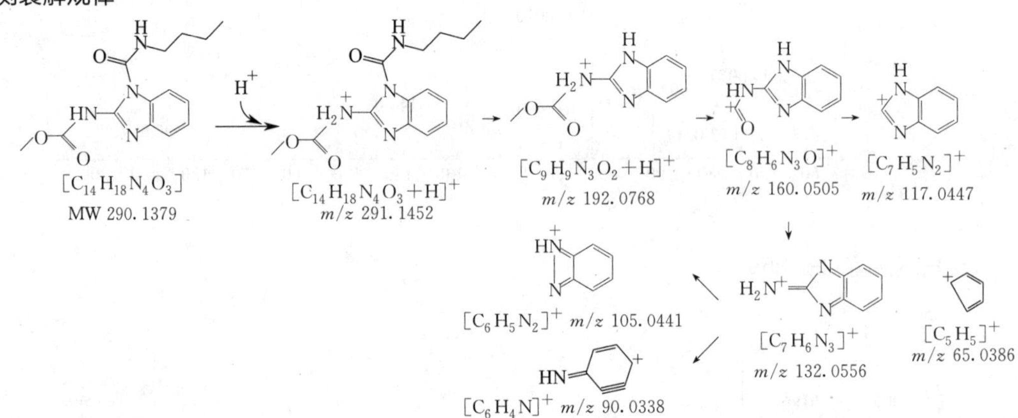

提取离子流色谱图

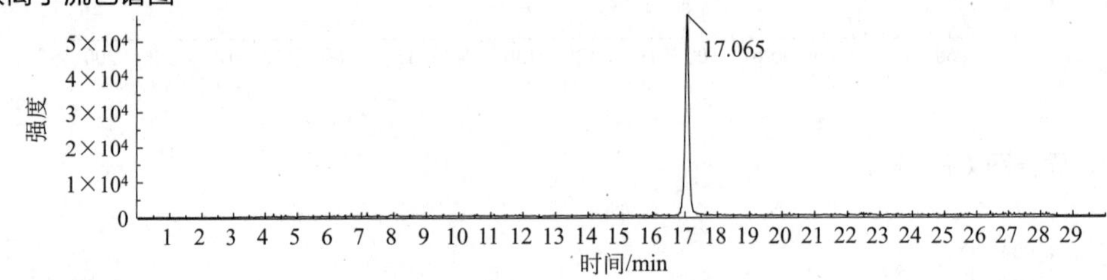

一级质谱图

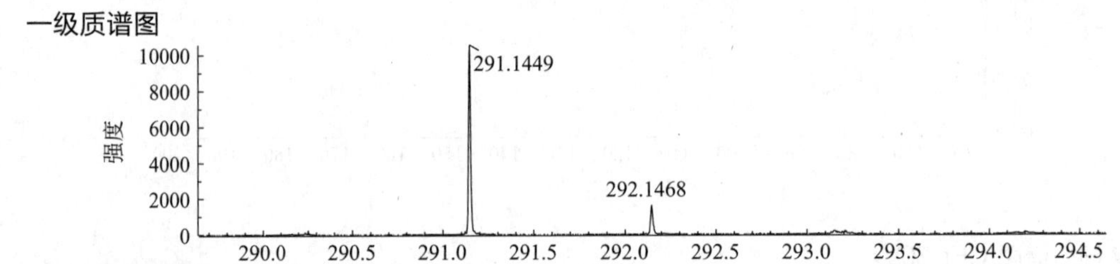

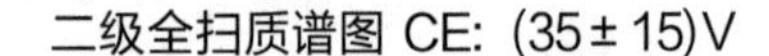

二级全扫质谱图 CE: (35±15)V

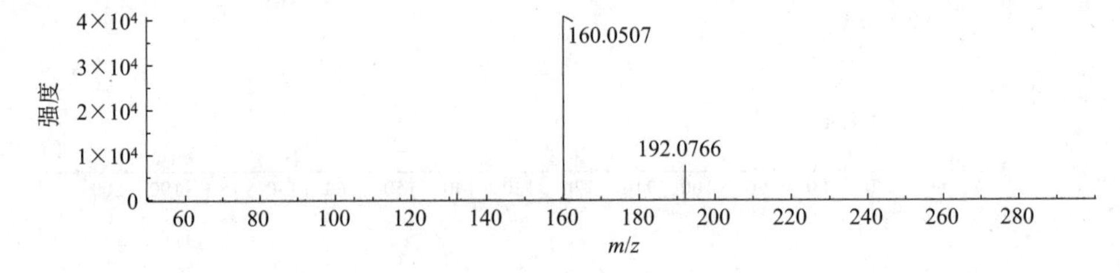

二级全扫质谱图 CE: 10V

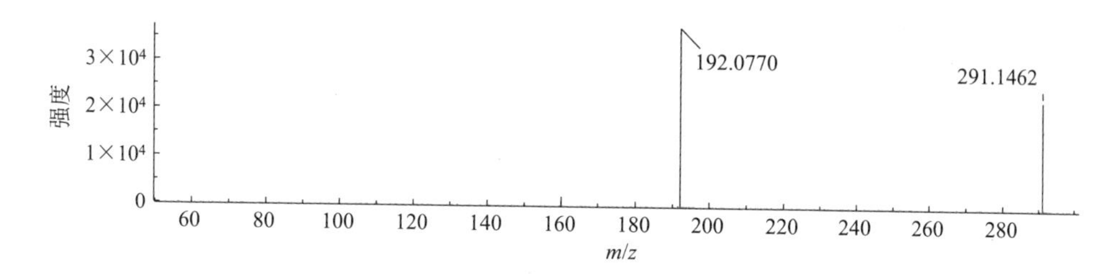

二级全扫质谱图 CE: 20V

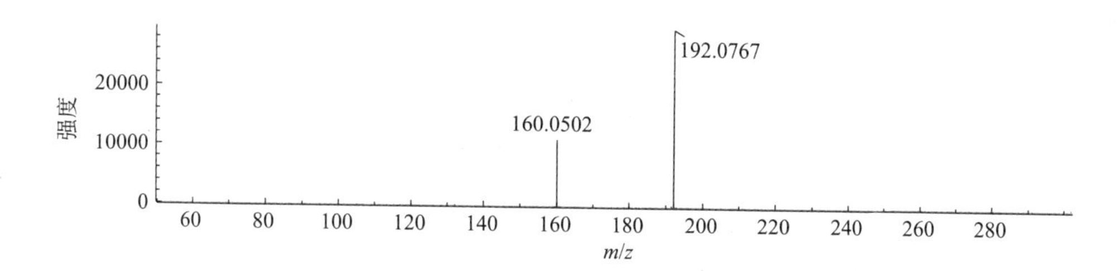

二级全扫质谱图 CE: 35V

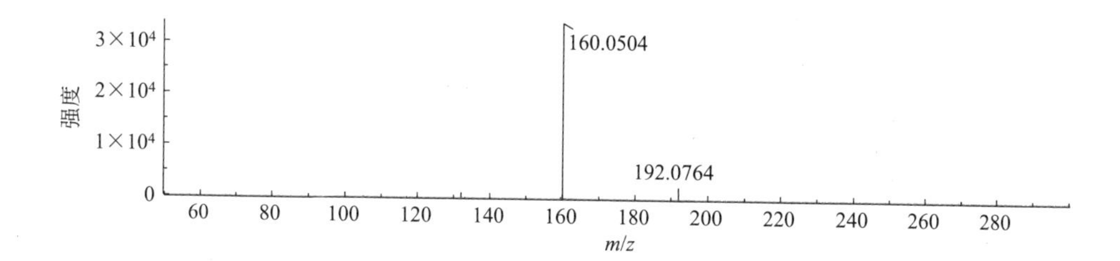

二级全扫质谱图 CE: 50V

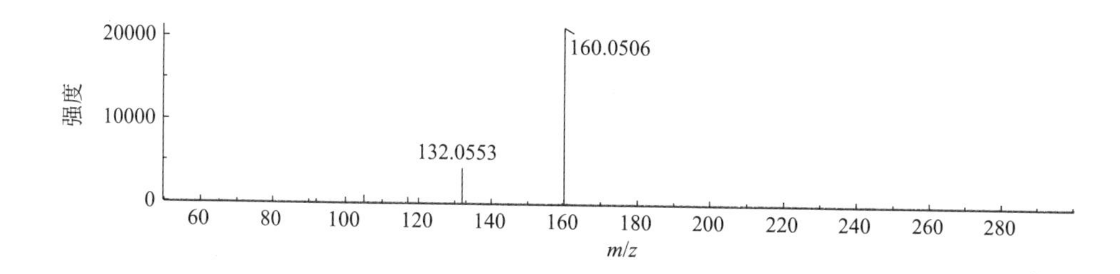

二级全扫质谱图 CE: 60V

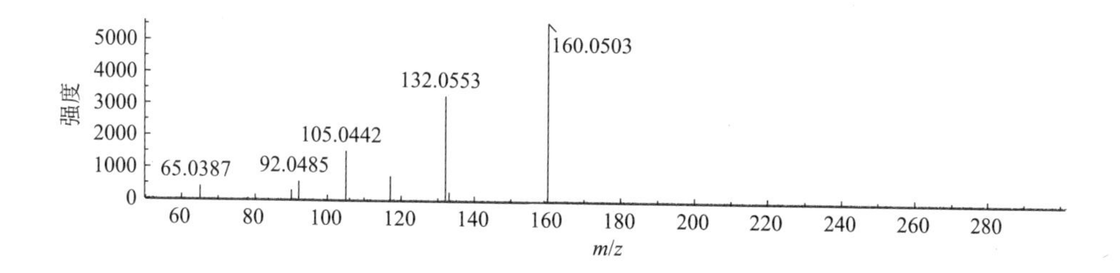

Bensulfuron-methyl

苄嘧磺隆

CAS 号	83055-99-6	保留时间	11.06min
分子式	$C_{16}H_{18}N_4O_7S$	加合方式	$[M+H]^+$
分子量	410.0896	源内裂解碎片	无

推测裂解规律

$[C_{16}H_{18}N_4O_7S]$ MW 410.0896 → $[C_{16}H_{18}N_4O_7S+H]^+$ m/z 411.0969 → $[C_9H_9O_4S]^+$ m/z 213.0216 → $[C_9H_9O_2]^+$ m/z 149.0597 → $[C_8H_7O]^+$ m/z 119.0491 → $[C_7H_7]^+$ m/z 91.0542

$[C_{16}H_{18}N_4O_7S+H]^+$ → $[C_7H_8N_3O_3]^+$ m/z 182.0560

提取离子流色谱图

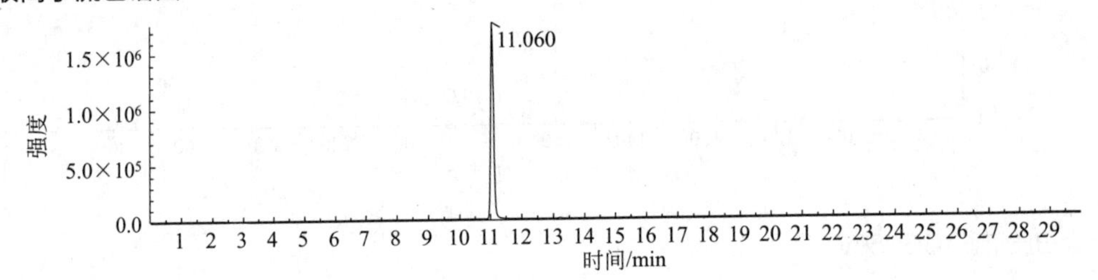

一级质谱图

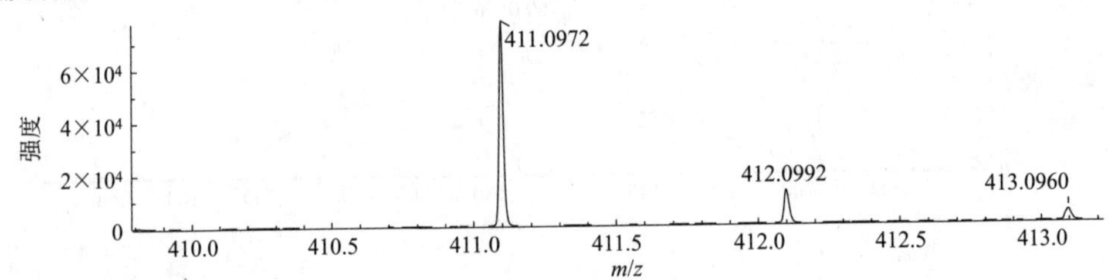

二级全扫质谱图 CE: (35±15)V

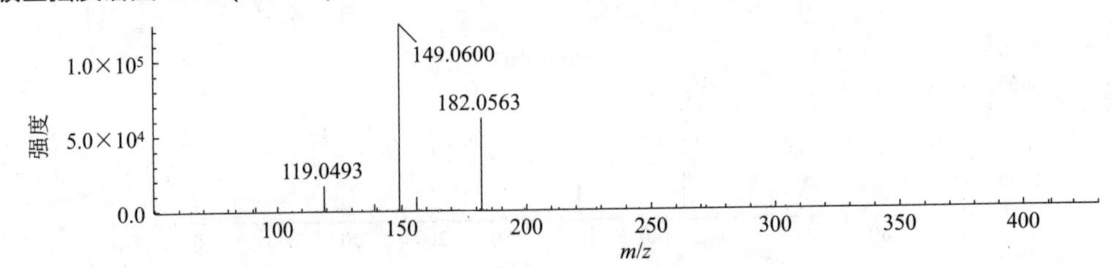

二级全扫质谱图 CE: 10V

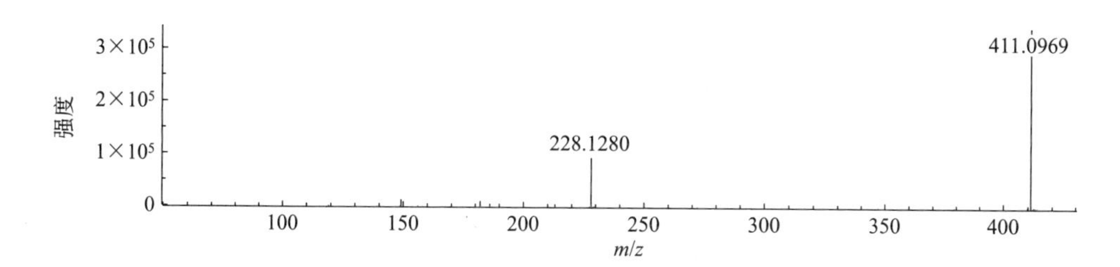

二级全扫质谱图 CE: 20V

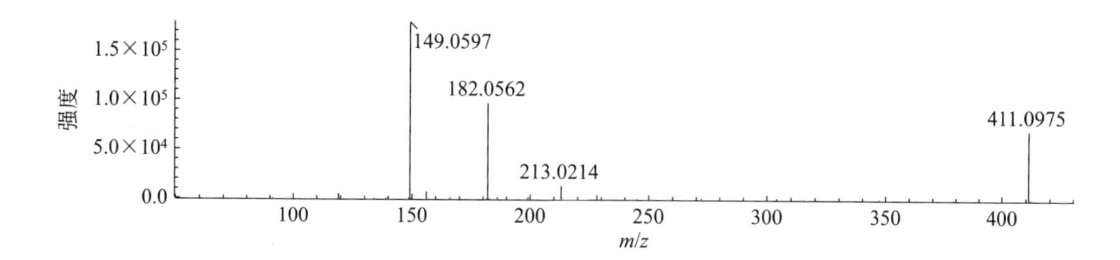

二级全扫质谱图 CE: 35V

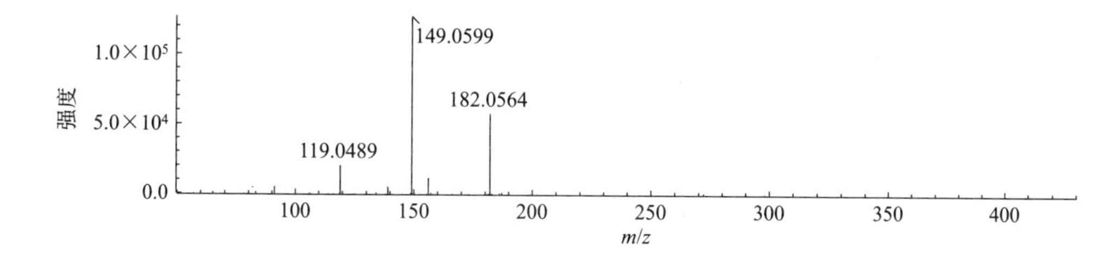

二级全扫质谱图 CE: 50V

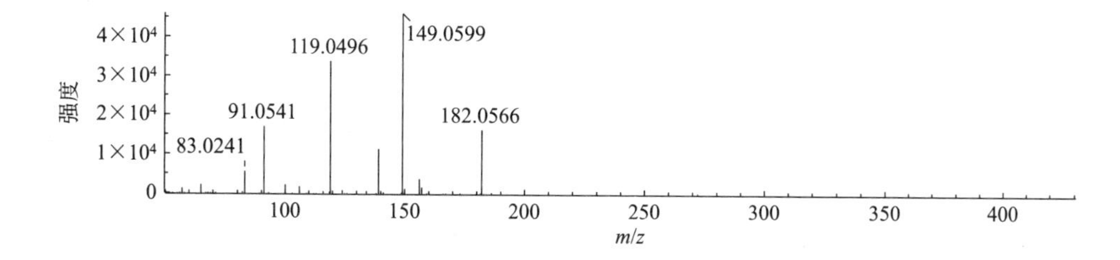

二级全扫质谱图 CE: 60V

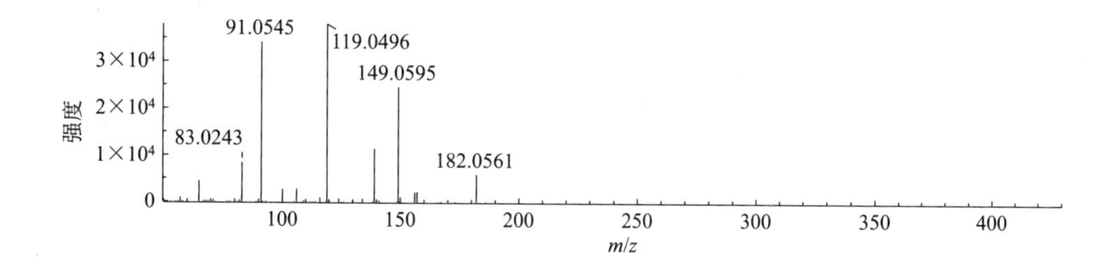

Bentazone
灭草松

CAS 号	25057-89-0	保留时间	5.04min
分子式	$C_{10}H_{12}N_2O_3S$	加合方式	$[M-H]^-$
分子量	240.0569	源内裂解碎片	无

推测裂解规律

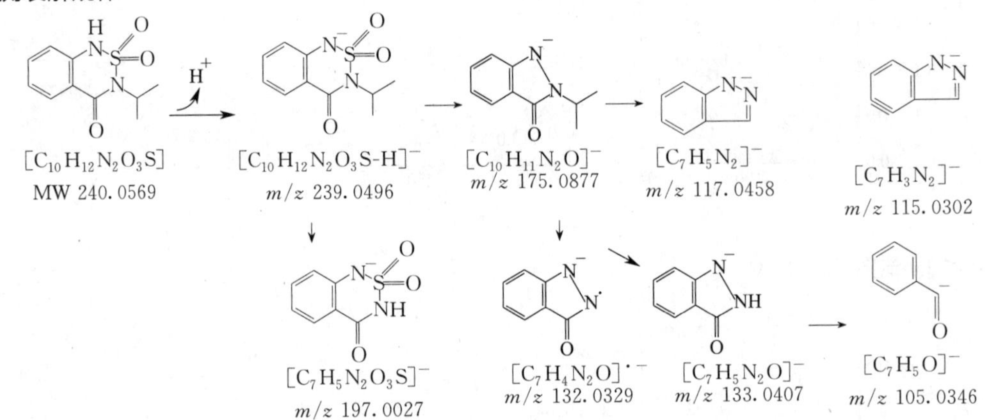

提取离子流色谱图

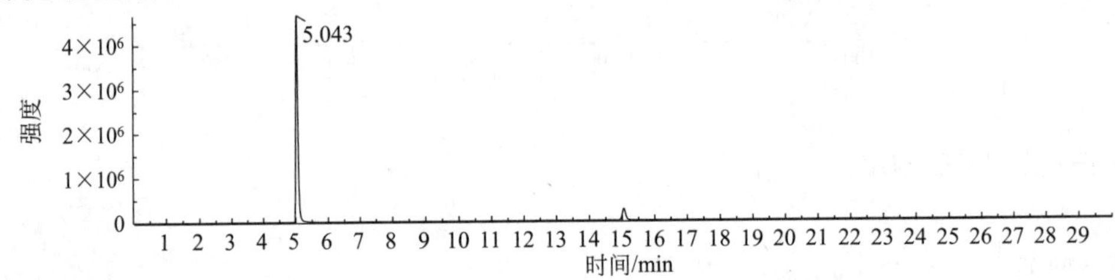

一级质谱图

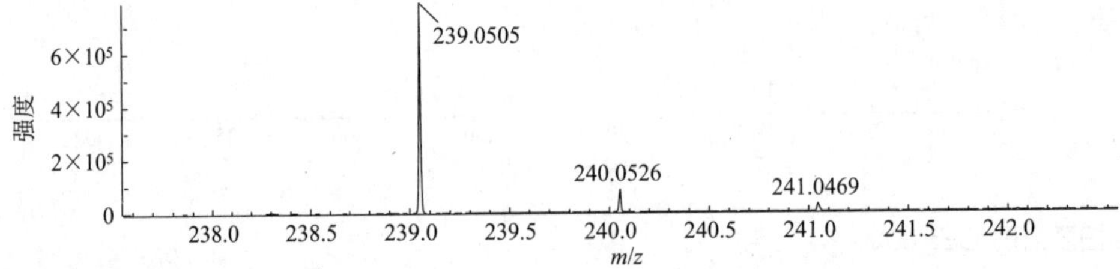

二级全扫质谱图 CE: (35±15)V

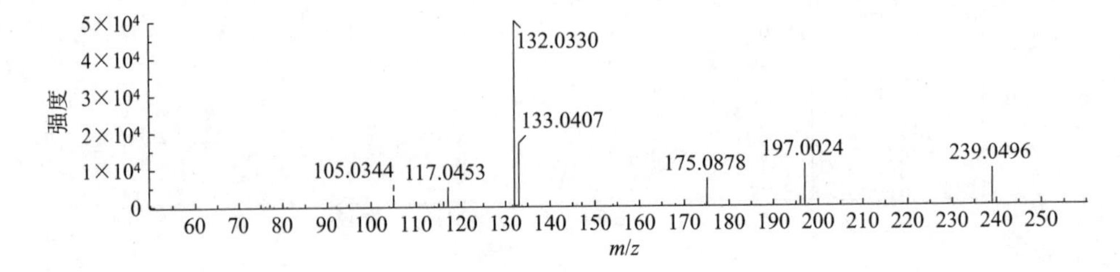

二级全扫质谱图 CE: 10V

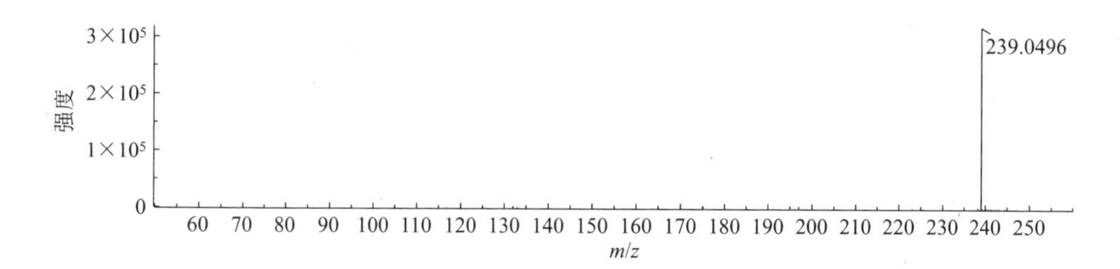

二级全扫质谱图 CE: 20V

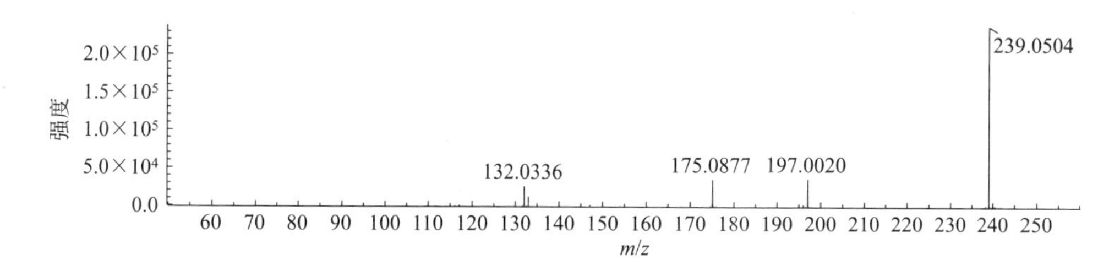

二级全扫质谱图 CE: 35V

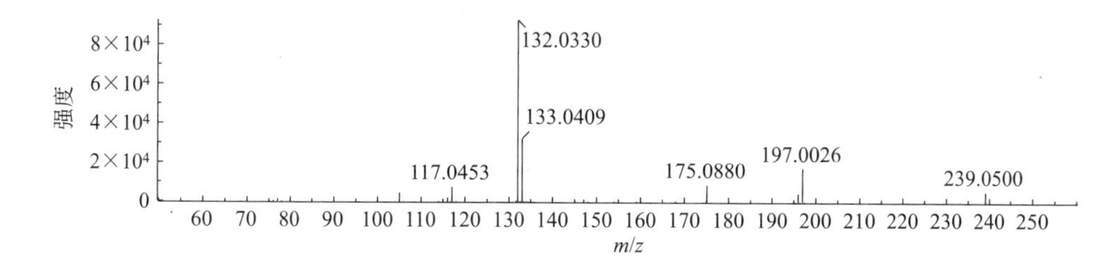

二级全扫质谱图 CE: 50V

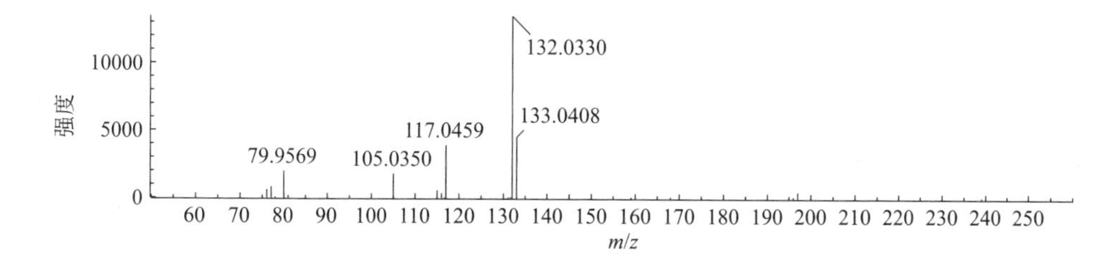

二级全扫质谱图 CE: 60V

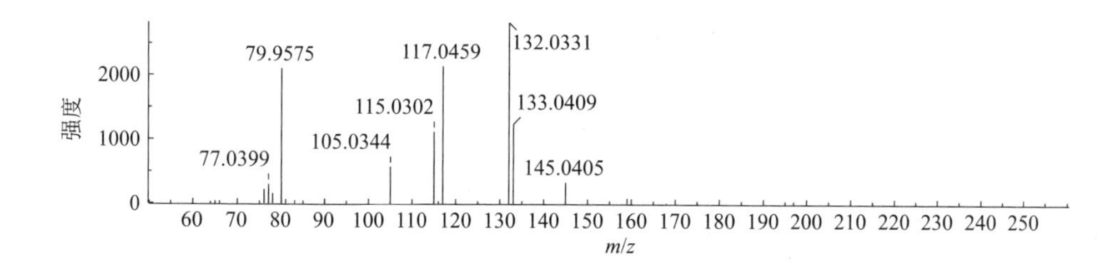

Benziothiazolinone
噻霉酮

CAS 号	2634-33-5	保留时间	4.68min
分子式	C_7H_5NOS	加合方式	$[M+H]^+$
分子量	151.0092	源内裂解碎片	无

推测裂解规律（裂解路径已经 MS^3 确认）

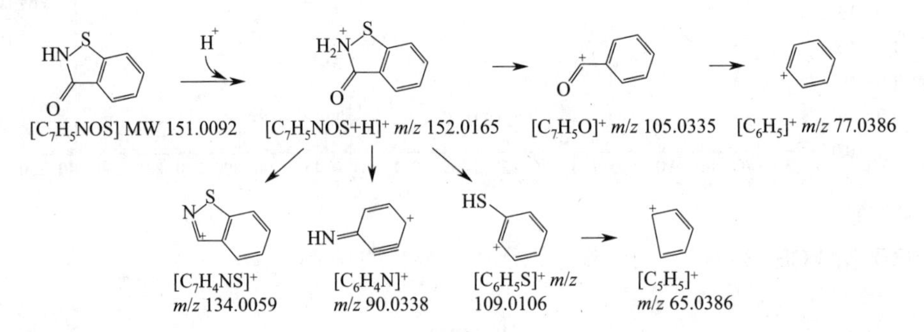

提取离子流色谱图

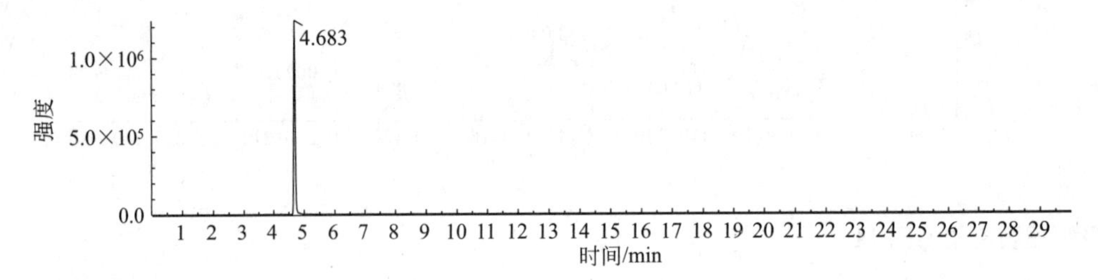

一级质谱图

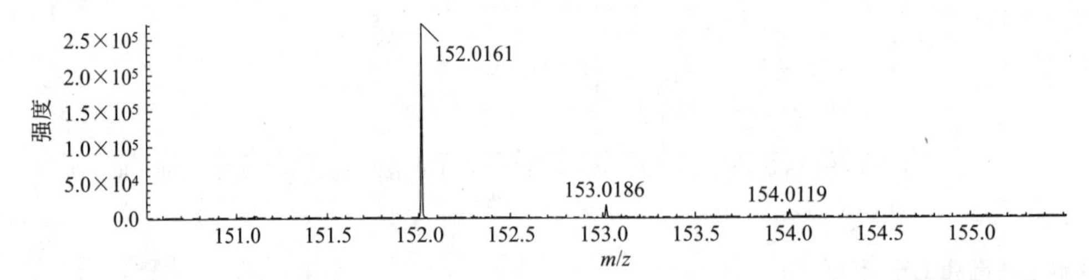

二级全扫质谱图 CE: (35±15)V

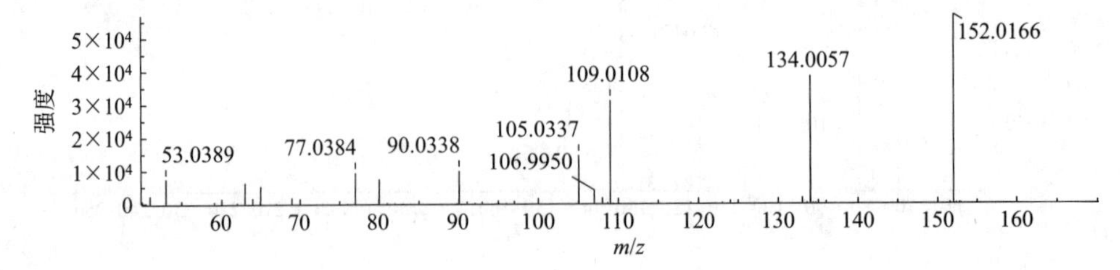

二级全扫质谱图 CE: 10V

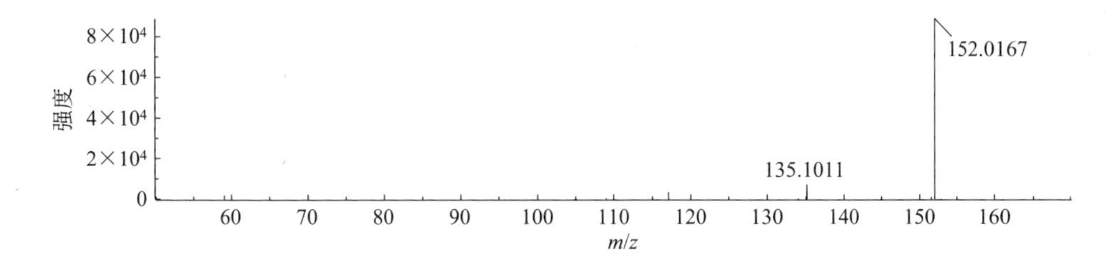

二级全扫质谱图 CE: 20V

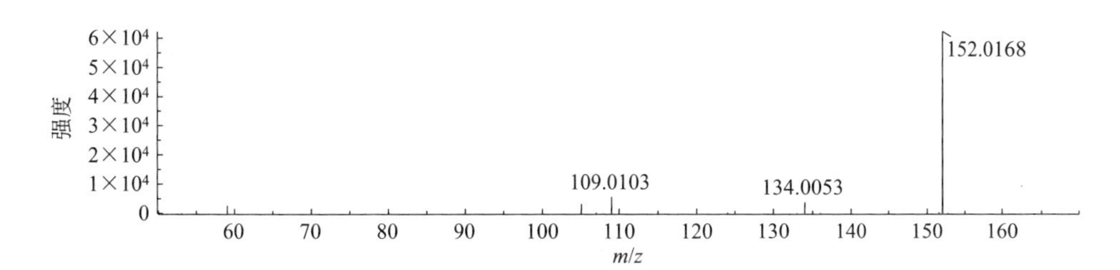

二级全扫质谱图 CE: 35V

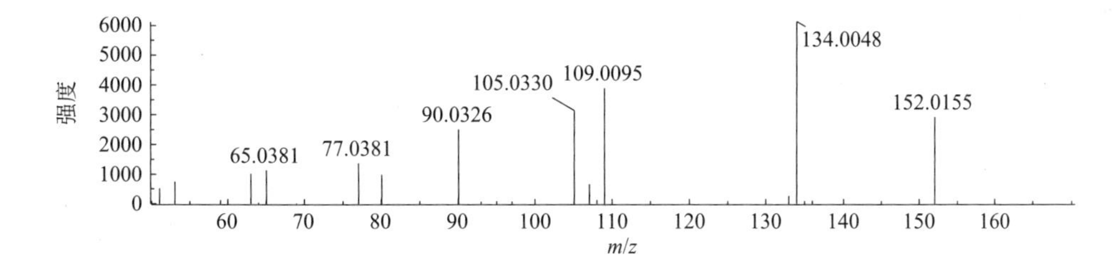

二级全扫质谱图 CE: 50V

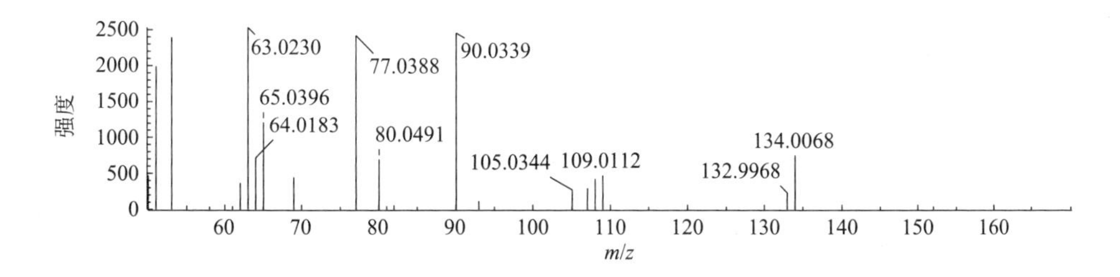

二级全扫质谱图 CE: 60V

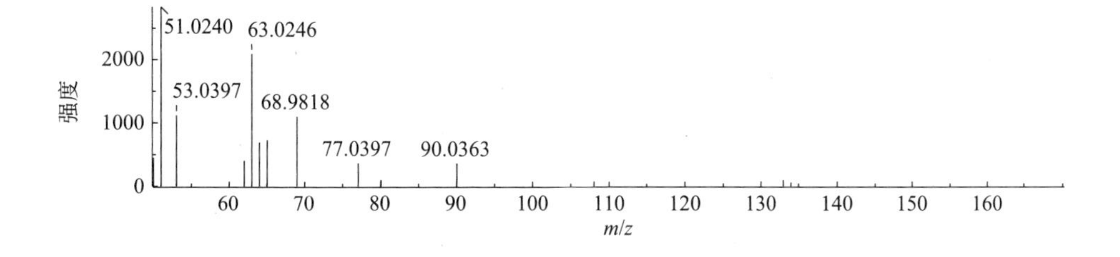

Benzovindiflupyr

苯并烯氟菌唑

CAS 号	1072957-71-1	保留时间	18. 48min
分子式	$C_{18}H_{15}Cl_2F_2N_3O$	加合方式	$[M-H]^-$
分子量	397. 0560	源内裂解碎片	无

推测裂解规律

$[C_{18}H_{15}Cl_2F_2N_3O]$ MW 397.0560

$[C_{18}H_{15}Cl_2F_2N_3O-H]^-$ *m/z* 396.0488

$[C_{16}H_{10}Cl_2F_2N_3O]^-$ *m/z* 368.0174

$[C_5H_5F_2N_2]^-$ *m/z* 131.0426

$[C_5H_4FN_2]^-$ *m/z* 111.0364

$[C_{18}H_{12}F_2N_3O-H]^-$ *m/z* 324.0954

$[C_{18}H_{12}F_2N_3O-H]^-$ *m/z* 296.0641

$[C_5H_3N_2]^-$ *m/z* 91.0302

提取离子流色谱图

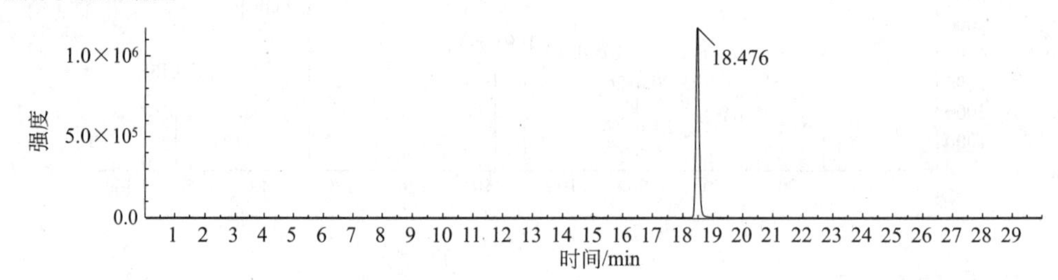

一级质谱图

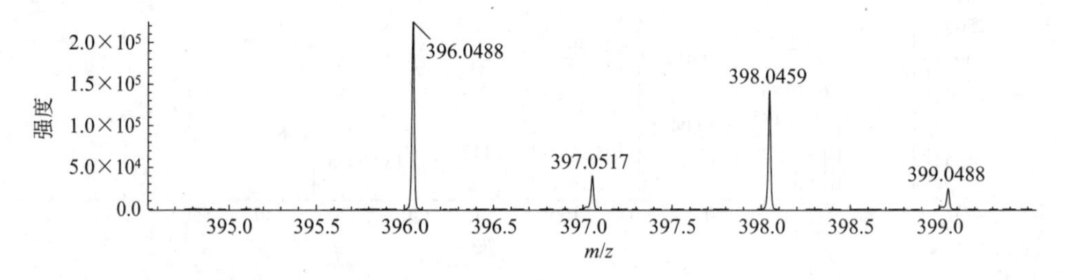

二级全扫质谱图 CE: (35±15)V

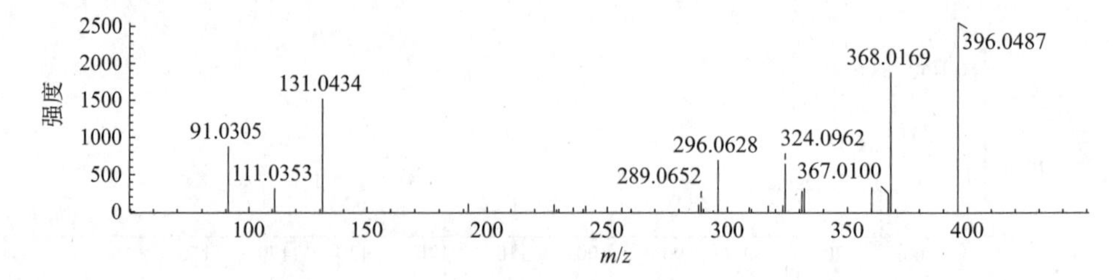

二级全扫质谱图 CE: 10V

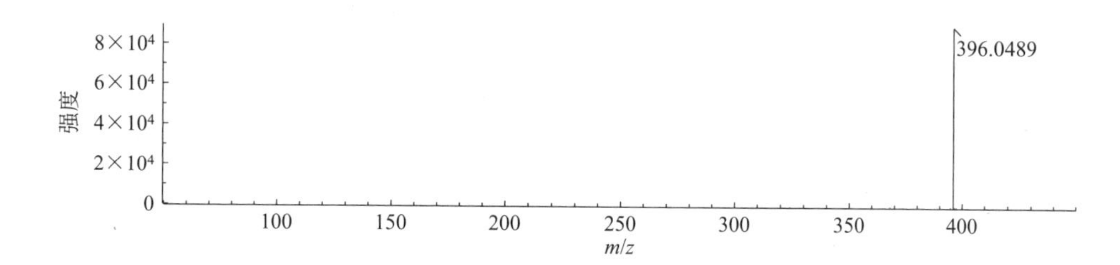

二级全扫质谱图 CE: 20V

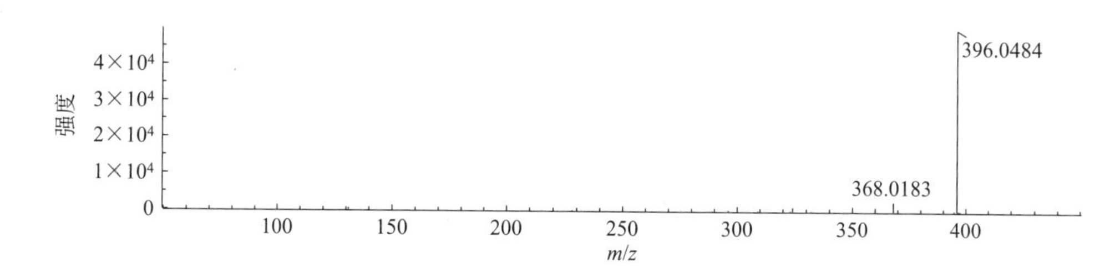

二级全扫质谱图 CE: 35V

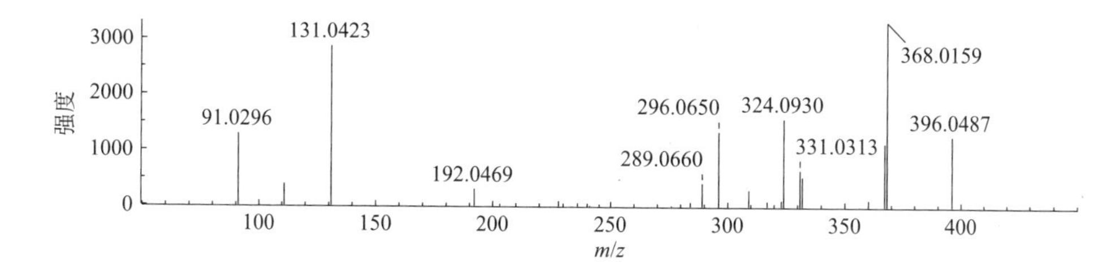

二级全扫质谱图 CE: 50V

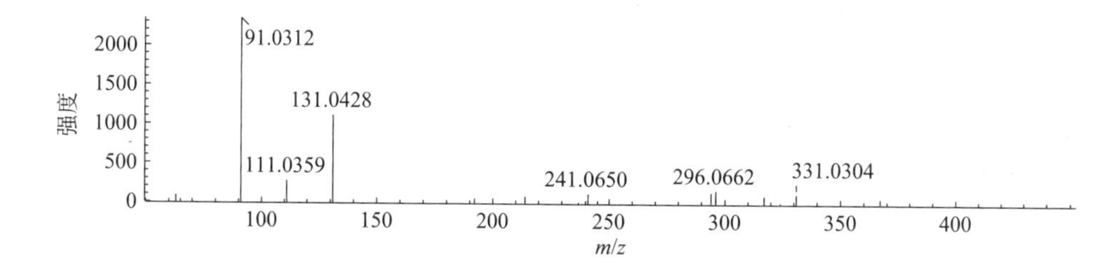

二级全扫质谱图 CE: 60V

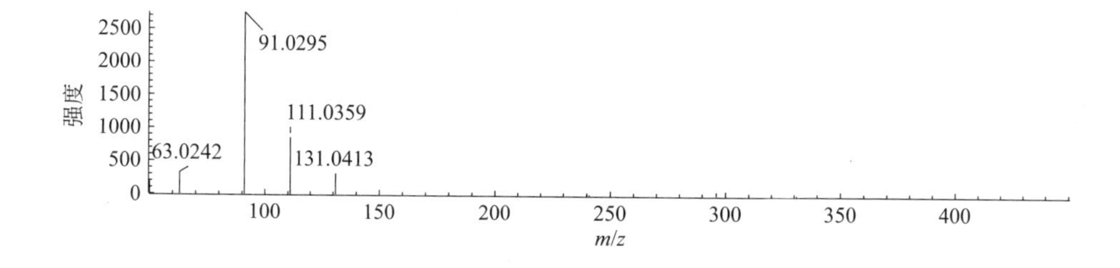

Benzoximate

苯螨特

CAS 号	29104-30-1	保留时间	20. 23min
分子式	$C_{18}H_{18}ClNO_5$	加合方式	$[M+H]^+$
分子量	363. 0874	源内裂解碎片	*m/z* 199

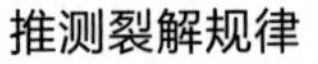

推测裂解规律

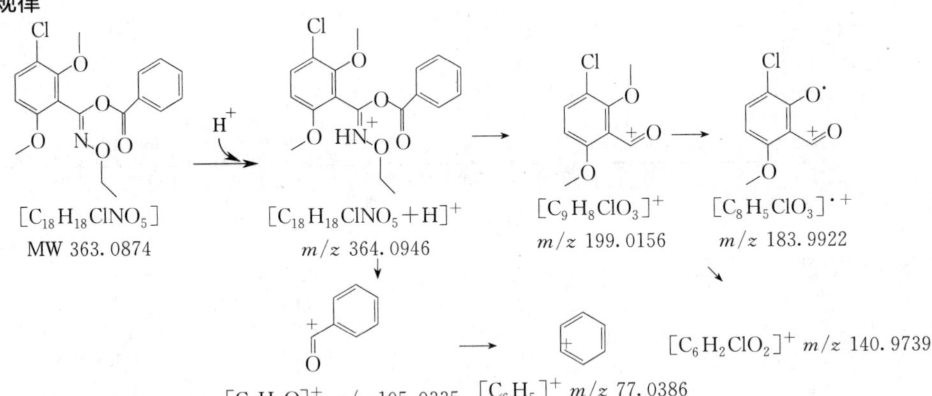

提取离子流色谱图

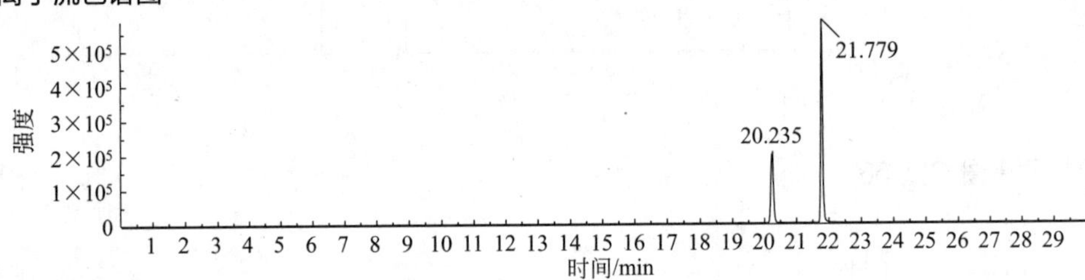

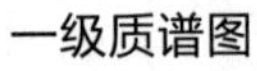

一级质谱图

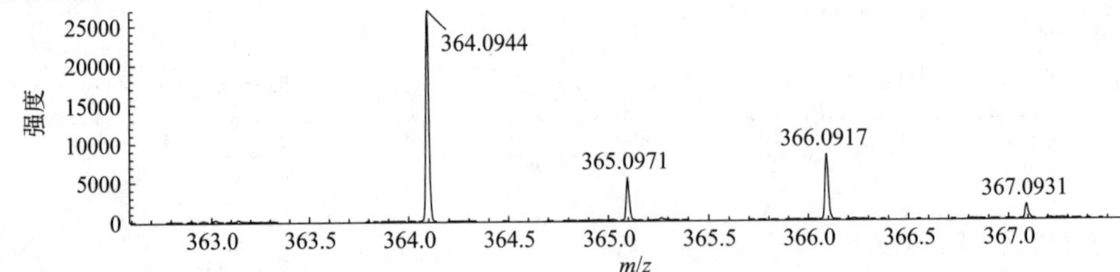

二级全扫质谱图 CE: (35±15)V

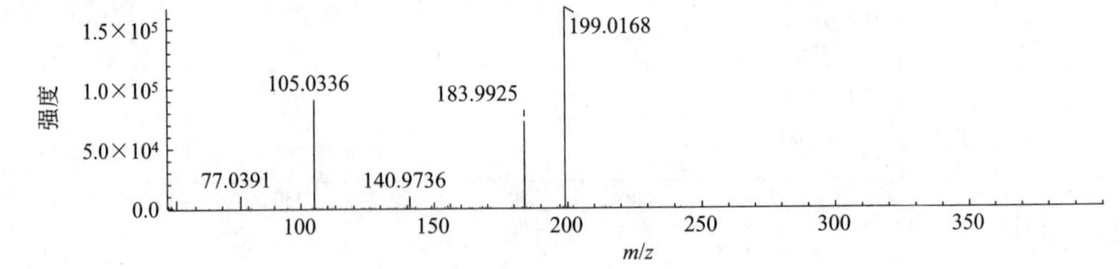

二级全扫质谱图 CE: 10V

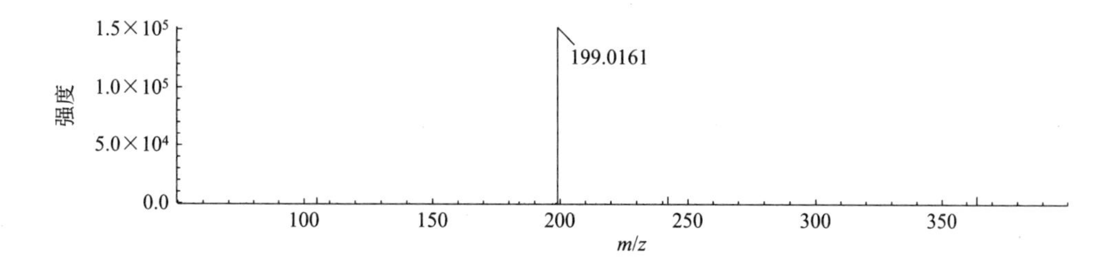

二级全扫质谱图 CE: 20V

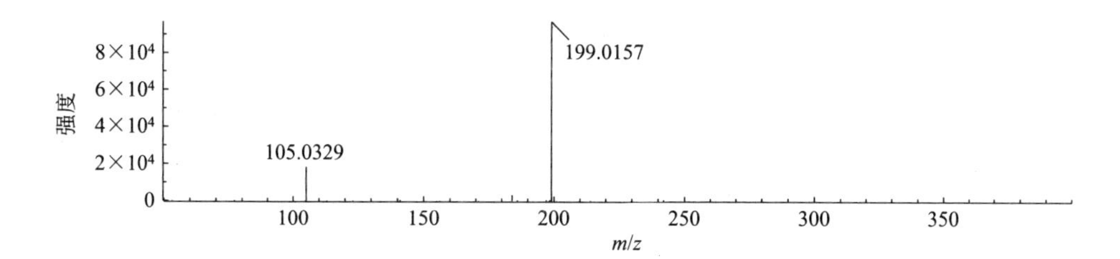

二级全扫质谱图 CE: 35V

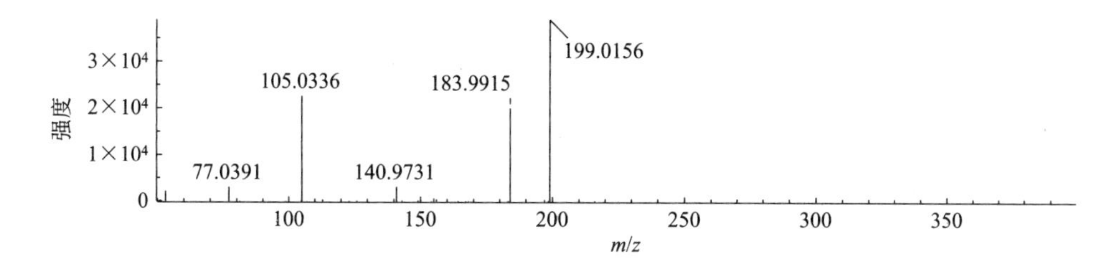

二级全扫质谱图 CE: 50V

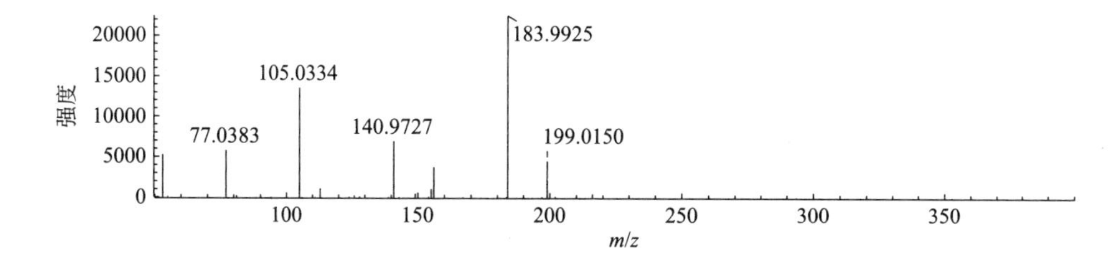

二级全扫质谱图 CE: 60V

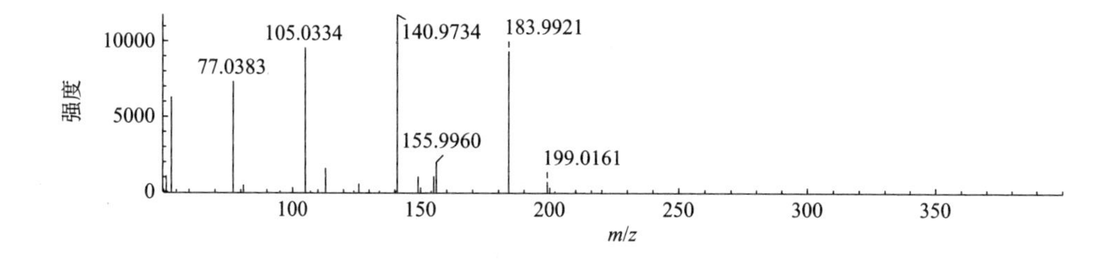

Benzoximate in-source fragment 199

苯螨特源内裂解碎片 199

CAS 号	—	保留时间	20.23min
分子式	$C_9H_8ClO_3^+$	加合方式	$[M+H]^+$
分子量	199.0156	源内裂解碎片	无

推测裂解规律

$[C_6H_2ClO_2]^+$ m/z 140.9739 ← $[C_9H_8ClO_3]^+$ m/z 199.0156 → $[C_8H_5ClO_3]^{\cdot +}$ m/z 183.9922

提取离子流色谱图

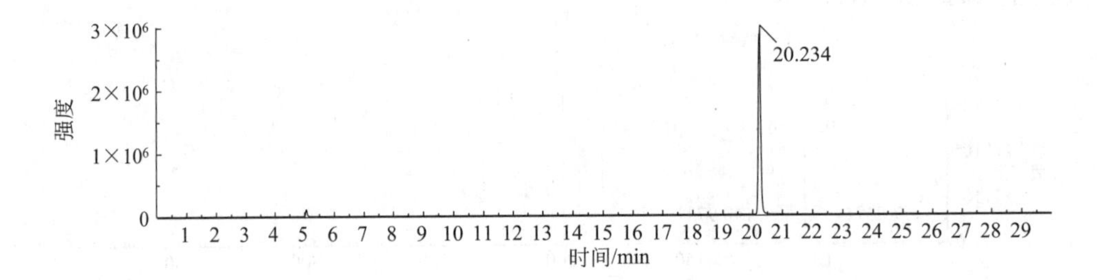

一级质谱图

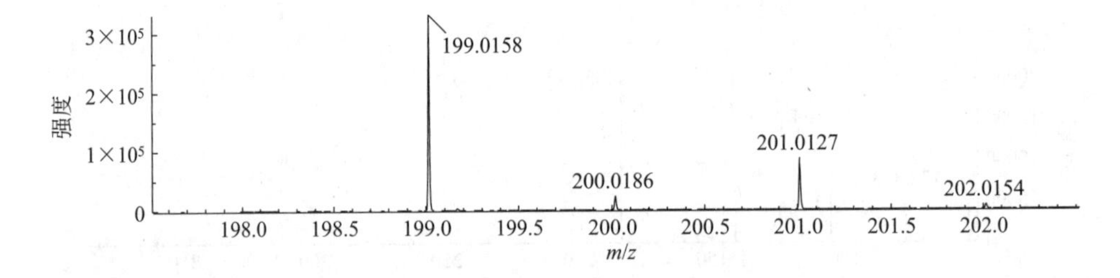

二级全扫质谱图 CE: (35±15)V

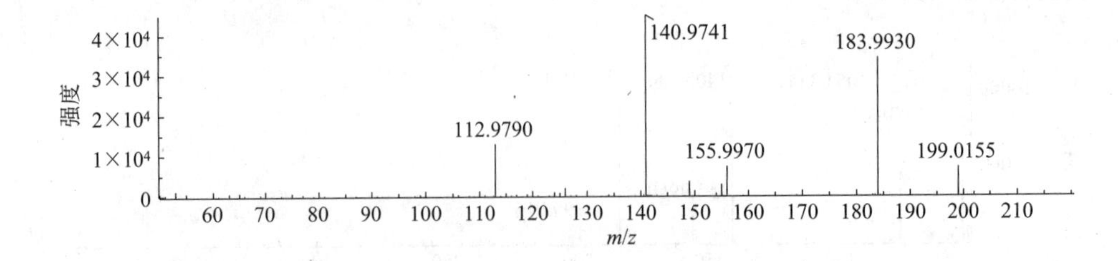

二级全扫质谱图 CE: 10V

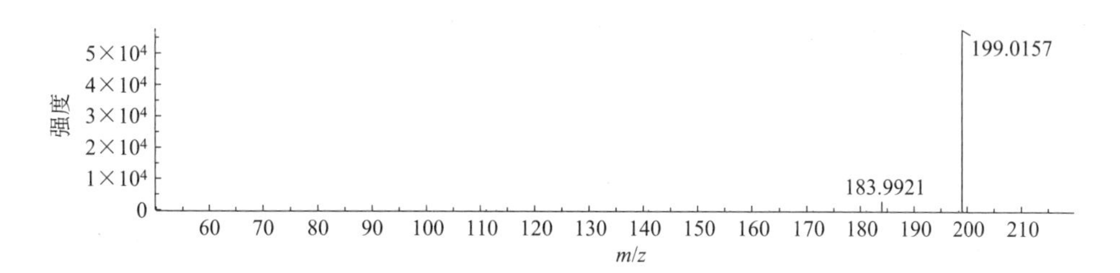

二级全扫质谱图 CE: 20V

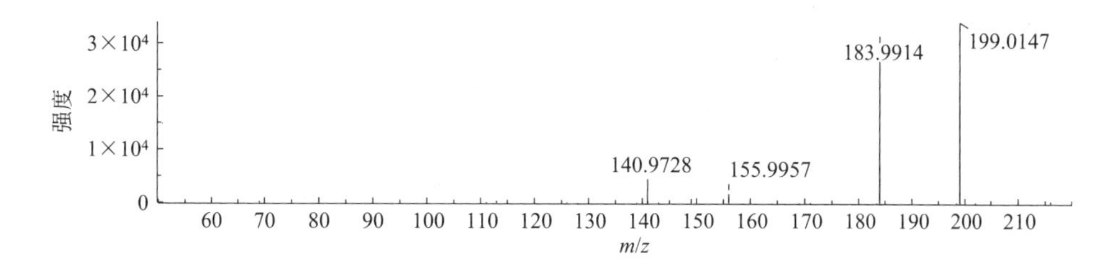

二级全扫质谱图 CE: 35V

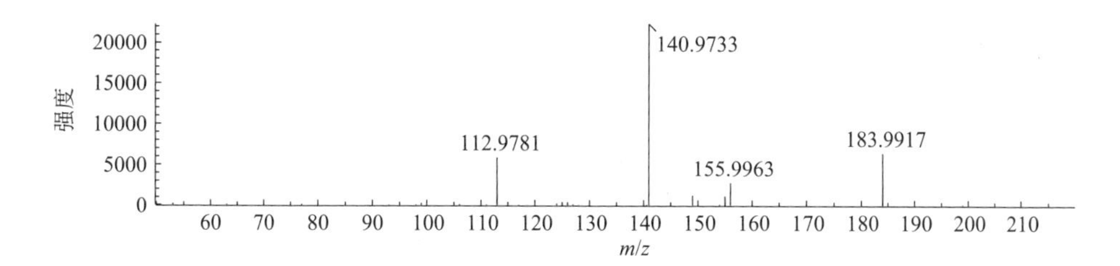

二级全扫质谱图 CE: 50V

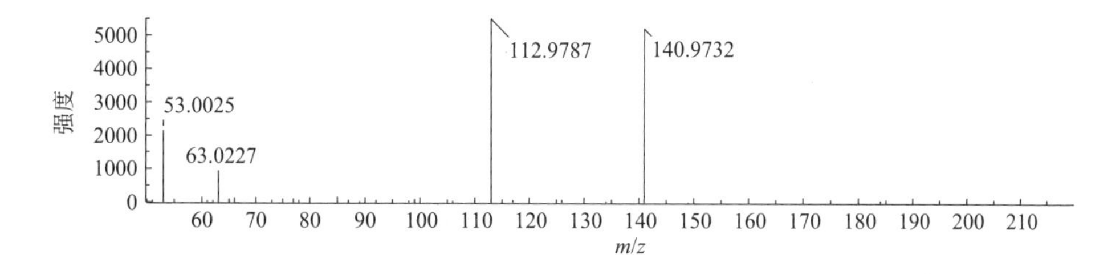

二级全扫质谱图 CE: 60V

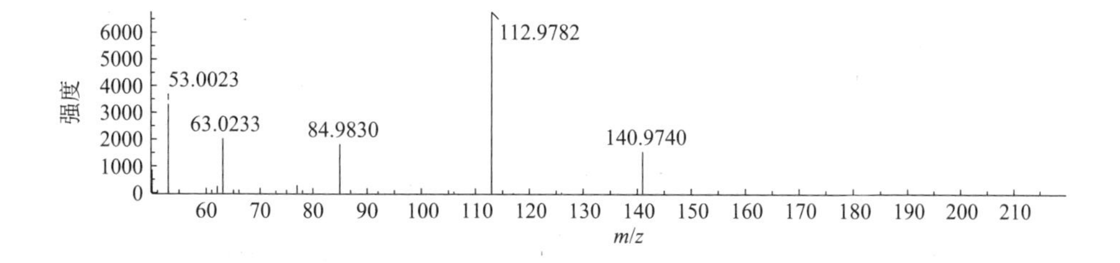

Bifenazate
联苯肼酯

CAS 号	149877-41-8	保留时间	14. 54min
分子式	$C_{17}H_{20}N_2O_3$	加合方式	$[M+H]^+$
分子量	300. 1474	源内裂解碎片	m/z 198

推测裂解规律（裂解路径已经 MS^3 确认）

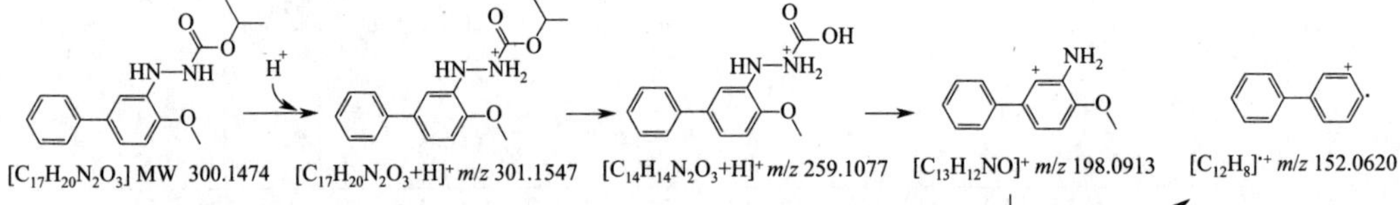

提取离子流色谱图

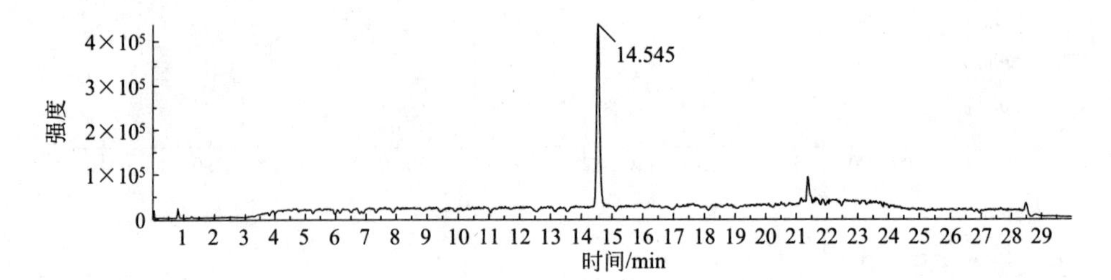

一级质谱图

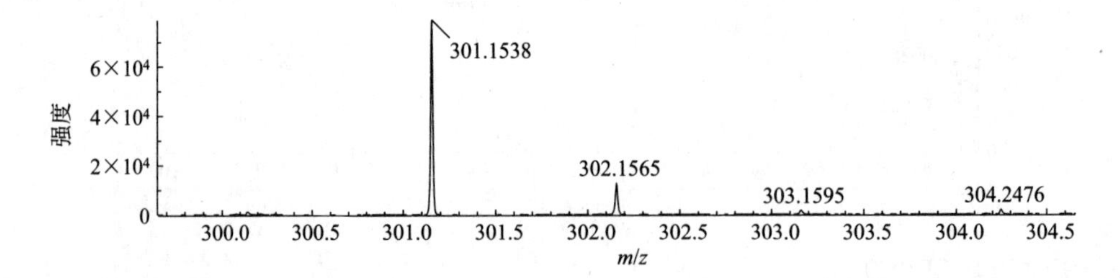

二级全扫质谱图 CE: (35±15)V

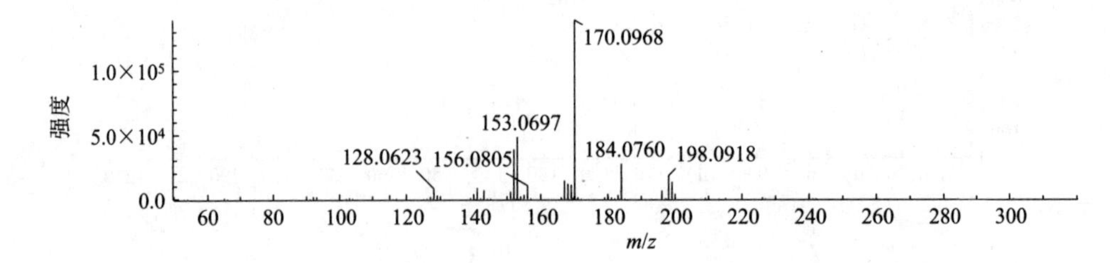

二级全扫质谱图 CE: 10V

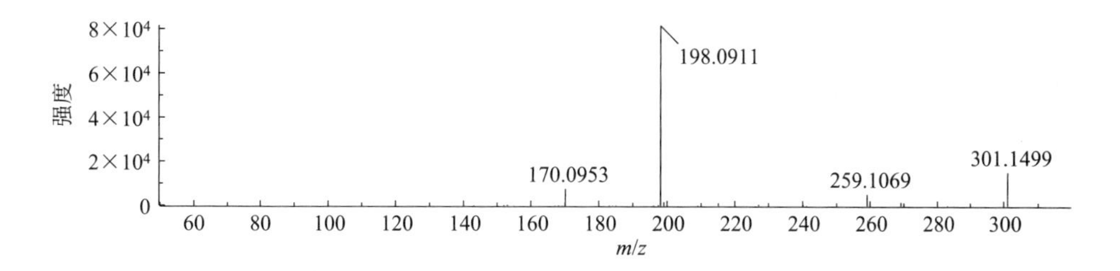

二级全扫质谱图 CE: 20V

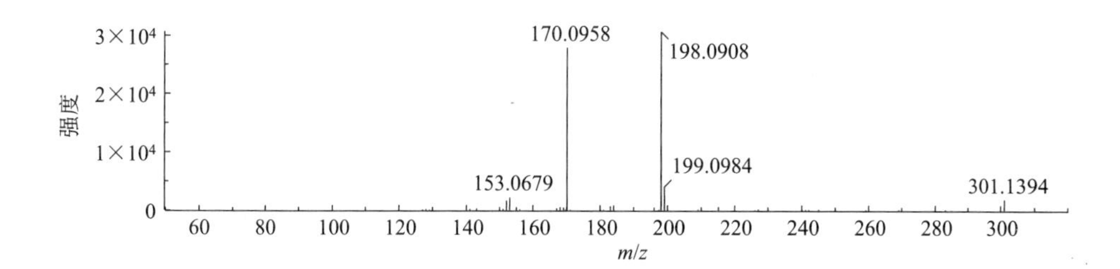

二级全扫质谱图 CE: 35V

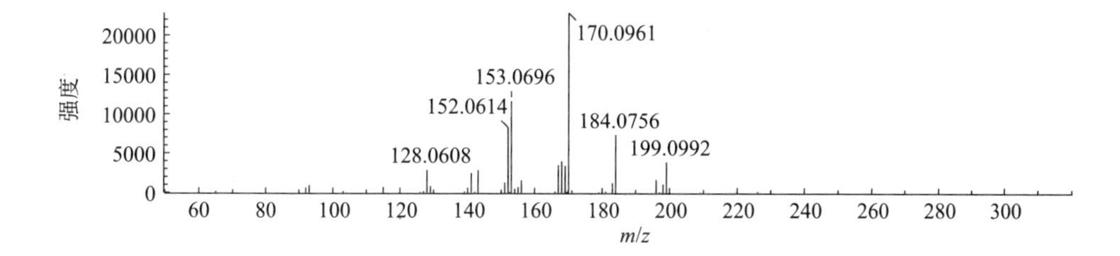

二级全扫质谱图 CE: 50V

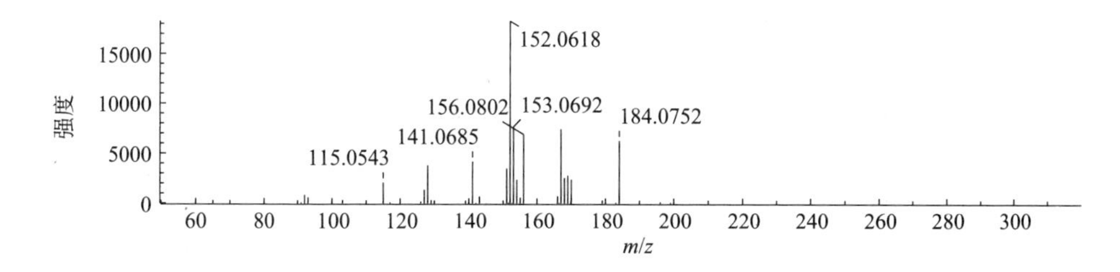

二级全扫质谱图 CE: 60V

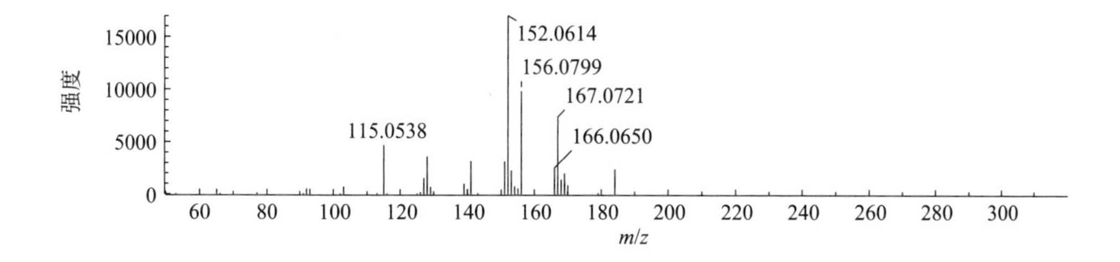

Bifenazate in-source fragment 198

联苯肼酯源内裂解碎片 198

CAS 号	—	保留时间	14.55min
分子式	$C_{13}H_{12}NO^{+}$	加合方式	$[M+H]^{+}$
分子量	198.0913	源内裂解碎片	无

推测裂解规律

$[C_{13}H_{12}NO]^{+}$ m/z 198.0913 → $[C_{12}H_{11}N+H]^{+}$ m/z 170.0964 → $[C_{12}H_{9}]^{+}$ m/z 153.0699

$[C_{9}H_{7}]^{+}$ m/z 115.0542　　$[C_{12}H_{8}]^{\cdot +}$ m/z 152.0620

提取离子流色谱图

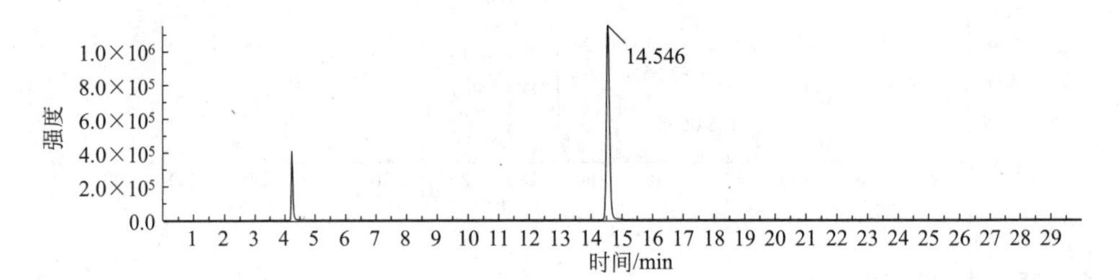

一级质谱图

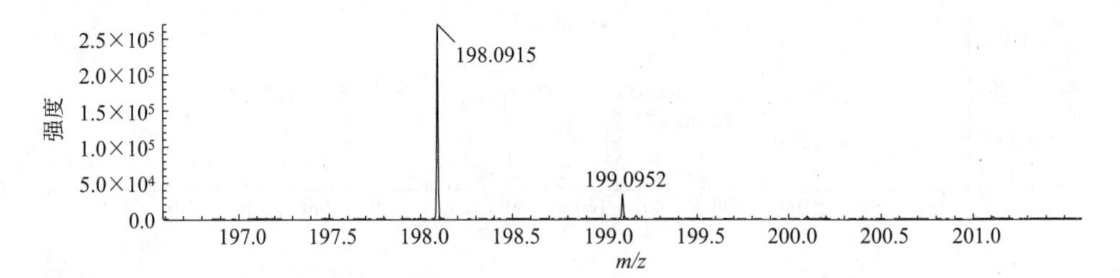

二级全扫质谱图 CE: (35±15)V

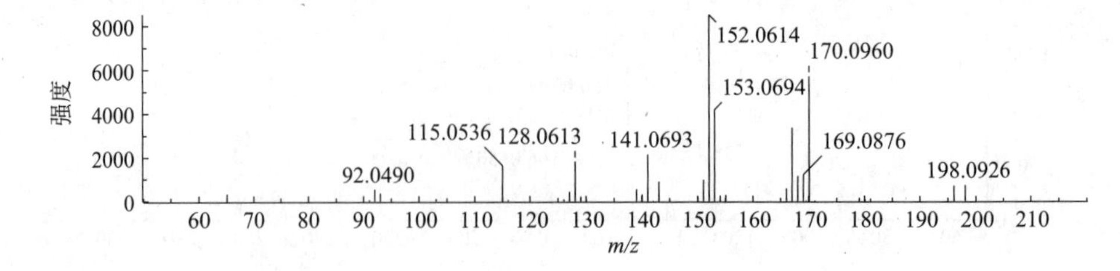

二级全扫质谱图 CE: 10V

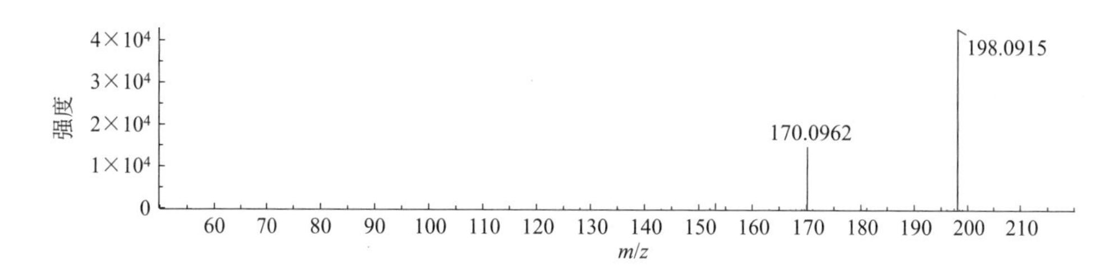

二级全扫质谱图 CE: 20V

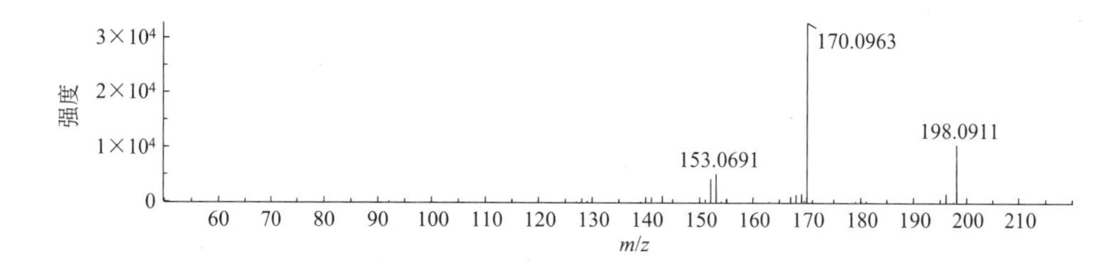

二级全扫质谱图 CE: 35V

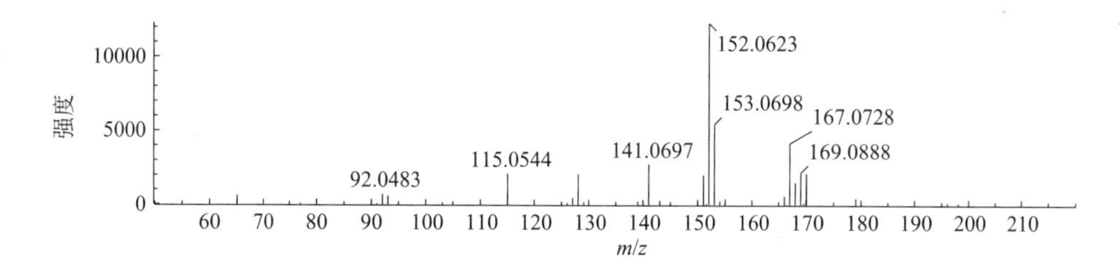

二级全扫质谱图 CE: 50V

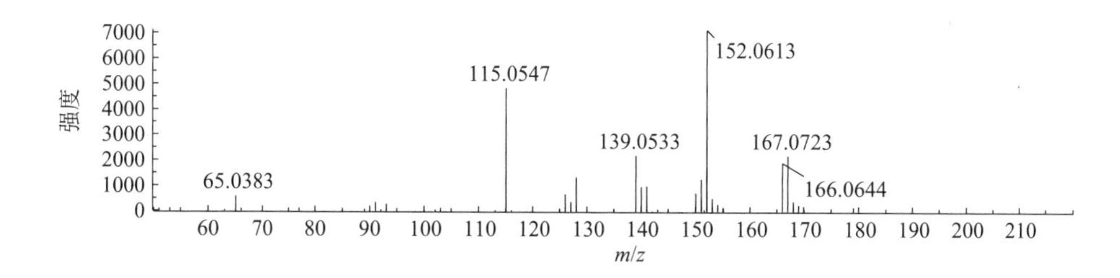

二级全扫质谱图 CE: 60V

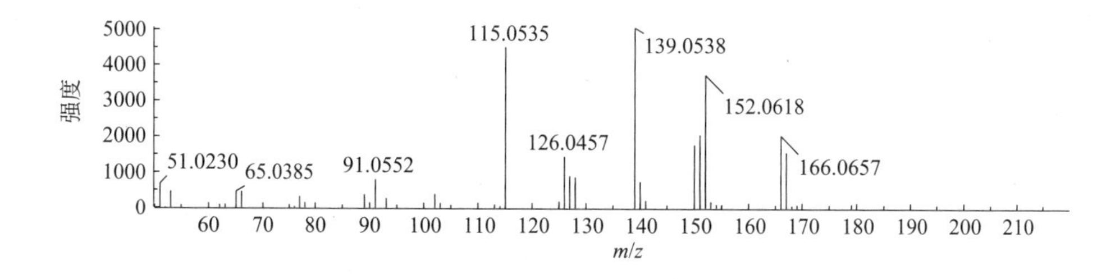

Bifenox
甲羧除草醚

CAS 号	42576-02-3	保留时间	20.70min
分子式	$C_{14}H_9Cl_2NO_5$	加合方式	$[M+NH_4]^+$
分子量	340.9858	源内裂解碎片	*m/z* 310

推测裂解规律（裂解路径已经 MS[3] 确认）

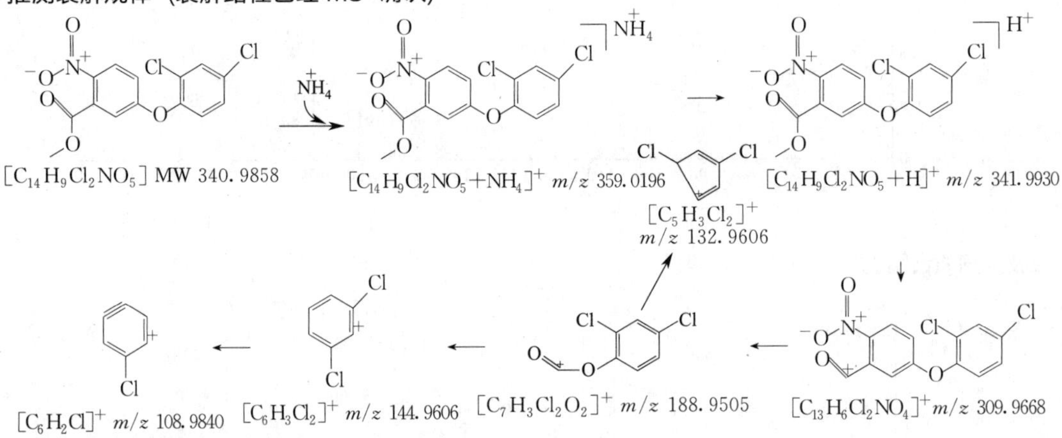

$[C_{14}H_9Cl_2NO_5]$ MW 340.9858

$[C_{14}H_9Cl_2NO_5+NH_4]^+$ *m/z* 359.0196

$[C_{14}H_9Cl_2NO_5+H]^+$ *m/z* 341.9930

$[C_{13}H_6Cl_2NO_4]^+$ *m/z* 309.9668

$[C_7H_3Cl_2O_2]^+$ *m/z* 188.9505

$[C_5H_3Cl_2]^+$ *m/z* 132.9606

$[C_6H_3Cl_2]^+$ *m/z* 144.9606

$[C_6H_2Cl]^+$ *m/z* 108.9840

提取离子流色谱图

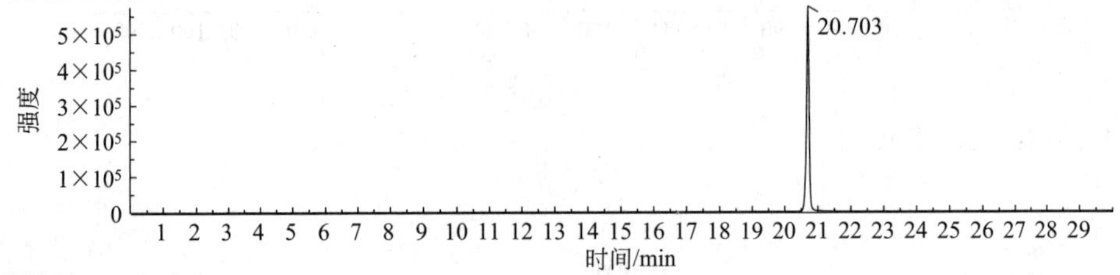

20.703

强度；时间/min

一级质谱图

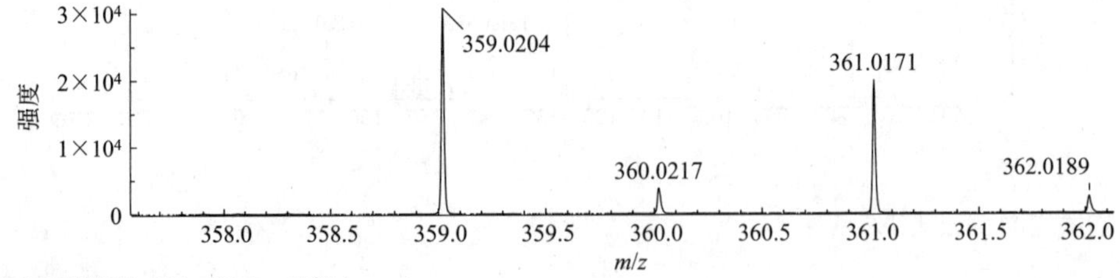

359.0204；360.0217；361.0171；362.0189

强度；*m/z*

二级全扫质谱图 CE：(35±15)V

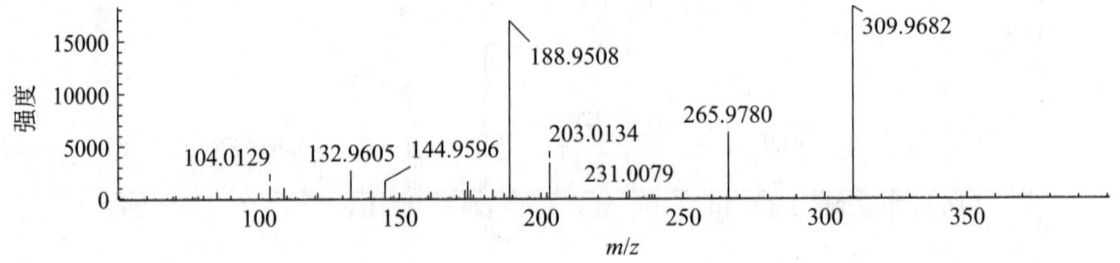

104.0129；132.9605；144.9596；188.9508；203.0134；231.0079；265.9780；309.9682

强度；*m/z*

二级全扫质谱图 CE: 10V

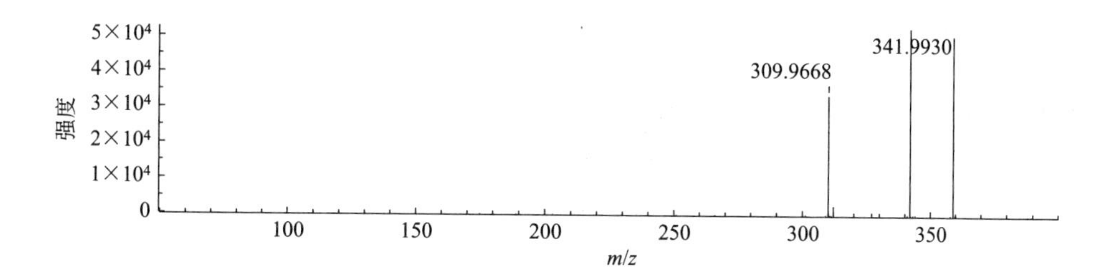

二级全扫质谱图 CE: 20V

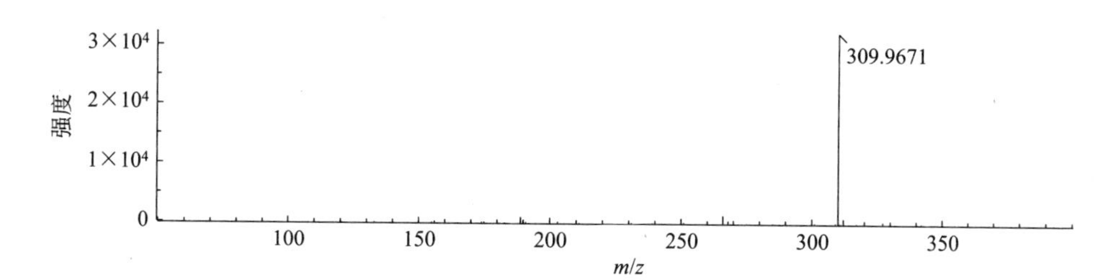

二级全扫质谱图 CE: 35V

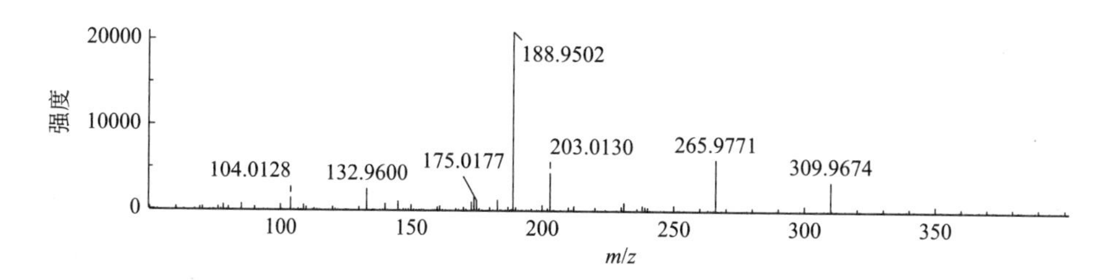

二级全扫质谱图 CE: 50V

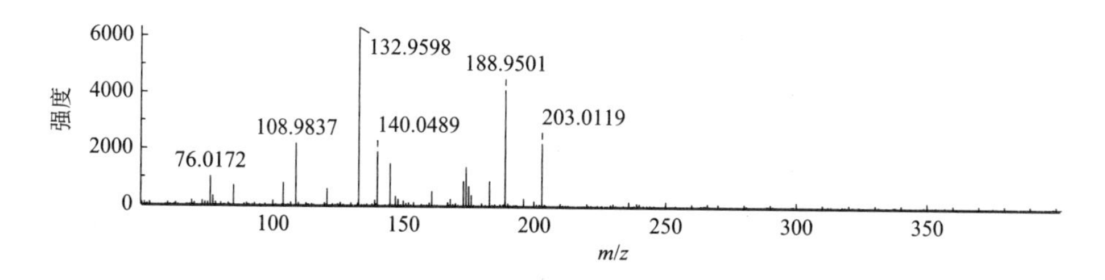

二级全扫质谱图 CE: 60V

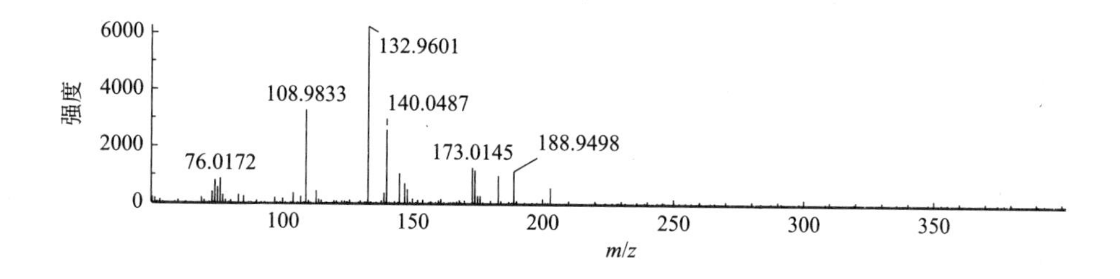

Bifenthrin
联苯菊酯

CAS 号	2657-04-3	保留时间	24. 29min
分子式	$C_{23}H_{22}ClF_3O_2$	加合方式	$[M+NH_4]^+$
分子量	422. 1260	源内裂解碎片	无

推测裂解规律（裂解路径已经 MS^3 确认）

$[C_{23}H_{22}ClF_3O_2]$ MW 422.1260

$[C_{23}H_{22}ClF_3O_2+NH_4]^+$ *m/z* 440.1599

$[C_{14}H_{13}]^+$ *m/z* 181.1012

$[C_{13}H_9]^+$ *m/z* 165.0699

$[C_{13}H_{10}]^{\cdot+}$ *m/z* 166.0777

提取离子流色谱图

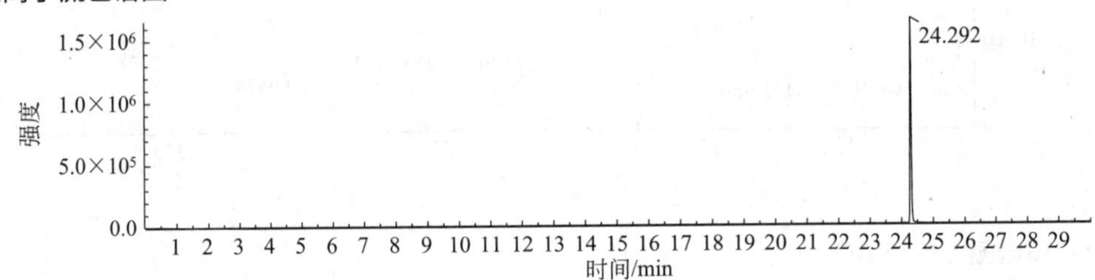

一级质谱图

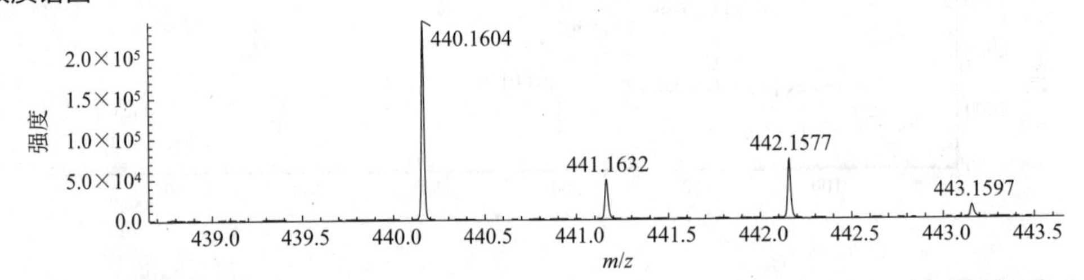

二级全扫质谱图 CE: (35±15)V

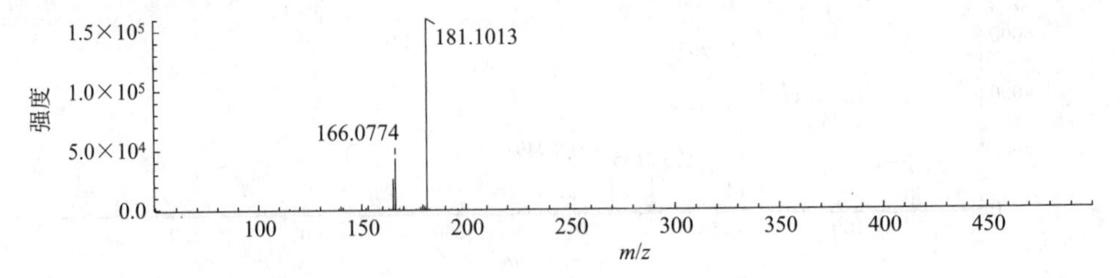

二级全扫质谱图 CE: 10V

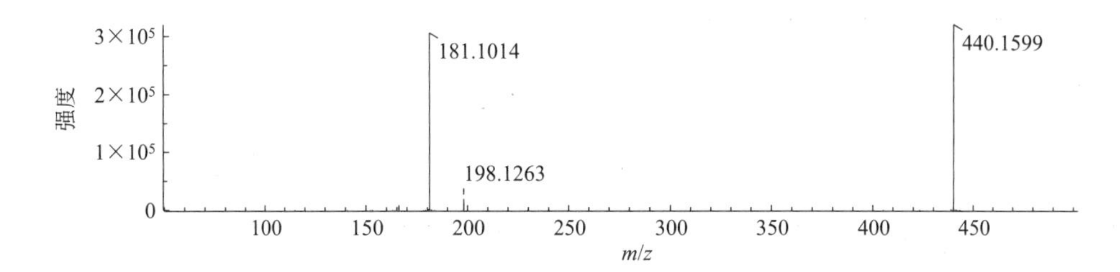

二级全扫质谱图 CE: 20V

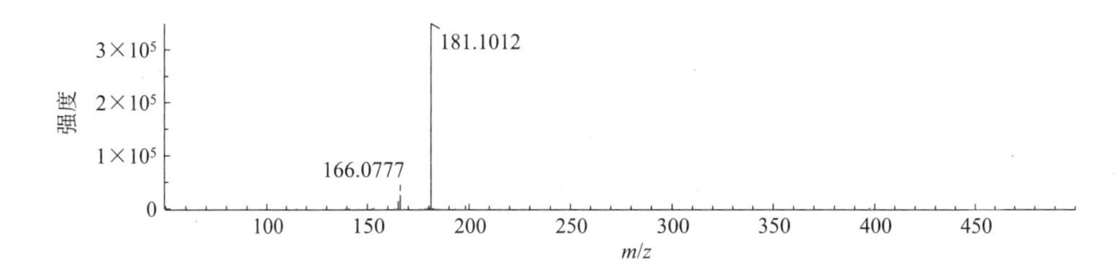

二级全扫质谱图 CE: 35V

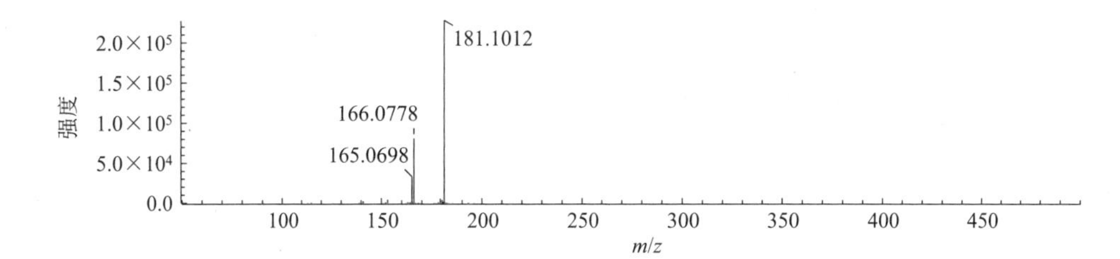

二级全扫质谱图 CE: 50V

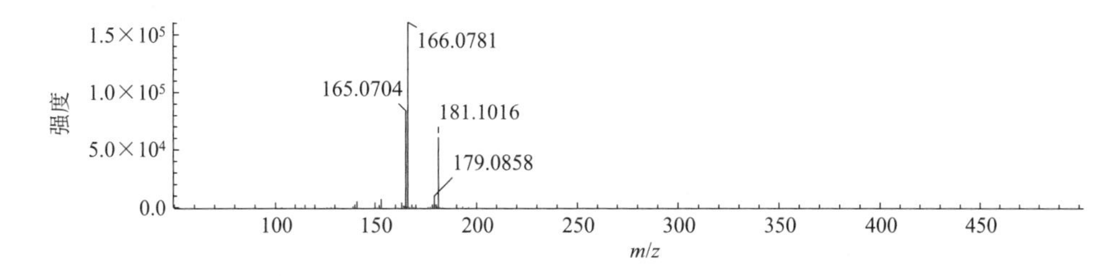

二级全扫质谱图 CE: 60V

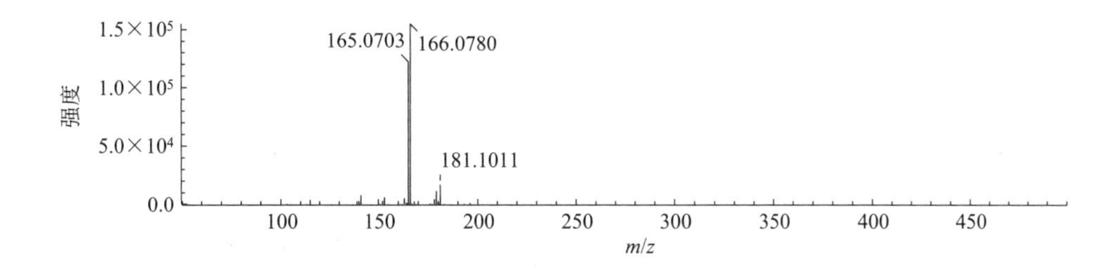

Bioresmethrin
生物苄呋菊酯

CAS 号	28434-01-7	保留时间	23. 80min
分子式	$C_{22}H_{26}O_3$	加合方式	$[M+H]^+$
分子量	338. 1882	源内裂解碎片	无

推测裂解规律

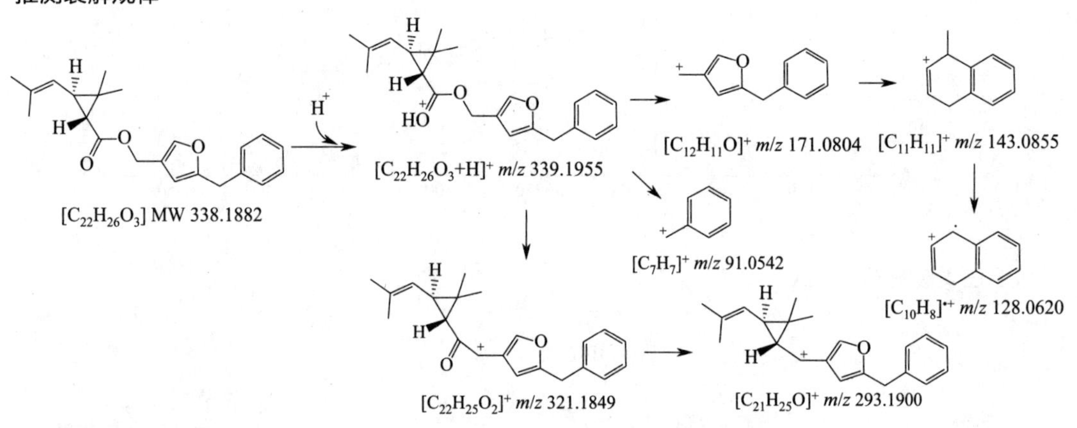

提取离子流色谱图

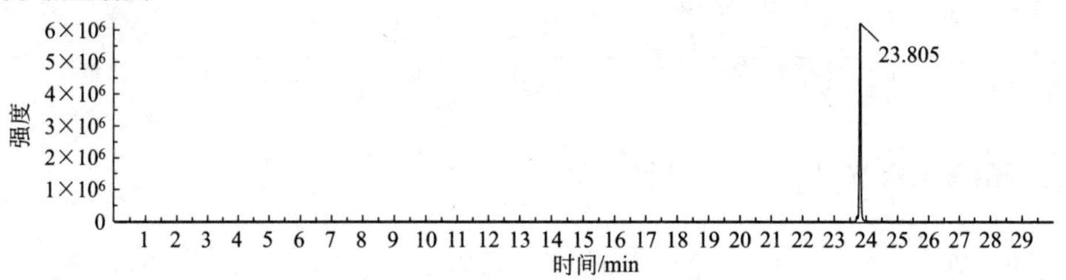

一级质谱图

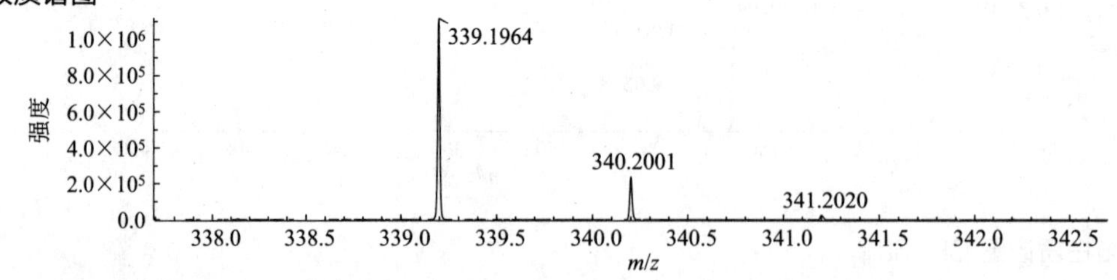

二级全扫质谱图 CE: (35±15)V

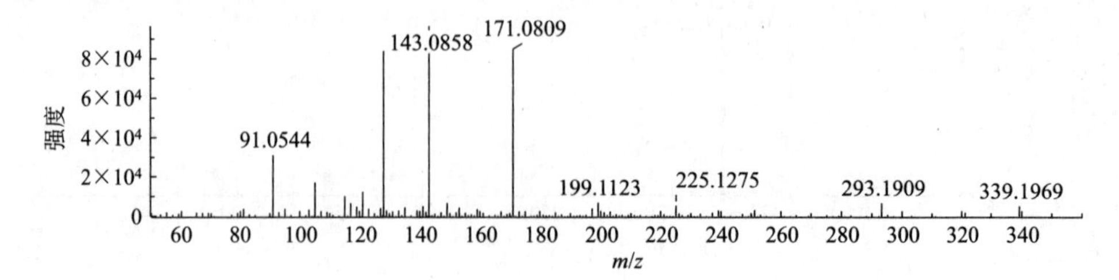

二级全扫质谱图 CE: 10V

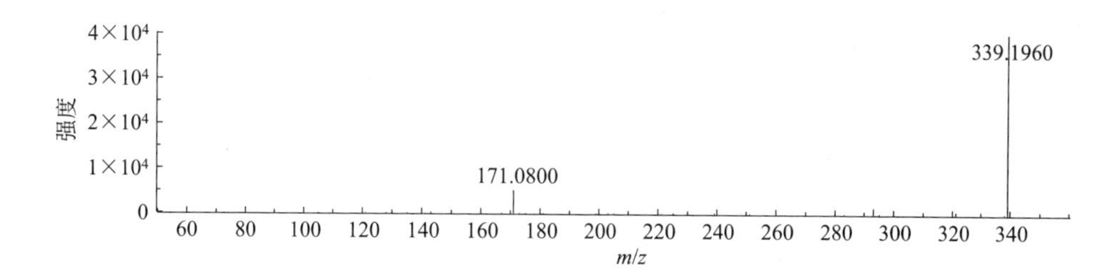

二级全扫质谱图 CE: 20V

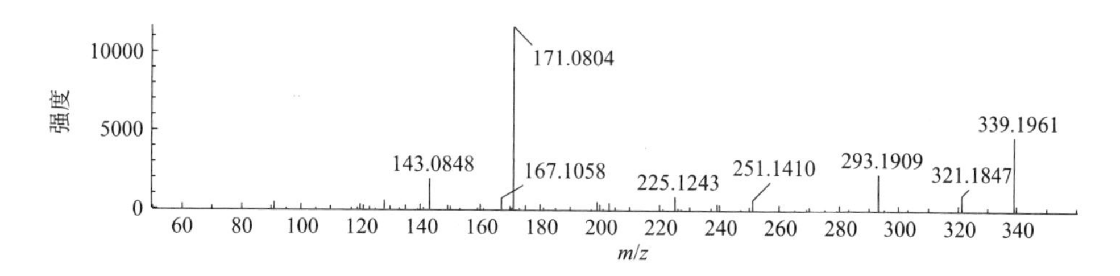

二级全扫质谱图 CE: 35V

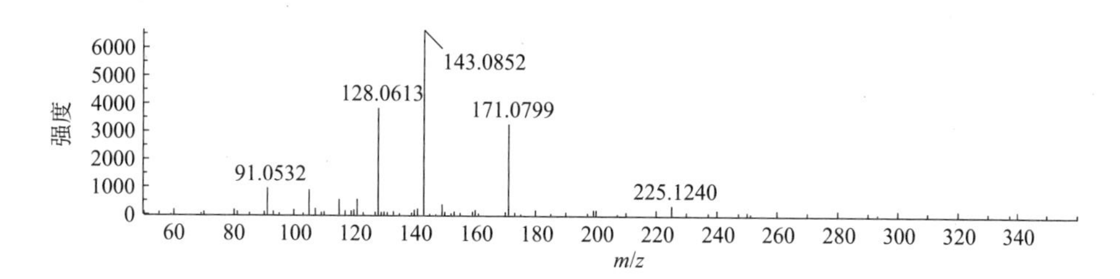

二级全扫质谱图 CE: 50V

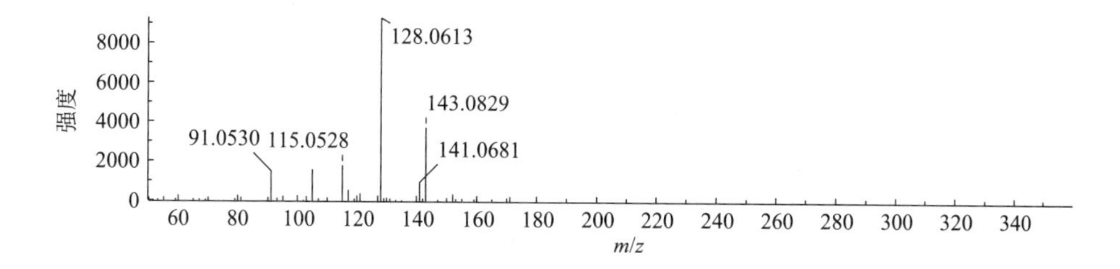

二级全扫质谱图 CE: 60V

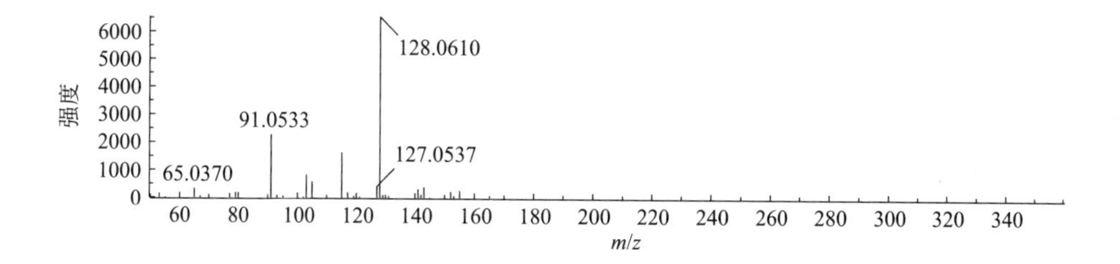

Bispyribac-sodium
双草醚

CAS 号	125401-92-5	保留时间	12.47min
分子式	$C_{19}H_{17}N_4NaO_8$	加合方式	$[M+H]^+$
分子量	452.0944	源内裂解碎片	无

推测裂解规律

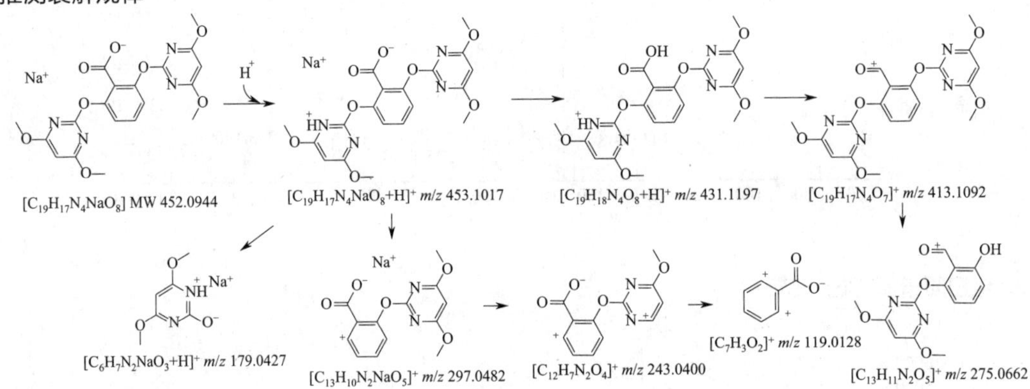

提取离子流色谱图

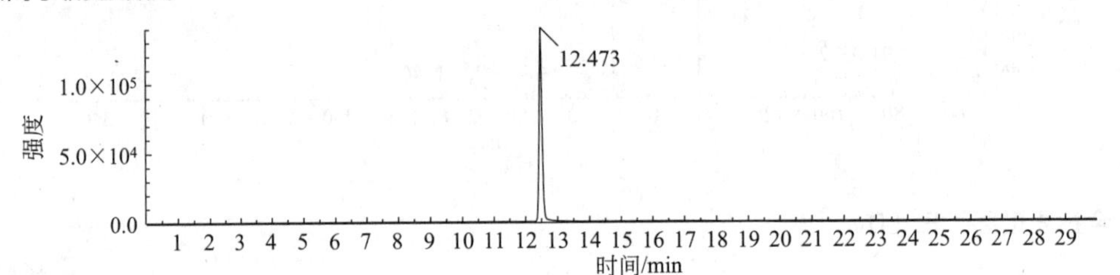

一级质谱图

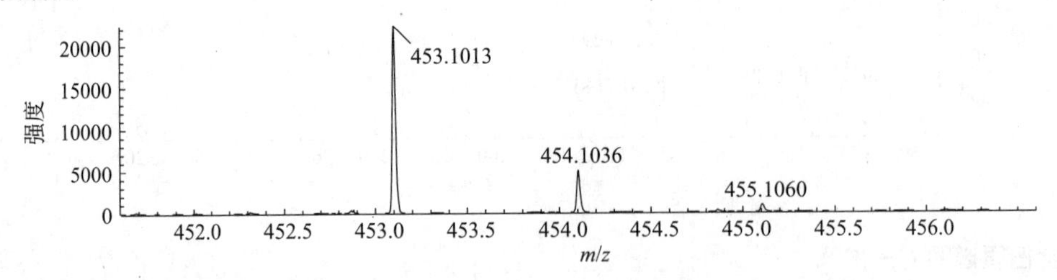

二级全扫质谱图 CE: (35±15)V

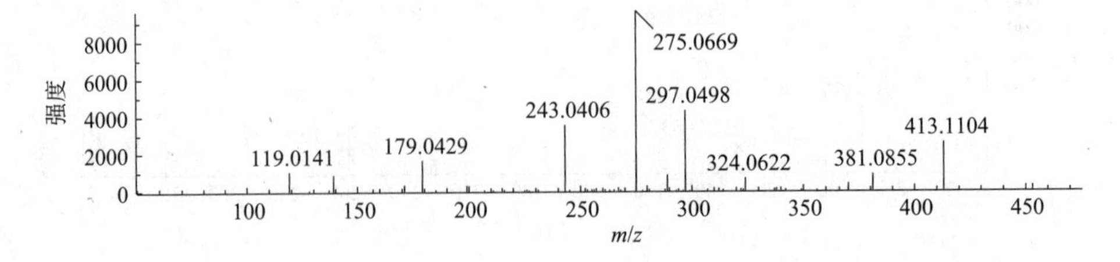

二级全扫质谱图 CE: 10V

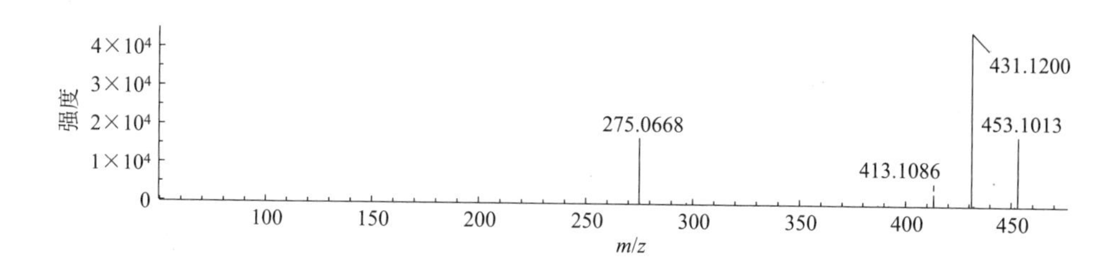

二级全扫质谱图 CE: 20V

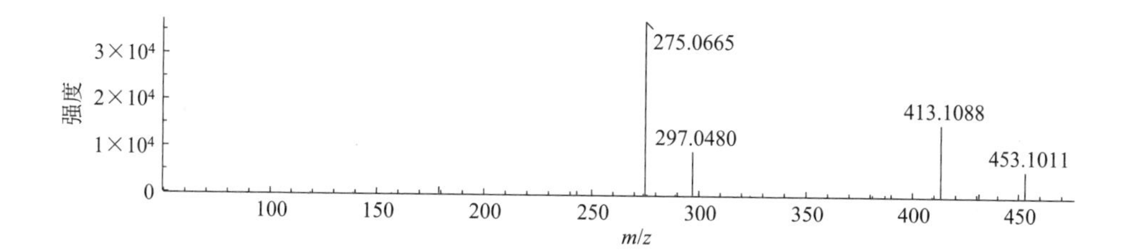

二级全扫质谱图 CE: 35V

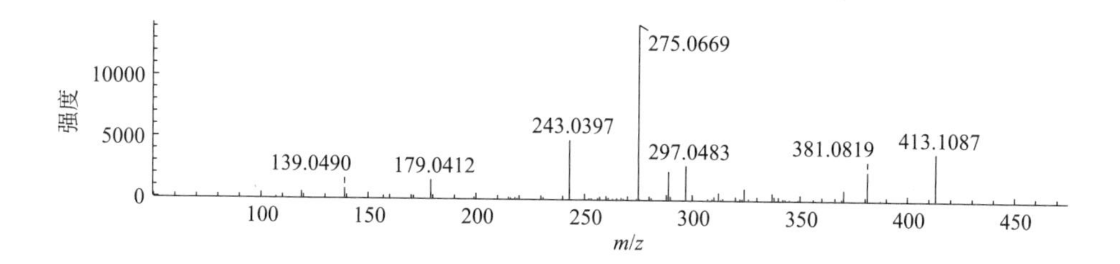

二级全扫质谱图 CE: 50V

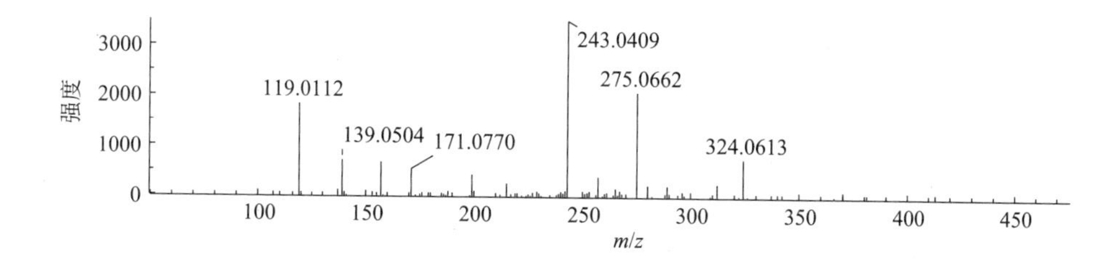

二级全扫质谱图 CE: 60V

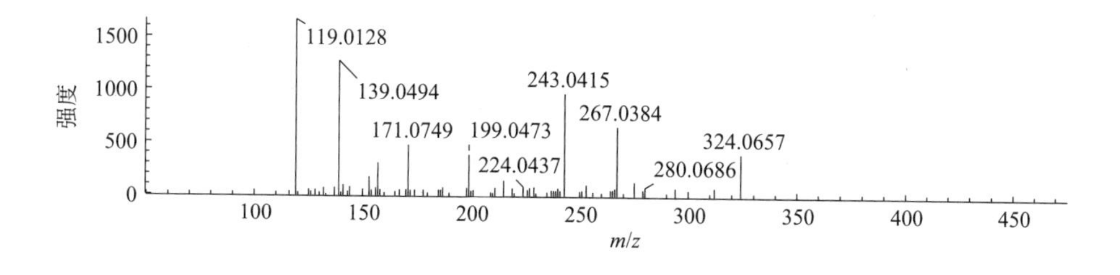

Bitertanol
联苯三唑醇

CAS 号	55179-31-2	保留时间	19.98min/20.18min
分子式	$C_{20}H_{23}N_3O_2$	加合方式	$[M+H]^+$
分子量	337.1790	源内裂解碎片	*m/z* 269

推测裂解规律

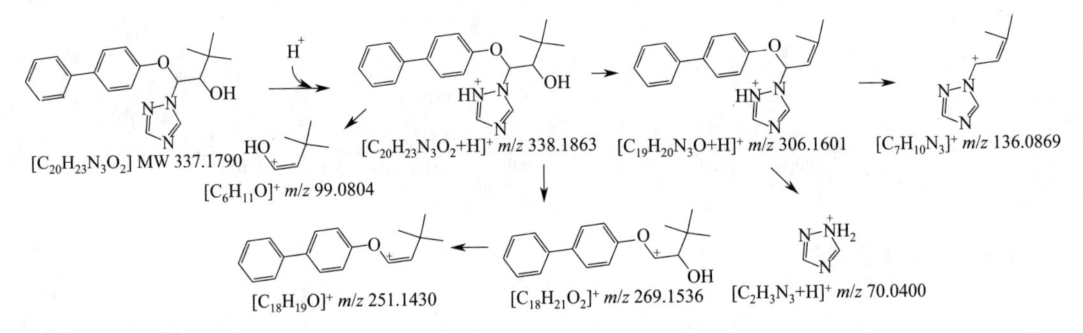

提取离子流色谱图

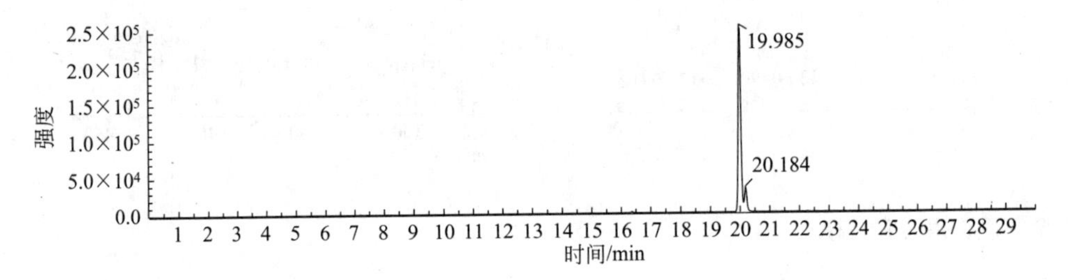

一级质谱图

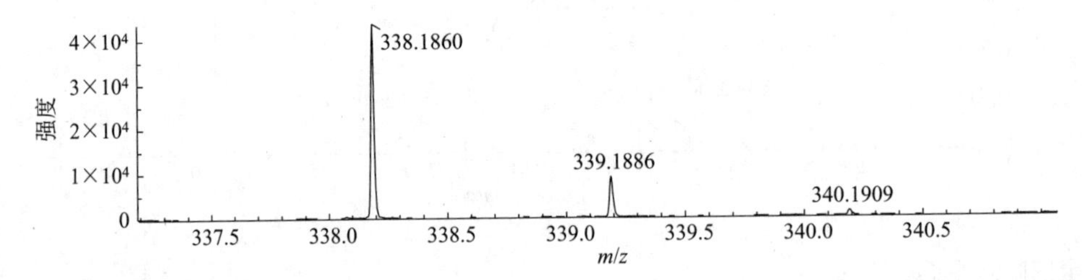

二级全扫质谱图 CE: (35±15)V

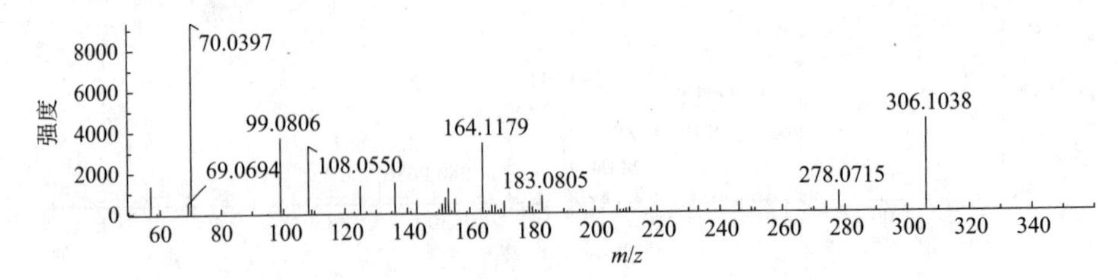

二级全扫质谱图 CE: 10V

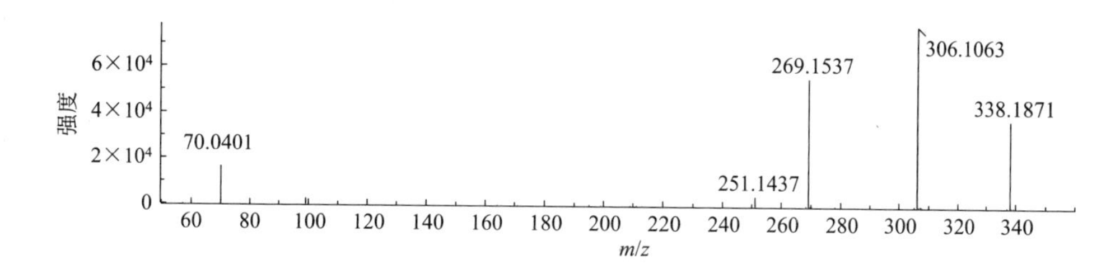

二级全扫质谱图 CE: 20V

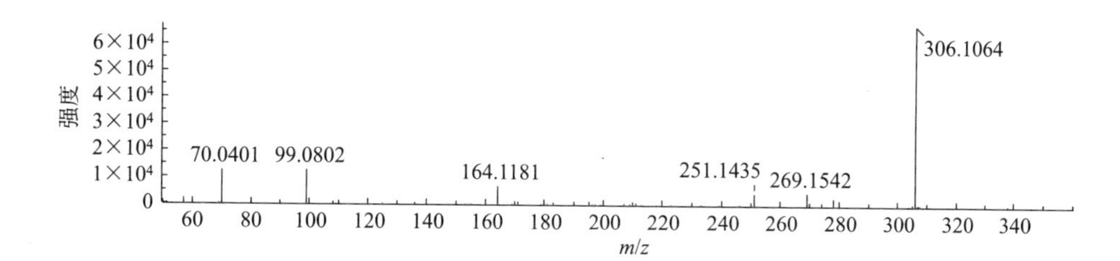

二级全扫质谱图 CE: 35V

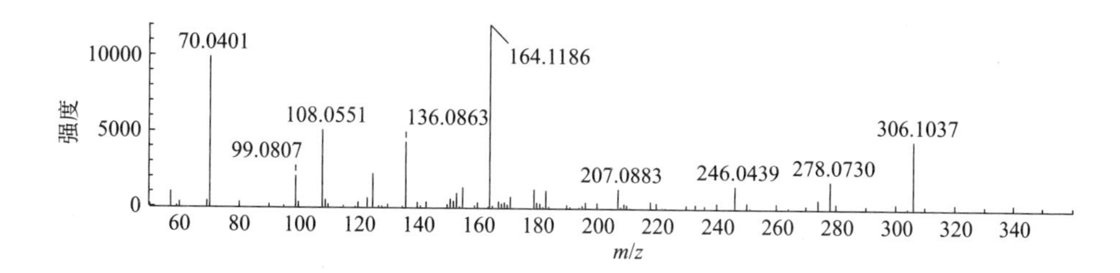

二级全扫质谱图 CE: 50V

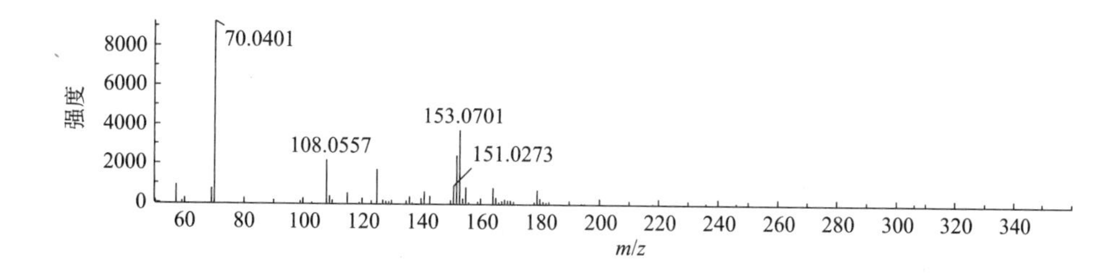

二级全扫质谱图 CE: 60V

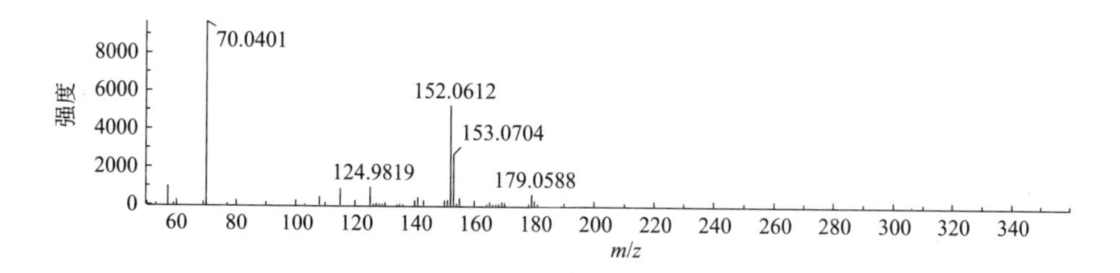

Boscalid
啶酰菌胺

CAS 号	188425-85-6	保留时间	12.77min
分子式	$C_{18}H_{12}Cl_2N_2O$	加合方式	$[M+H]^+$
分子量	342.0327	源内裂解碎片	无

推测裂解规律

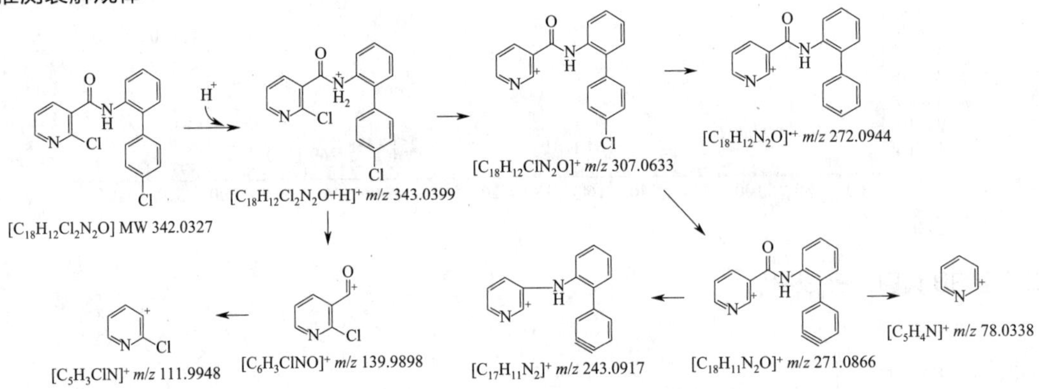

提取离子流色谱图

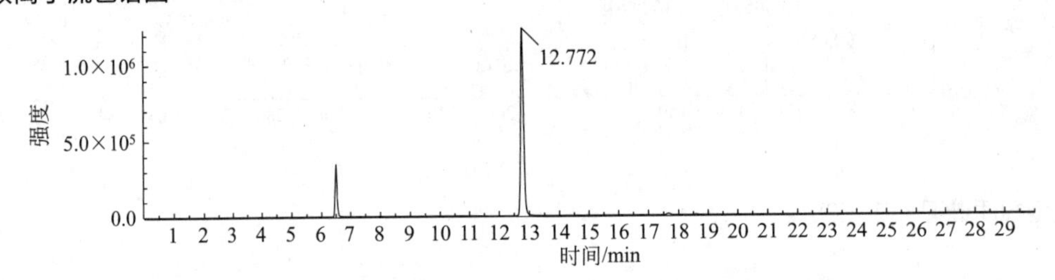

一级质谱图

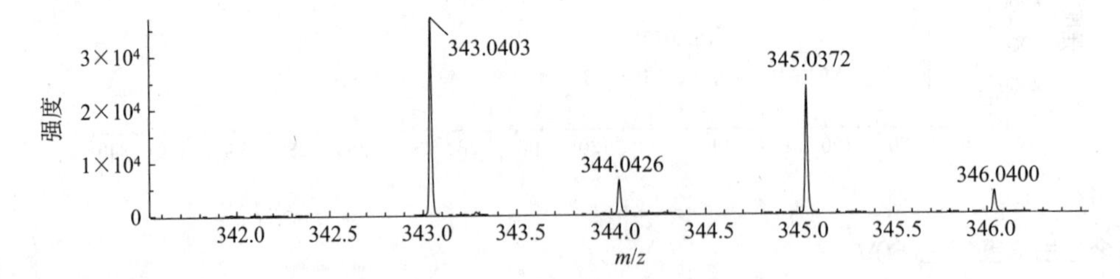

二级全扫质谱图 CE: (35±15)V

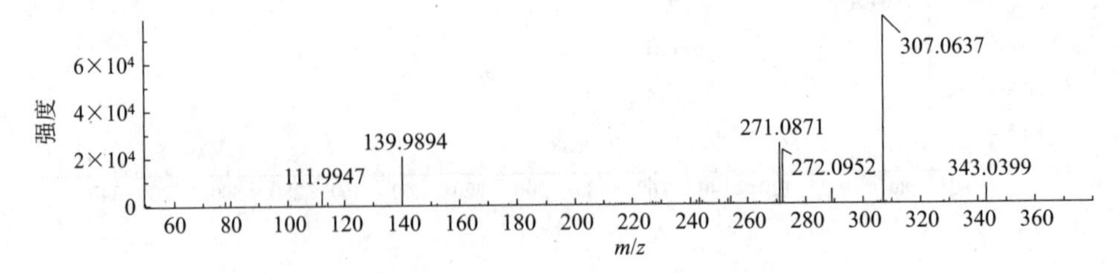

二级全扫质谱图 CE: 10V

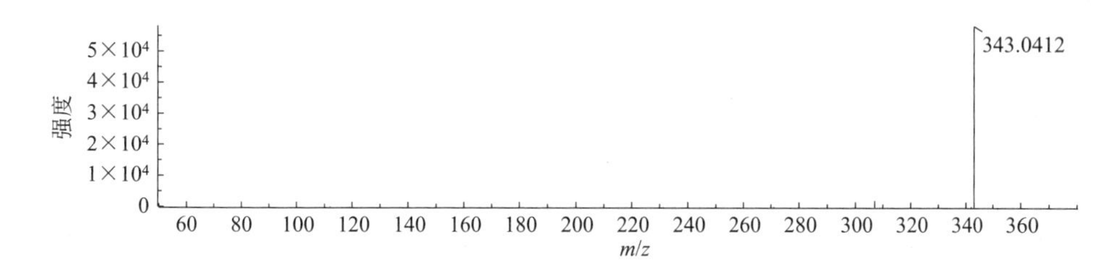

二级全扫质谱图 CE: 20V

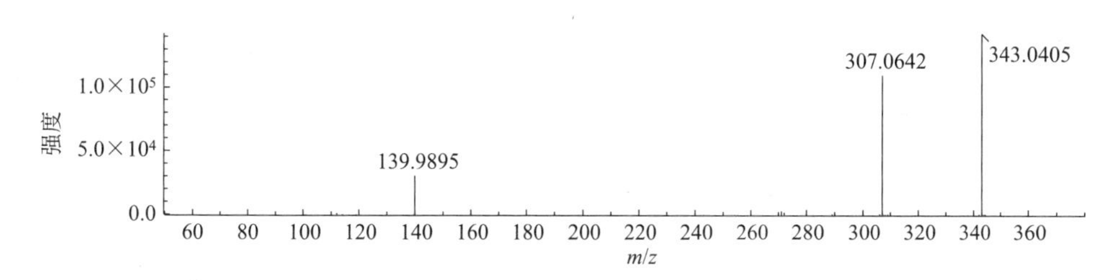

二级全扫质谱图 CE: 35V

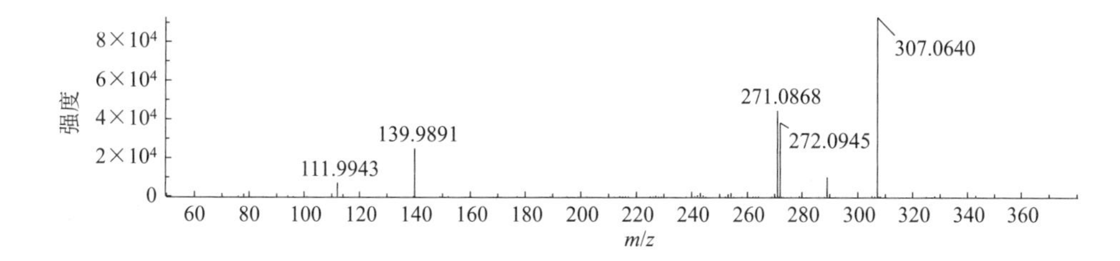

二级全扫质谱图 CE: 50V

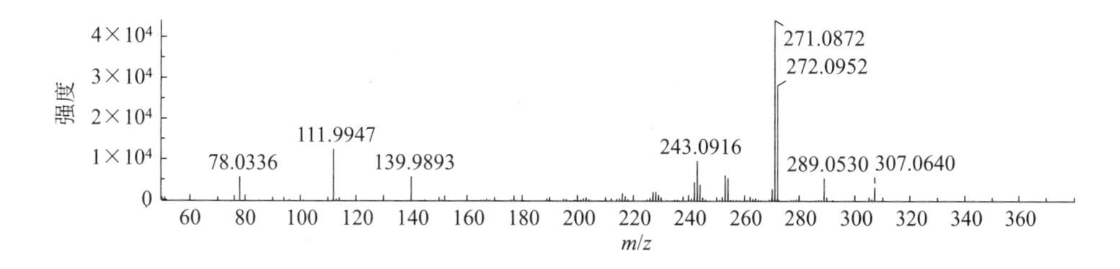

二级全扫质谱图 CE: 60V

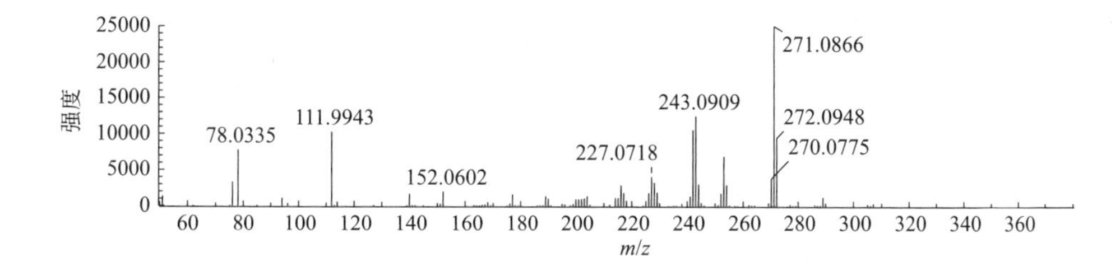

Bromuconazole
糠菌唑

CAS 号	116255-48-2	保留时间	14. 16min/16. 70min
分子式	$C_{13}H_{12}BrCl_2N_3O$	加合方式	$[M+H]^+$
分子量	374. 9541	源内裂解碎片	无

推测裂解规律

$[C_{13}H_{12}BrCl_2N_3O]$ MW 374.9541

H^+

$[C_{13}H_{12}BrCl_2N_3O+H]^+$ *m/z* 375.9614

$[C_7H_5Cl_2]^+$ *m/z* 158.9763

$[C_2H_3N_3+H]^+$ *m/z* 70.0400

$[C_7H_3Cl_2O]^+$ *m/z* 172.9556

提取离子流色谱图

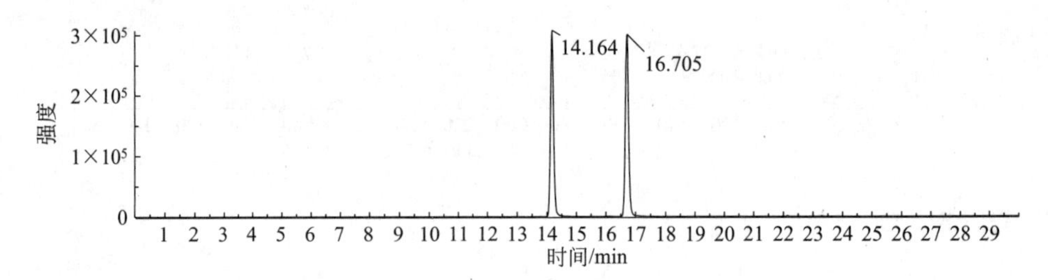

一级质谱图

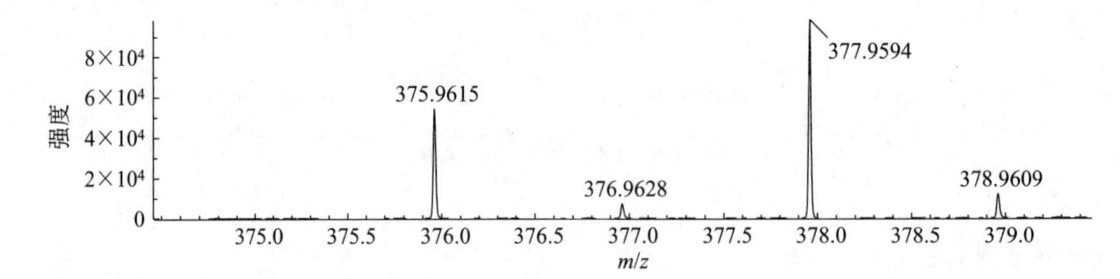

二级全扫质谱图 CE: (35±15)V

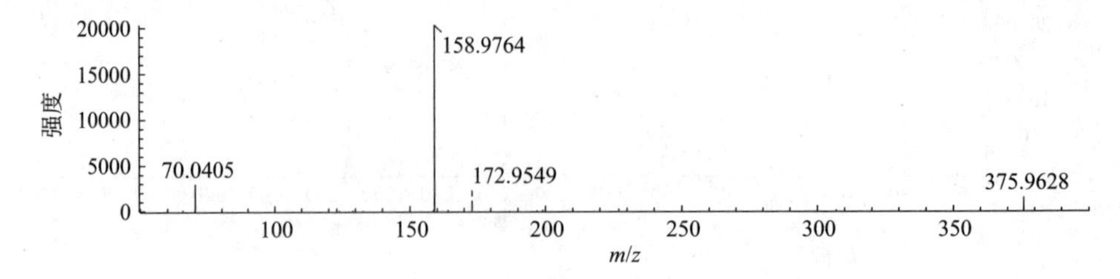

二级全扫质谱图 CE: 10V

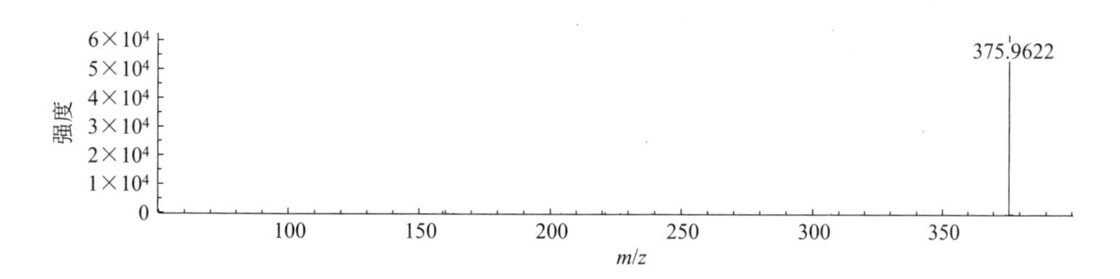

二级全扫质谱图 CE: 20V

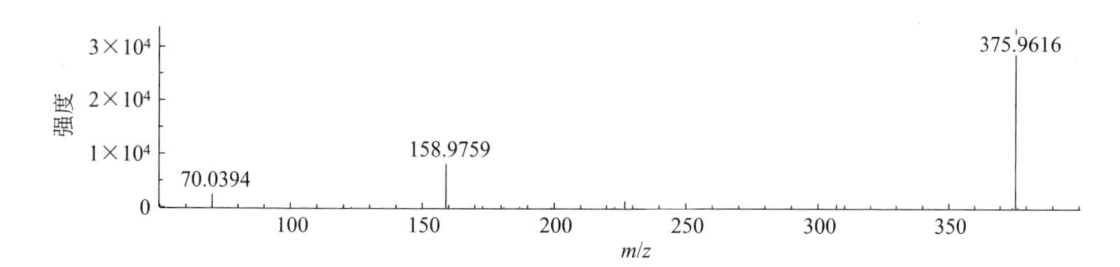

二级全扫质谱图 CE: 35V

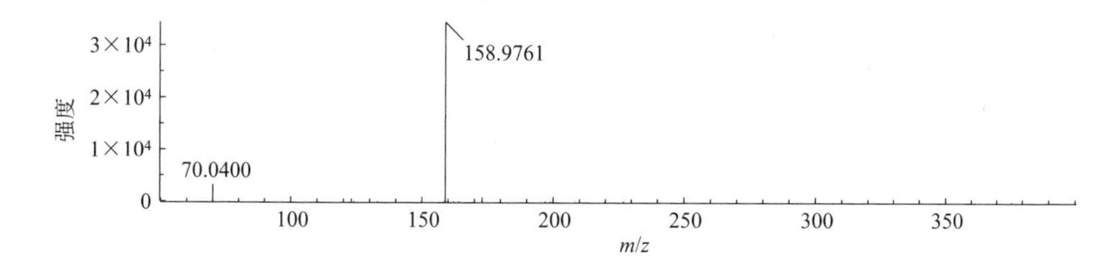

二级全扫质谱图 CE: 50V

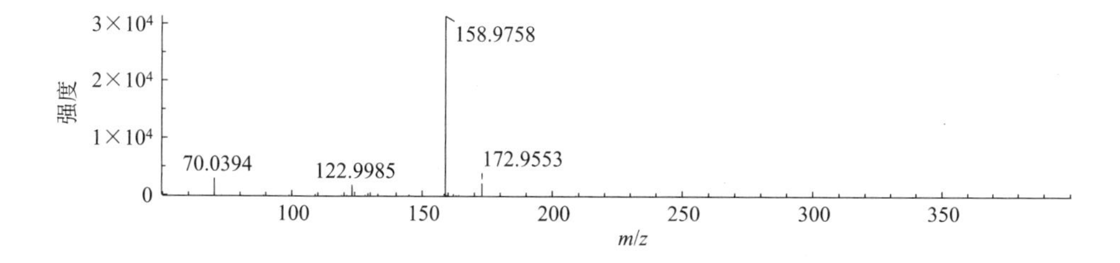

二级全扫质谱图 CE: 60V

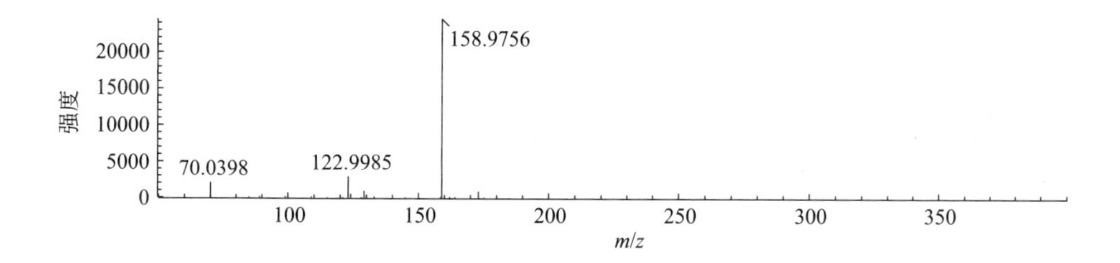

Bupirimate
乙嘧酚磺酸酯

CAS 号	41483-43-6	保留时间	16. 82min
分子式	$C_{13}H_{24}N_4O_3S$	加合方式	$[M+H]^+$
分子量	316. 1569	源内裂解碎片	无

推测裂解规律（裂解路径已经 MS³ 确认）

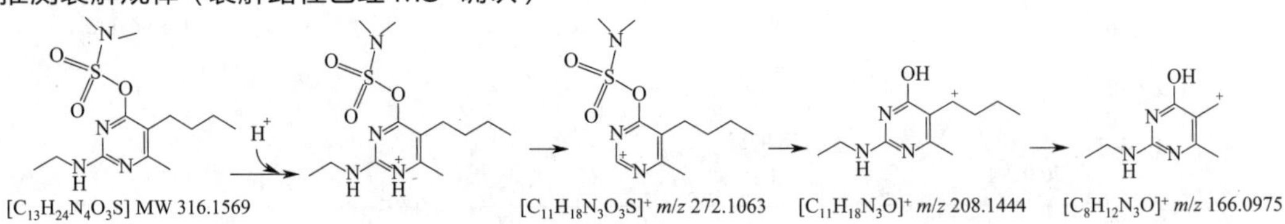

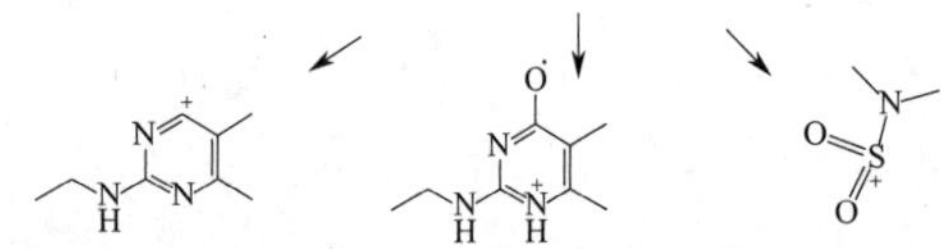

提取离子流色谱图

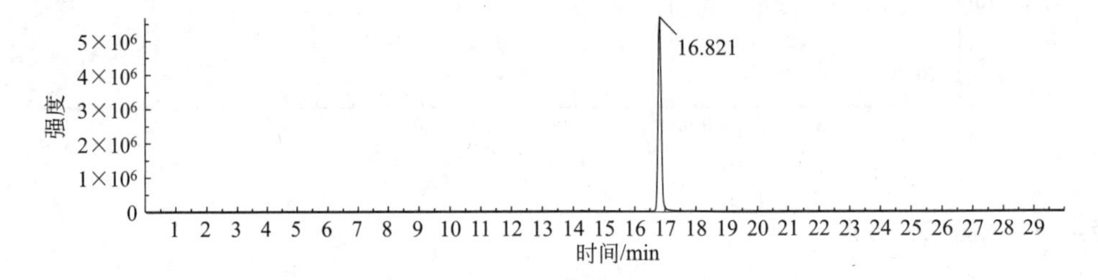

一级质谱图

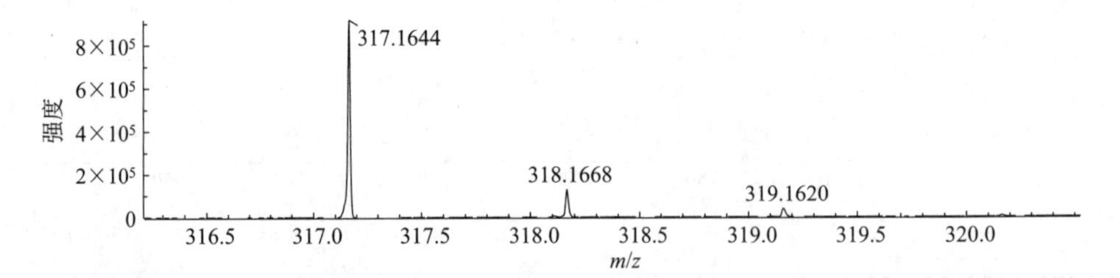

二级全扫质谱图 CE: (35±15)V

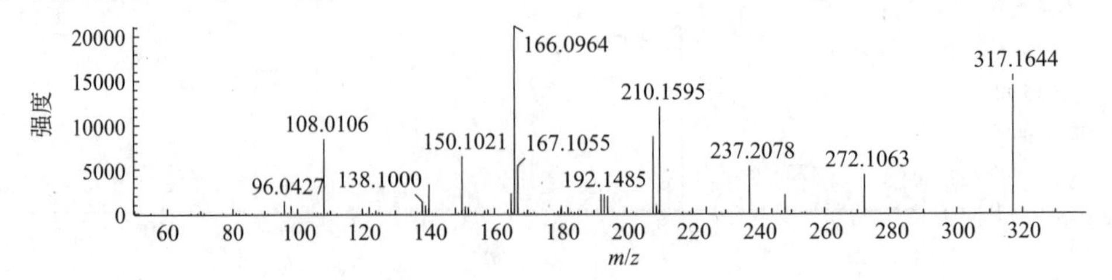

二级全扫质谱图 CE: 10V

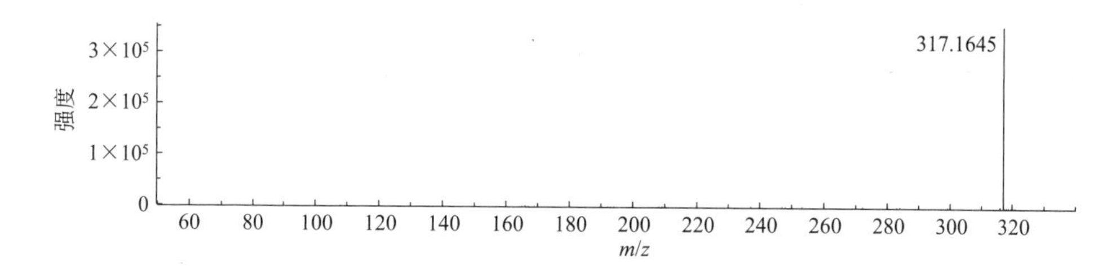

二级全扫质谱图 CE: 20V

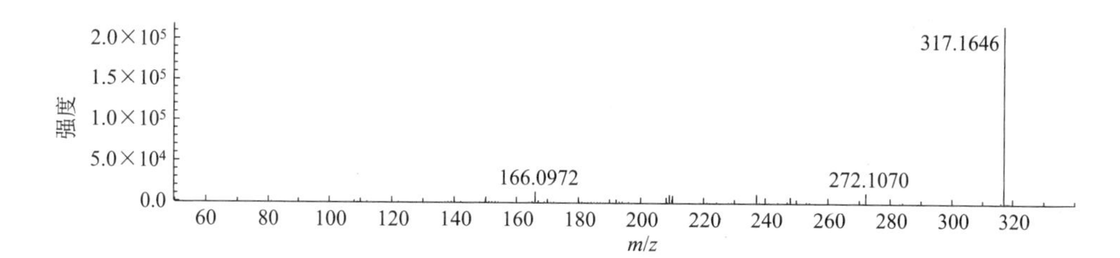

二级全扫质谱图 CE: 35V

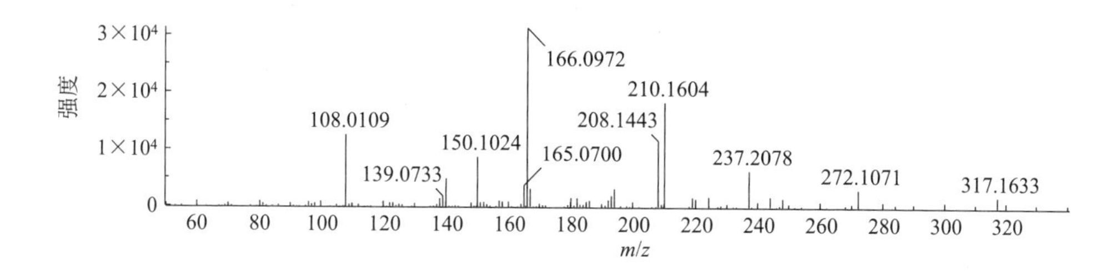

二级全扫质谱图 CE: 50V

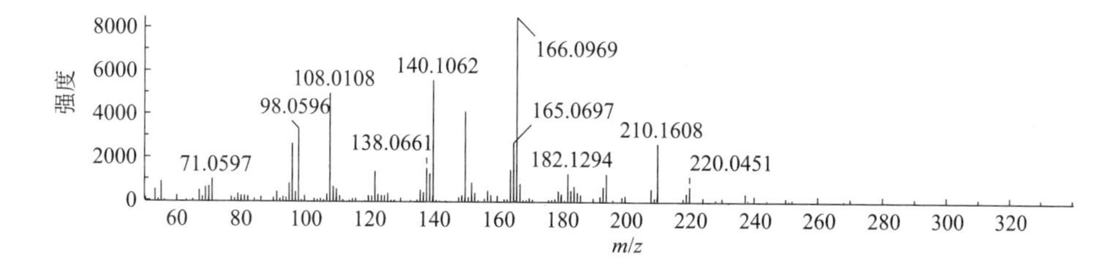

二级全扫质谱图 CE: 60V

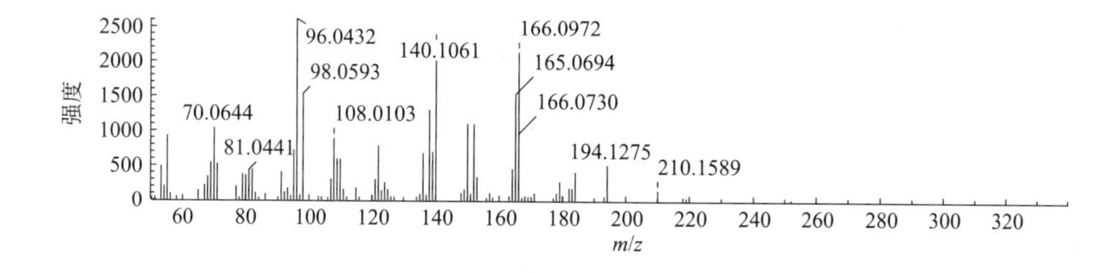

Buprofezin
噻嗪酮

CAS 号	69327-76-0	保留时间	22.22min
分子式	$C_{16}H_{23}N_3OS$	加合方式	$[M+H]^+$
分子量	305.1562	源内裂解碎片	无

推测裂解规律（裂解路径已经 MS^3 确认）

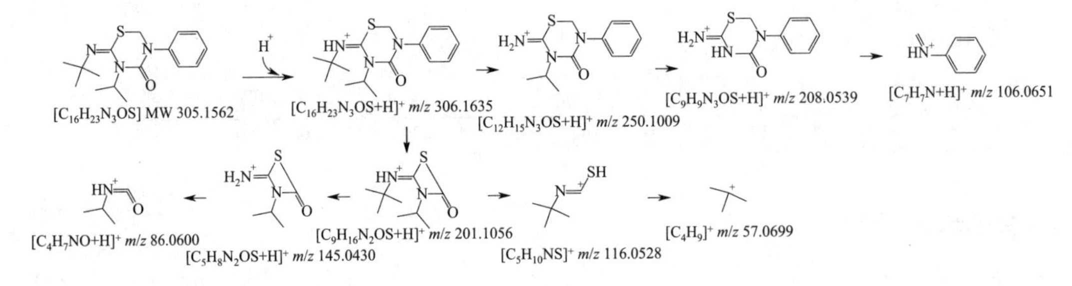

提取离子流色谱图

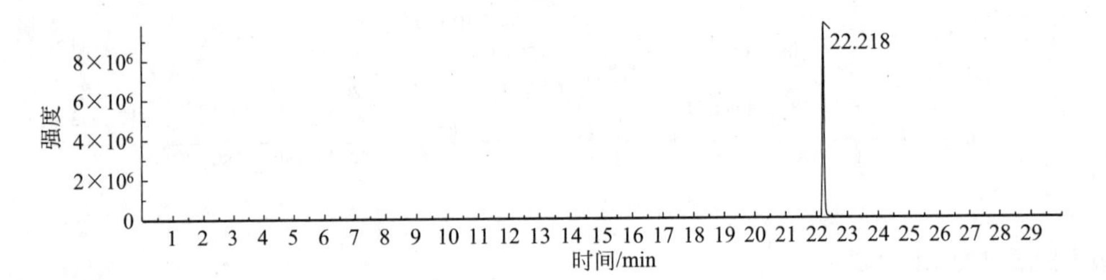

一级质谱图

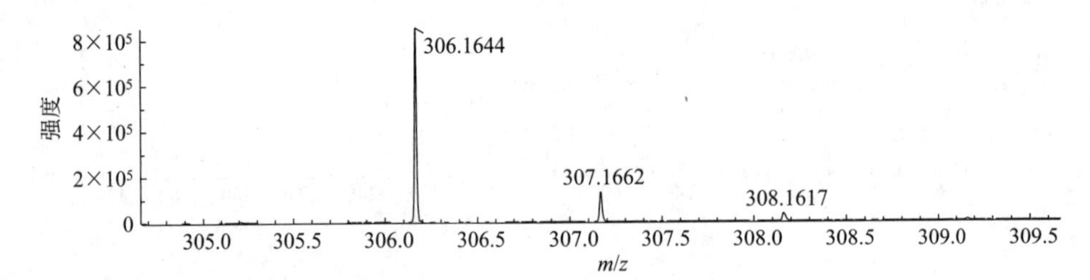

二级全扫质谱图 CE: (35±15)V

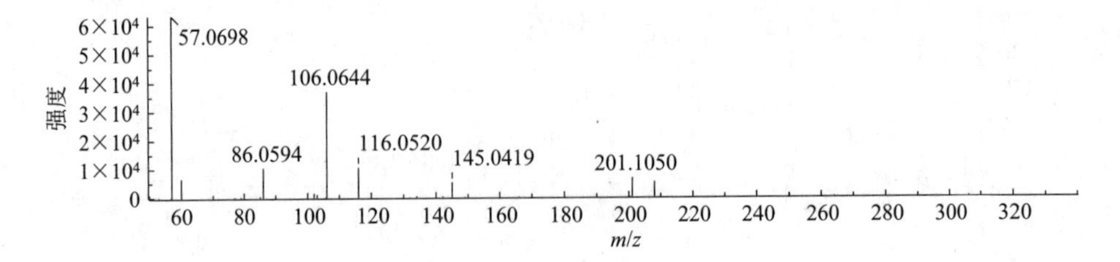

二级全扫质谱图 CE: 10V

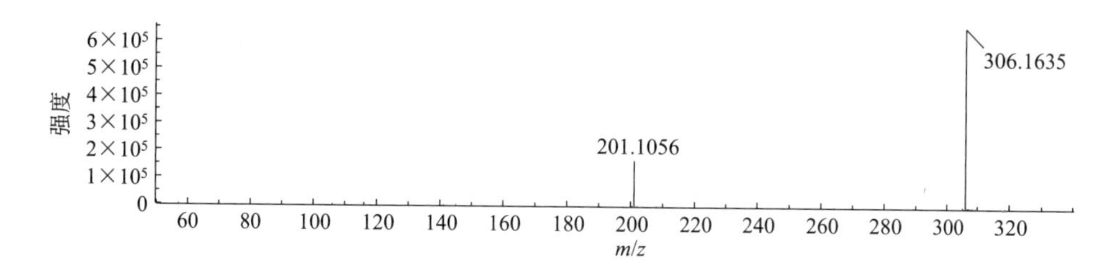

二级全扫质谱图 CE: 20V

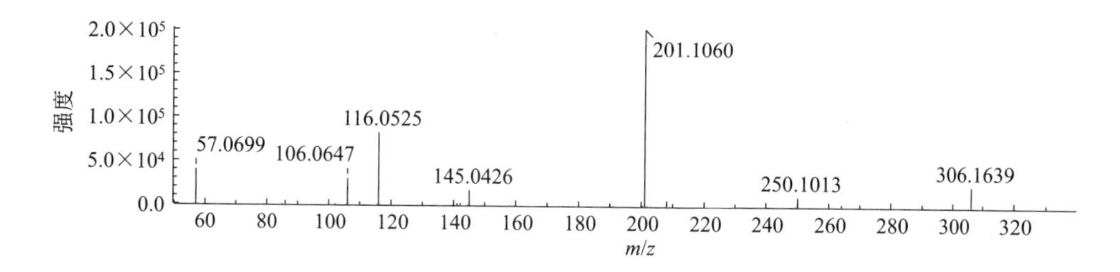

二级全扫质谱图 CE: 35V

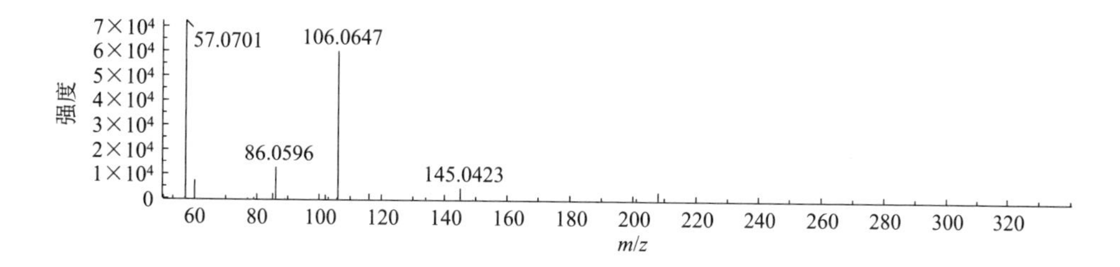

二级全扫质谱图 CE: 50V

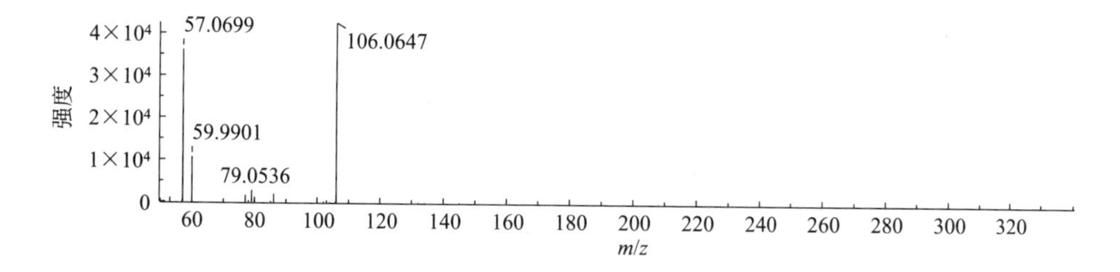

二级全扫质谱图 CE: 60V

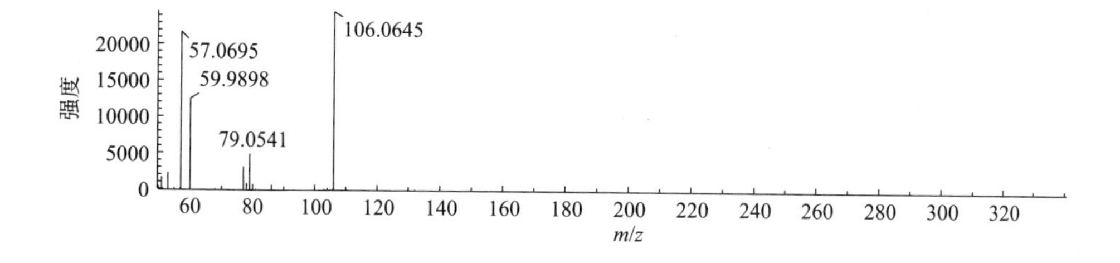

Butachlor

丁草胺

CAS 号	23184-66-9	保留时间	22. 39min
分子式	$C_{17}H_{26}ClNO_2$	加合方式	$[M+H]^+$
分子量	311. 1652	源内裂解碎片	m/z 162,238

推测裂解规律

$[C_{17}H_{26}ClNO_2]$ MW 311.1652 → $[C_{17}H_{26}ClNO_2+H]^+$ *m/z* 312.1725 → $[C_{13}H_{17}ClNO]^+$ *m/z* 238.0993 → $[C_{11}H_{16}N]^+$ *m/z* 162.1277

$[C_{4}H_{9}]^+$ *m/z* 57.0699

$[C_{8}H_{7}N]^{\cdot+}$ *m/z* 117.0573

$[C_{10}H_{13}N]^{\cdot+}$ *m/z* 147.1042

$[C_{9}H_{10}N]^+$ *m/z* 132.0808

提取离子流色谱图

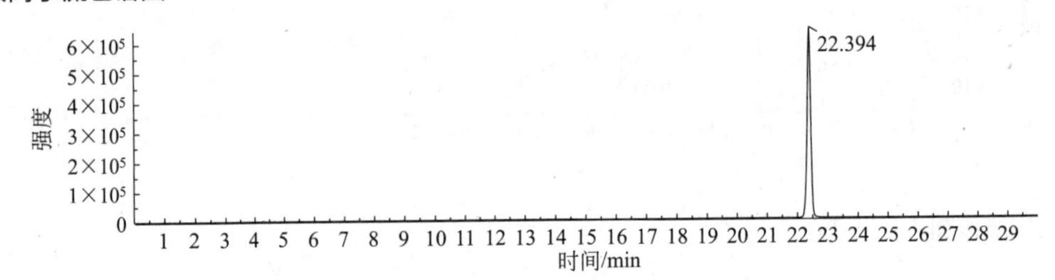

一级质谱图

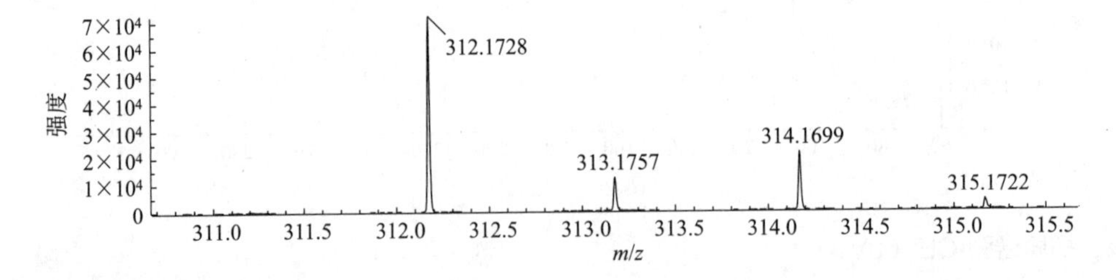

二级全扫质谱图 CE: (35± 15)V

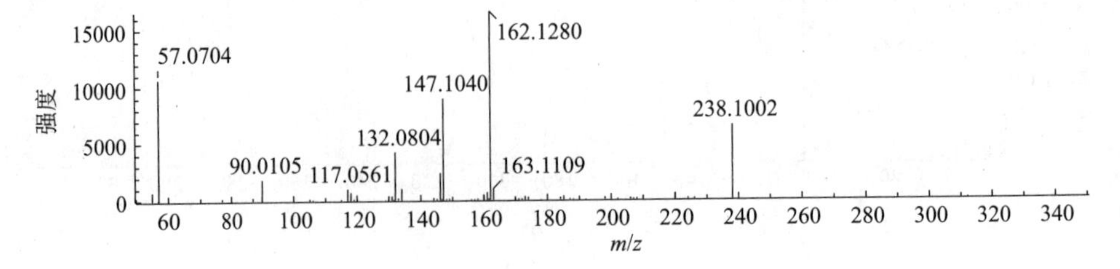

二级全扫质谱图 CE: 10V

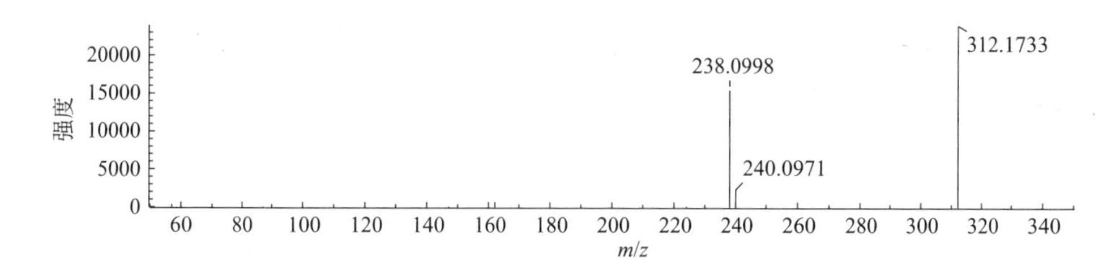

二级全扫质谱图 CE: 20V

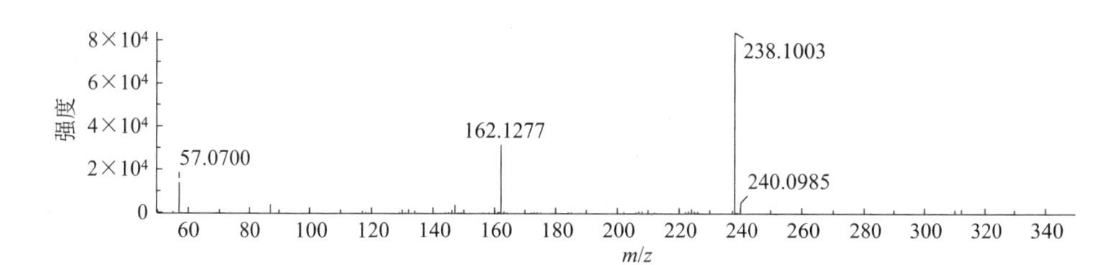

二级全扫质谱图 CE: 35V

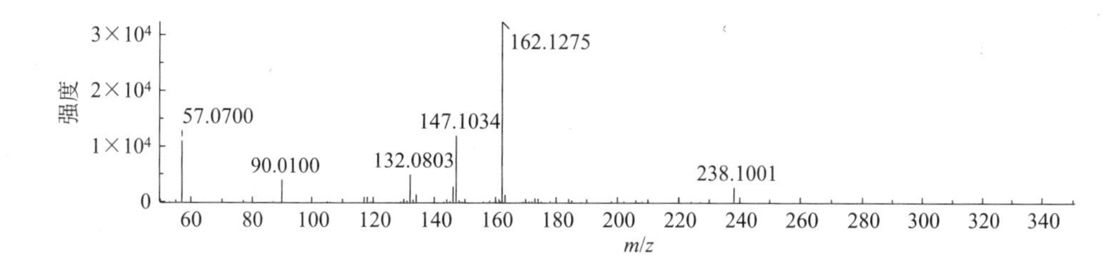

二级全扫质谱图 CE: 50V

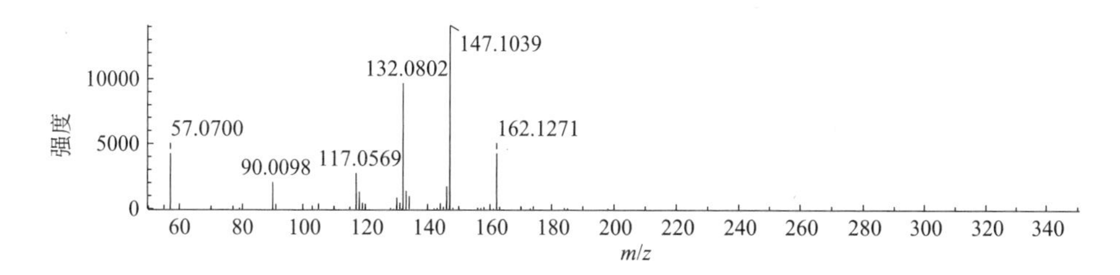

二级全扫质谱图 CE: 60V

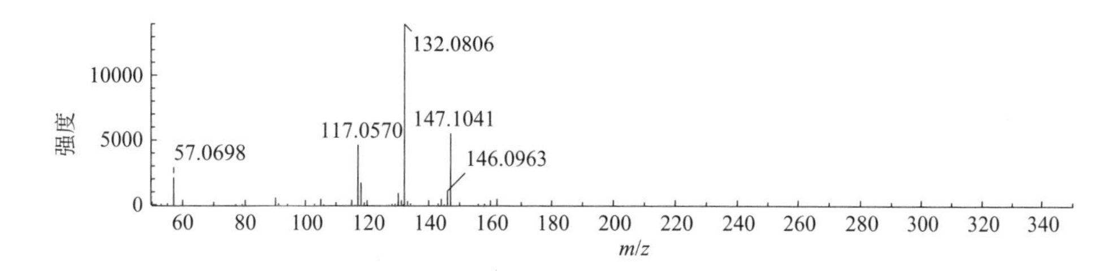

Butachlor in-source fragment 238

丁草胺源内裂解碎片 238

CAS 号	—	保留时间	22.42min
分子式	$C_{13}H_{17}ClNO^{+}$	加合方式	$[M]^{+}$
分子量	238.0993	源内裂解碎片	无

推测裂解规律

$[C_{13}H_{17}ClNO]^{+}$ *m/z* 238.0993 → $[C_{11}H_{16}N]^{+}$ *m/z* 162.1277 → $[C_{10}H_{13}N]^{\cdot+}$ *m/z* 147.1042 → $[C_8H_7N]^{\cdot+}$ *m/z* 117.0573

$[C_{11}H_{16}N]^{+}$ *m/z* 162.1277 → $[C_9H_{10}N]^{+}$ *m/z* 132.0808

提取离子流色谱图

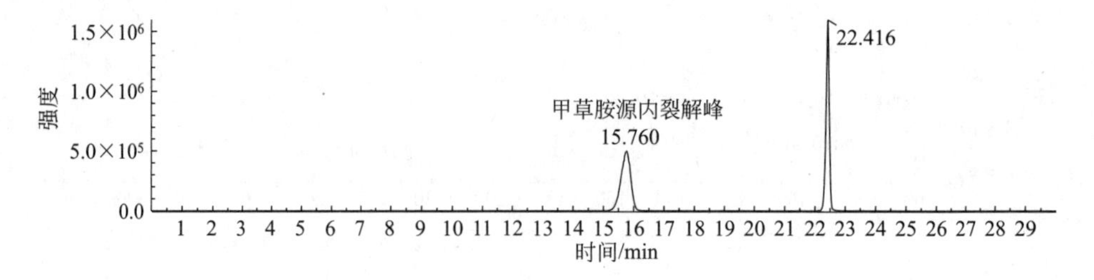

一级质谱图

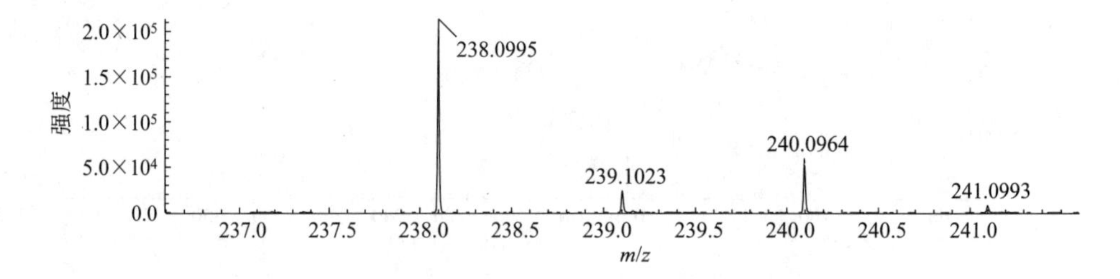

二级全扫质谱图 CE: (35±15)V

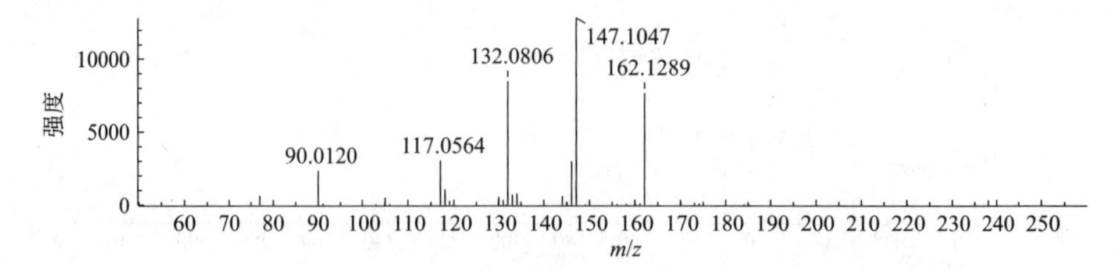

二级全扫质谱图 CE: 10V

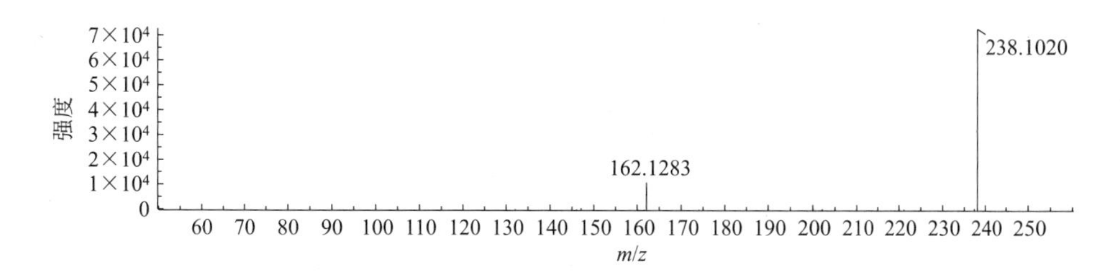

二级全扫质谱图 CE: 20V

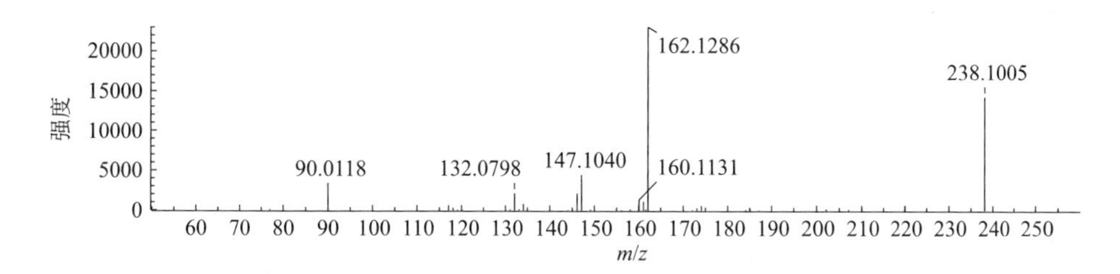

二级全扫质谱图 CE: 35V

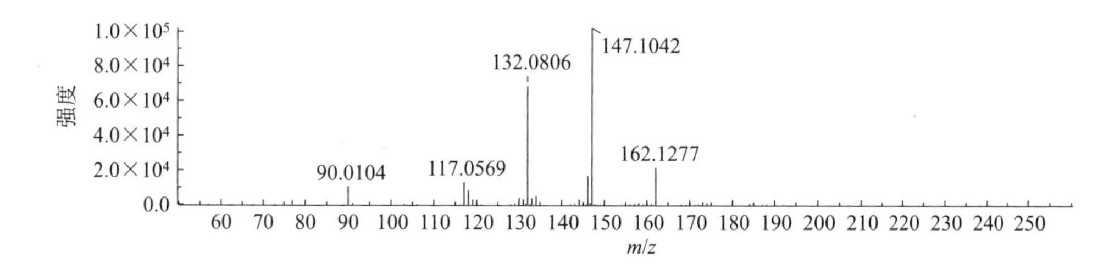

二级全扫质谱图 CE: 50V

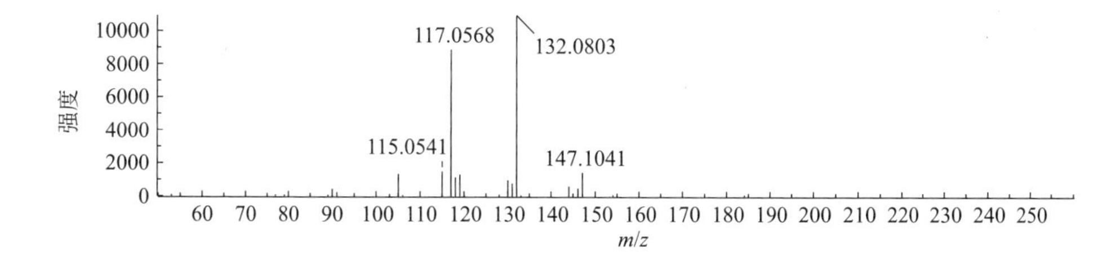

二级全扫质谱图 CE: 60V

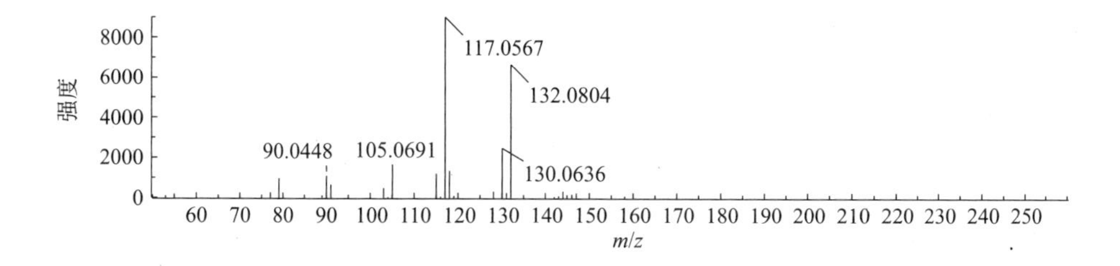

Butralin
仲丁灵

CAS 号	33629-47-9	保留时间	22.32min
分子式	$C_{14}H_{21}N_3O_4$	加合方式	$[M+H]^+$
分子量	295.1532	源内裂解碎片	无

推测裂解规律

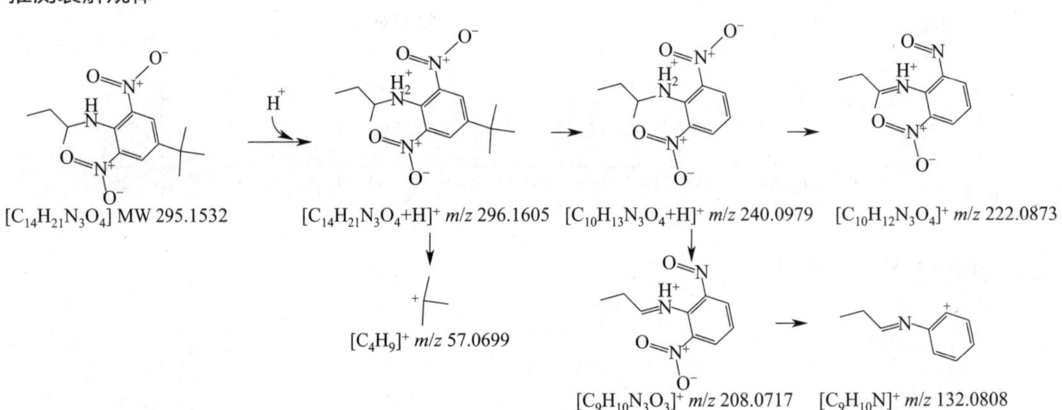

提取离子流色谱图

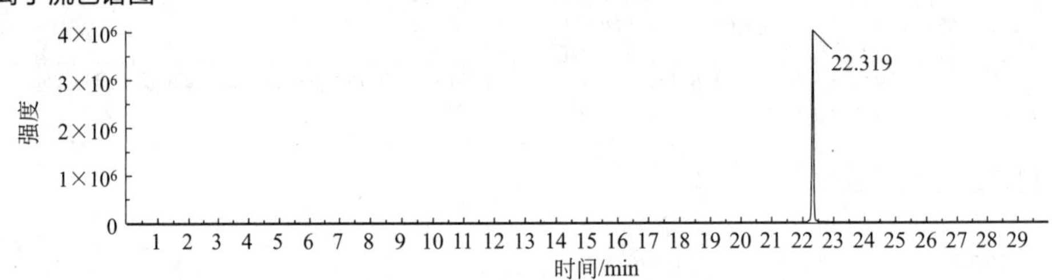

一级质谱图

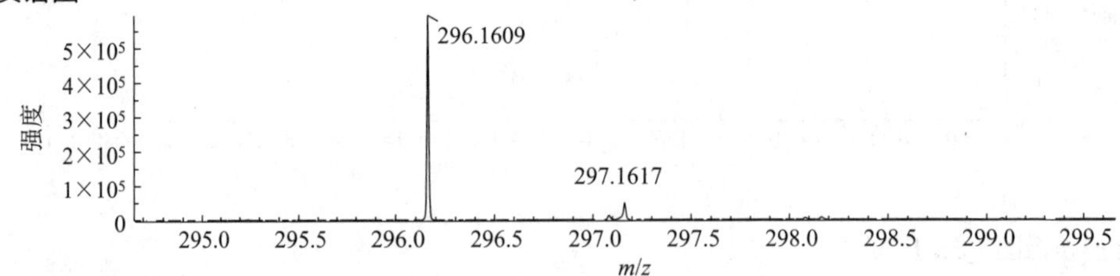

二级全扫质谱图 CE: (35±15)V

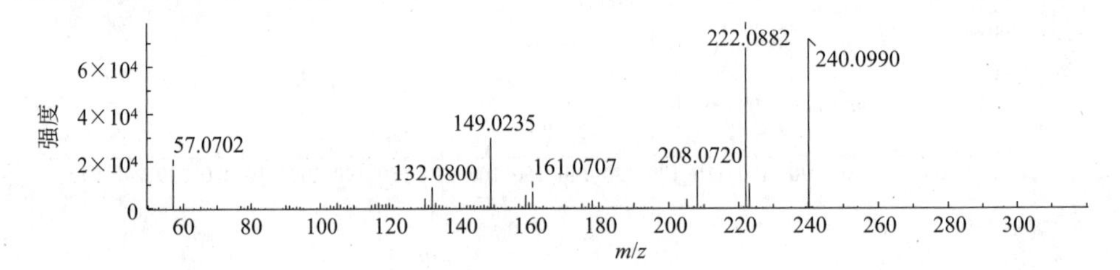

二级全扫质谱图 CE: 10V

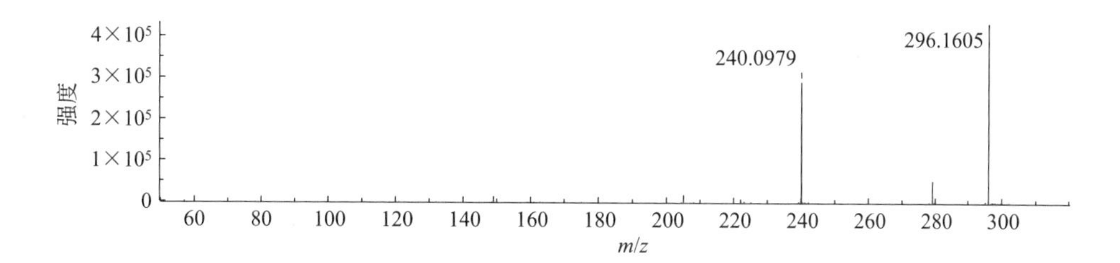

二级全扫质谱图 CE: 20V

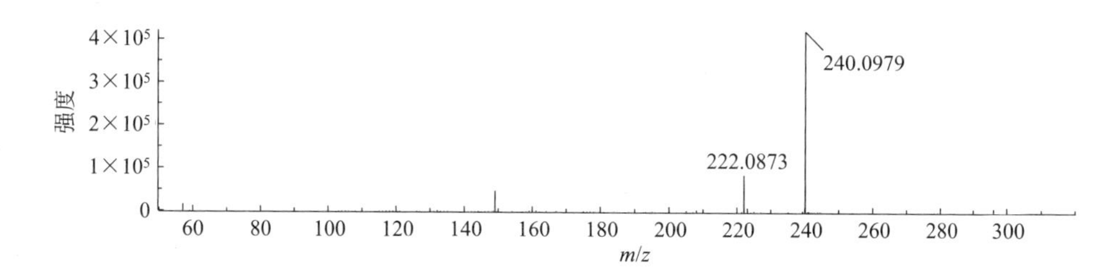

二级全扫质谱图 CE: 35V

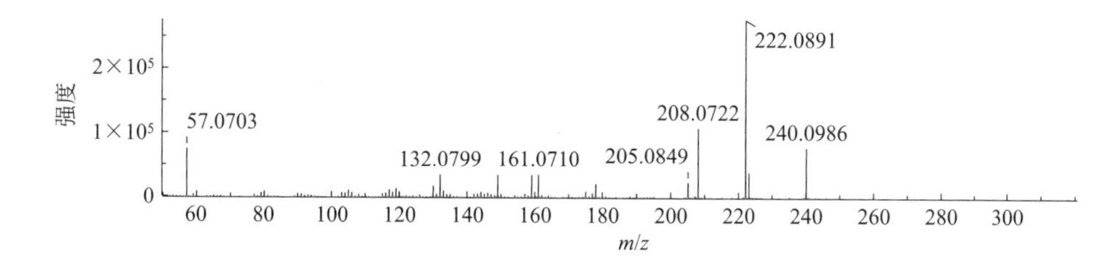

二级全扫质谱图 CE: 50V

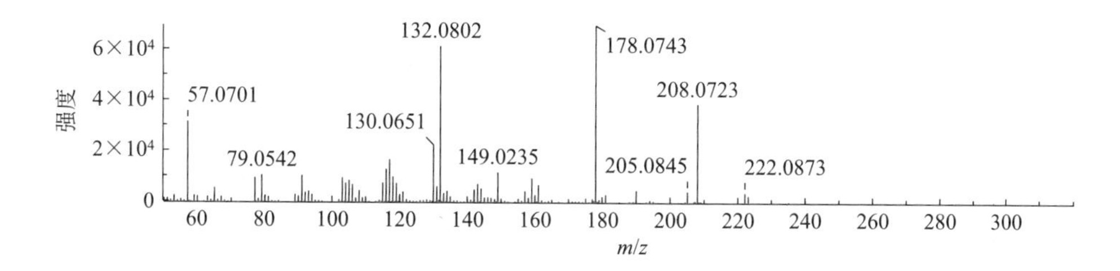

二级全扫质谱图 CE: 60V

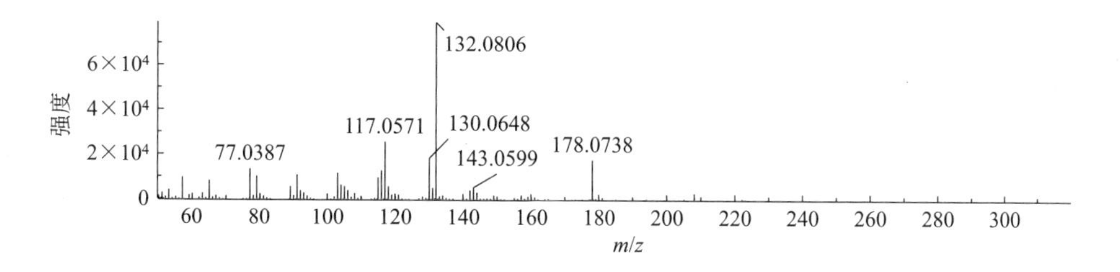

Cadusafos
硫线磷

CAS 号	95465-99-9	保留时间	20.86min
分子式	$C_{10}H_{23}O_2PS_2$	加合方式	$[M+H]^+$
分子量	270.0877	源内裂解碎片	无

推测裂解规律

$[C_{10}H_{23}O_2PS_2]$ MW 270.0877 → $[C_{10}H_{23}O_2PS_2+H]^+$ *m/z* 271.0950 → $[C_6H_{15}O_2PS_2+H]^+$ *m/z* 215.0324 → $[C_2H_7O_2PS_2+H]^+$ *m/z* 158.9698 → $[H_3O_2PS_2+H]^+$ *m/z* 130.9385 → $[H_2O_2PS+H]^+$ *m/z* 96.9508

提取离子流色谱图

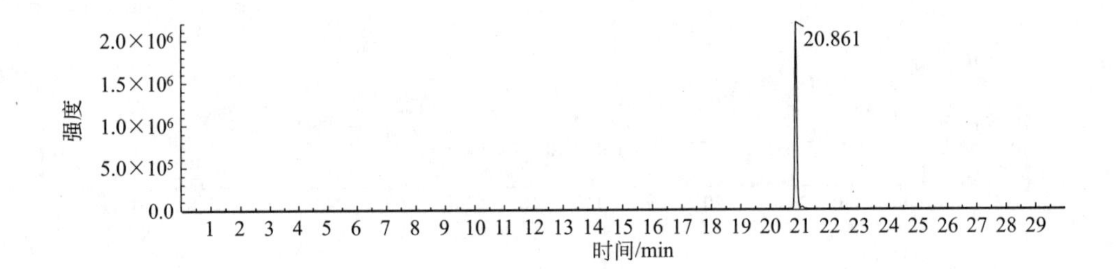

一级质谱图

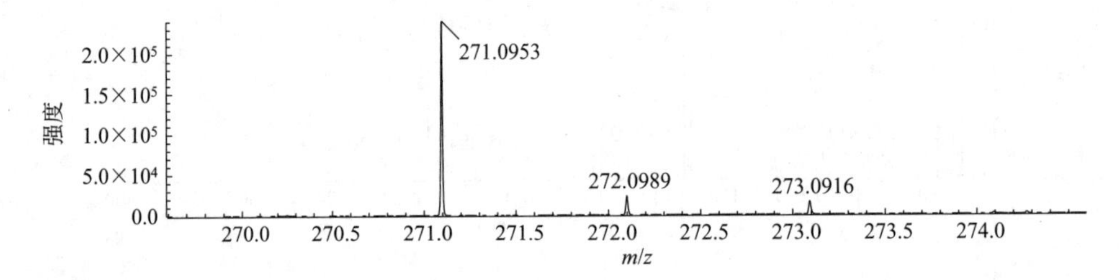

二级全扫质谱图 CE: (35±15)V

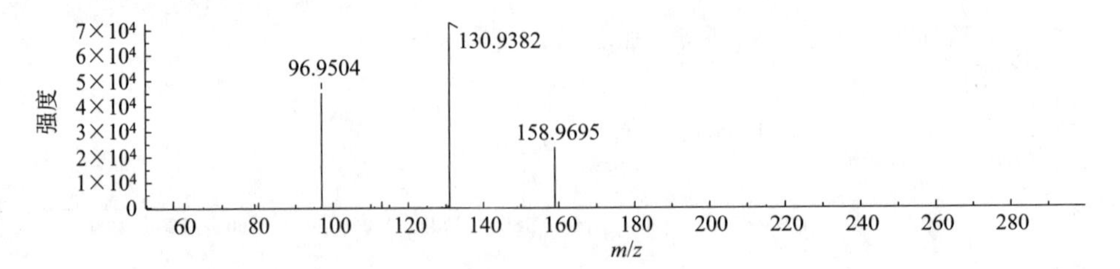

二级全扫质谱图 CE: 10V

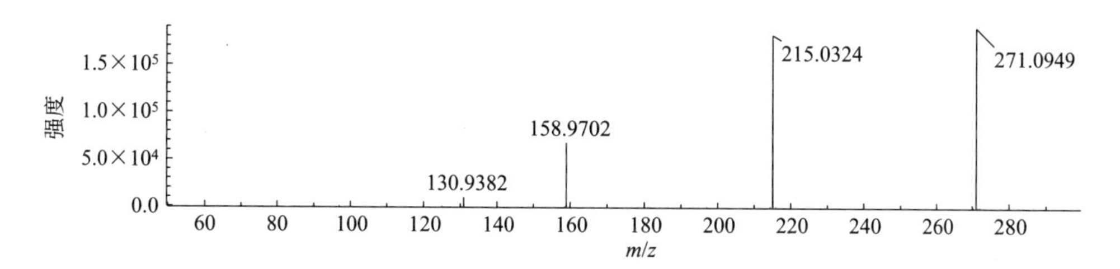

二级全扫质谱图 CE: 20V

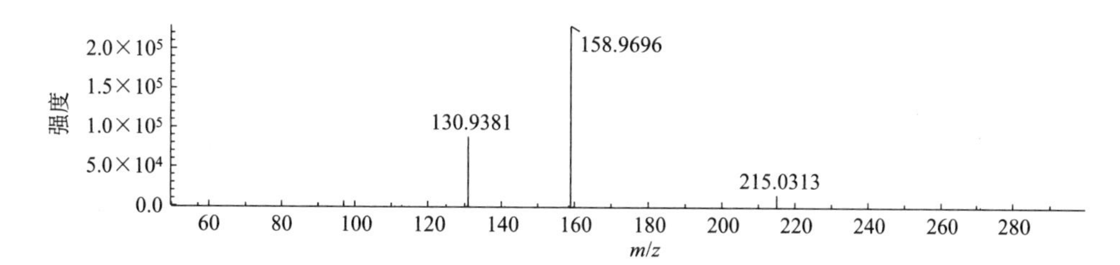

二级全扫质谱图 CE: 35V

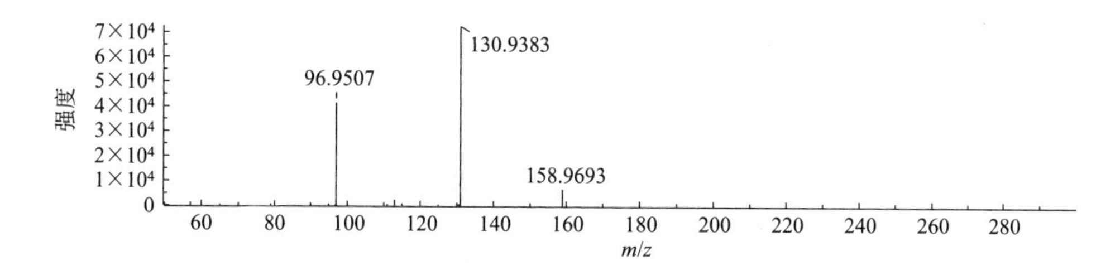

二级全扫质谱图 CE: 50V

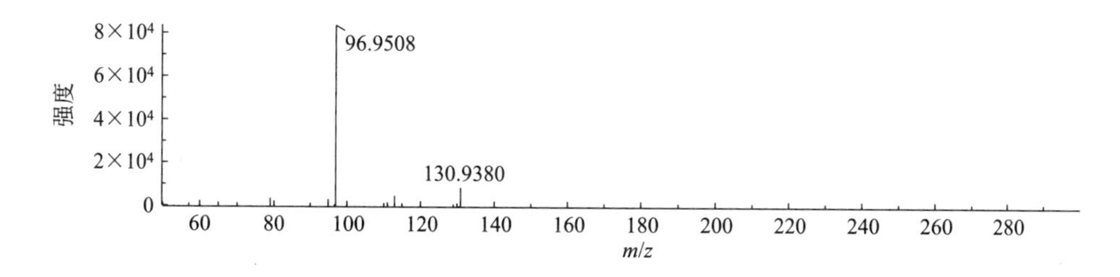

二级全扫质谱图 CE: 60V

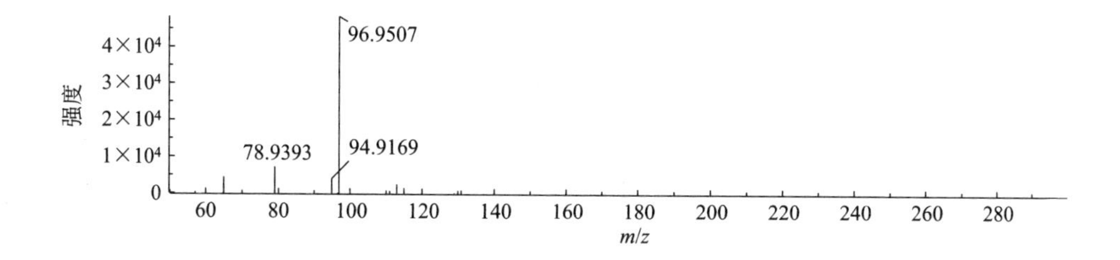

Carbaryl
甲萘威

CAS 号	63-25-2	保留时间	7.49min
分子式	$C_{12}H_{11}NO_2$	加合方式	$[M+H]^+$
分子量	201.0790	源内裂解碎片	*m/z* 145

推测裂解规律（裂解路径已经 MS[3] 确认）

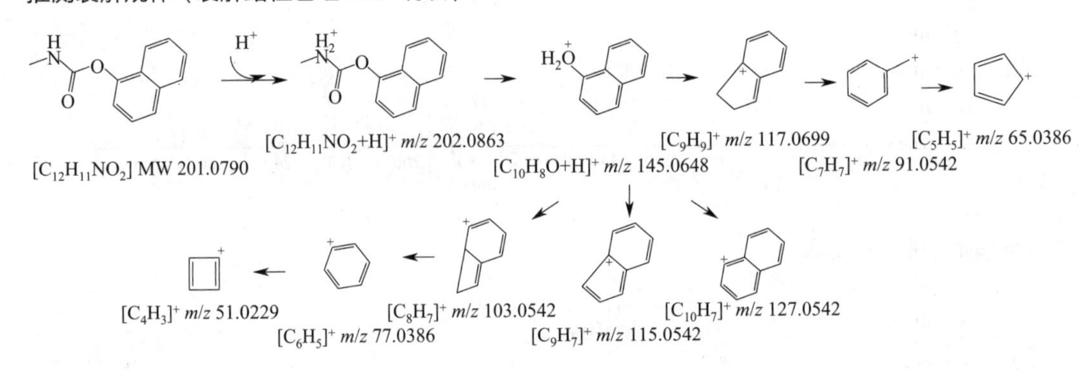

提取离子流色谱图

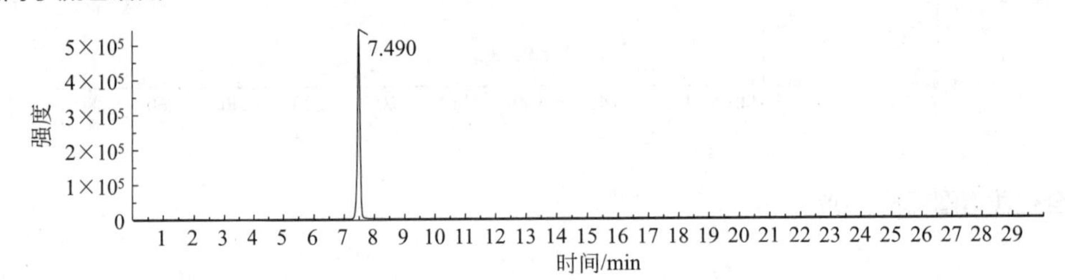

一级质谱图

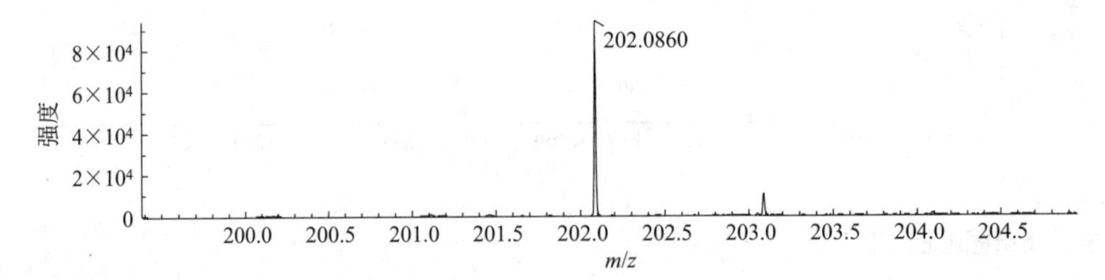

二级全扫质谱图 CE: (35±15)V

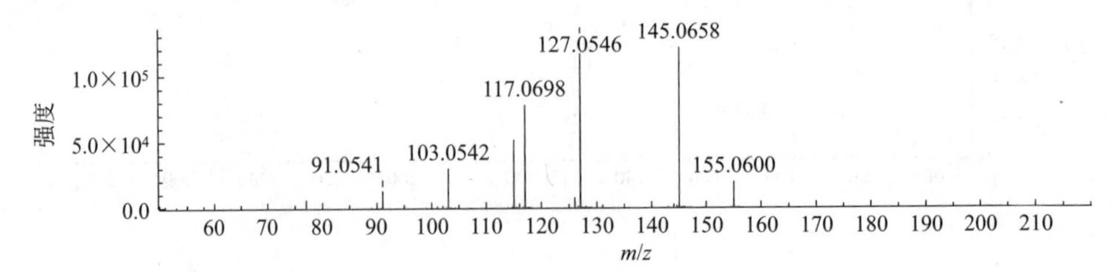

二级全扫质谱图 CE: 10V

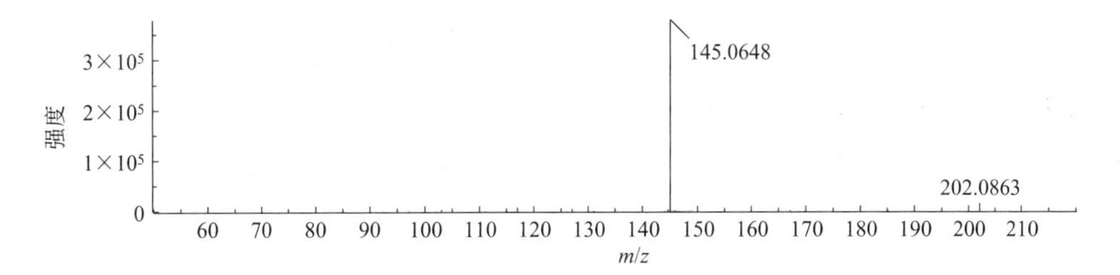

二级全扫质谱图 CE: 20V

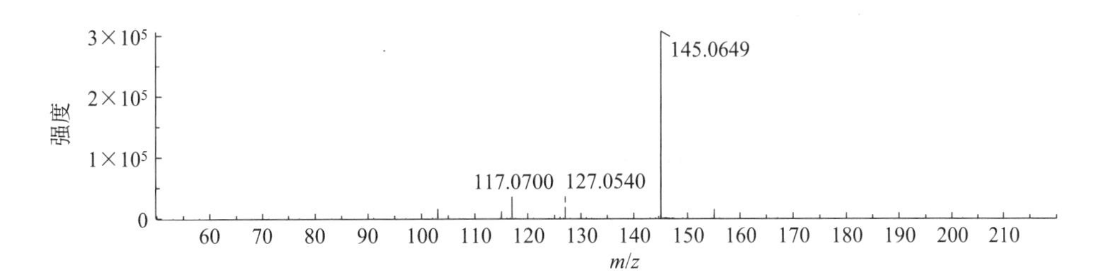

二级全扫质谱图 CE: 35V

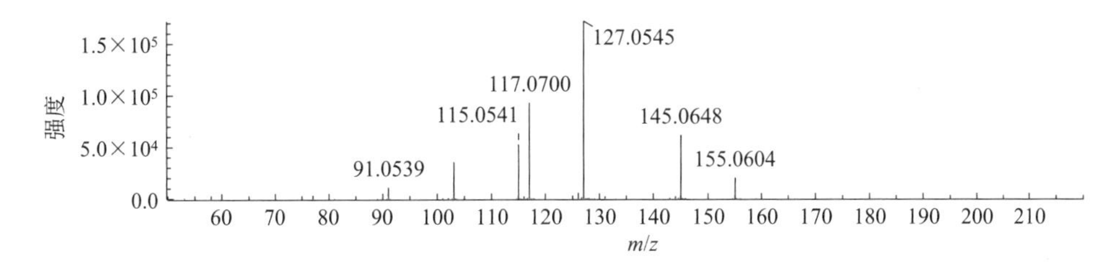

二级全扫质谱图 CE: 50V

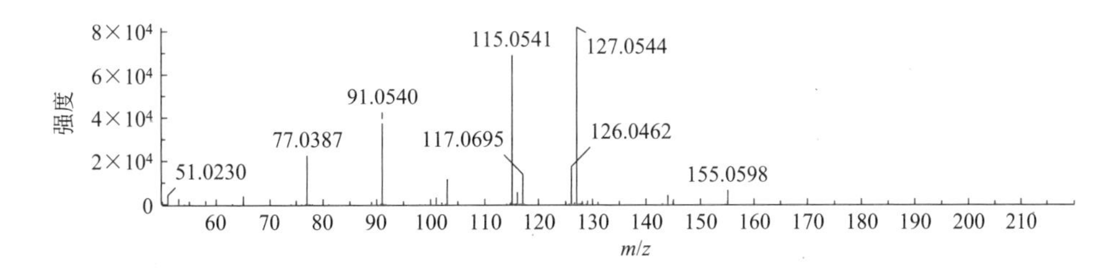

二级全扫质谱图 CE: 60V

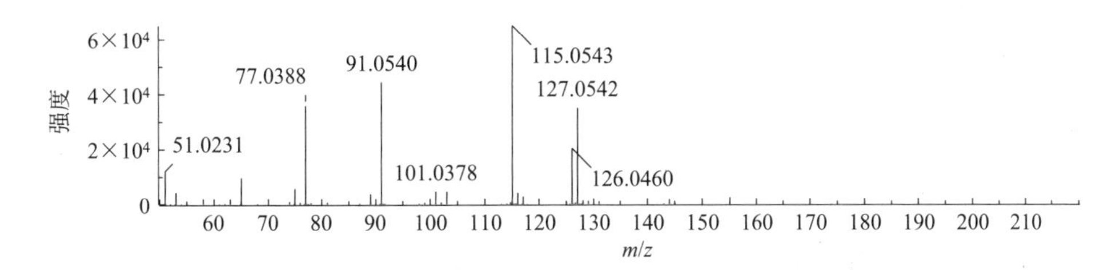

Carbaryl in-source fragment 145
甲萘威源内裂解碎片 145

CAS 号	—	保留时间	7.49min
分子式	$C_{10}H_9O^+$	加合方式	$[M+H]^+$
分子量	145.0648	源内裂解碎片	无

推测裂解规律（裂解路径已经 MS^3 确认）

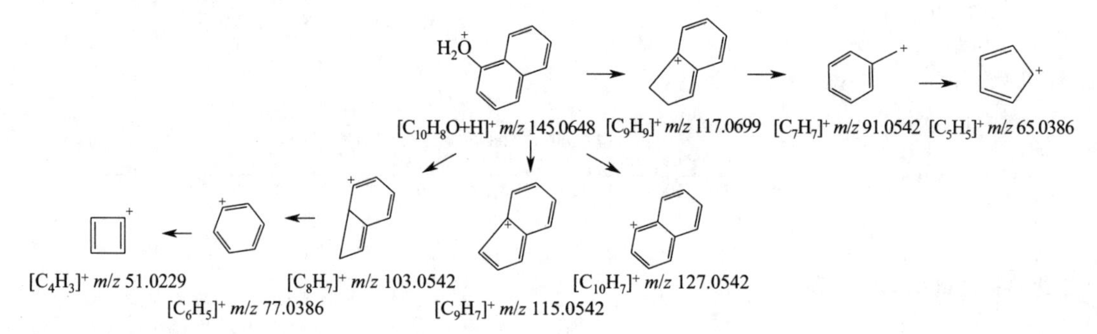

提取离子流色谱图

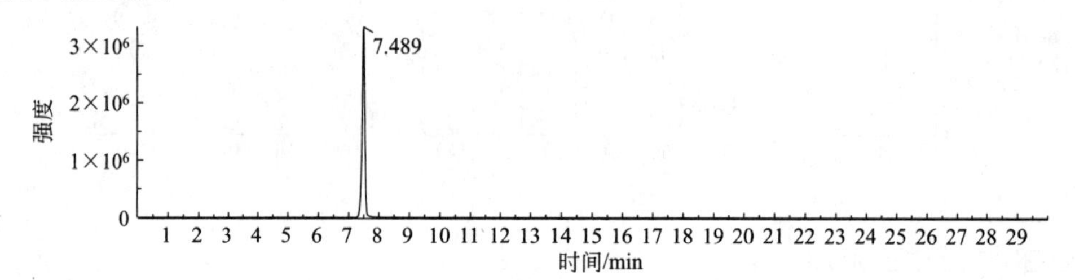

一级质谱图

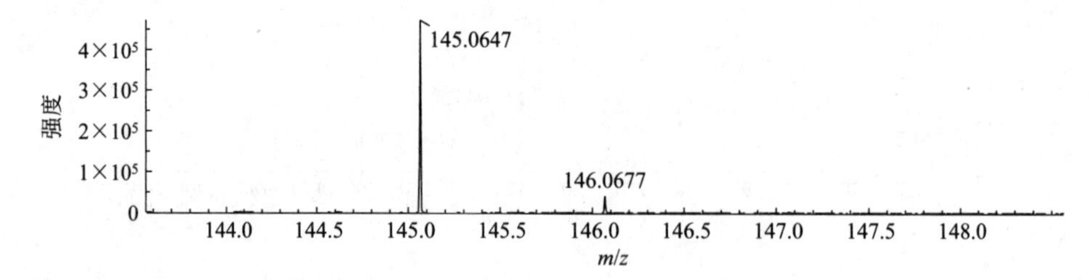

二级全扫质谱图 CE: (35±15)V

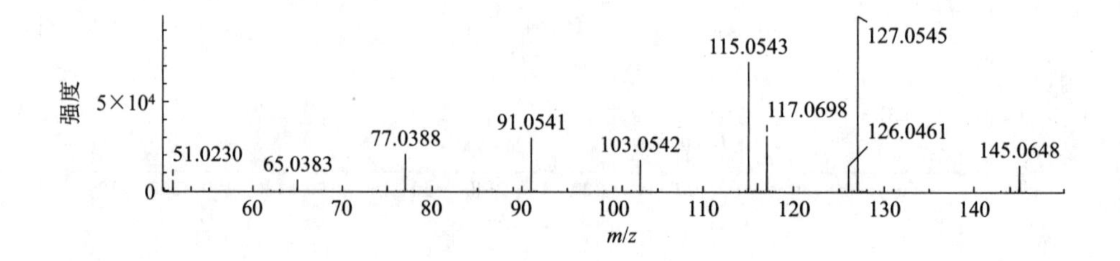

二级全扫质谱图 CE: 10V

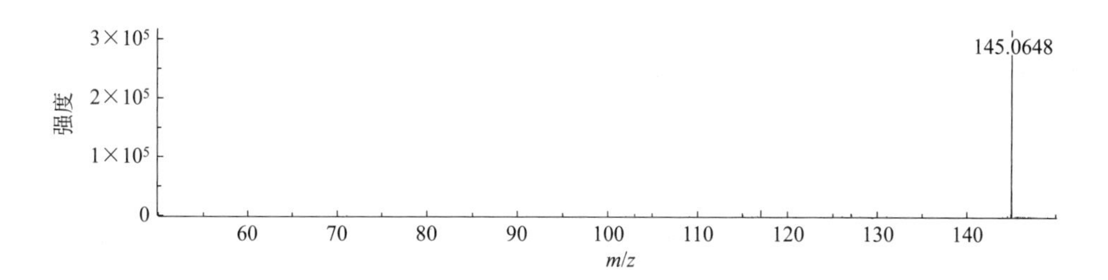

二级全扫质谱图 CE: 20V

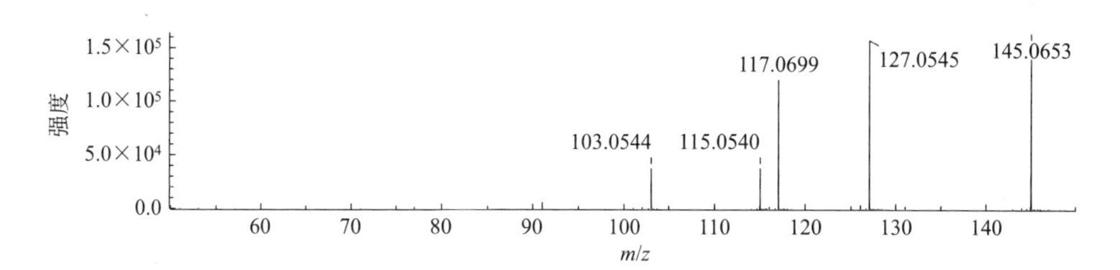

二级全扫质谱图 CE: 35V

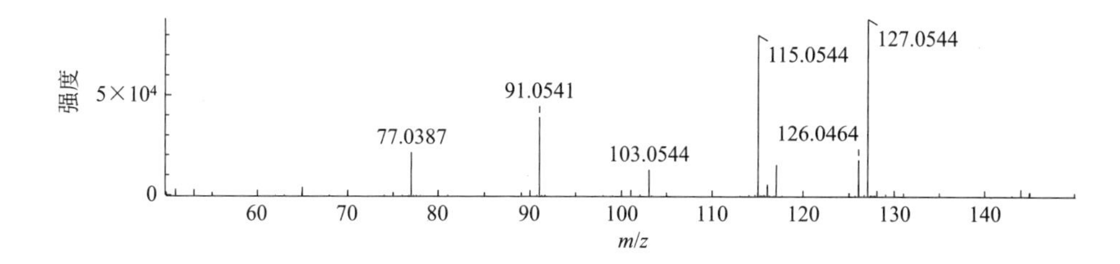

二级全扫质谱图 CE: 50V

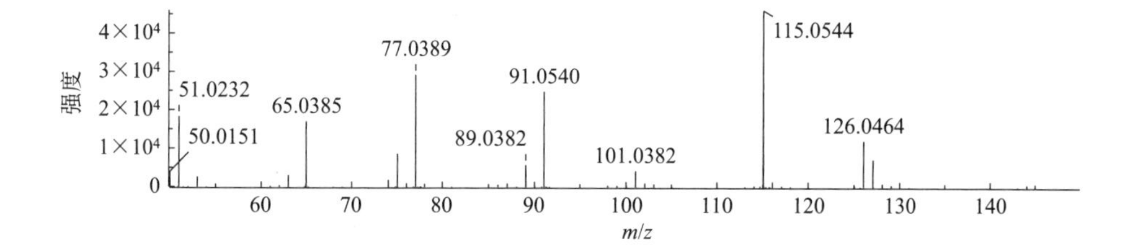

二级全扫质谱图 CE: 60V

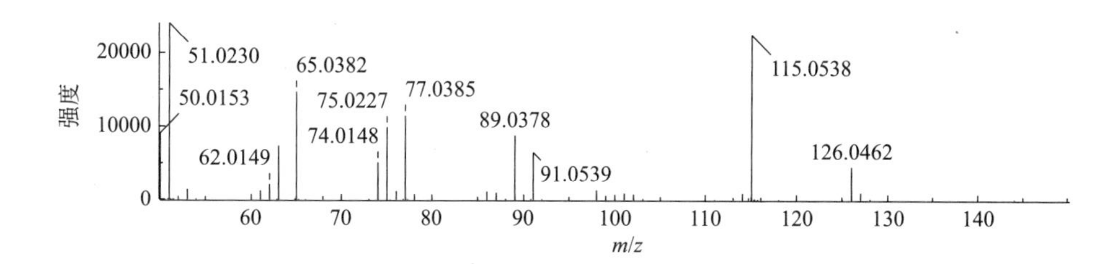

Carbendazim
多菌灵

CAS 号	10605-21-7	保留时间	4.70min
分子式	$C_9H_9N_3O_2$	加合方式	$[M+H]^+$
分子量	191.0695	源内裂解碎片	*m/z* 160

推测裂解规律

$[C_9H_9N_3O_2]$ MW 191.0695 → $[C_9H_9N_3O_2+H]^+$ *m/z* 192.0768 → $[C_8H_6N_3O]^+$ *m/z* 160.0505 → $[C_7H_6N_3]^+$ *m/z* 132.0556

$[C_7H_5N_2]^+$ *m/z* 117.0447　$[C_5H_5]^+$ *m/z* 65.0386　$[C_6H_4N]^+$ *m/z* 90.0338　$[C_6H_5N_2]^+$ *m/z* 105.0441

提取离子流色谱图

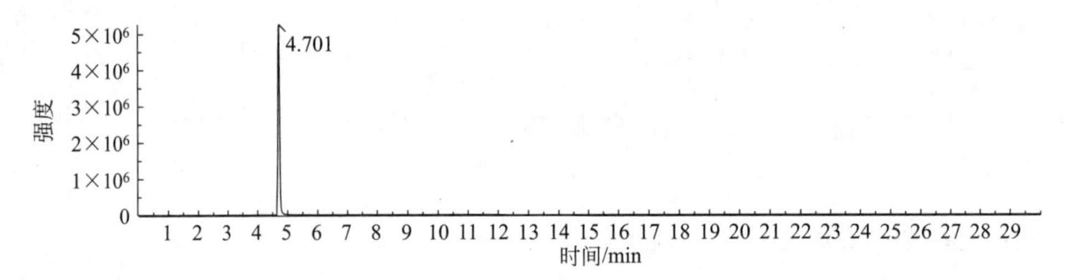

一级质谱图

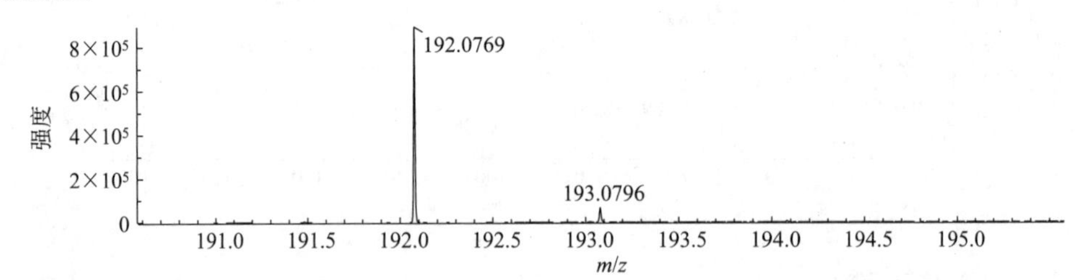

二级全扫质谱图 CE: (35±15)V

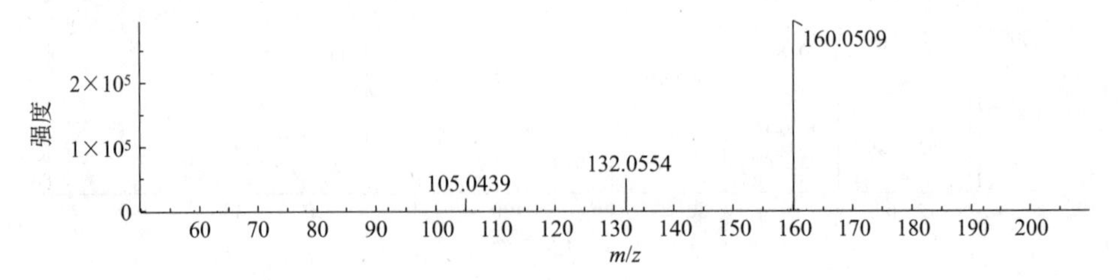

二级全扫质谱图 CE: 10V

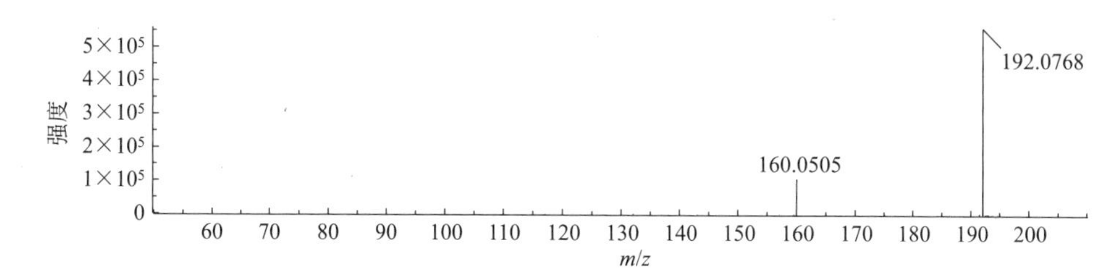

二级全扫质谱图 CE: 20V

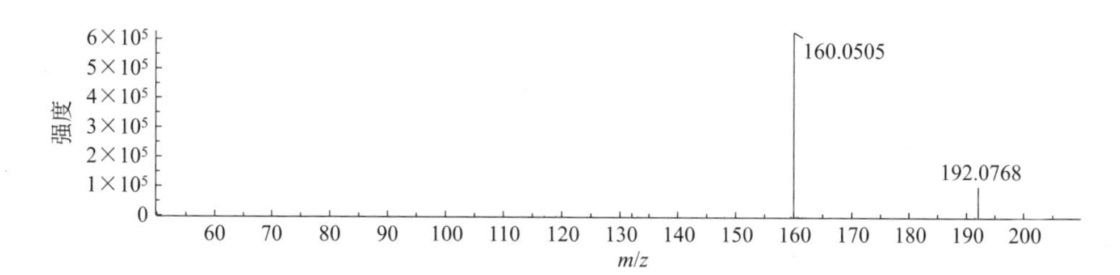

二级全扫质谱图 CE: 35V

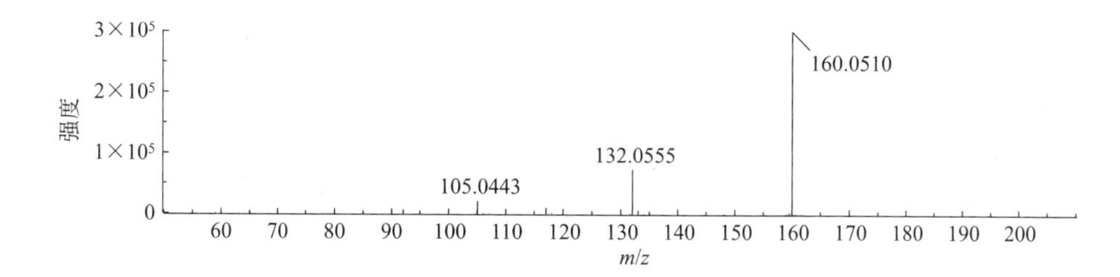

二级全扫质谱图 CE: 50V

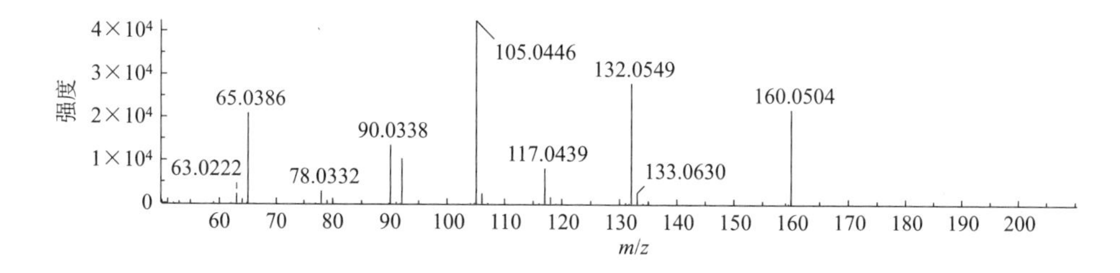

二级全扫质谱图 CE: 60V

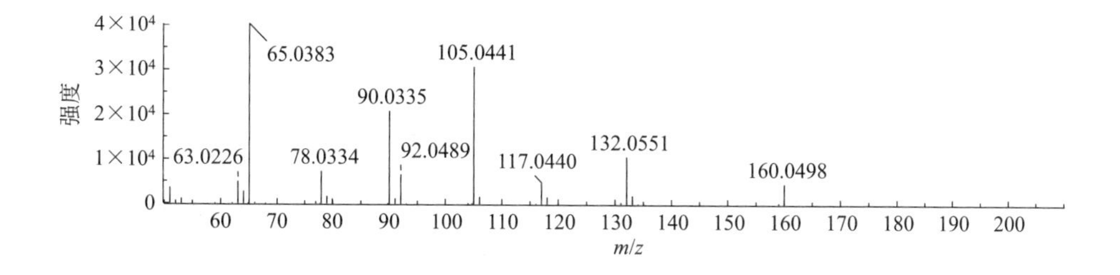

Carbofuran
克百威

CAS 号	1563-66-2	保留时间	6. 74min
分子式	$C_{12}H_{15}NO_3$	加合方式	$[M+H]^+$
分子量	221. 1052	源内裂解碎片	无

推测裂解规律（裂解路径已经 MS^3 确认）

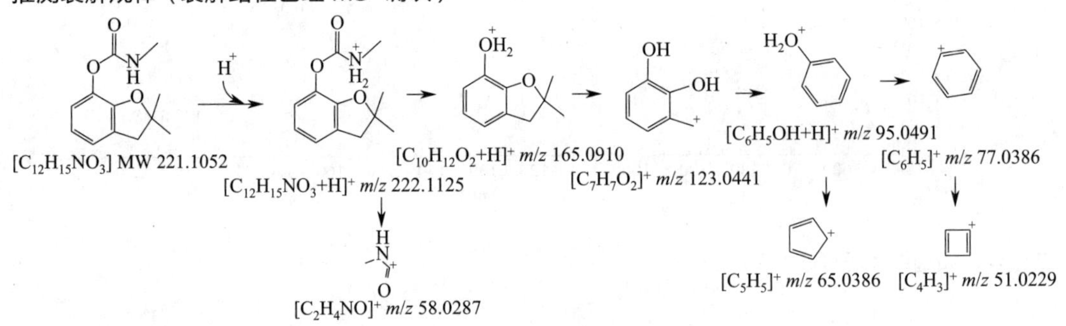

提取离子流色谱图

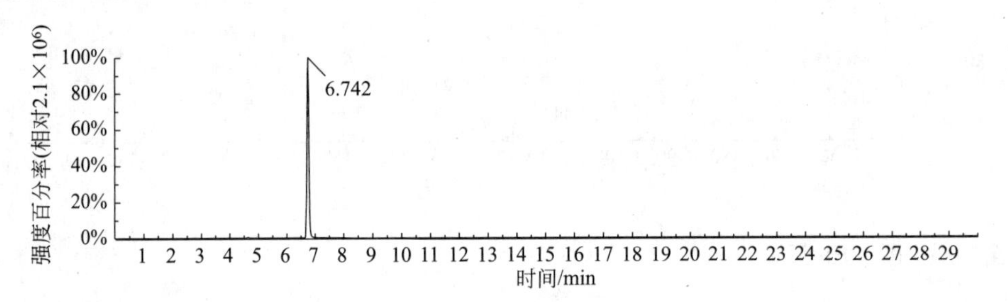

一级质谱图

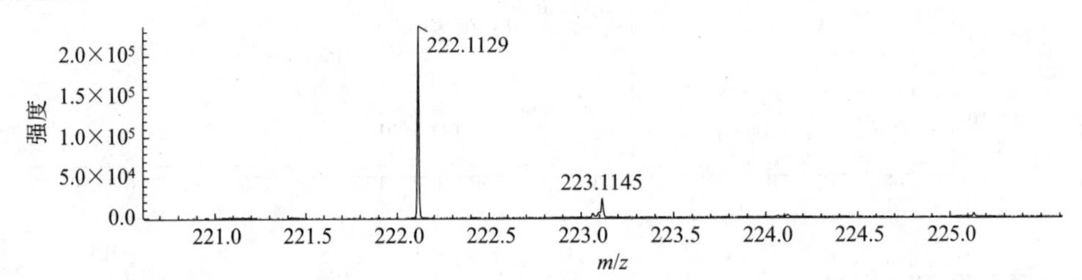

二级全扫质谱图 CE: (35±15)V

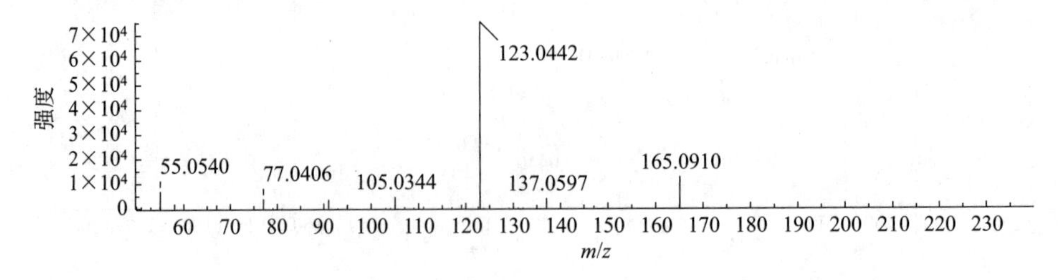

二级全扫质谱图 CE: 10V

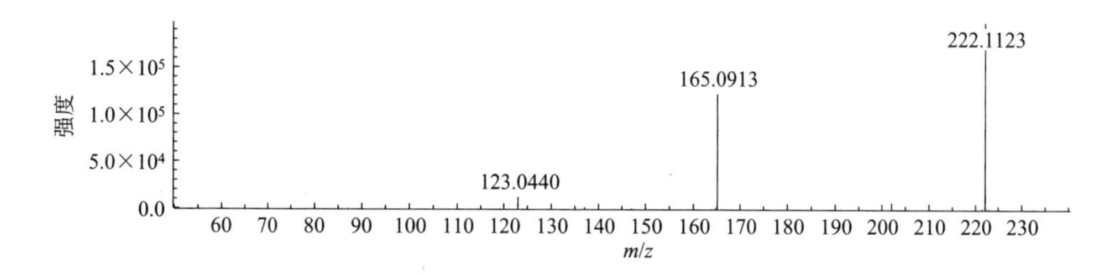

二级全扫质谱图 CE: 20V

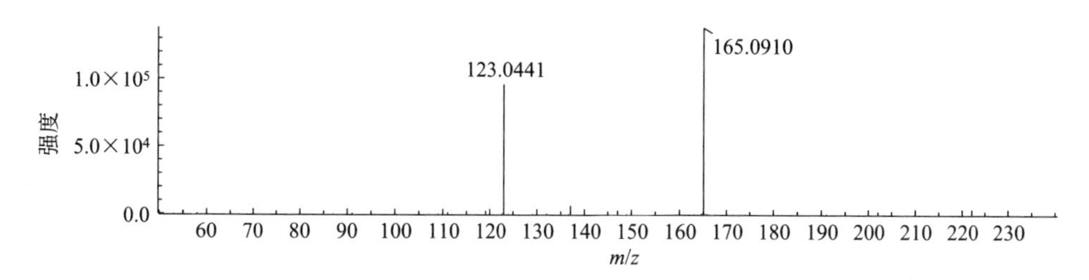

二级全扫质谱图 CE: 35V

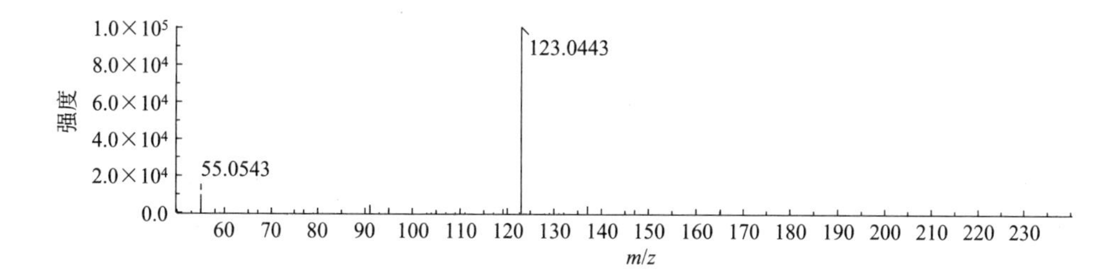

二级全扫质谱图 CE: 50V

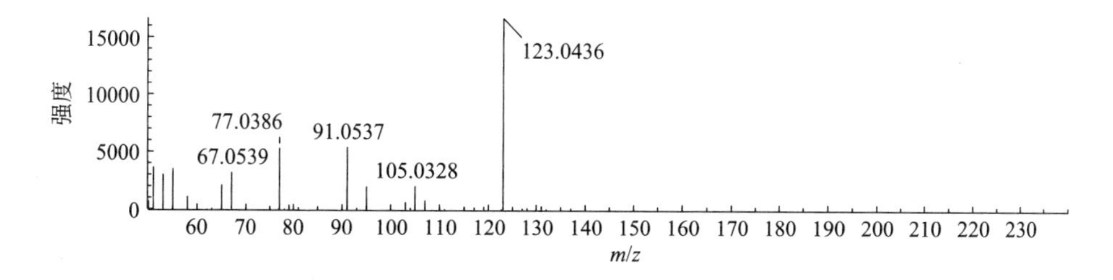

二级全扫质谱图 CE: 60V

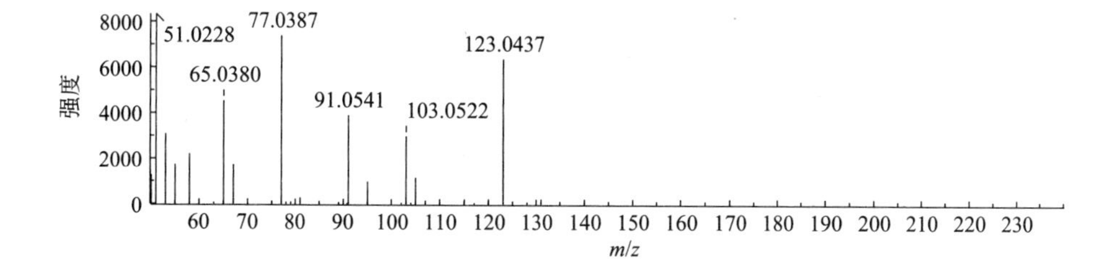

Carbofuran-3-hydroxy
3-羟基克百威

CAS 号	16655-82-6	保留时间	4.64min
分子式	$C_{12}H_{15}NO_4$	加合方式	$[M+H]^+$
分子量	237.1001	源内裂解碎片	*m/z* 220,163,181

推测裂解规律（裂解路径已经 MS^3 确认）

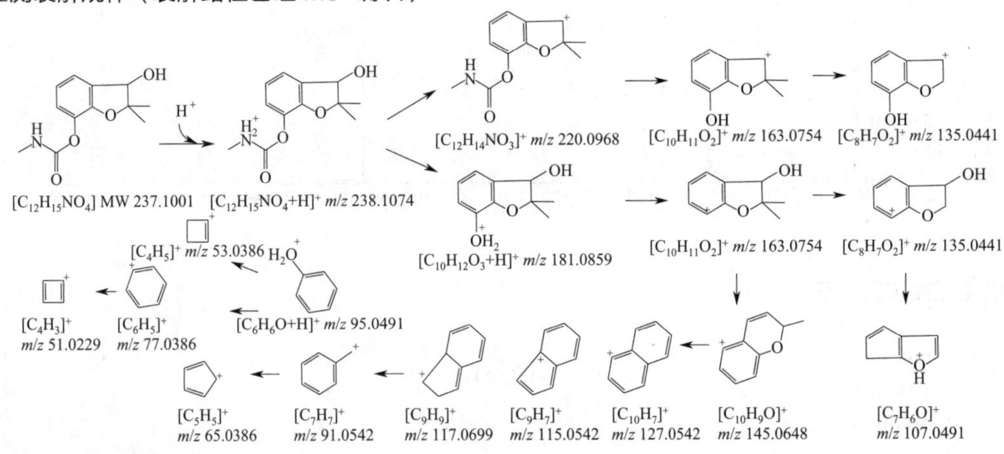

提取离子流色谱图

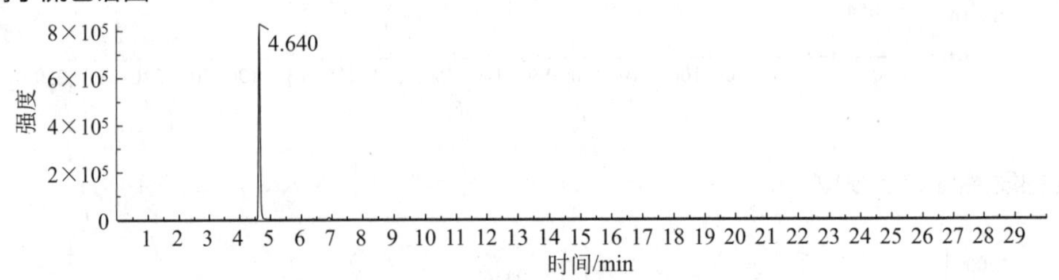

一级质谱图

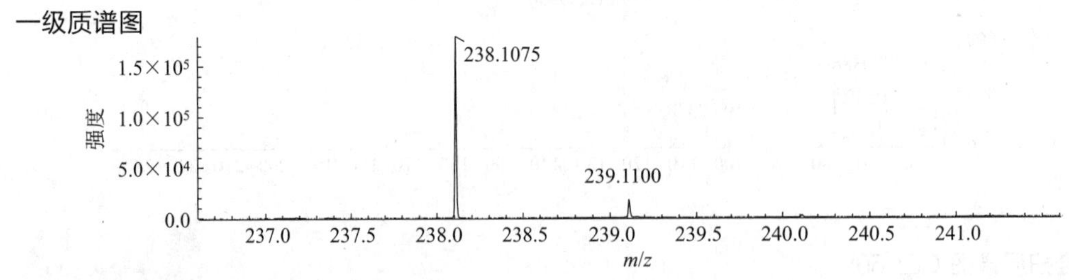

二级全扫质谱图 CE: (35±15)V

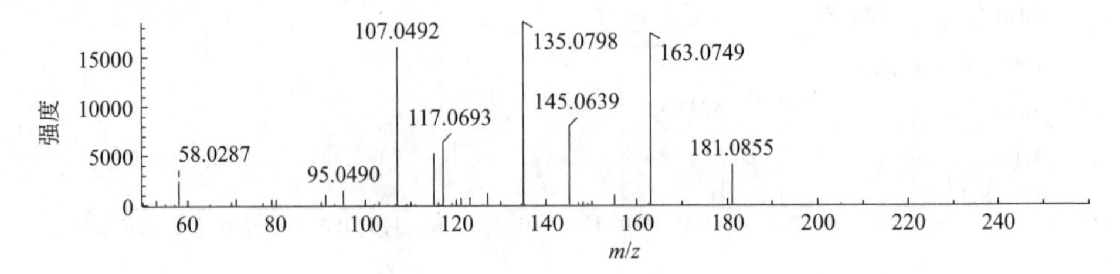

二级全扫质谱图 CE: 10V

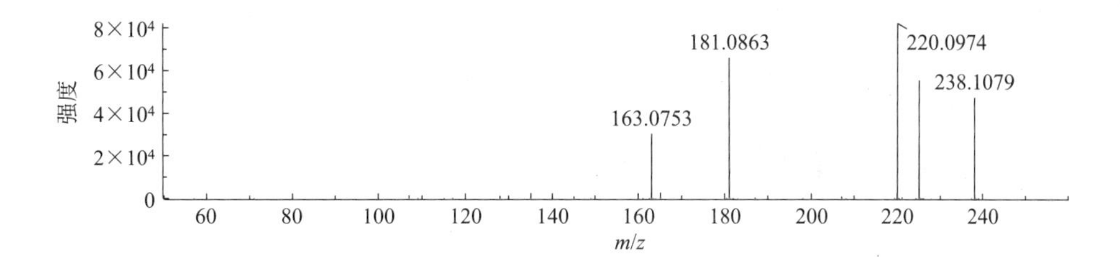

二级全扫质谱图 CE: 20V

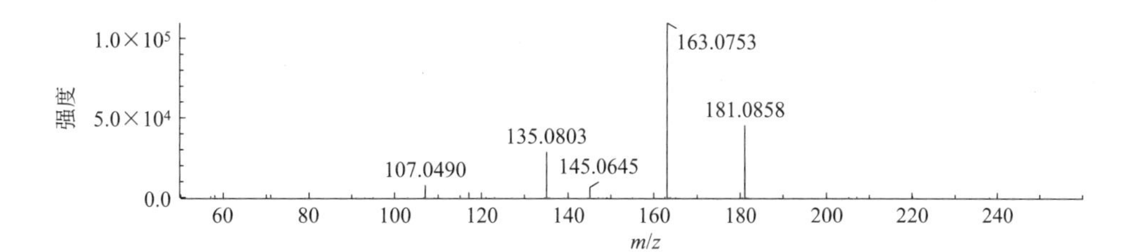

二级全扫质谱图 CE: 35V

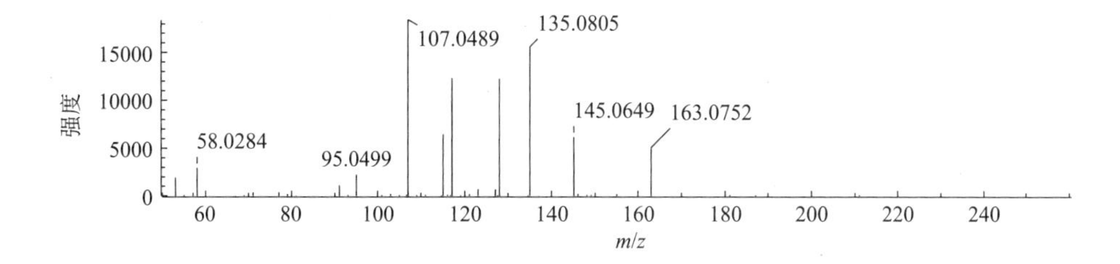

二级全扫质谱图 CE: 50V

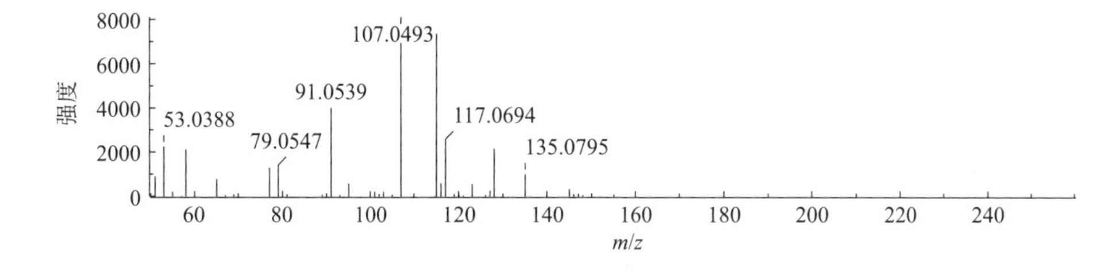

二级全扫质谱图 CE: 60V

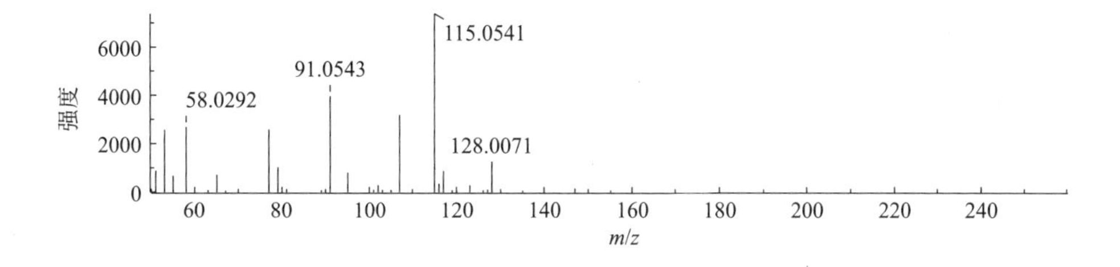

Carbofuran-3-hydroxy in-source fragment 163

3-羟基克百威源内裂解碎片 163

CAS 号	—	保留时间	4.64min
分子式	$C_{10}H_{11}O_2^+$	加合方式	$[M]^+$
分子量	163.0754	源内裂解碎片	无

推测裂解规律（裂解路径已经 MS^3 确认）

$[C_{10}H_{11}O_2]^+$ *m/z* 163.0754 → $[C_8H_7O_2]^+$ *m/z* 135.0441 → $[C_7H_6O]^+$ *m/z* 107.0491

$[C_{10}H_{11}O_2]^+$ *m/z* 163.0754 → $[C_8H_7O_2]^+$ *m/z* 135.0441

$[C_{10}H_9O]^+$ *m/z* 145.0648 → $[C_9H_7]^+$ *m/z* 115.0542　$[C_{10}H_7]^+$ *m/z* 127.0542 → $[C_9H_9]^+$ *m/z* 117.0699 → $[C_7H_7]^+$ *m/z* 91.0542 → $[C_5H_5]^+$ *m/z* 65.0386

提取离子流色谱图

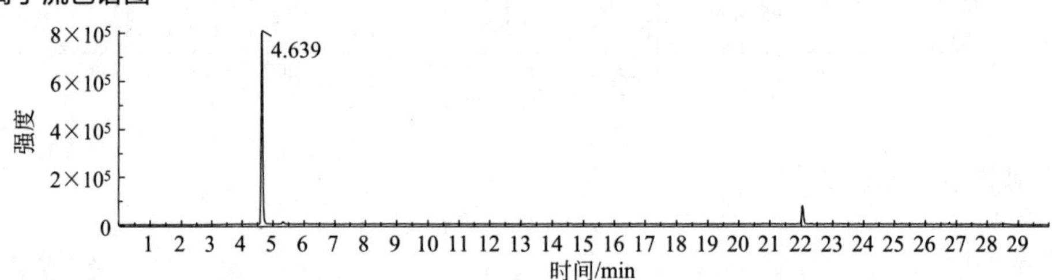

一级质谱图

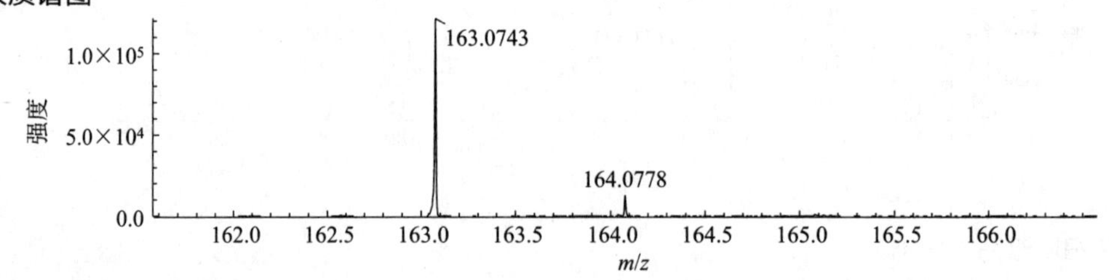

二级全扫质谱图 CE: (35±15)V

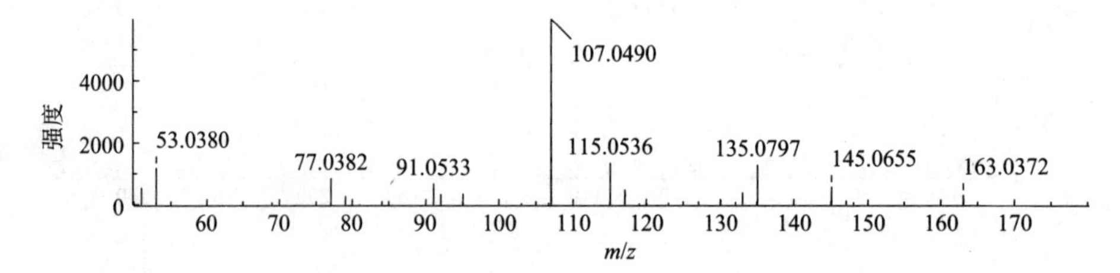

二级全扫质谱图 CE: 10V

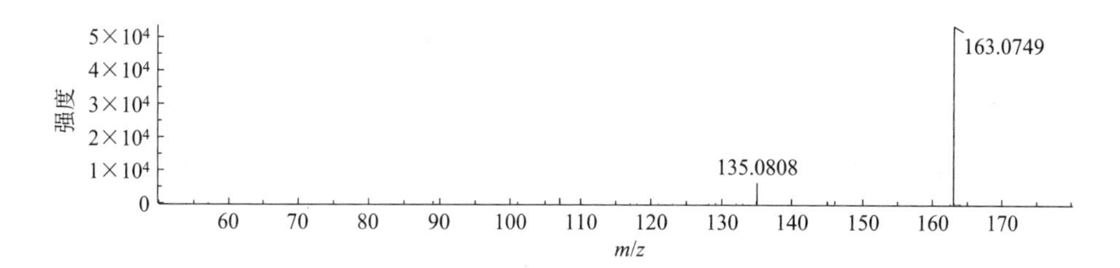

二级全扫质谱图 CE: 20V

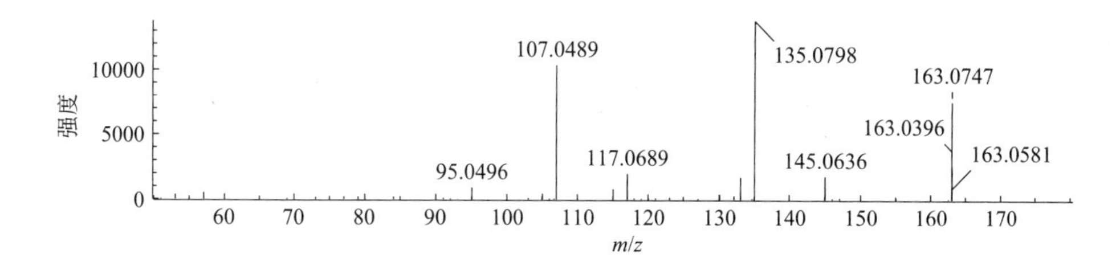

二级全扫质谱图 CE: 35V

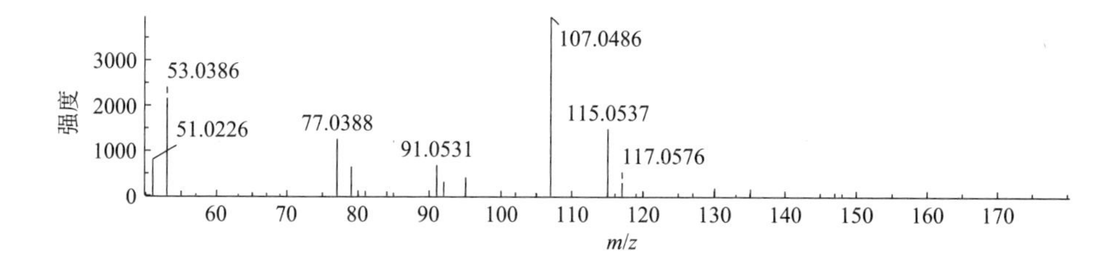

二级全扫质谱图 CE: 50V

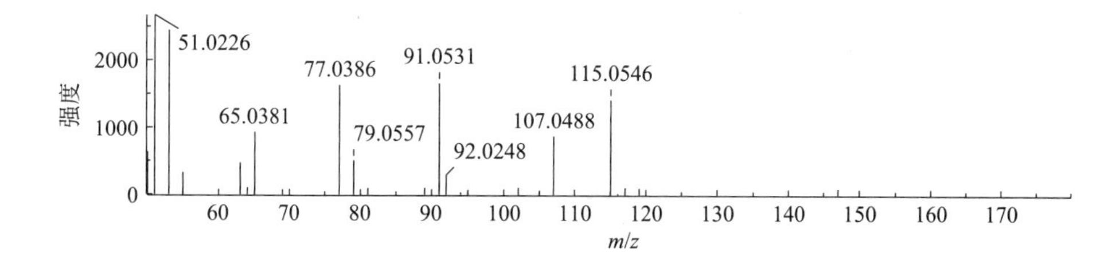

二级全扫质谱图 CE: 60V

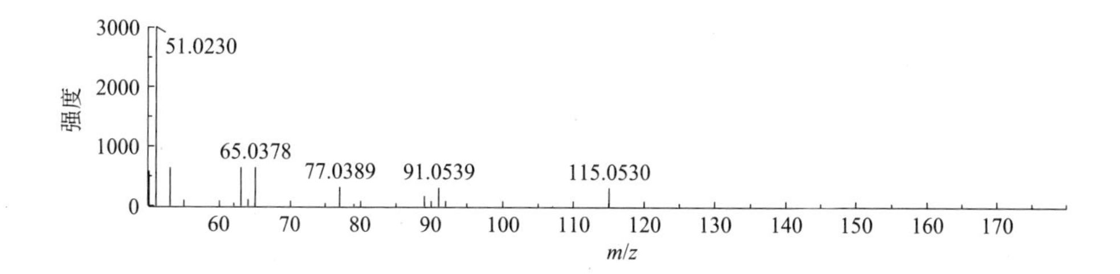

Carbofuran-3-hydroxy in-source fragment 220

3-羟基克百威源内裂解碎片 220

CAS 号	—	保留时间	4.64min
分子式	$C_{12}H_{14}NO_3^+$	加合方式	$[M]^+$
分子量	220.0968	源内裂解碎片	无

推测裂解规律（裂解路径已经 MS^3 确认）

$[C_{12}H_{14}NO_3]^+$ *m/z* 220.0968 → $[C_{10}H_{11}O_2]^+$ *m/z* 163.0754 → $[C_8H_7O_2]^+$ *m/z* 135.0441 → $[C_7H_6O]^+$ *m/z* 107.0491

提取离子流色谱图

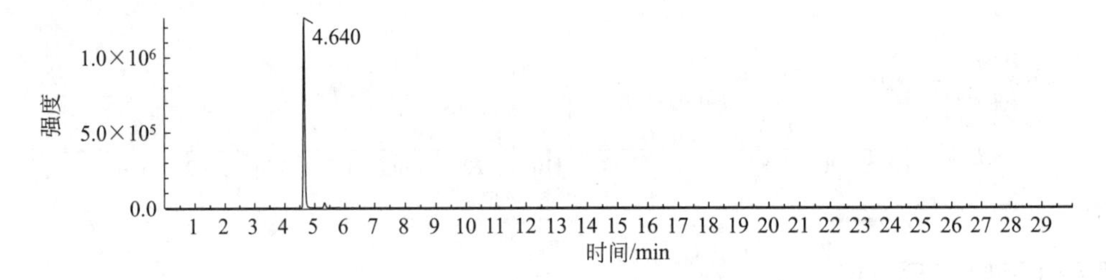

一级质谱图

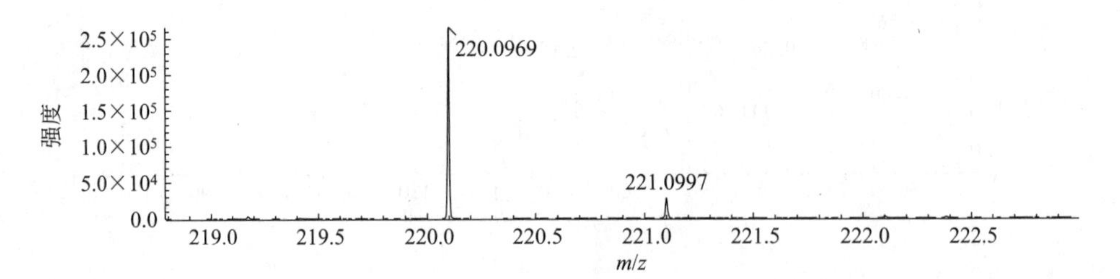

二级全扫质谱图 CE：(35±15)V

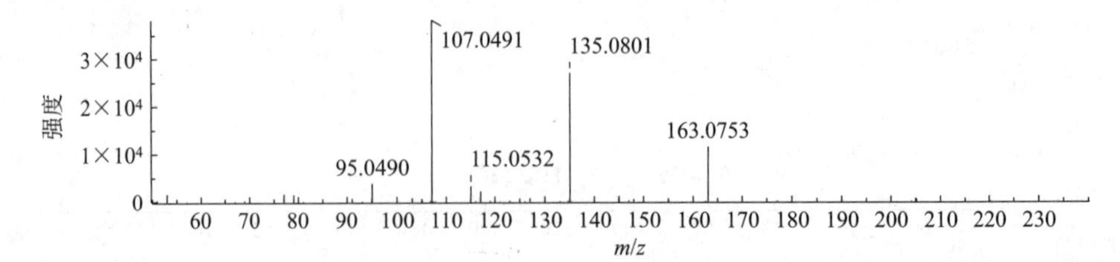

二级全扫质谱图 CE: 10V

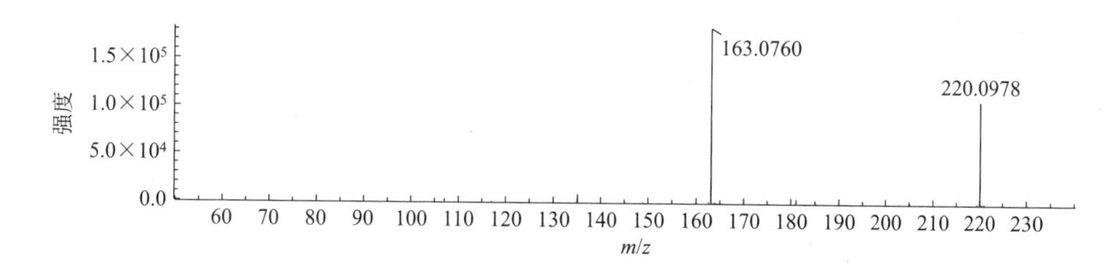

二级全扫质谱图 CE: 20V

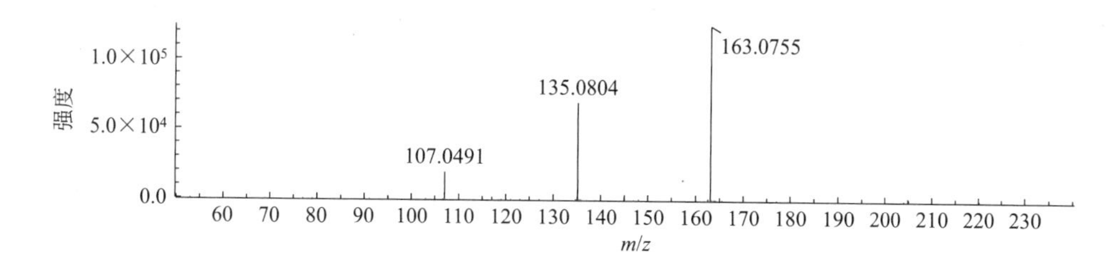

二级全扫质谱图 CE: 35V

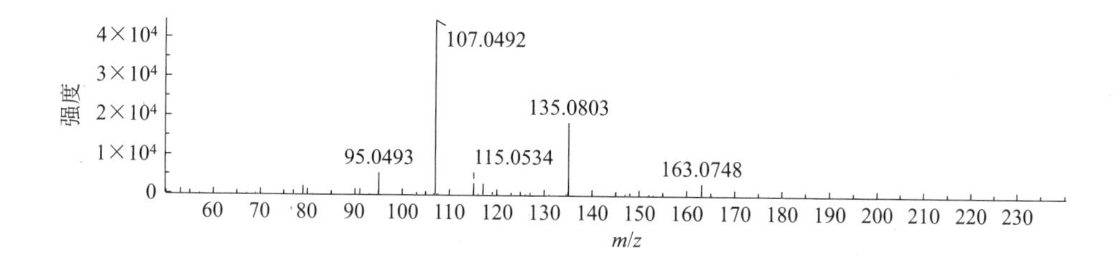

二级全扫质谱图 CE: 50V

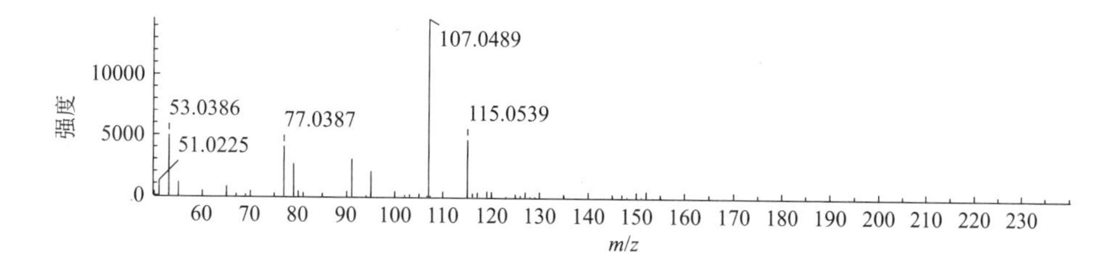

二级全扫质谱图 CE: 60V

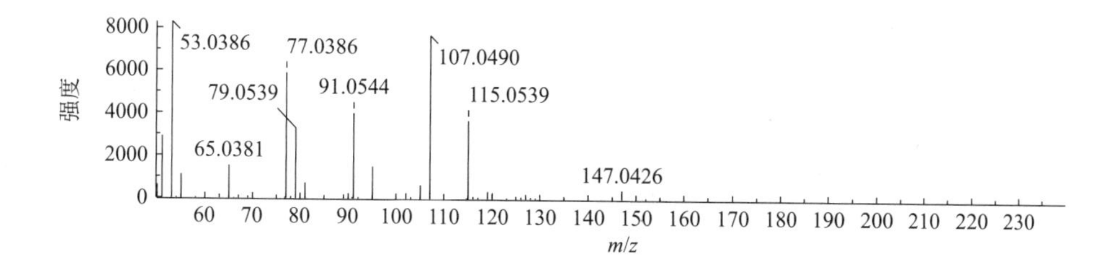

Carbosulfan
丁硫克百威

CAS 号	55285-14-8	保留时间	24.11min
分子式	$C_{20}H_{32}N_2O_3S$	加合方式	$[M+H]^+$
分子量	380. 2134	源内裂解碎片	无

推测裂解规律

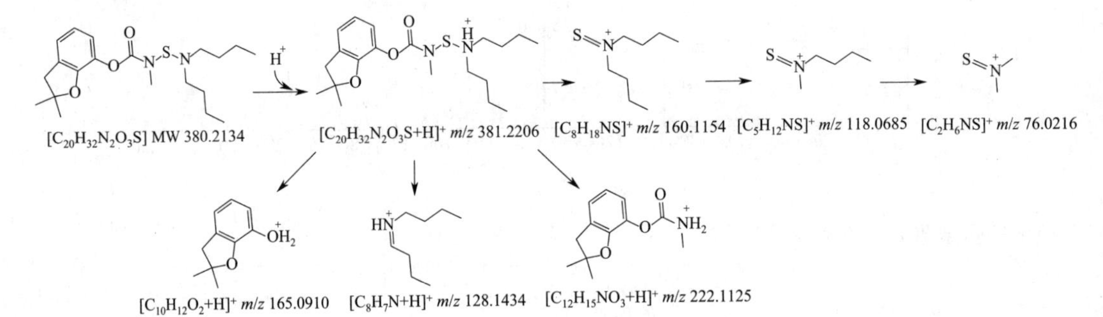

提取离子流色谱图

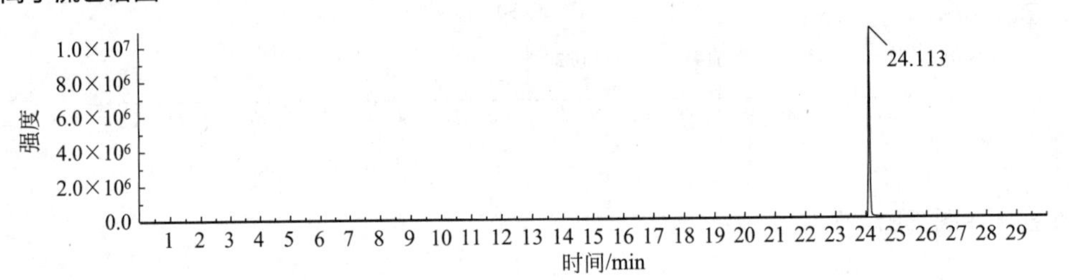

一级质谱图

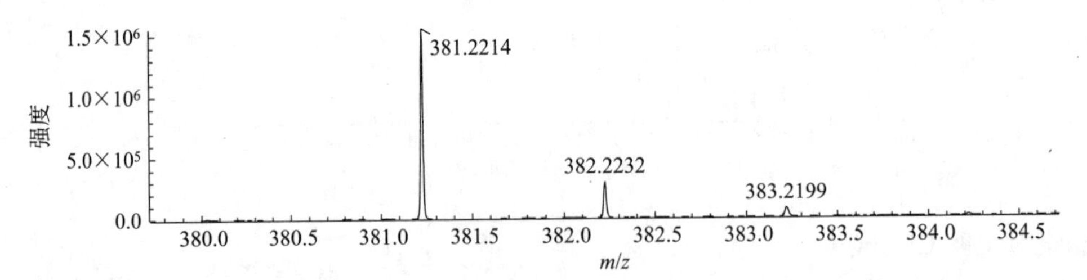

二级全扫质谱图 CE: (35±15)V

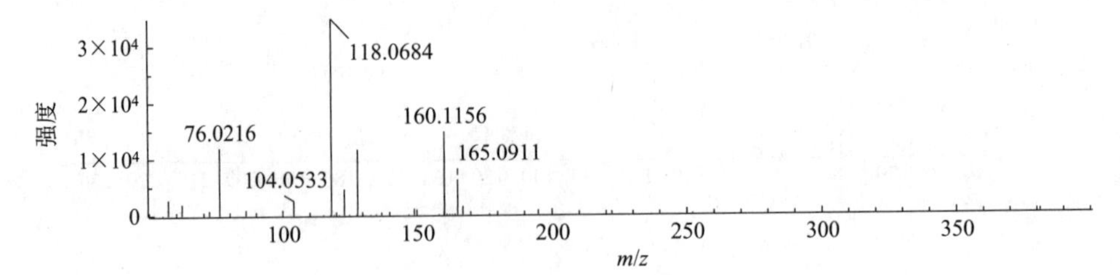

二级全扫质谱图 CE: 10V

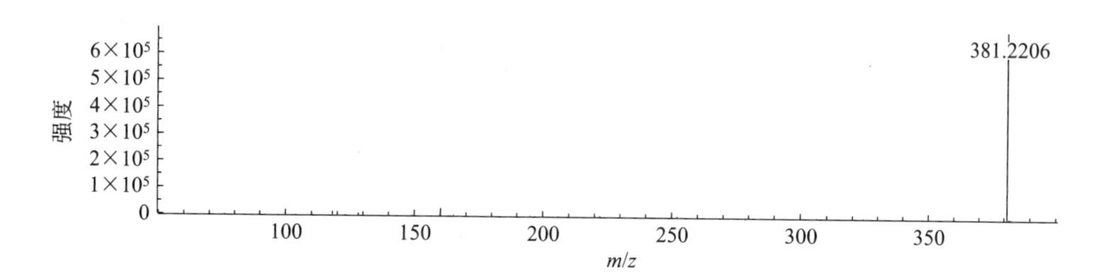

二级全扫质谱图 CE: 20V

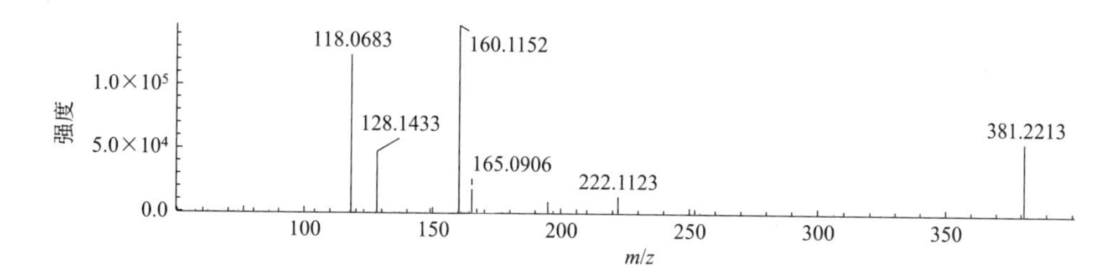

二级全扫质谱图 CE: 35V

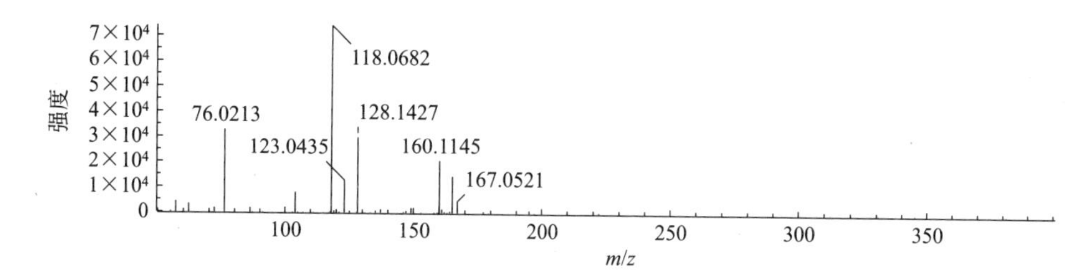

二级全扫质谱图 CE: 50V

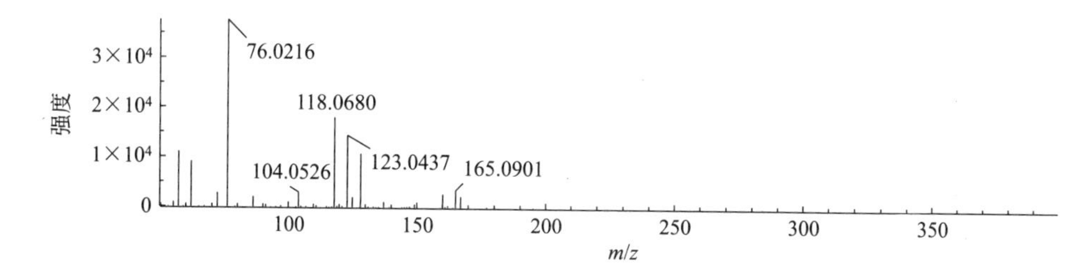

二级全扫质谱图 CE: 60V

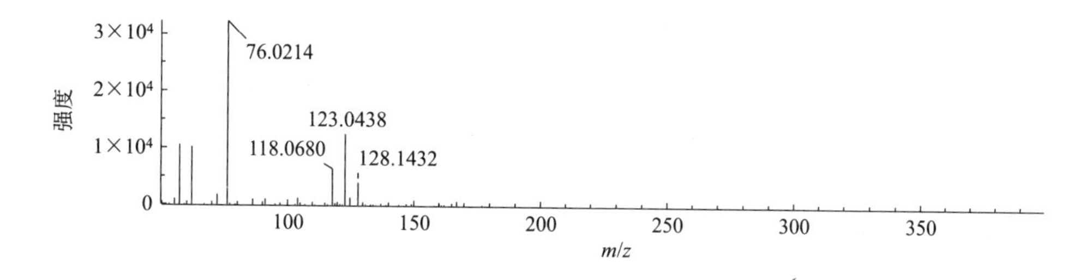

Carboxin

萎锈灵

CAS 号	5234-68-4	保留时间	7. 34min
分子式	$C_{12}H_{13}NO_2S$	加合方式	$[M+H]^+$
分子量	235. 0667	源内裂解碎片	无

推测裂解规律

$[C_{12}H_{13}NO_2S]$ MW 235.0667 → $[C_{12}H_{13}NO_2S+H]^+$ *m/z* 236.0740 → $[C_6H_7O_2S]^+$ *m/z* 143.0161 → $[C_3H_3OS]^+$ *m/z* 86.9899

$[C_{12}H_{13}NO_2S+H]^+$ *m/z* 236.0740 → $[C_6H_6N+H]^{\cdot+}$ *m/z* 93.0573

提取离子流色谱图

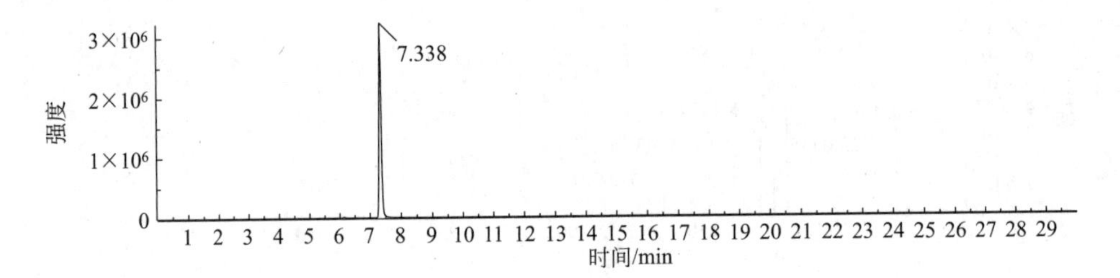

一级质谱图

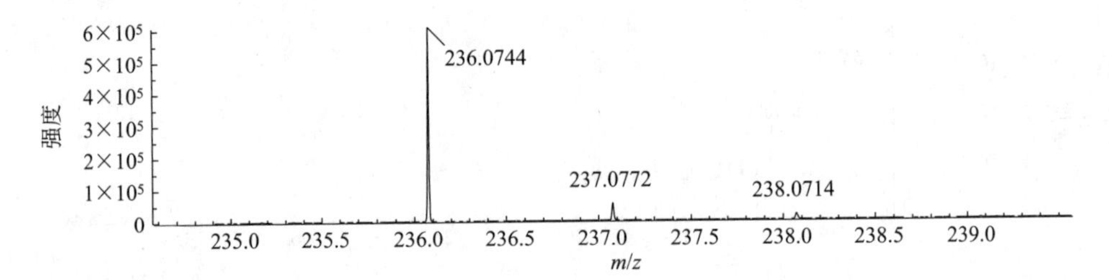

二级全扫质谱图 CE: (35±15)V

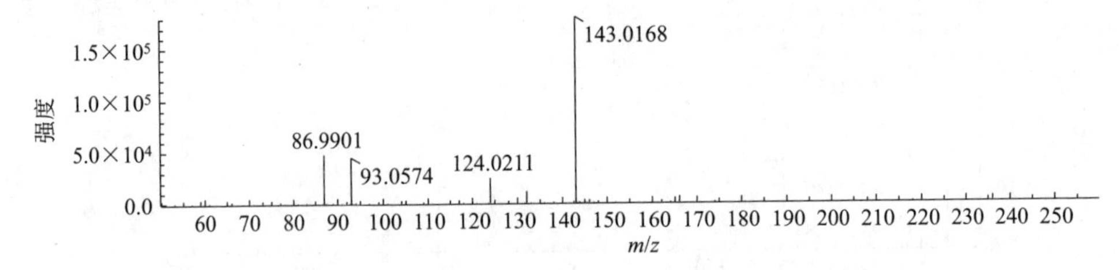

二级全扫质谱图 CE: 10V

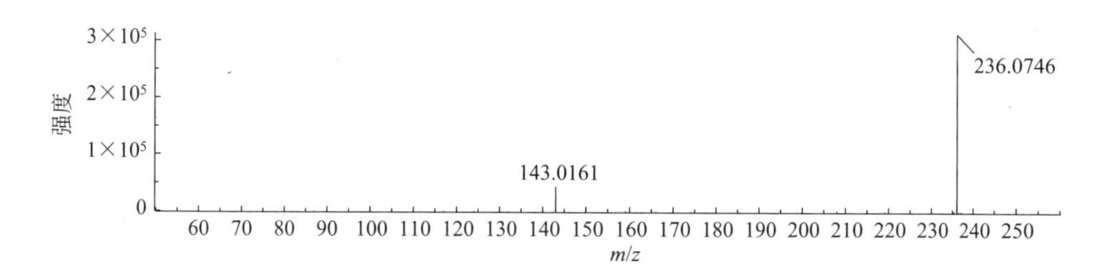

二级全扫质谱图 CE: 20V

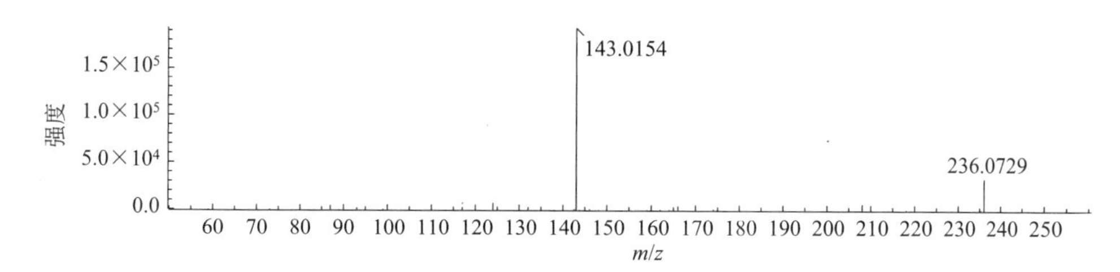

二级全扫质谱图 CE: 35V

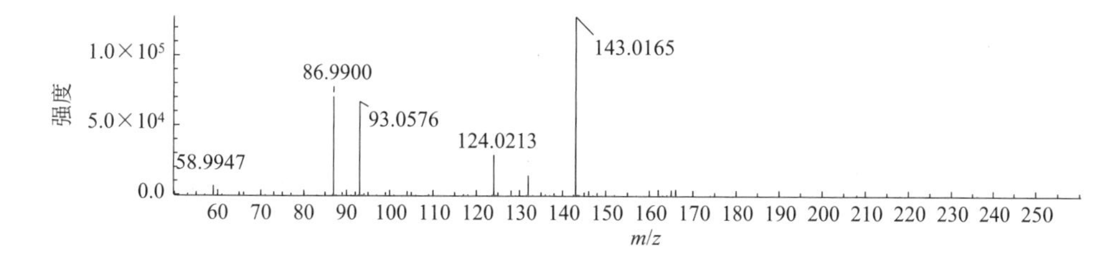

二级全扫质谱图 CE: 50V

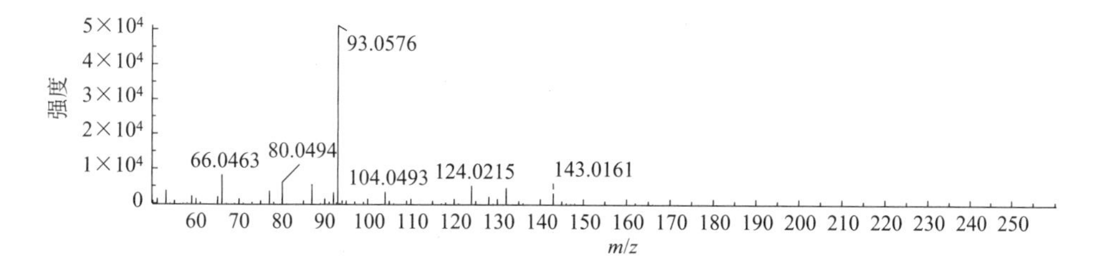

二级全扫质谱图 CE: 60V

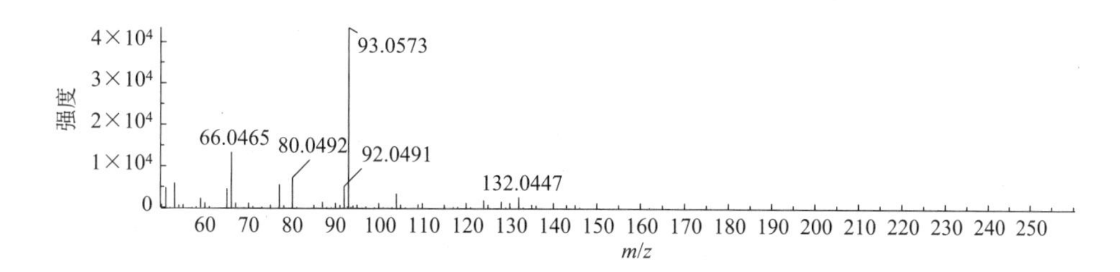

Carfentrazone-ethyl
唑草酮

CAS 号	128639-02-1	保留时间	18.13min
分子式	$C_{15}H_{14}Cl_2F_3N_3O_3$	加合方式	$[M+H]^+$
分子量	411. 0364	源内裂解碎片	无

推测裂解规律

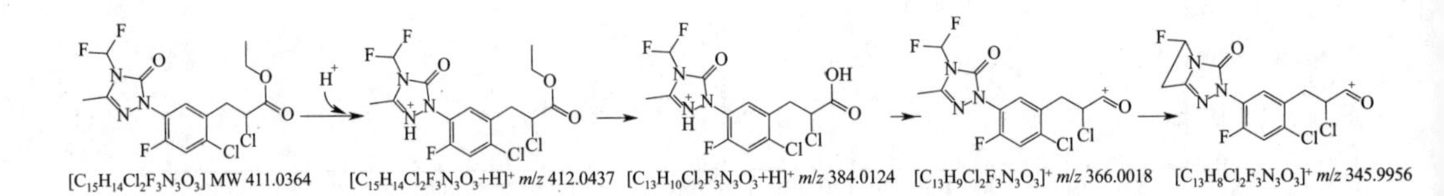

提取离子流色谱图

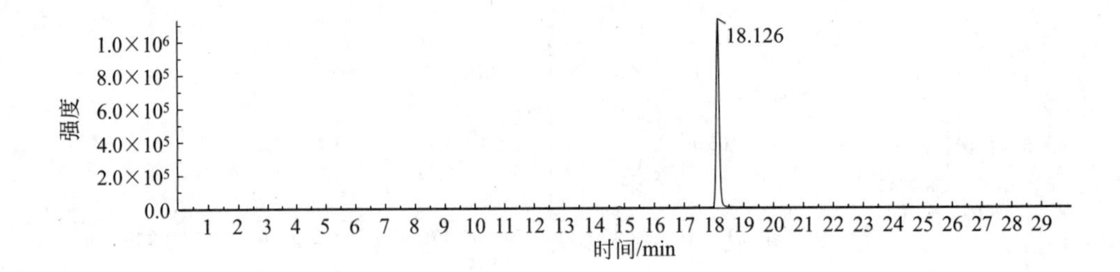

一级质谱图

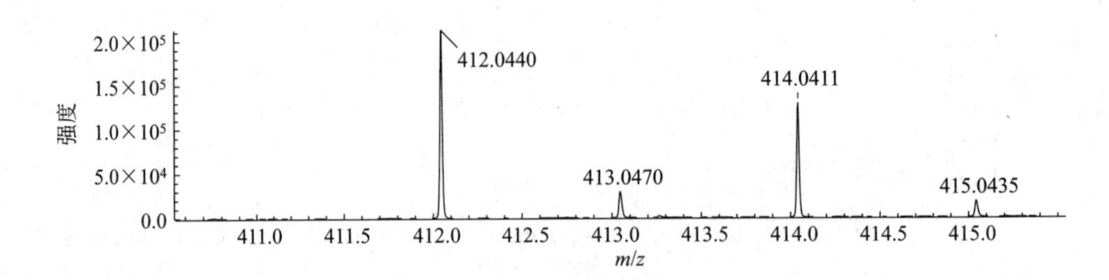

二级全扫质谱图 CE: (35±15)V

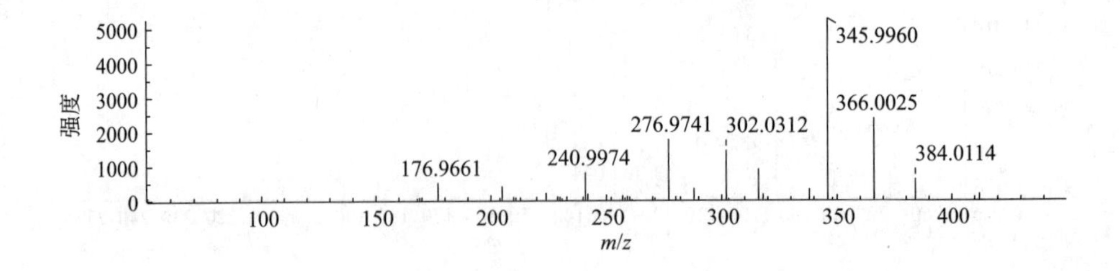

二级全扫质谱图 CE: 10V

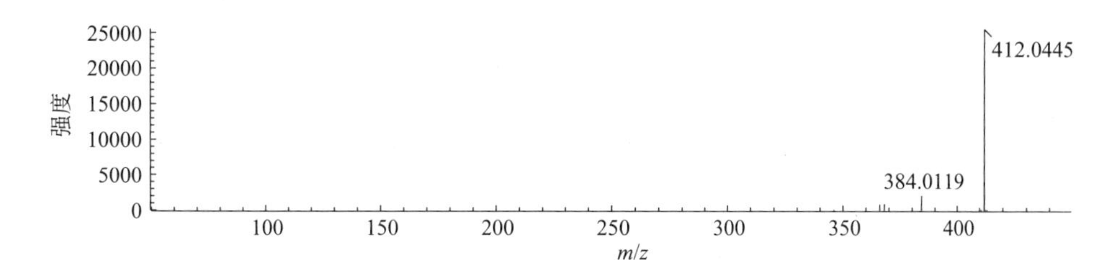

二级全扫质谱图 CE: 20V

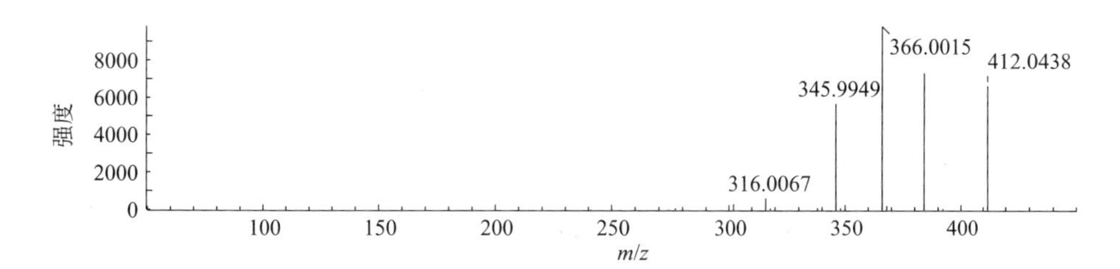

二级全扫质谱图 CE: 35V

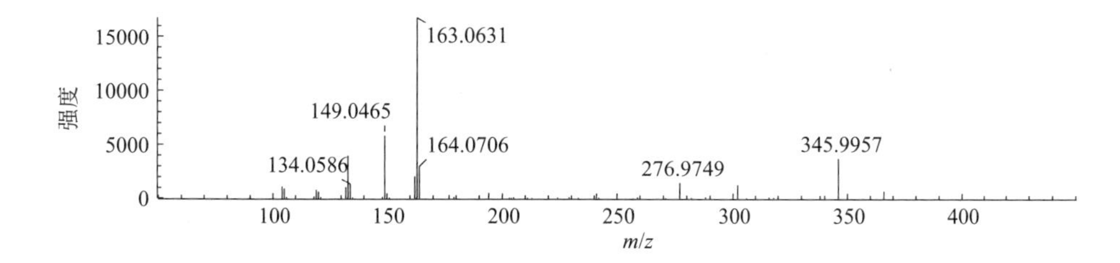

二级全扫质谱图 CE: 50V

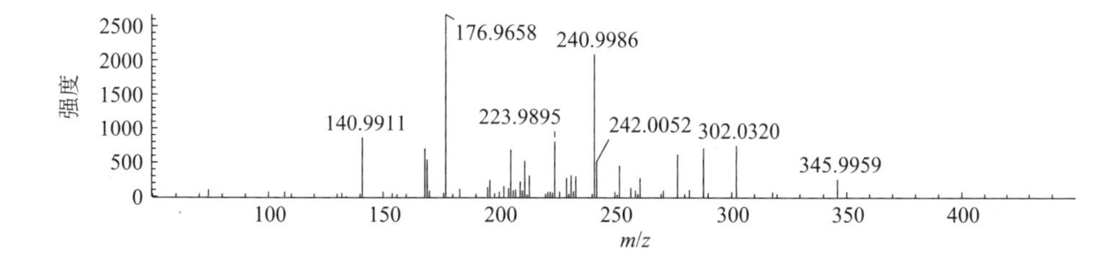

二级全扫质谱图 CE: 60V

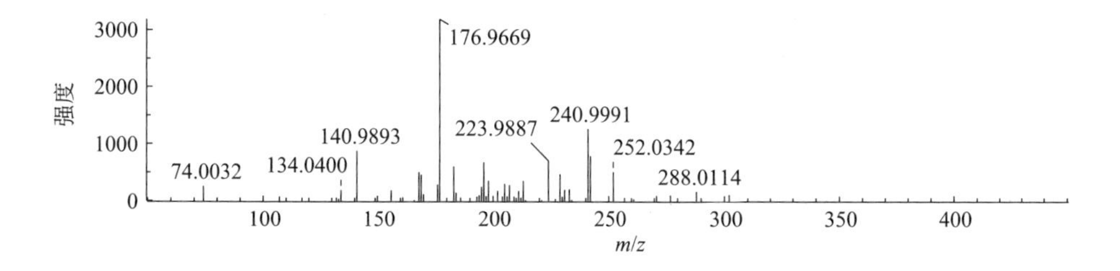

Chlorantraniliprole
氯虫苯甲酰胺

CAS 号	500008-45-7	保留时间	10.92min
分子式	$C_{18}H_{14}BrCl_2N_5O_2$	加合方式	$[M+H]^+$
分子量	480.9708	源内裂解碎片	无

推测裂解规律

$[C_{18}H_{14}BrCl_2N_5O_2]$ MW 480.9708 → $[C_{18}H_{14}BrCl_2N_5O_2+H]^+$ *m/z* 481.9781 → $[C_{17}H_{10}BrCl_2N_4O_2]^+$ *m/z* 450.9359 → $[C_9H_4BrClN_3O]^+$ *m/z* 283.9221 → $[C_5H_3ClN]^+$ *m/z* 111.9948

$[C_9H_5ClNO_2]^+$ *m/z* 194.0003　$[C_9H_4ClN_3O]^{+\cdot}$ *m/z* 205.0037　$[C_8H_4ClN_3]^{+\cdot}$ *m/z* 177.0088

提取离子流色谱图

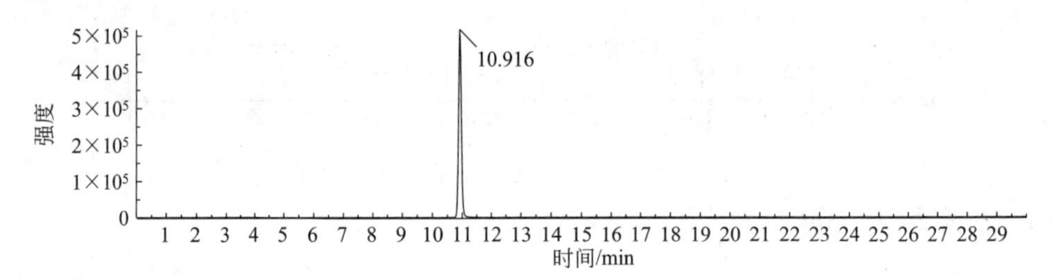

一级质谱图

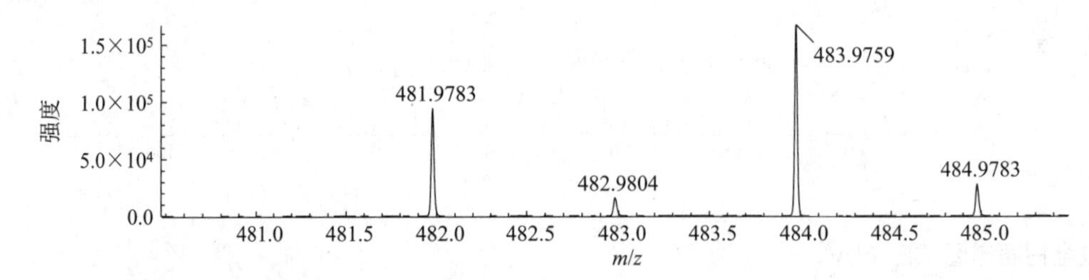

二级全扫质谱图 CE: (35±15)V

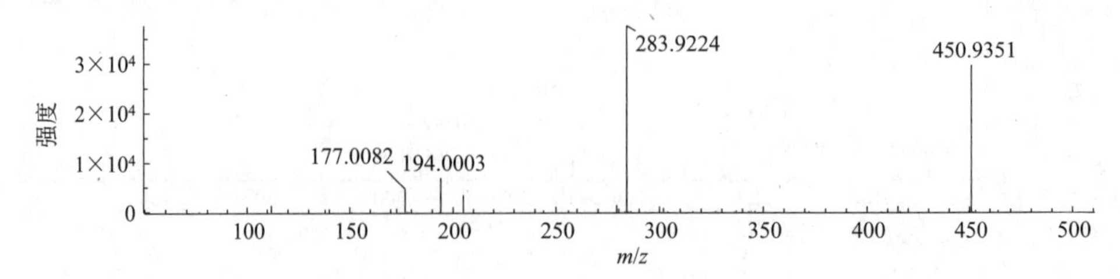

二级全扫质谱图 CE: 10V

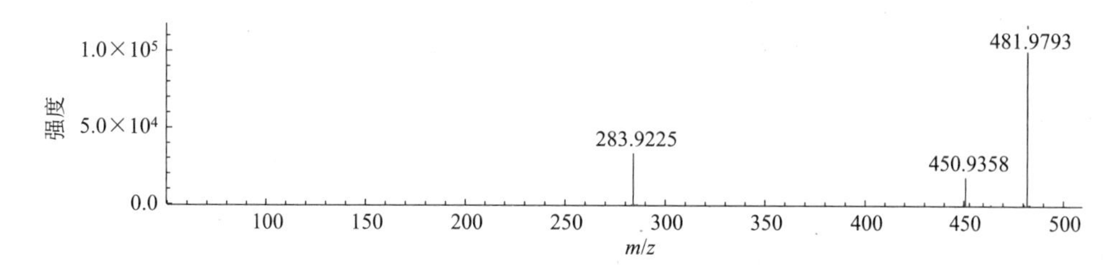

二级全扫质谱图 CE: 20V

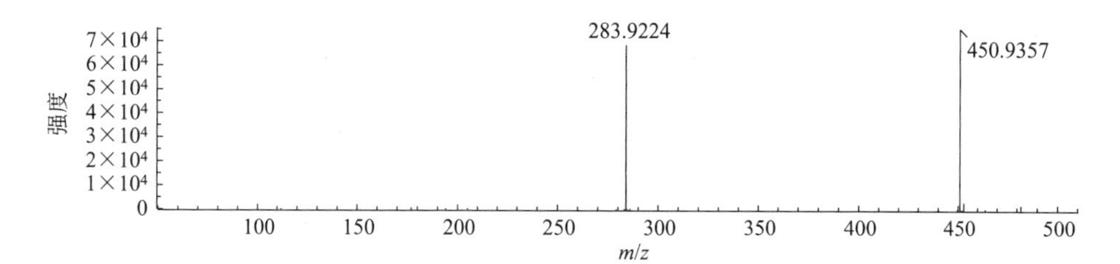

二级全扫质谱图 CE: 35V

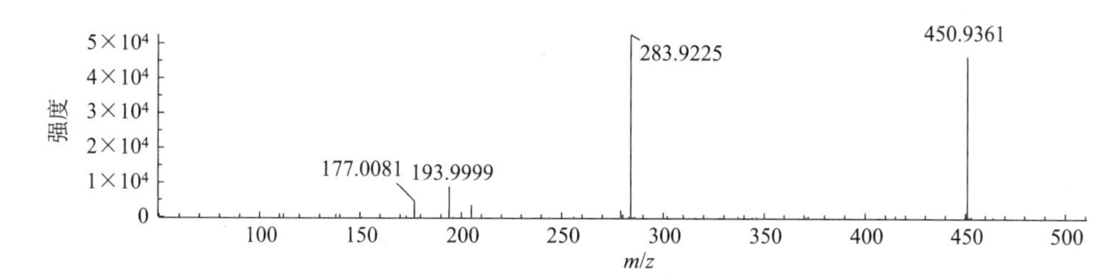

二级全扫质谱图 CE: 50V

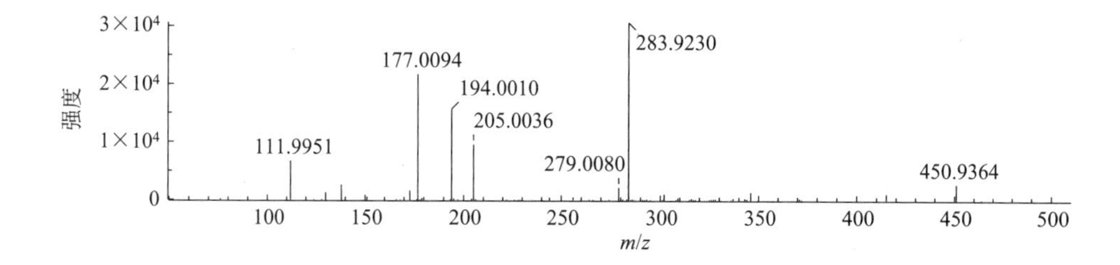

二级全扫质谱图 CE: 60V

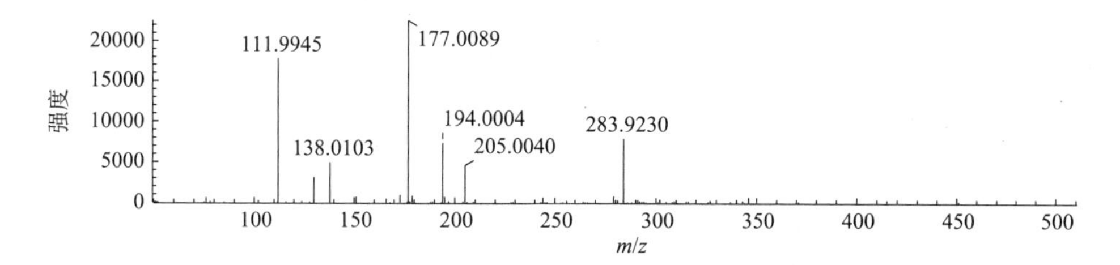

Chlorbenzuron
灭幼脲

CAS 号	57160-47-1	保留时间	17.60min
分子式	$C_{14}H_{10}Cl_2N_2O_2$	加合方式	$[M+H]^+$
分子量	308.0119	源内裂解碎片	无

推测裂解规律

$[C_{14}H_{10}Cl_2N_2O_2]$ MW 308.0119

$[C_{14}H_{10}Cl_2N_2O_2+H]^+$ m/z 309.0192

$[C_7H_6ClNO]^+$ m/z 156.0211

$[C_7H_4ClO]^+$ m/z 138.9945

$[C_6H_4Cl]^+$ m/z 110.9996

$[C_4H_3]^+$ m/z 51.0229

提取离子流色谱图

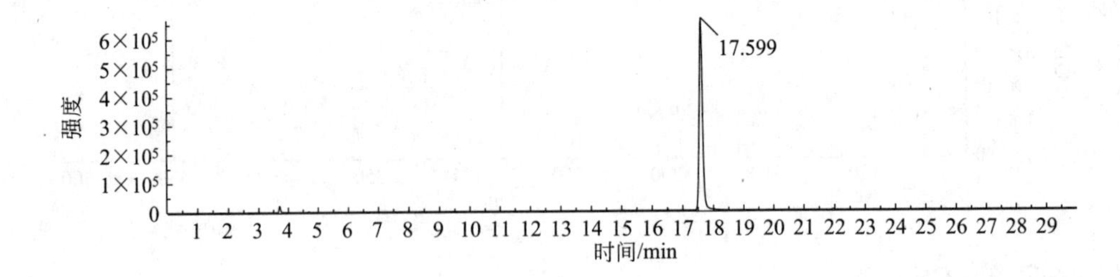

一级质谱图

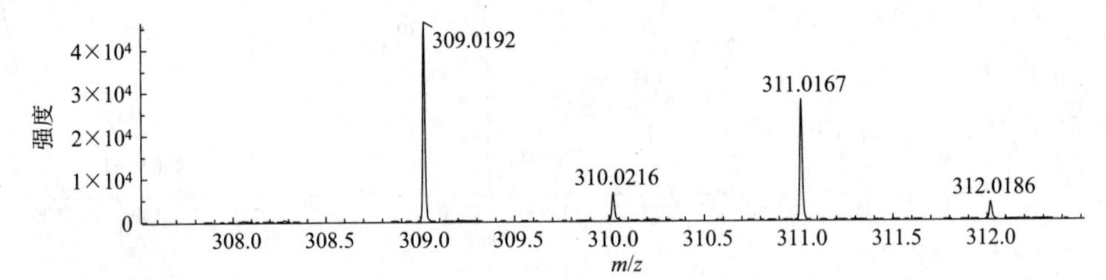

二级全扫质谱图 CE: (35±15)V

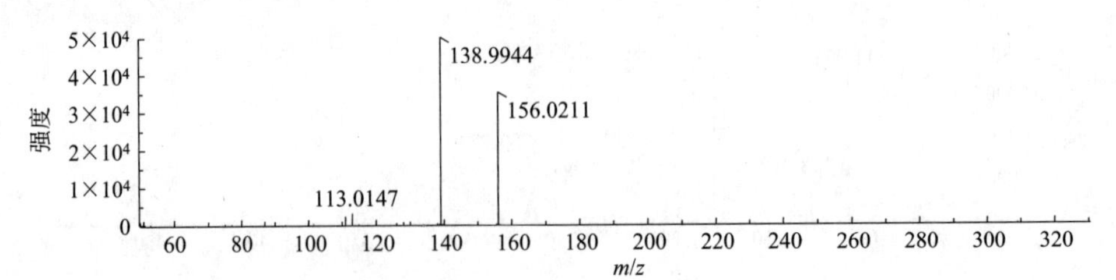

二级全扫质谱图 CE: 10V

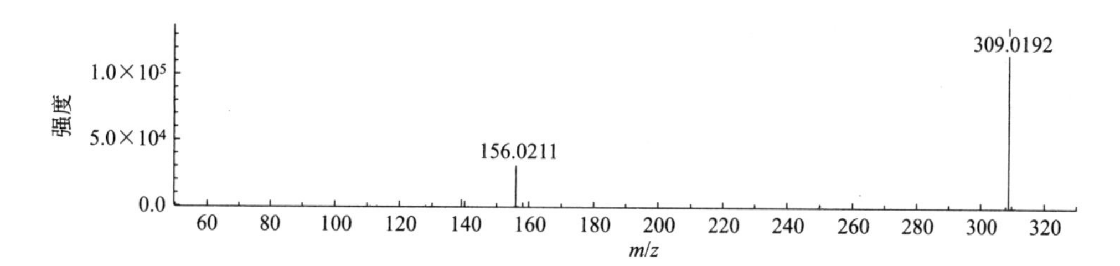

二级全扫质谱图 CE: 20V

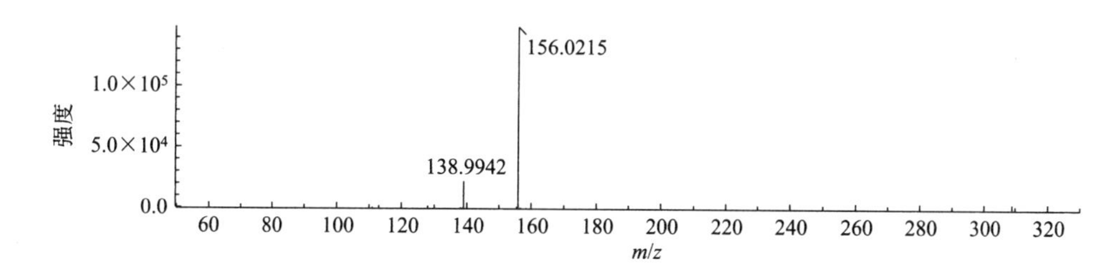

二级全扫质谱图 CE: 35V

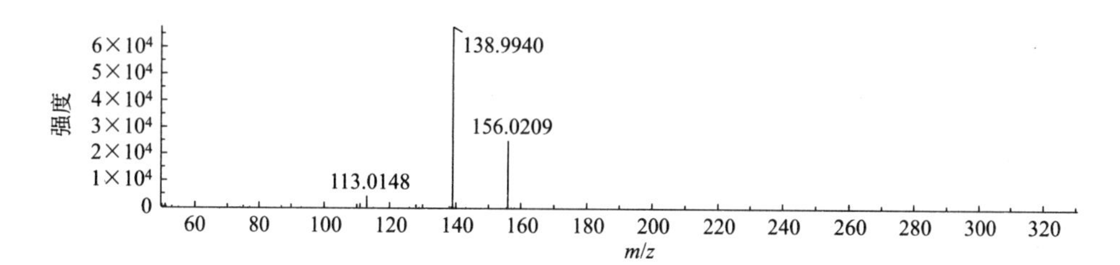

二级全扫质谱图 CE: 50V

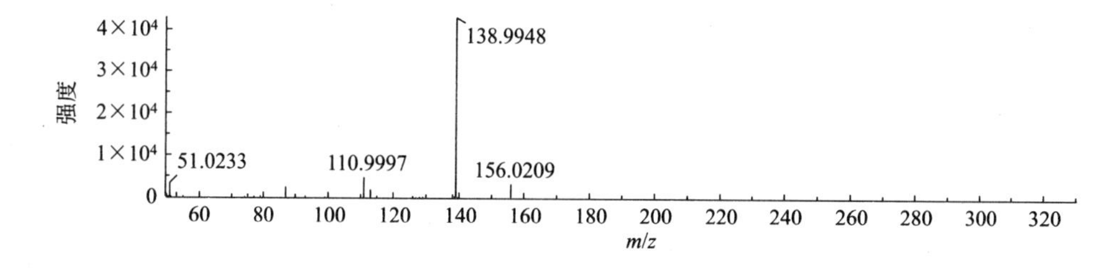

二级全扫质谱图 CE: 60V

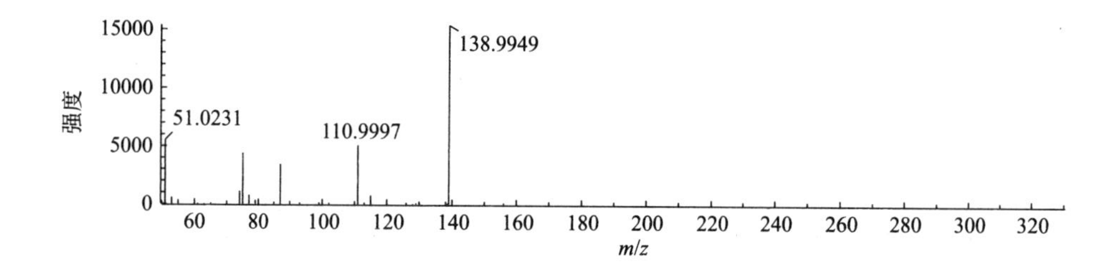

Chlordimeform

杀虫脒

CAS 号	6164-98-3	保留时间	4.23min
分子式	$C_{10}H_{13}ClN_2$	加合方式	$[M+H]^+$
分子量	196. 0767	源内裂解碎片	无

推测裂解规律（裂解路径已经 MS^3 确认）

$[C_{10}H_{13}ClN_2]$ MW 196.0767　$[C_{10}H_{13}ClN_2+H]^+$ m/z 197.0840　$[C_8H_7ClN]^+$ m/z 152.0262　$[C_7H_6Cl]^+$ m/z 125.0152　$[C_7H_5]^+$ m/z 89.0386

$[C_8H_7N]^{\cdot+}$ m/z 117.0573　$[C_7H_6]^{\cdot+}$ m/z 90.0464　$[C_5H_4Cl]^+$ m/z 98.9996

提取离子流色谱图

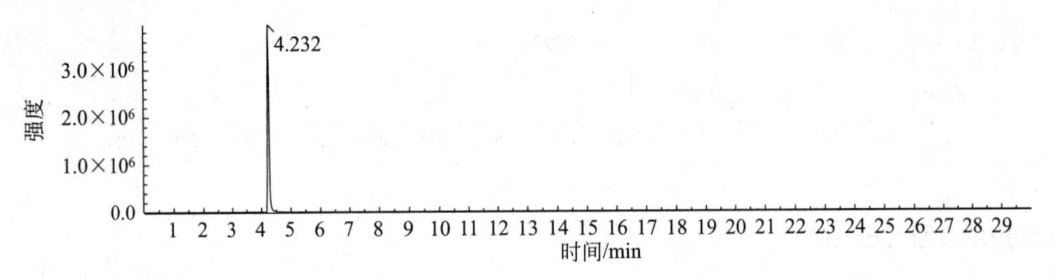

一级质谱图

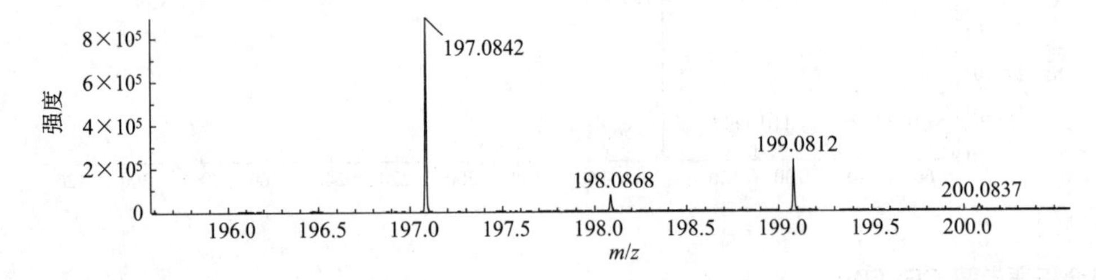

二级全扫质谱图 CE: (35±15)V

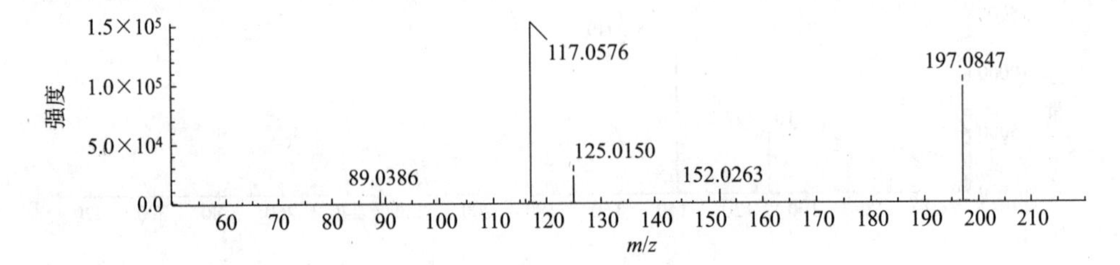

二级全扫质谱图 CE: 10V

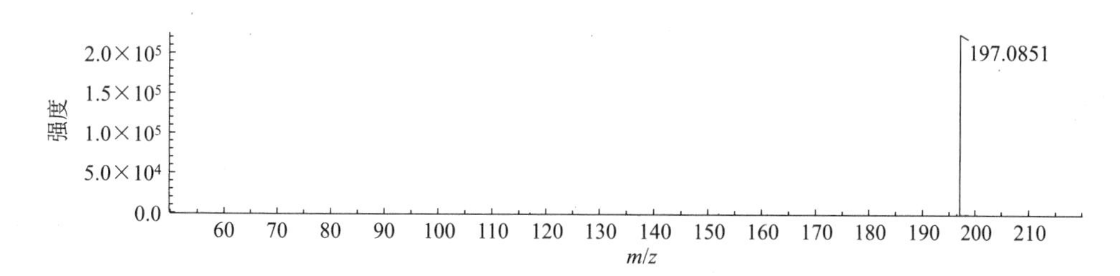

二级全扫质谱图 CE: 20V

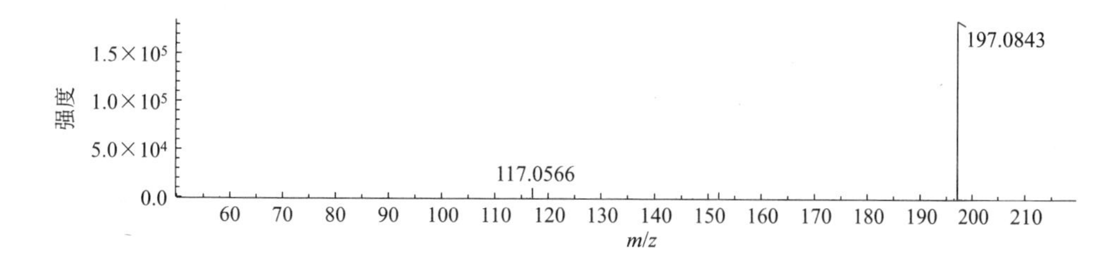

二级全扫质谱图 CE: 35V

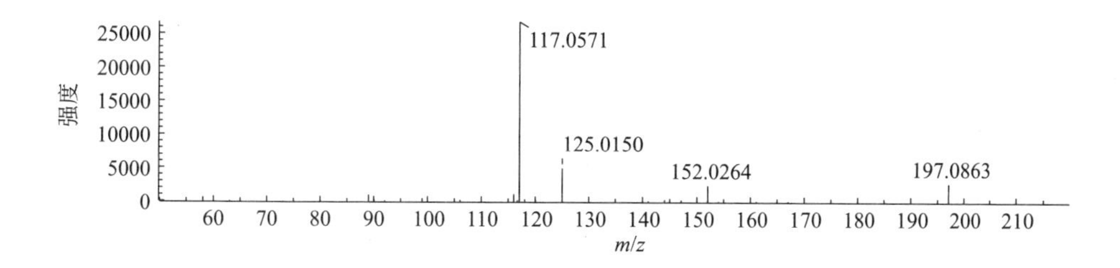

二级全扫质谱图 CE: 50V

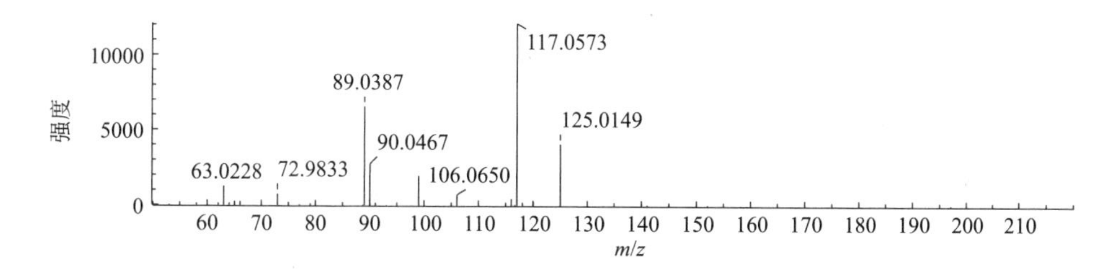

二级全扫质谱图 CE: 60V

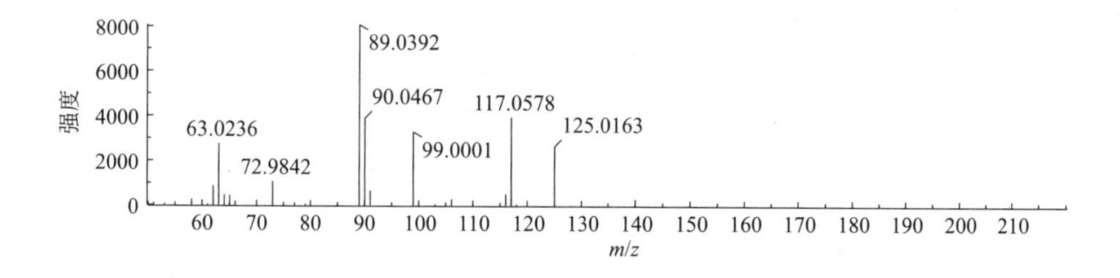

Chlorfenvinphos
毒虫畏

CAS 号	470-90-6	保留时间	19. 32min/20.10min
分子式	$C_{12}H_{14}Cl_3O_4P$	加合方式	$[M+H]^+$
分子量	357. 9695	源内裂解碎片	无

推测裂解规律

$[C_{12}H_{14}Cl_3O_4P]$ MW 357.9695

$[C_{12}H_{14}Cl_3O_4P+H]^+$ *m/z* 358.9768

$[C_8H_4Cl_3]^+$ *m/z* 204.9373

$[C_8H_4Cl_2]^{\bullet+}$ *m/z* 169.9685

$[C_4H_{11}O_4P+H]^+$ *m/z* 155.0468

$[C_2H_7O_4P+H]^+$ *m/z* 127.0155

$[H_3O_4P+H]^+$ *m/z* 98.9842

提取离子流色谱图

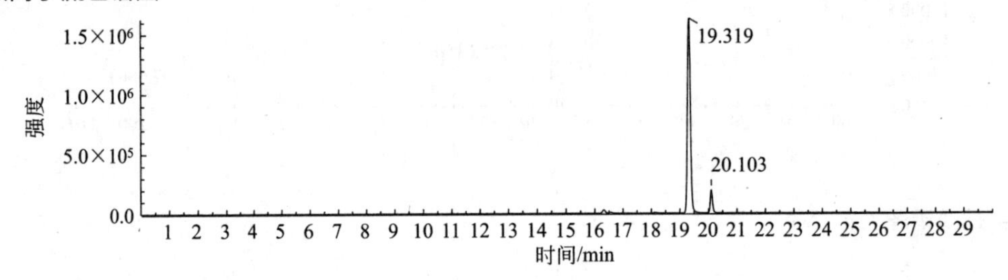

一级质谱图

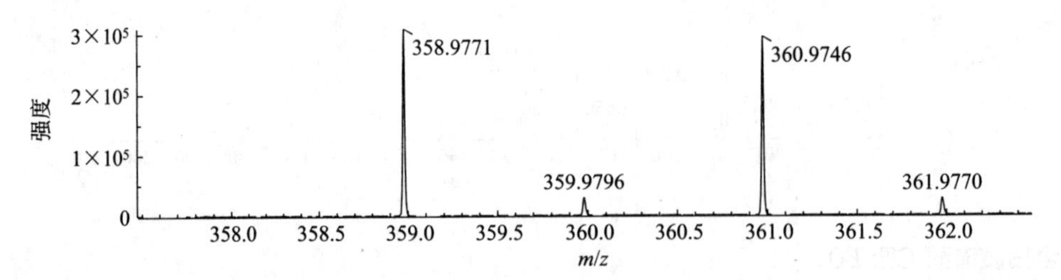

二级全扫质谱图 CE: (35±15)V

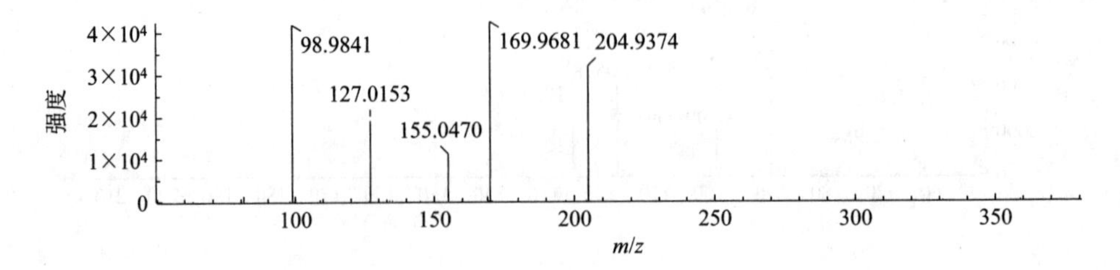

二级全扫质谱图 CE: 10V

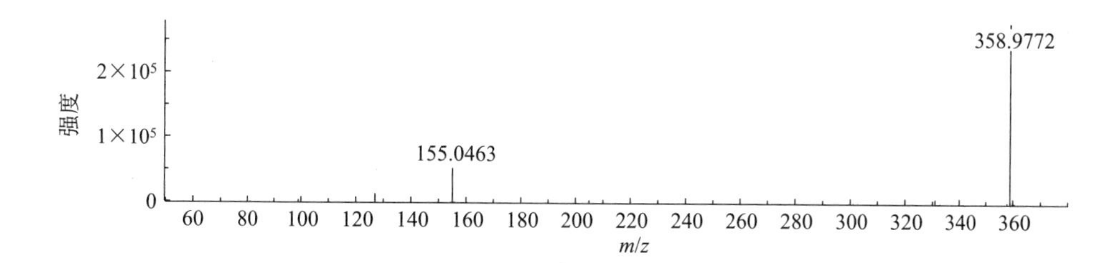

二级全扫质谱图 CE: 20V

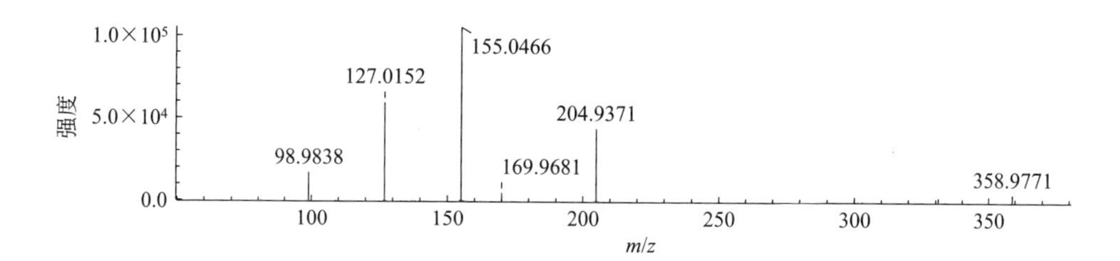

二级全扫质谱图 CE: 35V

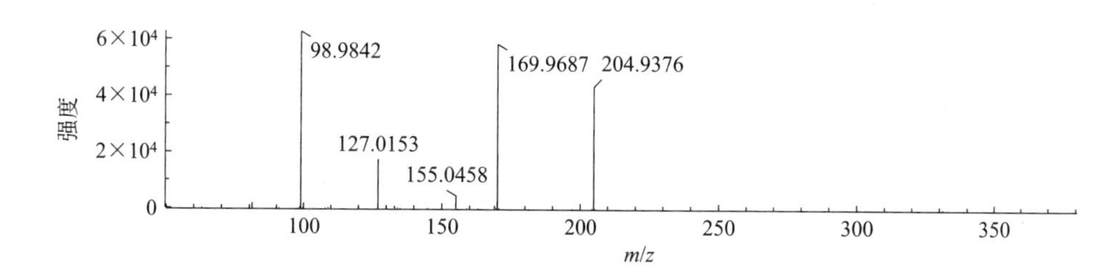

二级全扫质谱图 CE: 50V

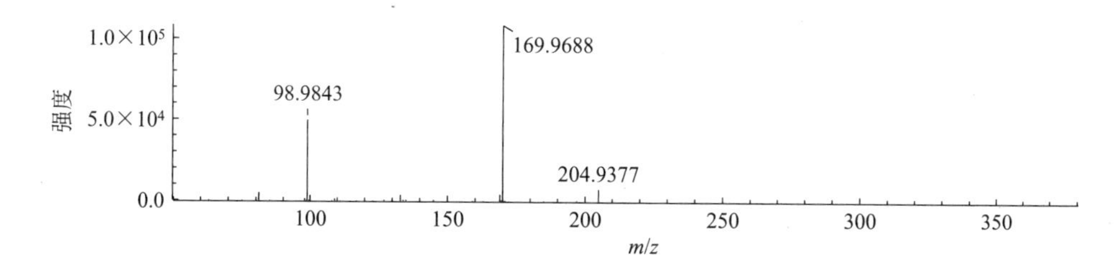

二级全扫质谱图 CE: 60V

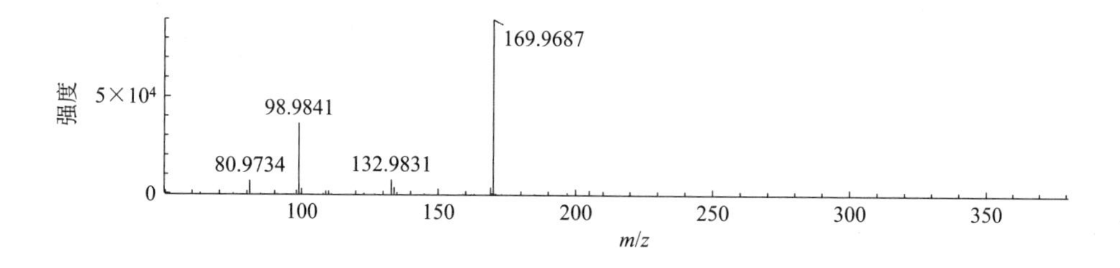

Chlorfluazuron

氟啶脲

CAS 号	71422-67-8	保留时间	23. 27min
分子式	$C_{20}H_9Cl_3F_5N_3O_3$	加合方式	$[M+H]^+$
分子量	538. 9630	源内裂解碎片	无

推测裂解规律

F F F Cl Cl N O Cl H N H N O O F F

H^+

$[C_{20}H_9Cl_3F_5N_3O_3]$ MW 538.9630

$[C_{20}H_9Cl_3F_5N_3O_3+H]^+$ m/z 539.9702

$[C_{13}H_5Cl_3F_3N_2O_2]^+$ m/z 382.9363

$[C_7H_5F_2NO+H]^+$ m/z 158.0412

$[C_7H_3F_2O]^+$ m/z 141.0146

提取离子流色谱图

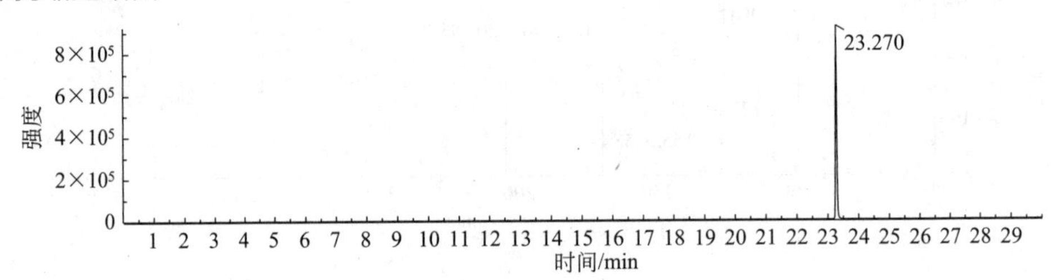

一级质谱图

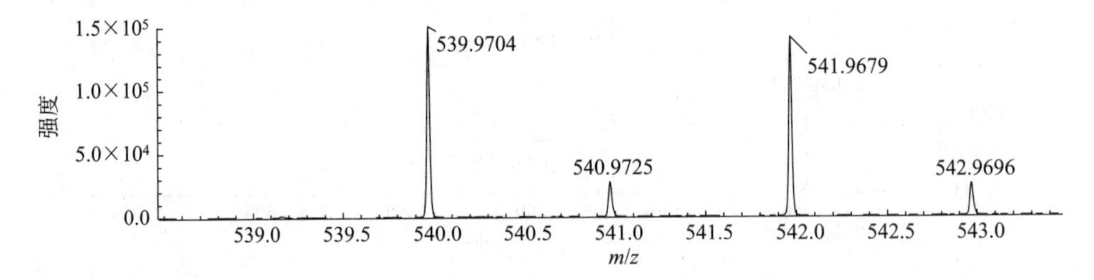

二级全扫质谱图 CE: (35±15)V

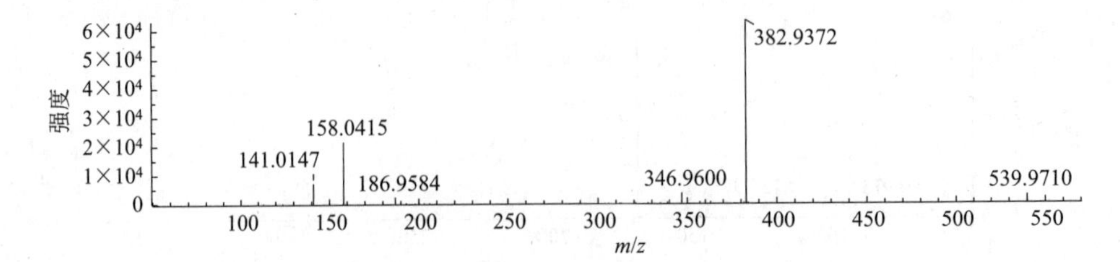

二级全扫质谱图 CE: 10V

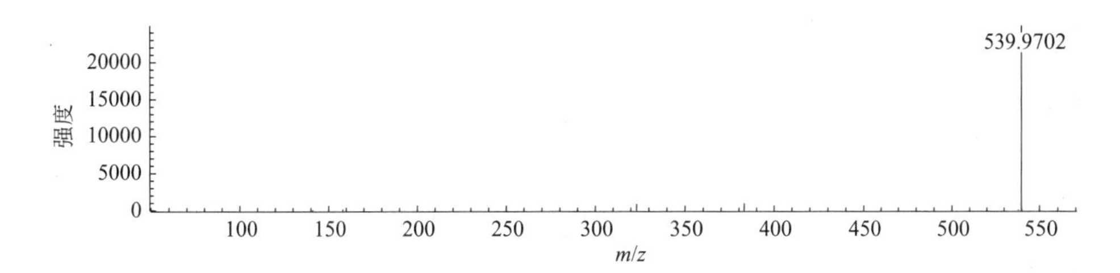

二级全扫质谱图 CE: 20V

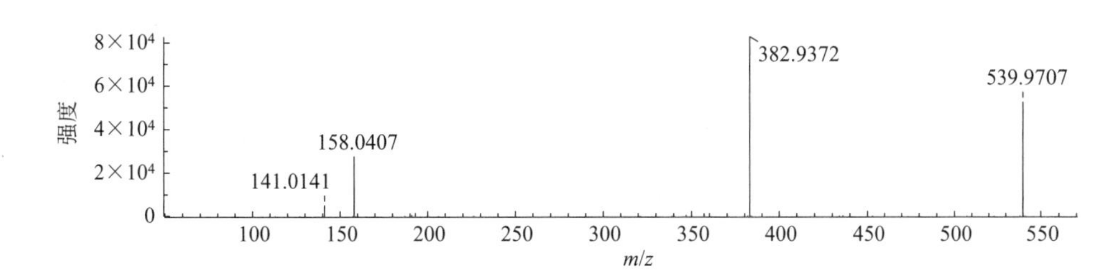

二级全扫质谱图 CE: 35V

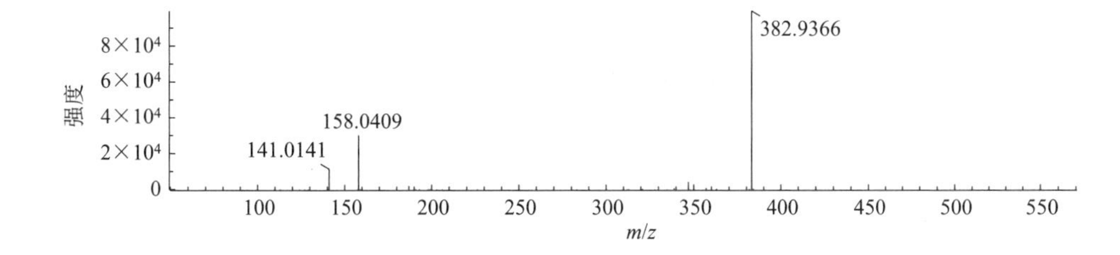

二级全扫质谱图 CE: 50V

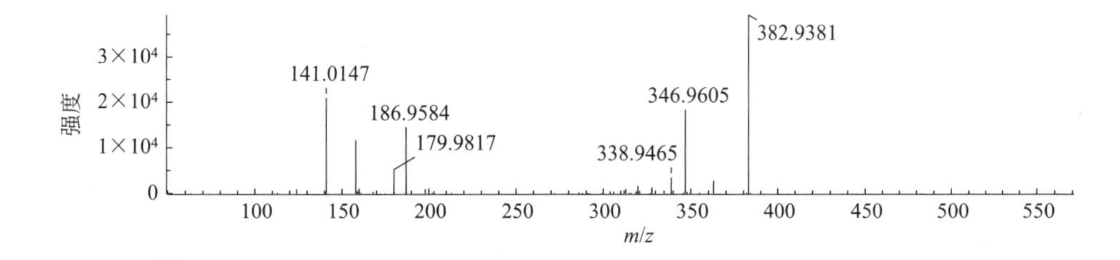

二级全扫质谱图 CE: 60V

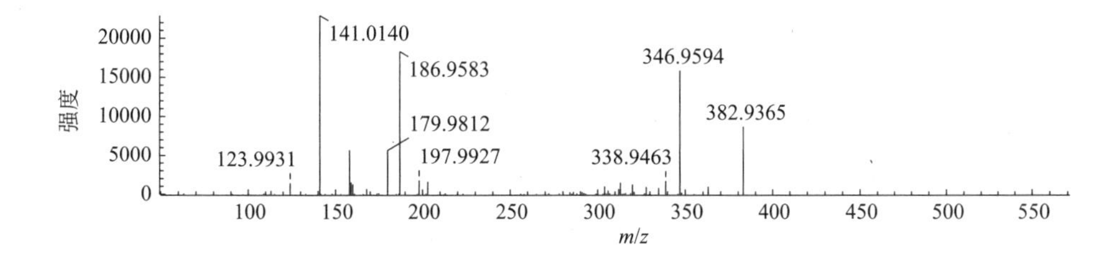

Chloridazon
杀草敏

CAS 号	1698-60-8	保留时间	4.82min
分子式	$C_{10}H_8ClN_3O$	加合方式	$[M+H]^+$
分子量	221.0356	源内裂解碎片	无

推测裂解规律

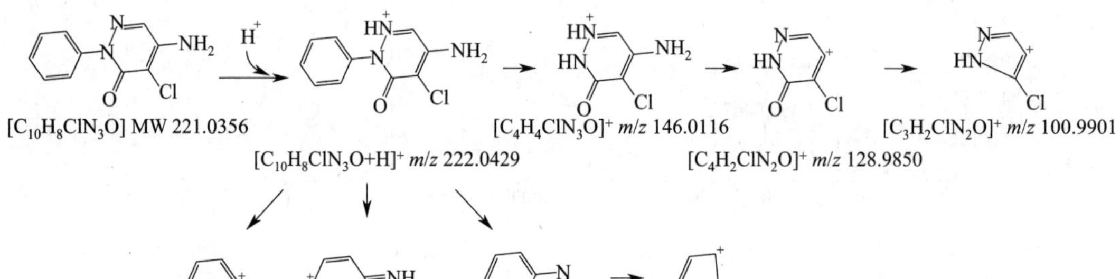

提取离子流色谱图

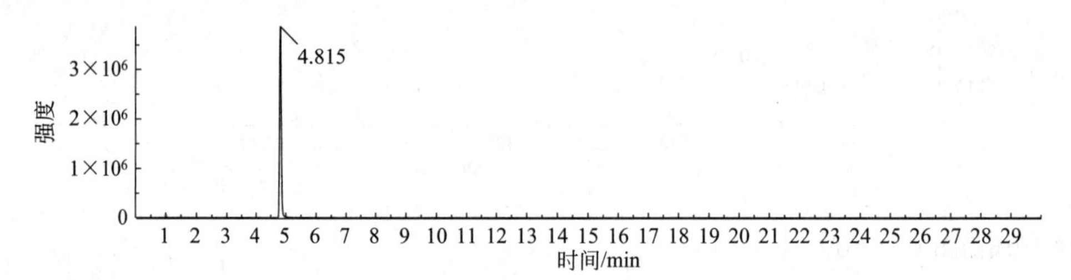

一级质谱图

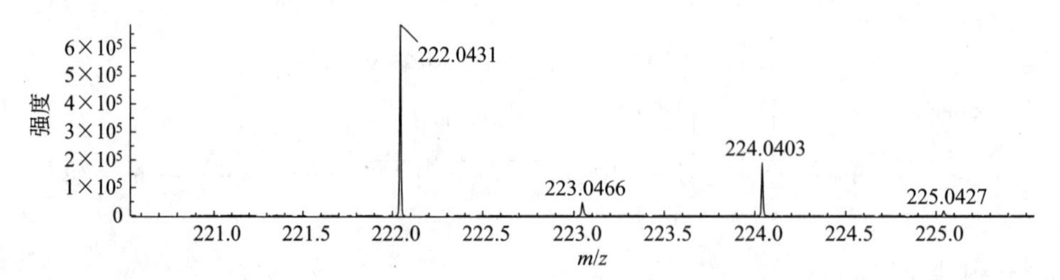

二级全扫质谱图 CE: (35±15)V

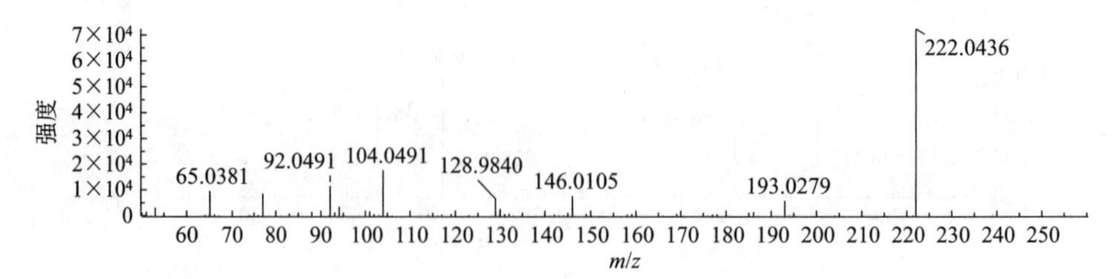

二级全扫质谱图 CE: 10V

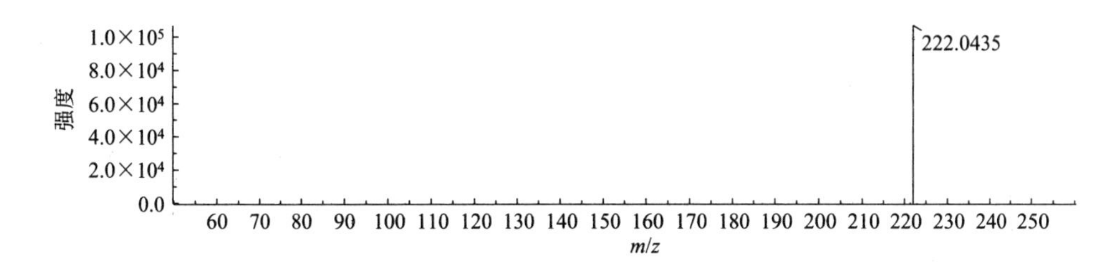

二级全扫质谱图 CE: 20V

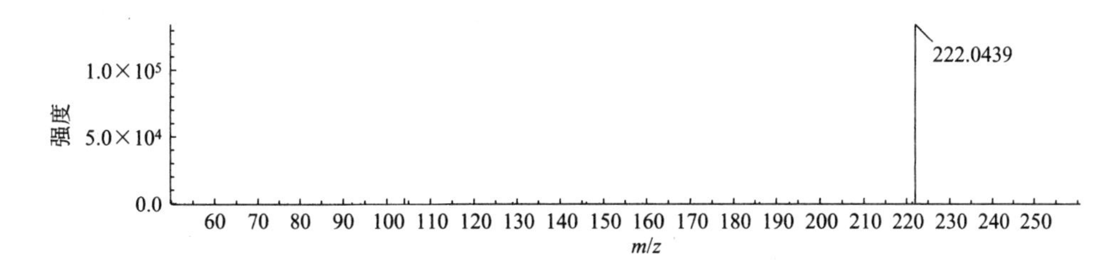

二级全扫质谱图 CE: 35V

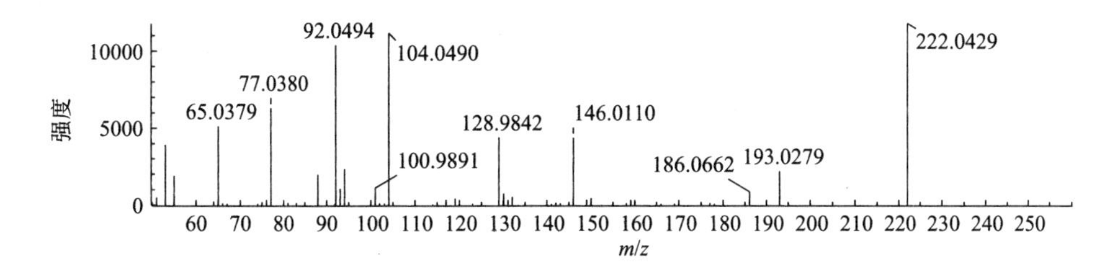

二级全扫质谱图 CE: 50V

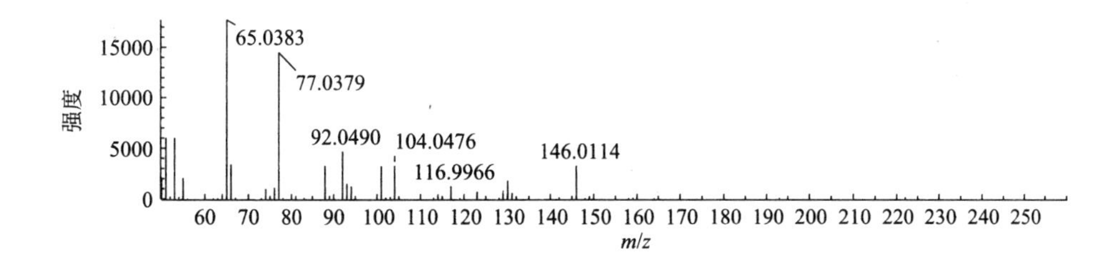

二级全扫质谱图 CE: 60V

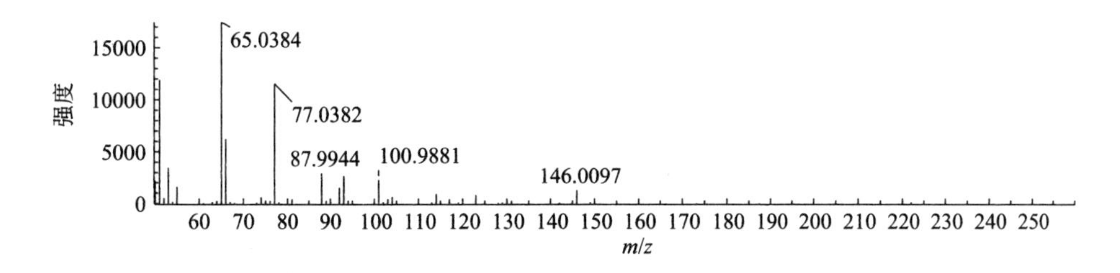

Chlorimuron-ethyl

氯嘧磺隆

CAS 号	90982-32-4	保留时间	13.16min
分子式	$C_{15}H_{15}ClN_4O_6S$	加合方式	$[M+H]^+$
分子量	414. 0401	源内裂解碎片	无

推测裂解规律（裂解路径已经 MS^3 确认）

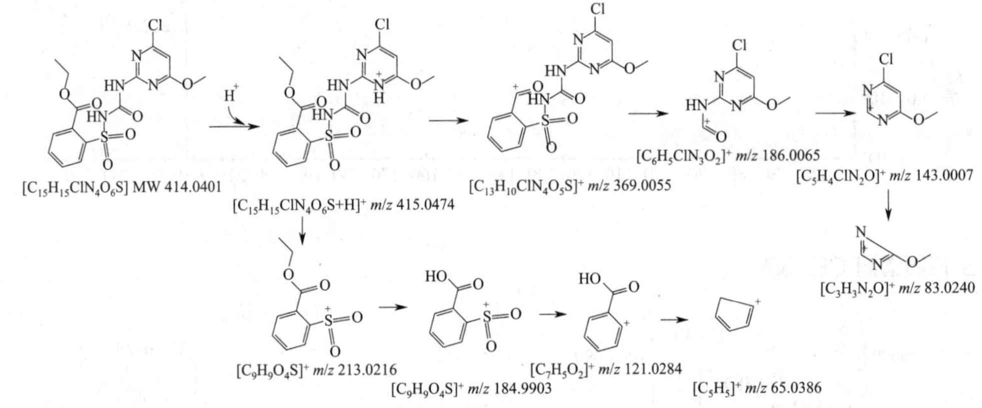

提取离子流色谱图

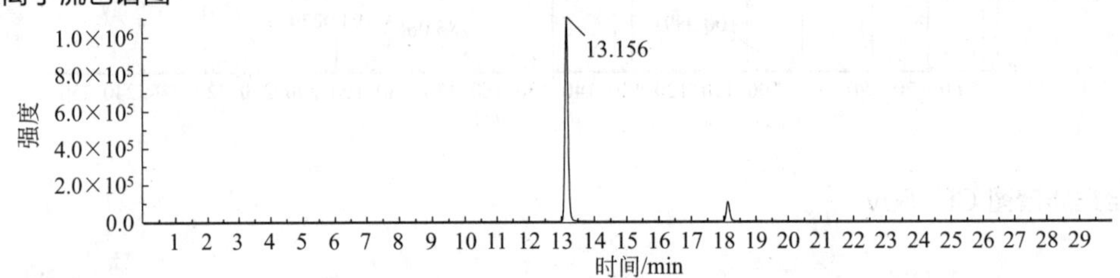

一级质谱图

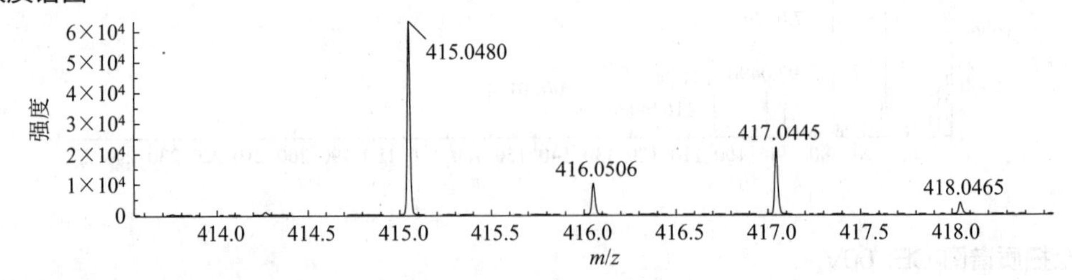

二级全扫质谱图 CE: (35±15)V

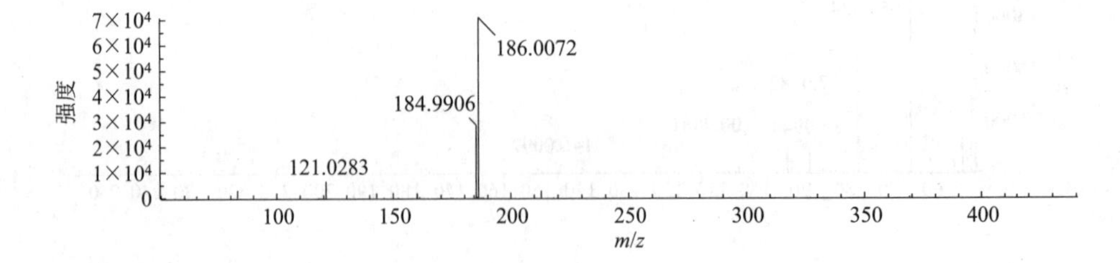

二级全扫质谱图 CE: 10V

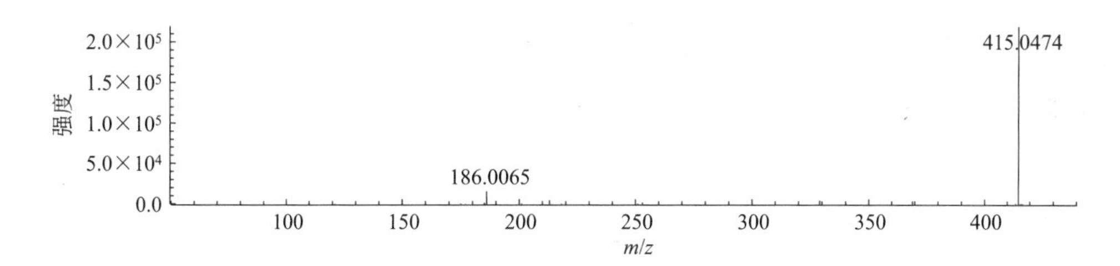

二级全扫质谱图 CE: 20V

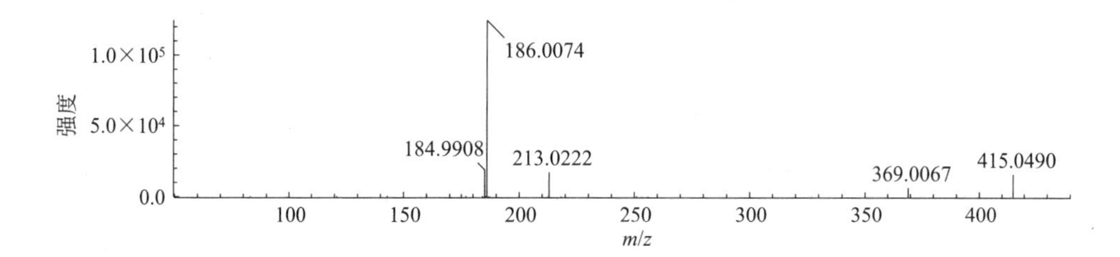

二级全扫质谱图 CE: 35V

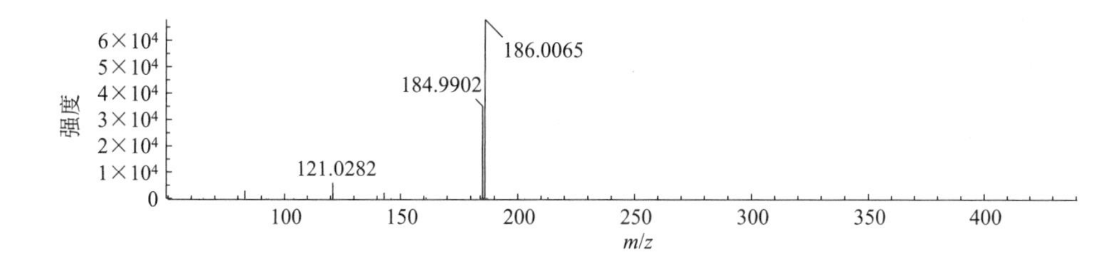

二级全扫质谱图 CE: 50V

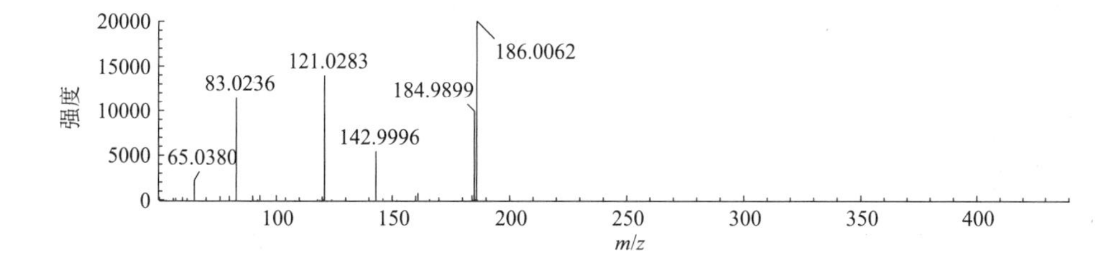

二级全扫质谱图 CE: 60V

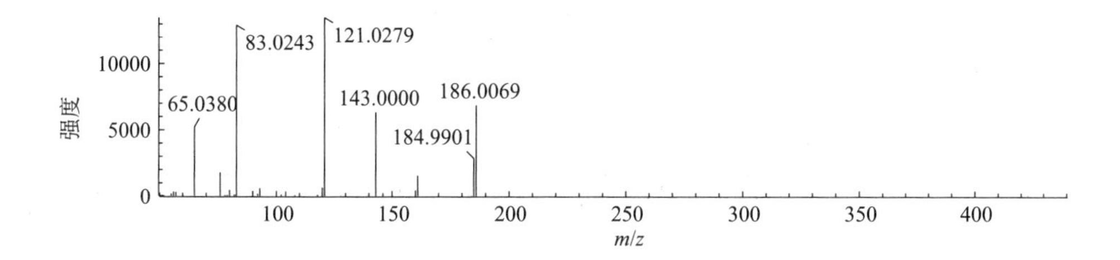

Chlorpropham
氯苯胺灵

CAS 号	101-21-3	保留时间	13.13min
分子式	$C_{10}H_{12}ClNO_2$	加合方式	$[M+H]^+$
分子量	213. 0557	源内裂解碎片	*m/z* 172

推测裂解规律

$[C_{10}H_{12}ClNO_2]$ MW 213.0557

$[C_{10}H_{12}ClNO_2+H]^+$ *m/z* 214.0629

$[C_7H_6ClNO_2+H]^+$ *m/z* 172.0160

$[C_7H_5ClNO]^+$ *m/z* 154.0054

$[C_6H_5ClN]^+$ *m/z* 126.0105

$[C_6H_6N+H]^{\cdot+}$ *m/z* 93.0573

$[C_6H_3]^+$ *m/z* 75.0229

$[C_6H_4Cl]^+$ *m/z* 110.9996

$[C_5H_4Cl]^+$ *m/z* 98.9996

提取离子流色谱图

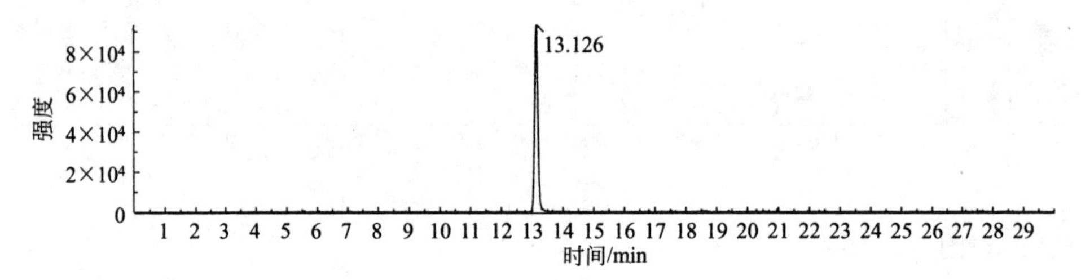

一级质谱图

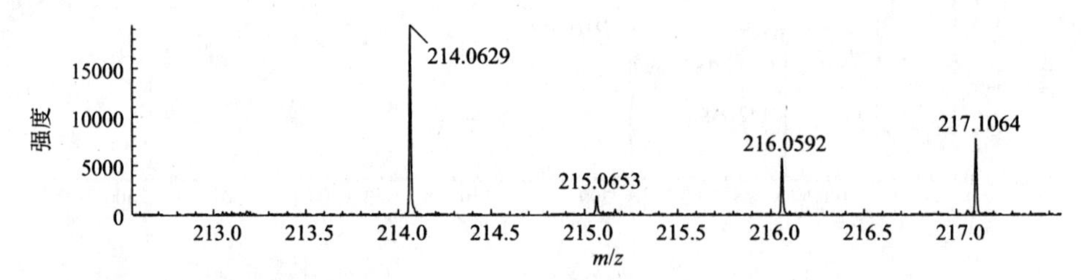

二级全扫质谱图 CE: (35±15)V

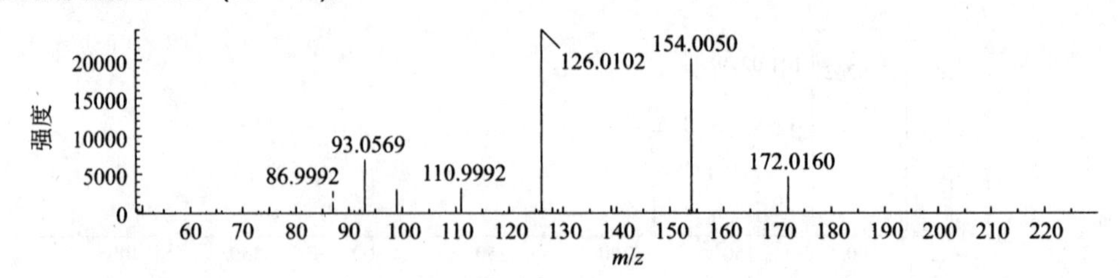

二级全扫质谱图 CE: 10V

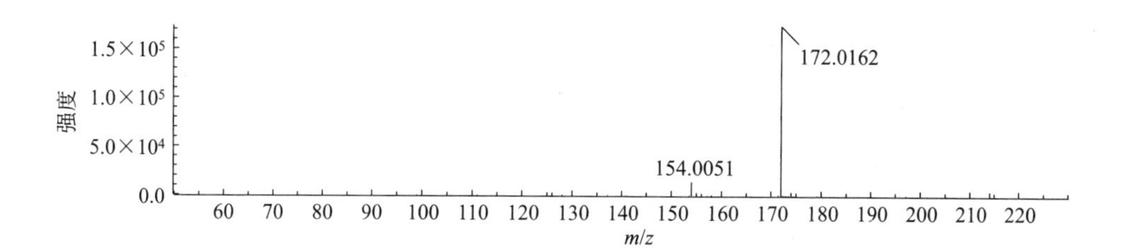

二级全扫质谱图 CE: 20V

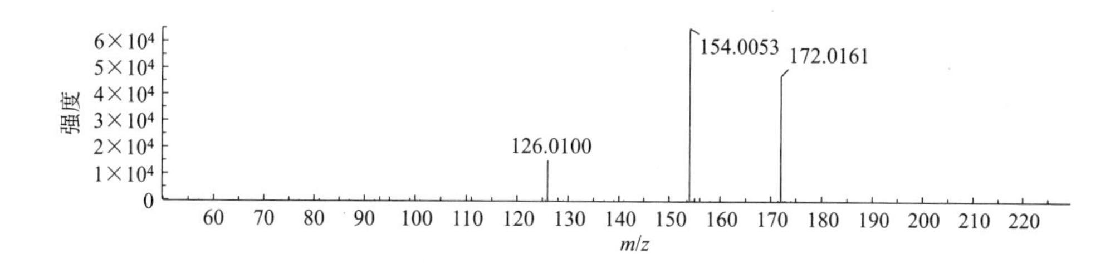

二级全扫质谱图 CE: 35V

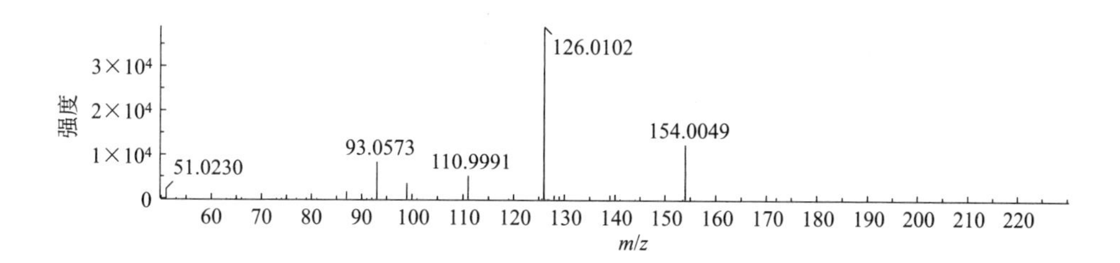

二级全扫质谱图 CE: 50V

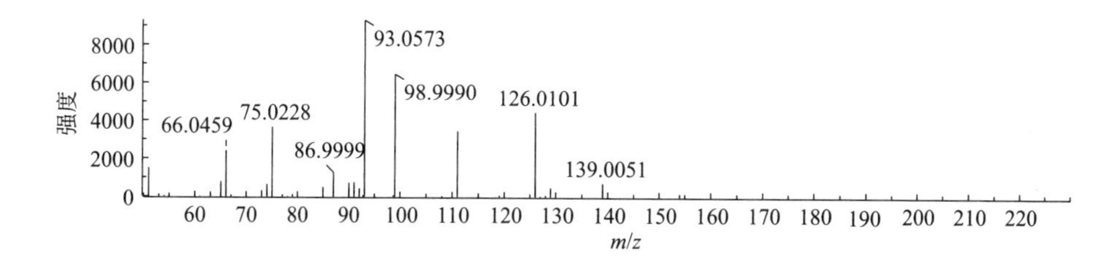

二级全扫质谱图 CE: 60V

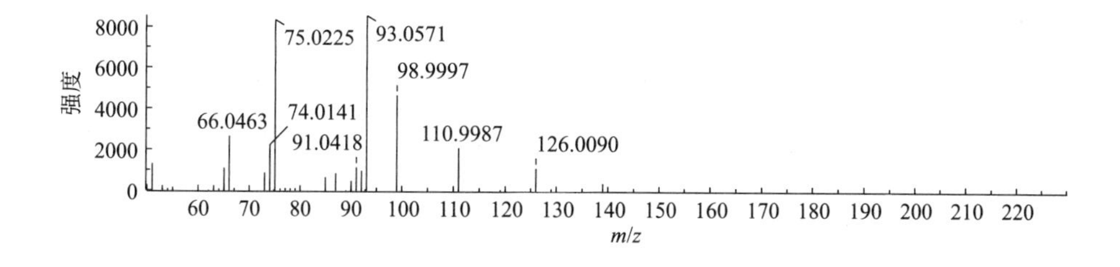

Chlorpropham in-source fragment 172

氯苯胺灵源内裂解碎片 172

CAS 号	—	保留时间	13.13min
分子式	$C_7H_7ClNO_2^+$	加合方式	$[M+H]^+$
分子量	172.0160	源内裂解碎片	无

推测裂解规律

$[C_6H_6N+H]^{\cdot+}$ *m/z* 93.0573 ← $[C_7H_6ClNO_2+H]^+$ *m/z* 172.0160 → $[C_7H_5ClNO]^+$ *m/z* 154.0054 → $[C_6H_5ClN]^+$ *m/z* 126.0105 → $[C_5H_4Cl]^+$ *m/z* 98.9996

$[C_7H_5ClNO]^+$ *m/z* 154.0054 → $[C_6H_4Cl]^+$ *m/z* 110.9996 → $[C_6H_3]^+$ *m/z* 75.0229

提取离子流色谱图

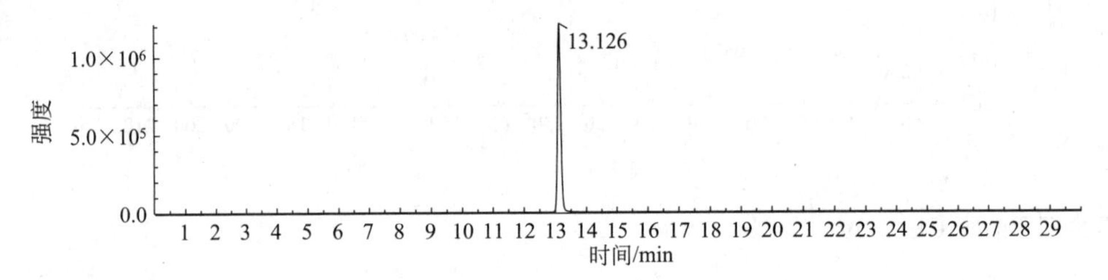

一级质谱图

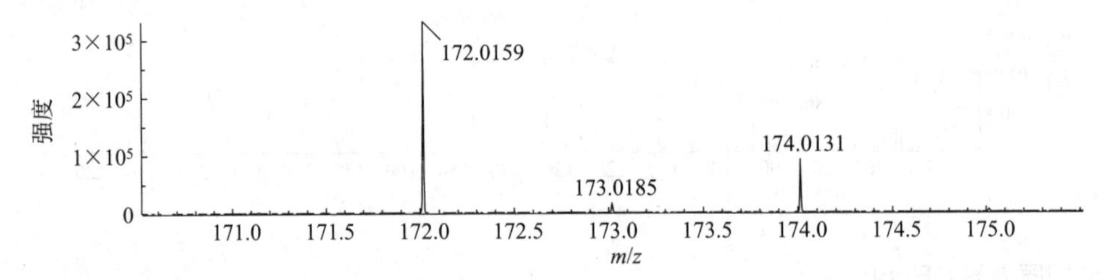

二级全扫质谱图 CE: (35±15)V

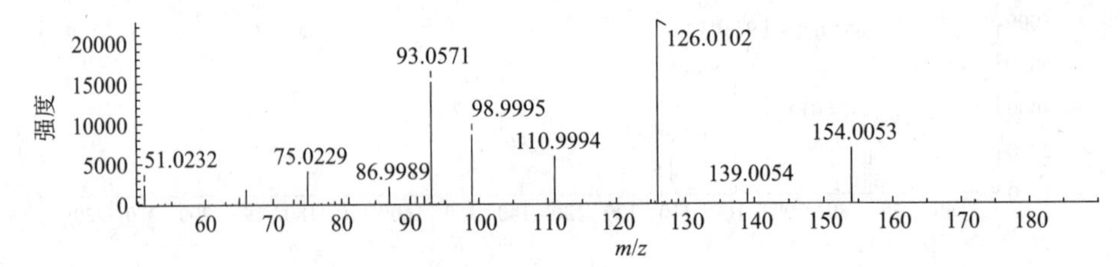

二级全扫质谱图 CE: 10V

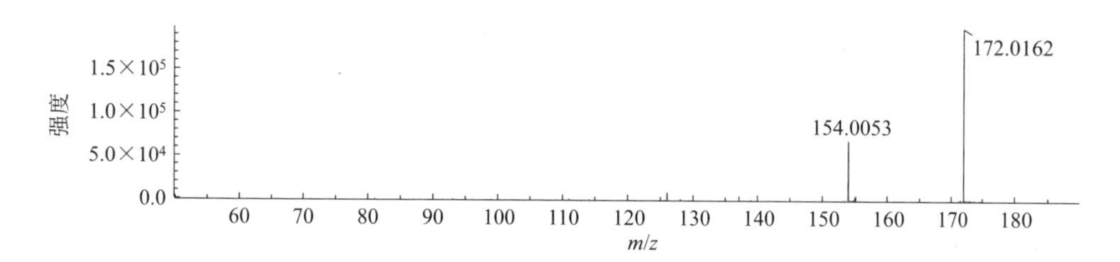

二级全扫质谱图 CE: 20V

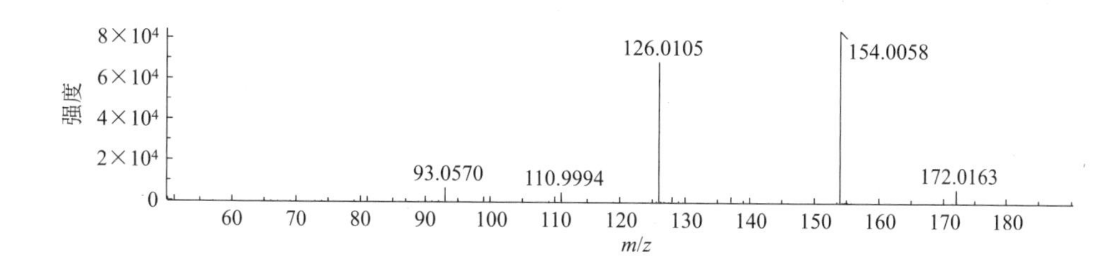

二级全扫质谱图 CE: 35V

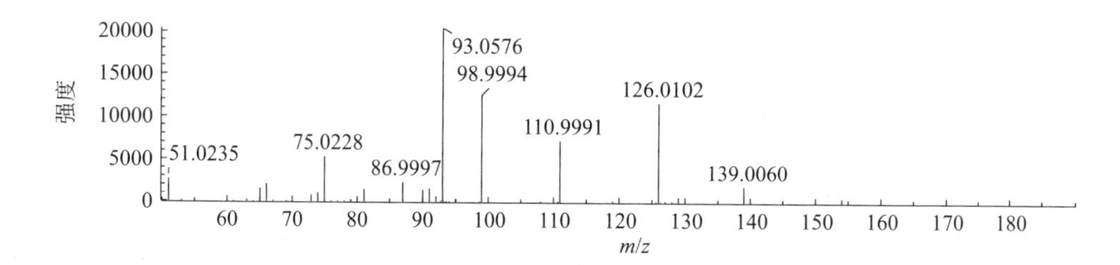

二级全扫质谱图 CE: 50V

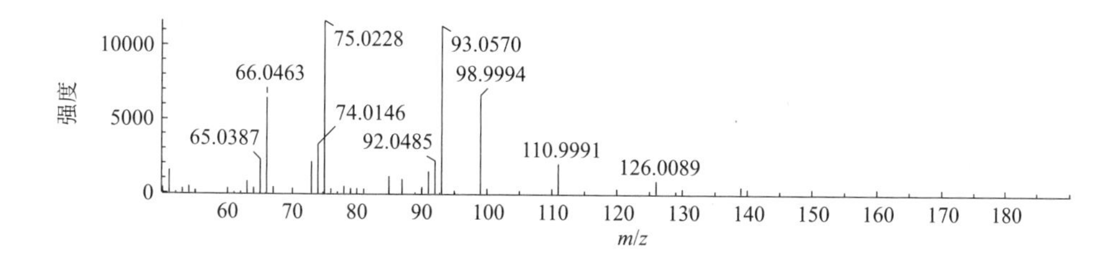

二级全扫质谱图 CE: 60V

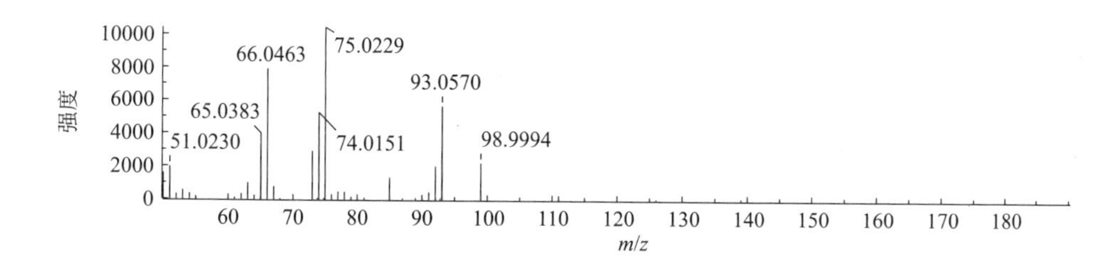

Chlorpyrifos

毒死蜱

CAS 号	2921-88-2	保留时间	22.53min
分子式	$C_9H_{11}Cl_3NO_3PS$	加合方式	$[M+H]^+$
分子量	348.9263	源内裂解碎片	无

推测裂解规律

$[C_9H_{11}Cl_3NO_3PS]$ MW 348.9263

$[C_9H_{11}Cl_3NO_3PS+H]^+$ m/z 349.9336

$[C_7H_7Cl_3NO_3PS+H]^+$ m/z 321.9023

$[C_5H_3Cl_3NO_3PS+H]^+$ m/z 293.8710

$[C_5H_2Cl_3NS+H]^+$ m/z 213.9046

$[C_5H_2Cl_3NO+H]^+$ m/z 197.9275

$[C_4H_{10}O_2PS]^+$ m/z 153.0134

$[C_2H_6O_2PS]^+$ m/z 124.9821

$[H_2O_2PS]^+$ m/z 96.9508

提取离子流色谱图

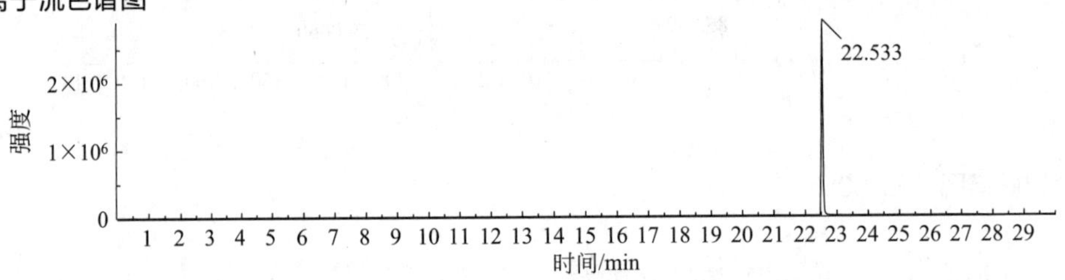

一级质谱图

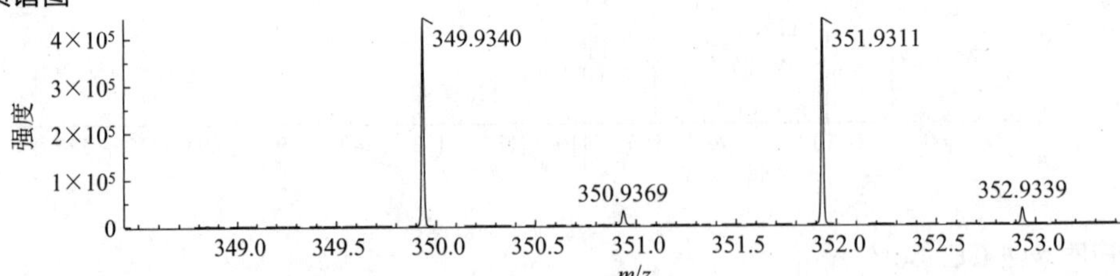

二级全扫质谱图 CE: (35±15)V

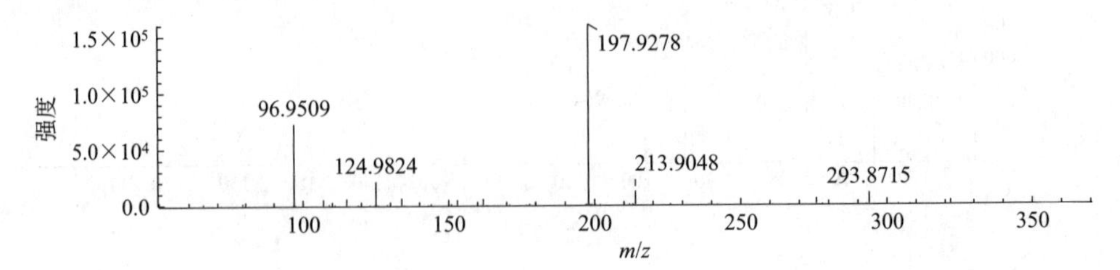

二级全扫质谱图 CE: 10V

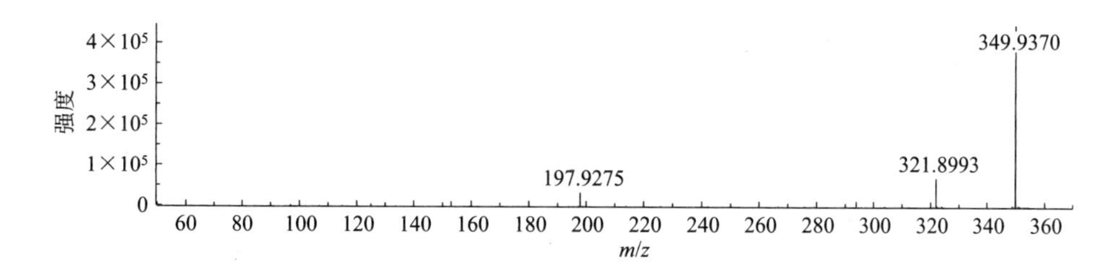

二级全扫质谱图 CE: 20V

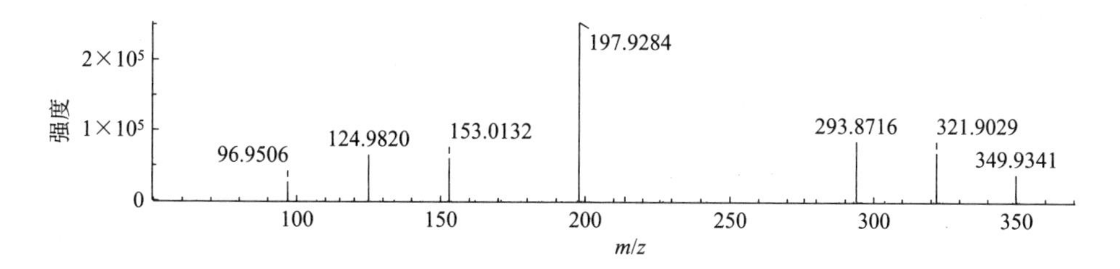

二级全扫质谱图 CE: 35V

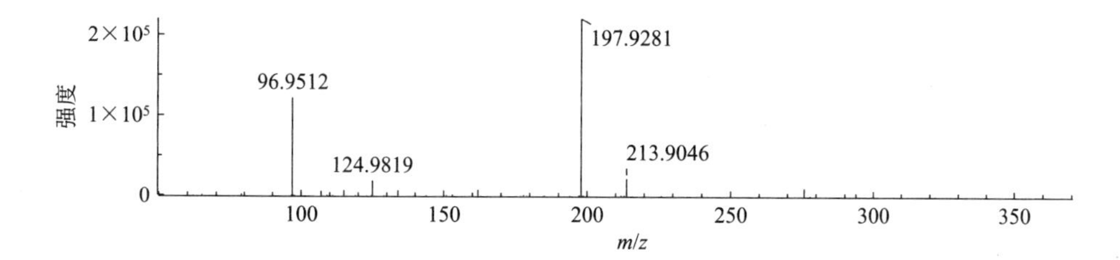

二级全扫质谱图 CE: 50V

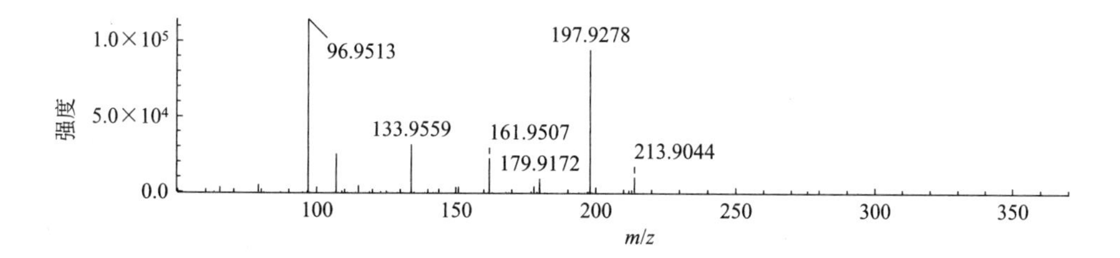

二级全扫质谱图 CE: 60V

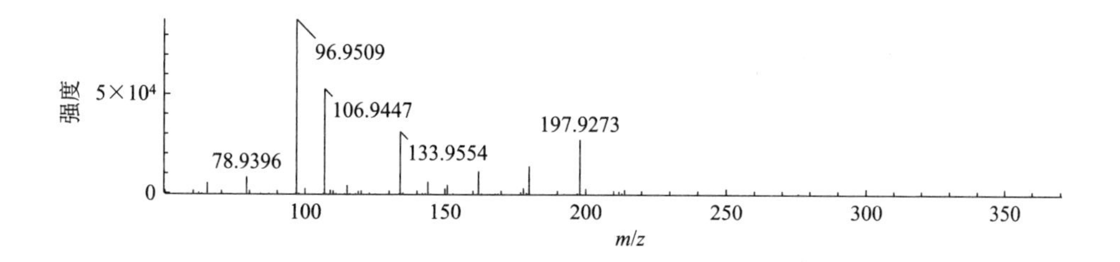

Chlorpyrifos-methyl
甲基毒死蜱

CAS 号	5598-13-0	保留时间	20. 25min
分子式	$C_7H_7Cl_3NO_3PS$	加合方式	$[M+H]^+$
分子量	320. 8950	源内裂解碎片	无

推测裂解规律（裂解路径已经 MS³ 确认）

$[C_7H_7Cl_3NO_3PS]$ MW 320.8950

$[C_7H_7Cl_3NO_3PS+H]^+$ m/z 321.9023

$[C_6H_4Cl_3NO_2PS+H]^+$ m/z 289.8761

$[C_2H_7O_3PS+H]^+$ m/z 142.9926

$[C_2H_6O_2PS]^+$ m/z 124.9821

$[CH_3O_2P+H]^+$ m/z 78.9943

提取离子流色谱图

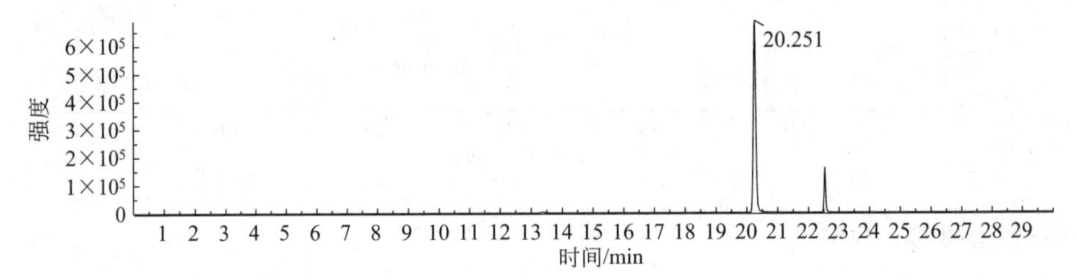

一级质谱图

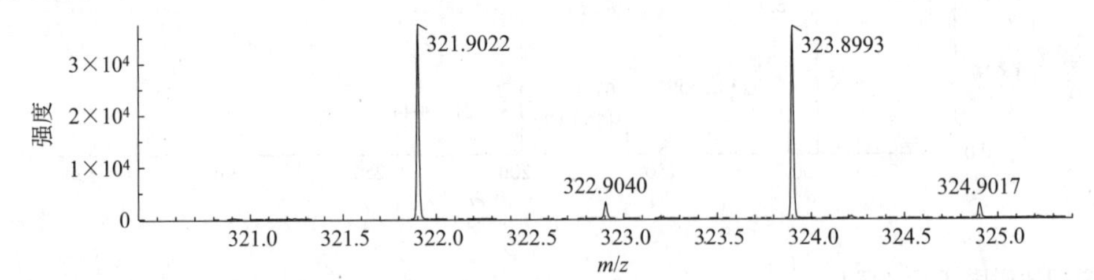

二级全扫质谱图 CE: (35±15)V

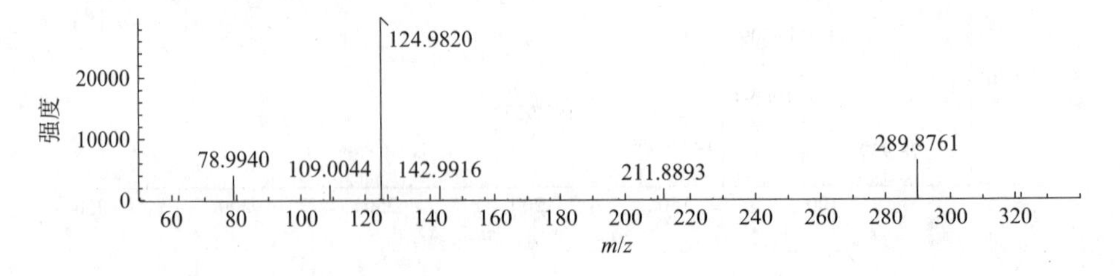

二级全扫质谱图 CE: 10V

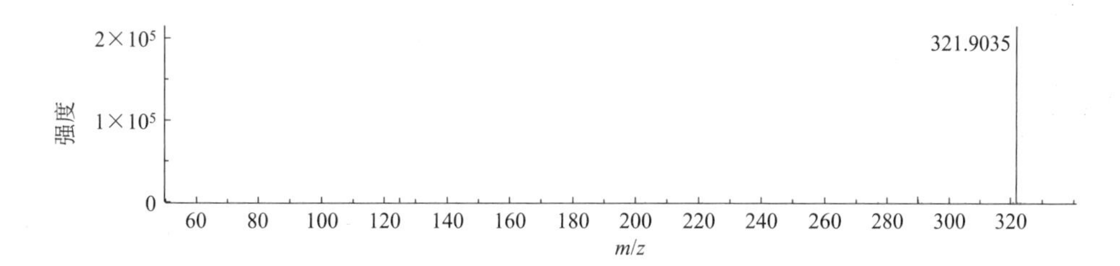

二级全扫质谱图 CE: 20V

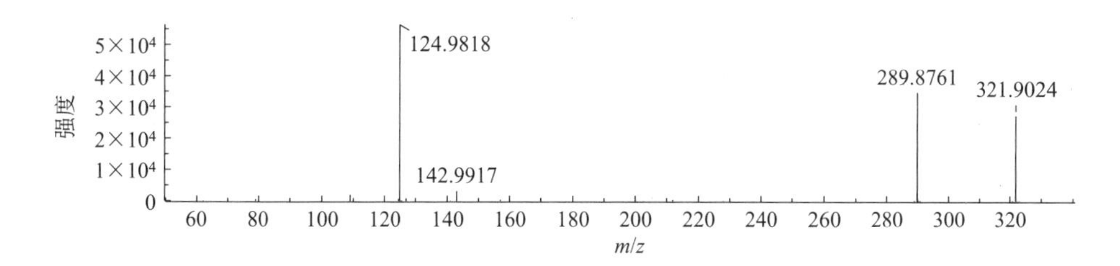

二级全扫质谱图 CE: 35V

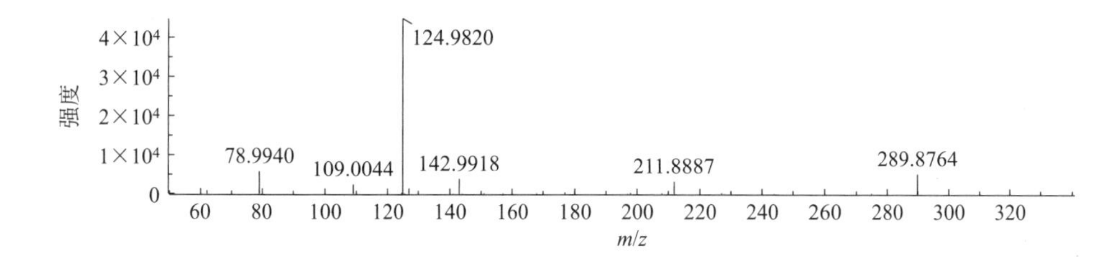

二级全扫质谱图 CE: 50V

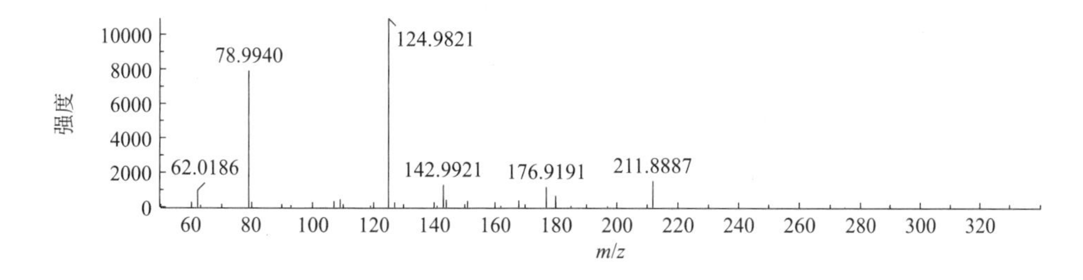

二级全扫质谱图 CE: 60V

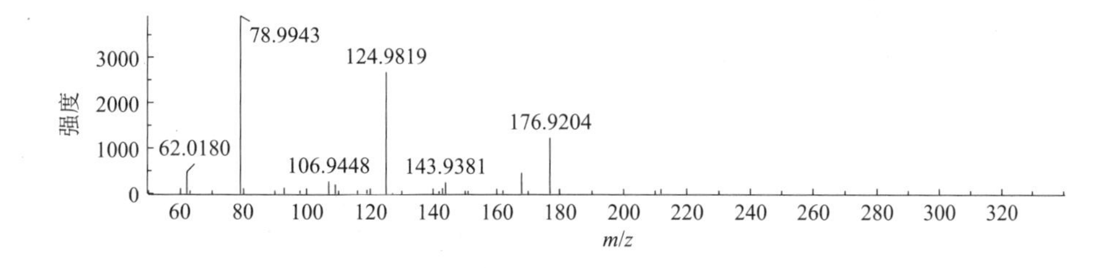

Chlorsulfuron
氯磺隆

CAS 号	64902-72-3	保留时间	6.79min
分子式	$C_{12}H_{12}ClN_5O_4S$	加合方式	$[M+H]^+$
分子量	357.0298	源内裂解碎片	无

推测裂解规律

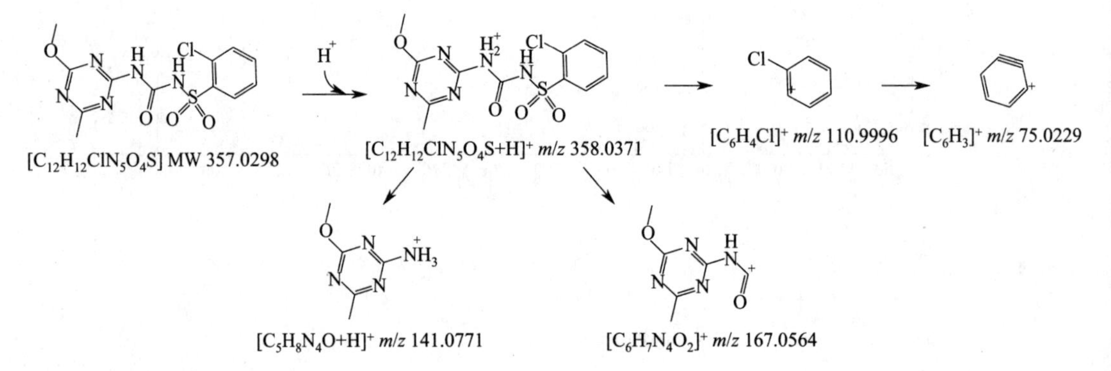

提取离子流色谱图

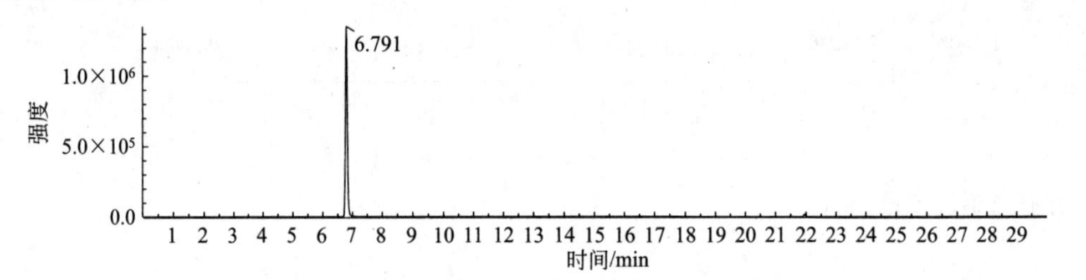

一级质谱图

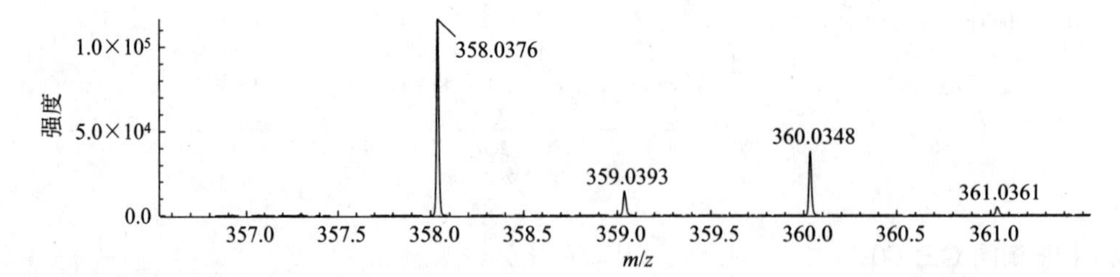

二级全扫质谱图 CE: (35±15)V

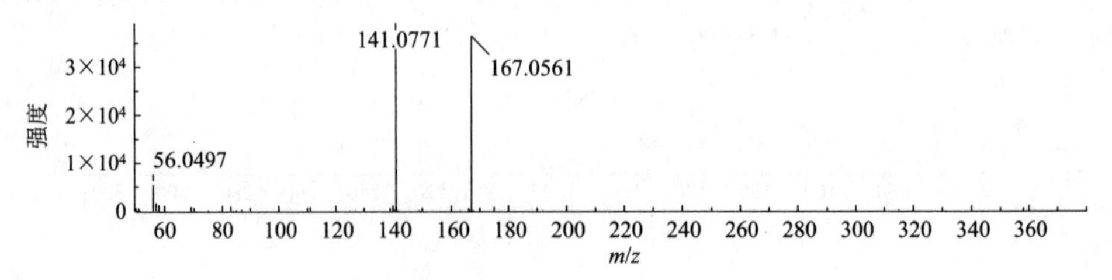

二级全扫质谱图 CE: 10V

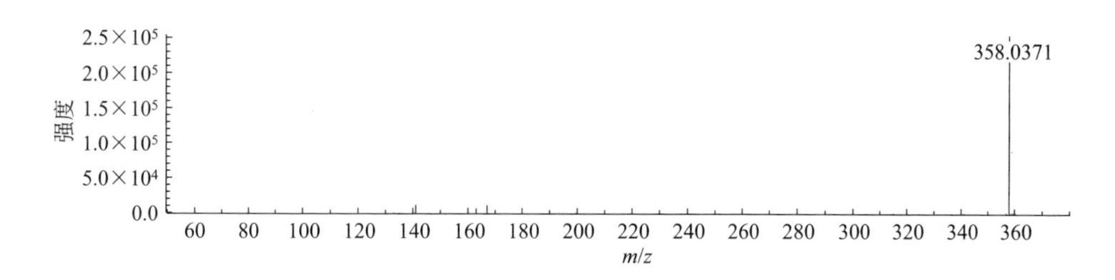

二级全扫质谱图 CE: 20V

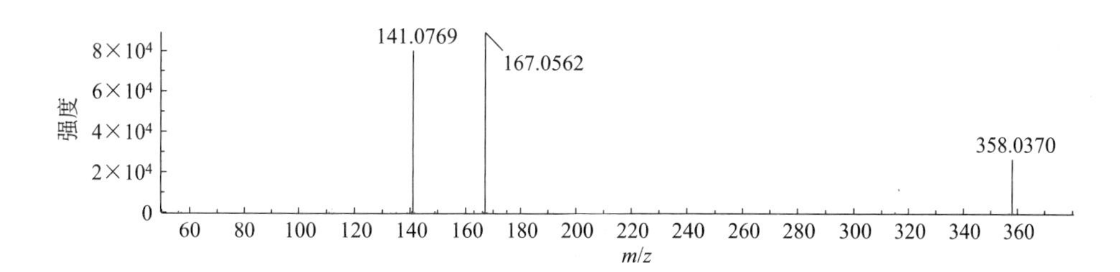

二级全扫质谱图 CE: 35V

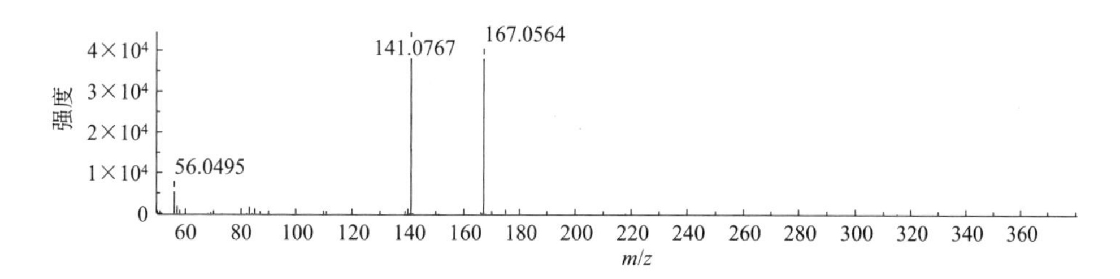

二级全扫质谱图 CE: 50V

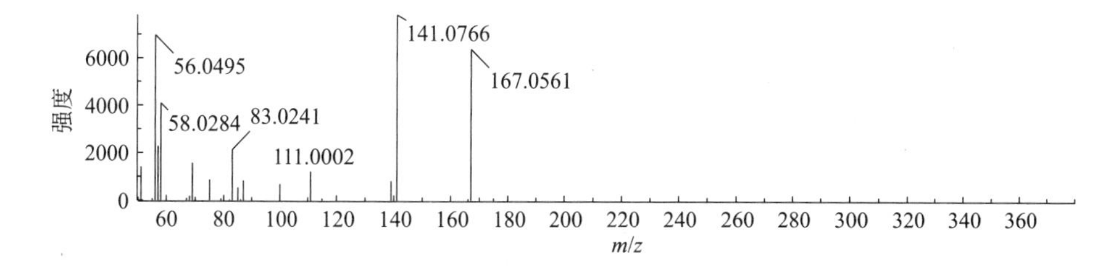

二级全扫质谱图 CE: 60V

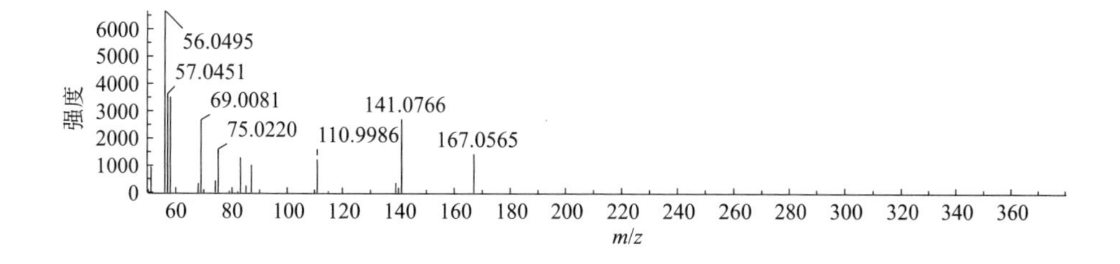

Chlortoluron
绿麦隆

CAS 号	15545-48-9	保留时间	8.26min
分子式	$C_{10}H_{13}ClN_2O$	加合方式	$[M+H]^+$
分子量	212.0716	源内裂解碎片	无

推测裂解规律

$[C_{10}H_{13}ClN_2O]$ MW 212.0716 → (H^+) $[C_{10}H_{13}ClN_2O+H]^+$ *m/z* 213.0789 → $[C_7H_7ClN]^+$ *m/z* 140.0262 → $[C_6H_5]^+$ *m/z* 77.0386

$[C_{10}H_{13}ClN_2O+H]^+$ *m/z* 213.0789 → $[C_3H_6NO]^+$ *m/z* 72.0444 → $[C_2H_2NO]^+$ *m/z* 56.0131

提取离子流色谱图

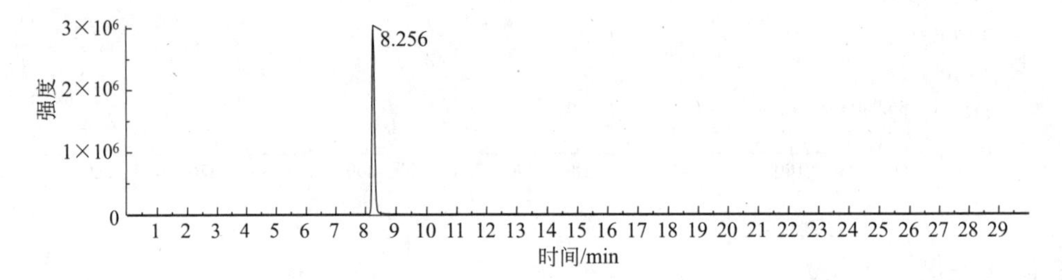

一级质谱图

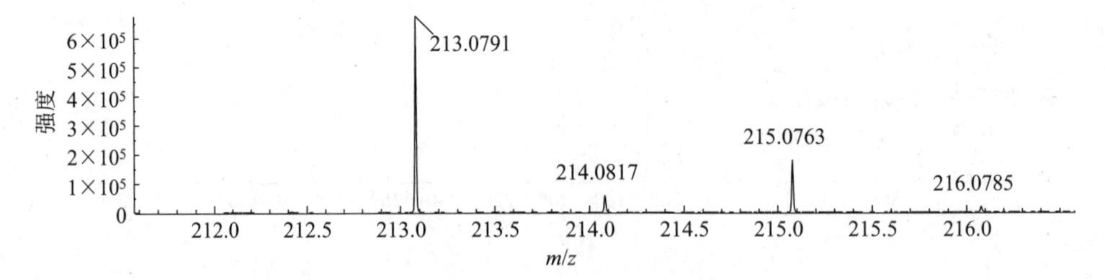

二级全扫质谱图 CE: (35±15)V

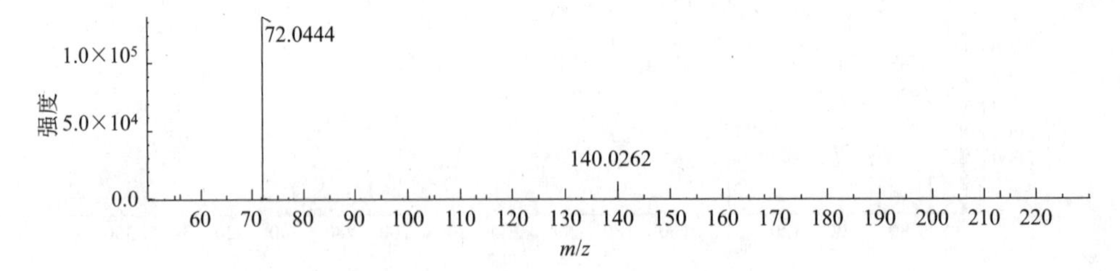

二级全扫质谱图 CE: 10V

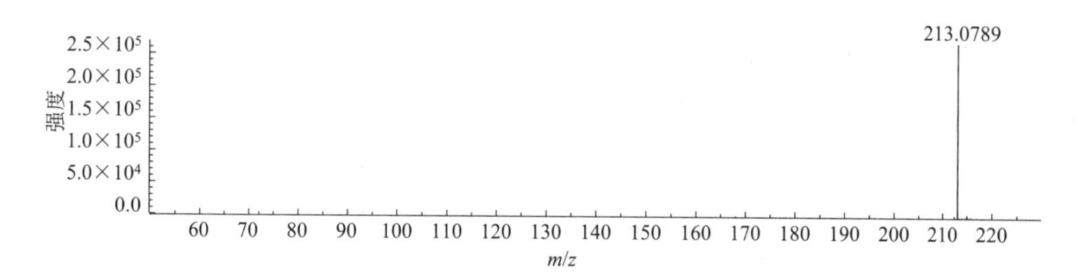

二级全扫质谱图 CE: 20V

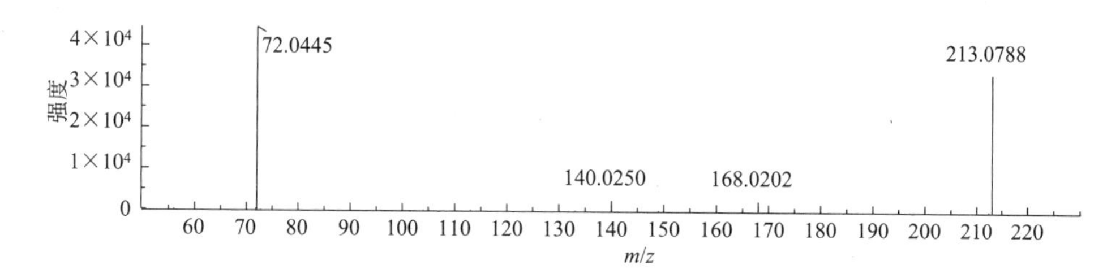

二级全扫质谱图 CE: 35V

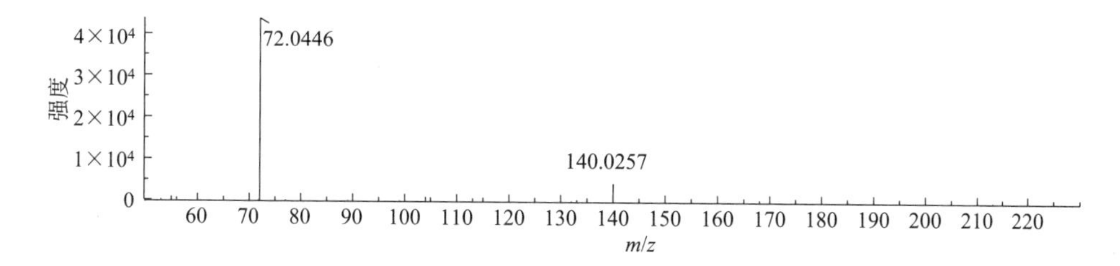

二级全扫质谱图 CE: 50V

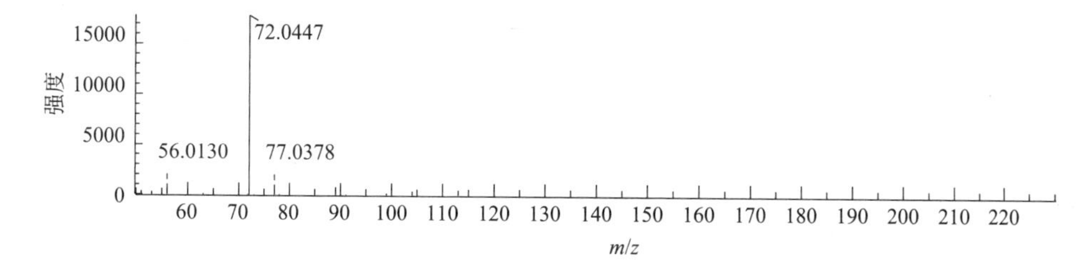

二级全扫质谱图 CE: 60V

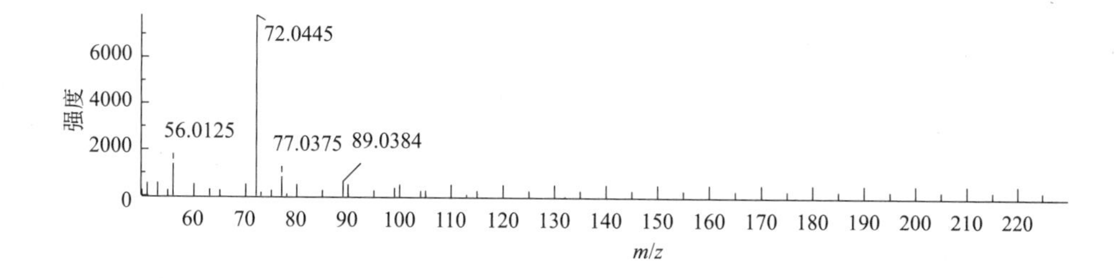

Chromafenozide

环虫酰肼

CAS 号	143807-66-3	保留时间	15. 88min
分子式	$C_{24}H_{30}N_2O_3$	加合方式	$[M+H]^+$
分子量	394. 2256	源内裂解碎片	无

推测裂解规律

$[C_{24}H_{30}N_2O_3]$ MW 394.2256 → $[C_{24}H_{30}N_2O_3+H]^+$ *m/z* 395.2329 → $[C_{20}H_{22}N_2O_3+H]^+$ *m/z* 339.1703 → $[C_{11}H_{11}O_2]^+$ *m/z* 175.0754 → $[C_{10}H_{11}O]^+$ *m/z* 147.0804

提取离子流色谱图

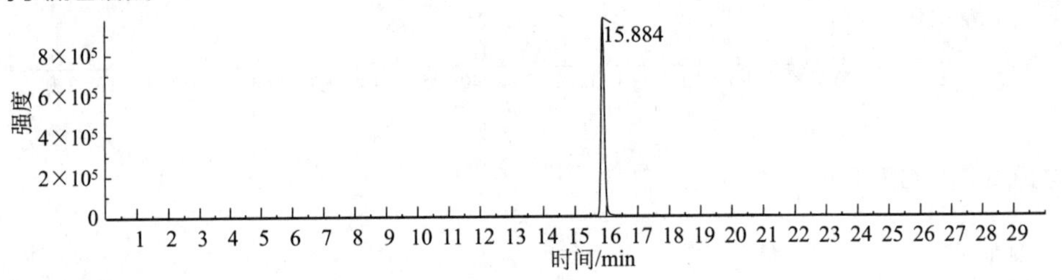

一级质谱图

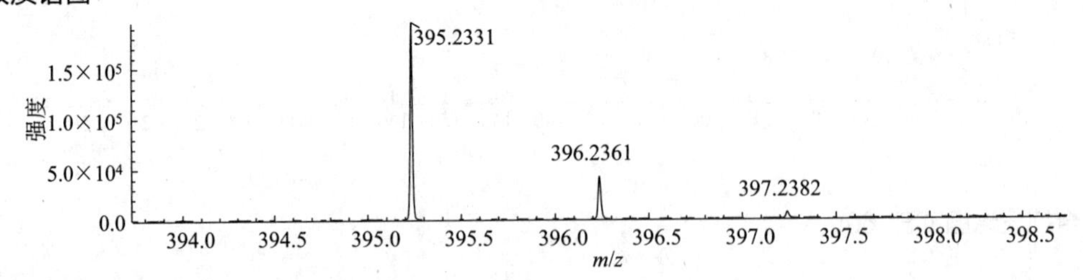

二级全扫质谱图 CE: (35±15)V

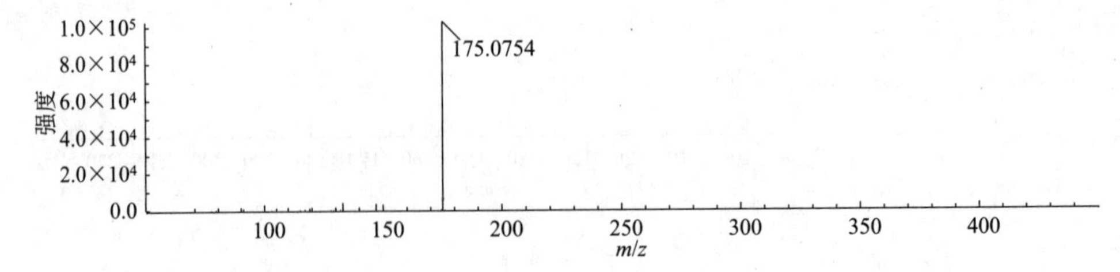

二级全扫质谱图 CE: 10V

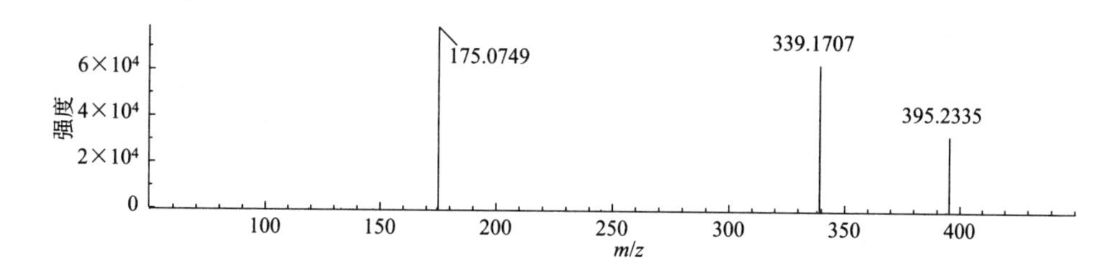

二级全扫质谱图 CE: 20V

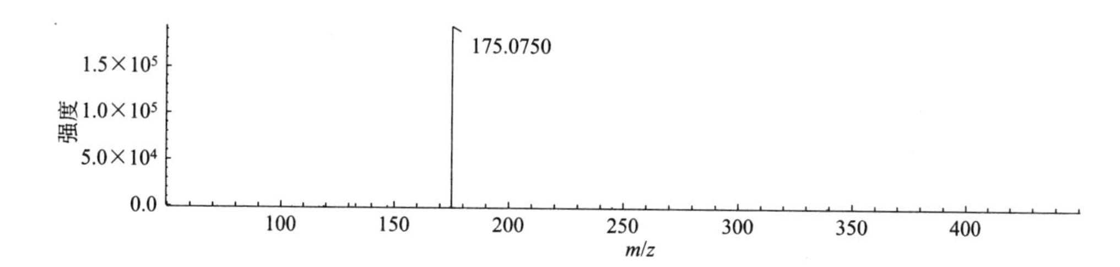

二级全扫质谱图 CE: 35V

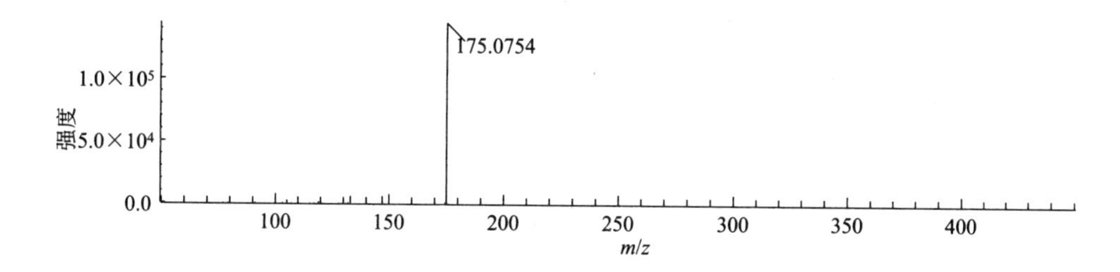

二级全扫质谱图 CE: 50V

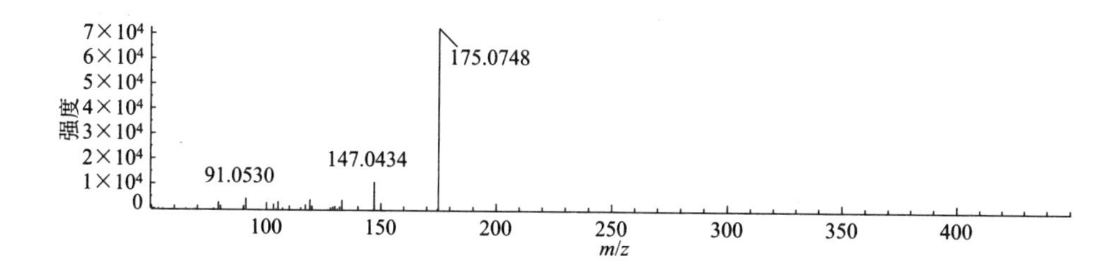

二级全扫质谱图 CE: 60V

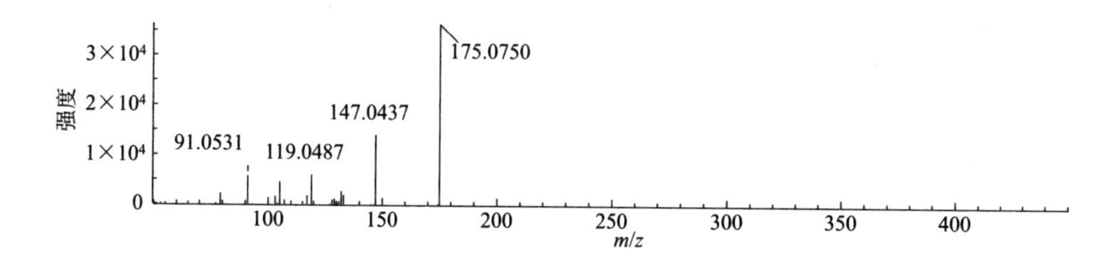

Cinosulfuron

醚磺隆

CAS 号	94593-91-6	保留时间	5.97min
分子式	$C_{15}H_{19}N_5O_7S$	加合方式	$[M+H]^+$
分子量	413.1005	源内裂解碎片	无

推测裂解规律

$[C_{15}H_{19}N_5O_7S]$ MW 413.1005

H^+

$[C_{15}H_{19}N_5O_7S+H]^+$ m/z 414.1078

$[C_6H_7N_4O_3]^+$ m/z 183.0513

$[C_3H_3N_2O]^+$ m/z 83.0240

$[C_9H_{11}O_4S]^+$ m/z 215.0372

$[C_5H_8N_4O_2+H]^+$ m/z 157.0720

提取离子流色谱图

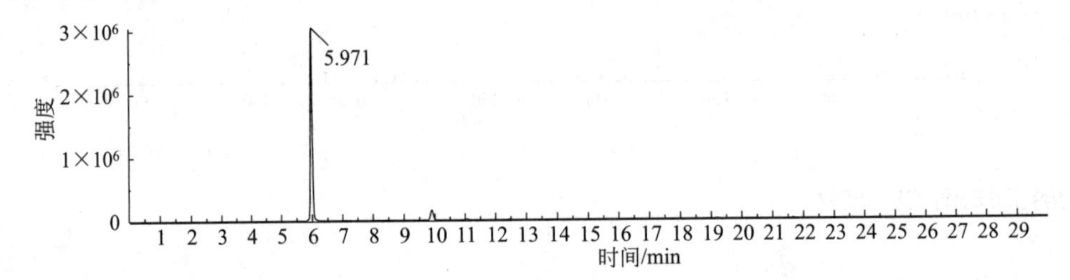

一级质谱图

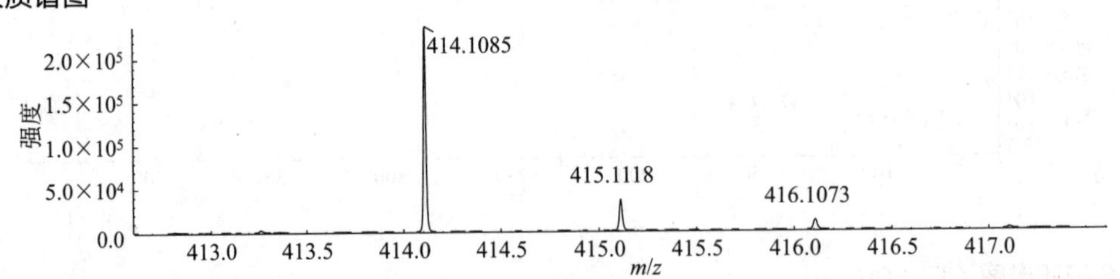

二级全扫质谱图 CE: (35±15)V

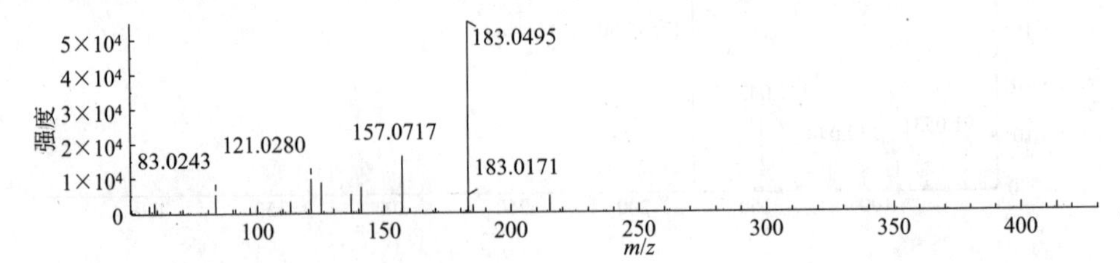

二级全扫质谱图 CE: 10V

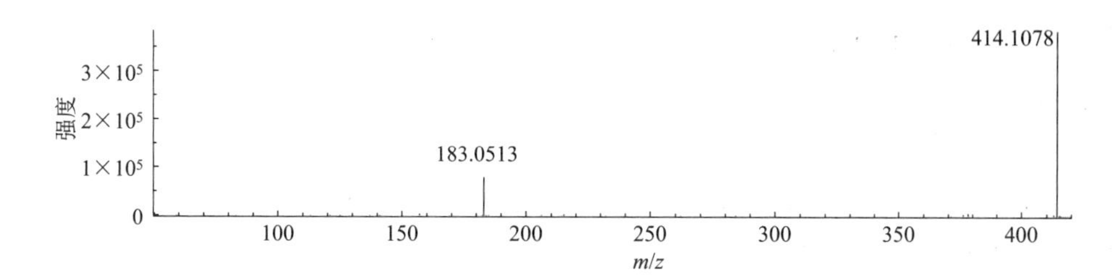

二级全扫质谱图 CE: 20V

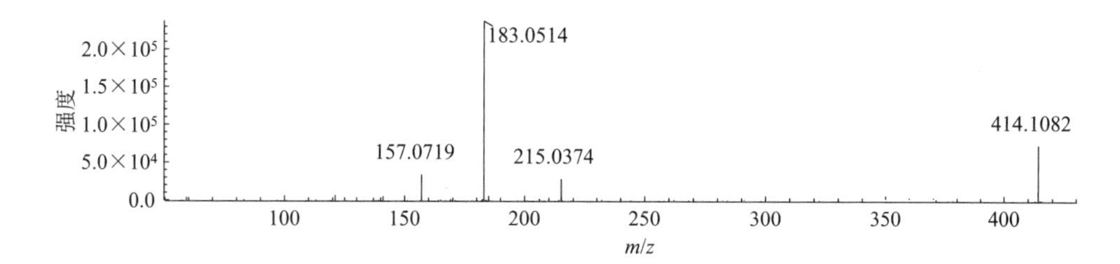

二级全扫质谱图 CE: 35V

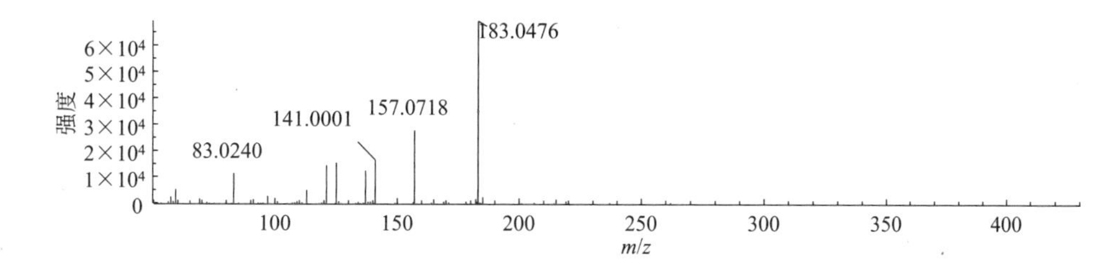

二级全扫质谱图 CE: 50V

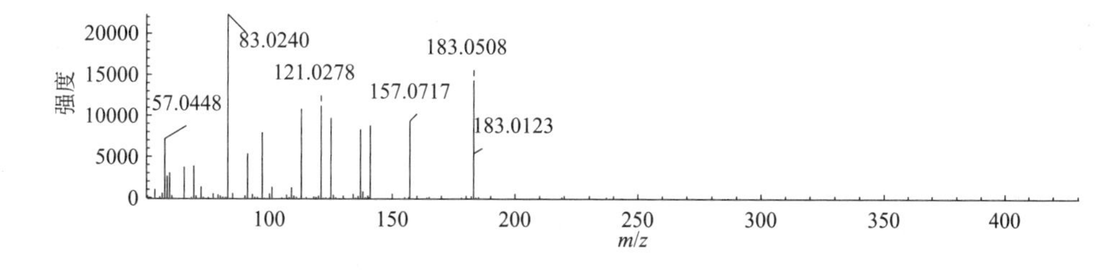

二级全扫质谱图 CE: 60V

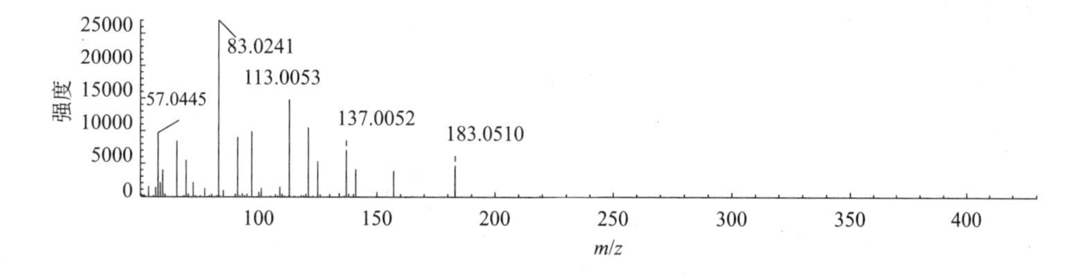

Clethodim
烯草酮

CAS 号	99129-21-2	保留时间	21. 56min
分子式	$C_{17}H_{26}ClNO_3S$	加合方式	$[M+H]^+$
分子量	359. 1322	源内裂解碎片	*m/z* 268

推测裂解规律（裂解路径已经 MS³ 确认）

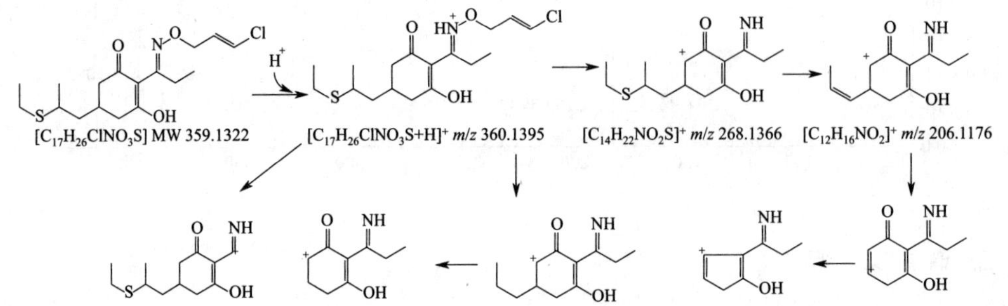

提取离子流色谱图

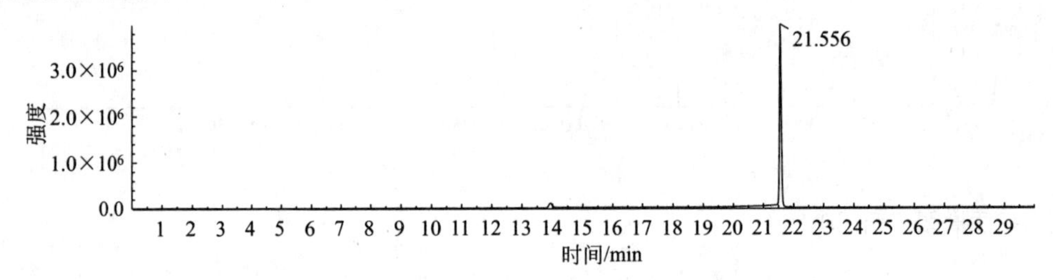

一级质谱图

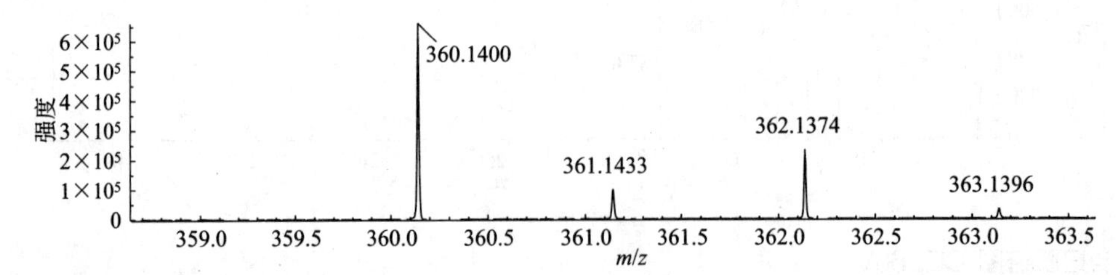

二级全扫质谱图 CE: (35±15)V

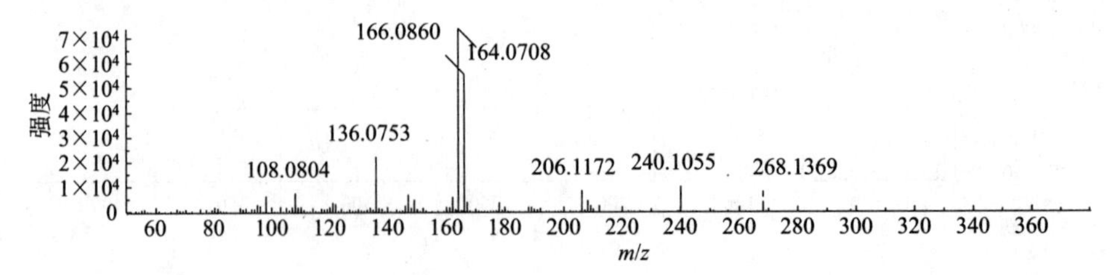

二级全扫质谱图 CE: 10V

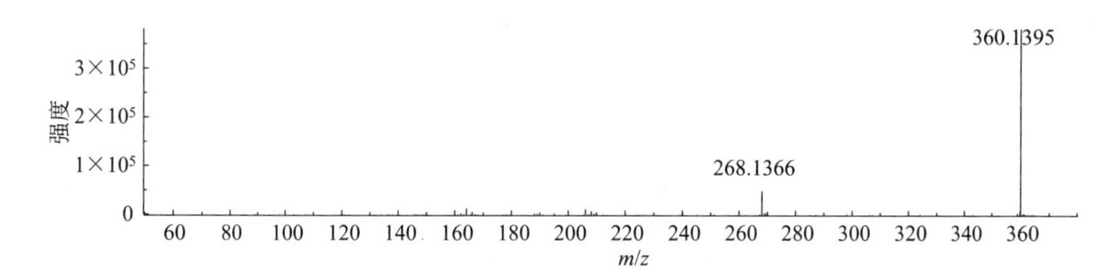

二级全扫质谱图 CE: 20V

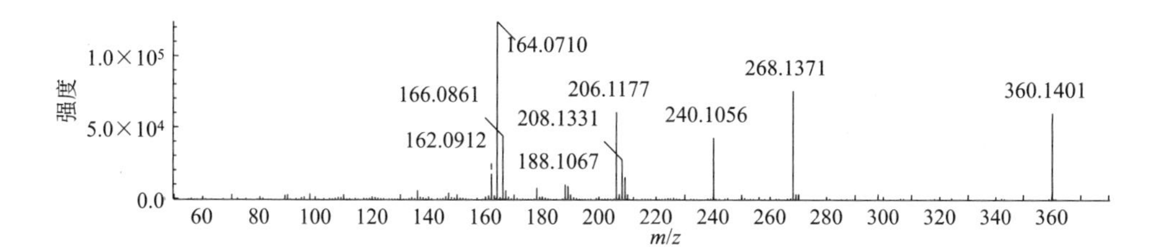

二级全扫质谱图 CE: 35V

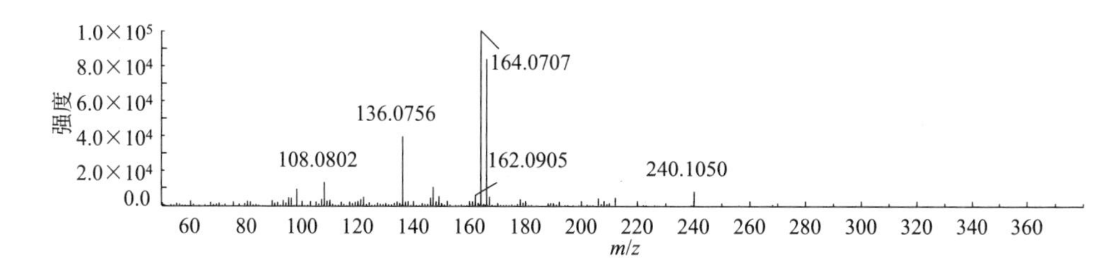

二级全扫质谱图 CE: 50V

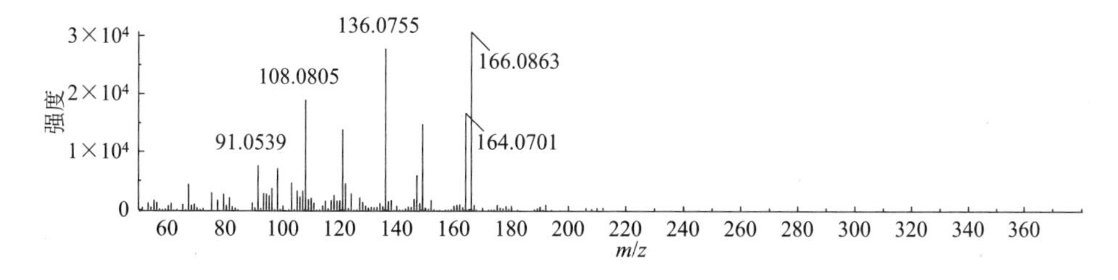

二级全扫质谱图 CE: 60V

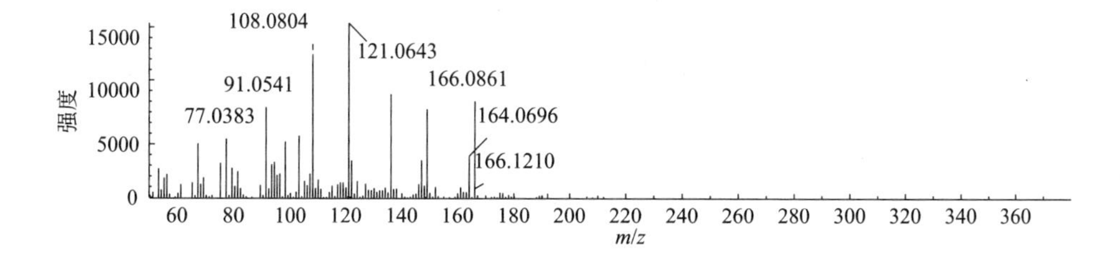

Clethodim sulfone
烯草酮砜

CAS 号	111031-17-5	保留时间	9.90min
分子式	$C_{17}H_{26}ClNO_5S$	加合方式	$[M+H]^+$
分子量	391.1220	源内裂解碎片	无

推测裂解规律（裂解路径已经 MS^3 确认）

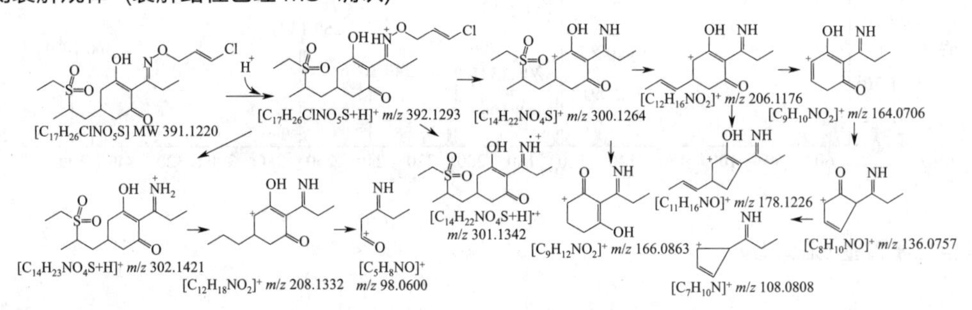

提取离子流色谱图

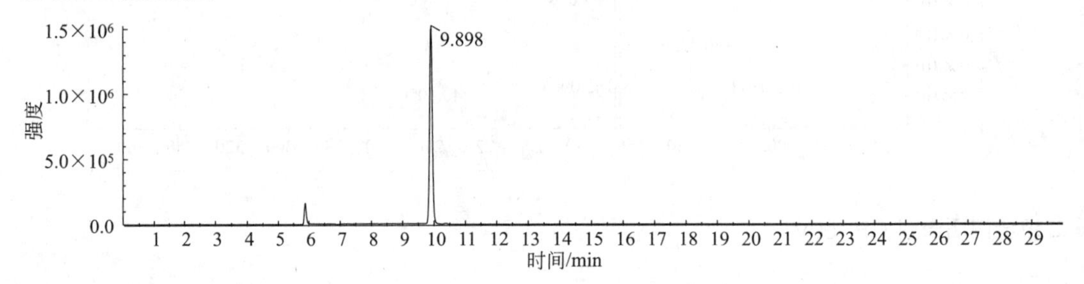

一级质谱图

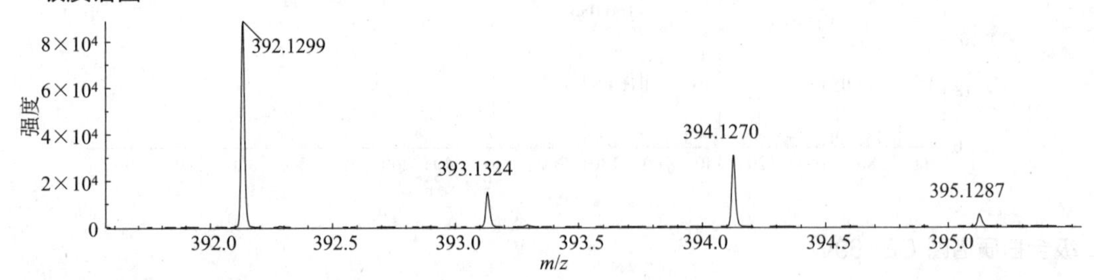

二级全扫质谱图 CE: (35±15)V

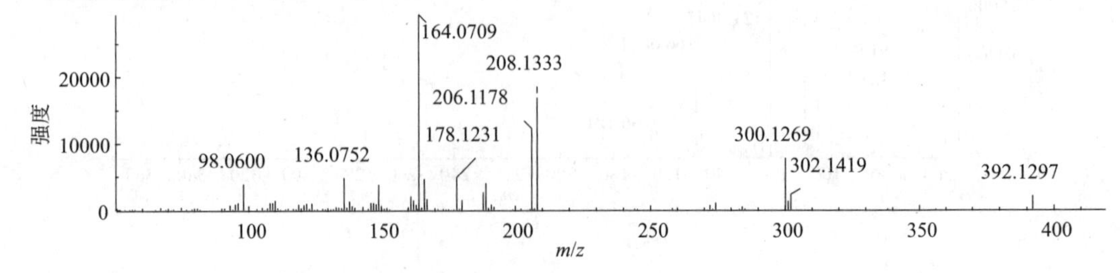

二级全扫质谱图 CE: 10V

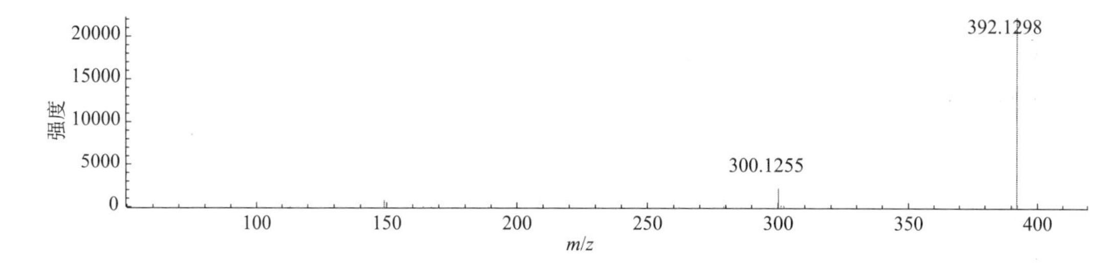

二级全扫质谱图 CE: 20V

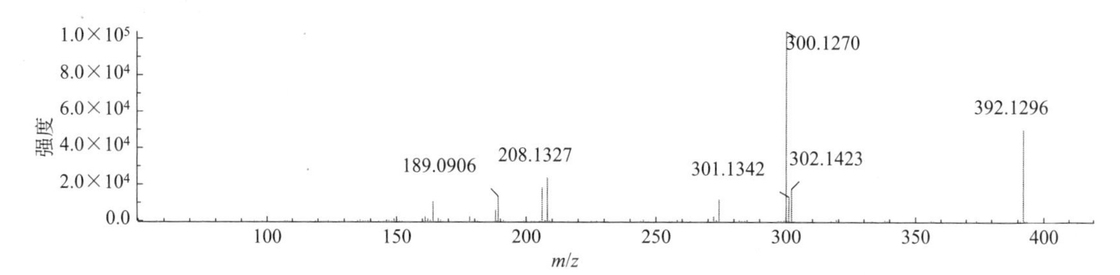

二级全扫质谱图 CE: 35V

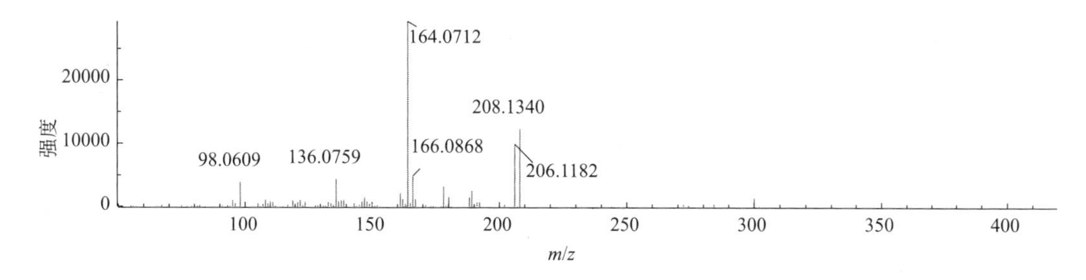

二级全扫质谱图 CE: 50V

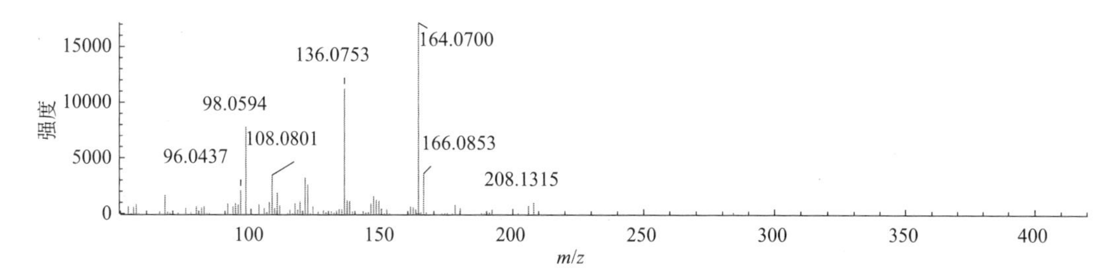

二级全扫质谱图 CE: 60V

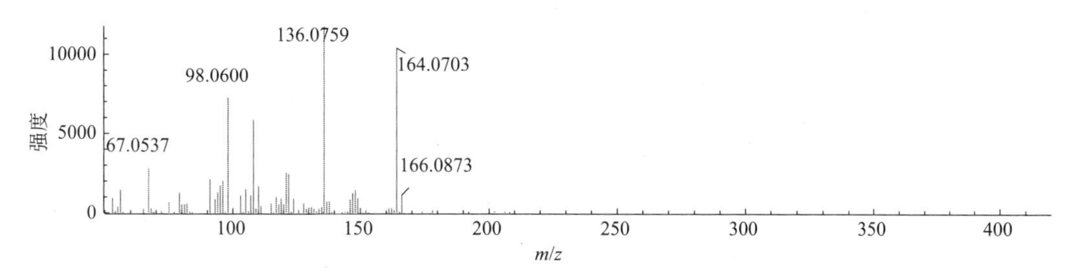

Clethodim sulfoxide

烯草酮亚砜

CAS 号	111031-14-2	保留时间	10.18min/10.35min
分子式	$C_{17}H_{26}ClNO_4S$	加合方式	$[M+H]^+$
分子量	375.1271	源内裂解碎片	无

推测裂解规律（裂解路径已经 MS^3 确认）

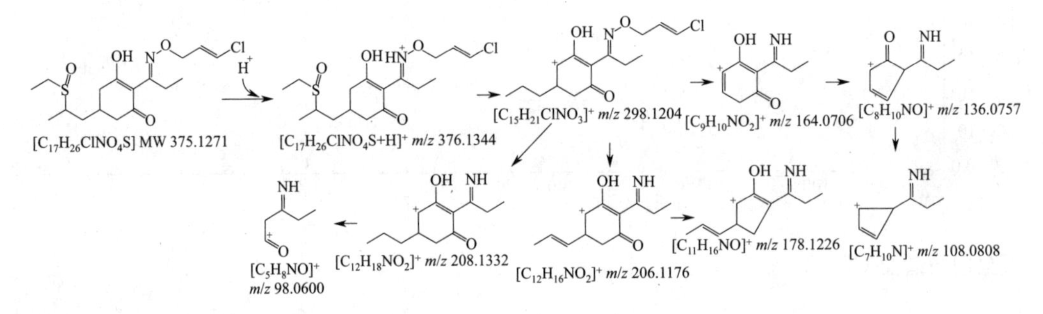

提取离子流色谱图

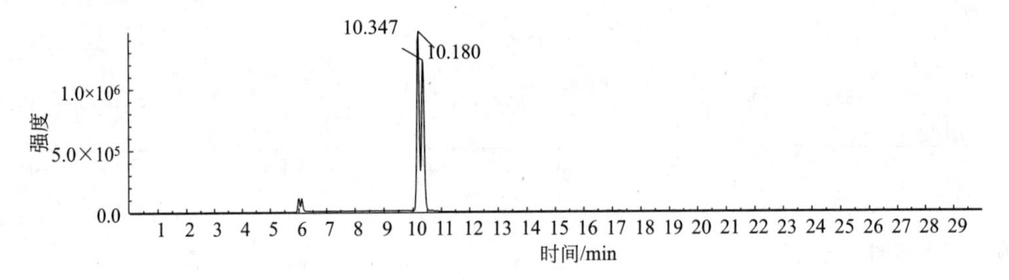

一级质谱图

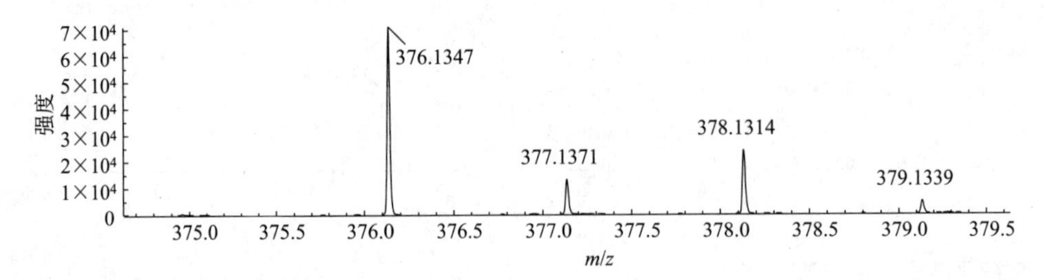

二级全扫质谱图 CE:（35±15）V

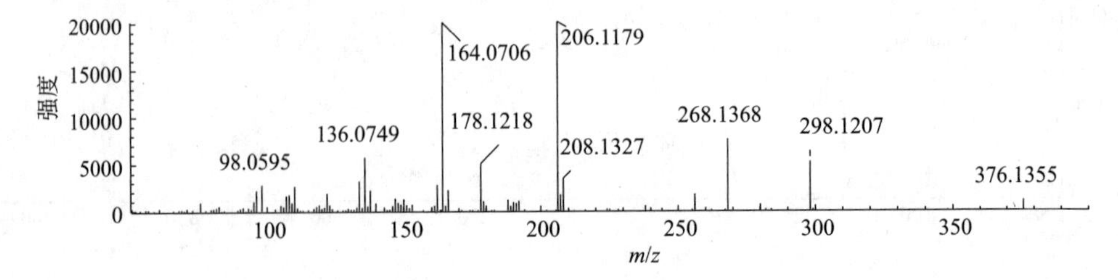

二级全扫质谱图 CE: 10V

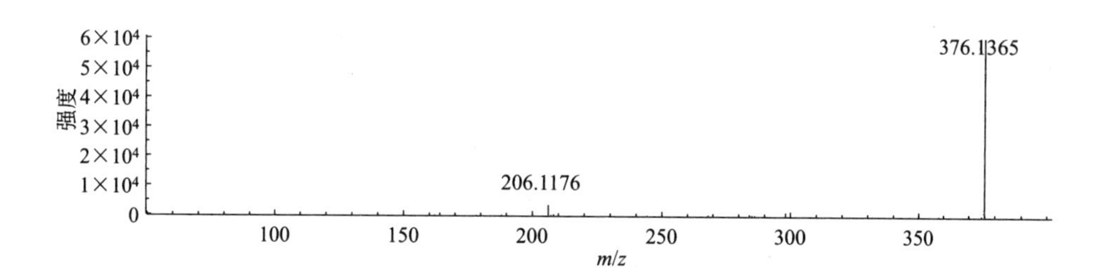

二级全扫质谱图 CE: 20V

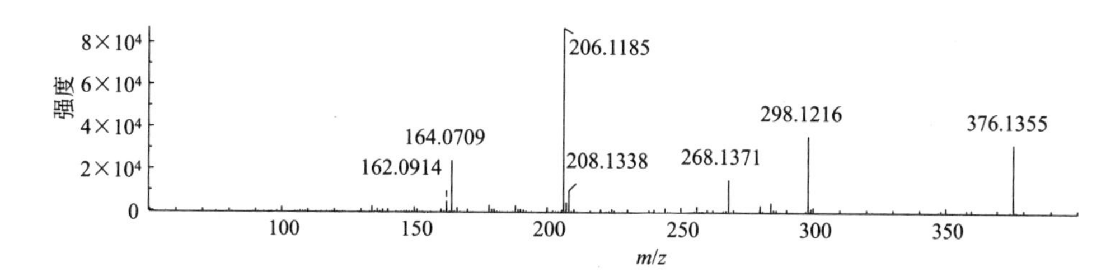

二级全扫质谱图 CE: 35V

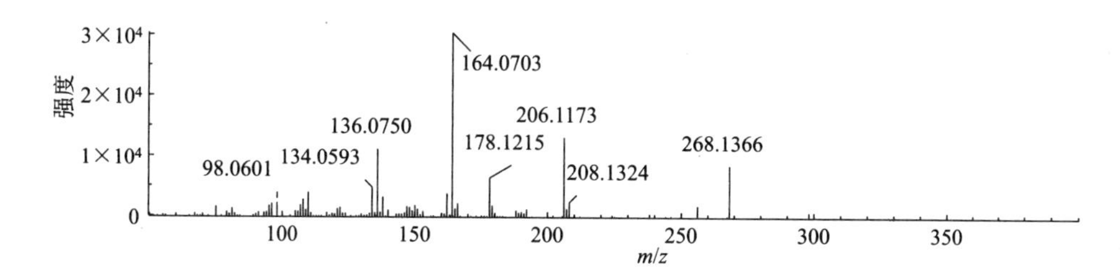

二级全扫质谱图 CE: 50V

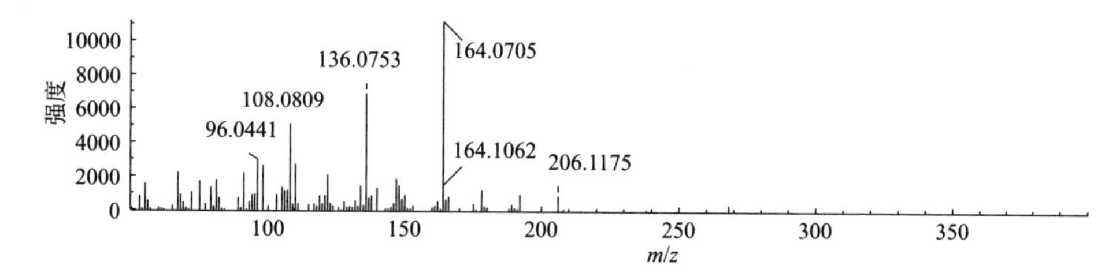

二级全扫质谱图 CE: 60V

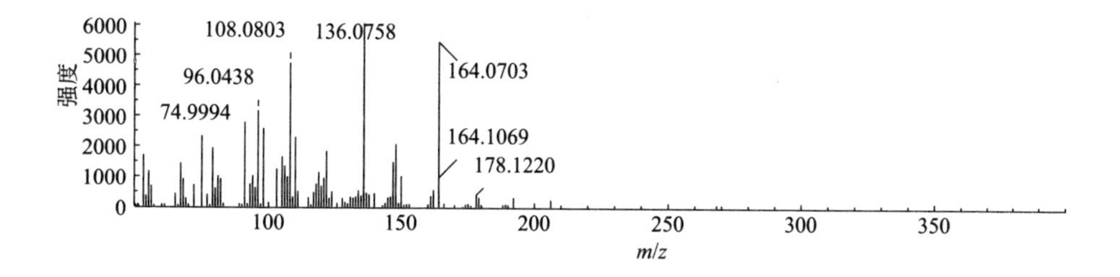

Clofentezine
四螨嗪

CAS 号	74115-24-5	保留时间	19. 63min
分子式	$C_{14}H_8Cl_2N_4$	加合方式	$[M+H]^+$
分子量	302. 0126	源内裂解碎片	无

推测裂解规律

$[C_{14}H_8Cl_2N_4]$ MW 302.0126 → $[C_{14}H_8Cl_2N_4+H]^+$ *m/z* 303.0199 → $[C_7H_5ClN]^+$ *m/z* 138.0105 → $[C_7H_4N]^+$ *m/z* 102.0338 → $[C_6H_3]^+$ *m/z* 75.0229

$[C_7H_4N]^+$ *m/z* 102.0338 → $[C_5H_4N]^+$ *m/z* 78.0338 → $[C_4H_3]^+$ *m/z* 51.0229

提取离子流色谱图

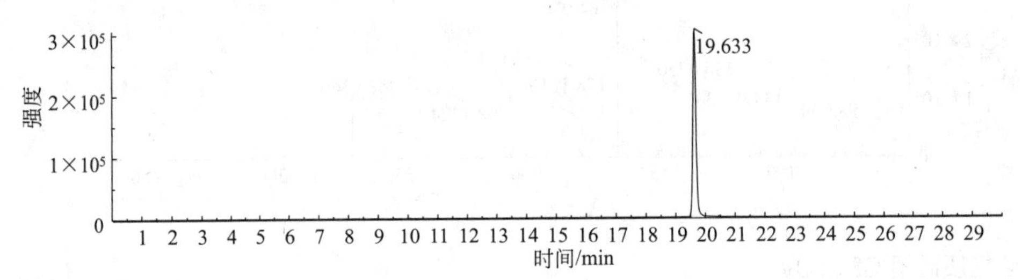

一级质谱图

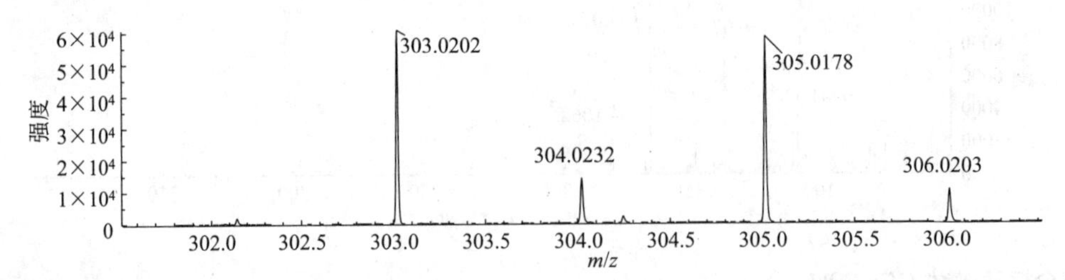

二级全扫质谱图 CE：(35±15)V

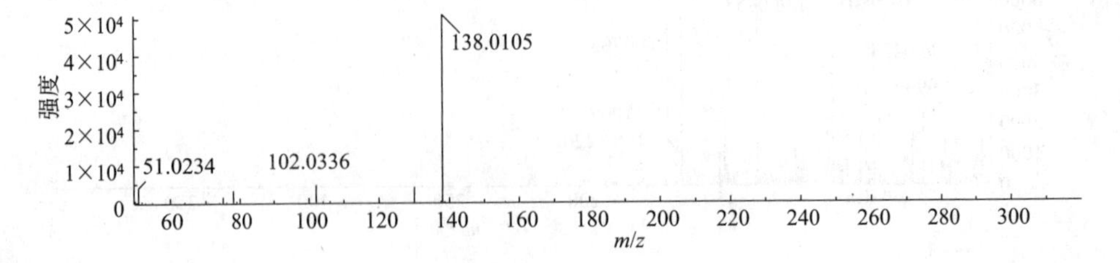

二级全扫质谱图 CE: 10V

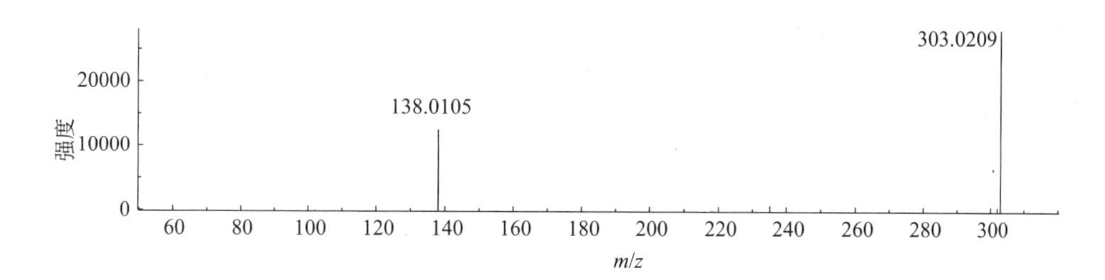

二级全扫质谱图 CE: 20V

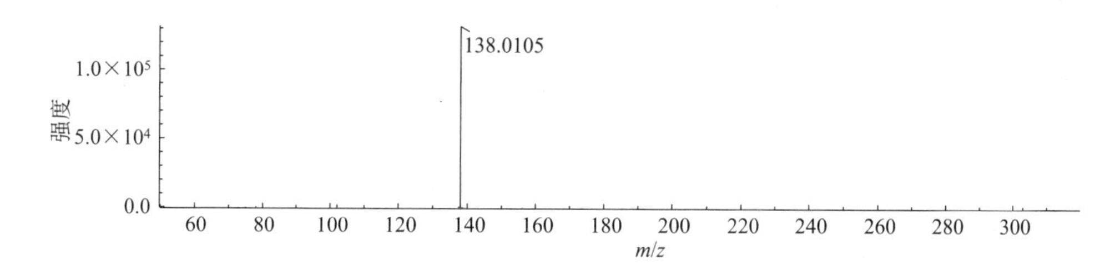

二级全扫质谱图 CE: 35V

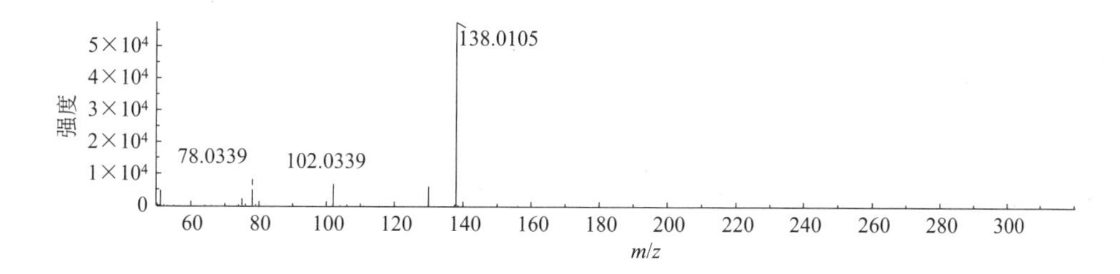

二级全扫质谱图 CE: 50V

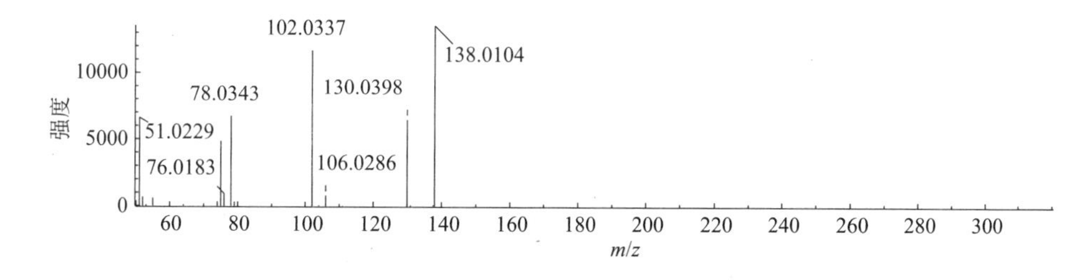

二级全扫质谱图 CE: 60V

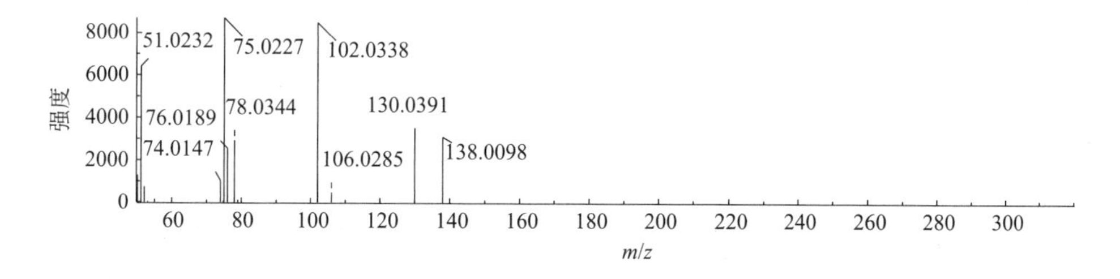

Clomazone
异噁草酮

CAS 号	81777-89-1	保留时间	10.65min
分子式	$C_{12}H_{14}ClNO_2$	加合方式	$[M+H]^+$
分子量	239.0713	源内裂解碎片	无

推测裂解规律（裂解路径已经 MS^3 确认）

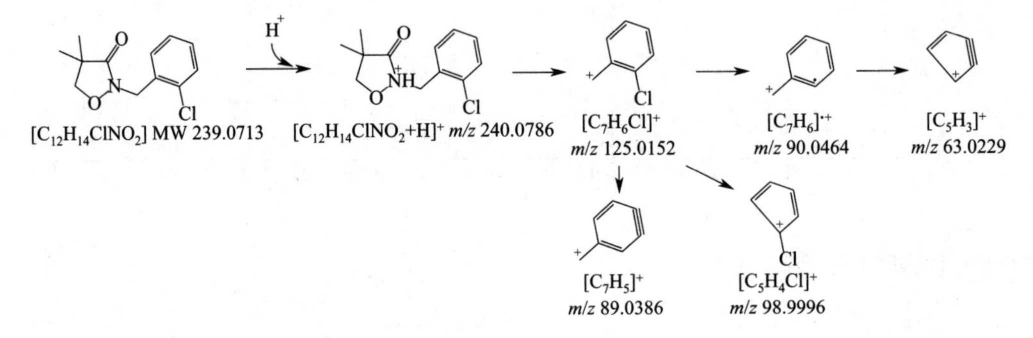

提取离子流色谱图

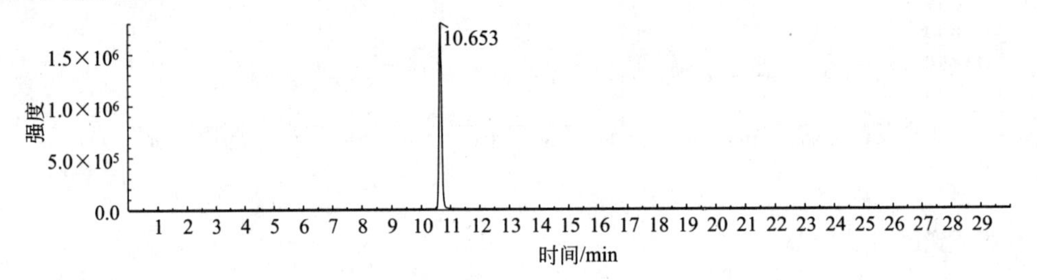

一级质谱图

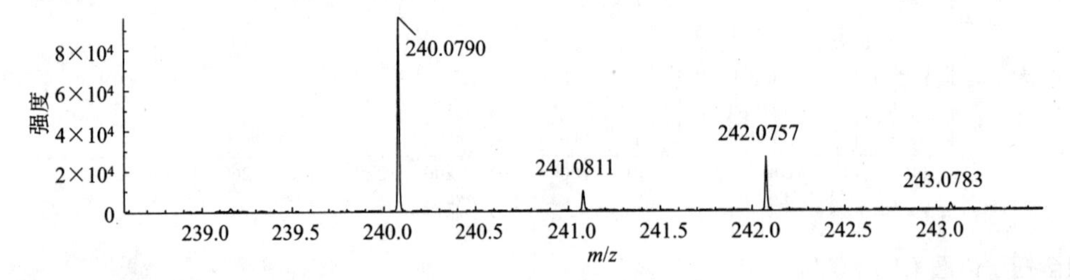

二级全扫质谱图 CE：(35±15)V

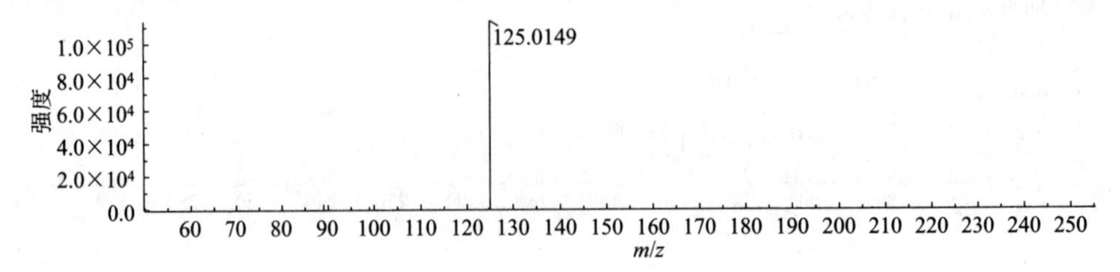

二级全扫质谱图 CE: 10V

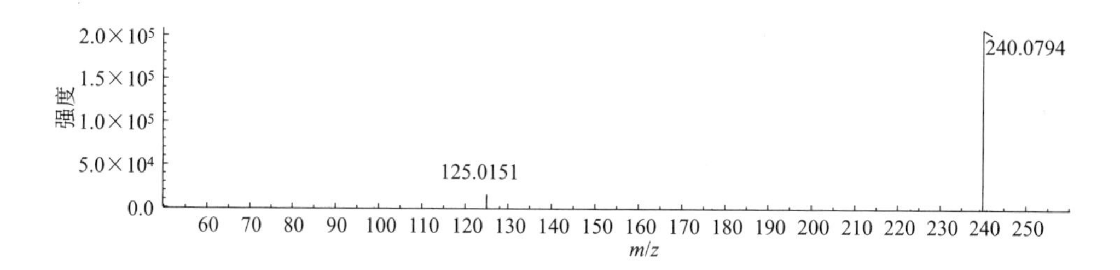

二级全扫质谱图 CE: 20V

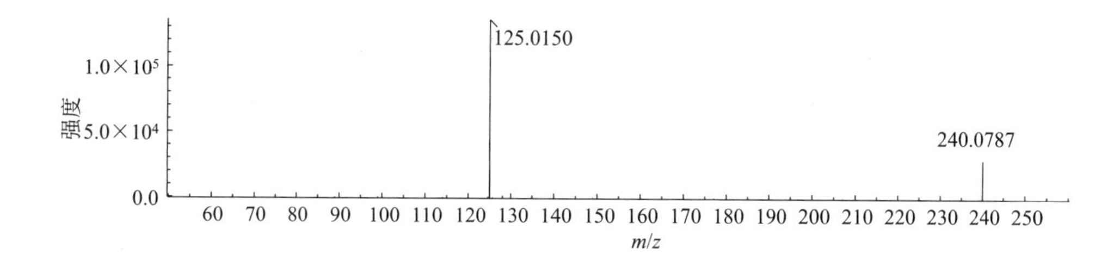

二级全扫质谱图 CE: 35V

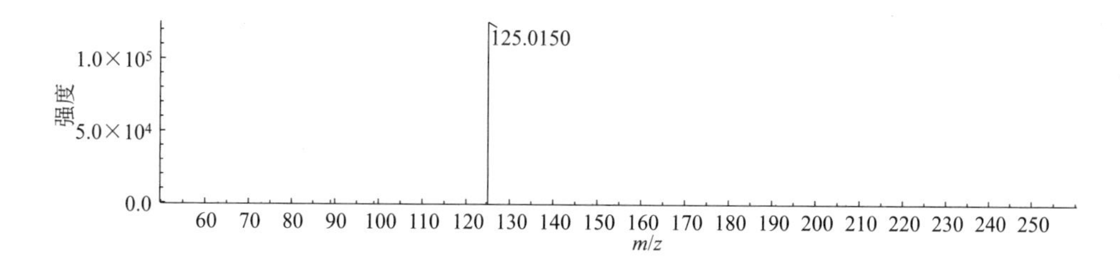

二级全扫质谱图 CE: 50V

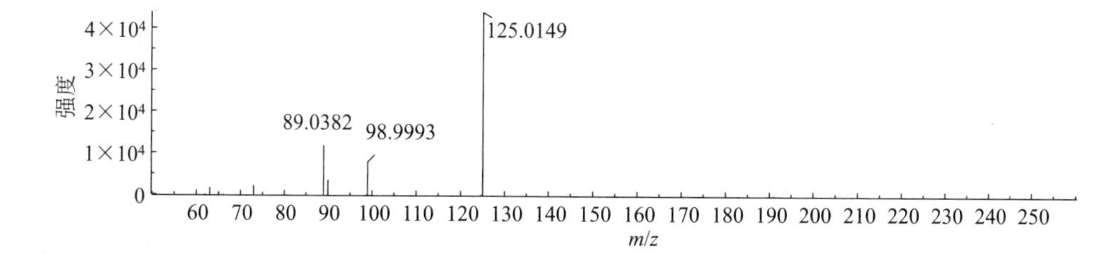

二级全扫质谱图 CE: 60V

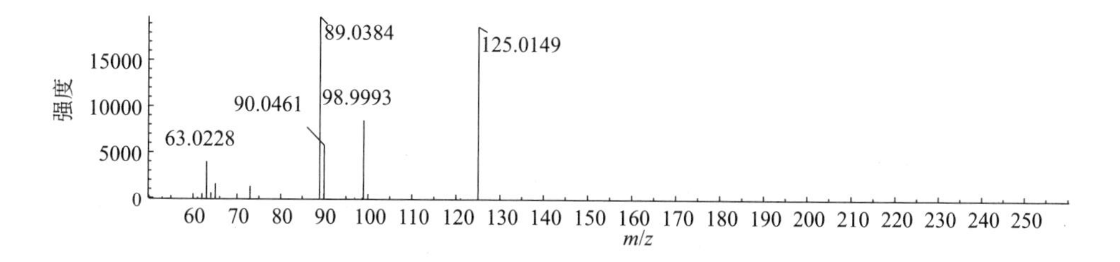

Clothianidin
噻虫胺

CAS 号	210880-92-5	保留时间	4.45min
分子式	$C_6H_8ClN_5O_2S$	加合方式	$[M+H]^+$
分子量	249.0087	源内裂解碎片	无

推测裂解规律

$[C_6H_8ClN_5O_2S]$ MW 249.0087

$[C_6H_8ClN_5O_2S+H]^+$ m/z 250.0160

$[C_6H_8ClN_4S+H]^{\cdot+}$ m/z 204.0231

$[C_5H_8N_3+H]^{\cdot+}$ m/z 111.0791

$[C_4H_3ClNS]^+$ m/z 131.9669

$[C_6H_8N_4S]^{\cdot+}$ m/z 168.0464

$[C_4H_5N_2S]^+$ m/z 113.0168

$[C_6H_9N_4S]^+$ m/z 169.0542

$[C_5H_8N_3]^+$ m/z 110.0713

提取离子流色谱图

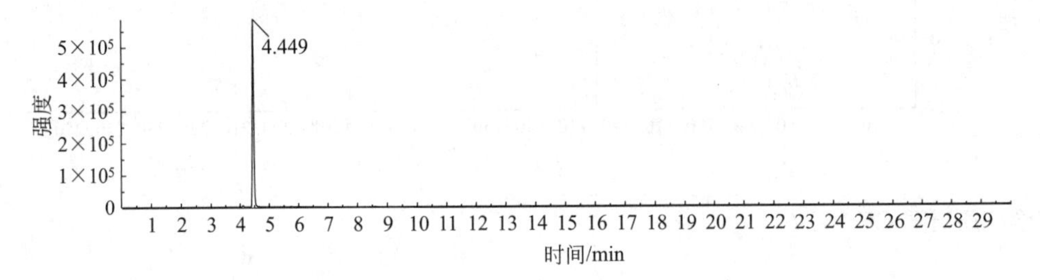

一级质谱图

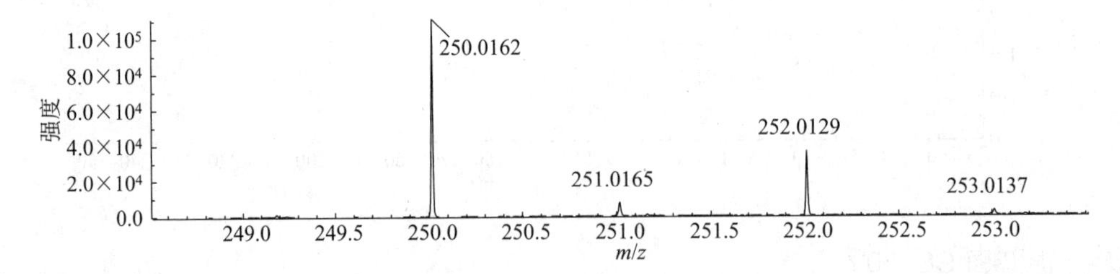

二级全扫质谱图 CE: (35±15)V

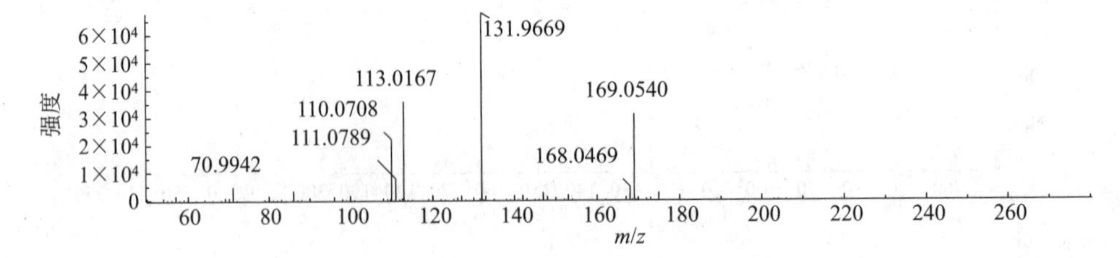

二级全扫质谱图 CE: 10V

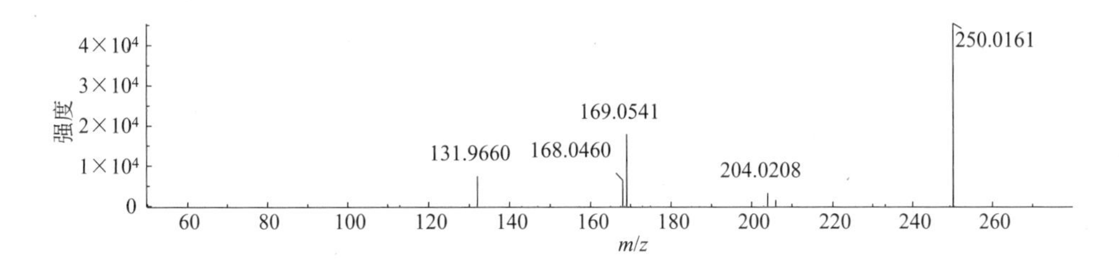

二级全扫质谱图 CE: 20V

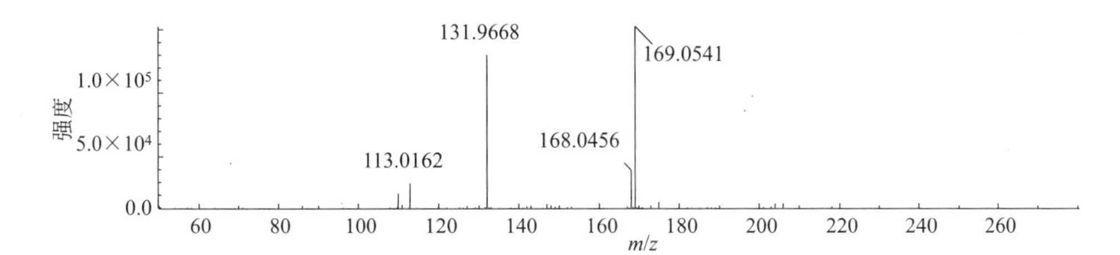

二级全扫质谱图 CE: 35V

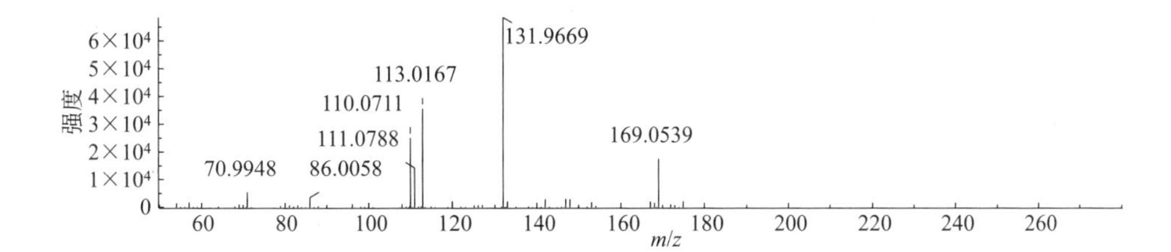

二级全扫质谱图 CE: 50V

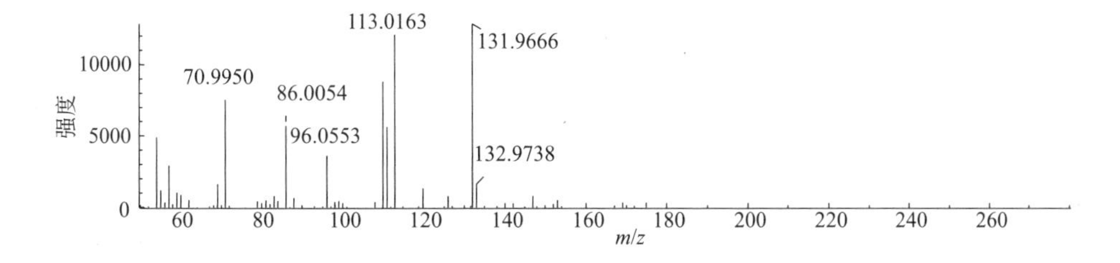

二级全扫质谱图 CE: 60V

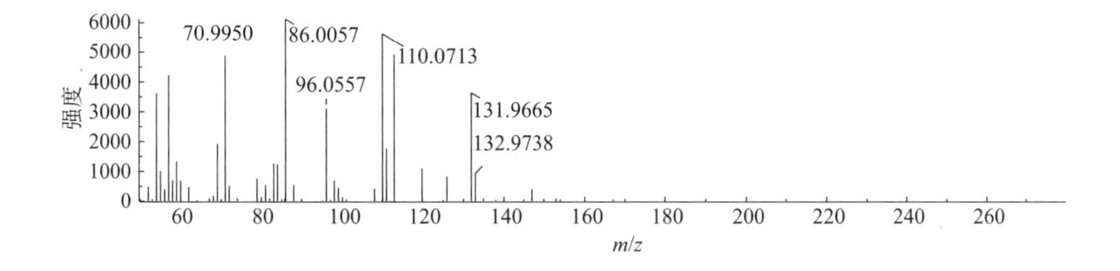

Coumaphos
蝇毒磷

CAS 号	56-72-4	保留时间	19.25min
分子式	$C_{14}H_{16}ClO_5PS$	加合方式	$[M+H]^+$
分子量	362.0145	源内裂解碎片	无

推测裂解规律

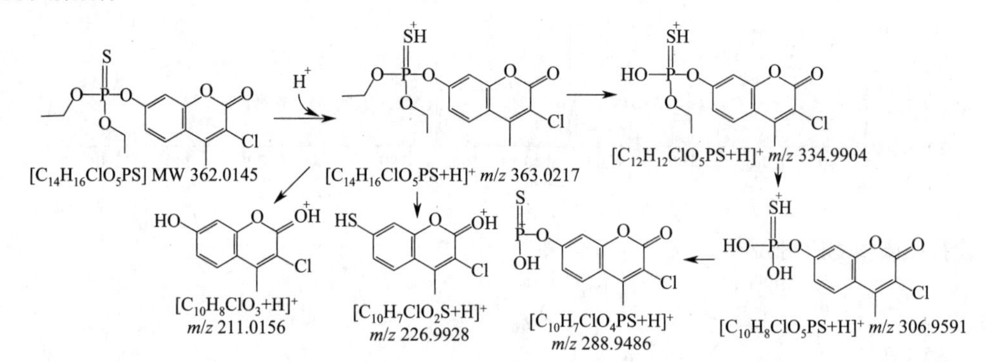

提取离子流色谱图

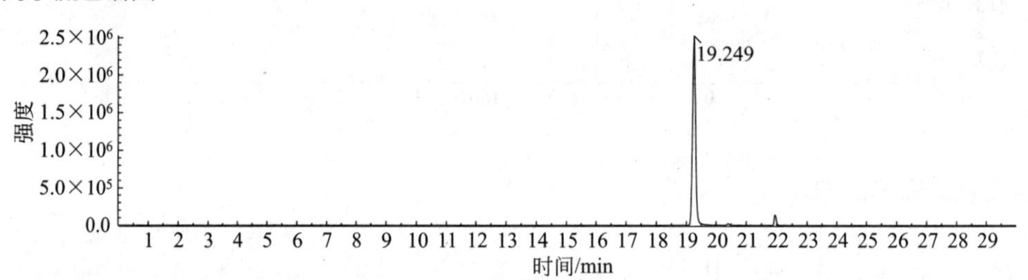

一级质谱图

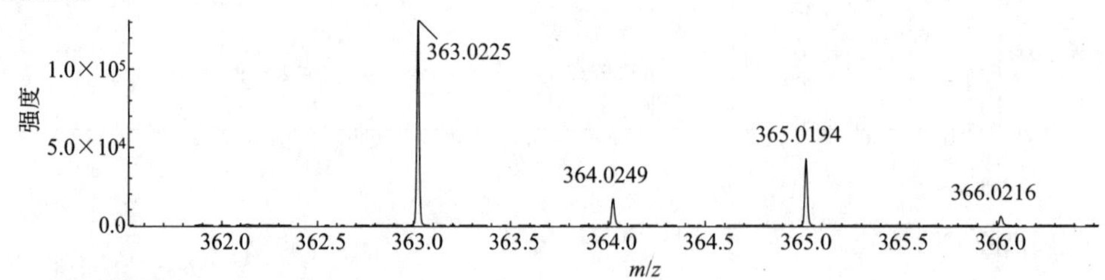

二级全扫质谱图 CE: (35±15)V

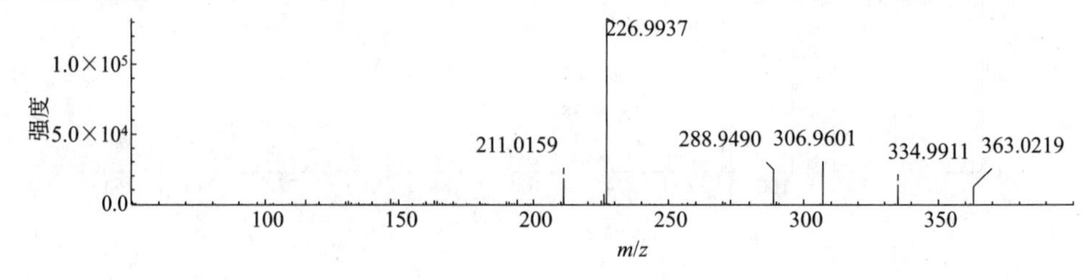

二级全扫质谱图 CE: 10V

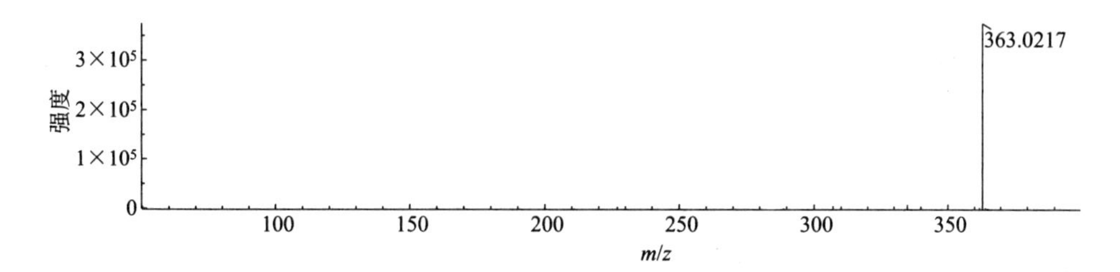

二级全扫质谱图 CE: 20V

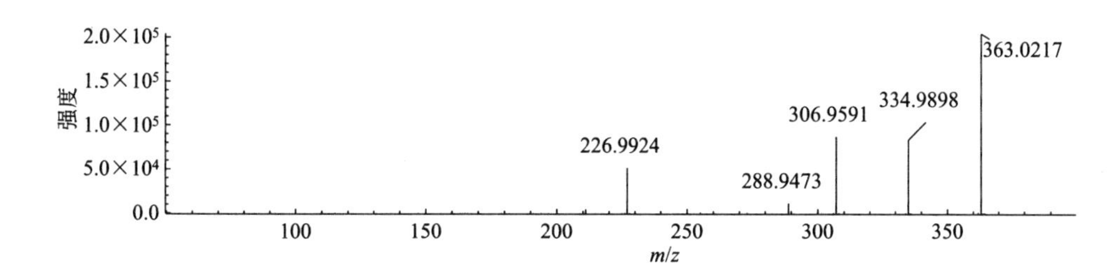

二级全扫质谱图 CE: 35V

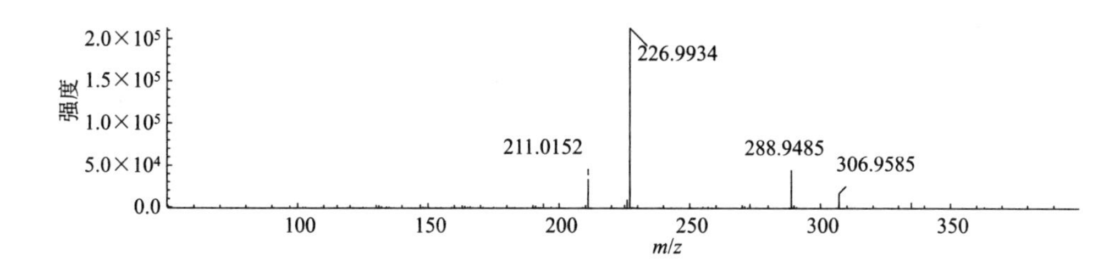

二级全扫质谱图 CE: 50V

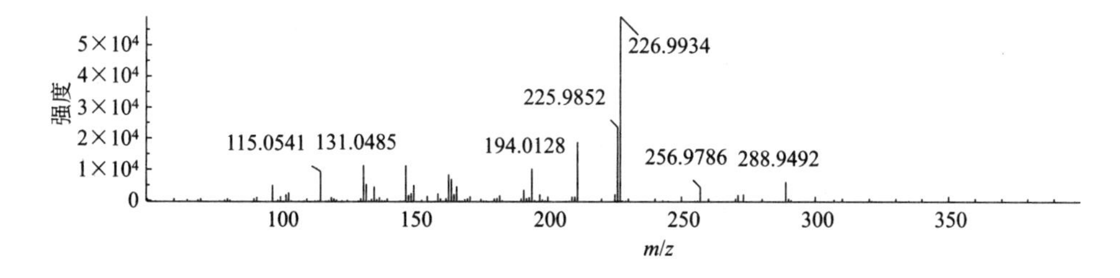

二级全扫质谱图 CE: 60V

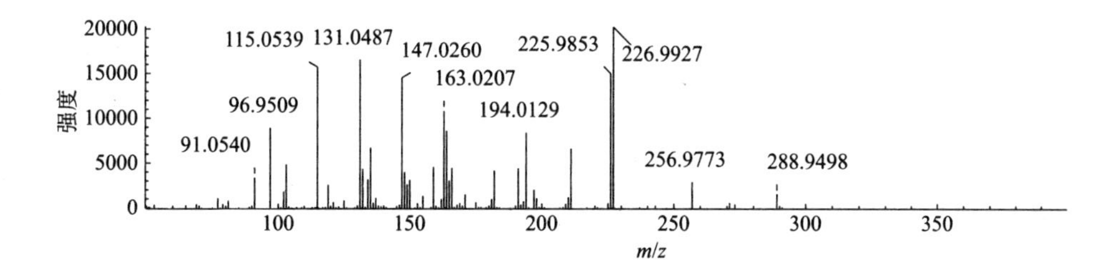

Coumoxystrobin
丁香菌酯

CAS 号	850881-70-8	保留时间	22. 46min
分子式	$C_{26}H_{28}O_6$	加合方式	$[M+H]^+$
分子量	436. 1886	源内裂解碎片	无

推测裂解规律（裂解路径已经 MS^3 确认）

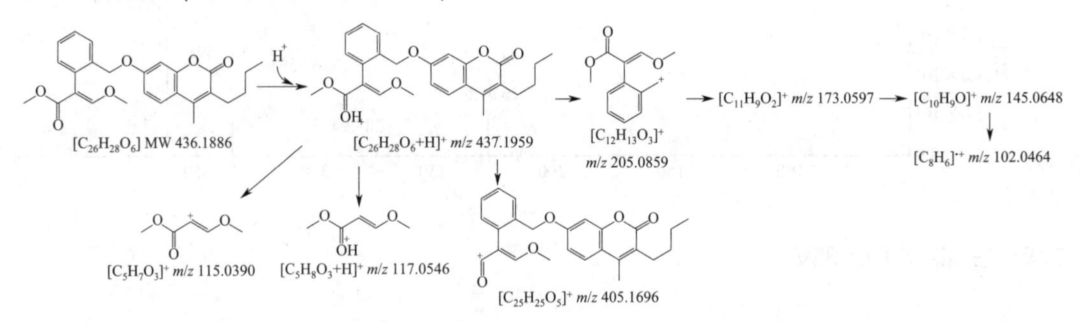

提取离子流色谱图

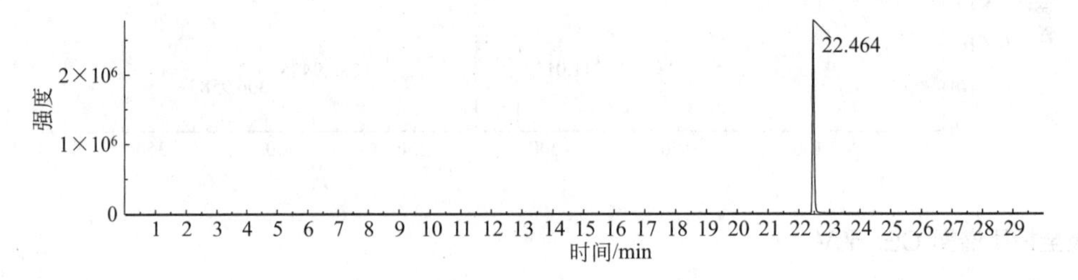

一级质谱图

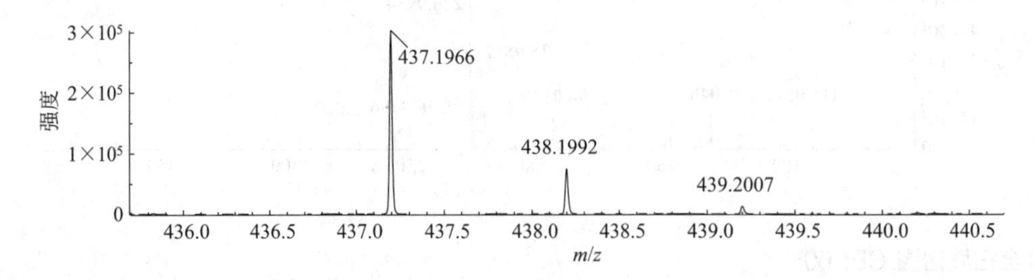

二级全扫质谱图 CE：(35±15)V

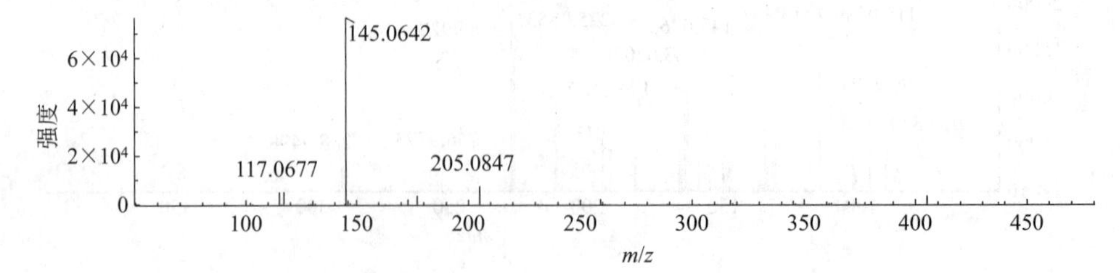

二级全扫质谱图 CE: 10V

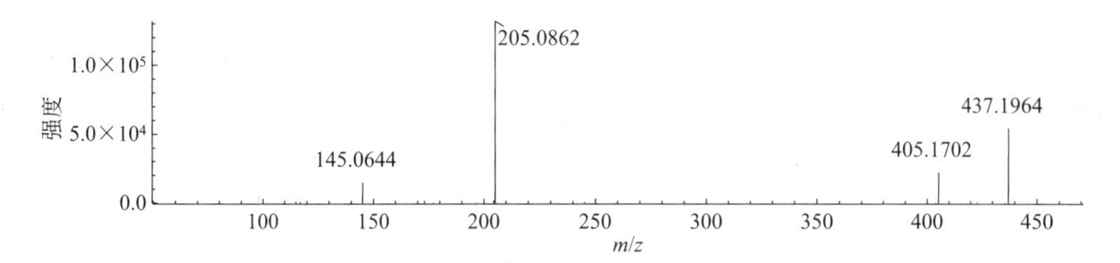

二级全扫质谱图 CE: 20V

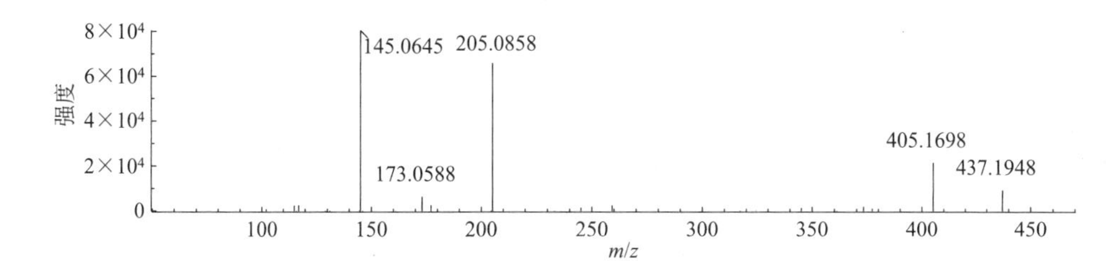

二级全扫质谱图 CE: 35V

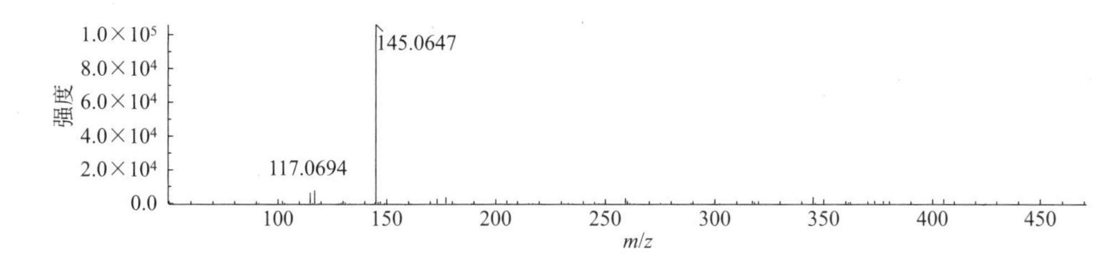

二级全扫质谱图 CE: 50V

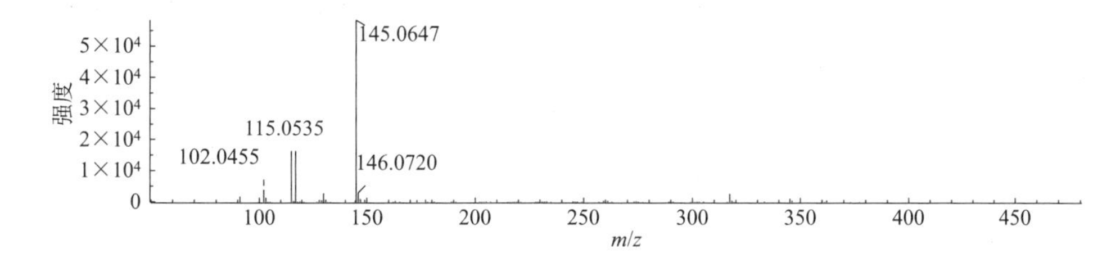

二级全扫质谱图 CE: 60V

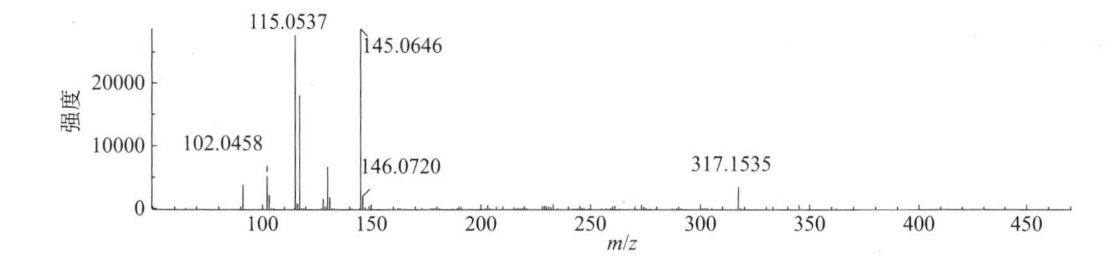

Cyanazine
氰草津

CAS 号	21725-46-2	保留时间	6.14min
分子式	$C_9H_{13}ClN_6$	加合方式	$[M+H]^+$
分子量	240.0890	源内裂解碎片	无

推测裂解规律

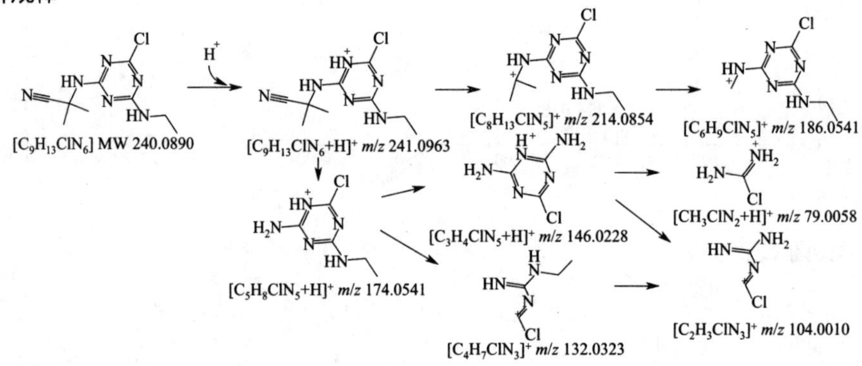

提取离子流色谱图

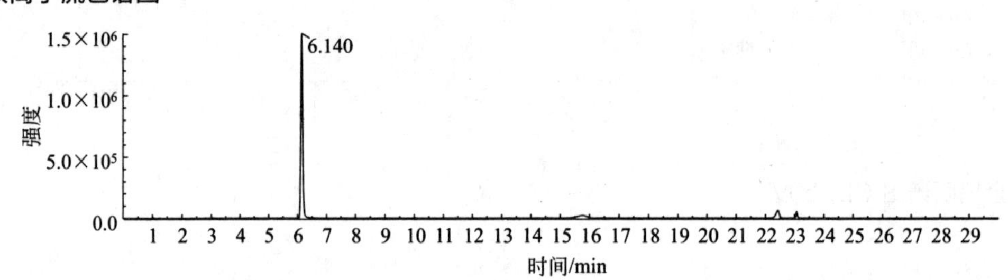

一级质谱图

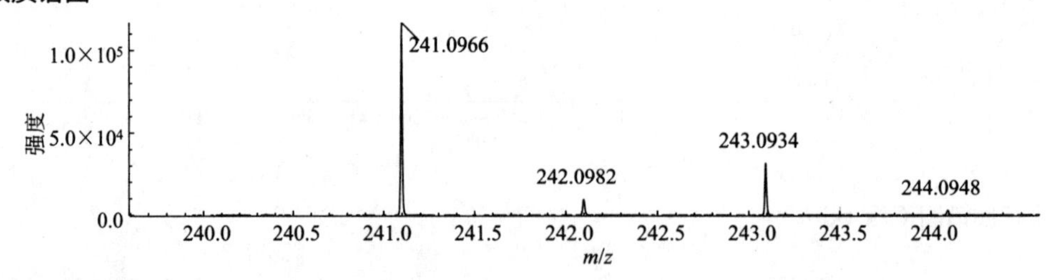

二级全扫质谱图 CE: (35±15)V

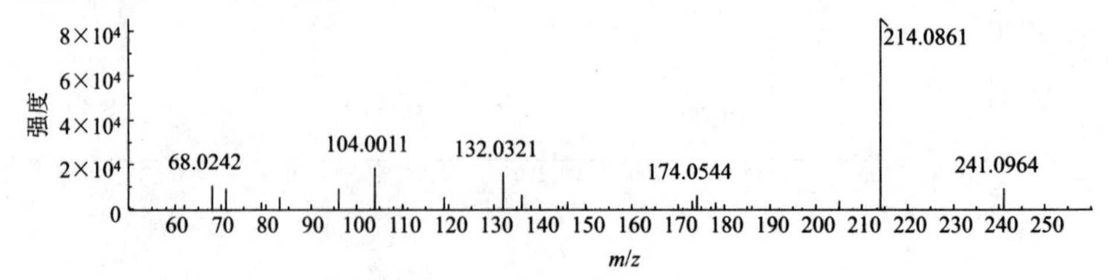

二级全扫质谱图 CE: 10V

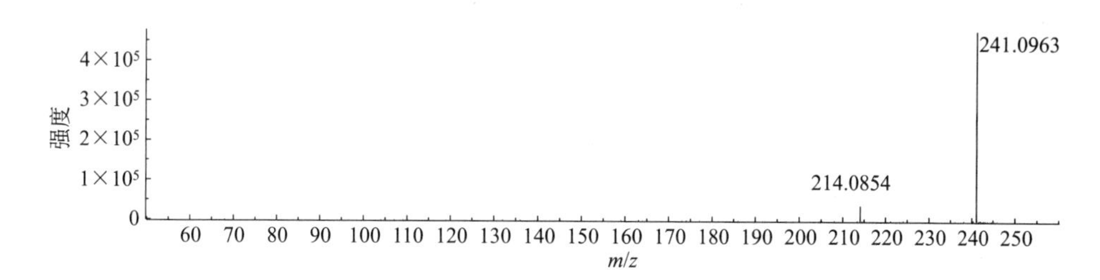

二级全扫质谱图 CE: 20V

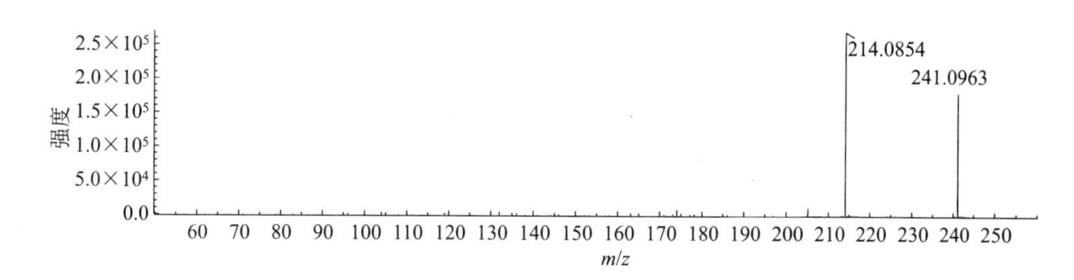

二级全扫质谱图 CE: 35V

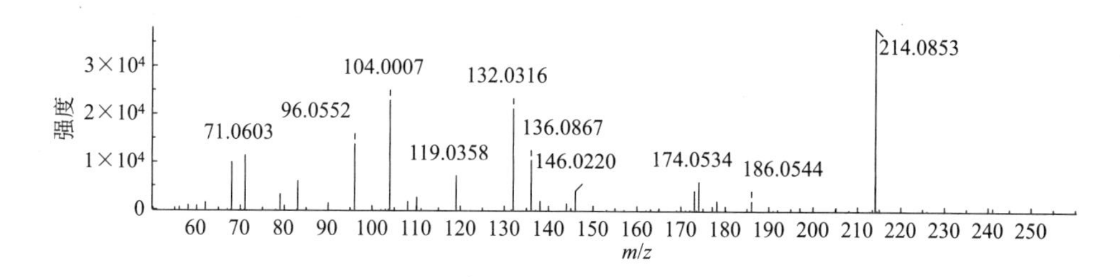

二级全扫质谱图 CE: 50V

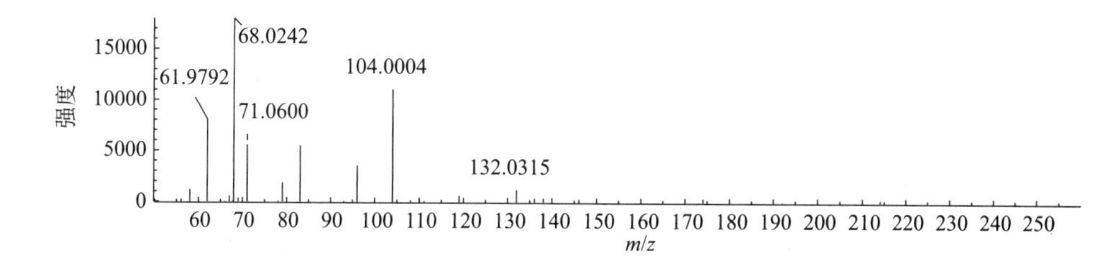

二级全扫质谱图 CE: 60V

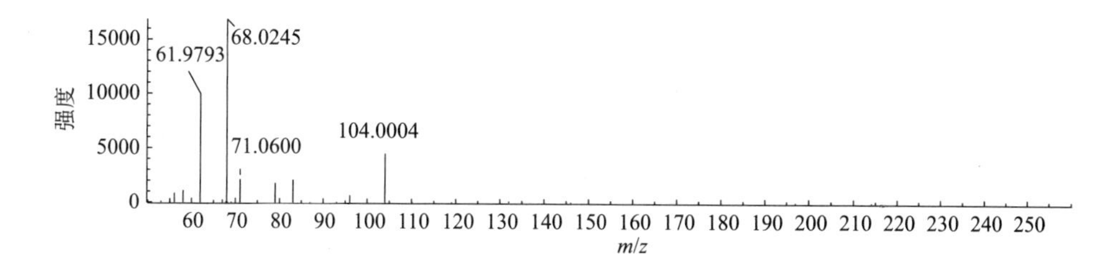

Cyantraniliprole
溴氰虫酰胺

CAS 号	736994-63-1	保留时间	7.89min
分子式	$C_{19}H_{14}BrClN_6O_2$	加合方式	$[M+H]^+$
分子量	472.0050	源内裂解碎片	无

推测裂解规律

$[C_{19}H_{14}BrClN_6O_2]$ MW 472.0050

$[C_{19}H_{14}BrClN_6O_2+H]^+$ *m/z* 473.0123

$[C_{18}H_{10}BrClN_5O_2]^+$ *m/z* 441.9701

$[C_9H_4BrClN_3O]^+$ *m/z* 283.9221

$[C_5H_3ClN]^+$ *m/z* 111.9948

$[C_{10}H_5N_2O_2]^+$ *m/z* 185.0346

$[C_9H_4ClN_3O]^{\cdot+}$ *m/z* 205.0037

$[C_8H_4ClN_3]^{\cdot+}$ *m/z* 177.0088

提取离子流色谱图

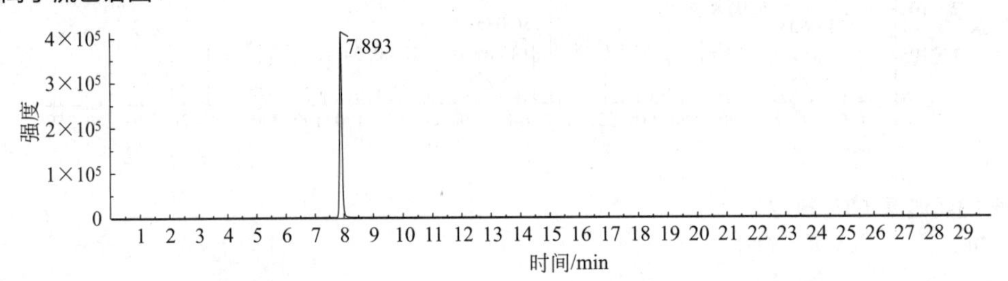

一级质谱图

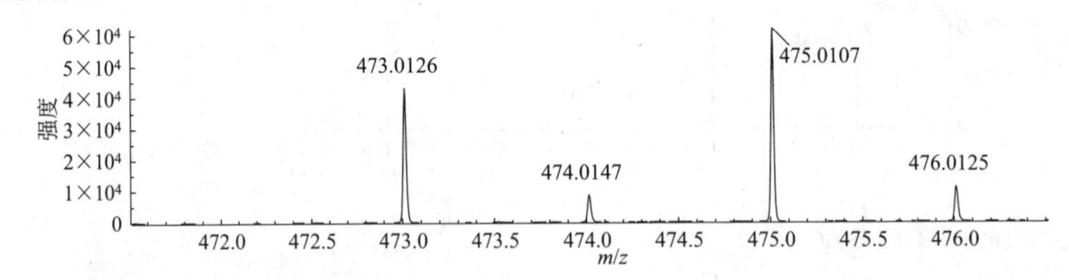

二级全扫质谱图 CE: (35±15)V

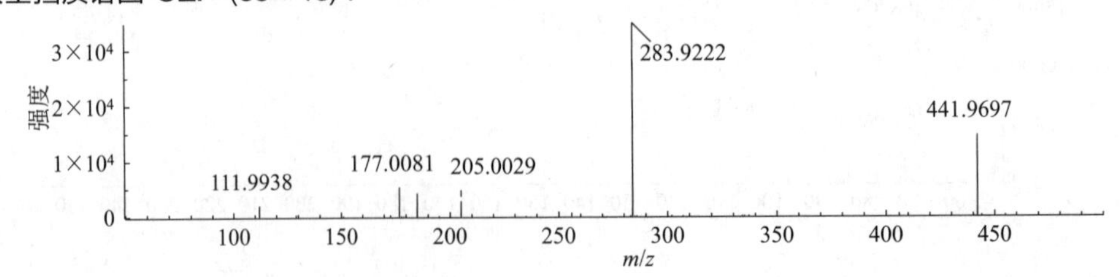

二级全扫质谱图 CE: 10V

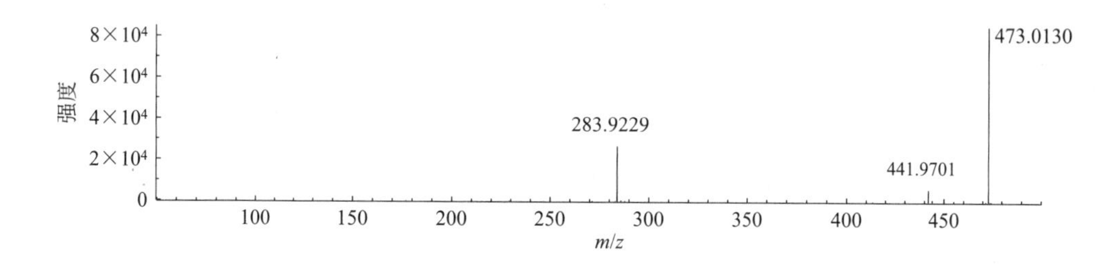

二级全扫质谱图 CE: 20V

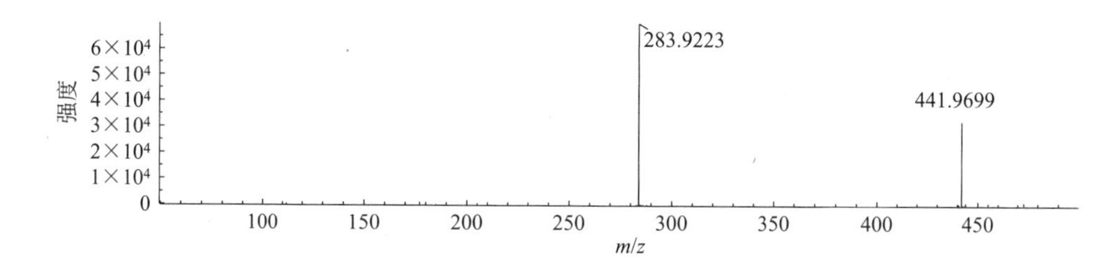

二级全扫质谱图 CE: 35V

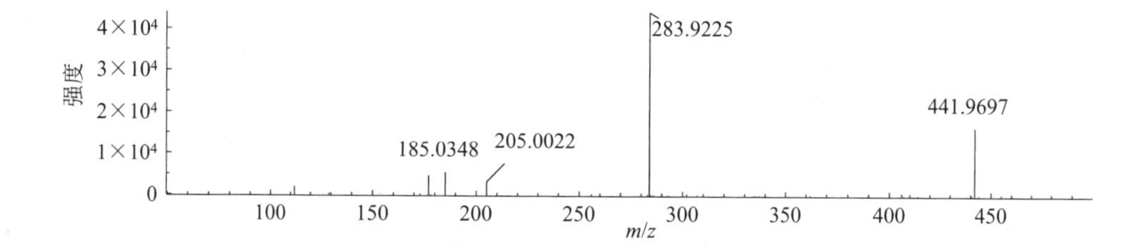

二级全扫质谱图 CE: 50V

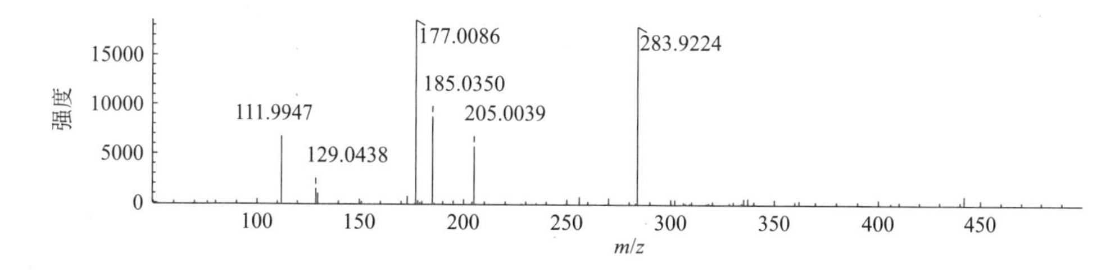

二级全扫质谱图 CE: 60V

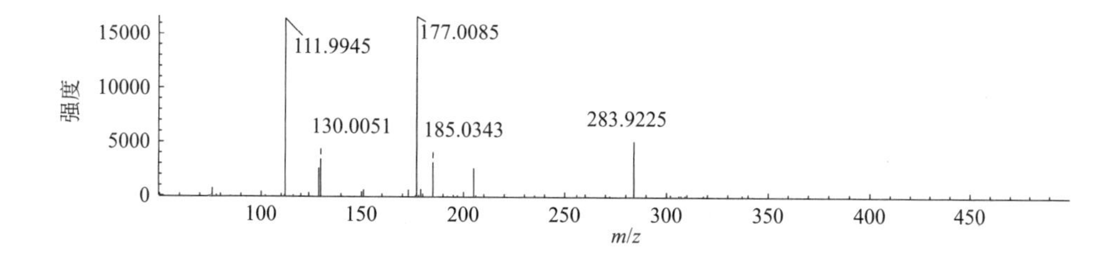

Cyazofamid
氰霜唑

CAS 号	120116-88-3	保留时间	16. 01min
分子式	$C_{13}H_{13}ClN_4O_2S$	加合方式	$[M+H]^+$
分子量	324. 0448	源内裂解碎片	无

推测裂解规律

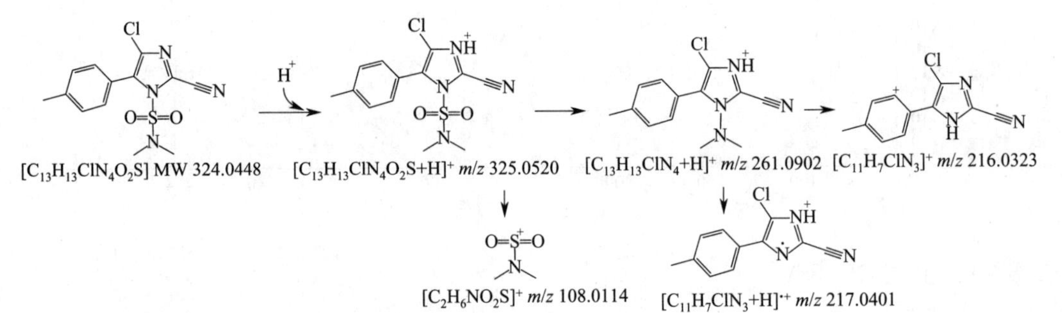

提取离子流色谱图

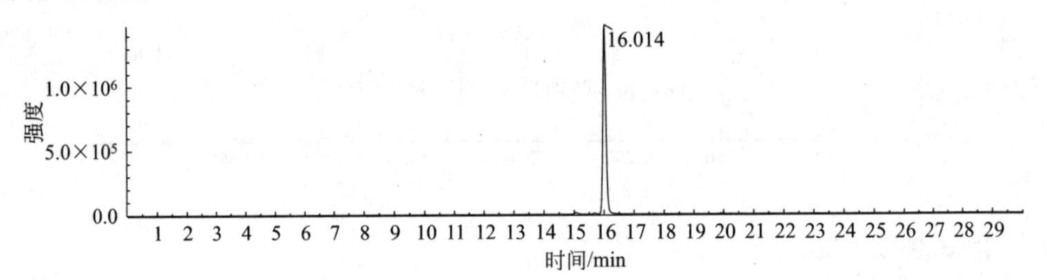

一级质谱图

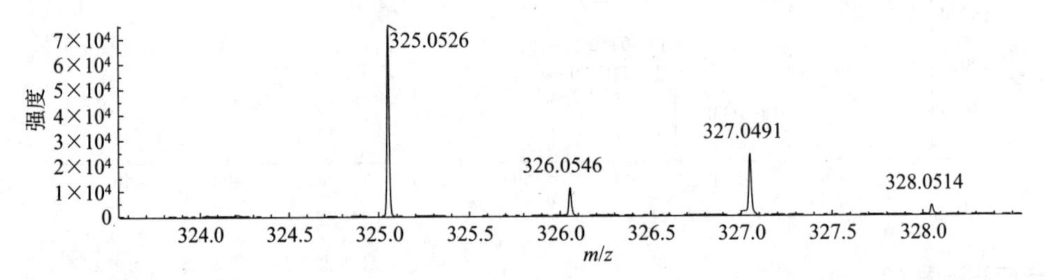

二级全扫质谱图 CE: (35±15)V

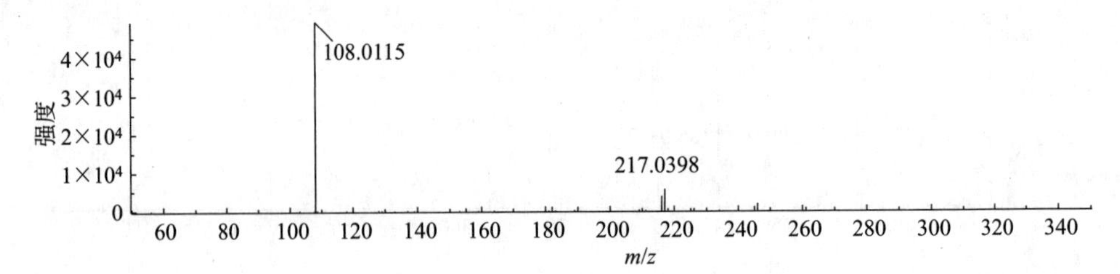

二级全扫质谱图 CE: 10V

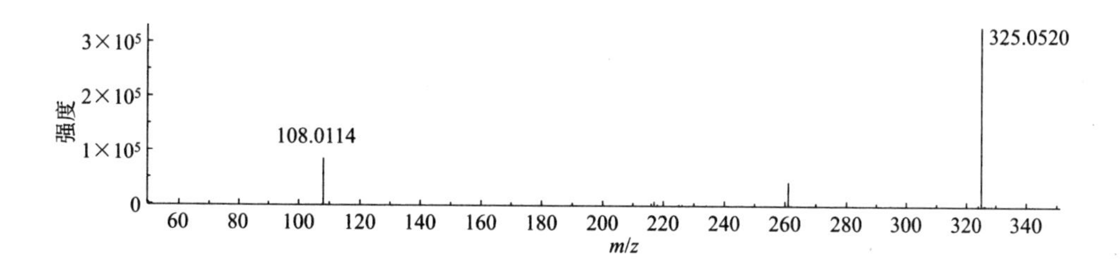

二级全扫质谱图 CE: 20V

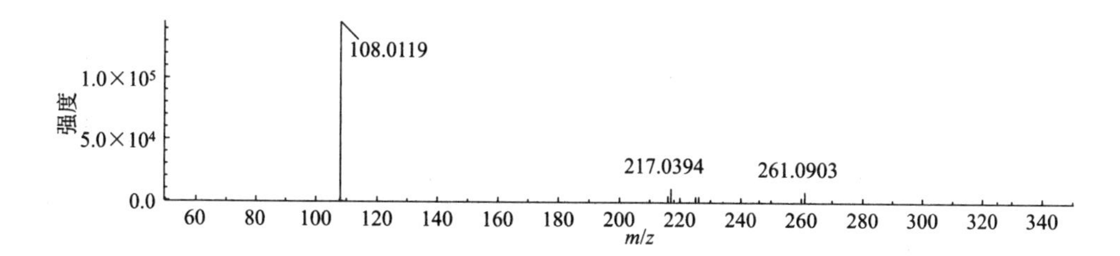

二级全扫质谱图 CE: 35V

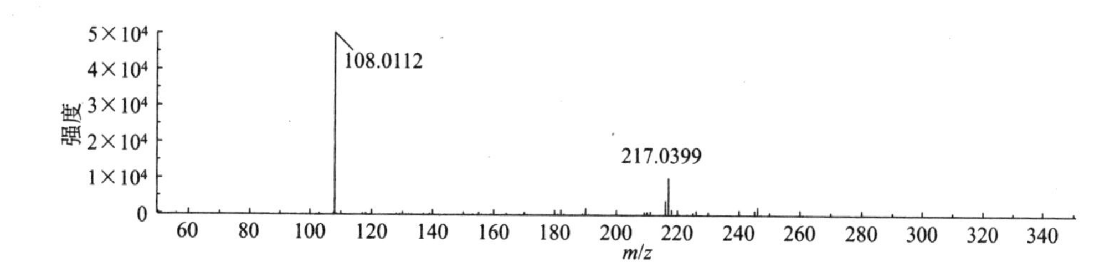

二级全扫质谱图 CE: 50V

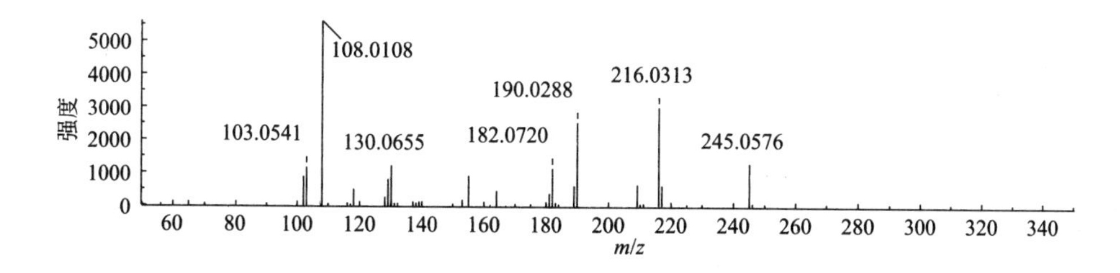

二级全扫质谱图 CE: 60V

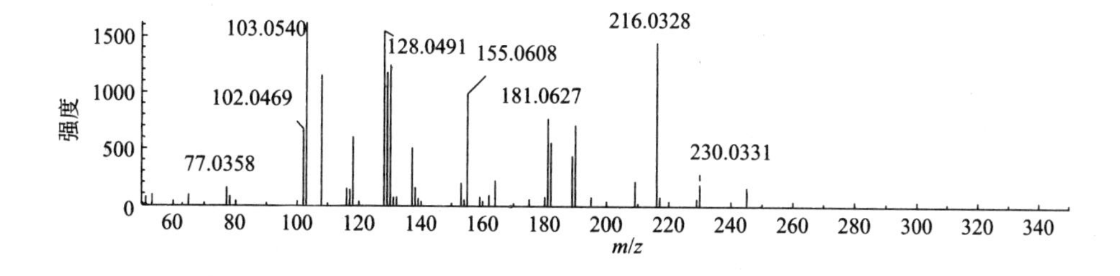

Cyclosulfamuron
环丙嘧磺隆

CAS号	136849-15-5	保留时间	15.12min
分子式	$C_{17}H_{19}N_5O_6S$	加合方式	$[M+H]^+$
分子量	421.1056	源内裂解碎片	无

推测裂解规律（裂解路径已经 MS^3 确认）

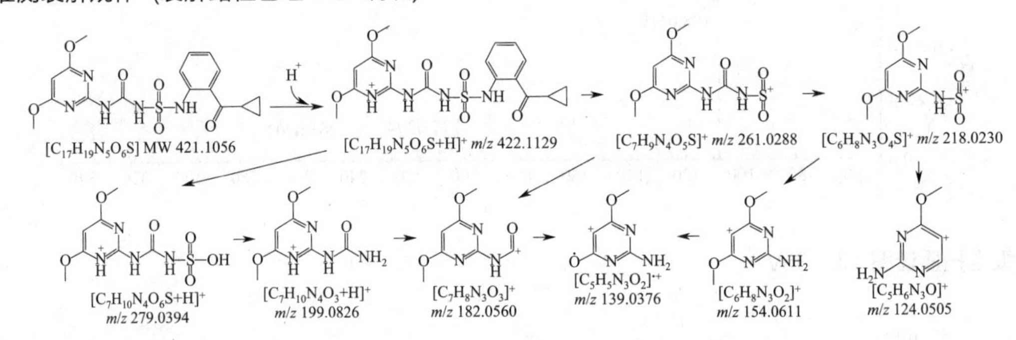

提取离子流色谱图

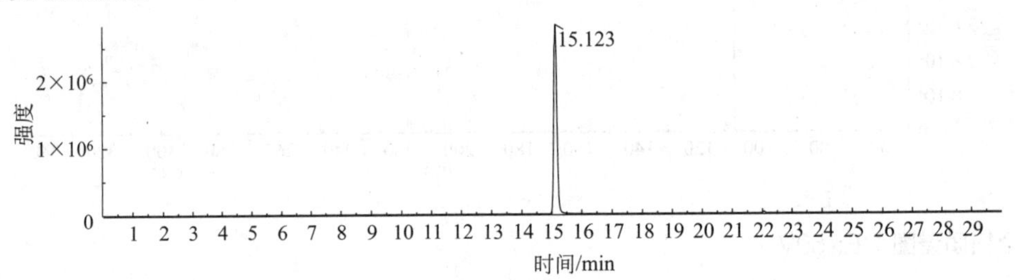

一级质谱图

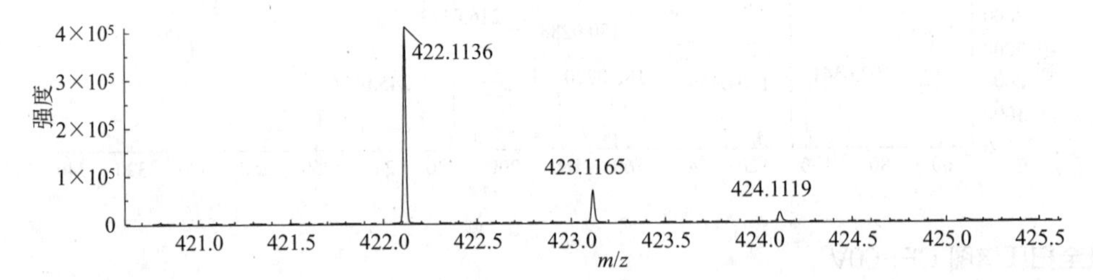

二级全扫质谱图 CE：(35±15)V

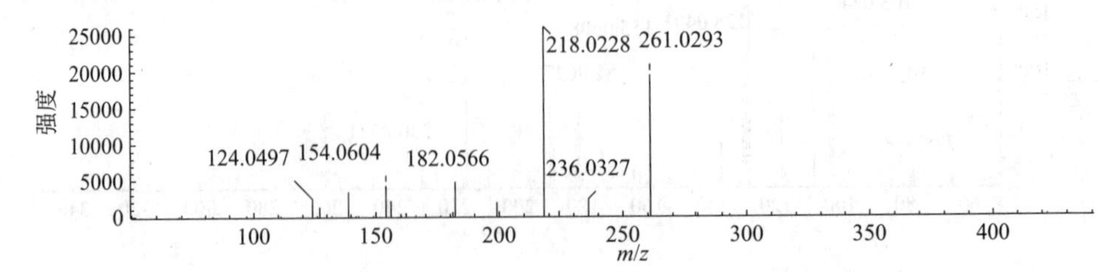

二级全扫质谱图 CE: 10V

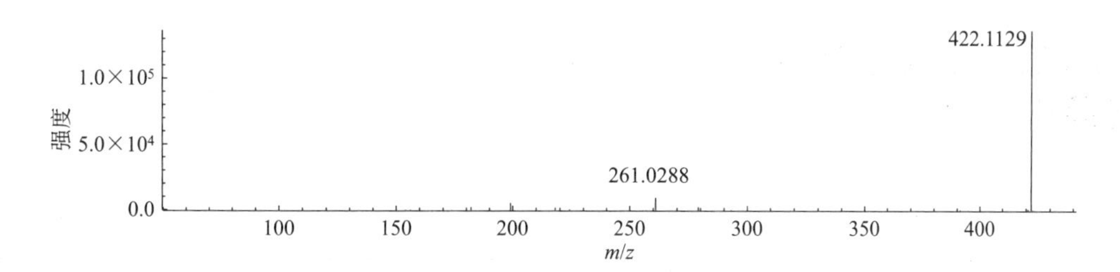

二级全扫质谱图 CE: 20V

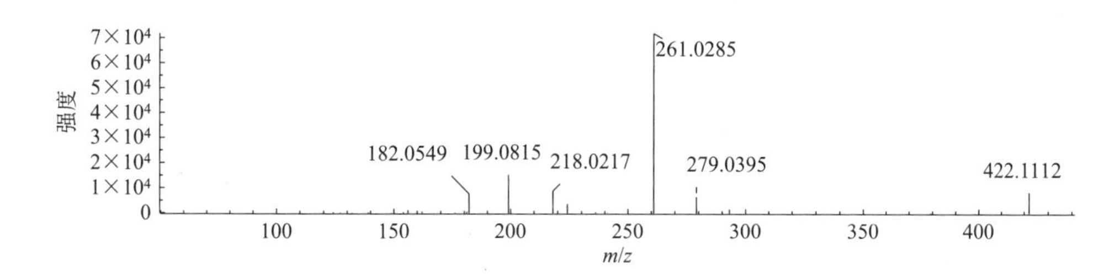

二级全扫质谱图 CE: 35V

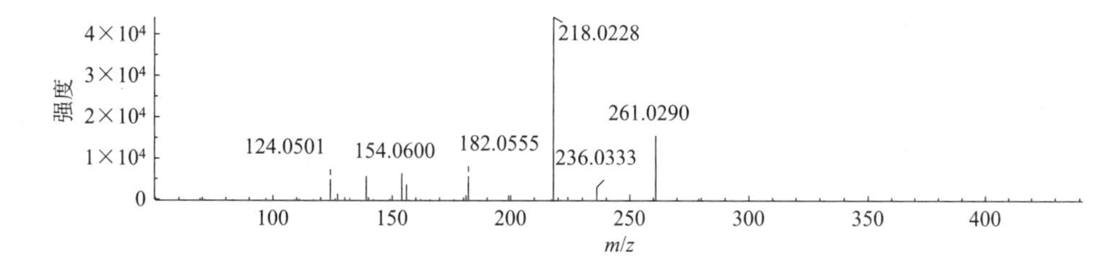

二级全扫质谱图 CE: 50V

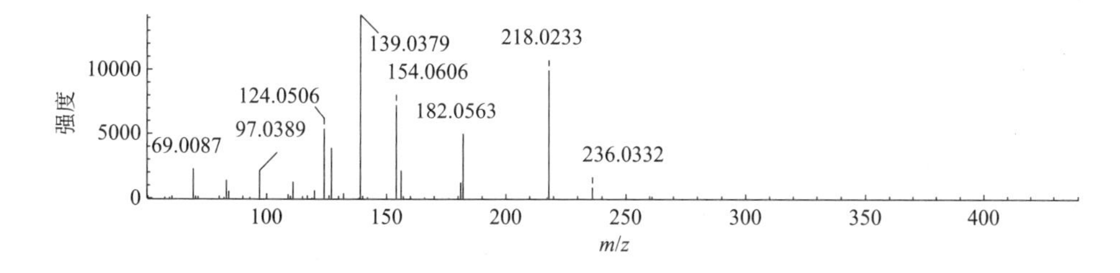

二级全扫质谱图 CE: 60V

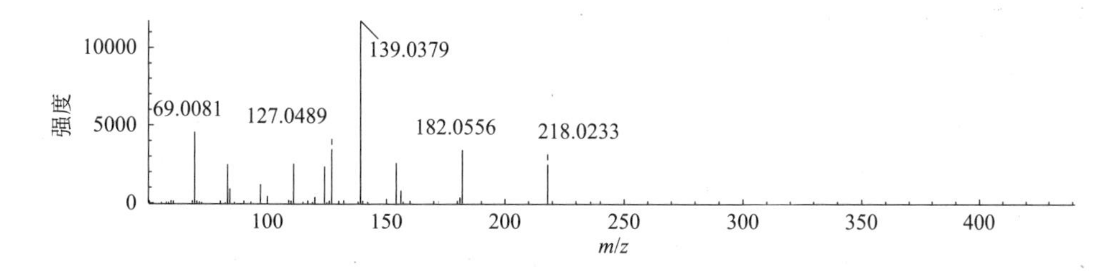

Cycloxydim
噻草酮

CAS号	101205-02-1	保留时间	21. 40min
分子式	$C_{17}H_{27}NO_3S$	加合方式	$[M+H]^+$
分子量	325. 1712	源内裂解碎片	*m/z* 280

推测裂解规律

$[C_{17}H_{27}NO_3S]$ MW 325.1712 → (H^+) $[C_{17}H_{27}NO_3S+H]^+$ *m/z* 326.1784 → $[C_{15}H_{22}NO_2S]^+$ *m/z* 280.1366 → $[C_{14}H_{22}NOS]^+$ *m/z* 252.1417 → $[C_5H_9S]^+$ *m/z* 101.0420

$[C_{15}H_{22}NO_2S]^+$ *m/z* 280.1366 → $[C_{10}H_{14}NO_2]^+$ *m/z* 180.1019

提取离子流色谱图

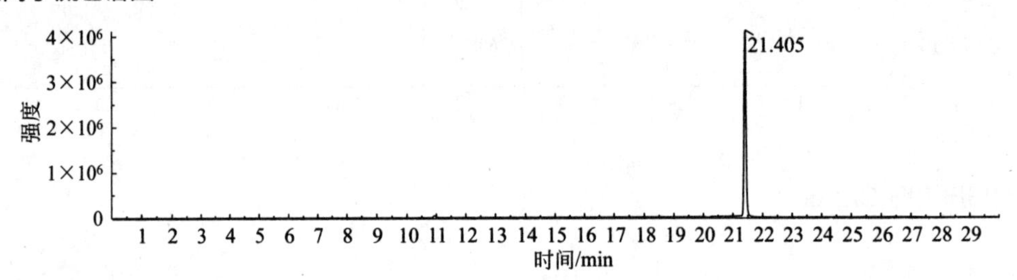

一级质谱图

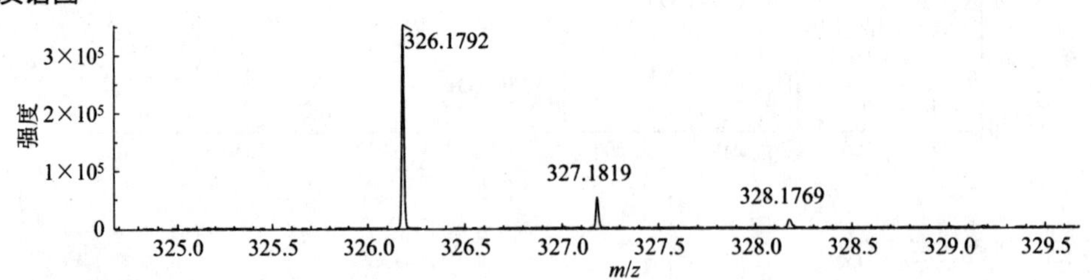

二级全扫质谱图 CE: (35±15)V

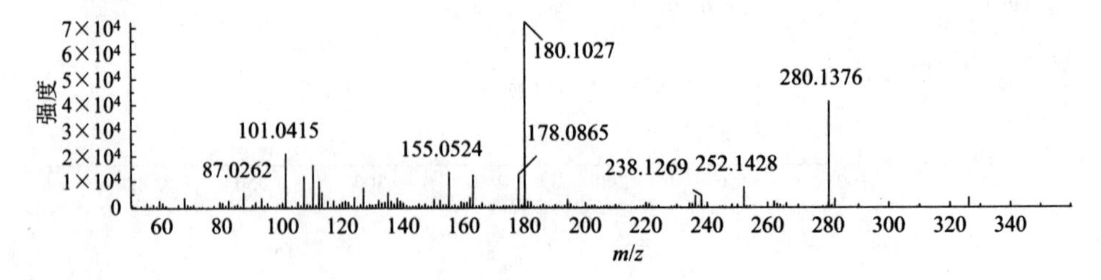

二级全扫质谱图 CE: 10V

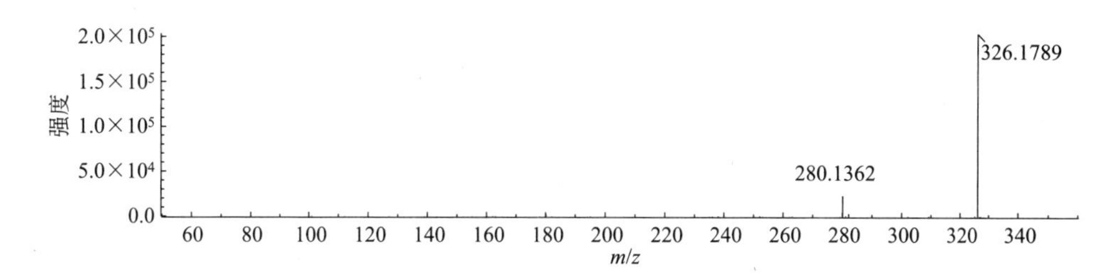

二级全扫质谱图 CE: 20V

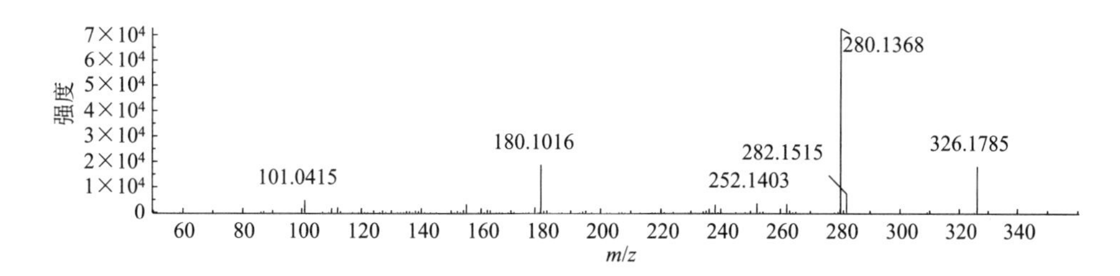

二级全扫质谱图 CE: 35V

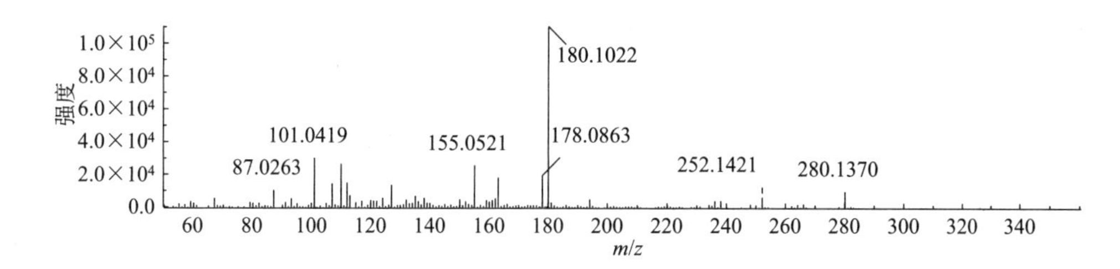

二级全扫质谱图 CE: 50V

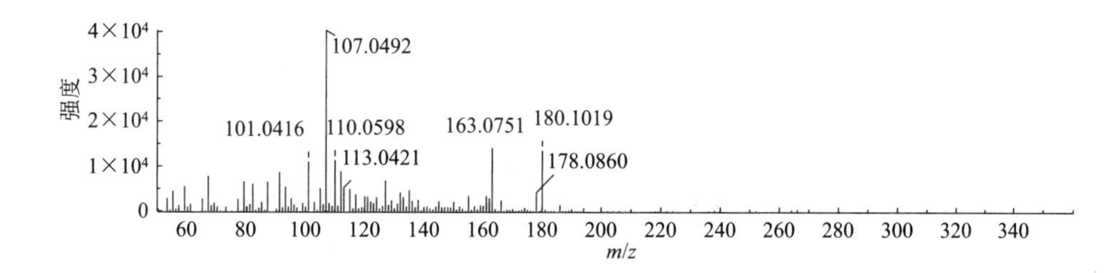

二级全扫质谱图 CE: 60V

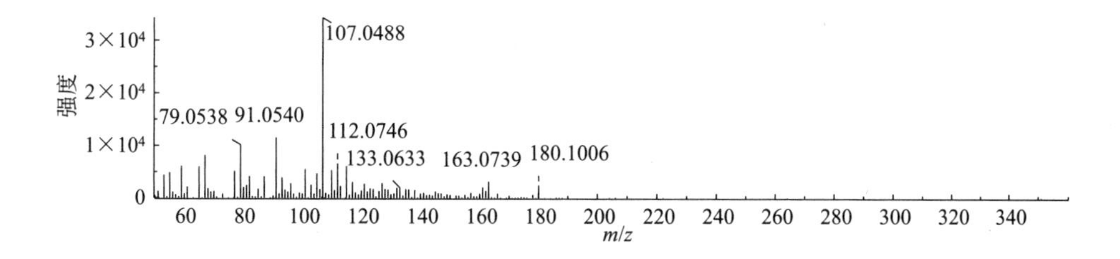

Cyflufenamid
环氟菌胺

CAS 号	180409-60-3	保留时间	20.53min
分子式	$C_{20}H_{17}F_5N_2O_2$	加合方式	$[M+H]^+$
分子量	412.1210	源内裂解碎片	无

推测裂解规律

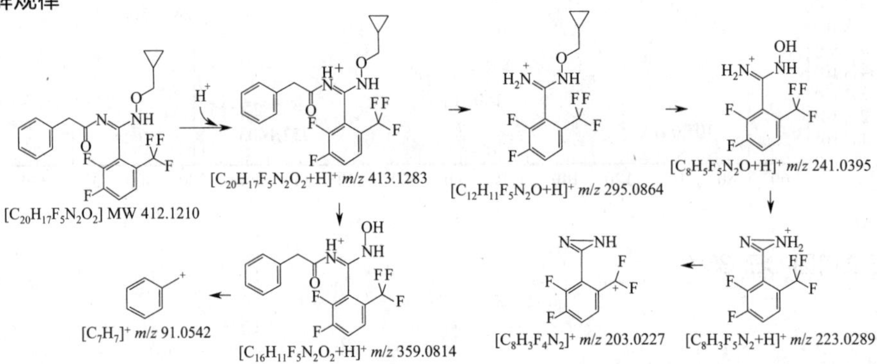

提取离子流色谱图

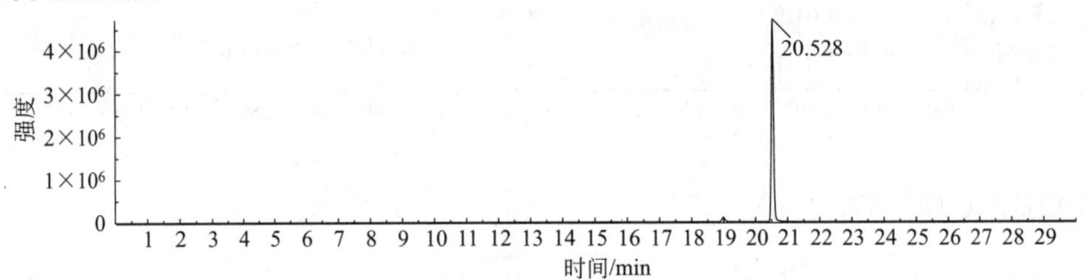

一级质谱图

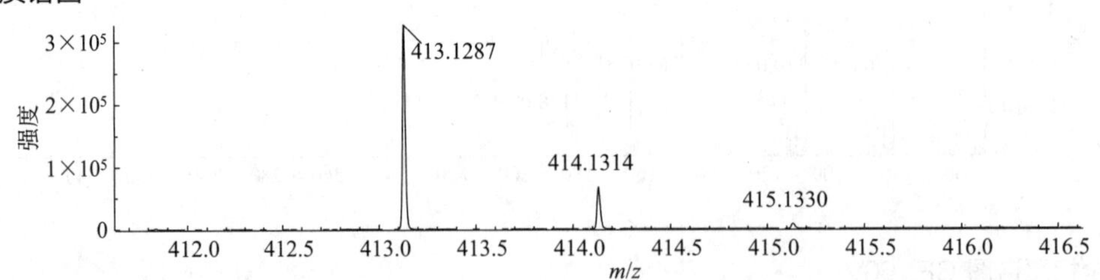

二级全扫质谱图 CE: (35±15)V

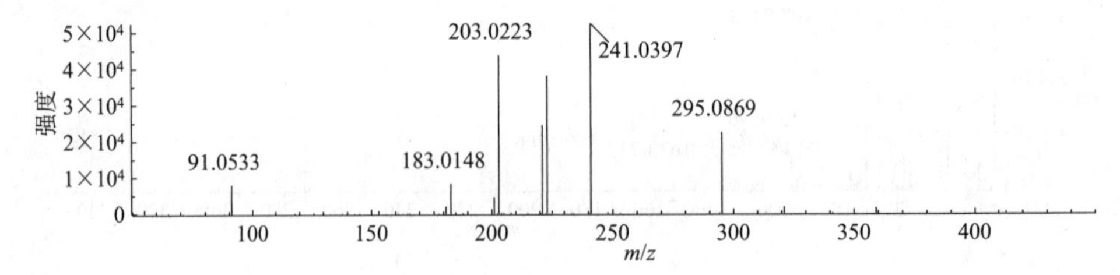

二级全扫质谱图 CE: 10V

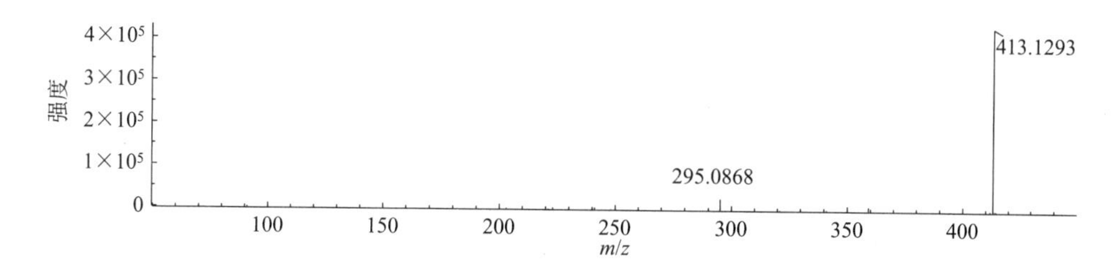

二级全扫质谱图 CE: 20V

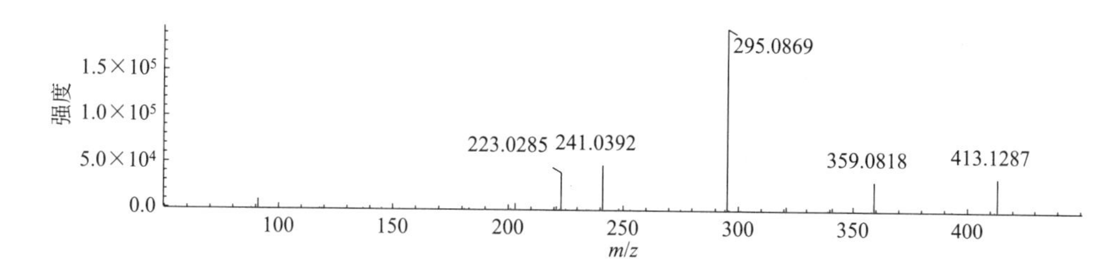

二级全扫质谱图 CE: 35V

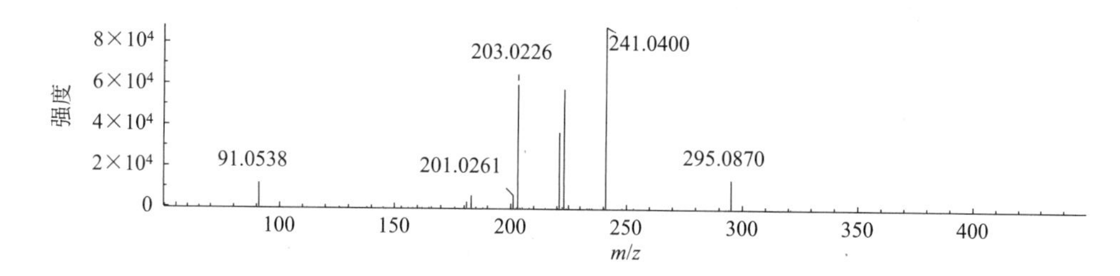

二级全扫质谱图 CE: 50V

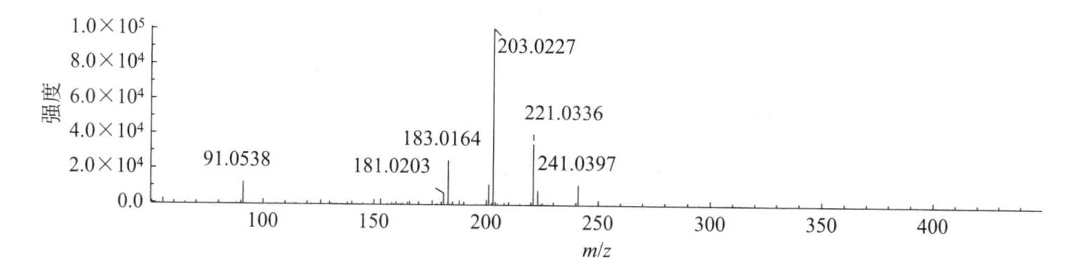

二级全扫质谱图 CE: 60V

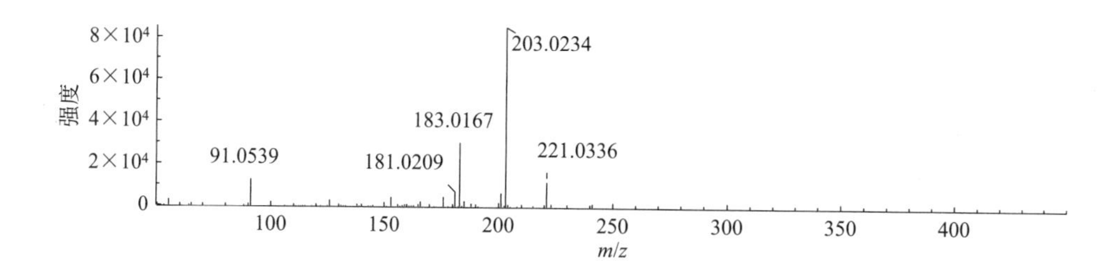

Cyflumetofen
丁氟螨酯

CAS 号	400882-07-7	保留时间	21.95min
分子式	$C_{24}H_{24}F_3NO_4$	加合方式	$[M+NH_4]^+$
分子量	447.1657	源内裂解碎片	无

推测裂解规律

$[C_{24}H_{24}F_3NO_4]$ MW 447.1657

$[C_{24}H_{24}F_3NO_4+NH_4]^+$ *m/z* 465.1996

$[C_{24}H_{24}F_3NO_4+H]^+$ *m/z* 448.1730

$[C_{11}H_{11}F_3O_3+H]^+$ *m/z* 249.0733

$[C_{11}H_{11}F_3O_3+H]^+$ *m/z* 217.0471

$[C_8H_4F_3O]^+$ *m/z* 173.0209

$[C_7H_4F_3]^+$ *m/z* 145.0260

提取离子流色谱图

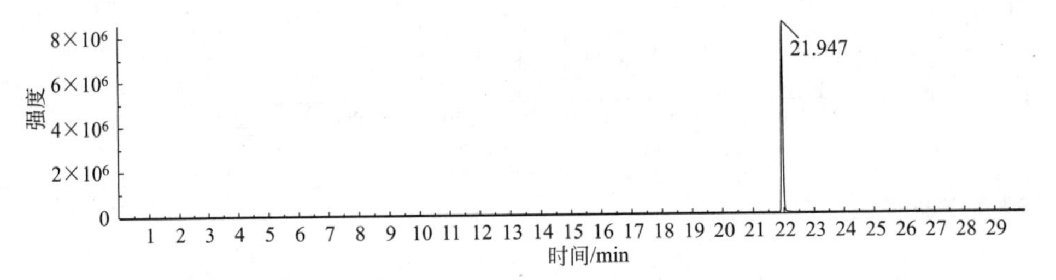

一级质谱图

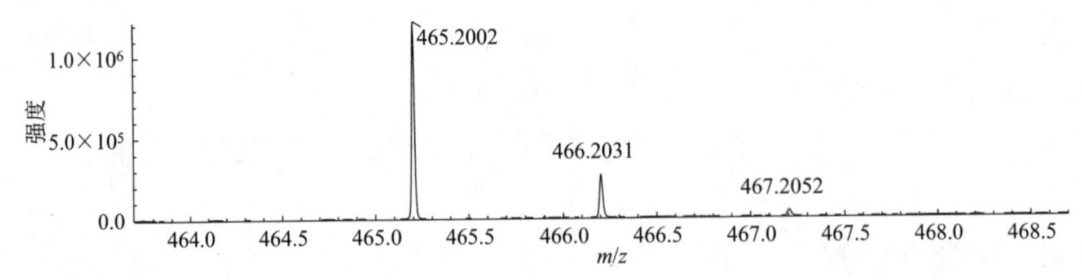

二级全扫质谱图 CE: (35±15)V

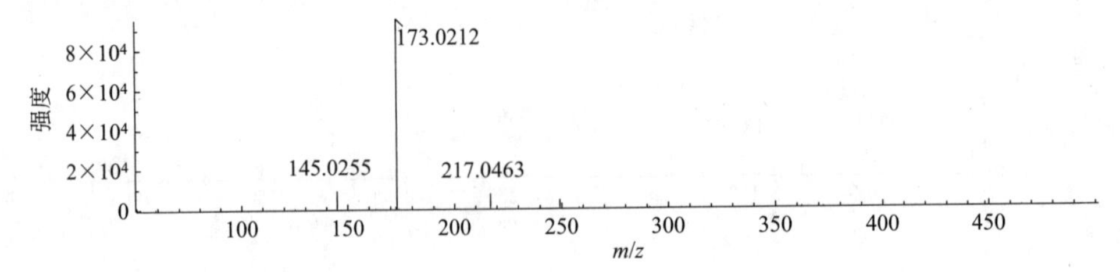

二级全扫质谱图 CE: 10V

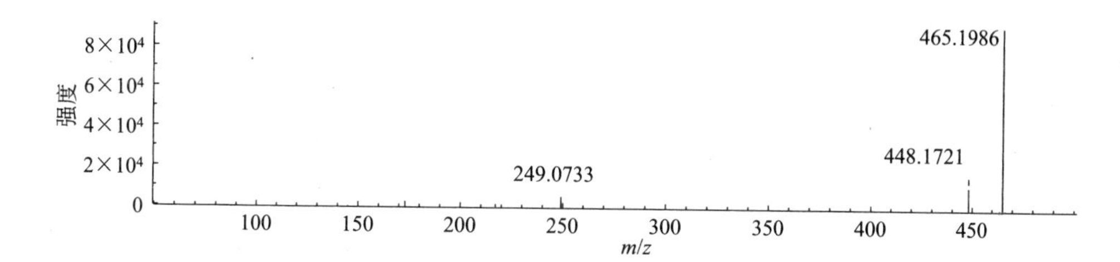

二级全扫质谱图 CE: 20V

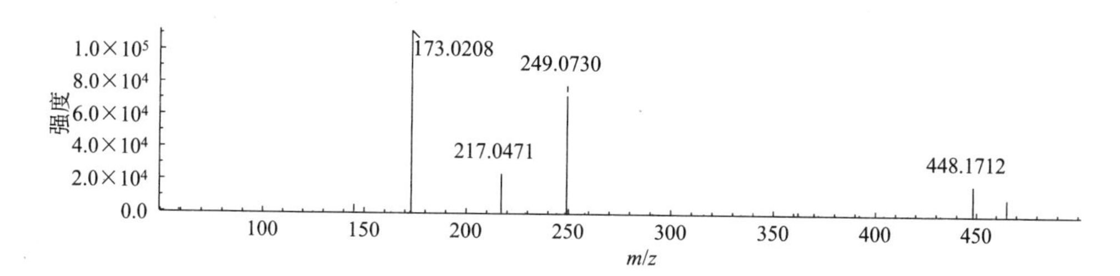

二级全扫质谱图 CE: 35V

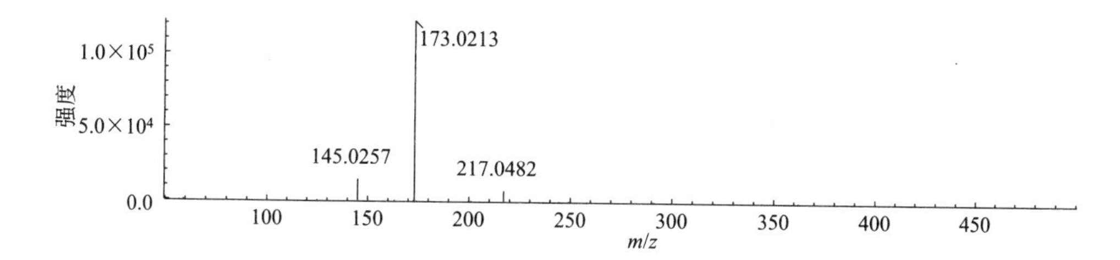

二级全扫质谱图 CE: 50V

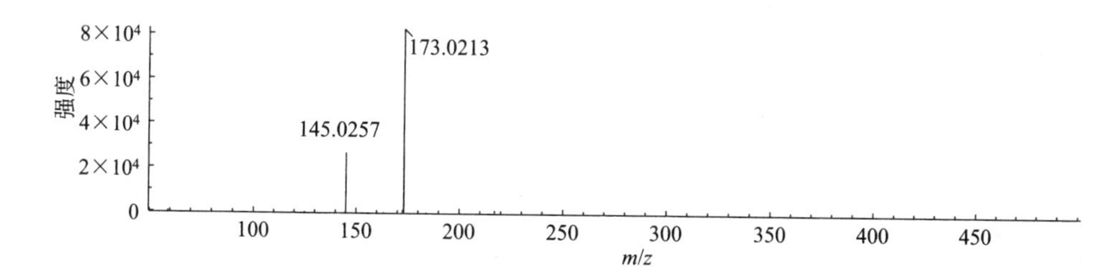

二级全扫质谱图 CE: 60V

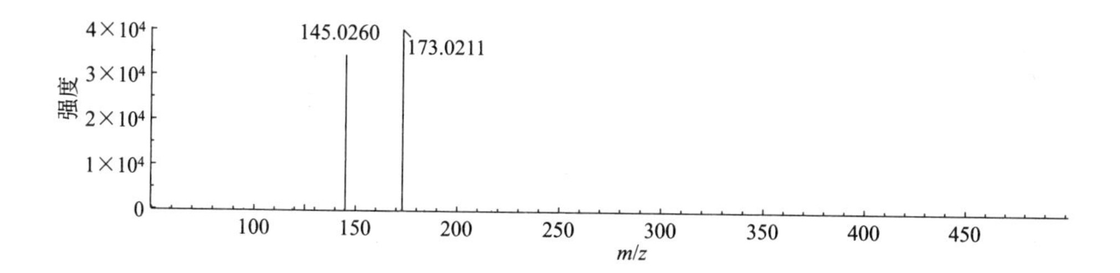

Cyhalothrin
氯氟氰菊酯

CAS 号	91465-08-6	保留时间	23. 21min
分子式	$C_{23}H_{19}ClF_3NO_3$	加合方式	$[M+NH_4]^+$
分子量	449. 1006	源内裂解碎片	无

推测裂解规律

$[C_{23}H_{19}ClF_3NO_3]$ MW 449.1006

NH_4^+

$[C_{23}H_{19}ClF_3NO_3+NH_4]^+$ *m/z* 467.1344

$[C_{13}H_9O]^+$ *m/z* 181.0648

$[C_9H_9ClF_3O]^+$ *m/z* 225.0286

提取离子流色谱图

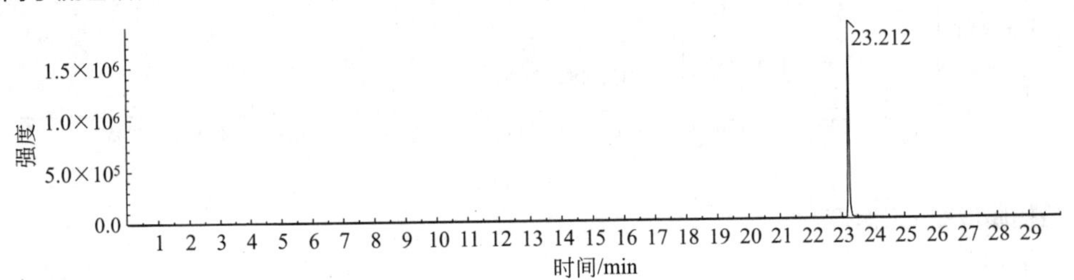

一级质谱图

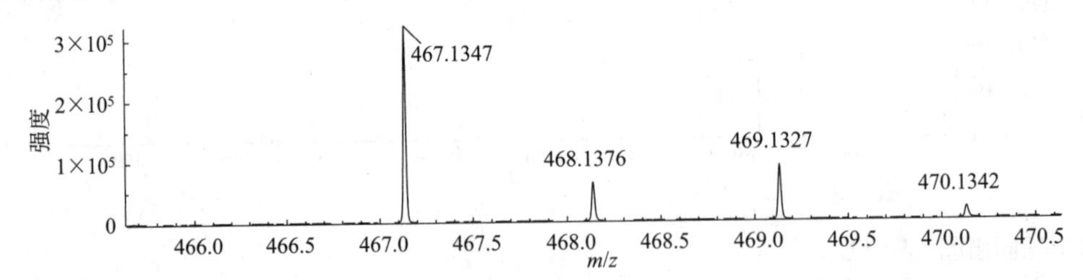

二级全扫质谱图 CE: (35±15)V

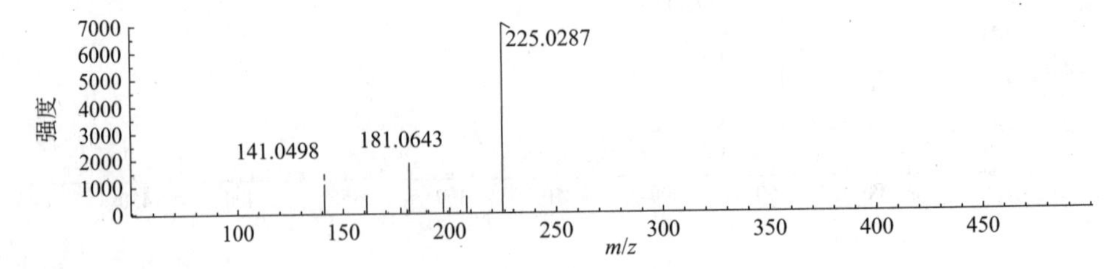

二级全扫质谱图 CE: 10V

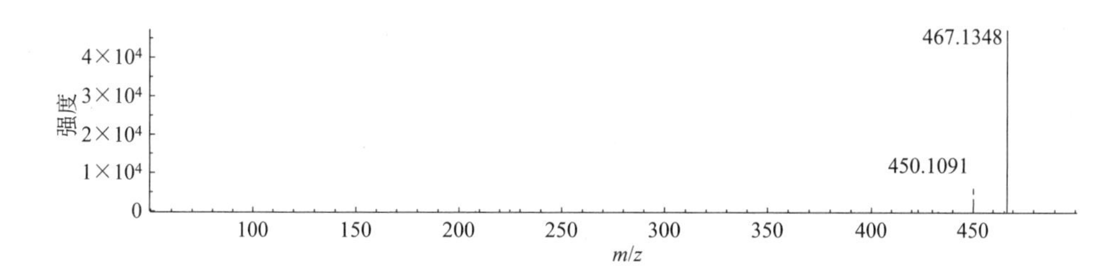

二级全扫质谱图 CE: 20V

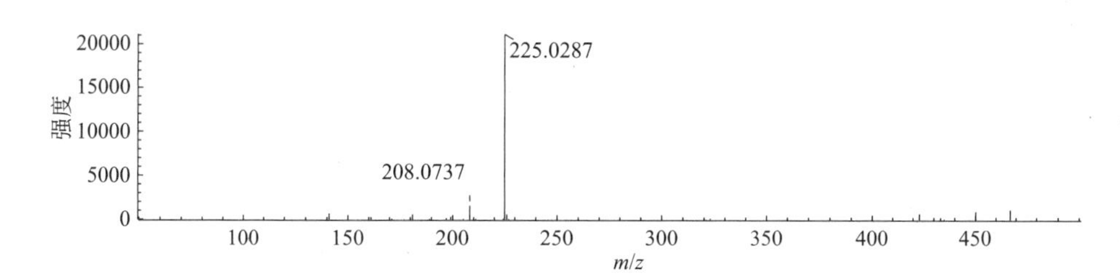

二级全扫质谱图 CE: 35V

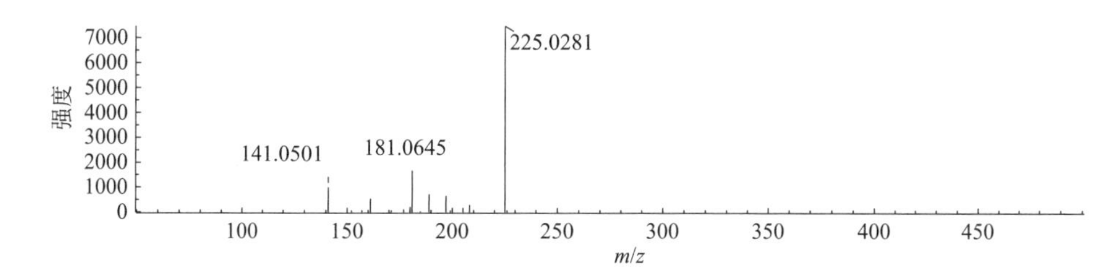

二级全扫质谱图 CE: 50V

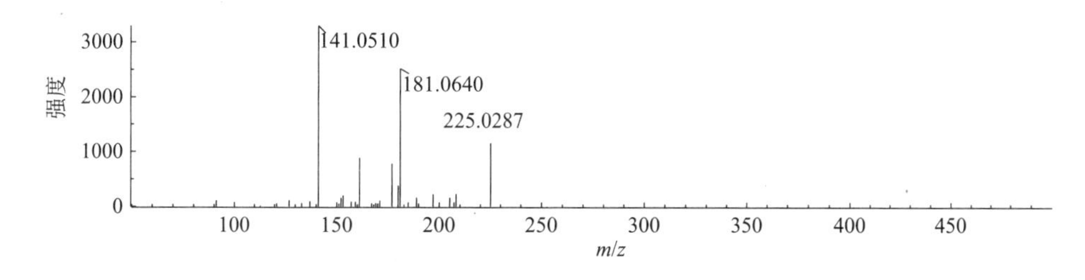

二级全扫质谱图 CE: 60V

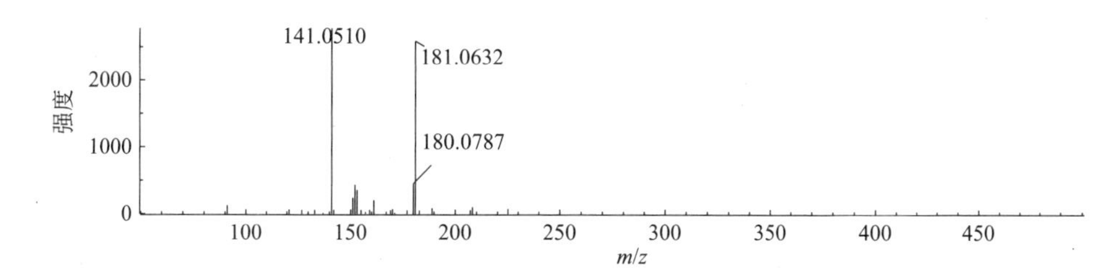

Cymoxanil
霜脲氰

CAS 号	57966-95-7	保留时间	5. 03min
分子式	$C_7H_{10}N_4O_3$	加合方式	$[M+H]^+$
分子量	198. 0753	源内裂解碎片	*m/z* 128

推测裂解规律

$[C_7H_{10}N_4O_3]$ MW 198.0753 → $[C_7H_{10}N_4O_3+H]^+$ *m/z* 199.0826 → $[C_4H_5N_3O_2+H]^+$ *m/z* 128.0454 → $[C_4H_3N_2O_2]^+$ *m/z* 111.0189 → $[C_3H_3N_2O]^+$ *m/z* 83.0240

$[C_4H_3N_2O_2]^+$ *m/z* 111.0189 → $[C_2H_4NO]^+$ *m/z* 58.0287

$[C_3H_3N_2O]^+$ *m/z* 83.0240 → $[C_2N_2+H]^+$ *m/z* 53.0134

提取离子流色谱图

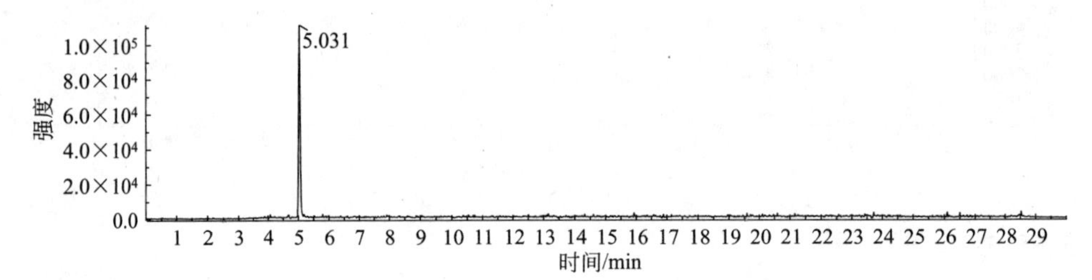

一级质谱图

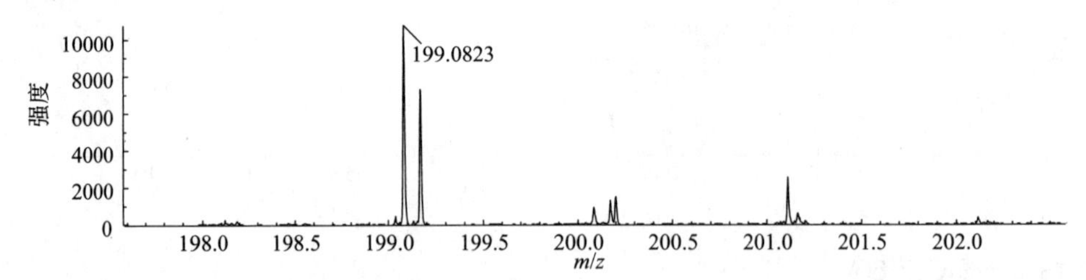

二级全扫质谱图 CE: (35±15)V

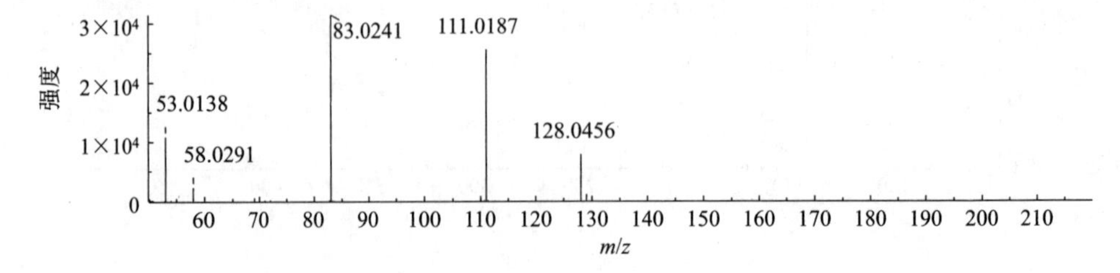

二级全扫质谱图 CE: 10V

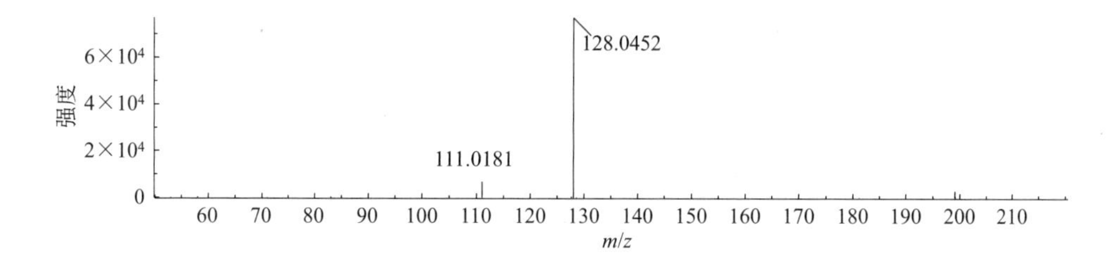

二级全扫质谱图 CE: 20V

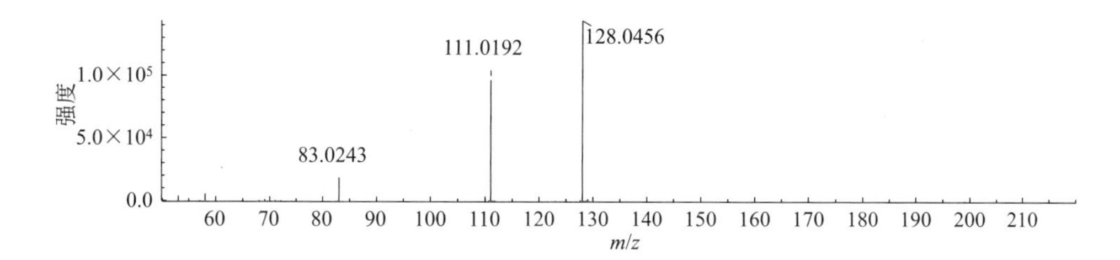

二级全扫质谱图 CE: 35V

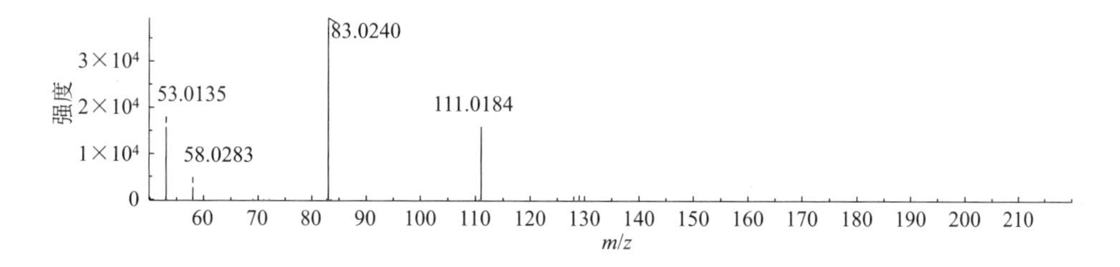

二级全扫质谱图 CE: 50V

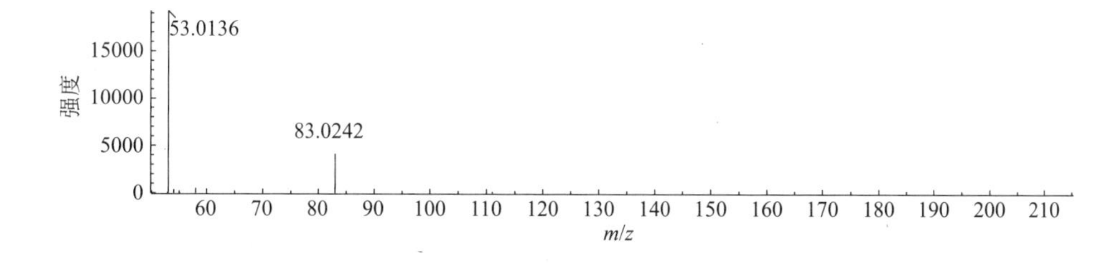

二级全扫质谱图 CE: 60V

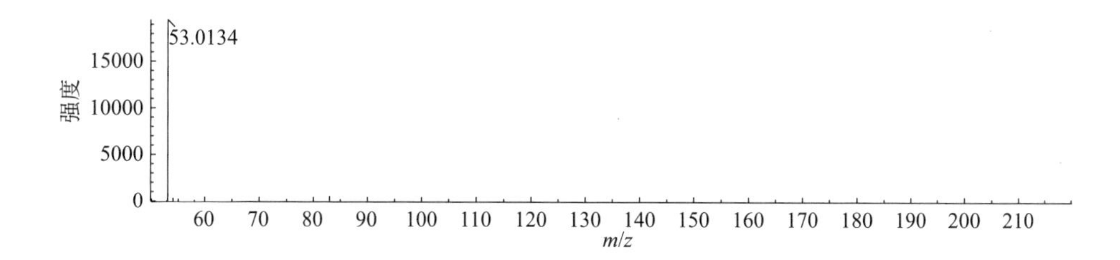

Cymoxanil in-source fragment 128
霜脲氰源内裂解碎片 128

CAS 号	—	保留时间	5.03min
分子式	$C_4H_6N_3O_2^+$	加合方式	$[M+H]^+$
分子量	128.0454	源内裂解碎片	无

推测裂解规律

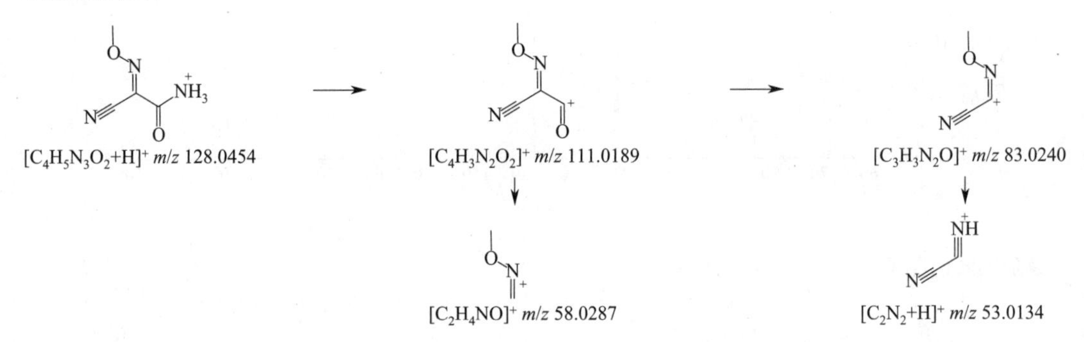

提取离子流色谱图

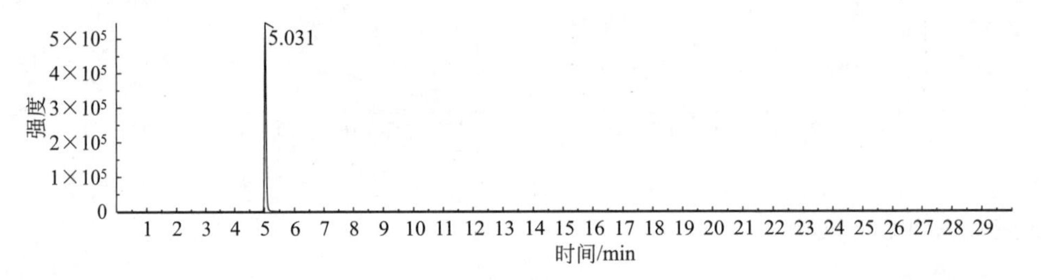

一级质谱图

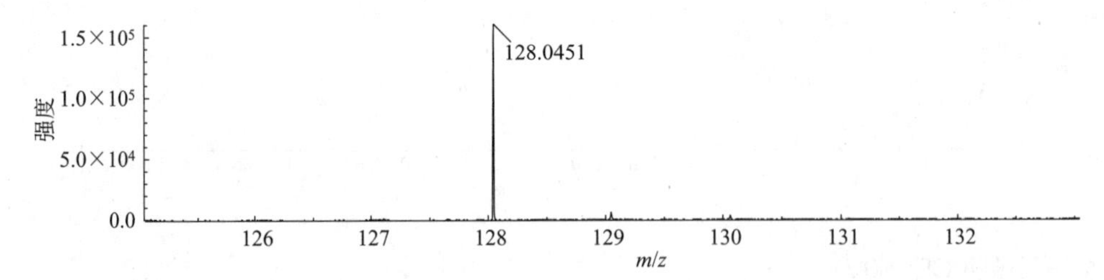

二级全扫质谱图 CE: (35±15)V

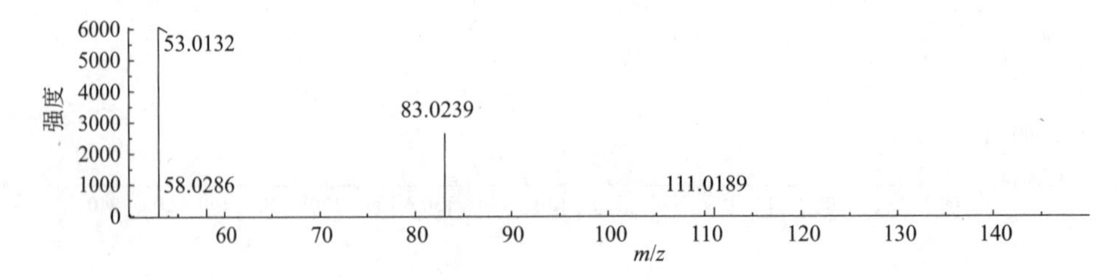

二级全扫质谱图 CE: 10V

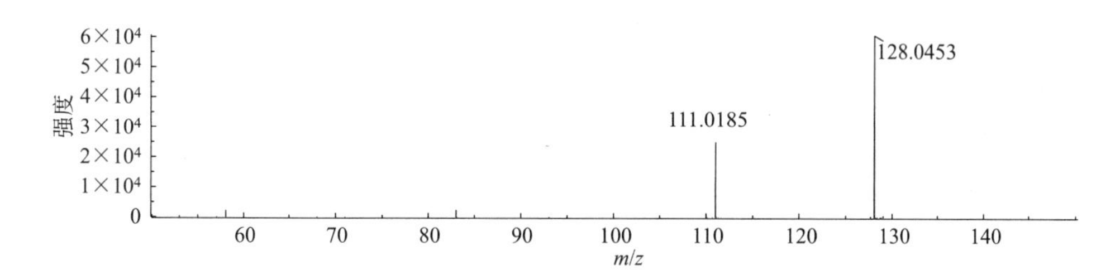

二级全扫质谱图 CE: 20V

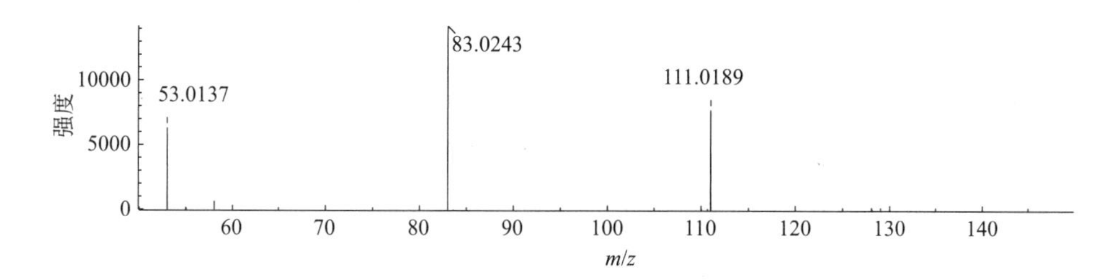

二级全扫质谱图 CE: 35V

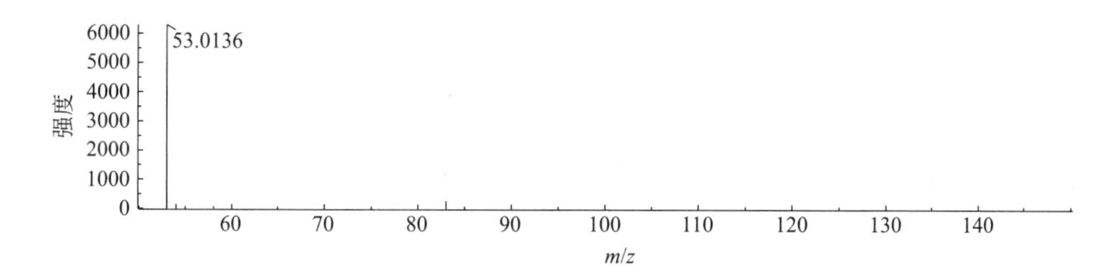

二级全扫质谱图 CE: 50V

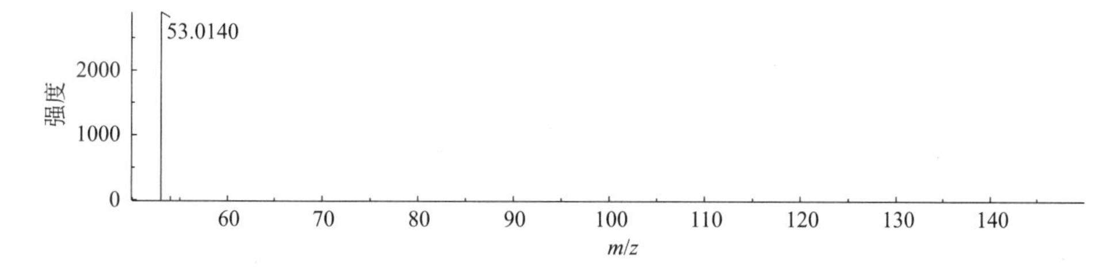

二级全扫质谱图 CE: 60V

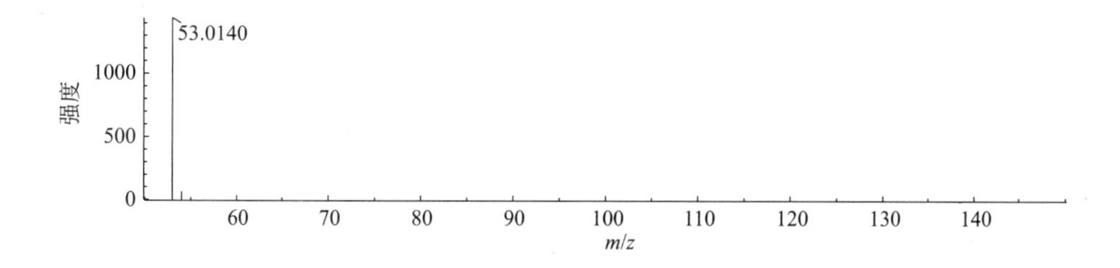

Cyproconazole

环丙唑醇

CAS 号	94361-06-5	保留时间	13. 46min/14. 34min
分子式	$C_{15}H_{18}ClN_3O$	加合方式	$[M+H]^+$
分子量	291. 1138	源内裂解碎片	无

推测裂解规律

$[C_{15}H_{18}ClN_3O]$ MW 291.1138 →(H^+) $[C_{15}H_{18}ClN_3O+H]^+$ *m/z* 292.1211 → $[C_7H_6Cl]^+$ *m/z* 125.0152 → $[C_7H_5]^+$ *m/z* 89.0386

$[C_{15}H_{18}ClN_3O+H]^+$ *m/z* 292.1211 → $[C_2H_3N_3+H]^+$ *m/z* 70.0400

$[C_7H_6Cl]^+$ *m/z* 125.0152 → $[C_5H_4Cl]^+$ *m/z* 98.9996

提取离子流色谱图

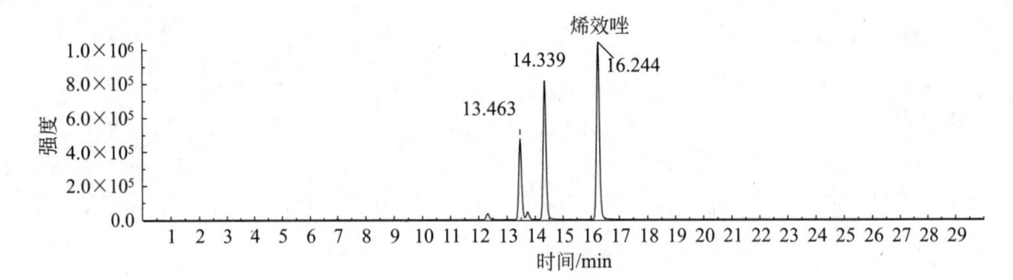

一级质谱图

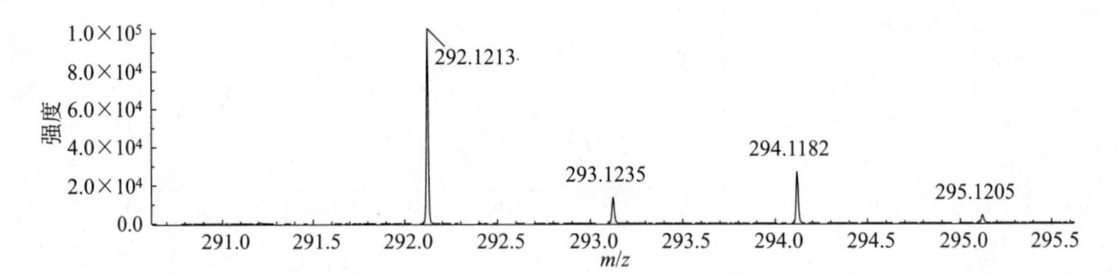

二级全扫质谱图 CE: (35±15)V

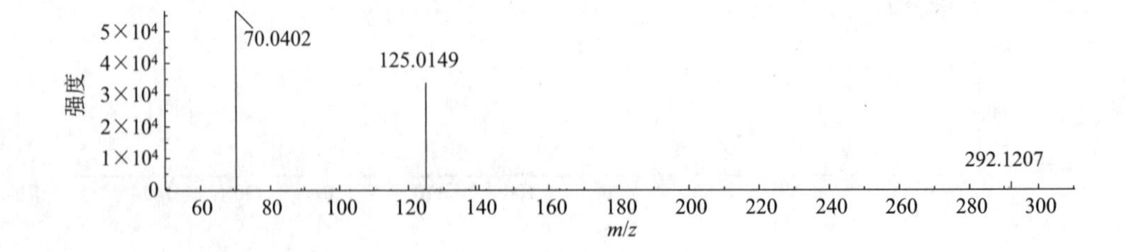

二级全扫质谱图 CE: 10V

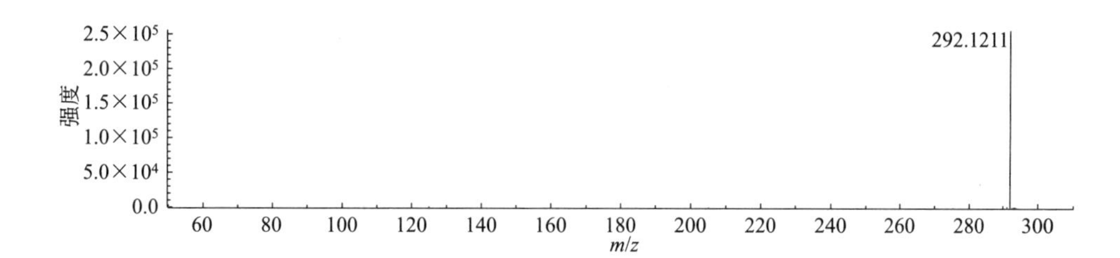

二级全扫质谱图 CE: 20V

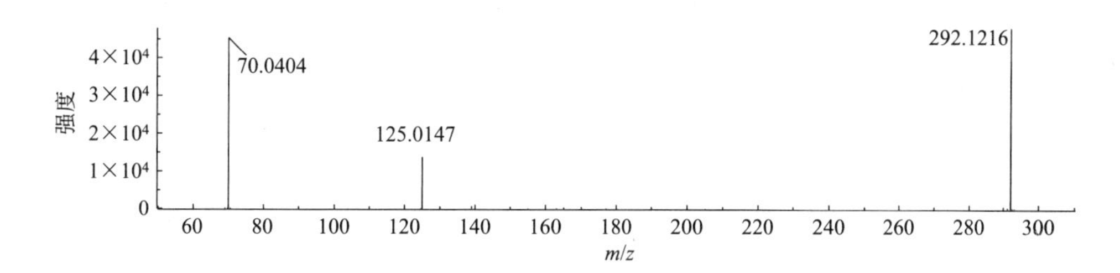

二级全扫质谱图 CE: 35V

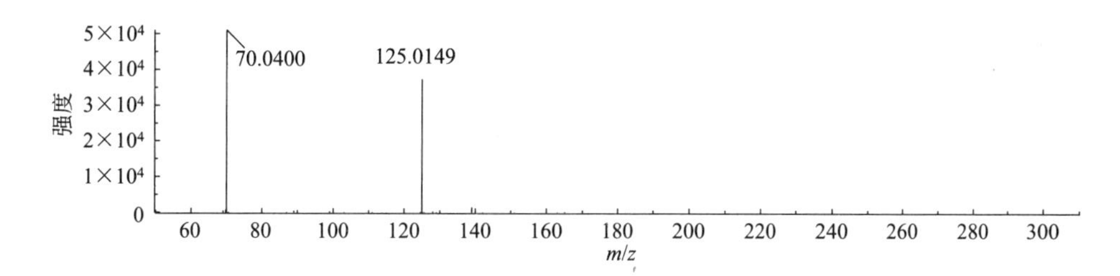

二级全扫质谱图 CE: 50V

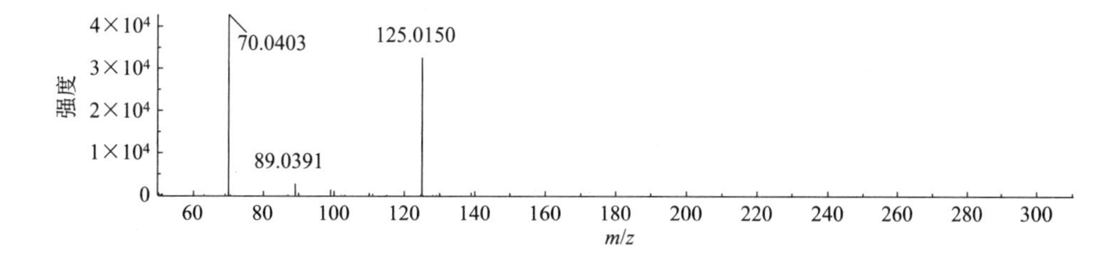

二级全扫质谱图 CE: 60V

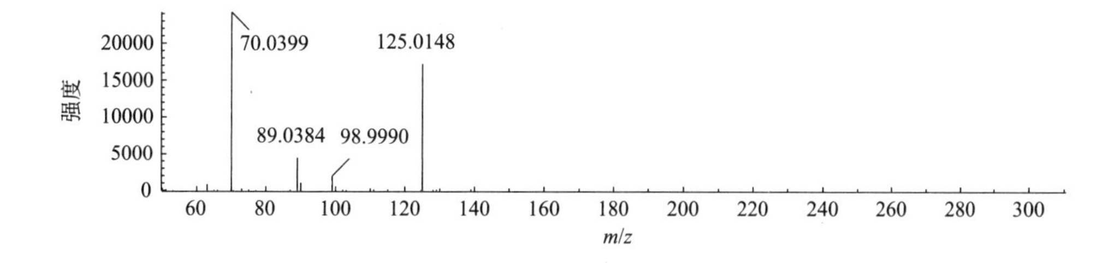

Cyprodinil
嘧菌环胺

CAS 号	121552-61-2	保留时间	17.07min
分子式	$C_{14}H_{15}N_3$	加合方式	$[M+H]^+$
分子量	225.1266	源内裂解碎片	无

推测裂解规律

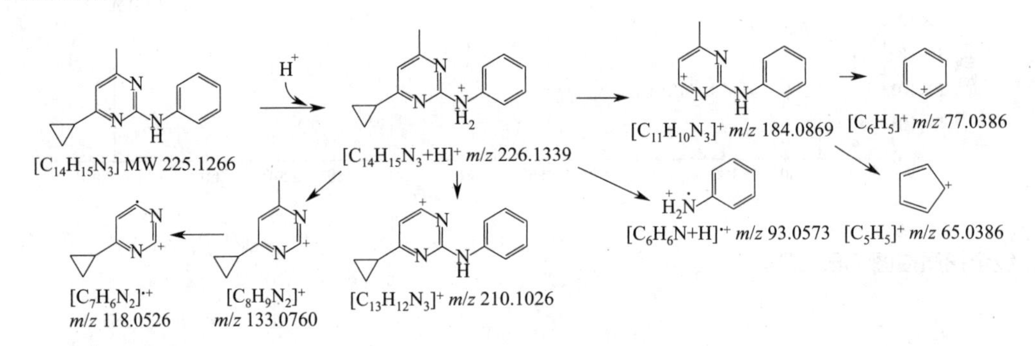

提取离子流色谱图

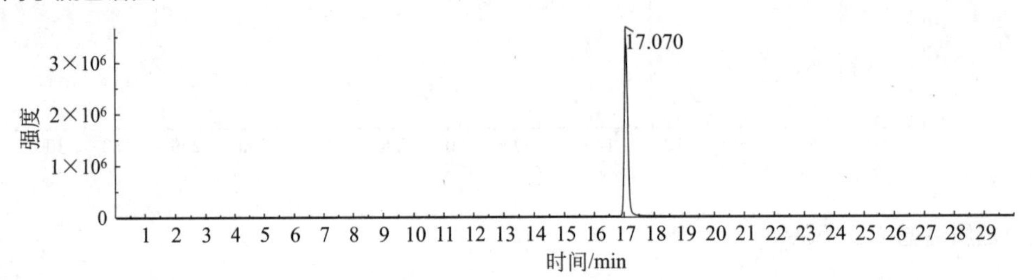

一级质谱图

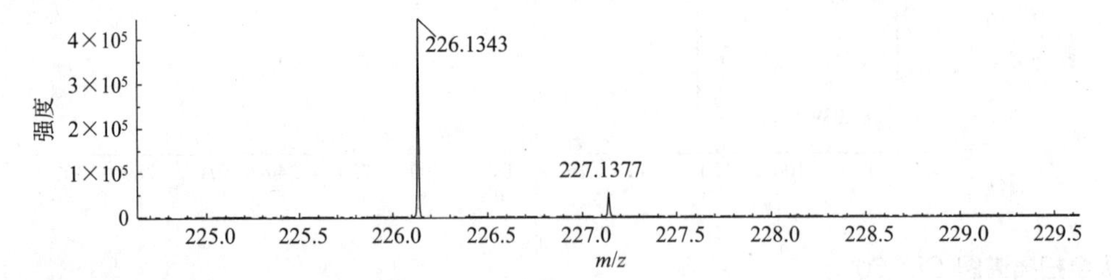

二级全扫质谱图 CE: (35±15)V

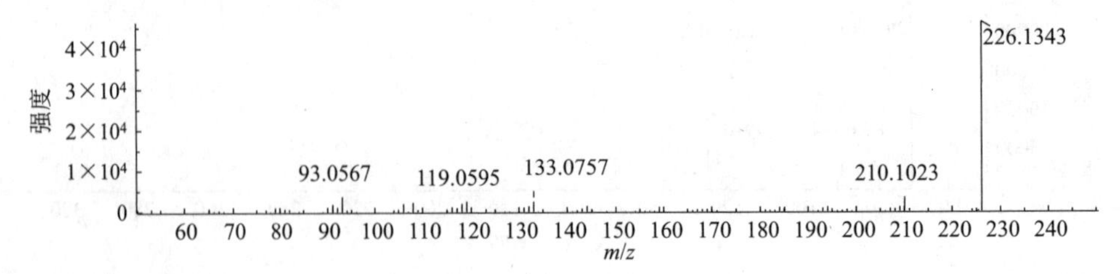

二级全扫质谱图 CE: 10V

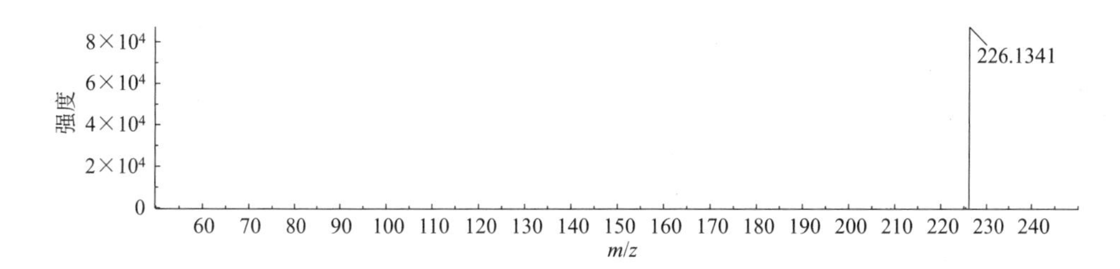

二级全扫质谱图 CE: 20V

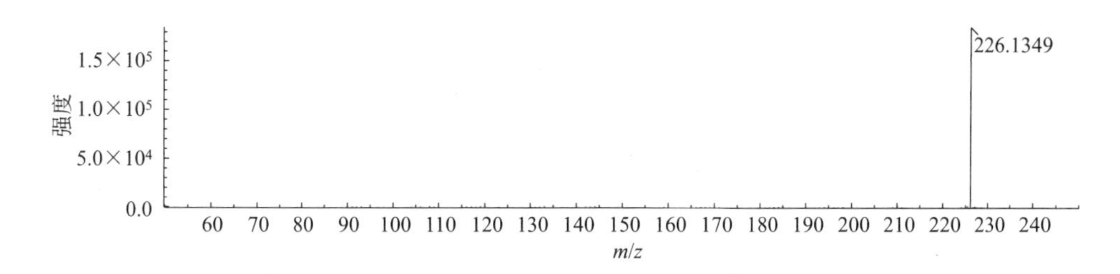

二级全扫质谱图 CE: 35V

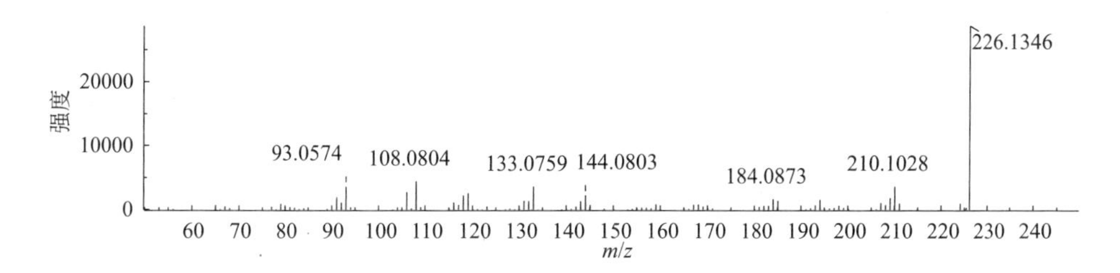

二级全扫质谱图 CE: 50V

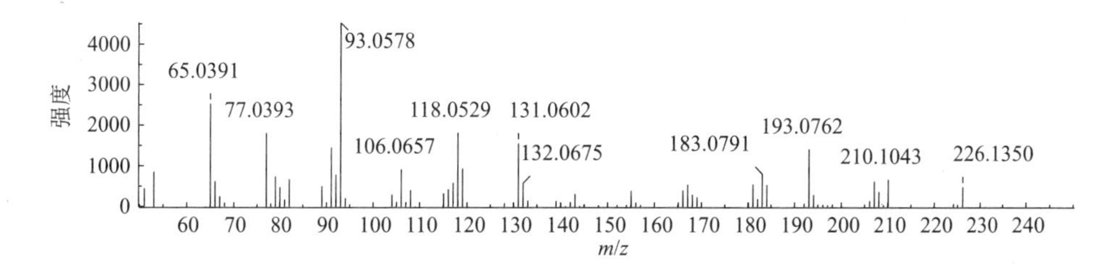

二级全扫质谱图 CE: 60V

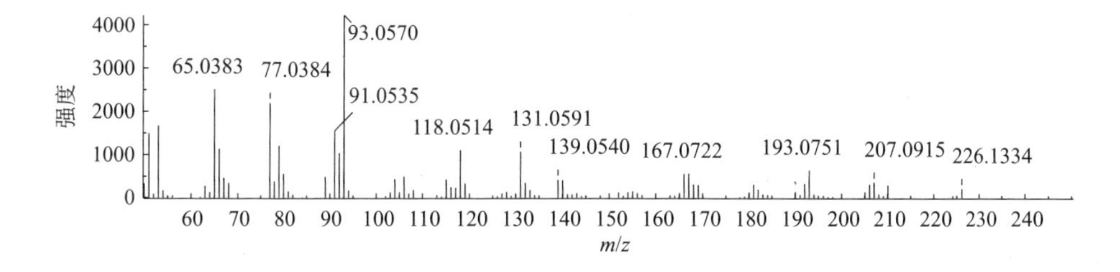

Cyromazine
灭蝇胺

CAS 号	66215-27-8	保留时间	3.31min
分子式	$C_6H_{10}N_6$	加合方式	$[M+H]^+$
分子量	166.0967	源内裂解碎片	无

推测裂解规律

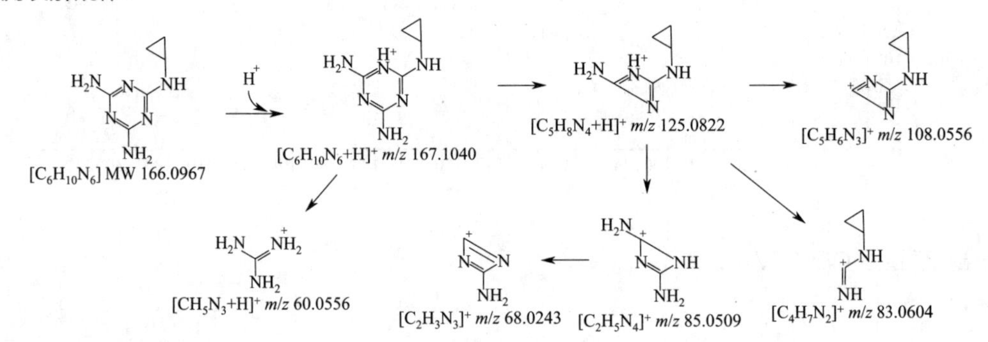

提取离子流色谱图

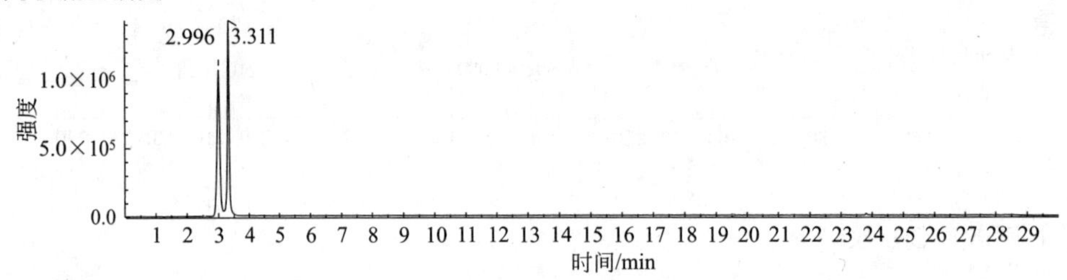

一级质谱图

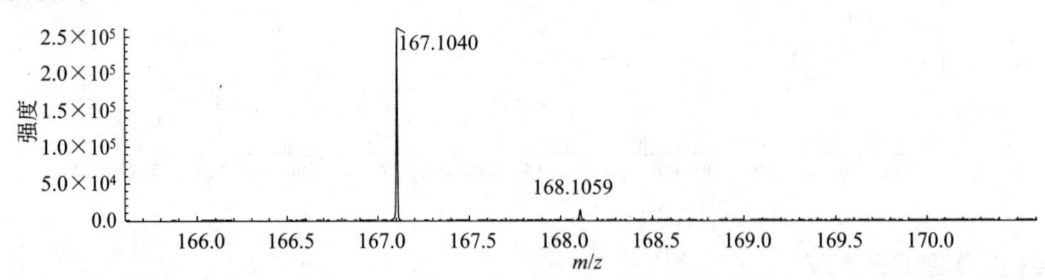

二级全扫质谱图 CE: (35±15)V

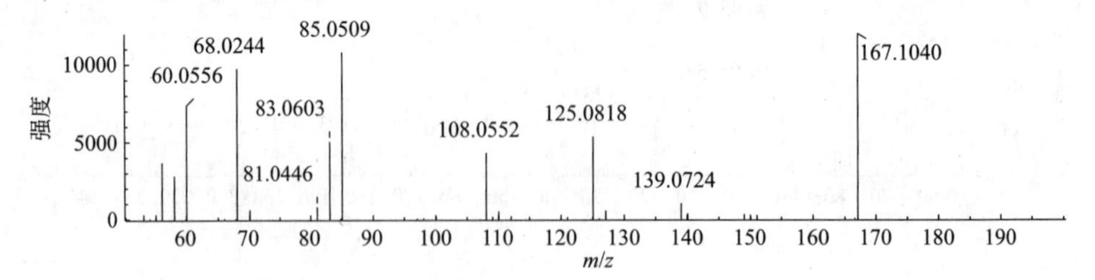

二级全扫质谱图 CE: 10V

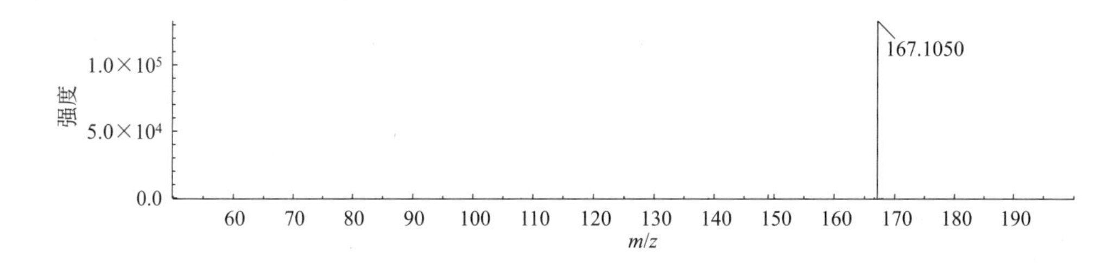

二级全扫质谱图 CE: 20V

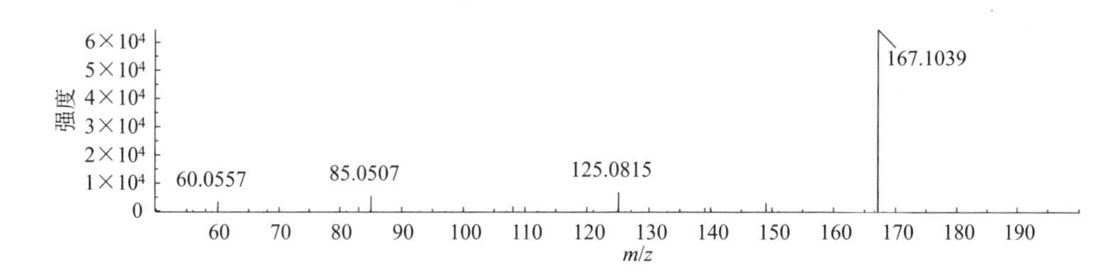

二级全扫质谱图 CE: 35V

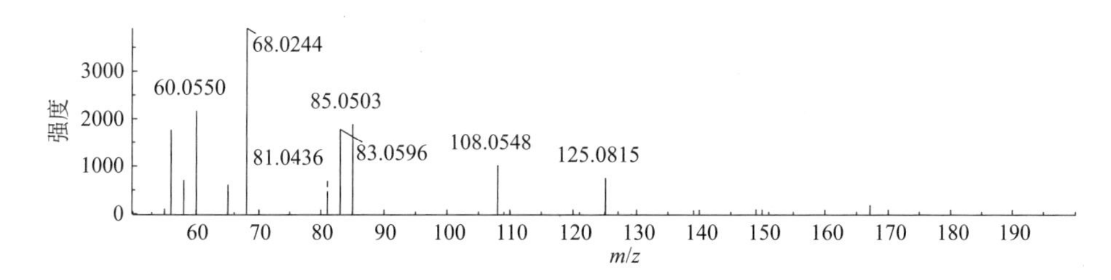

二级全扫质谱图 CE: 50V

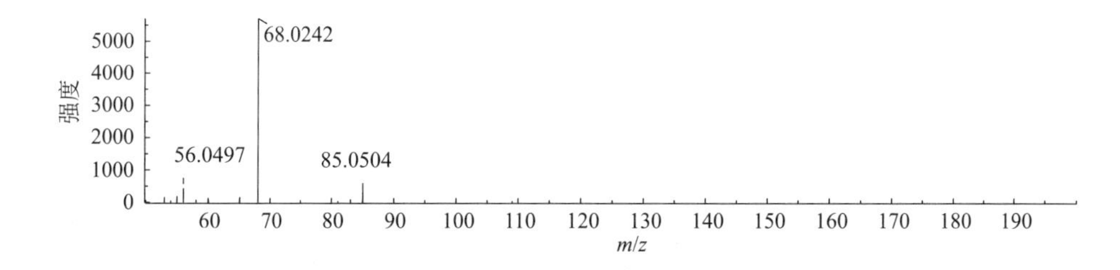

二级全扫质谱图 CE: 60V

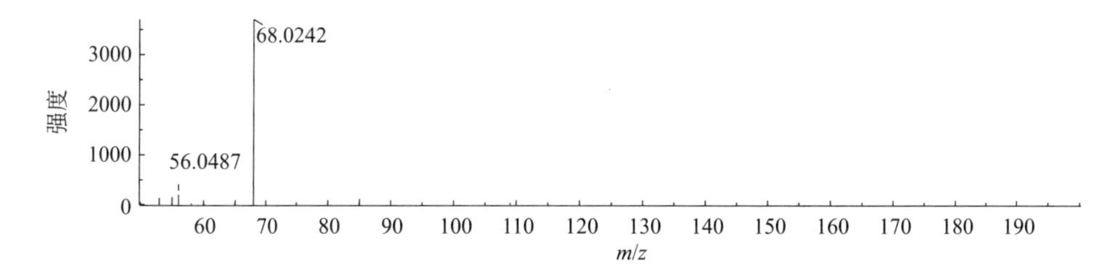

Dazomet
棉隆

CAS 号	533-74-4	保留时间	4.01min
分子式	$C_5H_{10}N_2S_2$	加合方式	$[M+H]^+$
分子量	162.0285	源内裂解碎片	无

推测裂解规律（裂解路径已经 MS[3] 确认）

$[C_5H_{10}N_2S_2]$ MW 162.0285 → (H⁺) → $[C_5H_{10}N_2S_2+H]^+$ *m/z* 163.0358 → $[C_3H_5NS_2+H]^+$ *m/z* 119.9936 → $[CHS_2]^+$ *m/z* 76.9514

$[C_5H_{10}N_2S_2+H]^+$ *m/z* 163.0358 → $[C_3H_7NS+H]^+$ *m/z* 90.0372

$[C_3H_5NS_2+H]^+$ *m/z* 119.9936 → $[C_2H_4NS]^+$ *m/z* 74.0059

提取离子流色谱图

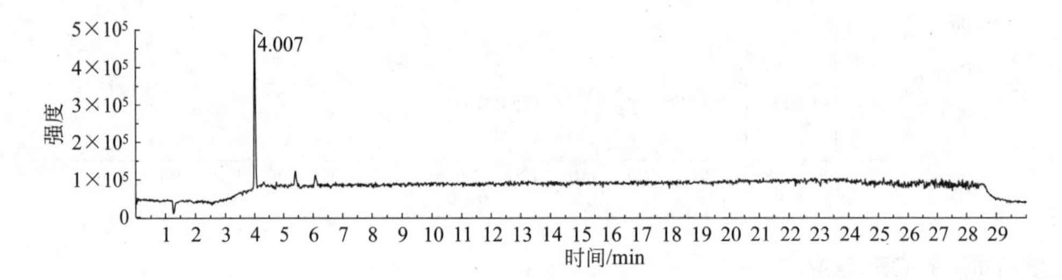

一级质谱图

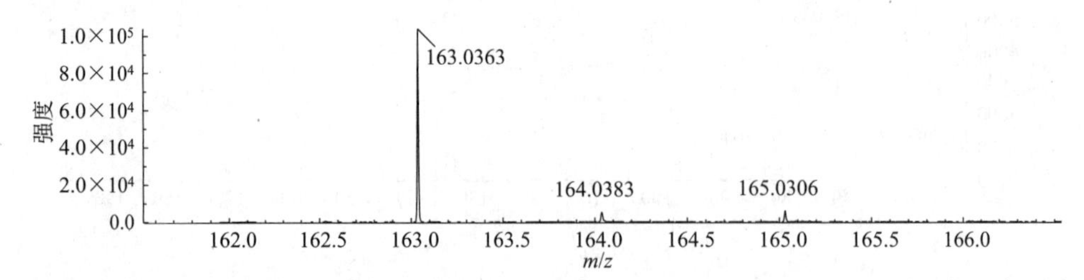

二级全扫质谱图 CE：(35±15)V

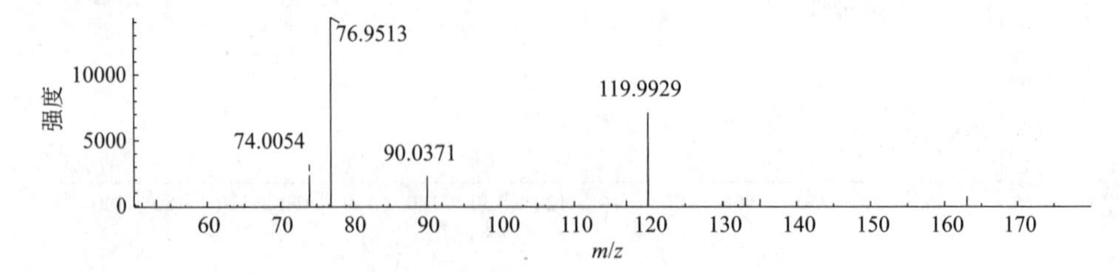

二级全扫质谱图 CE: 10V

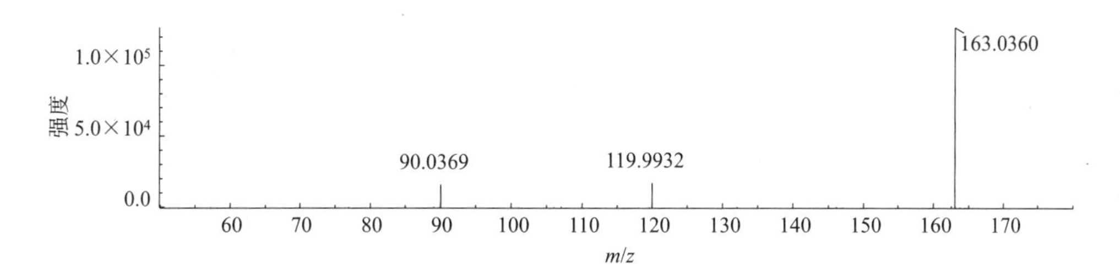

二级全扫质谱图 CE: 20V

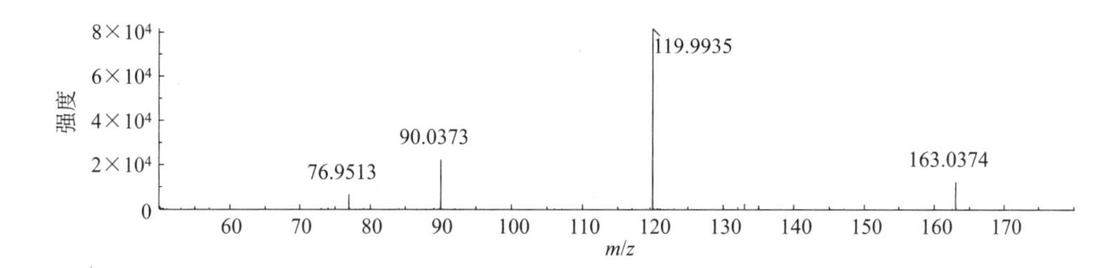

二级全扫质谱图 CE: 35V

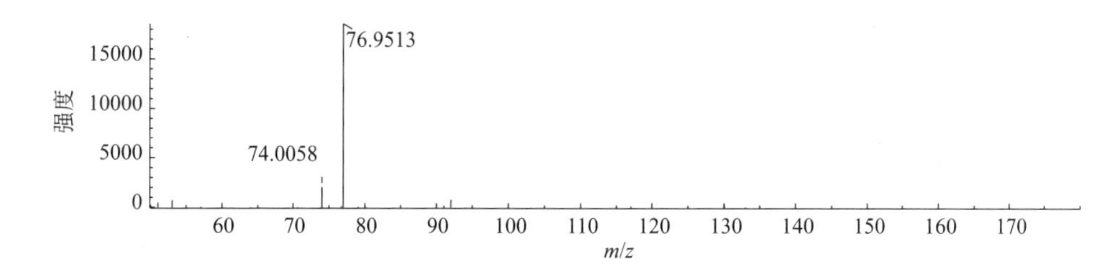

二级全扫质谱图 CE: 50V

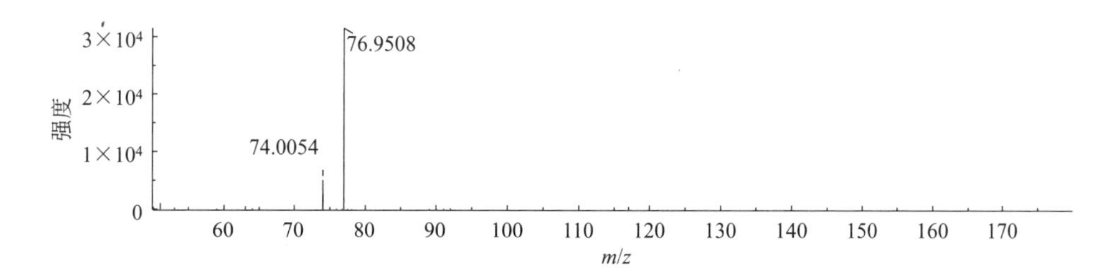

二级全扫质谱图 CE: 60V

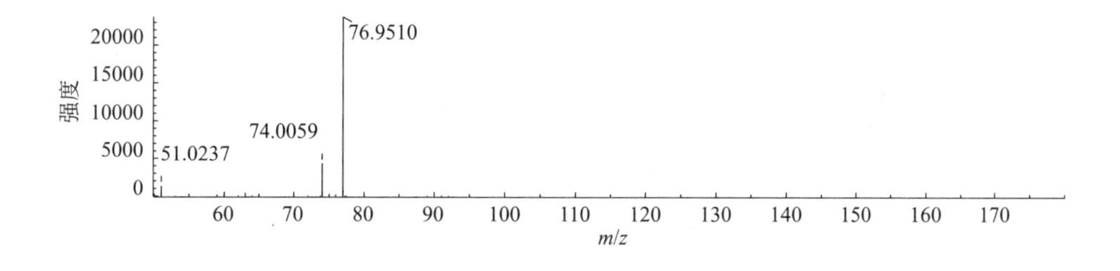

Deltamethrin
溴氰菊酯

CAS 号	52918-63-5	保留时间	23.44min
分子式	$C_{22}H_{19}Br_2NO_3$	加合方式	$[M+NH_4]^+$
分子量	502.9732	源内裂解碎片	无

推测裂解规律

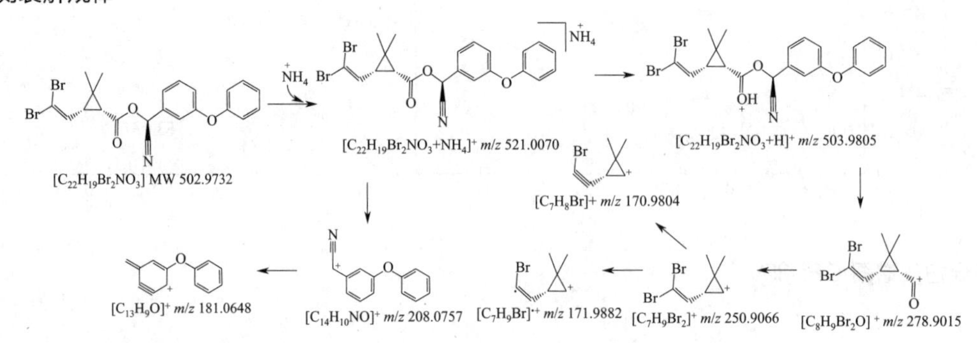

提取离子流色谱图

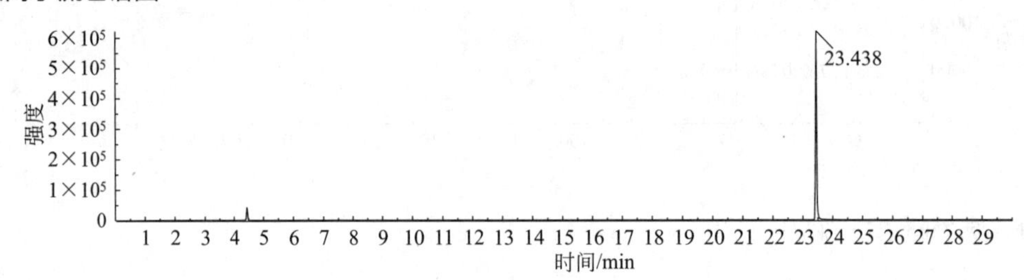

一级质谱图

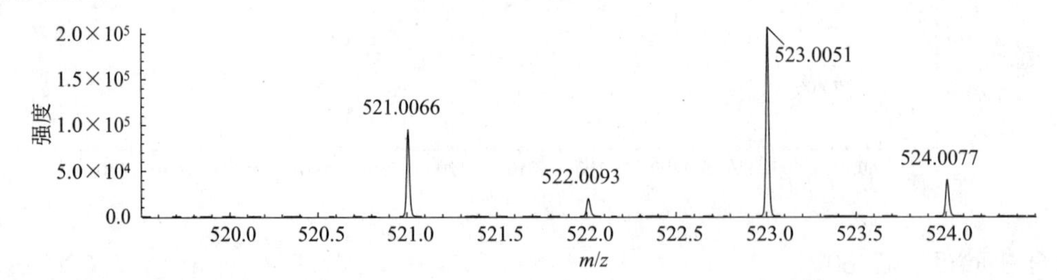

二级全扫质谱图 CE: (35±15)V

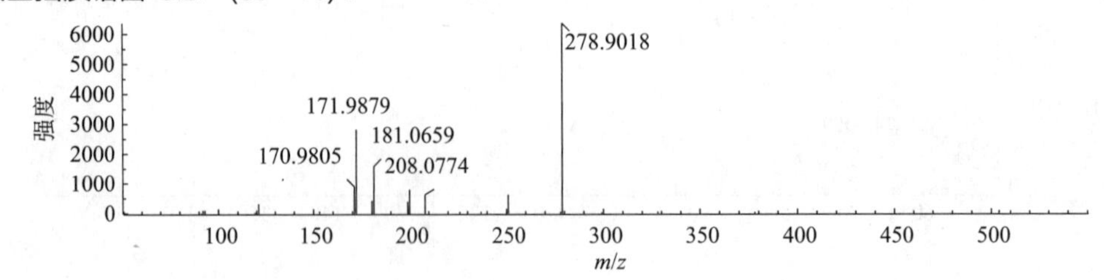

二级全扫质谱图 CE: 10V

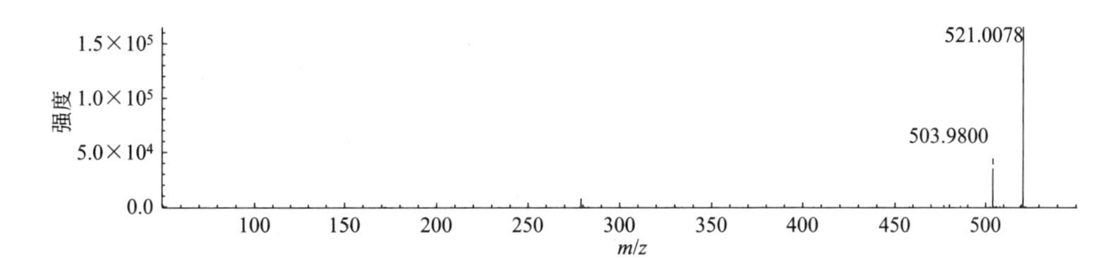

二级全扫质谱图 CE: 20V

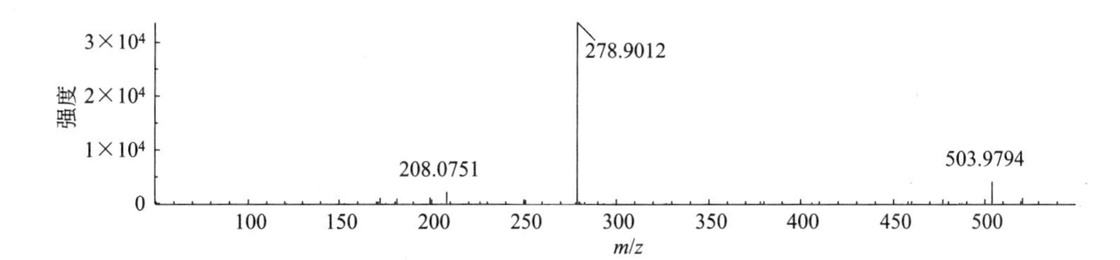

二级全扫质谱图 CE: 35V

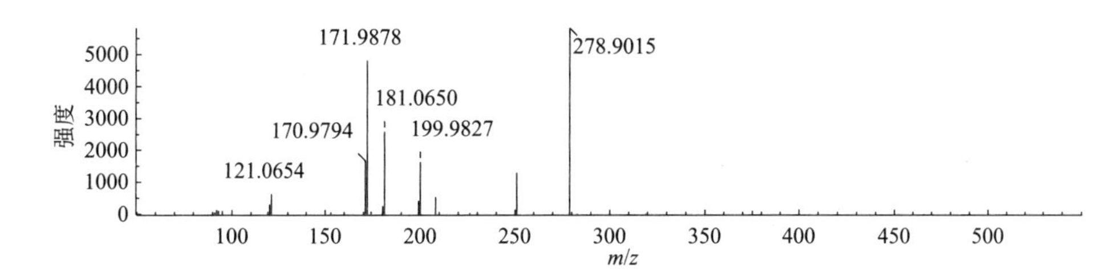

二级全扫质谱图 CE: 50V

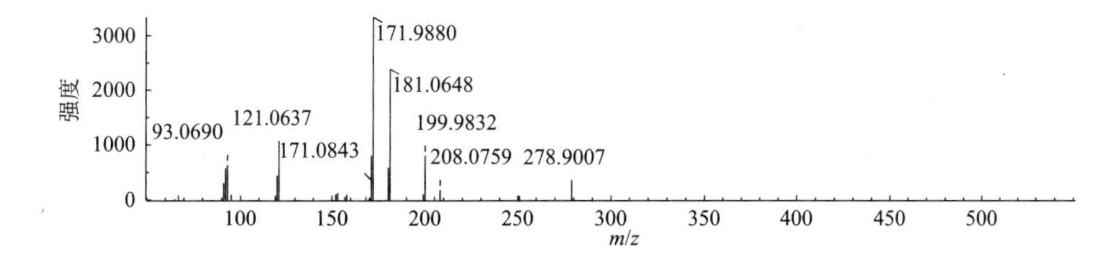

二级全扫质谱图 CE: 60V

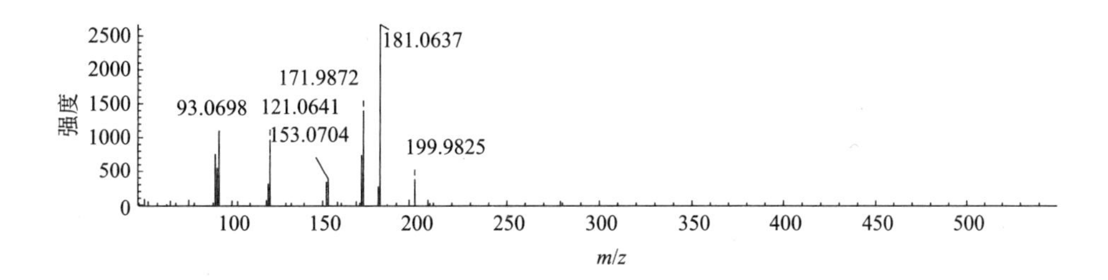

Demeton
内吸磷

CAS 号	8065-48-3	保留时间	11. 30min
分子式	$C_{16}H_{38}O_6P_2S_4$	加合方式	$[M+H]^+$
分子量	258. 0513	源内裂解碎片	无

推测裂解规律

$[C_{16}H_{38}O_6P_2S_4]$ MW 258.0513

H^+

$[C_{16}H_{38}O_6P_2S_4+H]^+$ *m/z* 259.0586

$[C_4H_9S]^+$ *m/z* 89.0420

$[C_2H_5S]^+$ *m/z* 61.0106

提取离子流色谱图

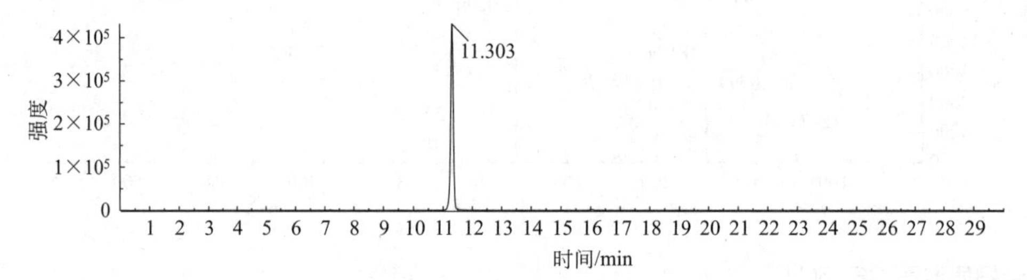

一级质谱图

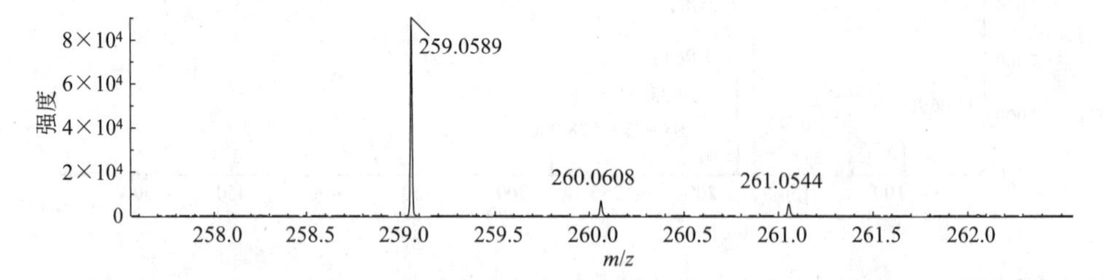

二级全扫质谱图 CE: (35±15)V

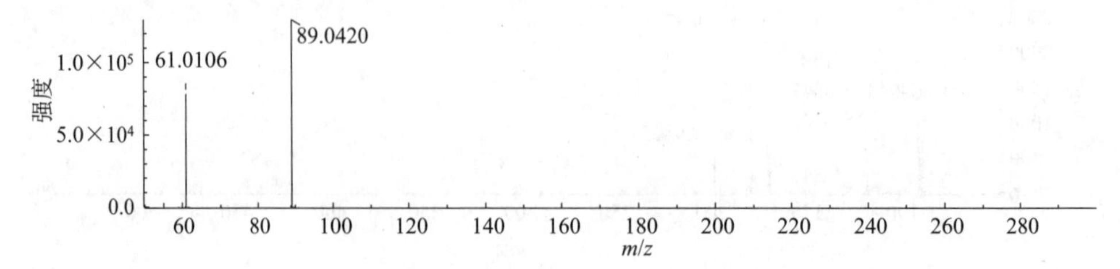

二级全扫质谱图 CE: 10V

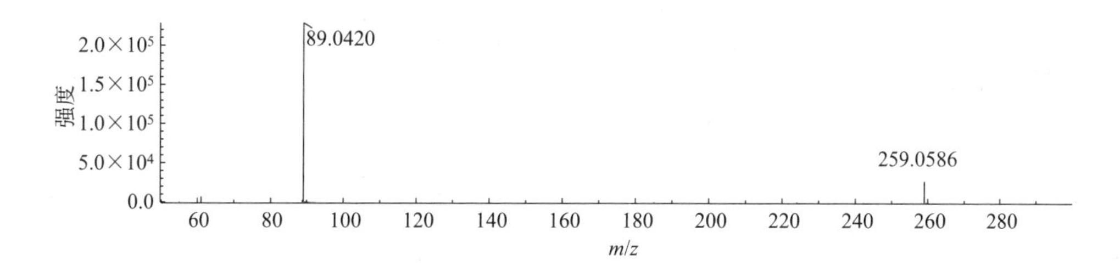

二级全扫质谱图 CE: 20V

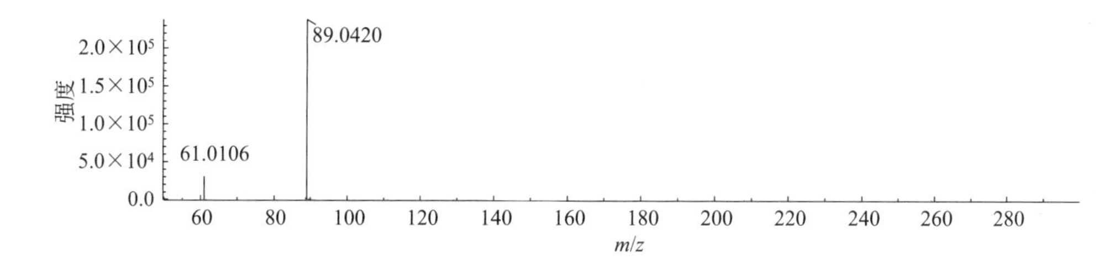

二级全扫质谱图 CE: 35V

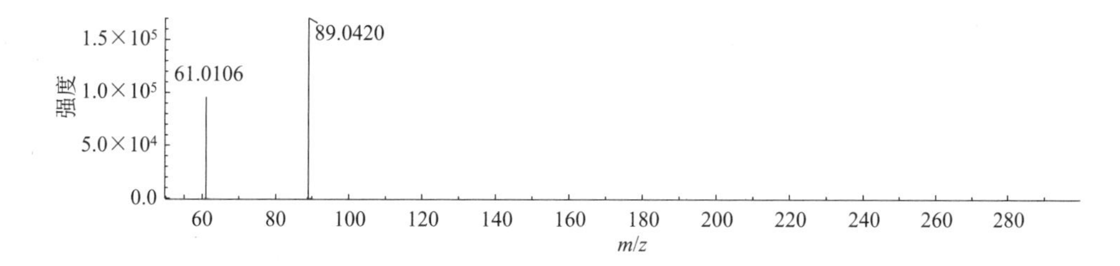

二级全扫质谱图 CE: 50V

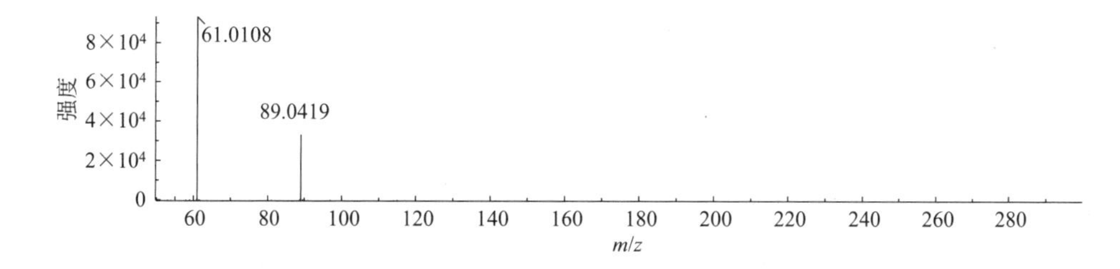

二级全扫质谱图 CE: 60V

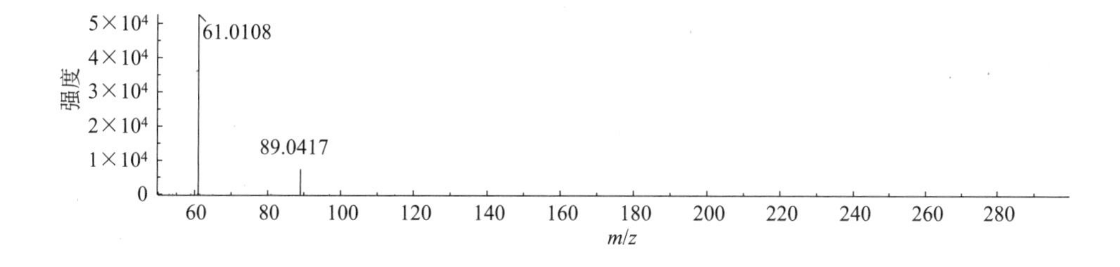

Demeton-S-methyl sulfone

甲基砜内吸磷

CAS 号	17040-19-6	保留时间	4.06min
分子式	$C_6H_{15}O_5PS_2$	加合方式	$[M+H]^+$
分子量	262.0098	源内裂解碎片	无

推测裂解规律（裂解路径已经 MS³ 确认）

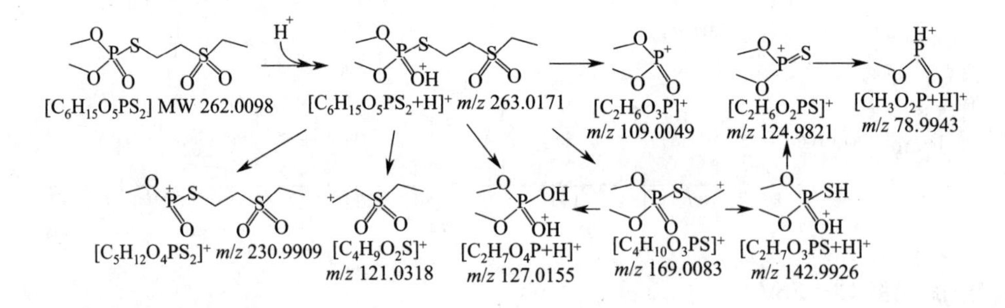

提取离子流色谱图

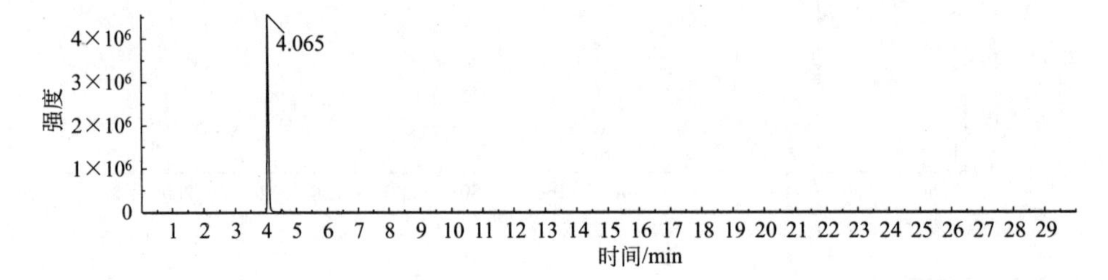

一级质谱图

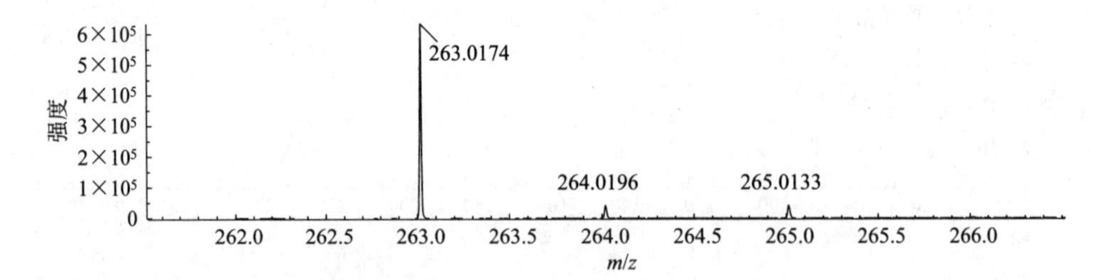

二级全扫质谱图 CE: (35±15)V

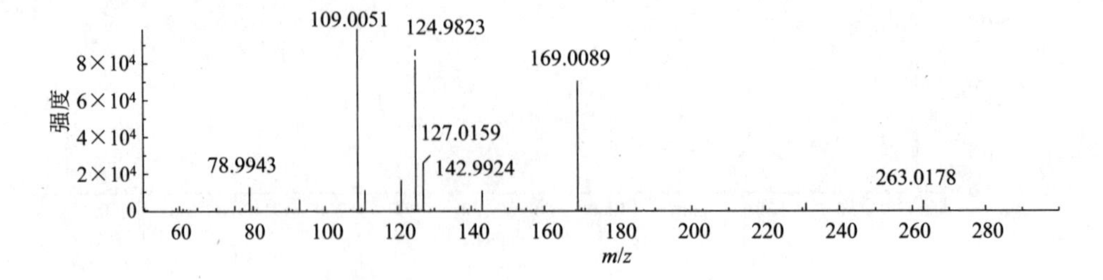

二级全扫质谱图 CE: 10V

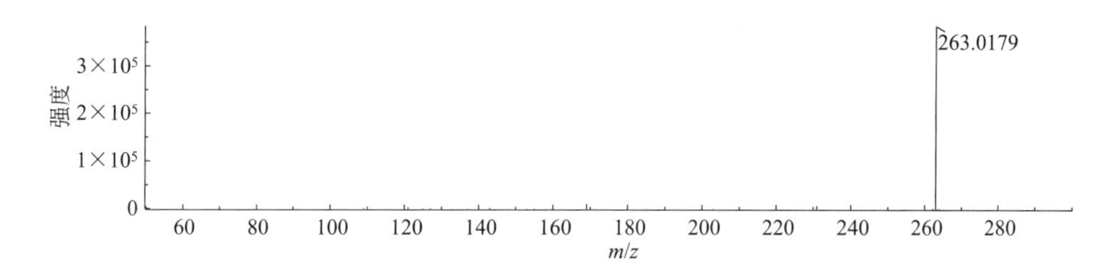

二级全扫质谱图 CE: 20V

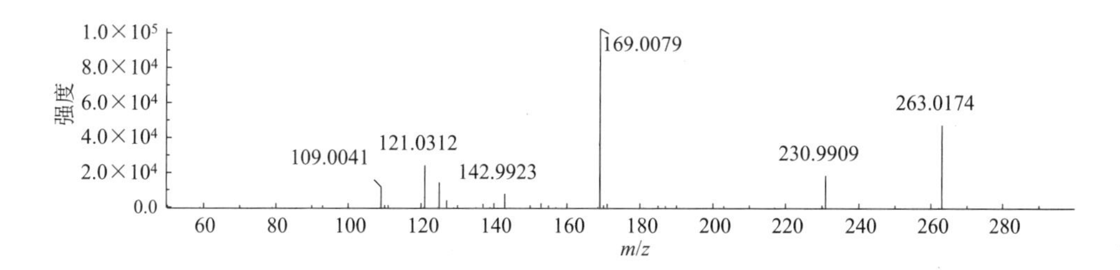

二级全扫质谱图 CE: 35V

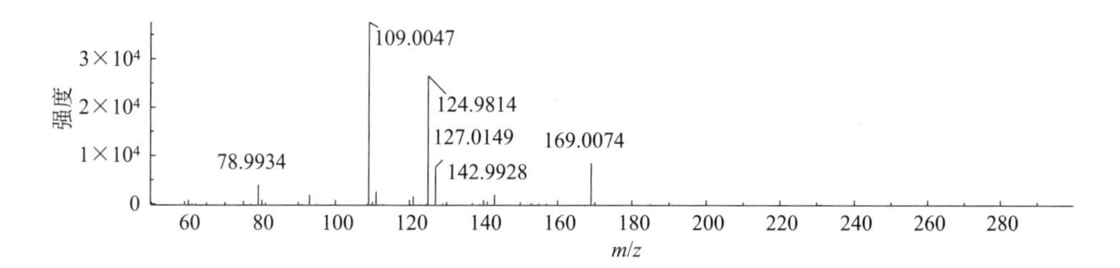

二级全扫质谱图 CE: 50V

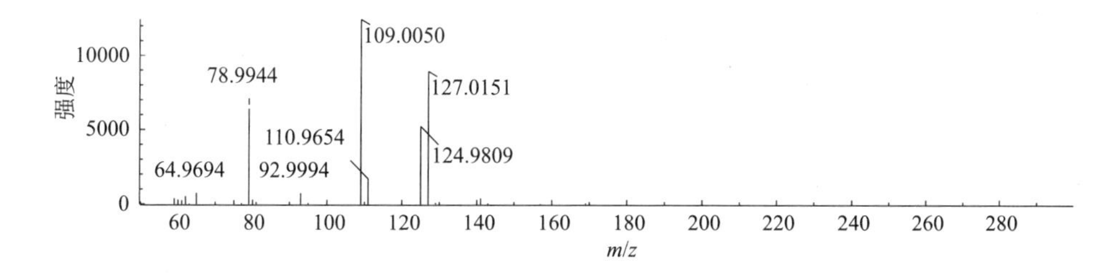

二级全扫质谱图 CE: 60V

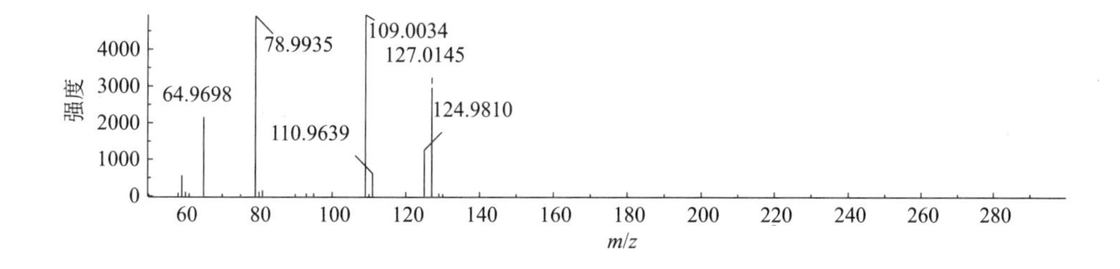

Demeton-S-sulfone
内吸磷-S-砜

CAS 号	2496-91-5	保留时间	4.91min
分子式	$C_8H_{19}O_5PS_2$	加合方式	$[M+H]^+$
分子量	290.0412	源内裂解碎片	无

推测裂解规律（裂解路径已经 MS^3 确认）

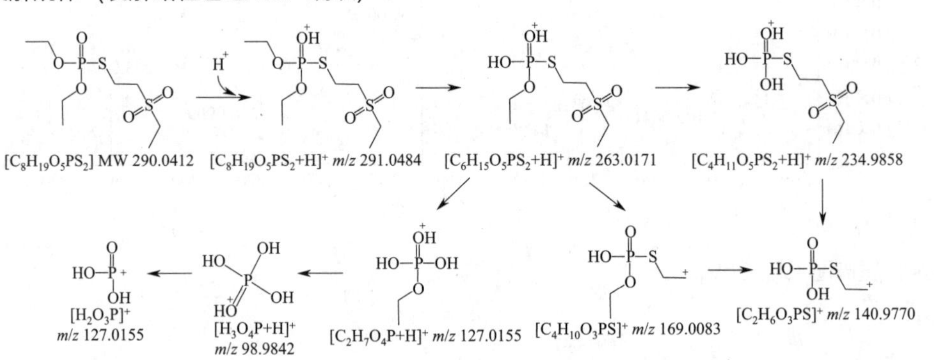

提取离子流色谱图

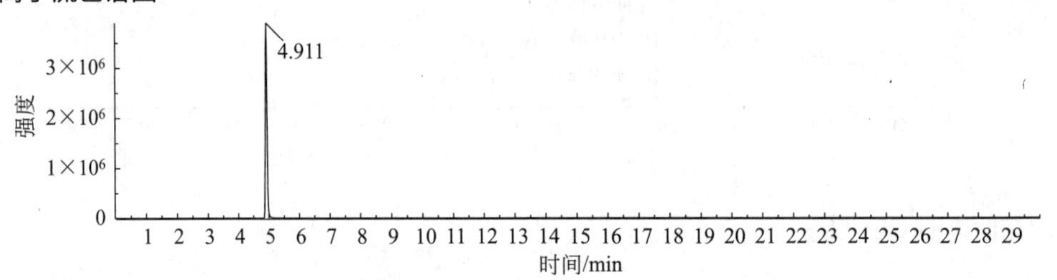

一级质谱图

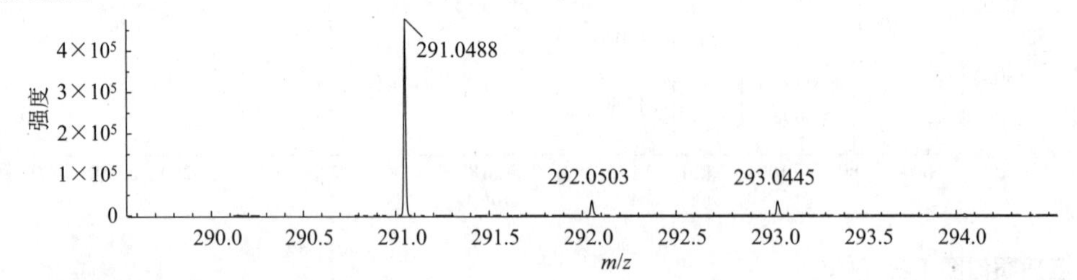

二级全扫质谱图 CE：(35±15)V

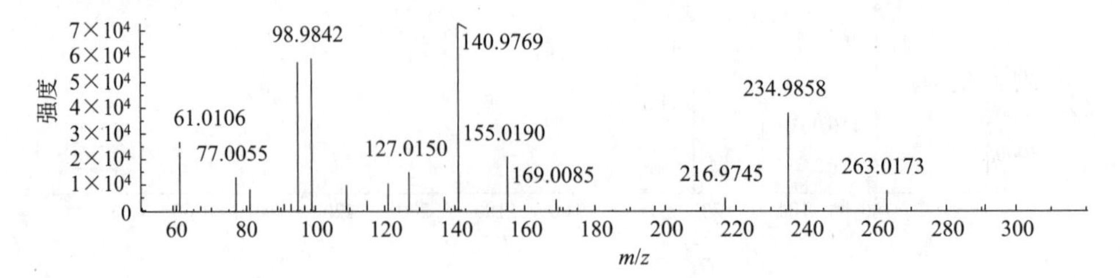

二级全扫质谱图 CE: 10V

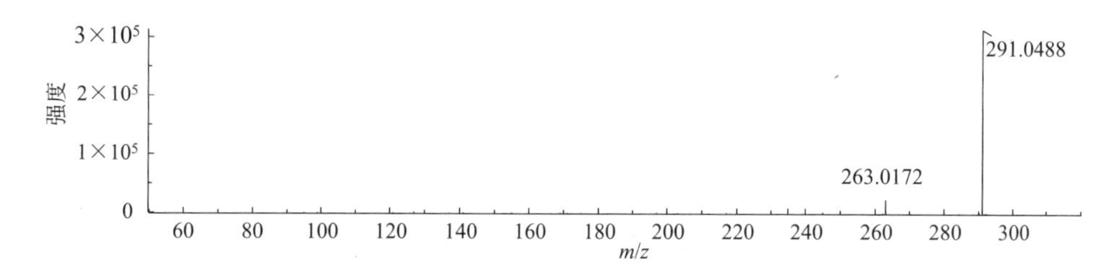

二级全扫质谱图 CE: 20V

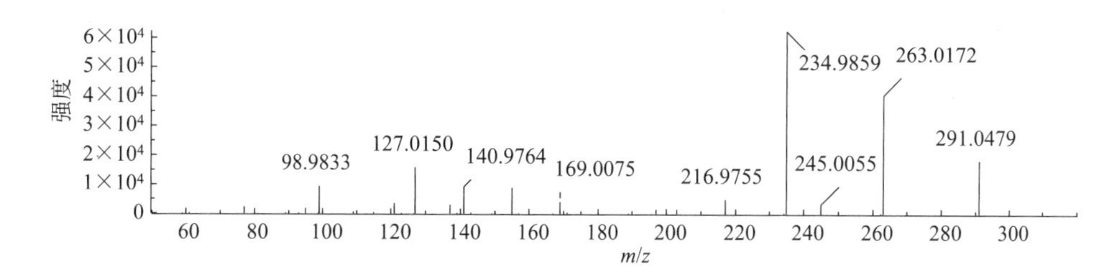

二级全扫质谱图 CE: 35V

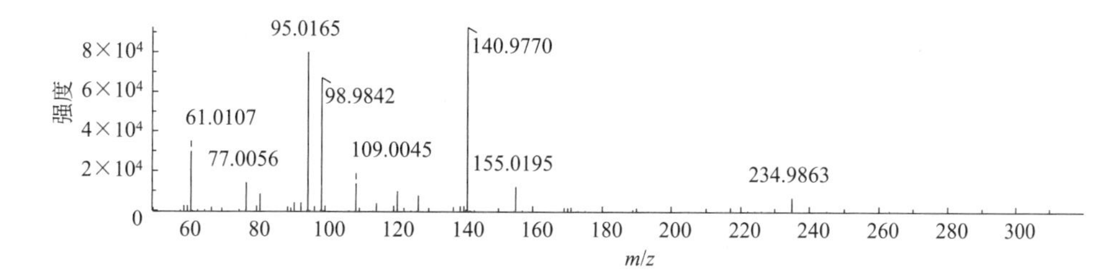

二级全扫质谱图 CE: 50V

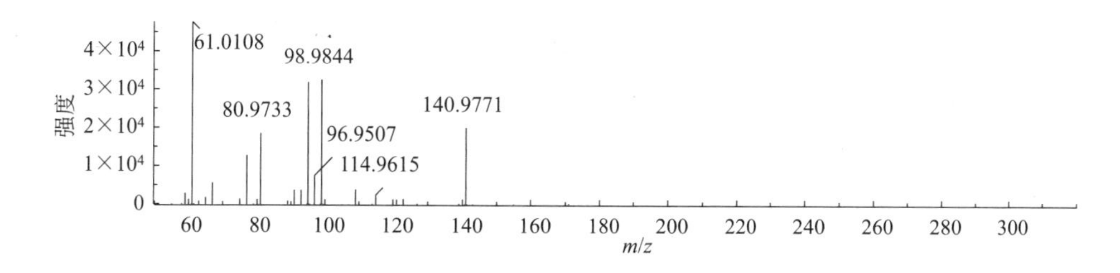

二级全扫质谱图 CE: 60V

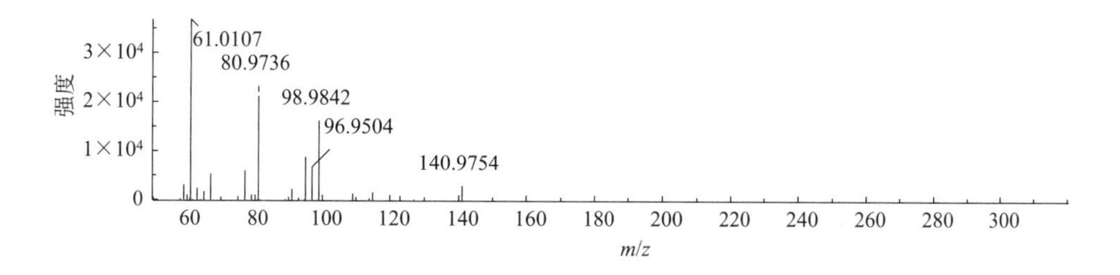

Demeton-S-sulfoxide
内吸磷-S-亚砜

CAS 号	2496-92-6	保留时间	4.79min
分子式	$C_8H_{19}O_4PS_2$	加合方式	$[M+H]^+$
分子量	274.0462	源内裂解碎片	无

推测裂解规律（裂解路径已经 MS^3 确认）

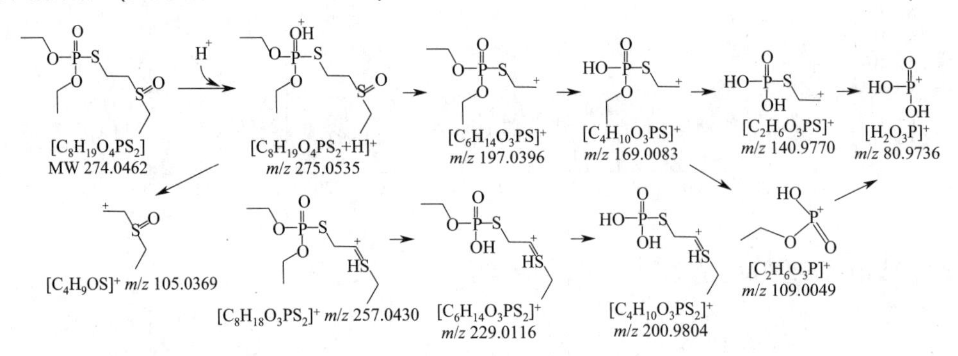

提取离子流色谱图

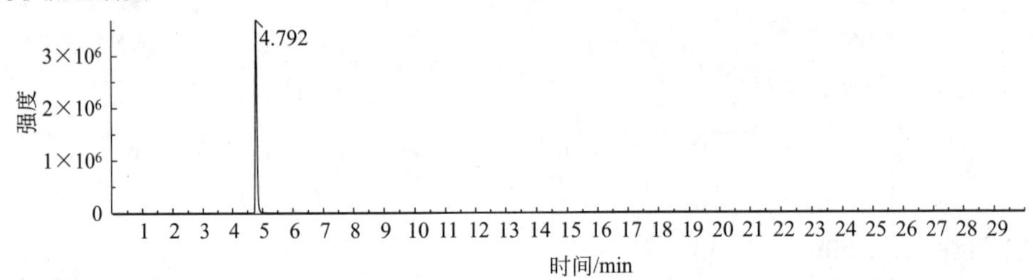

一级质谱图

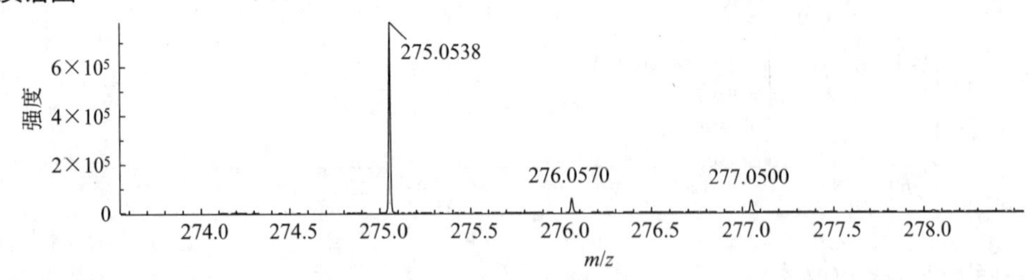

二级全扫质谱图 CE：(35±15)V

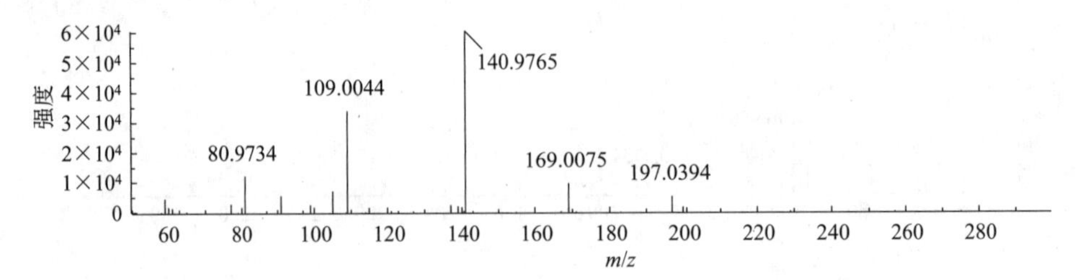

二级全扫质谱图 CE：10V

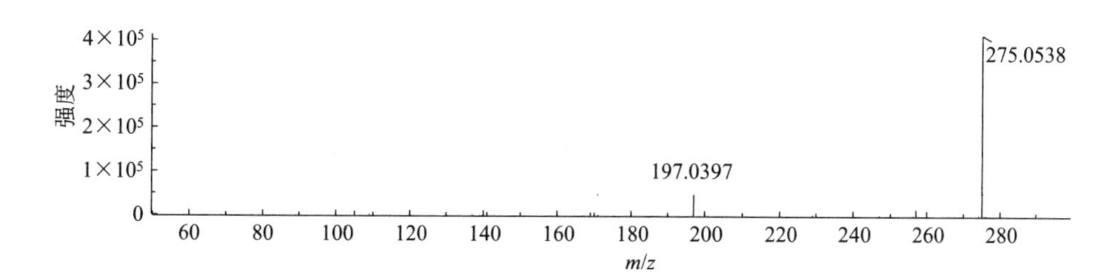

二级全扫质谱图 CE：20V

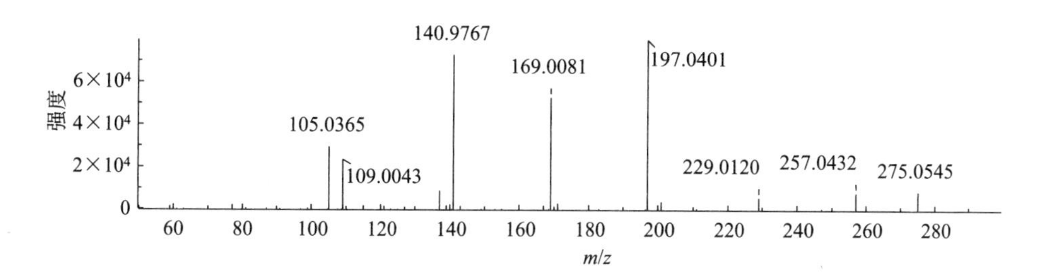

二级全扫质谱图 CE：35V

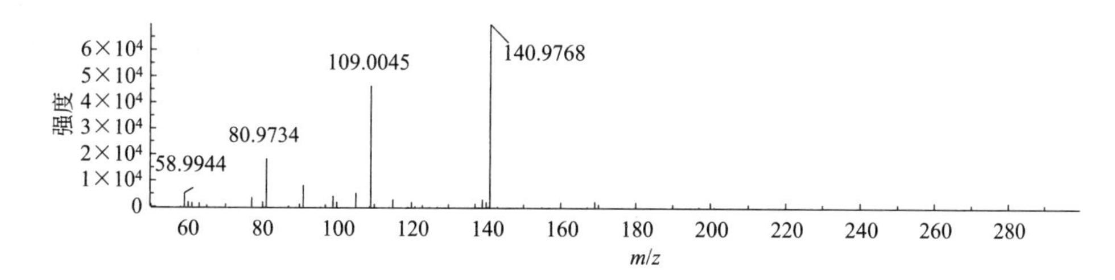

二级全扫质谱图 CE：50V

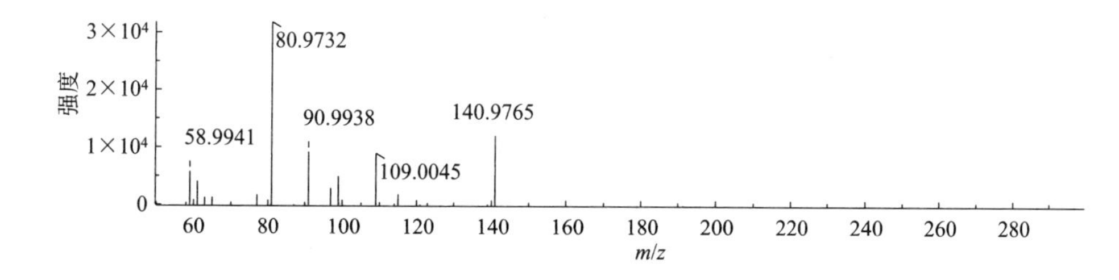

二级全扫质谱图 CE：60V

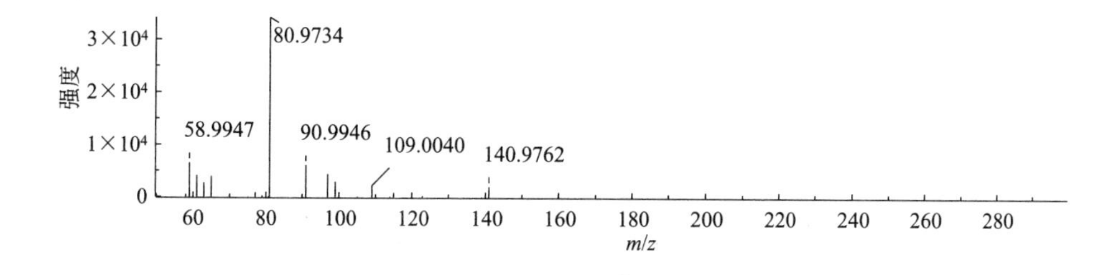

Diafenthiuron
丁醚脲

CAS 号	80060-09-9	保留时间	23. 28min
分子式	$C_{23}H_{32}N_2OS$	加合方式	$[M+H]^+$
分子量	384. 2235	源内裂解碎片	无

推测裂解规律（裂解路径已经 MS^3 确认）

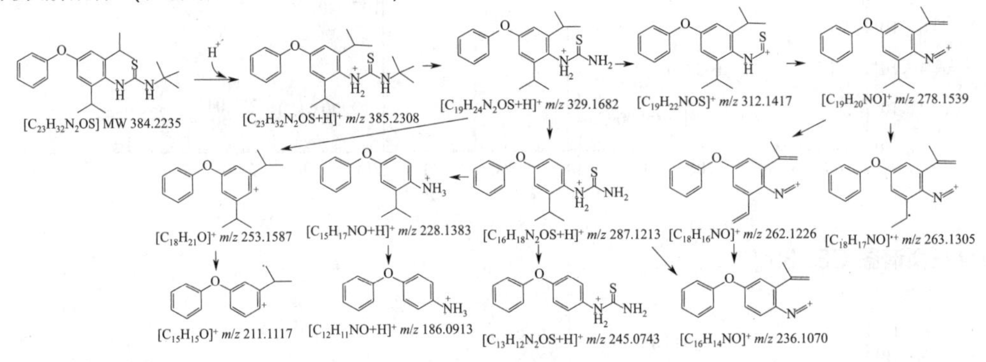

提取离子流色谱图

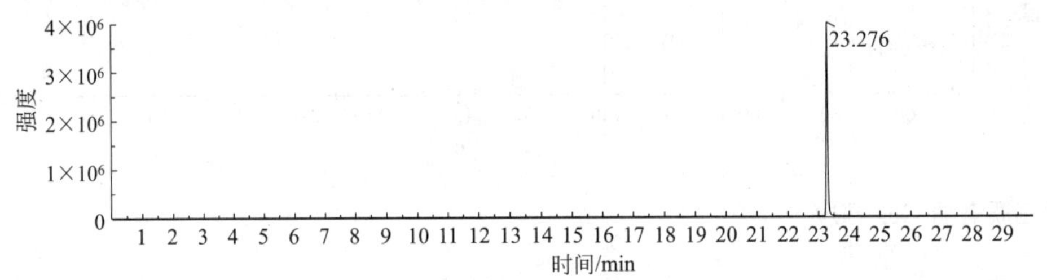

一级质谱图

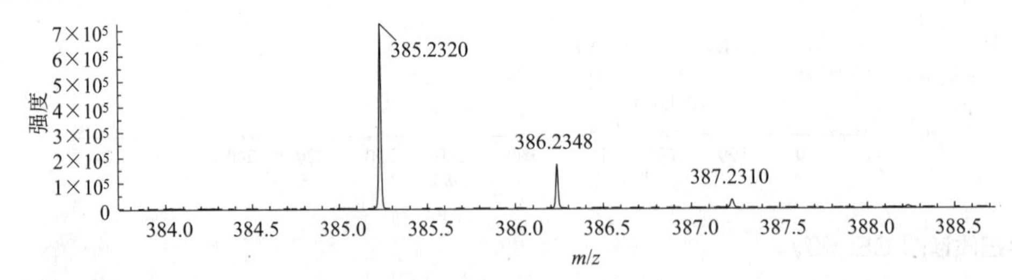

二级全扫质谱图 CE：(35±15)V

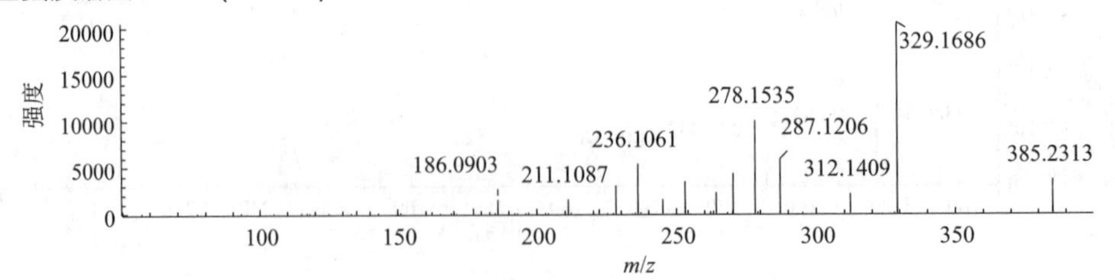

二级全扫质谱图 CE: 10V

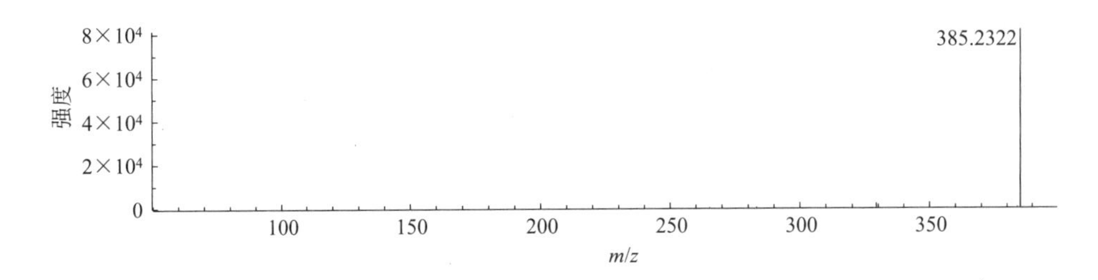

二级全扫质谱图 CE: 20V

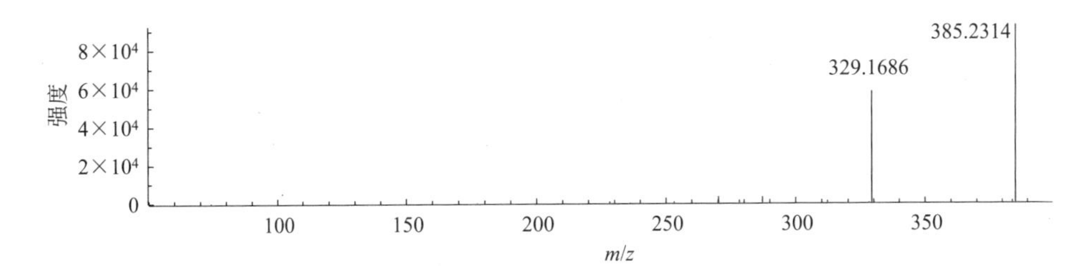

二级全扫质谱图 CE: 35V

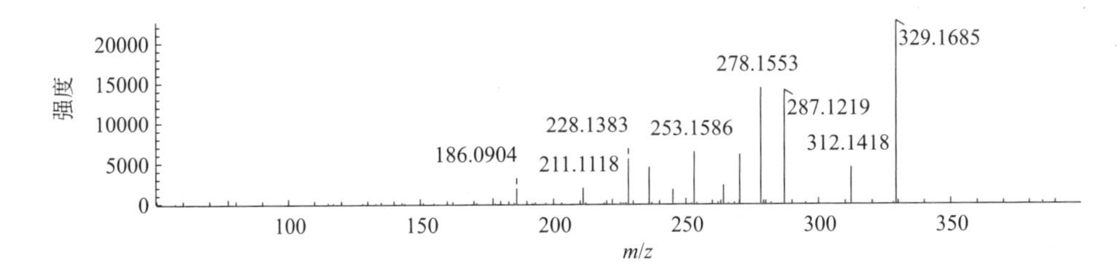

二级全扫质谱图 CE: 50V

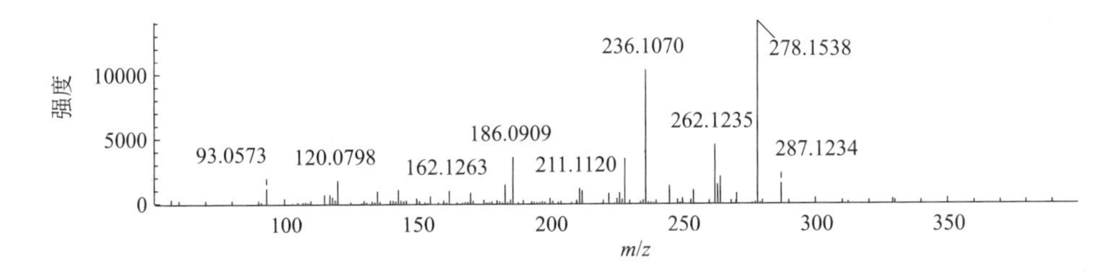

二级全扫质谱图 CE: 60V

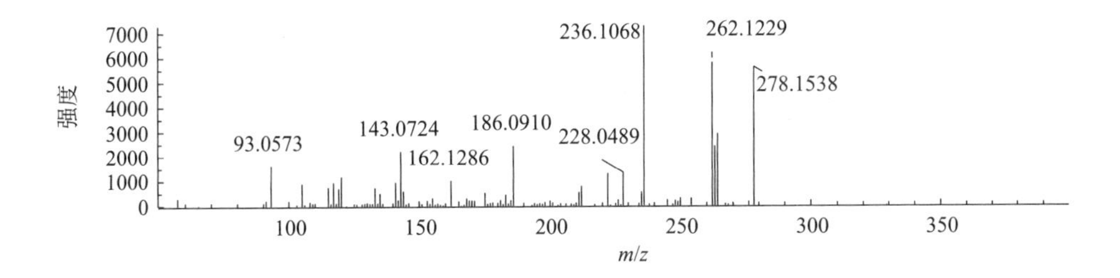

Diazinon
二嗪磷

CAS 号	333-41-5	保留时间	19. 12min
分子式	$C_{12}H_{21}N_2O_3PS$	加合方式	$[M+H]^+$
分子量	304. 1010	源内裂解碎片	无

推测裂解规律

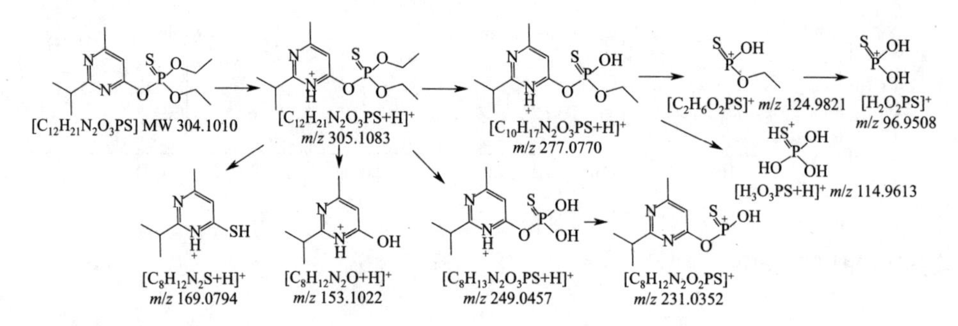

提取离子流色谱图

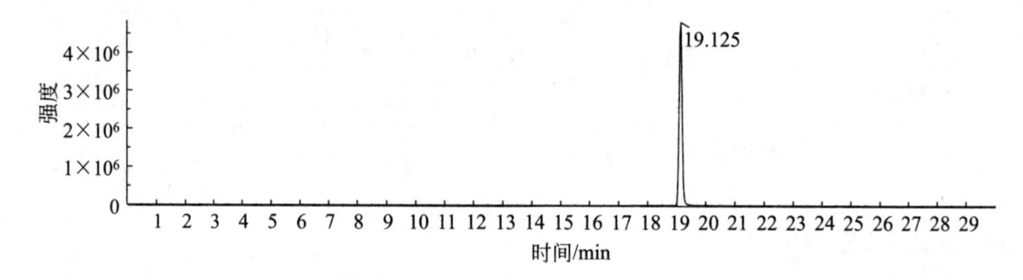

一级质谱图

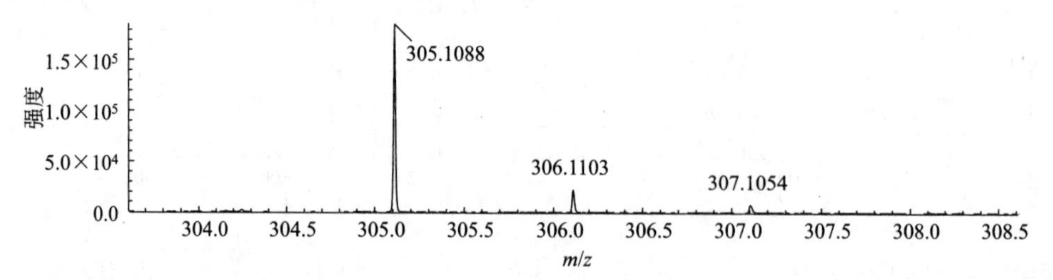

二级全扫质谱图 CE: (35±15)V

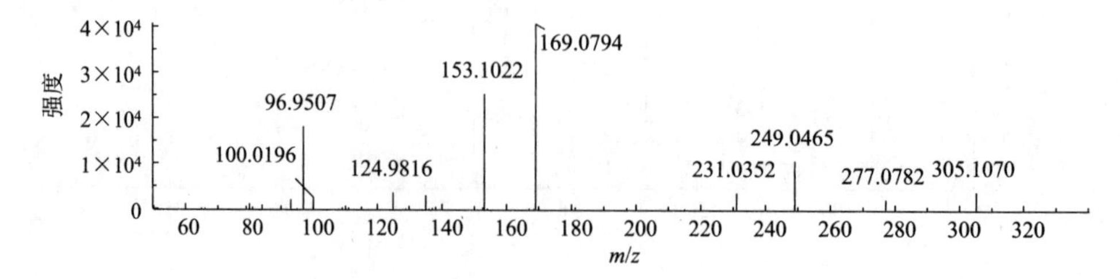

二级全扫质谱图 CE: 10V

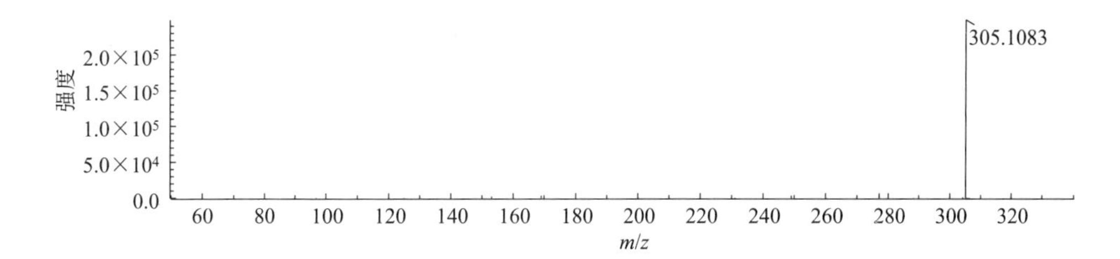

二级全扫质谱图 CE: 20V

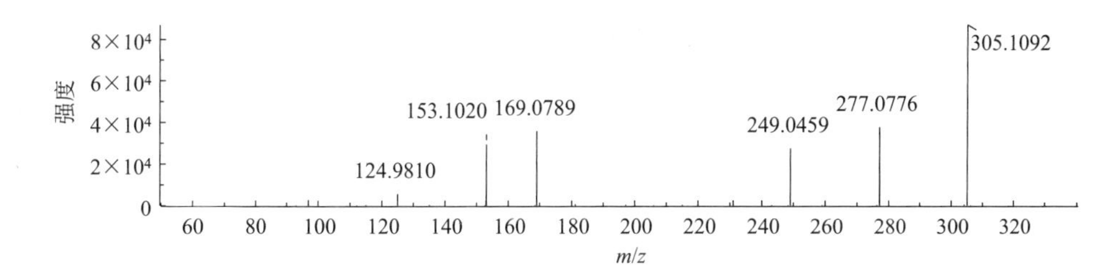

二级全扫质谱图 CE: 35V

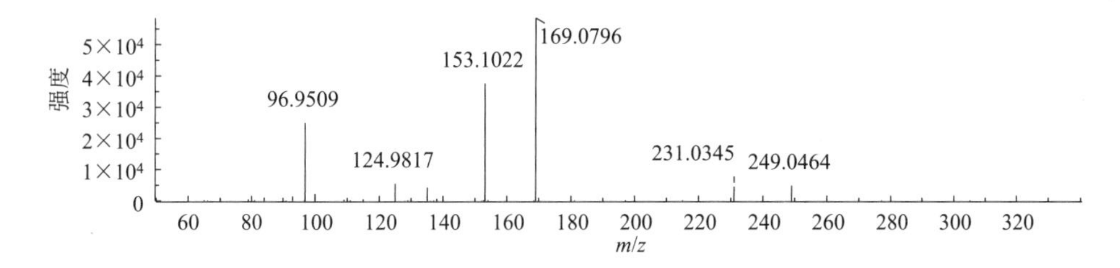

二级全扫质谱图 CE: 50V

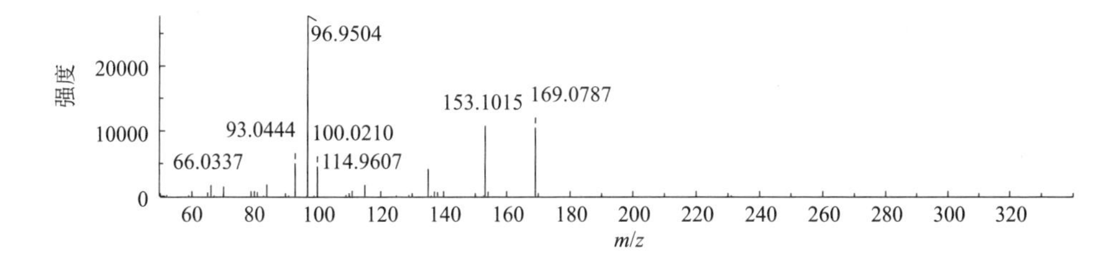

二级全扫质谱图 CE: 60V

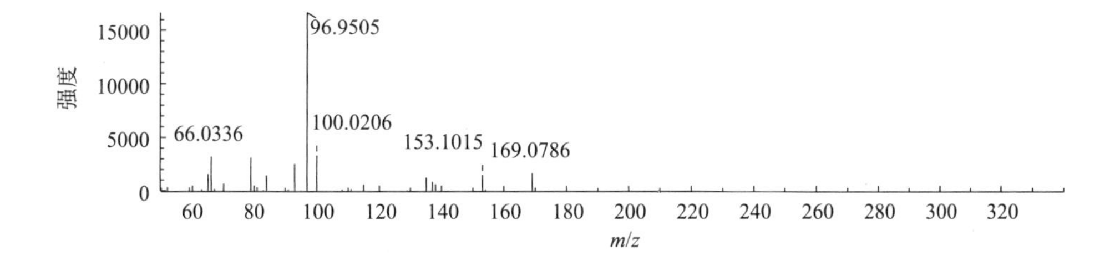

Dichlofluanid

苯氟磺胺

CAS 号	1085-98-9	保留时间	15. 04min
分子式	$C_9H_{11}Cl_2FN_2O_2S_2$	加合方式	$[M+H]^+$
分子量	331. 9623	源内裂解碎片	无

推测裂解规律

$[C_9H_{11}Cl_2FN_2O_2S_2]$ MW 331.9623

H^+

$[C_9H_{11}Cl_2FN_2O_2S_2+H]^+$ m/z 332.9696

$[C_7H_5Cl_2FNS]^+$ m/z 233.9498

$[C_6H_5NS]^{\cdot+}$ m/z 123.0137

$[C_9H_{11}Cl_2FN_2S+H]^+$ m/z 269.0077

$[C_6H_5]^+$ m/z 77.0386

$[C_4H_5]^+$ m/z 53.0386

提取离子流色谱图

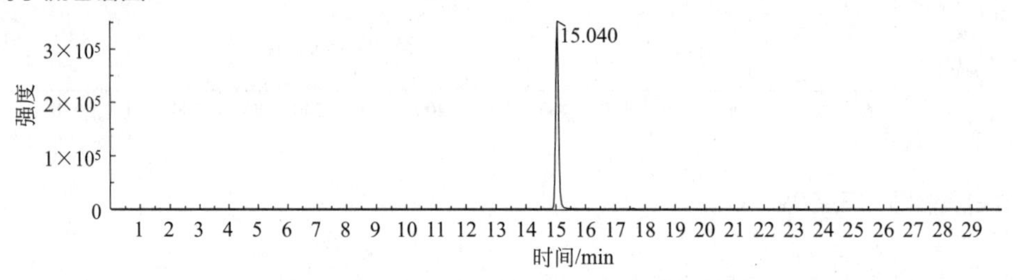

一级质谱图

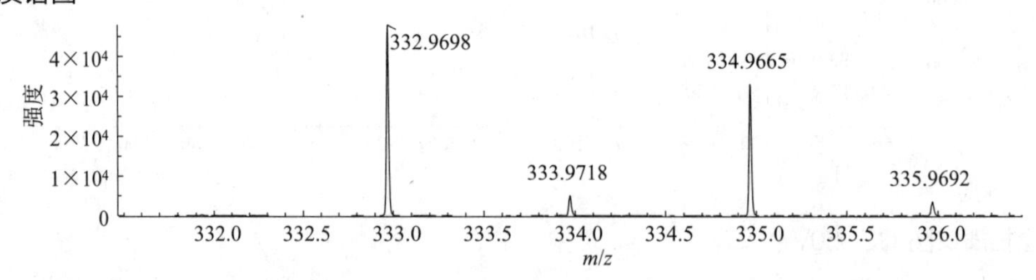

二级全扫质谱图 CE: (35±15)V

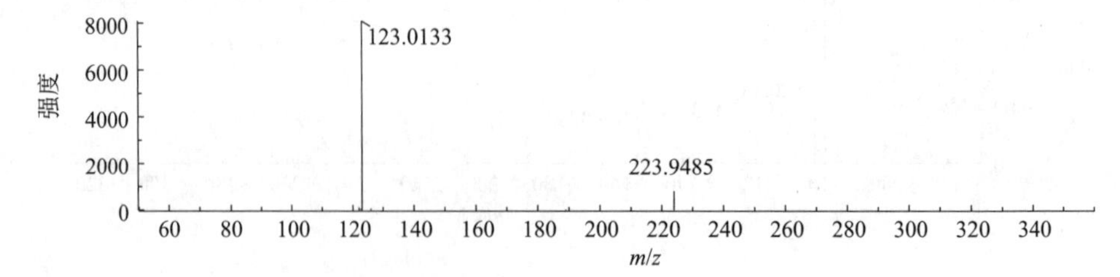

二级全扫质谱图 CE: 10V

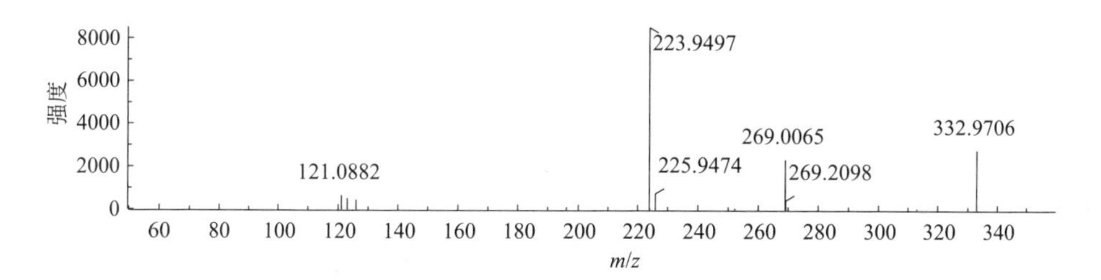

二级全扫质谱图 CE: 20V

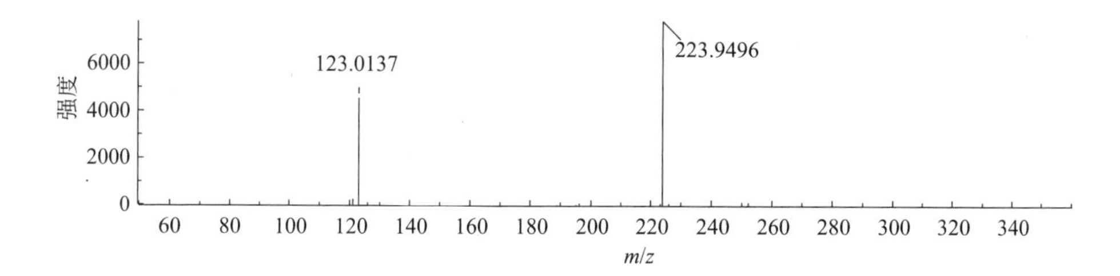

二级全扫质谱图 CE: 35V

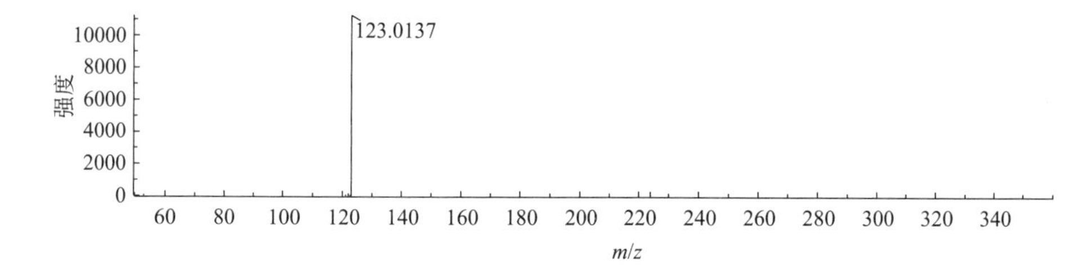

二级全扫质谱图 CE: 50V

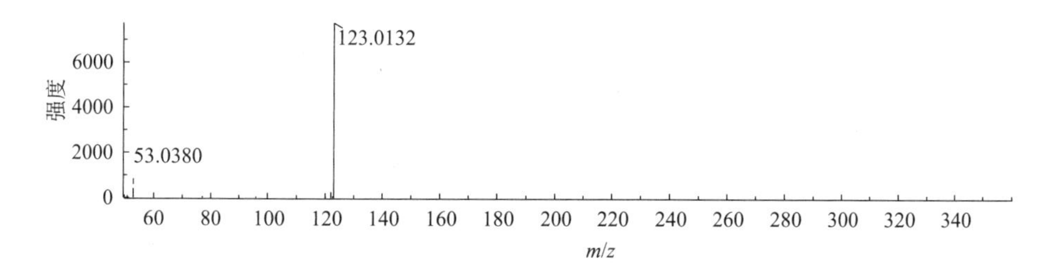

二级全扫质谱图 CE: 60V

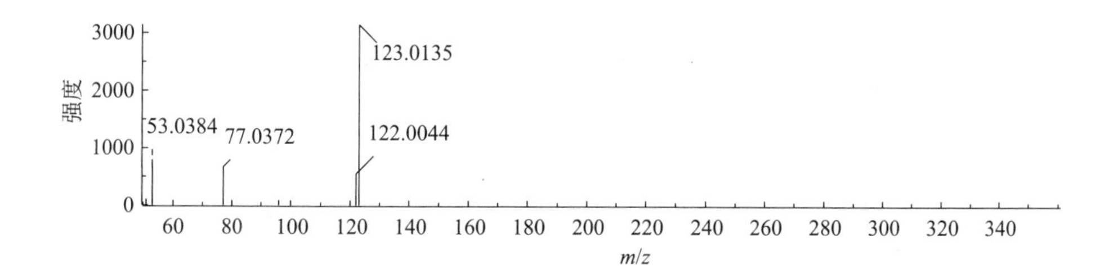

Dichlorvos
敌敌畏

CAS 号	62-73-7	保留时间	6.44min
分子式	$C_4H_7Cl_2O_4P$	加合方式	$[M+H]^+$
分子量	219.9459	源内裂解碎片	无

推测裂解规律（裂解路径已经 MS^3 确认）

$[C_4H_7Cl_2O_4P]$ MW 219.9459 → $[C_4H_7Cl_2O_4P+H]^+$ m/z 220.9532 → $[C_2H_7O_4P+H]^+$ m/z 127.0155 → $[C_2H_3O_3P]^+$ m/z 109.0049 → $[CH_3O_2P+H]^+$ m/z 78.9943

$[C_4H_7Cl_2O_4P+H]^+$ m/z 220.9532 → $[C_2HCl_2]^+$ m/z 94.9450；$[C_2HCl]^{\cdot+}$ m/z 59.9761

提取离子流色谱图

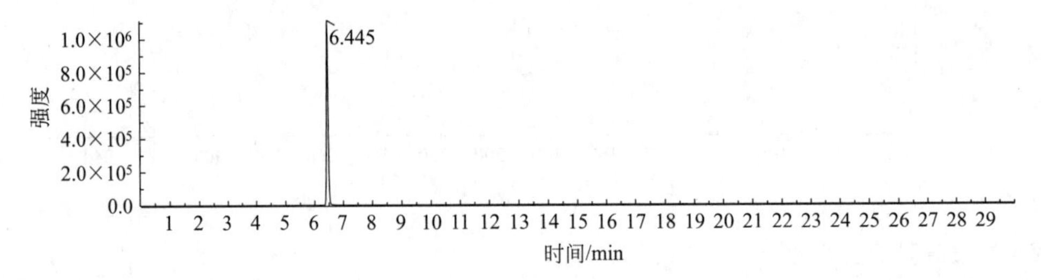

一级质谱图

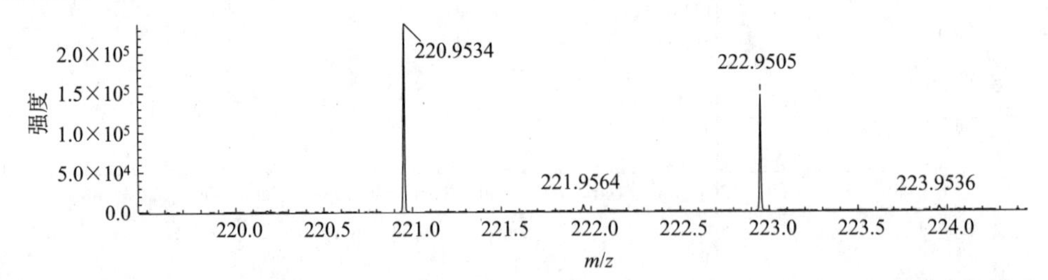

二级全扫质谱图 CE：(35±15)V

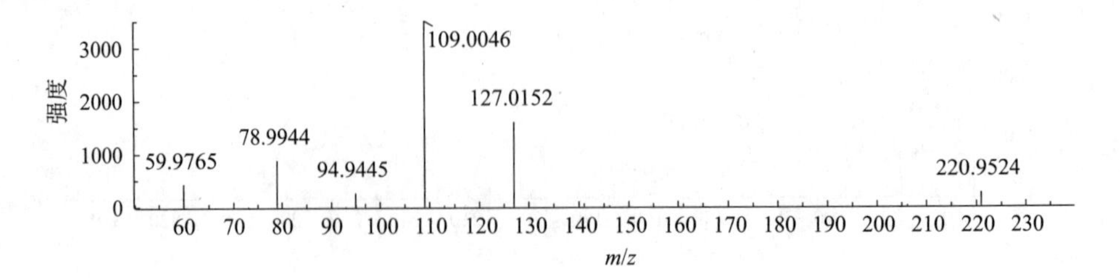

二级全扫质谱图 CE: 10V

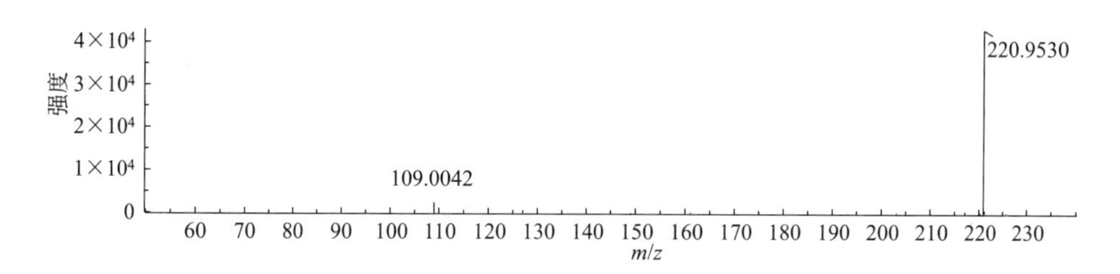

二级全扫质谱图 CE: 20V

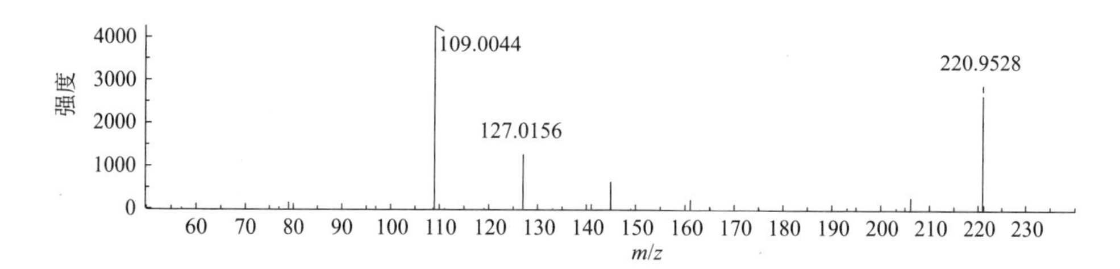

二级全扫质谱图 CE: 35V

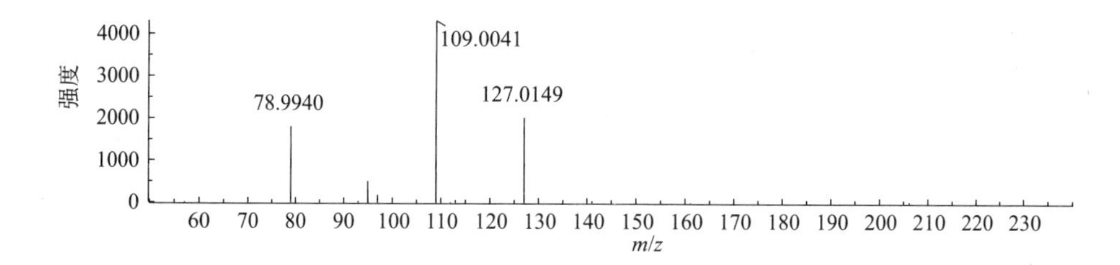

二级全扫质谱图 CE: 50V

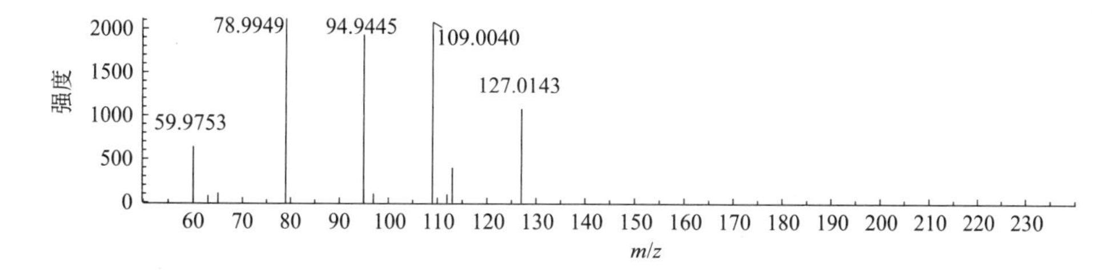

二级全扫质谱图 CE: 60V

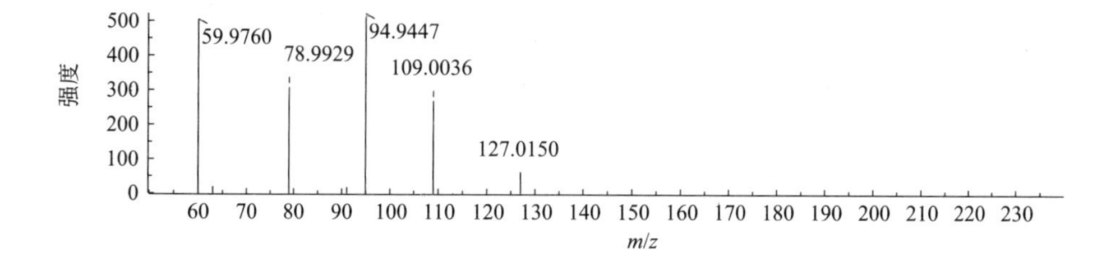

Diclobutrazol

苄氯三唑醇

CAS 号	75736-33-3	保留时间	17.65min
分子式	$C_{15}H_{19}Cl_2N_3O$	加合方式	$[M+H]^+$
分子量	327.0905	源内裂解碎片	无

推测裂解规律

$[C_{15}H_{19}Cl_2N_3O]$ MW 327.0905

$[C_{15}H_{19}Cl_2N_3O+H]^+$ *m/z* 328.0978

$[C_7H_5Cl_2]^+$ *m/z* 158.9763

$[C_2H_3N_3+H]^+$ *m/z* 70.0400

提取离子流色谱图

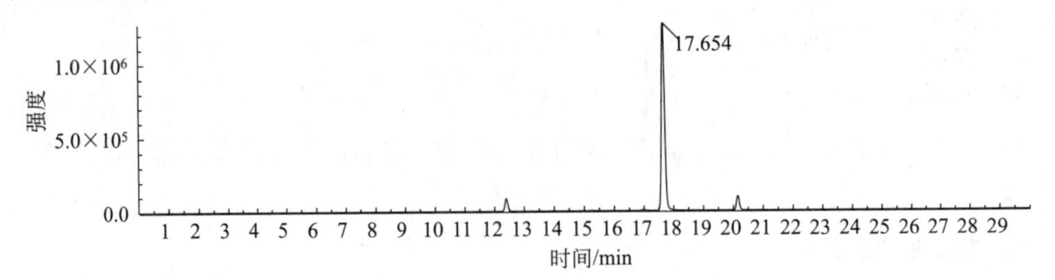

一级质谱图

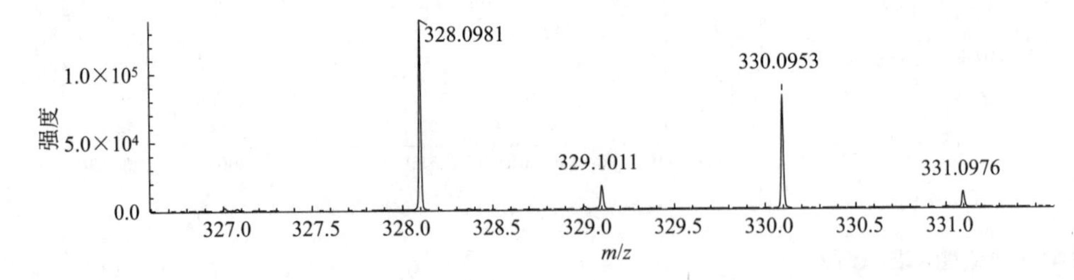

二级全扫质谱图 CE: (35±15)V

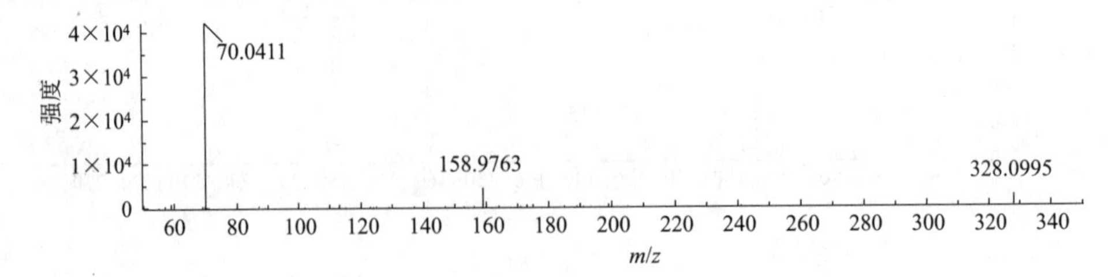

二级全扫质谱图 CE: 10V

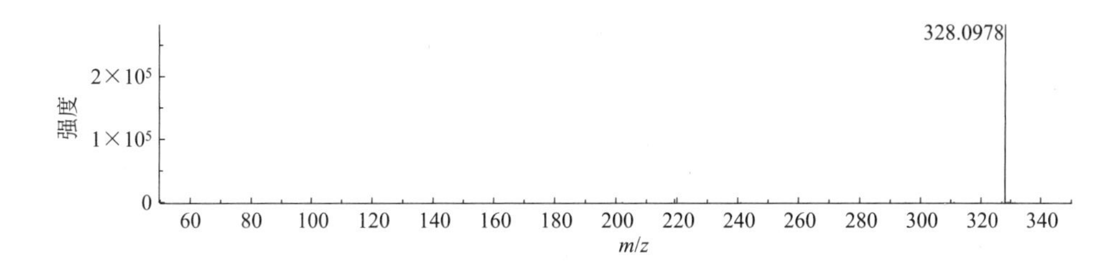

二级全扫质谱图 CE: 20V

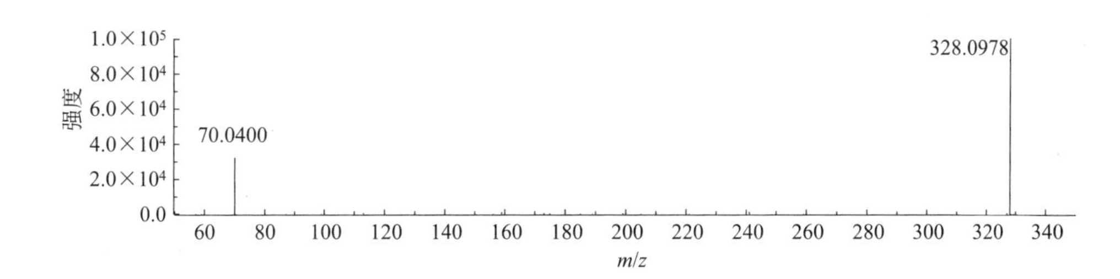

二级全扫质谱图 CE: 35V

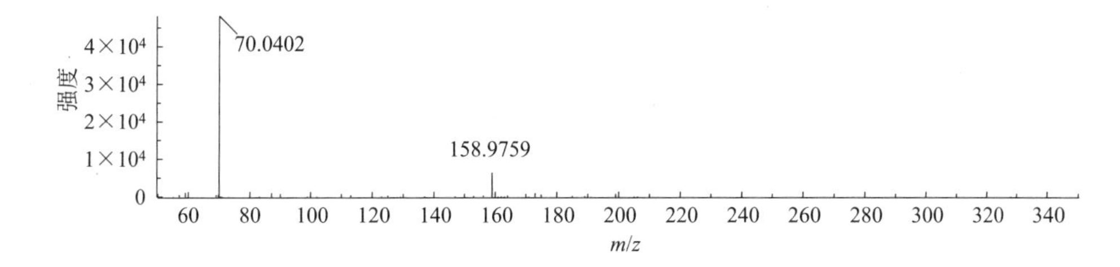

二级全扫质谱图 CE: 50V

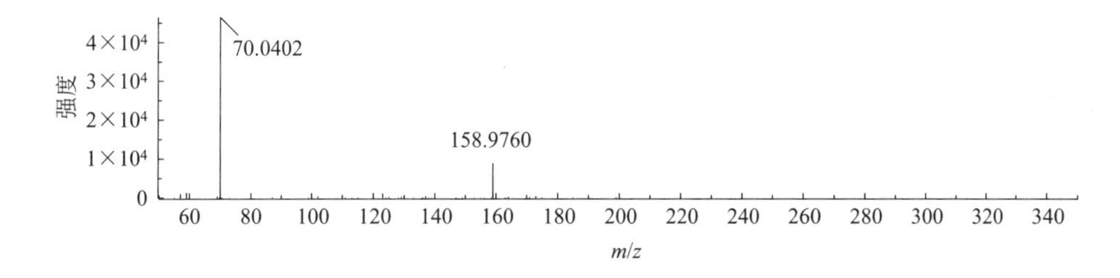

二级全扫质谱图 CE: 60V

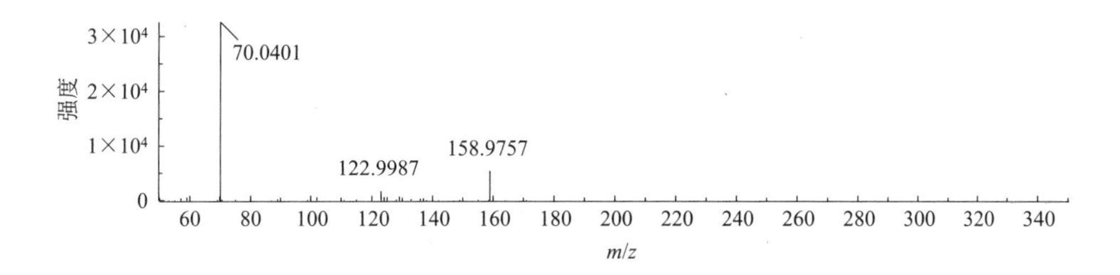

Diclofop-methyl

禾草灵

CAS 号	51338-27-3	保留时间	21.94min
分子式	$C_{16}H_{14}Cl_2O_4$	加合方式	$[M+H]^+$
分子量	340.0269	源内裂解碎片	无

推测裂解规律

$[C_{16}H_{14}Cl_2O_4]$ MW 340.0269

$[C_{16}H_{14}Cl_2O_4+H]^+$ *m/z* 341.0342

$[C_{14}H_{11}Cl_2O_2]^+$ *m/z* 281.0131

$[C_{12}H_7ClO]^{\cdot+}$ *m/z* 202.0180

$[C_8H_8O]^{\cdot+}$ *m/z* 120.0570

$[C_7H_7]^+$ *m/z* 91.0542

提取离子流色谱图

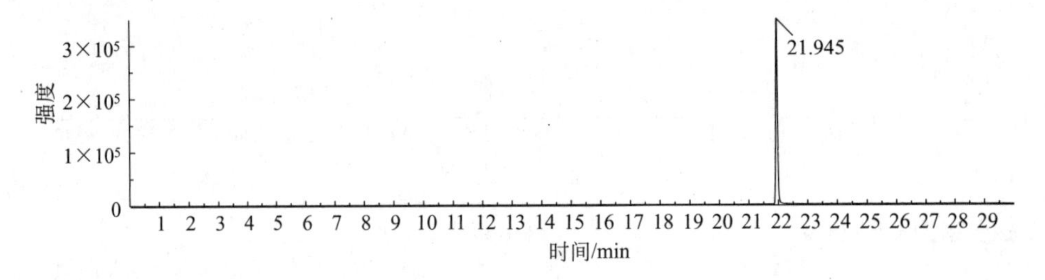

一级质谱图

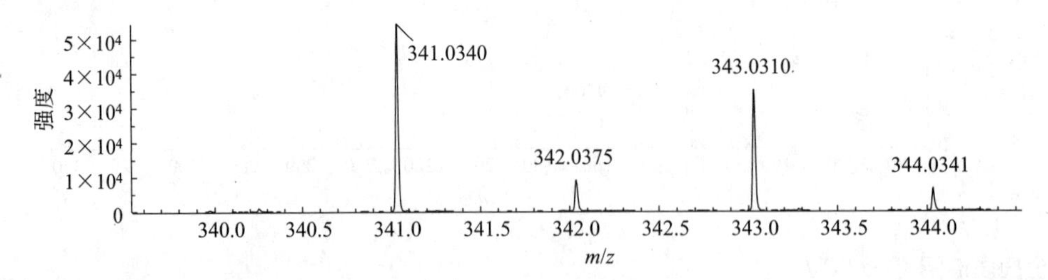

二级全扫质谱图 CE: (35±15)V

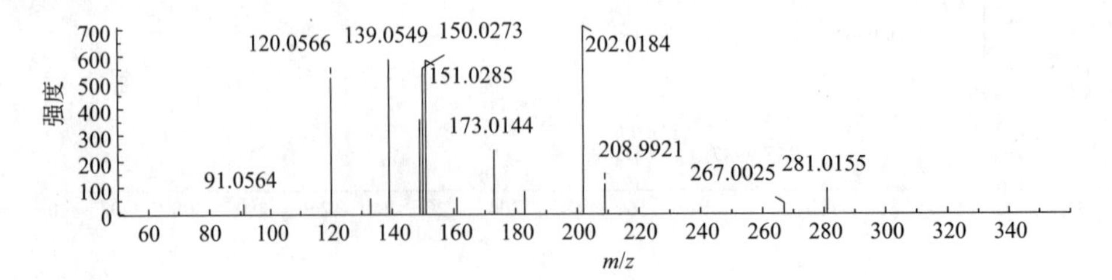

二级全扫质谱图 CE: 10V

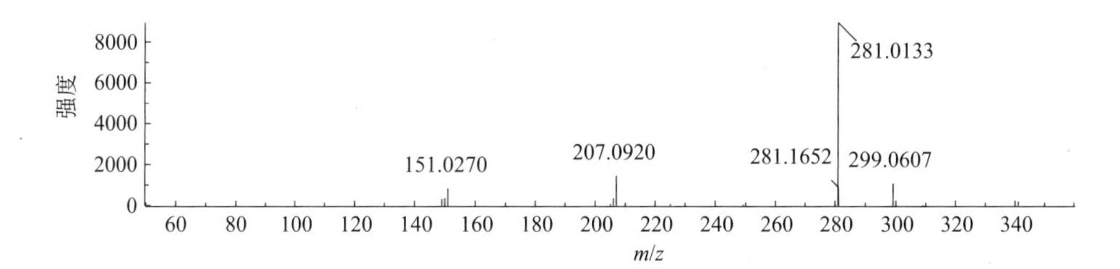

二级全扫质谱图 CE: 20V

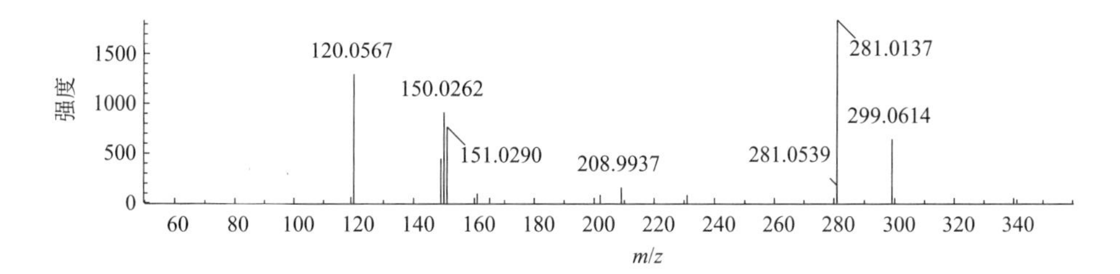

二级全扫质谱图 CE: 35V

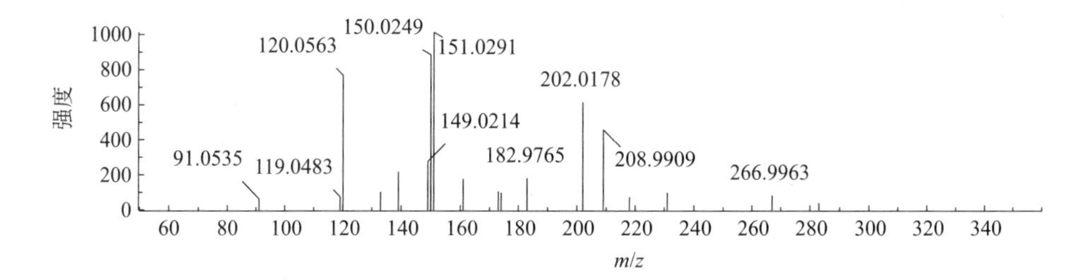

二级全扫质谱图 CE: 50V

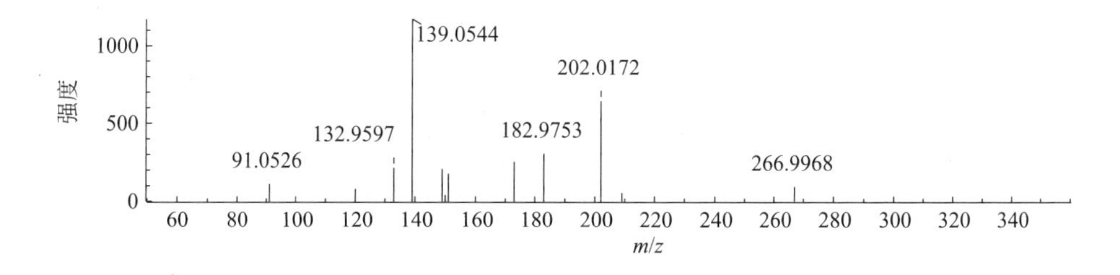

二级全扫质谱图 CE: 60V

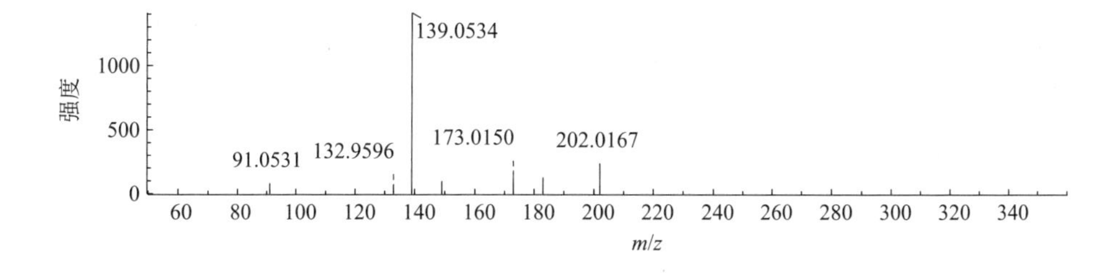

Dicrotophos
百治磷

CAS 号	141-66-2	保留时间	4.25min
分子式	$C_8H_{16}NO_5P$	加合方式	$[M+H]^+$
分子量	237.0766	源内裂解碎片	无

推测裂解规律

$[C_8H_{16}NO_5P]$ MW 237.0766

$[C_8H_{16}NO_5P+H]^+$ m/z 238.0839

$[C_2H_7O_4P+H]^+$ m/z 127.0155

$[C_2H_6O_3P]^+$ m/z 109.0049

$[C_3H_6NO]^+$ m/z 72.0444

$[C_6H_{10}NO]^+$ m/z 112.0757

$[C_6H_{10}O_5P]^+$ m/z 193.0260

提取离子流色谱图

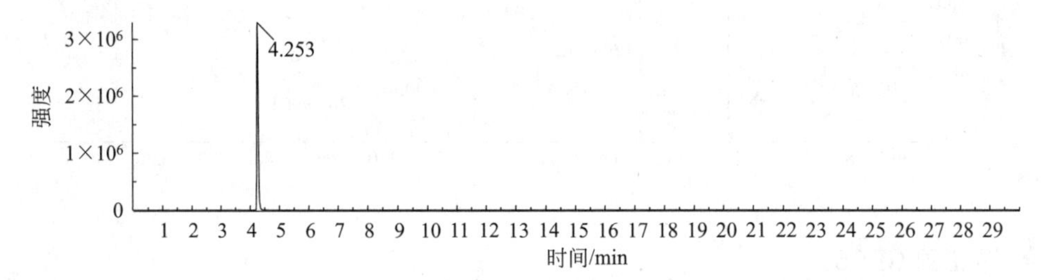

一级质谱图

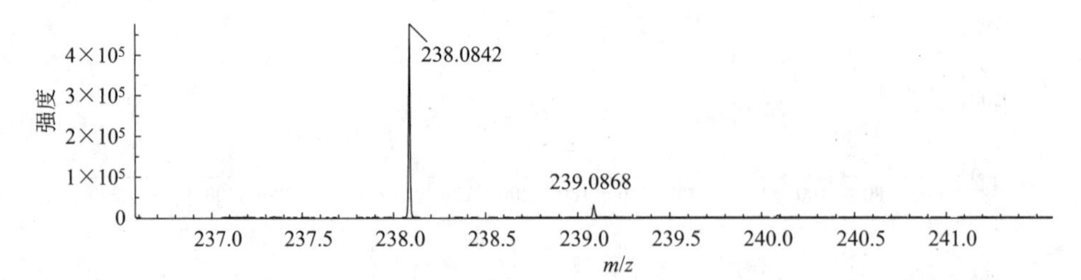

二级全扫质谱图 CE: (35±15)V

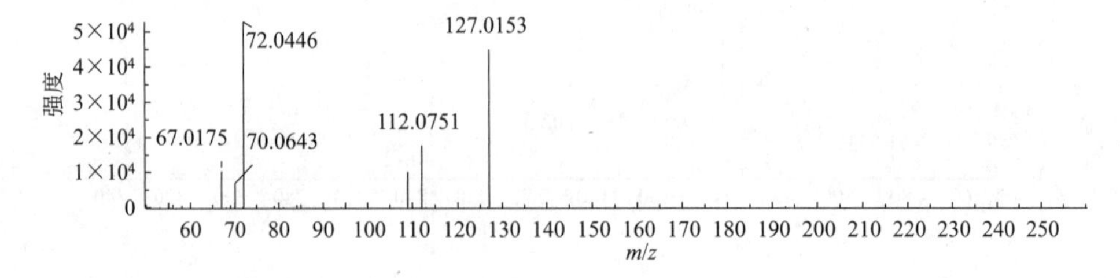

二级全扫质谱图 CE: 10V

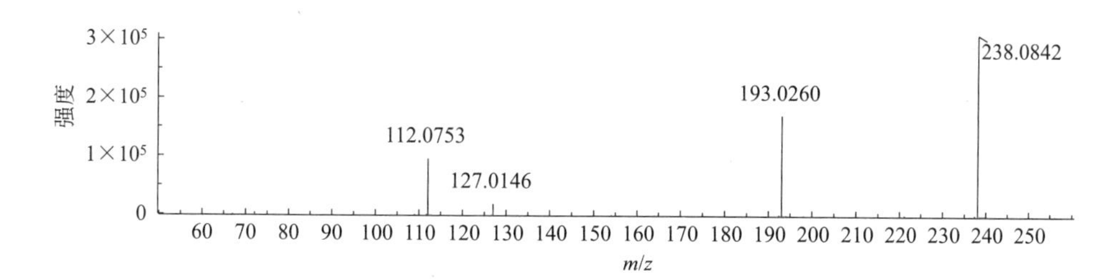

二级全扫质谱图 CE: 20V

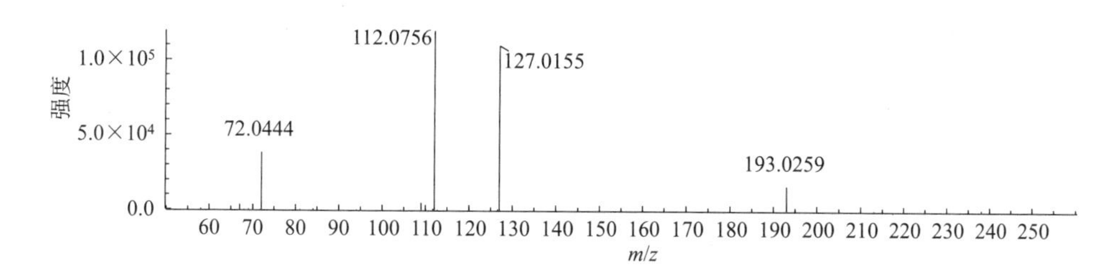

二级全扫质谱图 CE: 35V

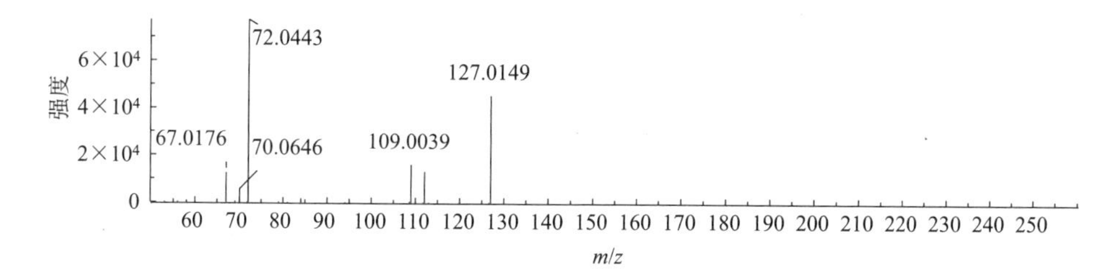

二级全扫质谱图 CE: 50V

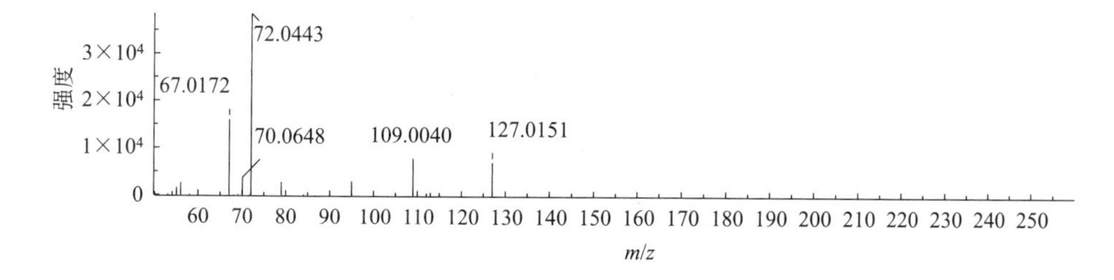

二级全扫质谱图 CE: 60V

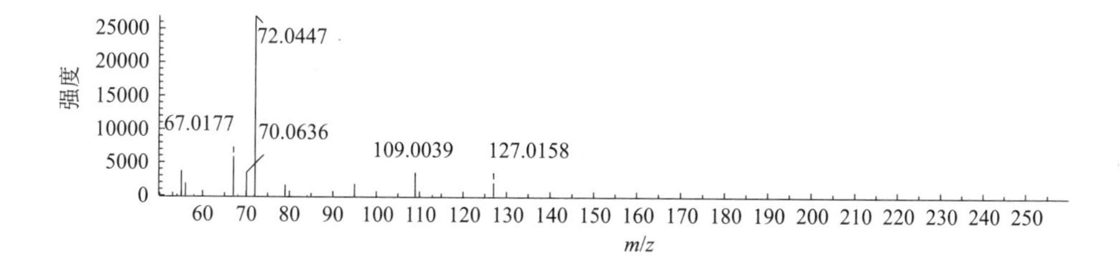

Diethofencarb
乙霉威

CAS 号	87130-20-9	保留时间	11.75min
分子式	$C_{14}H_{21}NO_4$	加合方式	$[M+H]^+$
分子量	267.1471	源内裂解碎片	无

推测裂解规律（裂解路径已经 MS^3 确认）

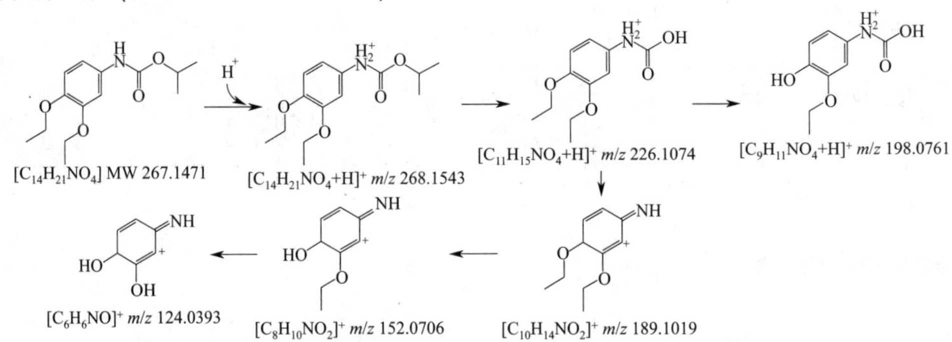

提取离子流色谱图

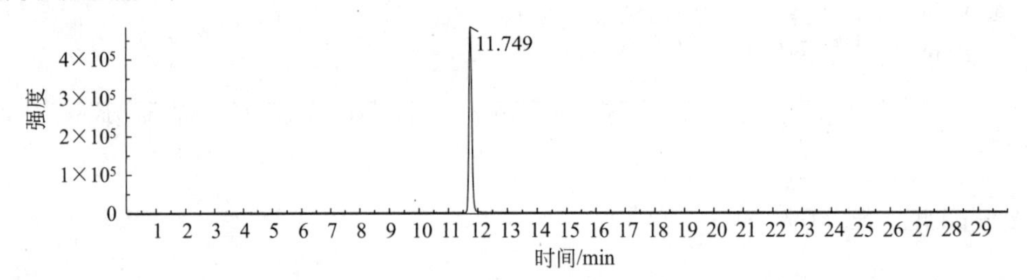

一级质谱图

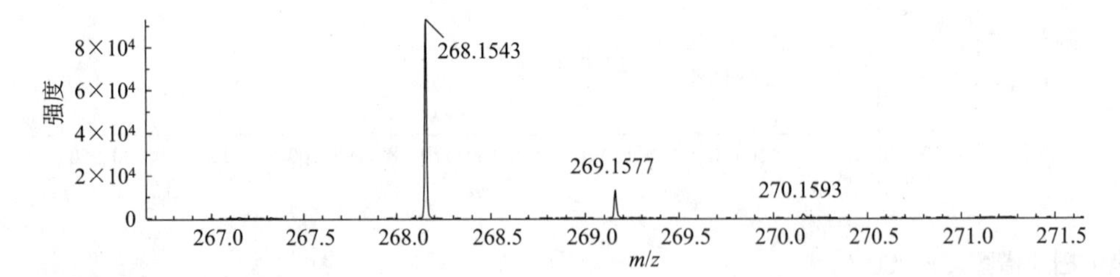

二级全扫质谱图 CE: (35±15)V

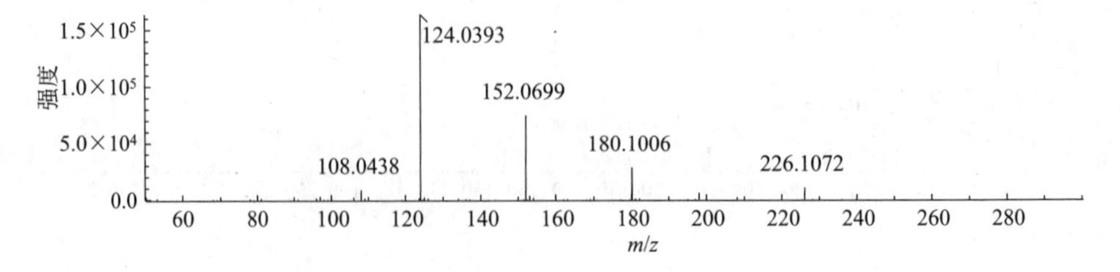

二级全扫质谱图 CE: 10V

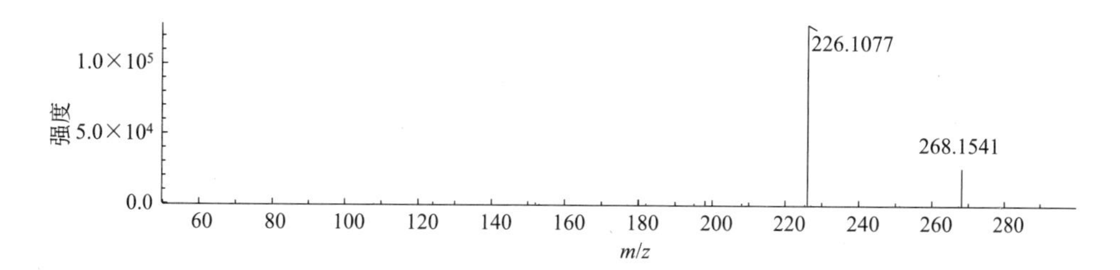

二级全扫质谱图 CE: 20V

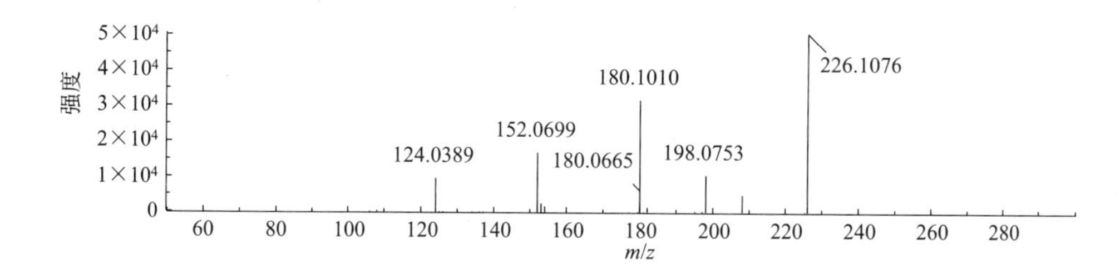

二级全扫质谱图 CE: 35V

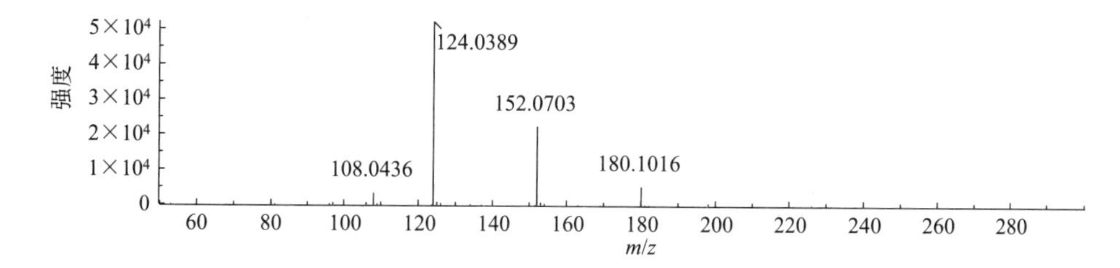

二级全扫质谱图 CE: 50V

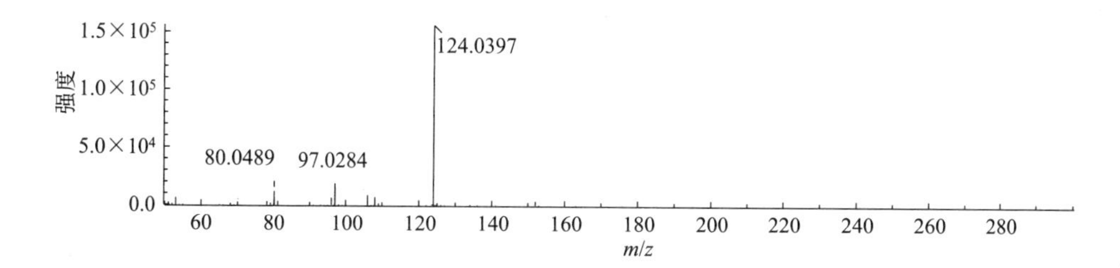

二级全扫质谱图 CE: 60V

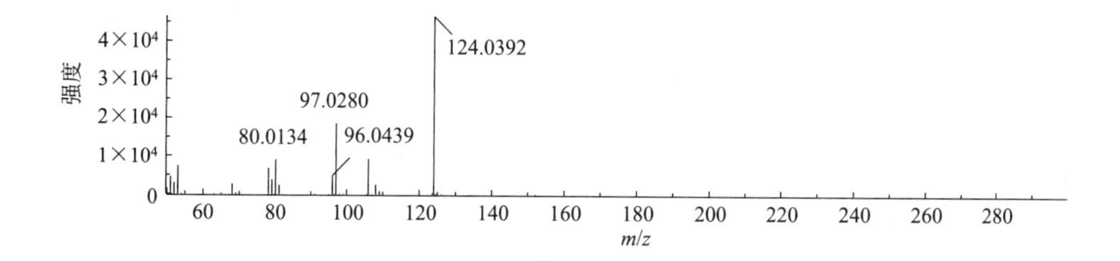

Diethyl aminoethyl hexanoate

胺鲜酯

CAS 号	10369-83-2	保留时间	4.78min
分子式	$C_{12}H_{25}NO_2$	加合方式	$[M+H]^+$
分子量	215.1885	源内裂解碎片	无

推测裂解规律（裂解路径已经 MS^3 确认）

$[C_{12}H_{25}NO_2]$ MW 215.1885

$[C_{12}H_{25}NO_2+H]^+$ *m/z* 216.1958

$[C_6H_{15}NO+H]^+$ *m/z* 118.1226

$[C_6H_{14}N]^+$ *m/z* 100.1121

$[C_4H_{10}N]^+$ *m/z* 72.0808

$[C_8H_{15}O_2]^+$ *m/z* 143.1067

$[C_6H_{11}O]^+$ *m/z* 99.0804

$[C_5H_{11}]^+$ *m/z* 71.0855

提取离子流色谱图

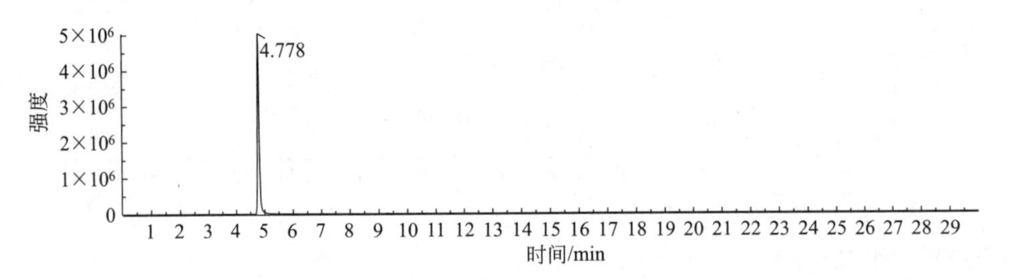

一级质谱图

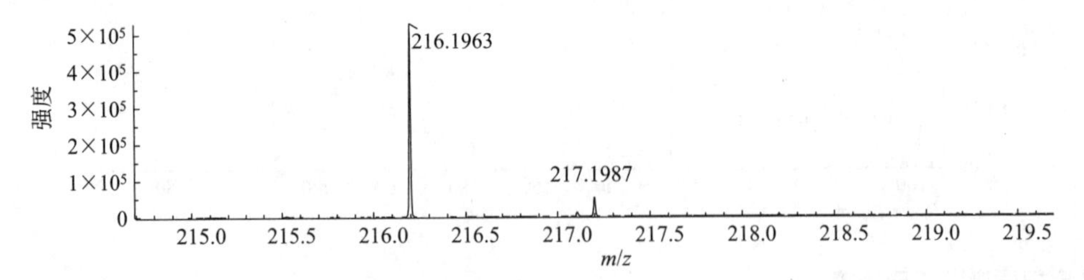

二级全扫质谱图 CE: (35±15)V

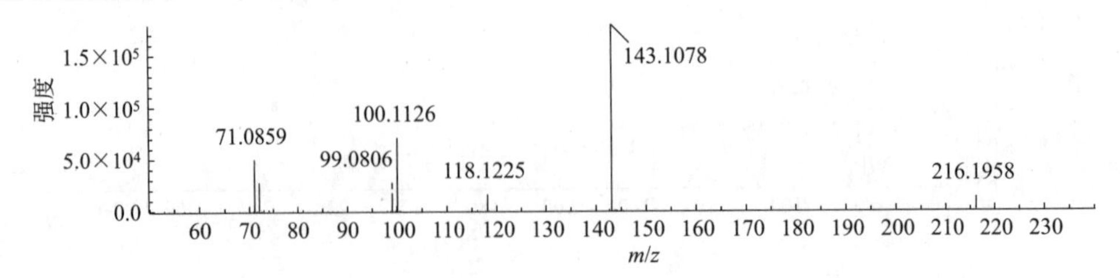

二级全扫质谱图 CE: 10V

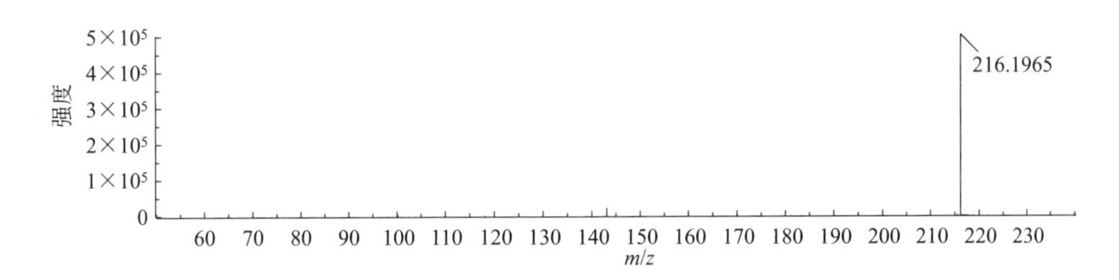

二级全扫质谱图 CE: 20V

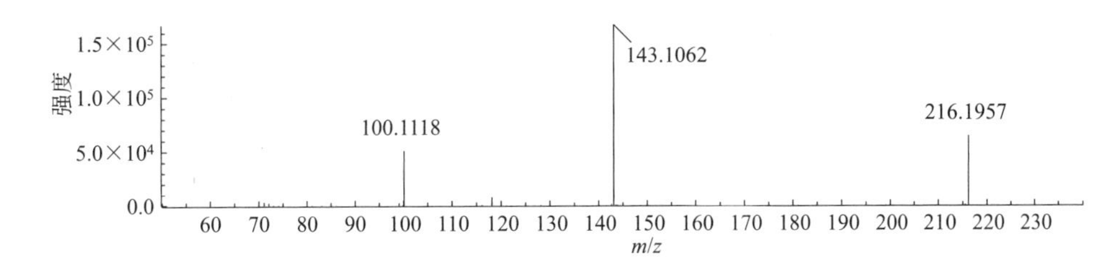

二级全扫质谱图 CE: 35V

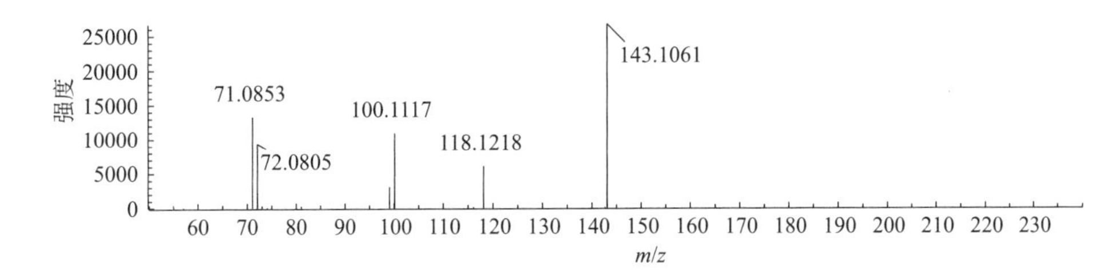

二级全扫质谱图 CE: 50V

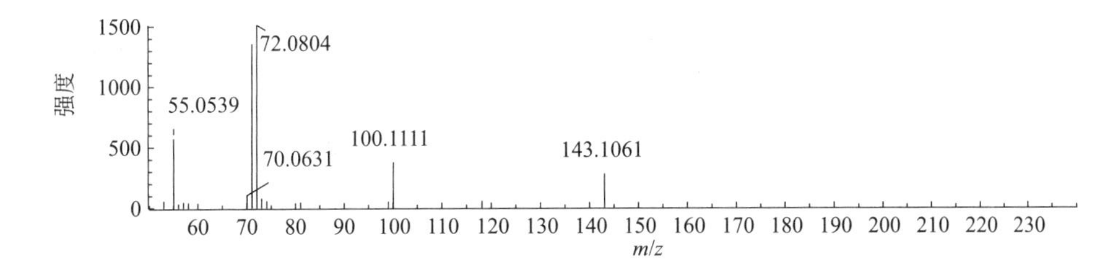

二级全扫质谱图 CE: 60V

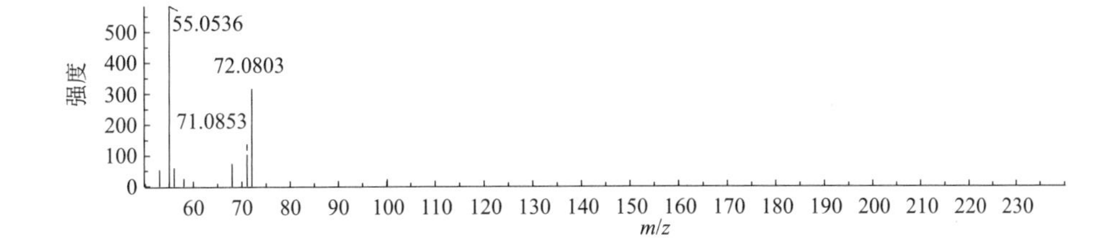

Difenoconazole
苯醚甲环唑

CAS 号	119446-68-3	保留时间	20.69min/20.75min
分子式	$C_{19}H_{17}Cl_2N_3O_3$	加合方式	$[M+H]^+$
分子量	405.0647	源内裂解碎片	无

推测裂解规律

$[C_{19}H_{17}Cl_2N_3O_3]$ MW 405.0647 　$[C_{19}H_{17}Cl_2N_3O_3+H]^+$ *m/z* 406.0720 　$[C_{17}H_{15}Cl_2O_3]^+$ *m/z* 337.0393 　$[C_{13}H_9Cl_2O]^+$ *m/z* 251.0025

提取离子流色谱图

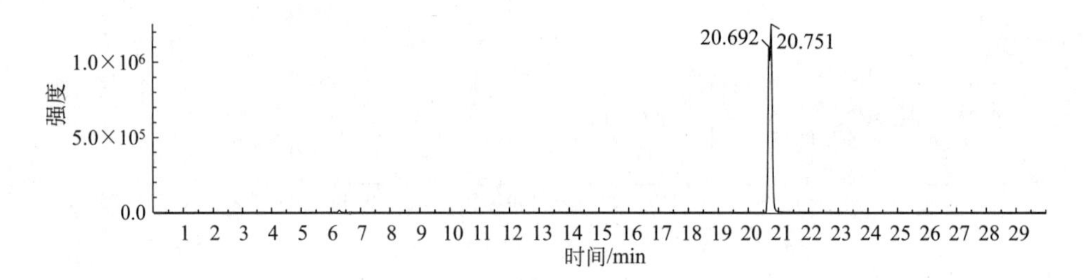

一级质谱图

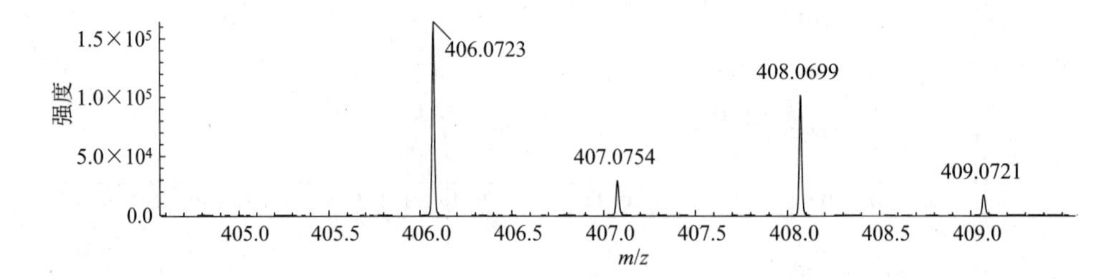

二级全扫质谱图 CE: (35±15)V

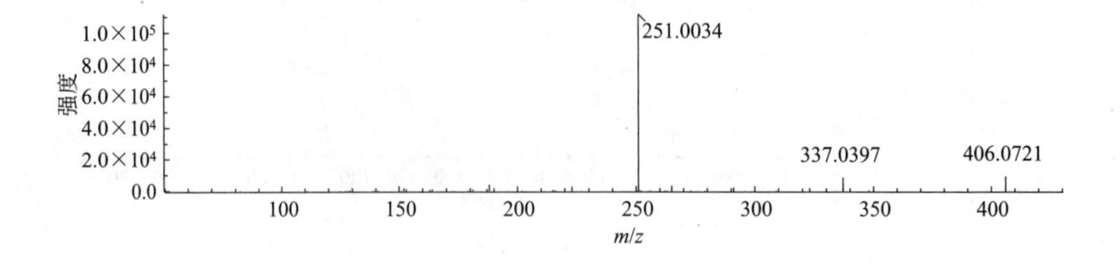

二级全扫质谱图 CE: 10V

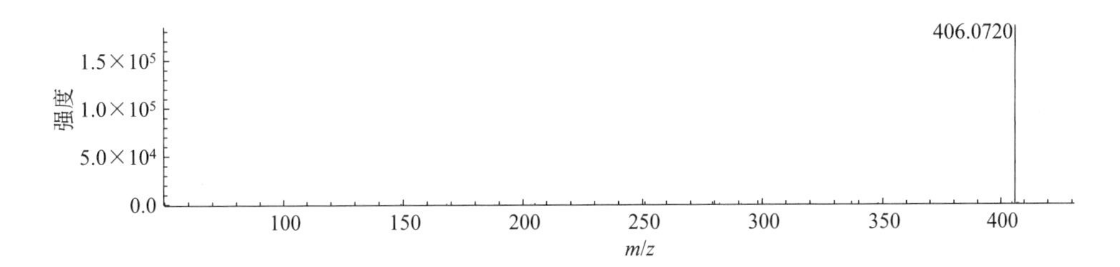

二级全扫质谱图 CE: 20V

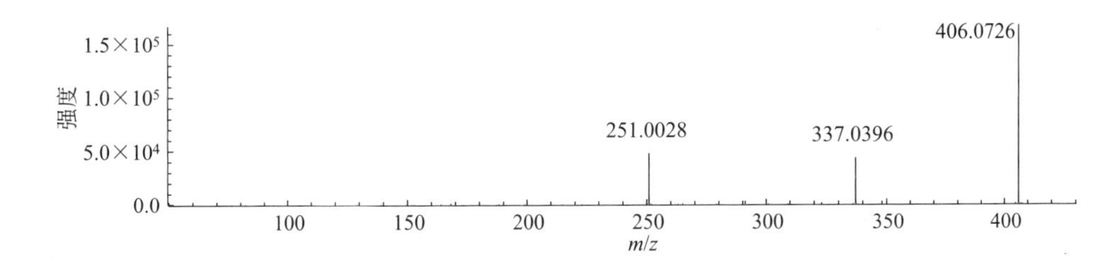

二级全扫质谱图 CE: 35V

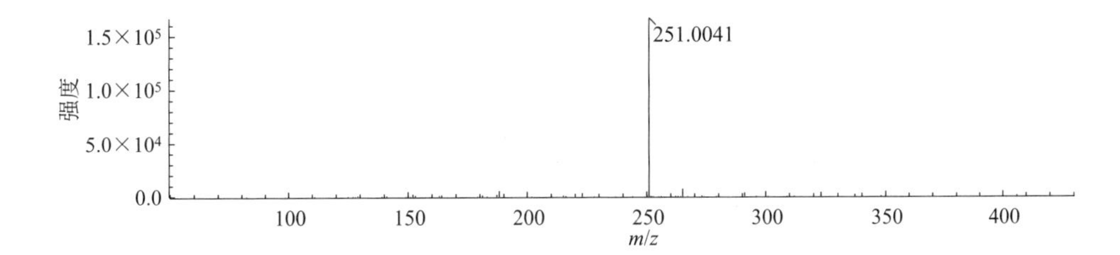

二级全扫质谱图 CE: 50V

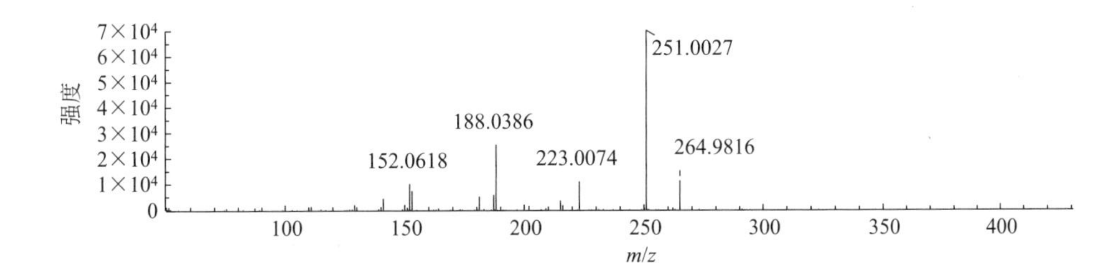

二级全扫质谱图 CE: 60V

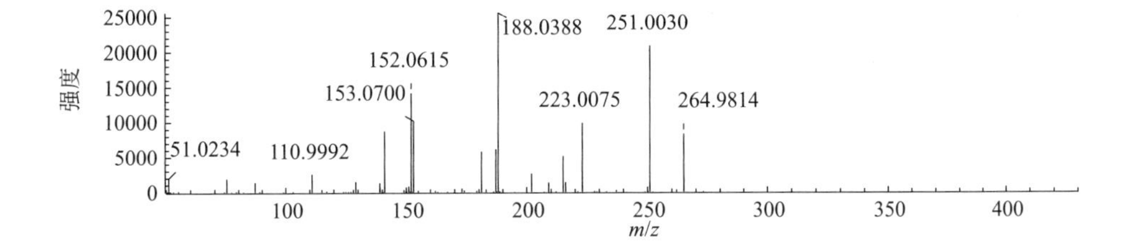

Diflubenzuron
除虫脲

CAS 号	35367-38-5	保留时间	16.29min
分子式	$C_{14}H_9ClF_2N_2O_2$	加合方式	$[M+H]^+$
分子量	310.0321	源内裂解碎片	无

推测裂解规律

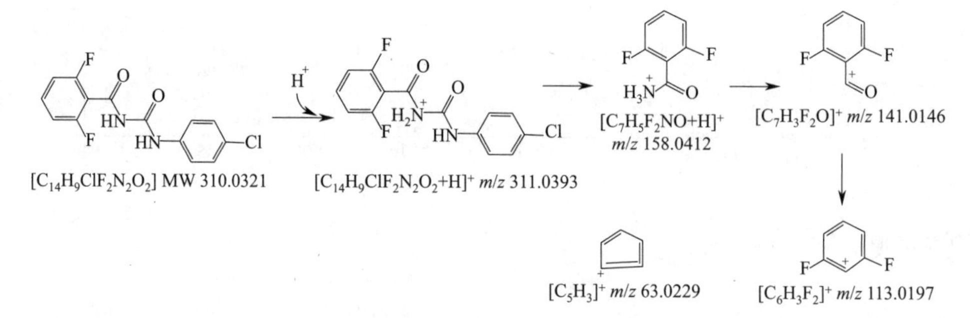

提取离子流色谱图

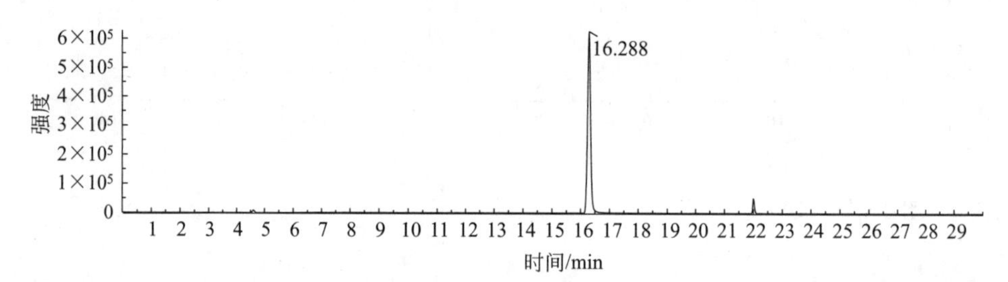

一级质谱图

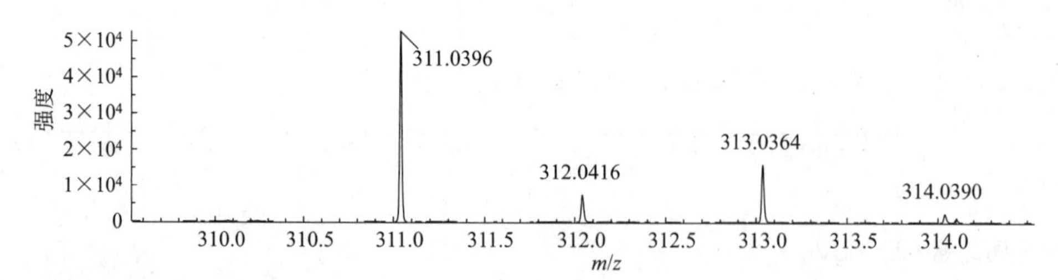

二级全扫质谱图 CE: (35±15)V

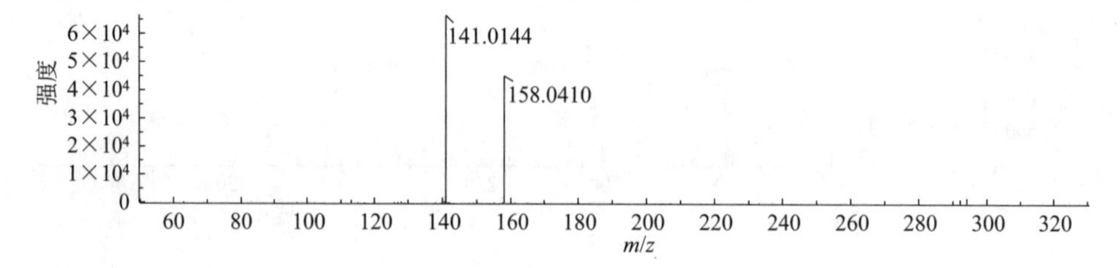

二级全扫质谱图 CE: 10V

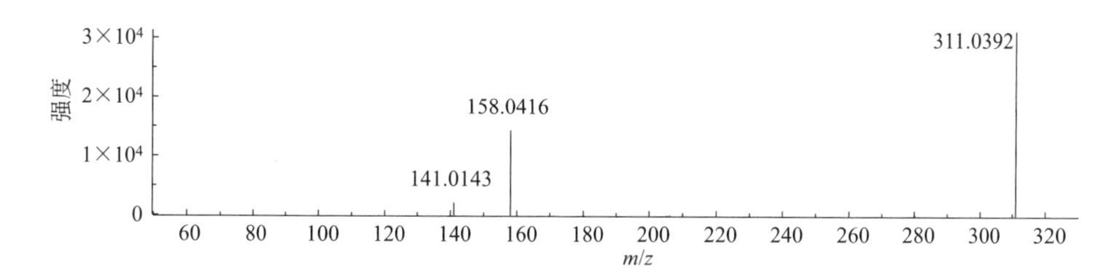

二级全扫质谱图 CE: 20V

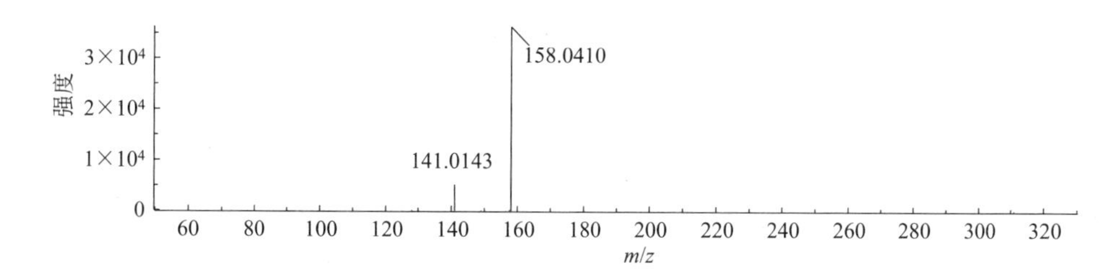

二级全扫质谱图 CE: 35V

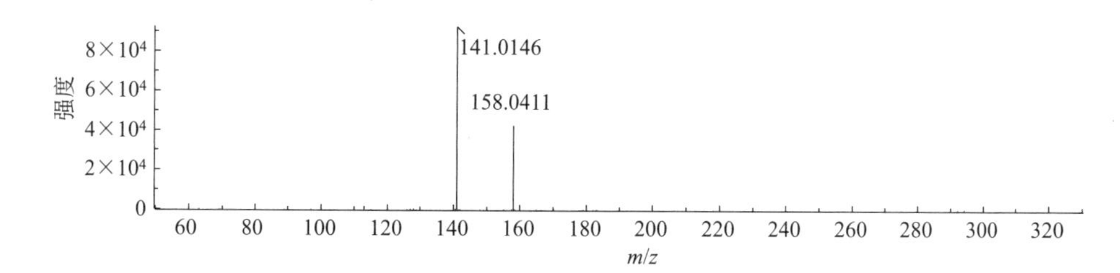

二级全扫质谱图 CE: 50V

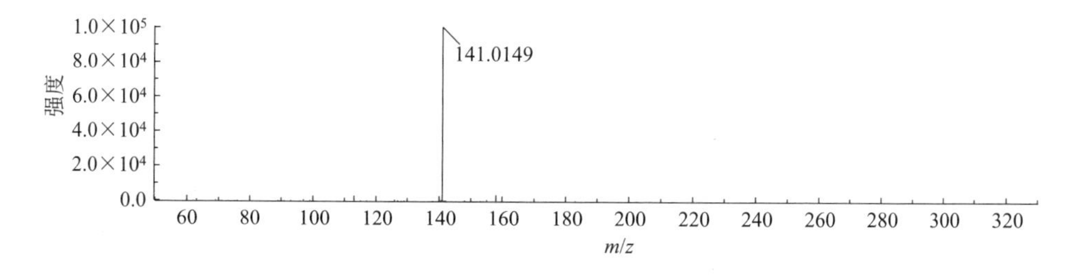

二级全扫质谱图 CE: 60V

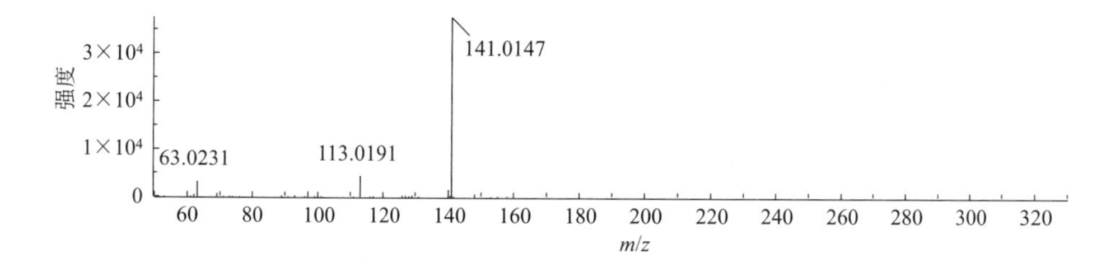

Diflufenican

吡氟酰草胺

CAS号	83164-33-4	保留时间	21.16min
分子式	$C_{19}H_{11}F_5N_2O_2$	加合方式	$[M+H]^+$
分子量	394.0741	源内裂解碎片	无

推测裂解规律

$[C_{19}H_{11}F_5N_2O_2]$ MW 394.0741

$[C_{19}H_{11}F_5N_2O_2+H]^+$ m/z 395.0813

$[C_{13}H_7F_3NO_2]^+$ m/z 266.0423

$[C_{13}H_6F_2NO_2]^+$ m/z 246.0361

$[C_{12}H_6F_2NO]^+$ m/z 218.0412

$[C_{12}H_7F_3NO]^+$ m/z 238.0474

$[C_{11}H_7NO]^{\cdot+}$ m/z 169.0522

提取离子流色谱图

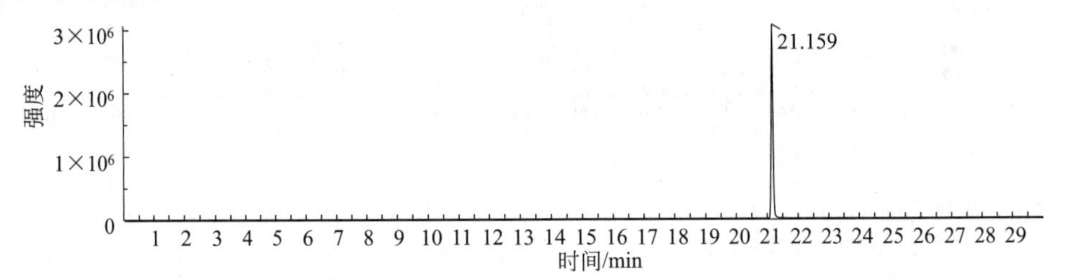

一级质谱图

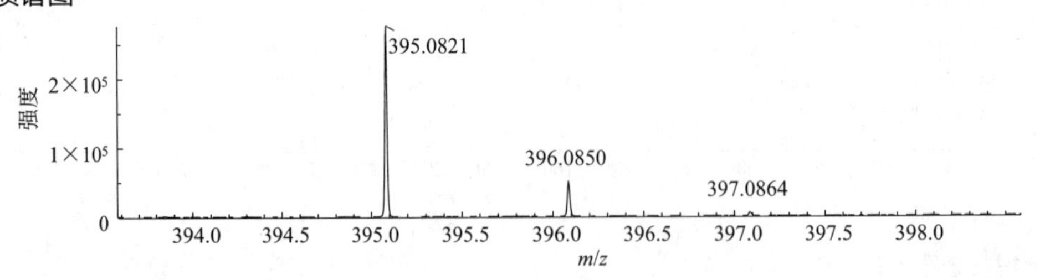

二级全扫质谱图 CE: (35±15)V

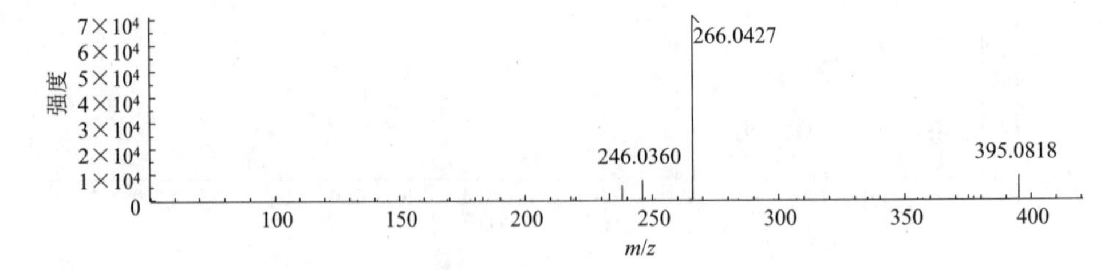

二级全扫质谱图 CE: 10V

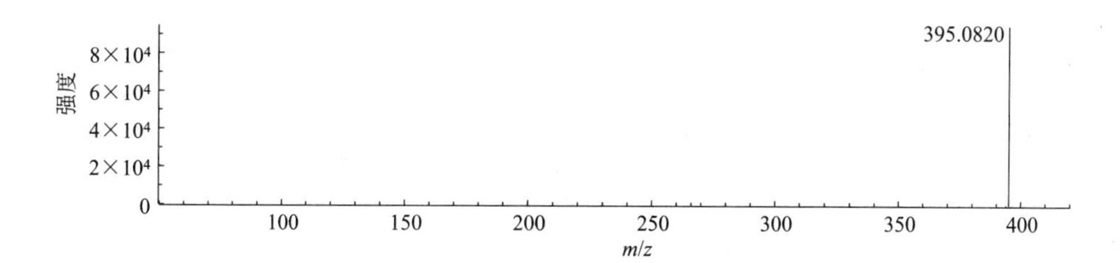

二级全扫质谱图 CE: 20V

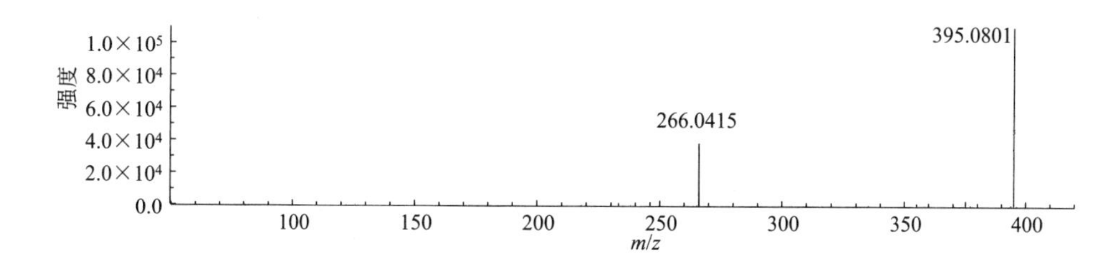

二级全扫质谱图 CE: 35V

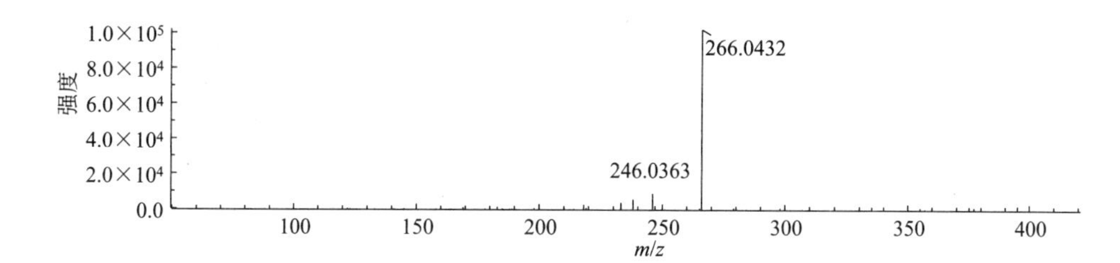

二级全扫质谱图 CE: 50V

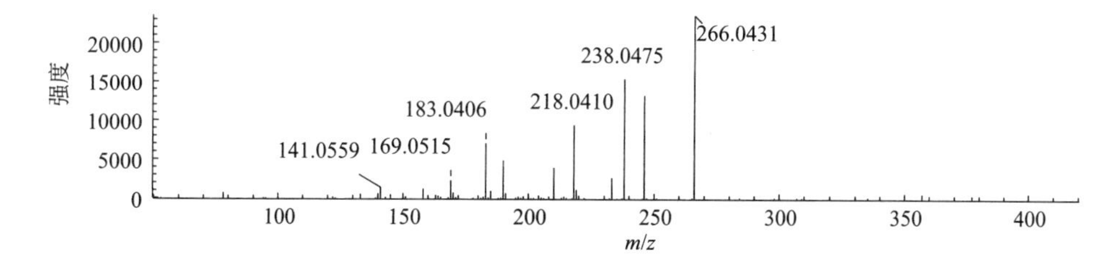

二级全扫质谱图 CE: 60V

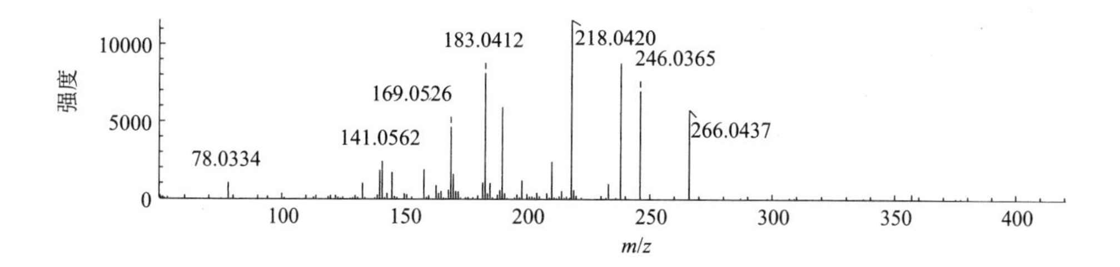

Dimepiperate
哌草丹

CAS 号	61432-55-1	保留时间	20.91min
分子式	$C_{15}H_{21}NOS$	加合方式	$[M+H]^+$
分子量	263.1344	源内裂解碎片	无

推测裂解规律

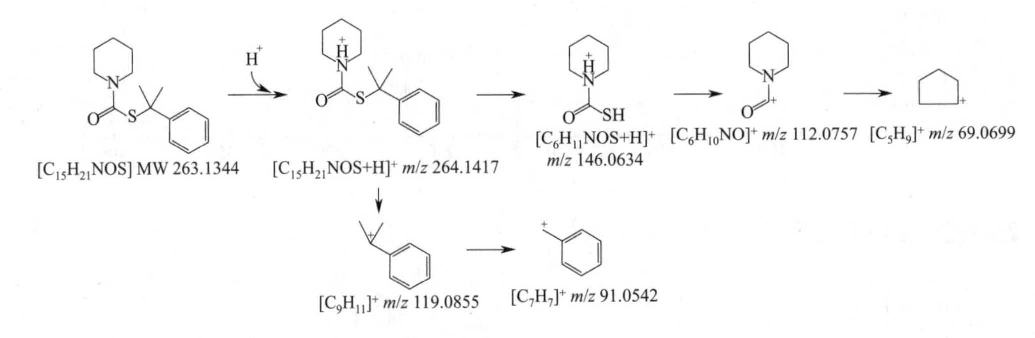

提取离子流色谱图

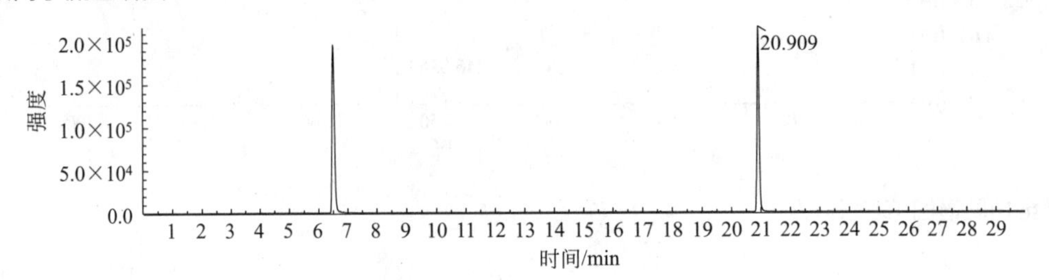

一级质谱图

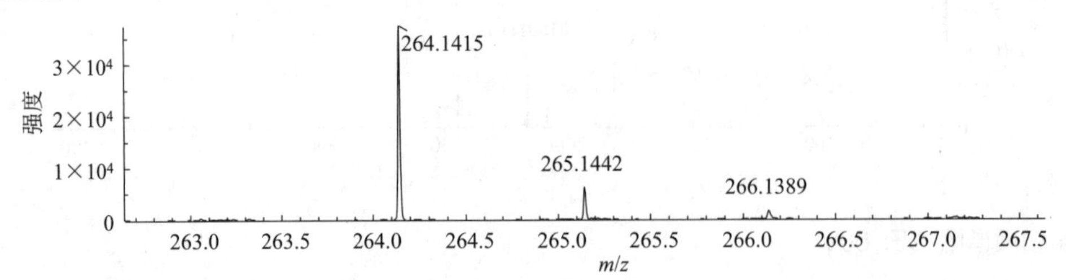

二级全扫质谱图 CE: (35±15)V

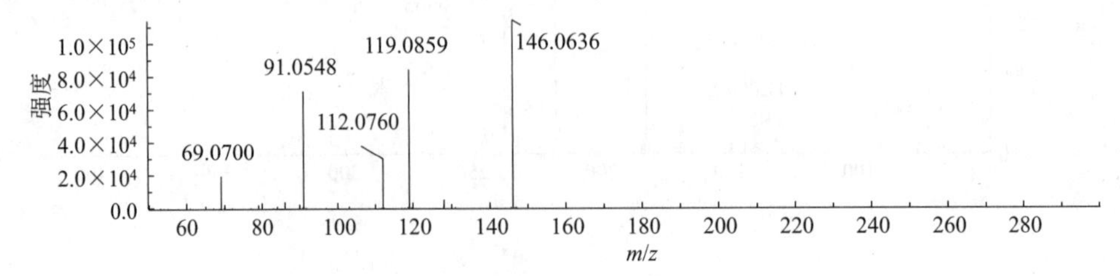

二级全扫质谱图 CE: 10V

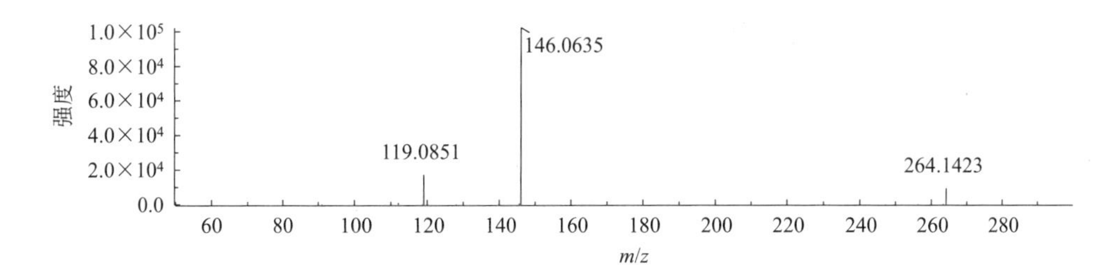

二级全扫质谱图 CE: 20V

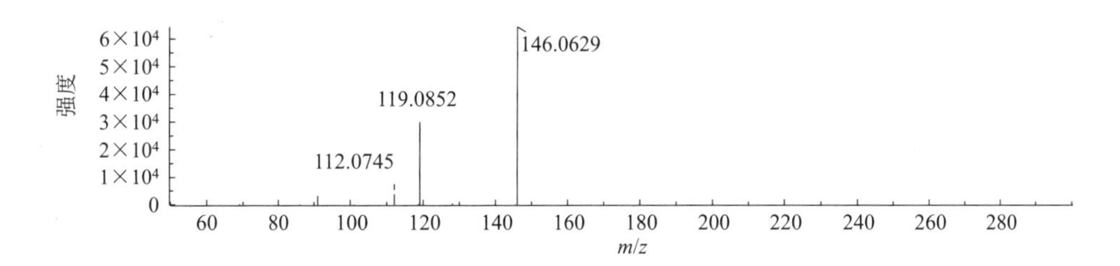

二级全扫质谱图 CE: 35V

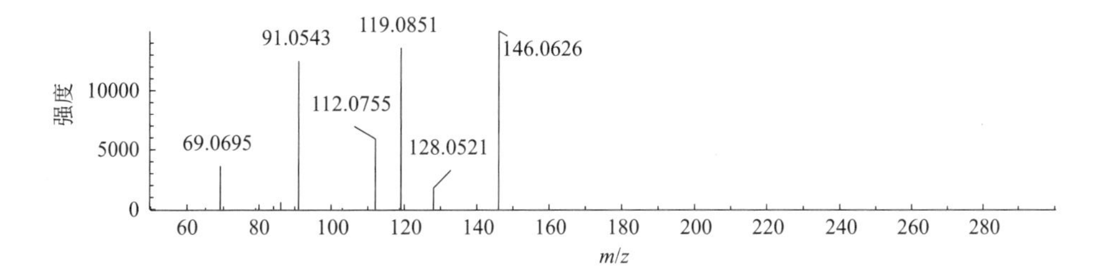

二级全扫质谱图 CE: 50V

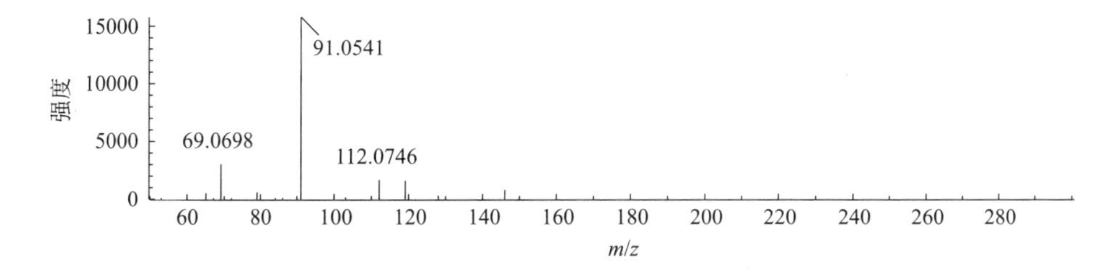

二级全扫质谱图 CE: 60V

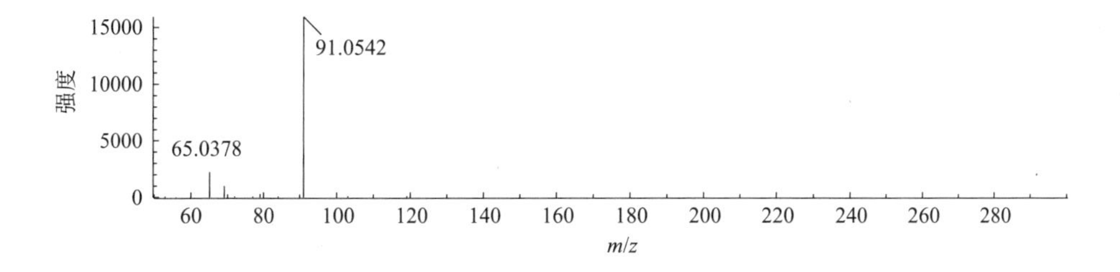

Dimethenamid
二甲吩草胺

CAS 号	87674-68-8	保留时间	13.49min
分子式	$C_{12}H_{18}ClNO_2S$	加合方式	$[M+H]^+$
分子量	275.0747	源内裂解碎片	*m/z* 244

推测裂解规律（裂解路径已经 MS^3 确认）

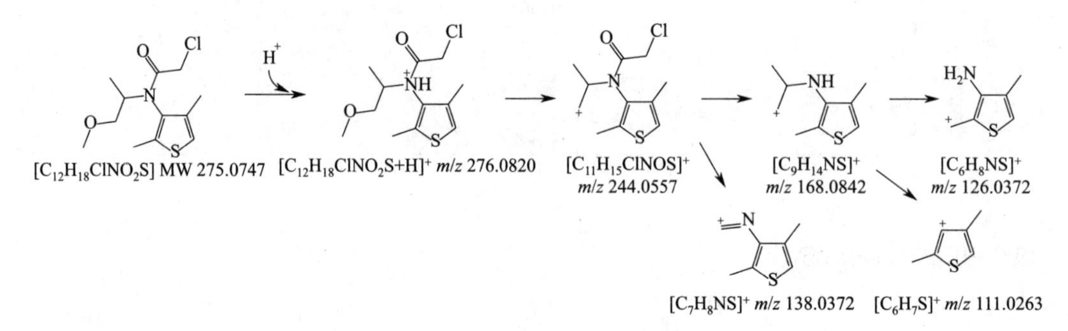

提取离子流色谱图

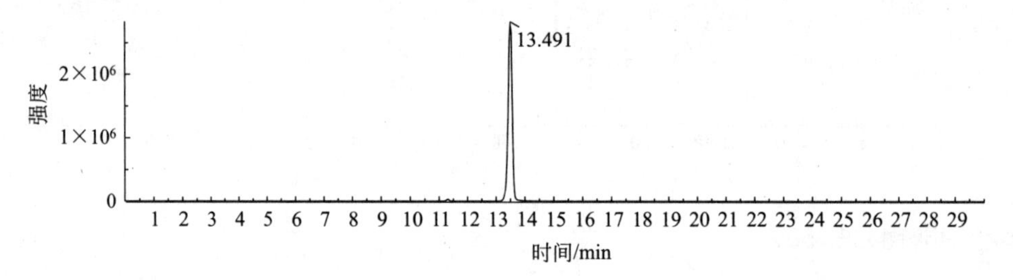

一级质谱图

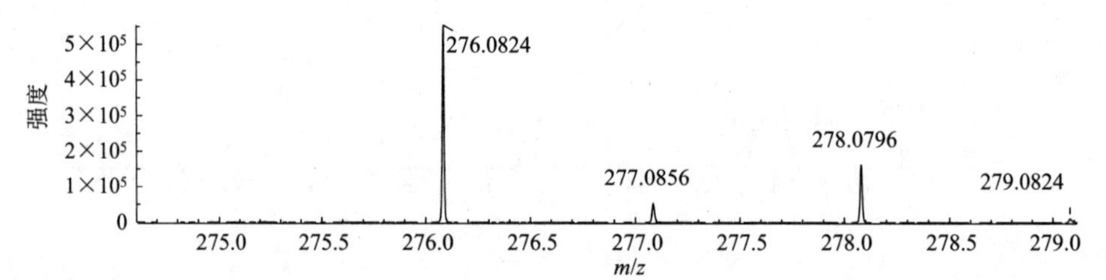

二级全扫质谱图 CE: (35±15)V

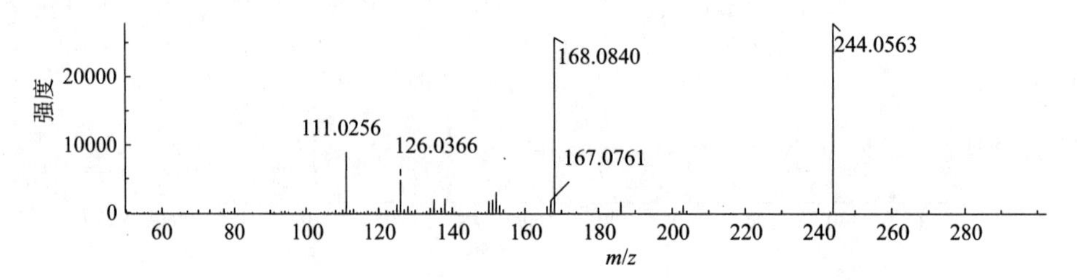

二级全扫质谱图 CE: 10V

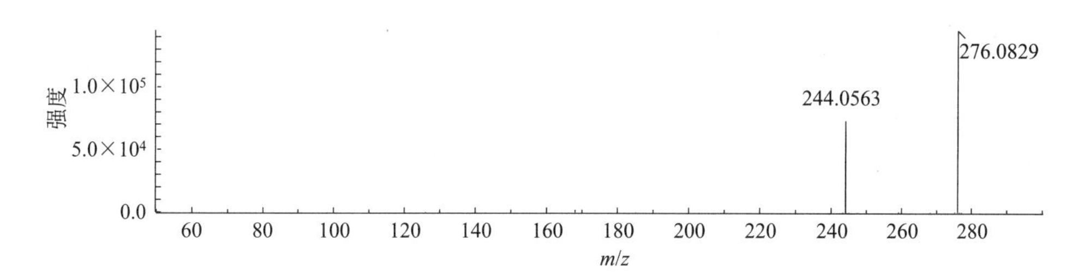

二级全扫质谱图 CE: 20V

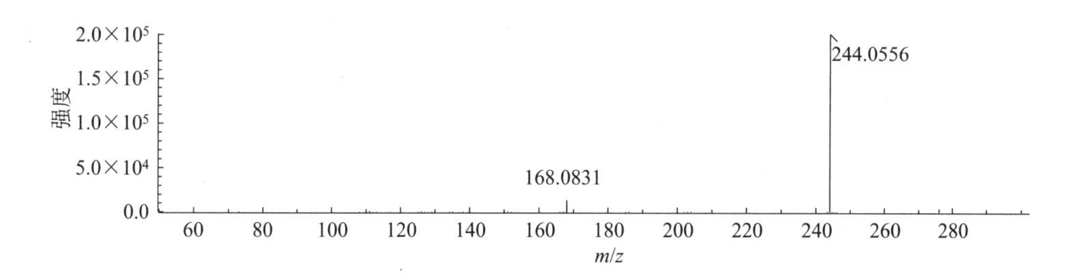

二级全扫质谱图 CE: 35V

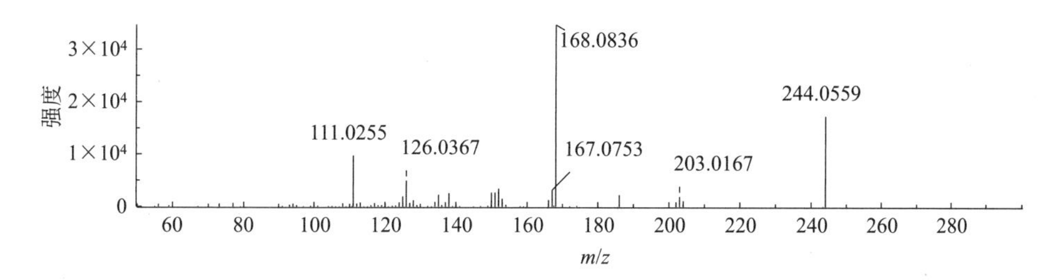

二级全扫质谱图 CE: 50V

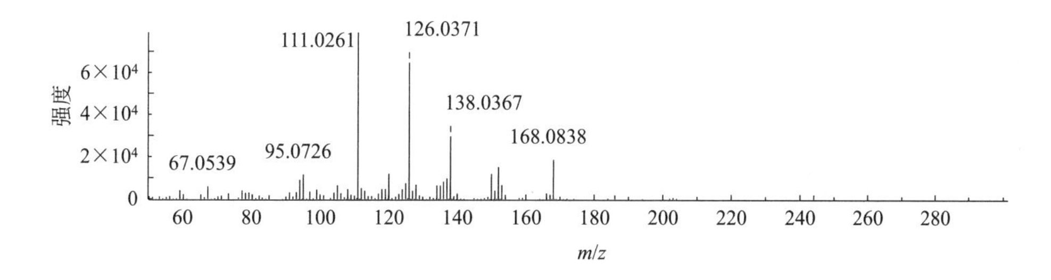

二级全扫质谱图 CE: 60V

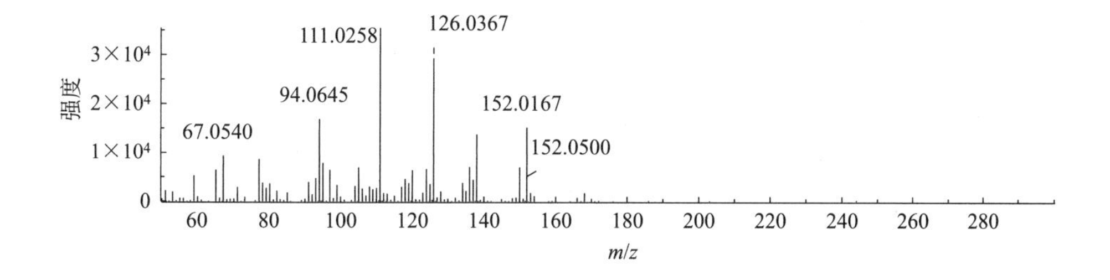

Dimethenamid in-source fragment 244

二甲吩草胺源内裂解碎片 244

CAS 号	—	保留时间	13. 49min
分子式	$C_{11}H_{15}ClNOS^+$	加合方式	$[M]^+$
分子量	244. 0557	源内裂解碎片	无

推测裂解规律

$[C_7H_8NS]^+$ *m/z* 138.0372 ← $[C_{11}H_{15}ClNOS]^+$ *m/z* 244.0557 → $[C_9H_{14}NS]^+$ *m/z* 168.0842 → $[C_6H_8NS]^+$ *m/z* 126.0372

$[C_9H_{14}NS]^+$ *m/z* 168.0842 → $[C_6H_7S]^+$ *m/z* 111.0263

提取离子流色谱图

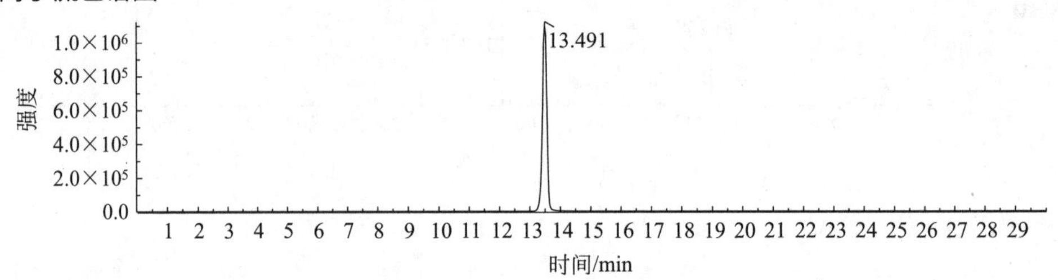

一级质谱图

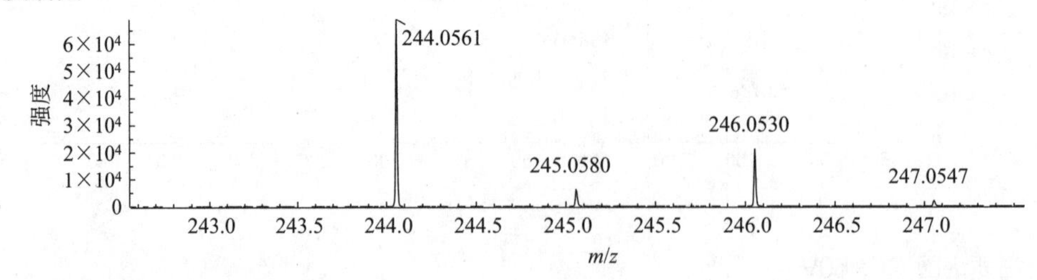

二级全扫质谱图 CE: (35±15)V

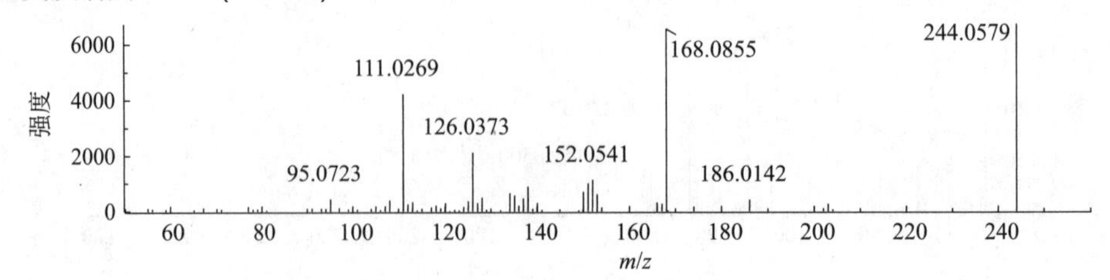

二级全扫质谱图 CE: 10V

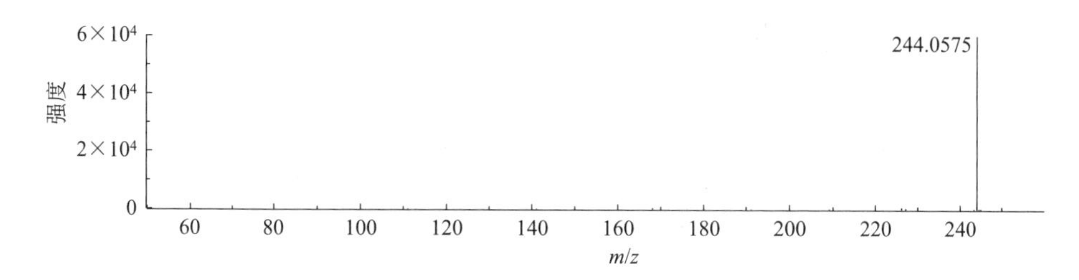

二级全扫质谱图 CE: 20V

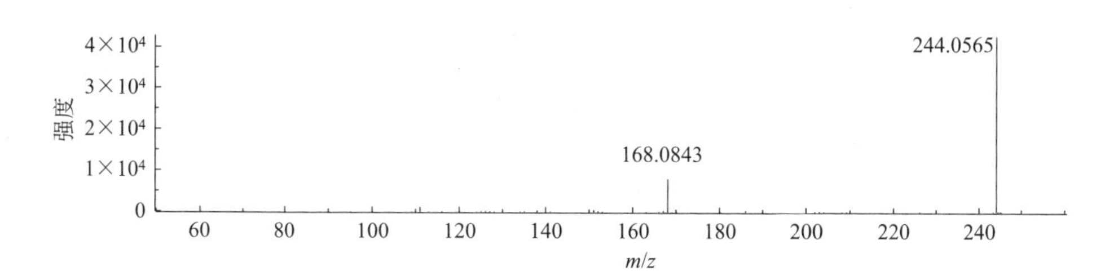

二级全扫质谱图 CE: 35V

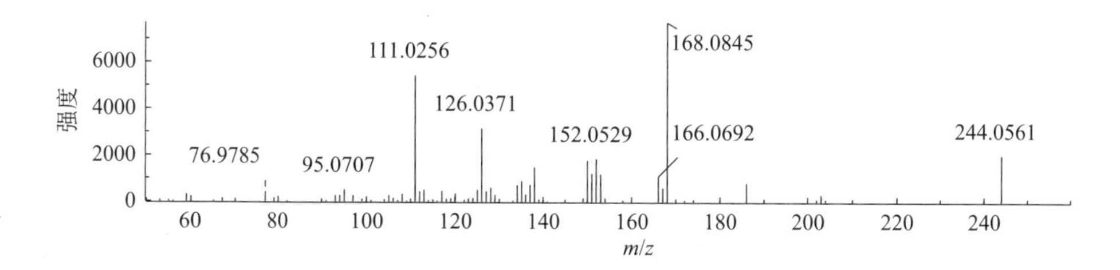

二级全扫质谱图 CE: 50V

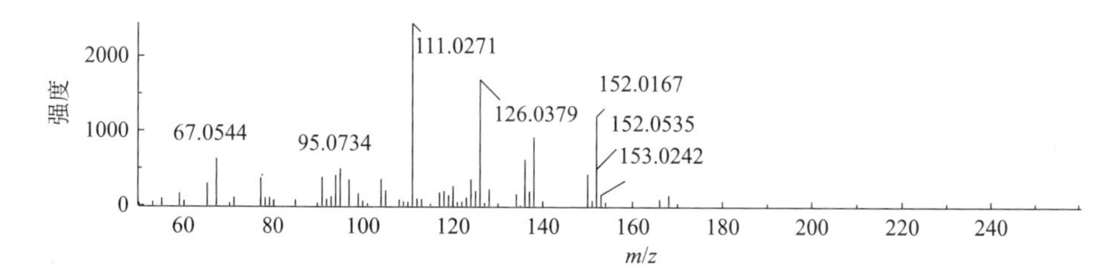

二级全扫质谱图 CE: 60V

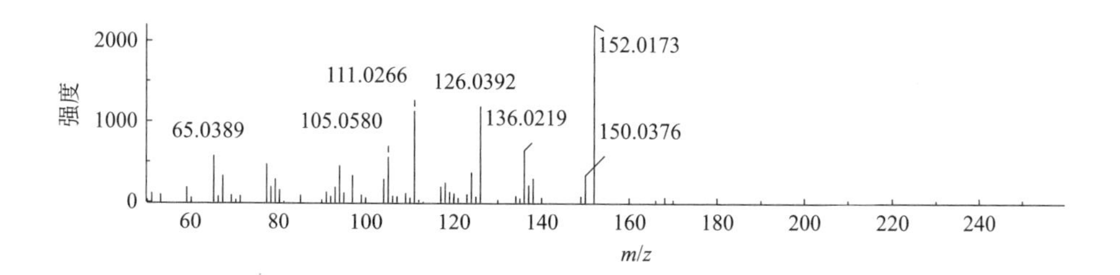

Dimethoate
乐果

CAS 号	60-51-5	保留时间	4.72min
分子式	$C_5H_{12}NO_3PS_2$	加合方式	$[M+H]^+$
分子量	229.0000	源内裂解碎片	*m/z* 199

推测裂解规律（裂解路径已经 MS^3 确认）

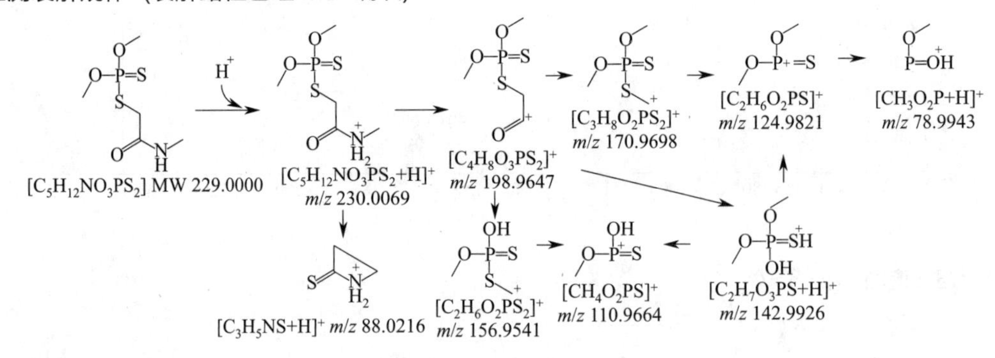

提取离子流色谱图

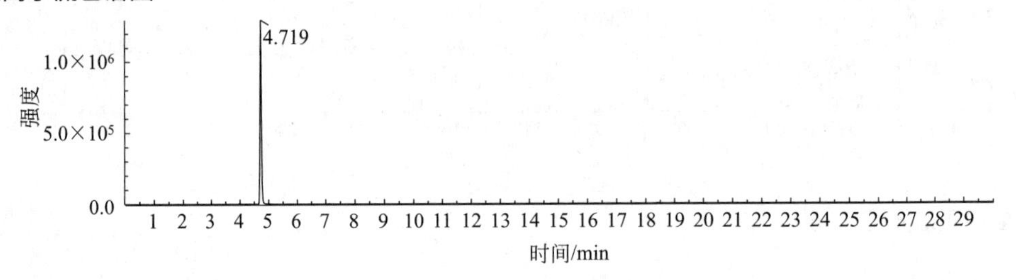

一级质谱图

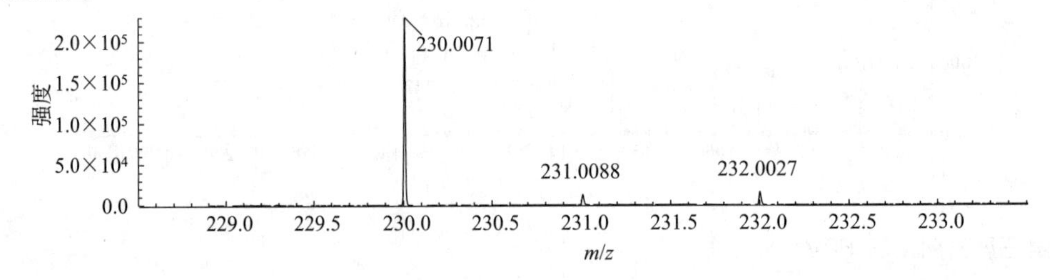

二级全扫质谱图 CE：(35±15)V

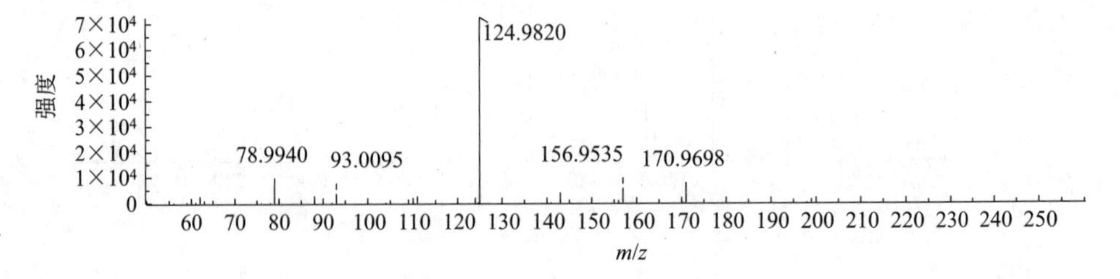

二级全扫质谱图 CE: 10V

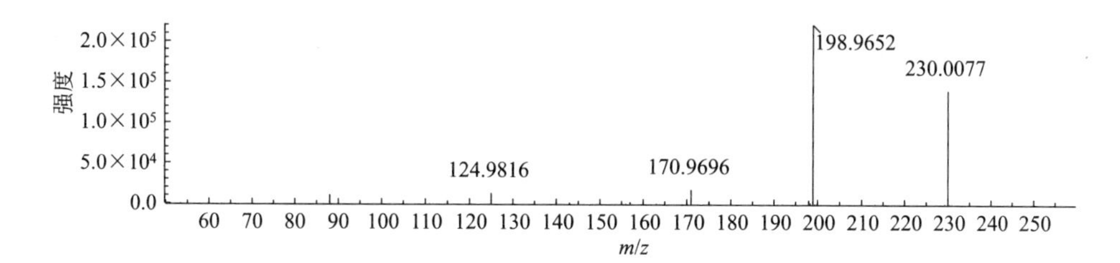

二级全扫质谱图 CE: 20V

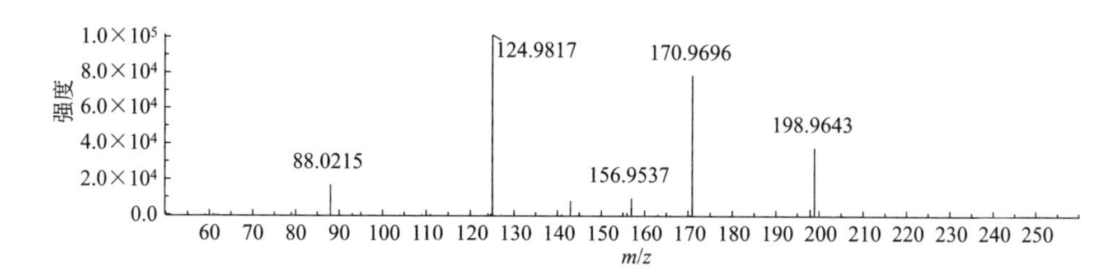

二级全扫质谱图 CE: 35V

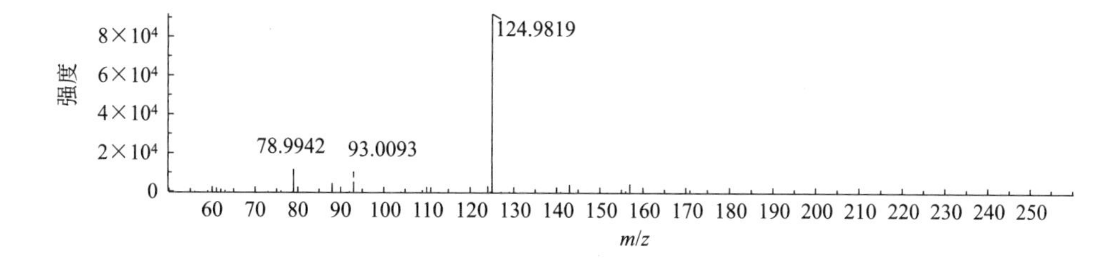

二级全扫质谱图 CE: 50V

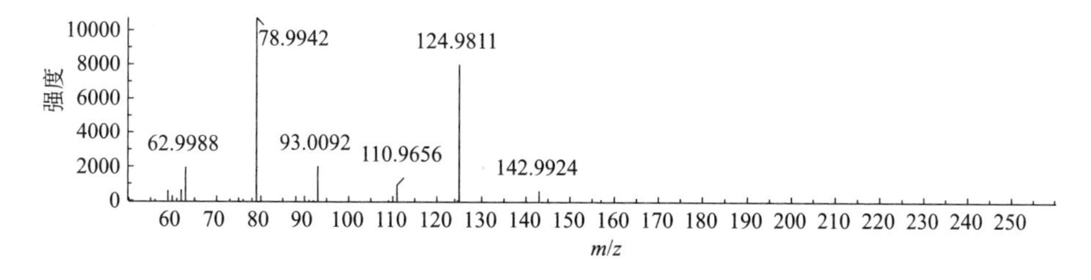

二级全扫质谱图 CE: 60V

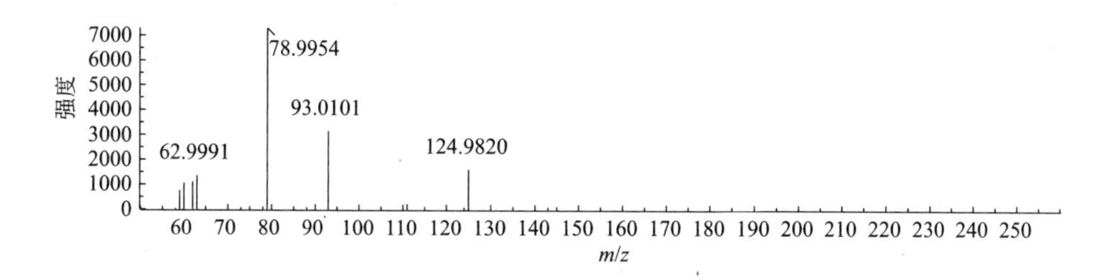

Dimethoate in-source fragment 199

乐果源内裂解碎片 199

CAS 号	—	保留时间	4.72min
分子式	$C_4H_8O_3PS_2^+$	加合方式	$[M+H]^+$
分子量	198.9647	源内裂解碎片	无

推测裂解规律（裂解路径已经 MS^3 确认）

$[C_4H_8O_3PS_2]^+$ *m/z* 198.9647

$[C_3H_8O_2PS_2]^+$ *m/z* 170.9698

$[C_2H_6O_2PS]^+$ *m/z* 124.9821

$[CH_3O_2P+H]^+$ *m/z* 78.9943

$[C_2H_6O_2PS_2]^+$ *m/z* 156.9541

$[CH_4O_2PS]^+$ *m/z* 110.9664

$[C_2H_7O_3PS+H]^+$ *m/z* 142.9926

提取离子流色谱图

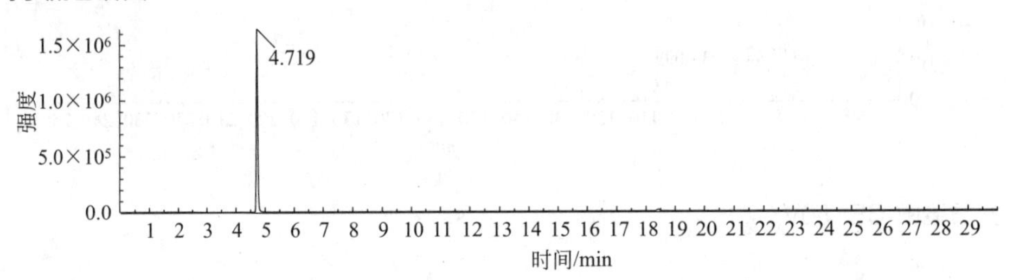

一级质谱图

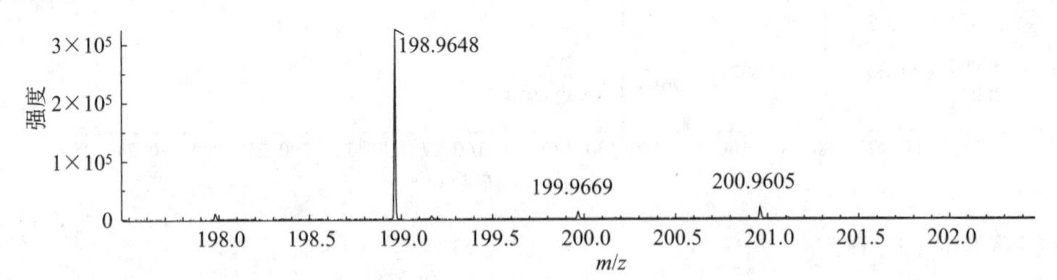

二级全扫质谱图 CE：(35±15)V

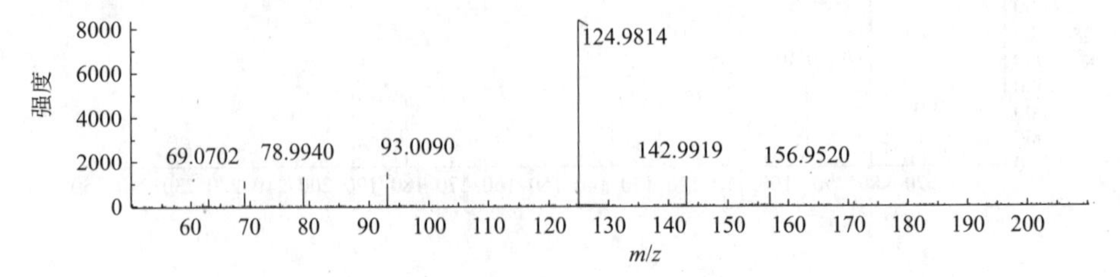

二级全扫质谱图 CE: 10V

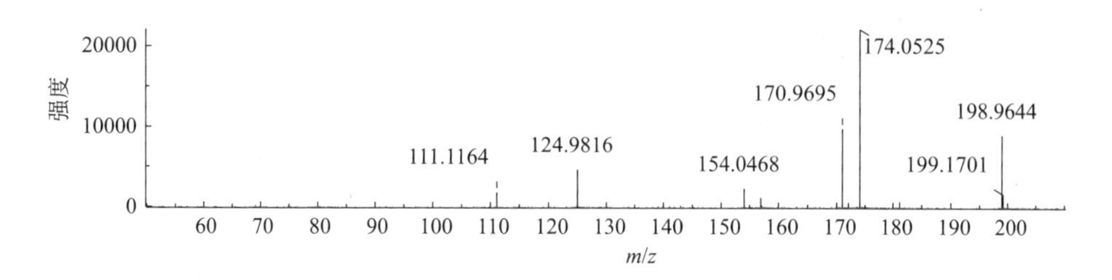

二级全扫质谱图 CE: 20V

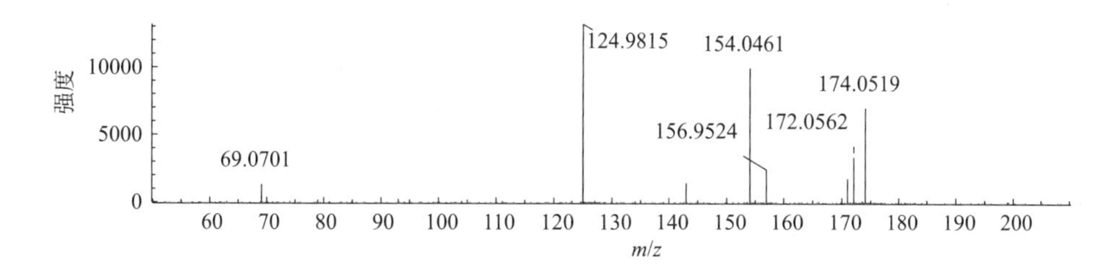

二级全扫质谱图 CE: 35V

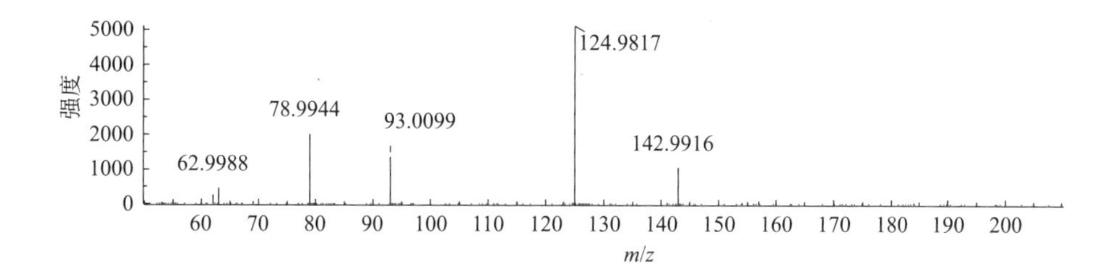

二级全扫质谱图 CE: 50V

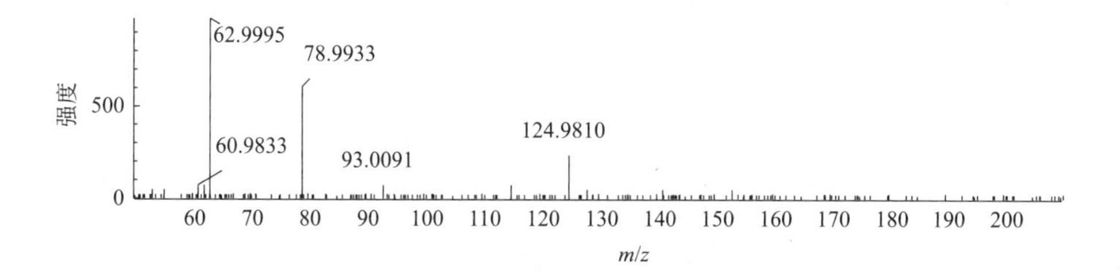

二级全扫质谱图 CE: 60V

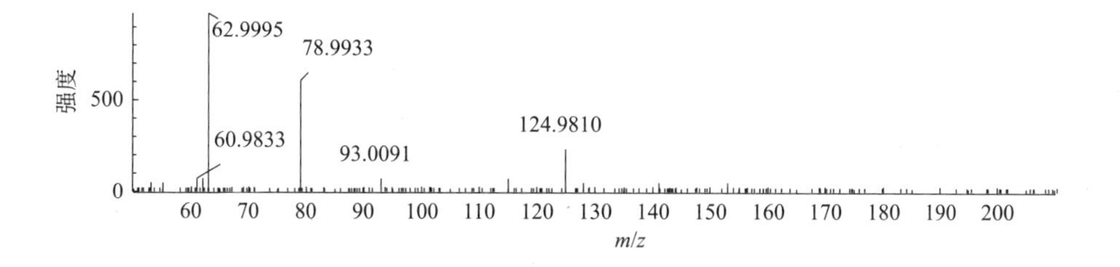

Dimethomorph

烯酰吗啉

CAS 号	110488-70-5	保留时间	12.32min/13.30min
分子式	$C_{21}H_{22}ClNO_4$	加合方式	$[M+H]^+$
分子量	387.1237	源内裂解碎片	无

推测裂解规律

$[C_{21}H_{22}ClNO_4]$ MW 387.1237 → $[C_{21}H_{22}ClNO_4+H]^+$ m/z 388.1310 → $[C_{17}H_{14}ClO_3]^+$ m/z 301.0626 → $[C_{16}H_{14}ClO_2]^+$ m/z 273.0677

提取离子流色谱图

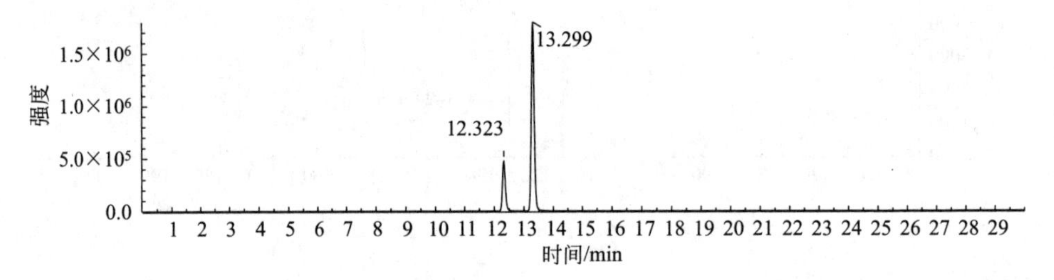

一级质谱图

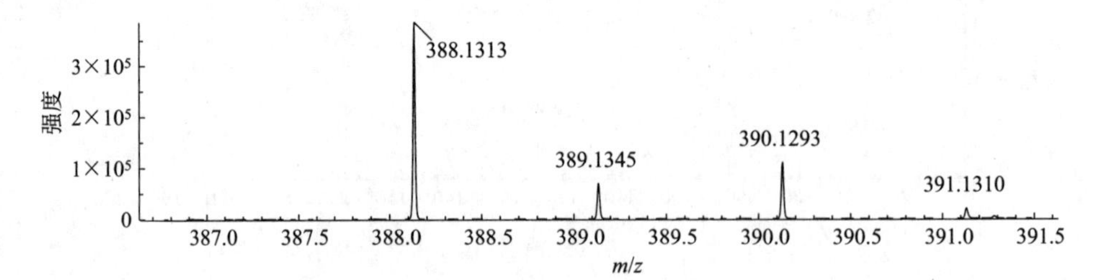

二级全扫质谱图 CE: (35±15)V

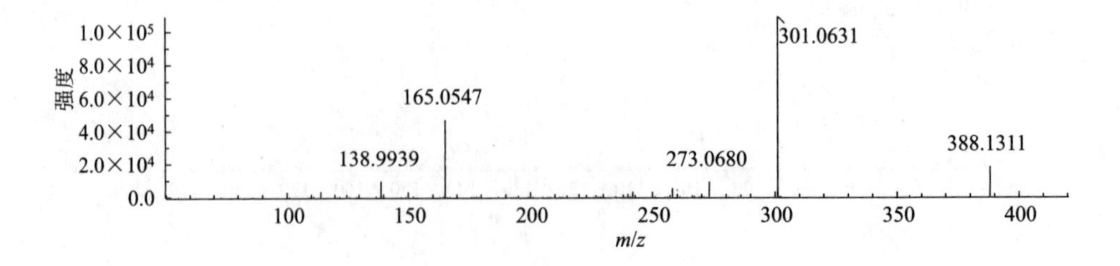

二级全扫质谱图 CE: 10V

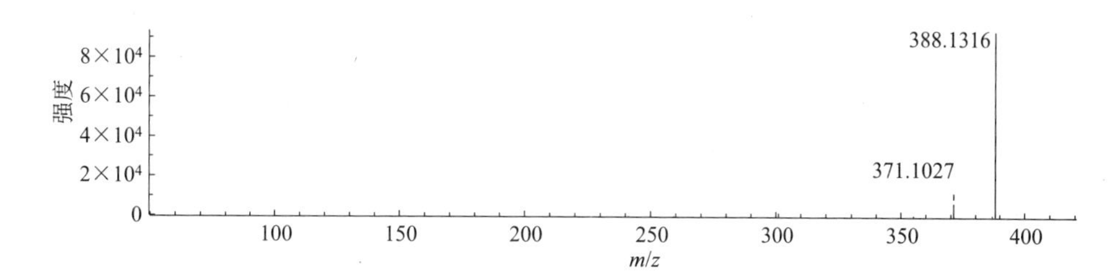

二级全扫质谱图 CE: 20V

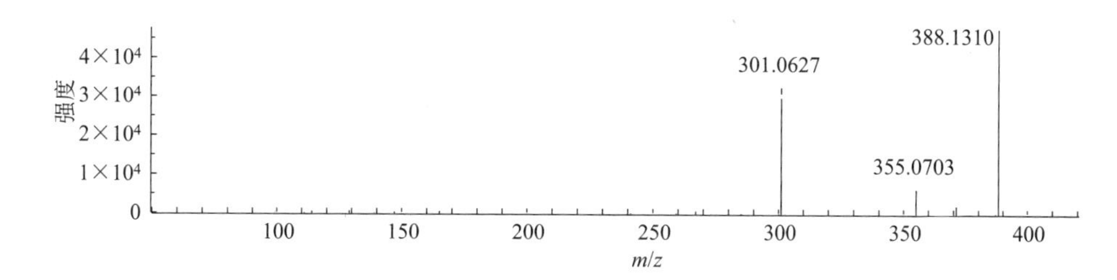

二级全扫质谱图 CE: 35V

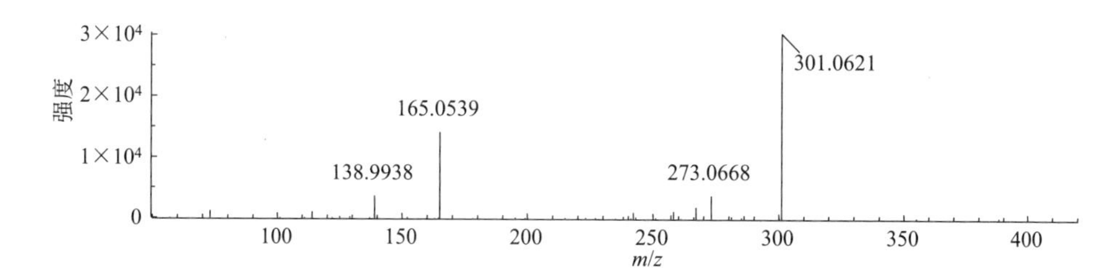

二级全扫质谱图 CE: 50V

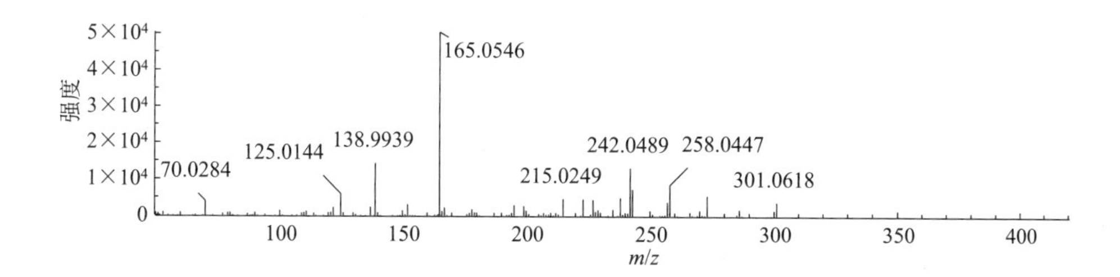

二级全扫质谱图 CE: 60V

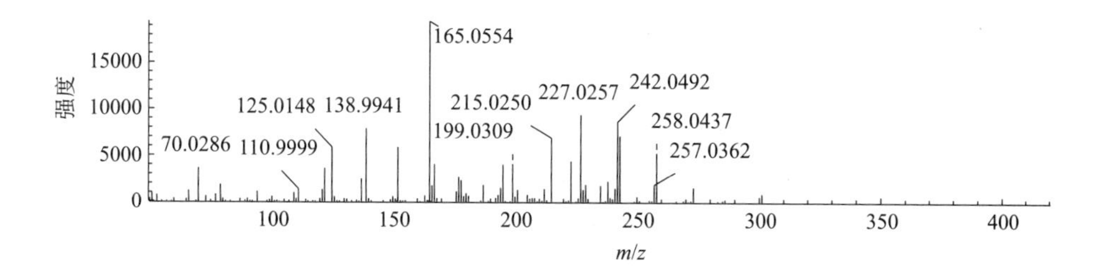

Dimoxystrobin
醚菌胺

CAS 号	149961-52-4	保留时间	17.34min
分子式	$C_{19}H_{22}N_2O_3$	加合方式	$[M+H]^+$
分子量	326.1630	源内裂解碎片	无

推测裂解规律

$[C_{19}H_{22}N_2O_3]$ MW 326.1630

$[C_{19}H_{22}N_2O_3+H]^+$ *m/z* 327.1703

$[C_{11}H_{13}N_2O_2]^+$ *m/z* 205.0972

$[C_8H_6N]^+$ *m/z* 116.0495

$[C_7H_5]^+$ *m/z* 89.0386

$[C_2H_4NO]^+$ *m/z* 58.0287

提取离子流色谱图

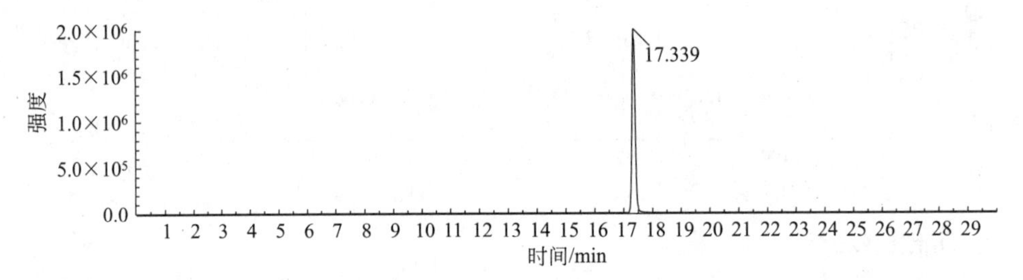

一级质谱图

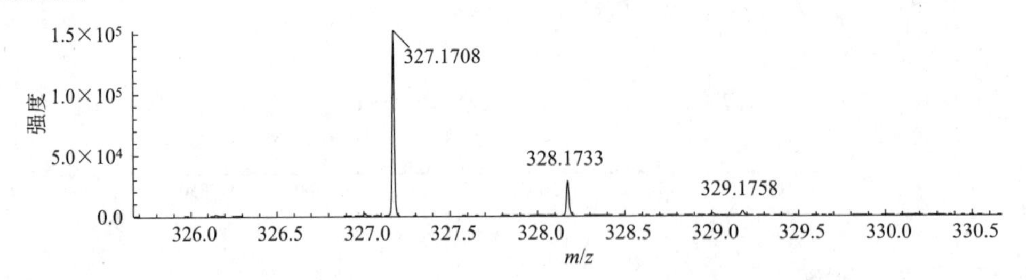

二级全扫质谱图 CE: (35±15)V

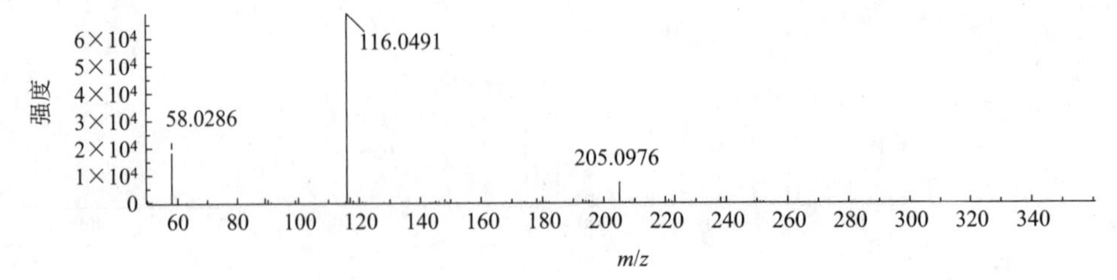

二级全扫质谱图 CE: 10V

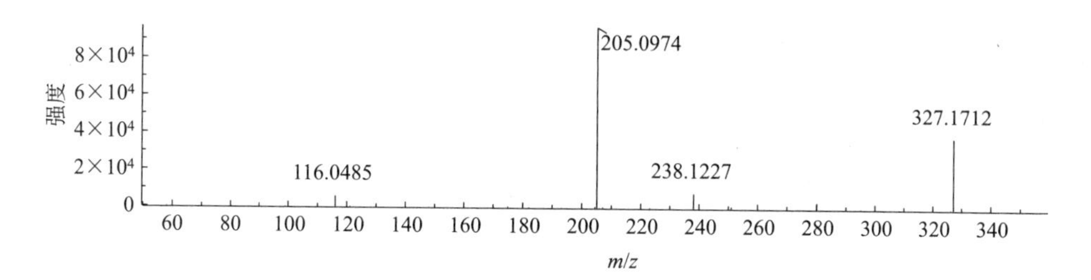

二级全扫质谱图 CE: 20V

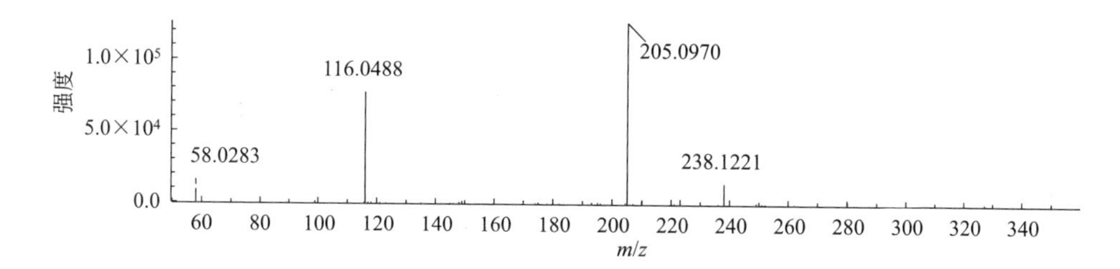

二级全扫质谱图 CE: 35V

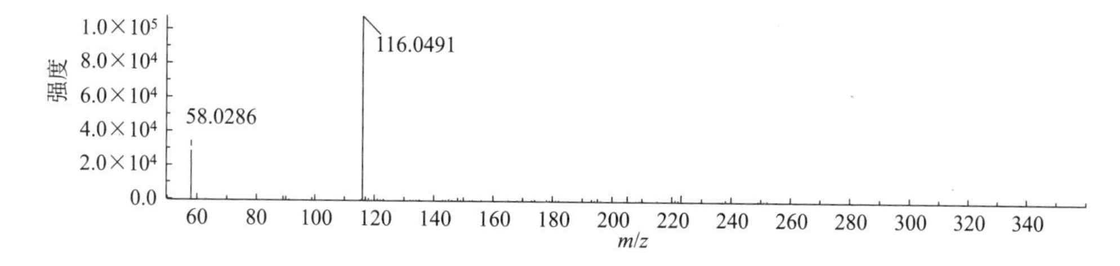

二级全扫质谱图 CE: 50V

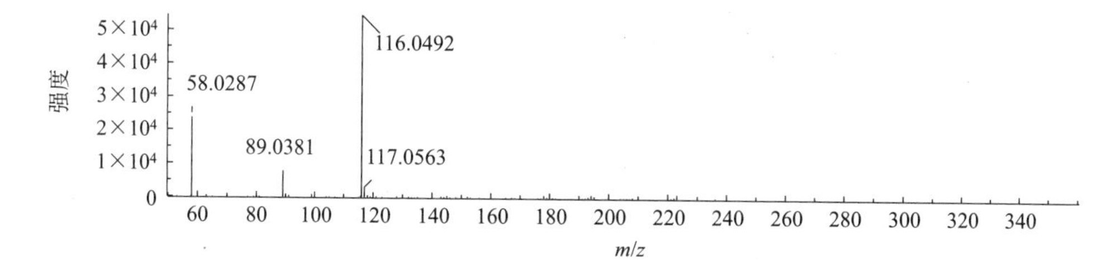

二级全扫质谱图 CE: 60V

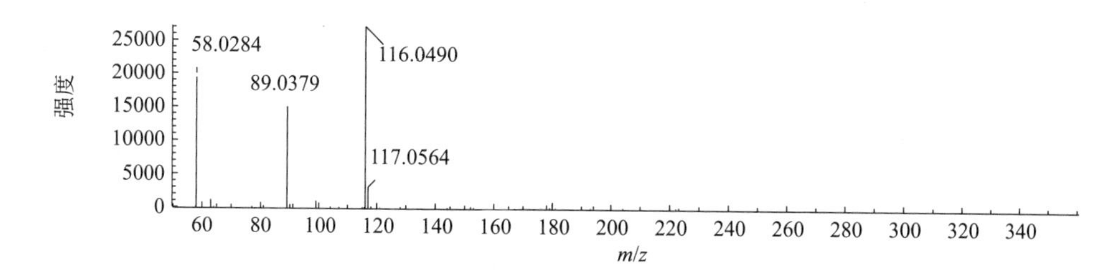

Diniconazole

烯唑醇

CAS 号	83657-24-3	保留时间	20.15min
分子式	$C_{15}H_{17}Cl_2N_3O$	加合方式	$[M+H]^+$
分子量	325.0749	源内裂解碎片	无

推测裂解规律

$[C_{15}H_{17}Cl_2N_3O]$ MW 325.0749 → $[C_{15}H_{17}Cl_2N_3O+H]^+$ *m/z* 326.0821 → $[C_7H_5Cl_2]^+$ *m/z* 158.9763；$[C_2H_3N_3+H]^+$ *m/z* 70.0400

提取离子流色谱图

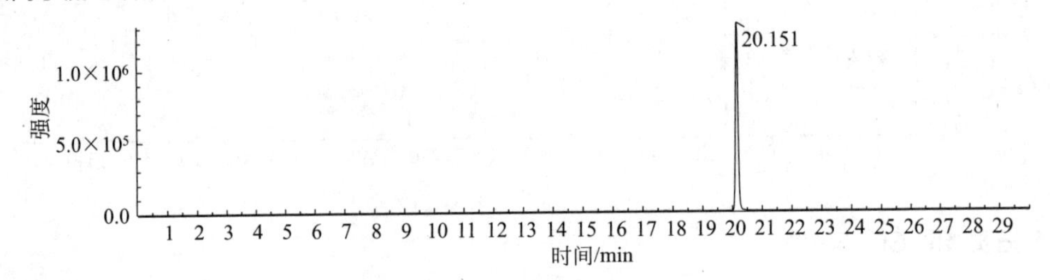

一级质谱图

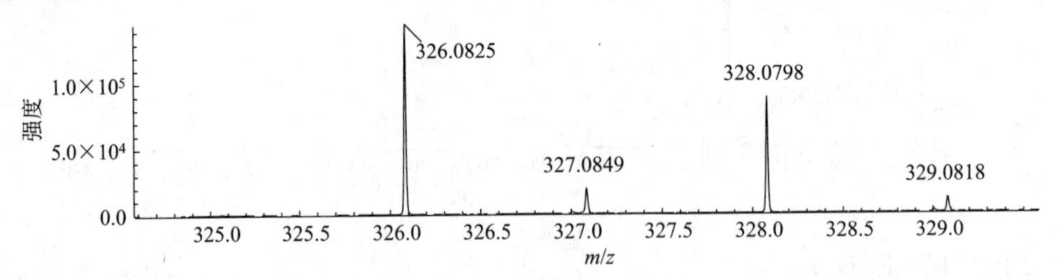

二级全扫质谱图 CE: (35±15)V

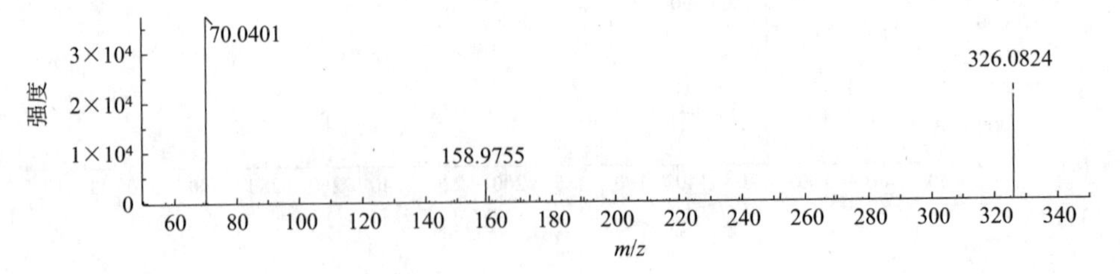

二级全扫质谱图 CE: 10V

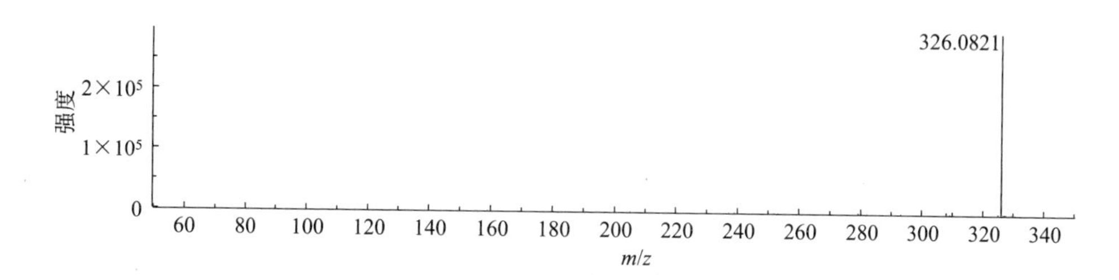

二级全扫质谱图 CE: 20V

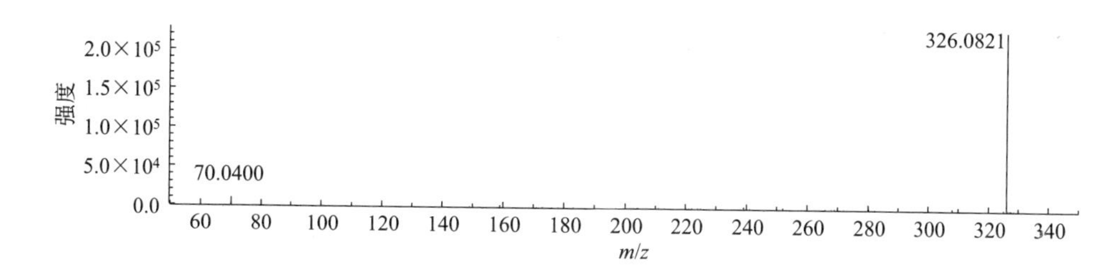

二级全扫质谱图 CE: 35V

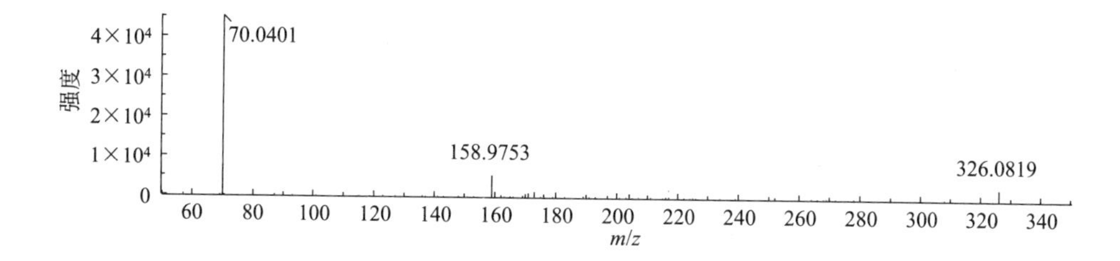

二级全扫质谱图 CE: 50V

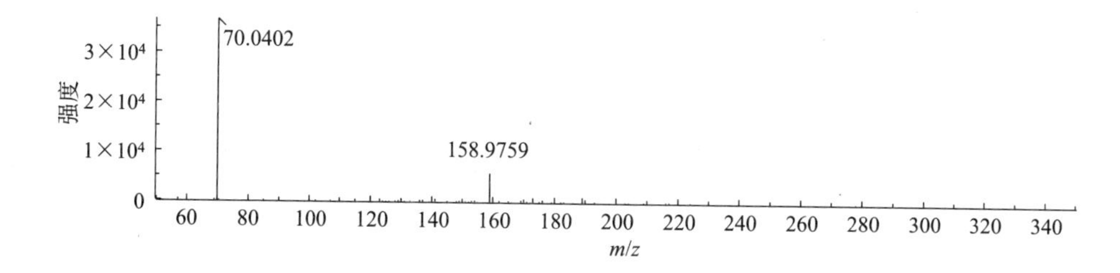

二级全扫质谱图 CE: 60V

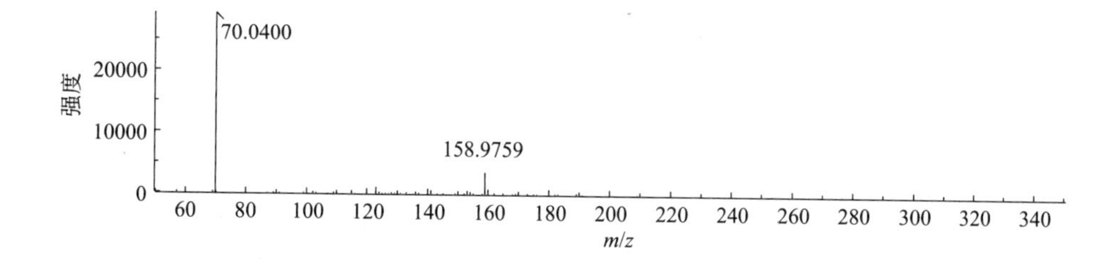

Dinotefuran
呋虫胺

CAS 号	165252-70-0	保留时间	3.87min
分子式	$C_7H_{14}N_4O_3$	加合方式	$[M+H]^+$
分子量	202.1066	源内裂解碎片	无

推测裂解规律

$[C_7H_{14}N_4O_3]$ MW 202.1066 → $[C_7H_{14}N_4O_3+H]^+$ *m/z* 203.1139 → $[C_7H_{15}N_3O]^{\cdot+}$ *m/z* 157.1210 → $[C_5H_{10}N_3O+H]^{\cdot+}$ *m/z* 129.0897 → $[C_3H_9N_3]^{\cdot+}$ *m/z* 87.0791

$[C_7H_{14}N_4O_3+H]^+$ *m/z* 203.1139 → $[C_7H_{13}N_3O+H]^+$ *m/z* 156.1131

$[C_4H_8O+H]^+$ *m/z* 73.0648 ← $[C_7H_{13}N_3O+H]^+$ *m/z* 156.1131 → $[C_3H_5NO+H]^+$ *m/z* 72.0444

提取离子流色谱图

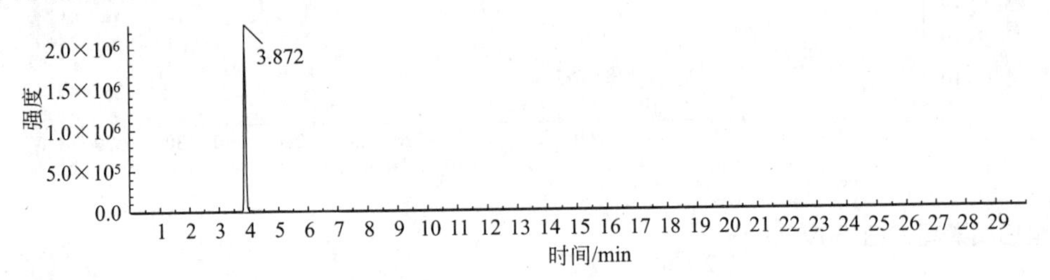

一级质谱图

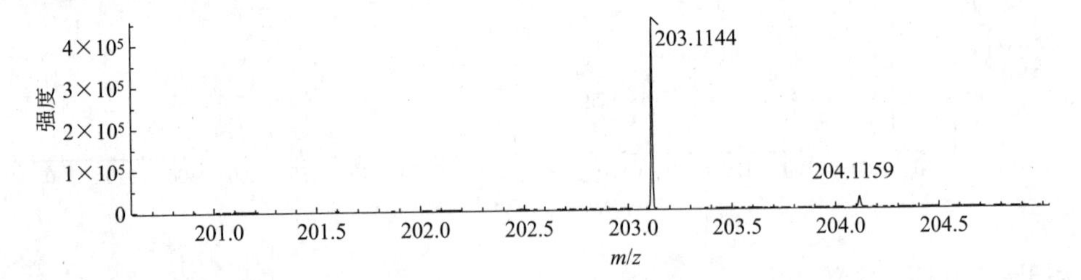

二级全扫质谱图 CE: (35±15)V

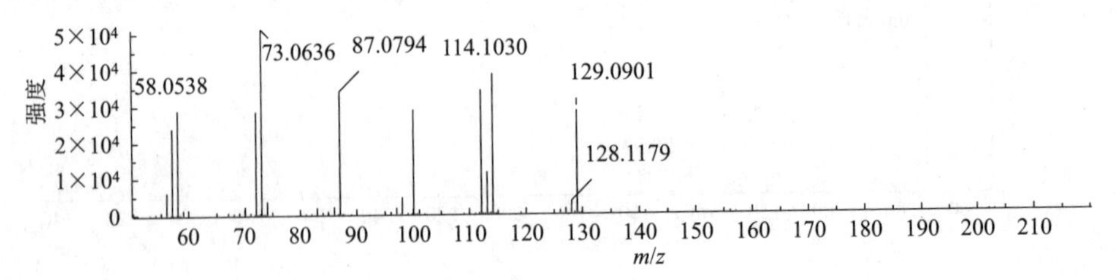

二级全扫质谱图 CE: 10V

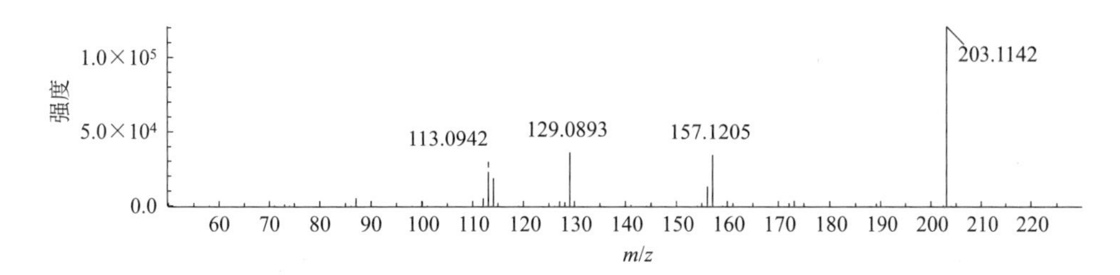

二级全扫质谱图 CE: 20V

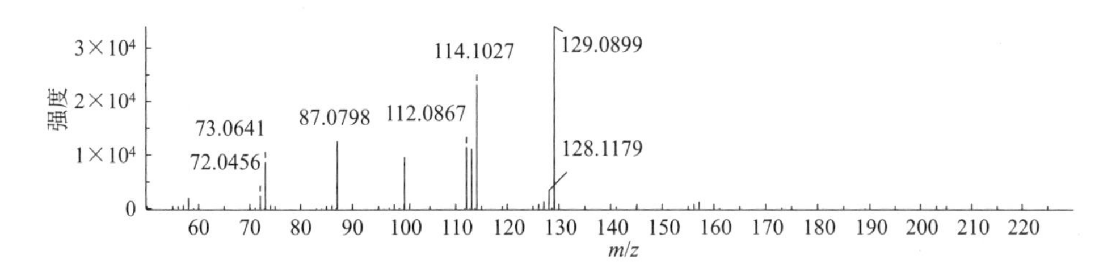

二级全扫质谱图 CE: 35V

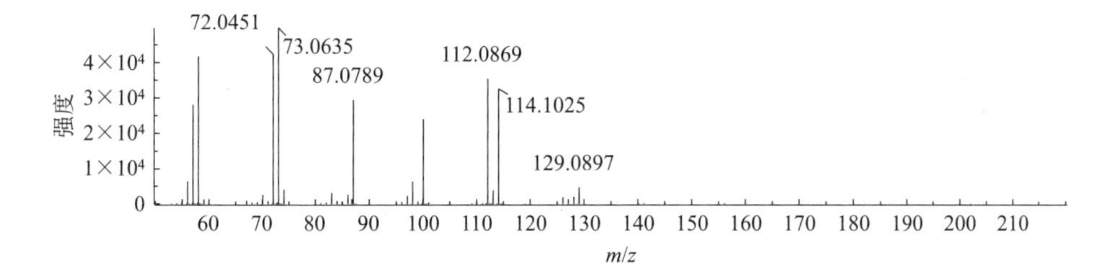

二级全扫质谱图 CE: 50V

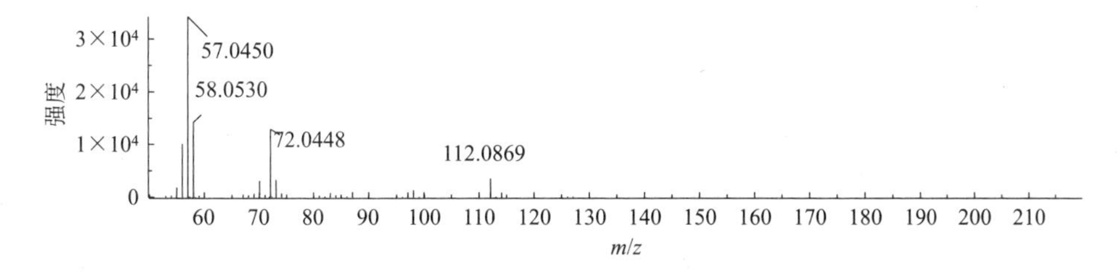

二级全扫质谱图 CE: 60V

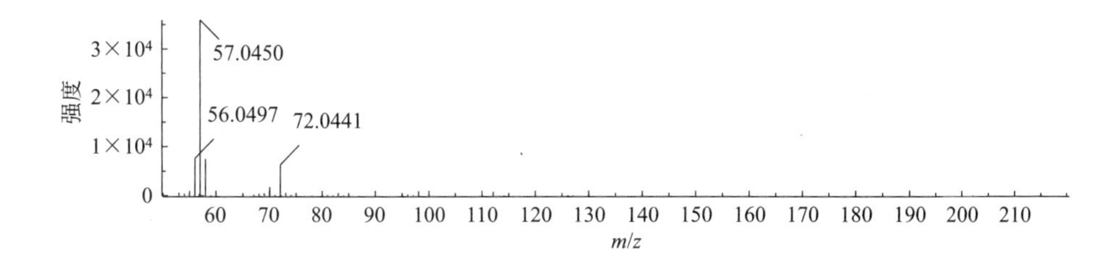

Diphenylamine

二苯胺

CAS 号	122-39-4	保留时间	13. 37min
分子式	$C_{12}H_{11}N$	加合方式	$[M+H]^+$
分子量	169. 0892	源内裂解碎片	无

推测裂解规律

H^+

$[C_{12}H_{11}N]$ MW 169.0892

$[C_{12}H_{11}N+H]^+$ m/z 170.0964

$[C_6H_6N]^+$ m/z 92.0495

$[C_5H_5]^+$ m/z 65.0386

$[C_6H_7N]^{\cdot+}$ m/z 93.0573

$[C_{12}H_8]^{\cdot+}$ m/z 152.0620

$[C_5H_6]^{\cdot+}$ m/z 66.0464

提取离子流色谱图

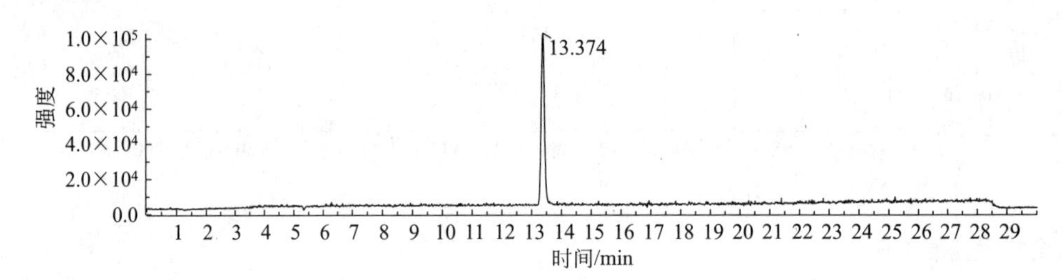

一级质谱图

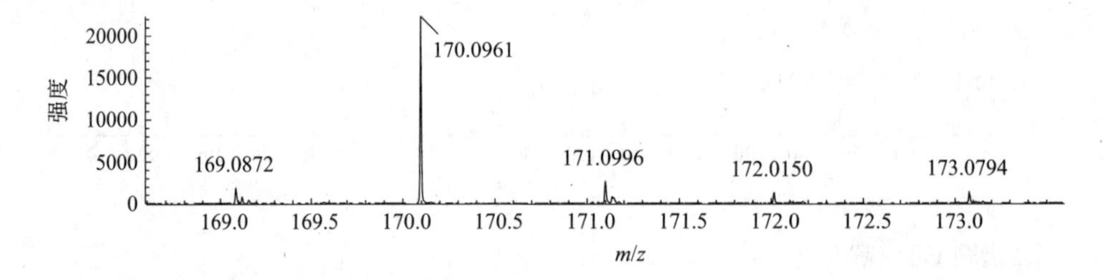

二级全扫质谱图 CE：(35±15)V

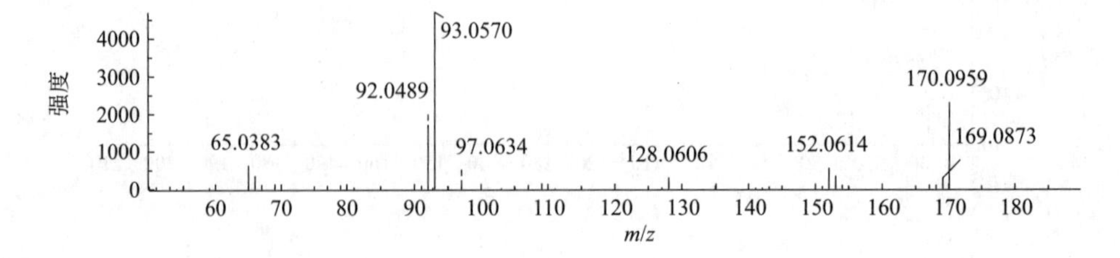

二级全扫质谱图 CE: 10V

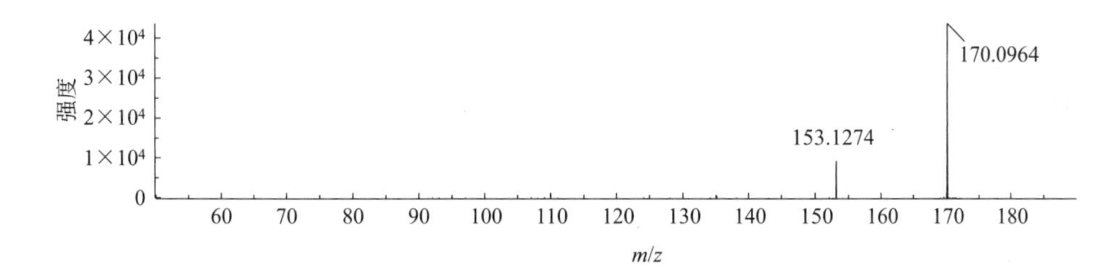

二级全扫质谱图 CE: 20V

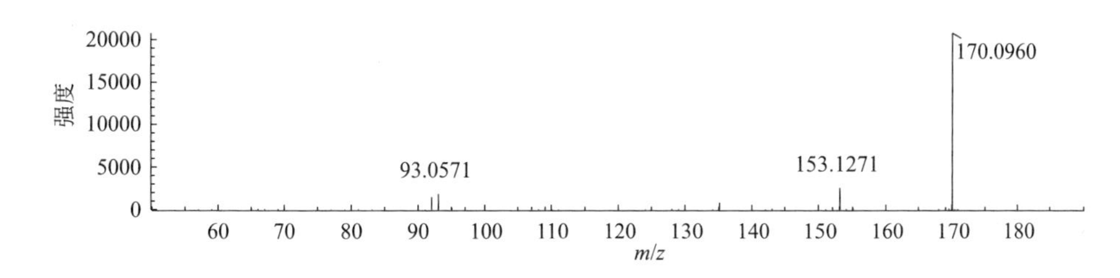

二级全扫质谱图 CE: 35V

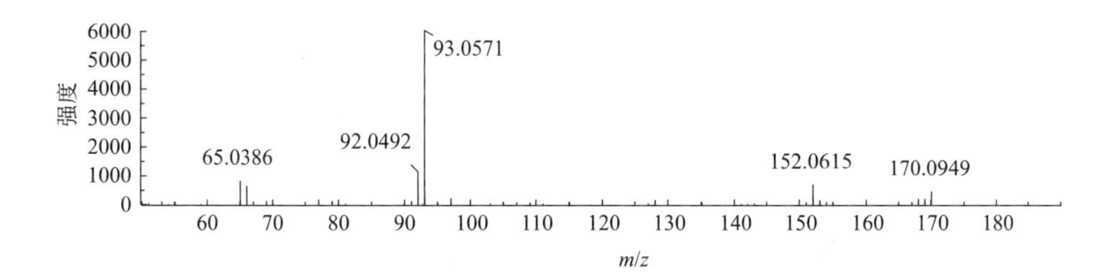

二级全扫质谱图 CE: 50V

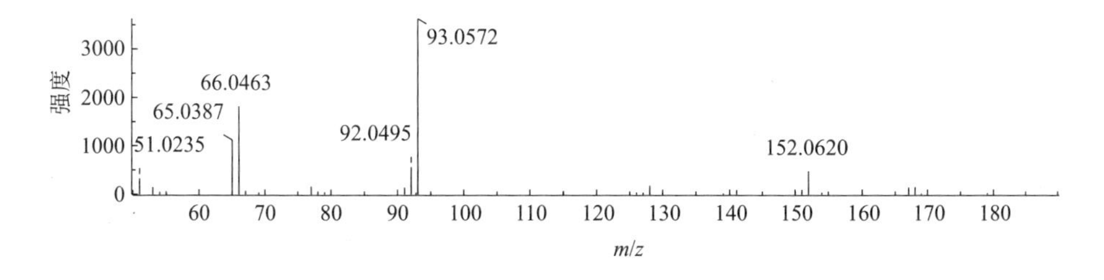

二级全扫质谱图 CE: 60V

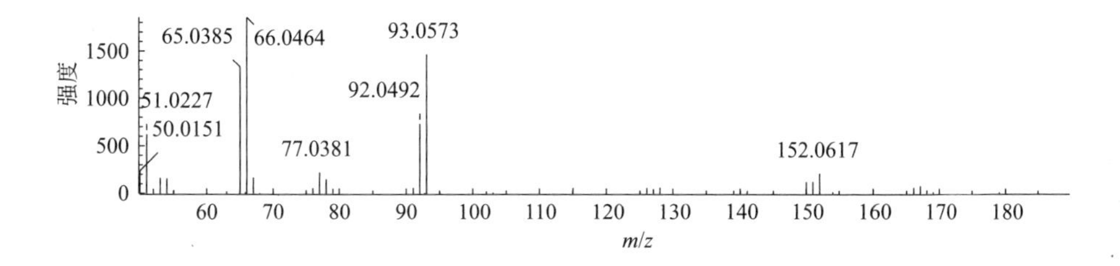

Disulfoton
乙拌磷

CAS 号	298-04-4	保留时间	20. 55min
分子式	$C_8H_{19}O_2PS_3$	加合方式	$[M+H]^+$
分子量	274. 0285	源内裂解碎片	无

推测裂解规律

$[C_8H_{19}O_2PS_3]$ MW 274.0285 → $[C_8H_{19}O_2PS_3+H]^+$ m/z 275.0358 → $[C_4H_9S]^+$ m/z 89.0420 → $[C_2H_5S]^+$ m/z 61.0106

提取离子流色谱图

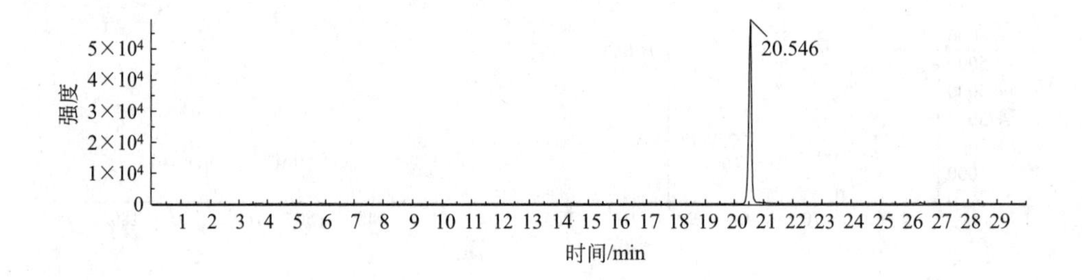

一级质谱图

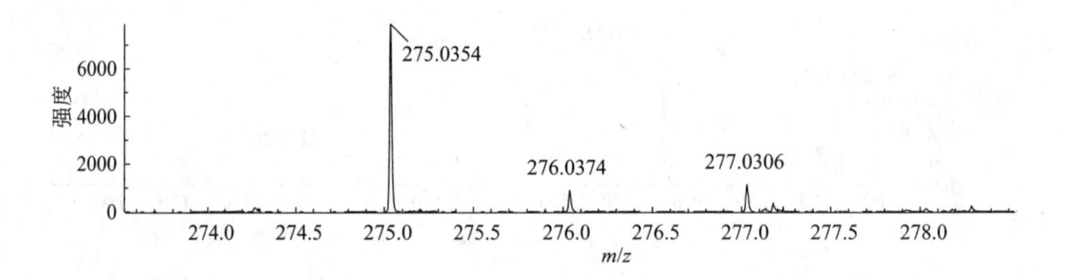

二级全扫质谱图 CE：(35±15)V

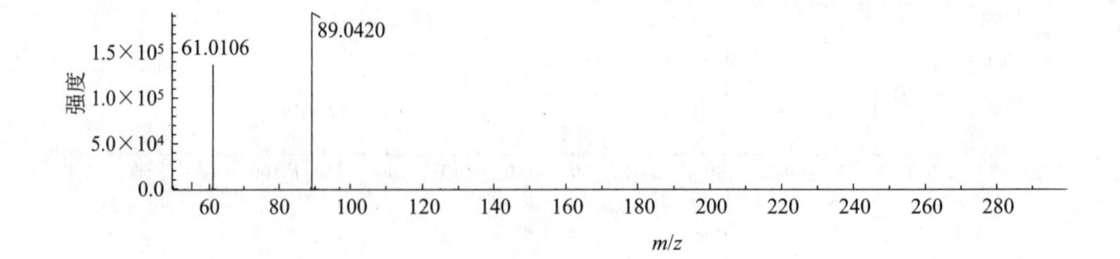

二级全扫质谱图 CE: 10V

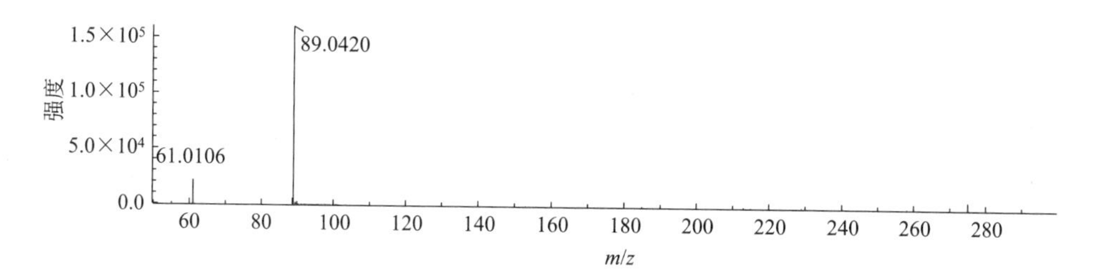

二级全扫质谱图 CE: 20V

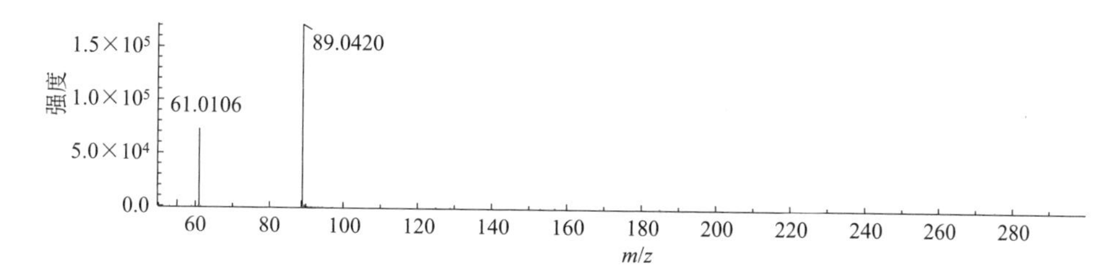

二级全扫质谱图 CE: 35V

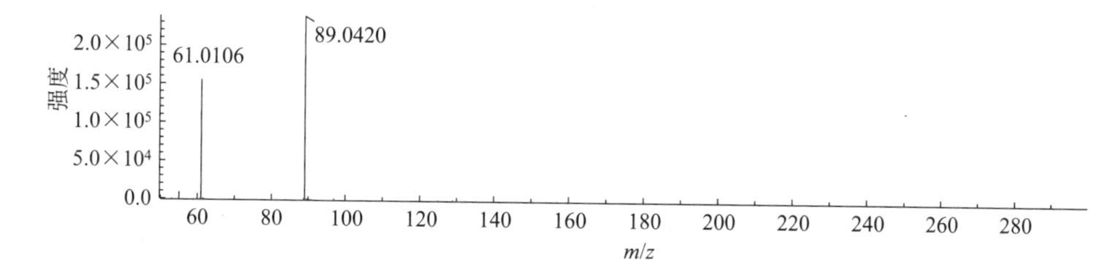

二级全扫质谱图 CE: 50V

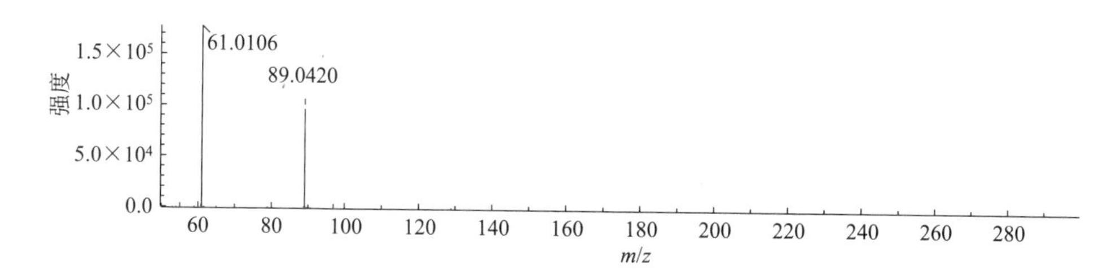

二级全扫质谱图 CE: 60V

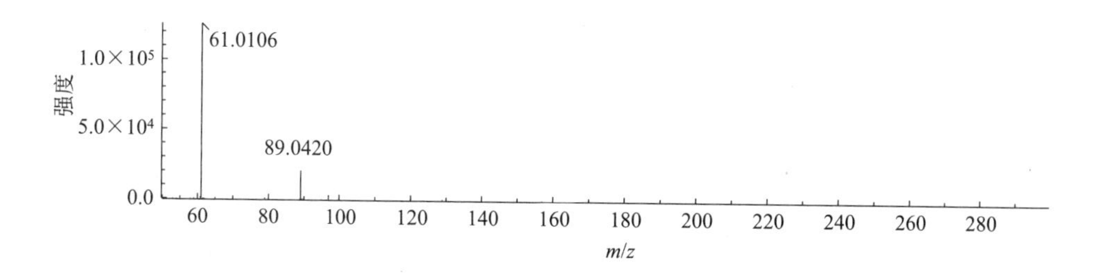

Disulfoton sulfone
乙拌磷砜

CAS 号	2497-06-5	保留时间	8.62min
分子式	$C_8H_{19}O_4PS_3$	加合方式	$[M+H]^+$
分子量	306.0183	源内裂解碎片	无

推测裂解规律（裂解路径已经 MS^3 确认）

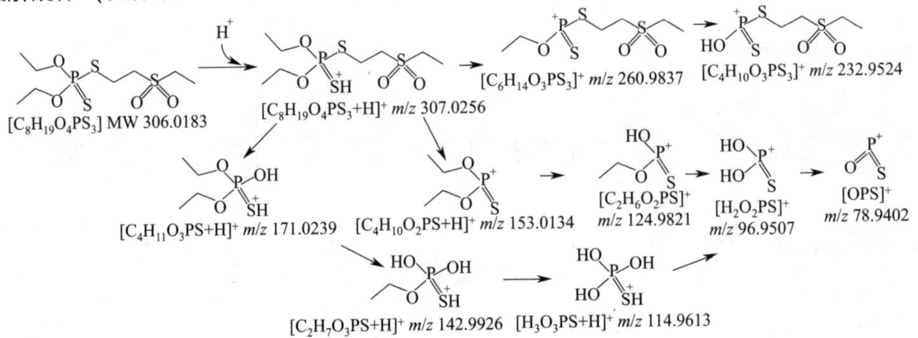

提取离子流色谱图

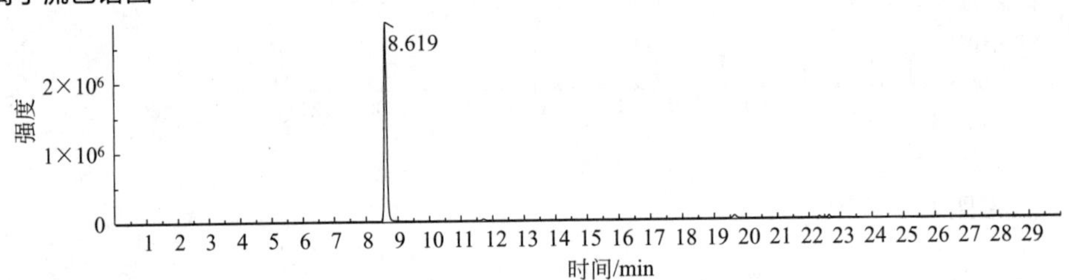

一级质谱图

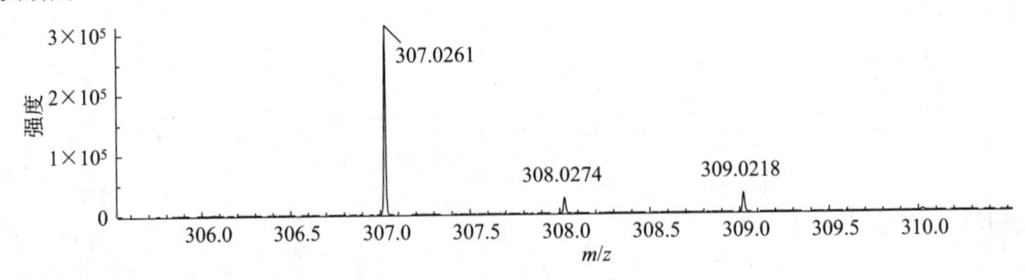

二级全扫质谱图 CE: (35±15)V

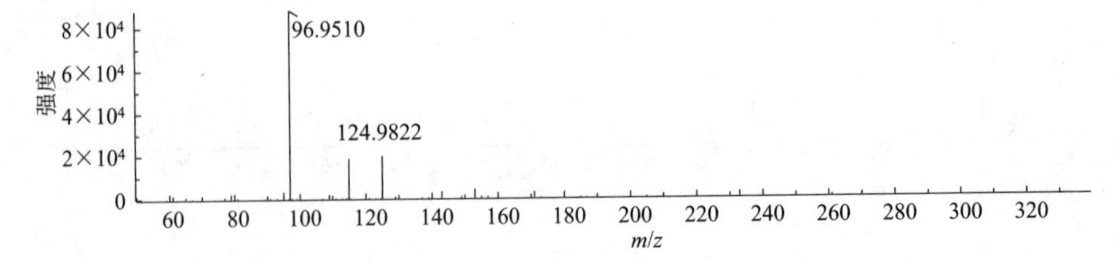

二级全扫质谱图 CE: 10V

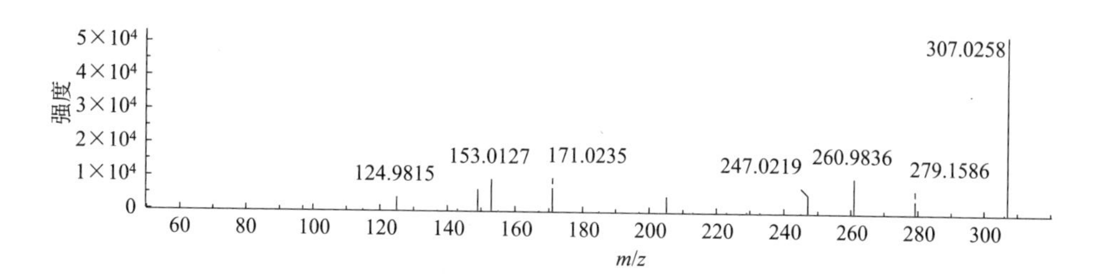

二级全扫质谱图 CE: 20V

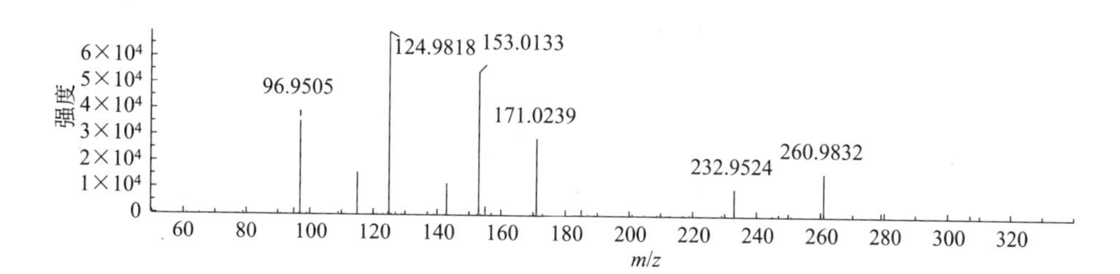

二级全扫质谱图 CE: 35V

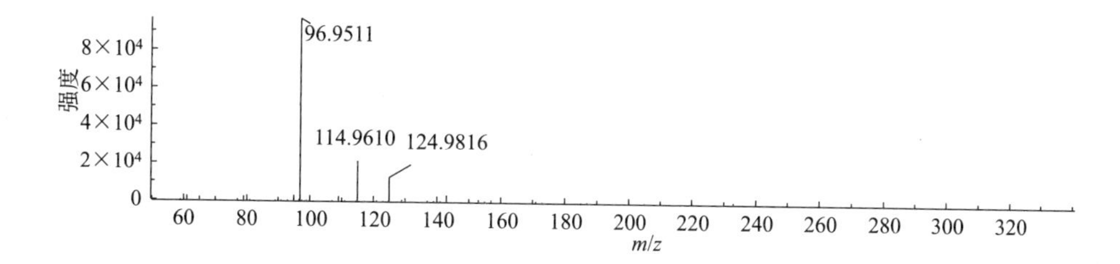

二级全扫质谱图 CE: 50V

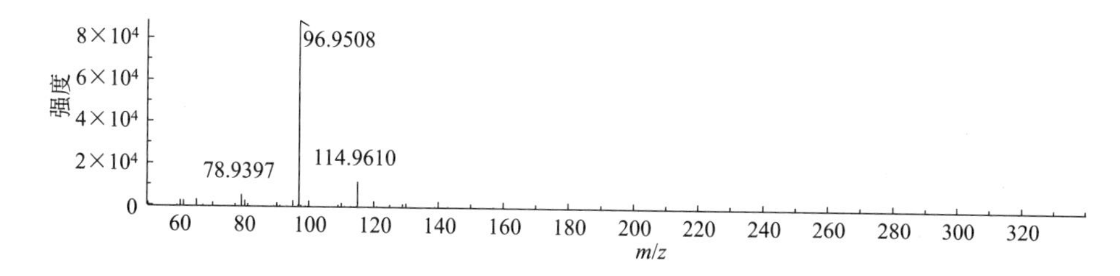

二级全扫质谱图 CE: 60V

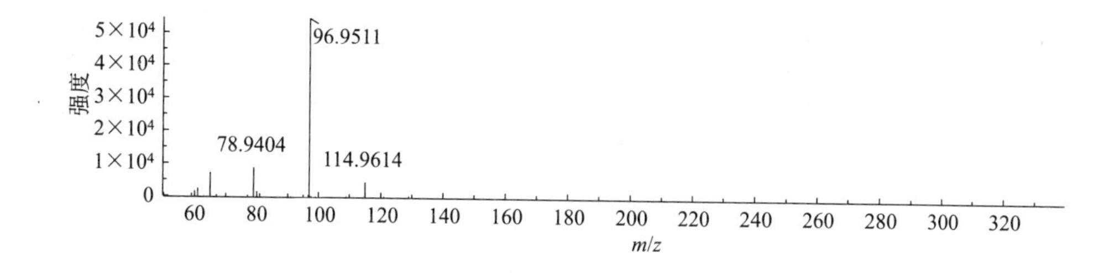

Disulfoton sulfoxide
乙拌磷亚砜

CAS 号	2497-07-6	保留时间	8. 29min
分子式	$C_8H_{19}O_3PS_3$	加合方式	$[M+H]^+$
分子量	290. 0234	源内裂解碎片	无

推测裂解规律（裂解路径已经 MS^3 确认）

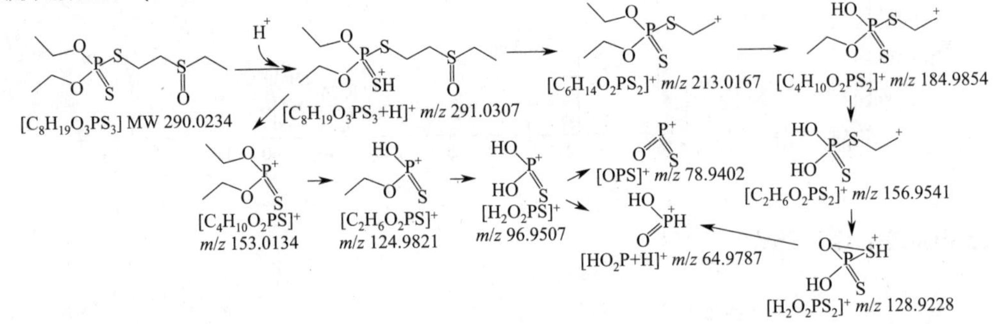

提取离子流色谱图

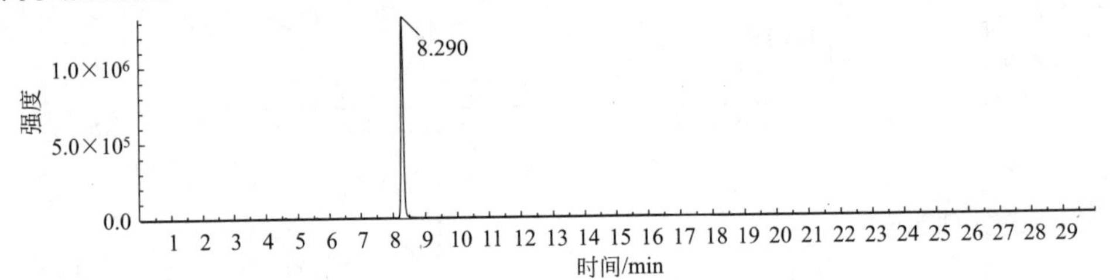

一级质谱图

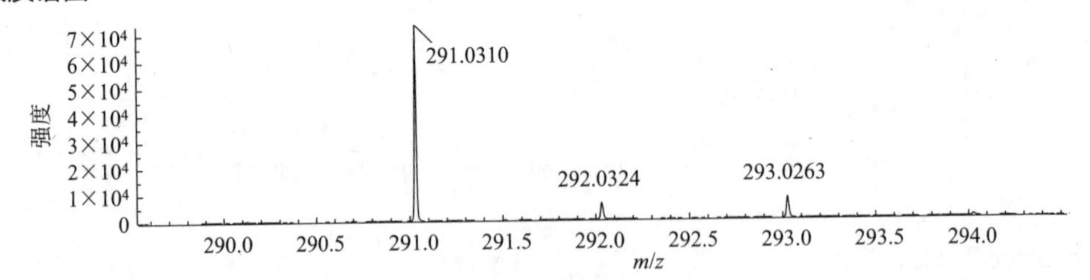

二级全扫质谱图 CE: (35±15)V

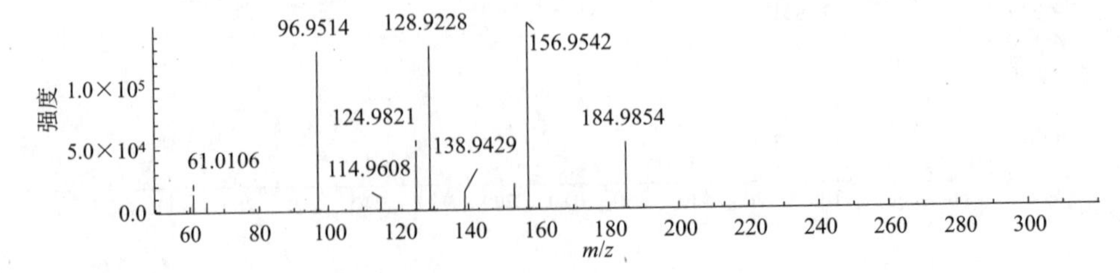

二级全扫质谱图 CE: 10V

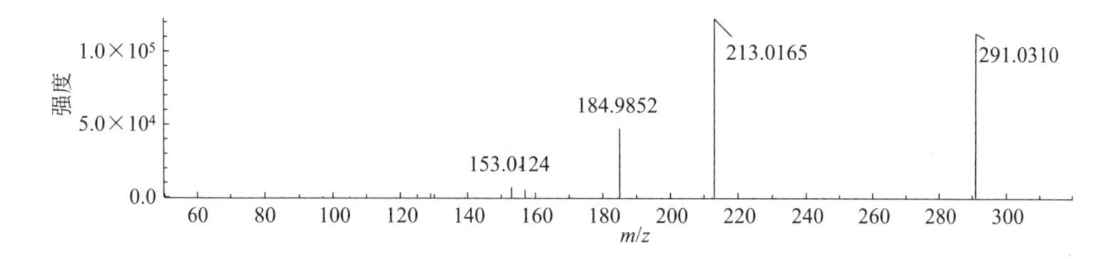

二级全扫质谱图 CE: 20V

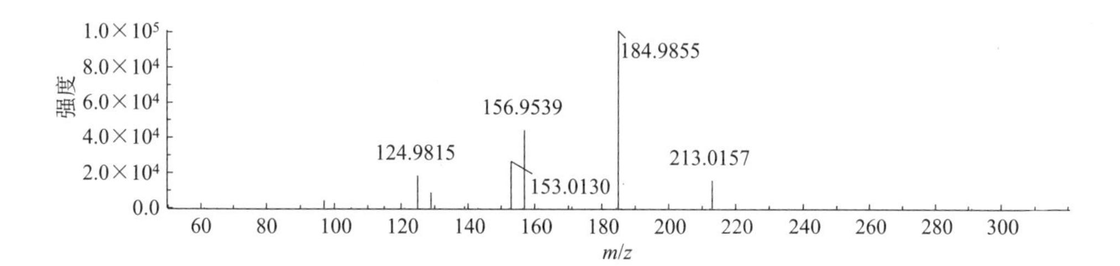

二级全扫质谱图 CE: 35V

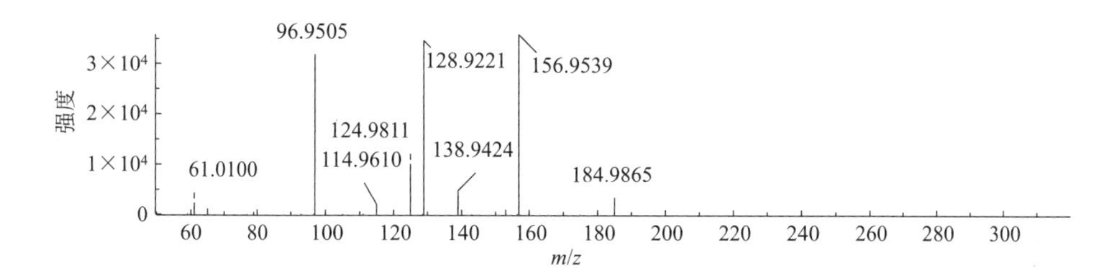

二级全扫质谱图 CE: 50V

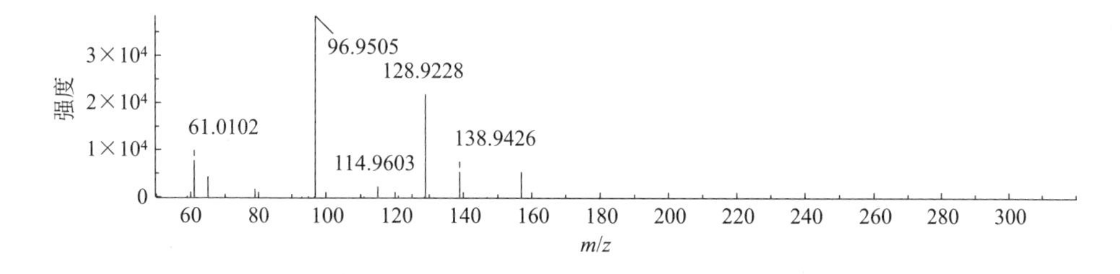

二级全扫质谱图 CE: 60V

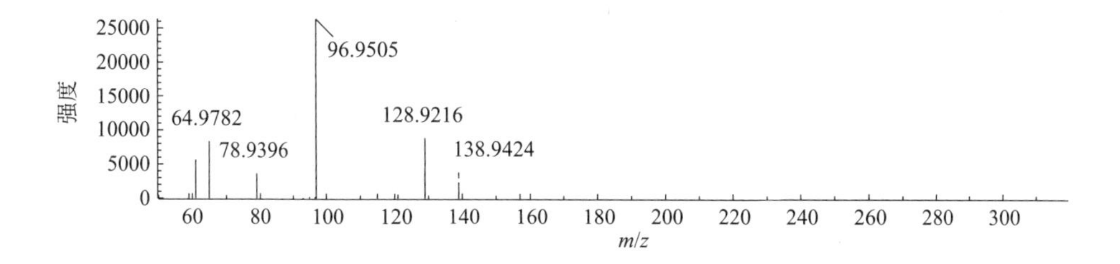

Diuron
敌草隆

CAS 号	330-54-1	保留时间	9.30min
分子式	$C_9H_{10}Cl_2N_2O$	加合方式	$[M+H]^+$
分子量	232.0170	源内裂解碎片	无

推测裂解规律

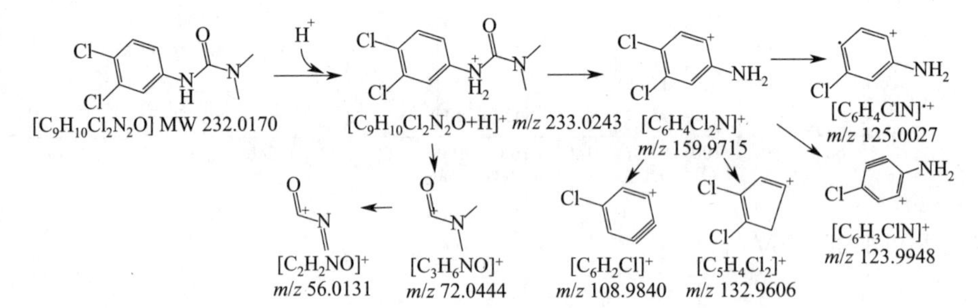

提取离子流色谱图

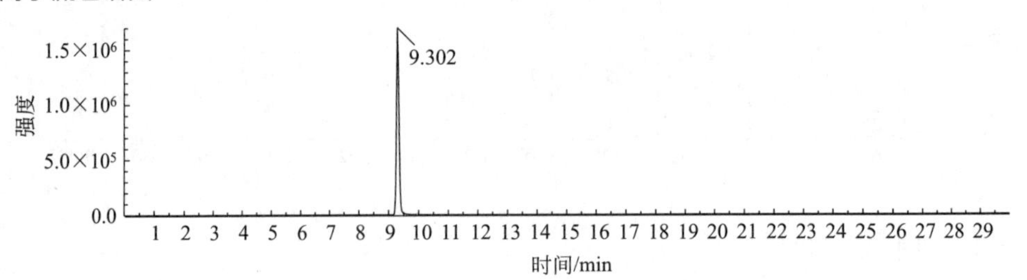

一级质谱图

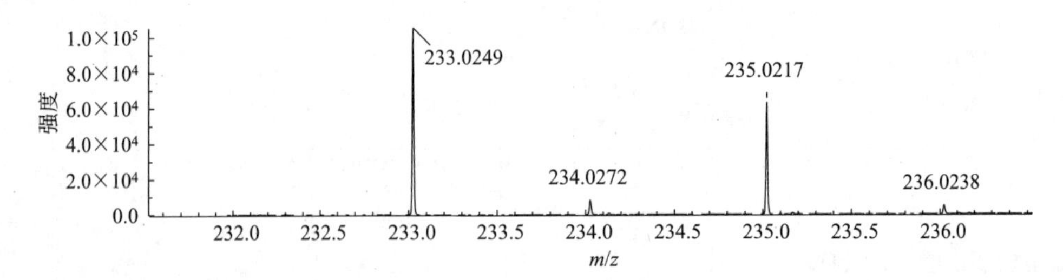

二级全扫质谱图 CE: (35±15)V

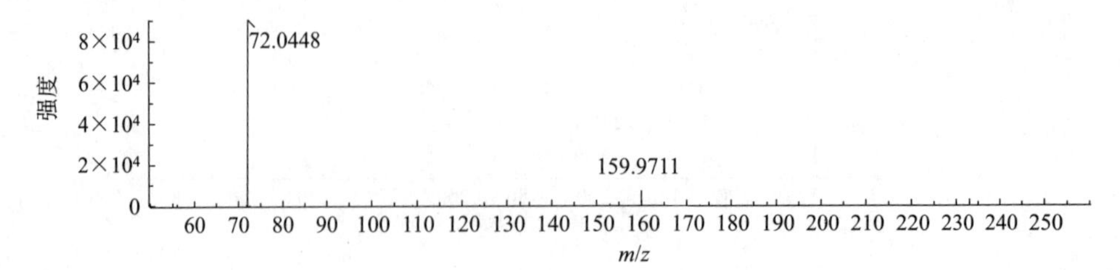

二级全扫质谱图 CE: 10V

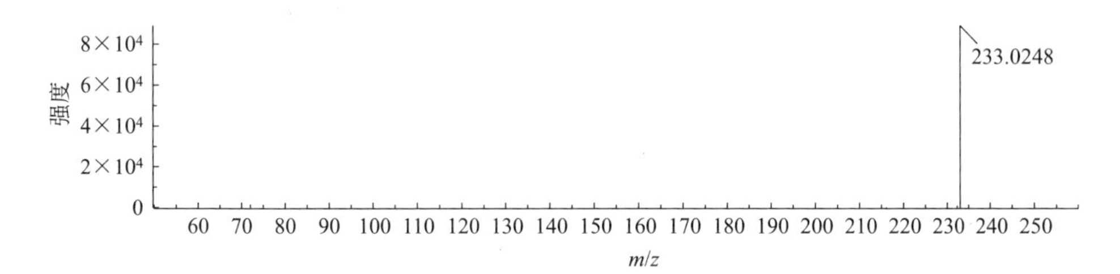

二级全扫质谱图 CE: 20V

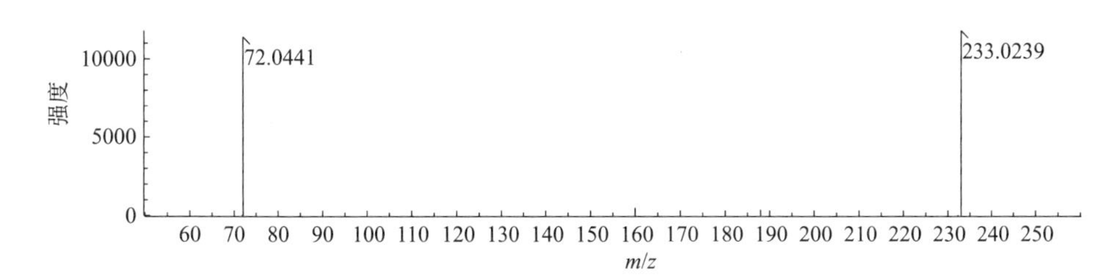

二级全扫质谱图 CE: 35V

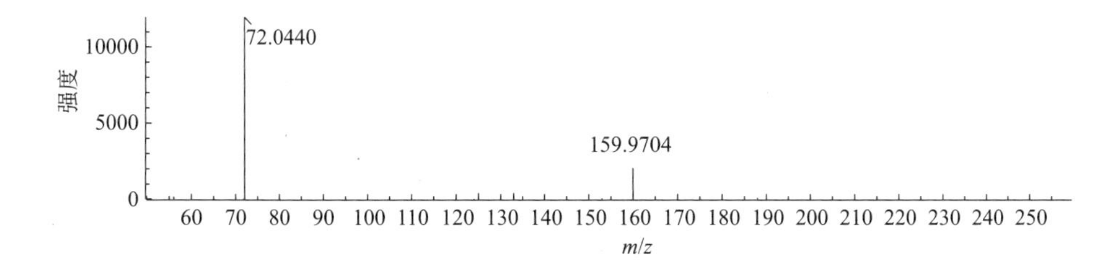

二级全扫质谱图 CE: 50V

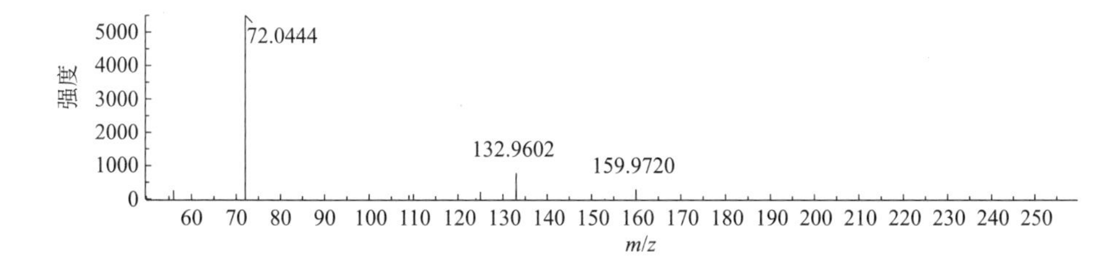

二级全扫质谱图 CE: 60V

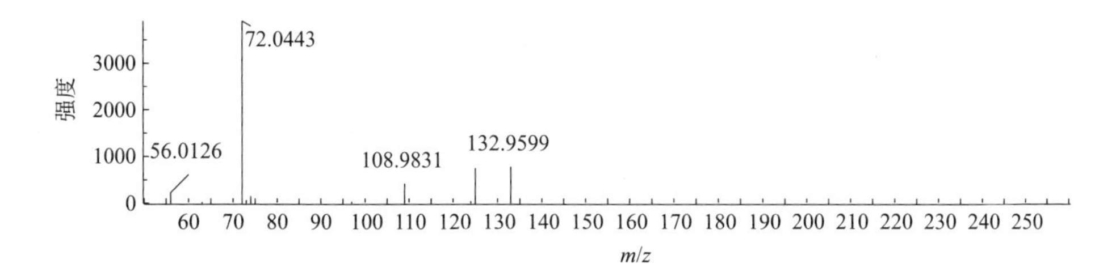

Edifenphos

敌瘟磷

CAS 号	17109-49-8	保留时间	18.56min
分子式	$C_{14}H_{15}O_2PS_2$	加合方式	$[M+H]^+$
分子量	310.0251	源内裂解碎片	无

推测裂解规律（裂解路径已经 MS³ 确认）

$[C_{14}H_{15}O_2PS_2]$ MW 310.0251

$[C_{14}H_{15}O_2PS_2+H]^+$ *m/z* 311.0324

$[C_{12}H_{11}O_2PS_2+H]^+$ *m/z* 283.0011

$[C_{12}H_{10}OPS_2]^+$ *m/z* 264.9908

$[C_6H_5S_2]^+$ *m/z* 140.9827

$[C_6H_6O_2PS+H]^+$ *m/z* 172.9821

$[C_6H_5S]^+$ *m/z* 109.0106

$[C_6H_6S+H]^+$ *m/z* 111.0263

$[C_6H_5]^+$ *m/z* 77.0386

提取离子流色谱图

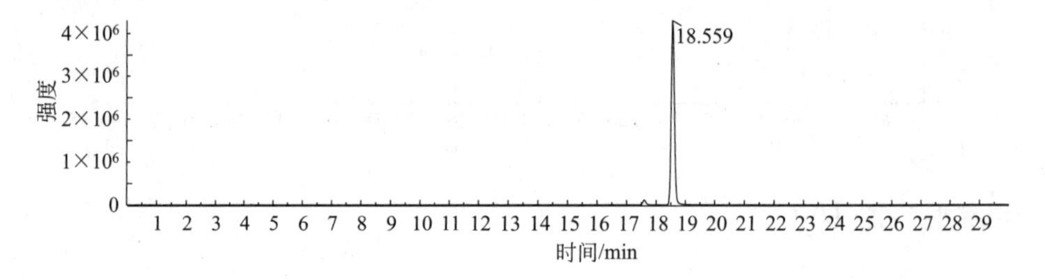

一级质谱图

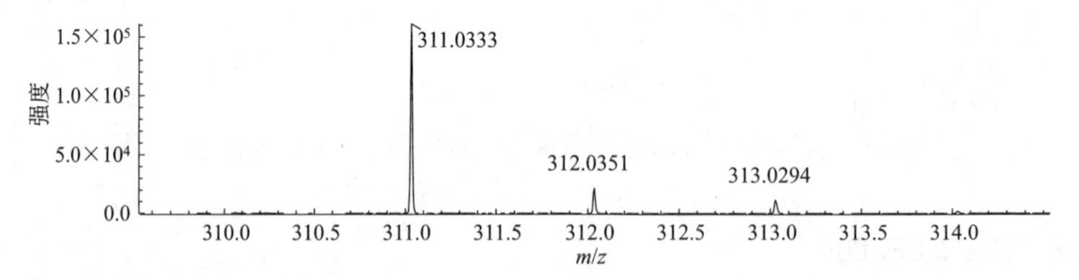

二级全扫质谱图 CE: (35±15)V

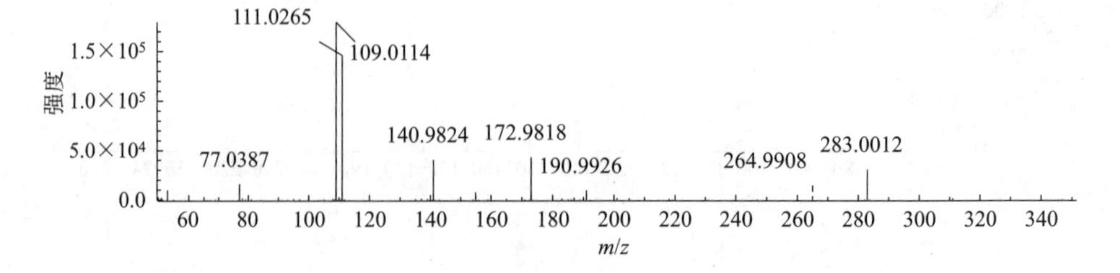

二级全扫质谱图 CE: 10V

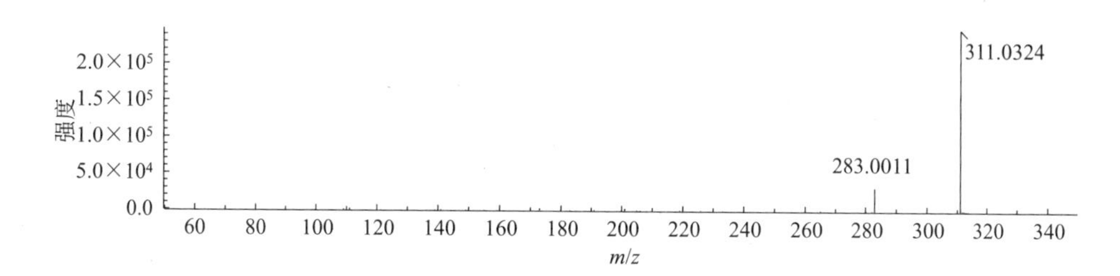

二级全扫质谱图 CE: 20V

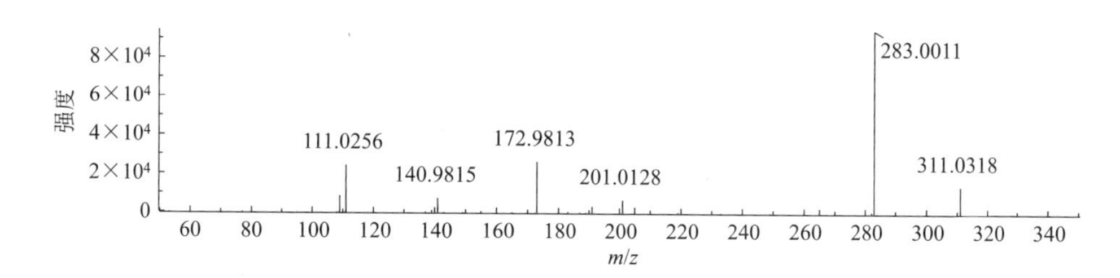

二级全扫质谱图 CE: 35V

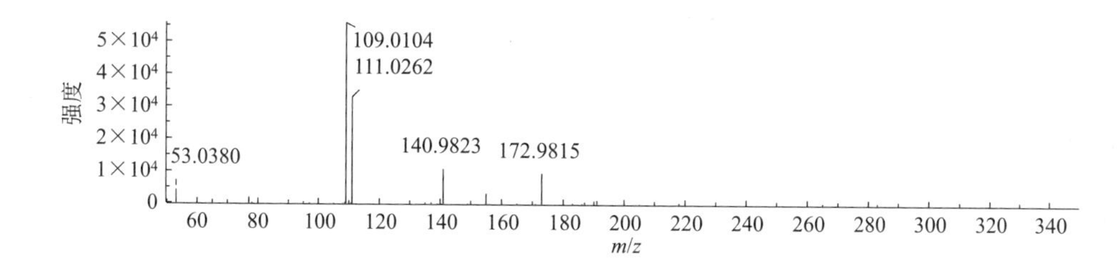

二级全扫质谱图 CE: 50V

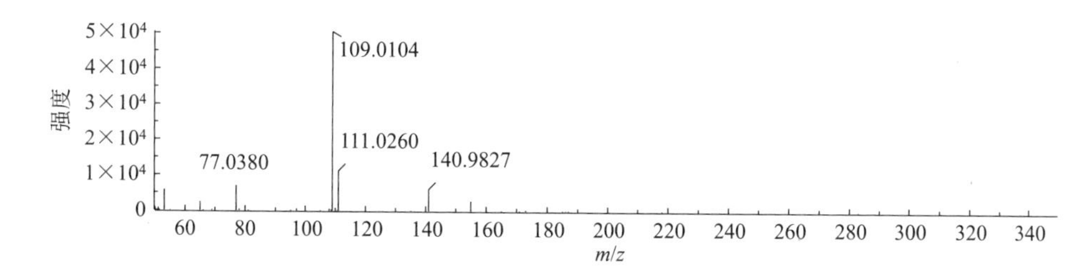

二级全扫质谱图 CE: 60V

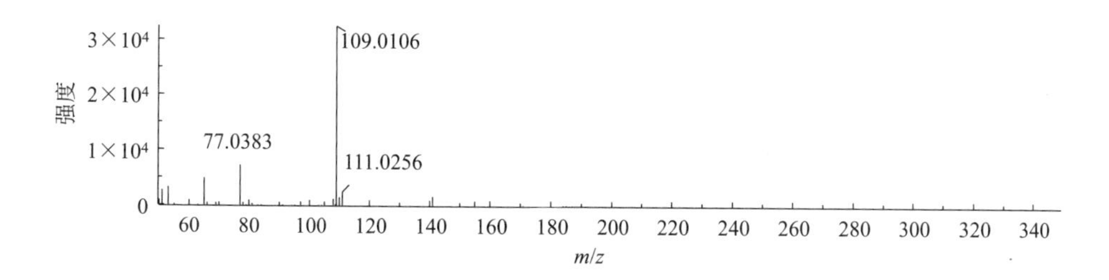

Emamectin
甲氨基阿维菌素

CAS号	119791-41-2	保留时间	22.46min
分子式	$C_{49}H_{75}NO_{13}$	加合方式	$[M+H]^+$
分子量	885.5238	源内裂解碎片	无

推测裂解规律

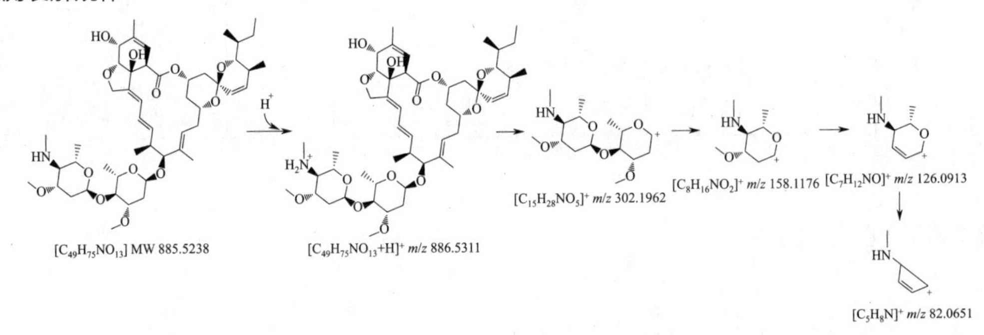

提取离子流色谱图

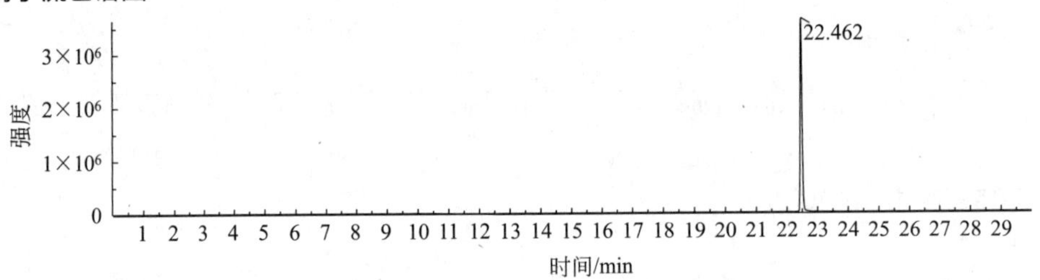

一级质谱图

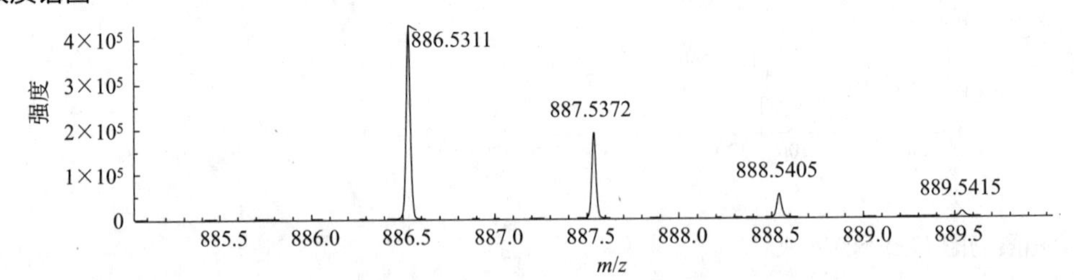

二级全扫质谱图 CE: (35±15)V

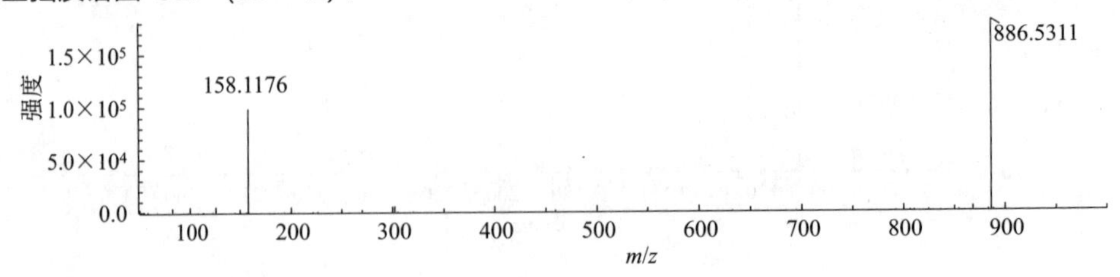

二级全扫质谱图 CE: 10V

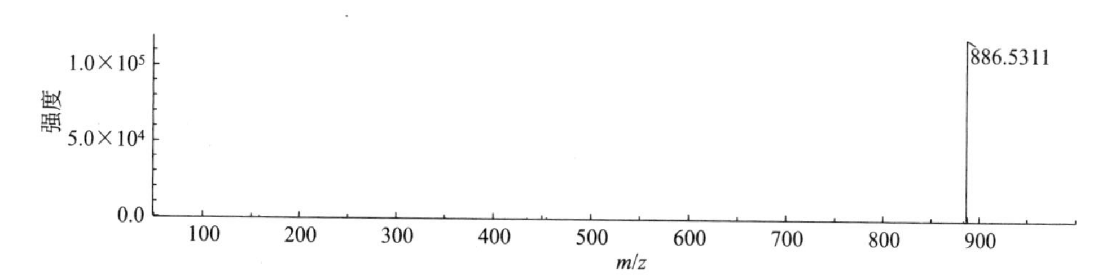

二级全扫质谱图 CE: 20V

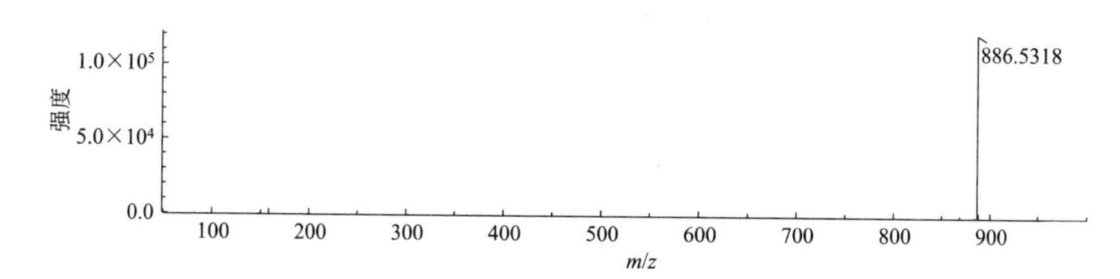

二级全扫质谱图 CE: 35V

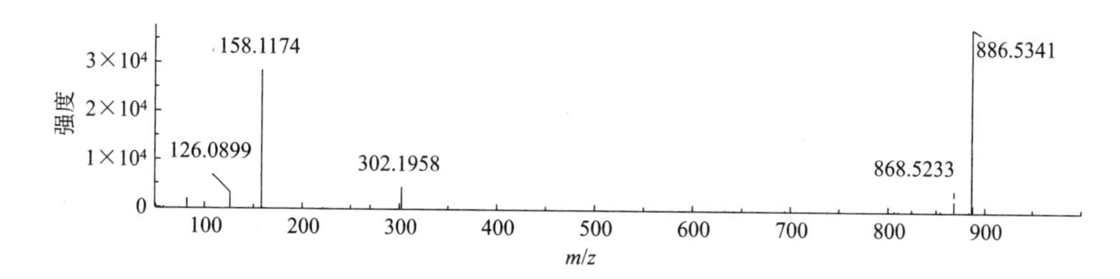

二级全扫质谱图 CE: 50V

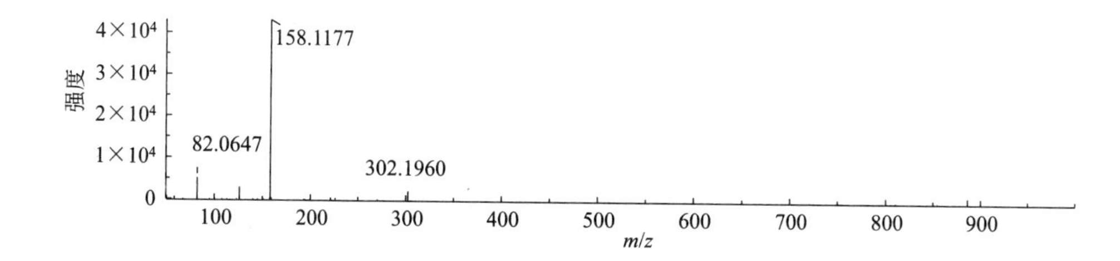

二级全扫质谱图 CE: 60V

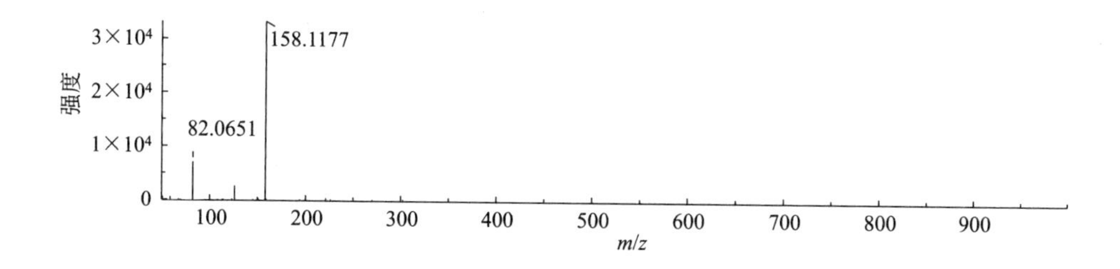

Enestroburin

烯肟菌酯

CAS 号	238410-11-2	保留时间	22.05min
分子式	$C_{22}H_{22}ClNO_4$	加合方式	$[M+H]^+$
分子量	399.1237	源内裂解碎片	无

推测裂解规律（裂解路径已经 MS^3 确认）

$[C_{22}H_{22}ClNO_4]$ MW 399.1237

$[C_{22}H_{22}ClNO_4+H]^+$ m/z 400.1310

$[C_{12}H_{13}O_3]^+$ m/z 205.0859

$[C_{11}H_9O_2]^+$ m/z 173.0597

$[C_{10}H_9O]^+$ m/z 145.0648

$[C_{10}H_9ClN]^+$ m/z 178.0418

$[C_8H_9Cl]^+$ m/z 137.0152

$[C_8H_6]^{+\cdot}$ m/z 102.0464

提取离子流色谱图

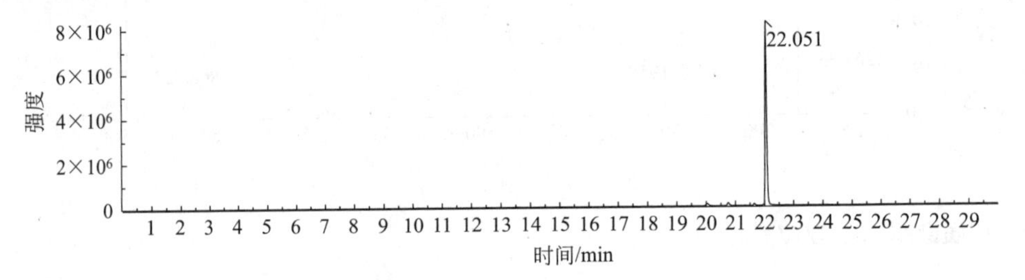

一级质谱图

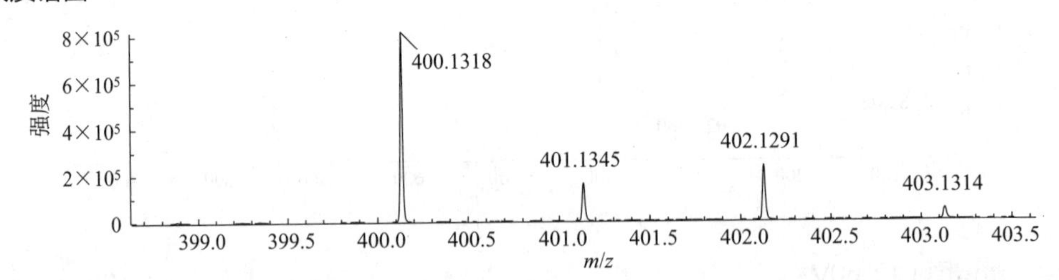

二级全扫质谱图 CE：(35±15)V

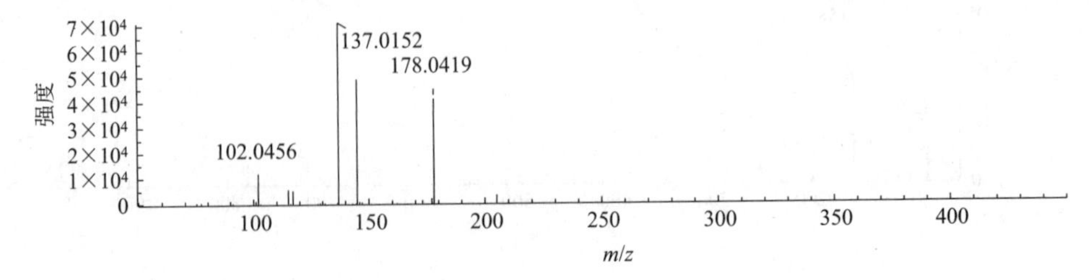

二级全扫质谱图 CE: 10V

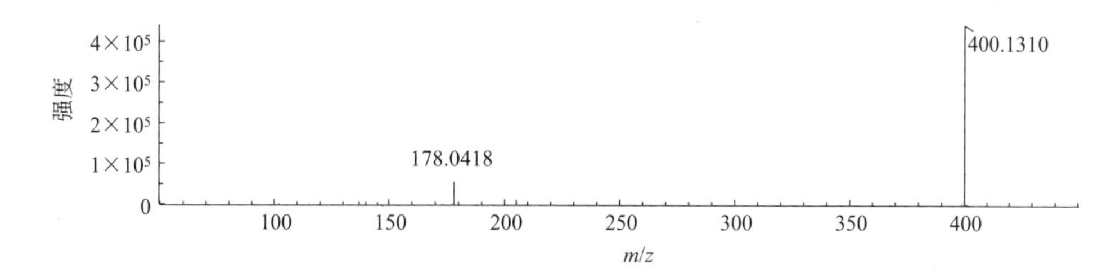

二级全扫质谱图 CE: 20V

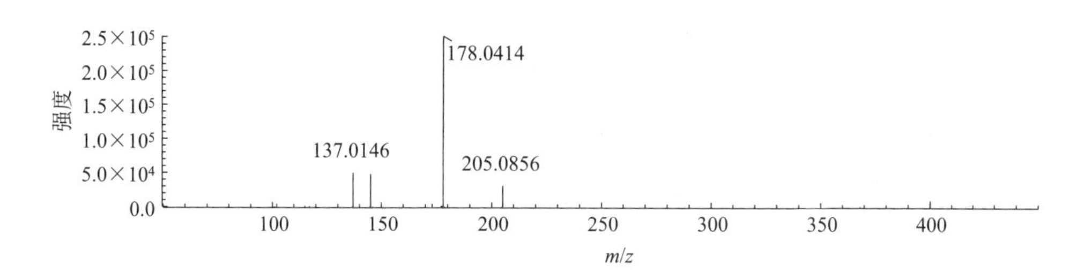

二级全扫质谱图 CE: 35V

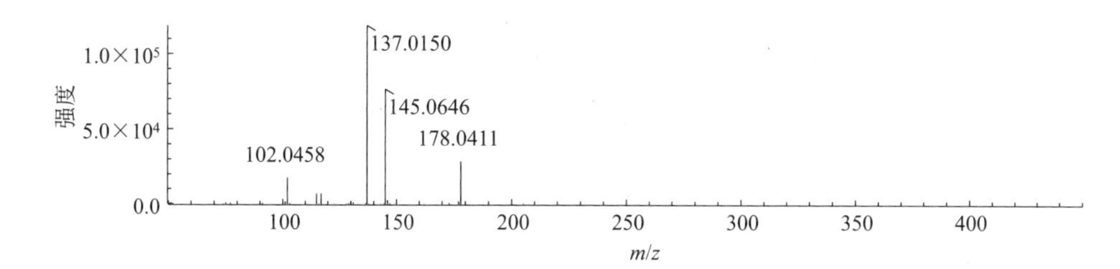

二级全扫质谱图 CE: 50V

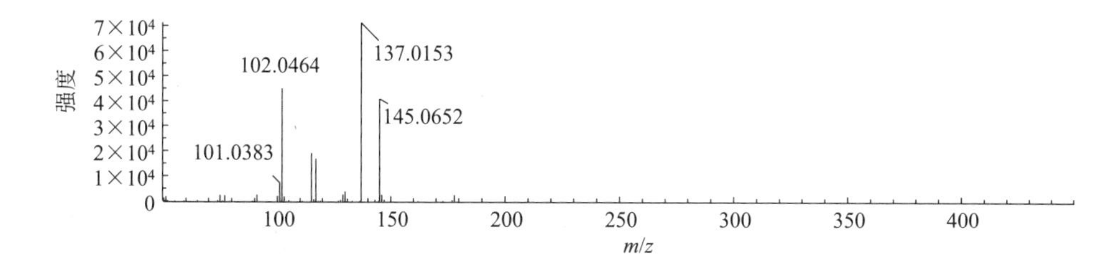

二级全扫质谱图 CE: 60V

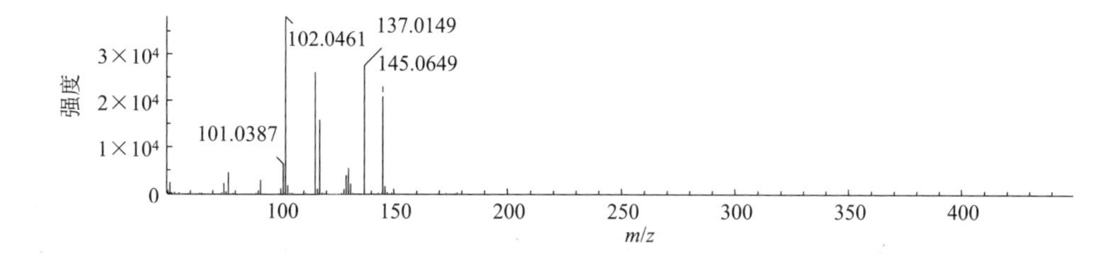

EPN
苯硫磷

CAS 号	2104-64-5	保留时间	20.81min
分子式	$C_{14}H_{14}NO_4PS$	加合方式	$[M+H]^+$
分子量	323.0381	源内裂解碎片	*m/z* 296

推测裂解规律

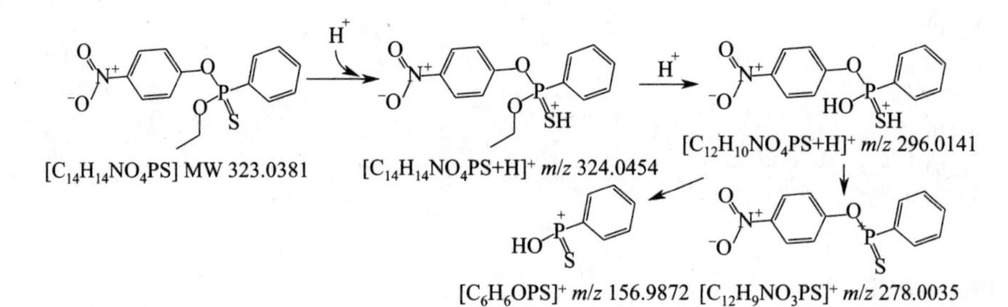

提取离子流色谱图

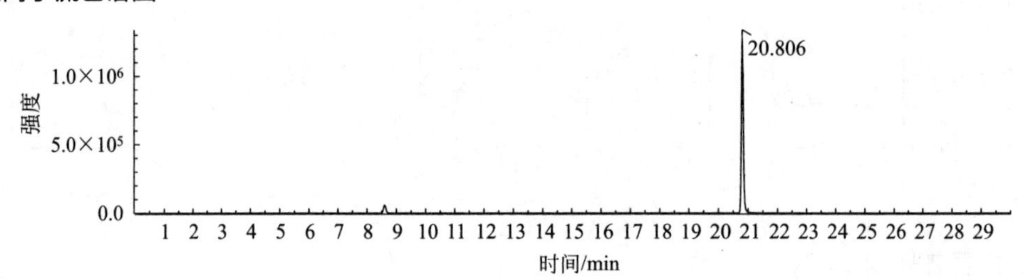

一级质谱图

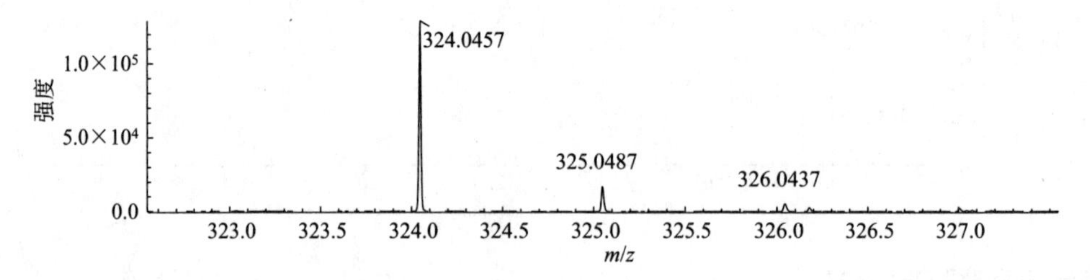

二级全扫质谱图 CE: (35±15)V

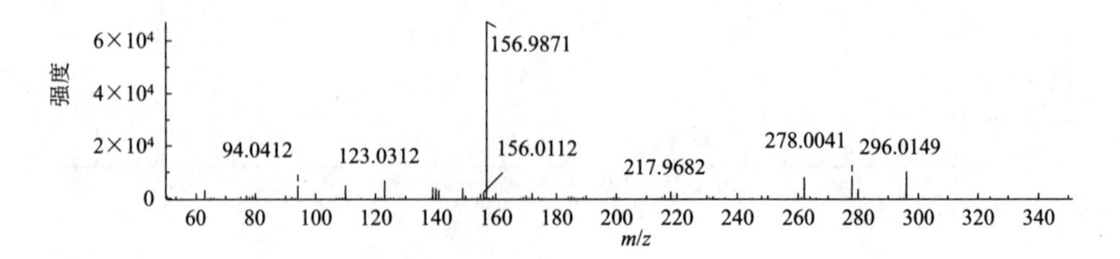

二级全扫质谱图 CE: 10V

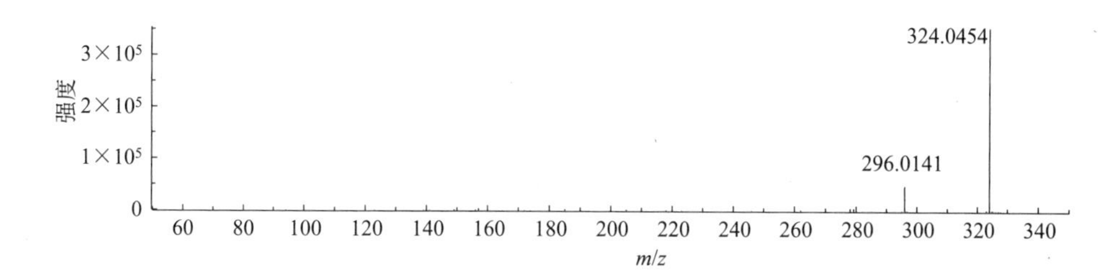

二级全扫质谱图 CE: 20V

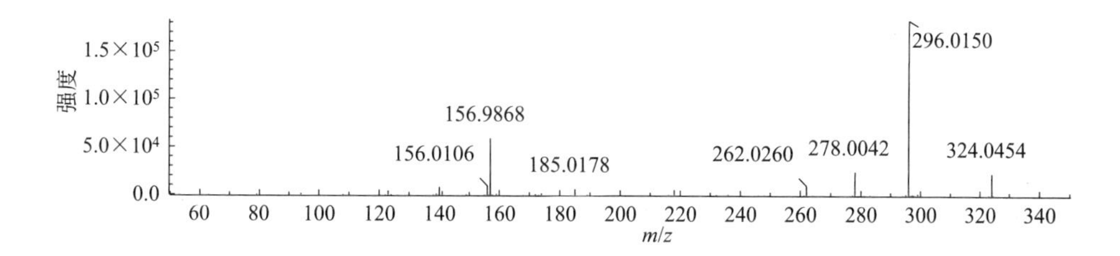

二级全扫质谱图 CE: 35V

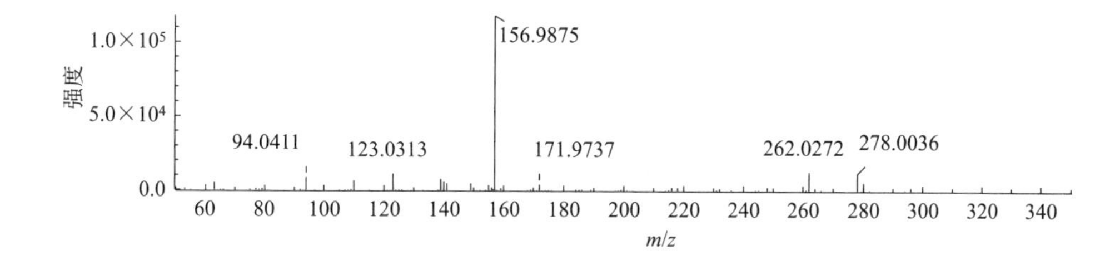

二级全扫质谱图 CE: 50V

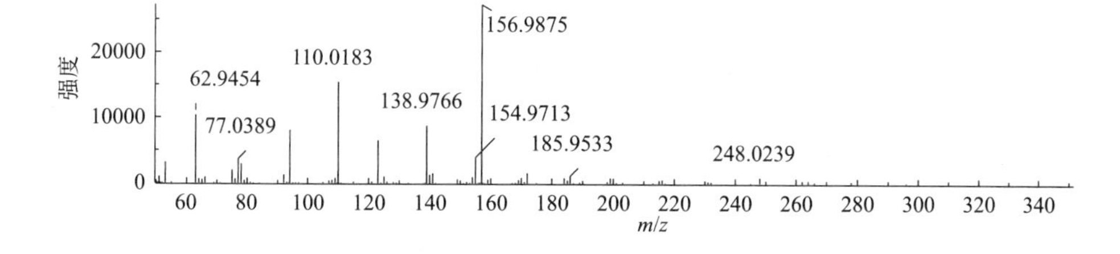

二级全扫质谱图 CE: 60V

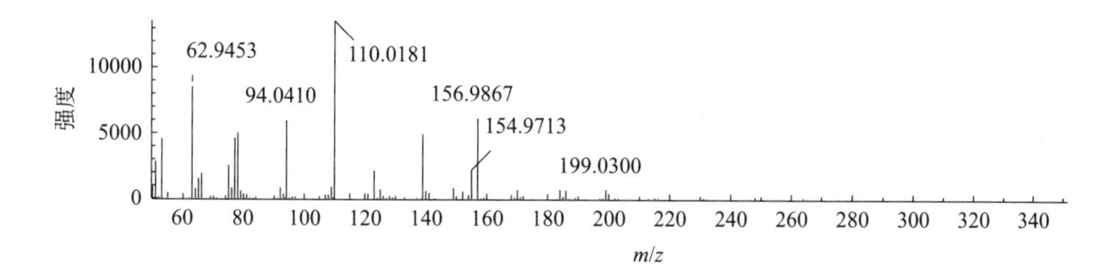

Epoxiconazole
氟环唑

CAS 号	133855-98-8	保留时间	13.60min/15.91min
分子式	$C_{17}H_{13}ClFN_3O$	加合方式	$[M+H]^+$
分子量	329.0731	源内裂解碎片	无

推测裂解规律

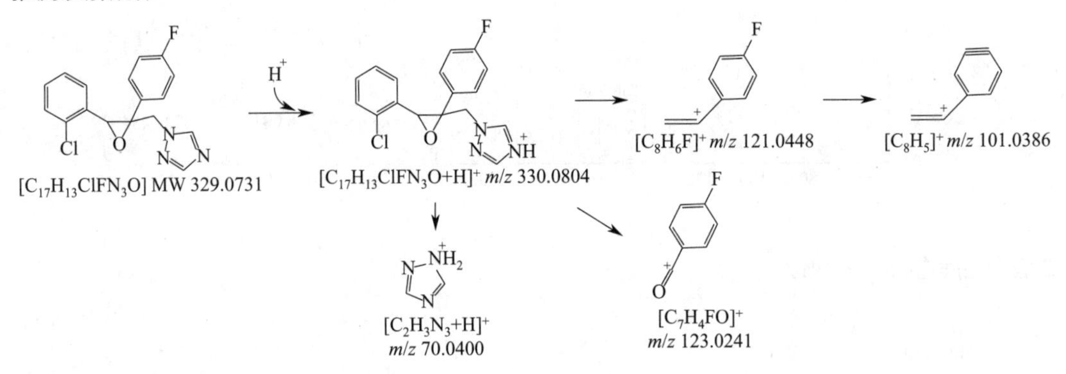

提取离子流色谱图

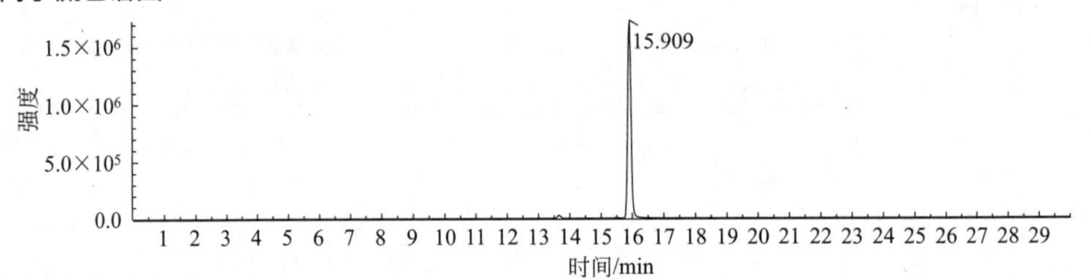

一级质谱图

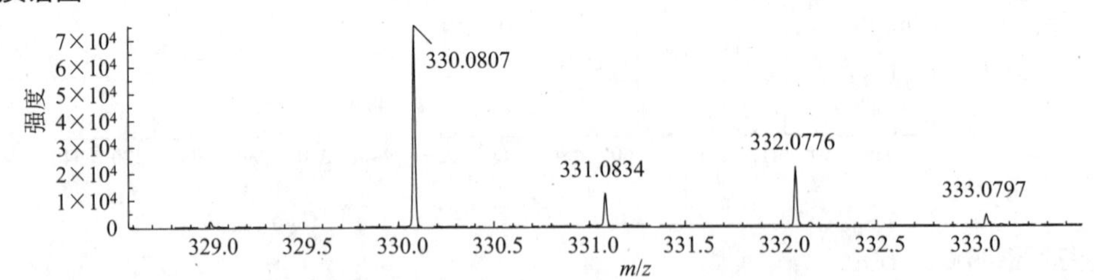

二级全扫质谱图 CE: (35±15)V

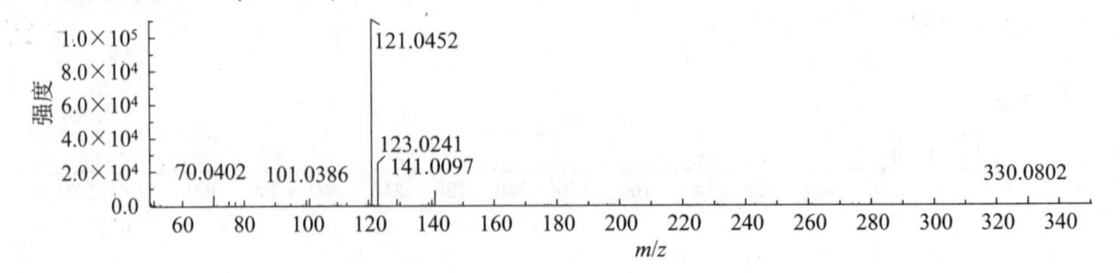

二级全扫质谱图 CE: 10V

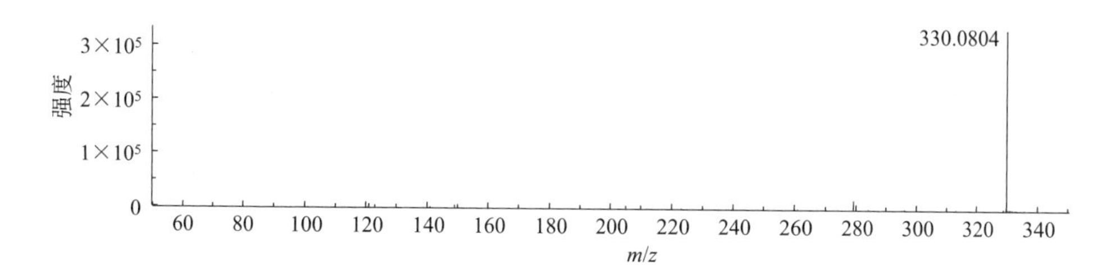

二级全扫质谱图 CE: 20V

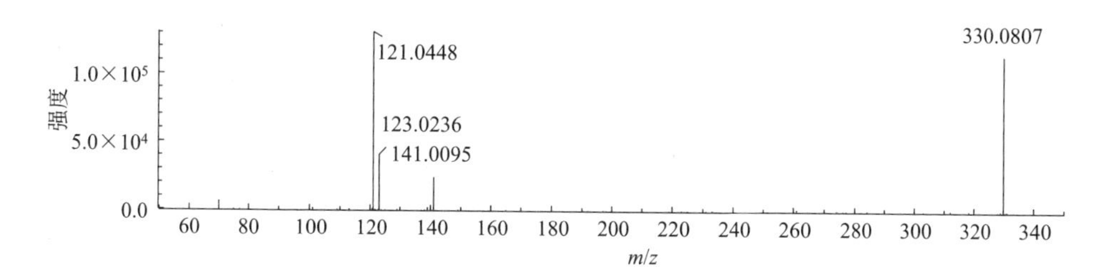

二级全扫质谱图 CE: 35V

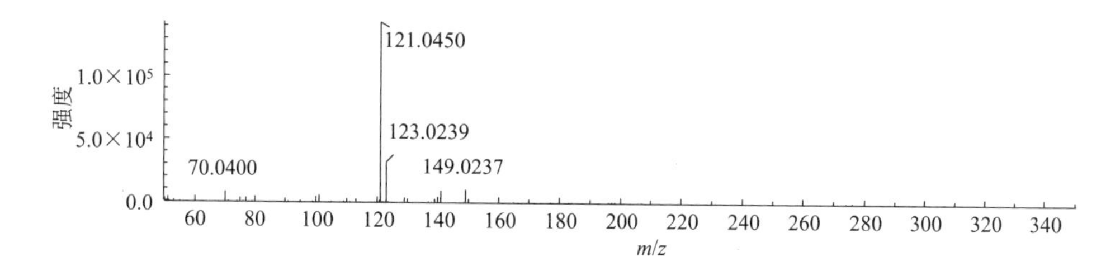

二级全扫质谱图 CE: 50V

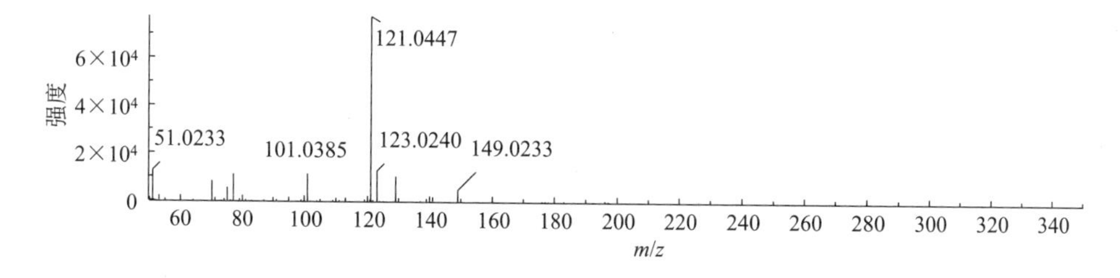

二级全扫质谱图 CE: 60V

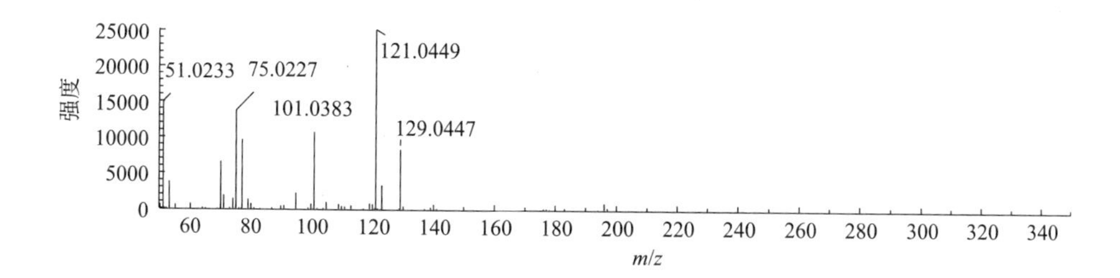

Ethion
乙硫磷

CAS 号	563-12-2	保留时间	22.46min
分子式	$C_9H_{22}O_4P_2S_4$	加合方式	$[M+H]^+$
分子量	383.9876	源内裂解碎片	*m/z* 199

推测裂解规律（裂解路径已经 MS^3 确认）

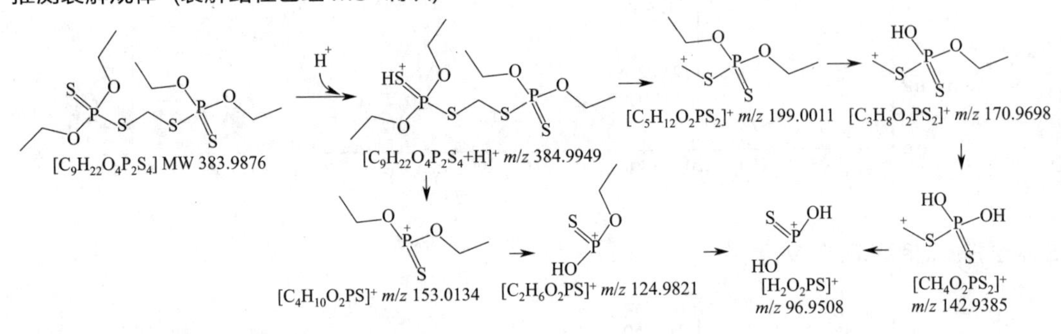

提取离子流色谱图

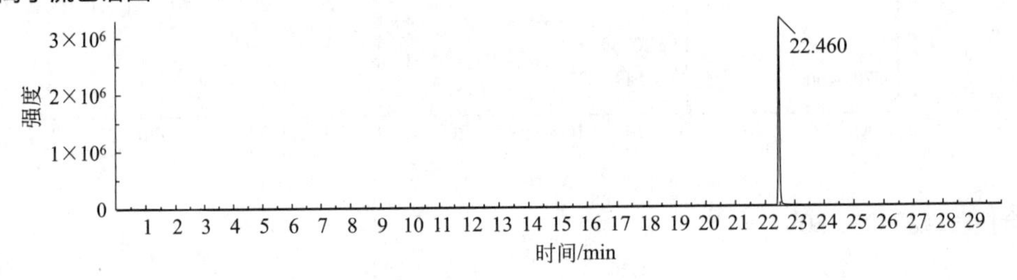

一级质谱图

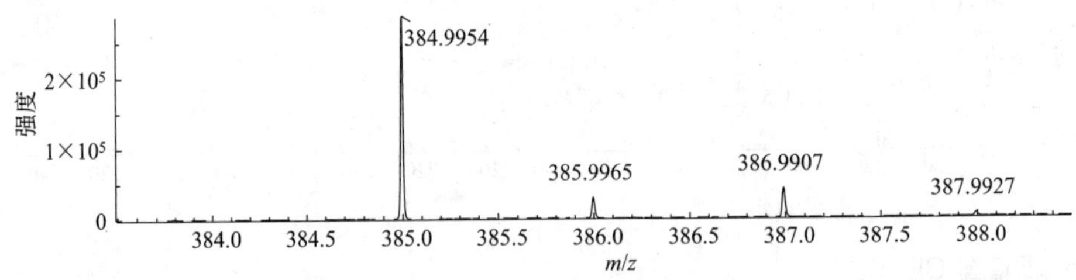

二级全扫质谱图 CE：(35±15)V

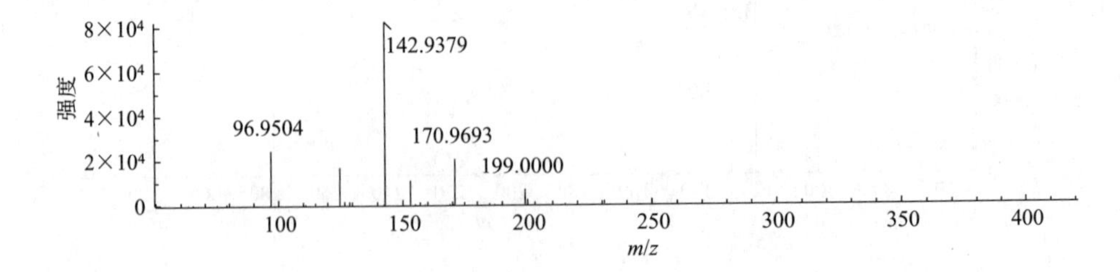

二级全扫质谱图 CE: 10V

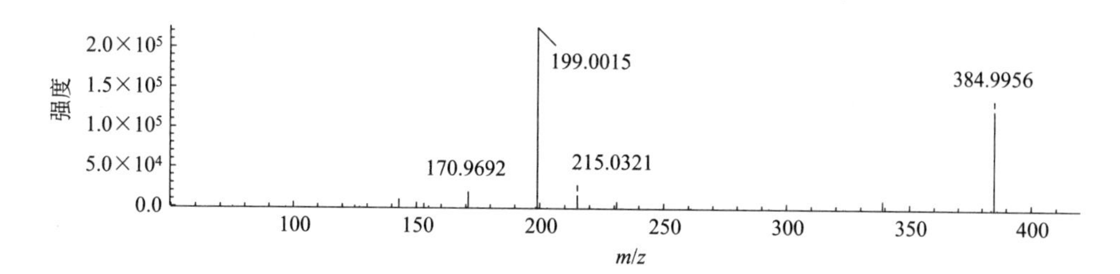

二级全扫质谱图 CE: 20V

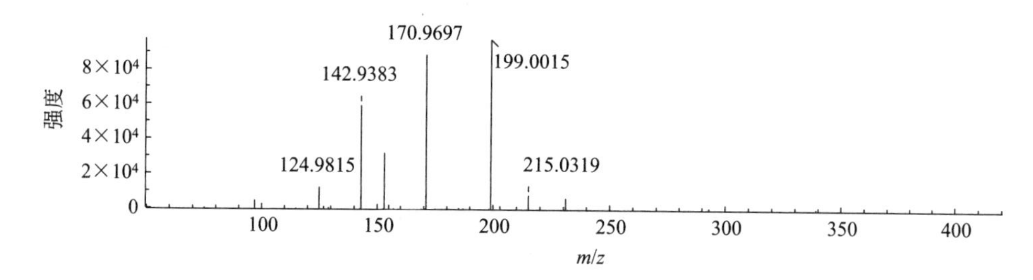

二级全扫质谱图 CE: 35V

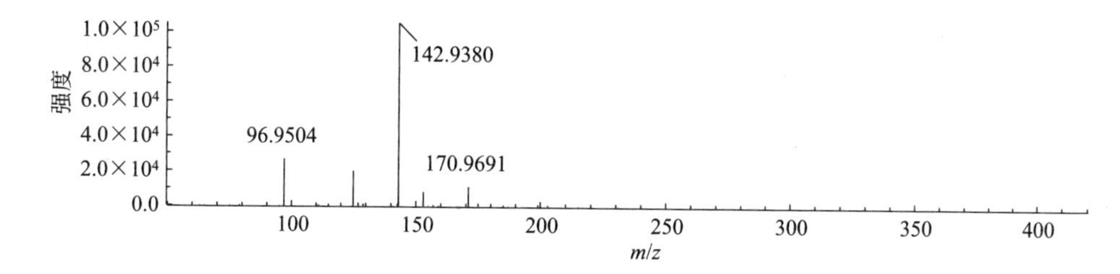

二级全扫质谱图 CE: 50V

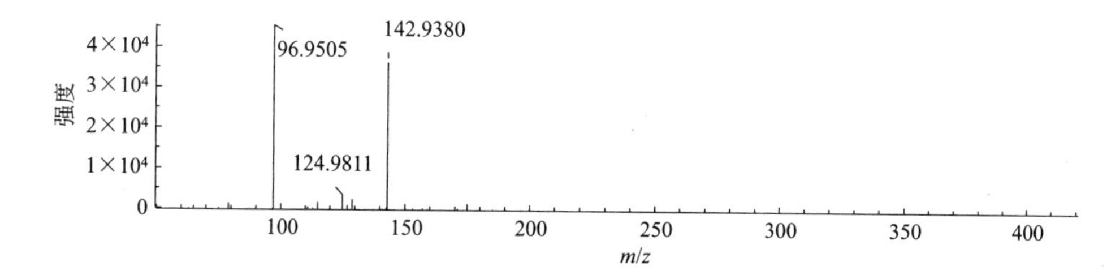

二级全扫质谱图 CE: 60V

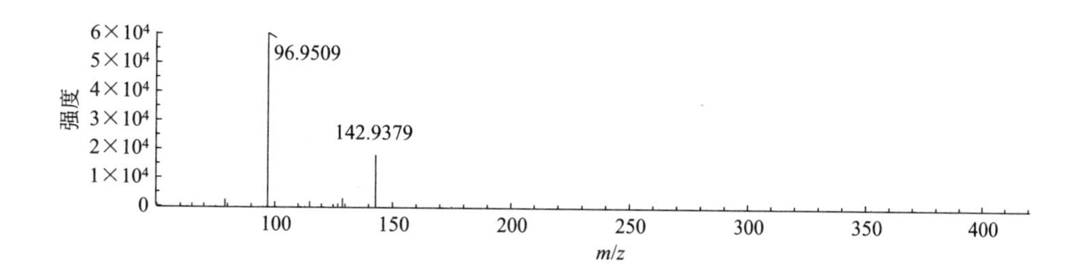

Ethion in-source fragment 199
乙硫磷源内裂解碎片 199

CAS 号	—	保留时间	22. 46min
分子式	$C_5H_{12}O_2PS_2^+$	加合方式	$[M]^+$
分子量	199. 0011	源内裂解碎片	无

推测裂解规律（裂解路径已经 MS³ 确认）

$[C_5H_{12}O_2PS_2]^+$ *m/z* 199.0011 → $[C_3H_8O_2PS_2]^+$ *m/z* 170.9698 → $[CH_4O_2PS_2]^+$ *m/z* 142.9385 → $[H_2O_2PS]^+$ *m/z* 96.9508

提取离子流色谱图

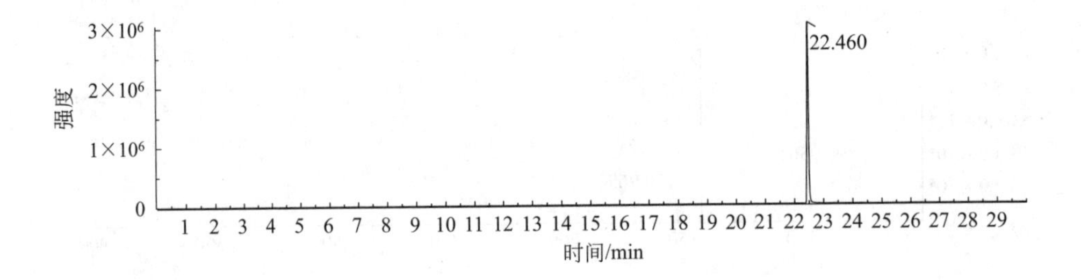

一级质谱图

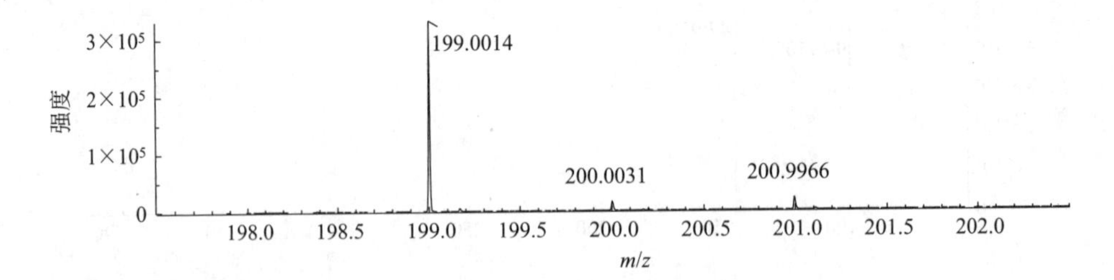

二级全扫质谱图 CE：(35±15)V

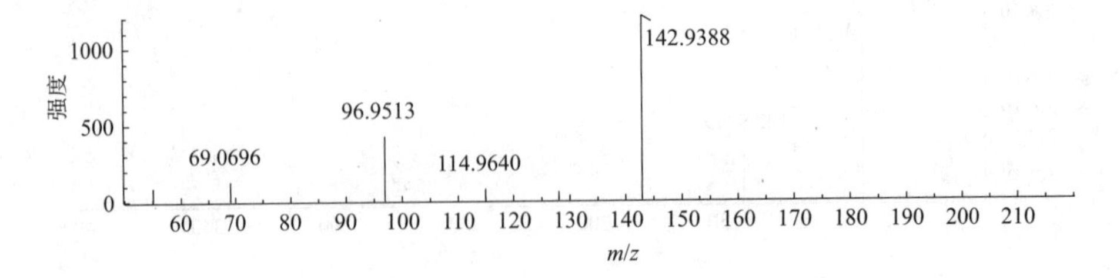

二级全扫质谱图 CE: 10V

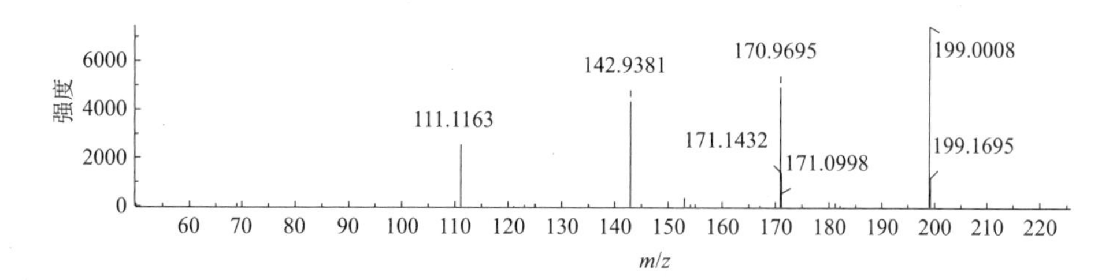

二级全扫质谱图 CE: 20V

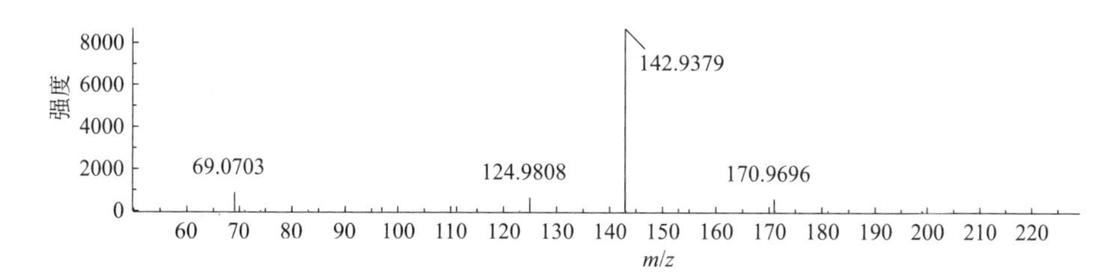

二级全扫质谱图 CE: 35V

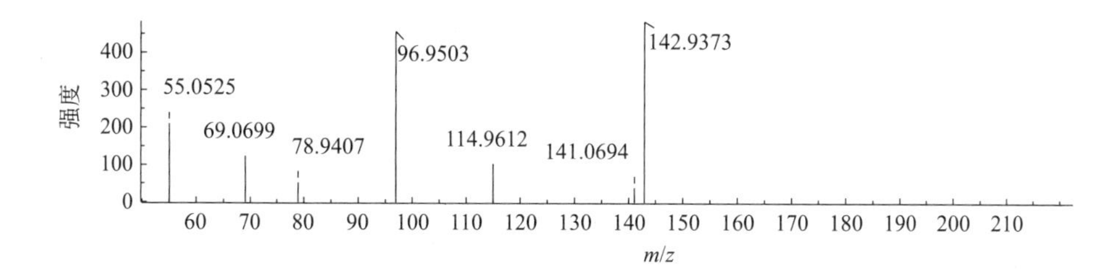

二级全扫质谱图 CE: 50V

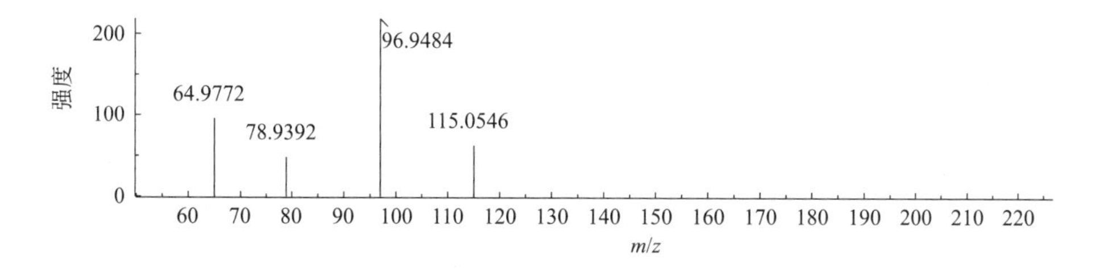

二级全扫质谱图 CE: 60V

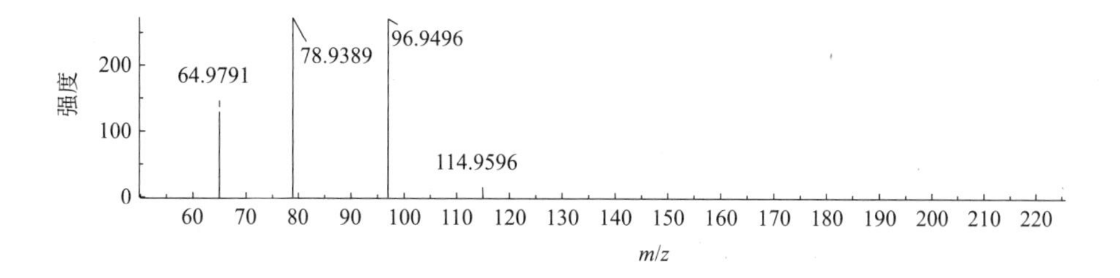

Ethiprole
乙虫腈

CAS 号	181587-01-9	保留时间	12.57min
分子式	$C_{13}H_9Cl_2F_3N_4OS$	加合方式	$[M+H]^+$
分子量	395.9826	源内裂解碎片	无

推测裂解规律

$[C_{13}H_9Cl_2F_3N_4OS]$ MW 395.9826 → $[C_{13}H_9Cl_2F_3N_4OS+H]^+$ *m/z* 396.9899 → $[C_8H_4Cl_2F_3N_2+H]^+$ *m/z* 254.9698 → $[C_7H_3Cl_2F_3N]^+$ *m/z* 227.9589

$[C_8H_4Cl_2F_3N_2+H]^+$ *m/z* 254.9698 → $[C_7H_2Cl_2F_3]^+$ *m/z* 212.9480

提取离子流色谱图

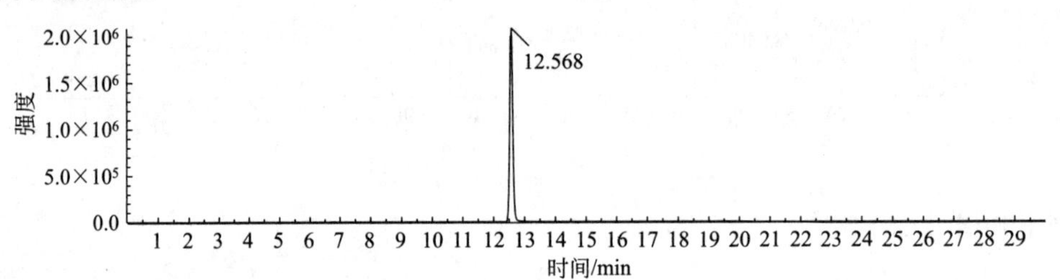

一级质谱图

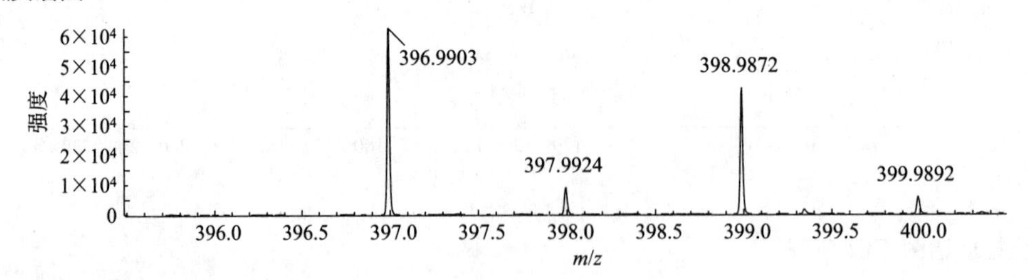

二级全扫质谱图 CE: (35±15)V

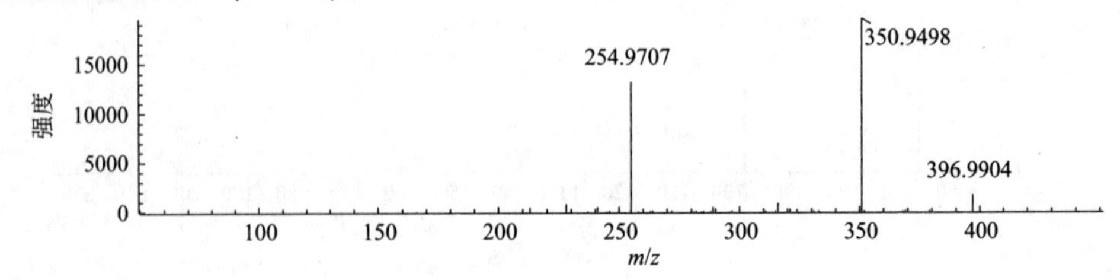

二级全扫质谱图 CE: 10V

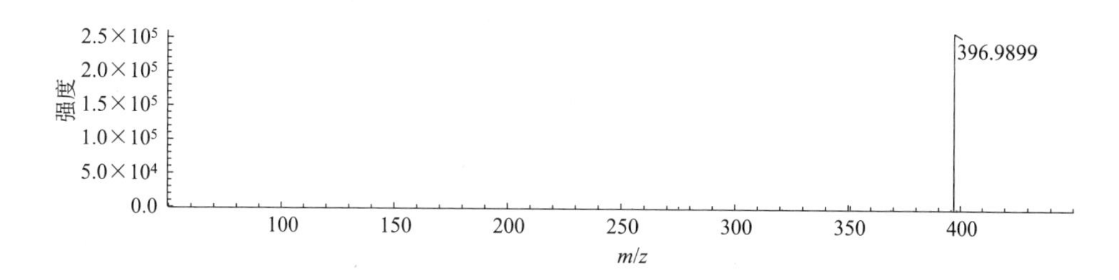

二级全扫质谱图 CE: 20V

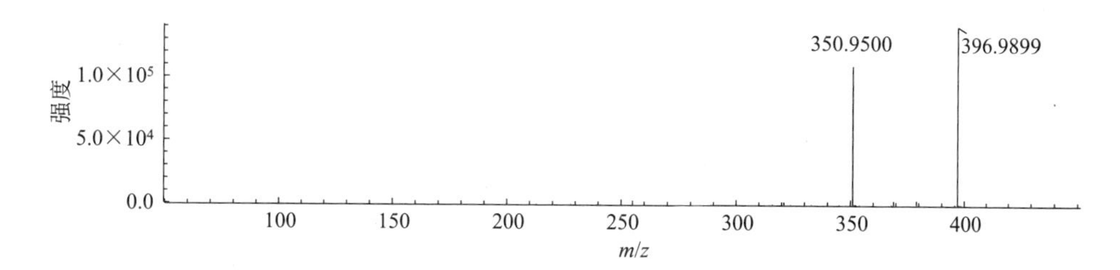

二级全扫质谱图 CE: 35V

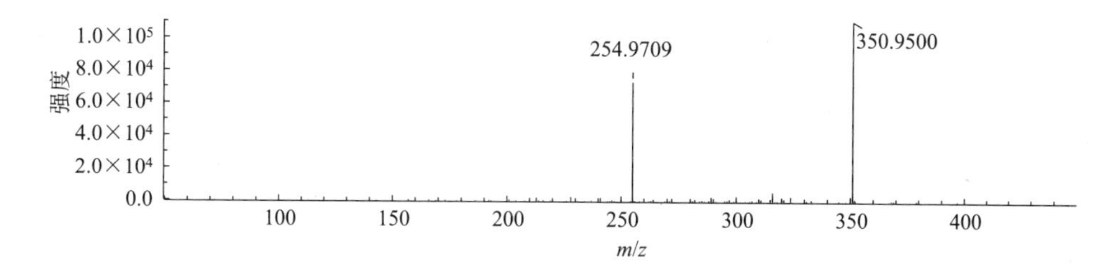

二级全扫质谱图 CE: 50V

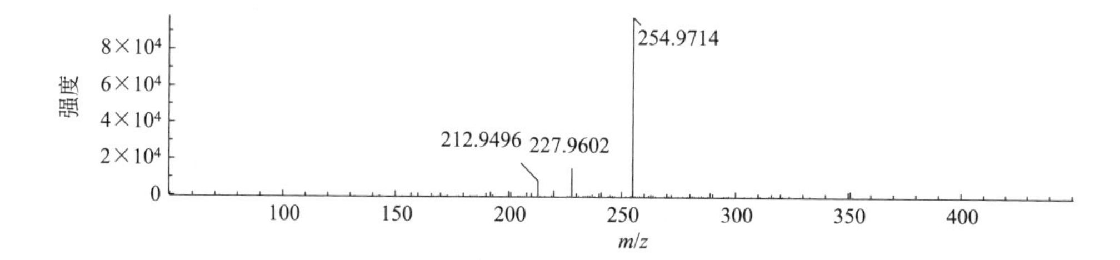

二级全扫质谱图 CE: 60V

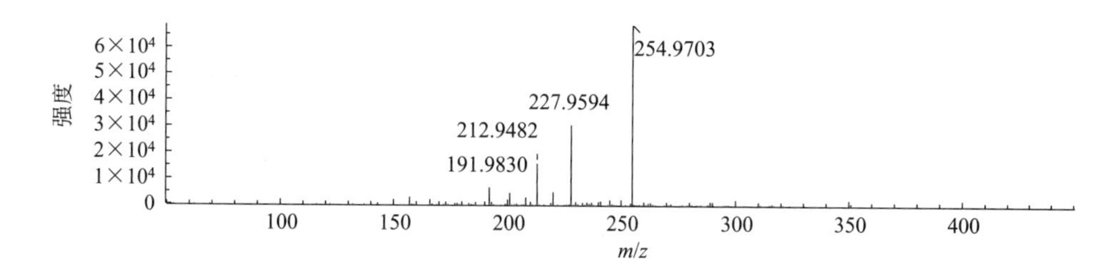

Ethirimol
乙嘧酚

CAS 号	23947-60-6	保留时间	7.36min
分子式	$C_{11}H_{19}N_3O$	加合方式	$[M+H]^+$
分子量	209.1528	源内裂解碎片	无

推测裂解规律

$[C_{11}H_{19}N_3O]$ MW 209.1528 → $[C_{11}H_{19}N_3O+H]^+$ m/z 210.1601 → $[C_9H_{15}N_3O+H]^+$ m/z 182.1288 → $[C_8H_{13}NO+H]^+$ m/z 140.1070 → $[C_5H_7NO+H]^+$ m/z 98.0600 → $[C_4H_8N]^+$ m/z 70.0651

$[C_9H_{15}N_3O+H]^+$ m/z 182.1288 → $[C_9H_{13}N_2O]^+$ m/z 165.1022

提取离子流色谱图

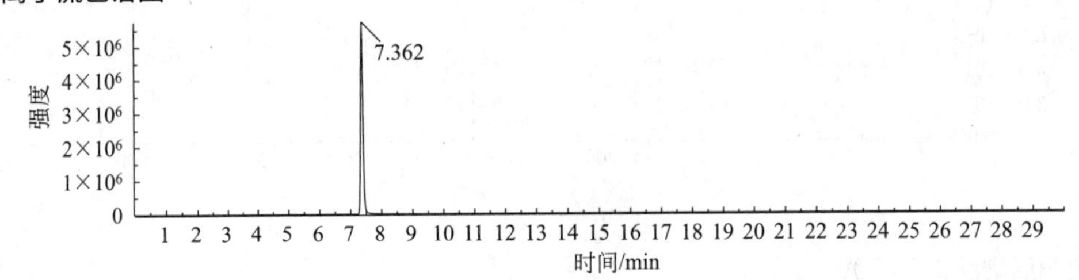

一级质谱图

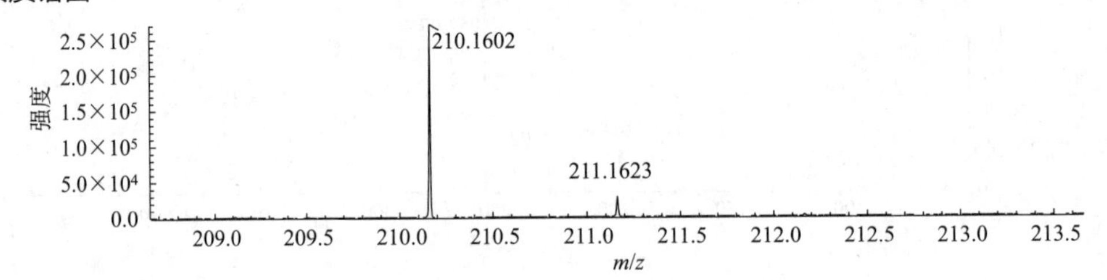

二级全扫质谱图 CE: (35±15)V

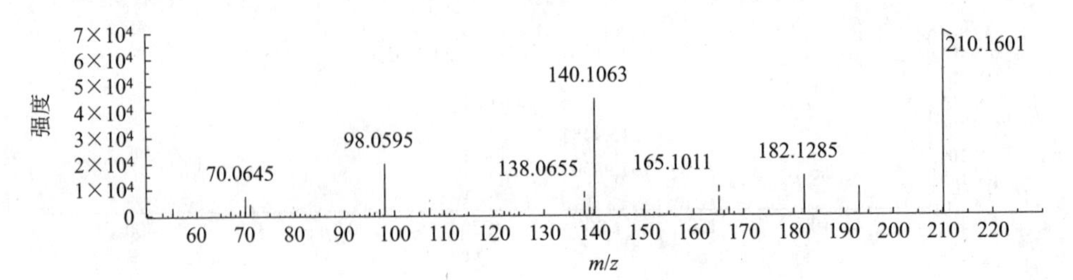

二级全扫质谱图 CE: 10V

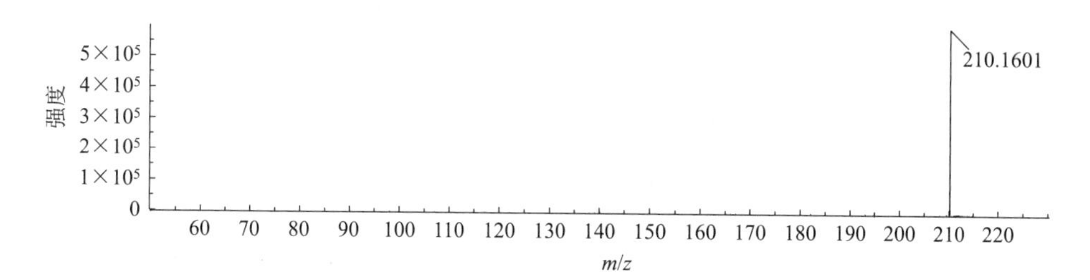

二级全扫质谱图 CE: 20V

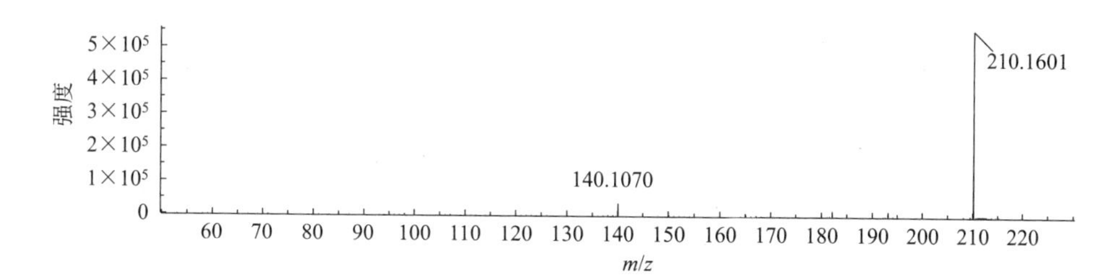

二级全扫质谱图 CE: 35V

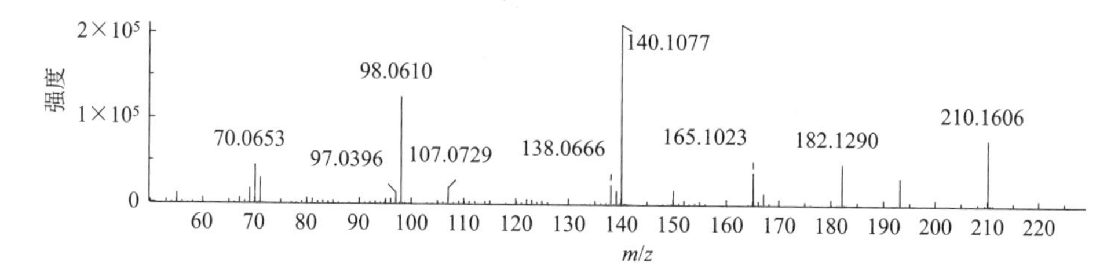

二级全扫质谱图 CE: 50V

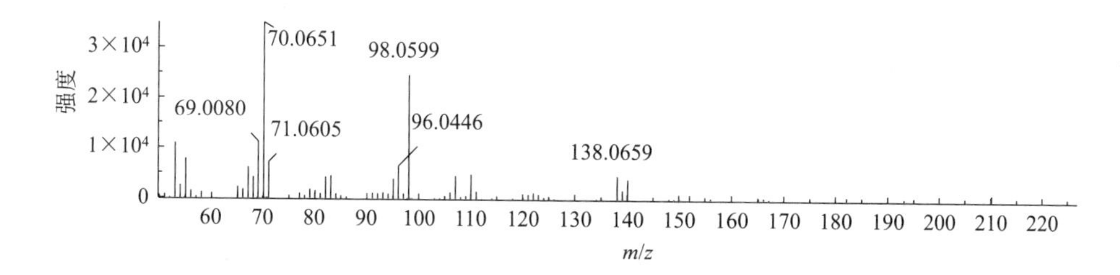

二级全扫质谱图 CE: 60V

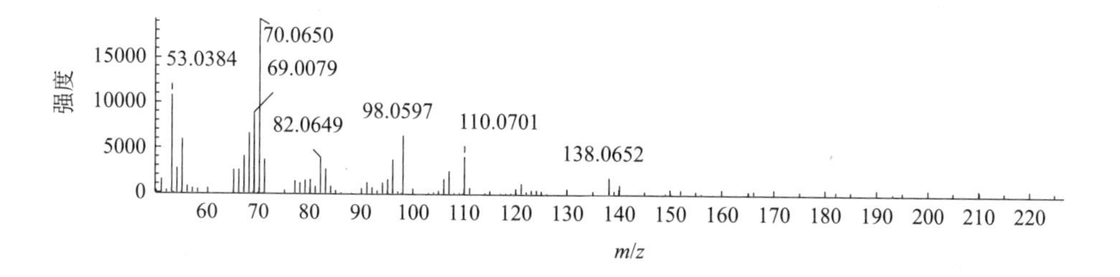

Ethofumesate

乙氧呋草黄

CAS 号	26225-79-6	保留时间	11. 71min
分子式	$C_{13}H_{18}O_5S$	加合方式	$[M+H]^+$
分子量	286. 0875	源内裂解碎片	无

推测裂解规律

$[C_{13}H_{18}O_5S]$ MW 286.0875

H^+

$[C_{13}H_{18}O_5S+H]^+$ m/z 287.0948

$[C_{11}H_{14}O_5S+H]^+$ m/z 259.0635

$[C_{11}H_{13}O_4S]^+$ m/z 241.0529

$[C_{10}H_9O_2]^+$ m/z 161.0597

$[C_8H_9O]^+$ m/z 121.0648

$[C_9H_9O]^+$ m/z 133.0648

提取离子流色谱图

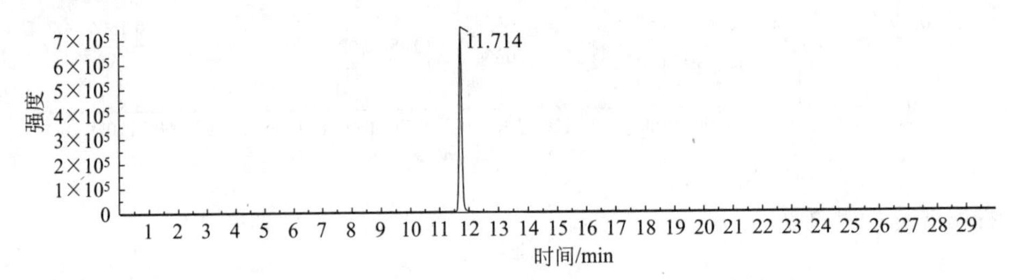

一级质谱图

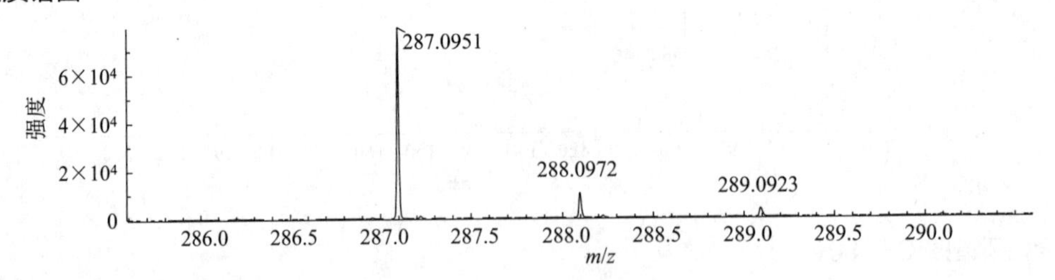

二级全扫质谱图 CE: (35±15)V

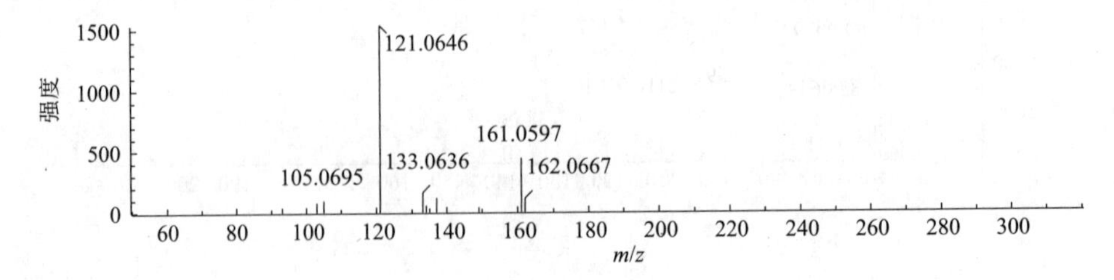

二级全扫质谱图 CE: 10V

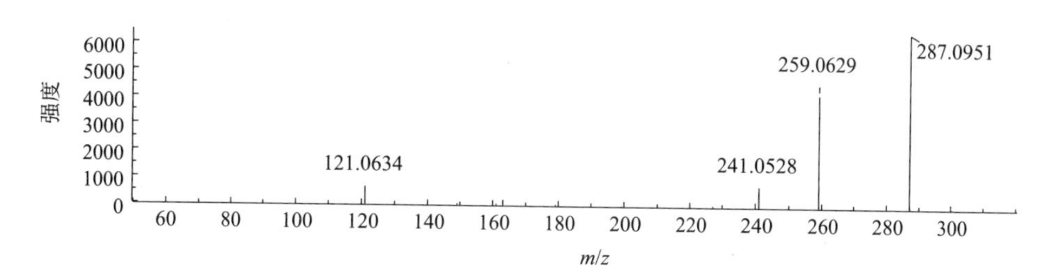

二级全扫质谱图 CE: 20V

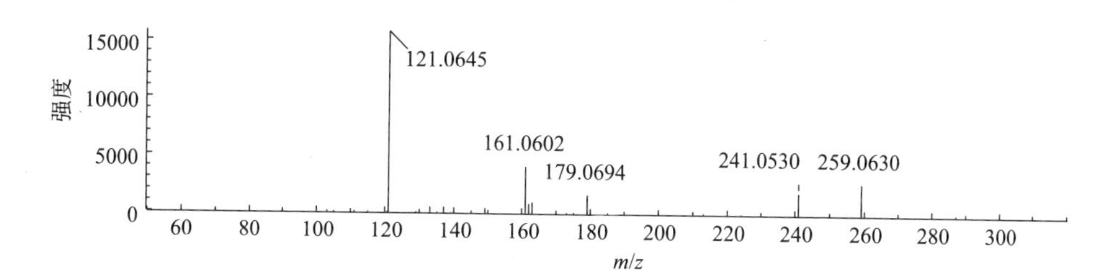

二级全扫质谱图 CE: 35V

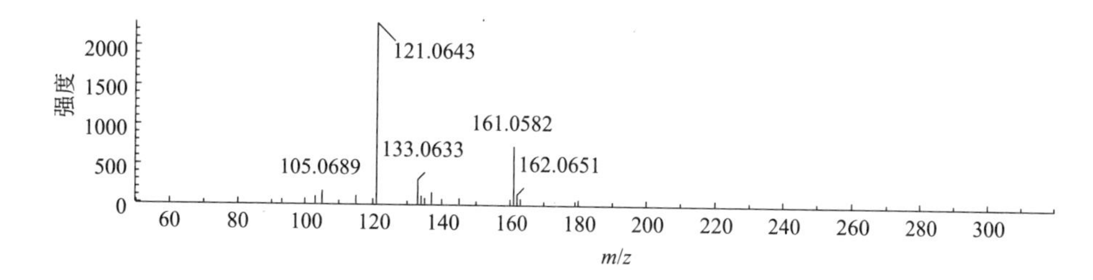

二级全扫质谱图 CE: 50V

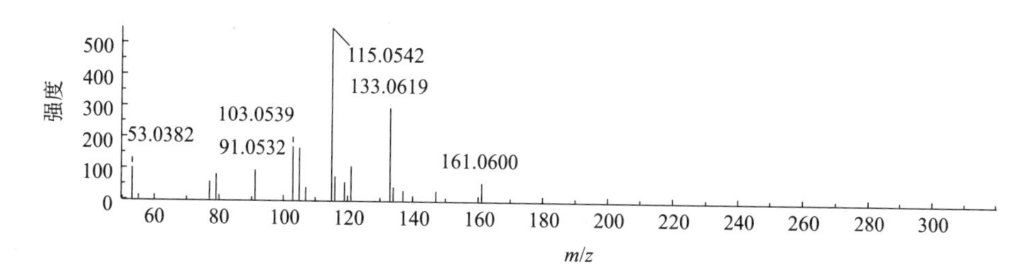

二级全扫质谱图 CE: 60V

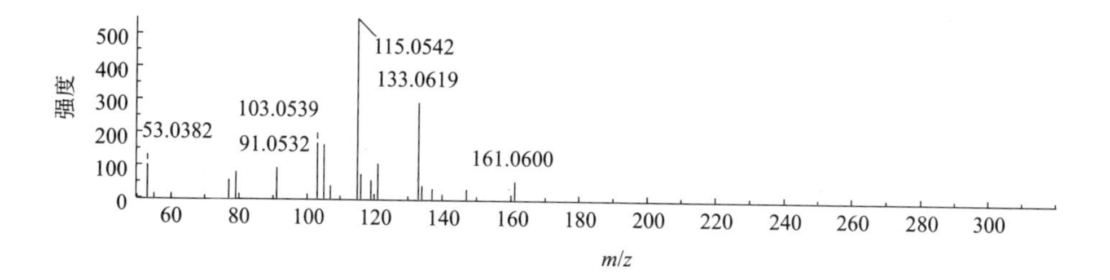

Ethoprophos
灭线磷

CAS 号	13194-48-4	保留时间	15.50min
分子式	$C_8H_{19}O_2PS_2$	加合方式	$[M+H]^+$
分子量	242.0564	源内裂解碎片	无

推测裂解规律（裂解路径已经 MS³ 确认）

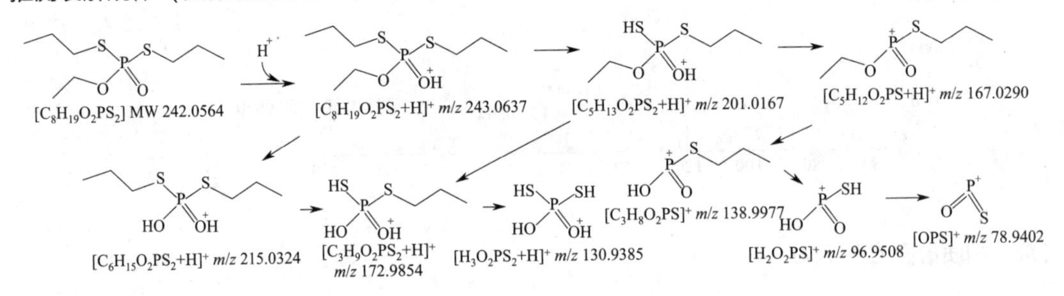

提取离子流色谱图

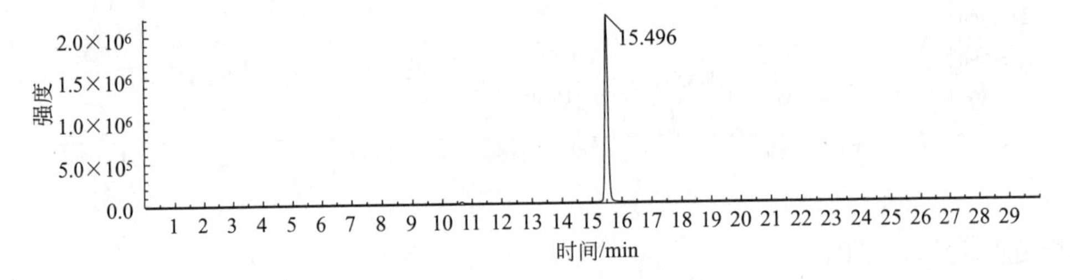

一级质谱图

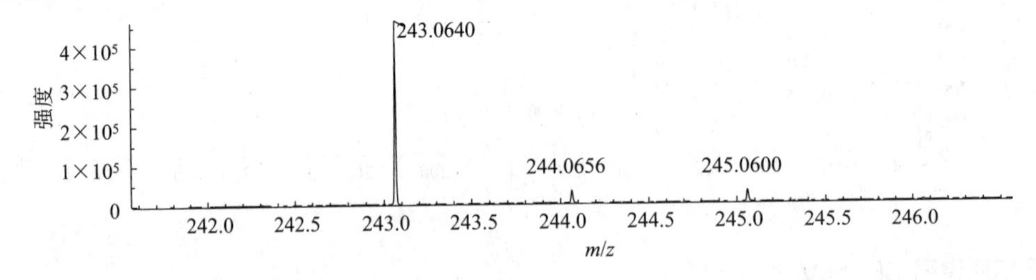

二级全扫质谱图 CE: (35±15)V

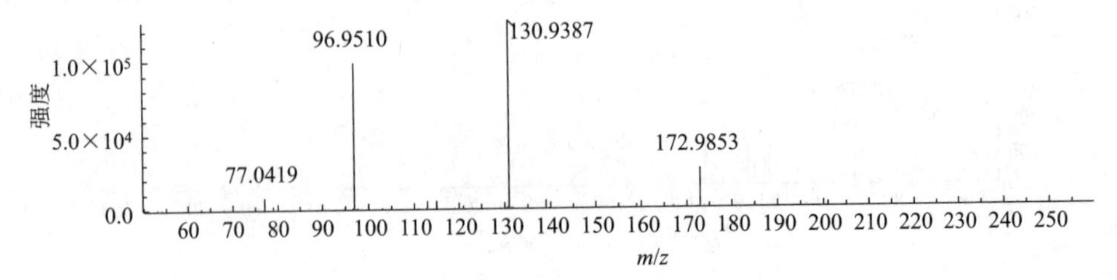

二级全扫质谱图 CE: 10V

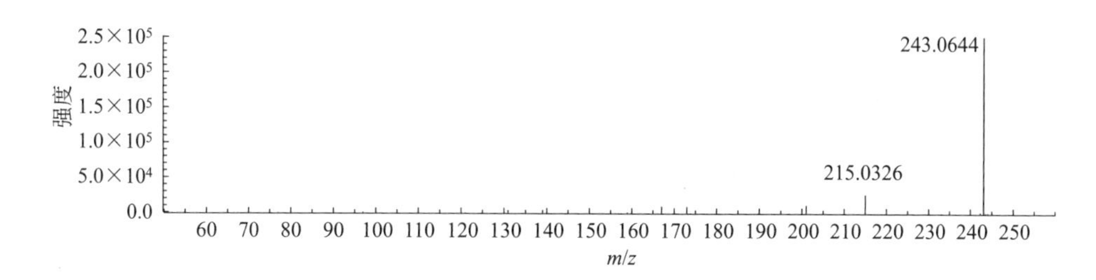

二级全扫质谱图 CE: 20V

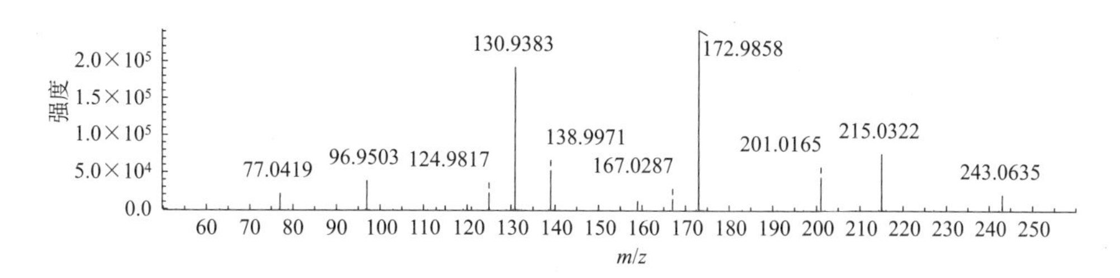

二级全扫质谱图 CE: 35V

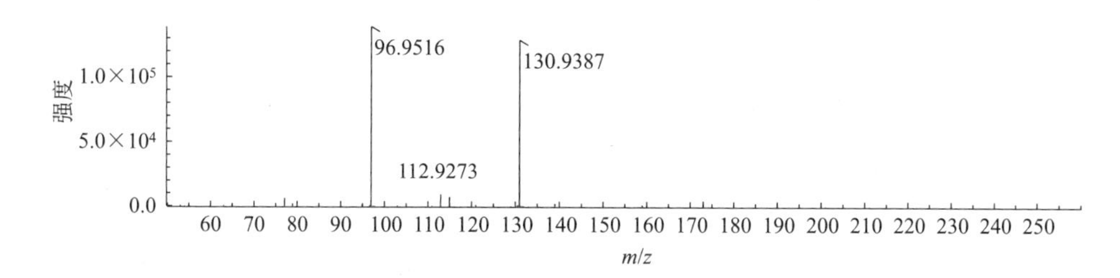

二级全扫质谱图 CE: 50V

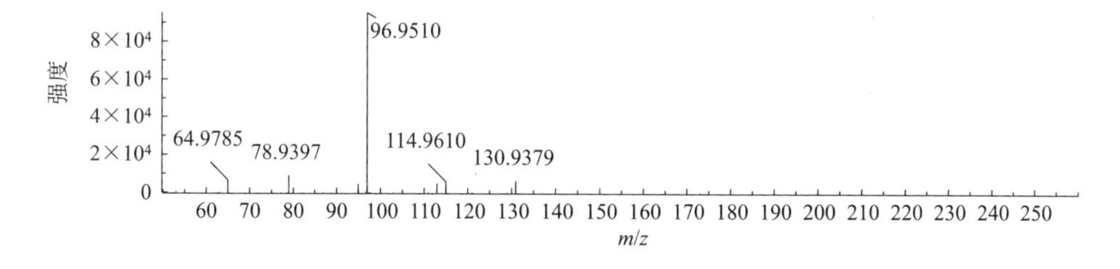

二级全扫质谱图 CE: 60V

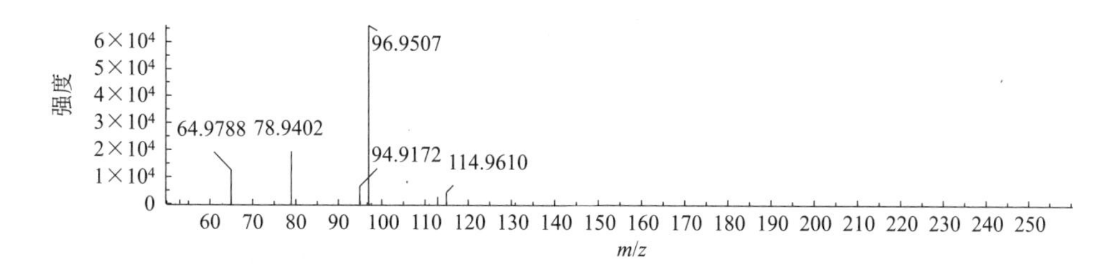

Ethoxyquin
乙氧喹啉

CAS 号	91-53-2	保留时间	13. 36min
分子式	$C_{14}H_{19}NO$	加合方式	$[M+H]^+$
分子量	217. 1467	源内裂解碎片	无

推测裂解规律

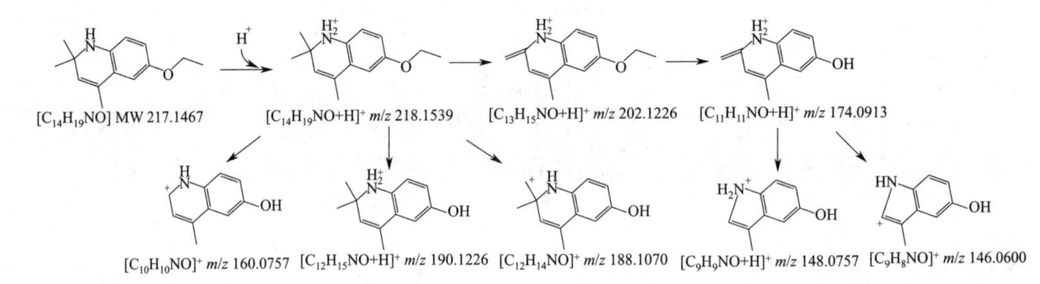

提取离子流色谱图

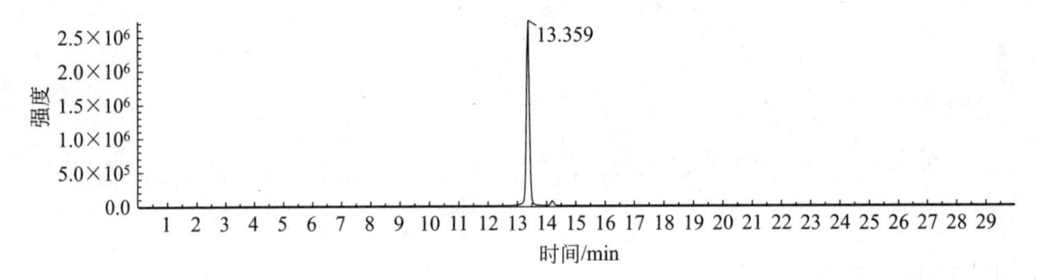

一级质谱图

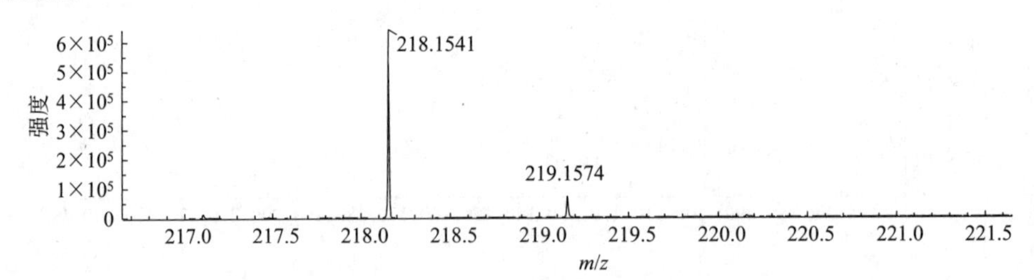

二级全扫质谱图 CE: (35±15)V

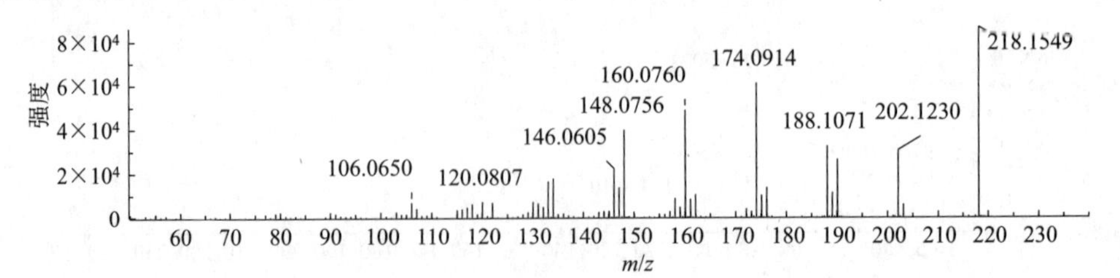

二级全扫质谱图 CE: 10V

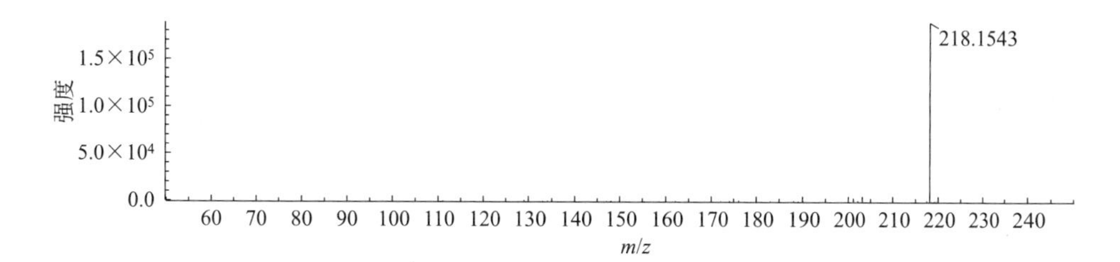

二级全扫质谱图 CE: 20V

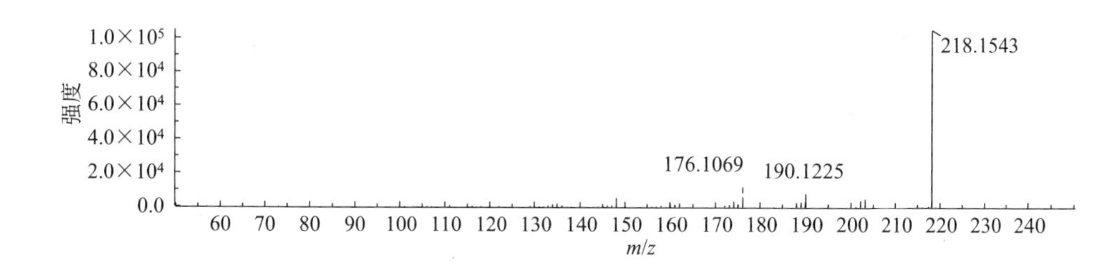

二级全扫质谱图 CE: 35V

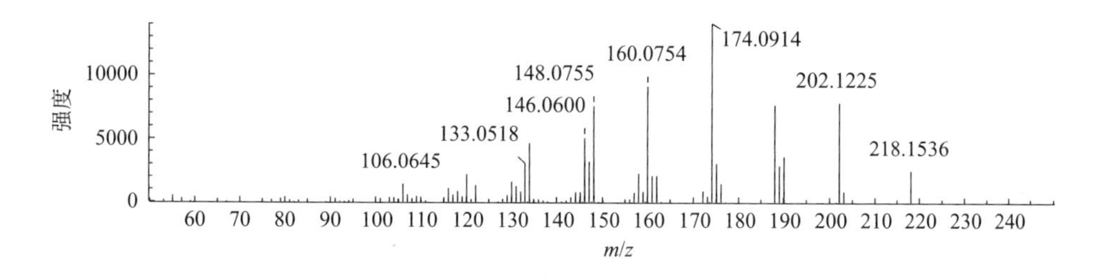

二级全扫质谱图 CE: 50V

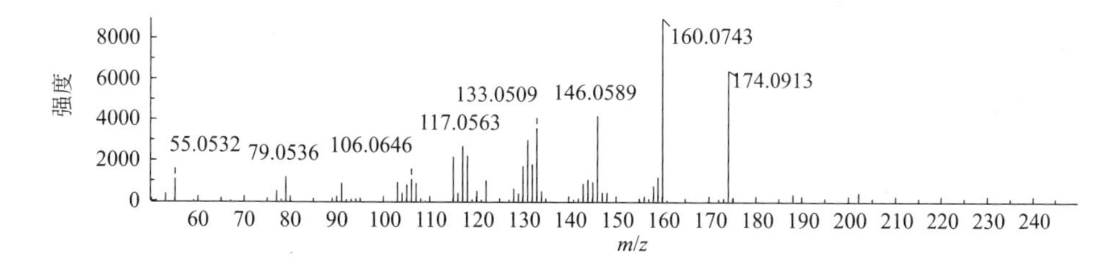

二级全扫质谱图 CE: 60V

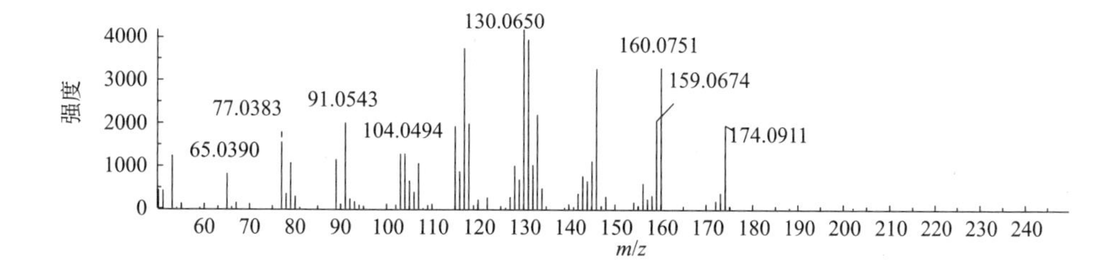

Ethoxysulfuron
乙氧磺隆

CAS 号	126801-58-9	保留时间	13. 56min
分子式	$C_{15}H_{18}N_4O_7S$	加合方式	$[M+H]^+$
分子量	398. 0896	源内裂解碎片	无

推测裂解规律（裂解路径已经 MS[3] 确认）

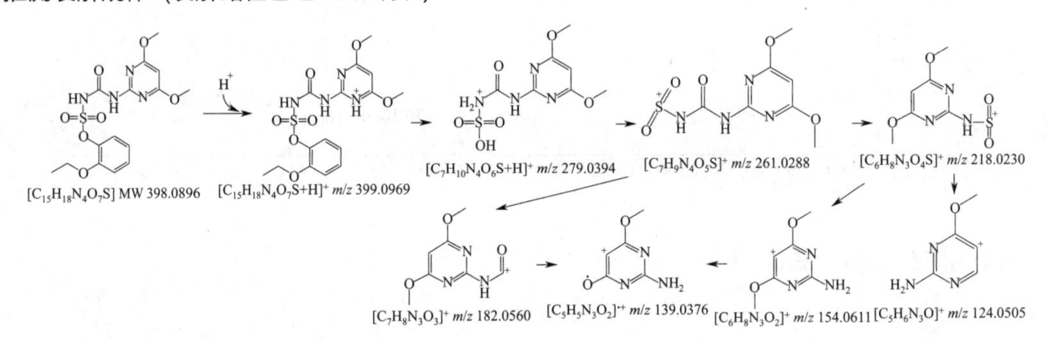

提取离子流色谱图

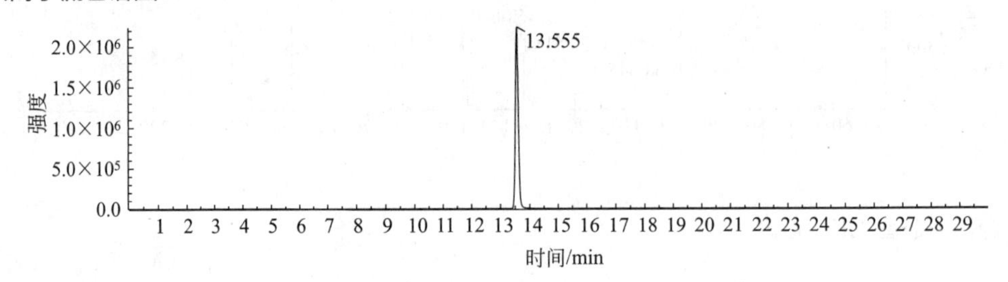

一级质谱图

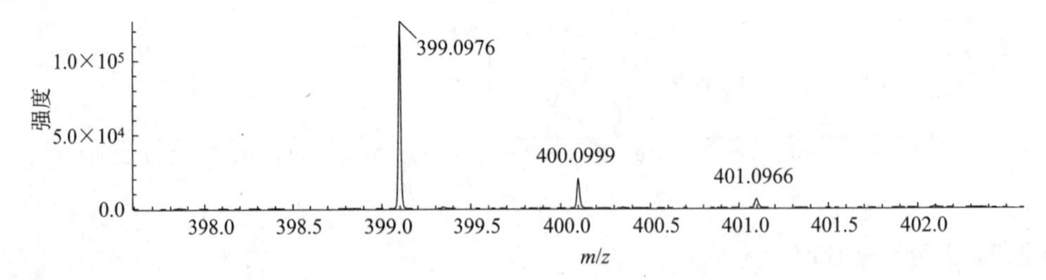

二级全扫质谱图 CE：(35±15)V

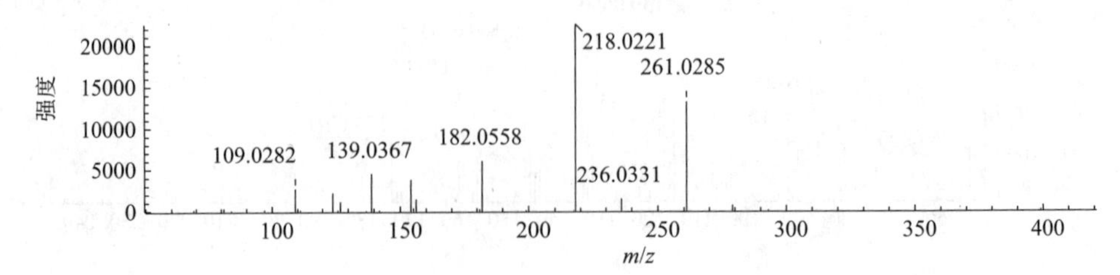

二级全扫质谱图 CE: 10V

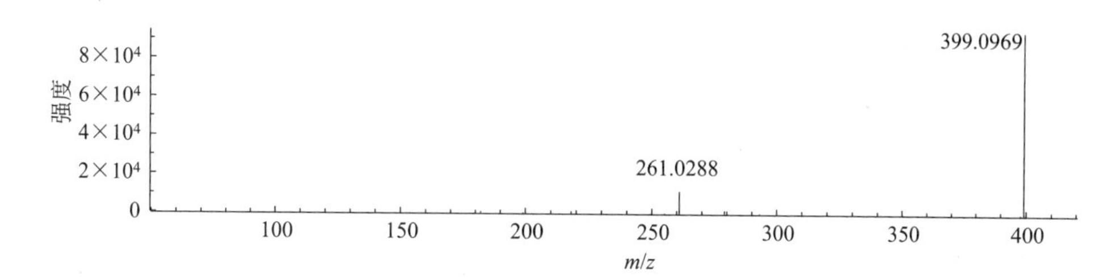

二级全扫质谱图 CE: 20V

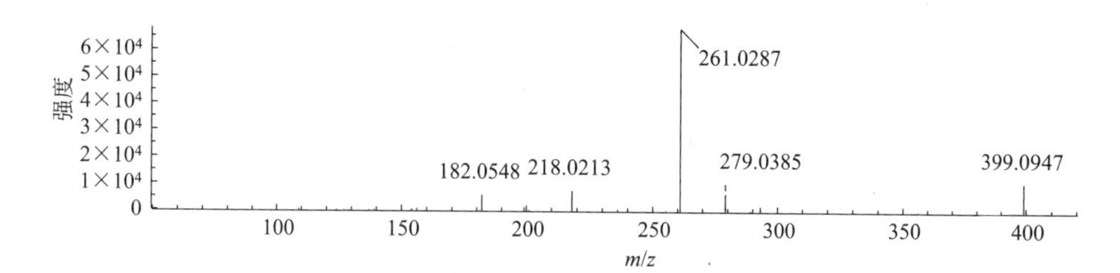

二级全扫质谱图 CE: 35V

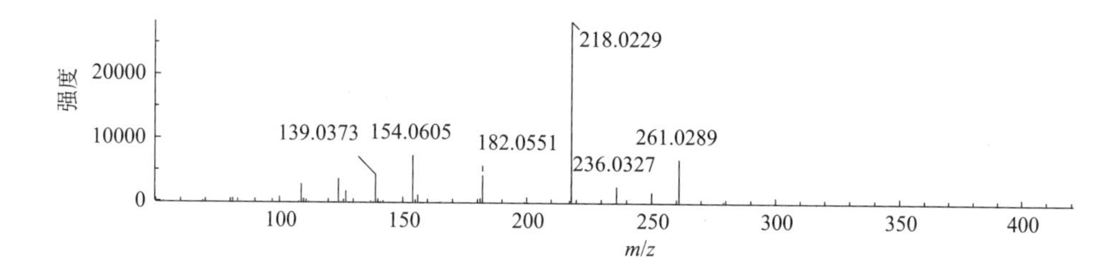

二级全扫质谱图 CE: 50V

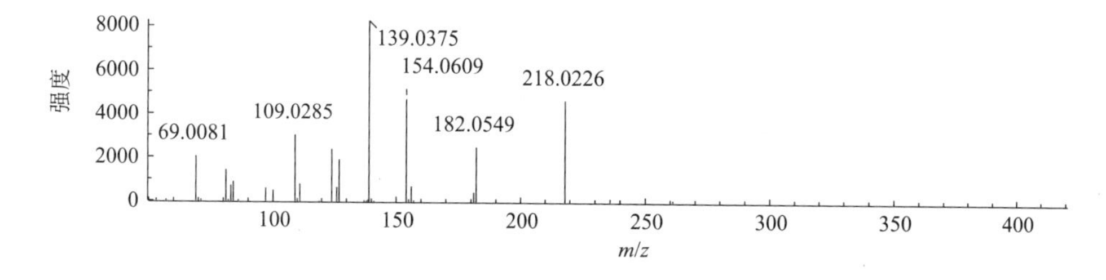

二级全扫质谱图 CE: 60V

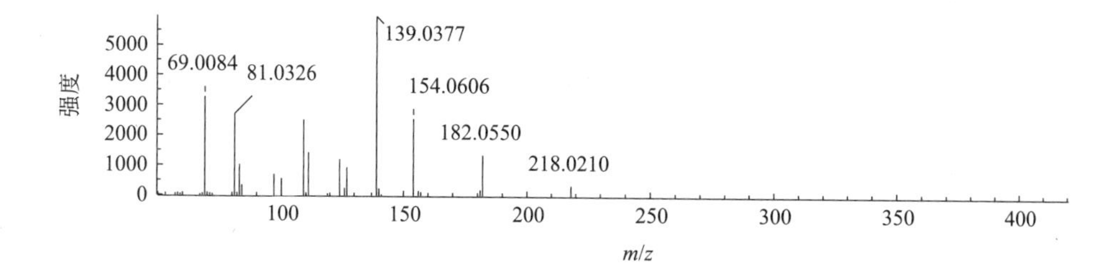

Etofenprox
醚菊酯

CAS 号	80844-07-1	保留时间	24.26min
分子式	$C_{25}H_{28}O_3$	加合方式	$[M+NH_4]^+$
分子量	376.2038	源内裂解碎片	*m/z* 359

推测裂解规律

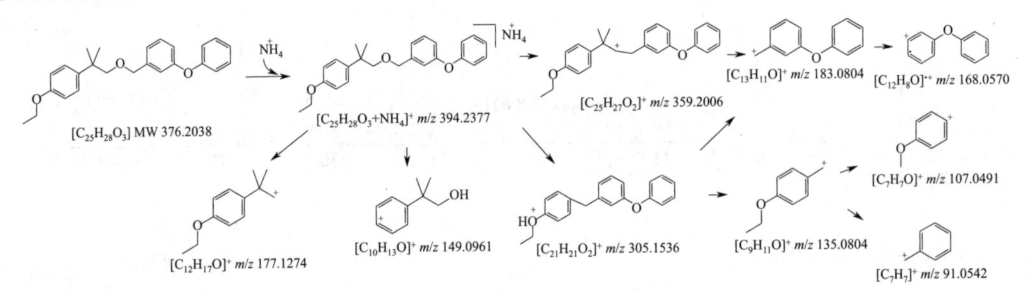

提取离子流色谱图

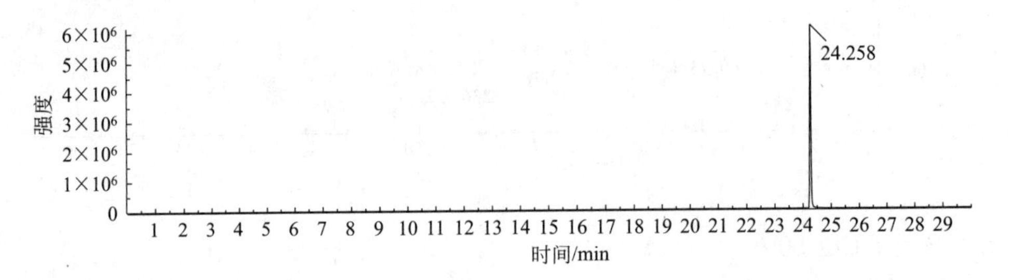

一级质谱图

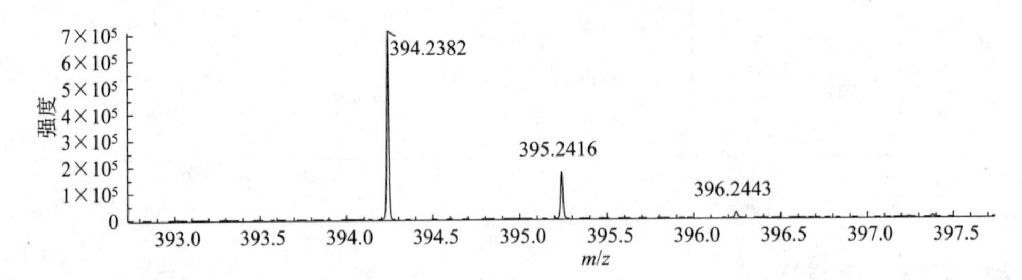

二级全扫质谱图 CE: (35±15)V

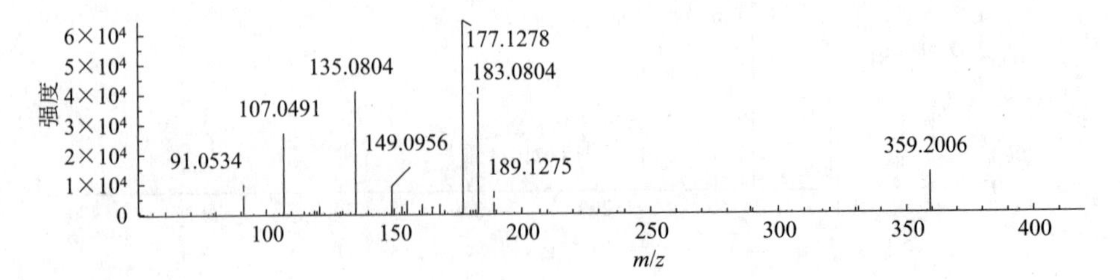

二级全扫质谱图 CE: 10V

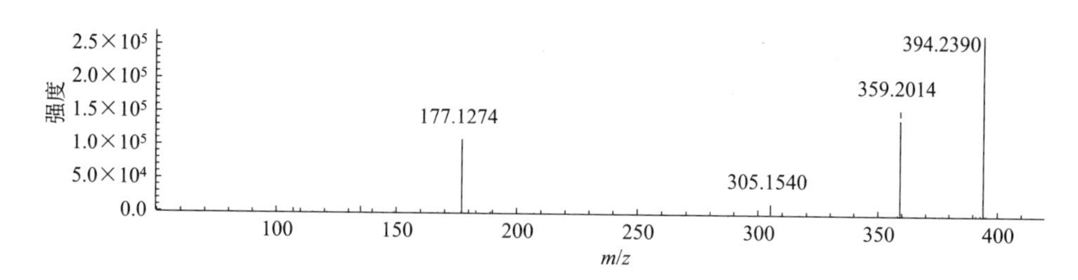

二级全扫质谱图 CE: 20V

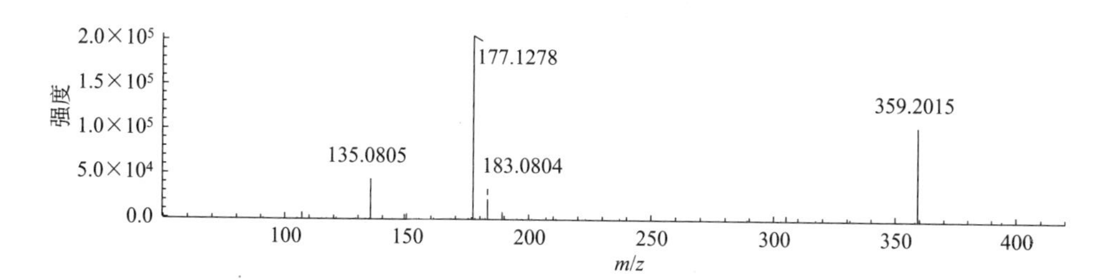

二级全扫质谱图 CE: 35V

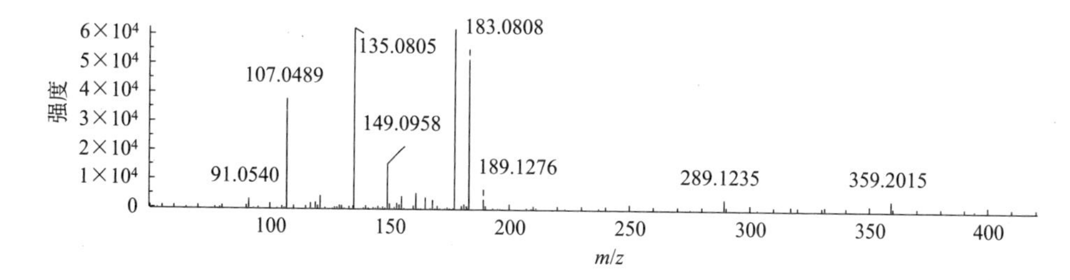

二级全扫质谱图 CE: 50V

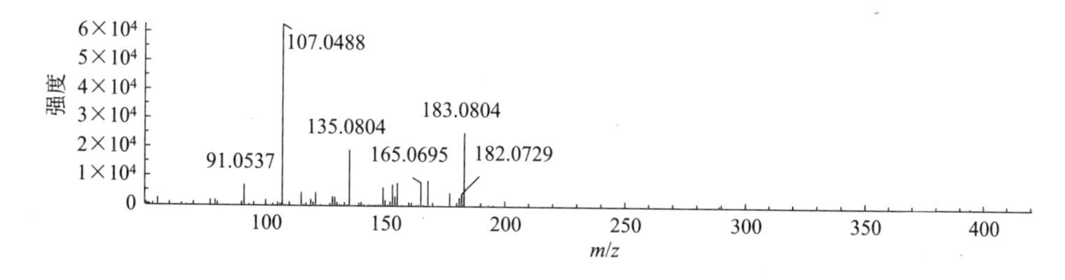

二级全扫质谱图 CE: 60V

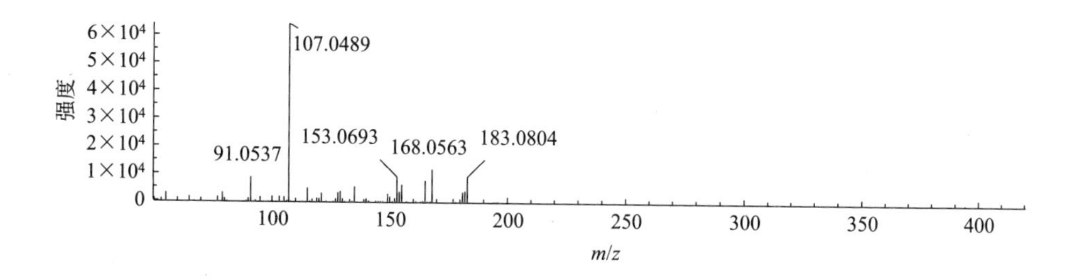

Etoxazole
乙螨唑

CAS号	153233-91-1	保留时间	23.02min
分子式	$C_{21}H_{23}F_2NO_2$	加合方式	$[M+H]^+$
分子量	359.1697	源内裂解碎片	无

推测裂解规律

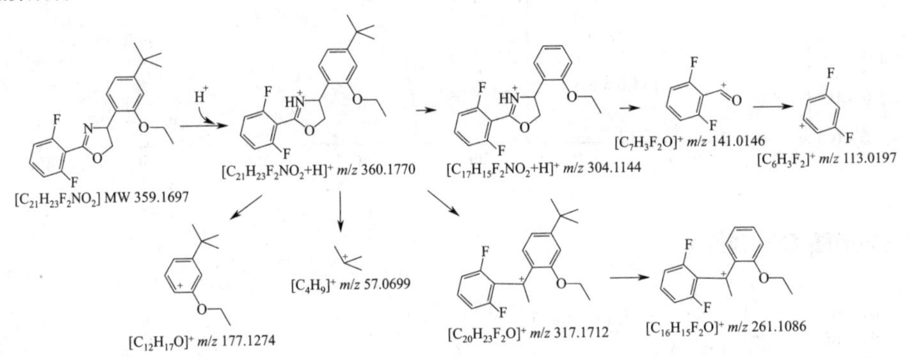

提取离子流色谱图

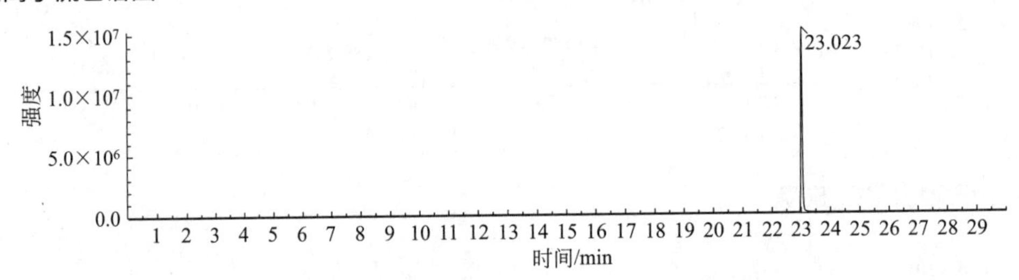

一级质谱图

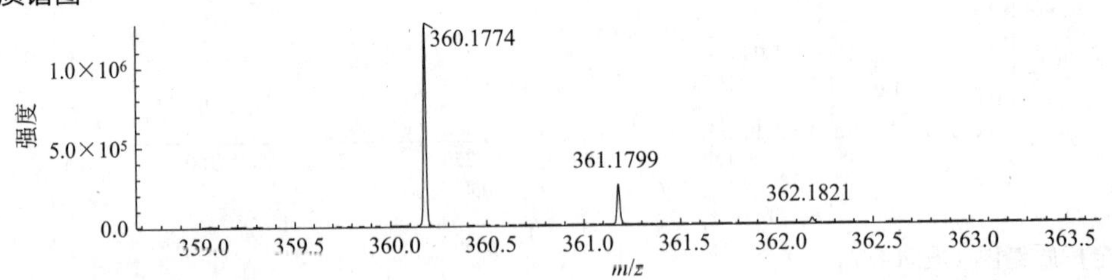

二级全扫质谱图 CE: (35±15)V

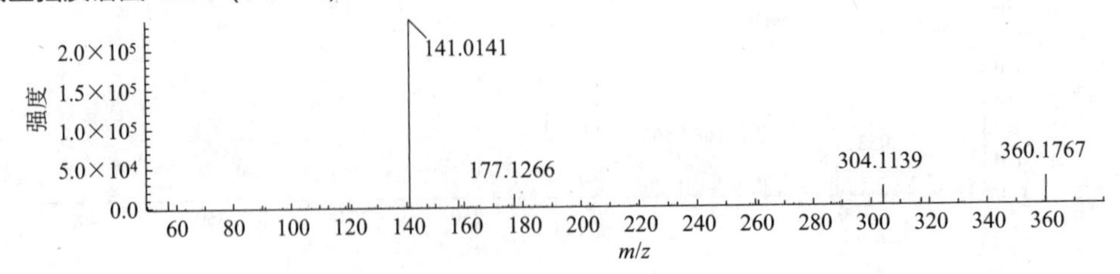

二级全扫质谱图 CE: 10V

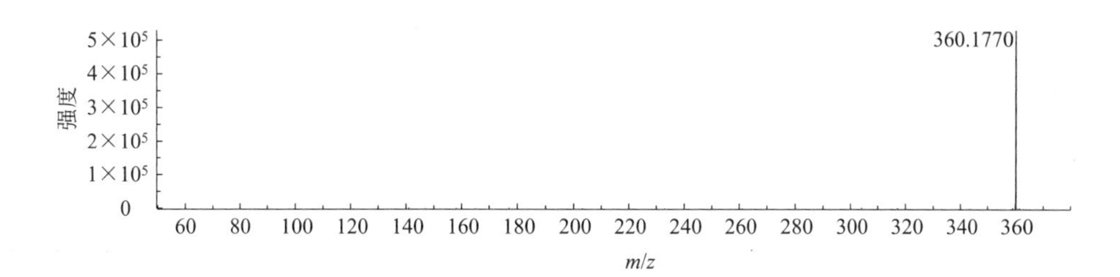

二级全扫质谱图 CE: 20V

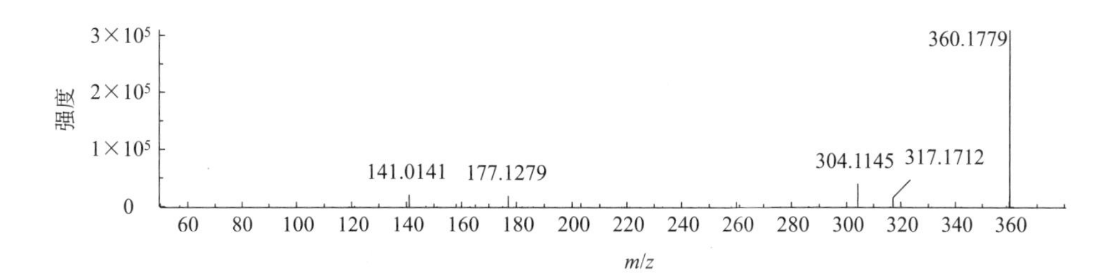

二级全扫质谱图 CE: 35V

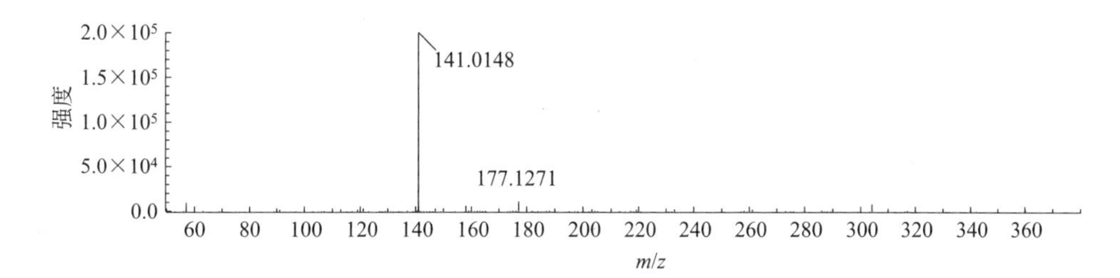

二级全扫质谱图 CE: 50V

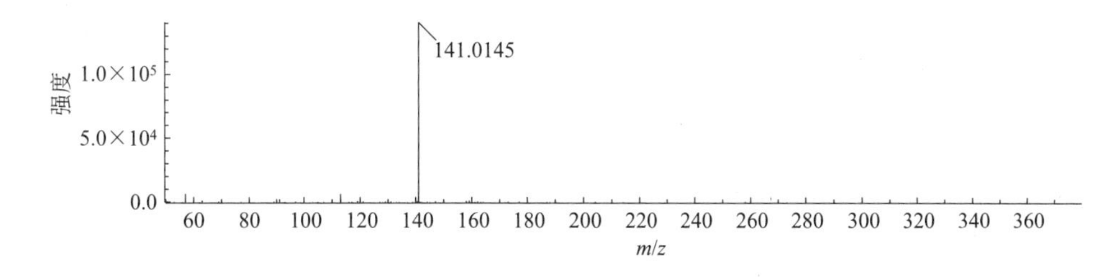

二级全扫质谱图 CE: 60V

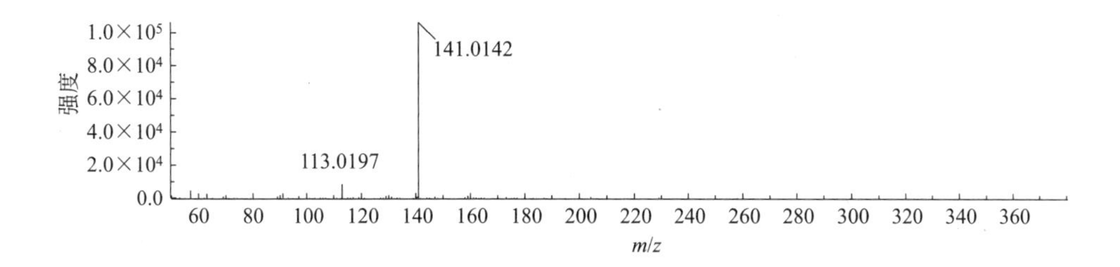

Etrimfos
乙嘧硫磷

CAS 号	38260-54-7	保留时间	17.93min
分子式	$C_{10}H_{17}N_2O_4PS$	加合方式	$[M+H]^+$
分子量	292.0647	源内裂解碎片	无

推测裂解规律（裂解路径已经 MS^3 确认）

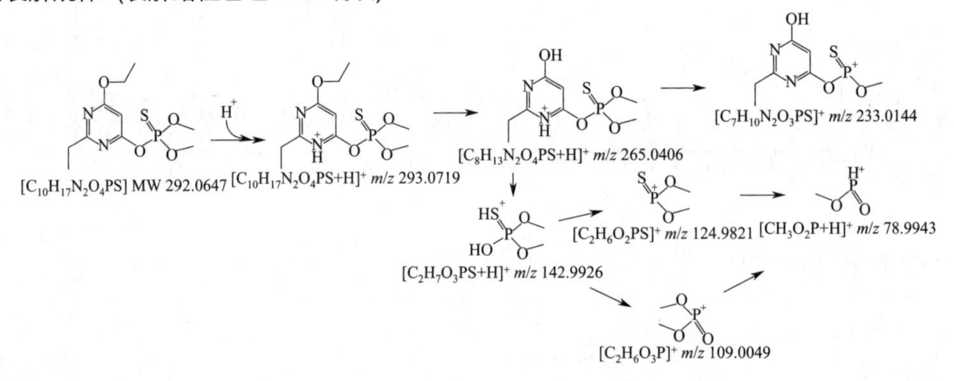

提取离子流色谱图

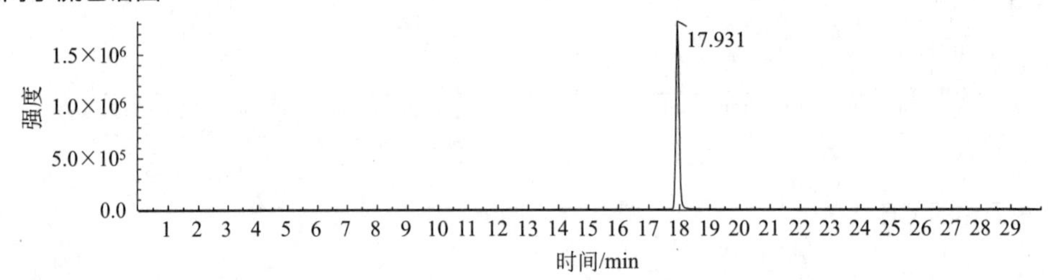

一级质谱图

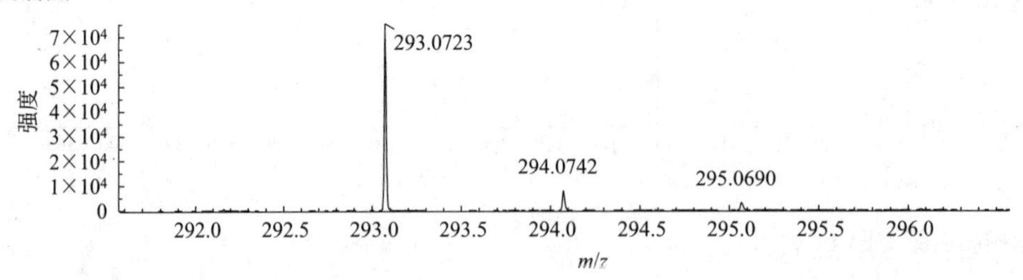

二级全扫质谱图 CE: (35±15)V

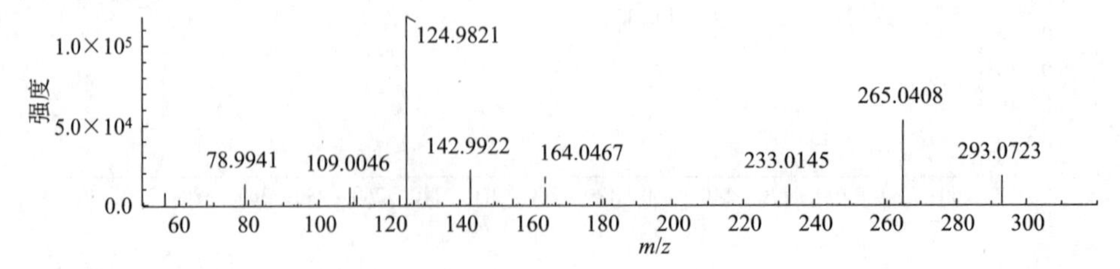

二级全扫质谱图 CE: 10V

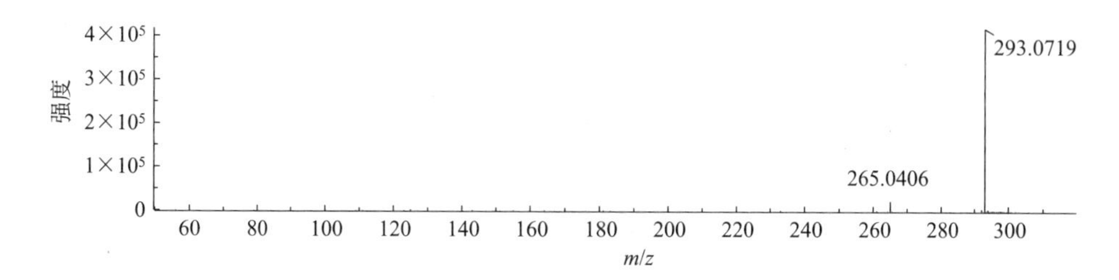

二级全扫质谱图 CE: 20V

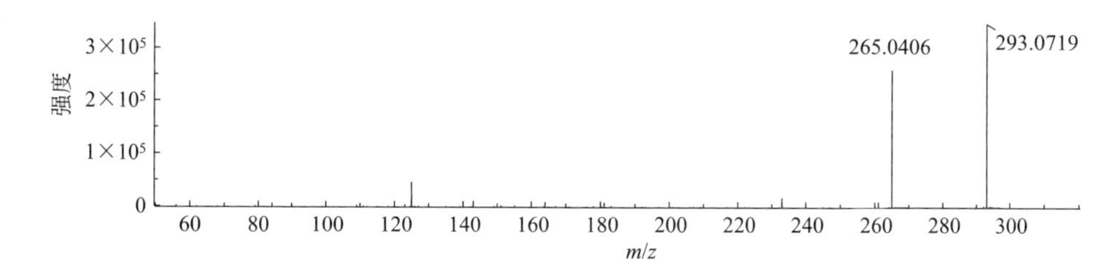

二级全扫质谱图 CE: 35V

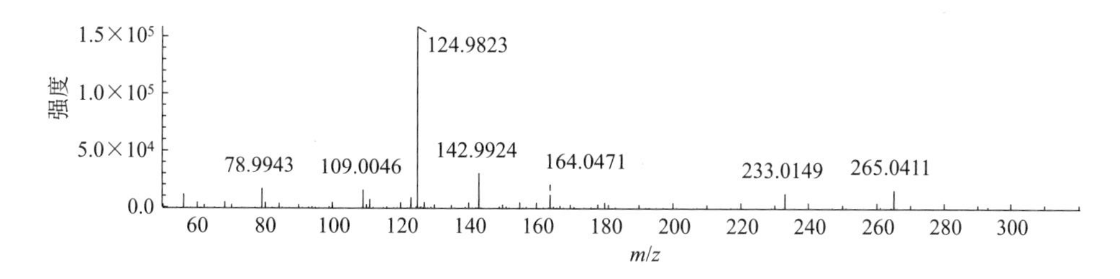

二级全扫质谱图 CE: 50V

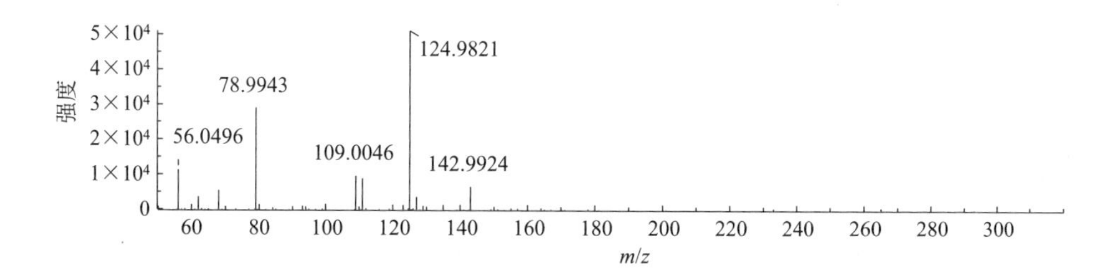

二级全扫质谱图 CE: 60V

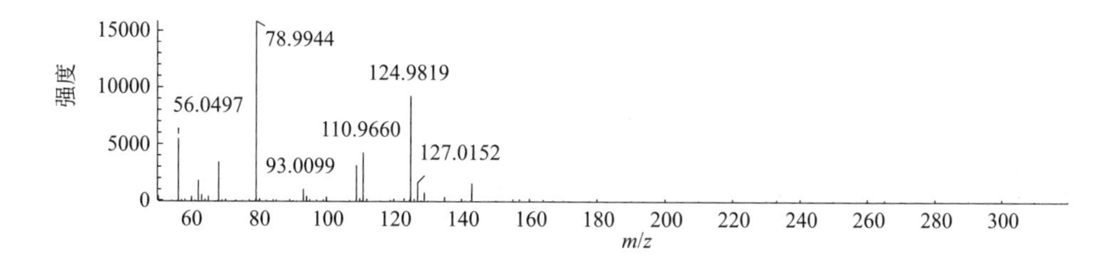

Famoxadone
噁唑菌酮

CAS 号	131807-57-3	保留时间	19.97min
分子式	$C_{22}H_{18}N_2O_4$	加合方式	$[M+NH_4]^+$
分子量	374.1267	源内裂解碎片	无

推测裂解规律

$[C_{22}H_{18}N_2O_4]$ MW 374.1267 → (NH_4^+) $[C_{22}H_{18}N_2O_4+NH_4]^+$ *m/z* 392.1605 → $[C_{21}H_{19}N_2O_2]^+$ *m/z* 331.1441 → $[C_{20}H_{16}NO]^+$ *m/z* 286.1226 → $[C_{14}H_{11}O]^+$ *m/z* 195.0804

$[C_6H_7N]^{\cdot+}$ *m/z* 93.0573

$[C_{15}H_{13}N_2O]^+$ *m/z* 237.1022

$[C_{15}H_{13}NO_2]^{\cdot+}$ *m/z* 239.0941

$[C_{15}H_{14}N_2O]^{\cdot+}$ *m/z* 238.1101

提取离子流色谱图

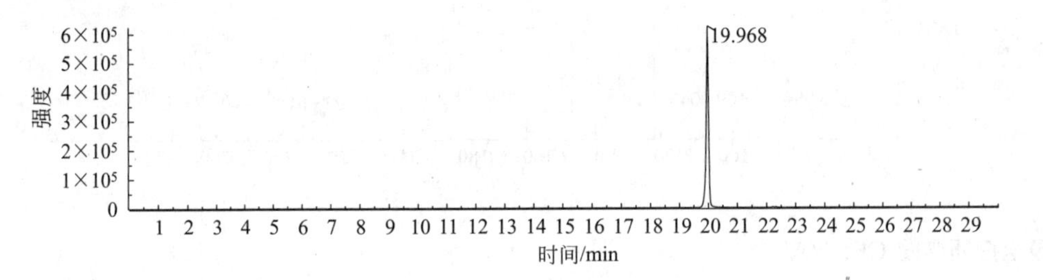

一级质谱图

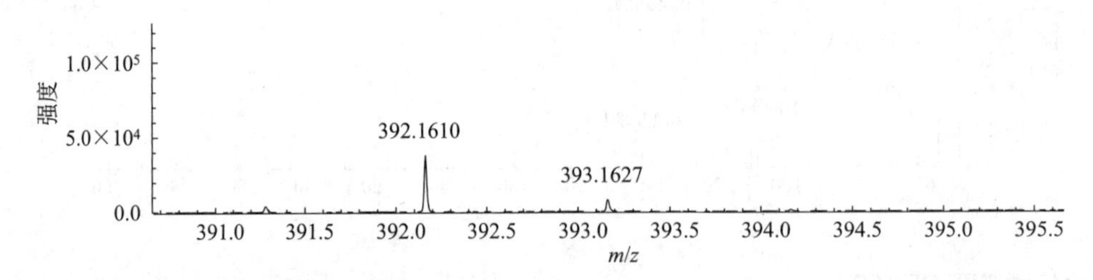

二级全扫质谱图 CE: (35±15)V

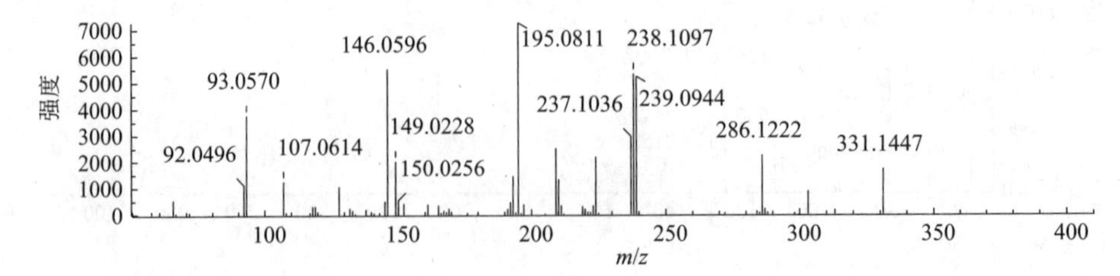

二级全扫质谱图 CE: 10V

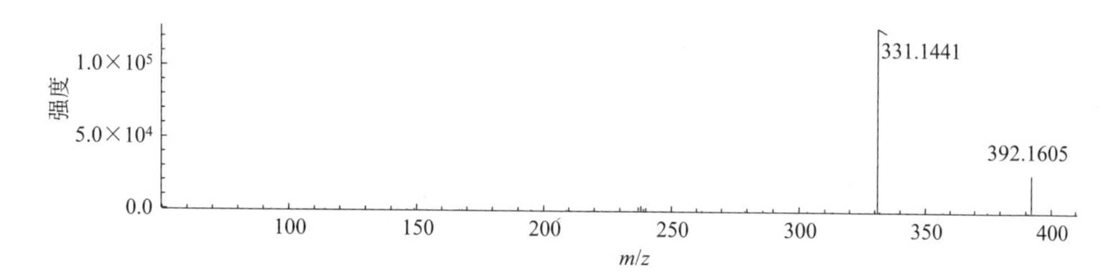

二级全扫质谱图 CE: 20V

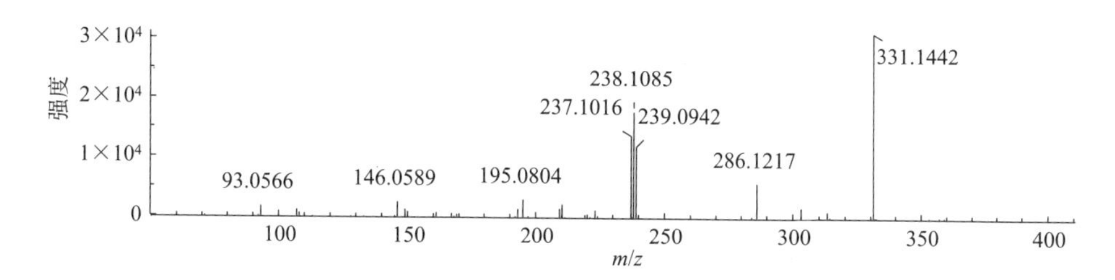

二级全扫质谱图 CE: 35V

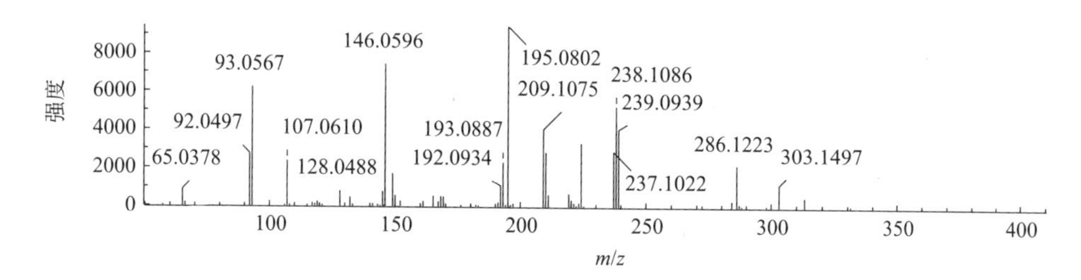

二级全扫质谱图 CE: 50V

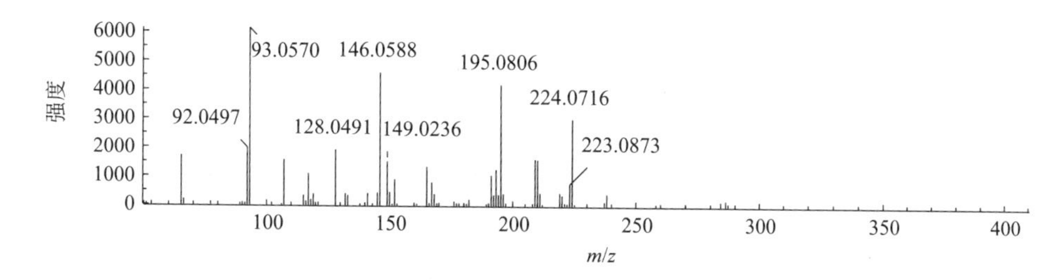

二级全扫质谱图 CE: 60V

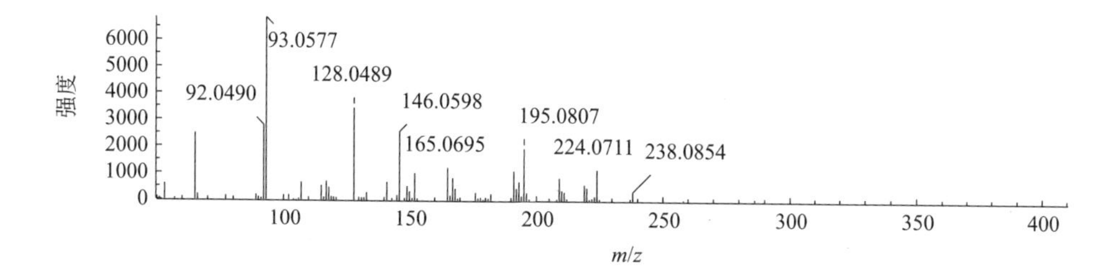

Fenamidone
咪唑菌酮

CAS 号	161326-34-7	保留时间	12.35min
分子式	$C_{17}H_{17}N_3OS$	加合方式	$[M+H]^+$
分子量	311.1092	源内裂解碎片	无

推测裂解规律（裂解路径已经 MS^3 确认）

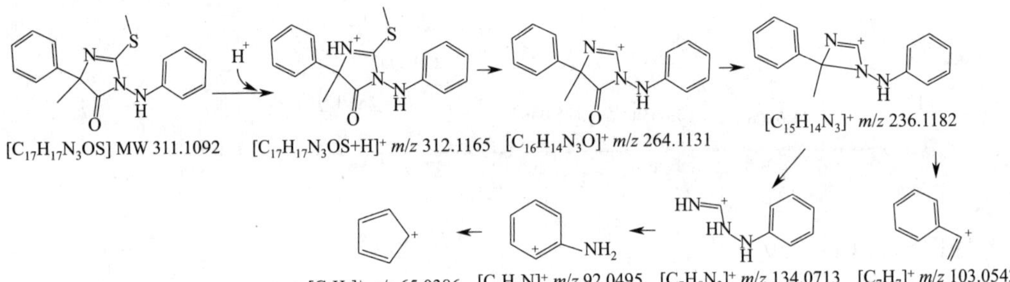

提取离子流色谱图

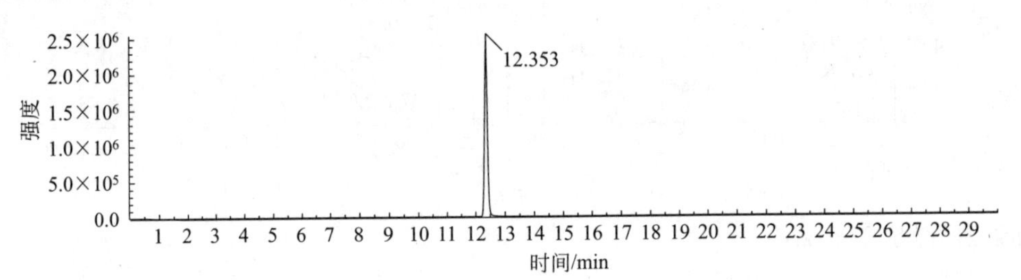

一级质谱图

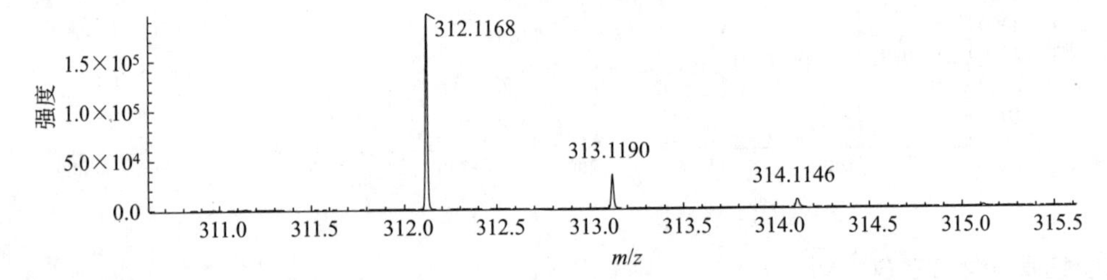

二级全扫质谱图 CE: (35±15)V

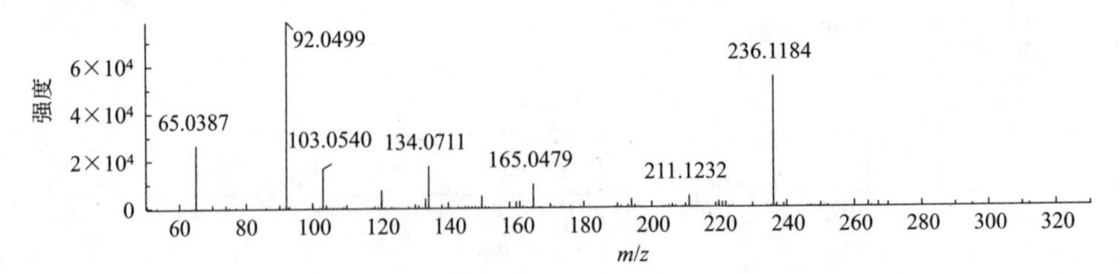

二级全扫质谱图 CE: 10V

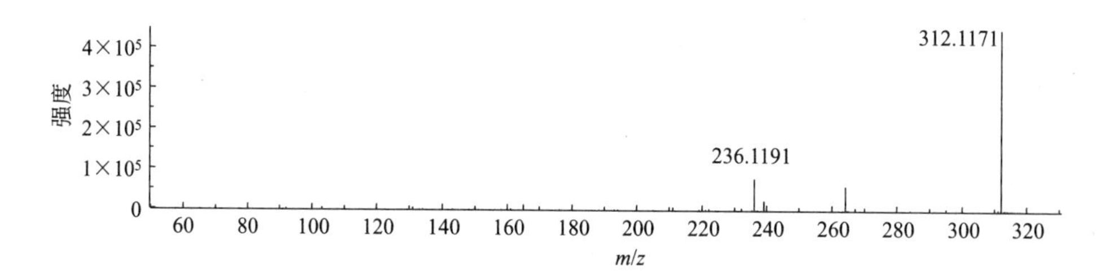

二级全扫质谱图 CE: 20V

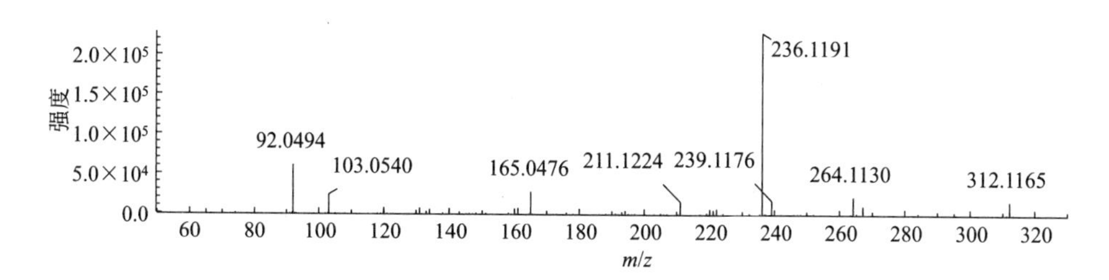

二级全扫质谱图 CE: 35V

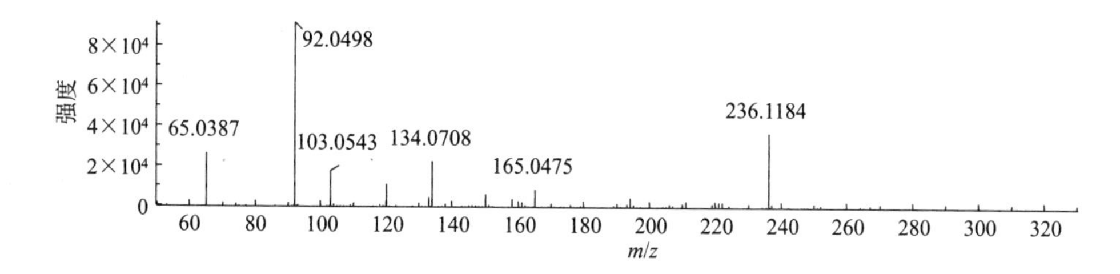

二级全扫质谱图 CE: 50V

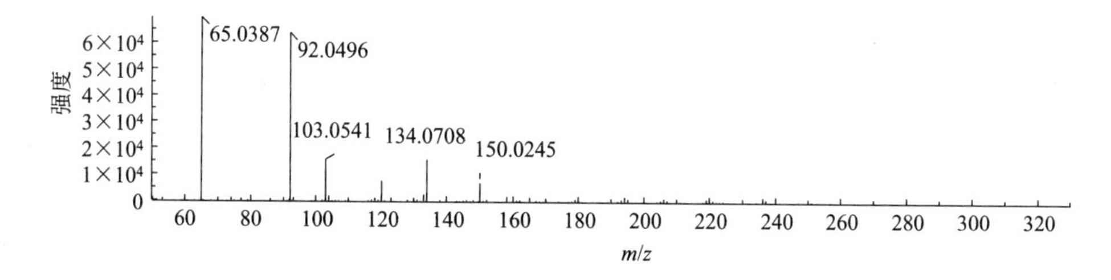

二级全扫质谱图 CE: 60V

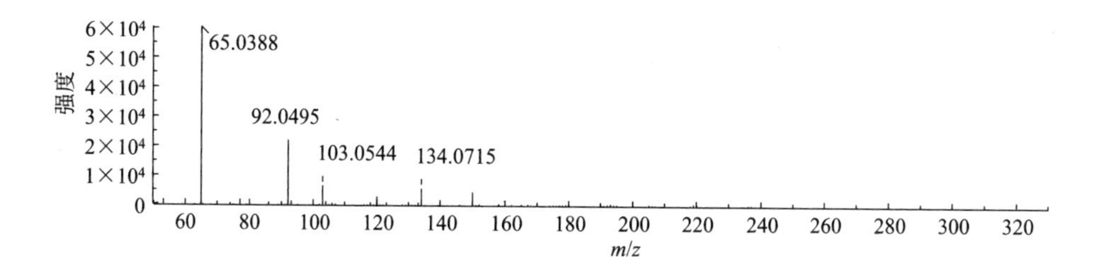

Fenaminstrobin

烯肟菌胺

CAS 号	366815-39-6	保留时间	21.58min
分子式	$C_{21}H_{21}Cl_2N_3O_3$	加合方式	$[M+H]^+$
分子量	433.0960	源内裂解碎片	无

推测裂解规律

$[C_{21}H_{21}Cl_2N_3O_3]$ MW 433.0960

$[C_{21}H_{21}Cl_2N_3O_3+H]^+$ *m/z* 434.1033

$[C_{10}H_8ClN]^+$ *m/z* 212.0028

$[C_8H_5Cl_2]^+$ *m/z* 170.9763

$[C_2H_4NO]^+$ *m/z* 58.0287

$[C_{11}H_{13}N_2O_2]^+$ *m/z* 205.0972

$[C_8H_6N]^+$ *m/z* 116.0495

$[C_8H_5Cl]^{\cdot+}$ *m/z* 136.0074

提取离子流色谱图

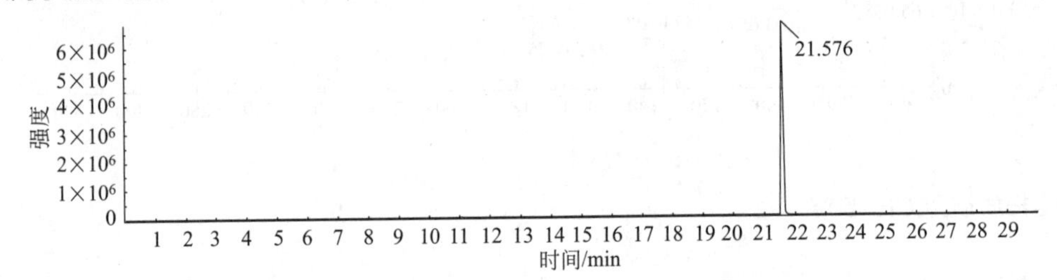

一级质谱图

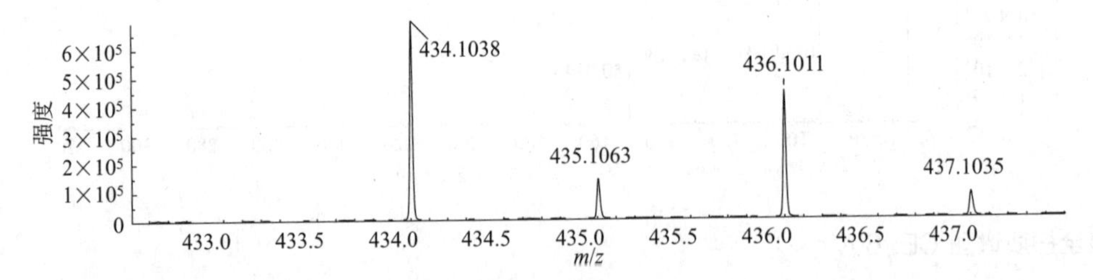

二级全扫质谱图 CE: (35±15)V

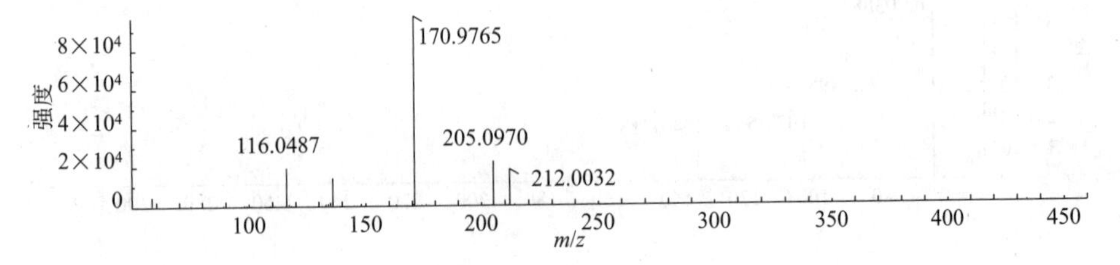

二级全扫质谱图 CE: 10V

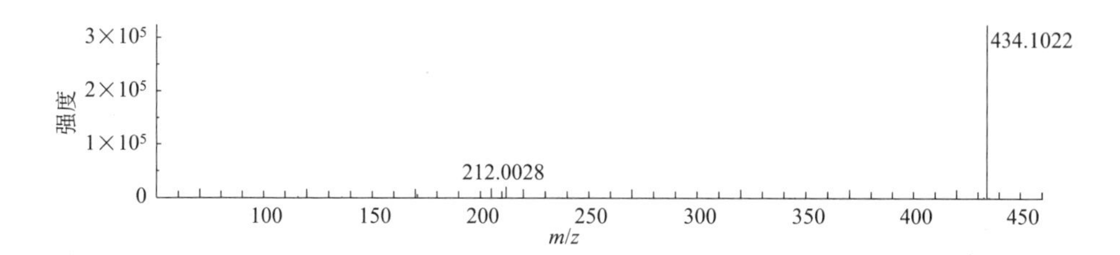

二级全扫质谱图 CE: 20V

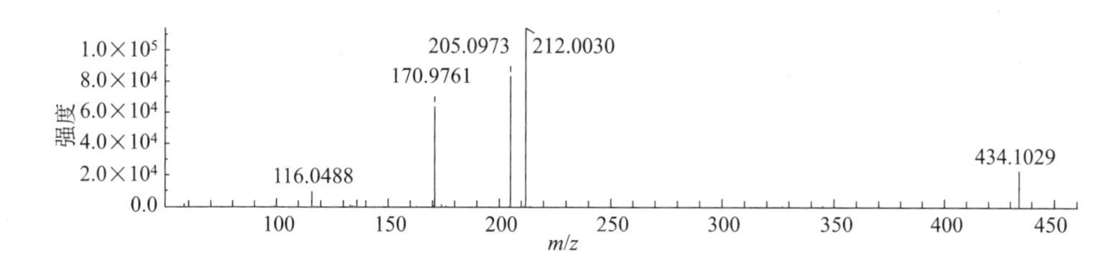

二级全扫质谱图 CE: 35V

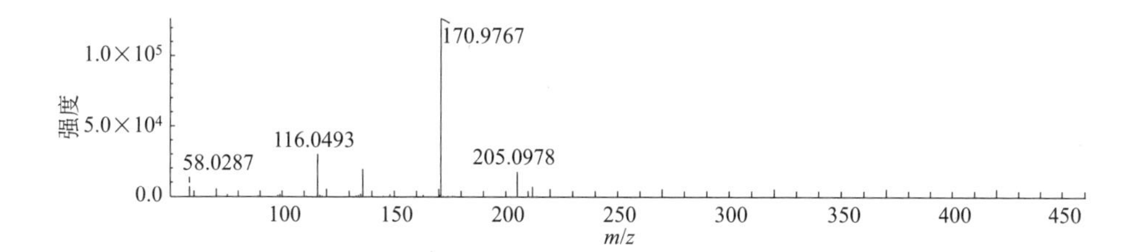

二级全扫质谱图 CE: 50V

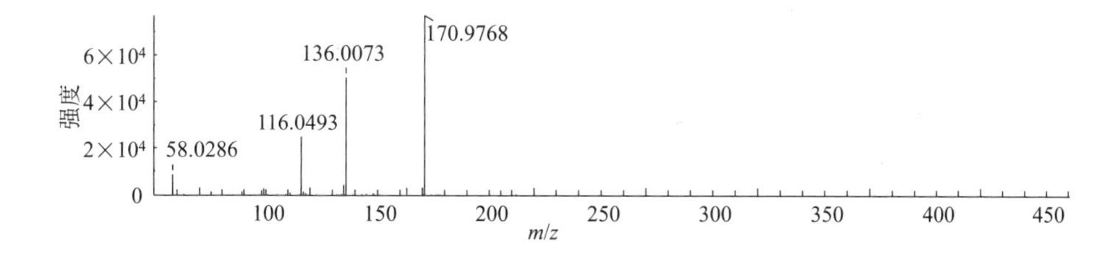

二级全扫质谱图 CE: 60V

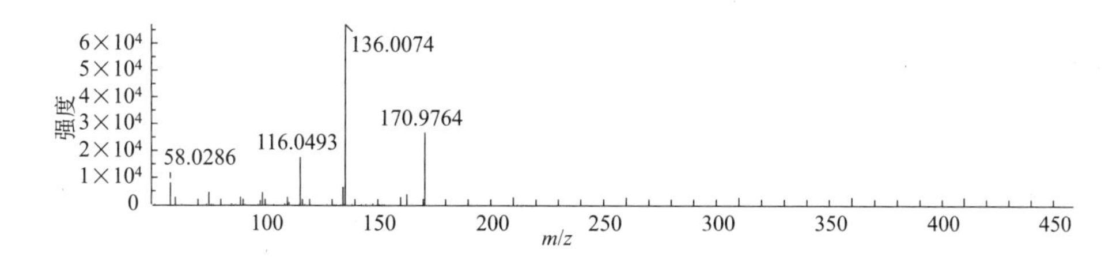

Fenamiphos
苯线磷

CAS 号	22224-92-6	保留时间	16.96min
分子式	$C_{13}H_{22}NO_3PS$	加合方式	$[M+H]^+$
分子量	303.1058	源内裂解碎片	无

推测裂解规律（裂解路径已经 MS^3 确认）

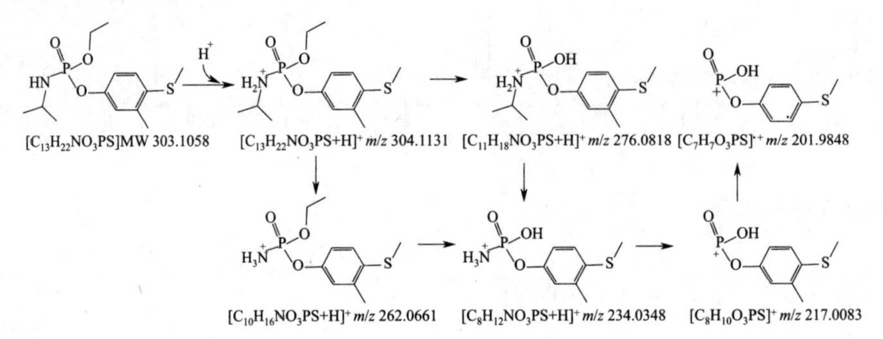

提取离子流色谱图

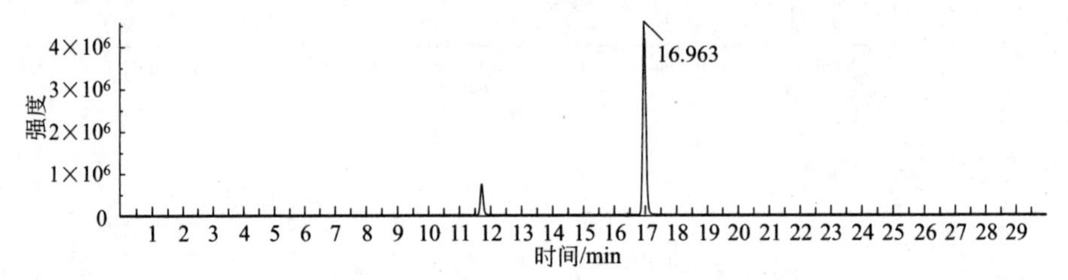

一级质谱图

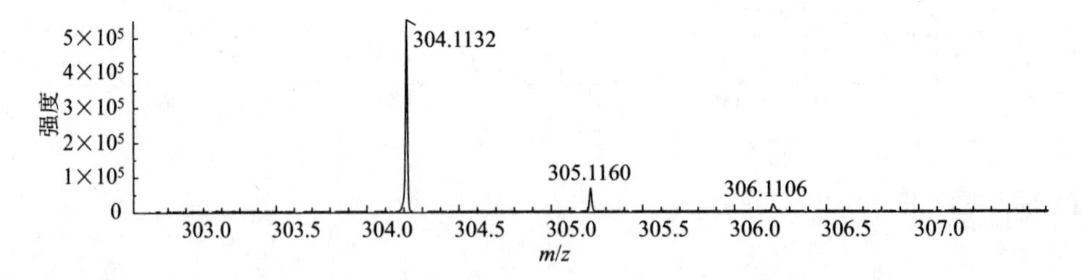

二级全扫质谱图 CE: (35±15)V

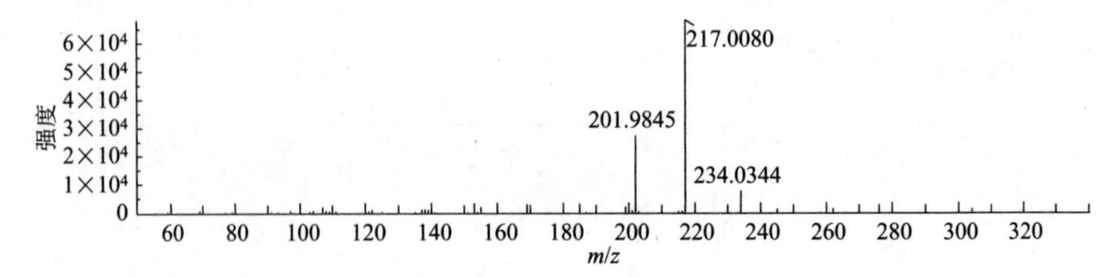

二级全扫质谱图 CE: 10V

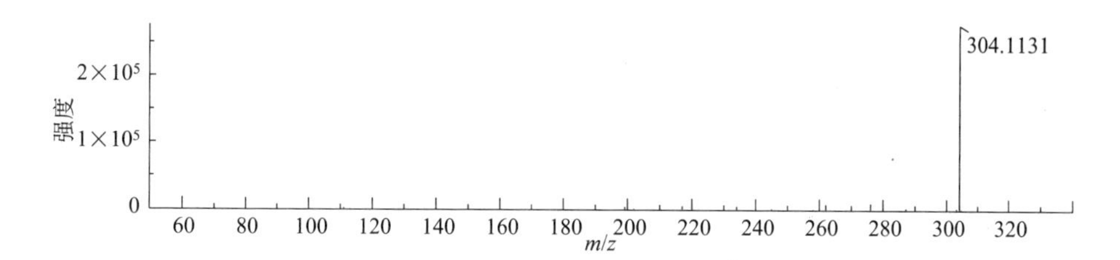

二级全扫质谱图 CE: 20V

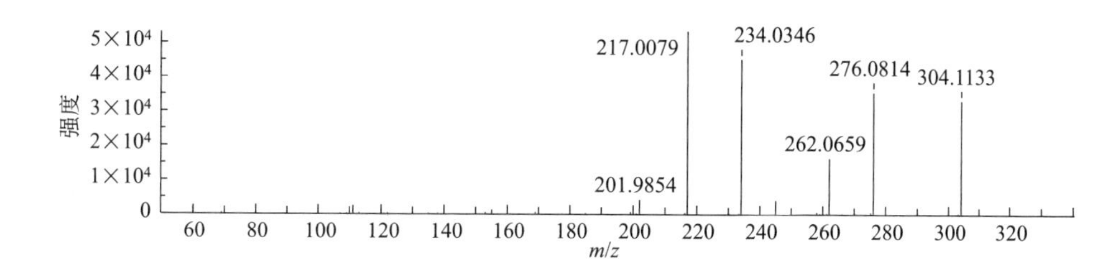

二级全扫质谱图 CE: 35V

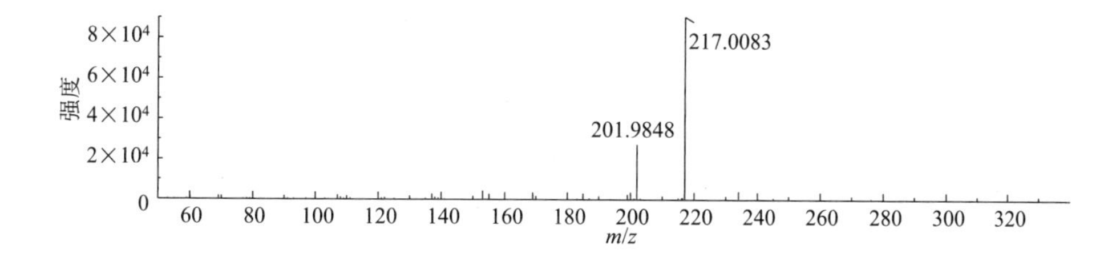

二级全扫质谱图 CE: 50V

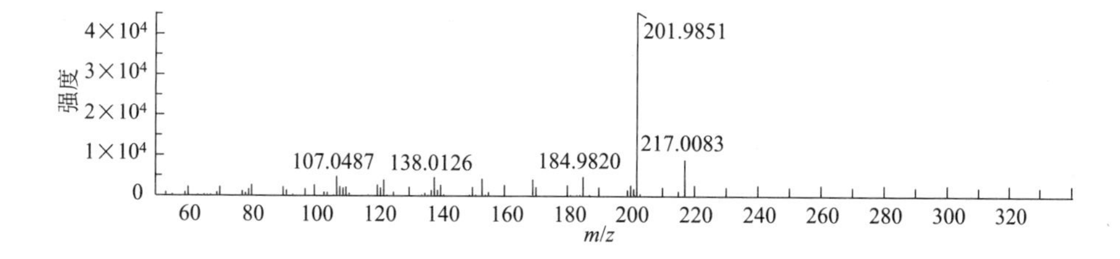

二级全扫质谱图 CE: 60V

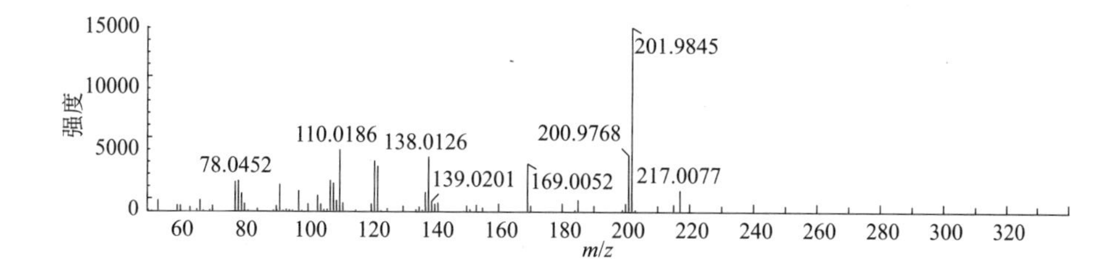

Fenamiphos sulfone
苯线磷砜

CAS 号	31972-44-8	保留时间	7.19min
分子式	$C_{13}H_{22}NO_5PS$	加合方式	$[M+H]^+$
分子量	335.0956	源内裂解碎片	无

推测裂解规律（裂解路径已经 MS^3 确认）

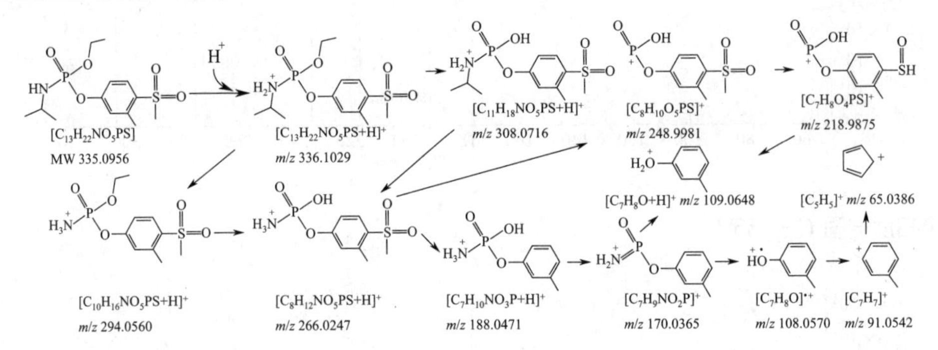

提取离子流色谱图

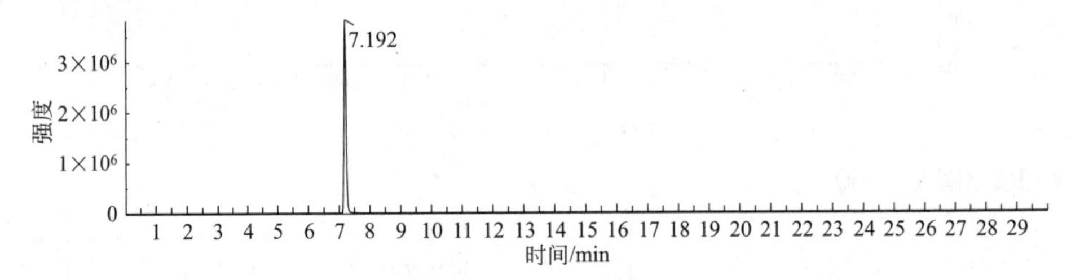

一级质谱图

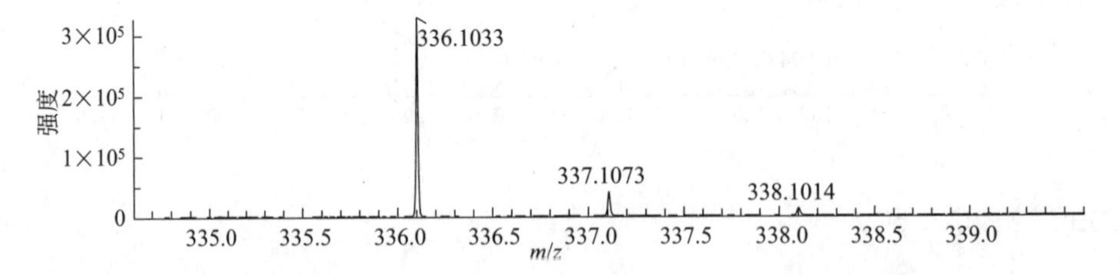

二级全扫质谱图 CE: (35±15)V

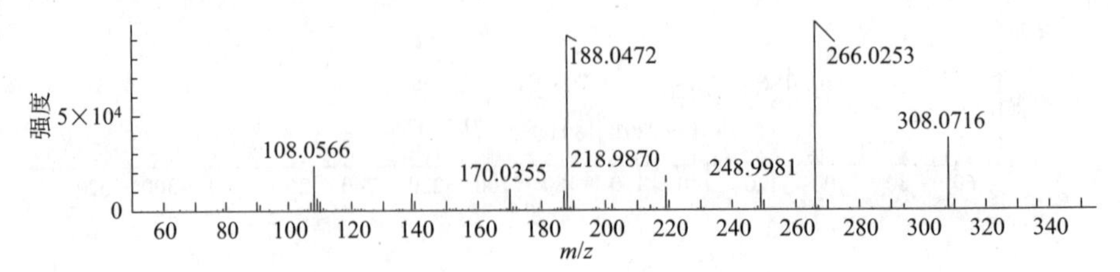

二级全扫质谱图 CE: 10V

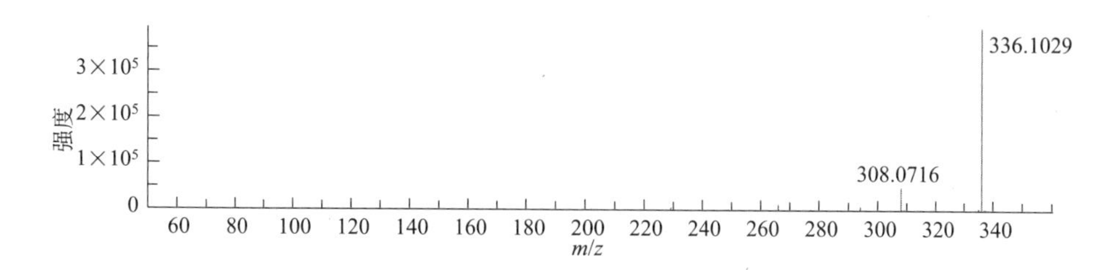

二级全扫质谱图 CE: 20V

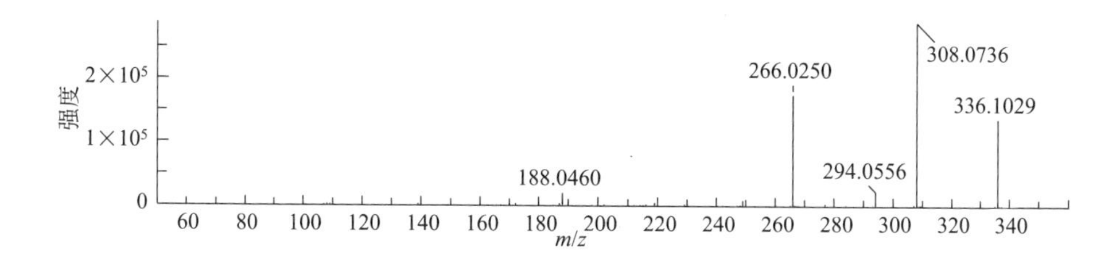

二级全扫质谱图 CE: 35V

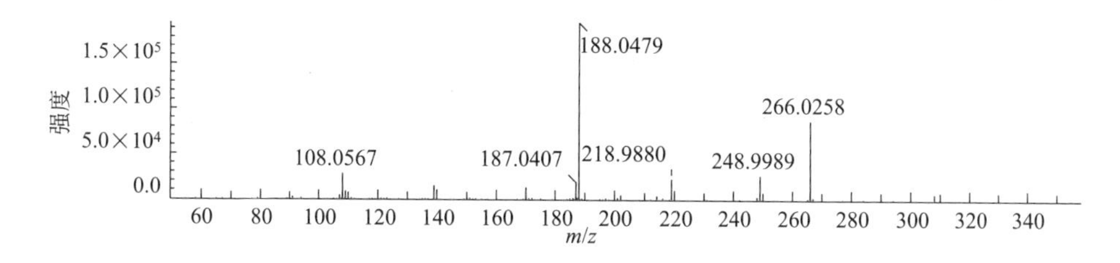

二级全扫质谱图 CE: 50V

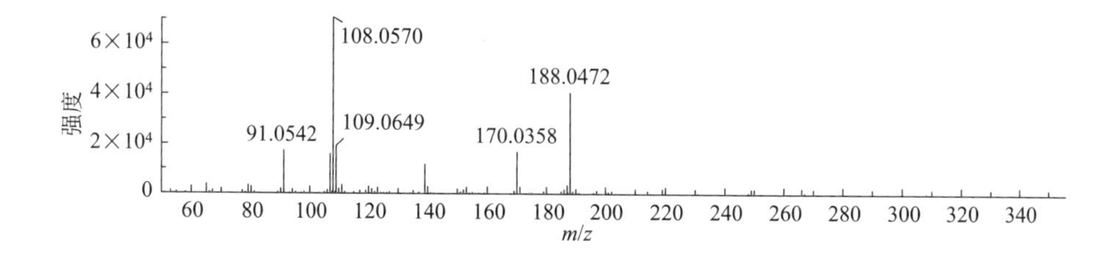

二级全扫质谱图 CE: 60V

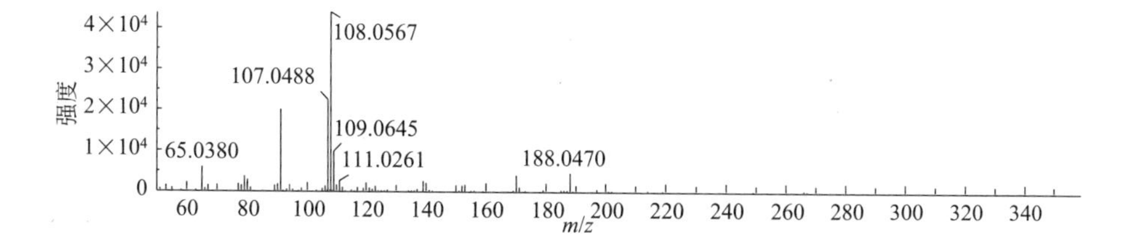

Fenamiphos sulfoxide

苯线磷亚砜

CAS 号	31972-43-7	保留时间	6.89min
分子式	$C_{13}H_{22}NO_4PS$	加合方式	$[M+H]^+$
分子量	319.1007	源内裂解碎片	无

推测裂解规律（裂解路径已经 MS³ 确认）

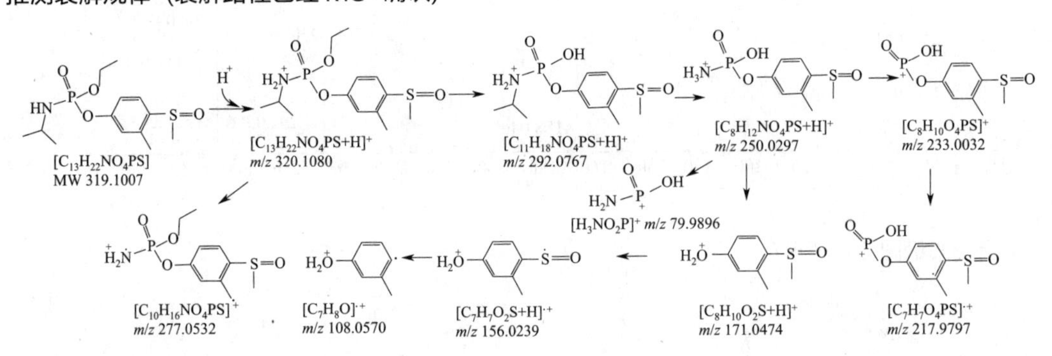

提取离子流色谱图

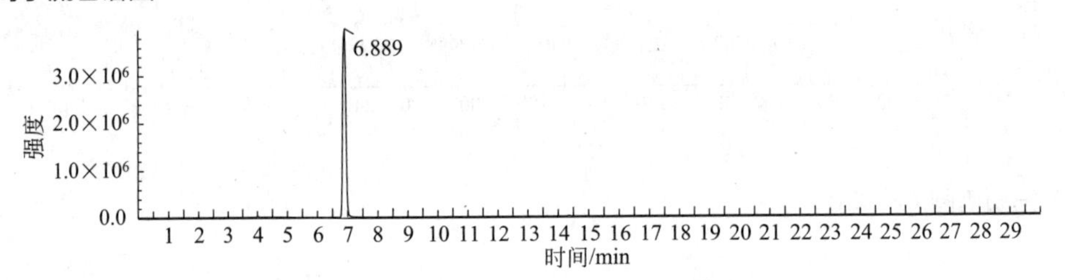

一级质谱图

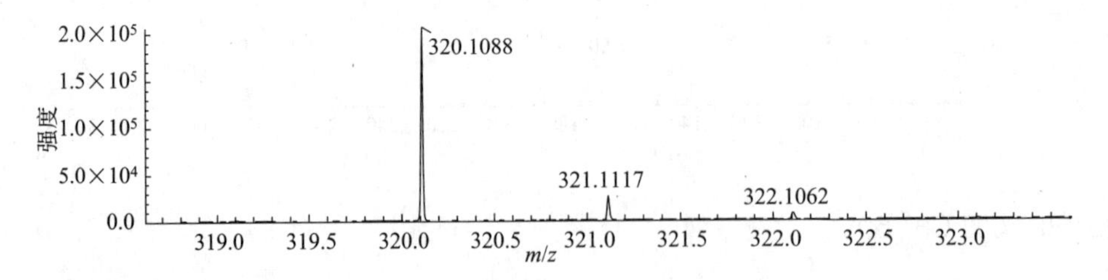

二级全扫质谱图 CE: (35±15)V

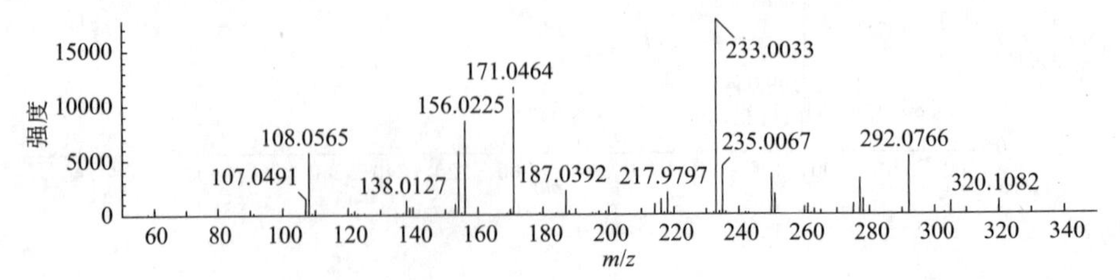

二级全扫质谱图 CE: 10V

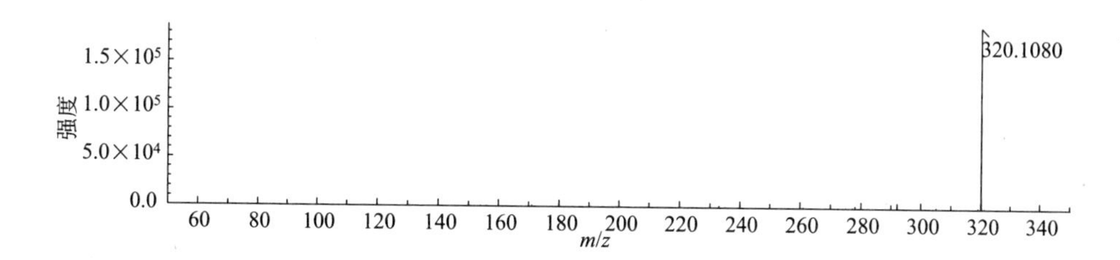

二级全扫质谱图 CE: 20V

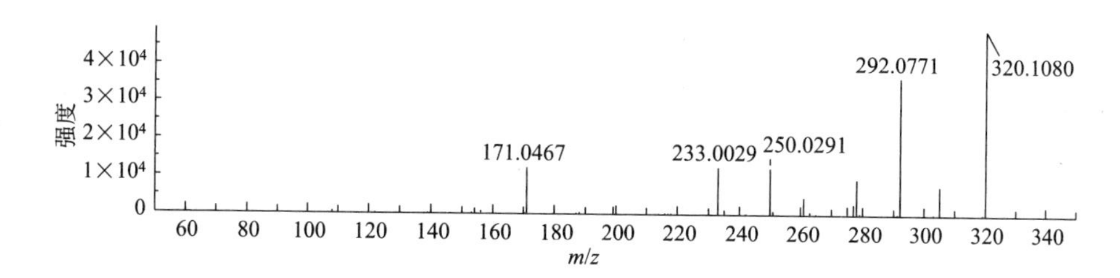

二级全扫质谱图 CE: 35V

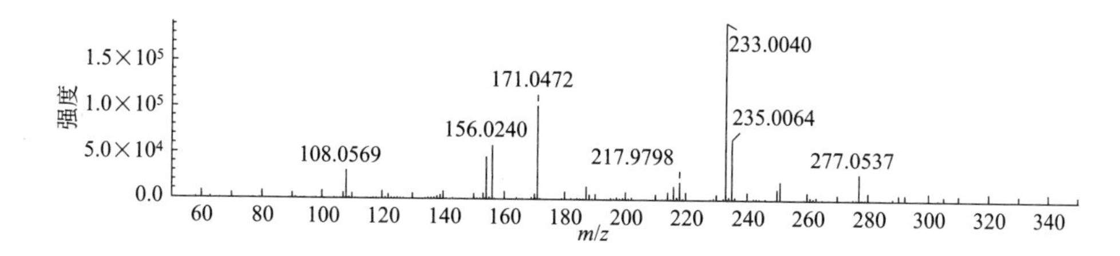

二级全扫质谱图 CE: 50V

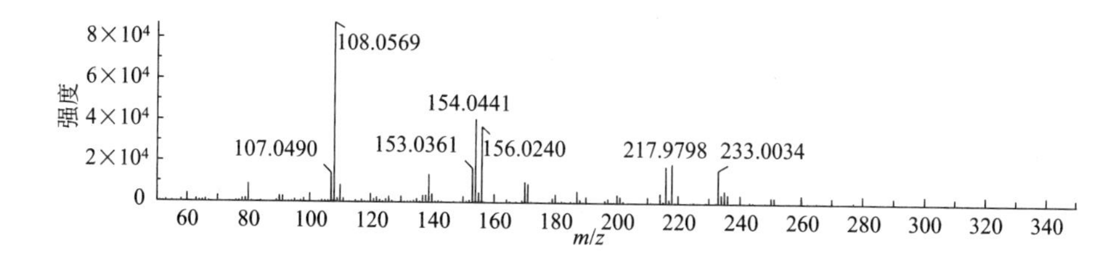

二级全扫质谱图 CE: 60V

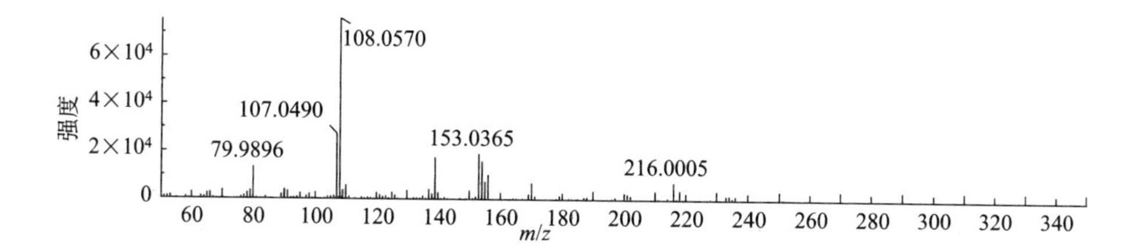

Fenarimol
氯苯嘧啶醇

CAS号	60168-88-9	保留时间	15.03min
分子式	$C_{17}H_{12}Cl_2N_2O$	加合方式	$[M+H]^+$
分子量	330.0327	源内裂解碎片	无

推测裂解规律（裂解路径已经 MS^3 确认）

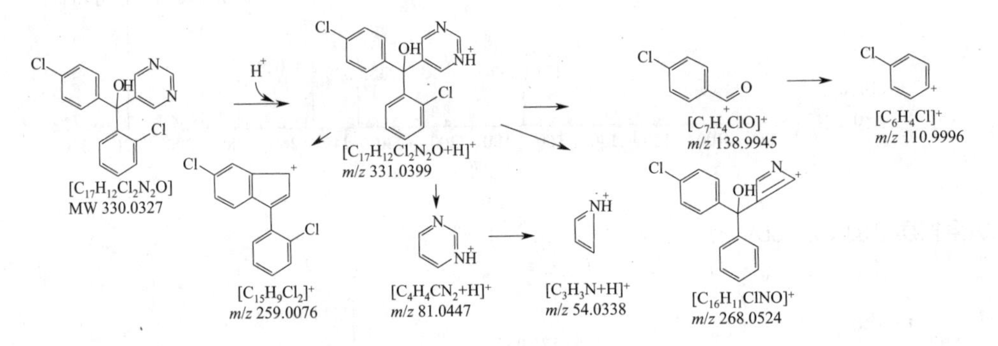

提取离子流色谱图

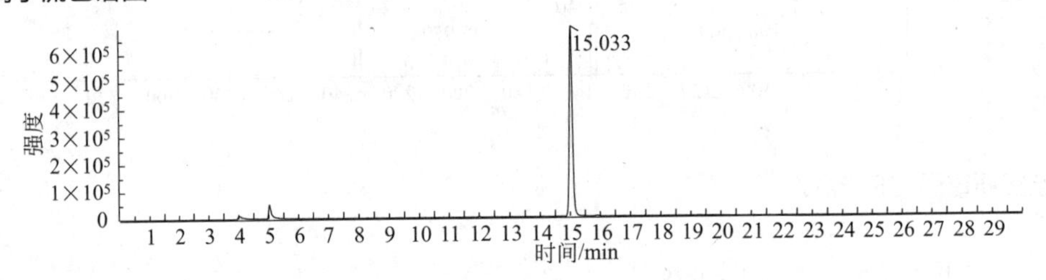

一级质谱图

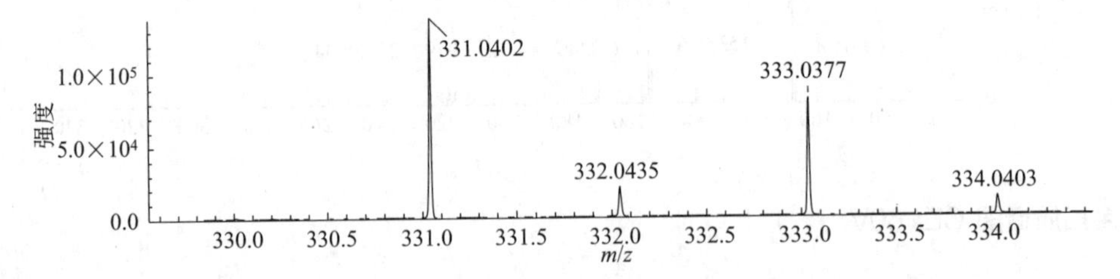

二级全扫质谱图 CE: (35±15)V

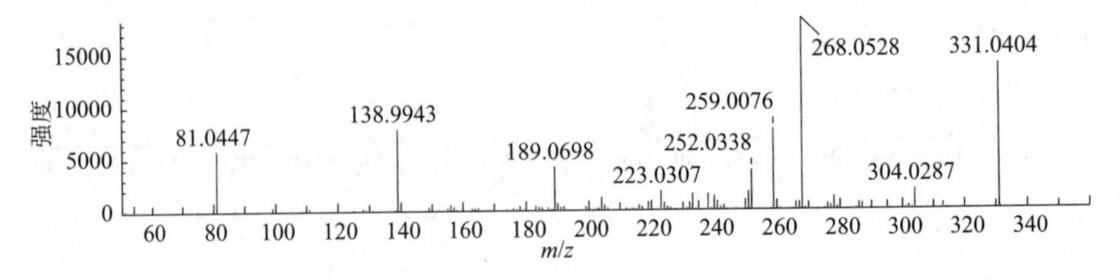

二级全扫质谱图 CE: 10V

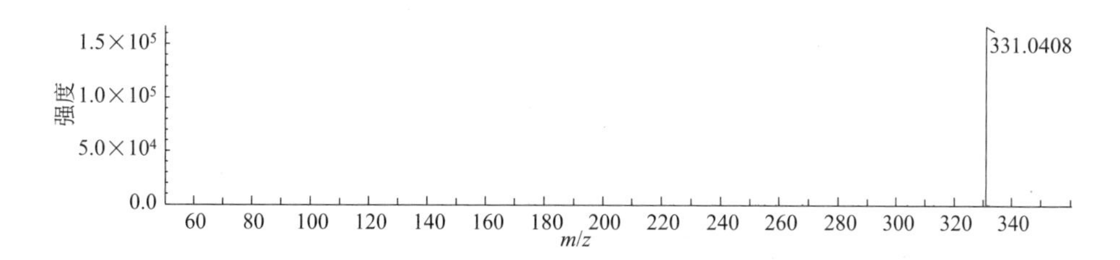

二级全扫质谱图 CE: 20V

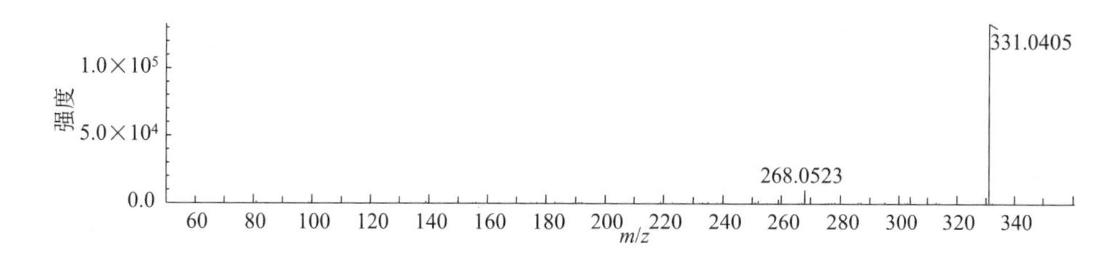

二级全扫质谱图 CE: 35V

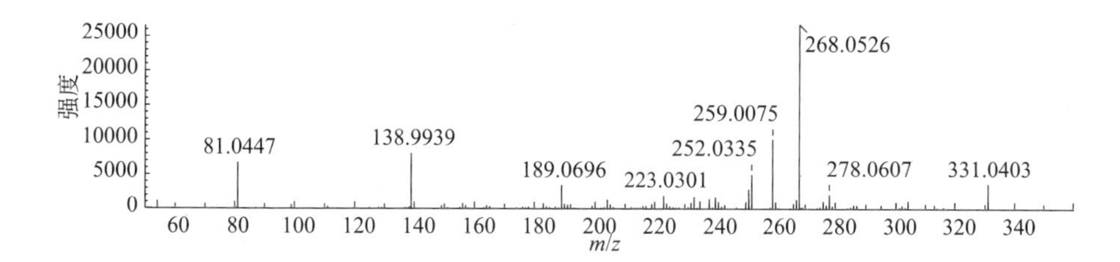

二级全扫质谱图 CE: 50V

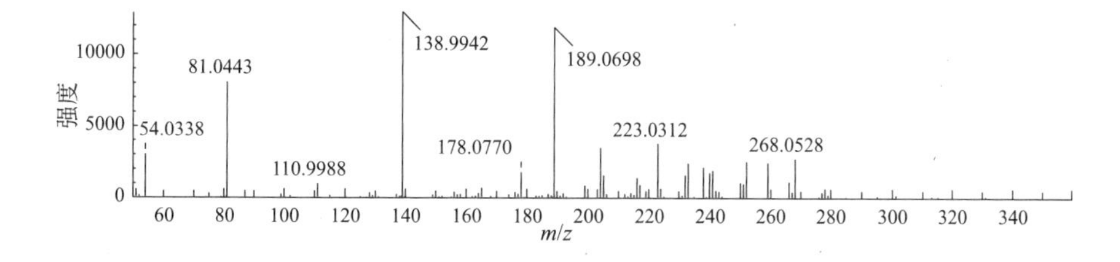

二级全扫质谱图 CE: 60V

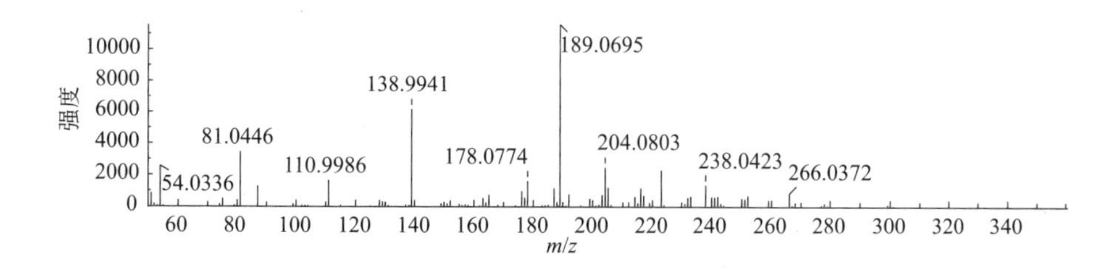

Fenazaquin
喹螨醚

CAS 号	120928-09-8	保留时间	23.64min
分子式	$C_{20}H_{22}N_2O$	加合方式	$[M+H]^+$
分子量	306.1732	源内裂解碎片	无

推测裂解规律（裂解路径已经 MS^3 确认）

$[C_{20}H_{22}N_2O]$ MW 306.1732 → (H^+) $[C_{20}H_{22}N_2O+H]^+$ *m/z* 307.1805 → $[C_{12}H_{17}]^+$ *m/z* 161.1325 → $[C_{10}H_{11}]^+$ *m/z* 131.0855 → $[C_7H_7]^+$ *m/z* 91.0542

$[C_{20}H_{22}N_2O+H]^+$ *m/z* 307.1805 → $[C_8H_6N_2O+H]^+$ *m/z* 147.0553

$[C_{12}H_{17}]^+$ *m/z* 161.1325 → $[C_{11}H_{14}]^{\cdot+}$ *m/z* 146.1090

$[C_{12}H_{17}]^+$ *m/z* 161.1325 → $[C_4H_9]^+$ *m/z* 57.0699

提取离子流色谱图

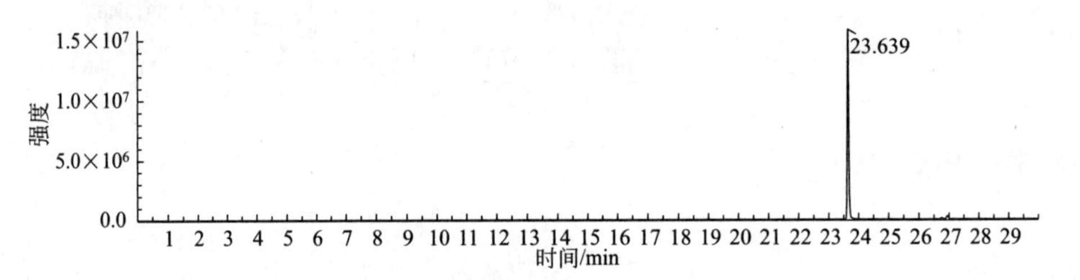

一级质谱图

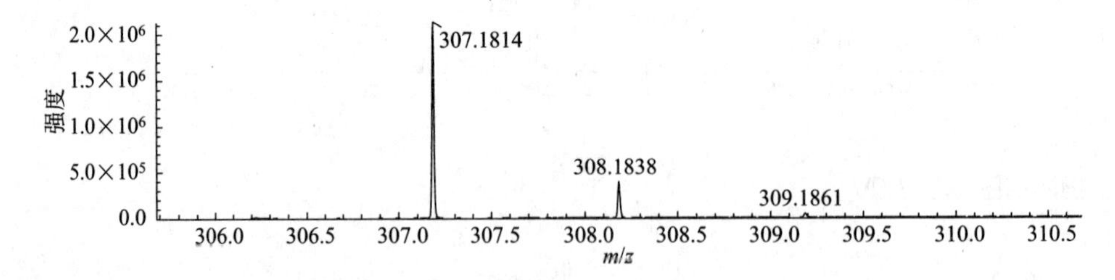

二级全扫质谱图 CE: (35±15)V

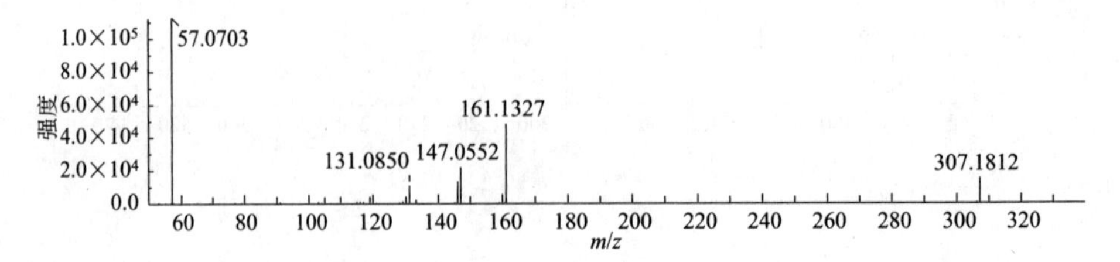

二级全扫质谱图 CE: 10V

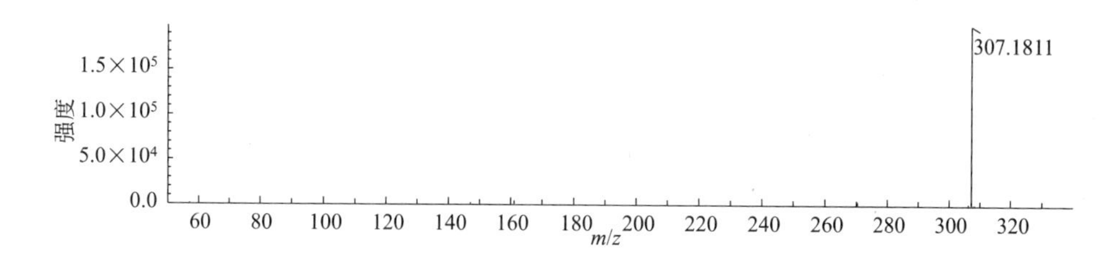

二级全扫质谱图 CE: 20V

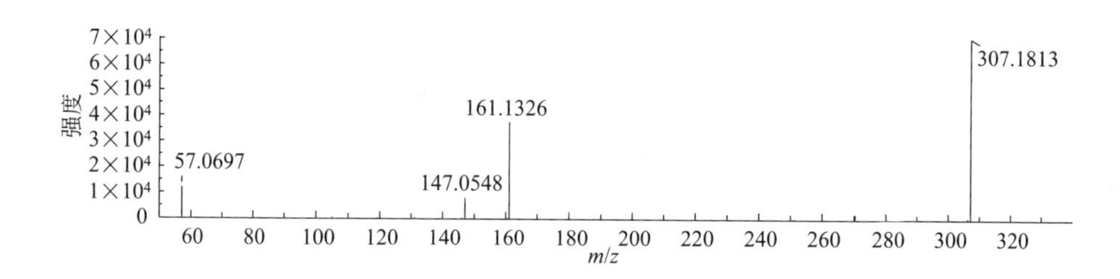

二级全扫质谱图 CE: 35V

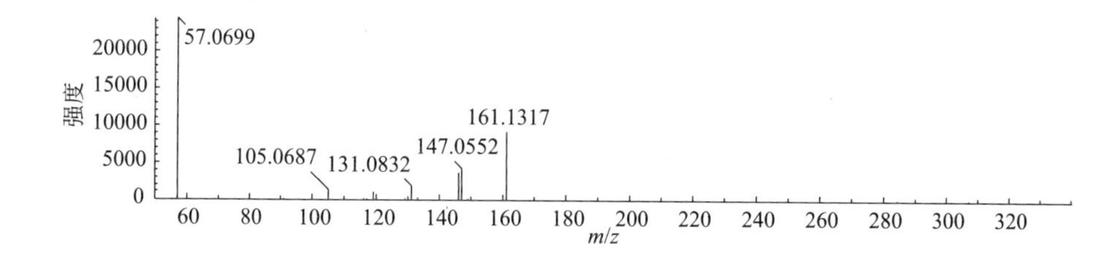

二级全扫质谱图 CE: 50V

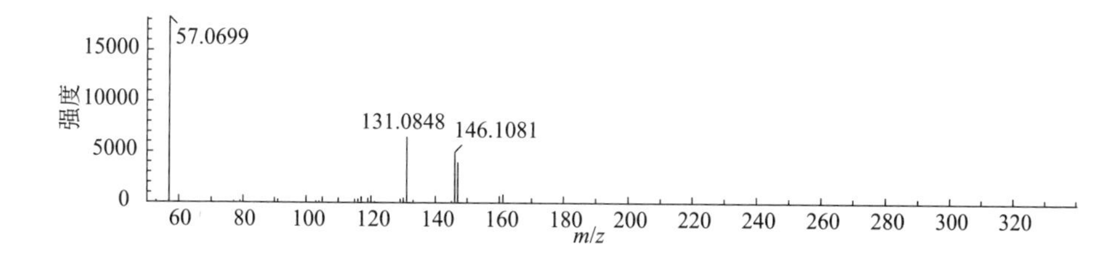

二级全扫质谱图 CE: 60V

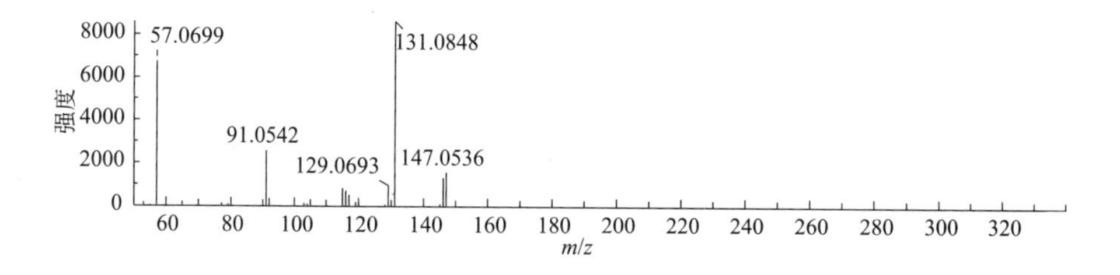

Fenbuconazole
腈苯唑

CAS 号	114369-43-6	保留时间	16. 36min
分子式	$C_{19}H_{17}ClN_4$	加合方式	$[M+H]^+$
分子量	336. 1142	源内裂解碎片	无

推测裂解规律

$[C_{19}H_{17}ClN_4]$MW 336.1142 $\xrightarrow{H^+}$ $[C_{19}H_{17}ClN_4+H]^+$ m/z 337.1214 → $[C_7H_6Cl]^+$ m/z 125.0152

$[C_{19}H_{17}ClN_4+H]^+$ m/z 337.1214 → $[C_2H_3N_3+H]^+$ m/z 70.0400

提取离子流色谱图

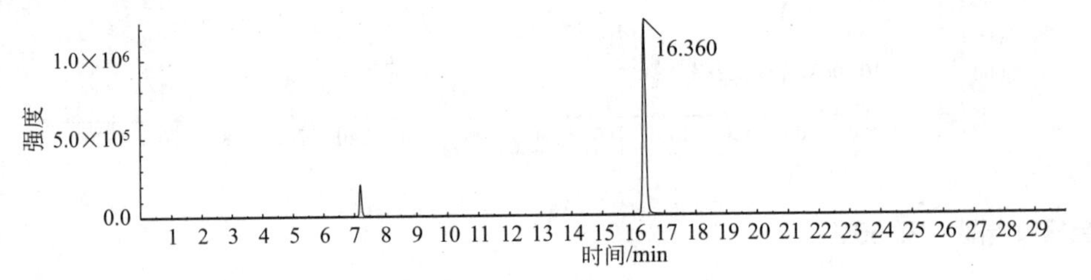

一级质谱图

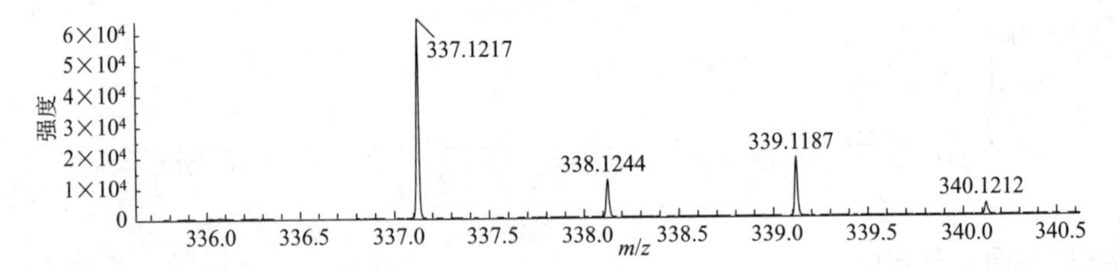

二级全扫质谱图 CE: (35±15)V

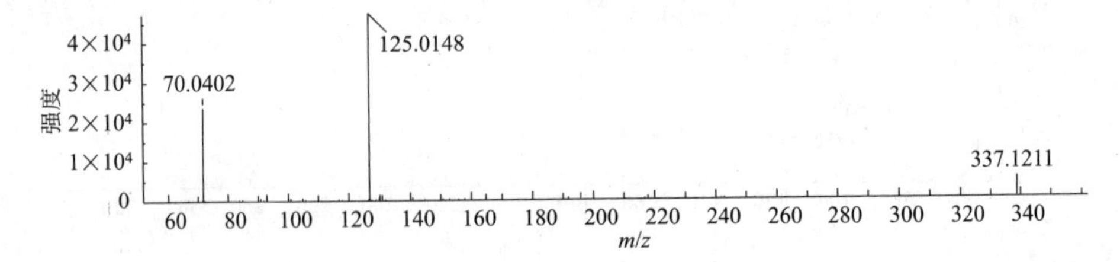

二级全扫质谱图 CE: 10V

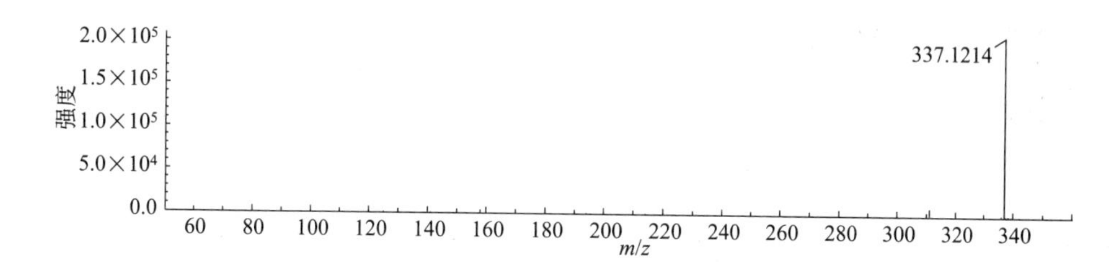

二级全扫质谱图 CE: 20V

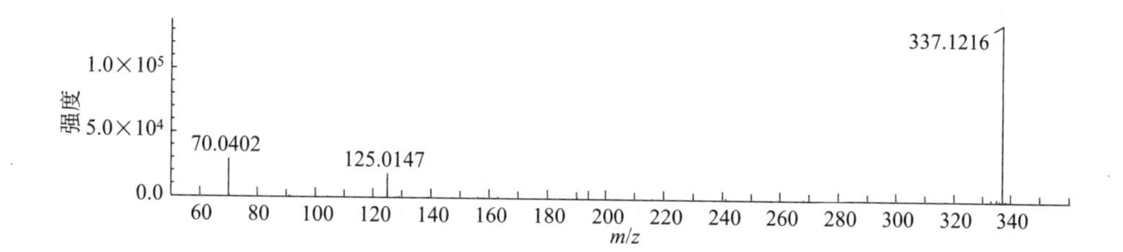

二级全扫质谱图 CE: 35V

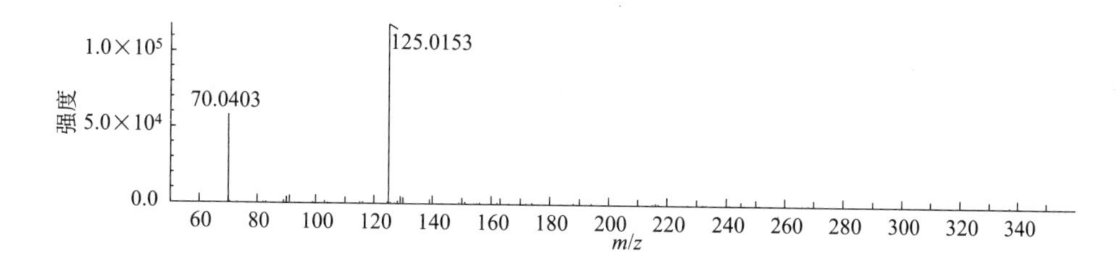

二级全扫质谱图 CE: 50V

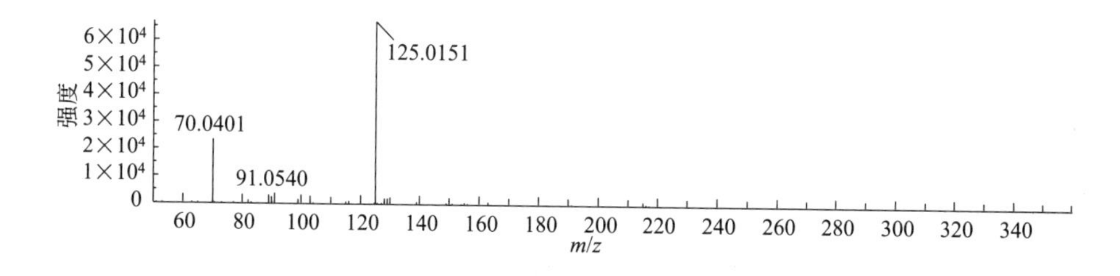

二级全扫质谱图 CE: 60V

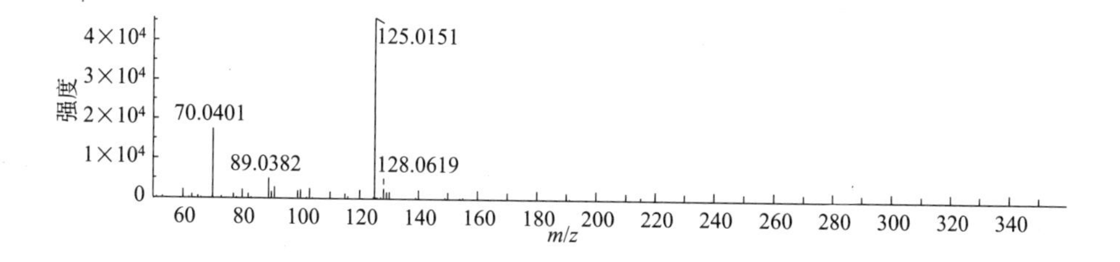

Fenhexamid

环酰菌胺

CAS 号	126833-17-8	保留时间	15.06min
分子式	$C_{14}H_{17}Cl_2NO_2$	加合方式	$[M+H]^+$
分子量	301.0636	源内裂解碎片	无

推测裂解规律

$[C_{14}H_{17}Cl_2NO_2]$ MW 301.0636 → (H^+) $[C_{14}H_{17}Cl_2NO_2+H]^+$ *m/z* 302.0709 → $[C_8H_{15}NO+H]^+$ *m/z* 142.1126 → $[C_7H_{13}]^+$ *m/z* 97.1012 → $[C_5H_9]^+$ *m/z* 69.0699

$[C_{14}H_{17}Cl_2NO_2+H]^+$ *m/z* 302.0709 → $[C_6H_5Cl_2NO+H]^+$ *m/z* 177.9821

$[C_7H_{13}]^+$ *m/z* 97.1012 → $[C_4H_7]^+$ *m/z* 55.0542

提取离子流色谱图

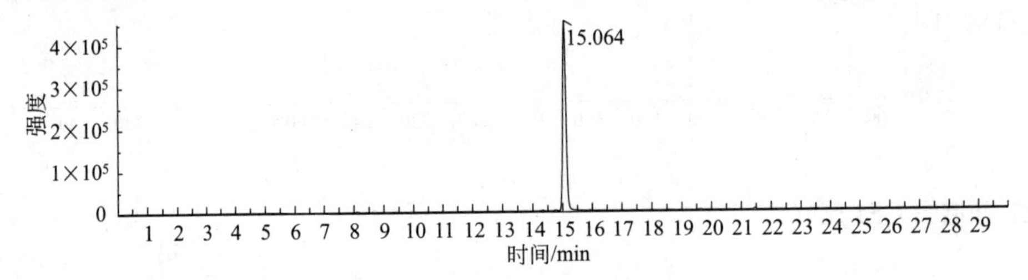

一级质谱图

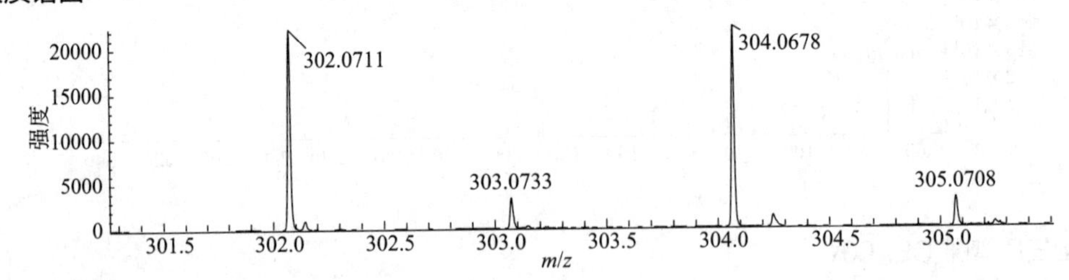

二级全扫质谱图 CE: (35±15)V

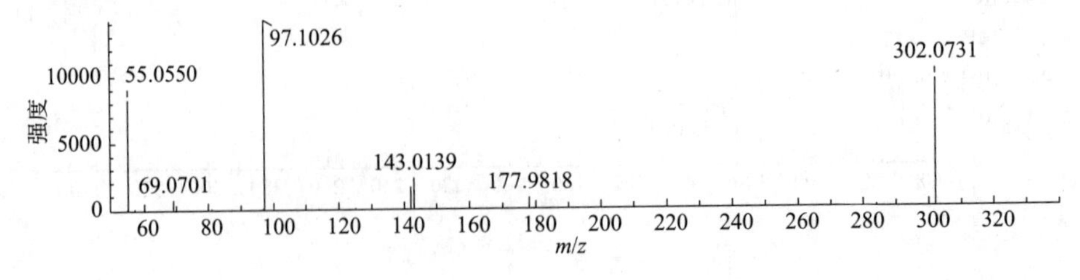

二级全扫质谱图 CE: 10V

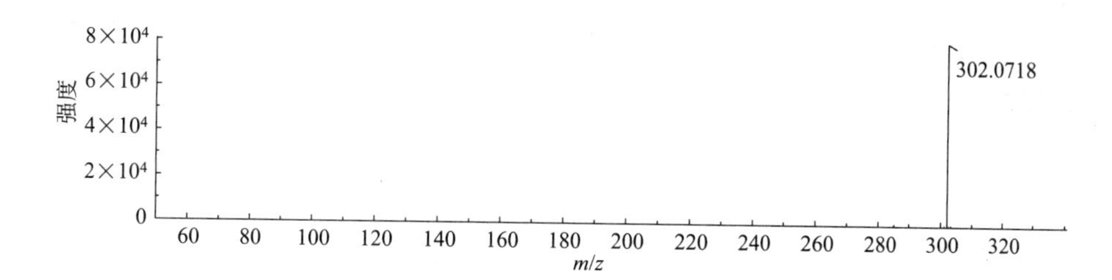

二级全扫质谱图 CE: 20V

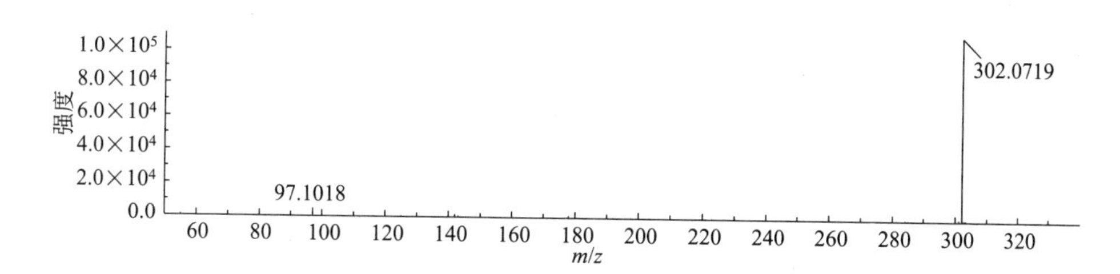

二级全扫质谱图 CE: 35V

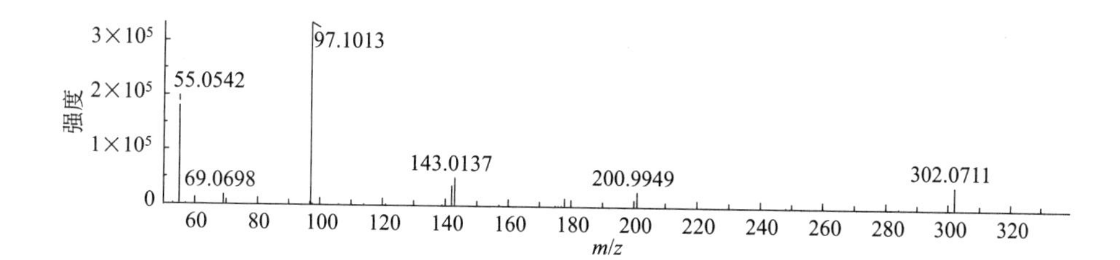

二级全扫质谱图 CE: 50V

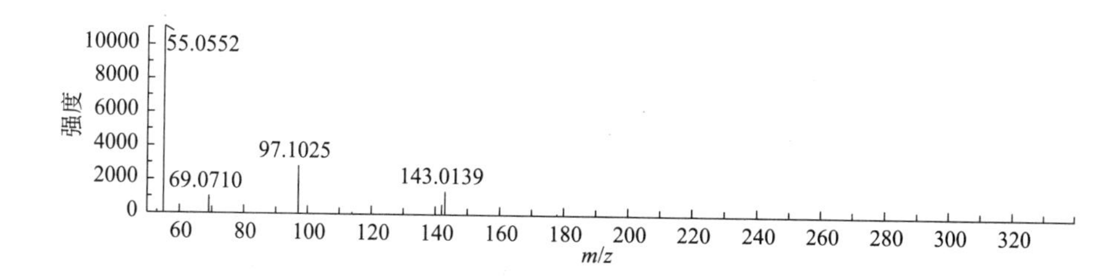

二级全扫质谱图 CE: 60V

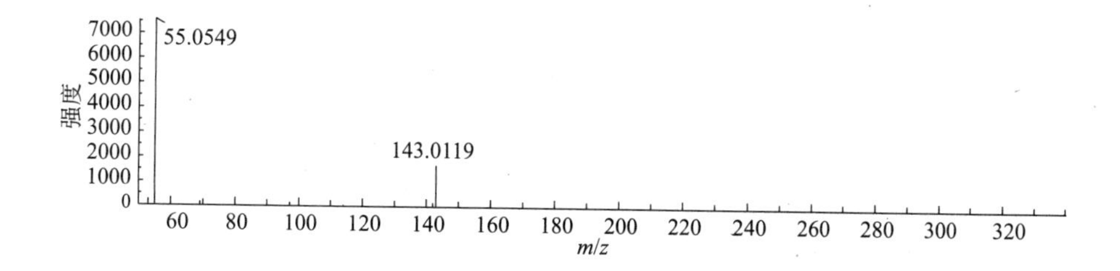

Fenitrothion

杀螟硫磷

CAS 号	122-14-5	保留时间	14.15min
分子式	$C_9H_{12}NO_5PS$	加合方式	$[M+H]^+$
分子量	277.0174	源内裂解碎片	无

推测裂解规律

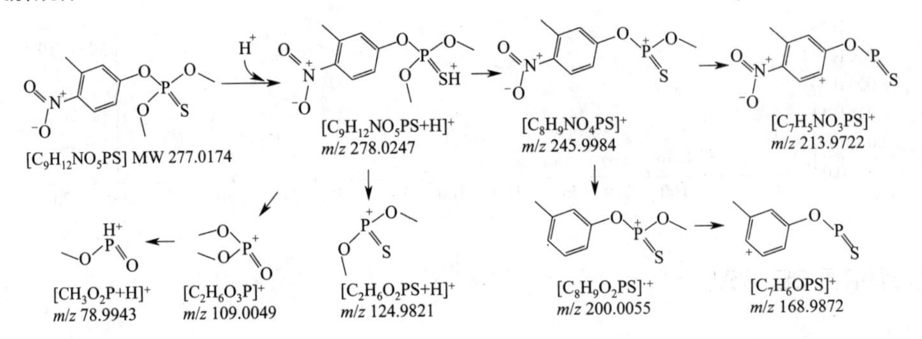

提取离子流色谱图

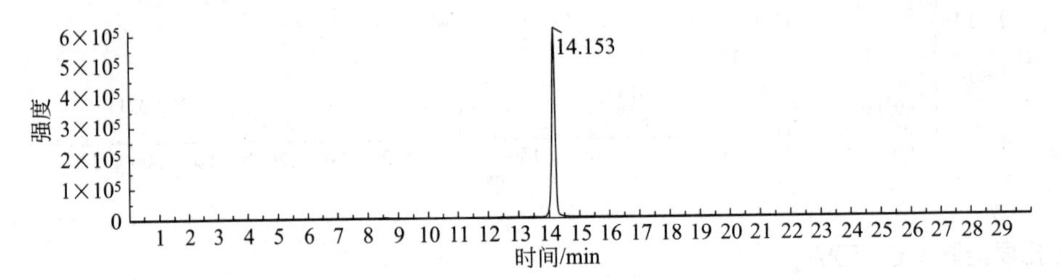

一级质谱图

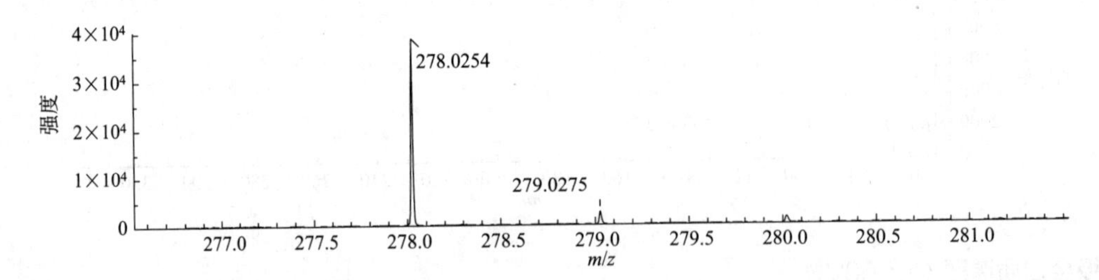

二级全扫质谱图 CE: (35±15)V

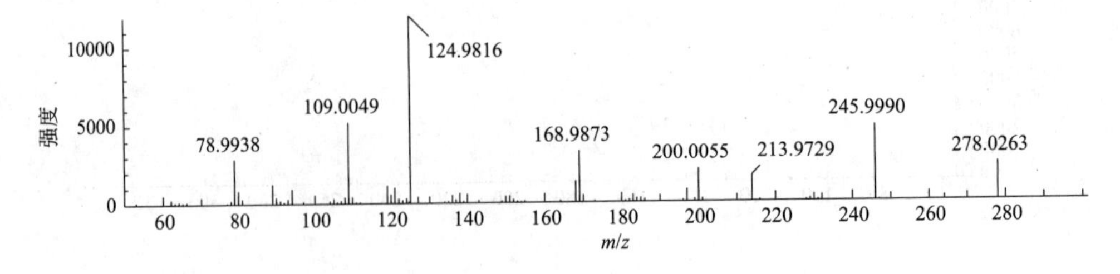

二级全扫质谱图 CE: 10V

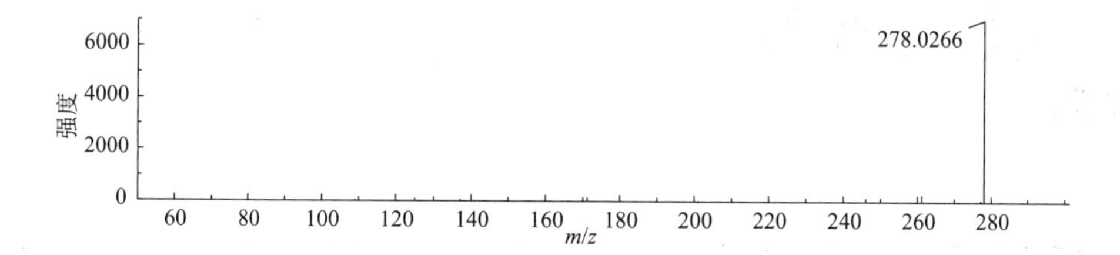

二级全扫质谱图 CE: 20V

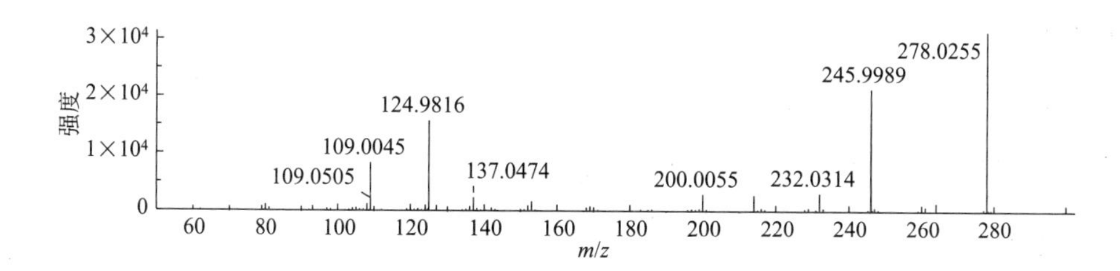

二级全扫质谱图 CE: 35V

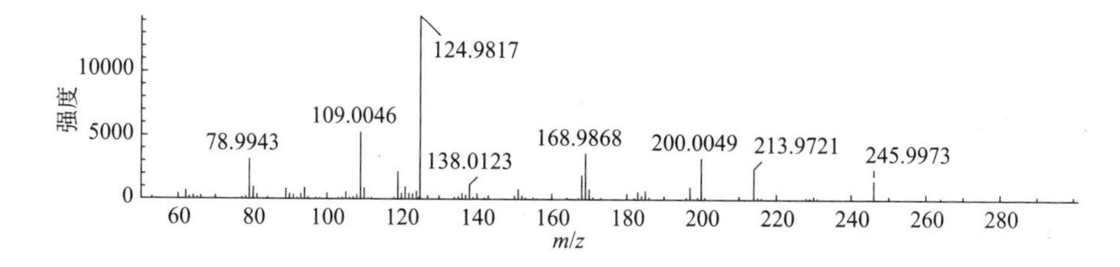

二级全扫质谱图 CE: 50V

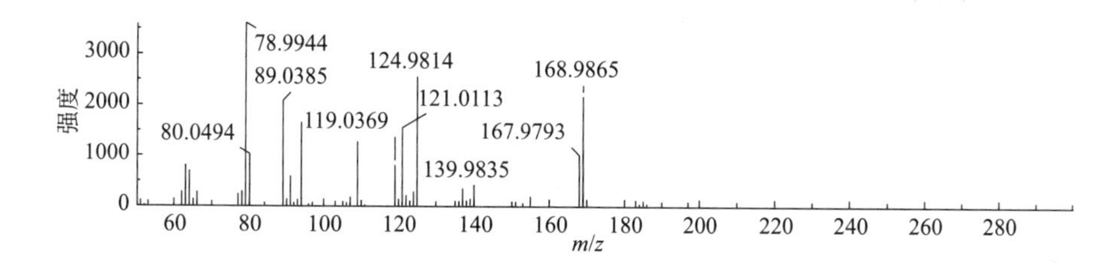

二级全扫质谱图 CE: 60V

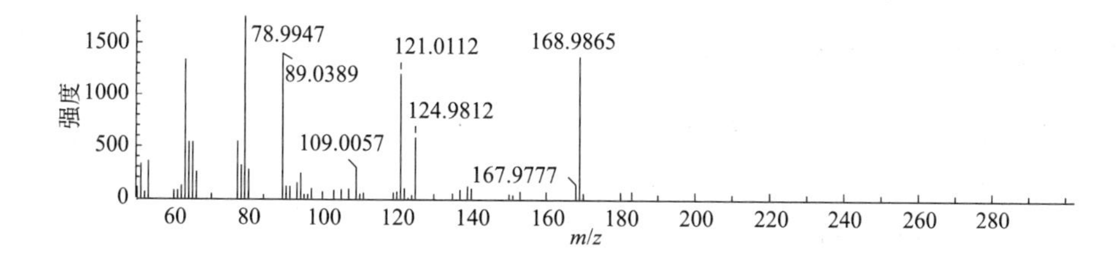

Fenobucarb

仲丁威

CAS 号	3766-81-2	保留时间	11. 17min
分子式	$C_{12}H_{17}NO_2$	加合方式	$[M+H]^+$
分子量	207. 1259	源内裂解碎片	m/z 152,95

推测裂解规律

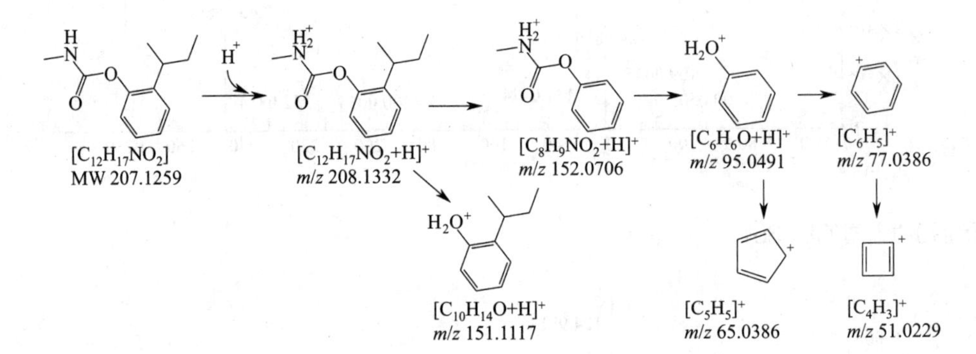

提取离子流色谱图

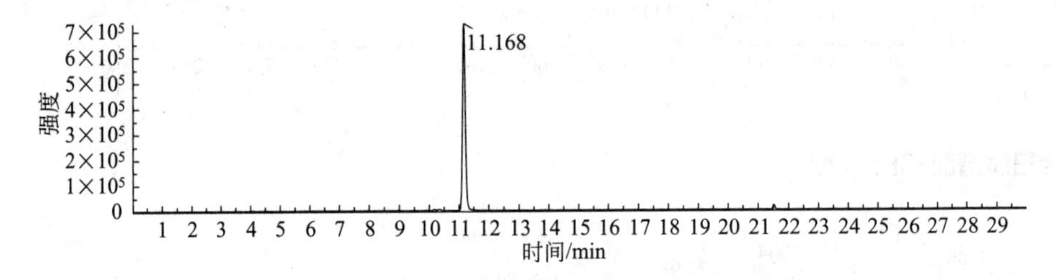

一级质谱图

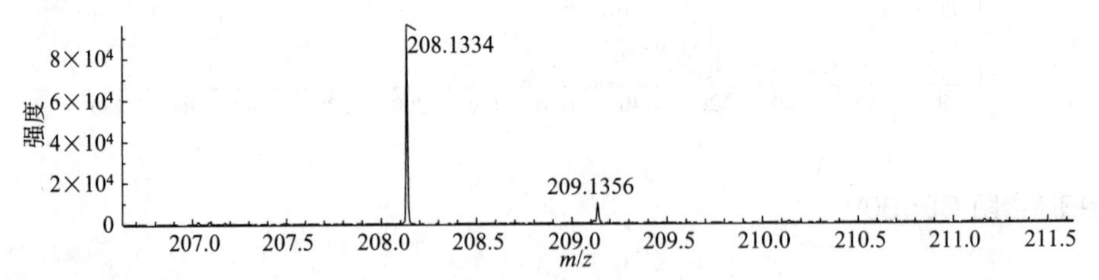

二级全扫质谱图 CE: (35±15)V

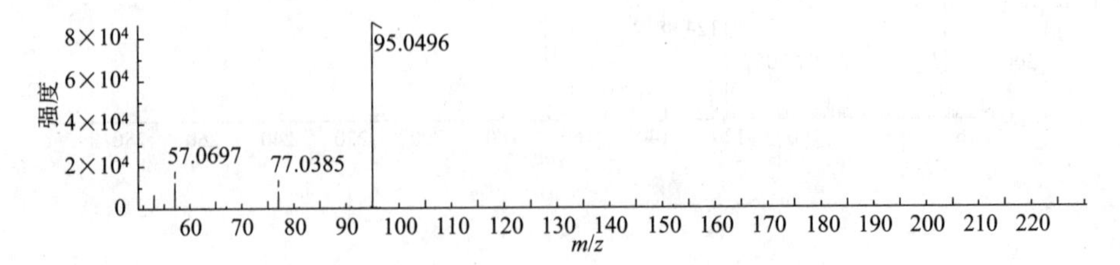

二级全扫质谱图 CE: 10V

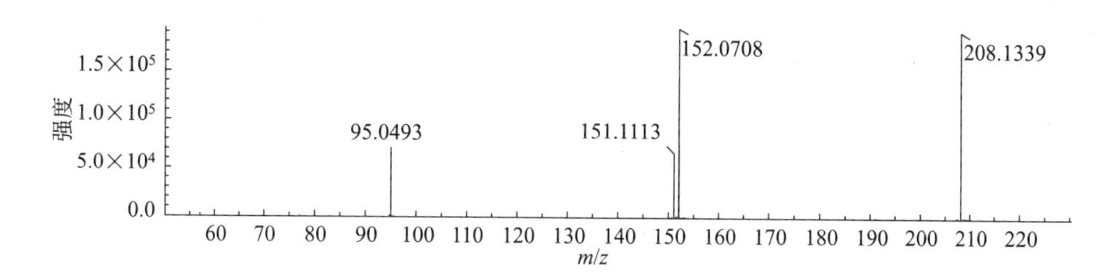

二级全扫质谱图 CE: 20V

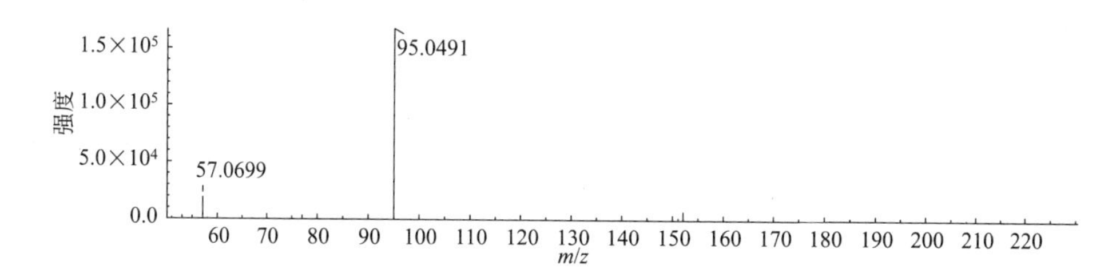

二级全扫质谱图 CE: 35V

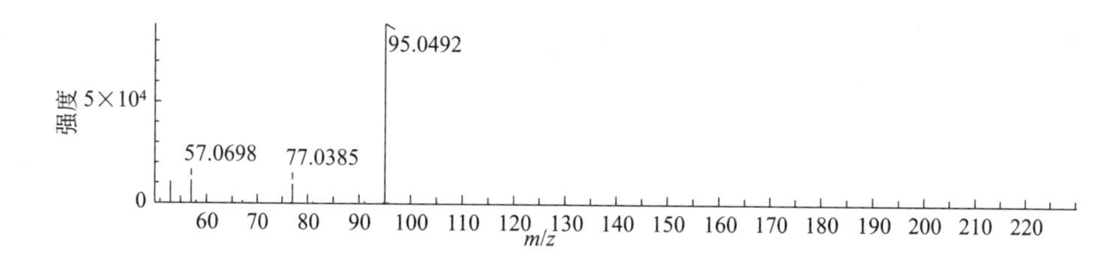

二级全扫质谱图 CE: 50V

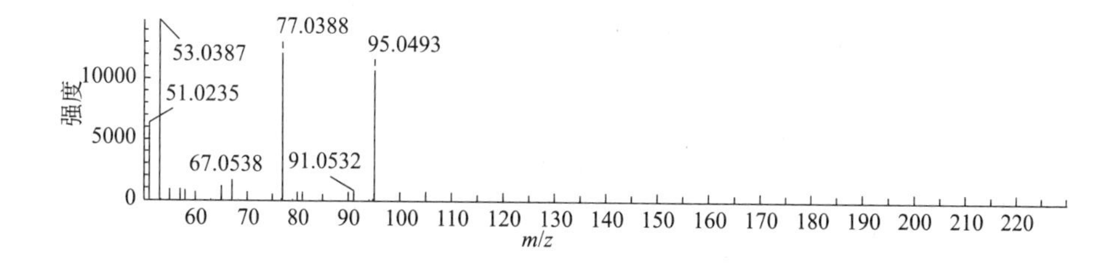

二级全扫质谱图 CE: 60V

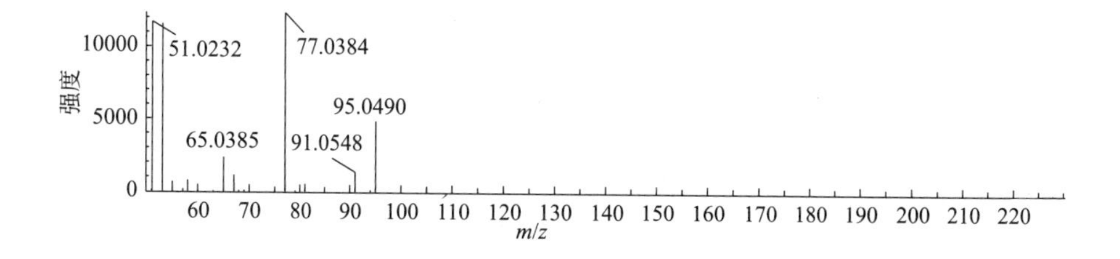

Fenothiocarb
苯硫威

CAS 号	62850-32-2	保留时间	16.66min
分子式	$C_{13}H_{19}NO_2S$	加合方式	$[M+H]^+$
分子量	253.1136	源内裂解碎片	无

推测裂解规律

$[C_{13}H_{19}NO_2S]$ MW 253.1136 → (H^+) → $[C_{13}H_{19}NO_2S+H]^+$ *m/z* 254.1209 → $[C_7H_{13}NOS+H]^+$ *m/z* 160.0791 → $[C_3H_6NO]^+$ *m/z* 72.0444

提取离子流色谱图

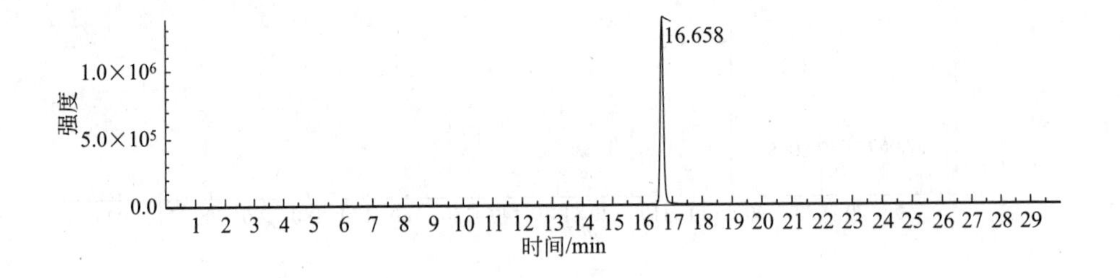

一级质谱图

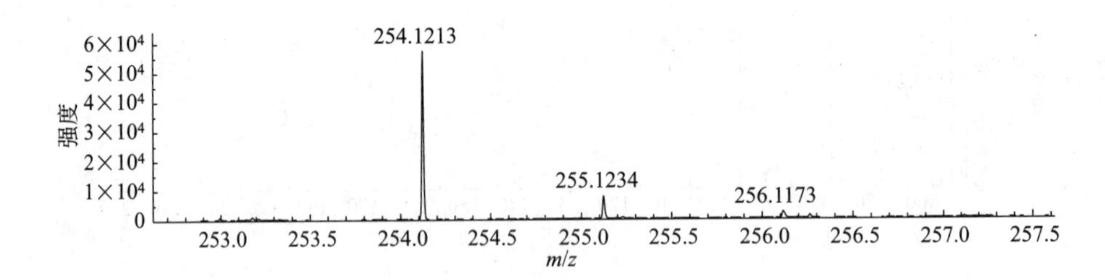

二级全扫质谱图 CE：(35±15)V

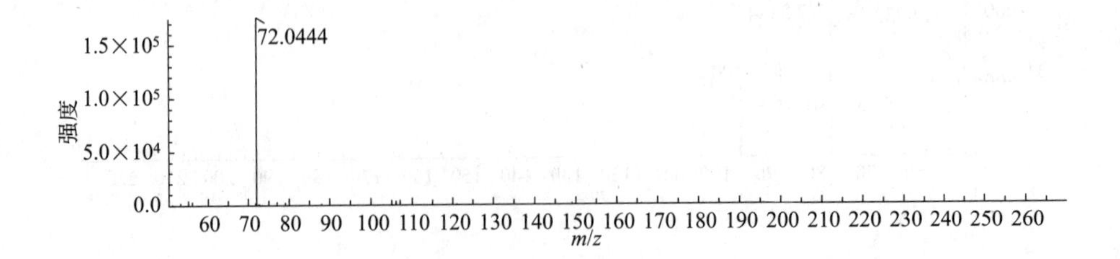

二级全扫质谱图 CE: 10V

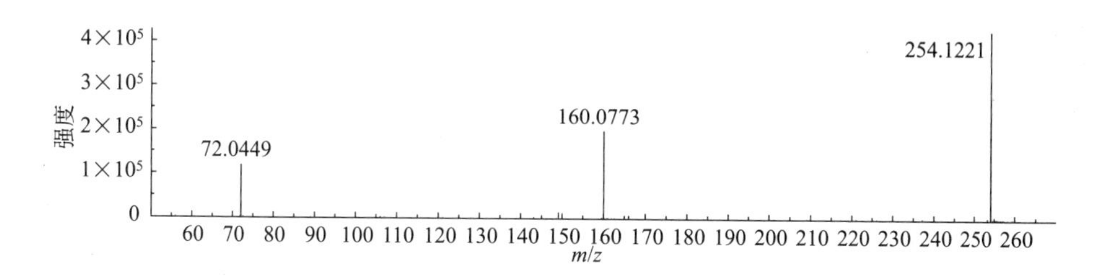

二级全扫质谱图 CE: 20V

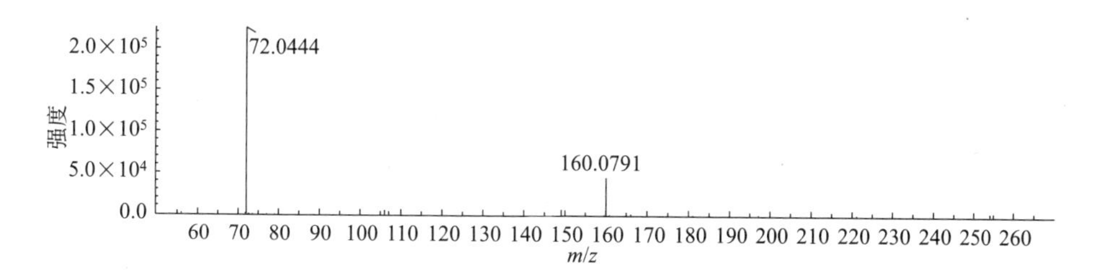

二级全扫质谱图 CE: 35V

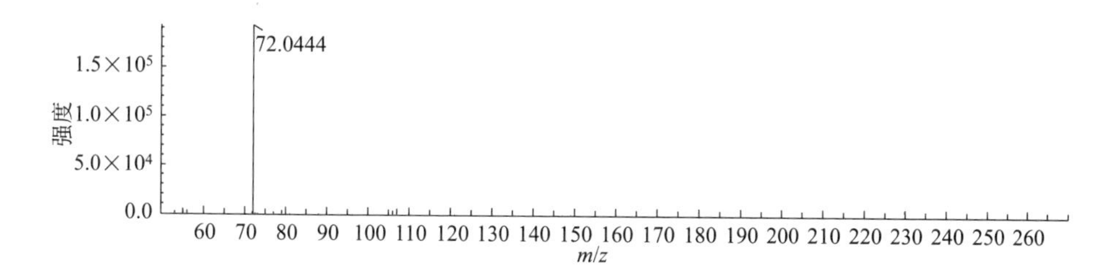

二级全扫质谱图 CE: 50V

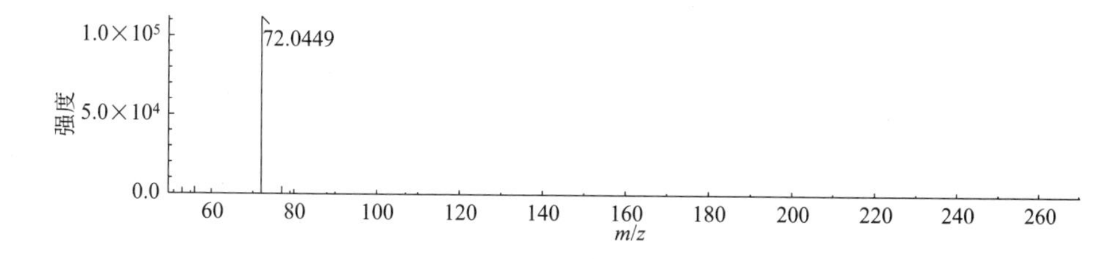

二级全扫质谱图 CE: 60V

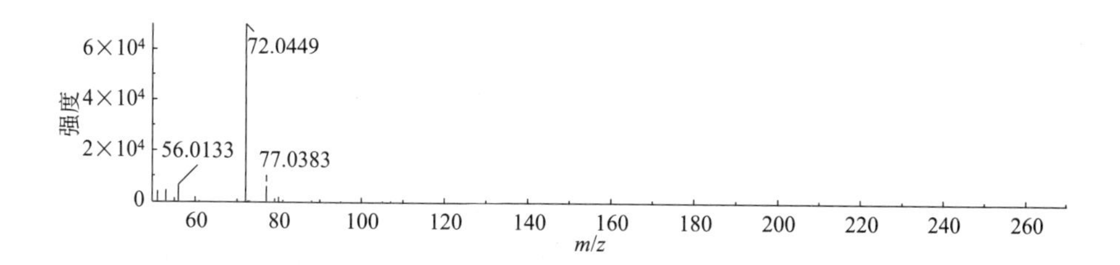

Fenoxanil
稻瘟酰胺

CAS号	115852-48-7	保留时间	16.86min/17.24min
分子式	$C_{15}H_{18}Cl_2N_2O_2$	加合方式	$[M+H]^+$
分子量	228.0745	源内裂解碎片	无

推测裂解规律

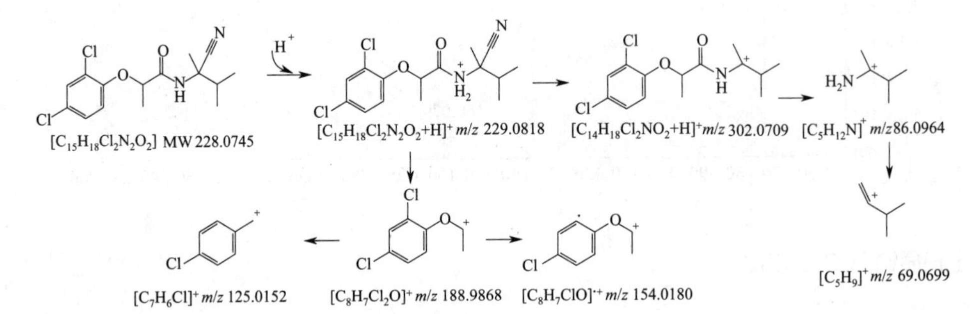

提取离子流色谱图

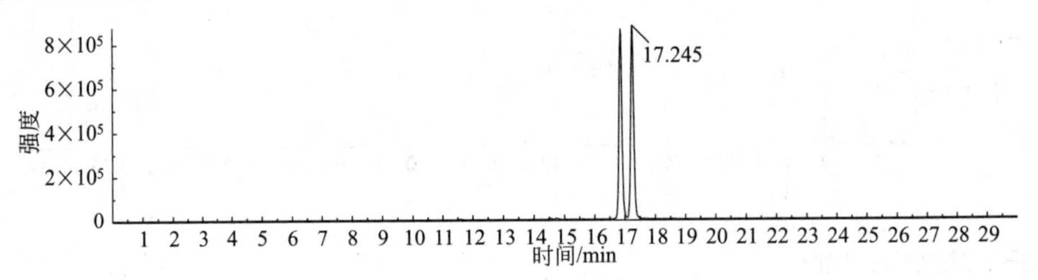

一级质谱图

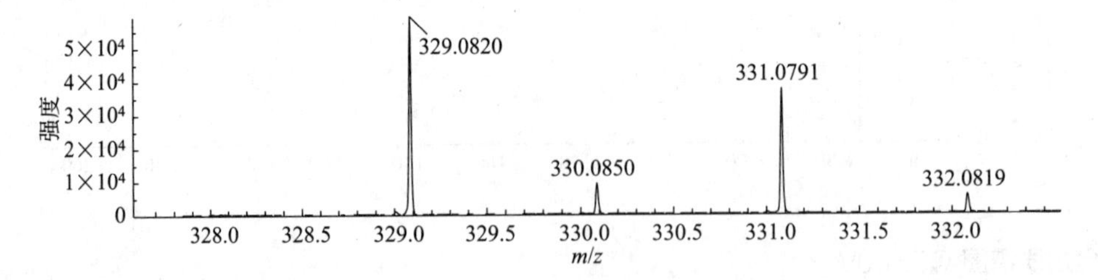

二级全扫质谱图 CE: (35±15)V

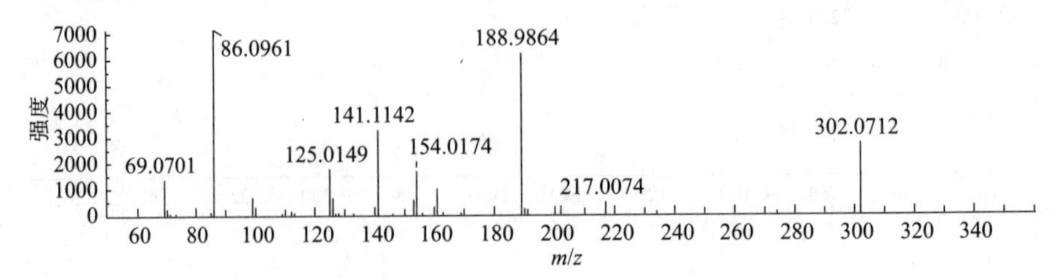

二级全扫质谱图 CE: 10V

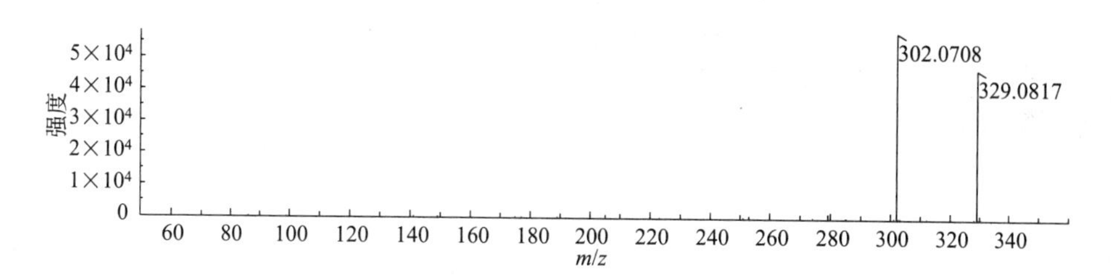

二级全扫质谱图 CE: 20V

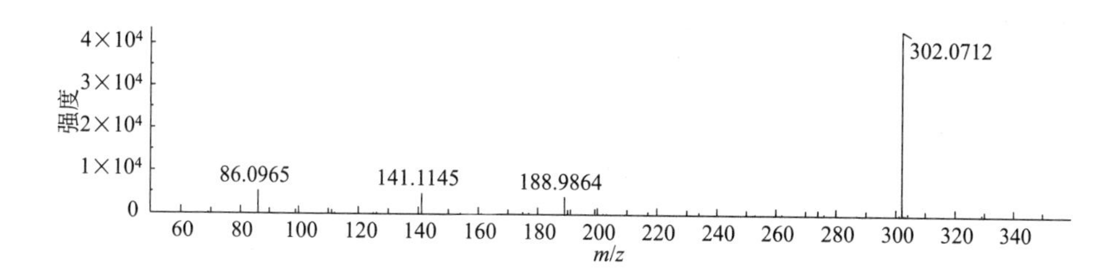

二级全扫质谱图 CE: 35V

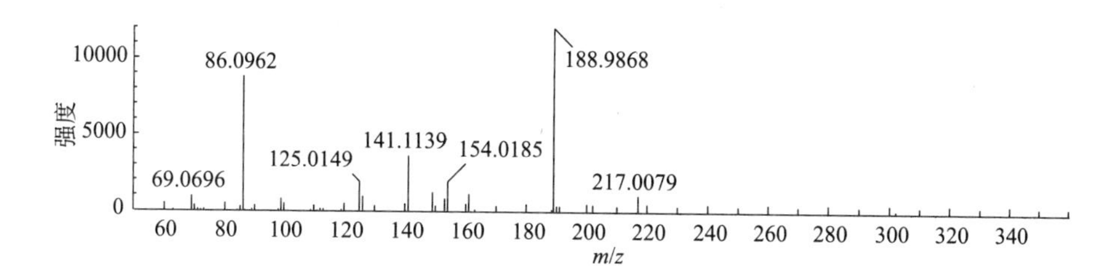

二级全扫质谱图 CE: 50V

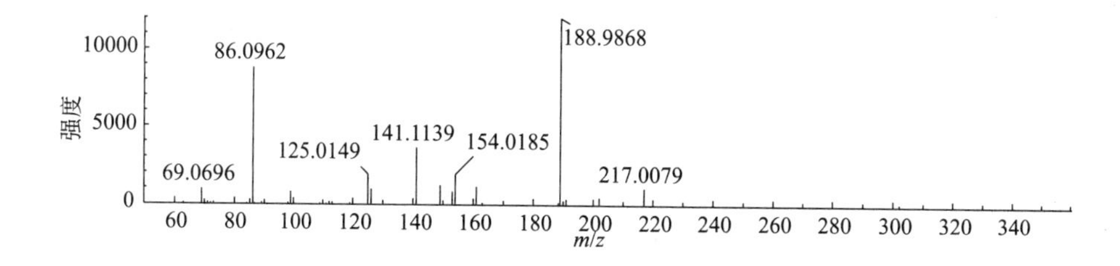

二级全扫质谱图 CE: 60V

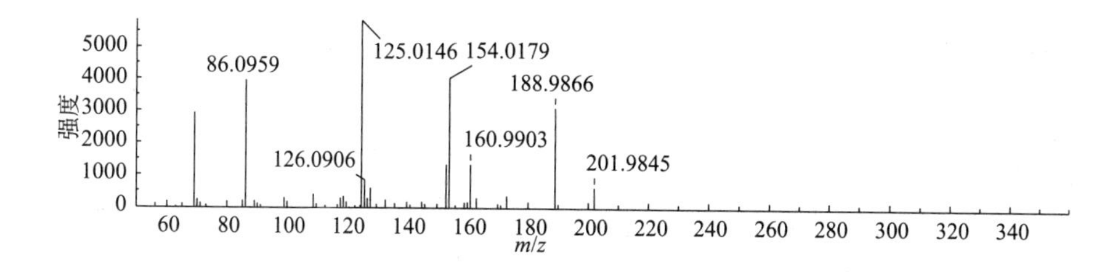

Fenoxaprop-ethyl
噁唑禾草灵

CAS号	66441-23-4	保留时间	21.78min
分子式	$C_{18}H_{16}ClNO_5$	加合方式	$[M+H]^+$
分子量	361.0717	源内裂解碎片	无

推测裂解规律

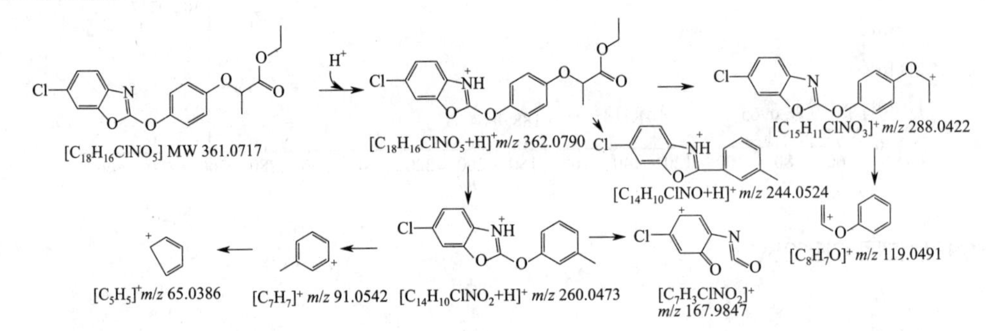

提取离子流色谱图

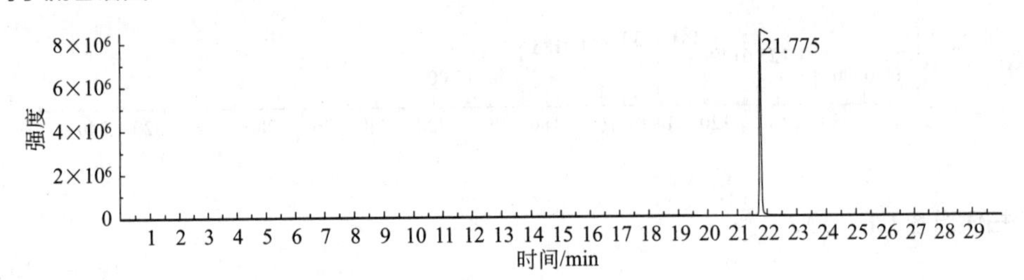

一级质谱图

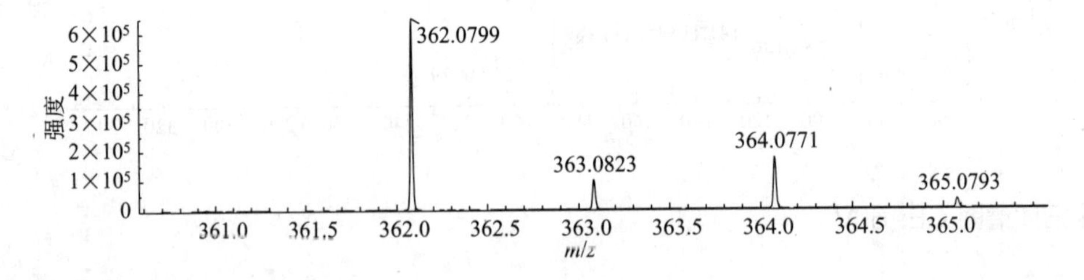

二级全扫质谱图 CE: (35±15)V

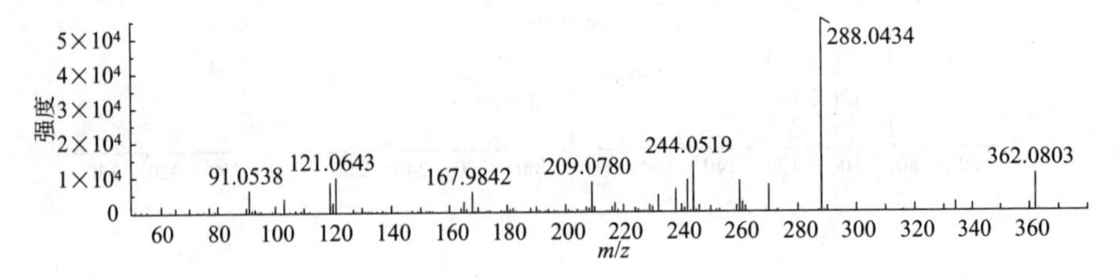

二级全扫质谱图 CE: 10V

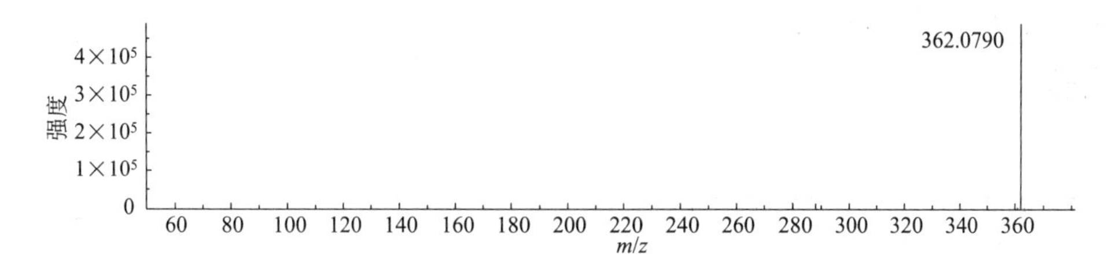

二级全扫质谱图 CE: 20V

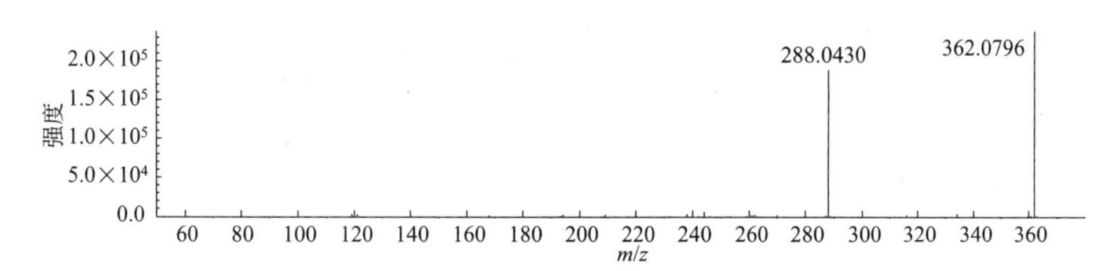

二级全扫质谱图 CE: 35V

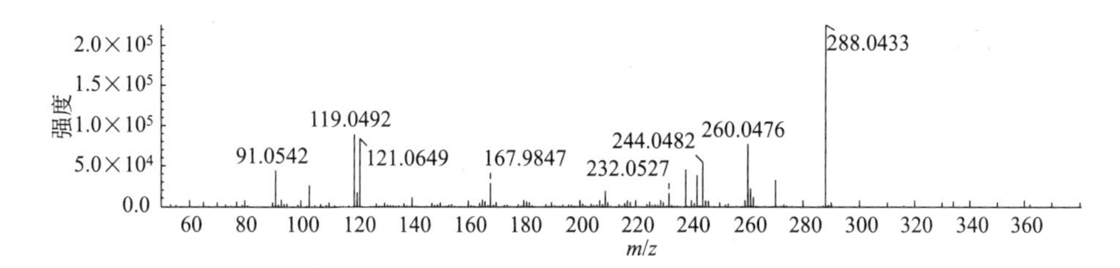

二级全扫质谱图 CE: 50V

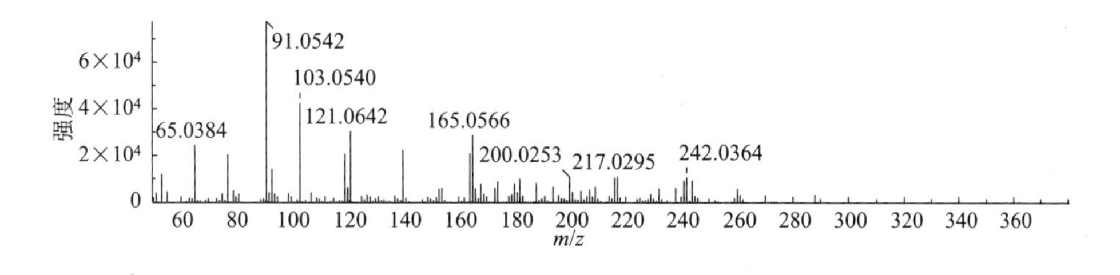

二级全扫质谱图 CE: 60V

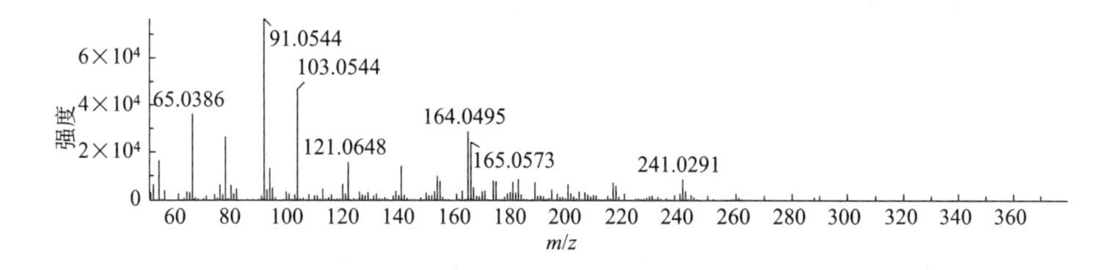

Fenoxycarb
苯氧威

CAS号	72490-01-8	保留时间	17.42min
分子式	$C_{17}H_{19}NO_4$	加合方式	$[M+H]^+$
分子量	301.1314	源内裂解碎片	*m/z* 256

推测裂解规律

$[C_{17}H_{19}NO_4]$ MW 301.1314

$[C_{17}H_{19}NO_4+H]^+$ *m/z* 302.1387

$[C_{15}H_{14}NO_3]^+$ *m/z* 256.0968

$[C_5H_9NO_2+H]^+$ *m/z* 116.0706

$[C_3H_5NO_2+H]^+$ *m/z* 88.0393

提取离子流色谱图

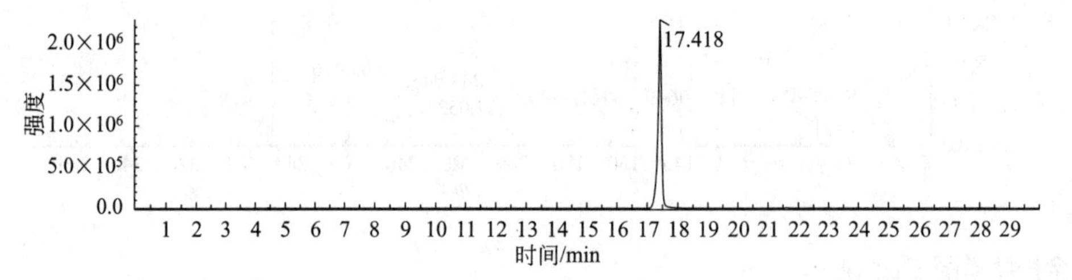

一级质谱图

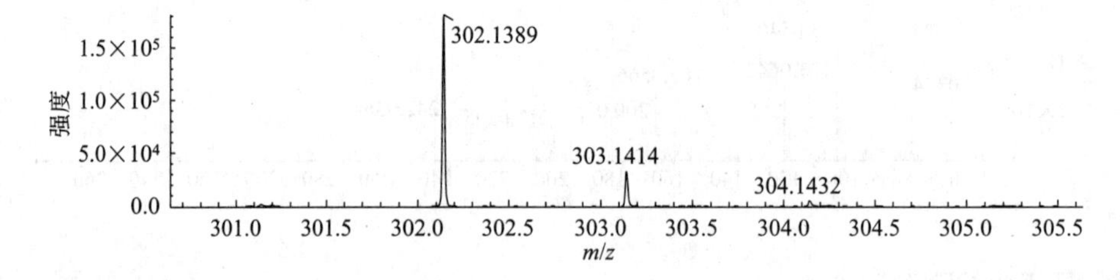

二级全扫质谱图 CE: (35±15)V

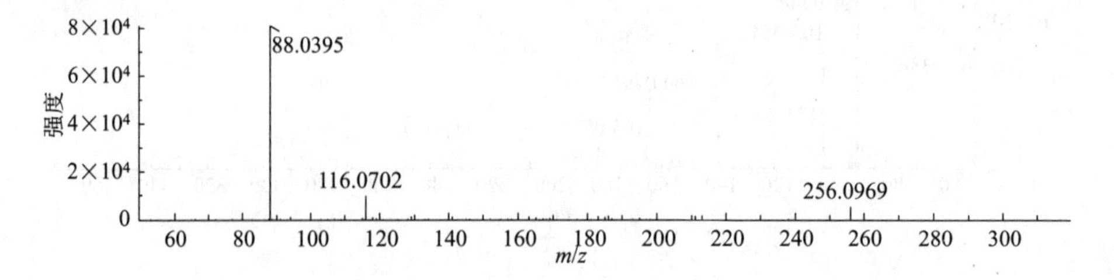

二级全扫质谱图 CE: 10V

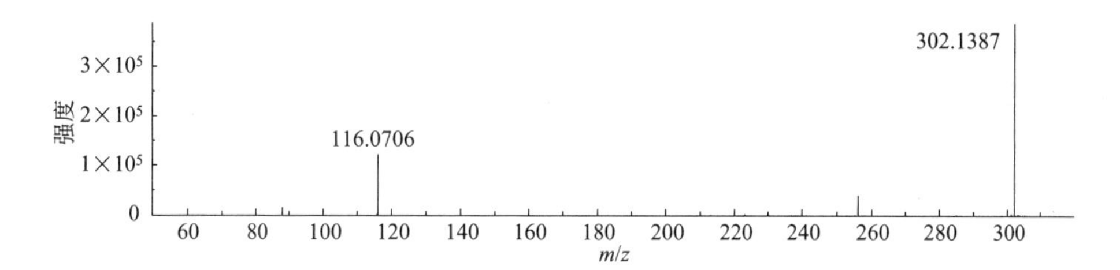

二级全扫质谱图 CE: 20V

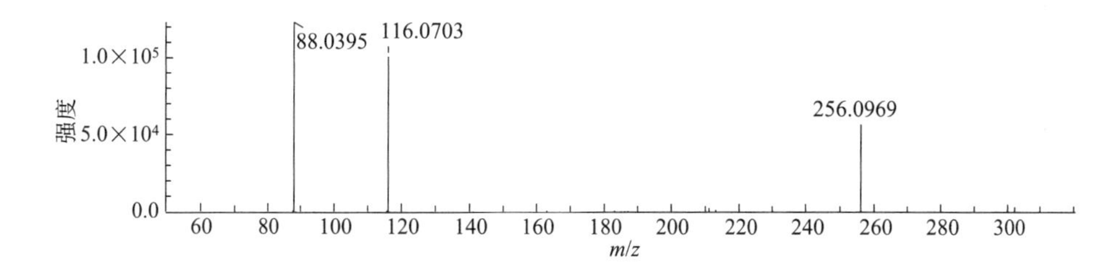

二级全扫质谱图 CE: 35V

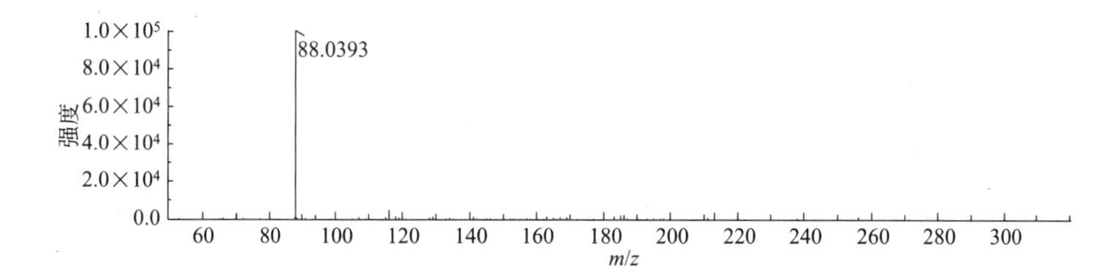

二级全扫质谱图 CE: 50V

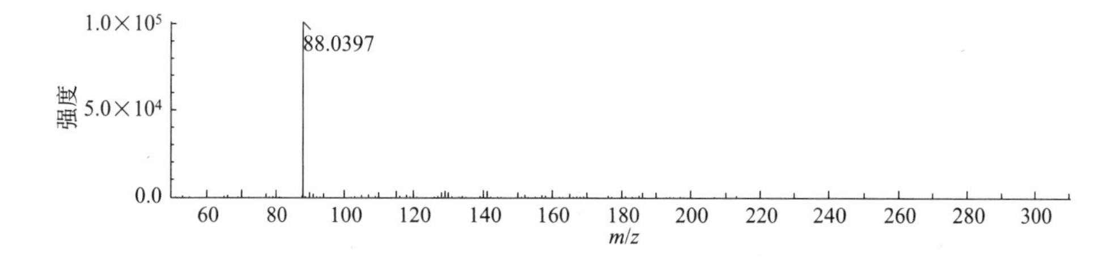

二级全扫质谱图 CE: 60V

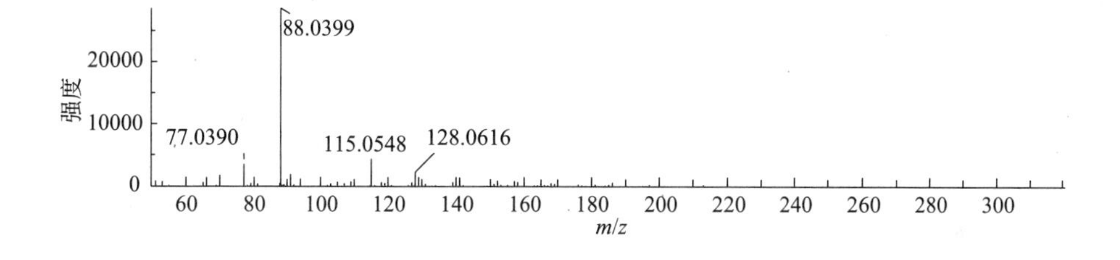

Fenpropathrin
甲氰菊酯

CAS 号	64257-84-7	保留时间	23.10min
分子式	$C_{22}H_{23}NO_3$	加合方式	$[M+H]^+$
分子量	349.1678	源内裂解碎片	无

推测裂解规律

$[C_{22}H_{23}NO_3]$ MW 349.1678 → (H^+) $[C_{22}H_{23}NO_3+H]^+$ *m/z* 350.1751 → $[C_8H_{13}O]^+$ *m/z* 125.0961 → $[C_7H_{13}]^+$ *m/z* 97.1012 → $[C_4H_7]^+$ *m/z* 55.0542；$[C_4H_9]^+$ *m/z* 57.0699

提取离子流色谱图

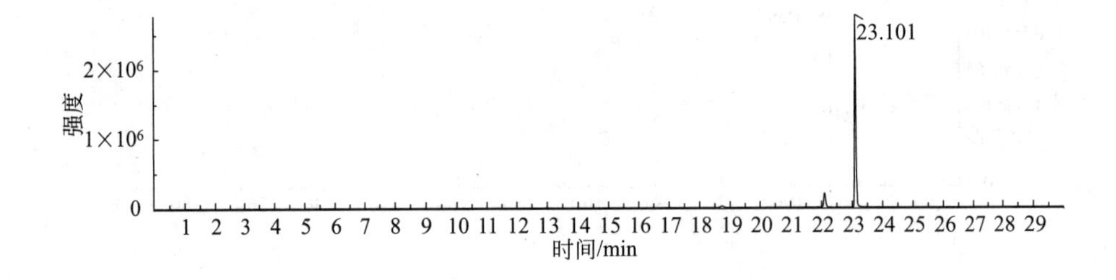

一级质谱图

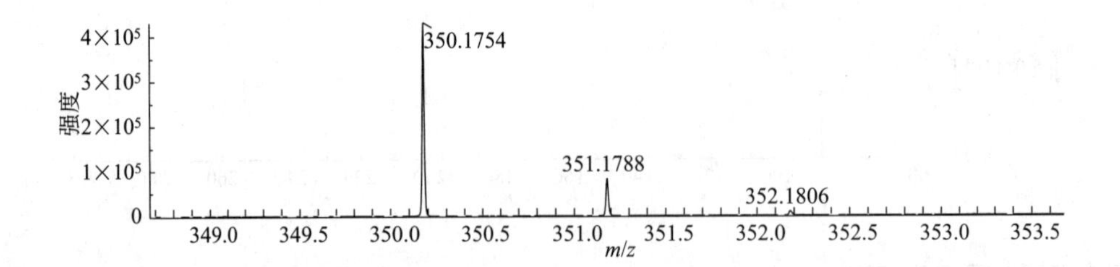

二级全扫质谱图 CE: (35±15)V

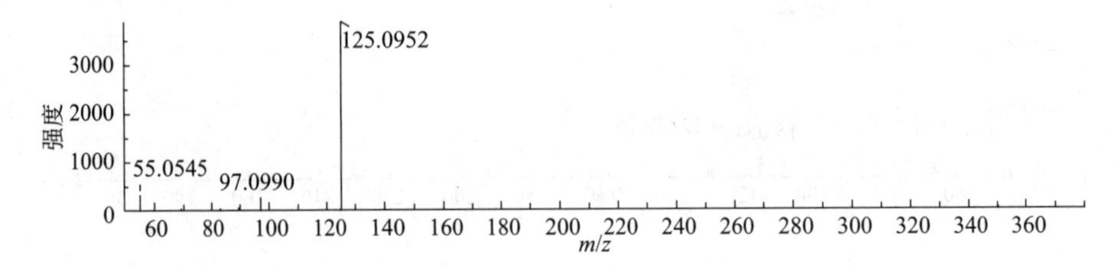

二级全扫质谱图 CE: 10V

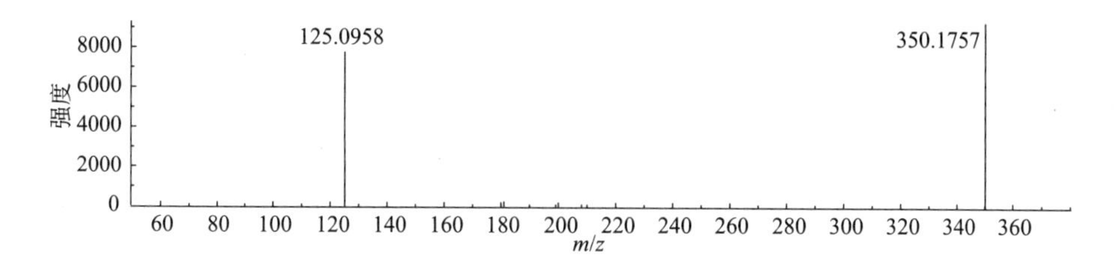

二级全扫质谱图 CE: 20V

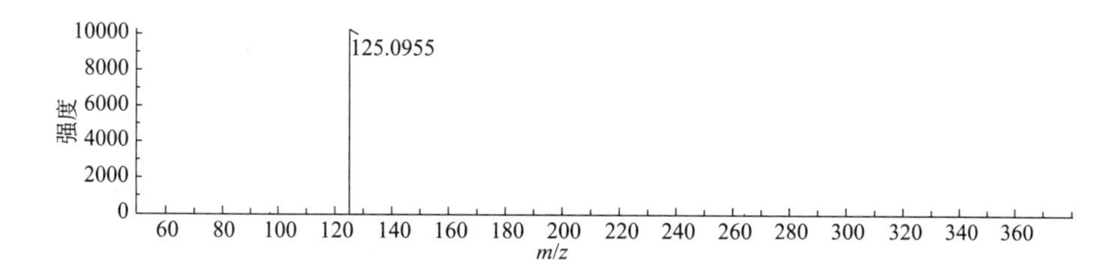

二级全扫质谱图 CE: 35V

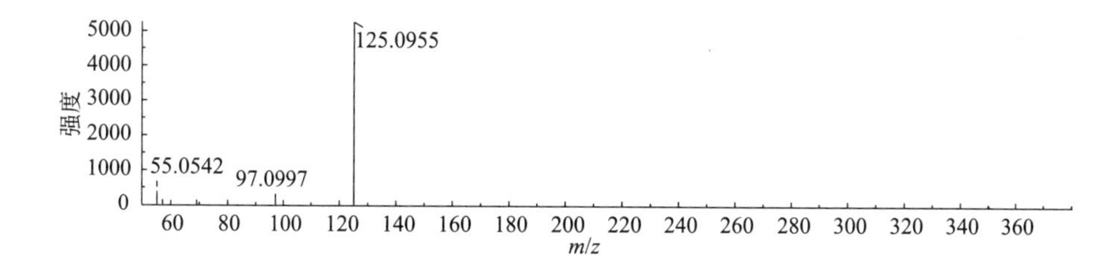

二级全扫质谱图 CE: 50V

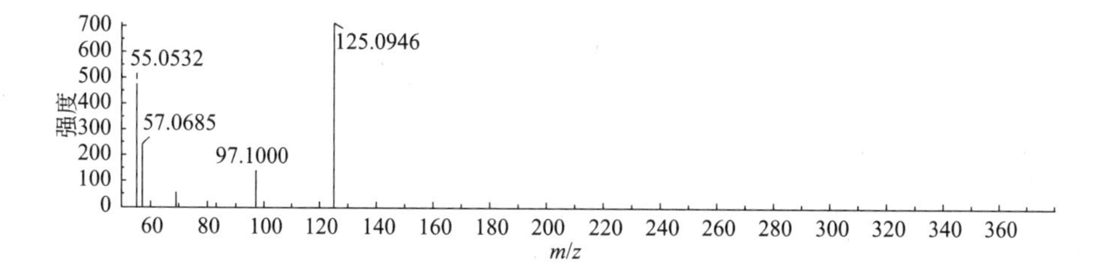

二级全扫质谱图 CE: 60V

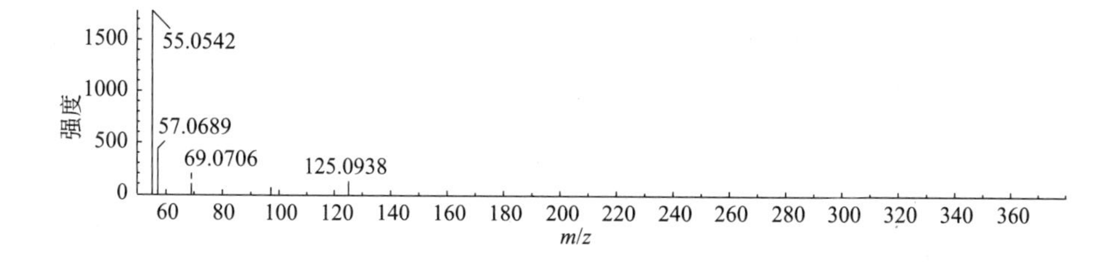

Fenpropidin
苯锈啶

CAS 号	67306-00-7	保留时间	10.09min
分子式	$C_{19}H_{31}N$	加合方式	$[M+H]^+$
分子量	273.2456	源内裂解碎片	无

推测裂解规律（裂解路径已经 MS^3 确认）

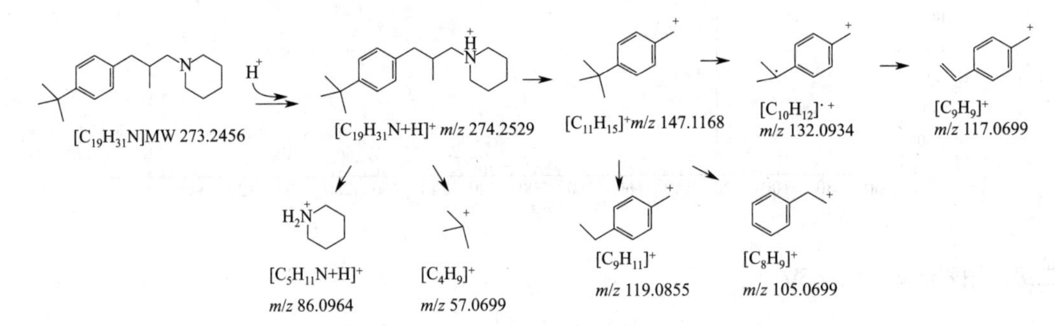

提取离子流色谱图

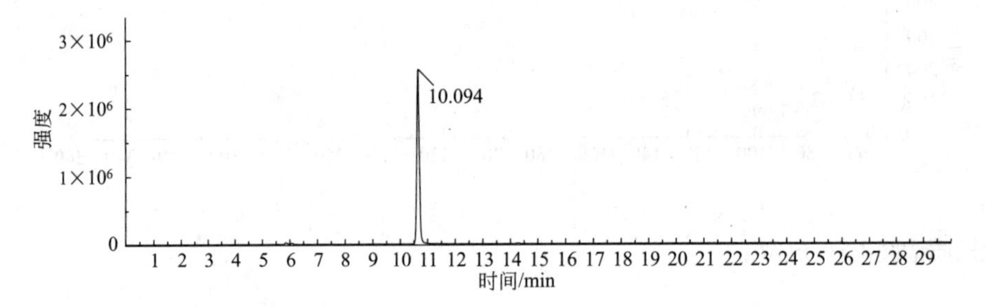

一级质谱图

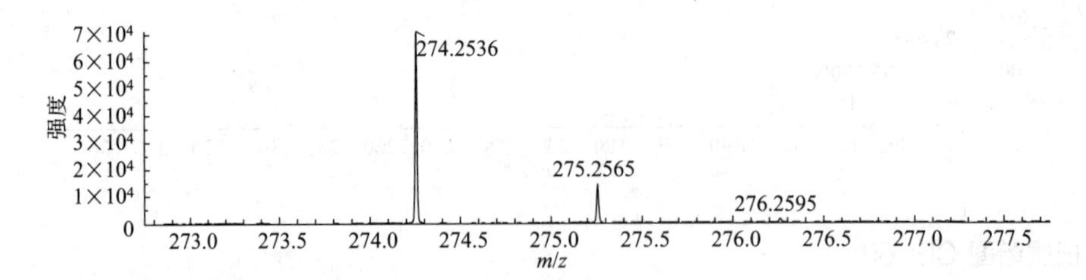

二级全扫质谱图 CE: (35±15)V

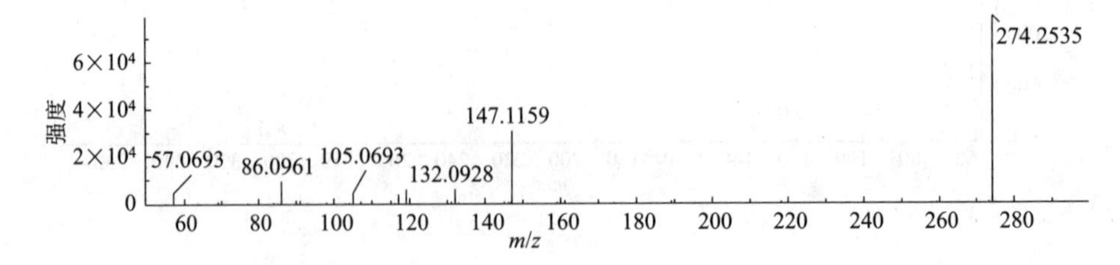

二级全扫质谱图 CE: 10V

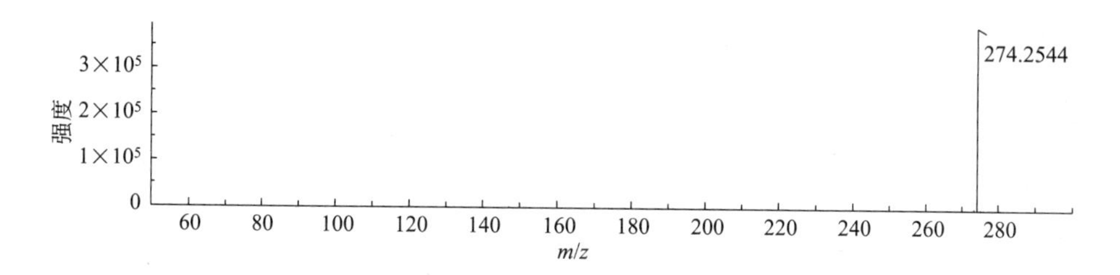

二级全扫质谱图 CE: 20V

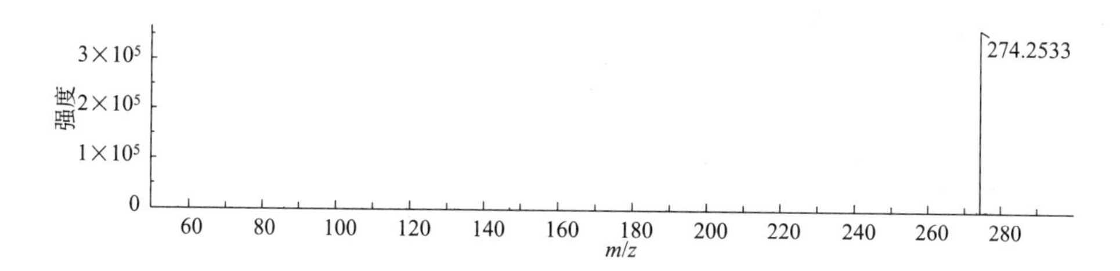

二级全扫质谱图 CE: 35V

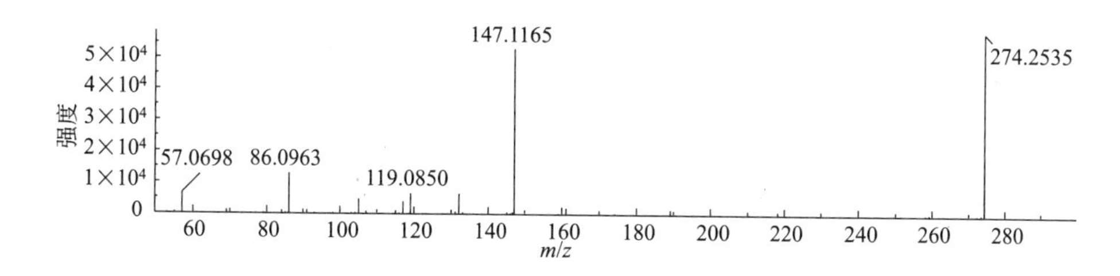

二级全扫质谱图 CE: 50V

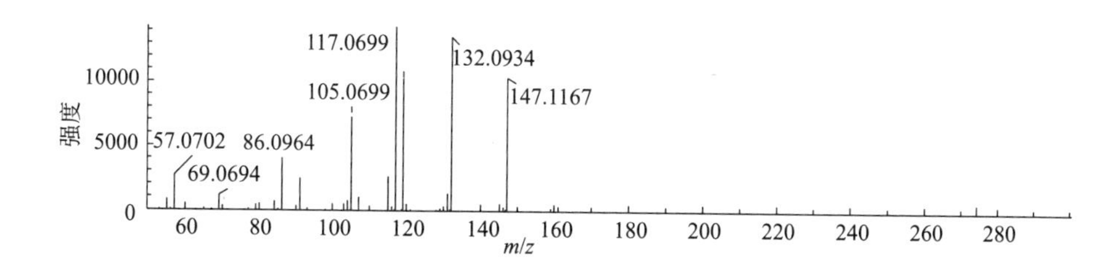

二级全扫质谱图 CE: 60V

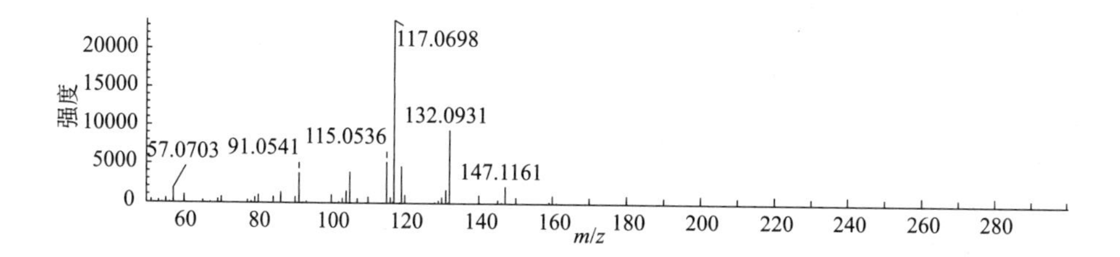

Fenpropimorph
丁苯吗啉

CAS 号	67564-91-4	保留时间	13.87min
分子式	$C_{20}H_{33}NO$	加合方式	[M+H]+
分子量	303.2562	源内裂解碎片	无

推测裂解规律（裂解路径已经 MS³ 确认）

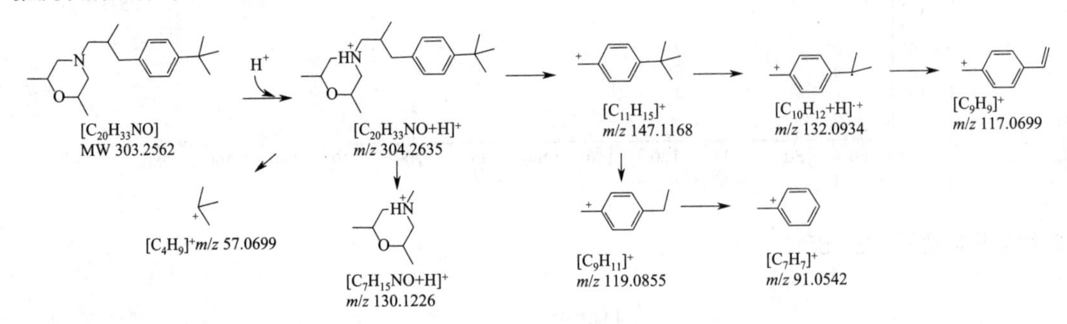

提取离子流色谱图

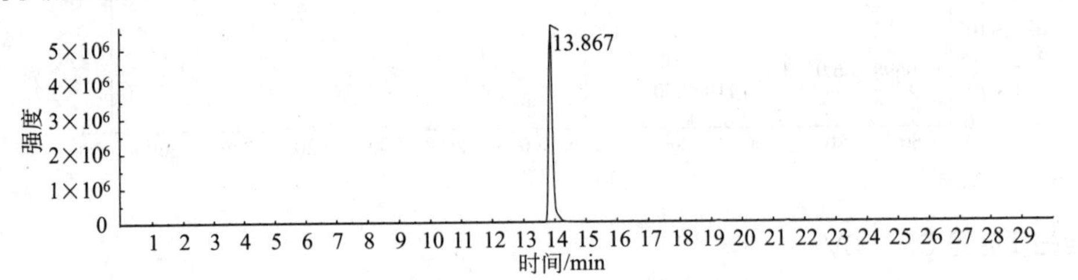

一级质谱图

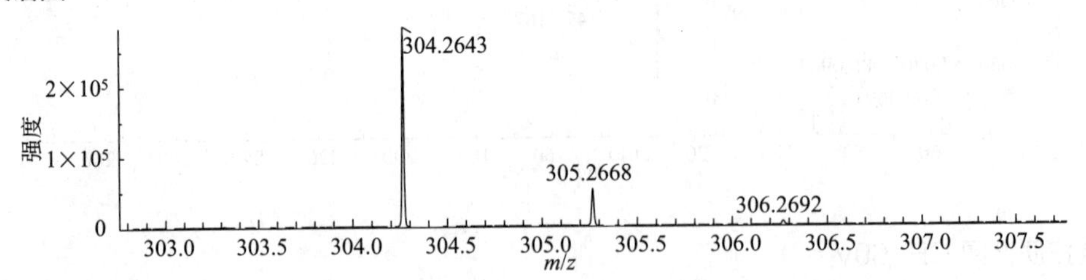

二级全扫质谱图 CE: (35±15)V

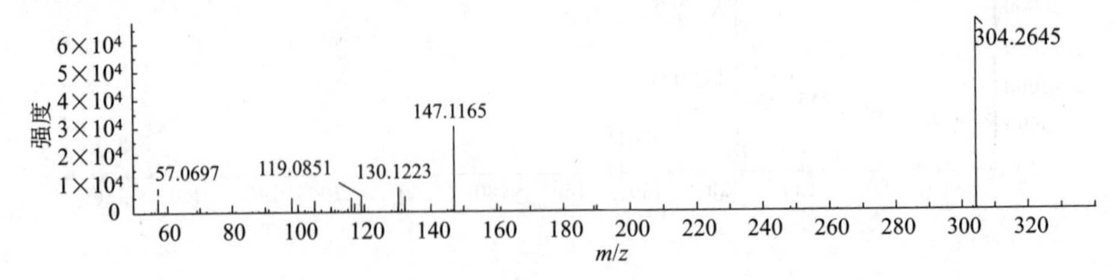

二级全扫质谱图 CE: 10V

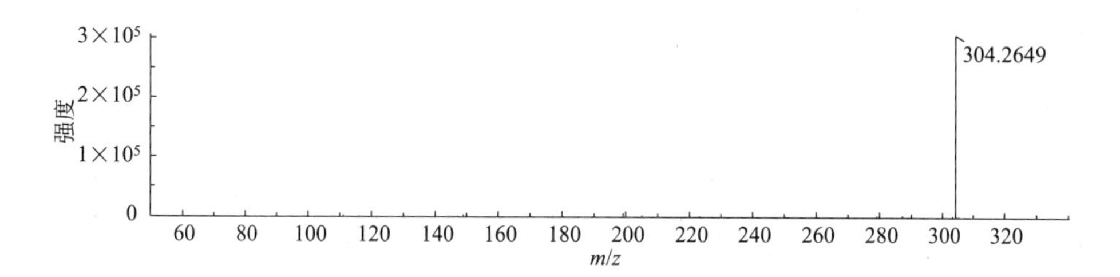

二级全扫质谱图 CE: 20V

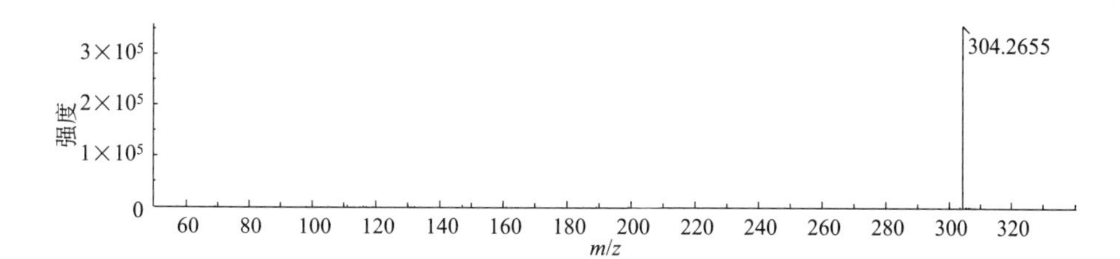

二级全扫质谱图 CE: 35V

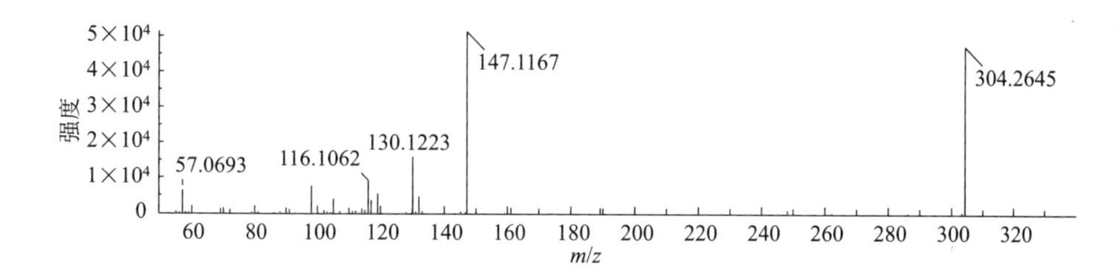

二级全扫质谱图 CE: 50V

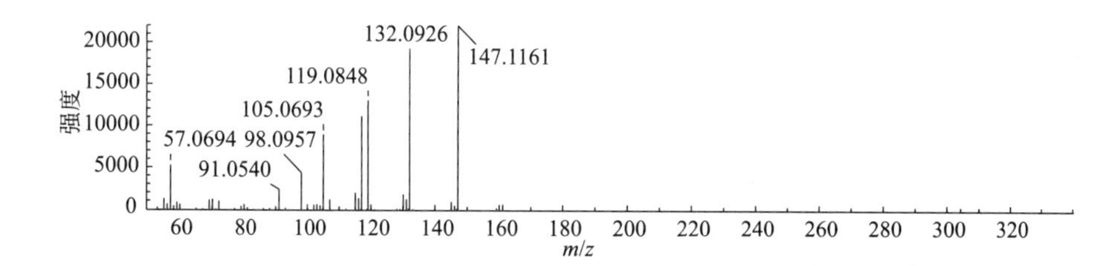

二级全扫质谱图 CE: 60V

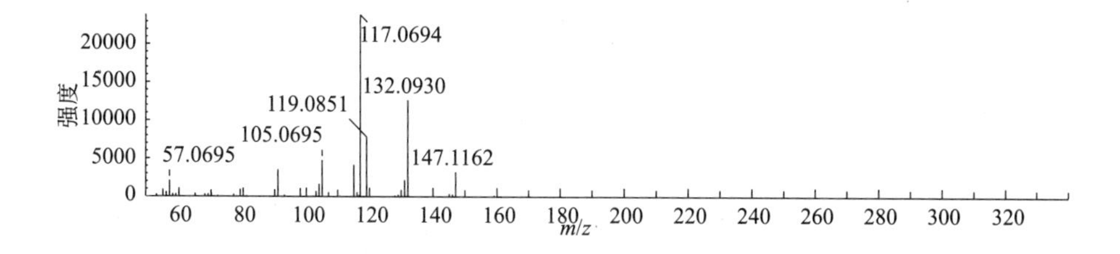

Fenpyrazamine
胺苯吡菌酮

CAS 号	473798-59-3	保留时间	14.55min
分子式	$C_{17}H_{21}N_3O_2S$	加合方式	$[M+H]^+$
分子量	331.1354	源内裂解碎片	无

推测裂解规律

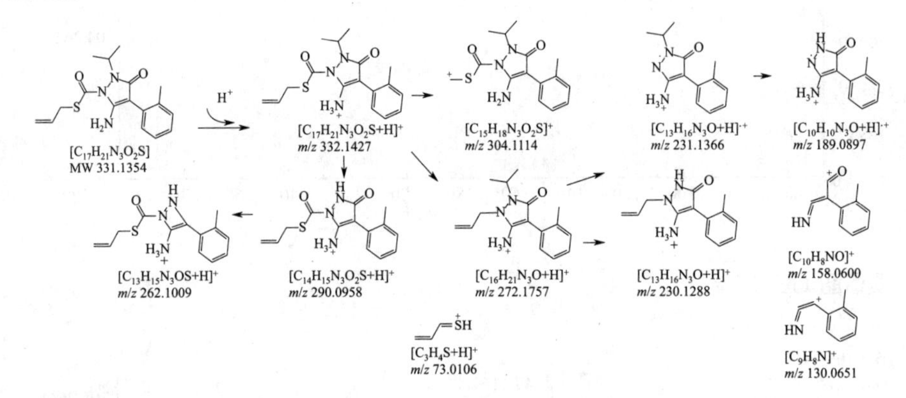

提取离子流色谱图

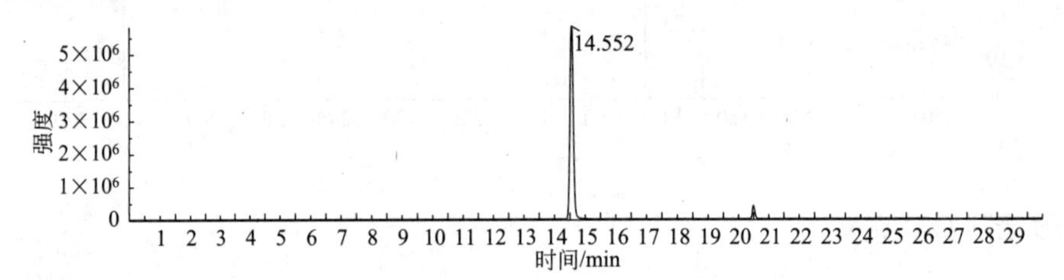

一级质谱图

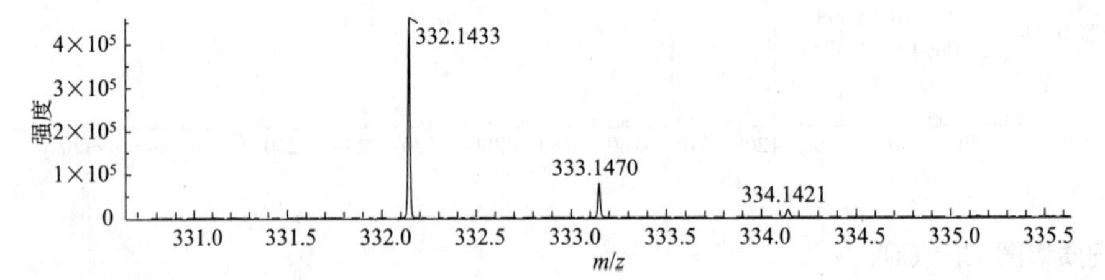

二级全扫质谱图 CE: (35±15)V

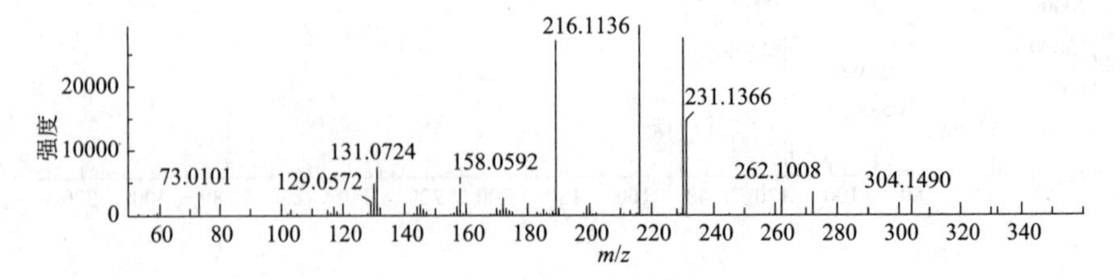

二级全扫质谱图 CE: 10V

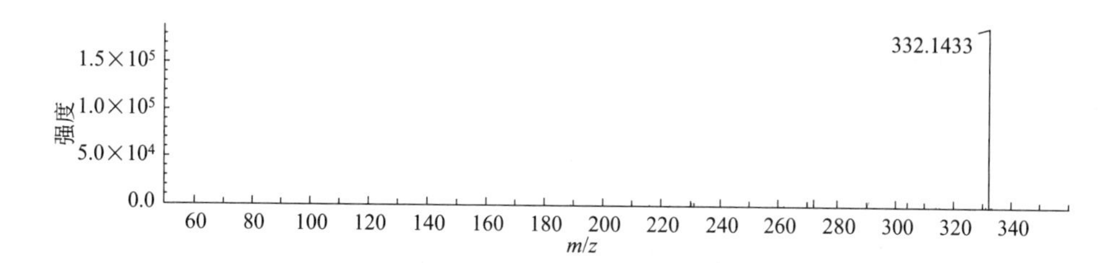

二级全扫质谱图 CE: 20V

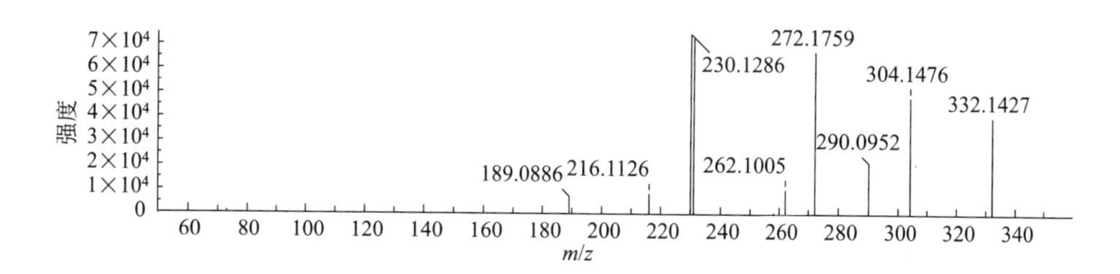

二级全扫质谱图 CE: 35V

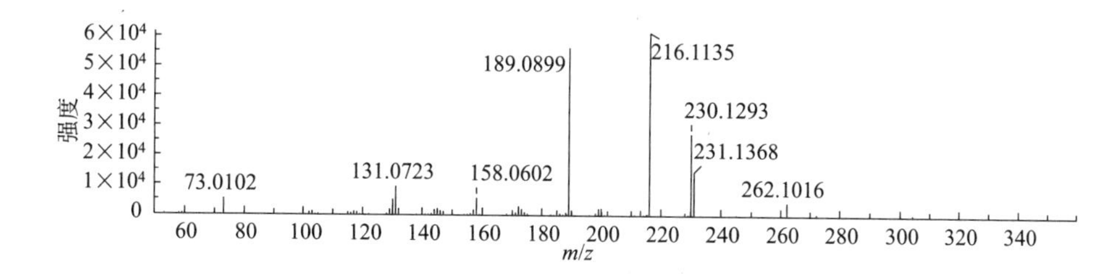

二级全扫质谱图 CE: 50V

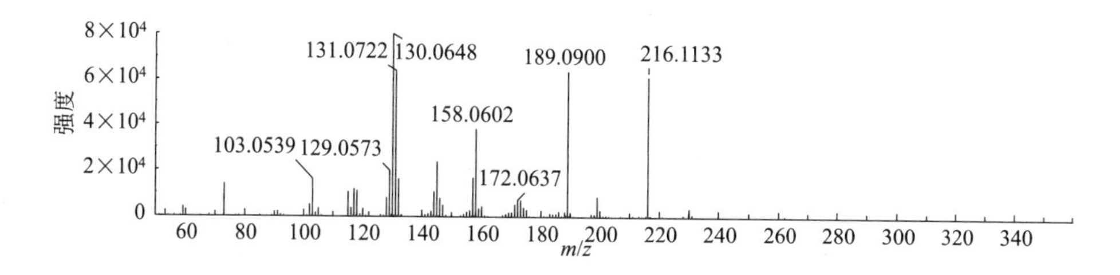

二级全扫质谱图 CE: 60V

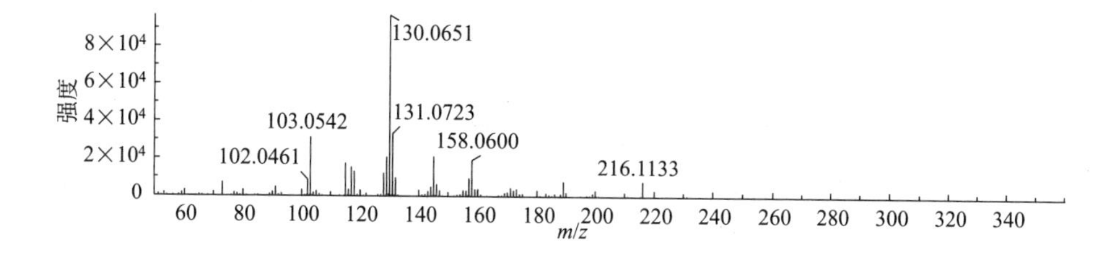

Fenpyroximate

唑螨酯

CAS 号	134098-61-6	保留时间	23.30min
分子式	$C_{24}H_{27}N_3O_4$	加合方式	$[M+H]^+$
分子量	421.2002	源内裂解碎片	*m/z* 366

推测裂解规律

$[C_{24}H_{27}N_3O_4]$ MW 421.2002

$[C_{24}H_{27}N_3O_4+H]^+$ *m/z* 422.2074

$[C_{20}H_{19}N_3O_4+H]^+$ *m/z* 366.1448

$[C_8H_7O_2]^+$ *m/z* 135.0441

$[C_7H_7O]^+$ *m/z* 107.0491

$[C_{12}H_{12}N_3O_2+H]^{\cdot+}$ *m/z* 231.1002

$[C_{12}H_{12}N_3O]^+$ *m/z* 214.0974

$[C_{12}H_{12}N_3O+H]^{\cdot+}$ *m/z* 215.1053

$[C_6H_8N_3O]^+$ *m/z* 138.0662

提取离子流色谱图

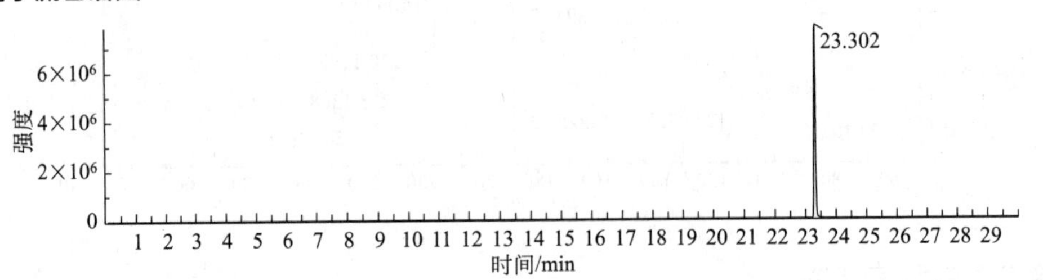

一级质谱图

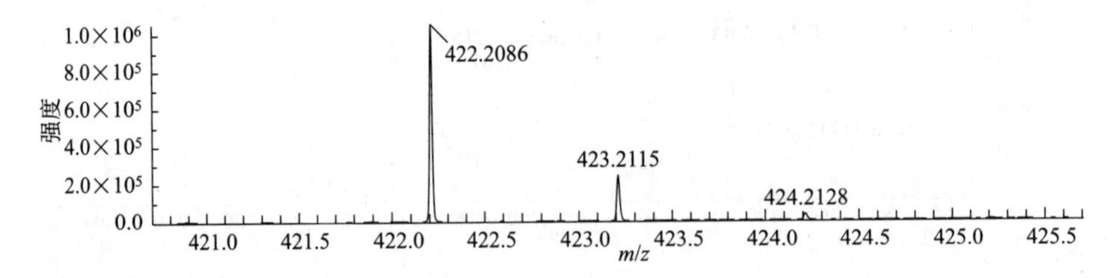

二级全扫质谱图 CE: (35±15)V

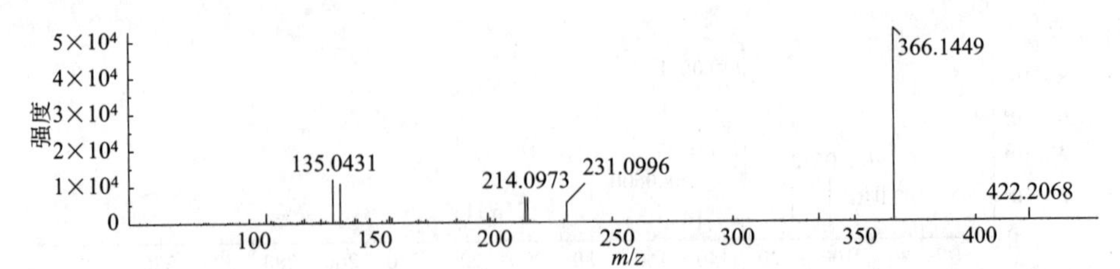

二级全扫质谱图 CE: 10V

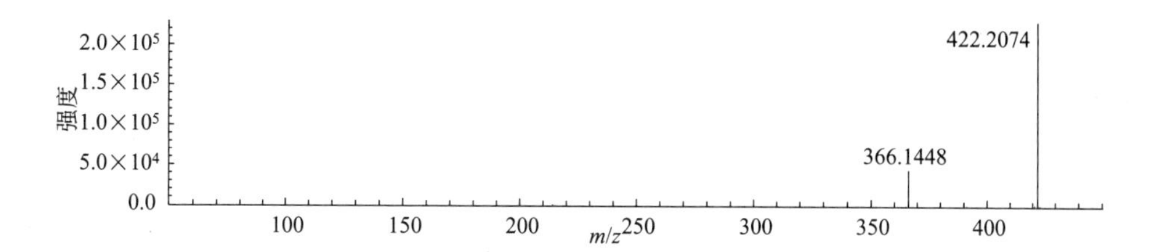

二级全扫质谱图 CE: 20V

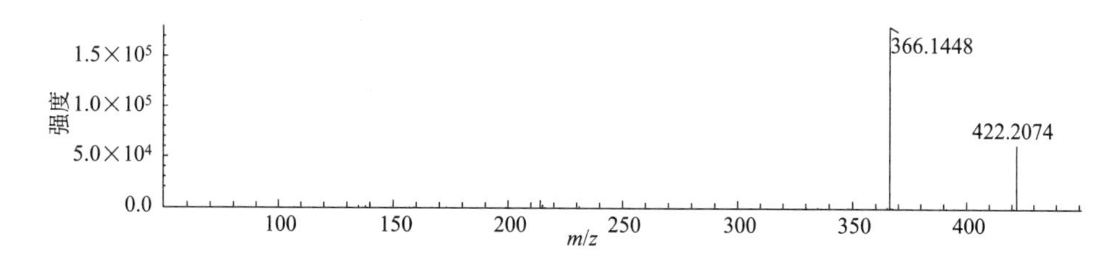

二级全扫质谱图 CE: 35V

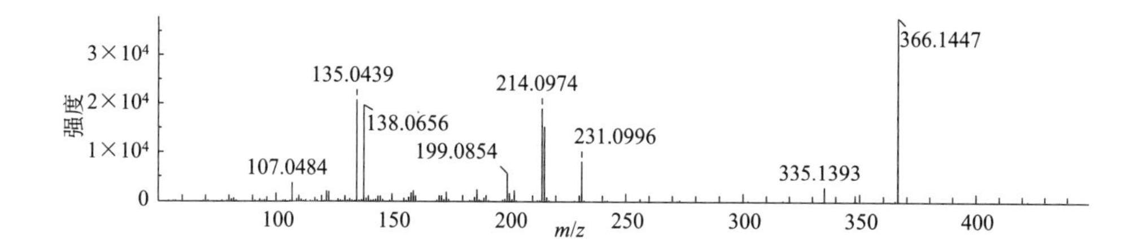

二级全扫质谱图 CE: 50V

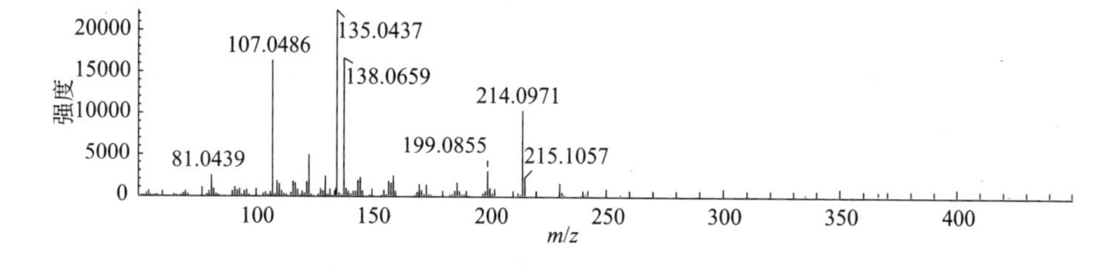

二级全扫质谱图 CE: 60V

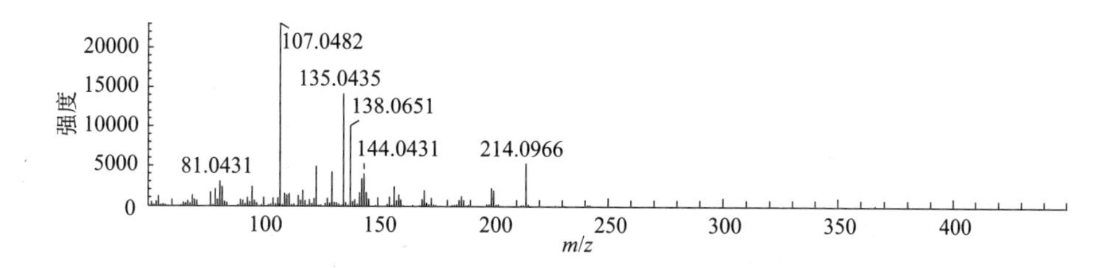

Fensulfothion

丰索磷

CAS 号	115-90-2	保留时间	9.33min
分子式	$C_{11}H_{17}O_4PS_2$	加合方式	$[M+H]^+$
分子量	308.0306	源内裂解碎片	无

推测裂解规律（裂解路径已经 MS^3 确认）

$[C_{11}H_{17}O_4PS_2]$ MW 308.0306

$[C_{11}H_{17}O_4PS_2+H]^+$ *m/z* 309.0379

$[C_9H_{13}O_4PS_2+H]^+$ *m/z* 281.0066

$[C_7H_9O_4PS_2+H]^+$ *m/z* 252.9753

$[C_7H_8O_3PS_2]^+$ *m/z* 234.9647

$[C_7H_8O_4PS]^+$ *m/z* 218.9875

$[C_7H_8OS_2+H]^+$ *m/z* 173.0089

$[C_7H_8O_2S_2+H]^+$ *m/z* 157.0318

$[C_7H_7OS+H]^{\cdot+}$ *m/z* 140.0290

$[C_6H_5O_2S+H]^{\cdot+}$ *m/z* 142.0083

$[C_6H_5O+H]^{\cdot+}$ *m/z* 94.0413

提取离子流色谱图

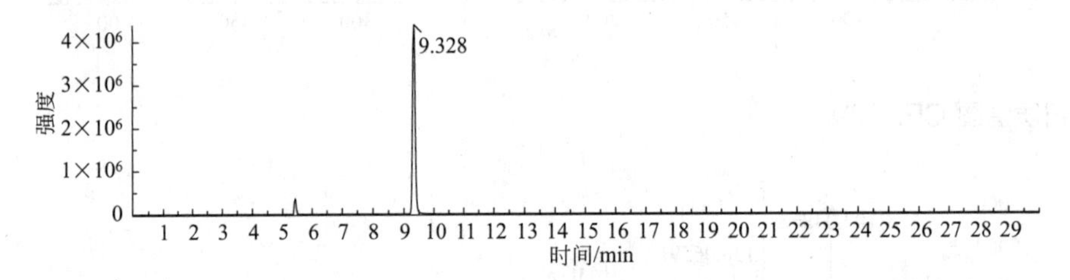

一级质谱图

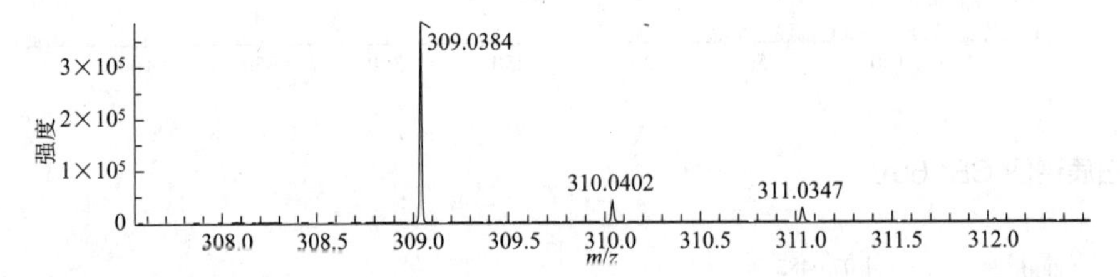

二级全扫质谱图 CE: (35±15)V

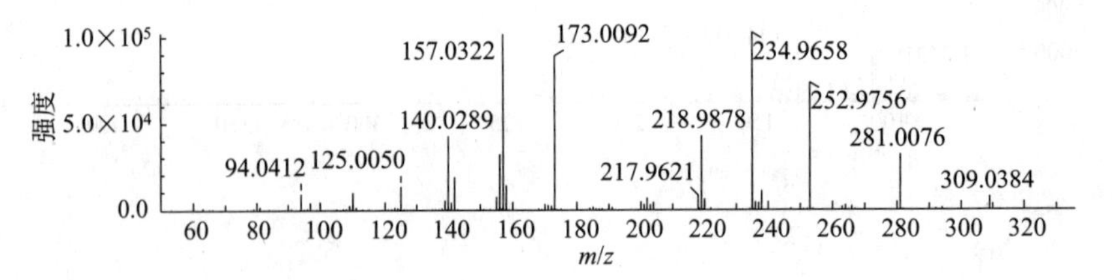

二级全扫质谱图 CE: 10V

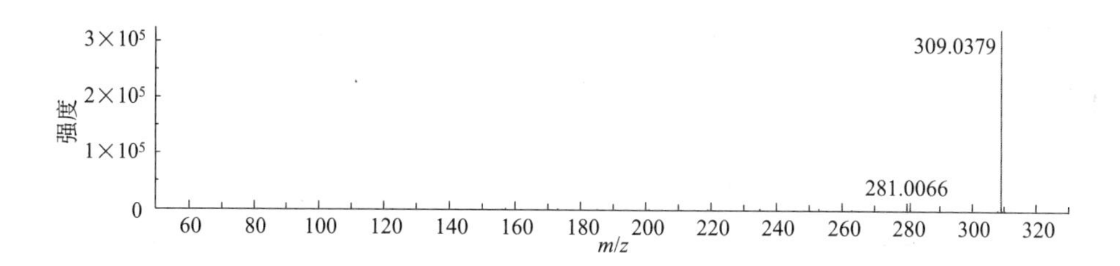

二级全扫质谱图 CE: 20V

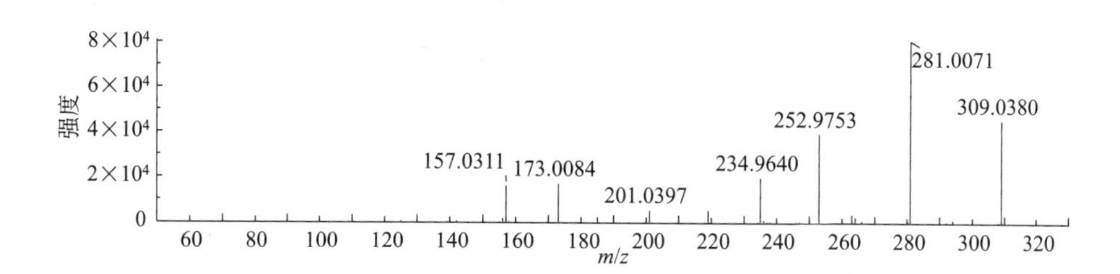

二级全扫质谱图 CE: 35V

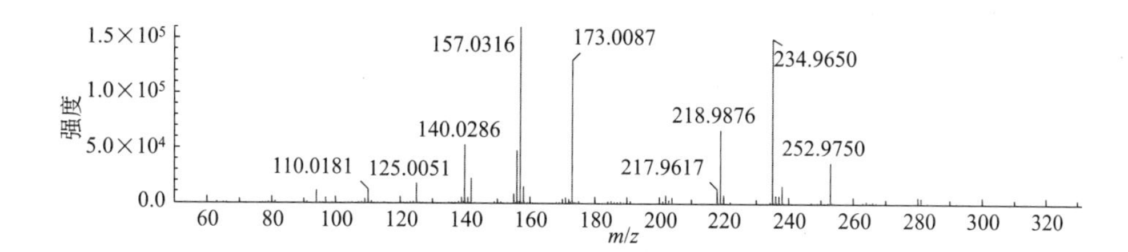

二级全扫质谱图 CE: 50V

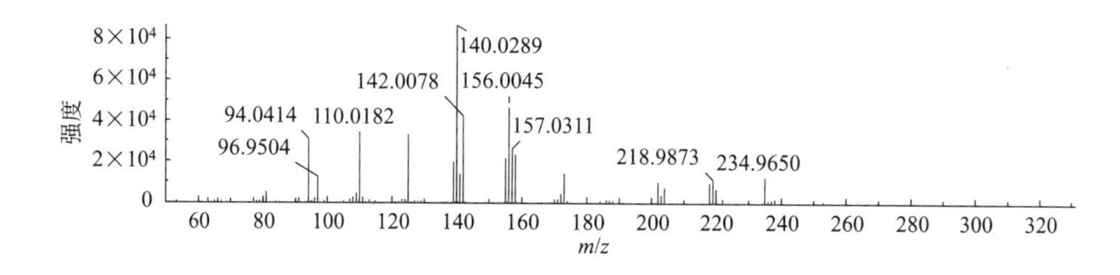

二级全扫质谱图 CE: 60V

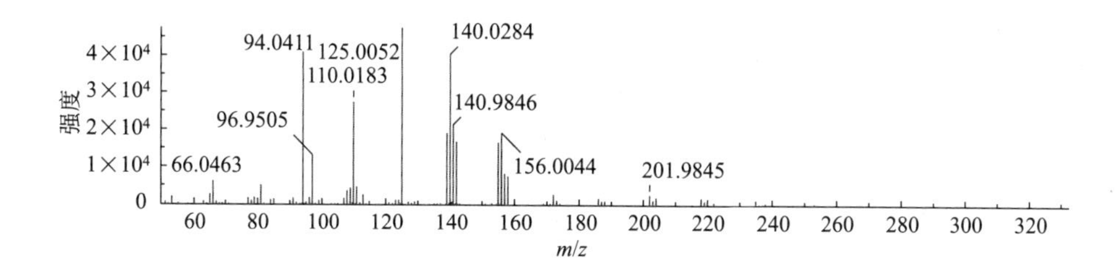

Fensulfothion oxon

氧丰索磷

CAS 号	6552-21-2	保留时间	5.27min
分子式	$C_{11}H_{17}O_5PS$	加合方式	$[M+H]^+$
分子量	292.0534	源内裂解碎片	无

推测裂解规律

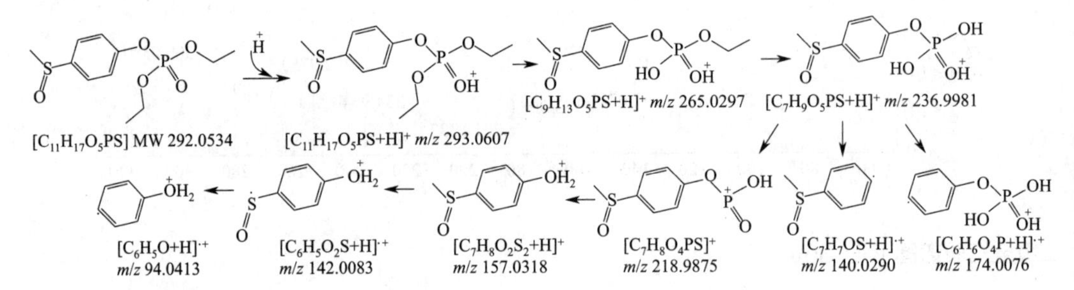

提取离子流色谱图

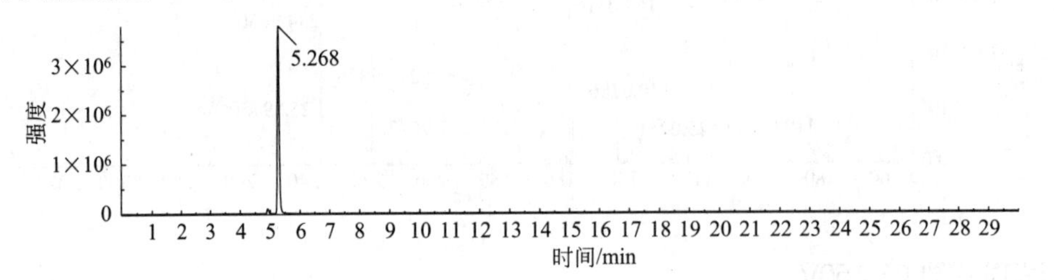

一级质谱图

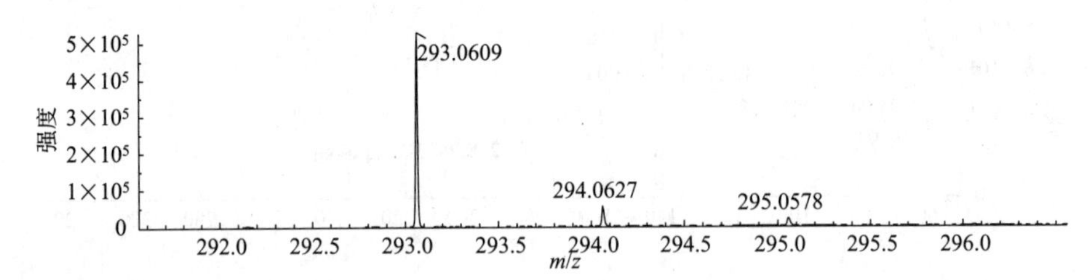

二级全扫质谱图 CE: (35±15)V

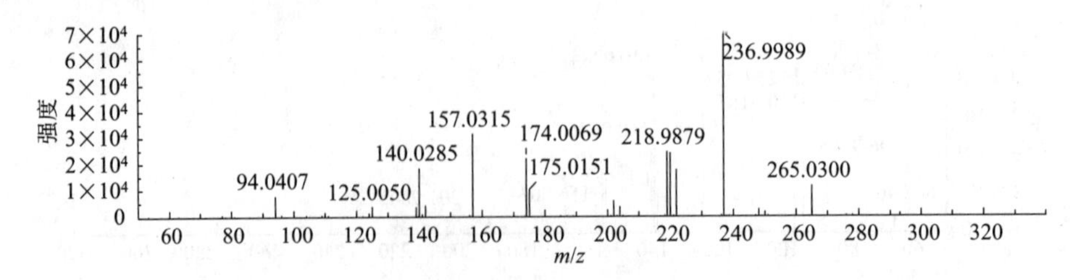

二级全扫质谱图 CE: 10V

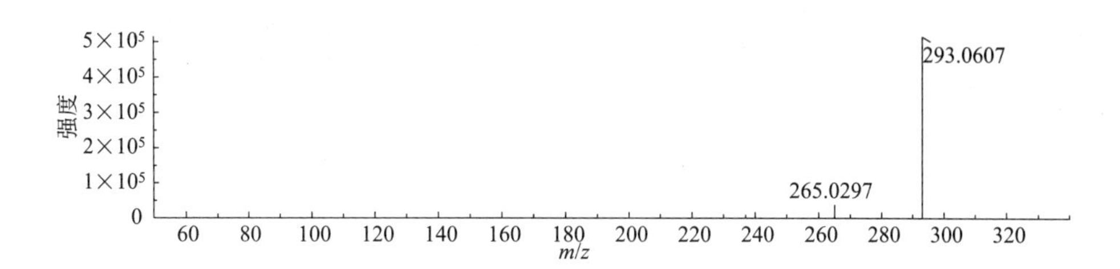

二级全扫质谱图 CE: 20V

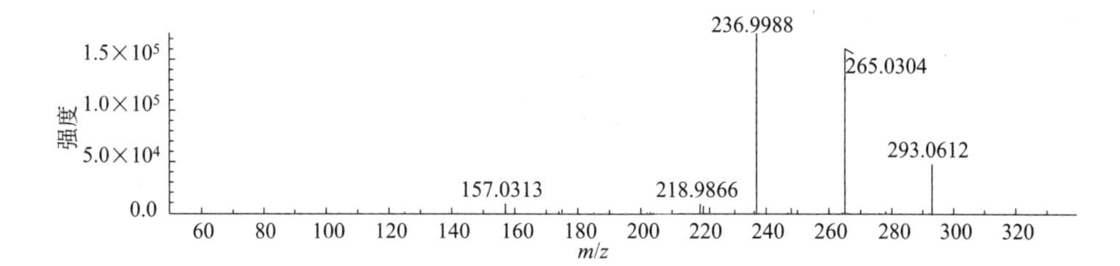

二级全扫质谱图 CE: 35V

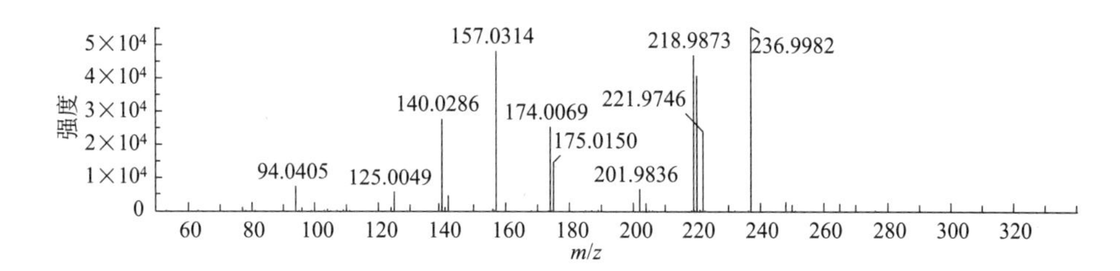

二级全扫质谱图 CE: 50V

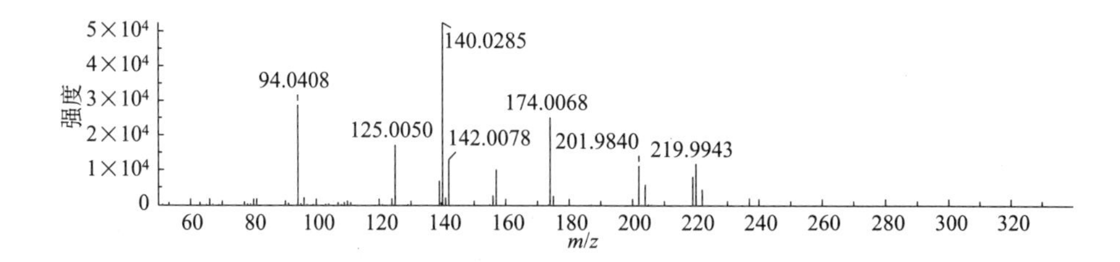

二级全扫质谱图 CE: 60V

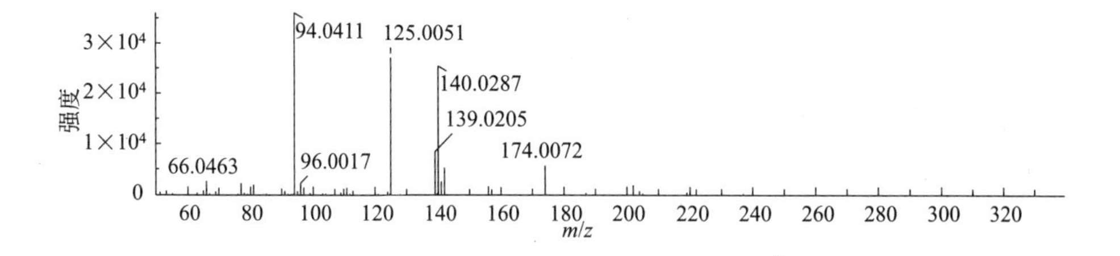

Fensulfothion oxon sulfone

氧丰索磷砜

CAS 号	6132-17-8	保留时间	5.42min
分子式	$C_{11}H_{17}O_6PS$	加合方式	$[M+H]^+$
分子量	308.0484	源内裂解碎片	无

推测裂解规律（裂解路径已经 MS^3 确认）

$[C_{11}H_{17}O_6PS]$ MW 308.0484

$[C_{11}H_{17}O_6PS+H]^+$ *m/z* 309.0556

$[C_9H_{13}O_5PS+H]^+$ *m/z* 281.0243

$[C_7H_9O_5PS+H]^+$ *m/z* 252.9930

$[C_6H_7O_4P+H]^+$ *m/z* 175.0155

$[C_6H_6OP]^+$ *m/z* 157.0049

$[C_6H_5]^+$ *m/z* 77.0386

$[C_7H_8O_2S_2+H]^+$ *m/z* 173.0267

$[C_6H_5O+H]^{\cdot+}$ *m/z* 94.0413

提取离子流色谱图

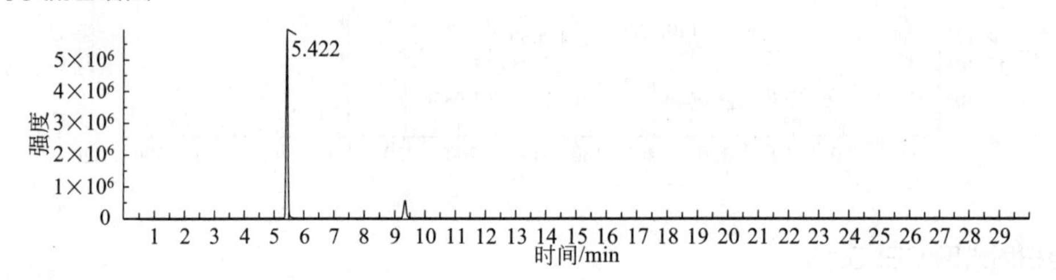

一级质谱图

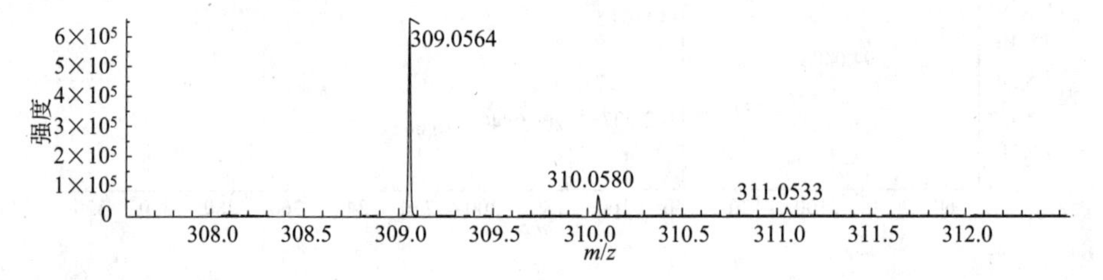

二级全扫质谱图 CE: (35±15)V

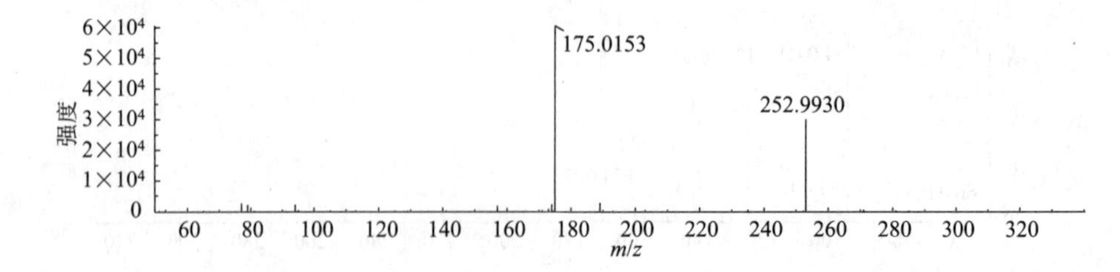

二级全扫质谱图 CE: 10V

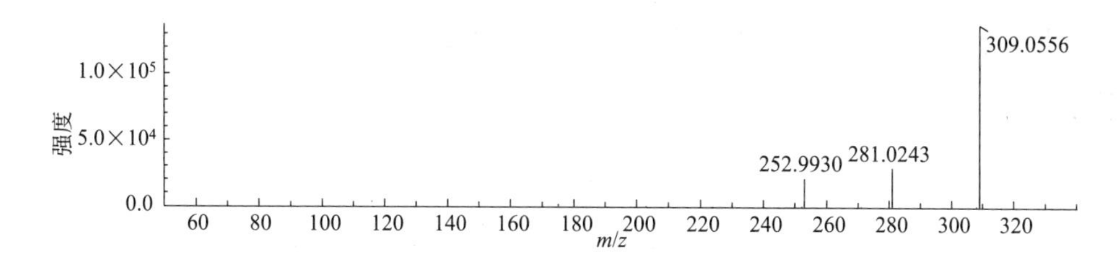

二级全扫质谱图 CE: 20V

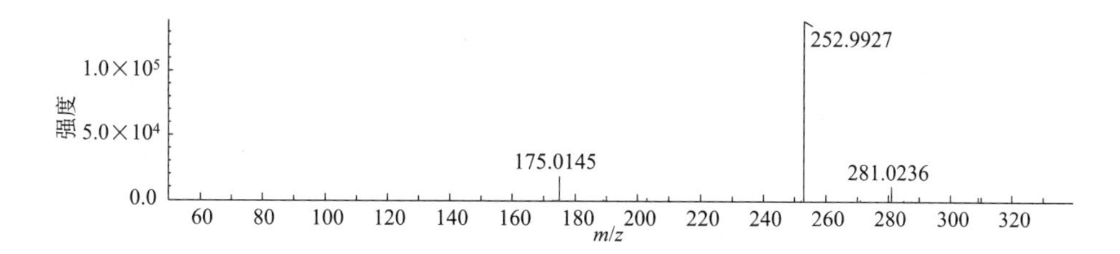

二级全扫质谱图 CE: 35V

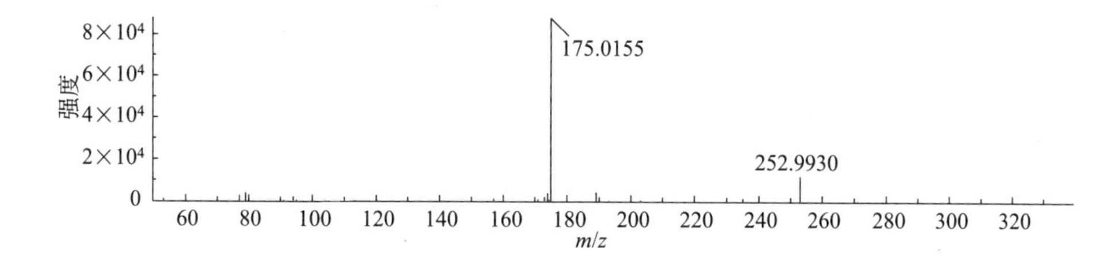

二级全扫质谱图 CE: 50V

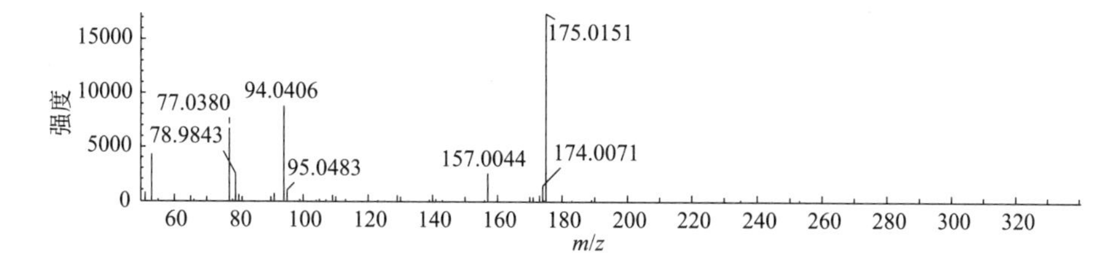

二级全扫质谱图 CE: 60V

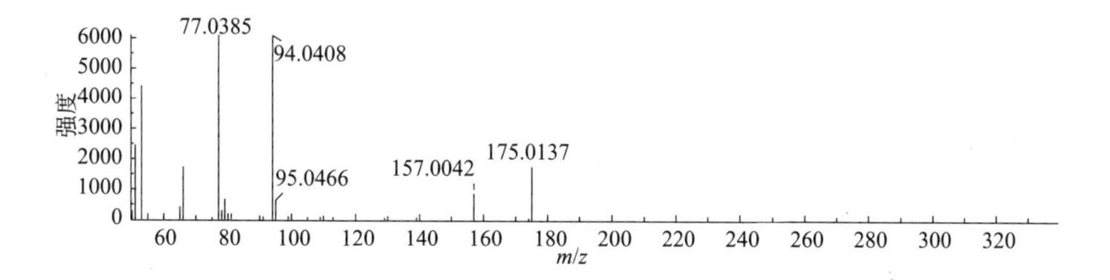

Fensulfothion sulfone

丰索磷砜

CAS 号	14255-72-2	保留时间	10.20min
分子式	$C_{11}H_{17}O_5PS_2$	加合方式	$[M+H]^+$
分子量	324.0255	源内裂解碎片	无

推测裂解规律

$[C_{11}H_{17}O_5PS_2]$ MW 324.0255

$[C_{11}H_{17}O_5PS_2+H]^+$ *m/z* 325.0328

$[C_9H_{13}O_5PS_2+H]^+$ *m/z* 297.0015

$[C_7H_9O_5PS_2+H]^+$ *m/z* 268.9702

$[CH_3O_2S]^+$ *m/z* 78.9848

$[C_7H_8O_3S+H]^+$ *m/z* 173.0267

$[C_6H_5O+H]^{\cdot+}$ *m/z* 94.0413

$[C_7H_8O_5PS]^+$ *m/z* 234.9825

$[C_7H_8O_4PS_2]^+$ *m/z* 250.9596

提取离子流色谱图

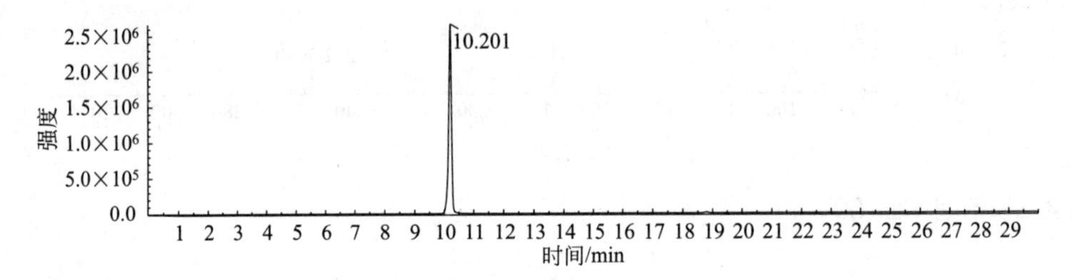

一级质谱图

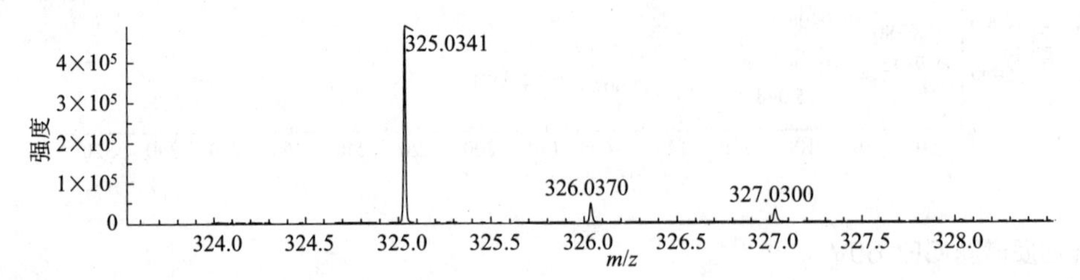

二级全扫质谱图 CE: (35±15)V

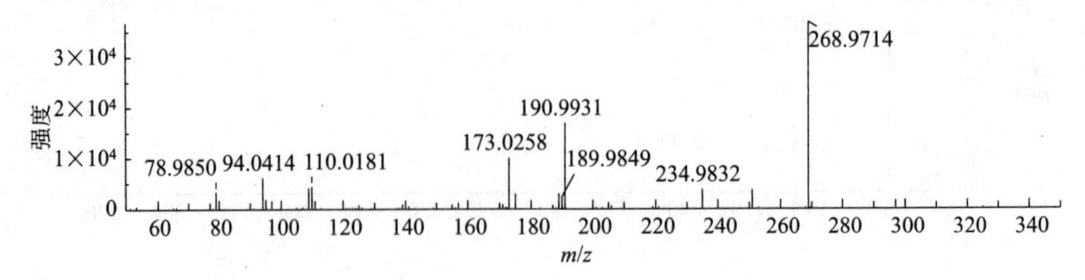

二级全扫质谱图 CE: 10V

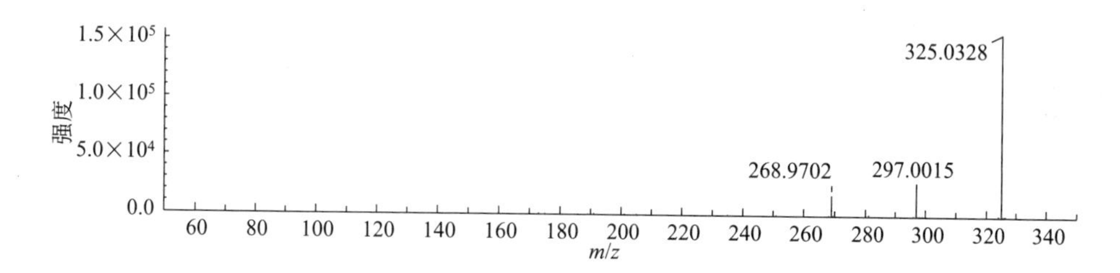

二级全扫质谱图 CE: 20V

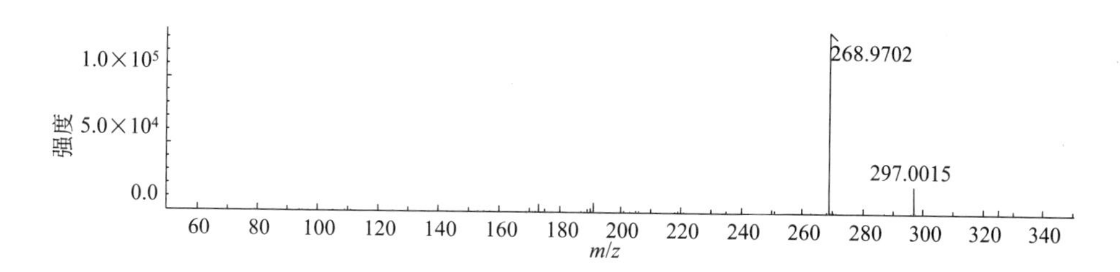

二级全扫质谱图 CE: 35V

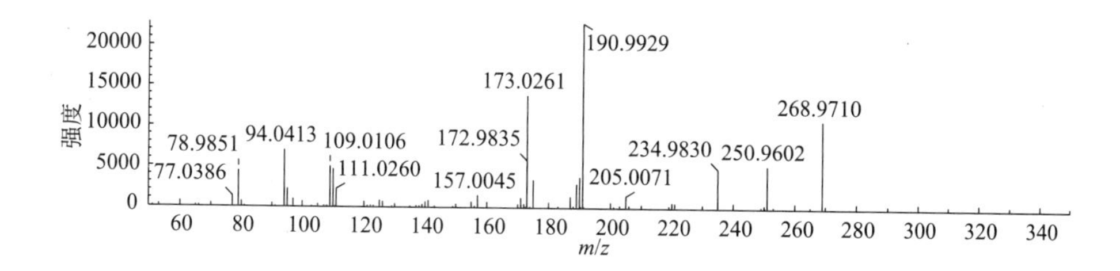

二级全扫质谱图 CE: 50V

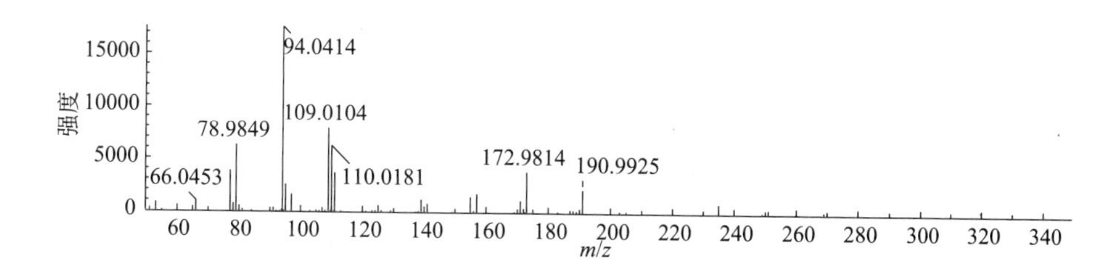

二级全扫质谱图 CE: 60V

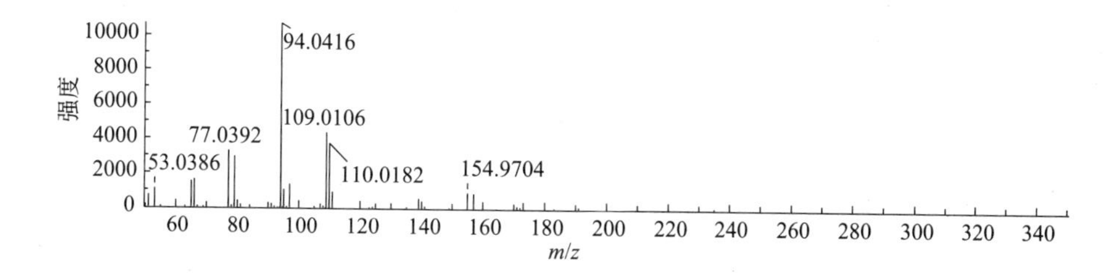

Fenvalerate

氰戊菊酯

CAS 号	51630-58-1	保留时间	23.58min
分子式	$C_{25}H_{22}ClNO_3$	加合方式	$[M+NH_4]^+$
分子量	419.1288	源内裂解碎片	无

推测裂解规律

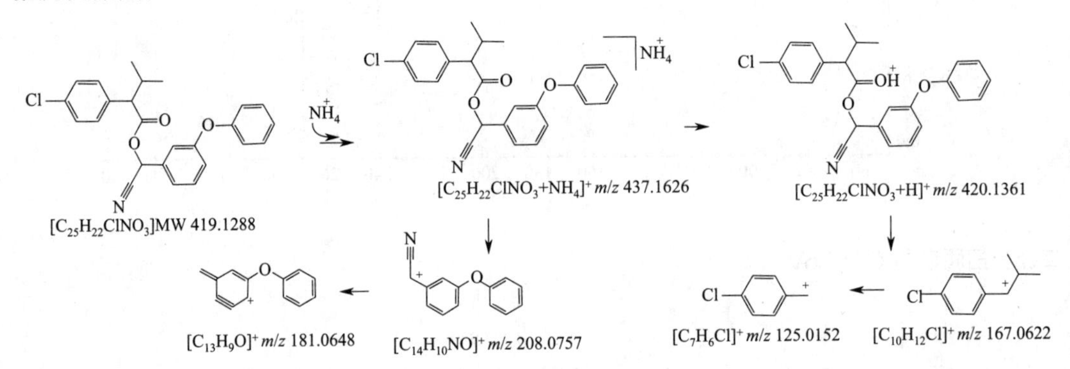

提取离子流色谱图

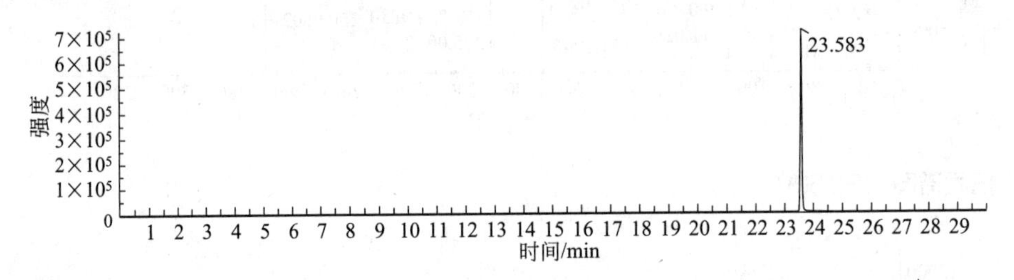

一级质谱图

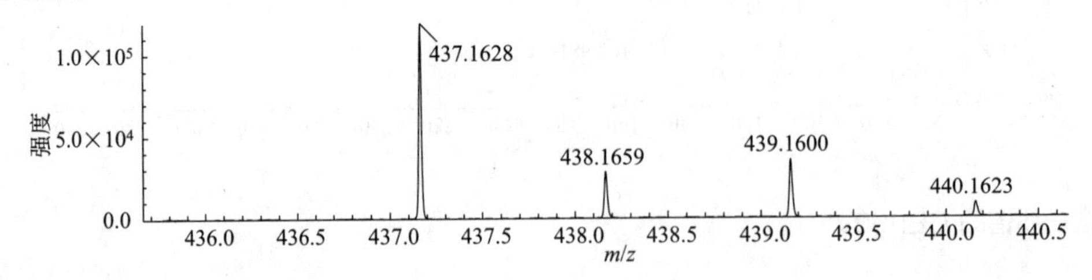

二级全扫质谱图 CE: (35±15)V

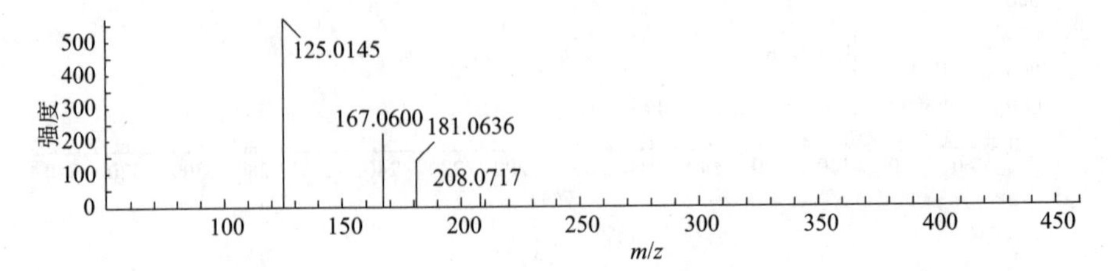

二级全扫质谱图 CE: 10V

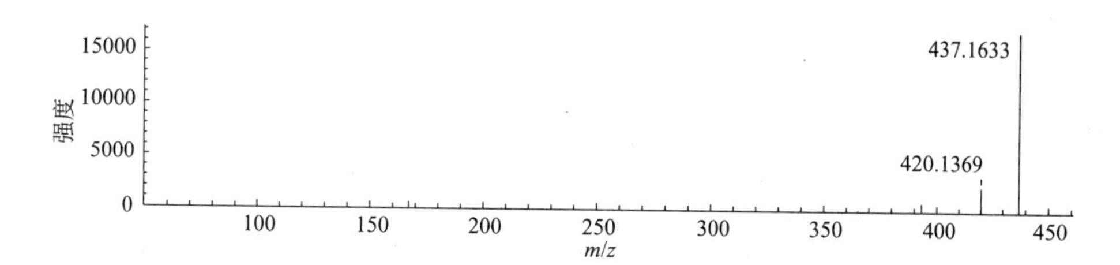

二级全扫质谱图 CE: 20V

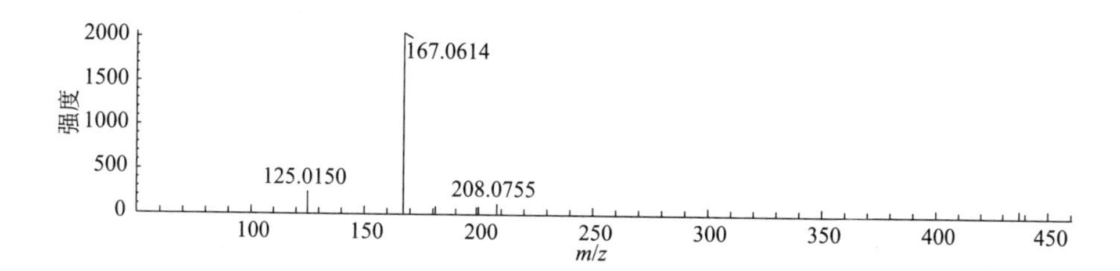

二级全扫质谱图 CE: 35V

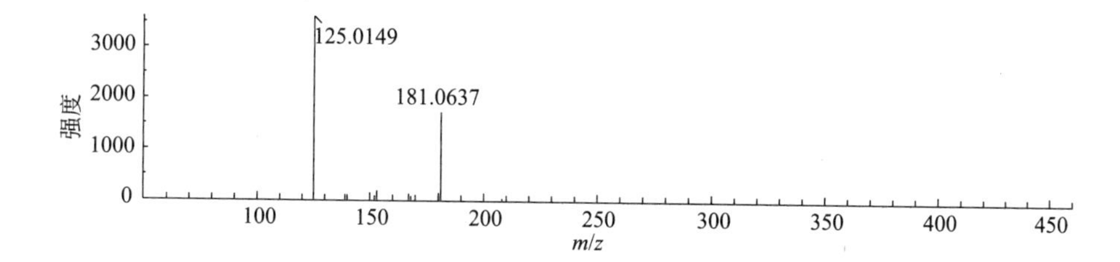

二级全扫质谱图 CE: 50V

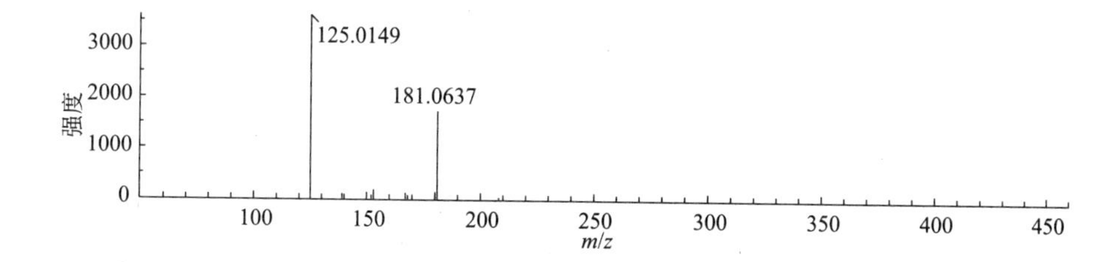

二级全扫质谱图 CE: 60V

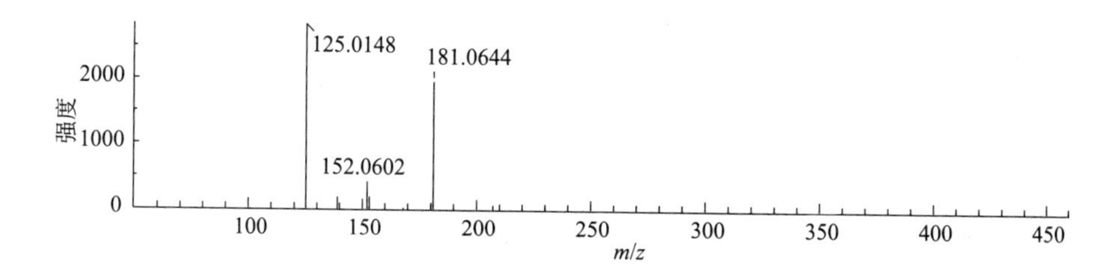

Fipronil
氟虫腈

CAS 号	120068-37-3	保留时间	17. 34min
分子式	$C_{12}H_4Cl_2F_6N_4OS$	加合方式	$[M-H]^-$
分子量	435. 9387	源内裂解碎片	无

推测裂解规律

$[C_{12}H_4Cl_2F_6N_4OS]$ MW 435.9387

$[C_{12}H_4Cl_2F_6N_4OS\text{-}H]^-$ *m/z* 434.9314

$[C_{12}H_2ClF_6N_4OS]^-$ *m/z* 398.9548

$[C_{11}H_2ClF_3N_4OS]^{\cdot-}$ *m/z* 329.9595

$[C_{11}H_3Cl_2F_3N_4]^{\cdot-}$ *m/z* 317.9692

提取离子流色谱图

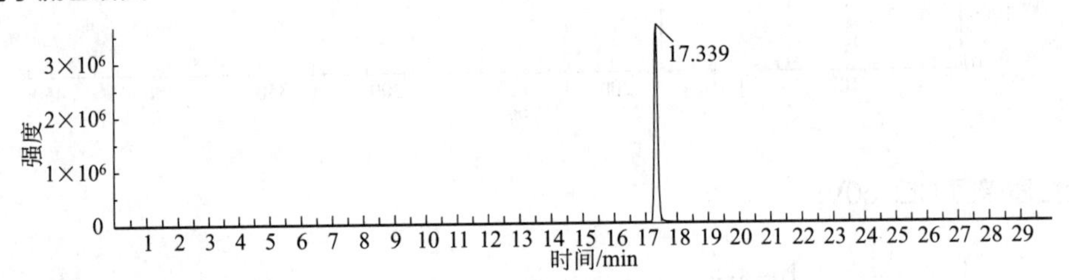

一级质谱图

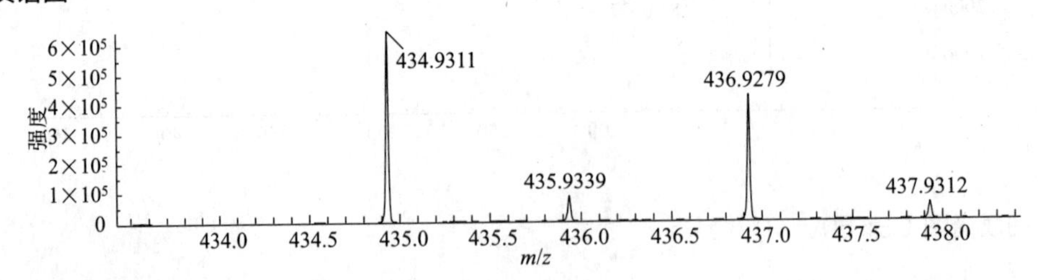

二级全扫质谱图 CE: (35±15)V

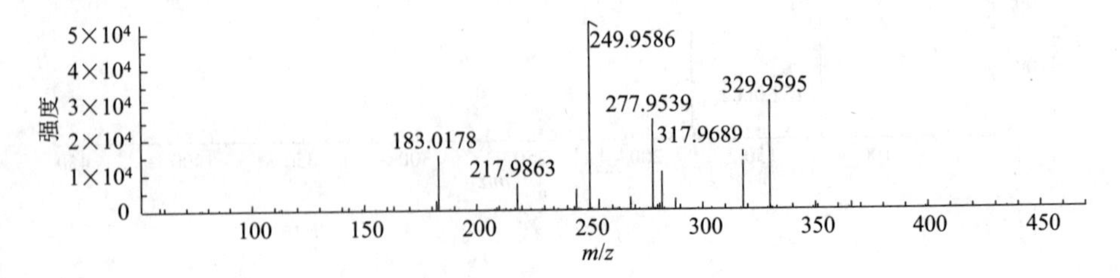

二级全扫质谱图 CE: 10V

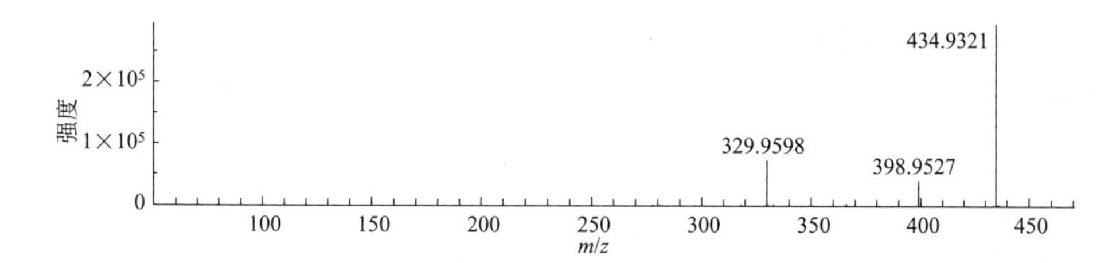

二级全扫质谱图 CE: 20V

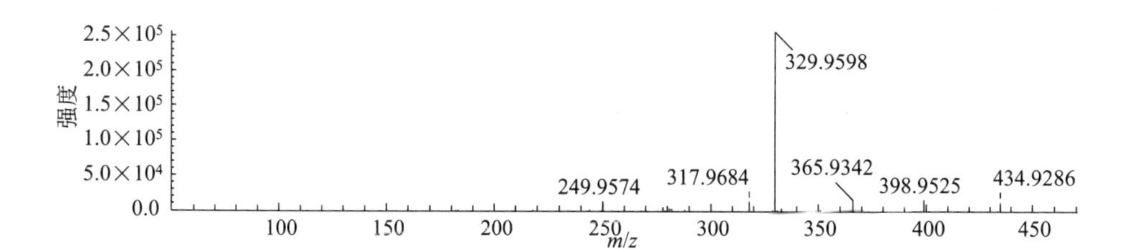

二级全扫质谱图 CE: 35V

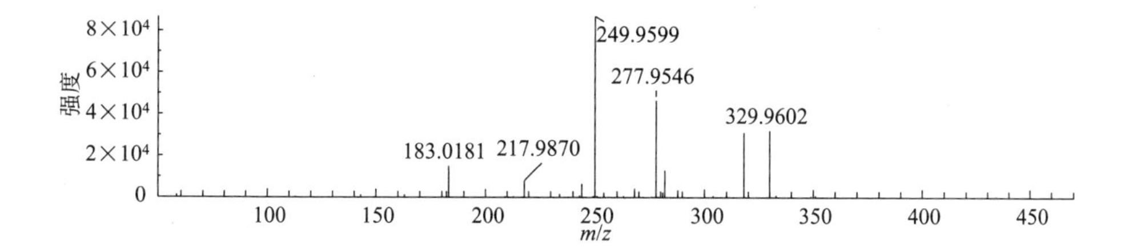

二级全扫质谱图 CE: 50V

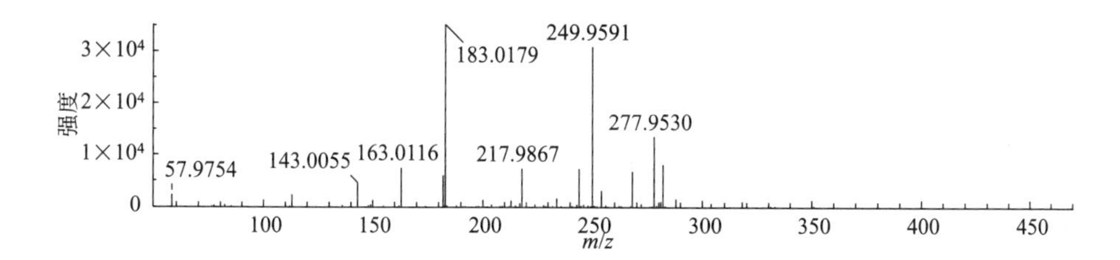

二级全扫质谱图 CE: 60V

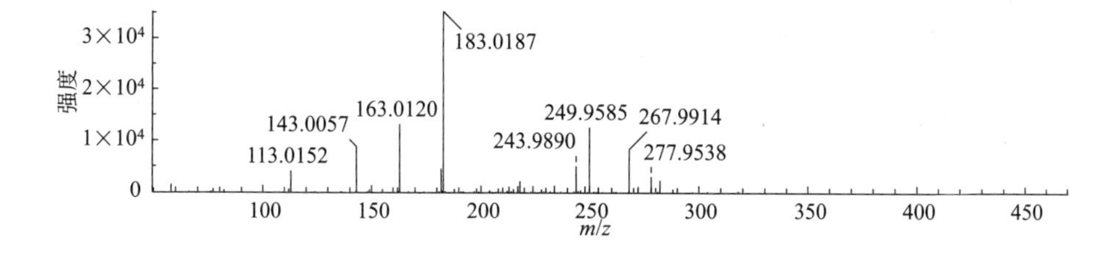

Fipronil desulfinyl

氟甲腈

CAS 号	205650-65-3	保留时间	16. 34min
分子式	$C_{12}H_4Cl_2F_6N_4$	加合方式	$[M-H]^-$
分子量	387. 9717	源内裂解碎片	无

推测裂解规律

$[C_{12}H_4Cl_2F_6N_4]$
MW 387.9717

$[C_{12}H_4Cl_2F_6N_4-H]^-$
m/z 386.9644

$[C_{12}H_2ClF_6N_4]^-$
m/z 350.9878

$[C_{12}HClF_5N_4]^-$
m/z 330.9815

$[C_{11}H_2ClF_3N_4]^{\cdot -}$
m/z 281.9926

提取离子流色谱图

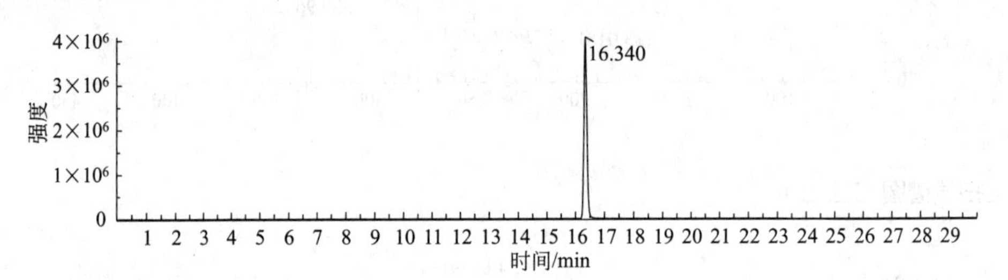

一级质谱图

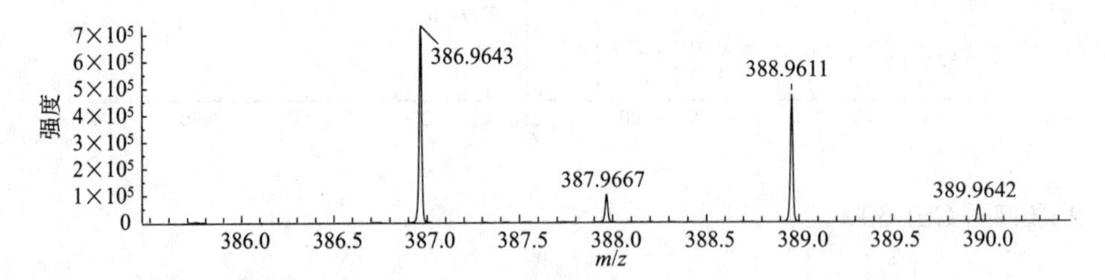

二级全扫质谱图 CE: (35±15)V

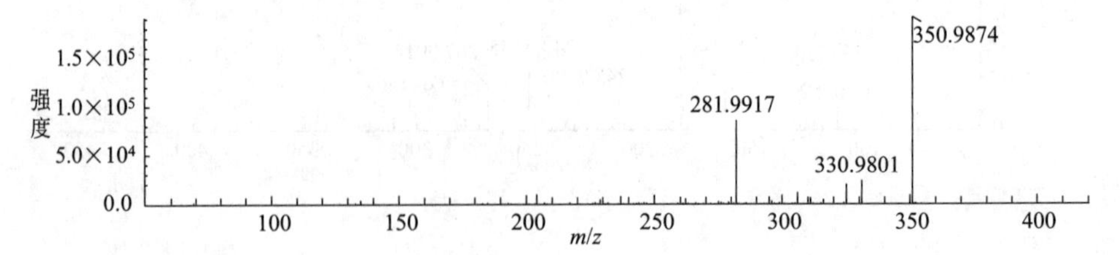

二级全扫质谱图 CE: 10V

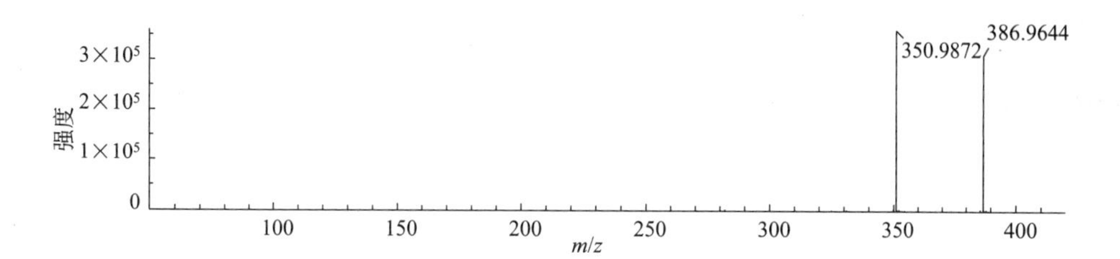

二级全扫质谱图 CE: 20V

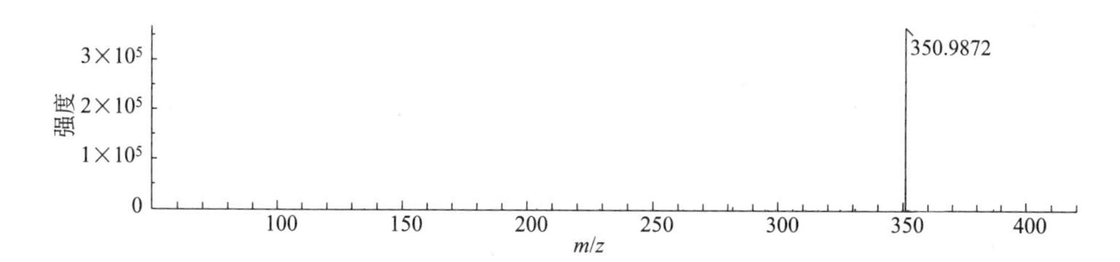

二级全扫质谱图 CE: 35V

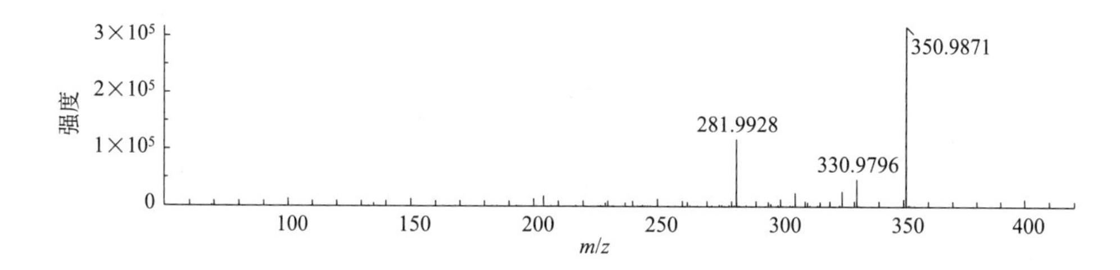

二级全扫质谱图 CE: 50V

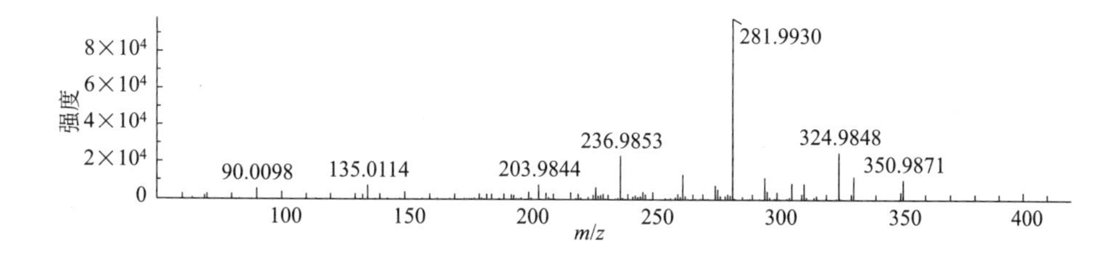

二级全扫质谱图 CE: 60V

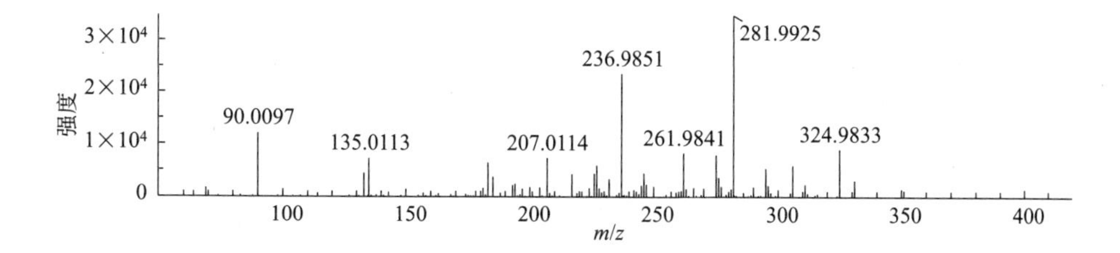

Fipronil sulfide
氟虫腈硫化物

CAS 号	120067-83-6	保留时间	18.18min
分子式	$C_{12}H_4Cl_2F_6N_4S$	加合方式	$[M-H]^-$
分子量	419.9438	源内裂解碎片	无

推测裂解规律（裂解路径已经 MS³ 确认）

$[C_{12}H_4Cl_2F_6N_4S]$MW 419.9438 → $[C_{12}H_4Cl_2F_6N_4S\text{-}H]^-$ *m/z* 418.9365 → $[C_{12}H_2ClF_6N_4S]^-$ *m/z* 382.9598 → $[C_{11}H_2ClF_3N_4S]^{\cdot-}$ *m/z* 313.9646

→ $[C_9H_2ClF_3N_2S]^{\cdot-}$ *m/z* 261.9585 + $[CNS]^-$ *m/z* 57.9757 → $[C_8H_2ClF_3N_2]^{\cdot-}$ *m/z* 217.9864

$[C_{12}F_3S]^-$ *m/z* 100.9678

提取离子流色谱图

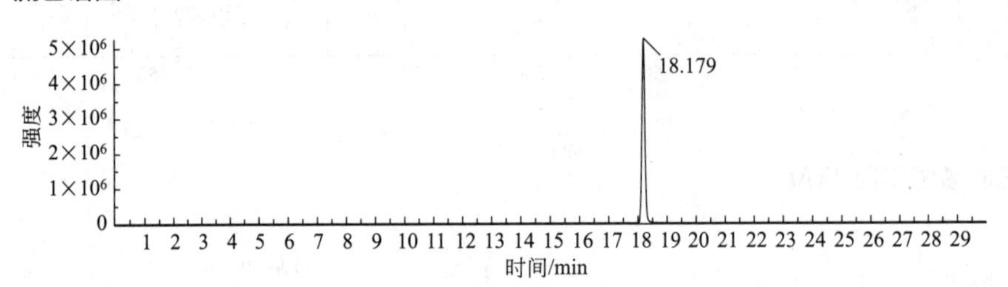

一级质谱图

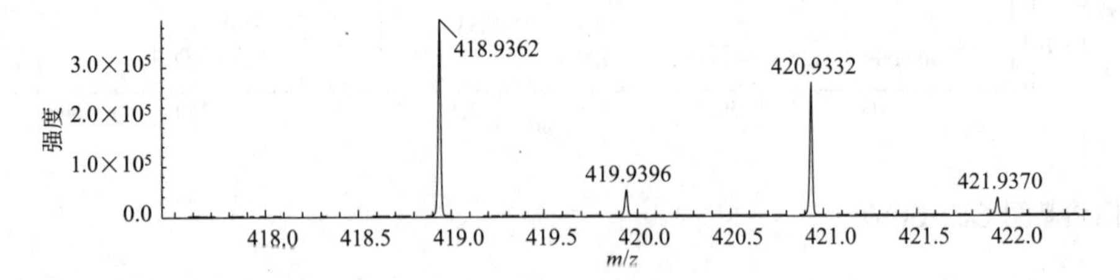

二级全扫质谱图 CE: (35±15)V

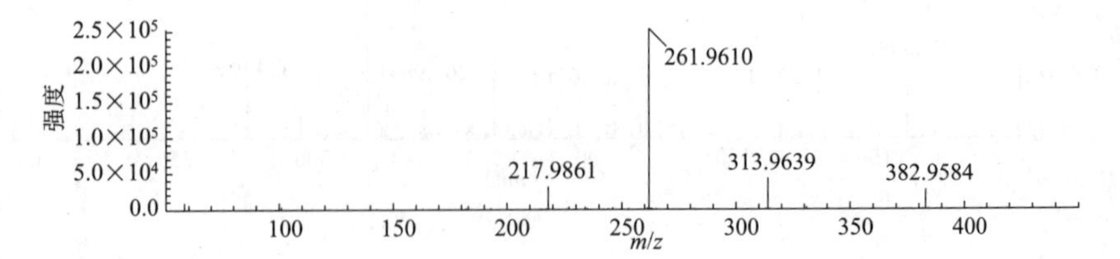

二级全扫质谱图 CE: 10V

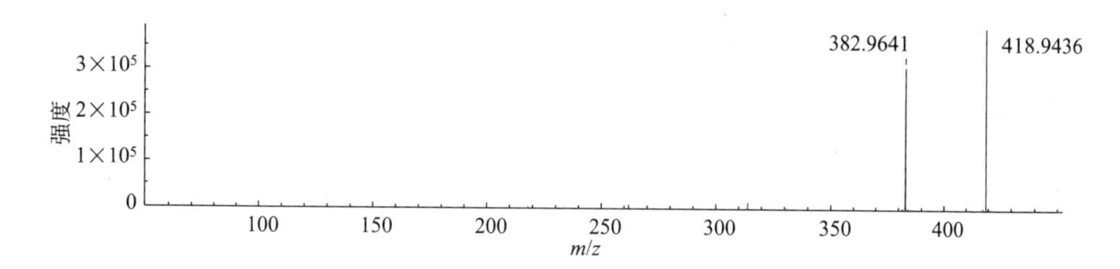

二级全扫质谱图 CE: 20V

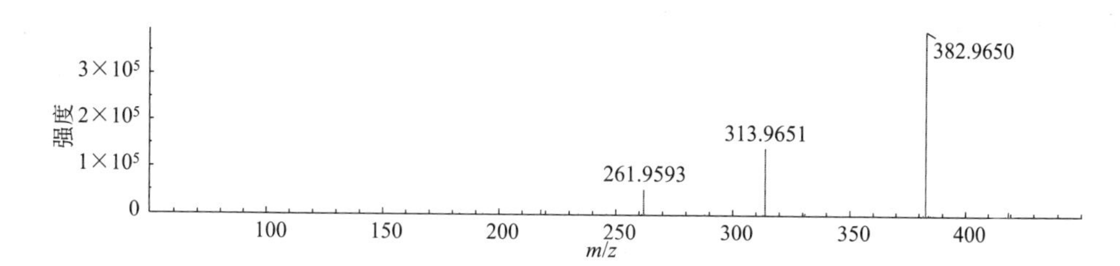

二级全扫质谱图 CE: 35V

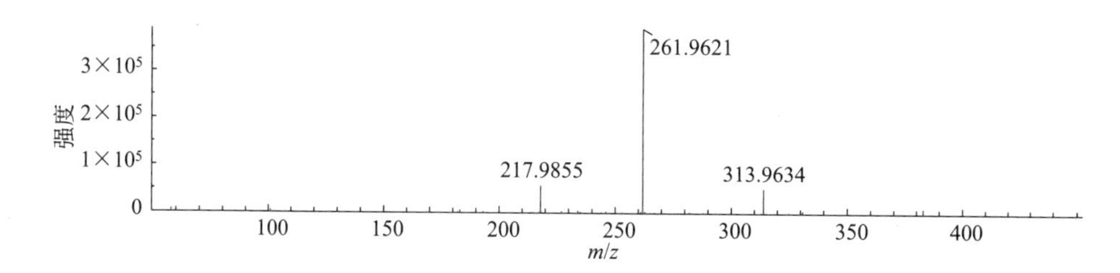

二级全扫质谱图 CE: 50V

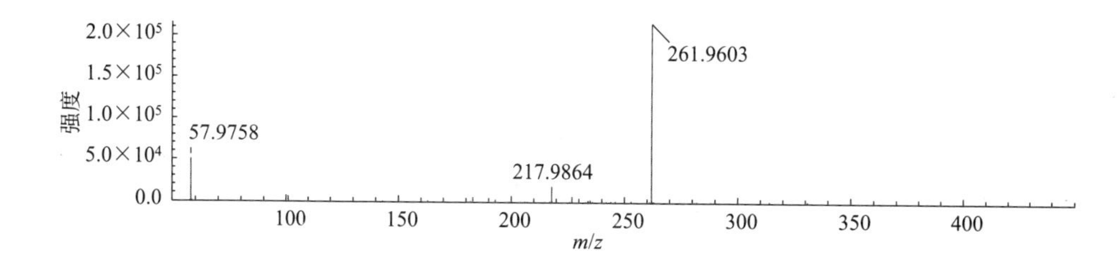

二级全扫质谱图 CE: 60V

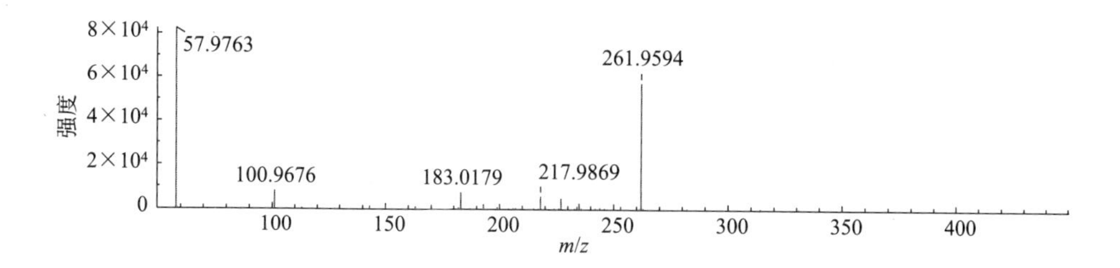

Fipronil sulfone

氟虫腈砜

CAS 号	120068-36-2	保留时间	19. 39min
分子式	$C_{12}H_4Cl_2F_6N_4O_2S$	加合方式	$[M-H]^-$
分子量	451. 9336	源内裂解碎片	无

推测裂解规律（裂解路径已经 MS³ 确认）

$[C_{12}H_4Cl_2F_6N_4O_2S]$ MW 451.9336 → $[C_{12}H_4Cl_2F_6N_4O_2S\text{-}H]^-$ *m/z* 450.9263 → $[C_{12}H_2ClF_6N_4O_2S]^-$ *m/z* 414.9497 → $[C_{11}H_2ClF_3N_4]^{\cdot-}$ *m/z* 281.9926 → $[C_9H_2ClF_3N_3]^{\cdot-}$ *m/z* 243.9895

提取离子流色谱图

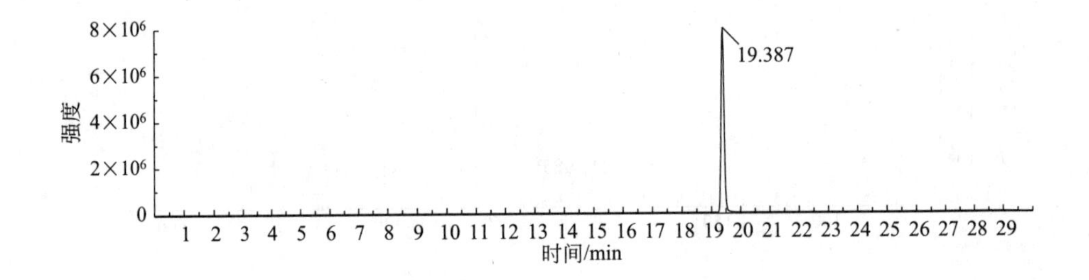

一级质谱图

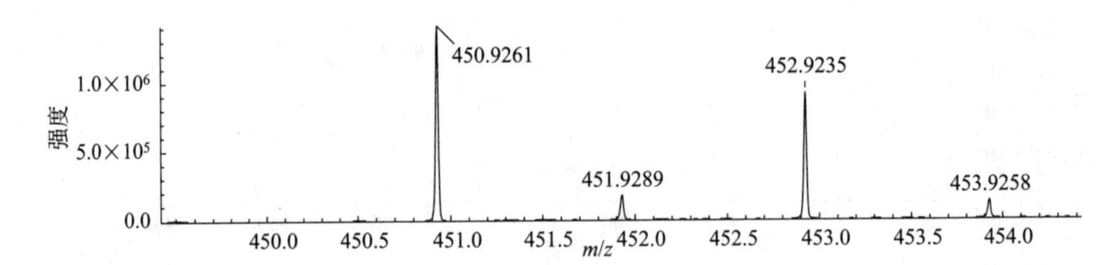

二级全扫质谱图 CE: (35±15)V

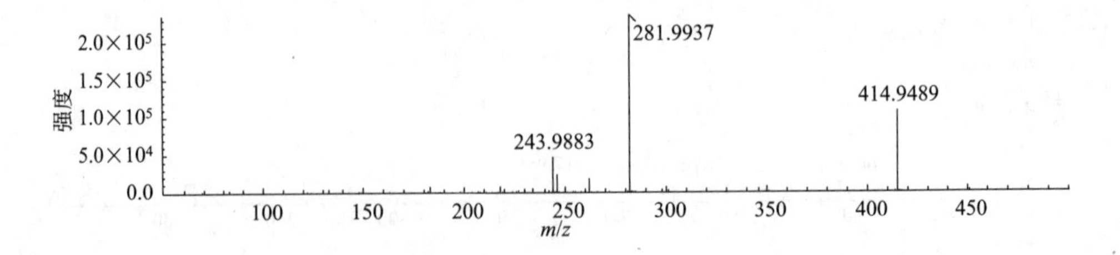

二级全扫质谱图 CE: 10V

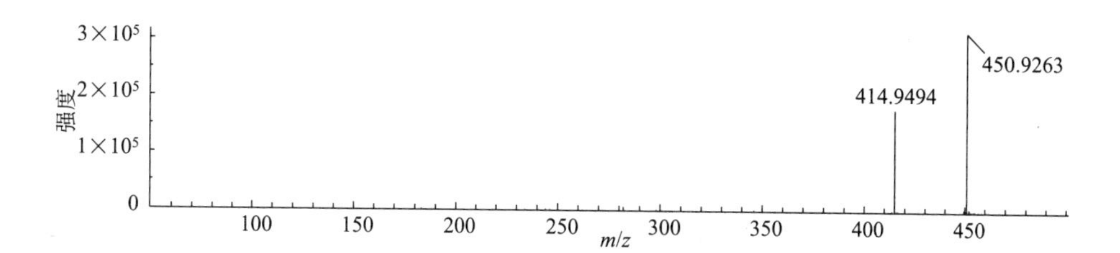

二级全扫质谱图 CE: 20V

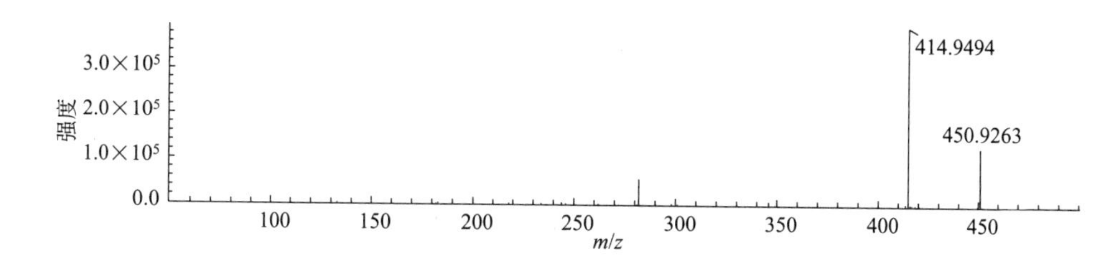

二级全扫质谱图 CE: 35V

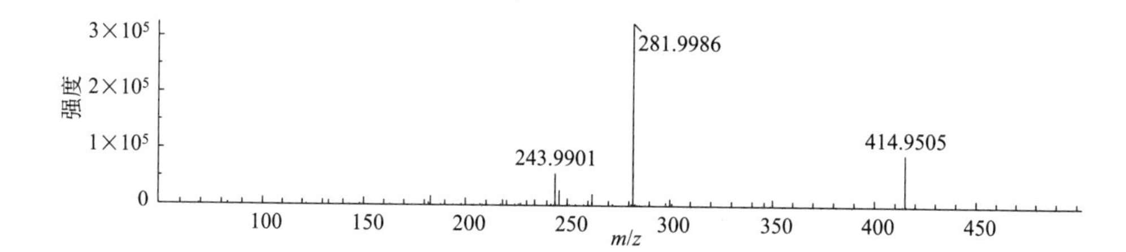

二级全扫质谱图 CE: 50V

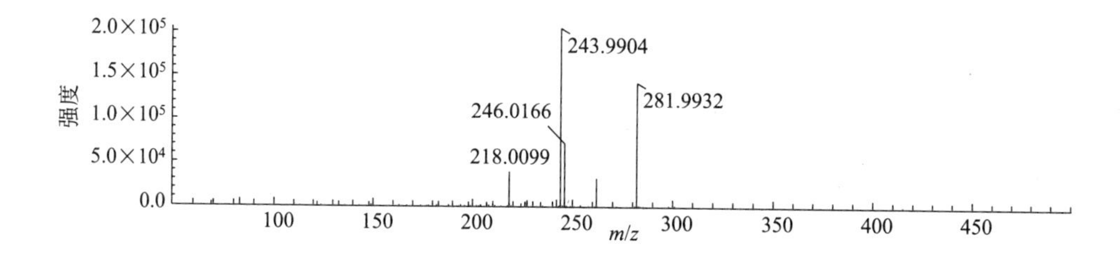

二级全扫质谱图 CE: 60V

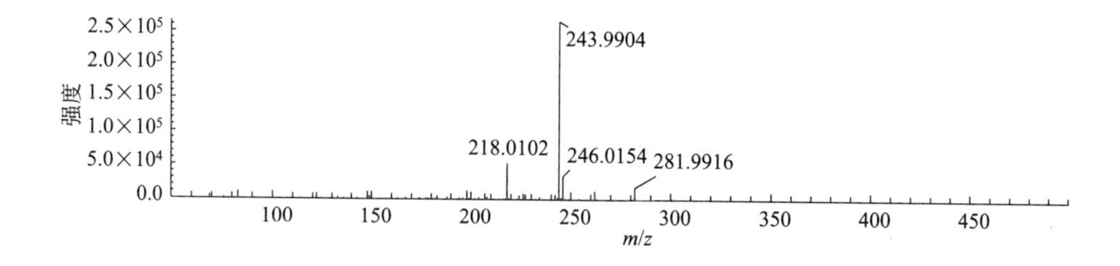

Flonicamid

氟啶虫酰胺

CAS 号	158062-67-0	保留时间	4.10min
分子式	$C_9H_6F_3N_3O$	加合方式	$[M+H]^+$
分子量	229.0463	源内裂解碎片	无

推测裂解规律（裂解路径已经 MS^3 确认）

$[C_9H_6F_3N_3O]$ MW 229.0463

$[C_9H_6F_3N_3O+H]^+$ m/z 230.0536

$[C_7H_3F_3NO]^+$ m/z 174.0161

$[C_6H_3F_3N]^+$ m/z 146.0212

$[C_6H_2F_2N]^+$ m/z 126.0150

$[C_5H_4N+H]^{\cdot+}$ m/z 97.0416

$[C_8H_6F_3N_2O]^+$ m/z 203.0427

$[C_7H_4F_3NO+H]^+$ m/z 176.0318

$[C_6H_4F_2N+H]^{\cdot+}$ m/z 129.0385

$[C_6H_4F_3N+H]^+$ m/z 148.0367

$[C_5H_4FN+H]^+$ m/z 98.0400

$[C_7H_5F_2N_2]^+$ m/z 155.0415

$[C_6H_4F_2N]^+$ m/z 128.0306

提取离子流色谱图

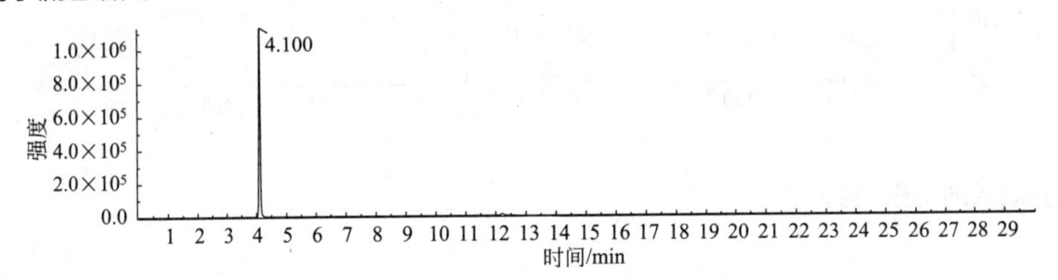

一级质谱图

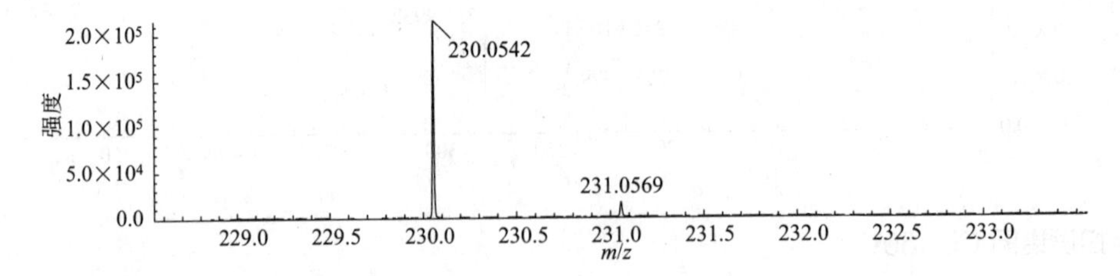

二级全扫质谱图 CE: (35±15)V

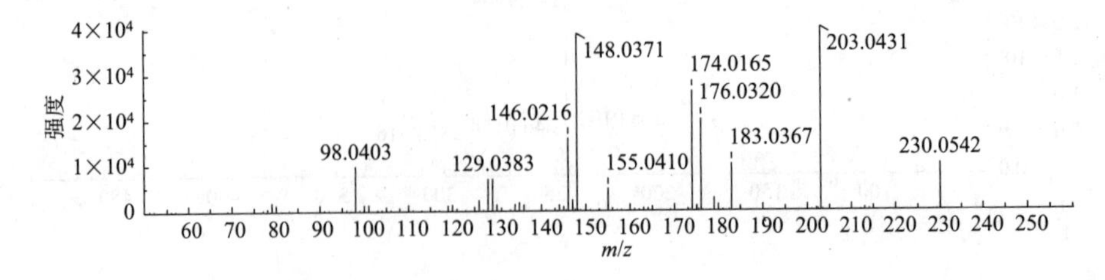

二级全扫质谱图 CE: 10V

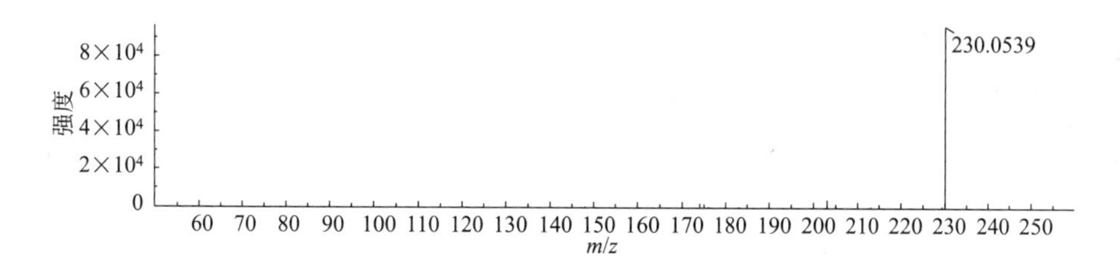

二级全扫质谱图 CE: 20V

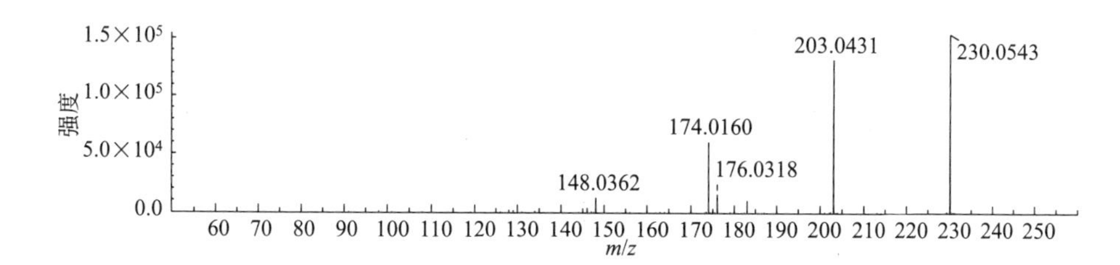

二级全扫质谱图 CE: 35V

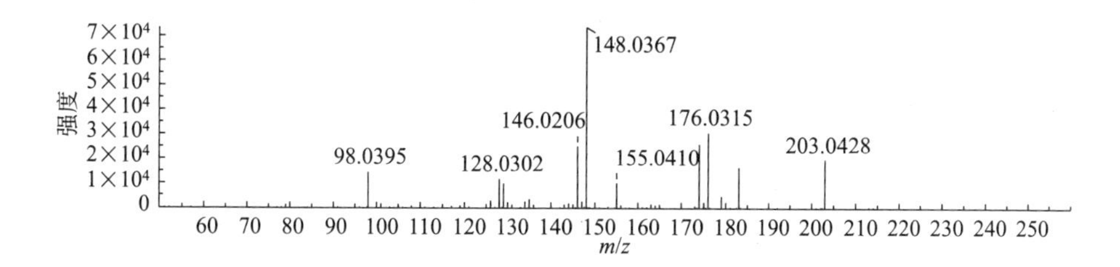

二级全扫质谱图 CE: 50V

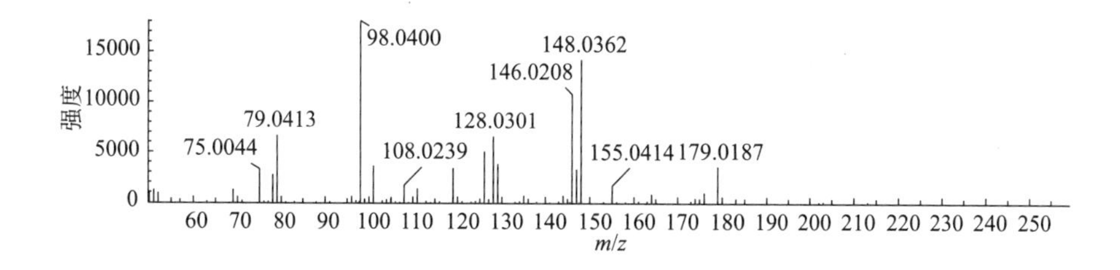

二级全扫质谱图 CE: 60V

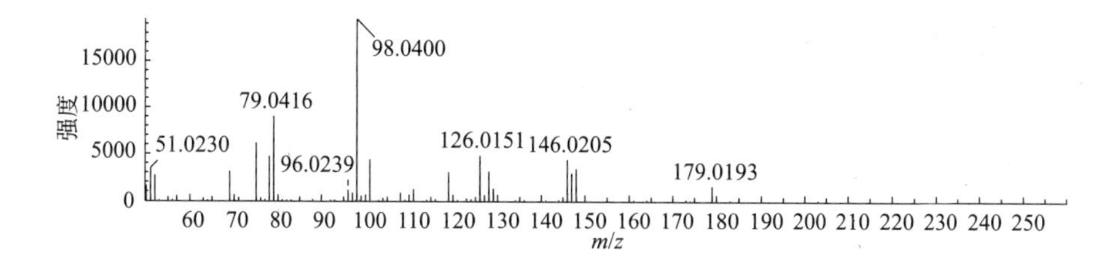

Florasulam
双氟磺草胺

CAS 号	145701-23-1	保留时间	5.25min
分子式	$C_{12}H_8F_3N_5O_3S$	加合方式	$[M+H]^+$
分子量	359.0300	源内裂解碎片	无

推测裂解规律（裂解路径已经 MS^3 确认）

$[C_{12}H_8F_3N_5O_3S]$ MW 359.0300

$[C_{12}H_8F_3N_5O_3S+H]^+$ *m/z* 360.0373

$[C_6H_4F_2N+H]^{\cdot +}$ *m/z* 129.0385

$[C_6H_4FN]^{\cdot +}$ *m/z* 109.0322

$[C_6H_4F_2NO_2S]^+$ *m/z* 191.9925

$[C_{12}H_8F_3N_5O+H]^+$ *m/z* 296.0754

提取离子流色谱图

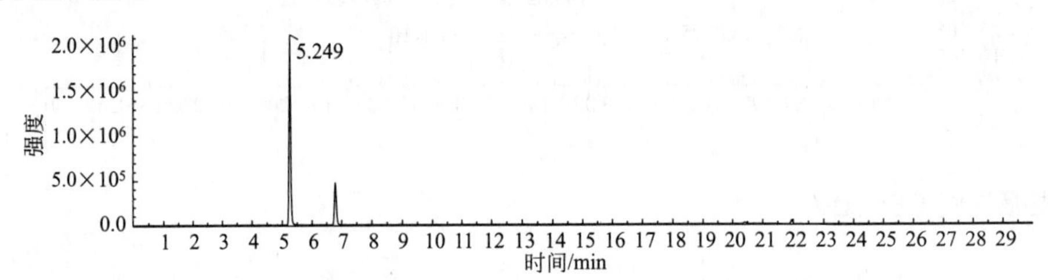

一级质谱图

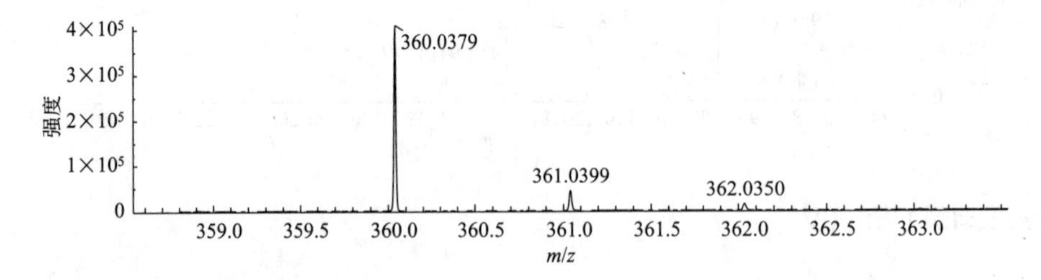

二级全扫质谱图 CE: (35±15)V

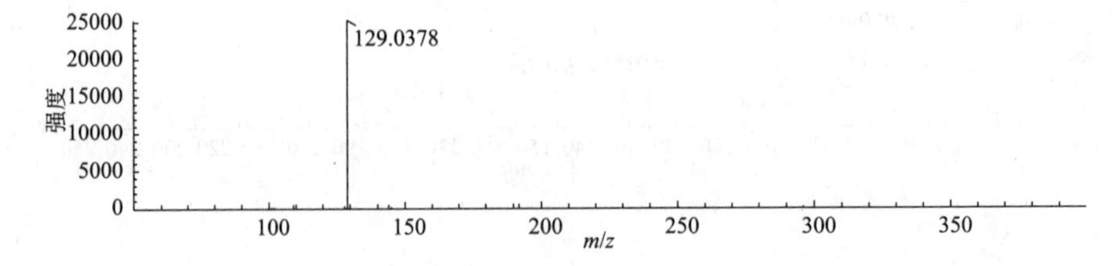

二级全扫质谱图 CE: 10V

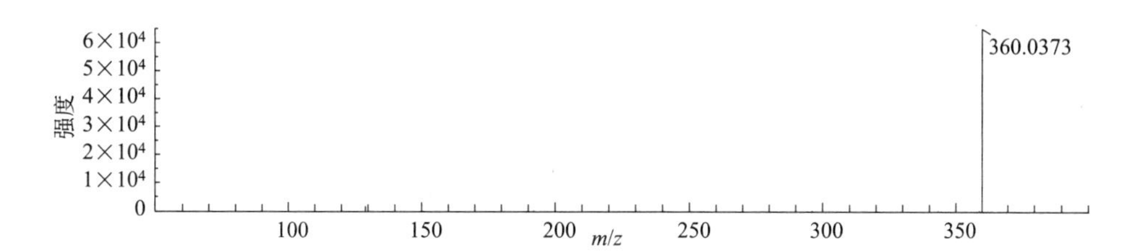

二级全扫质谱图 CE: 20V

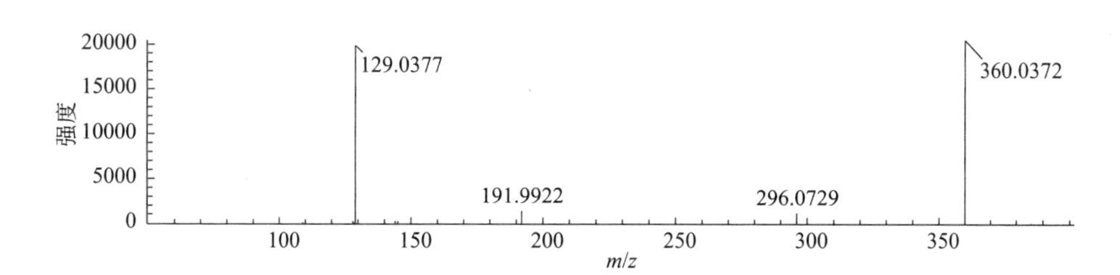

二级全扫质谱图 CE: 35V

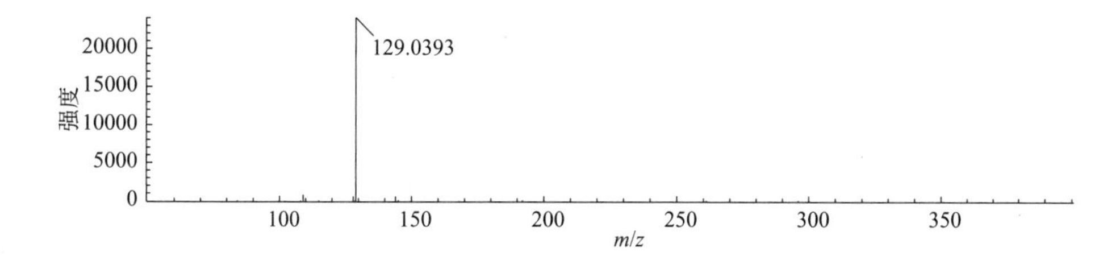

二级全扫质谱图 CE: 50V

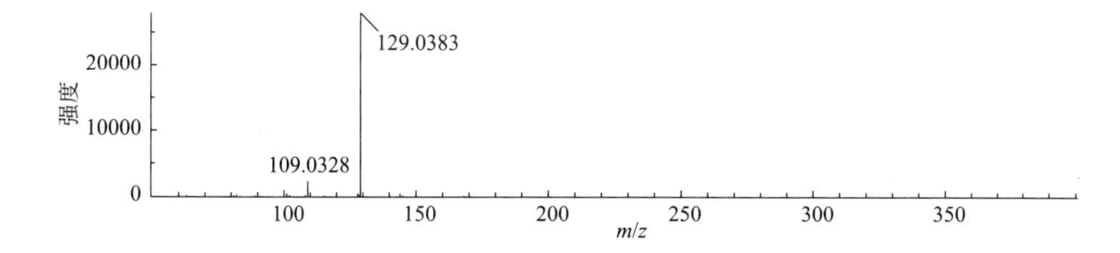

二级全扫质谱图 CE: 60V

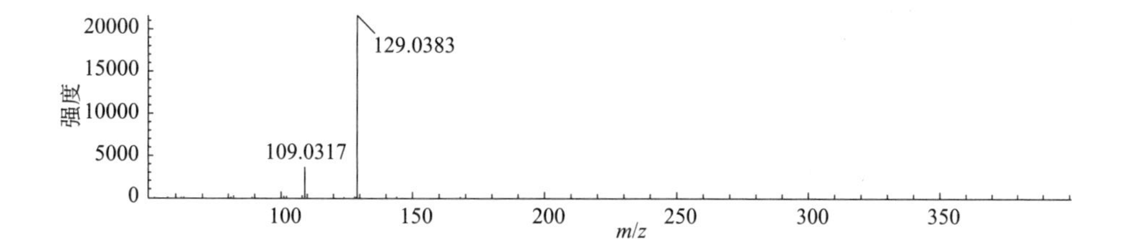

Fluazifop-butyl
吡氟禾草灵

CAS 号	69806-50-4	保留时间	22.08min
分子式	$C_{19}H_{20}F_3NO_4$	加合方式	$[M+H]^+$
分子量	383.1344	源内裂解碎片	无

推测裂解规律（裂解路径已经 MS^3 确认）

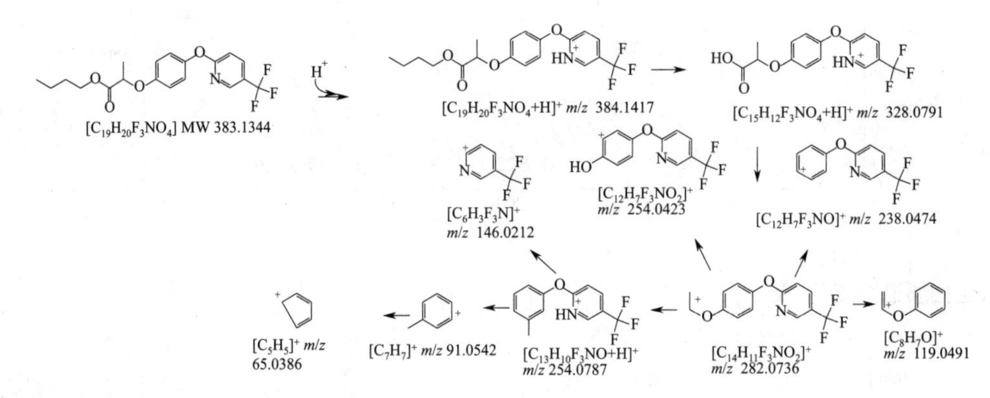

提取离子流色谱图

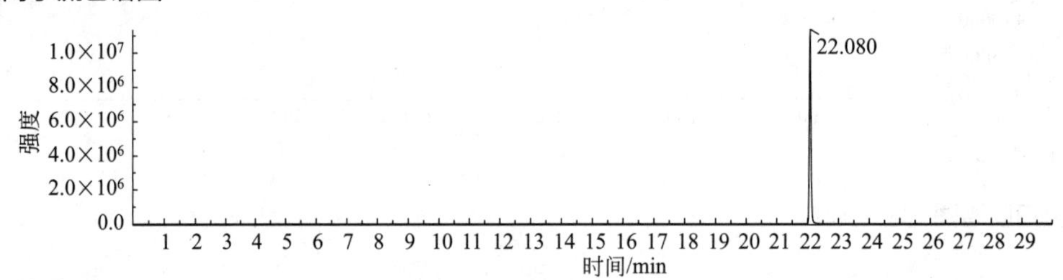

一级质谱图

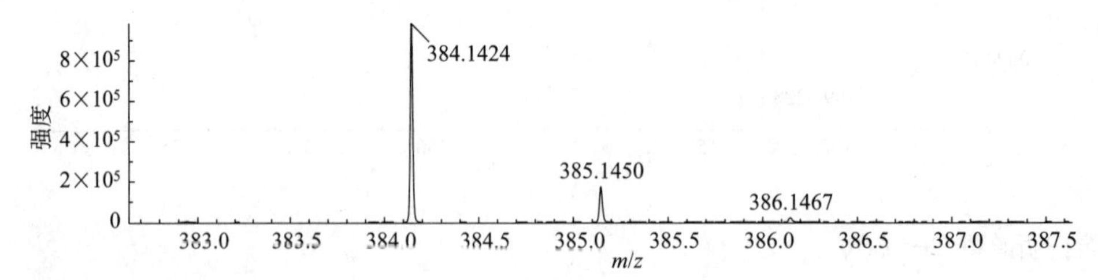

二级全扫质谱图 CE: (35±15)V

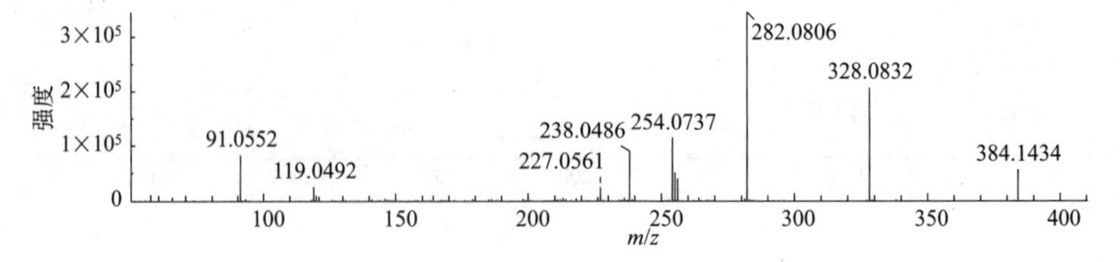

二级全扫质谱图 CE: 10V

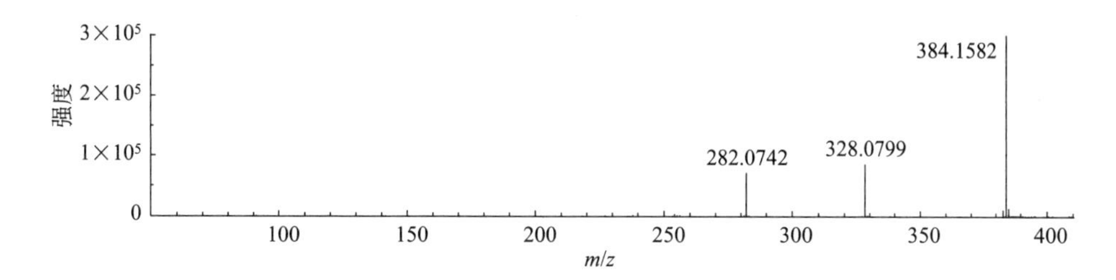

二级全扫质谱图 CE: 20V

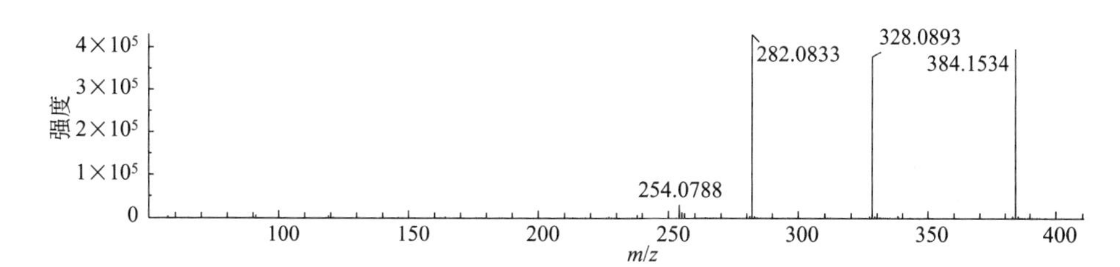

二级全扫质谱图 CE: 35V

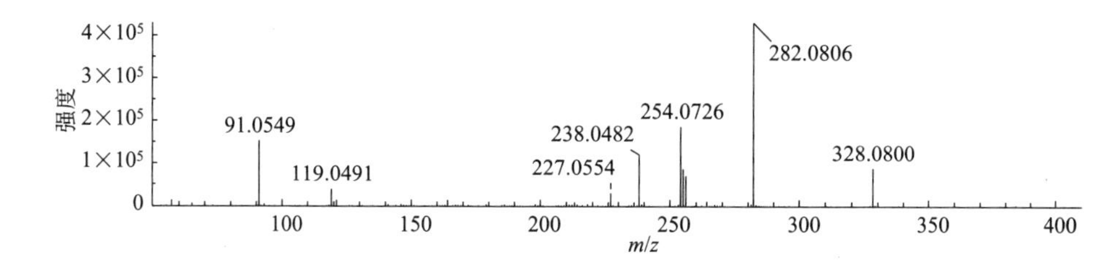

二级全扫质谱图 CE: 50V

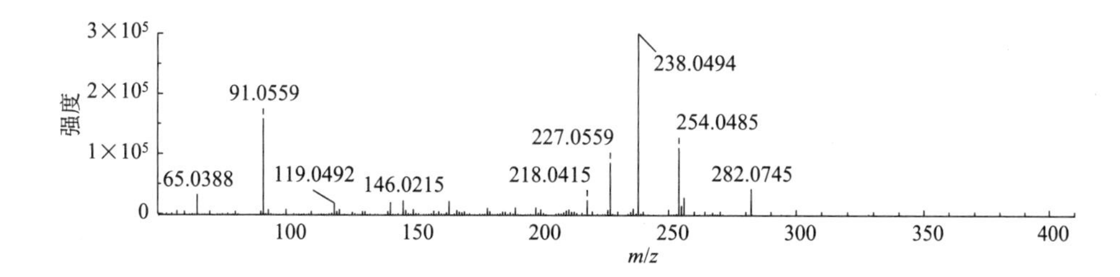

二级全扫质谱图 CE: 60V

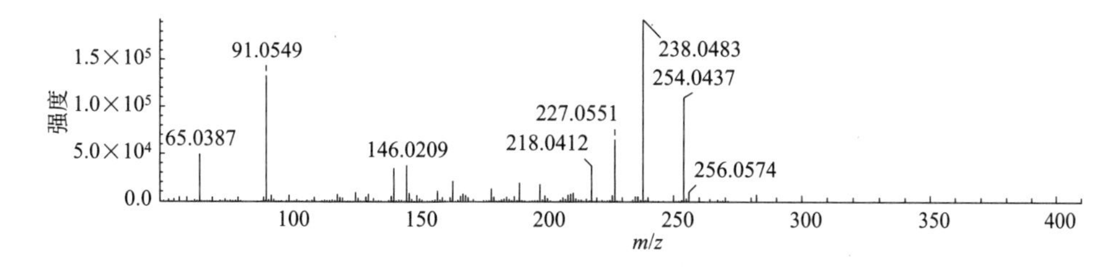

Fluazinam

氟啶胺

CAS 号	79622-59-6	保留时间	22. 27min
分子式	$C_{13}H_4Cl_2F_6N_4O_4$	加合方式	$[M-H]^-$
分子量	463. 9514	源内裂解碎片	无

推测裂解规律

$[C_{13}H_4Cl_2F_6N_4O_4]$ MW 463.9514 → $[C_{13}H_4Cl_2F_6N_4O_4\text{-}H]^-$ *m/z* 462.9441 → $[C_{13}H_2Cl_2F_6N_3O_2]^-$ *m/z* 415.9434 → $[C_{13}H_2Cl_2F_6N_2]^{\cdot-}$ *m/z* 369.9505 → $[C_{13}H_2ClF_6N_2]^-$ *m/z* 334.9816

$[C_{13}H_4Cl_2F_6N_4O_4\text{-}H]^-$ *m/z* 462.9441 → $[C_{13}H_3ClF_6N_3O_3]^-$ *m/z* 397.9773

提取离子流色谱图

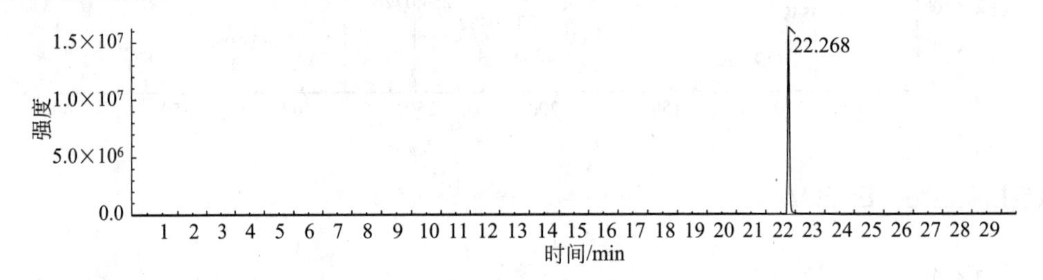

一级质谱图

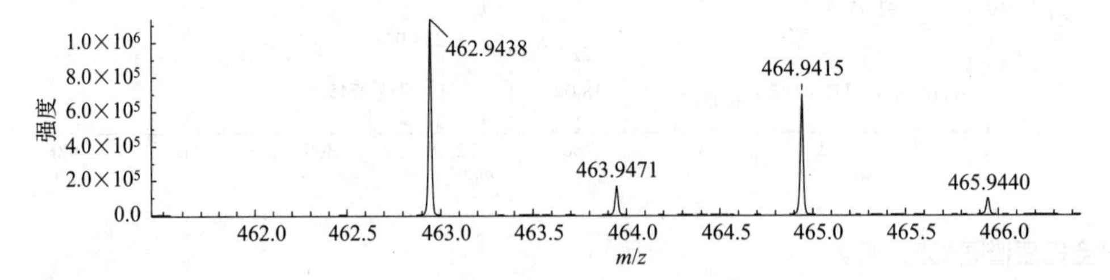

二级全扫质谱图 CE: (35±15)V

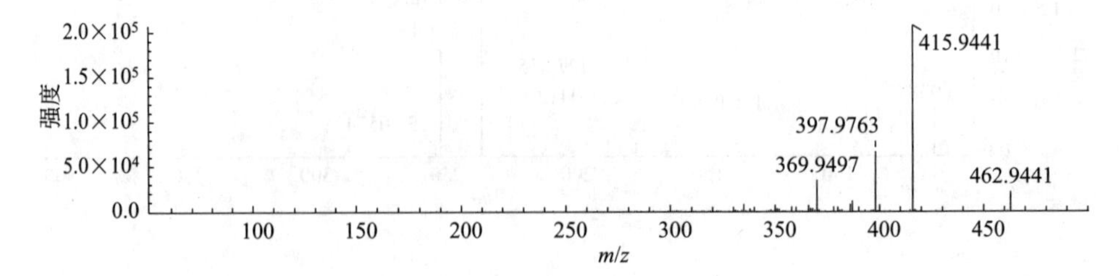

二级全扫质谱图 CE: 10V

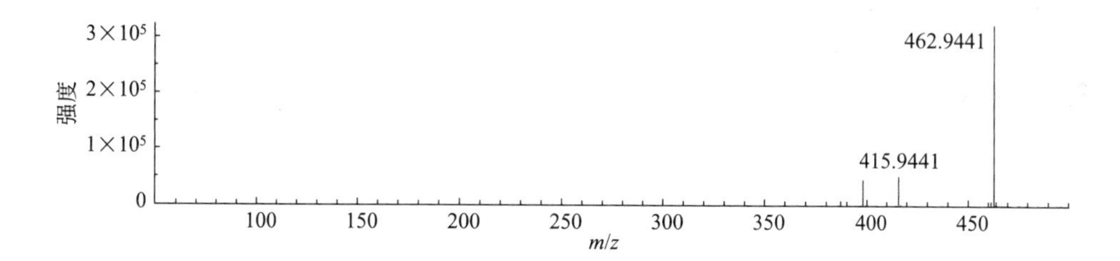

二级全扫质谱图 CE: 20V

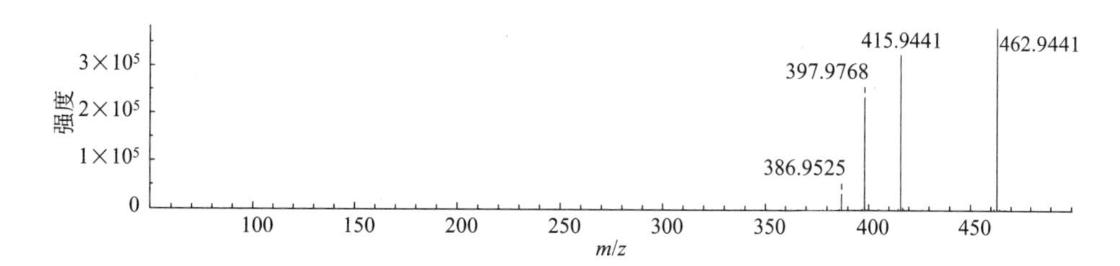

二级全扫质谱图 CE: 35V

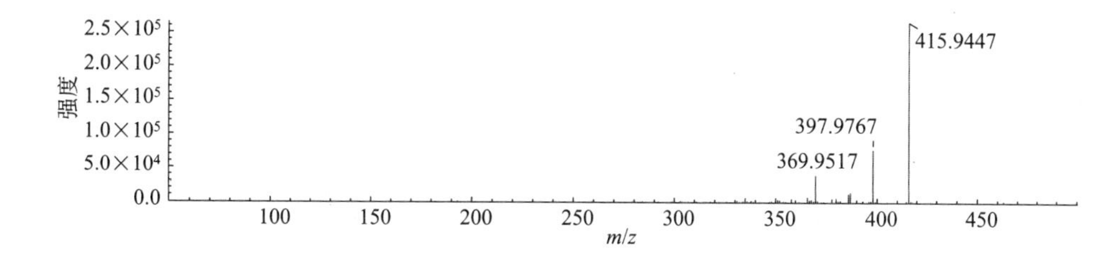

二级全扫质谱图 CE: 50V

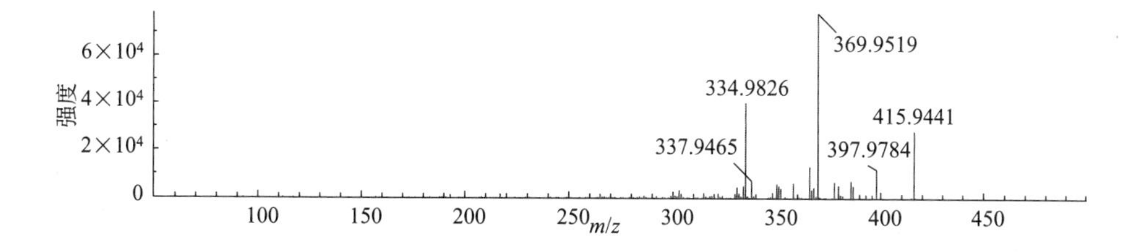

二级全扫质谱图 CE: 60V

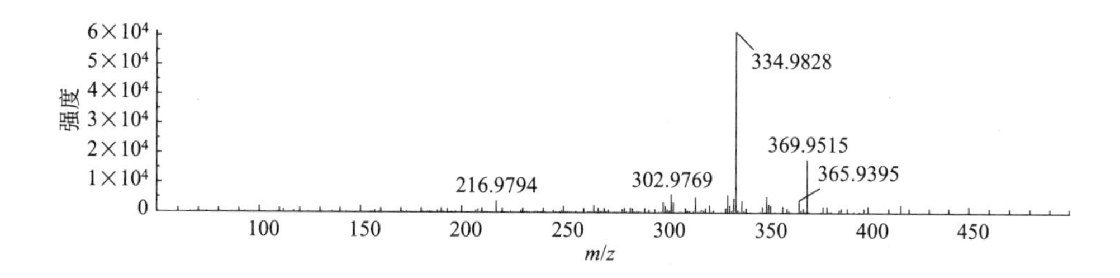

Flubendiamide

氟苯虫酰胺

CAS 号	272451-65-7	保留时间	19.07min
分子式	$C_{23}H_{22}F_7IN_2O_4S$	加合方式	$[M+Na]^+$
分子量	682.0233	源内裂解碎片	无

推测裂解规律

$[C_{23}H_{22}F_7IN_2O_4S]$ MW 682.0233 → $[C_{23}H_{22}F_7IN_2O_4S+Na]^+$ *m/z* 705.0125 → $[C_{22}H_{18}F_7IN_2O_2+Na]^+$ *m/z* 625.0193 → $[C_{18}H_{12}F_7IN_2O_2+Na]^+$ *m/z* 570.9724 → $[C_8H_5INO_2]^+$ *m/z* 273.9360

提取离子流色谱图

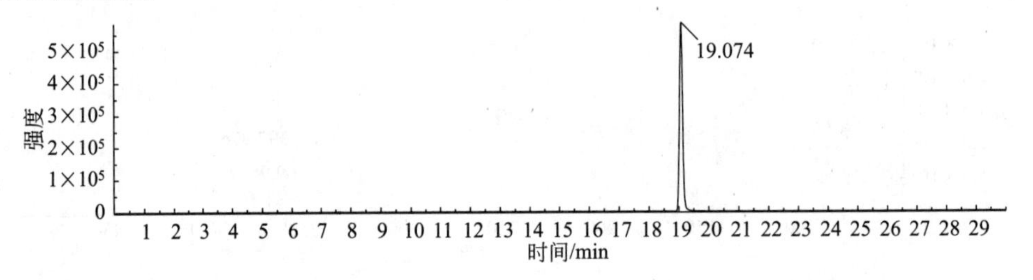

一级质谱图

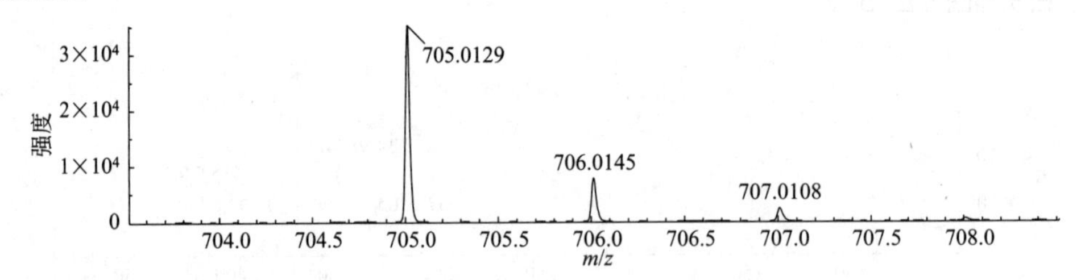

二级全扫质谱图 CE: (35±15)V

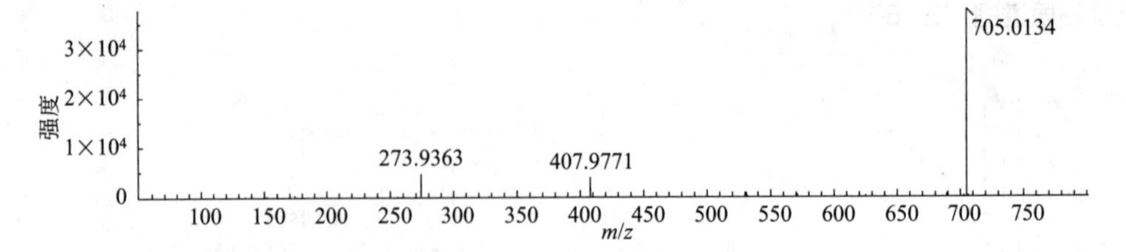

二级全扫质谱图 CE: 10V

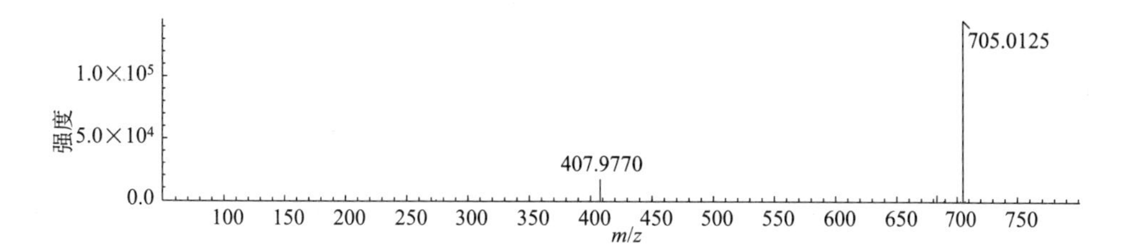

二级全扫质谱图 CE: 20V

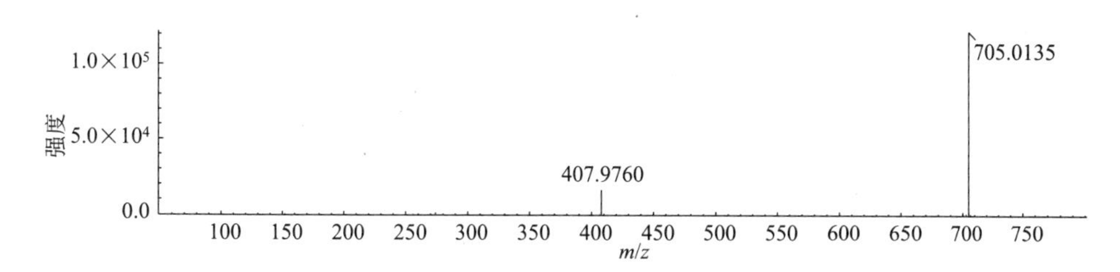

二级全扫质谱图 CE: 35V

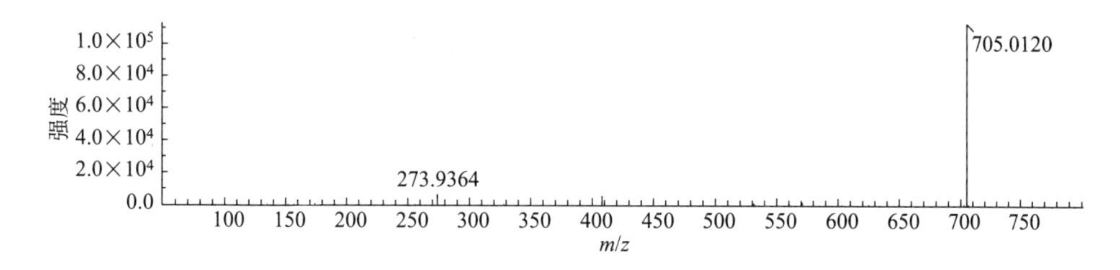

二级全扫质谱图 CE: 50V

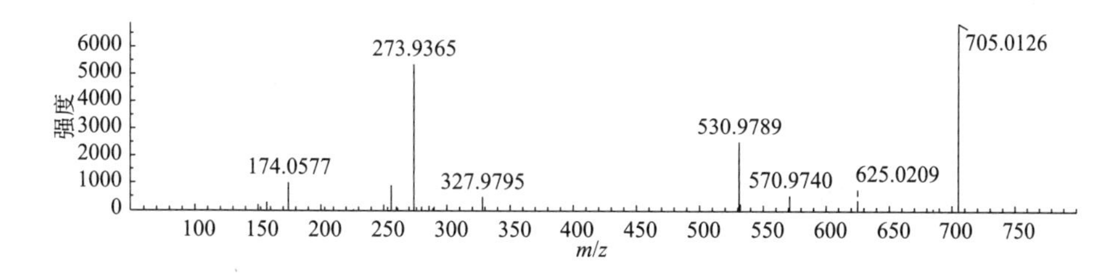

二级全扫质谱图 CE: 60V

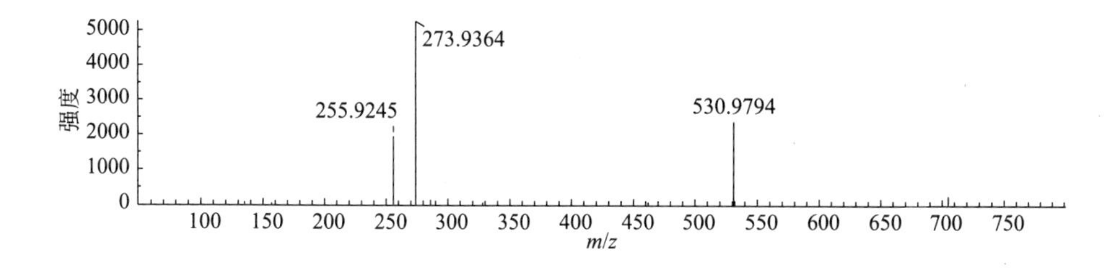

Flucarbazone-sodium

氟唑磺隆

CAS 号	181274-17-9	保留时间	4.70min
分子式	$C_{12}H_{10}F_3N_4NaO_6S$	加合方式	$[M+H]^+$
分子量	418.0171	源内裂解碎片	无

推测裂解规律

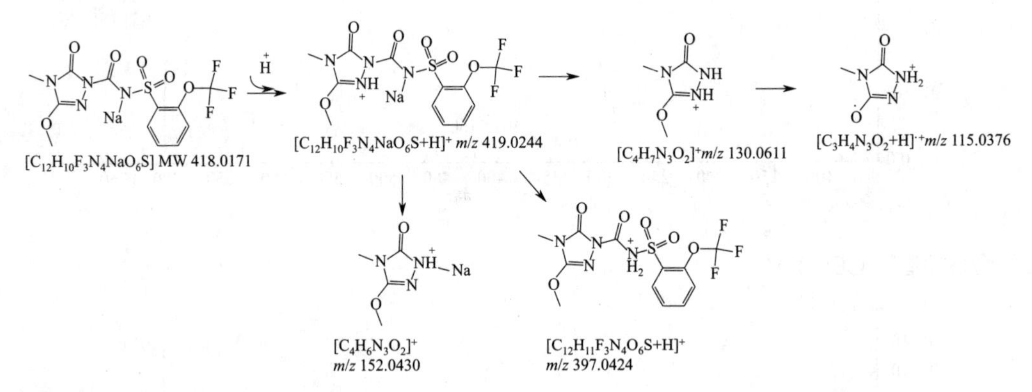

提取离子流色谱图

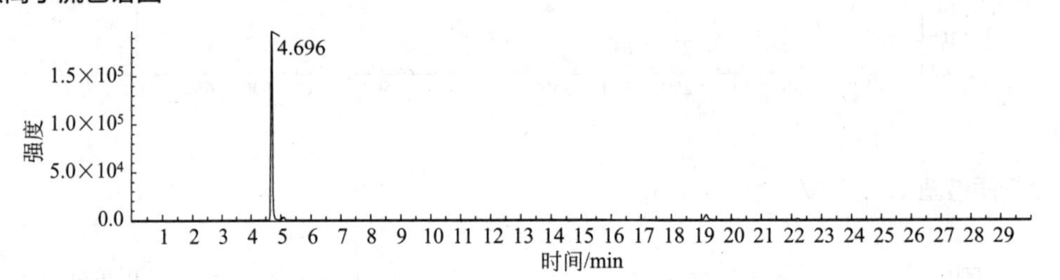

一级质谱图

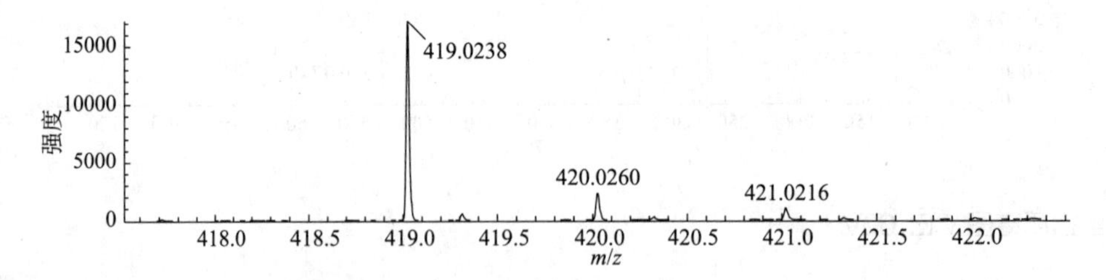

二级全扫质谱图 CE: (35±15)V

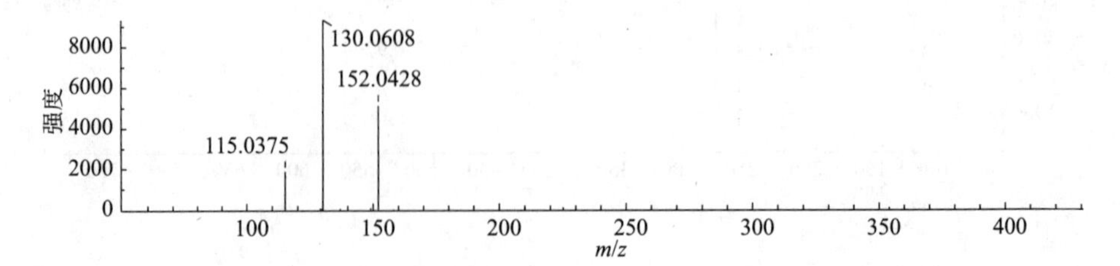

二级全扫质谱图 CE: 10V

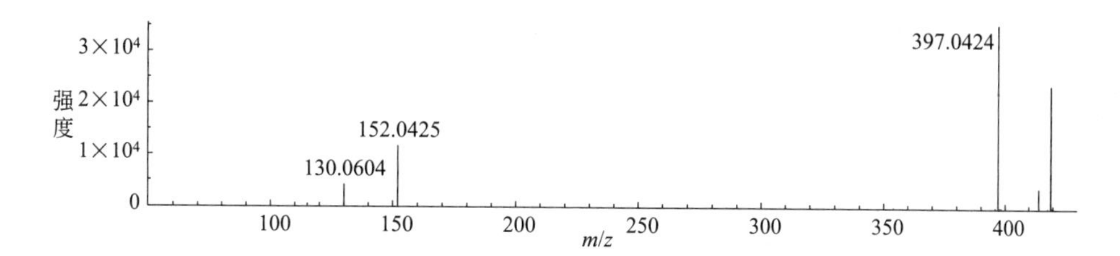

二级全扫质谱图 CE: 20V

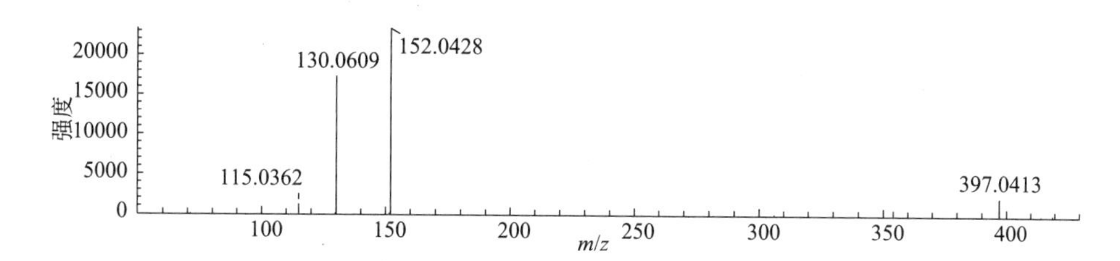

二级全扫质谱图 CE: 35V

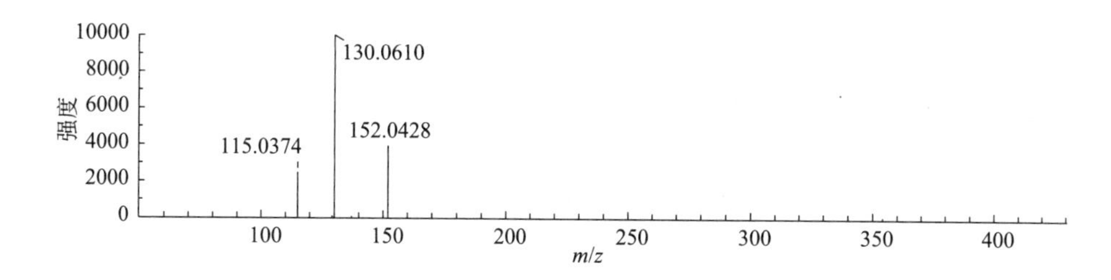

二级全扫质谱图 CE: 50V

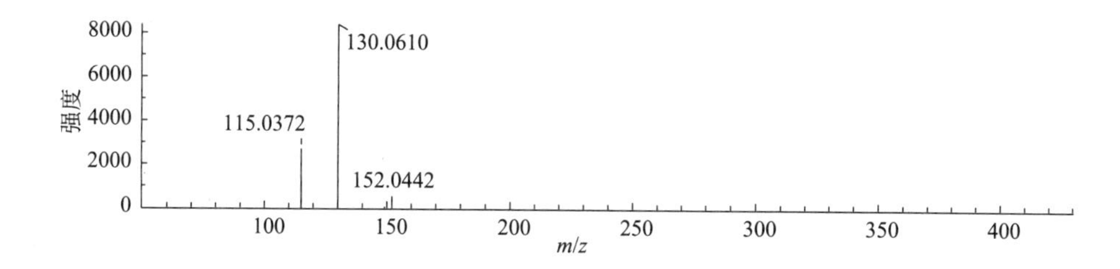

二级全扫质谱图 CE: 60V

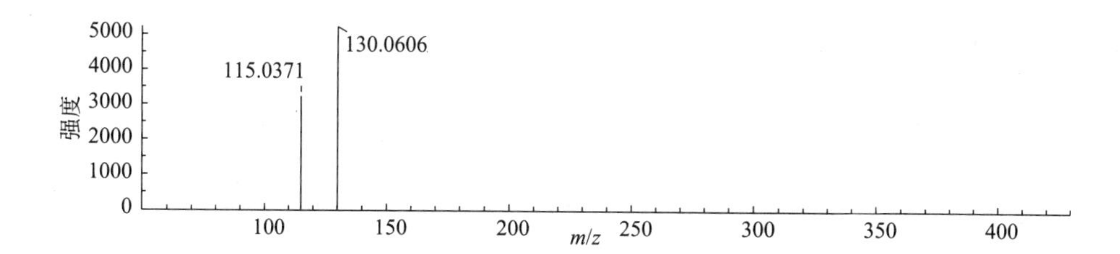

Flucetosulfuron
氟吡磺隆

CAS 号	412928-75-7	保留时间	10.59min/11.30min
分子式	$C_{18}H_{22}FN_5O_8S$	加合方式	$[M+H]^+$
分子量	487.1173	源内裂解碎片	无

推测裂解规律

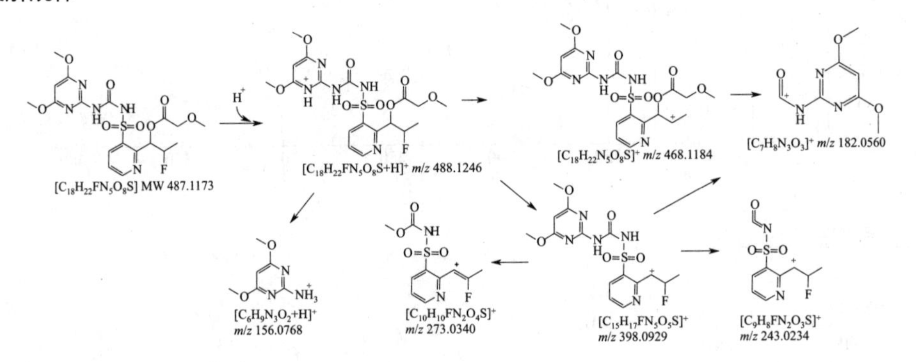

提取离子流色谱图

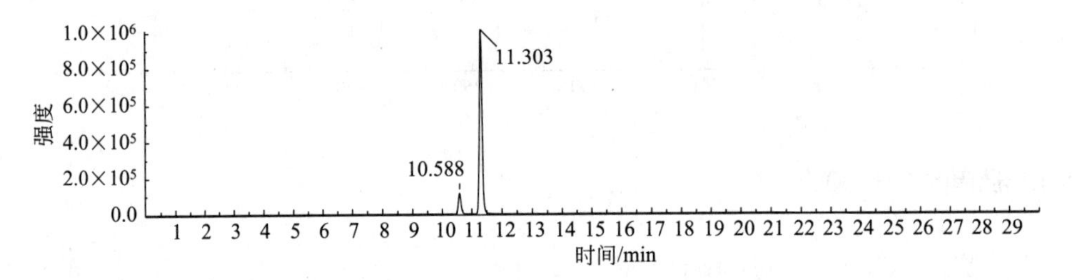

一级质谱图

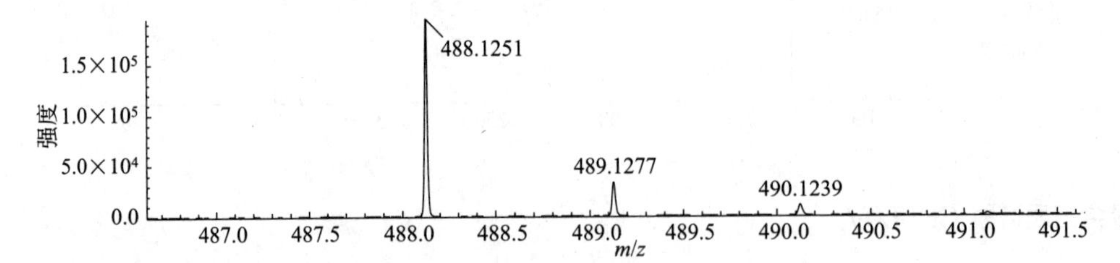

二级全扫质谱图 CE: (35±15)V

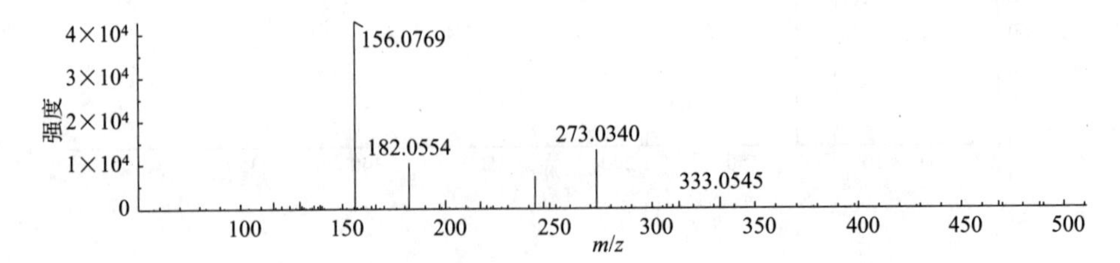

二级全扫质谱图 CE: 10V

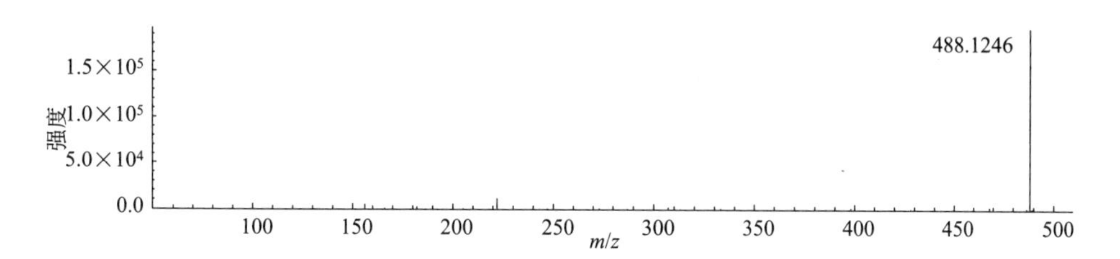

二级全扫质谱图 CE: 20V

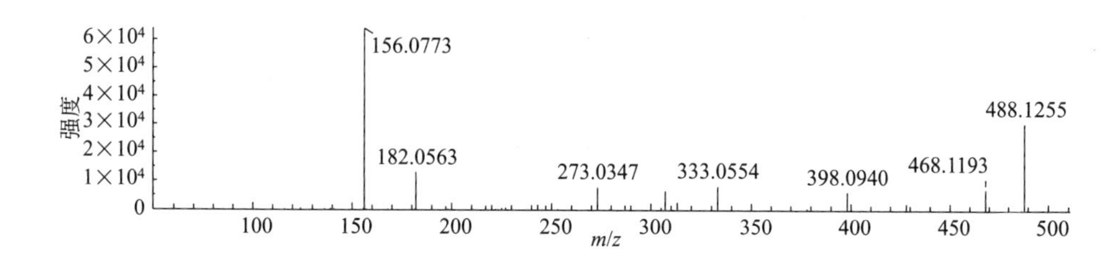

二级全扫质谱图 CE: 35V

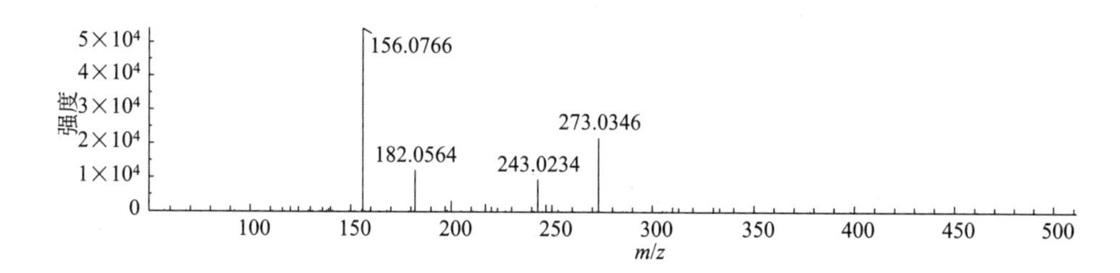

二级全扫质谱图 CE: 50V

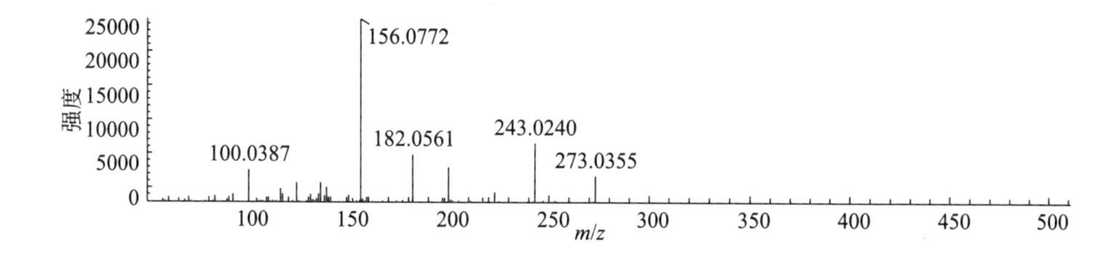

二级全扫质谱图 CE: 60V

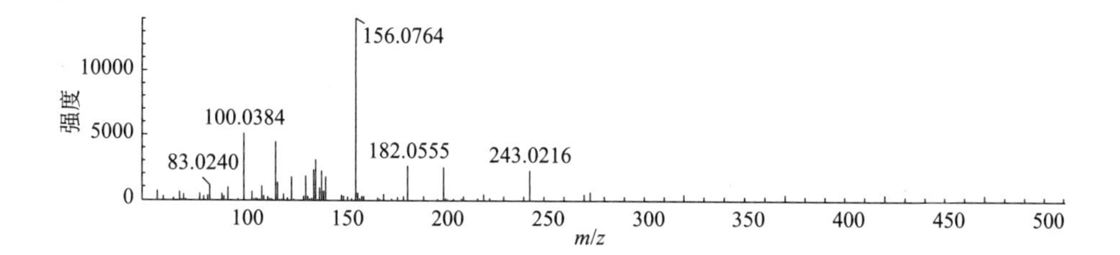

Flucythrinate
氟氰戊菊酯

CAS号	70124-77-5	保留时间	22.91min
分子式	$C_{26}H_{23}F_2NO_4$	加合方式	$[M+NH_4]^+$
分子量	451.1595	源内裂解碎片	无

推测裂解规律

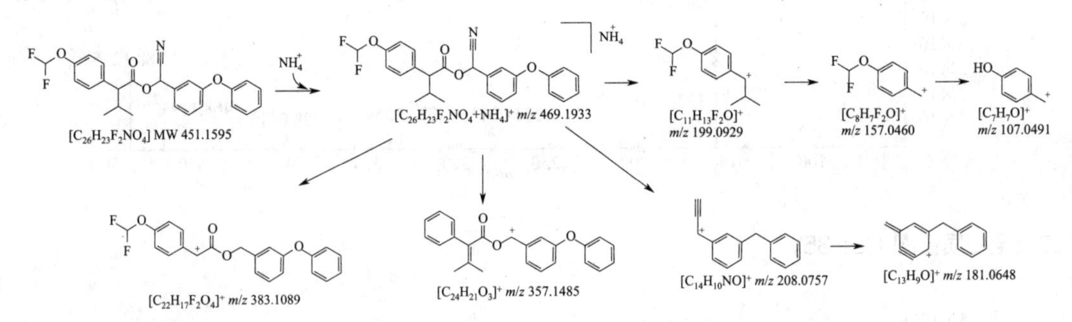

提取离子流色谱图

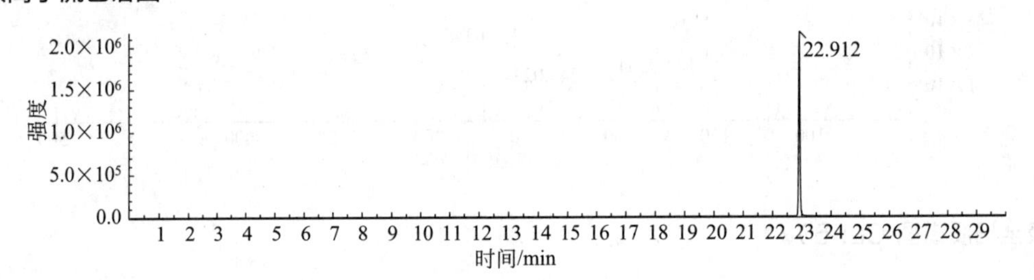

一级质谱图

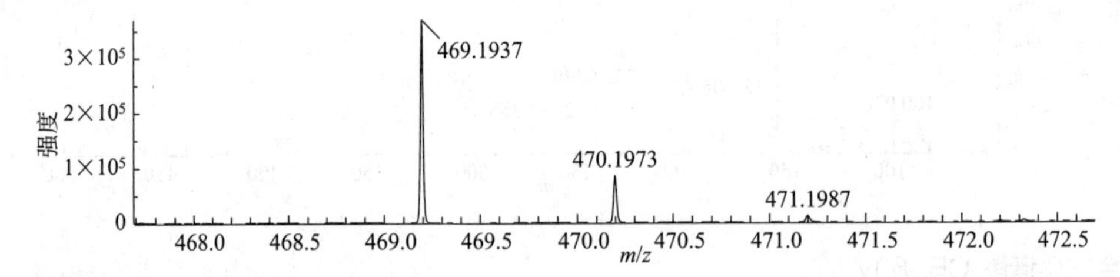

二级全扫质谱图 CE: (35±15)V

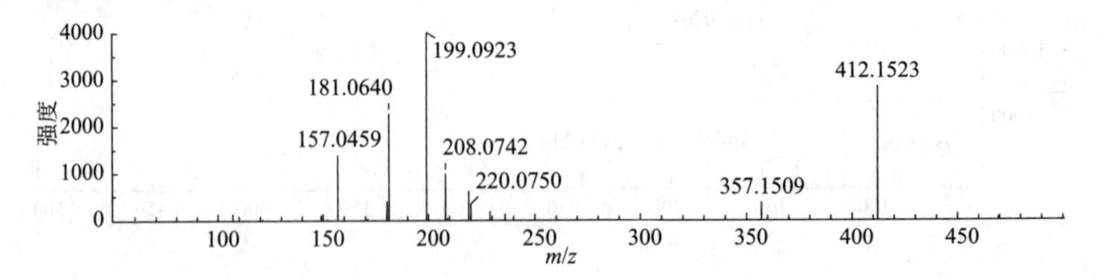

二级全扫质谱图 CE: 10V

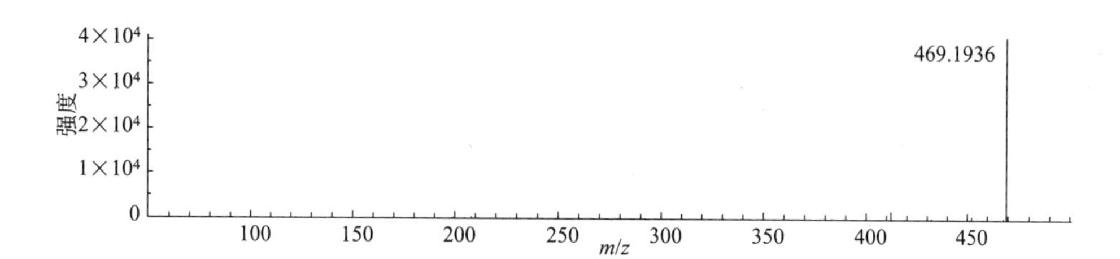

二级全扫质谱图 CE: 20V

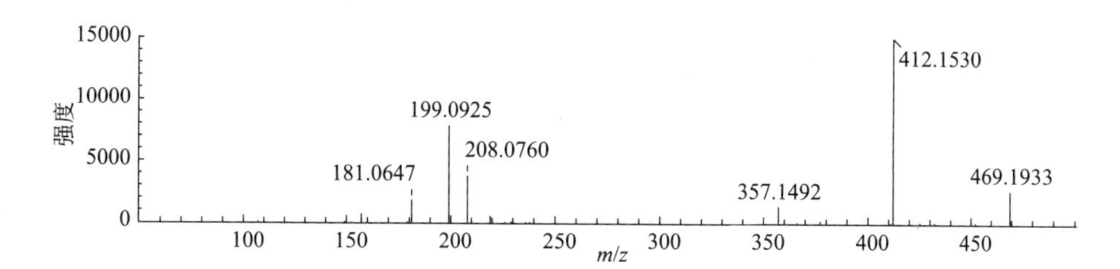

二级全扫质谱图 CE: 35V

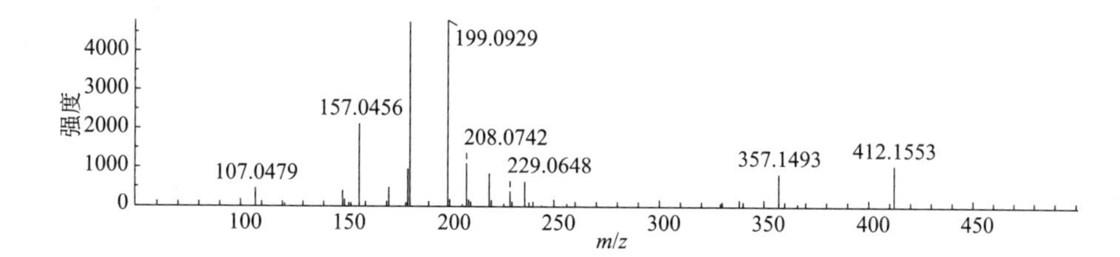

二级全扫质谱图 CE: 50V

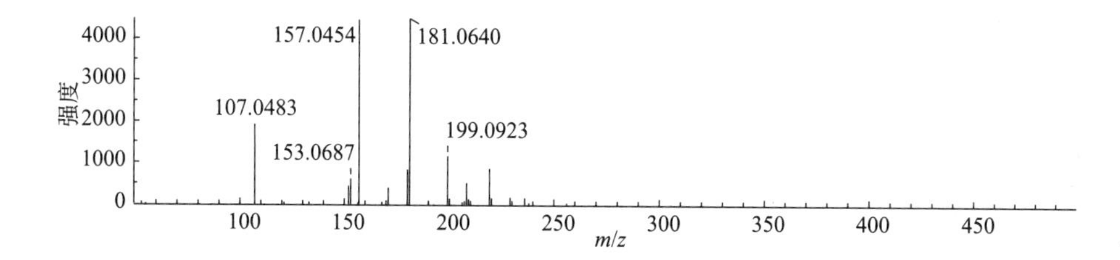

二级全扫质谱图 CE: 60V

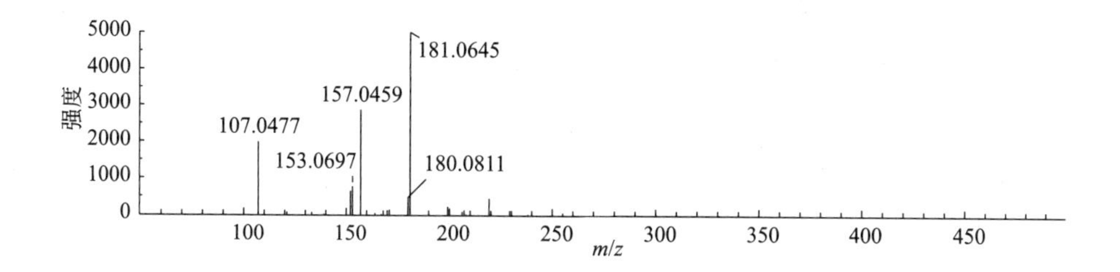

Flufenacet
氟噻草胺

CAS 号	142459-58-3	保留时间	15.63min
分子式	$C_{14}H_{13}F_4N_3O_2S$	加合方式	$[M+H]^+$
分子量	363.0665	源内裂解碎片	m/z 194

推测裂解规律

$[C_{14}H_{13}F_4N_3O_2S]$ MW 363.0665

$[C_{14}H_{13}F_4N_3O_2S+H]^+$ m/z 364.0737

$[C_{11}H_{13}FNO]^+$ m/z 194.0976

$[C_9H_{11}FN]^+$ m/z 152.0870

$[C_7H_6F]^+$ m/z 109.0448

$[C_7H_7FN]^+$ m/z 124.0557

提取离子流色谱图

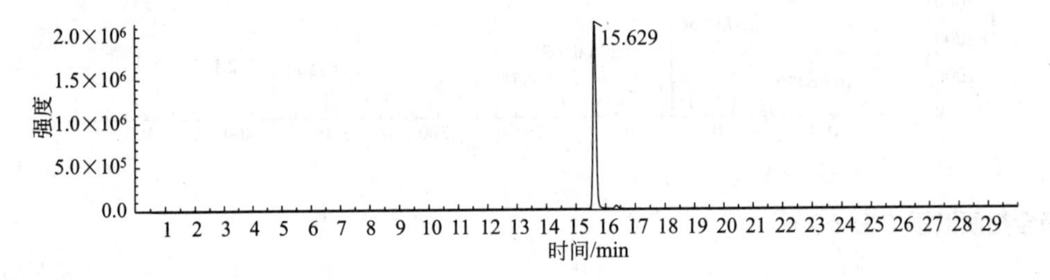

一级质谱图

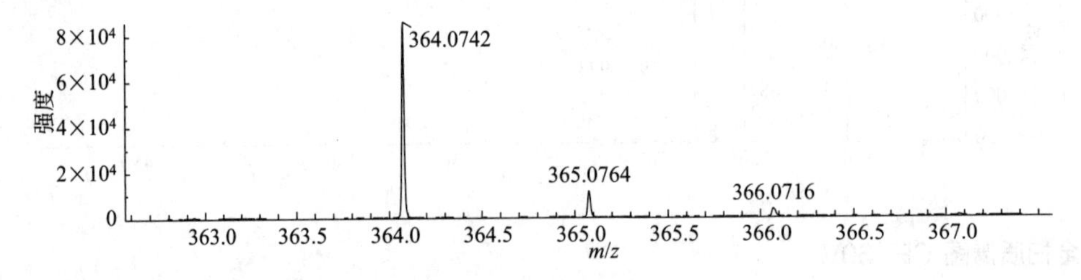

二级全扫质谱图 CE: (35±15)V

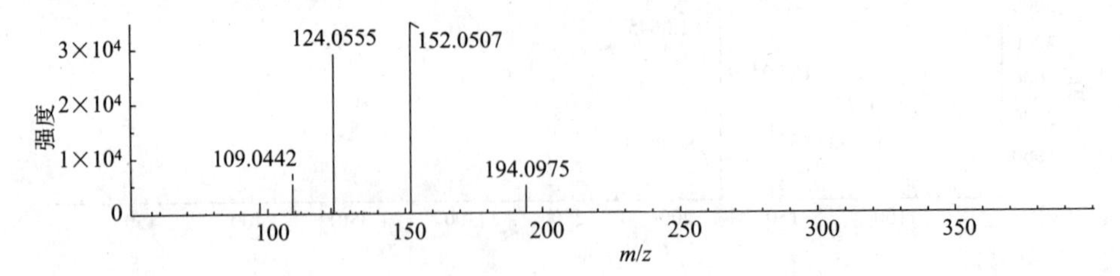

二级全扫质谱图 CE: 10V

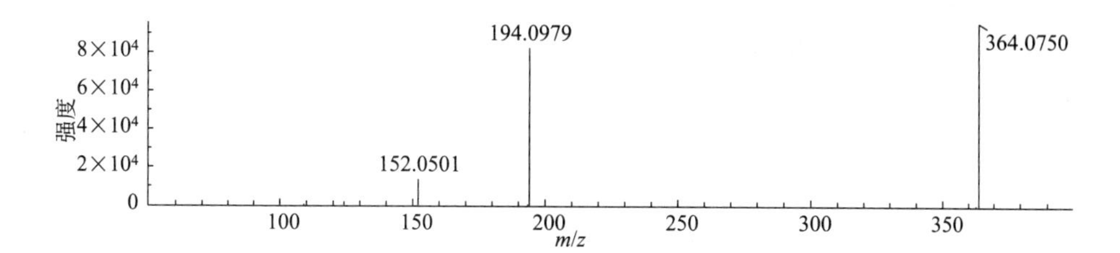

二级全扫质谱图 CE: 20V

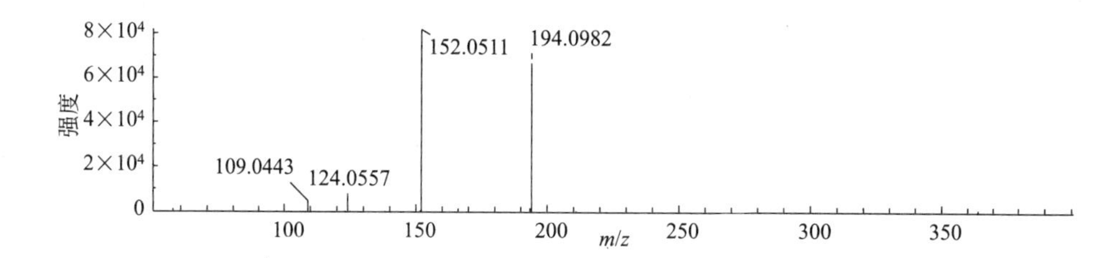

二级全扫质谱图 CE: 35V

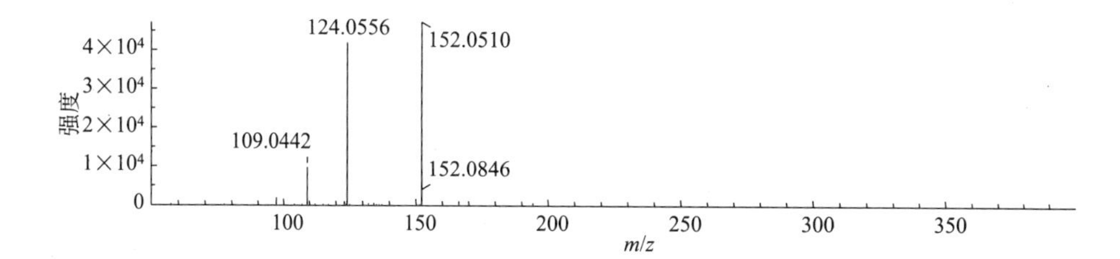

二级全扫质谱图 CE: 50V

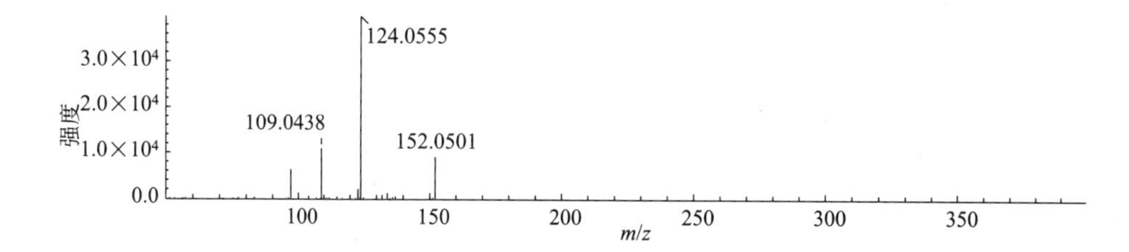

二级全扫质谱图 CE: 60V

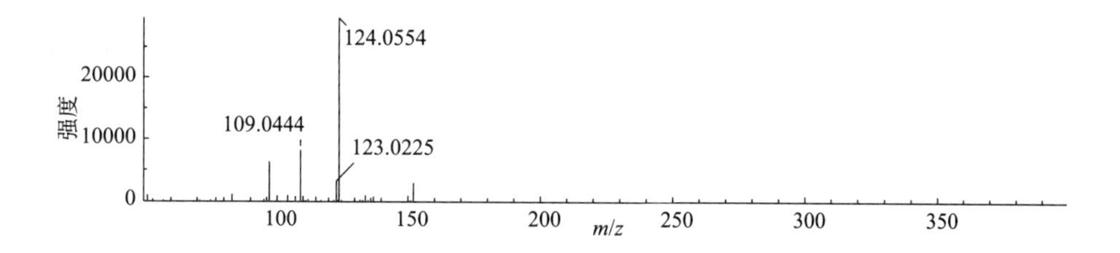

Flufenoxuron

氟虫脲

CAS 号	101463-69-8	保留时间	22.92min
分子式	$C_{21}H_{11}ClF_6N_2O_3$	加合方式	$[M+H]^+$
分子量	488.0362	源内裂解碎片	无

推测裂解规律

$[C_{21}H_{11}ClF_6N_2O_3]$MW 488.0362

$[C_{21}H_{11}ClF_6N_2O_3+H]^+$ m/z 489.0435

$[C_7H_5F_2NO+H]^+$ m/z 158.0412

$[C_7H_3F_2O]^+$ m/z 141.0146

提取离子流色谱图

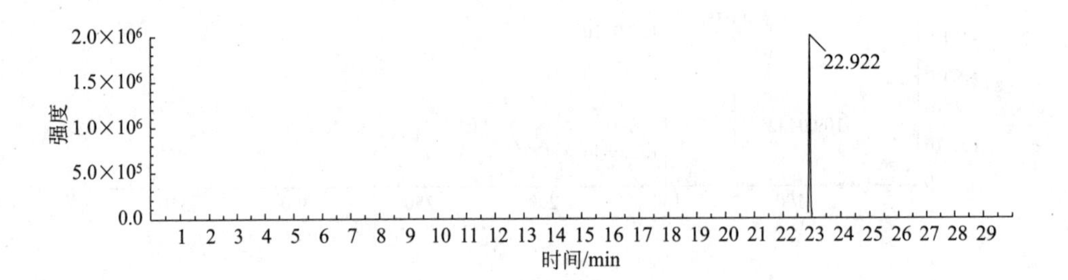

一级质谱图

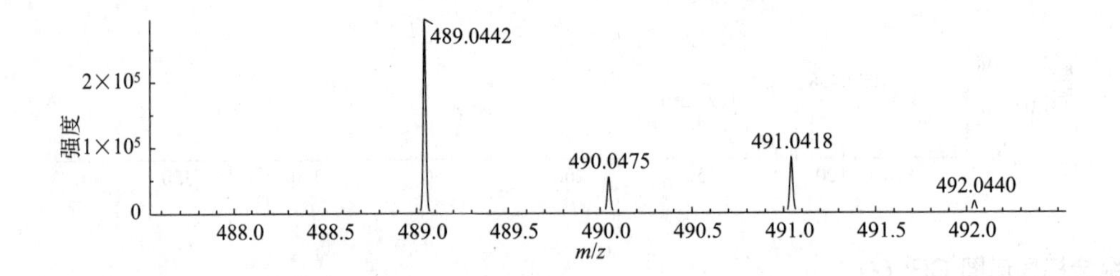

二级全扫质谱图 CE: (35±15)V

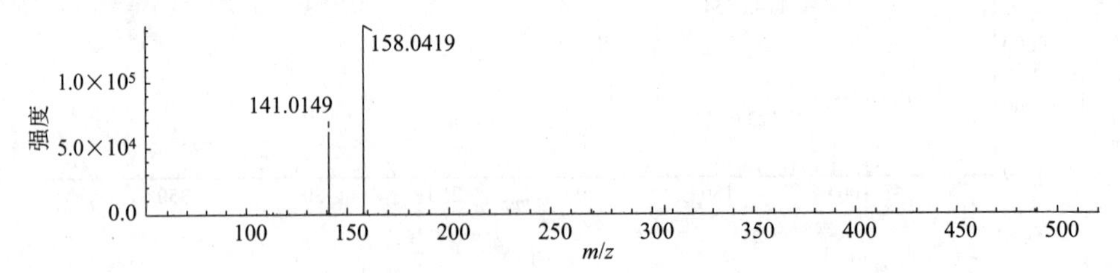

二级全扫质谱图 CE: 10V

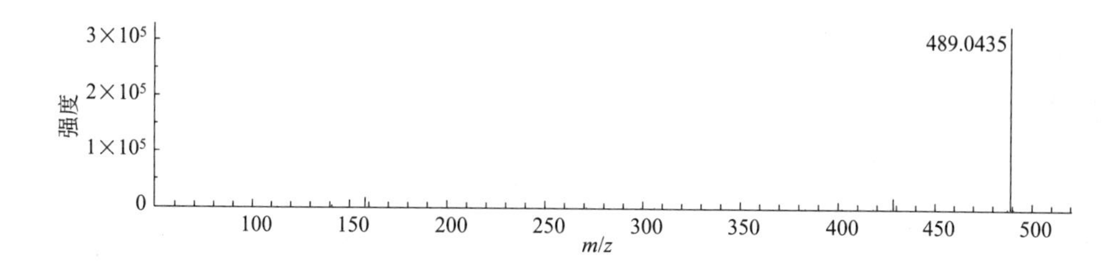

二级全扫质谱图 CE: 20V

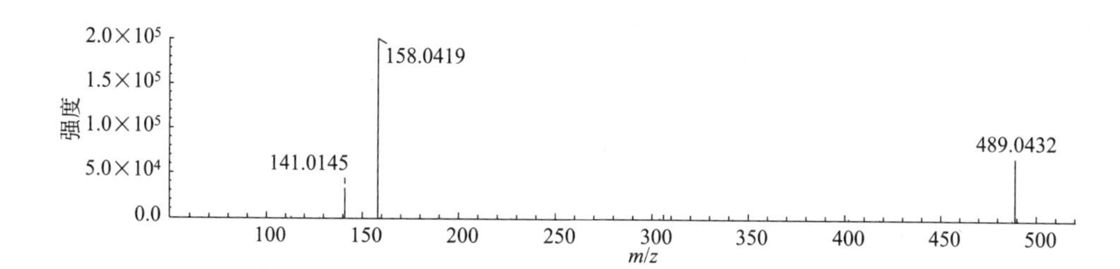

二级全扫质谱图 CE: 35V

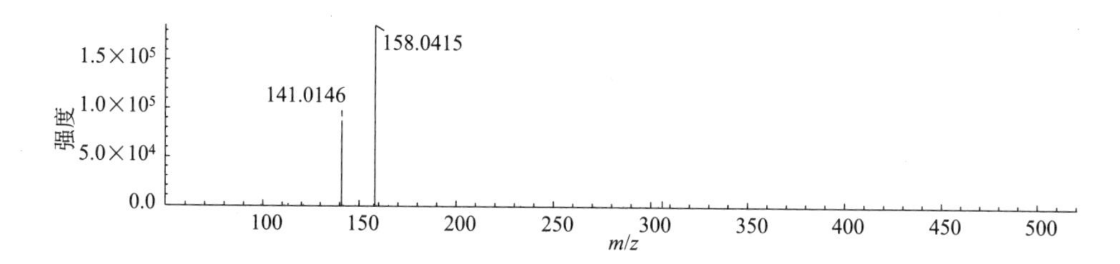

二级全扫质谱图 CE: 50V

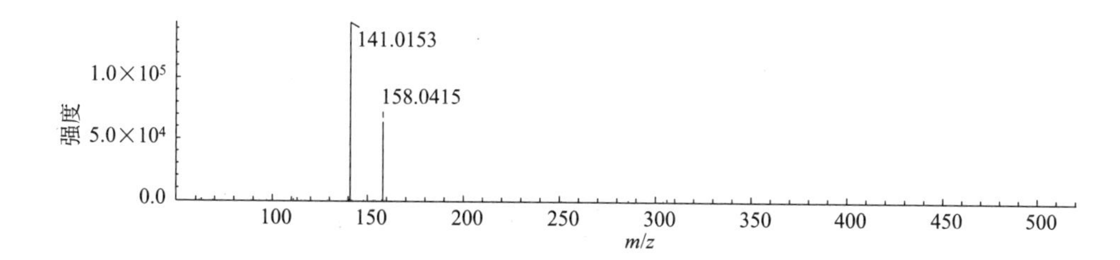

二级全扫质谱图 CE: 60V

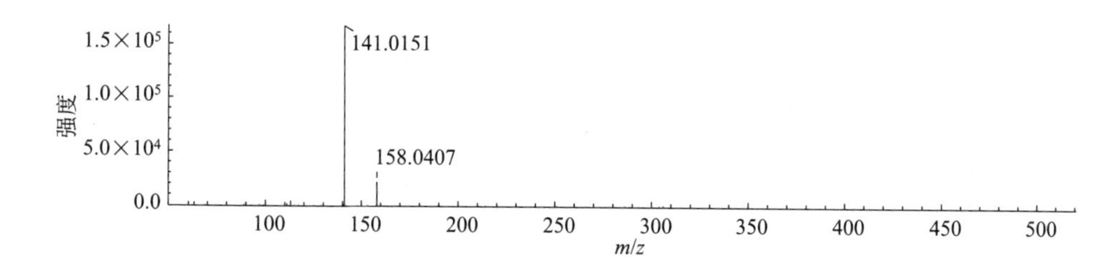

Flumetralin
氟节胺

CAS 号	62924-70-3	保留时间	23.14min
分子式	$C_{16}H_{12}ClF_4N_3O_4$	加合方式	$[M+H]^+$
分子量	421.0452	源内裂解碎片	无

推测裂解规律

$[C_{16}H_{12}ClF_4N_3O_4]$ MW 421.0452 → $[C_{16}H_{12}ClF_4N_3O_4+H]^+$ m/z 422.0525 → $[C_7H_5ClF]^+$ m/z 143.0058 → $[C_7H_4F]^+$ m/z 107.0292

提取离子流色谱图

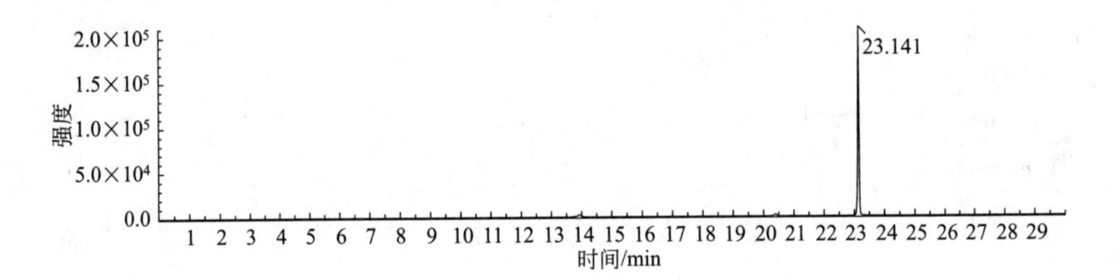

一级质谱图

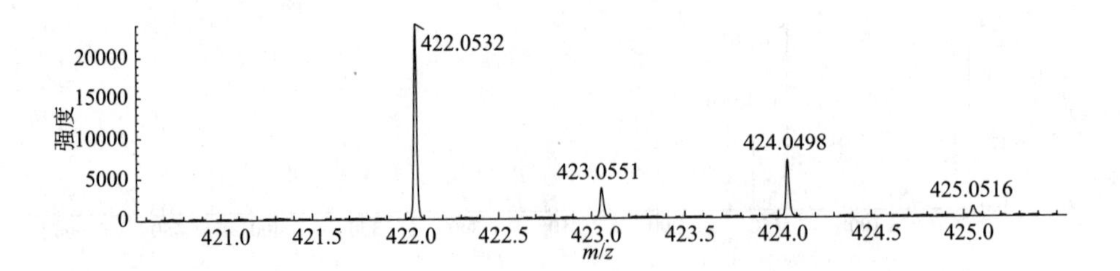

二级全扫质谱图 CE: (35+15)V

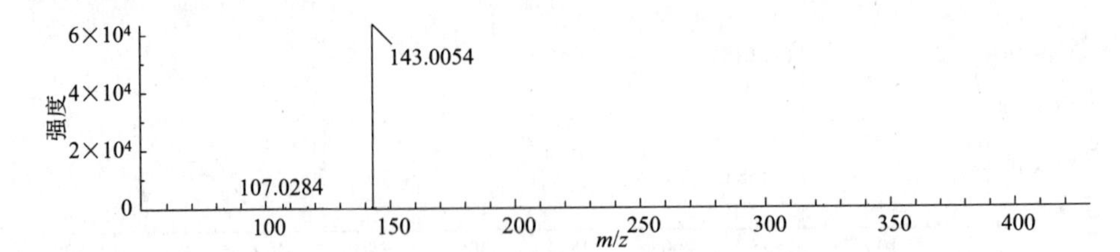

二级全扫质谱图 CE: 10V

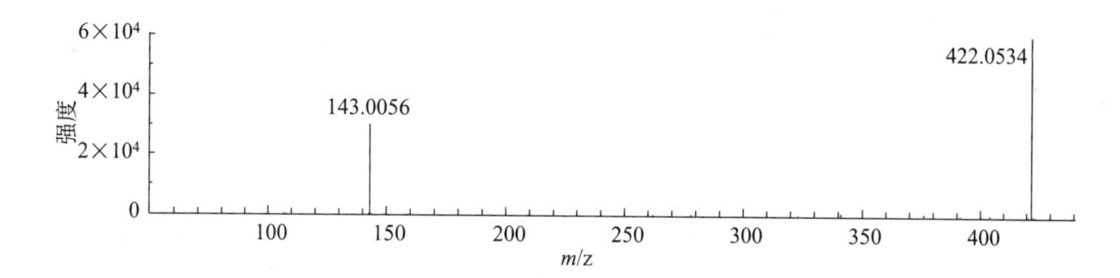

二级全扫质谱图 CE: 20V

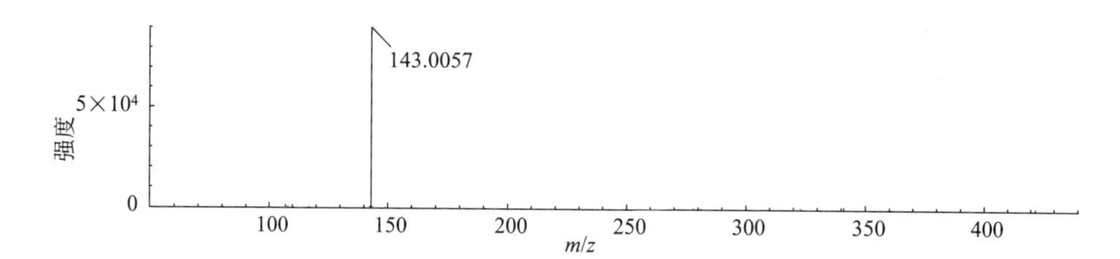

二级全扫质谱图 CE: 35V

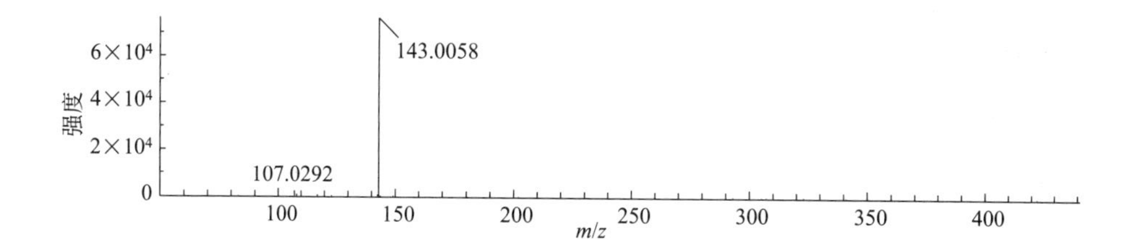

二级全扫质谱图 CE: 50V

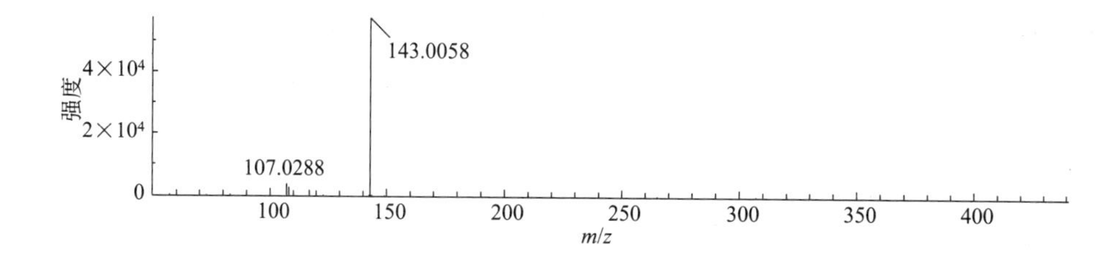

二级全扫质谱图 CE: 60V

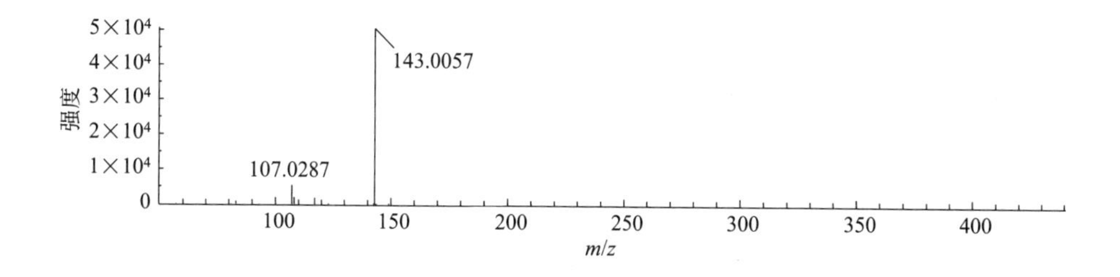

Flumetsulam
唑嘧磺草胺

CAS 号	98967-40-9	保留时间	4.43min
分子式	$C_{12}H_9F_2N_5O_2S$	加合方式	$[M+H]^+$
分子量	325.0445	源内裂解碎片	无

推测裂解规律

$[C_{12}H_9F_2N_5O_2S]$ MW 325.0445

$[C_{12}H_9F_2N_5O_2S+H]^+$ m/z 326.0518

$[C_6H_4F_2N+H]^{\cdot+}$ m/z 129.0385

$[C_6H_4FN]^{\cdot+}$ m/z 109.0322

$[C_{12}H_9F_2N_5+H]^+$ m/z 262.0899

提取离子流色谱图

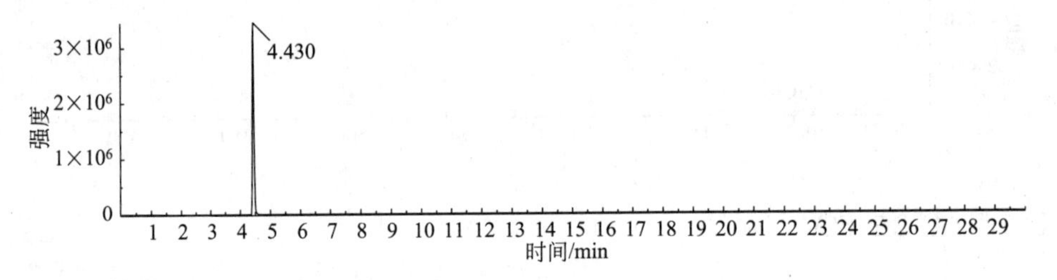

一级质谱图

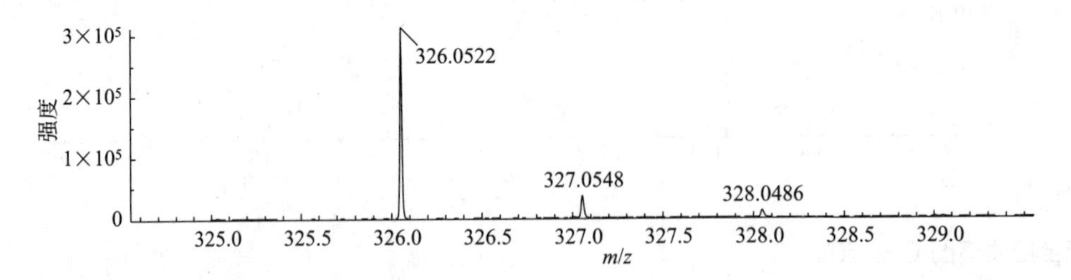

二级全扫质谱图 CE: (35±15)V

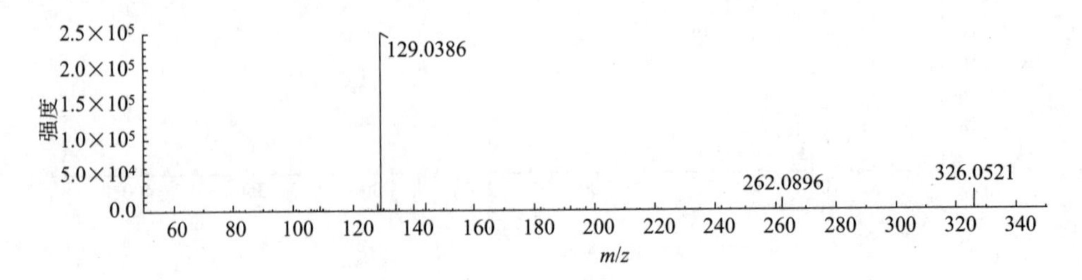

二级全扫质谱图 CE: 10V

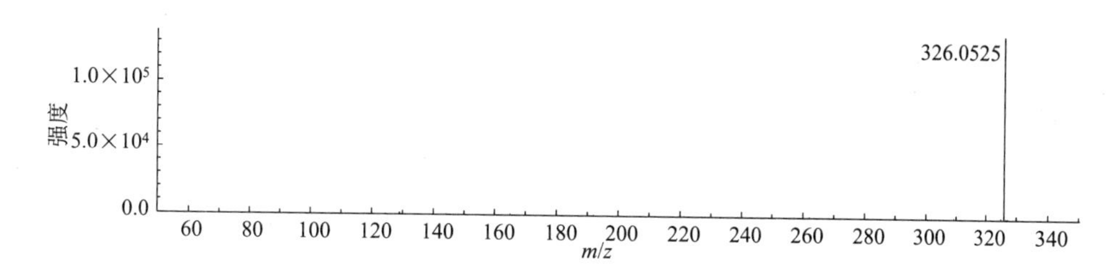

二级全扫质谱图 CE: 20V

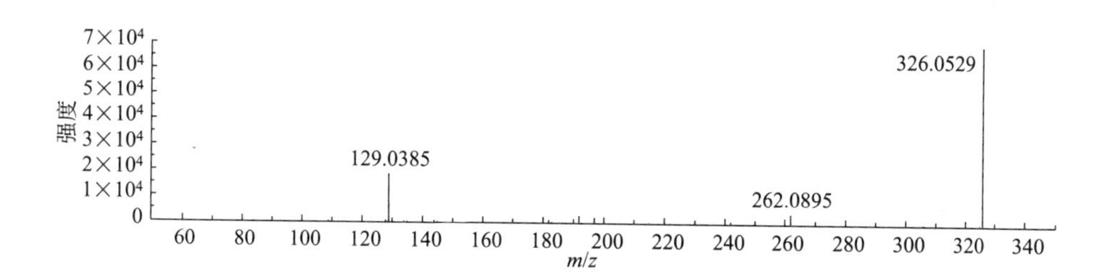

二级全扫质谱图 CE: 35V

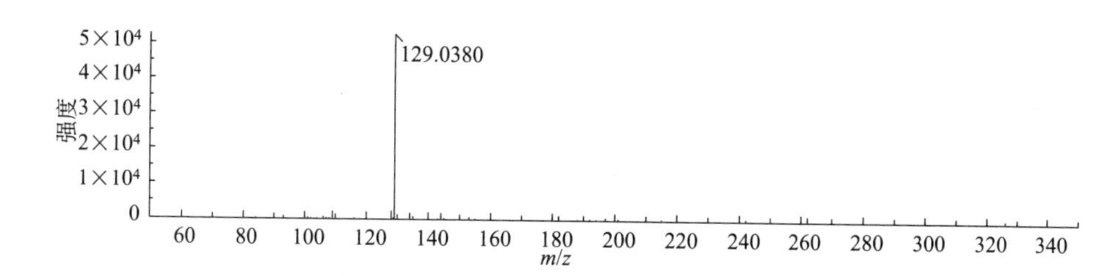

二级全扫质谱图 CE: 50V

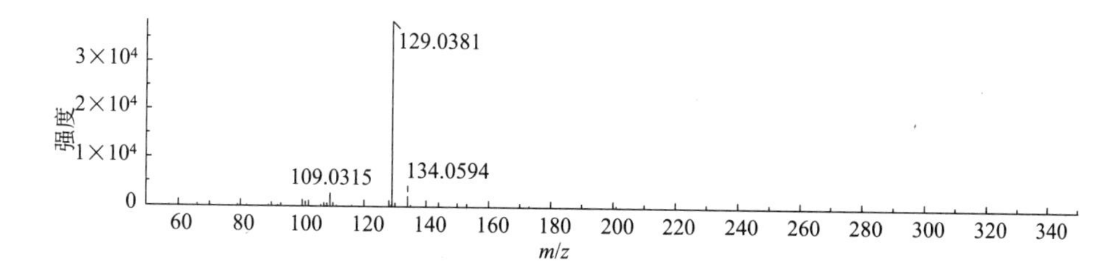

二级全扫质谱图 CE: 60V

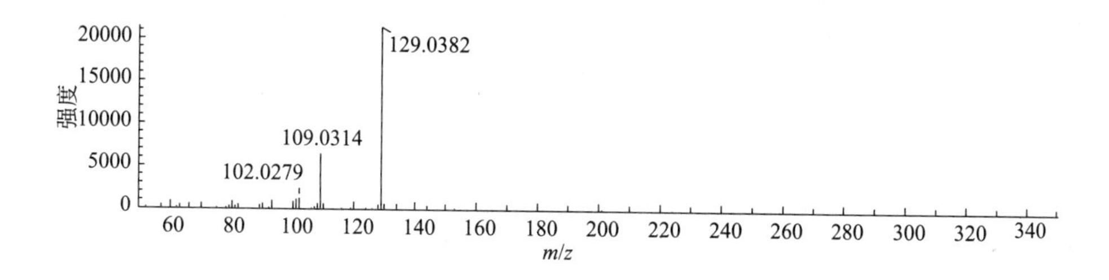

Flumorph

氟吗啉

CAS 号	211867-47-9	保留时间	10.21min
分子式	$C_{21}H_{22}FNO_4$	加合方式	$[M+H]^+$
分子量	371.1533	源内裂解碎片	无

推测裂解规律

$[C_{21}H_{22}FNO_4]$ MW 371.1533

$[C_{21}H_{22}FNO_4+H]^+$ *m/z* 372.1606

$[C_{17}H_{14}FO_3]^+$ *m/z* 285.0922

$[C_{16}H_{14}FO_2]^+$ *m/z* 257.0972

$[C_{15}H_{11}FO]^{\cdot+}$ *m/z* 226.0788

$[C_{15}H_{11}FO_2]^{\cdot+}$ *m/z* 242.0738

提取离子流色谱图

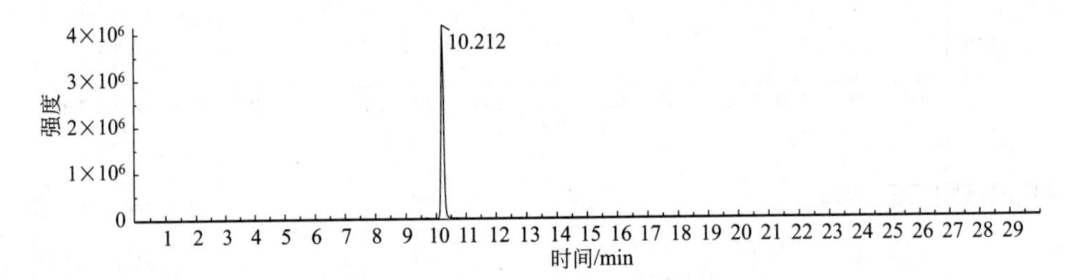

一级质谱图

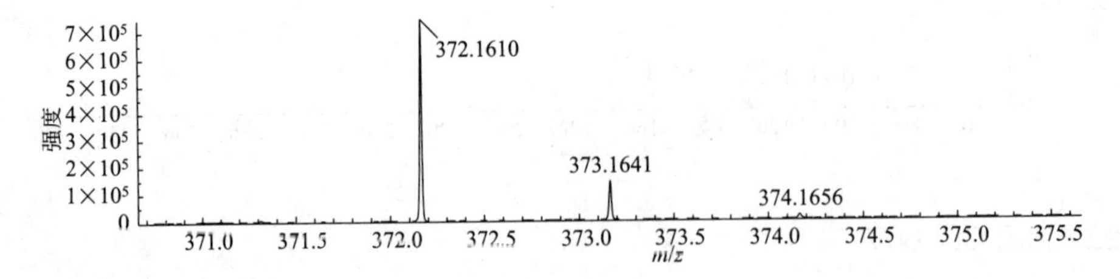

二级全扫质谱图 CE: (35±15)V

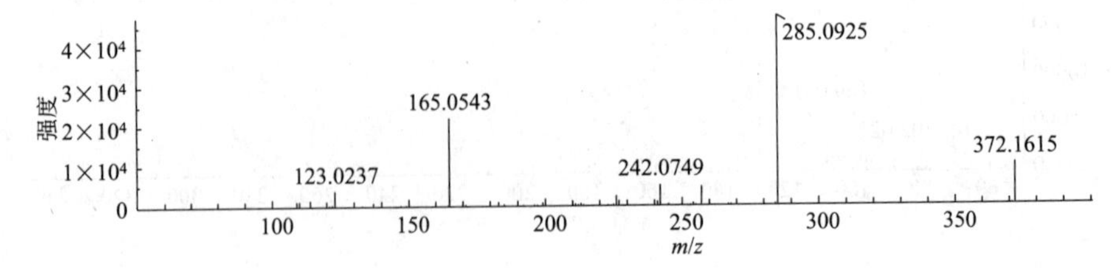

二级全扫质谱图 CE: 10V

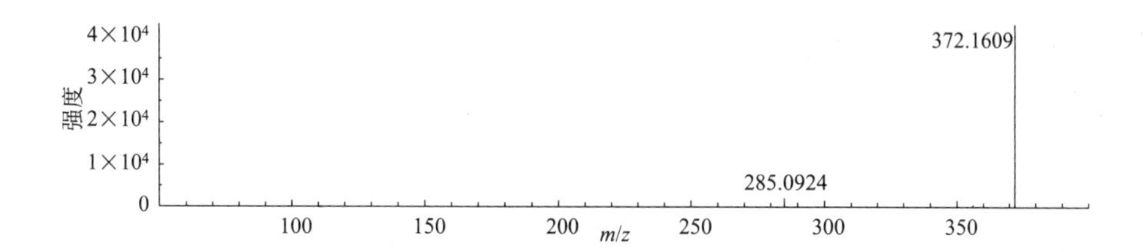

二级全扫质谱图 CE: 20V

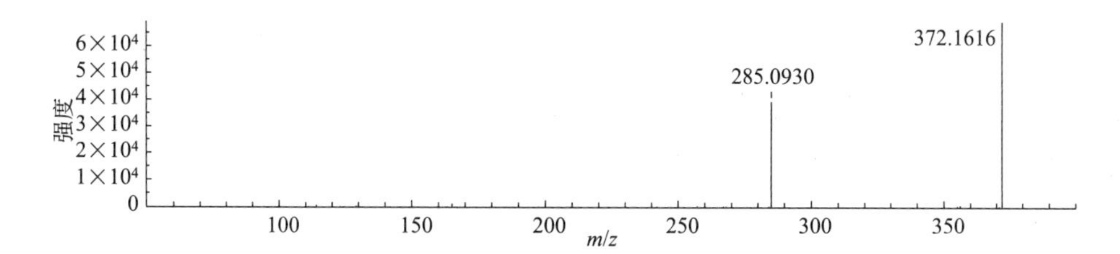

二级全扫质谱图 CE: 35V

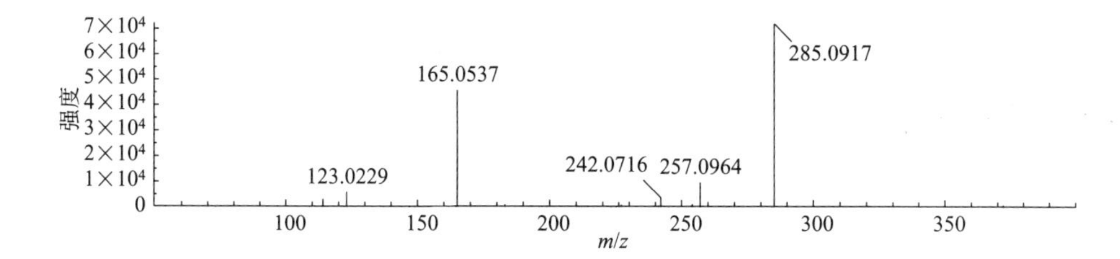

二级全扫质谱图 CE: 50V

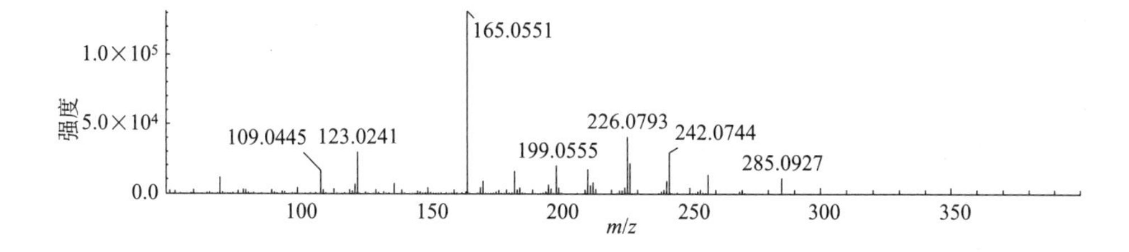

二级全扫质谱图 CE: 60V

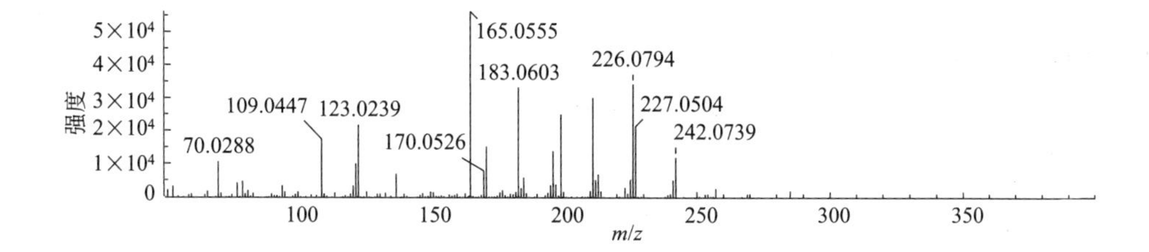

Fluopicolide
氟吡菌胺

CAS 号	239110-15-7	保留时间	13.58min
分子式	$C_{14}H_8Cl_3F_3N_2O$	加合方式	$[M+H]^+$
分子量	381.9654	源内裂解碎片	无

推测裂解规律

$[C_{14}H_8Cl_3F_3N_2O]$ MW 381.9654 → $[C_{14}H_8Cl_3F_3N_2O+H]^+$ *m/z* 382.9727 → $[C_7H_3Cl_2O]^+$ *m/z* 172.9556 → $[C_6H_3Cl_2]^+$ *m/z* 144.9606 → $[C_6H_2Cl]^+$ *m/z* 108.9840

$[C_{14}H_8Cl_3F_3N_2O+H]^+$ *m/z* 382.9727 → $[C_{14}H_7Cl_3F_3N_2]^+$ *m/z* 364.9621

$[C_6H_3Cl_2]^+$ *m/z* 144.9606 → $[C_4H_2Cl]^+$ *m/z* 84.9840

提取离子流色谱图

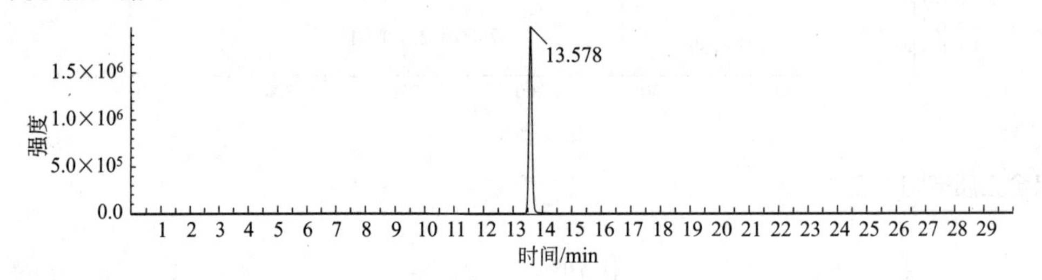

一级质谱图

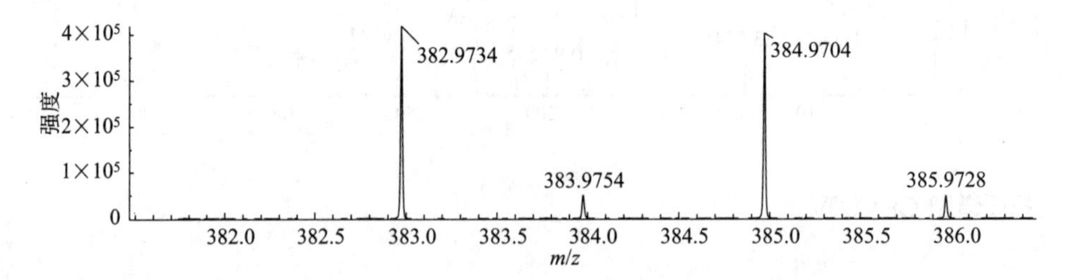

二级全扫质谱图 CE: (35±15)V

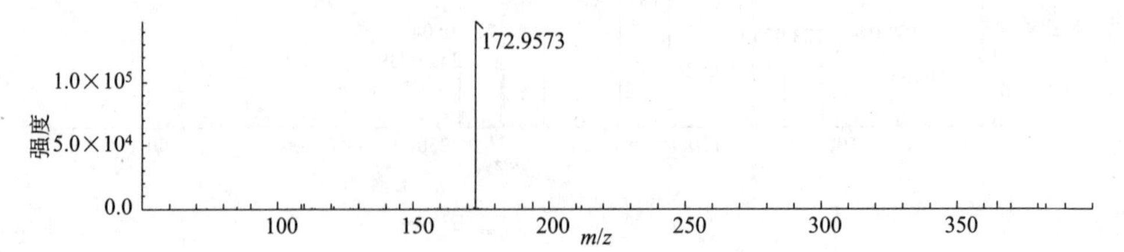

二级全扫质谱图 CE: 10V

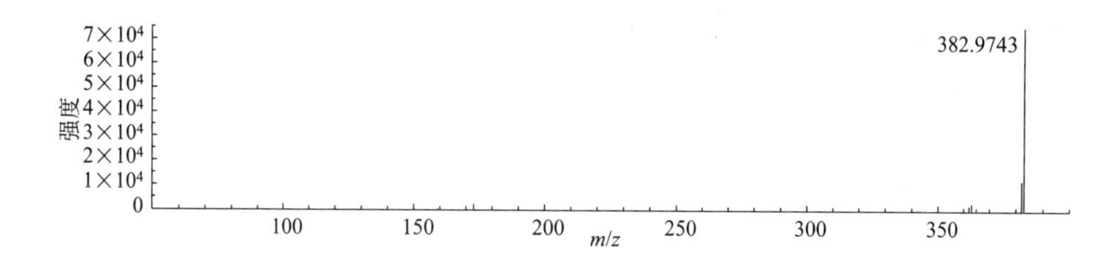

二级全扫质谱图 CE: 20V

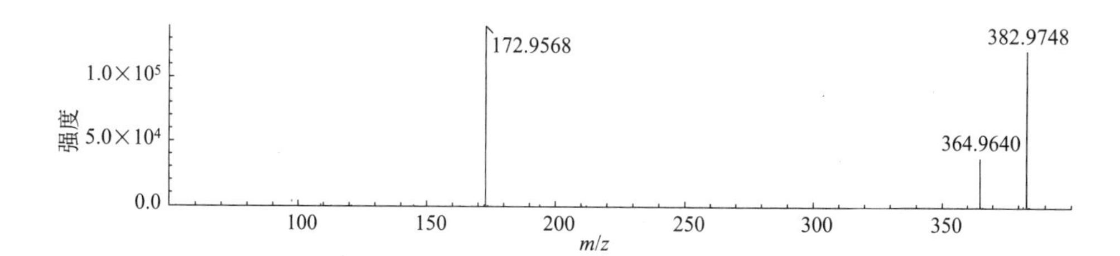

二级全扫质谱图 CE: 35V

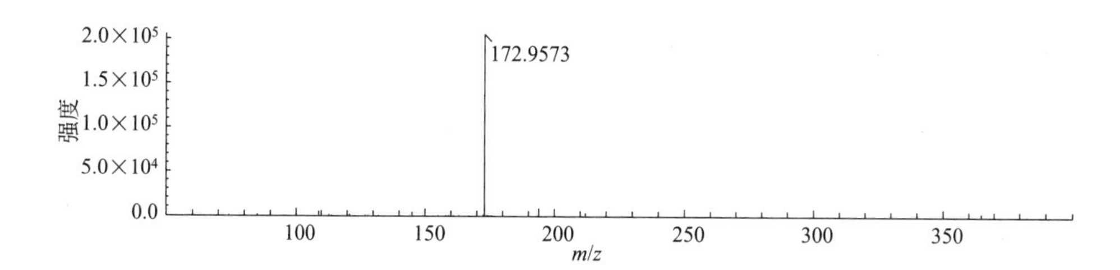

二级全扫质谱图 CE: 50V

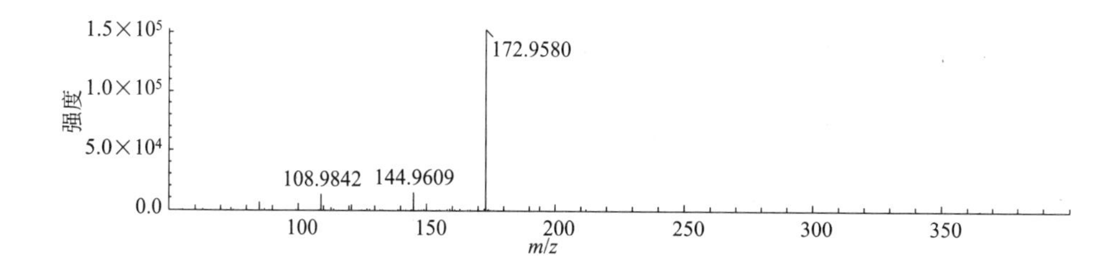

二级全扫质谱图 CE: 60V

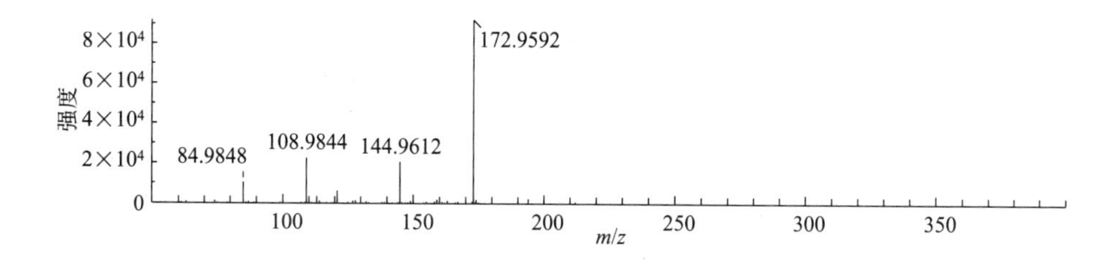

Fluopyram
氟吡菌酰胺

CAS 号	658066-35-4	保留时间	15.08min
分子式	$C_{16}H_{11}ClF_6N_2O$	加合方式	$[M+H]^+$
分子量	396.0464	源内裂解碎片	无

推测裂解规律

$[C_{16}H_{11}ClF_6N_2O]$ MW 396.0464

$[C_{16}H_{11}ClF_6N_2O+H]^+$ m/z 397.0537

$[C_8H_4F_3O]^+$ m/z 173.0209

$[C_7H_4F_3]^+$ m/z 145.0260

$[C_8H_6ClF_3N]^+$ m/z 208.0135

提取离子流色谱图

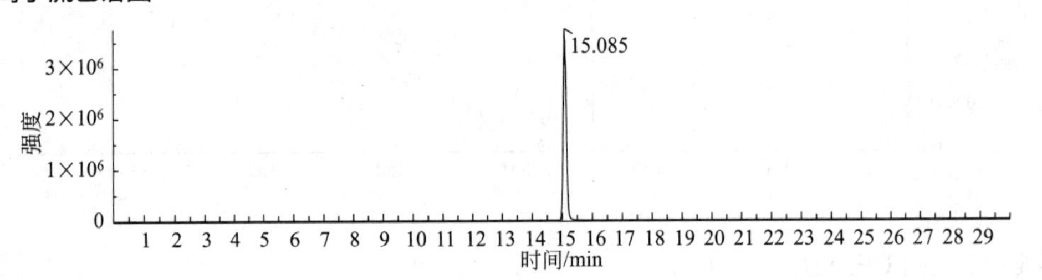

一级质谱图

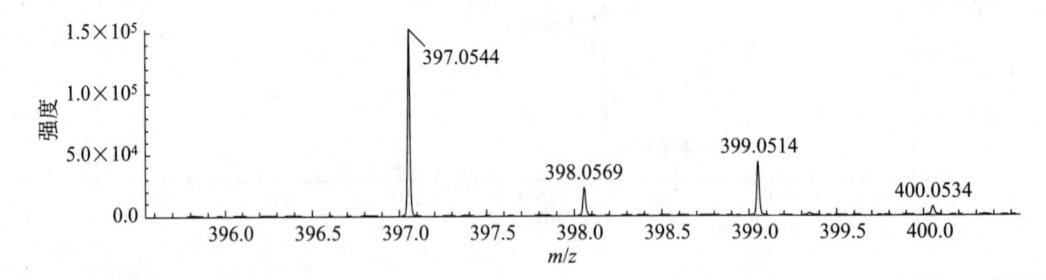

二级全扫质谱图 CE: (35±15)V

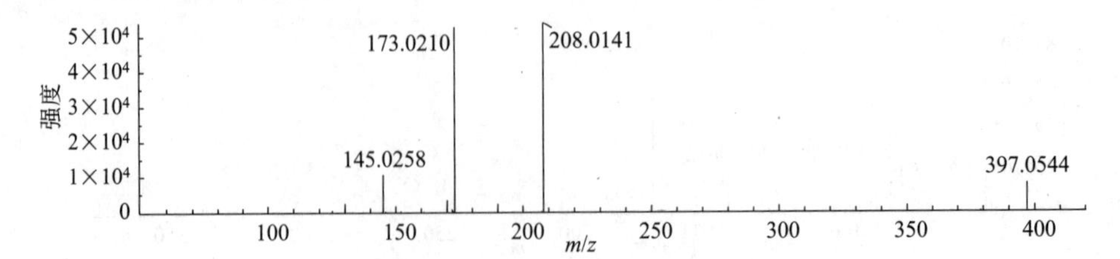

二级全扫质谱图 CE: 10V

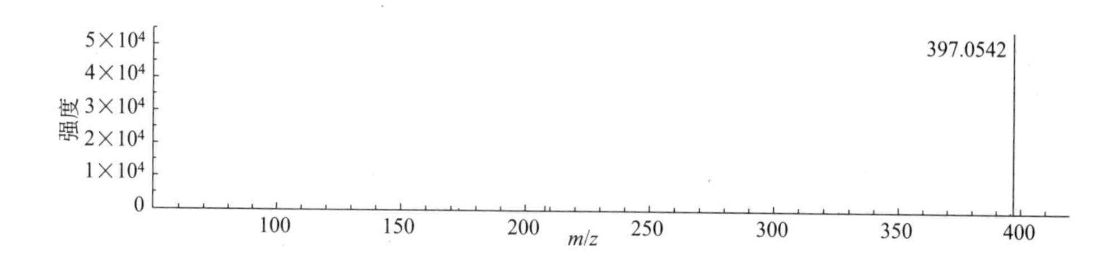

二级全扫质谱图 CE: 20V

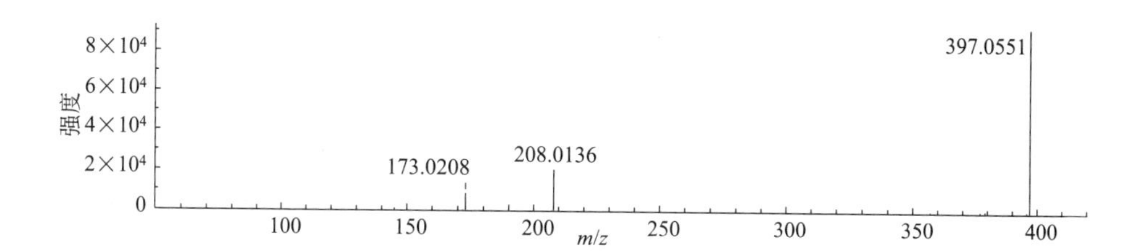

二级全扫质谱图 CE: 35V

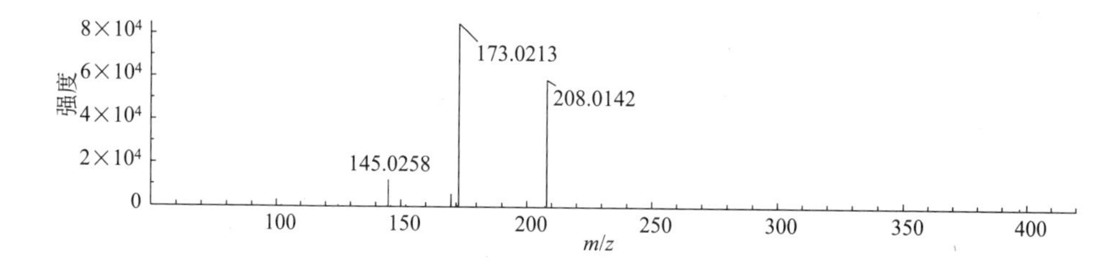

二级全扫质谱图 CE: 50V

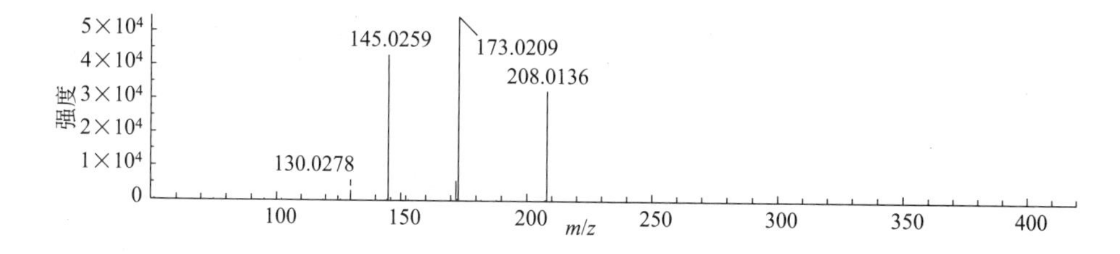

二级全扫质谱图 CE: 60V

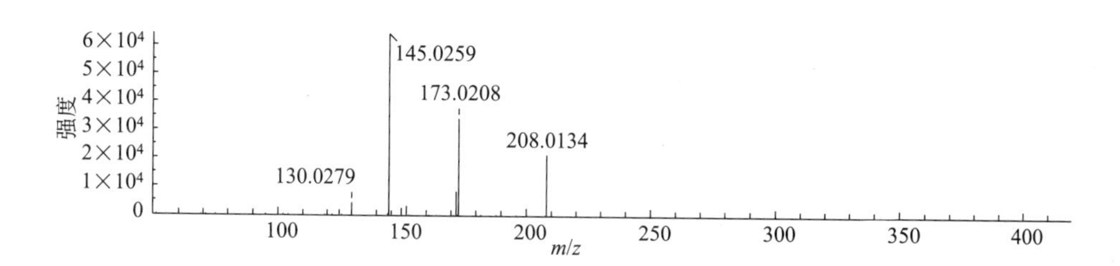

Fluoroglycofen-ethyl
乙羧氟草醚

CAS 号	77501-90-7	保留时间	21.53min
分子式	$C_{18}H_{13}ClF_3NO_7$	加合方式	$[M+NH_4]^+$
分子量	447.0333	源内裂解碎片	无

推测裂解规律

$[C_{18}H_{13}ClF_3NO_7]$ MW 447.0333

$[C_{18}H_{13}ClF_3NO_7+NH_4]^+$ *m/z* 465.0671

$[C_{18}H_{13}ClF_3NO_7+H]^+$ *m/z* 448.0405

$[C_{14}H_6ClF_3NO_4]^+$ *m/z* 343.9932

$[C_7H_3ClF_3]^+$ *m/z* 178.9870

$[C_{13}H_6ClF_3NO_2]^+$ *m/z* 300.0034

$[C_{13}H_5ClF_2NO_2]^+$ *m/z* 279.9971

提取离子流色谱图

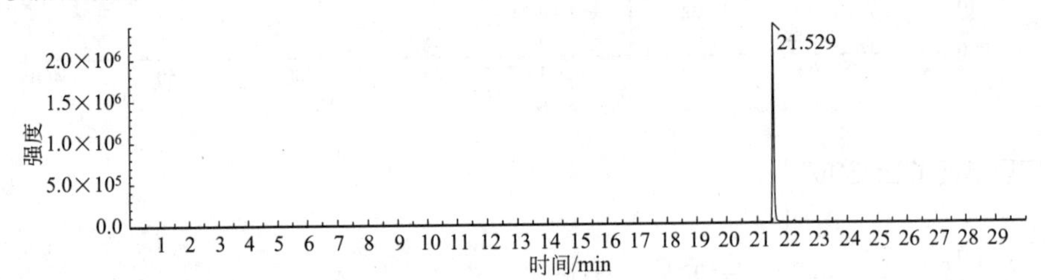

一级质谱图

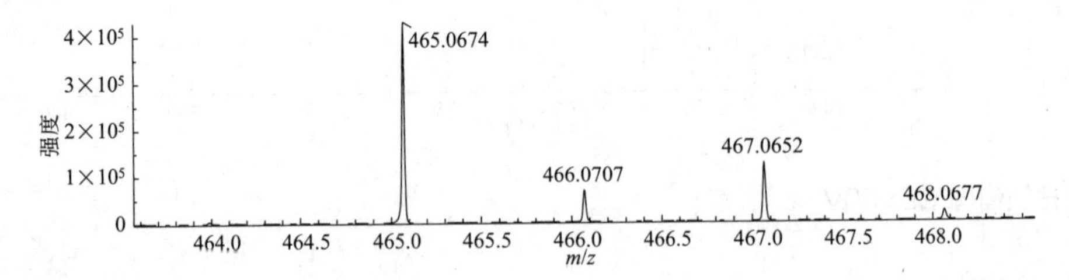

二级全扫质谱图 CE: (35±15)V

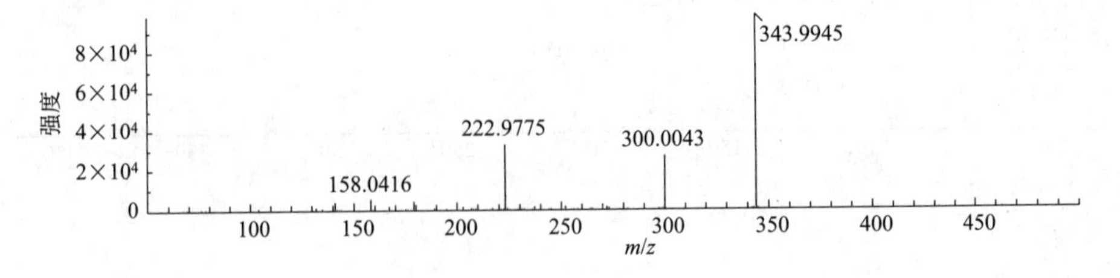

二级全扫质谱图 CE: 10V

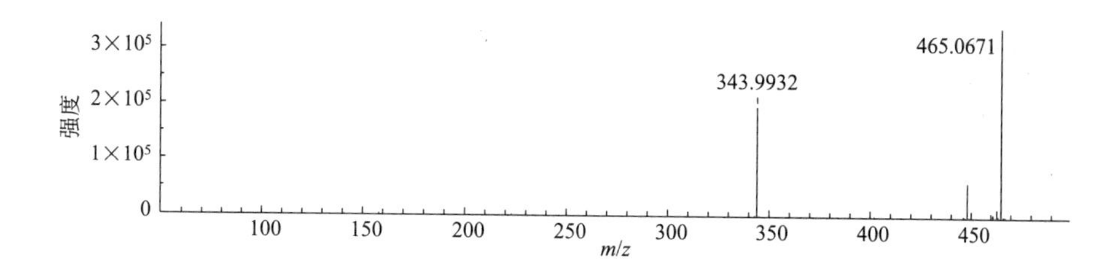

二级全扫质谱图 CE: 20V

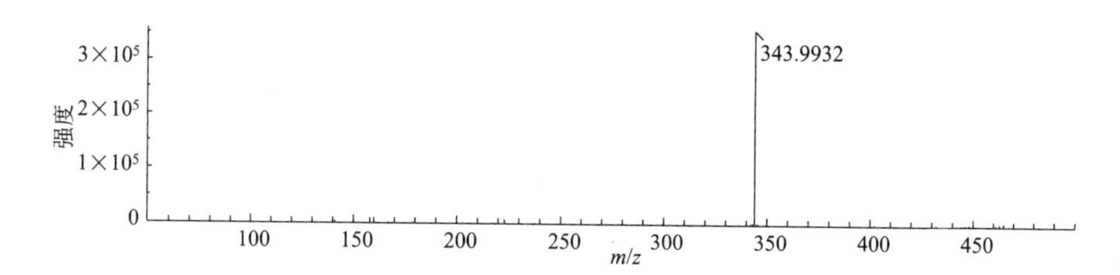

二级全扫质谱图 CE: 35V

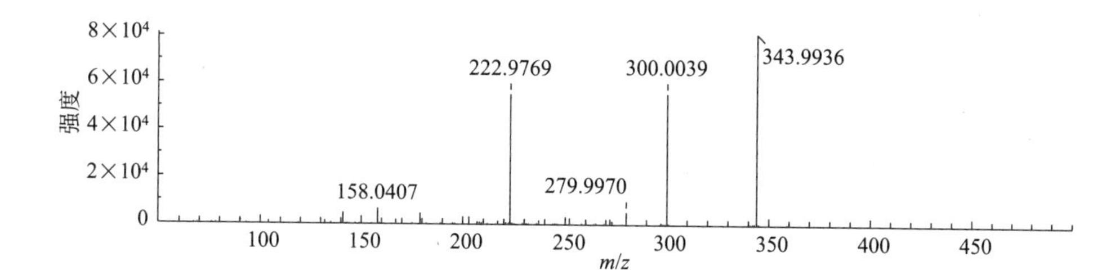

二级全扫质谱图 CE: 50V

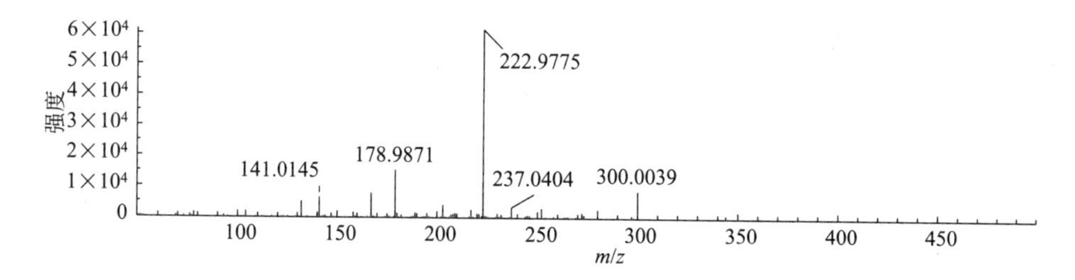

二级全扫质谱图 CE: 60V

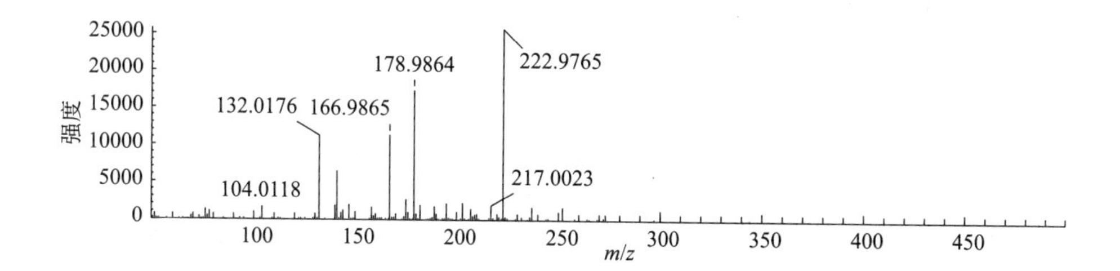

Flurtamone
呋草酮

CAS 号	96525-23-4	保留时间	12.05min
分子式	$C_{18}H_{14}F_3NO_2$	加合方式	$[M+H]^+$
分子量	333.0977	源内裂解碎片	无

推测裂解规律

$[C_{18}H_{14}F_3NO_2]$ MW 333.0977

$[C_{18}H_{14}F_3NO_2+H]^+$ m/z 334.1049

$[C_{17}H_{10}F_3O_2]^+$ m/z 303.0627

$[C_7H_5O]^+$ m/z 105.0335

$[C_{16}H_{10}F_3O]^+$ m/z 275.0678

$[C_{15}H_{10}F_3]^+$ m/z 247.0729

$[C_{15}H_9F_2]^+$ m/z 227.0667

$[C_{15}H_8F]^+$ m/z 207.0604

提取离子流色谱图

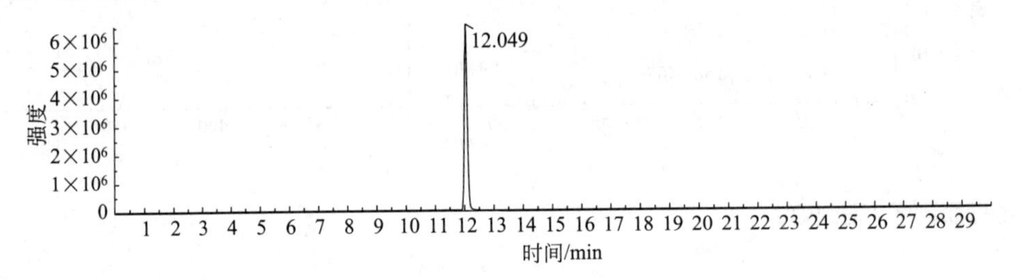

一级质谱图

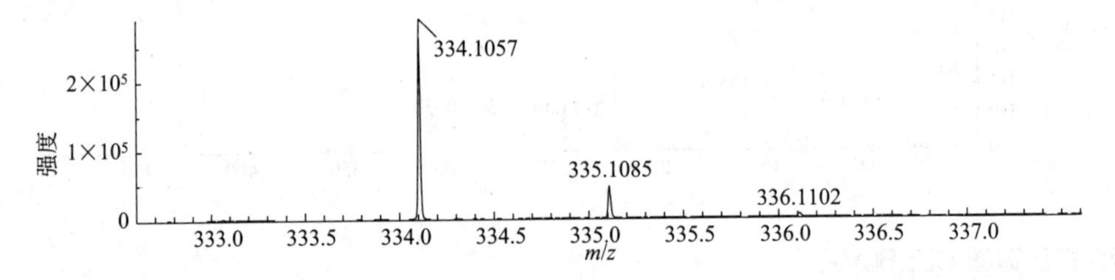

二级全扫质谱图 CE: (35±15)V

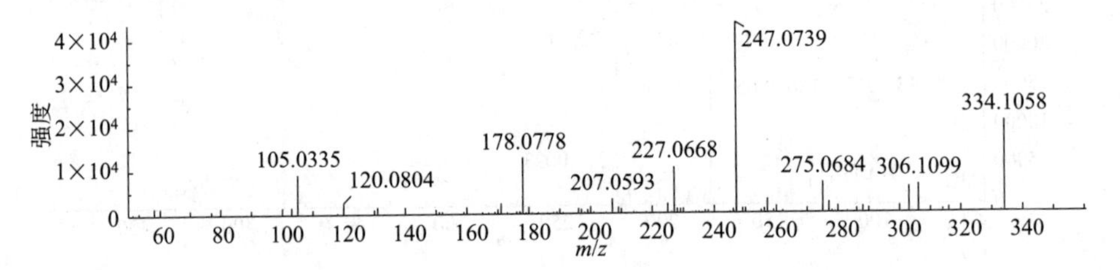

二级全扫质谱图 CE: 10V

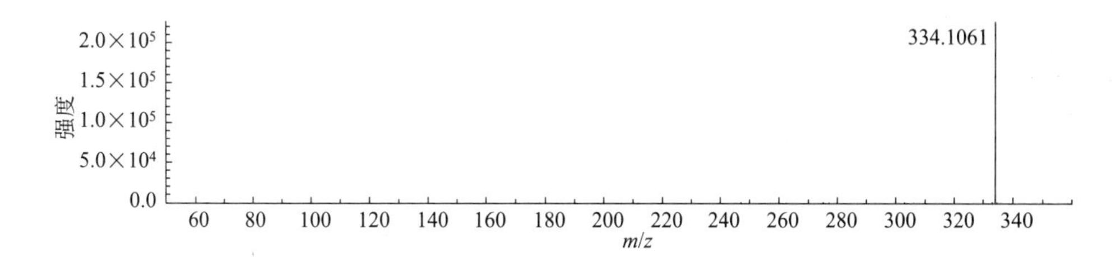

二级全扫质谱图 CE: 20V

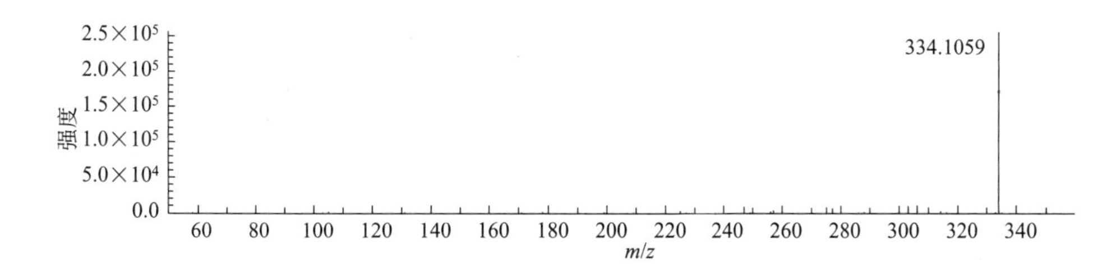

二级全扫质谱图 CE: 35V

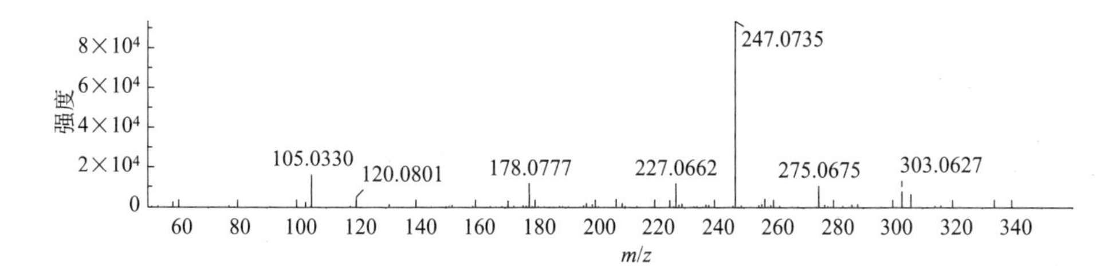

二级全扫质谱图 CE: 50V

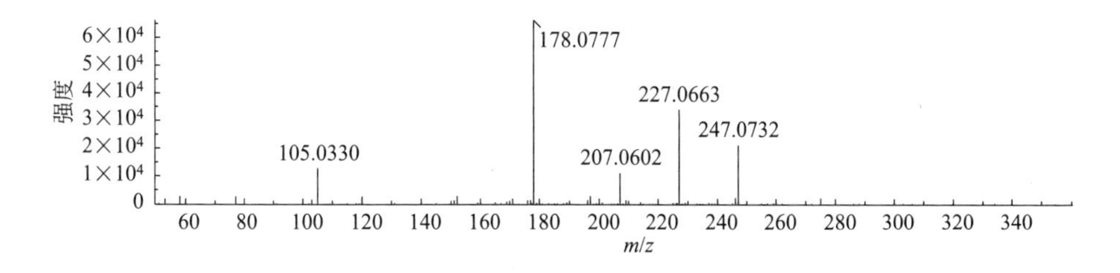

二级全扫质谱图 CE: 60V

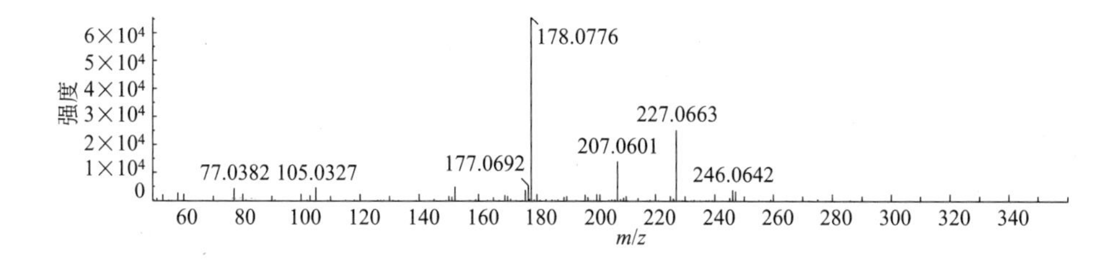

Flusilazole
氟硅唑

CAS 号	85509-19-9	保留时间	17.34min
分子式	$C_{16}H_{15}F_2N_3Si$	加合方式	$[M+H]^+$
分子量	315.1003	源内裂解碎片	无

推测裂解规律

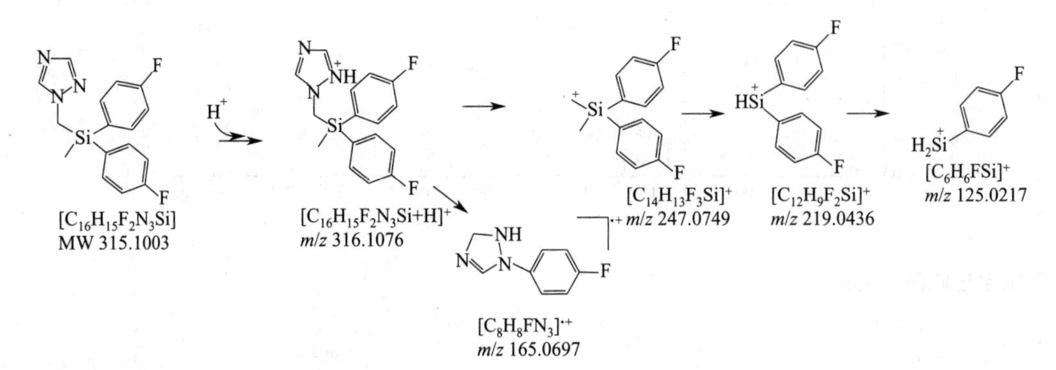

提取离子流色谱图

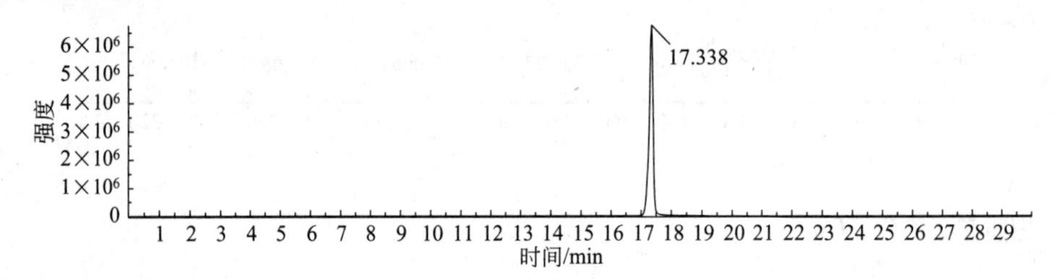

一级质谱图

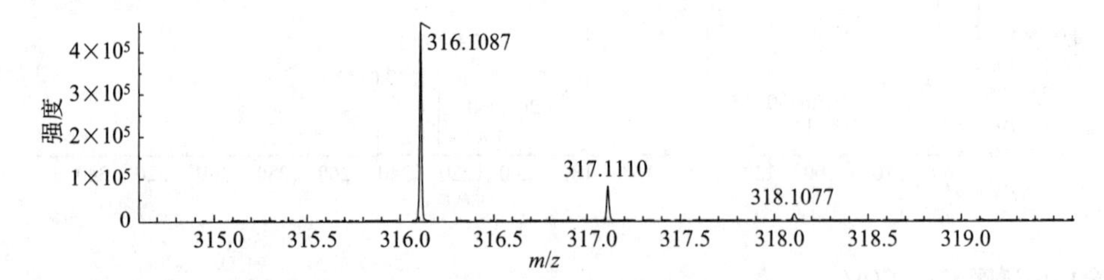

二级全扫质谱图 CE: (35±15)V

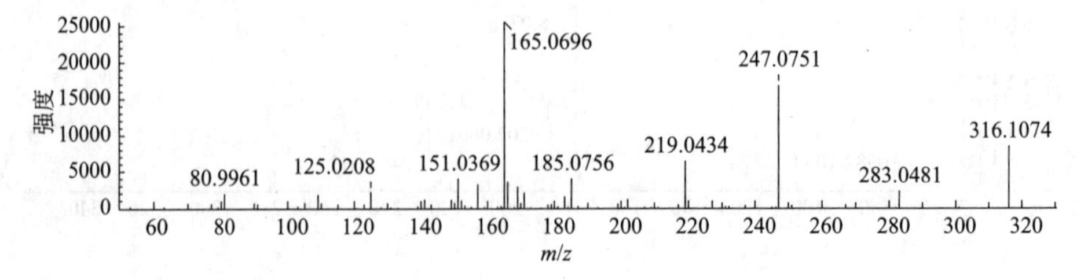

二级全扫质谱图 CE: 10V

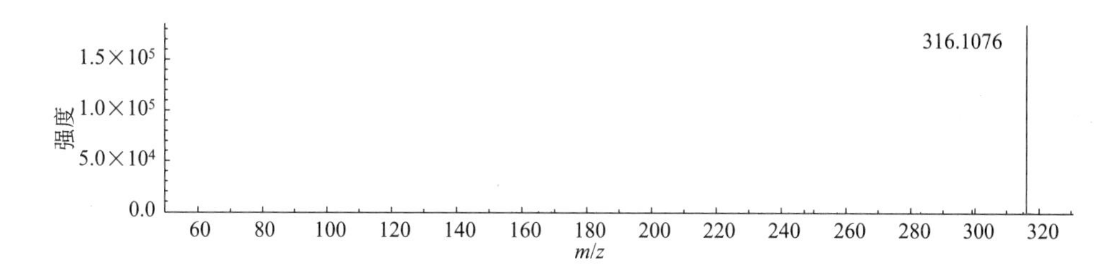

二级全扫质谱图 CE: 20V

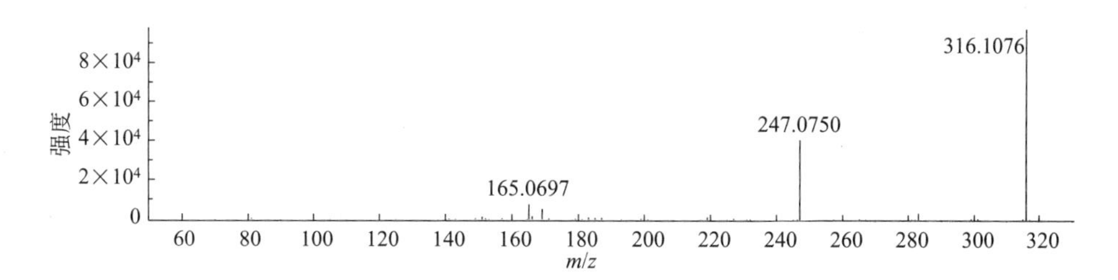

二级全扫质谱图 CE: 35V

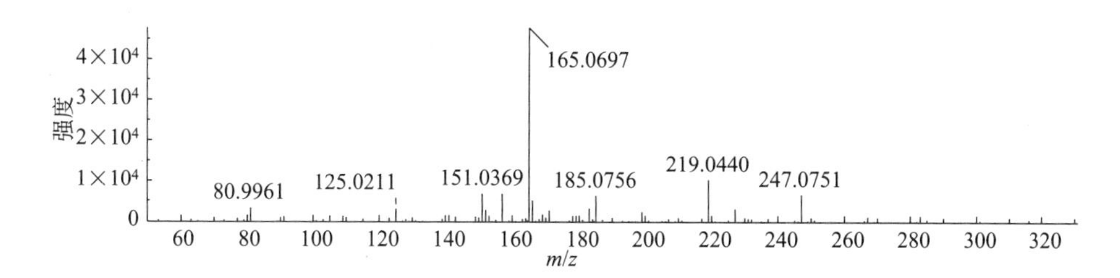

二级全扫质谱图 CE: 50V

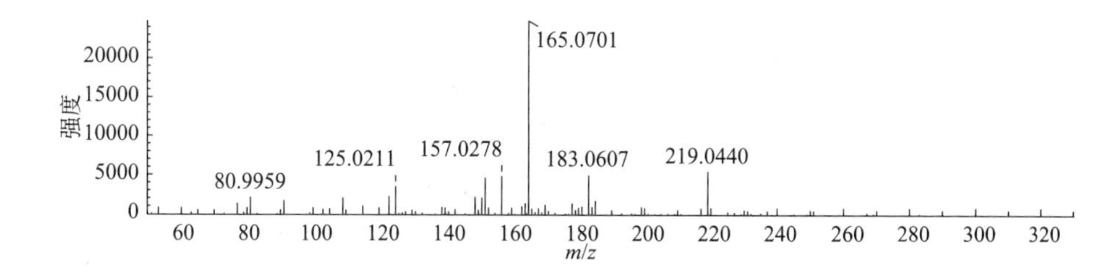

二级全扫质谱图 CE: 60V

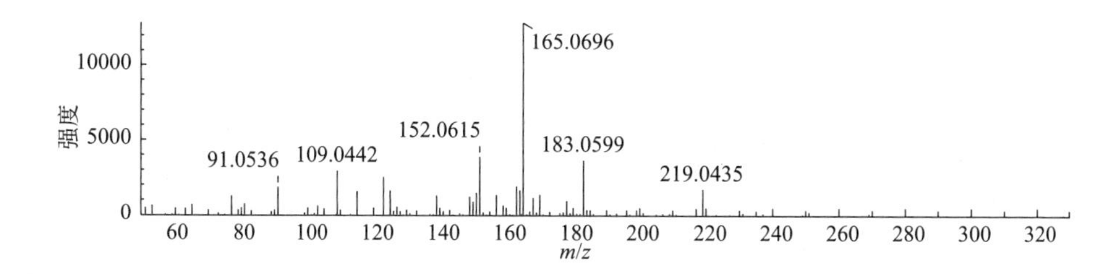

Fluthiacet-methyl

嗪草酸甲酯

CAS 号	117337-19-6	保留时间	17.69min
分子式	$C_{15}H_{15}ClFN_3O_3S_2$	加合方式	$[M+H]^+$
分子量	403.0227	源内裂解碎片	无

推测裂解规律

$[C_{15}H_{15}ClFN_3O_3S_2]$
MW 403.0227

H^+

$[C_{15}H_{15}ClFN_3O_3S_2+H]^+$
m/z 404.0300

$[C_{13}H_{12}ClFN_3OS_2]^+$
m/z 344.0089

$[C_{12}H_{11}ClFN_3OS_2]^{\cdot+}$
m/z 331.0011

$[C_4H_8N_2+H]^+$
m/z 85.0760

提取离子流色谱图

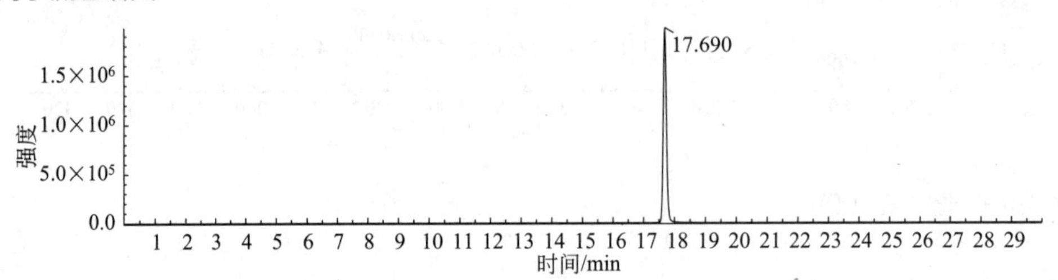

一级质谱图

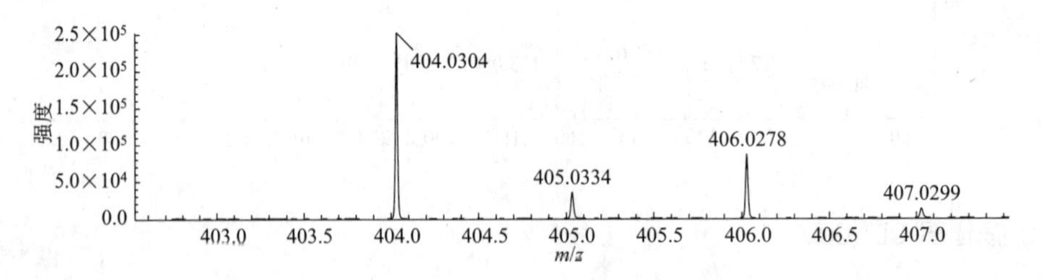

二级全扫质谱图 CE: (35±15)V

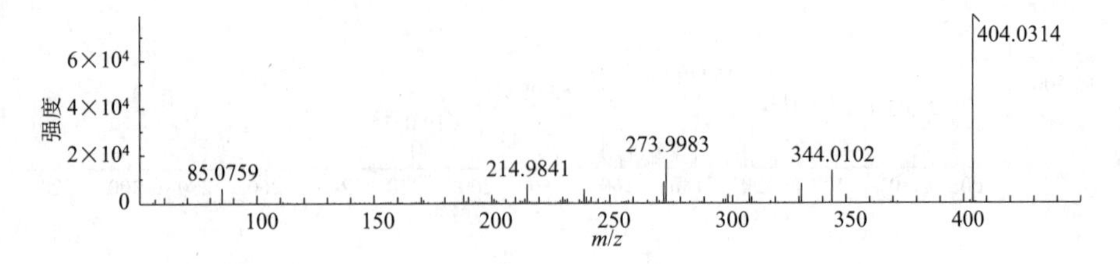

二级全扫质谱图 CE: 10V

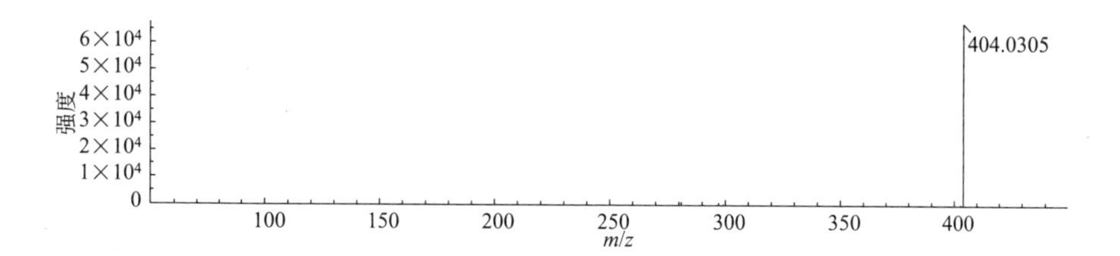

二级全扫质谱图 CE: 20V

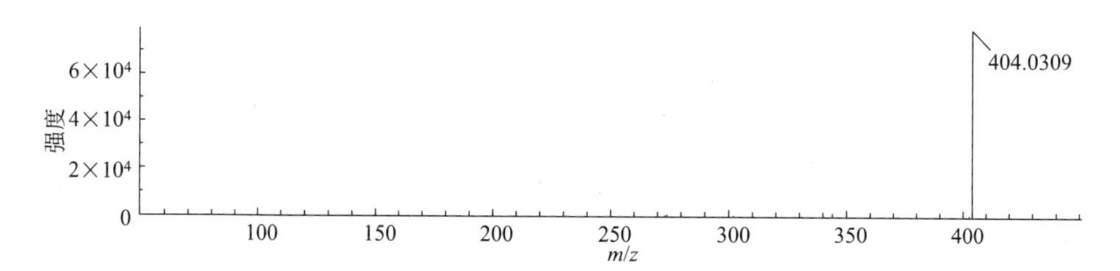

二级全扫质谱图 CE: 35V

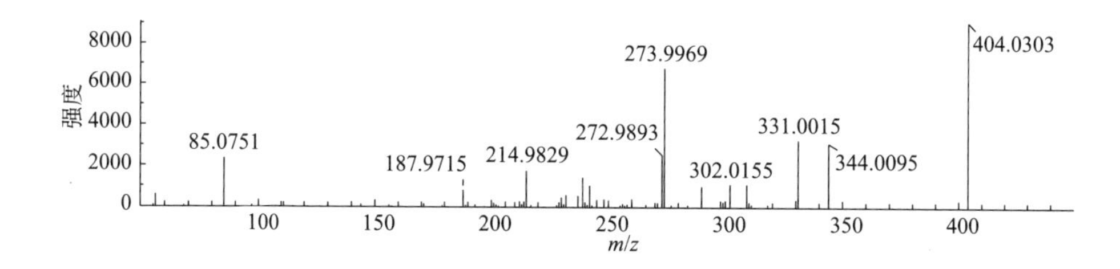

二级全扫质谱图 CE: 50V

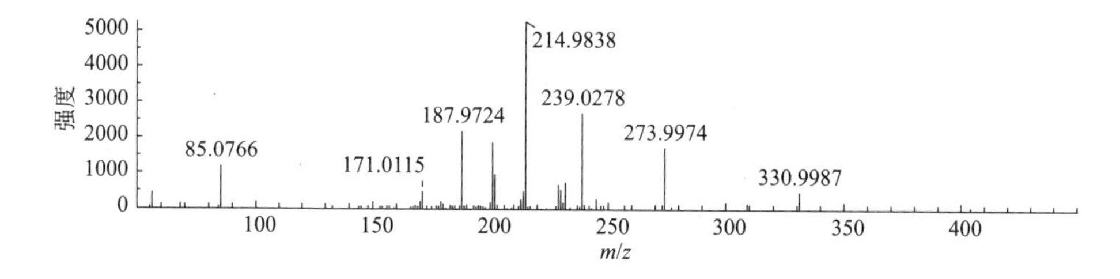

二级全扫质谱图 CE: 60V

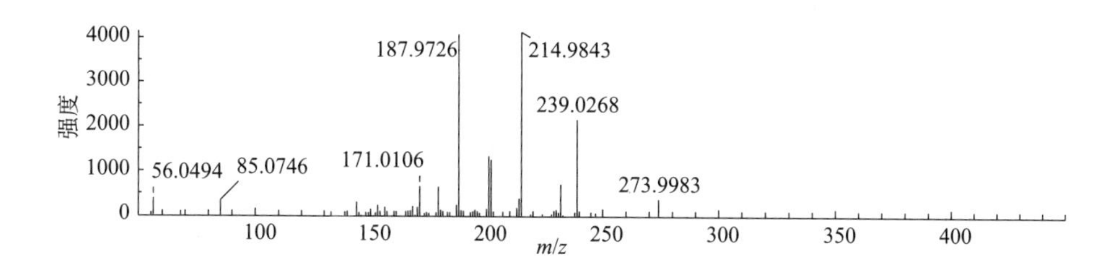

Flutolanil

氟酰胺

CAS 号	66332-96-5	保留时间	13.45min
分子式	$C_{17}H_{16}F_3NO_2$	加合方式	$[M+H]^+$
分子量	323.1133	源内裂解碎片	无

推测裂解规律（裂解路径已经 MS^3 确认）

$[C_{17}H_{16}F_3NO_2]$ MW 323.1133

$[C_{17}H_{16}F_3NO_2+H]^+$ *m/z* 324.1206

$[C_{17}H_{16}FNO_2]^+$ *m/z* 304.1144

$[C_{14}H_{10}F_2NO_2]^+$ *m/z* 262.0674

$[C_5H_5]^+$ *m/z* 65.0386

$[C_7H_4F_3]^+$ *m/z* 145.0260

$[C_8H_4F_3O]^+$ *m/z* 173.0209

$[C_{14}H_{10}F_3NO_2+H]^+$ *m/z* 282.0736

$[C_{14}H_9FNO_2]^+$ *m/z* 242.0612

$[C_6H_5O]^+$ *m/z* 93.0335

提取离子流色谱图

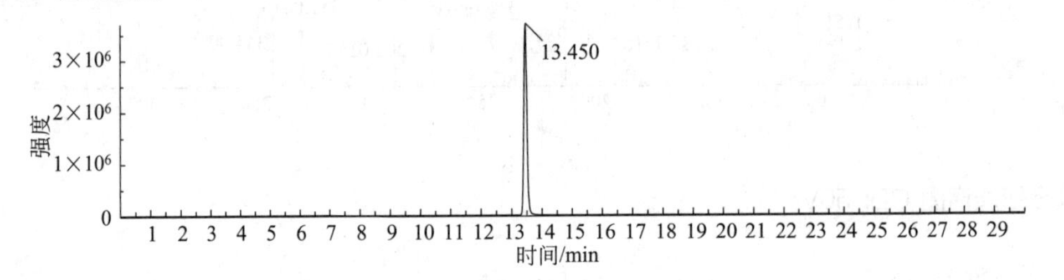

一级质谱图

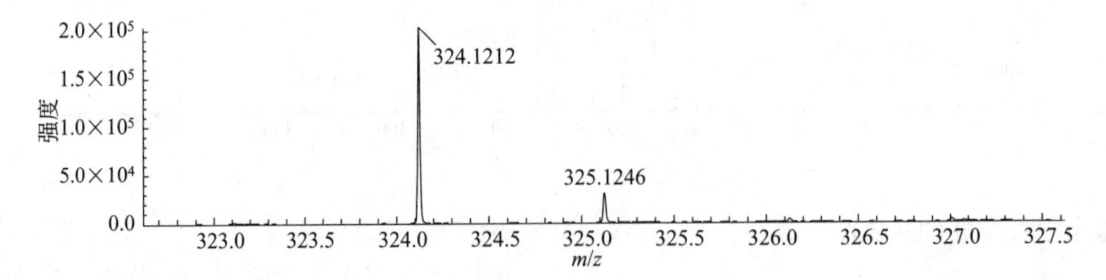

二级全扫质谱图 CE: (35±15)V

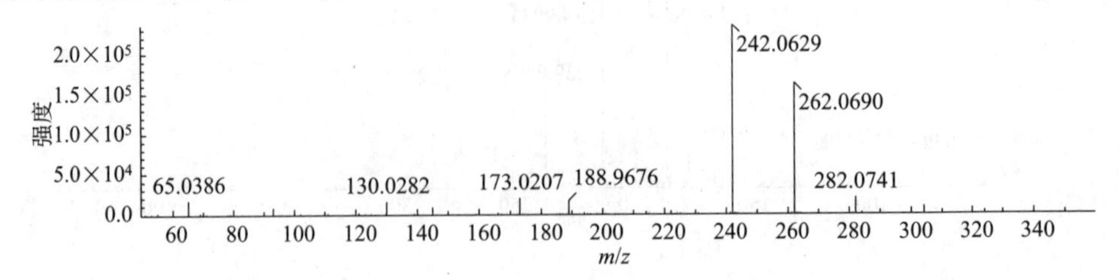

二级全扫质谱图 CE: 10V

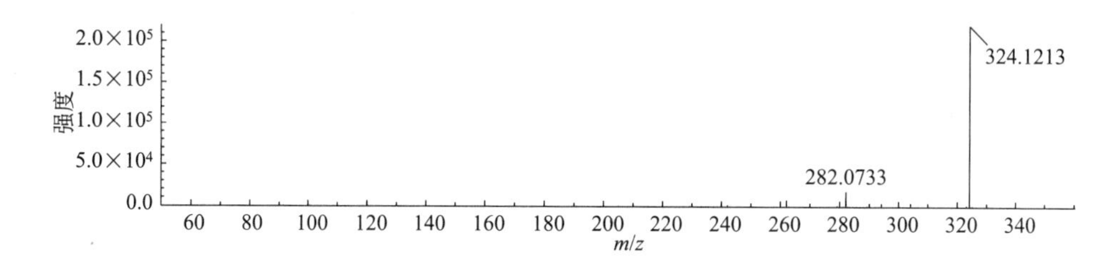

二级全扫质谱图 CE: 20V

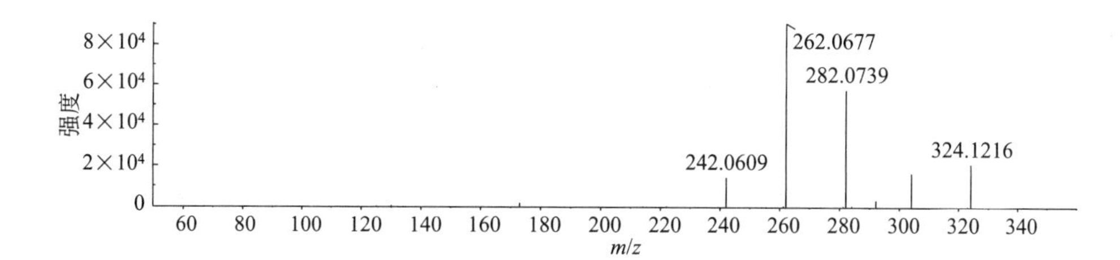

二级全扫质谱图 CE: 35V

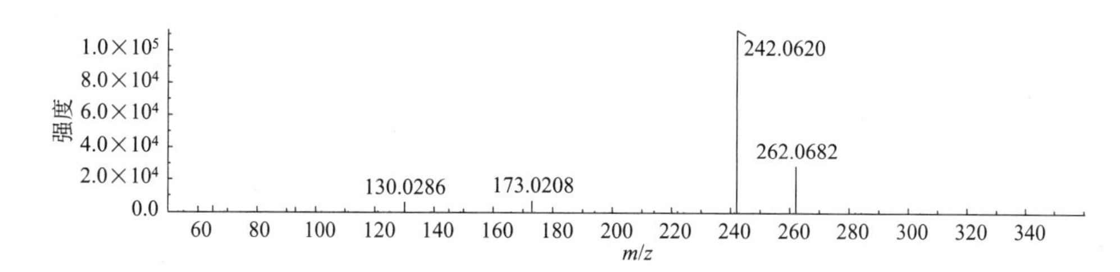

二级全扫质谱图 CE: 50V

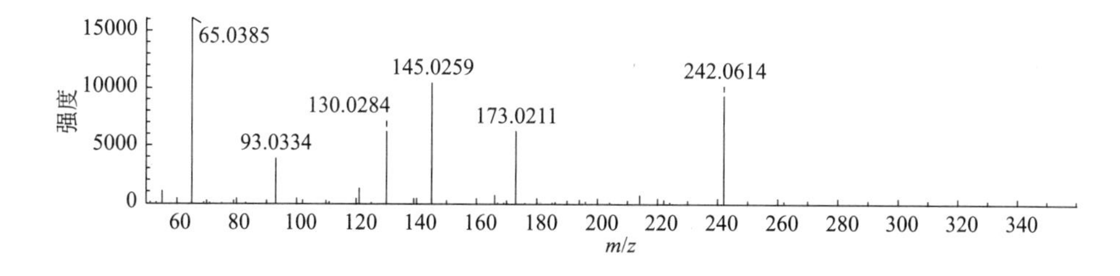

二级全扫质谱图 CE: 60V

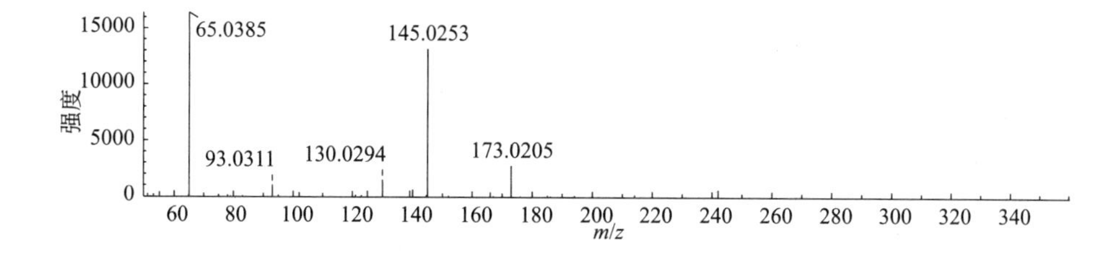

Flutriafol
粉唑醇

CAS号	76674-21-0	保留时间	8.80min
分子式	$C_{16}H_{13}F_2N_3O$	加合方式	$[M+H]^+$
分子量	301.1027	源内裂解碎片	无

推测裂解规律

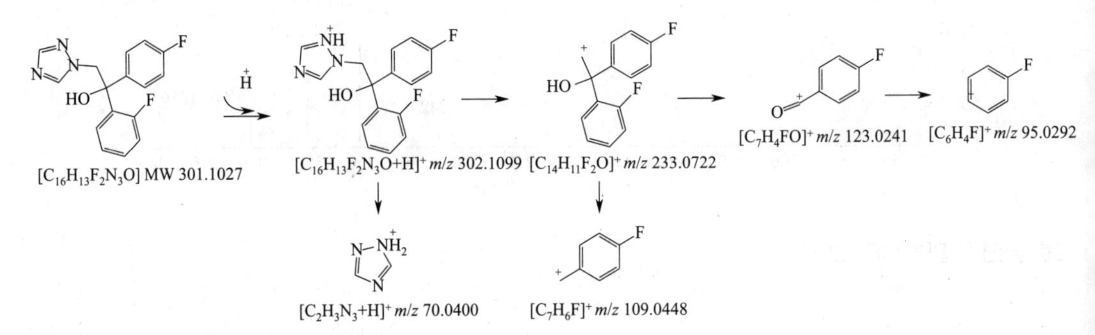

提取离子流色谱图

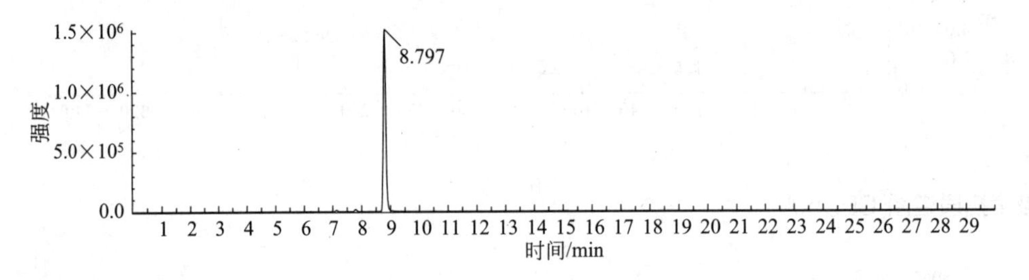

一级质谱图

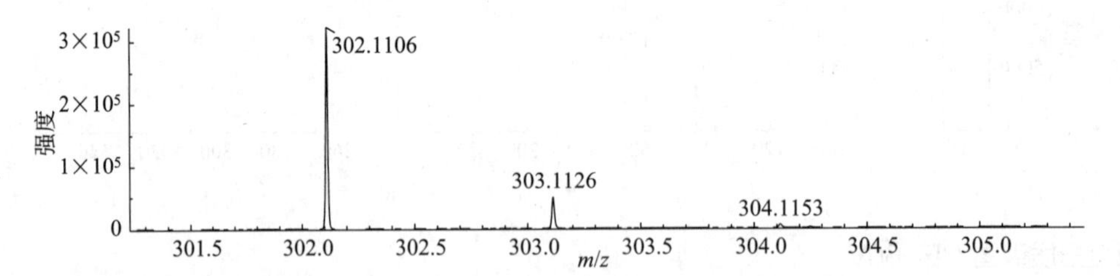

二级全扫质谱图 CE: (35±15)V

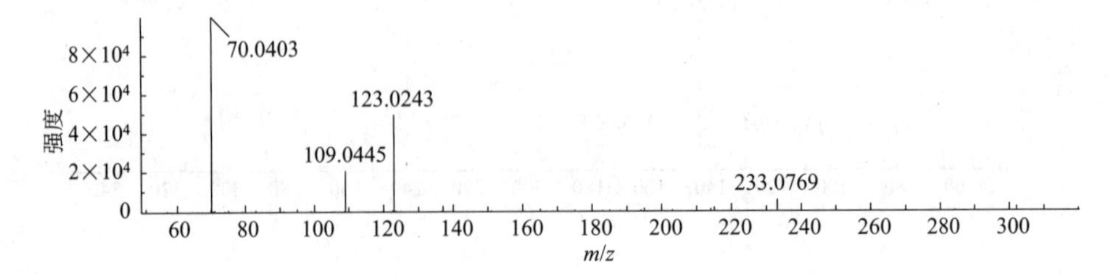

二级全扫质谱图 CE: 10V

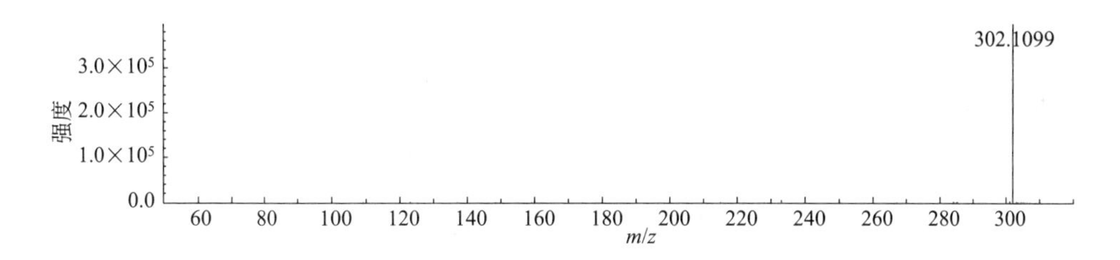

二级全扫质谱图 CE: 20V

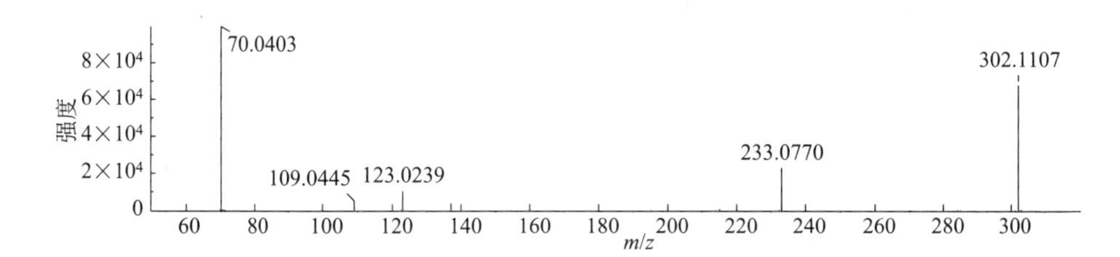

二级全扫质谱图 CE: 35V

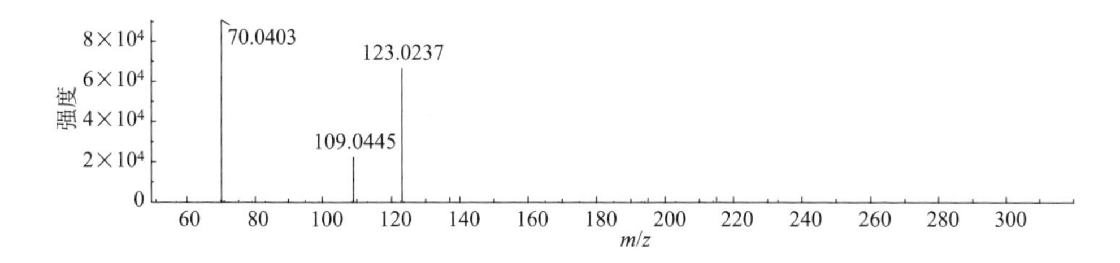

二级全扫质谱图 CE: 50V

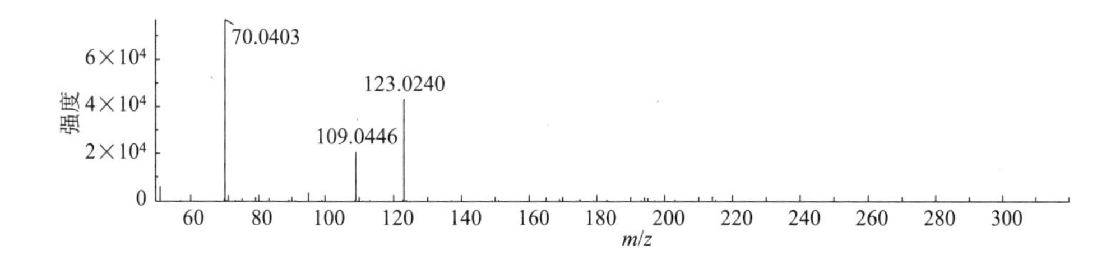

二级全扫质谱图 CE: 60V

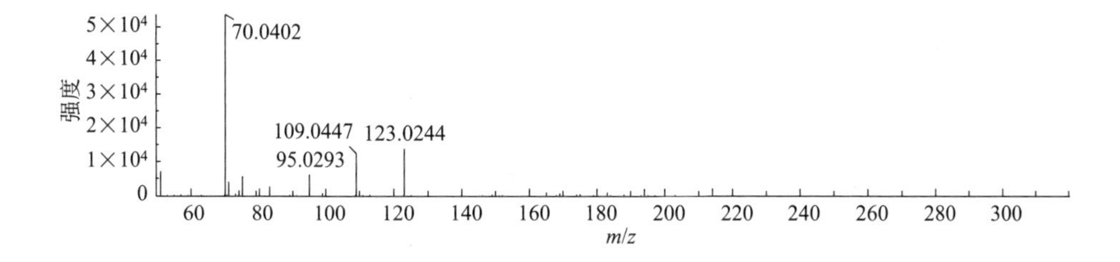

Fluxapyroxad
氟唑菌酰胺

CAS 号	907204-31-3	保留时间	12.53min
分子式	$C_{18}H_{12}F_5N_3O$	加合方式	$[M+H]^+$
分子量	381.0900	源内裂解碎片	无

推测裂解规律（裂解路径已经 MS^3 确认）

$[C_{18}H_{12}F_5N_3O]$ MW 381.0900

$[C_{18}H_{12}F_5N_3O+H]^+$ m/z 382.0973

$[C_{18}H_{12}F_4N_3O]^+$ m/z 362.0911

$[C_{18}H_{11}F_3N_3O]^+$ m/z 342.0849

$[C_{17}H_{11}F_3N_3]^+$ m/z 314.0900

$[C_{16}H_8F_3N]^{\cdot+}$ m/z 271.0603

$[C_{13}H_7F_3N]^+$ m/z 234.0525

$[C_{12}H_5F_3]^{\cdot+}$ m/z 206.0338

$[C_6H_5F_3N_2O]^+$ m/z 159.0364

提取离子流色谱图

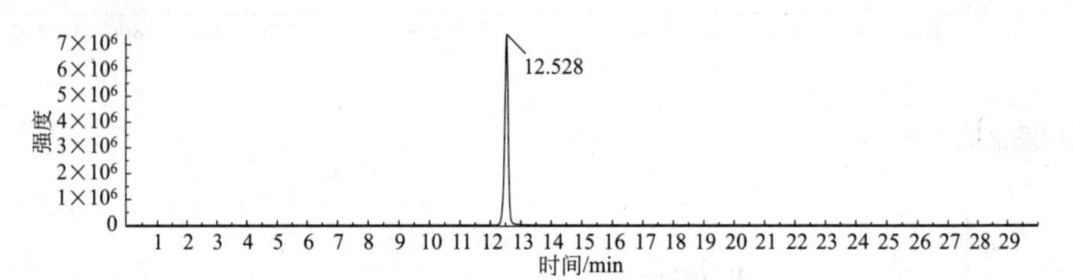

一级质谱图

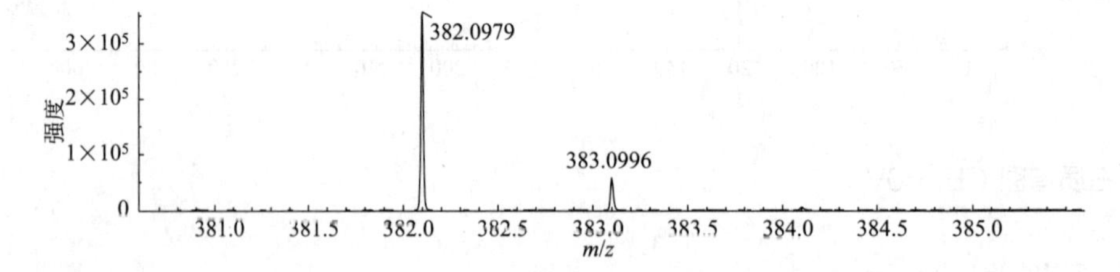

二级全扫质谱图 CE: (35±15)V

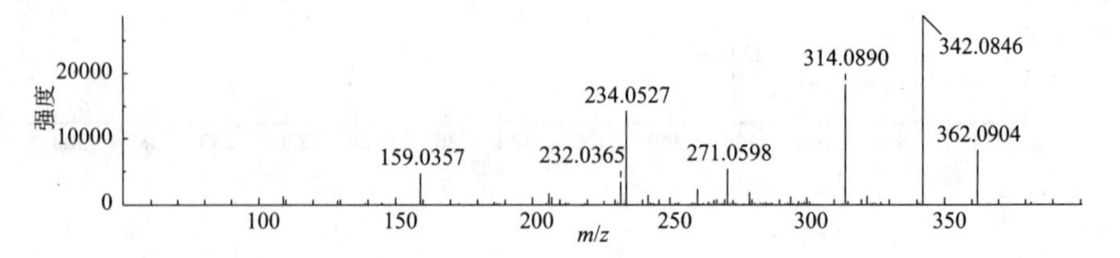

二级全扫质谱图 CE: 10V

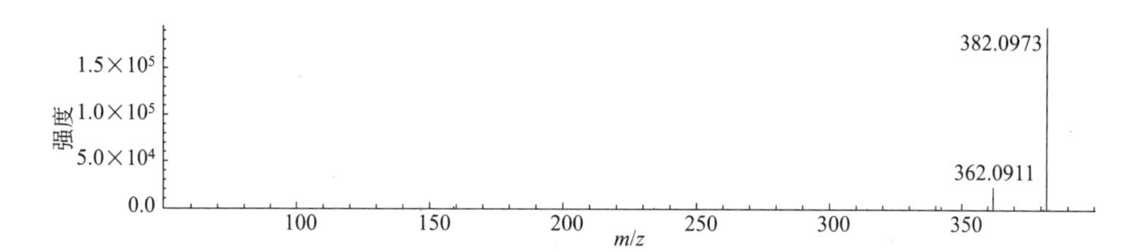

二级全扫质谱图 CE: 20V

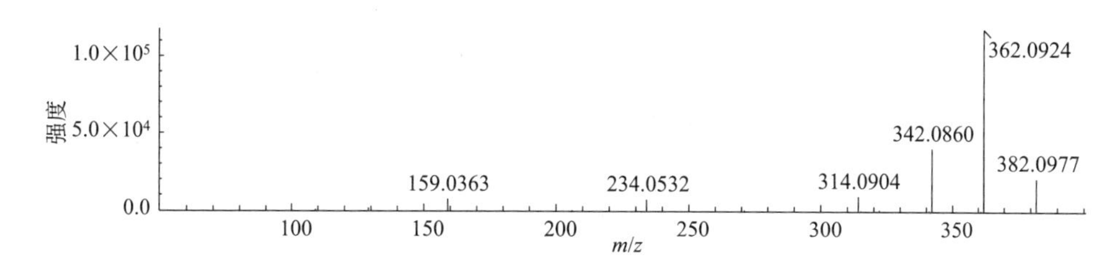

二级全扫质谱图 CE: 35V

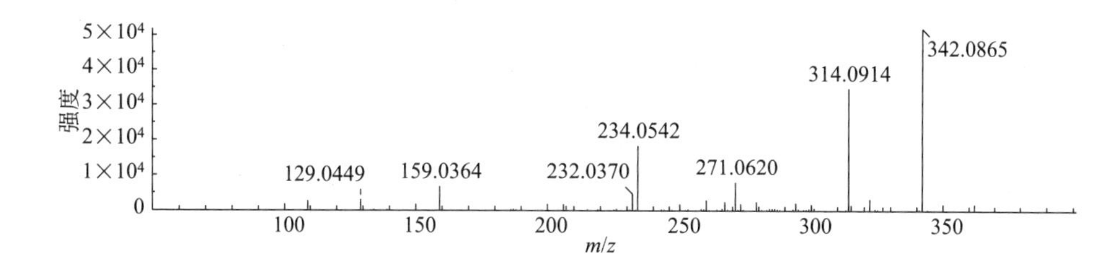

二级全扫质谱图 CE: 50V

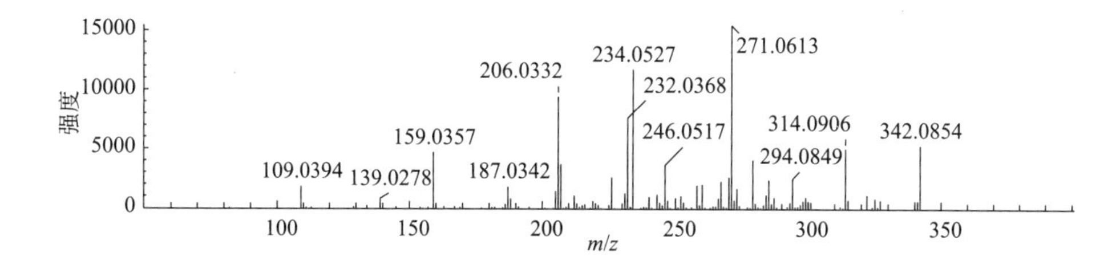

二级全扫质谱图 CE: 60V

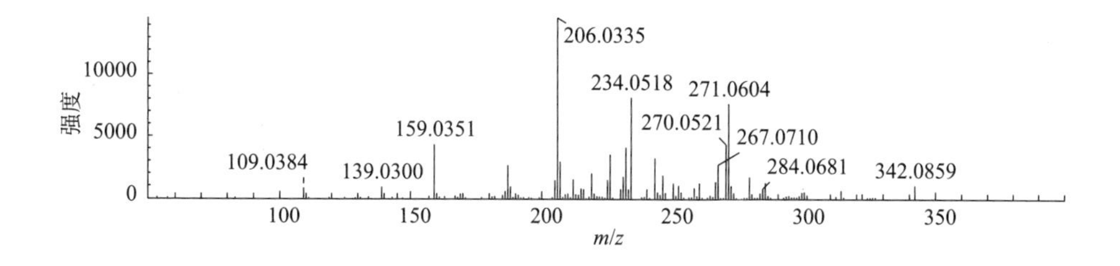

Fomesafen
氟磺胺草醚

CAS 号	72178-02-0	保留时间	11.05min
分子式	$C_{15}H_{10}ClF_3N_2O_6S$	加合方式	$[M-H]^-$
分子量	437.9900	源内裂解碎片	无

推测裂解规律

$[C_{15}H_{10}ClF_3N_2O_6S]$ MW 437.9900

$[C_{15}H_{10}ClF_3N_2O_6S\text{-}H]^-$ *m/z* 436.9827

$[C_{13}H_6ClF_3NO_3]^-$ *m/z* 315.9994

$[C_{13}H_6ClF_3O_2]^{\cdot-}$ *m/z* 286.0014

$[C_5H_3O]^-$ *m/z* 79.0189

$[C_6H_3O_2]^-$ *m/z* 107.0138

$[C_6H_3NO_3]^{\cdot-}$ *m/z* 137.0118

$[C_7H_3ClF_3O]^-$ *m/z* 194.9830

$[C_7H_2ClF_2O]^-$ *m/z* 174.9768

$[C_{12}H_5F_3O]^{\cdot-}$ *m/z* 222.0298

提取离子流色谱图

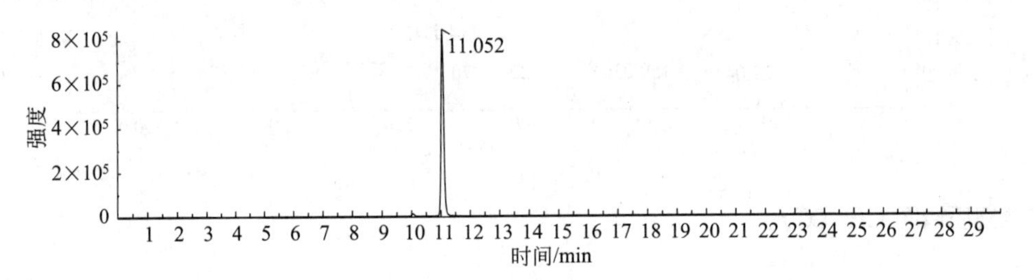

一级质谱图

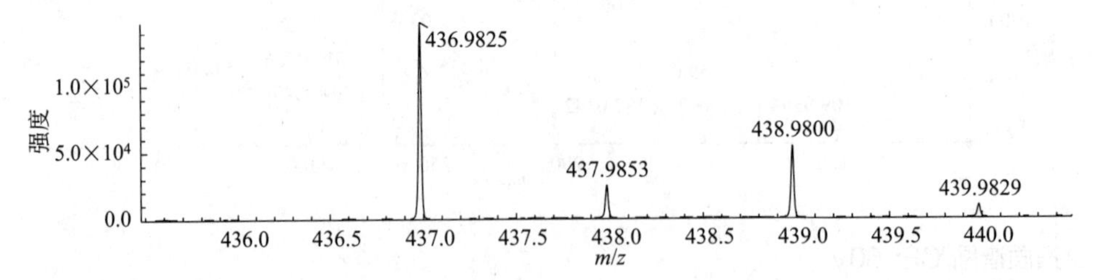

二级全扫质谱图 CE: (35±15)V

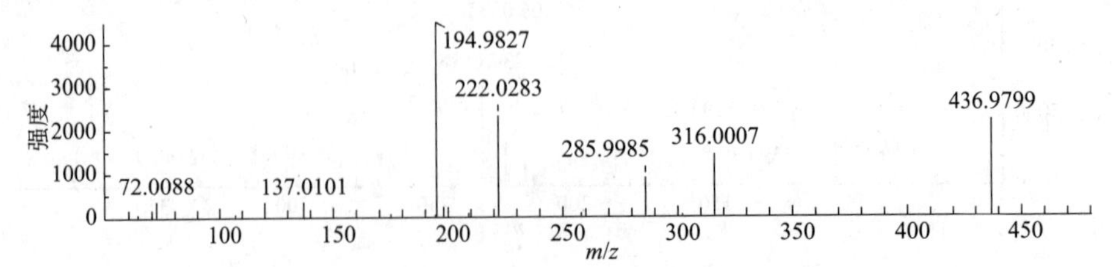

二级全扫质谱图 CE: 10V

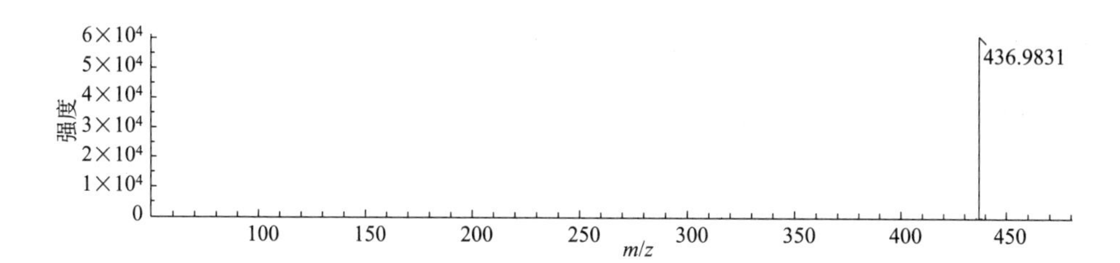

二级全扫质谱图 CE: 20V

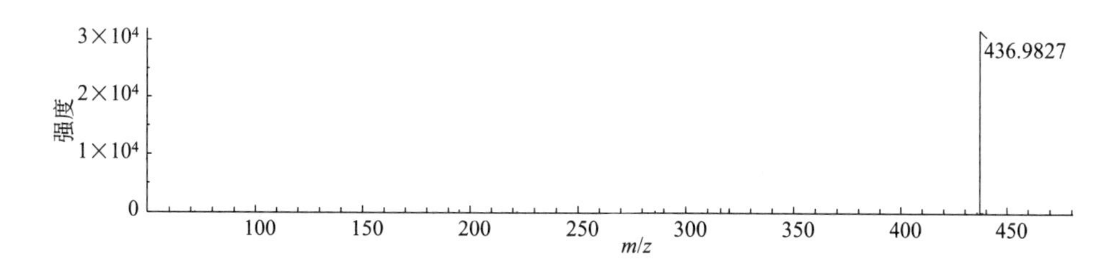

二级全扫质谱图 CE: 35V

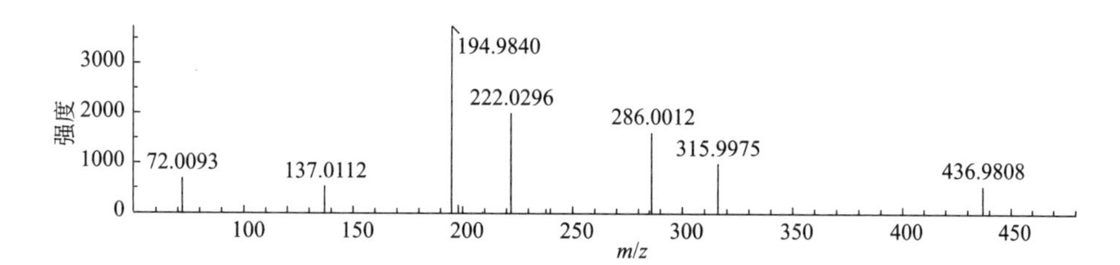

二级全扫质谱图 CE: 50V

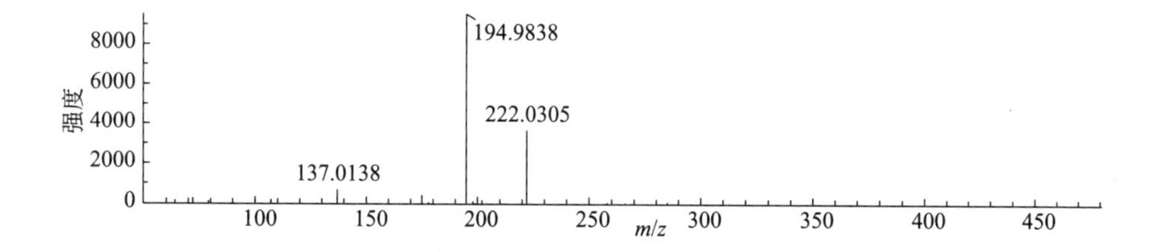

二级全扫质谱图 CE: 60V

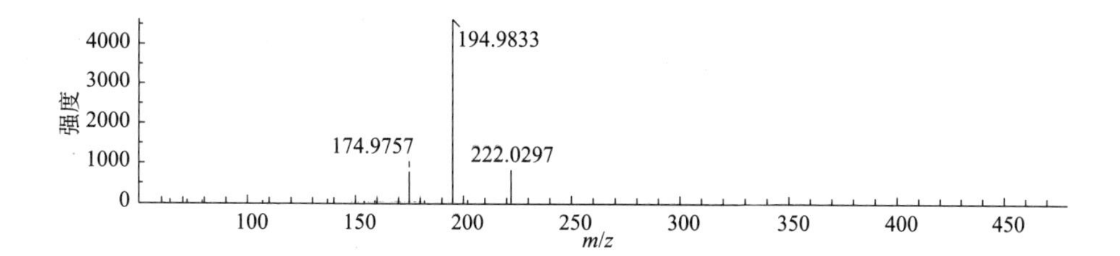

Fonofos
地虫硫磷

CAS 号	994-22-9	保留时间	18.20min
分子式	$C_{10}H_{15}OPS_2$	加合方式	$[M+H]^+$
分子量	246.0302	源内裂解碎片	无

推测裂解规律

$[C_{10}H_{15}OPS_2]$ MW 246.0302 → $[C_{10}H_{15}OPS_2+H]^+$ *m/z* 247.0375 → $[C_4H_{10}OPS]^+$ *m/z* 137.0184 → $[C_2H_5OPS+H]^+$ *m/z* 108.9872 → $[HOPS+H]^+$ *m/z* 80.9558 → $[PS]^+$ *m/z* 62.9453

提取离子流色谱图

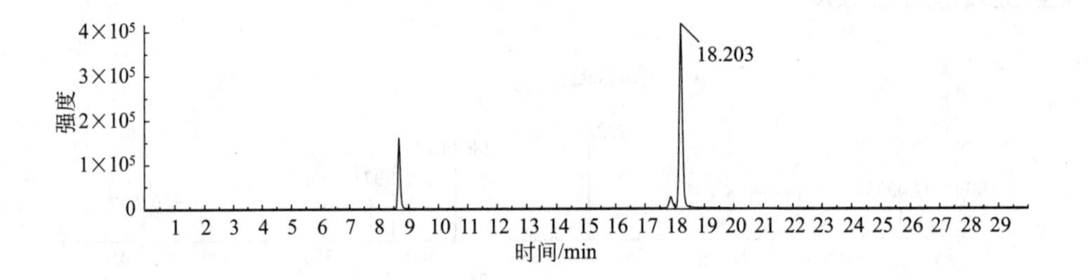

一级质谱图

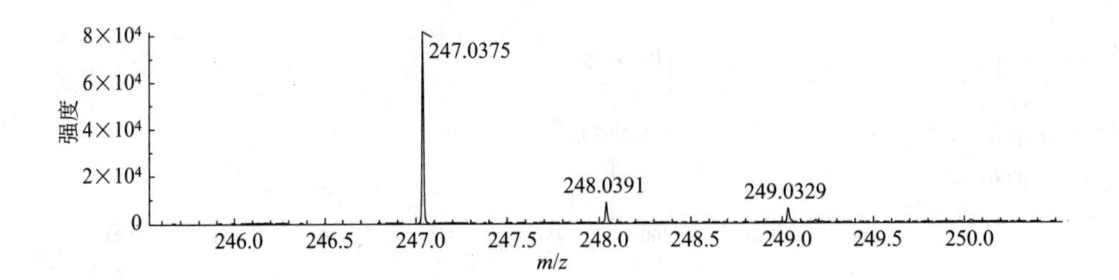

二级全扫质谱图 CE: (35±15)V

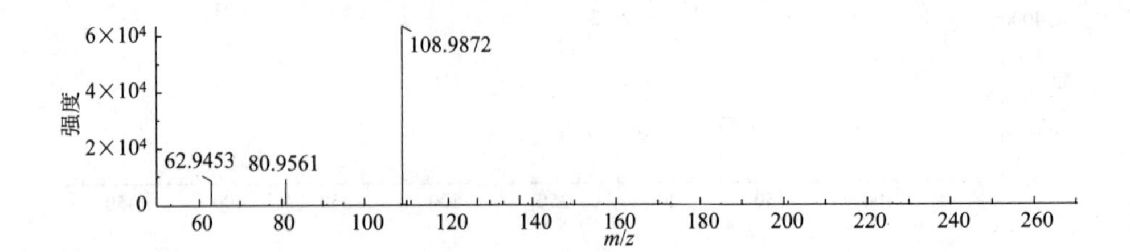

二级全扫质谱图 CE: 10V

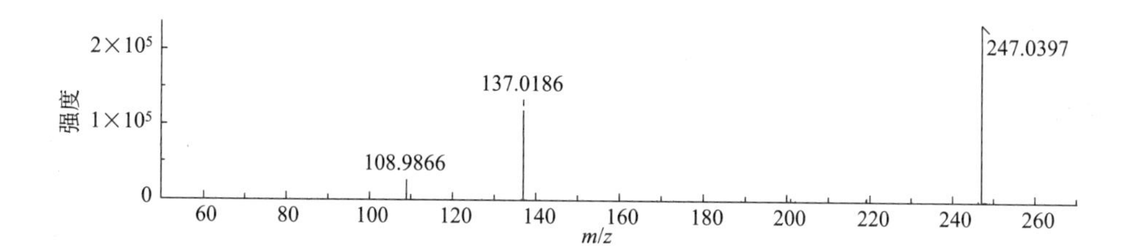

二级全扫质谱图 CE: 20V

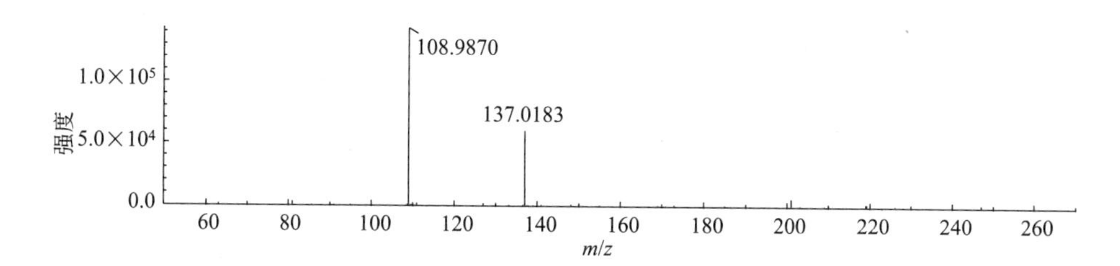

二级全扫质谱图 CE: 35V

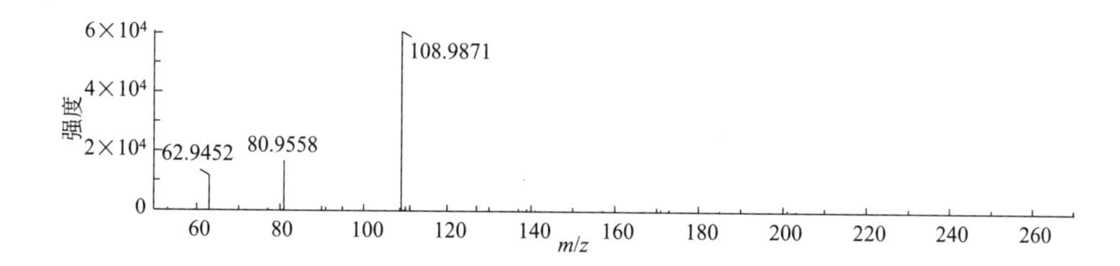

二级全扫质谱图 CE: 50V

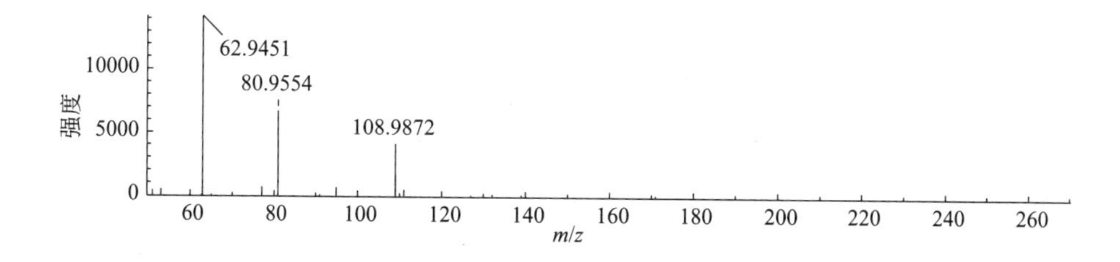

二级全扫质谱图 CE: 60V

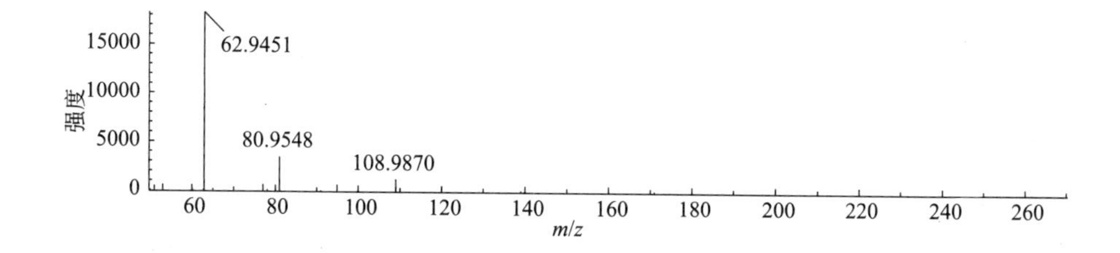

Forchlorfenuron

氯吡脲

CAS 号	68157-60-8	保留时间	9. 43min
分子式	$C_{12}H_{10}ClN_3O$	加合方式	$[M+H]^+$
分子量	247. 0512	源内裂解碎片	无

推测裂解规律

$[C_{12}H_{10}ClN_3O]$ MW 247.0512 → $[C_{12}H_{10}ClN_3O+H]^+$ m/z 248.0585 → $[C_5H_5ClN_2+H]^+$ m/z 129.0214 → $[C_5H_5N_2]^+$ m/z 93.0447 → $[C_4H_4N]^+$ m/z 66.0338

$[C_{12}H_{10}ClN_3O+H]^+$ m/z 248.0585 → $[C_6H_4ClN_2O]^+$ m/z 155.0007

提取离子流色谱图

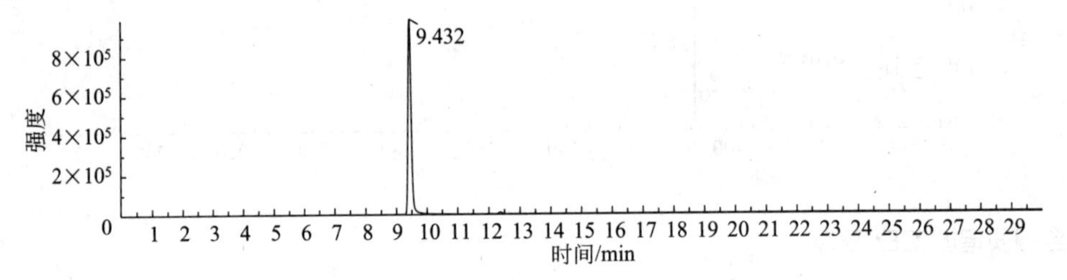

一级质谱图

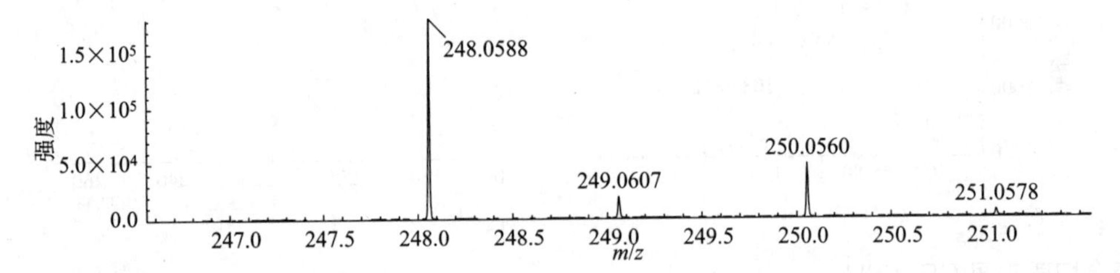

二级全扫质谱图 CE: (35±15)V

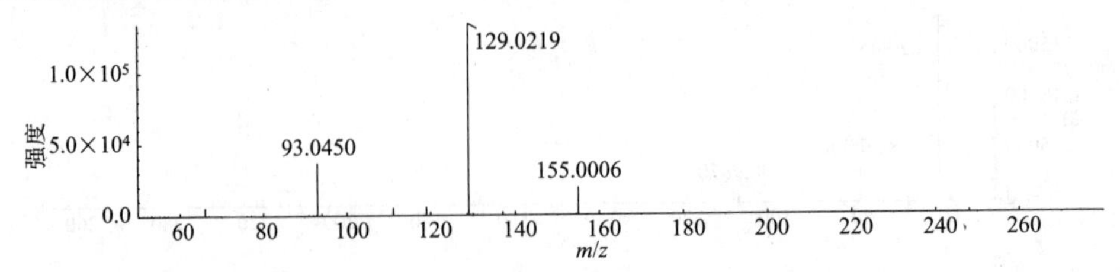

二级全扫质谱图 CE: 10V

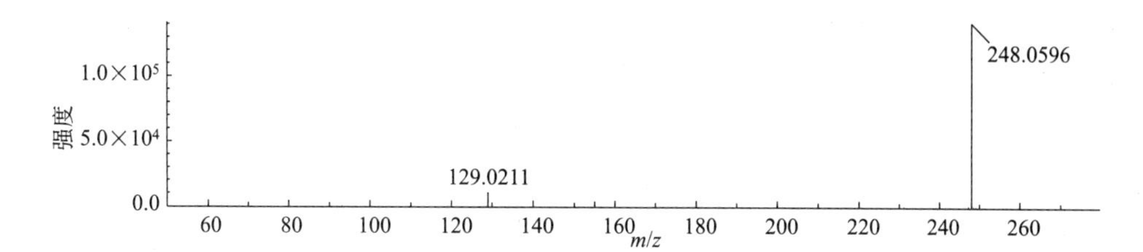

二级全扫质谱图 CE: 20V

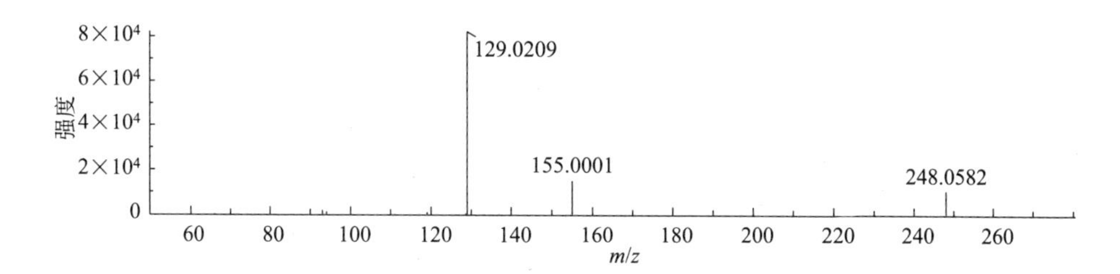

二级全扫质谱图 CE: 35V

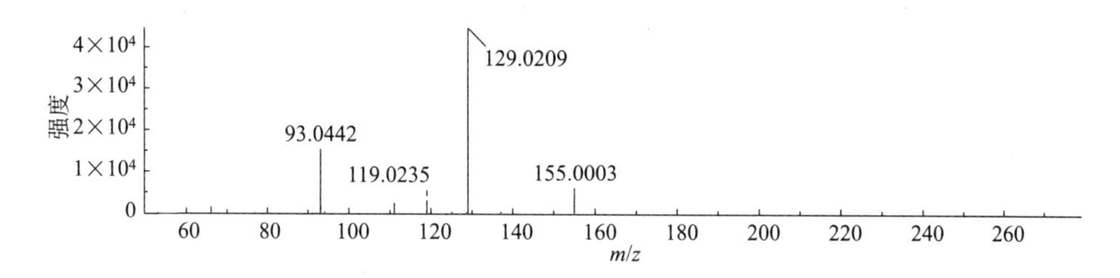

二级全扫质谱图 CE: 50V

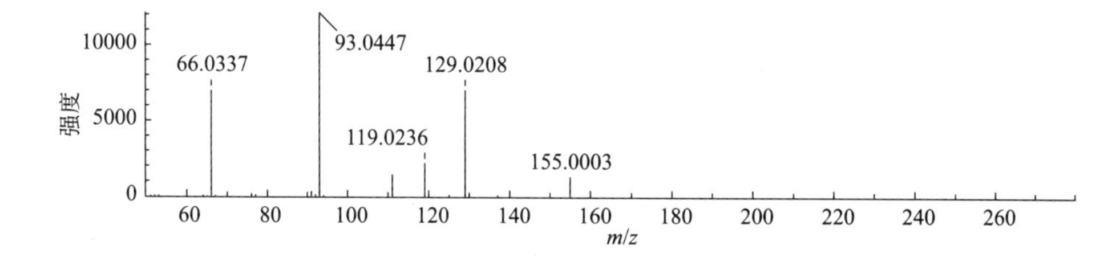

二级全扫质谱图 CE: 60V

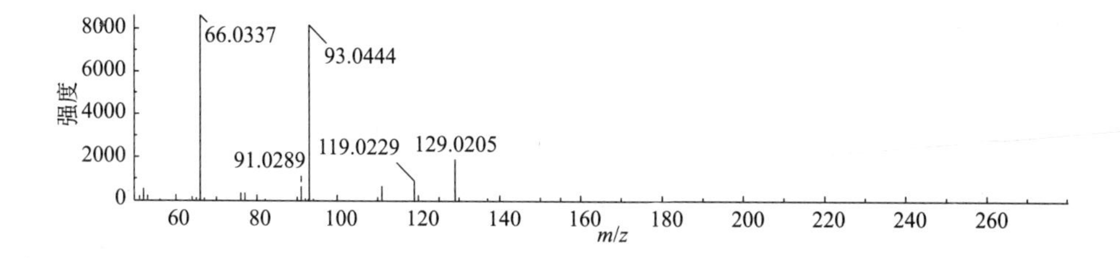

Formothion

安硫磷

CAS 号	2540-82-1	保留时间	5.99min
分子式	$C_6H_{12}NO_4PS_2$	加合方式	$[M+H]^+$
分子量	256.9945	源内裂解碎片	无

推测裂解规律

$[C_6H_{12}NO_4PS_2]$
MW 256.9945

$[C_6H_{12}NO_4PS_2+H]^+$
m/z 258.0018

$[C_4H_8O_3PS_2]^+$
m/z 198.9647

$[C_3H_8O_2PS_2]^+$
m/z 170.9698

$[CH_4O_2PS]^+$
m/z 110.9664

$[C_2H_6O_2PS]^+$
m/z 156.9541

$[C_2H_6O_2PS]^+$
m/z 124.9821

$[CH_3O_2P+H]^+$
m/z 78.9943

提取离子流色谱图

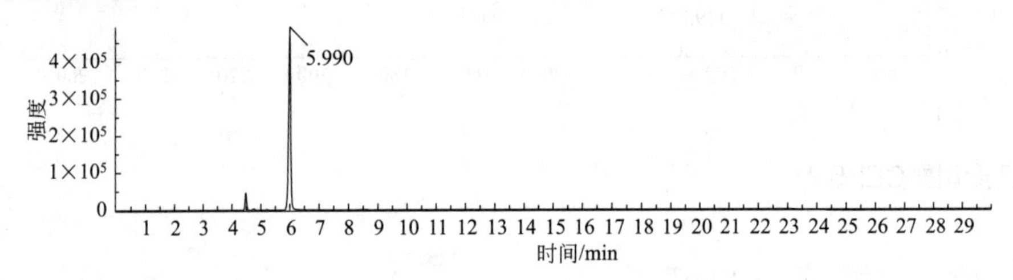

一级质谱图

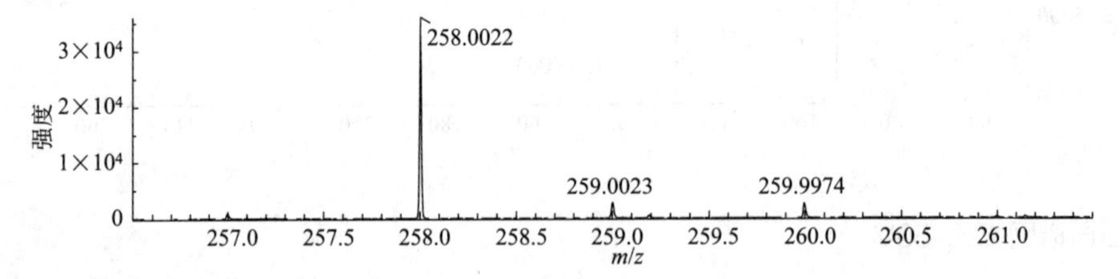

二级全扫质谱图 CE: (35±15)V

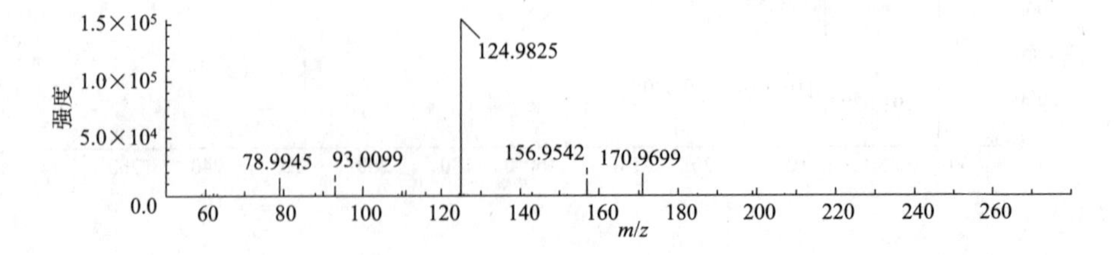

二级全扫质谱图 CE: 10V

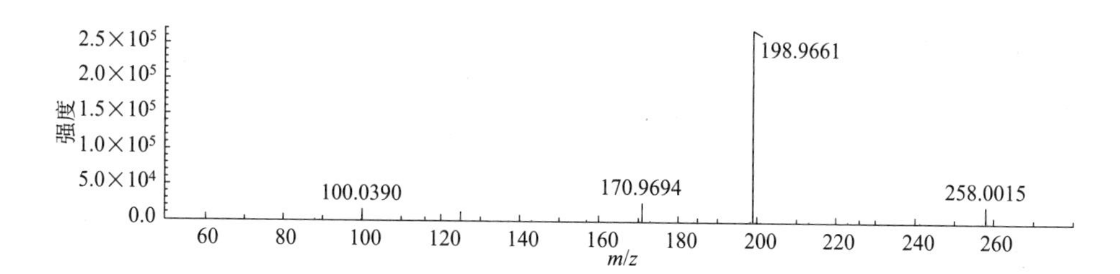

二级全扫质谱图 CE: 20V

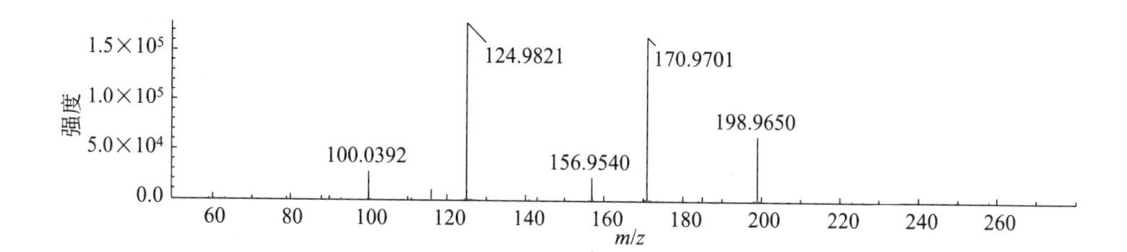

二级全扫质谱图 CE: 35V

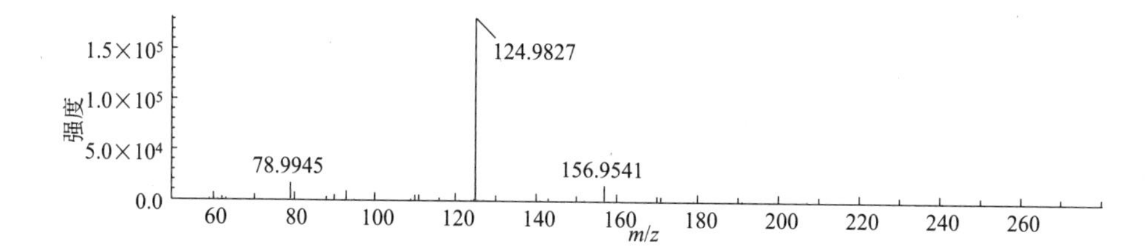

二级全扫质谱图 CE: 50V

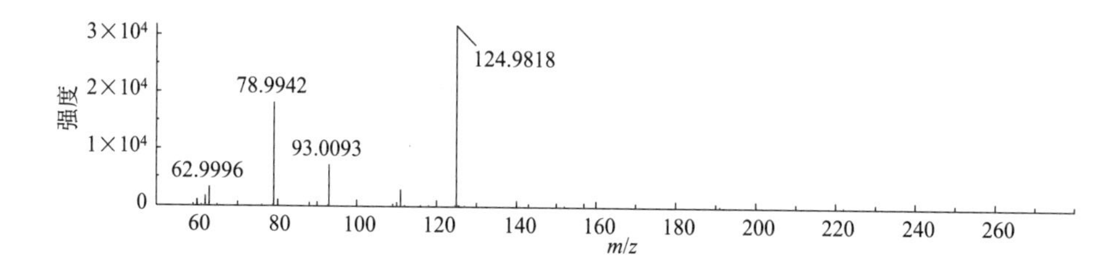

二级全扫质谱图 CE: 60V

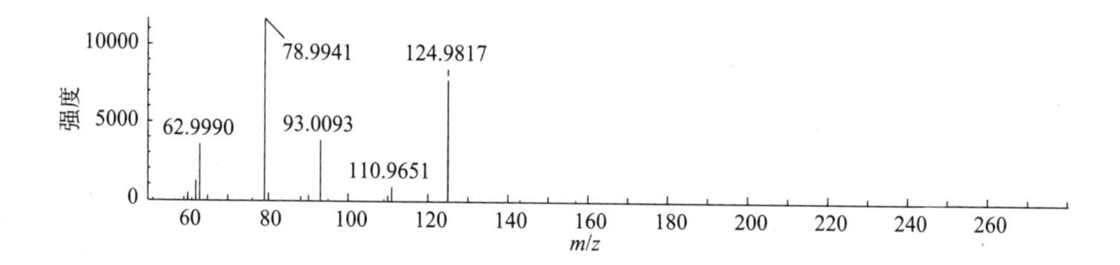

Fosthiazate

噻唑膦

CAS 号	98886-44-3	保留时间	8.14min
分子式	$C_9H_{18}NO_3PS_2$	加合方式	$[M+H]^+$
分子量	283.0466	源内裂解碎片	*m/z* 228

推测裂解规律

$[C_9H_{18}NO_3PS_2]$ MW 283.0466

$[C_9H_{18}NO_3PS_2+H]^+$ *m/z* 284.0538

$[C_5H_{10}NO_3PS_2+H]^+$ *m/z* 227.9912

$[C_3H_6NO_3PS_2+H]^+$ *m/z* 199.9600

$[C_3H_5NOS+H]^+$ *m/z* 104.0165

$[C_2H_5S]^+$ *m/z* 61.0106

提取离子流色谱图

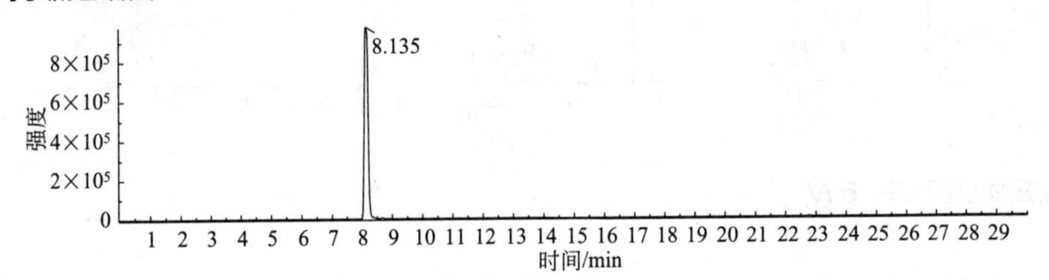

一级质谱图

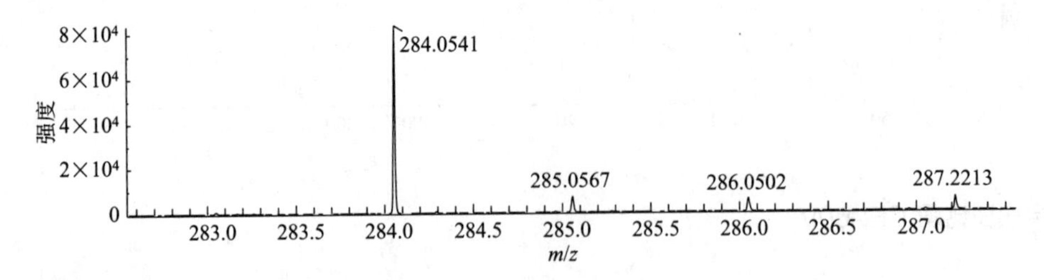

二级全扫质谱图 CE: (35±15)V

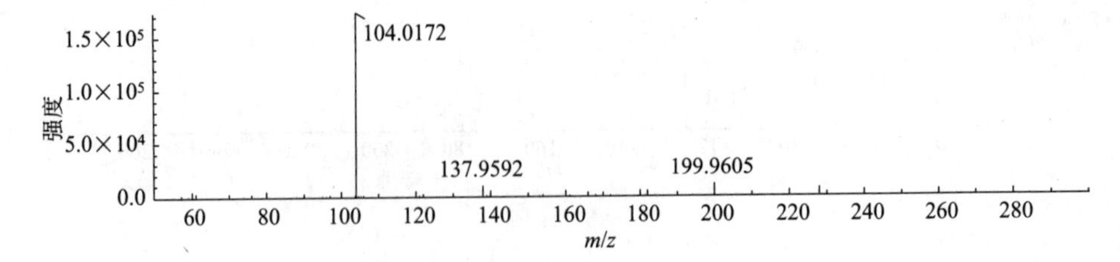

二级全扫质谱图 CE: 10V

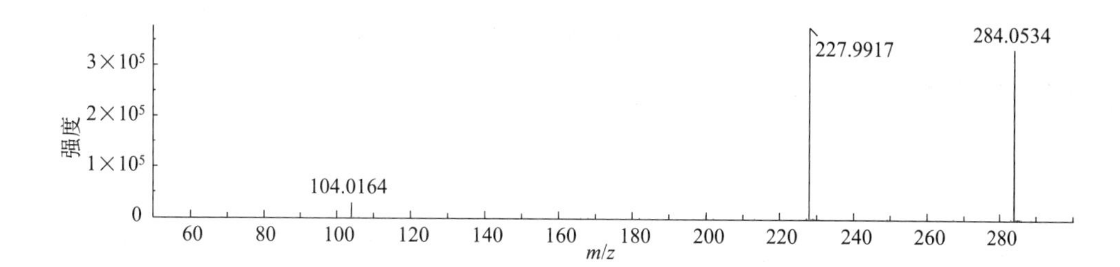

二级全扫质谱图 CE: 20V

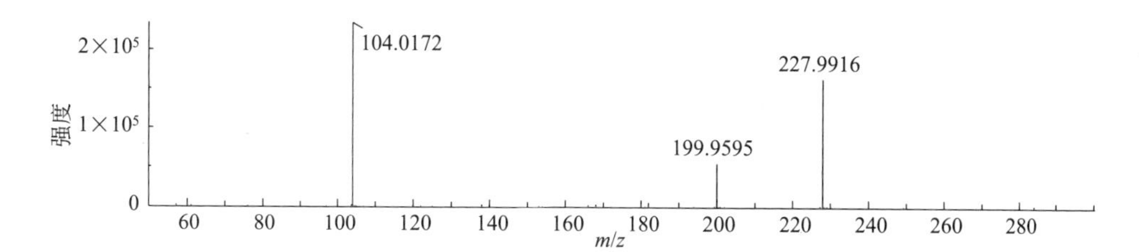

二级全扫质谱图 CE: 35V

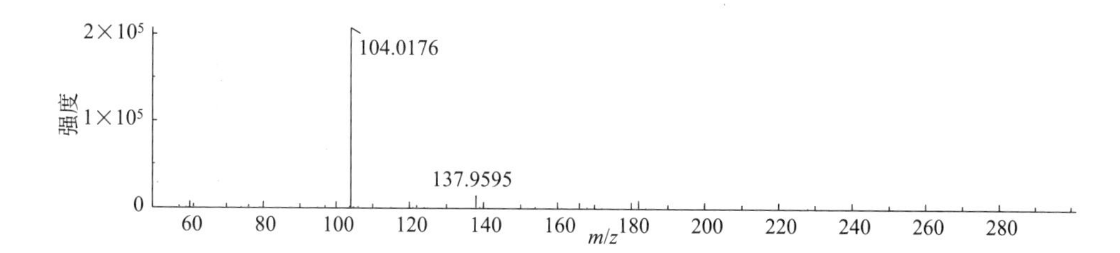

二级全扫质谱图 CE: 50V

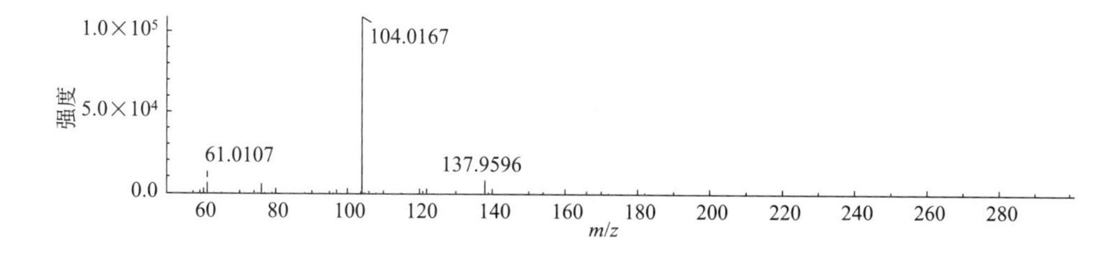

二级全扫质谱图 CE: 60V

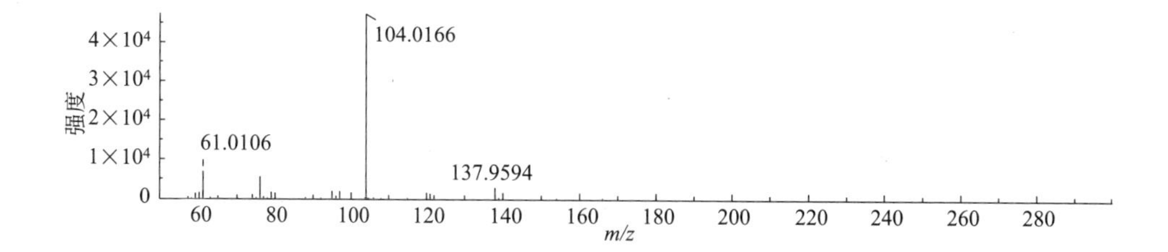

Fosthiazate in-source fragment 228

噻唑磷源内裂解碎片 228

CAS 号	—	保留时间	8.14min
分子式	$C_5H_{11}NO_3PS_2^+$	加合方式	$[M+H]^+$
分子量	227.9912	源内裂解碎片	无

推测裂解规律

$[C_5H_{10}NO_3PS_2+H]^+$ *m/z* 227.9912 → $[C_3H_6NO_3PS_2+H]^+$ *m/z* 199.9600 → $[C_3H_5NOS+H]^+$ *m/z* 104.0165 → $[C_2H_5S]^+$ *m/z* 61.0106

提取离子流色谱图

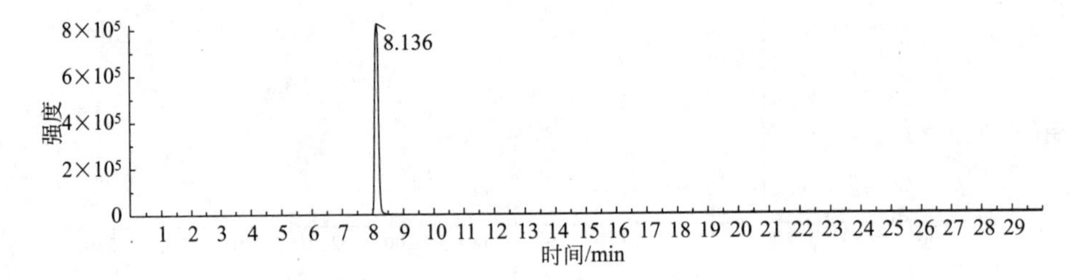

一级质谱图

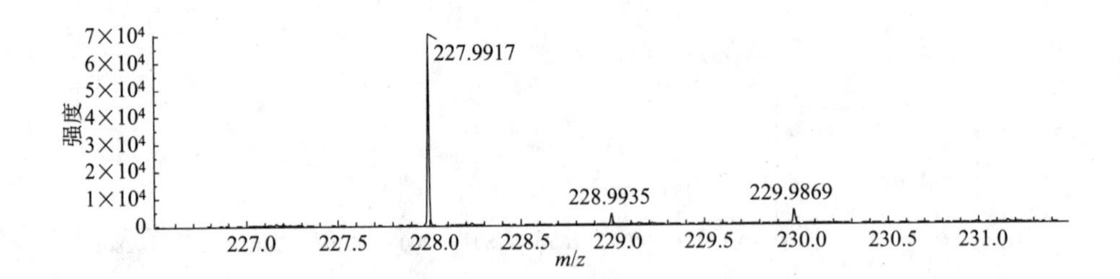

二级全扫质谱图 CE: (35±15)V

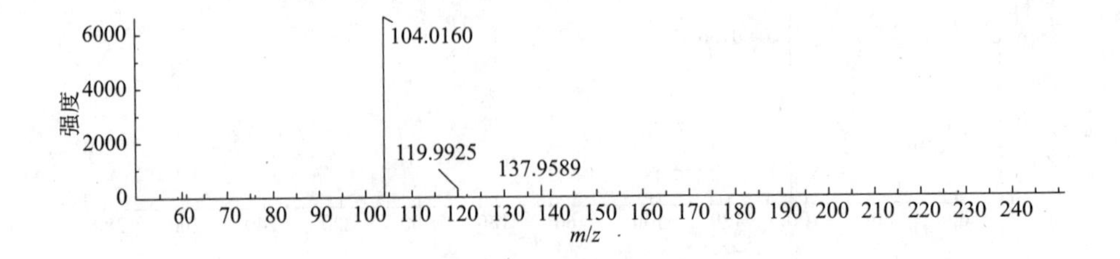

二级全扫质谱图 CE: 10V

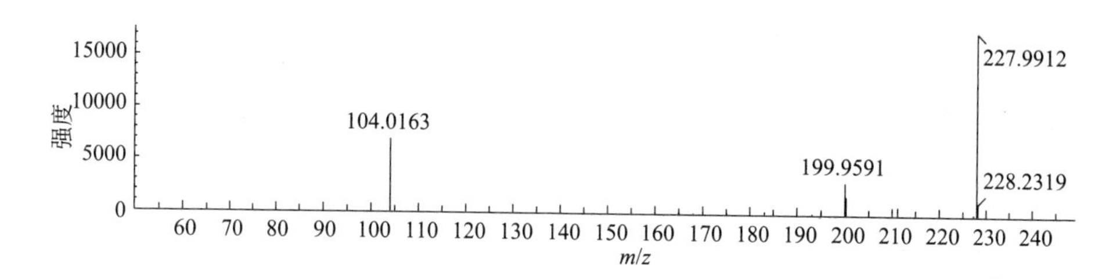

二级全扫质谱图 CE: 20V

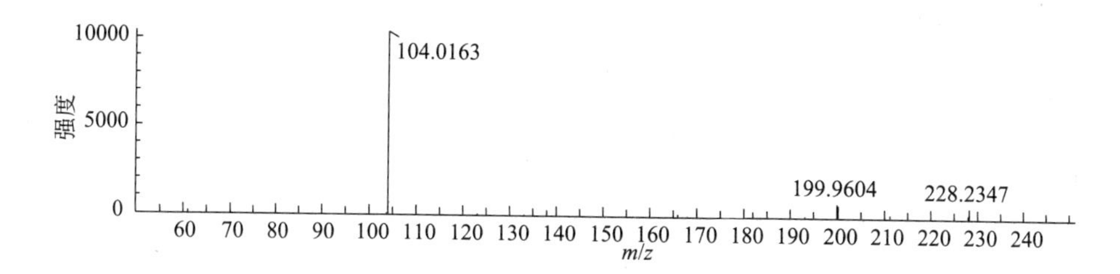

二级全扫质谱图 CE: 35V

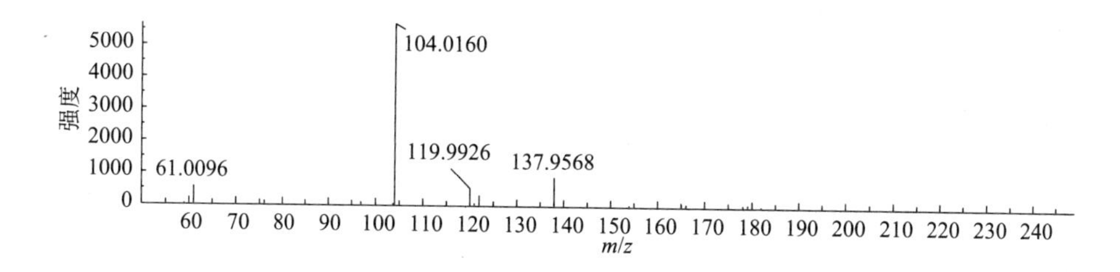

二级全扫质谱图 CE: 50V

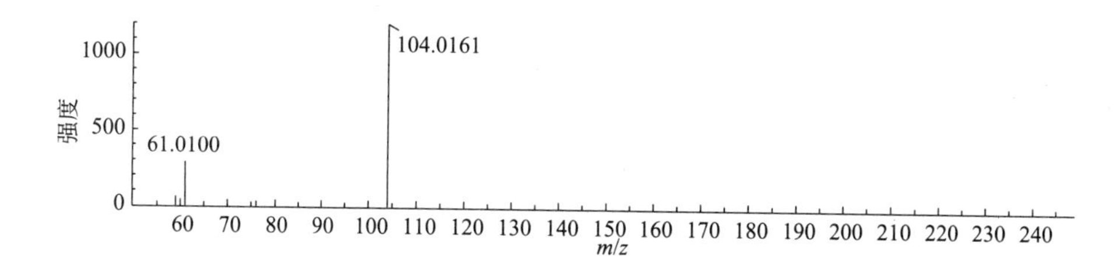

二级全扫质谱图 CE: 60V

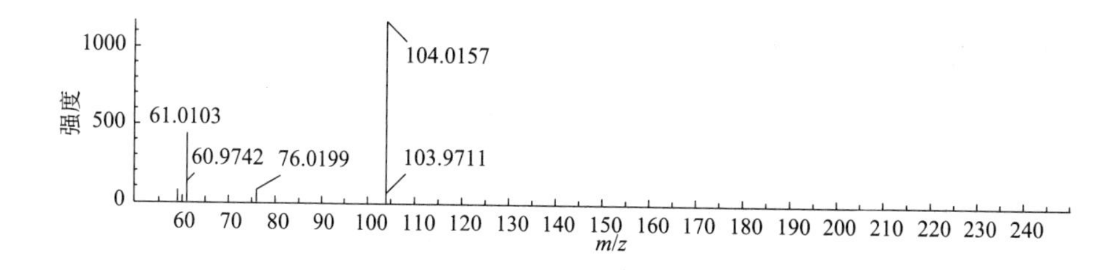

Furathiocarb

呋线威

CAS 号	65907-30-4	保留时间	22.14min
分子式	$C_{18}H_{26}N_2O_5S$	加合方式	$[M+H]^+$
分子量	382.1562	源内裂解碎片	无

推测裂解规律（裂解路径已经 MS^3 确认）

$[C_{18}H_{26}N_2O_5S]$ MW 382.1562

$[C_{18}H_{26}N_2O_5S+H]^+$ *m/z* 383.1635

$[C_{12}H_{14}NO_3S]^+$ *m/z* 252.0689

$[C_6H_5OS]^+$ *m/z* 125.0056

$[C_{10}H_{12}O_2]^{\cdot+}$ *m/z* 164.0832

$[C_{16}H_{23}NO_4S+H]^+$ *m/z* 326.1421

$[C_{10}H_{11}O_2]^{\cdot+}$ *m/z* 162.0675

$[C_{10}H_{11}O_2S]^+$ *m/z* 195.0474

$[C_9H_{11}OS]^+$ *m/z* 167.0525

提取离子流色谱图

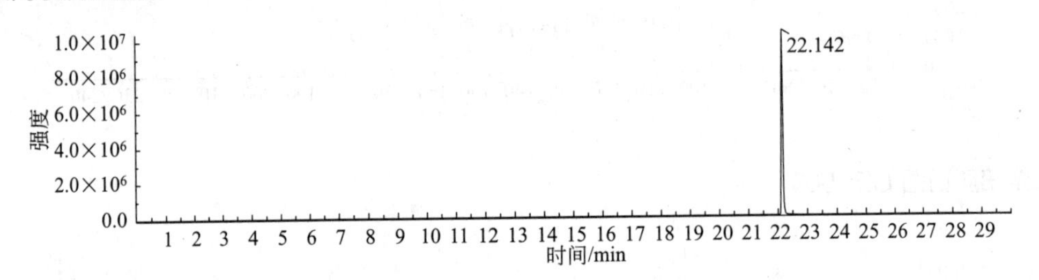

一级质谱图

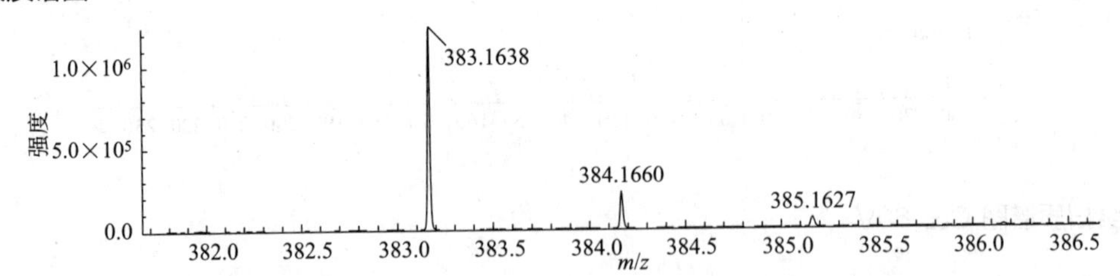

二级全扫质谱图 CE: (35±15)V

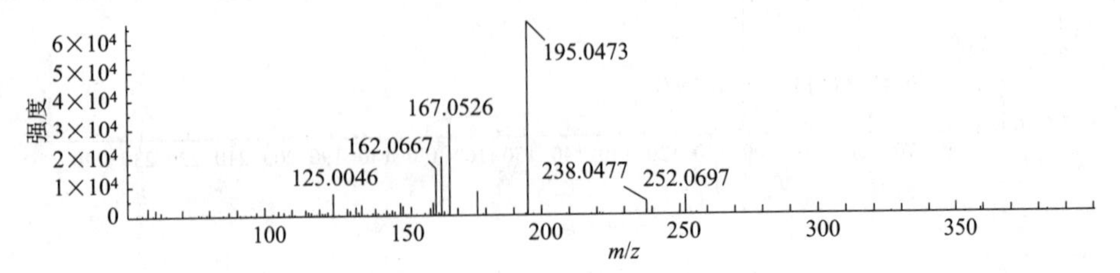

二级全扫质谱图 CE: 10V

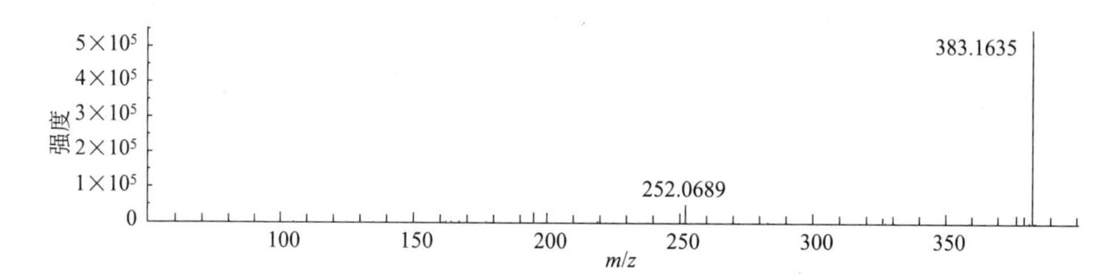

二级全扫质谱图 CE: 20V

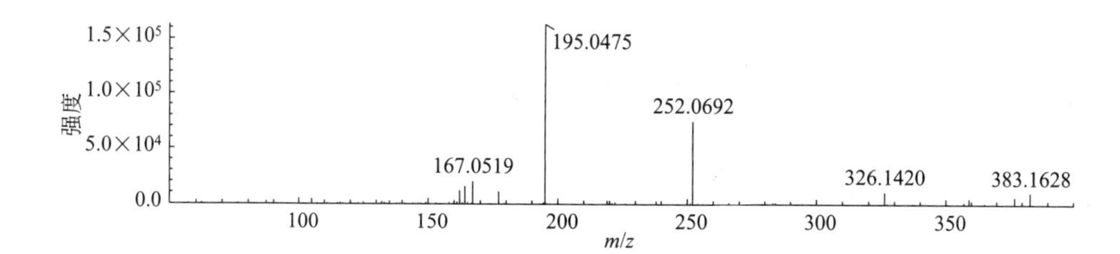

二级全扫质谱图 CE: 35V

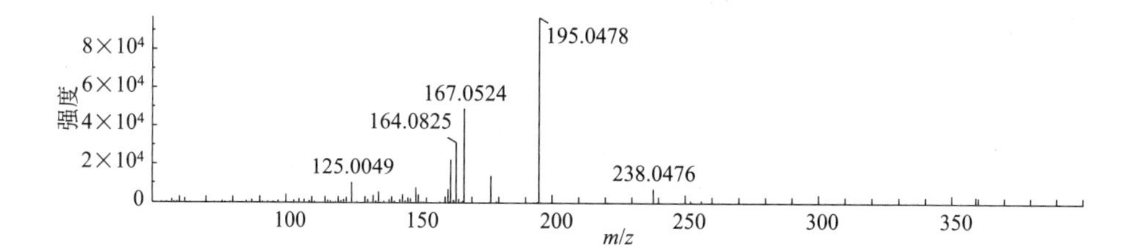

二级全扫质谱图 CE: 50V

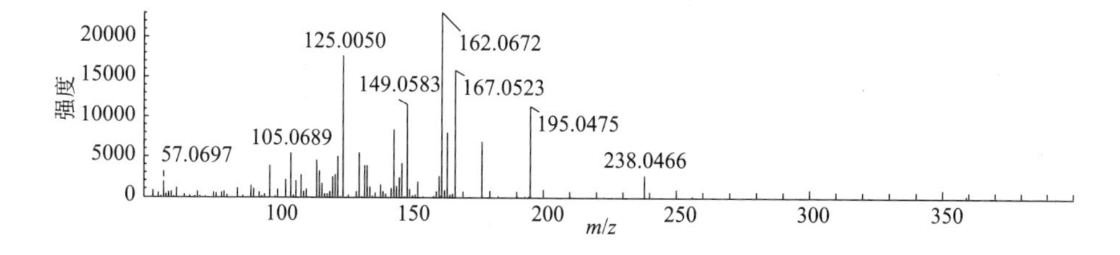

二级全扫质谱图 CE: 60V

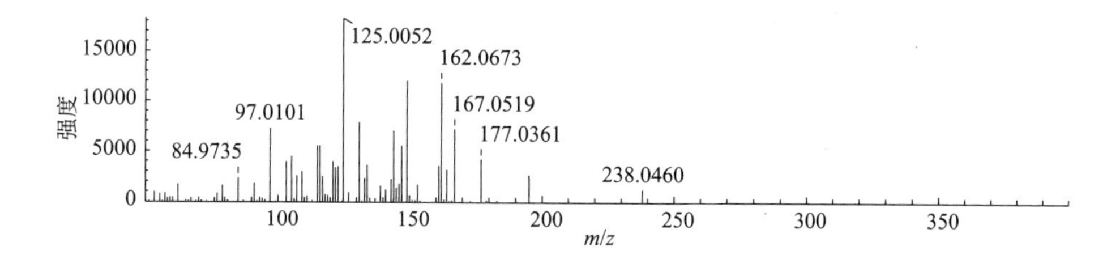

Halosulfuron-methyl
氯吡嘧磺隆

CAS 号	100784-20-1	保留时间	12.35min
分子式	$C_{13}H_{15}ClN_6O_7S$	加合方式	$[M+H]^+$
分子量	434.0412	源内裂解碎片	无

推测裂解规律

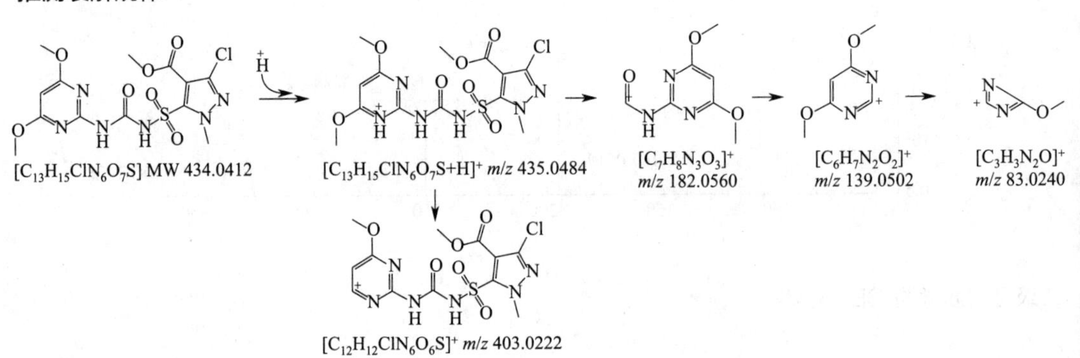

提取离子流色谱图

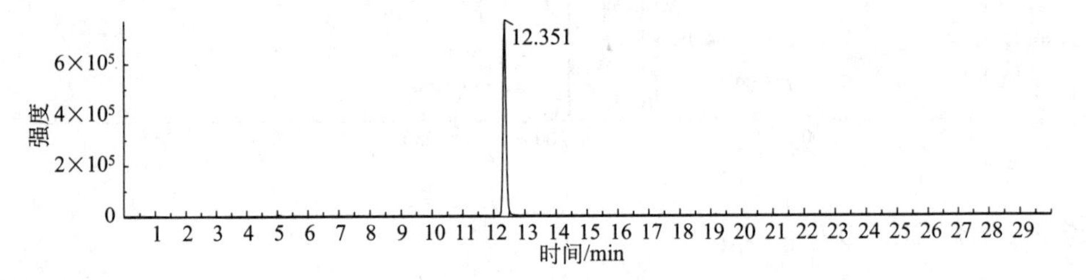

一级质谱图

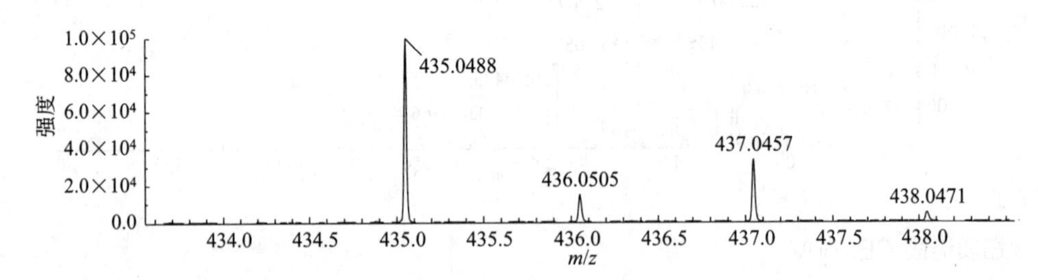

二级全扫质谱图 CE: (35±15)V

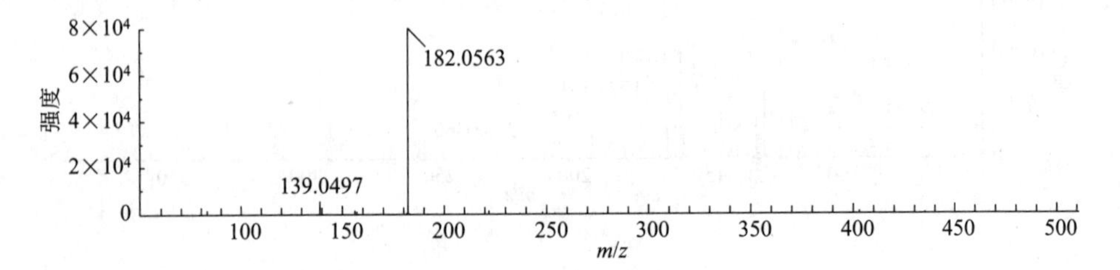

二级全扫质谱图 CE: 10V

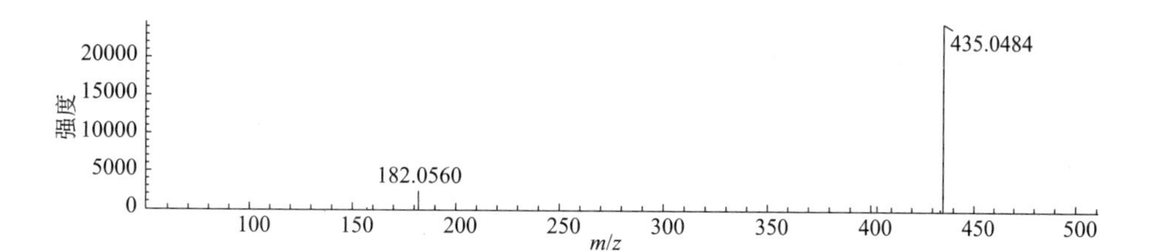

二级全扫质谱图 CE: 20V

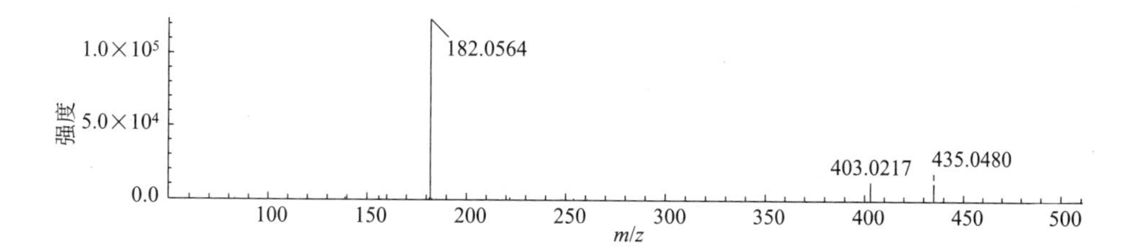

二级全扫质谱图 CE: 35V

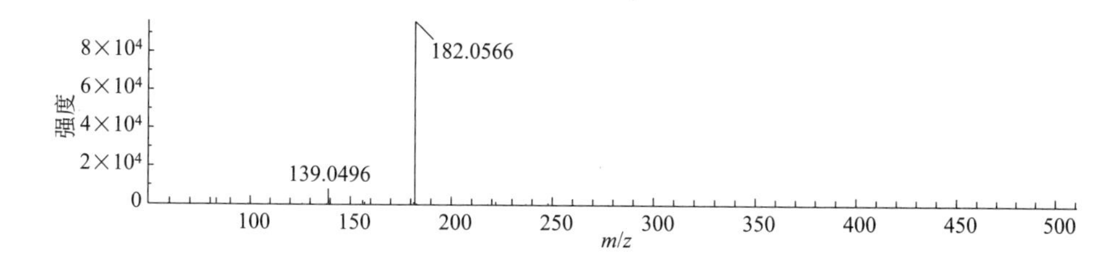

二级全扫质谱图 CE: 50V

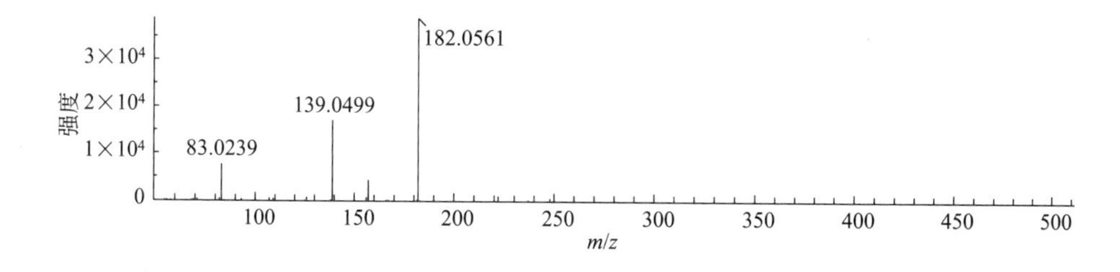

二级全扫质谱图 CE: 60V

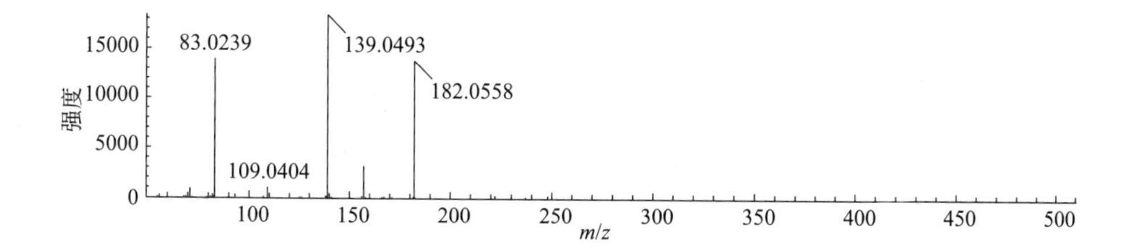

Heptenophos

庚烯磷

CAS 号	23560-59-0	保留时间	9.58min
分子式	$C_9H_{12}ClO_4P$	加合方式	$[M+H]^+$
分子量	250.0162	源内裂解碎片	无

推测裂解规律

$[C_9H_{12}ClO_4P]$ MW 250.0162

$[C_9H_{12}ClO_4P+H]^+$ *m/z* 251.0234

$[C_9H_{12}O_4P]^+$ *m/z* 251.0468

$[C_7H_5]^+$ *m/z* 89.0386

$[C_7H_6Cl]^+$ *m/z* 125.0152

$[C_2H_7O_4P+H]^+$ *m/z* 127.0155

$[C_2H_6O_3P]^+$ *m/z* 109.0049

提取离子流色谱图

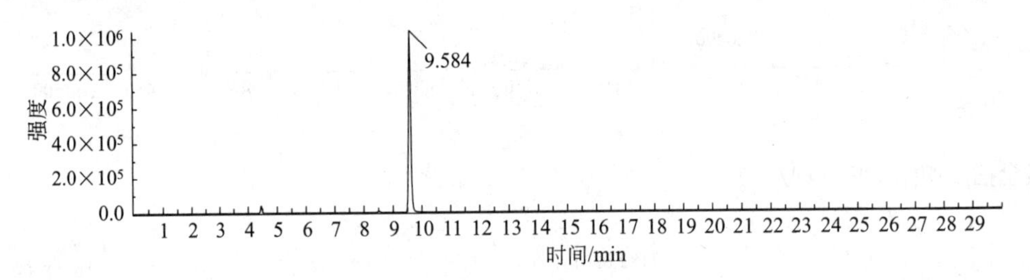

一级质谱图

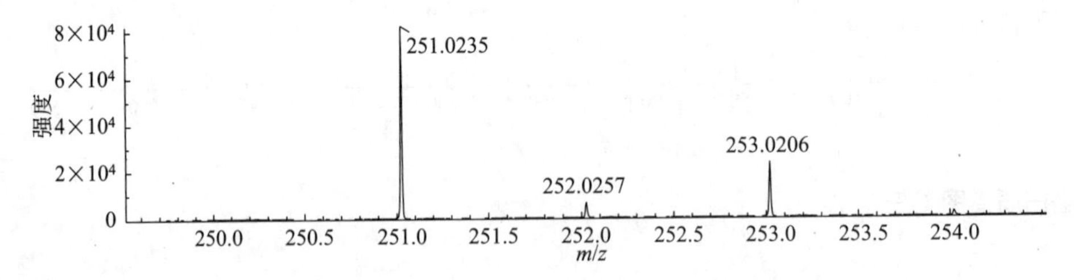

二级全扫质谱图 CE: (35±15)V

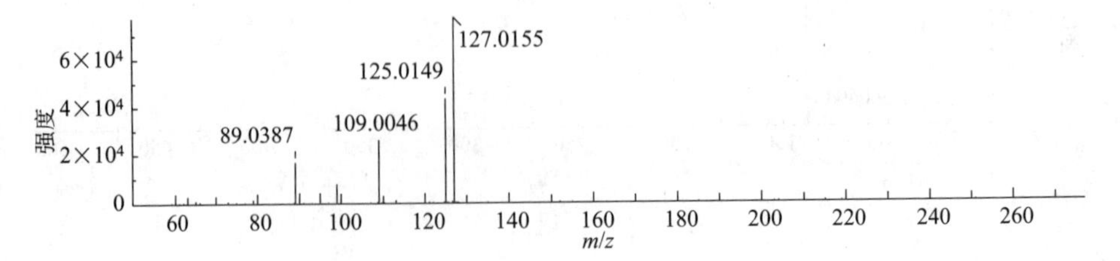

二级全扫质谱图 CE: 10V

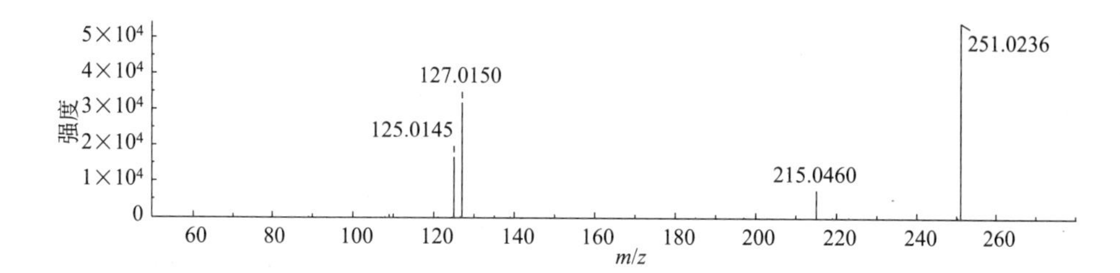

二级全扫质谱图 CE: 20V

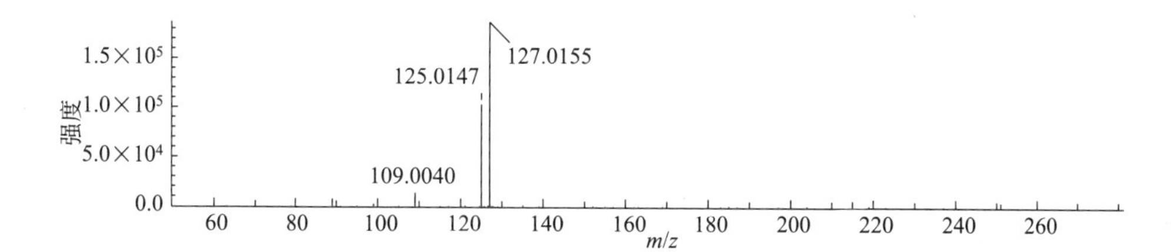

二级全扫质谱图 CE: 35V

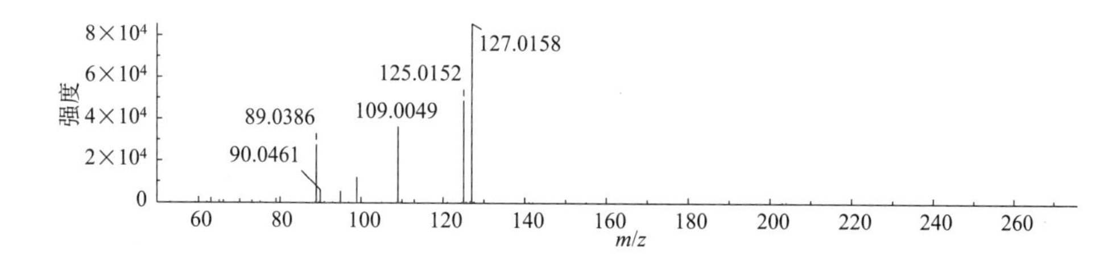

二级全扫质谱图 CE: 50V

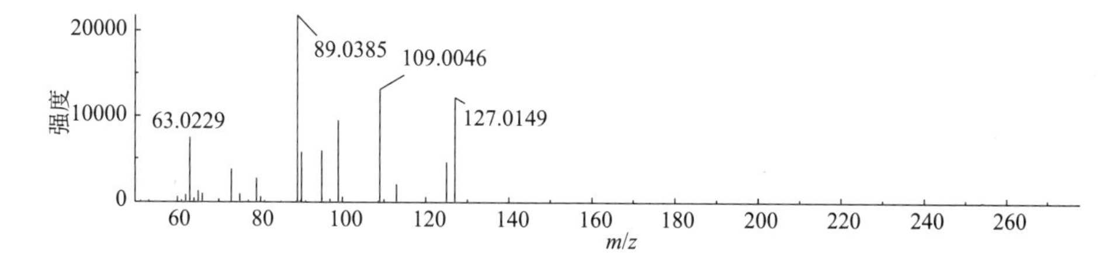

二级全扫质谱图 CE: 60V

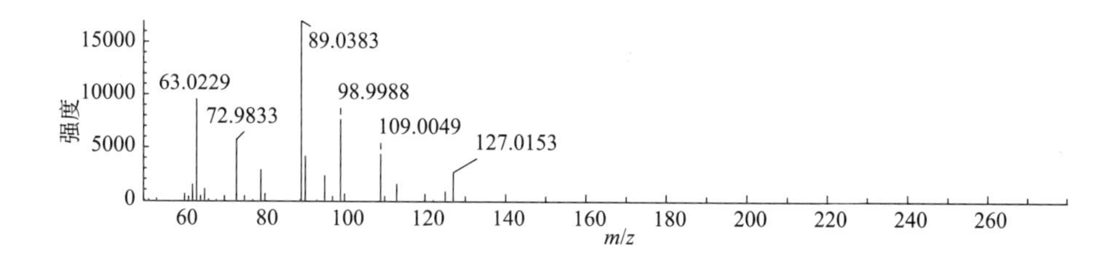

Hexaconazole

己唑醇

CAS 号	79983-71-4	保留时间	18.86min
分子式	$C_{14}H_{17}Cl_2N_3O$	加合方式	$[M+H]^+$
分子量	313.0749	源内裂解碎片	无

推测裂解规律

N N N Cl OH Cl $[C_{14}H_{17}Cl_2N_3O]$ MW 313.0749

H^+ →

N $\overset{+}{N}H$ N Cl OH Cl $[C_{14}H_{17}Cl_2N_3O+H]^+$ *m/z* 314.0821

→ Cl Cl $[C_7H_5Cl_2]^+$ *m/z* 158.9763

→ N $\overset{+}{N}H_2$ N $[C_2H_3N_3+H]^+$ *m/z* 70.0400

提取离子流色谱图

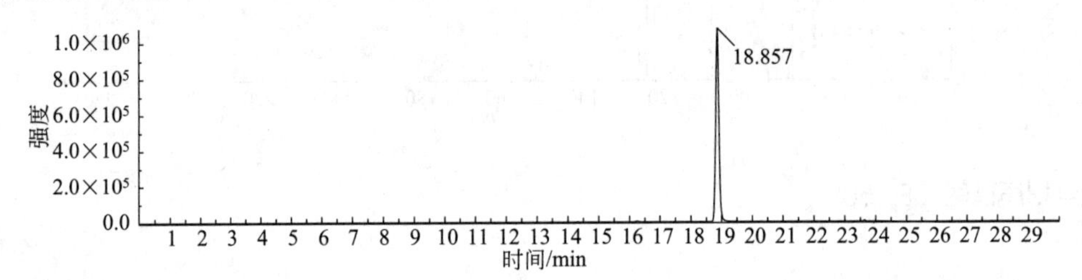

一级质谱图

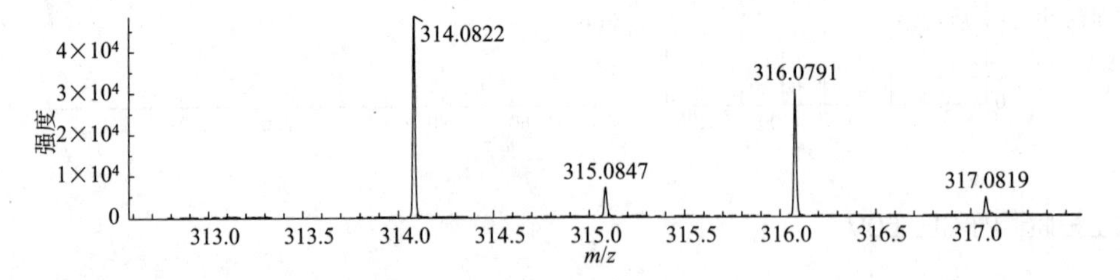

二级全扫质谱图 CE: (35±15)V

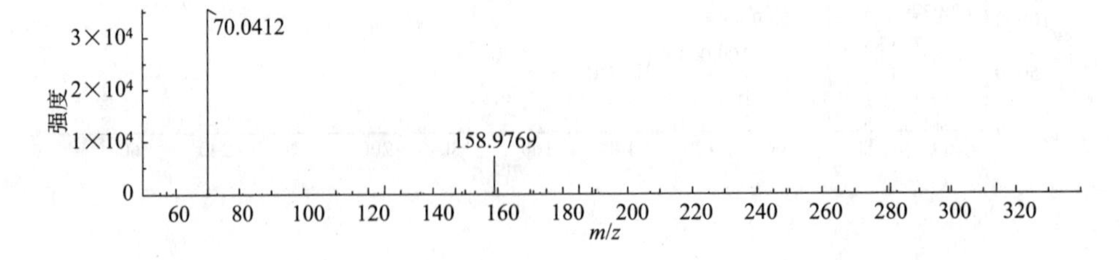

二级全扫质谱图 CE: 10V

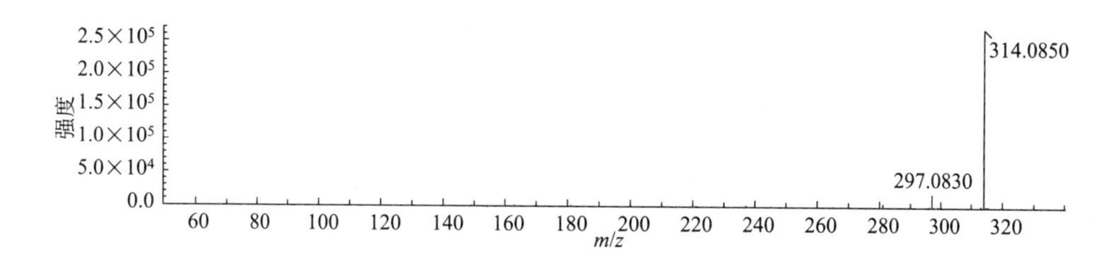

二级全扫质谱图 CE: 20V

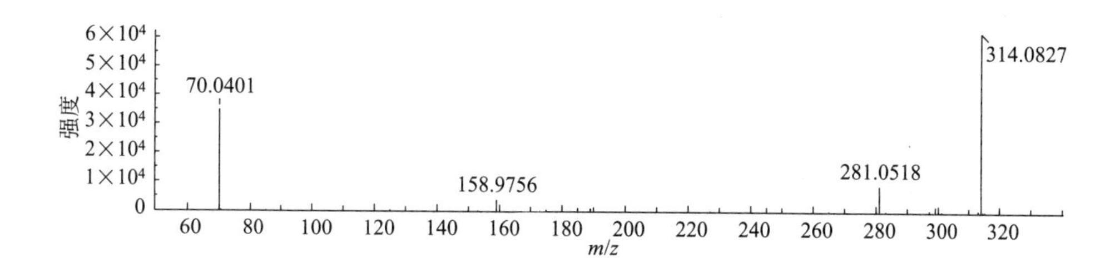

二级全扫质谱图 CE: 35V

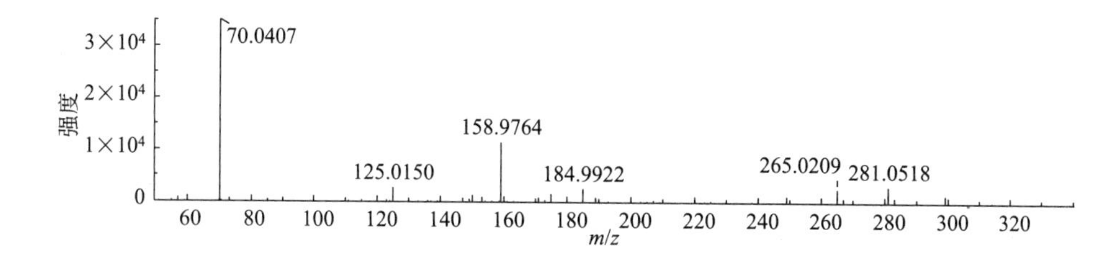

二级全扫质谱图 CE: 50V

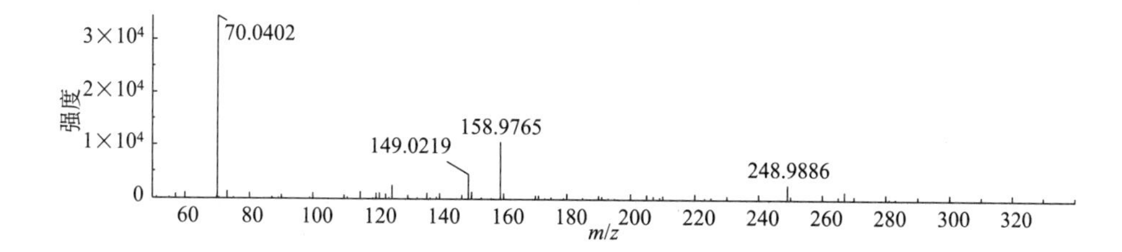

二级全扫质谱图 CE: 60V

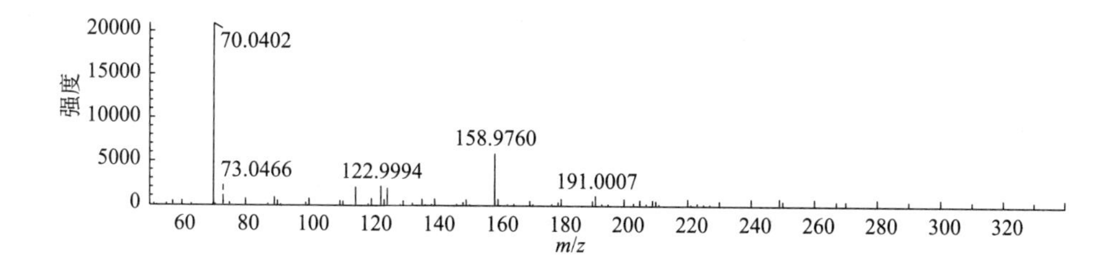

Hexaflumuron

氟铃脲

CAS 号	86479-06-3	保留时间	21.70min
分子式	$C_{16}H_8Cl_2F_6N_2O_3$	加合方式	$[M+H]^+$
分子量	459.9816	源内裂解碎片	无

推测裂解规律

$[C_{16}H_8Cl_2F_6N_2O_3]$ MW 459.9816 → $[C_{16}H_8Cl_2F_6N_2O_3+H]^+$ *m/z* 460.9889 → $[C_7H_5F_2NO+H]^+$ *m/z* 158.0412 → $[C_7H_3F_2O]^+$ *m/z* 141.0146 → $[C_6H_3F_2]^+$ *m/z* 113.0197

提取离子流色谱图

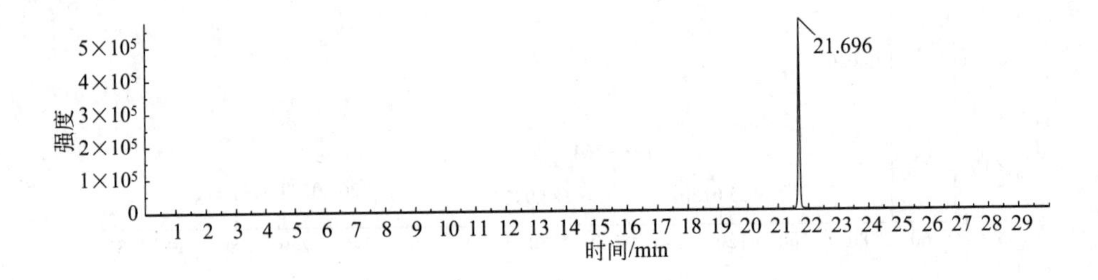

一级质谱图

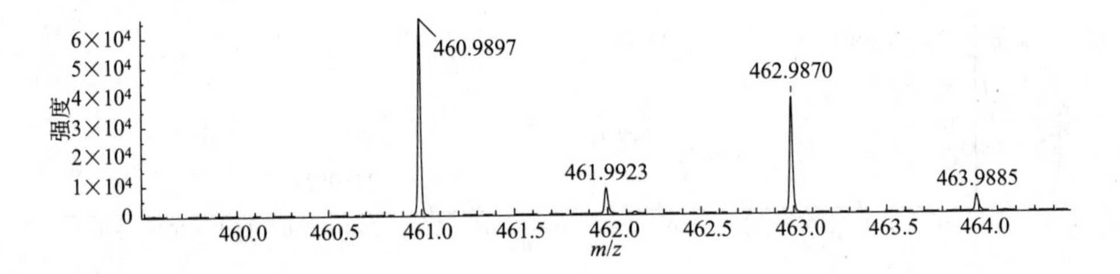

二级全扫质谱图 CE: (35±15)V

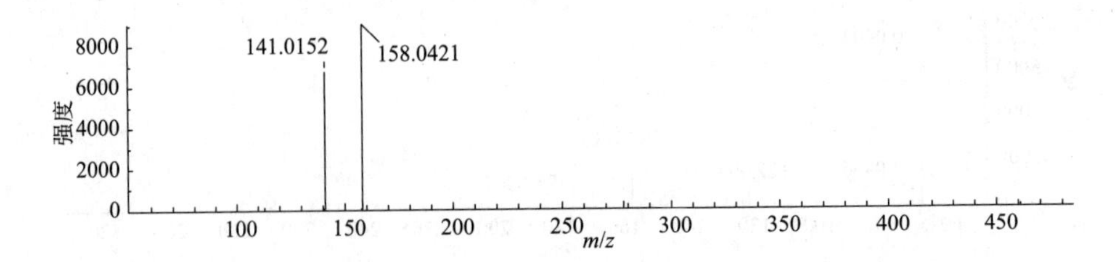

二级全扫质谱图 CE: 10V

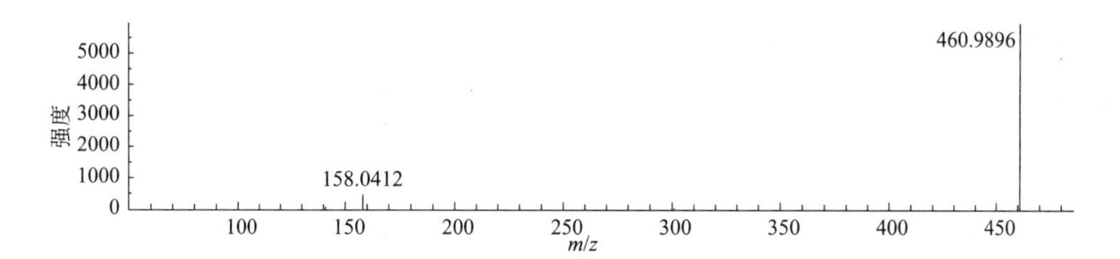

二级全扫质谱图 CE: 20V

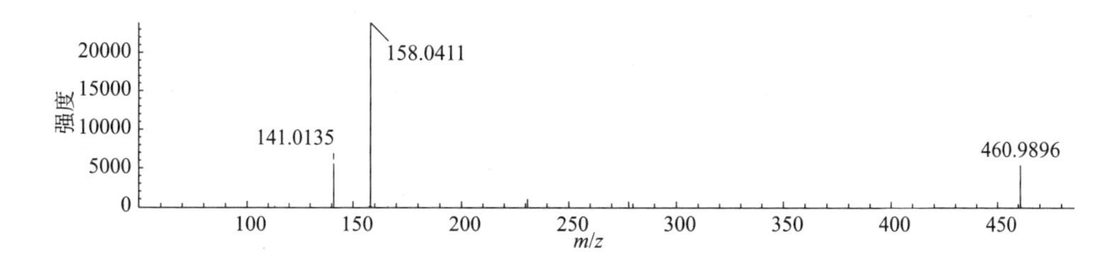

二级全扫质谱图 CE: 35V

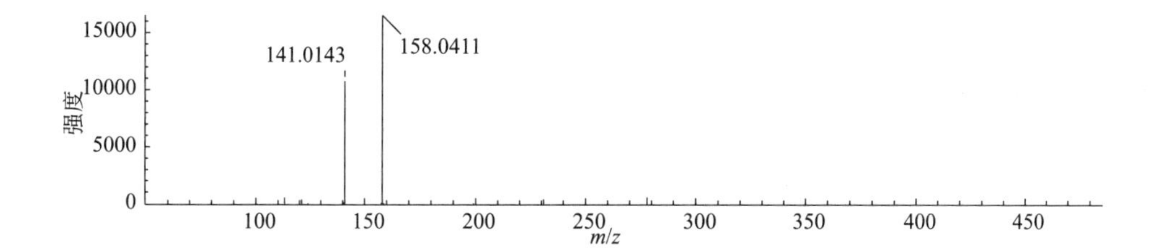

二级全扫质谱图 CE: 50V

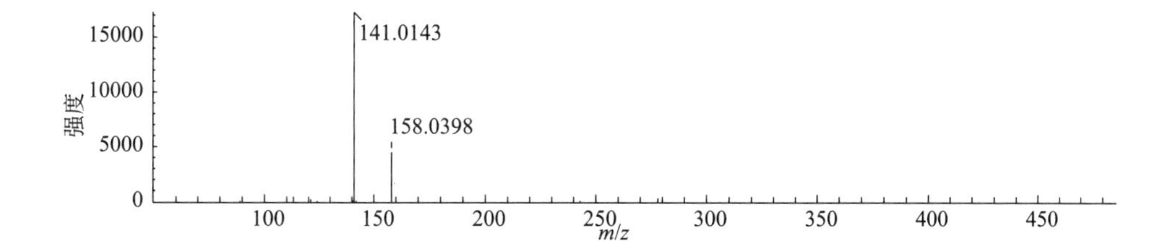

二级全扫质谱图 CE: 60V

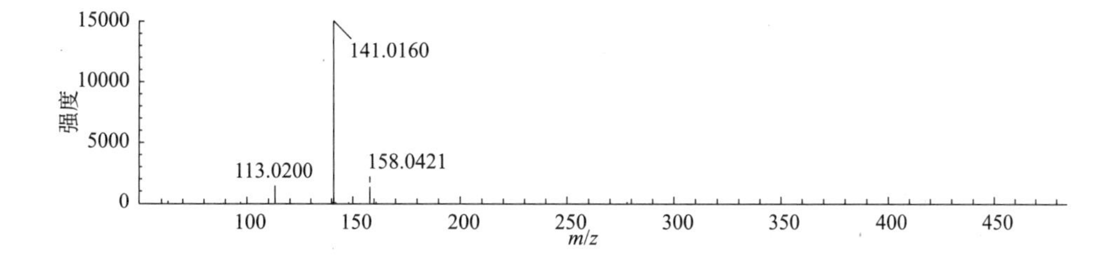

Hexazinone

环嗪酮

CAS 号	51235-04-2	保留时间	6.82min
分子式	$C_{12}H_{20}N_4O_2$	加合方式	$[M+H]^+$
分子量	252.1586	源内裂解碎片	无

推测裂解规律

$[C_{12}H_{20}N_4O_2]$ MW 252.1586 → (H^+) $[C_{12}H_{20}N_4O_2+H]^+$ *m/z* 253.1659 → $[C_6H_{10}N_4O_2+H]^+$ *m/z* 171.0876 → $[C_4H_9N_2]^+$ *m/z* 85.0760

$[C_6H_{10}N_4O_2+H]^+$ *m/z* 171.0876 → $[C_3H_7N_2]^+$ *m/z* 71.0604

提取离子流色谱图

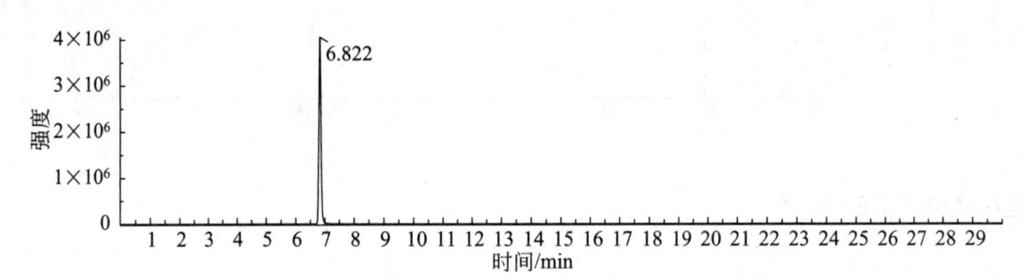

一级质谱图

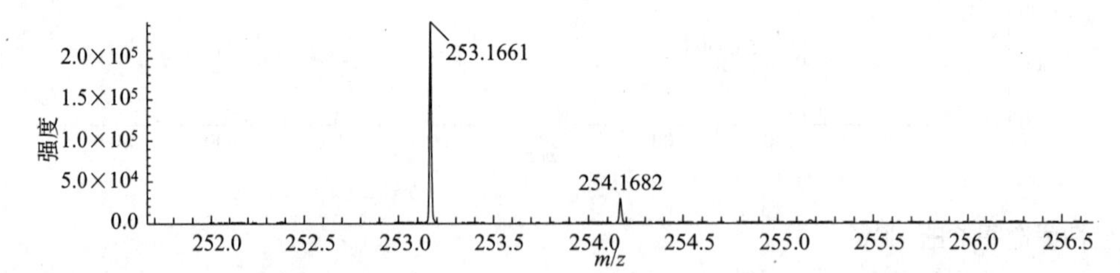

二级全扫质谱图 CE: (35±15)V

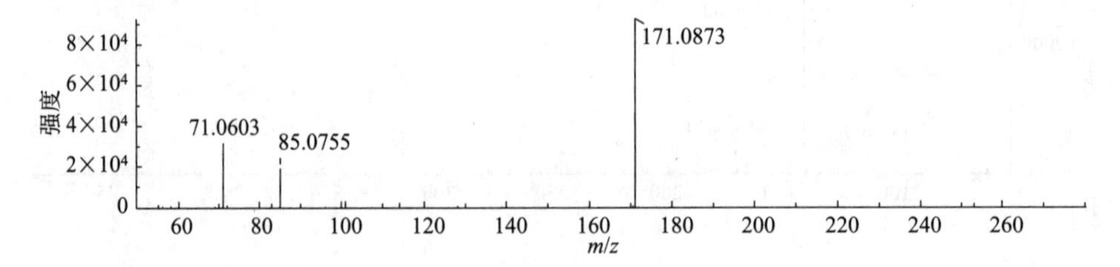

二级全扫质谱图 CE: 10V

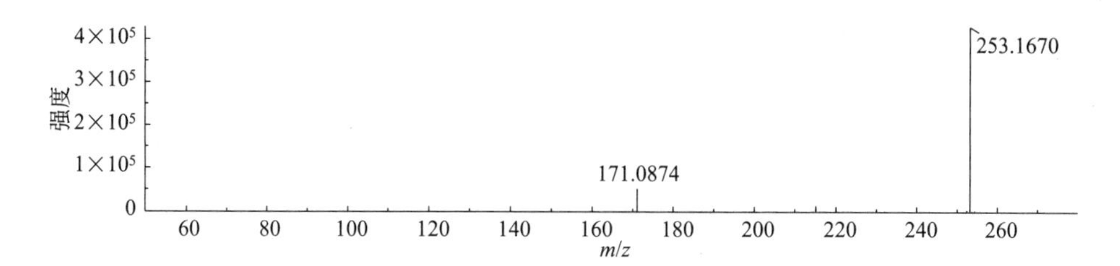

二级全扫质谱图 CE: 20V

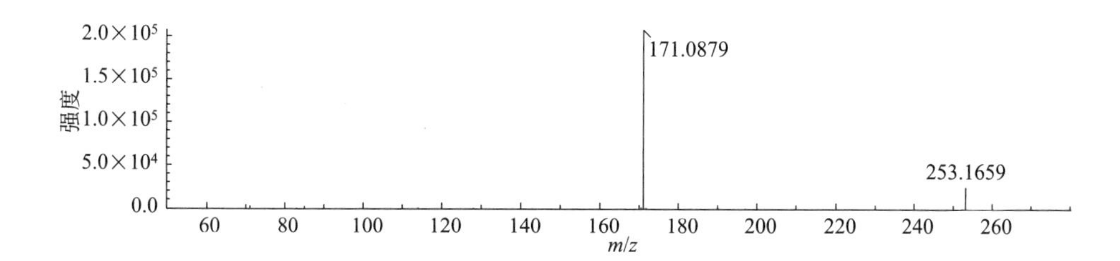

二级全扫质谱图 CE: 35V

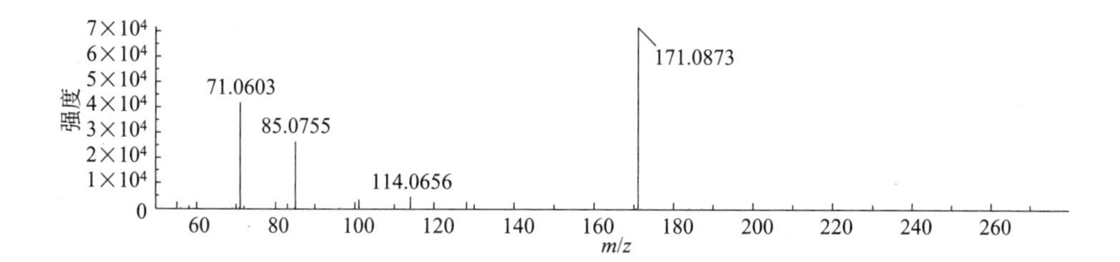

二级全扫质谱图 CE: 50V

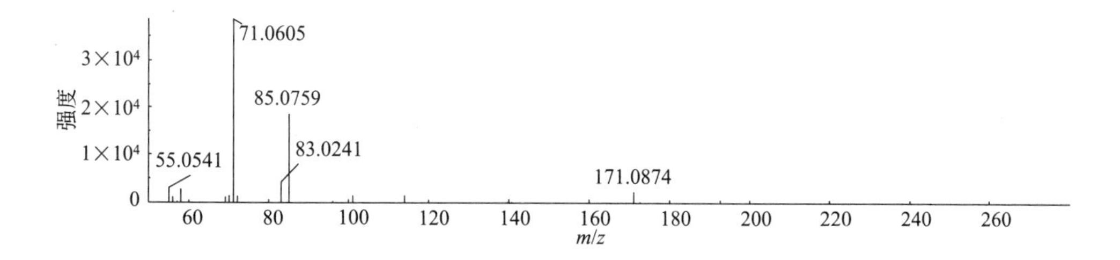

二级全扫质谱图 CE: 60V

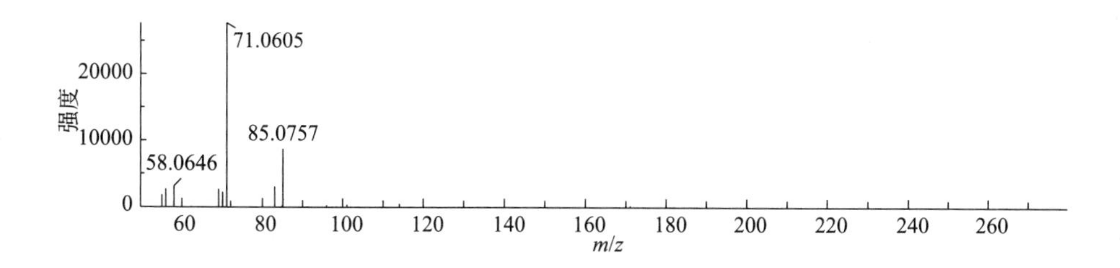

Hexythiazox
噻螨酮

CAS号	78587-05-0	保留时间	22.63min
分子式	$C_{17}H_{21}ClN_2O_2S$	加合方式	$[M+H]^+$
分子量	352.1012	源内裂解碎片	无

推测裂解规律

$[C_{17}H_{21}ClN_2O_2S]$ MW 352.1012

$[C_{17}H_{21}ClN_2O_2S+H]^+$ m/z 353.1085

$[C_{11}H_{11}ClN_2O_2S+H]^+$ m/z 271.0302

$[C_{10}H_{10}ClNOS+H]^+$ m/z 228.0244

$[C_{10}H_9ClNO]^+$ m/z 194.0367

$[C_9H_{11}ClN]^+$ m/z 168.0574

$[C_9H_8Cl]^+$ m/z 151.0309

$[C_9H_7]^+$ m/z 115.0542

$[C_9H_8]^{\cdot+}$ m/z 116.0620

提取离子流色谱图

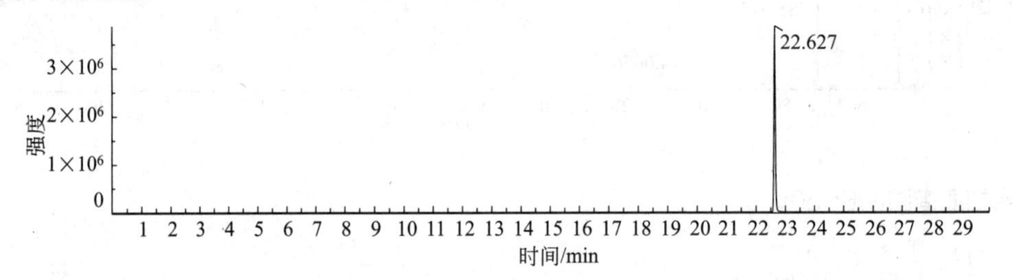

一级质谱图

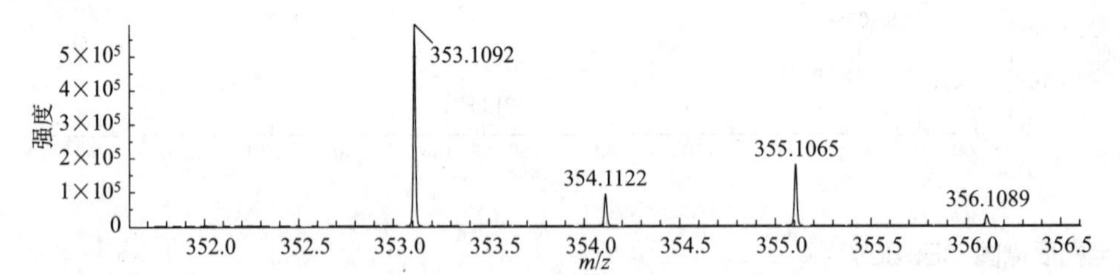

二级全扫质谱图 CE: (35±15)V

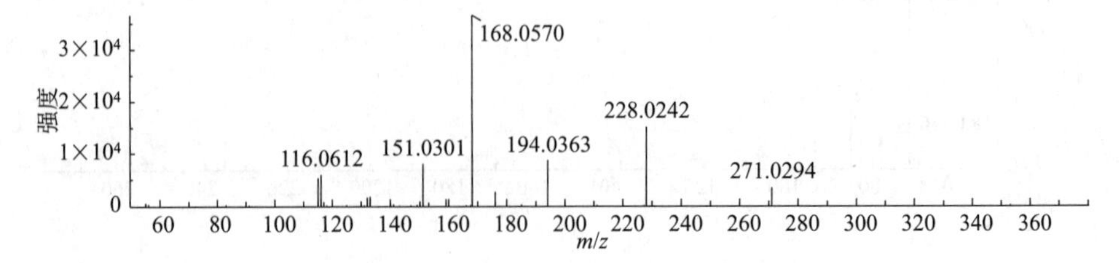

二级全扫质谱图 CE: 10V

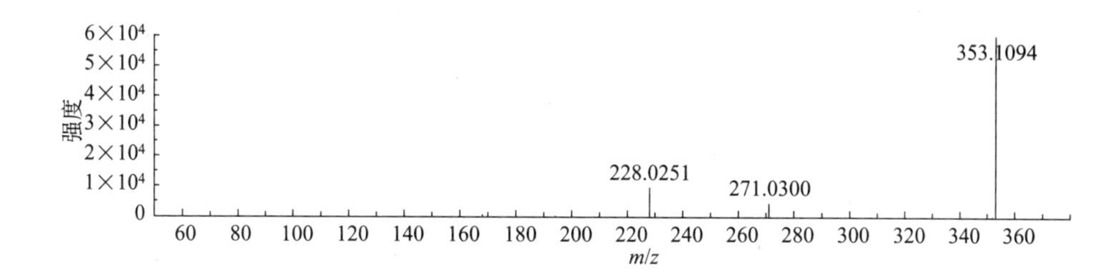

二级全扫质谱图 CE: 20V

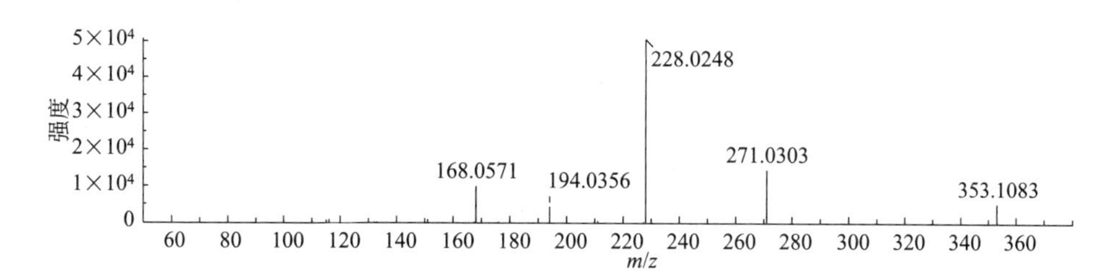

二级全扫质谱图 CE: 35V

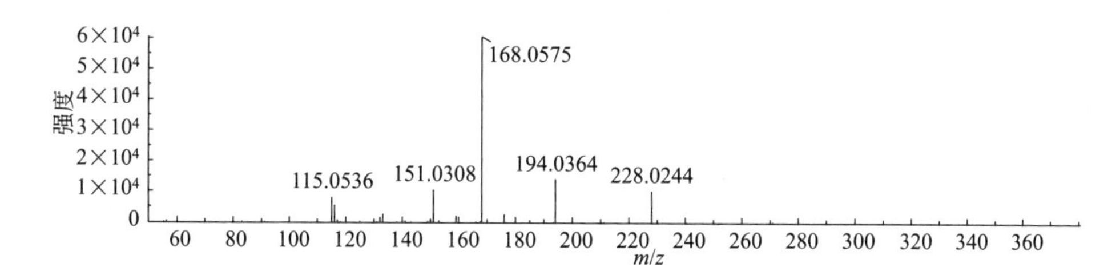

二级全扫质谱图 CE: 50V

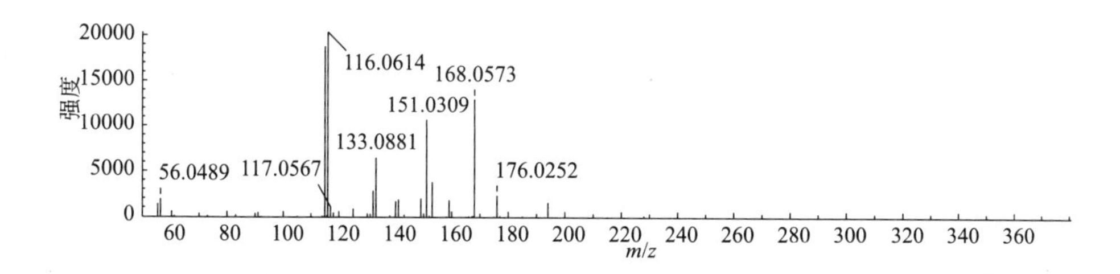

二级全扫质谱图 CE: 60V

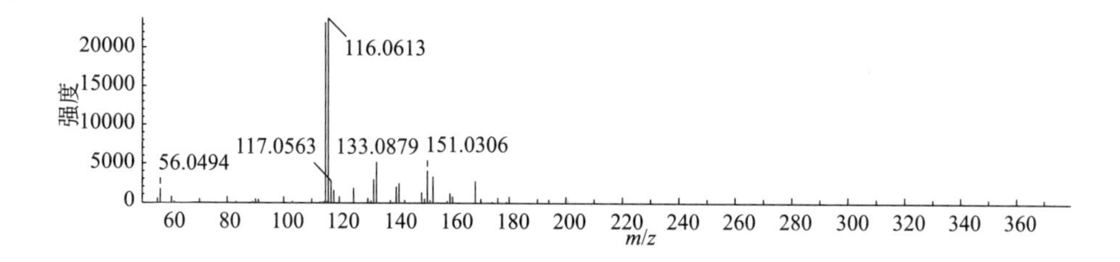

Imazalil
抑霉唑

CAS 号	35554-44-0	保留时间	9.07min
分子式	$C_{14}H_{14}Cl_2N_2O$	加合方式	$[M+H]^+$
分子量	296.0483	源内裂解碎片	无

推测裂解规律（裂解路径已经 MS^3 确认）

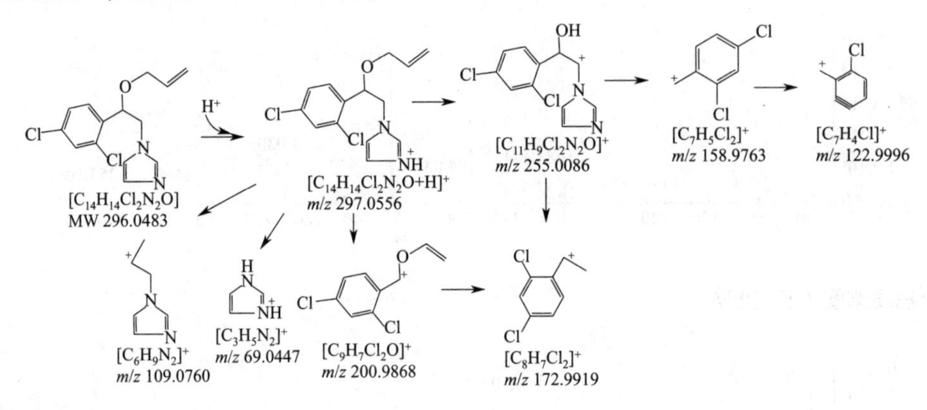

提取离子流色谱图

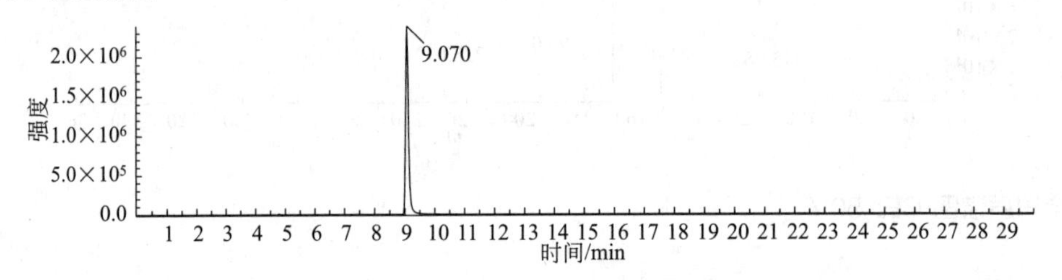

一级质谱图

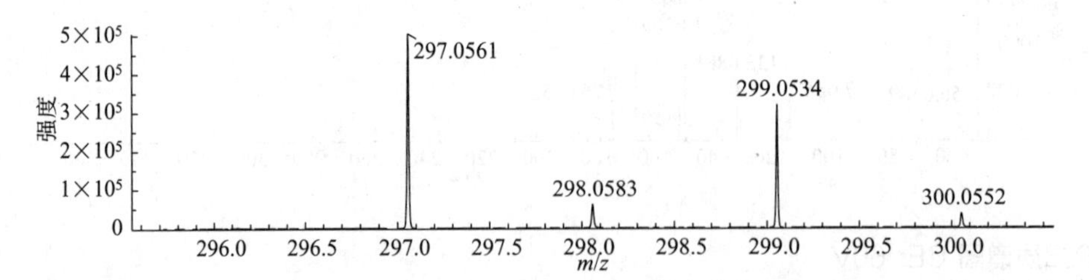

二级全扫质谱图 CE: (35±15)V

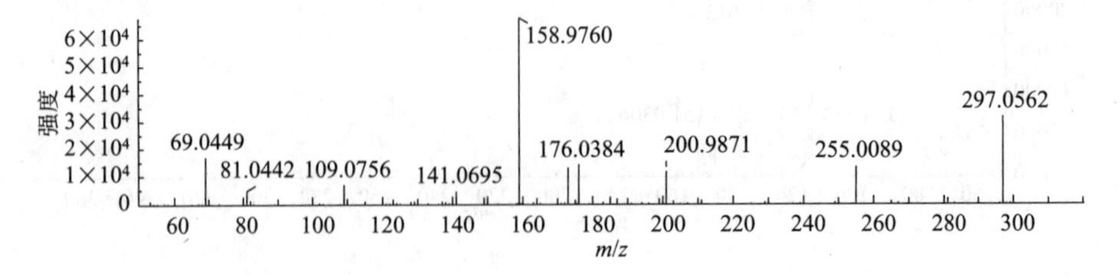

二级全扫质谱图 CE: 10V

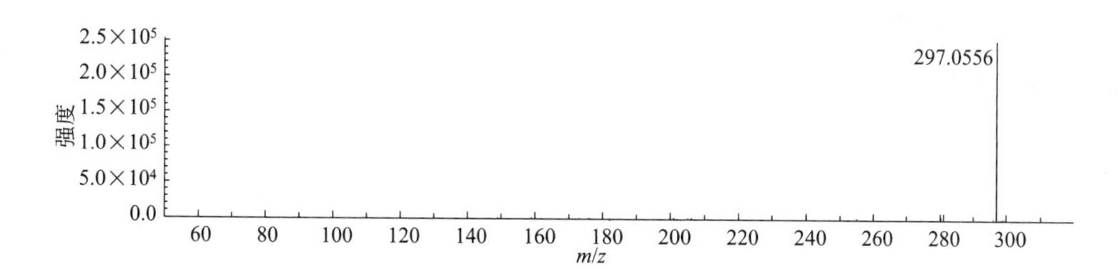

二级全扫质谱图 CE: 20V

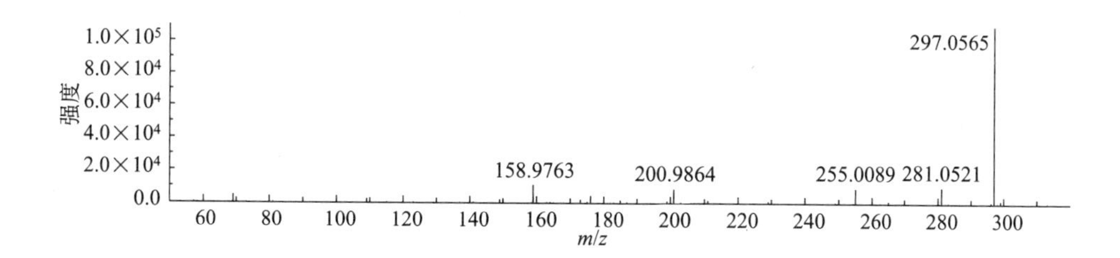

二级全扫质谱图 CE: 35V

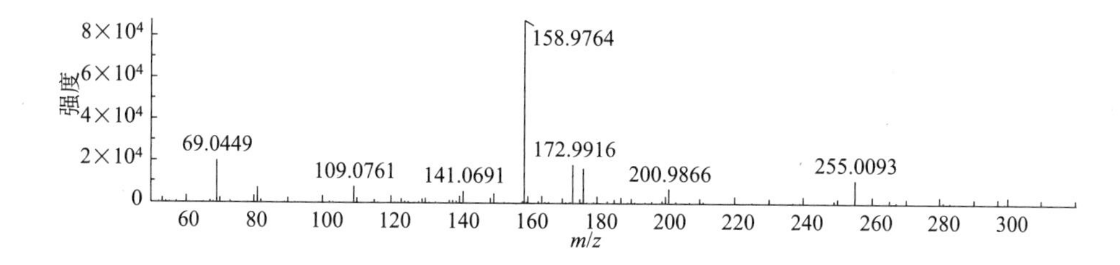

二级全扫质谱图 CE: 50V

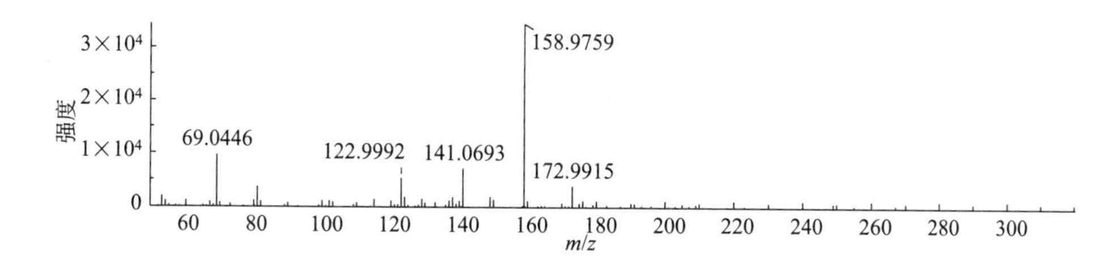

二级全扫质谱图 CE: 60V

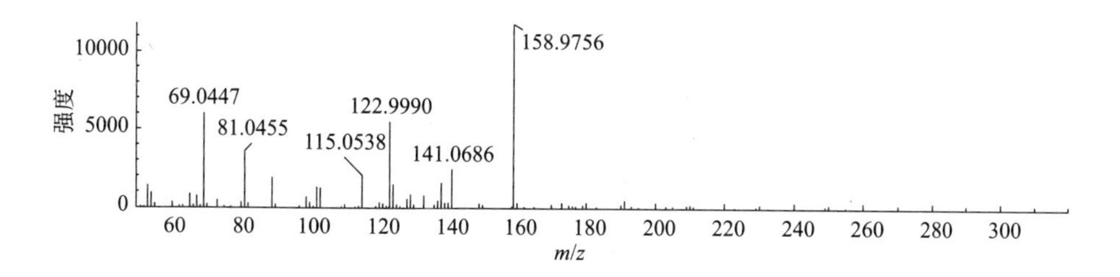

Imazamox
甲氧咪草烟

CAS 号	114311-32-9	保留时间	4.64min
分子式	$C_{15}H_{19}N_3O_4$	加合方式	$[M+H]^+$
分子量	305.1376	源内裂解碎片	无

推测裂解规律（裂解路径已经 MS^3 确认）

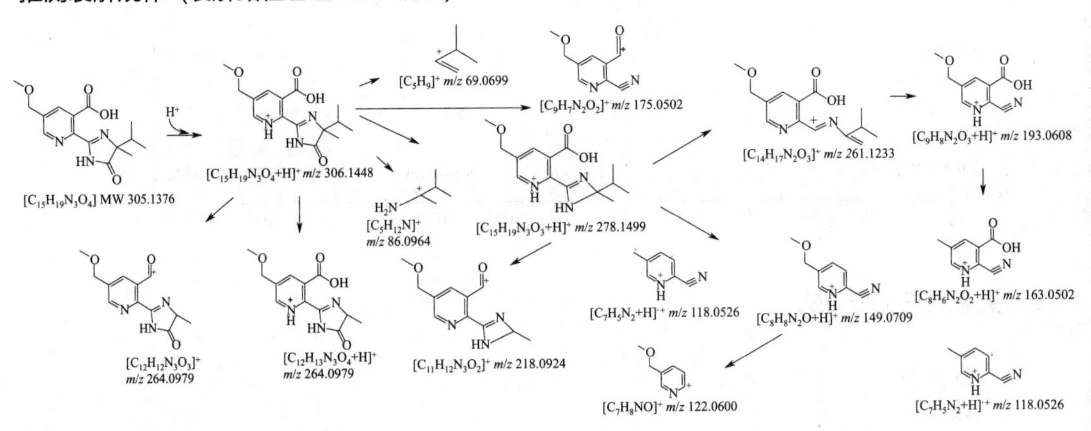

提取离子流色谱图

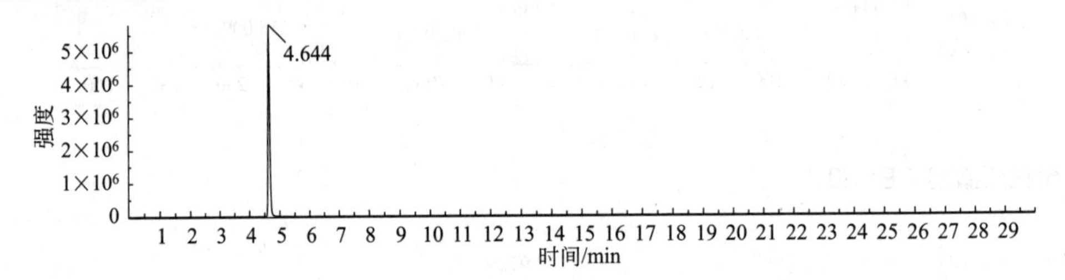

一级质谱图

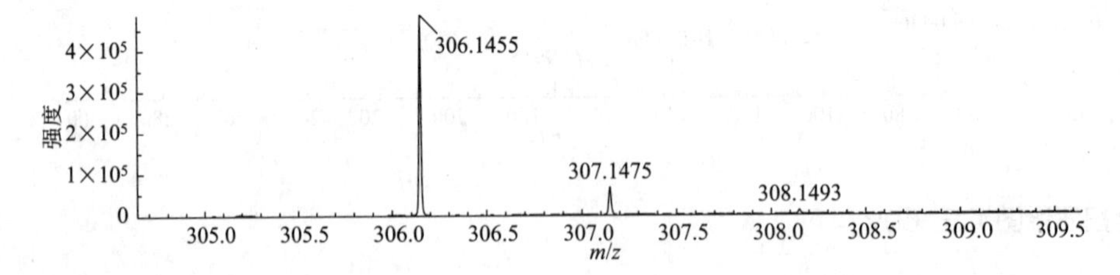

二级全扫质谱图 CE:（35±15）V

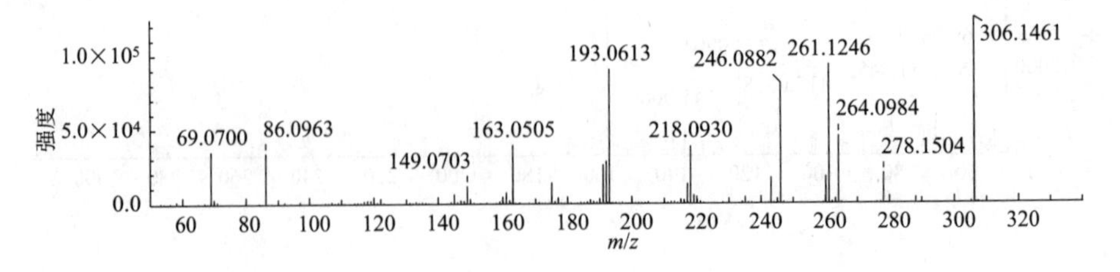

二级全扫质谱图 CE: 10V

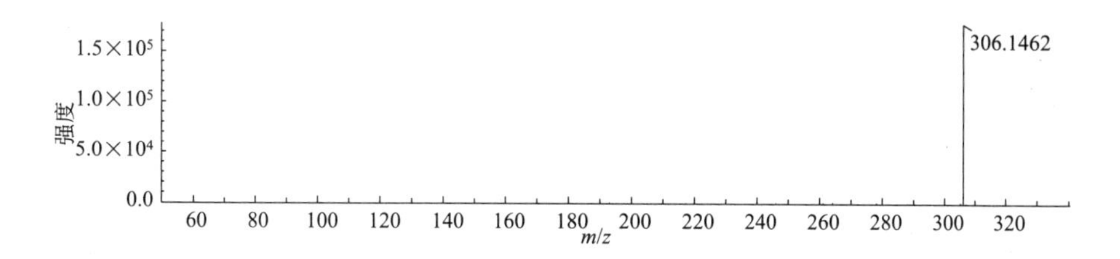

二级全扫质谱图 CE: 20V

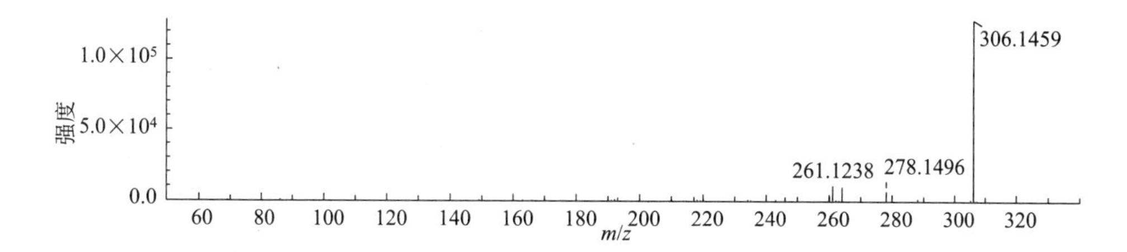

二级全扫质谱图 CE: 35V

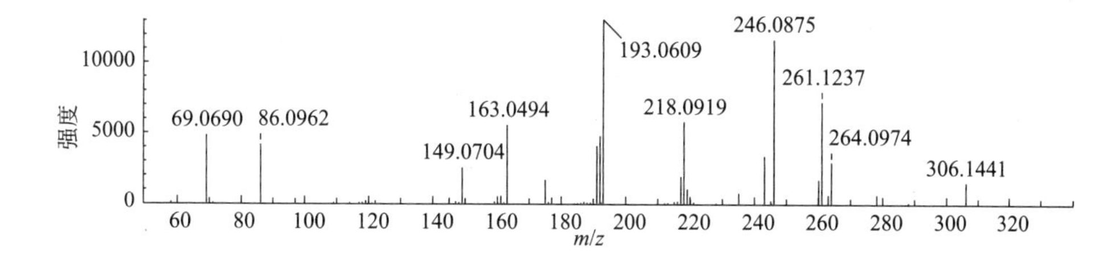

二级全扫质谱图 CE: 50V

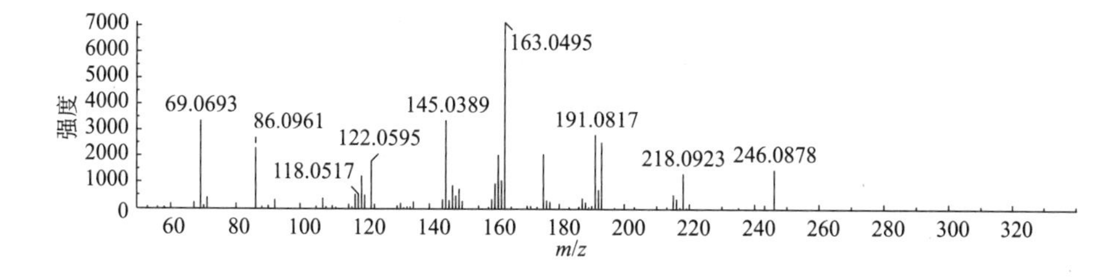

二级全扫质谱图 CE: 60V

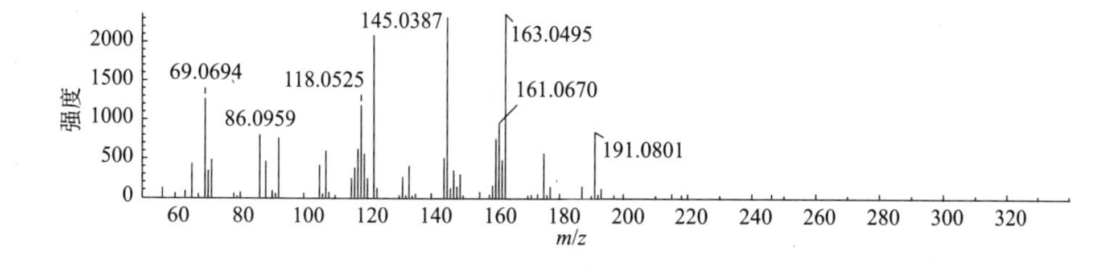

Imazapic
甲咪唑烟酸

CAS 号	104098-48-8	保留时间	4.98min
分子式	$C_{14}H_{17}N_3O_3$	加合方式	$[M+H]^+$
分子量	275.1270	源内裂解碎片	无

推测裂解规律

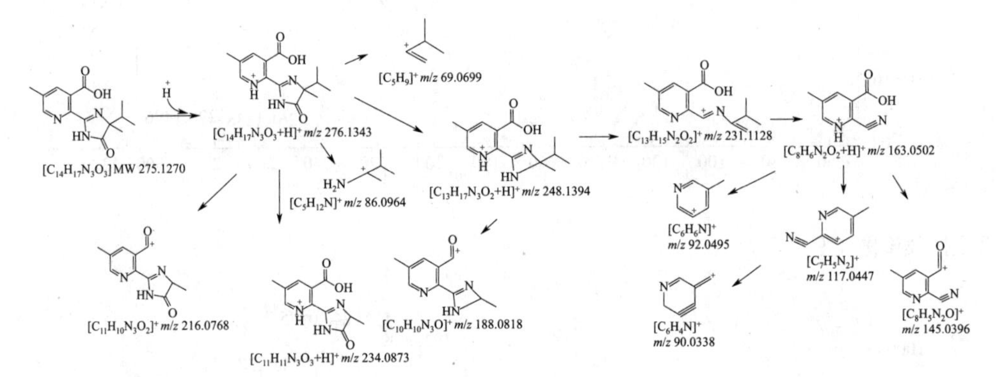

提取离子流色谱图

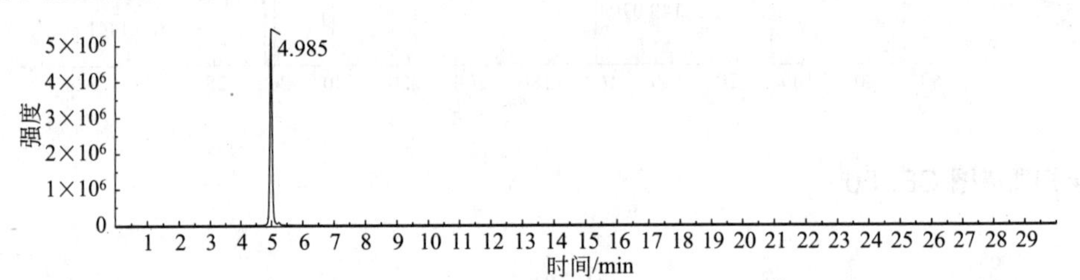

一级质谱图

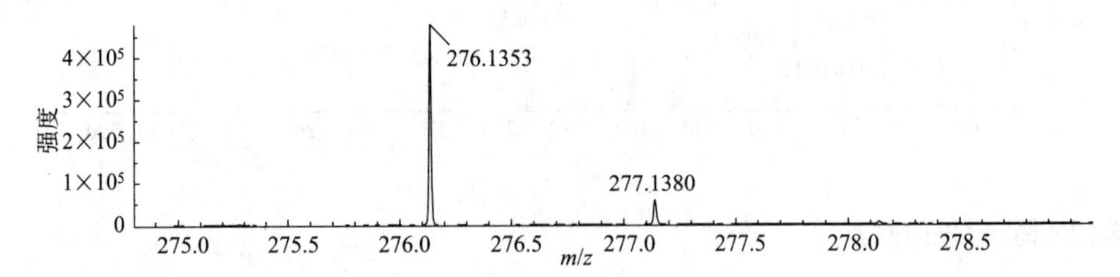

二级全扫质谱图 CE: (35±15)V

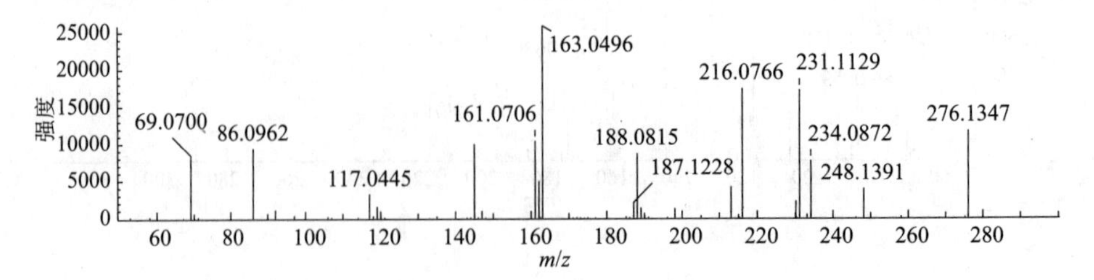

二级全扫质谱图 CE: 10V

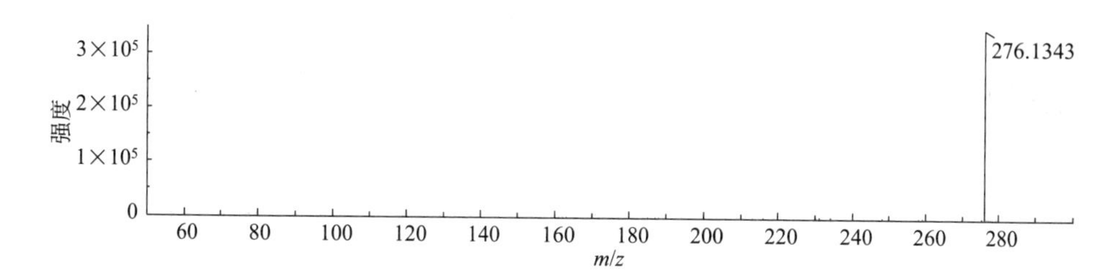

二级全扫质谱图 CE: 20V

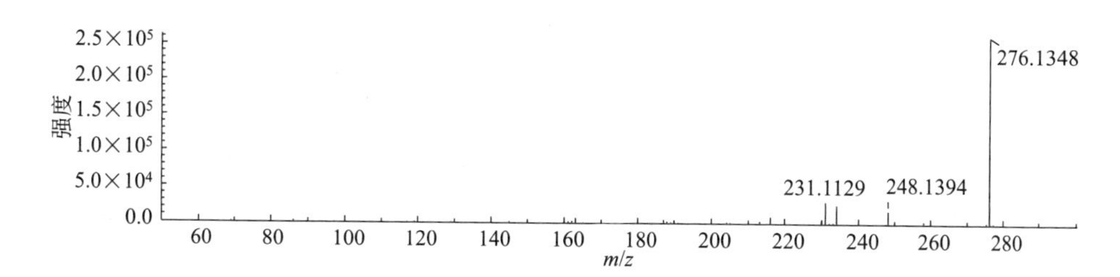

二级全扫质谱图 CE: 35V

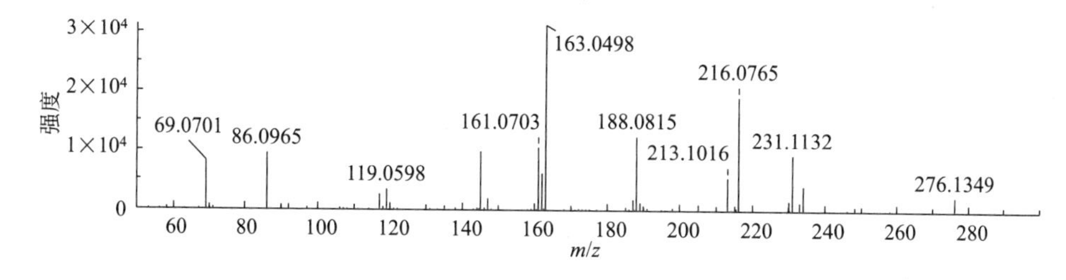

二级全扫质谱图 CE: 50V

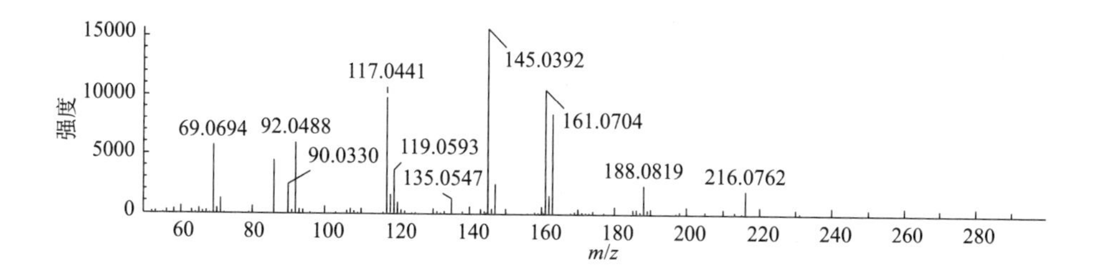

二级全扫质谱图 CE: 60V

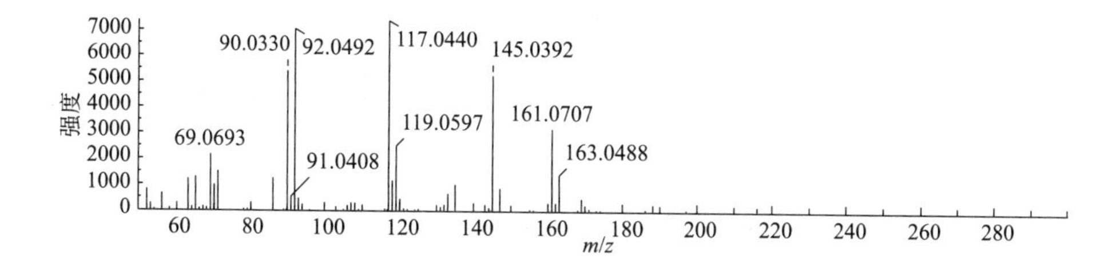

Imazethapyr
咪唑乙烟酸

CAS 号	81335-77-5	保留时间	5.66min
分子式	$C_{15}H_{19}N_3O_3$	加合方式	$[M+H]^+$
分子量	289.1426	源内裂解碎片	无

推测裂解规律

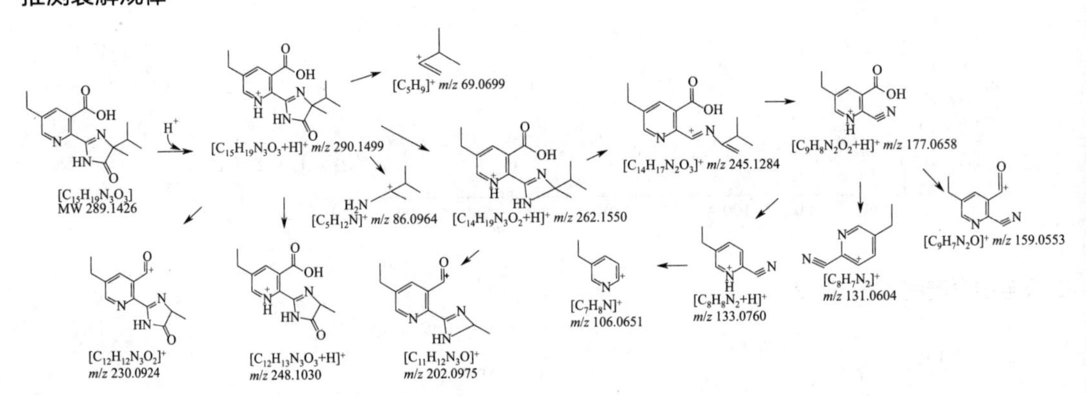

提取离子流色谱图

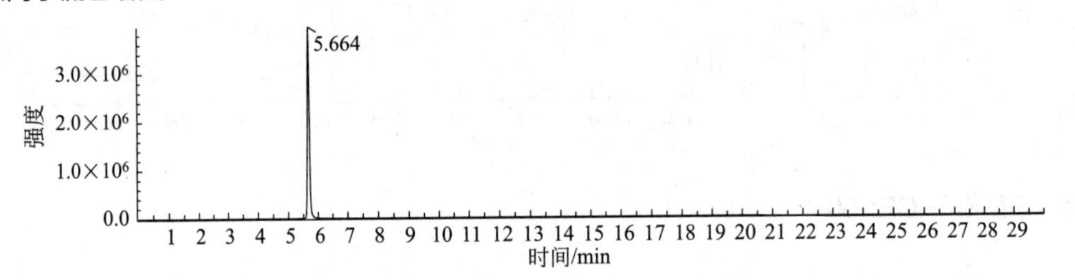

一级质谱图

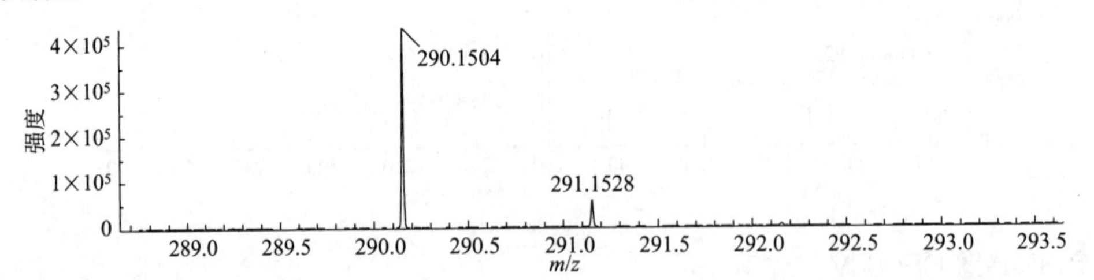

二级全扫质谱图 CE: (35±15)V

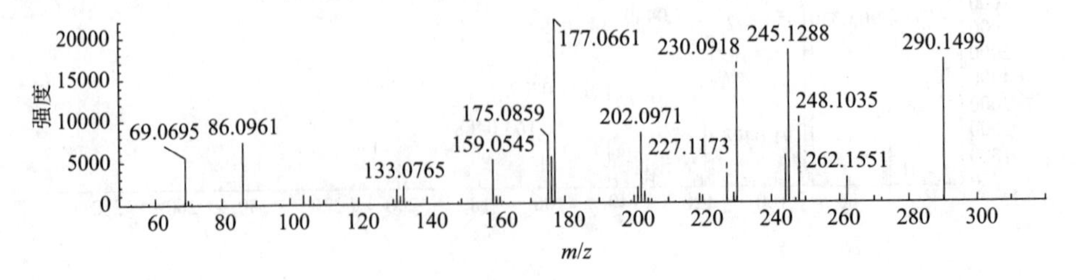

二级全扫质谱图 CE: 10V

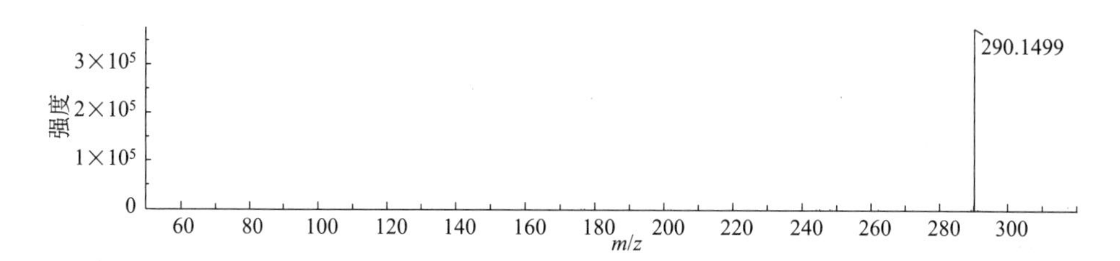

二级全扫质谱图 CE: 20V

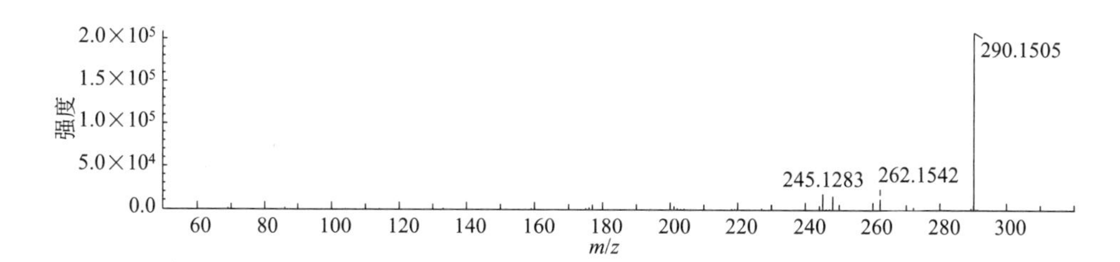

二级全扫质谱图 CE: 35V

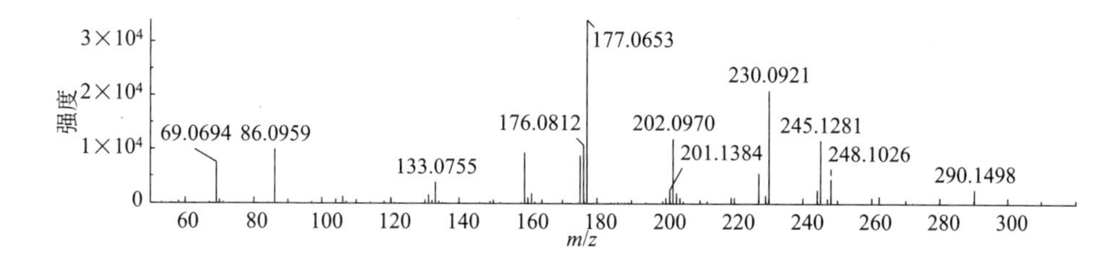

二级全扫质谱图 CE: 50V

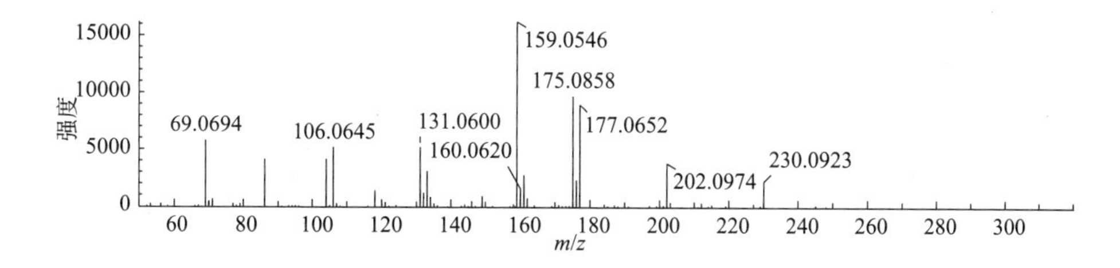

二级全扫质谱图 CE: 60V

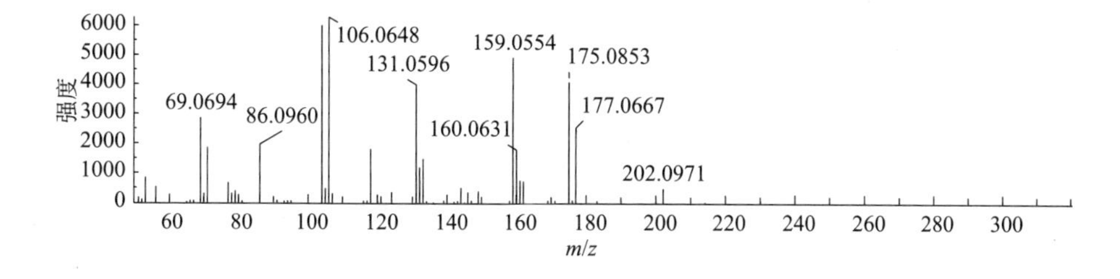

Imibenconazole
亚胺唑

CAS 号	86598-92-7	保留时间	22.17min
分子式	$C_{17}H_{13}Cl_3N_4S$	加合方式	$[M+H]^+$
分子量	409.9926	源内裂解碎片	无

推测裂解规律

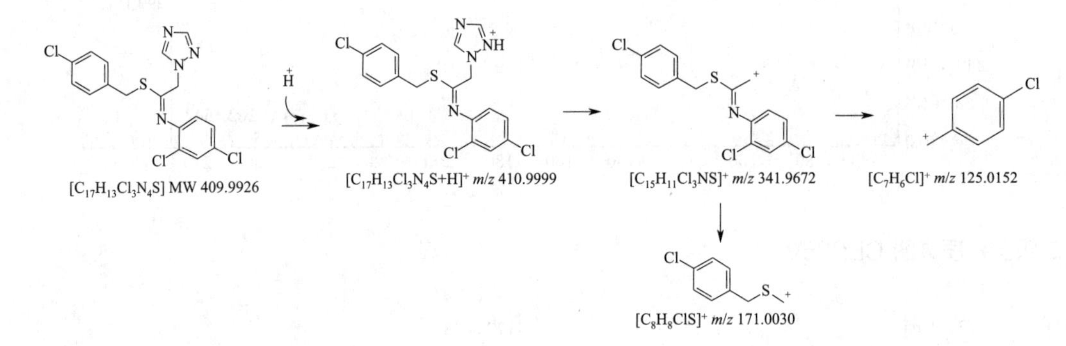

提取离子流色谱图

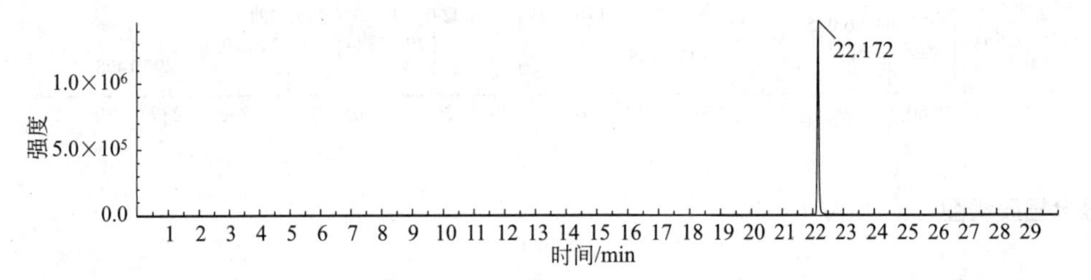

一级质谱图

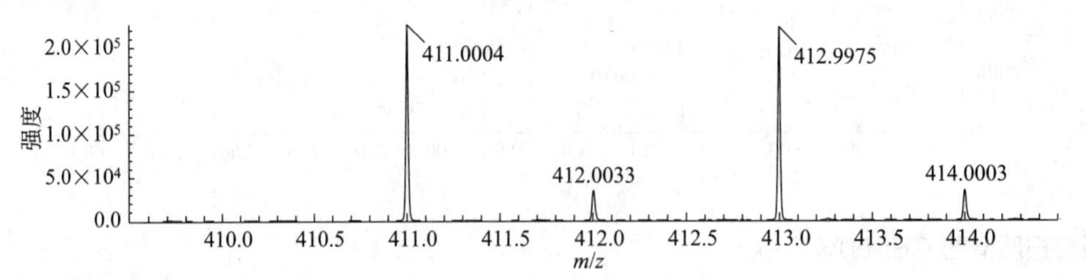

二级全扫质谱图 CE: (35±15)V

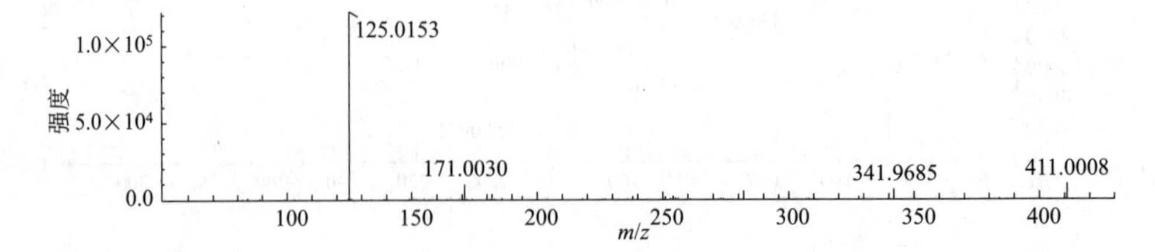

二级全扫质谱图 CE: 10V

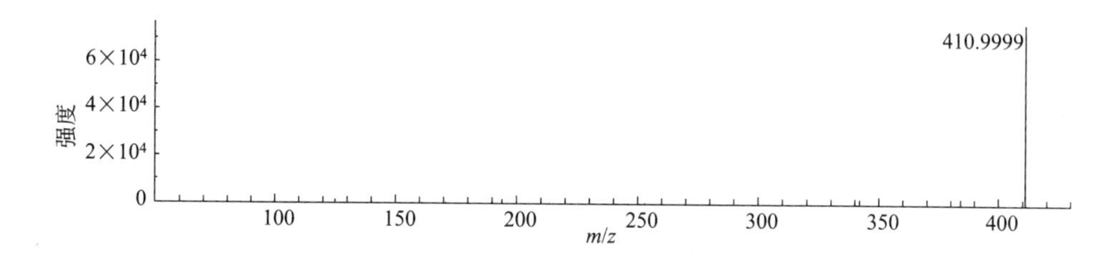

二级全扫质谱图 CE: 20V

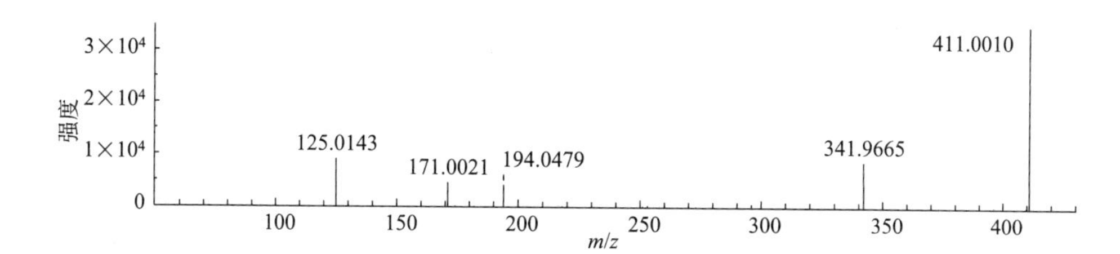

二级全扫质谱图 CE: 35V

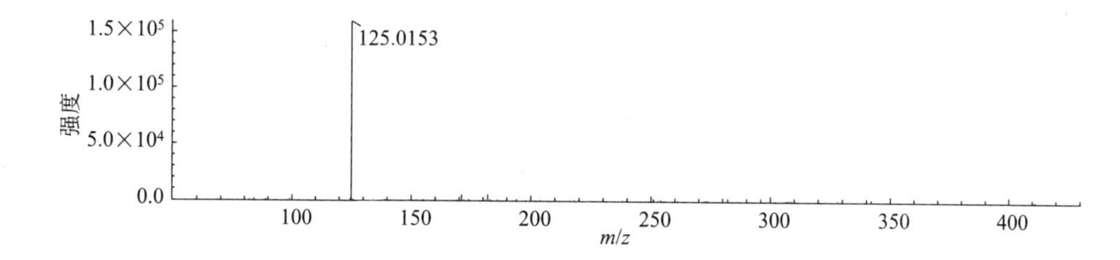

二级全扫质谱图 CE: 50V

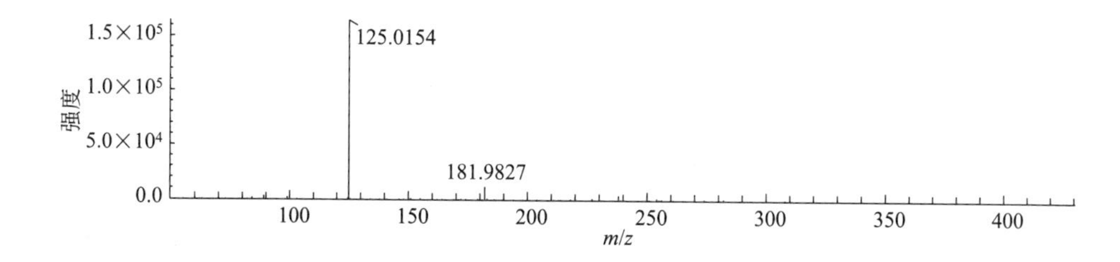

二级全扫质谱图 CE: 60V

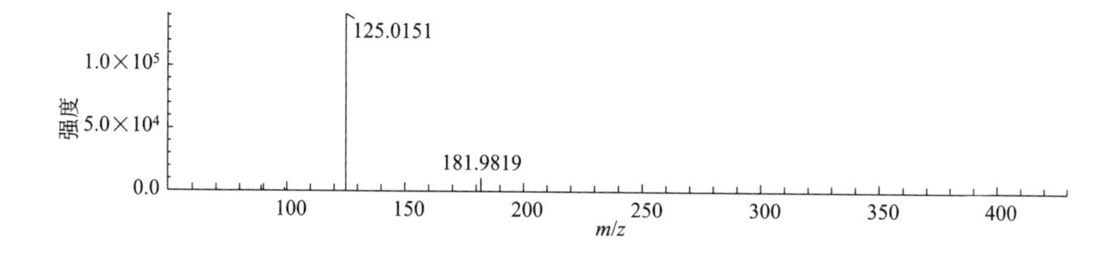

Imidacloprid
吡虫啉

CAS 号	138261-41-3	保留时间	4.37min
分子式	$C_9H_{10}ClN_5O_2$	加合方式	$[M+H]^+$
分子量	255.0523	源内裂解碎片	无

推测裂解规律（裂解路径已经 MS^3 确认）

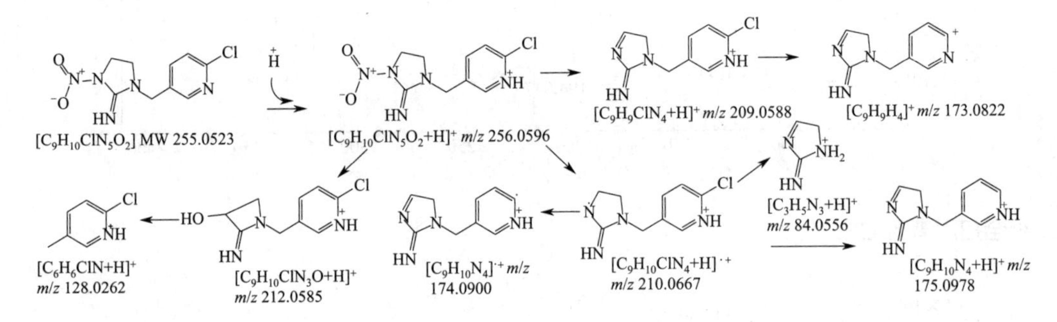

提取离子流色谱图

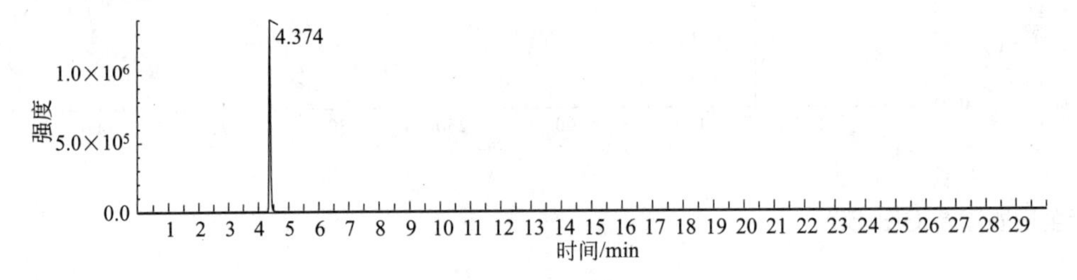

一级质谱图

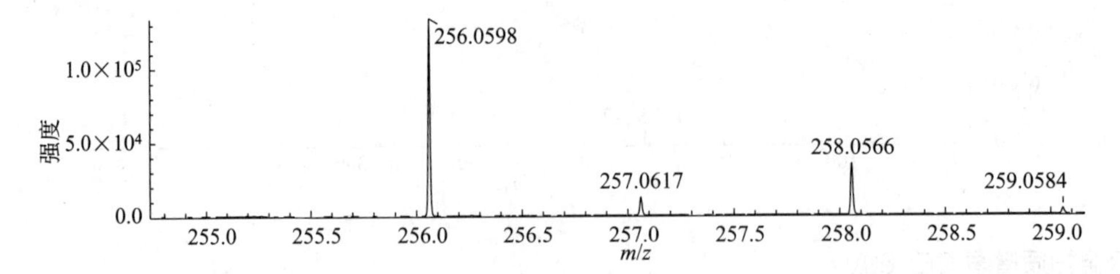

二级全扫质谱图 CE: (35±15)V

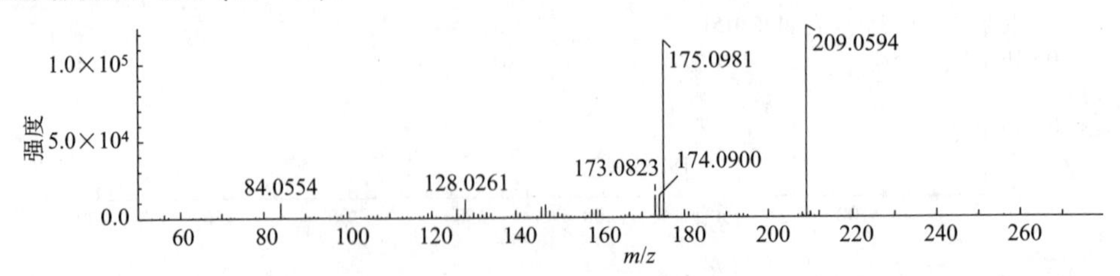

二级全扫质谱图 CE: 10V

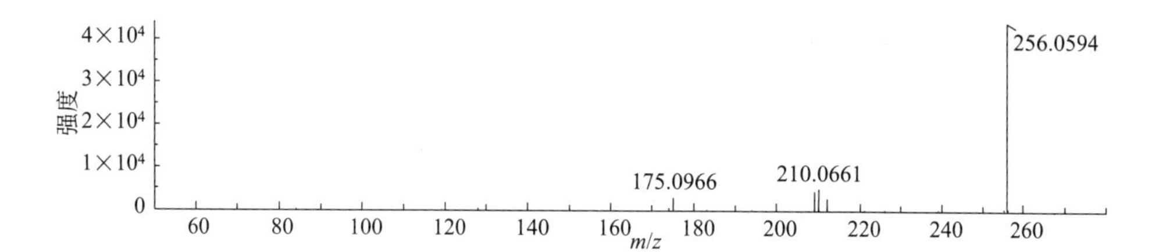

二级全扫质谱图 CE: 20V

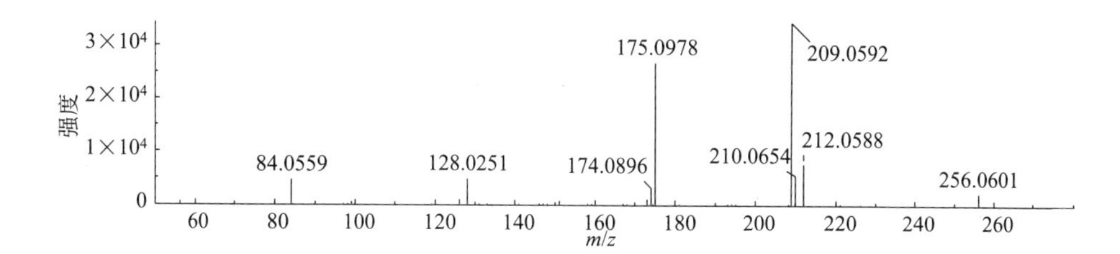

二级全扫质谱图 CE: 35V

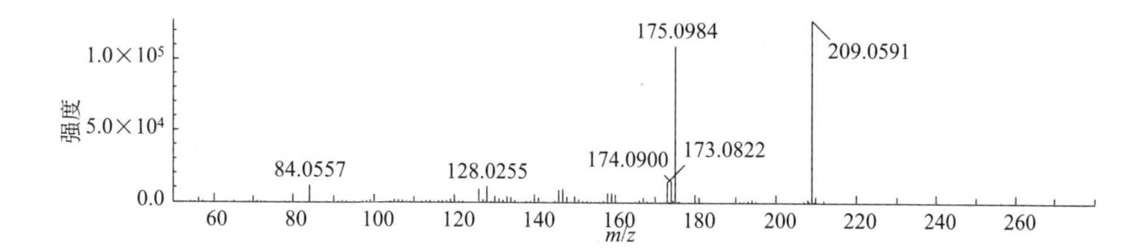

二级全扫质谱图 CE: 50V

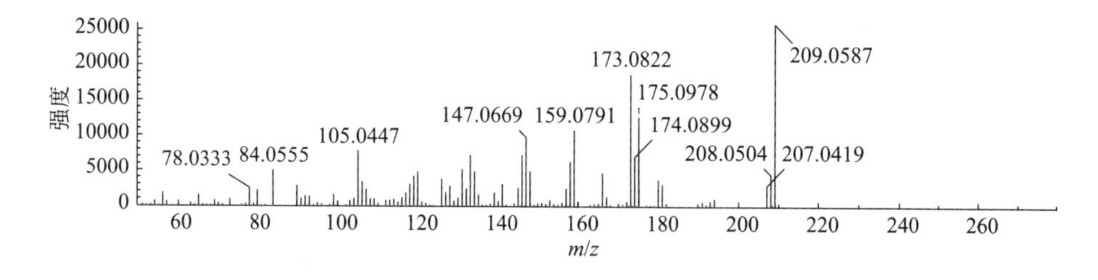

二级全扫质谱图 CE: 60V

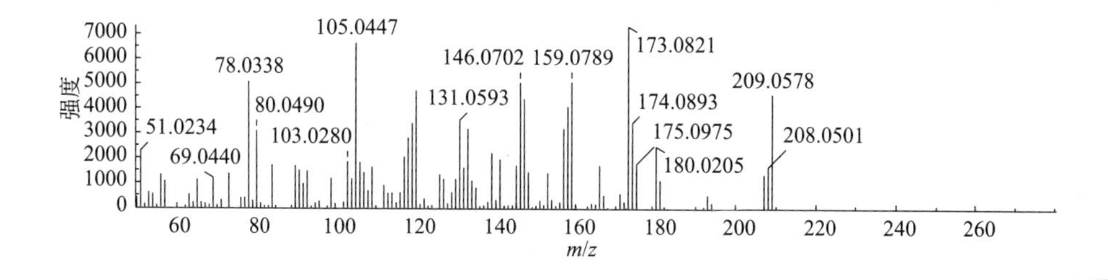

Imidaclothiz
氯噻啉

CAS 号	105843-36-5	保留时间	4.52min
分子式	$C_7H_8ClN_5O_2S$	加合方式	$[M+H]^+$
分子量	261.0087	源内裂解碎片	无

推测裂解规律（裂解路径已经 MS³ 确认）

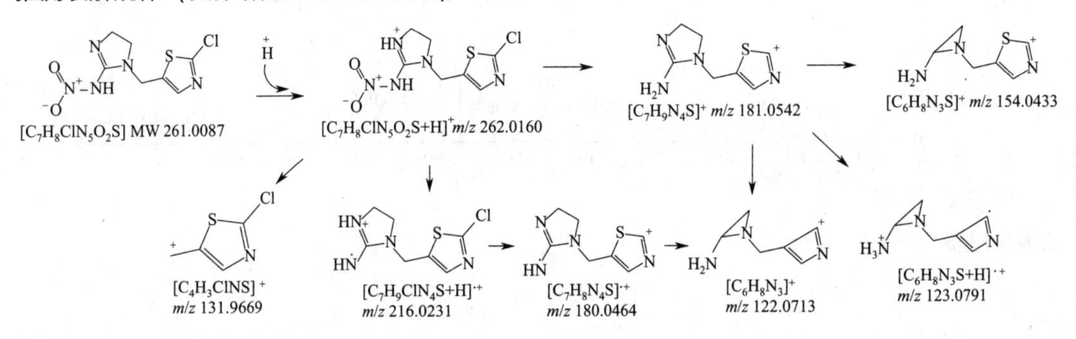

提取离子流色谱图

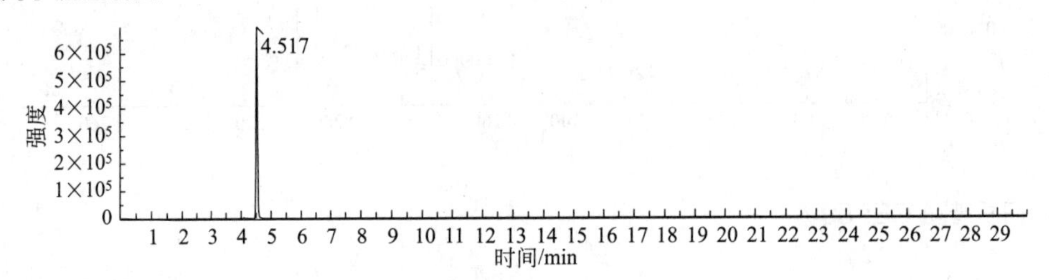

一级质谱图

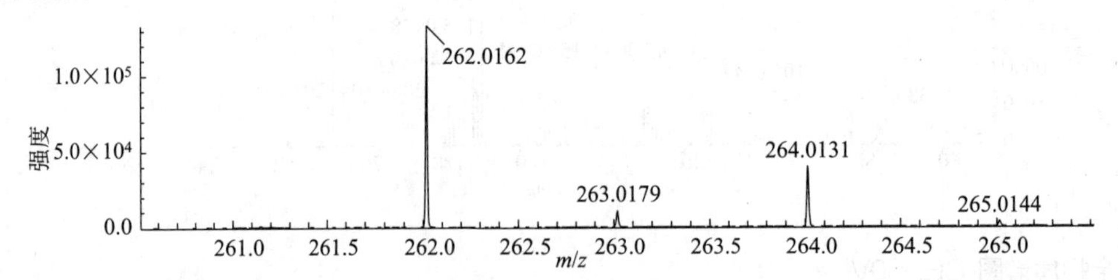

二级全扫质谱图 CE: (35±15)V

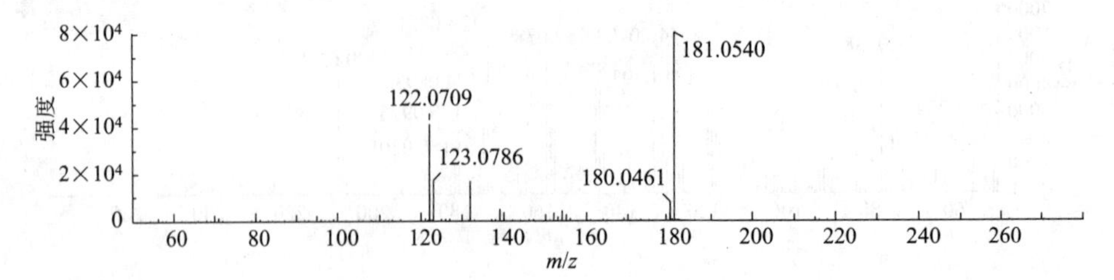

二级全扫质谱图 CE: 10V

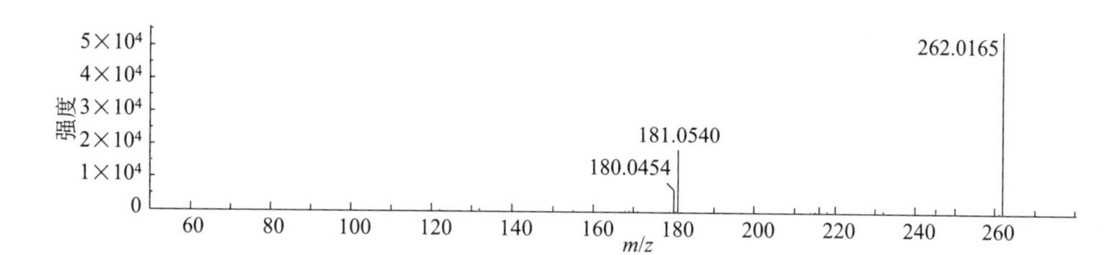

二级全扫质谱图 CE: 20V

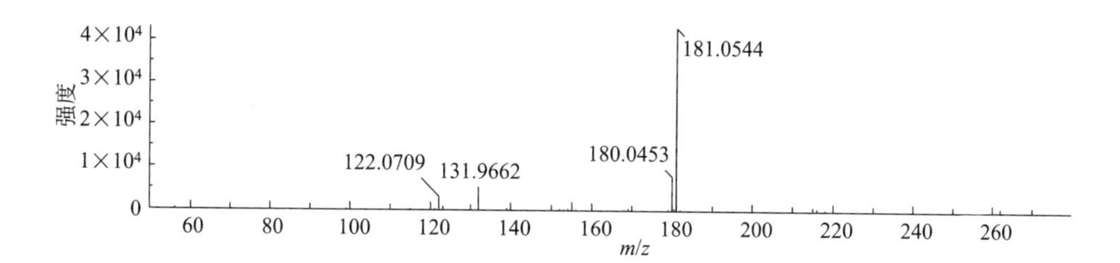

二级全扫质谱图 CE: 35V

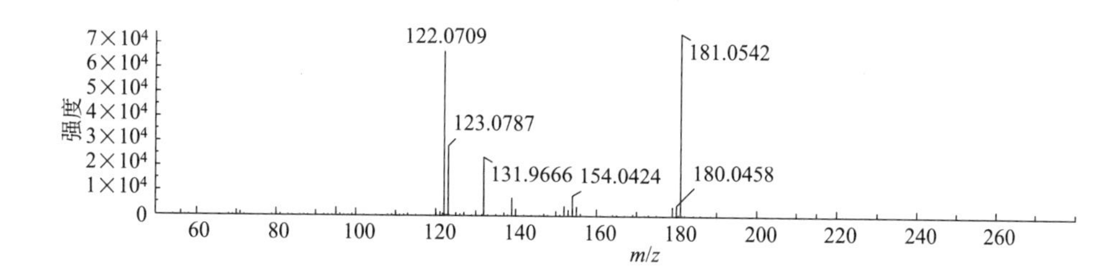

二级全扫质谱图 CE: 50V

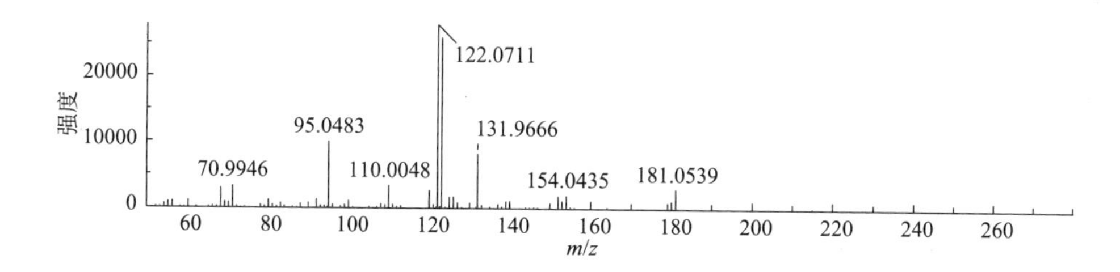

二级全扫质谱图 CE: 60V

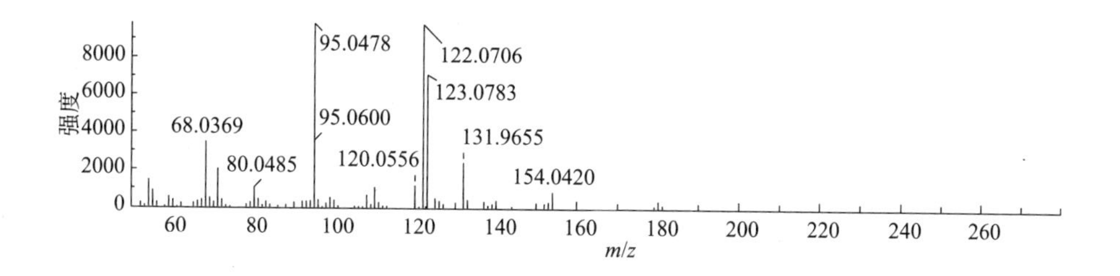

Indoxacarb
茚虫威

CAS 号	144171-61-9	保留时间	21. 27min
分子式	$C_{22}H_{17}ClF_3N_3O_7$	加合方式	$[M+H]^+$
分子量	527. 0707	源内裂解碎片	无

推测裂解规律（裂解路径已经 MS^3 确认）

$[C_{22}H_{17}ClF_3N_3O_7]$
MW 527.0707

$[C_{22}H_{17}ClF_3N_3O_7+H]^+$
m/z 528.0780

$[C_{21}H_{14}ClF_3N_3O_6]^+$
m/z 496.0518

$[C_{13}H_{10}ClN_2O_4]^+$
m/z 293.0324

$[C_{12}H_{10}ClN_2O_2]^+$
m/z 249.0425

$[C_2H_2NO]^+$
m/z 56.0131

$[C_8H_5ClN]^+$
m/z 150.0105

$[C_{10}H_5ClNO]^+$
m/z 190.0054

提取离子流色谱图

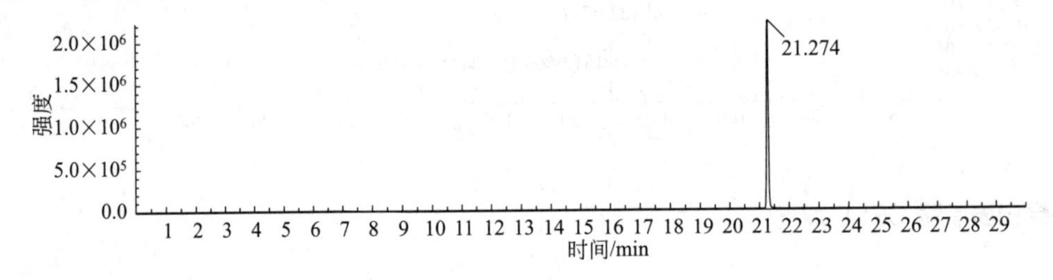

一级质谱图

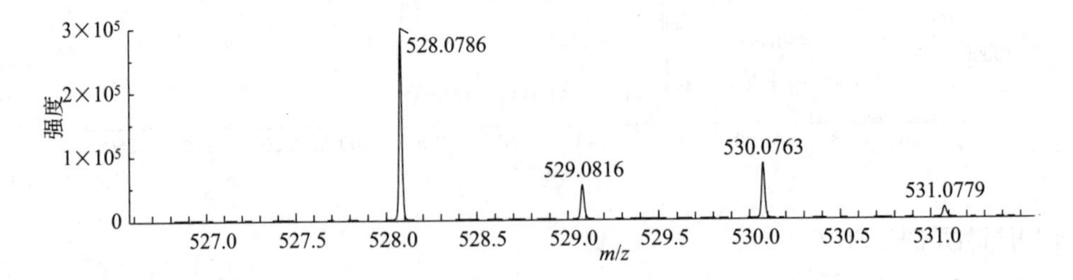

二级全扫质谱图 CE: (35±15)V

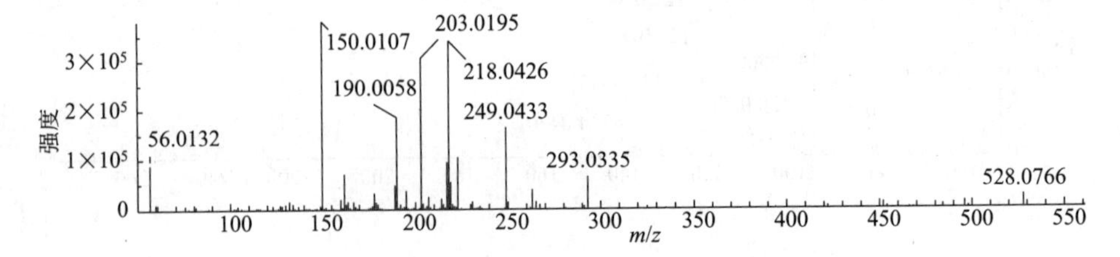

二级全扫质谱图 CE: 10V

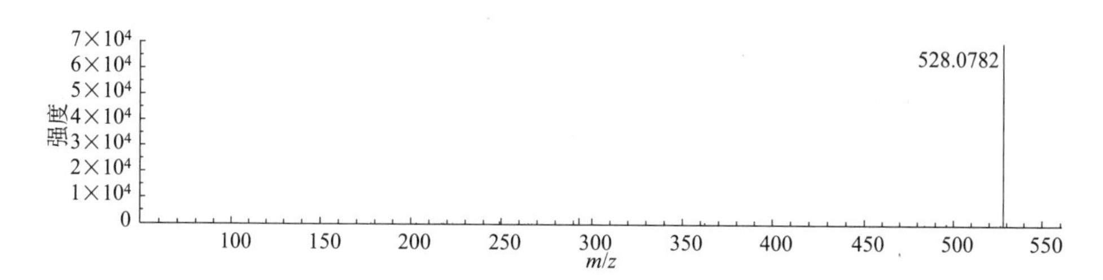

二级全扫质谱图 CE: 20V

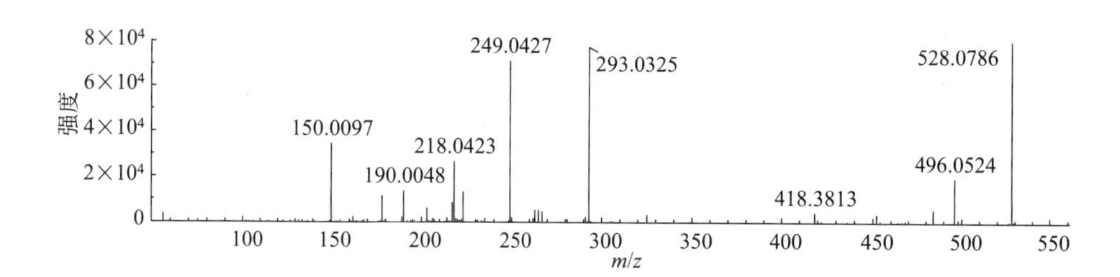

二级全扫质谱图 CE: 35V

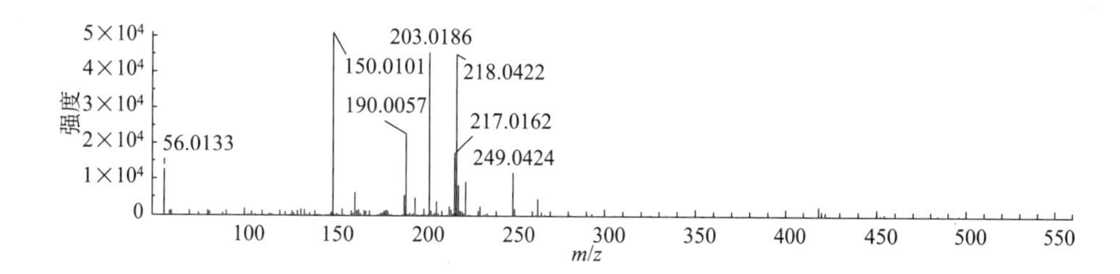

二级全扫质谱图 CE: 50V

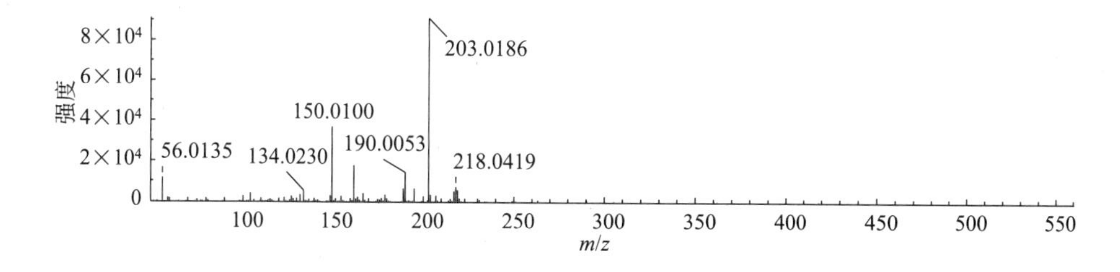

二级全扫质谱图 CE: 60V

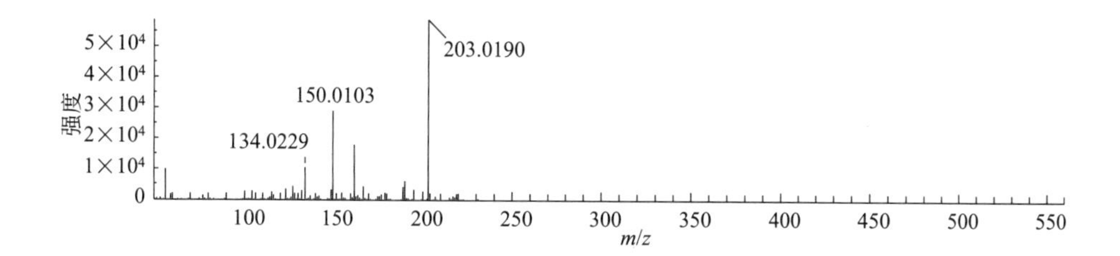

Iodosulfuron-methyl-sodium
甲基碘磺隆钠盐

CAS 号	144550-36-7	保留时间	9.43min
分子式	$C_{14}H_{13}IN_5NaO_6S$	加合方式	$[M+H]^+$
分子量	528.9529	源内裂解碎片	无

推测裂解规律（裂解路径已经 MS^3 确认）

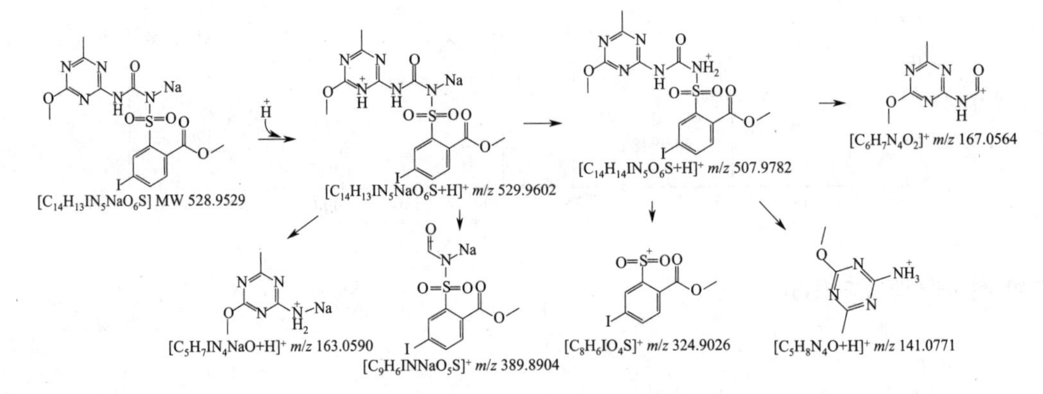

提取离子流色谱图

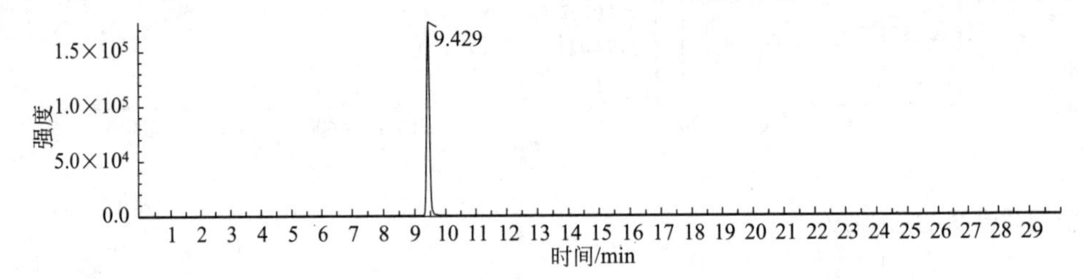

一级质谱图

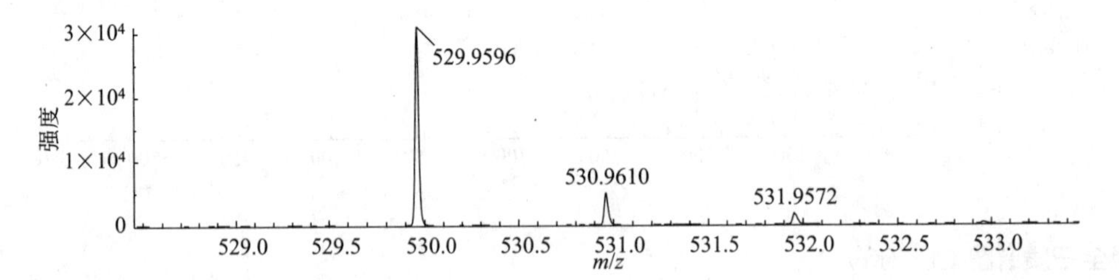

二级全扫质谱图 CE: (35±15)V

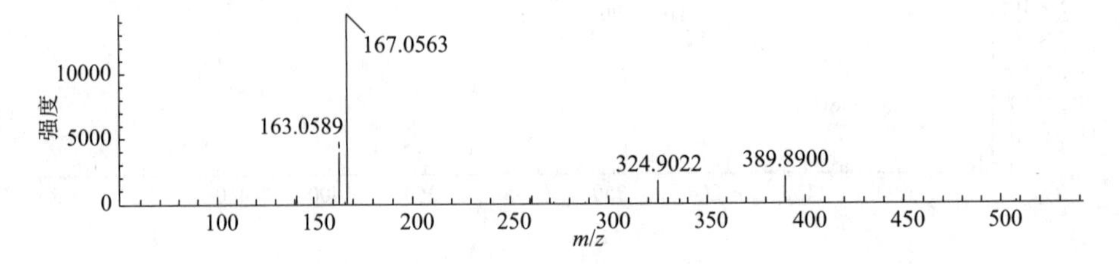

二级全扫质谱图 CE: 10V

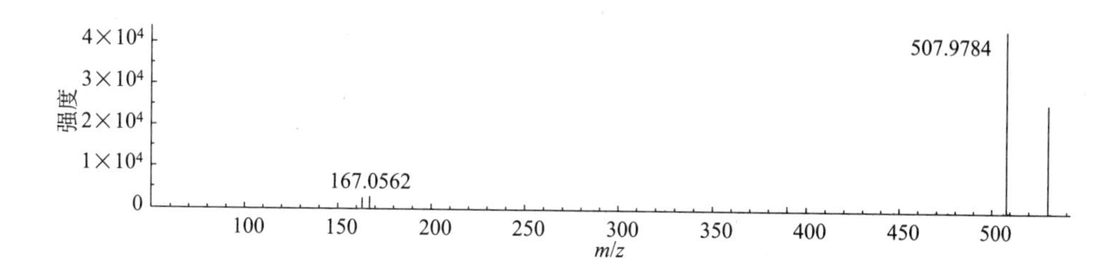

二级全扫质谱图 CE: 20V

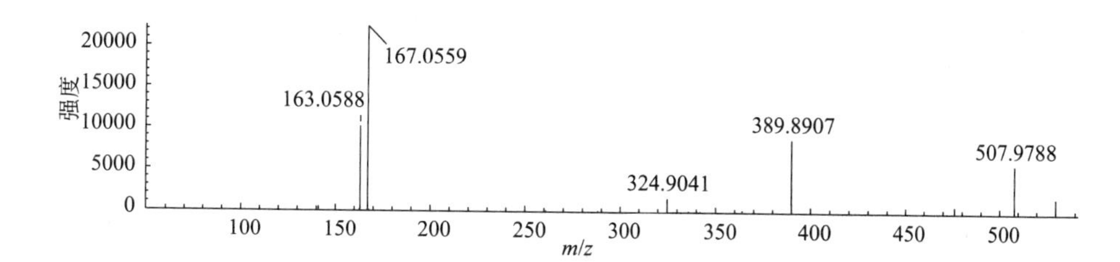

二级全扫质谱图 CE: 35V

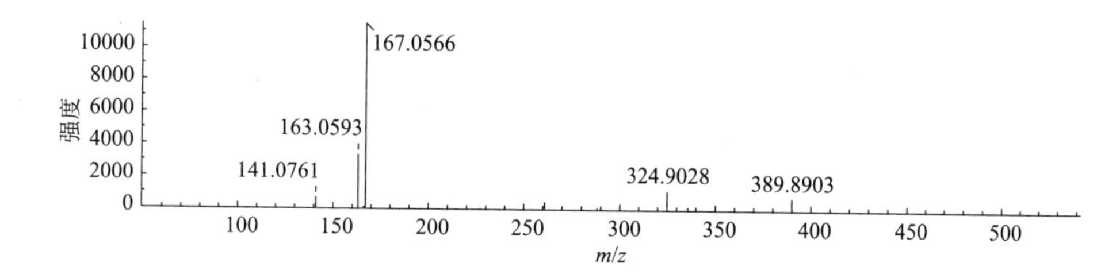

二级全扫质谱图 CE: 50V

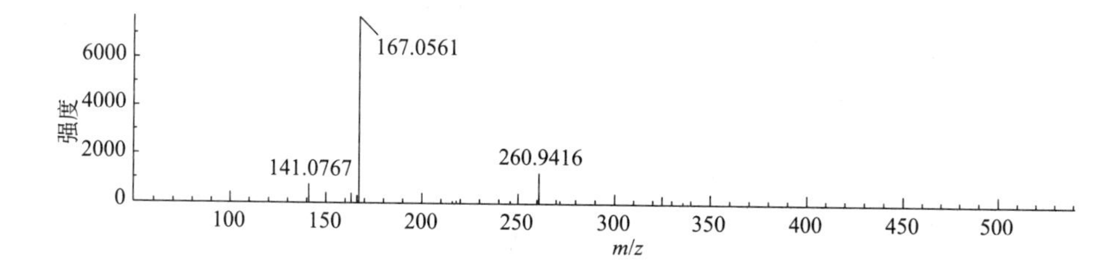

二级全扫质谱图 CE: 60V

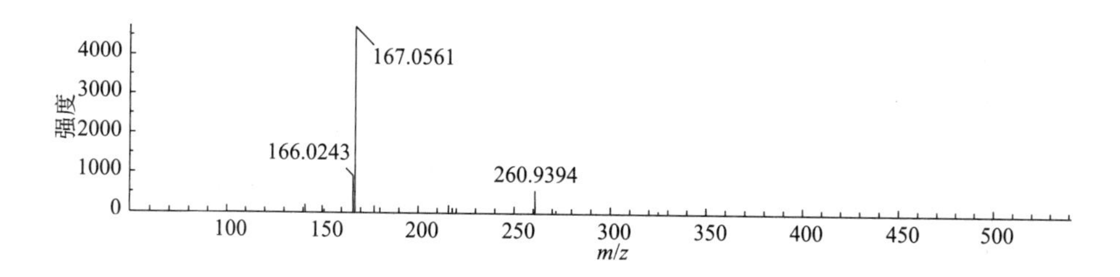

Ipconazole
种菌唑

CAS 号	125225-28-7	保留时间	20.92min/21.27min
分子式	$C_{18}H_{24}ClN_3O$	加合方式	$[M+H]^+$
分子量	333.1608	源内裂解碎片	无

推测裂解规律

$[C_{18}H_{24}ClN_3O]$ MW 333.1608 → $[C_{18}H_{24}ClN_3O+H]^+$ m/z 334.1681 → $[C_7H_6Cl]^+$ m/z 125.0152; $[C_2H_3N_3+H]^+$ m/z 70.0400

提取离子流色谱图

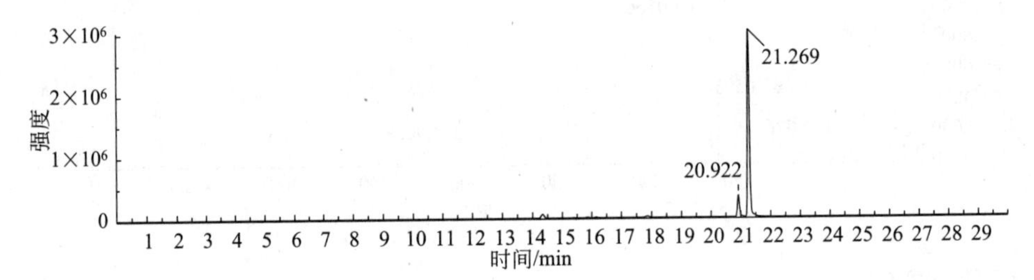

一级质谱图

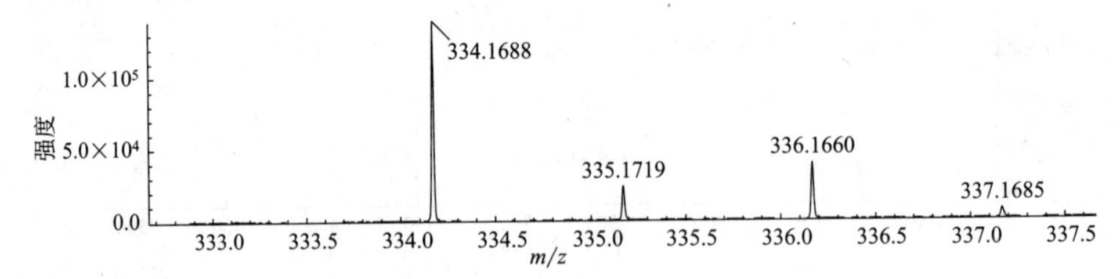

二级全扫质谱图 CE: (35±15)V

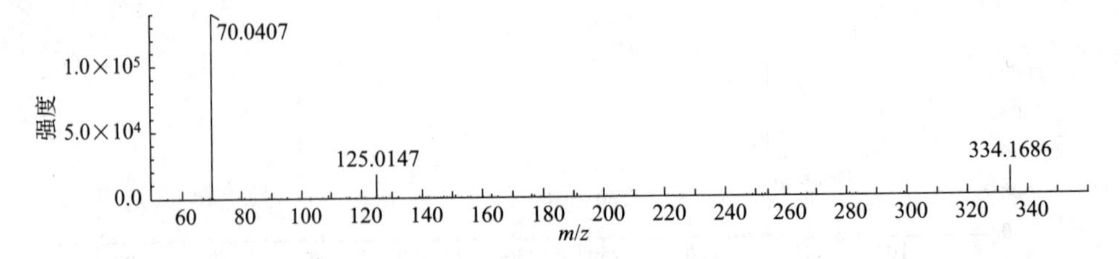

二级全扫质谱图 CE: 10V

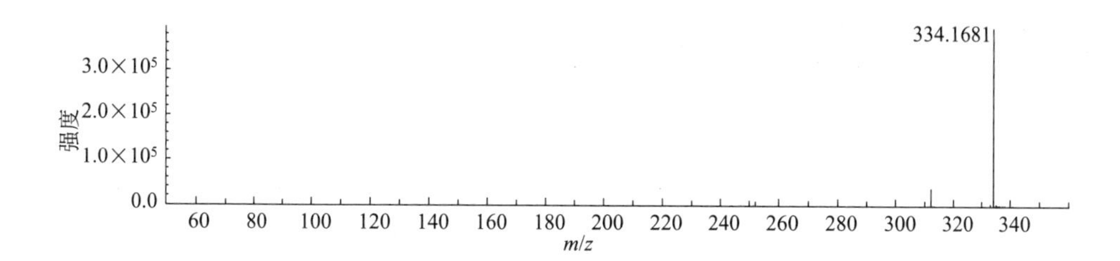

二级全扫质谱图 CE: 20V

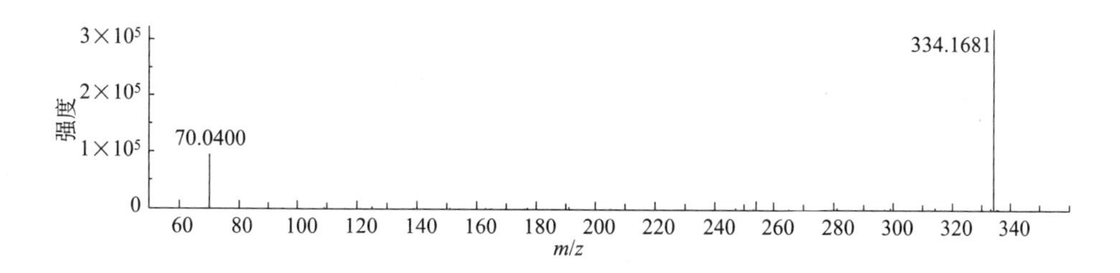

二级全扫质谱图 CE: 35V

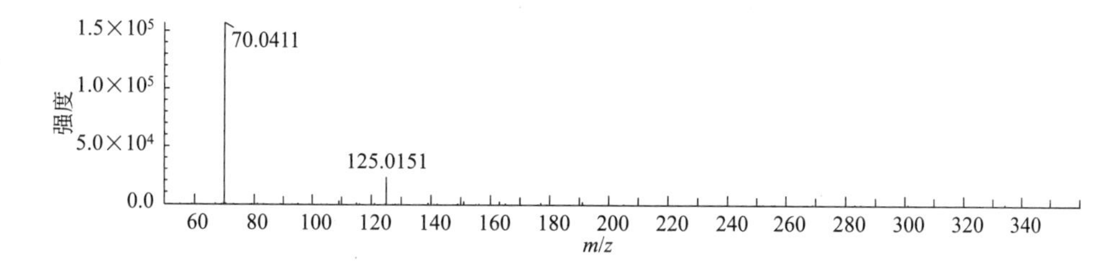

二级全扫质谱图 CE: 50V

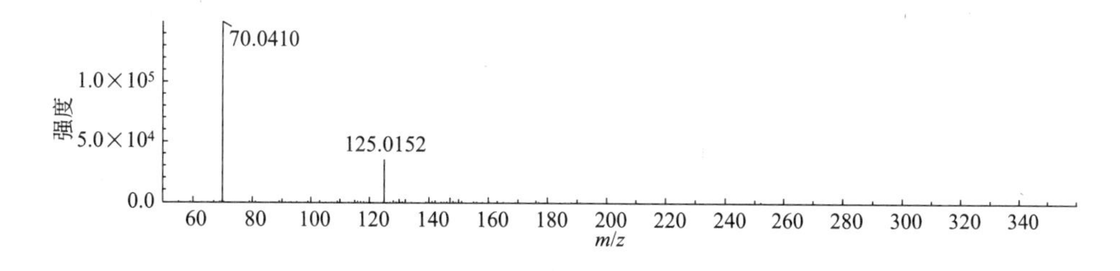

二级全扫质谱图 CE: 60V

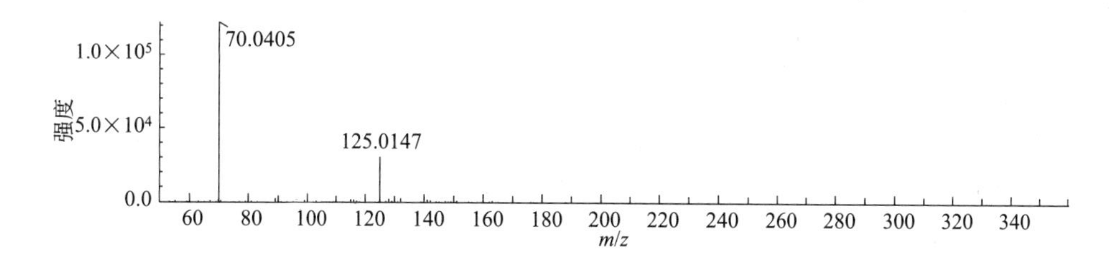

Iprobenfos
异稻瘟净

CAS 号	26087-47-8	保留时间	17.87min
分子式	$C_{13}H_{21}O_3PS$	加合方式	$[M+H]^+$
分子量	288.0949	源内裂解碎片	无

推测裂解规律

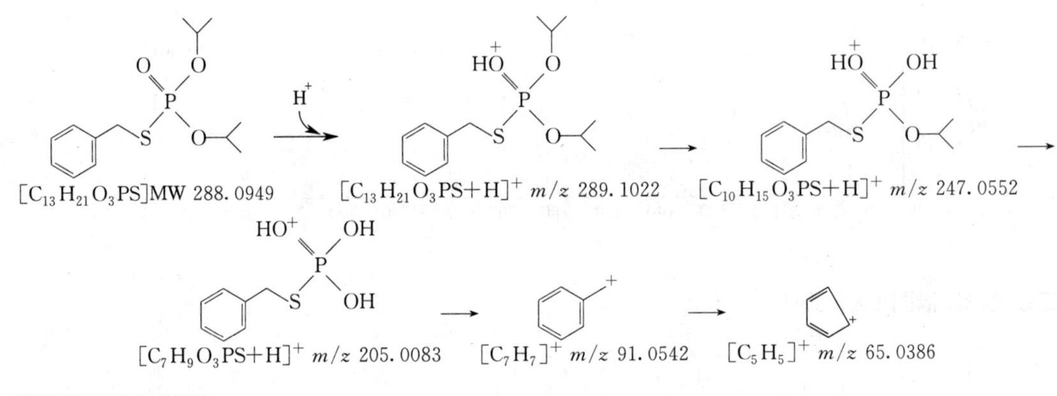

提取离子流色谱图

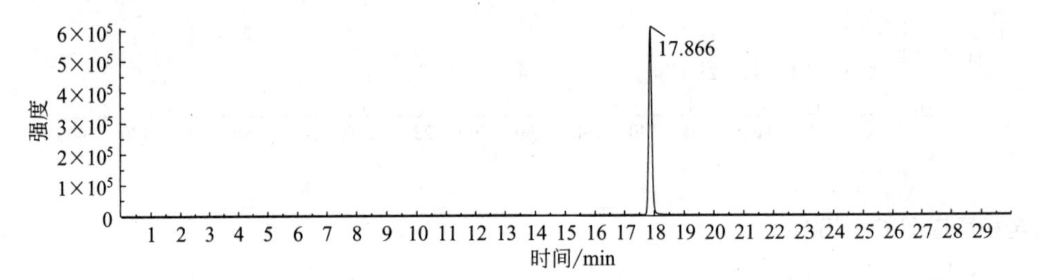

一级质谱图

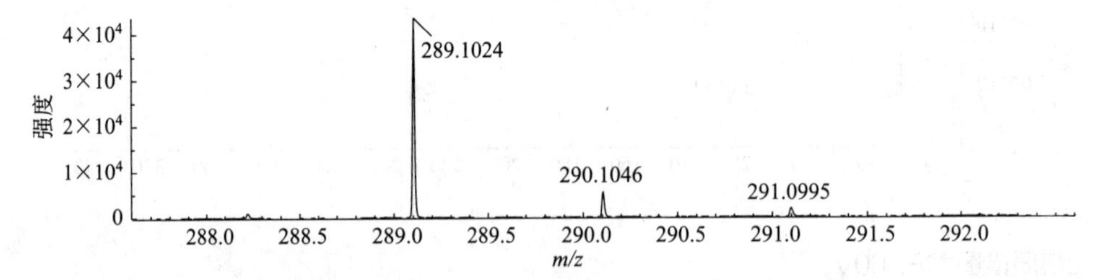

二级全扫质谱图 CE: (35±15)V

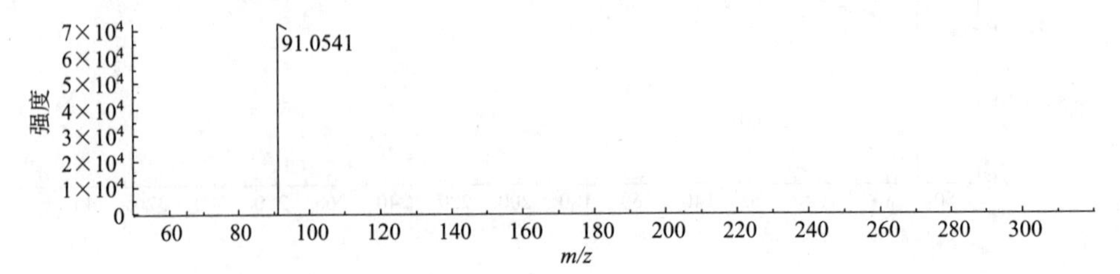

二级全扫质谱图 CE: 10V

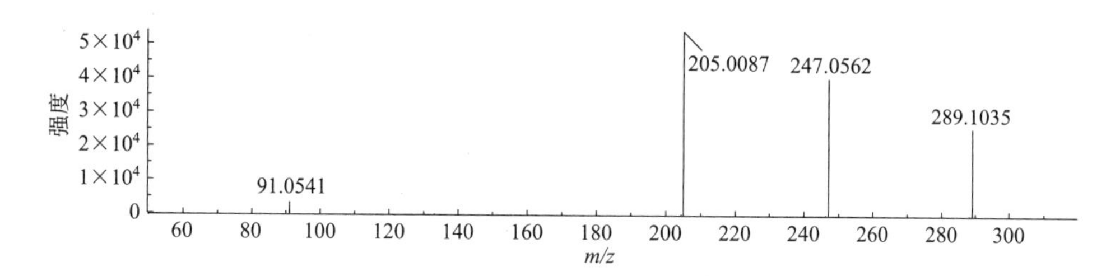

二级全扫质谱图 CE: 20V

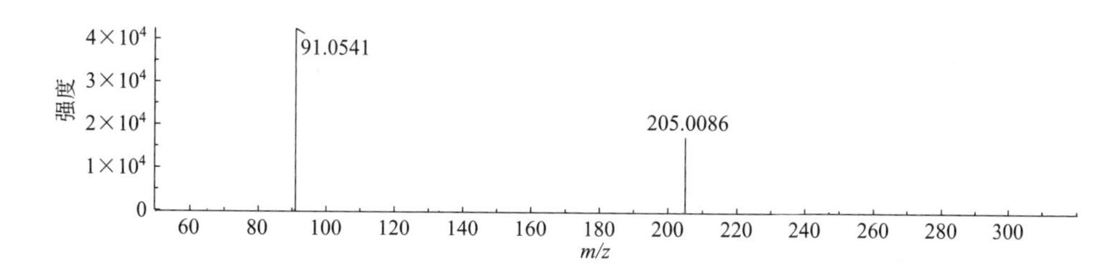

二级全扫质谱图 CE: 35V

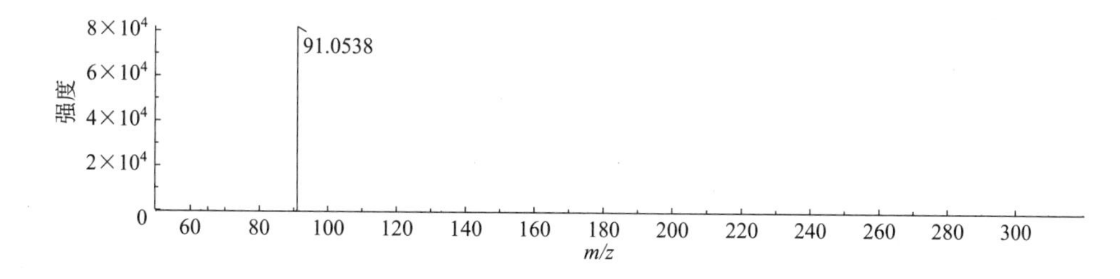

二级全扫质谱图 CE: 50V

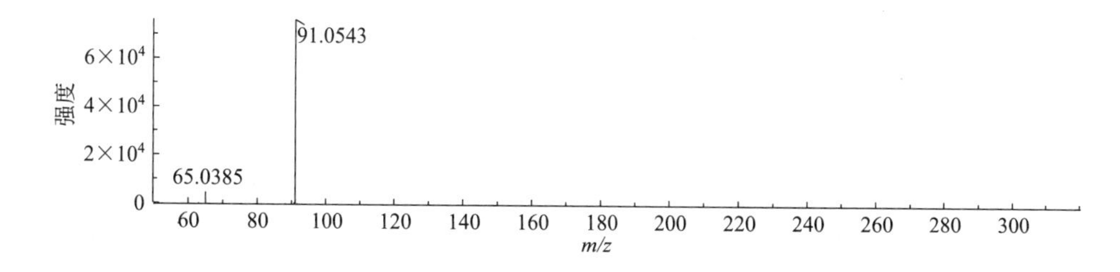

二级全扫质谱图 CE: 60V

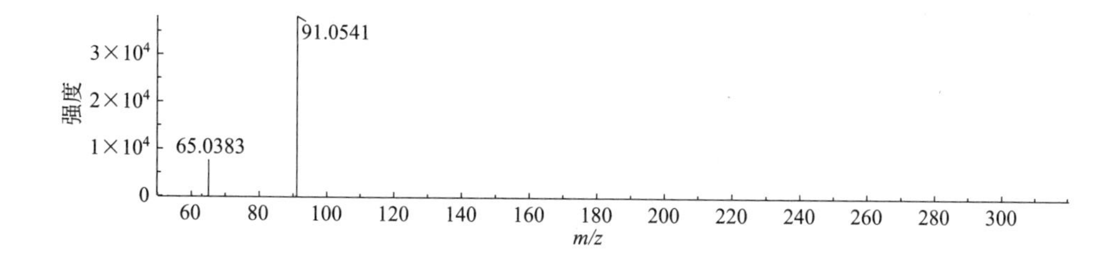

Iprodione
异菌脲

CAS 号	36734-19-7	保留时间	16.28min
分子式	$C_{13}H_{13}Cl_2N_3O_3$	加合方式	$[M+H]^+$
分子量	329.0334	源内裂解碎片	无

推测裂解规律（裂解路径已经 MS^3 确认）

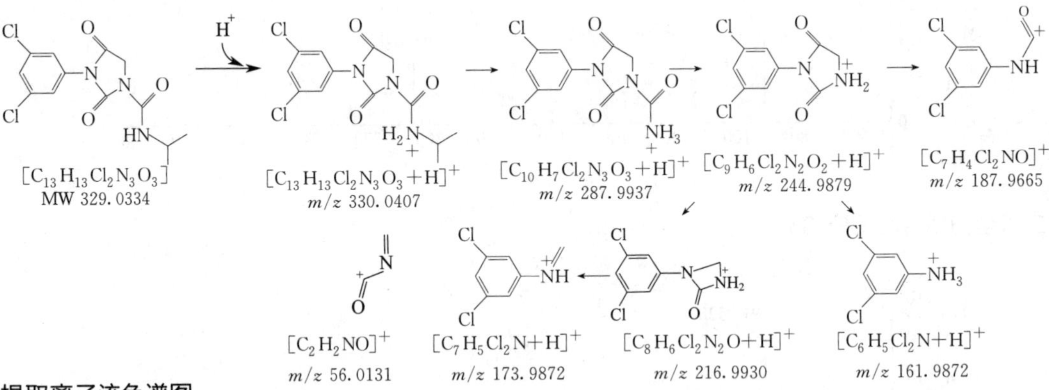

提取离子流色谱图

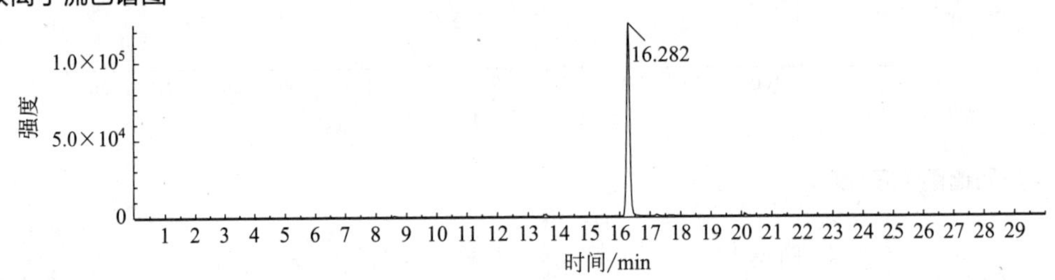

一级质谱图

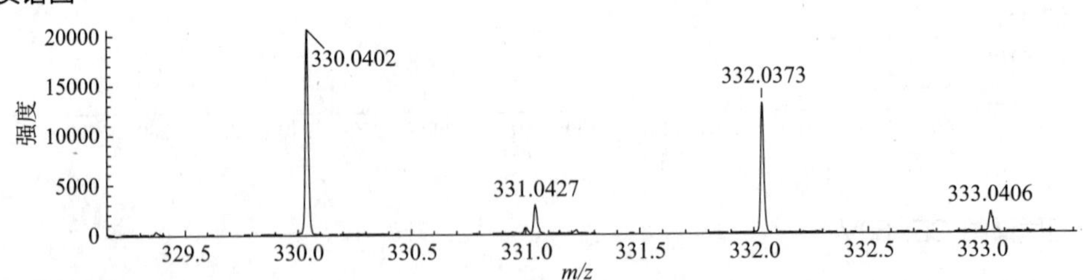

二级全扫质谱图 CE: (35±15)V

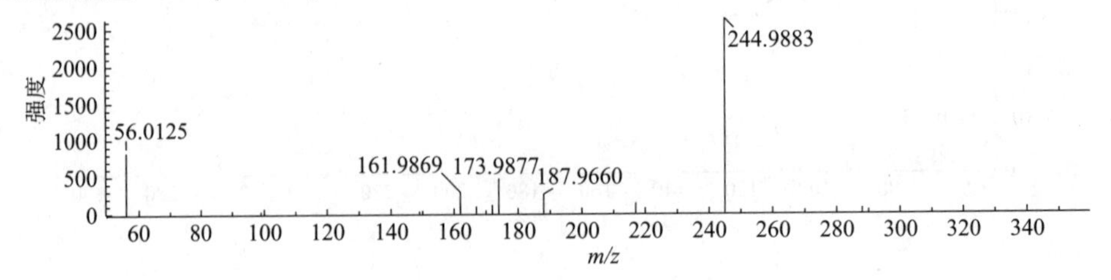

二级全扫质谱图 CE: 10V

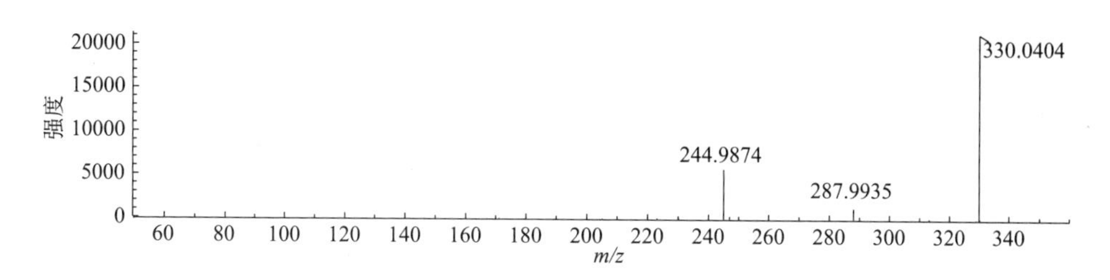

二级全扫质谱图 CE: 20V

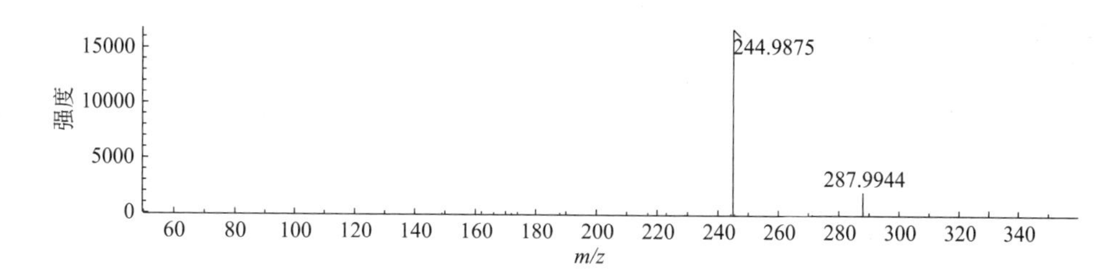

二级全扫质谱图 CE: 35V

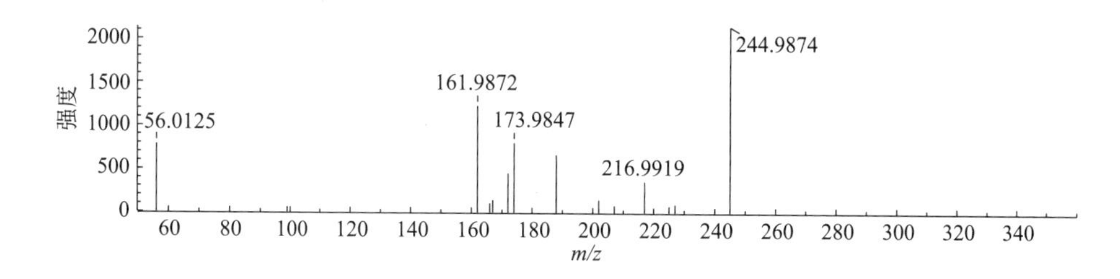

二级全扫质谱图 CE: 50V

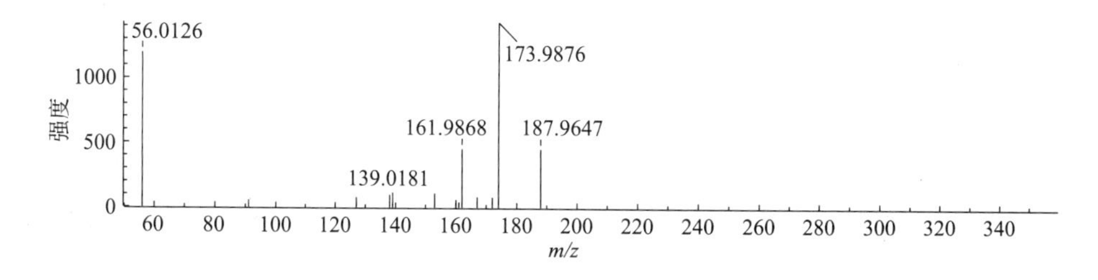

二级全扫质谱图 CE: 60V

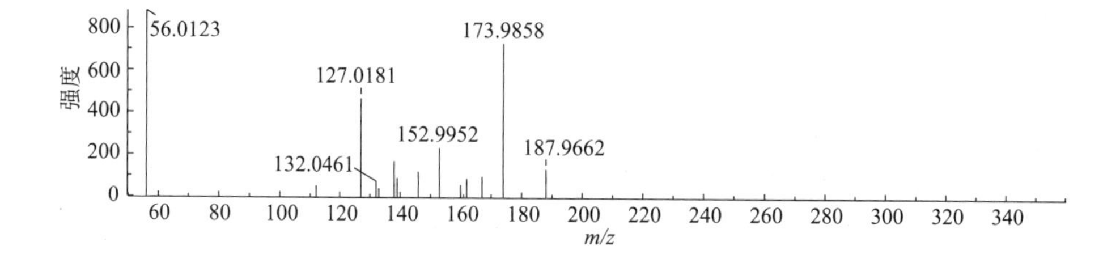

Iprovalicarb
缬霉威

CAS 号	140923-17-7	保留时间	15. 32min/15. 51min
分子式	$C_{18}H_{28}N_2O_3$	加合方式	$[M+H]^+$
分子量	320. 2100	源内裂解碎片	无

推测裂解规律（裂解路径已经 MS^3 确认）

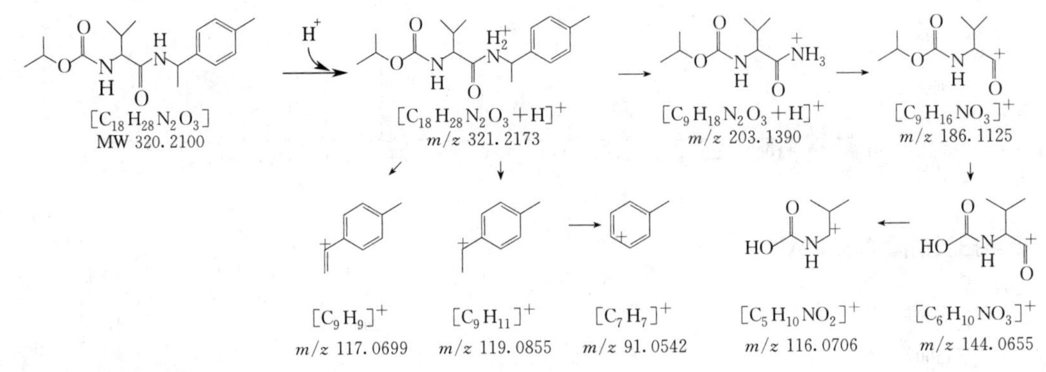

提取离子流色谱图

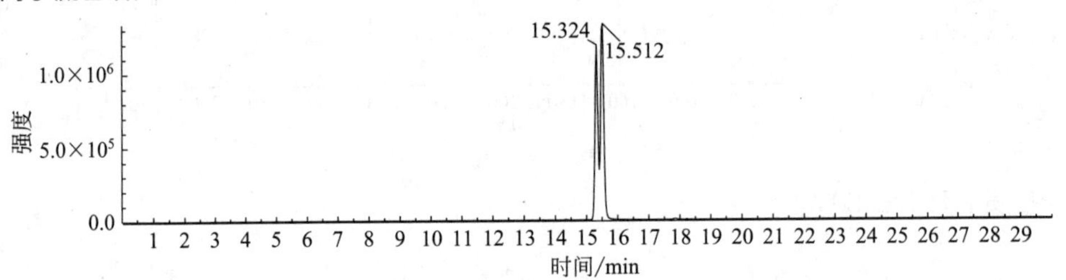

一级质谱图

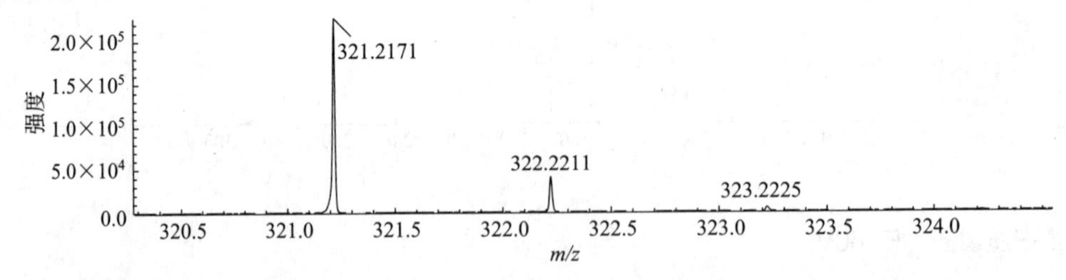

二级全扫质谱图 CE: (35±15)V

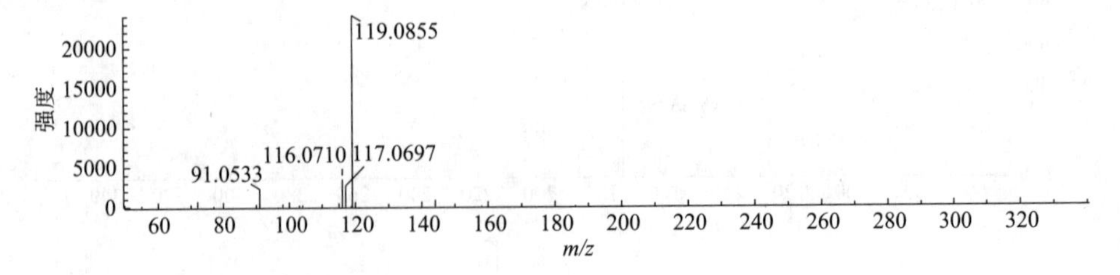

二级全扫质谱图 CE: 10V

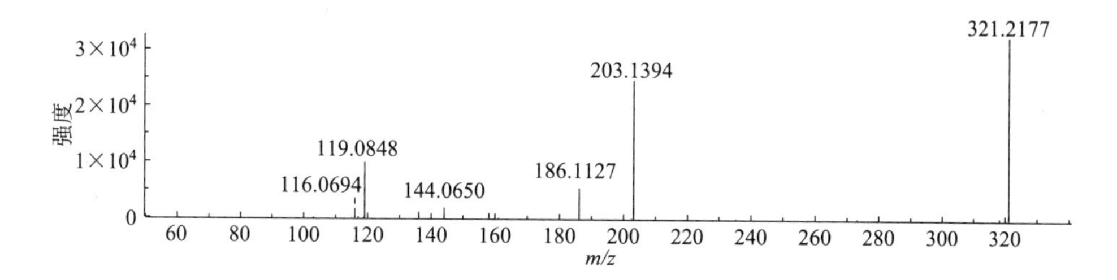

二级全扫质谱图 CE: 20V

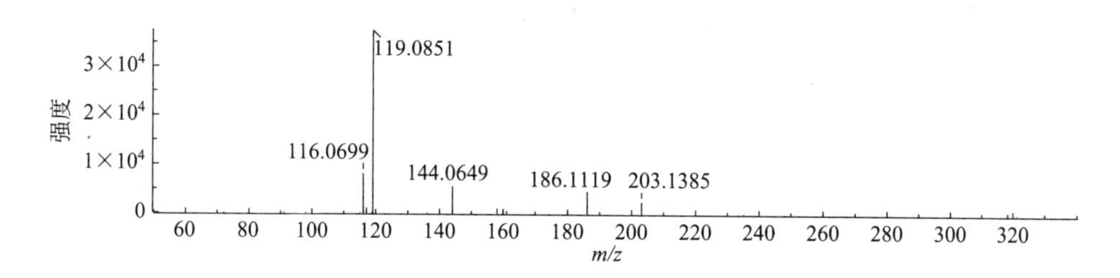

二级全扫质谱图 CE: 35V

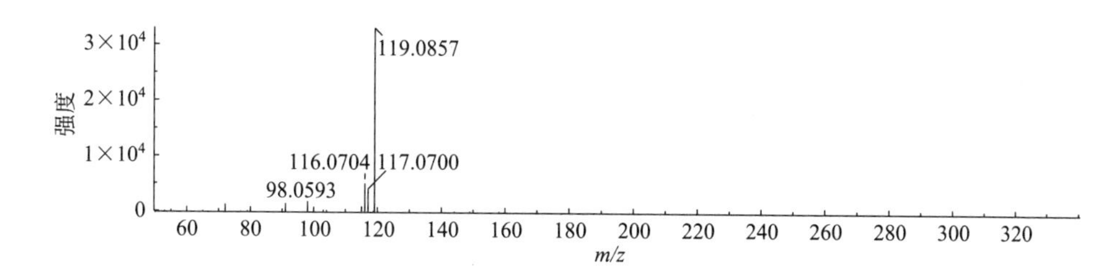

二级全扫质谱图 CE: 50V

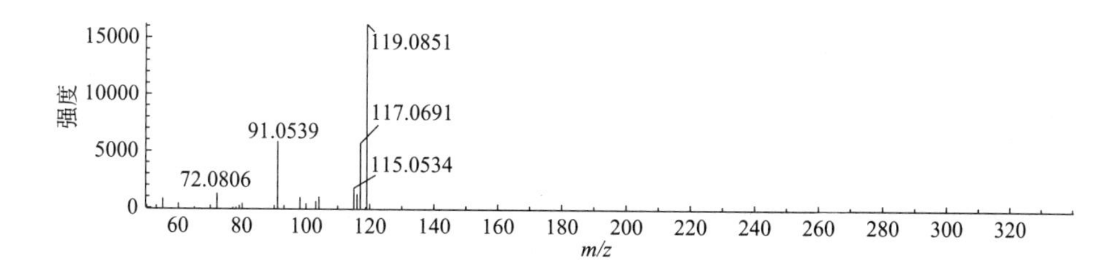

二级全扫质谱图 CE: 60V

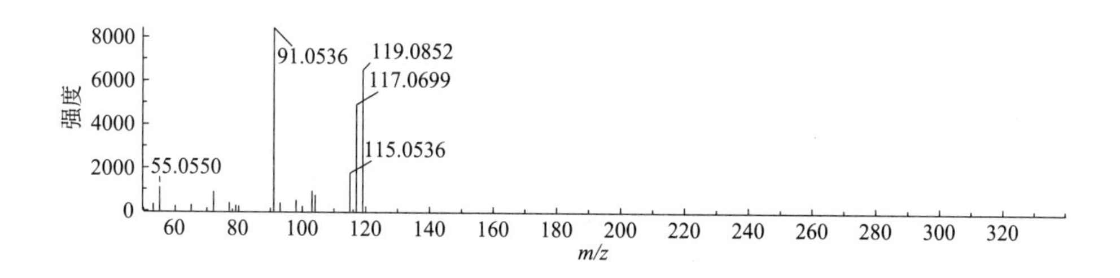

Isazofos

氯唑磷

CAS号	42509-80-8	保留时间	14.64min
分子式	$C_9H_{17}ClN_3O_3PS$	加合方式	$[M+H]^+$
分子量	313.0417	源内裂解碎片	无

推测裂解规律

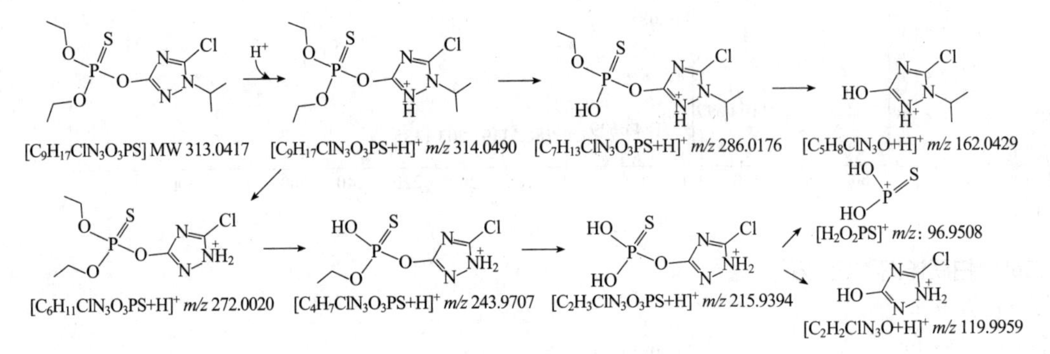

提取离子流色谱图

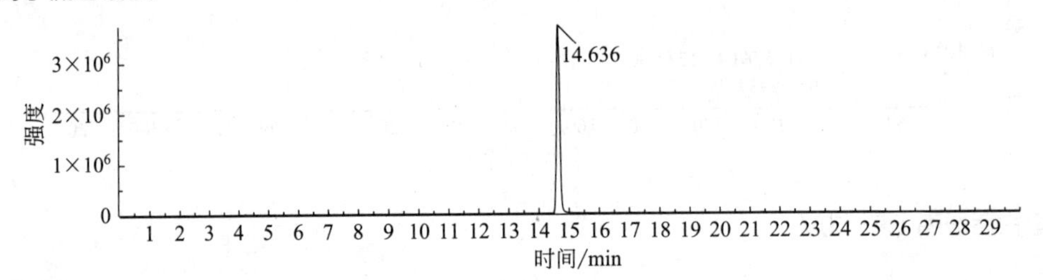

一级质谱图

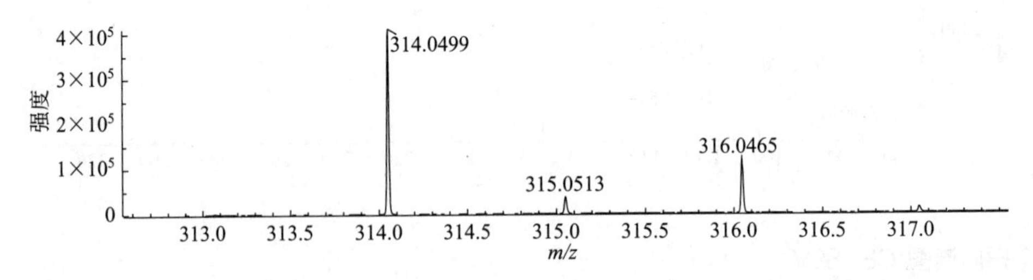

二级全扫质谱图 CE: (35±15)V

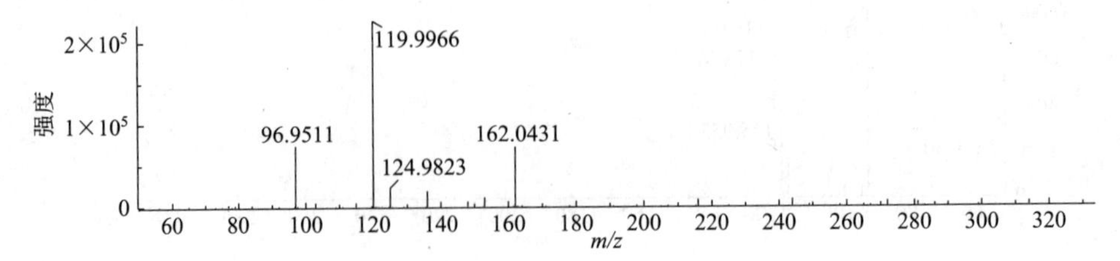

二级全扫质谱图 CE: 10V

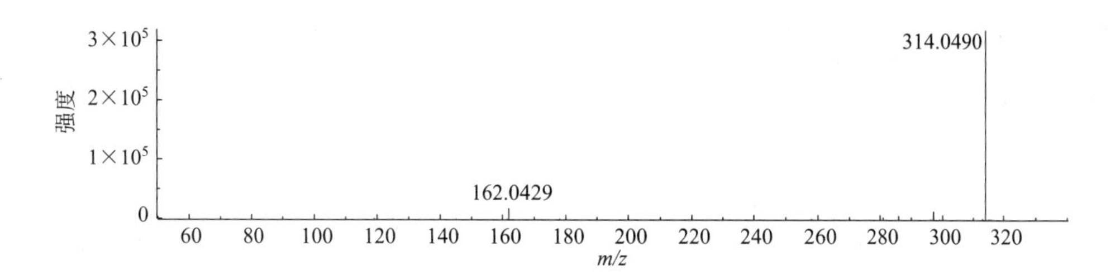

二级全扫质谱图 CE: 20V

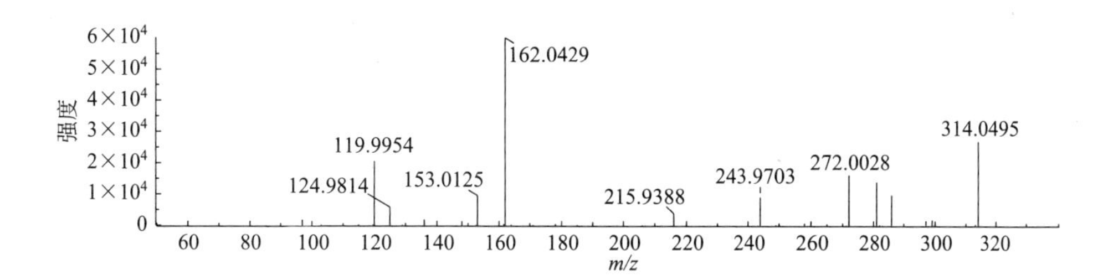

二级全扫质谱图 CE: 35V

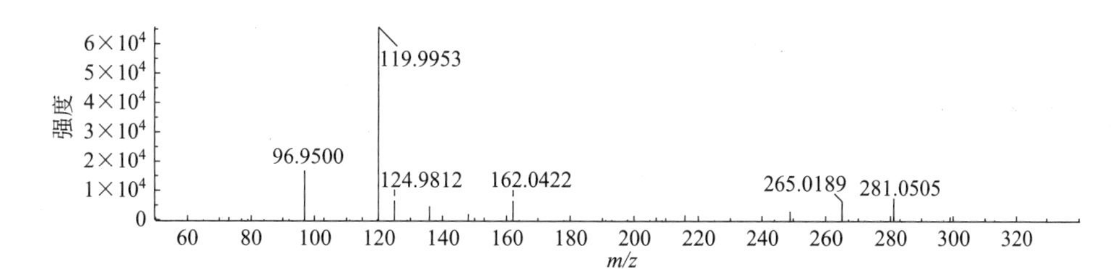

二级全扫质谱图 CE: 50V

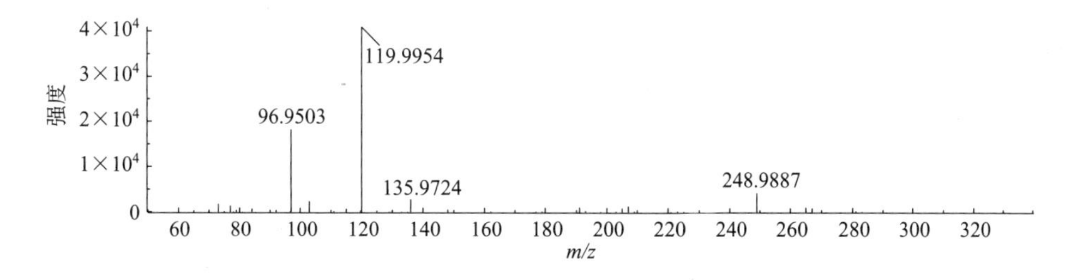

二级全扫质谱图 CE: 60V

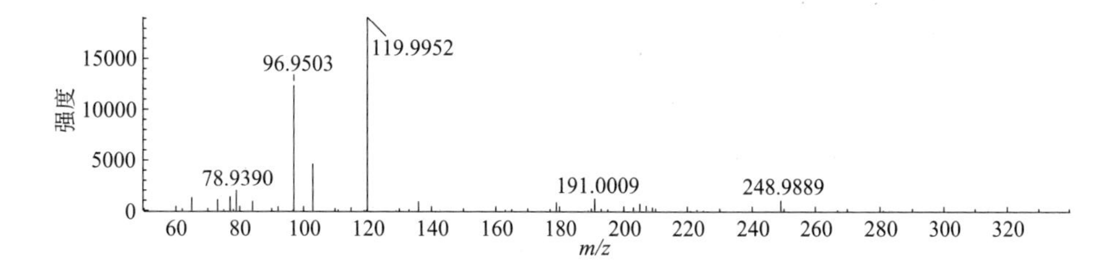

Isocarbophos
水胺硫磷

CAS 号	24353-61-5	保留时间	9.88min
分子式	$C_{11}H_{16}NO_4PS$	加合方式	$[M+NH_4]^+$
分子量	289.0538	源内裂解碎片	*m/z* 231,273

推测裂解规律

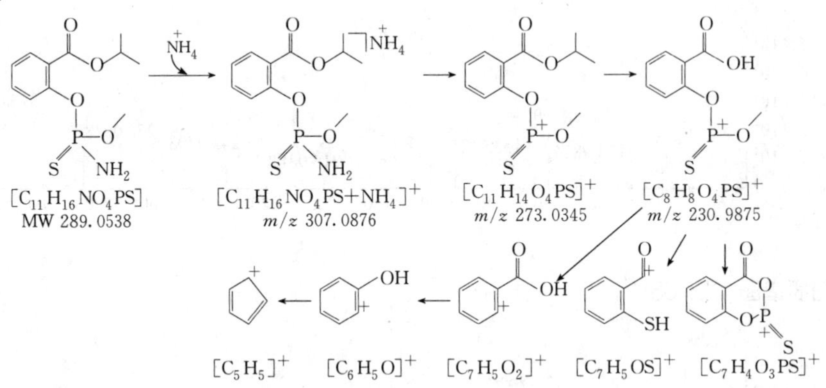

提取离子流色谱图

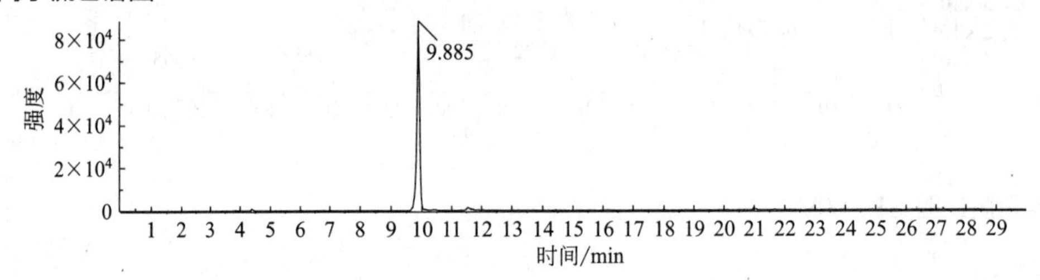

一级质谱图

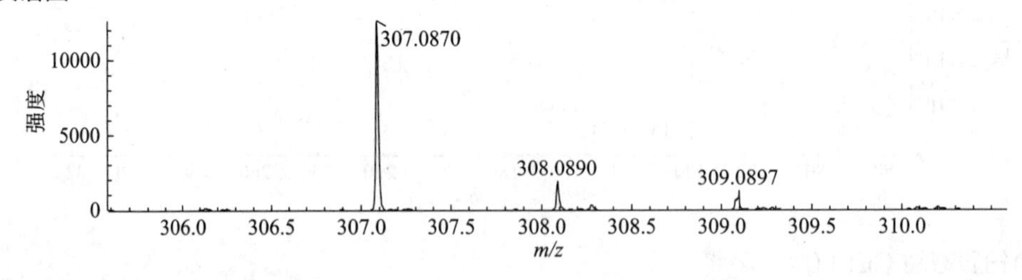

二级全扫质谱图 CE: (35±15)V

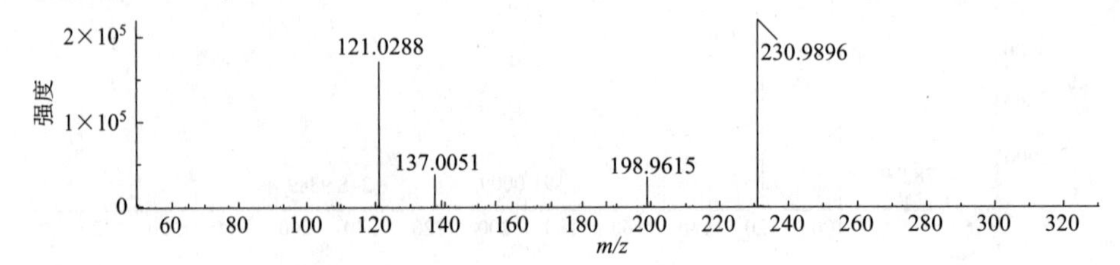

二级全扫质谱图 CE: 10V

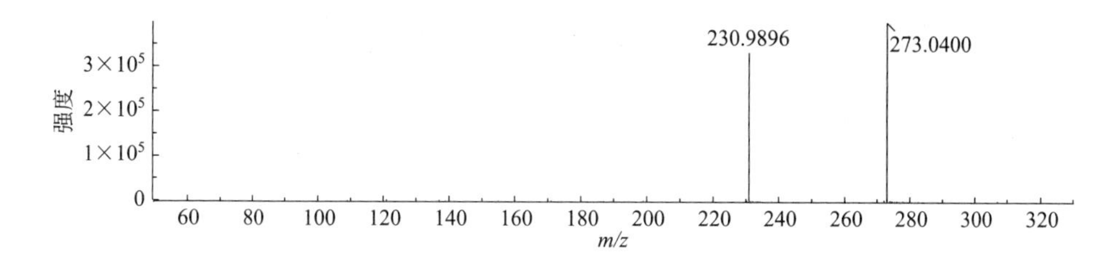

二级全扫质谱图 CE: 20V

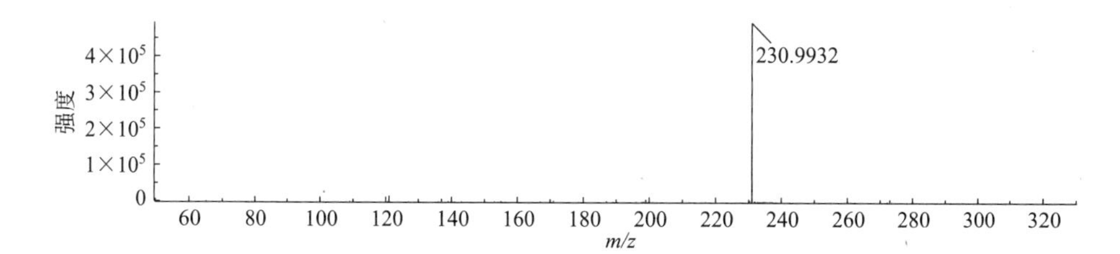

二级全扫质谱图 CE: 35V

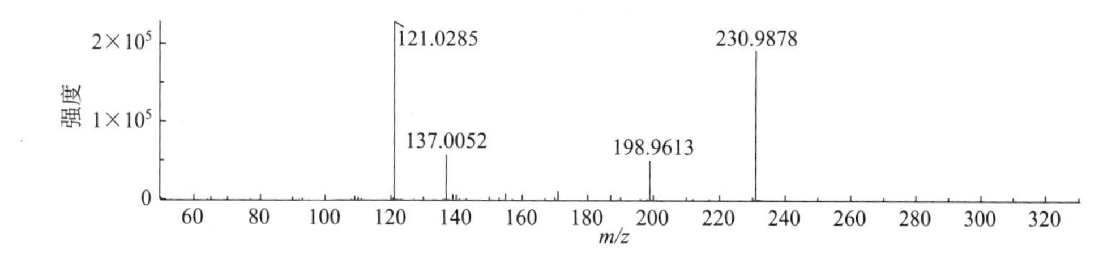

二级全扫质谱图 CE: 50V

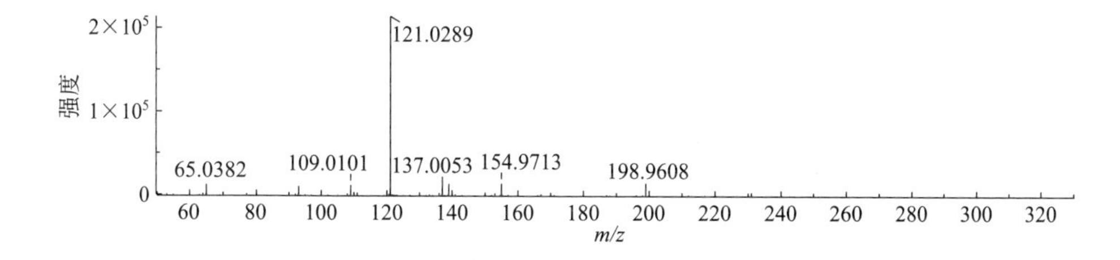

二级全扫质谱图 CE: 60V

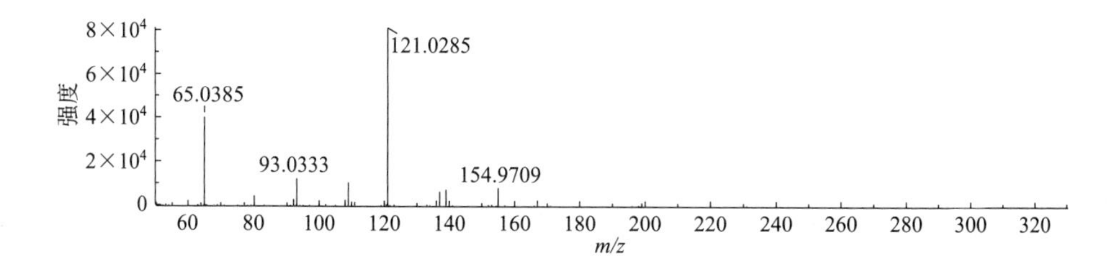

Isocarbophos in-source fragment 231

水胺硫磷源内裂解碎片 231

CAS 号	—	保留时间	9.88min
分子式	$C_8H_8O_4PS^+$	加合方式	$[M]^+$
分子量	230.9875	源内裂解碎片	无

推测裂解规律

$[C_7H_5OS]^+$ m/z 137.0056

$[C_8H_8O_4PS]^+$ m/z 230.9875

$[C_7H_5O_2]^+$ m/z 121.0284

$[C_6H_5O]^+$ m/z 93.0335

$[C_5H_5]^+$ m/z 65.0386

$[C_7H_4O_3PS]^+$ m/z 198.9613

提取离子流色谱图

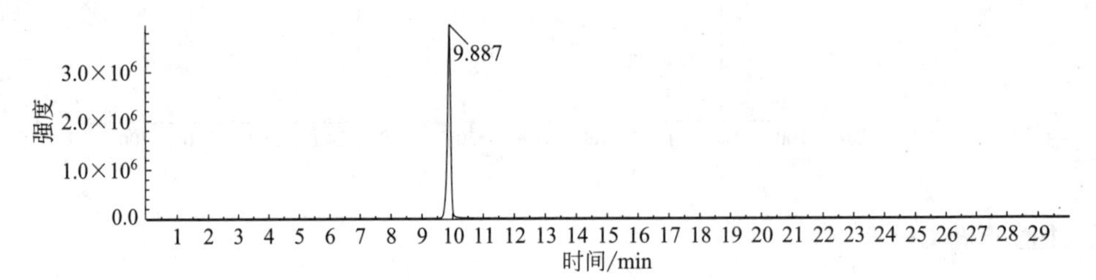

一级质谱图

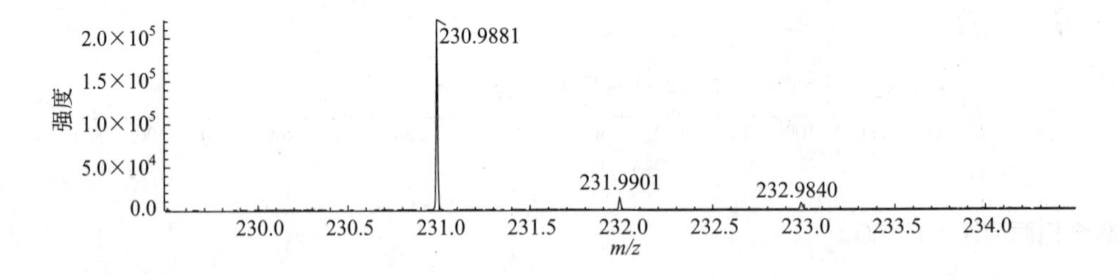

二级全扫质谱图 CE: (35±15)V

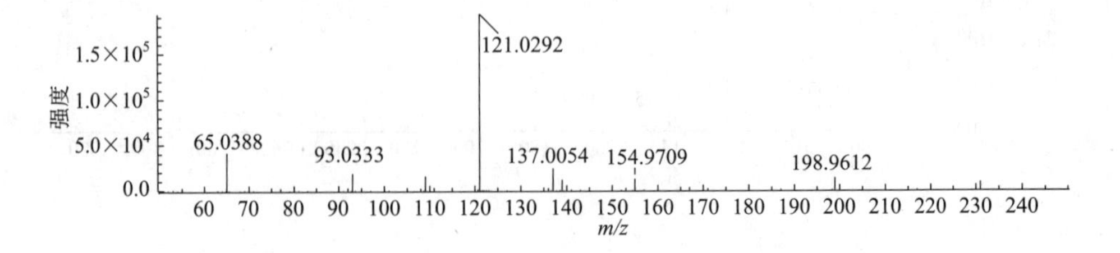

二级全扫质谱图 CE: 10V

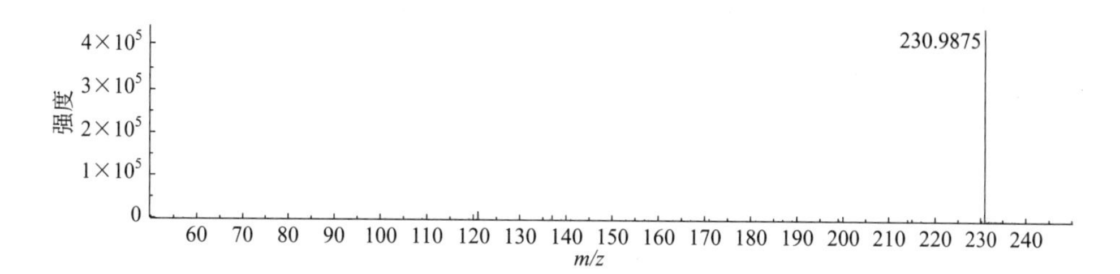

二级全扫质谱图 CE: 20V

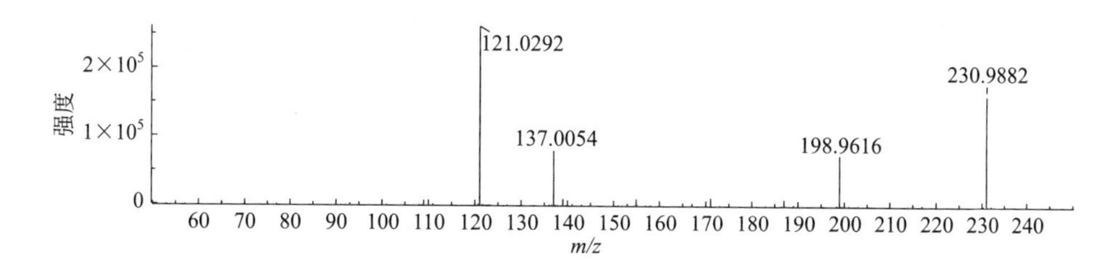

二级全扫质谱图 CE: 35V

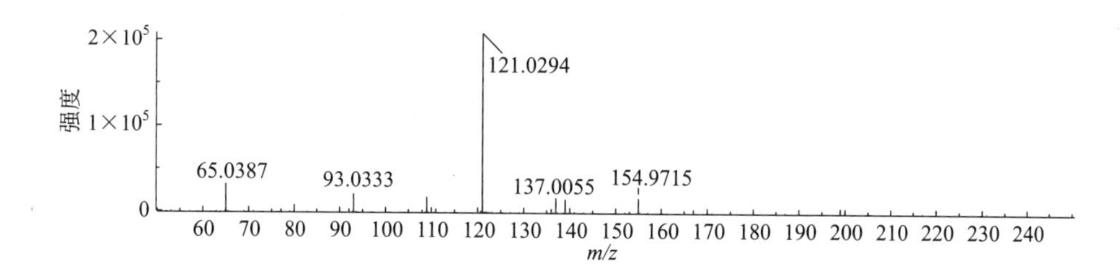

二级全扫质谱图 CE: 50V

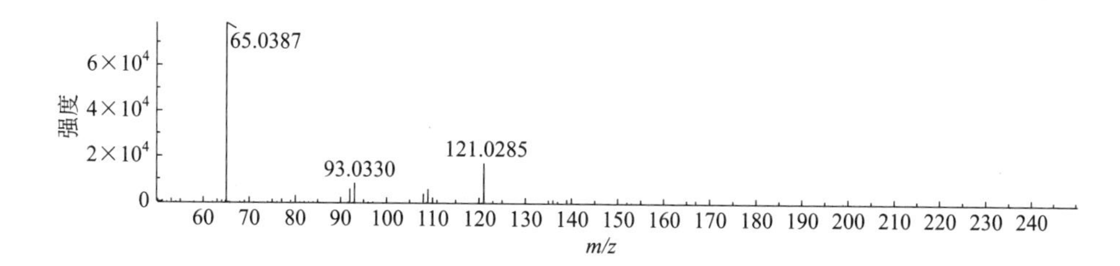

二级全扫质谱图 CE: 60V

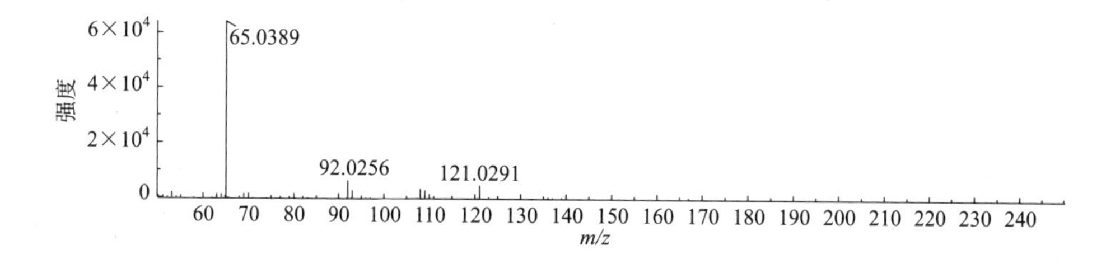

Isocarbophos in-source fragment 273

水胺硫磷源内裂解碎片 273

CAS 号	—	保留时间	9.88min
分子式	$C_{11}H_{14}O_4PS^+$	加合方式	$[M]^+$
分子量	273.0345	源内裂解碎片	无

推测裂解规律

$[C_{11}H_{14}O_4PS]^+$ *m/z* 273.0345 → $[C_8H_8O_4PS]^+$ *m/z* 230.9875 → $[C_7H_5O_2]^+$ *m/z* 121.0284 → $[C_6H_5O]^+$ *m/z* 93.0335 → $[C_5H_5]^+$ *m/z* 65.0386

$[C_8H_8O_4PS]^+$ *m/z* 230.9875 → $[C_7H_5OS]^+$ *m/z* 137.0056

$[C_8H_8O_4PS]^+$ *m/z* 230.9875 → $[C_7H_4O_3PS]^+$ *m/z* 198.9613

提取离子流色谱图

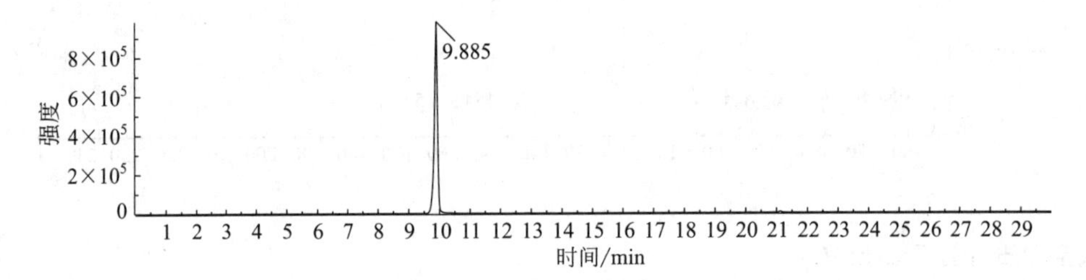

一级质谱图

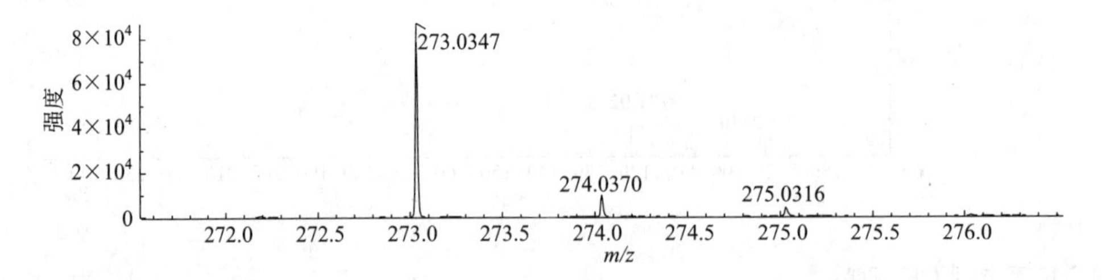

二级全扫质谱图 CE: (35±15)V

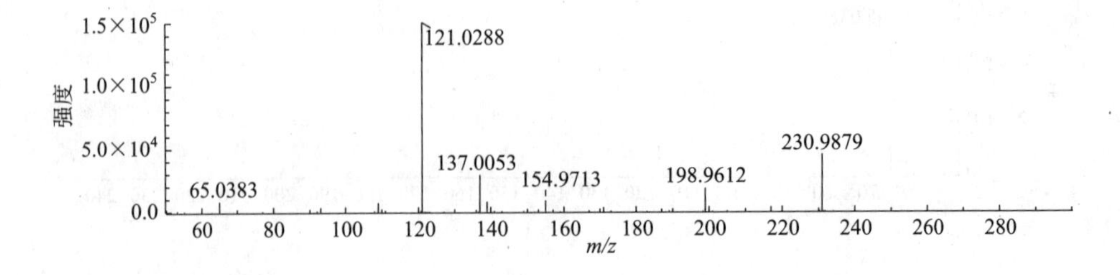

二级全扫质谱图 CE: 10V

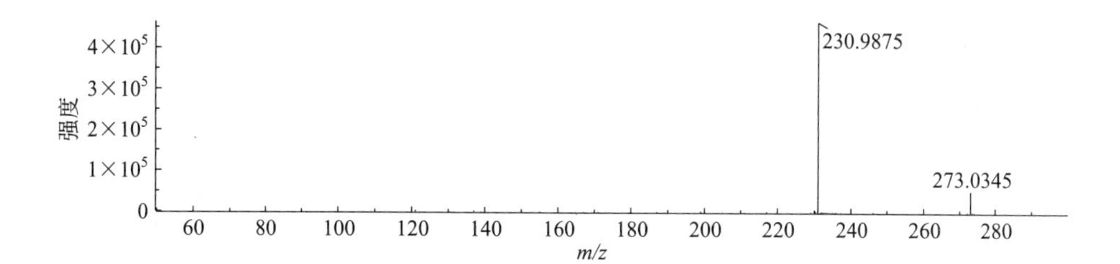

二级全扫质谱图 CE: 20V

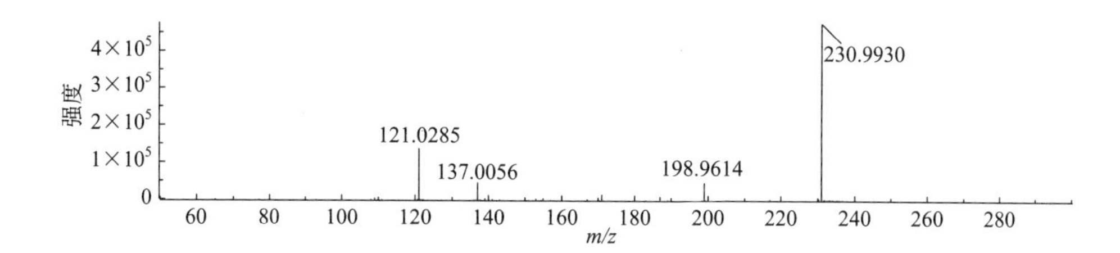

二级全扫质谱图 CE: 35V

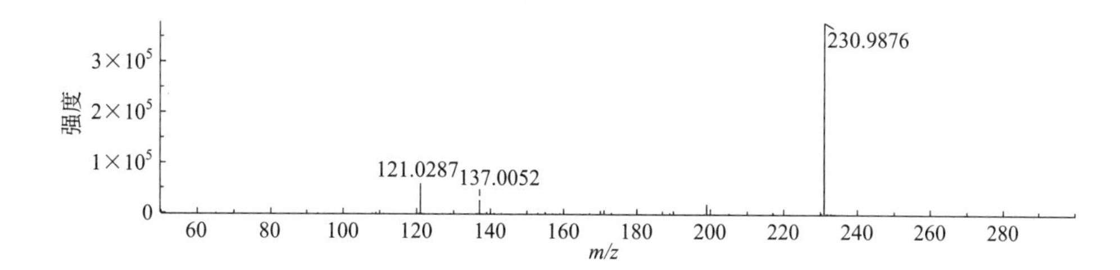

二级全扫质谱图 CE: 50V

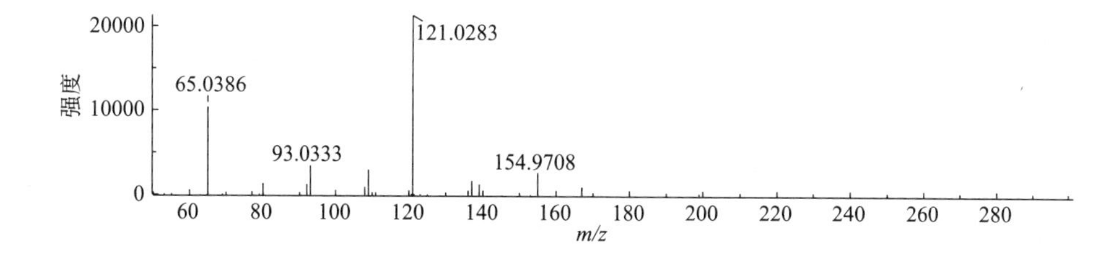

二级全扫质谱图 CE: 60V

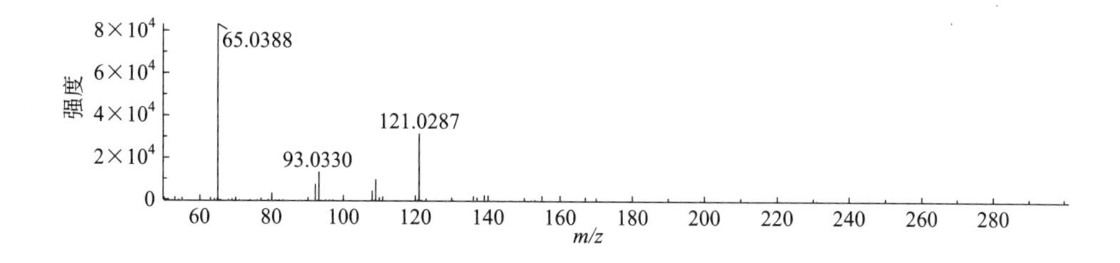

Isofenphos-methyl
甲基异柳磷

CAS 号	99675-03-3	保留时间	18.93min
分子式	$C_{14}H_{22}NO_4PS$	加合方式	$[M+H]^+$
分子量	331.1007	源内裂解碎片	m/z231,273

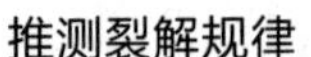

推测裂解规律

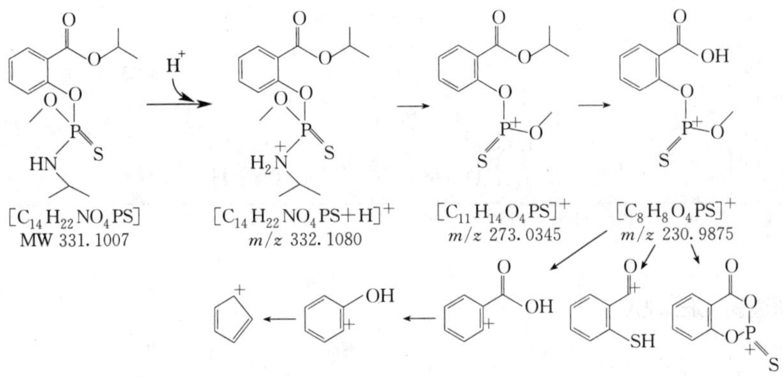

提取离子流色谱图

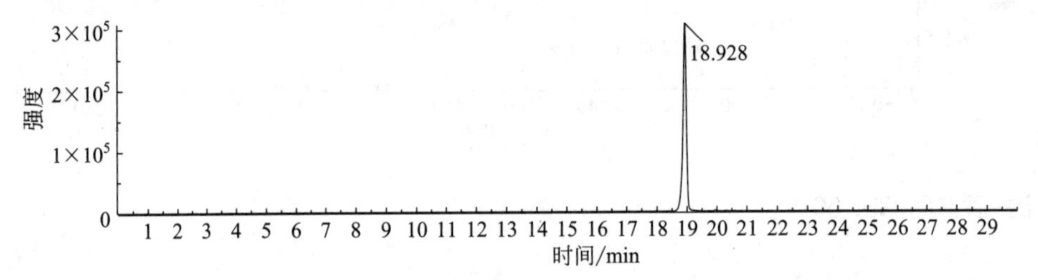

一级质谱图

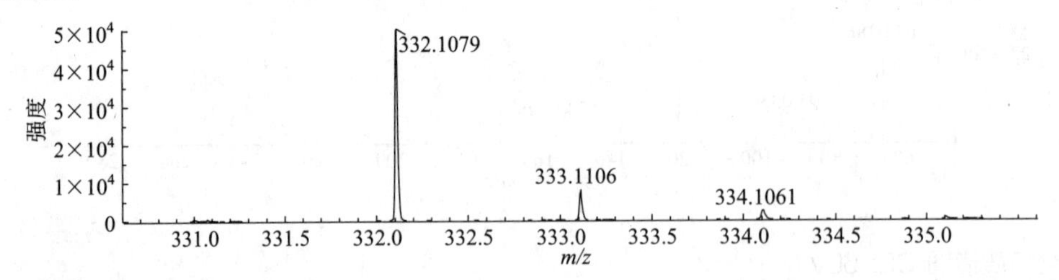

二级全扫质谱图 CE: (35±15)V

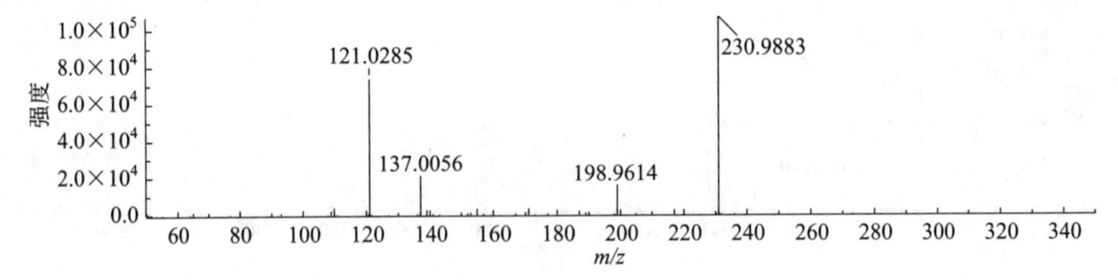

二级全扫质谱图 CE: 10V

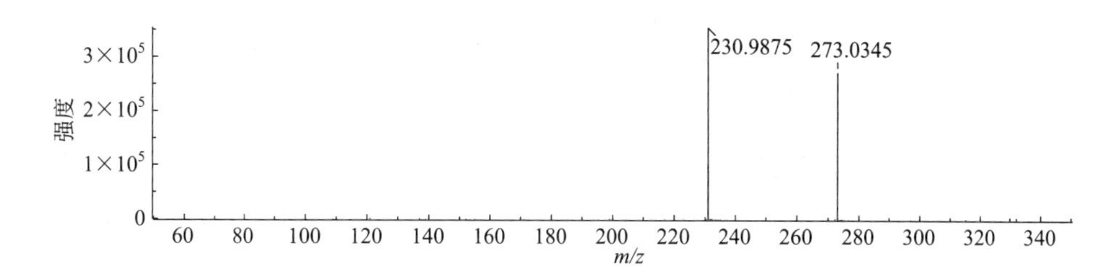

二级全扫质谱图 CE: 20V

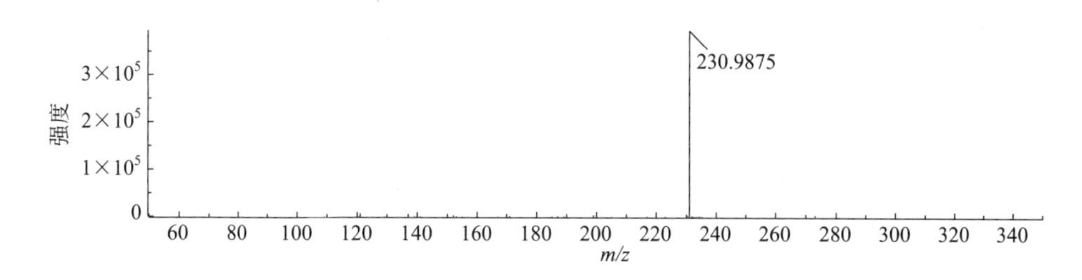

二级全扫质谱图 CE: 35V

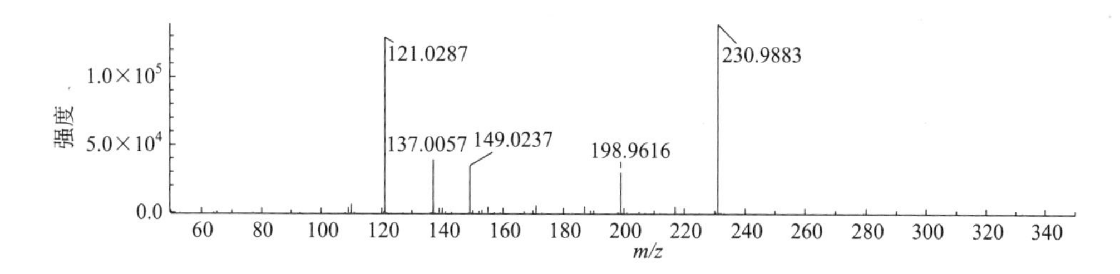

二级全扫质谱图 CE: 50V

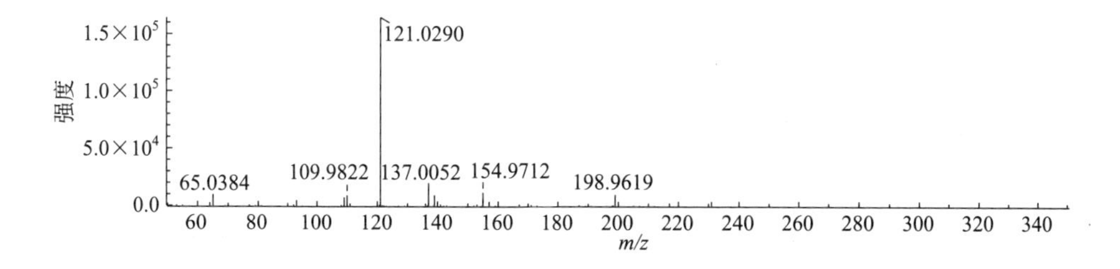

二级全扫质谱图 CE: 60V

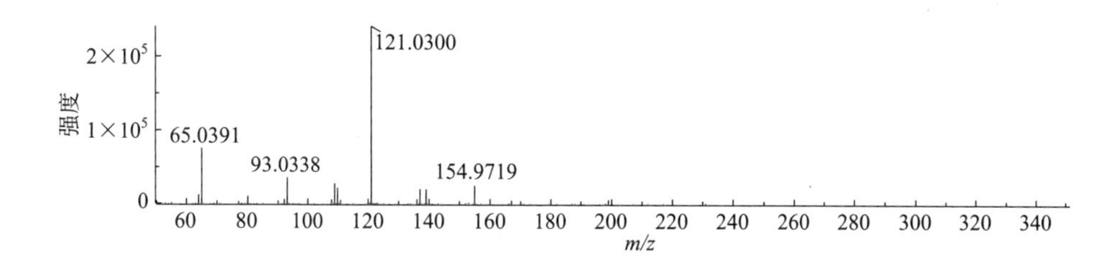

Isofenphos-methyl in-source fragment 231

甲基异柳磷源内裂解碎片 231

CAS 号	—	保留时间	18.93min
分子式	$C_8H_8O_4PS^+$	加合方式	$[M]^+$
分子量	230.9875	源内裂解碎片	无

推测裂解规律

$[C_7H_5OS]^+$ *m/z* 137.0056 ← $[C_8H_8O_4PS]^+$ *m/z* 230.9875 → $[C_7H_5O_2]^+$ *m/z* 121.0284 → $[C_6H_5O]^+$ *m/z* 93.0335 → $[C_5H_5]^+$ *m/z* 65.0386

$[C_8H_8O_4PS]^+$ *m/z* 230.9875 → $[C_7H_4O_3PS]^+$ *m/z* 198.9613

提取离子流色谱图

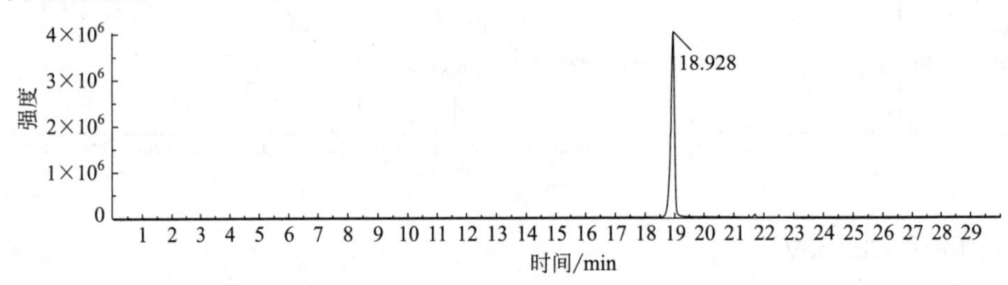

一级质谱图

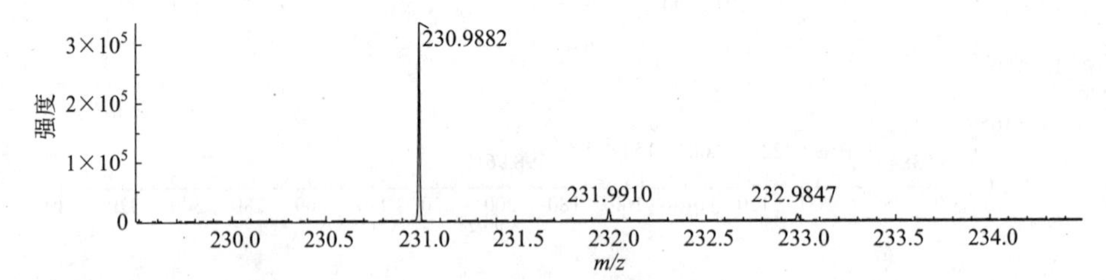

二级全扫质谱图 CE: (35±15)V

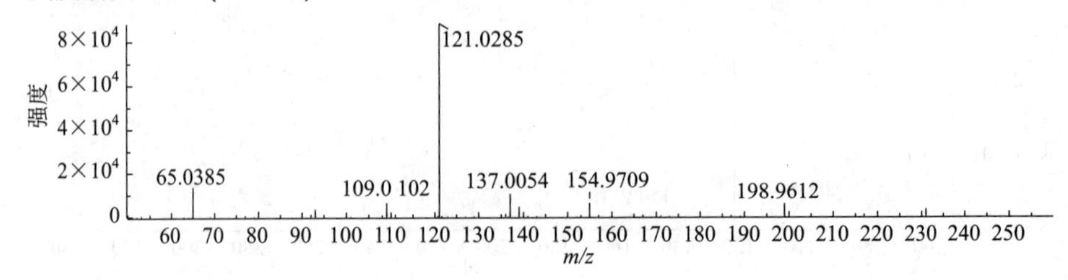

二级全扫质谱图 CE: 10V

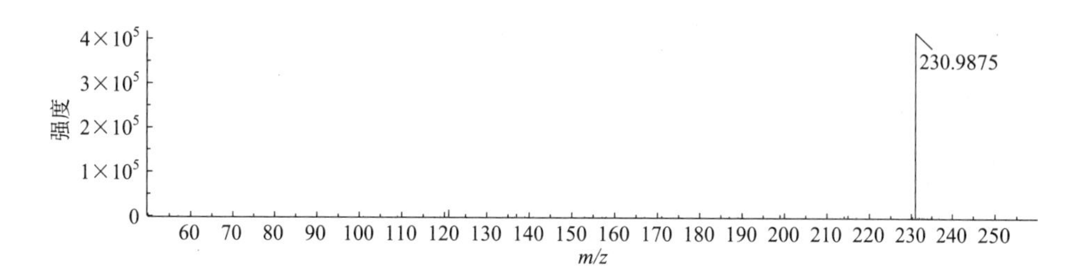

二级全扫质谱图 CE: 20V

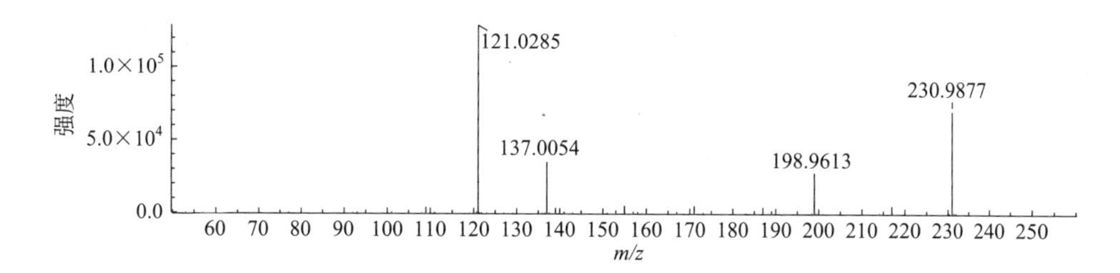

二级全扫质谱图 CE: 35V

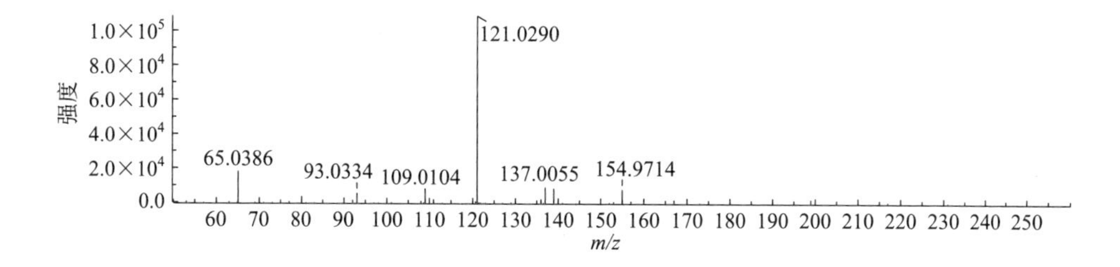

二级全扫质谱图 CE: 50V

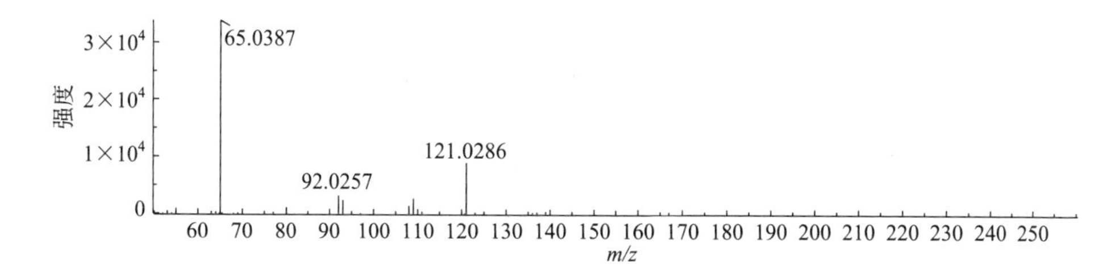

二级全扫质谱图 CE: 60V

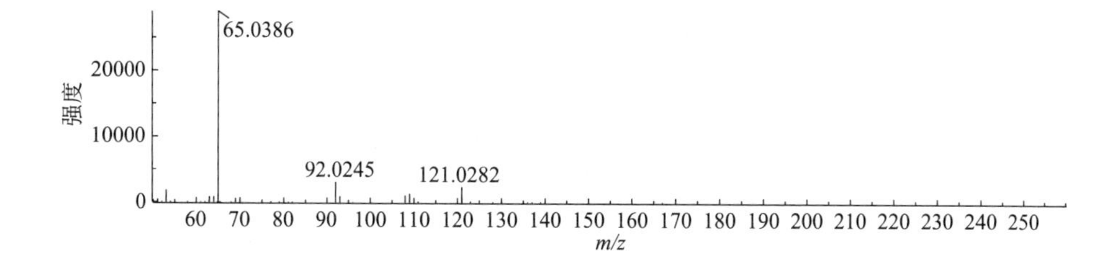

Isofenphos-methyl in-source fragment 273
甲基异柳磷源内裂解碎片 273

CAS 号	—	保留时间	18.93min
分子式	$C_{11}H_{14}O_4PS^+$	加合方式	$[M]^+$
分子量	273.0345	源内裂解碎片	无

推测裂解规律

$[C_{11}H_{14}O_4PS]^+$ m/z 273.0345 → $[C_8H_8O_4PS]^+$ m/z 230.9875 → $[C_7H_5O_2]^+$ m/z 121.0284 → $[C_6H_5O]^+$ m/z 93.0335 → $[C_5H_5]^+$ m/z 65.0386

$[C_8H_8O_4PS]^+$ m/z 230.9875 → $[C_7H_5OS]^+$ m/z 137.0056

$[C_8H_8O_4PS]^+$ m/z 230.9875 → $[C_7H_4O_3PS]^+$ m/z 198.9613

提取离子流色谱图

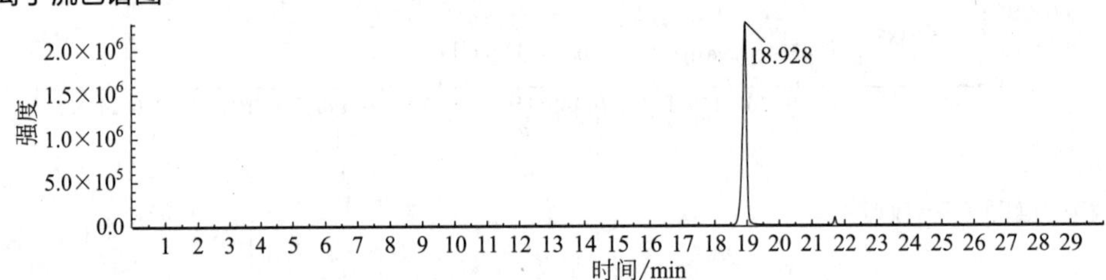

一级质谱图

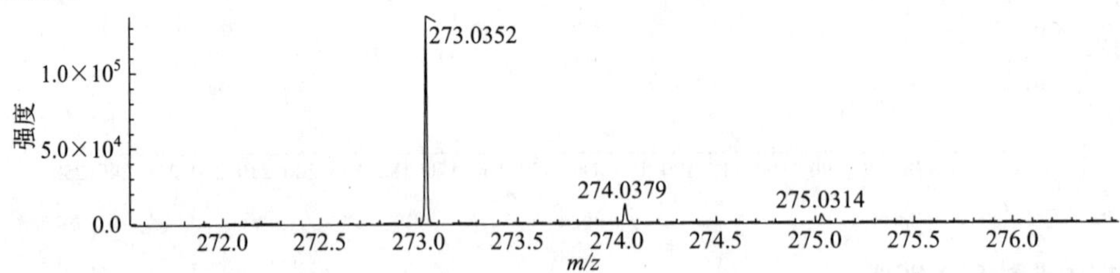

二级全扫质谱图 CE: (35±15)V

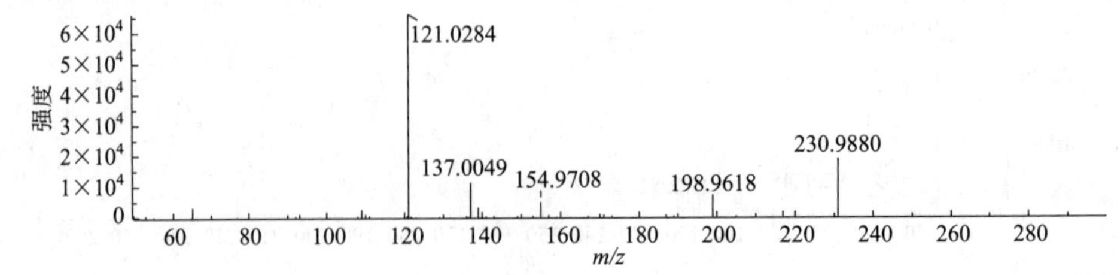

二级全扫质谱图 CE: 10V

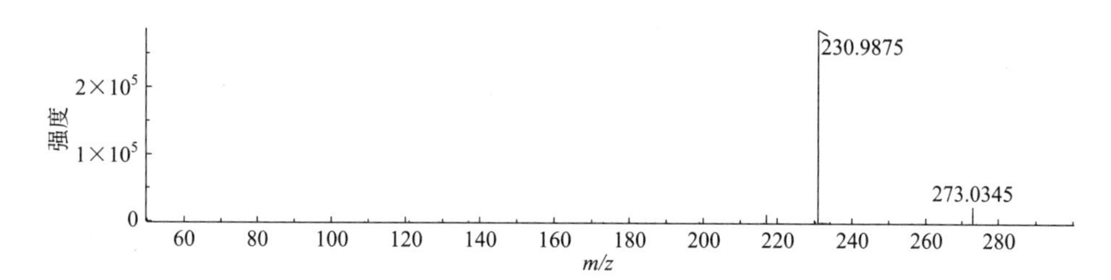

二级全扫质谱图 CE: 20V

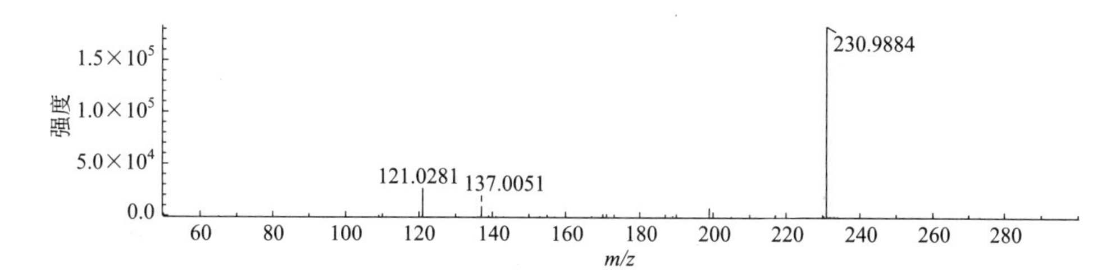

二级全扫质谱图 CE: 35V

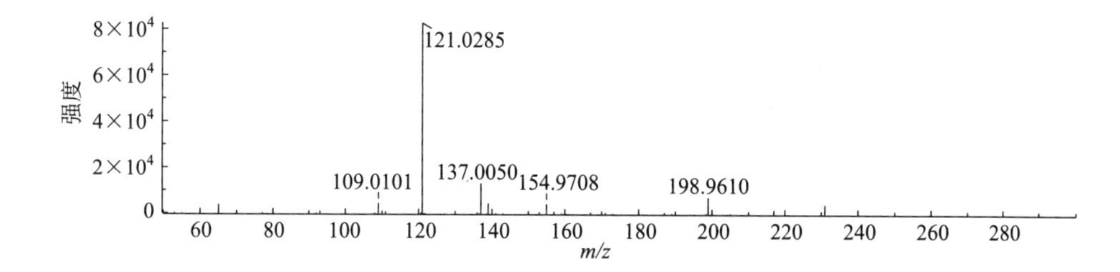

二级全扫质谱图 CE: 50V

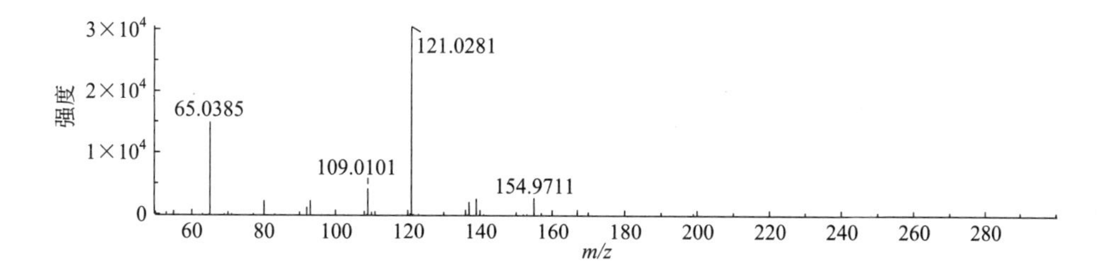

二级全扫质谱图 CE: 60V

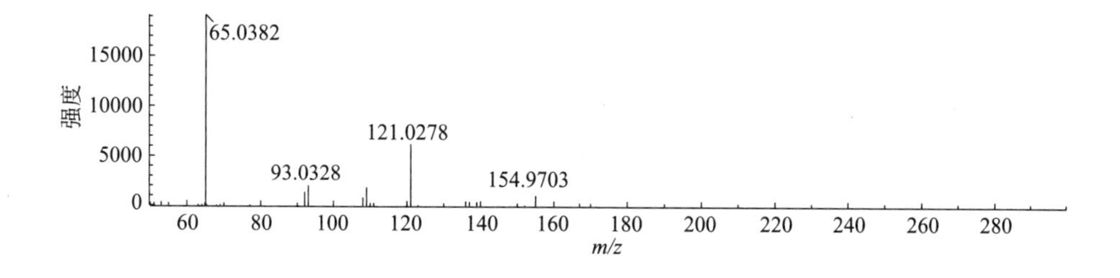

Isoprocarb
异丙威

CAS 号	2631-40-5	保留时间	8.65min
分子式	$C_{11}H_{15}NO_2$	加合方式	$[M+H]^+$
分子量	193.1103	源内裂解碎片	无

推测裂解规律

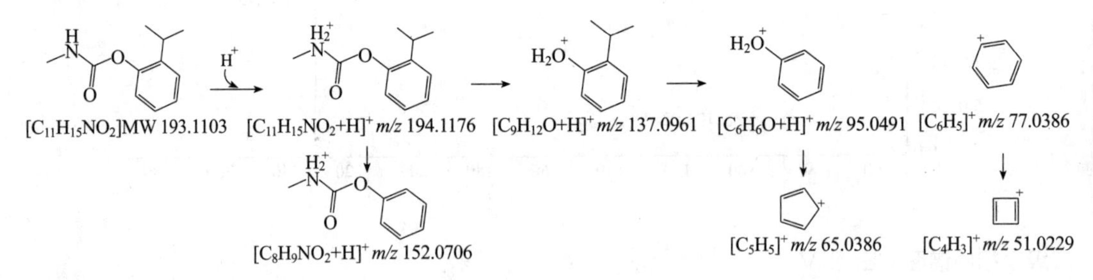

提取离子流色谱图

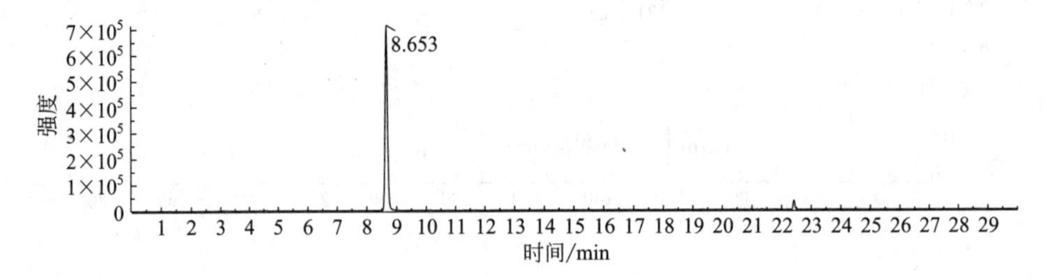

一级质谱图

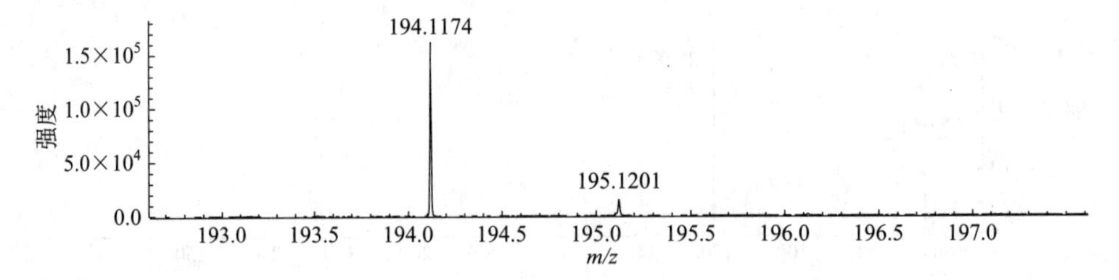

二级全扫质谱图 CE: (35±15)V

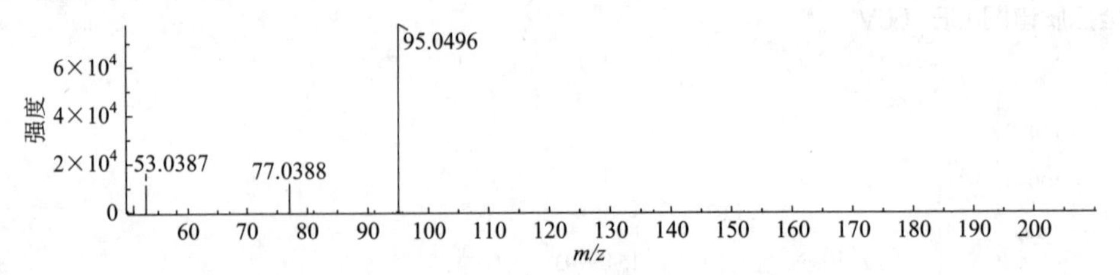

二级全扫质谱图 CE: 10V

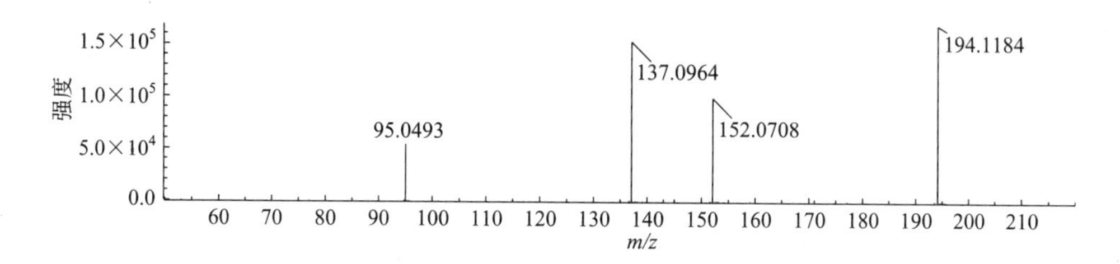

二级全扫质谱图 CE: 20V

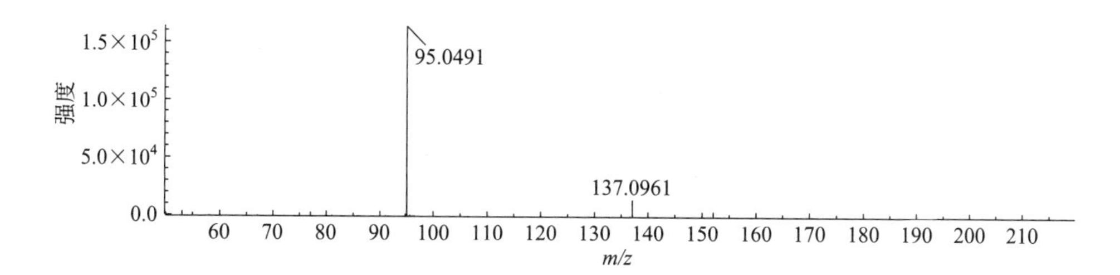

二级全扫质谱图 CE: 35V

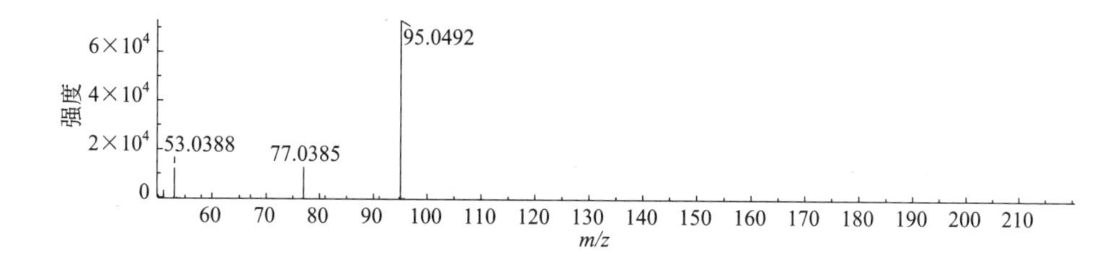

二级全扫质谱图 CE: 50V

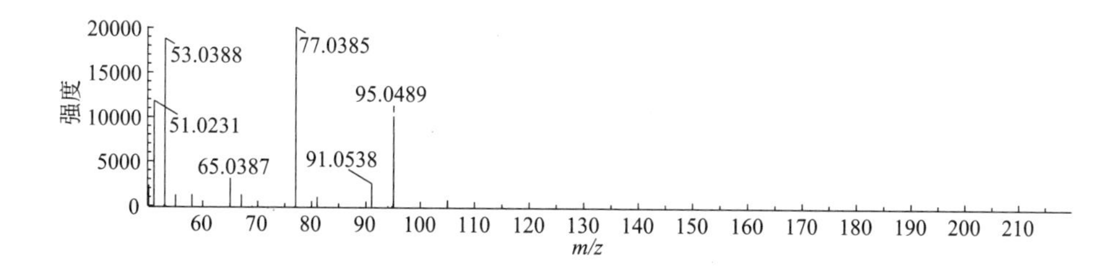

二级全扫质谱图 CE: 60V

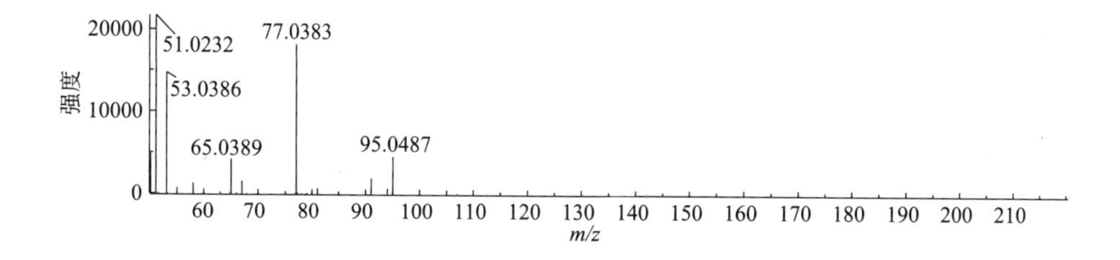

Isoprothiolane

稻瘟灵

CAS 号	50512-35-1	保留时间	13. 39min
分子式	$C_{12}H_{18}O_4S_2$	加合方式	$[M+H]^+$
分子量	290. 0646	源内裂解碎片	无

推测裂解规律

$[C_{12}H_{18}O_4S_2]$ MW 290. 0646 → (H^+) $[C_{12}H_{18}O_4S_2+H]^+$ m/z 291. 0719 → $[C_9H_{12}O_4S_2+H]^+$ m/z 249. 0250 → $[C_9H_{11}O_3S_2]^+$ m/z 231. 0144

$[C_2H_5S]^+$ m/z 61. 0106　$[C_2H_2S_2]^+$ m/z 88. 9514

$[C_6H_5O_3S_2]^+$ m/z 172. 9726　$[C_6H_5O_3S_2]^+$ m/z 188. 9675

提取离子流色谱图

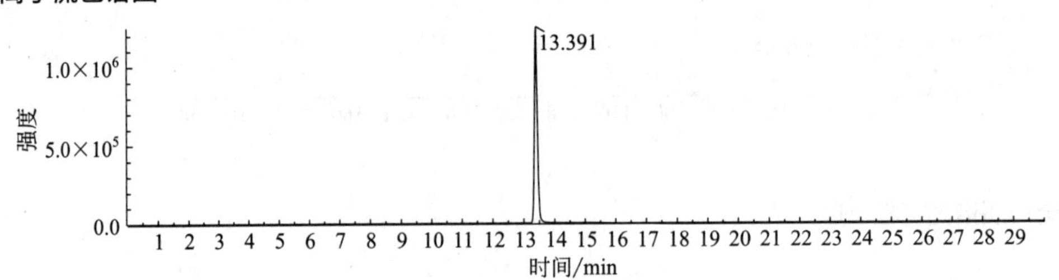

一级质谱图

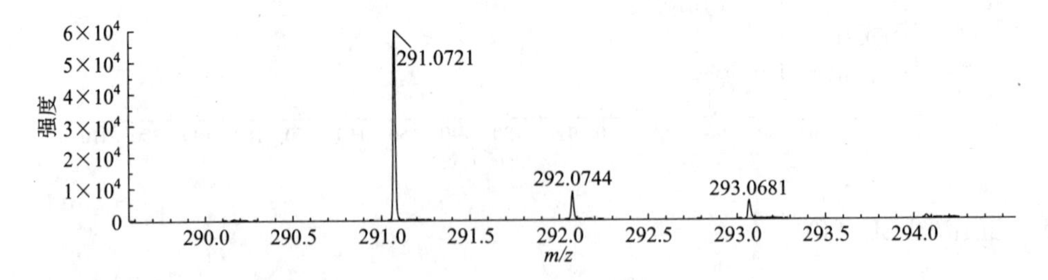

二级全扫质谱图 CE: (35±15)V

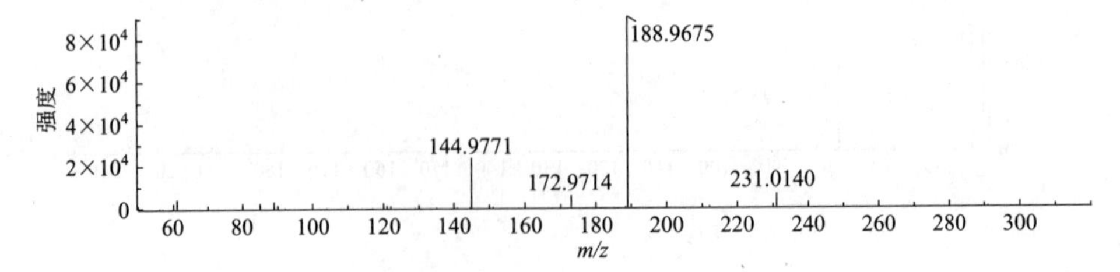

二级全扫质谱图 CE: 10V

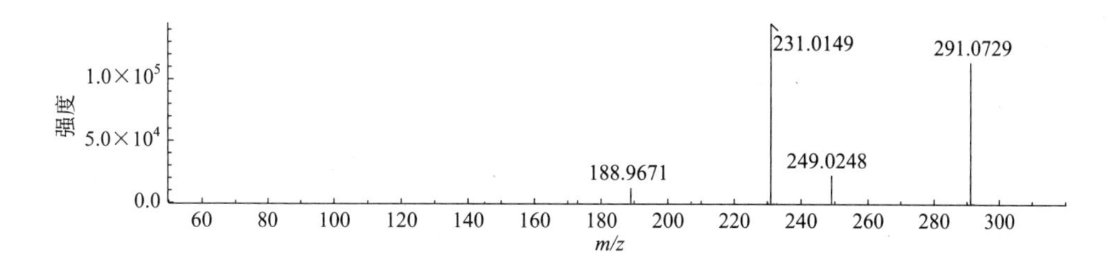

二级全扫质谱图 CE: 20V

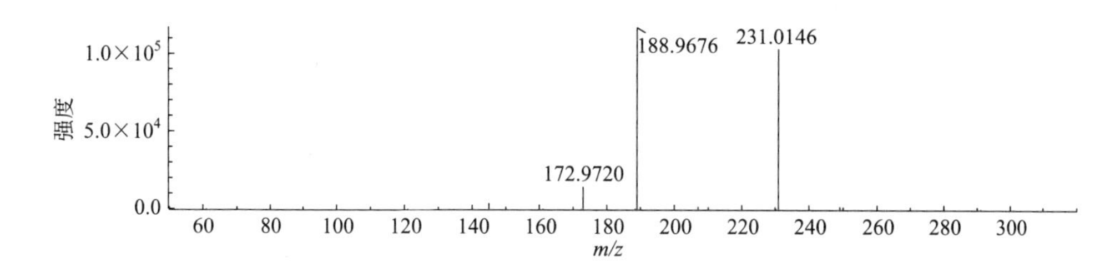

二级全扫质谱图 CE: 35V

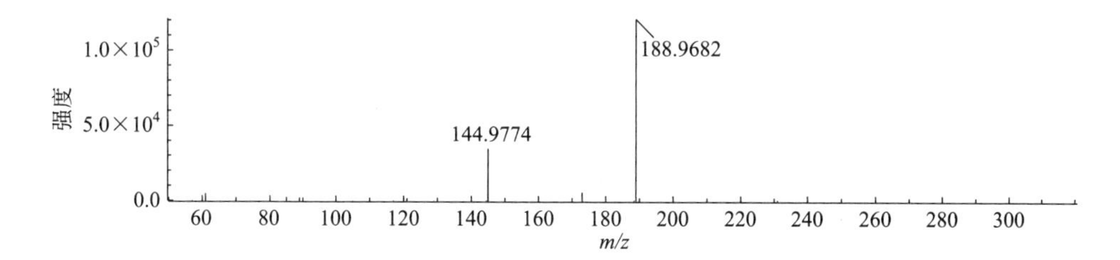

二级全扫质谱图 CE: 50V

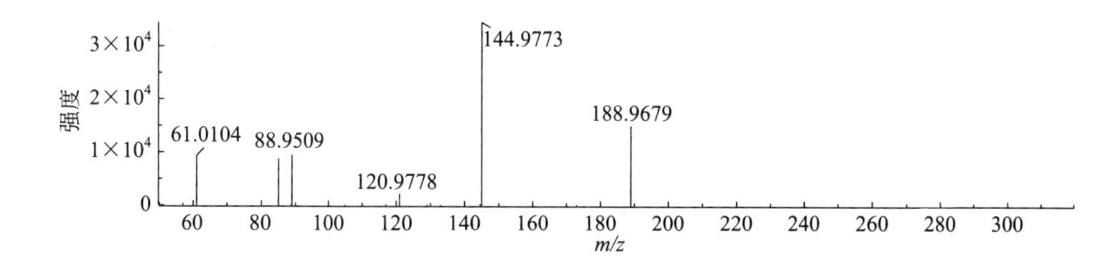

二级全扫质谱图 CE: 60V

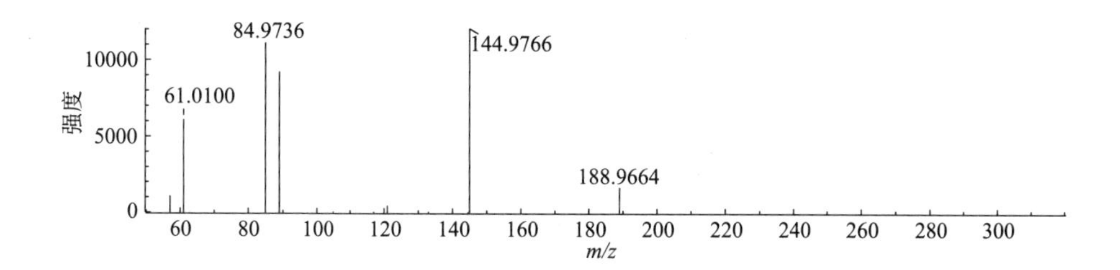

Isoproturon
异丙隆

CAS 号	34123-59-6	保留时间	9.12min
分子式	$C_{12}H_{18}N_2O$	加合方式	$[M+H]^+$
分子量	206.1419	源内裂解碎片	无

推测裂解规律（裂解路径已经 MS^3 确认）

$[C_{12}H_{18}N_2O]$ MW 206.1419 $\xrightarrow{H^+}$ $[C_{12}H_{18}N_2O+H]^+$ m/z 207.1492 → $[C_9H_{12}N]^+$ m/z 134.0964 → $[C_7H_7]^+$ m/z 91.0542

$[C_{12}H_{18}N_2O+H]^+$ m/z 207.1492 → $[C_9H_{12}N_2O+H]^+$ m/z 165.1022

$[C_{12}H_{18}N_2O+H]^+$ m/z 207.1492 → $[C_3H_6NO]^+$ m/z 72.0444 → $[C_2H_2NO]^+$ m/z 56.0131

提取离子流色谱图

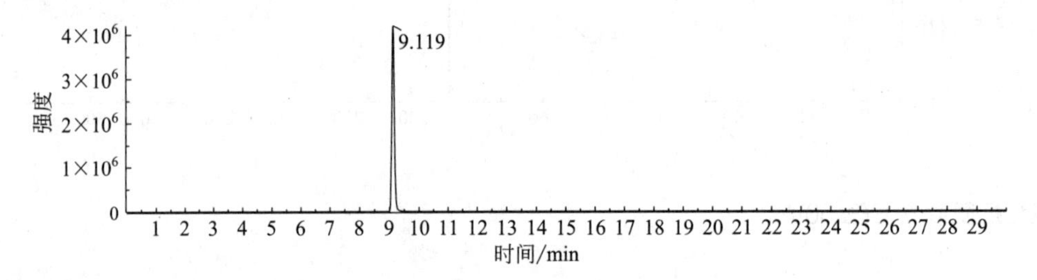

一级质谱图

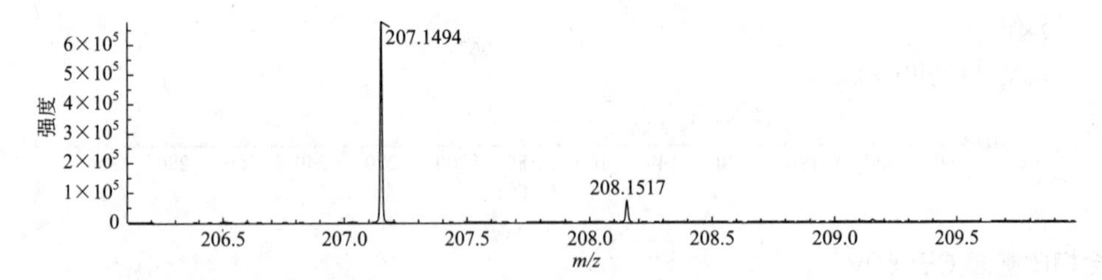

二级全扫质谱图 CE：(35±15)V

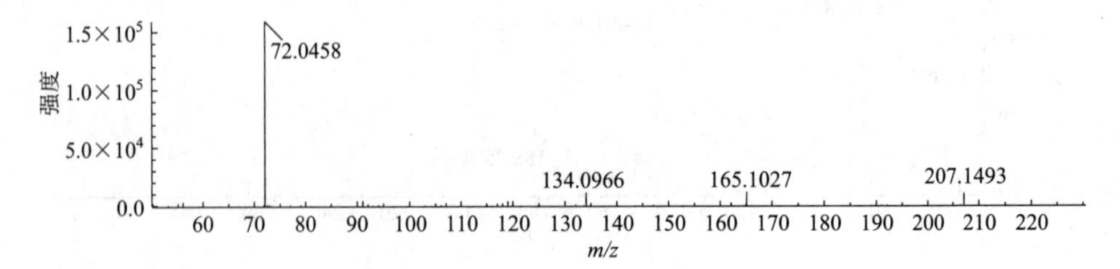

二级全扫质谱图 CE: 10V

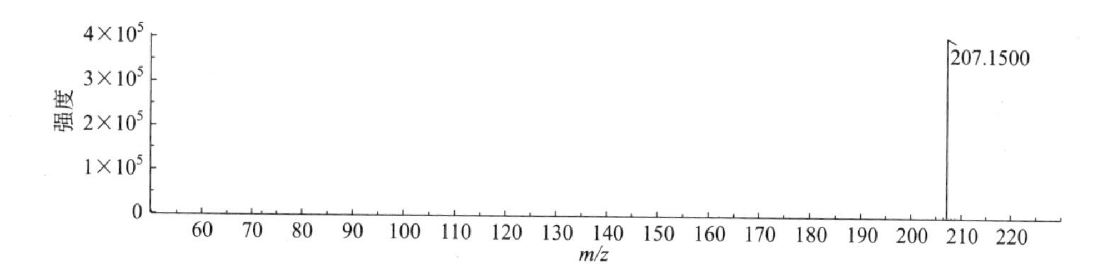

二级全扫质谱图 CE: 20V

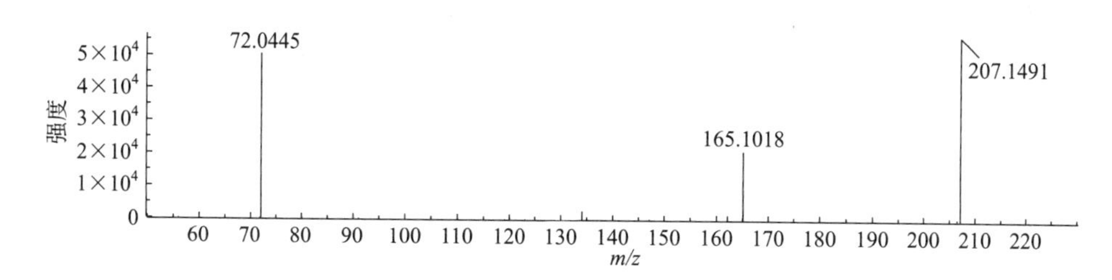

二级全扫质谱图 CE: 35V

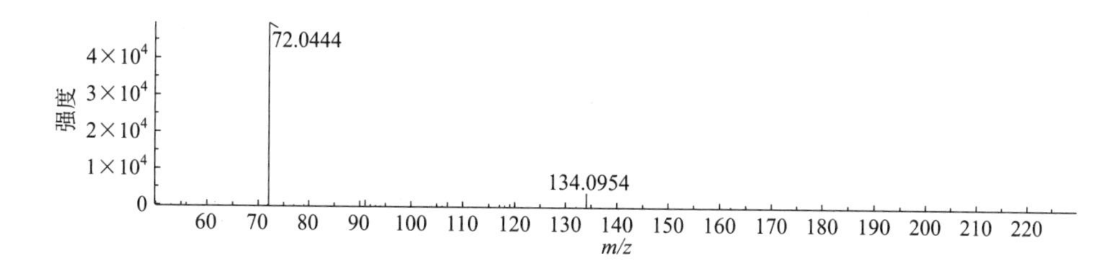

二级全扫质谱图 CE: 50V

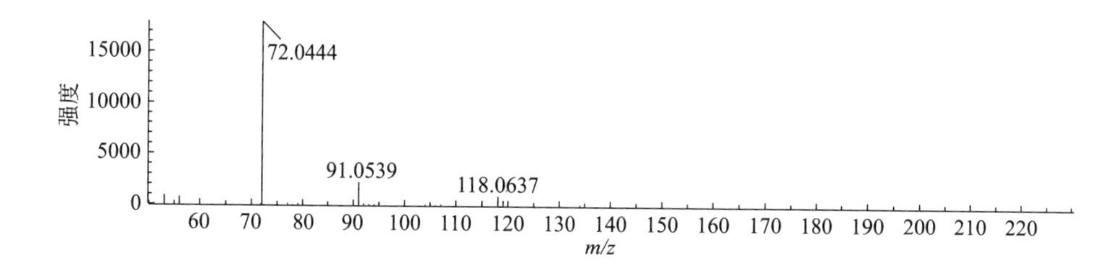

二级全扫质谱图 CE: 60V

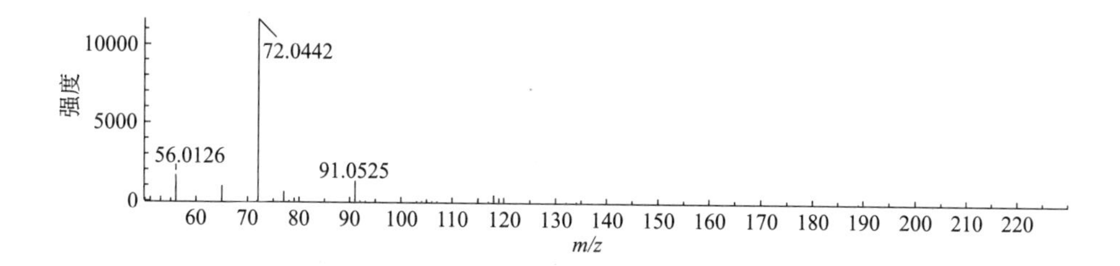

Isopyrazam
吡唑萘菌胺

CAS 号	881685-58-1	保留时间	20. 71min/20. 87min
分子式	$C_{20}H_{23}F_2N_3O$	加合方式	$[M+H]^+$
分子量	359. 1809	源内裂解碎片	无

推测裂解规律

$[C_{20}H_{23}F_2N_3O]$ MW 359.1809 → $[C_{20}H_{23}F_2N_3O+H]^+$ *m/z* 360.1882 → $[C_{20}H_{23}FN_3O]^+$ *m/z* 340.1820 → $[C_{20}H_{22}N_3O]^+$ *m/z* 320.1757

提取离子流色谱图

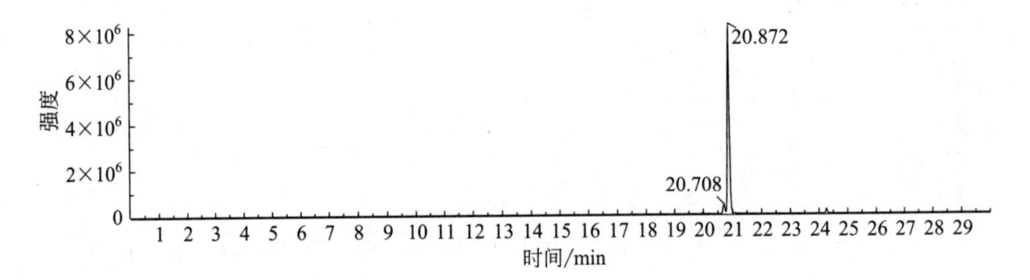

一级质谱图

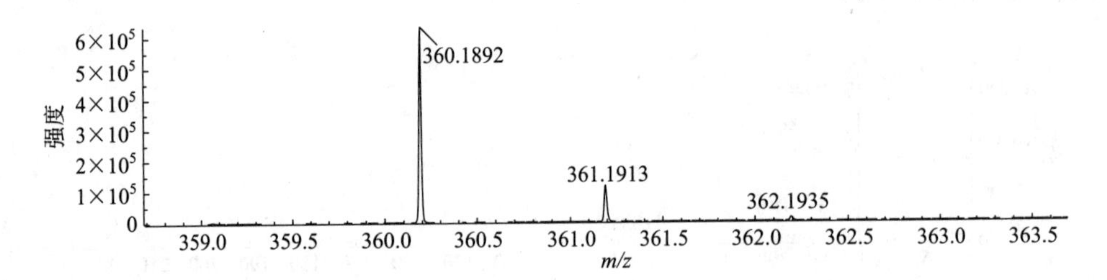

二级全扫质谱图 CE: (35±15)V

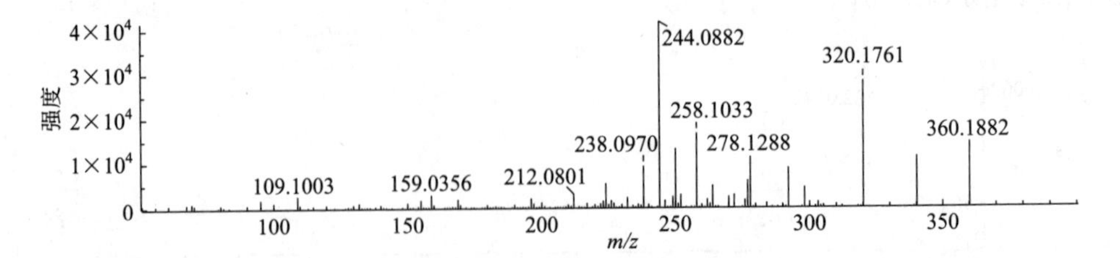

二级全扫质谱图 CE: 10V

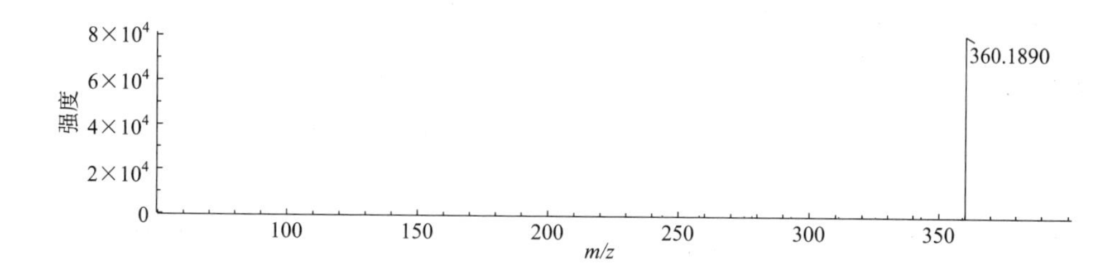

二级全扫质谱图 CE: 20V

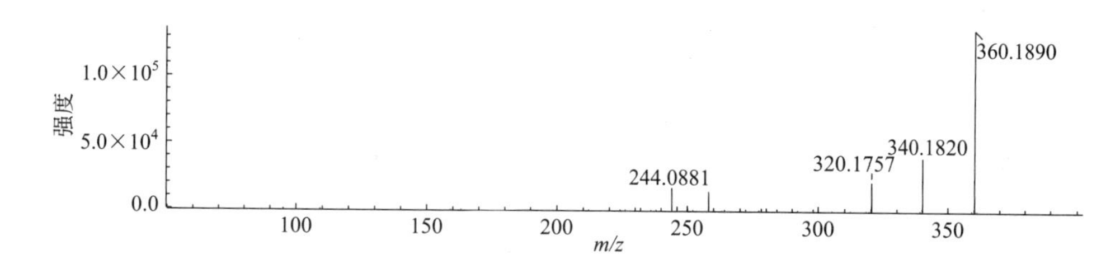

二级全扫质谱图 CE: 35V

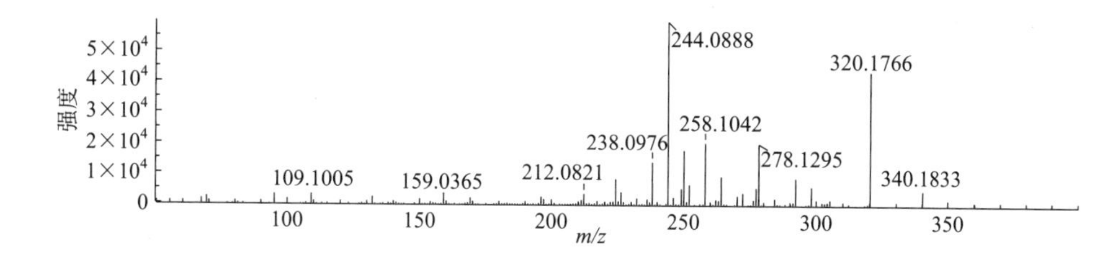

二级全扫质谱图 CE: 50V

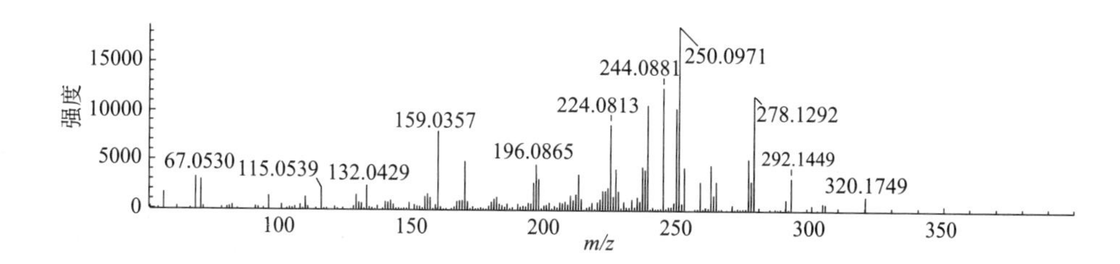

二级全扫质谱图 CE: 60V

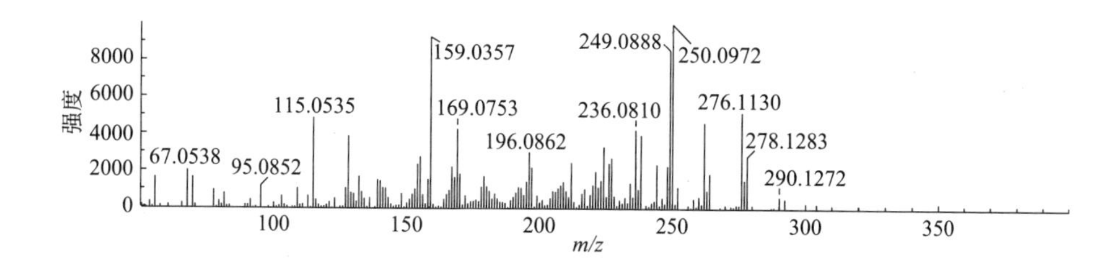

Ivermectin
依维菌素

CAS 号	70288-86-7	保留时间	24.76min
分子式	$C_{48}H_{74}O_{14}$	加合方式	$[M+Na]^{+}$
分子量	874.5079	源内裂解碎片	无

推测裂解规律

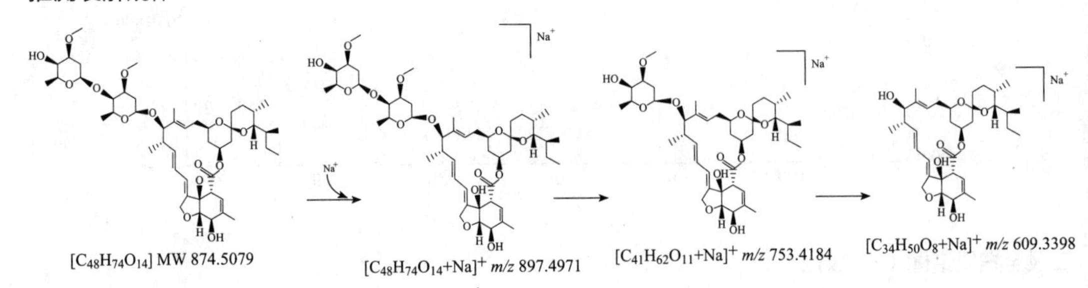

提取离子流色谱图

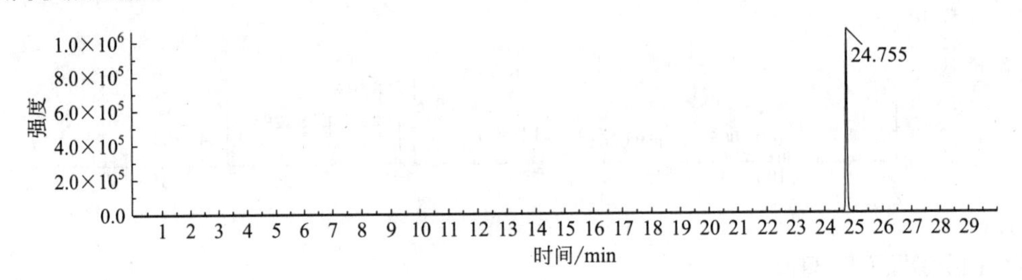

一级质谱图

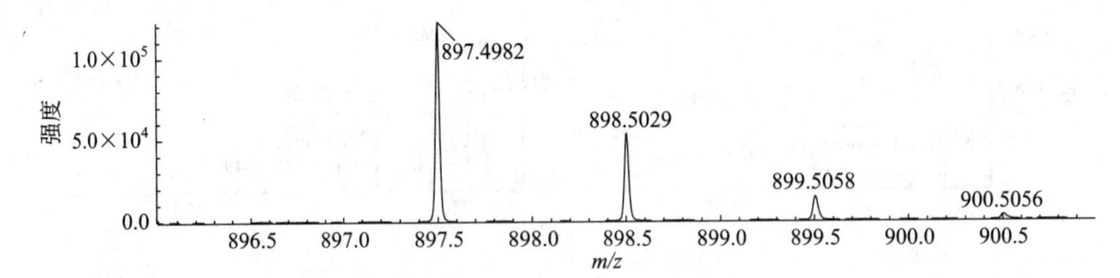

二级全扫质谱图 CE: (35±15)V

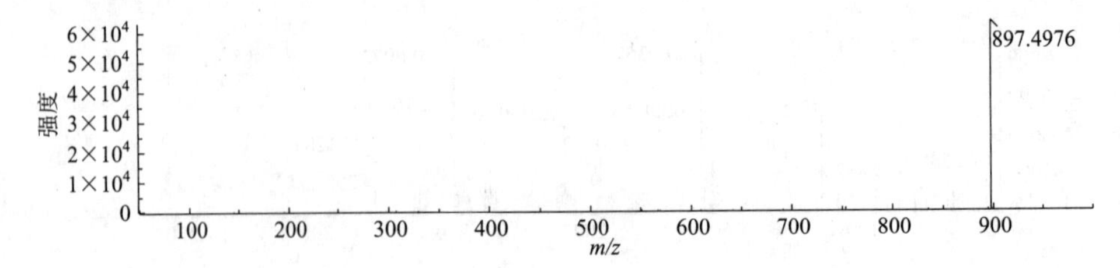

二级全扫质谱图 CE: 10V

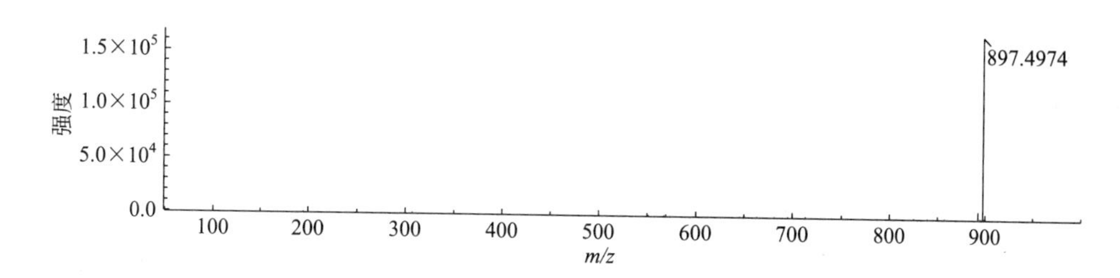

二级全扫质谱图 CE: 20V

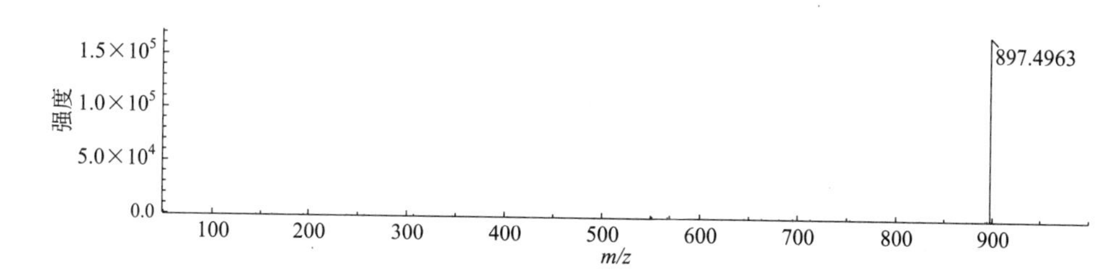

二级全扫质谱图 CE: 35V

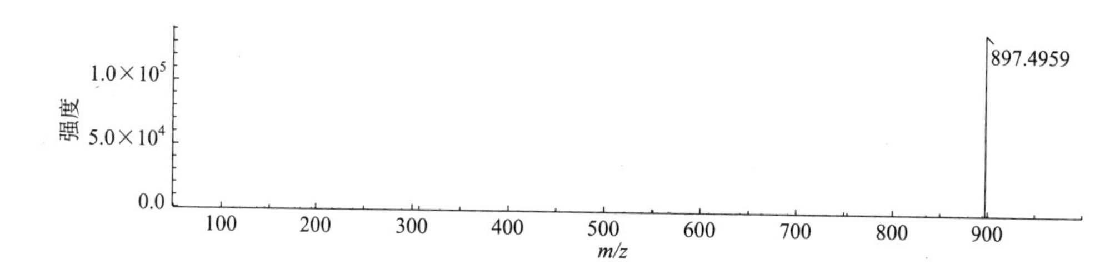

二级全扫质谱图 CE: 50V

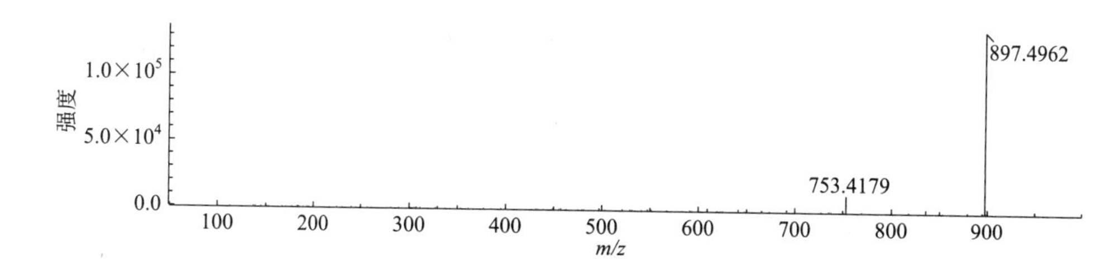

二级全扫质谱图 CE: 60V

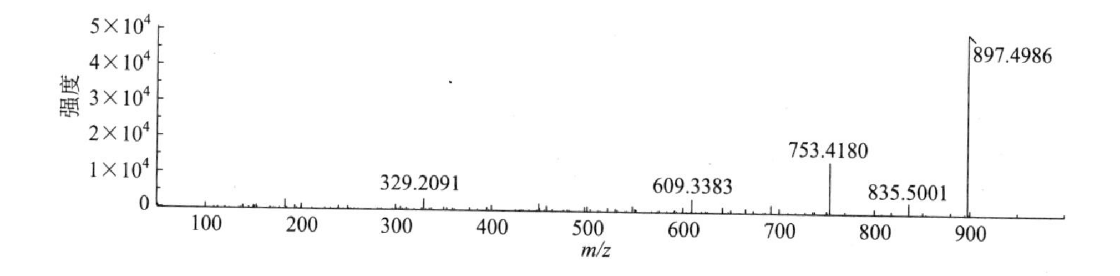

Kresoxim-methyl

醚菌酯

CAS 号	143390-89-0	保留时间	17.66min
分子式	$C_{18}H_{19}NO_4$	加合方式	$[M+H]^+$
分子量	313.1314	源内裂解碎片	无

推测裂解规律

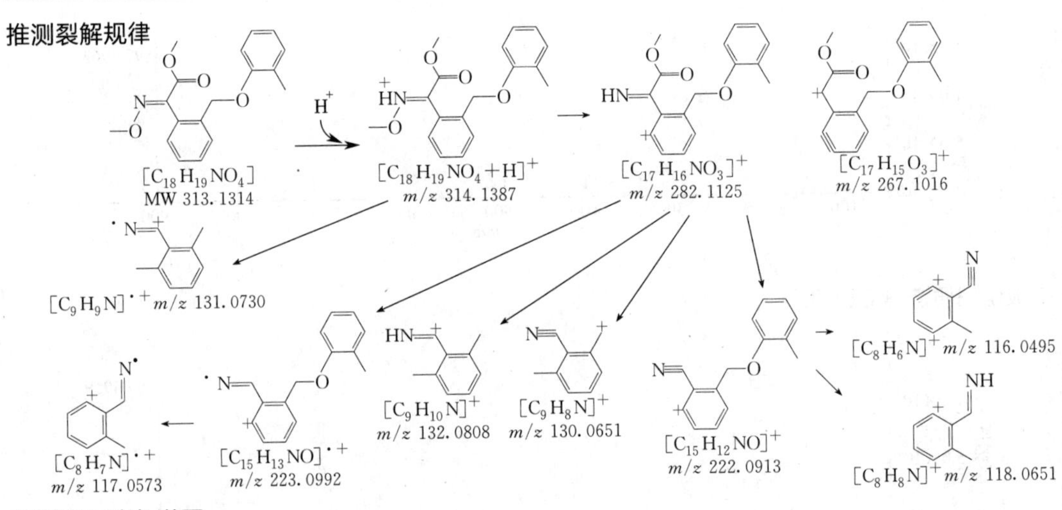

提取离子流色谱图

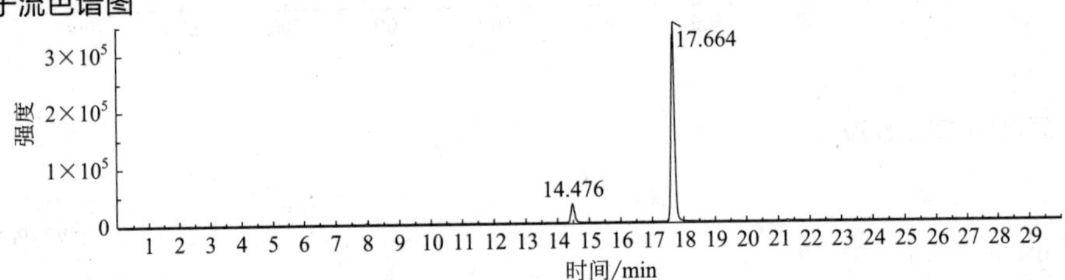

一级质谱图

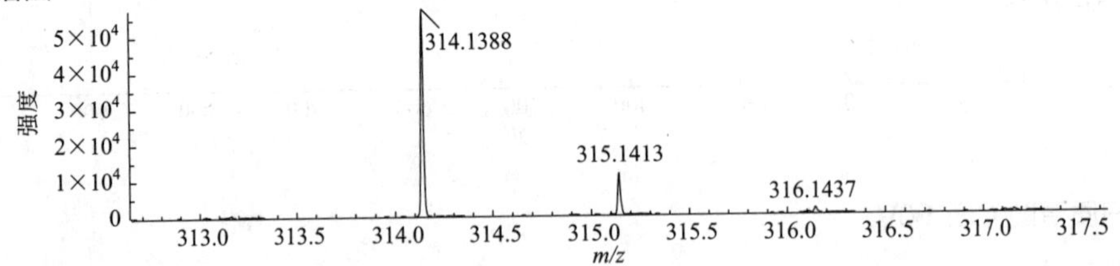

二级全扫质谱图 CE: (35±15)V

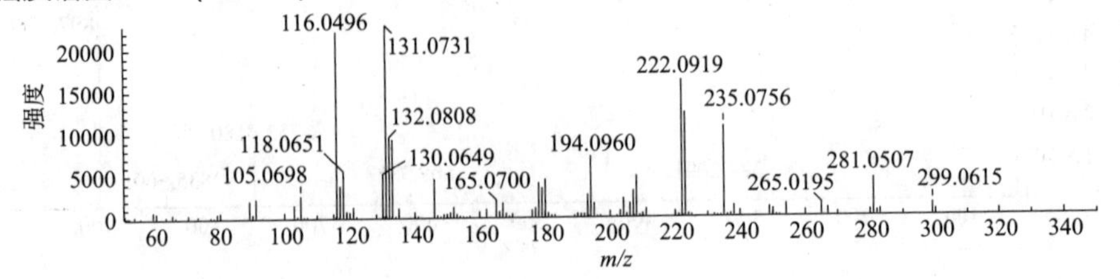

二级全扫质谱图 CE: 10V

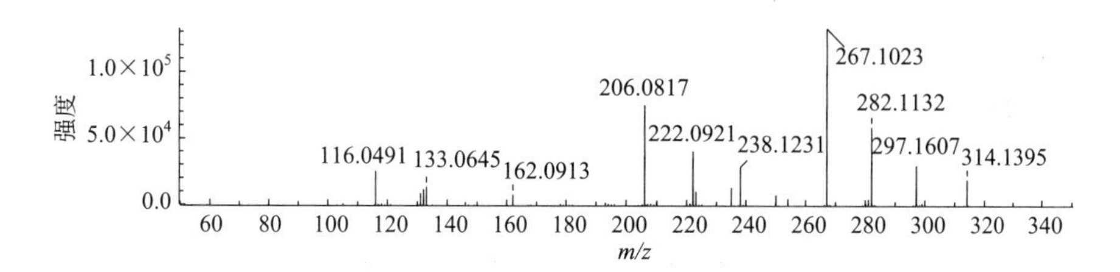

二级全扫质谱图 CE: 20V

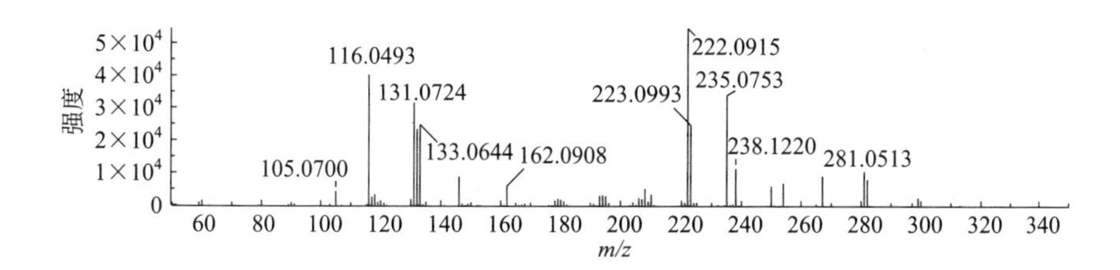

二级全扫质谱图 CE: 35V

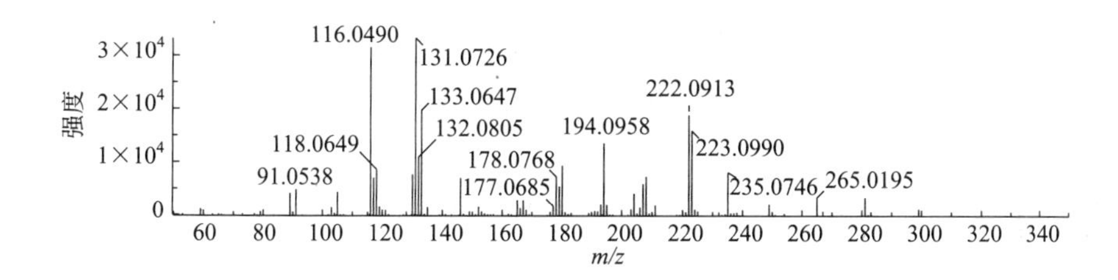

二级全扫质谱图 CE: 50V

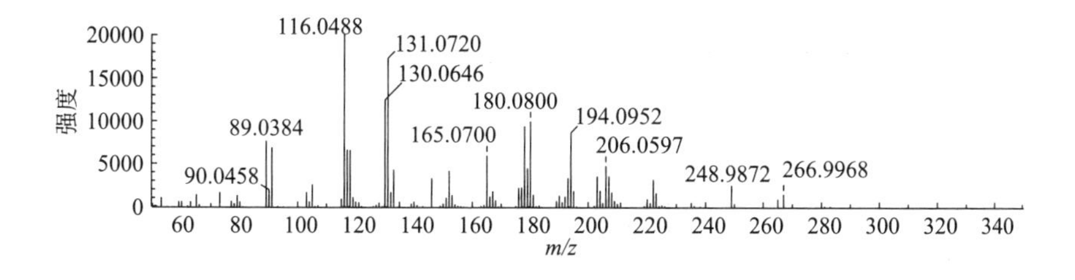

二级全扫质谱图 CE: 60V

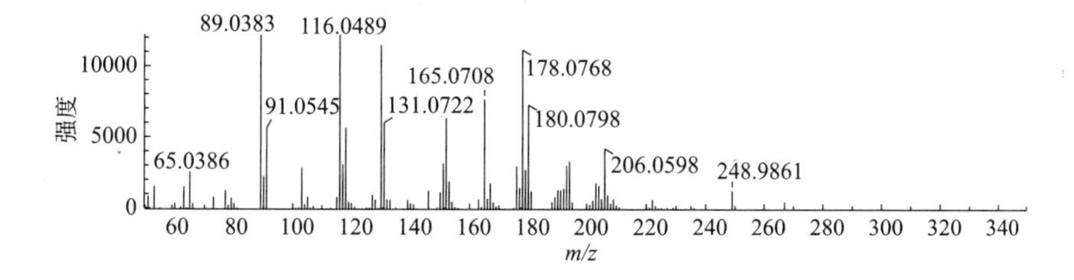

Lactofen
乳氟禾草灵

CAS 号	77501-63-4	保留时间	22.22min
分子式	$C_{19}H_{15}ClF_3NO_7$	加合方式	$[M+NH_4]^+$
分子量	461.0489	源内裂解碎片	m/z344

推测裂解规律（裂解路径已经 MS^3 确认）

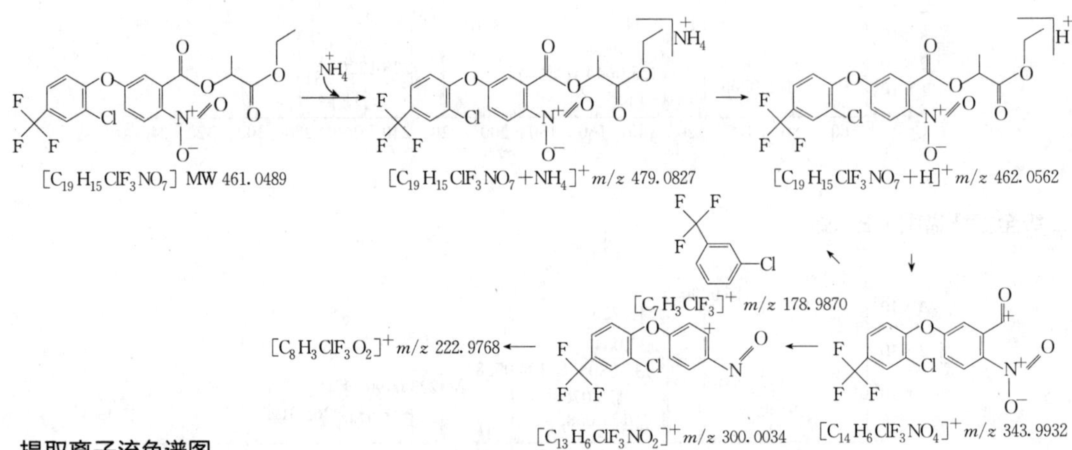

提取离子流色谱图

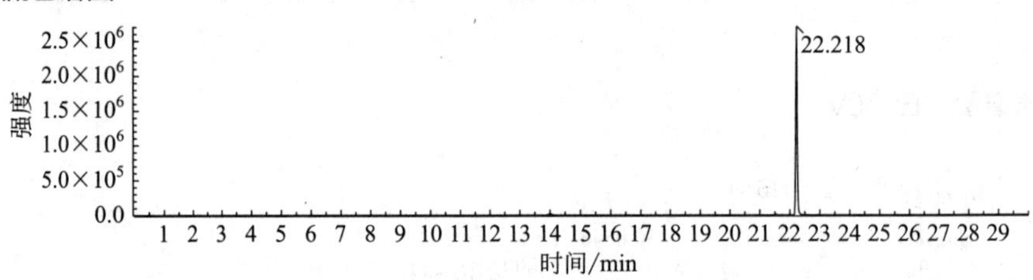

一级质谱图

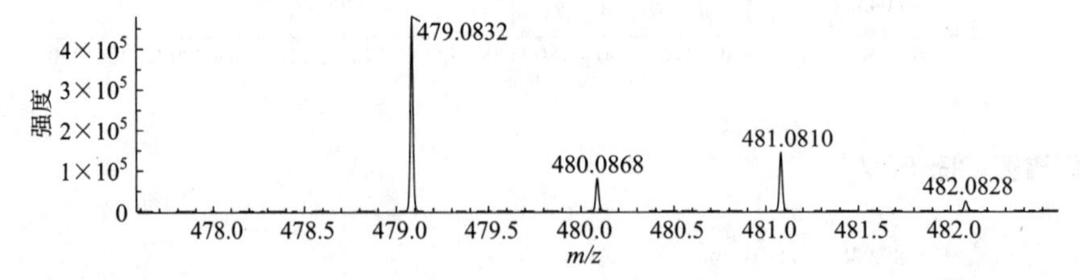

二级全扫质谱图 CE: (35±15)V

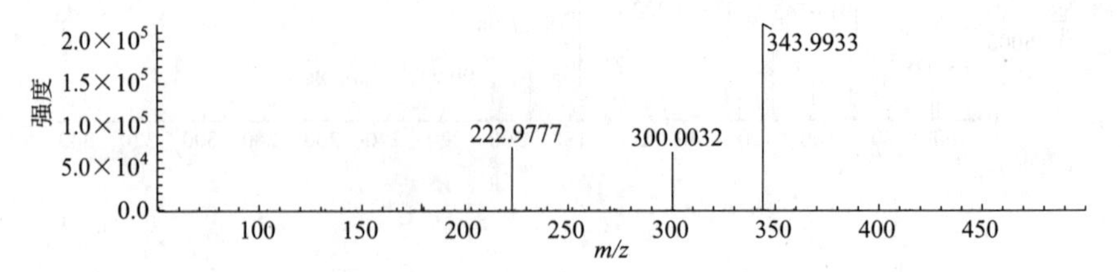

二级全扫质谱图 CE: 10V

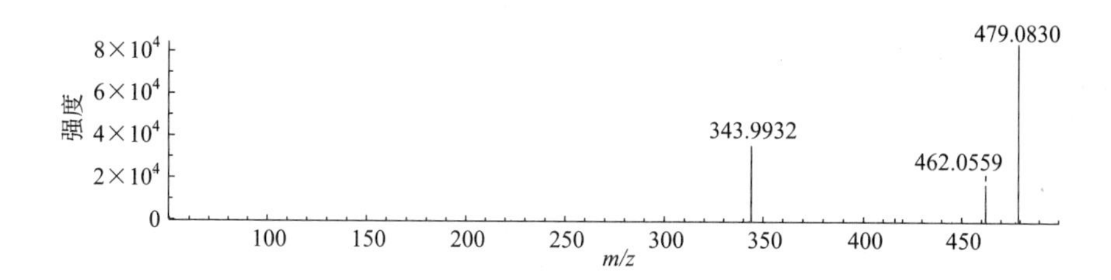

二级全扫质谱图 CE: 20V

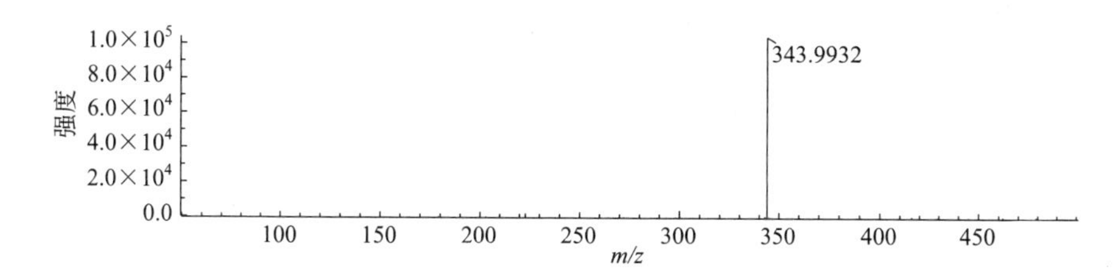

二级全扫质谱图 CE: 35V

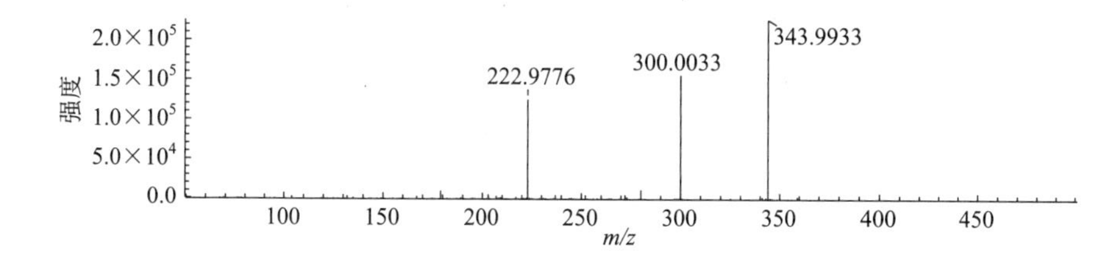

二级全扫质谱图 CE: 50V

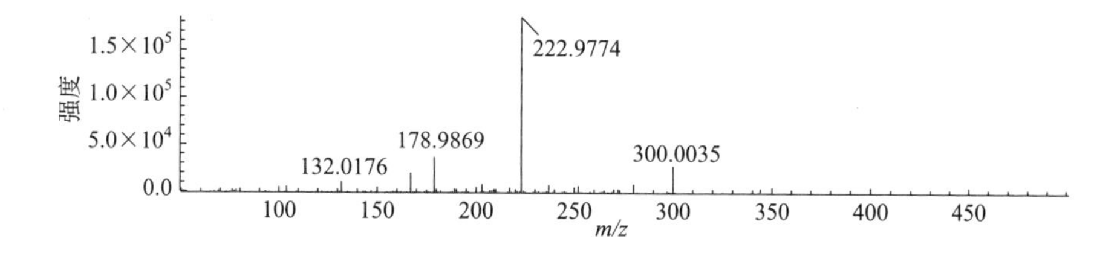

二级全扫质谱图 CE: 60V

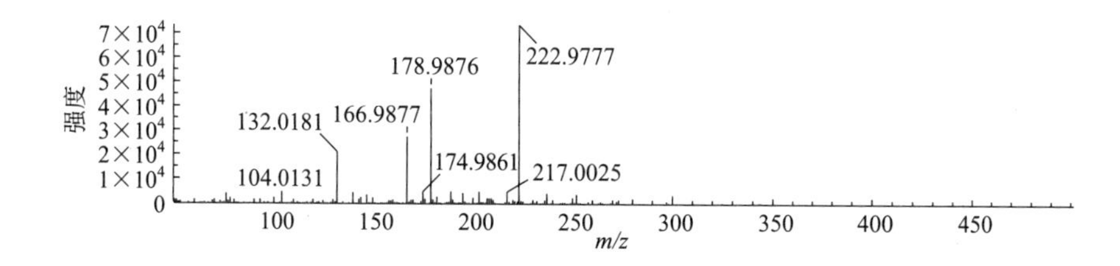

Linuron
利谷隆

CAS 号	330-55-2	保留时间	11.23min
分子式	$C_9H_{10}Cl_2N_2O_2$	加合方式	$[M+H]^+$
分子量	248.0119	源内裂解碎片	无

推测裂解规律（裂解路径已经 MS^3 确认）

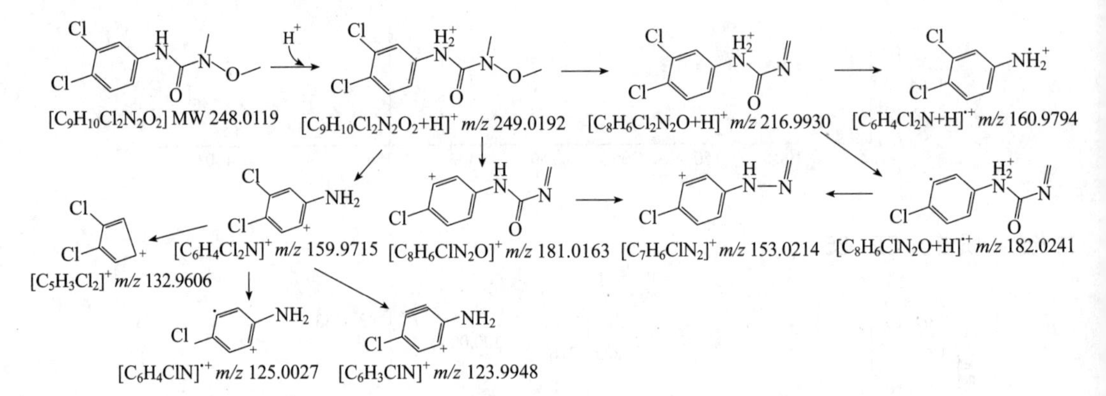

提取离子流色谱图

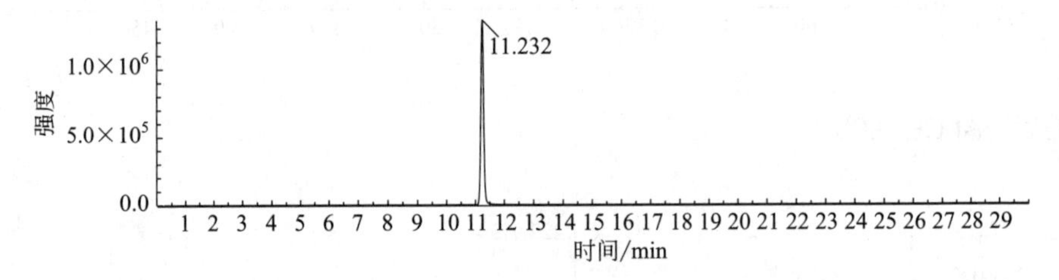

一级质谱图

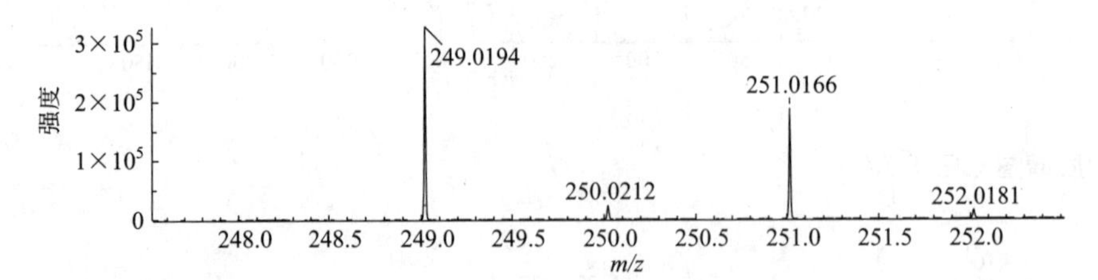

二级全扫质谱图 CE: (35±15)V

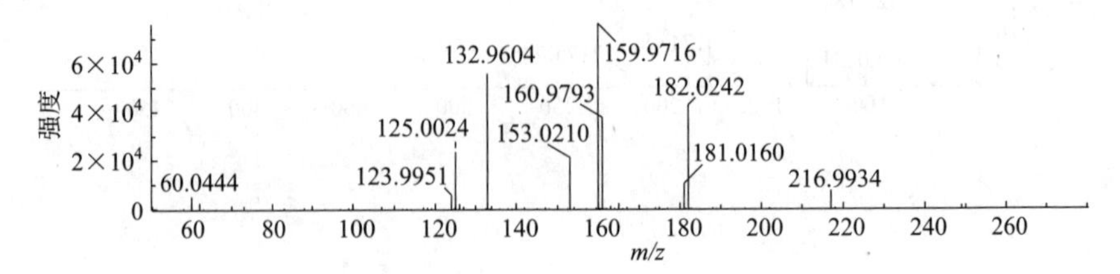

二级全扫质谱图 CE: 10V

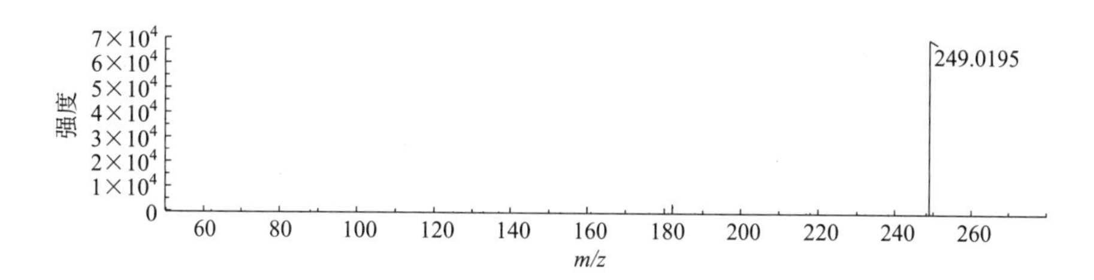

二级全扫质谱图 CE: 20V

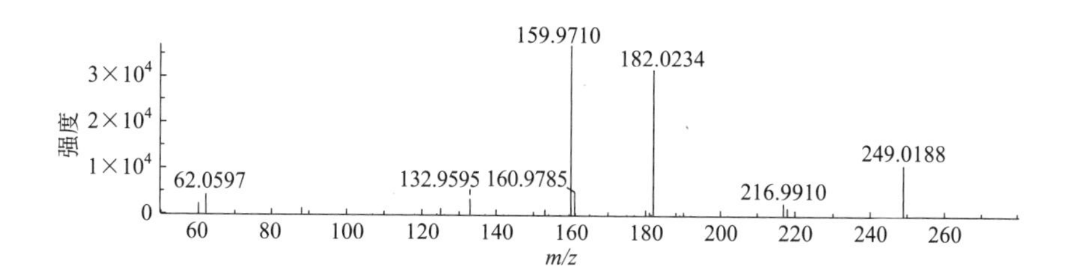

二级全扫质谱图 CE: 35V

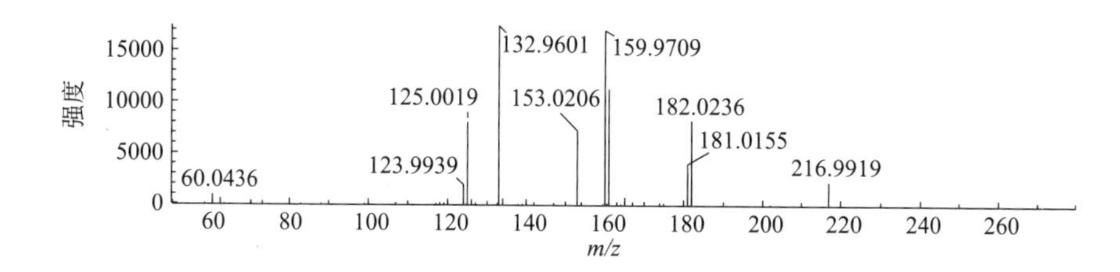

二级全扫质谱图 CE: 50V

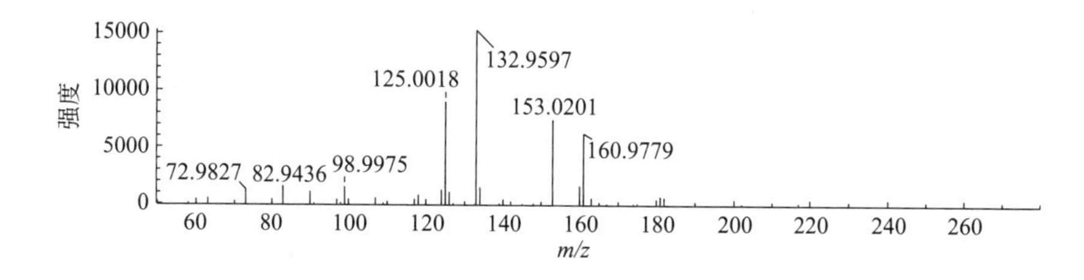

二级全扫质谱图 CE: 60V

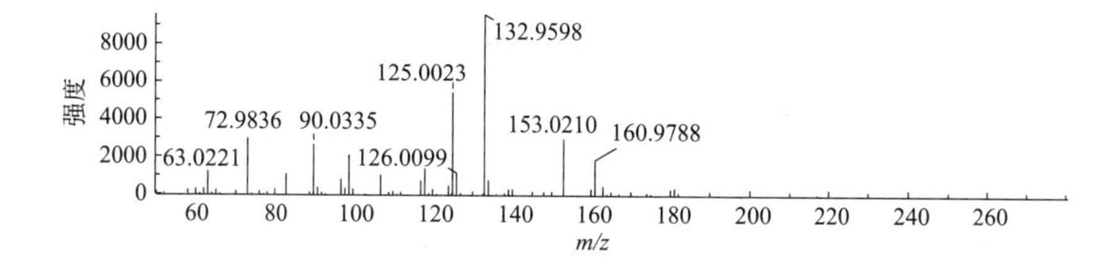

Lufenuron
虱螨脲

CAS 号	103055-07-8	保留时间	22.54min
分子式	$C_{17}H_8Cl_2F_8N_2O_3$	加合方式	$[M+H]^+$
分子量	509.9784	源内裂解碎片	无

推测裂解规律

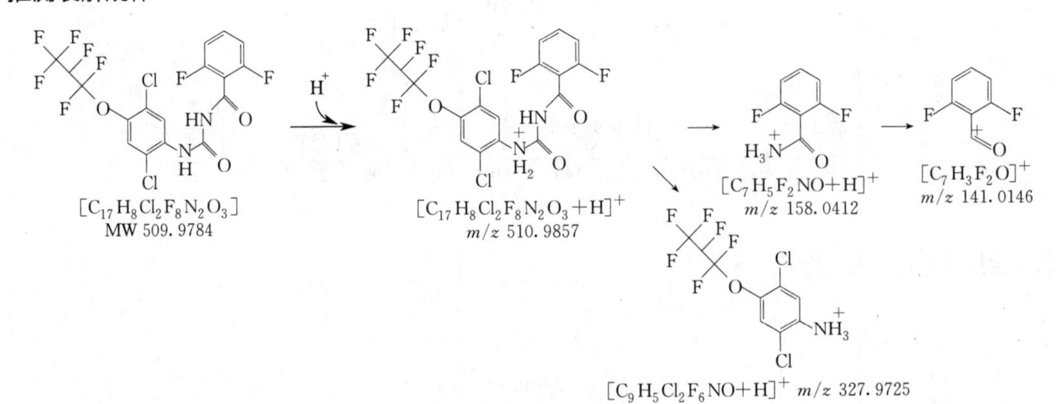

提取离子流色谱图

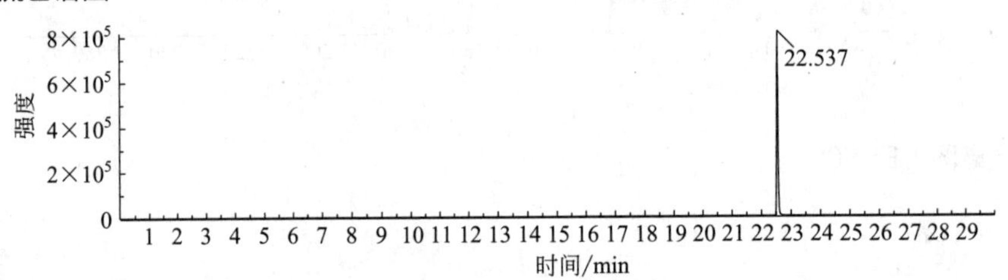

一级质谱图

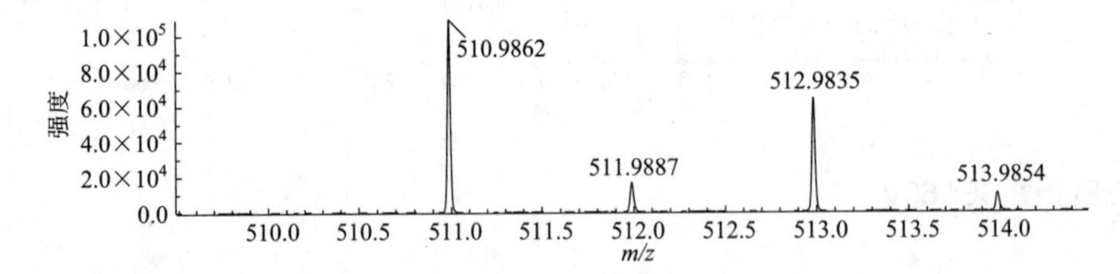

二级全扫质谱图 CE: (35±15)V

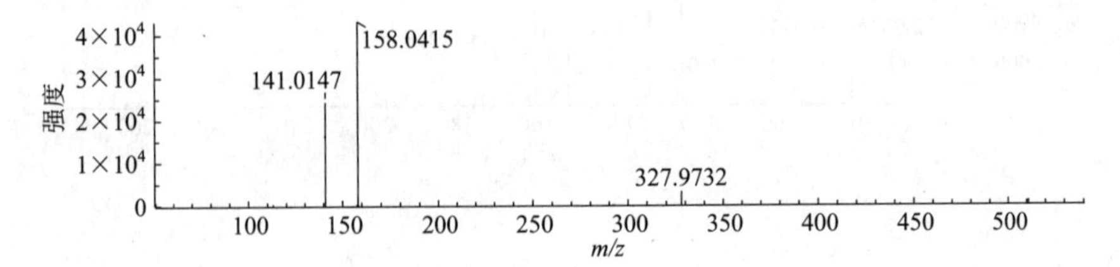

二级全扫质谱图 CE: 10V

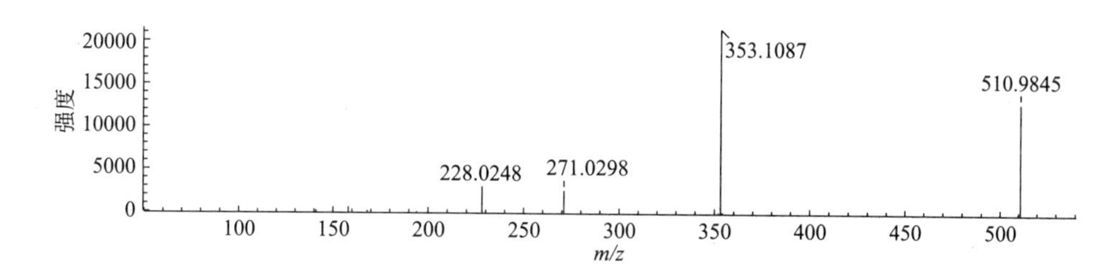

二级全扫质谱图 CE: 20V

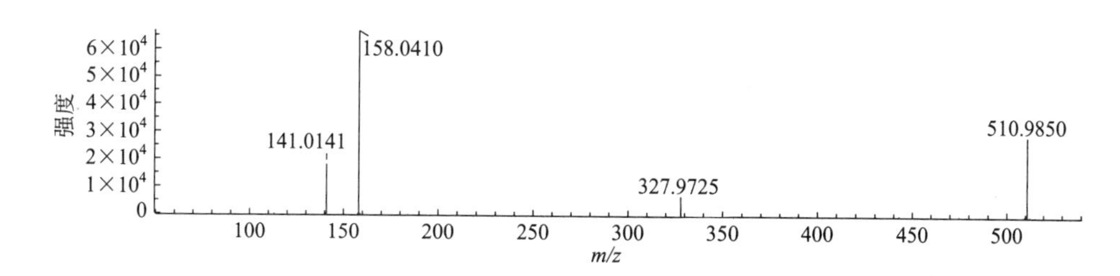

二级全扫质谱图 CE: 35V

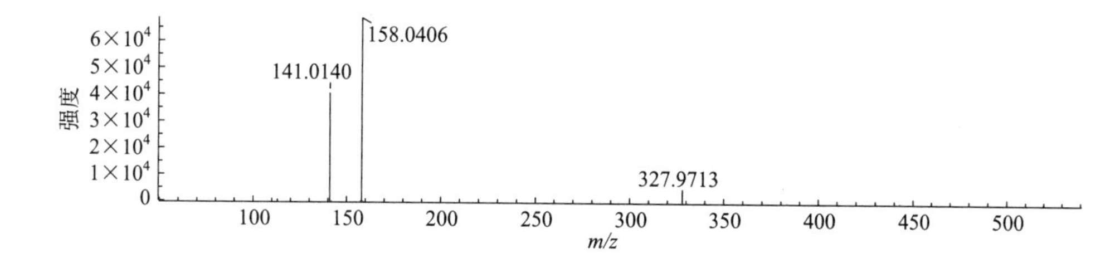

二级全扫质谱图 CE: 50V

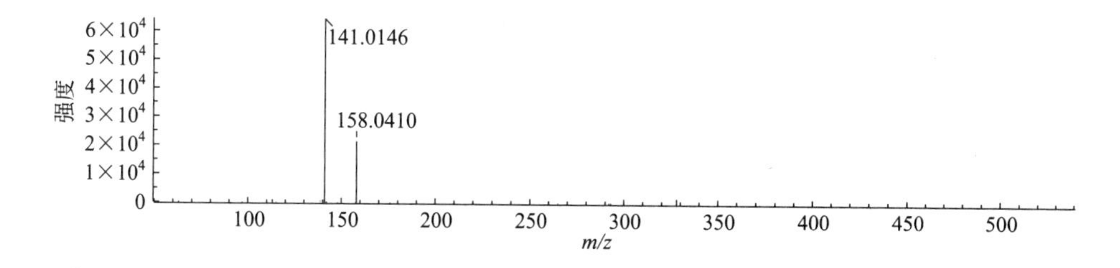

二级全扫质谱图 CE: 60V

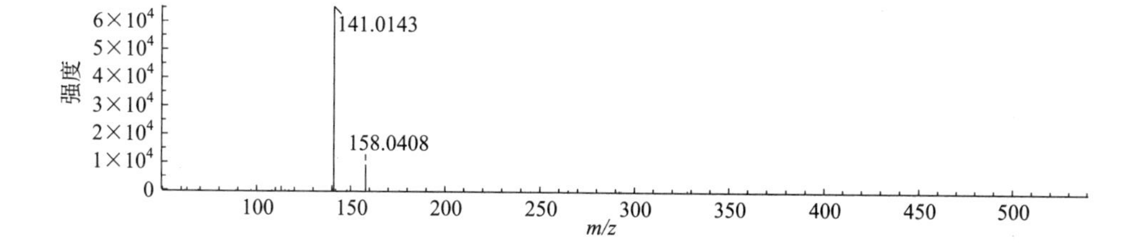

Malaoxon
马拉氧磷

CAS 号	1634-78-2	保留时间	6.90min
分子式	$C_{10}H_{19}O_7PS$	加合方式	$[M+H]^+$
分子量	314.0589	源内裂解碎片	无

推测裂解规律

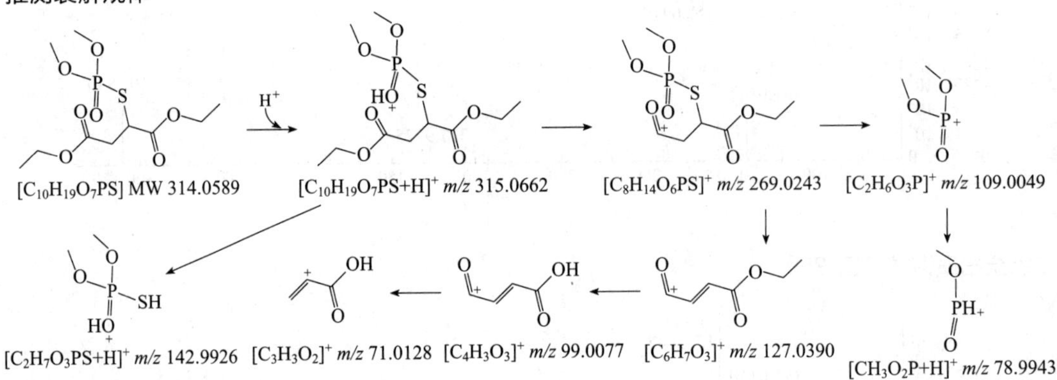

提取离子流色谱图

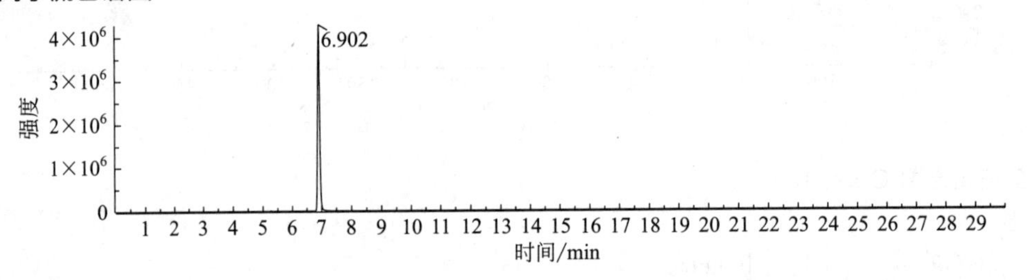

一级质谱图

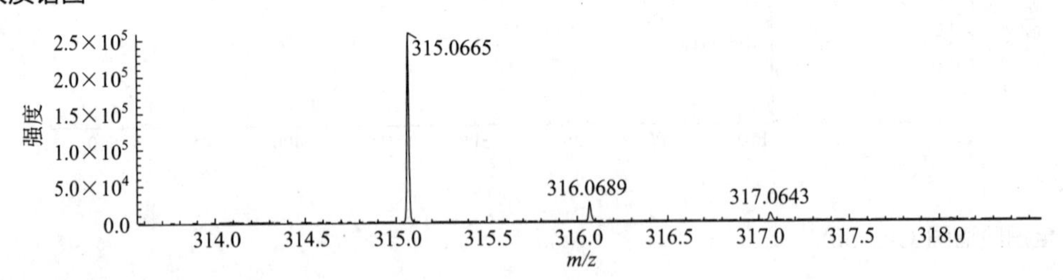

二级全扫质谱图 CE: (35±15)V

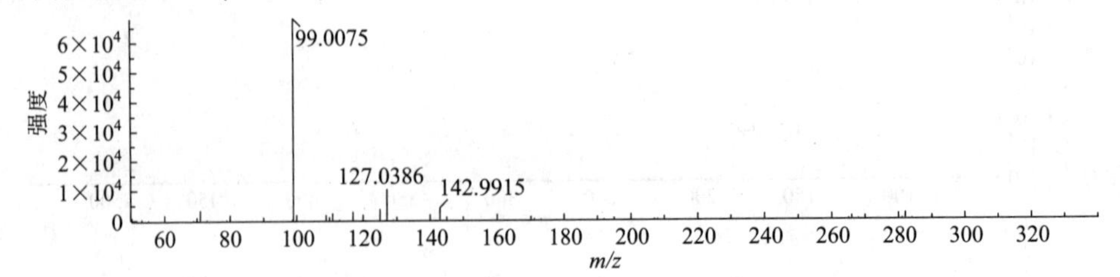

二级全扫质谱图 CE: 10V

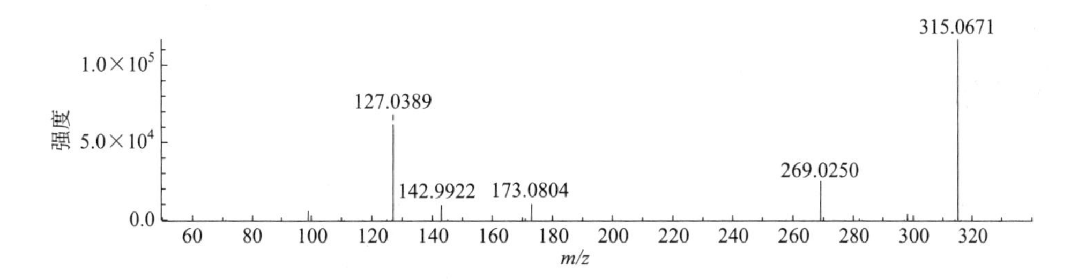

二级全扫质谱图 CE: 20V

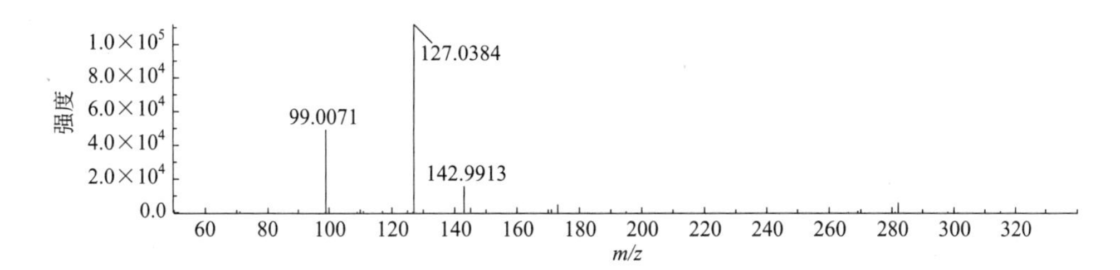

二级全扫质谱图 CE: 35V

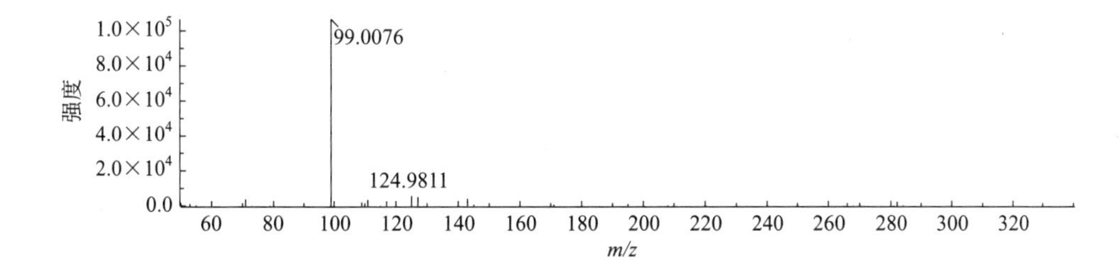

二级全扫质谱图 CE: 50V

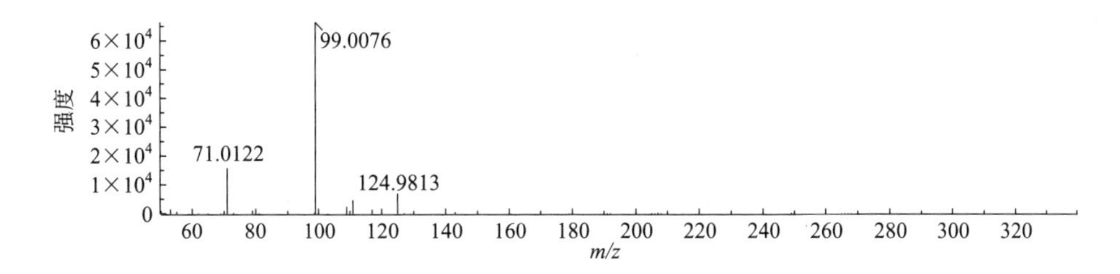

二级全扫质谱图 CE: 60V

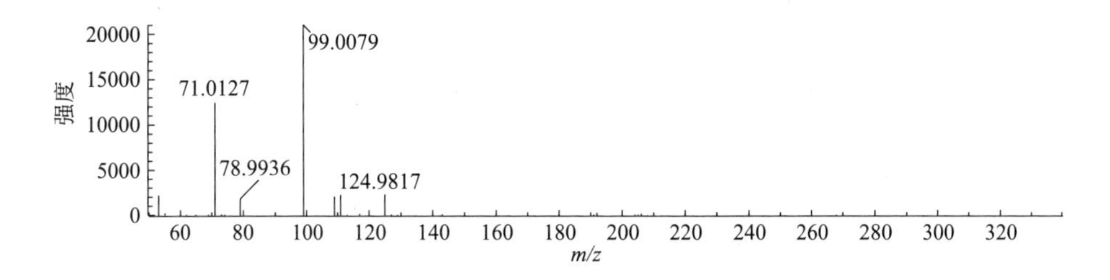

Malathion

马拉硫磷

CAS 号	121-75-5	保留时间	13.56min
分子式	$C_{10}H_{19}O_6PS_2$	加合方式	$[M+H]^+$
分子量	330.0361	源内裂解碎片	m/z285

推测裂解规律

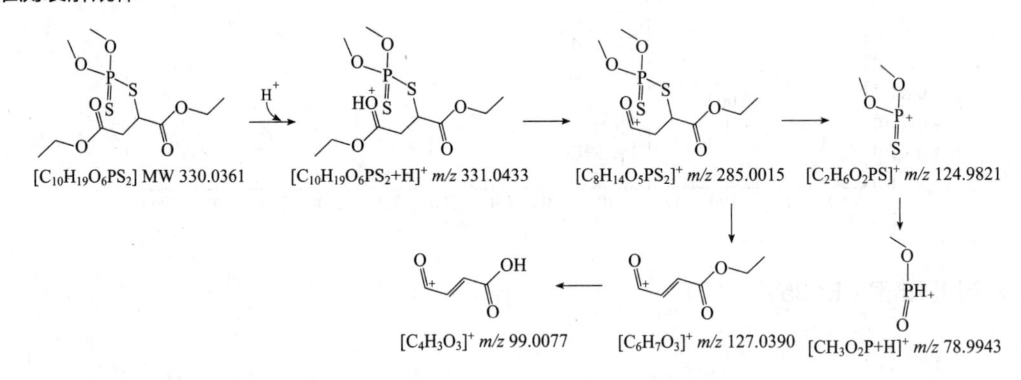

提取离子流色谱图

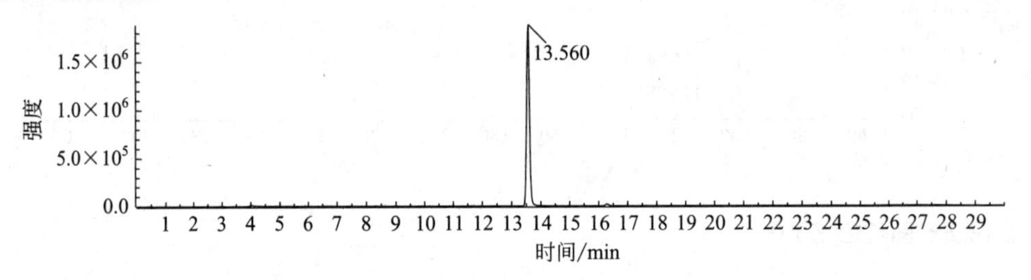

一级质谱图

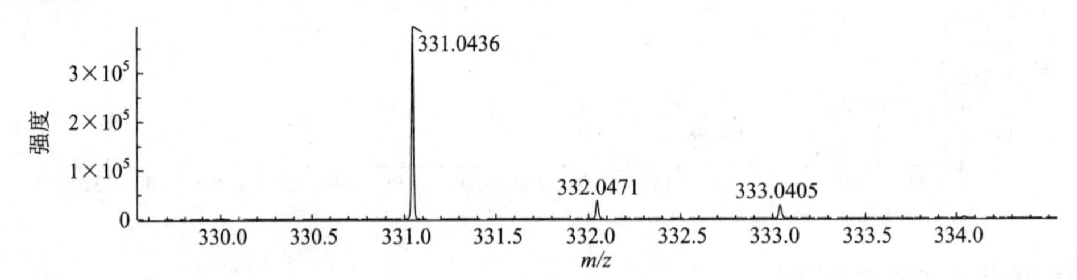

二级全扫质谱图 CE: (35±15)V

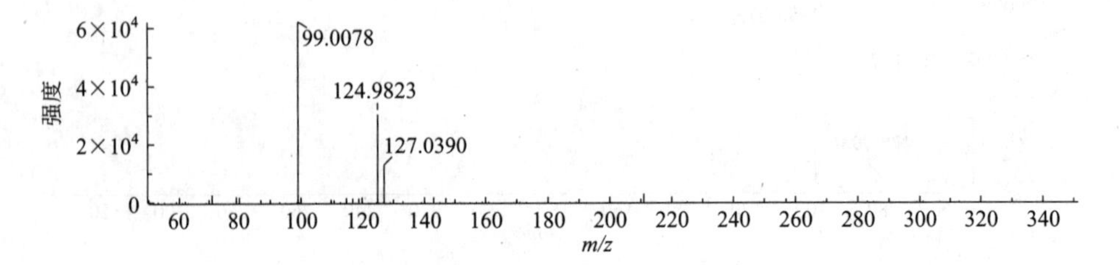

二级全扫质谱图 CE: 10V

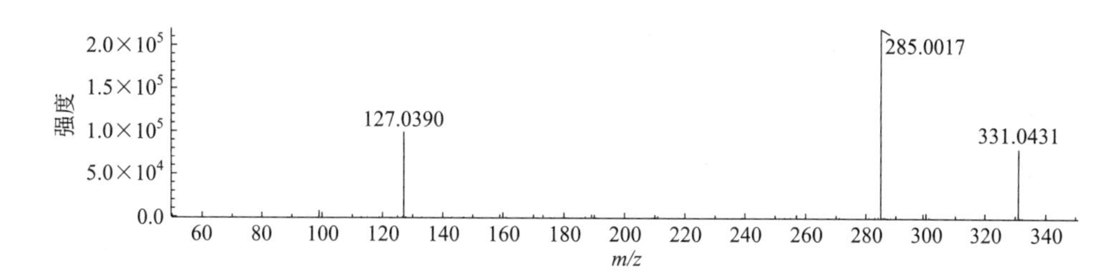

二级全扫质谱图 CE: 20V

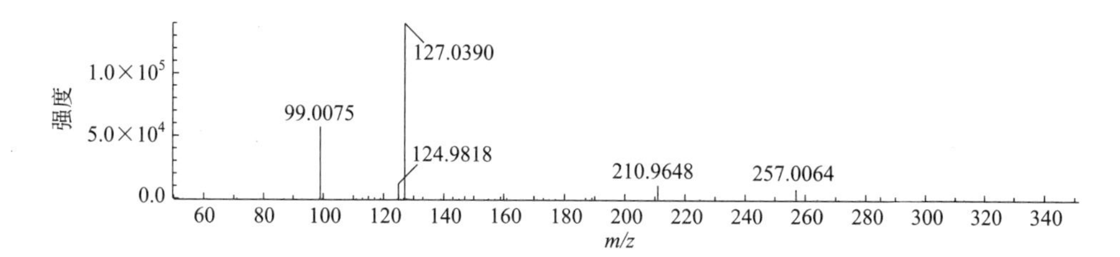

二级全扫质谱图 CE: 35V

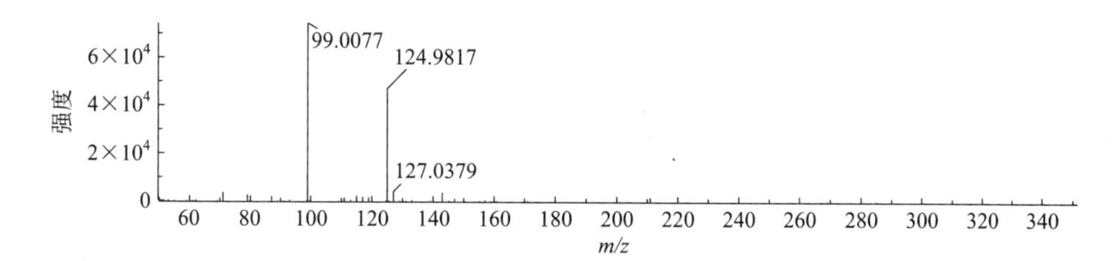

二级全扫质谱图 CE: 50V

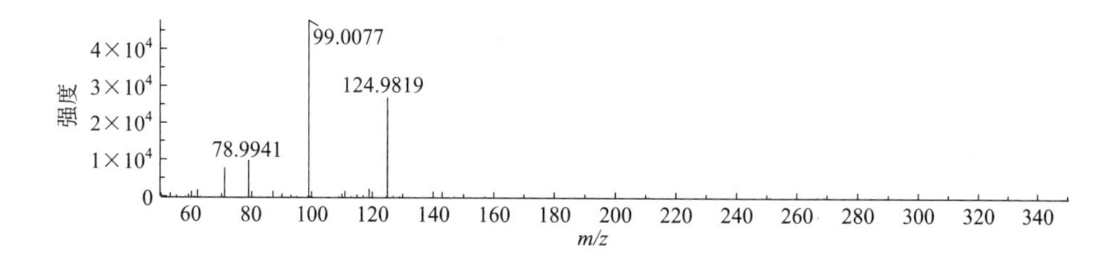

二级全扫质谱图 CE: 60V

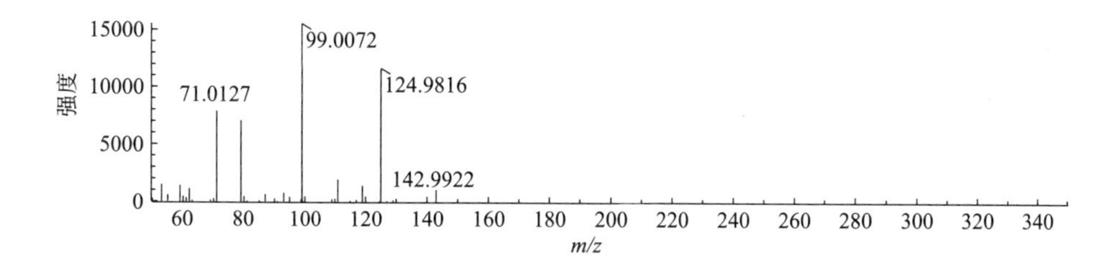

Mandipropamid

双炔酰菌胺

CAS 号	374726-62-2	保留时间	13.50min
分子式	$C_{23}H_{22}ClNO_4$	加合方式	$[M+H]^+$
分子量	411.1237	源内裂解碎片	无

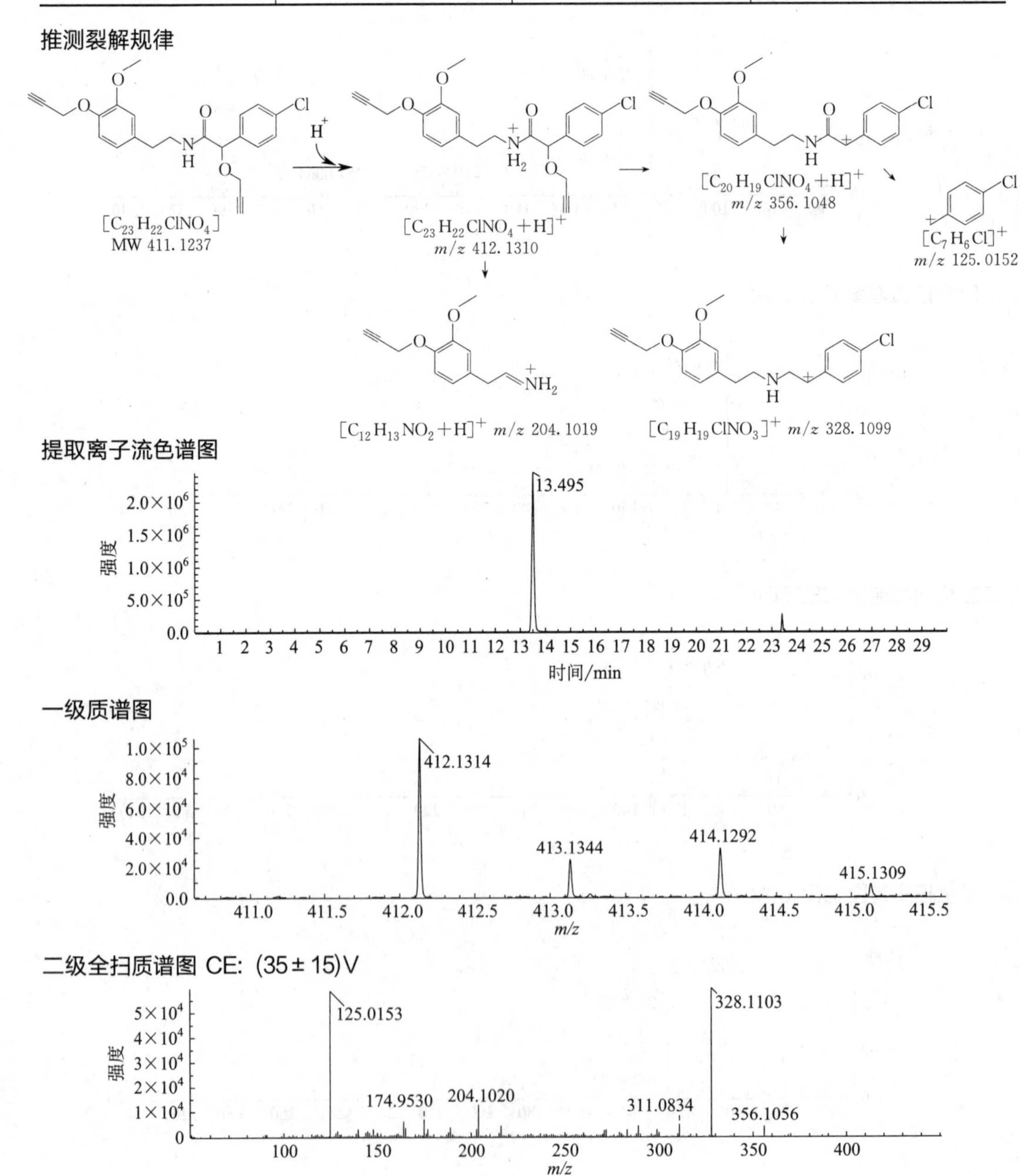

二级全扫质谱图 CE: 10V

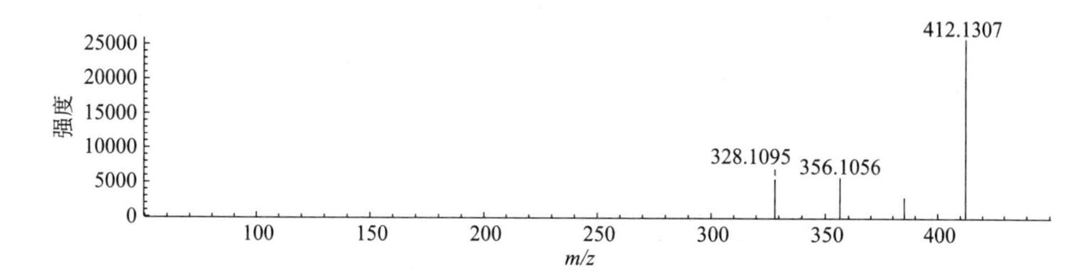

二级全扫质谱图 CE: 20V

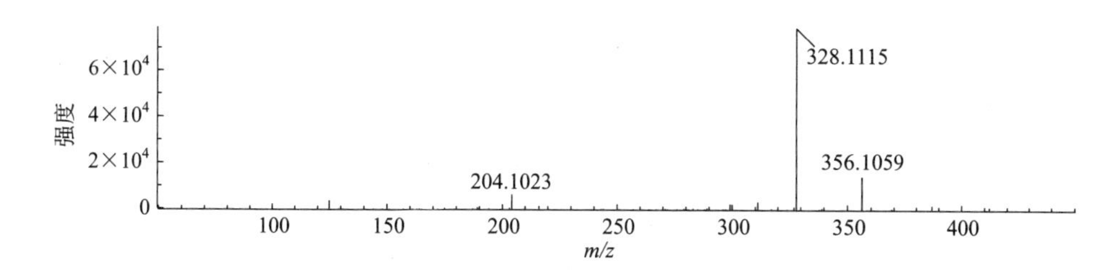

二级全扫质谱图 CE: 35V

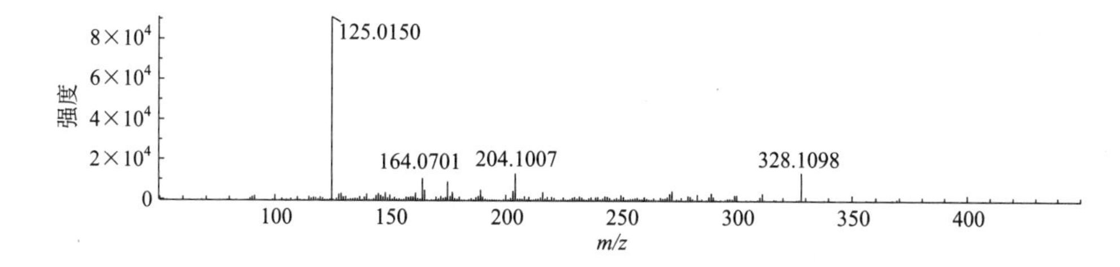

二级全扫质谱图 CE: 50V

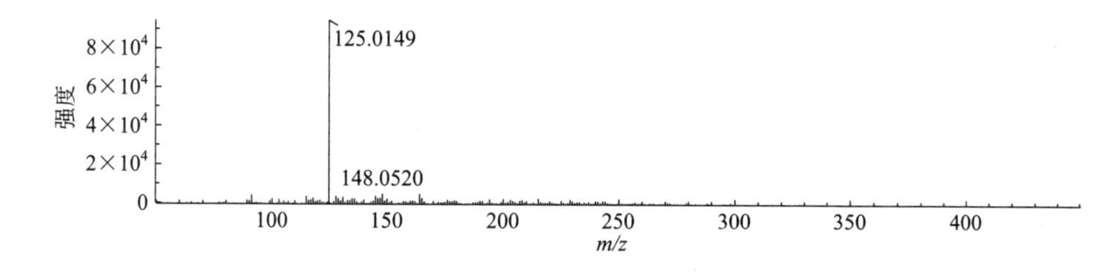

二级全扫质谱图 CE: 60V

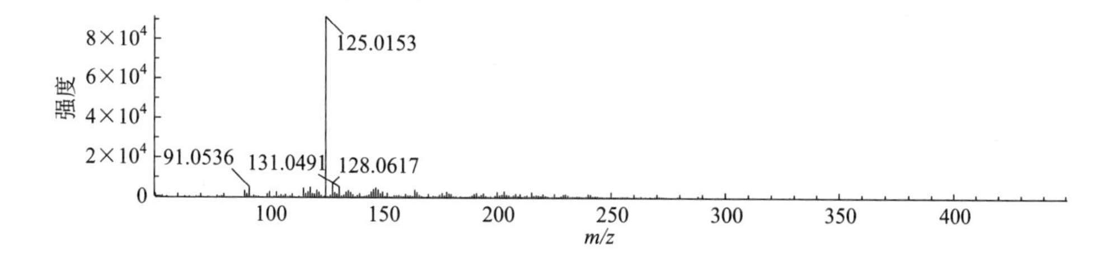

Mefenacet
苯噻酰草胺

CAS 号	73250-68-7	保留时间	14.26min
分子式	$C_{16}H_{14}N_2O_2S$	加合方式	$[M+H]^+$
分子量	298.0776	源内裂解碎片	*m/z*148

推测裂解规律

$[C_{16}H_{14}N_2O_2S]$ MW 298.0776 → $[C_{16}H_{14}N_2O_2S+H]^+$ *m/z* 299.0849 → $[C_9H_{10}NO]^+$ *m/z* 148.0757 → $[C_8H_{10}N]^+$ *m/z* 120.0808 → $[C_7H_7]^+$ *m/z* 91.0542

$[C_{16}H_{14}N_2O_2S+H]^+$ → $[C_9H_6NO_2S]^+$ *m/z* 192.0114

$[C_8H_{10}N]^+$ → $[C_6H_5]^+$ *m/z* 77.0386

提取离子流色谱图

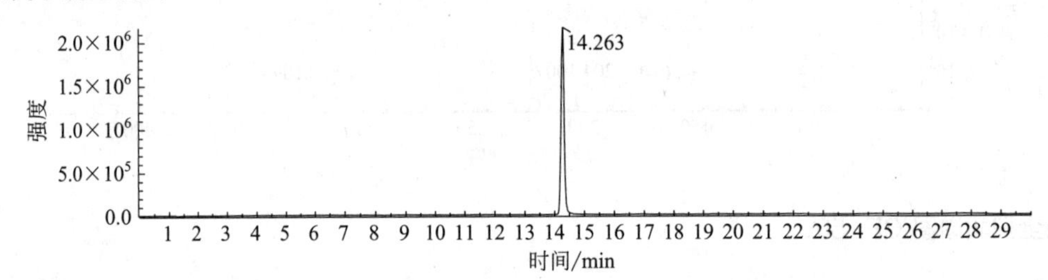

一级质谱图

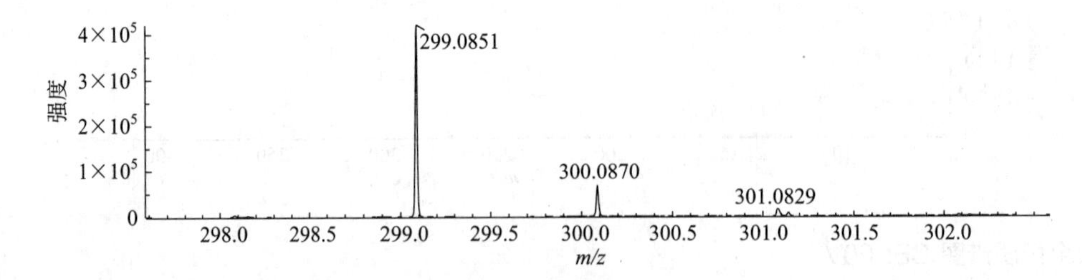

二级全扫质谱图 CE: (35±15)V

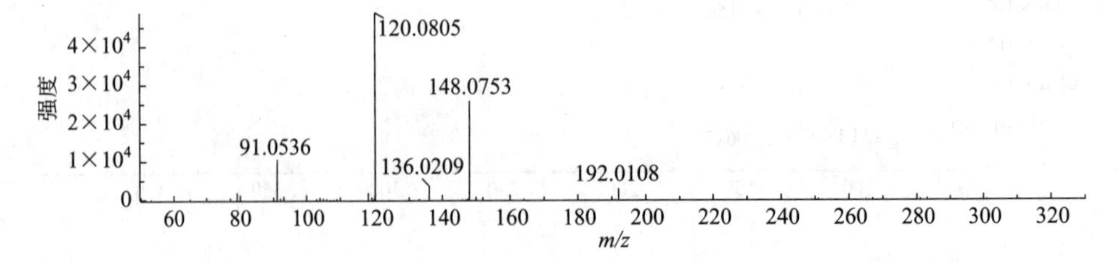

二级全扫质谱图 CE: 10V

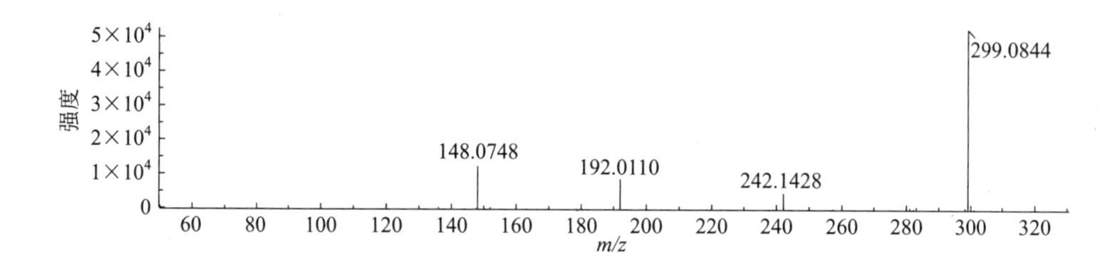

二级全扫质谱图 CE: 20V

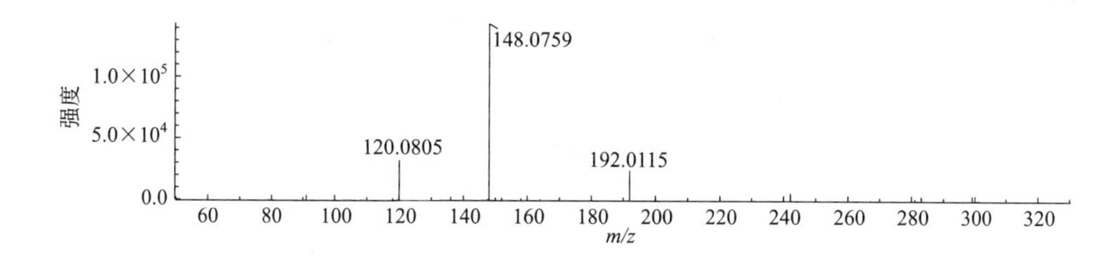

二级全扫质谱图 CE: 35V

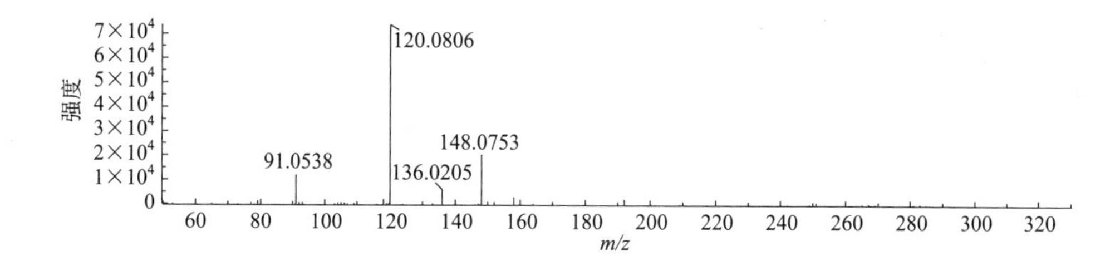

二级全扫质谱图 CE: 50V

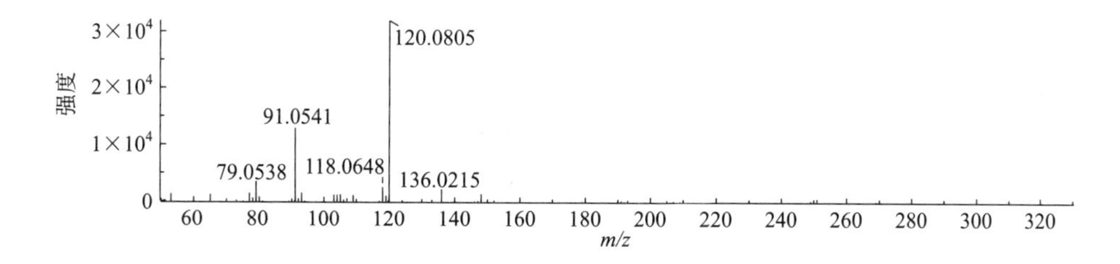

二级全扫质谱图 CE: 60V

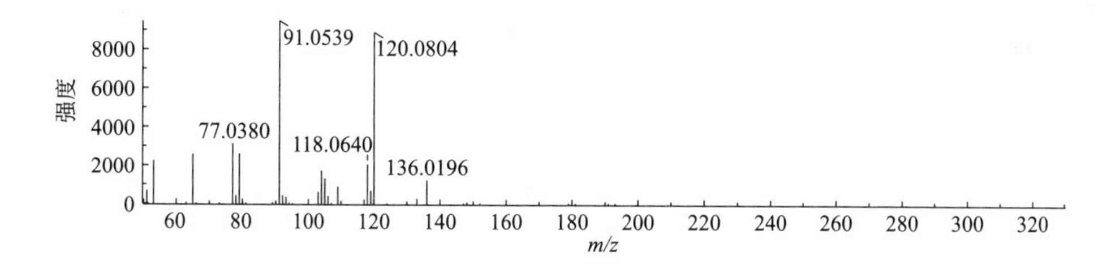

Mepronil
灭锈胺

CAS 号	55814-41-0	保留时间	13.58min
分子式	$C_{17}H_{19}NO_2$	加合方式	$[M+H]^+$
分子量	269.1416	源内裂解碎片	无

推测裂解规律

$[C_{17}H_{19}NO_2]$ MW 269.1416 → $[C_{17}H_{19}NO_2+H]^+$ m/z 270.1489 → $[C_{14}H_{13}NO_2+H]^+$ m/z 228.1019 → $[C_7H_6NO_2]^+$ m/z 136.0393

$[C_{14}H_{13}NO_2+H]^+$ → $[C_8H_7O]^+$ m/z 119.0491 → $[C_7H_7]^+$ m/z 91.0542 → $[C_5H_5]^+$ m/z 65.0386

提取离子流色谱图

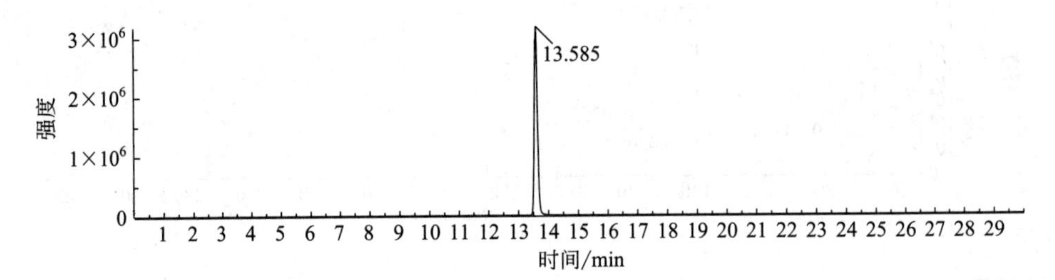

一级质谱图

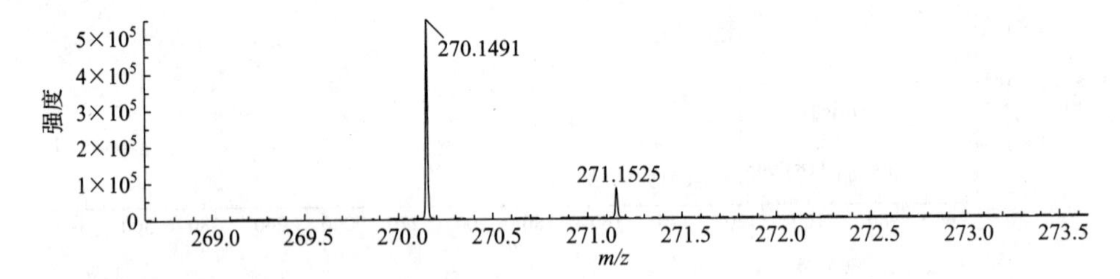

二级全扫质谱图 CE: (35±15)V

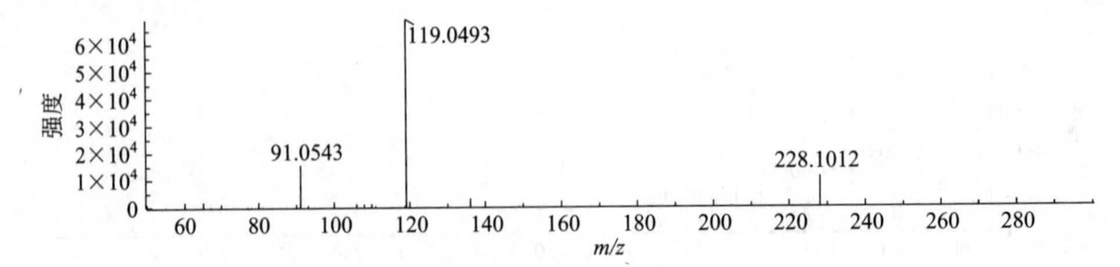

二级全扫质谱图 CE: 10V

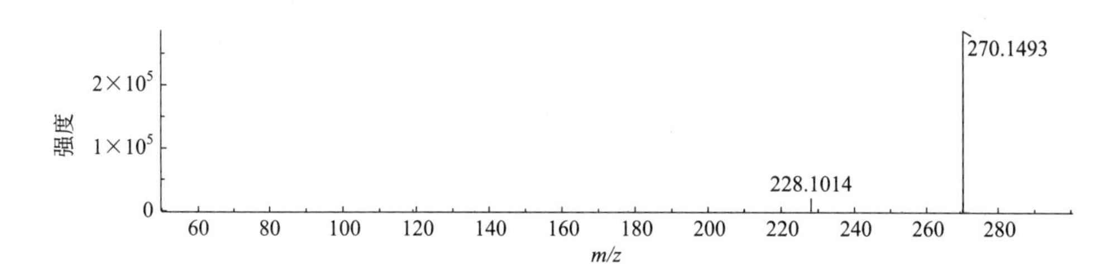

二级全扫质谱图 CE: 20V

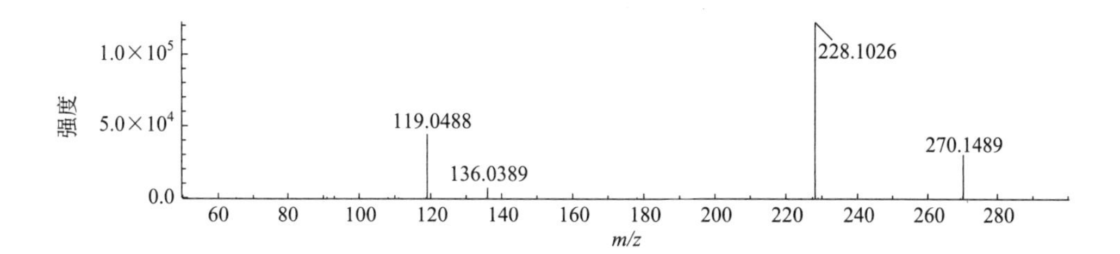

二级全扫质谱图 CE: 35V

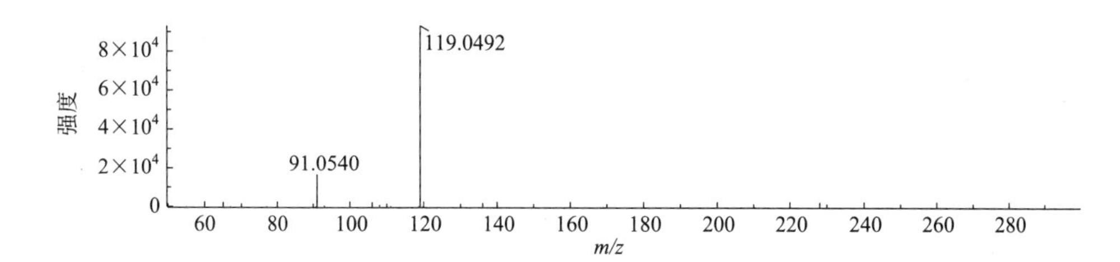

二级全扫质谱图 CE: 50V

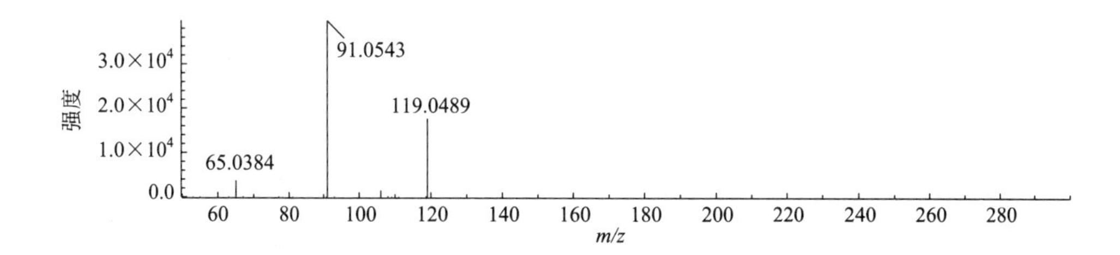

二级全扫质谱图 CE: 60V

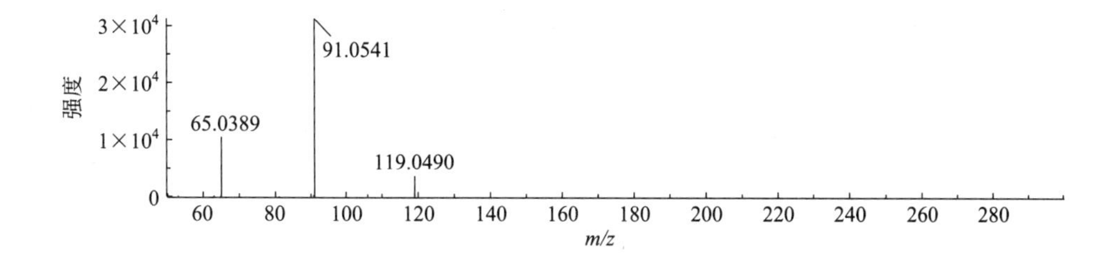

Mesosulfuron-methyl
甲基二磺隆

CAS 号	208465-21-8	保留时间	8.73min
分子式	$C_{17}H_{21}N_5O_9S_2$	加合方式	$[M+H]^+$
分子量	503.0781	源内裂解碎片	无

推测裂解规律

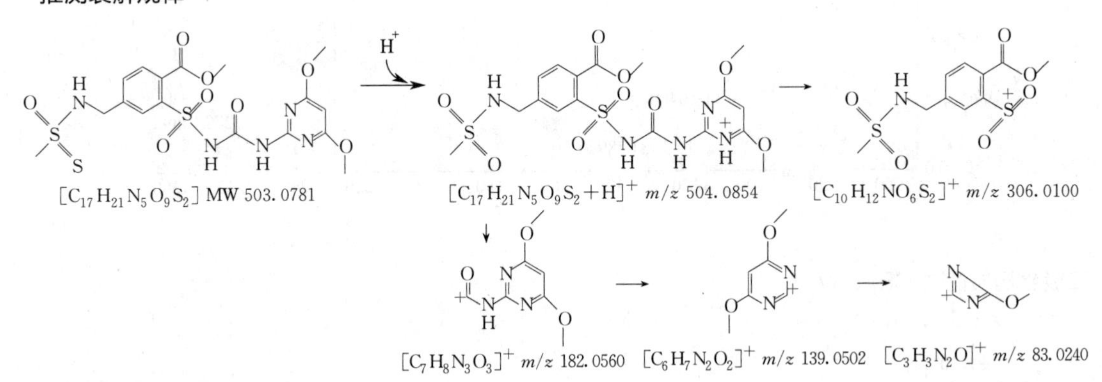

提取离子流色谱图

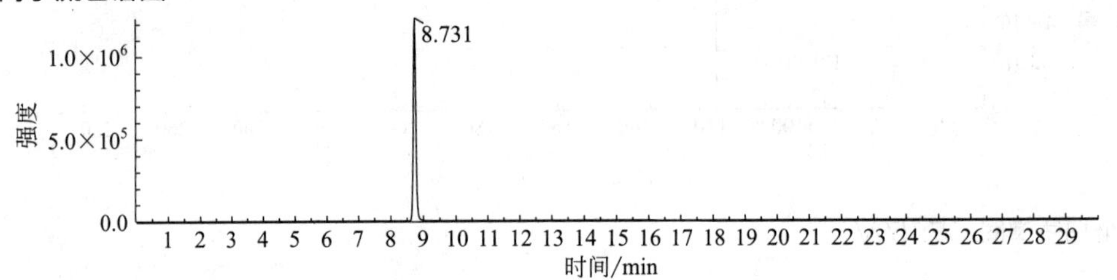

一级质谱图

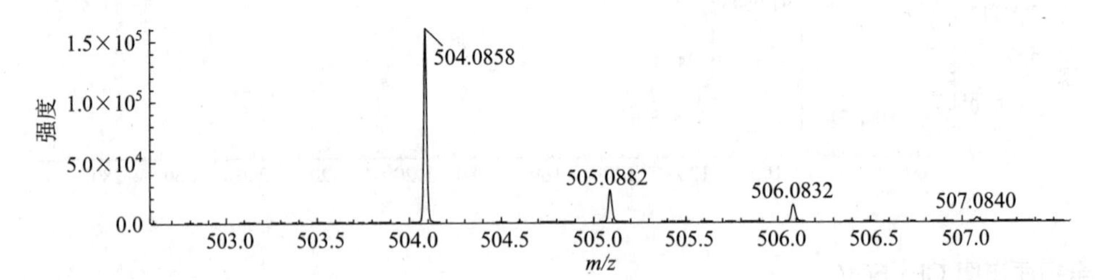

二级全扫质谱图 CE: (35±15)V

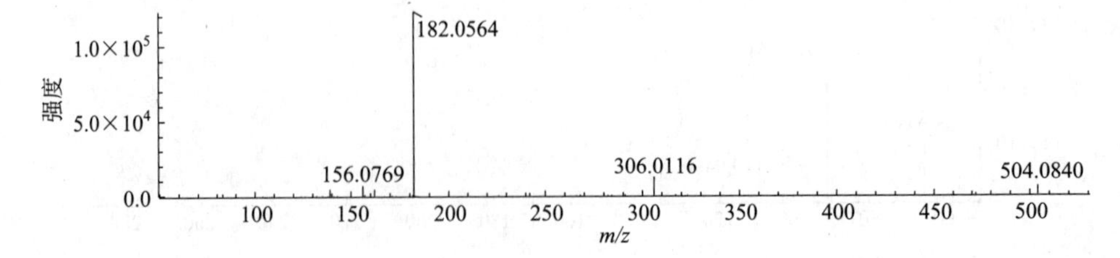

二级全扫质谱图 CE: 10V

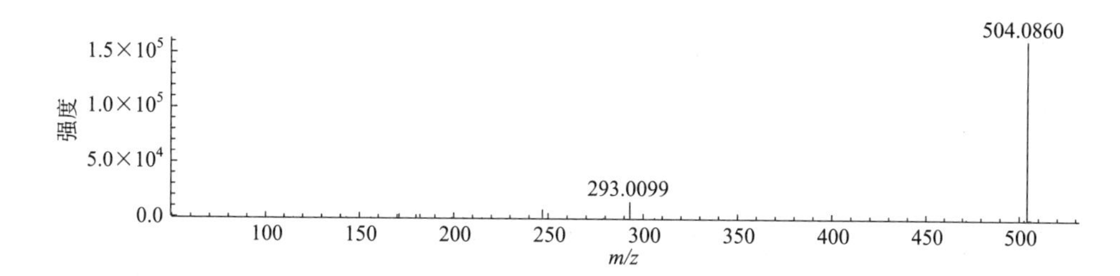

二级全扫质谱图 CE: 20V

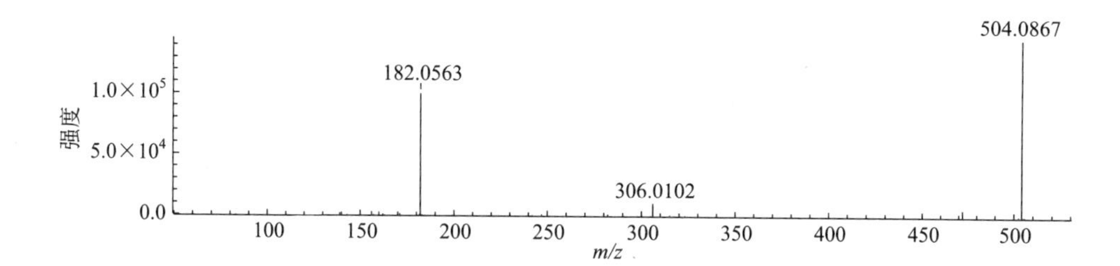

二级全扫质谱图 CE: 35V

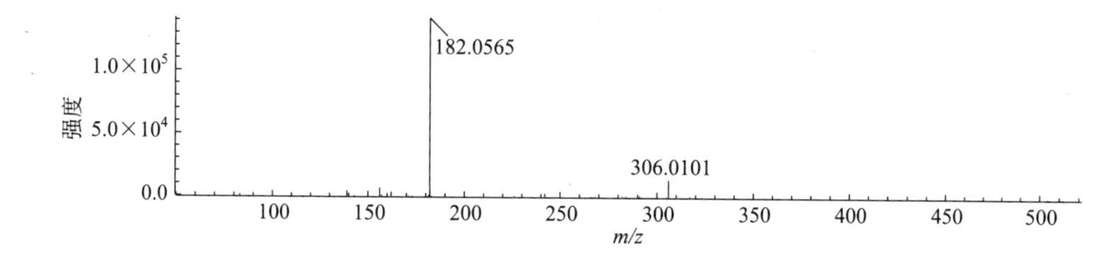

二级全扫质谱图 CE: 50V

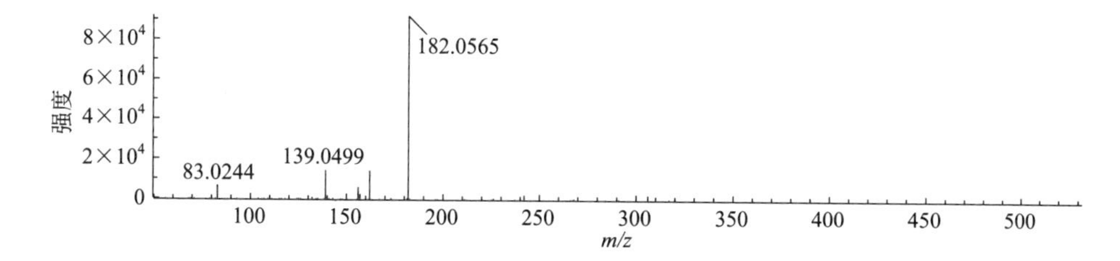

二级全扫质谱图 CE: 60V

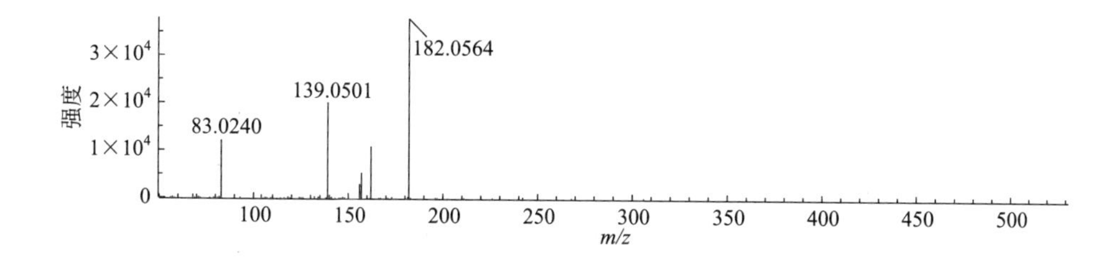

Metaflumizone
氰氟虫腙

CAS 号	139968-49-3	保留时间	22.25min
分子式	$C_{24}H_{16}F_6N_4O_2$	加合方式	$[M+H]^+$
分子量	506.1177	源内裂解碎片	无

推测裂解规律

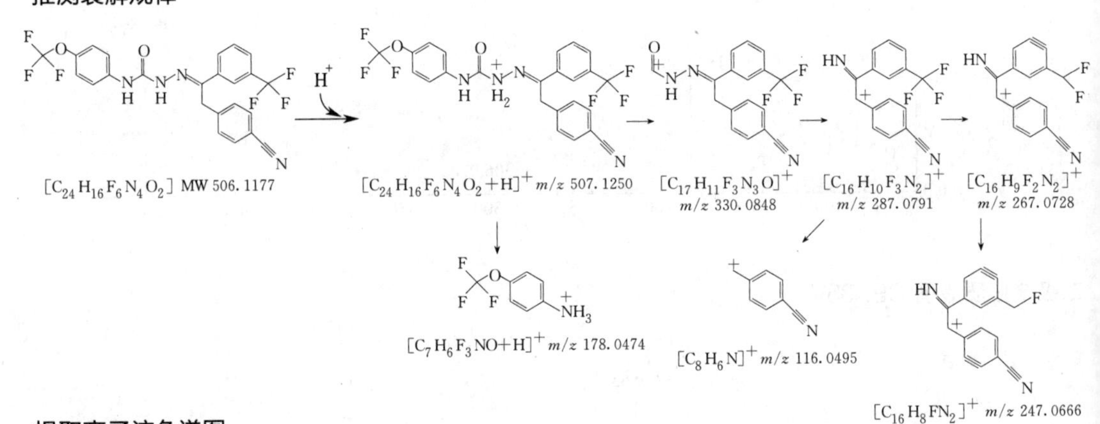

提取离子流色谱图

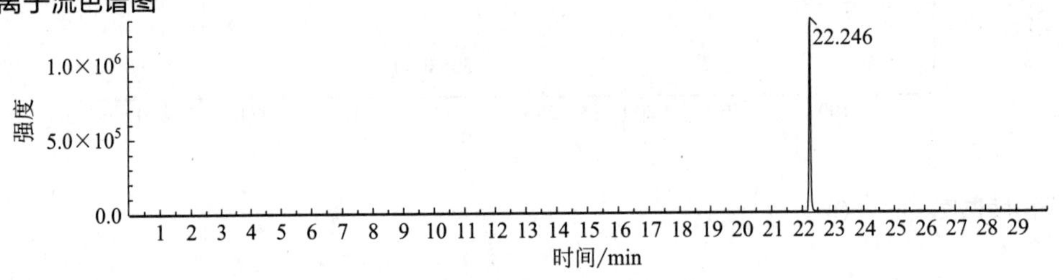

一级质谱图

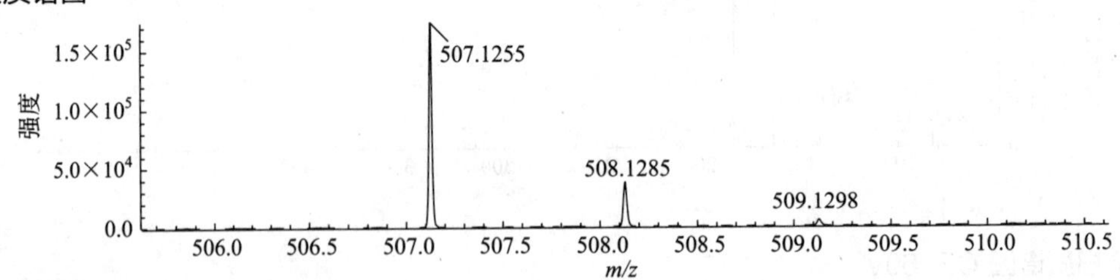

二级全扫质谱图 CE: (35±15)V

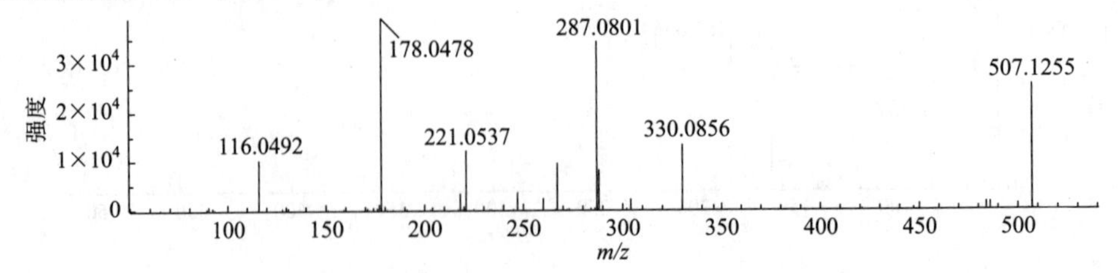

二级全扫质谱图 CE: 10V

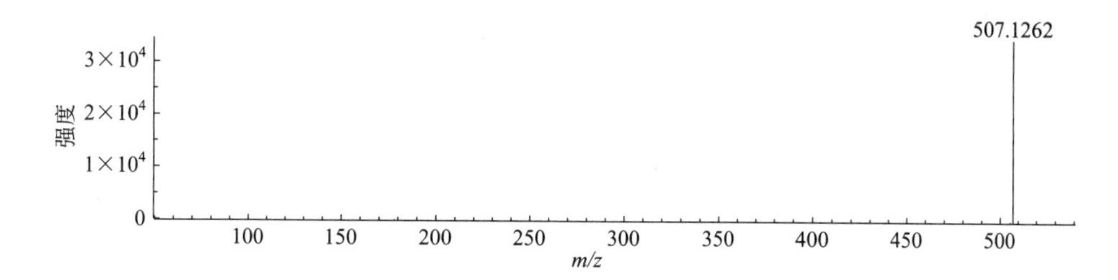

二级全扫质谱图 CE: 20V

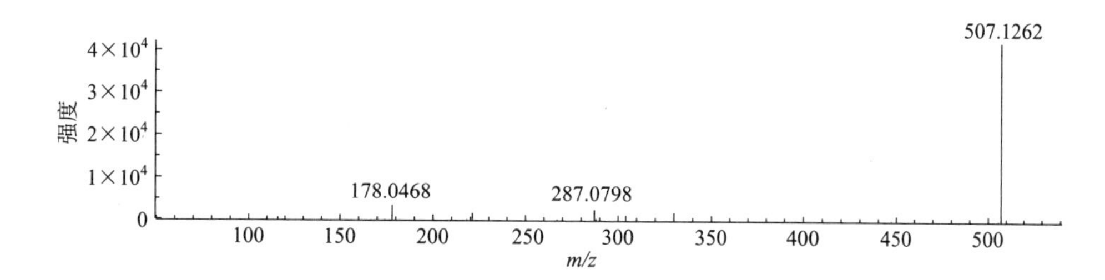

二级全扫质谱图 CE: 35V

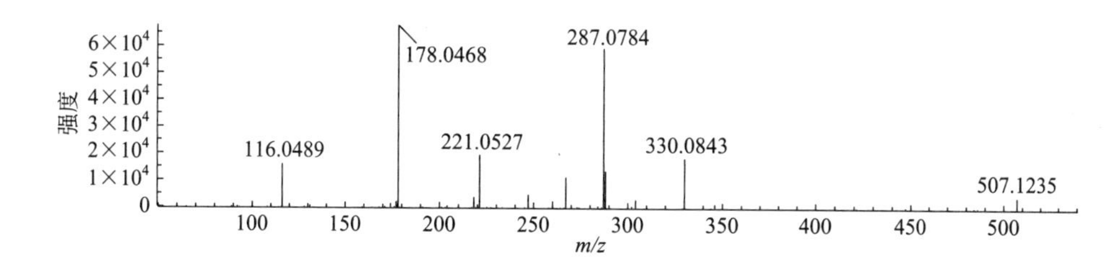

二级全扫质谱图 CE: 50V

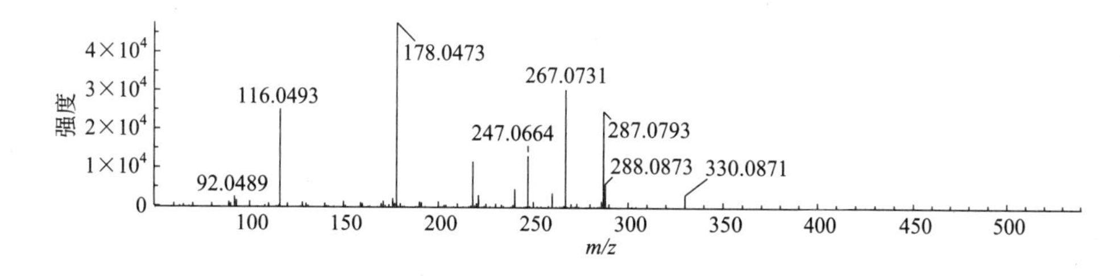

二级全扫质谱图 CE: 60V

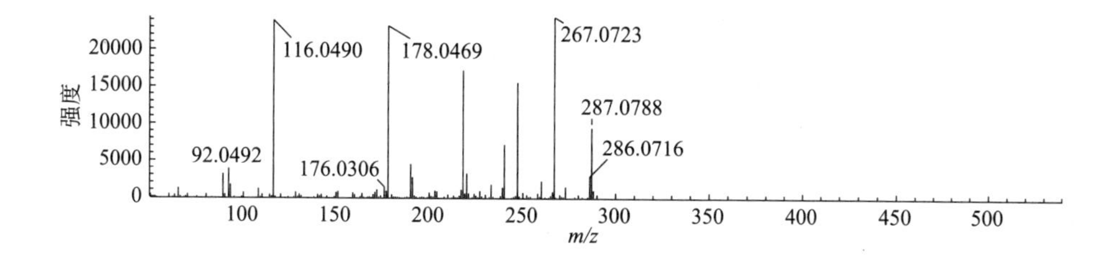

Metalaxyl
甲霜灵

CAS 号	57837-19-1	保留时间	9. 57min
分子式	$C_{15}H_{21}NO_4$	加合方式	$[M+H]^+$
分子量	279. 1471	源内裂解碎片	无

推测裂解规律（裂解路径已经 MS^3 确认）

$[C_{15}H_{21}NO_4]$ MW 279. 1471 → $[C_{15}H_{21}NO_4+H]^+$ m/z 280. 1543 → $[C_{14}H_{18}NO_3]^+$ m/z 248. 1281 → $[C_{13}H_{18}NO_2]^+$ m/z 220. 1332 → $[C_{10}H_{14}N]^+$ m/z 148. 1121

$[C_7H_7]^+$ m/z 91. 0542 → $[C_5H_5]^+$ m/z 65. 0386

$[C_{12}H_{18}NO]^+$ m/z 192. 1383 → $[C_9H_{12}N]^+$ m/z 134. 0964

$[C_{12}H_{18}NO]^+$ m/z 192. 1383 → $[C_{11}H_{14}N]^+$ m/z 160. 1121 → $[C_8H_9]^+$ m/z 105. 0699

提取离子流色谱图

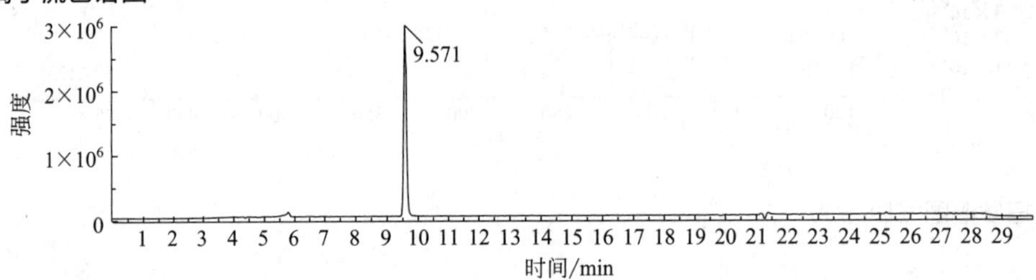

一级质谱图

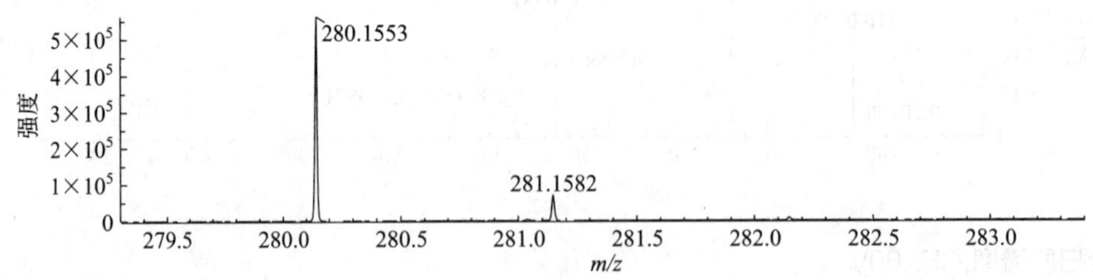

二级全扫质谱图 CE: (35±15)V

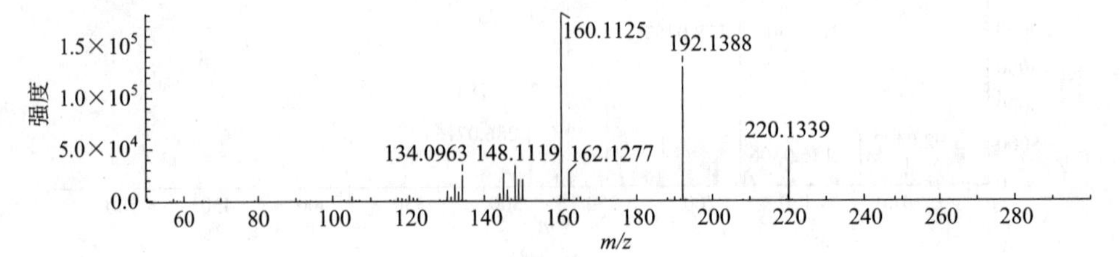

二级全扫质谱图 CE: 10V

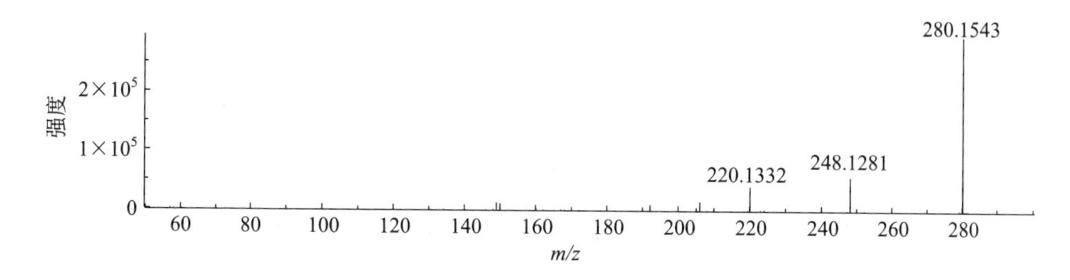

二级全扫质谱图 CE: 20V

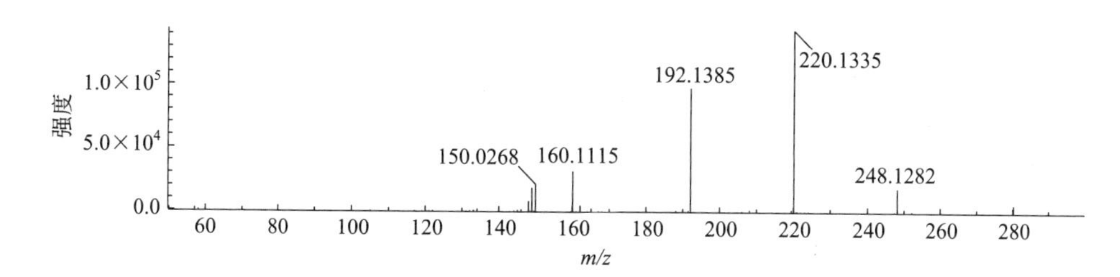

二级全扫质谱图 CE: 35V

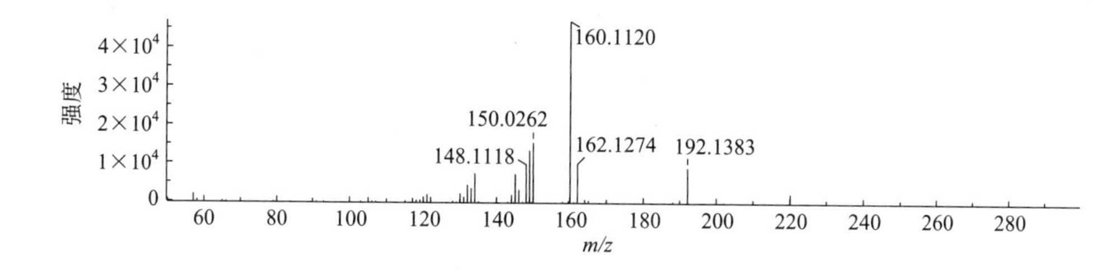

二级全扫质谱图 CE: 50V

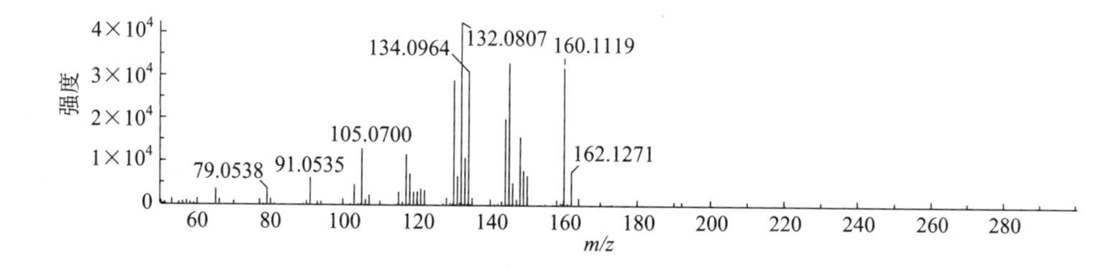

二级全扫质谱图 CE: 60V

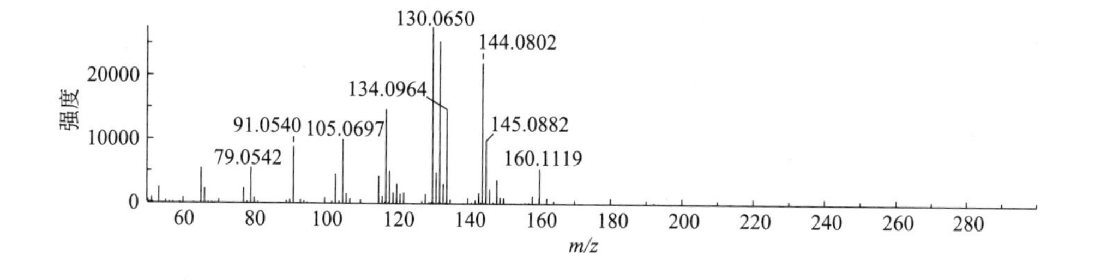

Metamifop

嗯唑酰草胺

CAS 号	256412-89-2	保留时间	21.98min
分子式	$C_{23}H_{18}ClFN_2O_4$	加合方式	$[M+H]^+$
分子量	440.0939	源内裂解碎片	无

推测裂解规律

$[C_{23}H_{18}ClFN_2O_4]$ MW 440.0939

$[C_{23}H_{18}ClFN_2O_4+H]^+$ m/z 441.1012

$[C_{15}H_{11}ClNO_3]^+$ m/z 288.0422

$[C_{10}H_{11}FNO]^+$ m/z 180.0819

提取离子流色谱图

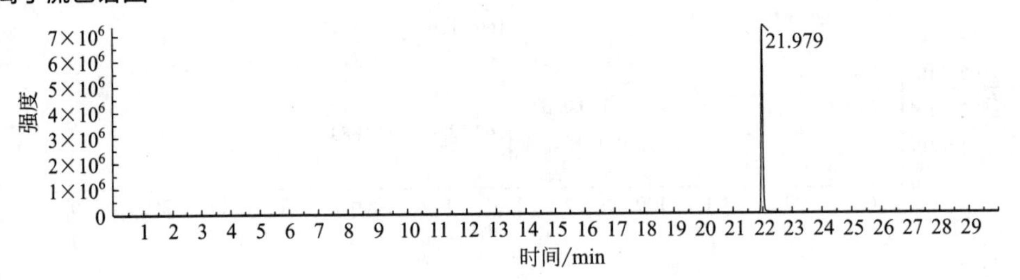

一级质谱图

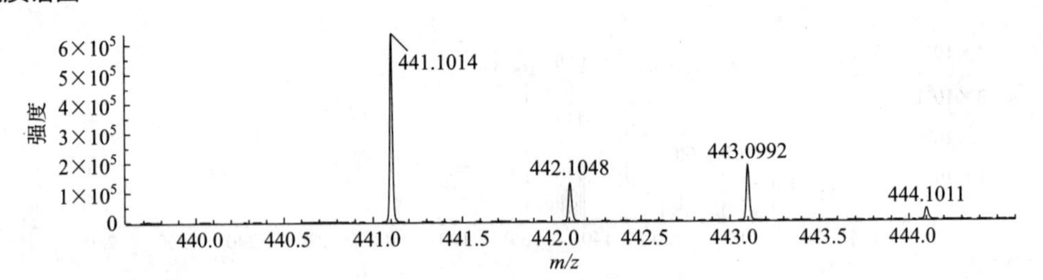

二级全扫质谱图 CE: (35±15)V

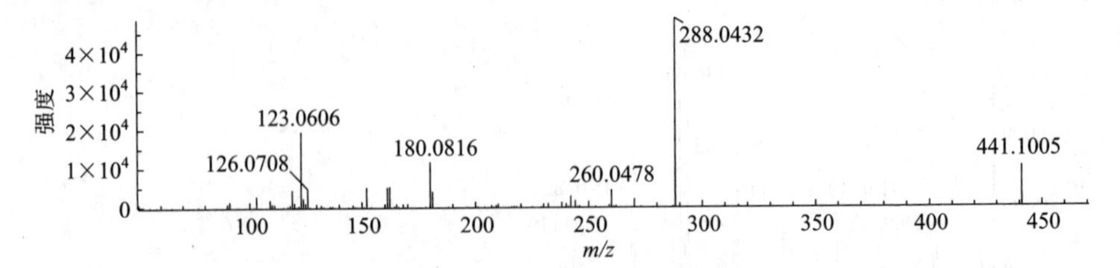

二级全扫质谱图 CE: 10V

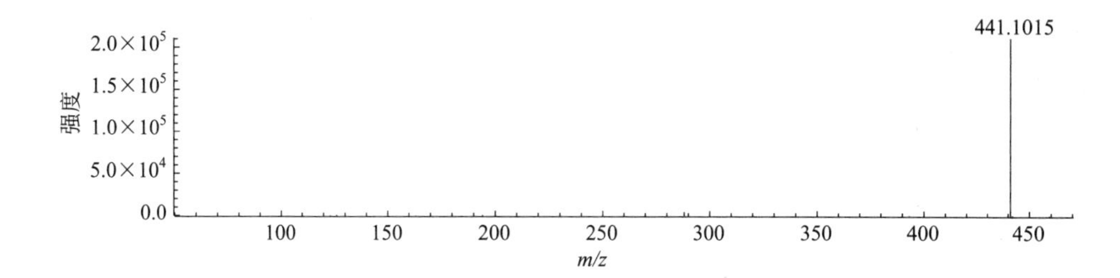

二级全扫质谱图 CE: 20V

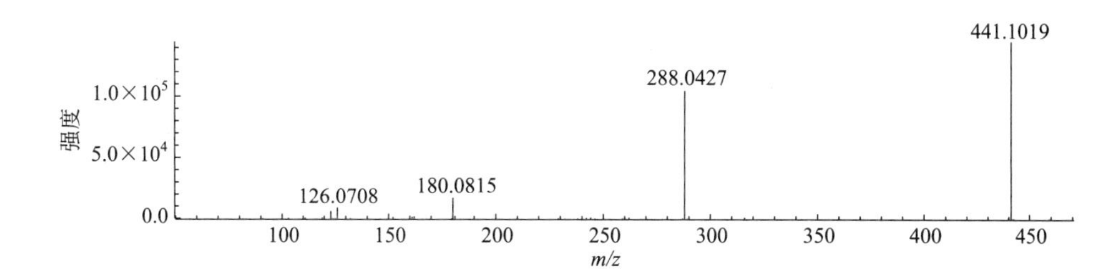

二级全扫质谱图 CE: 35V

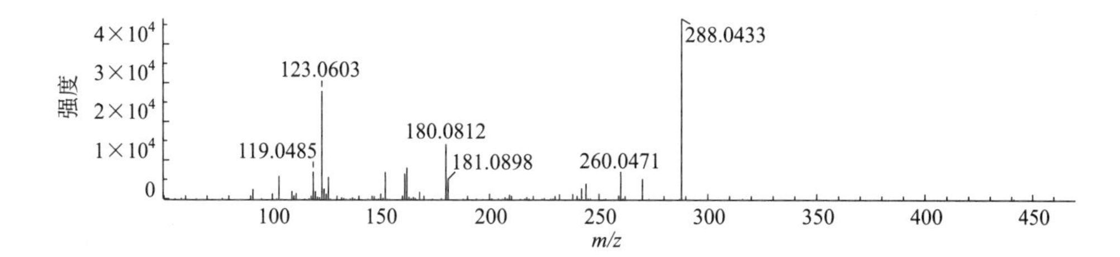

二级全扫质谱图 CE: 50V

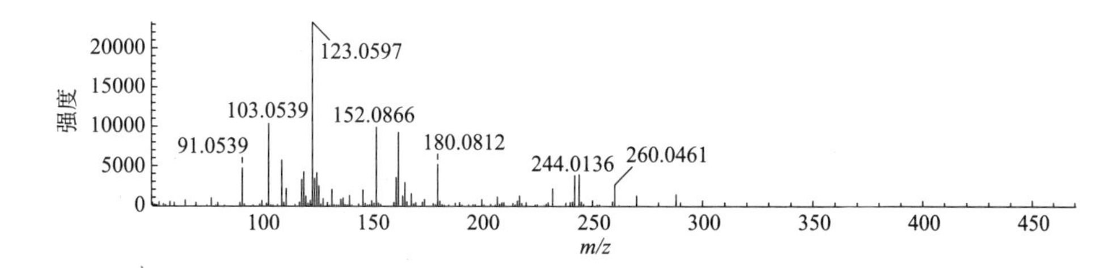

二级全扫质谱图 CE: 60V

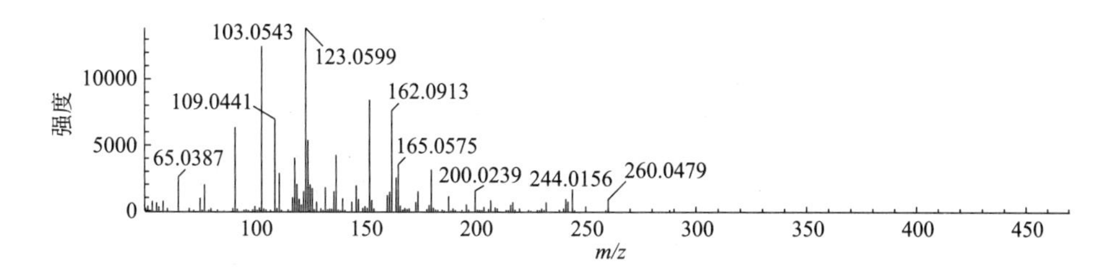

Metamitron
苯嗪草酮

CAS 号	41394-05-2	保留时间	4.76min
分子式	$C_{10}H_{10}N_4O$	加合方式	$[M+H]^+$
分子量	202.0855	源内裂解碎片	无

推测裂解规律

$[C_{10}H_{10}N_4O]$ MW 202.0855 → H^+ → $[C_{10}H_{10}N_4O+H]^+$ *m/z* 203.0927 → $[C_7H_6N]^+$ *m/z* 104.0495 → $[C_6H_5]^+$ *m/z* 77.0386

$[C_8H_5N_2O]^+$ *m/z* 145.0396　$[C_9H_{10}N_4+H]^+$ *m/z* 175.0978　$[C_4H_5]^+$ *m/z* 53.0386

提取离子流色谱图

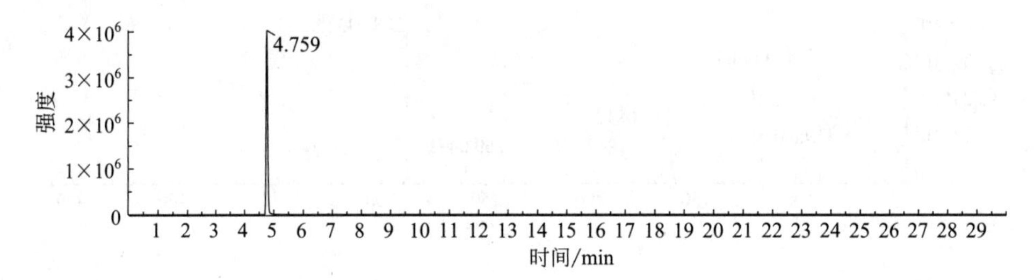

一级质谱图

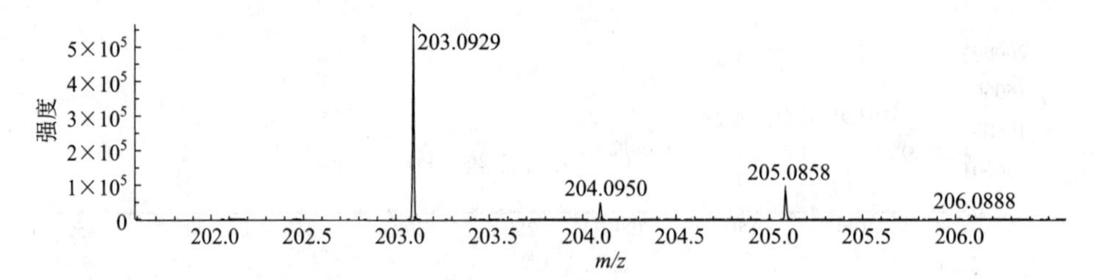

二级全扫质谱图 CE: (35±15)V

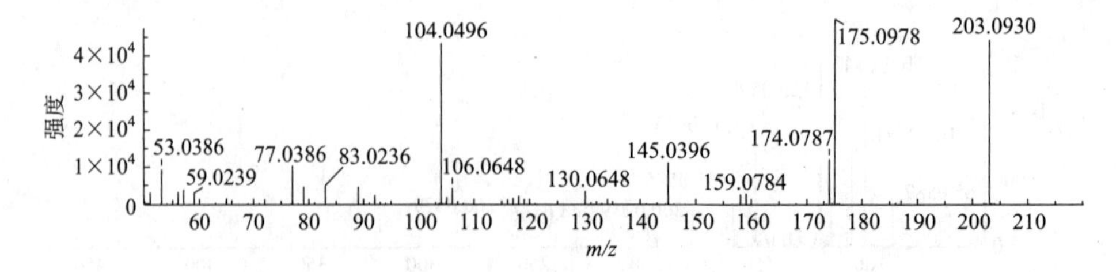

二级全扫质谱图 CE: 10V

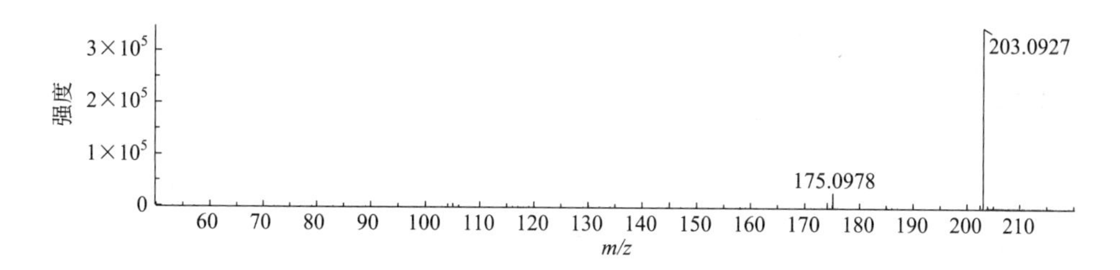

二级全扫质谱图 CE: 20V

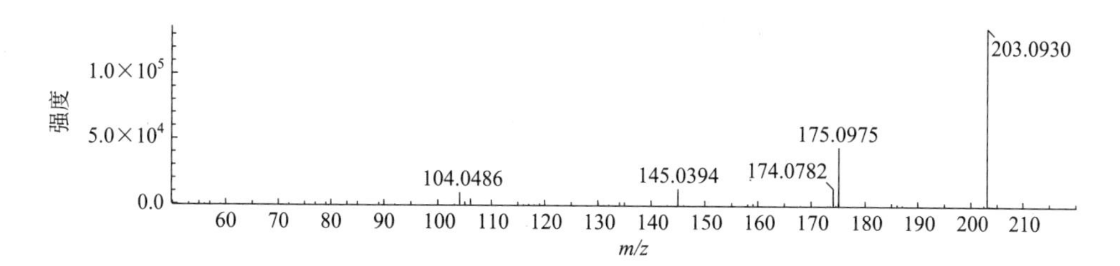

二级全扫质谱图 CE: 35V

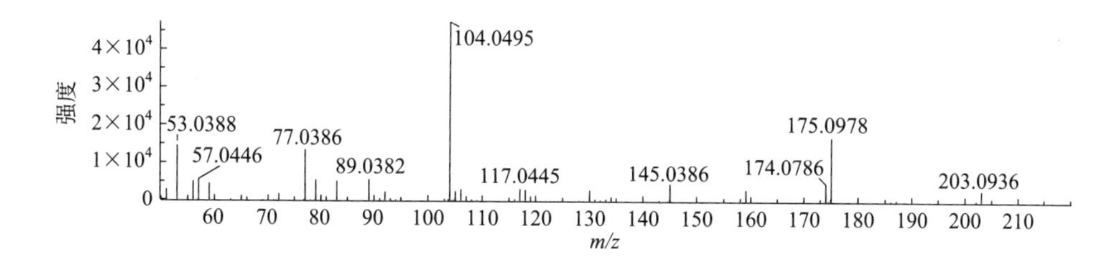

二级全扫质谱图 CE: 50V

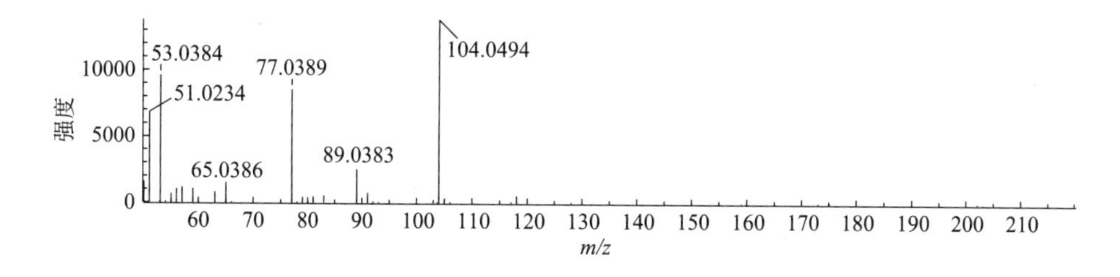

二级全扫质谱图 CE: 60V

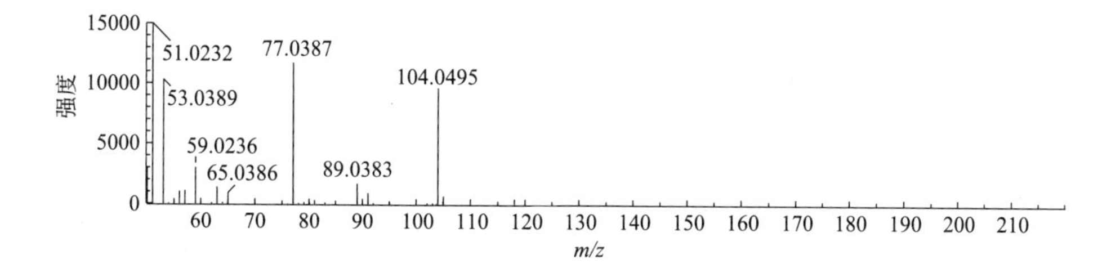

Metazachlor
吡唑草胺

CAS 号	67129-08-2	保留时间	9.50min
分子式	$C_{14}H_{16}ClN_3O$	加合方式	$[M+H]^+$
分子量	277.0982	源内裂解碎片	无

推测裂解规律（裂解路径已经 MS^3 确认）

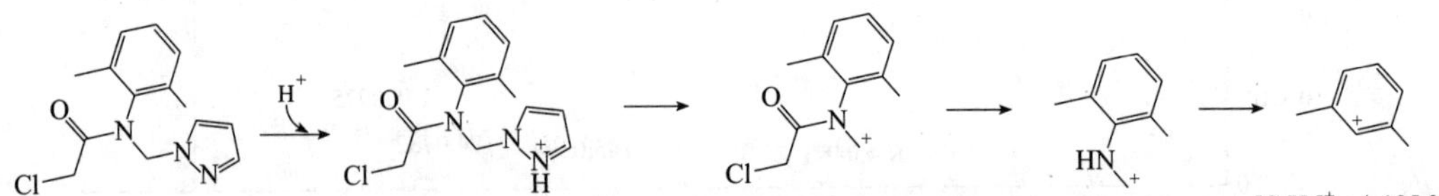

提取离子流色谱图

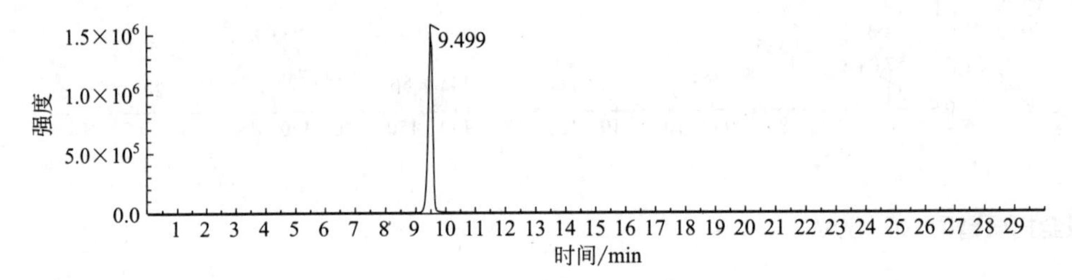

一级质谱图

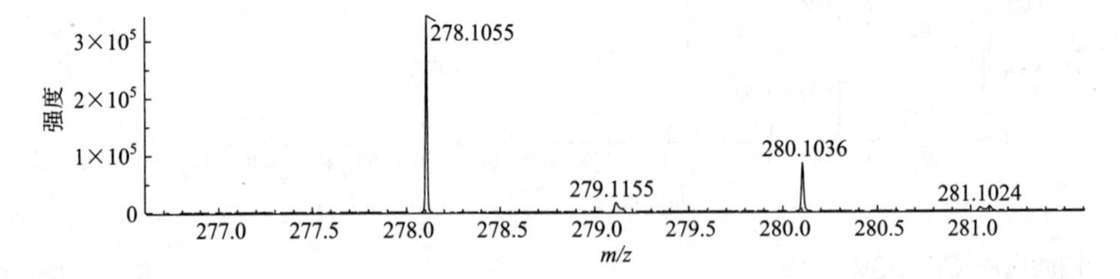

二级全扫质谱图 CE: (35±15)V

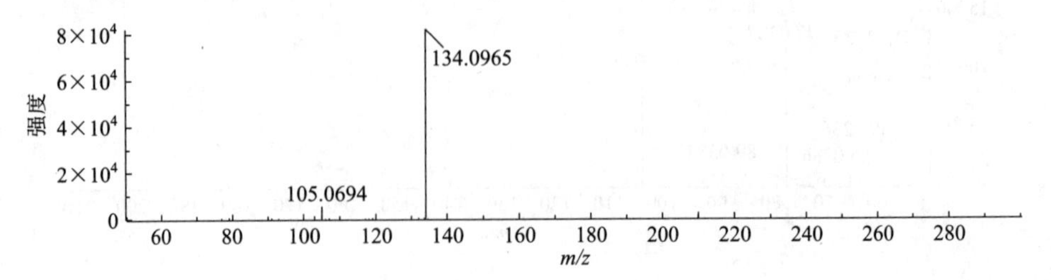

二级全扫质谱图 CE: 10V

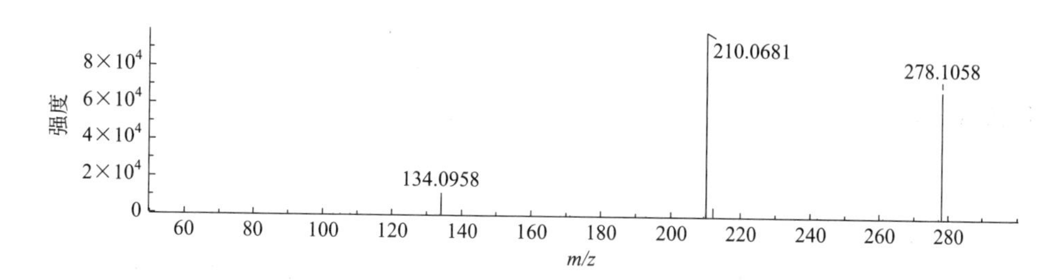

二级全扫质谱图 CE: 20V

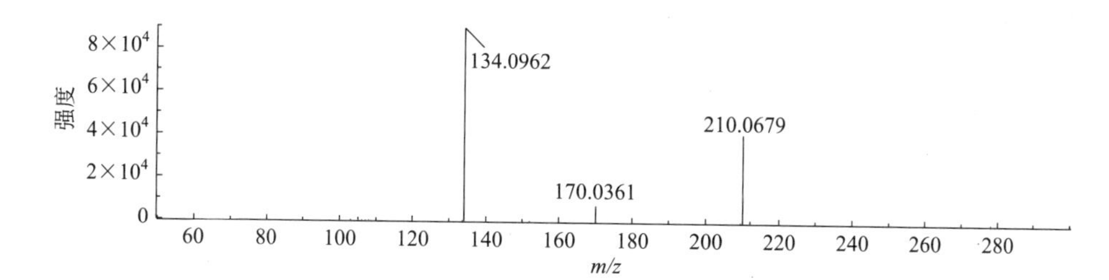

二级全扫质谱图 CE: 35V

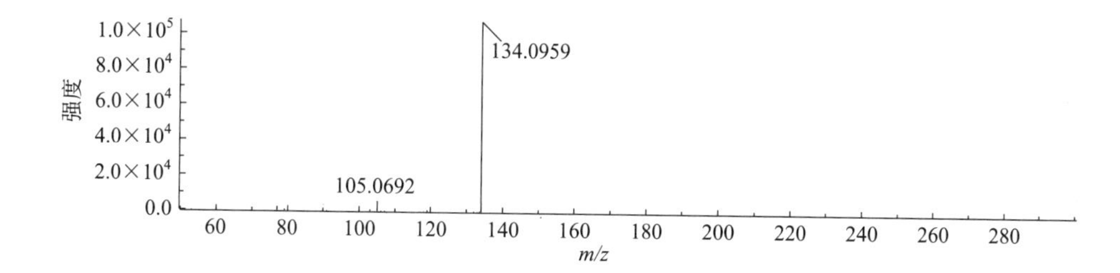

二级全扫质谱图 CE: 50V

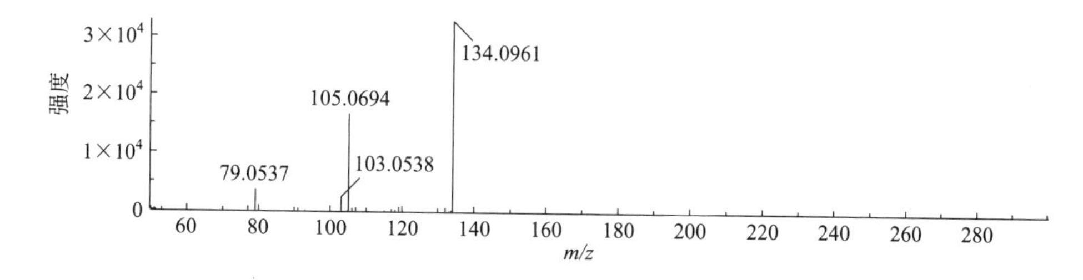

二级全扫质谱图 CE: 60V

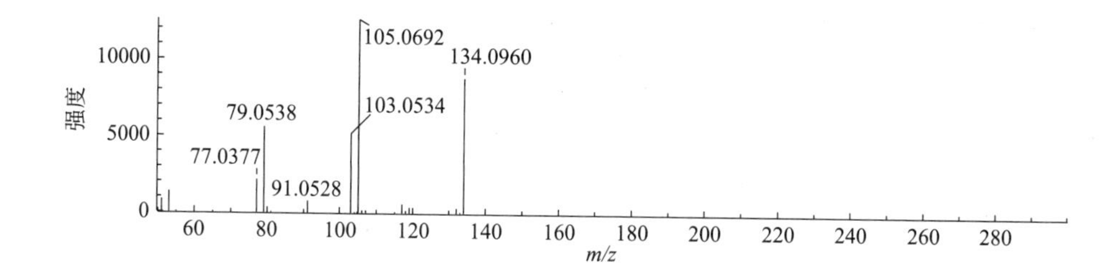

Metazosulfuron
嗪吡嘧磺隆

CAS 号	868680-84-6	保留时间	10.06min
分子式	$C_{15}H_{18}ClN_7O_7S$	加合方式	$[M+H]^+$
分子量	475.0677	源内裂解碎片	无

推测裂解规律

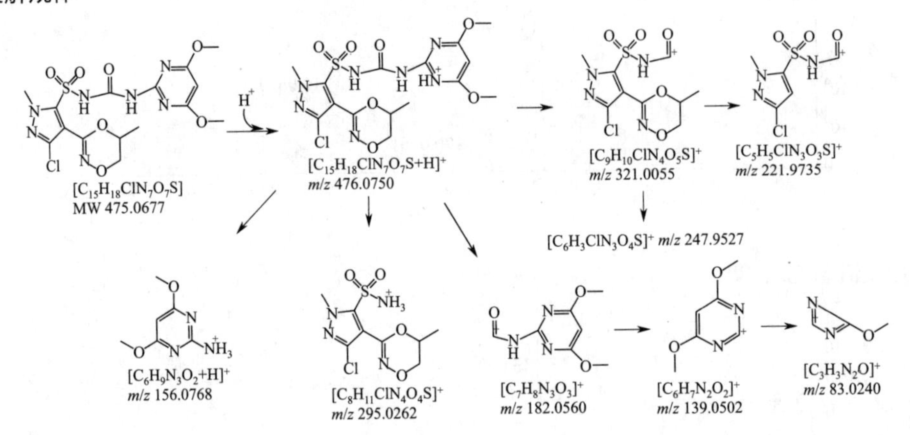

提取离子流色谱图

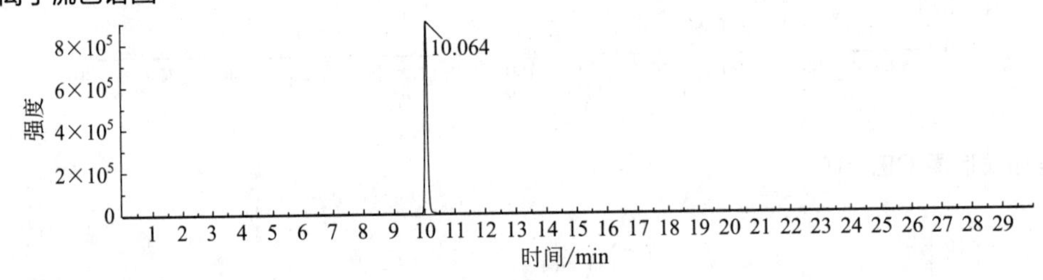

一级质谱图

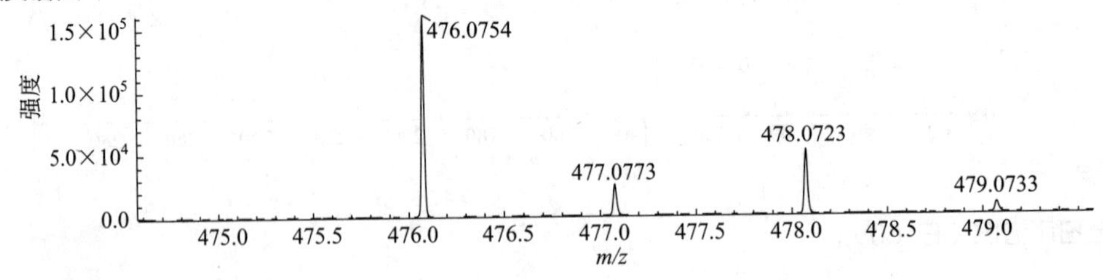

二级全扫质谱图 CE: (35±15)V

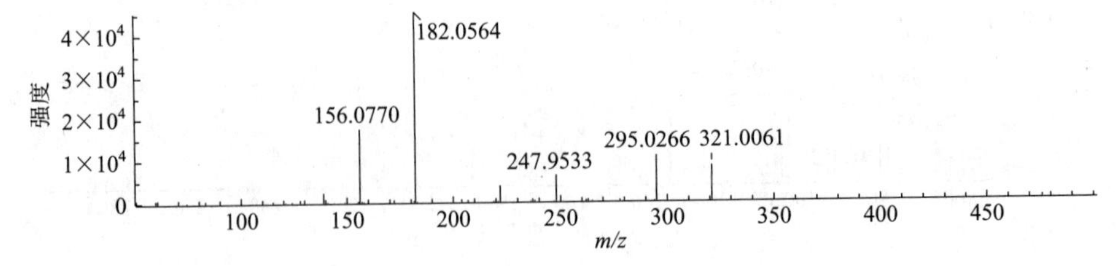

二级全扫质谱图 CE: 10V

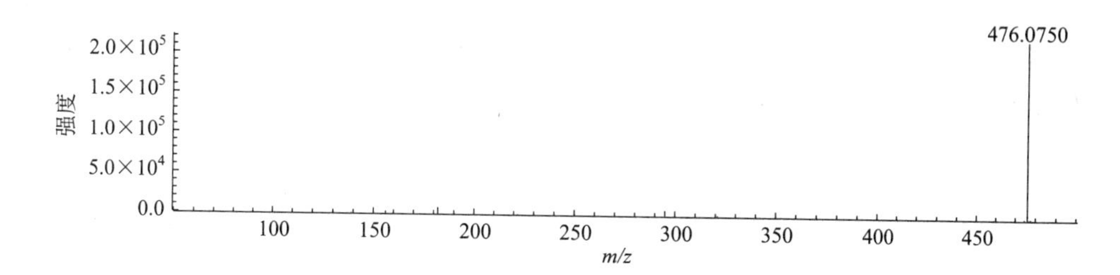

二级全扫质谱图 CE: 20V

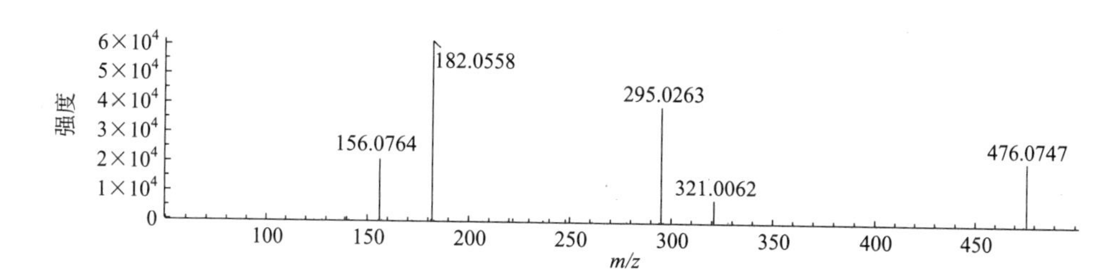

二级全扫质谱图 CE: 35V

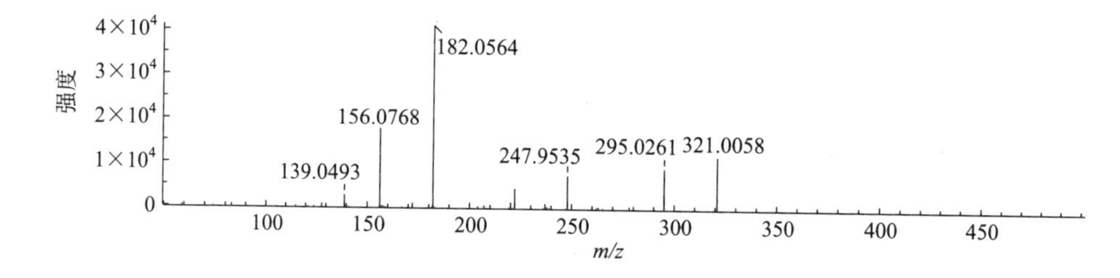

二级全扫质谱图 CE: 50V

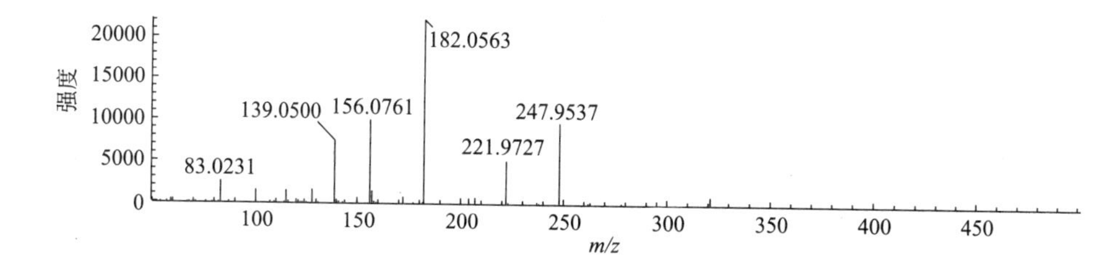

二级全扫质谱图 CE: 60V

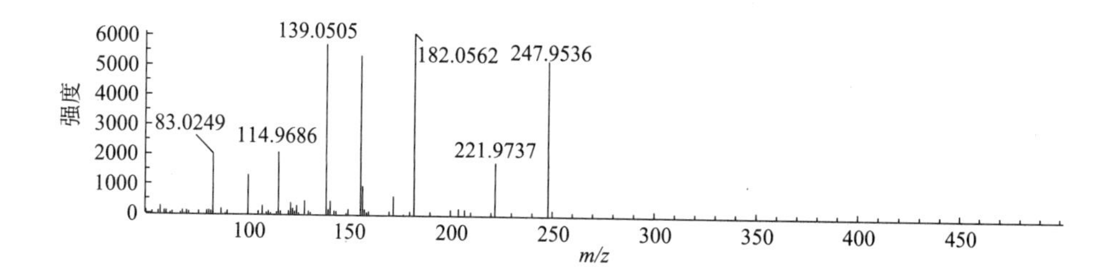

Metconazole

叶菌唑

CAS 号	125116-23-6	保留时间	19.44min
分子式	$C_{17}H_{22}ClN_3O$	加合方式	$[M+H]^+$
分子量	319.1451	源内裂解碎片	无

推测裂解规律

$[C_{17}H_{22}ClN_3O]$ MW 319.1451 $\xrightarrow{H^+}$ $[C_{17}H_{22}ClN_3O+H]^+$ *m/z* 320.1524 → $[C_7H_6Cl]^+$ *m/z* 125.0152

$[C_{17}H_{22}ClN_3O+H]^+$ *m/z* 320.1524 → $[C_2H_3N_3+H]^+$ *m/z* 70.0400

提取离子流色谱图

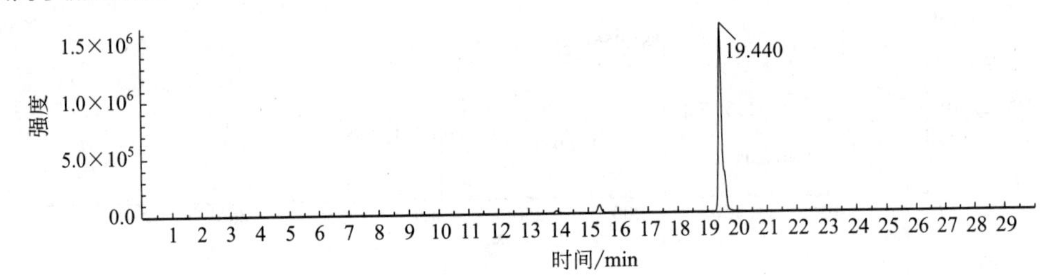

一级质谱图

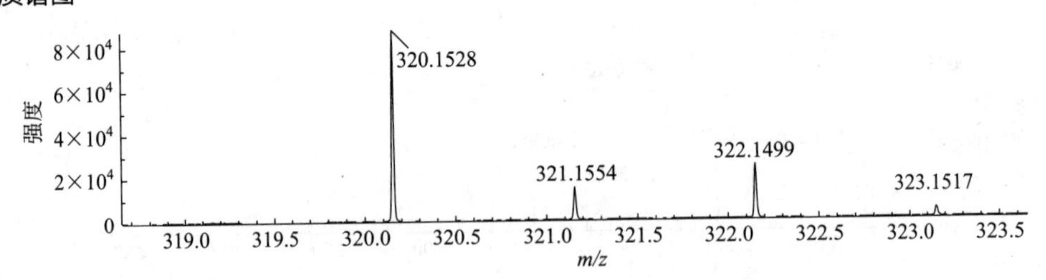

二级全扫质谱图 CE: (35±15)V

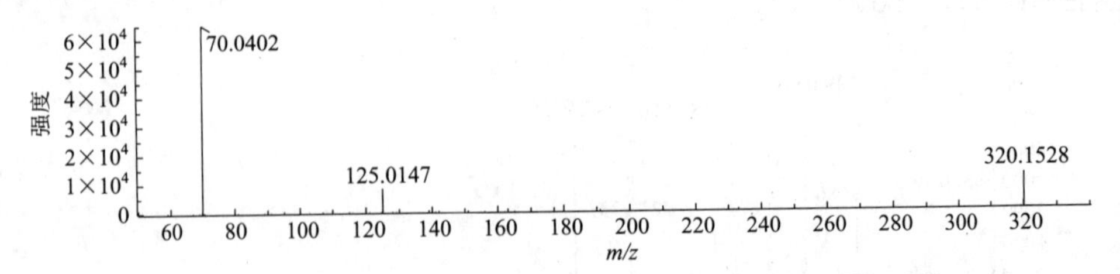

二级全扫质谱图 CE: 10V

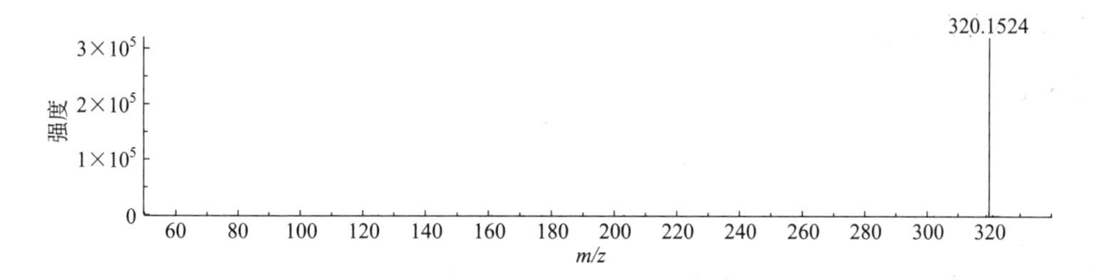

二级全扫质谱图 CE: 20V

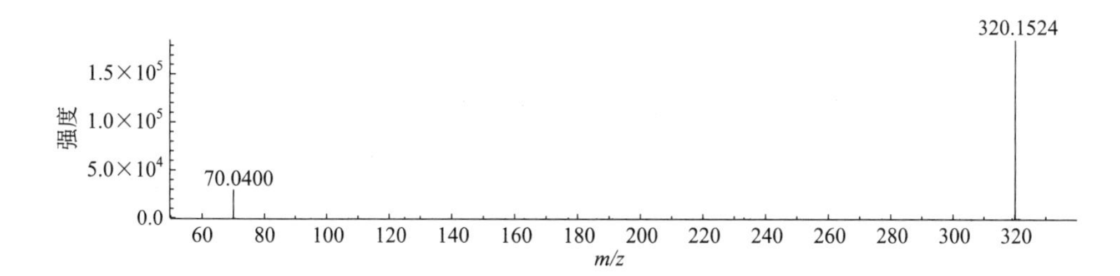

二级全扫质谱图 CE: 35V

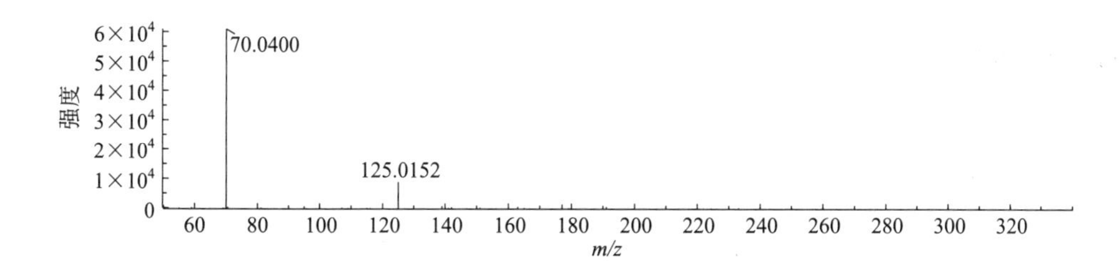

二级全扫质谱图 CE: 50V

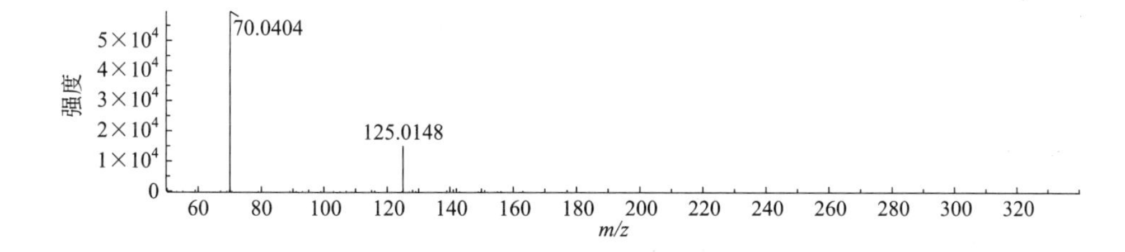

二级全扫质谱图 CE: 60V

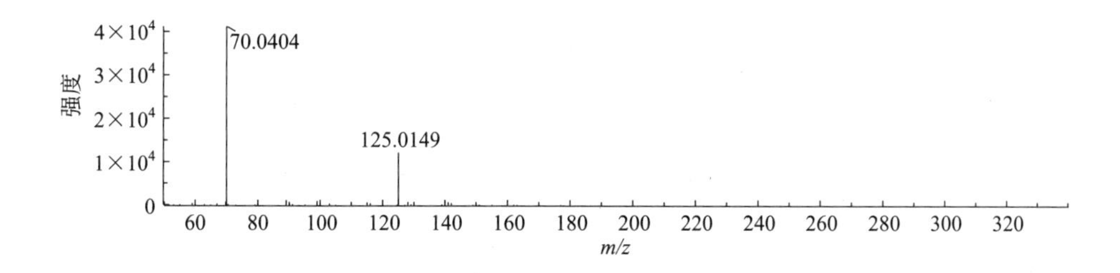

Methacrifos
虫螨畏

CAS 号	62610-77-9	保留时间	8.59min/10.12min
分子式	$C_7H_{13}O_5PS$	加合方式	$[M+H]^+$
分子量	240.0221	源内裂解碎片	*m/z*209

推测裂解规律

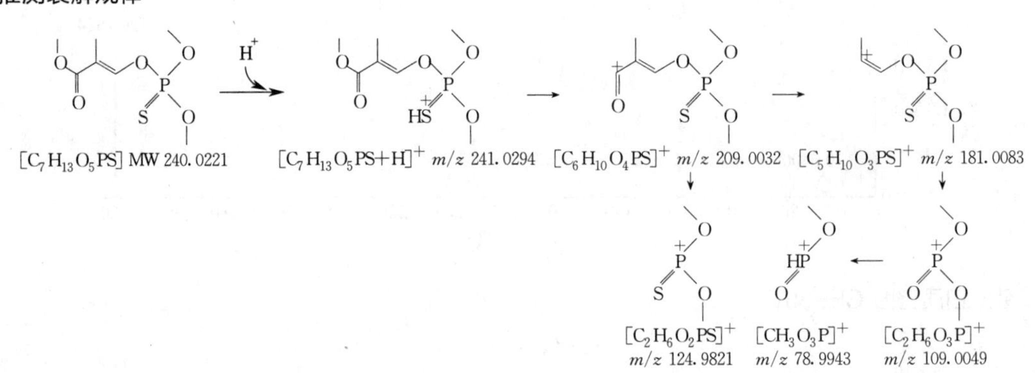

提取离子流色谱图

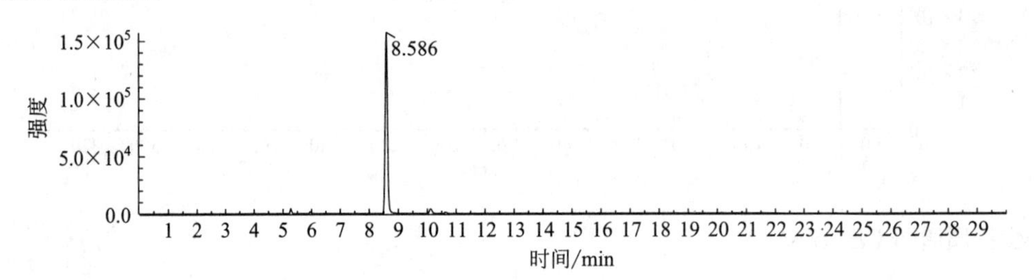

一级质谱图

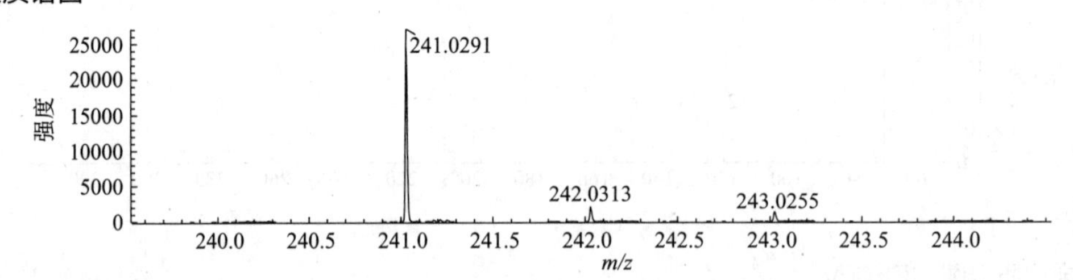

二级全扫质谱图 CE: (35±15)V

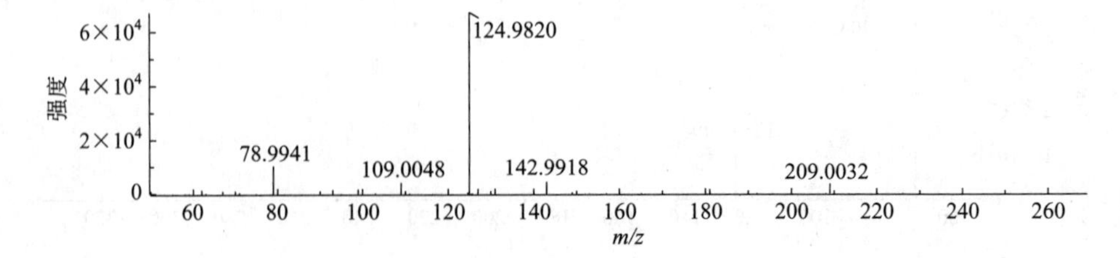

二级全扫质谱图 CE: 10V

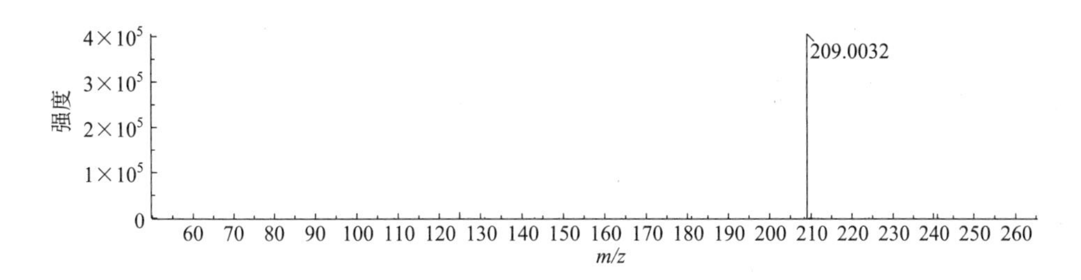

二级全扫质谱图 CE: 20V

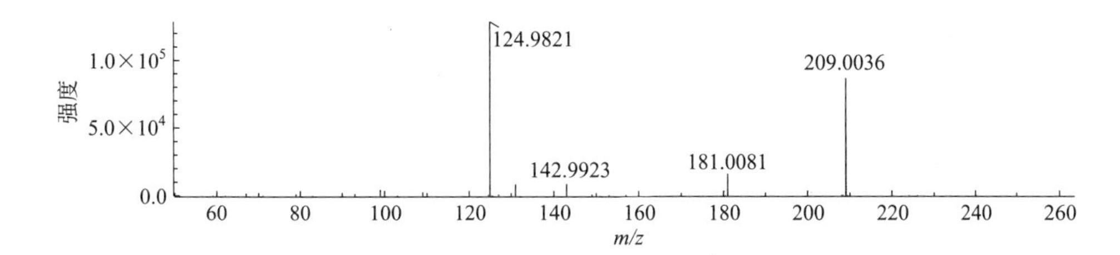

二级全扫质谱图 CE: 35V

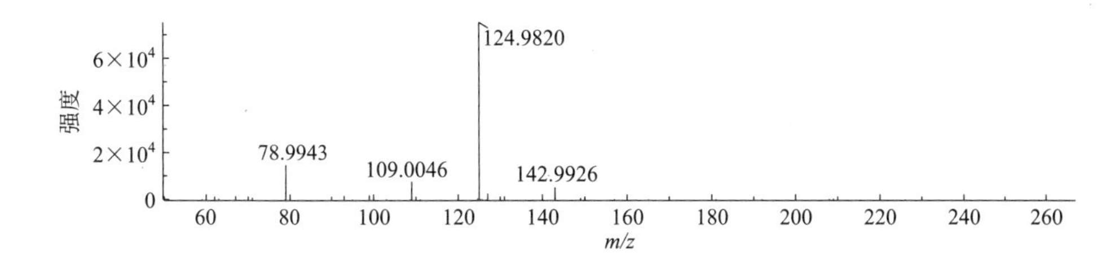

二级全扫质谱图 CE: 50V

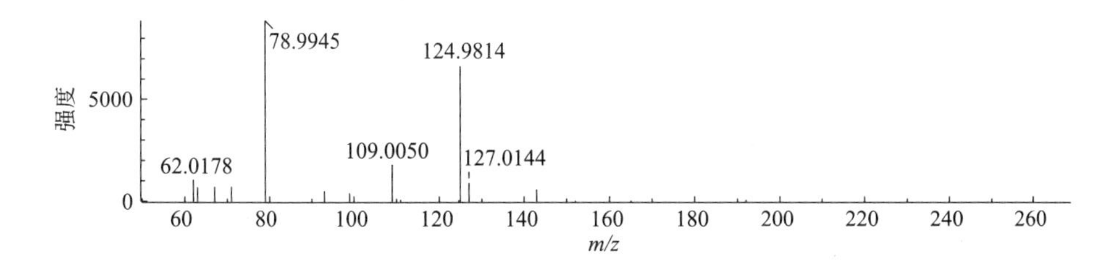

二级全扫质谱图 CE: 60V

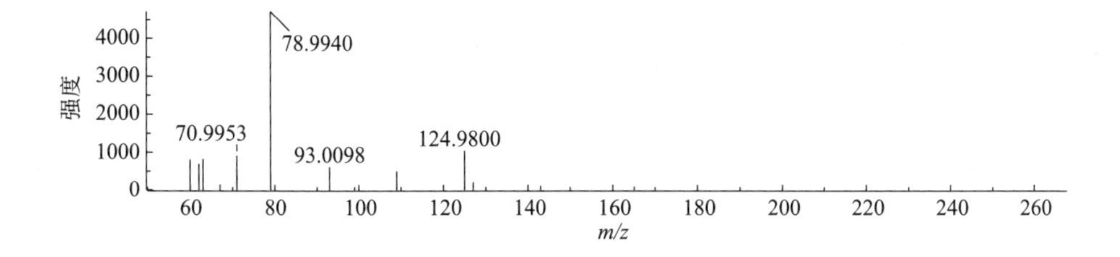

Methacrifos in-source fragment 209

虫螨畏源内裂解碎片 209

CAS 号	—	保留时间	8. 58min/10. 12min
分子式	$C_6H_{10}O_4PS^+$	加合方式	$[M]^+$
分子量	209. 0032	源内裂解碎片	无

推测裂解规律

$[C_2H_6O_2PS]^+$ *m/z* 124. 9821 ← $[C_6H_{10}O_4PS]^+$ *m/z* 209. 0032 → $[C_5H_{10}O_3PS]^+$ *m/z* 181. 0083 → $[C_2H_6O_3P]^+$ *m/z* 109. 0049 → $[CH_3O_3P]^+$ *m/z* 78. 9943

提取离子流色谱图

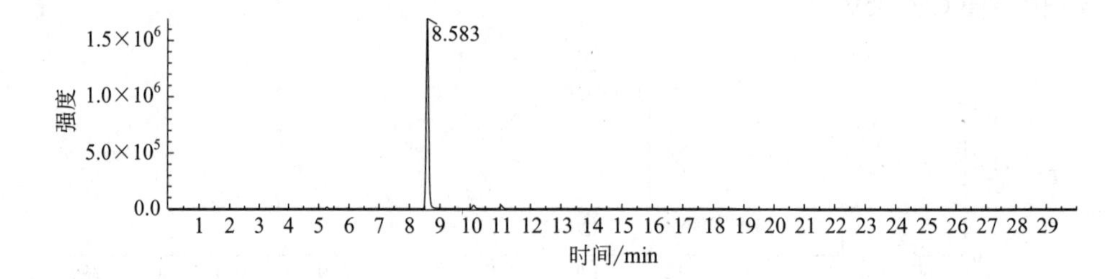

一级质谱图

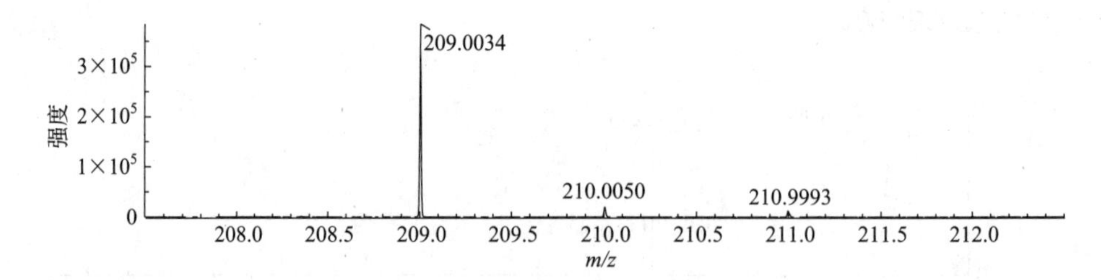

二级全扫质谱图 CE: (35±15)V

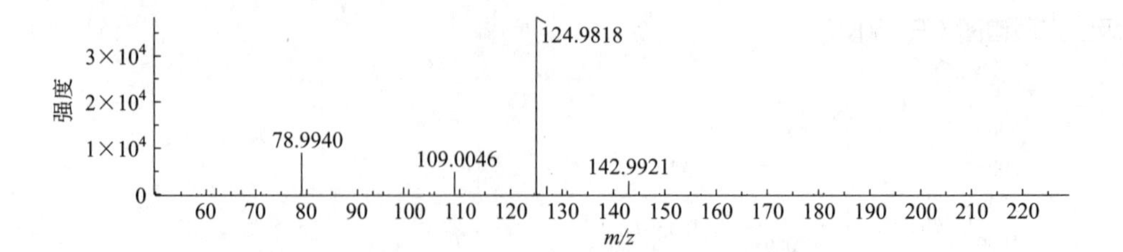

二级全扫质谱图 CE: 10V

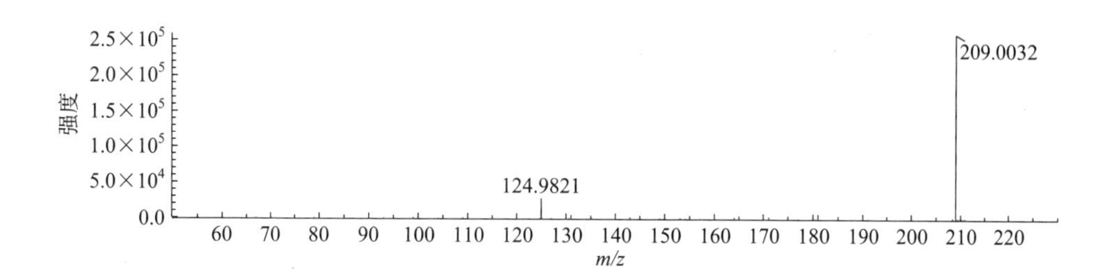

二级全扫质谱图 CE: 20V

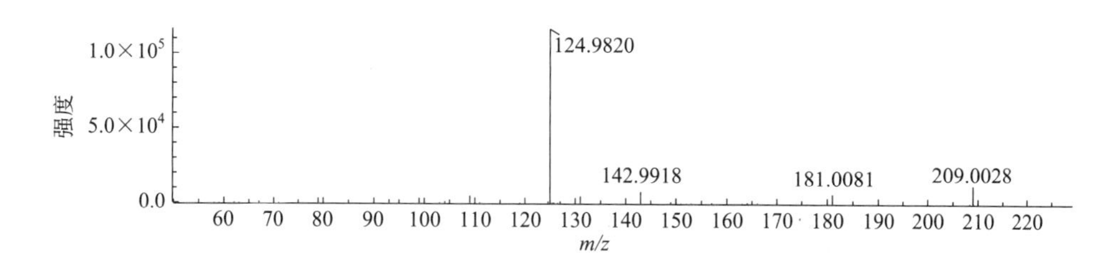

二级全扫质谱图 CE: 35V

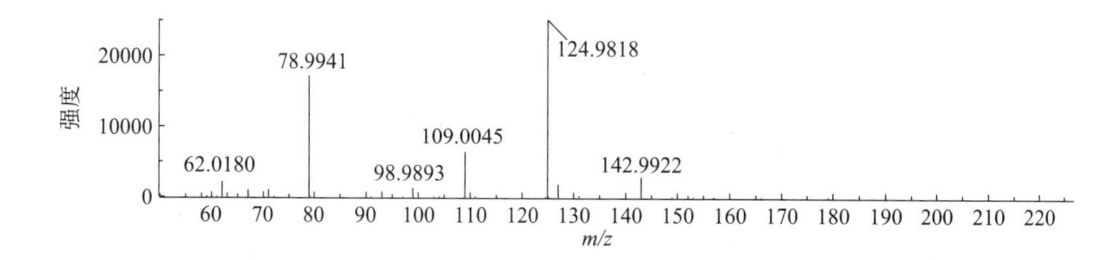

二级全扫质谱图 CE: 50V

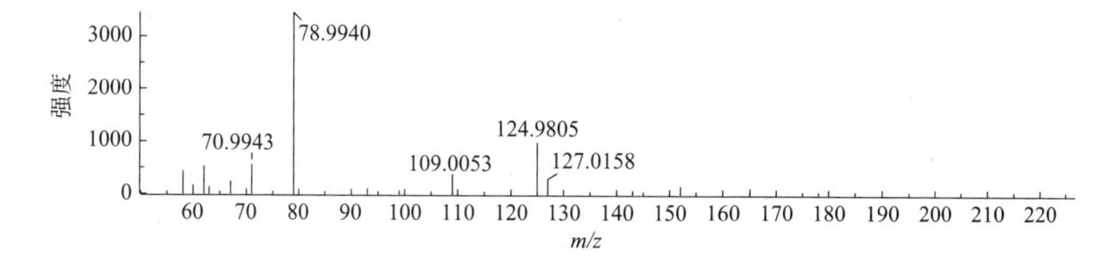

二级全扫质谱图 CE: 60V

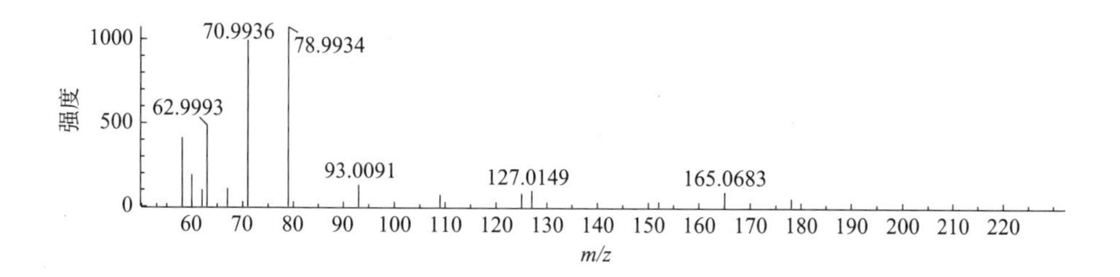

Methamidophos

甲胺磷

CAS 号	10265-92-6	保留时间	3.23min
分子式	$C_2H_8NO_2PS$	加合方式	$[M+H]^+$
分子量	141.0013	源内裂解碎片	无

推测裂解规律

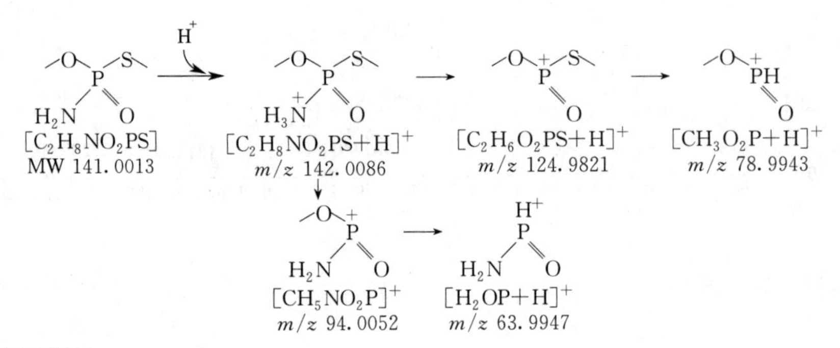

提取离子流色谱图

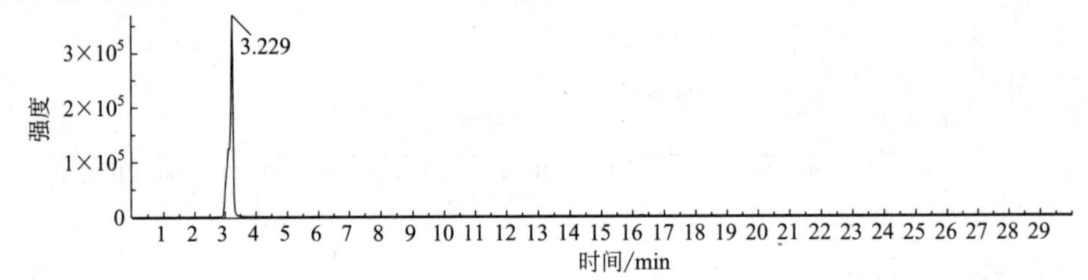

一级质谱图

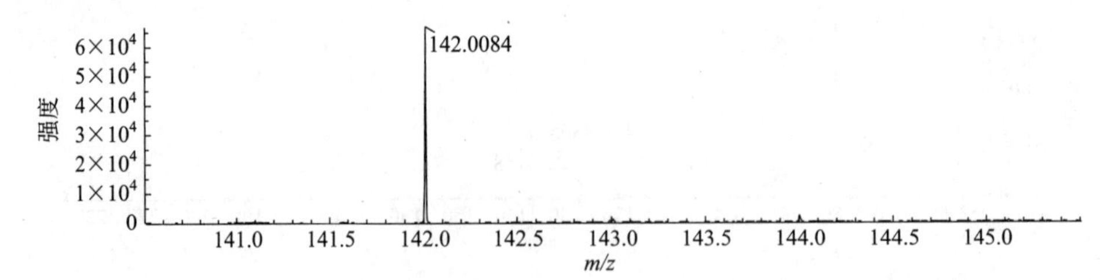

二级全扫质谱图 CE: (35±15)V

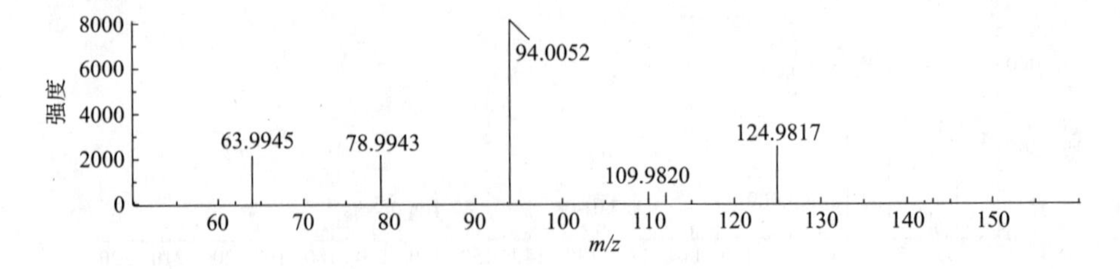

二级全扫质谱图 CE: 10V

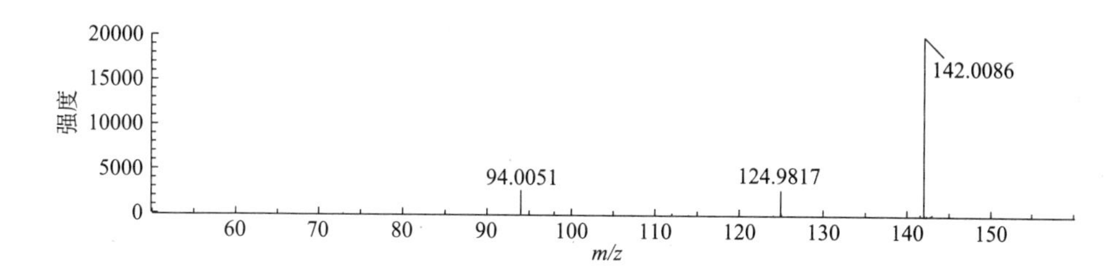

二级全扫质谱图 CE: 20V

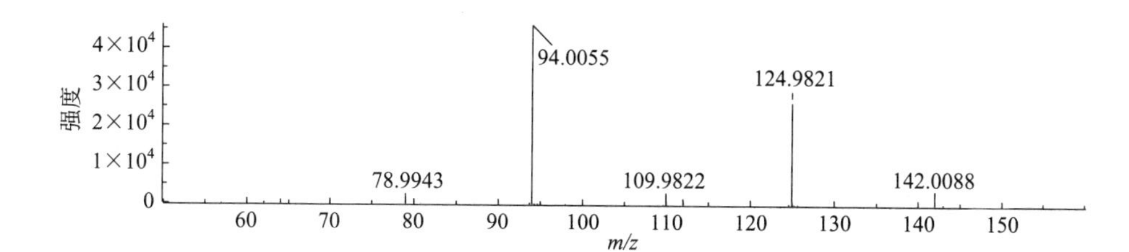

二级全扫质谱图 CE: 35V

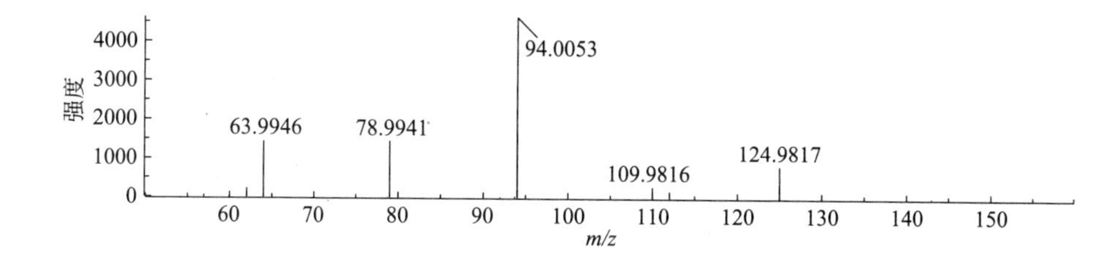

二级全扫质谱图 CE: 50V

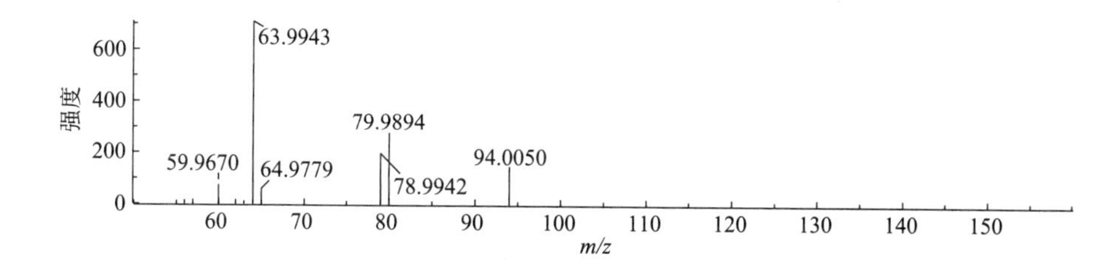

二级全扫质谱图 CE: 60V

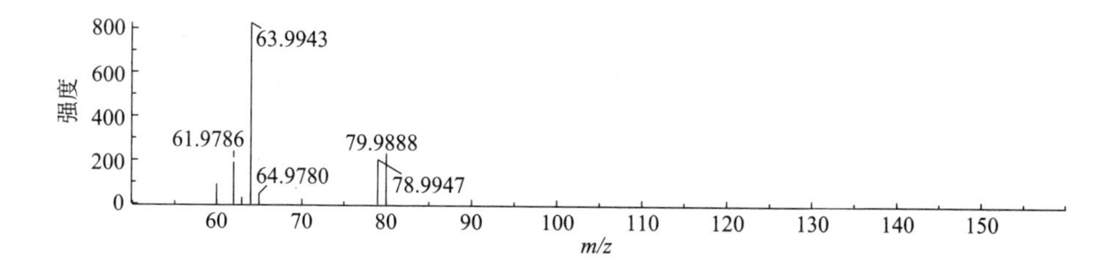

Methidathion

杀扑磷

CAS 号	950-37-8	保留时间	10.04min
分子式	$C_6H_{11}N_2O_4PS_3$	加合方式	$[M+H]^+$
分子量	301.9619	源内裂解碎片	m/z145

推测裂解规律

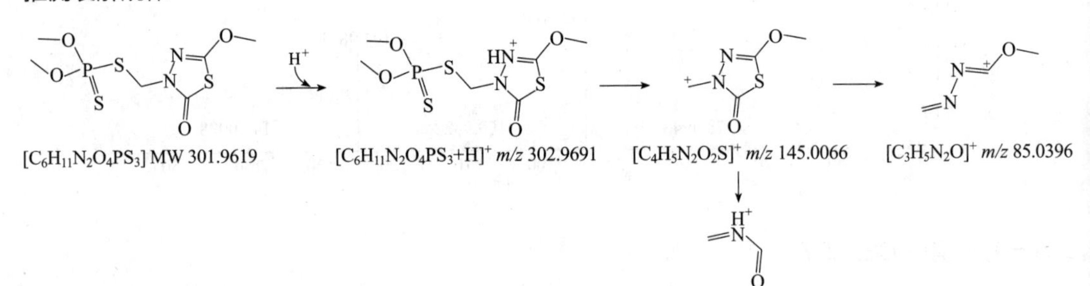

提取离子流色谱图

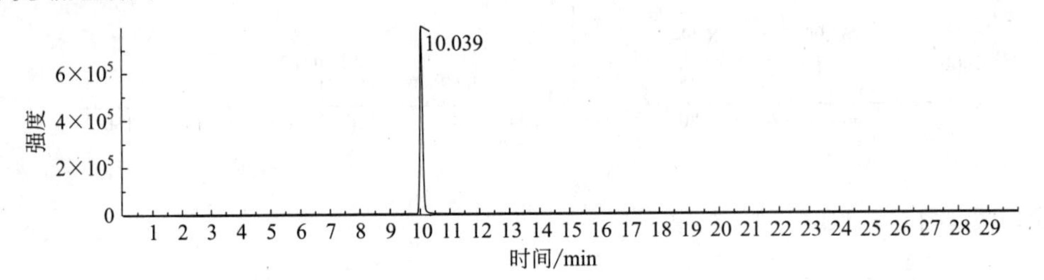

一级质谱图

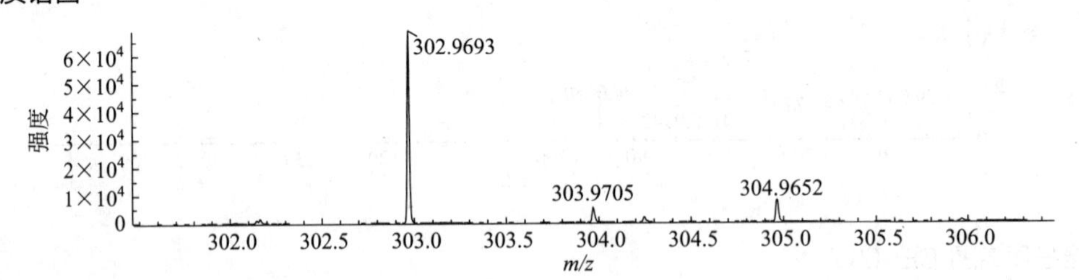

二级全扫质谱图 CE: (35±15)V

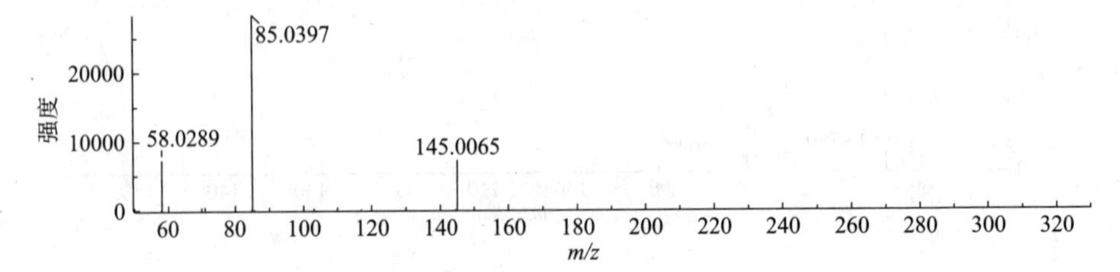

二级全扫质谱图 CE: 10V

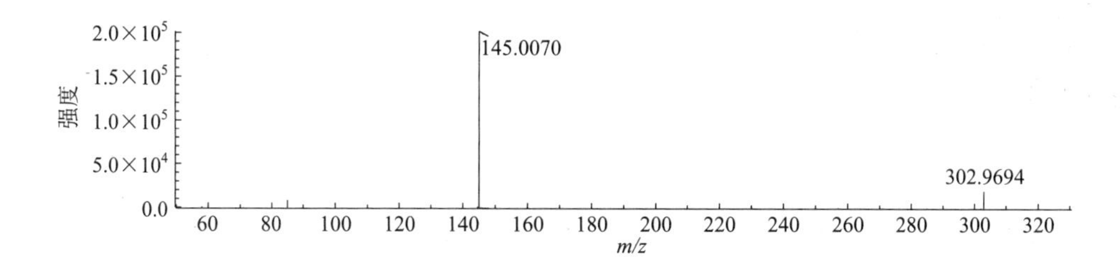

二级全扫质谱图 CE: 20V

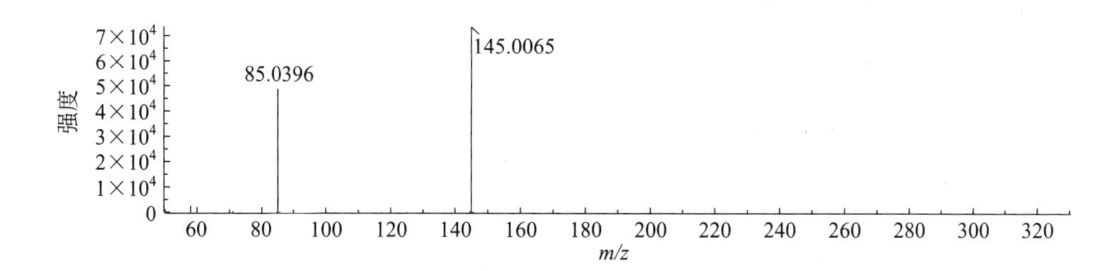

二级全扫质谱图 CE: 35V

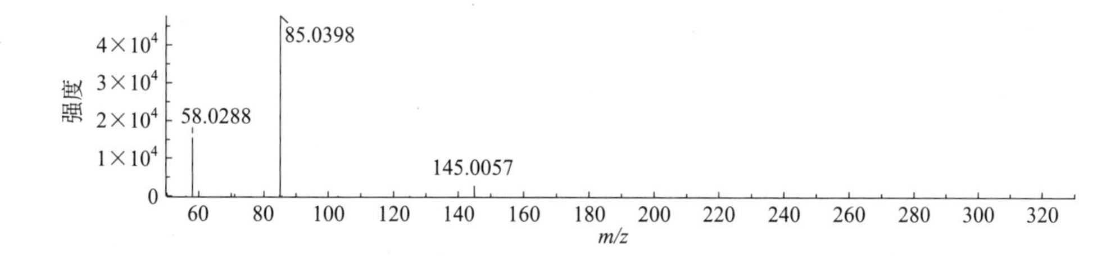

二级全扫质谱图 CE: 50V

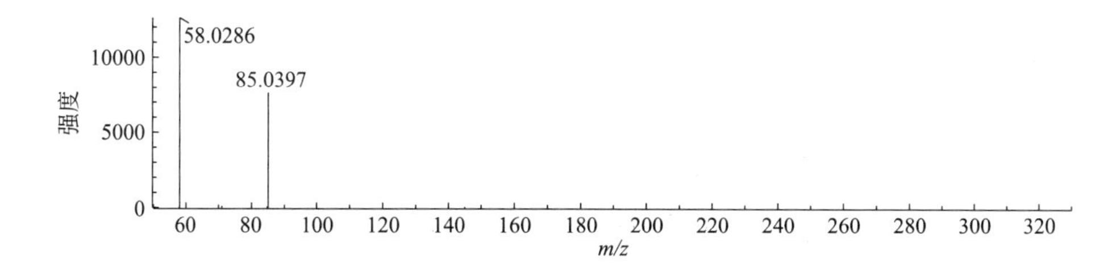

二级全扫质谱图 CE: 60V

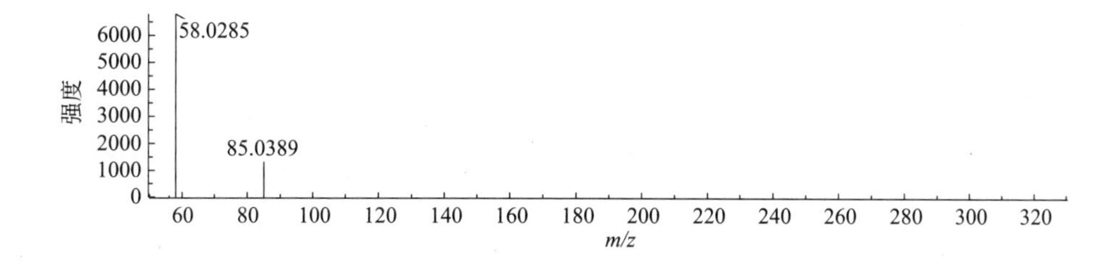

Methiocarb
甲硫威

CAS 号	2032-65-7	保留时间	12. 12min
分子式	$C_{11}H_{15}NO_2S$	加合方式	$[M+H]^+$
分子量	225. 0824	源内裂解碎片	m/z169

推测裂解规律（裂解路径已经 MS^3 确认）

$[C_{11}H_{15}NO_2S]$ MW 225.0824

$[C_{11}H_{15}NO_2S+H]^+$ *m/z* 226.0896

$[C_9H_{12}OS+H]^+$ *m/z* 169.0682

$[C_8H_9O]^+$ *m/z* 121.0648

$[C_8H_9O+H]^{\cdot+}$ *m/z* 122.0726

$[C_7H_7]^+$ *m/z* 91.0542

$[C_5H_5]^+$ *m/z* 65.0386

$[C_7H_7O]^+$ *m/z* 107.0491

$[C_6H_5]^+$ *m/z* 77.0386

$[C_4H_3]^+$ *m/z* 51.0229

提取离子流色谱图

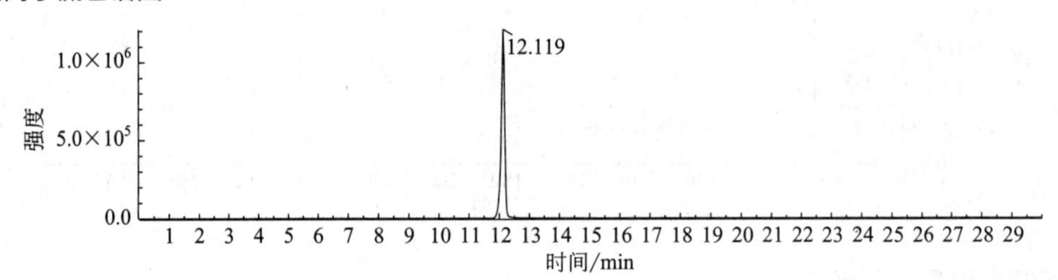

一级质谱图

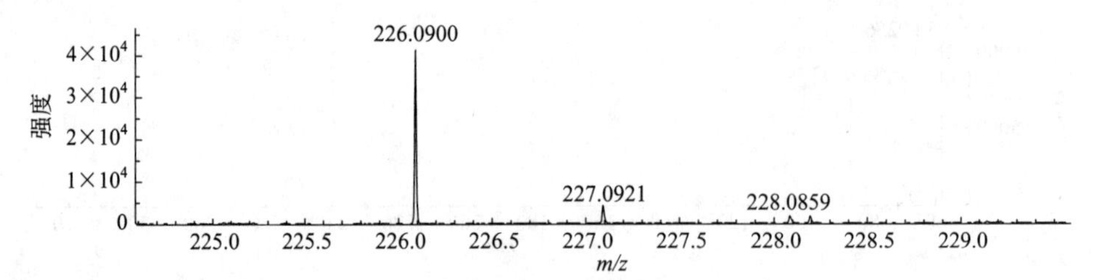

二级全扫质谱图 CE:（35±15）V

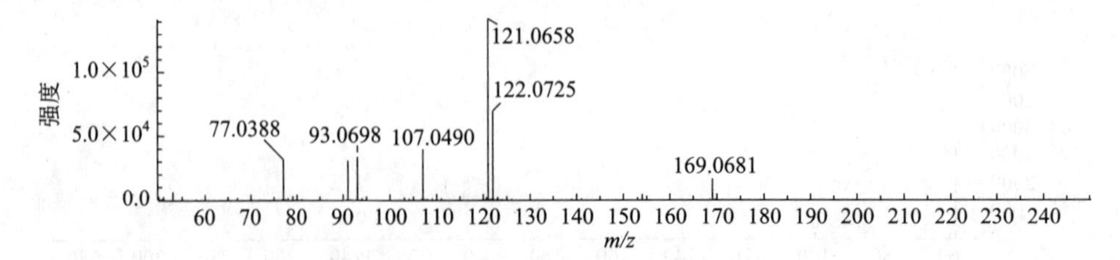

二级全扫质谱图 CE: 10V

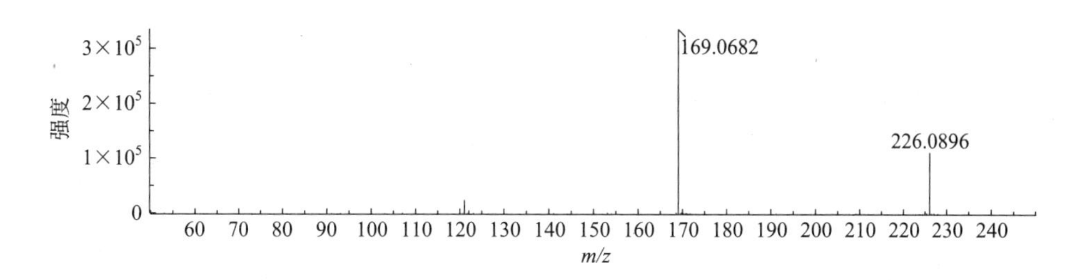

二级全扫质谱图 CE: 20V

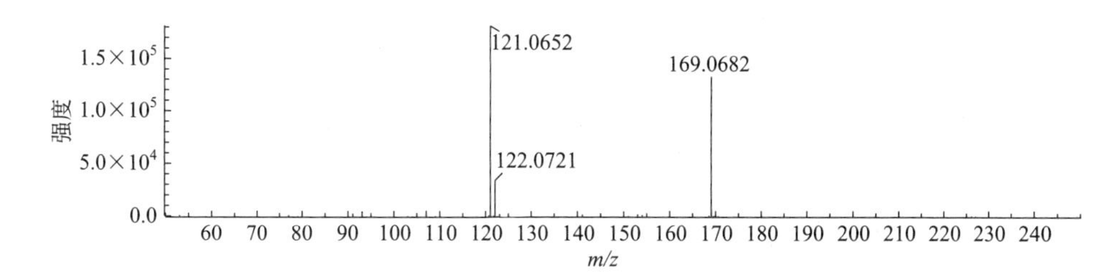

二级全扫质谱图 CE: 35V

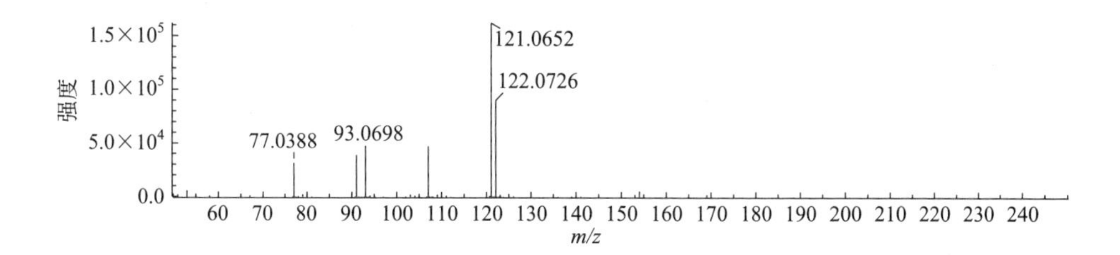

二级全扫质谱图 CE: 50V

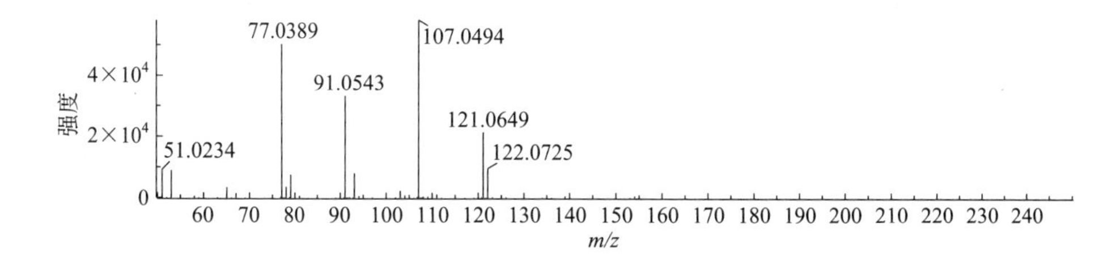

二级全扫质谱图 CE: 60V

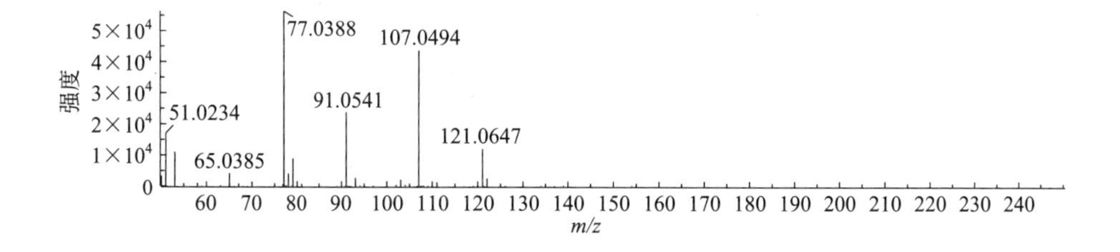

Methiocarb in-source fragment 169

甲硫威源内裂解碎片 169

CAS 号	—	保留时间	12. 12min
分子式	$C_9H_{13}OS^+$	加合方式	$[M+H]^+$
分子量	169. 0682	源内裂解碎片	无

推测裂解规律（裂解路径已经 MS^3 确认）

$[C_9H_{12}OS+H]^+$ *m/z* 169.0682 → $[C_8H_9O]^+$ *m/z* 121.0648

$[C_9H_{12}OS+H]^+$ *m/z* 169.0682 → $[C_8H_9O+H]^{\cdot+}$ *m/z* 122.0726

$[C_8H_9O]^+$ *m/z* 121.0648 → $[C_7H_7]^+$ *m/z* 91.0542

$[C_8H_9O+H]^{\cdot+}$ *m/z* 122.0726 → $[C_7H_7]^+$ *m/z* 91.0542 → $[C_5H_5]^+$ *m/z* 65.0386

$[C_8H_9O+H]^{\cdot+}$ *m/z* 122.0726 → $[C_7H_7O]^+$ *m/z* 107.0491 → $[C_6H_5]^+$ *m/z* 77.0386 → $[C_4H_3]^+$ *m/z* 51.0229

提取离子流色谱图

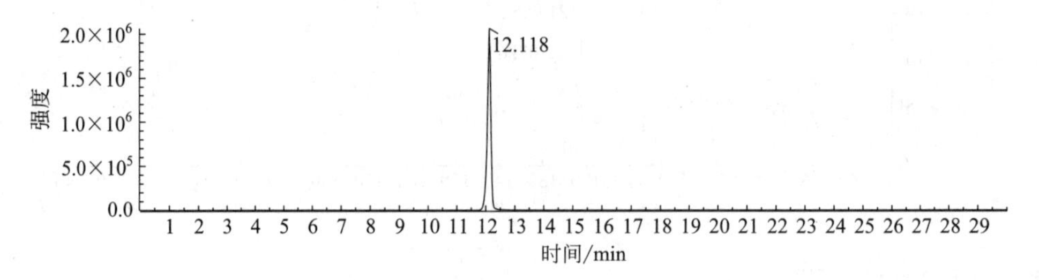

一级质谱图

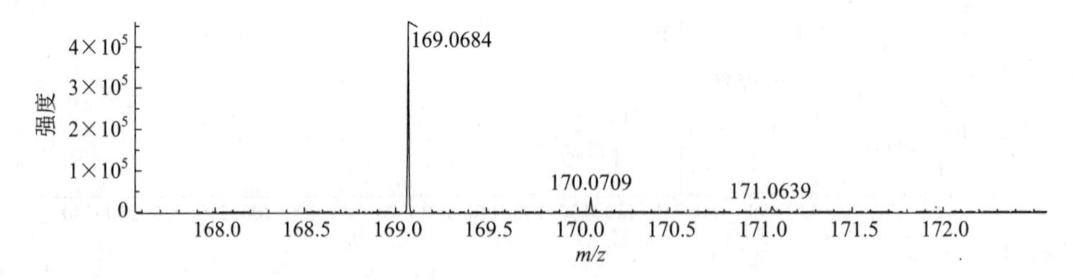

二级全扫质谱图 CE: (35±15)V

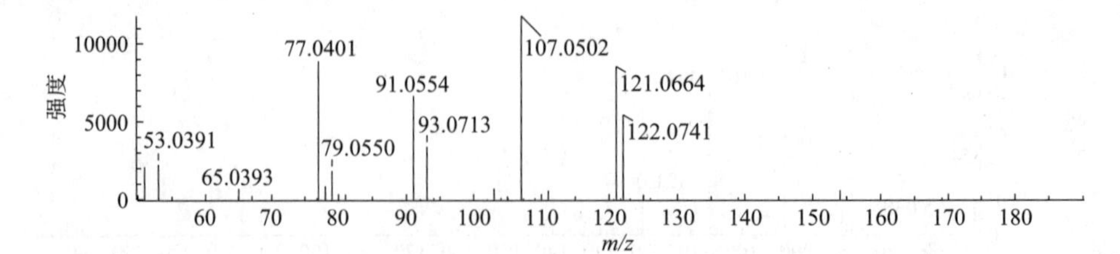

二级全扫质谱图 CE: 10V

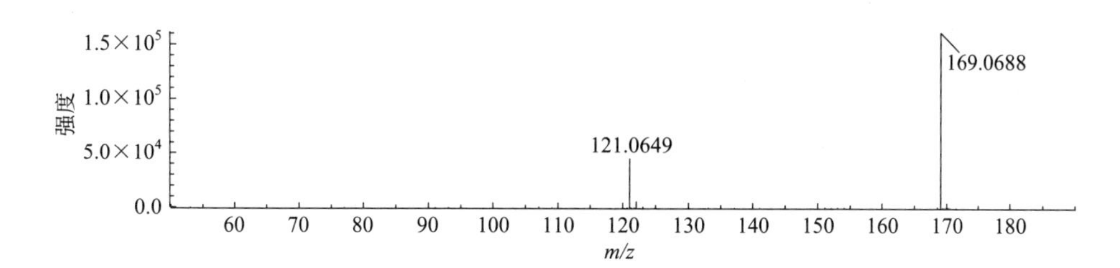

二级全扫质谱图 CE: 20V

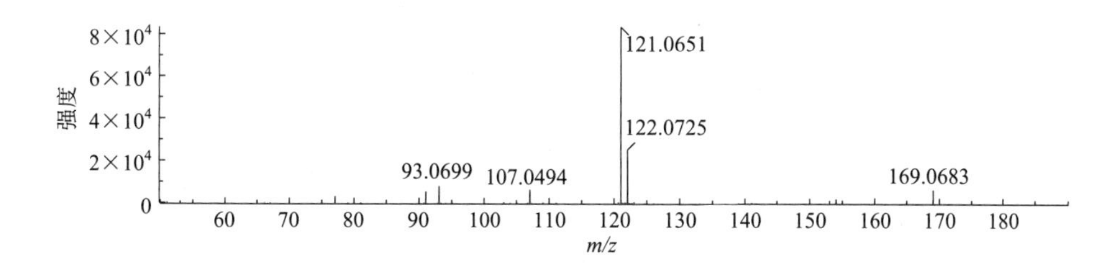

二级全扫质谱图 CE: 35V

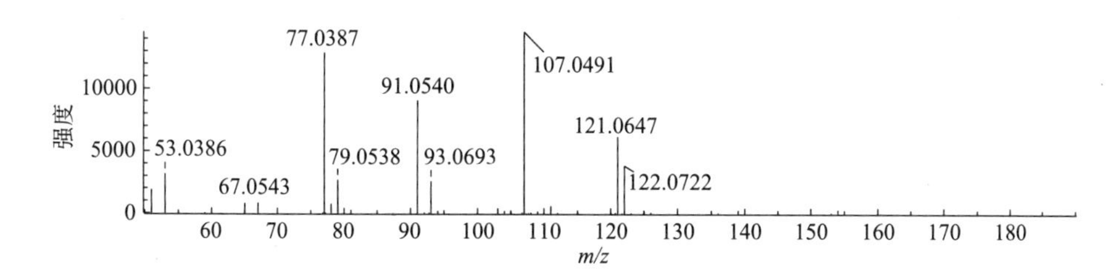

二级全扫质谱图 CE: 50V

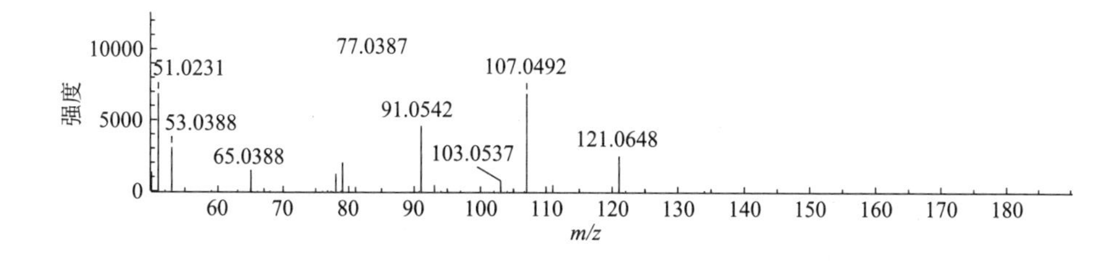

二级全扫质谱图 CE: 60V

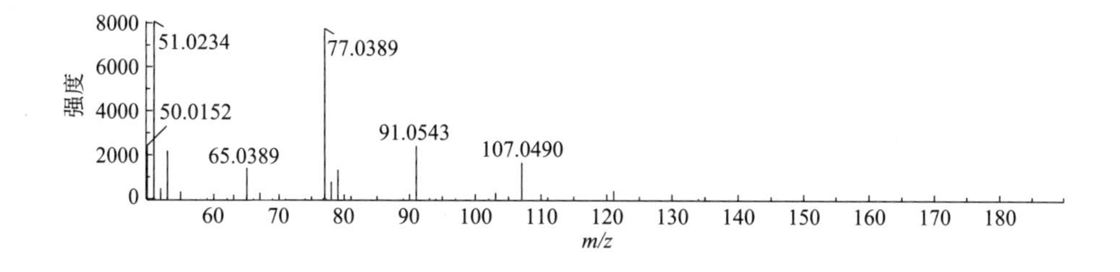

Methiocarb sulfone

甲硫威砜

CAS 号	2179-25-1	保留时间	4.85min
分子式	$C_{11}H_{15}NO_4S$	加合方式	$[M+H]^+$
分子量	257.0722	源内裂解碎片	m/z201

推测裂解规律

$[C_{11}H_{15}NO_4S]$ MW 257.0722 → $[C_{11}H_{15}NO_4S+H]^+$ *m/z* 258.0795 → $[C_9H_{12}O_3S+H]^+$ *m/z* 201.0580 → $[C_8H_9O]^+$ *m/z* 121.0648

$[C_9H_{12}O_3S+H]^+$ → $[C_8H_9O+H]^{\cdot+}$ *m/z* 122.0726 → $[C_7H_7O]^+$ *m/z* 107.0491 → $[C_6H_5]^+$ *m/z* 77.0386 → $[C_4H_3]^+$ *m/z* 51.0229

$[C_8H_9O]^+$ → $[C_7H_7]^+$ *m/z* 91.0542 → $[C_5H_5]^+$ *m/z* 65.0386

$[C_8H_9O+H]^{\cdot+}$ → $[C_7H_7]^+$ *m/z* 91.0542

提取离子流色谱图

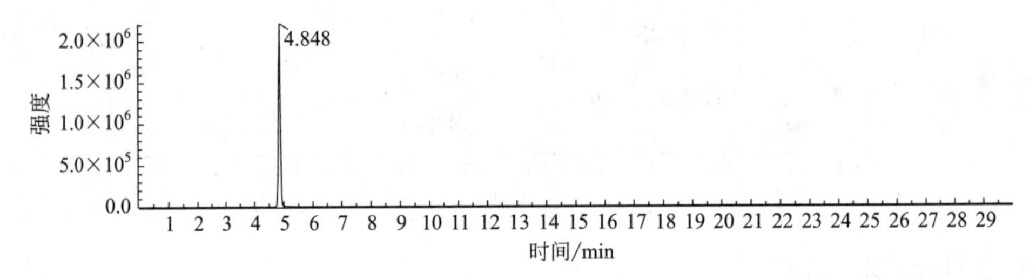

一级质谱图

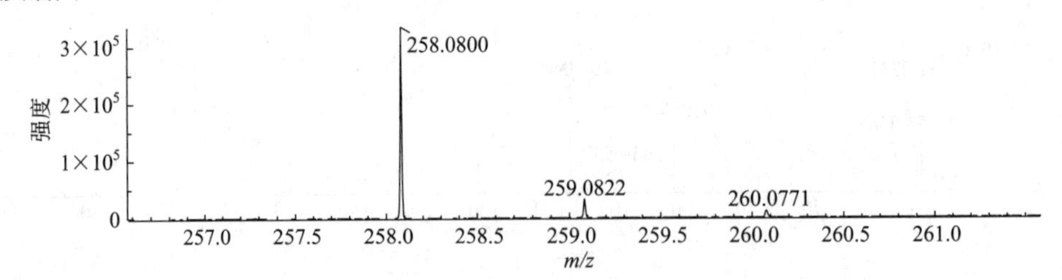

二级全扫质谱图 CE: (35±15)V

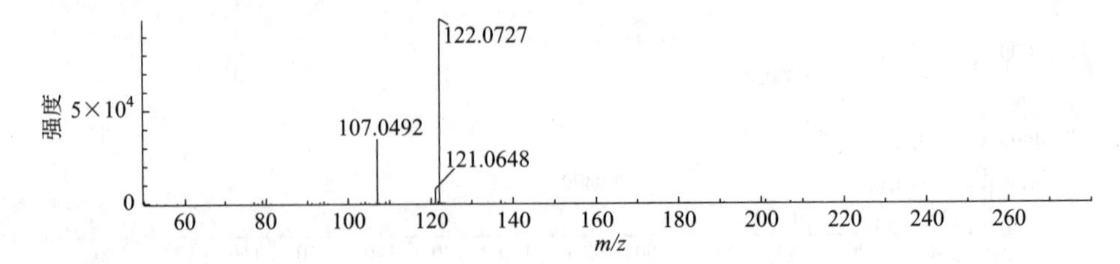

二级全扫质谱图 CE: 10V

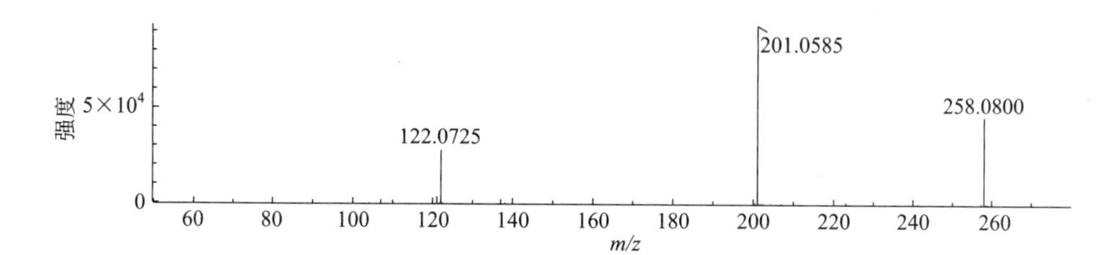

二级全扫质谱图 CE: 20V

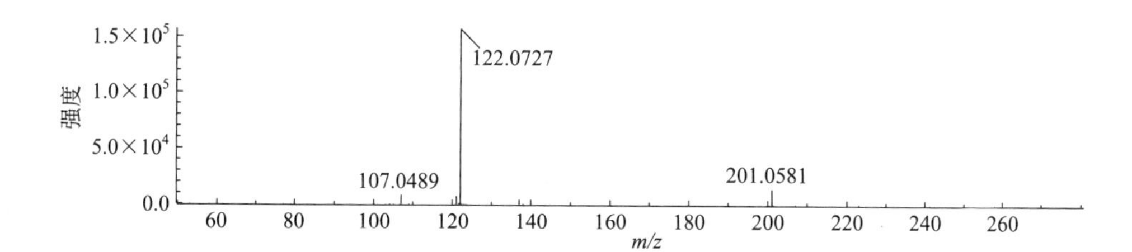

二级全扫质谱图 CE: 35V

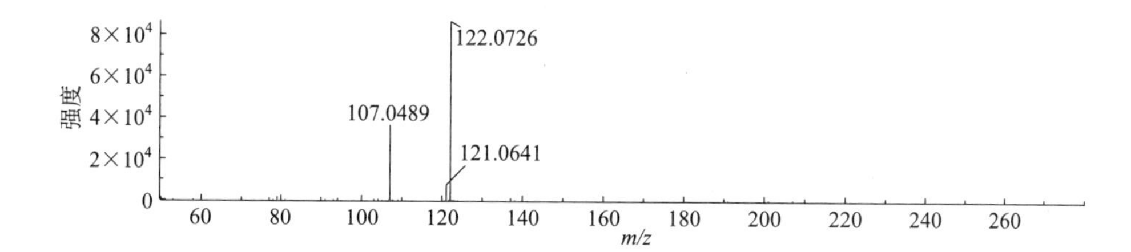

二级全扫质谱图 CE: 50V

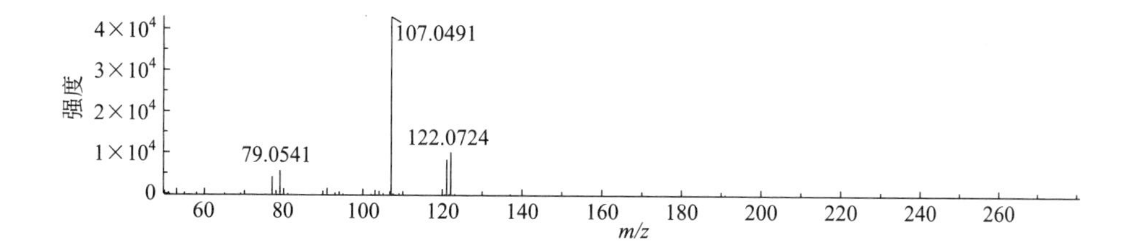

二级全扫质谱图 CE: 60V

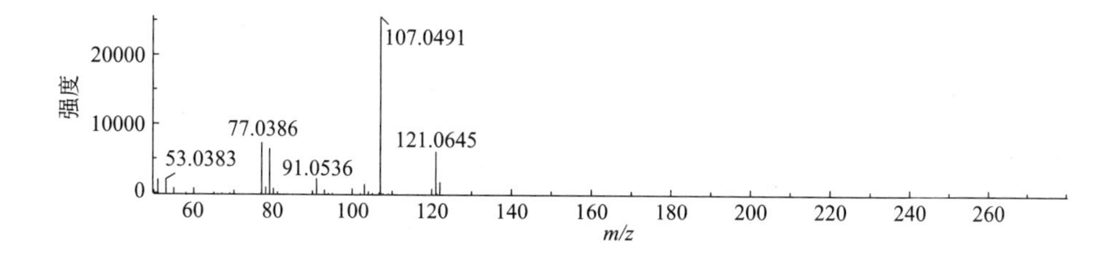

Methiocarb sulfoxide

甲硫威亚砜

CAS 号	2635-10-1	保留时间	4.47min
分子式	$C_{11}H_{15}NO_3S$	加合方式	$[M+H]^+$
分子量	241.0773	源内裂解碎片	m/z185

推测裂解规律

$[C_{11}H_{15}NO_3S]$ MW 241.0773

$[C_{11}H_{15}NO_3S+H]^+$ *m/z* 242.0845

$[C_9H_{12}O_2S+H]^+$ *m/z* 185.0631

$[C_8H_9O_2S+H]^{\cdot+}$ *m/z* 170.0397

$[C_8H_9OS]^+$ *m/z* 153.0369

$[C_8H_9O+H]^{\cdot+}$ *m/z* 122.0726

$[C_8H_9O]^+$ *m/z* 121.0648

$[C_7H_7]^+$ *m/z* 91.0542

$[C_5H_5]^+$ *m/z* 65.0386

$[C_7H_7O]^+$ *m/z* 107.0491

$[C_6H_5]^+$ *m/z* 77.0386

$[C_4H_3]^+$ *m/z* 51.0229

提取离子流色谱图

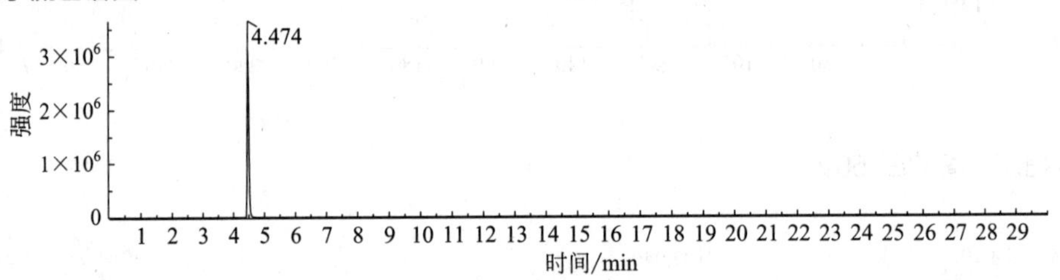

一级质谱图

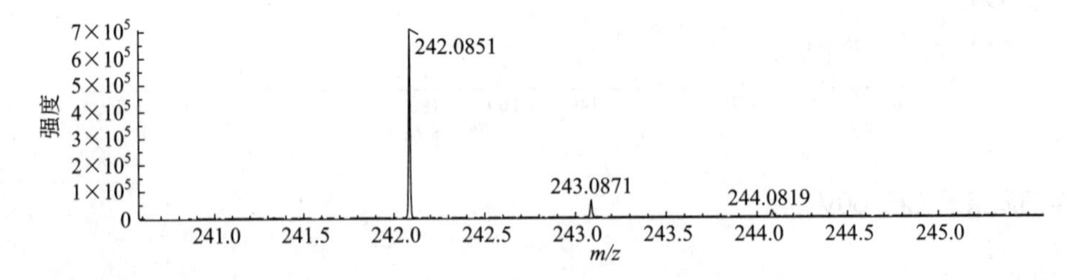

二级全扫质谱图 CE: (35±15)V

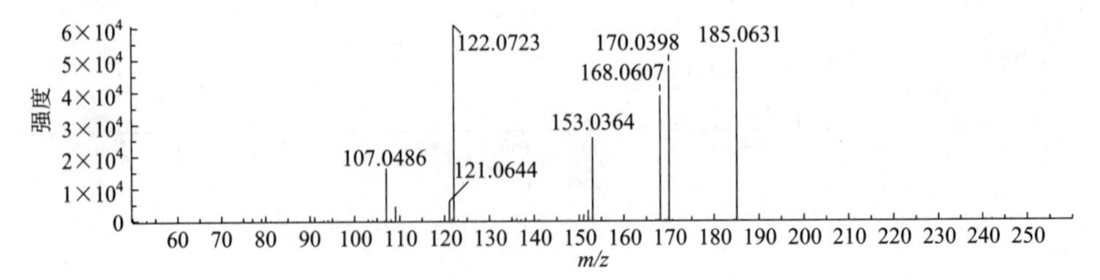

二级全扫质谱图 CE: 10V

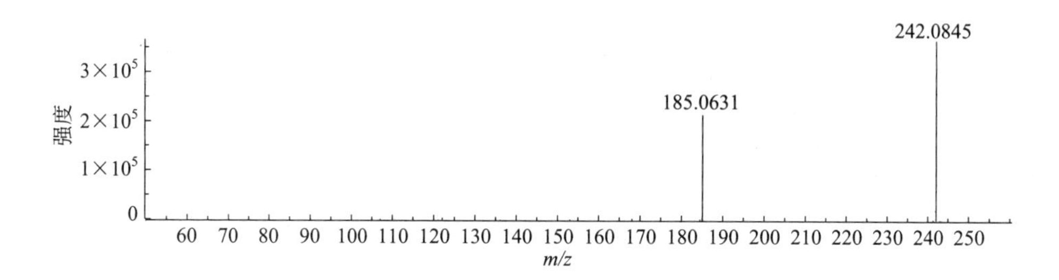

二级全扫质谱图 CE: 20V

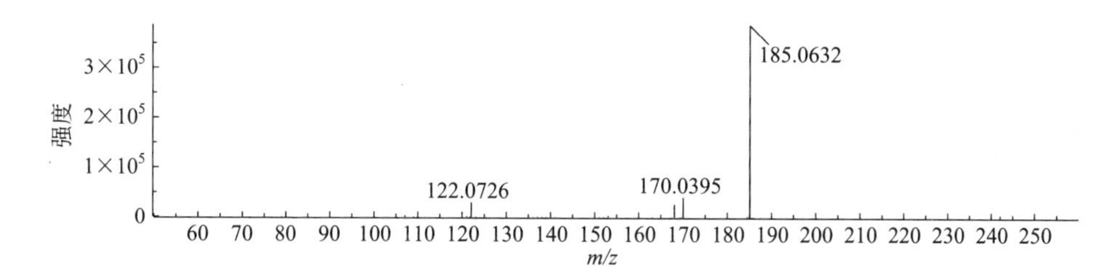

二级全扫质谱图 CE: 35V

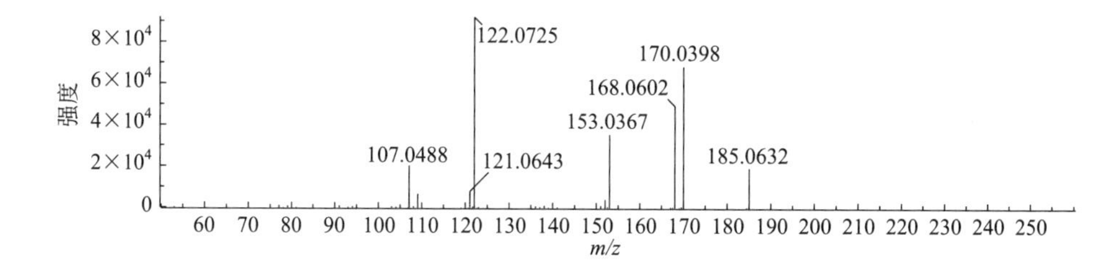

二级全扫质谱图 CE: 50V

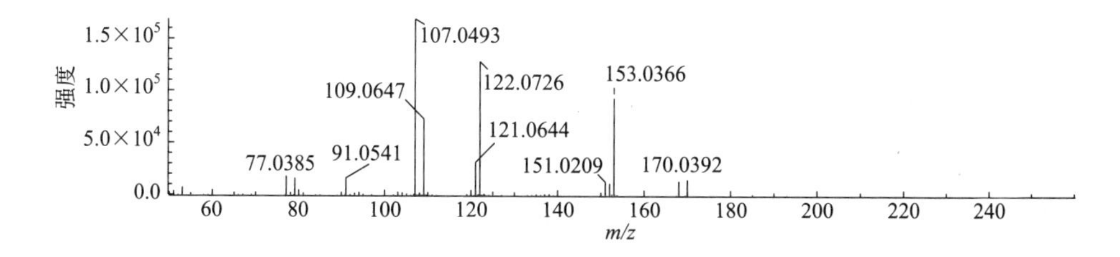

二级全扫质谱图 CE: 60V

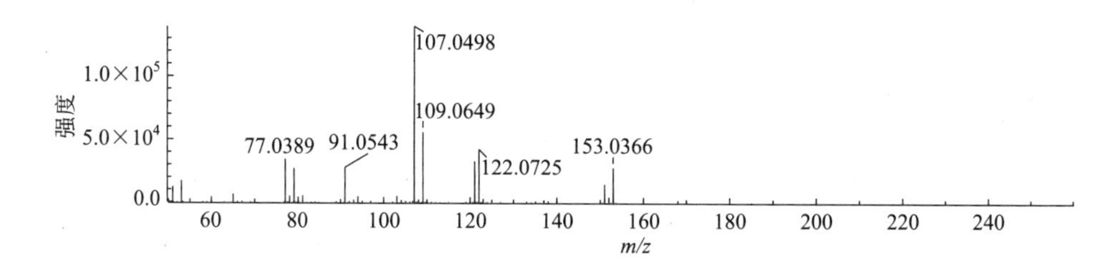

Methiocarb sulfoxide in-source fragment 185
甲硫威亚砜源内裂解碎片 185

CAS 号	—	保留时间	4.47min
分子式	$C_9H_{13}O_2S^+$	加合方式	$[M+H]^+$
分子量	185.0631	源内裂解碎片	无

推测裂解规律

$[C_5H_5]^+$ *m/z* 65.0386

$[C_7H_7]^+$ *m/z* 91.0542

$[C_8H_9O]^+$ *m/z* 121.0648

$[C_9H_{12}O_2S+H]^+$ *m/z* 185.0631

$[C_8H_9O_2S+H]^{\cdot+}$ *m/z* 170.0397

$[C_4H_3]^+$ *m/z* 51.0229

$[C_6H_5]^+$ *m/z* 77.0386

$[C_7H_7O]^+$ *m/z* 107.0491

$[C_8H_9O+H]^{\cdot+}$ *m/z* 122.0726

$[C_8H_9OS]^+$ *m/z* 153.0369

提取离子流色谱图

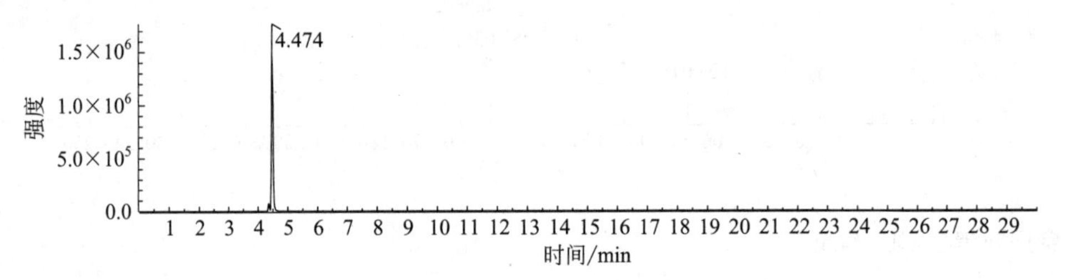

一级质谱图

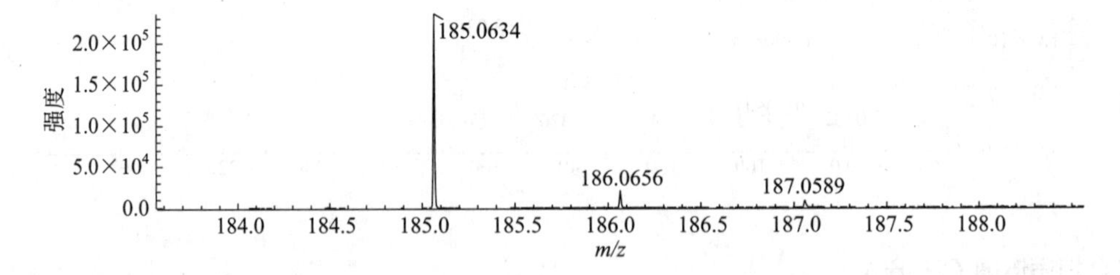

二级全扫质谱图 CE: (35±15)V

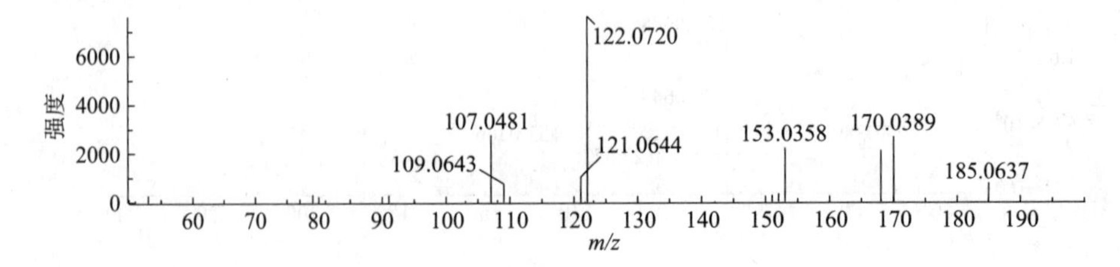

二级全扫质谱图 CE: 10V

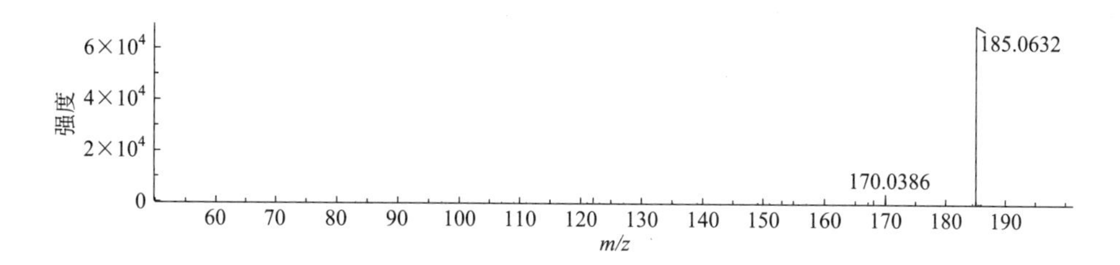

二级全扫质谱图 CE: 20V

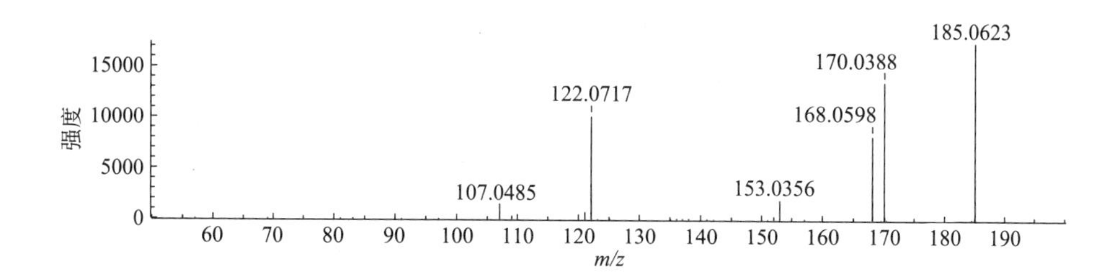

二级全扫质谱图 CE: 35V

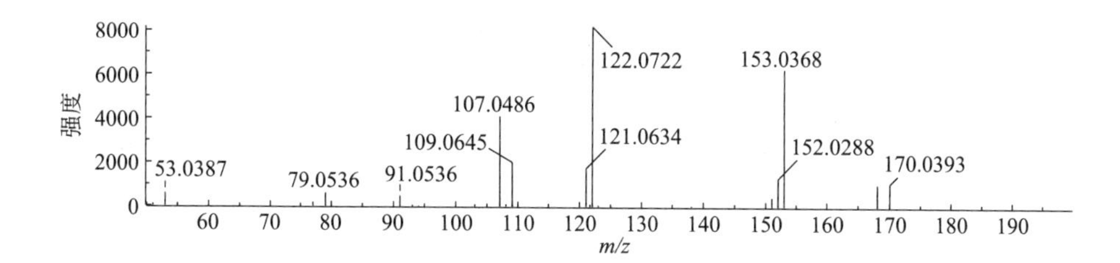

二级全扫质谱图 CE: 50V

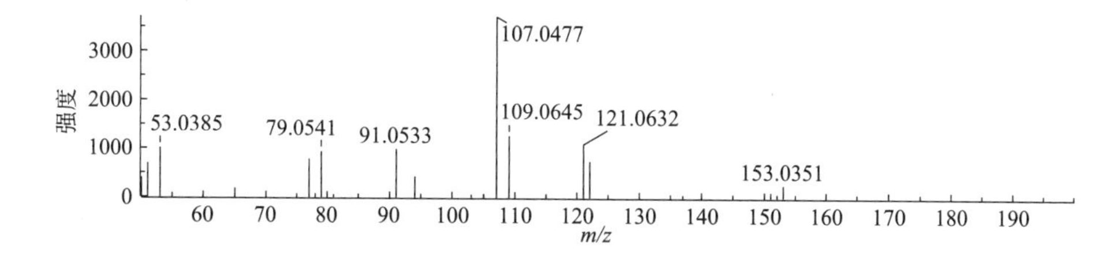

二级全扫质谱图 CE: 60V

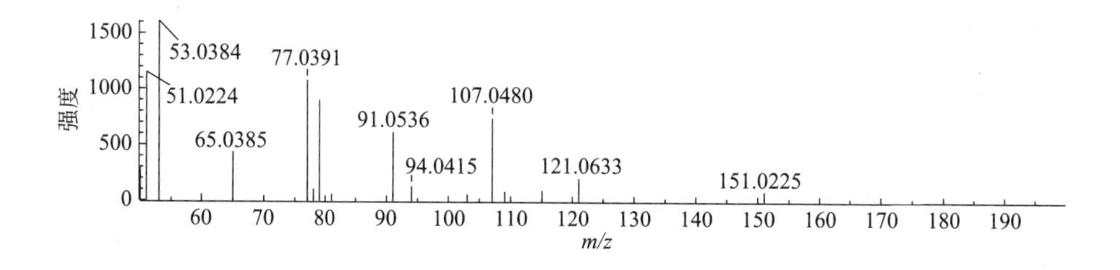

Methomyl
灭多威

CAS 号	16752-77-5	保留时间	4. 16min
分子式	$C_5H_{10}N_2O_2S$	加合方式	$[M+H]^+$
分子量	162. 0463	源内裂解碎片	*m/z*88,106

推测裂解规律

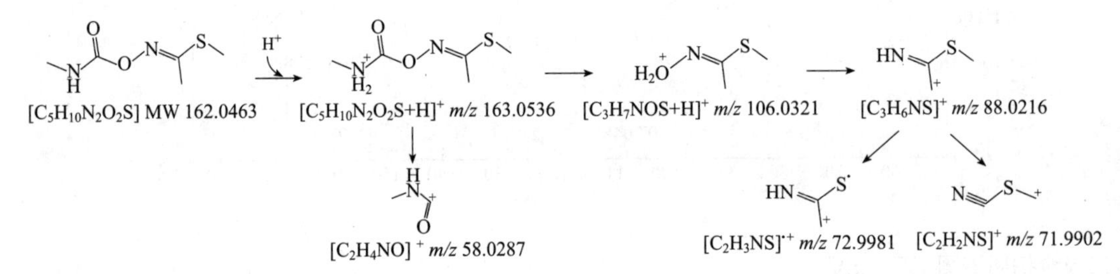

提取离子流色谱图

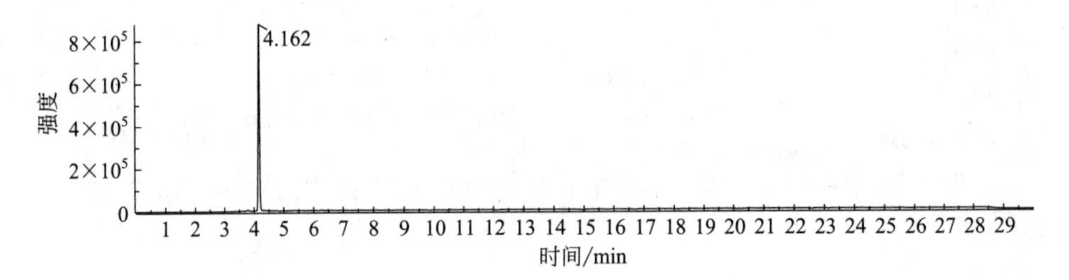

一级质谱图

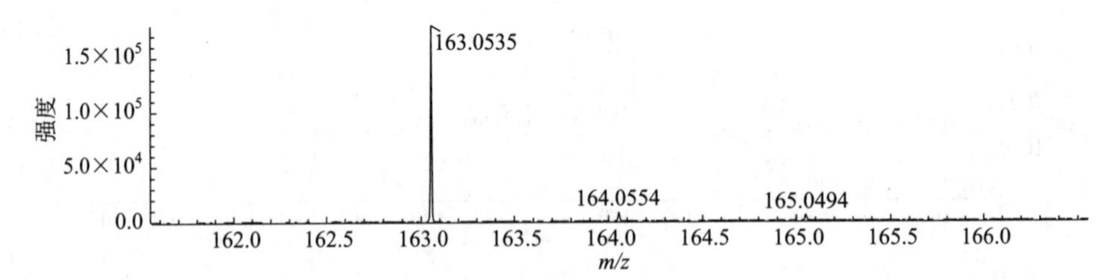

二级全扫质谱图 CE: (35±15)V

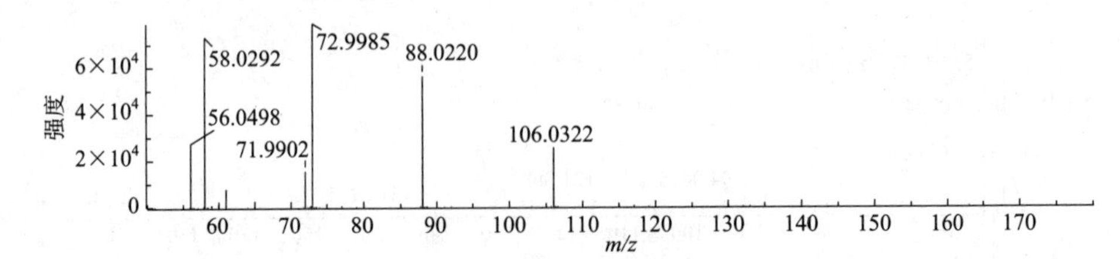

二级全扫质谱图 CE: 10V

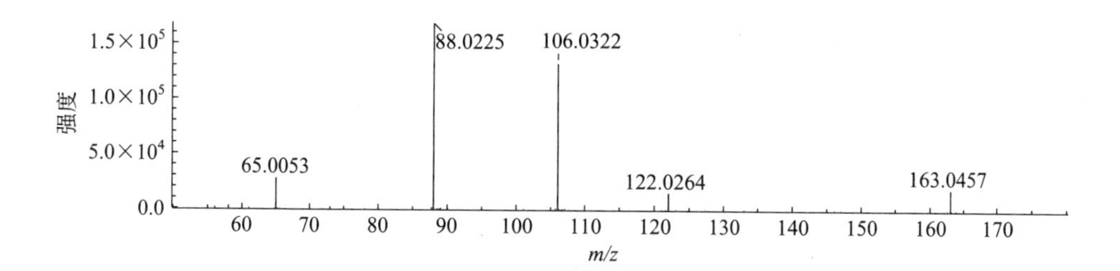

二级全扫质谱图 CE: 20V

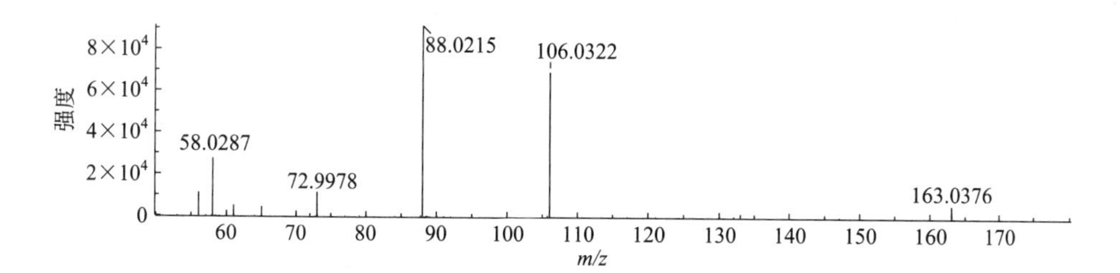

二级全扫质谱图 CE: 35V

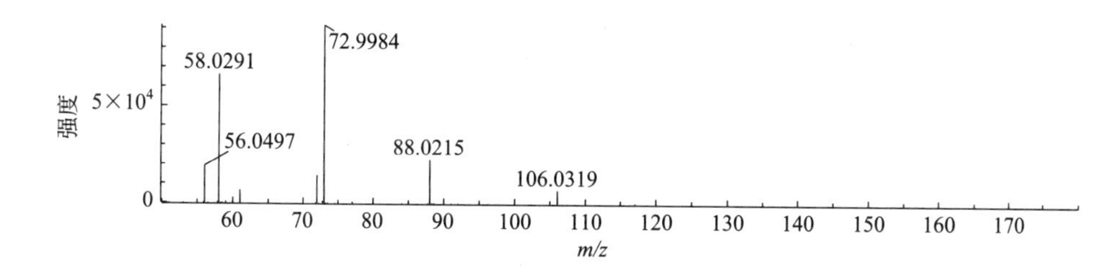

二级全扫质谱图 CE: 50V

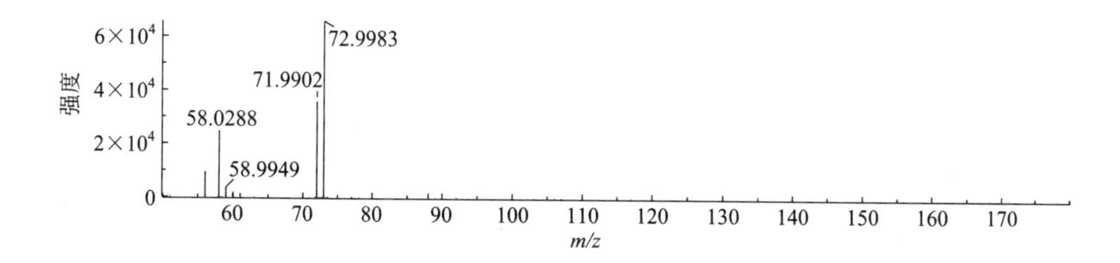

二级全扫质谱图 CE: 60V

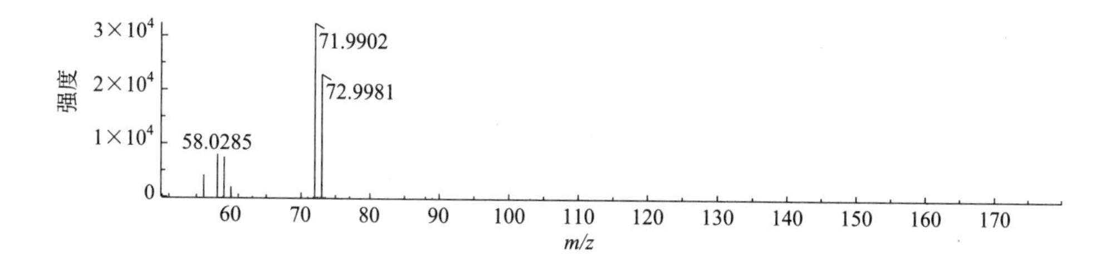

Methoxyfenozide
甲氧虫酰肼

CAS 号	161050-58-4	保留时间	14.96min
分子式	$C_{22}H_{28}N_2O_3$	加合方式	$[M+H]^+$
分子量	368.2100	源内裂解碎片	m/z313

推测裂解规律（裂解路径已经 MS^3 确认）

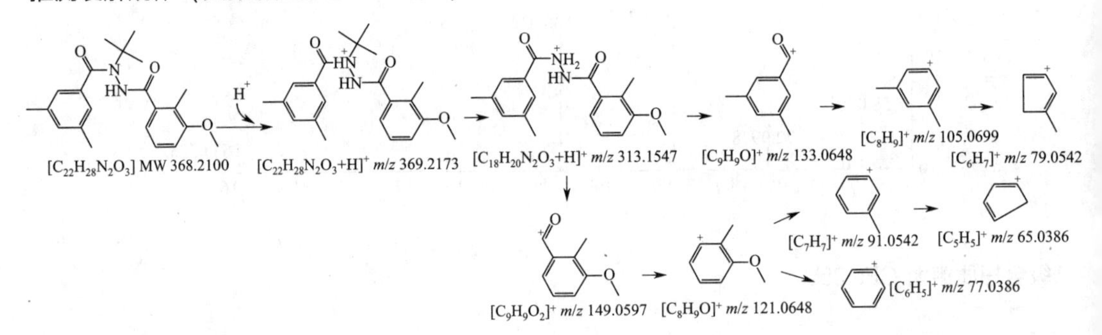

提取离子流色谱图

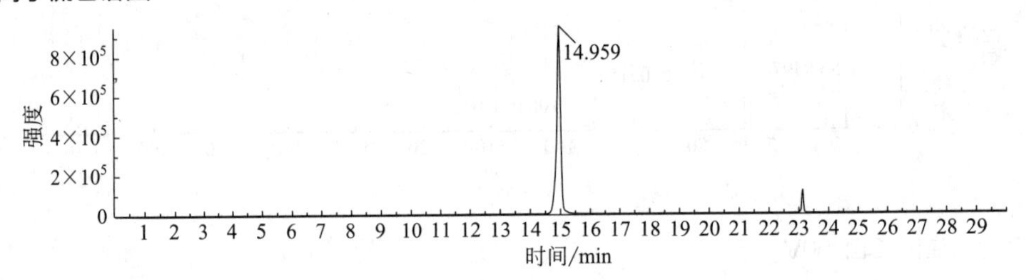

一级质谱图

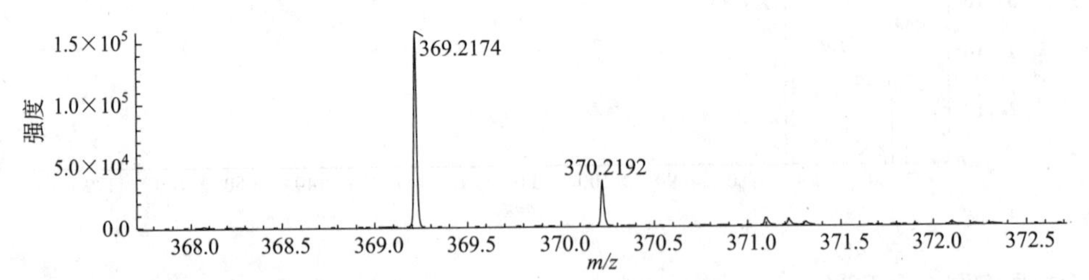

二级全扫质谱图 CE: (35±15)V

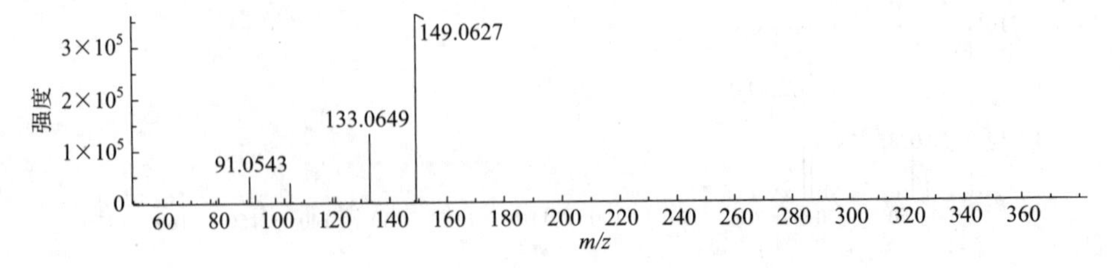

二级全扫质谱图 CE: 10V

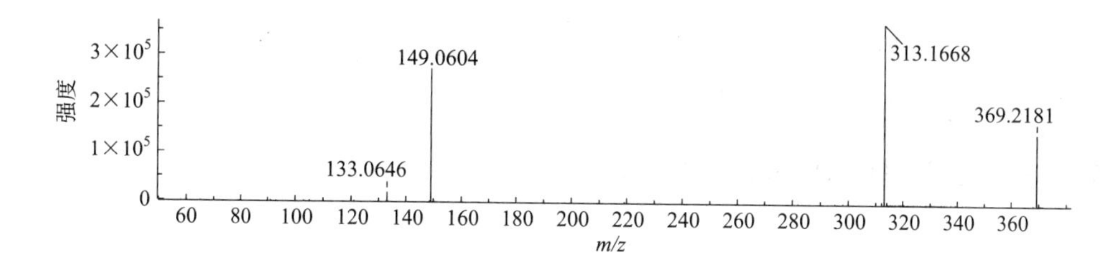

二级全扫质谱图 CE: 20V

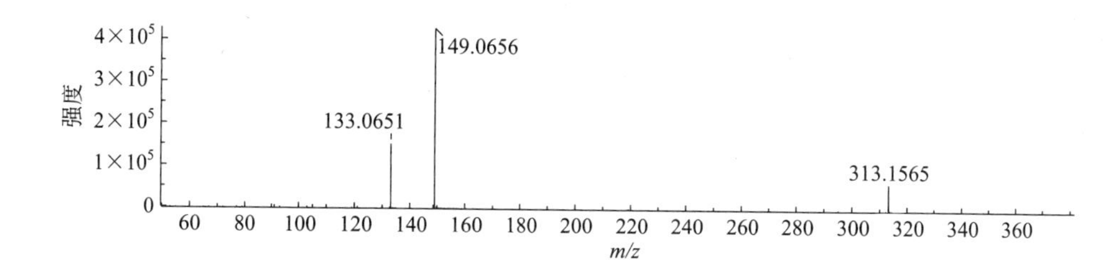

二级全扫质谱图 CE: 35V

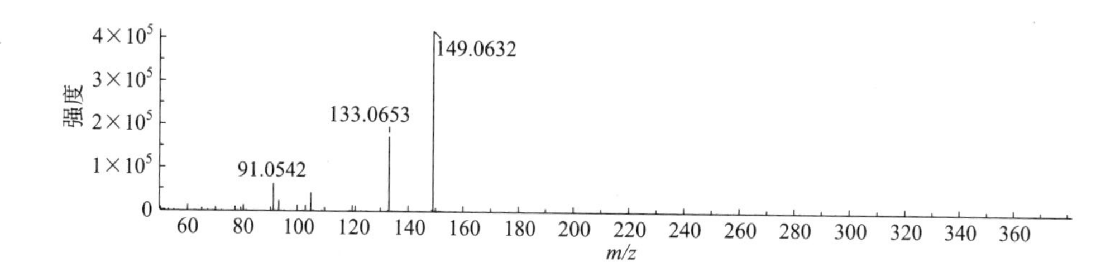

二级全扫质谱图 CE: 50V

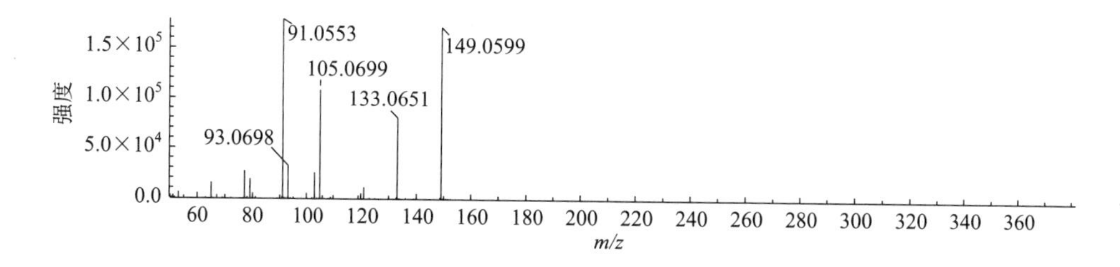

二级全扫质谱图 CE: 60V

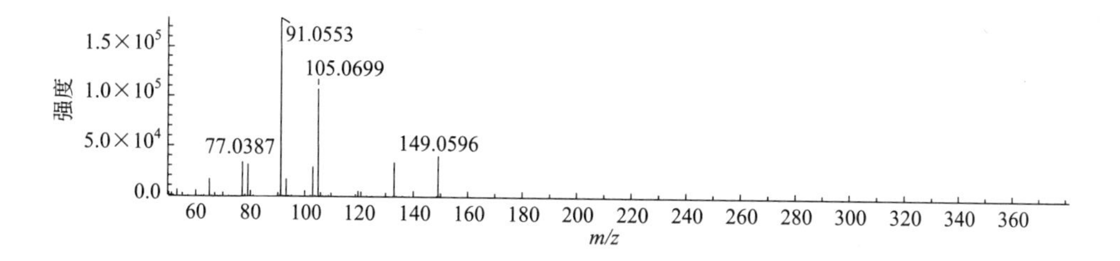

Methoxyfenozide in-source fragment 313

甲氧虫酰肼源内裂解碎片 313

CAS 号	—	保留时间	14.96min
分子式	$C_{18}H_{21}N_2O_3^+$	加合方式	$[M+H]^+$
分子量	313.1547	源内裂解碎片	无

推测裂解规律

$[C_9H_9O_2]^+$ m/z 149.0597 ← $[C_{18}H_{20}N_2O_3+H]^+$ m/z 313.1547 → $[C_9H_9O]^+$ m/z 133.0648 → $[C_8H_9]^+$ m/z 105.0699 → $[C_6H_5]^+$ m/z 77.0386

$[C_9H_9O]^+$ m/z 133.0648 → $[C_7H_7]^+$ m/z 91.0542

提取离子流色谱图

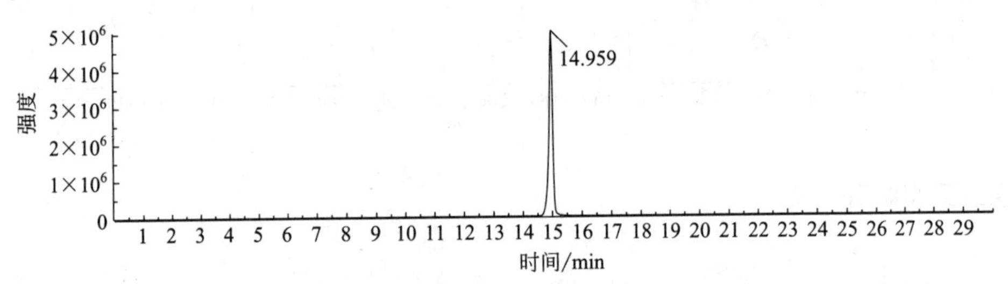

一级质谱图

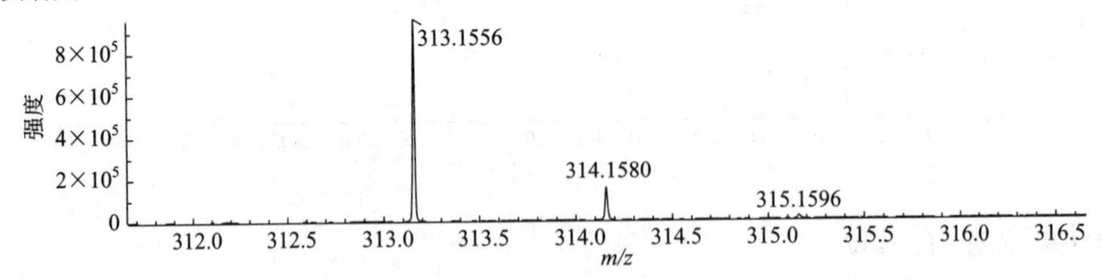

二级全扫质谱图 CE: (35±15)V

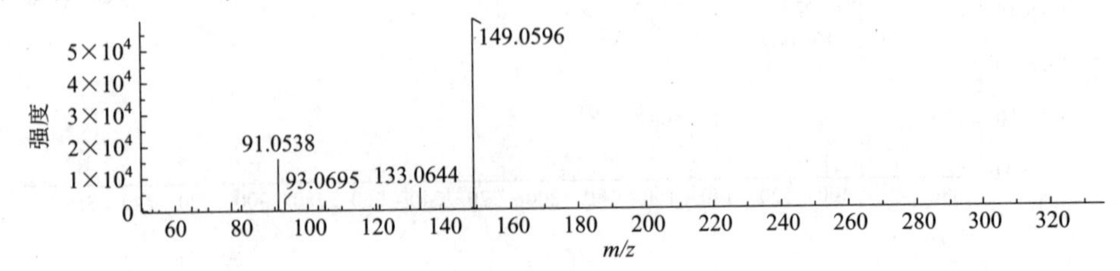

二级全扫质谱图 CE: 10V

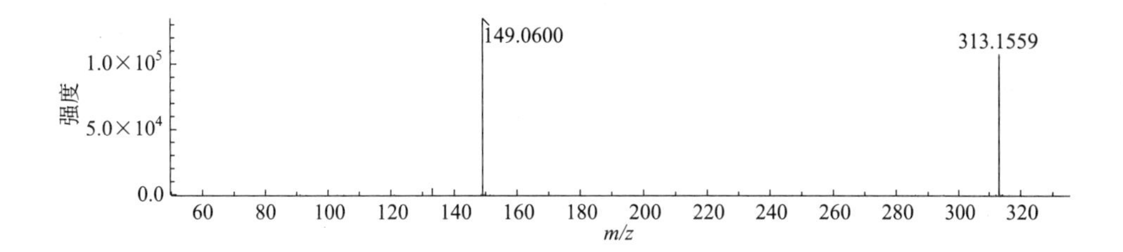

二级全扫质谱图 CE: 20V

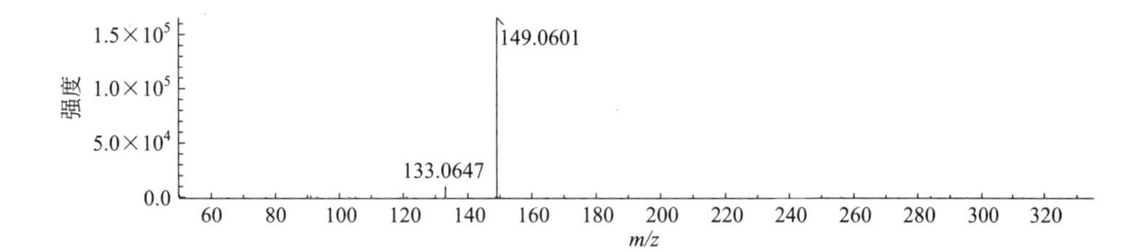

二级全扫质谱图 CE: 35V

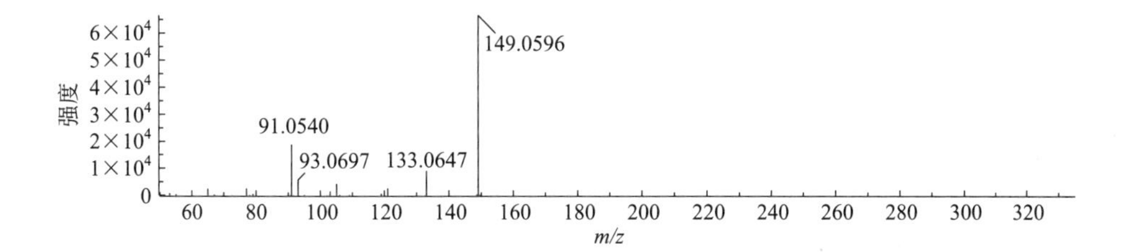

二级全扫质谱图 CE: 50V

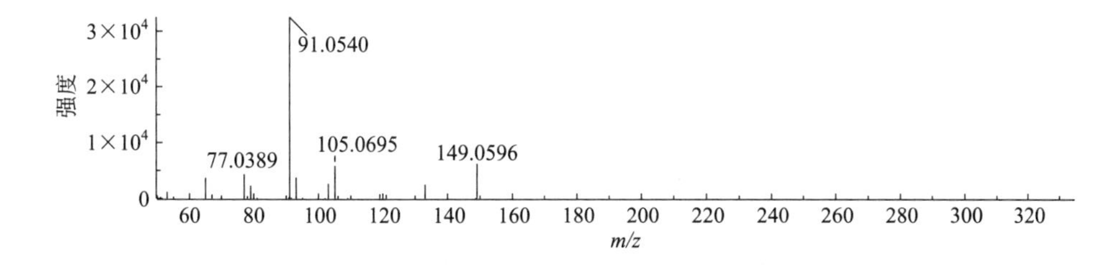

二级全扫质谱图 CE: 60V

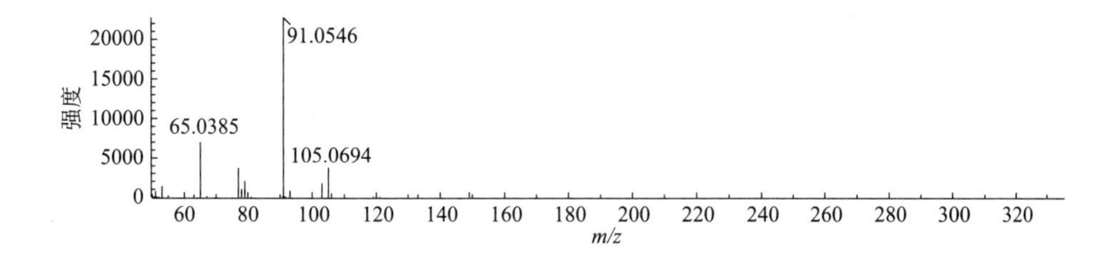

Metolachlor
异丙甲草胺

CAS 号	87392-12-9	保留时间	16.71min
分子式	$C_{15}H_{22}ClNO_2$	加合方式	$[M+H]^+$
分子量	283.1339	源内裂解碎片	m/z252

推测裂解规律

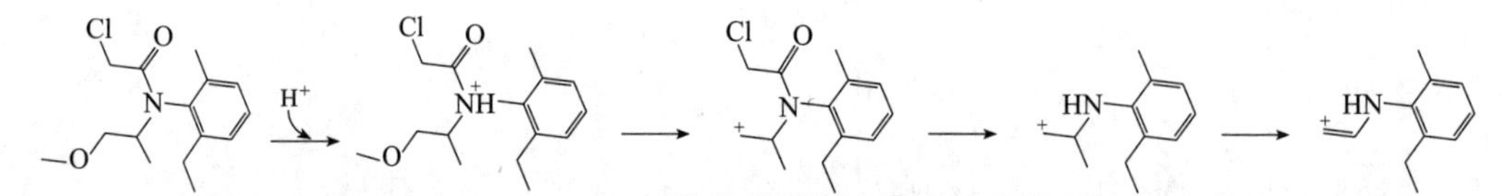

提取离子流色谱图

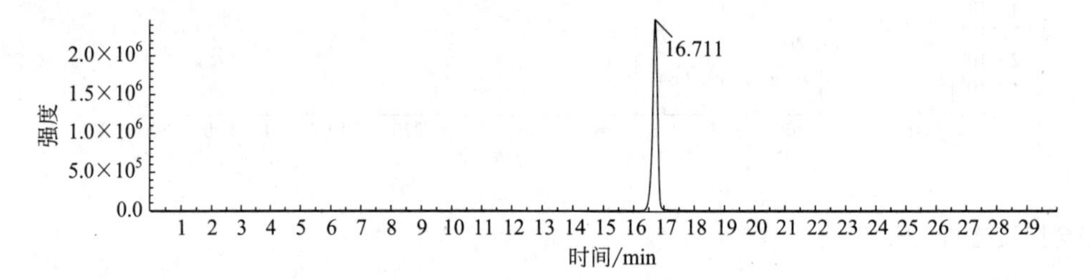

一级质谱图

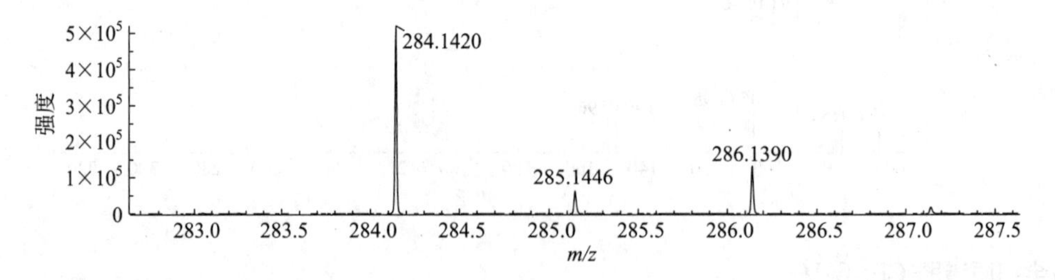

二级全扫质谱图 CE: (35±15)V

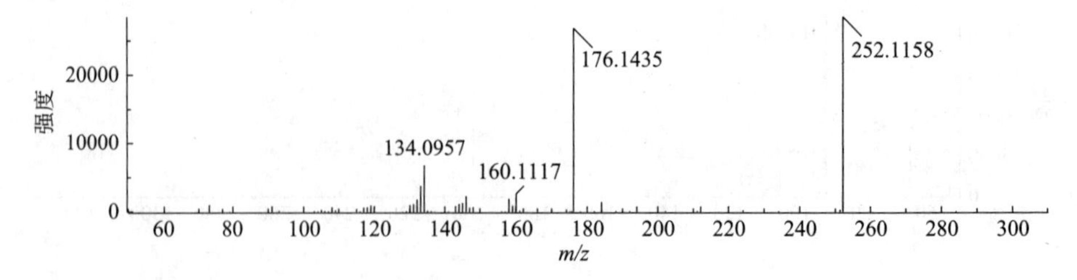

二级全扫质谱图 CE: 10V

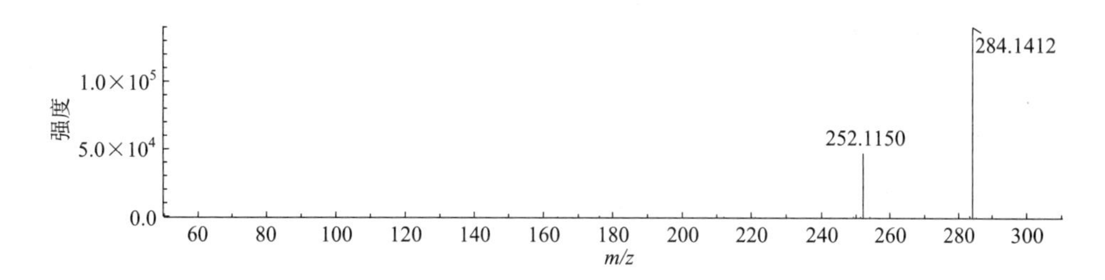

二级全扫质谱图 CE: 20V

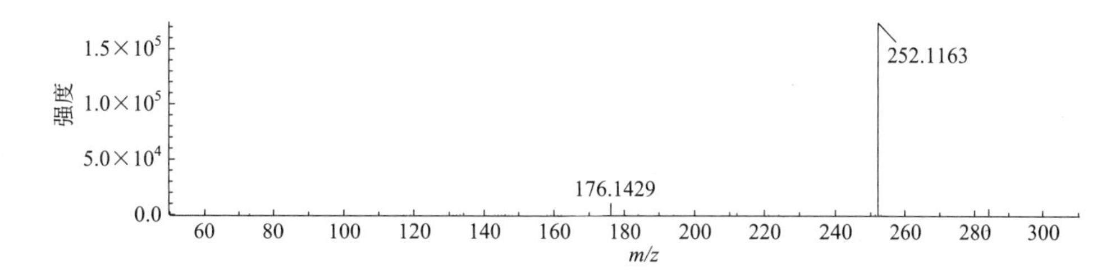

二级全扫质谱图 CE: 35V

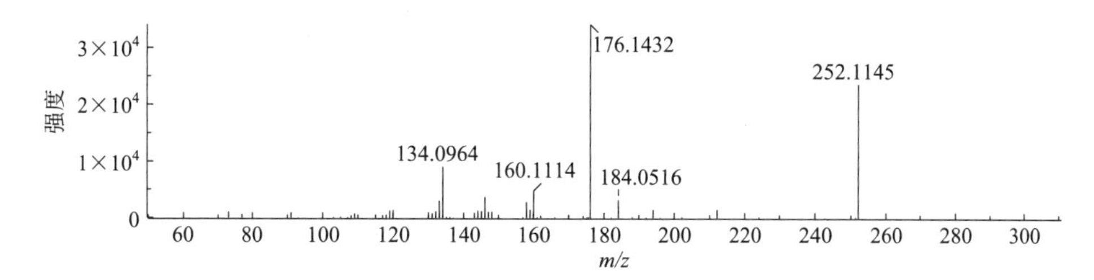

二级全扫质谱图 CE: 50V

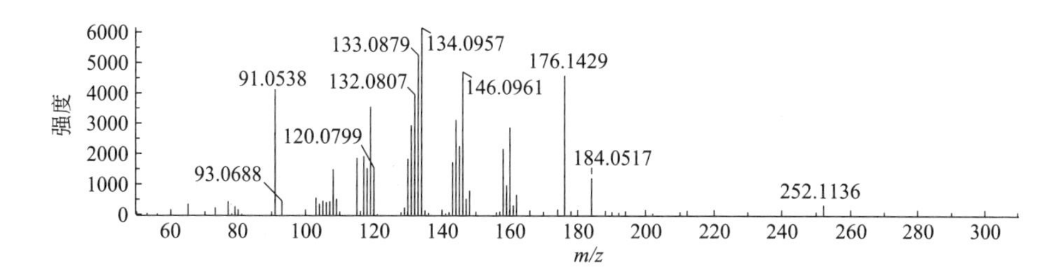

二级全扫质谱图 CE: 60V

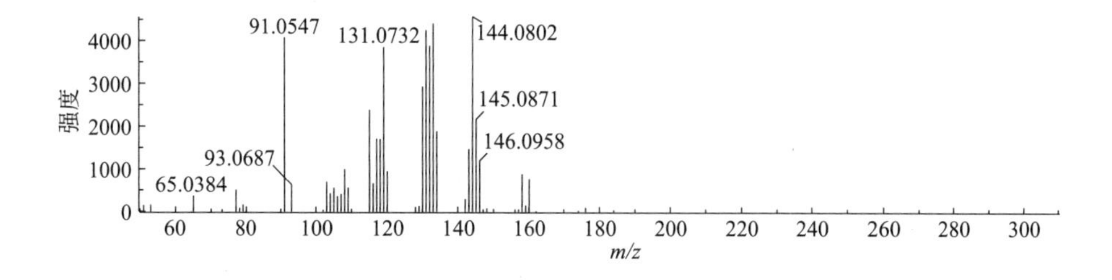

Metolcarb

速灭威

CAS 号	1129-41-5	保留时间	6. 17min
分子式	$C_9H_{11}NO_2$	加合方式	$[M+H]^+$
分子量	165. 0790	源内裂解碎片	m/z 109

推测裂解规律

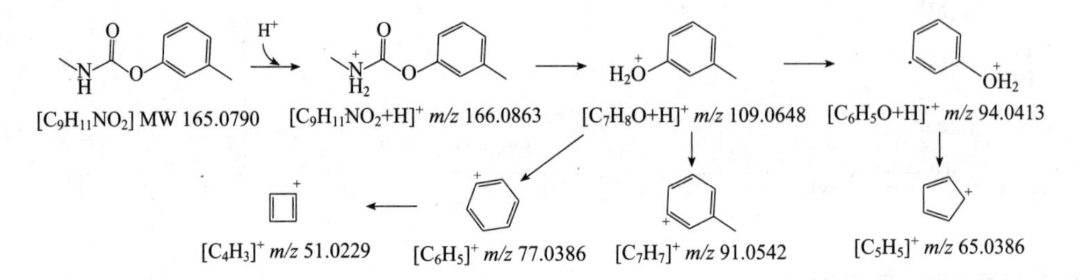

提取离子流色谱图

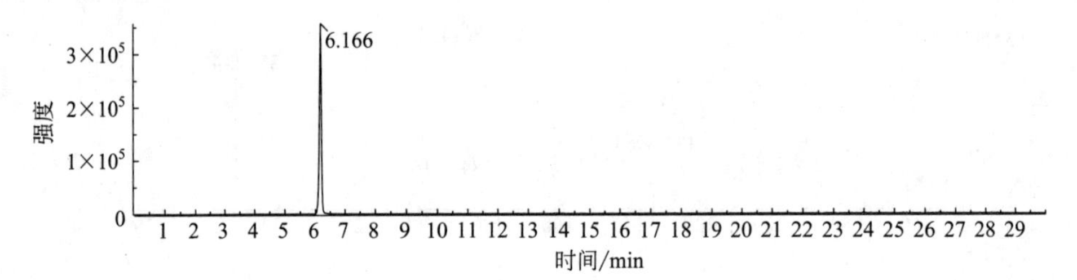

一级质谱图

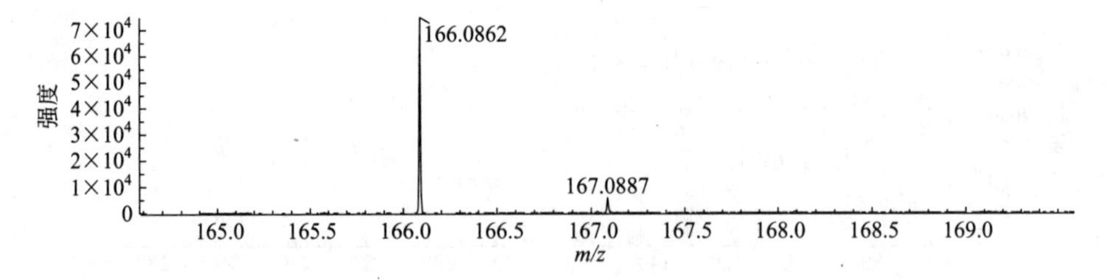

二级全扫质谱图 CE: (35±15)V

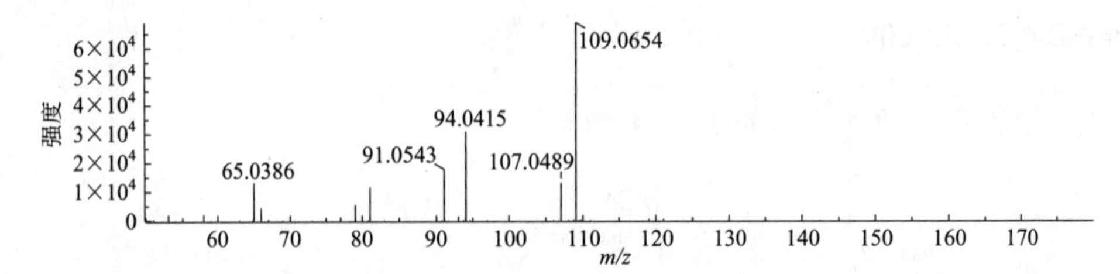

二级全扫质谱图 CE: 10V

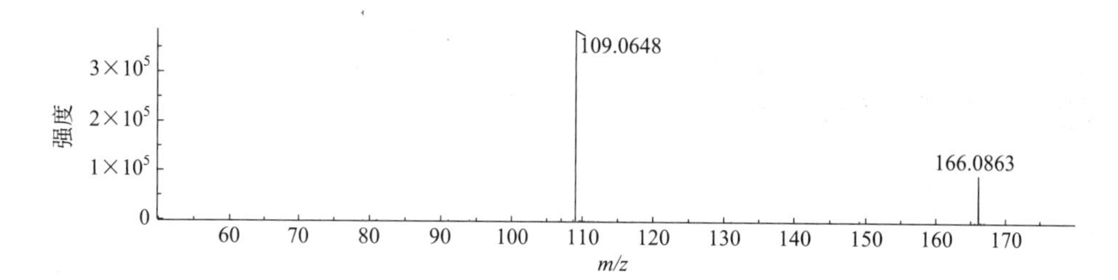

二级全扫质谱图 CE: 20V

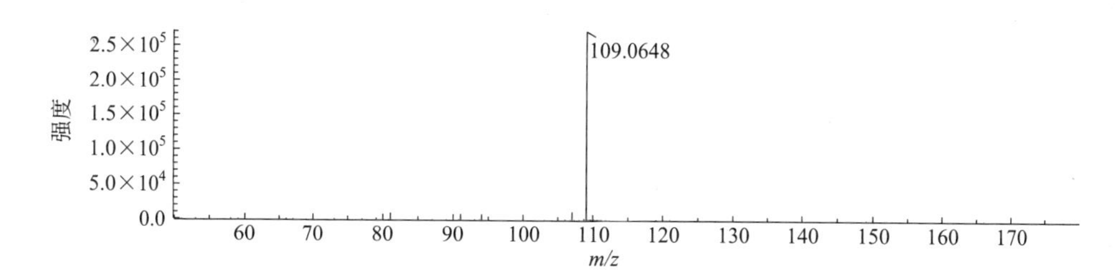

二级全扫质谱图 CE: 35V

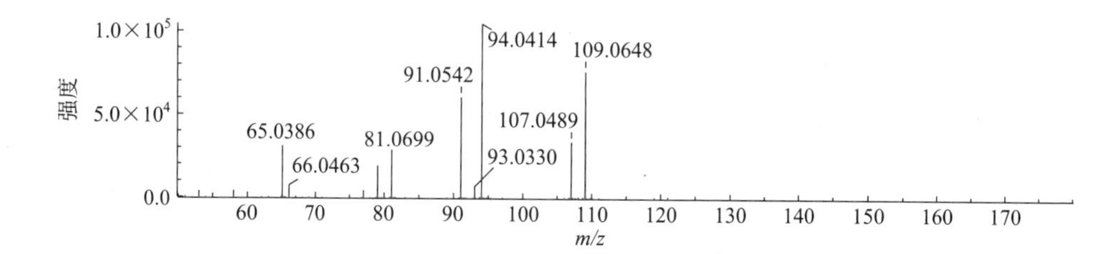

二级全扫质谱图 CE: 50V

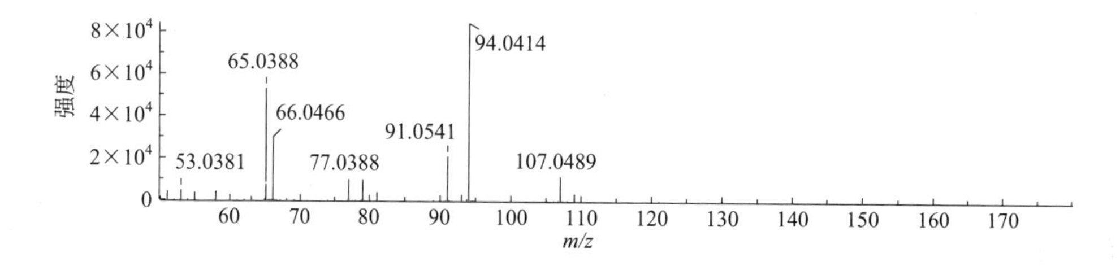

二级全扫质谱图 CE: 60V

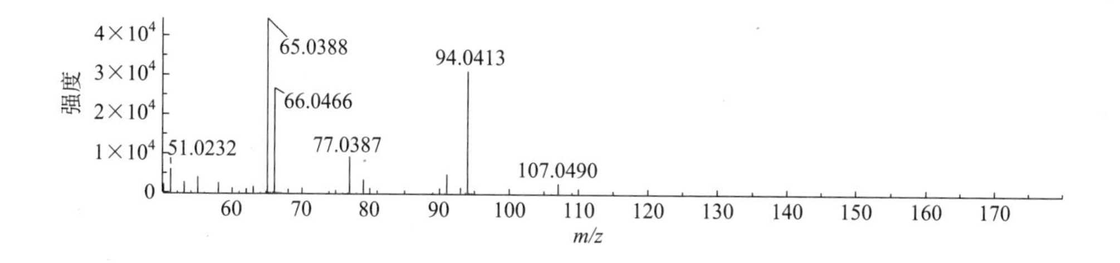

Metolcarb in-source fragment 109
速灭威源内裂解碎片 109

CAS 号	—	保留时间	6.17min
分子式	$C_7H_9O^+$	加合方式	$[M+H]^+$
分子量	109.0648	源内裂解碎片	无

推测裂解规律

$[C_5H_5]^+$ *m/z* 65.0386 ← $[C_7H_7]^+$ *m/z* 91.0542 ← $[C_7H_8O+H]^+$ *m/z* 109.0648 → $[C_6H_5O+H]^{\cdot+}$ *m/z* 94.0413 → $[C_6H_5]^+$ *m/z* 77.0386 → $[C_4H_3]^+$ *m/z* 51.0229

提取离子流色谱图

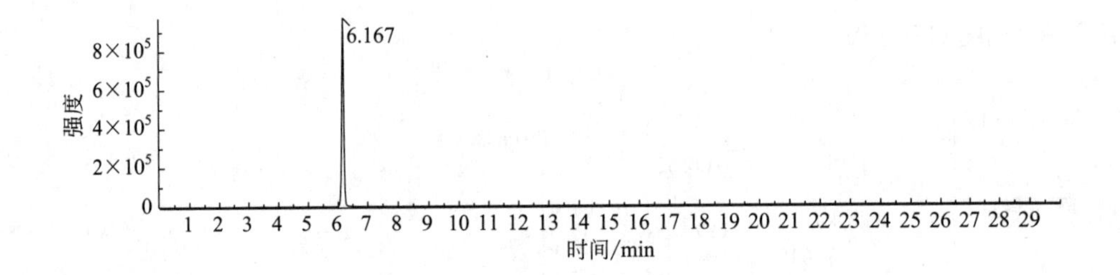

一级质谱图

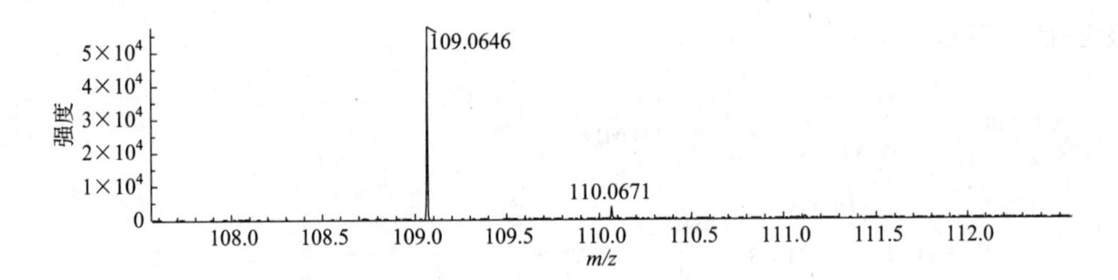

二级全扫质谱图 CE: (35±15)V

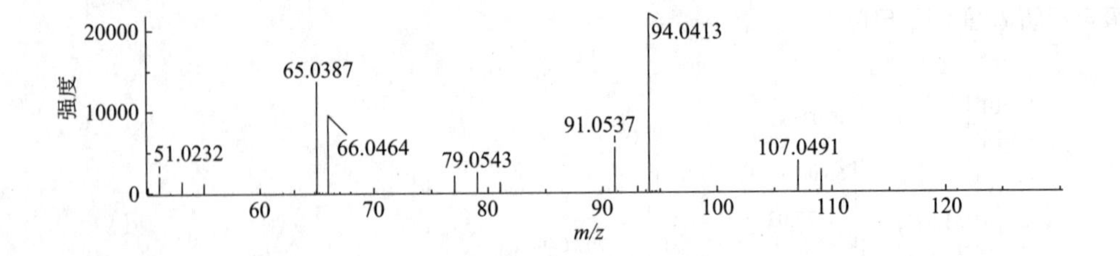

二级全扫质谱图 CE: 10V

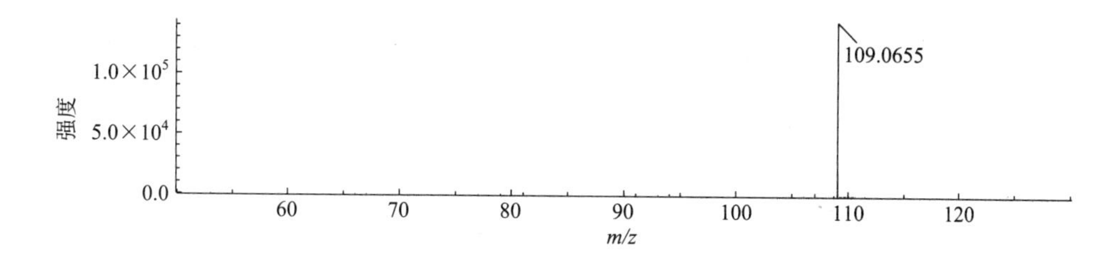

二级全扫质谱图 CE: 20V

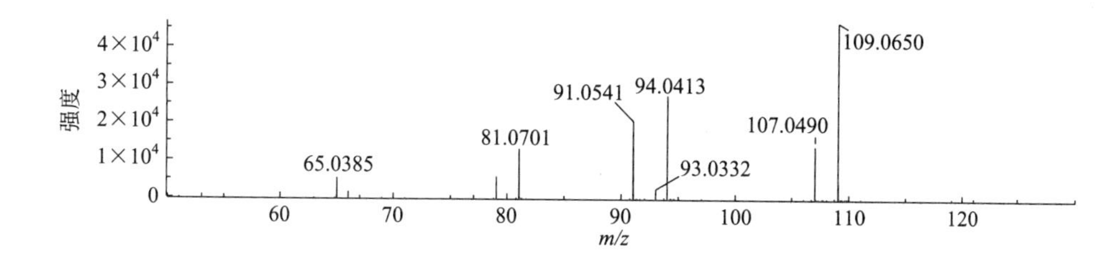

二级全扫质谱图 CE: 35V

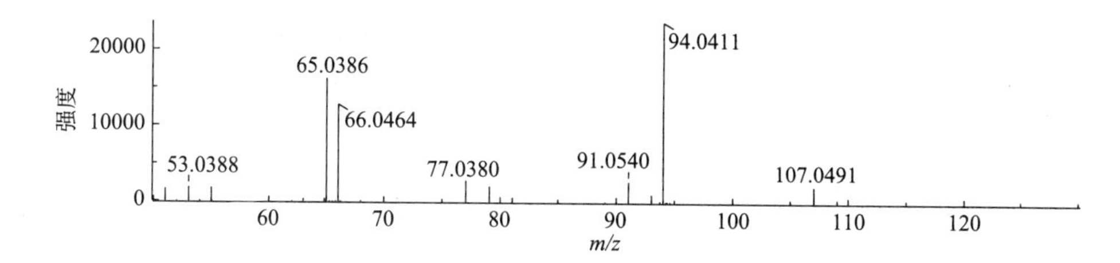

二级全扫质谱图 CE: 50V

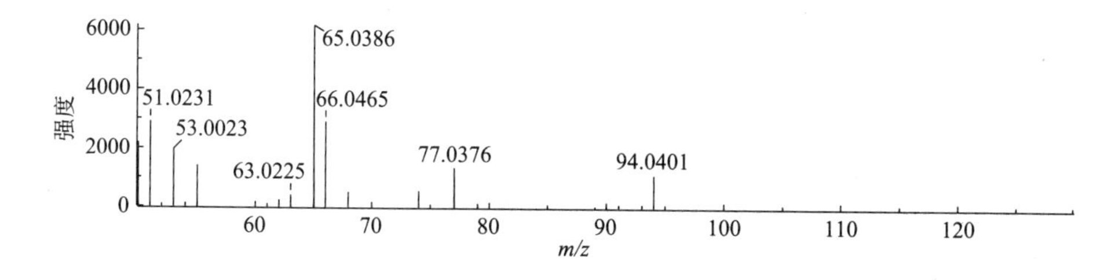

二级全扫质谱图 CE: 60V

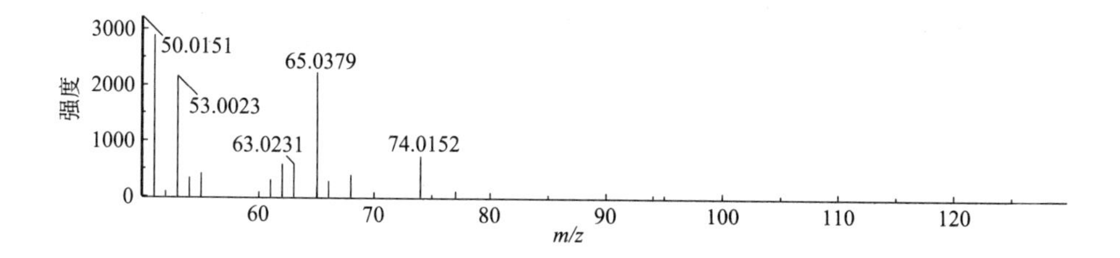

Metrafenone
苯菌酮

CAS 号	220899-03-6	保留时间	20.44min
分子式	$C_{19}H_{21}BrO_5$	加合方式	$[M+H]^+$
分子量	408.0572	源内裂解碎片	m/z209

推测裂解规律

$[C_{19}H_{21}BrO_5]$ MW 408.0572

$[C_{19}H_{21}BrO_5+H]^+$ m/z 409.0645

$[C_9H_8BrO_2]^+$ m/z 226.9702

$[C_{11}H_{13}O_4]^+$ m/z 209.0808

提取离子流色谱图

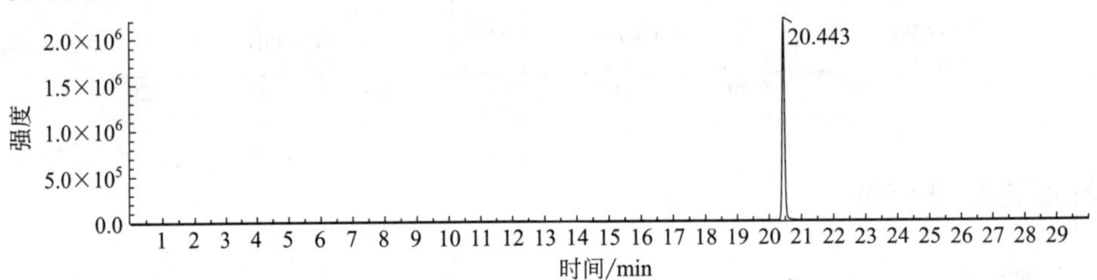

一级质谱图

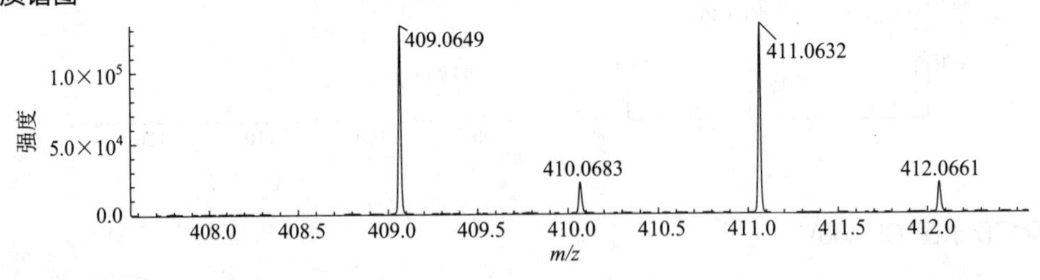

二级全扫质谱图 CE: (35±15)V

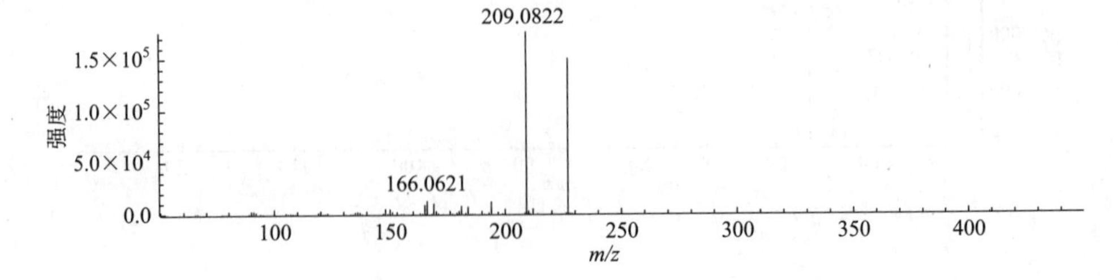

二级全扫质谱图 CE: 10V

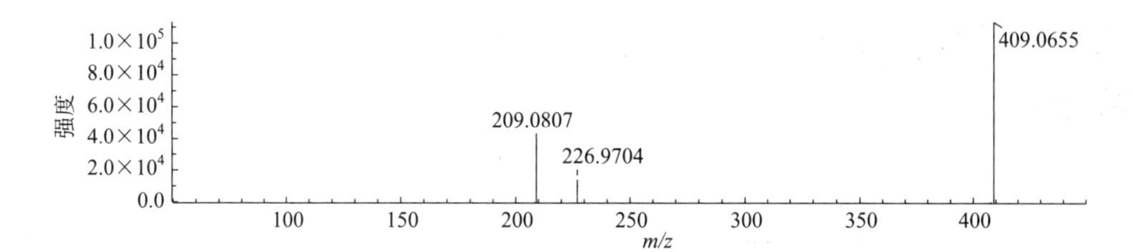

二级全扫质谱图 CE: 20V

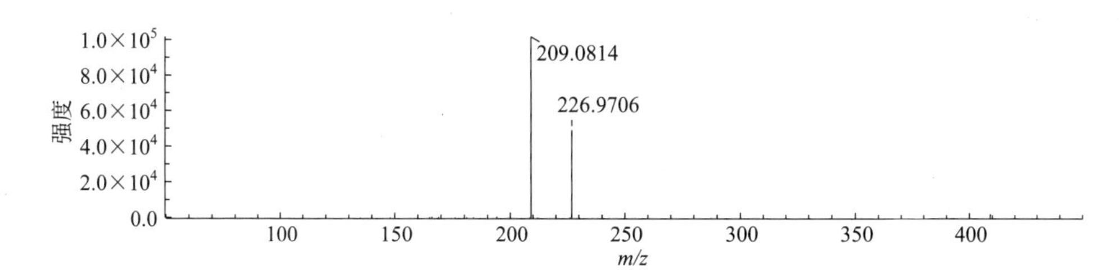

二级全扫质谱图 CE: 35V

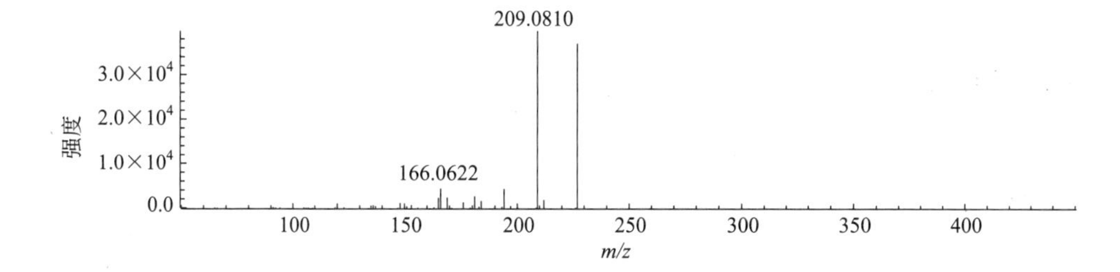

二级全扫质谱图 CE: 50V

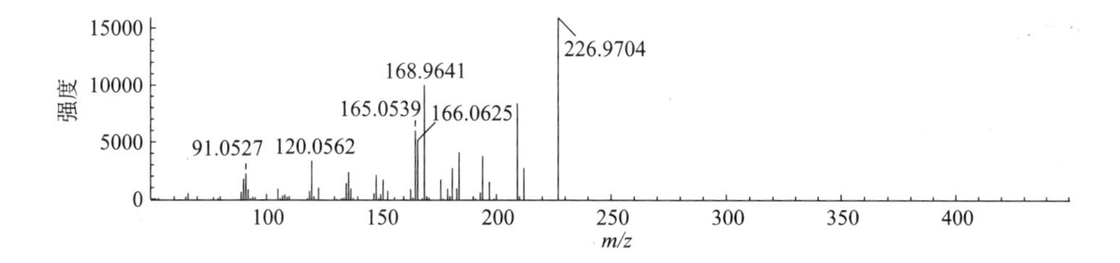

二级全扫质谱图 CE: 60V

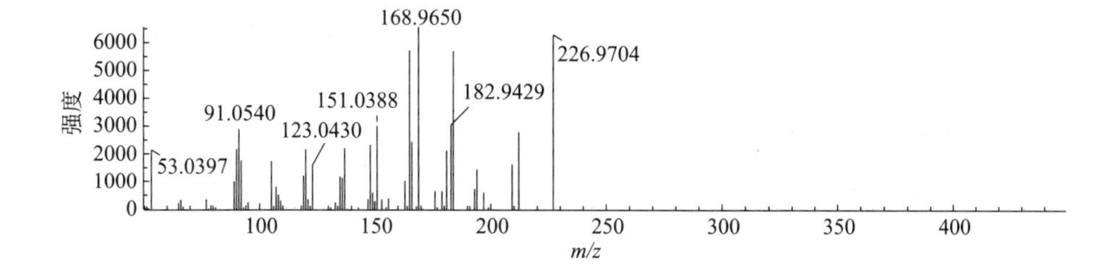

Metribuzin
嗪草酮

CAS 号	21087-64-9	保留时间	6.76min
分子式	$C_8H_{14}N_4OS$	加合方式	$[M+H]^+$
分子量	214.0888	源内裂解碎片	无

推测裂解规律

$[C_8H_{14}N_4OS]$ MW 214.0888 → H^+ → $[C_8H_{14}N_4OS+H]^+$ *m/z* 215.0961 → $[C_7H_{14}N_4S+H]^+$ *m/z* 187.1012 → $[C_3H_7N_4S+H]^+$ *m/z* 131.0386

$[C_7H_{14}N_4S+H]^+$ *m/z* 187.1012 → $[C_5H_{10}N]^+$ *m/z* 84.0808

$[C_7H_{14}N_4S+H]^+$ *m/z* 187.1012 → $[C_4H_8N_4S+H]^+$ *m/z* 145.0542

提取离子流色谱图

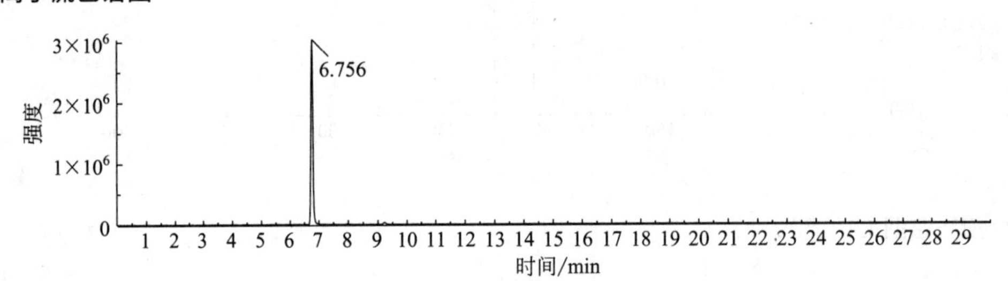

一级质谱图

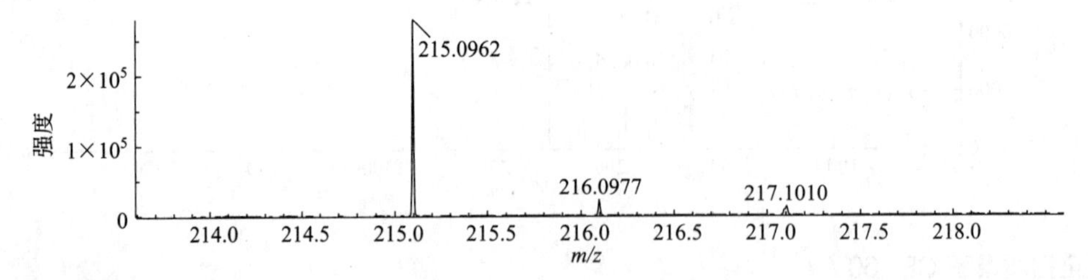

二级全扫质谱图 CE: (35±15)V

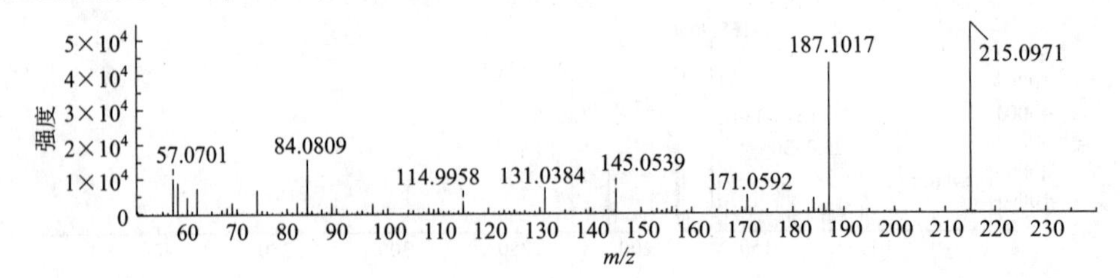

二级全扫质谱图 CE: 10V

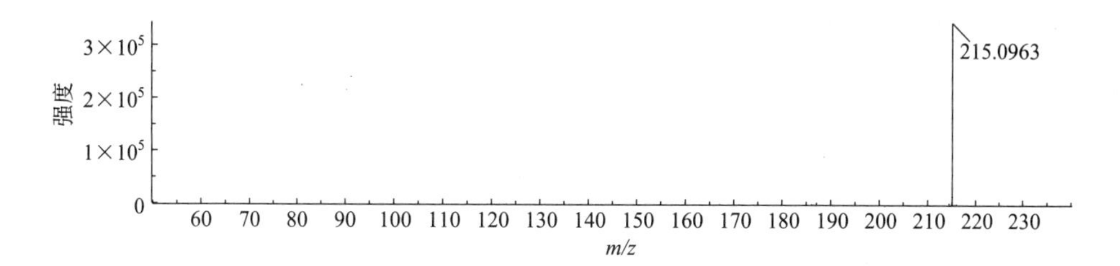

二级全扫质谱图 CE: 20V

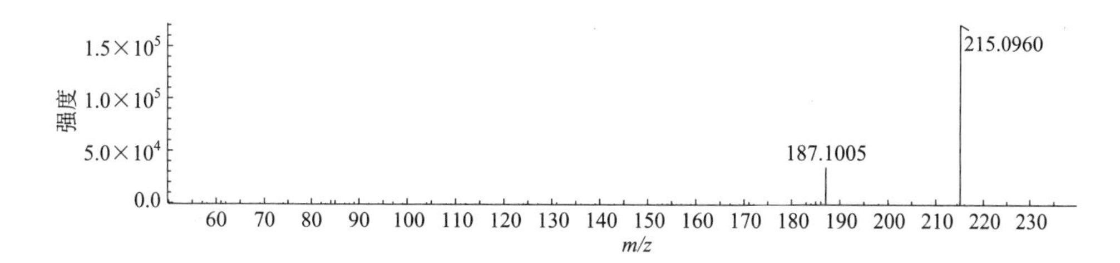

二级全扫质谱图 CE: 35V

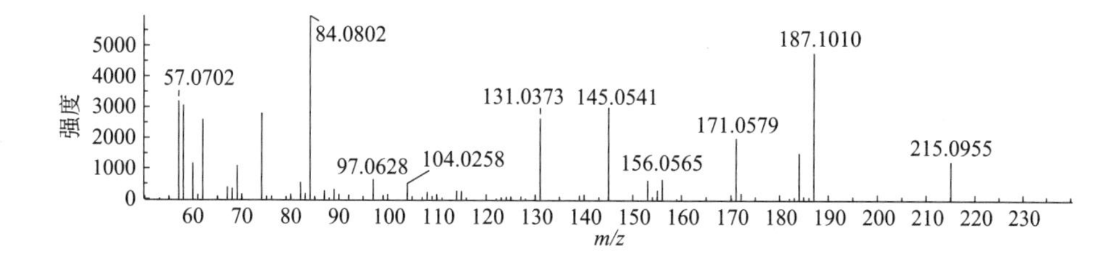

二级全扫质谱图 CE: 50V

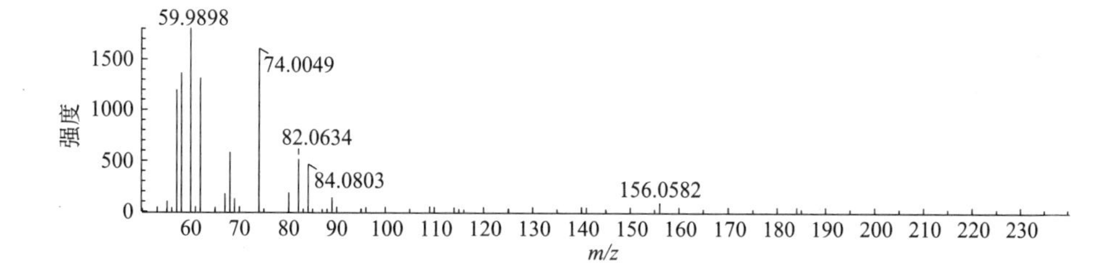

二级全扫质谱图 CE: 60V

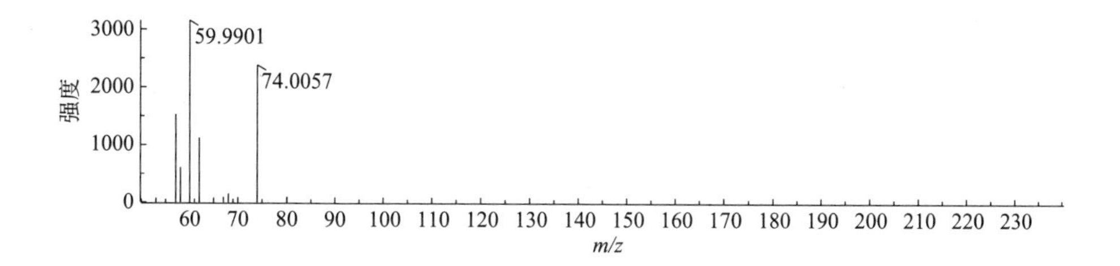

Metsulfuron-methyl
甲磺隆

CAS 号	74223-64-6	保留时间	6.32min
分子式	$C_{14}H_{15}N_5O_6S$	加合方式	$[M+H]^+$
分子量	381.0743	源内裂解碎片	无

推测裂解规律

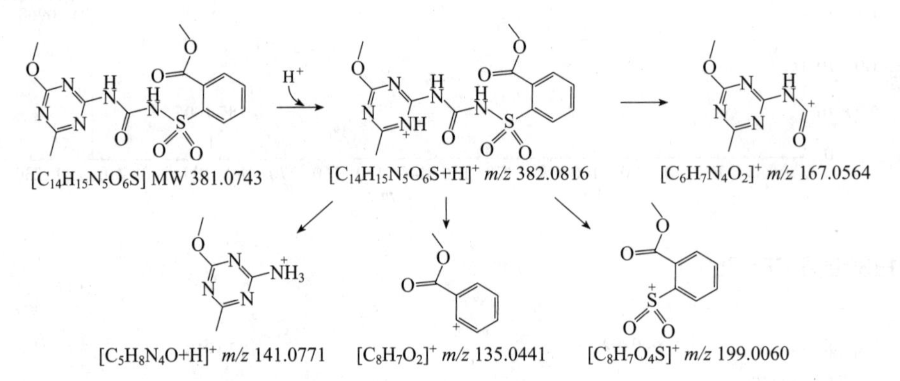

提取离子流色谱图

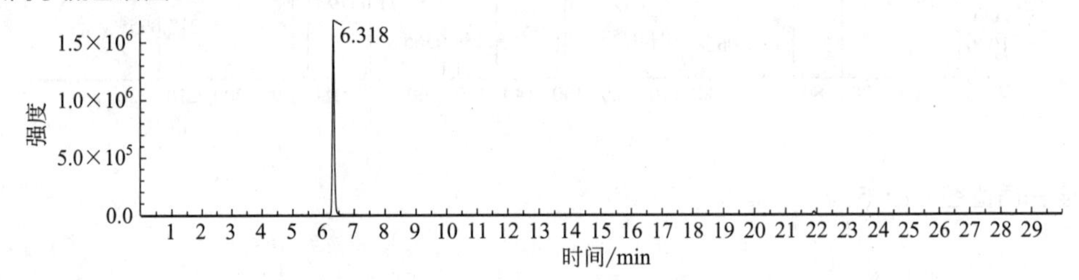

一级质谱图

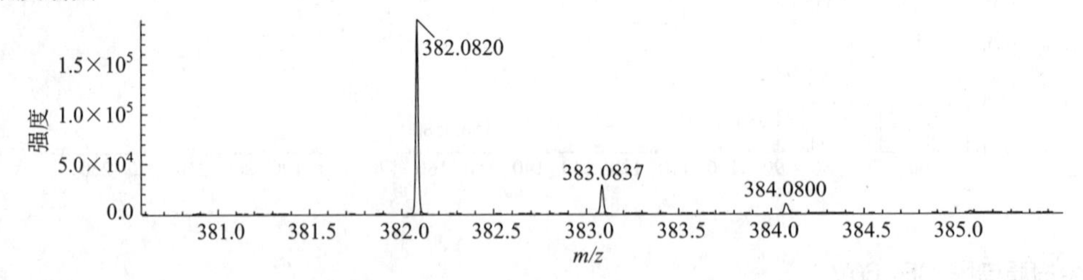

二级全扫质谱图 CE: (35±15)V

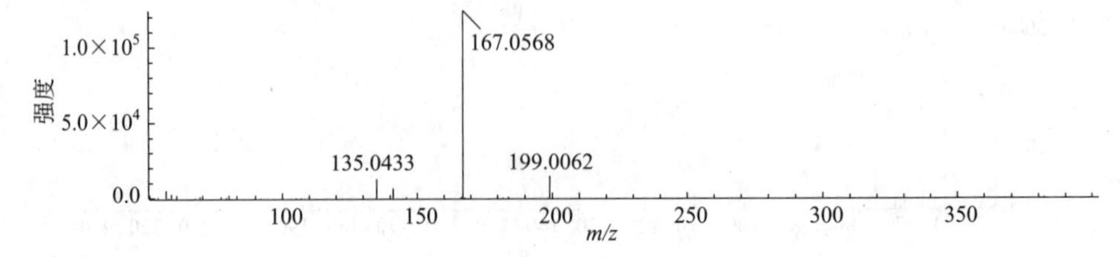

二级全扫质谱图 CE: 10V

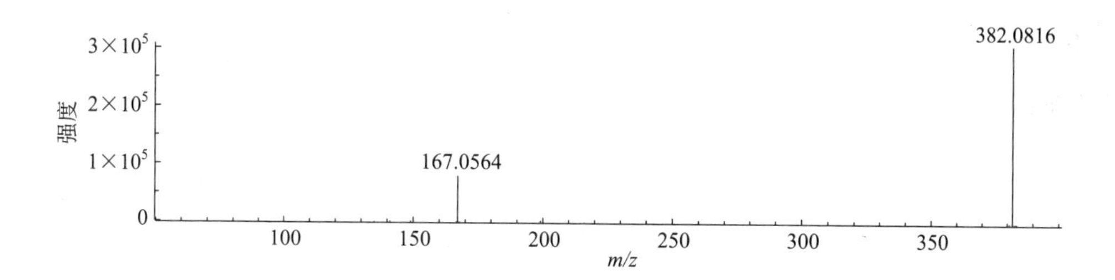

二级全扫质谱图 CE: 20V

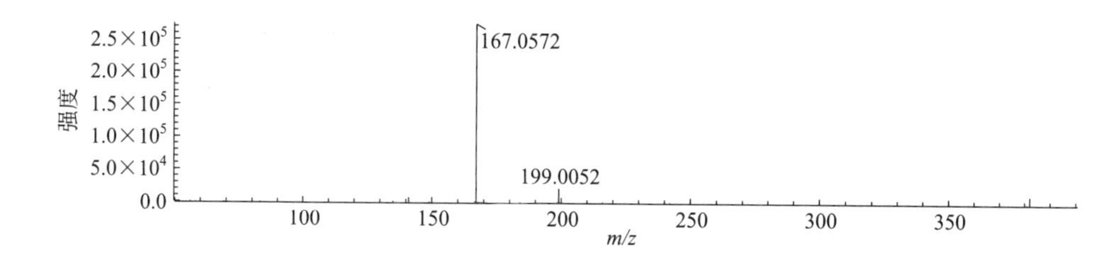

二级全扫质谱图 CE: 35V

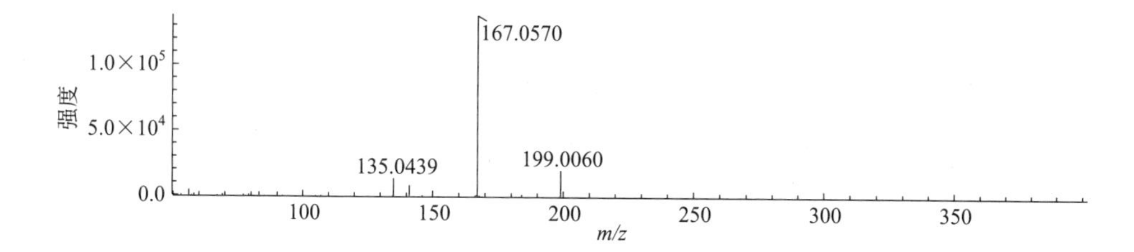

二级全扫质谱图 CE: 50V

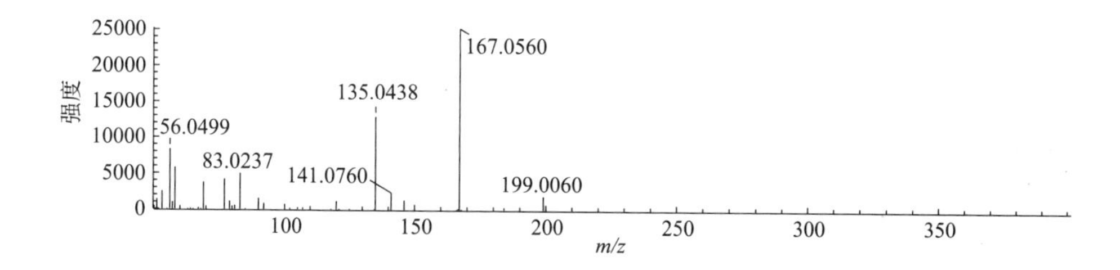

二级全扫质谱图 CE: 60V

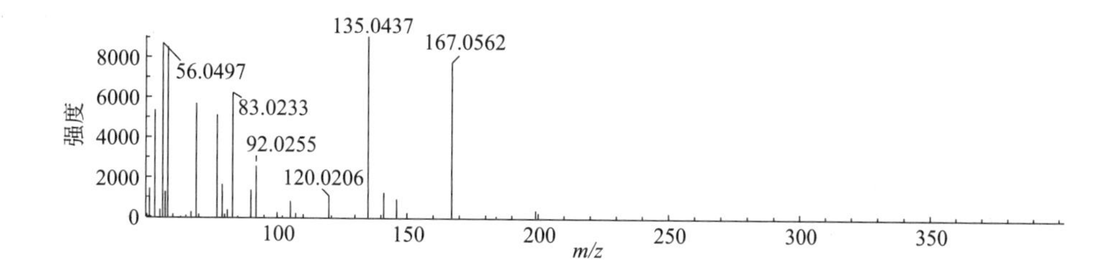

Mevinphos
速灭磷

CAS 号	7786-34-7	保留时间	4.65min/5.14min
分子式	$C_7H_{13}O_6P$	加合方式	$[M+H]^+$
分子量	224.0450	源内裂解碎片	m/z 127,193

推测裂解规律

$[C_7H_{13}O_6P]$ MW 224.0450 → $[C_7H_{13}O_6P+H]^+$ m/z 225.0522 → $[C_6H_{10}O_5P]^+$ m/z 193.0260 → $[C_2H_7O_4P+H]^+$ m/z 127.0155

$[C_4H_3O]^+$ m/z 67.0178　$[CH_3O_3P+H]^+$ m/z 94.9893　$[C_2H_6O_3P]^+$ m/z 109.0049

提取离子流色谱图

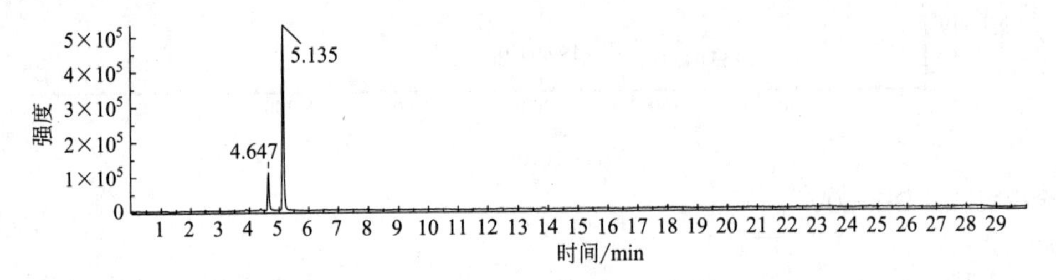

一级质谱图

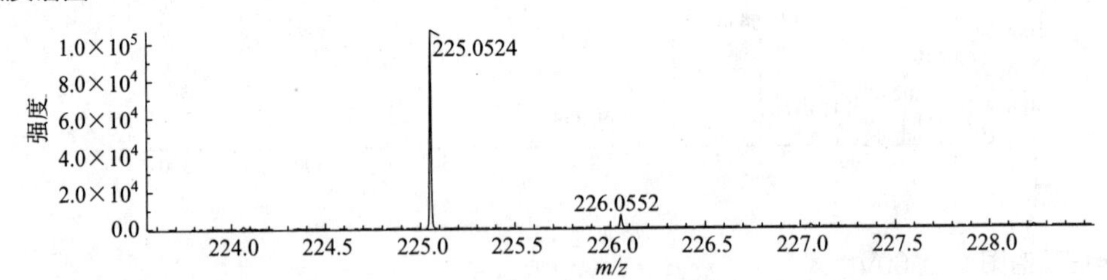

二级全扫质谱图 CE: (35±15)V

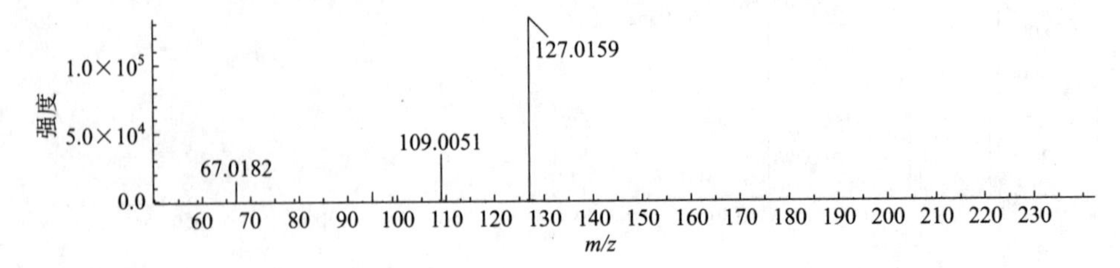

二级全扫质谱图 CE: 10V

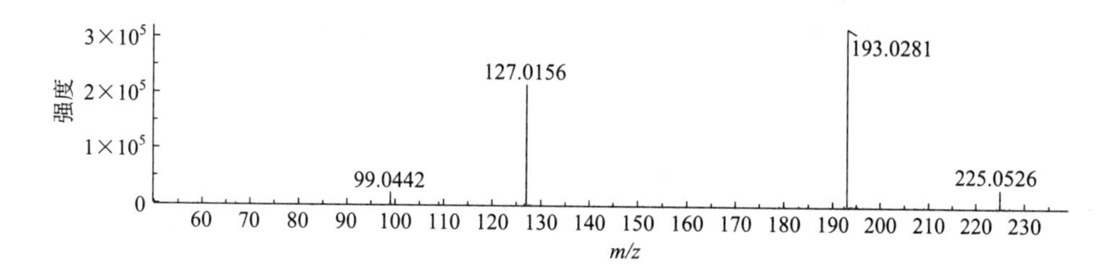

二级全扫质谱图 CE: 20V

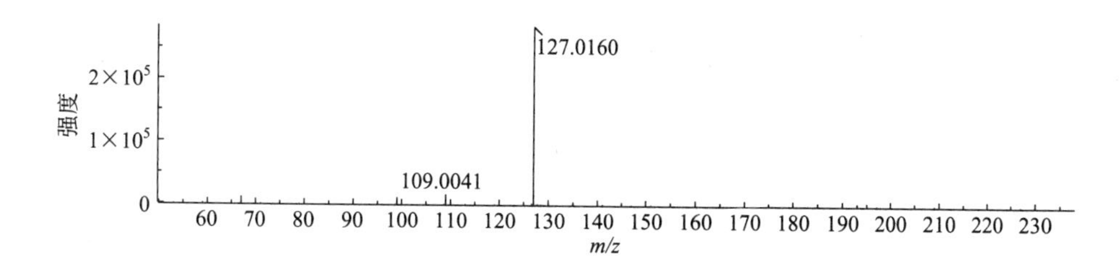

二级全扫质谱图 CE: 35V

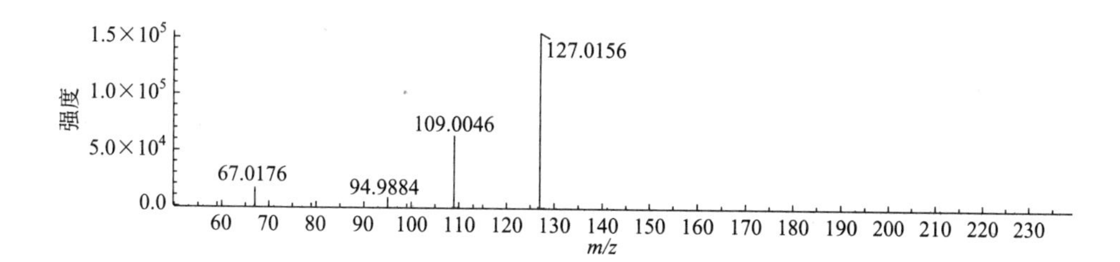

二级全扫质谱图 CE: 50V

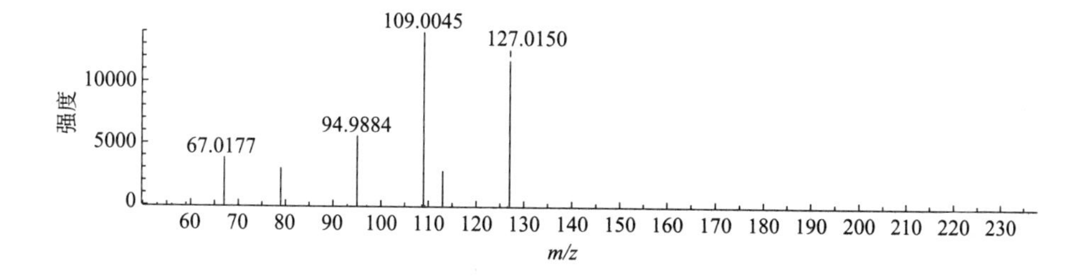

二级全扫质谱图 CE: 60V

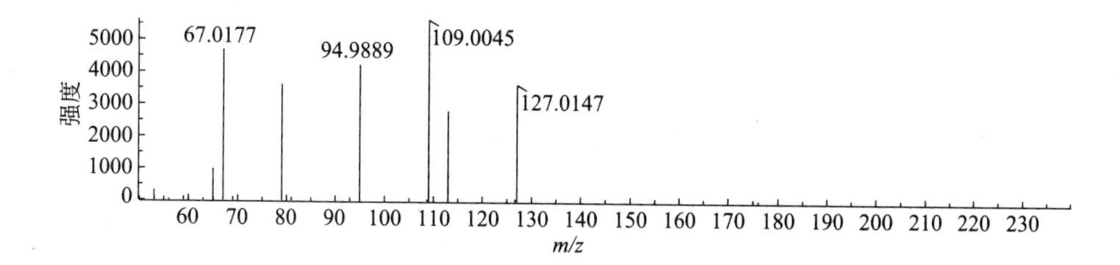

Mevinphos in-source fragment 193

速灭磷源内裂解碎片 193

CAS 号	—	保留时间	4.65min/5.14min
分子式	$C_6H_{10}O_5P^+$	加合方式	$[M]^+$
分子量	193.0260	源内裂解碎片	无

推测裂解规律

$[C_4H_3O]^+$ m/z 67.0178

$[C_6H_{10}O_5P]^+$ m/z 193.0260

$[C_2H_7O_4P+H]^+$ m/z 127.0155

$[C_2H_6O_3P]^+$ m/z 109.0049

$[CH_3O_3P+H]^+$ m/z 94.9893

提取离子流色谱图

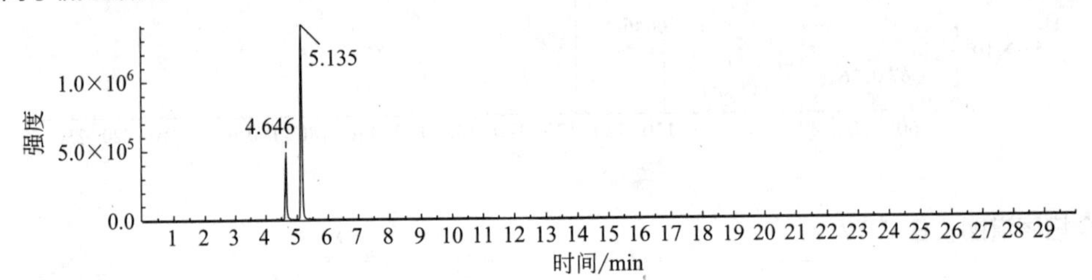

一级质谱图

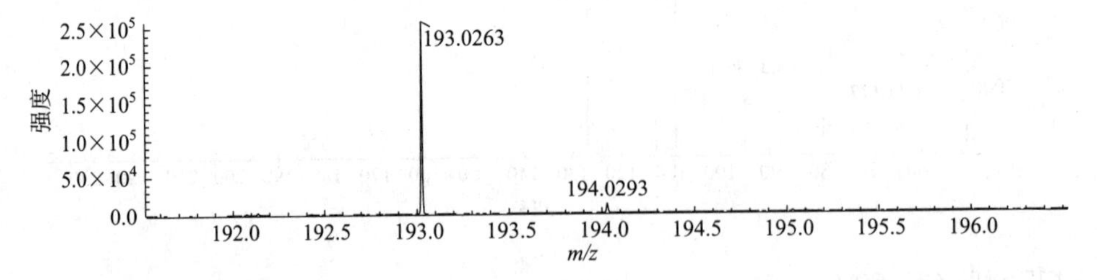

二级全扫质谱图 CE: (35±15)V

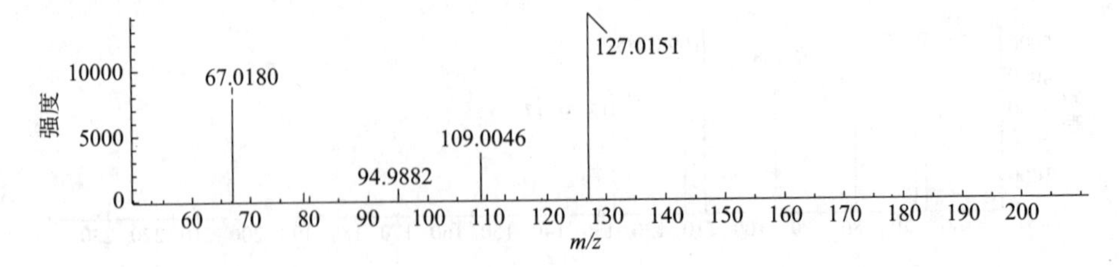

二级全扫质谱图 CE: 10V

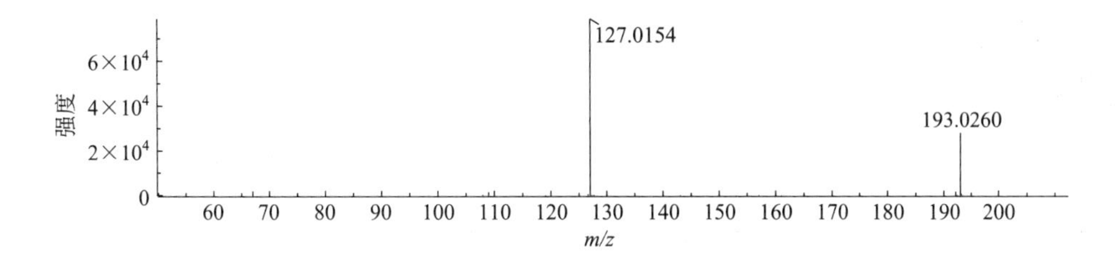

二级全扫质谱图 CE: 20V

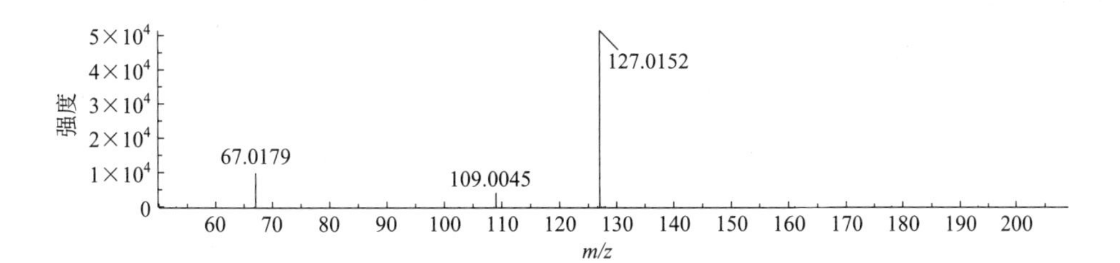

二级全扫质谱图 CE: 35V

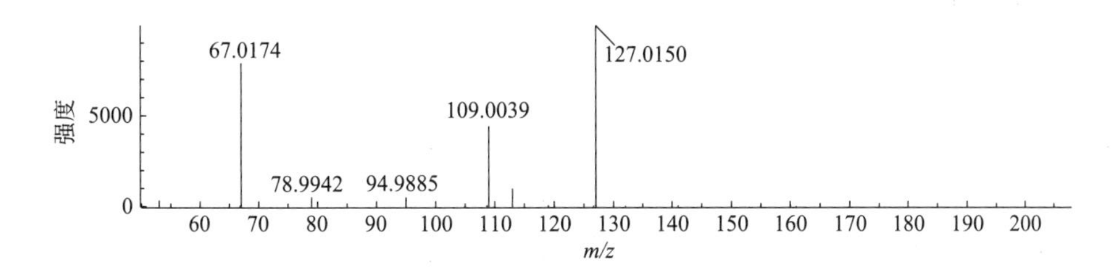

二级全扫质谱图 CE: 50V

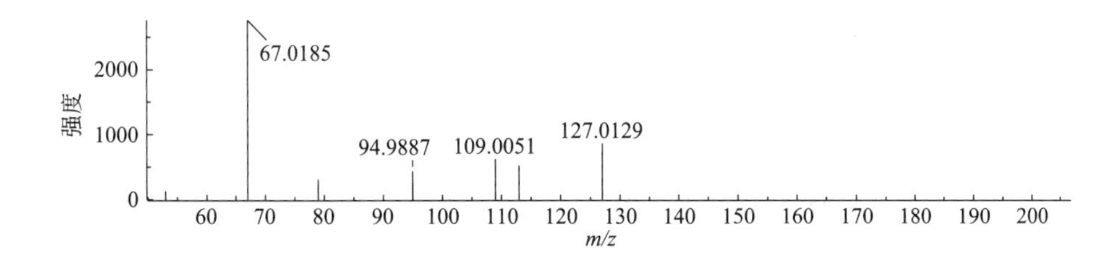

二级全扫质谱图 CE: 60V

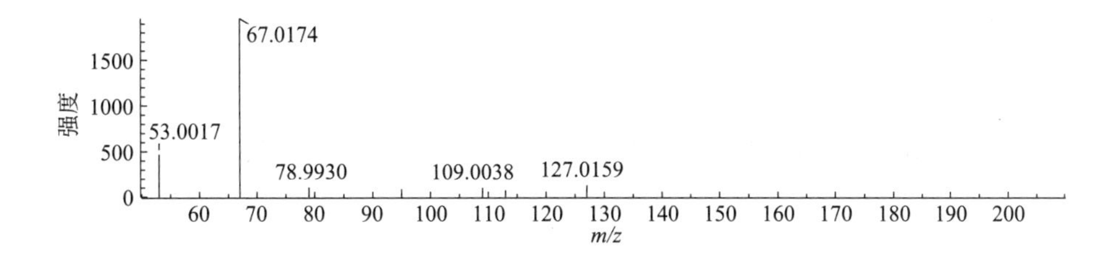

Molinate
禾草敌

CAS 号	2212-67-1	保留时间	13.27min
分子式	$C_9H_{17}NOS$	加合方式	$[M+H]^+$
分子量	187.1031	源内裂解碎片	无

推测裂解规律

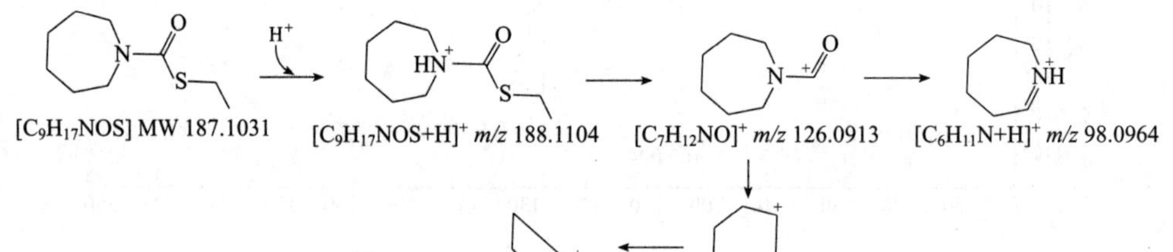

提取离子流色谱图

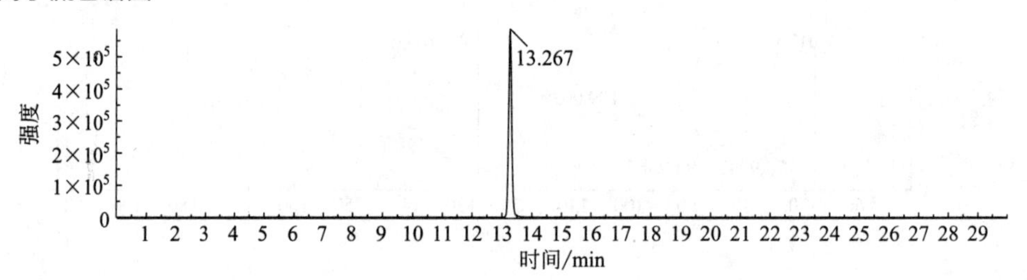

一级质谱图

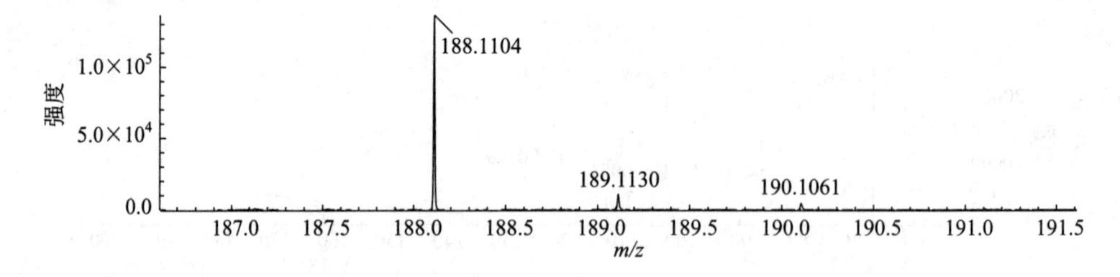

二级全扫质谱图 CE: (35±15)V

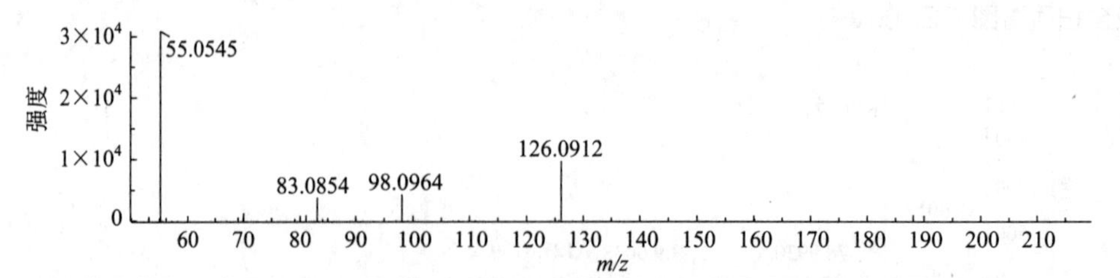

二级全扫质谱图 CE: 10V

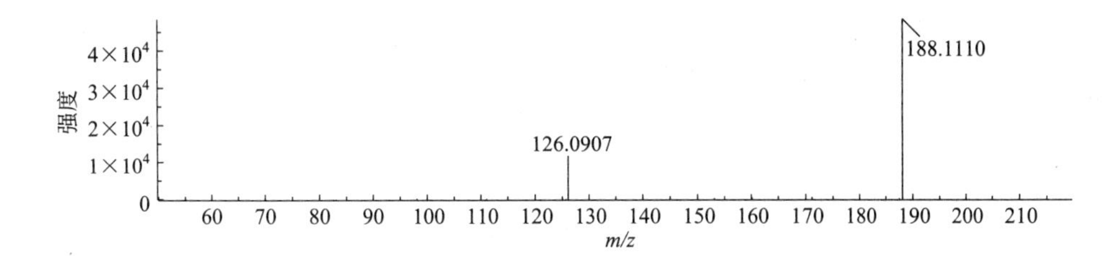

二级全扫质谱图 CE: 20V

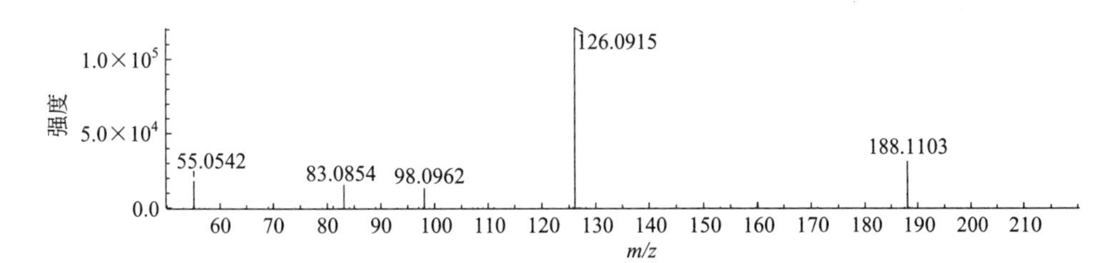

二级全扫质谱图 CE: 35V

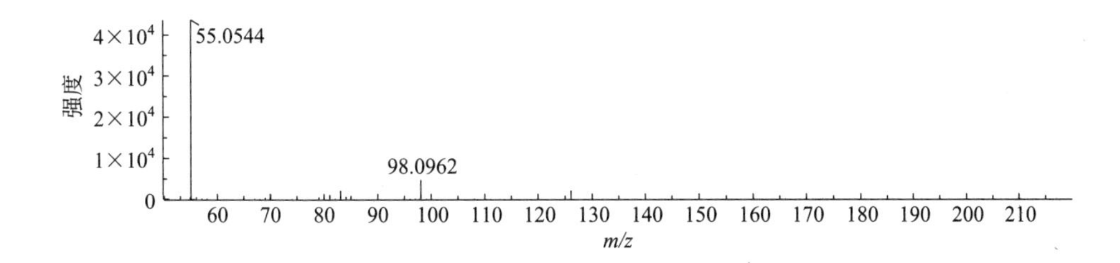

二级全扫质谱图 CE: 50V

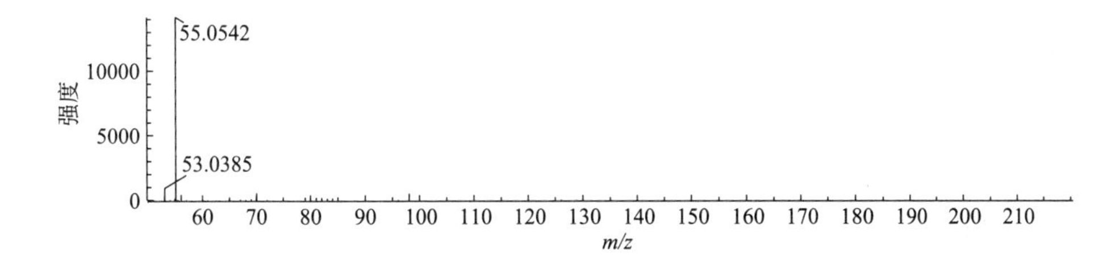

二级全扫质谱图 CE: 60V

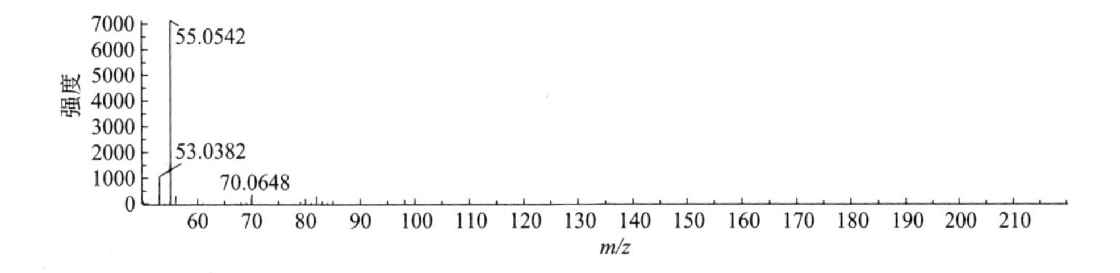

Monocrotophos
久效磷

CAS 号	6923-22-4	保留时间	4.16min
分子式	$C_7H_{14}NO_5P$	加合方式	$[M+H]^+$
分子量	223.0610	源内裂解碎片	*m/z* 127,193

推测裂解规律

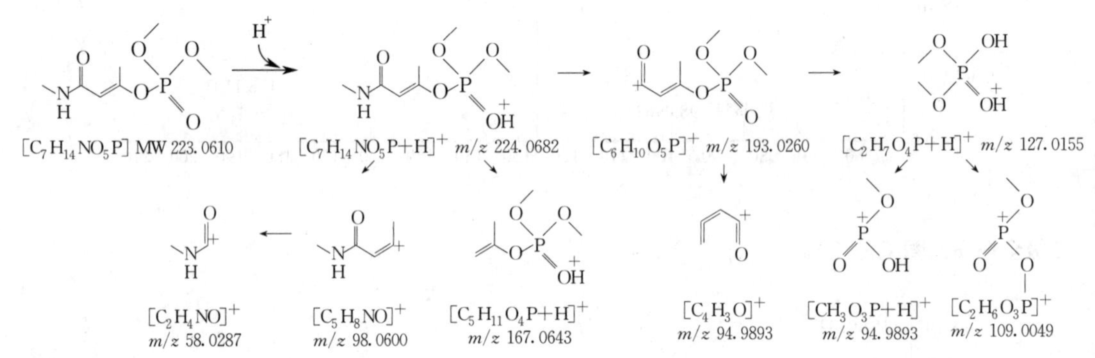

提取离子流色谱图

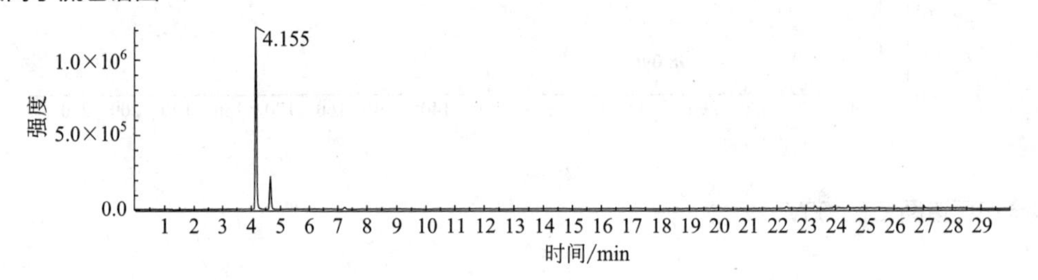

一级质谱图

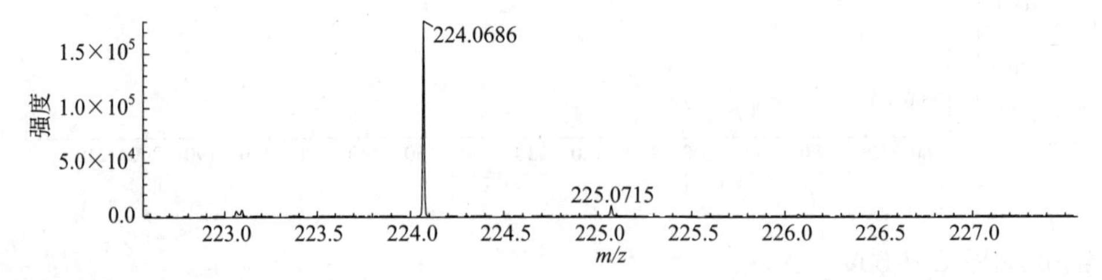

二级全扫质谱图 CE: (35±15)V

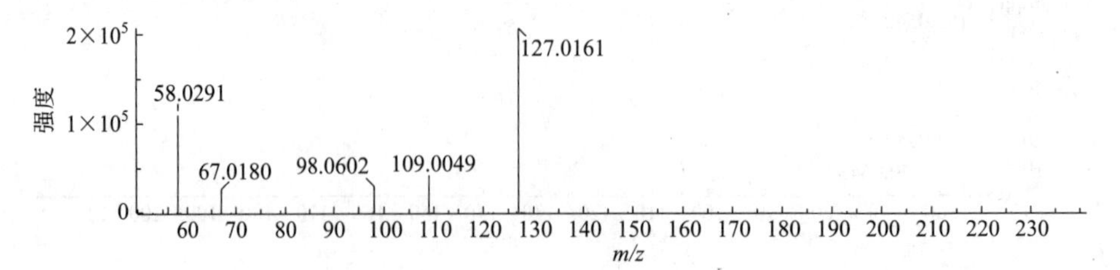

二级全扫质谱图 CE: 10V

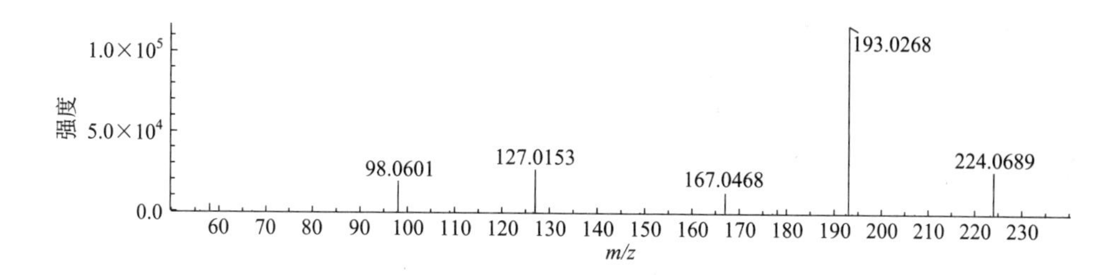

二级全扫质谱图 CE: 20V

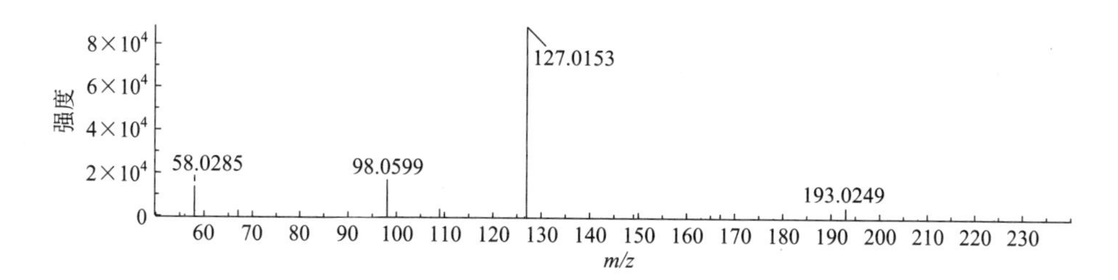

二级全扫质谱图 CE: 35V

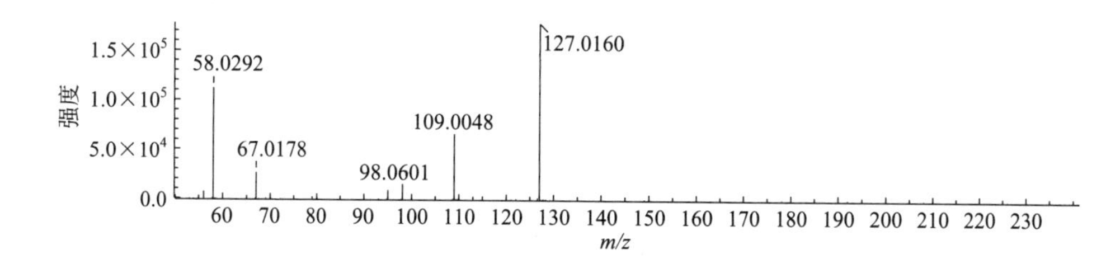

二级全扫质谱图 CE: 50V

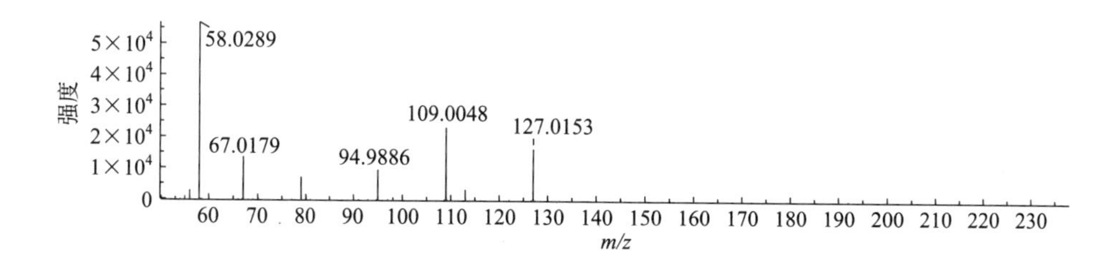

二级全扫质谱图 CE: 60V

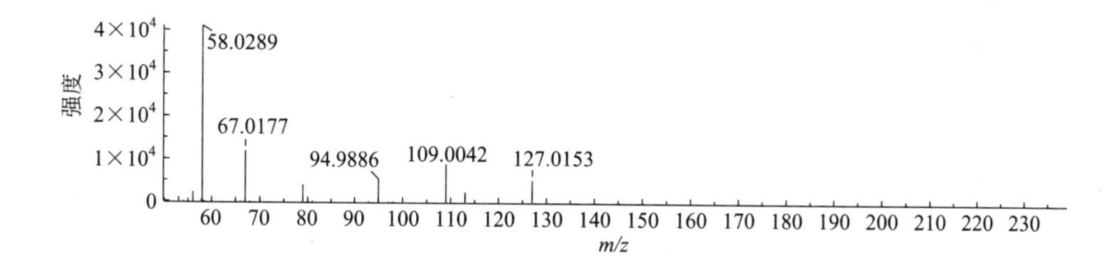

Monocrotophos in-source fragment 193

久效磷源内裂解碎片 193

CAS 号	—	保留时间	4.16min
分子式	$C_6H_{10}O_5P^+$	加合方式	$[M]^+$
分子量	193.0260	源内裂解碎片	无

推测裂解规律

$[C_4H_3O]^+$ *m/z* 94.9893 ← $[C_6H_{10}O_5P]^+$ *m/z* 193.0260 → $[C_2H_7O_4P+H]^+$ *m/z* 127.0155 → $[C_2H_6O_3P]^+$ *m/z* 109.0049

$[C_2H_7O_4P+H]^+$ *m/z* 127.0155 → $[CH_3O_3P+H]^+$ *m/z* 94.9893

提取离子流色谱图

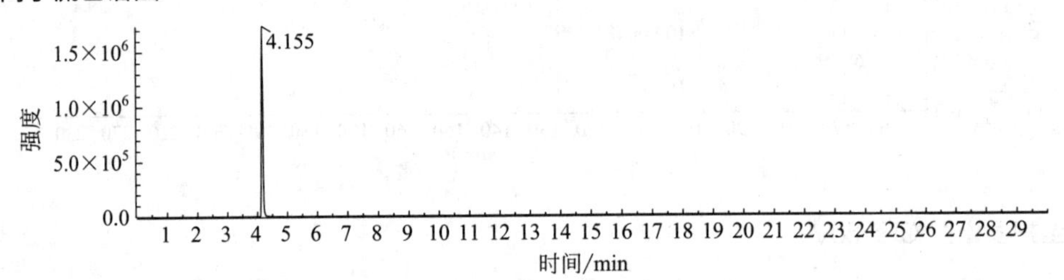

一级质谱图

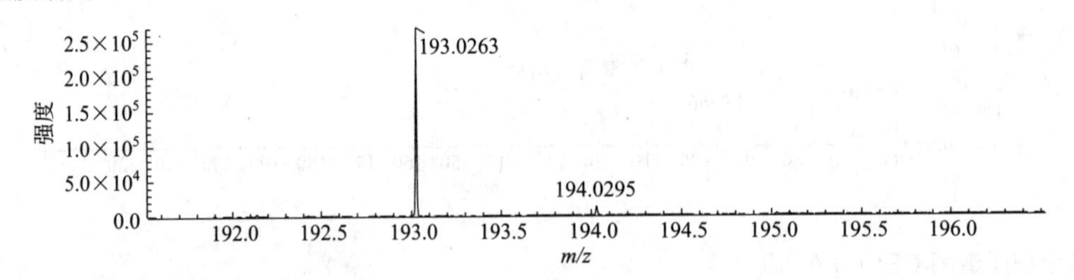

二级全扫质谱图 CE: (35±15)V

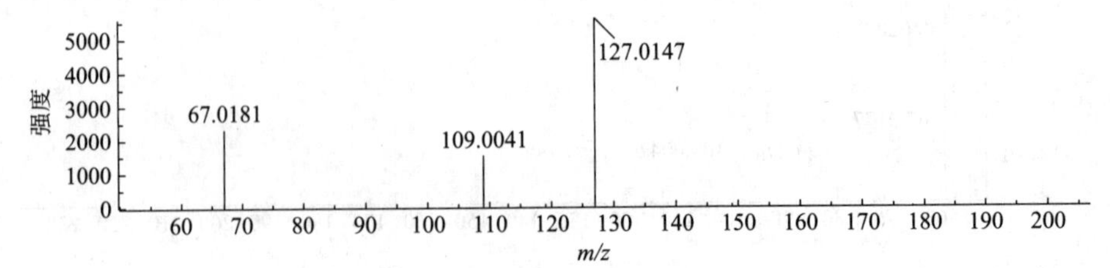

二级全扫质谱图 CE: 10V

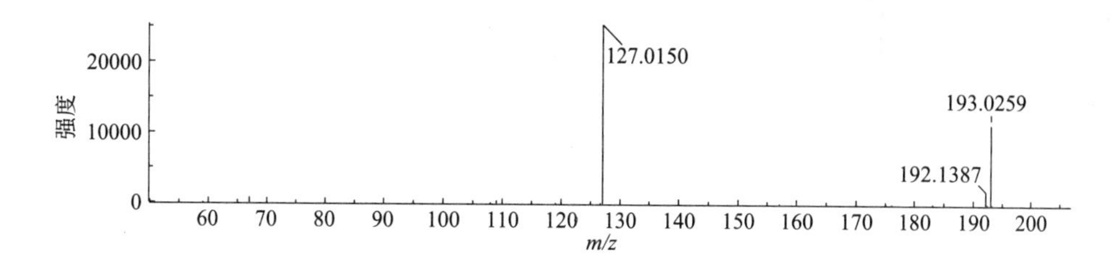

二级全扫质谱图 CE: 20V

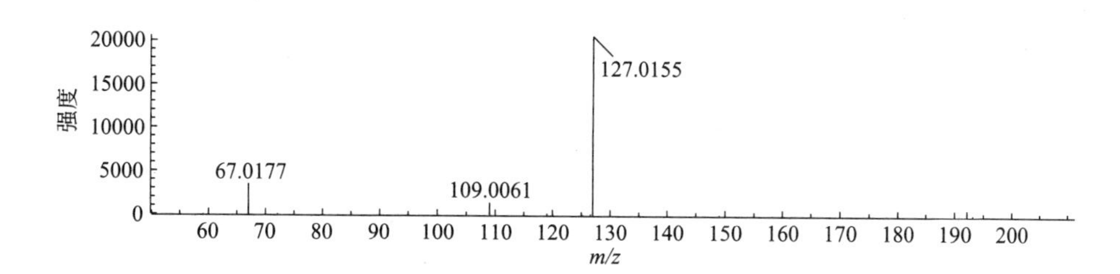

二级全扫质谱图 CE: 35V

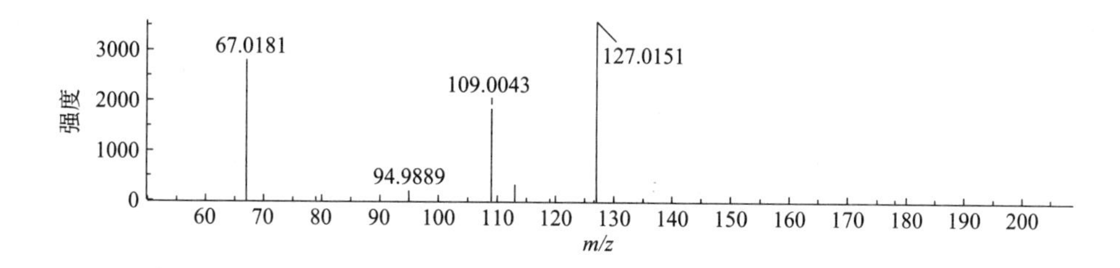

二级全扫质谱图 CE: 50V

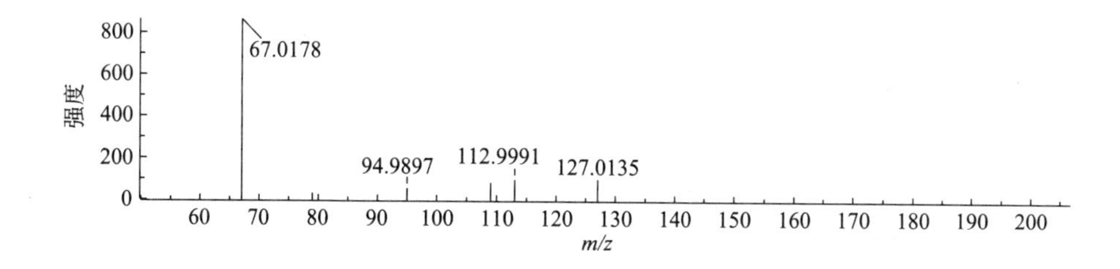

二级全扫质谱图 CE: 60V

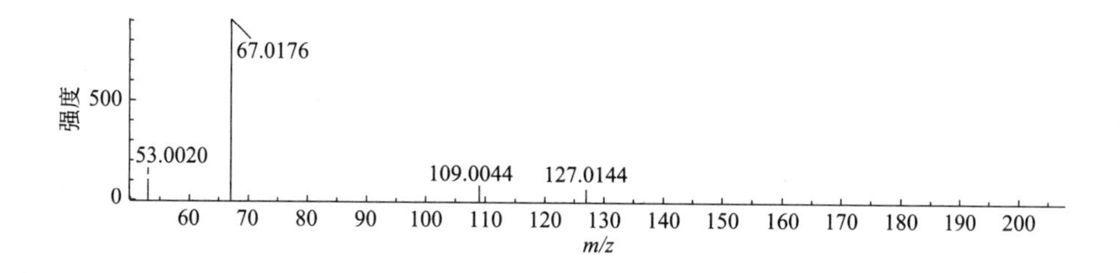

Monosulfuron

单嘧磺隆

CAS 号	155860-63-2	保留时间	5. 28min
分子式	$C_{12}H_{11}N_5O_5S$	加合方式	$[M+H]^+$
分子量	337. 0481	源内裂解碎片	无

推测裂解规律

$[C_{12}H_{11}N_5O_5S]$ MW 337.0481 → $[C_{12}H_{11}N_5O_5S+H]^+$ *m/z* 338.0554 → $[C_5H_7N_3+H]^+$ *m/z* 110.0713 → $[C_5H_5N_2]^+$ *m/z* 93.0447 → $[C_4H_4N]^+$ *m/z* 66.0338

$[C_6H_4NO_4S]^+$ *m/z* 185.9856

$[C_6H_6N_3O]^+$ *m/z* 136.0505

$[C_4H_6N]^+$ *m/z* 68.0495

提取离子流色谱图

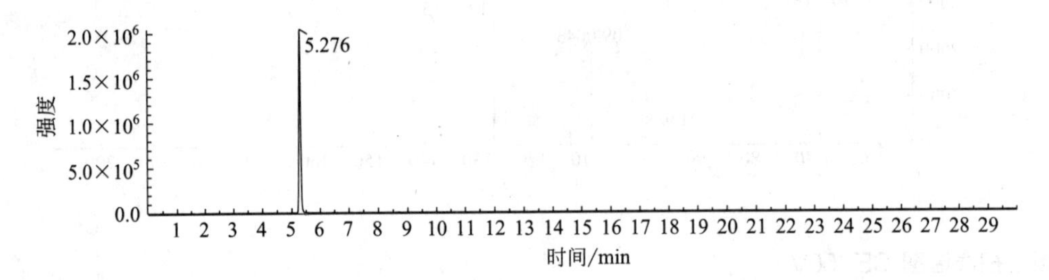

一级质谱图

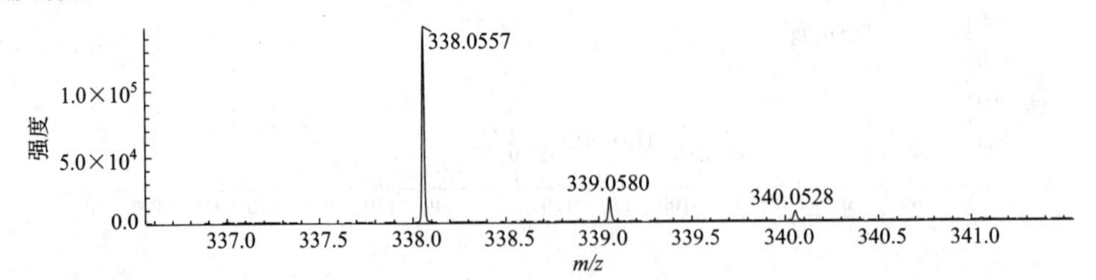

二级全扫质谱图 CE: (35±15)V

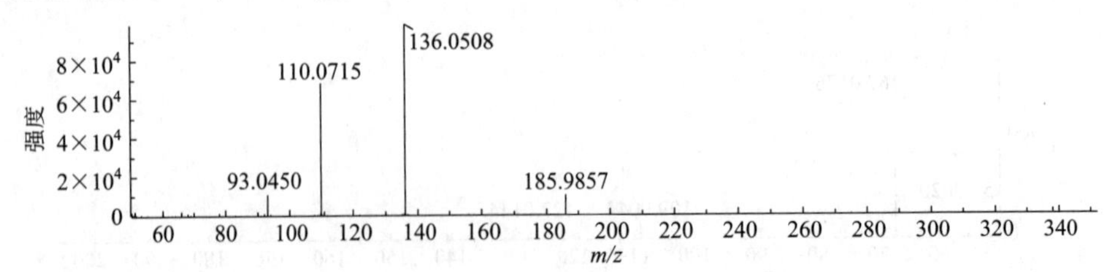

二级全扫质谱图 CE: 10V

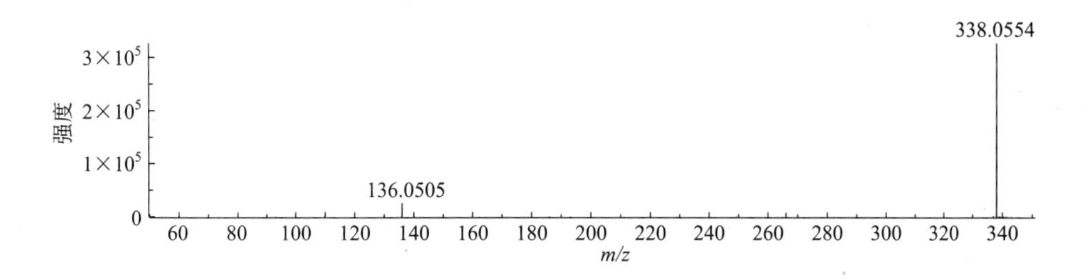

二级全扫质谱图 CE: 20V

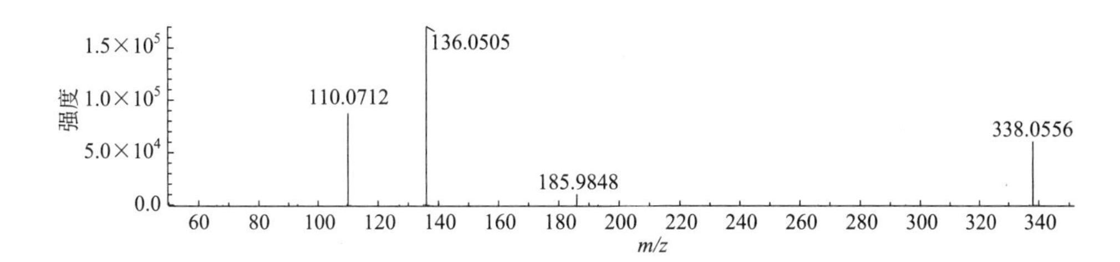

二级全扫质谱图 CE: 35V

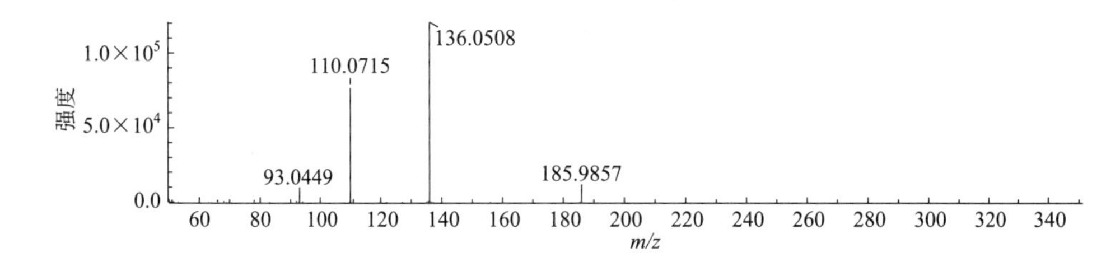

二级全扫质谱图 CE: 50V

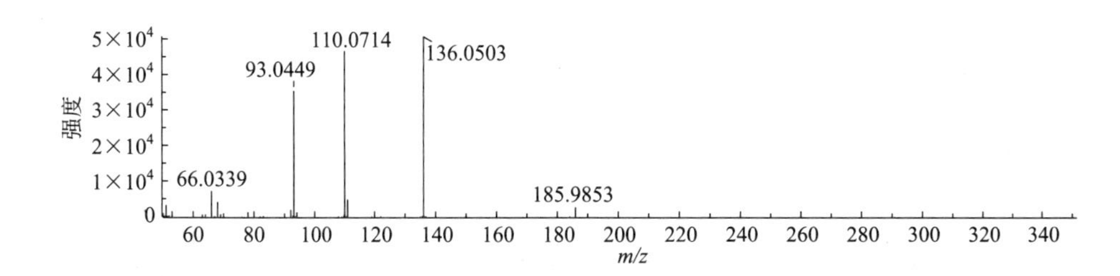

二级全扫质谱图 CE: 60V

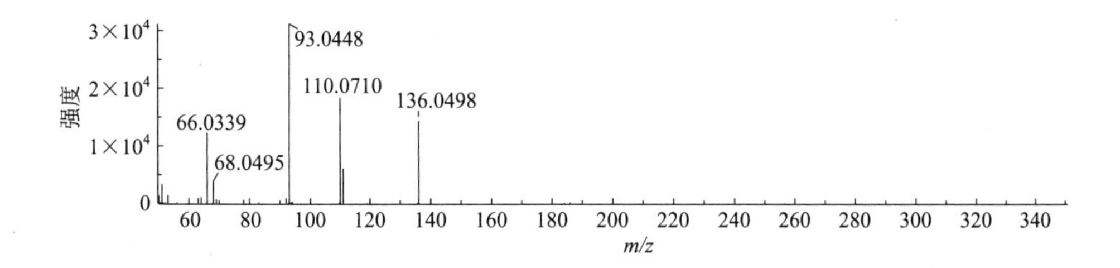

Myclobutanil
腈菌唑

CAS 号	88671-89-0	保留时间	13.73min
分子式	$C_{15}H_{17}ClN_4$	加合方式	$[M+H]^+$
分子量	288.1142	源内裂解碎片	无

推测裂解规律

$[C_{15}H_{17}ClN_4]$ MW 288.1142

$[C_{15}H_{17}ClN_4+H]^+$ m/z 289.1214

$[C_{13}H_{15}ClN]^+$ m/z 220.0888

$[C_9H_8Cl]^+$ m/z 151.0309

$[C_7H_6Cl]^+$ m/z 125.0152

$[C_2H_3N_3+H]^+$ m/z 70.0400

提取离子流色谱图

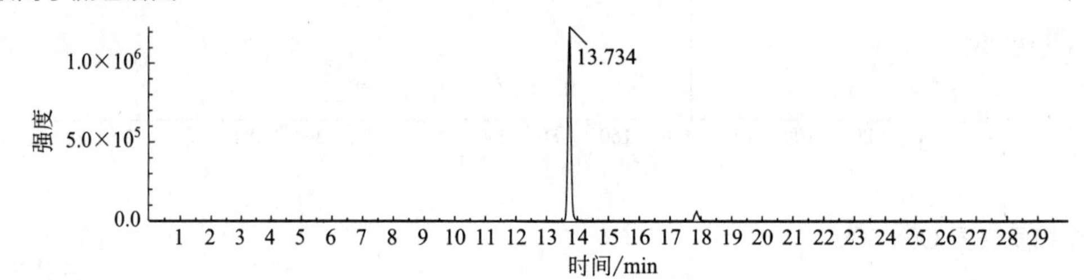

一级质谱图

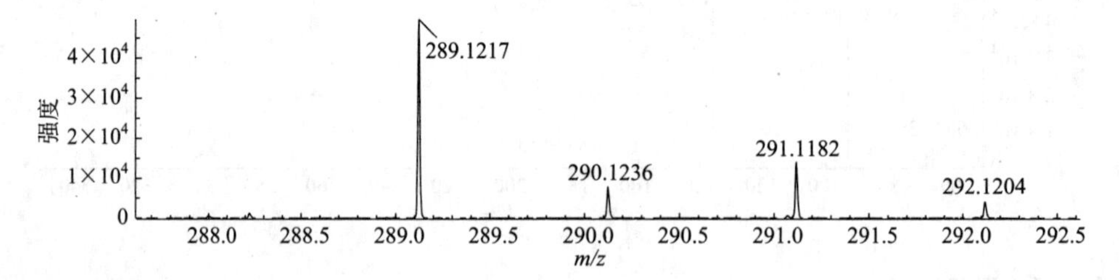

二级全扫质谱图 CE: (35±15)V

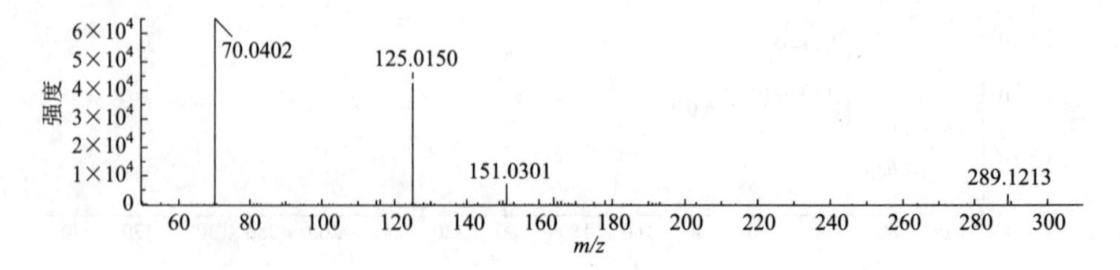

二级全扫质谱图 CE: 10V

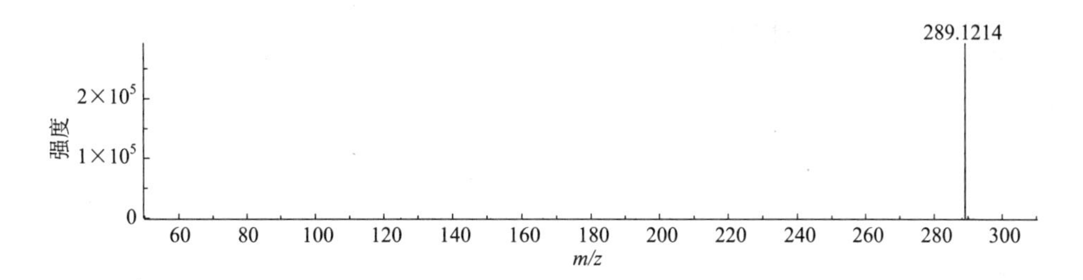

二级全扫质谱图 CE: 20V

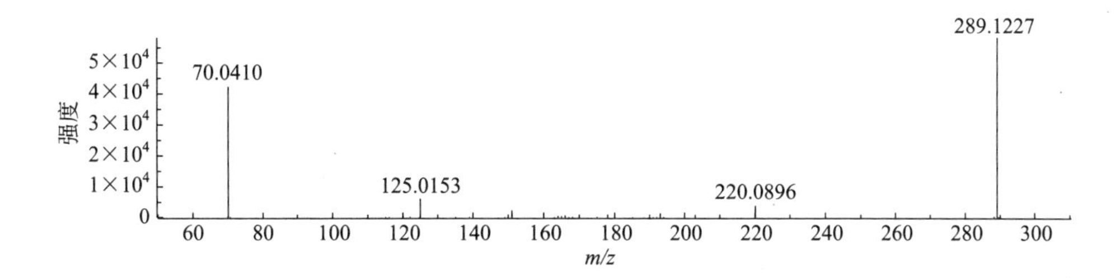

二级全扫质谱图 CE: 35V

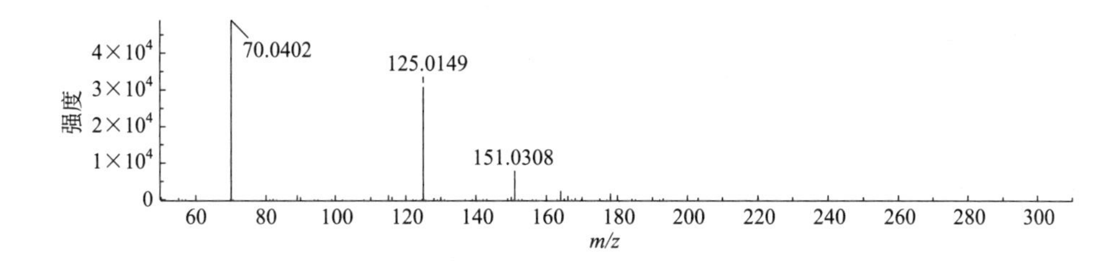

二级全扫质谱图 CE: 50V

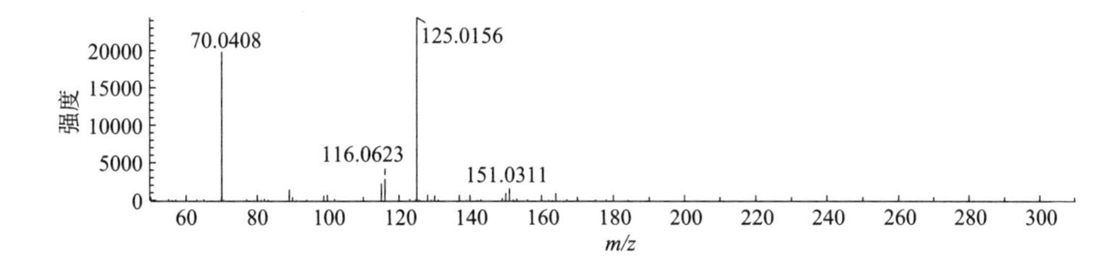

二级全扫质谱图 CE: 60V

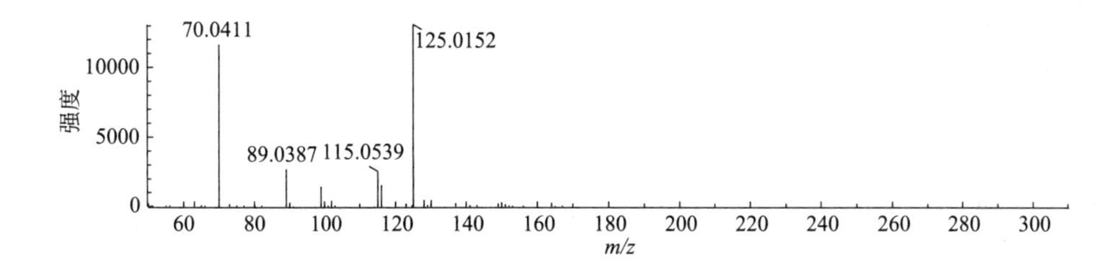

Napropamide
敌草胺

CAS 号	15299-99-7	保留时间	15.66min
分子式	$C_{17}H_{21}NO_2$	加合方式	$[M+H]^+$
分子量	271.1572	源内裂解碎片	无

推测裂解规律（裂解路径已经 MS^3 确认）

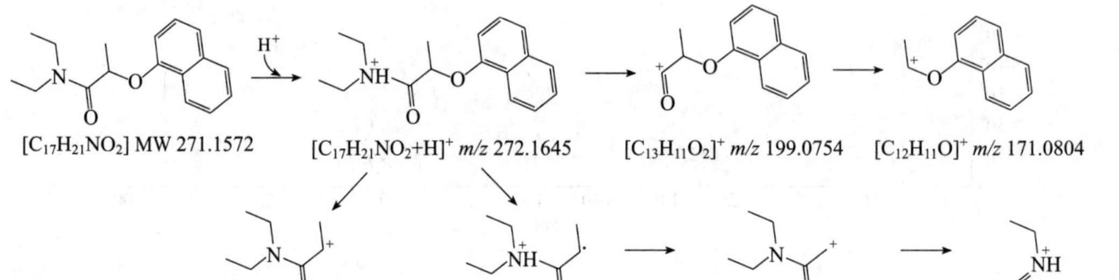

提取离子流色谱图

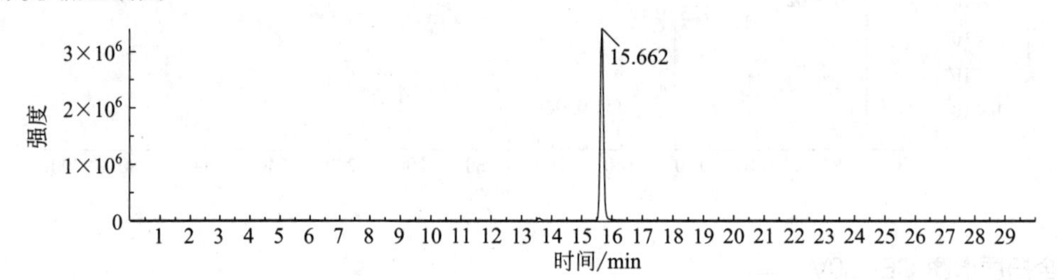

一级质谱图

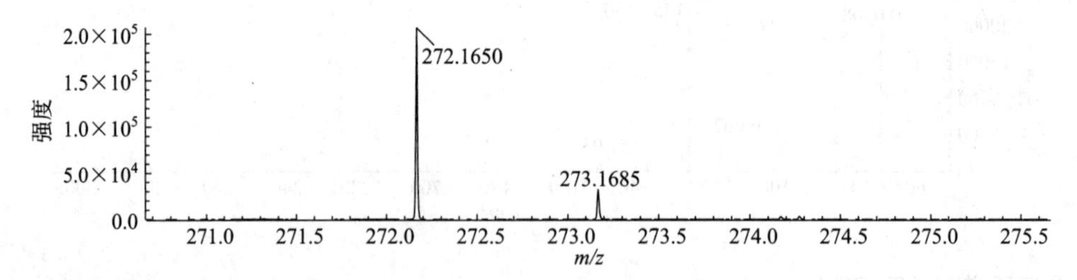

二级全扫质谱图 CE:（35±15）V

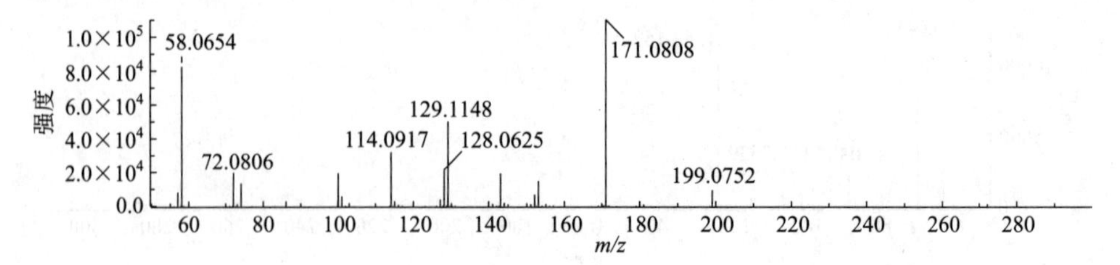

二级全扫质谱图 CE: 10V

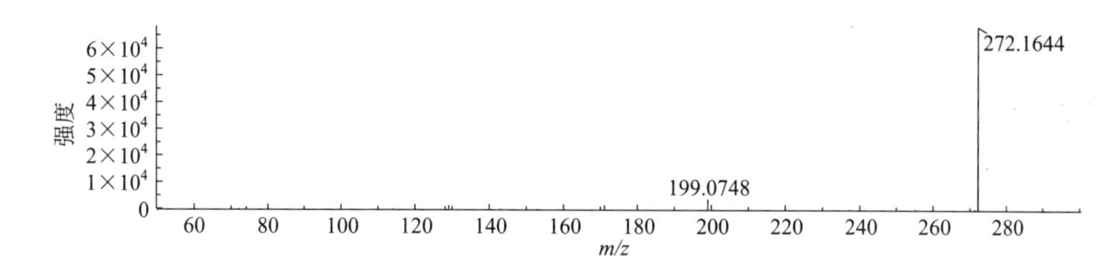

二级全扫质谱图 CE: 20V

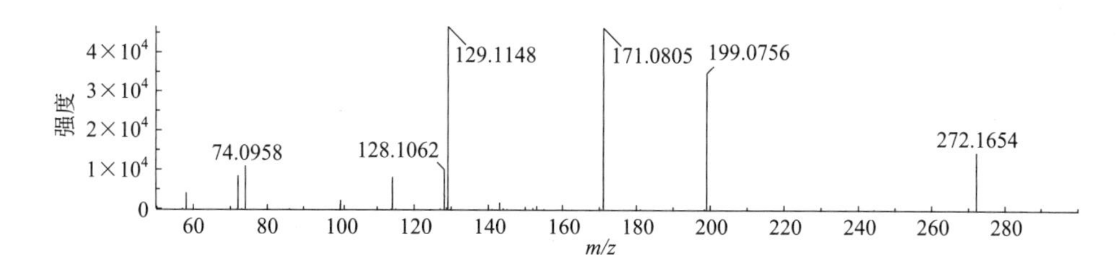

二级全扫质谱图 CE: 35V

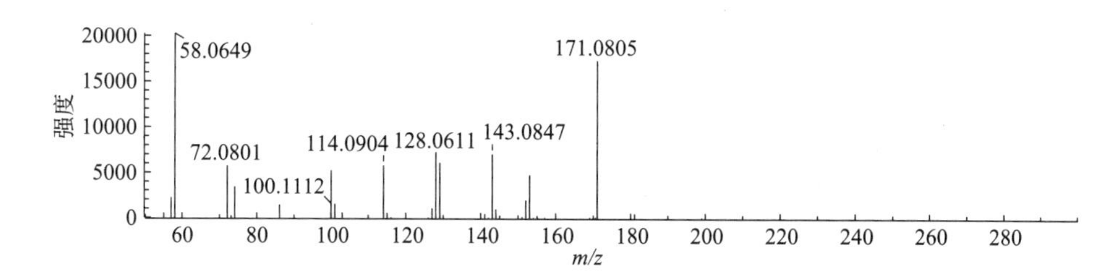

二级全扫质谱图 CE: 50V

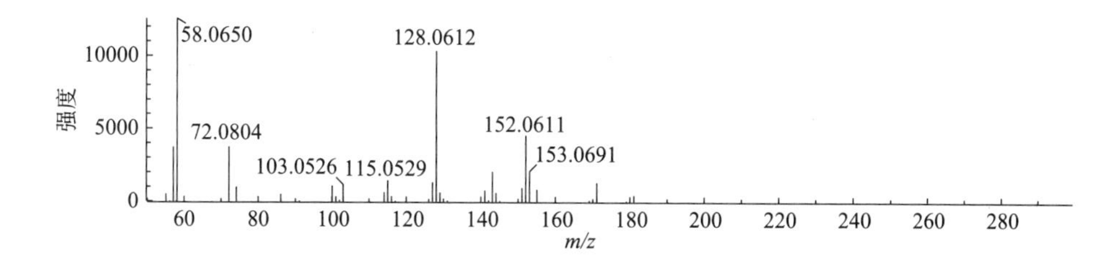

二级全扫质谱图 CE: 60V

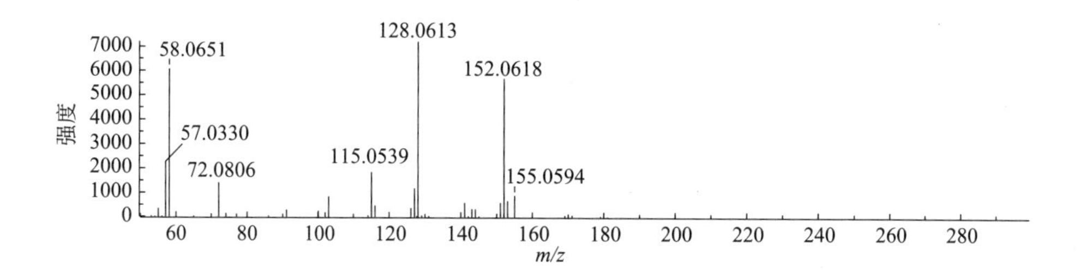

Nicosulfuron
烟嘧磺隆

CAS 号	111991-09-4	保留时间	6.34min
分子式	$C_{15}H_{18}N_6O_6S$	加合方式	$[M+H]^+$
分子量	410.1008	源内裂解碎片	无

推测裂解规律

$[C_{15}H_{18}N_6O_6S]$ MW 410.1008

$[C_{15}H_{18}N_6O_6S+H]^+$ *m/z* 411.1081

$[C_7H_8N_3O_3]^+$ *m/z* 182.0560

$[C_6H_7N_2O_2]^+$ *m/z* 139.0502

$[C_8H_9N_2O_3S]^+$ *m/z* 213.0328

$[C_6H_4NO]^+$ *m/z* 106.0287

$[C_3H_3N_2O]^+$ *m/z* 83.0240

提取离子流色谱图

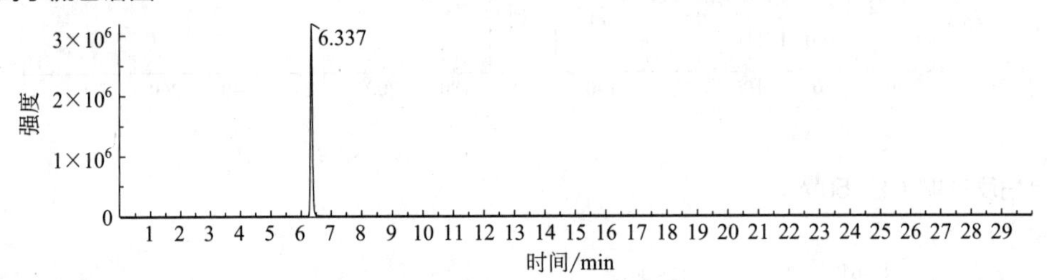

一级质谱图

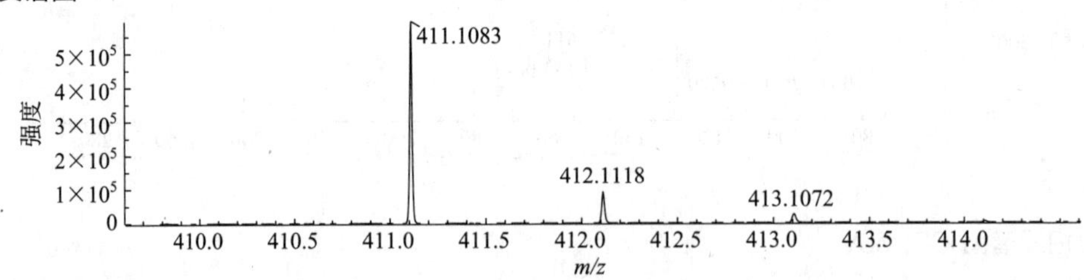

二级全扫质谱图 CE: (35±15)V

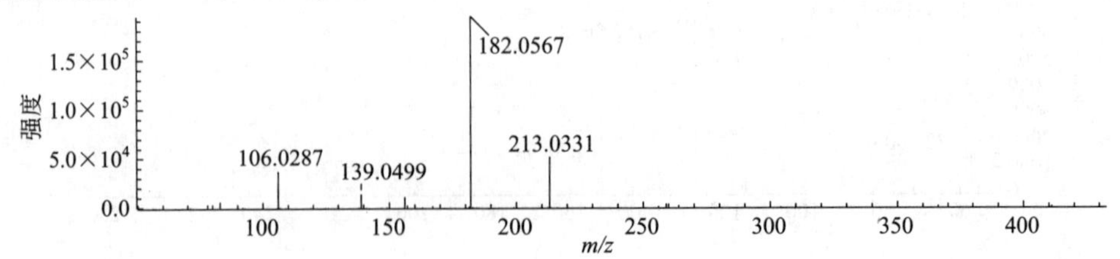

二级全扫质谱图 CE: 10V

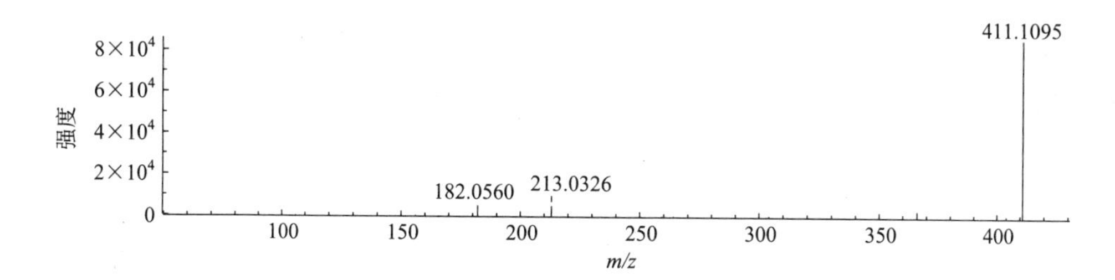

二级全扫质谱图 CE: 20V

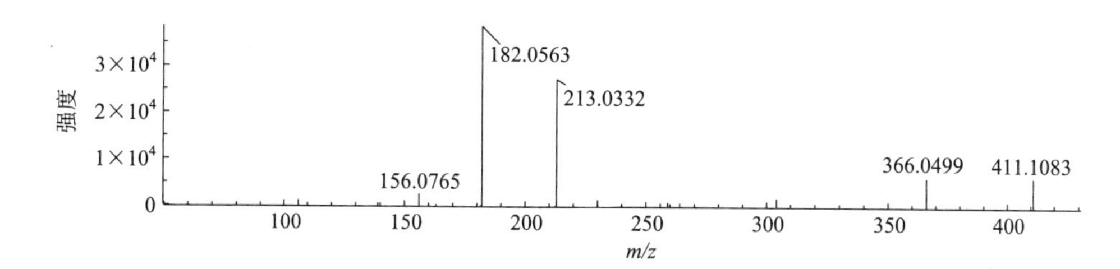

二级全扫质谱图 CE: 35V

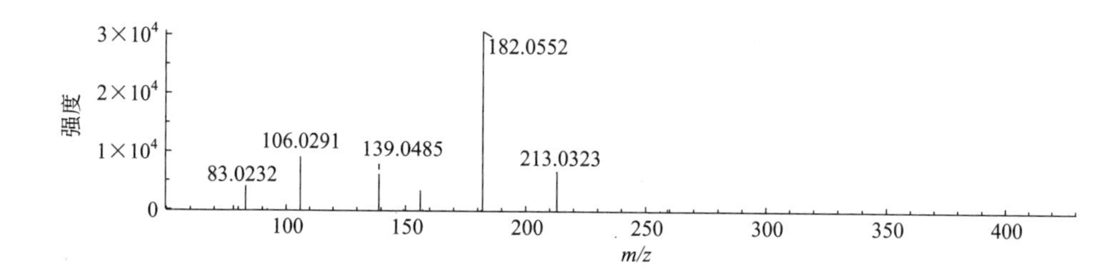

二级全扫质谱图 CE: 50V

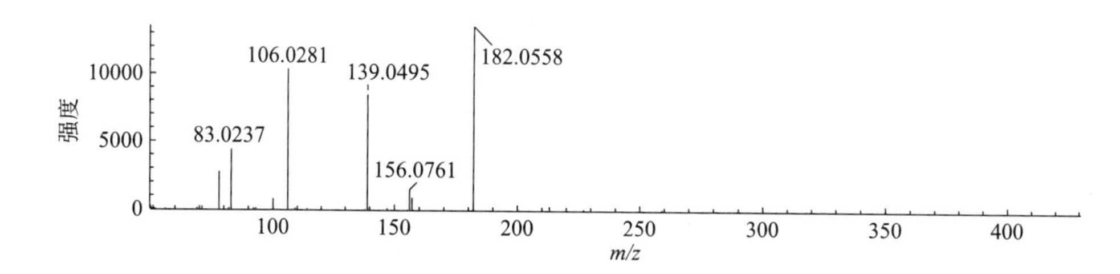

二级全扫质谱图 CE: 60V

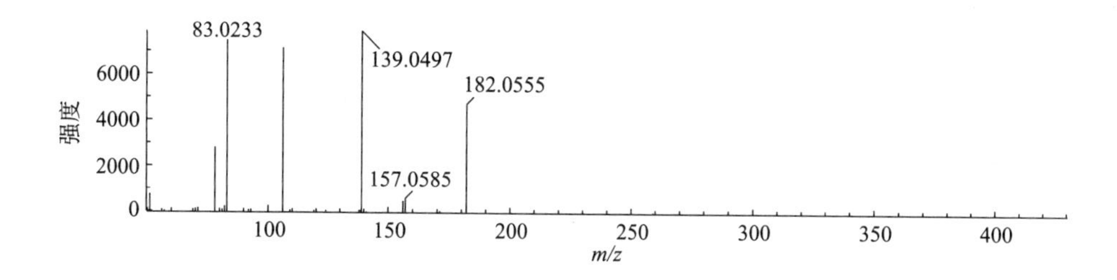

Nitenpyram
烯啶虫胺

CAS 号	150824-47-8	保留时间	3.98min
分子式	$C_{11}H_{15}ClN_4O_2$	加合方式	$[M+H]^+$
分子量	270.0884	源内裂解碎片	无

推测裂解规律

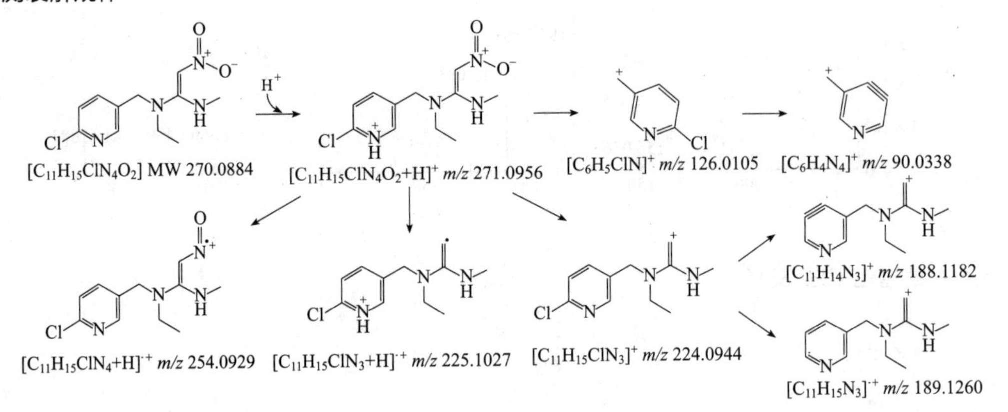

提取离子流色谱图

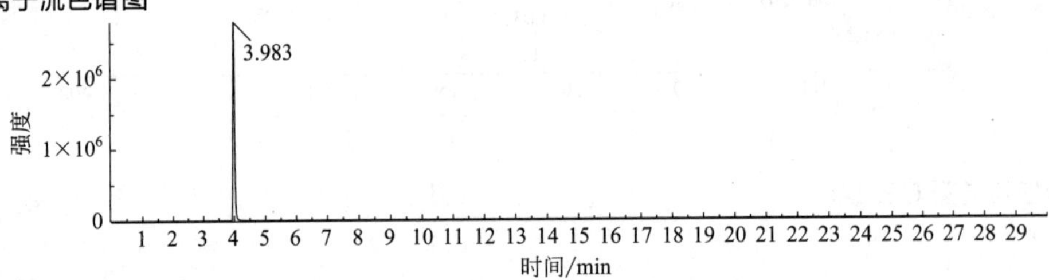

一级质谱图

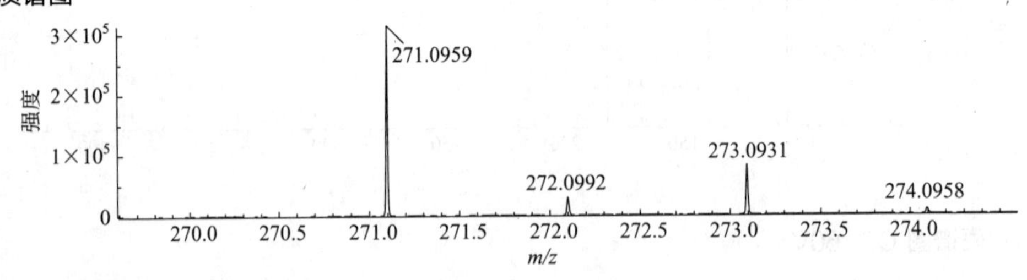

二级全扫质谱图 CE: (35±15)V

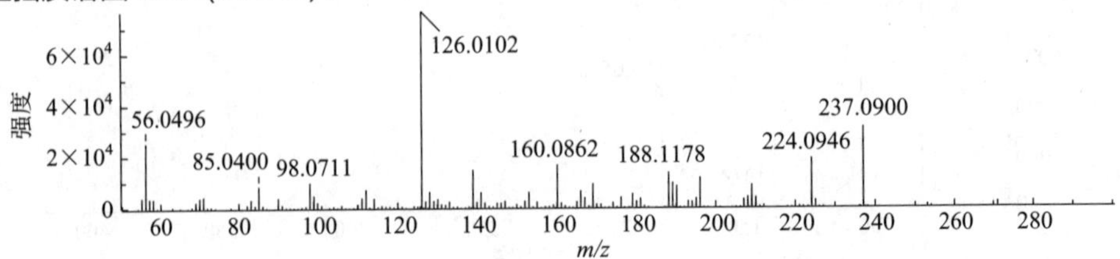

二级全扫质谱图 CE: 10V

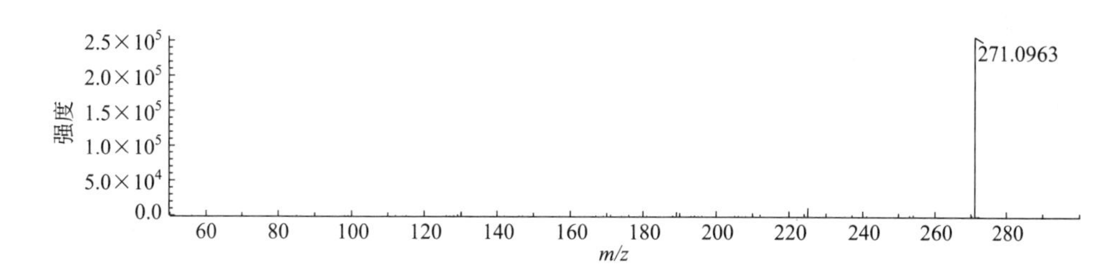

二级全扫质谱图 CE: 20V

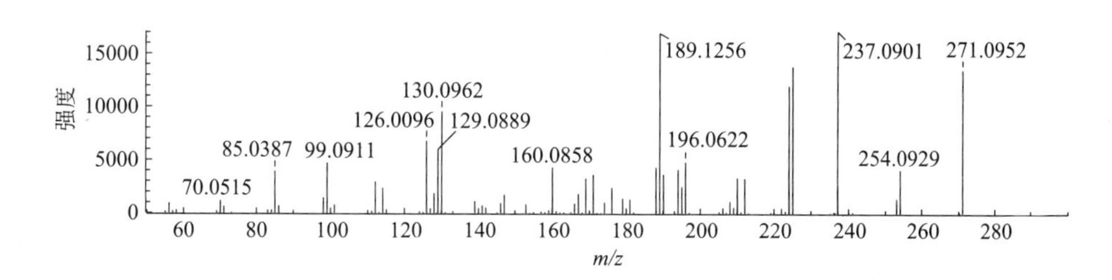

二级全扫质谱图 CE: 35V

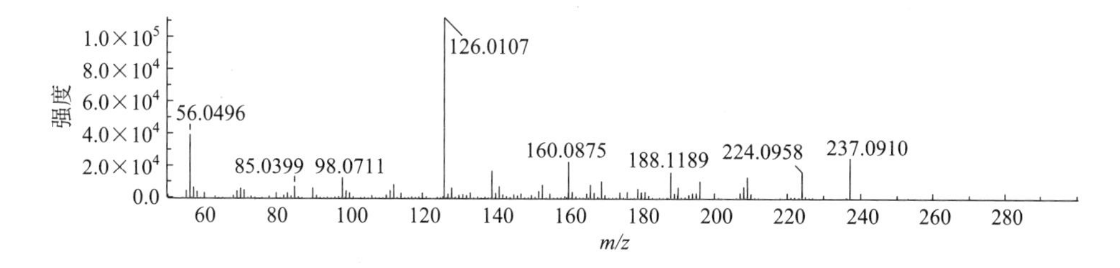

二级全扫质谱图 CE: 50V

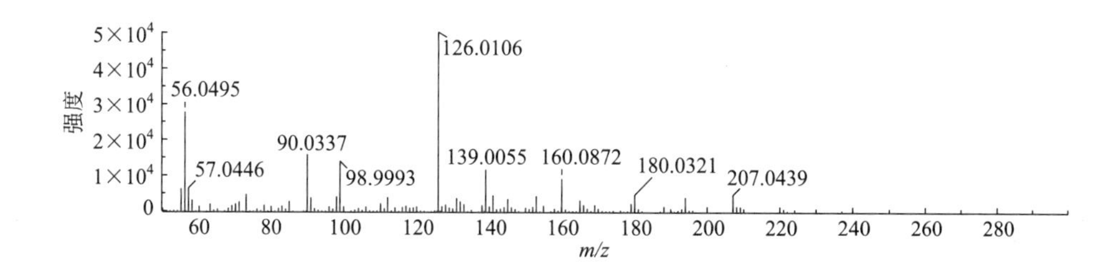

二级全扫质谱图 CE: 60V

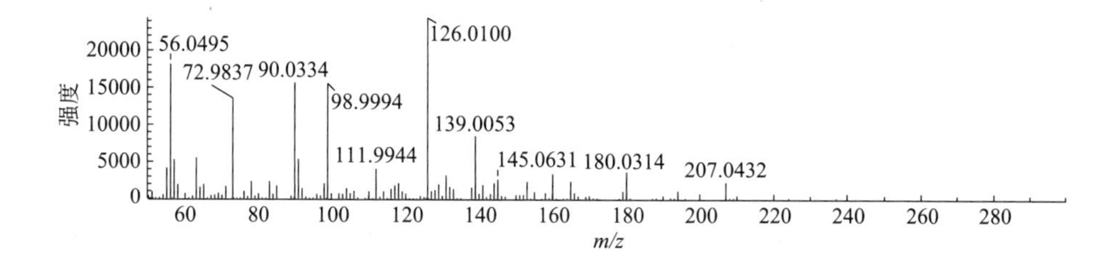

Novaluron
氟酰脲

CAS 号	116714-46-6	保留时间	21.78min
分子式	$C_{17}H_9ClF_8N_2O_4$	加合方式	$[M+H]^+$
分子量	492.0123	源内裂解碎片	无

推测裂解规律

$[C_{17}H_9ClF_8N_2O_4]$ MW 492.0123 → $[C_{17}H_9ClF_8N_2O_4+H]^+$ *m/z* 493.0196 → $[C_7H_5F_2NO+H]^+$ *m/z* 158.0412 → $[C_7H_3F_2O]^+$ *m/z* 141.0146

提取离子流色谱图

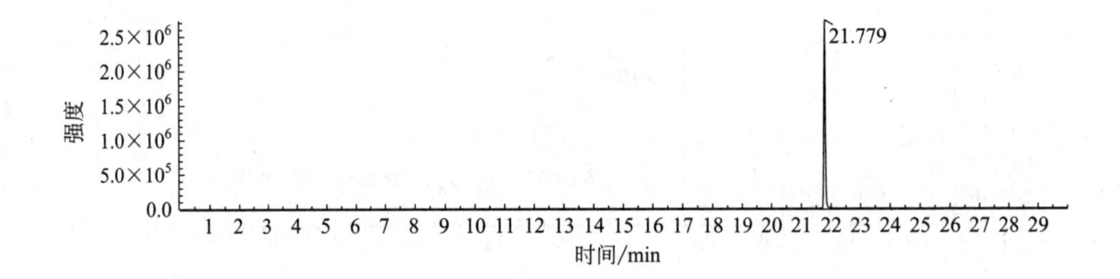

一级质谱图

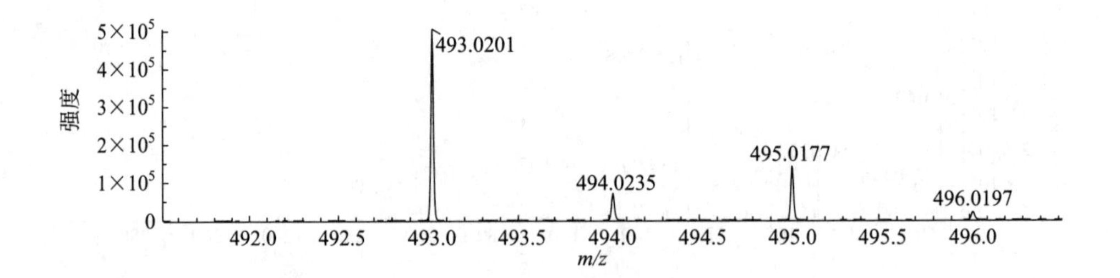

二级全扫质谱图 CE: (35±15)V

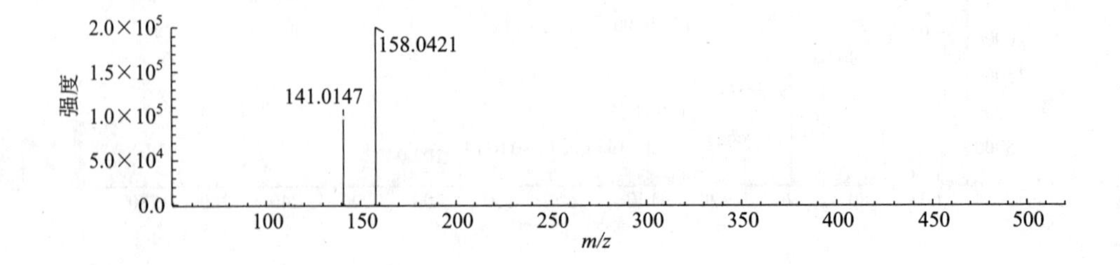

二级全扫质谱图 CE: 10V

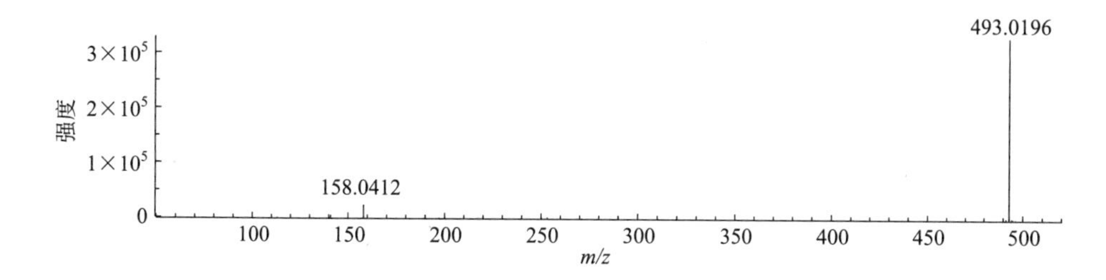

二级全扫质谱图 CE: 20V

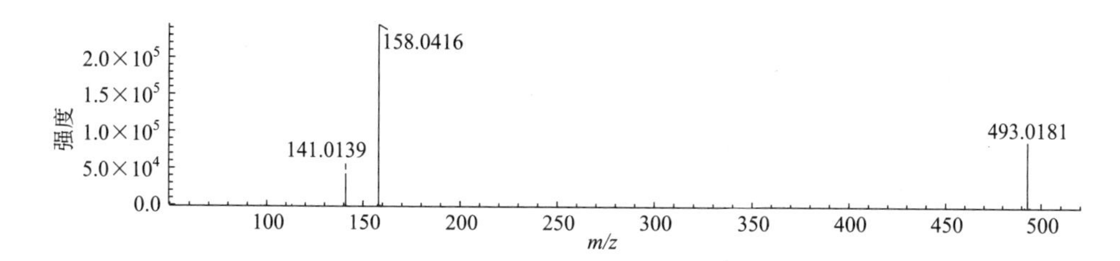

二级全扫质谱图 CE: 35V

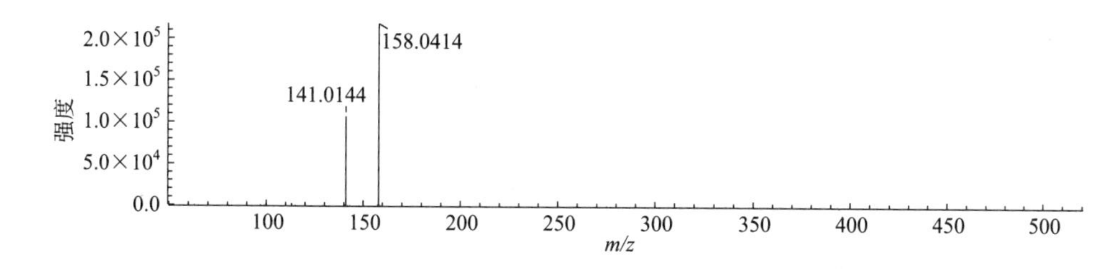

二级全扫质谱图 CE: 50V

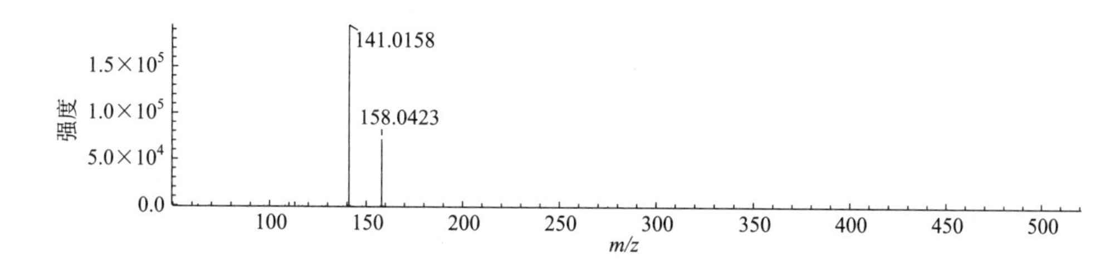

二级全扫质谱图 CE: 60V

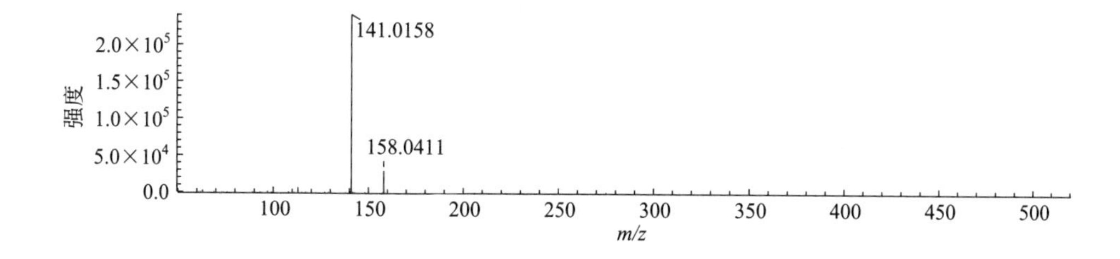

Omethoate

氧乐果

CAS 号	1113-02-6	保留时间	3.71min
分子式	$C_5H_{12}NO_4PS$	加合方式	$[M+H]^+$
分子量	213.0225	源内裂解碎片	无

推测裂解规律（裂解路径已经 MS^3 确认）

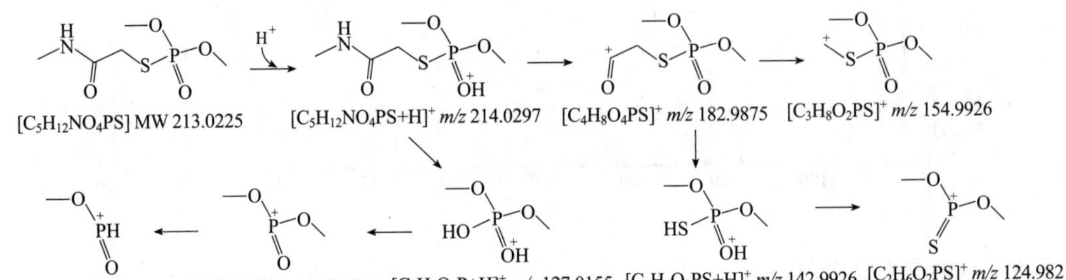

提取离子流色谱图

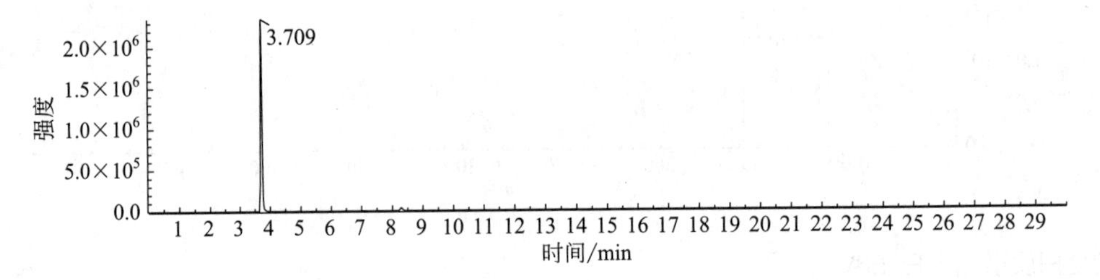

一级质谱图

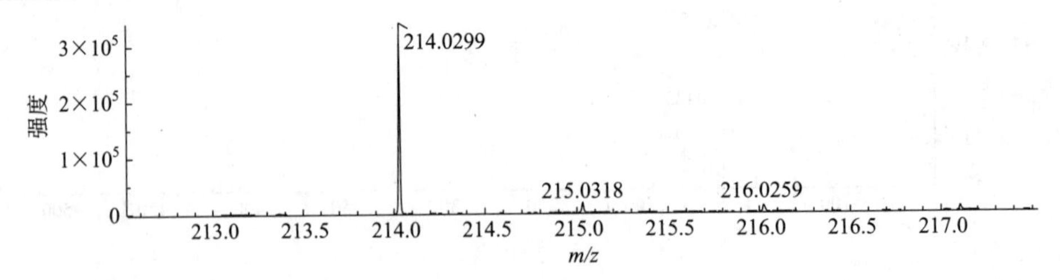

二级全扫质谱图 CE: (35±15)V

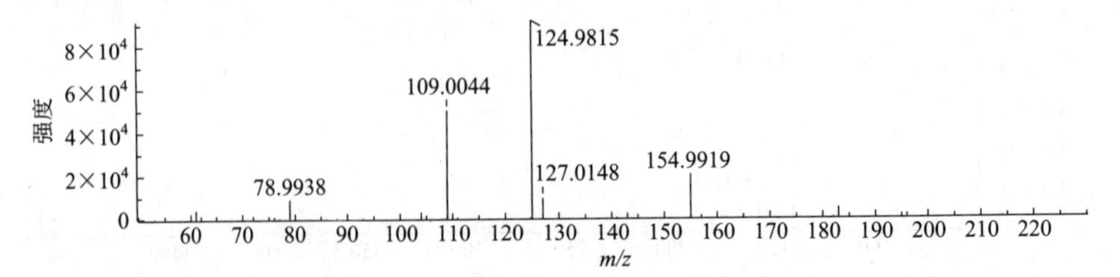

二级全扫质谱图 CE: 10V

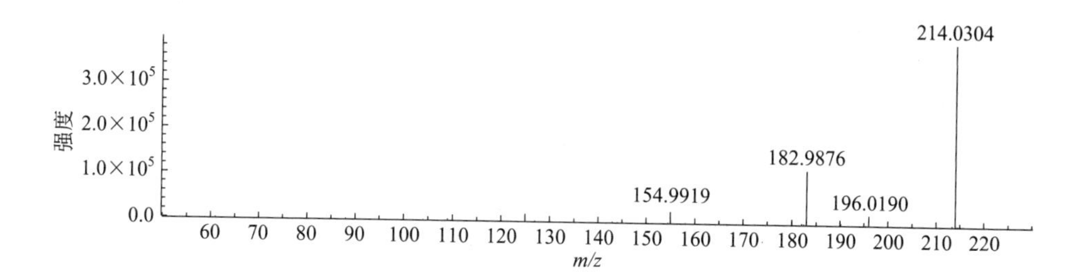

二级全扫质谱图 CE: 20V

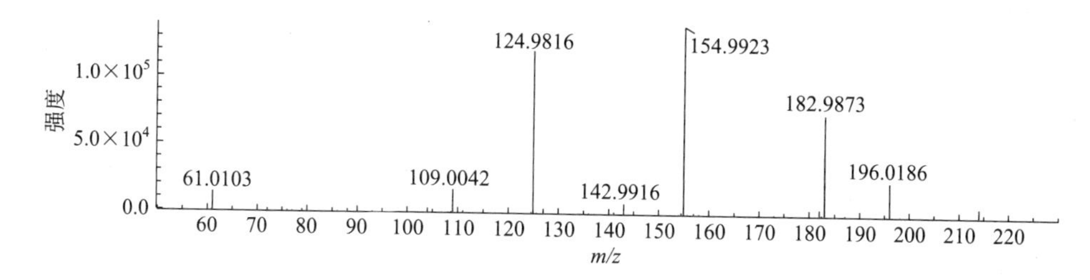

二级全扫质谱图 CE: 35V

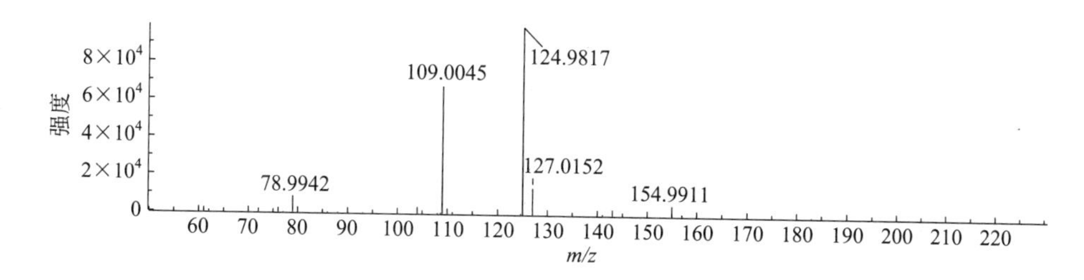

二级全扫质谱图 CE: 50V

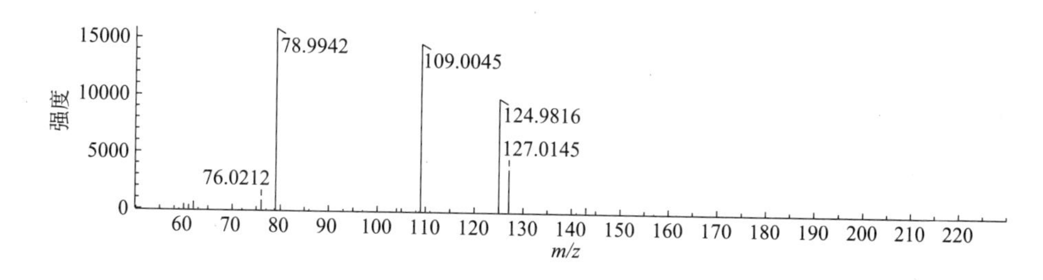

二级全扫质谱图 CE: 60V

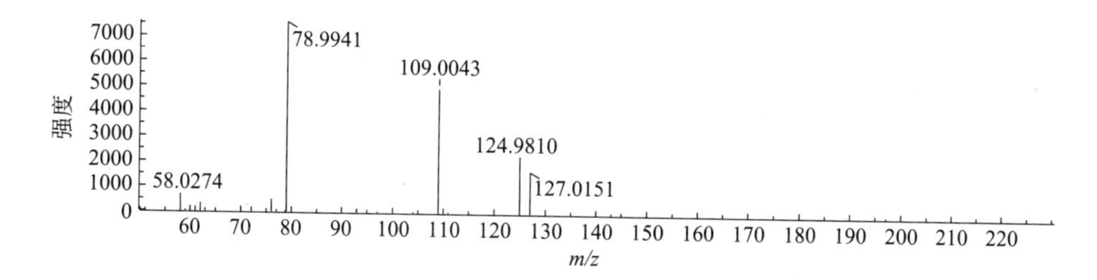

Orthosulfamuron

嘧苯胺磺隆

CAS 号	213464-77-8	保留时间	9.44min
分子式	$C_{16}H_{20}N_6O_6S$	加合方式	$[M+H]^+$
分子量	424.1165	源内裂解碎片	无

推测裂解规律（裂解路径已经 MS^3 确认）

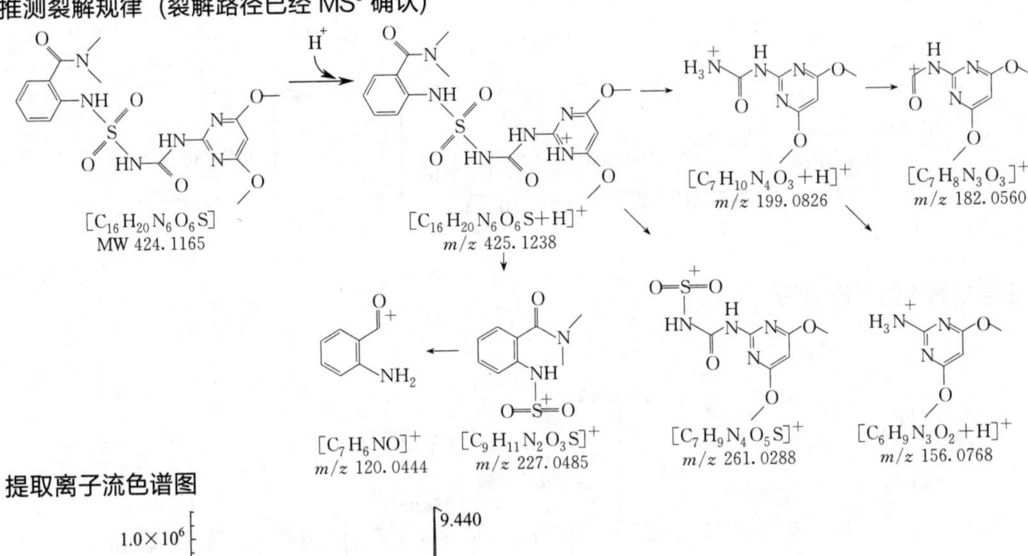

提取离子流色谱图

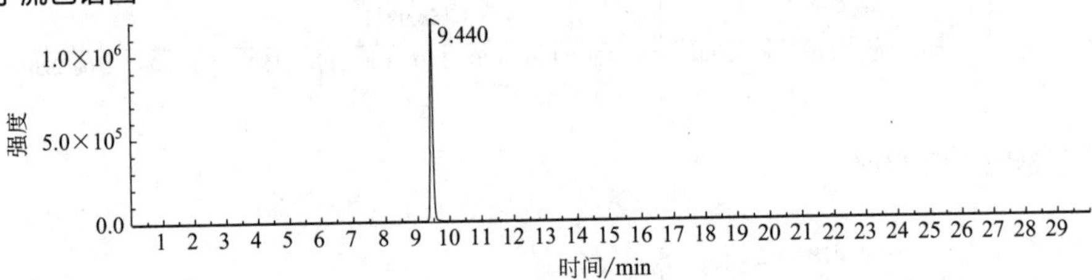

一级质谱图

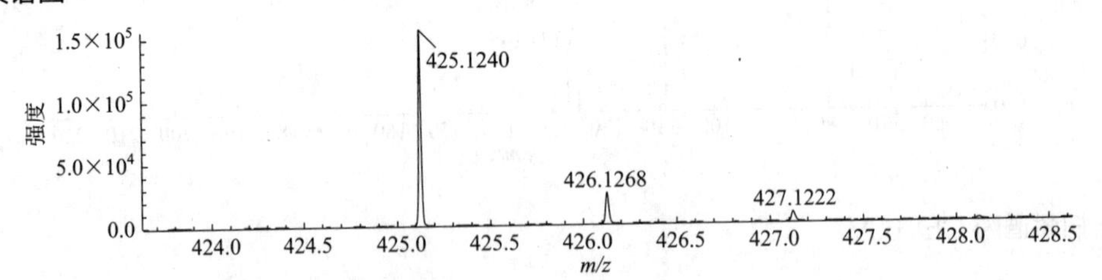

二级全扫质谱图 CE: (35±15)V

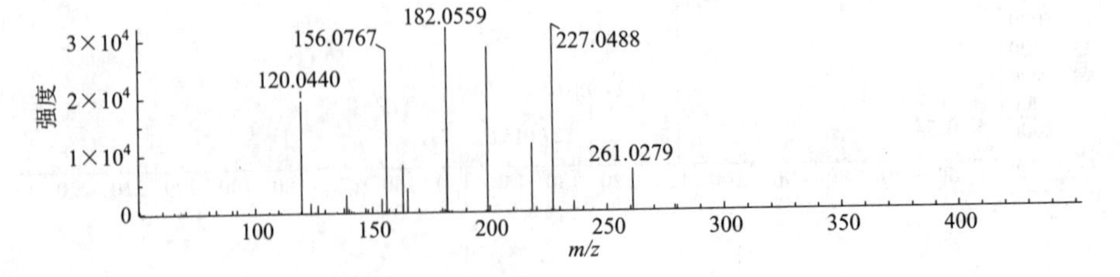

二级全扫质谱图 CE: 10V

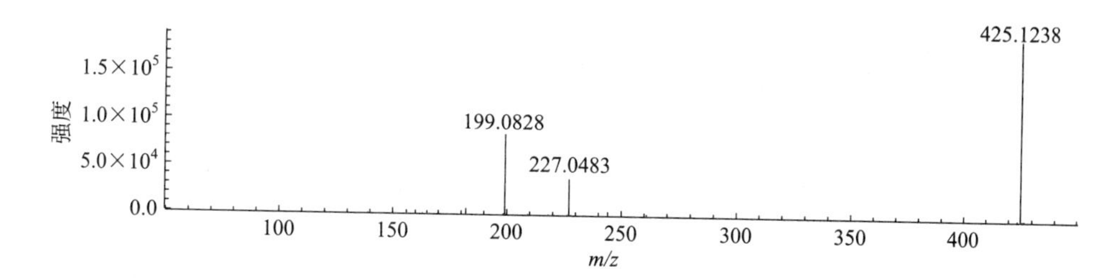

二级全扫质谱图 CE: 20V

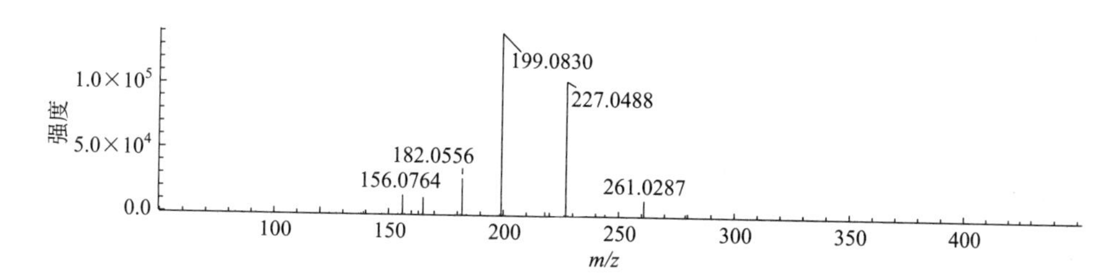

二级全扫质谱图 CE: 35V

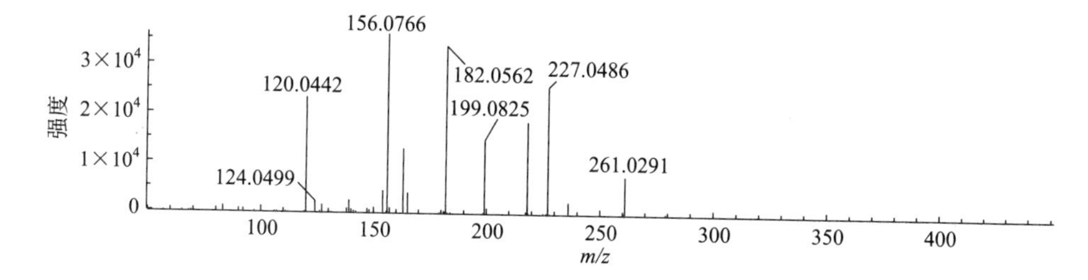

二级全扫质谱图 CE: 50V

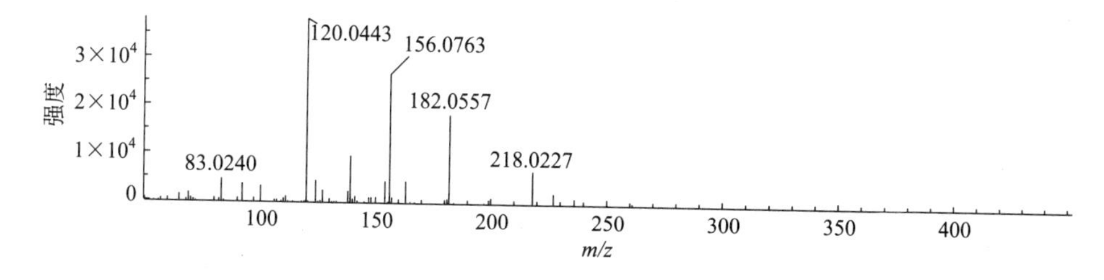

二级全扫质谱图 CE: 60V

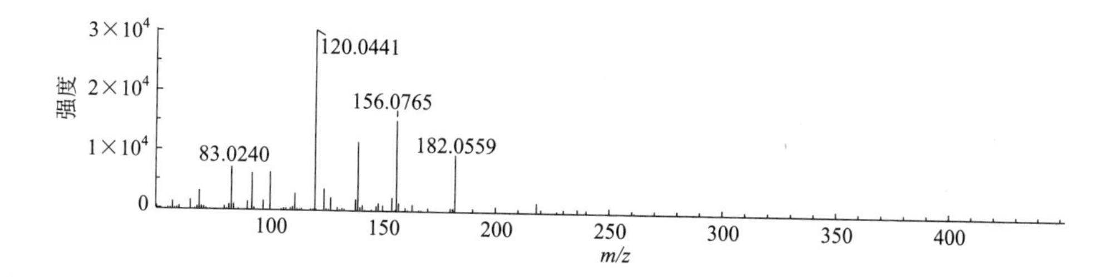

Oxadiargyl
丙炔噁草酮

CAS 号	39807-15-3	保留时间	19.88min
分子式	$C_{15}H_{14}Cl_2N_2O_3$	加合方式	$[M+H]^+$
分子量	340.0382	源内裂解碎片	无

推测裂解规律

$[C_{15}H_{14}Cl_2N_2O_3]$ MW 340.0382 　 $[C_{15}H_{14}Cl_2N_2O_3+H]^+$ *m/z* 341.0454 　 $[C_{10}H_5Cl_2NO_3+H]^+$ *m/z* 257.9719 　 $[C_{10}H_5ClNO_3+H]^{+\cdot}$ *m/z* 223.0031

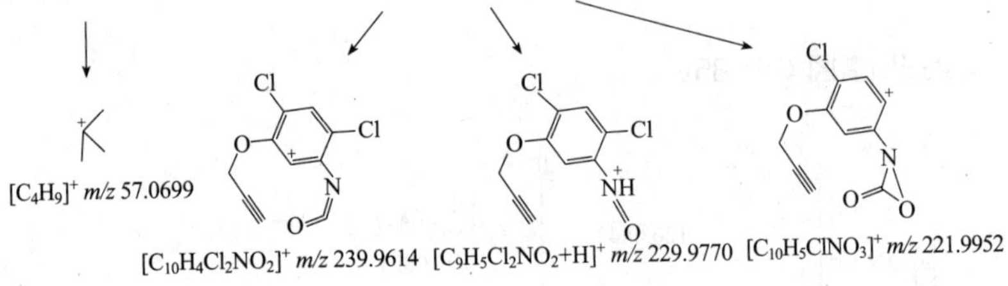

提取离子流色谱图

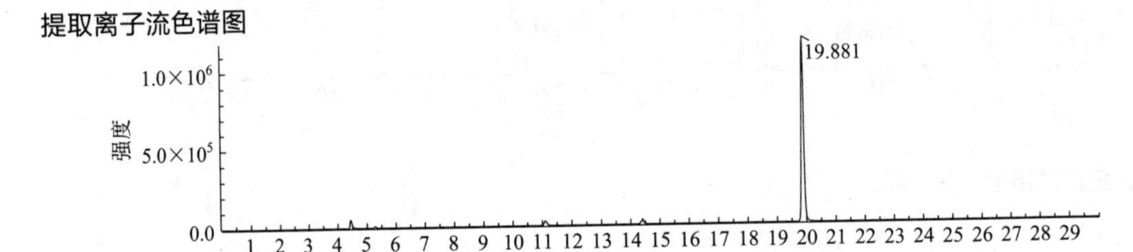

一级质谱图

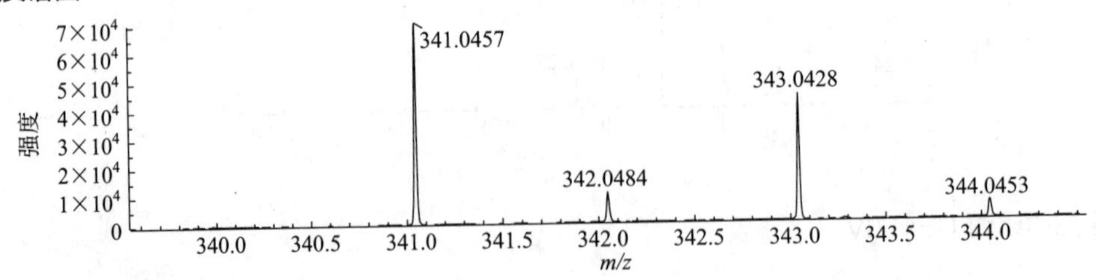

二级全扫质谱图 CE: (35±15)V

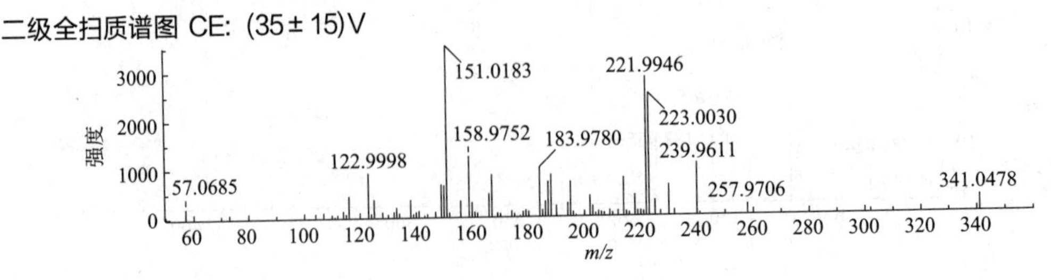

二级全扫质谱图 CE: 10V

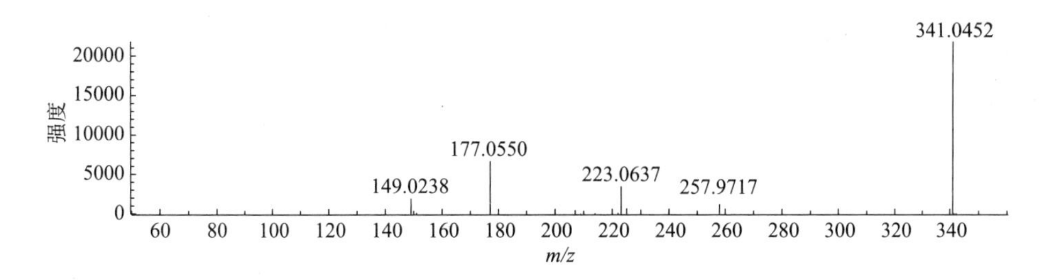

二级全扫质谱图 CE: 20V

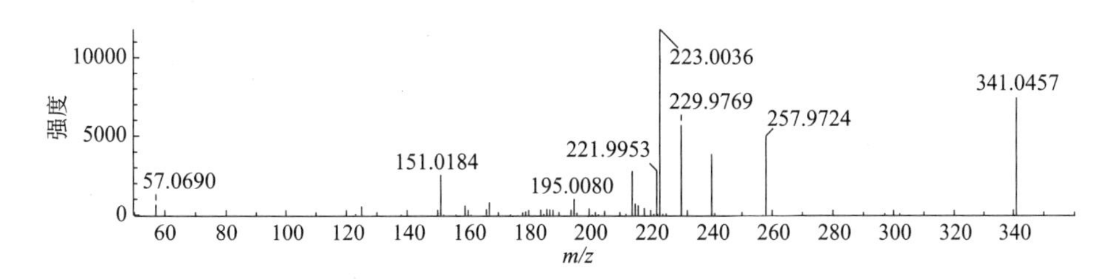

二级全扫质谱图 CE: 35V

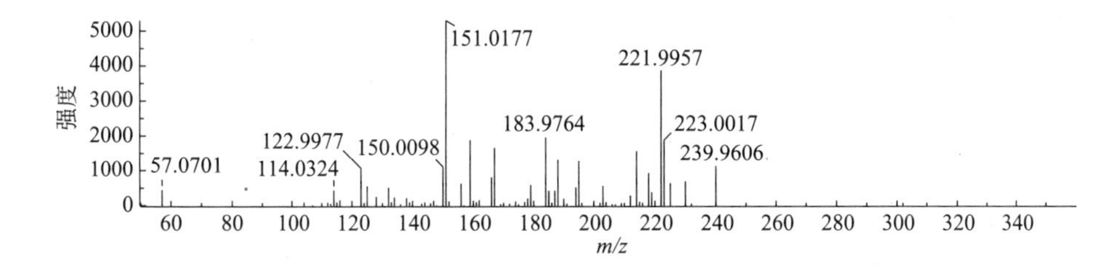

二级全扫质谱图 CE: 50V

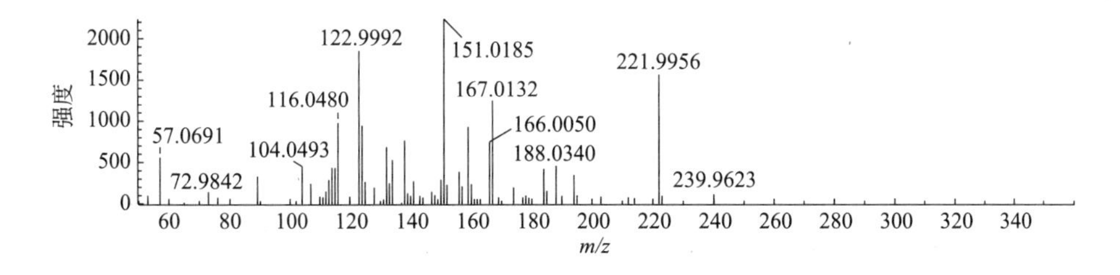

二级全扫质谱图 CE: 60V

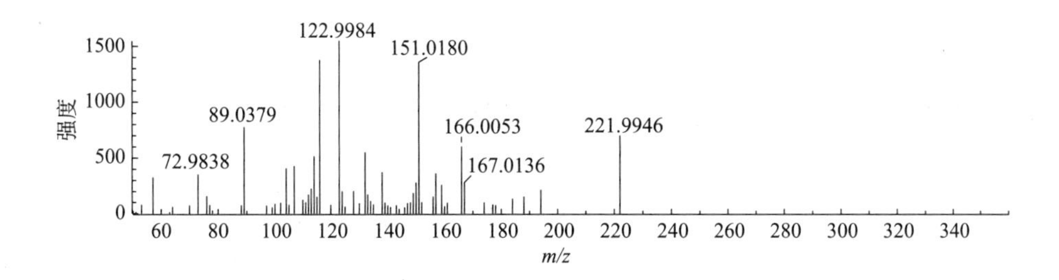

Oxadiazon
噁草酮

CAS 号	19666-30-9	保留时间	22. 32min
分子式	$C_{15}H_{18}Cl_2N_2O_3$	加合方式	$[M+H]^+$
分子量	344. 0694	源内裂解碎片	无

推测裂解规律

$[C_{15}H_{18}Cl_2N_2O_3]$ MW 344.0694 → $[C_{15}H_{18}Cl_2N_2O_3+H]^+$ *m/z* 345.0767 → $[C_{12}H_{12}Cl_2N_2O_3+H]^+$ *m/z* 303.0298 → $[C_7H_3Cl_2NO_3+H]^+$ *m/z* 219.9563 → $[C_7H_3ClNO_3+H]^+$ *m/z* 184.9874

$[C_7H_3Cl_2NO_3+H]^+$ *m/z* 219.9563 → $[C_7H_3ClNO_3]^+$ *m/z* 183.9796

提取离子流色谱图

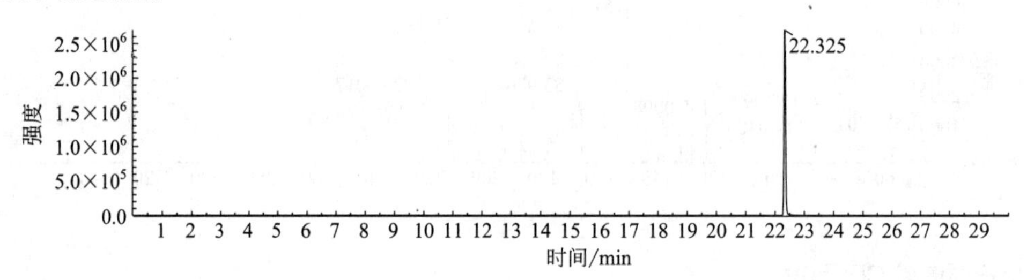

一级质谱图

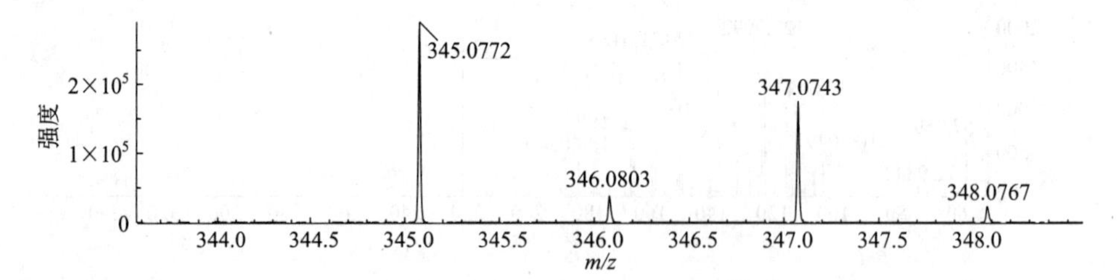

二级全扫质谱图 CE: (35±15)V

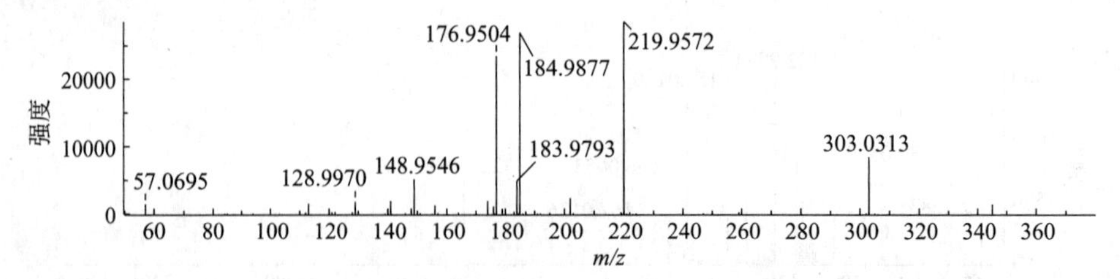

二级全扫质谱图 CE: 10V

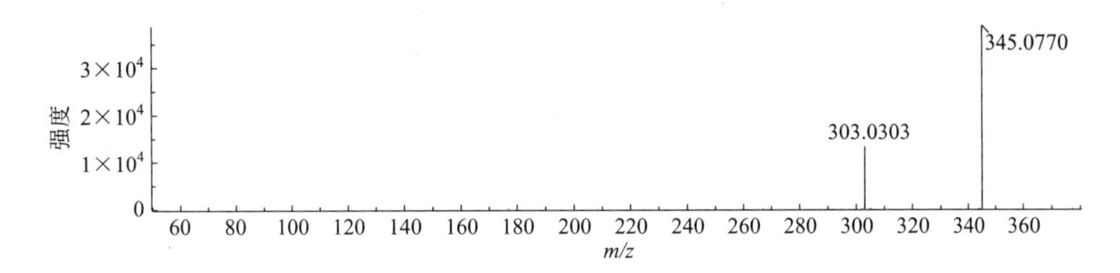

二级全扫质谱图 CE: 20V

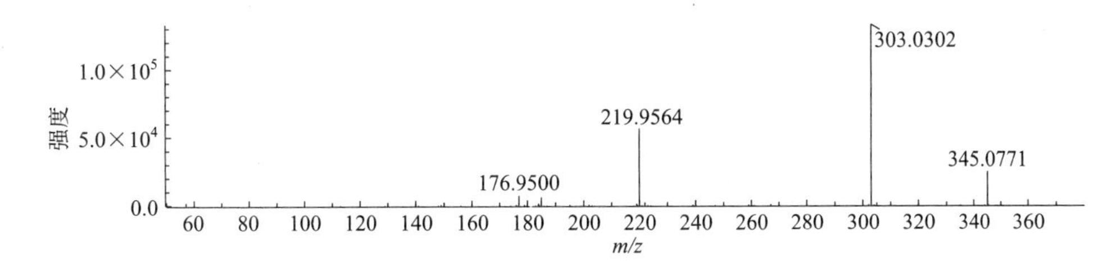

二级全扫质谱图 CE: 35V

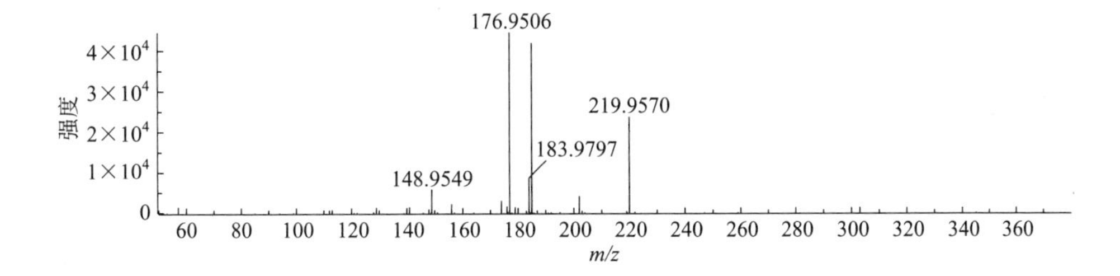

二级全扫质谱图 CE: 50V

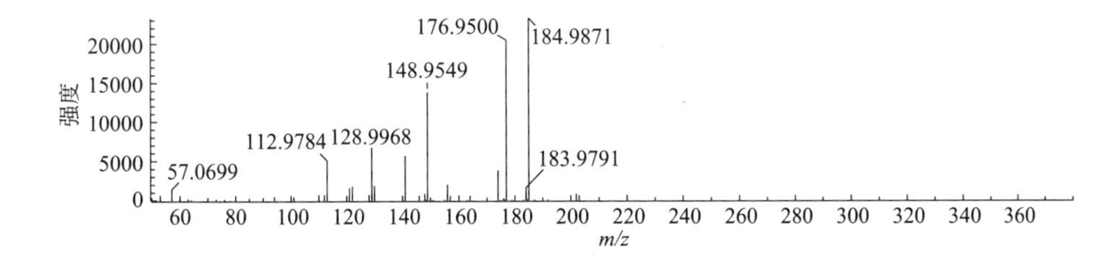

二级全扫质谱图 CE: 60V

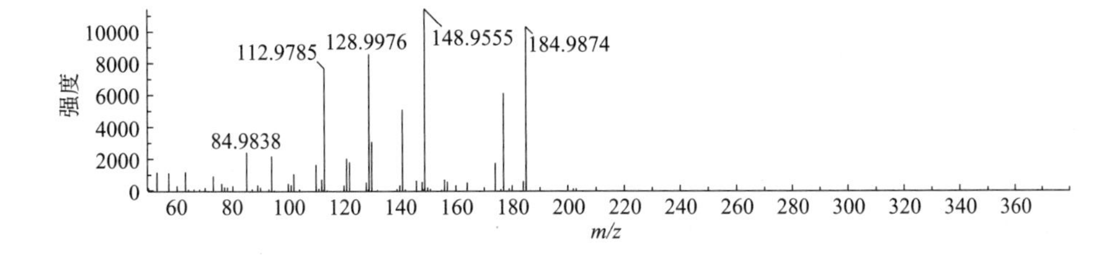

Oxamyl
杀线威

CAS 号	23135-22-0	保留时间	4. 00min
分子式	$C_7H_{13}N_3O_3S$	加合方式	$[M+NH_4]^+$
分子量	219. 0678	源内裂解碎片	m/z 72,90

推测裂解规律（裂解路径已经 MS³ 确认）

$[C_7H_{13}N_3O_3S]$ MW 219. 0678 —(NH_4^+)→ $[C_7H_{13}N_3O_3S+NH_4]^+$ m/z 237. 1059 → $[C_7H_{13}N_3O_3S+H]^+$ m/z 220. 0750 → $[C_5H_{10}N_2O_2S+H]^+$ m/z 163. 0536 → $[C_3H_7NO_2+H]^+$ m/z 90. 0550 → $[C_3H_6NO]^+$ m/z 72. 0444 → $[C_2H_2NO]^+$ m/z 56. 0131

提取离子流色谱图

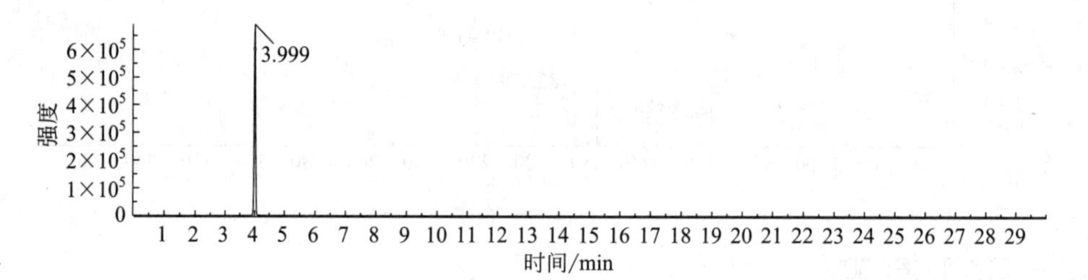

一级质谱图

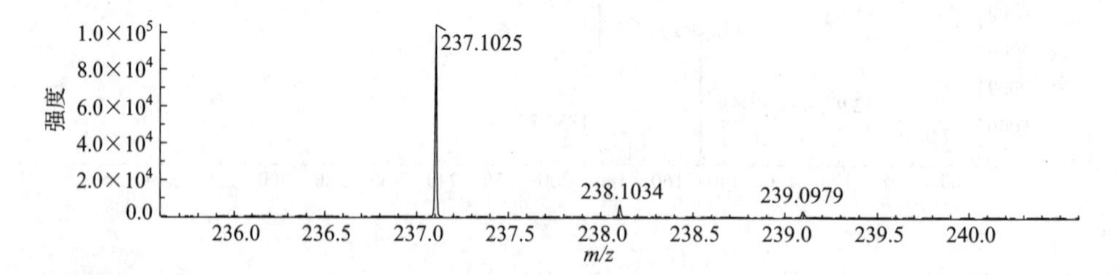

二级全扫质谱图 CE: (35±15)V

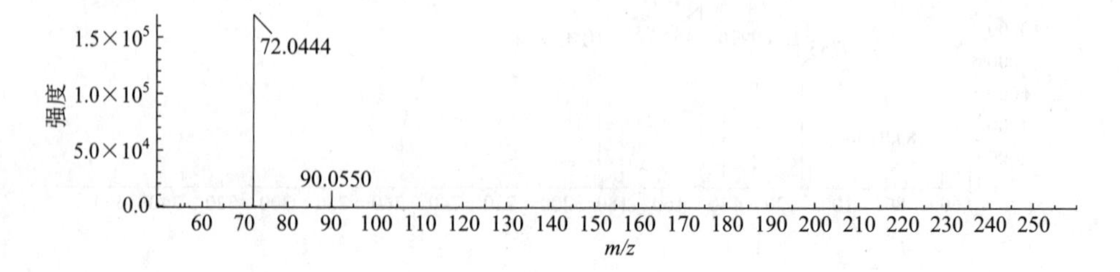

二级全扫质谱图 CE: 10V

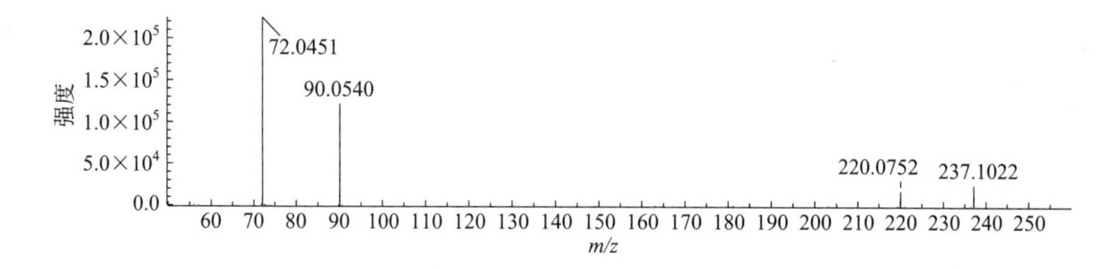

二级全扫质谱图 CE: 20V

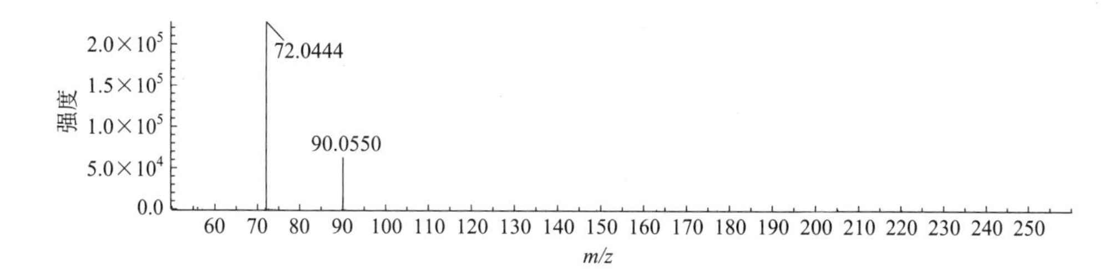

二级全扫质谱图 CE: 35V

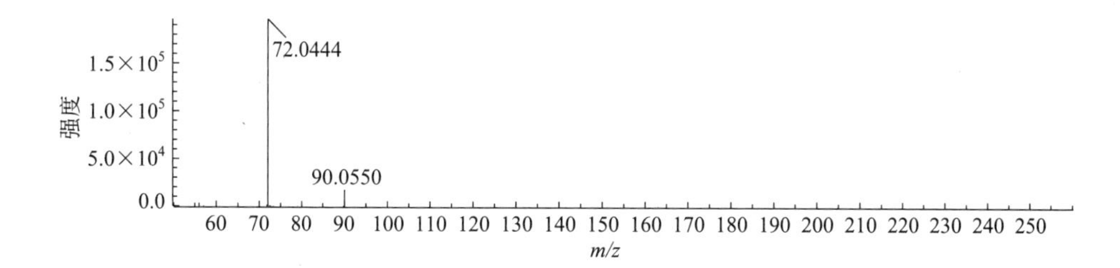

二级全扫质谱图 CE: 50V

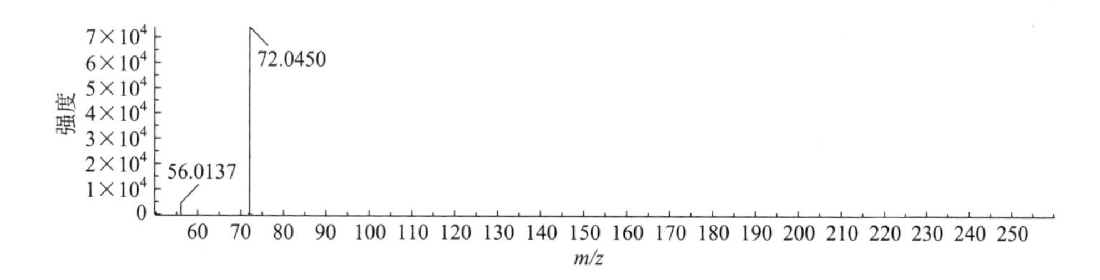

二级全扫质谱图 CE: 60V

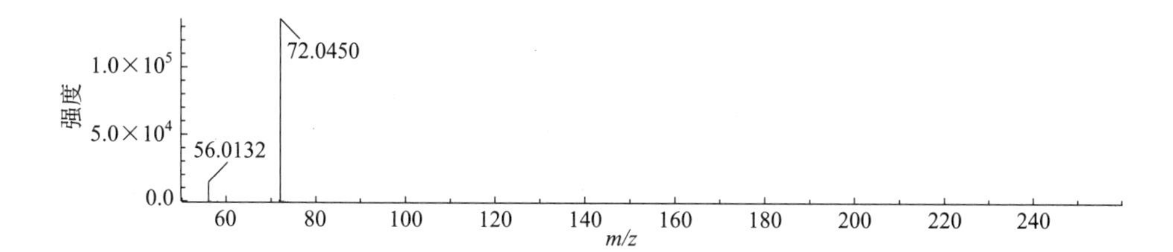

Oxamyl oxime

杀线威肟

CAS 号	30558-43-1	保留时间	3.73min
分子式	$C_5H_{10}N_2O_2S$	加合方式	$[M+H]^+$
分子量	162.0463	源内裂解碎片	无

推测裂解规律

$[C_5H_{10}N_2O_2S]$ MW 162.0463 → $[C_5H_{10}N_2O_2S+H]^+$ m/z 163.0536 → $[C_3H_6NO]^+$ m/z 72.0444 → $[C_2H_2NO]^+$ m/z 56.0131

$[C_5H_{10}N_2O_2S+H]^+$ m/z 163.0536 → $[C_2H_4NOS]^+$ m/z 90.0008

提取离子流色谱图

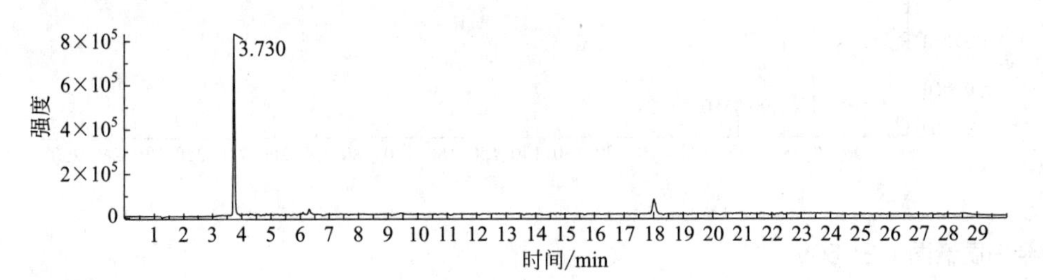

一级质谱图

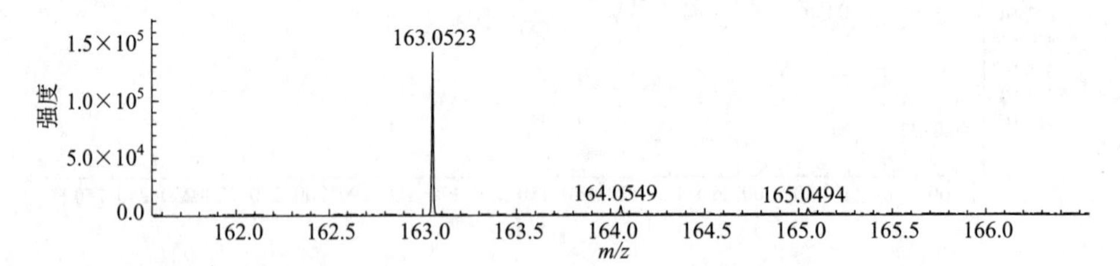

二级全扫质谱图 CE: (35±15)V

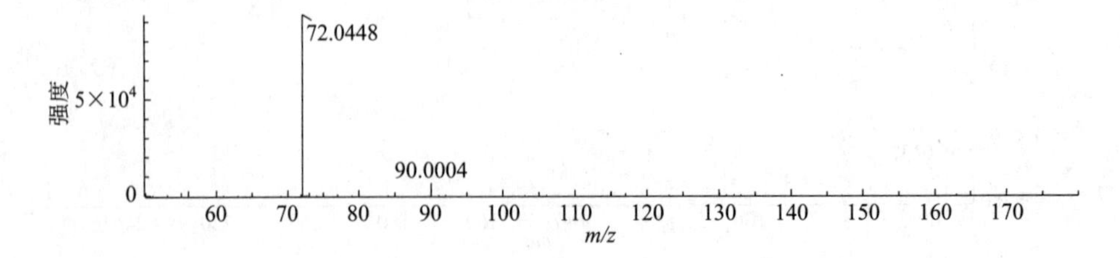

二级全扫质谱图 CE: 10V

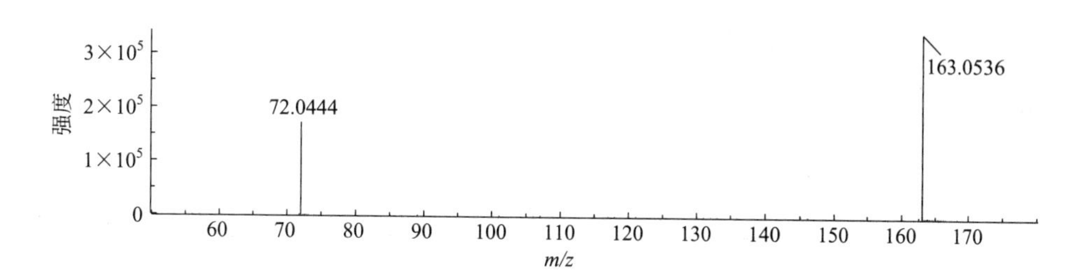

二级全扫质谱图 CE: 20V

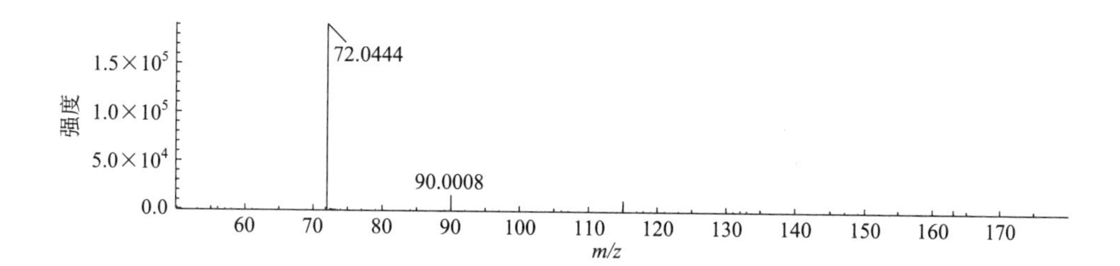

二级全扫质谱图 CE: 35V

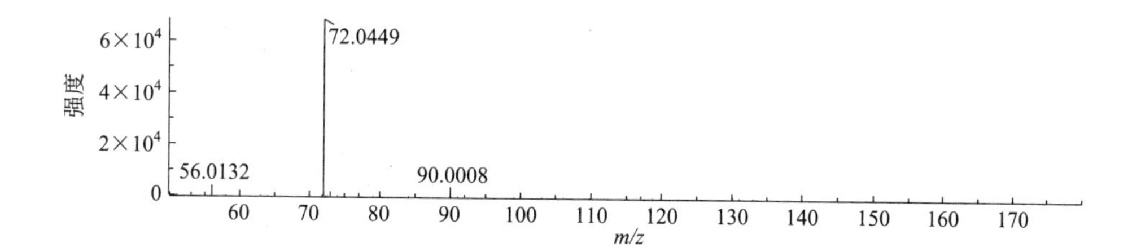

二级全扫质谱图 CE: 50V

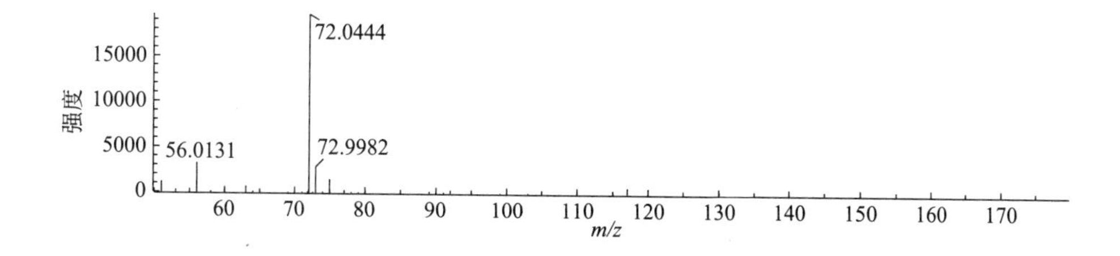

二级全扫质谱图 CE: 60V

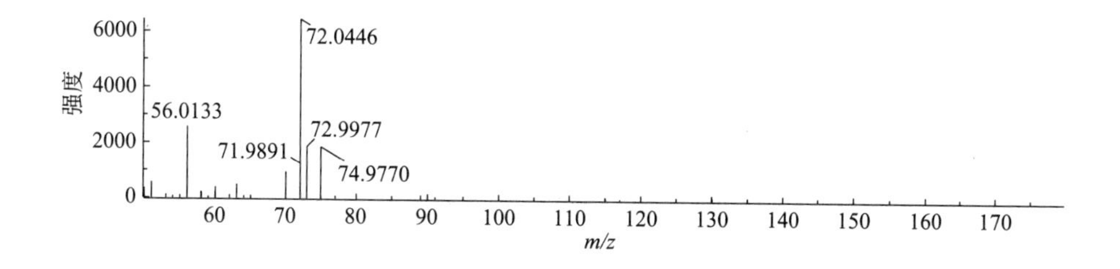

Oxaziclomefone
嘧嗪草酮

CAS 号	153197-14-9	保留时间	21.91min
分子式	$C_{20}H_{19}Cl_2NO_2$	加合方式	$[M+H]^+$
分子量	375.0793	源内裂解碎片	无

推测裂解规律

$[C_{20}H_{19}Cl_2NO_2]$ MW 375.0793 → $[C_{20}H_{19}Cl_2NO_2+H]^+$ m/z 376.0866 → $[C_{11}H_{11}NO_2+H]^+$ m/z 190.0863 → $[C_{10}H_9O_2]^+$ m/z 161.0597 → $[C_9H_9O]^+$ m/z 133.0648 → $[C_3H_3O]^+$ m/z 55.0178

提取离子流色谱图

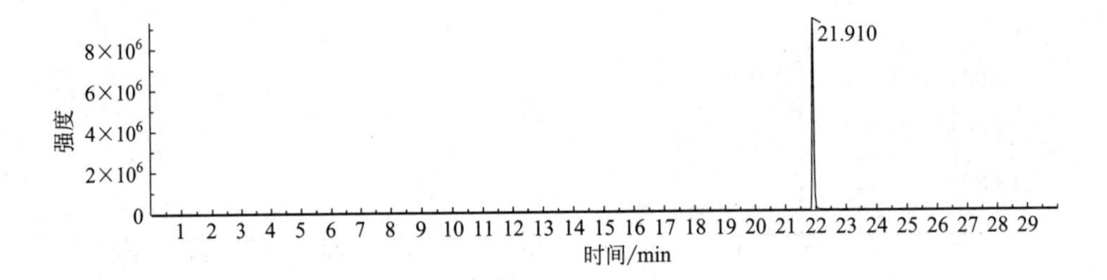

一级质谱图

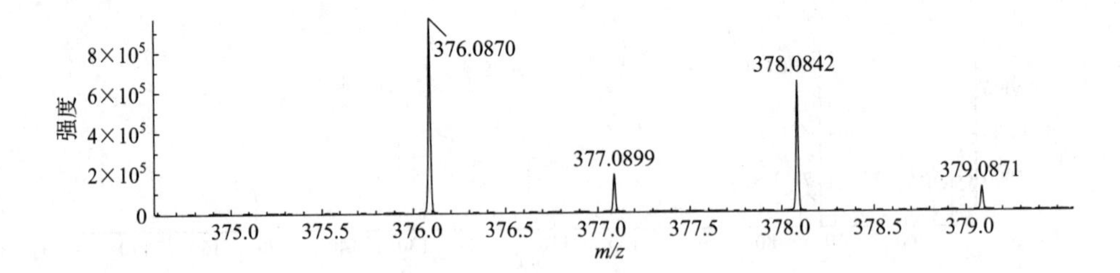

二级全扫质谱图 CE: (35±15)V

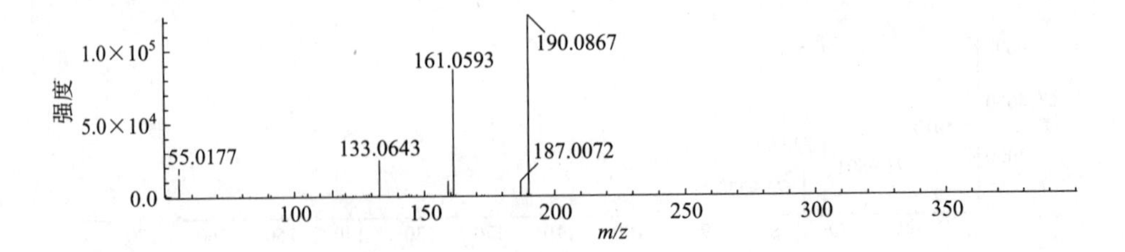

二级全扫质谱图 CE: 10V

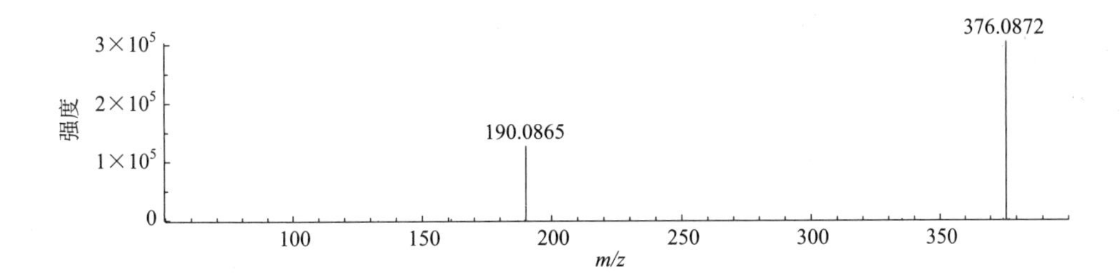

二级全扫质谱图 CE: 20V

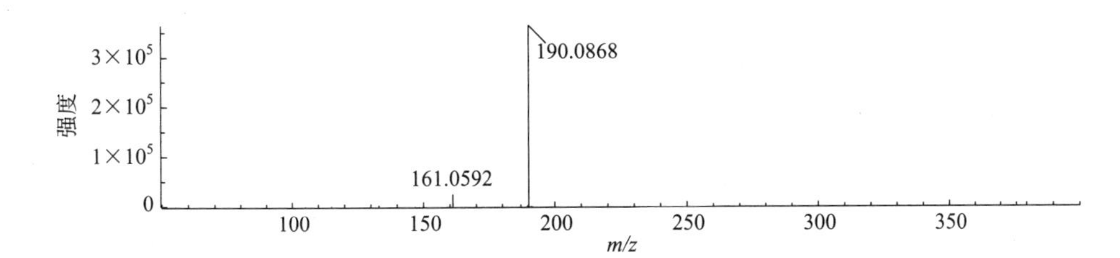

二级全扫质谱图 CE: 35V

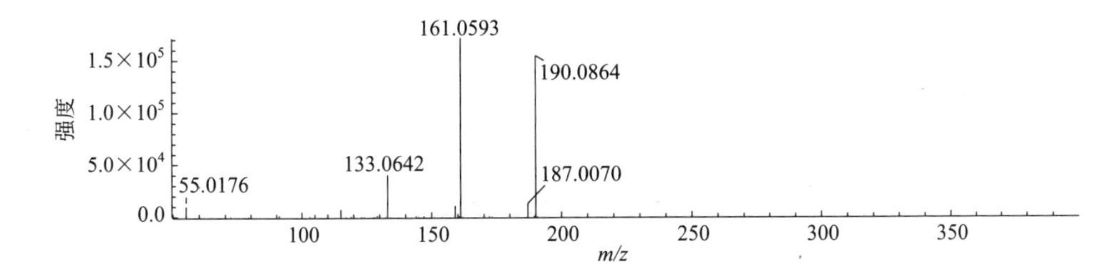

二级全扫质谱图 CE: 50V

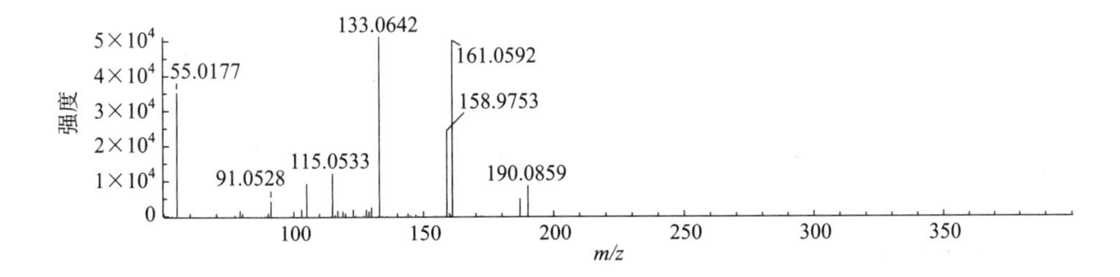

二级全扫质谱图 CE: 60V

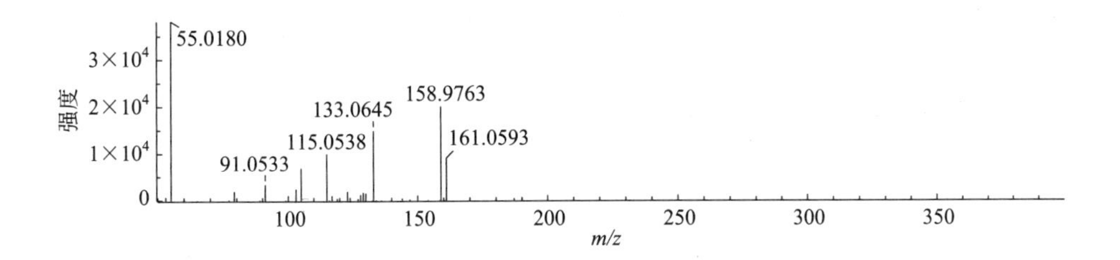

Oxydemeton-methyl
亚砜磷

CAS 号	301-12-2	保留时间	4.01min
分子式	$C_6H_{15}O_4PS_2$	加合方式	$[M+H]^+$
分子量	246.0149	源内裂解碎片	*m/z* 169,229

推测裂解规律（裂解路径已经 MS^3 确认）

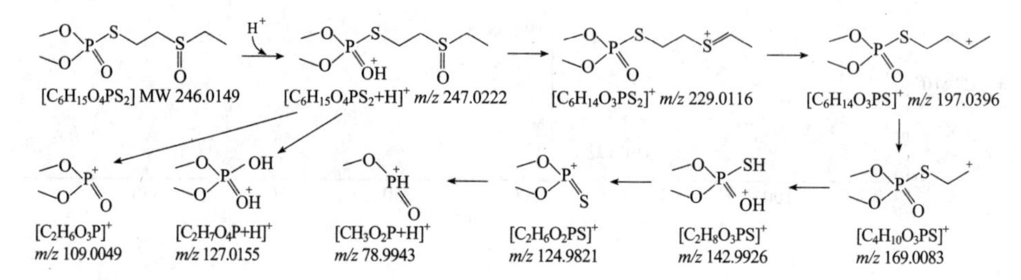

提取离子流色谱图

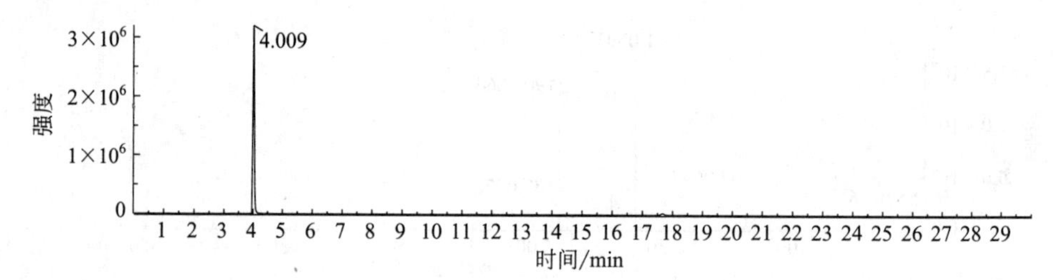

一级质谱图

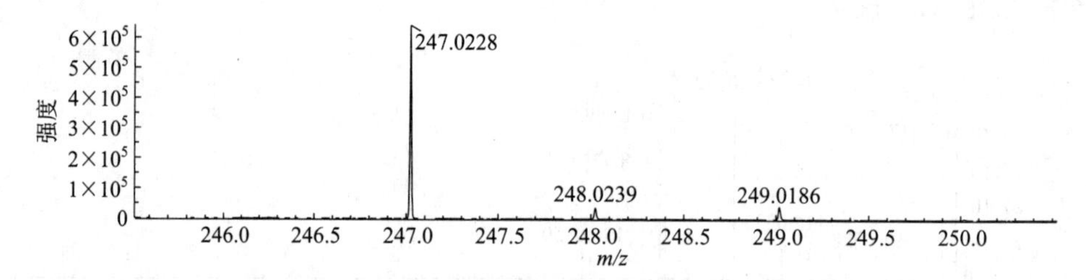

二级全扫质谱图 CE: (35±15)V

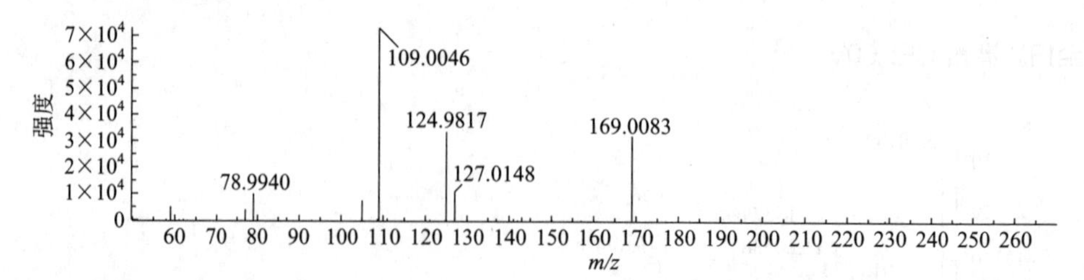

二级全扫质谱图 CE: 10V

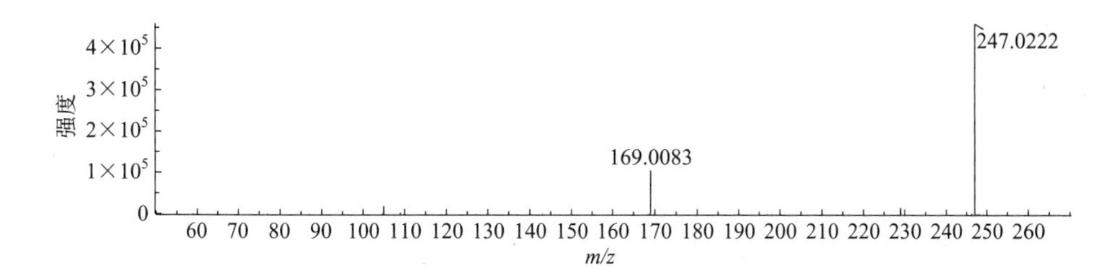

二级全扫质谱图 CE: 20V

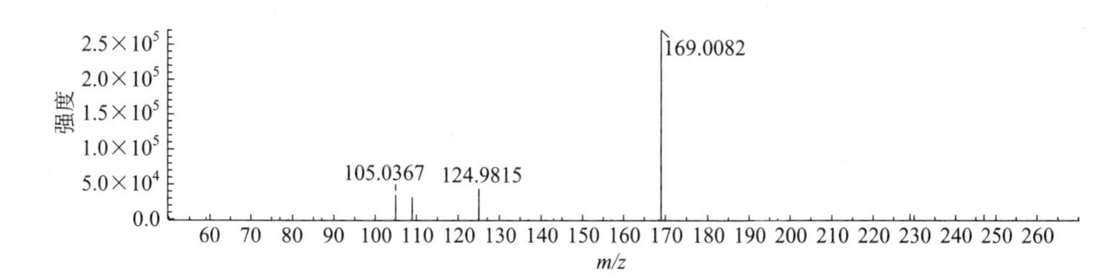

二级全扫质谱图 CE: 35V

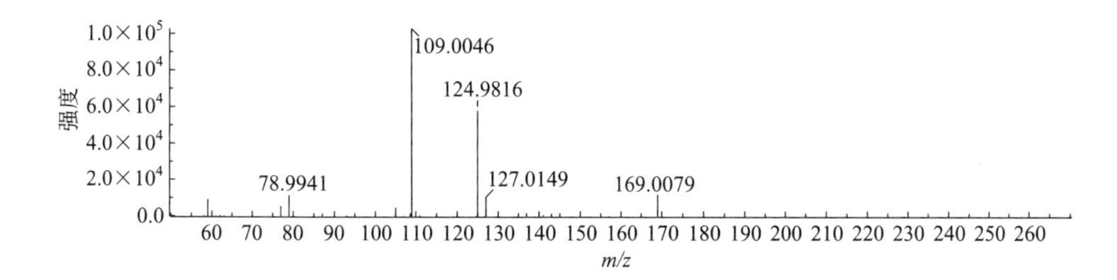

二级全扫质谱图 CE: 50V

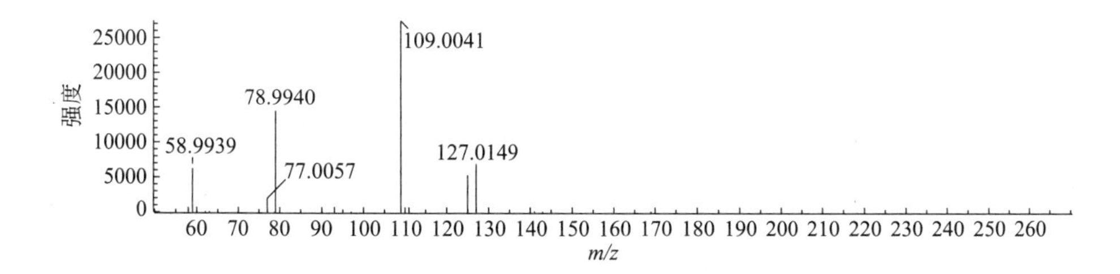

二级全扫质谱图 CE: 60V

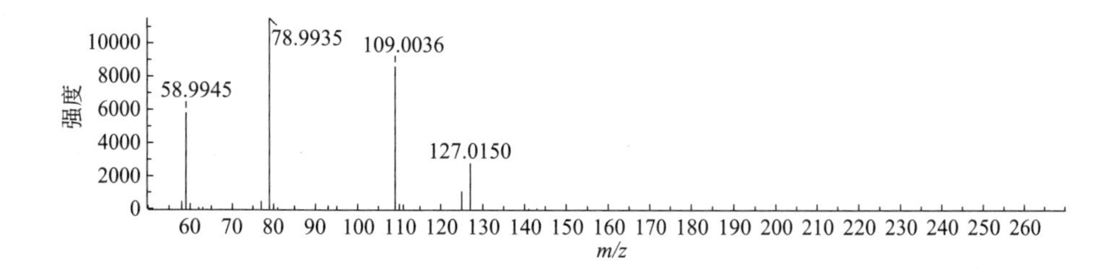

Paclobutrazol

多效唑

CAS 号	76738-62-0	保留时间	13. 12min
分子式	$C_{15}H_{20}ClN_3O$	加合方式	$[M+H]^+$
分子量	293. 1295	源内裂解碎片	无

推测裂解规律

$[C_{15}H_{20}ClN_3O]$ MW 293.1295 → (H^+) → $[C_{15}H_{20}ClN_3O+H]^+$ *m/z* 294.1368 → $[C_7H_6Cl]^+$ *m/z* 125.0152

$[C_{15}H_{20}ClN_3O+H]^+$ *m/z* 294.1368 → $[C_2H_3N_3+H]^+$ *m/z* 70.0400

提取离子流色谱图

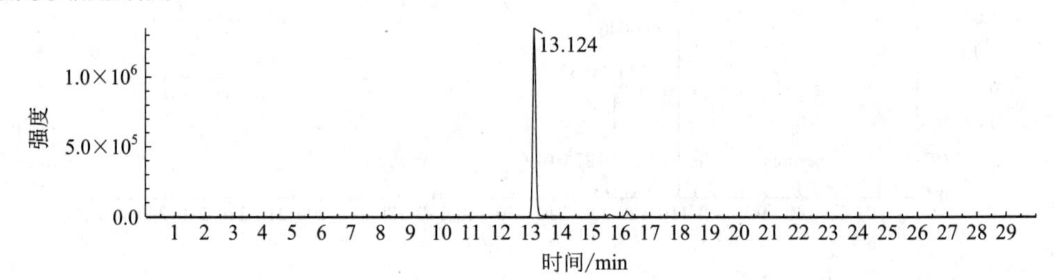

一级质谱图

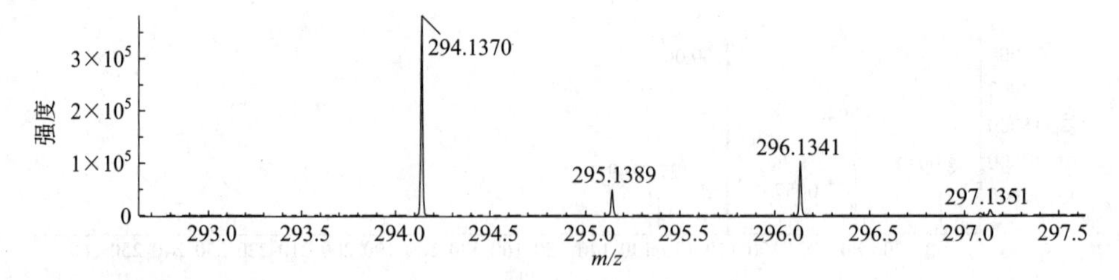

二级全扫质谱图 CE: (35± 15)V

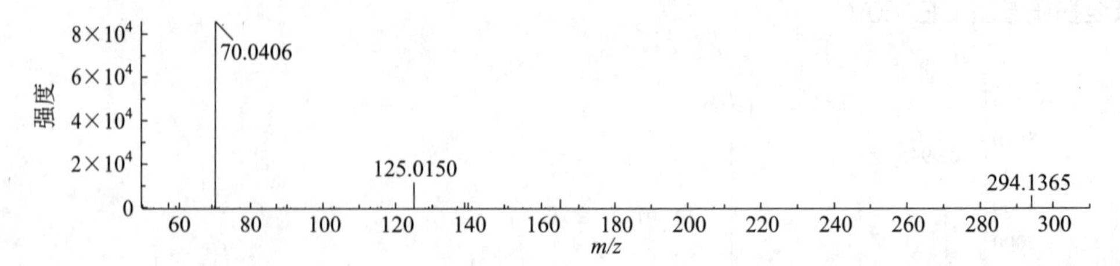

二级全扫质谱图 CE: 10V

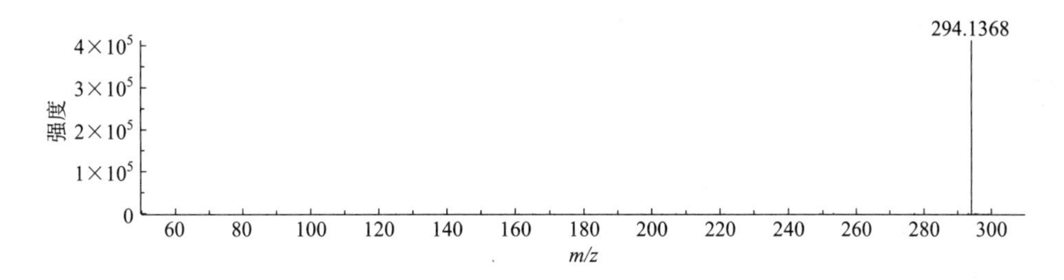

二级全扫质谱图 CE: 20V

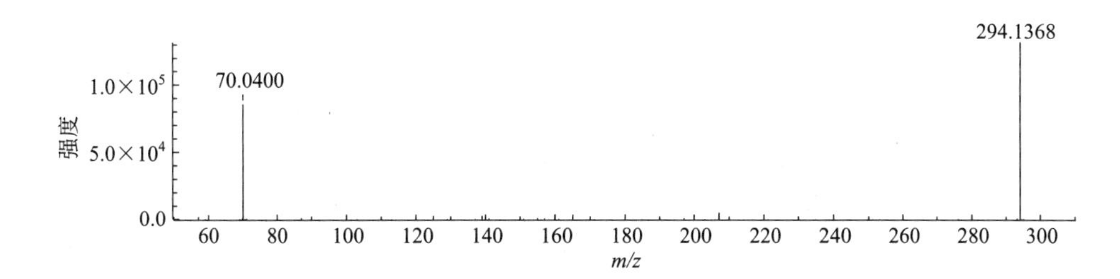

二级全扫质谱图 CE: 35V

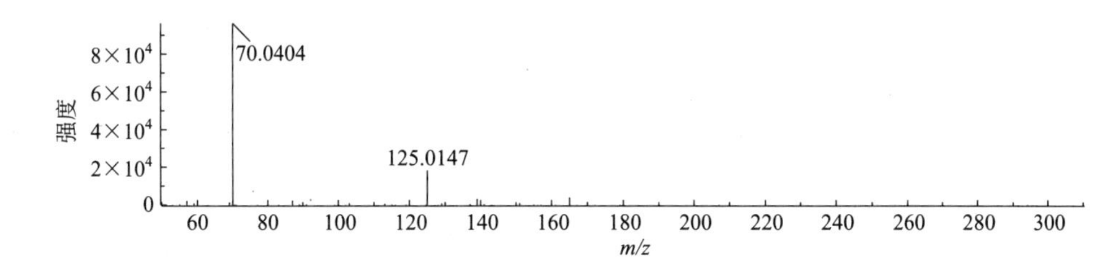

二级全扫质谱图 CE: 50V

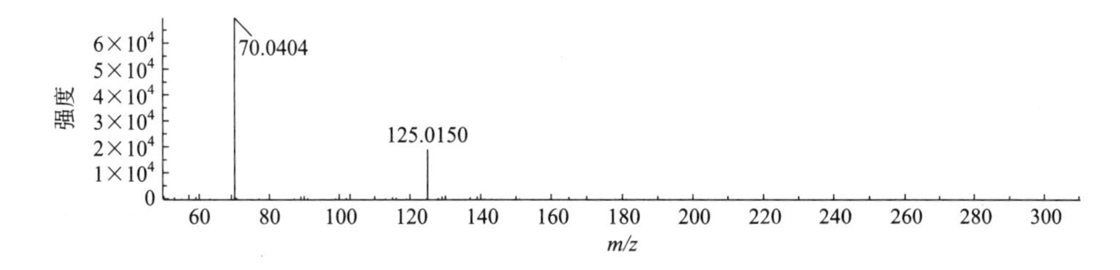

二级全扫质谱图 CE: 60V

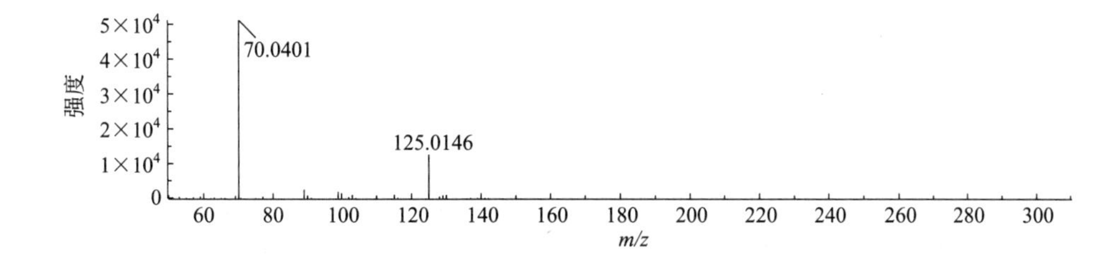

Parathion

对硫磷

CAS 号	56-38-2	保留时间	17.06min
分子式	$C_{10}H_{14}NO_5PS$	加合方式	$[M+H]^+$
分子量	291.0330	源内裂解碎片	无

推测裂解规律（裂解路径已经 MS^3 确认）

$[C_{10}H_{14}NO_5PS]$ MW 291.0330

$[C_{10}H_{14}NO_5PS+H]^+$ *m/z* 292.0403

$[C_8H_{10}NO_5PS+H]^+$ *m/z* 264.0090

$[C_2H_6O_2PS]^+$ *m/z* 124.9821

$[H_2O_2PS]^+$ *m/z* 96.9508

$[C_6H_5NO_4PS]^+$ *m/z* 217.9671

$[C_6H_6NO_5PS+H]^+$ *m/z* 235.9777

$[C_6H_5NO_3+H]^+$ *m/z* 140.0342

$[C_6H_5NO_2]^{\cdot+}$ *m/z* 123.0315

$[C_6H_5S+H]^{\cdot+}$ *m/z* 110.0185

$[C_6H_5O_2PS]^{\cdot+}$ *m/z* 171.9742

$[C_6H_6O_3PS+H]^{\cdot+}$ *m/z* 189.9848

$[C_6H_5O+H]^{\cdot+}$ *m/z* 94.0413

提取离子流色谱图

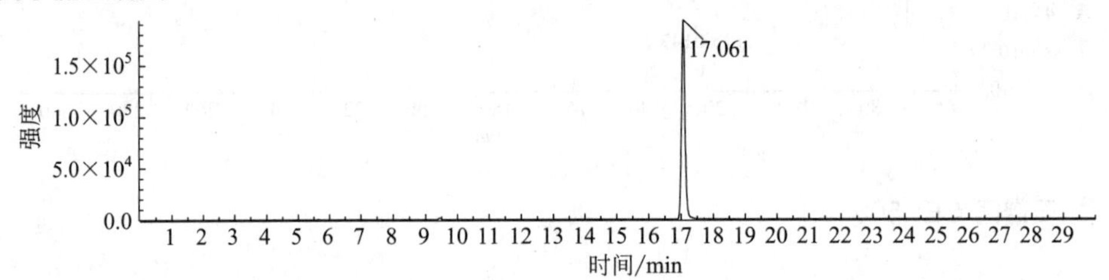

一级质谱图

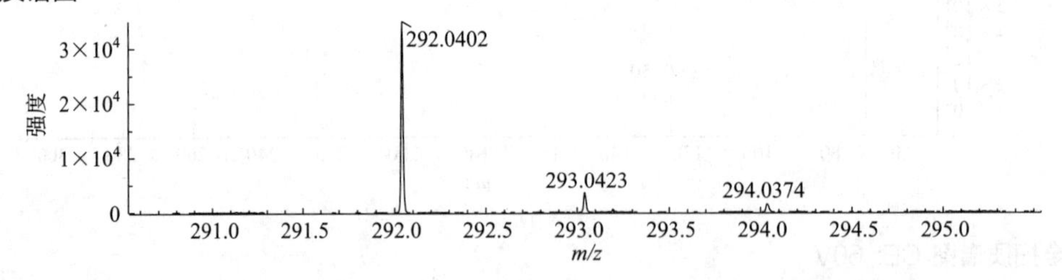

二级全扫质谱图 CE: (35±15)V

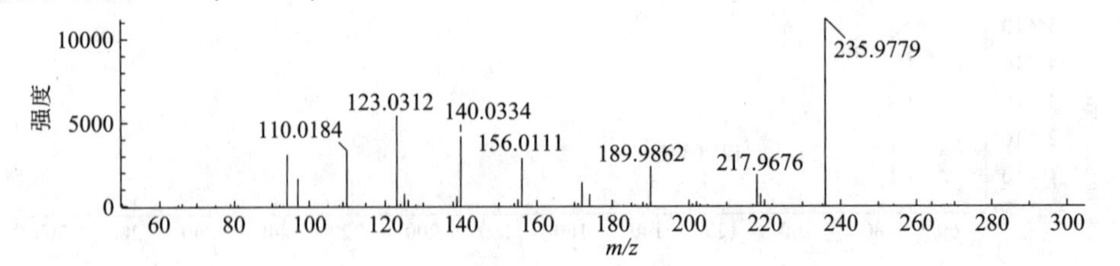

二级全扫质谱图 CE: 10V

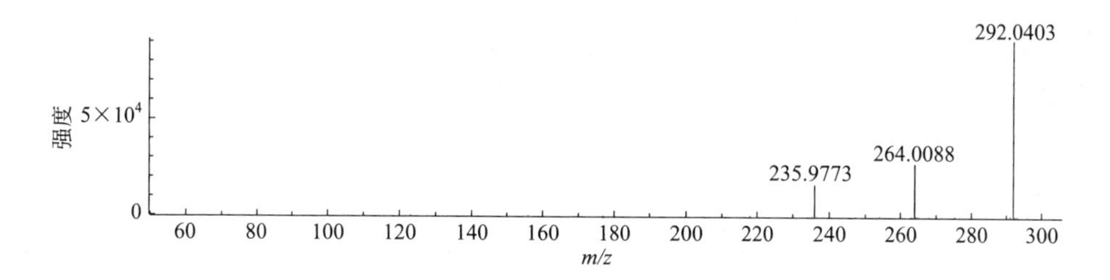

二级全扫质谱图 CE: 20V

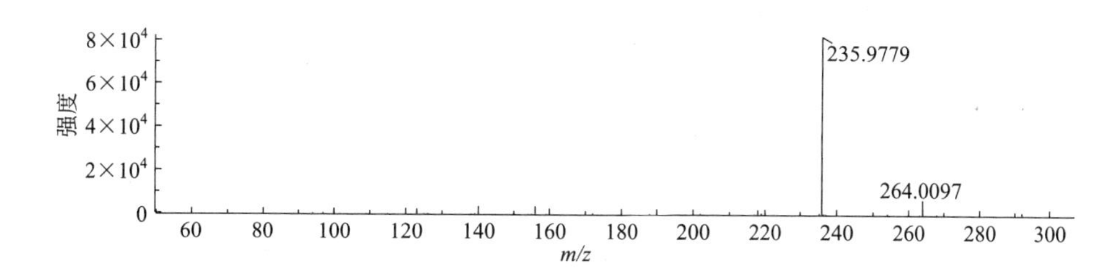

二级全扫质谱图 CE: 35V

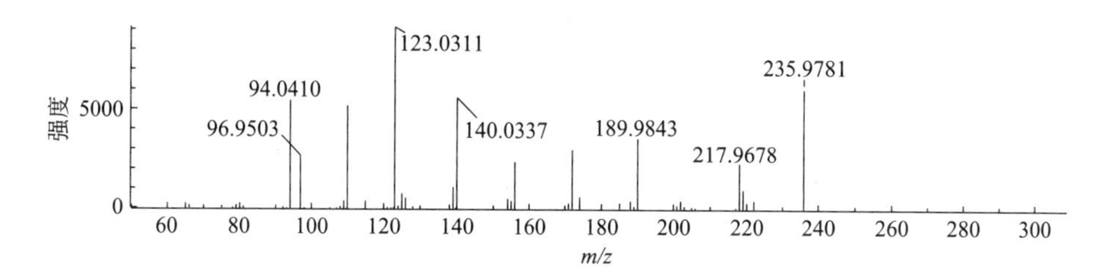

二级全扫质谱图 CE: 50V

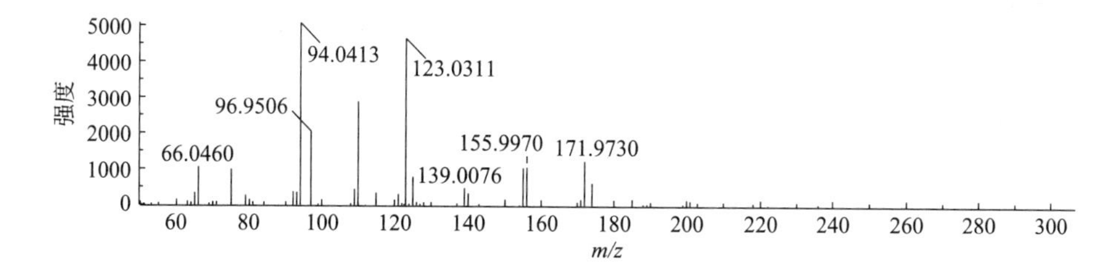

二级全扫质谱图 CE: 60V

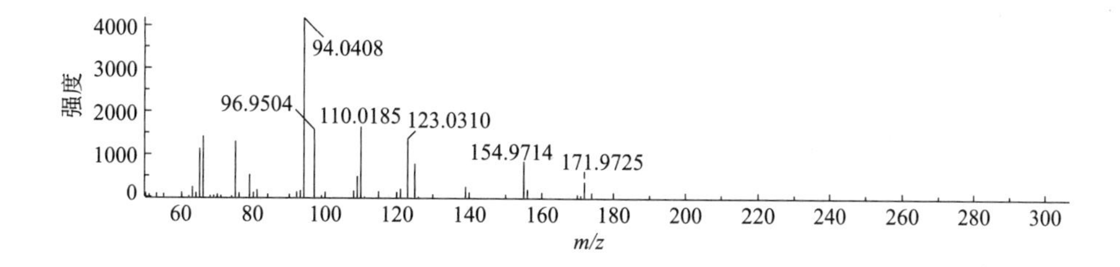

Parathion-methyl
甲基对硫磷

CAS 号	298-00-0	保留时间	11.70min
分子式	$C_8H_{10}NO_5PS$	加合方式	$[M+H]^+$
分子量	263.0017	源内裂解碎片	无

推测裂解规律（裂解路径已经 MS^3 确认）

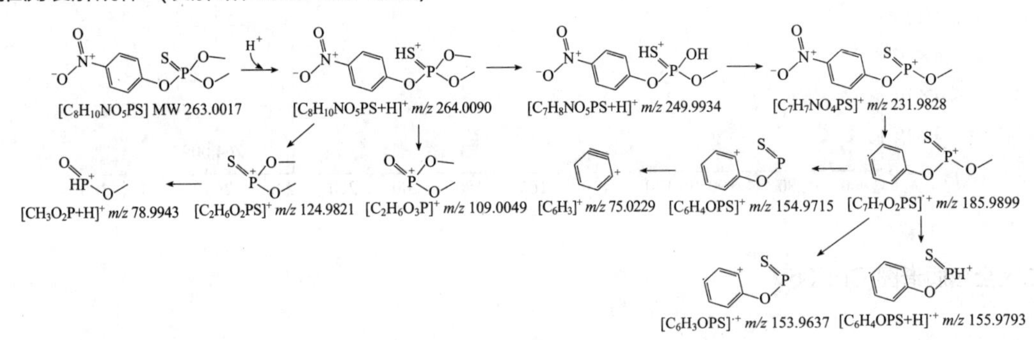

提取离子流色谱图

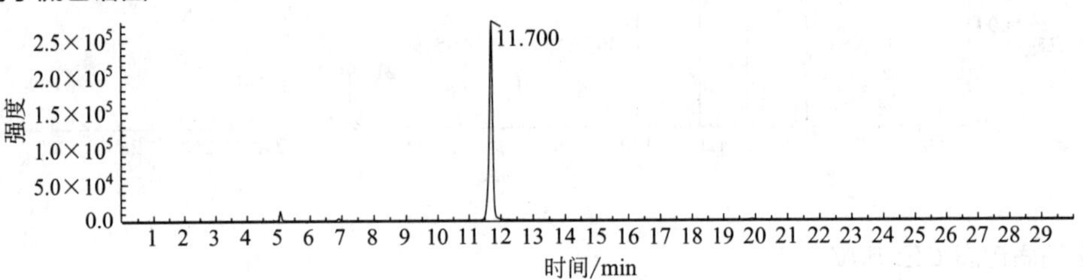

一级质谱图

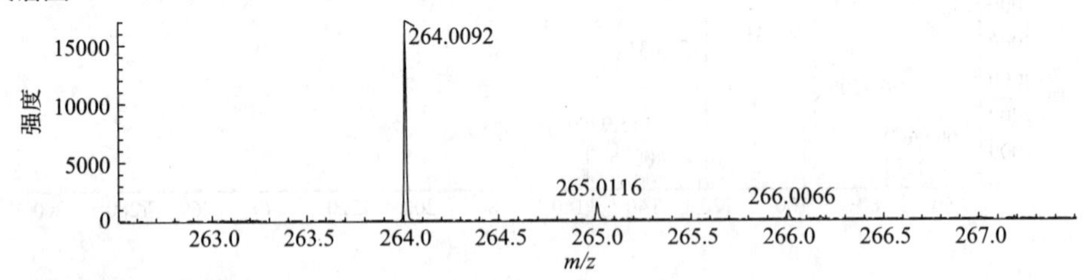

二级全扫质谱图 CE: (35±15)V

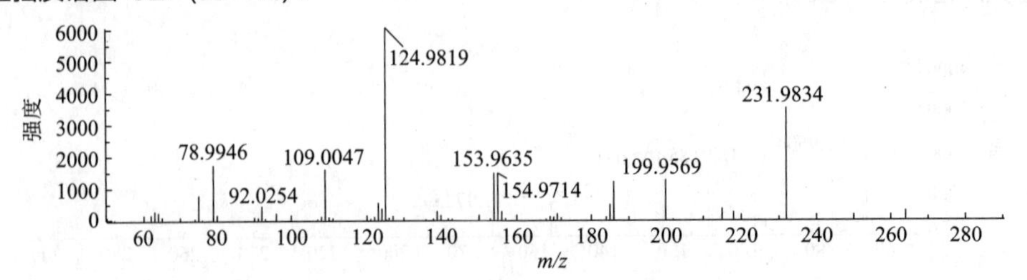

二级全扫质谱图 CE: 10V

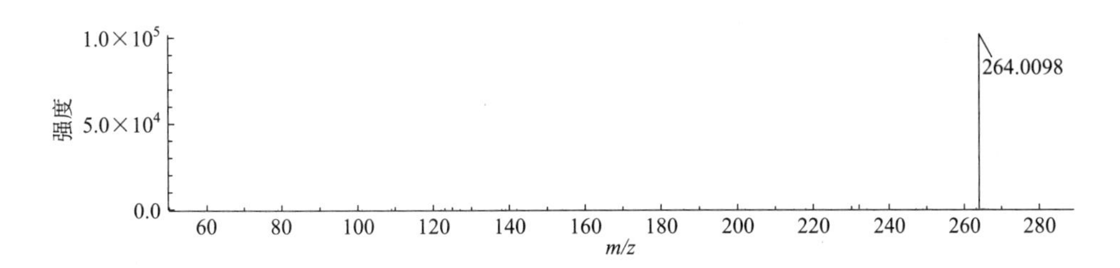

二级全扫质谱图 CE: 20V

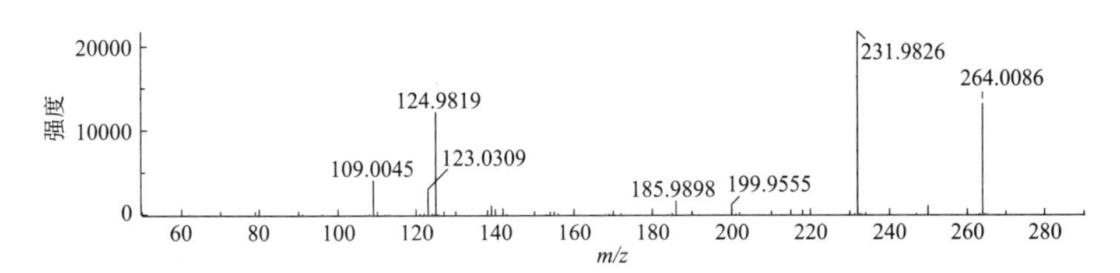

二级全扫质谱图 CE: 35V

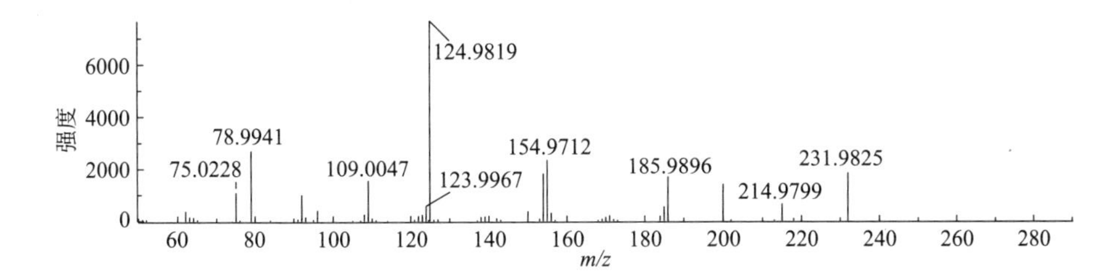

二级全扫质谱图 CE: 50V

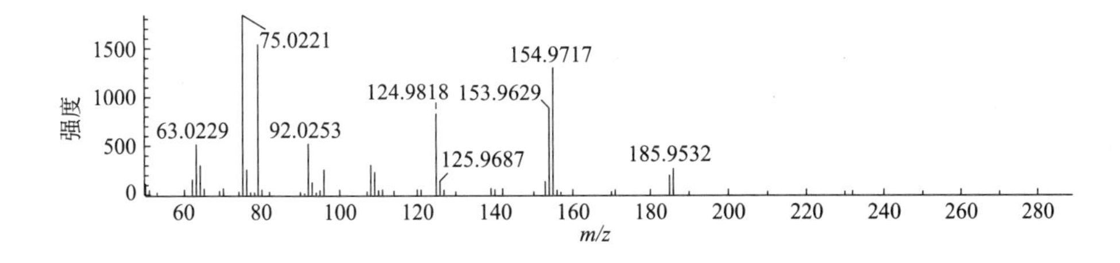

二级全扫质谱图 CE: 60V

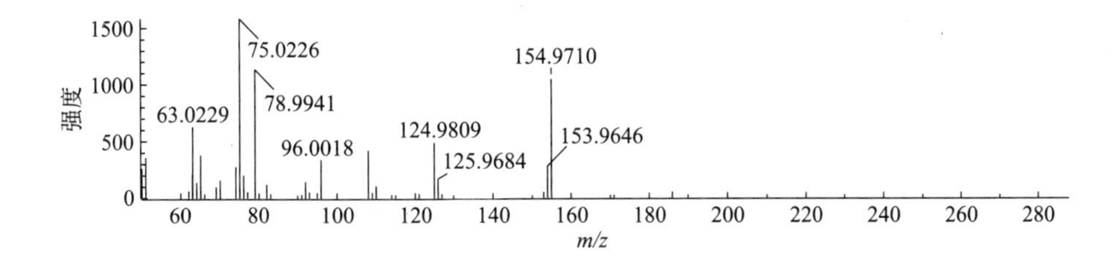

Penconazole

戊菌唑

CAS 号	66246-88-6	保留时间	17. 51min
分子式	$C_{13}H_{15}Cl_2N_3$	加合方式	$[M+H]^+$
分子量	283. 0643	源内裂解碎片	无

推测裂解规律

$[C_{13}H_{15}Cl_2N_3]$ MW 283.0643

$[C_{13}H_{15}Cl_2N_3+H]^+$ m/z 284.0176

$[C_8H_7Cl_2]^+$ m/z 172.9919

$[C_2H_3N_3+H]^+$ m/z 70.0400

$[C_7H_5Cl_2]^+$ m/z 158.9763

提取离子流色谱图

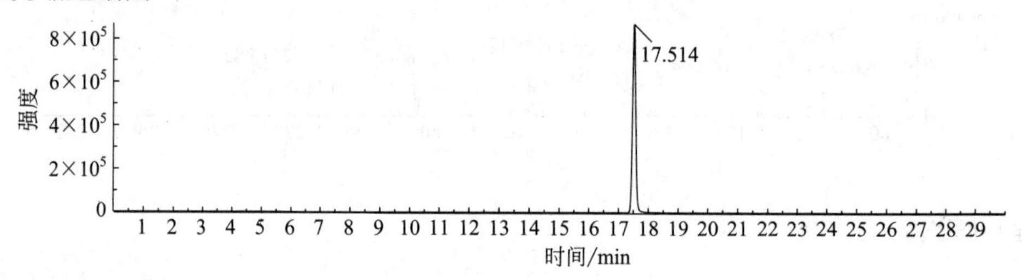

一级质谱图

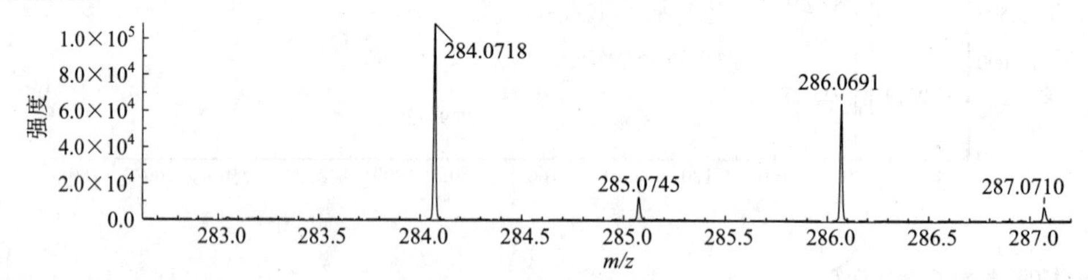

二级全扫质谱图 CE: (35±15)V

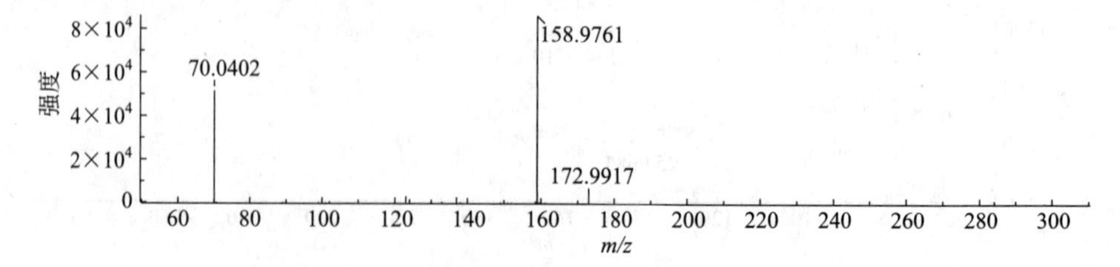

二级全扫质谱图 CE: 10V

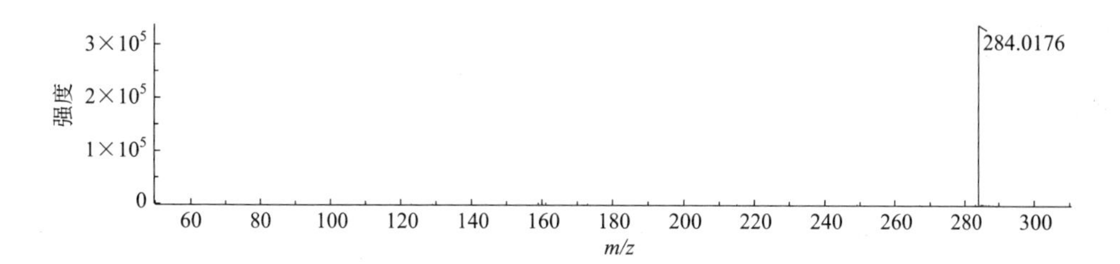

二级全扫质谱图 CE: 20V

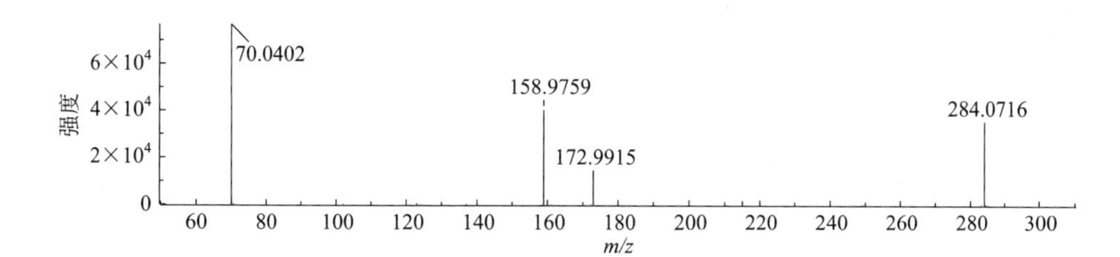

二级全扫质谱图 CE: 35V

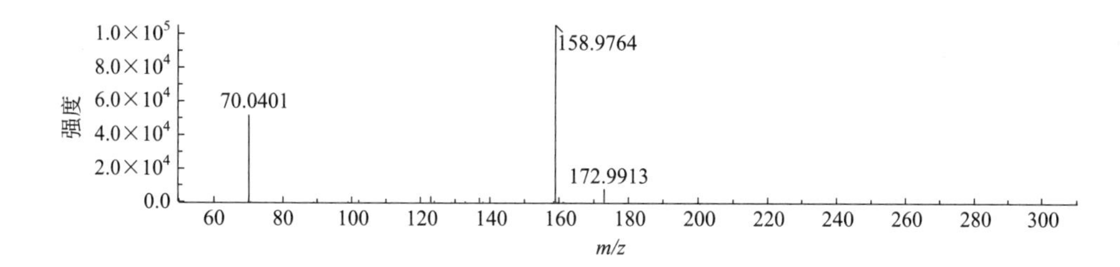

二级全扫质谱图 CE: 50V

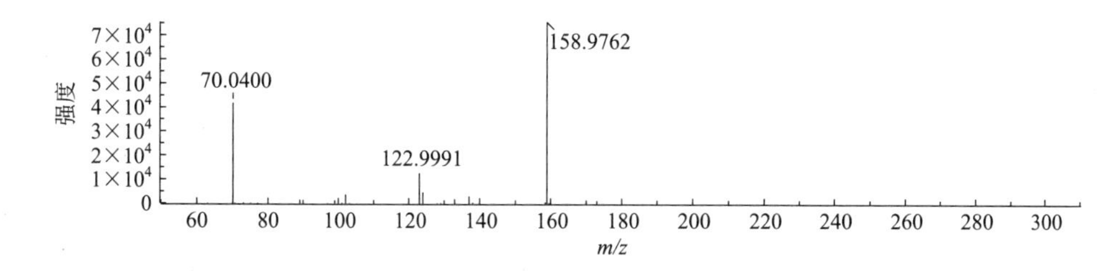

二级全扫质谱图 CE: 60V

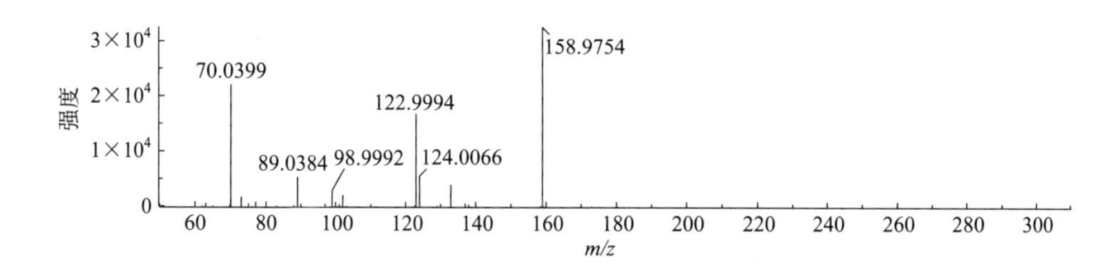

Pencycuron
戊菌隆

CAS 号	66063-05-6	保留时间	20.50min
分子式	$C_{19}H_{21}ClN_2O$	加合方式	$[M+H]^+$
分子量	328.1342	源内裂解碎片	无

推测裂解规律

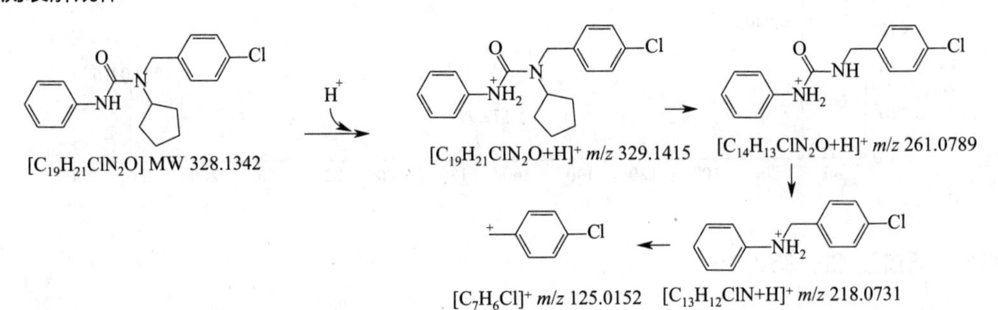

提取离子流色谱图

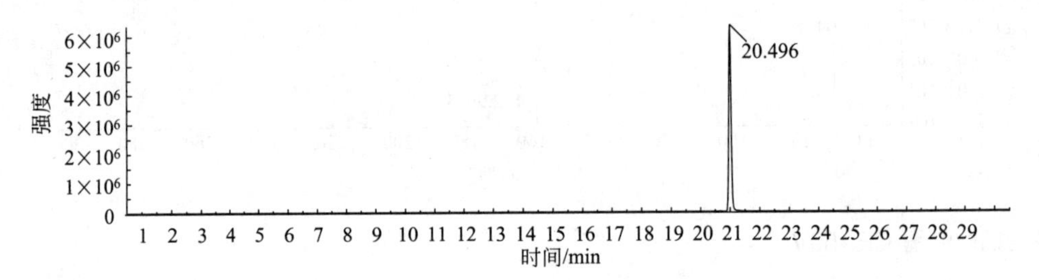

一级质谱图

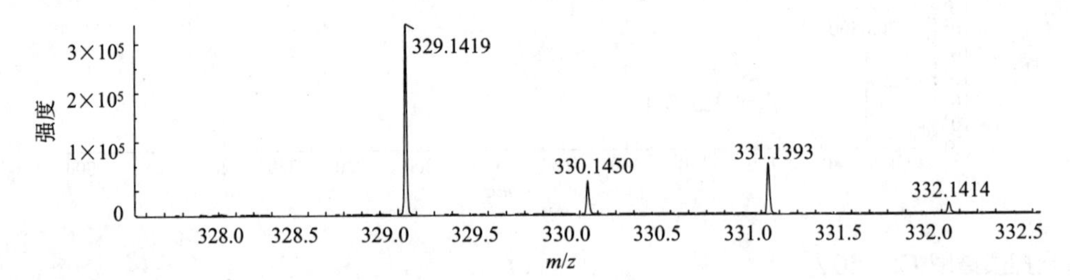

二级全扫质谱图 CE: (35±15)V

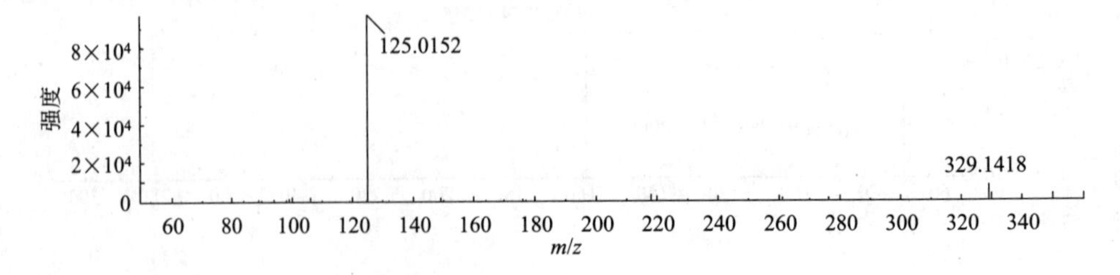

二级全扫质谱图 CE: 10V

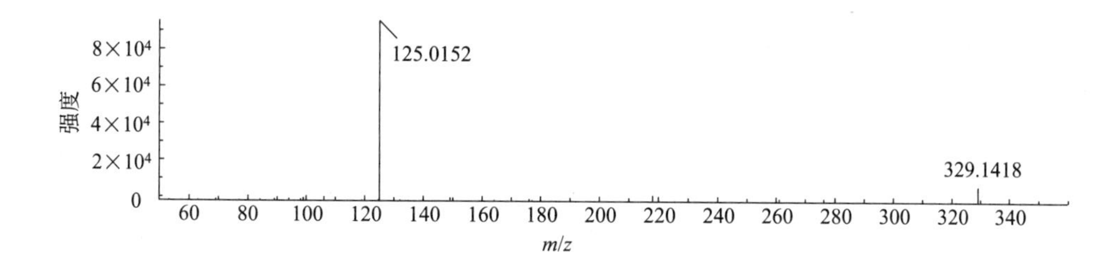

二级全扫质谱图 CE: 20V

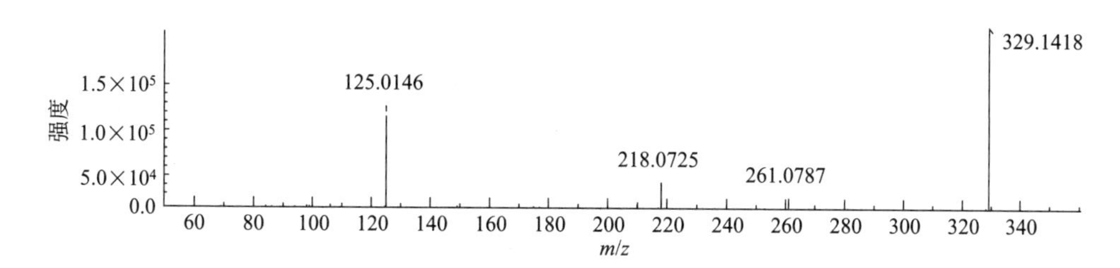

二级全扫质谱图 CE: 35V

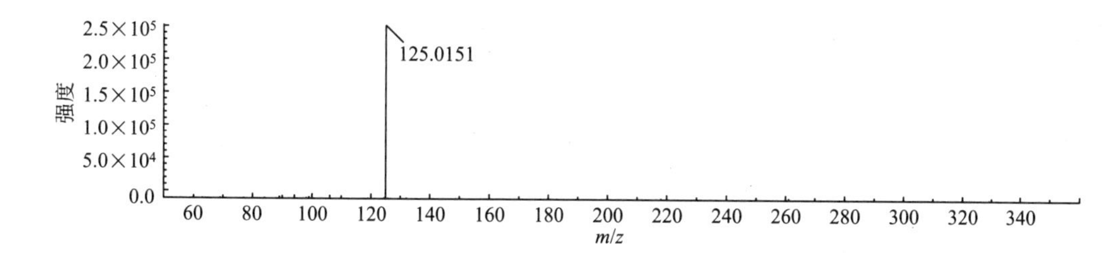

二级全扫质谱图 CE: 50V

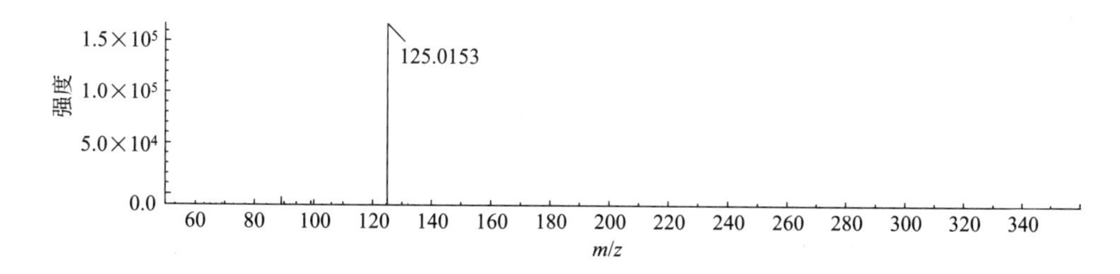

二级全扫质谱图 CE: 60V

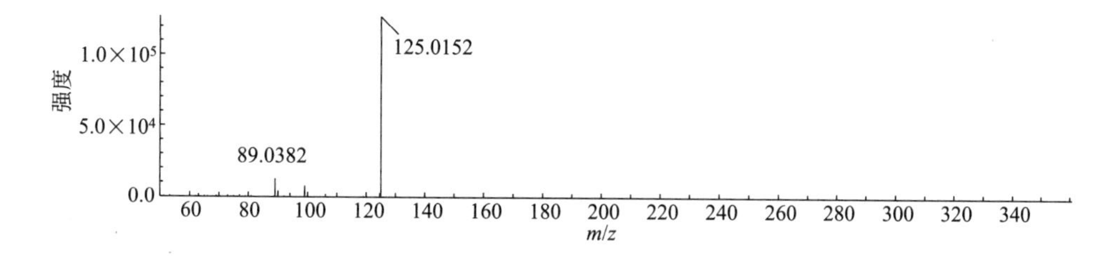

Pendimethalin
二甲戊灵

CAS 号	40487-42-1	保留时间	22.61min
分子式	$C_{13}H_{19}N_3O_4$	加合方式	$[M+H]^+$
分子量	281.1376	源内裂解碎片	m/z 212

推测裂解规律（裂解路径已经 MS[3] 确认）

$[C_{13}H_{19}N_3O_4]$MW 281.1376

$[C_{13}H_{19}N_3O_4+H]^+$ m/z 282.1448

$[C_{13}H_{19}N_3O_4+H]^+$ m/z 212.0666

$[C_8H_8N_3O_3]^+$ m/z 194.0560

$[C_8H_7N_2O]^+$ m/z 147.0553

$[C_8H_9N_2O]^+$ m/z 149.0709

$[C_8H_8N_3O_2]^+$ m/z 178.0610

$[C_8H_8N_2O]^{\cdot+}$ m/z 148.0631

提取离子流色谱图

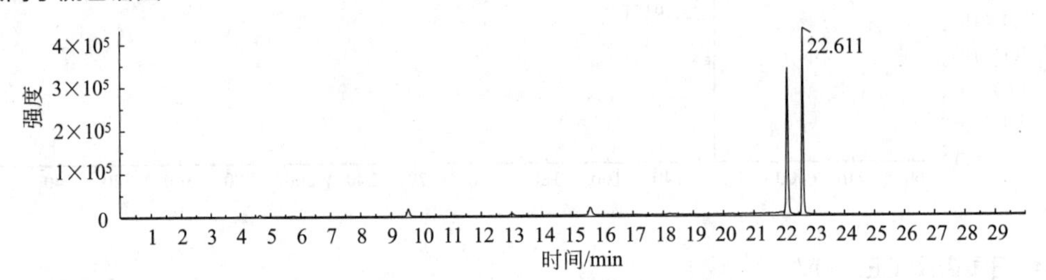

一级质谱图

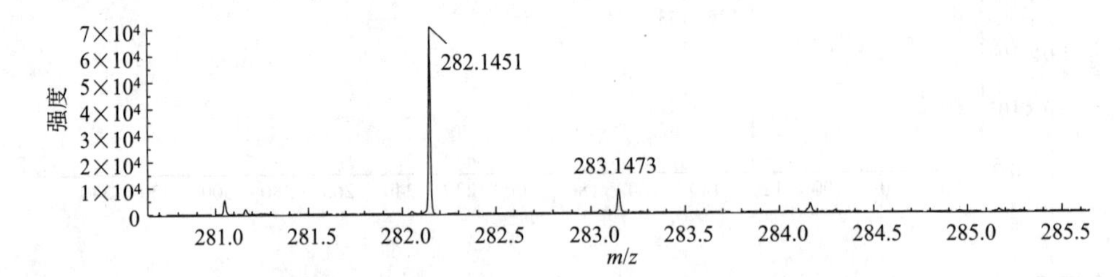

二级全扫质谱图 CE：(35±15)V

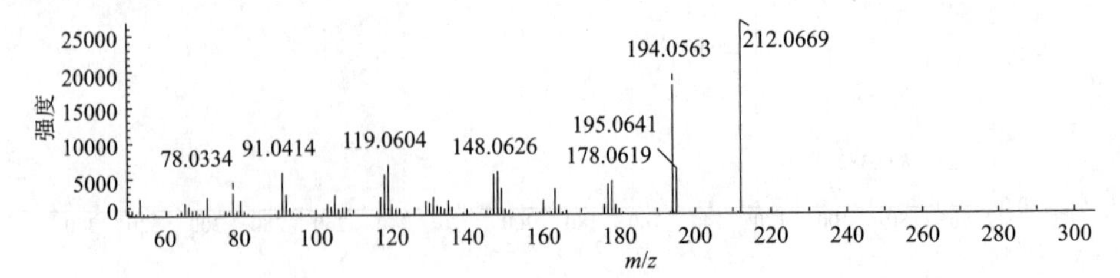

二级全扫质谱图 CE: 10V

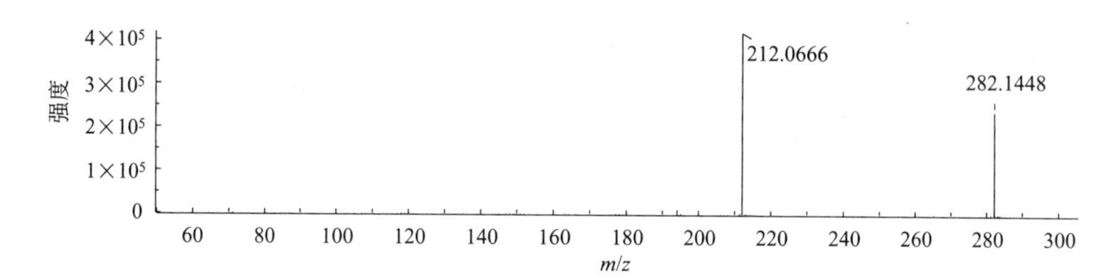

二级全扫质谱图 CE: 20V

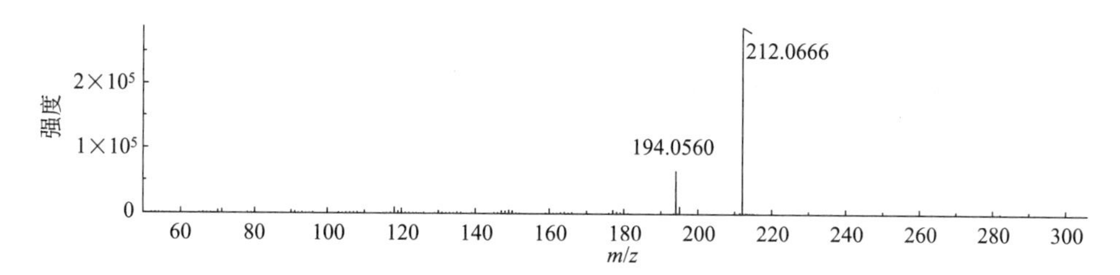

二级全扫质谱图 CE: 35V

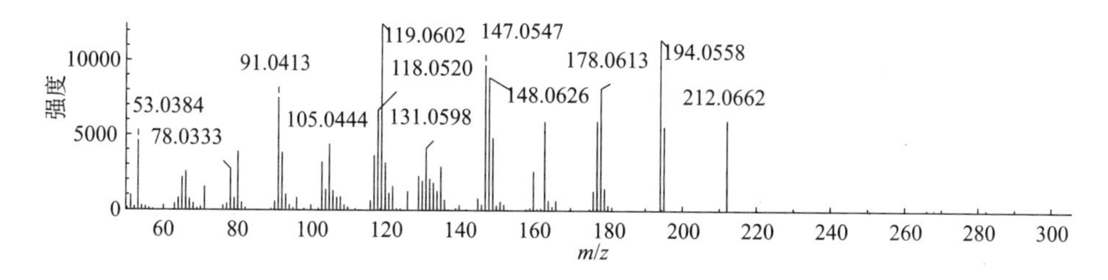

二级全扫质谱图 CE: 50V

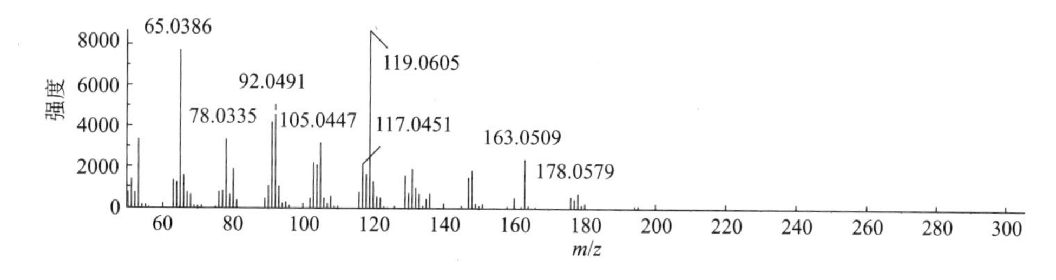

二级全扫质谱图 CE: 60V

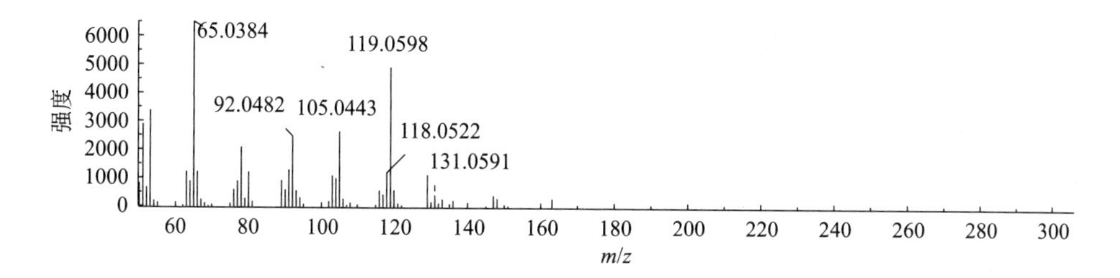

Pendimethalin in-source fragment 212

二甲戊灵源内裂解碎片 212

CAS 号	—	保留时间	22.61min
分子式	$C_{13}H_{20}N_3O_4^+$	加合方式	$[M+H]^+$
分子量	212.0666	源内裂解碎片	无

推测裂解规律（裂解路径已经 MS³ 确认）

$[C_{13}H_{19}N_3O_4+H]^+$ *m/z* 212.0666 → $[C_8H_8N_3O_3]^+$ *m/z* 194.0560 → $[C_8H_8N_3O_2]^+$ *m/z* 178.0610 → $[C_8H_8N_2O]^{\cdot+}$ *m/z* 148.0631

$[C_8H_8N_3O_3]^+$ *m/z* 194.0560 → $[C_8H_7N_2O]^+$ *m/z* 147.0553

$[C_8H_9N_2O]^+$ *m/z* 149.0709

提取离子流色谱图

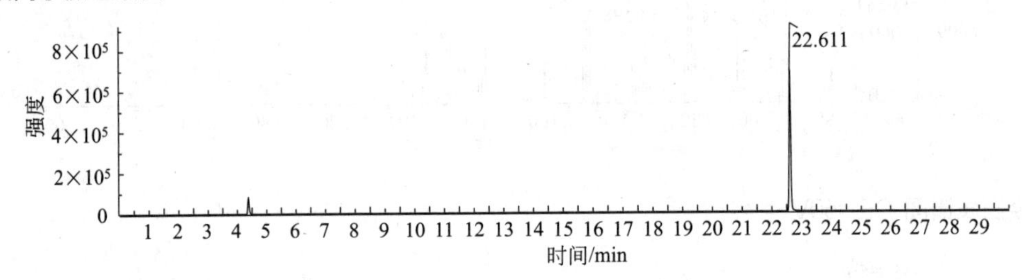

一级质谱图

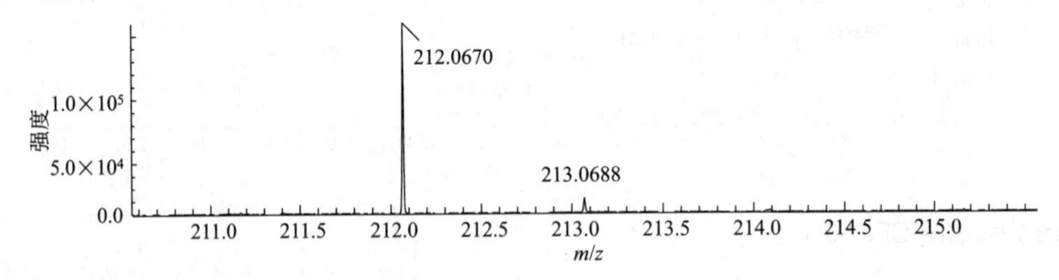

二级全扫质谱图 CE: (35±15)V

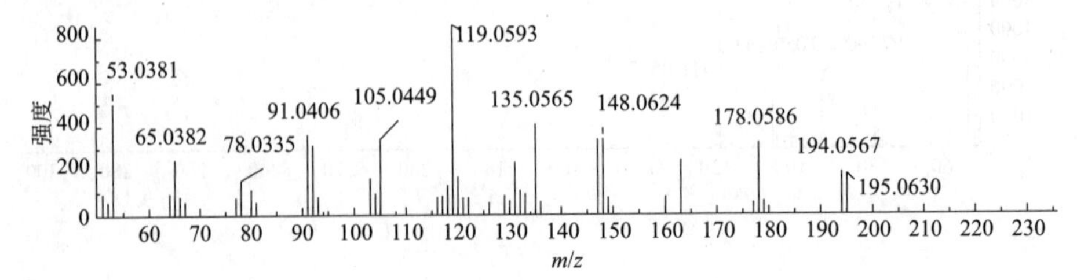

二级全扫质谱图 CE: 10V

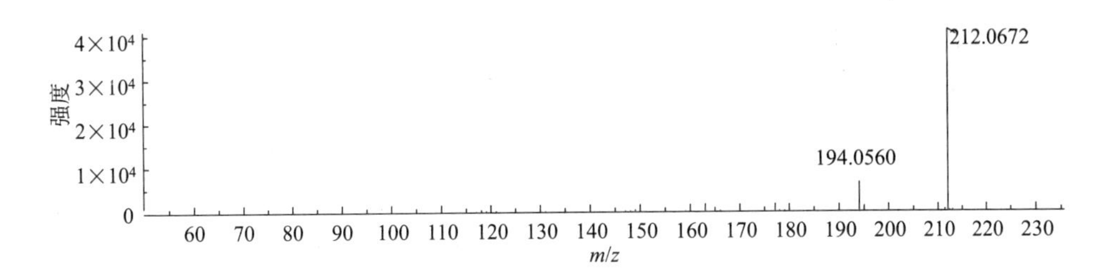

二级全扫质谱图 CE: 20V

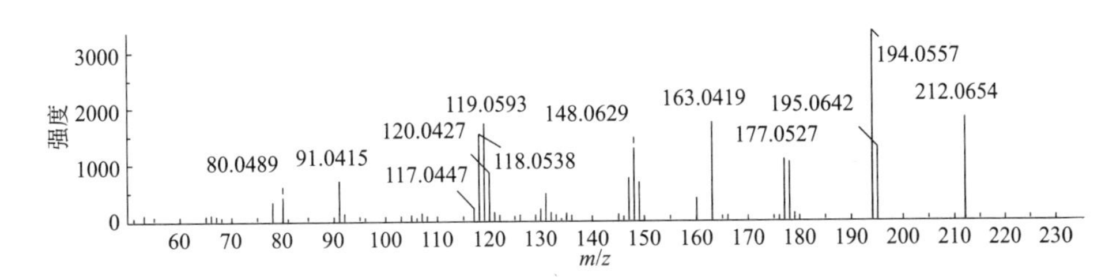

二级全扫质谱图 CE: 35V

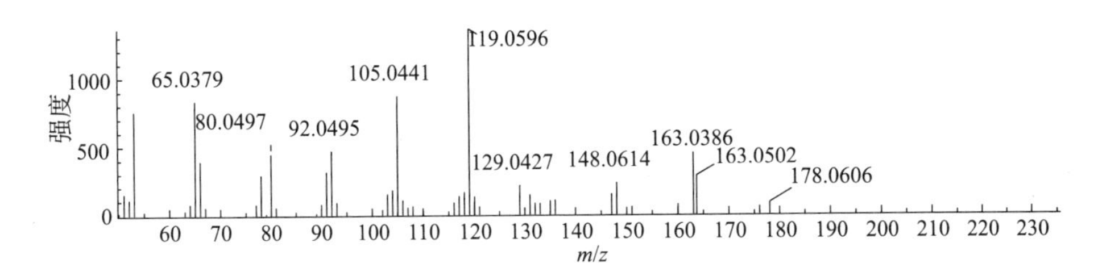

二级全扫质谱图 CE: 50V

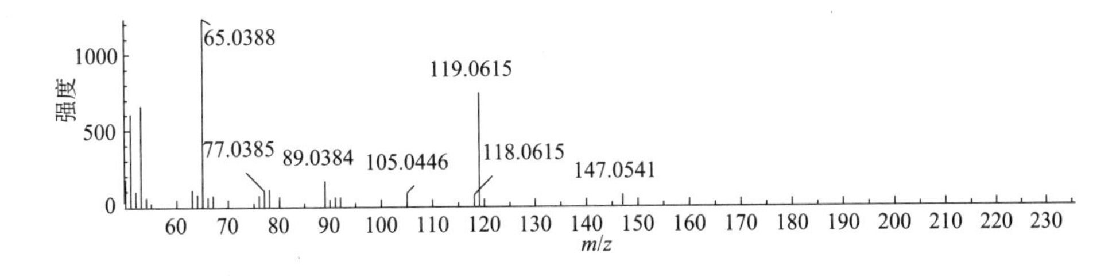

二级全扫质谱图 CE: 60V

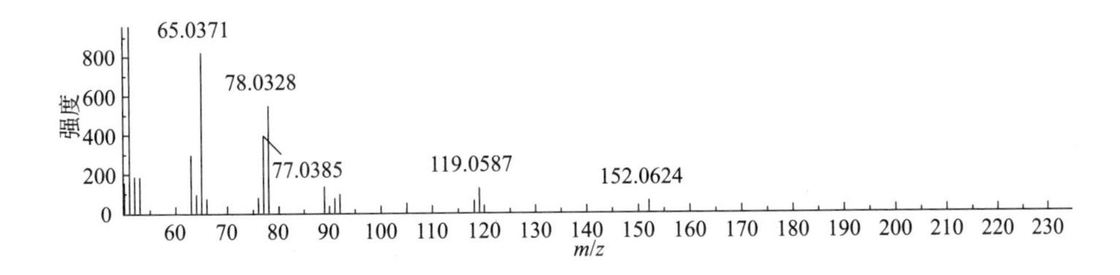

Penflufen

氟唑菌苯胺

CAS 号	494793-67-8	保留时间	17.85min
分子式	$C_{18}H_{24}FN_3O$	加合方式	$[M+H]^+$
分子量	317.1903	源内裂解碎片	无

推测裂解规律

$[C_{18}H_{24}FN_3O]$MW 317.1903

$[C_{18}H_{24}FN_3O+H]^+$ m/z 318.1976

$[C_{12}H_{12}FN_3O+H]^+$ m/z 234.1037

$[C_6H_6FN_2O]^+$ m/z 141.0459

$[C_5H_7FN_2+H]^+$ m/z 115.0666

提取离子流色谱图

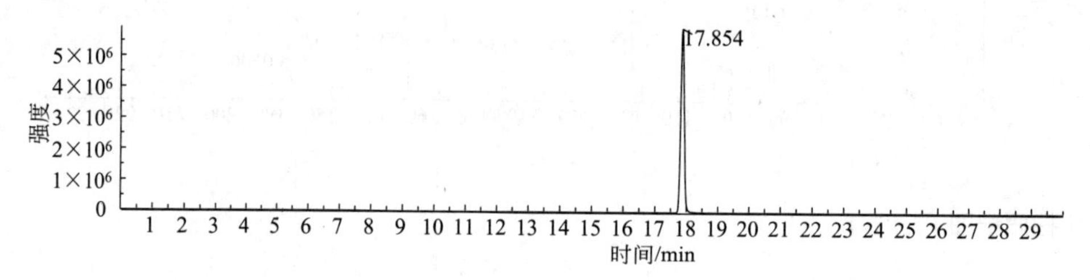

一级质谱图

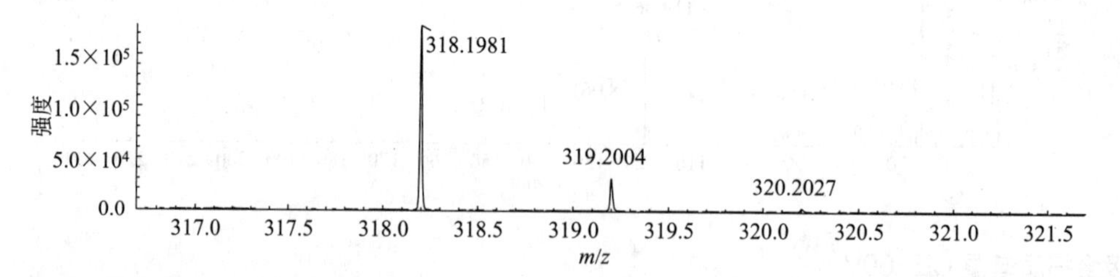

二级全扫质谱图 CE: (35±15)V

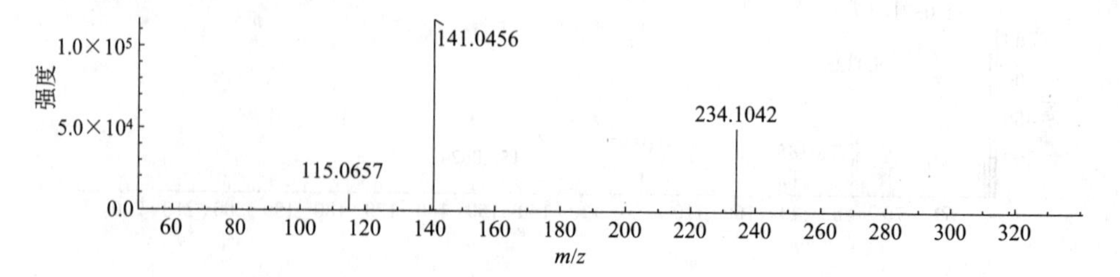

二级全扫质谱图 CE: 10V

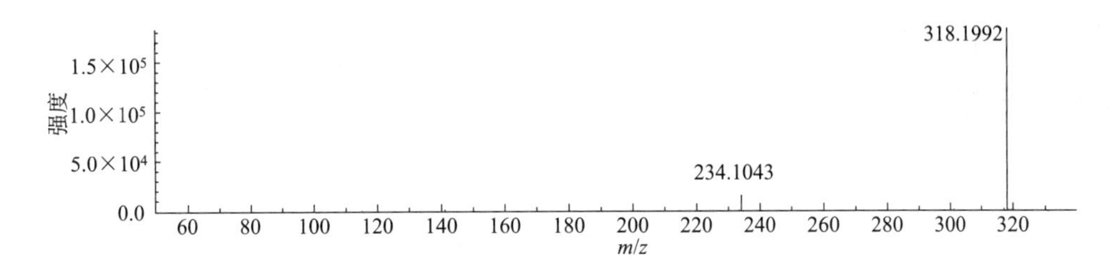

二级全扫质谱图 CE: 20V

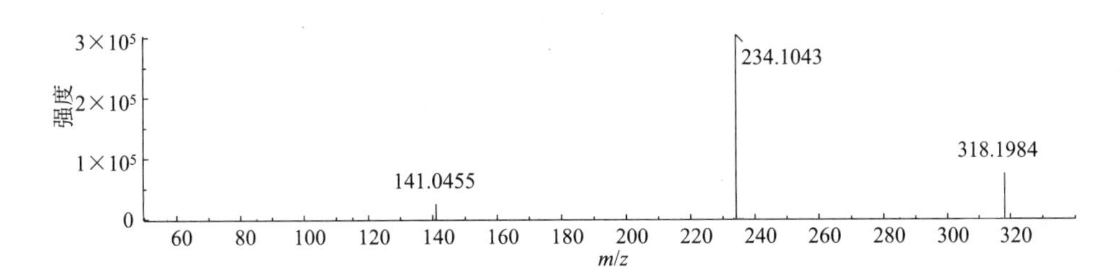

二级全扫质谱图 CE: 35V

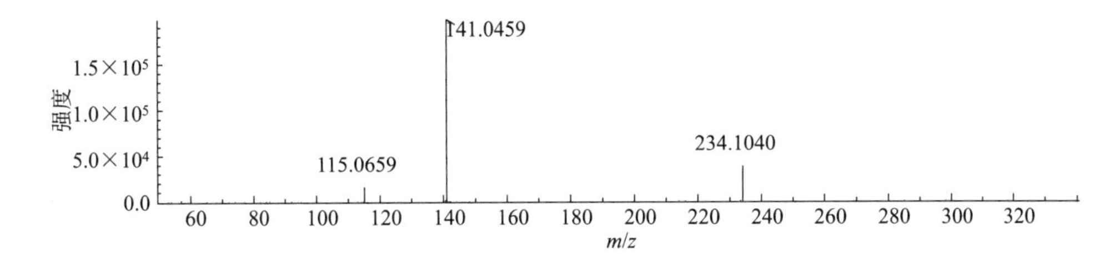

二级全扫质谱图 CE: 50V

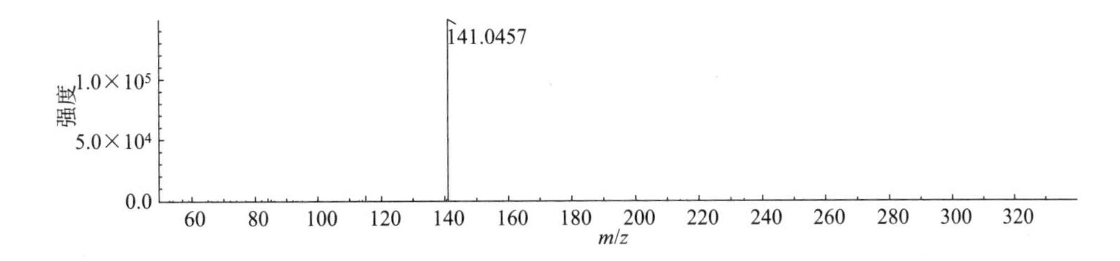

二级全扫质谱图 CE: 60V

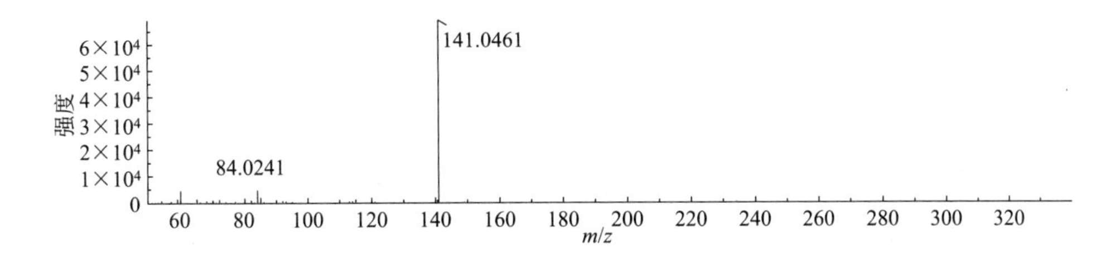

Penoxsulam
五氟磺草胺

CAS 号	219714-96-2	保留时间	7.66min
分子式	$C_{16}H_{14}F_5N_5O_5S$	加合方式	$[M+H]^+$
分子量	483.0636	源内裂解碎片	无

推测裂解规律

$[C_{16}H_{14}F_5N_5O_5S]$ MW 483.0636

H^+

$[C_{16}H_{14}F_5N_5O_5S+H]^+$ m/z 484.0709

$[C_{16}H_{13}F_3N_5O_5S]^+$ m/z 444.0584

$[C_7H_8N_5O_2+H]^{\cdot+}$ m/z 195.0751

$[C_7H_8N_5O_2]^+$ m/z 194.0672

提取离子流色谱图

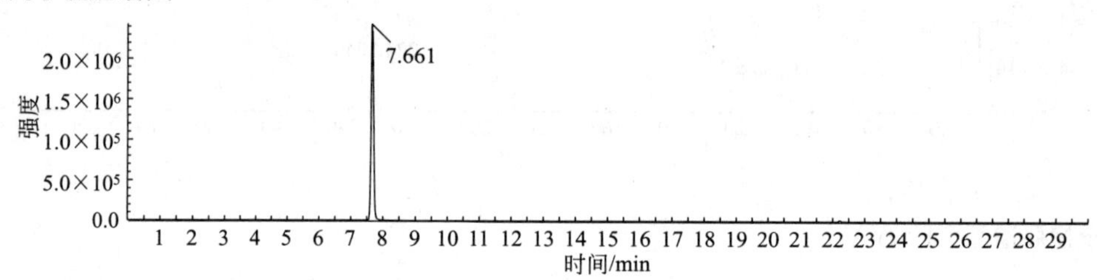

一级质谱图

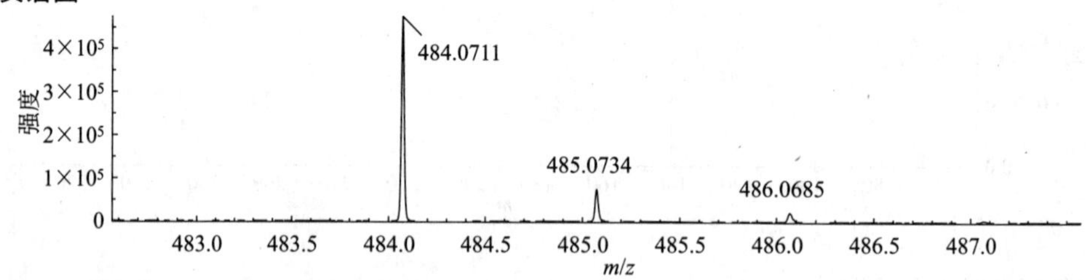

二级全扫质谱图 CE: (35±15)V

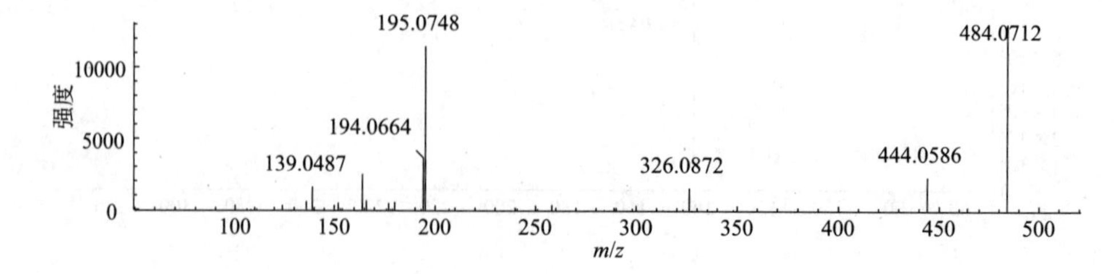

二级全扫质谱图 CE: 10V

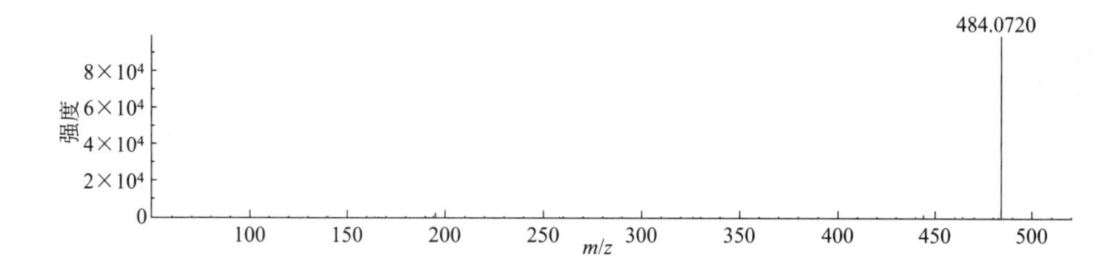

二级全扫质谱图 CE: 20V

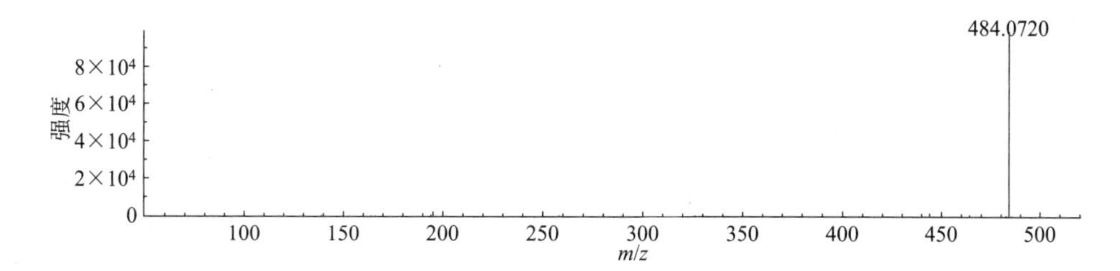

二级全扫质谱图 CE: 35V

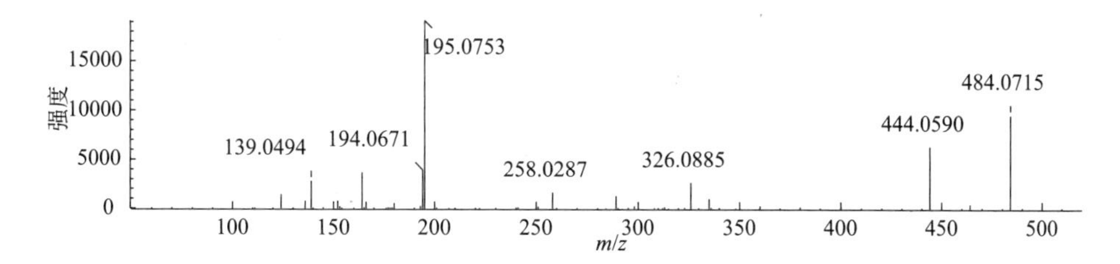

二级全扫质谱图 CE: 50V

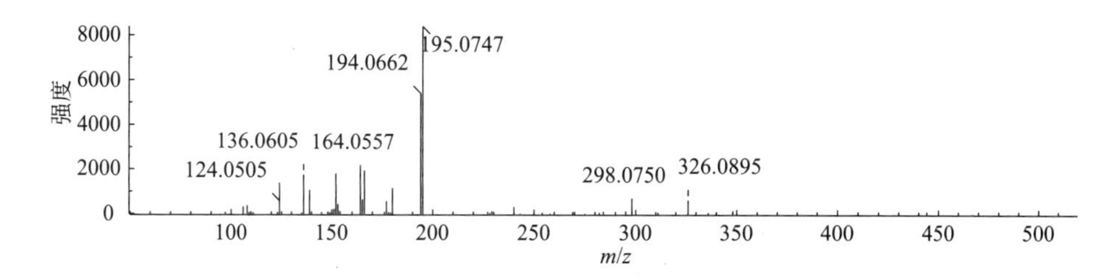

二级全扫质谱图 CE: 60V

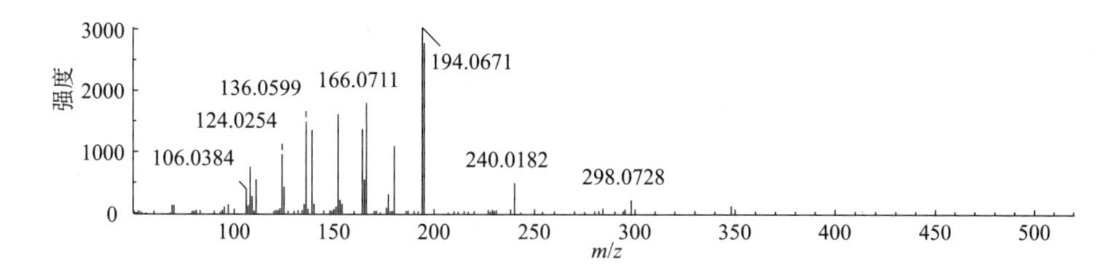

Penthiopyrad
吡噻菌胺

CAS 号	183675-82-3	保留时间	18.45min
分子式	$C_{16}H_{20}F_3N_3OS$	加合方式	$[M+H]^+$
分子量	359.1279	源内裂解碎片	无

推测裂解规律

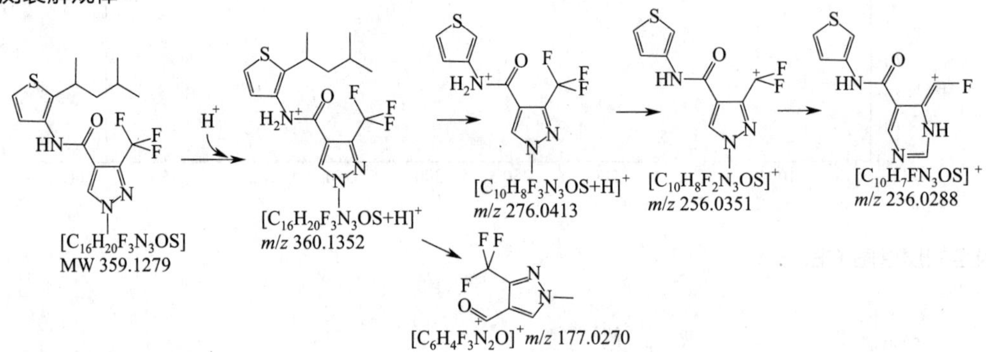

提取离子流色谱图

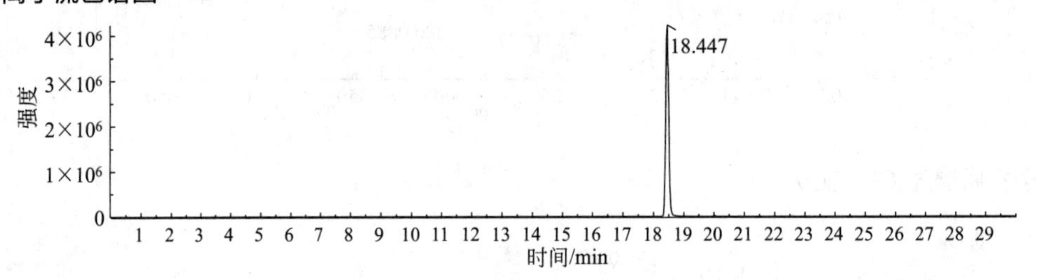

一级质谱图

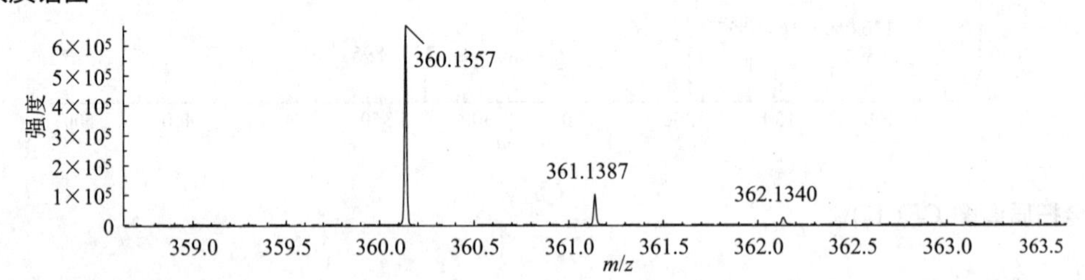

二级全扫质谱图 CE: (35±15)V

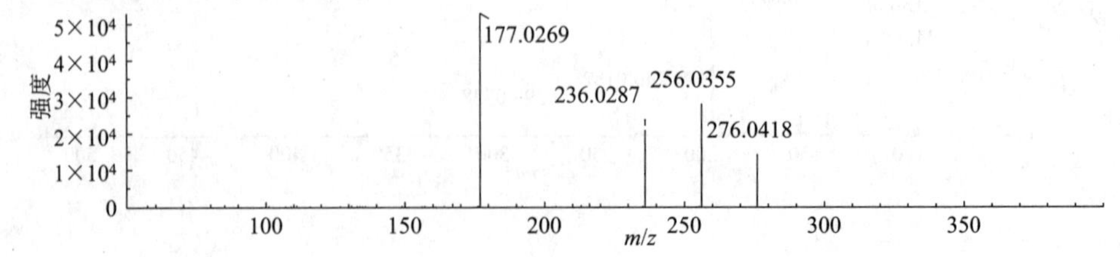

二级全扫质谱图 CE: 10V

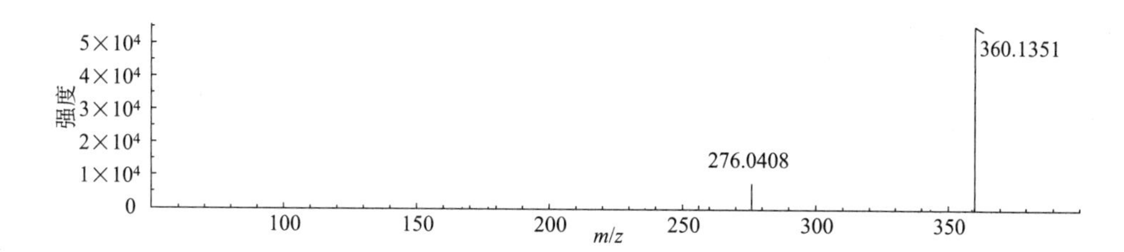

二级全扫质谱图 CE: 20V

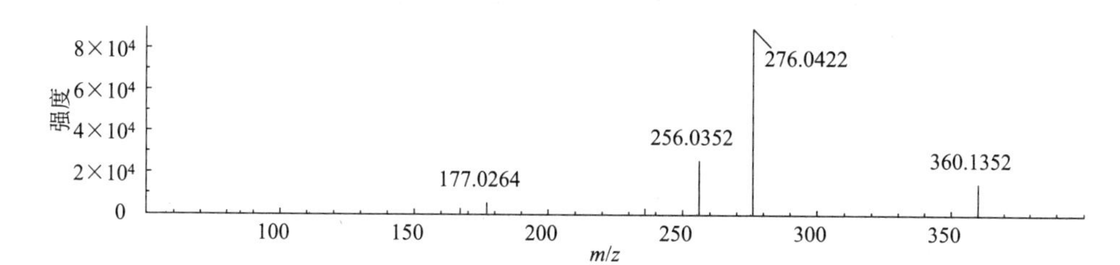

二级全扫质谱图 CE: 35V

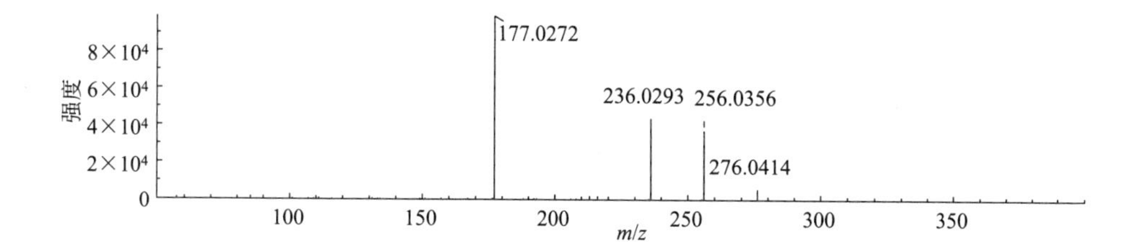

二级全扫质谱图 CE: 50V

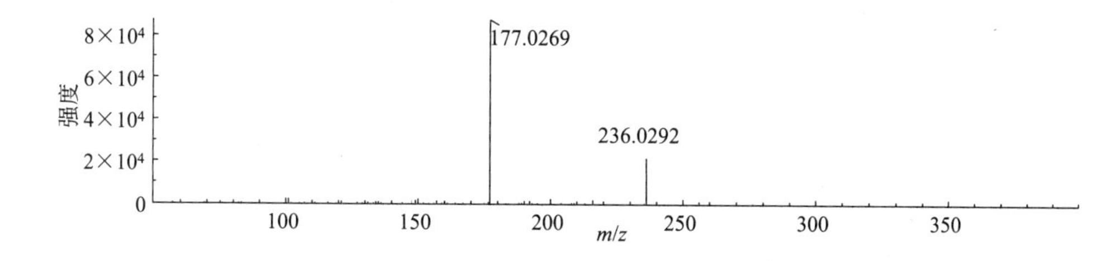

二级全扫质谱图 CE: 60V

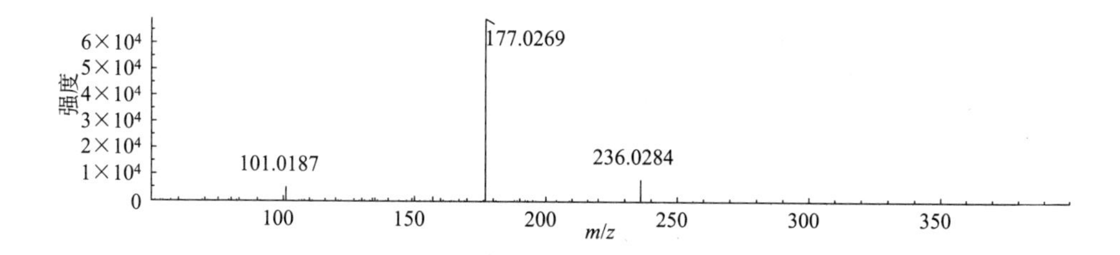

Permethrin
氯菊酯

CAS 号	52645-53-1	保留时间	23.85min/24.10min
分子式	$C_{21}H_{20}Cl_2O_3$	加合方式	$[M+NH_4]^+$
分子量	390.0790	源内裂解碎片	*m/z* 183

推测裂解规律

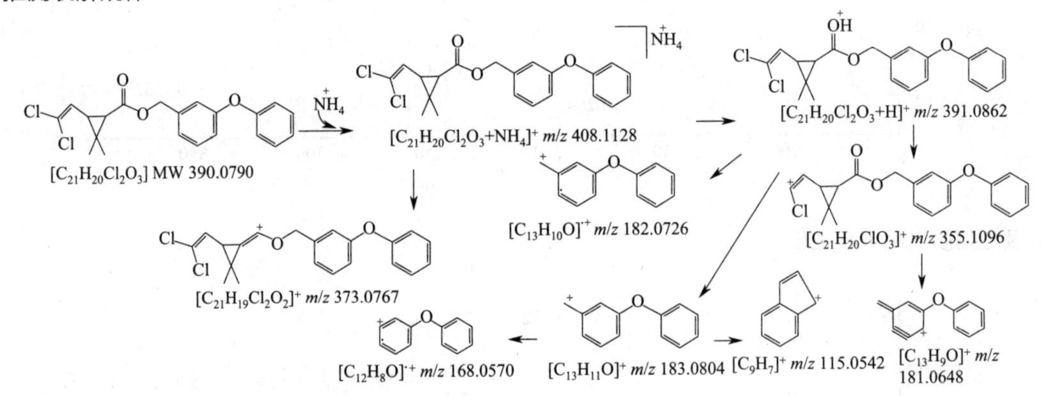

提取离子流色谱图

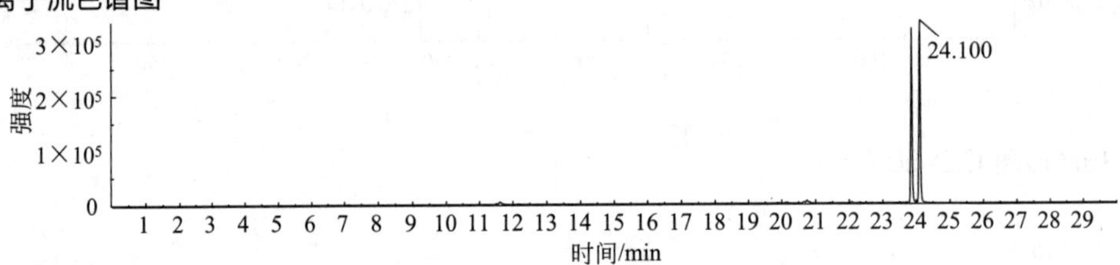

一级质谱图

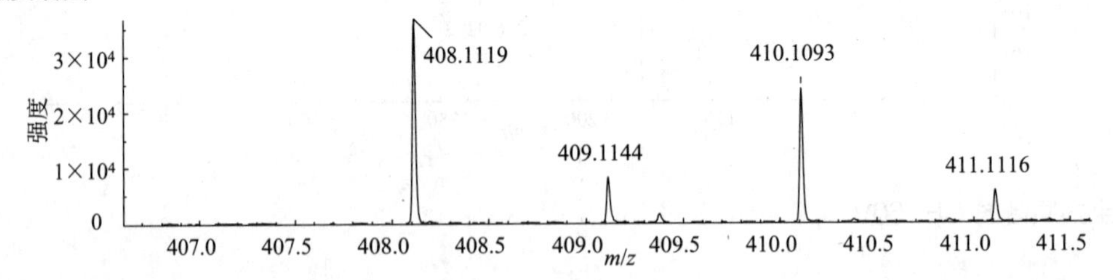

二级全扫质谱图 CE: (35±15)V

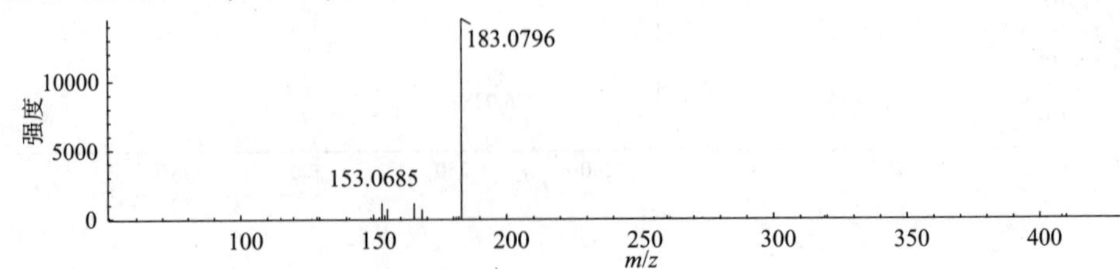

二级全扫质谱图 CE: 10V

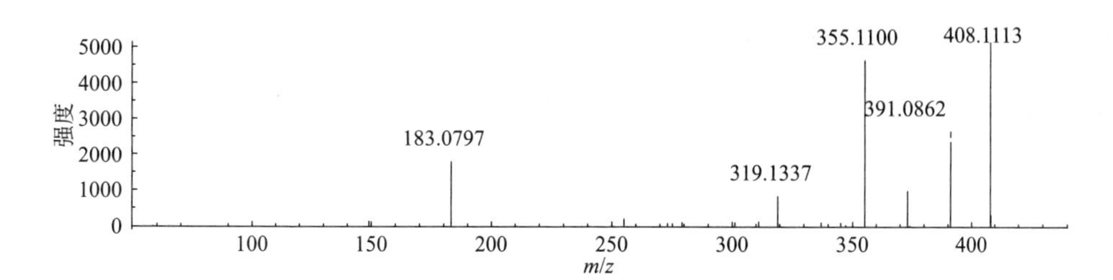

二级全扫质谱图 CE: 20V

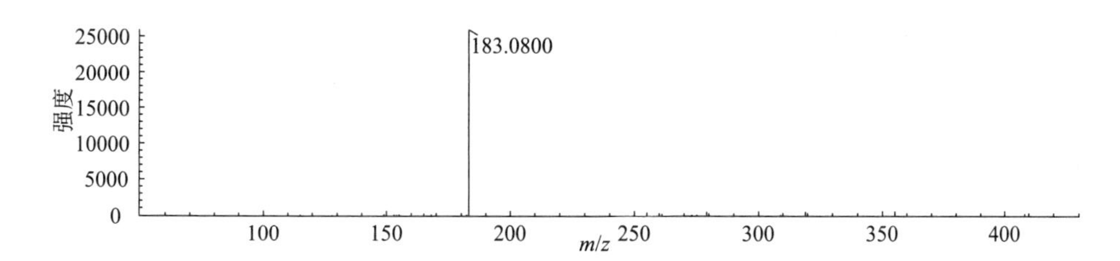

二级全扫质谱图 CE: 35V

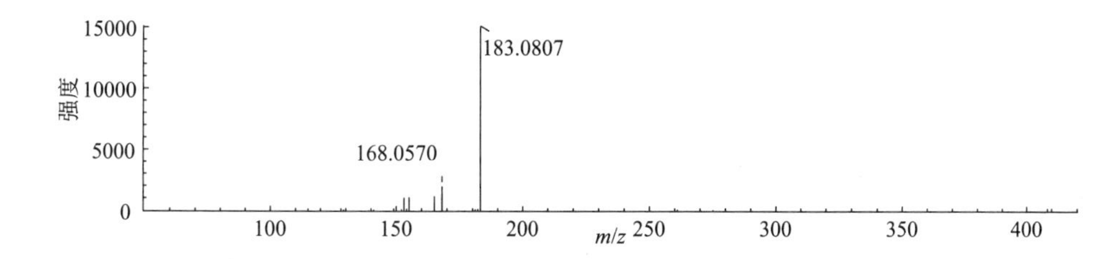

二级全扫质谱图 CE: 50V

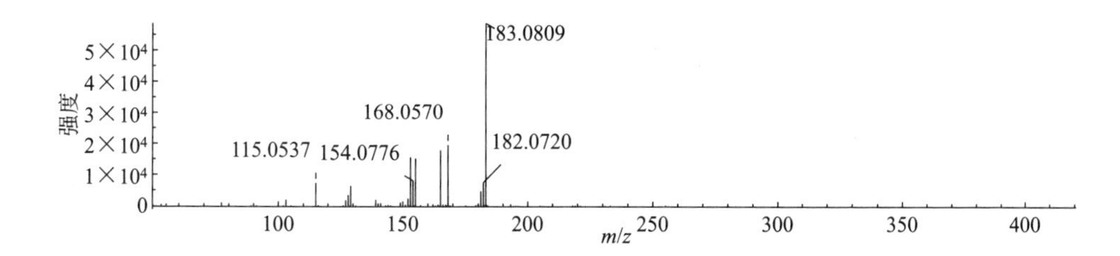

二级全扫质谱图 CE: 60V

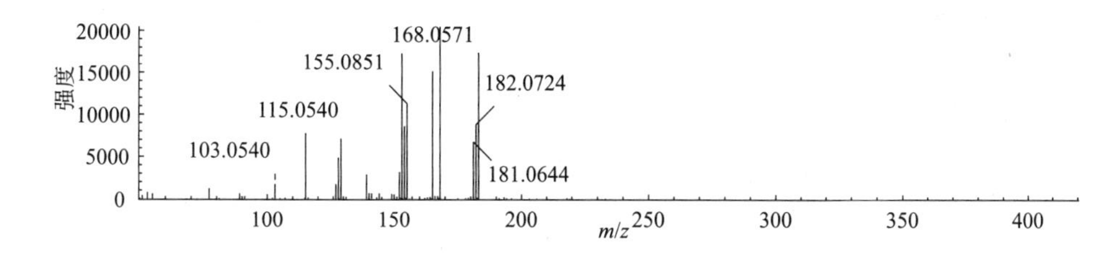

Phenamacril
氰烯菌酯

CAS 号	39491-78-6	保留时间	6.26min
分子式	$C_{12}H_{12}N_2O_2$	加合方式	$[M+H]^+$
分子量	216.0899	源内裂解碎片	无

推测裂解规律（裂解路径已经 MS³ 确认）

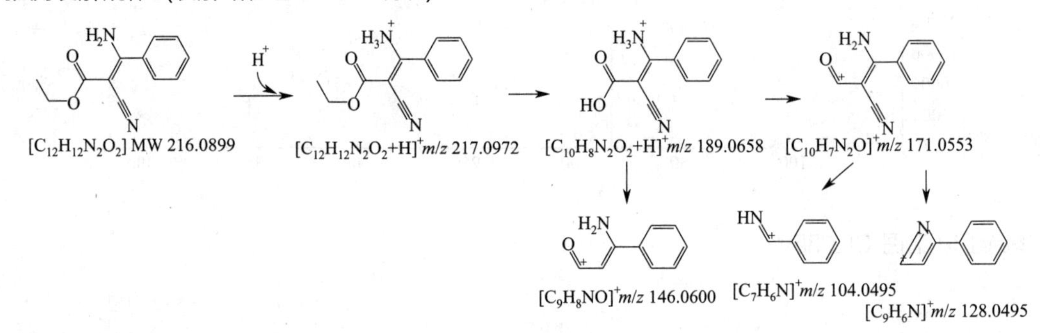

提取离子流色谱图

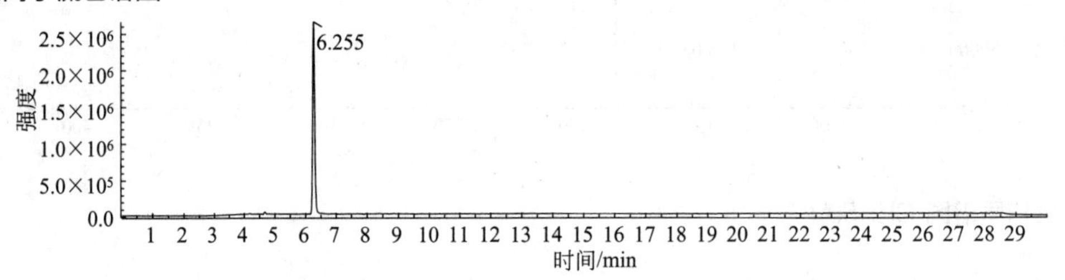

一级质谱图

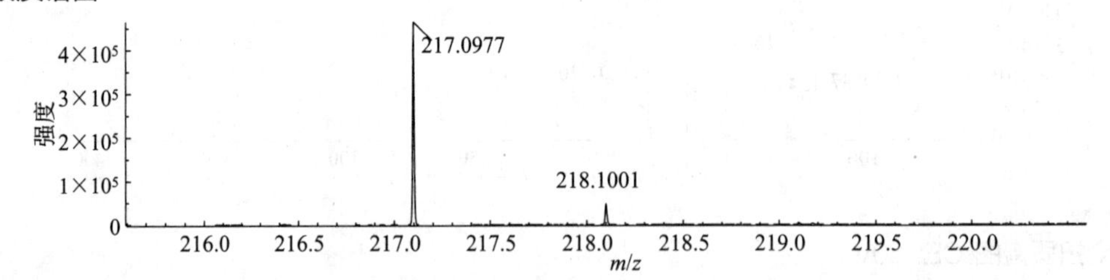

二级全扫质谱图 CE：(35±15)V

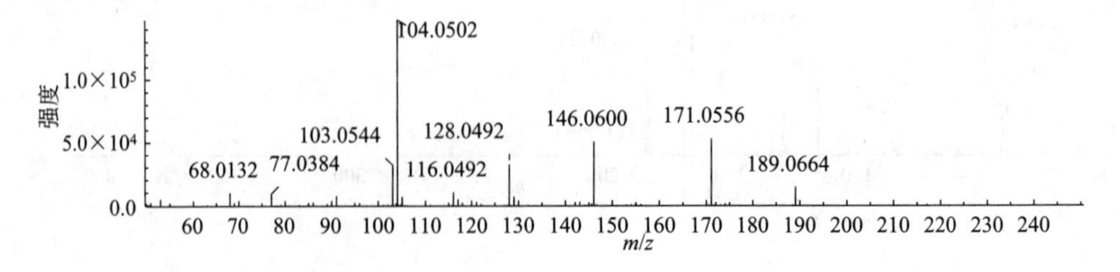

二级全扫质谱图 CE: 10V

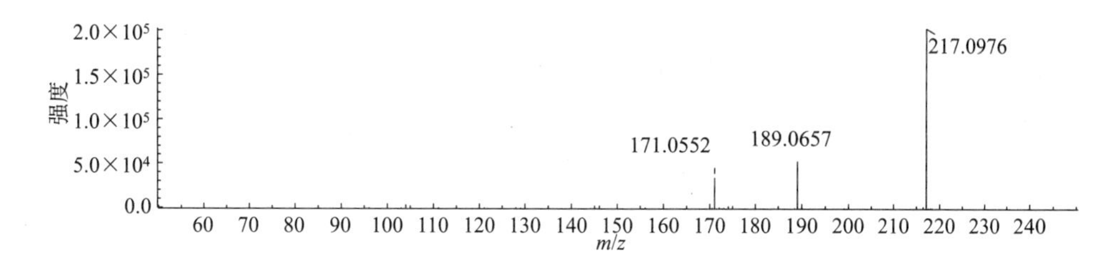

二级全扫质谱图 CE: 20V

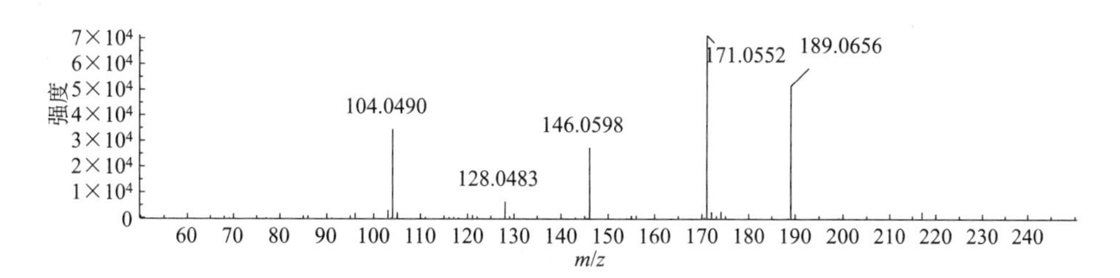

二级全扫质谱图 CE: 35V

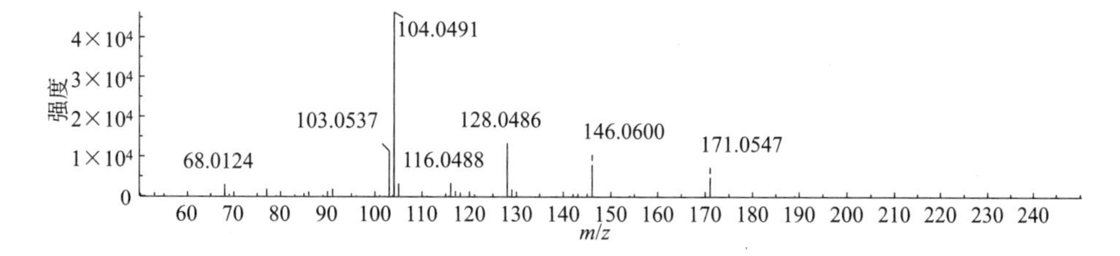

二级全扫质谱图 CE: 50V

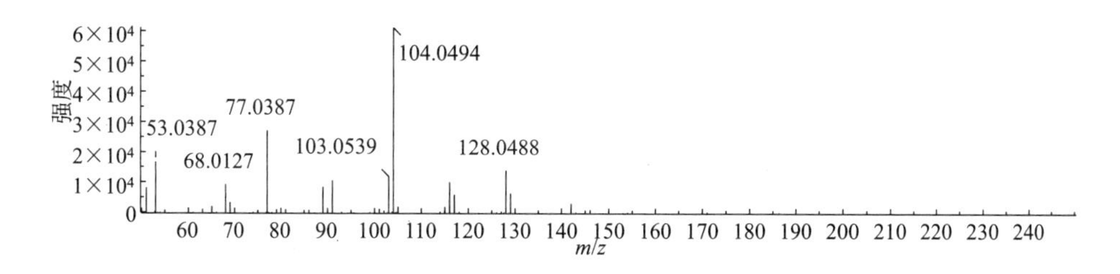

二级全扫质谱图 CE: 60V

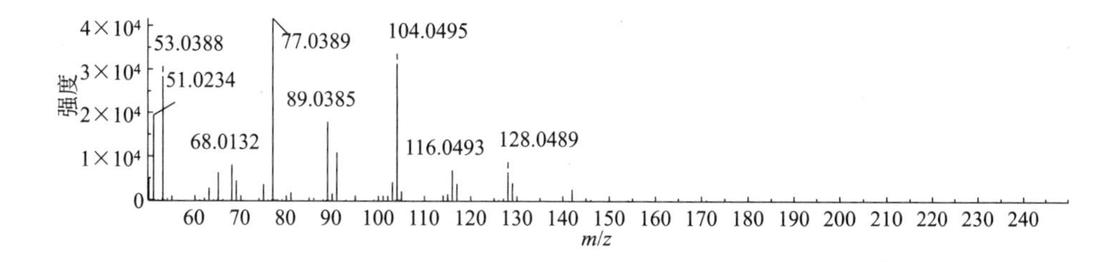

Phenmedipham
甜菜宁

CAS 号	13684-63-4	保留时间	10.65min
分子式	$C_{16}H_{16}N_2O_4$	加合方式	$[M+H]^+$
分子量	300.1110	源内裂解碎片	无

推测裂解规律

$[C_{16}H_{16}N_2O_4]$ MW 300.1110 → $[C_{16}H_{16}N_2O_4+H]^+$ *m/z* 301.1183 → $[C_8H_9NO+H]^+$ *m/z* 168.0655 → $[C_7H_6NO_2]^+$ *m/z* 136.0393 → $[C_6H_6NO]^+$ *m/z* 108.0444 → $[C_5H_5]^+$ *m/z* 65.0386

提取离子流色谱图

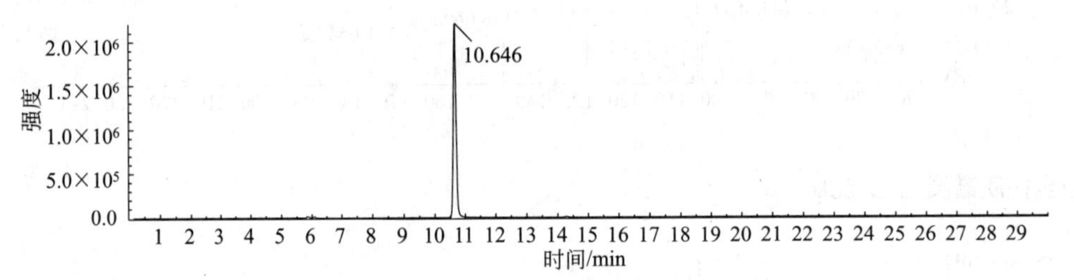

一级质谱图

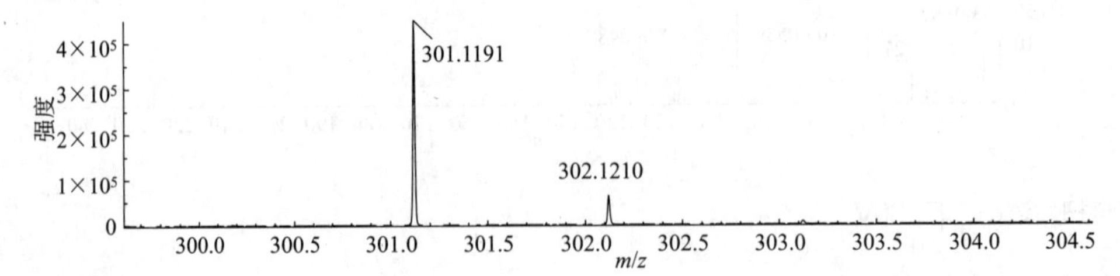

二级全扫质谱图 CE: (35±15)V

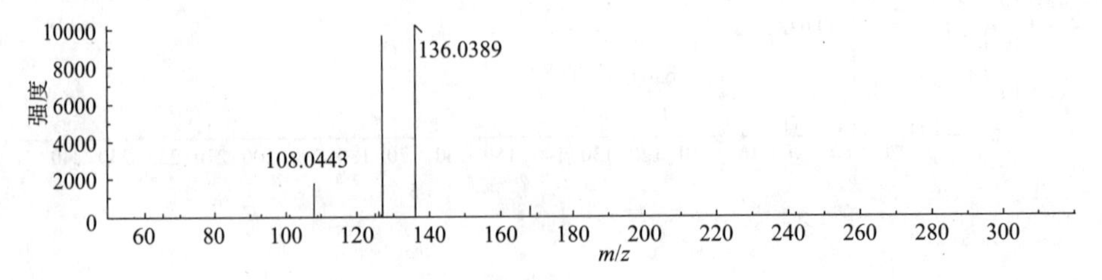

二级全扫质谱图 CE: 10V

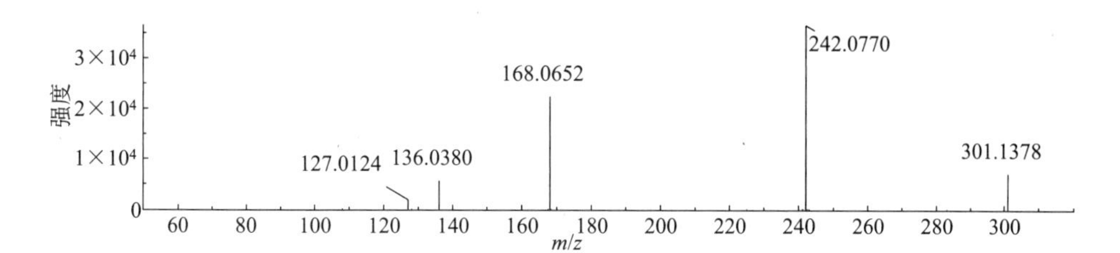

二级全扫质谱图 CE: 20V

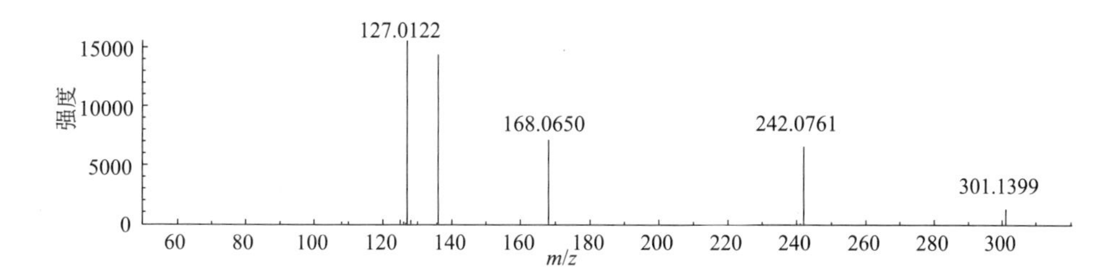

二级全扫质谱图 CE: 35V

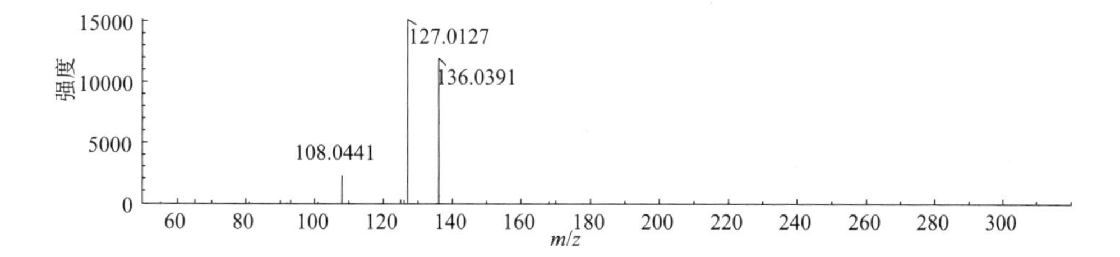

二级全扫质谱图 CE: 50V

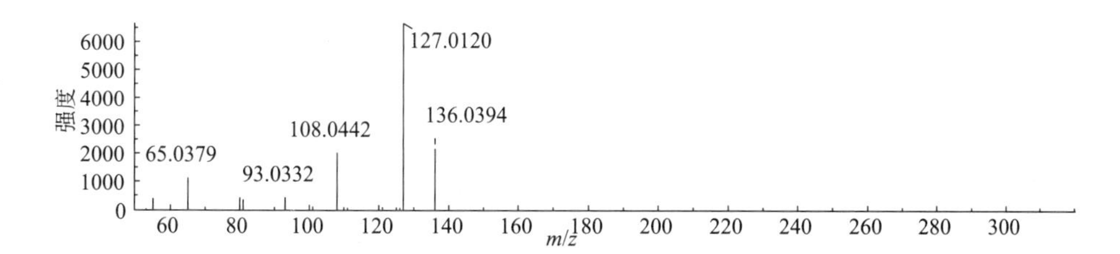

二级全扫质谱图 CE: 60V

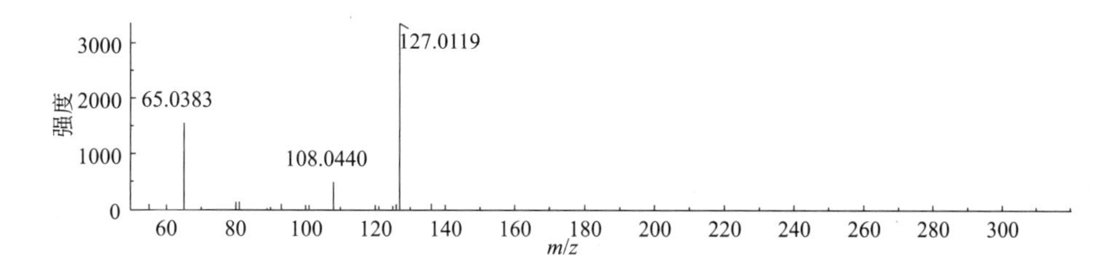

Phenthoate
稻丰散

CAS号	2597-03-7	保留时间	17.66min
分子式	$C_{12}H_{17}O_4PS_2$	加合方式	$[M+H]^+$
分子量	320.0306	源内裂解碎片	无

推测裂解规律（裂解路径已经 MS^3 确认）

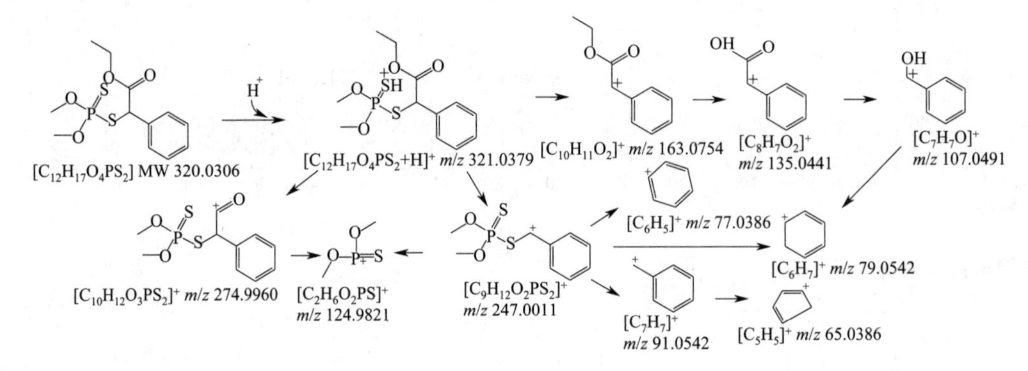

提取离子流色谱图

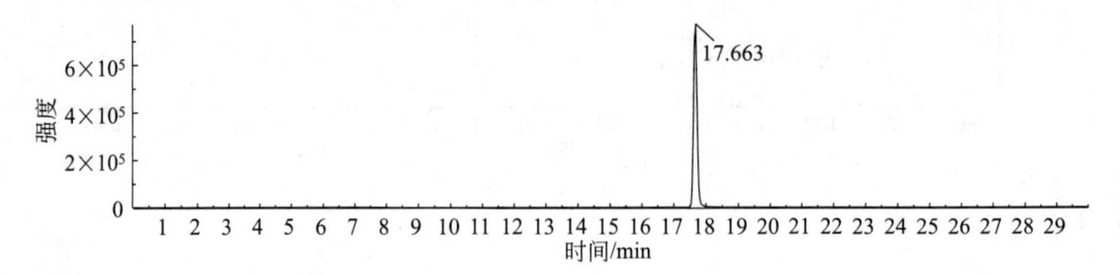

一级质谱图

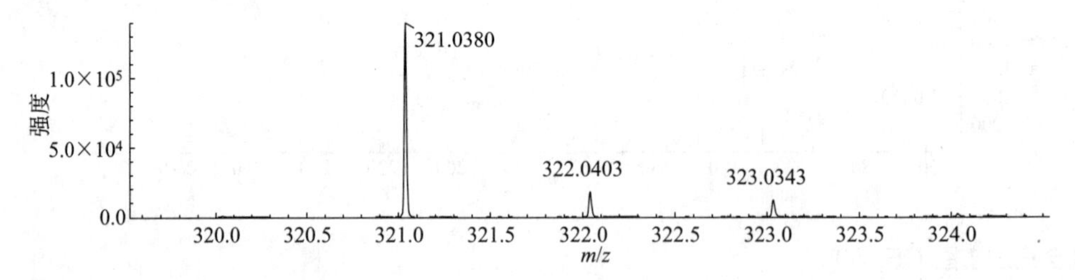

二级全扫质谱图 CE：(35±15)V

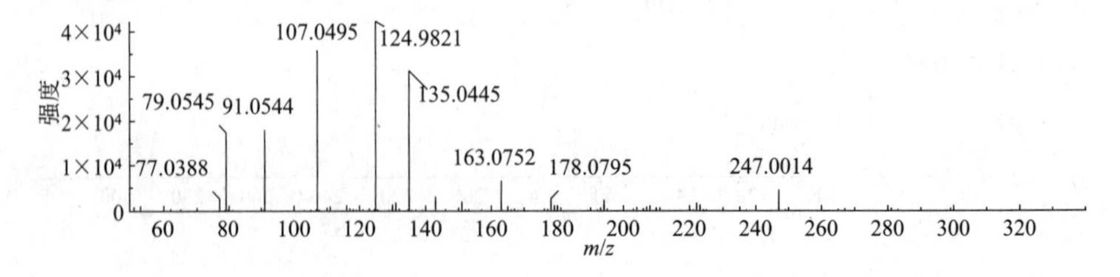

二级全扫质谱图 CE: 10V

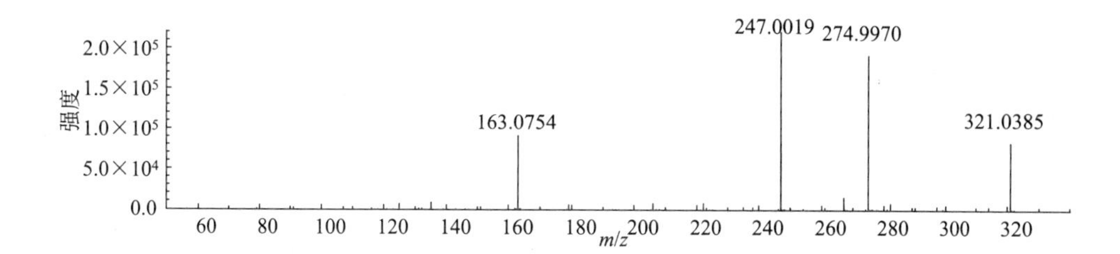

二级全扫质谱图 CE: 20V

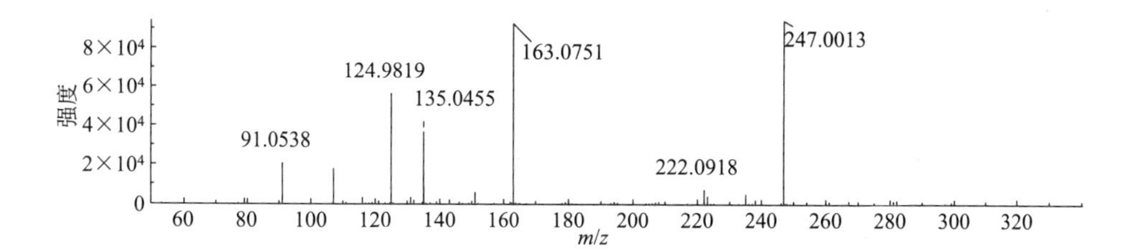

二级全扫质谱图 CE: 35V

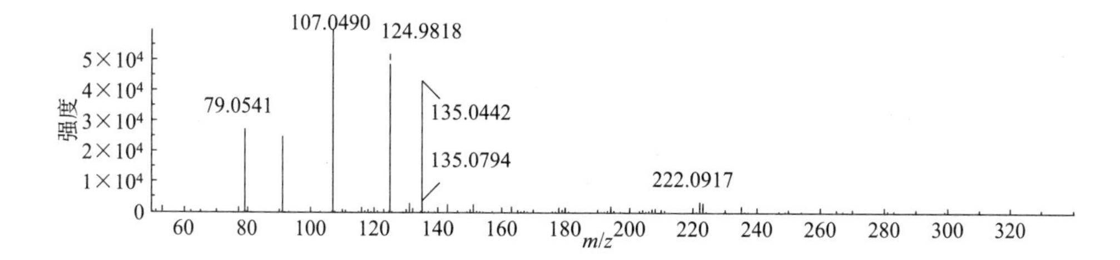

二级全扫质谱图 CE: 50V

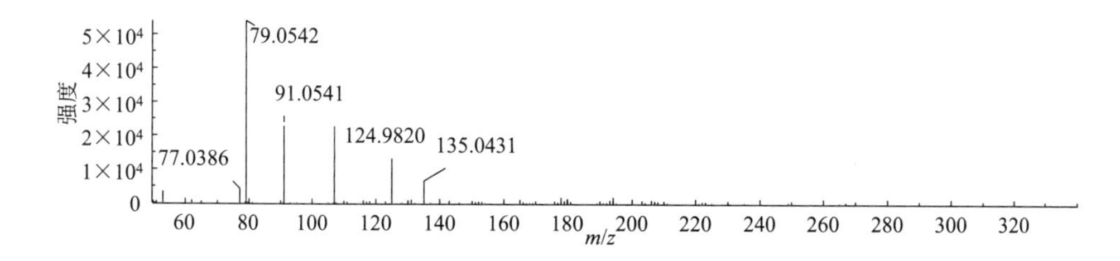

二级全扫质谱图 CE: 60V

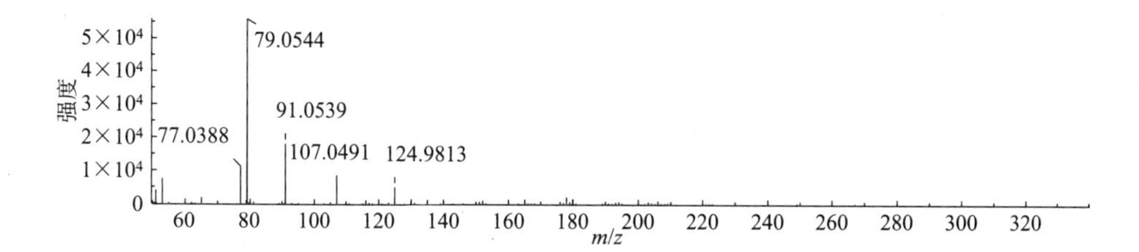

Phorate
甲拌磷

CAS 号	298-02-2	保留时间	19.90min
分子式	$C_7H_{17}O_2PS_3$	加合方式	$[M+H]^+$
分子量	260.0128	源内裂解碎片	无

推测裂解规律

$[C_7H_{17}O_2PS_3]$ MW 260.0128 → $[C_7H_{17}O_2PS_3+H]^+$ *m/z* 261.0201 → $[C_5H_{12}O_2PS_2]^+$ *m/z* 199.0011 → $[CH_4O_2PS_2]^+$ *m/z* 142.9385 → $[H_2O_2PS]^+$ *m/z* 96.9508

$[C_7H_{17}O_2PS_3+H]^+$ *m/z* 261.0201 → $[C_3H_7S]^+$ *m/z* 75.0263

提取离子流色谱图

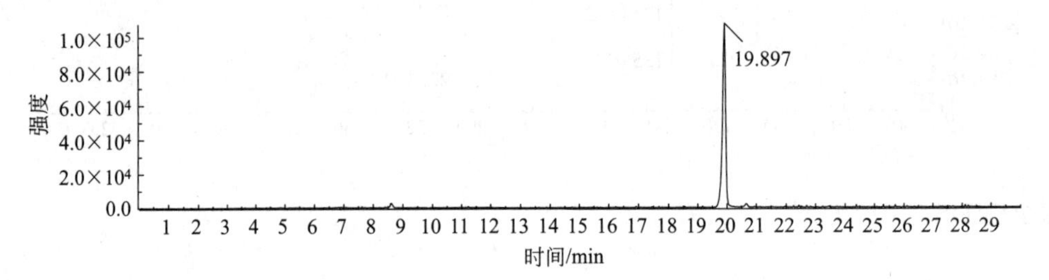

一级质谱图

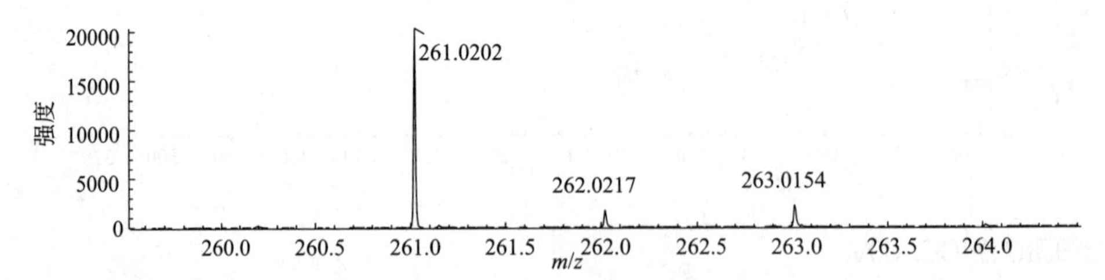

二级全扫质谱图 CE: (35±15)V

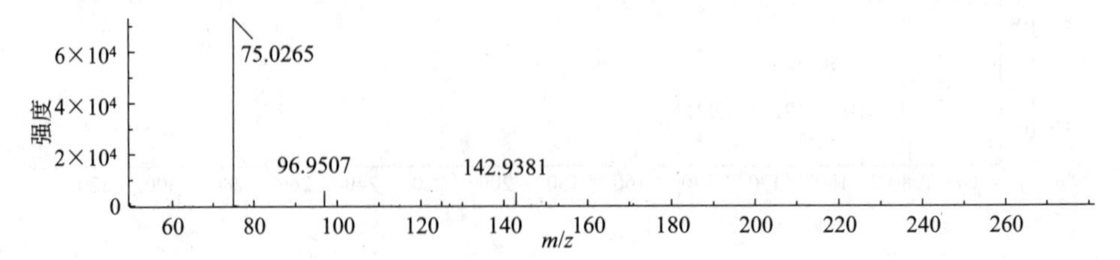

二级全扫质谱图 CE: 10V

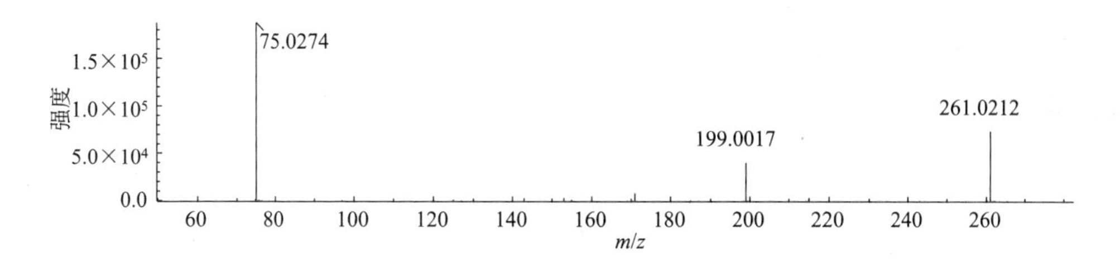

二级全扫质谱图 CE: 20V

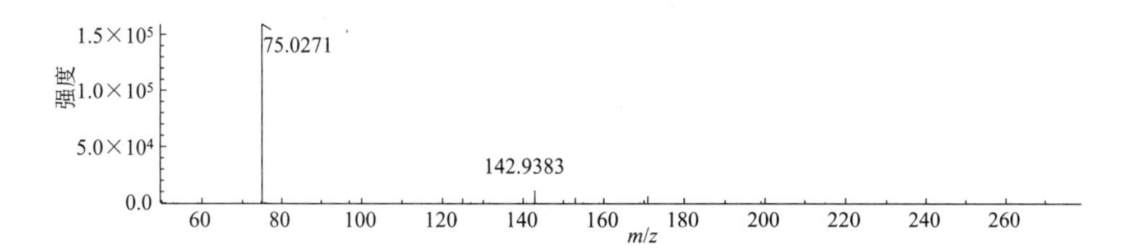

二级全扫质谱图 CE: 35V

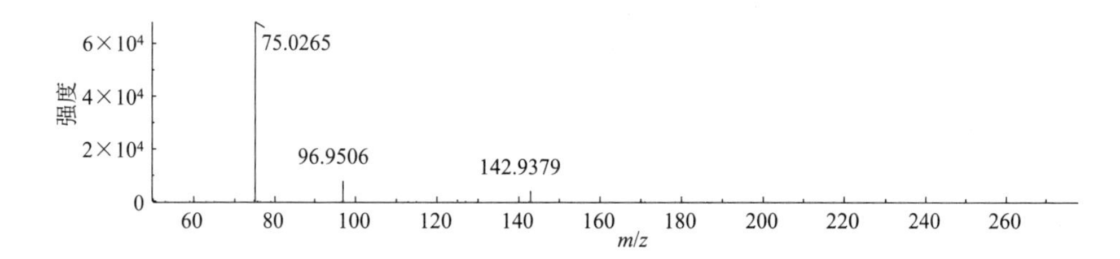

二级全扫质谱图 CE: 50V

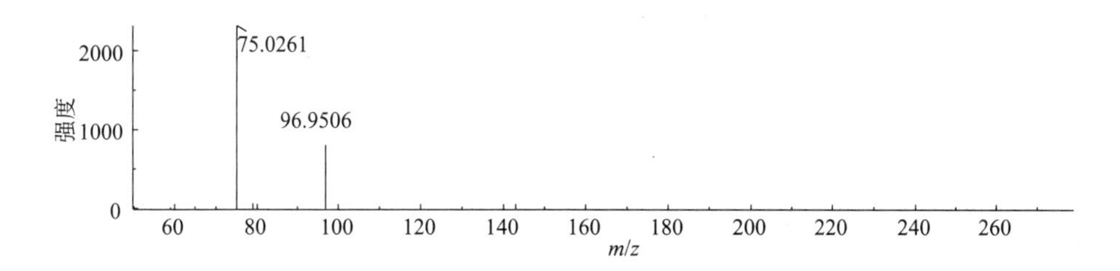

二级全扫质谱图 CE: 60V

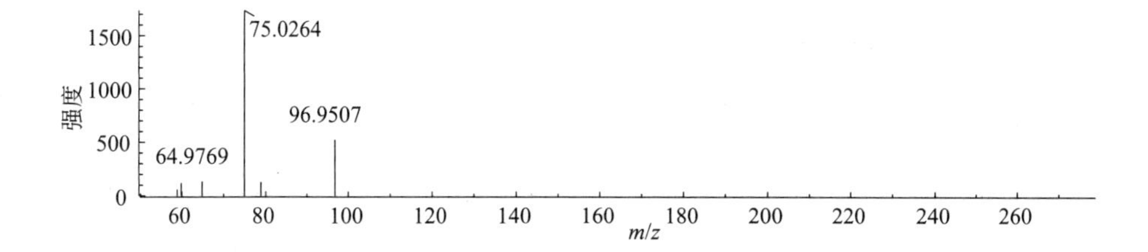

Phorate sulfone
甲拌磷砜

CAS 号	2588-04-7	保留时间	8.68min
分子式	$C_7H_{17}O_4PS_3$	加合方式	$[M+H]^+$
分子量	292.0027	源内裂解碎片	无

推测裂解规律

$[C_7H_{17}O_4PS_3]$ MW 292.0027

H^+

$[C_7H_{17}O_4PS_3+H]^+$ *m/z* 293.0099

$[C_5H_{12}O_2PS_2]^+$ *m/z* 199.0011

$[CH_4O_2PS_2]^+$ *m/z* 142.9385

$[C_5H_{15}O_4PS_2+H]^+$ *m/z* 247.0222

$[C_4H_{11}O_3PS+H]^+$ *m/z* 171.0239

$[OPS]^+$ *m/z* 78.9402

$[C_2H_6O_3PS]^+$ *m/z* 124.9821

$[C_2H_7O_3PS+H]^+$ *m/z* 142.9926

$[H_3O_3PS+H]^+$ *m/z* 114.9613

$[H_2O_2PS]^+$ *m/z* 96.9508

提取离子流色谱图

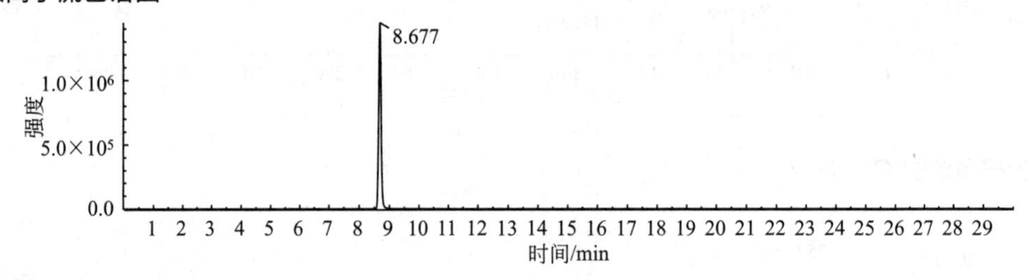

一级质谱图

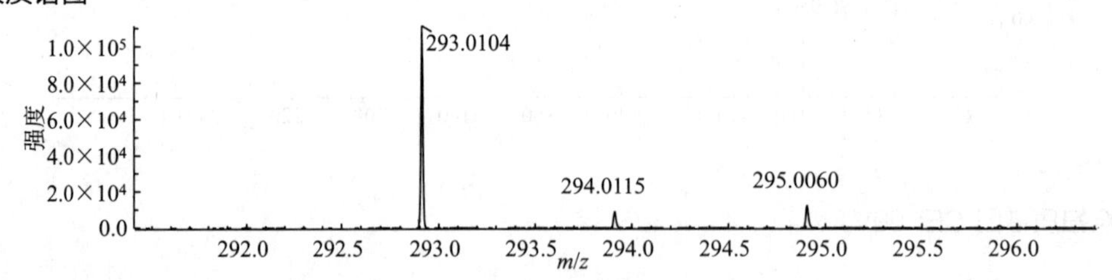

二级全扫质谱图 CE: (35±15)V

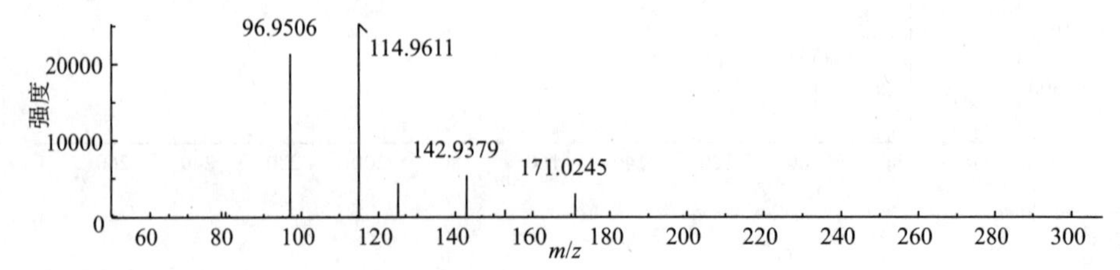

二级全扫质谱图 CE: 10V

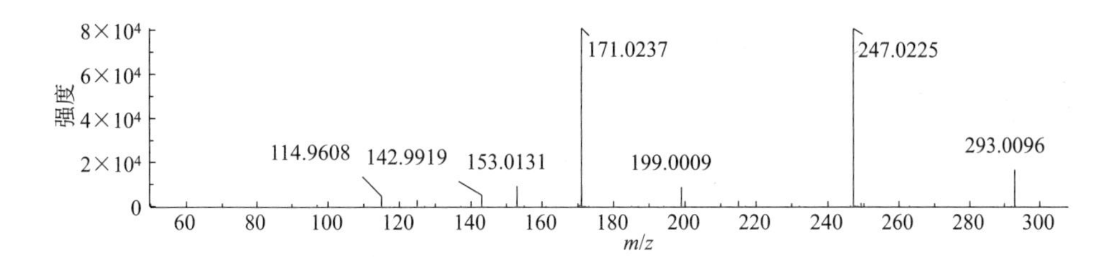

二级全扫质谱图 CE: 20V

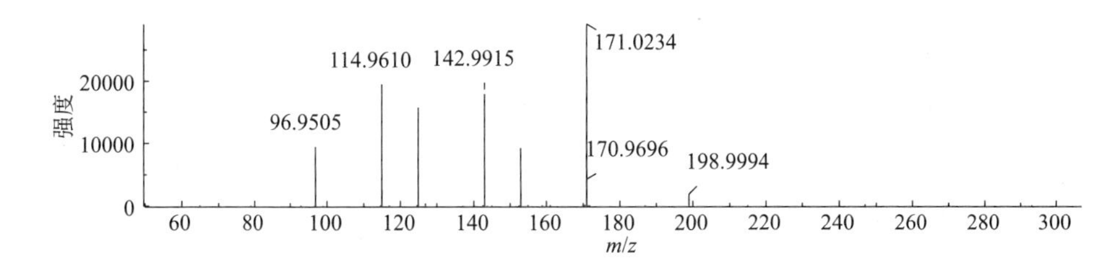

二级全扫质谱图 CE: 35V

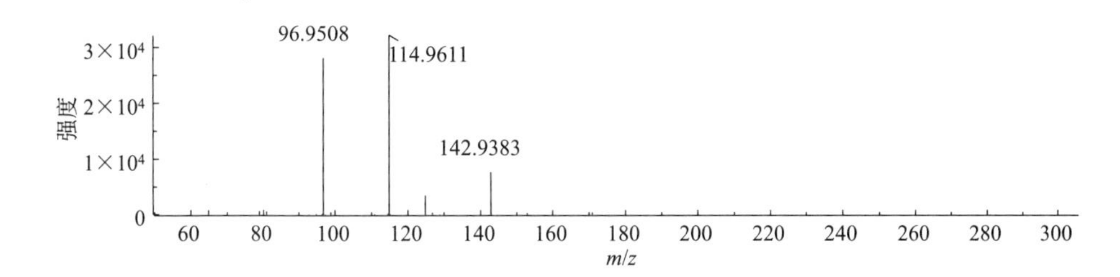

二级全扫质谱图 CE: 50V

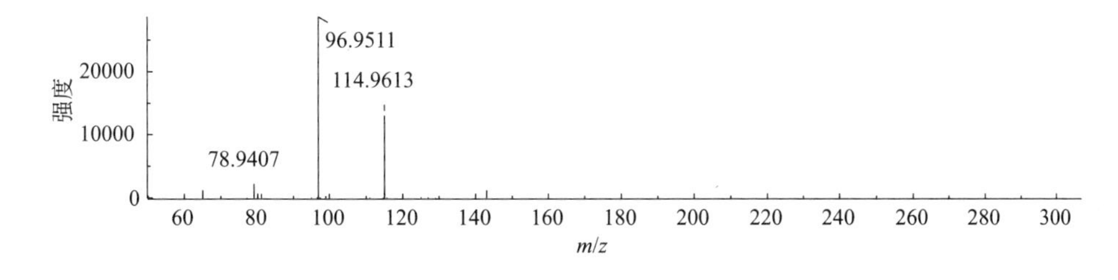

二级全扫质谱图 CE: 60V

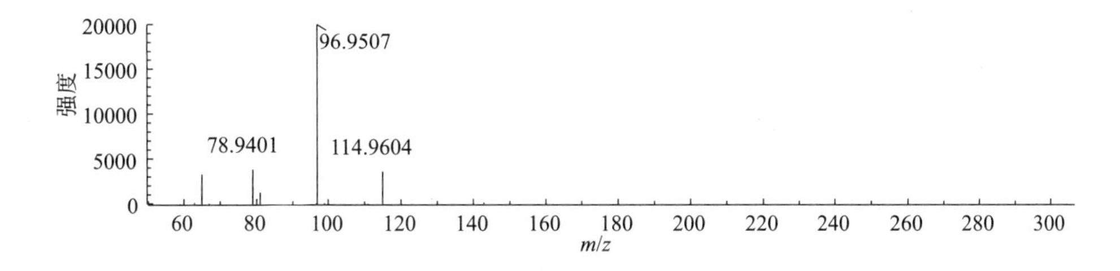

Phorate sulfoxide

甲拌磷亚砜

CAS 号	2588-03-6	保留时间	8.61min
分子式	$C_7H_{17}O_3PS_3$	加合方式	$[M+H]^+$
分子量	276.0077	源内裂解碎片	无

推测裂解规律

$[C_7H_{17}O_3PS_3]$ MW 276.0077

$[C_7H_{17}O_3PS_3+H]^+$ m/z 277.0150

$[C_5H_{12}O_2PS_2]^+$ m/z 199.0011

$[C_3H_8O_2PS_2]^+$ m/z 170.9698

$[CH_4O_2PS_2]^+$ m/z 142.9385

$[H_2O_2PS]^+$ m/z 96.9508

$[OPS]^+$ m/z 78.9402

$[C_4H_{10}O_2PS]^+$ m/z 153.0134

$[C_2H_6O_2PS]^+$ m/z 124.9821

提取离子流色谱图

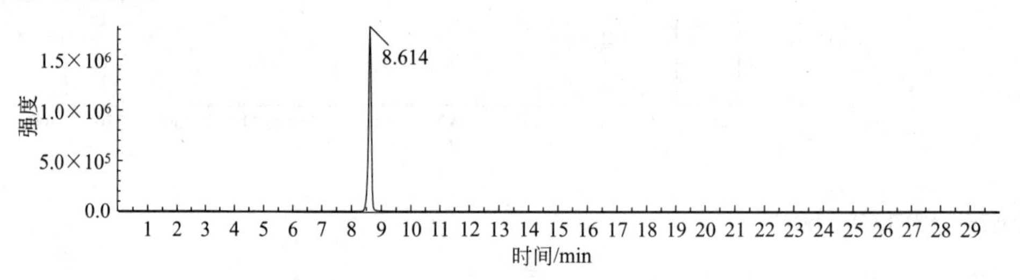

一级质谱图

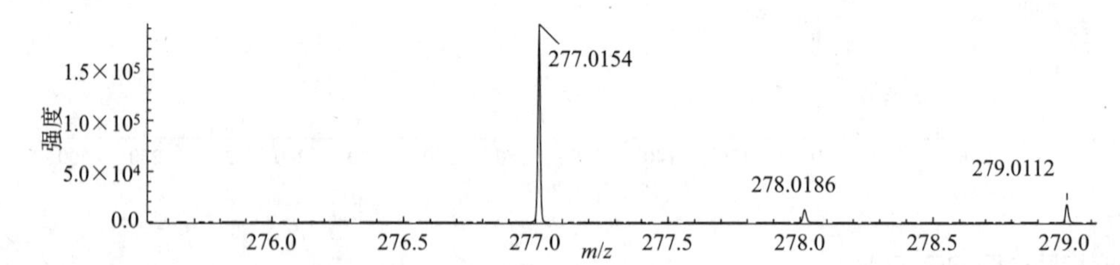

二级全扫质谱图 CE: (35±15)V

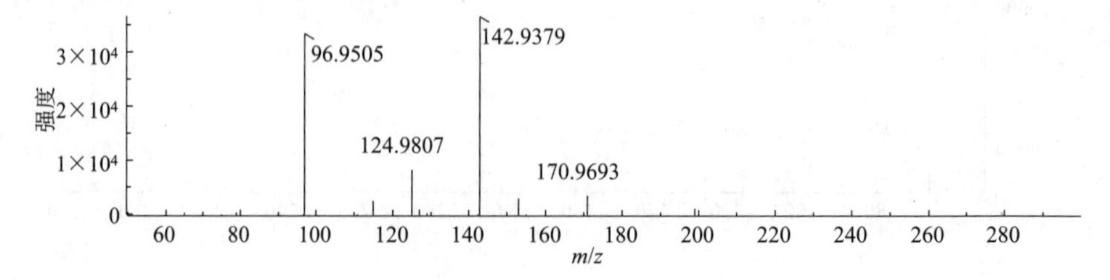

二级全扫质谱图 CE: 10V

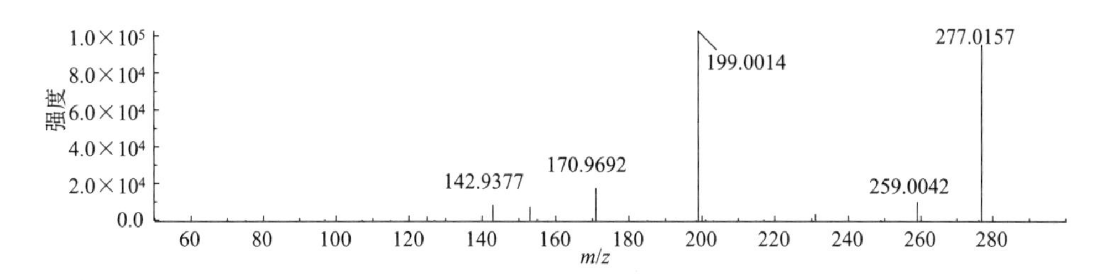

二级全扫质谱图 CE: 20V

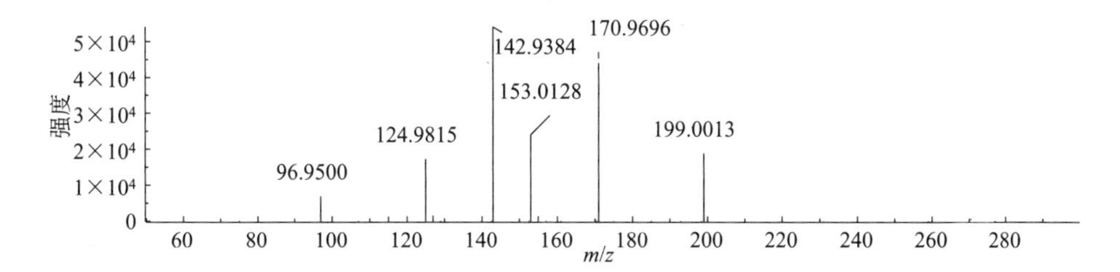

二级全扫质谱图 CE: 35V

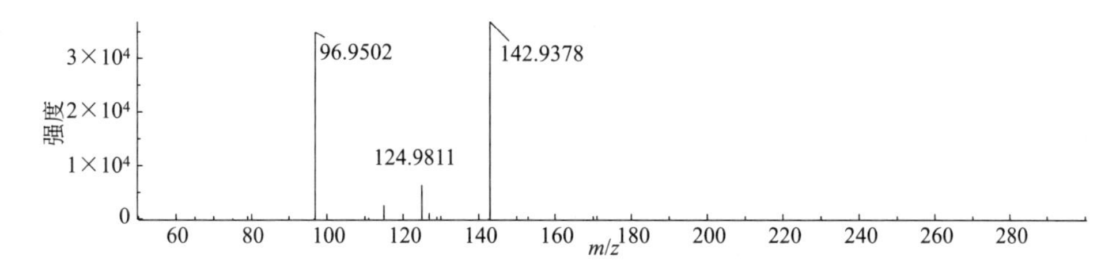

二级全扫质谱图 CE: 50V

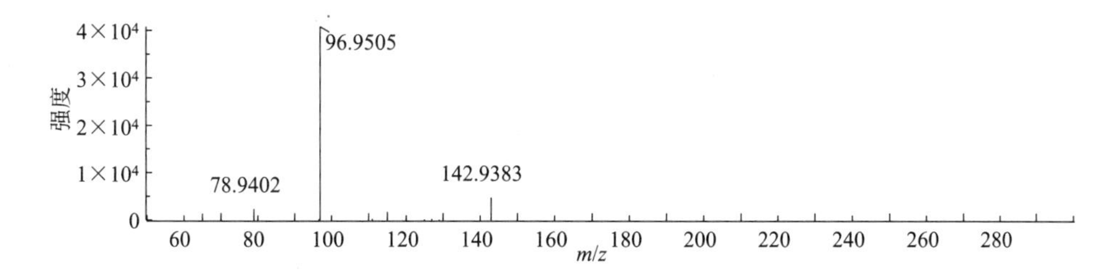

二级全扫质谱图 CE: 60V

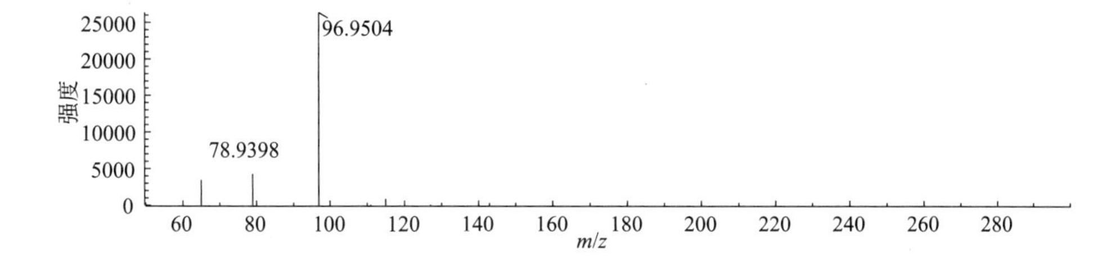

Phosalone
伏杀硫磷

CAS 号	2310-17-0	保留时间	20.05min
分子式	$C_{12}H_{15}ClNO_4PS_2$	加合方式	$[M+H]^+$
分子量	366.9869	源内裂解碎片	无

推测裂解规律

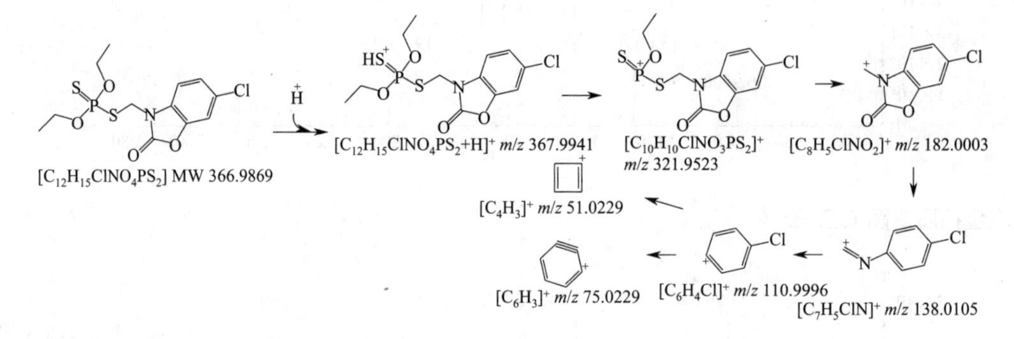

提取离子流色谱图

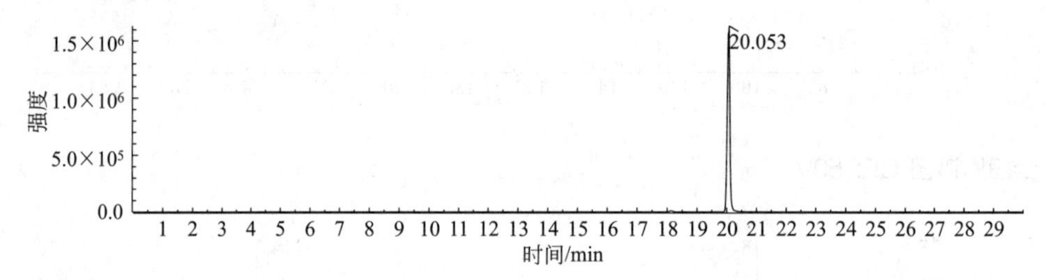

一级质谱图

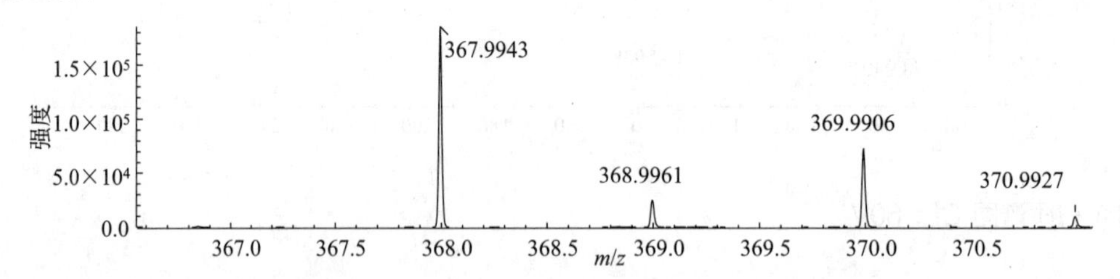

二级全扫质谱图 CE: (35±15)V

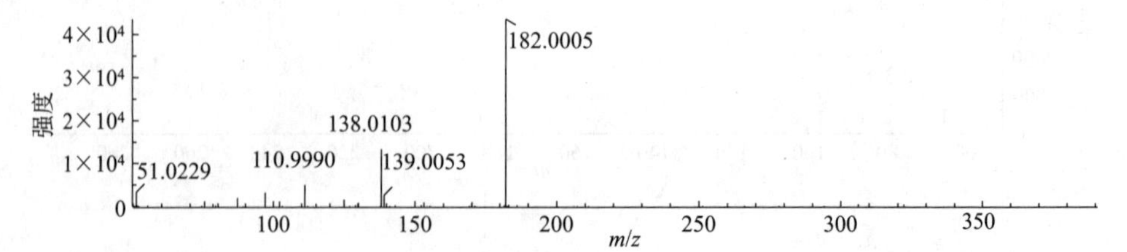

二级全扫质谱图 CE: 10V

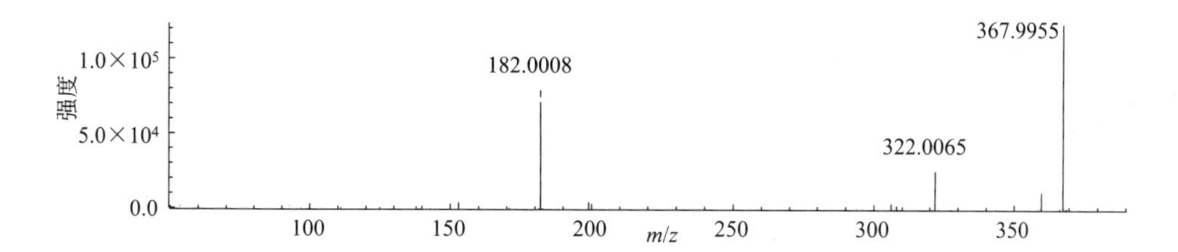

二级全扫质谱图 CE: 20V

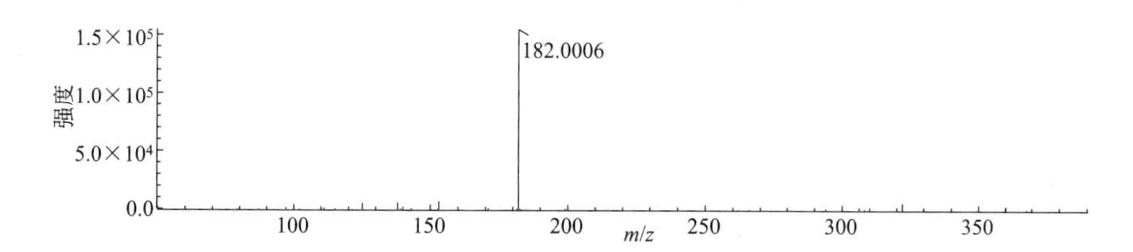

二级全扫质谱图 CE: 35V

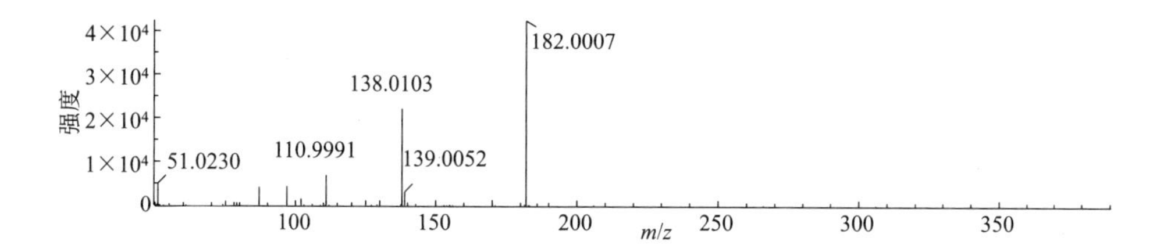

二级全扫质谱图 CE: 50V

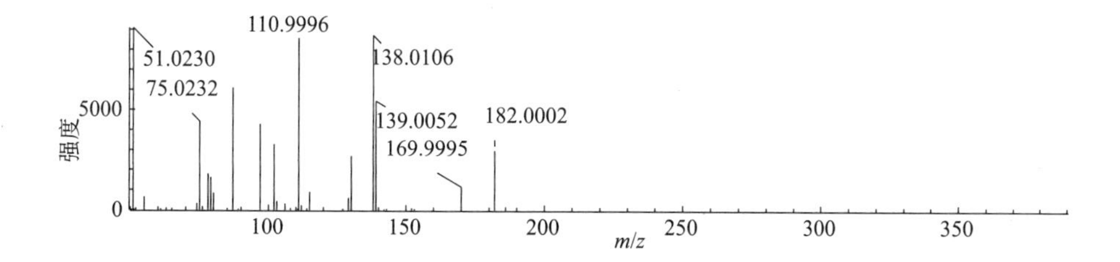

二级全扫质谱图 CE: 60V

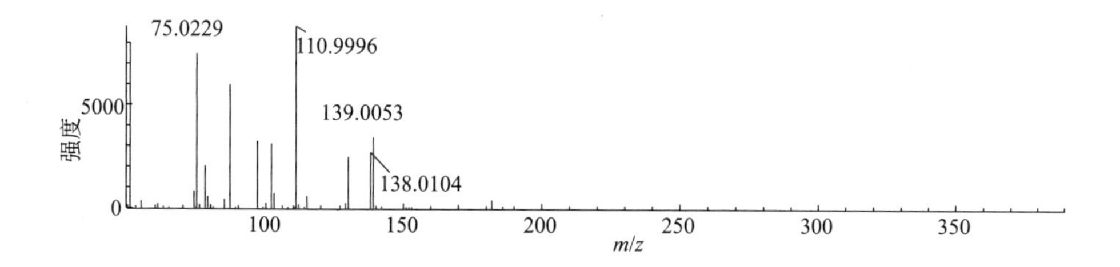

Phosfolan

硫环磷

CAS 号	947-02-4	保留时间	5.41min
分子式	$C_7H_{14}NO_3PS_2$	加合方式	$[M+H]^+$
分子量	255.0153	源内裂解碎片	无

推测裂解规律（裂解路径已经 MS^3 确认）

$[C_7H_{14}NO_3PS_2]$ MW 255.0153

$[C_7H_{14}NO_3PS_2+H]^+$ m/z 256.0226

$[C_5H_{10}NO_3PS_2+H]^+$ m/z 227.9912

$[C_3H_6NO_3PS_2+H]^+$ m/z 199.9600

$[C_3H_6NO_3PS+H]^+$ m/z 167.9879

$[CH_2NO_3PS+H]^+$ m/z 139.9566

$[C_2H_5S]^+$ m/z 61.0106

$[CHNO_2PS]^+$ m/z 121.9460

$[CHNS+H]^+$ m/z 59.9902

提取离子流色谱图

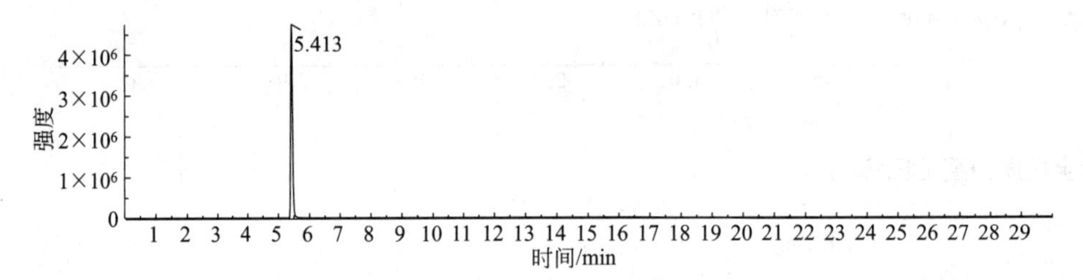

一级质谱图

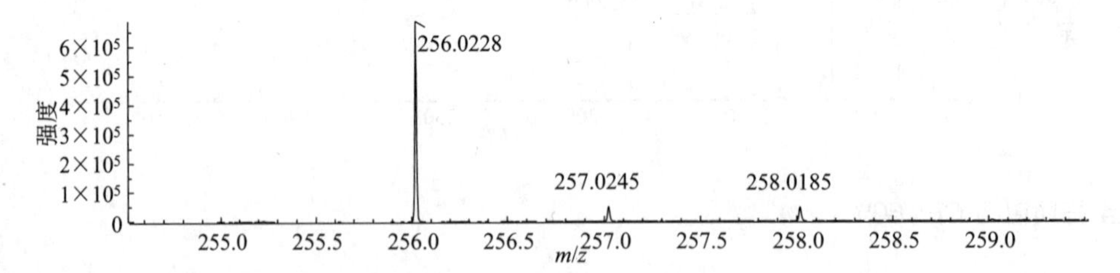

二级全扫质谱图 CE：(35±15)V

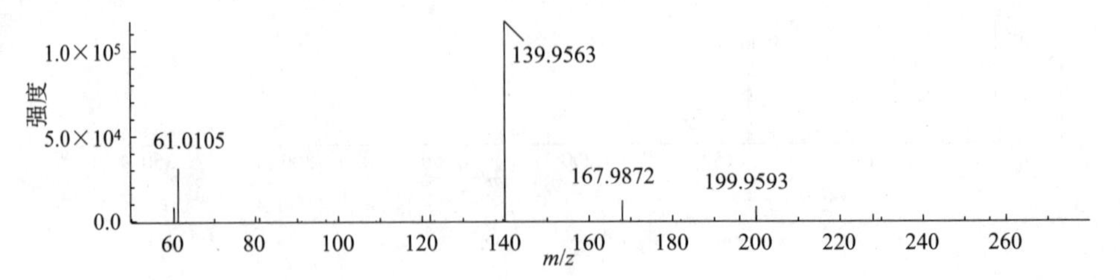

二级全扫质谱图 CE: 10V

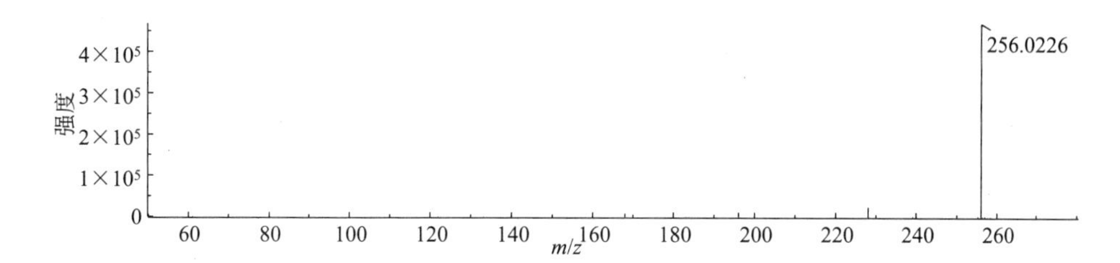

二级全扫质谱图 CE: 20V

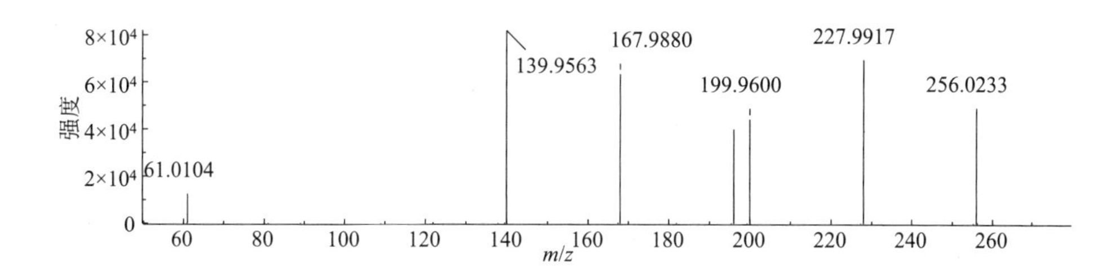

二级全扫质谱图 CE: 35V

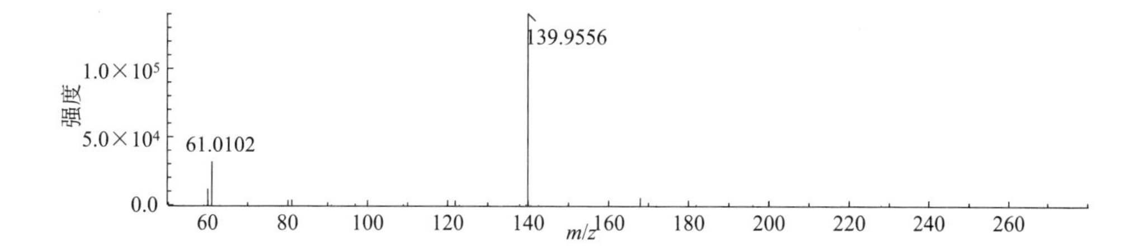

二级全扫质谱图 CE: 50V

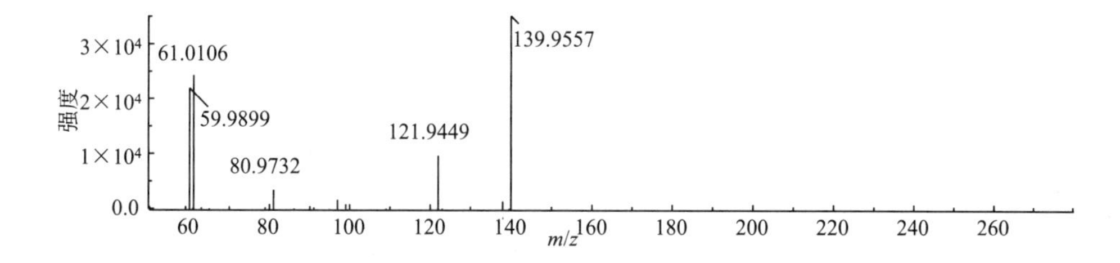

二级全扫质谱图 CE: 60V

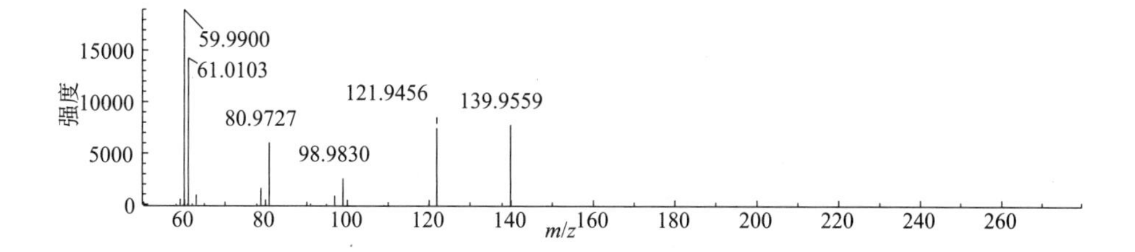

Phosfolan-methyl

甲基硫环磷

CAS 号	5120-23-0	保留时间	4.22min
分子式	$C_5H_{10}NO_3PS_2$	加合方式	$[M+H]^+$
分子量	226.9840	源内裂解碎片	无

推测裂解规律

$[C_5H_{10}NO_3PS_2]$ MW 226.9840

H^+

$[C_5H_{10}NO_3PS_2+H]^+$ m/z 227.9912

$[C_2H_6O_3P]^+$ m/z 109.0049

$[CH_3O_2P+H]^+$ m/z 78.9943

$[C_3H_6NO_3PS+H]^+$ m/z 167.9879

$[C_2H_5S]^+$ m/z 61.0106

提取离子流色谱图

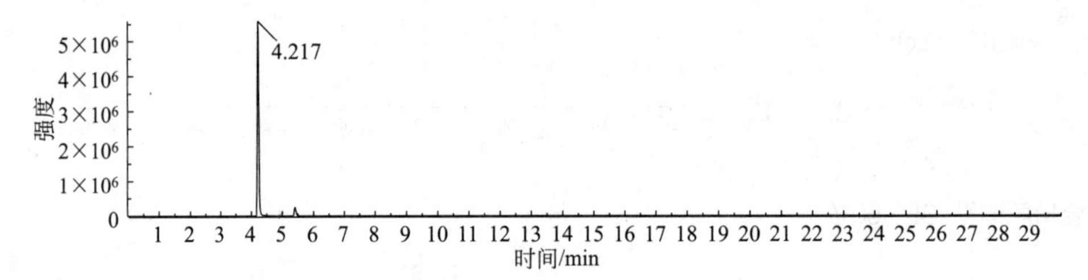

一级质谱图

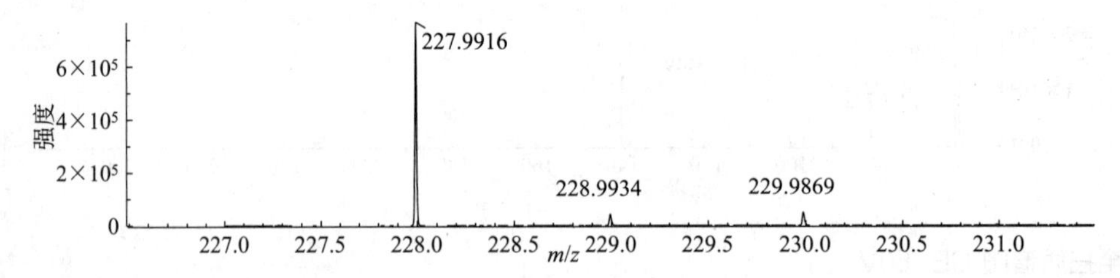

二级全扫质谱图 CE: (35±15)V

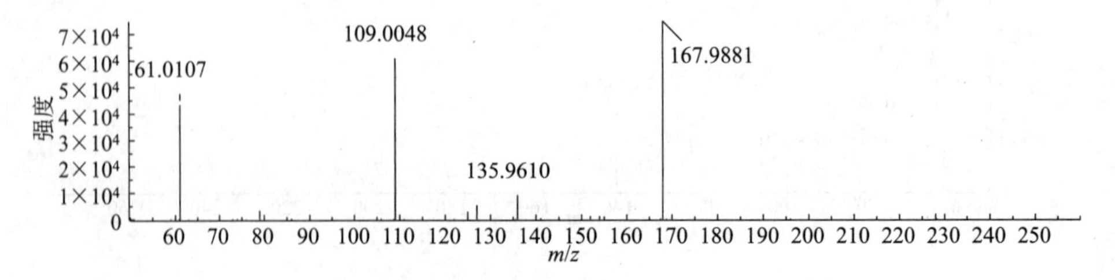

二级全扫质谱图 CE: 10V

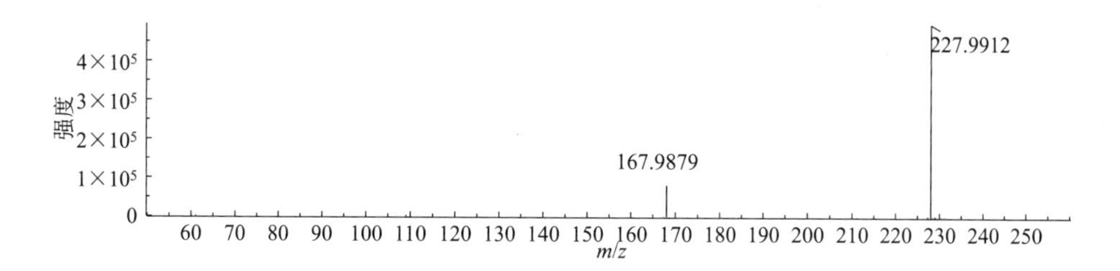

二级全扫质谱图 CE: 20V

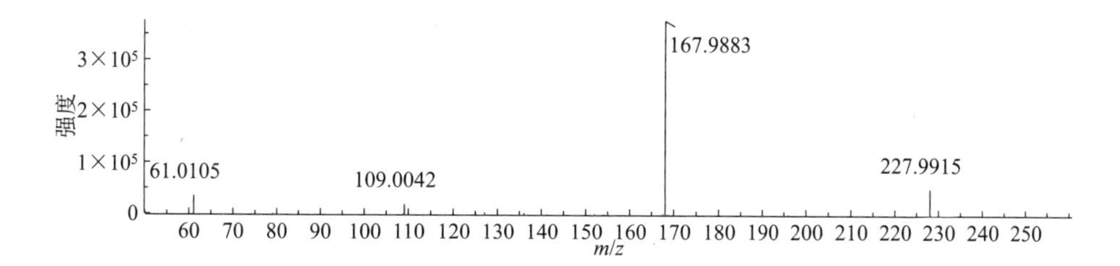

二级全扫质谱图 CE: 35V

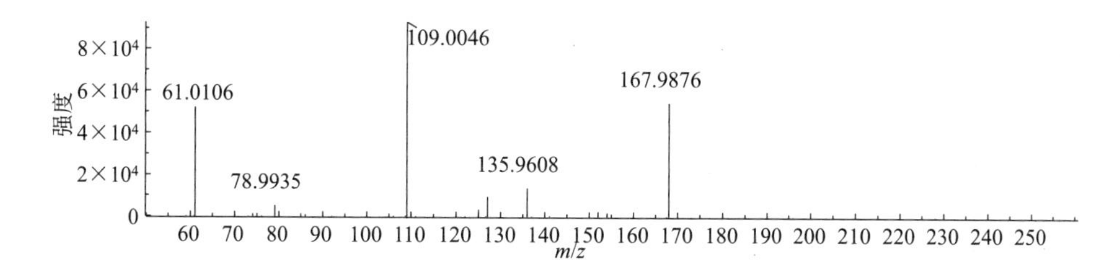

二级全扫质谱图 CE: 50V

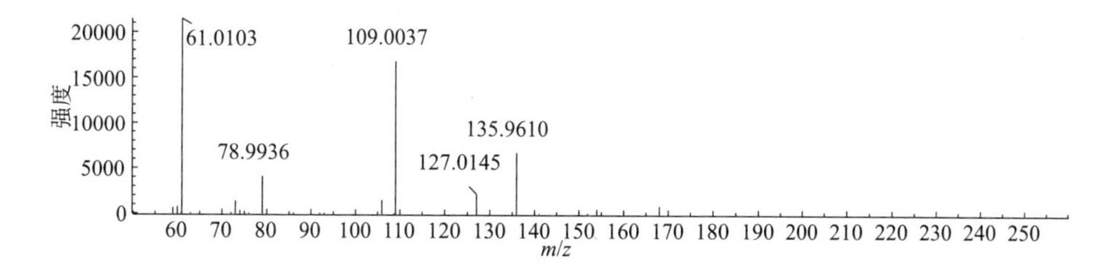

二级全扫质谱图 CE: 60V

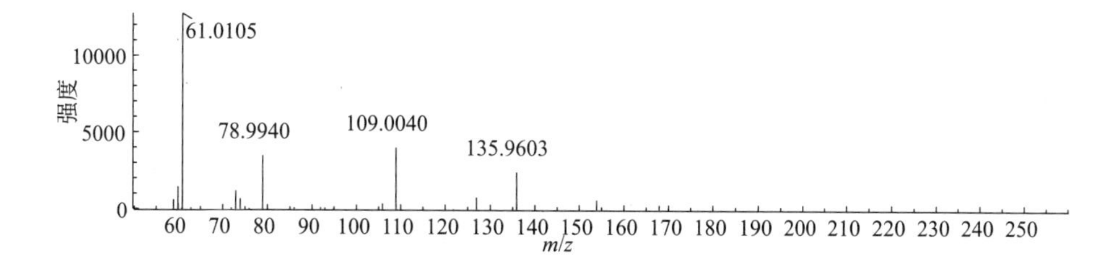

Phosmet

亚胺硫磷

CAS 号	732-11-6	保留时间	10.80min
分子式	$C_{11}H_{12}NO_4PS_2$	加合方式	$[M+H]^+$
分子量	316.9945	源内裂解碎片	*m/z* 160

推测裂解规律

$[C_{11}H_{12}NO_4PS_2]$ MW 316.9945 → $[C_{11}H_{12}NO_4PS_2+H]^+$ *m/z* 318.0018 → $[C_9H_6NO_2]^+$ *m/z* 160.0393 → $[C_8H_5O_2]^+$ *m/z* 133.0284 → $[C_7H_5O]^+$ *m/z* 105.0335 → $[C_6H_5]^+$ *m/z* 77.0386 → $[C_4H_3]^+$ *m/z* 51.0229

提取离子流色谱图

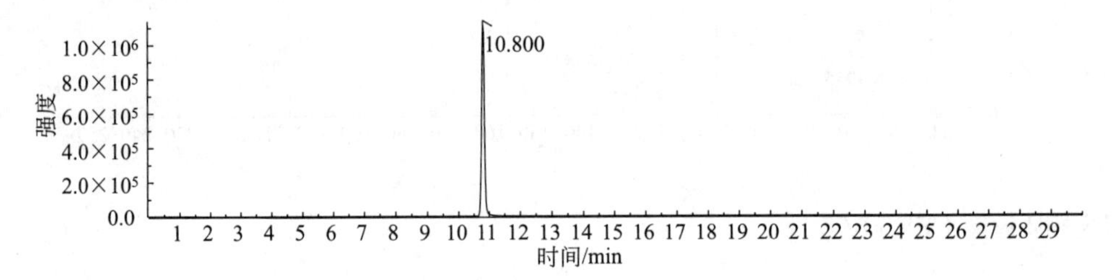

一级质谱图

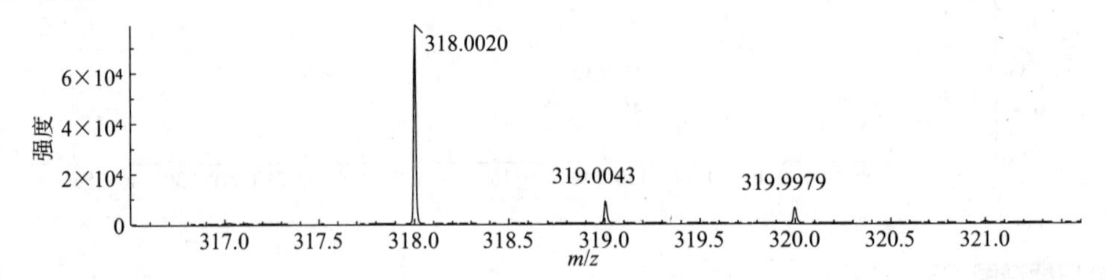

二级全扫质谱图 CE: (35±15)V

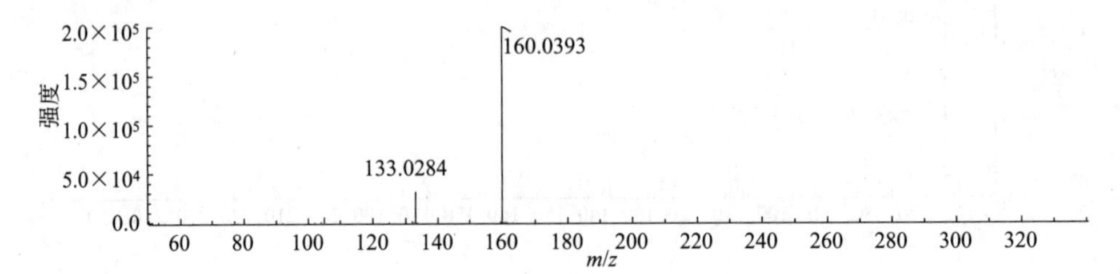

二级全扫质谱图 CE: 10V

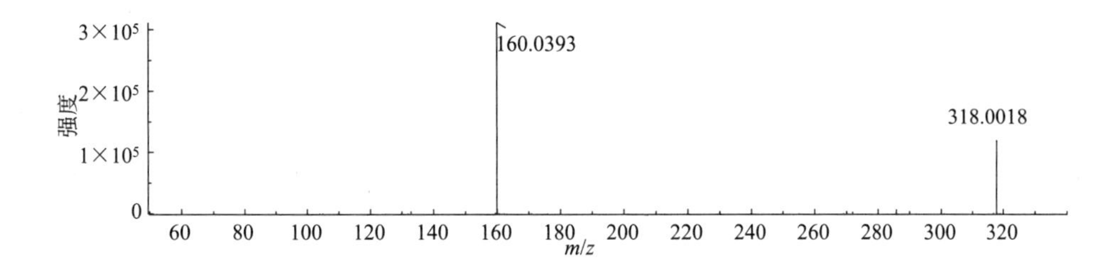

二级全扫质谱图 CE: 20V

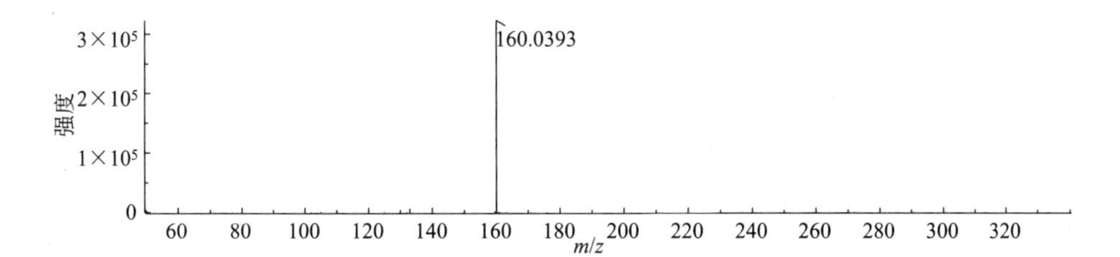

二级全扫质谱图 CE: 35V

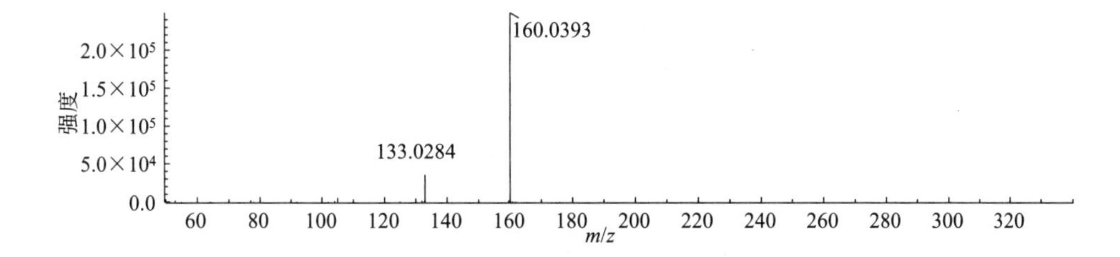

二级全扫质谱图 CE: 50V

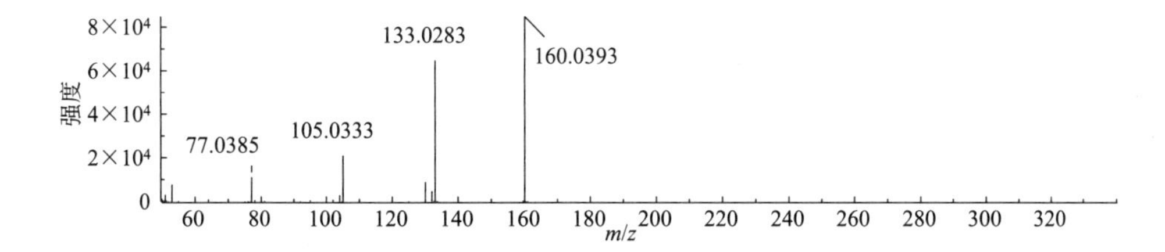

二级全扫质谱图 CE: 60V

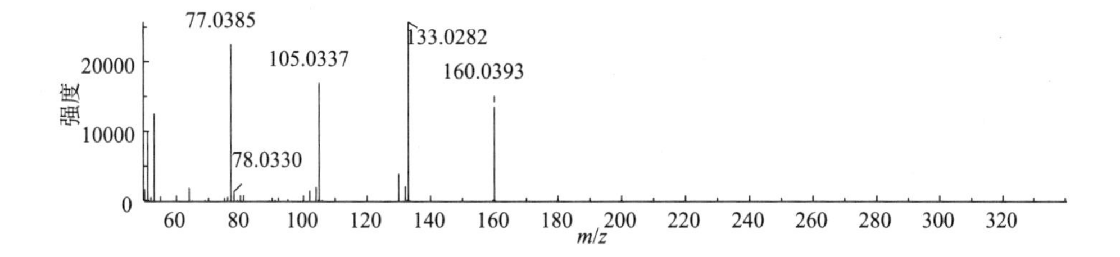

Phosmet oxon

氧亚胺硫磷

CAS 号	3735-33-9	保留时间	5.69min
分子式	$C_{11}H_{12}NO_5PS$	加合方式	$[M+H]^+$
分子量	301.0174	源内裂解碎片	无

推测裂解规律

$[C_{11}H_{12}NO_5PS]$ MW 301.0174 → (H^+) → $[C_{11}H_{12}NO_5PS+H]^+$ m/z 302.0247 → $[C_9H_6NO_2]^+$ m/z 160.0393 → $[C_8H_5O_2]^+$ m/z 133.0284 → $[C_7H_5O]^+$ m/z 105.0335 → $[C_6H_5]^+$ m/z 77.0386 → $[C_4H_3]^+$ m/z 51.0229

提取离子流色谱图

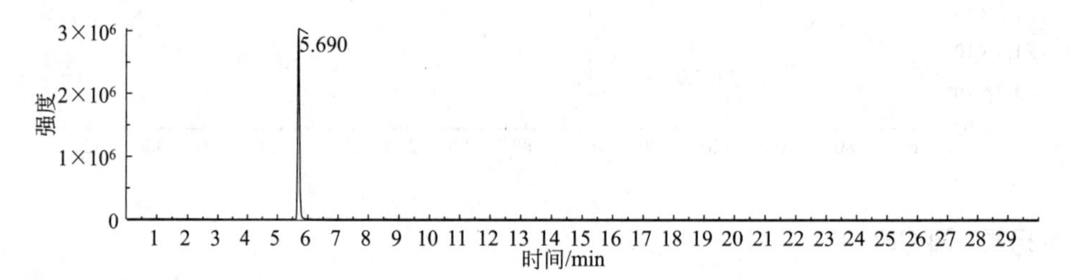

一级质谱图

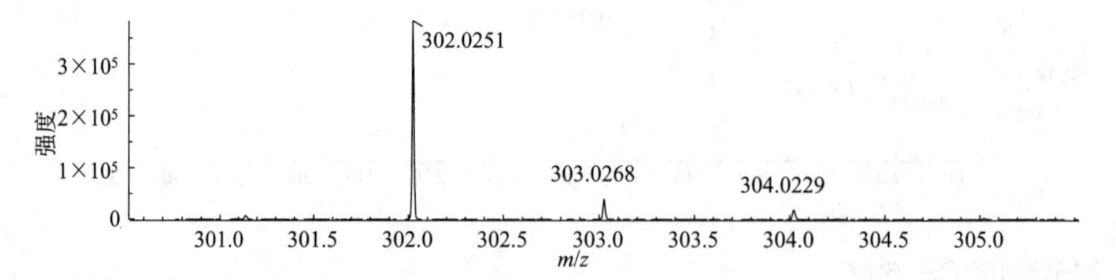

二级全扫质谱图 CE: (35±15)V

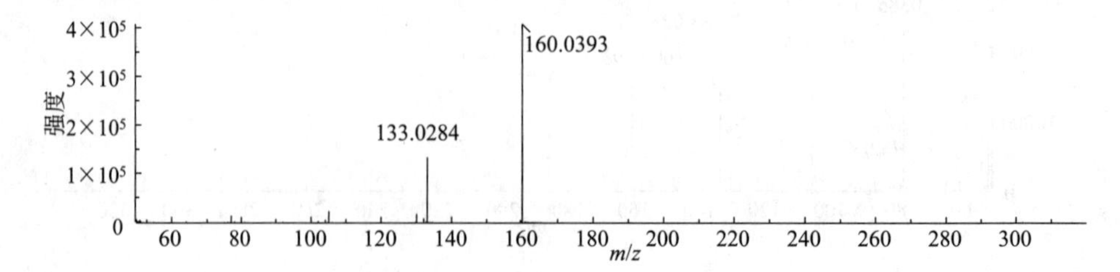

二级全扫质谱图 CE: 10V

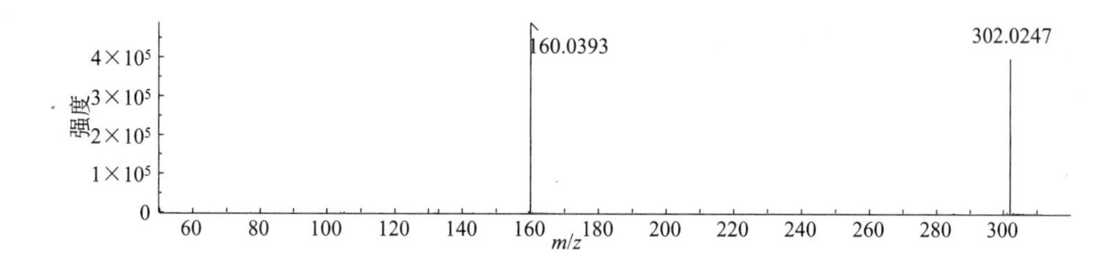

二级全扫质谱图 CE: 20V

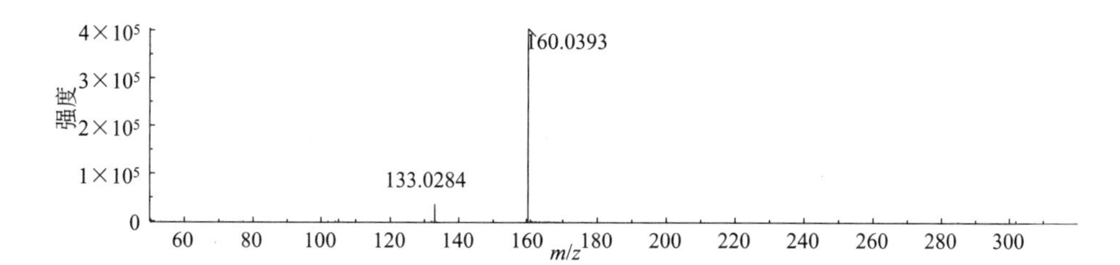

二级全扫质谱图 CE: 35V

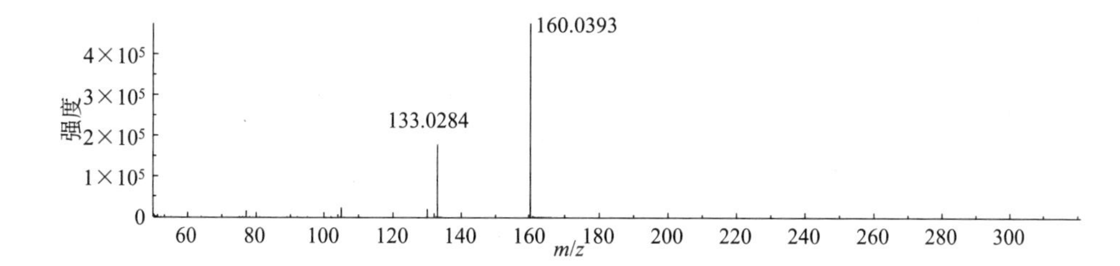

二级全扫质谱图 CE: 50V

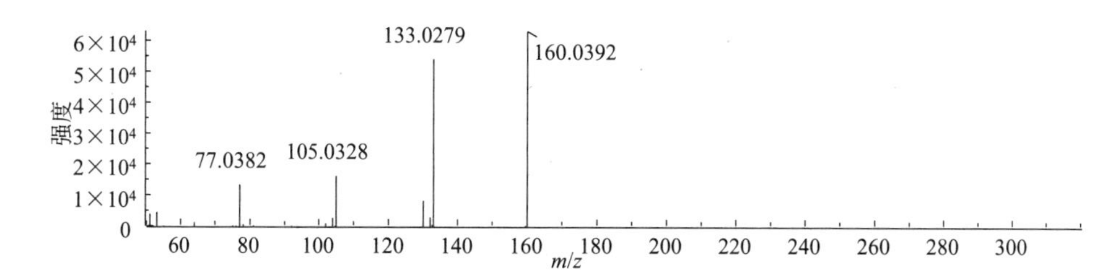

二级全扫质谱图 CE: 60V

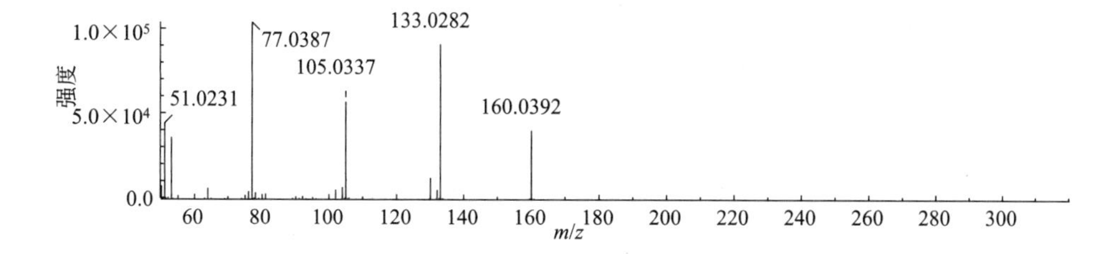

Phosphamidon

磷胺

CAS 号	13171-21-6	保留时间	5.86min/6.08min
分子式	$C_{10}H_{19}ClNO_5P$	加合方式	$[M+H]^+$
分子量	299.0689	源内裂解碎片	无

推测裂解规律（裂解路径已经 MS^3 确认）

$[C_{10}H_{19}ClNO_5P]$ MW 299.0689 → $[C_{10}H_{19}ClNO_5P+H]^+$ *m/z* 300.0762 → $[C_6H_9ClO_5P]^+$ *m/z* 226.9871 → $[C_2H_7O_4P+H]^+$ *m/z* 127.0155 → $[C_2H_6O_3P]^+$ *m/z* 109.0049

$[C_{10}H_{19}ClNO_5P+H]^+$ *m/z* 300.0762 → $[C_8H_{13}ClNO]^+$ *m/z* 174.0680 → $[C_4H_{10}N]^+$ *m/z* 72.0808

提取离子流色谱图

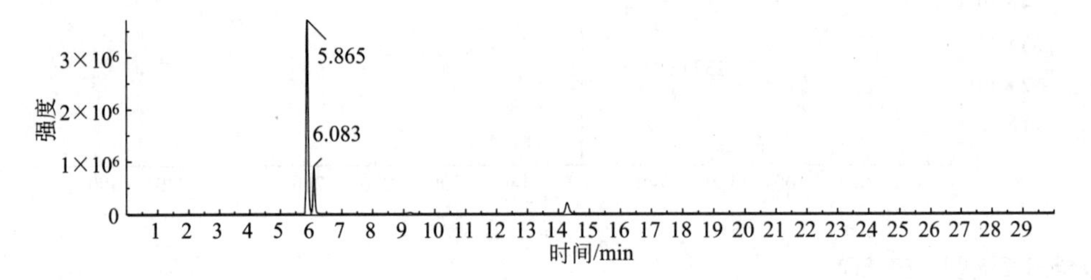

一级质谱图

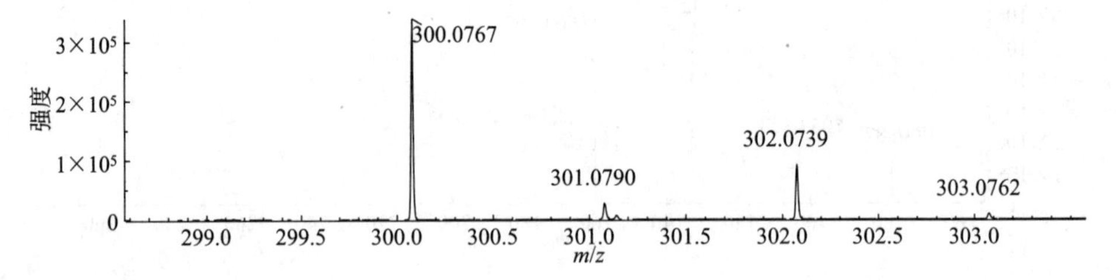

二级全扫质谱图 CE：(35±15)V

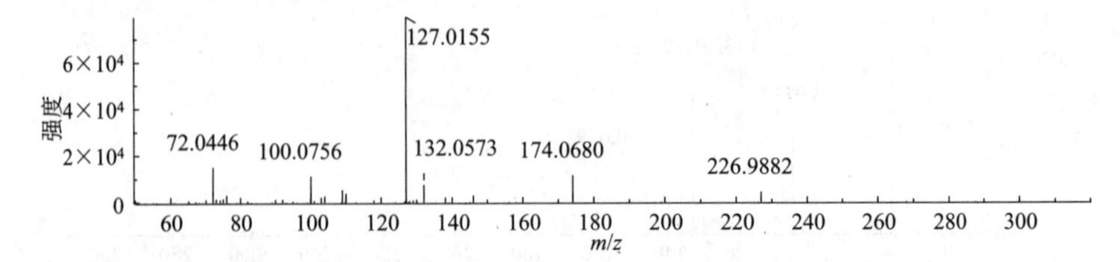

二级全扫质谱图 CE: 10V

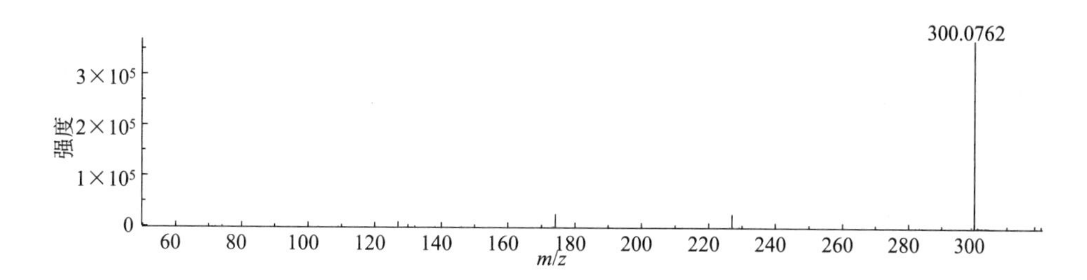

二级全扫质谱图 CE: 20V

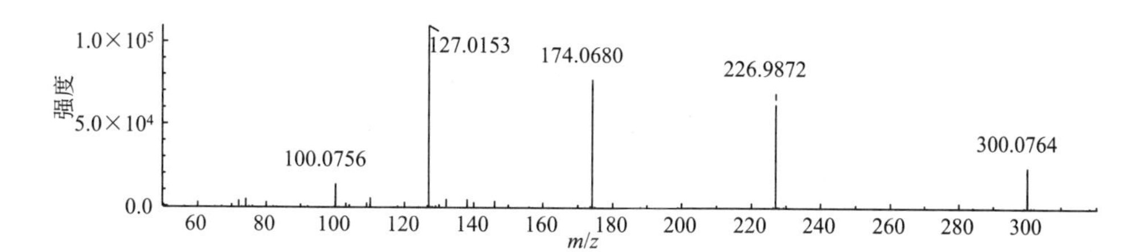

二级全扫质谱图 CE: 35V

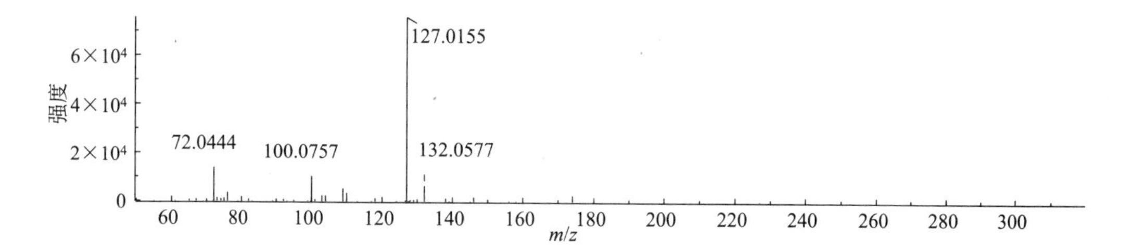

二级全扫质谱图 CE: 50V

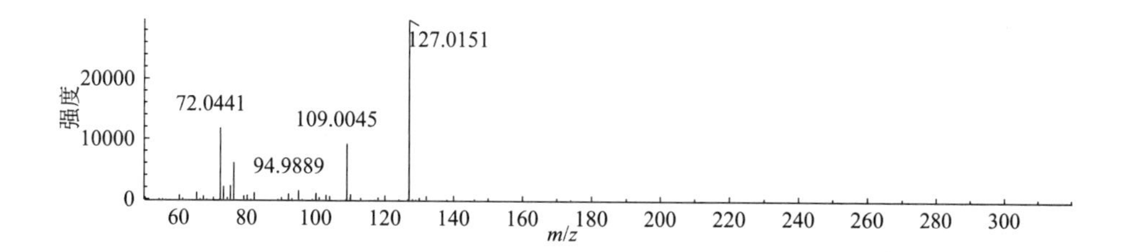

二级全扫质谱图 CE: 60V

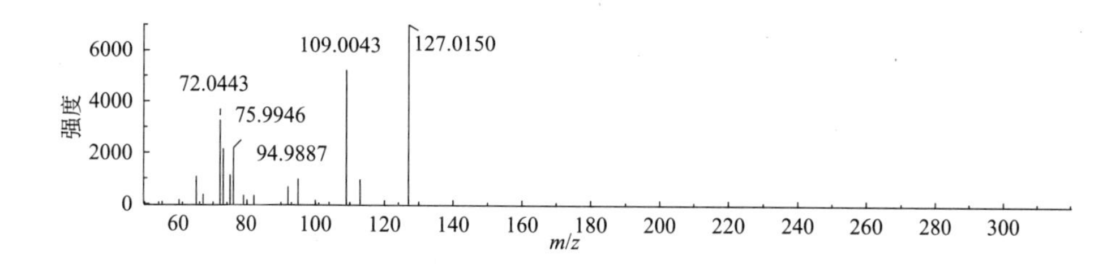

Phoxim
辛硫磷

CAS 号	14816-18-3	保留时间	20.13min
分子式	$C_{12}H_{15}N_2O_3PS$	加合方式	$[M+H]^+$
分子量	298.0541	源内裂解碎片	m/z 129

推测裂解规律

$[C_{12}H_{15}N_2O_3PS]$ MW 298.0541 → H^+ → $[C_{12}H_{15}N_2O_3PS+H]^+$ *m/z* 299.0614

→ $[C_4H_{10}O_2PS]^+$ *m/z* 153.0134 → $[C_2H_6O_2PS]^+$ *m/z* 124.9821 → $[H_2O_2PS]^+$ *m/z* 96.9508

→ $[C_8H_5N_2]^+$ *m/z* 129.0447 → $[C_6H_5]^+$ *m/z* 77.0386 → $[C_4H_3]^+$ *m/z* 51.0229

提取离子流色谱图

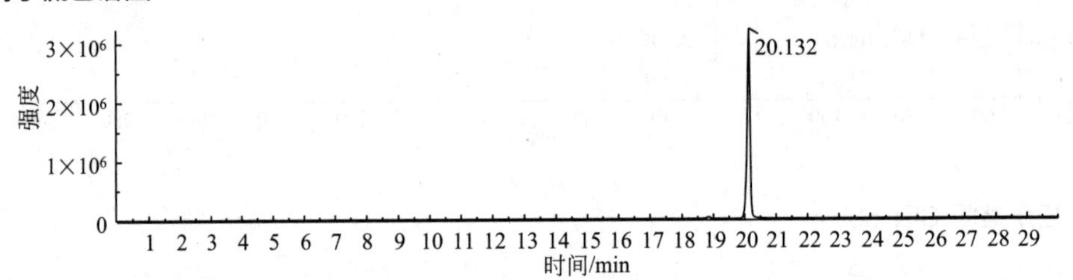

一级质谱图

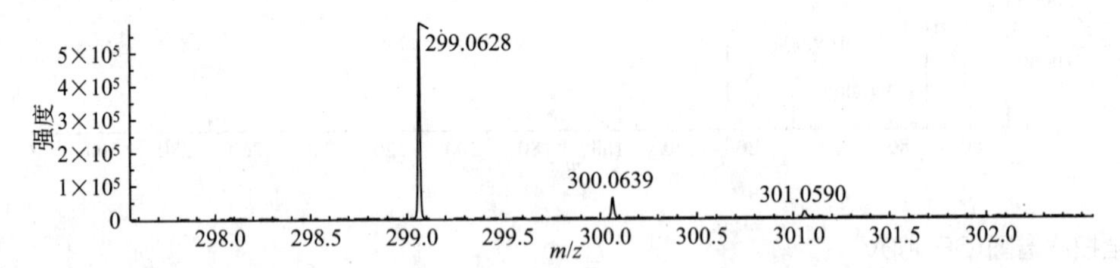

二级全扫质谱图 CE: (35±15)V

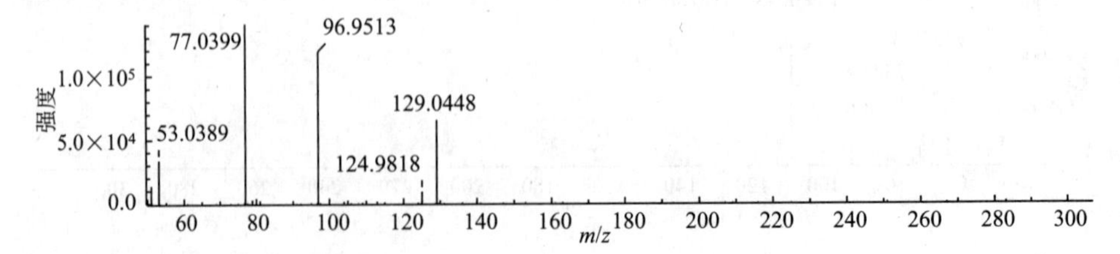

二级全扫质谱图 CE: 10V

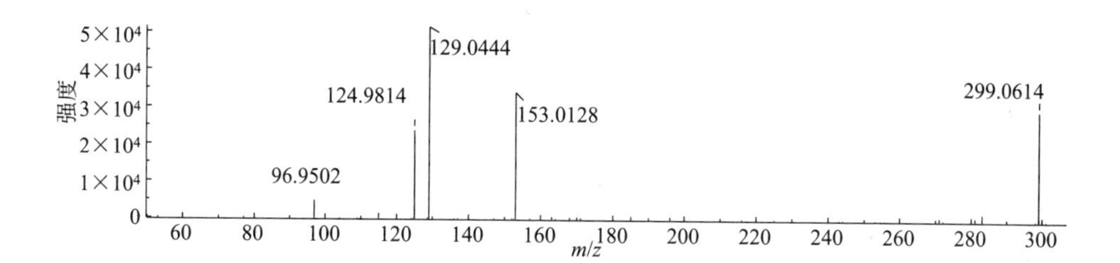

二级全扫质谱图 CE: 20V

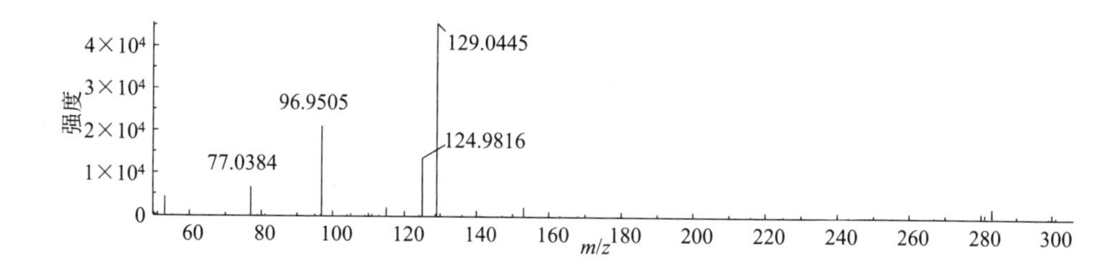

二级全扫质谱图 CE: 35V

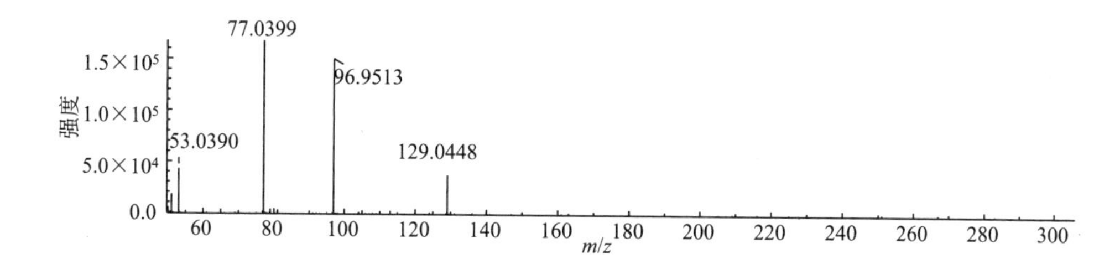

二级全扫质谱图 CE: 50V

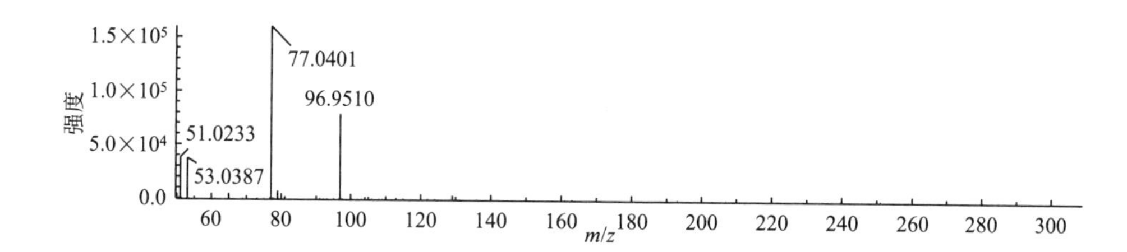

二级全扫质谱图 CE: 60V

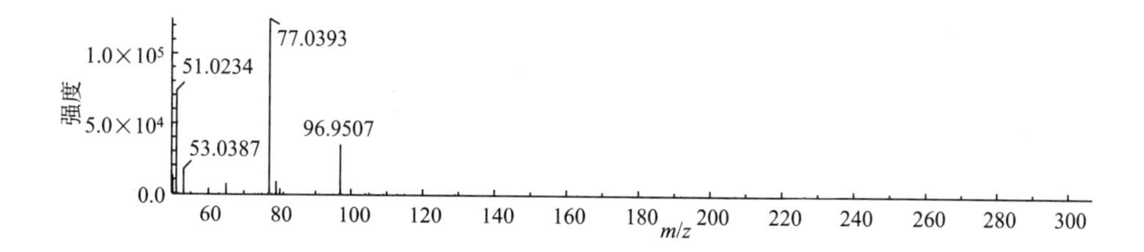

Picolinafen
氟吡酰草胺

CAS 号	137641-05-5	保留时间	22.14min
分子式	$C_{19}H_{12}F_4N_2O_2$	加合方式	$[M+H]^+$
分子量	376.0385	源内裂解碎片	无

推测裂解规律

H^+

$[C_{19}H_{12}F_4N_2O_2]$ MW 376.0385

$[C_{19}H_{12}F_4N_2O_2+H]^+$ *m/z* 377.0908

$[C_{13}H_7F_3NO_2]^+$ *m/z* 266.0423

$[C_{12}H_7F_3NO]^+$ *m/z* 238.0474

$[C_7H_4F_3]^+$ *m/z* 145.0260

$[C_{19}H_{11}F_4N_2O_2]^+$ *m/z* 359.0802

提取离子流色谱图

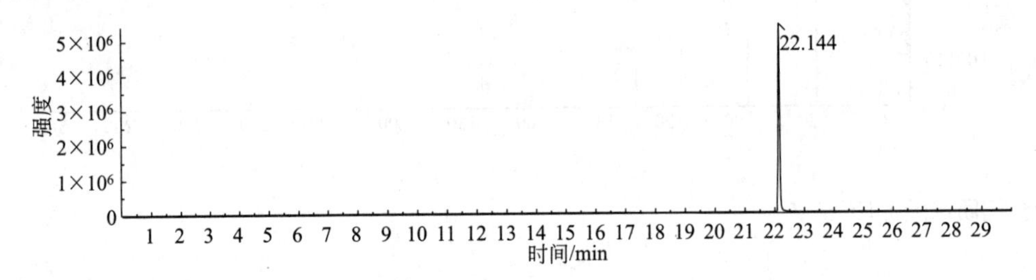

一级质谱图

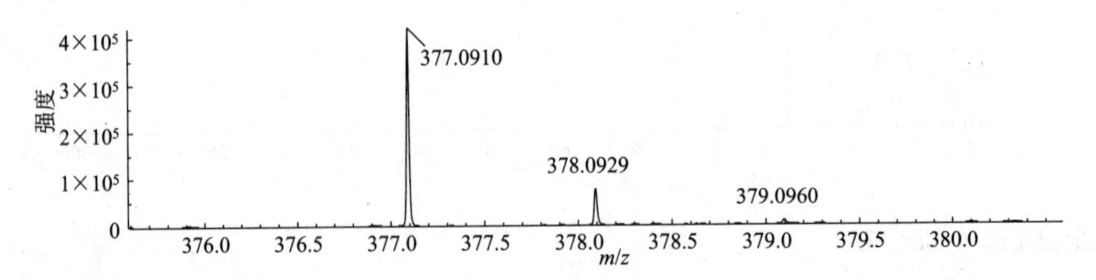

二级全扫质谱图 CE: (35±15)V

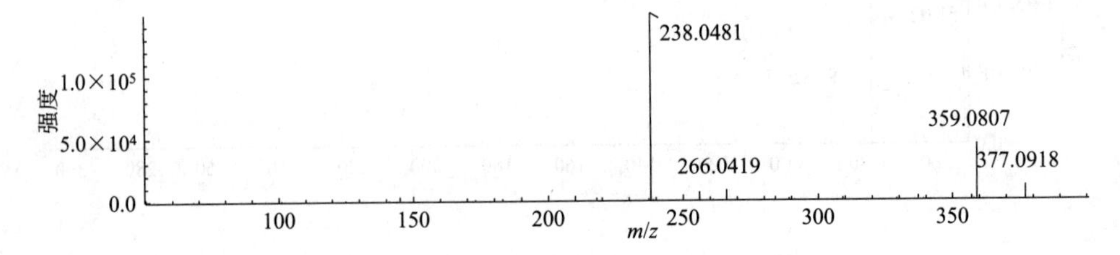

二级全扫质谱图 CE: 10V

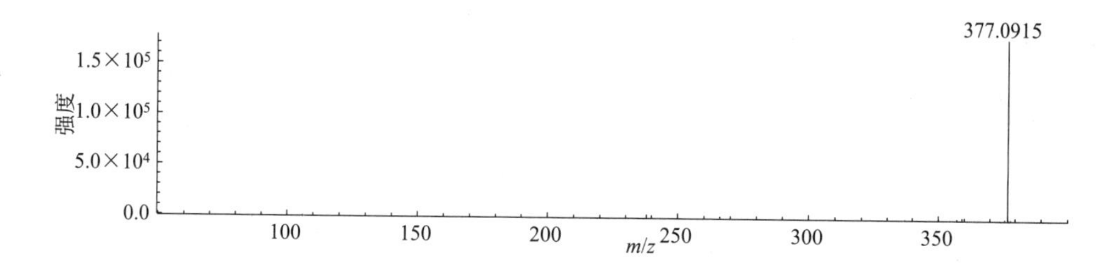

二级全扫质谱图 CE: 20V

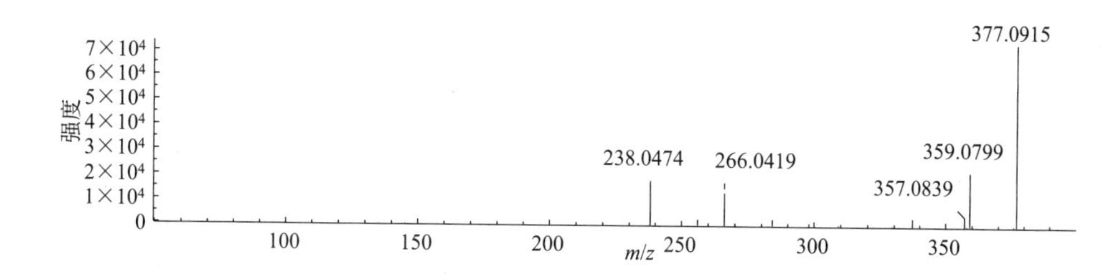

二级全扫质谱图 CE: 35V

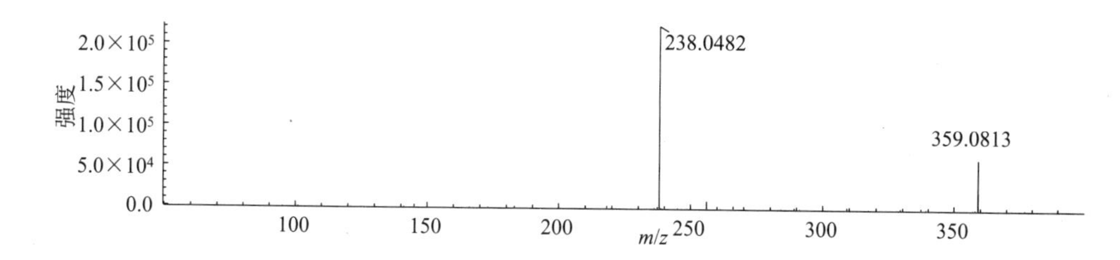

二级全扫质谱图 CE: 50V

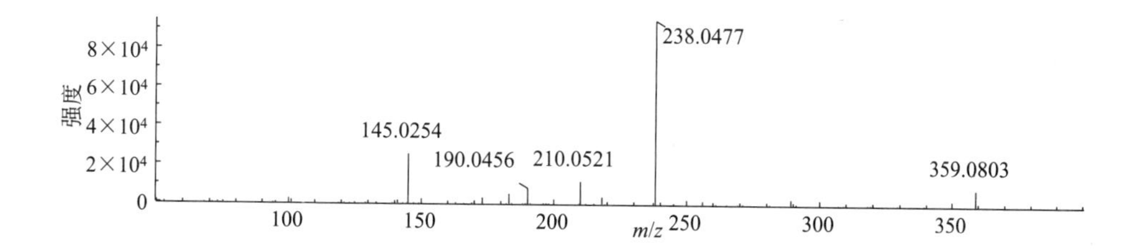

二级全扫质谱图 CE: 60V

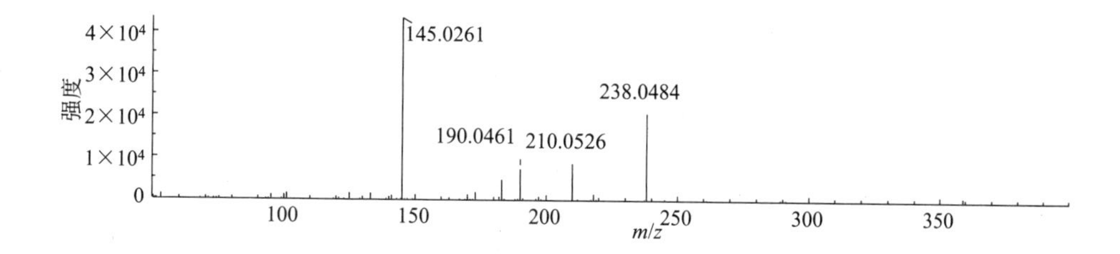

Picoxystrobin

啶氧菌酯

CAS 号	117428-22-5	保留时间	17.48min
分子式	$C_{18}H_{16}F_3NO_4$	加合方式	$[M+H]^+$
分子量	367.1031	源内裂解碎片	m/z 145,205

推测裂解规律

$[C_{18}H_{16}F_3NO_4]$ MW 367.1031

$[C_{18}H_{16}F_3NO_4+H]^+$ m/z 368.1104

$[C_{12}H_{13}O_3]^+$ m/z 205.0859

$[C_{11}H_9O_2]^+$ m/z 173.0597

$[C_{10}H_9O]^+$ m/z 145.0648

$[C_8H_6]^+$ m/z 102.0464

$[C_9H_9]^+$ m/z 117.0699

$[C_9H_7]^+$ m/z 115.0542

提取离子流色谱图

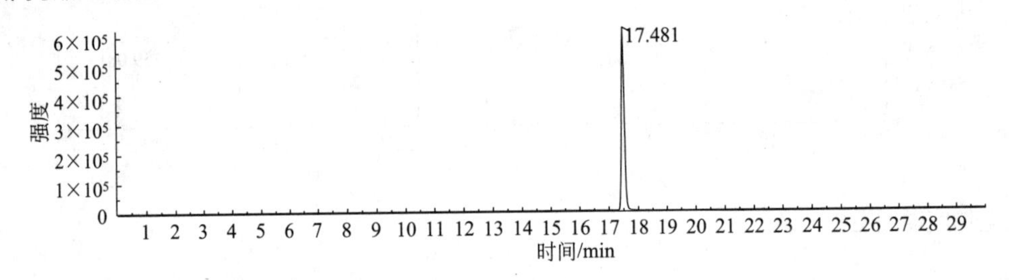

一级质谱图

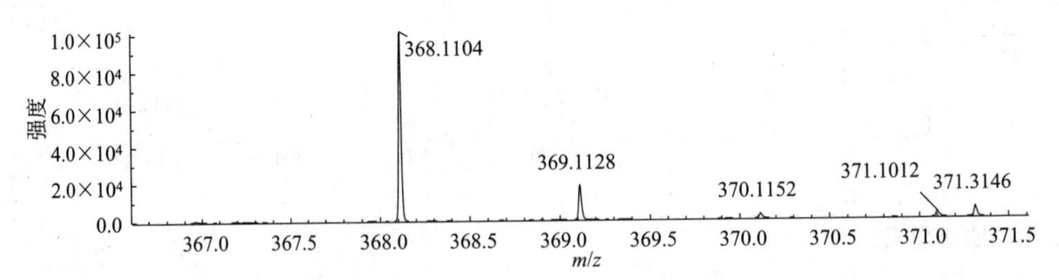

二级全扫质谱图 CE: (35±15)V

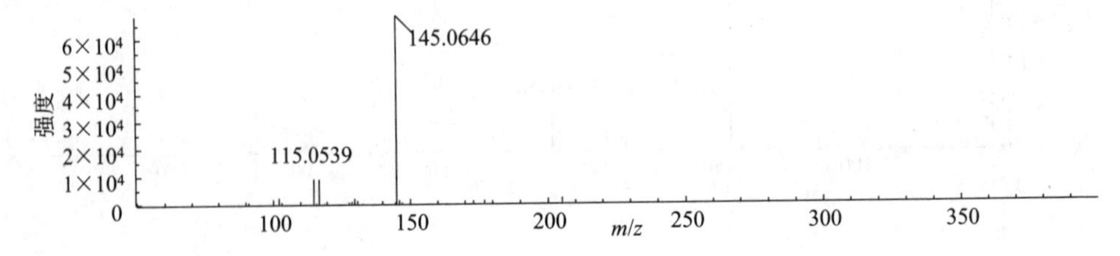

二级全扫质谱图 CE: 10V

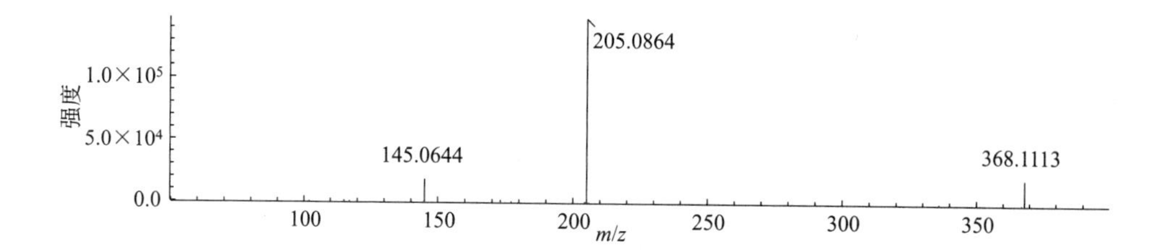

二级全扫质谱图 CE: 20V

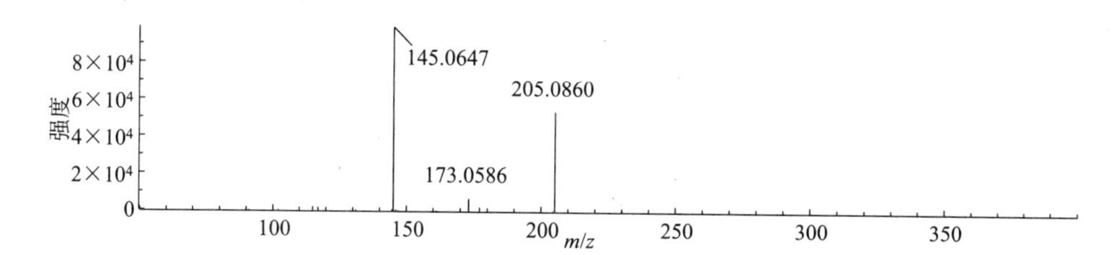

二级全扫质谱图 CE: 35V

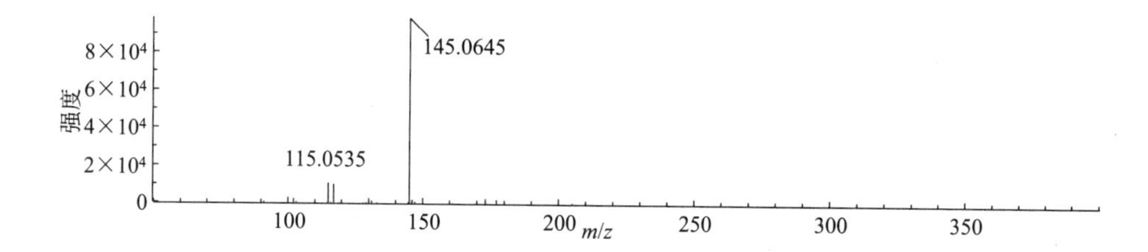

二级全扫质谱图 CE: 50V

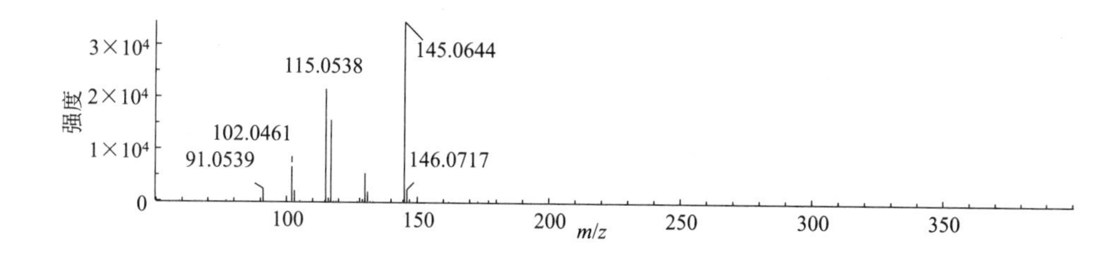

二级全扫质谱图 CE: 60V

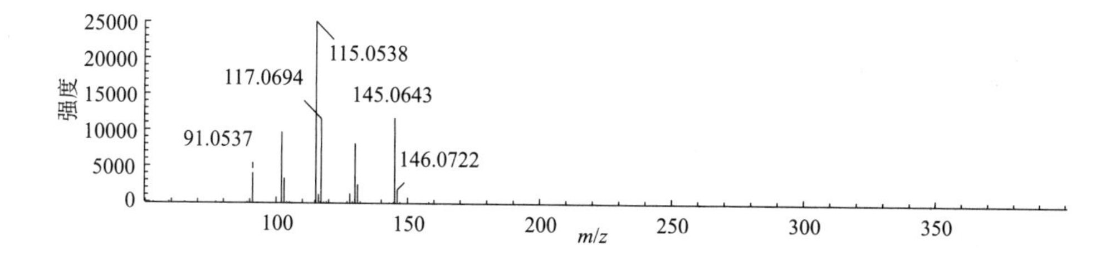

Pinoxaden
唑啉草酯

CAS 号	243973-20-8	保留时间	20.41min
分子式	$C_{23}H_{32}N_2O_4$	加合方式	$[M+H]^+$
分子量	400.2362	源内裂解碎片	无

推测裂解规律

$[C_{23}H_{32}N_2O_4]$ MW 400.2362

H^+

$[C_{23}H_{32}N_2O_4+H]^+$ m/z 401.2435

$[C_{18}H_{25}N_2O_3+H]^+$ m/z 317.1860

$[C_{16}H_{20}N_2O_3+H]^+$ m/z 289.1547

$[C_4H_9]^+$ m/z 57.0699

提取离子流色谱图

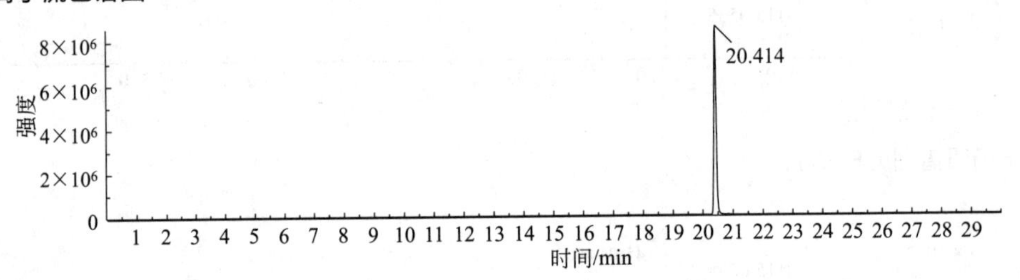

一级质谱图

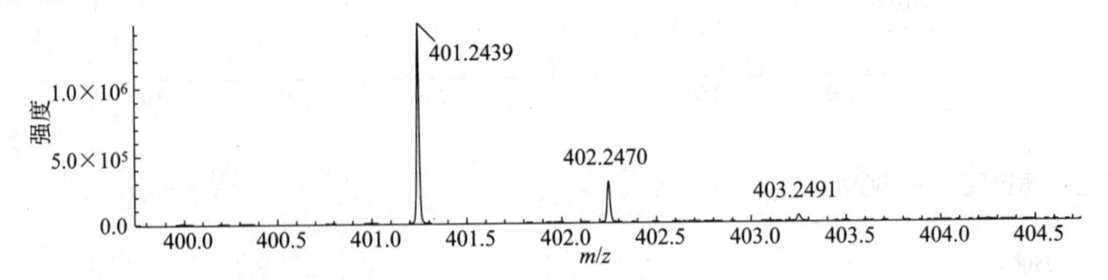

二级全扫质谱图 CE: (35±15)V

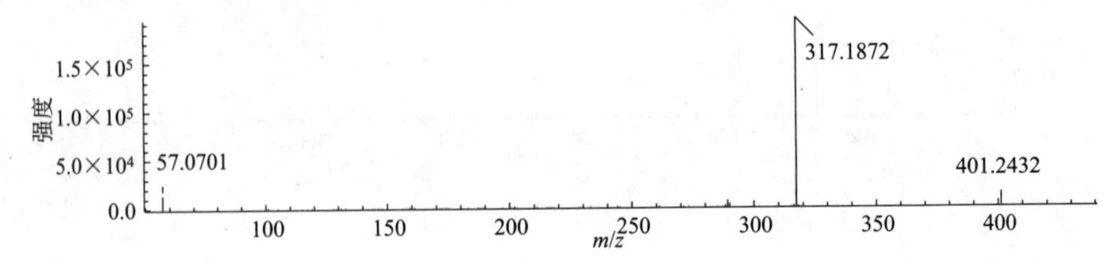

二级全扫质谱图 CE: 10V

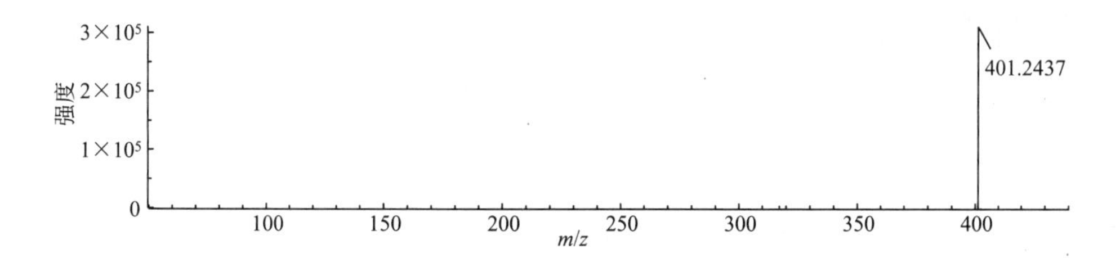

二级全扫质谱图 CE: 20V

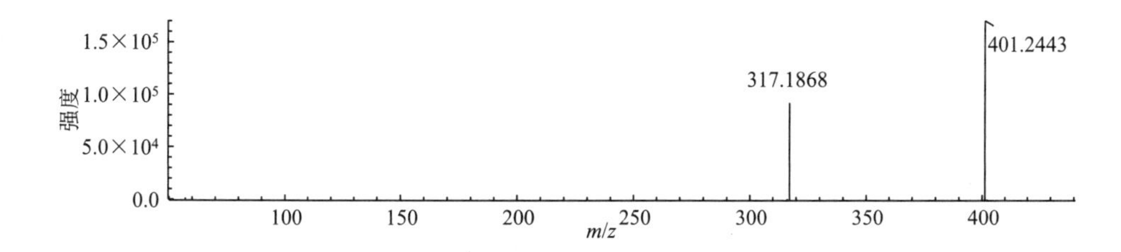

二级全扫质谱图 CE: 35V

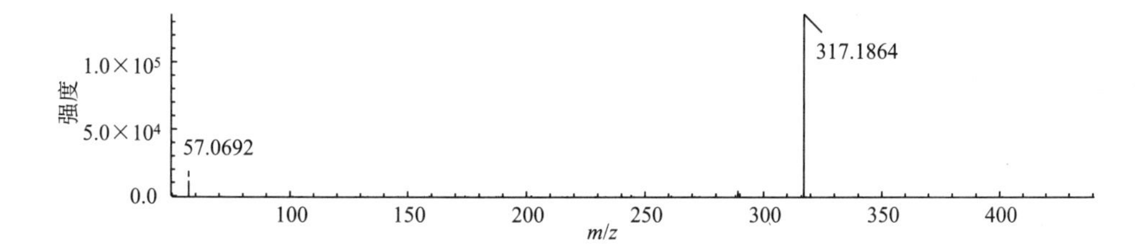

二级全扫质谱图 CE: 50V

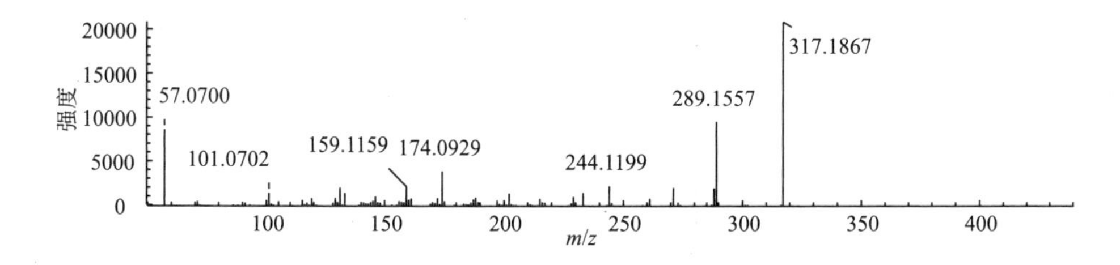

二级全扫质谱图 CE: 60V

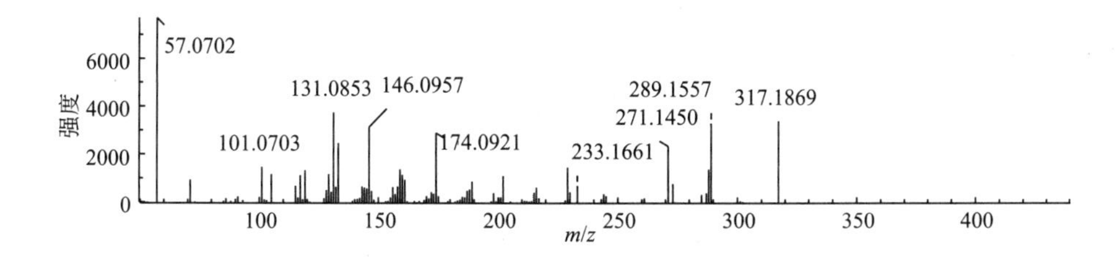

Piperonyl butoxide
增效醚

CAS 号	51-03-6	保留时间	22.45min
分子式	$C_{19}H_{30}O_5$	加合方式	$[M+NH_4]^+$
分子量	338.2093	源内裂解碎片	*m/z* 177

推测裂解规律

$[C_{19}H_{30}O_5]$ MW 338.2093

NH_4^+

$[C_{19}H_{30}O_5+H]^+$ *m/z* 356.2432

$[C_{11}H_{13}O_2]^+$ *m/z* 177.0910

$[C_9H_9O_2]^+$ *m/z* 149.0597

$[C_{10}H_{11}O]^+$ *m/z* 147.0804

$[C_9H_{11}]^+$ *m/z* 119.0855

$[C_7H_7]^+$ *m/z* 91.0542

提取离子流色谱图

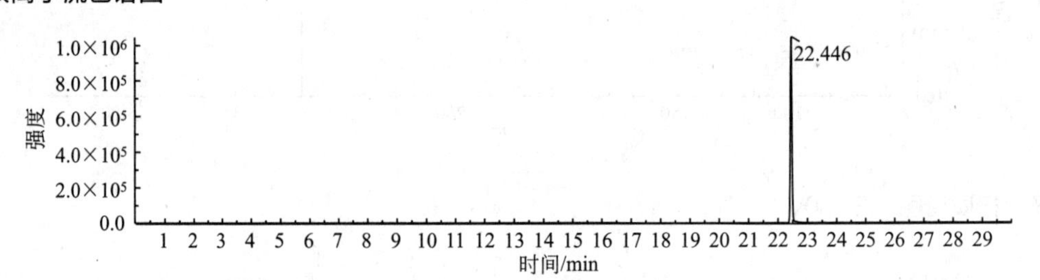

一级质谱图

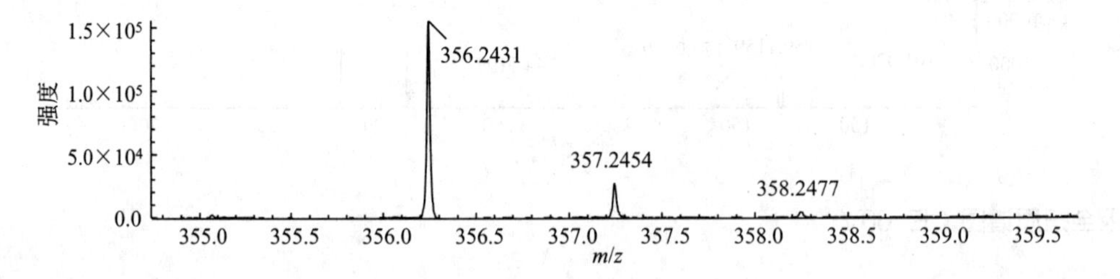

二级全扫质谱图 CE: (35±15)V

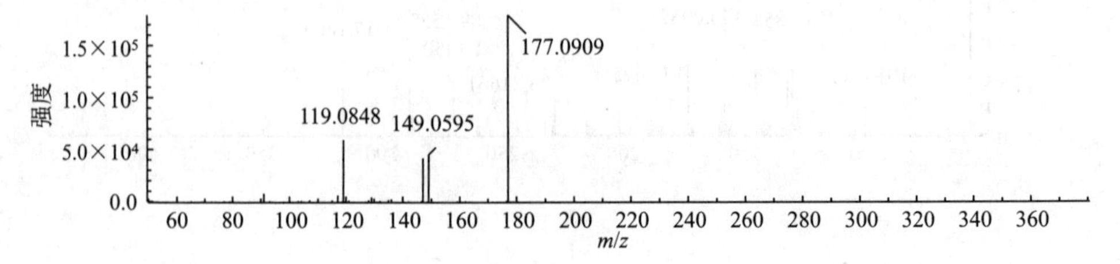

二级全扫质谱图 CE: 10V

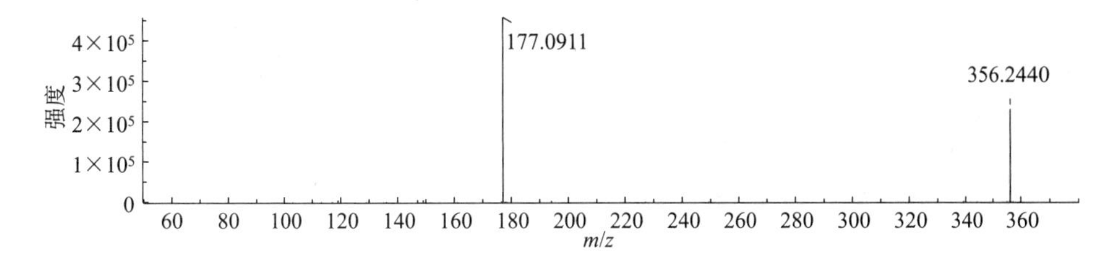

二级全扫质谱图 CE: 20V

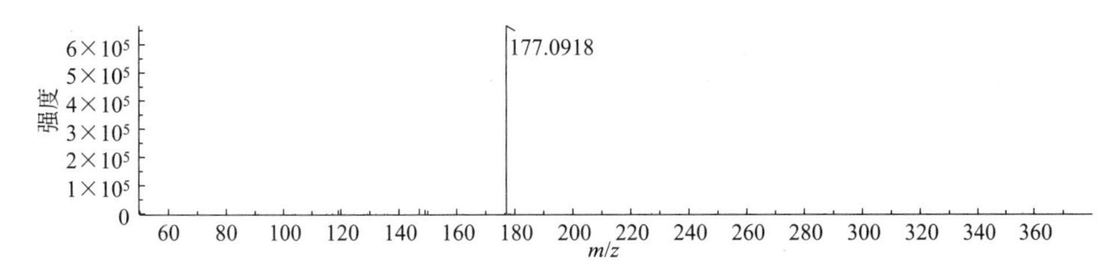

二级全扫质谱图 CE: 35V

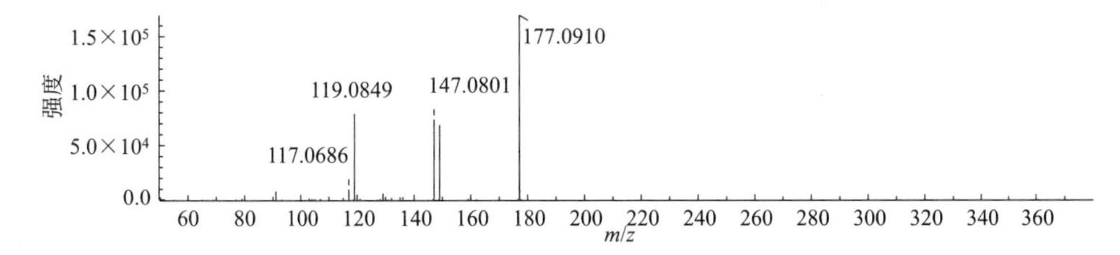

二级全扫质谱图 CE: 50V

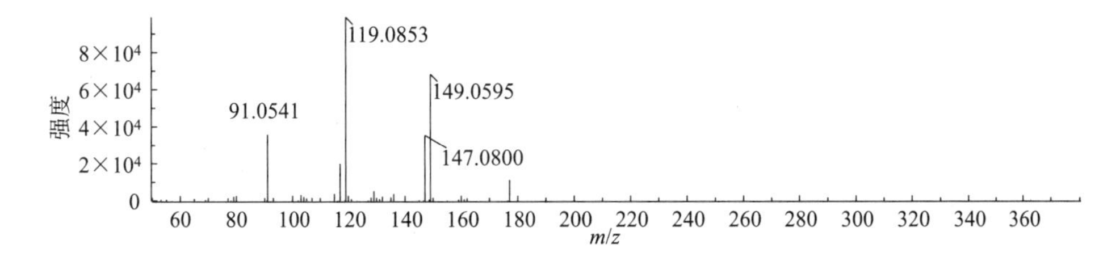

二级全扫质谱图 CE: 60V

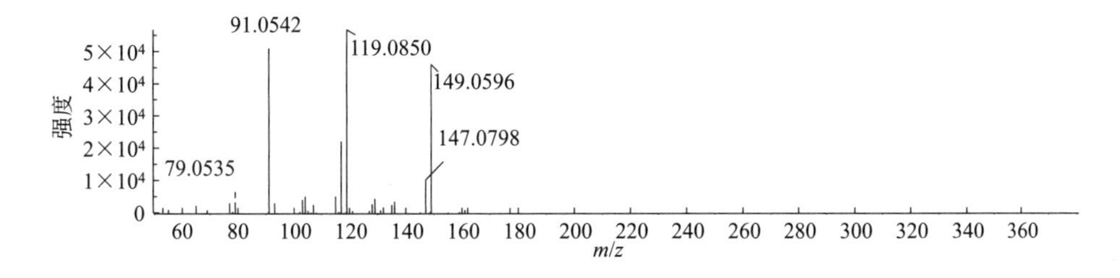

Piperonyl butoxide in-source fragment 177

增效醚源内裂解碎片 177

CAS 号	—	保留时间	22.45min
分子式	$C_{11}H_{13}O_2^+$	加合方式	$[M]^+$
分子量	177.0910	源内裂解碎片	无

推测裂解规律

$[C_9H_9O_2]^+$ *m/z* 149.0597 ← $[C_{11}H_{13}O_2]^+$ *m/z* 177.0910 → $[C_{10}H_{11}O]^+$ *m/z* 147.0804 → $[C_9H_{11}]^+$ *m/z* 119.0855 → $[C_7H_7]^+$ *m/z* 91.0542

提取离子流色谱图

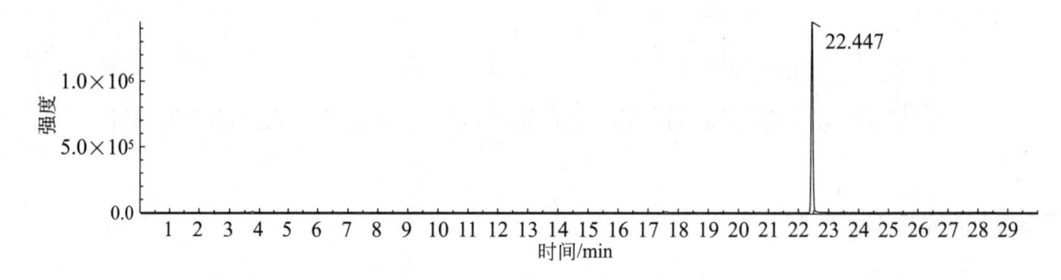

一级质谱图

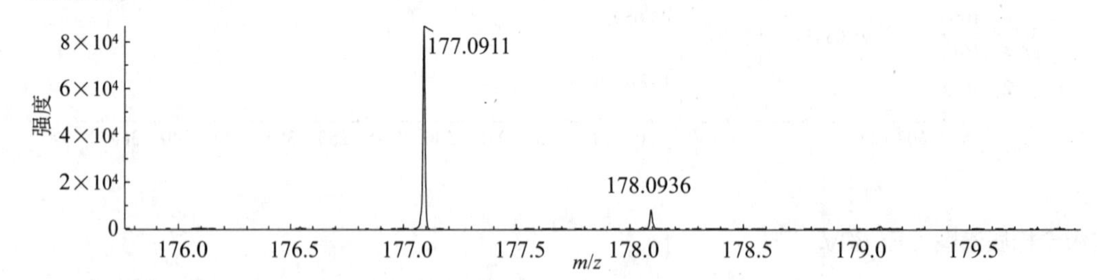

二级全扫质谱图 CE: (35±15)V

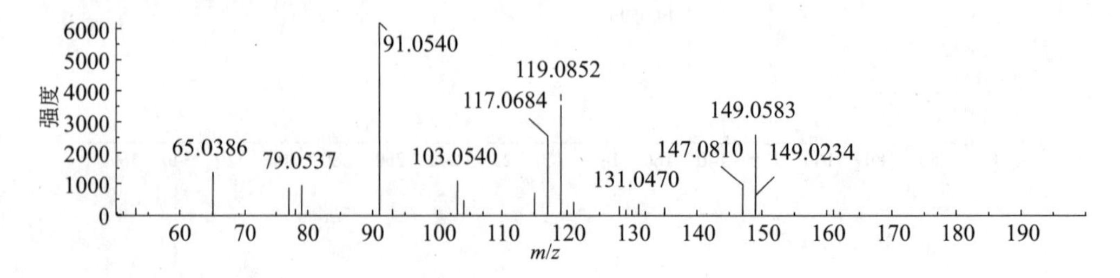

二级全扫质谱图 CE: 10V

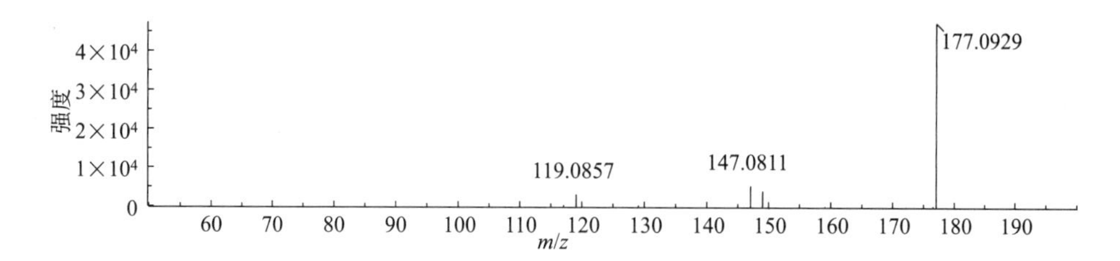

二级全扫质谱图 CE: 20V

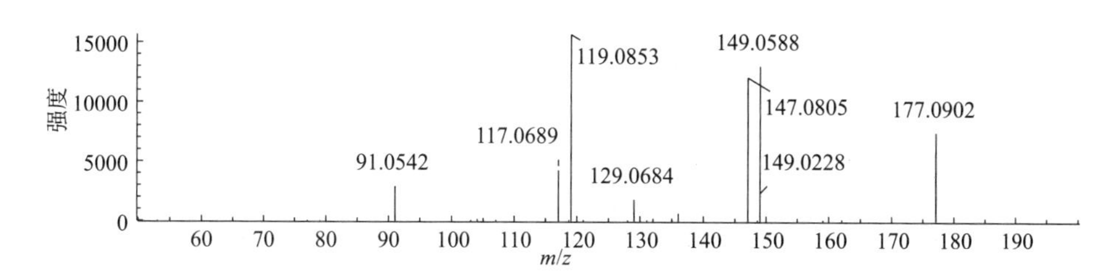

二级全扫质谱图 CE: 35V

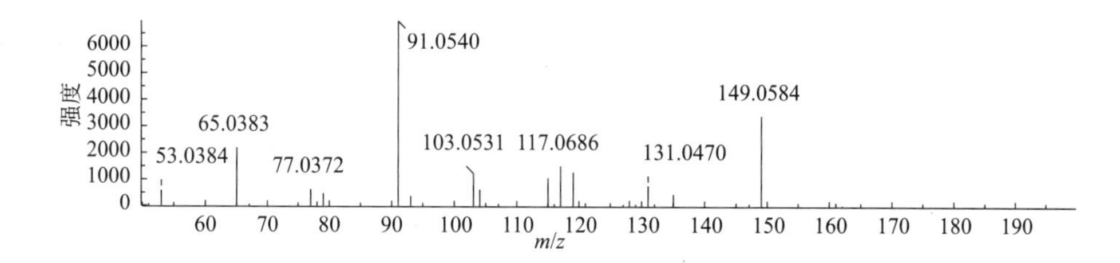

二级全扫质谱图 CE: 50V

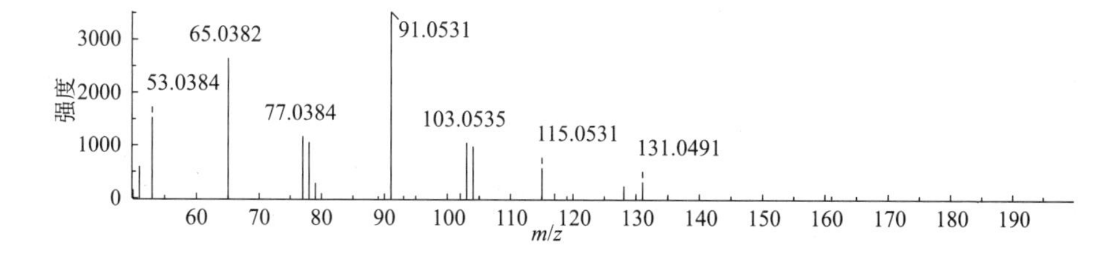

二级全扫质谱图 CE: 60V

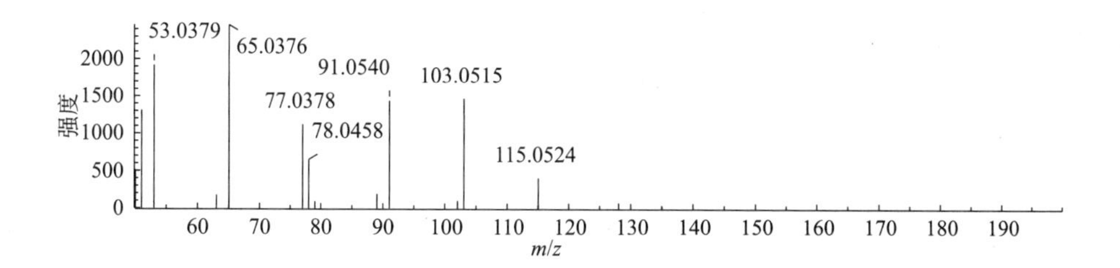

Pirimicarb
抗蚜威

CAS 号	23103-98-2	保留时间	7.90min
分子式	$C_{11}H_{18}N_4O_2$	加合方式	$[M+H]^+$
分子量	238.1430	源内裂解碎片	m/z 182

推测裂解规律

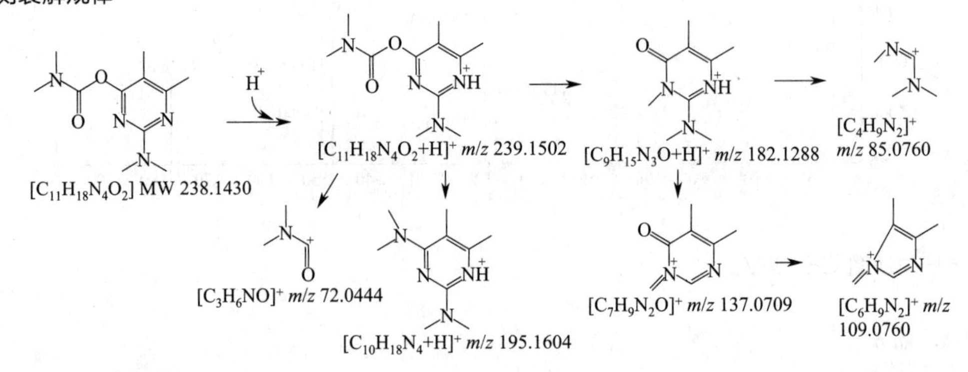

提取离子流色谱图

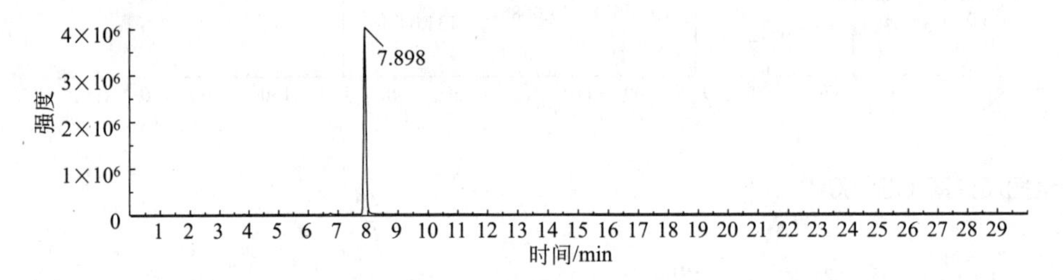

一级质谱图

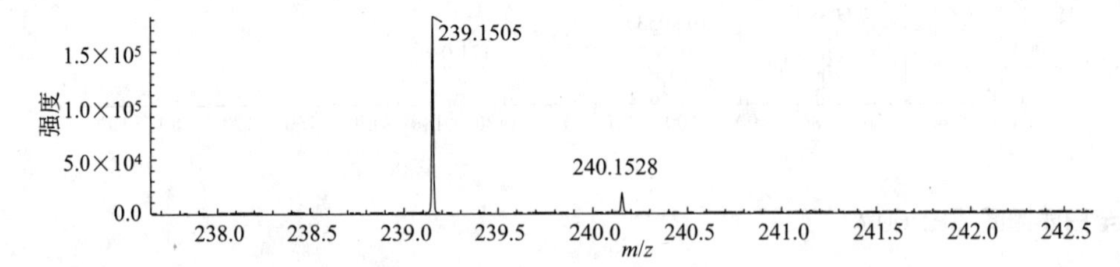

二级全扫质谱图 CE: (35±15)V

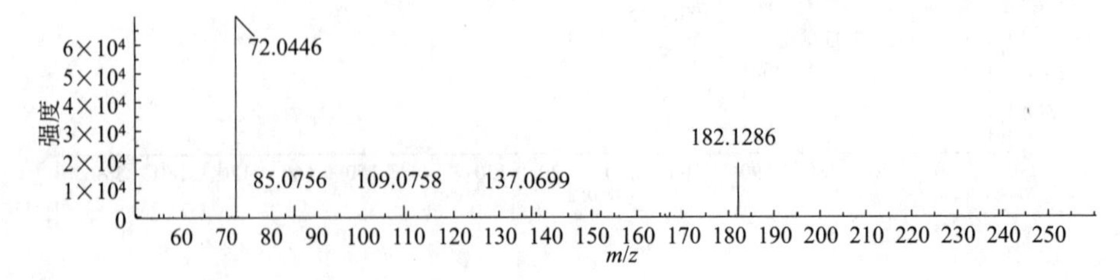

二级全扫质谱图 CE: 10V

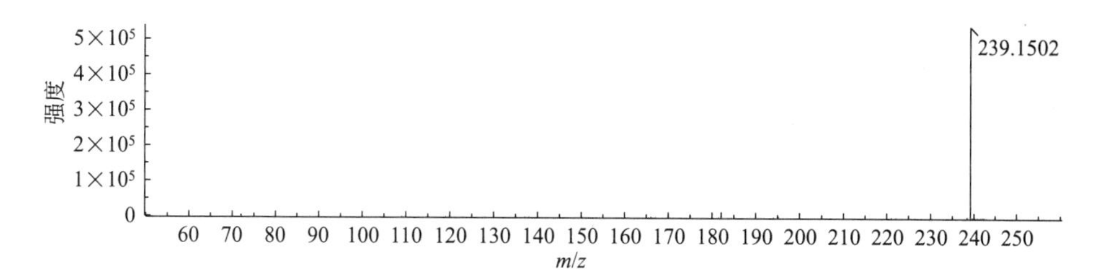

二级全扫质谱图 CE: 20V

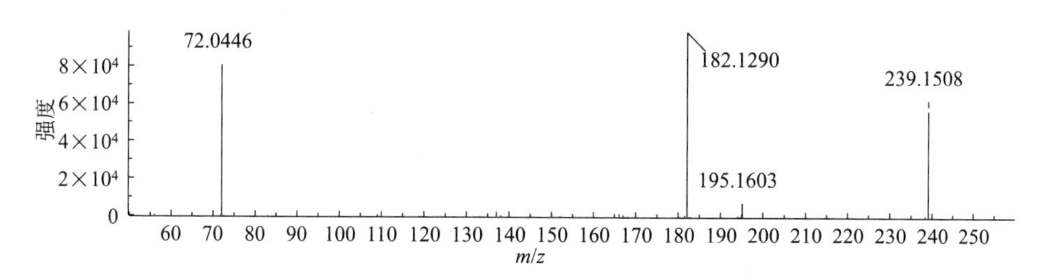

二级全扫质谱图 CE: 35V

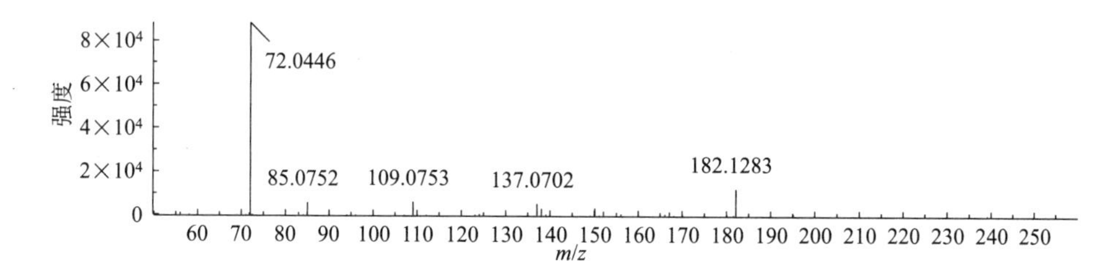

二级全扫质谱图 CE: 50V

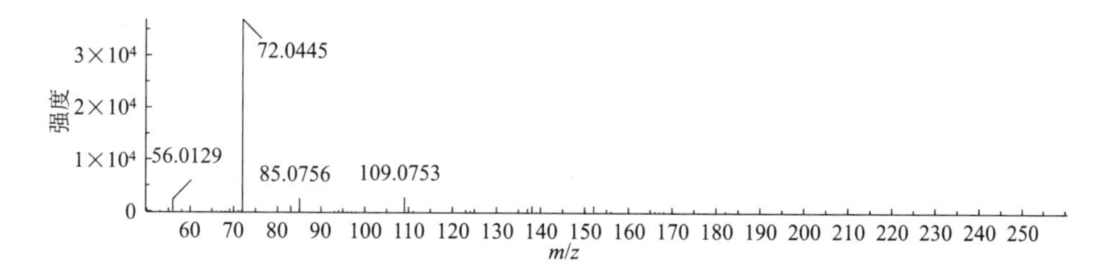

二级全扫质谱图 CE: 60V

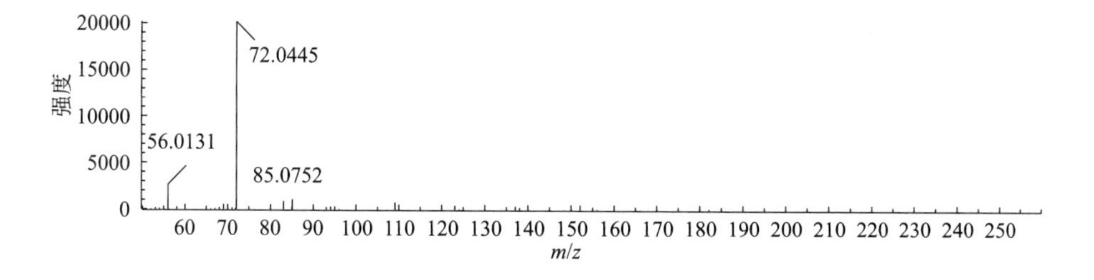

Pirimicarb-desmethyl
脱甲基抗蚜威

CAS 号	30614-22-3	保留时间	5.24min
分子式	$C_{10}H_{16}N_4O_2$	加合方式	$[M+H]^+$
分子量	224.1273	源内裂解碎片	无

推测裂解规律

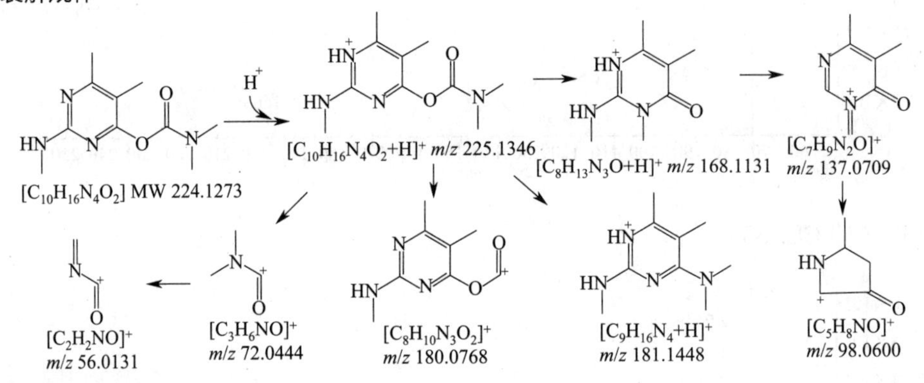

提取离子流色谱图

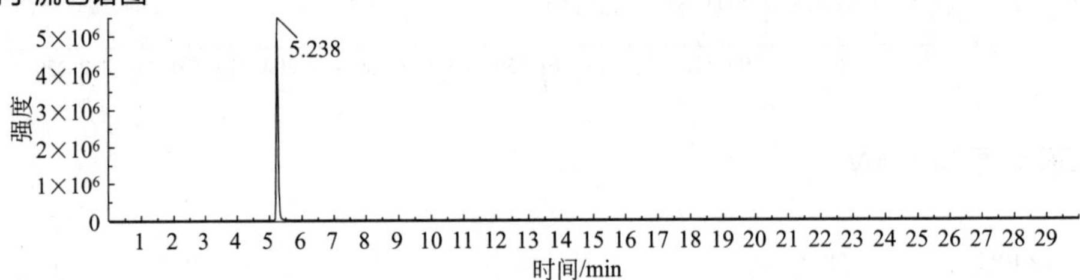

一级质谱图

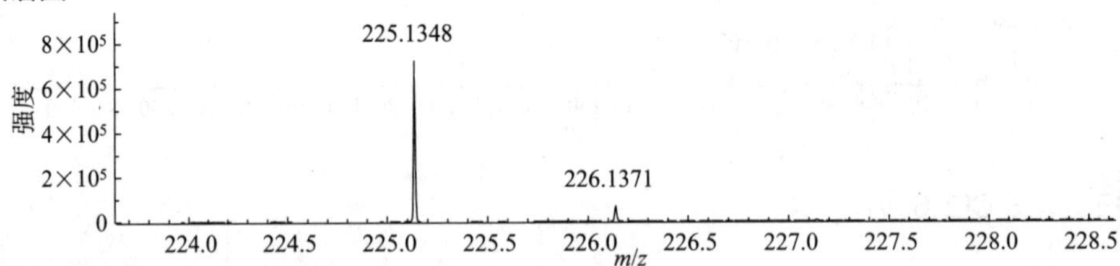

二级全扫质谱图 CE: (35±15)V

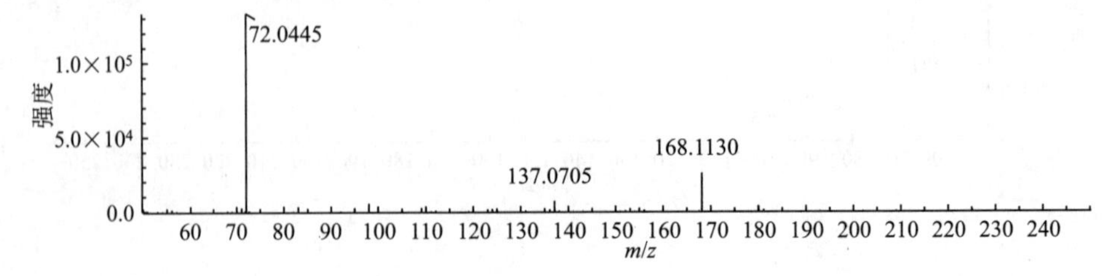

二级全扫质谱图 CE: 10V

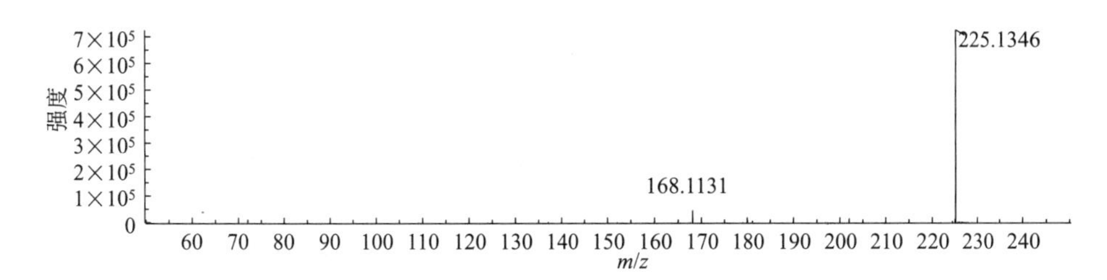

二级全扫质谱图 CE: 20V

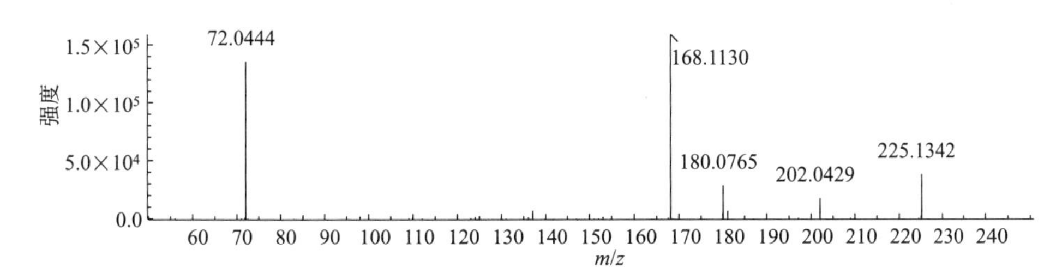

二级全扫质谱图 CE: 35V

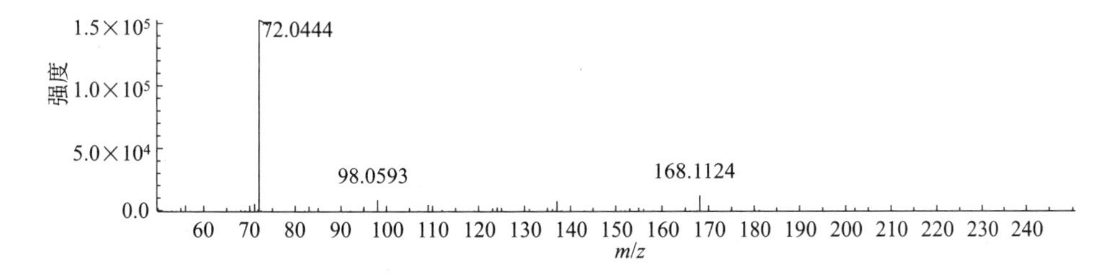

二级全扫质谱图 CE: 50V

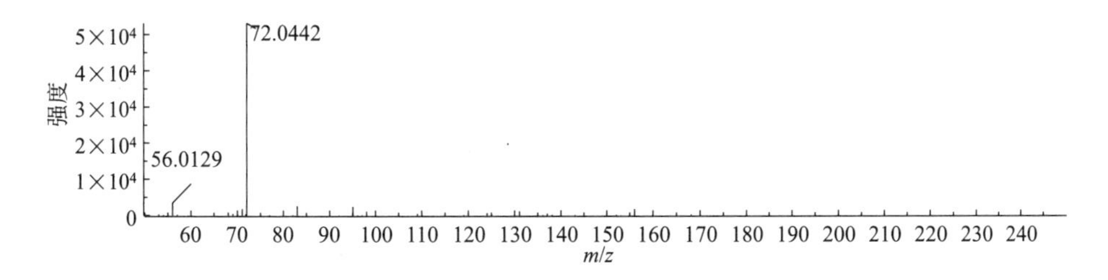

二级全扫质谱图 CE: 60V

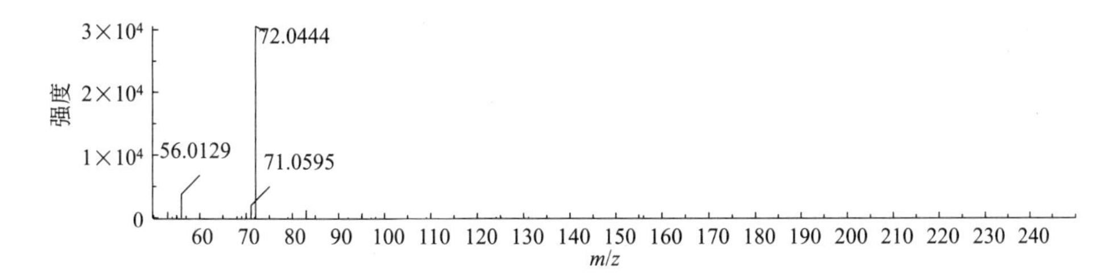

Pirimiphos-methyl

甲基嘧啶磷

CAS 号	29232-93-7	保留时间	20.00min
分子式	$C_{11}H_{20}N_3O_3PS$	加合方式	$[M+H]^+$
分子量	305.0963	源内裂解碎片	无

推测裂解规律（裂解路径已经 MS³ 确认）

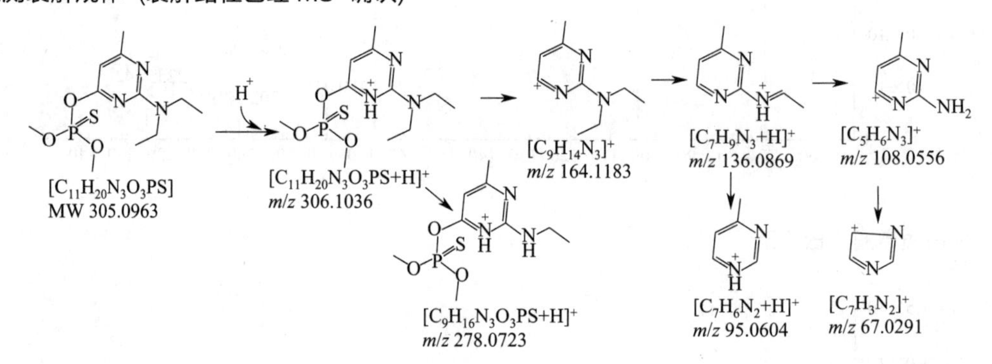

提取离子流色谱图

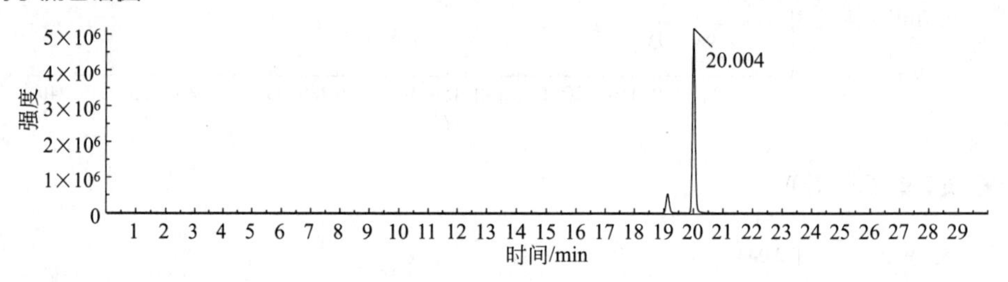

一级质谱图

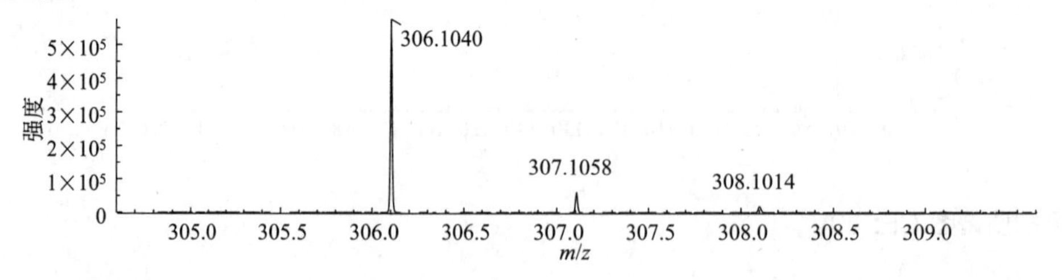

二级全扫质谱图 CE：(35±15)V

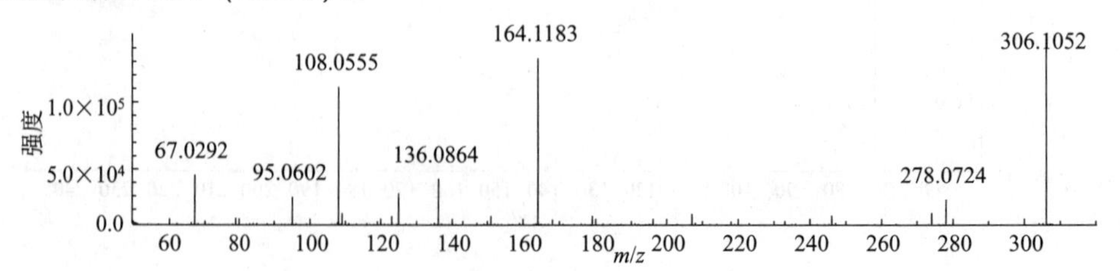

二级全扫质谱图 CE: 10V

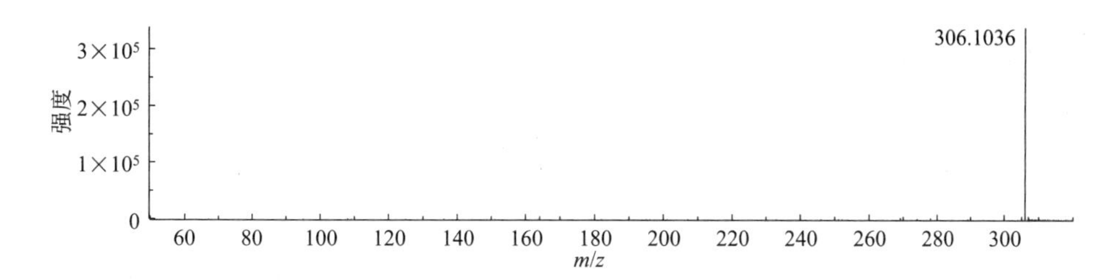

二级全扫质谱图 CE: 20V

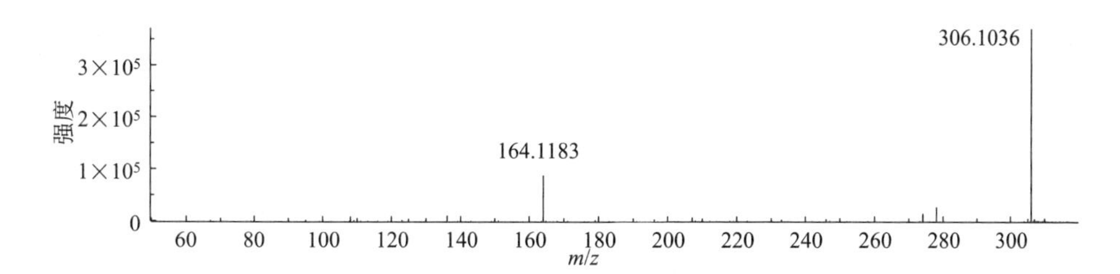

二级全扫质谱图 CE: 35V

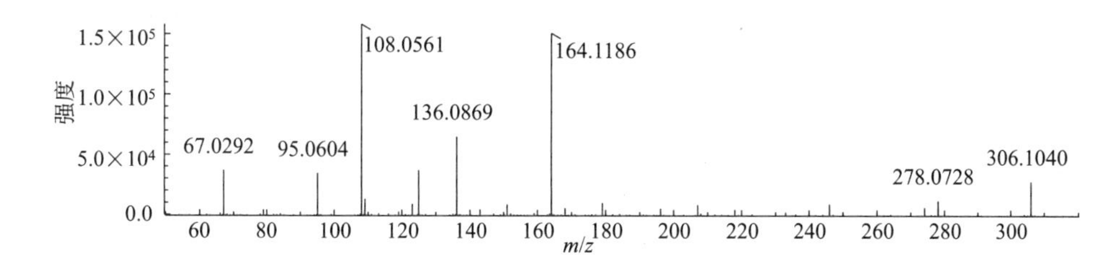

二级全扫质谱图 CE: 50V

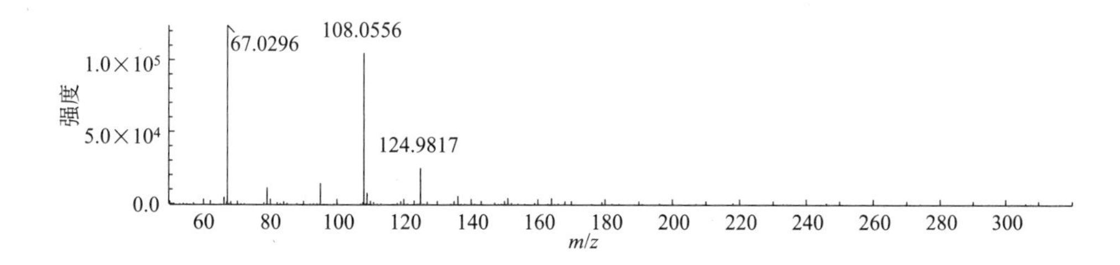

二级全扫质谱图 CE: 60V

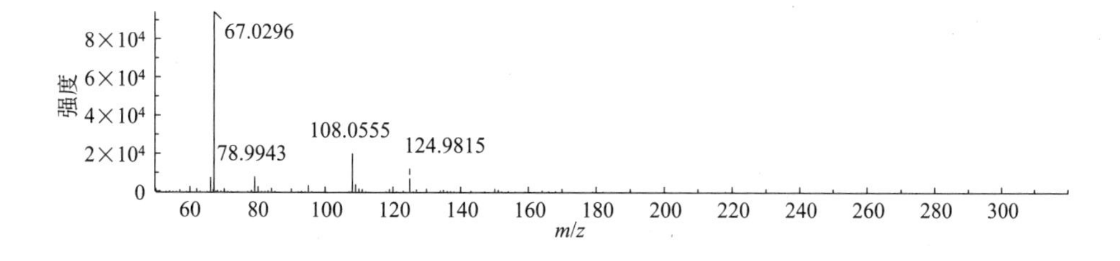

Pretilachlor
丙草胺

CAS 号	51218-49-6	保留时间	21.46min
分子式	$C_{17}H_{26}ClNO_2$	加合方式	$[M+H]^+$
分子量	311.1652	源内裂解碎片	无

推测裂解规律

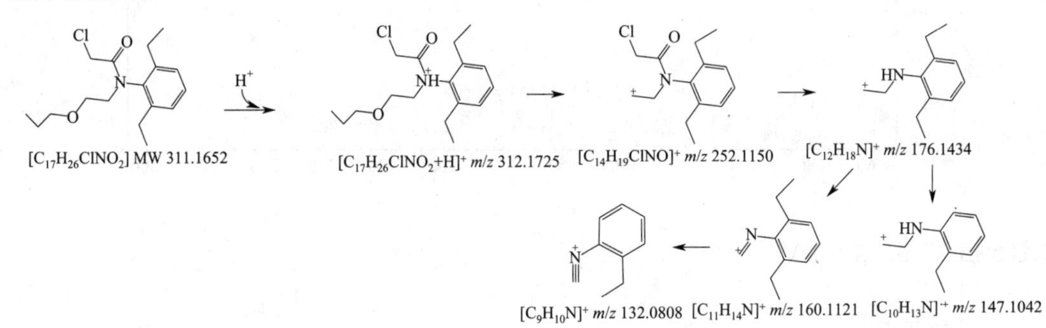

提取离子流色谱图

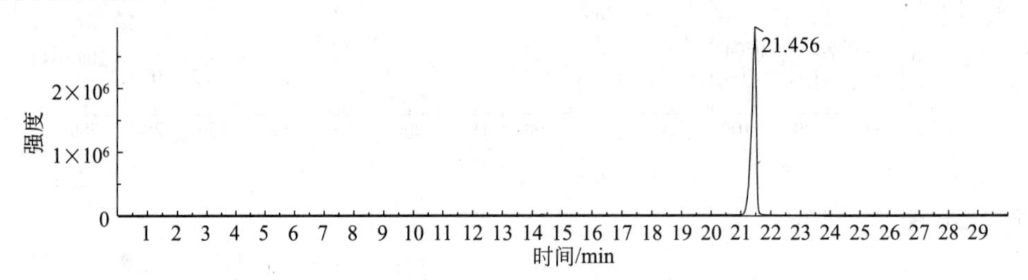

一级质谱图

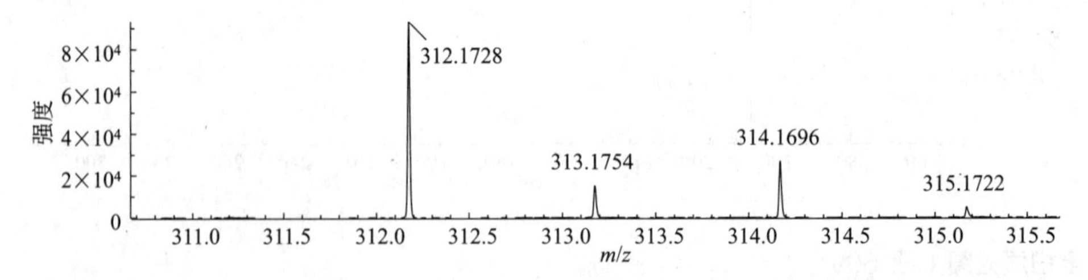

二级全扫质谱图 CE: (35±15)V

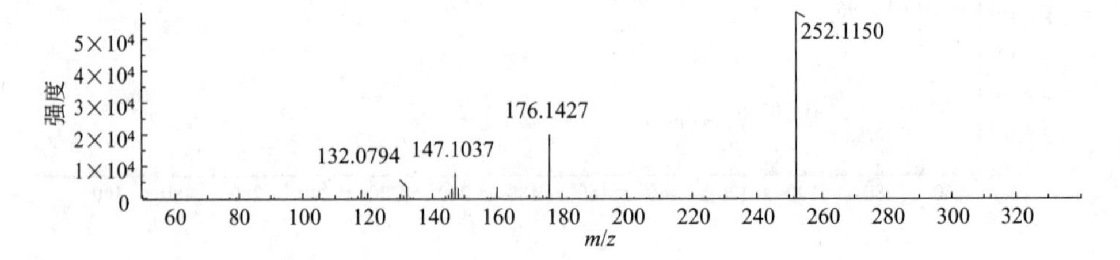

二级全扫质谱图 CE: 10V

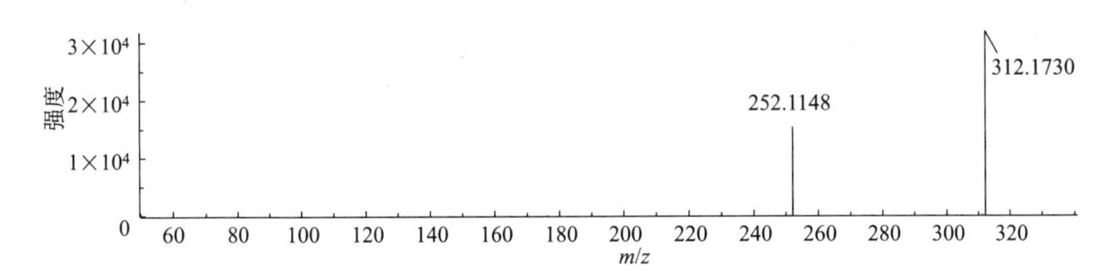

二级全扫质谱图 CE: 20V

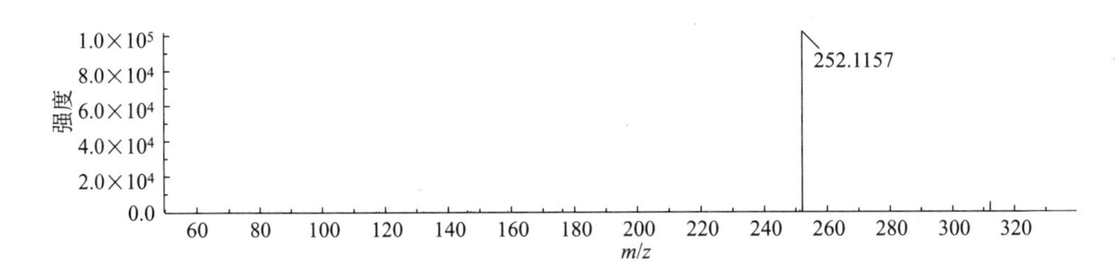

二级全扫质谱图 CE: 35V

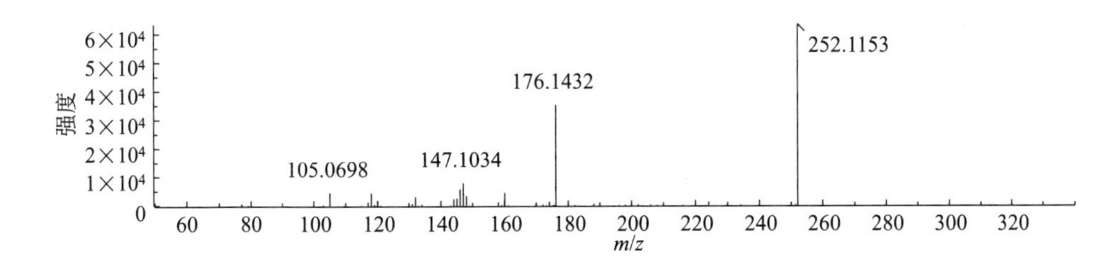

二级全扫质谱图 CE: 50V

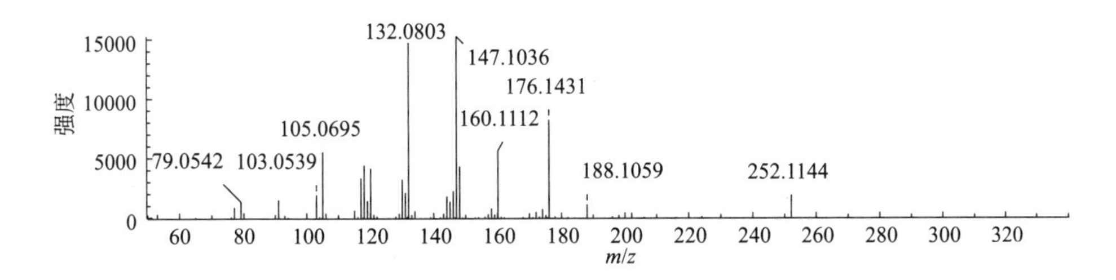

二级全扫质谱图 CE: 60V

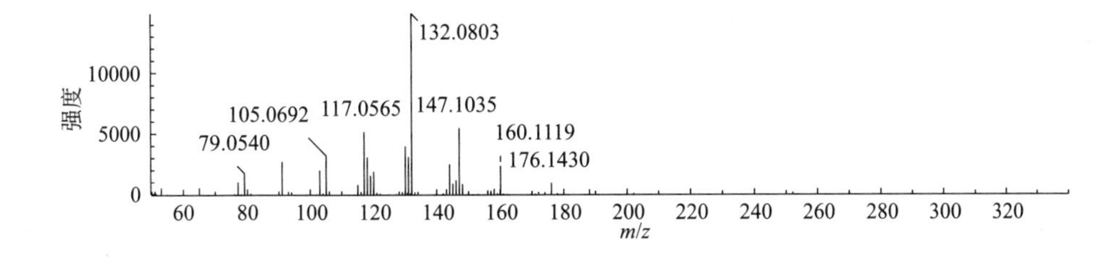

Procymidone
腐霉利

CAS 号	32809-16-8	保留时间	15.08min
分子式	$C_{13}H_{11}Cl_2NO_2$	加合方式	$[M+H]^+$
分子量	283.0167	源内裂解碎片	无

推测裂解规律（裂解路径已经 MS^3 确认）

$[C_{13}H_{11}Cl_2NO_2]$ MW 283.0167

H^+

$[C_{13}H_{11}Cl_2NO_2+H]^+$ *m/z* 284.0240

$[C_{12}H_{11}Cl_2NO+H]^+$ *m/z* 256.0290

$[C_5H_7]^+$ *m/z* 67.0542

$[C_{12}H_{10}Cl_2N]^+$ *m/z* 238.0185

$[C_{11}H_{11}Cl_2N+H]^+$ *m/z* 228.0341

$[C_7H_4Cl_2N]^+$ *m/z* 171.9715

$[C_{10}H_8Cl_2N]^+$ *m/z* 212.0028

$[C_8H_6Cl_2N]^+$ *m/z* 185.9872

$[C_6H_3Cl_2]^+$ *m/z* 144.9606

$[C_6H_3Cl]^+$ *m/z* 108.9840

提取离子流色谱图

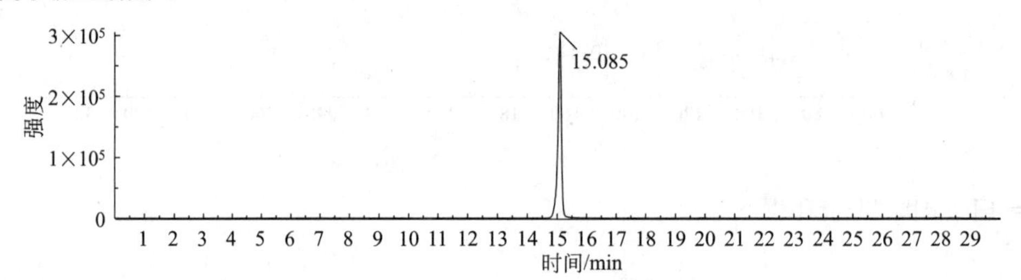

一级质谱图

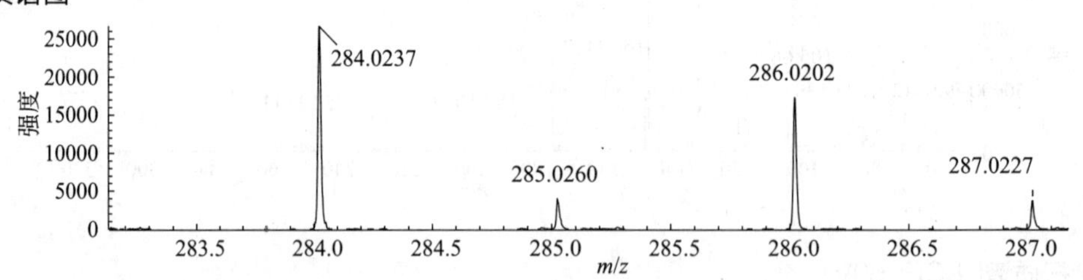

二级全扫质谱图 CE：(35±15)V

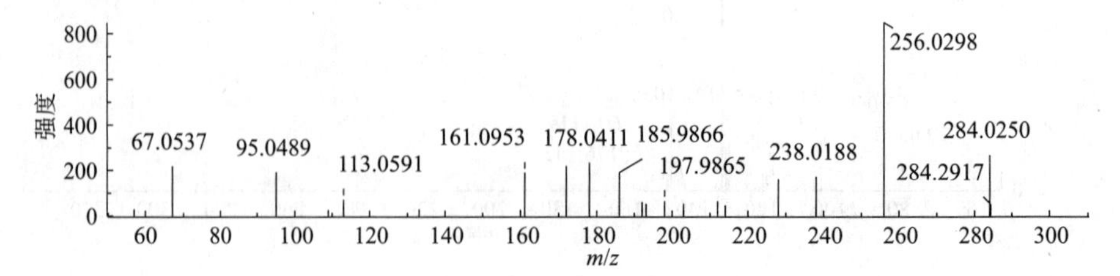

二级全扫质谱图 CE: 10V

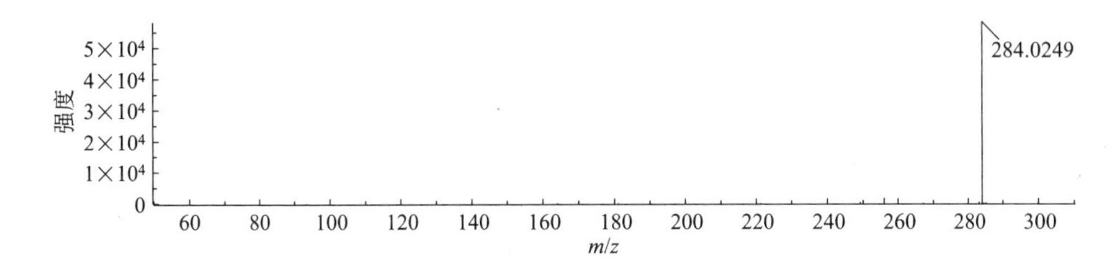

二级全扫质谱图 CE: 20V

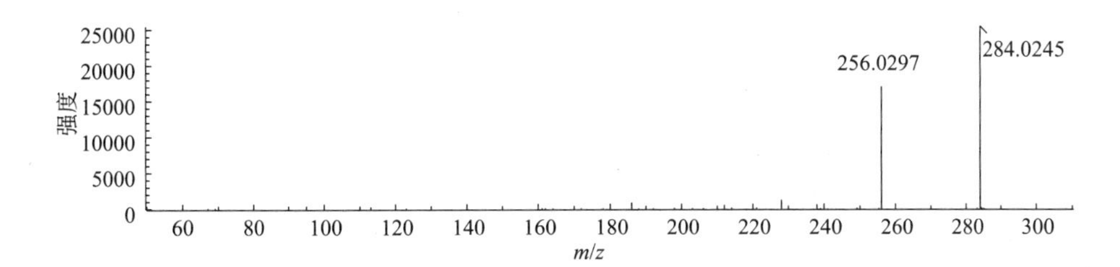

二级全扫质谱图 CE: 35V

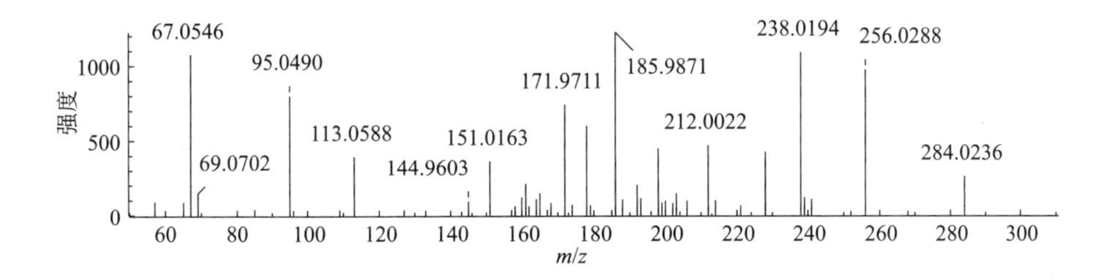

二级全扫质谱图 CE: 50V

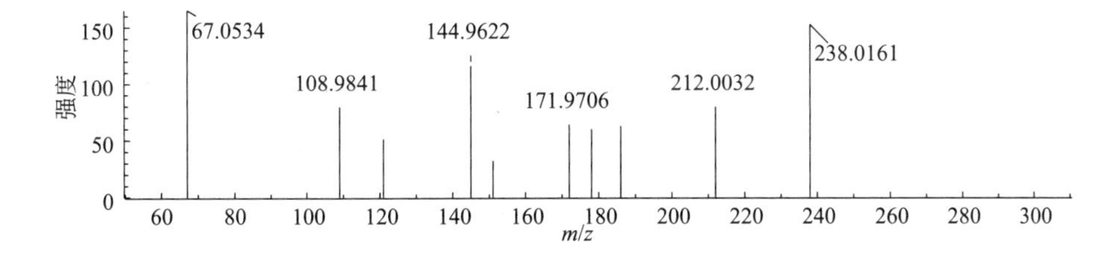

二级全扫质谱图 CE: 60V

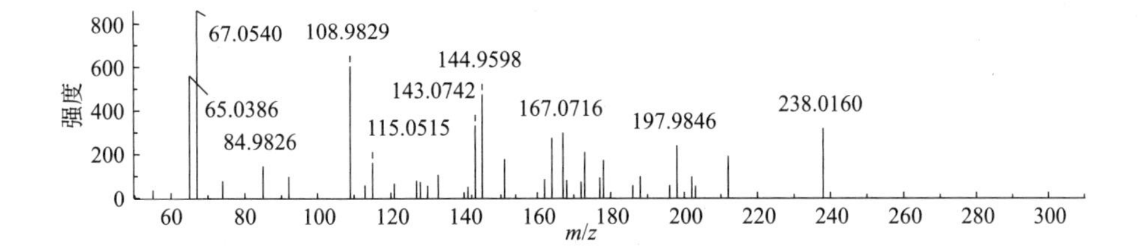

Profenofos

丙溴磷

CAS 号	41198-08-7	保留时间	21.66min
分子式	$C_{11}H_{15}BrClO_3PS$	加合方式	$[M+H]^+$
分子量	371.9351	源内裂解碎片	无

推测裂解规律（裂解路径已经 MS³ 确认）

$[C_{11}H_{15}BrClO_3PS]$ MW 371.9351

$[C_{11}H_{15}BrClO_3PS+H]^+$ *m/z* 372.9424

$[C_9H_{11}BrClO_3PS+H]^+$ *m/z* 344.9111

$[C_6H_5BrClO_3PS+H]^+$ *m/z* 302.8642

$[C_6H_4BrClO_3P]^+$ *m/z* 268.8764

$[C_6H_4BrClO_2PS]^+$ *m/z* 284.8536

$[H_2O_2PS]^+$ *m/z* 96.9508

$[C_6H_3BrClS]^+$ *m/z* 220.8822

$[C_6H_4BrClO+H]^+$ *m/z* 206.9207

$[C_6H_4ClO+H]^+$ *m/z* 128.0023

提取离子流色谱图

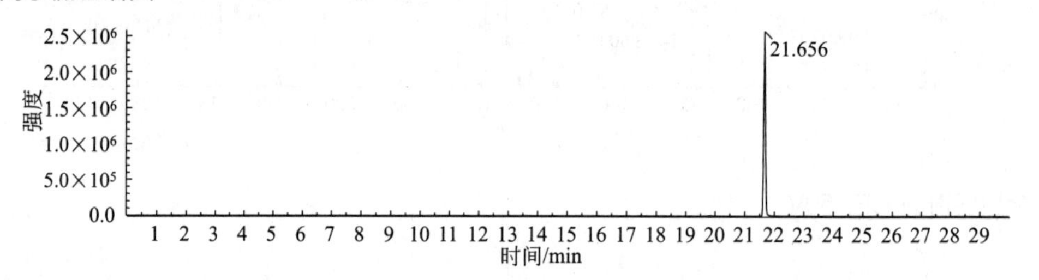

一级质谱图

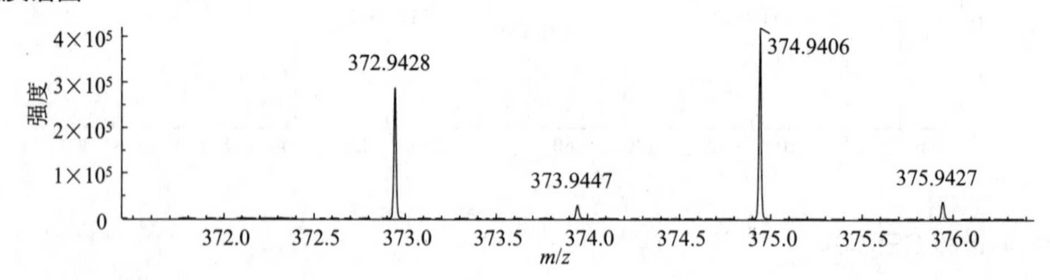

二级全扫质谱图 CE: (35±15)V

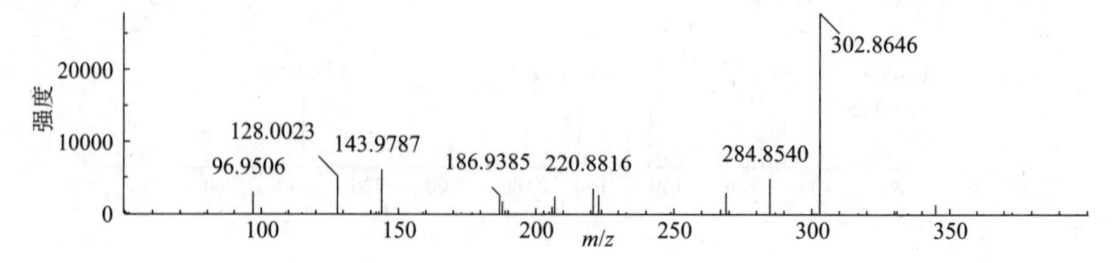

二级全扫质谱图 CE: 10V

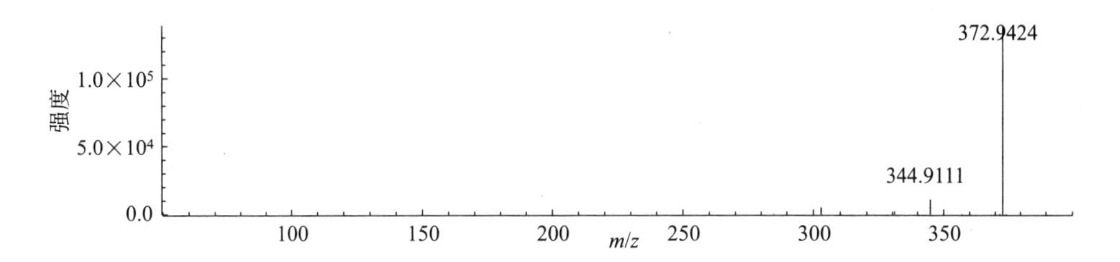

二级全扫质谱图 CE: 20V

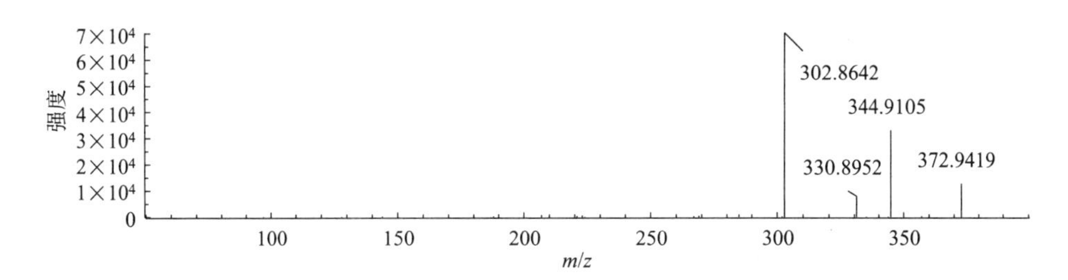

二级全扫质谱图 CE: 35V

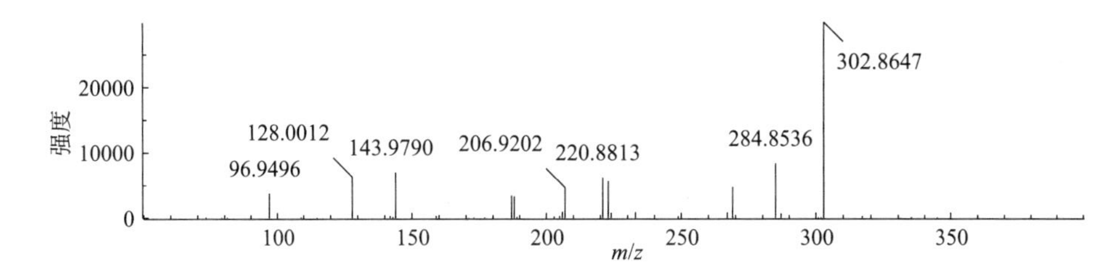

二级全扫质谱图 CE: 50V

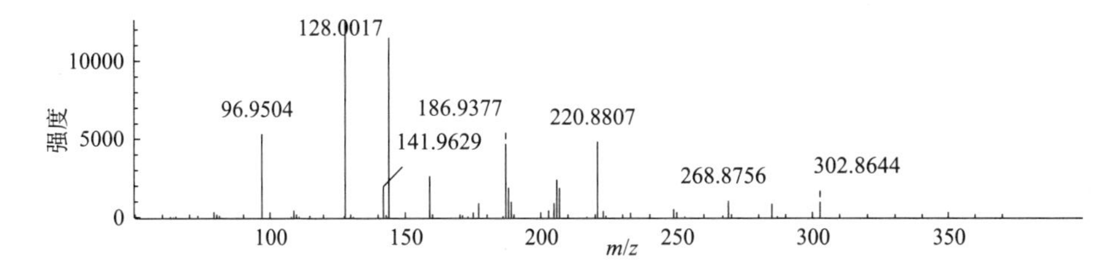

二级全扫质谱图 CE: 60V

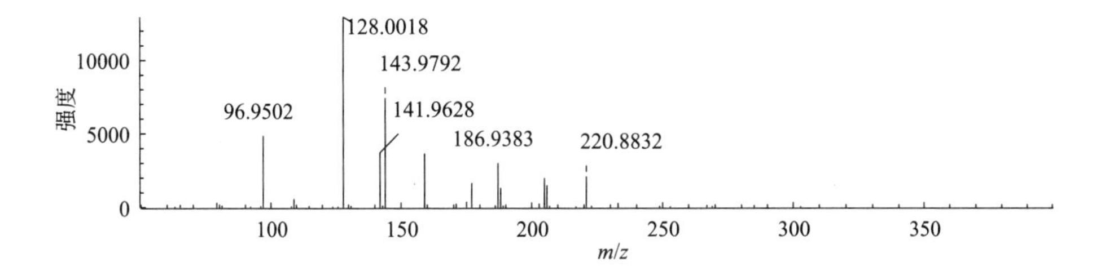

Promecarb
猛杀威

CAS 号	2631-37-0	保留时间	12.46min
分子式	$C_{12}H_{17}NO_2$	加合方式	$[M+H]^+$
分子量	207.1259	源内裂解碎片	无

推测裂解规律

$[C_{12}H_{17}NO_2]$ MW 207.1259 → $[C_{12}H_{17}NO_2+H]^+$ m/z 208.1332 → $[C_{10}H_{14}O+H]^+$ m/z 151.1117 → $[C_7H_8O+H]^+$ m/z 109.0648 → $[C_6H_5O+H]^{\cdot+}$ m/z 94.0413

$[C_7H_8O+H]^+$ → $[C_7H_7]^+$ m/z 91.0542 → $[C_5H_5]^+$ m/z 65.0386

$[C_6H_5O+H]^{\cdot+}$ → $[C_6H_9]^+$ m/z 81.0699

提取离子流色谱图

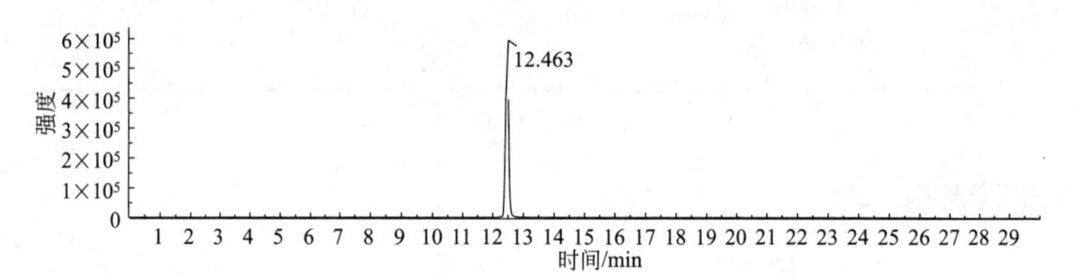

一级质谱图

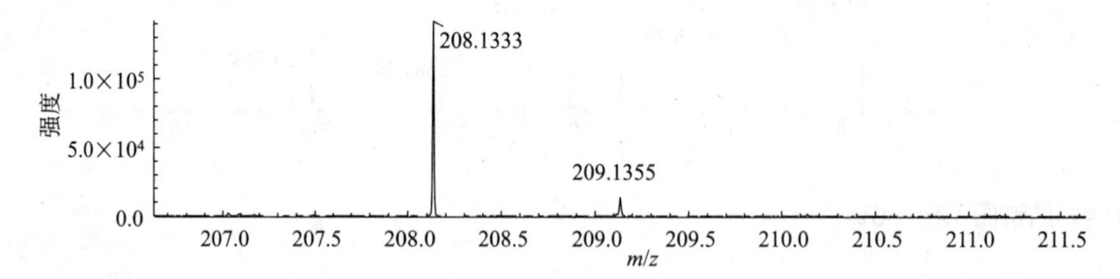

二级全扫质谱图 CE: (35±15)V

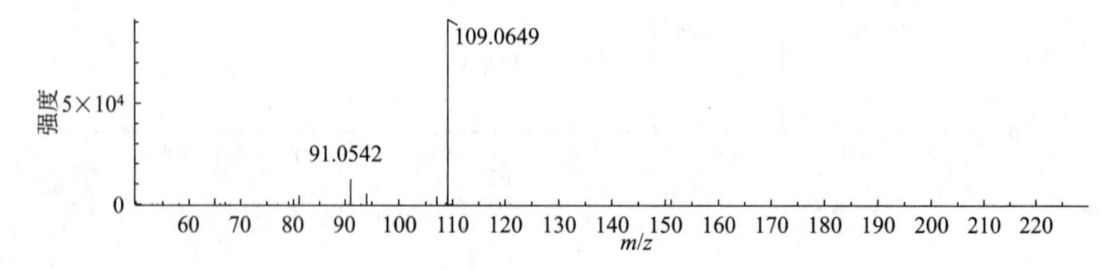

二级全扫质谱图 CE: 10V

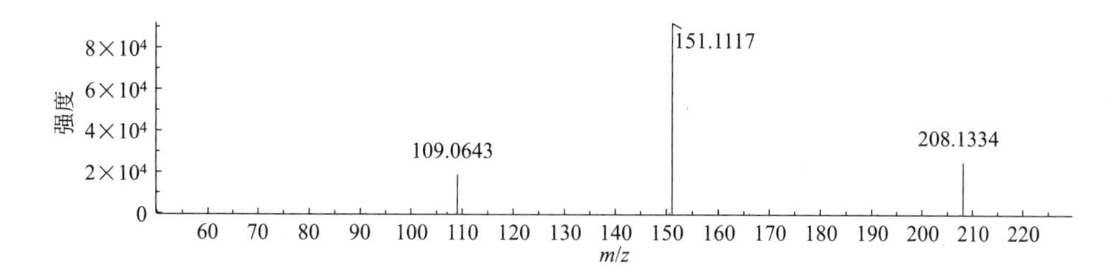

二级全扫质谱图 CE: 20V

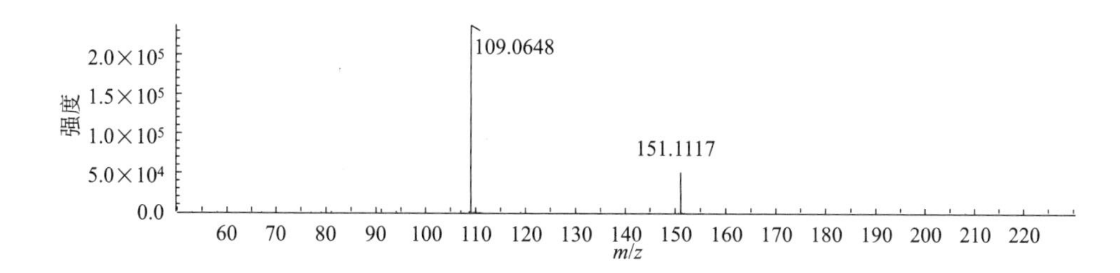

二级全扫质谱图 CE: 35V

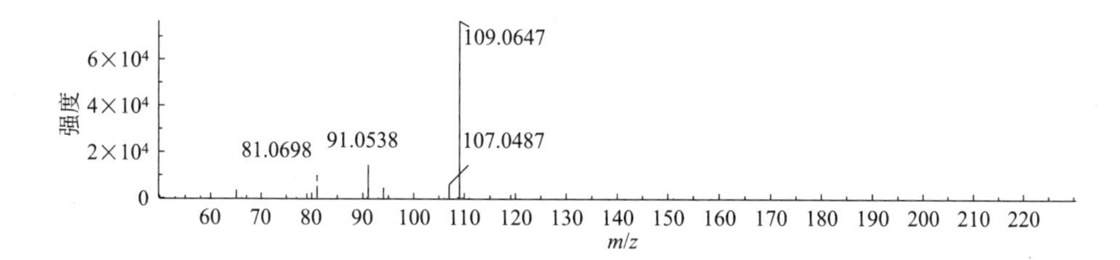

二级全扫质谱图 CE: 50V

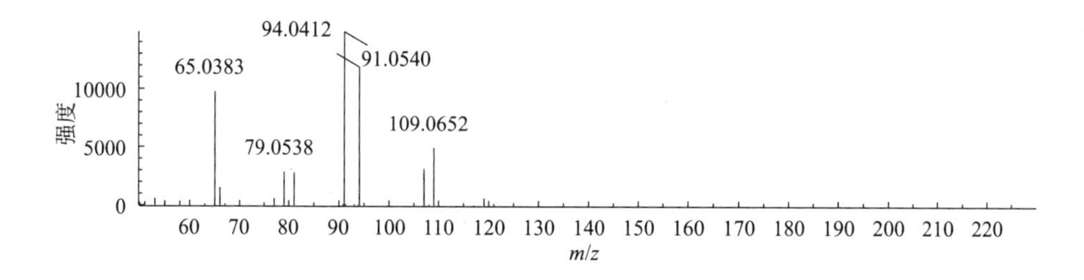

二级全扫质谱图 CE: 60V

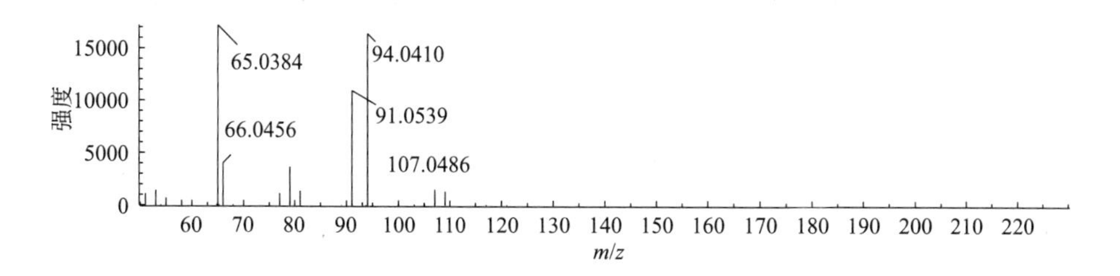

Prometryn
扑草净

CAS号	7287-19-6	保留时间	14.22min
分子式	$C_{10}H_{19}N_5S$	加合方式	$[M+H]^+$
分子量	241.1361	源内裂解碎片	无

推测裂解规律

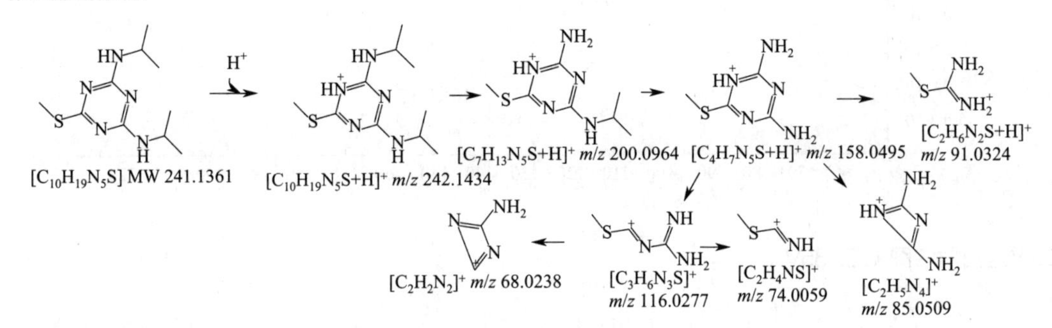

提取离子流色谱图

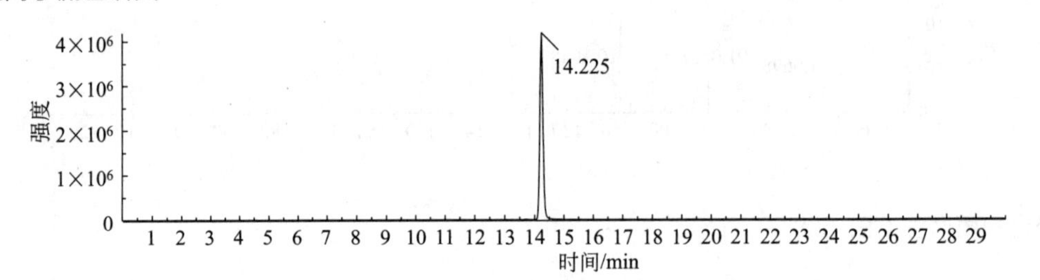

一级质谱图

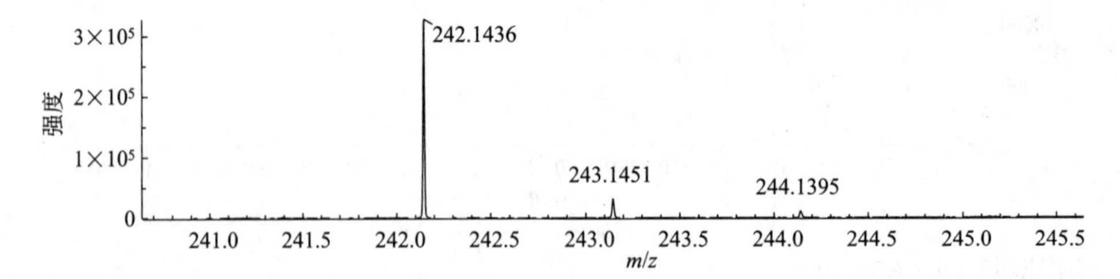

二级全扫质谱图 CE: (35±15)V

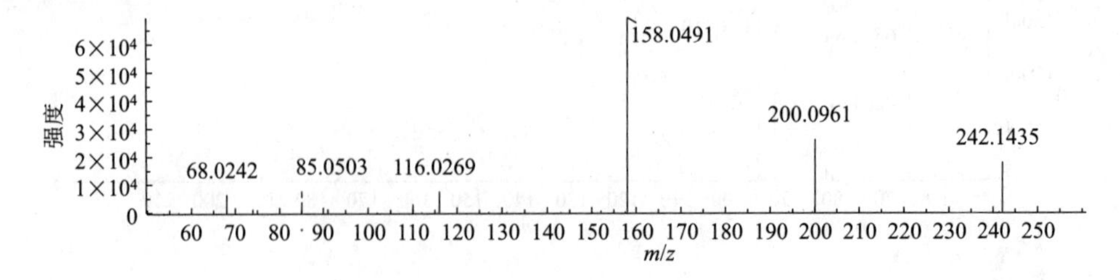

二级全扫质谱图 CE: 10V

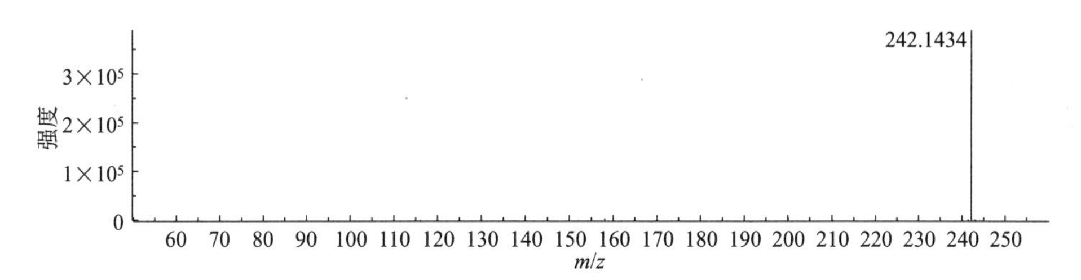

二级全扫质谱图 CE: 20V

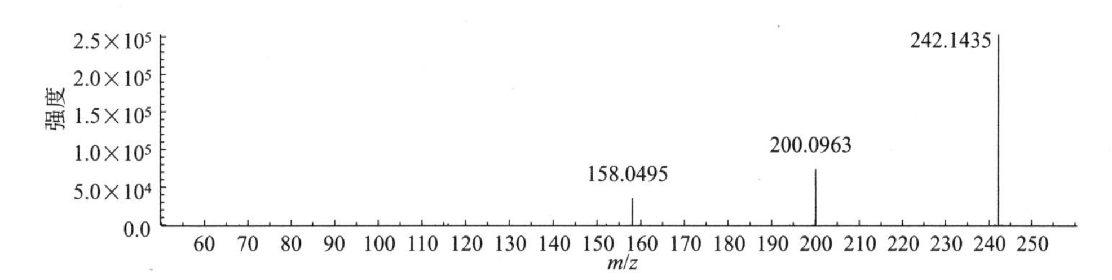

二级全扫质谱图 CE: 35V

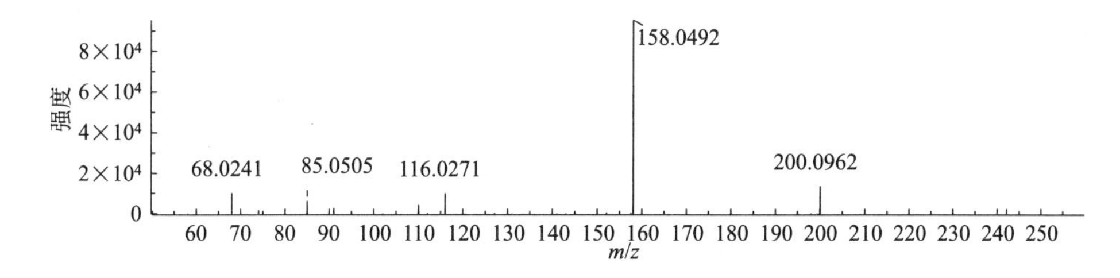

二级全扫质谱图 CE: 50V

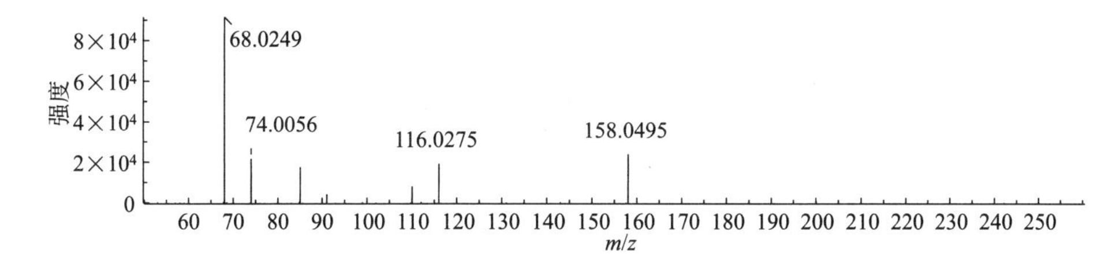

二级全扫质谱图 CE: 60V

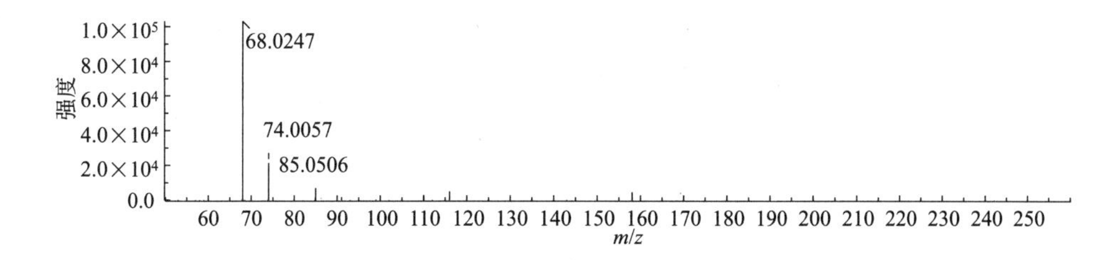

Propachlor
毒草胺

CAS 号	1918-16-7	保留时间	9.22min
分子式	$C_{11}H_{14}ClNO$	加合方式	$[M+H]^+$
分子量	211.0764	源内裂解碎片	*m/z* 170

推测裂解规律（裂解路径已经 MS^3 确认）

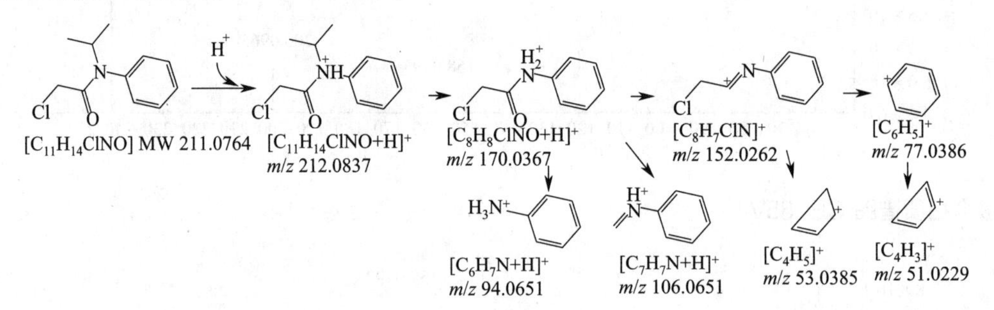

提取离子流色谱图

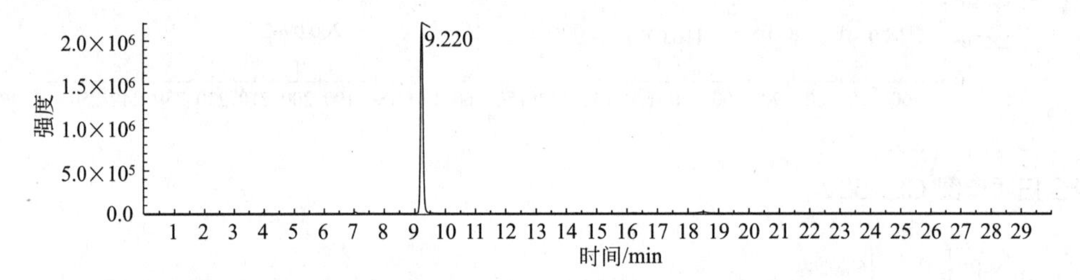

一级质谱图

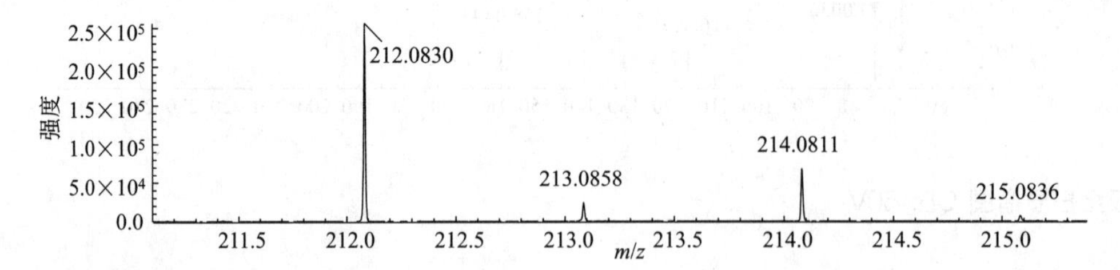

二级全扫质谱图 CE：(35±15)V

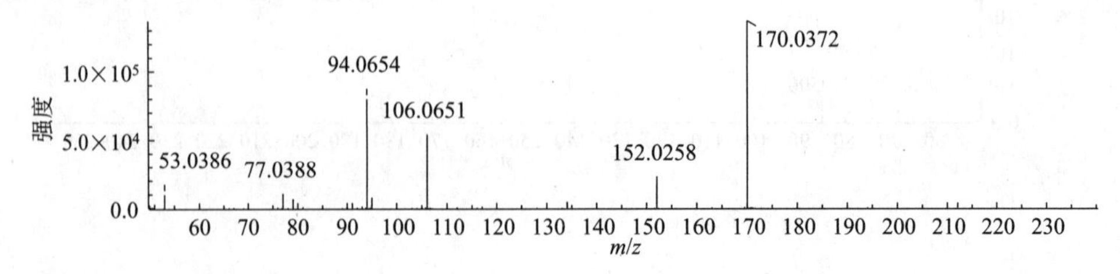

二级全扫质谱图 CE: 10V

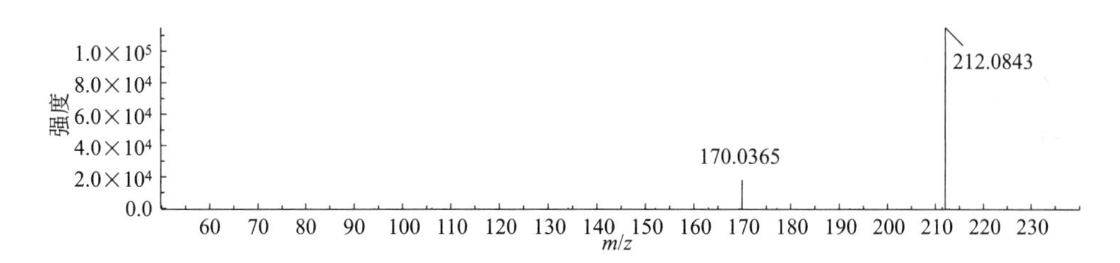

二级全扫质谱图 CE: 20V

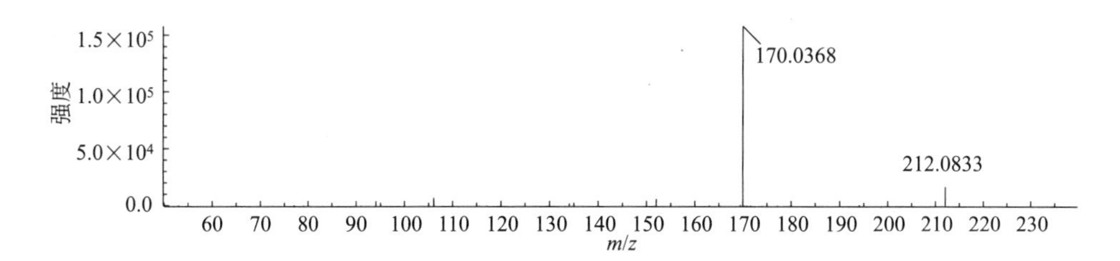

二级全扫质谱图 CE: 35V

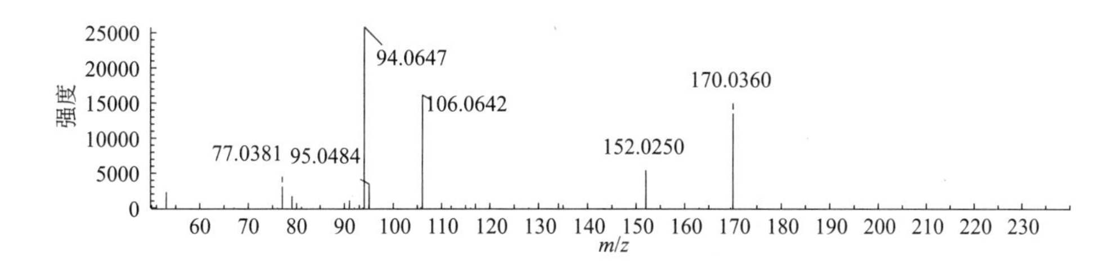

二级全扫质谱图 CE: 50V

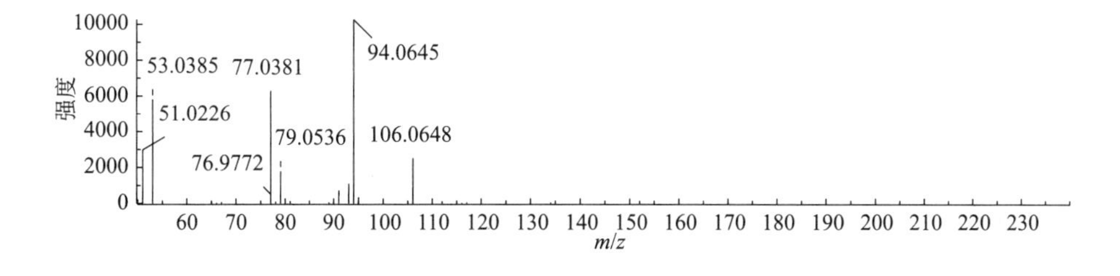

二级全扫质谱图 CE: 60V

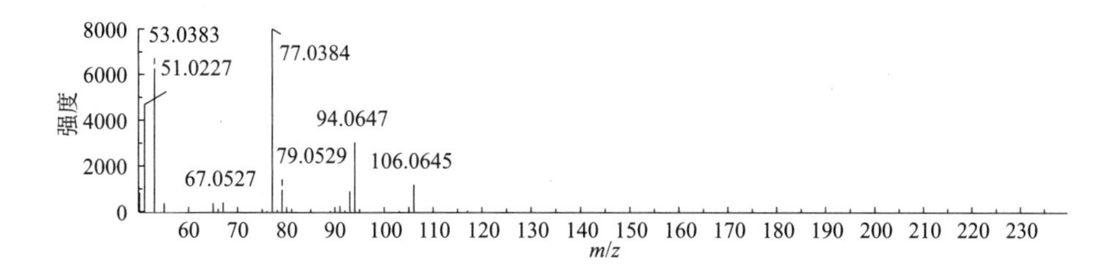

Propamocarb
霜霉威

CAS 号	24579-73-5	保留时间	3.73min
分子式	$C_9H_{20}N_2O_2$	加合方式	$[M+H]^+$
分子量	188.1525	源内裂解碎片	无

推测裂解规律

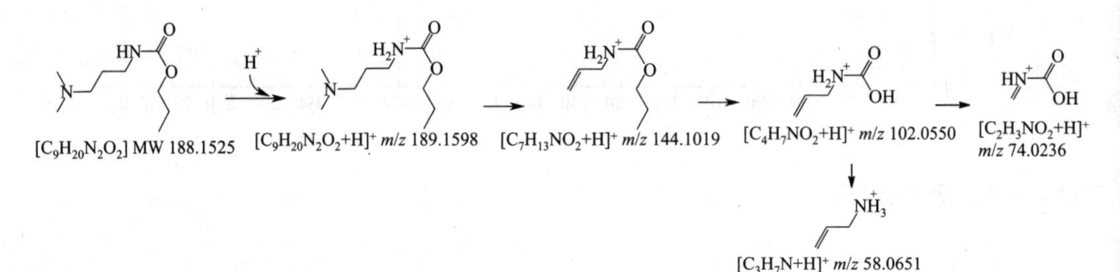

提取离子流色谱图

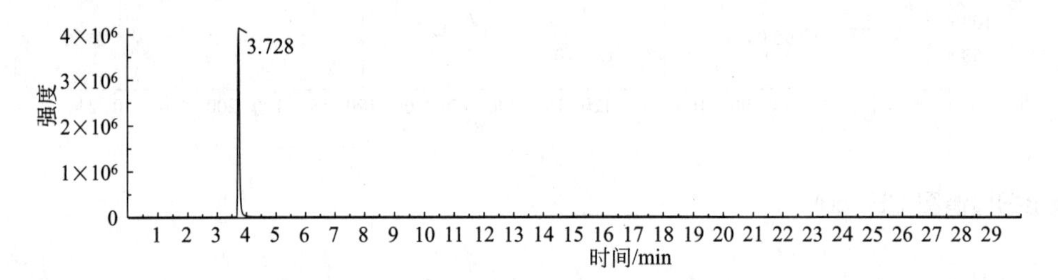

一级质谱图

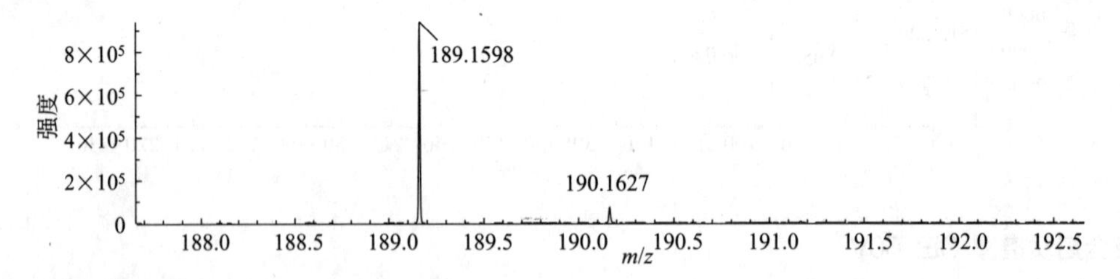

二级全扫质谱图 CE: (35±15)V

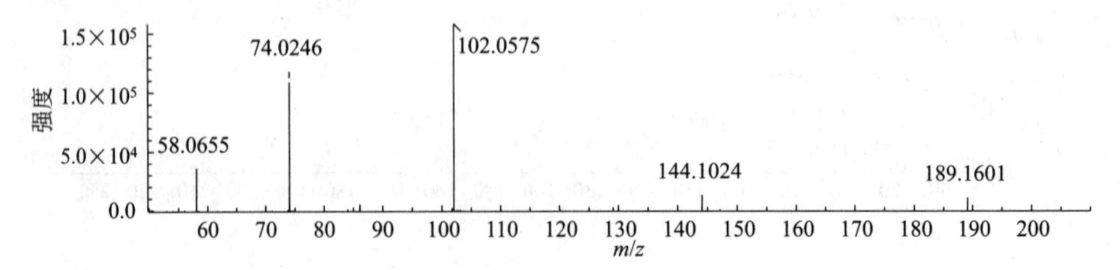

二级全扫质谱图 CE: 10V

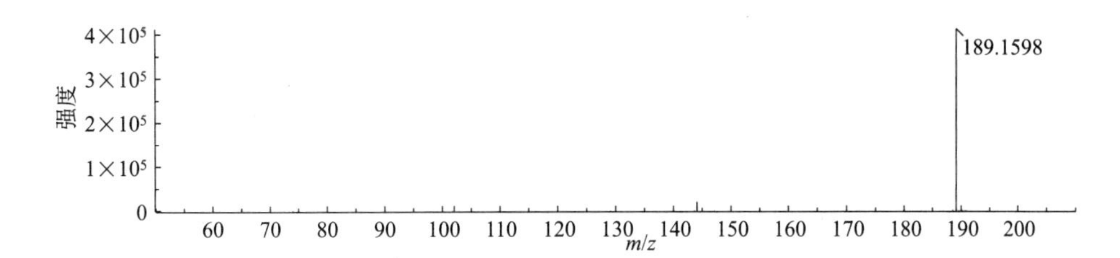

二级全扫质谱图 CE: 20V

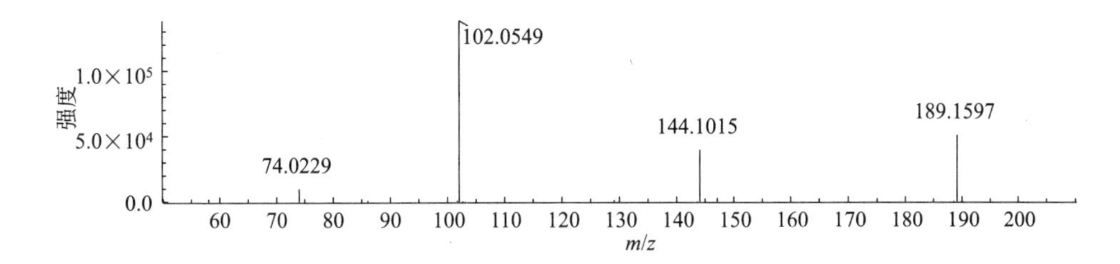

二级全扫质谱图 CE: 35V

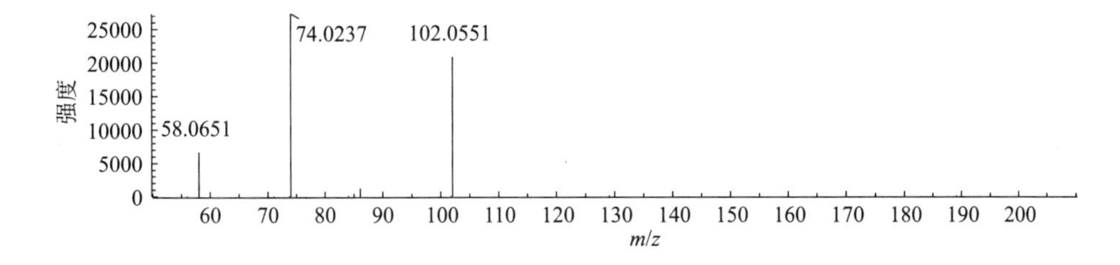

二级全扫质谱图 CE: 50V

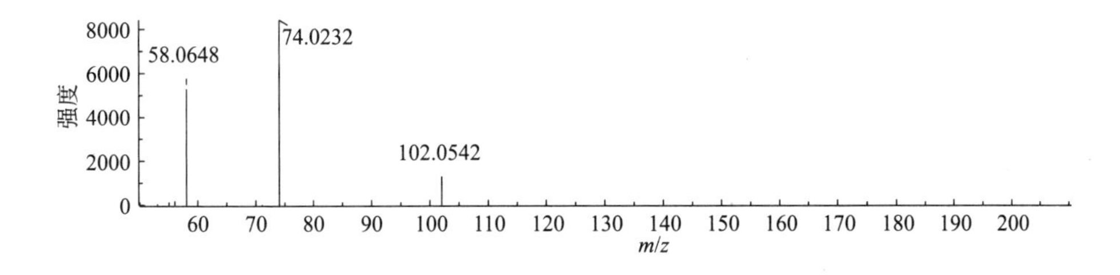

二级全扫质谱图 CE: 60V

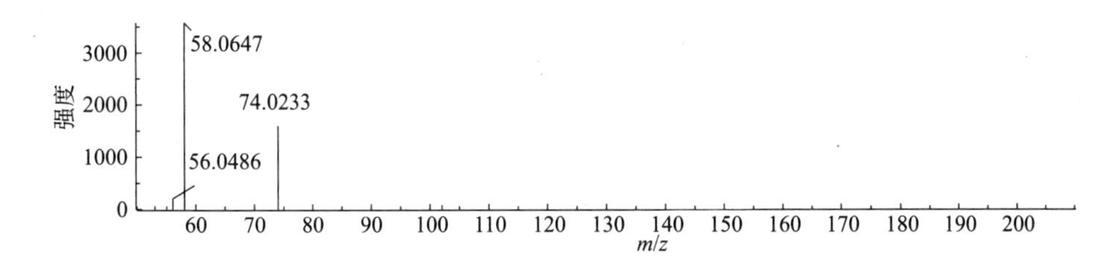

Propanil
敌稗

CAS 号	709-98-8	保留时间	11.33min
分子式	$C_9H_9Cl_2NO$	加合方式	$[M+H]^+$
分子量	217.0061	源内裂解碎片	无

推测裂解规律

$[C_9H_9Cl_2NO]$ MW 217.0061 → $[C_9H_9Cl_2NO+H]^+$ *m/z* 218.0134 → $[C_6H_5Cl_2N+H]^+$ *m/z* 161.9872 → $[C_6H_5ClN+H]^{\cdot+}$ *m/z* 127.0183 → $[C_5H_5]^+$ *m/z* 65.0386

提取离子流色谱图

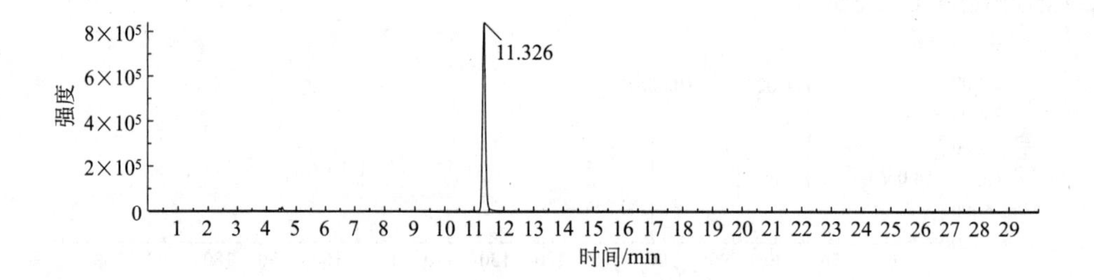

一级质谱图

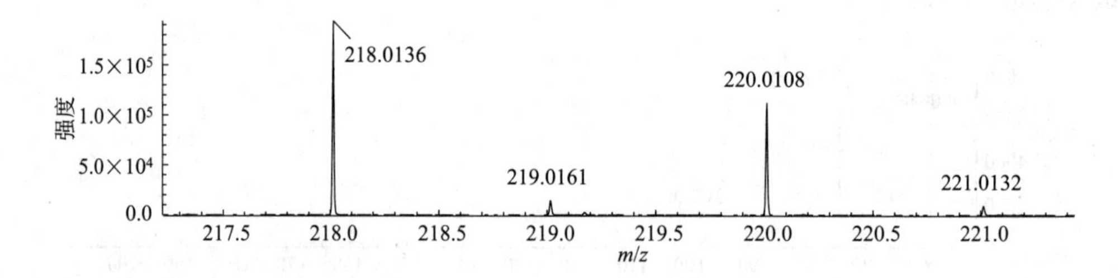

二级全扫质谱图 CE: (35±15)V

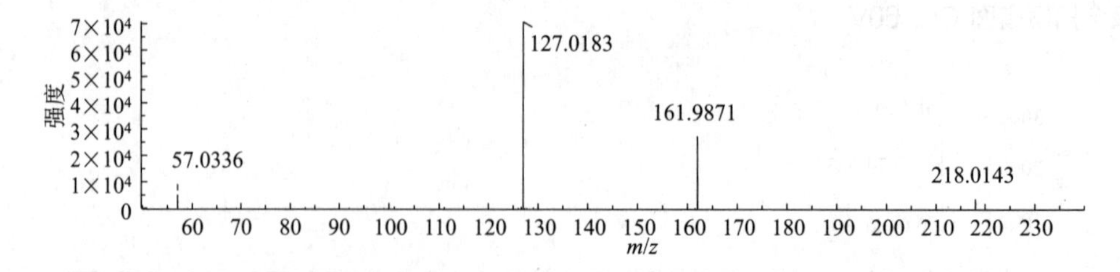

二级全扫质谱图 CE: 10V

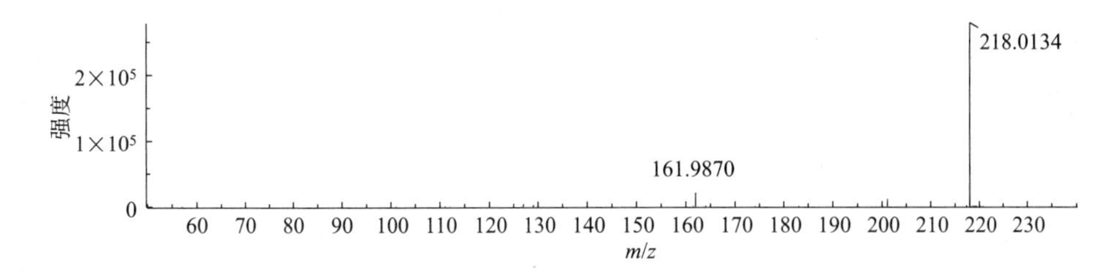

二级全扫质谱图 CE: 20V

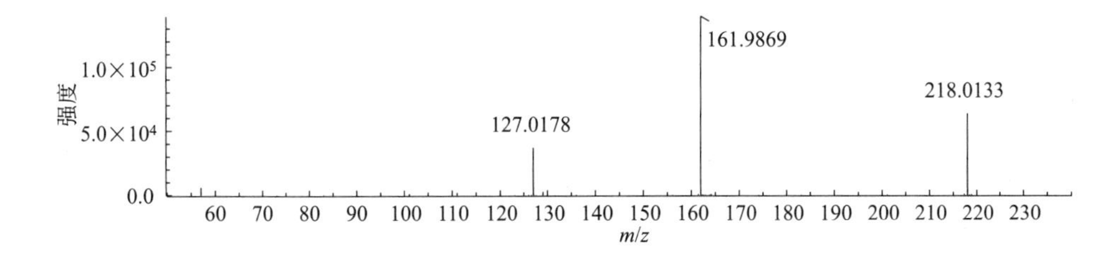

二级全扫质谱图 CE: 35V

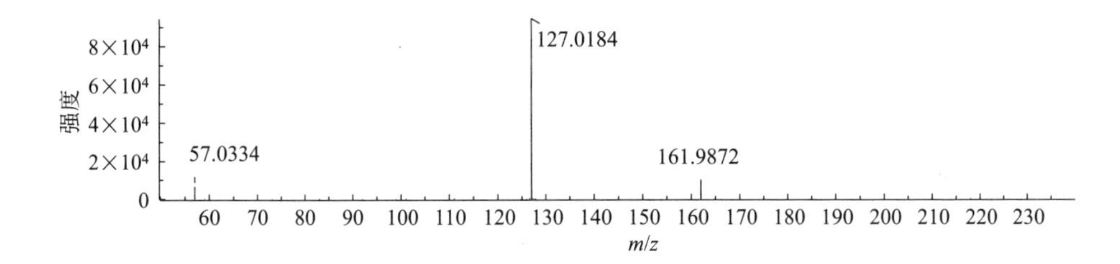

二级全扫质谱图 CE: 50V

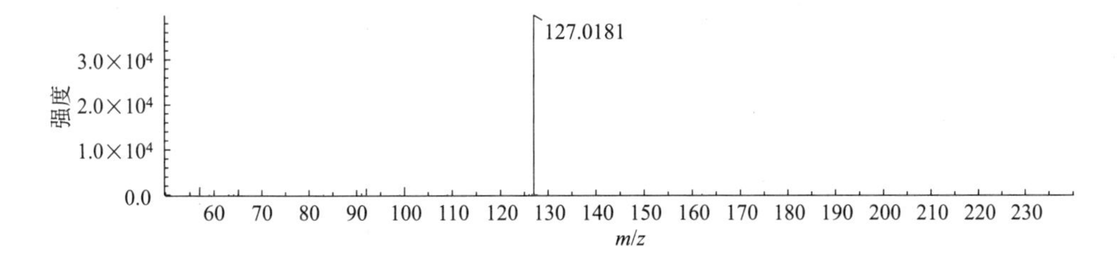

二级全扫质谱图 CE: 60V

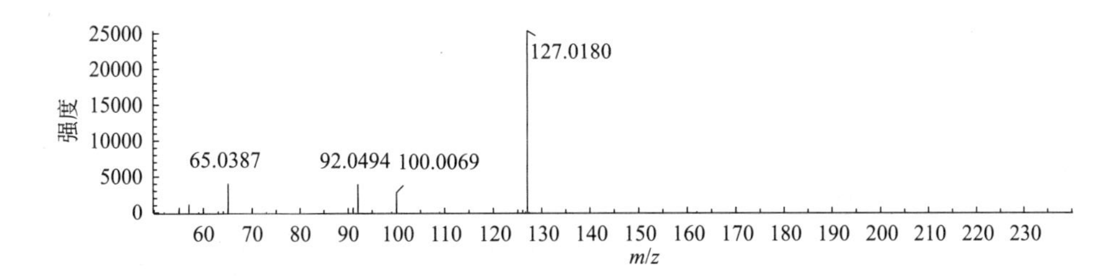

Propaquizafop
喔草酯

CAS 号	111479-05-1	保留时间	22.23min
分子式	$C_{22}H_{22}ClN_3O_5$	加合方式	$[M+H]^+$
分子量	443.1248	源内裂解碎片	无

推测裂解规律

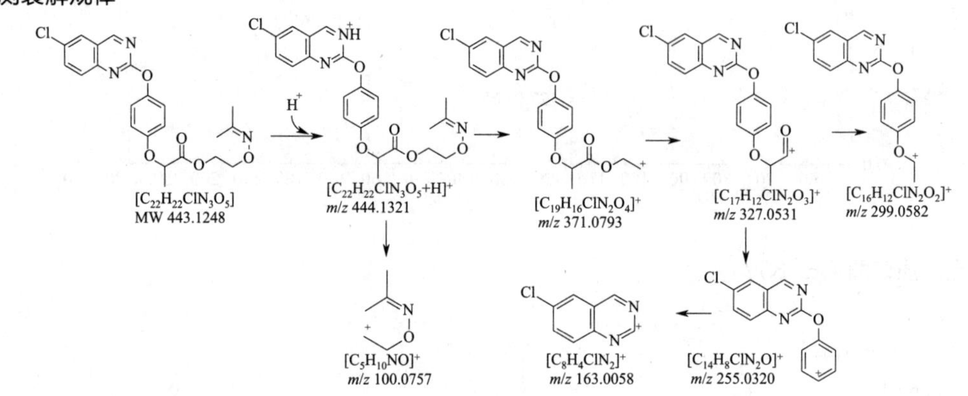

提取离子流色谱图

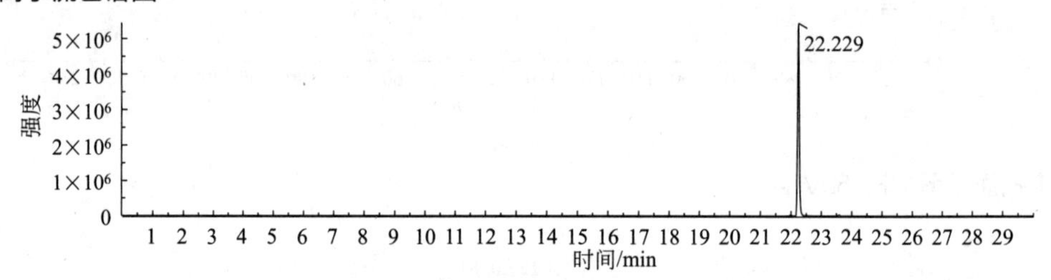

一级质谱图

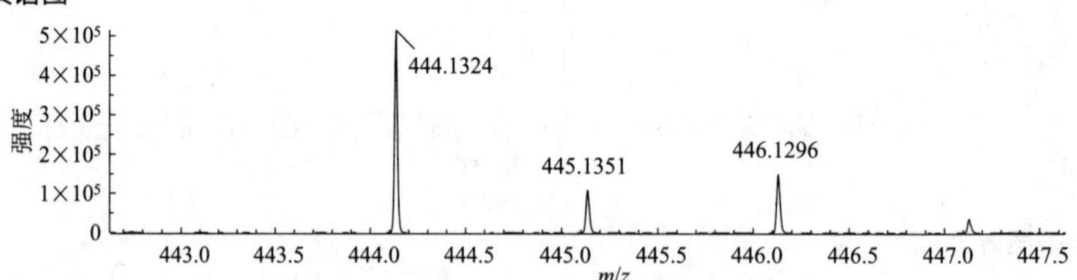

二级全扫质谱图 CE: (35±15)V

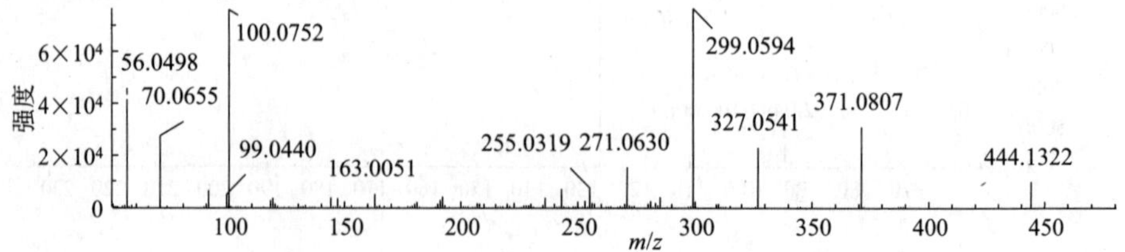

二级全扫质谱图 CE: 10V

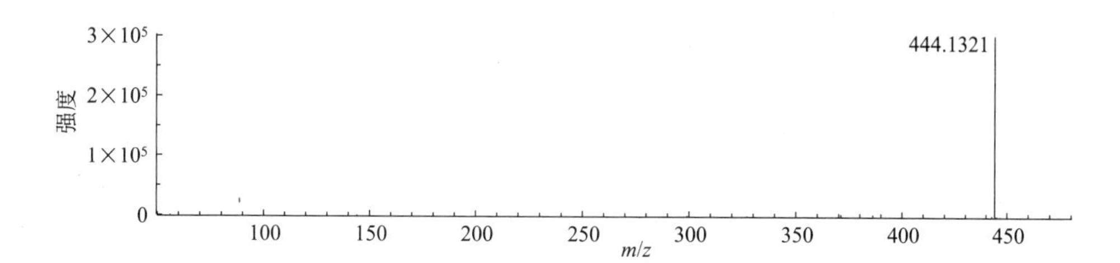

二级全扫质谱图 CE: 20V

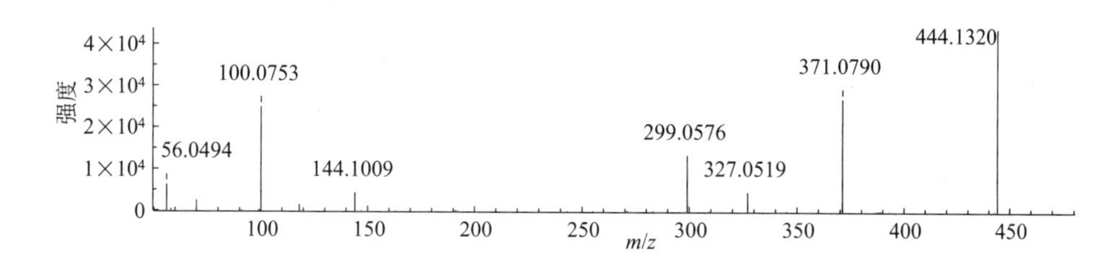

二级全扫质谱图 CE: 35V

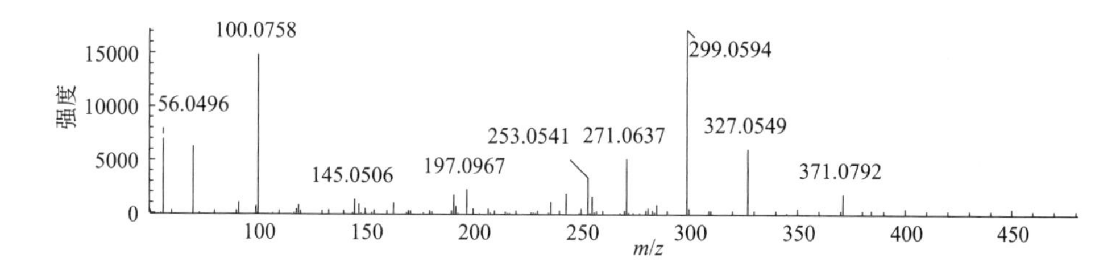

二级全扫质谱图 CE: 50V

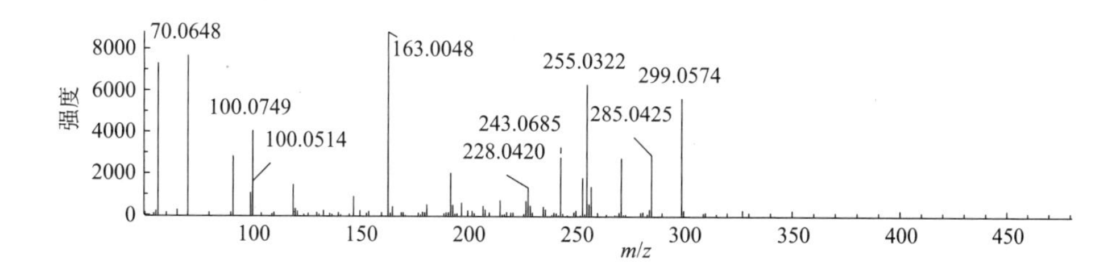

二级全扫质谱图 CE: 60V

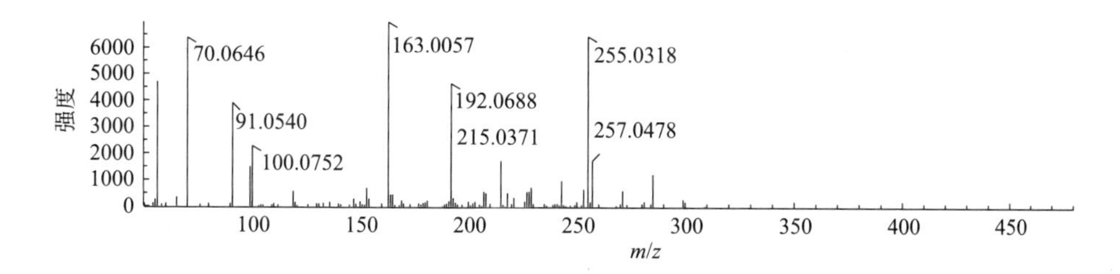

Propargite
炔螨特

CAS 号	2312-35-8	保留时间	23.12min
分子式	$C_{19}H_{26}O_4S$	加合方式	$[M+NH_4]^+$
分子量	350.1552	源内裂解碎片	m/z231

推测裂解规律

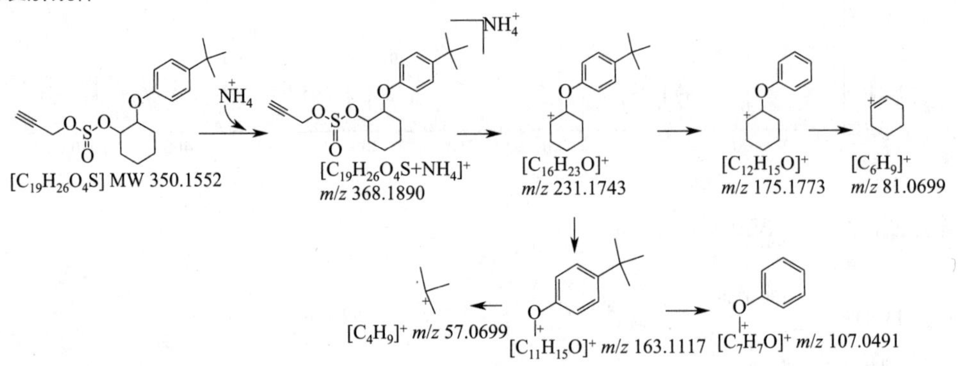

提取离子流色谱图

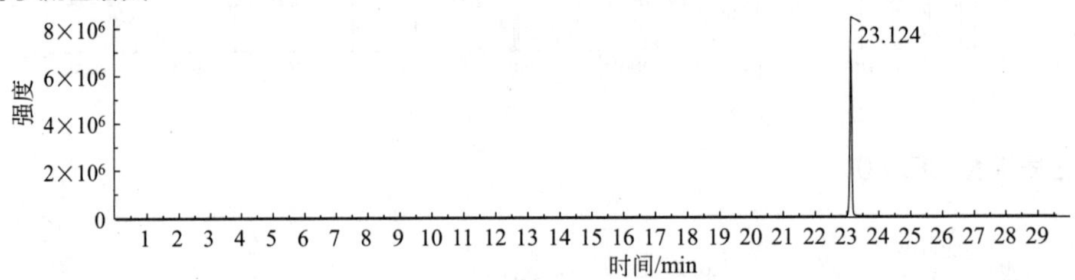

一级质谱图

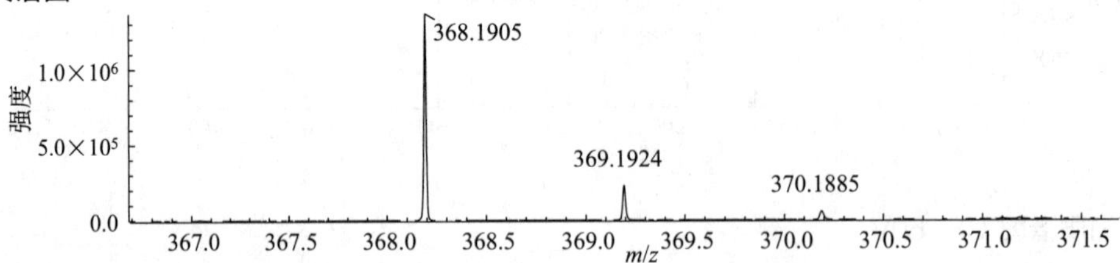

二级全扫质谱图 CE: (35±15)V

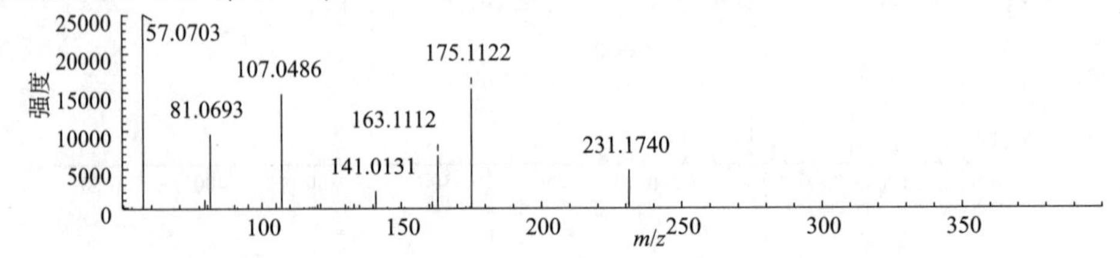

二级全扫质谱图 CE: 10V

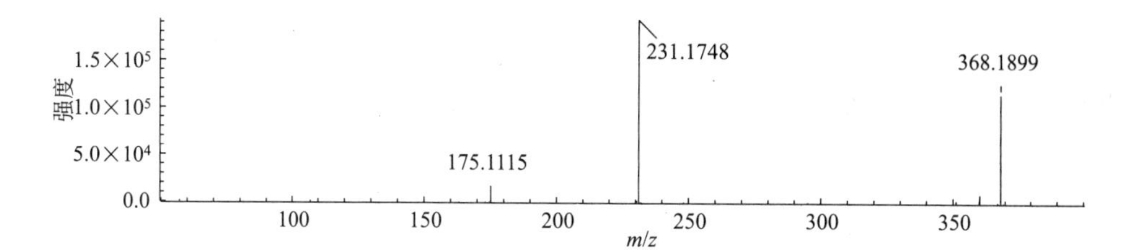

二级全扫质谱图 CE: 20V

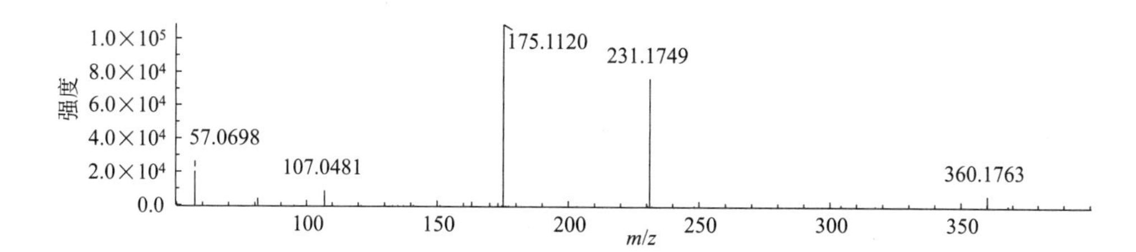

二级全扫质谱图 CE: 35V

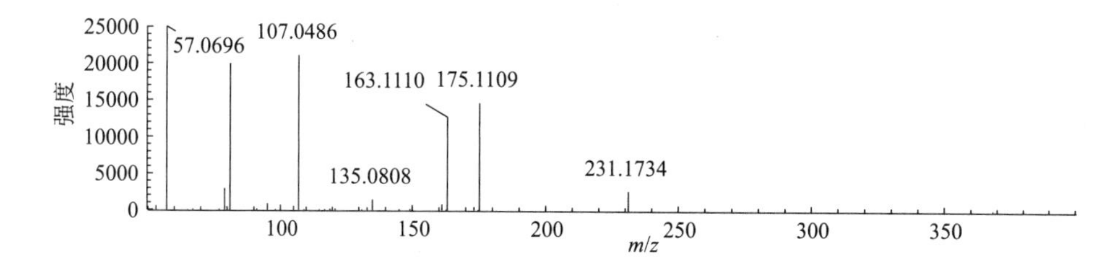

二级全扫质谱图 CE: 50V

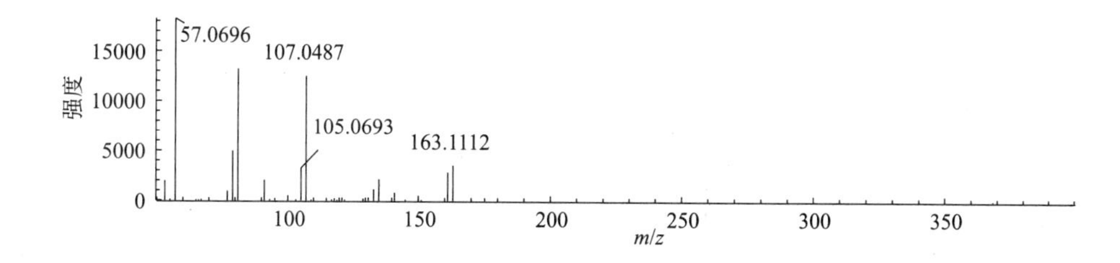

二级全扫质谱图 CE: 60V

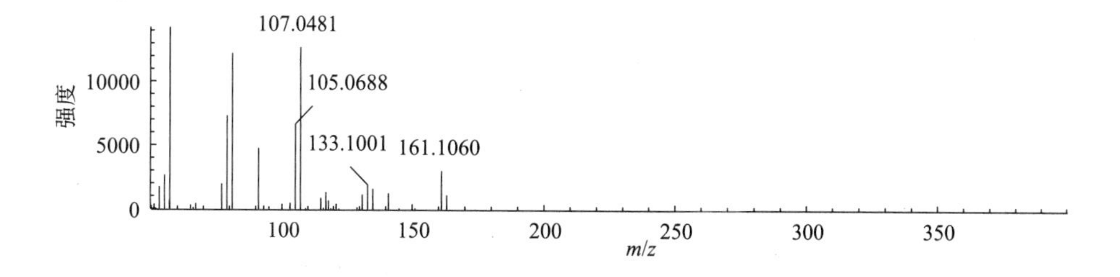

Propargite in-source fragment 231

炔螨特源内裂解碎片 231

CAS 号	—	保留时间	23.12min
分子式	$C_{16}H_{23}O^{+}$	加合方式	$[M]^{+}$
分子量	231.1743	源内裂解碎片	无

推测裂解规律

$[C_7H_7O]^{+}$ *m/z* 107.0491 ← $[C_{11}H_{15}O]^{+}$ *m/z* 163.1117 ← $[C_{16}H_{23}O]^{+}$ *m/z* 231.1743 → $[C_{12}H_{15}O]^{+}$ *m/z* 175.1773 → $[C_6H_9]^{+}$ *m/z* 81.0699

$[C_{11}H_{15}O]^{+}$ *m/z* 163.1117 → $[C_4H_9]^{+}$ *m/z* 57.0699

提取离子流色谱图

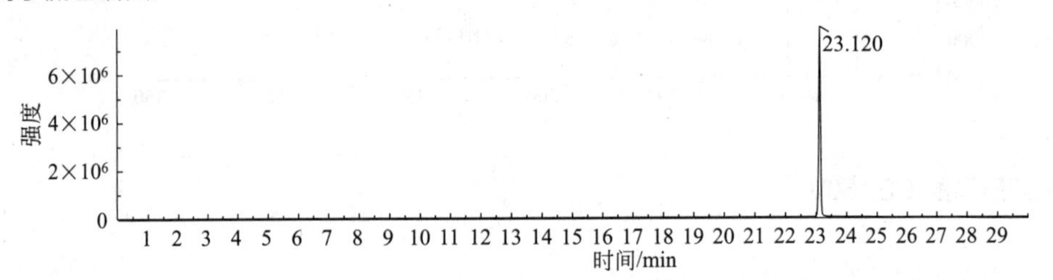

一级质谱图

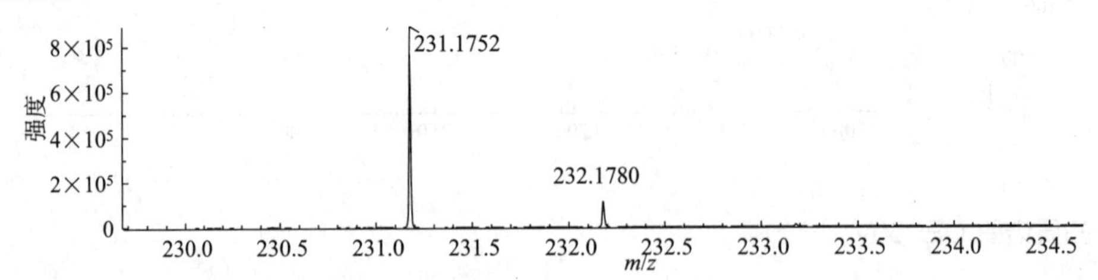

二级全扫质谱图 CE: (35±15)V

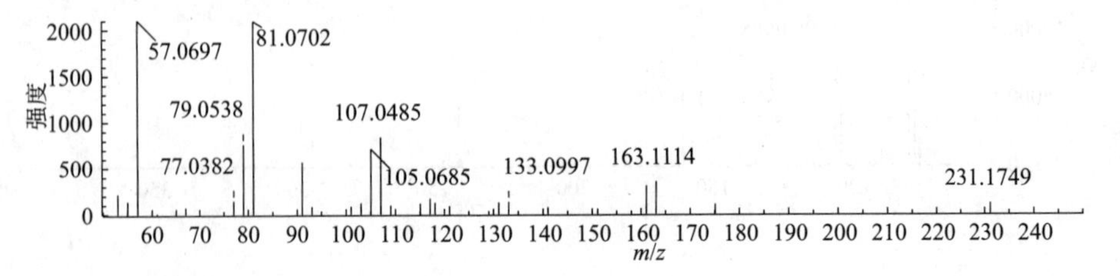

二级全扫质谱图 CE: 10V

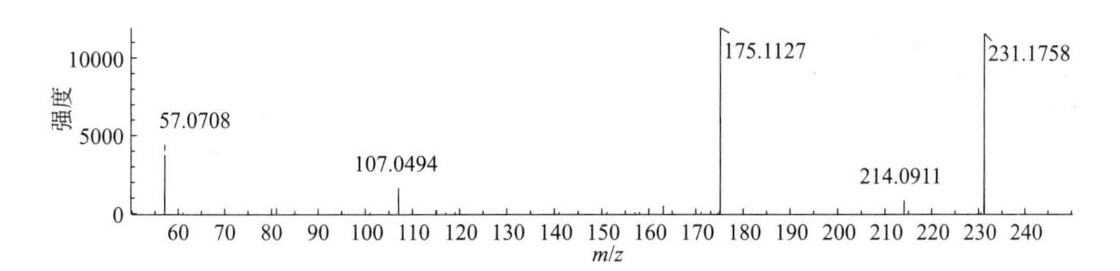

二级全扫质谱图 CE: 20V

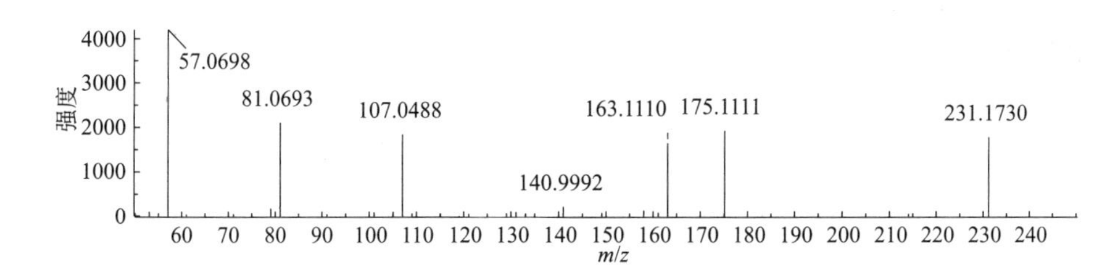

二级全扫质谱图 CE: 35V

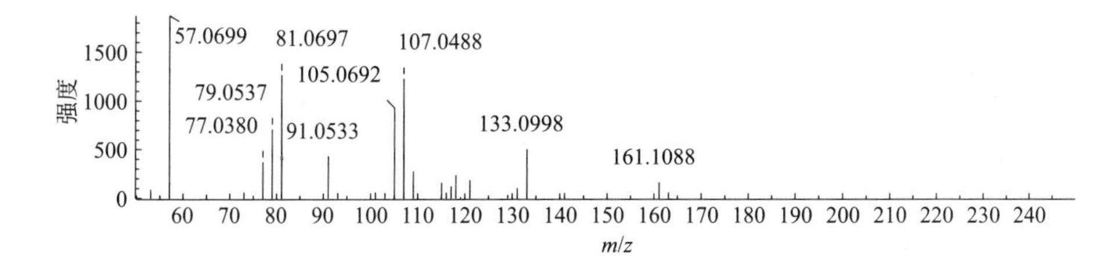

二级全扫质谱图 CE: 50V

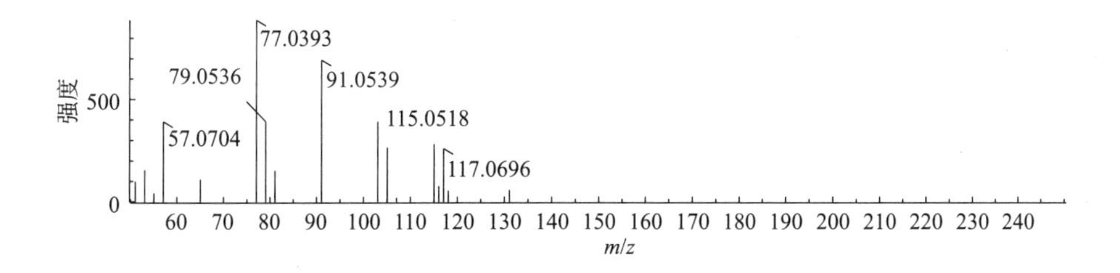

二级全扫质谱图 CE: 60V

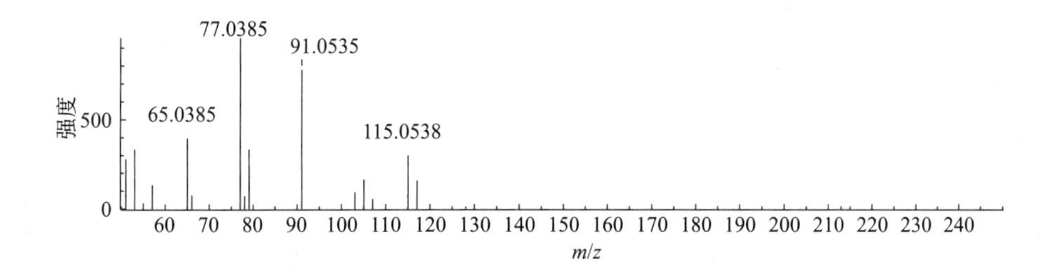

Propiconazole

丙环唑

CAS 号	60207-90-1	保留时间	18.72min
分子式	$C_{15}H_{17}Cl_2N_3O_2$	加合方式	$[M+H]^+$
分子量	341.0698	源内裂解碎片	无

推测裂解规律

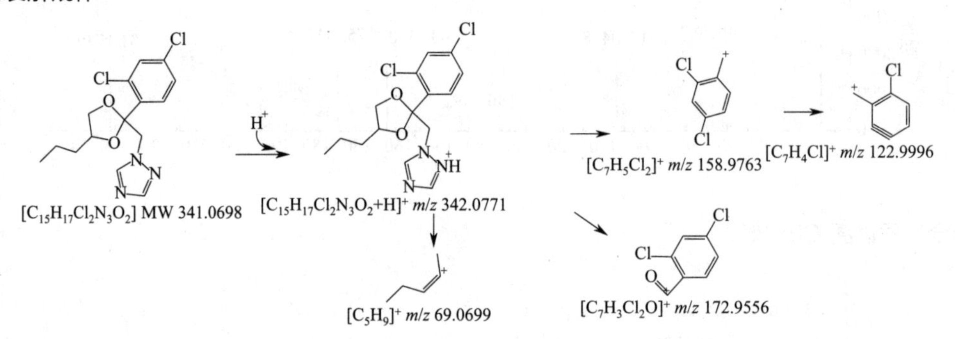

提取离子流色谱图

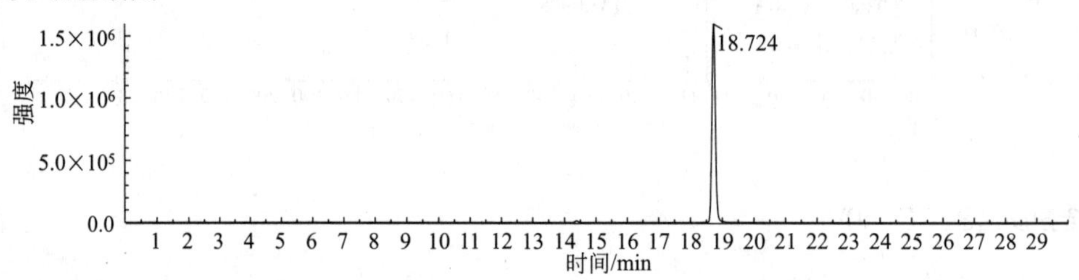

一级质谱图

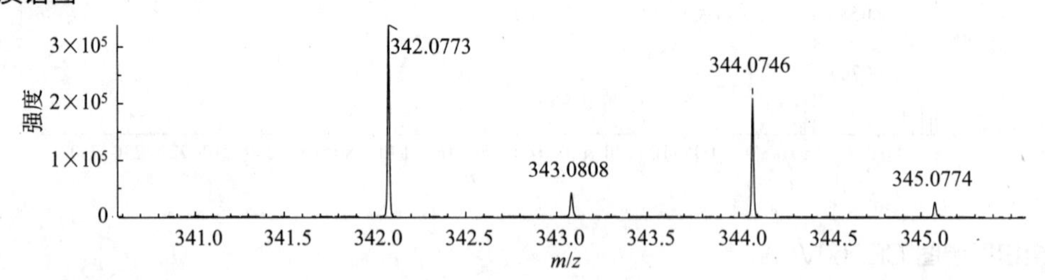

二级全扫质谱图 CE: (35±15)V

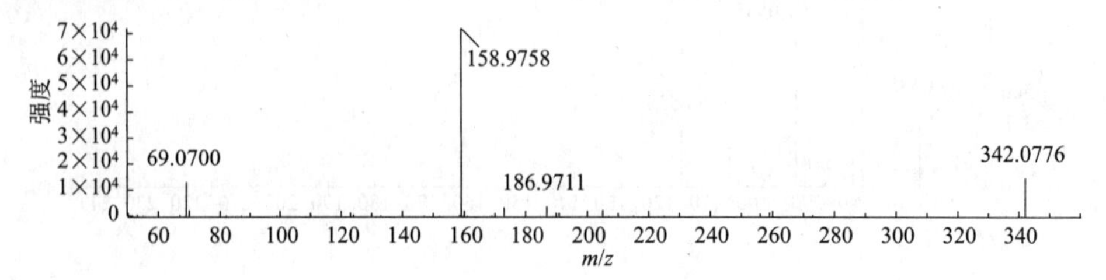

二级全扫质谱图 CE: 10V

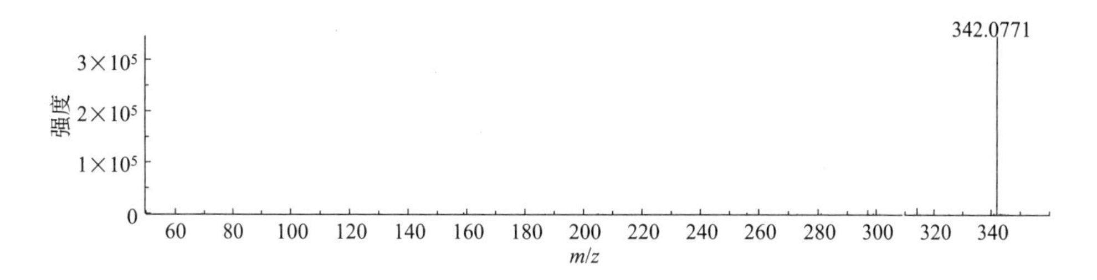

二级全扫质谱图 CE: 20V

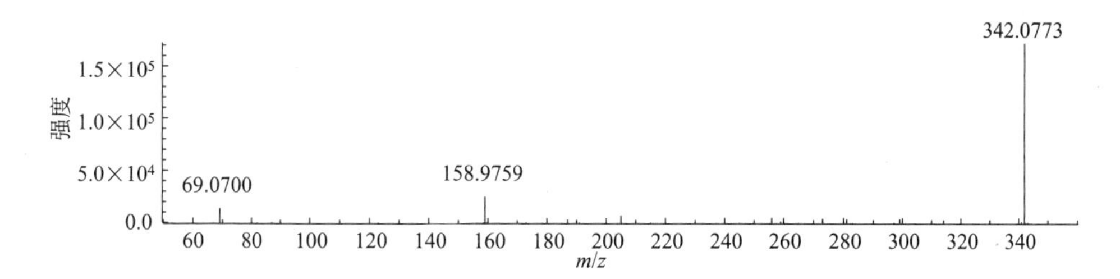

二级全扫质谱图 CE: 35V

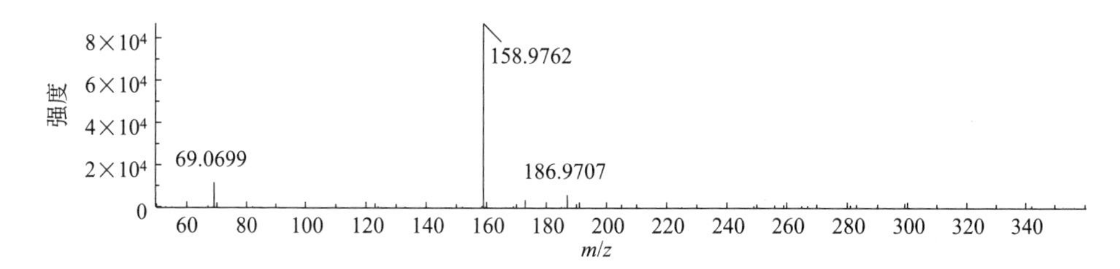

二级全扫质谱图 CE: 50V

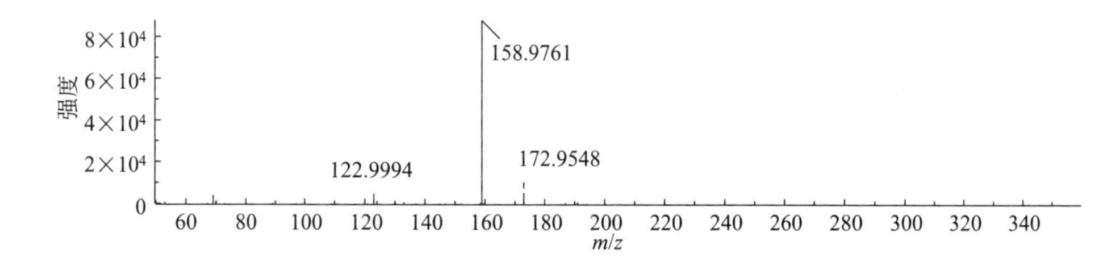

二级全扫质谱图 CE: 60V

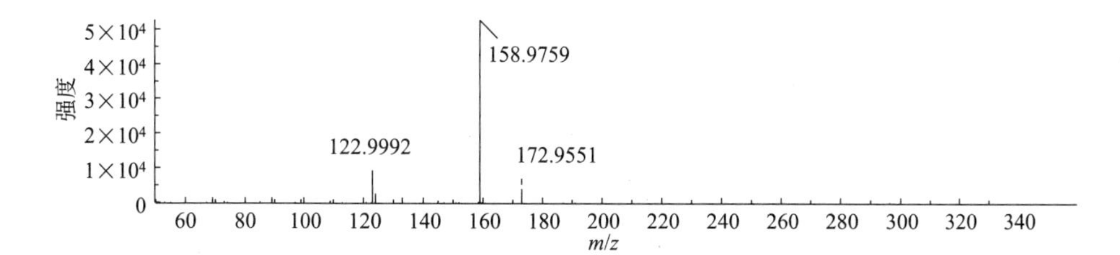

Propisochlor
异丙草胺

CAS 号	86763-47-5	保留时间	18.58min
分子式	$C_{15}H_{22}ClNO_2$	加合方式	$[M+H]^+$
分子量	283.1339	源内裂解碎片	无

推测裂解规律

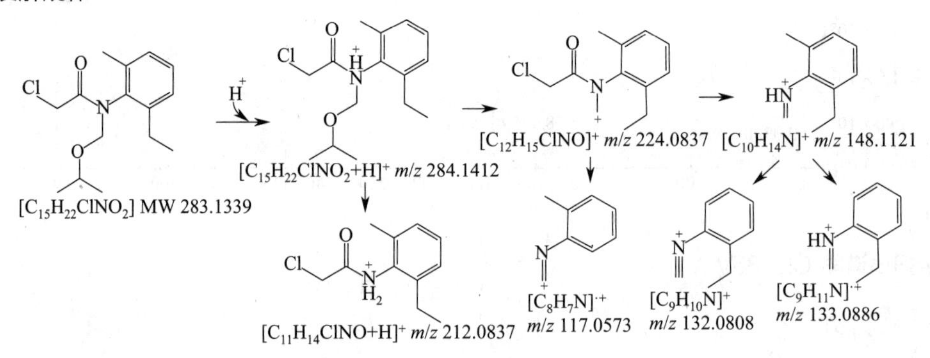

提取离子流色谱图

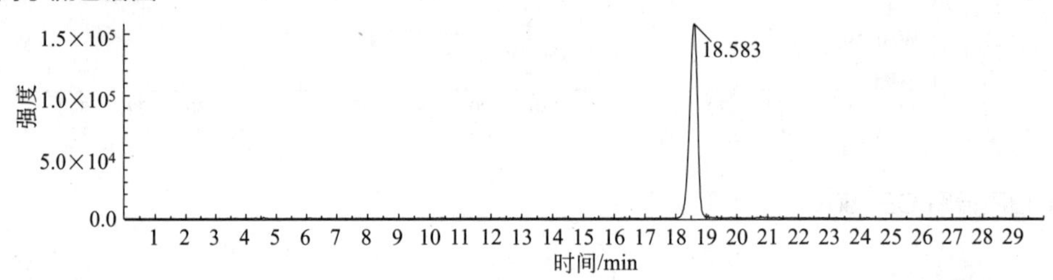

一级质谱图

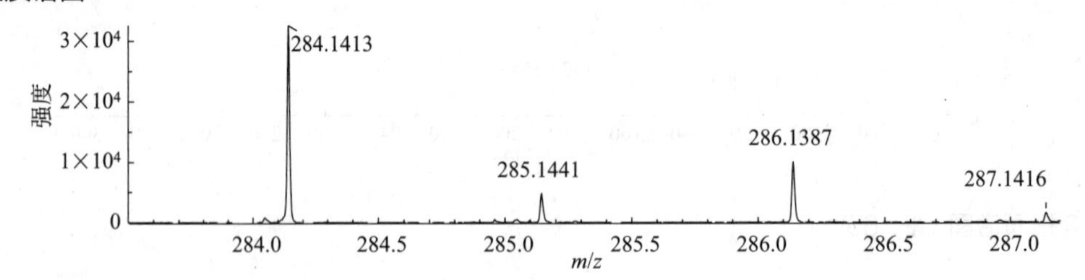

二级全扫质谱图 CE: (35±15)V

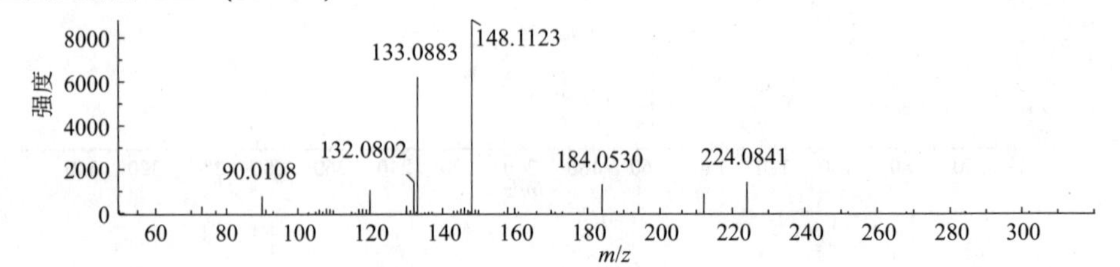

二级全扫质谱图 CE: 10V

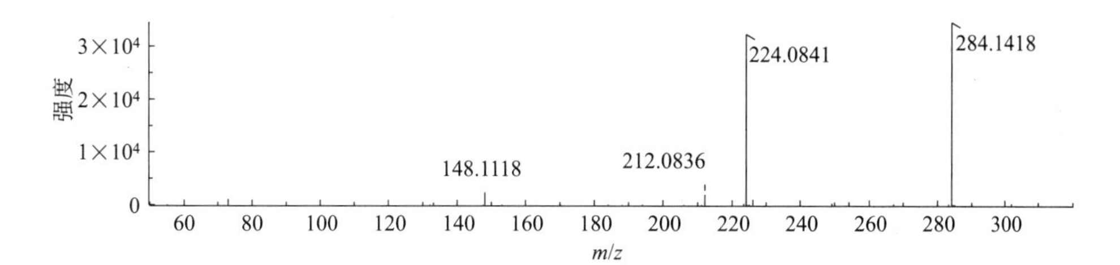

二级全扫质谱图 CE: 20V

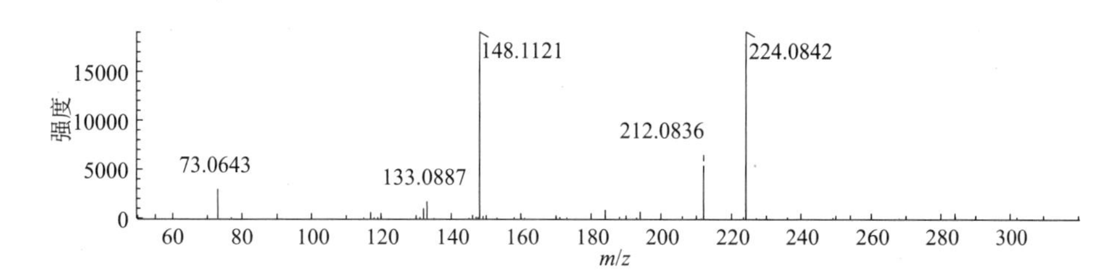

二级全扫质谱图 CE: 35V

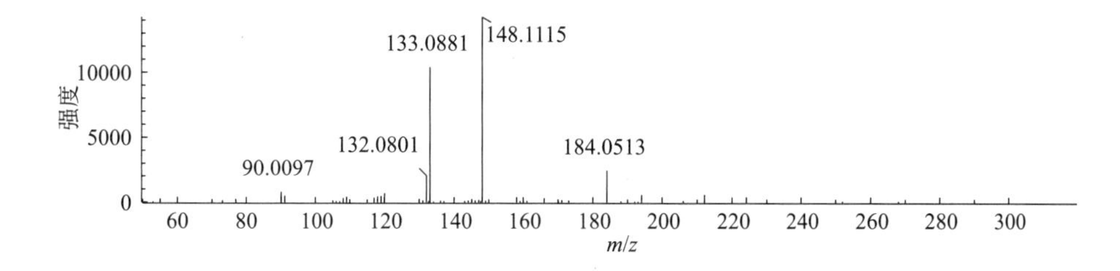

二级全扫质谱图 CE: 50V

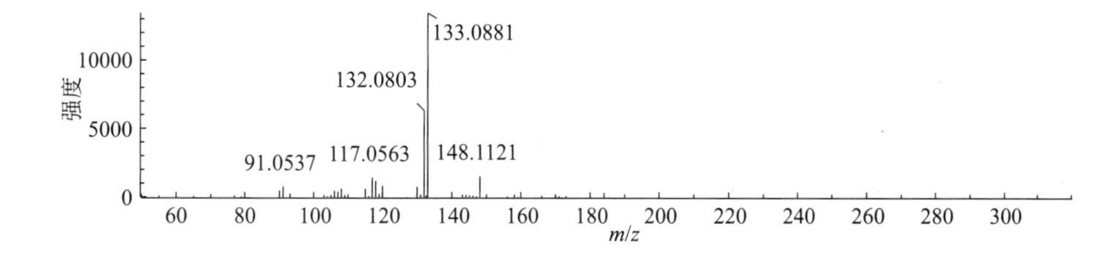

二级全扫质谱图 CE: 60V

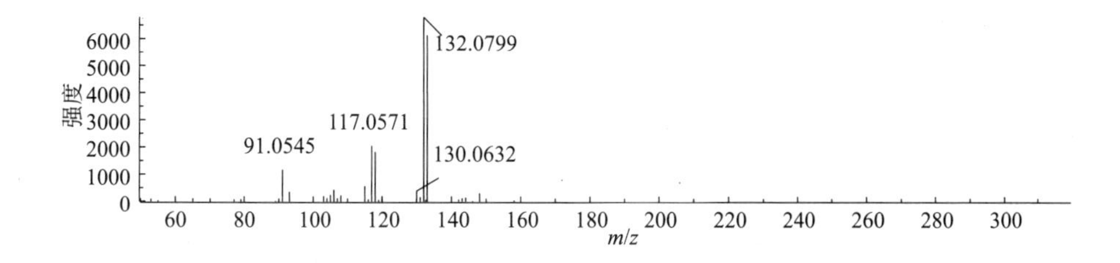

Propoxur

残杀威

CAS 号	114-26-1	保留时间	6.63min
分子式	$C_{11}H_{15}NO_3$	加合方式	$[M+H]^+$
分子量	209.1052	源内裂解碎片	*m/z* 111,153,168

推测裂解规律

$[C_{11}H_{15}NO_3]$ MW 209.1052

H^+

$[C_{11}H_{15}NO_3+H]^+$ *m/z* 210.1125

$[C_9H_{12}O_2+H]^+$ *m/z* 153.0910

$[C_8H_9NO_3+H]^+$ *m/z* 168.0655

$[C_6H_6O_2+H]^+$ *m/z* 111.0441

$[C_6H_5O]^+$ *m/z* 93.0335

$[C_5H_5]^+$ *m/z* 65.0386

提取离子流色谱图

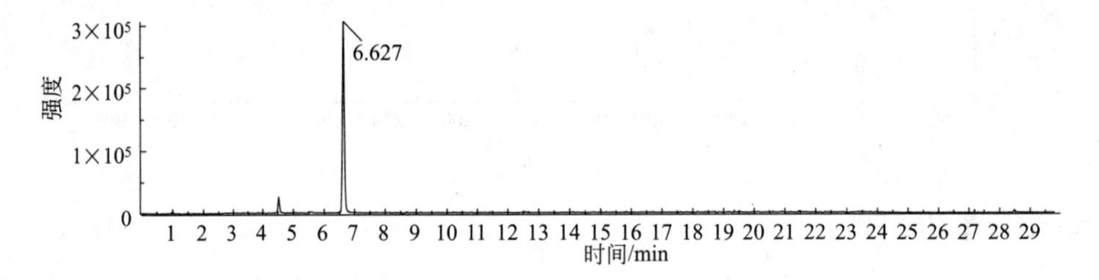

一级质谱图

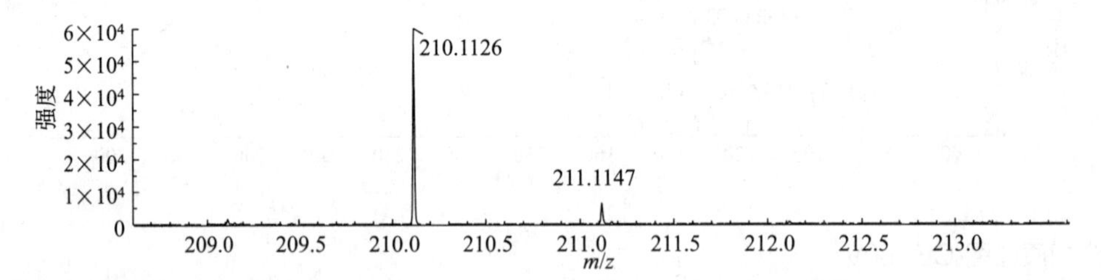

二级全扫质谱图 CE: (35±15)V

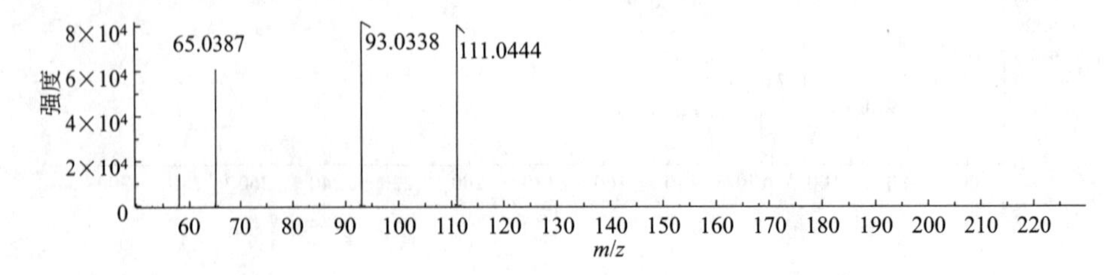

二级全扫质谱图 CE: 10V

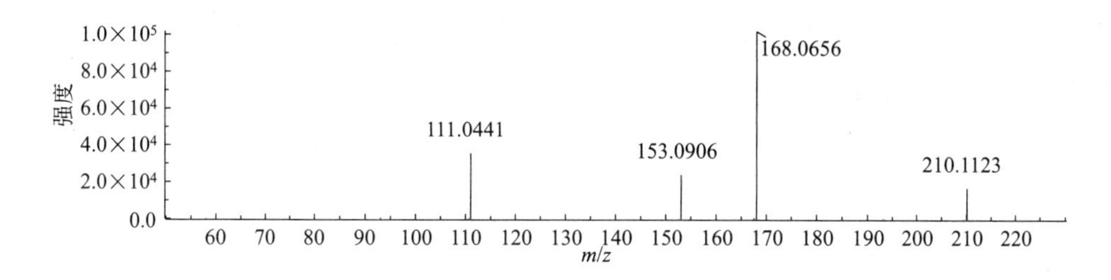

二级全扫质谱图 CE: 20V

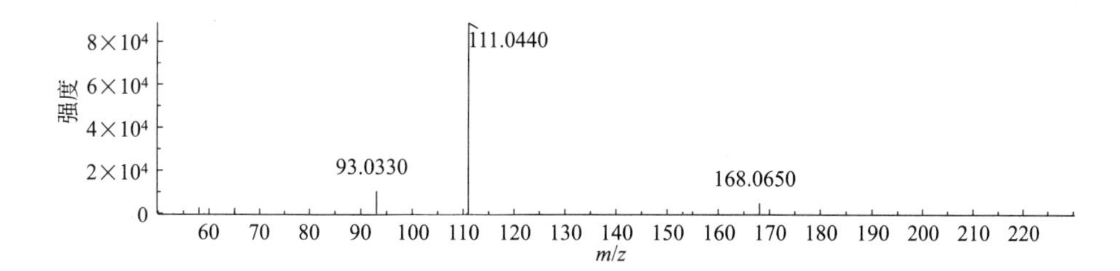

二级全扫质谱图 CE: 35V

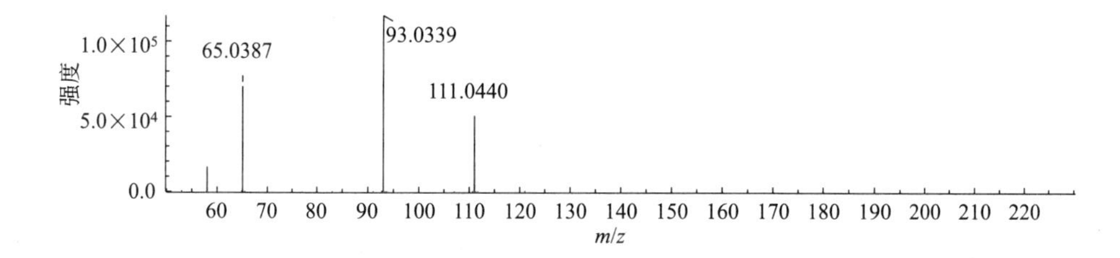

二级全扫质谱图 CE: 50V

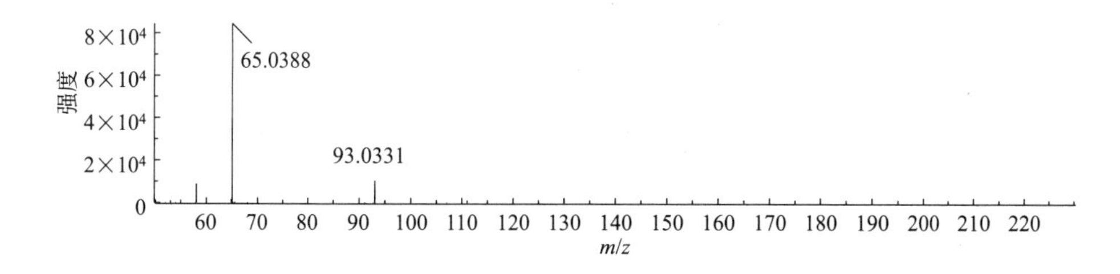

二级全扫质谱图 CE: 60V

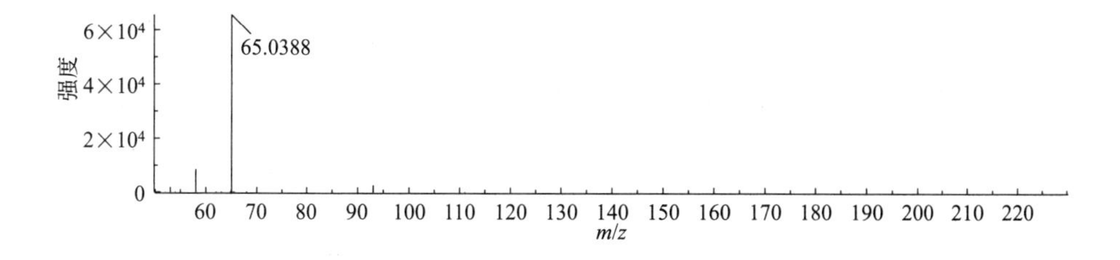

Propoxur in-source fragment 168

残杀威源内裂解碎片 168

CAS 号	—	保留时间	6.63min
分子式	$C_8H_{10}NO_3^+$	加合方式	$[M+H]^+$
分子量	168.0655	源内裂解碎片	无

推测裂解规律

$[C_8H_9NO_3+H]^+$ *m/z* 168.0655 → $[C_6H_6O_2+H]^+$ *m/z* 111.0441 → $[C_6H_5O]^+$ *m/z* 93.0335 → $[C_5H_5]^+$ *m/z* 65.0386

提取离子流色谱图

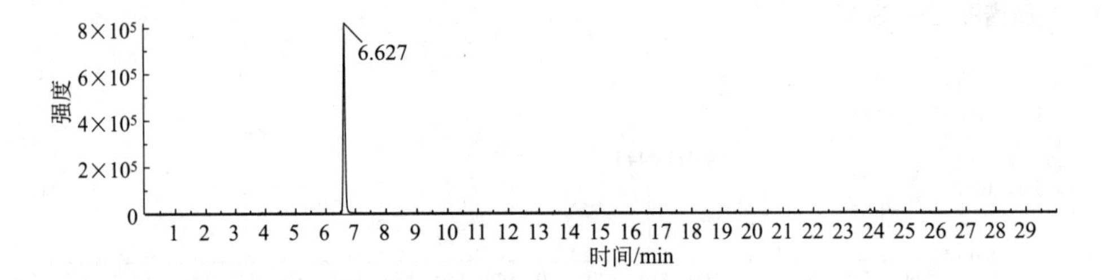

一级质谱图

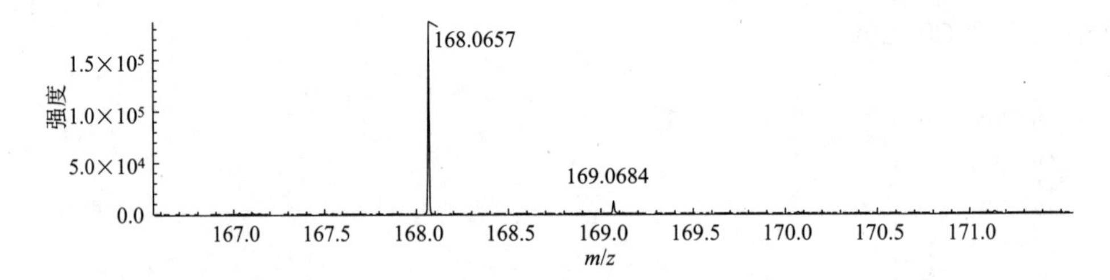

二级全扫质谱图 CE: (35±15)V

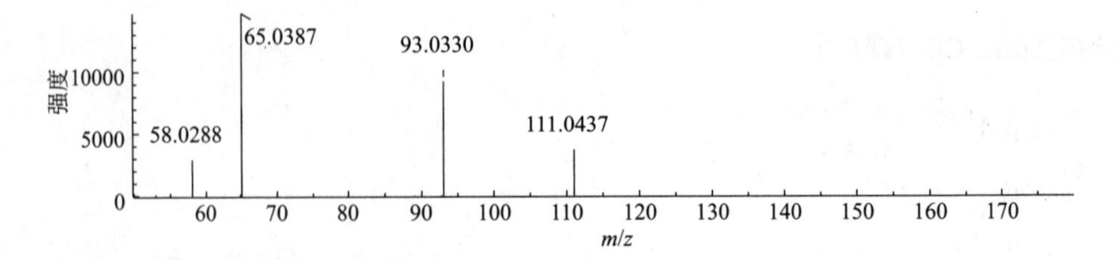

二级全扫质谱图 CE: 10V

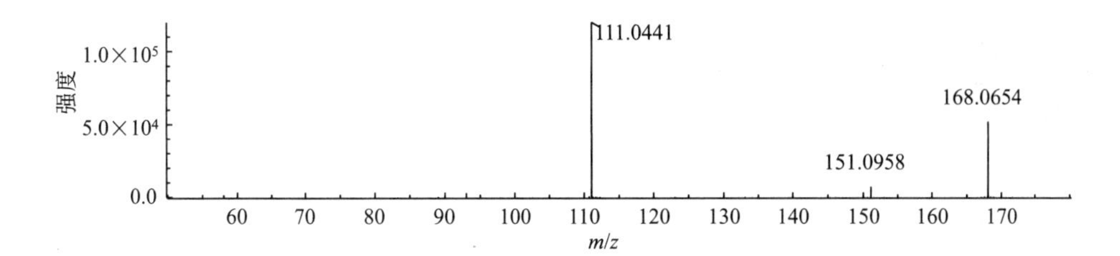

二级全扫质谱图 CE: 20V

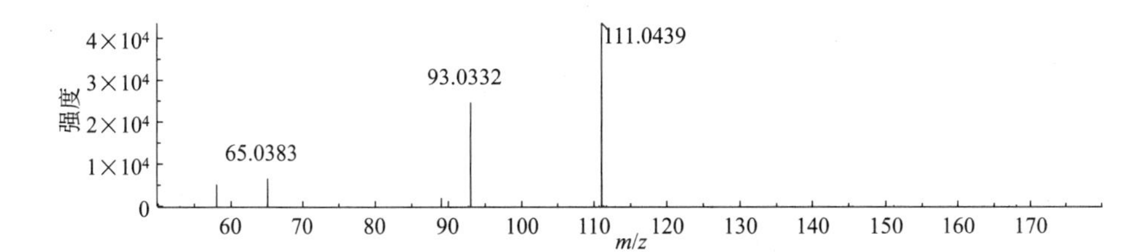

二级全扫质谱图 CE: 35V

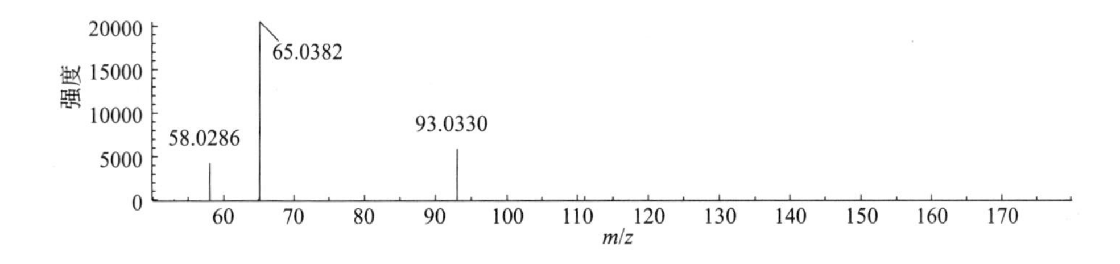

二级全扫质谱图 CE: 50V

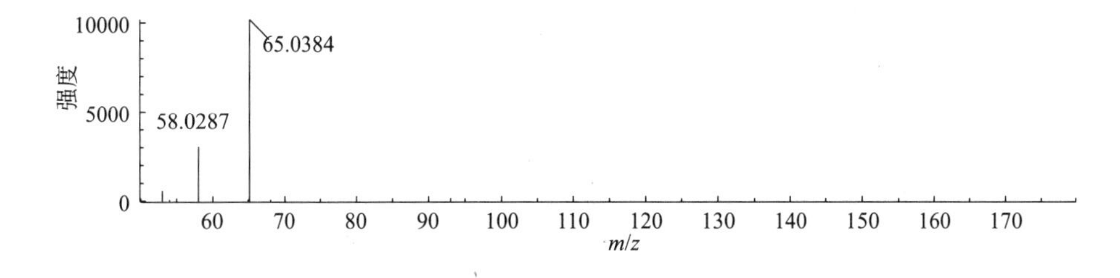

二级全扫质谱图 CE: 60V

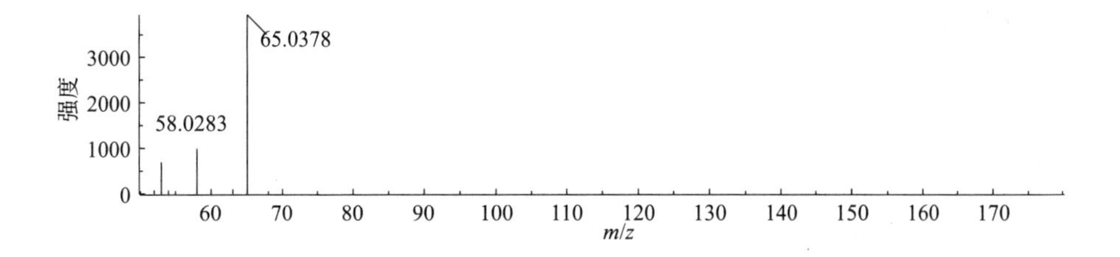

Propyrisulfuron
丙嗪嘧磺隆

CAS 号	570415-88-2	保留时间	14.01min
分子式	$C_{16}H_{18}ClN_7O_5S$	加合方式	$[M+H]^+$
分子量	455.0779	源内裂解碎片	无

推测裂解规律（裂解路径已经 MS^3 确认）

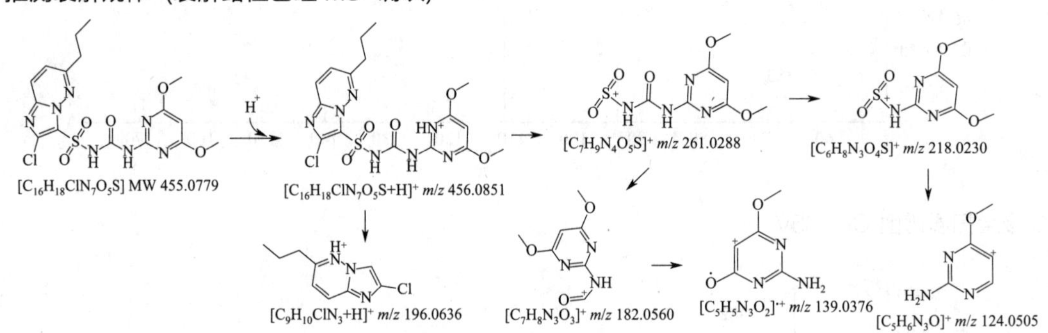

提取离子流色谱图

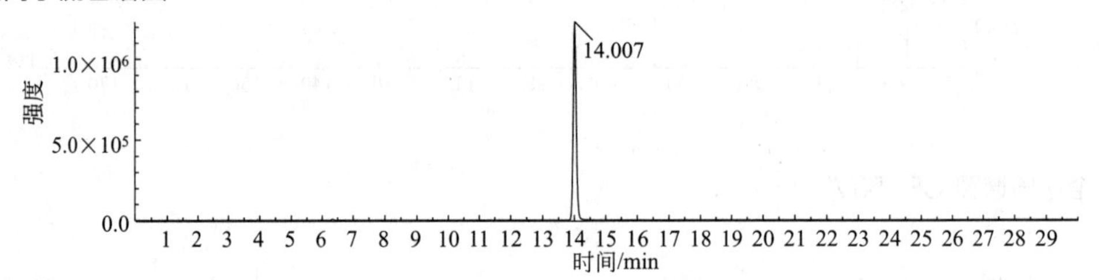

一级质谱图

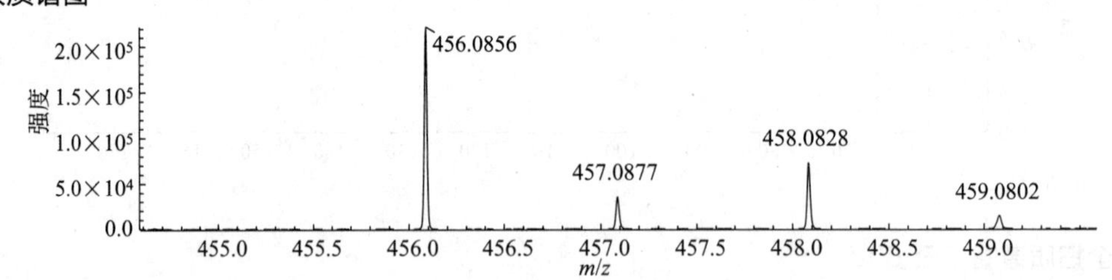

二级全扫质谱图 CE: (35±15)V

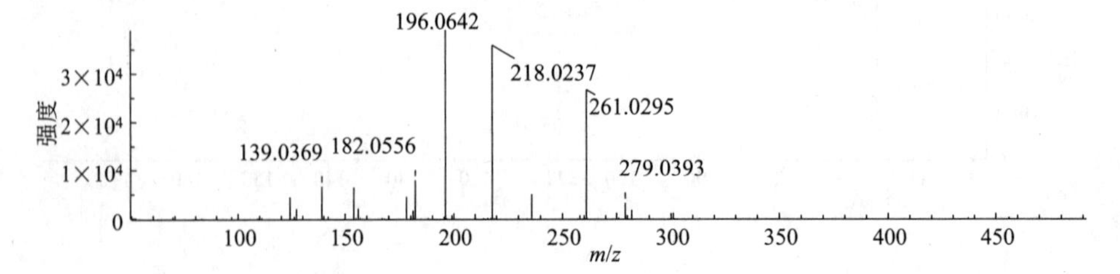

二级全扫质谱图 CE: 10V

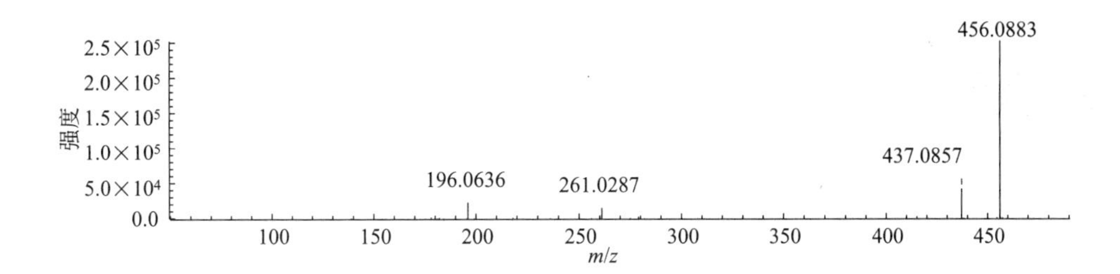

二级全扫质谱图 CE: 20V

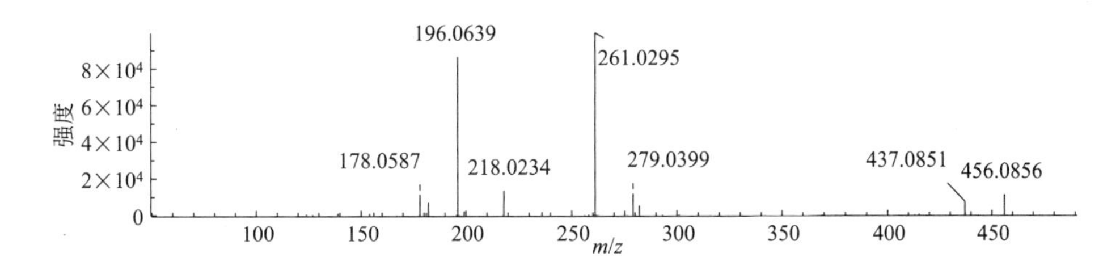

二级全扫质谱图 CE: 35V

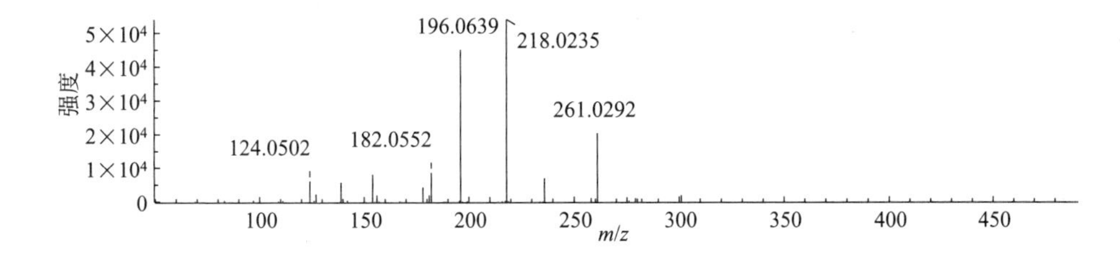

二级全扫质谱图 CE: 50V

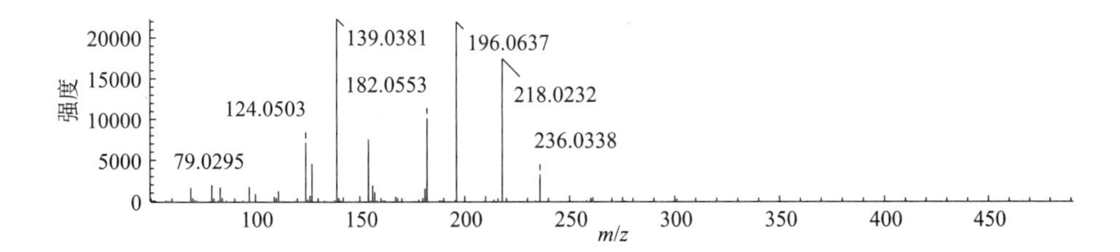

二级全扫质谱图 CE: 60V

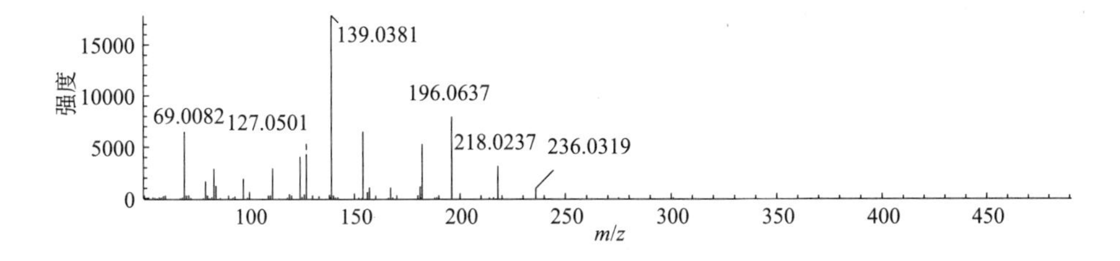

Propyzamide
炔苯酰草胺

CAS 号	23950-58-5	保留时间	12.95min
分子式	$C_{12}H_{11}Cl_2NO$	加合方式	$[M+H]^+$
分子量	255.0218	源内裂解碎片	*m/z* 190

推测裂解规律

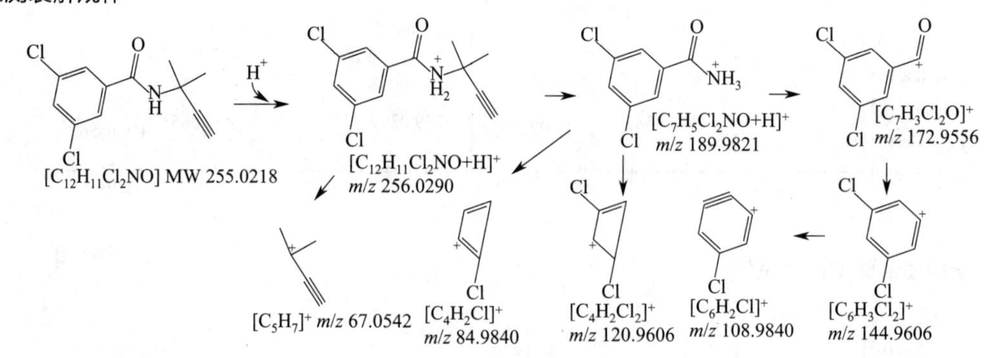

提取离子流色谱图

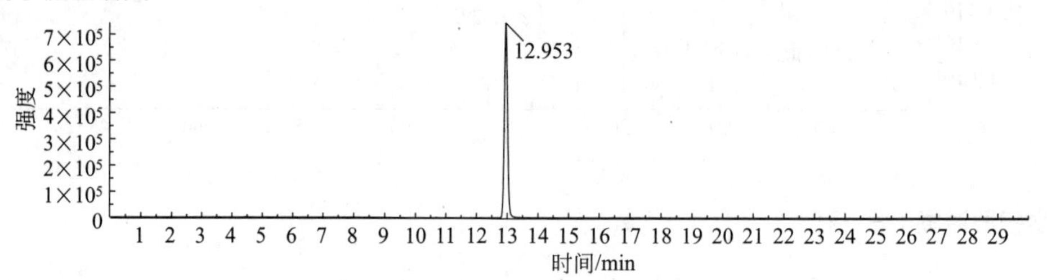

一级质谱图

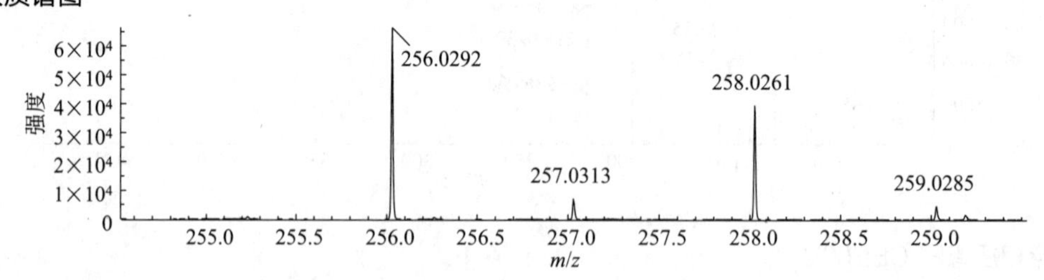

二级全扫质谱图 CE：(35±15)V

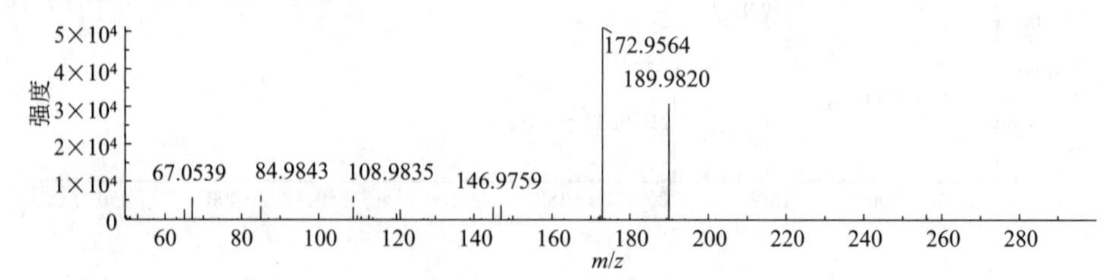

二级全扫质谱图 CE: 10V

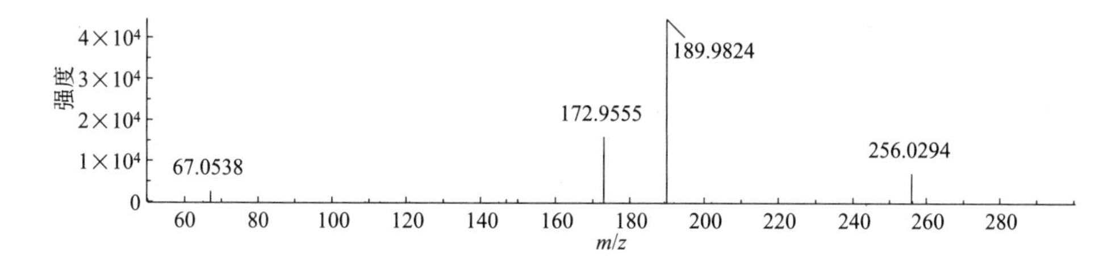

二级全扫质谱图 CE: 20V

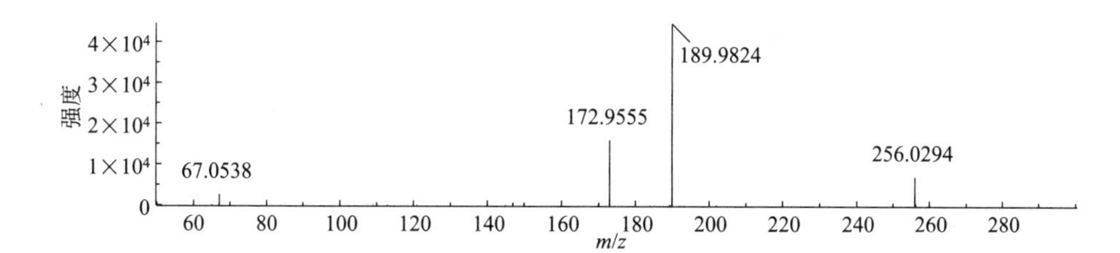

二级全扫质谱图 CE: 35V

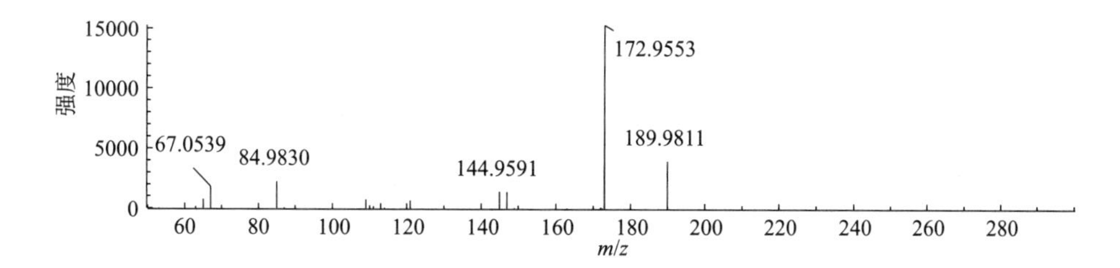

二级全扫质谱图 CE: 50V

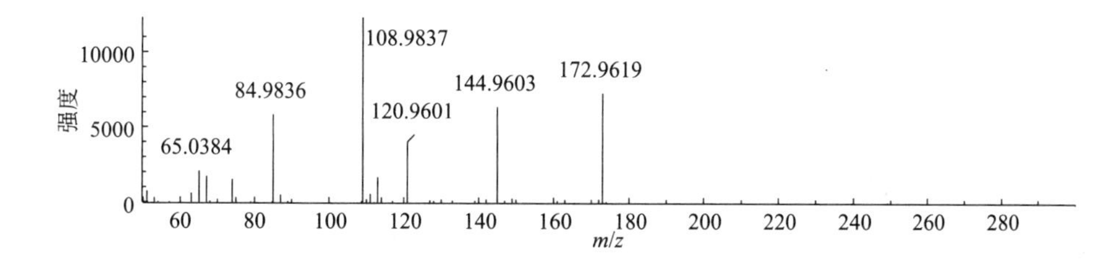

二级全扫质谱图 CE: 60V

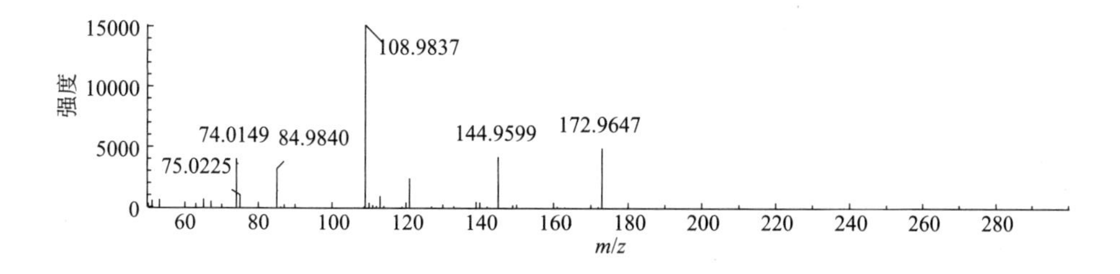

Proquinazid
丙氧喹啉

CAS 号	189278-12-4	保留时间	23.32min
分子式	$C_{14}H_{17}IN_2O_2$	加合方式	$[M+H]^+$
分子量	372.0335	源内裂解碎片	无

推测裂解规律（裂解路径已经 MS³ 确认）

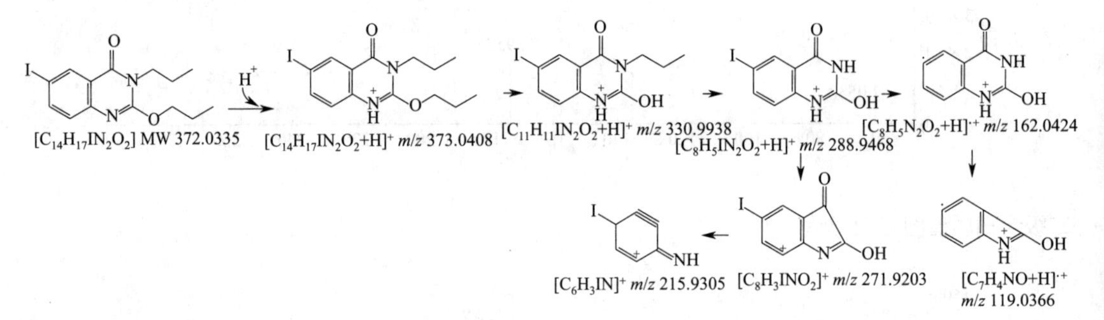

提取离子流色谱图

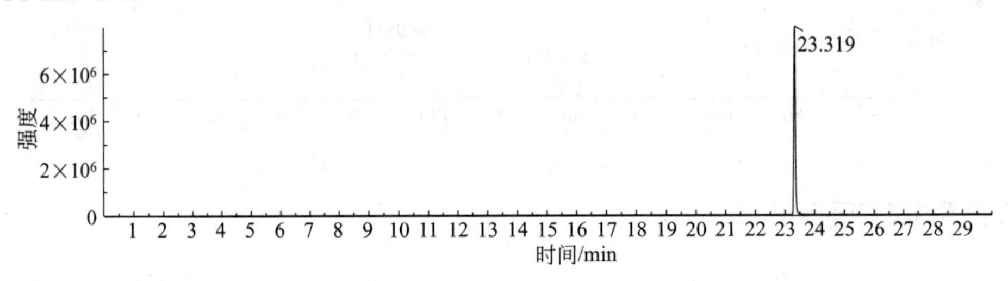

一级质谱图

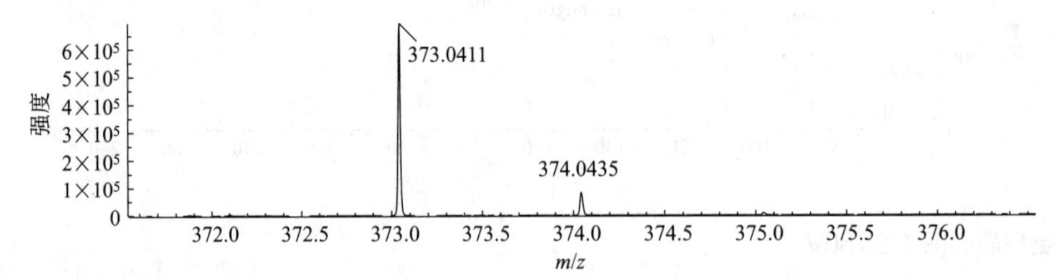

二级全扫质谱图 CE：(35±15)V

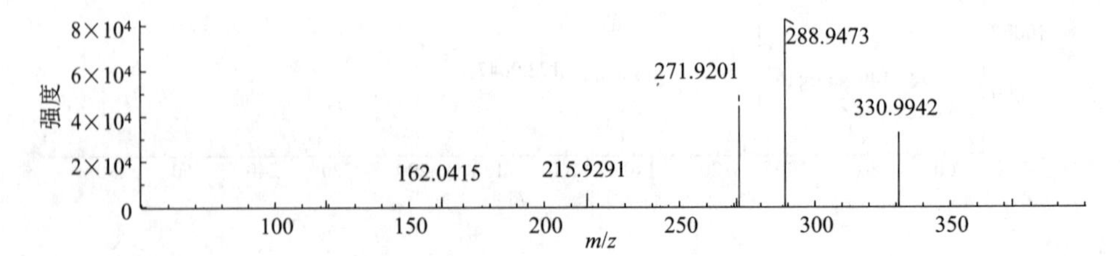

二级全扫质谱图 CE: 10V

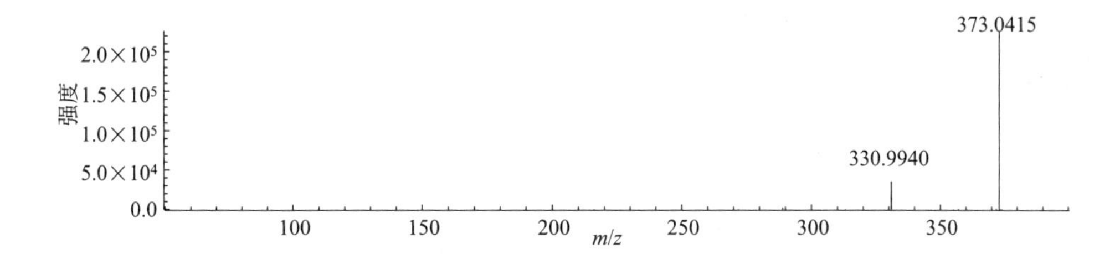

二级全扫质谱图 CE: 20V

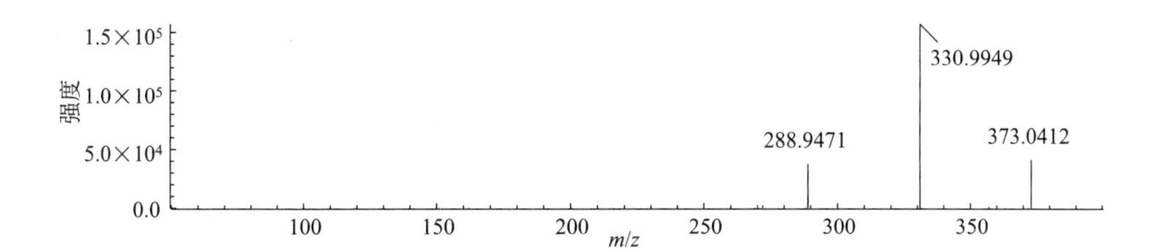

二级全扫质谱图 CE: 35V

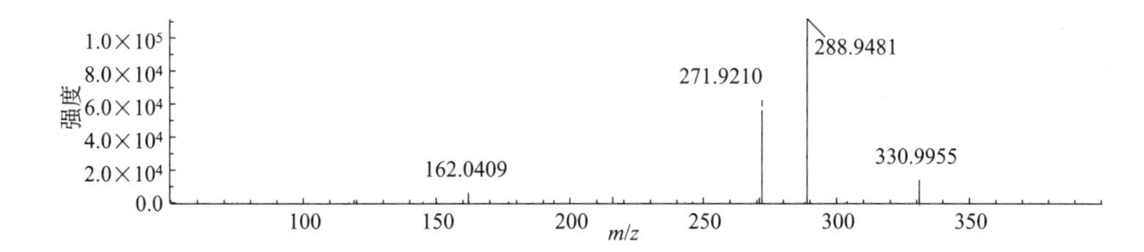

二级全扫质谱图 CE: 50V

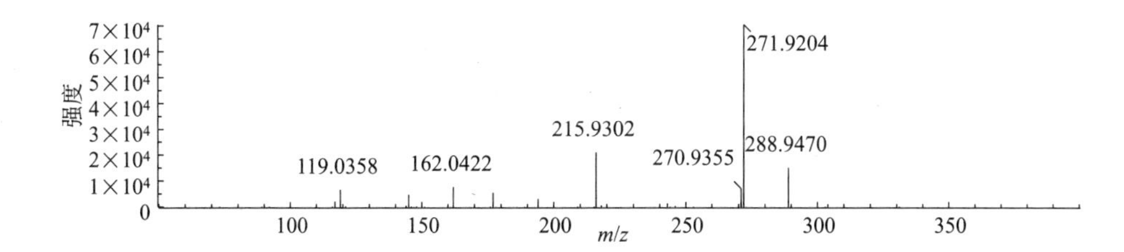

二级全扫质谱图 CE: 60V

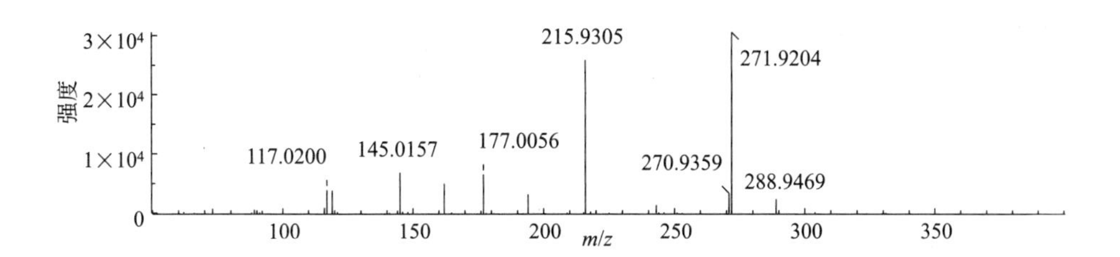

Prosulfocarb
苄草丹

CAS 号	52888-80-9	保留时间	21.36min
分子式	$C_{14}H_{21}NOS$	加合方式	$[M+H]^+$
分子量	251.1344	源内裂解碎片	无

推测裂解规律

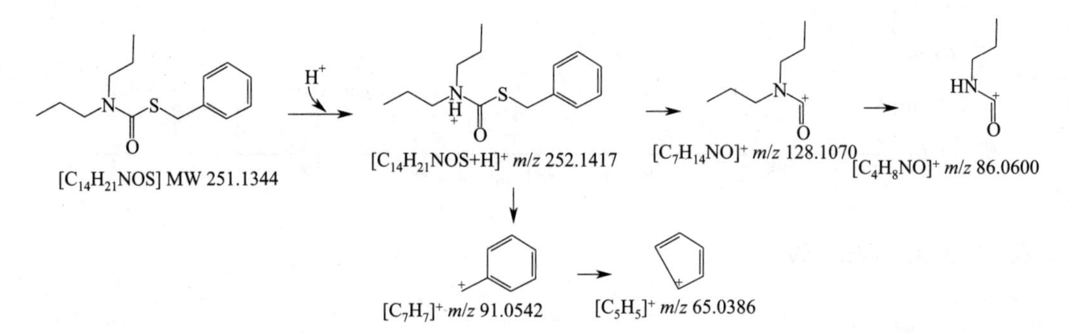

提取离子流色谱图

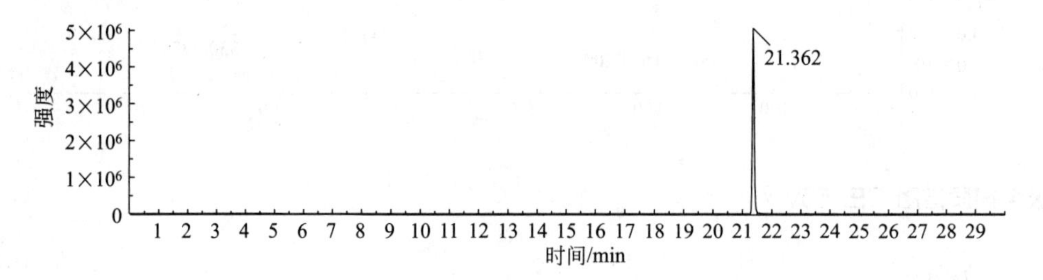

一级质谱图

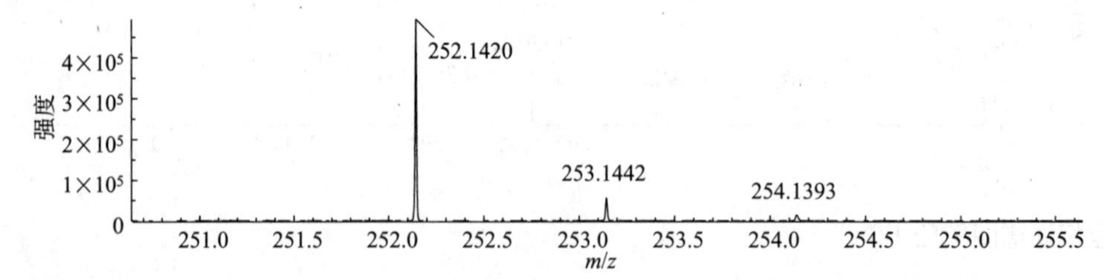

二级全扫质谱图 CE: (35±15)V

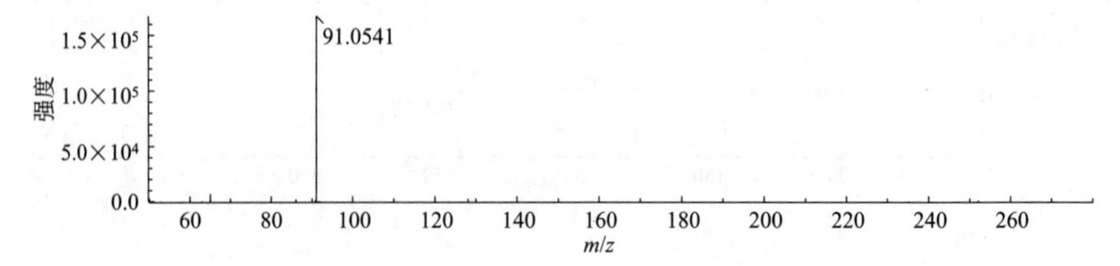

二级全扫质谱图 CE: 10V

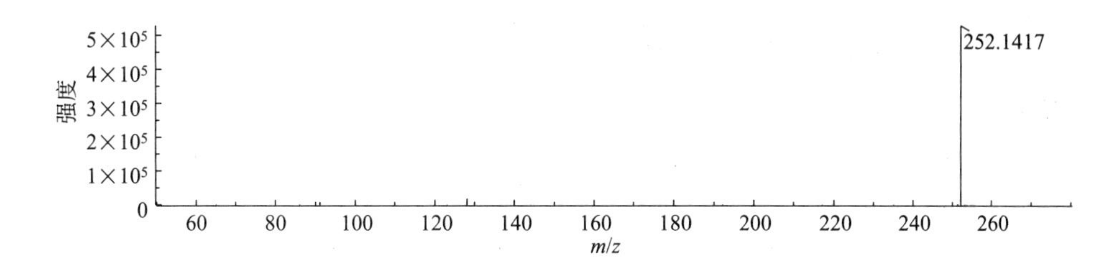

二级全扫质谱图 CE: 20V

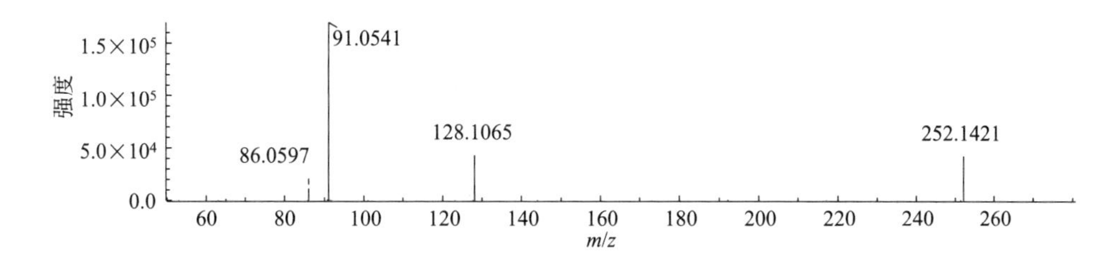

二级全扫质谱图 CE: 35V

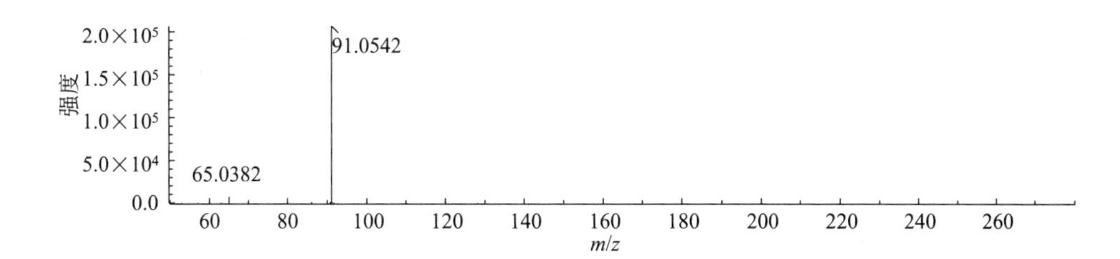

二级全扫质谱图 CE: 50V

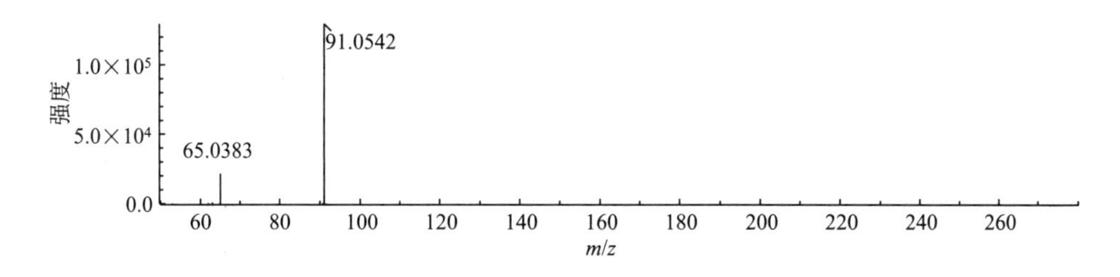

二级全扫质谱图 CE: 60V

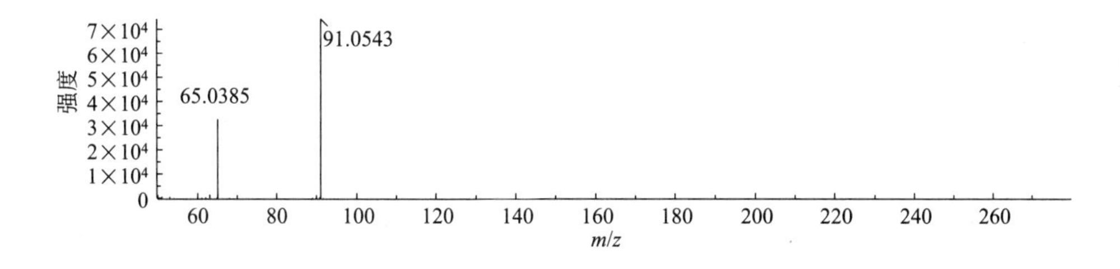

Prothioconazole
丙硫菌唑

CAS 号	178928-70-6	保留时间	18.70min
分子式	$C_{14}H_{15}Cl_2N_3OS$	加合方式	$[M+H]^+$
分子量	343.0313	源内裂解碎片	无

推测裂解规律（裂解路径已经 MS^3 确认）

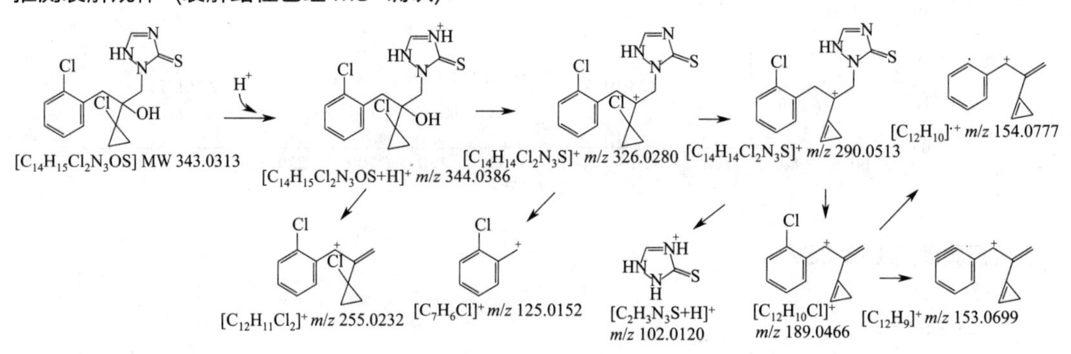

提取离子流色谱图

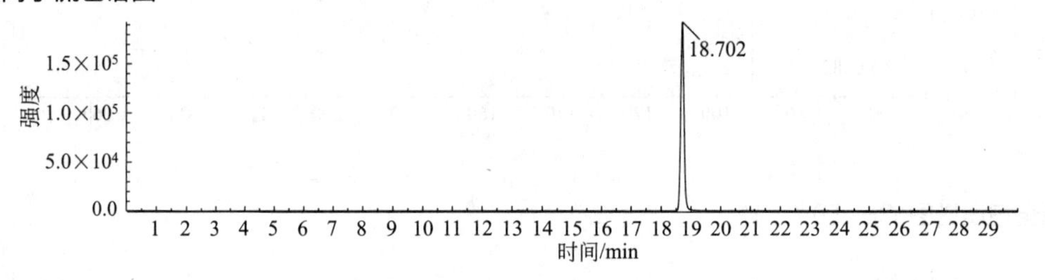

一级质谱图

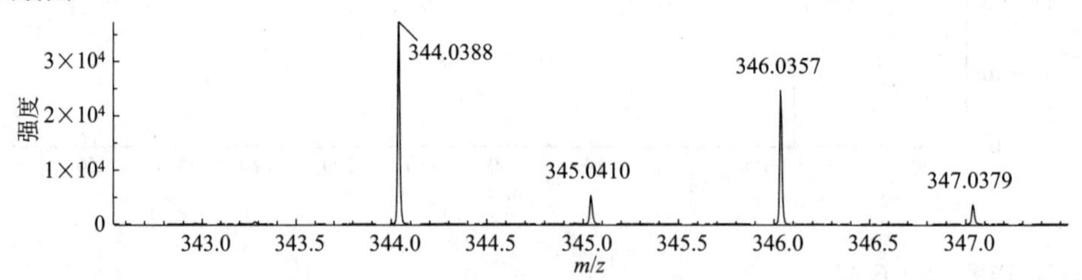

二级全扫质谱图 CE: (35±15)V

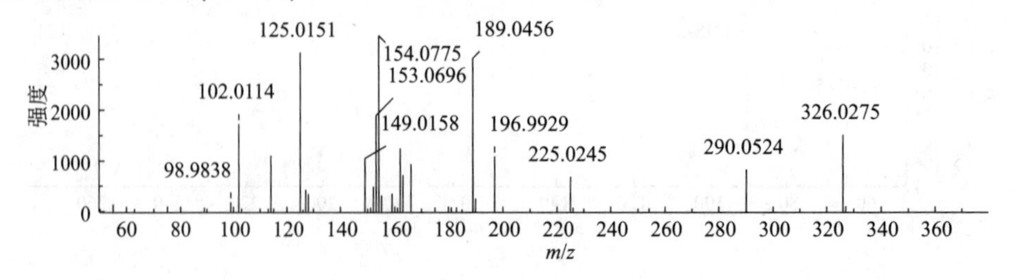

二级全扫质谱图 CE: 10V

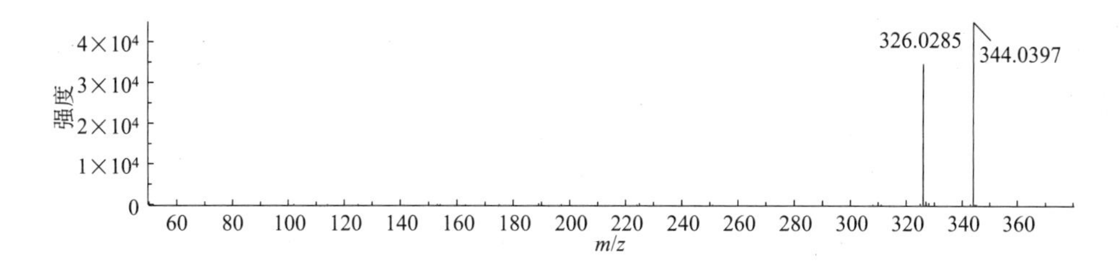

二级全扫质谱图 CE: 20V

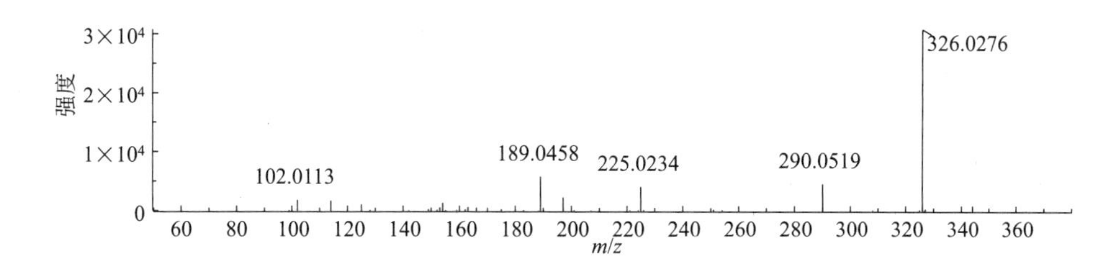

二级全扫质谱图 CE: 35V

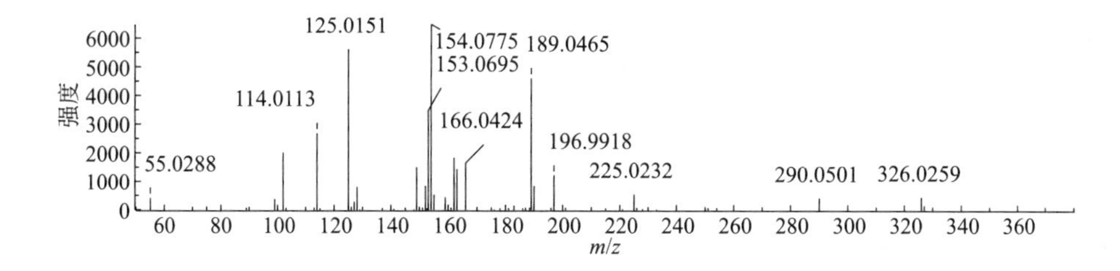

二级全扫质谱图 CE: 50V

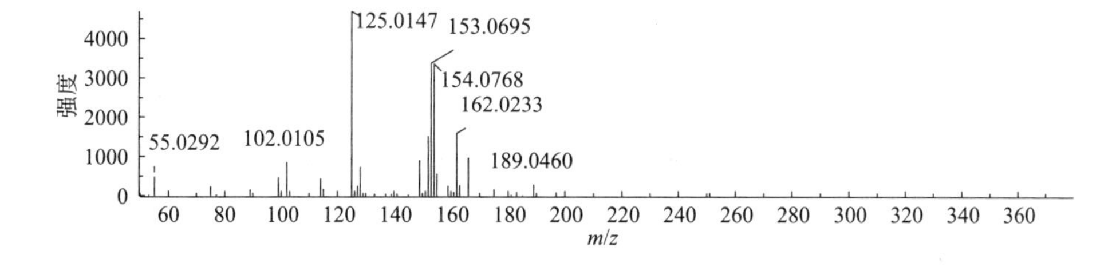

二级全扫质谱图 CE: 60V

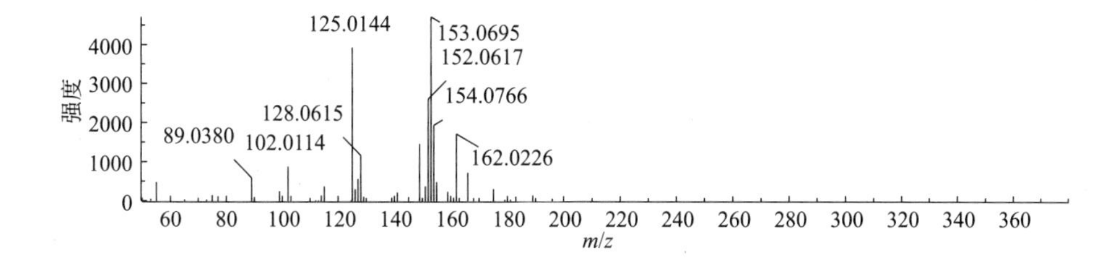

Pymetrozine

吡蚜酮

CAS 号	123312-89-0	保留时间	3.95min
分子式	$C_{10}H_{11}N_5O$	加合方式	$[M+H]^+$
分子量	217.0964	源内裂解碎片	无

推测裂解规律

$[C_{10}H_{11}N_5O]$ MW 217.0964 → (H^+) $[C_{10}H_{11}N_5O+H]^+$ m/z 218.1036 → $[C_6H_5N_2]^+$ m/z 105.0447 → $[C_5H_4N]^+$ m/z 78.0338 → $[C_4H_3]^+$ m/z 51.0229

提取离子流色谱图

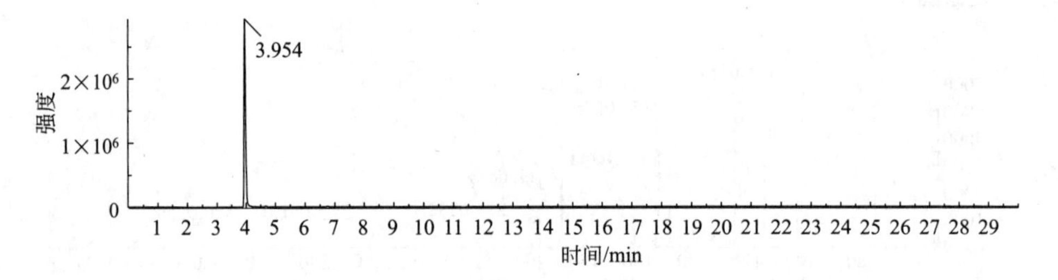

一级质谱图

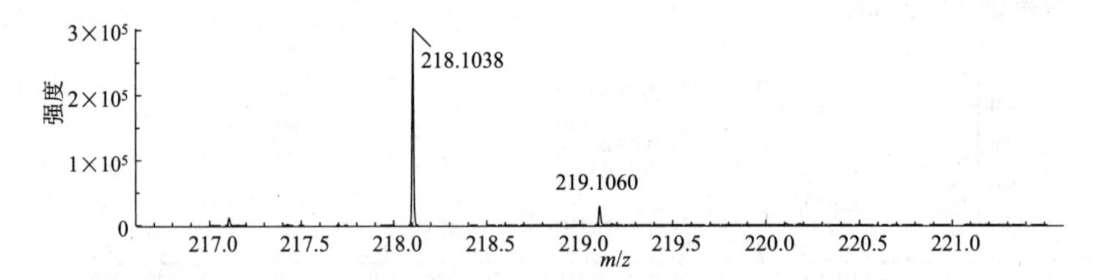

二级全扫质谱图 CE: (35±15)V

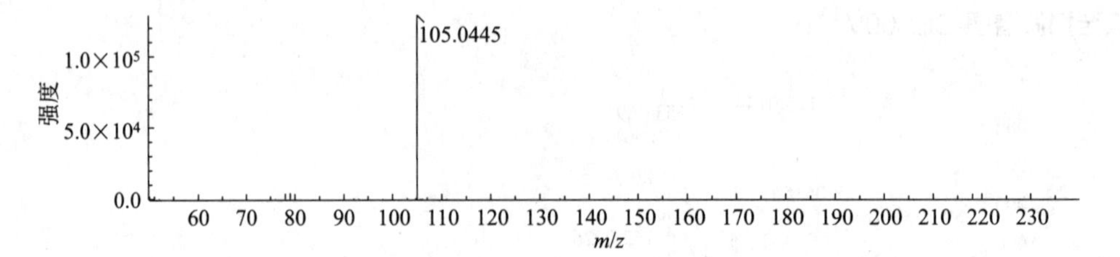

二级全扫质谱图 CE: 10V

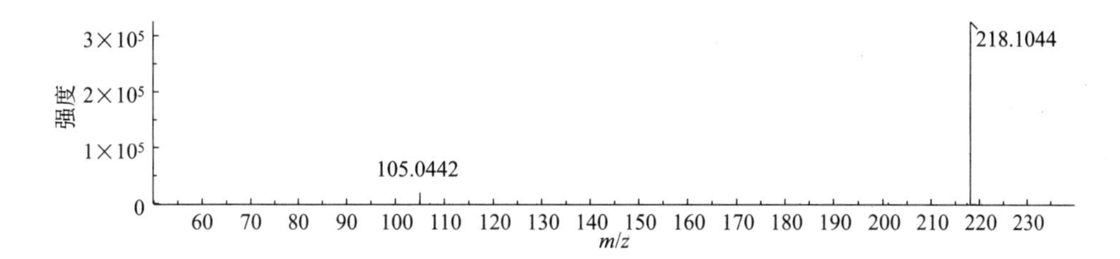

二级全扫质谱图 CE: 20V

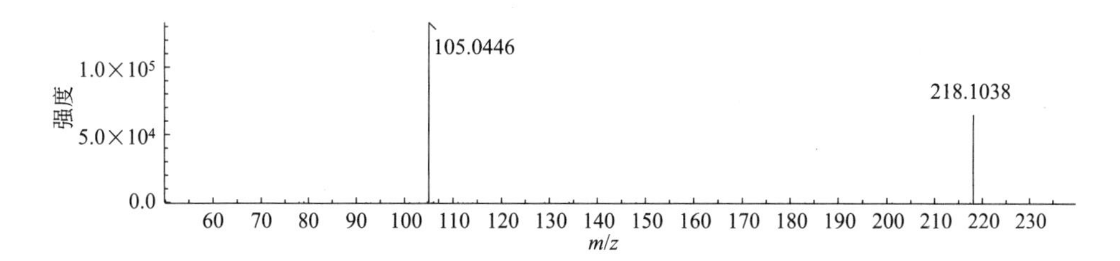

二级全扫质谱图 CE: 35V

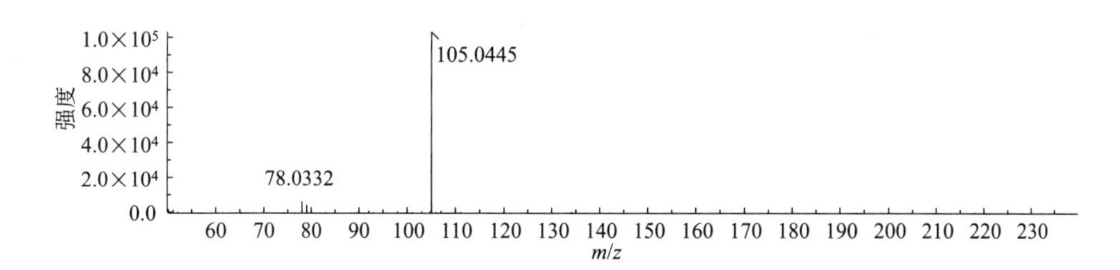

二级全扫质谱图 CE: 50V

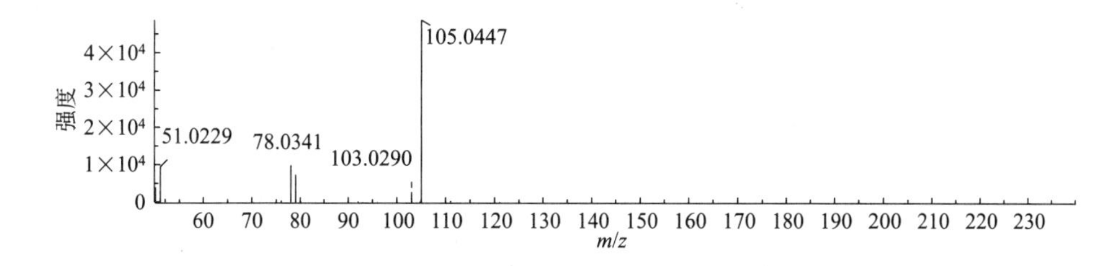

二级全扫质谱图 CE: 60V

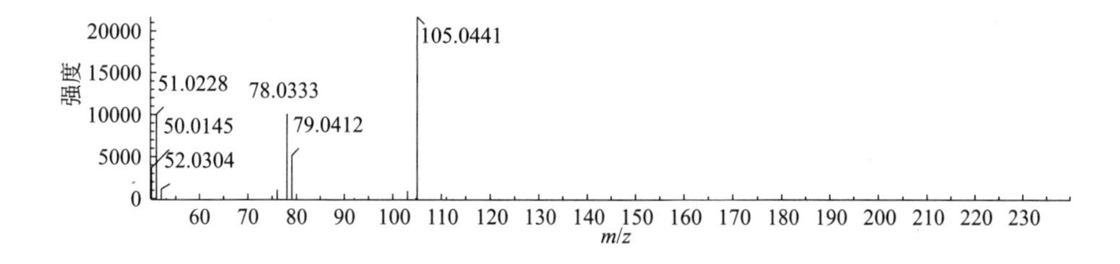

Pyraclostrobin
吡唑醚菌酯

CAS 号	175013-18-0	保留时间	19.94min
分子式	$C_{19}H_{18}ClN_3O_4$	加合方式	$[M+H]^+$
分子量	387.0986	源内裂解碎片	无

推测裂解规律（裂解路径已经 MS^3 确认）

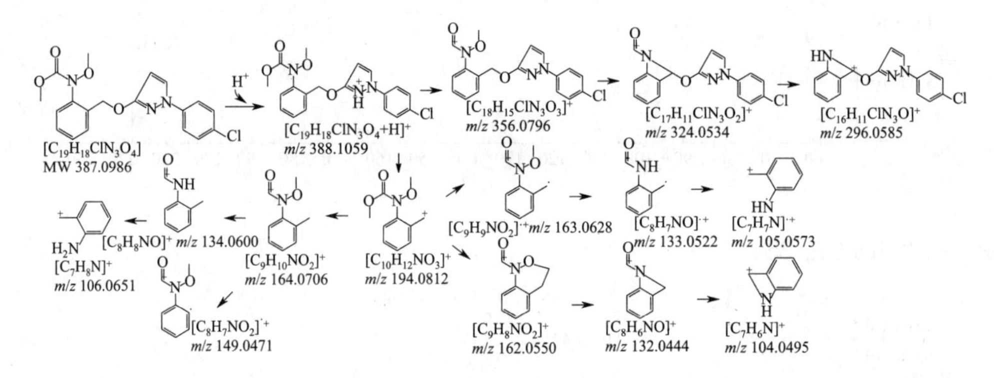

提取离子流色谱图

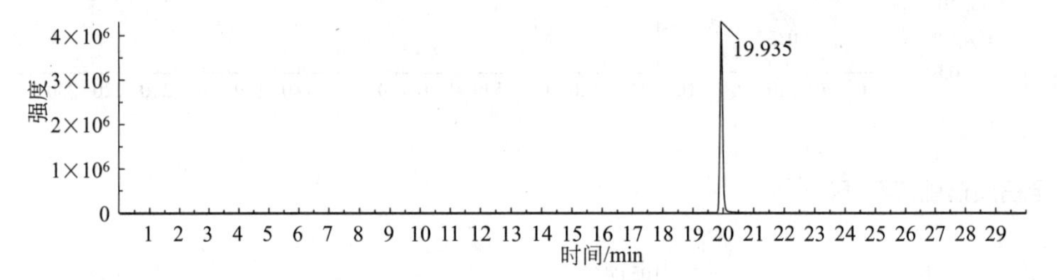

一级质谱图

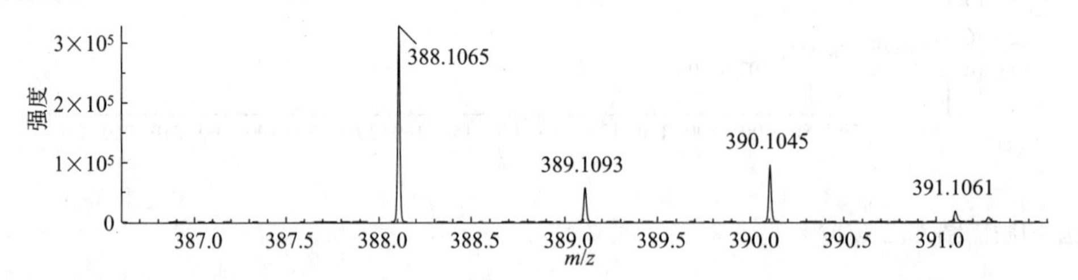

二级全扫质谱图 CE: (35±15)V

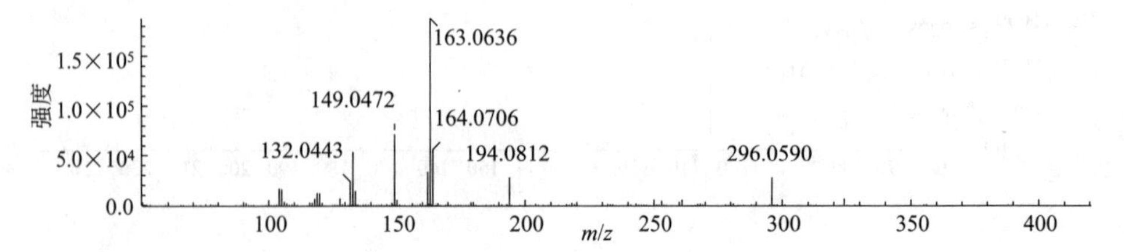

二级全扫质谱图 CE: 10V

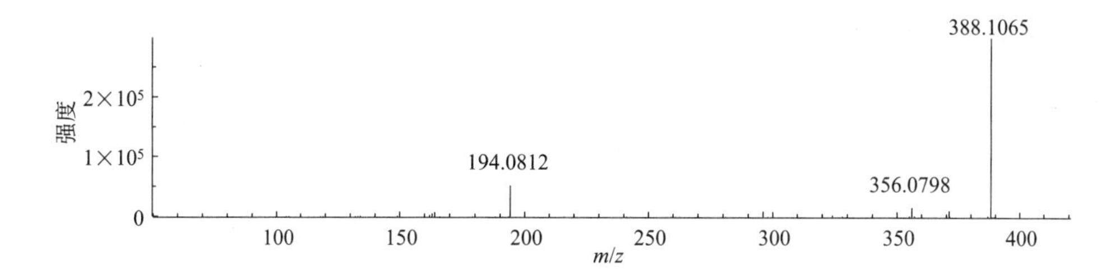

二级全扫质谱图 CE: 20V

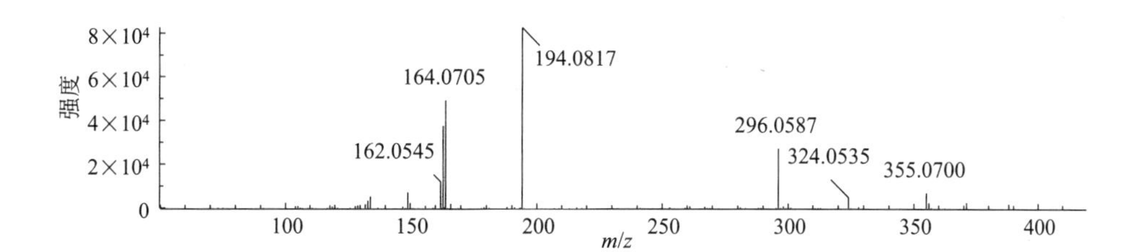

二级全扫质谱图 CE: 35V

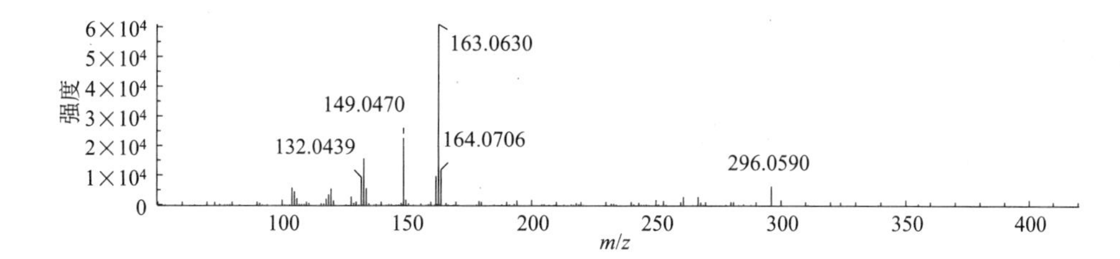

二级全扫质谱图 CE: 50V

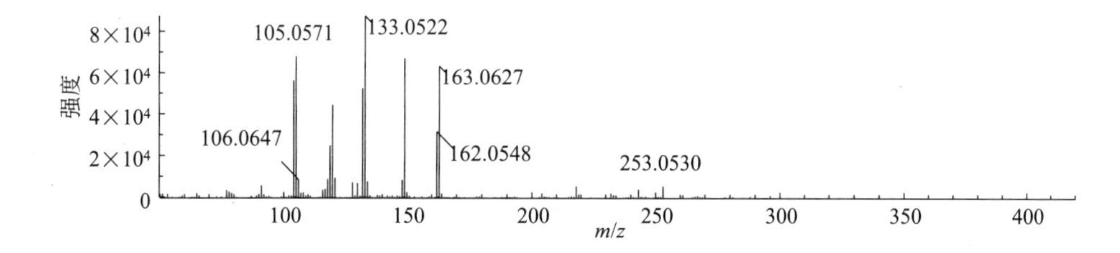

二级全扫质谱图 CE: 60V

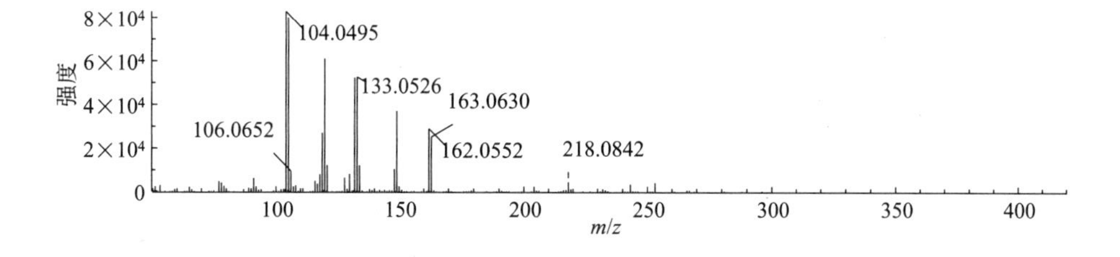

Pyrametostrobin

唑胺菌酯

CAS 号	915410-70-7	保留时间	18.01min
分子式	$C_{21}H_{23}N_3O_4$	加合方式	$[M+H]^+$
分子量	381.1689	源内裂解碎片	无

推测裂解规律（裂解路径已经 MS³ 确认）

$[C_{21}H_{23}N_3O_4]$ MW 381.1689

$[C_{21}H_{23}N_3O_4+H]^+$ *m/z* 382.1761

$[C_{10}H_{12}NO_3]^+$ *m/z* 194.0812

$[C_9H_9NO_2]^{\cdot+}$ *m/z* 163.0628

$[C_8H_7NO]^{\cdot+}$ *m/z* 133.0522

$[C_7H_7N]^{\cdot+}$ *m/z* 105.0573

$[C_9H_8NO_2]^+$ *m/z* 162.0550

$[C_8H_6NO]^+$ *m/z* 132.0444

$[C_7H_6N]^+$ *m/z* 104.0495

$[C_9H_{10}NO_2]^+$ *m/z* 164.0706

$[C_8H_7NO_2]^{\cdot+}$ *m/z* 149.0471

$[C_8H_8NO]^+$ *m/z* 134.0600

$[C_7H_8N]^+$ *m/z* 106.0651

提取离子流色谱图

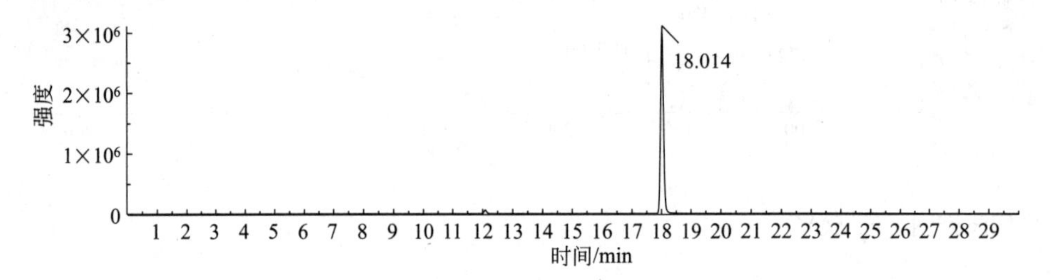

一级质谱图

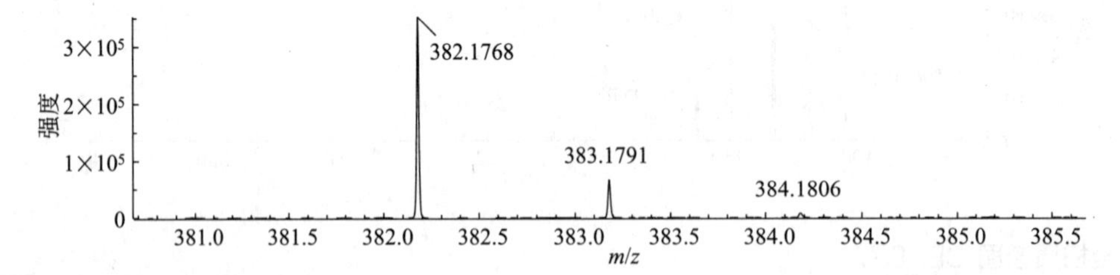

二级全扫质谱图 CE: (35±15)V

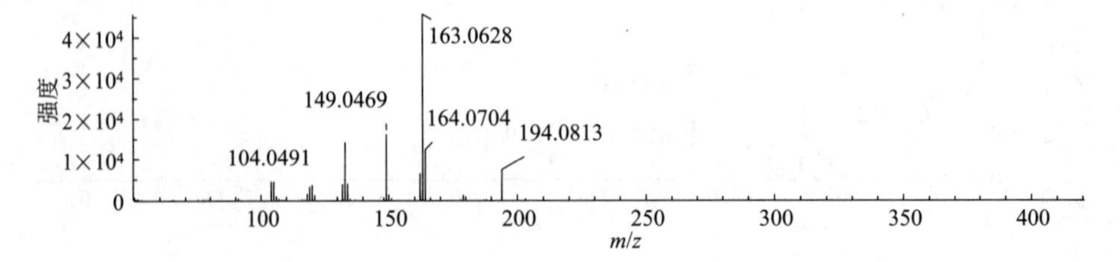

二级全扫质谱图 CE: 10V

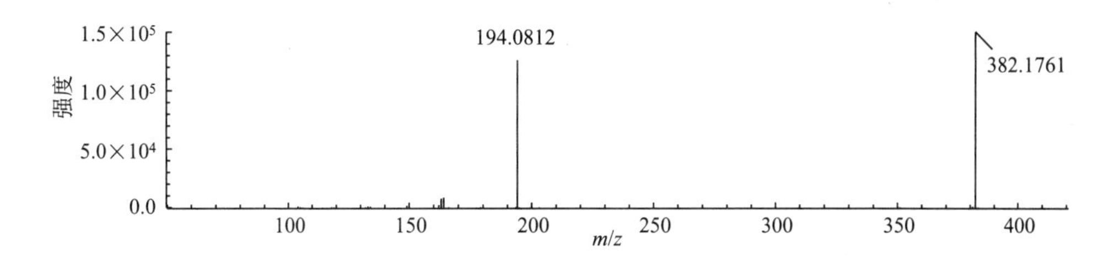

二级全扫质谱图 CE: 20V

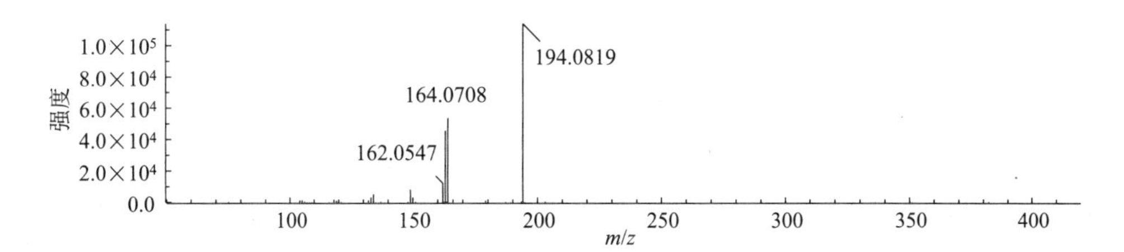

二级全扫质谱图 CE: 35V

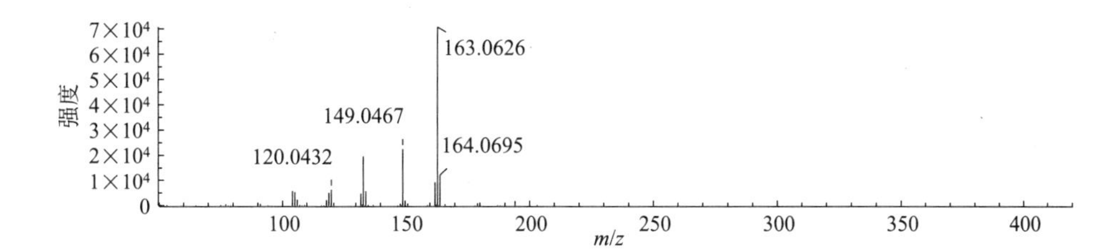

二级全扫质谱图 CE: 50V

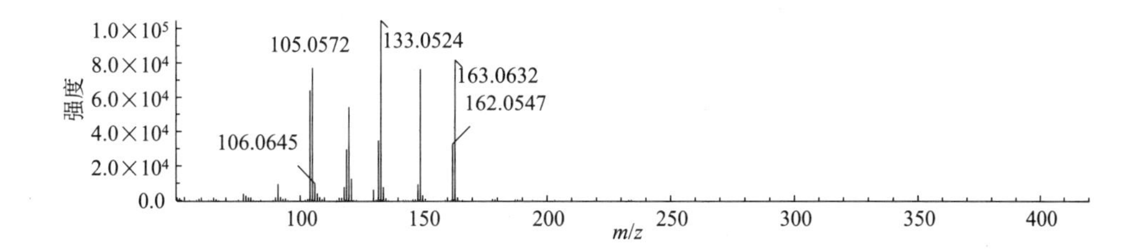

二级全扫质谱图 CE: 60V

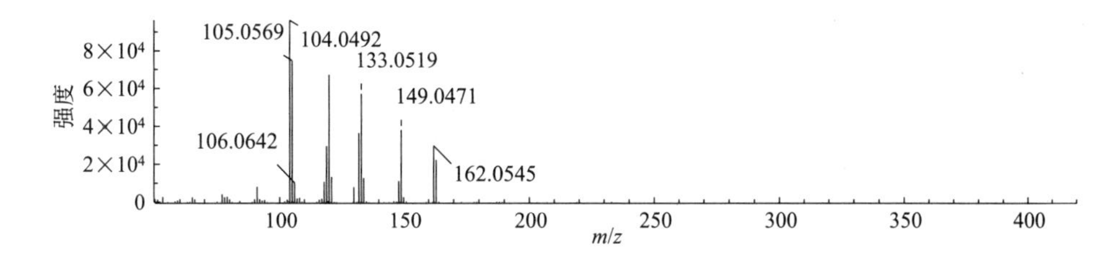

Pyraoxystrobin
唑菌酯

CAS 号	862588-11-2	保留时间	20.24min
分子式	$C_{22}H_{21}ClN_2O_4$	加合方式	$[M+H]^+$
分子量	412.1190	源内裂解碎片	无

推测裂解规律

$[C_{22}H_{21}ClN_2O_4]$ MW 412.1190

$[C_{22}H_{21}ClN_2O_4+H]^+$ m/z 413.1263

$[C_{22}H_{21}Cl\ N_2O_4+H]^+$ m/z 205.0859

$[C_{11}H_9O_2]^+$ m/z 173.0597

$[C_{10}H_9O]^+$ m/z 145.0648

$[C_9H_7]^+$ m/z 115.0542

$[C_8H_6]^{\cdot+}$ m/z 102.0464

提取离子流色谱图

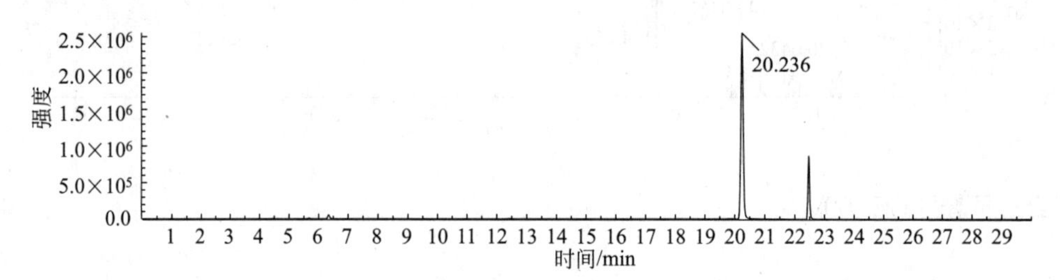

一级质谱图

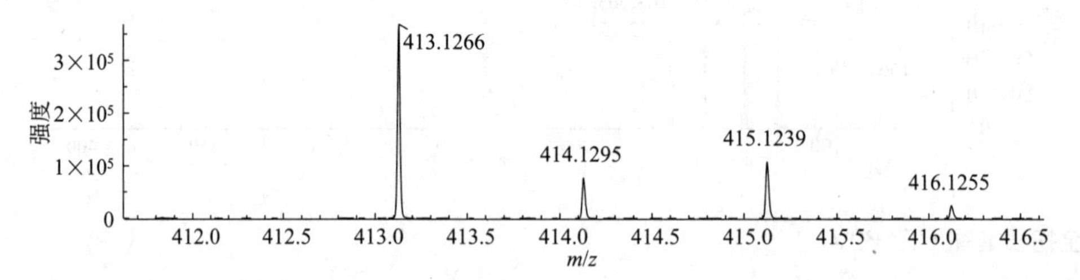

二级全扫质谱图 CE: (35±15)V

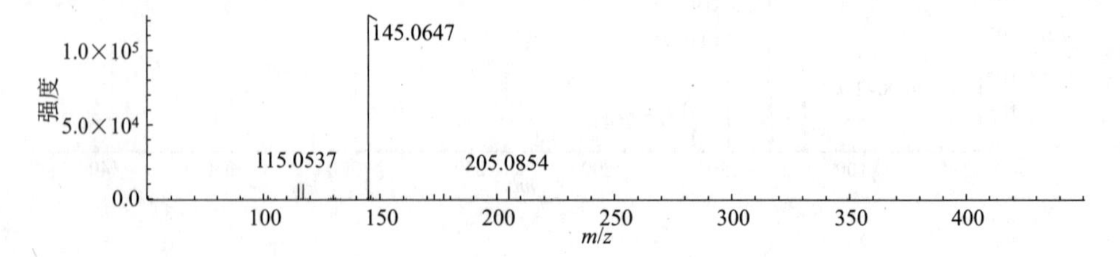

二级全扫质谱图 CE: 10V

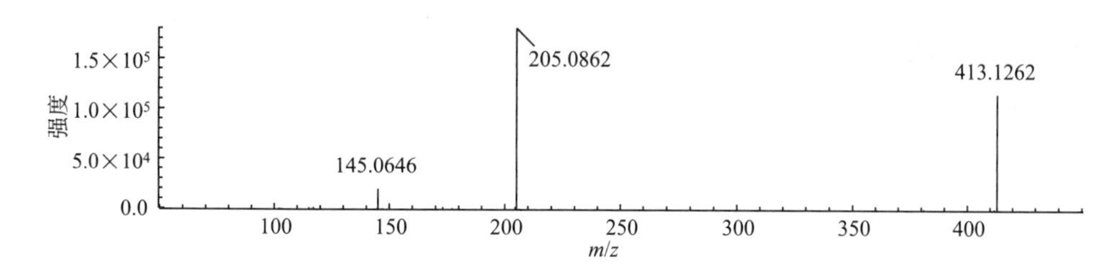

二级全扫质谱图 CE: 20V

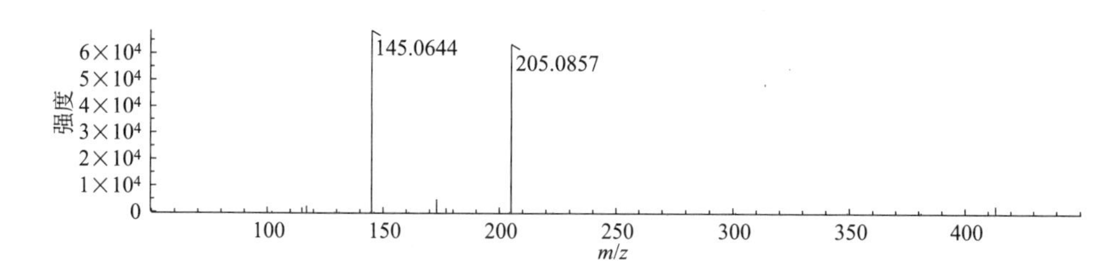

二级全扫质谱图 CE: 35V

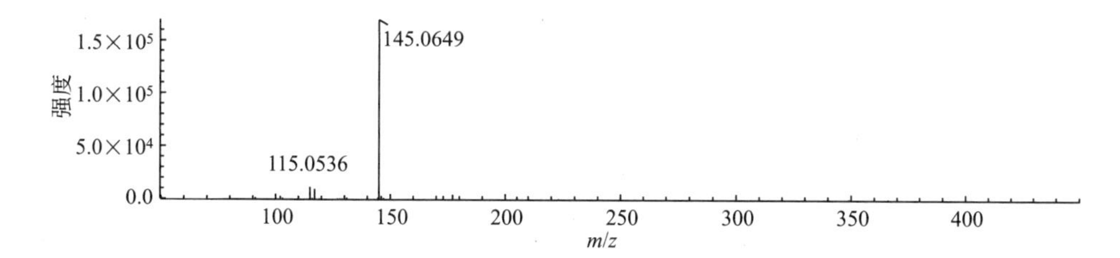

二级全扫质谱图 CE: 50V

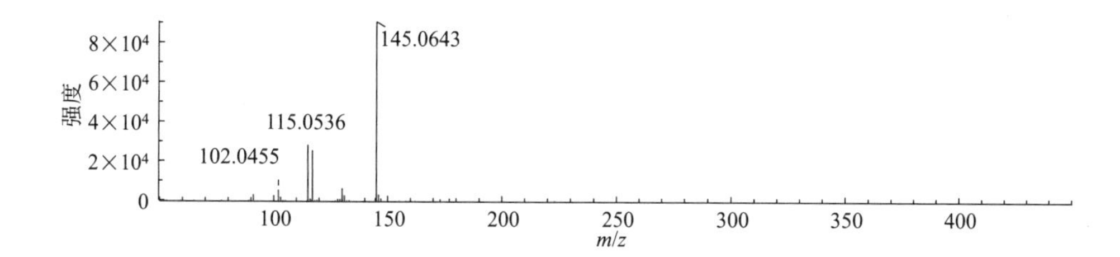

二级全扫质谱图 CE: 60V

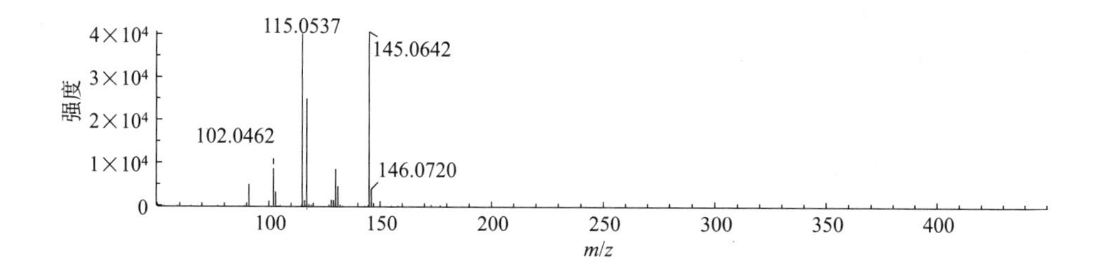

Pyrazosulfuron-ethyl
吡嘧磺隆

CAS 号	93697-74-6	保留时间	14.03min
分子式	$C_{14}H_{18}N_6O_7S$	加合方式	$[M+H]^+$
分子量	414.0958	源内裂解碎片	无

推测裂解规律

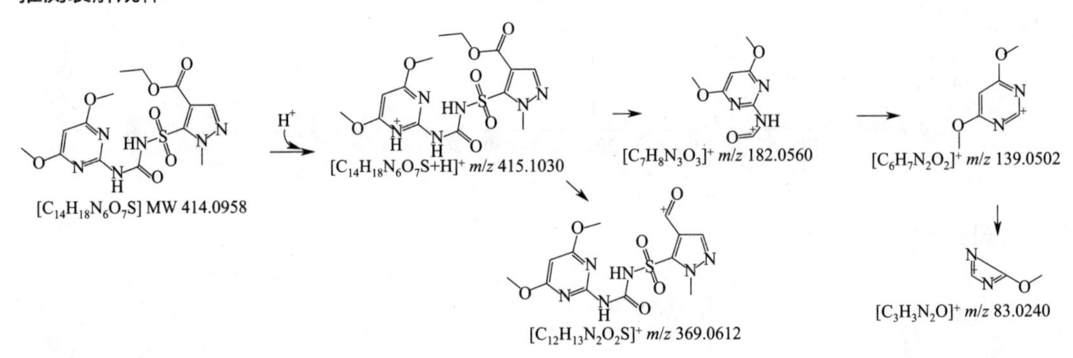

提取离子流色谱图

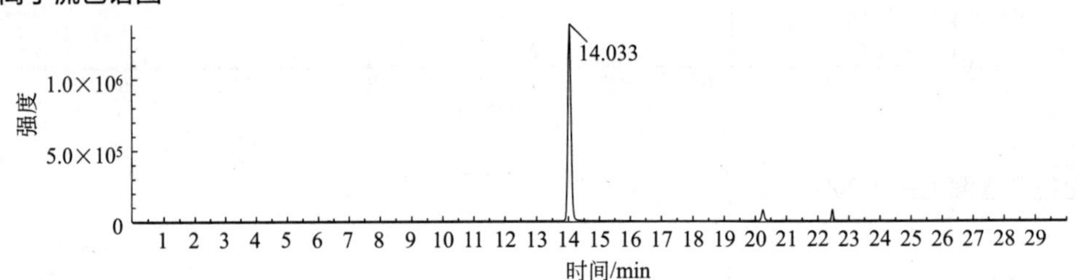

一级质谱图

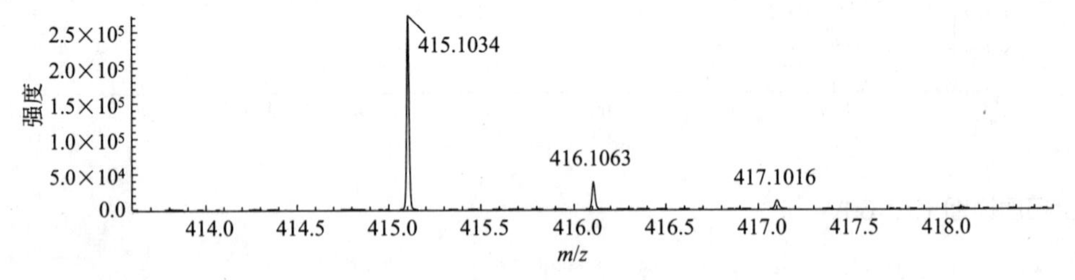

二级全扫质谱图 CE: (35±15)V

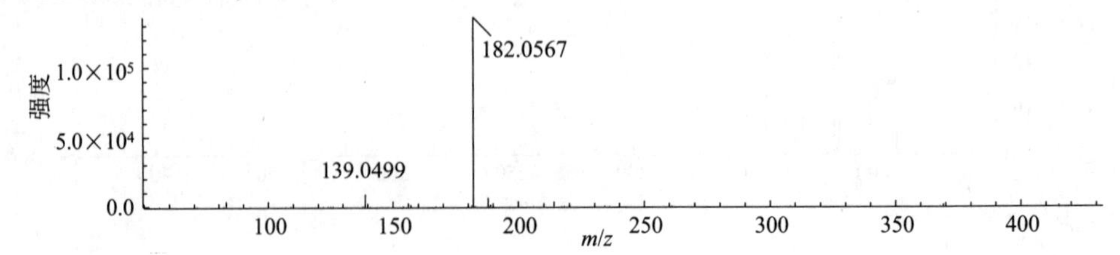

二级全扫质谱图 CE: 10V

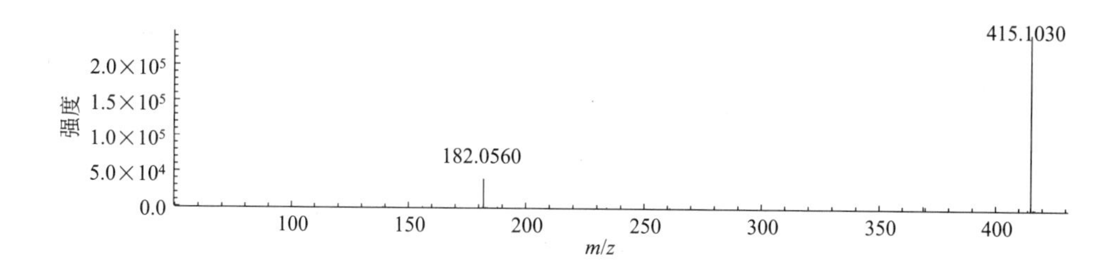

二级全扫质谱图 CE: 20V

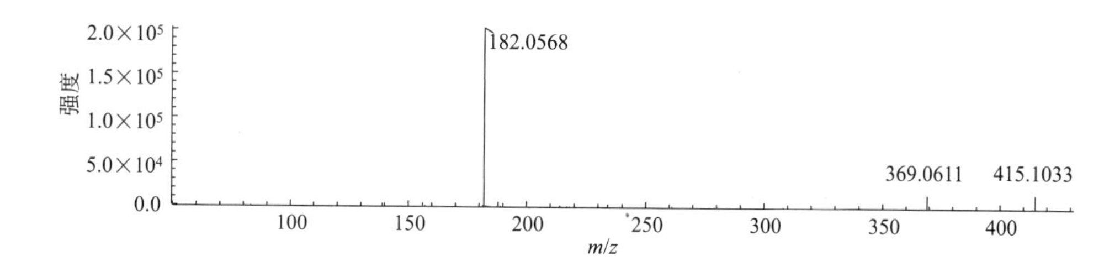

二级全扫质谱图 CE: 35V

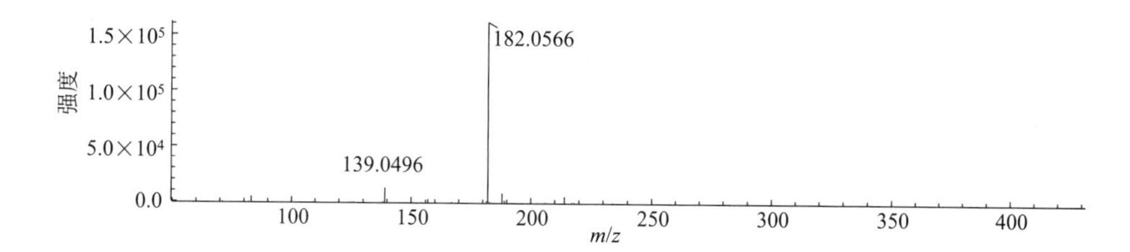

二级全扫质谱图 CE: 50V

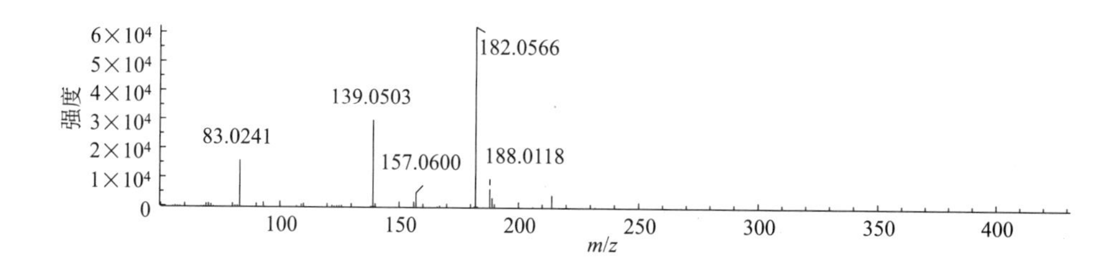

二级全扫质谱图 CE: 60V

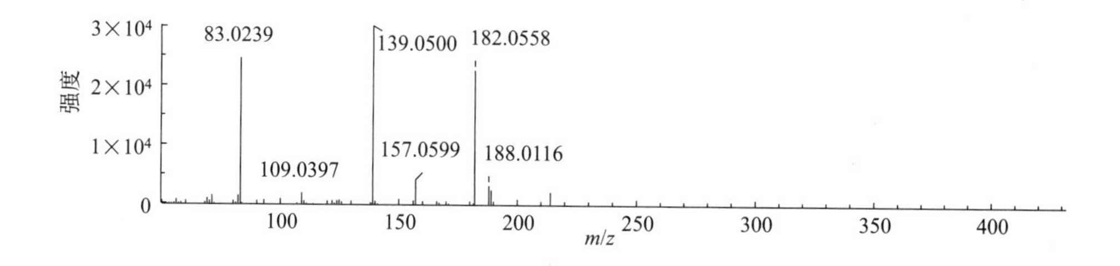

Pyrethrins Ⅰ
除虫菊素Ⅰ

CAS 号	121-21-1	保留时间	23.14min
分子式	$C_{21}H_{28}O_3$	加合方式	$[M+H]^+$
分子量	328.2038	源内裂解碎片	无

推测裂解规律（裂解路径已经 MS^3 确认）

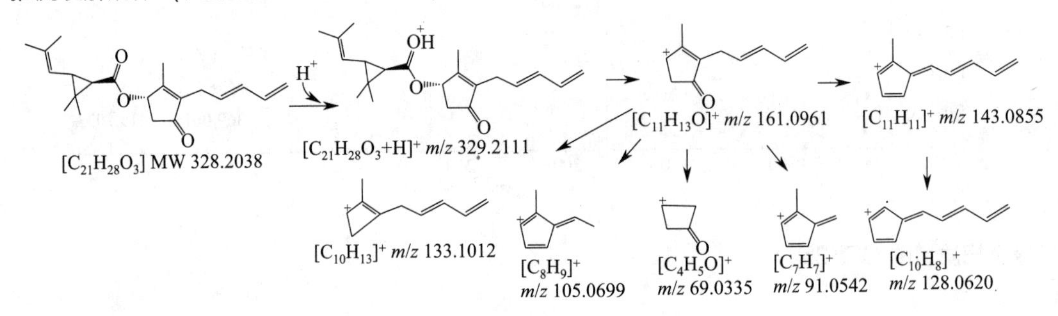

提取离子流色谱图

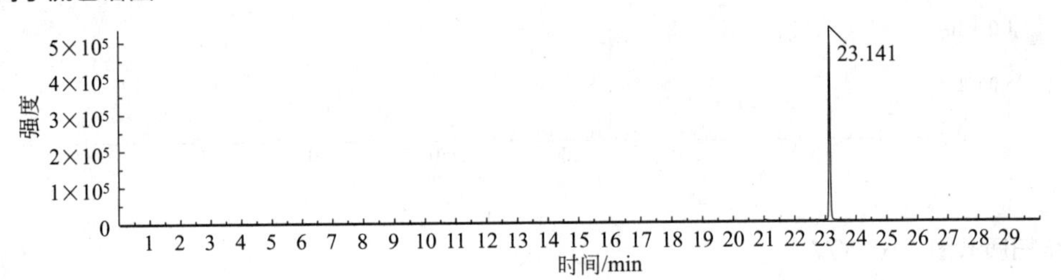

一级质谱图

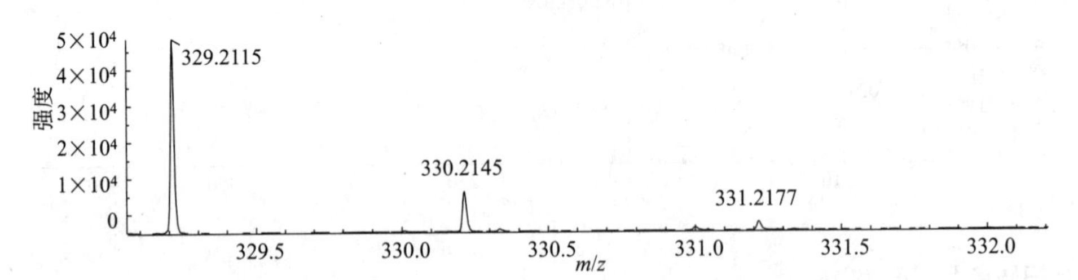

二级全扫质谱图 CE:（35±15)V

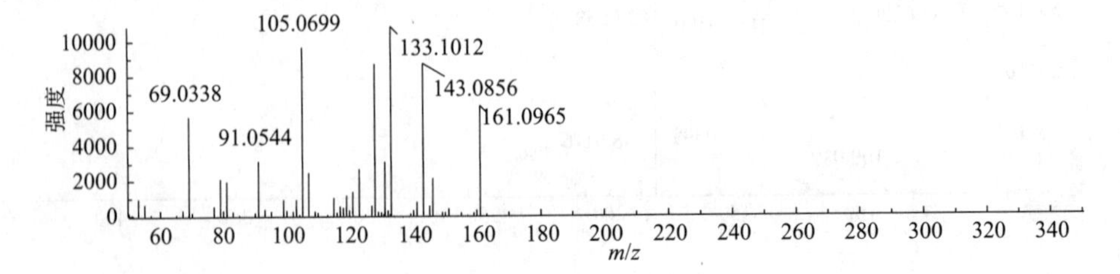

二级全扫质谱图 CE: 10V

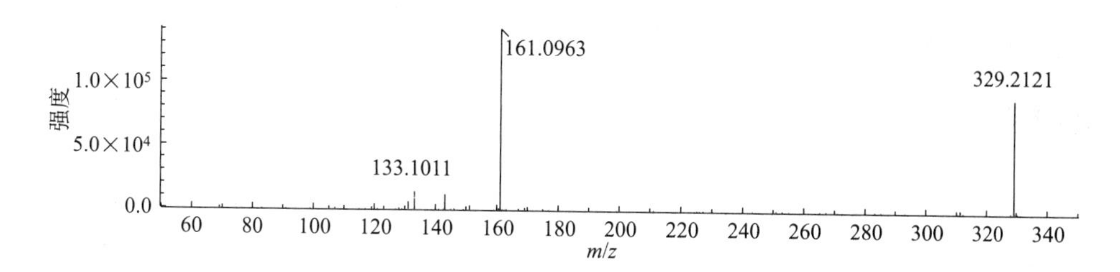

二级全扫质谱图 CE: 20V

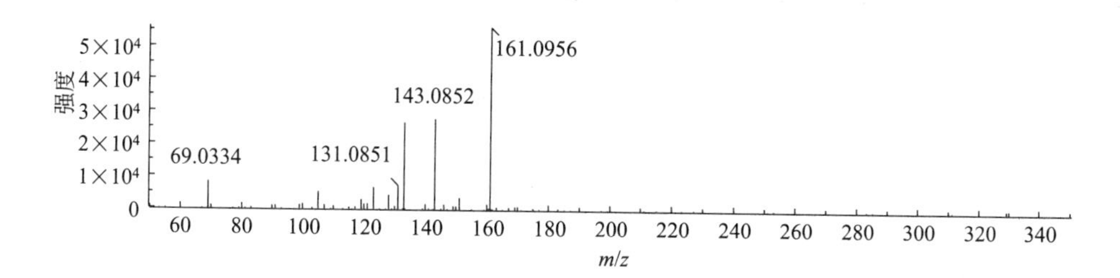

二级全扫质谱图 CE: 35V

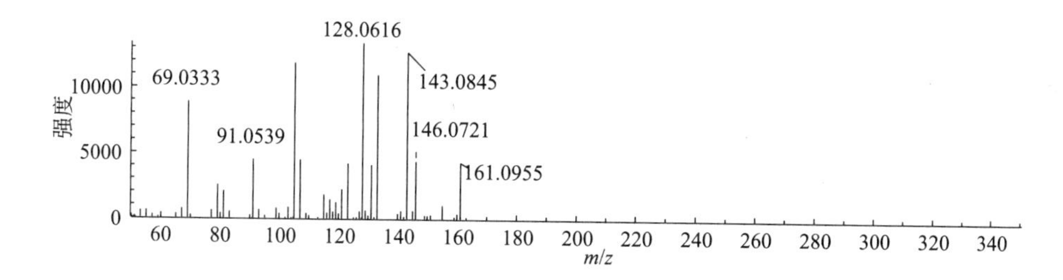

二级全扫质谱图 CE: 50V

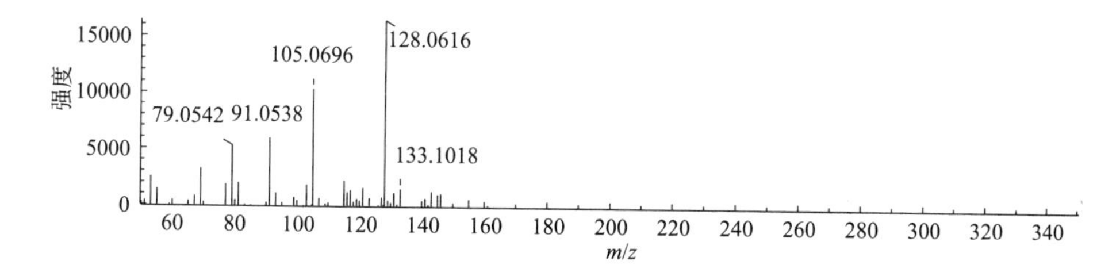

二级全扫质谱图 CE: 60V

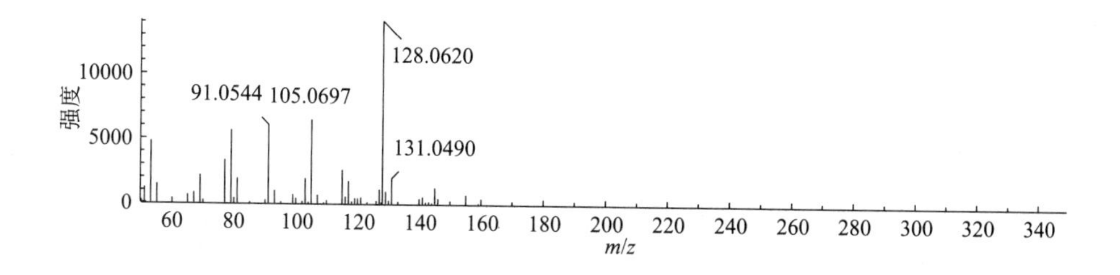

Pyrethrins Ⅱ
除虫菊素Ⅱ

CAS 号	121-29-9	保留时间	21.42min
分子式	$C_{22}H_{28}O_5$	加合方式	$[M+H]^+$
分子量	372.1937	源内裂解碎片	无

推测裂解规律（裂解路径已经 MS³ 确认）

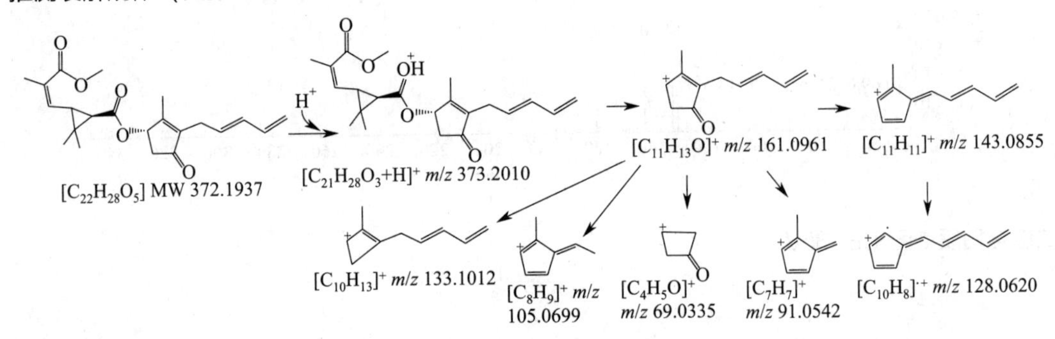

提取离子流色谱图

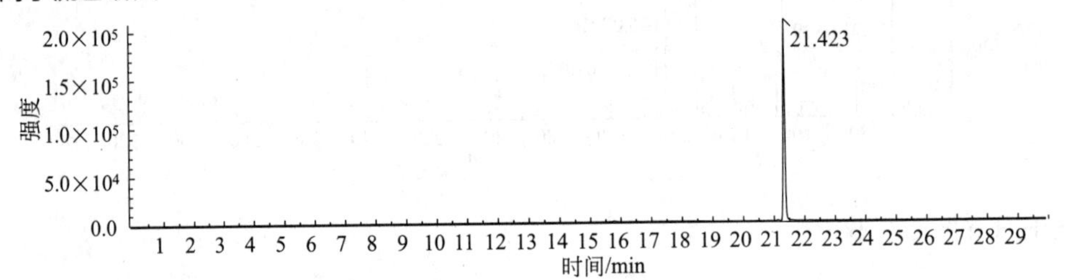

一级质谱图

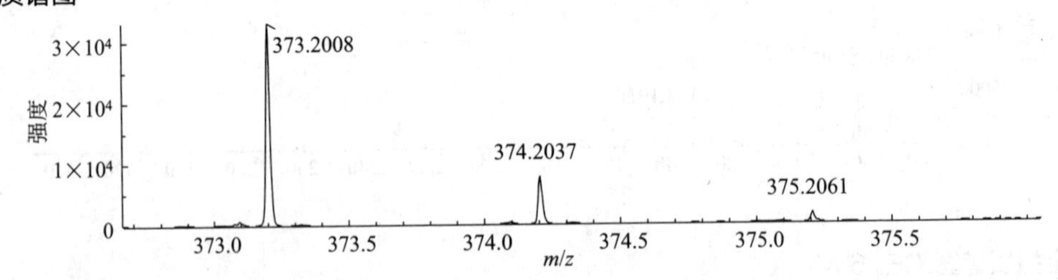

二级全扫质谱图 CE：(35±15)V

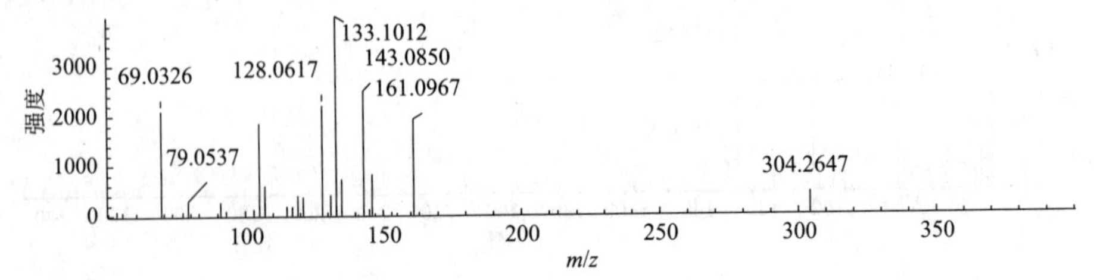

二级全扫质谱图 CE: 10V

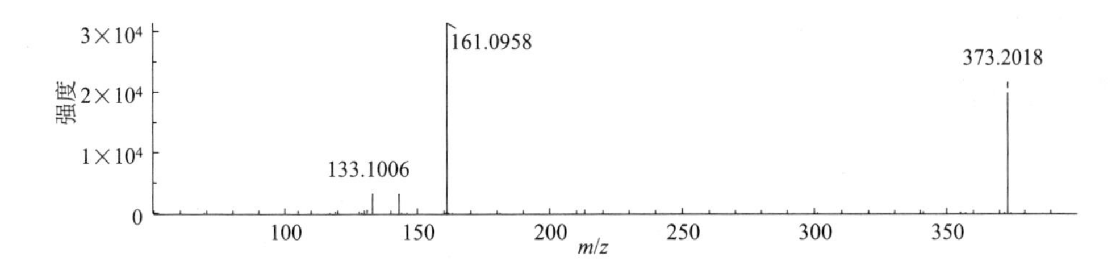

二级全扫质谱图 CE: 20V

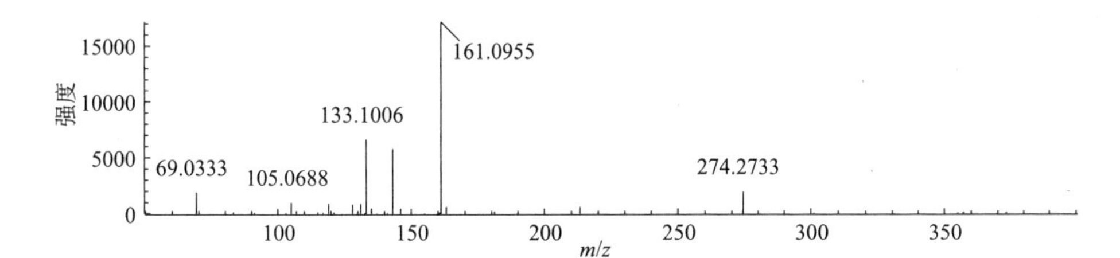

二级全扫质谱图 CE: 35V

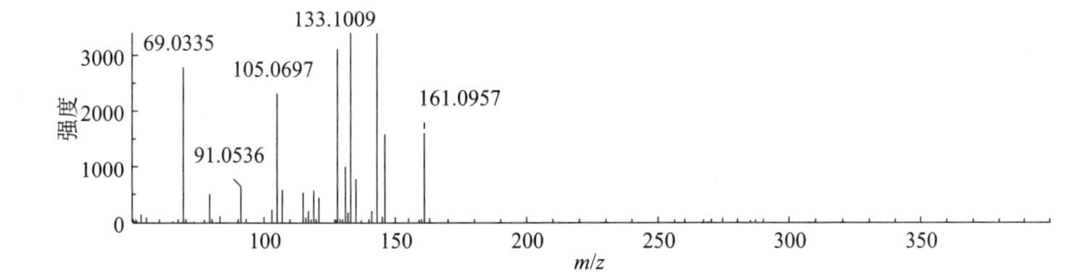

二级全扫质谱图 CE: 50V

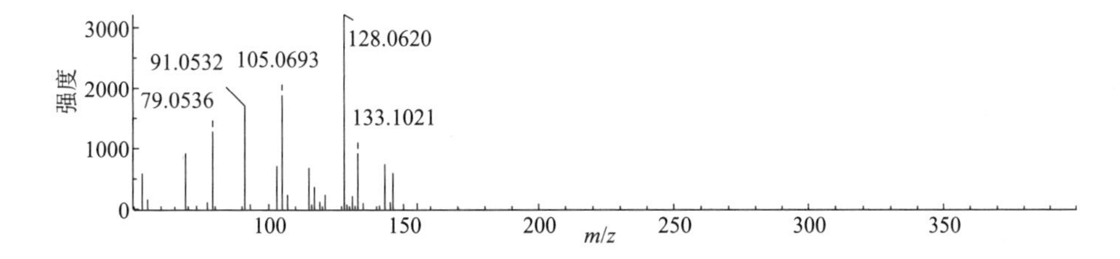

二级全扫质谱图 CE: 60V

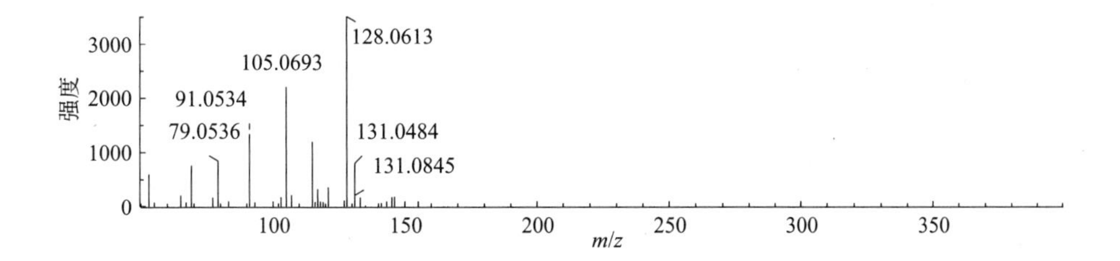

Pyribenzoxim
嘧啶肟草醚

CAS 号	168088-61-7	保留时间	22.49min
分子式	$C_{32}H_{27}N_5O_8$	加合方式	$[M+H]^+$
分子量	609.1860	源内裂解碎片	无

推测裂解规律

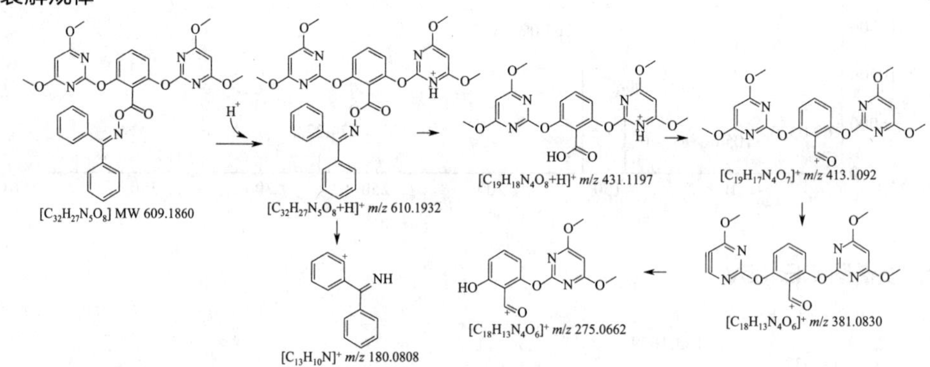

提取离子流色谱图

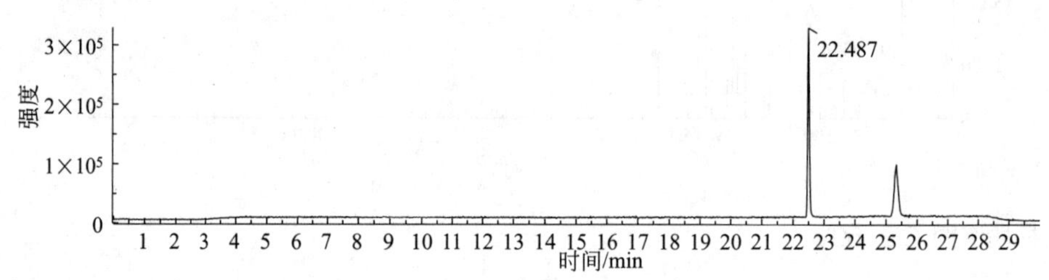

一级质谱图

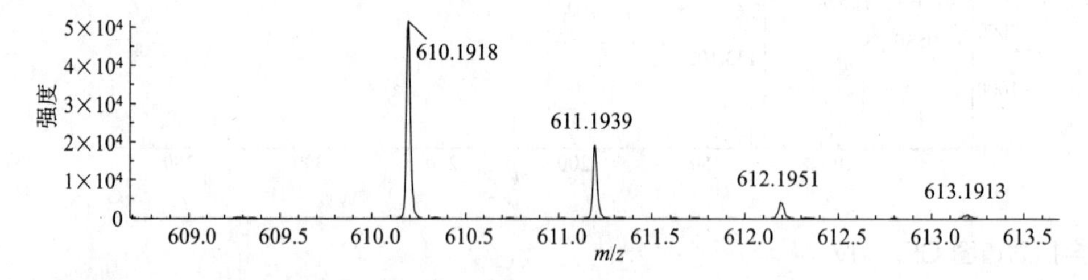

二级全扫质谱图 CE: (35±15)V

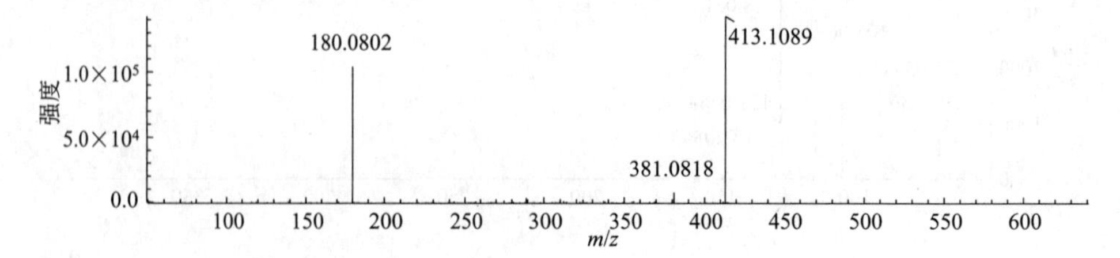

二级全扫质谱图 CE: 10V

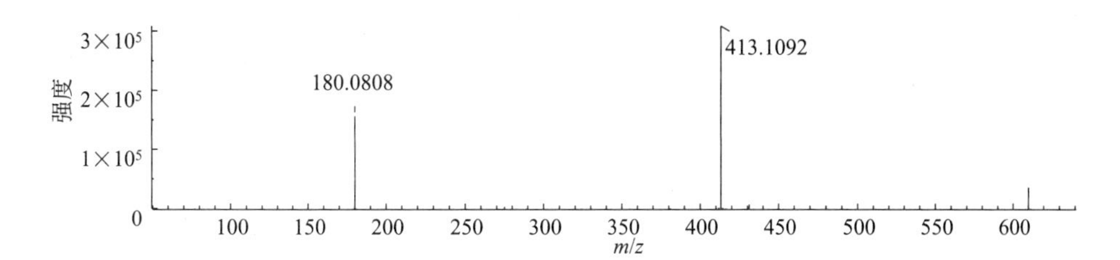

二级全扫质谱图 CE: 20V

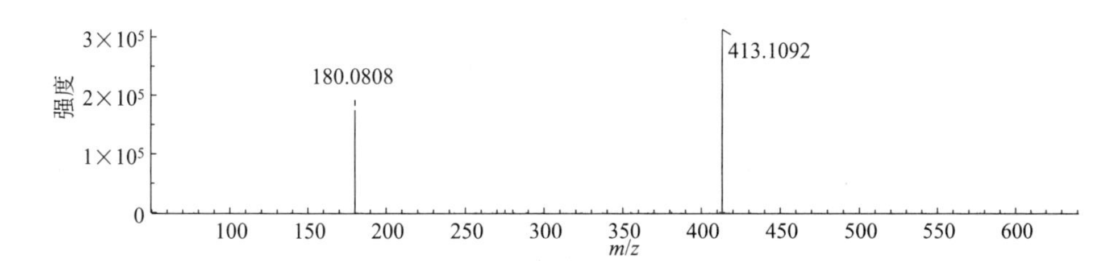

二级全扫质谱图 CE: 35V

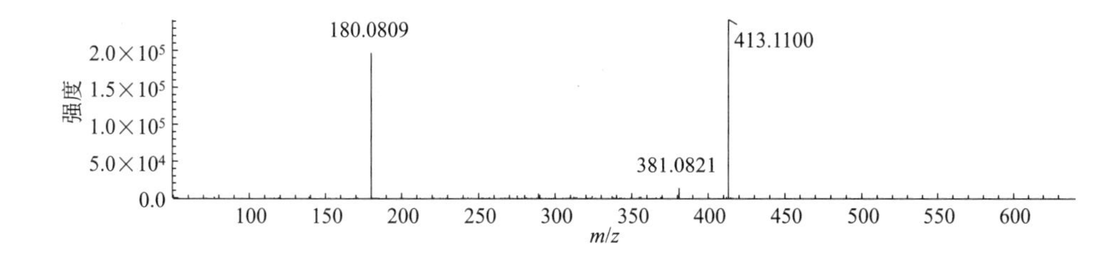

二级全扫质谱图 CE: 50V

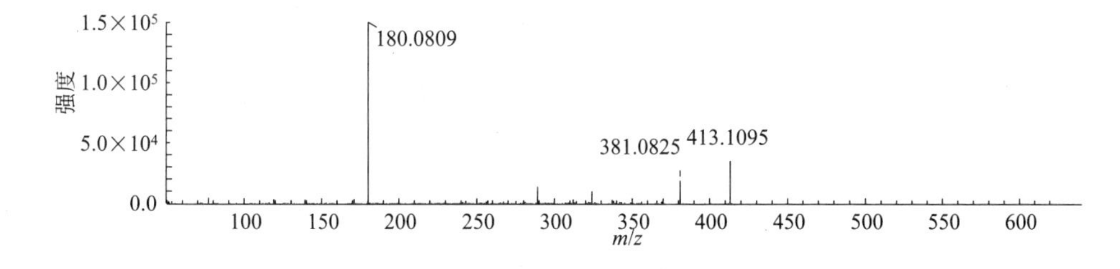

二级全扫质谱图 CE: 60V

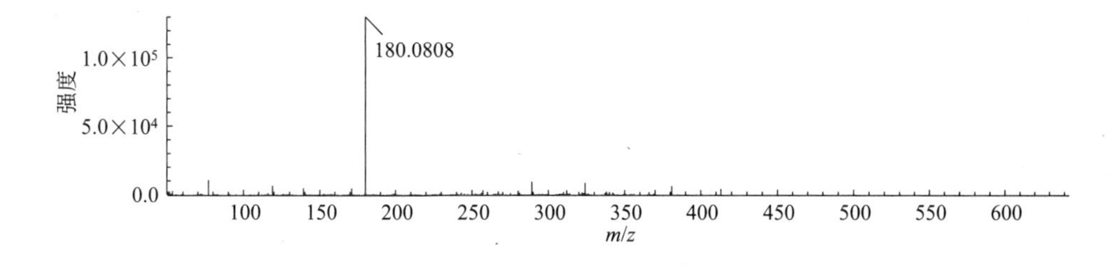

Pyridaben
哒螨灵

CAS 号	96489-71-3	保留时间	23.63min
分子式	$C_{19}H_{25}ClN_2OS$	加合方式	$[M+H]^+$
分子量	364.1376	源内裂解碎片	无

推测裂解规律

$[C_{19}H_{25}ClN_2OS]$ MW 364.1376 $\xrightarrow{H^+}$ $[C_{19}H_{25}ClN_2OS+H]^+$ *m/z* 365.1449 ⟶ $[C_{15}H_{18}ClN_2OS+H]^+$ *m/z* 309.0823

$[C_{19}H_{25}ClN_2OS+H]^+$ *m/z* 365.1449 ⟶ $[C_{11}H_{15}]^+$ *m/z* 147.1168

提取离子流色谱图

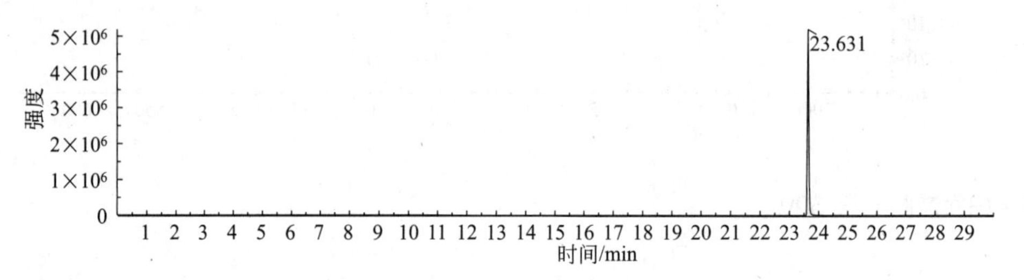

一级质谱图

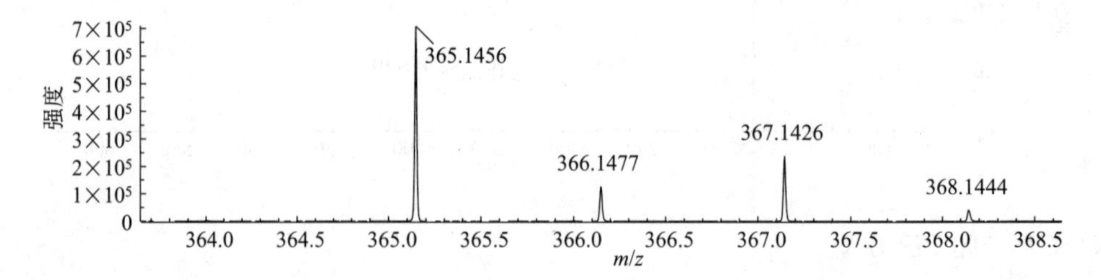

二级全扫质谱图 CE: (35±15)V

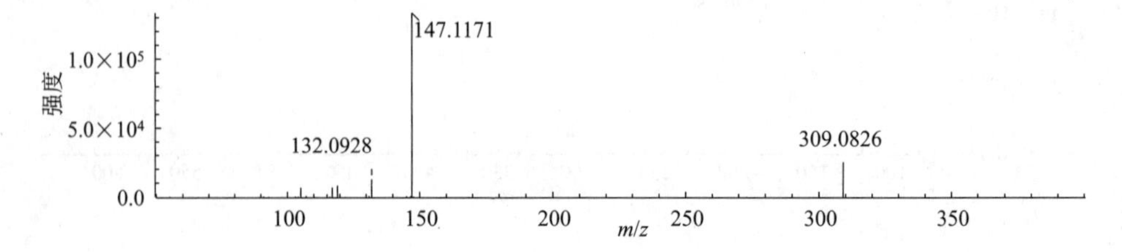

二级全扫质谱图 CE: 10V

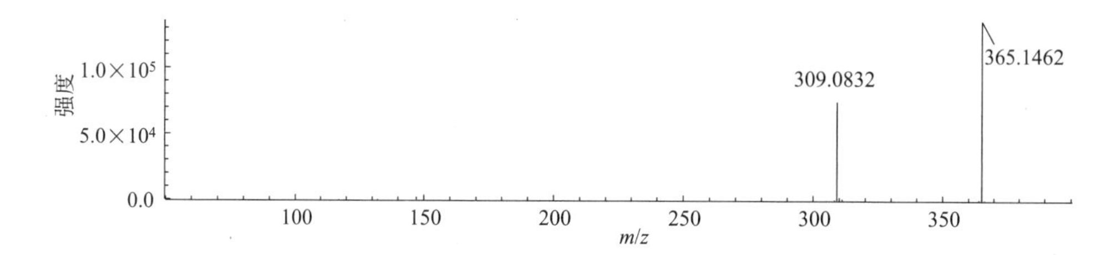

二级全扫质谱图 CE: 20V

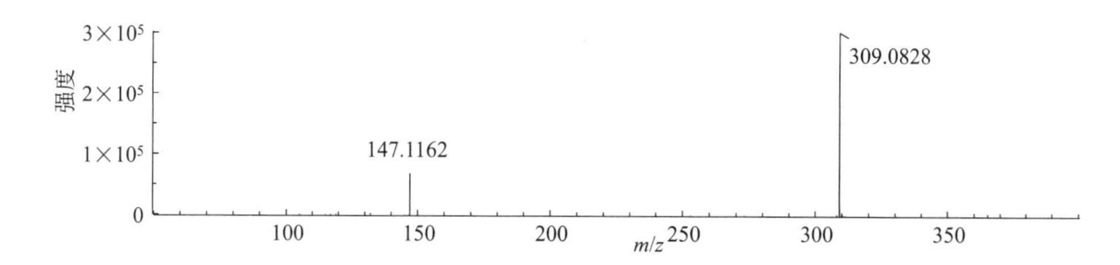

二级全扫质谱图 CE: 35V

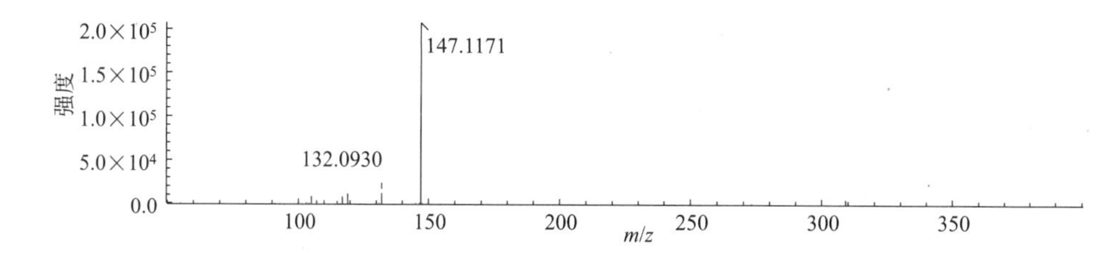

二级全扫质谱图 CE: 50V

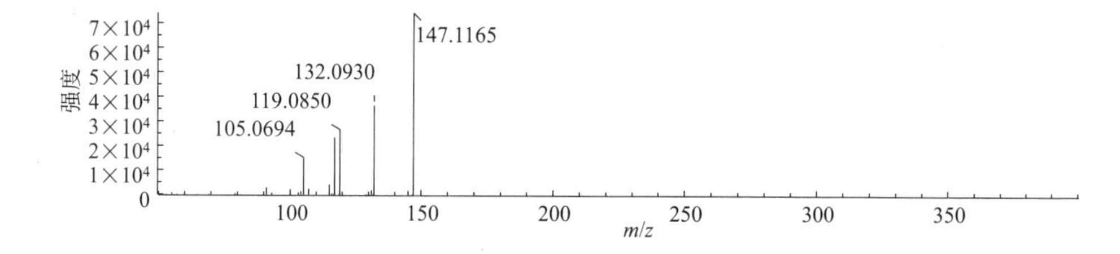

二级全扫质谱图 CE: 60V

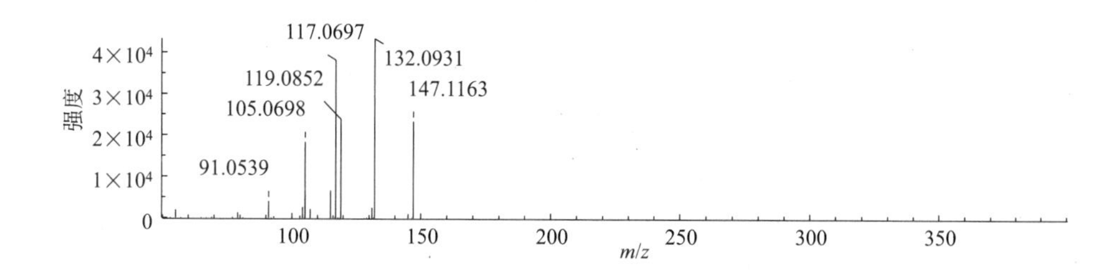

Pyridalyl
三氟甲吡醚

CAS 号	179101-81-6	保留时间	24.66min
分子式	$C_{18}H_{14}Cl_4F_3NO_3$	加合方式	$[M+H]^+$
分子量	488.9680	源内裂解碎片	无

推测裂解规律

$[C_{18}H_{14}Cl_4F_3NO_3]$ MW 488.9680

$[C_{18}H_{14}Cl_4F_3NO_3+H]^+$ *m/z* 489.9753

$[C_{12}H_{11}Cl_4O_2]^+$ *m/z* 326.9508

$[C_3H_3Cl_2]^+$ *m/z* 108.9606

$[C_{10}H_7Cl_4O_2]^+$ *m/z* 298.9195

$[C_9H_8ClO_2]^+$ *m/z* 183.0207

$[C_9H_9F_3NO]^+$ *m/z* 204.0631

$[C_6H_4F_3NO+H]^+$ *m/z* 164.0318

提取离子流色谱图

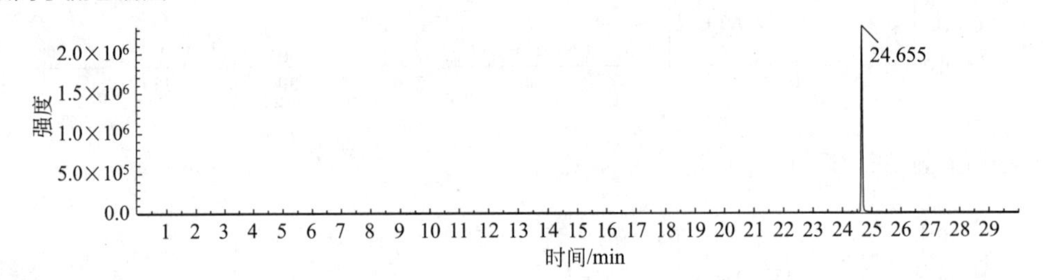

一级质谱图

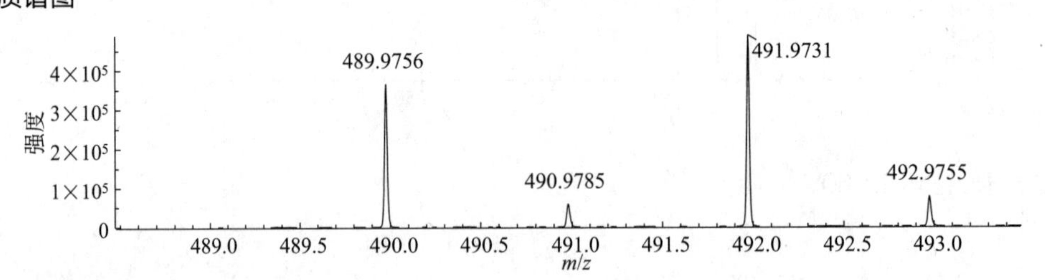

二级全扫质谱图 CE: (35±15)V

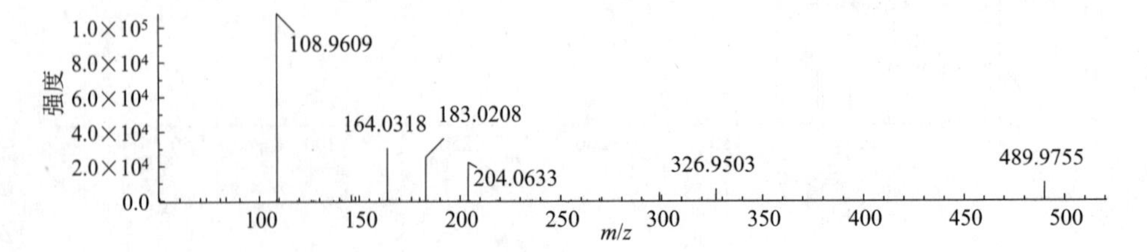

二级全扫质谱图 CE: 10V

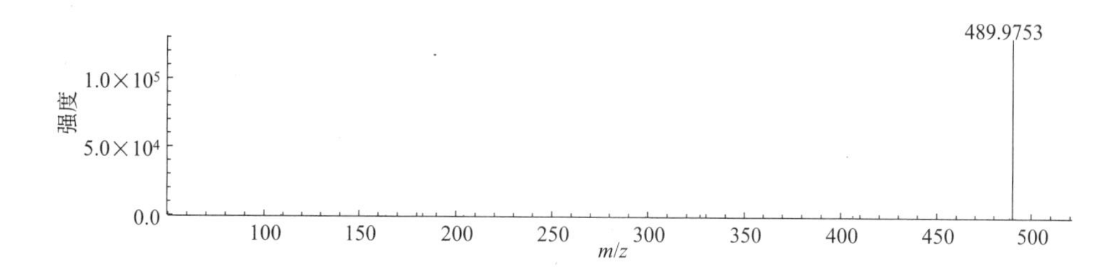

二级全扫质谱图 CE: 20V

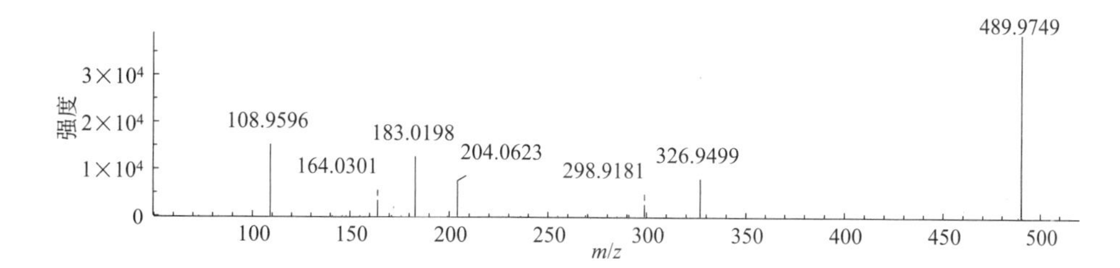

二级全扫质谱图 CE: 35V

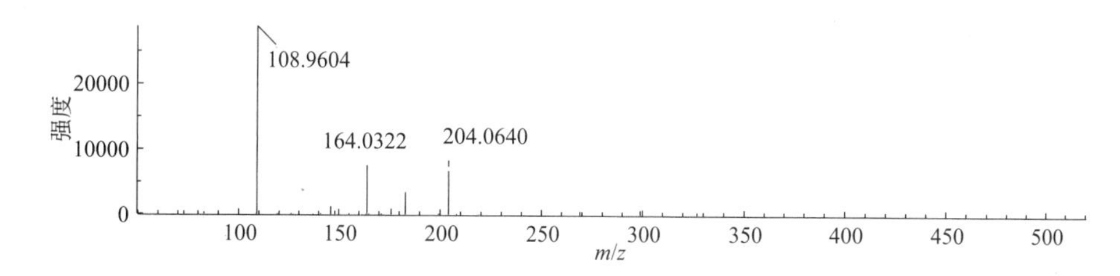

二级全扫质谱图 CE: 50V

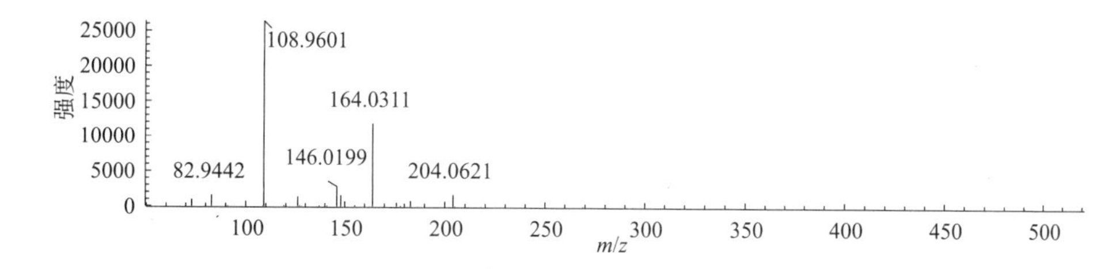

二级全扫质谱图 CE: 60V

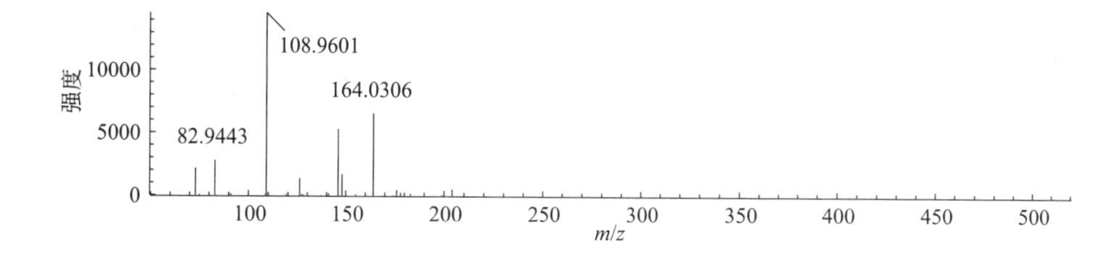

Pyridaphenthion
哒嗪硫磷

CAS 号	119-12-0	保留时间	14.40min
分子式	$C_{14}H_{17}N_2O_4PS$	加合方式	$[M+H]^+$
分子量	340.0647	源内裂解碎片	无

推测裂解规律（裂解路径已经 MS[3] 确认）

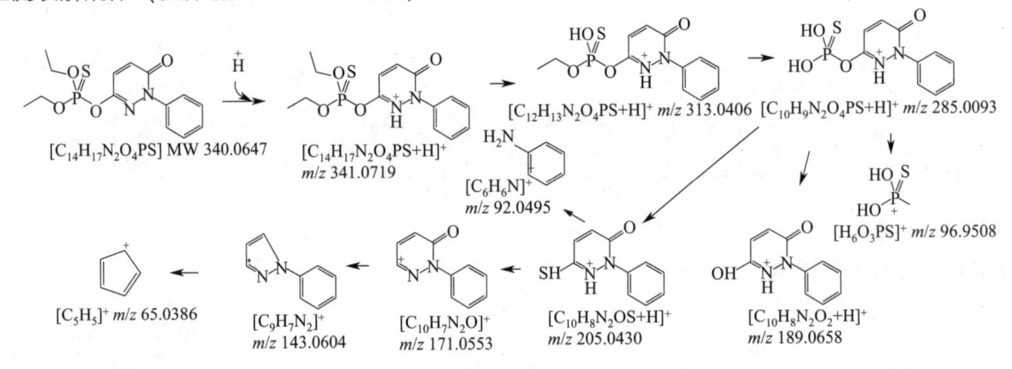

提取离子流色谱图

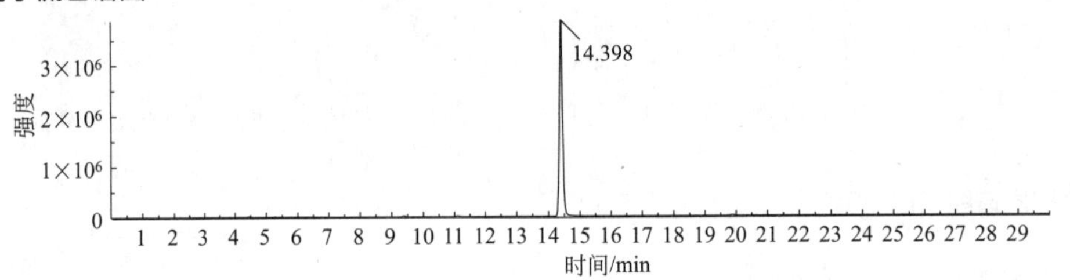

一级质谱图

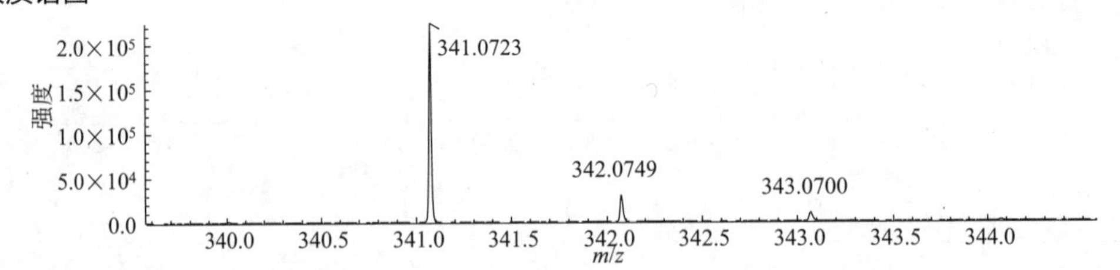

二级全扫质谱图 CE：(35±15)V

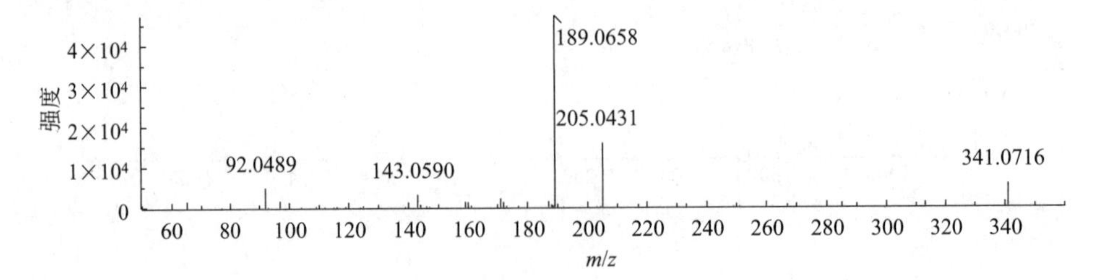

二级全扫质谱图 CE: 10V

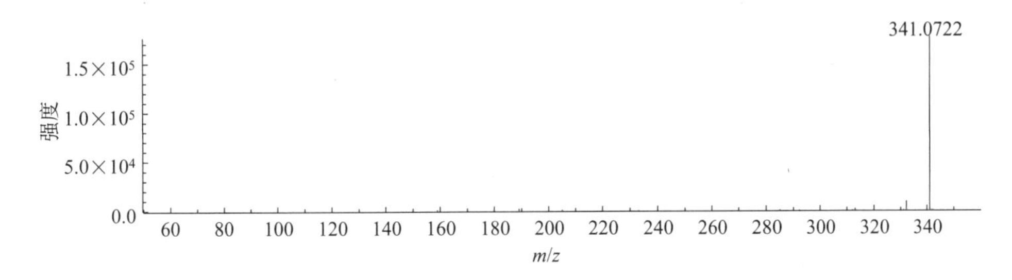

二级全扫质谱图 CE: 20V

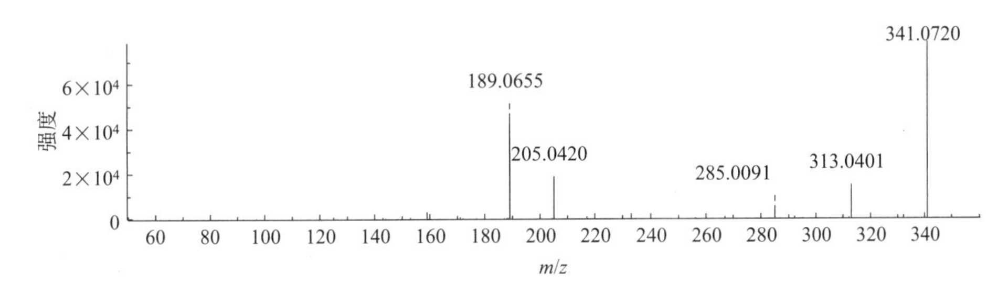

二级全扫质谱图 CE: 35V

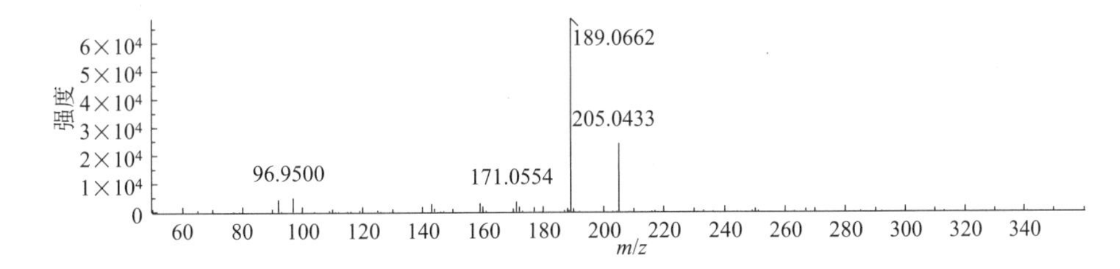

二级全扫质谱图 CE: 50V

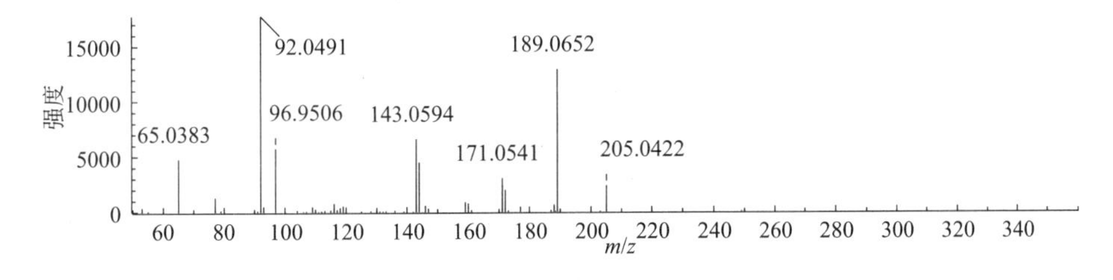

二级全扫质谱图 CE: 60V

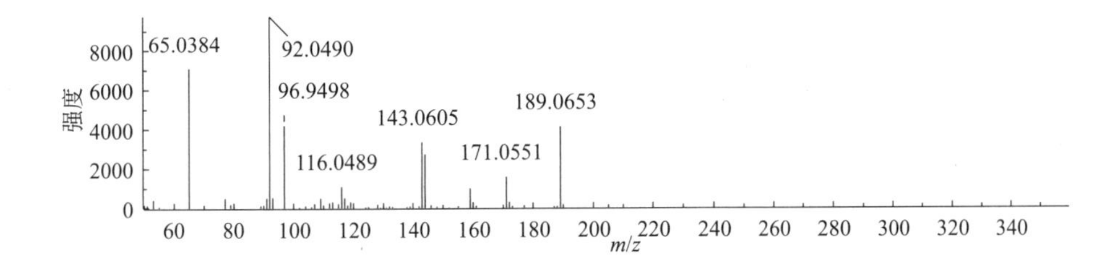

Pyrimethanil
嘧霉胺

CAS 号	53112-28-0	保留时间	11.25min
分子式	$C_{12}H_{13}N_3$	加合方式	$[M+H]^+$
分子量	199.1110	源内裂解碎片	无

推测裂解规律（裂解路径已经 MS^3 确认）

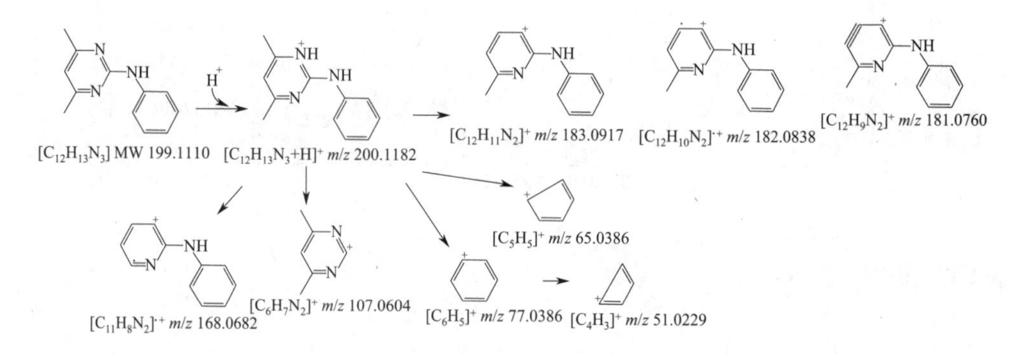

提取离子流色谱图

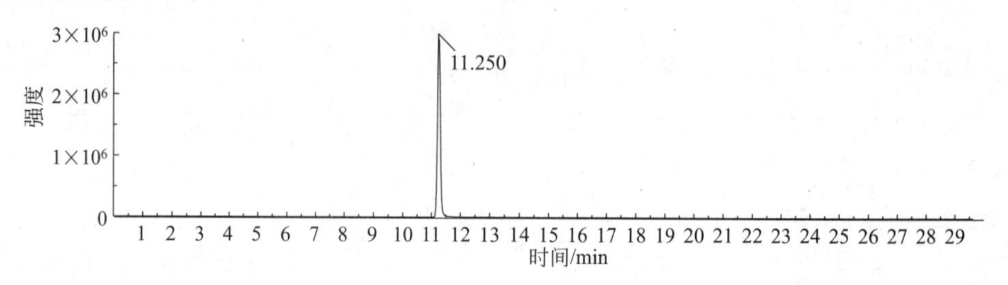

一级质谱图

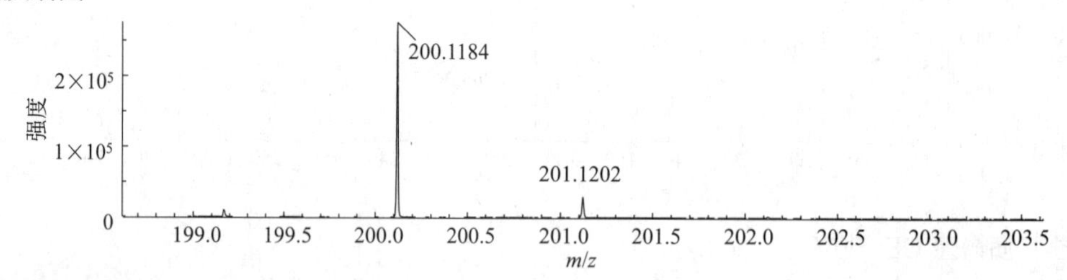

二级全扫质谱图 CE：(35±15)V

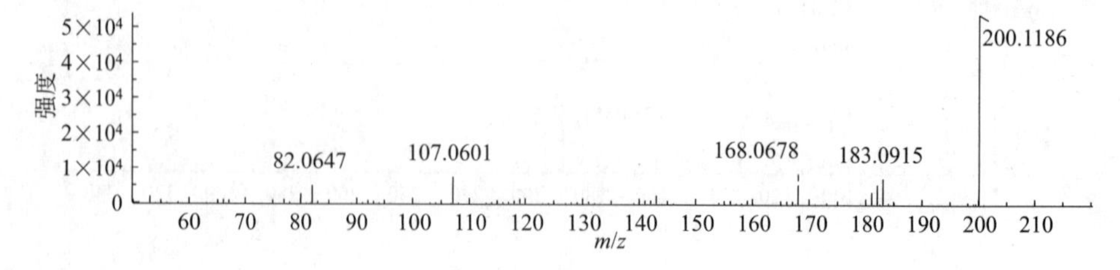

二级全扫质谱图 CE: 10V

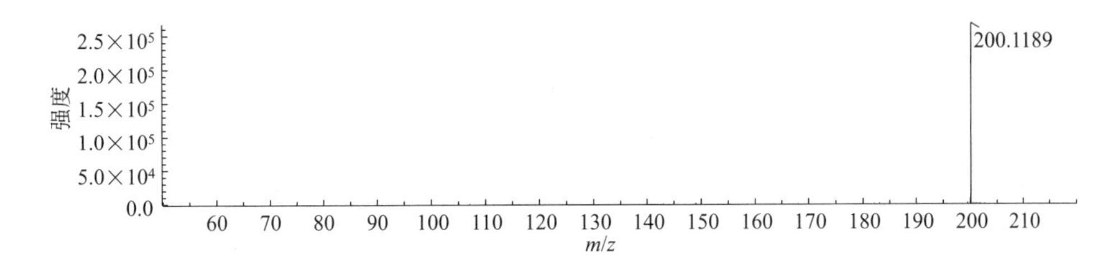

二级全扫质谱图 CE: 20V

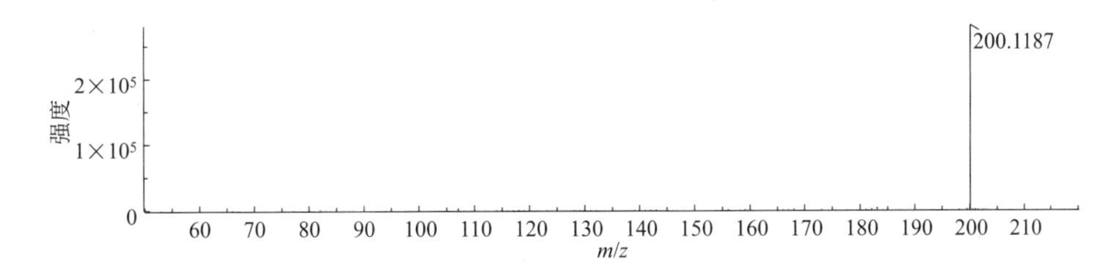

二级全扫质谱图 CE: 35V

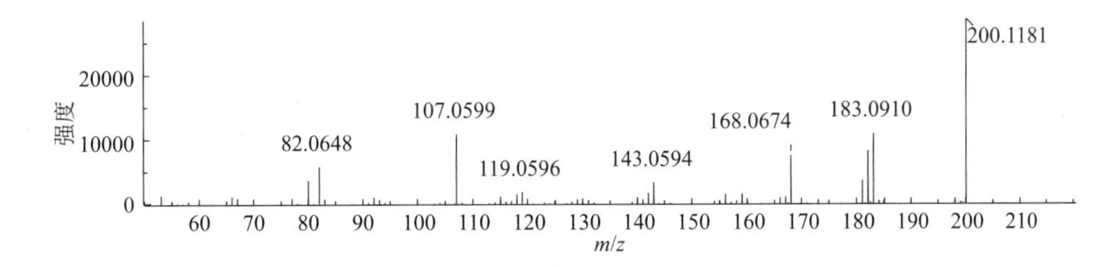

二级全扫质谱图 CE: 50V

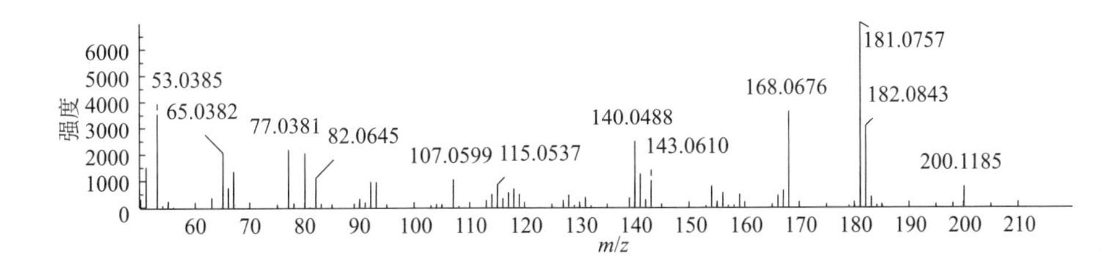

二级全扫质谱图 CE: 60V

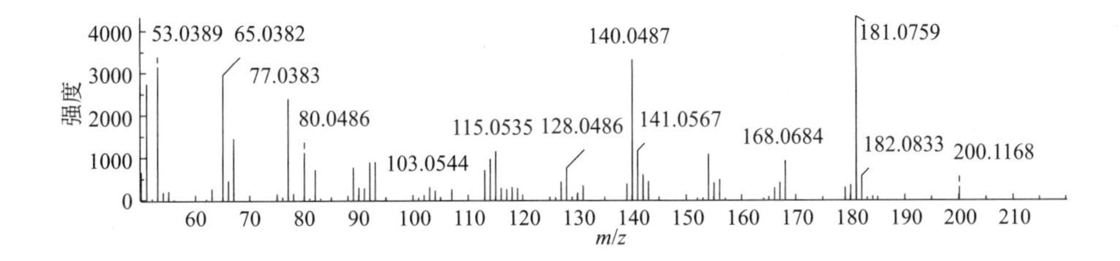

Pyrimorph
丁吡吗啉

CAS 号	868390-90-3	保留时间	19.23min
分子式	$C_{22}H_{25}ClN_2O_2$	加合方式	$[M+H]^+$
分子量	384.1605	源内裂解碎片	无

推测裂解规律

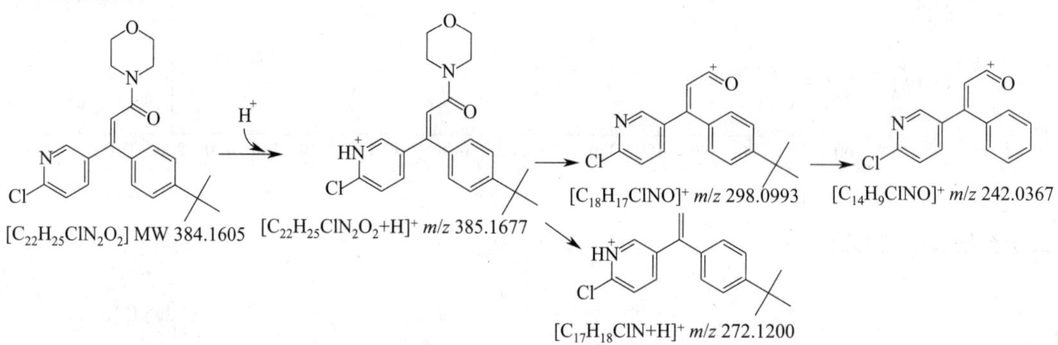

提取离子流色谱图

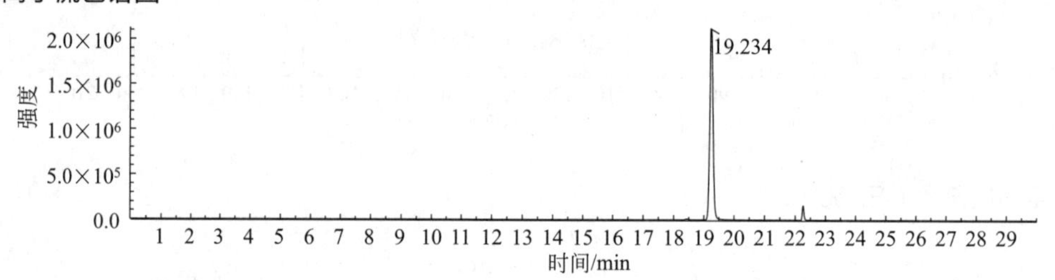

一级质谱图

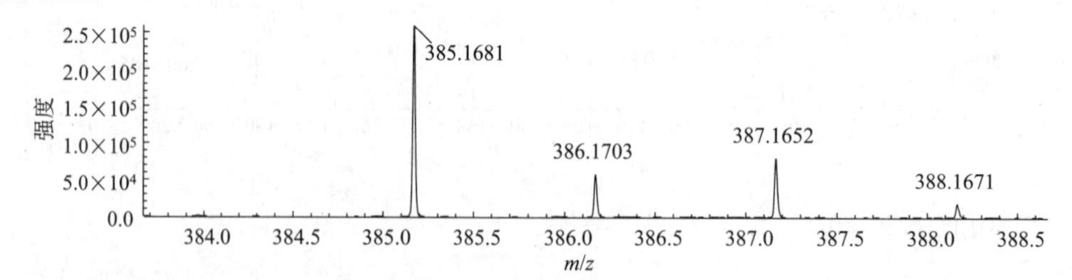

二级全扫质谱图 CE: (35±15)V

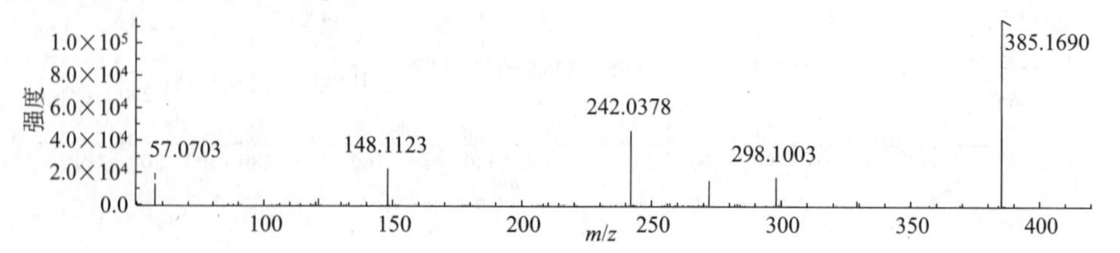

二级全扫质谱图 CE: 10V

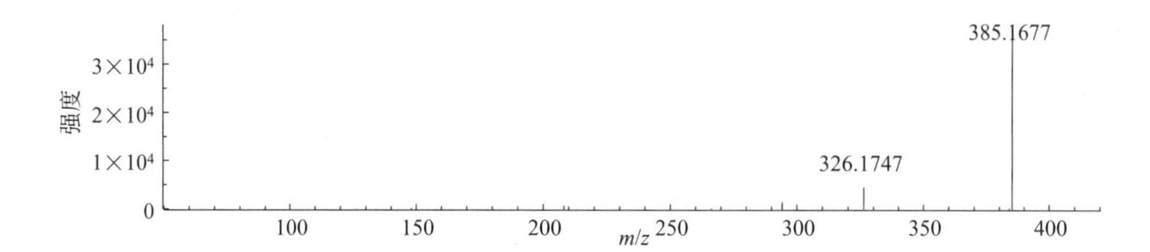

二级全扫质谱图 CE: 20V

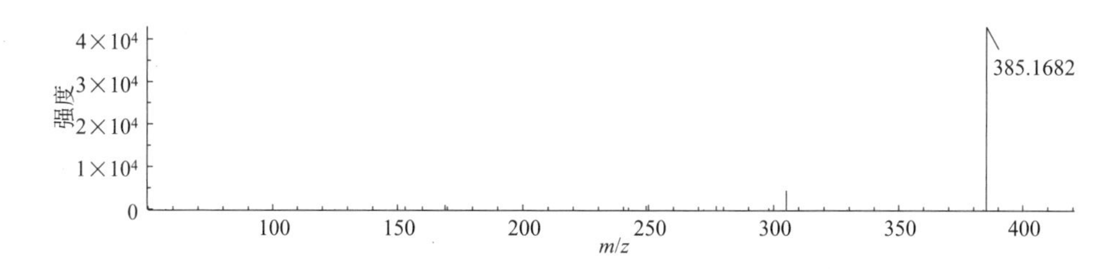

二级全扫质谱图 CE: 35V

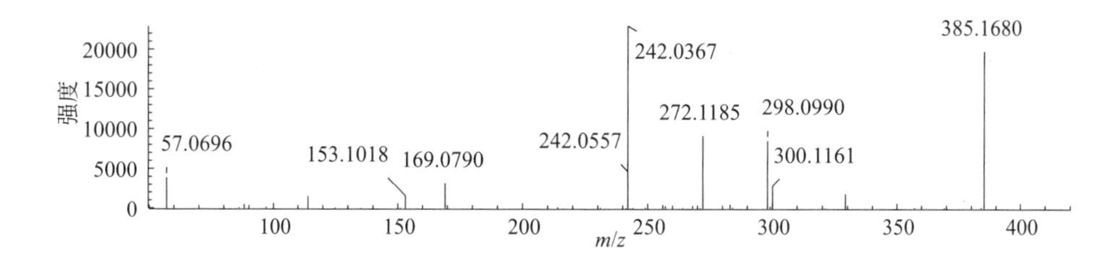

二级全扫质谱图 CE: 50V

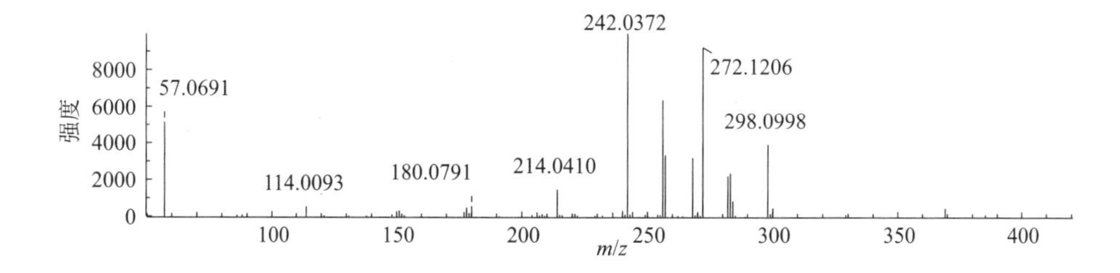

二级全扫质谱图 CE: 60V

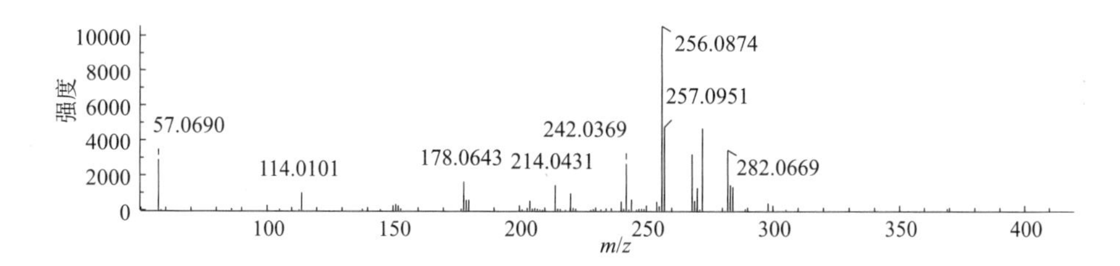

Pyriproxyfen

吡丙醚

CAS 号	95737-68-1	保留时间	22.38min
分子式	$C_{20}H_{19}NO_3$	加合方式	$[M+H]^+$
分子量	321.1365	源内裂解碎片	无

推测裂解规律

$[C_{20}H_{19}NO_3]$ MW 321.1365

$[C_{20}H_{19}NO_3+H]^+$ *m/z* 322.1438

$[C_{15}H_{15}O_2]^+$ *m/z* 227.1067

$[C_{12}H_9O_2]^+$ *m/z* 185.0597

$[C_8H_7O]^+$ *m/z* 119.0491

$[C_5H_4N]^+$ *m/z* 78.0338

$[C_5H_5NO+H]^+$ *m/z* 96.0444

$[C_9H_{10}O]^{\cdot+}$ *m/z* 134.0726

$[C_9H_9O]^+$ *m/z* 133.0648

提取离子流色谱图

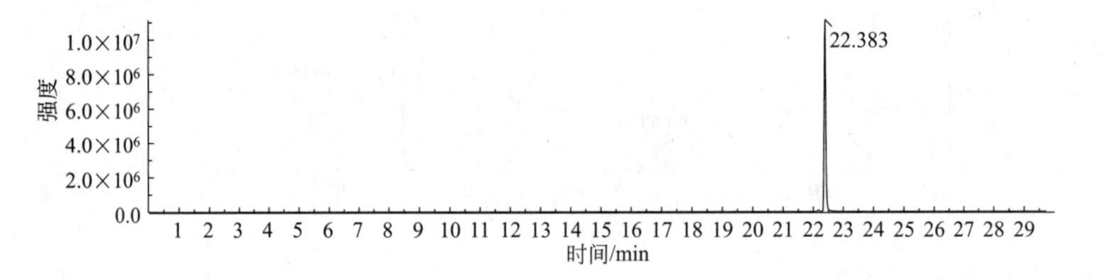

一级质谱图

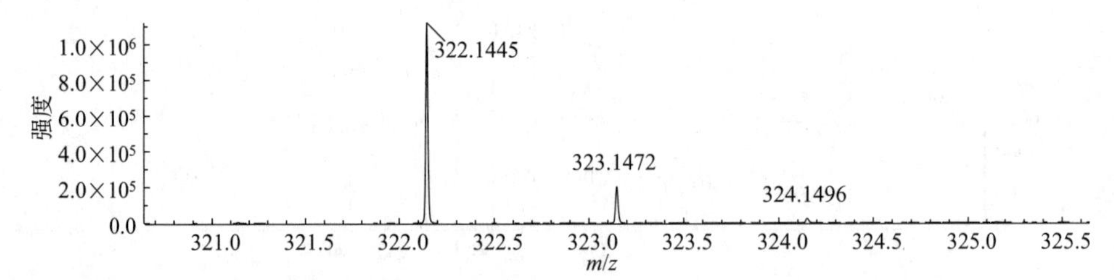

二级全扫质谱图 CE：(35±15)V

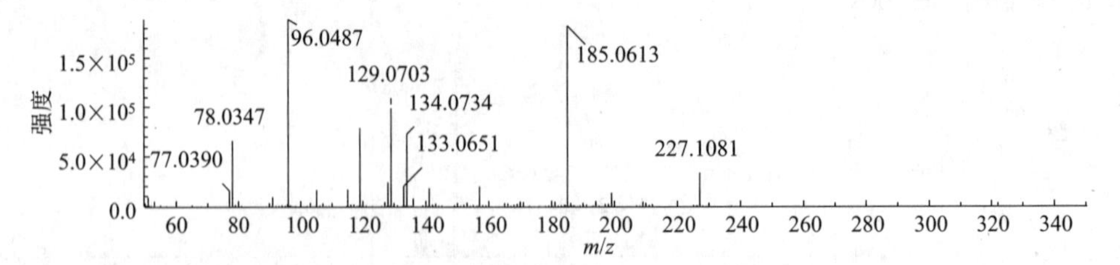

二级全扫质谱图 CE: 10V

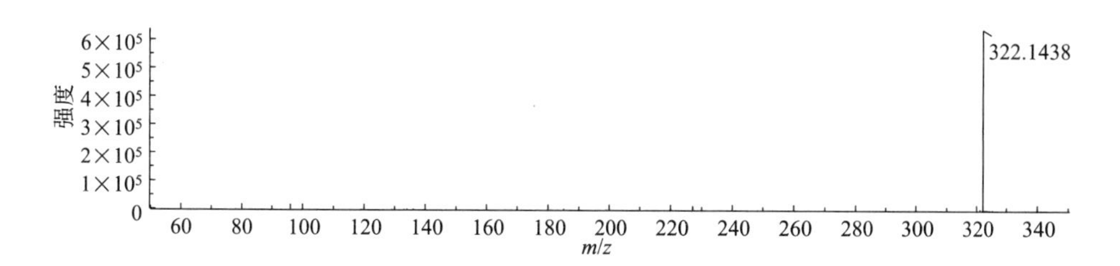

二级全扫质谱图 CE: 20V

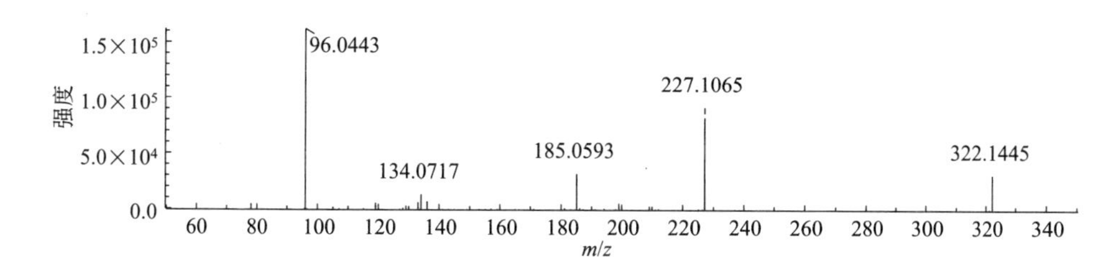

二级全扫质谱图 CE: 35V

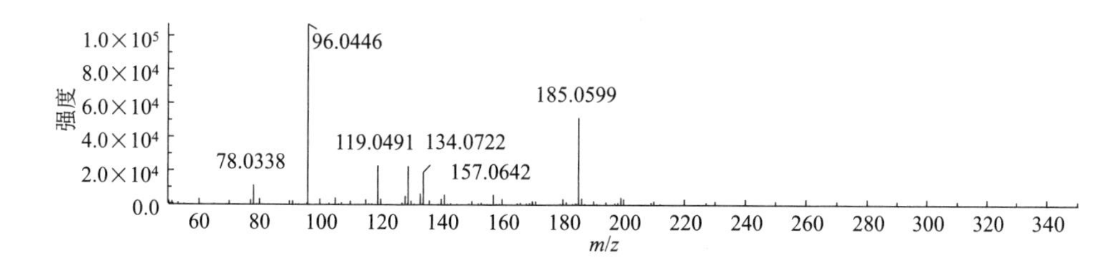

二级全扫质谱图 CE: 50V

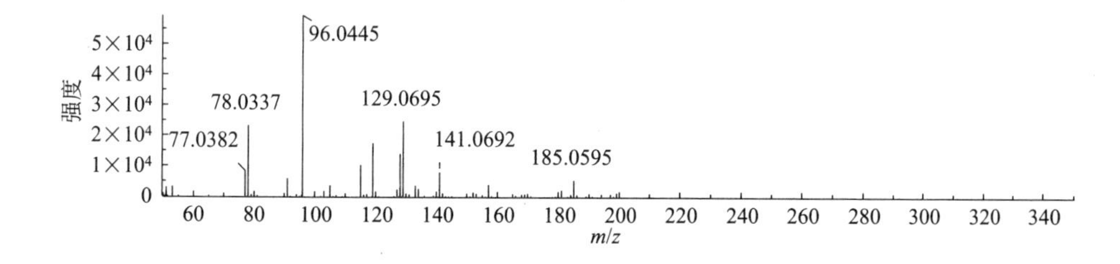

二级全扫质谱图 CE: 60V

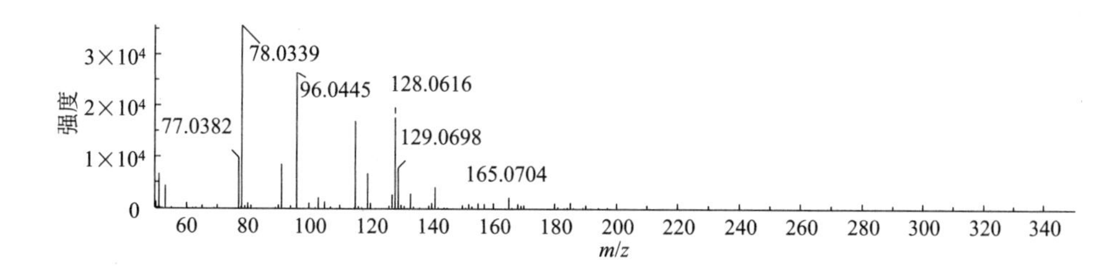

Pyrisoxazole
啶菌噁唑

CAS 号	847749-37-5	保留时间	12.31/13.46min
分子式	$C_{16}H_{17}ClN_2O$	加合方式	$[M+H]^+$
分子量	288.1029	源内裂解碎片	无

推测裂解规律

$[C_{16}H_{17}ClN_2O]$ MW 288.1029

$[C_{16}H_{17}ClN_2O+H]^+$ m/z 289.1102

$[C_8H_{11}N_2O]^+$ m/z 151.0866

$[C_7H_8NO]^+$ m/z 122.0600

$[C_7H_6NO]^+$ m/z 120.0444

$[C_6H_6N]^+$ m/z 92.0495

$[C_5H_5]^+$ m/z 65.0386

提取离子流色谱图

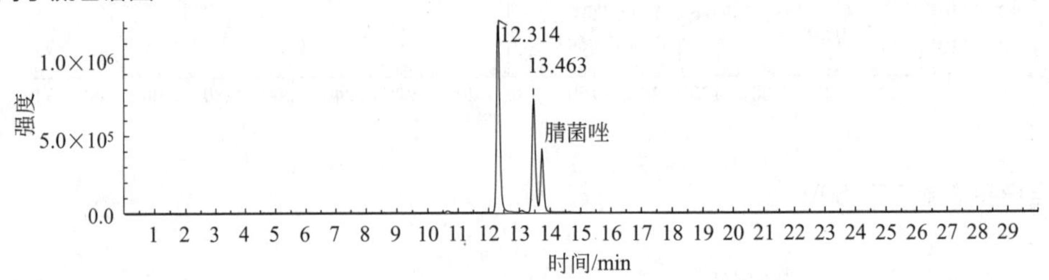

一级质谱图

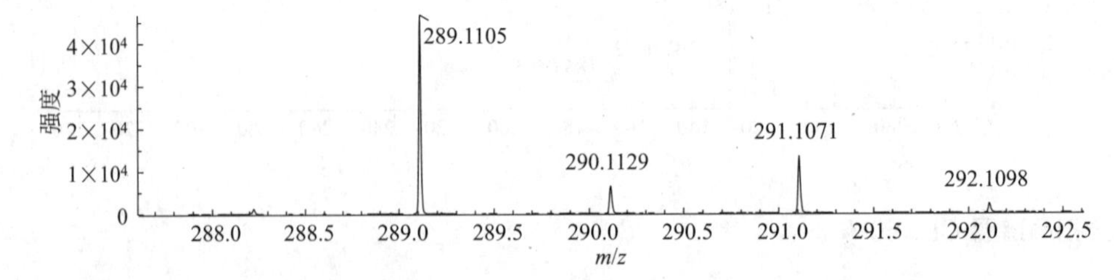

二级全扫质谱图 CE: (35±15)V

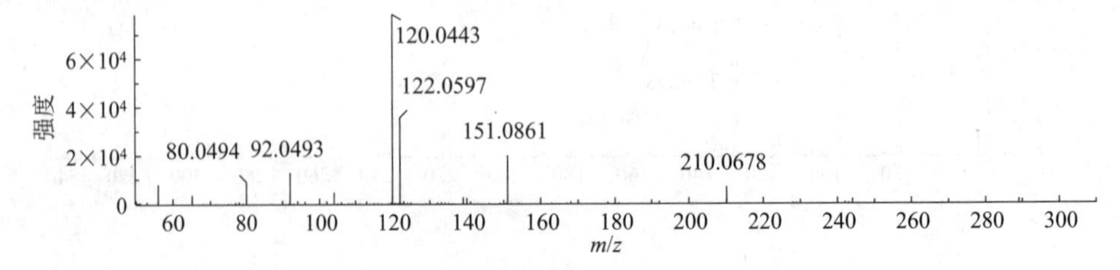

二级全扫质谱图 CE: 10V

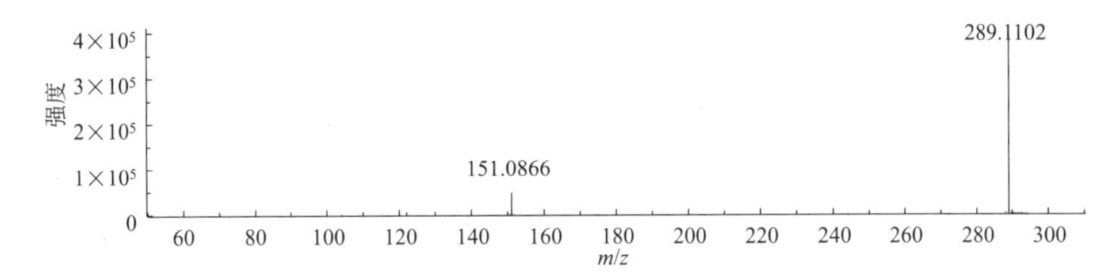

二级全扫质谱图 CE: 20V

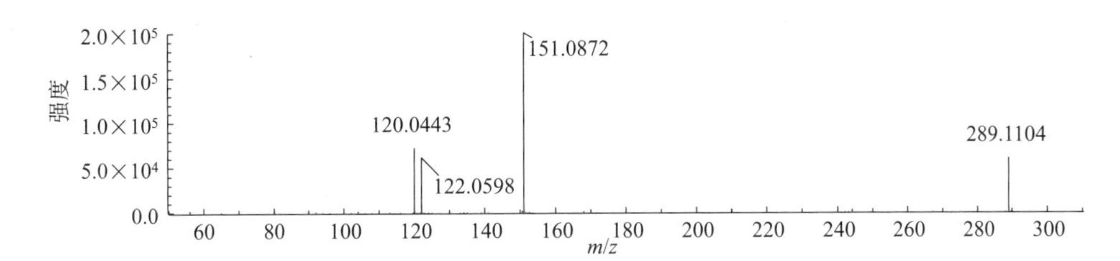

二级全扫质谱图 CE: 35V

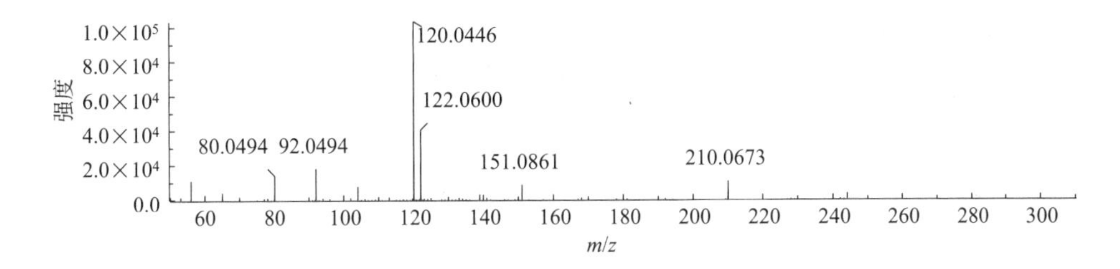

二级全扫质谱图 CE: 50V

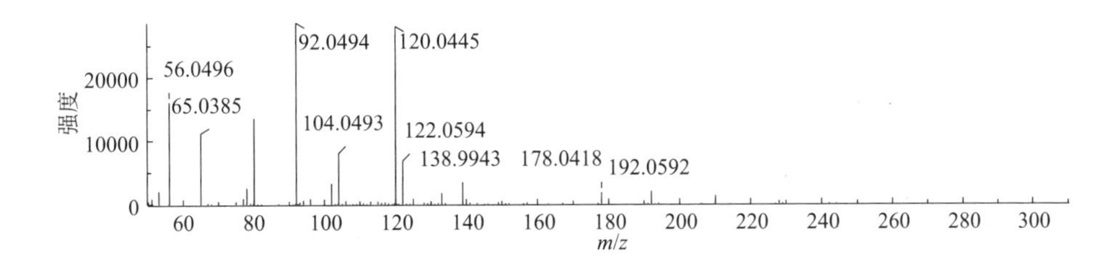

二级全扫质谱图 CE: 60V

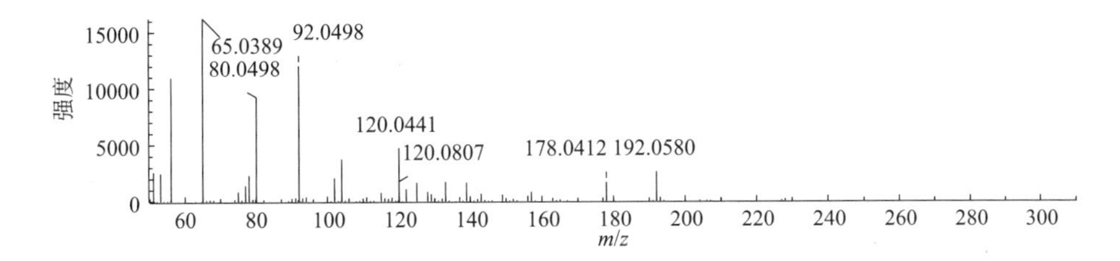

Quinalphos
喹硫磷

CAS 号	13593-03-8	保留时间	17.30min
分子式	$C_{12}H_{15}N_2O_3PS$	加合方式	$[M+H]^+$
分子量	298.0541	源内裂解碎片	无

推测裂解规律（裂解路径已经 MS^3 确认）

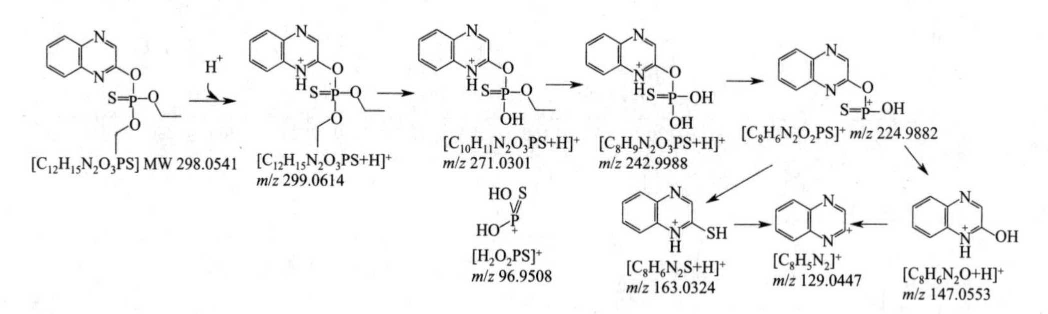

提取离子流色谱图

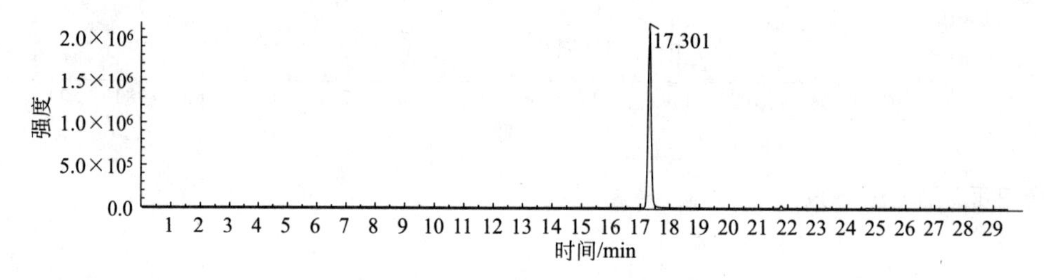

一级质谱图

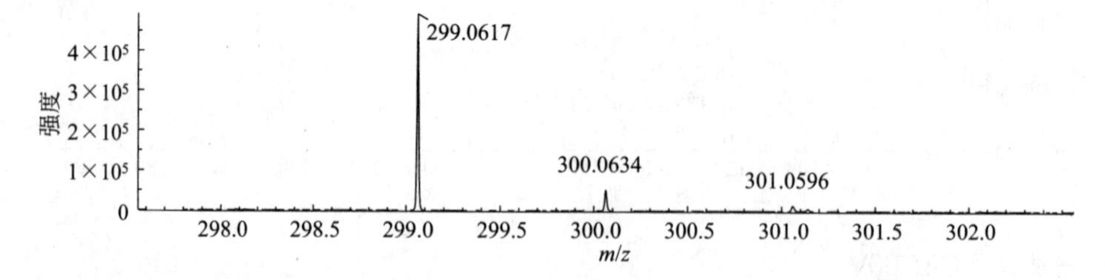

二级全扫质谱图 CE: (35±15)V

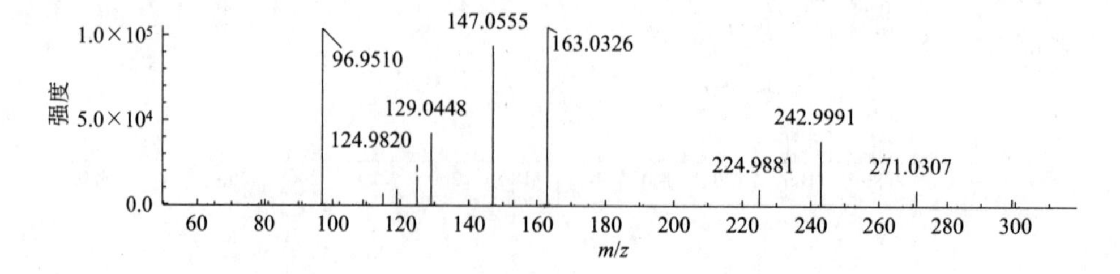

二级全扫质谱图 CE: 10V

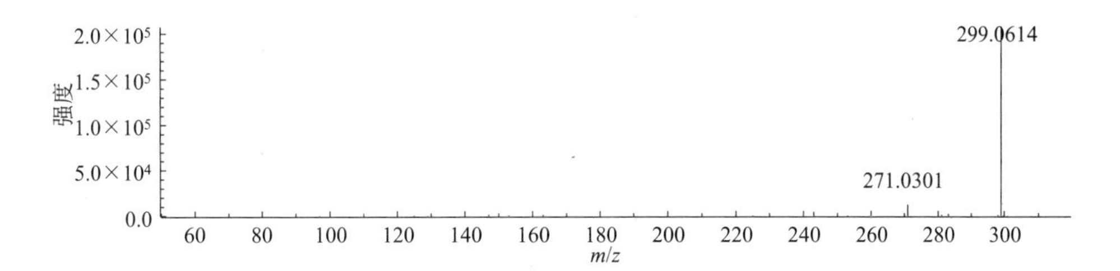

二级全扫质谱图 CE: 20V

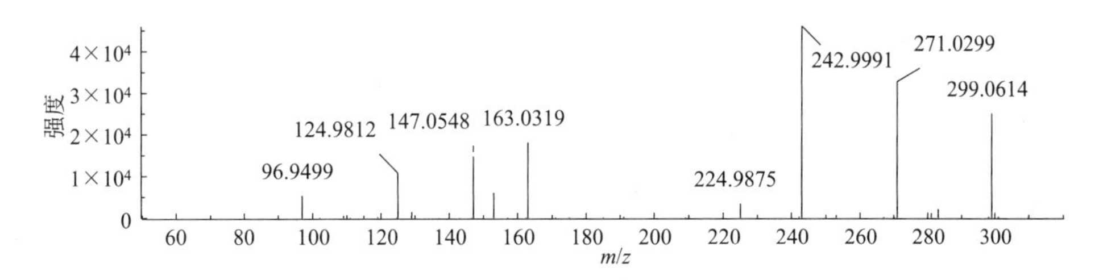

二级全扫质谱图 CE: 35V

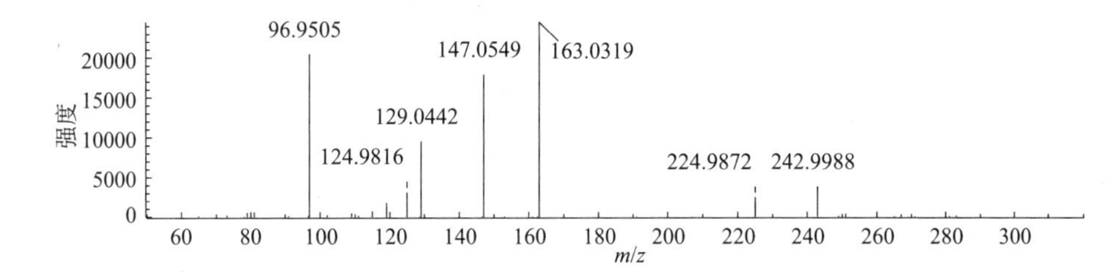

二级全扫质谱图 CE: 50V

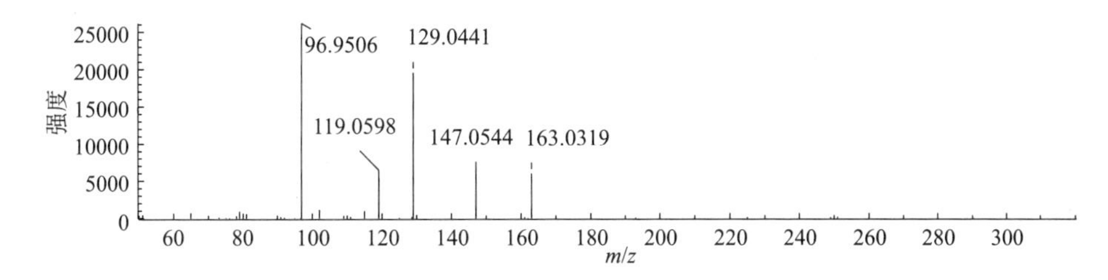

二级全扫质谱图 CE: 60V

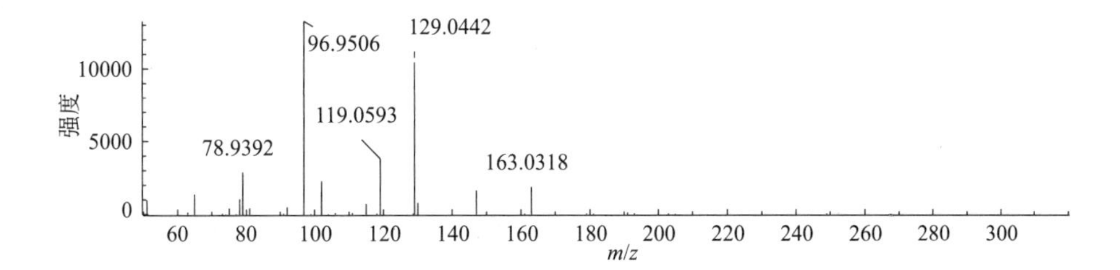

Quizalofop-ethyl
喹禾灵

CAS 号	76578-14-8	保留时间	21.77min
分子式	$C_{19}H_{17}ClN_2O_4$	加合方式	$[M+H]^+$
分子量	372.0877	源内裂解碎片	无

推测裂解规律（裂解路径已经 MS^3 确认）

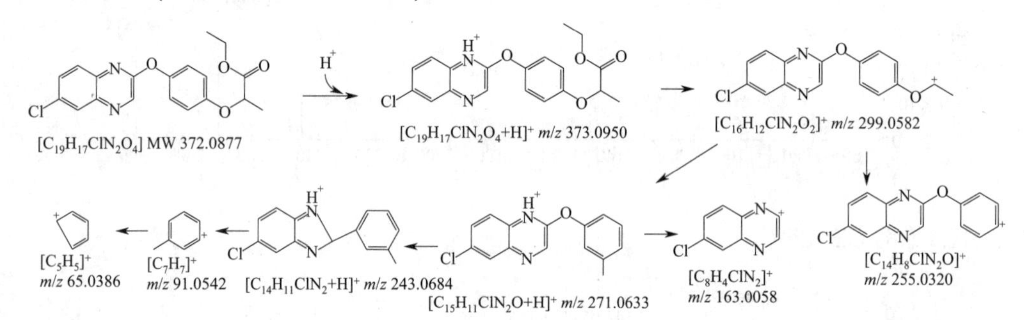

提取离子流色谱图

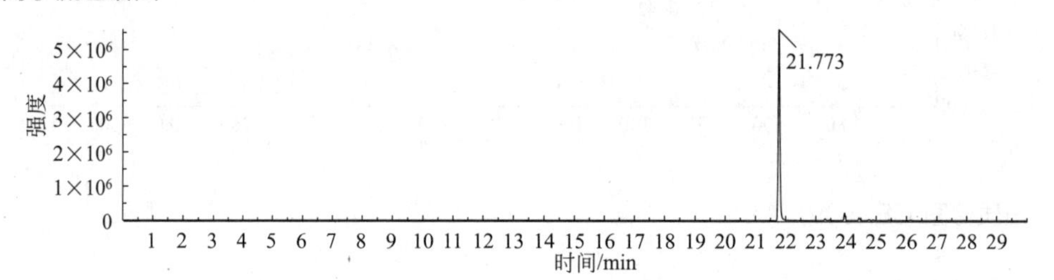

一级质谱图

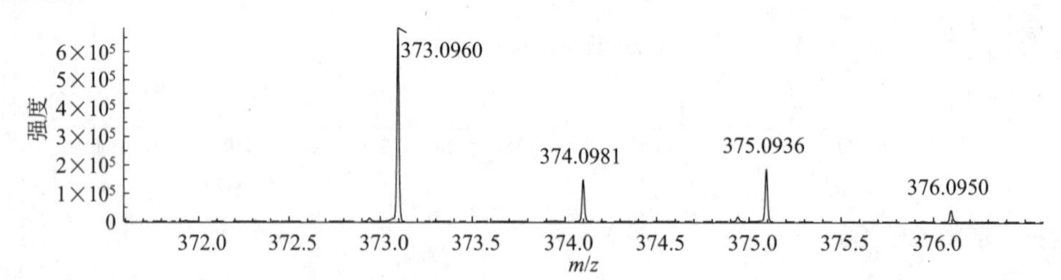

二级全扫质谱图 CE: (35±15)V

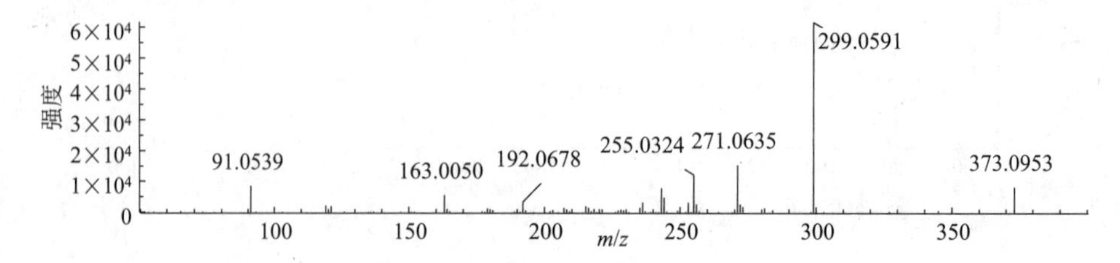

二级全扫质谱图 CE: 10V

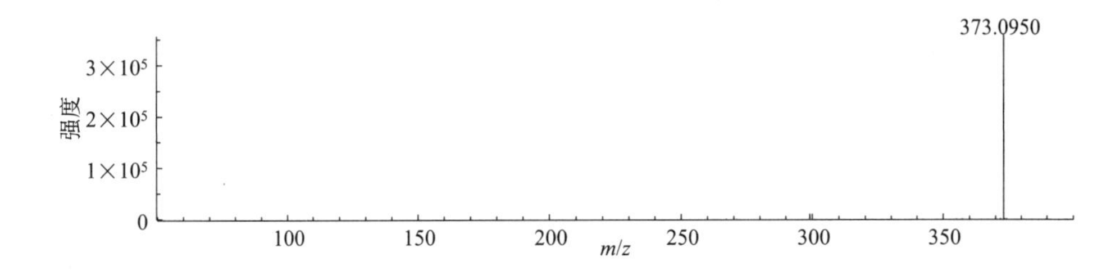

二级全扫质谱图 CE: 20V

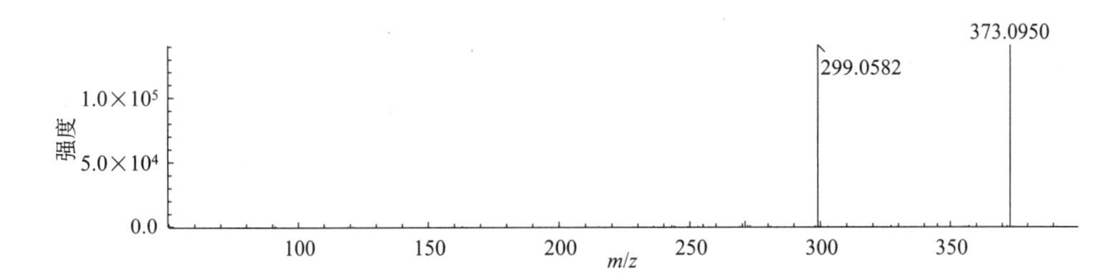

二级全扫质谱图 CE: 35V

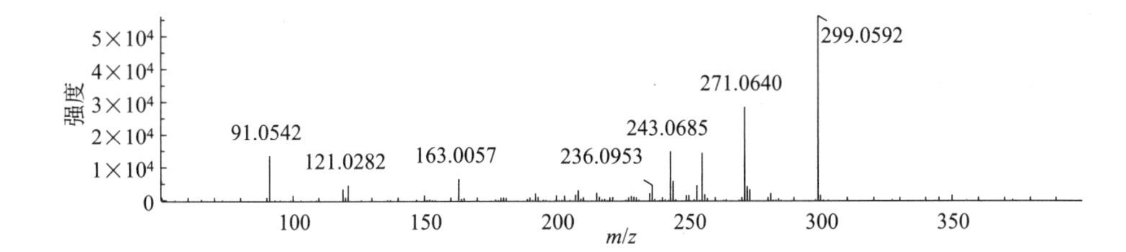

二级全扫质谱图 CE: 50V

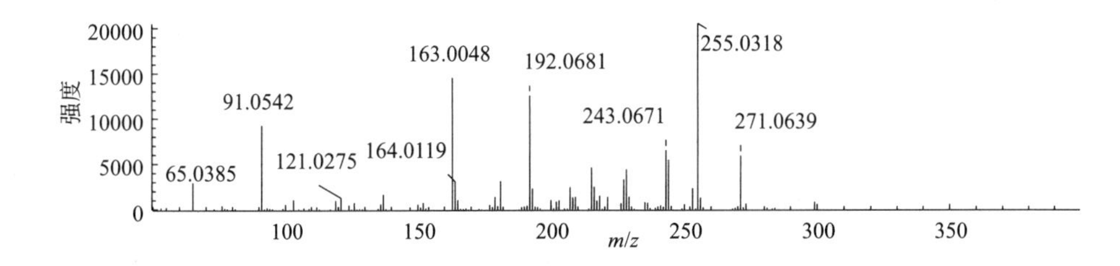

二级全扫质谱图 CE: 60V

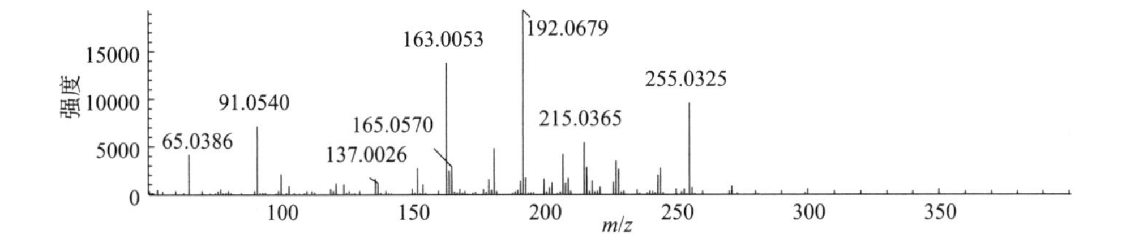

Rimsulfuron
砜嘧磺隆

CAS 号	122931-48-0	保留时间	7.33min
分子式	$C_{14}H_{17}N_5O_7S_2$	加合方式	$[M+H]^+$
分子量	431.0569	源内裂解碎片	无

推测裂解规律

$[C_{14}H_{17}N_5O_7S_2]$ MW 431.0569

$[C_{14}H_{17}N_5O_7S_2+H]^+$ m/z 432.0642

$[C_7H_8N_3O_3]^+$ m/z 182.0560

$[C_6H_7N_2O_2]^+$ m/z 139.0502

$[C_{13}H_{16}N_4O_4S+H]^+$ m/z 325.0965

$[C_7H_8N_4O_2]^+$ m/z 231.0876

$[C_3H_3N_2O]^+$ m/z 83.0240

提取离子流色谱图

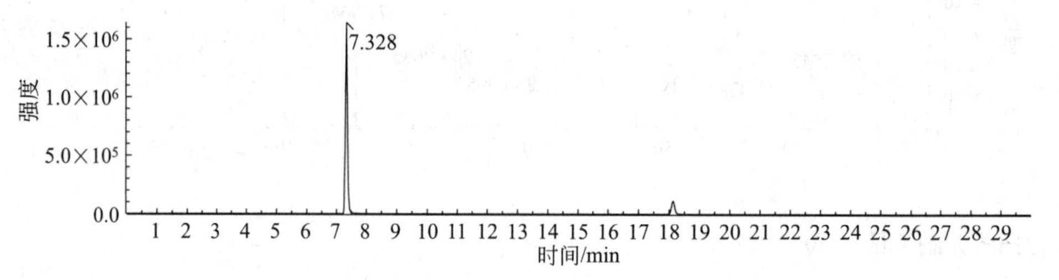

一级质谱图

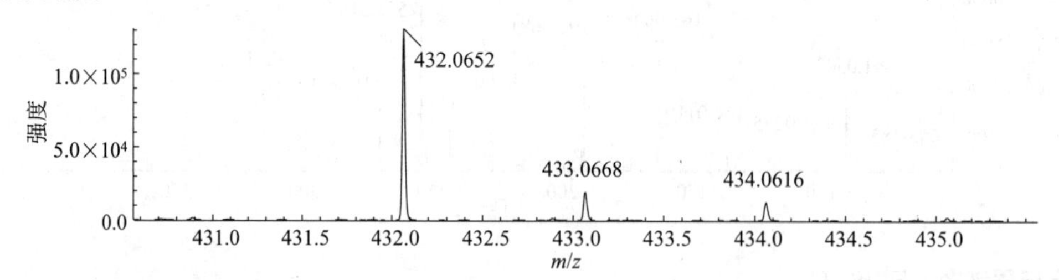

二级全扫质谱图 CE: (35±15)V

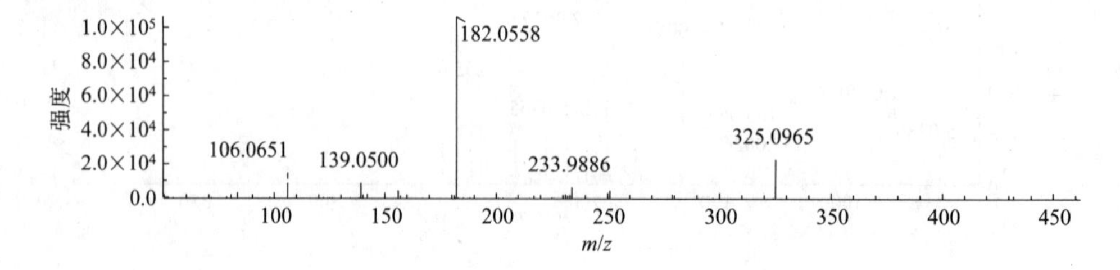

二级全扫质谱图 CE: 10V

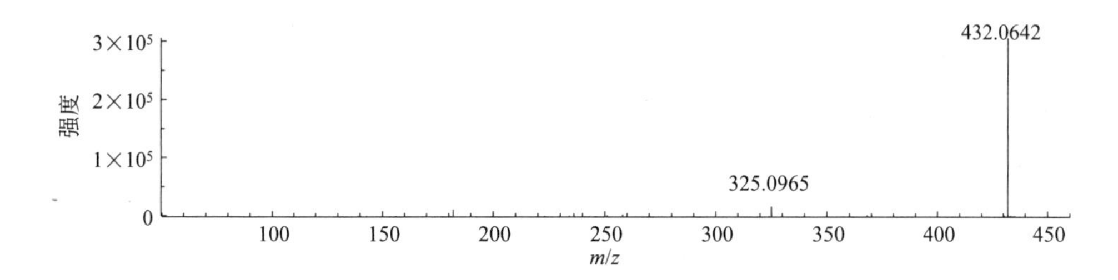

二级全扫质谱图 CE: 20V

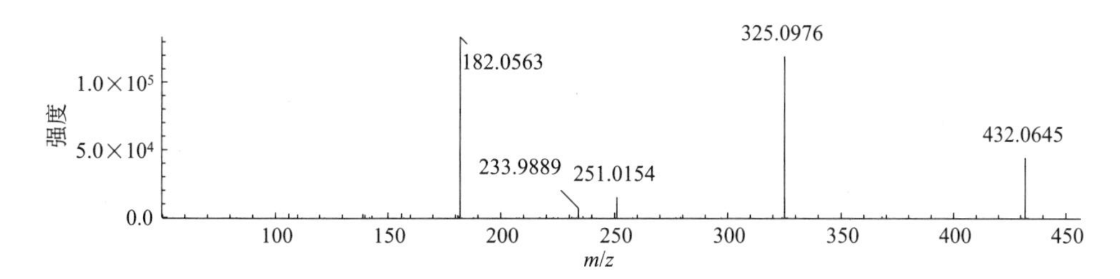

二级全扫质谱图 CE: 35V

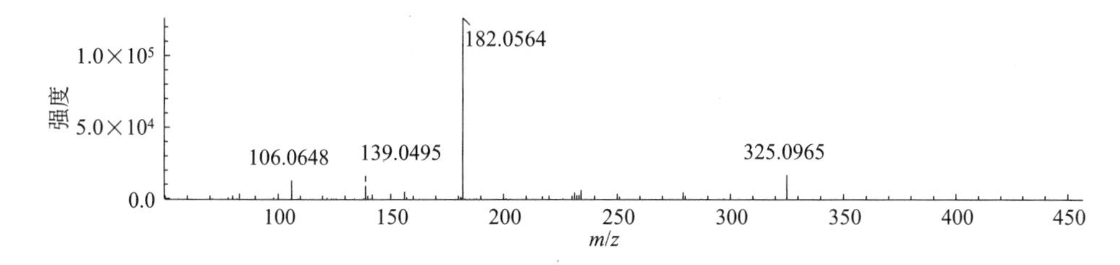

二级全扫质谱图 CE: 50V

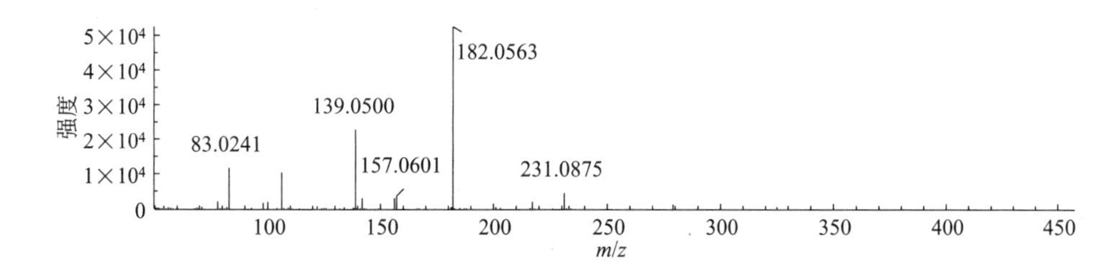

二级全扫质谱图 CE: 60V

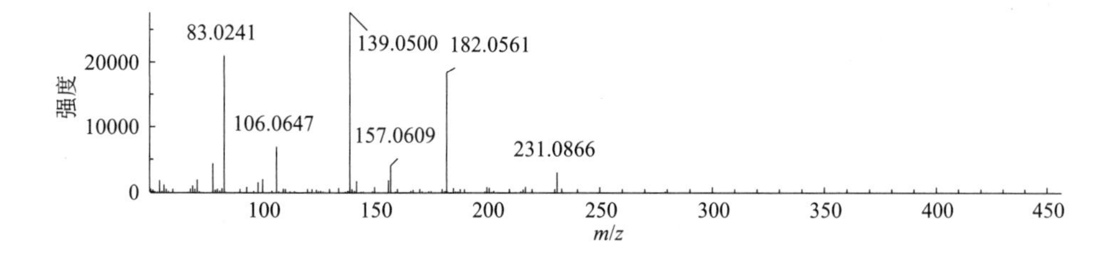

Rotenone

鱼藤酮

CAS 号	83-79-4	保留时间	16.89min
分子式	$C_{23}H_{22}O_6$	加合方式	$[M+H]^+$
分子量	394.1416	源内裂解碎片	无

推测裂解规律

H^+

HO

OH

$[C_{23}H_{22}O_6]$ MW 394.1416

$[C_{23}H_{22}O_6+H]^+$ *m/z* 395.1489

$[C_{22}H_{22}O_5+H]^+$ *m/z* 367.1540

$[C_{14}H_{13}O_2]^+$ *m/z* 213.0910

$[C_{11}H_{12}O_3]^+$ *m/z* 192.0781

$[C_{11}H_{11}O_3]^+$ *m/z* 191.0703

$[C_8H_{11}O_2]^+$ *m/z* 139.0754

提取离子流色谱图

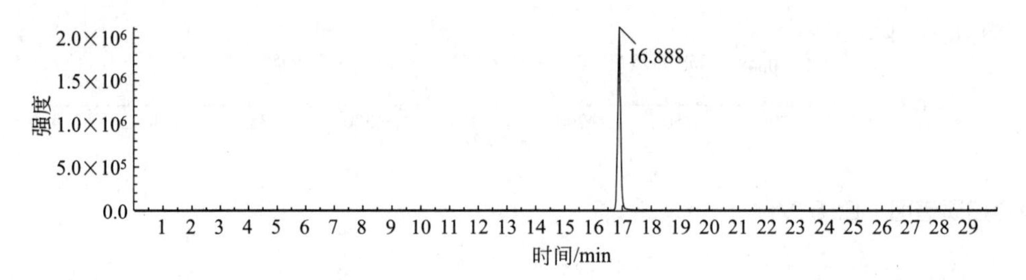

一级质谱图

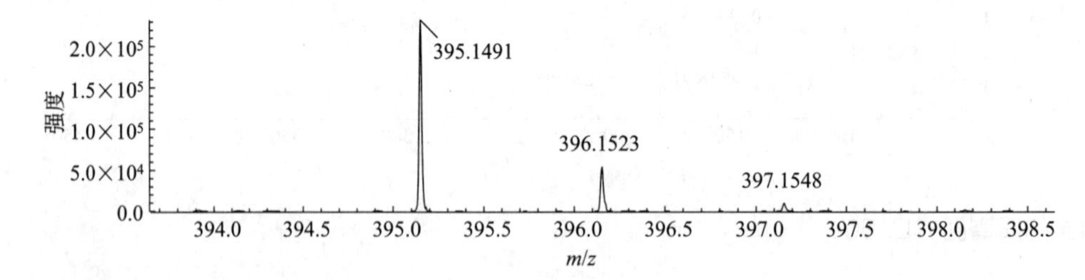

二级全扫质谱图 CE: (35±15)V

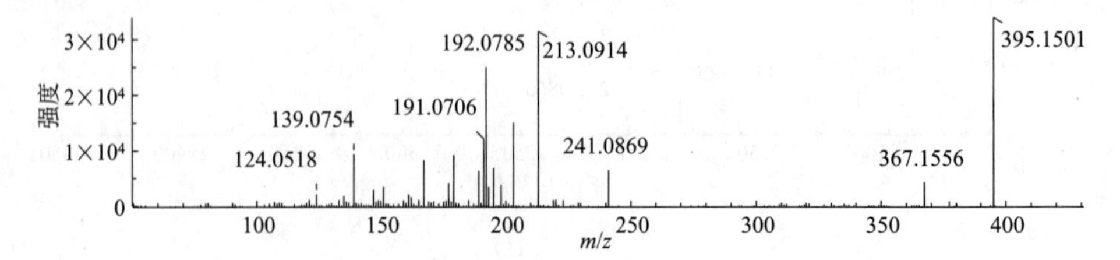

二级全扫质谱图 CE: 10V

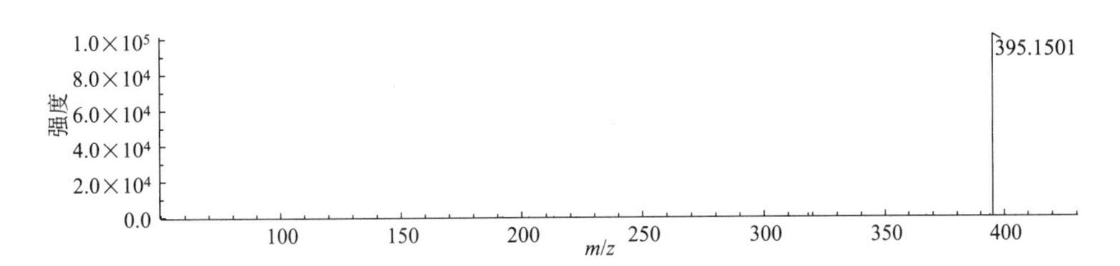

二级全扫质谱图 CE: 20V

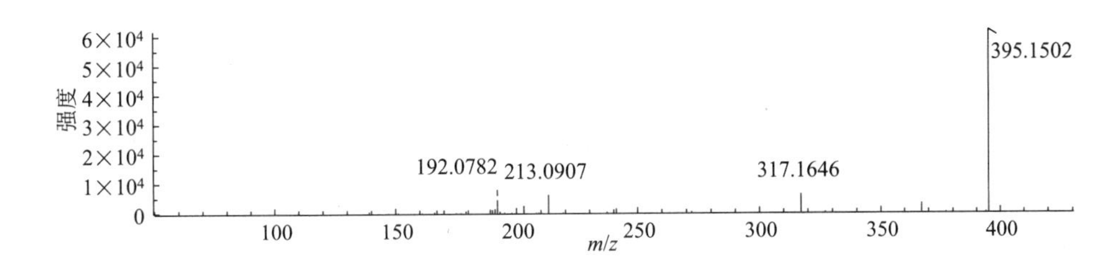

二级全扫质谱图 CE: 35V

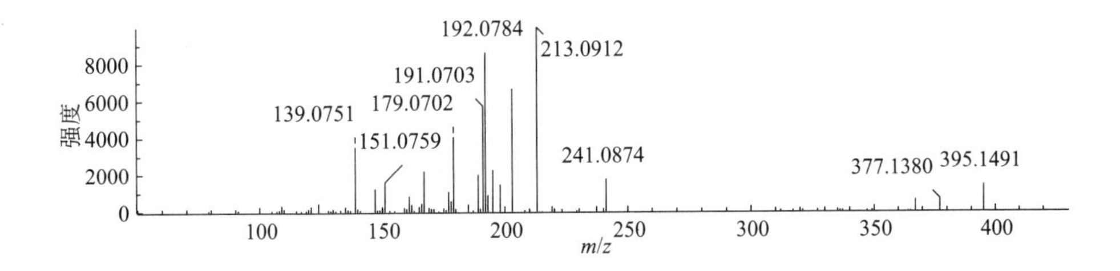

二级全扫质谱图 CE: 50V

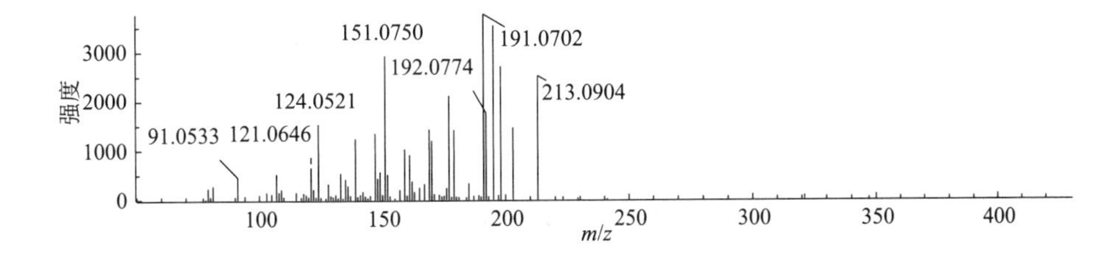

二级全扫质谱图 CE: 60V

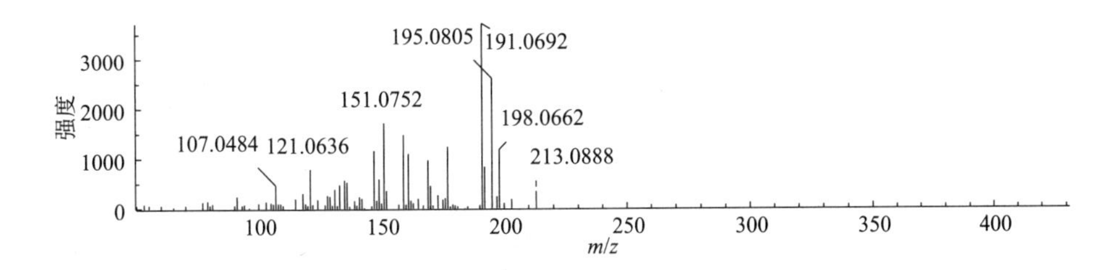

Saflufenacil

苯嘧磺草胺

CAS 号	372137-35-4	保留时间	11.79min
分子式	$C_{17}H_{17}ClF_4N_4O_5S$	加合方式	$[M+H]^+$
分子量	500.0544	源内裂解碎片	无

推测裂解规律

$[C_{17}H_{17}ClF_4N_4O_5S]$ MW 500.0544

$[C_{17}H_{17}ClF_4N_4O_5S+H]^+$ *m/z* 501.0617

$[C_{14}H_{11}ClF_4N_4O_5S+H]^+$ *m/z* 459.0148

$[C_{13}H_8ClF_4N_3O_3+H]^+$ *m/z* 366.0263

$[C_{13}H_6ClF_4N_2O_3]^+$ *m/z* 348.9998

$[C_8H_2ClFNO_2]^+$ *m/z* 197.9753

提取离子流色谱图

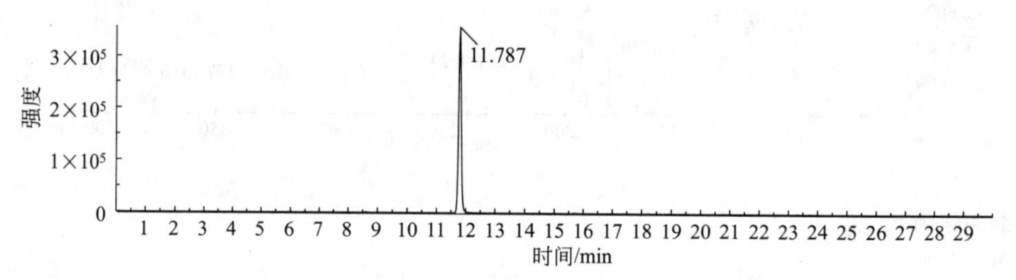

一级质谱图

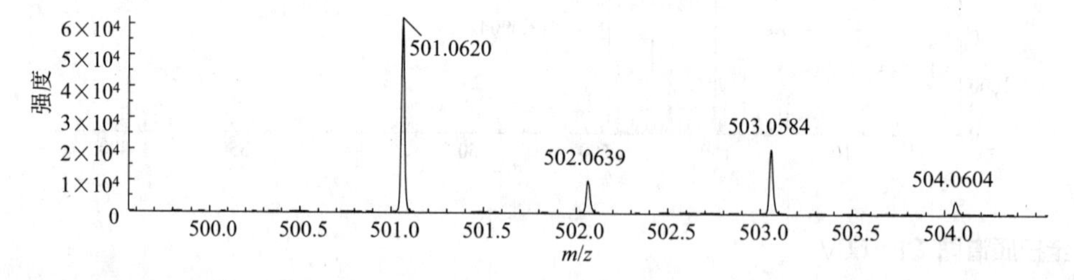

二级全扫质谱图 CE: (35±15)V

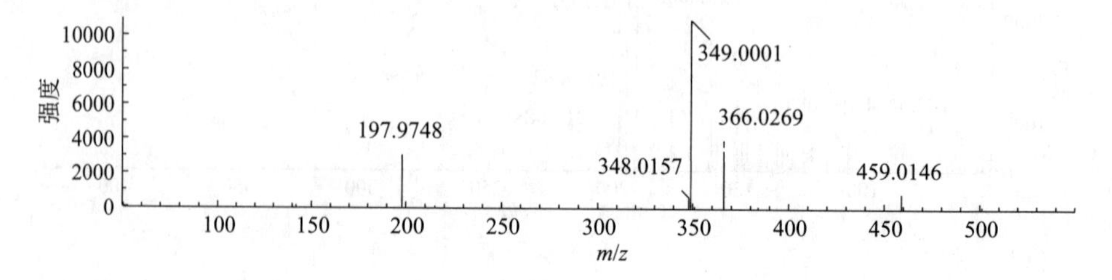

二级全扫质谱图 CE: 10V

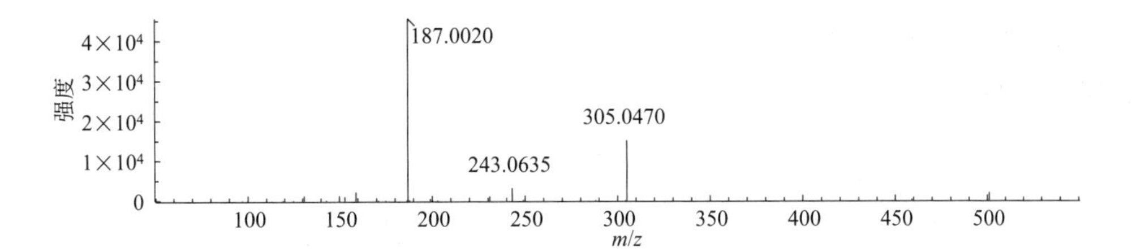

二级全扫质谱图 CE: 20V

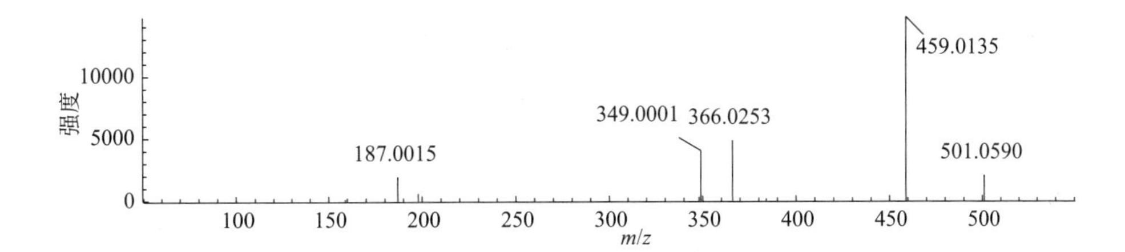

二级全扫质谱图 CE: 35V

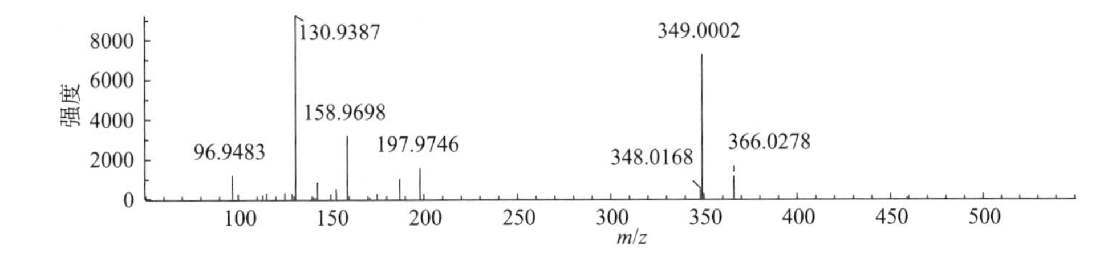

二级全扫质谱图 CE: 50V

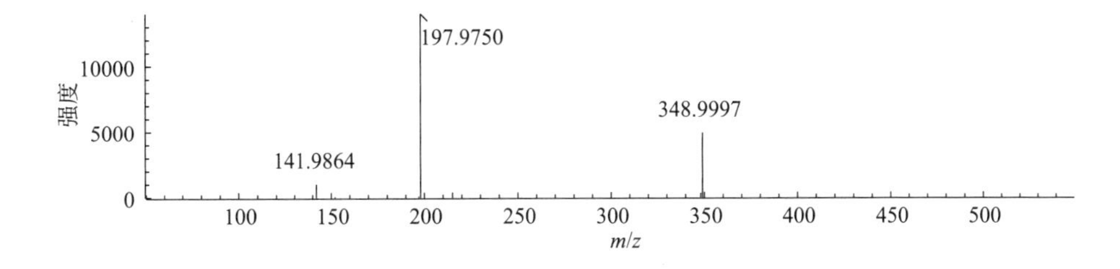

二级全扫质谱图 CE: 60V

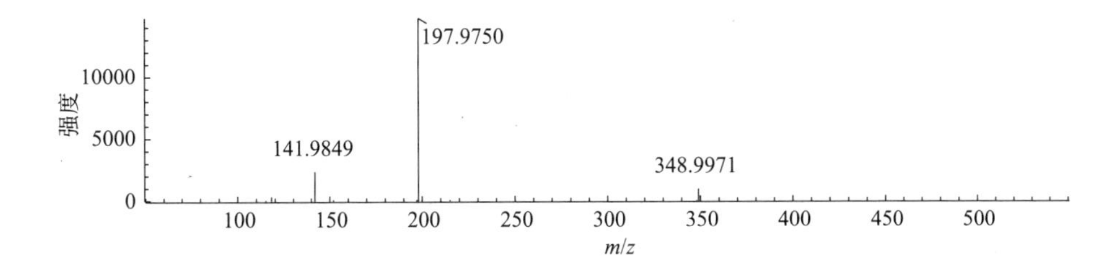

Sedaxane
氟唑环菌胺

CAS 号	874967-67-6	保留时间	14.33min/15.86min
分子式	$C_{18}H_{19}F_2N_3O$	加合方式	$[M+H]^+$
分子量	331.1496	源内裂解碎片	无

推测裂解规律

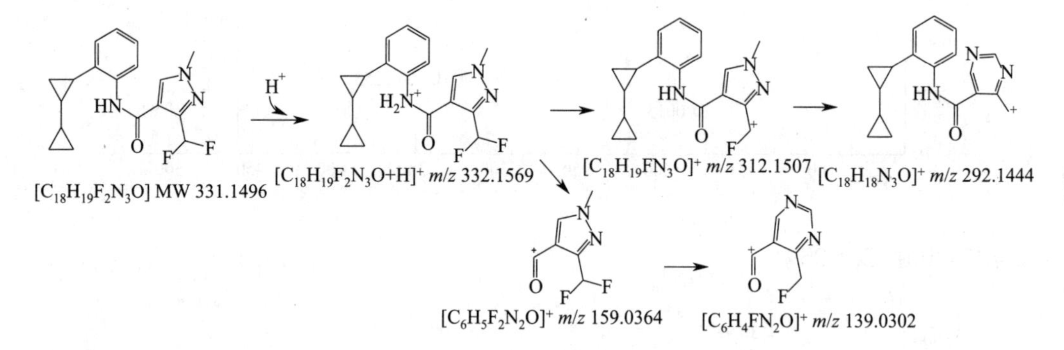

提取离子流色谱图

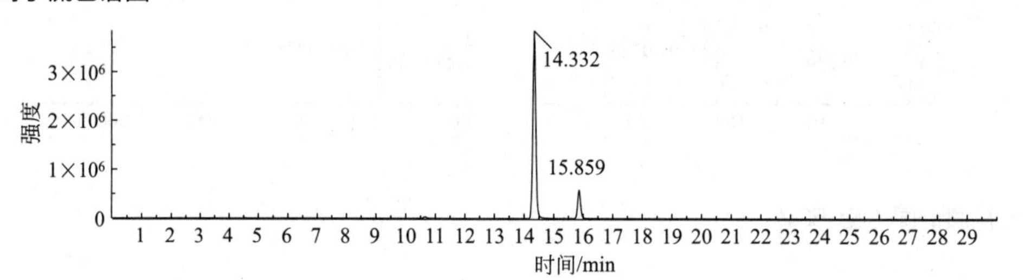

一级质谱图

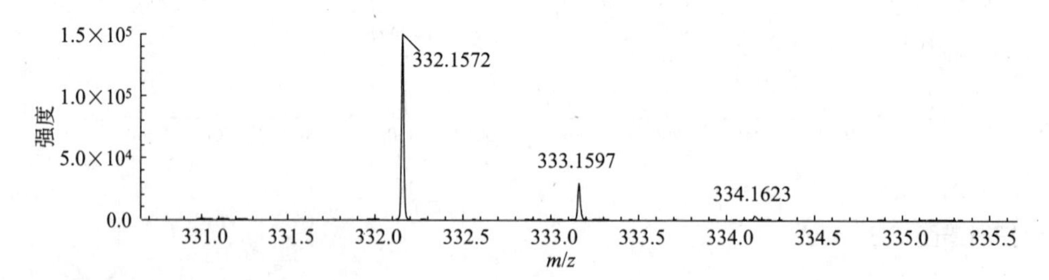

二级全扫质谱图 CE: (35± 15)V

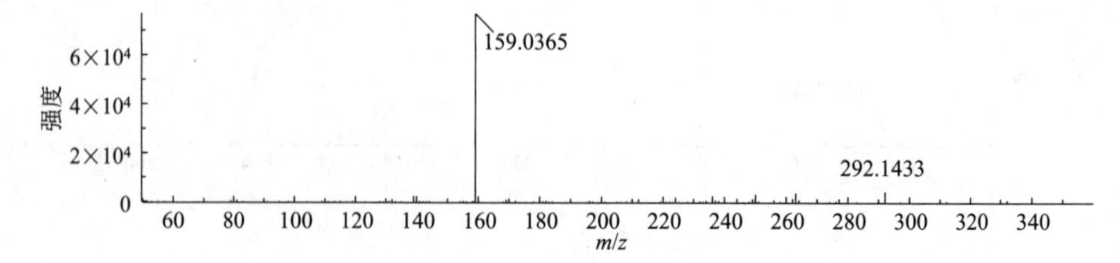

二级全扫质谱图 CE: 10V

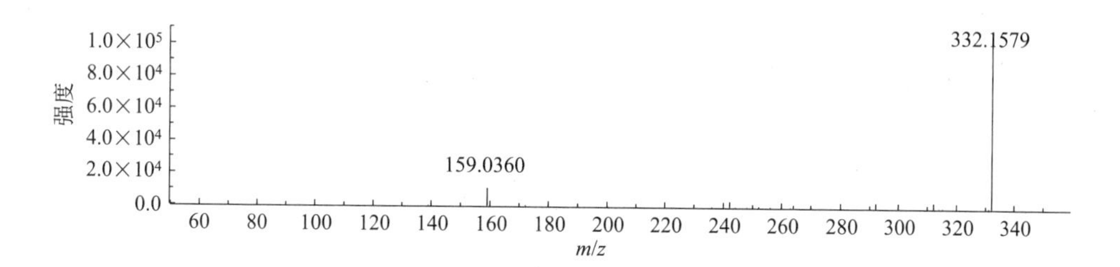

二级全扫质谱图 CE: 20V

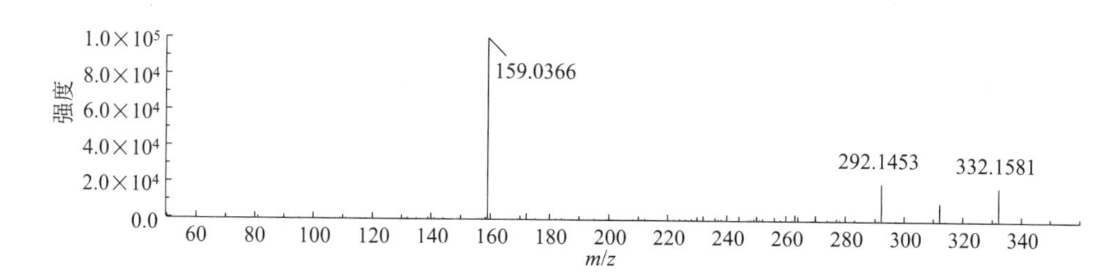

二级全扫质谱图 CE: 35V

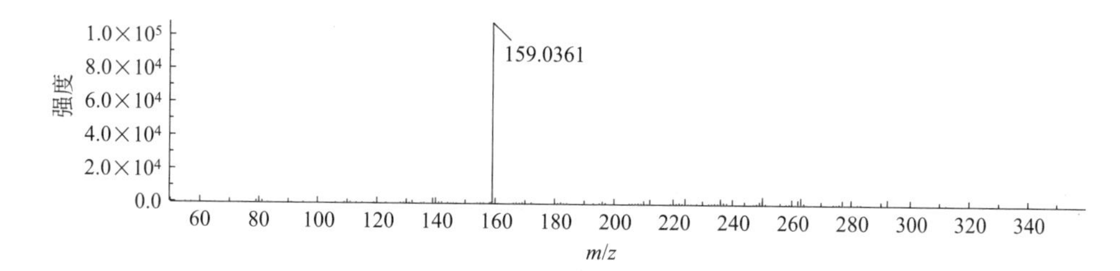

二级全扫质谱图 CE: 50V

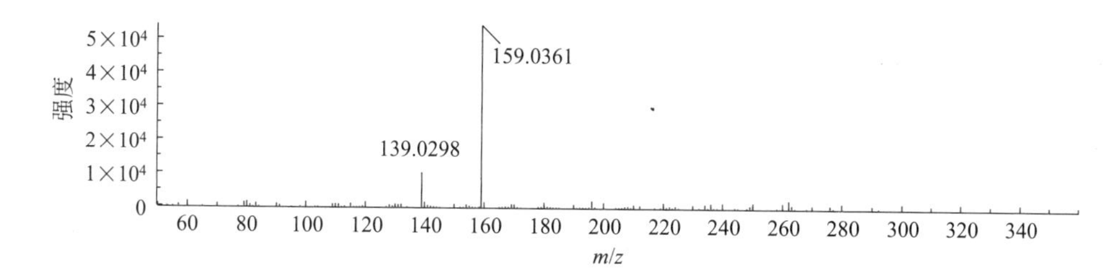

二级全扫质谱图 CE: 60V

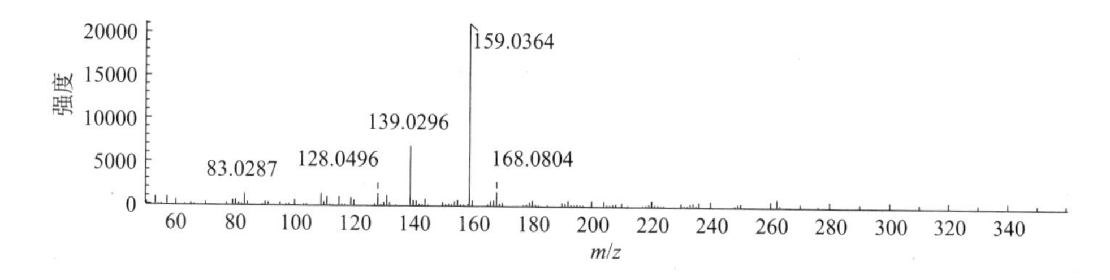

Sethoxydim
烯禾啶

CAS 号	74051-80-2	保留时间	22.10min
分子式	$C_{17}H_{29}NO_3S$	加合方式	$[M+H]^+$
分子量	327.1868	源内裂解碎片	无

推测裂解规律（裂解路径已经 MS^3 确认）

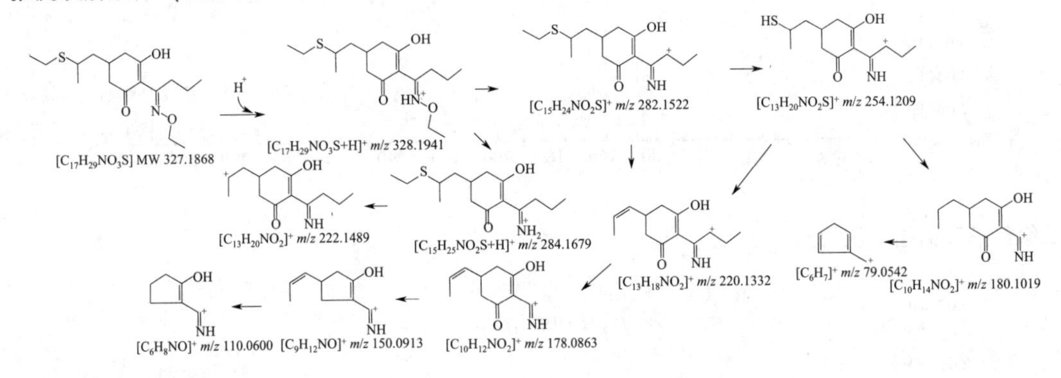

提取离子流色谱图

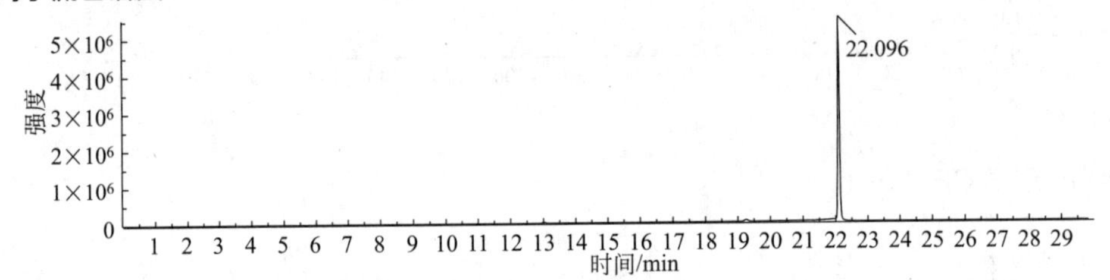

一级质谱图

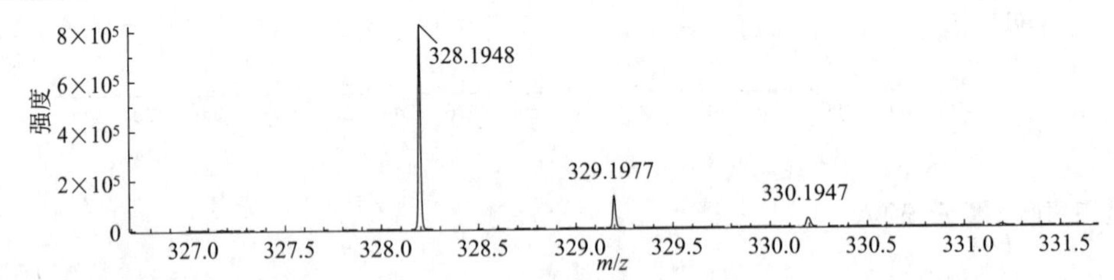

二级全扫质谱图 CE: (35±15)V

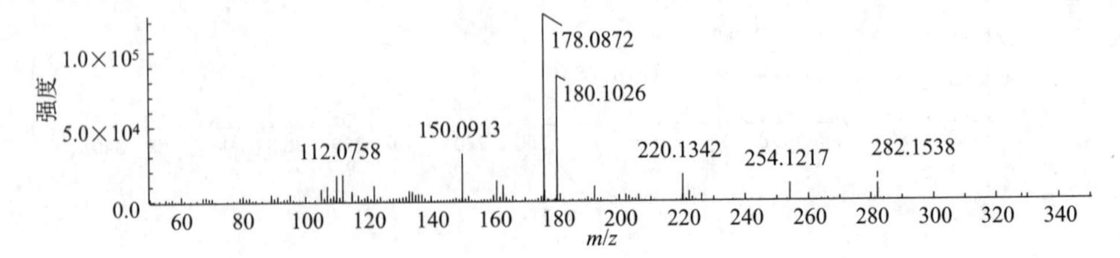

二级全扫质谱图 CE: 10V

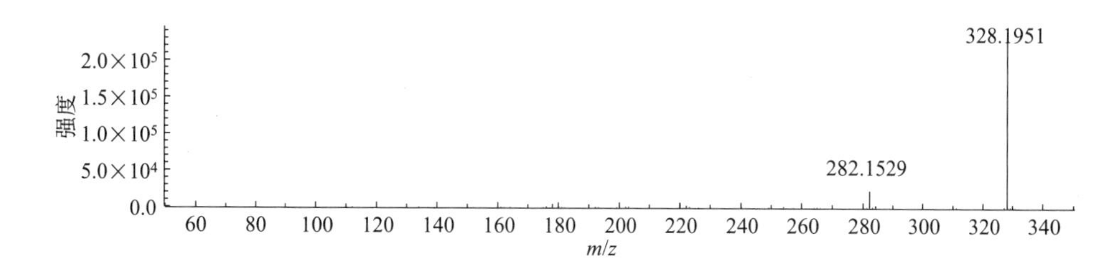

二级全扫质谱图 CE: 20V

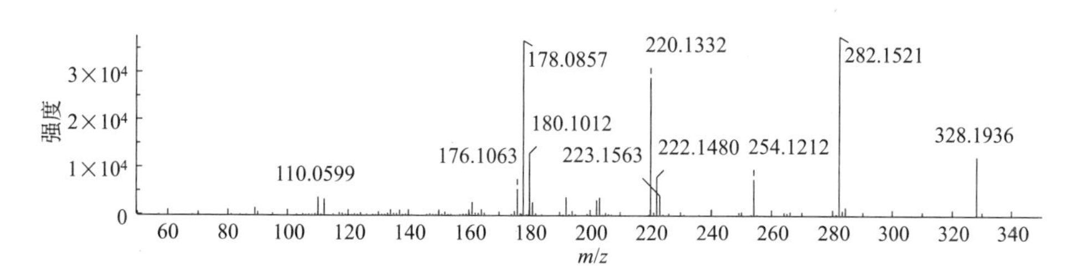

二级全扫质谱图 CE: 35V

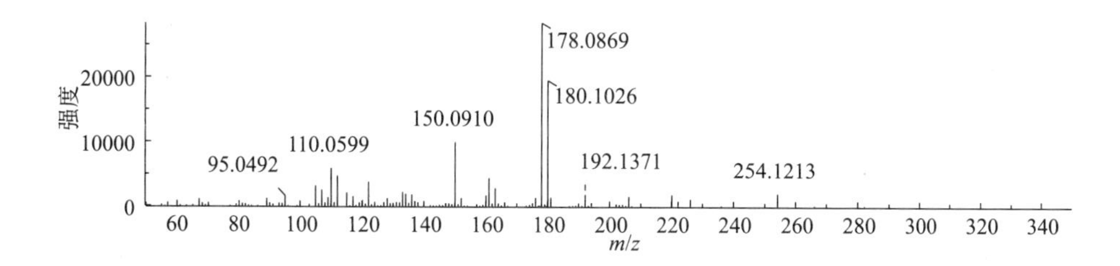

二级全扫质谱图 CE: 50V

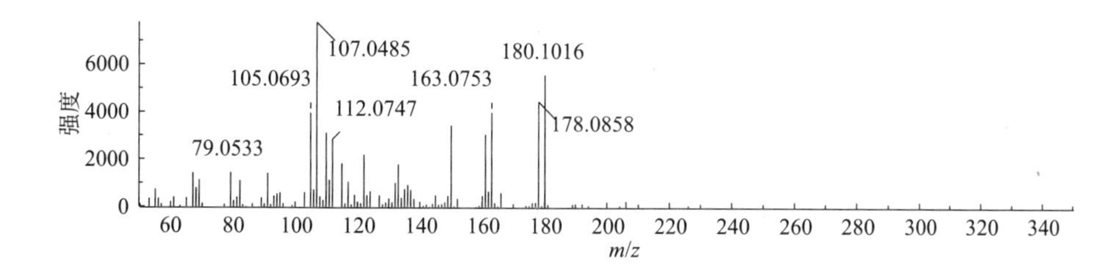

二级全扫质谱图 CE: 60V

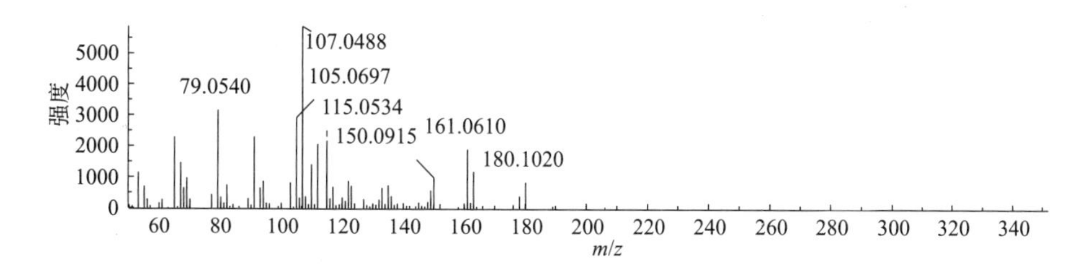

Silthiofame
硅噻菌胺

CAS 号	175217-20-6	保留时间	17.53min
分子式	$C_{13}H_{21}NOSSi$	加合方式	$[M+H]^+$
分子量	267.1113	源内裂解碎片	无

推测裂解规律（裂解路径已经 MS^3 确认）

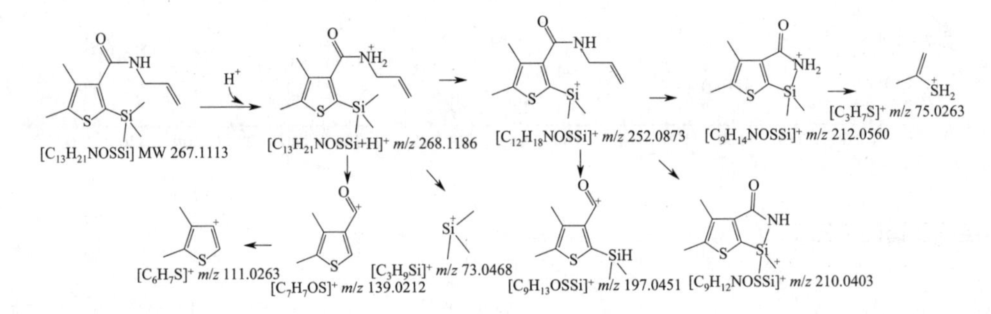

提取离子流色谱图

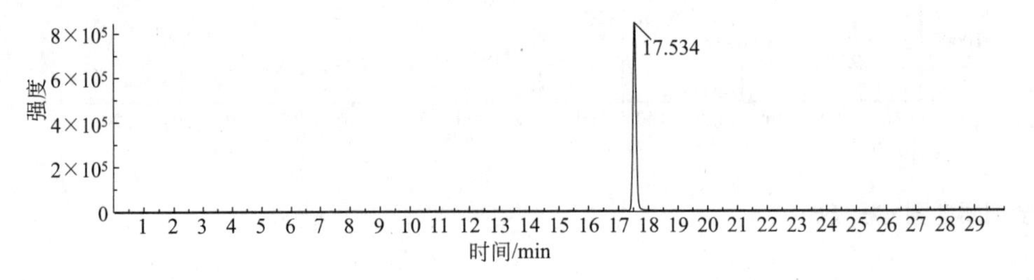

一级质谱图

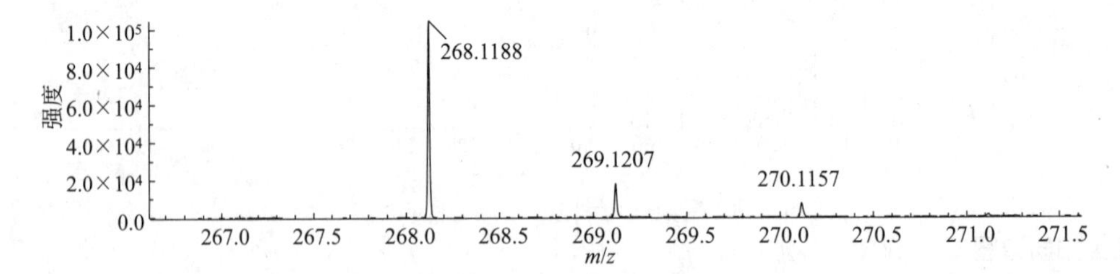

二级全扫质谱图 CE：(35±15)V

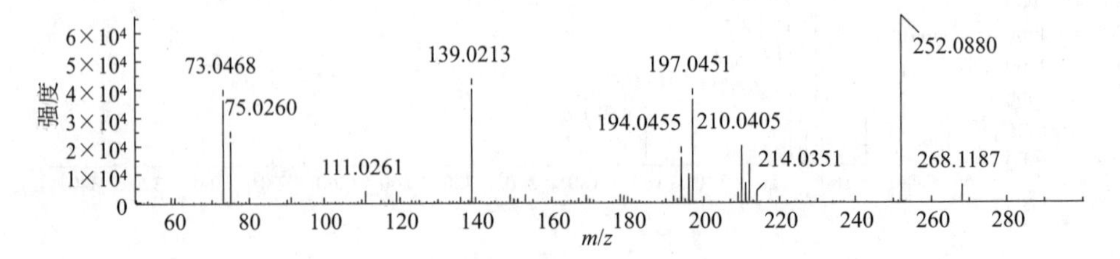

二级全扫质谱图 CE: 10V

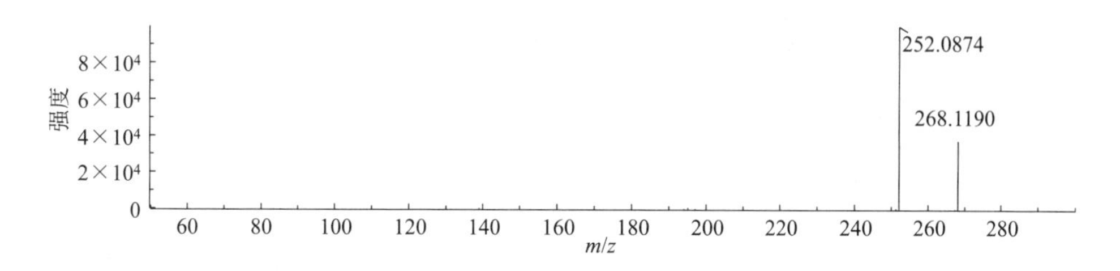

二级全扫质谱图 CE: 20V

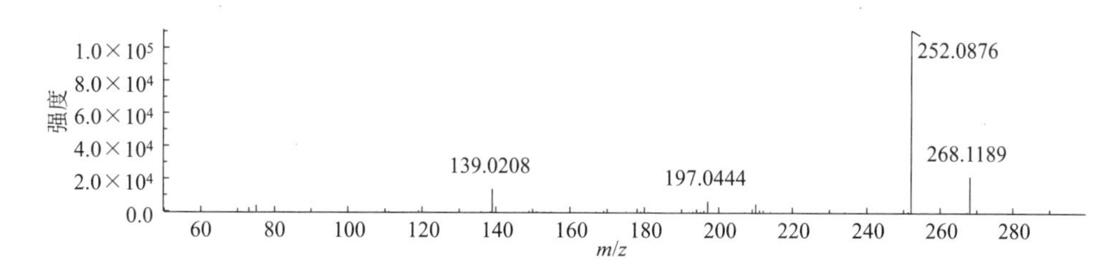

二级全扫质谱图 CE: 35V

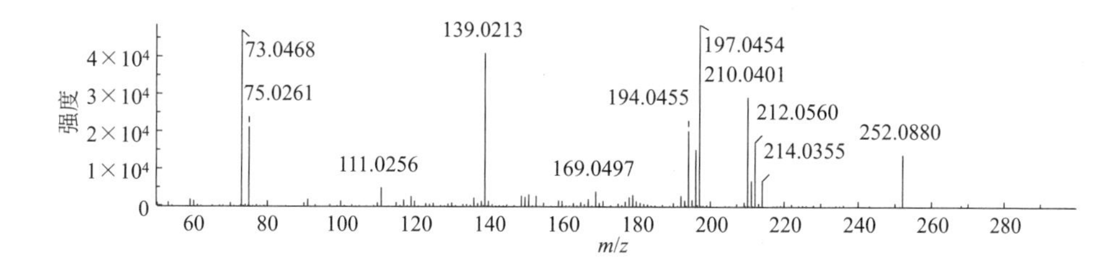

二级全扫质谱图 CE: 50V

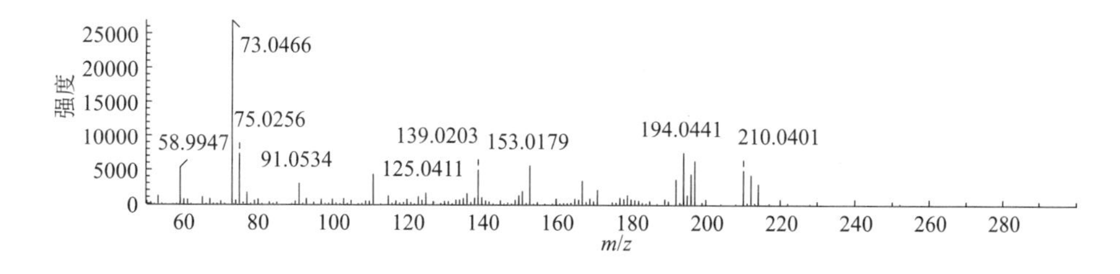

二级全扫质谱图 CE: 60V

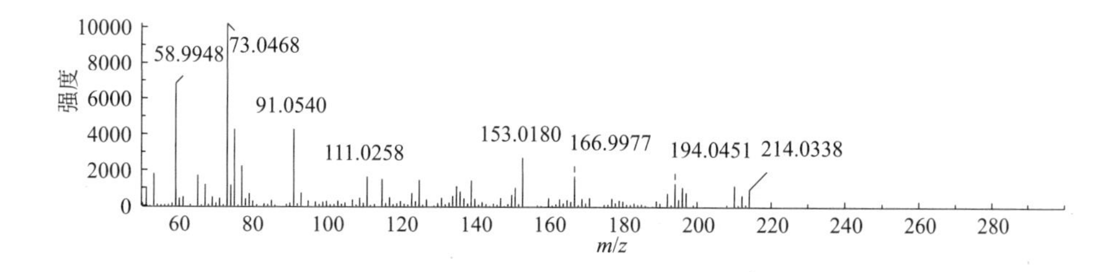

Simazine
西玛津

CAS 号	122-34-9	保留时间	6.79min
分子式	$C_7H_{12}ClN_5$	加合方式	$[M+H]^+$
分子量	201.0781	源内裂解碎片	无

推测裂解规律

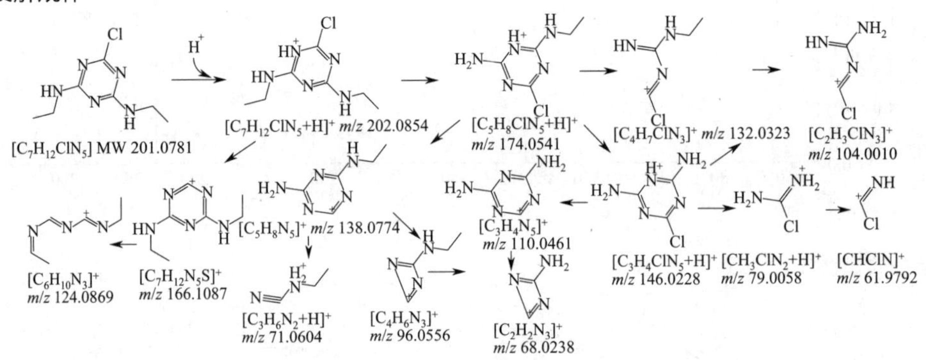

提取离子流色谱图

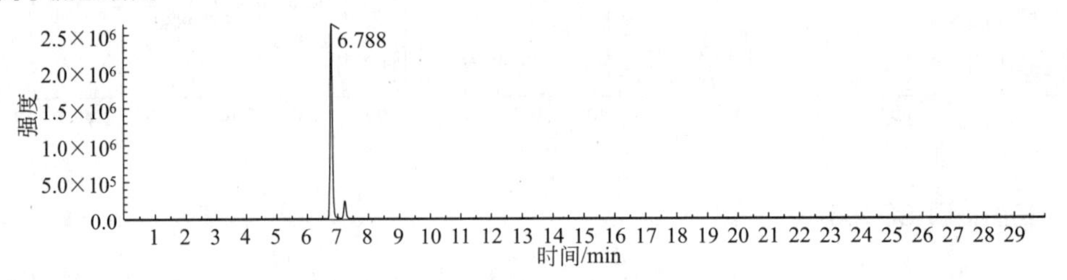

一级质谱图

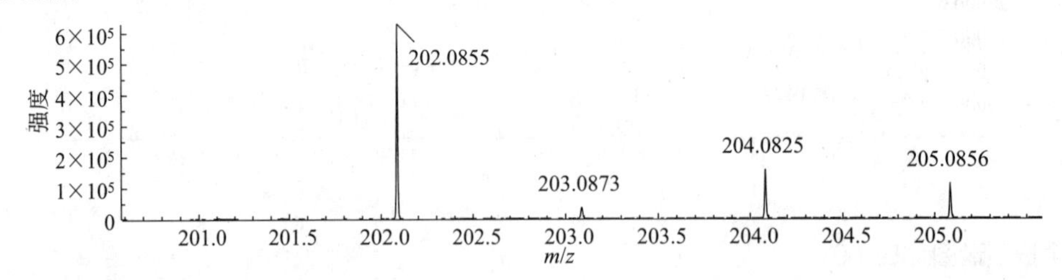

二级全扫质谱图 CE: (35±15)V

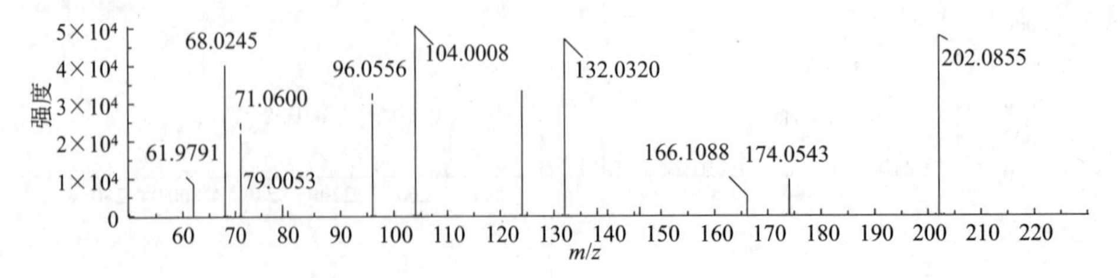

二级全扫质谱图 CE: 10V

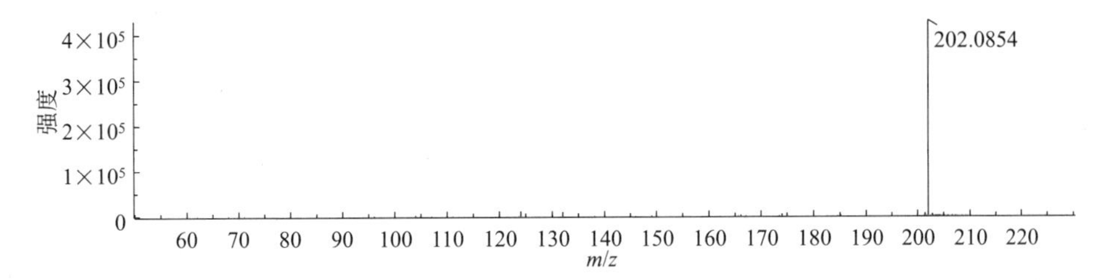

二级全扫质谱图 CE: 20V

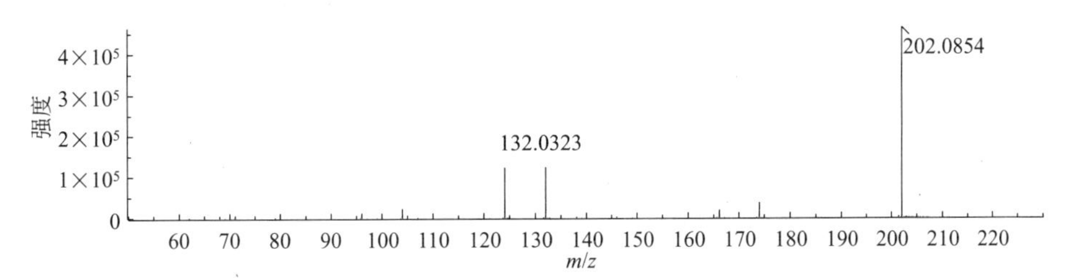

二级全扫质谱图 CE: 35V

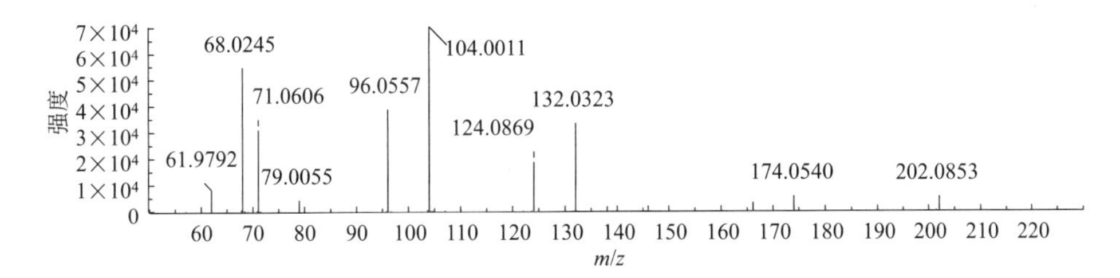

二级全扫质谱图 CE: 50V

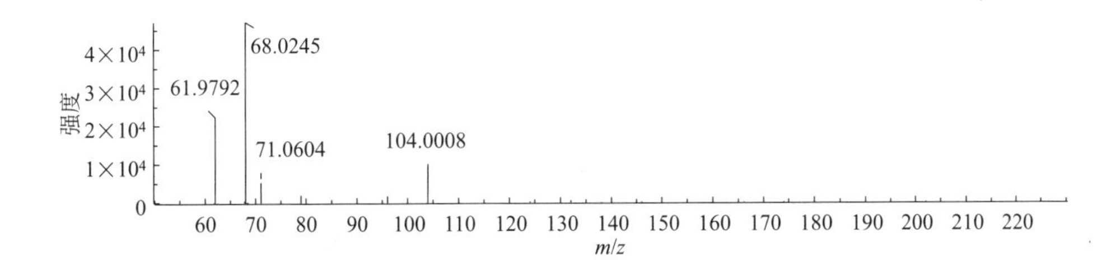

二级全扫质谱图 CE: 60V

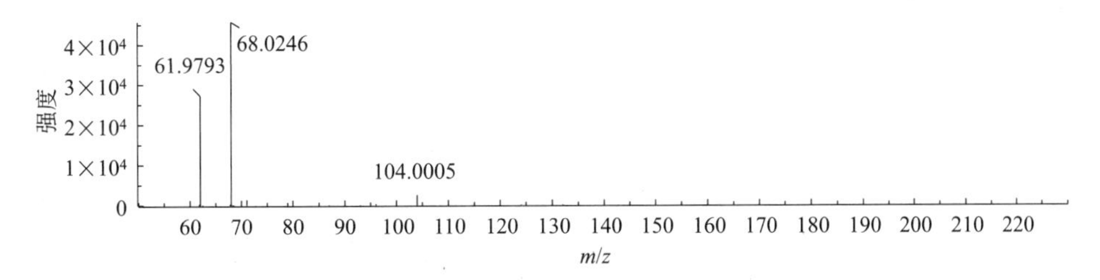

Simetryn
西草净

CAS 号	1014-70-6	保留时间	8.37min
分子式	$C_8H_{15}N_5S$	加合方式	$[M+H]^+$
分子量	213.1048	源内裂解碎片	无

推测裂解规律

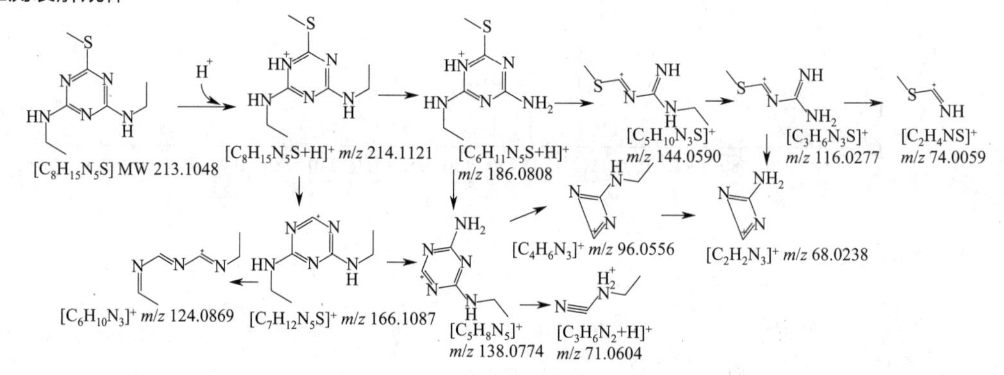

提取离子流色谱图

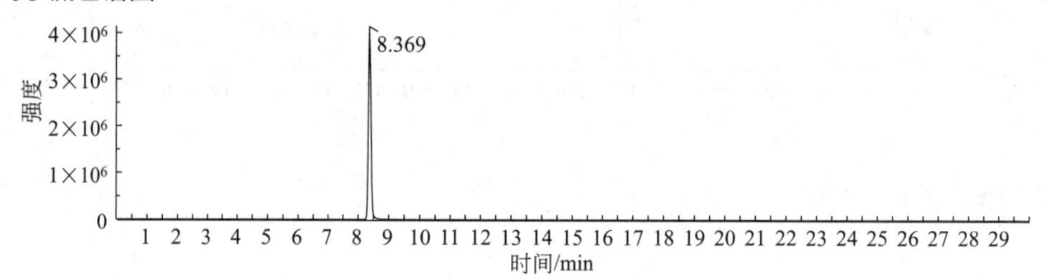

一级质谱图

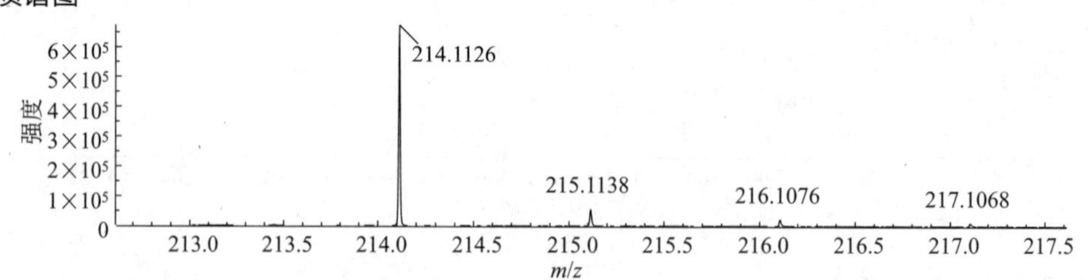

二级全扫质谱图 CE: (35±15)V

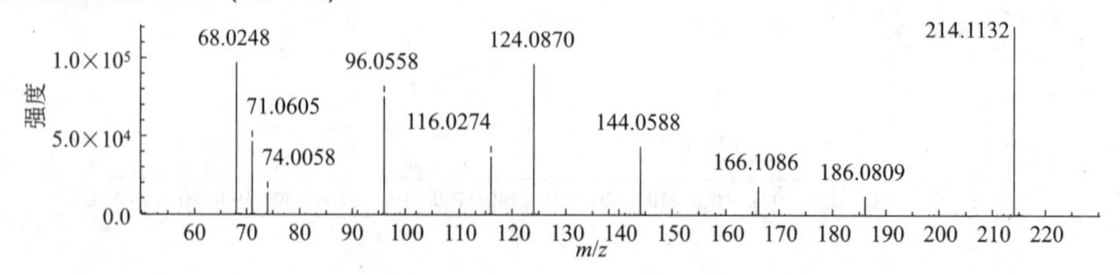

二级全扫质谱图 CE: 10V

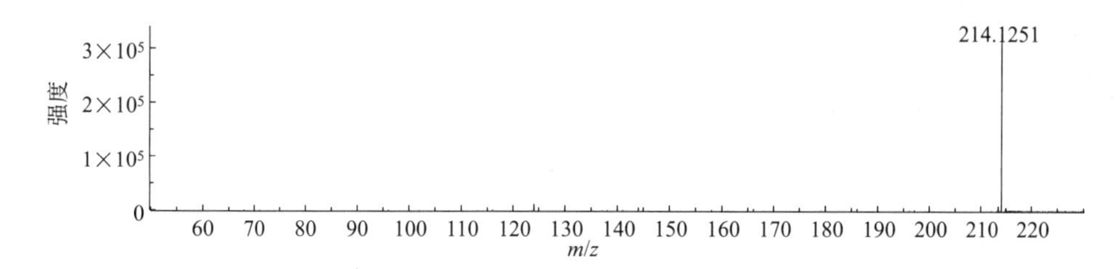

二级全扫质谱图 CE: 20V

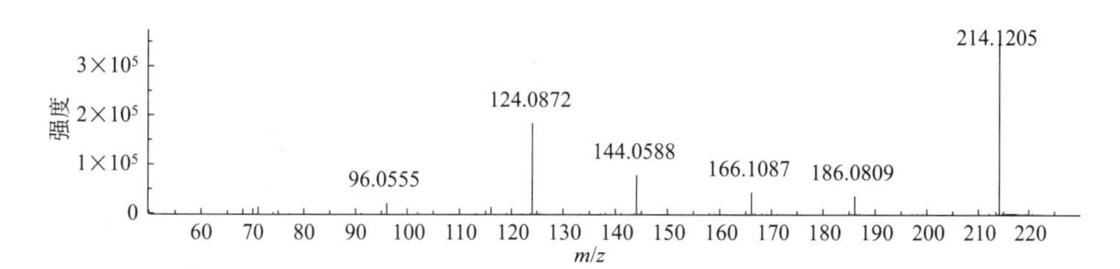

二级全扫质谱图 CE: 35V

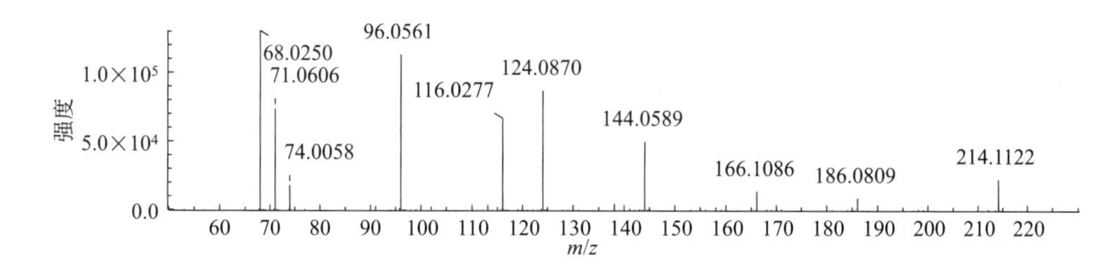

二级全扫质谱图 CE: 50V

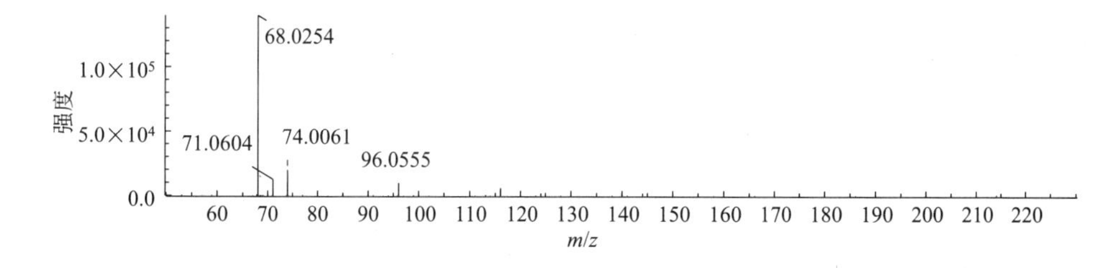

二级全扫质谱图 CE: 60V

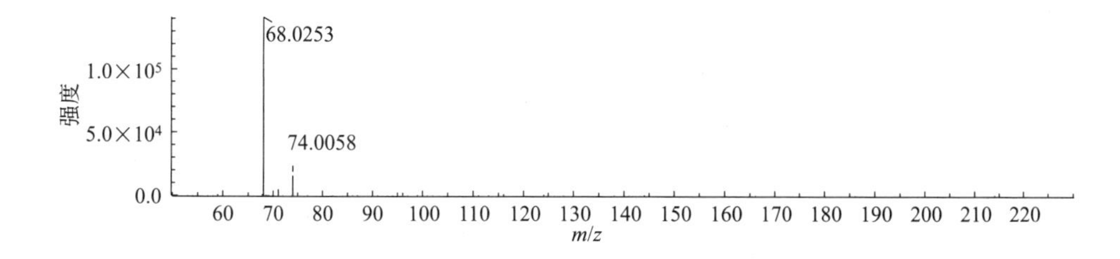

Spinetoram J
乙基多杀菌素 J

CAS 号	187166-40-1	保留时间	21. 90min
分子式	$C_{42}H_{69}NO_{10}$	加合方式	$[M+H]^+$
分子量	747. 4922	源内裂解碎片	无

推测裂解规律

$[C_{42}H_{69}NO_{10}]$ MW 747.4922

$[C_{42}H_{69}NO_{10}+H]^+$ *m/z* 748.4994

$[C_{32}H_{51}NO_6+H]^+$ *m/z* 546.3789

$[C_8H_{16}NO]^+$ *m/z* 142.1226

$[C_6H_{12}N]^+$ *m/z* 98.0964

提取离子流色谱图

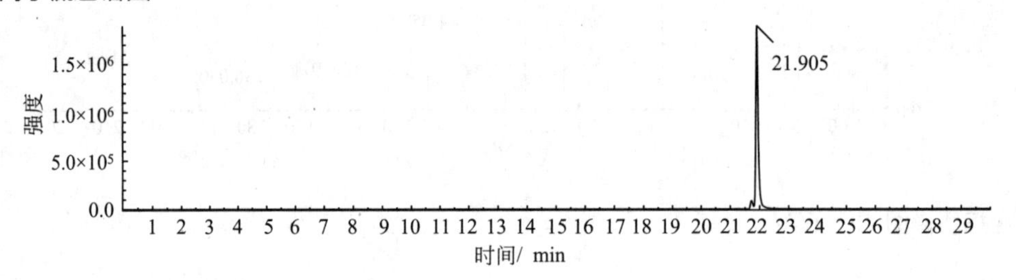

一级质谱图

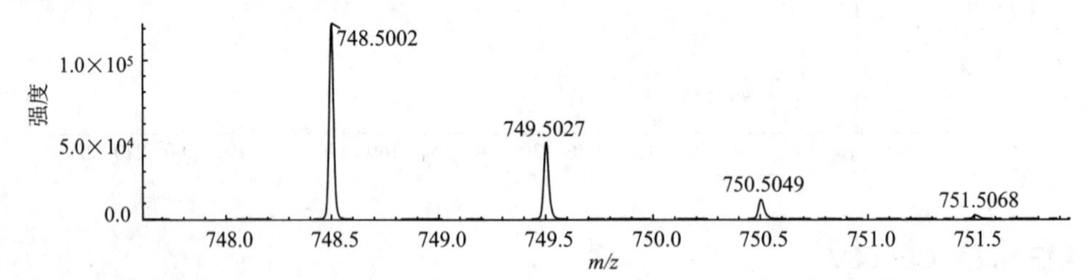

二级全扫质谱图 CE: (35±15)V

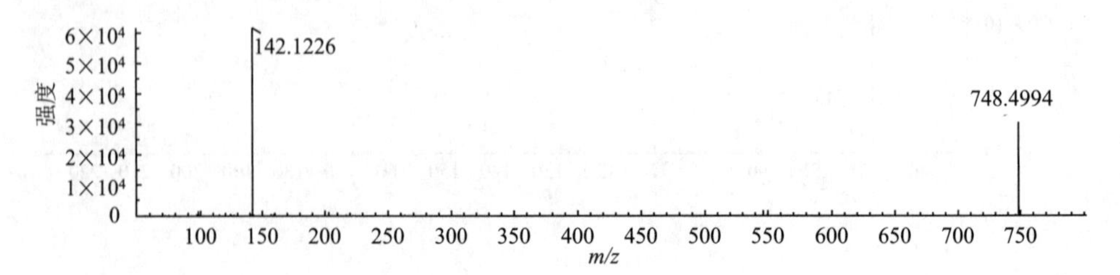

二级全扫质谱图 CE: 10V

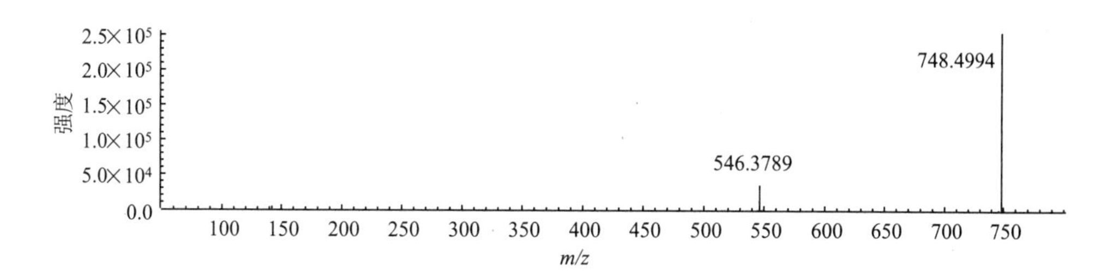

二级全扫质谱图 CE: 20V

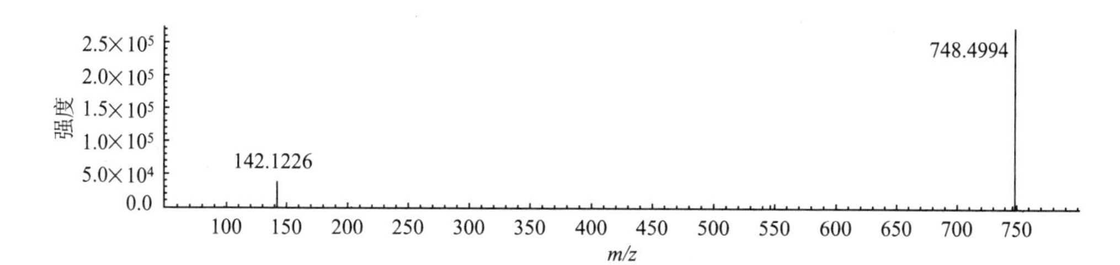

二级全扫质谱图 CE: 35V

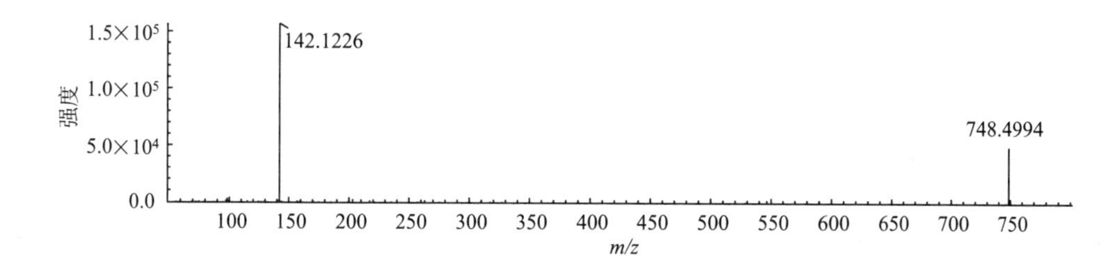

二级全扫质谱图 CE: 50V

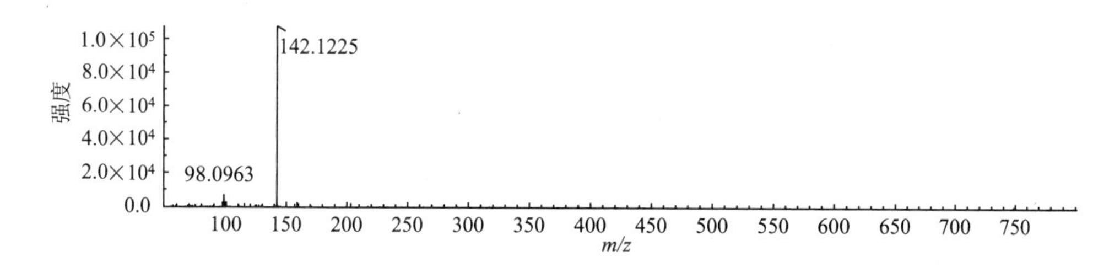

二级全扫质谱图 CE: 60V

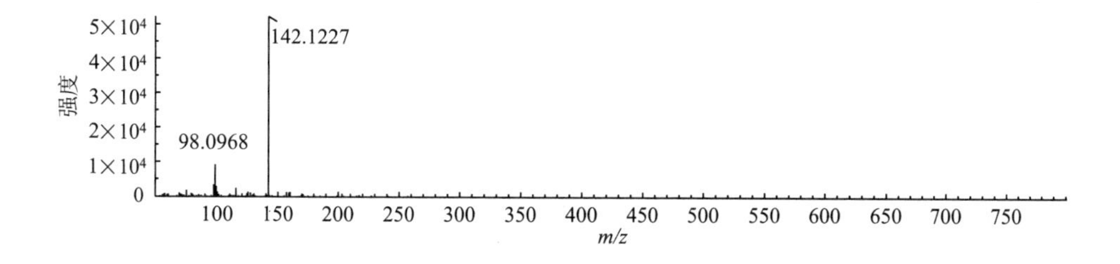

Spinetoram L
乙基多杀菌素 L

CAS 号	187166-15-0	保留时间	22.46min
分子式	$C_{43}H_{69}NO_{10}$	加合方式	$[M+H]^+$
分子量	759.4922	源内裂解碎片	无

推测裂解规律

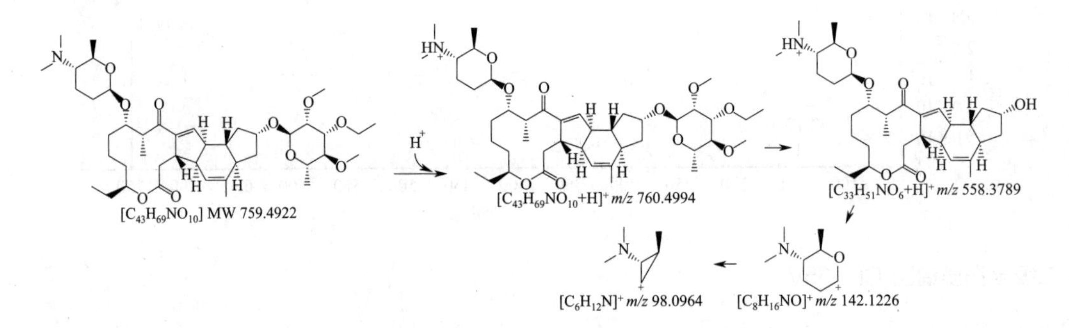

提取离子流色谱图

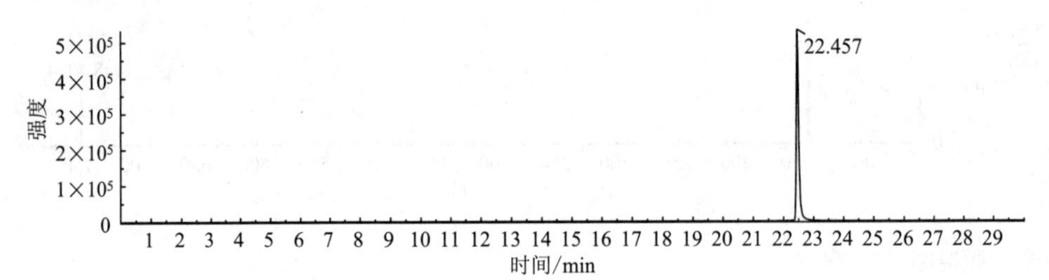

一级质谱图

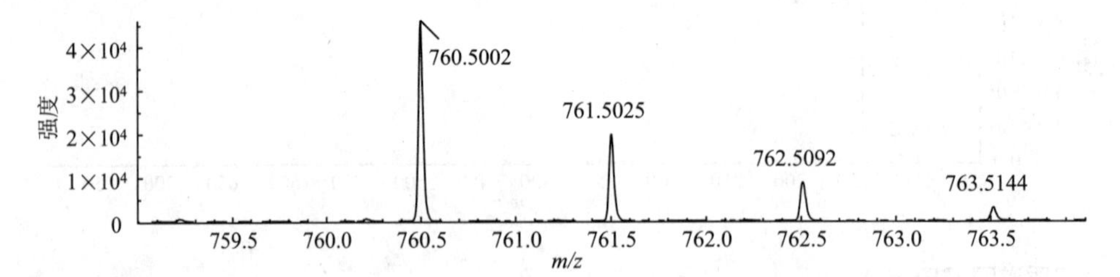

二级全扫质谱图 CE: (35±15)V

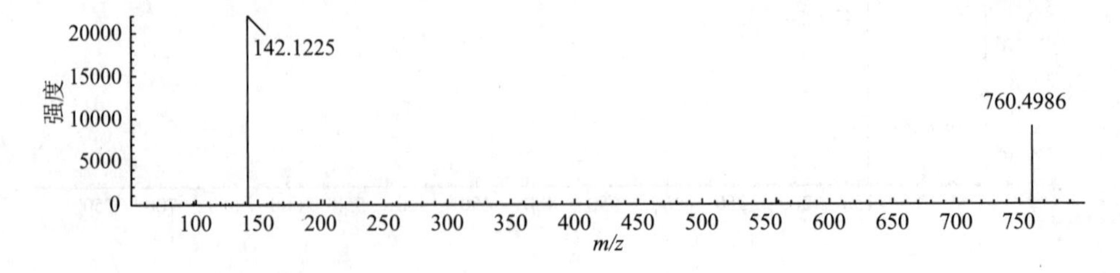

二级全扫质谱图 CE: 10V

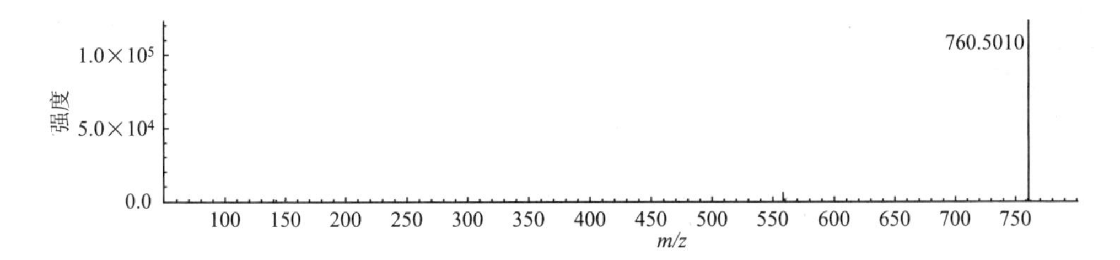

二级全扫质谱图 CE: 20V

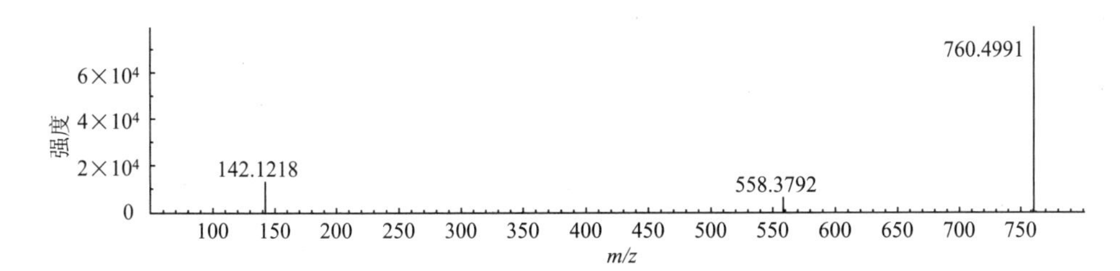

二级全扫质谱图 CE: 35V

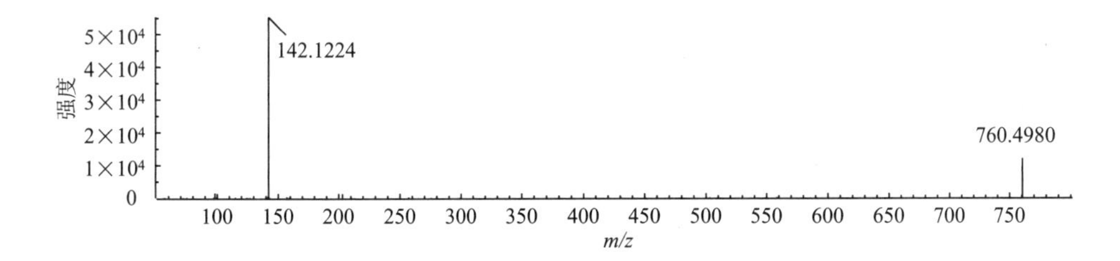

二级全扫质谱图 CE: 50V

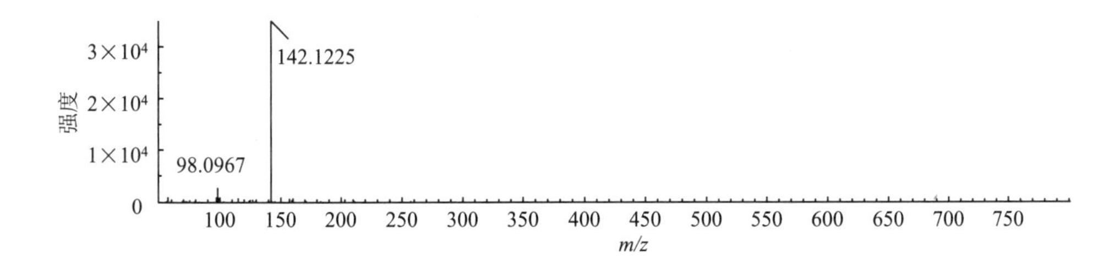

二级全扫质谱图 CE: 60V

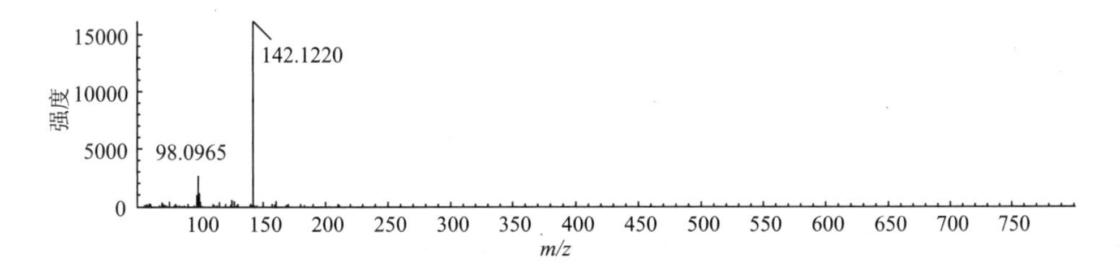

Spinosad A
多杀霉素 A

CAS 号	131929-60-7	保留时间	20.95min
分子式	$C_{41}H_{65}NO_{10}$	加合方式	$[M+H]^+$
分子量	731.4608	源内裂解碎片	无

推测裂解规律

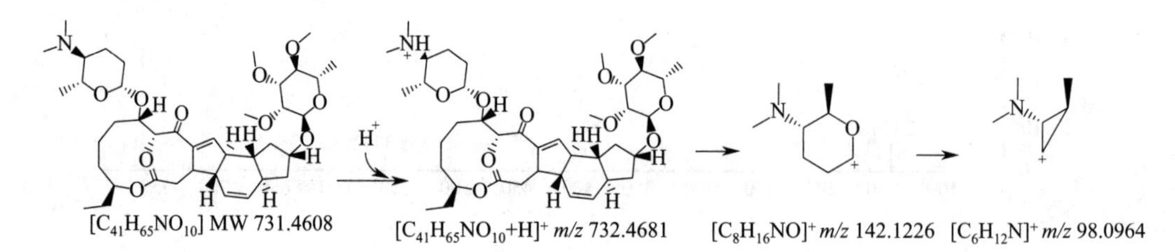

提取离子流色谱图

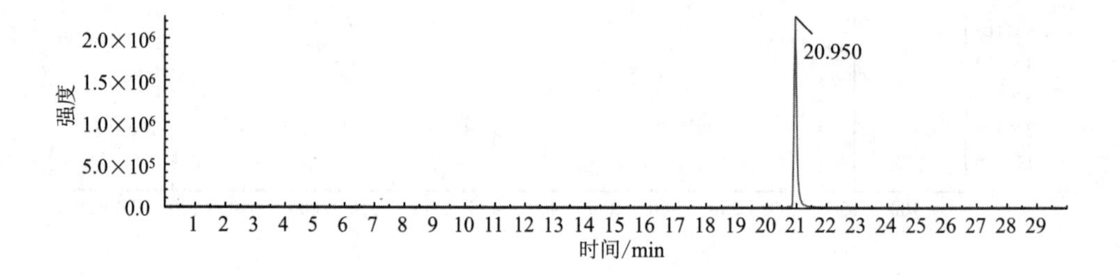

一级质谱图

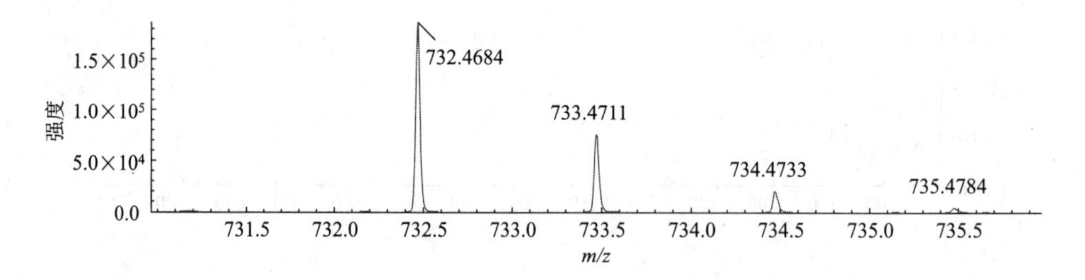

二级全扫质谱图 CE: (35±15)V

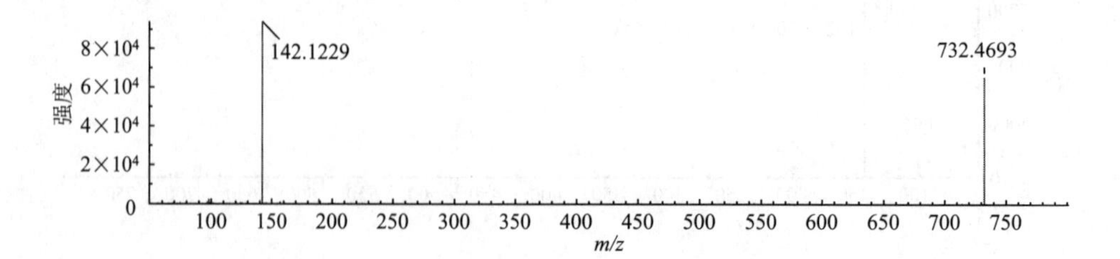

二级全扫质谱图 CE: 10V

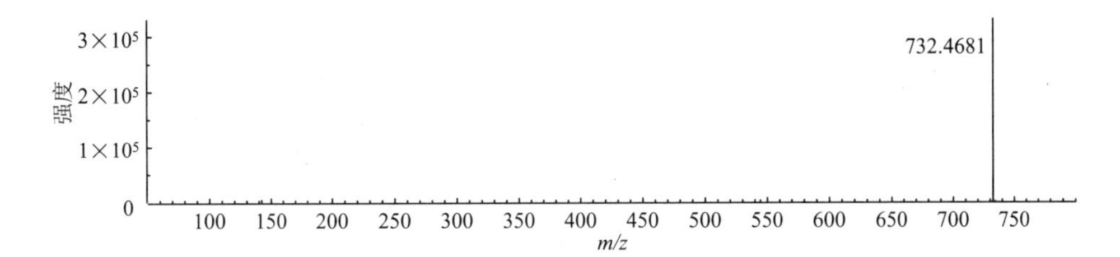

二级全扫质谱图 CE: 20V

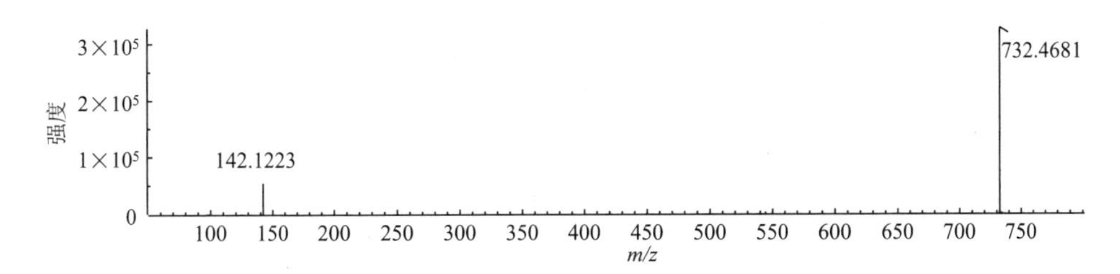

二级全扫质谱图 CE: 35V

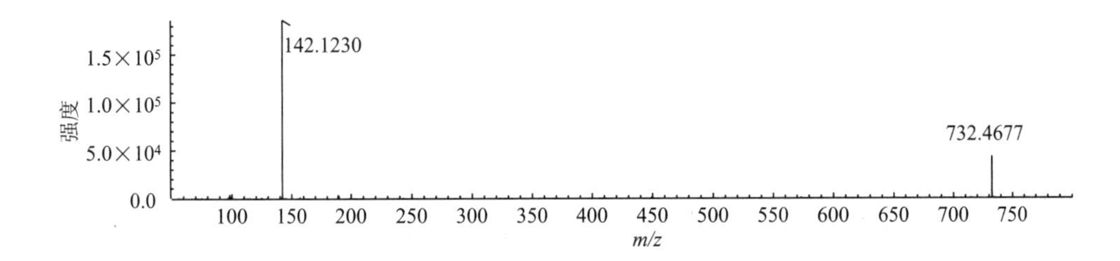

二级全扫质谱图 CE: 50V

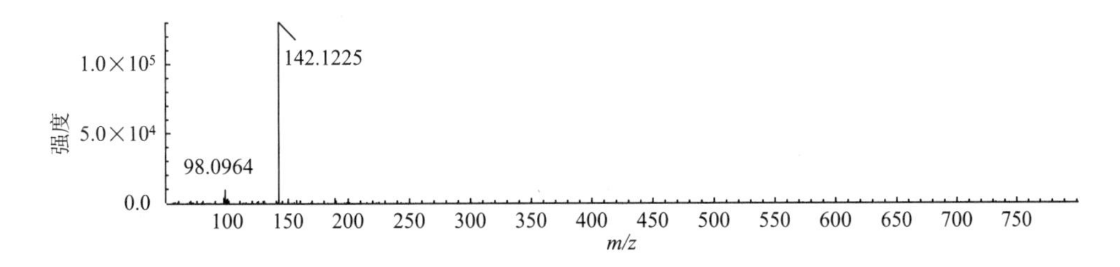

二级全扫质谱图 CE: 60V

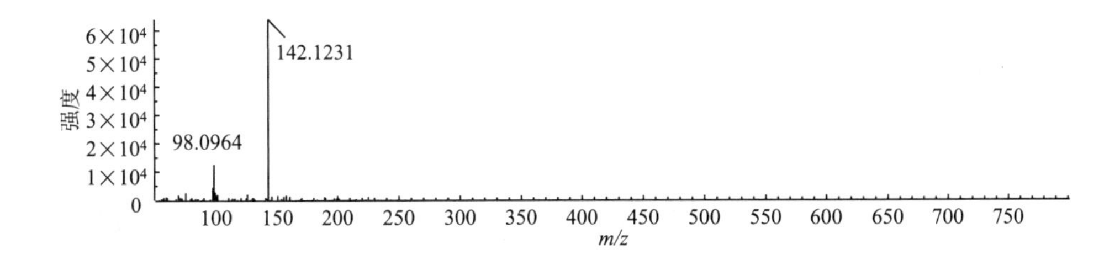

Spinosad D
多杀霉素 D

CAS 号	131929-63-0	保留时间	21. 72min
分子式	$C_{42}H_{67}NO_{10}$	加合方式	$[M+H]^+$
分子量	745. 4765	源内裂解碎片	无

推测裂解规律

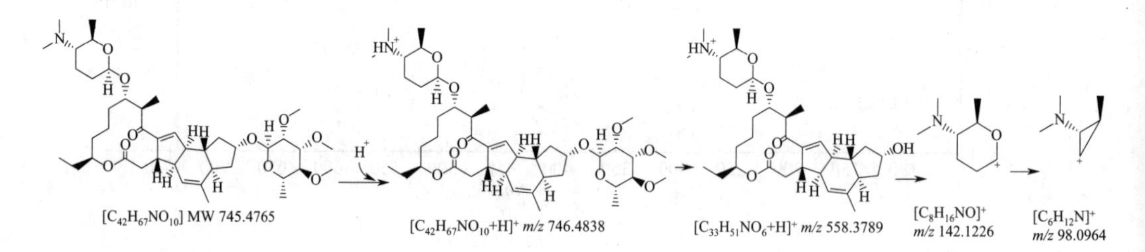

提取离子流色谱图

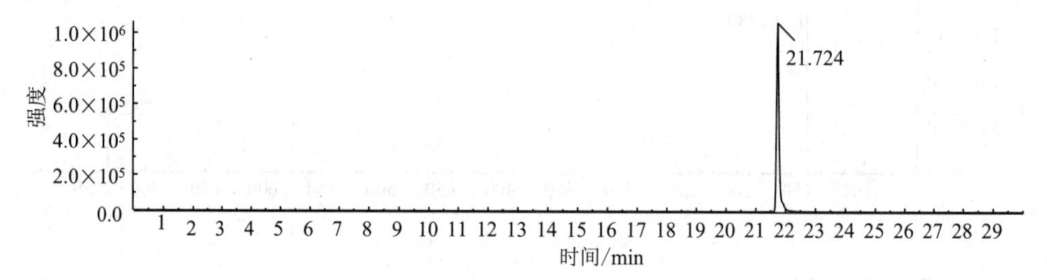

一级质谱图

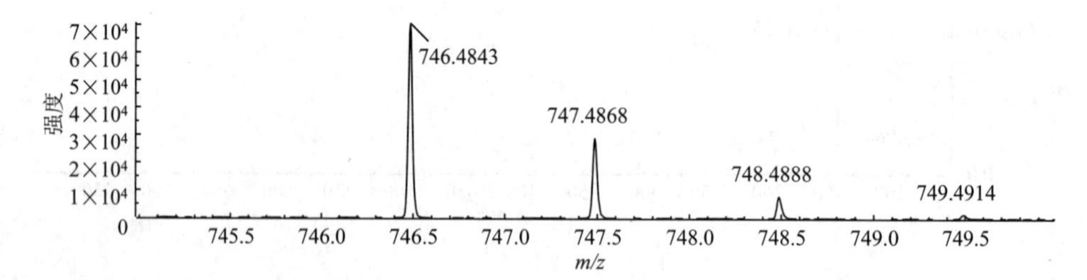

二级全扫质谱图 CE: (35±15)V

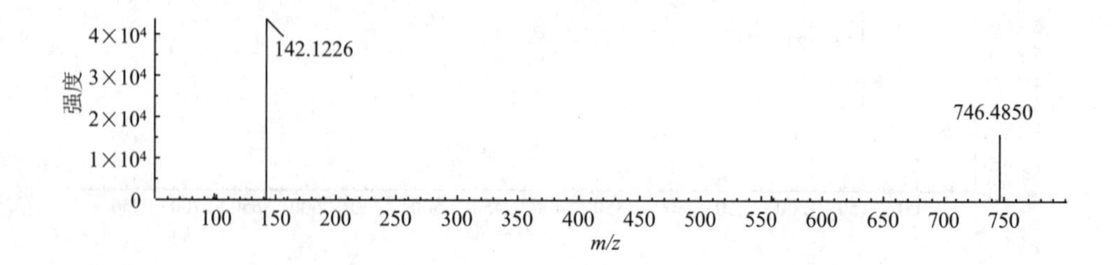

二级全扫质谱图 CE: 10V

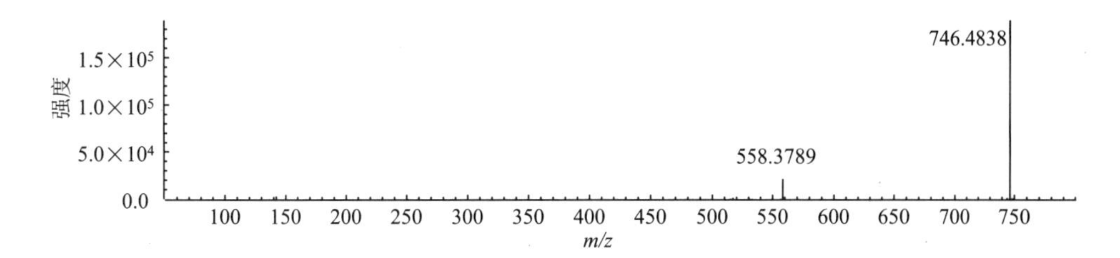

二级全扫质谱图 CE: 20V

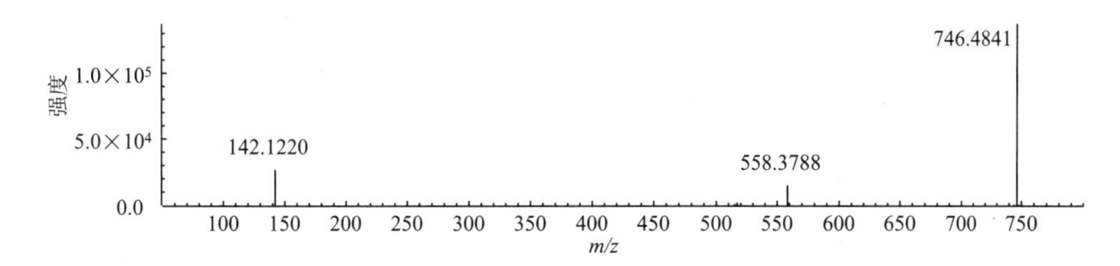

二级全扫质谱图 CE: 35V

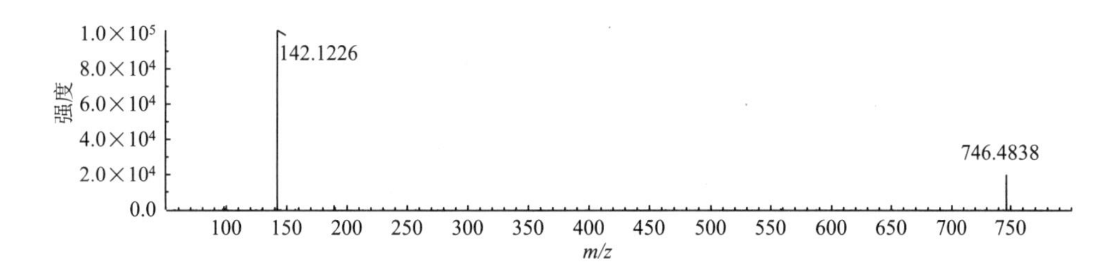

二级全扫质谱图 CE: 50V

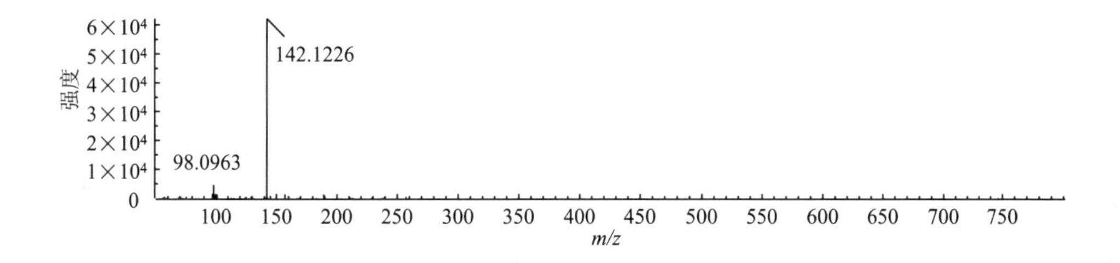

二级全扫质谱图 CE: 60V

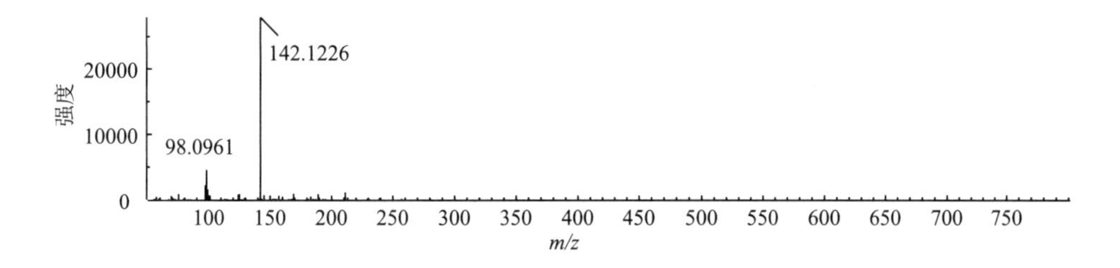

Spirodiclofen
螺螨酯

CAS 号	148477-71-8	保留时间	23.40min
分子式	$C_{21}H_{24}Cl_2O_4$	加合方式	$[M+H]^+$
分子量	410.1052	源内裂解碎片	m/z 313

推测裂解规律

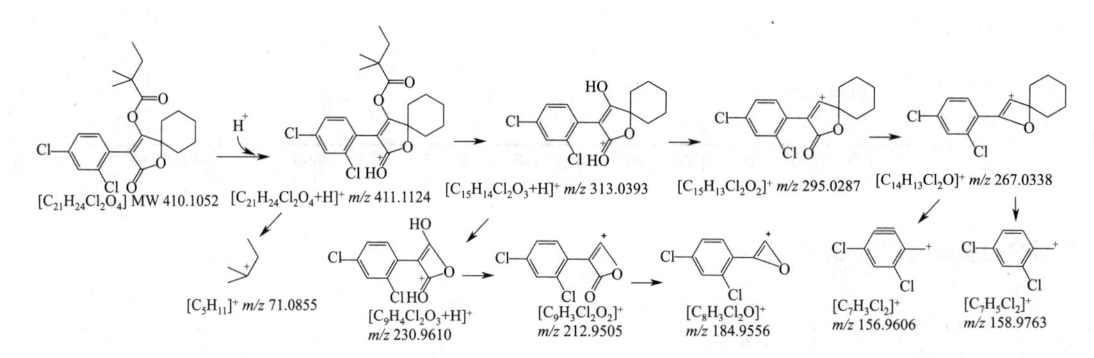

提取离子流色谱图

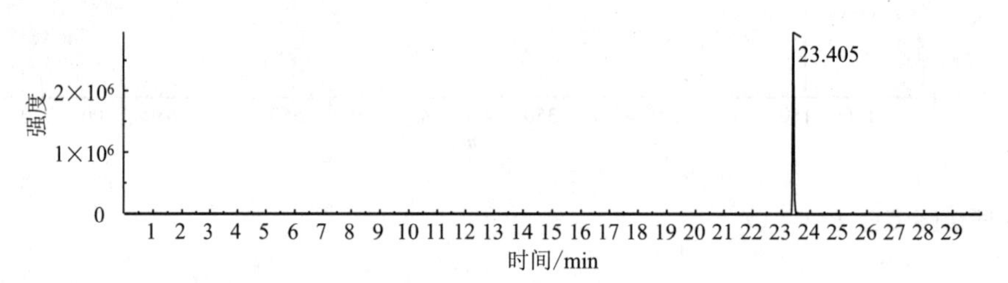

一级质谱图

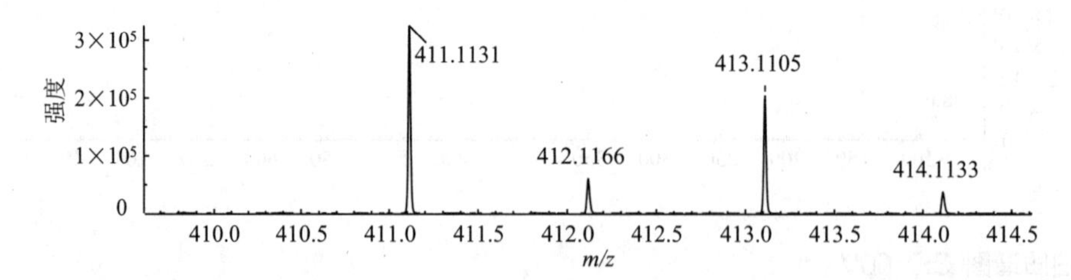

二级全扫质谱图 CE: (35±15)V

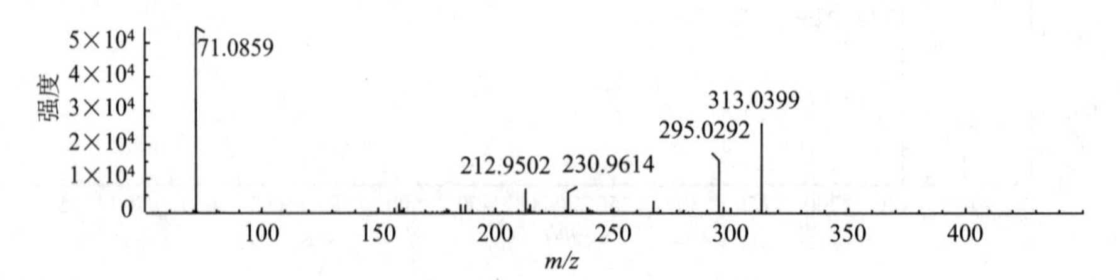

二级全扫质谱图 CE: 10V

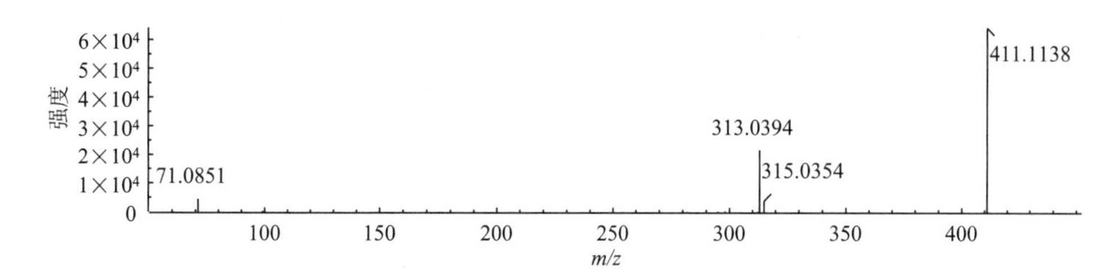

二级全扫质谱图 CE: 20V

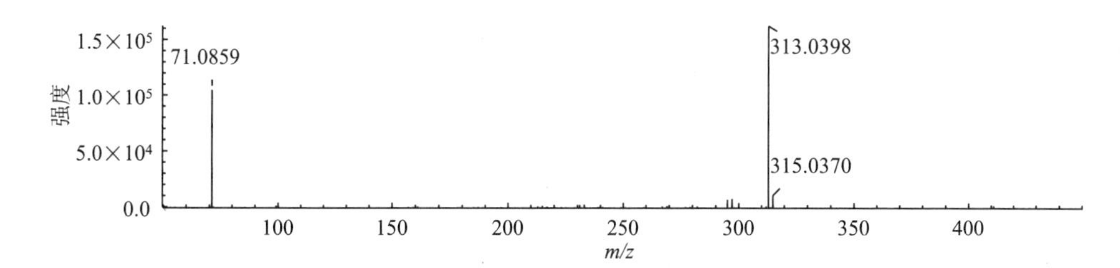

二级全扫质谱图 CE: 35V

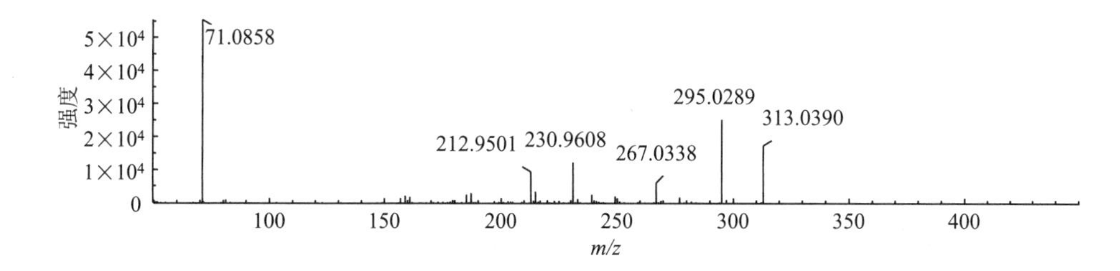

二级全扫质谱图 CE: 50V

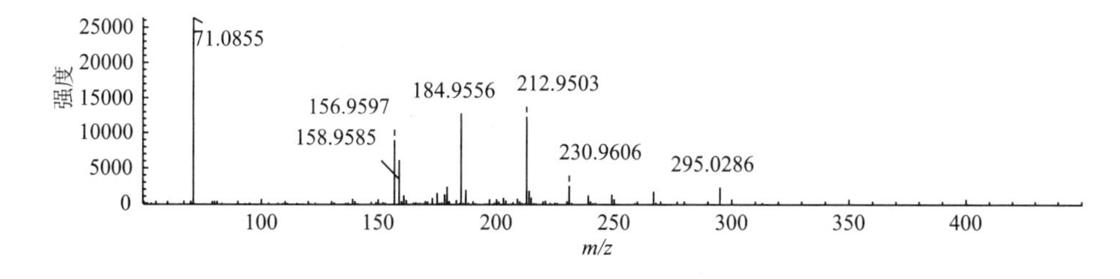

二级全扫质谱图 CE: 60V

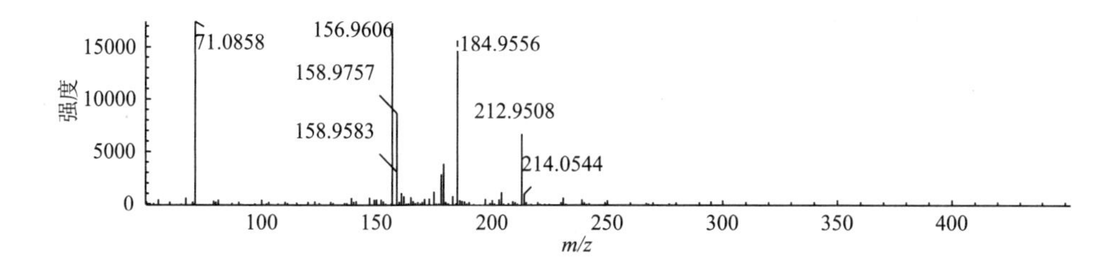

Spiromesifen
螺甲螨酯

CAS 号	283594-90-1	保留时间	23. 06min
分子式	$C_{23}H_{30}O_4$	加合方式	$[M+H]^+$
分子量	370. 2144	源内裂解碎片	*m* /*z* 273

推测裂解规律

$[C_{23}H_{30}O_4]$ MW 370.2144

$[C_{23}H_{30}O_4+H]^+$ *m/z* 371.2217

$[C_{17}H_{20}O_3+H]^+$ *m/z* 273.1485

$[C_{17}H_{19}O_2]^+$ *m/z* 255.1380

$[C_{16}H_{17}]^+$ *m/z* 209.1325

$[C_{10}H_{11}]^+$ *m/z* 131.0855

$[C_9H_{11}]^+$ *m/z* 119.0855

$[C_{11}H_{13}O]^+$ *m/z* 161.0961

$[C_{12}H_{11}O_2]^+$ *m/z* 187.0754

$[C_{16}H_{19}O]^+$ *m/z* 227.1430

提取离子流色谱图

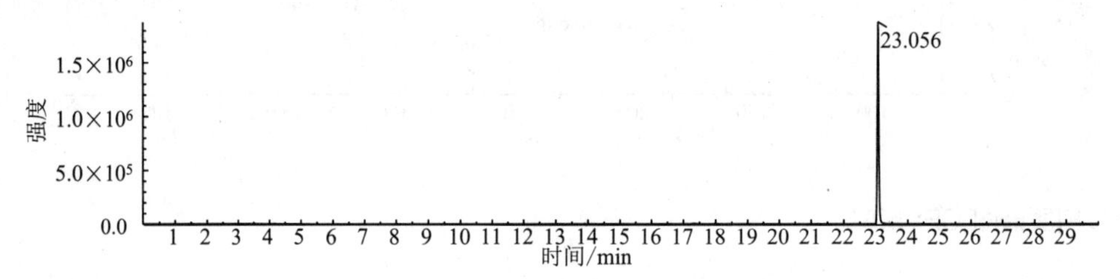

一级质谱图

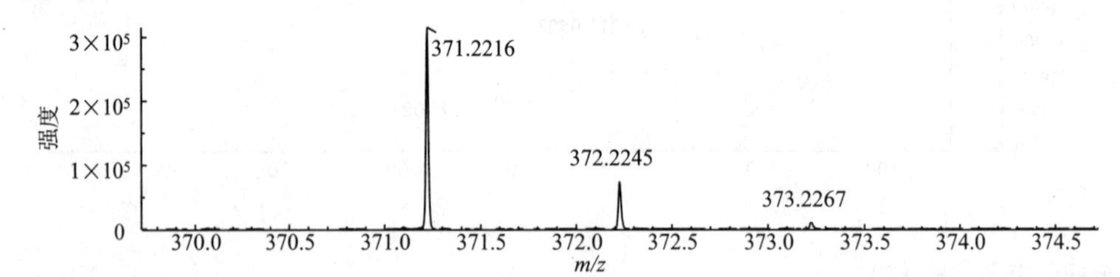

二级全扫质谱图 CE: (35±15)V

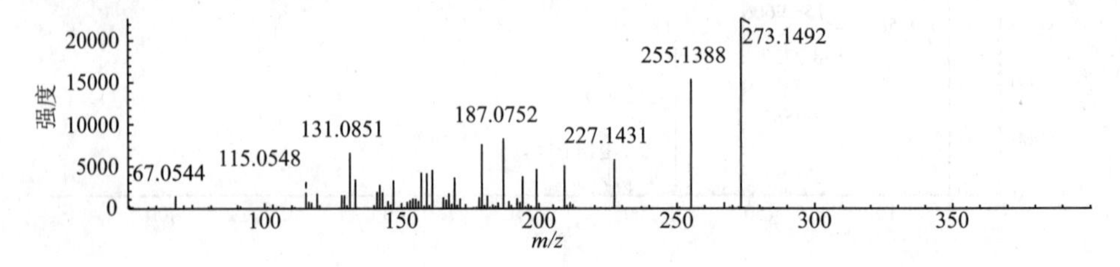

二级全扫质谱图 CE: 10V

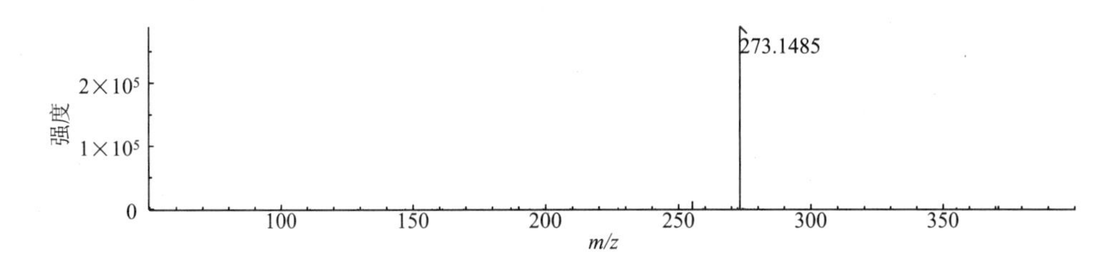

二级全扫质谱图 CE: 20V

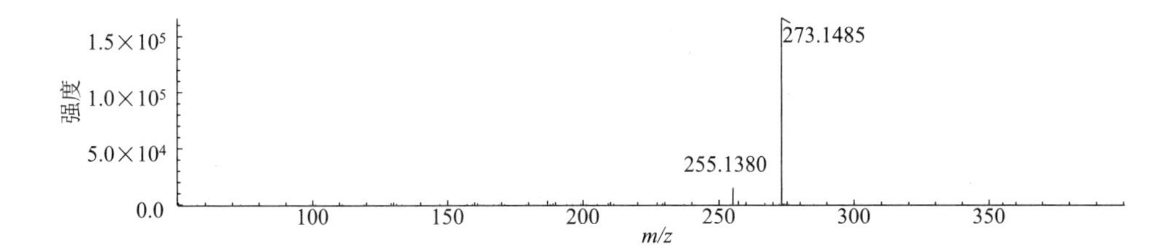

二级全扫质谱图 CE: 35V

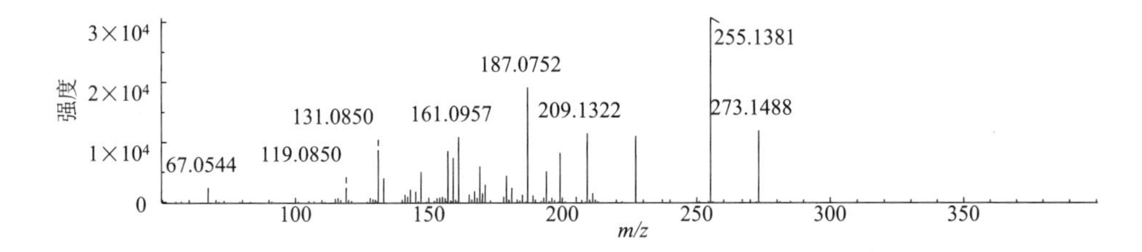

二级全扫质谱图 CE: 50V

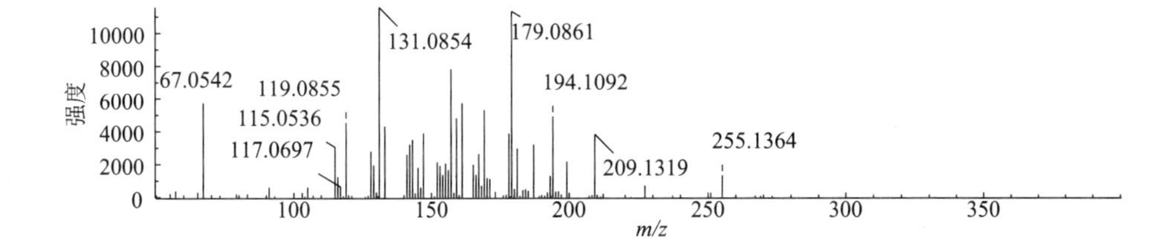

二级全扫质谱图 CE: 60V

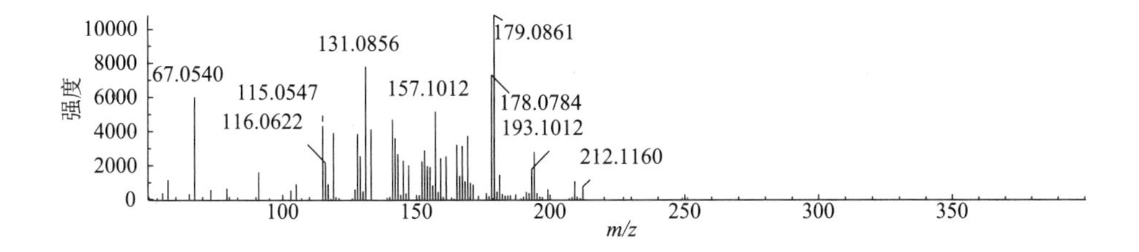

Spiromesifen in-source fragment 273
螺甲螨酯源内裂解碎片 273

CAS 号	—	保留时间	23. 06min
分子式	$C_{17}H_{21}O_3^+$	加合方式	$[M+H]^+$
分子量	273. 1485	源内裂解碎片	无

推测裂解规律

$[C_{10}H_{11}]^+$ *m/z* 131.0855

$[C_9H_{11}]^+$ *m/z* 119.0855

$[C_{11}H_{13}O]^+$ *m/z* 161.0961

$[C_{17}H_{20}O_3+H]^+$ *m/z* 273.1485

$[C_{17}H_{19}O_2]^+$ *m/z* 255.1380

$[C_{16}H_{17}]^+$ *m/z* 209.1325

$[C_{12}H_{11}O_2]^+$ *m/z* 187.0754

$[C_{16}H_{19}O]^+$ *m/z* 227.1430

提取离子流色谱图

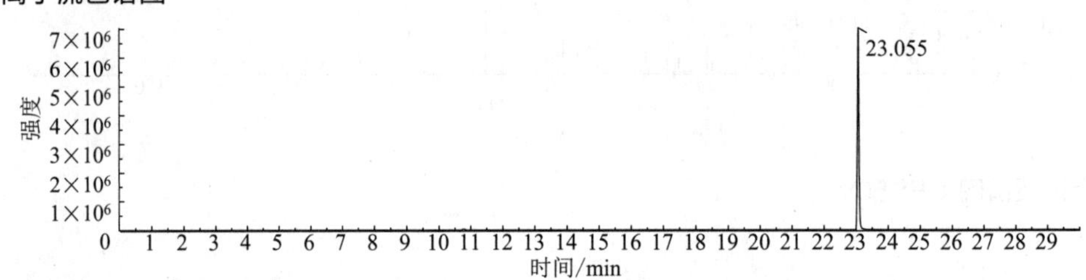

一级质谱图

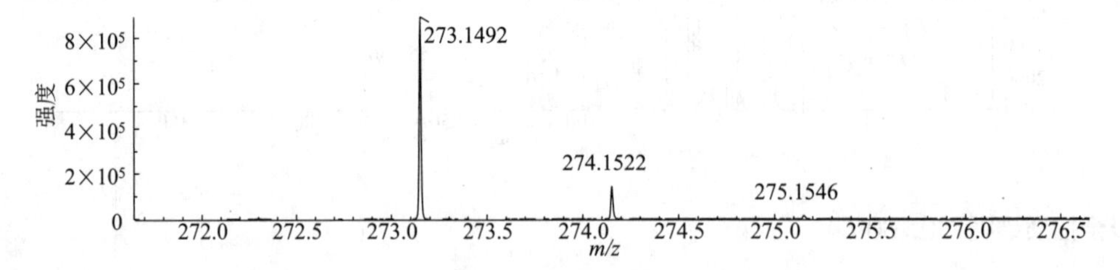

二级全扫质谱图 CE: (35±15)V

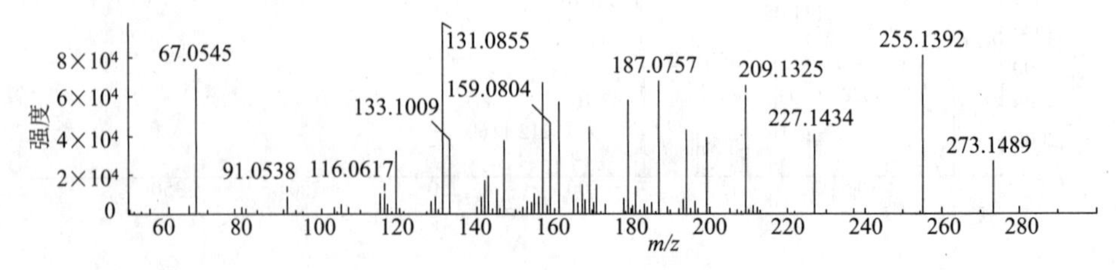

二级全扫质谱图 CE: 10V

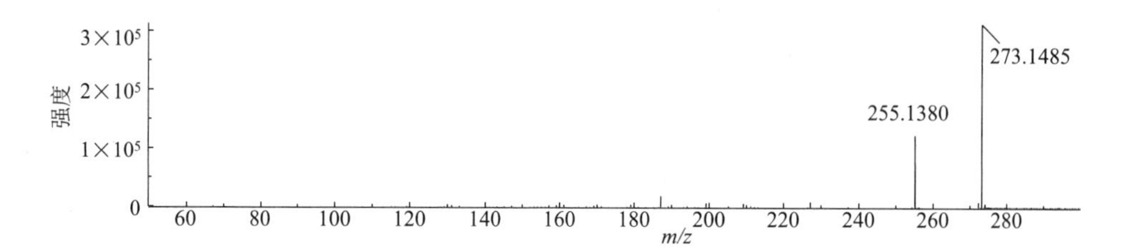

二级全扫质谱图 CE: 20V

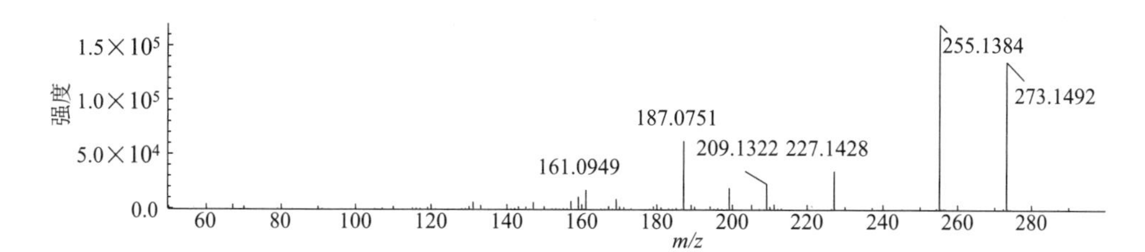

二级全扫质谱图 CE: 35V

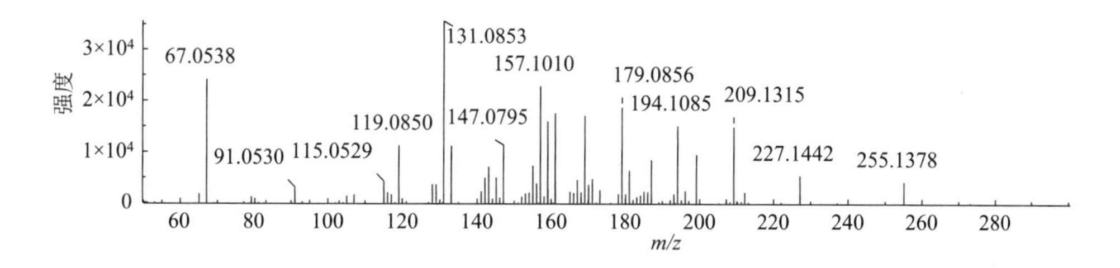

二级全扫质谱图 CE: 50V

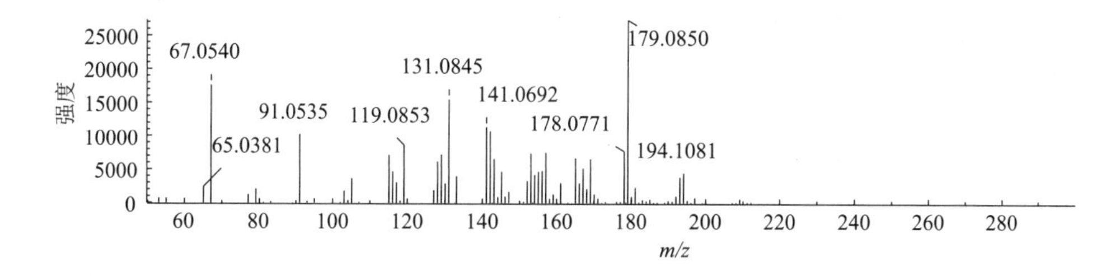

二级全扫质谱图 CE: 60V

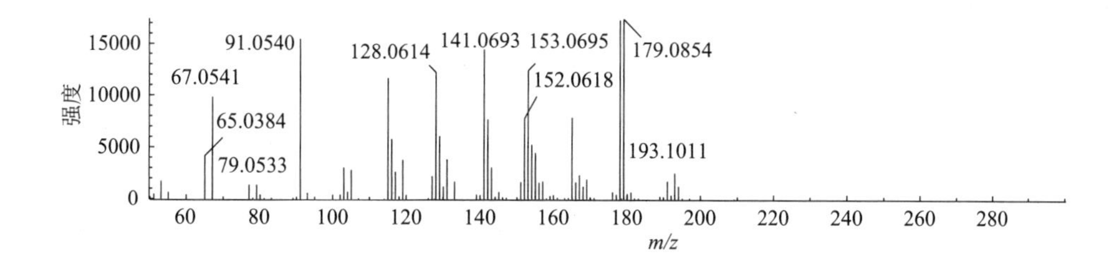

Spirotetramat
螺虫乙酯

CAS 号	203313-25-1	保留时间	15.74min
分子式	$C_{21}H_{27}NO_5$	加合方式	$[M+H]^+$
分子量	373.1889	源内裂解碎片	无

推测裂解规律

$[C_{21}H_{27}NO_5]$ MW 373.1889 →(H^+) $[C_{21}H_{27}NO_5+H]^+$ *m/z* 374.1962 → $[C_{20}H_{27}NO_3+H]^+$ *m/z* 330.2064 → $[C_{18}H_{23}NO_3+H]^+$ *m/z* 302.1751 → $[C_{15}H_{17}NO_2+H]^+$ *m/z* 244.1332

$[C_{20}H_{27}NO_3+H]^+$ *m/z* 330.2064 → $[C_{19}H_{24}NO_2]^+$ *m/z* 298.1802 → $[C_{17}H_{20}NO_2]^+$ *m/z* 270.1489 → $[C_{13}H_{13}NO_2+H]^+$ *m/z* 216.1019

$[C_{18}H_{23}NO_3+H]^+$ *m/z* 302.1751 → $[C_{17}H_{20}NO_2]^+$ *m/z* 270.1489

提取离子流色谱图

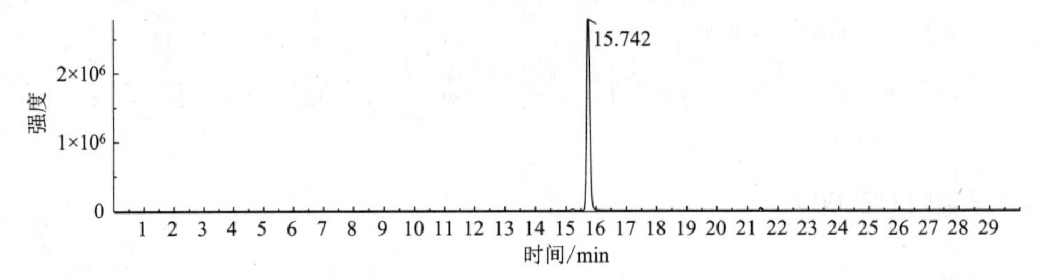

一级质谱图

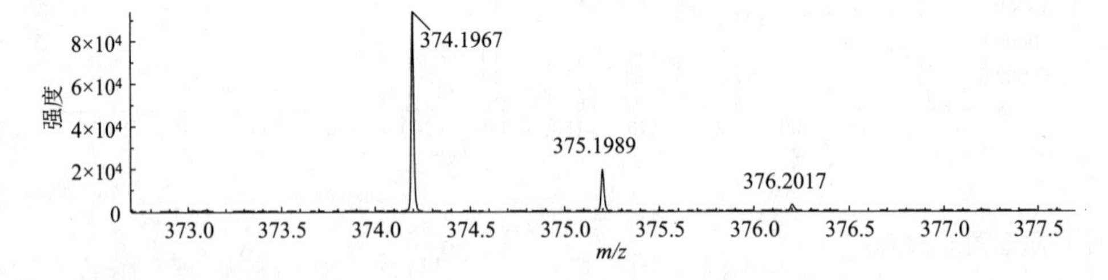

二级全扫质谱图 CE: (35±15)V

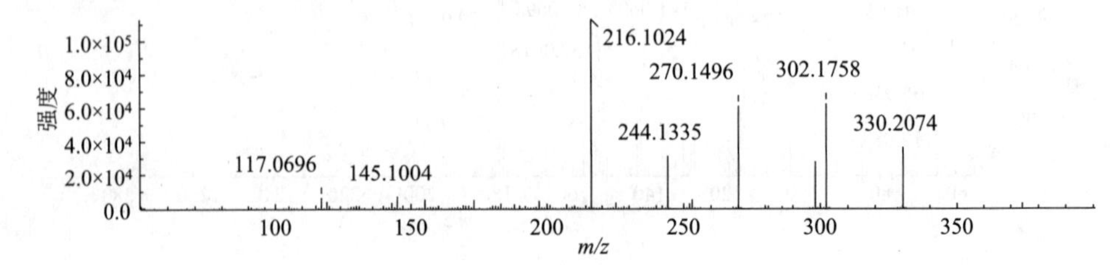

二级全扫质谱图 CE: 10V

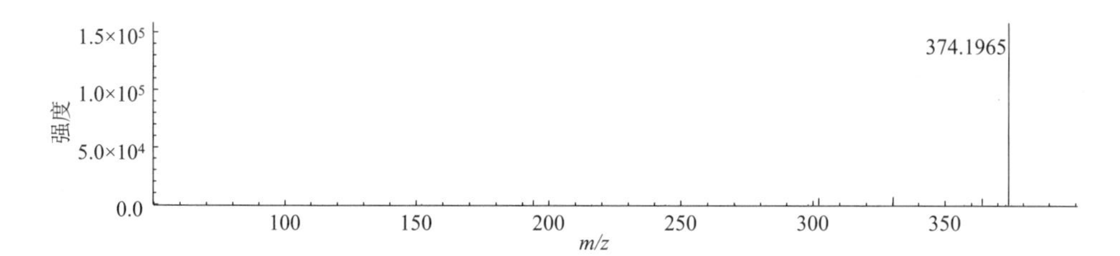

二级全扫质谱图 CE: 20V

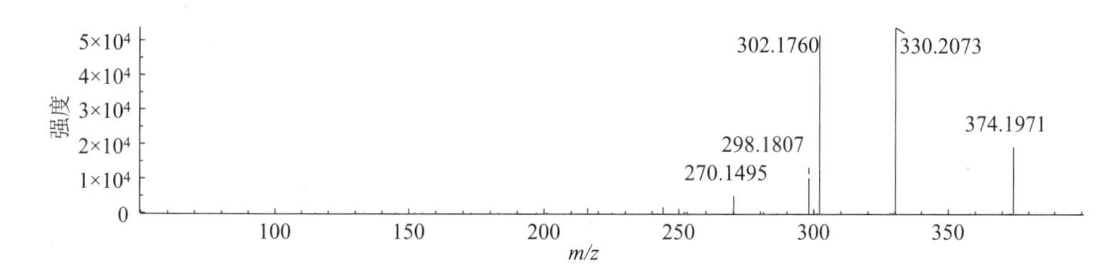

二级全扫质谱图 CE: 35V

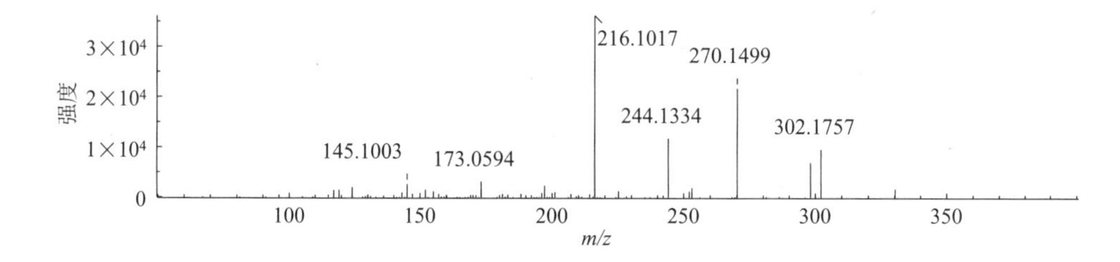

二级全扫质谱图 CE: 50V

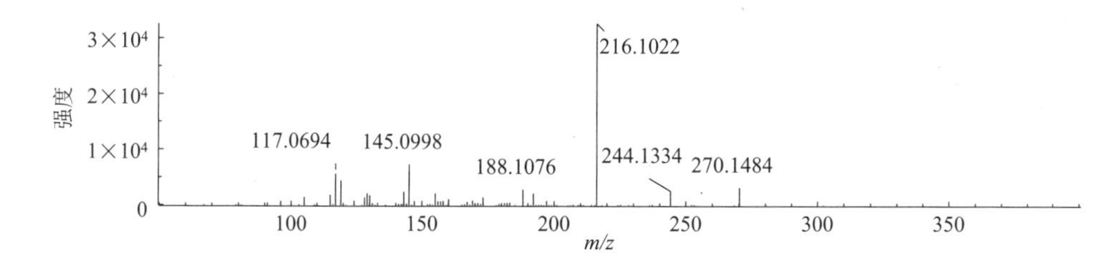

二级全扫质谱图 CE: 60V

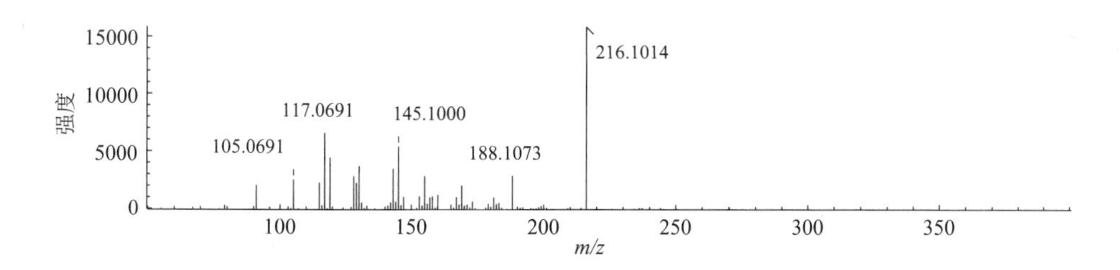

Spirotetramat-enol
螺虫乙酯-烯醇

CAS 号	203312-38-3	保留时间	8.20min
分子式	$C_{18}H_{23}NO_3$	加合方式	$[M+H]^+$
分子量	301.1678	源内裂解碎片	无

推测裂解规律

$[C_{18}H_{23}NO_3]$ MW 301.1678 → (H^+) $[C_{18}H_{23}NO_3+H]^+$ *m/z* 302.1751 → $[C_{17}H_{20}NO_2]^+$ *m/z* 270.1489 → $[C_{13}H_{13}NO_2+H]^+$ *m/z* 216.1019 → $[C_{11}H_9O_2]^+$ *m/z* 173.0597 → $[C_9H_9]^+$ *m/z* 117.0699

提取离子流色谱图

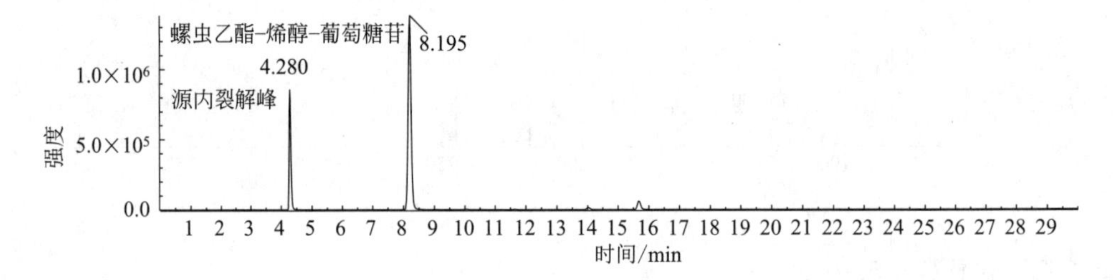

一级质谱图

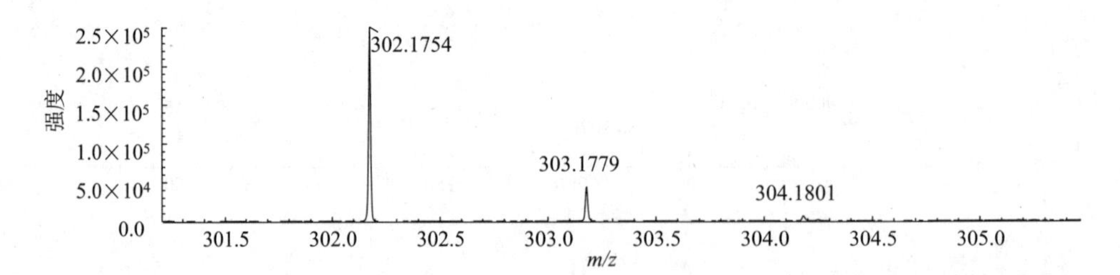

二级全扫质谱图 CE: (35±15)V

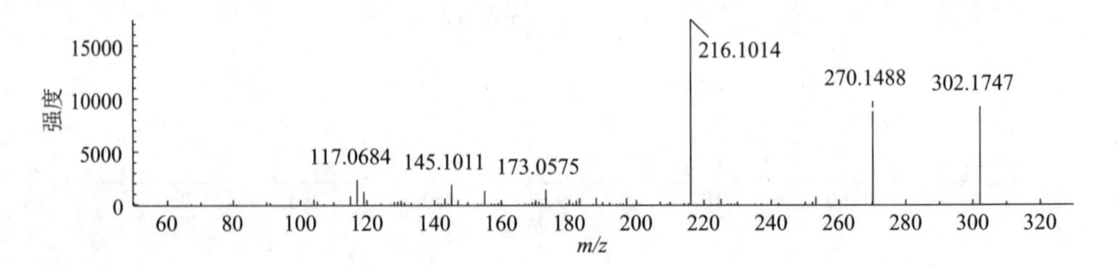

二级全扫质谱图 CE: 10V

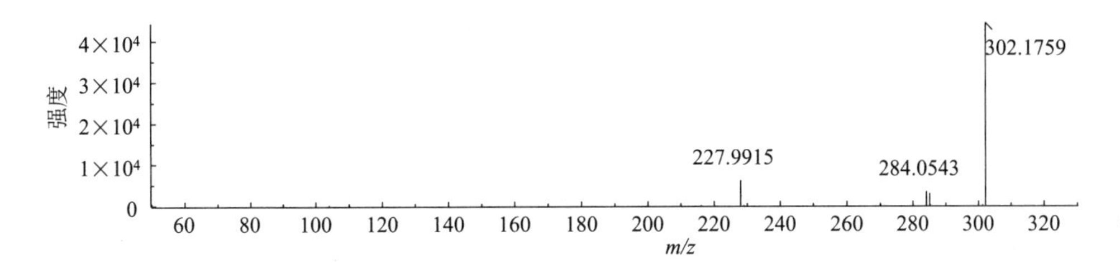

二级全扫质谱图 CE: 20V

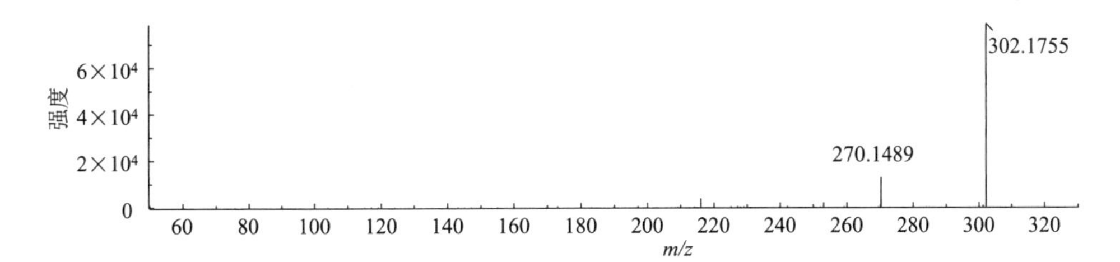

二级全扫质谱图 CE: 35V

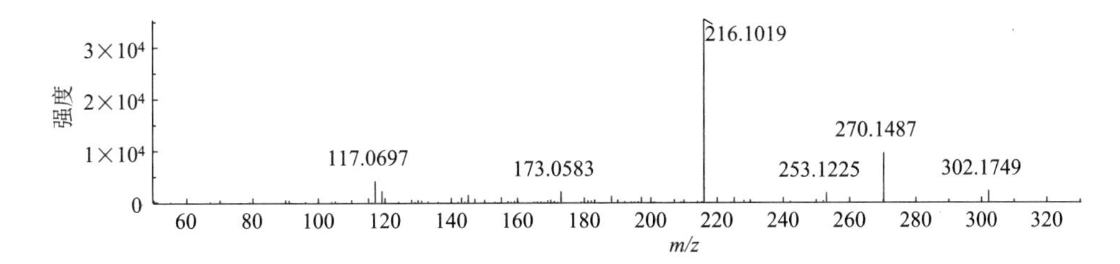

二级全扫质谱图 CE: 50V

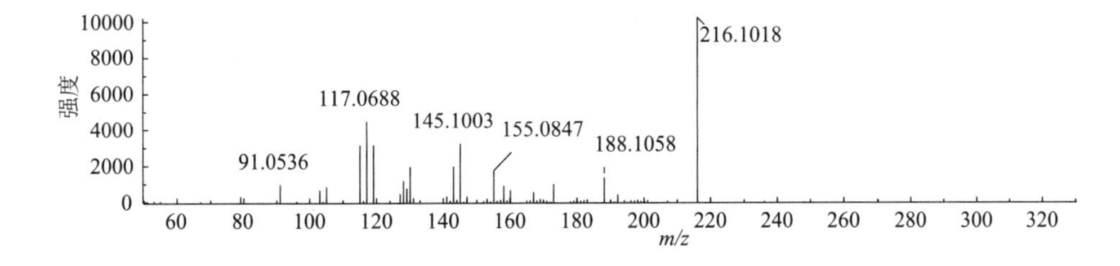

二级全扫质谱图 CE: 60V

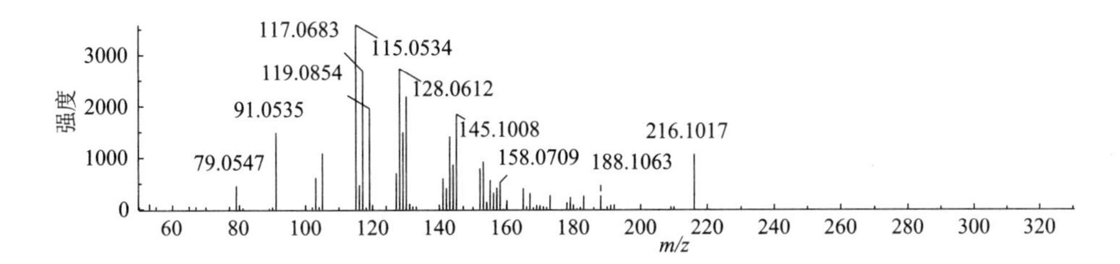

Spirotetramat-enol-glucoside

螺虫乙酯-烯醇-葡萄糖苷

CAS 号	1172614-86-6	保留时间	4. 28min
分子式	$C_{24}H_{33}NO_8$	加合方式	$[M+H]^+$
分子量	463. 2206	源内裂解碎片	m/z 302

推测裂解规律

$[C_{24}H_{33}NO_8]$ MW 463.2206 → $[C_{24}H_{33}NO_8+H]^+$ m/z 464.2279 → $[C_{18}H_{23}NO_3+H]^+$ m/z 302.1751 → $[C_{17}H_{20}NO_2]^+$ m/z 270.1489 → $[C_{13}H_{13}NO_2+H]^+$ m/z 216.1019 → $[C_{11}H_9O_2]^+$ m/z 173.0597 → $[C_9H_9]^+$ m/z 117.0699

提取离子流色谱图

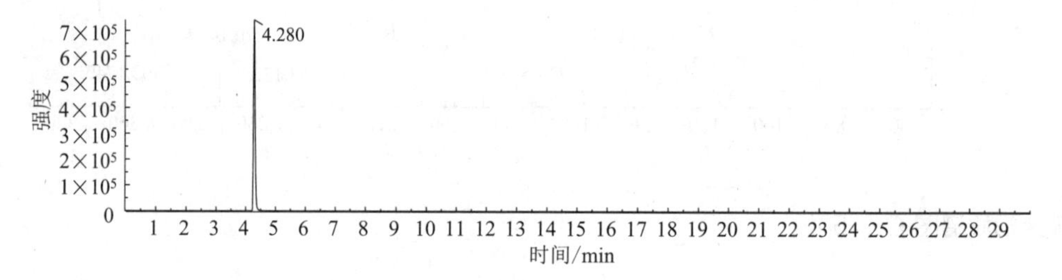

一级质谱图

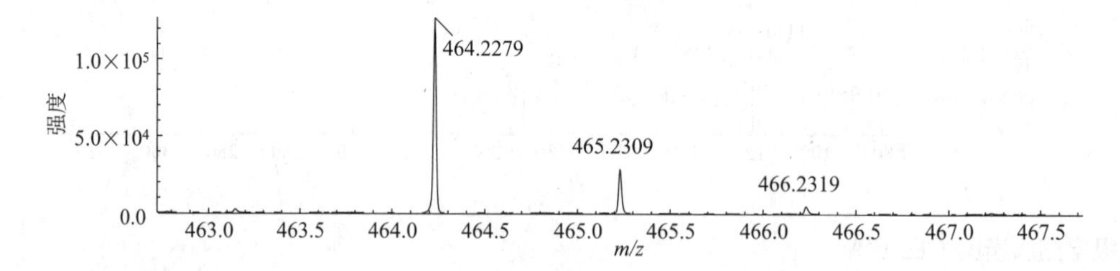

二级全扫质谱图 CE: (35±15)V

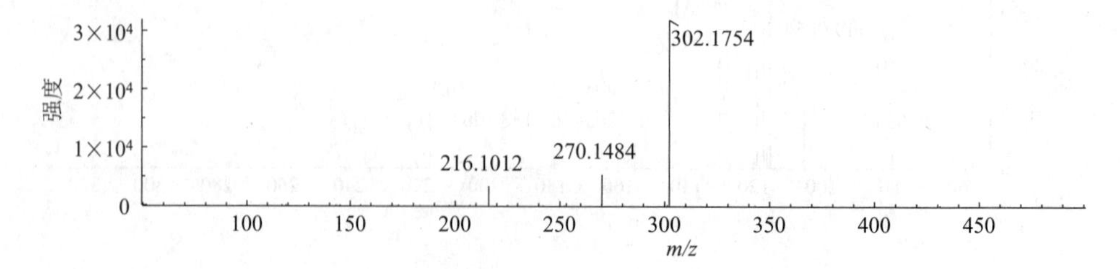

二级全扫质谱图 CE: 10V

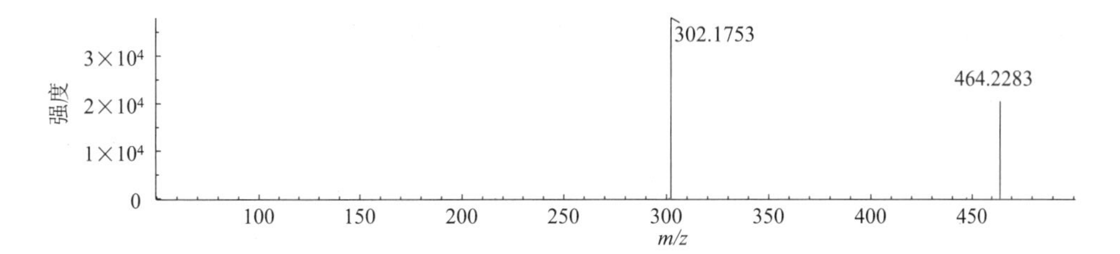

二级全扫质谱图 CE: 20V

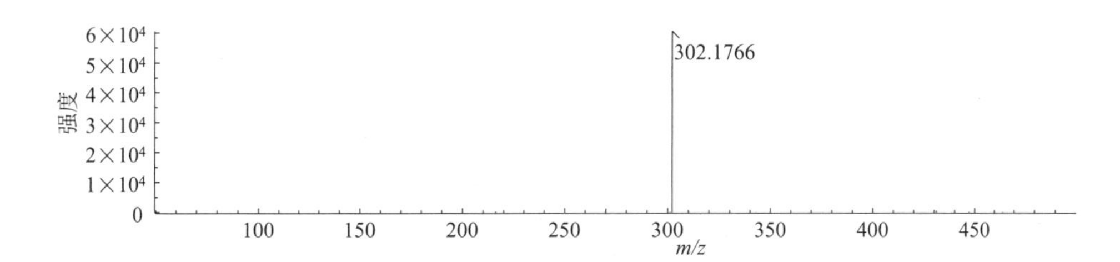

二级全扫质谱图 CE: 35V

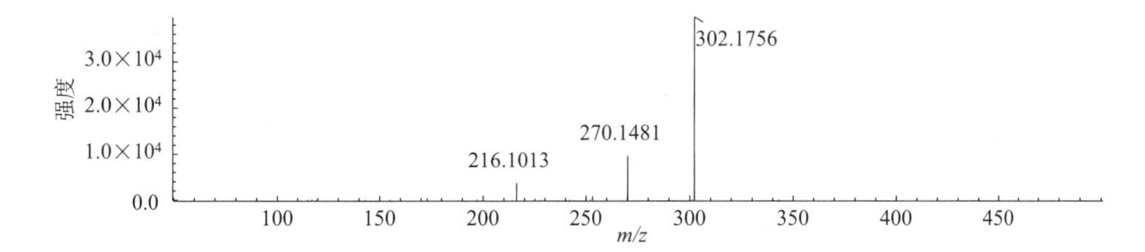

二级全扫质谱图 CE: 50V

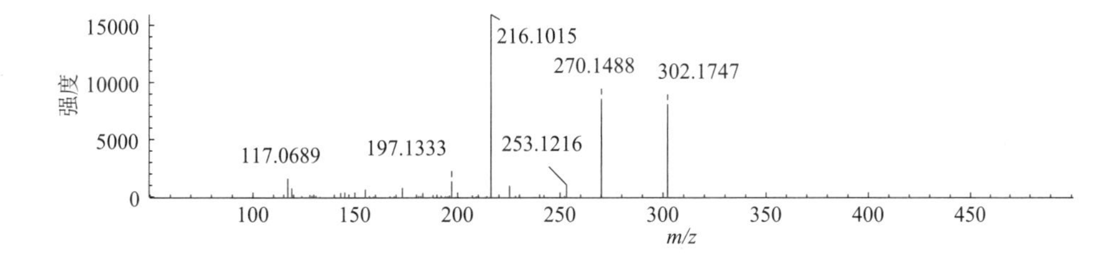

二级全扫质谱图 CE: 60V

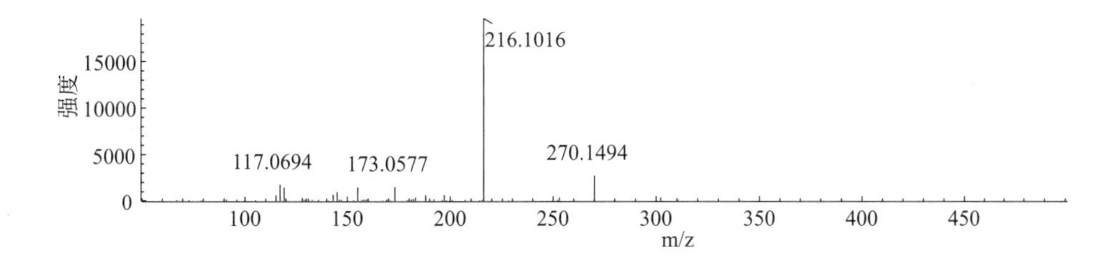

Spirotetramat-keto-hydroxy

螺虫乙酯-酮基-羟基

CAS 号	1172134-11-0	保留时间	10.05min
分子式	$C_{18}H_{23}NO_4$	加合方式	$[M+H]^+$
分子量	317.1627	源内裂解碎片	无

推测裂解规律

$[C_{18}H_{23}NO_4]$ MW 317.1627 → $[C_{18}H_{23}NO_4+H]^+$ m/z 318.1700 → $[C_{18}H_{22}NO_3]^+$ m/z 300.1594 → $[C_{17}H_{18}NO_2]^+$ m/z 268.1332 → $[C_{13}H_{12}NO_2]^+$ m/z 214.0863 → $[C_9H_9]^+$ m/z 117.0699

提取离子流色谱图

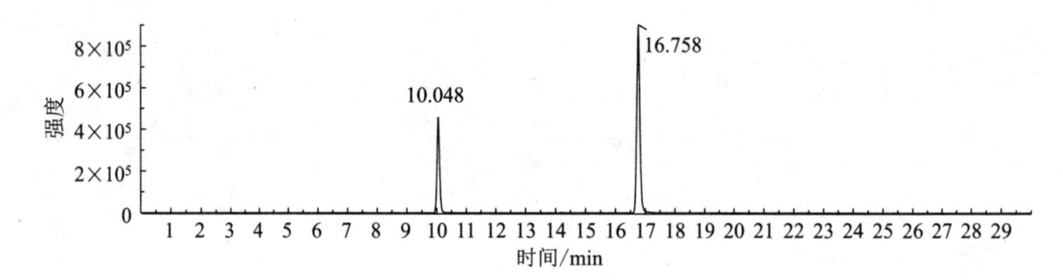

一级质谱图

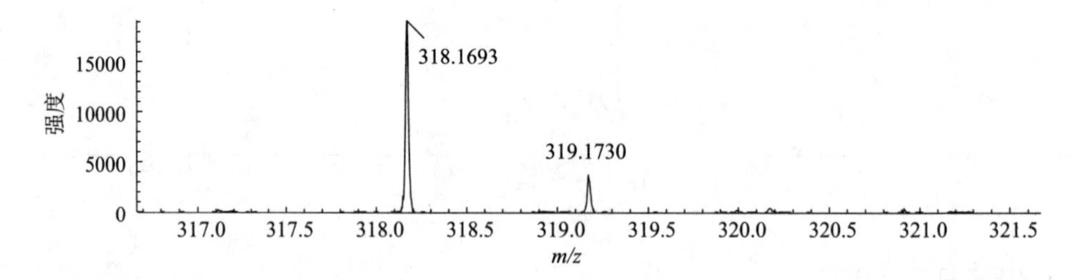

二级全扫质谱图 CE: (35±15)V

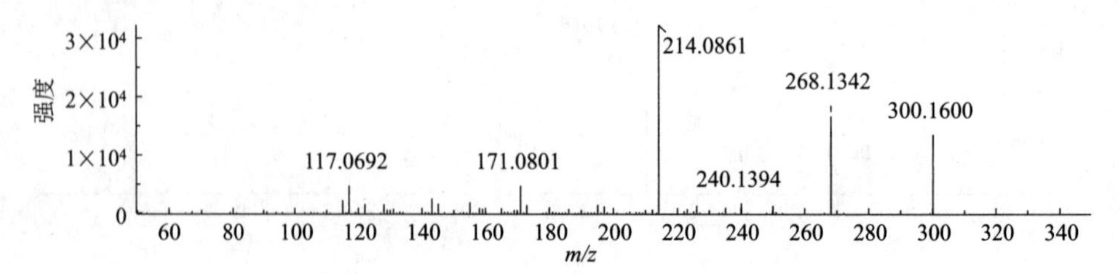

二级全扫质谱图 CE: 10V

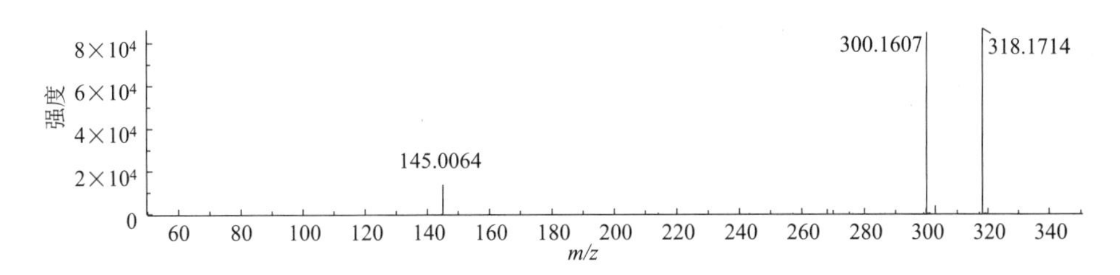

二级全扫质谱图 CE: 20V

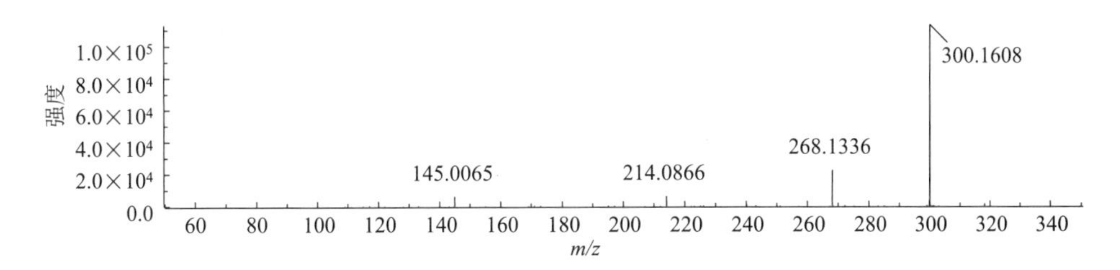

二级全扫质谱图 CE: 35V

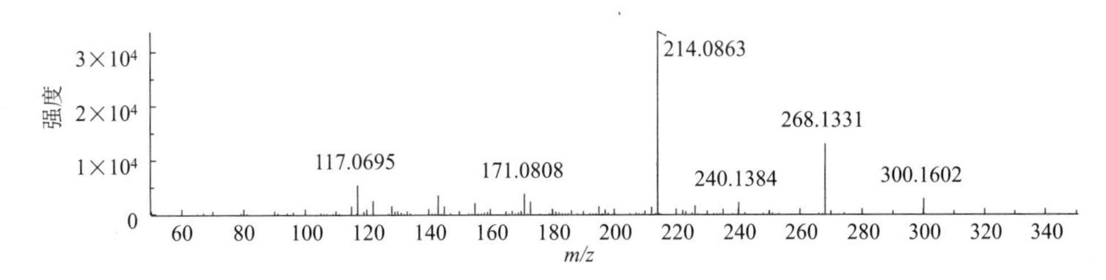

二级全扫质谱图 CE: 50V

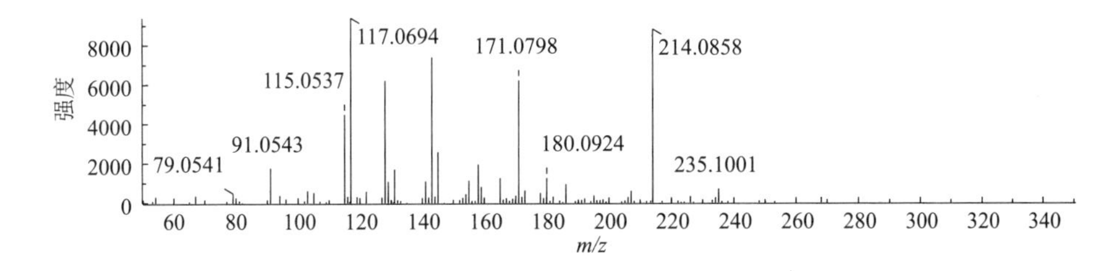

二级全扫质谱图 CE: 60V

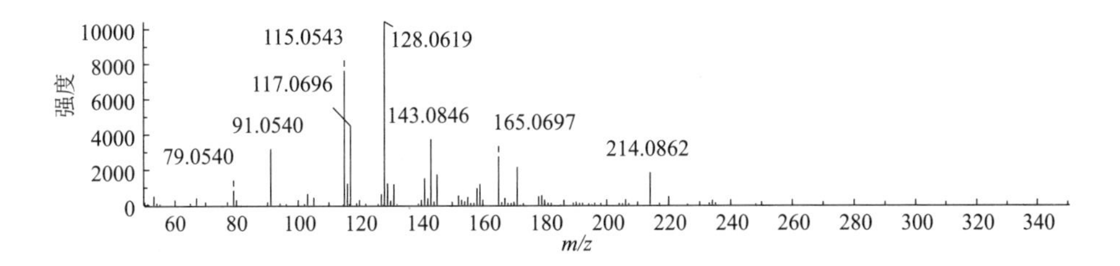

Spirotetramat-mono-hydroxy
螺虫乙酯-单-羟基

CAS 号	1172134-12-1	保留时间	6.64min
分子式	$C_{18}H_{25}NO_3$	加合方式	$[M+H]^+$
分子量	303.1834	源内裂解碎片	无

推测裂解规律

$[C_{18}H_{25}NO_3]$ MW 303.1834

$[C_{18}H_{25}NO_3+H]^+$ *m/z* 304.1907

$[C_{17}H_{22}NO_2]^+$ *m/z* 272.1645

$[C_{17}H_{20}NO]^+$ *m/z* 254.1539

$[C_{16}H_{20}N]^+$ *m/z* 226.1590

$[C_{16}H_{19}]^+$ *m/z* 211.1481

$[C_{13}H_{13}]^+$ *m/z* 169.1012

$[C_{10}H_{11}]^+$ *m/z* 131.0855

$[C_9H_{11}]^+$ *m/z* 119.0855

提取离子流色谱图

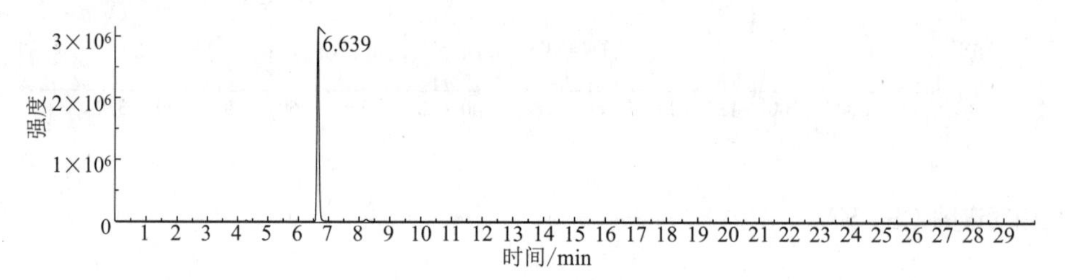

一级质谱图

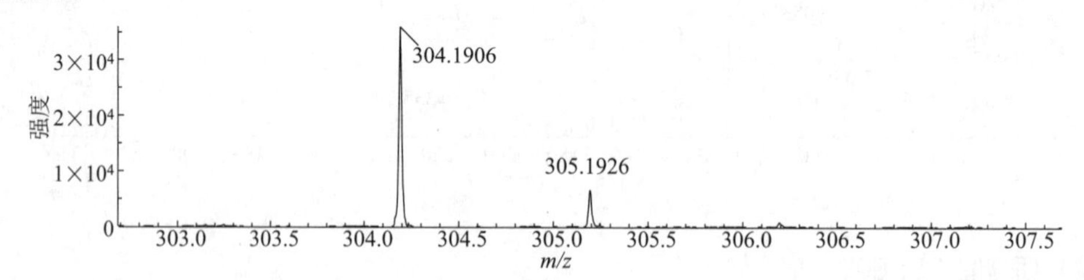

二级全扫质谱图 CE: (35±15)V

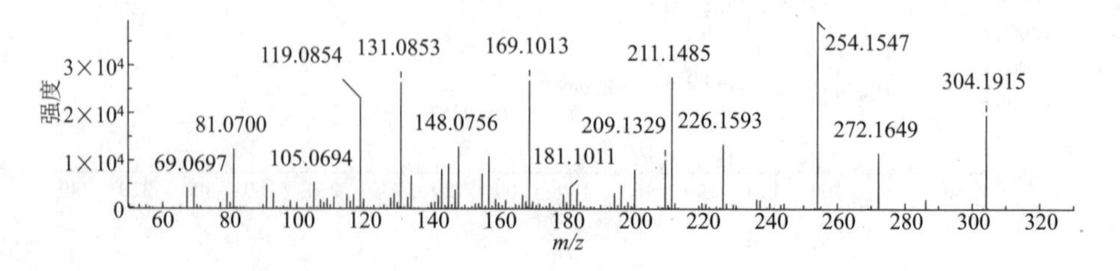

二级全扫质谱图 CE: 10V

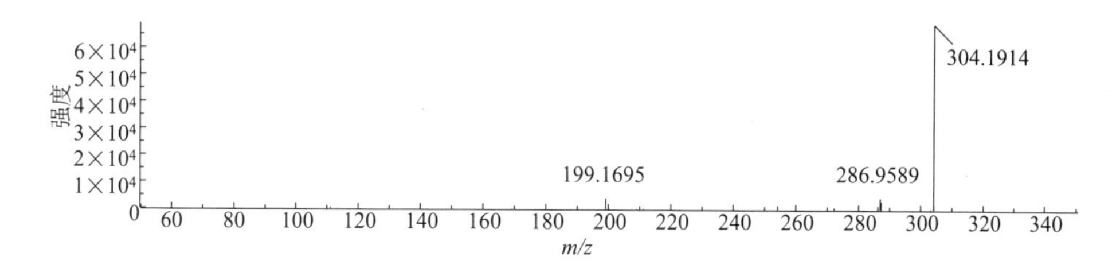

二级全扫质谱图 CE: 20V

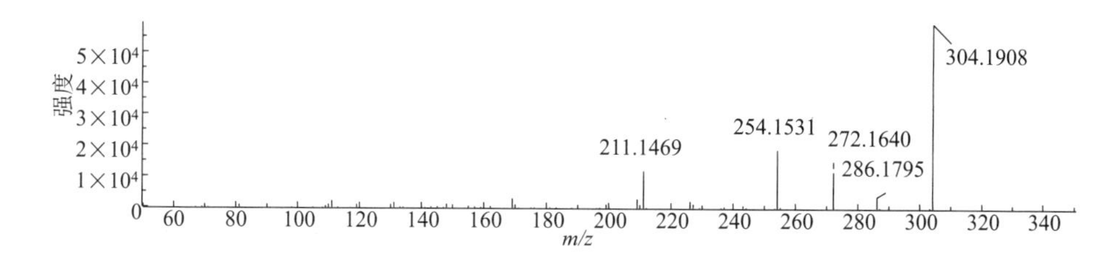

二级全扫质谱图 CE: 35V

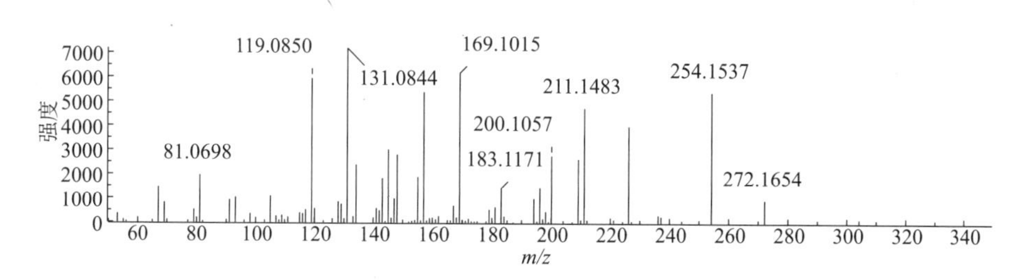

二级全扫质谱图 CE: 50V

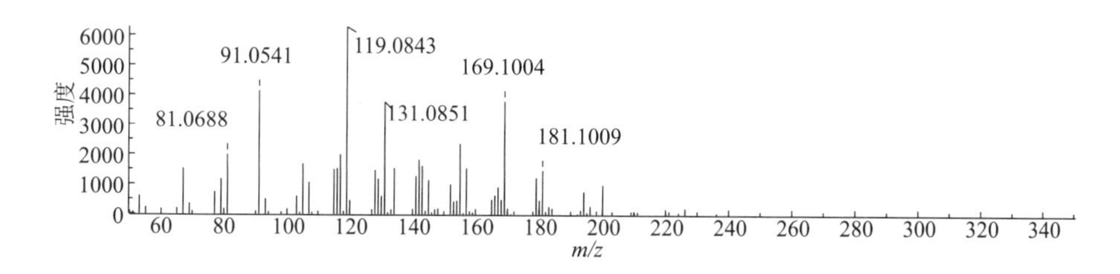

二级全扫质谱图 CE: 60V

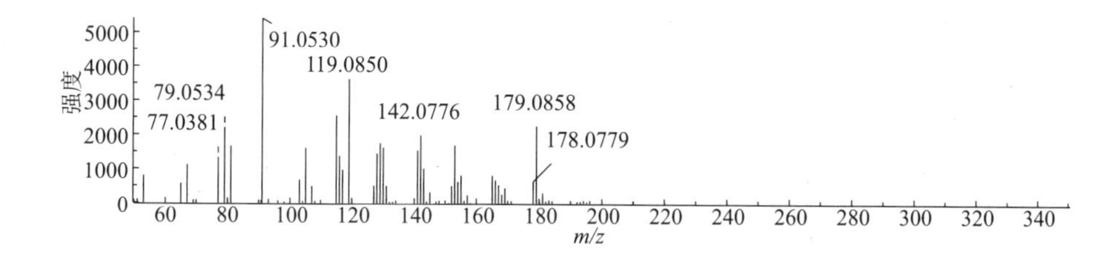

Sulcotrione

磺草酮

CAS 号	99105-77-8	保留时间	5.03min
分子式	$C_{14}H_{13}ClO_5S$	加合方式	$[M+H]^+$
分子量	328.0172	源内裂解碎片	无

推测裂解规律

$[C_{14}H_{13}ClO_5S]$ MW 328.0172 → (H^+) $[C_{14}H_{13}ClO_5S+H]^+$ *m/z* 329.0245 → $[C_{14}H_{13}O_5S]^+$ *m/z* 283.0478 → $[C_7H_7O_3]^+$ *m/z* 139.0390 → $[C_6H_7O_2]^+$ *m/z* 111.0441 → $[C_3HO_2]^+$ *m/z* 68.9971

提取离子流色谱图

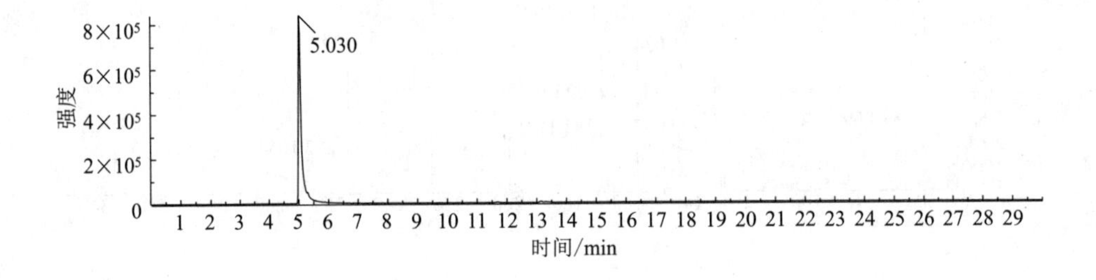

一级质谱图

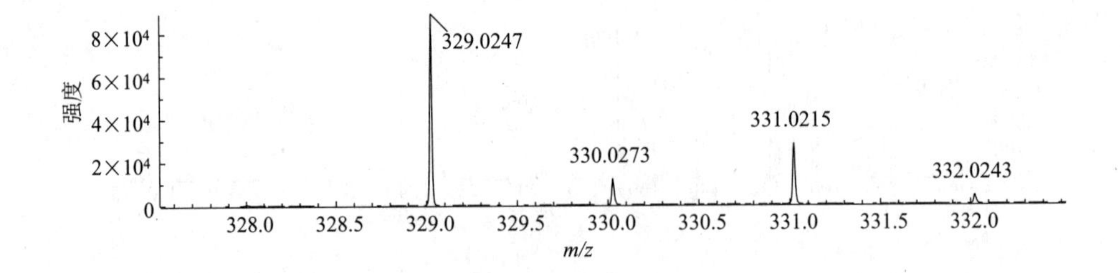

二级全扫质谱图 CE: (35±15)V

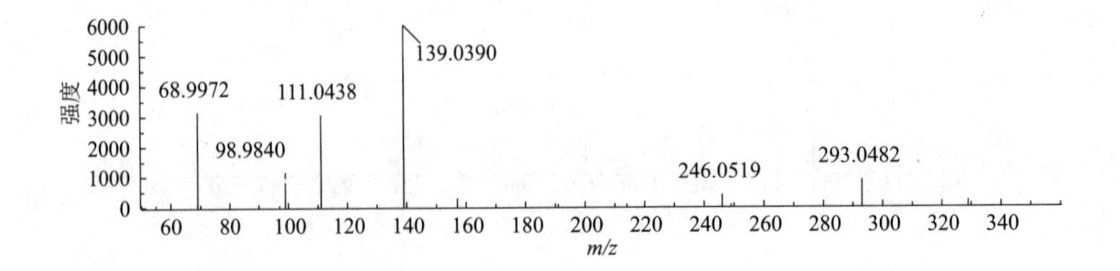

二级全扫质谱图 CE: 10V

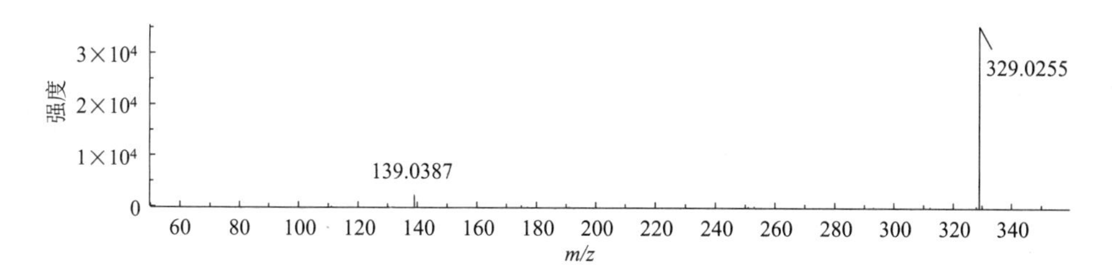

二级全扫质谱图 CE: 20V

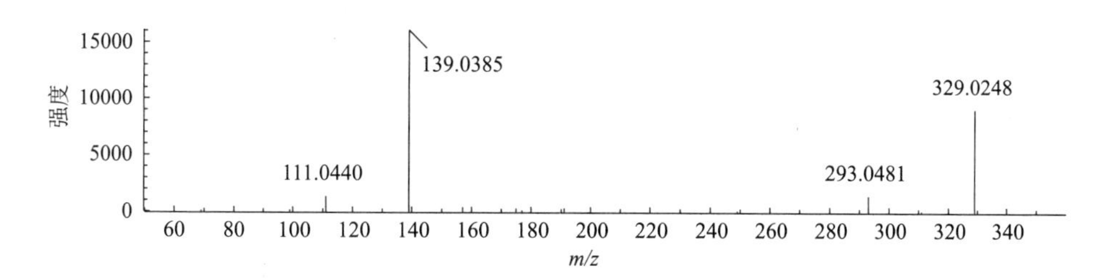

二级全扫质谱图 CE: 35V

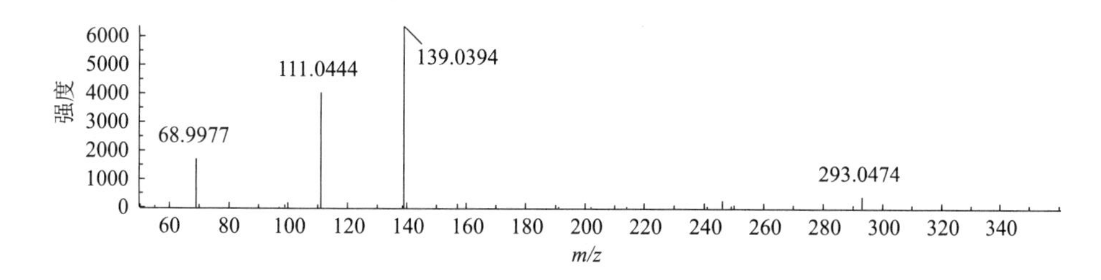

二级全扫质谱图 CE: 50V

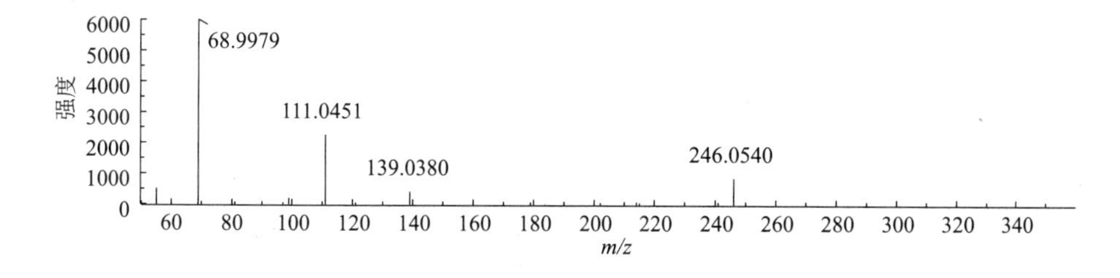

二级全扫质谱图 CE: 60V

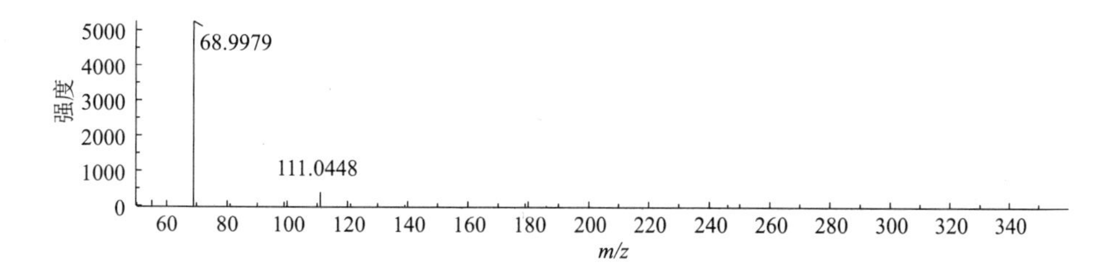

Sulfotep
治螟磷

CAS 号	3689-24-5	保留时间	18.29min
分子式	$C_8H_{20}O_5P_2S_2$	加合方式	$[M+H]^+$
分子量	322.0227	源内裂解碎片	无

推测裂解规律

$[C_8H_{20}O_5P_2S_2]$ MW 322.0227

$[C_8H_{20}O_5P_2S_2+H]^+$ *m/z* 323.0300

$[C_6H_{16}O_5P_2S_2+H]^+$ *m/z* 294.9987

$[C_4H_{12}O_5P_2S_2+H]^+$ *m/z* 266.9674

$[C_4H_{11}O_3PS+H]^+$ *m/z* 171.0237

$[C_2H_7O_3PS+H]^+$ *m/z* 142.9926

$[H_3O_3PS+H]^+$ *m/z* 114.9613

$[H_2O_2PS]^+$ *m/z* 96.9508

$[OPS]^+$ *m/z* 78.9402

提取离子流色谱图

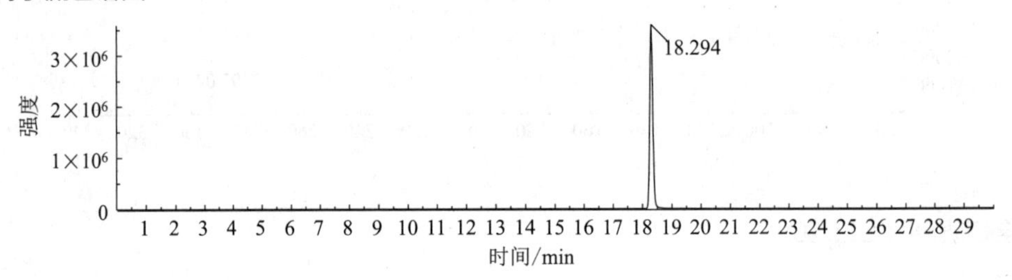

一级质谱图

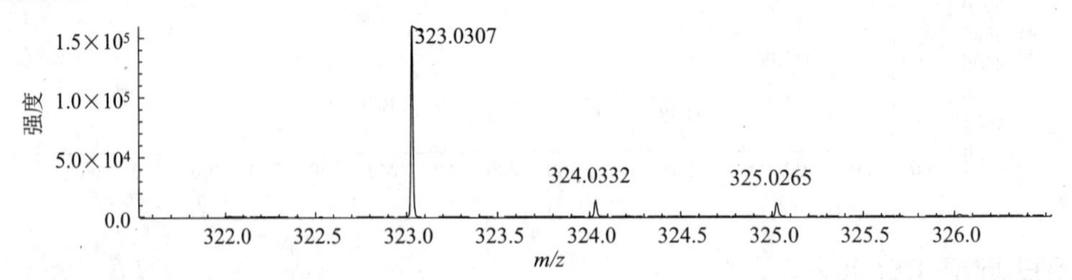

二级全扫质谱图 CE: (35±15)V

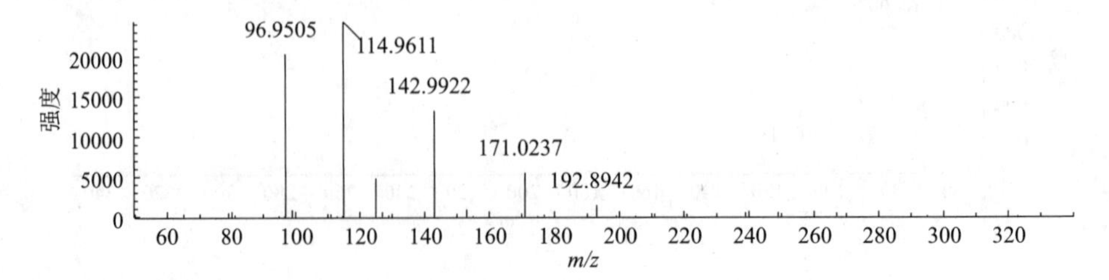

二级全扫质谱图 CE: 10V

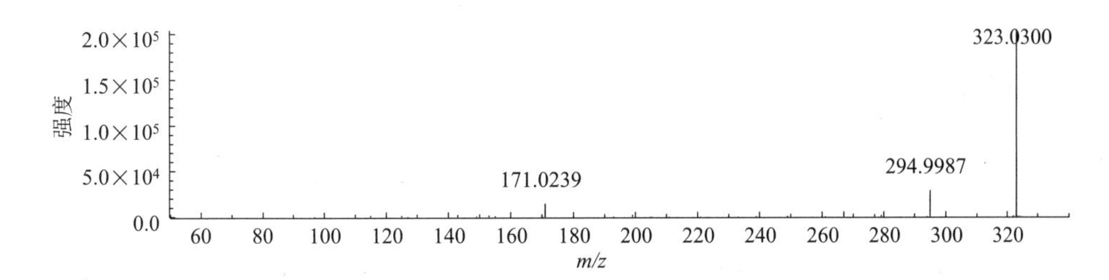

二级全扫质谱图 CE: 20V

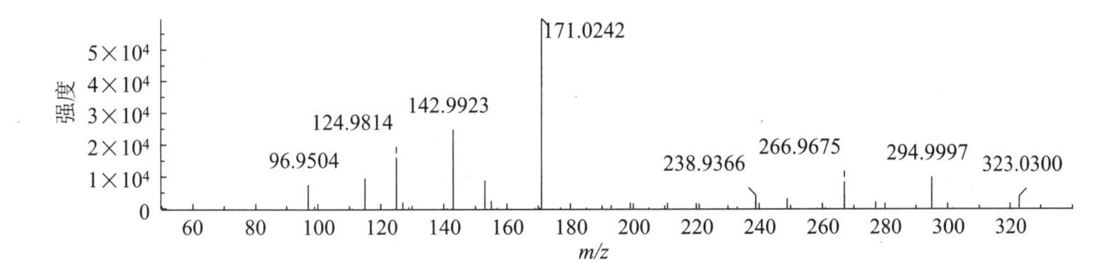

二级全扫质谱图 CE: 35V

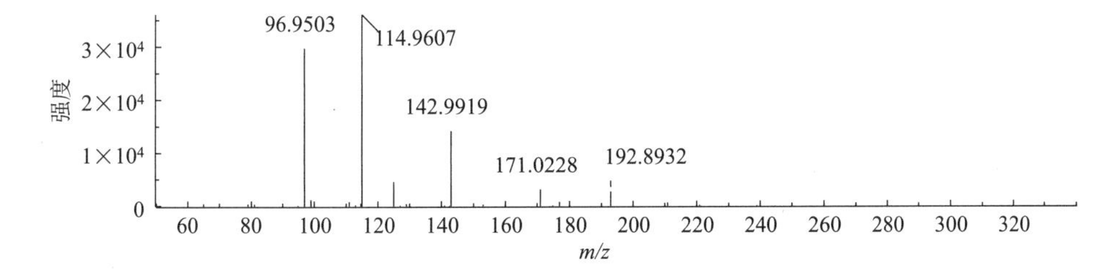

二级全扫质谱图 CE: 50V

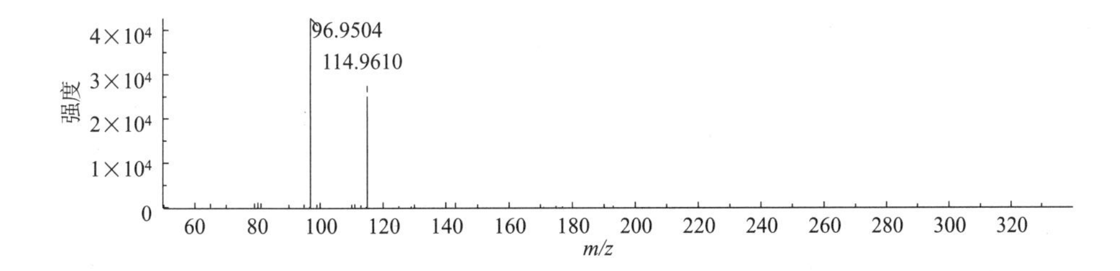

二级全扫质谱图 CE: 60V

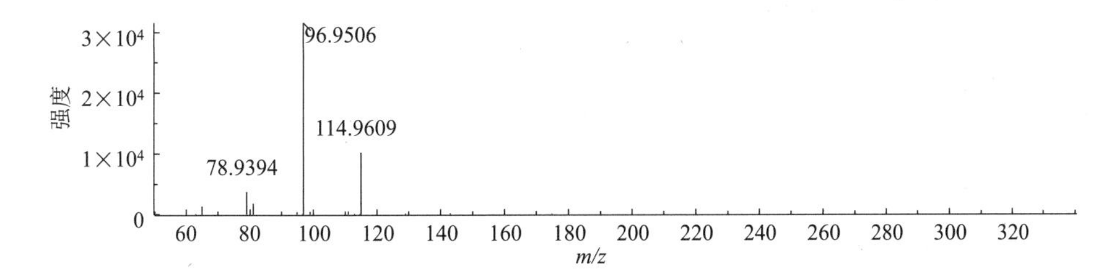

Sulfoxaflor

氟啶虫胺腈

CAS 号	946578-00-3	保留时间	4. 88min/4. 96min
分子式	$C_{10}H_{10}F_3N_3OS$	加合方式	$[M+H]^+$
分子量	277. 0497	源内裂解碎片	无

推测裂解规律

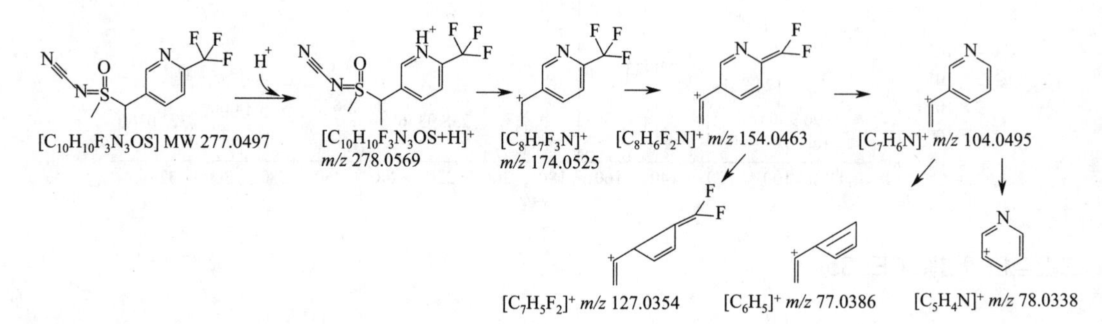

提取离子流色谱图

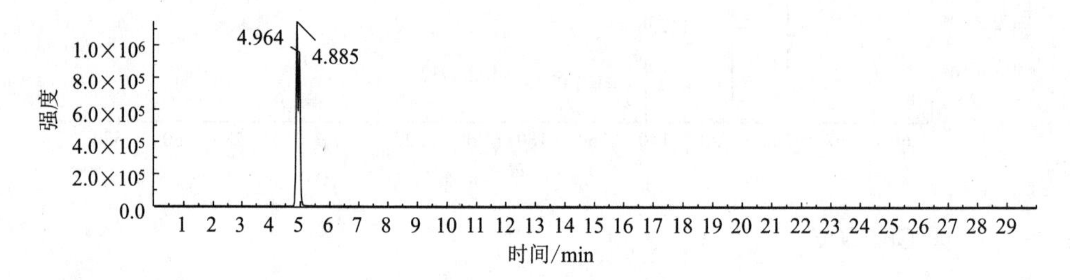

一级质谱图

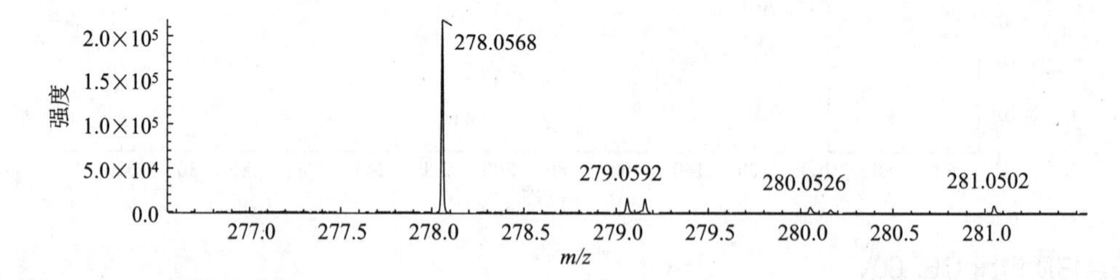

二级全扫质谱图 CE: (35±15)V

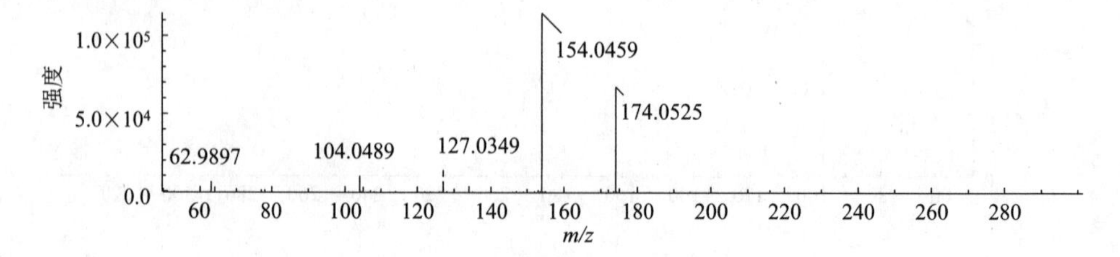

二级全扫质谱图 CE: 10V

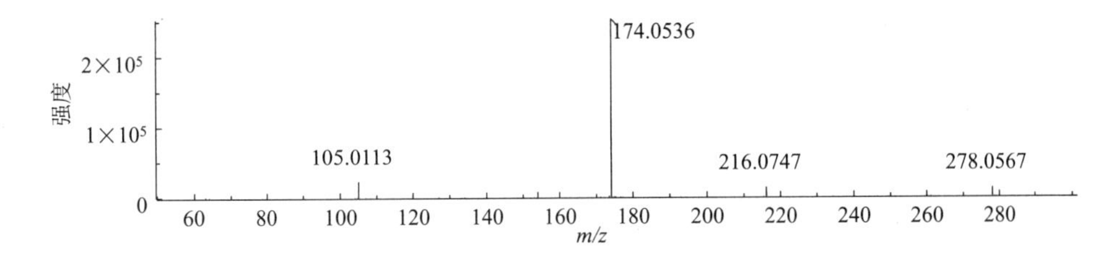

二级全扫质谱图 CE: 20V

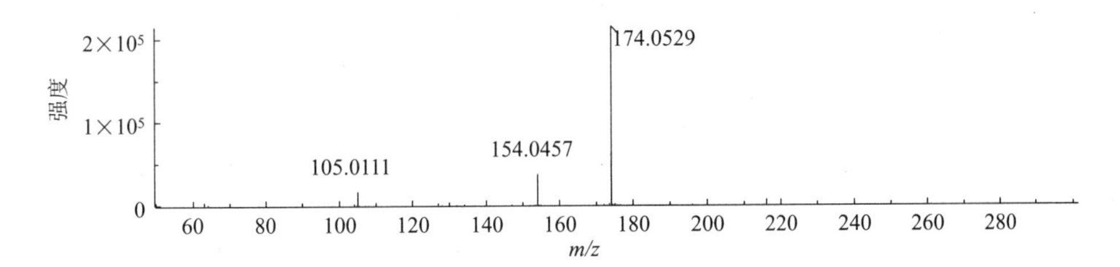

二级全扫质谱图 CE: 35V

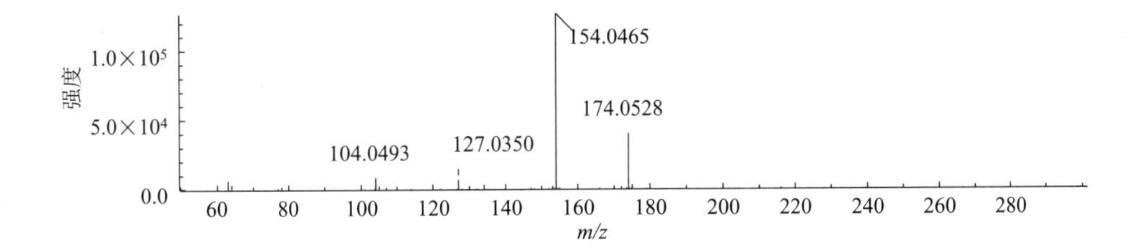

二级全扫质谱图 CE: 50V

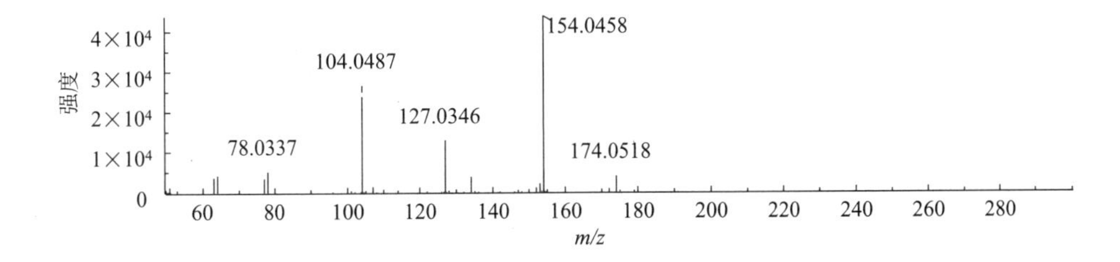

二级全扫质谱图 CE: 60V

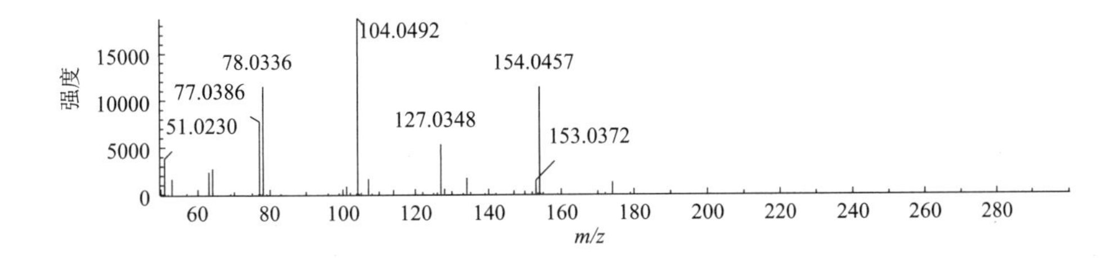

tau-fluvalinate

氟胺氰菊酯

CAS 号	102851-06-9	保留时间	23.77min
分子式	$C_{26}H_{22}ClF_3N_2O_3$	加合方式	$[M+H]^+$
分子量	502.1271	源内裂解碎片	无

推测裂解规律

N O O NH F F F Cl H+ NH2

$[C_{26}H_{22}ClF_3N_2O_3]$ MW 502.1271

$[C_{26}H_{22}ClF_3N_2O_3+H]^+$ *m/z* 503.1344

$[C_{14}H_{10}NO]^+$ *m/z* 208.0757

$[C_{13}H_9O]^+$ *m/z* 181.0648

$[C_{12}H_8O]^+$ *m/z* 168.0570

$[C_{13}H_{11}O]^+$ *m/z* 183.0804

$[C_9H_7]^+$ *m/z* 115.0542

提取离子流色谱图

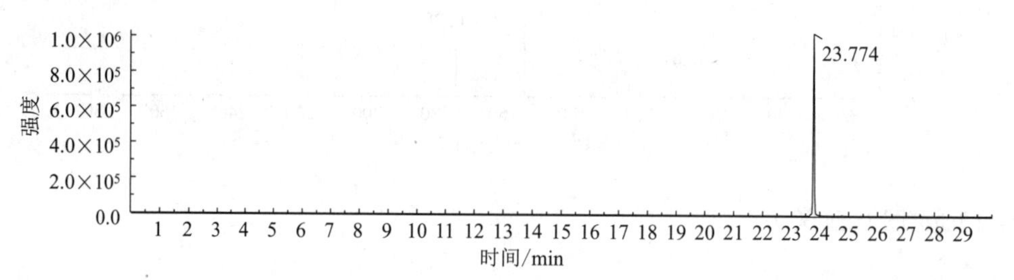

一级质谱图

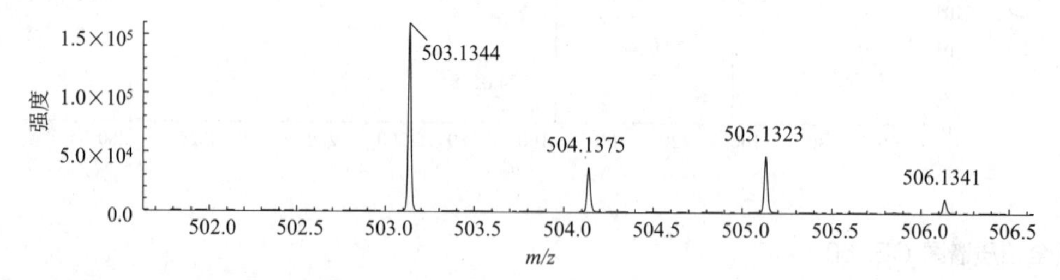

二级全扫质谱图 CE: (35±15)V

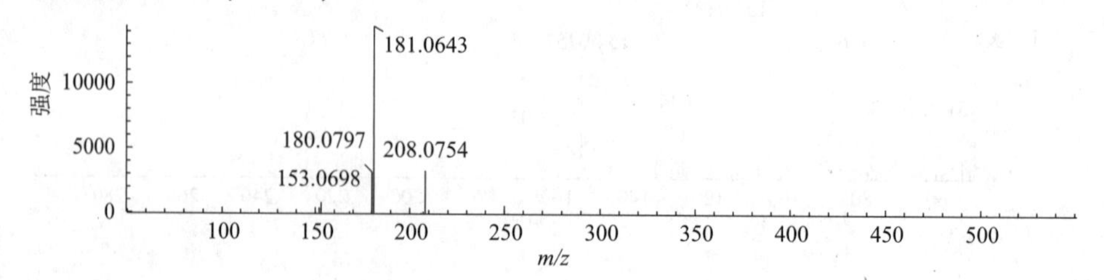

二级全扫质谱图 CE: 10V

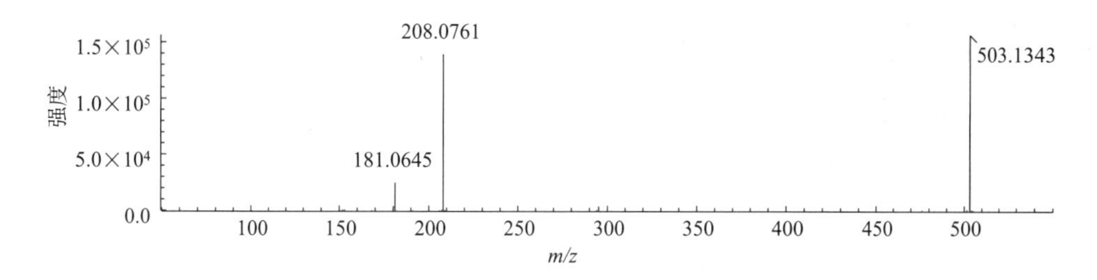

二级全扫质谱图 CE: 20V

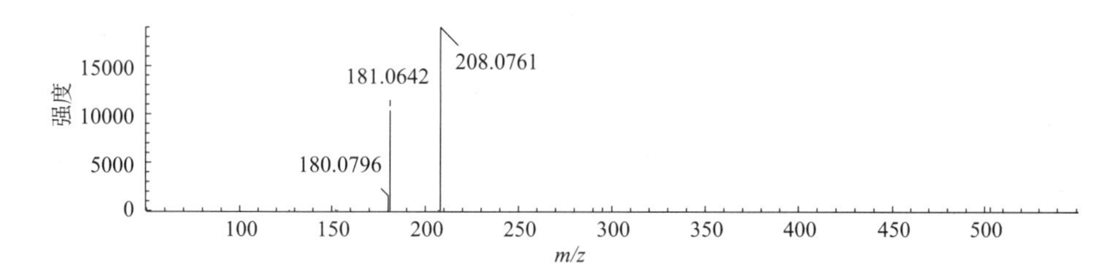

二级全扫质谱图 CE: 35V

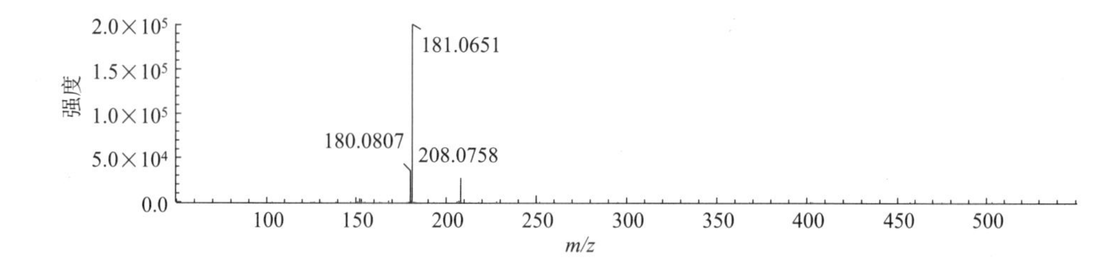

二级全扫质谱图 CE: 50V

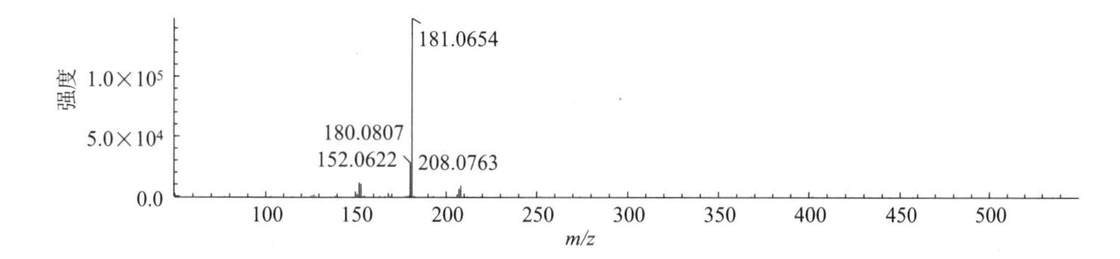

二级全扫质谱图 CE: 60V

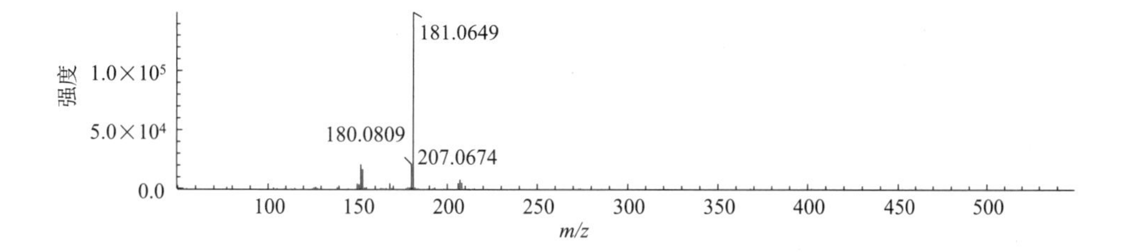

Tebuconazole
戊唑醇

CAS 号	107534-96-3	保留时间	18.08min
分子式	$C_{16}H_{22}ClN_3O$	加合方式	$[M+H]^+$
分子量	307.1451	源内裂解碎片	无

推测裂解规律

$[C_{16}H_{22}ClN_3O]$ MW 307.1451 → H^+ → $[C_{16}H_{22}ClN_3O+H]^+$ *m/z* 308.1524 → $[C_9H_8Cl]^+$ *m/z* 151.0309 → $[C_7H_6Cl]^+$ *m/z* 125.0152

$[C_{16}H_{22}ClN_3O+H]^+$ *m/z* 308.1524 → $[C_2H_3N_3+H]^+$ *m/z* 70.0400

提取离子流色谱图

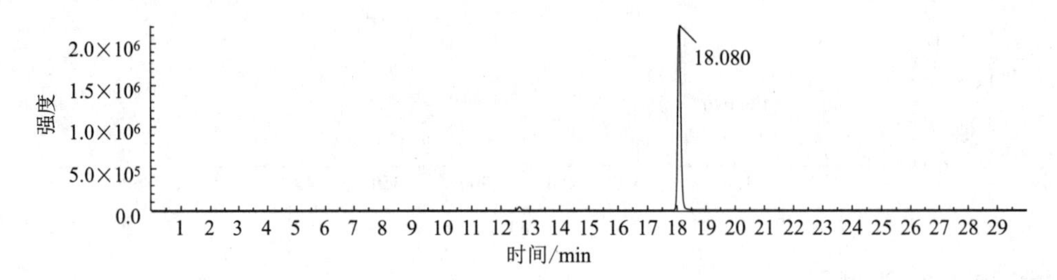

一级质谱图

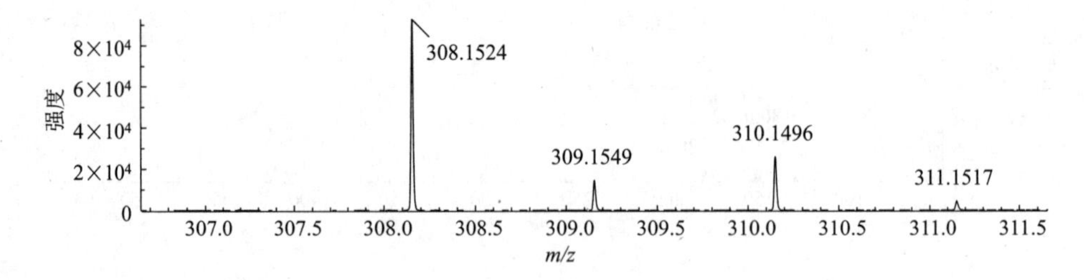

二级全扫质谱图 CE: (35±15)V

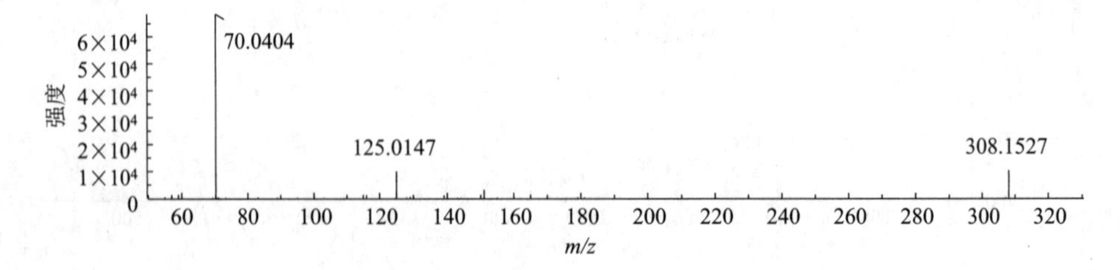

二级全扫质谱图 CE: 10V

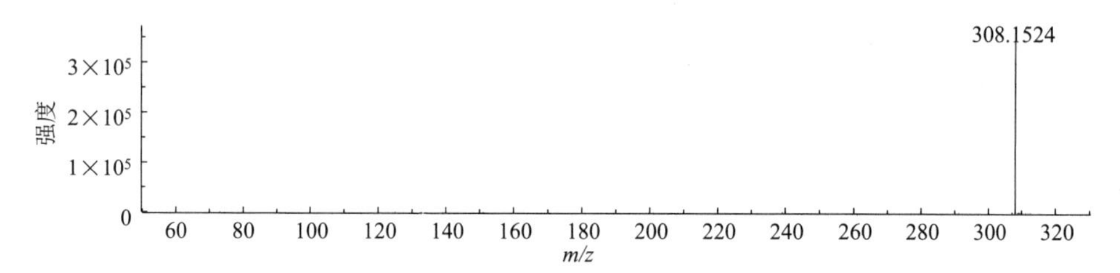

二级全扫质谱图 CE: 20V

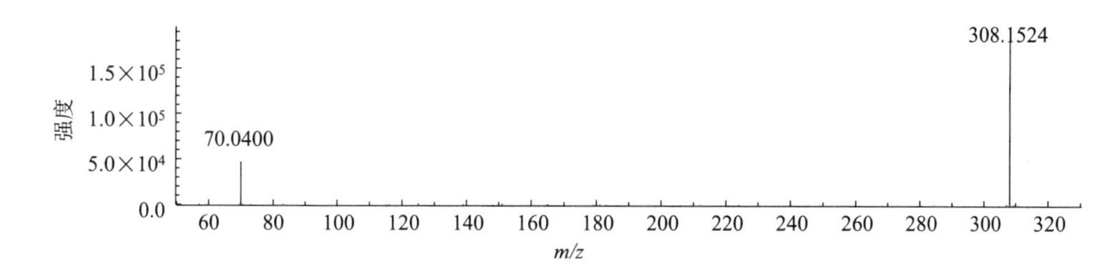

二级全扫质谱图 CE: 35V

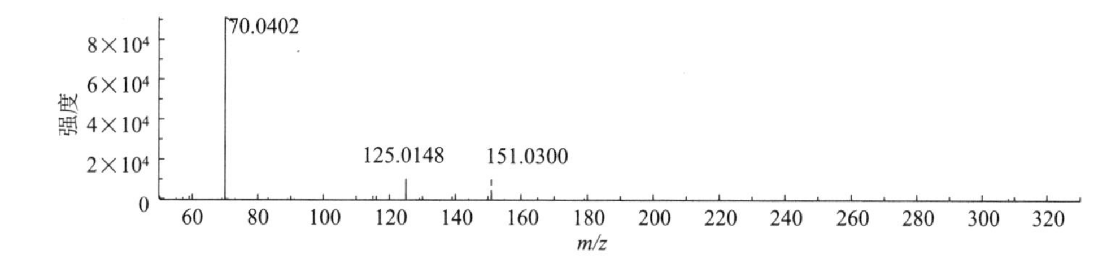

二级全扫质谱图 CE: 50V

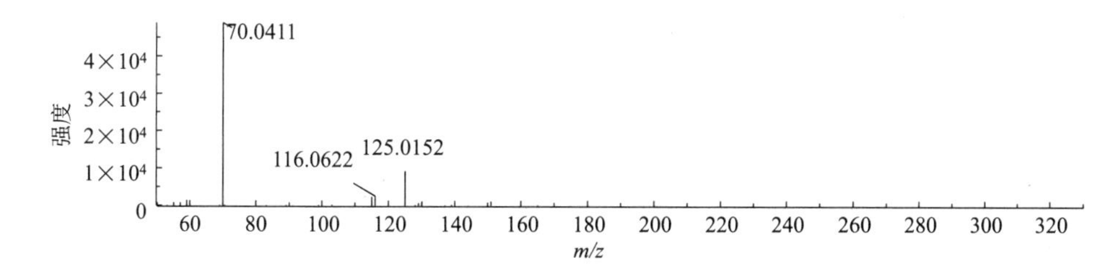

二级全扫质谱图 CE: 60V

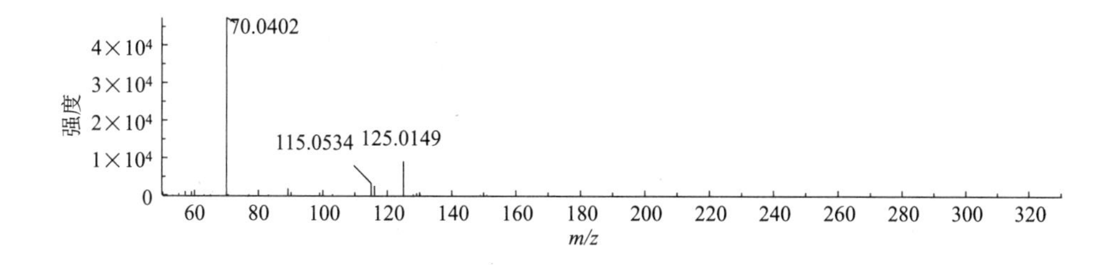

Tebufenozide

虫酰肼

CAS 号	112410-23-8	保留时间	18.13min
分子式	$C_{22}H_{28}N_2O_2$	加合方式	$[M+H]^+$
分子量	352.2151	源内裂解碎片	*m/z* 297

推测裂解规律

$[C_{22}H_{28}N_2O_2]$ MW 352.2151 → $[C_{22}H_{28}N_2O_2+H]^+$ *m/z* 353.2224 → $[C_{18}H_{20}N_2O_2+H]^+$ *m/z* 297.1598 → $[C_9H_9O]^+$ *m/z* 133.0648 → $[C_8H_9]^+$ *m/z* 105.0699 → $[C_6H_7]^+$ *m/z* 79.0542

$[C_9H_9O]^+$ *m/z* 133.0648 → $[C_6H_5]^+$ *m/z* 77.0386

提取离子流色谱图

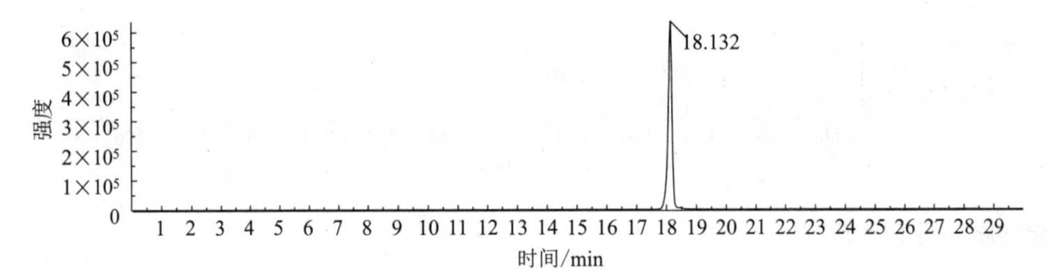

一级质谱图

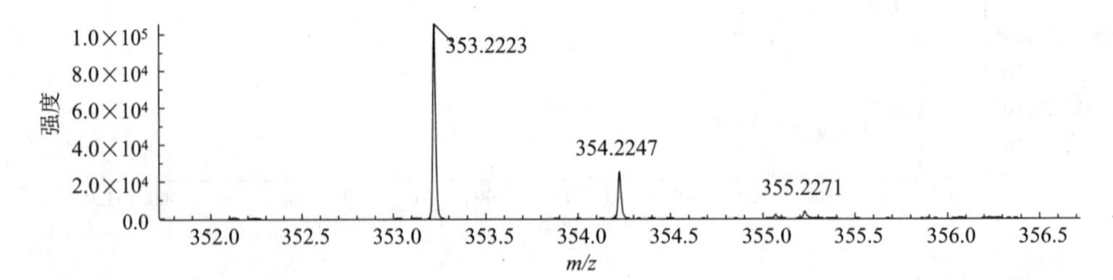

二级全扫质谱图 CE: (35±15)V

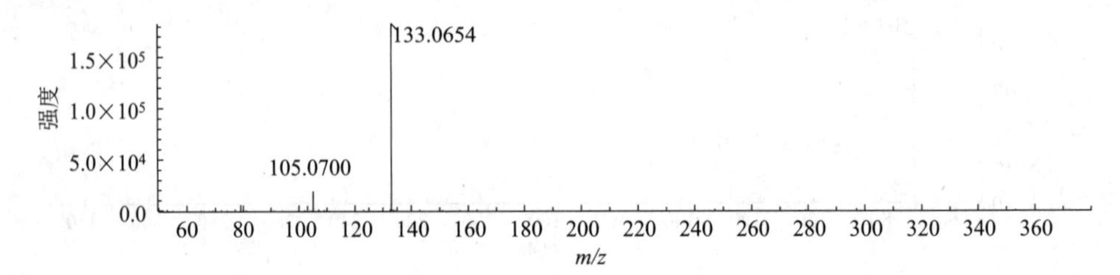

二级全扫质谱图 CE: 10V

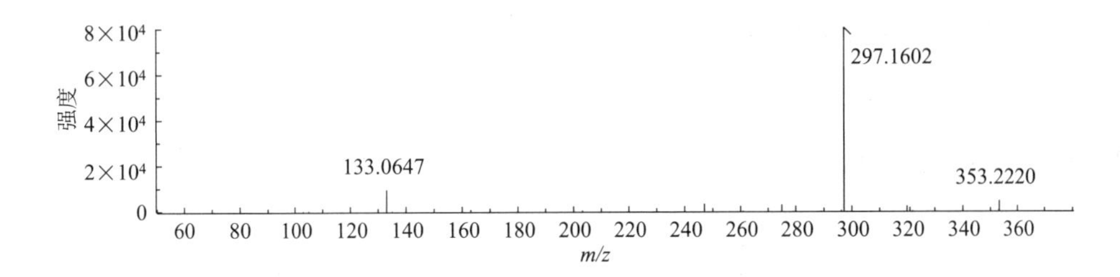

二级全扫质谱图 CE: 20V

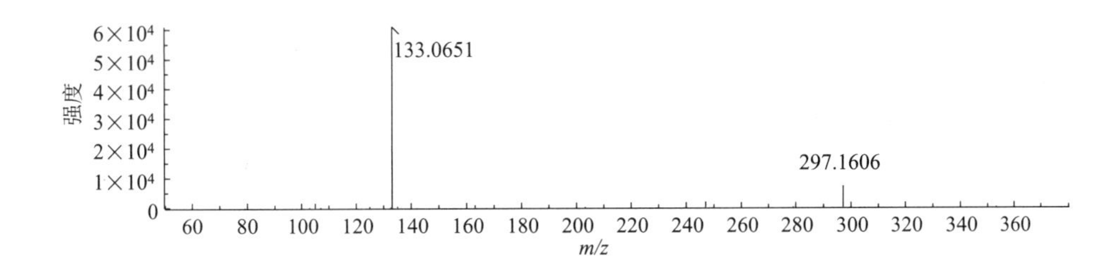

二级全扫质谱图 CE: 35V

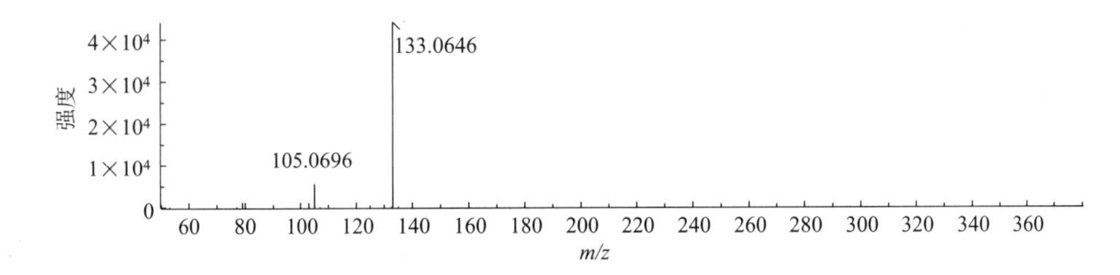

二级全扫质谱图 CE: 50V

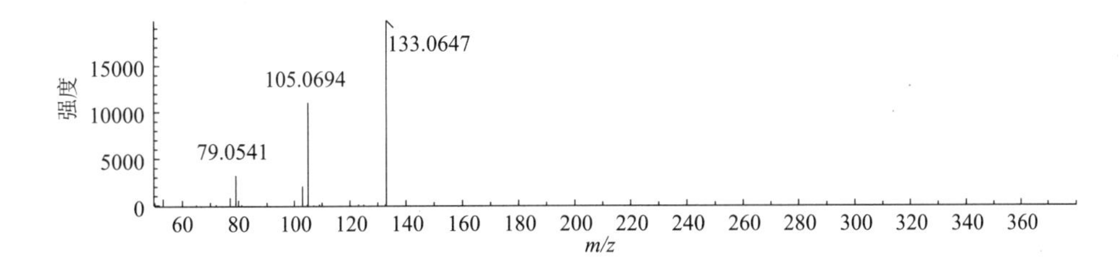

二级全扫质谱图 CE: 60V

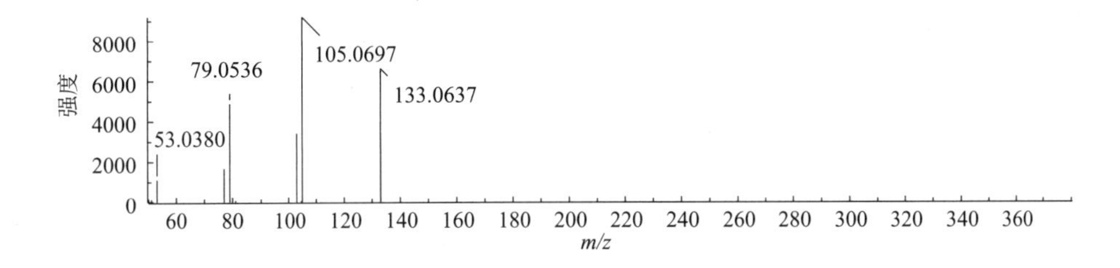

Tebufenozide in-source fragment 297

虫酰肼源内裂解碎片 297

CAS 号	—	保留时间	18.13min
分子式	$C_{18}H_{21}N_2O_2^+$	加合方式	$[M+H]^+$
分子量	297.1598	源内裂解碎片	无

推测裂解规律

$[C_{18}H_{20}N_2O_2+H]^+$ *m/z* 297.1598 → $[C_9H_9O]^+$ *m/z* 133.0648 → $[C_8H_9]^+$ *m/z* 105.0699 → $[C_6H_5]^+$ *m/z* 77.0386

$[C_8H_9]^+$ *m/z* 105.0699 → $[C_6H_7]^+$ *m/z* 79.0542

提取离子流色谱图

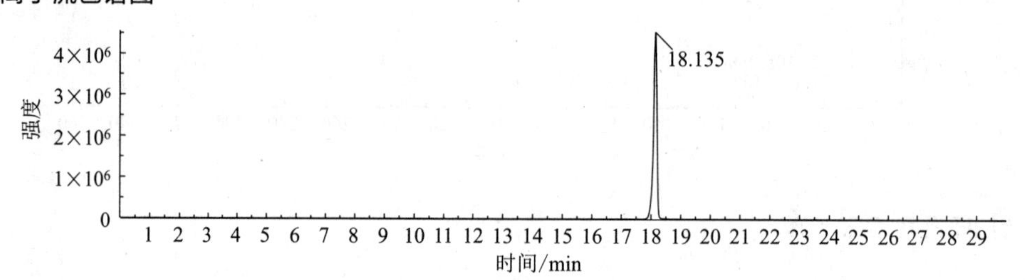

一级质谱图

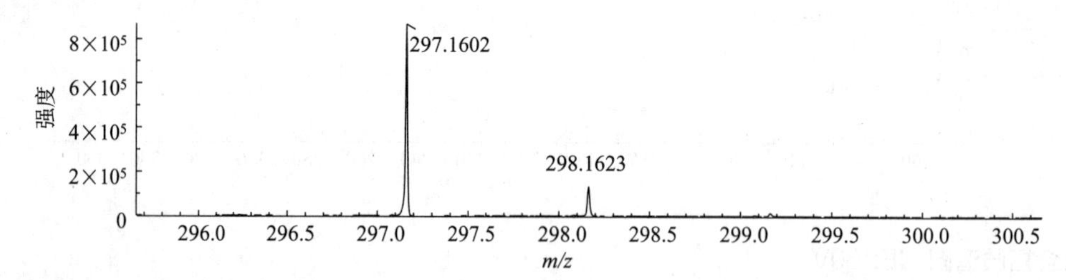

二级全扫质谱图 CE: (35±15)V

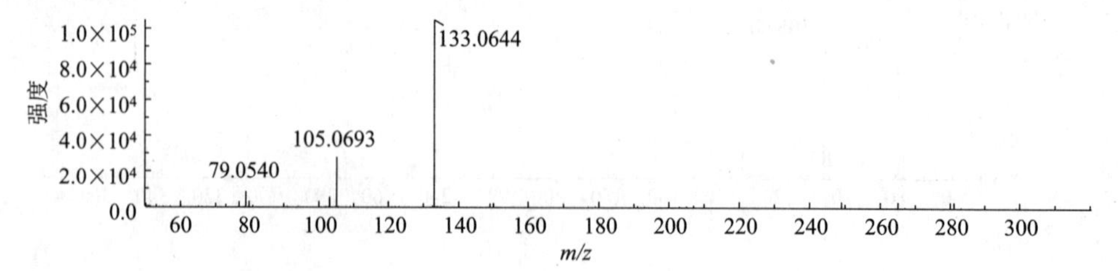

二级全扫质谱图 CE: 10V

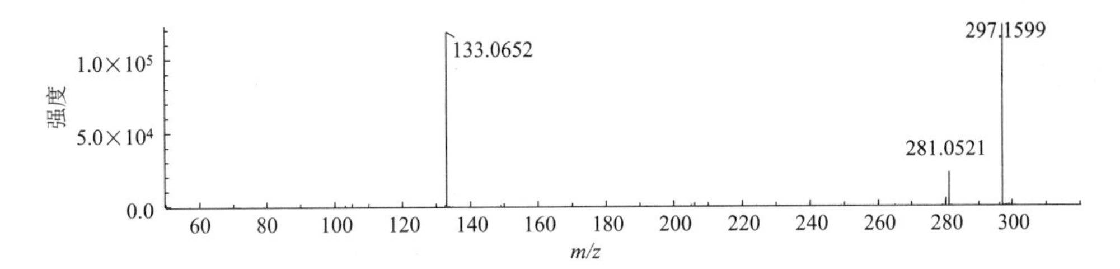

二级全扫质谱图 CE: 20V

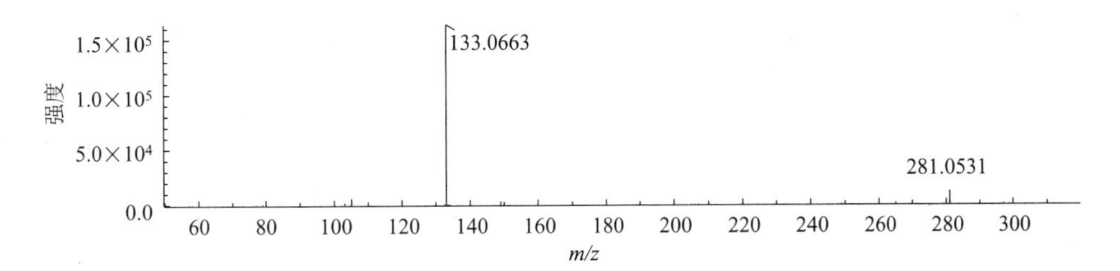

二级全扫质谱图 CE: 35V

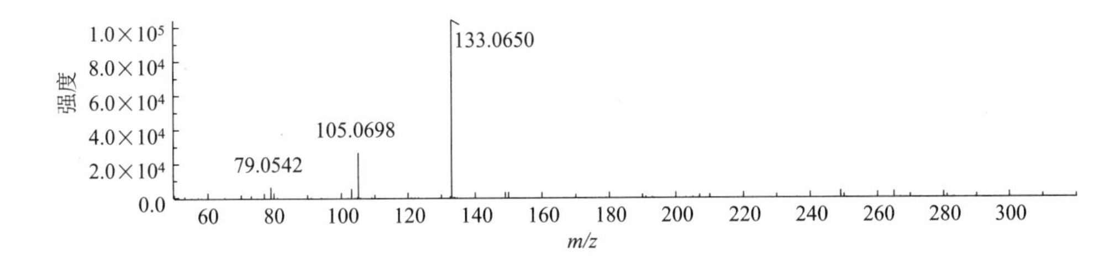

二级全扫质谱图 CE: 50V

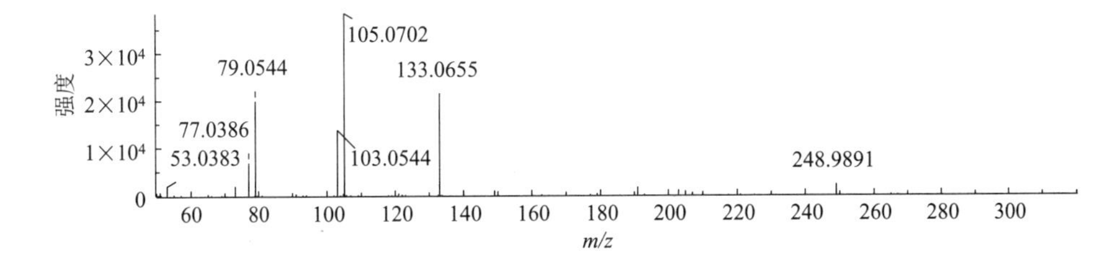

二级全扫质谱图 CE: 60V

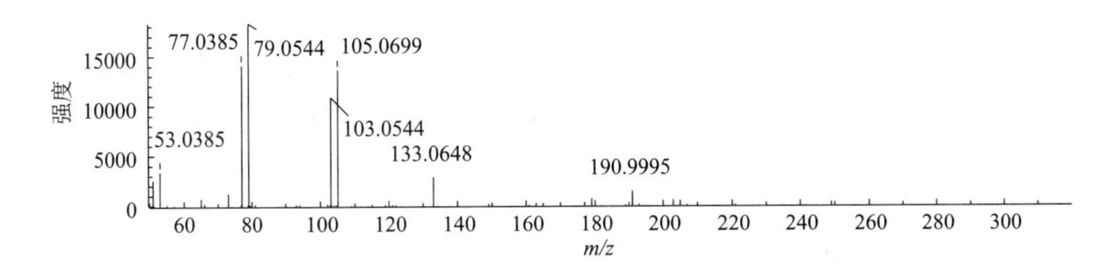

Tebuthiuron
丁噻隆

CAS 号	34014-18-1	保留时间	7.11min
分子式	$C_9H_{16}N_4OS$	加合方式	$[M+H]^+$
分子量	228.1045	源内裂解碎片	无

推测裂解规律（裂解路径已经 MS^3 确认）

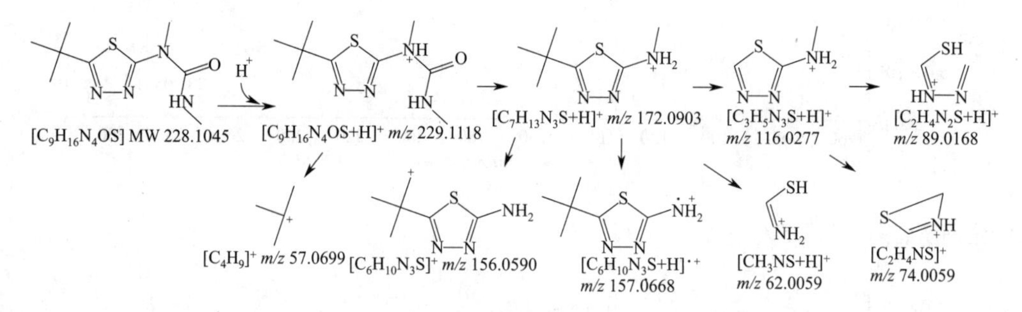

提取离子流色谱图

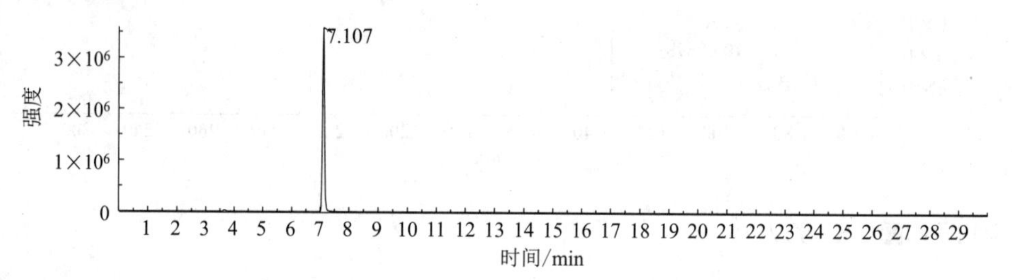

一级质谱图

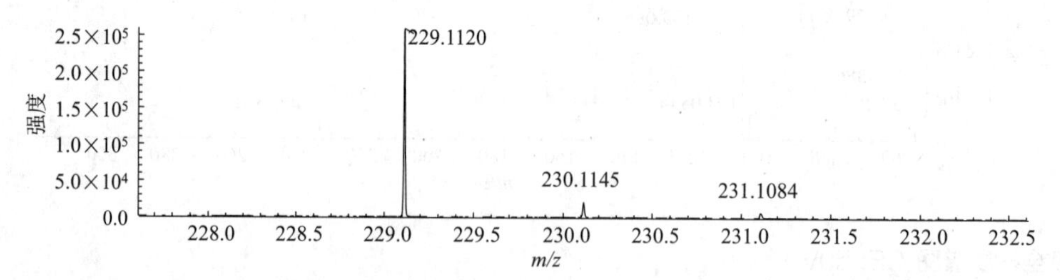

二级全扫质谱图 CE: (35±15)V

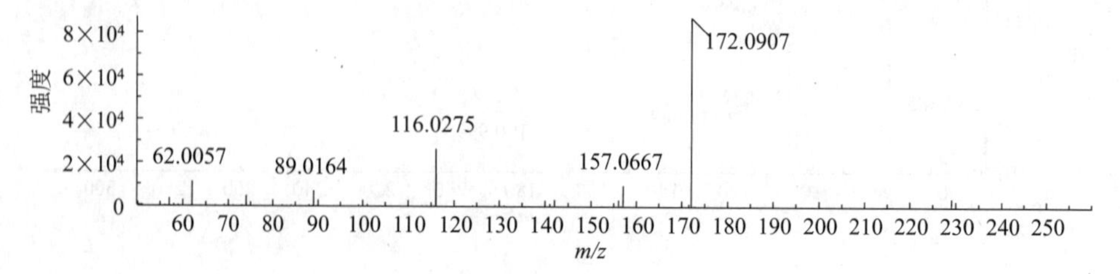

二级全扫质谱图 CE: 10V

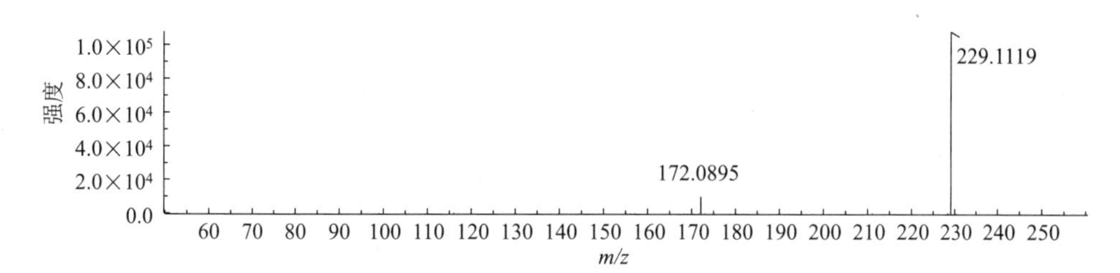

二级全扫质谱图 CE: 20V

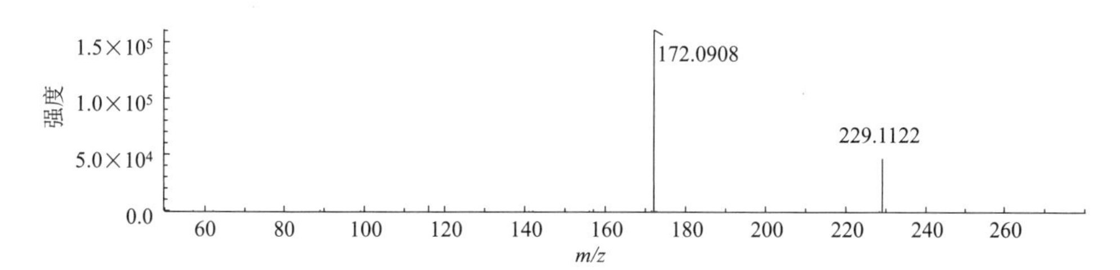

二级全扫质谱图 CE: 35V

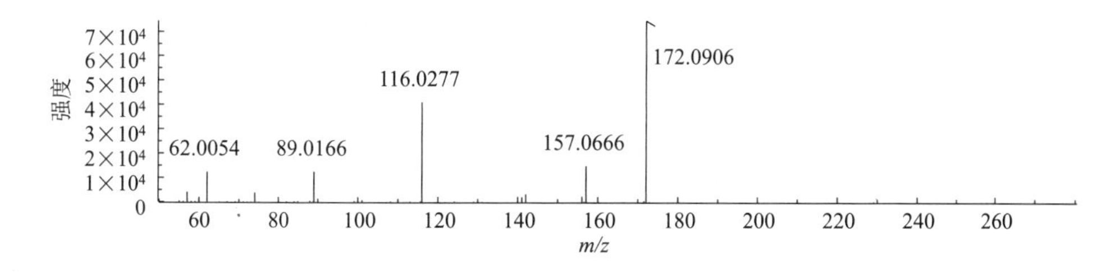

二级全扫质谱图 CE: 50V

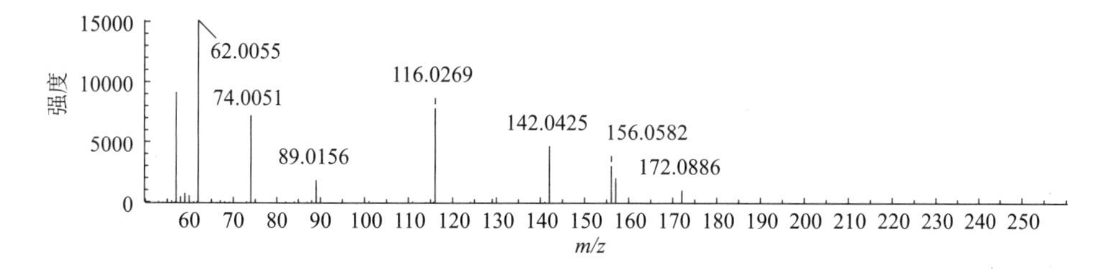

二级全扫质谱图 CE: 60V

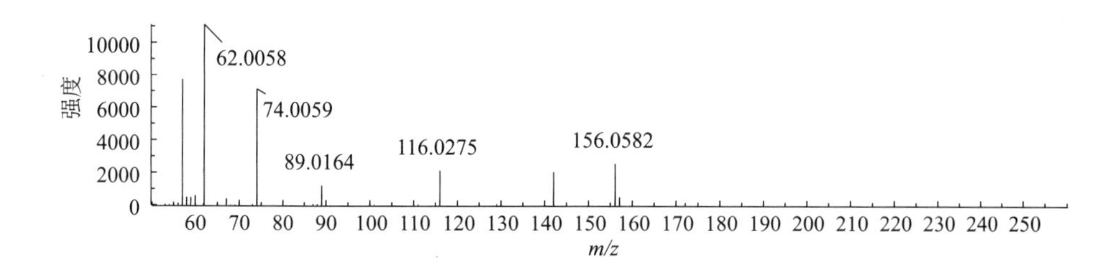

Teflubenzuron
氟苯脲

CAS 号	83121-18-0	保留时间	22.06min
分子式	$C_{14}H_6Cl_2F_4N_2O_2$	加合方式	$[M+H]^+$
分子量	379.9742	源内裂解碎片	无

推测裂解规律

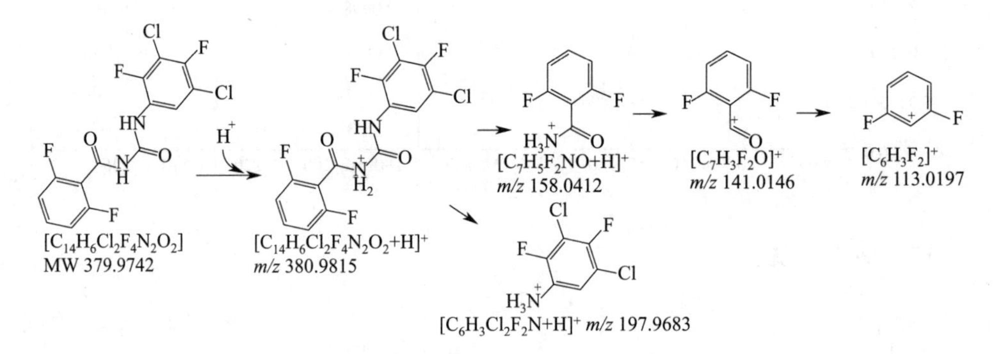

提取离子流色谱图

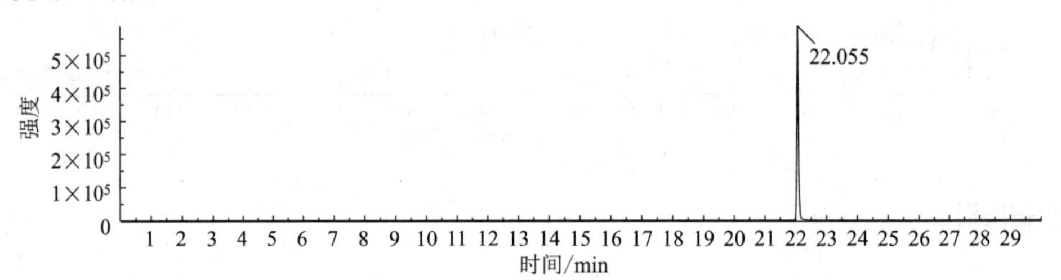

一级质谱图

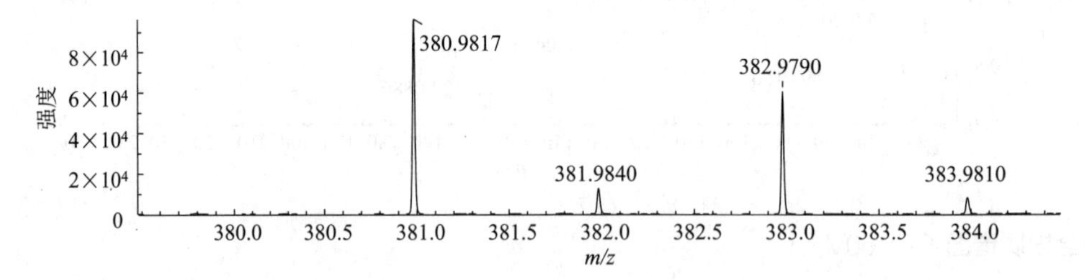

二级全扫质谱图 CE: (35±15)V

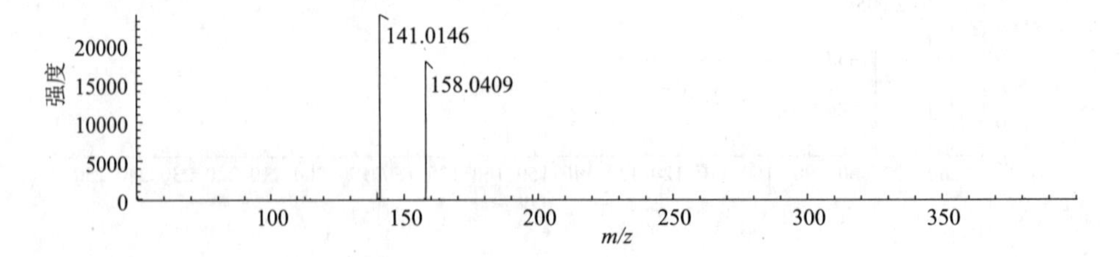

二级全扫质谱图 CE: 10V

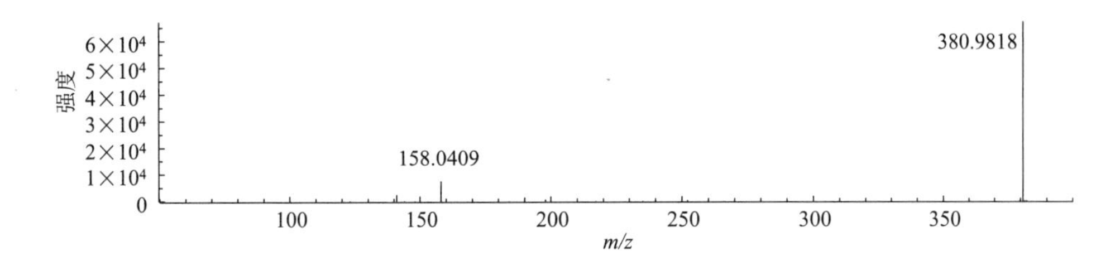

二级全扫质谱图 CE: 20V

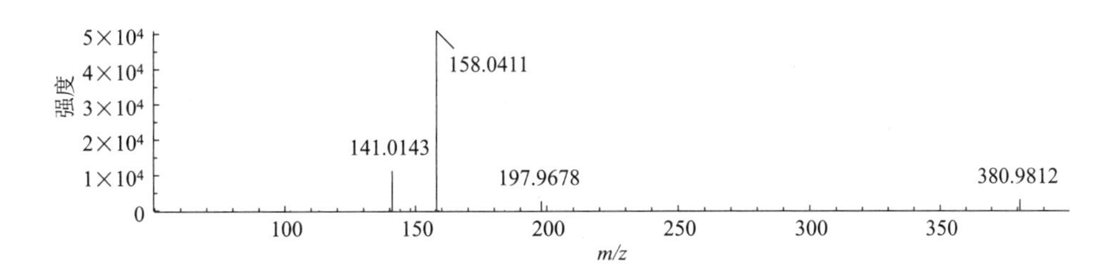

二级全扫质谱图 CE: 35V

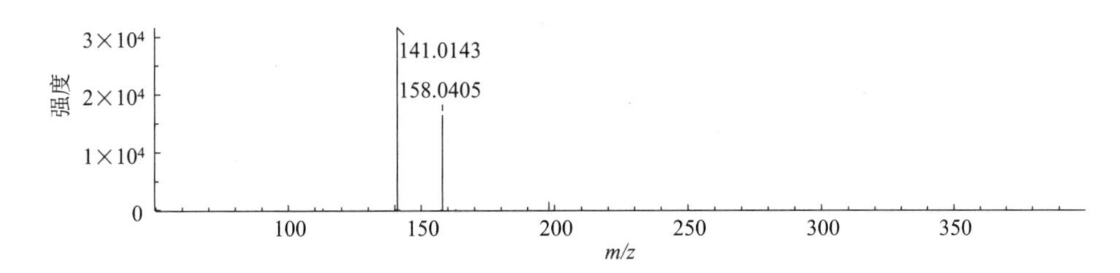

二级全扫质谱图 CE: 50V

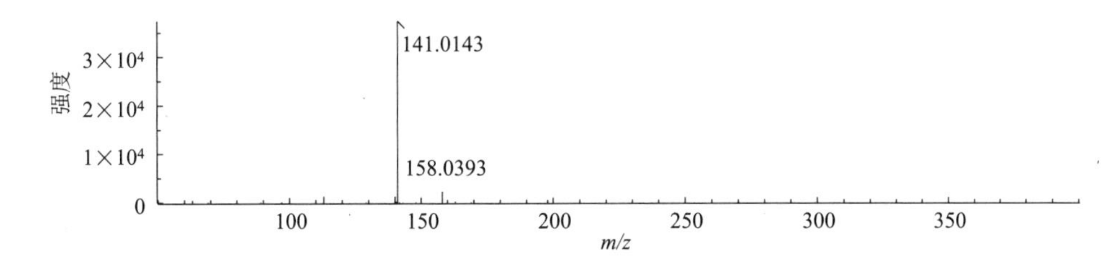

二级全扫质谱图 CE: 60V

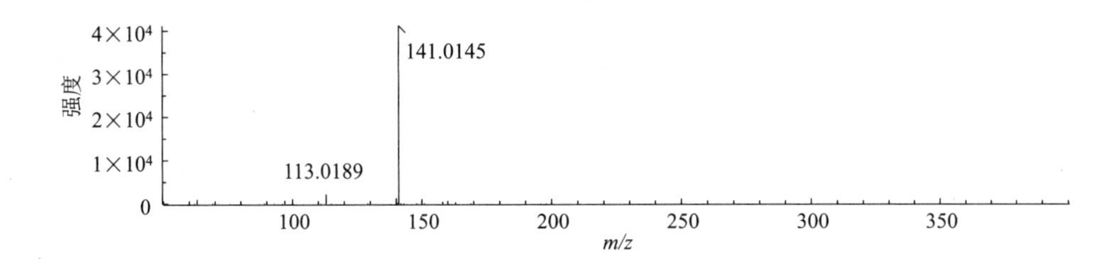

Terbufos
特丁硫磷

CAS 号	13071-79-9	保留时间	22.05min
分子式	$C_9H_{21}O_2PS_3$	加合方式	$[M+H]^+$
分子量	288.0441	源内裂解碎片	*m/z* 233

推测裂解规律

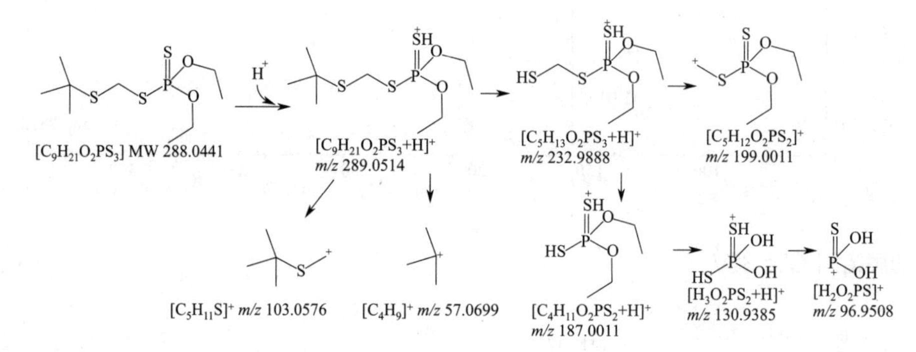

提取离子流色谱图

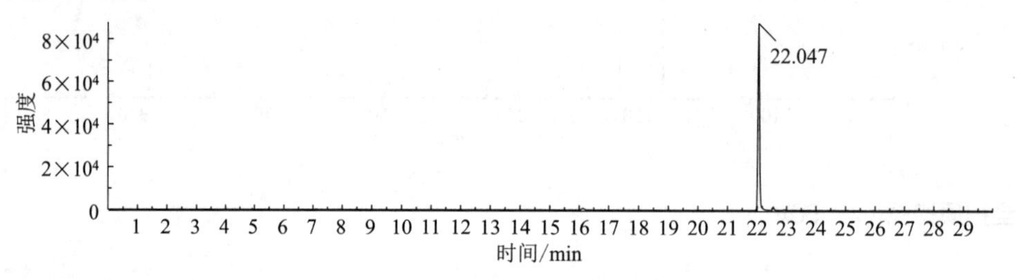

一级质谱图

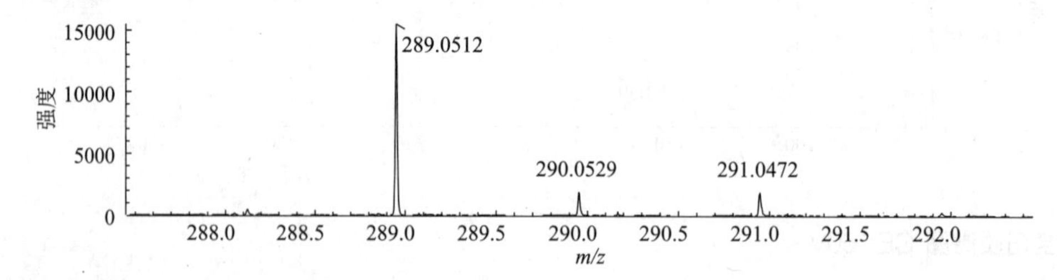

二级全扫质谱图 CE: (35±15)V

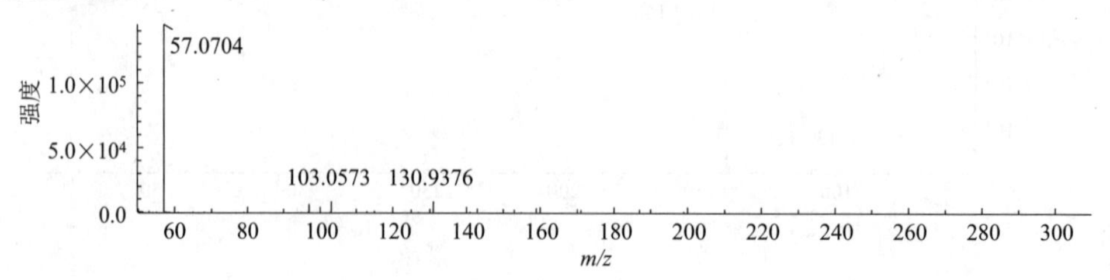

二级全扫质谱图 CE: 10V

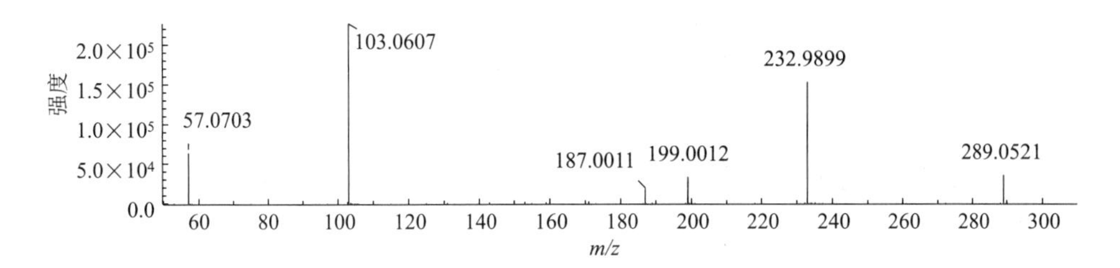

二级全扫质谱图 CE: 20V

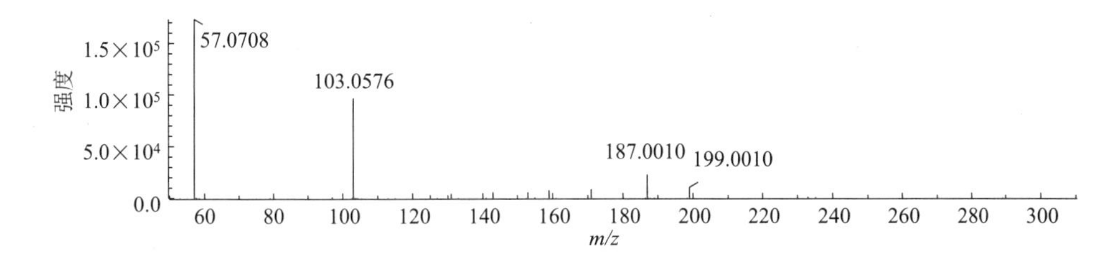

二级全扫质谱图 CE: 35V

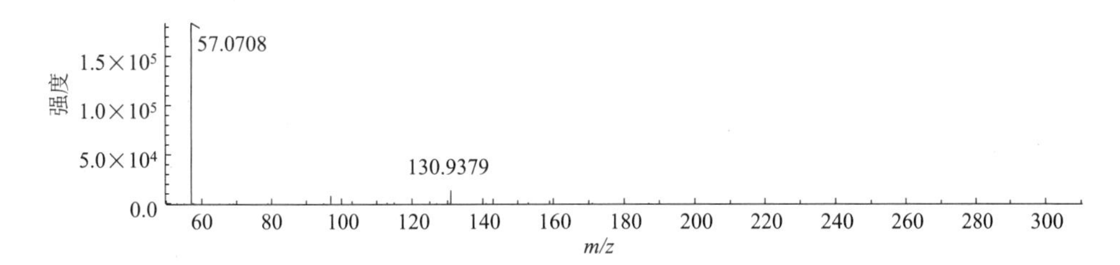

二级全扫质谱图 CE: 50V

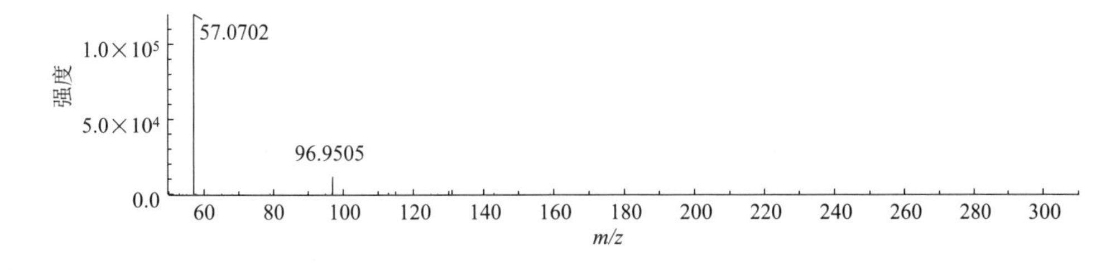

二级全扫质谱图 CE: 60V

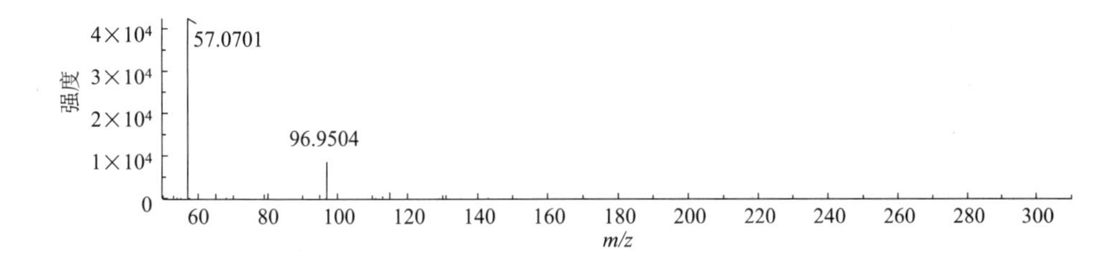

Terbufos in-source fragment 233

特丁硫磷源内裂解碎片 233

CAS 号	—	保留时间	22.05min
分子式	$C_5H_{14}O_2PS_3^+$	加合方式	$[M+H]^+$
分子量	232.9888	源内裂解碎片	无

推测裂解规律

$[C_5H_{12}O_2PS_2]^+$ *m/z* 199.0011 ← $[C_5H_{13}O_2PS_3+H]^+$ *m/z* 232.9888 → $[C_4H_{11}O_2PS_2+H]^+$ *m/z* 187.0011 → $[H_3O_2PS_2+H]^+$ *m/z* 130.9385 → $[H_2O_2PS]^+$ *m/z* 96.9508

提取离子流色谱图

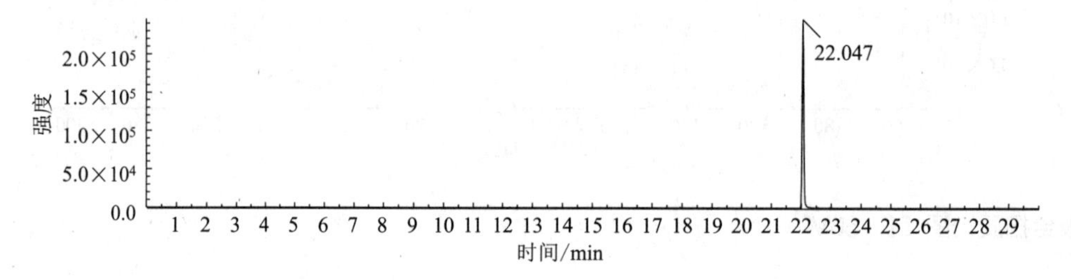

一级质谱图

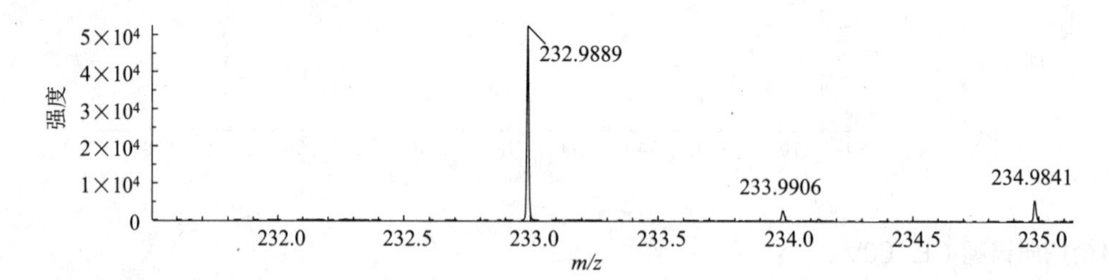

二级全扫质谱图 CE: (35±15)V

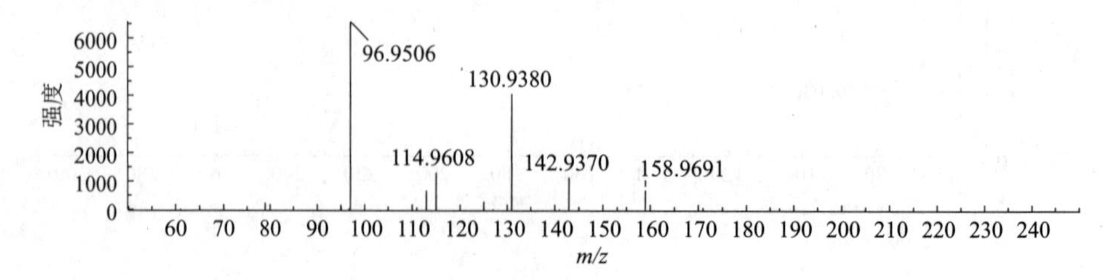

二级全扫质谱图 CE: 10V

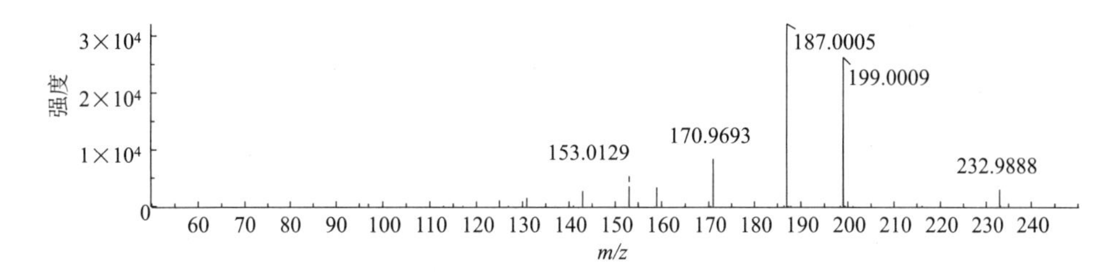

二级全扫质谱图 CE: 20V

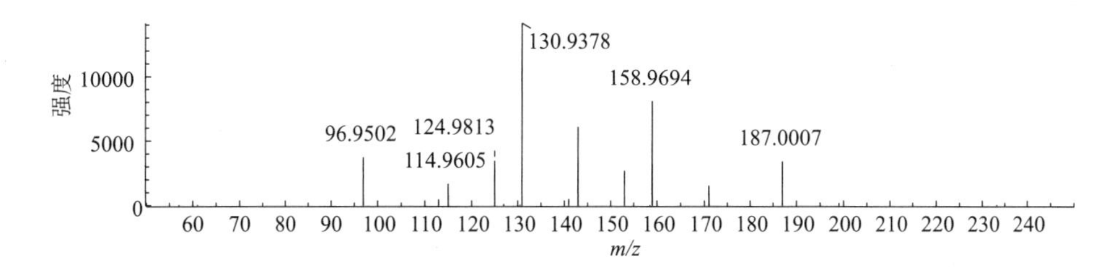

二级全扫质谱图 CE: 35V

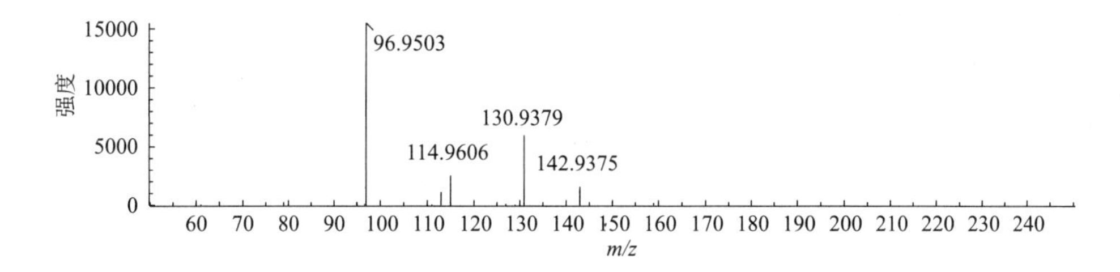

二级全扫质谱图 CE: 50V

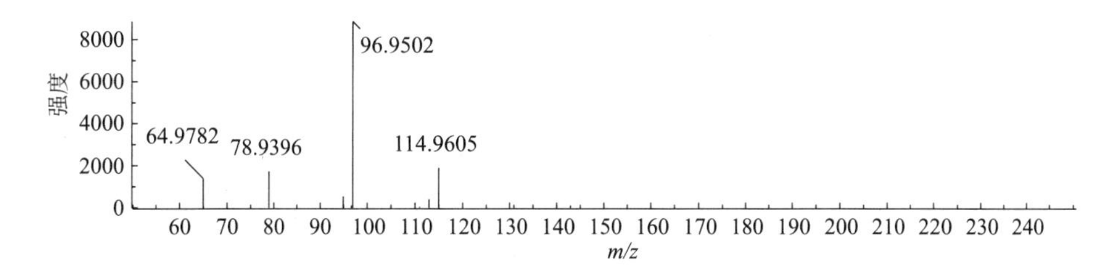

二级全扫质谱图 CE: 60V

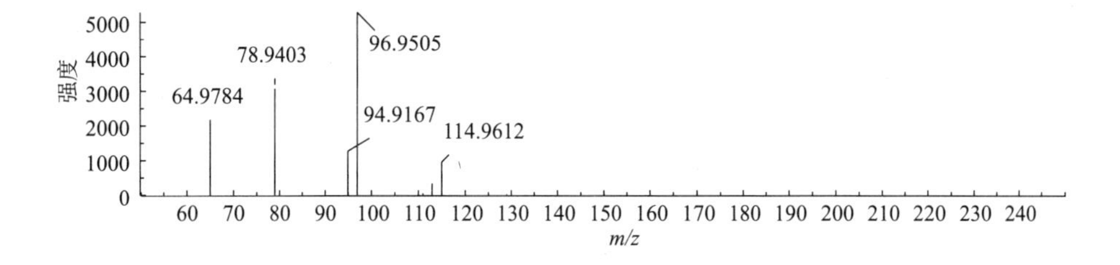

Terbufos sulfone

特丁硫磷砜

CAS 号	56070-16-7	保留时间	11.63min
分子式	$C_9H_{21}O_4PS_3$	加合方式	$[M+H]^+$
分子量	320.0340	源内裂解碎片	无

推测裂解规律

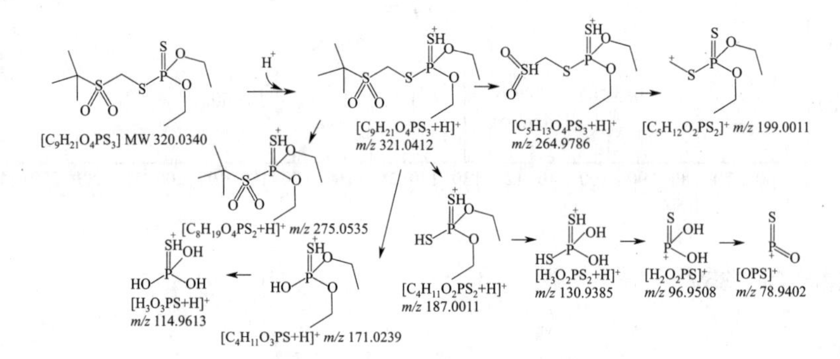

提取离子流色谱图

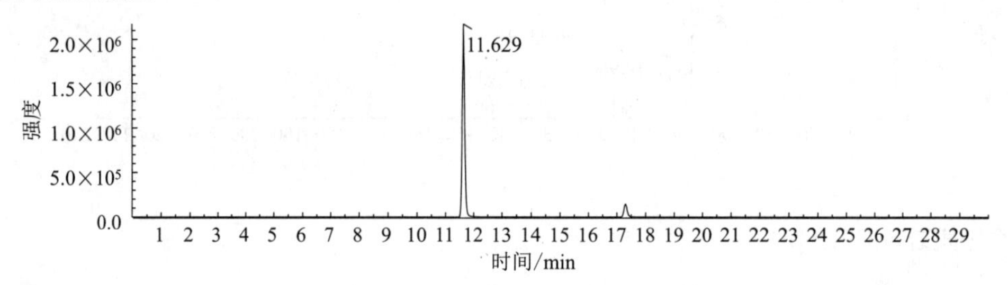

一级质谱图

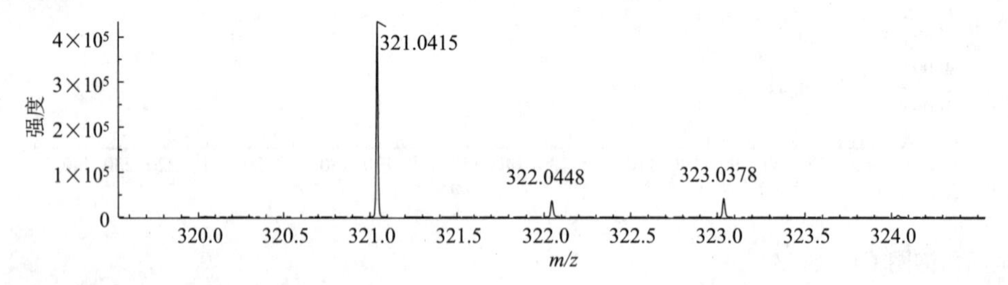

二级全扫质谱图 CE: (35±15)V

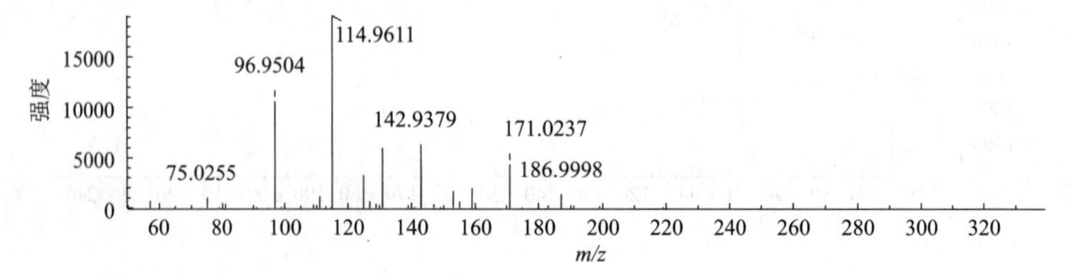

二级全扫质谱图 CE: 10V

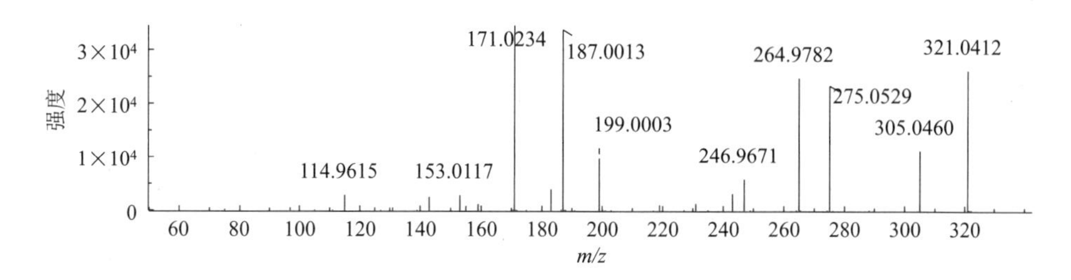

二级全扫质谱图 CE: 20V

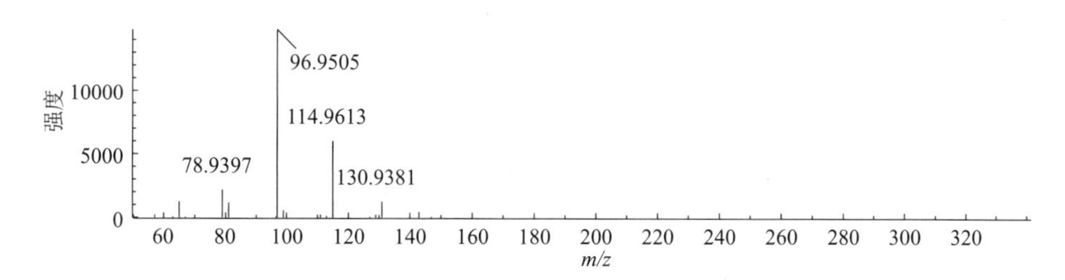

二级全扫质谱图 CE: 35V

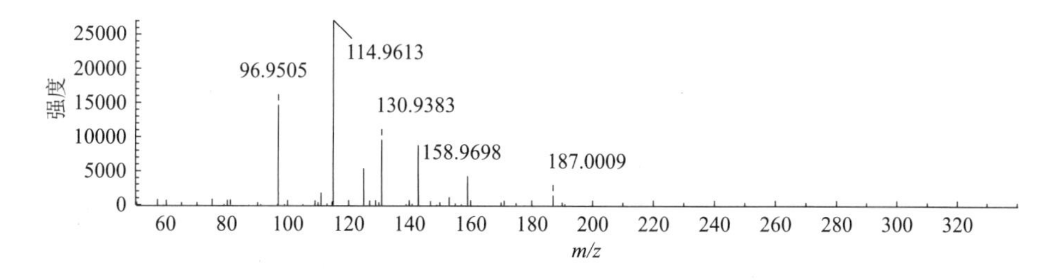

二级全扫质谱图 CE: 50V

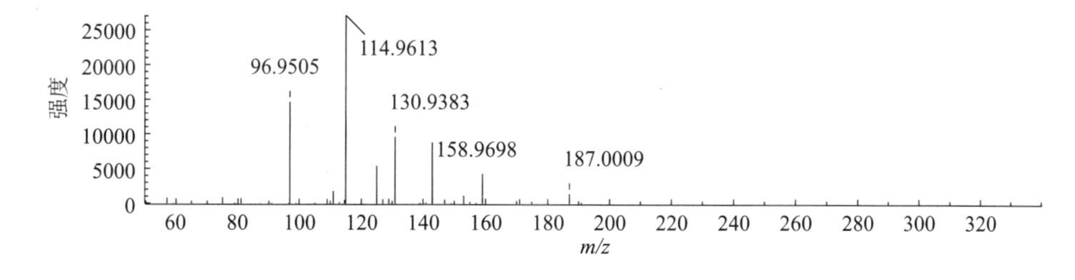

二级全扫质谱图 CE: 60V

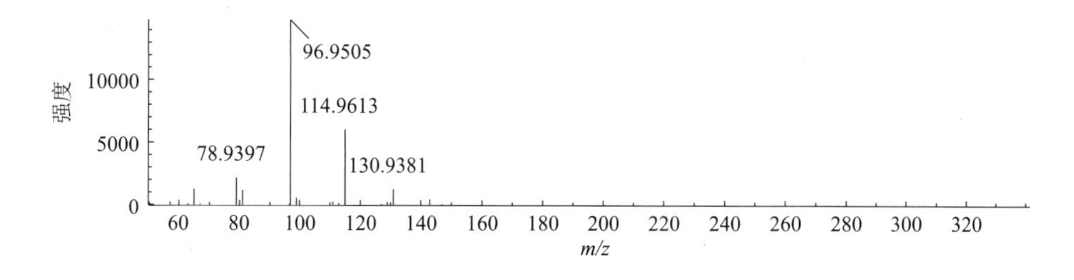

Terbufos sulfoxide

特丁硫磷亚砜

CAS 号	10548-10-4	保留时间	11.69min
分子式	$C_9H_{21}O_3PS_3$	加合方式	$[M+H]^+$
分子量	304.0390	源内裂解碎片	*m/z* 187

推测裂解规律

$[C_9H_{21}O_3PS_3]$ MW 304.0390

$[C_9H_{21}O_3PS_3+H]^+$ *m/z* 305.0463

$[C_4H_{11}O_3PS_2+H]^+$ *m/z* 187.0011

$[C_2H_7O_2PS_2+H]^+$ *m/z* 158.9698

$[H_3O_2PS_2+H]^+$ *m/z* 130.9385

$[C_4H_9]^+$ *m/z* 57.0699

$[OPS]^+$ *m/z* 78.9402

$[H_2O_2PS]^+$ *m/z* 96.9508

提取离子流色谱图

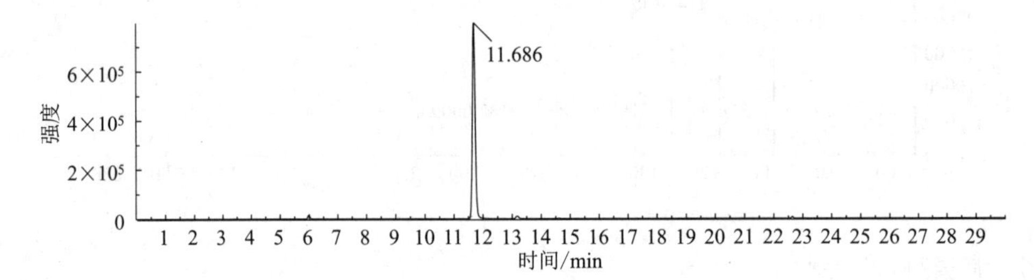

一级质谱图

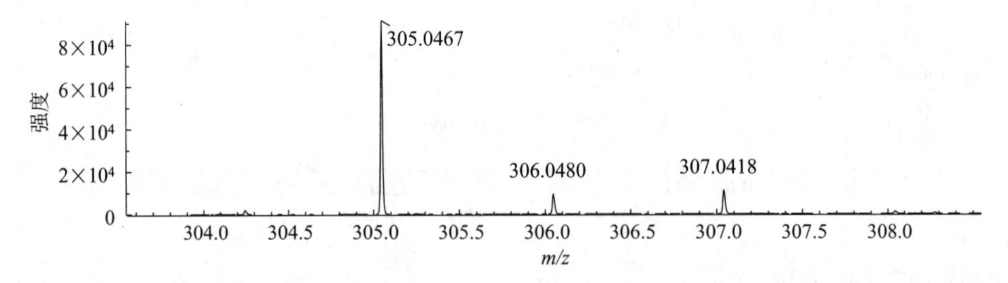

二级全扫质谱图 CE: (35±15)V

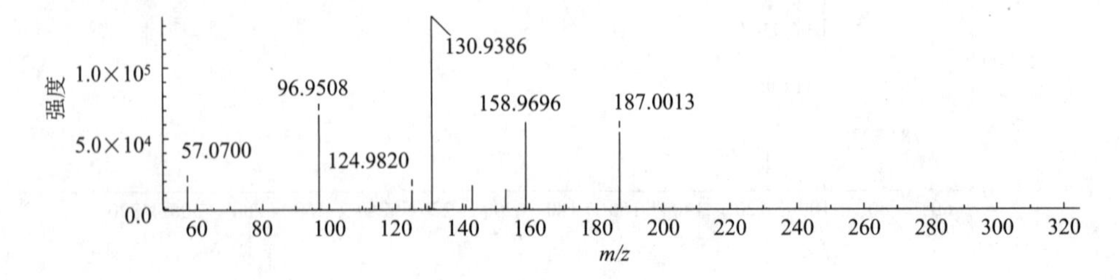

二级全扫质谱图 CE: 10V

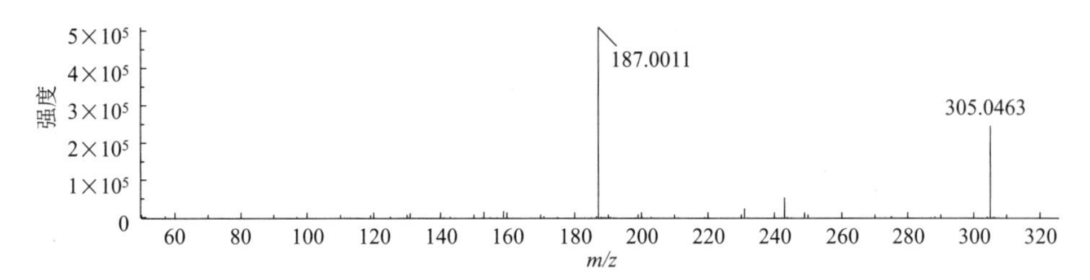

二级全扫质谱图 CE: 20V

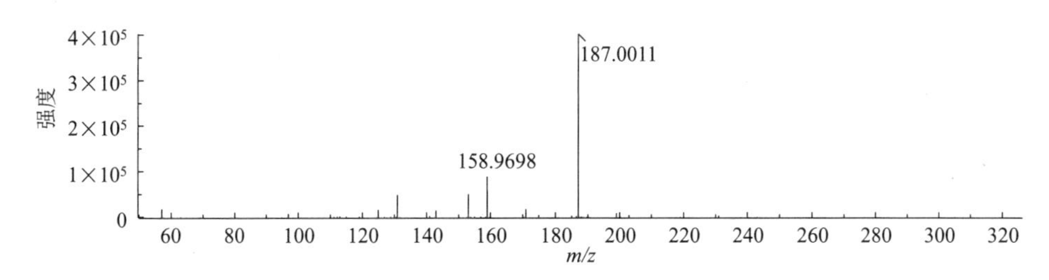

二级全扫质谱图 CE: 35V

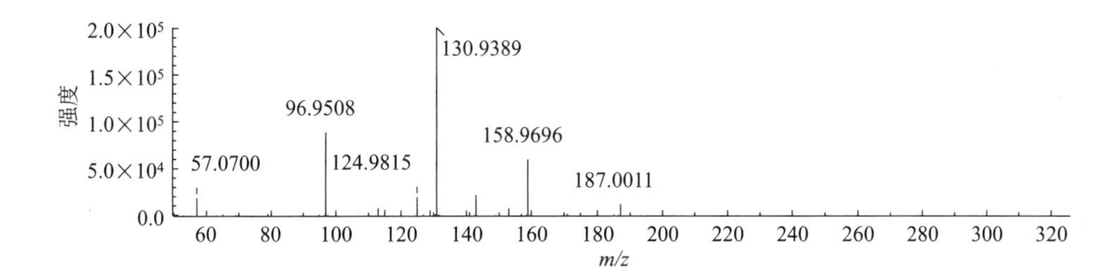

二级全扫质谱图 CE: 50V

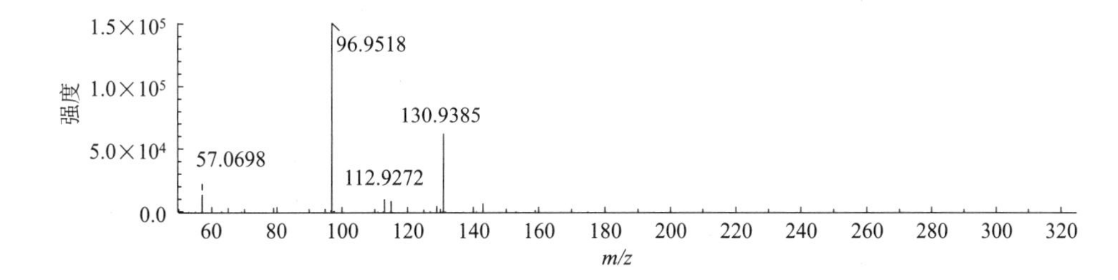

二级全扫质谱图 CE: 60V

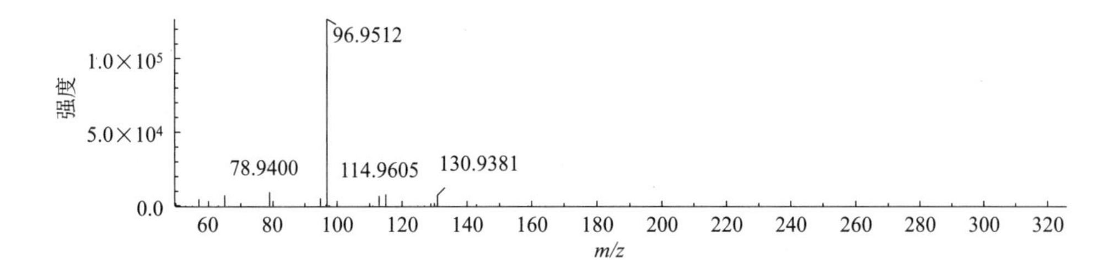

Terbufos sulfoxide in-source fragment 187

特丁硫磷亚砜源内裂解碎片 187

CAS 号	—	保留时间	11.69min
分子式	$C_4H_{12}O_3PS_2^+$	加合方式	$[M+H]^+$
分子量	187.0011	源内裂解碎片	无

推测裂解规律

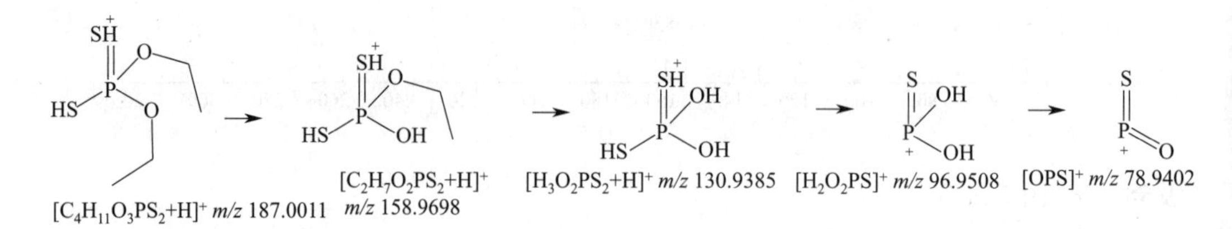

提取离子流色谱图

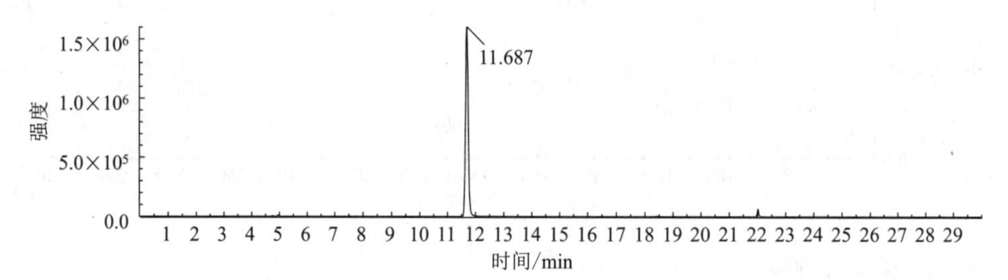

一级质谱图

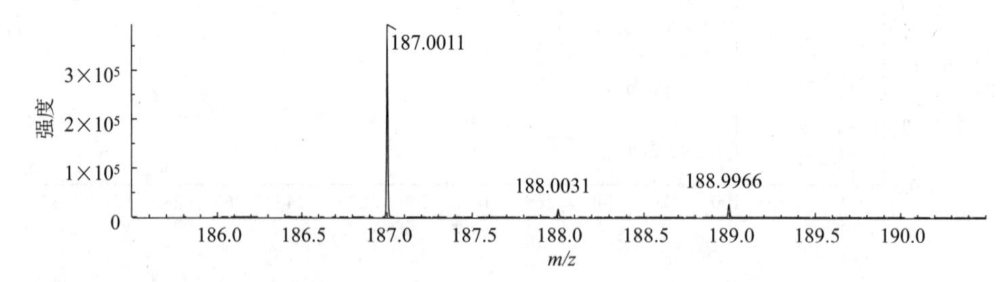

二级全扫质谱图 CE: (35±15)V

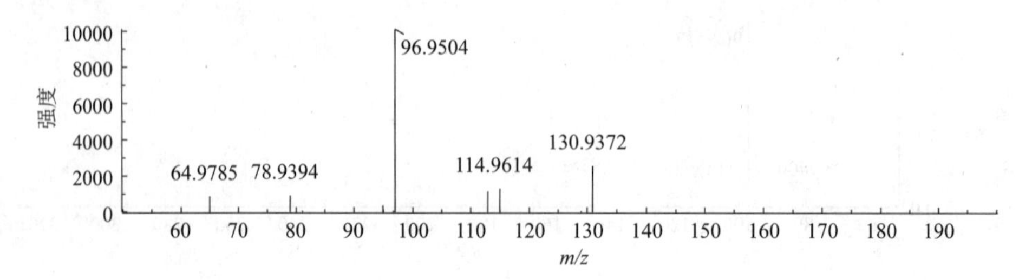

二级全扫质谱图 CE: 10V

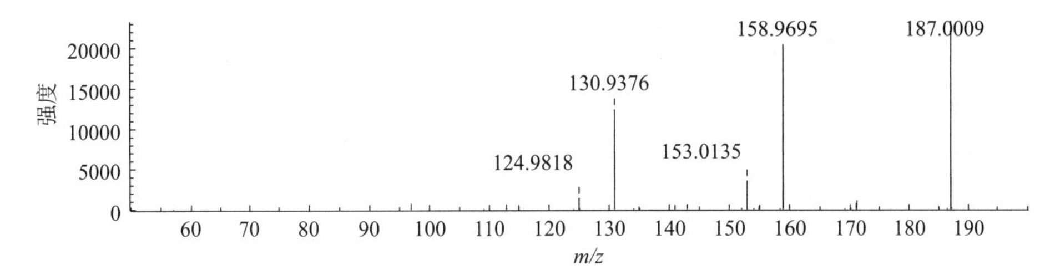

二级全扫质谱图 CE: 20V

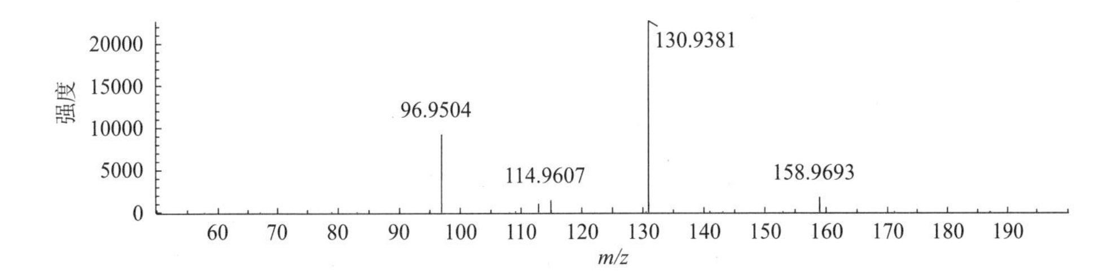

二级全扫质谱图 CE: 35V

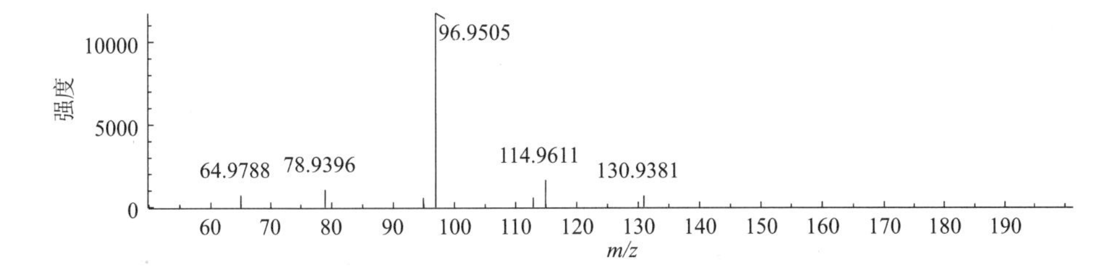

二级全扫质谱图 CE: 50V

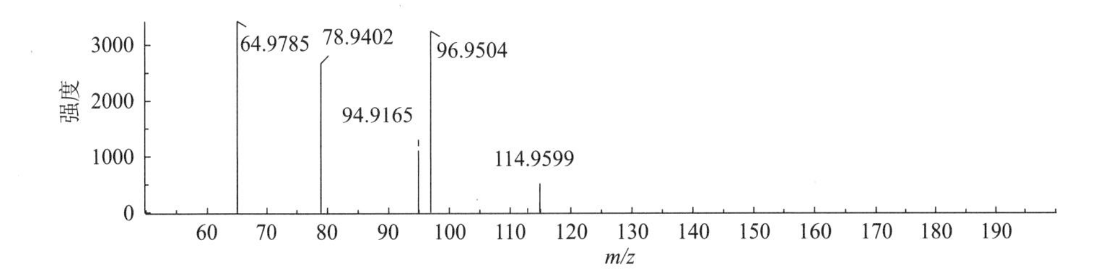

二级全扫质谱图 CE: 60V

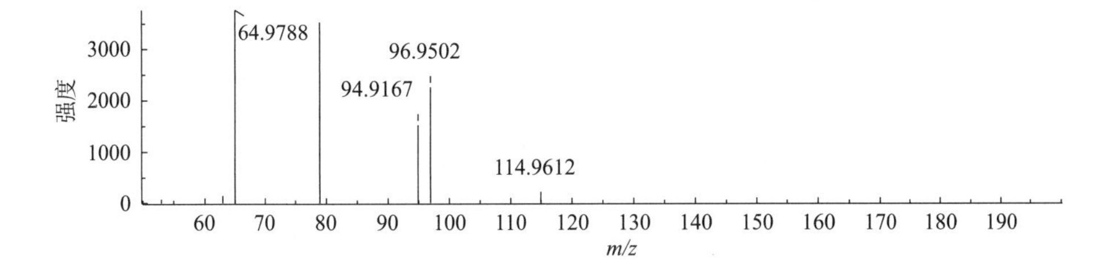

Terbuthylazine

特丁津

CAS 号	5915-41-3	保留时间	12.29min
分子式	$C_9H_{16}ClN_5$	加合方式	$[M+H]^+$
分子量	229.1094	源内裂解碎片	*m/z* 174

推测裂解规律

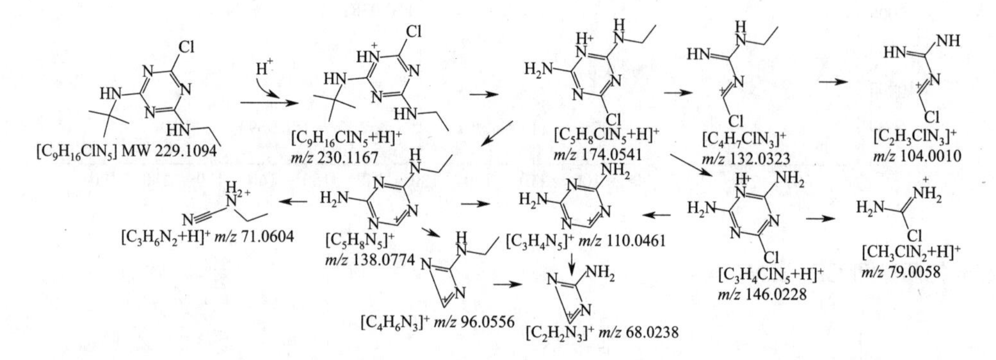

提取离子流色谱图

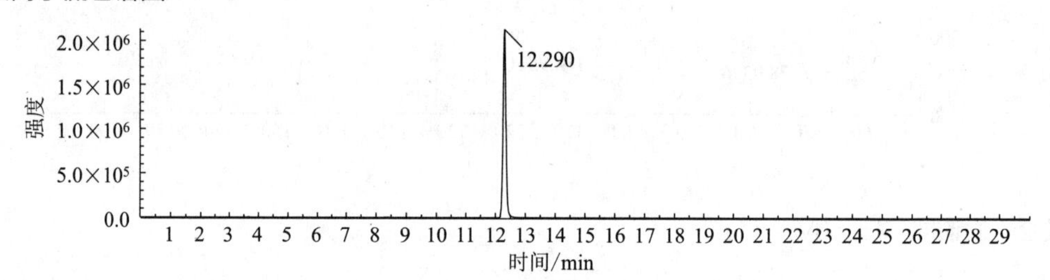

一级质谱图

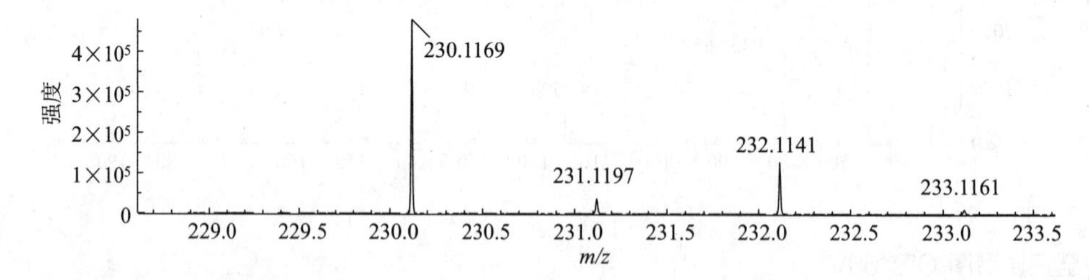

二级全扫质谱图 CE: (35±15)V

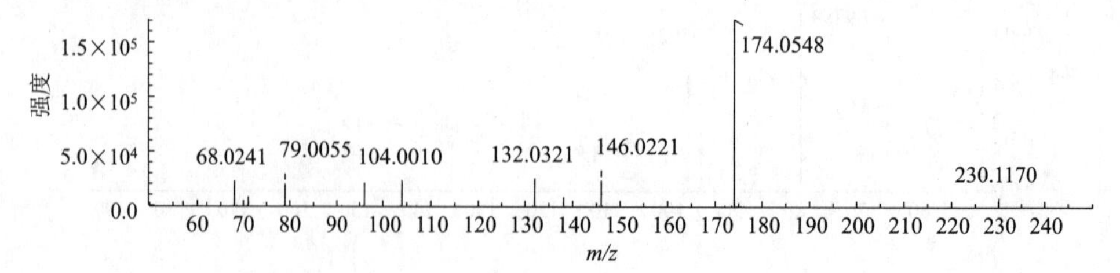

二级全扫质谱图 CE: 10V

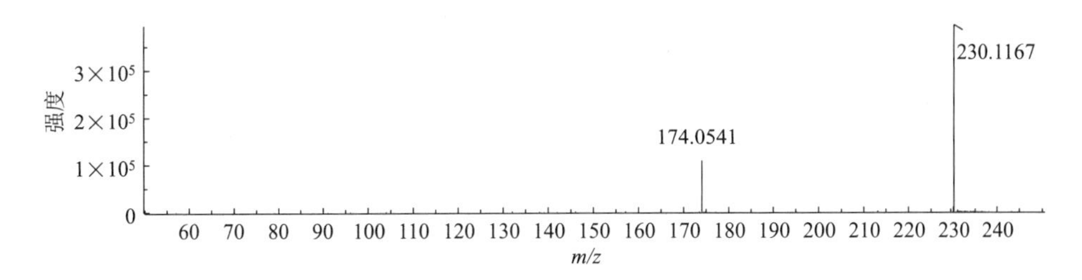

二级全扫质谱图 CE: 20V

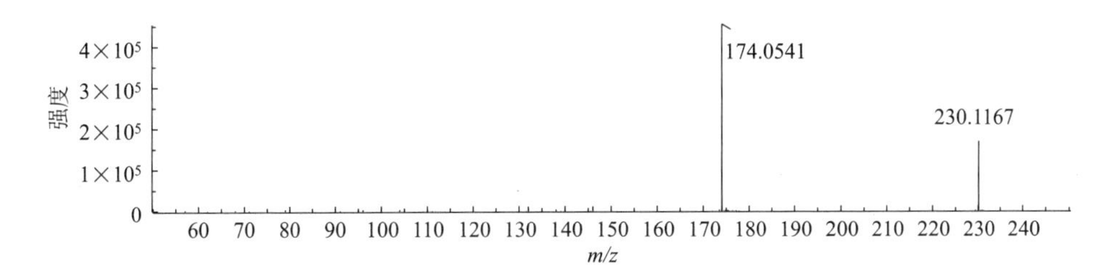

二级全扫质谱图 CE: 35V

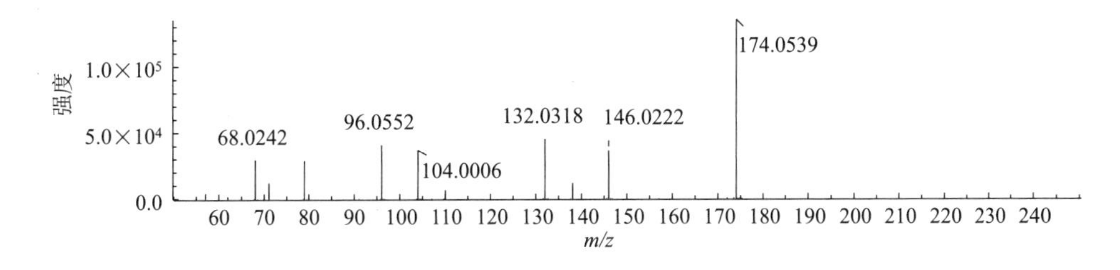

二级全扫质谱图 CE: 50V

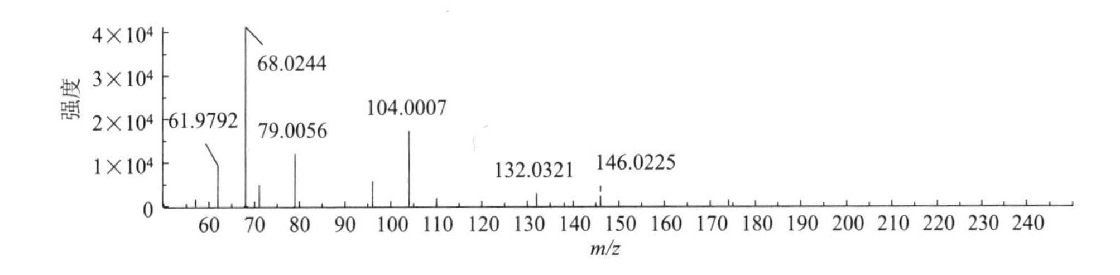

二级全扫质谱图 CE: 60V

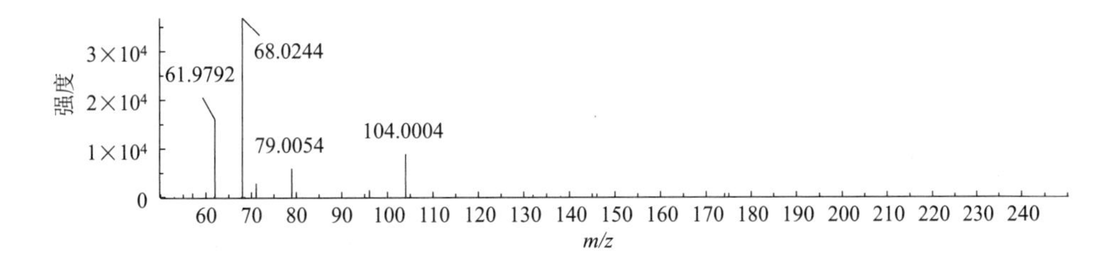

Tetraconazole
四氟醚唑

CAS 号	112281-77-3	保留时间	15.54min
分子式	$C_{13}H_{11}Cl_2F_4N_3O$	加合方式	$[M+H]^+$
分子量	371.0215	源内裂解碎片	无

推测裂解规律

$[C_{13}H_{11}Cl_2F_4N_3O]$ MW 371.0215

$[C_{13}H_{11}Cl_2F_4N_3O+H]^+$ *m/z* 372.0288

$[C_7H_5Cl_2]^+$ *m/z* 158.9763

$[C_7H_4Cl]^+$ *m/z* 122.9996

$[C_2H_3N_3+H]^+$ *m/z* 70.0400

提取离子流色谱图

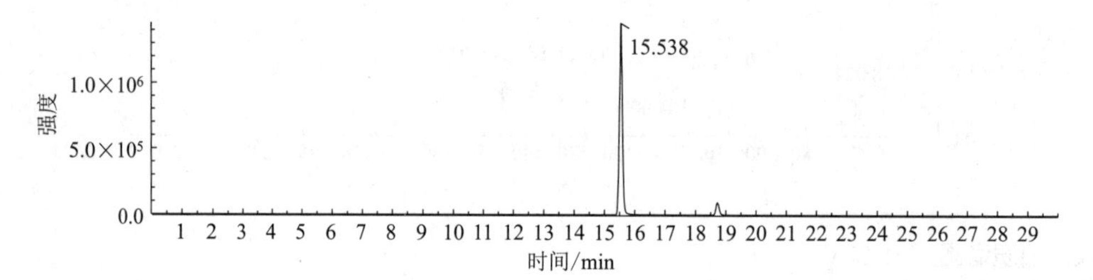

一级质谱图

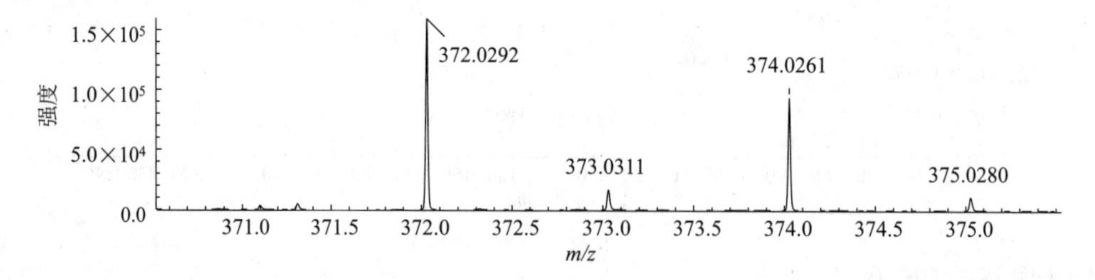

二级全扫质谱图 CE: (35±15)V

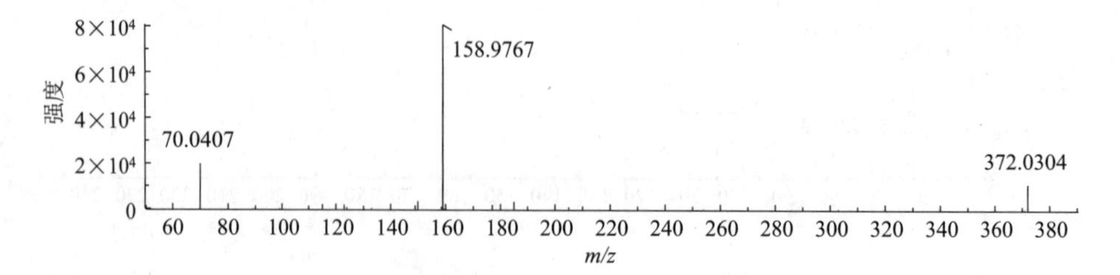

二级全扫质谱图 CE: 10V

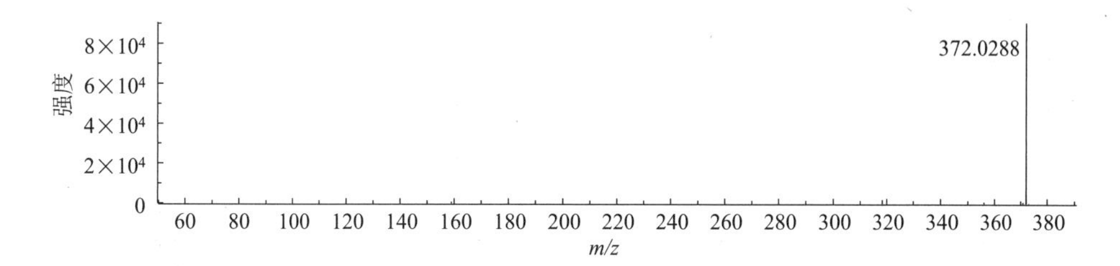

二级全扫质谱图 CE: 20V

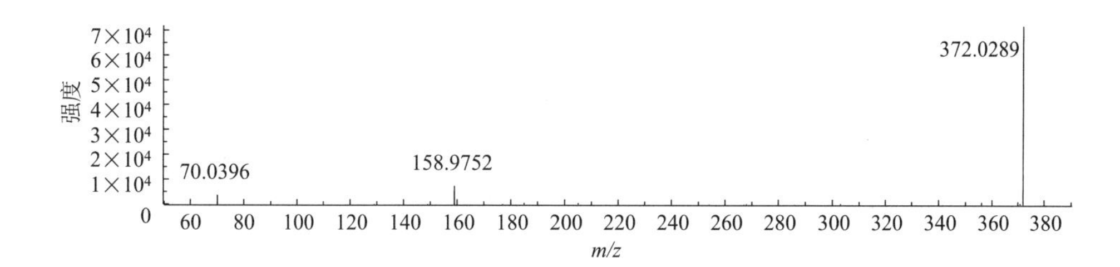

二级全扫质谱图 CE: 35V

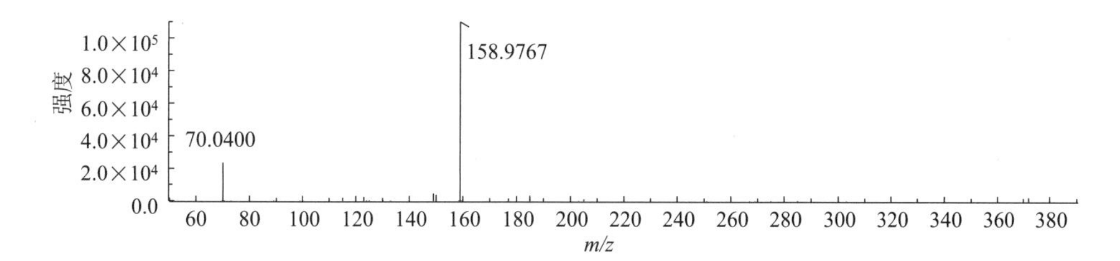

二级全扫质谱图 CE: 50V

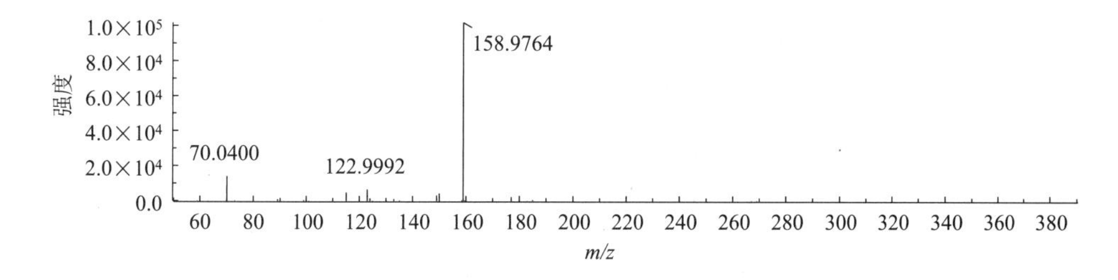

二级全扫质谱图 CE: 60V

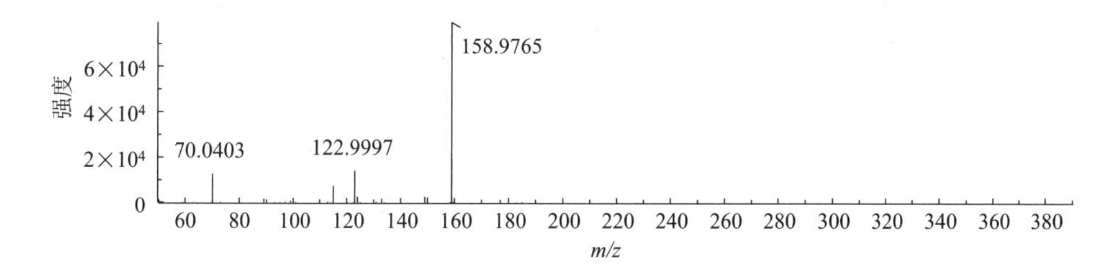

Thiabendazole
噻菌灵

CAS 号	148-79-8	保留时间	5. 28min
分子式	$C_{10}H_7N_3S$	加合方式	$[M+H]^+$
分子量	201. 0361	源内裂解碎片	无

推测裂解规律

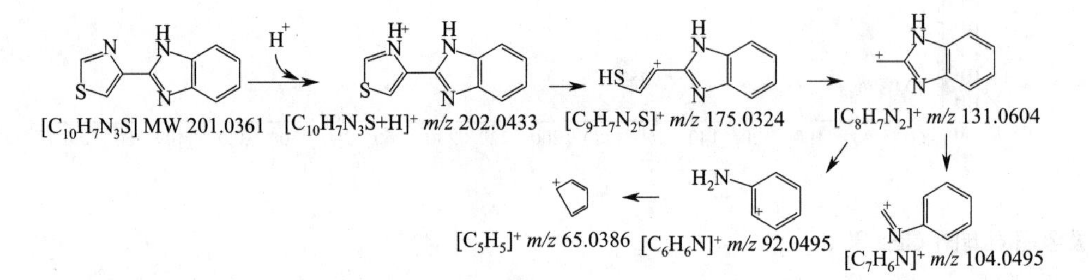

提取离子流色谱图

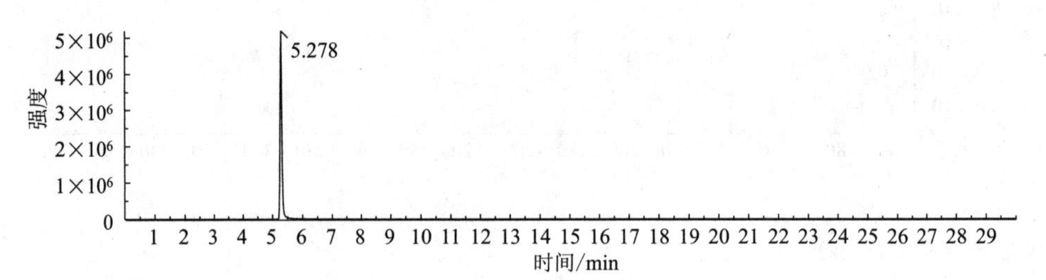

一级质谱图

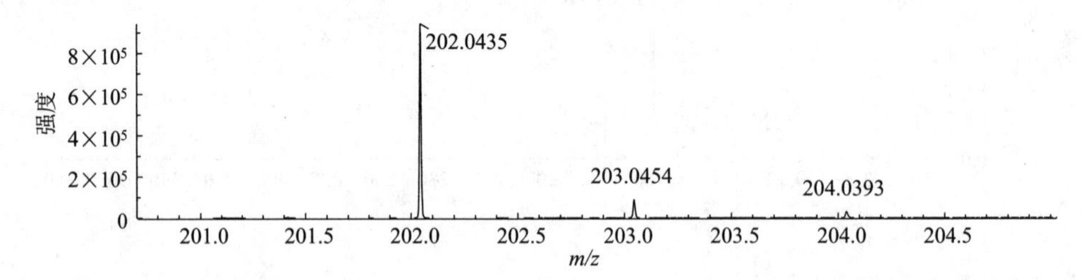

二级全扫质谱图 CE: (35±15)V

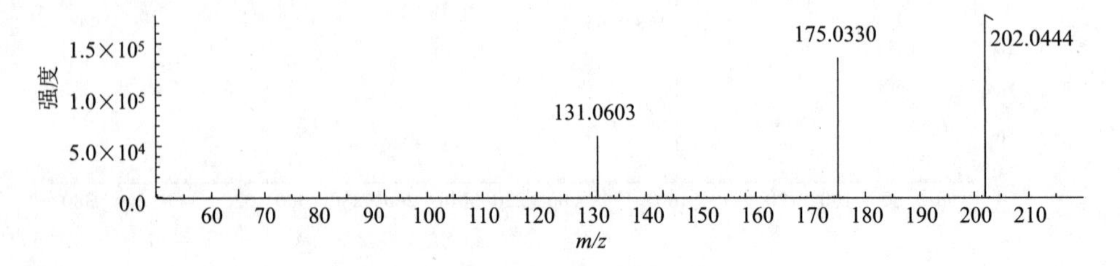

二级全扫质谱图 CE: 10V

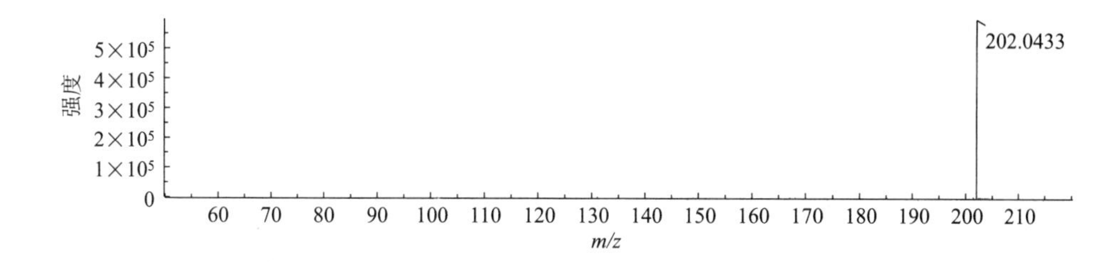

二级全扫质谱图 CE: 20V

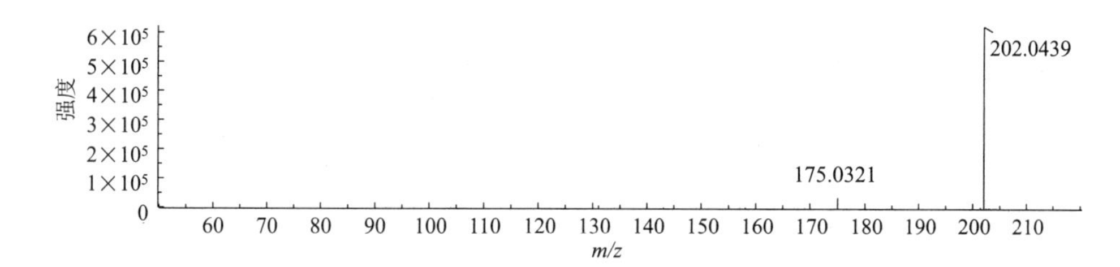

二级全扫质谱图 CE: 35V

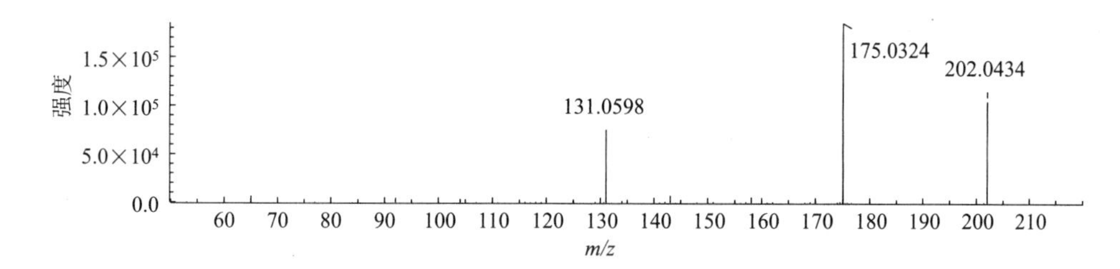

二级全扫质谱图 CE: 50V

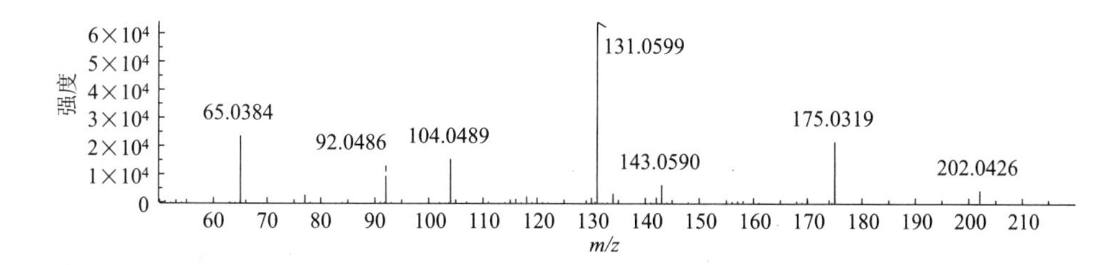

二级全扫质谱图 CE: 60V

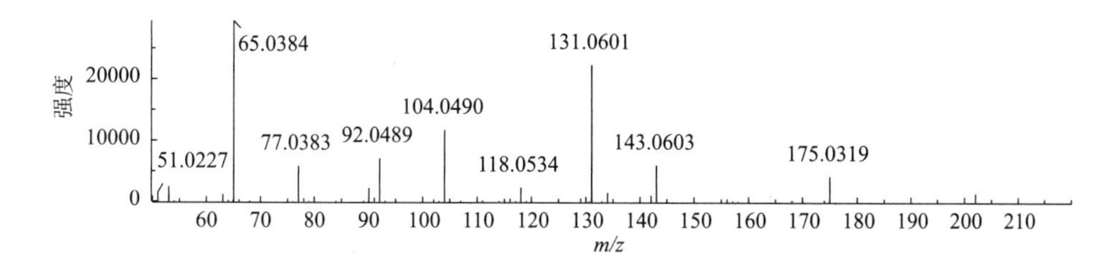

Thiacloprid
噻虫啉

CAS 号	111988-49-9	保留时间	4.99min
分子式	$C_{10}H_9ClN_4S$	加合方式	$[M+H]^+$
分子量	252.0236	源内裂解碎片	无

推测裂解规律

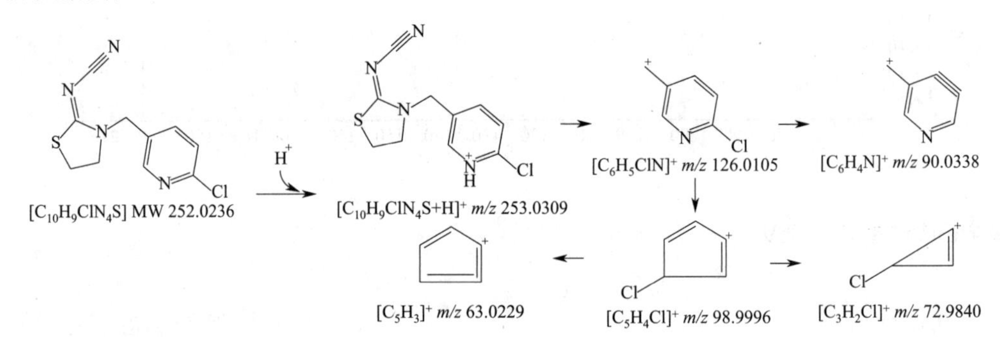

提取离子流色谱图

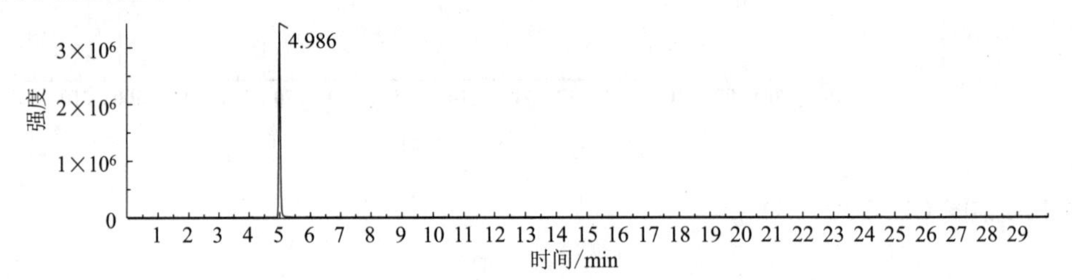

一级质谱图

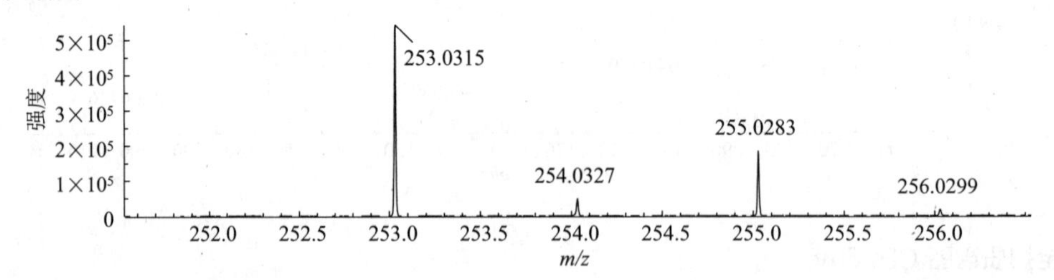

二级全扫质谱图 CE: (35±15)V

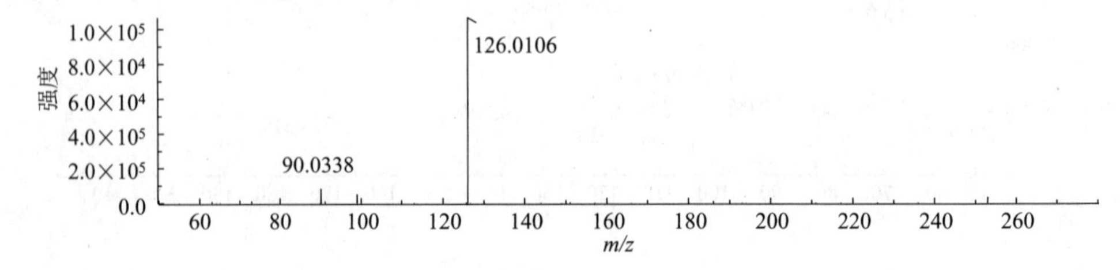

二级全扫质谱图 CE: 10V

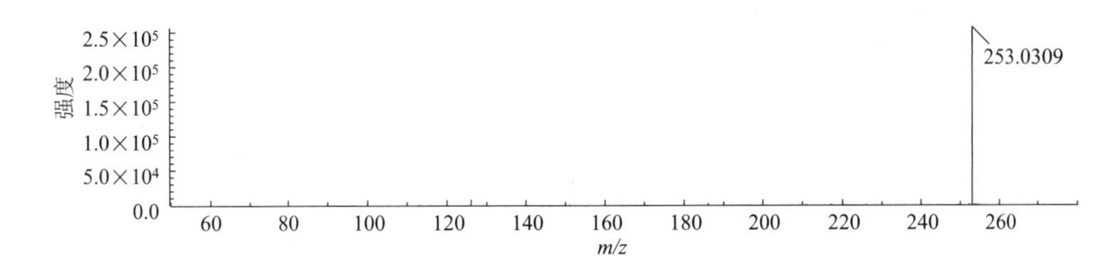

二级全扫质谱图 CE: 20V

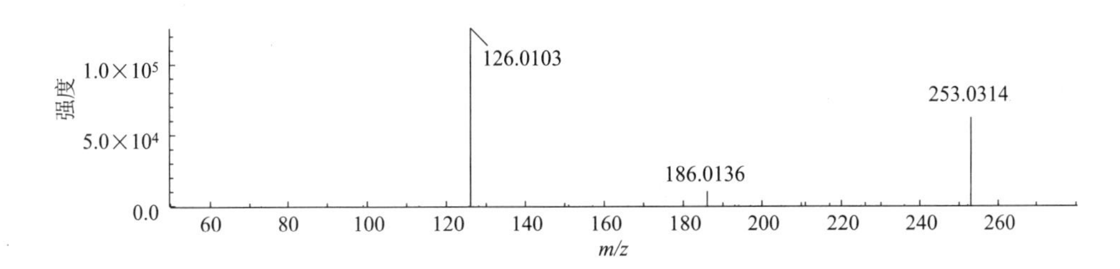

二级全扫质谱图 CE: 35V

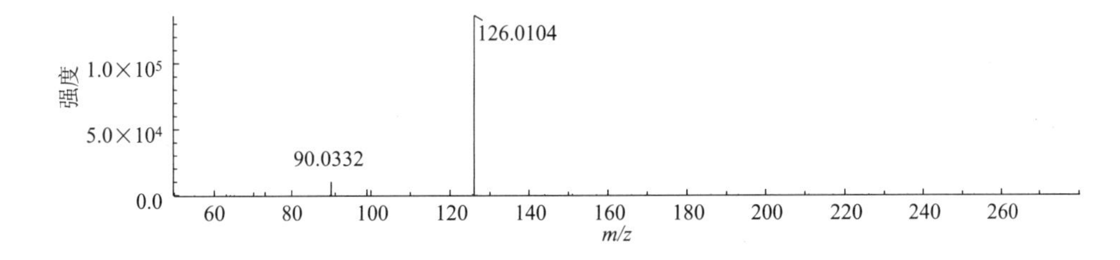

二级全扫质谱图 CE: 50V

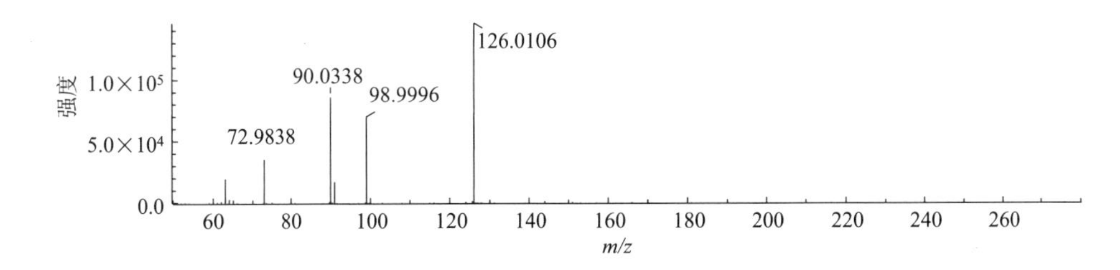

二级全扫质谱图 CE: 60V

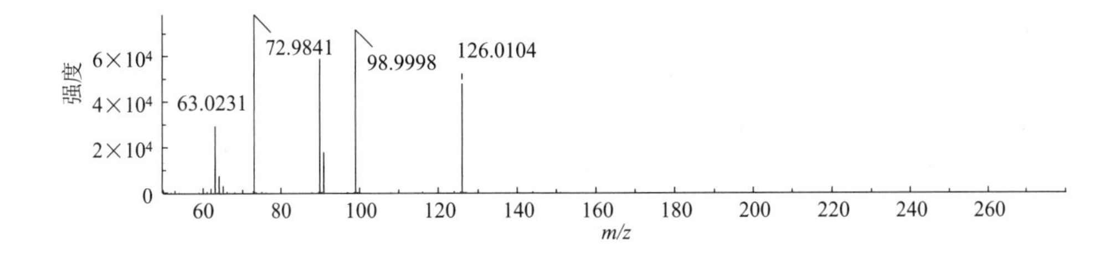

Thiamethoxam

噻虫嗪

CAS 号	153719-23-4	保留时间	4.10min
分子式	$C_8H_{10}ClN_5O_3S$	加合方式	$[M+H]^+$
分子量	291.0193	源内裂解碎片	m/z 211

推测裂解规律（裂解路径已经 MS³ 确认）

$[C_8H_{10}ClN_5O_3S]$ MW 291.0193

$[C_8H_{10}ClN_5O_3S+H]^+$ m/z 292.0266

$[C_8H_{10}ClN_4OS+H]^+$ m/z 246.0337

$[C_8H_{11}N_4OS]^+$ m/z 211.0648

$[C_7H_9N_4S]^+$ m/z 181.0542

$[C_4H_3ClNS]^+$ m/z 131.9669

$[C_8H_{10}N_4OS]^{\cdot+}$ m/z 210.0570

$[C_7H_8N_4S]^{\cdot+}$ m/z 180.0464

$[C_6H_8N_3]^+$ m/z 122.0713

$[C_6H_6N_3S]^+$ m/z 152.0277

$[C_6H_5N_3S]^{\cdot+}$ m/z 151.0199

提取离子流色谱图

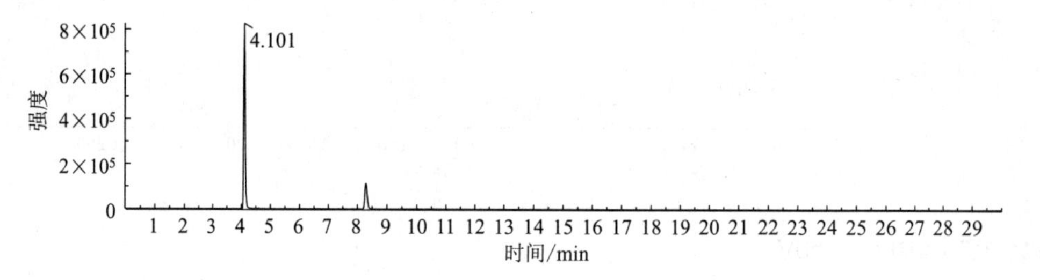

一级质谱图

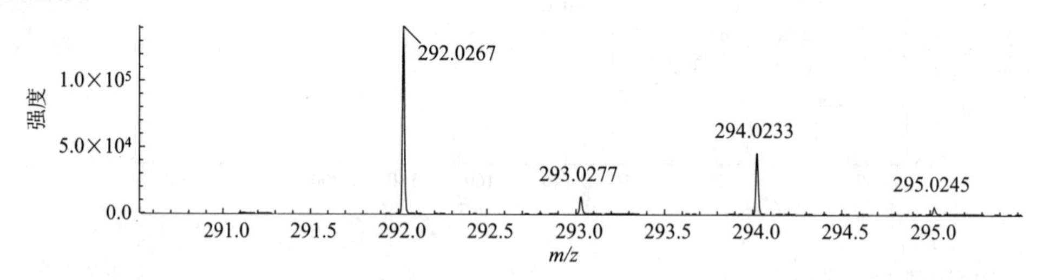

二级全扫质谱图 CE: (35±15)V

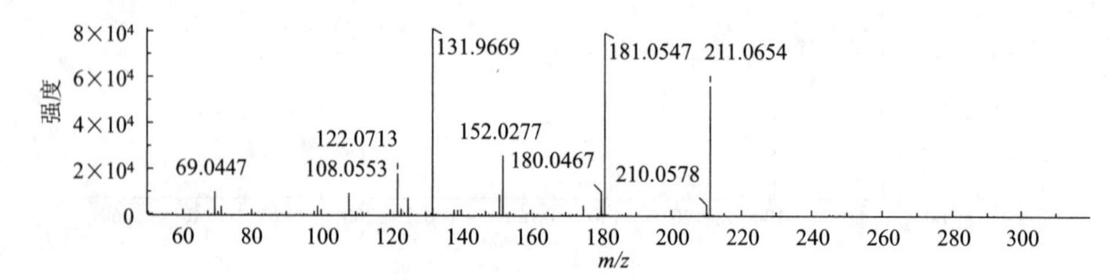

二级全扫质谱图 CE: 10V

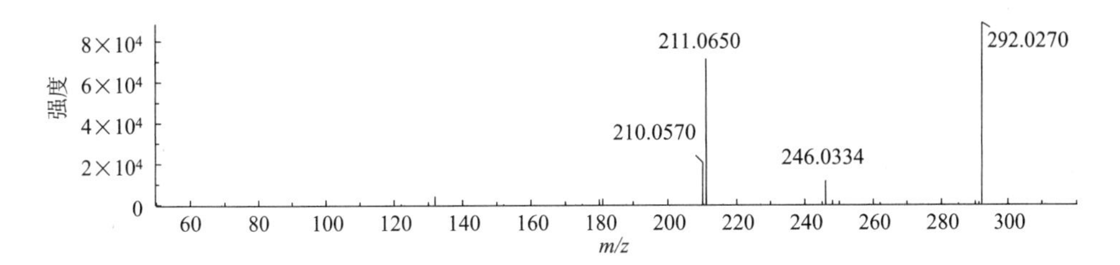

二级全扫质谱图 CE: 20V

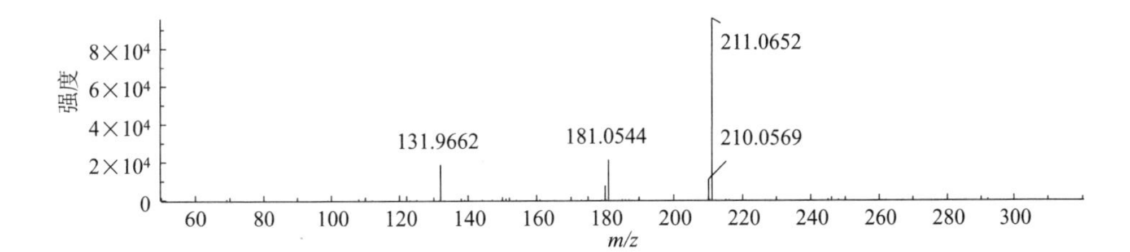

二级全扫质谱图 CE: 35V

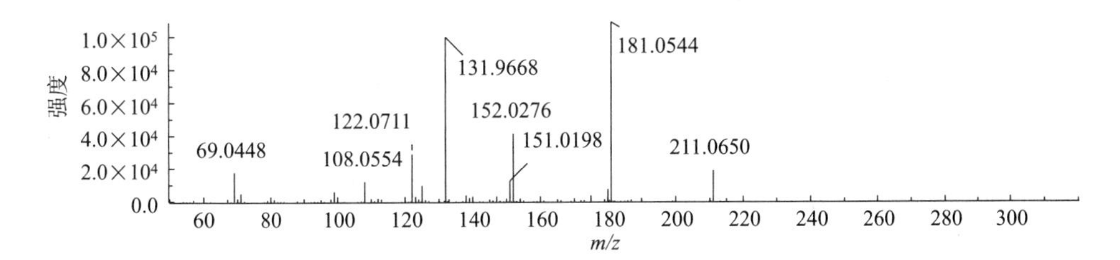

二级全扫质谱图 CE: 50V

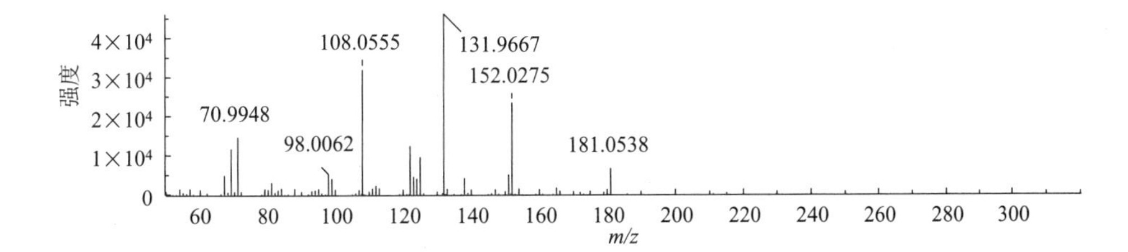

二级全扫质谱图 CE: 60V

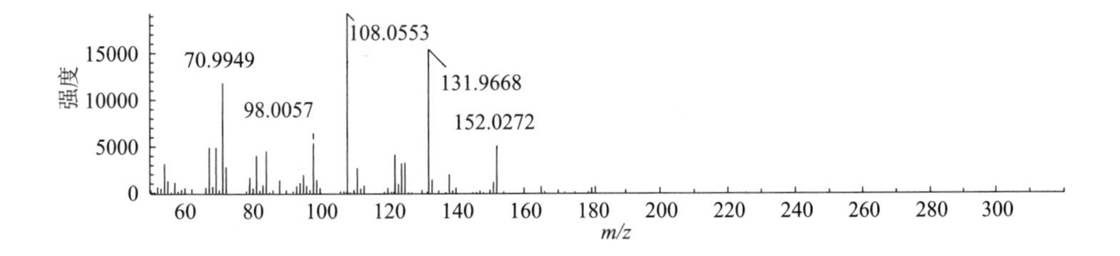

Thiamethoxam in-source fragment 211

噻虫嗪源内裂解碎片 211

CAS 号	—	保留时间	4. 10min
分子式	$C_8H_{11}N_4OS^+$	加合方式	$[M+H]^+$
分子量	211. 0648	源内裂解碎片	无

推测裂解规律

$[C_8H_{11}N_4OS]^+$ *m/z* 211.0648 → $[C_7H_9N_4S]^+$ *m/z* 181.0542 → $[C_6H_8N_3]^+$ *m/z* 122.0713

$[C_7H_9N_4S]^+$ *m/z* 181.0542 → $[C_6H_6N_3S]^+$ *m/z* 152.0277

提取离子流色谱图

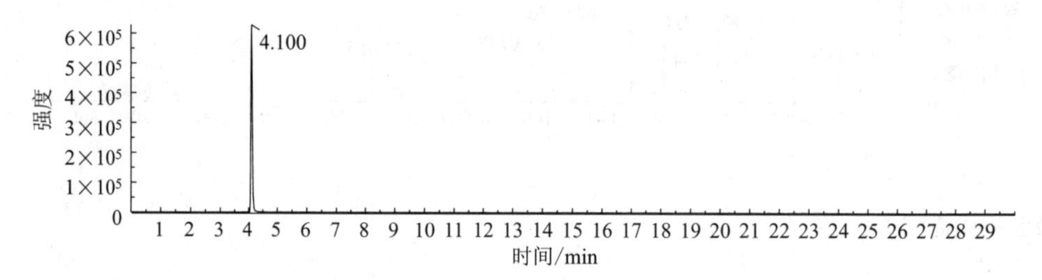

一级质谱图

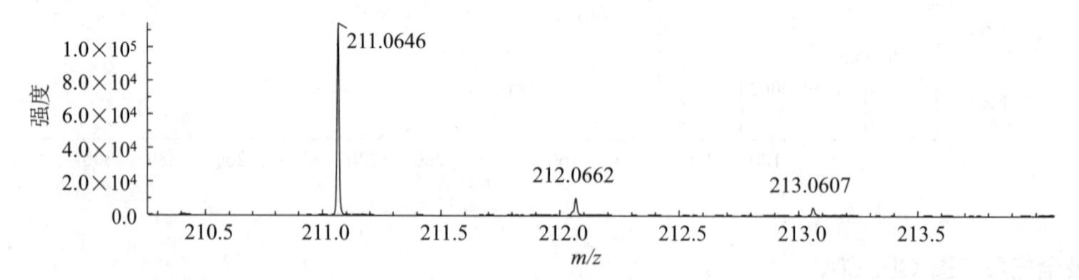

二级全扫质谱图 CE: (35±15)V

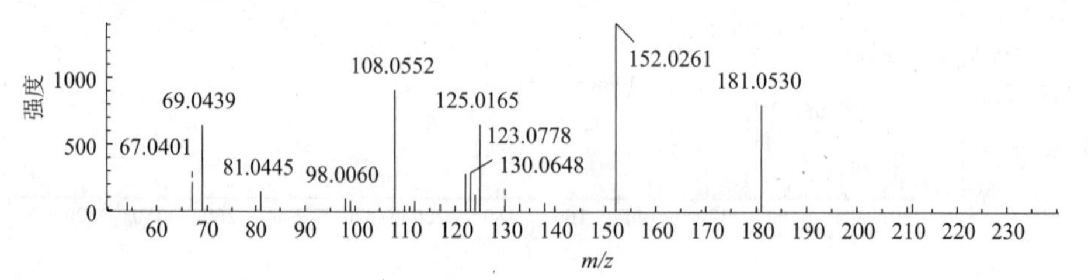

二级全扫质谱图 CE: 10V

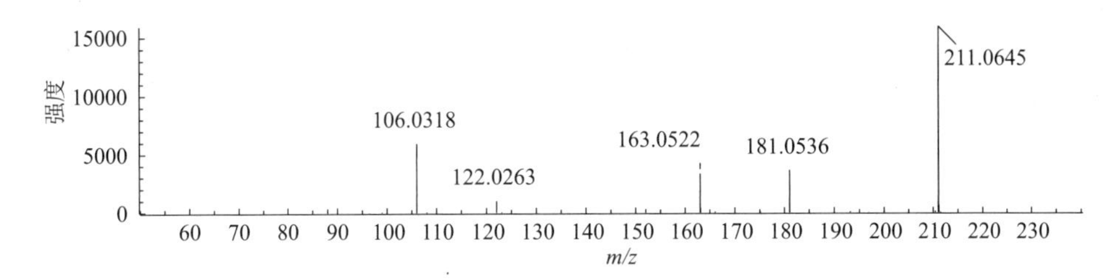

二级全扫质谱图 CE: 20V

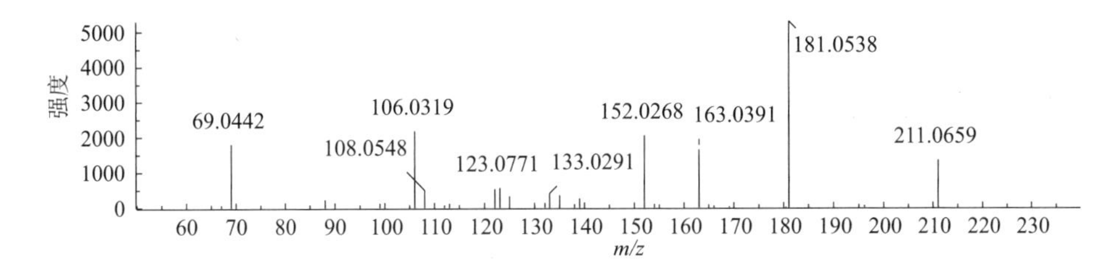

二级全扫质谱图 CE: 35V

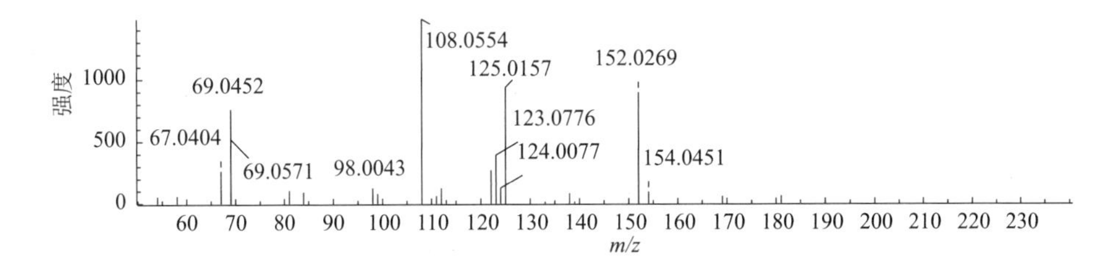

二级全扫质谱图 CE: 50V

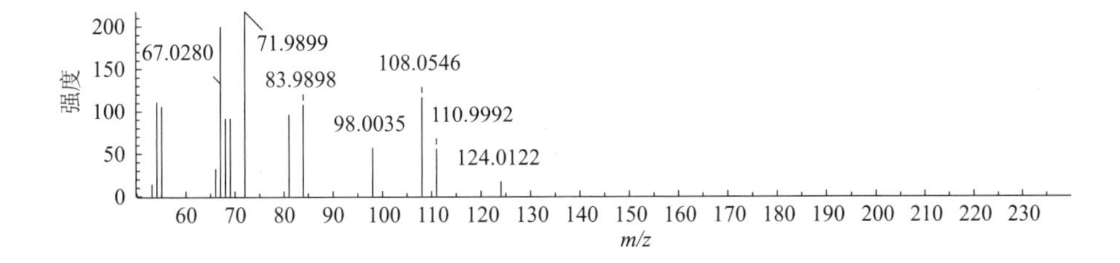

二级全扫质谱图 CE: 60V

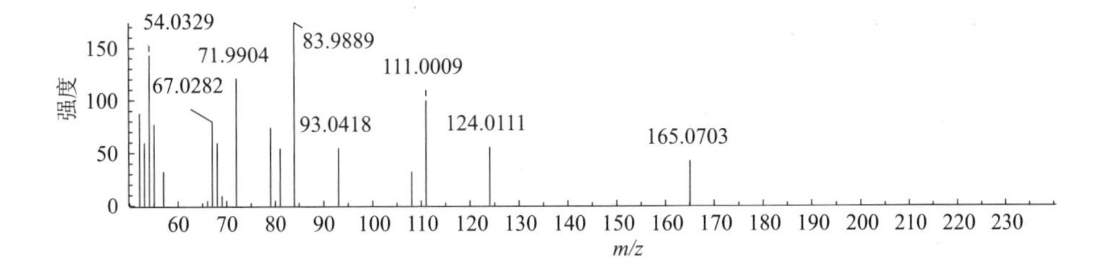

Thidiazuron
噻苯隆

CAS 号	51707-55-2	保留时间	5.52min
分子式	$C_9H_8N_4OS$	加合方式	$[M+H]^+$
分子量	220.0419	源内裂解碎片	无

推测裂解规律

$[C_9H_8N_4OS]$ MW 220.0419

$[C_9H_8N_4OS+H]^+$ m/z 221.0492

$[C_3H_2N_3OS]^+$ m/z 127.9913

$[C_2H_3N_3S+H]^+$ m/z 102.0120

$[C_6H_5]^+$ m/z 77.0386

提取离子流色谱图

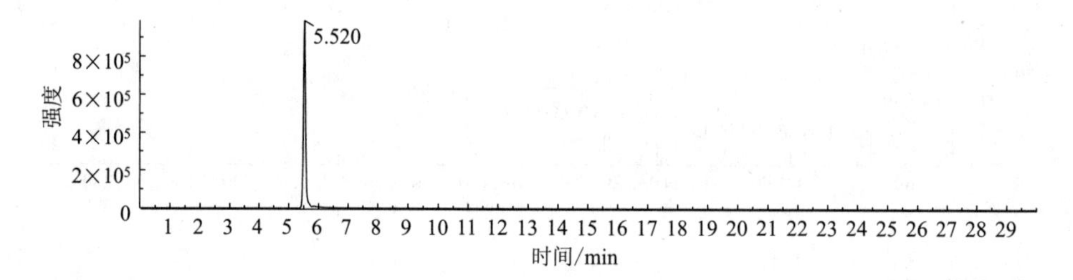

一级质谱图

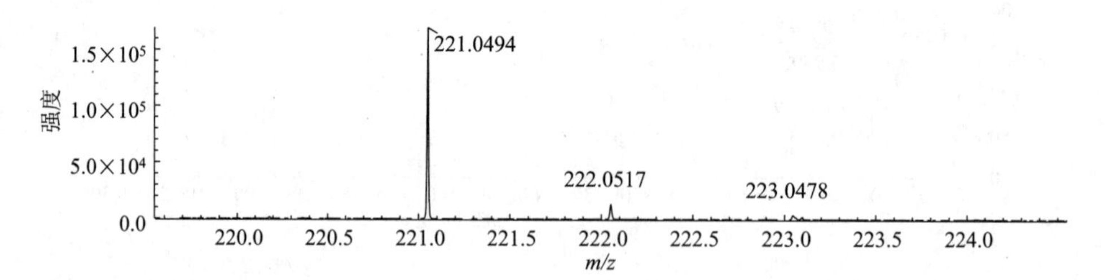

二级全扫质谱图 CE: (35±15)V

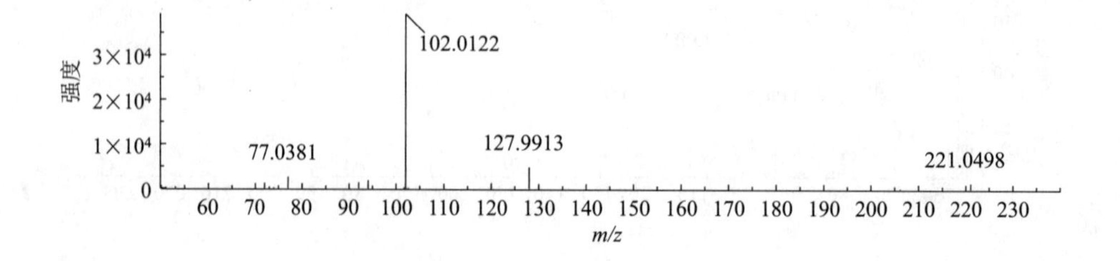

二级全扫质谱图 CE: 10V

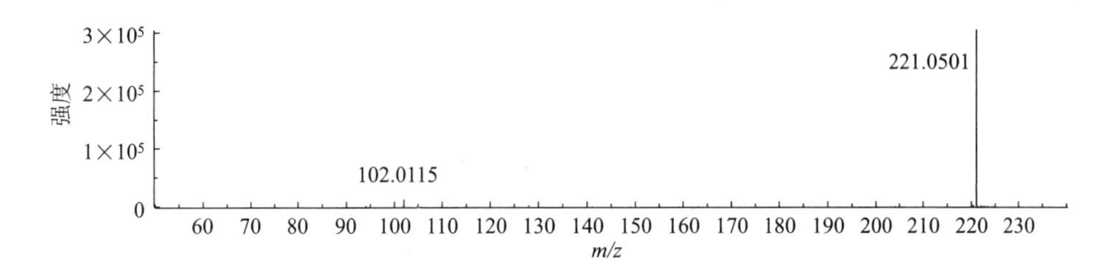

二级全扫质谱图 CE: 20V

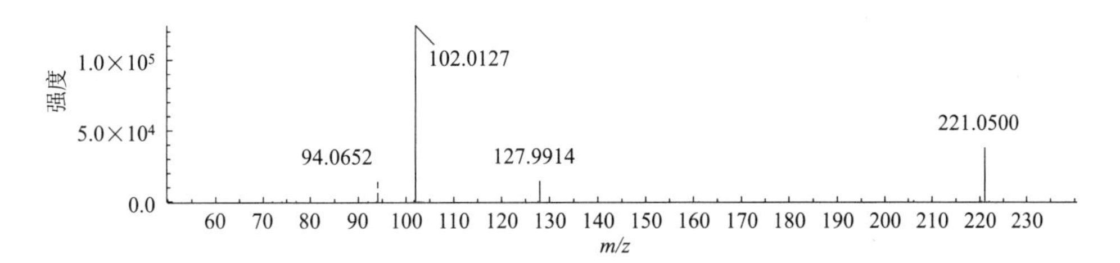

二级全扫质谱图 CE: 35V

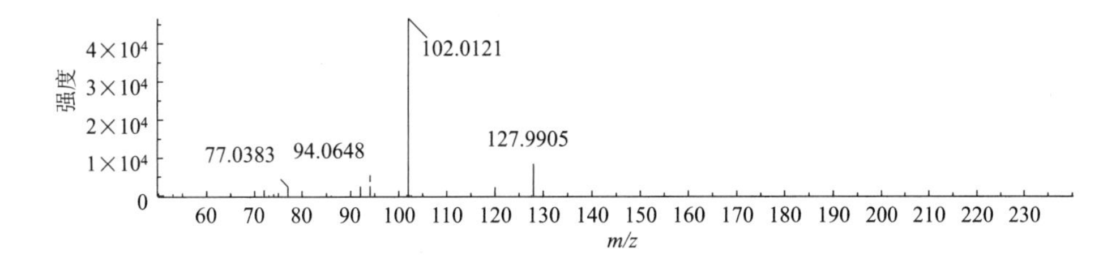

二级全扫质谱图 CE: 50V

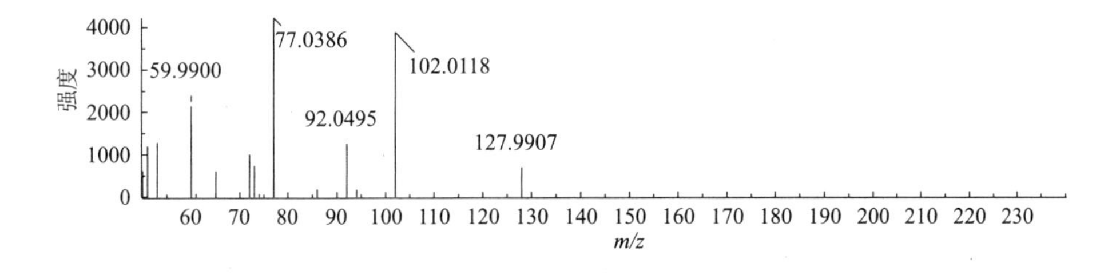

二级全扫质谱图 CE: 60V

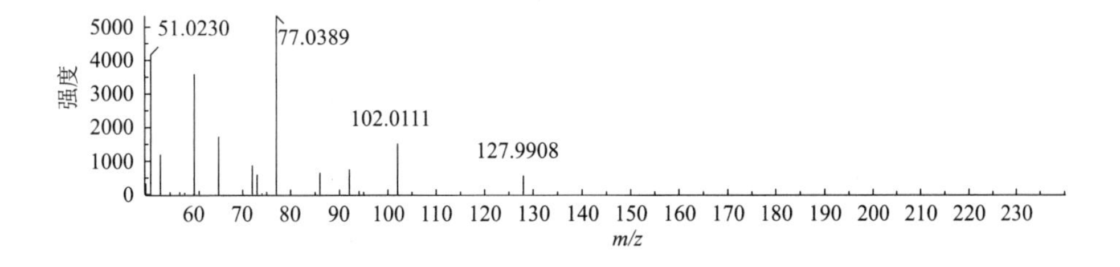

Thiencarbazone-methyl

噻酮磺隆

CAS 号	317815-83-1	保留时间	5.07min
分子式	$C_{12}H_{14}N_4O_7S_2$	加合方式	$[M+H]^+$
分子量	390.0304	源内裂解碎片	无

推测裂解规律

$[C_{12}H_{14}N_4O_7S_2]$ MW 390.0304

$[C_{12}H_{14}N_4O_7S_2+H]^+$ *m/z* 391.0377

$[C_{11}H_{11}N_4O_6S_2]^+$ *m/z* 359.0114

$[C_7H_4N_4O_4S_2]^+$ *m/z* 229.9576

$[C_8H_8NO_5S_2]^+$ *m/z* 261.9838

$[C_4H_7N_3O_2+H]^+$ *m/z* 130.0611

$[C_7H_7O_4S_2]^+$ *m/z* 218.9780

$[C_5H_6N_3O_3]^+$ *m/z* 156.0404

提取离子流色谱图

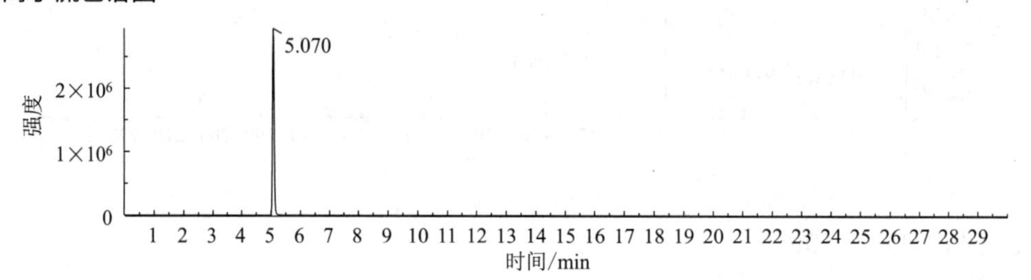

一级质谱图

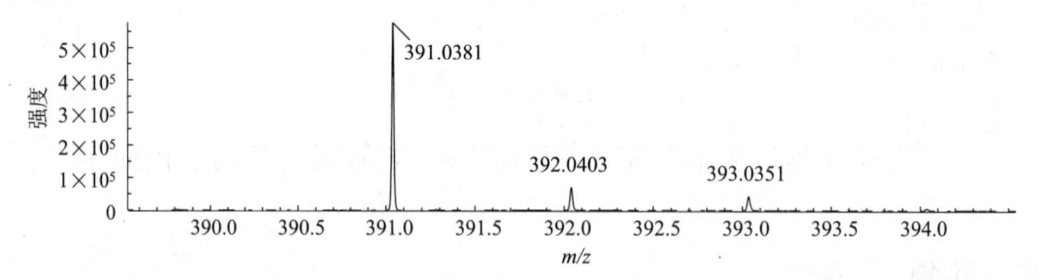

二级全扫质谱图 CE: (35±15)V

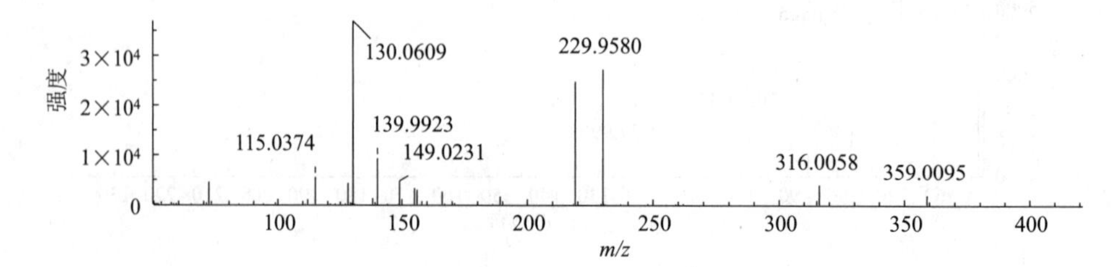

二级全扫质谱图 CE: 10V

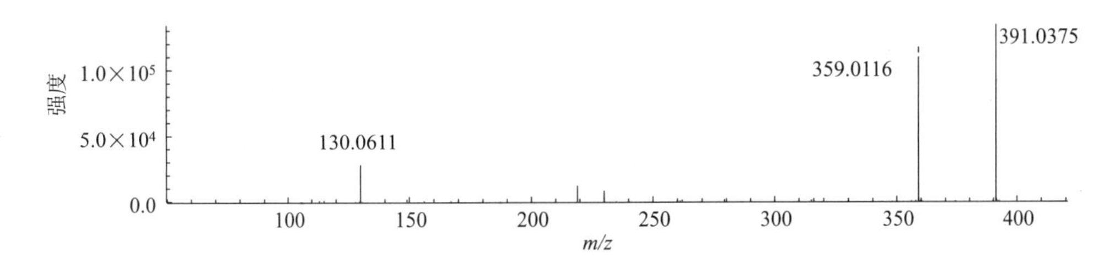

二级全扫质谱图 CE: 20V

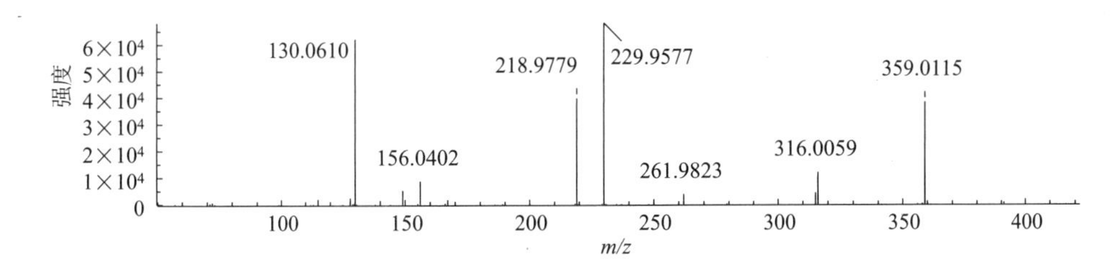

二级全扫质谱图 CE: 35V

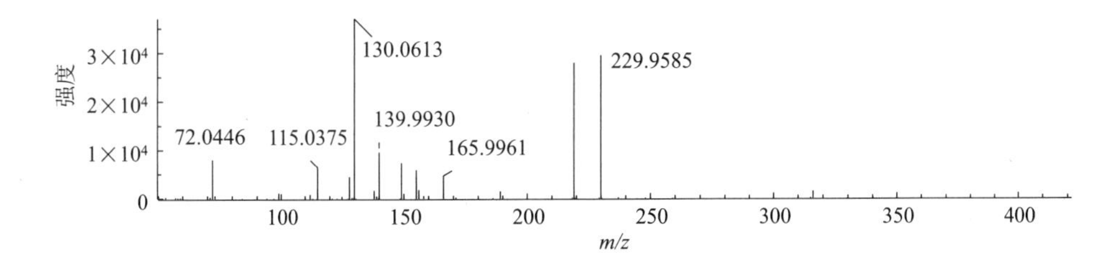

二级全扫质谱图 CE: 50V

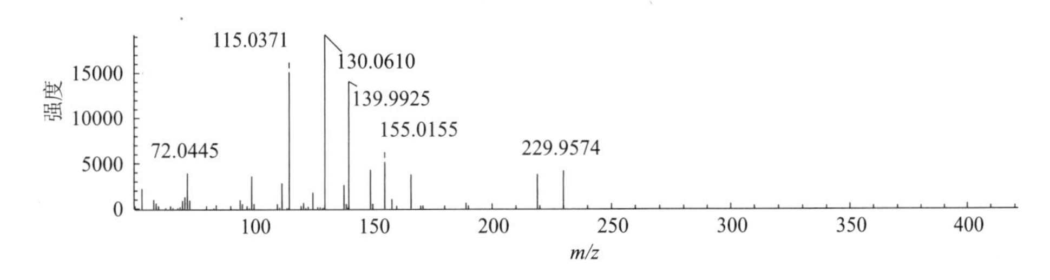

二级全扫质谱图 CE: 60V

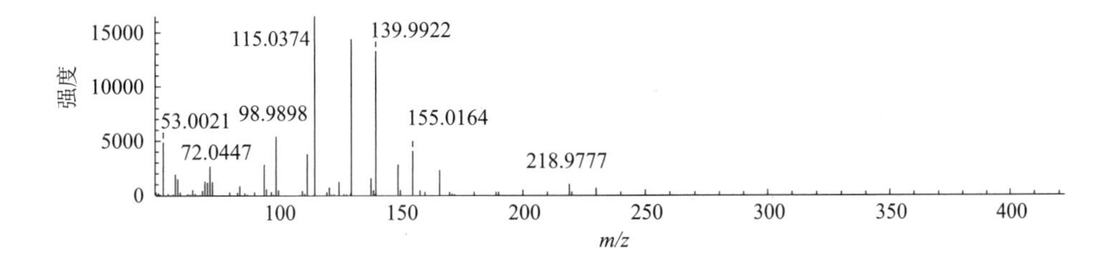

Thifensulfuron-methyl

噻吩磺隆

CAS 号	79277-27-3	保留时间	6.07min
分子式	$C_{12}H_{13}N_5O_6S_2$	加合方式	$[M+H]^+$
分子量	387.0307	源内裂解碎片	无

推测裂解规律

$[C_{12}H_{13}N_5O_6S_2]$ MW 387.0307

$[C_{12}H_{13}N_5O_6S_2+H]^+$ *m/z* 388.0380

$[C_6H_5O_4S_2]^+$ *m/z* 204.9624

$[C_6H_5O_2S]^+$ *m/z* 141.0005

$[C_5H_2O_2S]^{\cdot+}$ *m/z* 125.9770

$[C_6H_7N_4O_2]^+$ *m/z* 167.0564

提取离子流色谱图

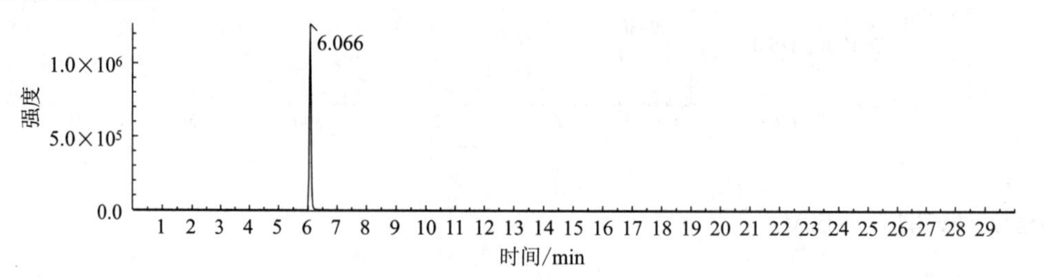

一级质谱图

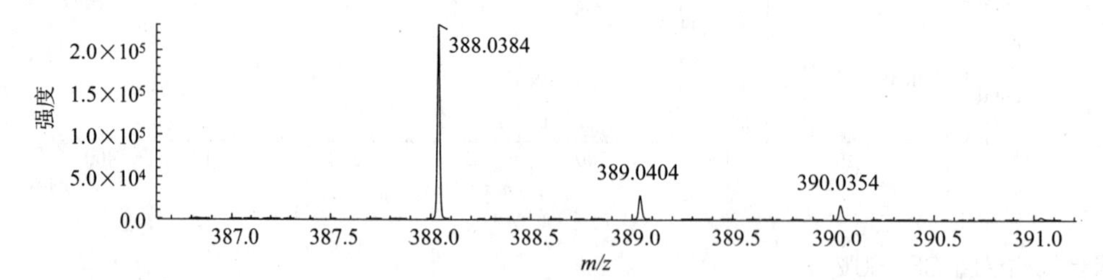

二级全扫质谱图 CE: (35±15)V

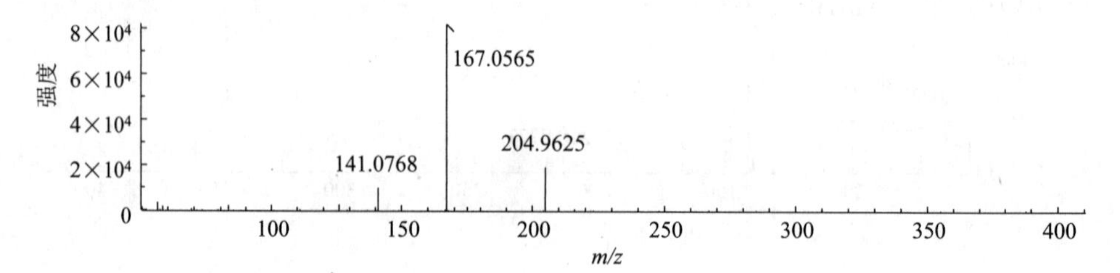

二级全扫质谱图 CE: 10V

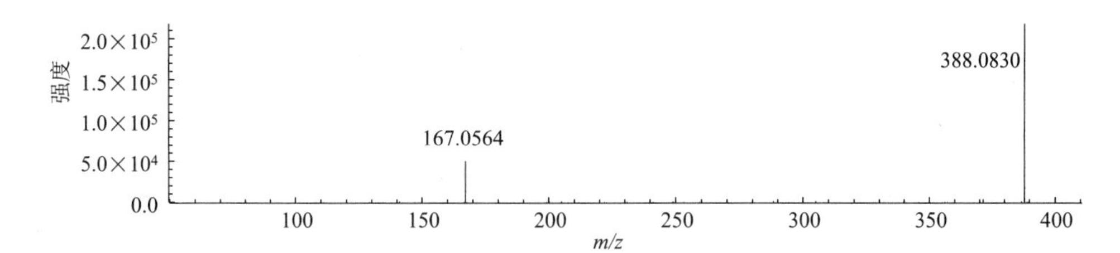

二级全扫质谱图 CE: 20V

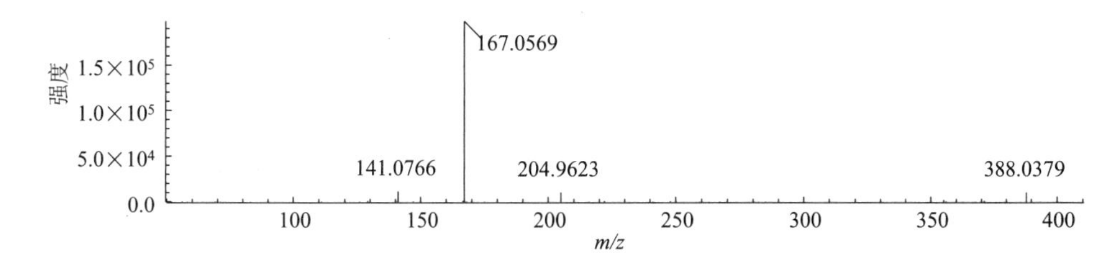

二级全扫质谱图 CE: 35V

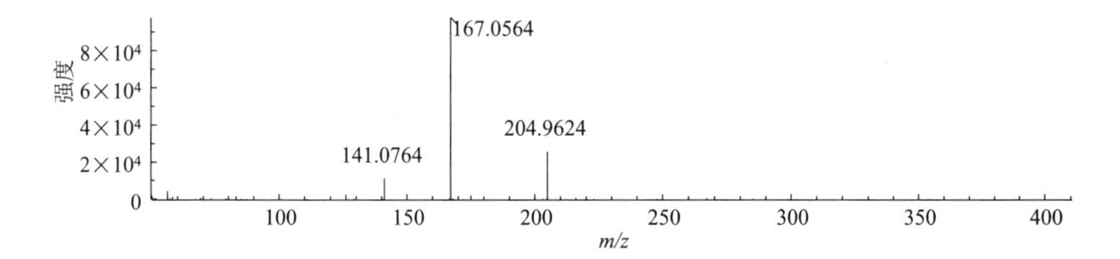

二级全扫质谱图 CE: 50V

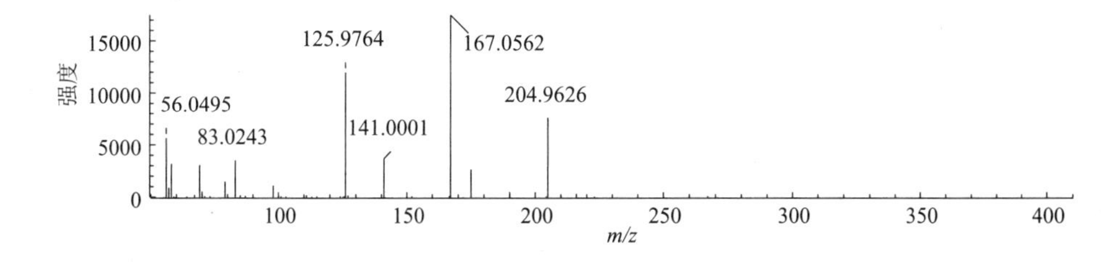

二级全扫质谱图 CE: 60V

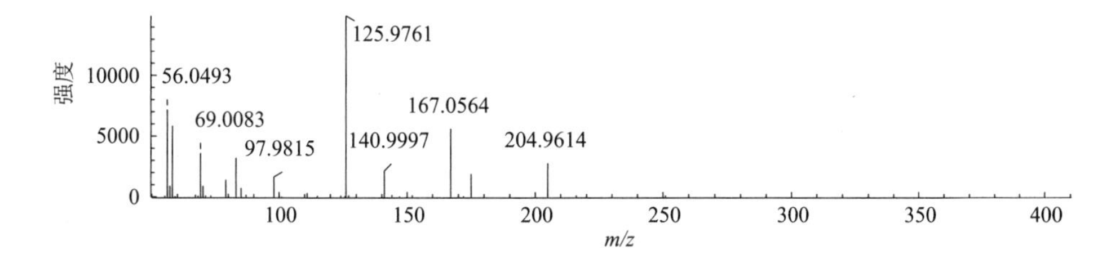

Thifluzamide

噻氟菌胺

CAS 号	130000-40-7	保留时间	16. 52min
分子式	$C_{13}H_6Br_2F_6N_2O_2S$	加合方式	$[M+H]^+$
分子量	525. 8421	源内裂解碎片	无

推测裂解规律

$[C_{13}H_6Br_2F_6N_2O_2S]$ MW 525.8421

$[C_{13}H_6Br_2F_6N_2O_2S+H]^+$ *m/z* 526.8494

$[C_{13}H_6Br_2F_5N_2O_2S]^+$ *m/z* 506.8431

$[C_{13}H_5Br_2F_4N_2O_2S]^+$ *m/z* 486.8369

$[C_5H_4F_3NS+H]^+$ *m/z* 168.0089

$[C_5H_4F_2NS]^+$ *m/z* 148.0027

$[C_3HF_2S]^+$ *m/z* 106.9762

提取离子流色谱图

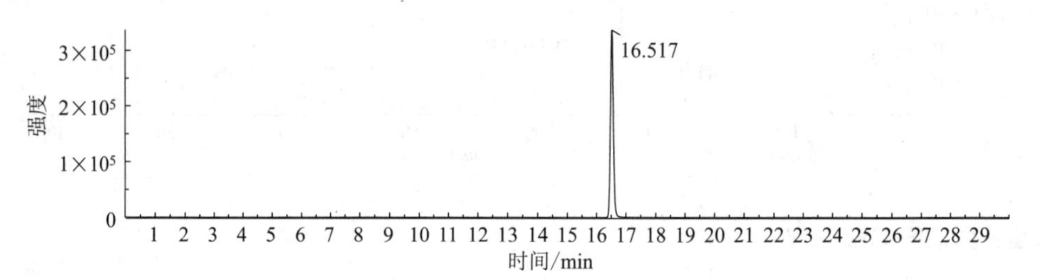

一级质谱图

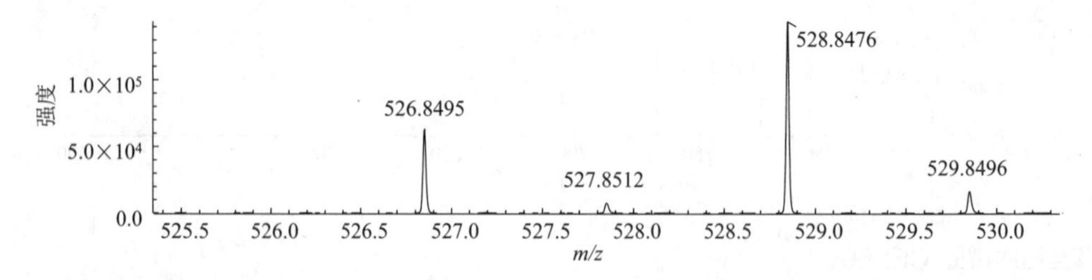

二级全扫质谱图 CE: (35±15)V

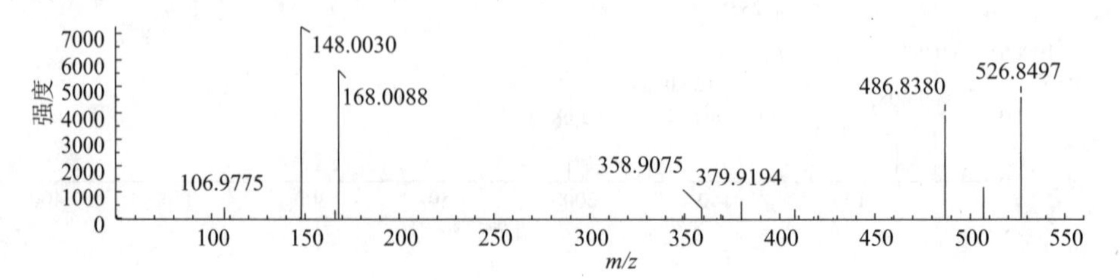

二级全扫质谱图 CE: 10V

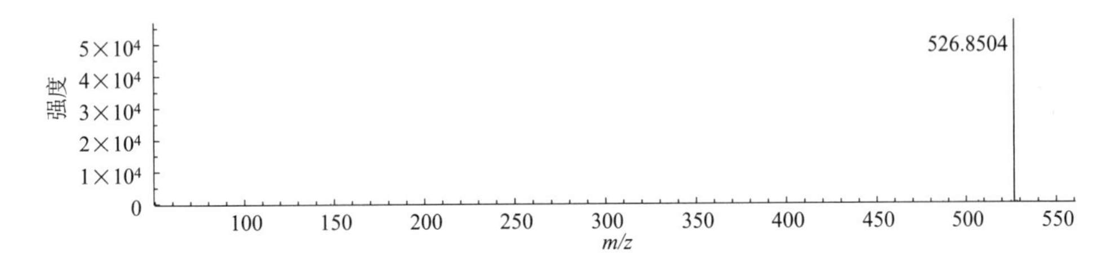

二级全扫质谱图 CE: 20V

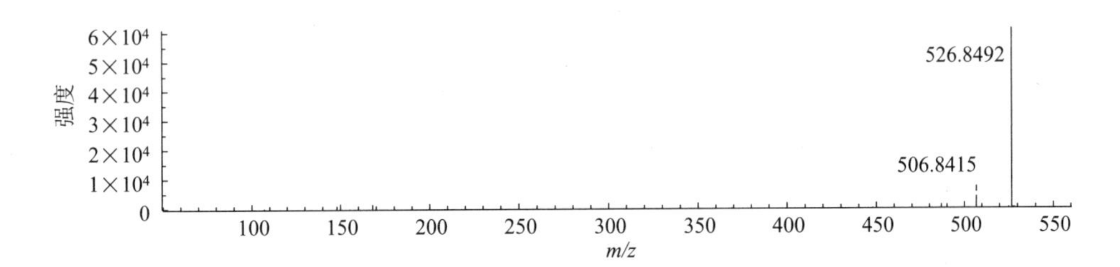

二级全扫质谱图 CE: 35V

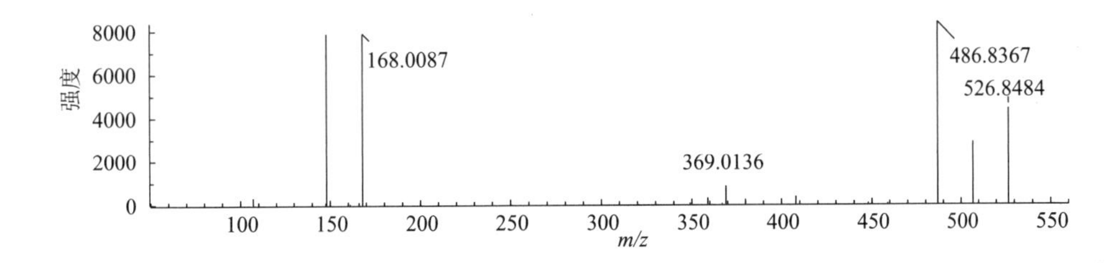

二级全扫质谱图 CE: 50V

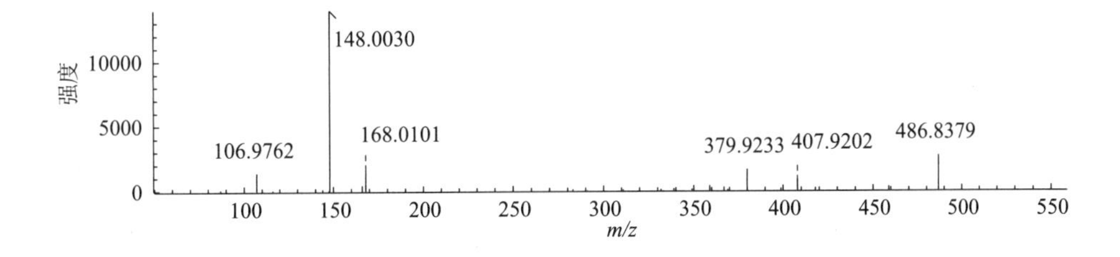

二级全扫质谱图 CE: 60V

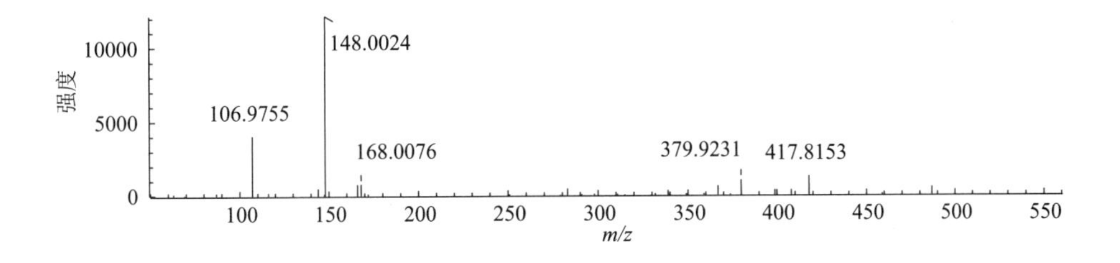

Thiodicarb

硫双威

CAS 号	59669-26-0	保留时间	8.16min
分子式	$C_{10}H_{18}N_4O_4S_3$	加合方式	$[M+H]^+$
分子量	354.0490	源内裂解碎片	无

推测裂解规律

$[C_{10}H_{18}N_4O_4S_3]$ MW 354.0490 → (H^+) $[C_{10}H_{18}N_4O_4S_3+H]^+$ *m/z* 355.0563 → $[C_5H_{10}N_2O_2S_3+H]^+$ *m/z* 163.0536

$[C_{10}H_{18}N_4O_4S_3+H]^+$ *m/z* 355.0563 → $[C_5H_9N_2O_2S_2]^+$ *m/z* 193.0100 → $[C_3H_6NS]^+$ *m/z* 88.0216

提取离子流色谱图

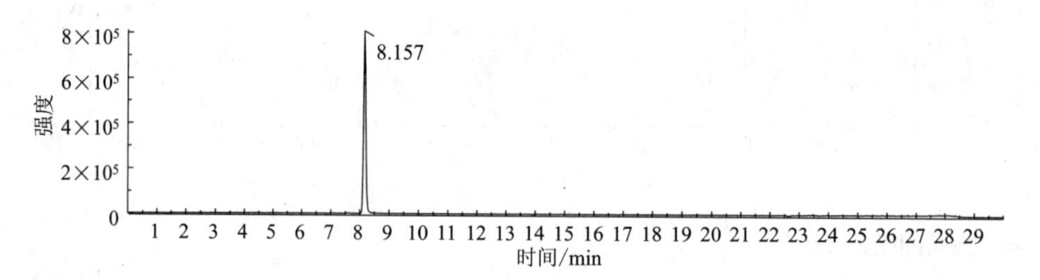

一级质谱图

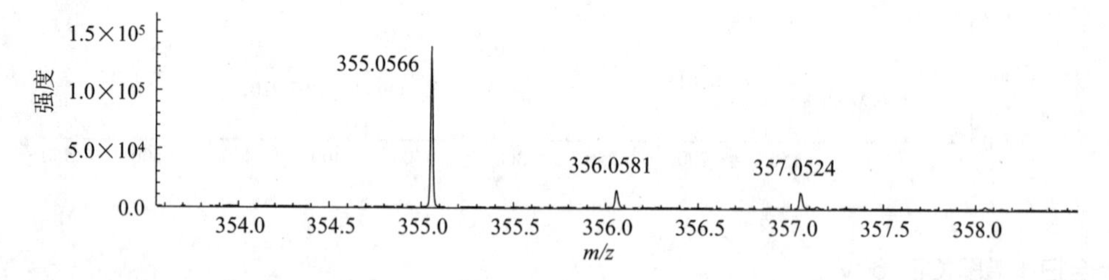

二级全扫质谱图 CE: (35±15)V

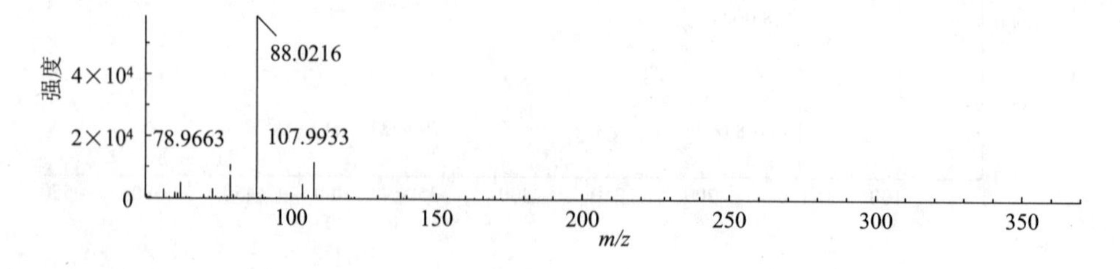

二级全扫质谱图 CE: 10V

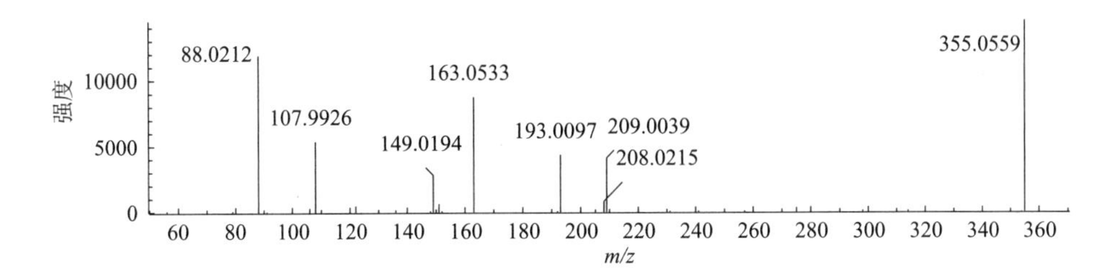

二级全扫质谱图 CE: 20V

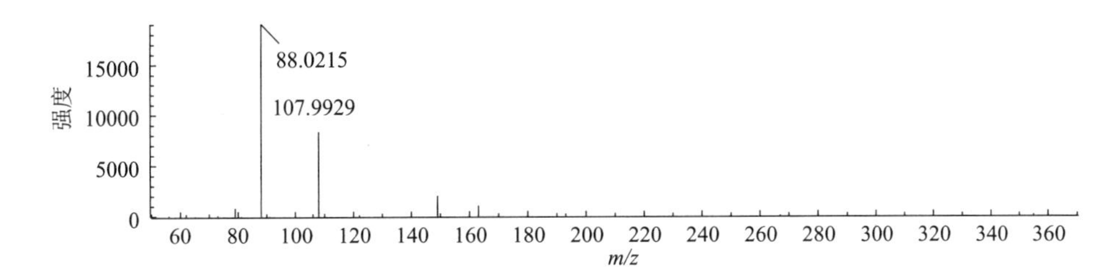

二级全扫质谱图 CE: 35V

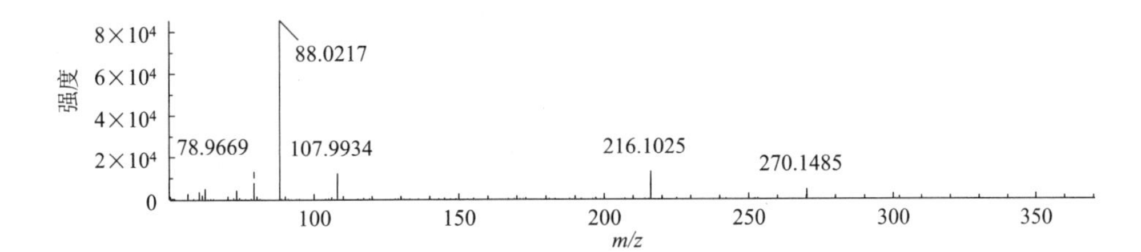

二级全扫质谱图 CE: 50V

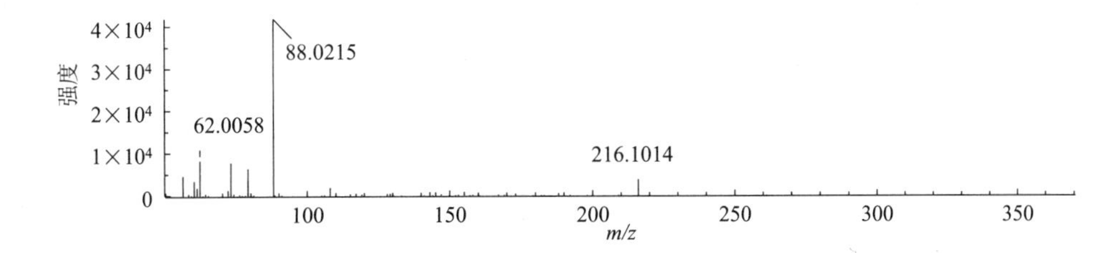

二级全扫质谱图 CE: 60V

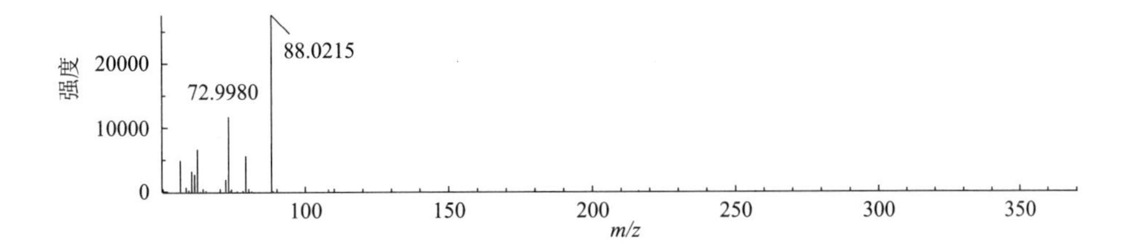

Thiophanate-methyl
甲基硫菌灵

CAS 号	23564-05-8	保留时间	6.50min
分子式	$C_{12}H_{14}N_4O_4S_2$	加合方式	$[M+H]^+$
分子量	342.0456	源内裂解碎片	无

推测裂解规律

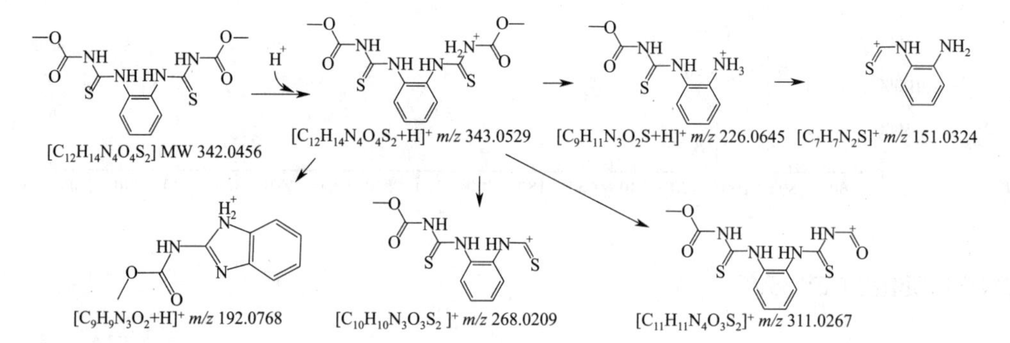

提取离子流色谱图

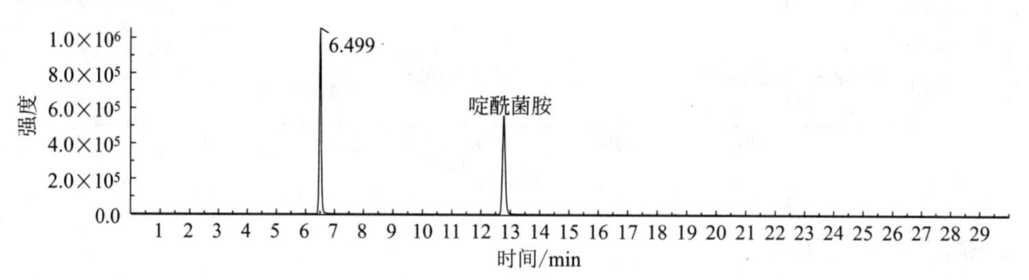

一级质谱图

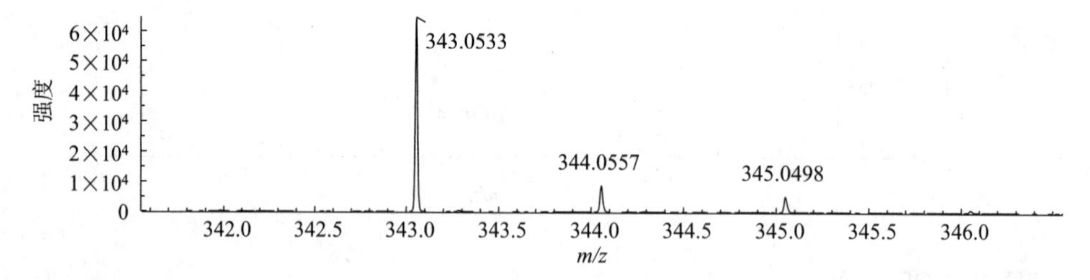

二级全扫质谱图 CE: (35±15)V

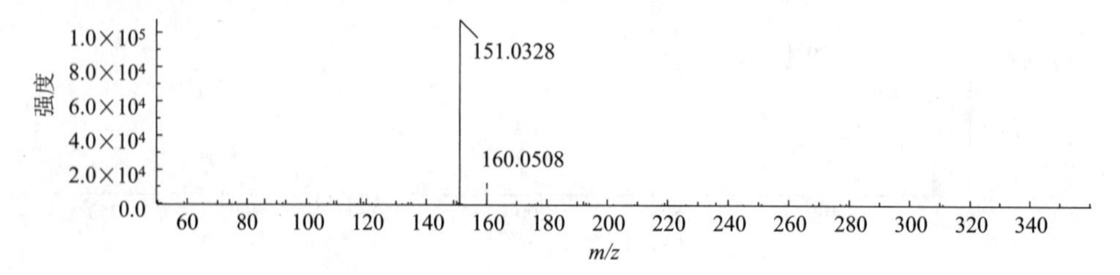

二级全扫质谱图 CE: 10V

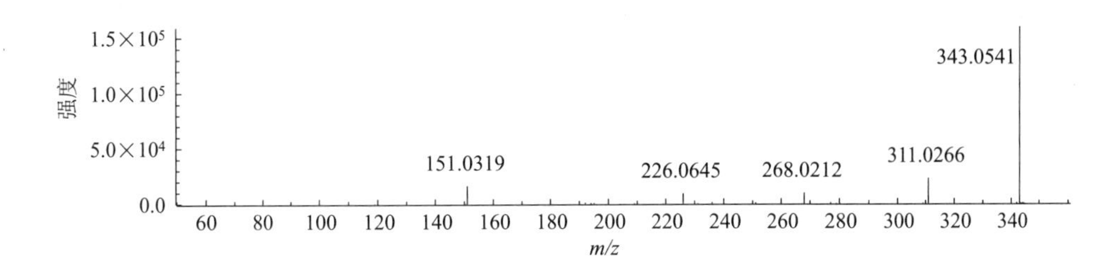

二级全扫质谱图 CE: 20V

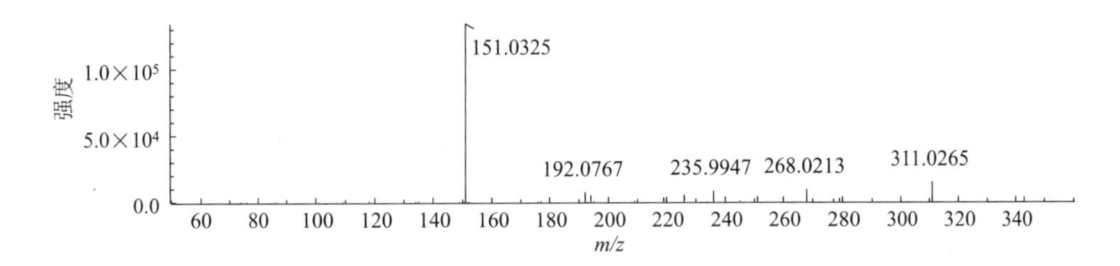

二级全扫质谱图 CE: 35V

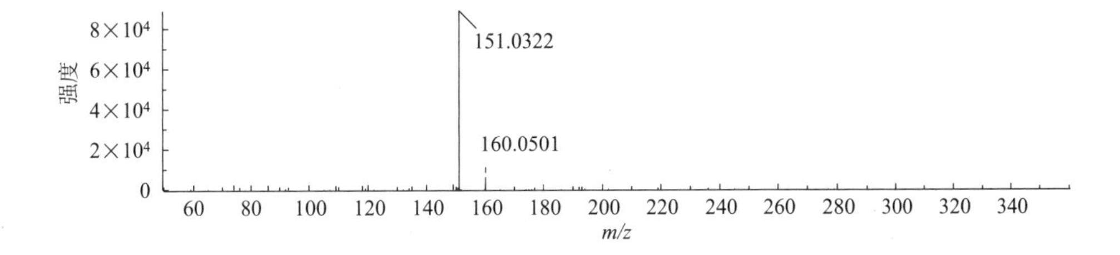

二级全扫质谱图 CE: 50V

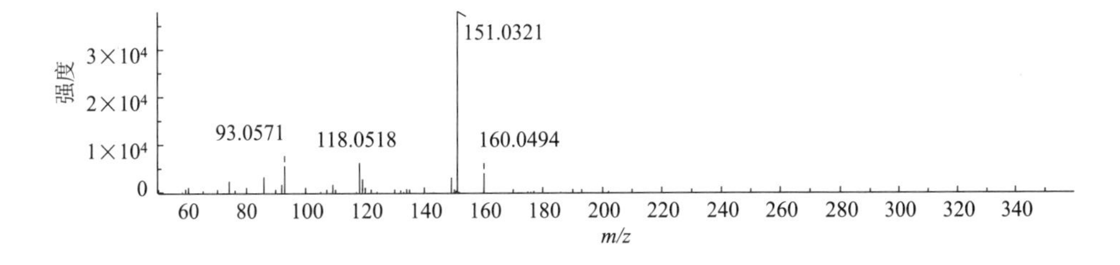

二级全扫质谱图 CE: 60V

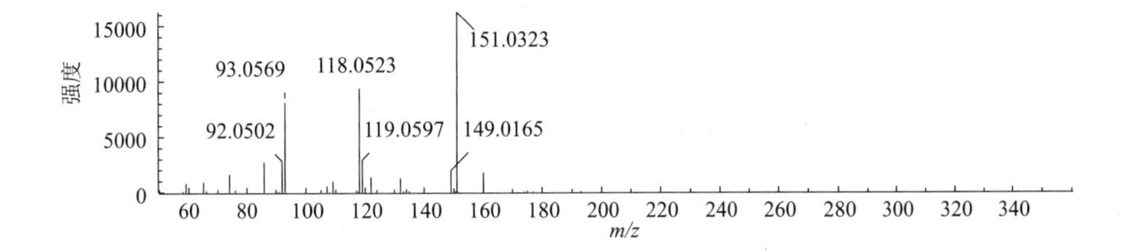

Tolclofos-methyl
甲基立枯磷

CAS 号	57018-04-9	保留时间	19.59min
分子式	$C_9H_{11}Cl_2O_3PS$	加合方式	$[M+H]^+$
分子量	299.9544	源内裂解碎片	无

推测裂解规律

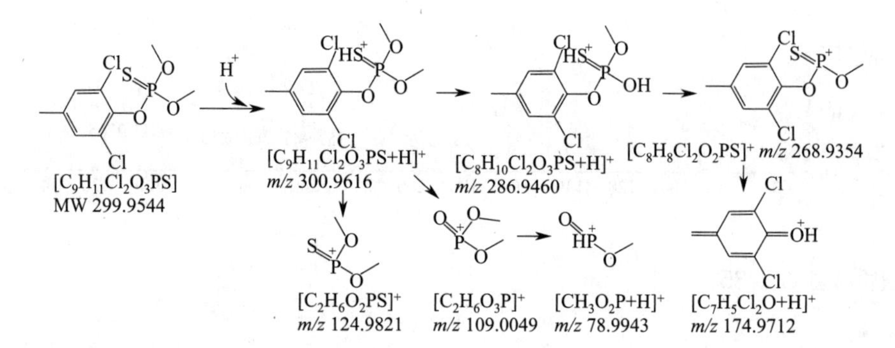

提取离子流色谱图

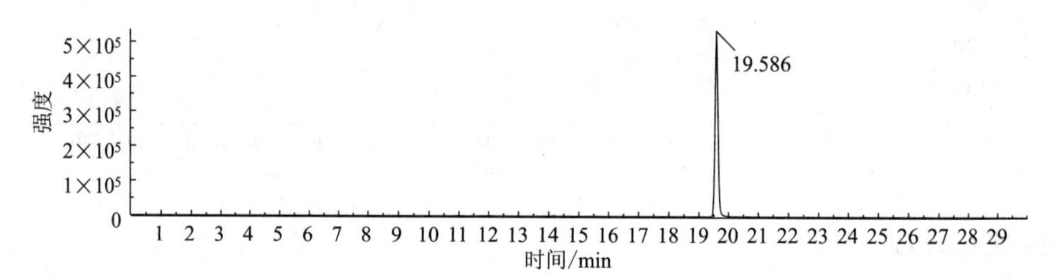

一级质谱图

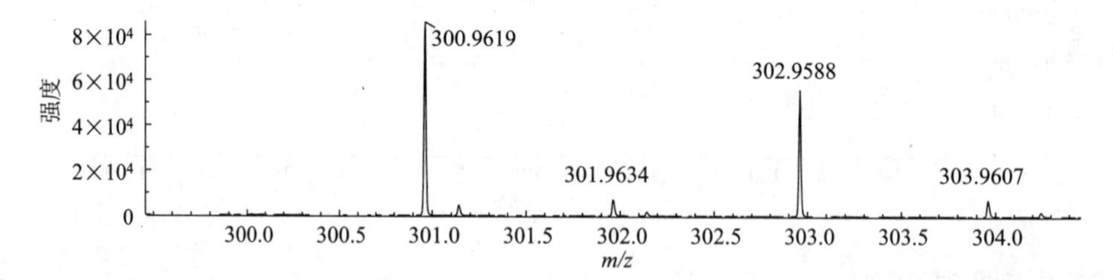

二级全扫质谱图 CE: (35±15)V

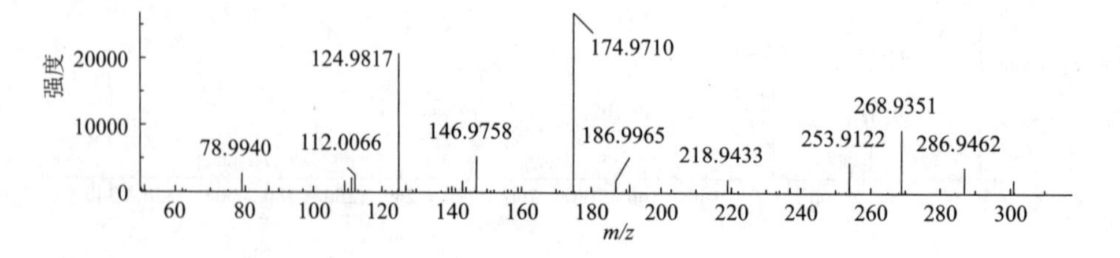

二级全扫质谱图 CE: 10V

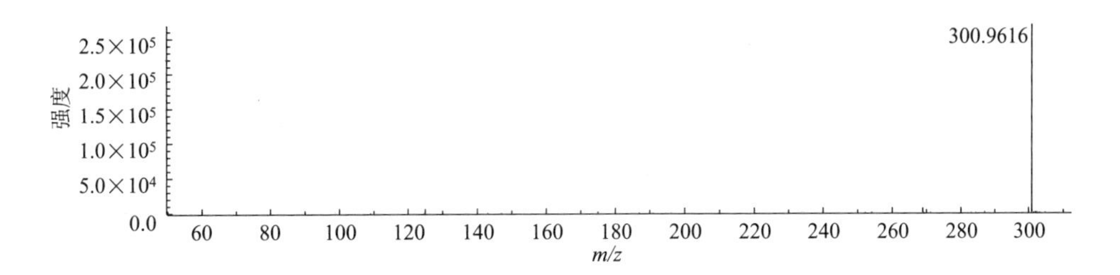

二级全扫质谱图 CE: 20V

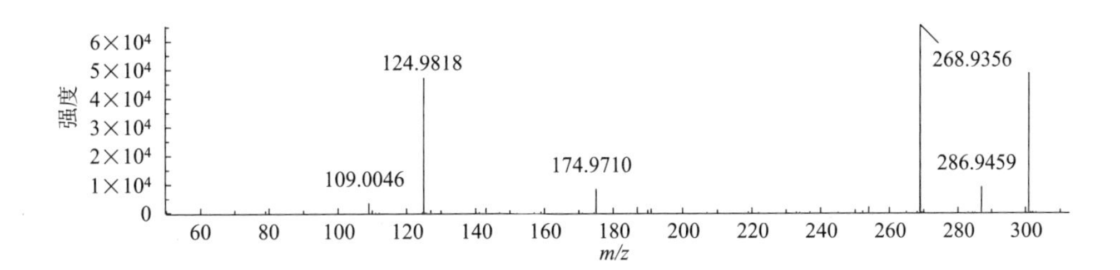

二级全扫质谱图 CE: 35V

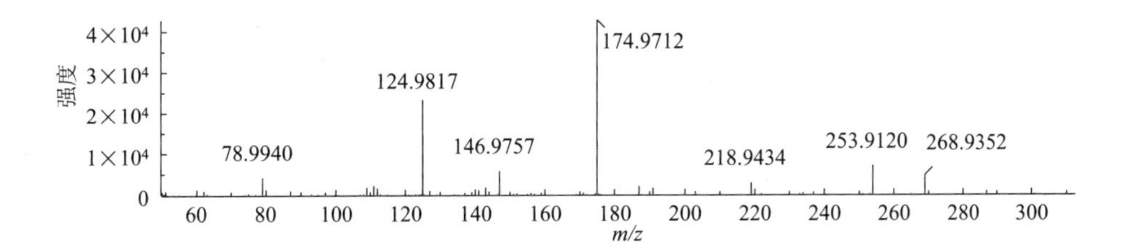

二级全扫质谱图 CE: 50V

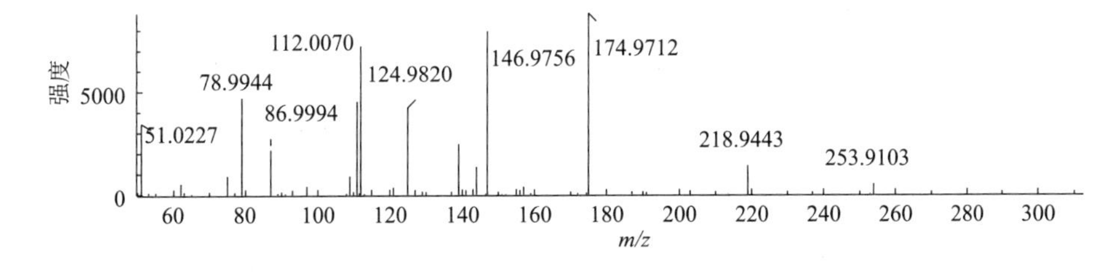

二级全扫质谱图 CE: 60V

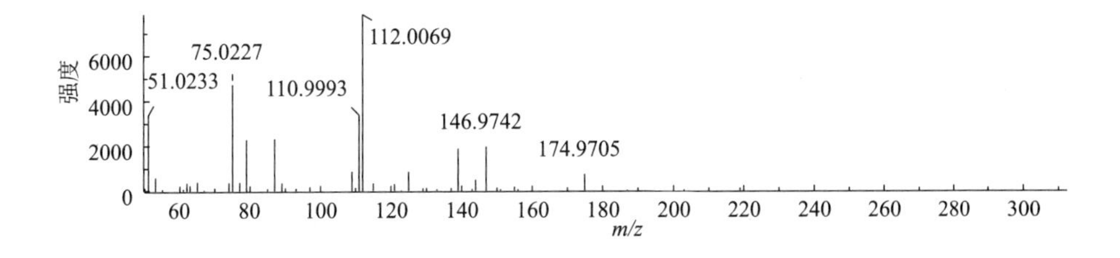

Tolfenpyrad
唑虫酰胺

CAS 号	129558-76-5	保留时间	22.26min
分子式	$C_{21}H_{22}ClN_3O_2$	加合方式	$[M+H]^+$
分子量	383.1400	源内裂解碎片	无

推测裂解规律

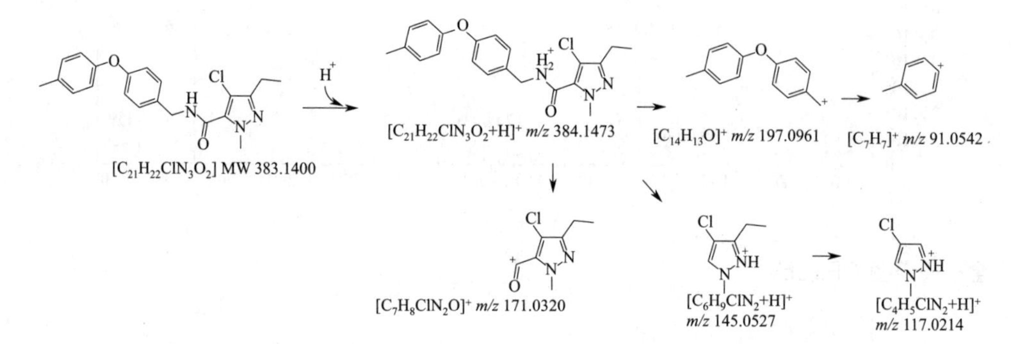

提取离子流色谱图

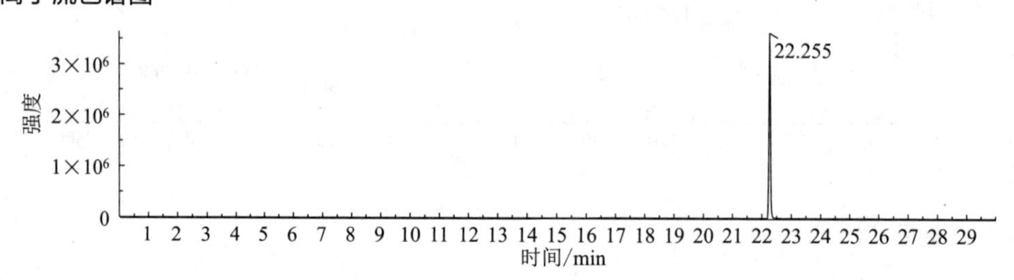

一级质谱图

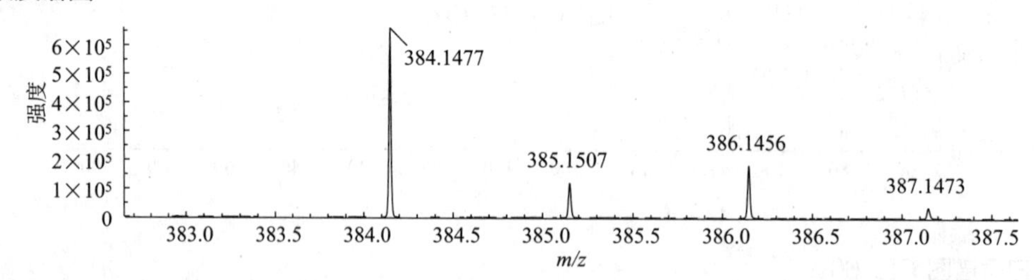

二级全扫质谱图 CE: (35±15)V

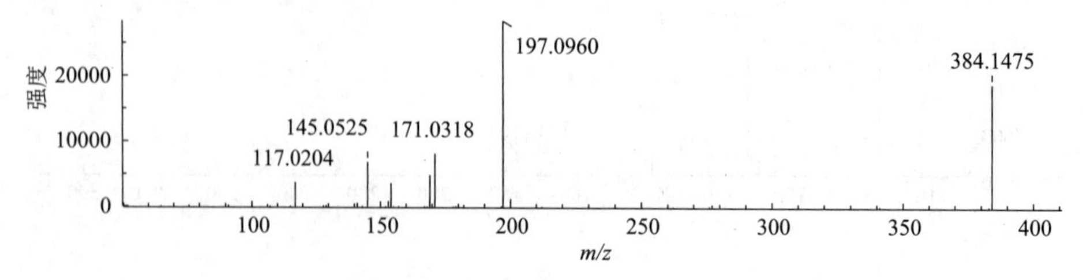

二级全扫质谱图 CE: 10V

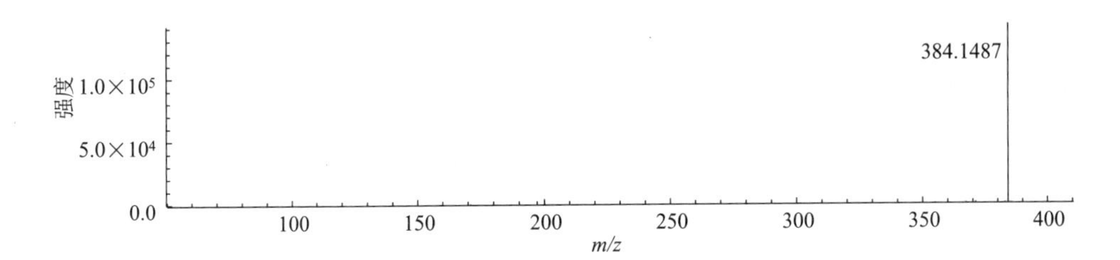

二级全扫质谱图 CE: 20V

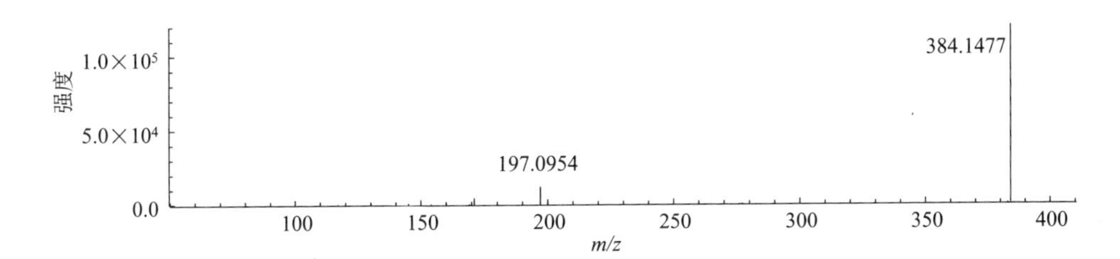

二级全扫质谱图 CE: 35V

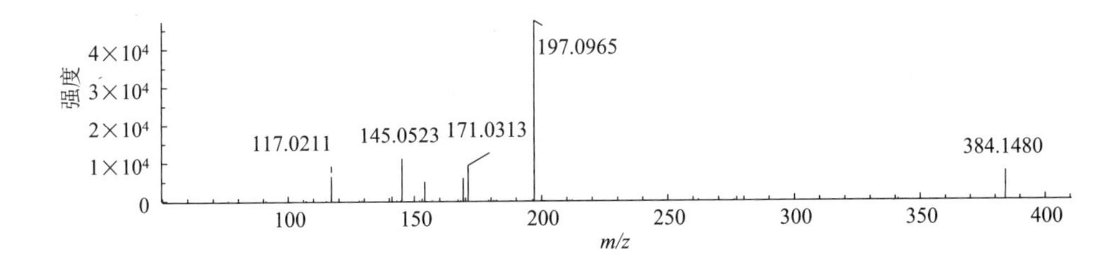

二级全扫质谱图 CE: 50V

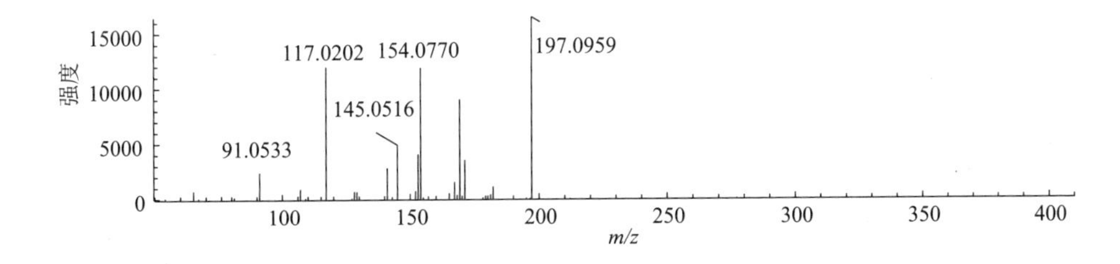

二级全扫质谱图 CE: 60V

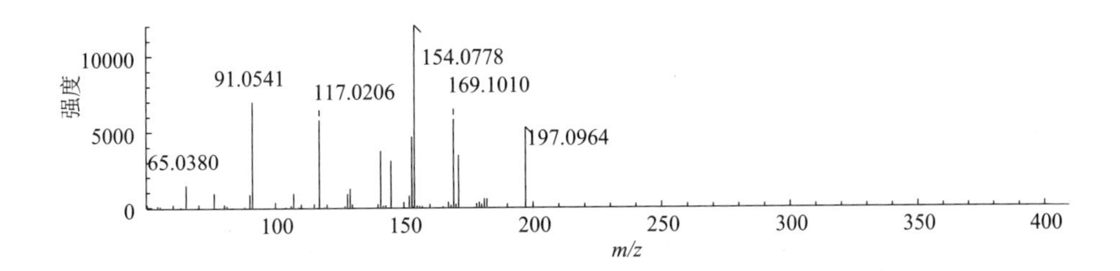

Tolylfluanid
甲苯氟磺胺

CAS 号	731-27-1	保留时间	18. 14min
分子式	$C_{10}H_{13}Cl_2FN_2O_2S_2$	加合方式	$[M+H]^+$
分子量	345. 9780	源内裂解碎片	*m/z* 238

推测裂解规律

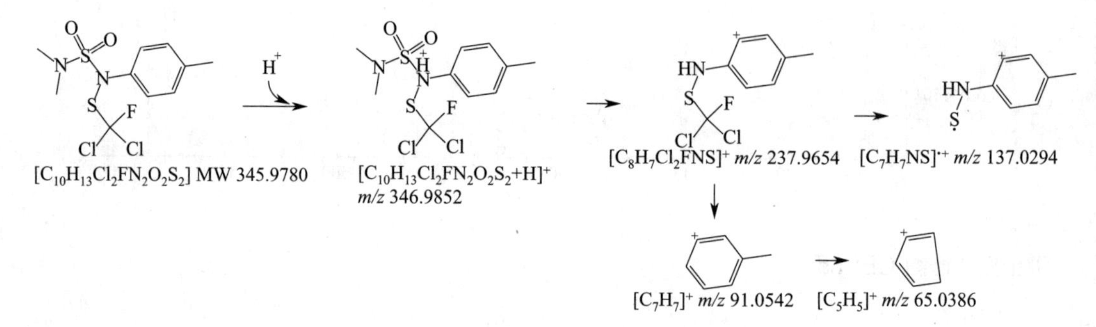

提取离子流色谱图

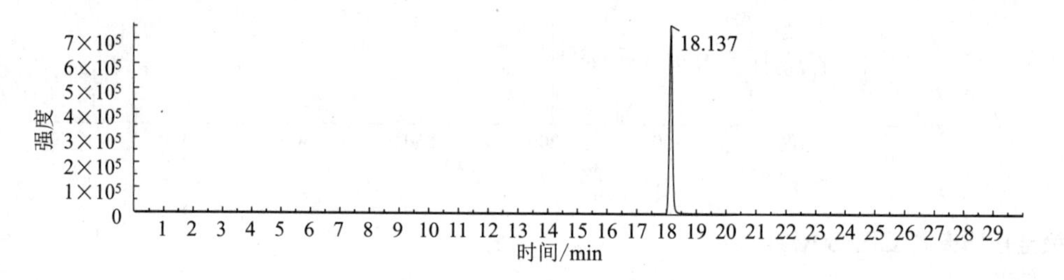

一级质谱图

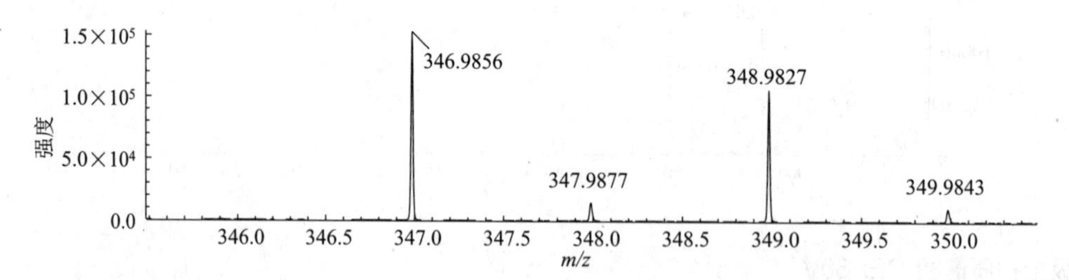

二级全扫质谱图 CE: (35±15)V

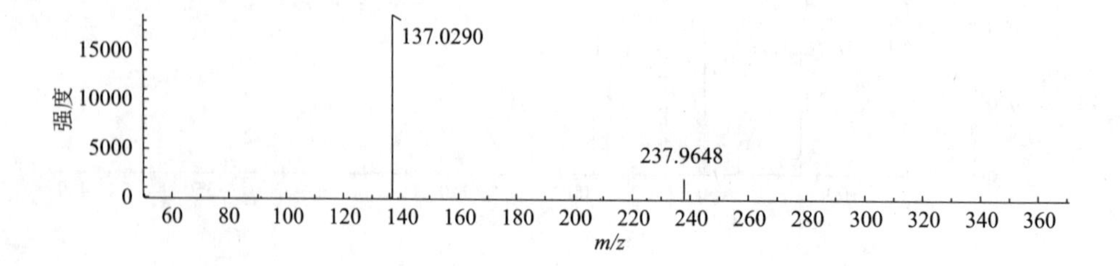

二级全扫质谱图 CE: 10V

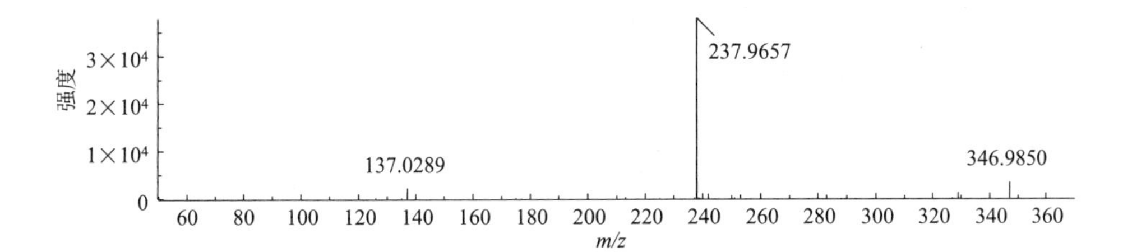

二级全扫质谱图 CE: 20V

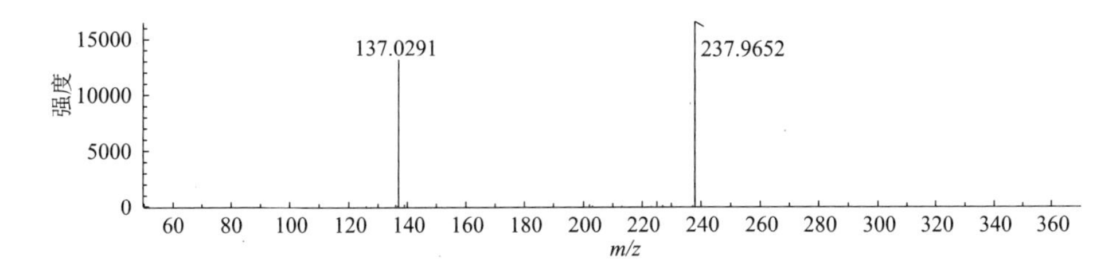

二级全扫质谱图 CE: 35V

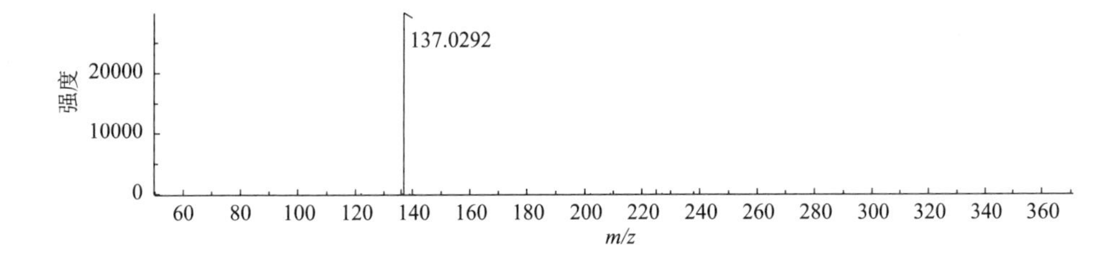

二级全扫质谱图 CE: 50V

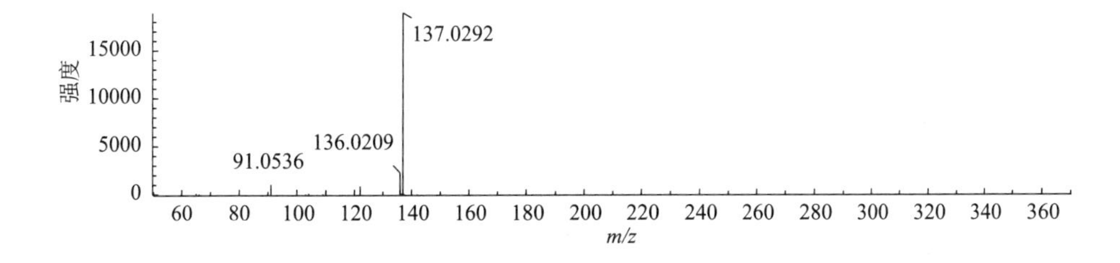

二级全扫质谱图 CE: 60V

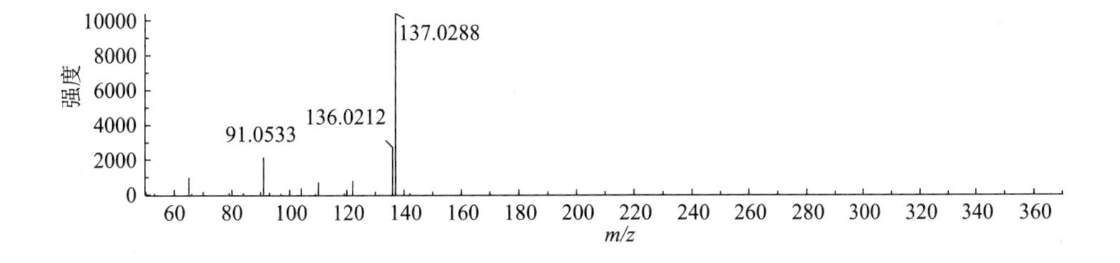

Tolylfluanid in-source fragment 238

甲苯氟磺胺源内裂解碎片 238

CAS 号	—	保留时间	18.14min
分子式	$C_8H_7Cl_2FNS^+$	加合方式	$[M]^+$
分子量	237.9654	源内裂解碎片	无

推测裂解规律

$[C_5H_5]^+$ *m/z* 65.0386 ← $[C_7H_7]^+$ *m/z* 91.0542 ← $[C_8H_7Cl_2FNS]^+$ *m/z* 237.9654 → $[C_7H_7NS]^{\cdot+}$ *m/z* 137.0294

提取离子流色谱图

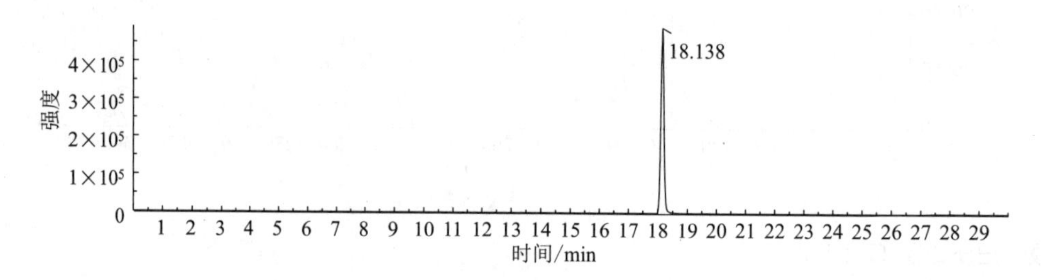

一级质谱图

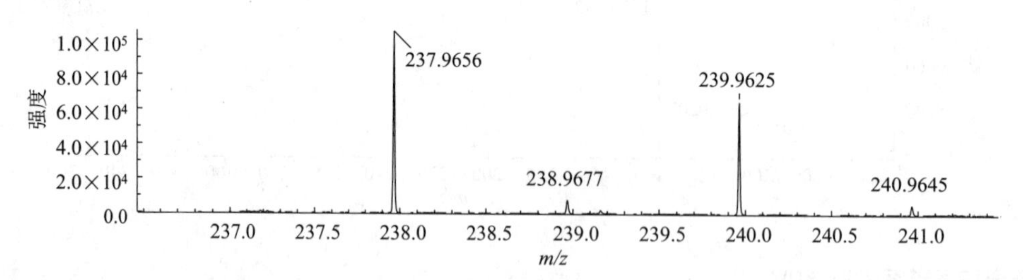

二级全扫质谱图 CE: (35±15)V

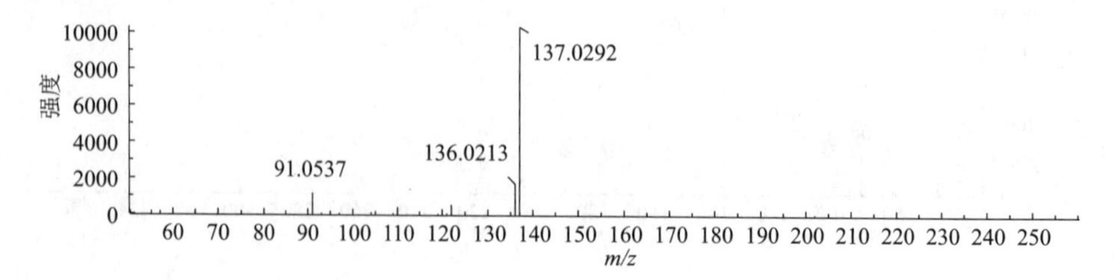

二级全扫质谱图 CE: 10V

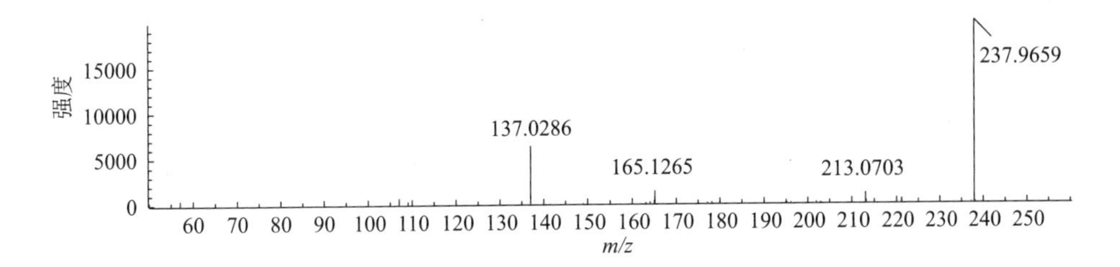

二级全扫质谱图 CE: 20V

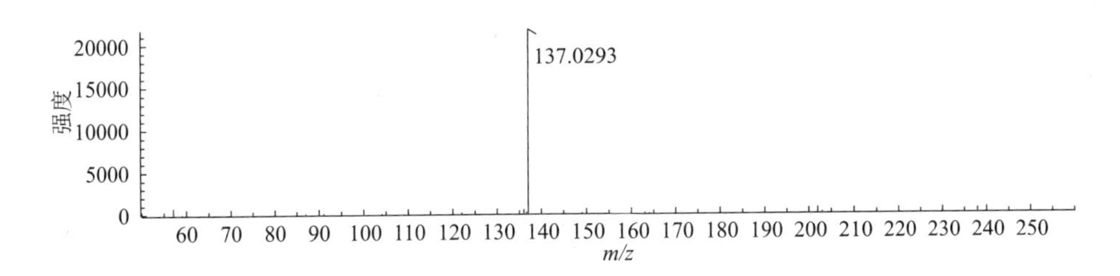

二级全扫质谱图 CE: 35V

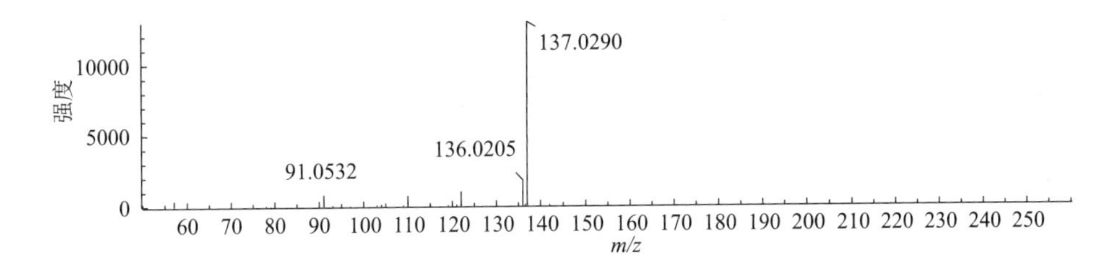

二级全扫质谱图 CE: 50V

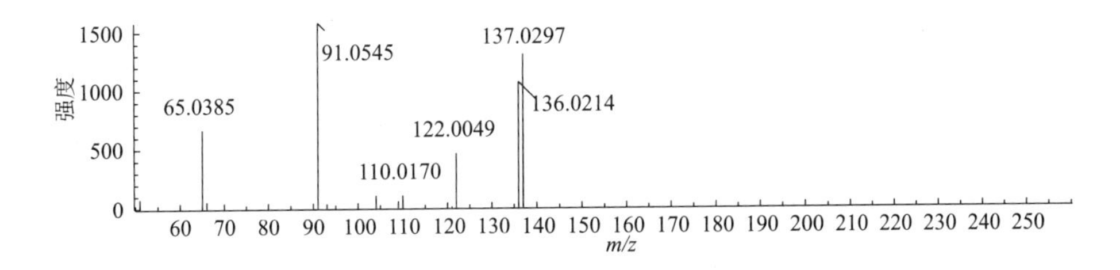

二级全扫质谱图 CE: 60V

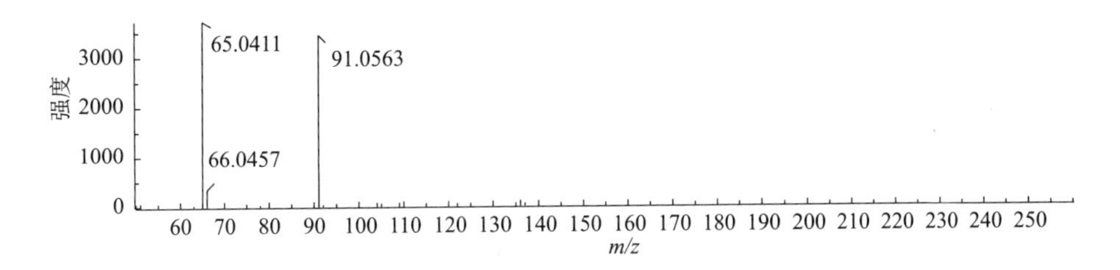

Topramezone
苯唑草酮

CAS 号	210631-68-8	保留时间	4.08min
分子式	$C_{16}H_{17}N_3O_5S$	加合方式	$[M+H]^+$
分子量	363.0889	源内裂解碎片	无

推测裂解规律

$[C_{16}H_{17}N_3O_5S]$ MW 363.0889

H^+

$[C_{16}H_{17}N_3O_5S+H]^+$ *m/z* 364.0962

$[C_{15}H_{15}N_3O_4S+H]^+$ *m/z* 334.0856

$[C_5H_2N_2O_2]^+$ *m/z* 125.0346

$[C_{16}H_{16}N_3O_5S]^+$ *m/z* 346.0856

提取离子流色谱图

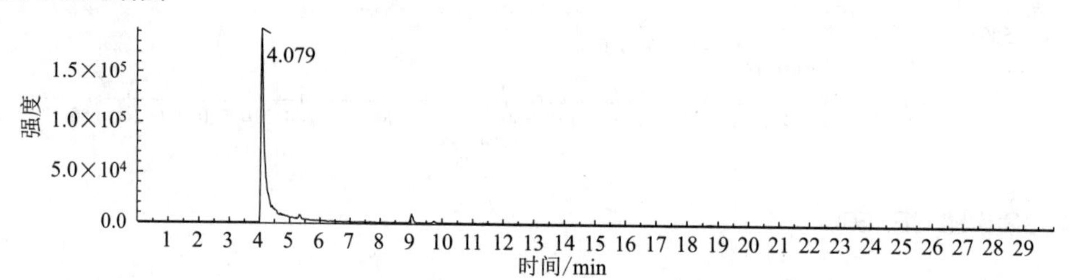

一级质谱图

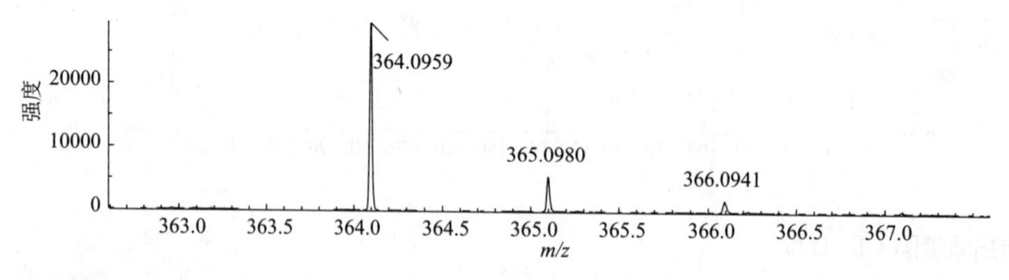

二级全扫质谱图 CE: (35±15)V

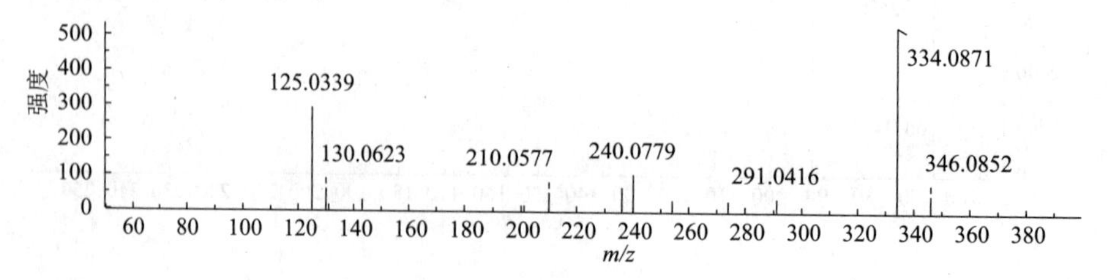

二级全扫质谱图 CE：10V

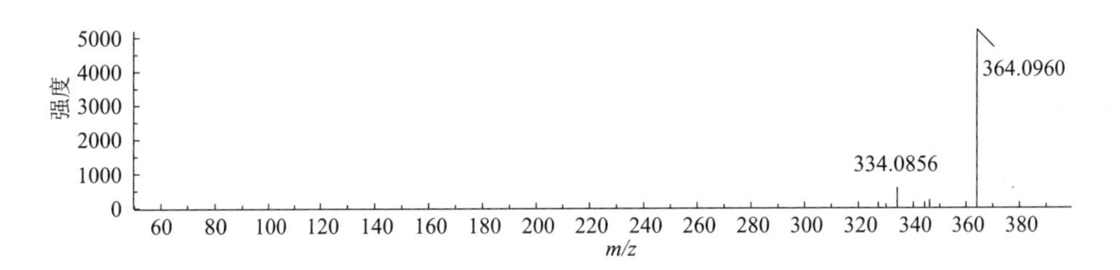

二级全扫质谱图 CE：20V

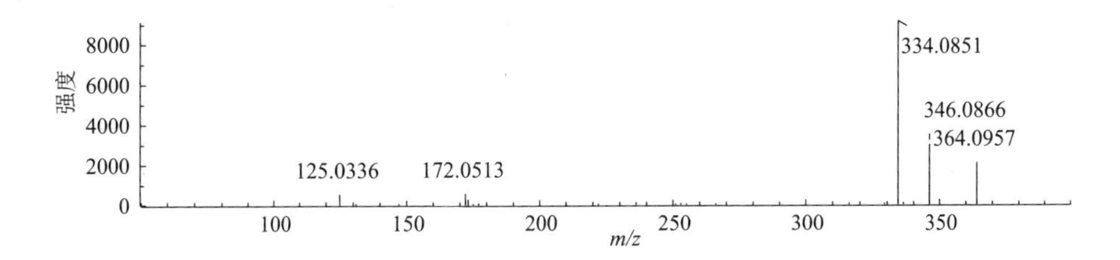

二级全扫质谱图 CE：35V

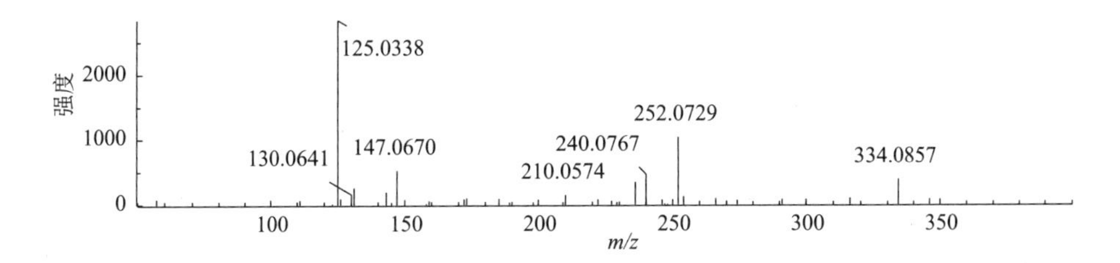

二级全扫质谱图 CE：50V

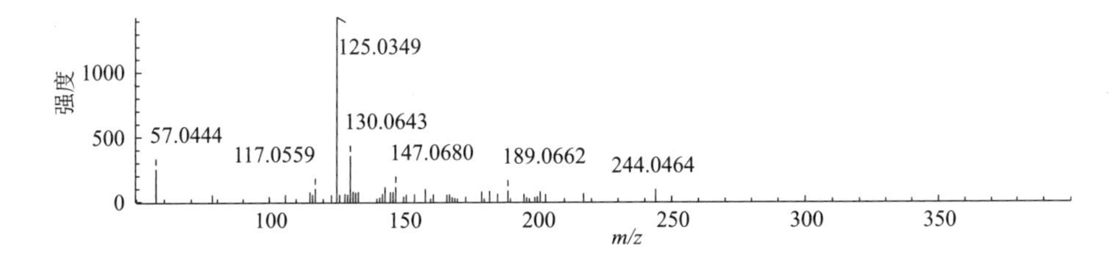

二级全扫质谱图 CE：60V

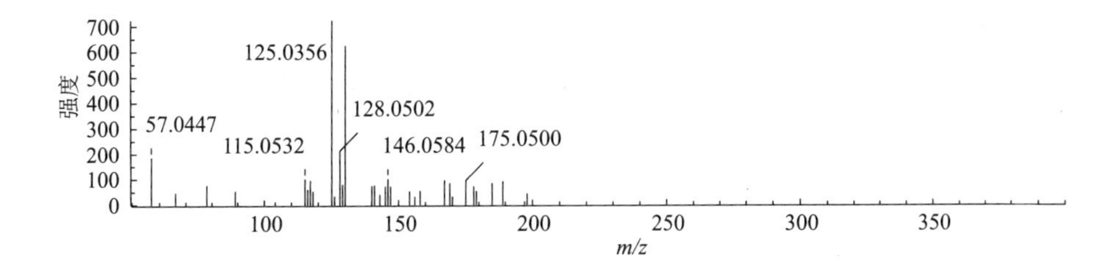

Tralkoxydim

三甲苯草酮

CAS 号	87820-88-0	保留时间	22.70min
分子式	$C_{20}H_{27}NO_3$	加合方式	$[M+H]^+$
分子量	329.1991	源内裂解碎片	无

推测裂解规律

$[C_{20}H_{27}NO_3]$ MW 329.1991 → (H^+) → $[C_{20}H_{27}NO_3+H]^+$ *m/z* 330.2064 → $[C_{18}H_{22}NO_2]^+$ *m/z* 284.1645 → $[C_{18}H_{21}NO]^{\cdot+}$ *m/z* 267.1618

$[C_{18}H_{22}NO_2]^+$ *m/z* 284.1645 → $[C_7H_8NO_2]^+$ *m/z* 138.0550 → $[C_5H_6NO]^+$ *m/z* 96.0444

$[C_{18}H_{22}NO_2]^+$ *m/z* 284.1645 → $[C_7H_{10}NO_2]^+$ *m/z* 140.0706 → $[C_5H_8NO]^+$ *m/z* 98.0600 → $[C_3H_5NO+H]^+$ *m/z* 72.0444

提取离子流色谱图

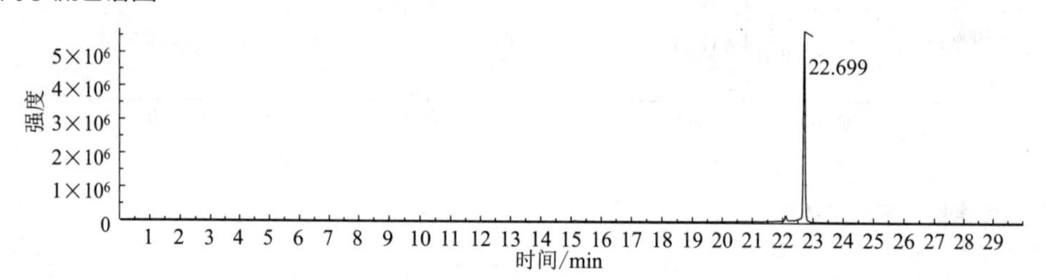

一级质谱图

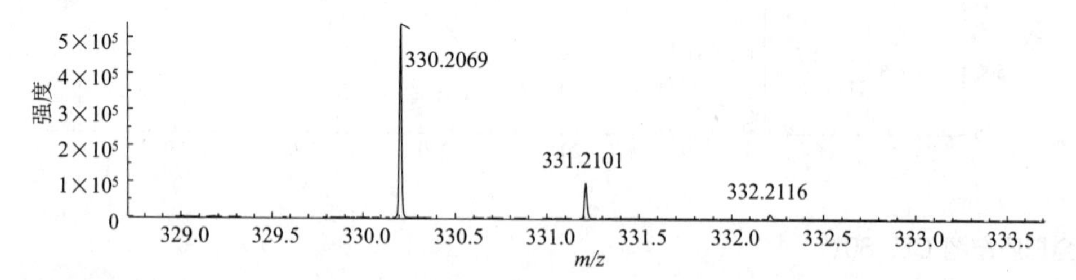

二级全扫质谱图 CE: (35±15)V

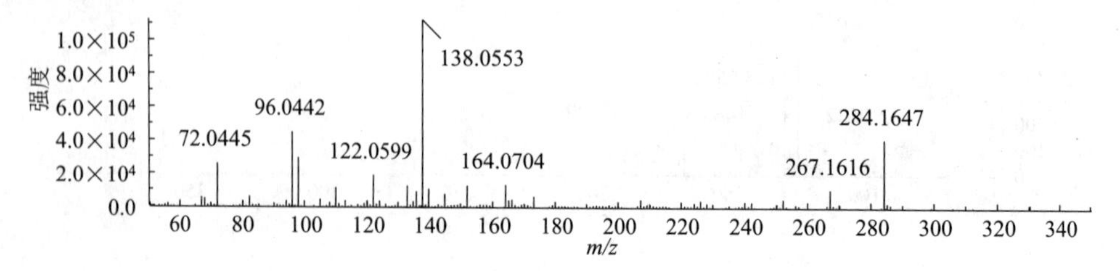

二级全扫质谱图 CE: 10V

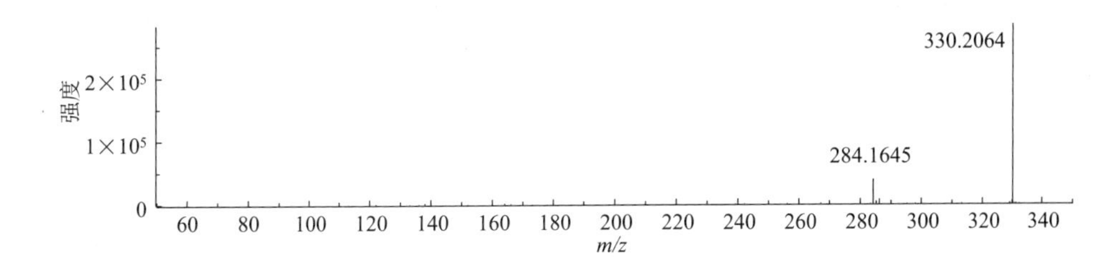

二级全扫质谱图 CE: 20V

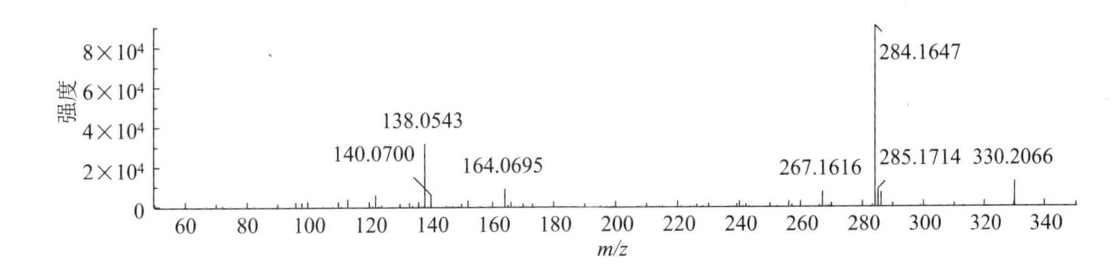

二级全扫质谱图 CE: 35V

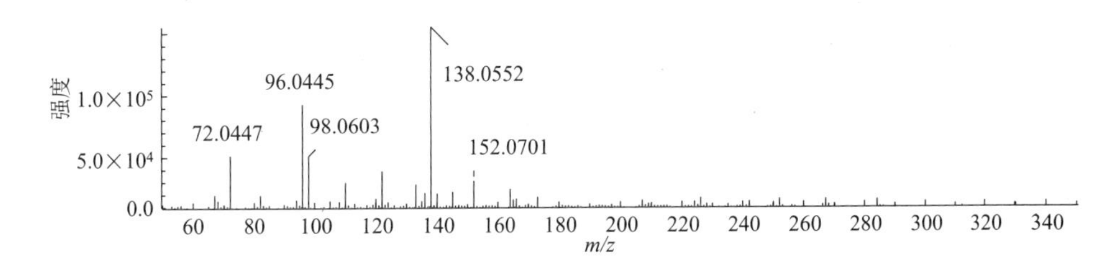

二级全扫质谱图 CE: 50V

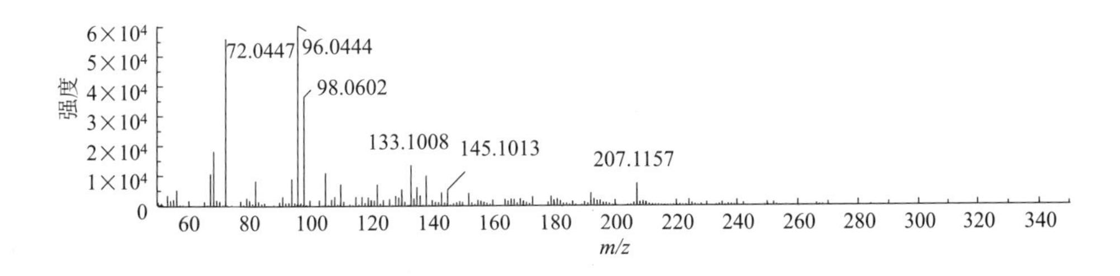

二级全扫质谱图 CE: 60V

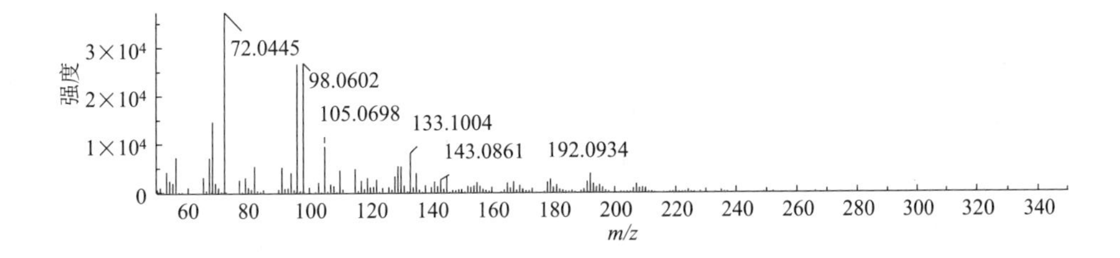

Triadimefon

三唑酮

CAS 号	43121-43-3	保留时间	13.83min
分子式	$C_{14}H_{16}ClN_3O_2$	加合方式	$[M+H]^+$
分子量	293.0931	源内裂解碎片	无

推测裂解规律（裂解路径已经 MS^3 确认）

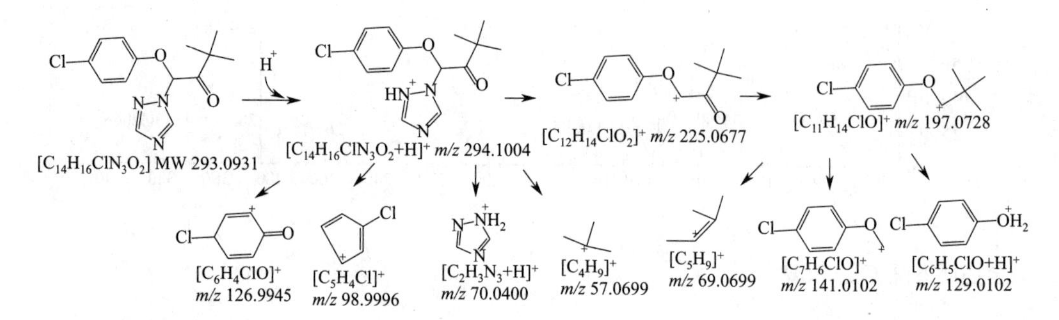

提取离子流色谱图

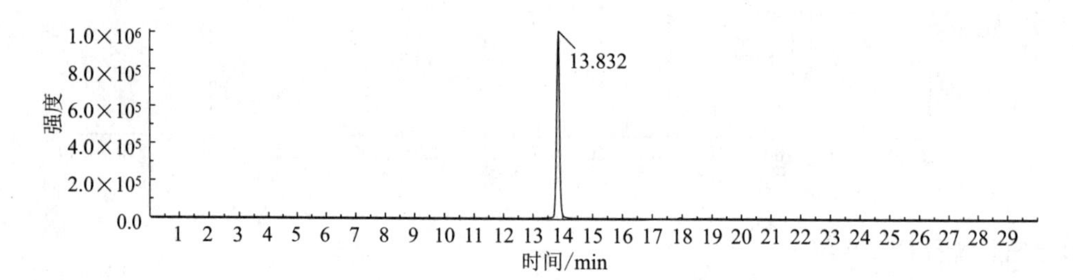

一级质谱图

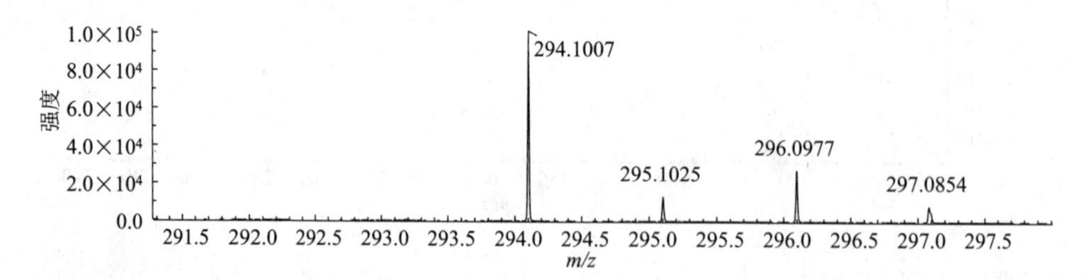

二级全扫质谱图 CE: (35±15)V

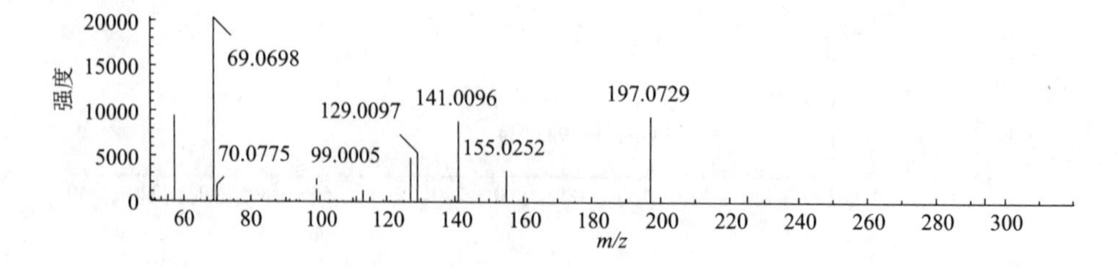

二级全扫质谱图 CE: 10V

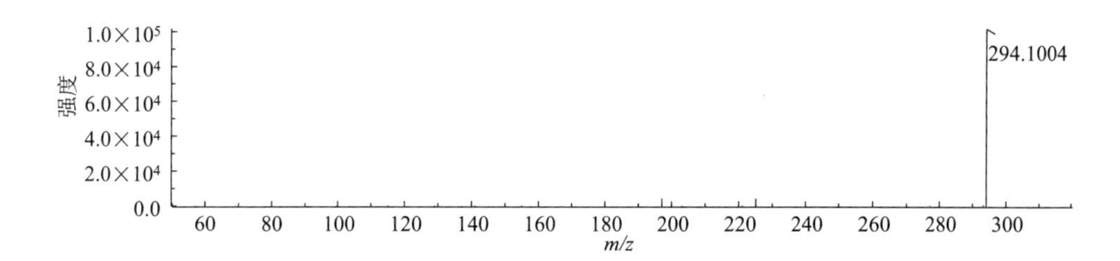

二级全扫质谱图 CE: 20V

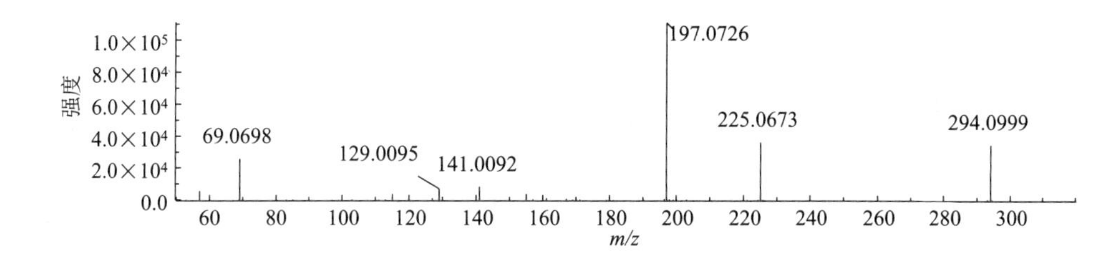

二级全扫质谱图 CE: 35V

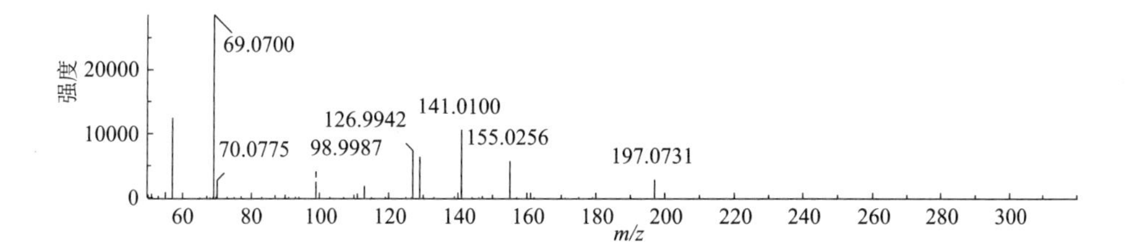

二级全扫质谱图 CE: 50V

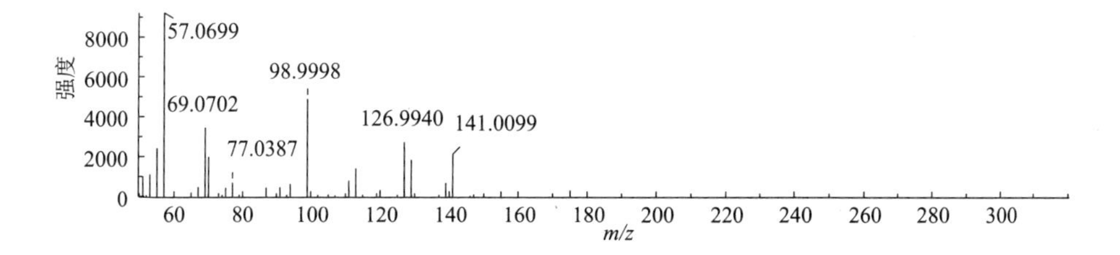

二级全扫质谱图 CE: 60V

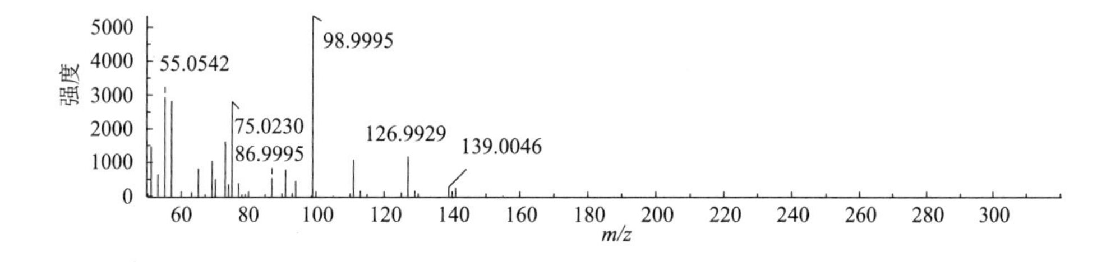

Triallate

野麦畏

CAS 号	2303-17-5	保留时间	22.63min
分子式	$C_{10}H_{16}Cl_3NOS$	加合方式	$[M+H]^+$
分子量	303.0018	源内裂解碎片	无

推测裂解规律

$[C_{10}H_{16}Cl_3NOS]$ MW 303.0018 → $[C_{10}H_{16}Cl_3NOS+H]^+$ *m/z* 304.0091 → $[C_{17}H_{10}Cl_3NOS+H]^+$ *m/z* 261.9621 → $[C_4H_8NO]^+$ *m/z* 86.0600

$[C_{17}H_{10}Cl_3NOS+H]^+$ *m/z* 261.9621 → $[C_3H_2Cl_3]^+$ *m/z* 142.9217

提取离子流色谱图

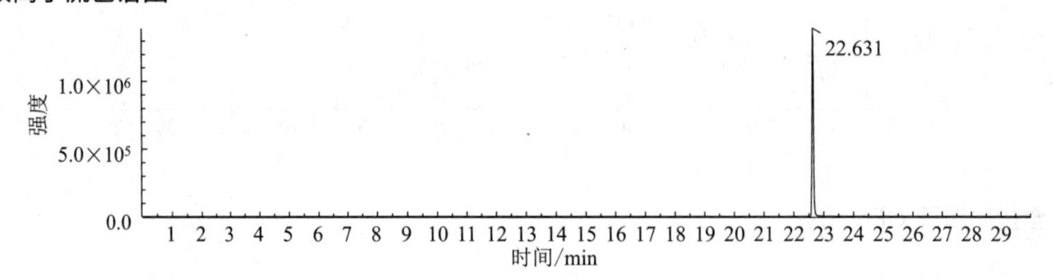

一级质谱图

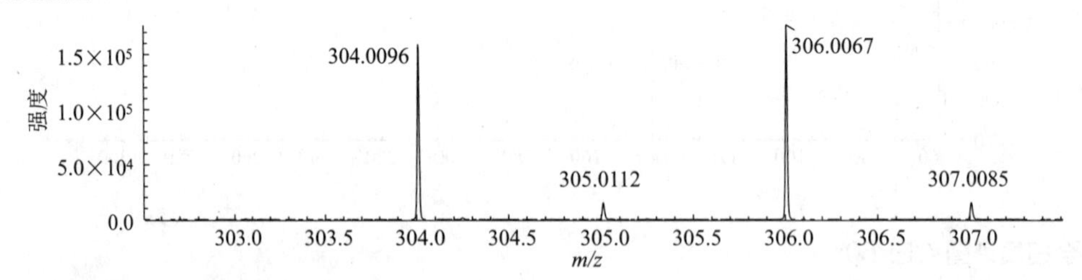

二级全扫质谱图 CE: (35±15)V

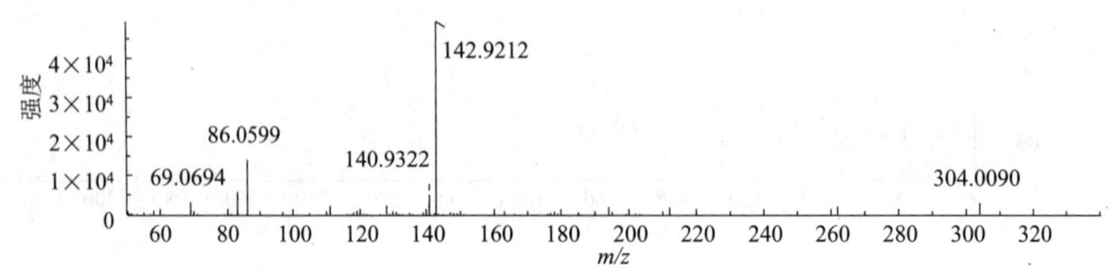

二级全扫质谱图 CE: 10V

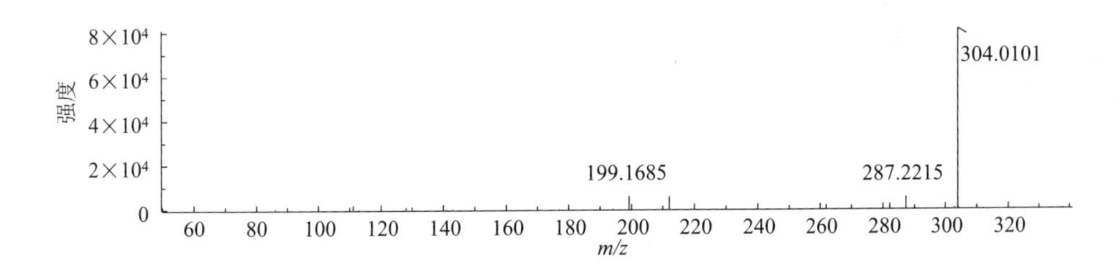

二级全扫质谱图 CE: 20V

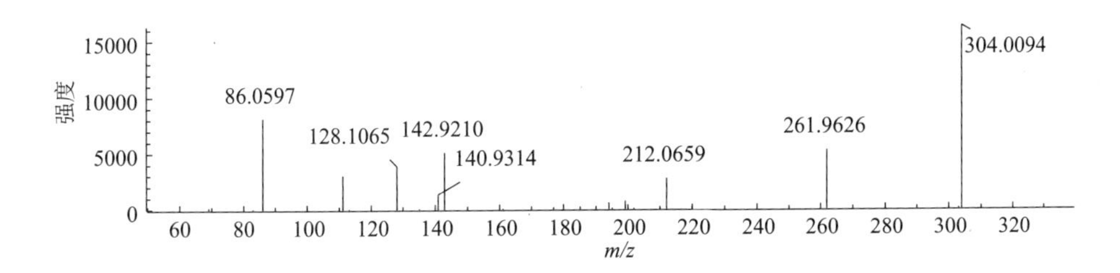

二级全扫质谱图 CE: 35V

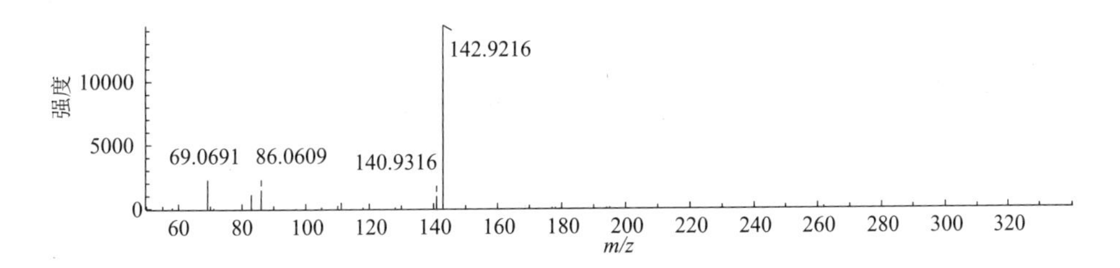

二级全扫质谱图 CE: 50V

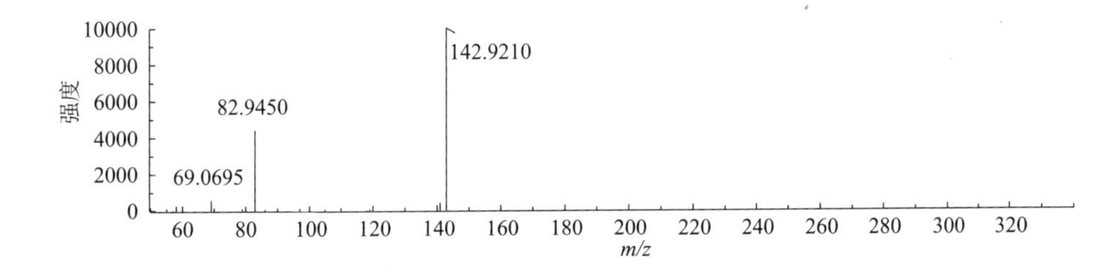

二级全扫质谱图 CE: 60V

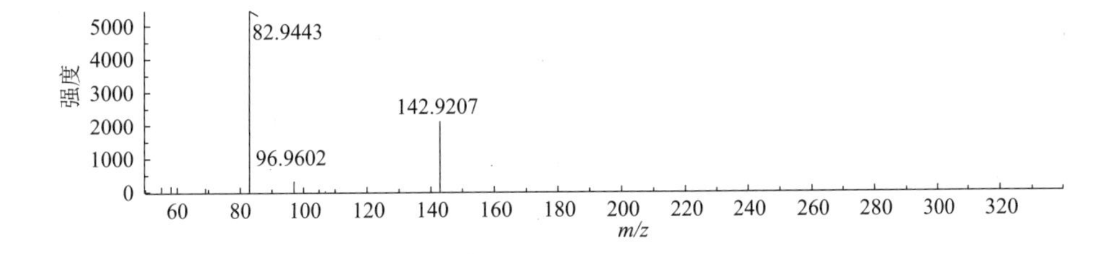

Triasulfuron

醚苯磺隆

CAS 号	82097-50-5	保留时间	6. 27min
分子式	$C_{14}H_{16}ClN_5O_5S$	加合方式	$[M+H]^+$
分子量	401. 0561	源内裂解碎片	无

推测裂解规律

$[C_{14}H_{16}ClN_5O_5S]$ MW 401.0561

H^+

$[C_{14}H_{16}ClN_5O_5S+H]^+$ *m/z* 402.0633

$[C_6H_7N_4O_2]^+$ *m/z* 167.0564

$[C_5H_8N_4O+H]^+$ *m/z* 141.0771

$[C_8H_8ClO_3S]^+$ *m/z* 218.9877

提取离子流色谱图

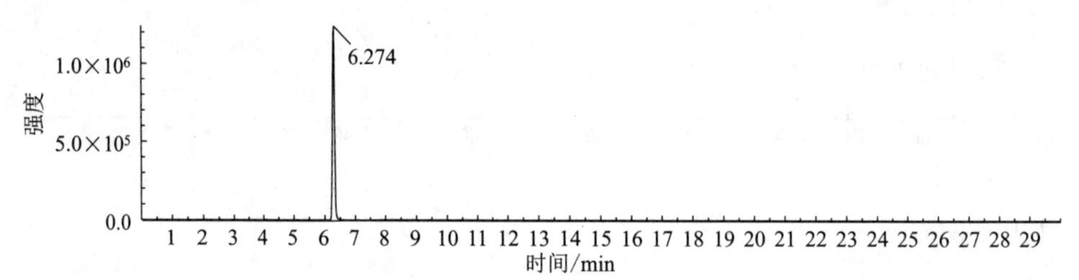

一级质谱图

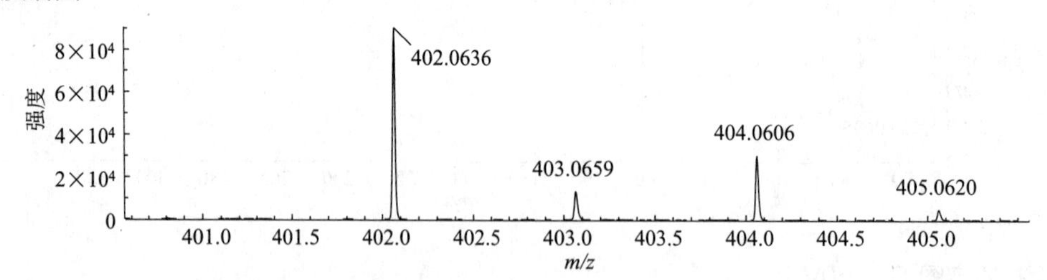

二级全扫质谱图 CE: (35±15)V

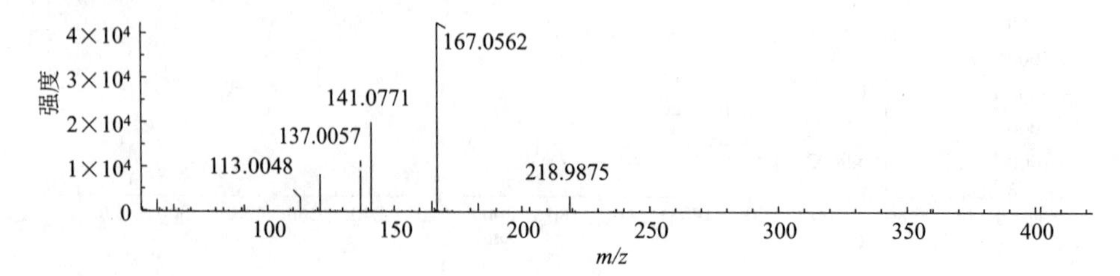

二级全扫质谱图 CE: 10V

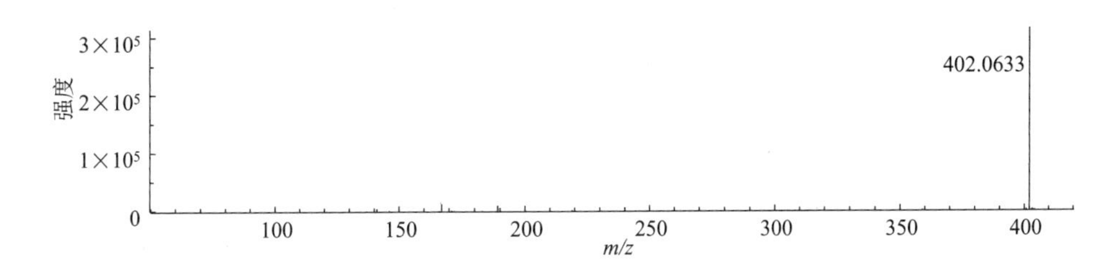

二级全扫质谱图 CE: 20V

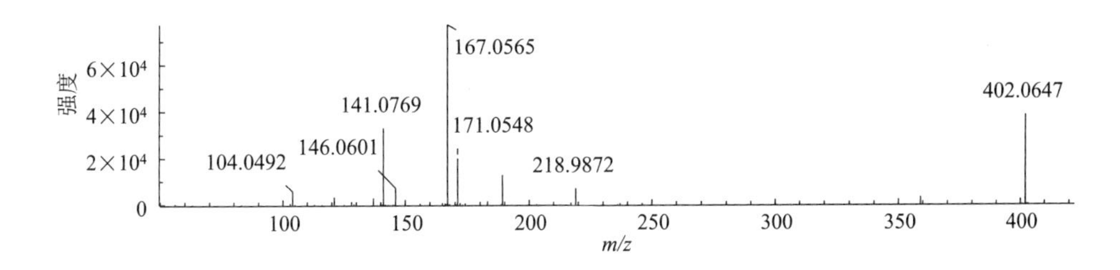

二级全扫质谱图 CE: 35V

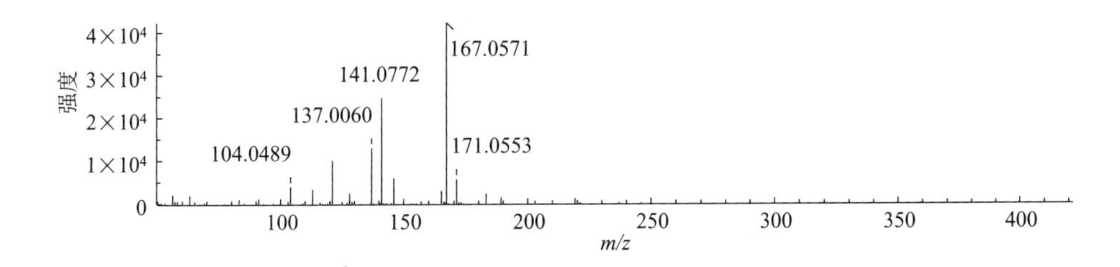

二级全扫质谱图 CE: 50V

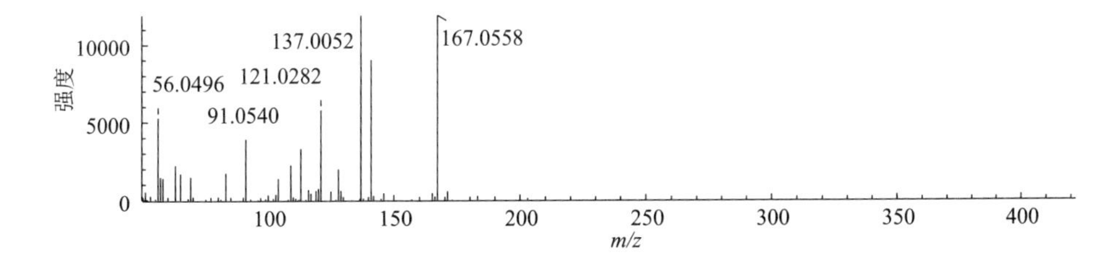

二级全扫质谱图 CE: 60V

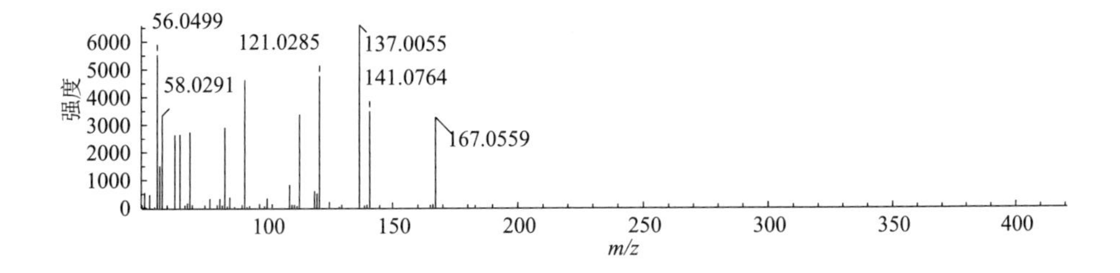

Triazophos
三唑磷

CAS 号	24017-47-8	保留时间	14.53min
分子式	$C_{12}H_{16}N_3O_3PS$	加合方式	$[M+H]^+$
分子量	313.0650	源内裂解碎片	无

推测裂解规律

$[C_{12}H_{16}N_3O_3PS]$ MW 313.0650

$[C_{12}H_{16}N_3O_3PS+H]^+$ *m/z* 314.0723

$[C_{10}H_{12}N_3O_3PS+H]^+$ *m/z* 286.0410

$[C_8H_8N_3O_3PS+H]^+$ *m/z* 258.0097

$[C_7H_7N_2]^+$ *m/z* 119.0603

$[OPS]^+$ *m/z* 78.9402

$[H_2O_2PS]^+$ *m/z* 96.9508

$[C_8H_7N_3O+H]^+$ *m/z* 162.0662

$[C_6H_5]^+$ *m/z* 77.0386

$[HO_2P+H]^+$ *m/z* 64.9787

提取离子流色谱图

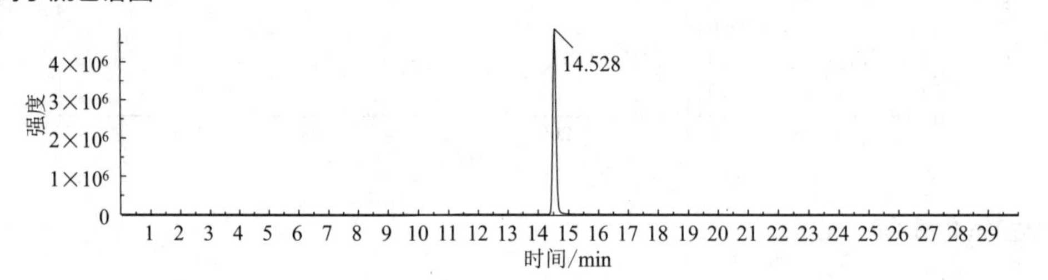

一级质谱图

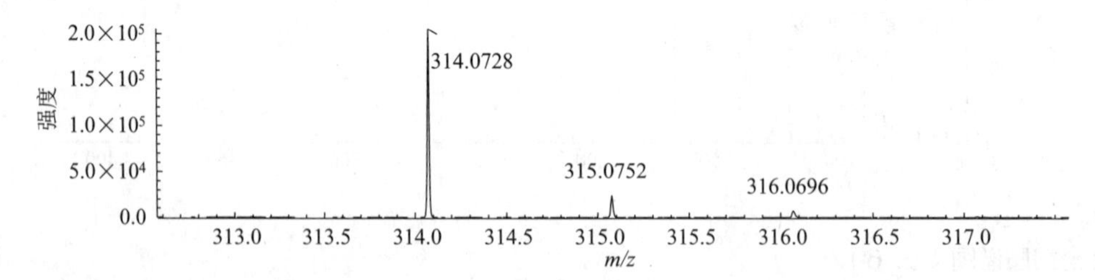

二级全扫质谱图 CE: (35±15)V

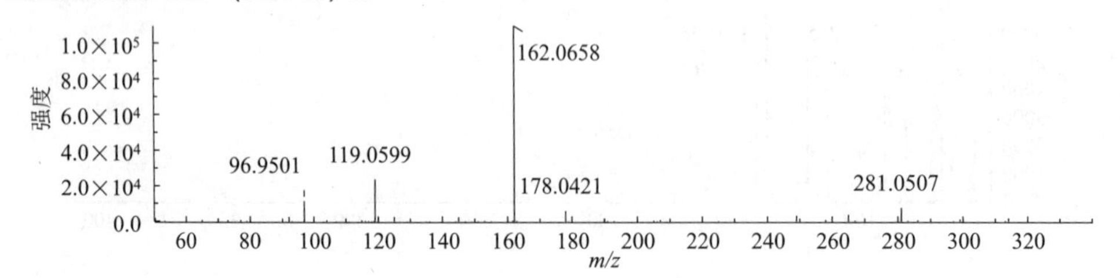

二级全扫质谱图 CE: 10V

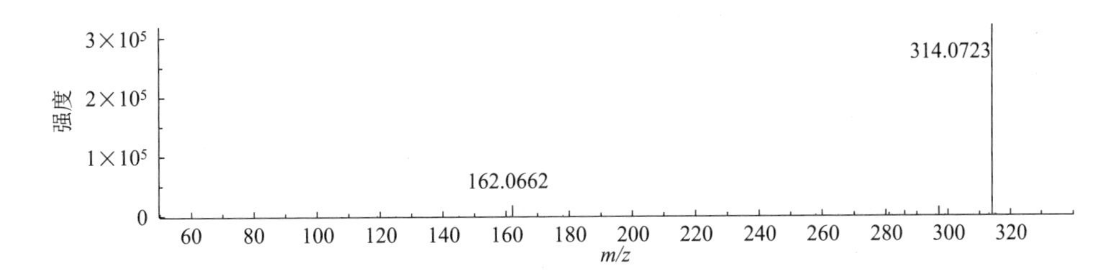

二级全扫质谱图 CE: 20V

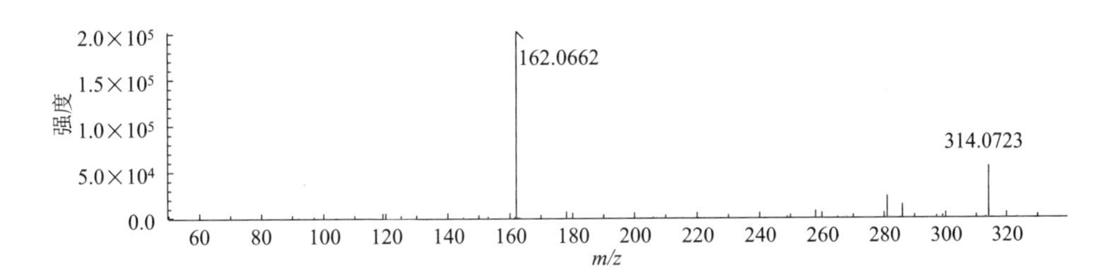

二级全扫质谱图 CE: 35V

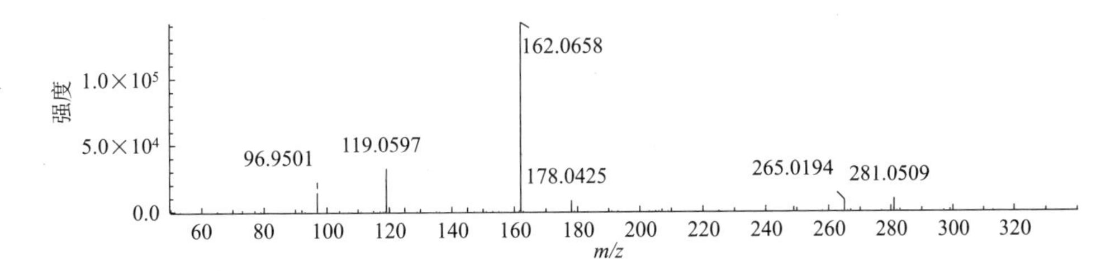

二级全扫质谱图 CE: 50V

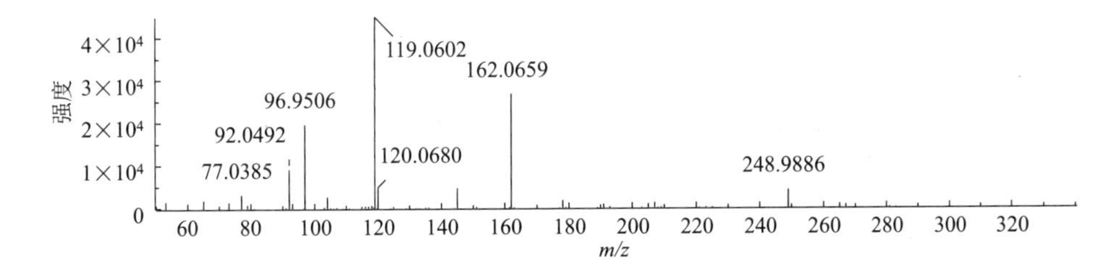

二级全扫质谱图 CE: 60V

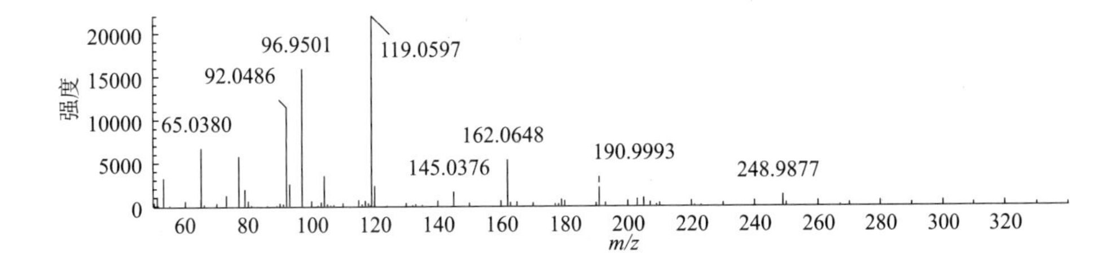

Tribenuron-methyl
苯磺隆

CAS 号	101200-48-0	保留时间	9.03min
分子式	$C_{15}H_{17}N_5O_6S$	加合方式	$[M+H]^+$
分子量	395.0900	源内裂解碎片	无

推测裂解规律

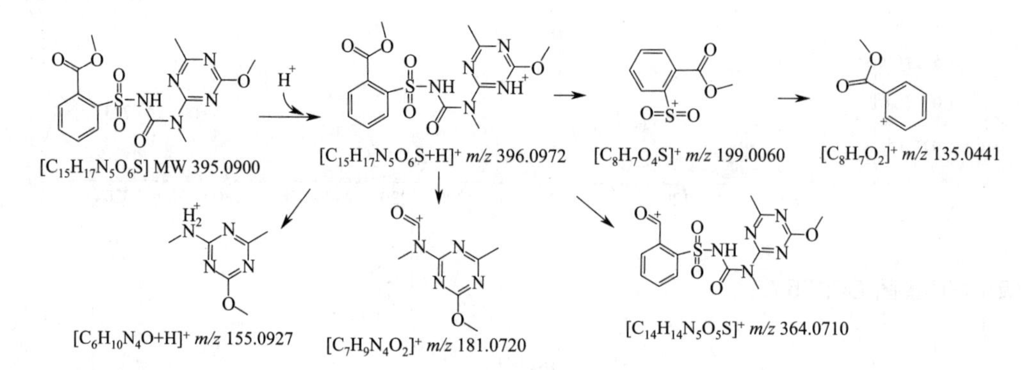

提取离子流色谱图

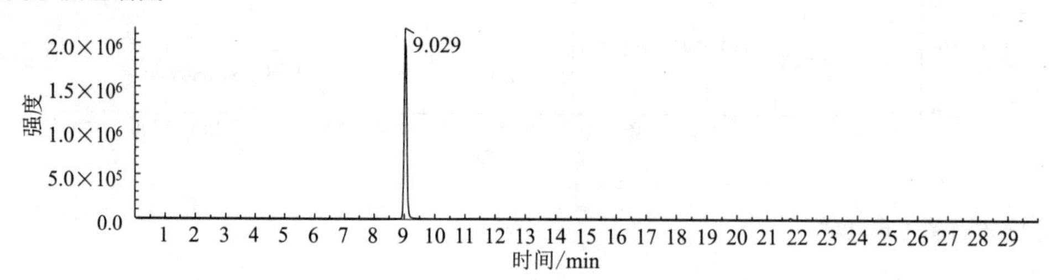

一级质谱图

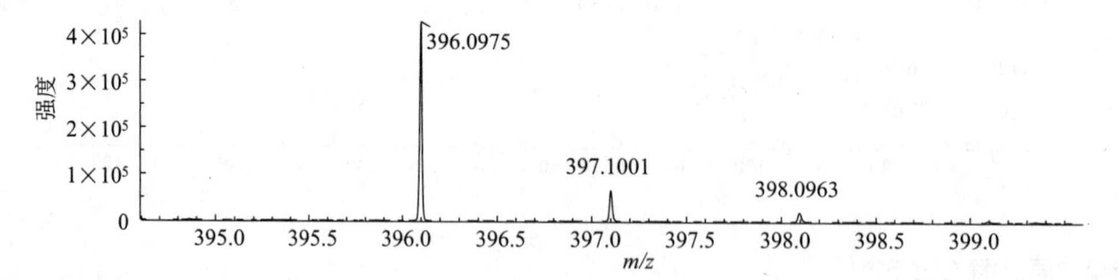

二级全扫质谱图 CE: (35±15)V

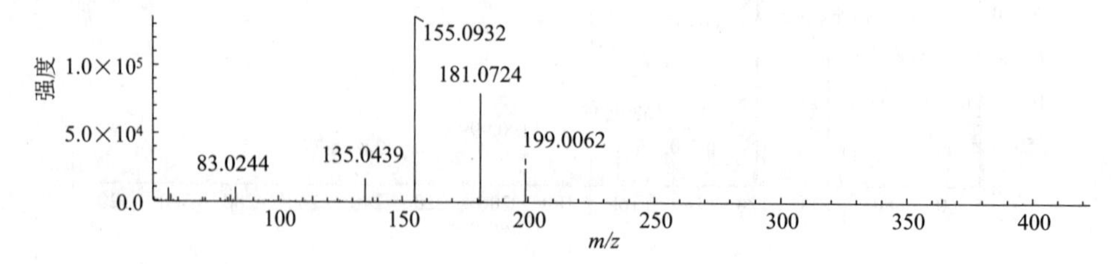

二级全扫质谱图 CE: 10V

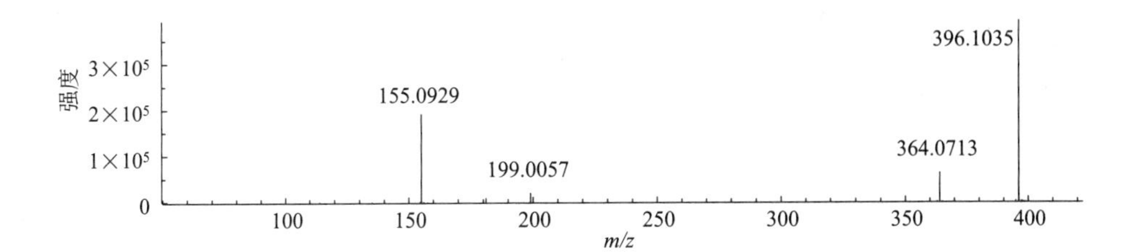

二级全扫质谱图 CE: 20V

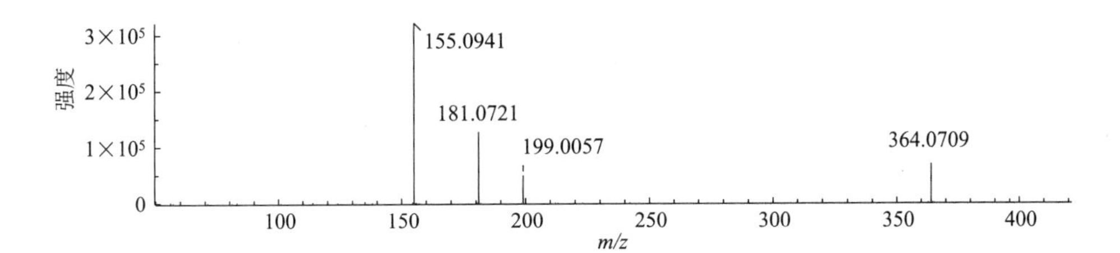

二级全扫质谱图 CE: 35V

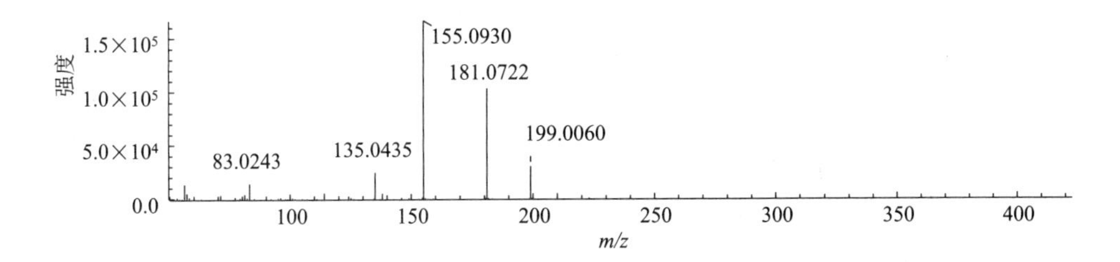

二级全扫质谱图 CE: 50V

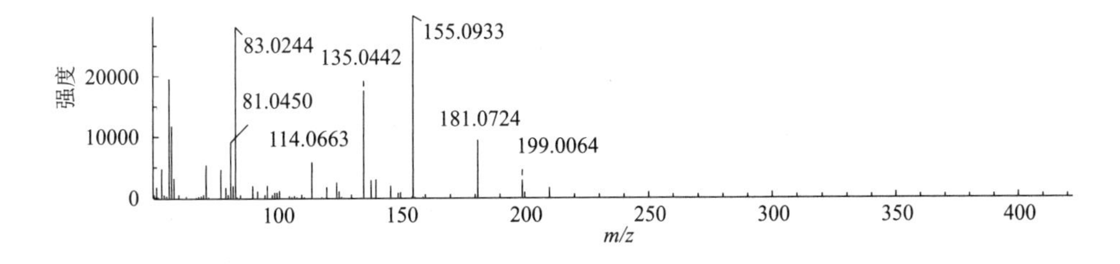

二级全扫质谱图 CE: 60V

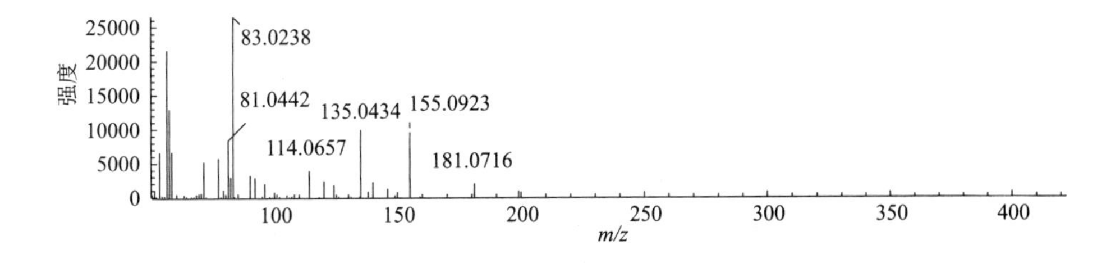

Trichlorfon

敌百虫

CAS 号	52-68-6	保留时间	4.76min
分子式	$C_4H_8Cl_3O_4P$	加合方式	$[M+H]^+$
分子量	255.9226	源内裂解碎片	无

推测裂解规律（裂解路径已经 MS^3 确认）

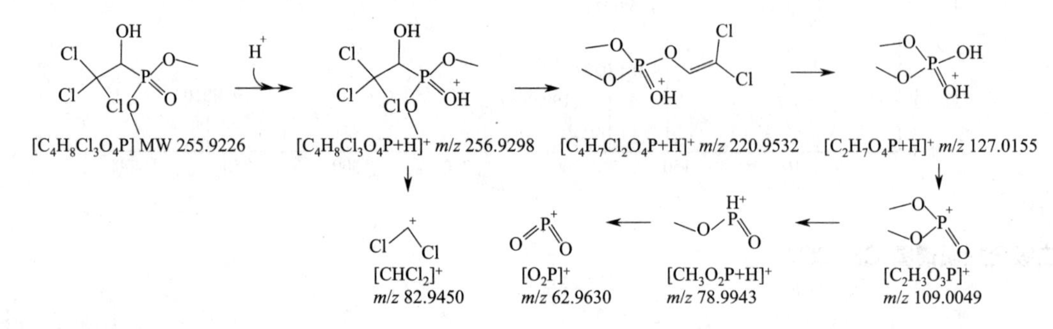

提取离子流色谱图

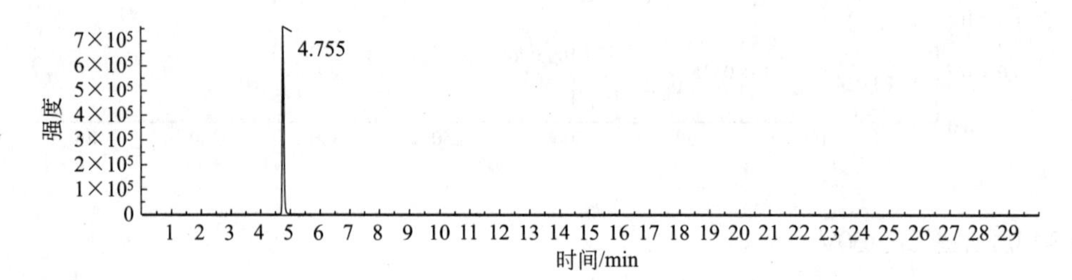

一级质谱图

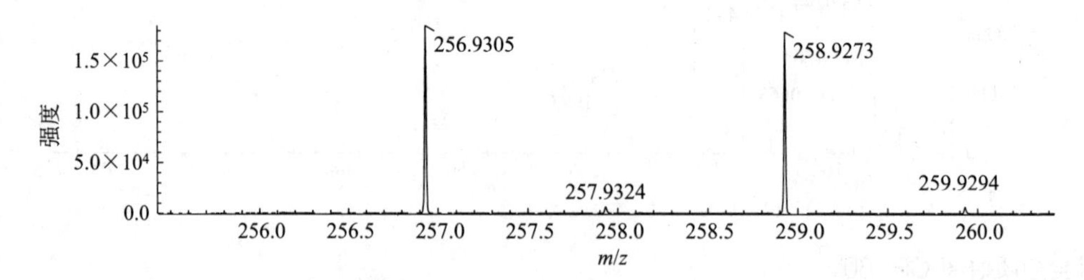

二级全扫质谱图 CE: (35±15)V

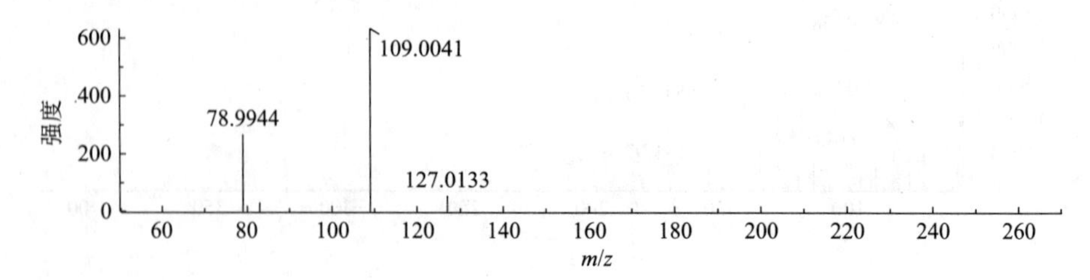

二级全扫质谱图 CE: 10V

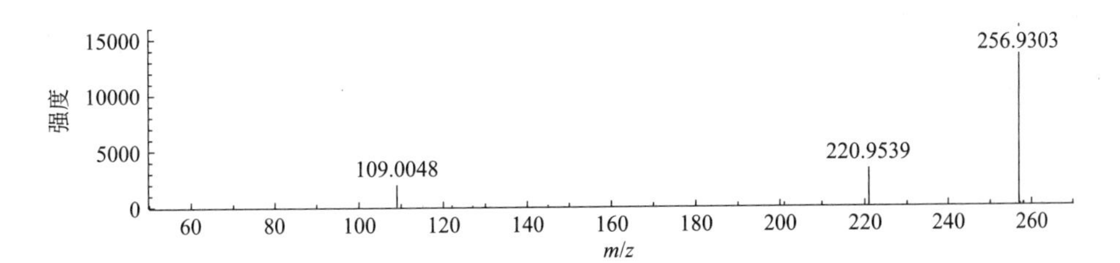

二级全扫质谱图 CE: 20V

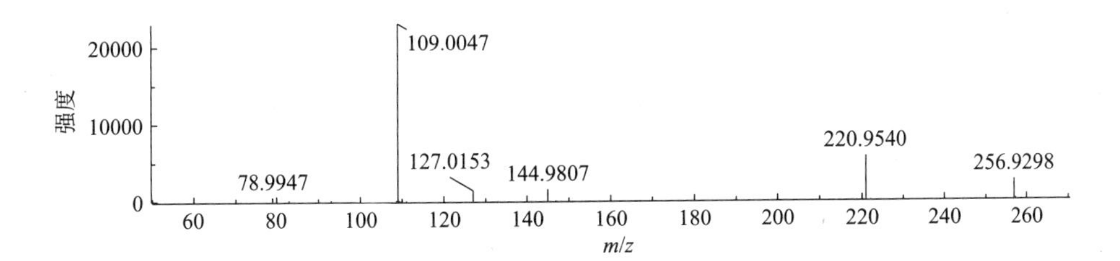

二级全扫质谱图 CE: 35V

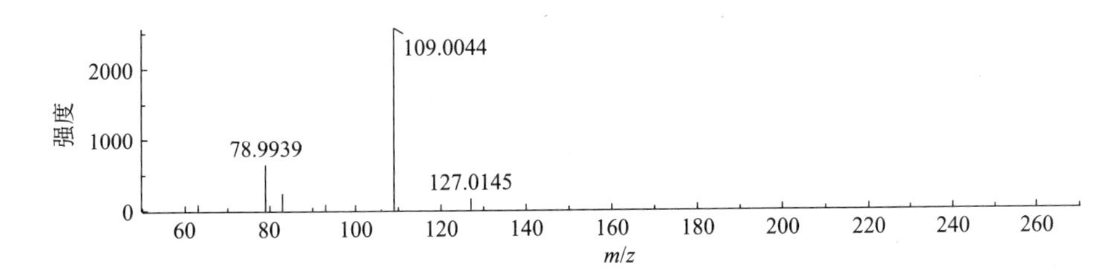

二级全扫质谱图 CE: 50V

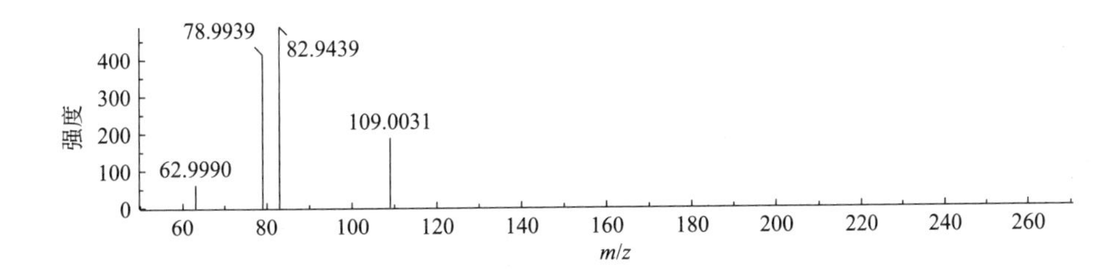

二级全扫质谱图 CE: 60V

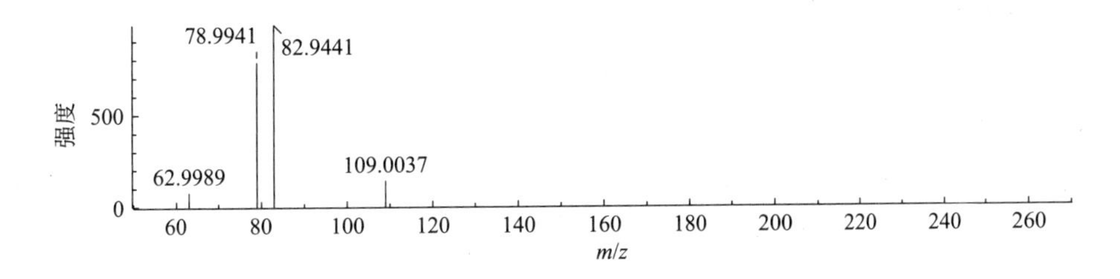

Triclopyricarb
氯啶菌酯

CAS 号	902760-40-1	保留时间	22.04min
分子式	$C_{15}H_{13}Cl_3N_2O_4$	加合方式	$[M+H]^+$
分子量	389.9941	源内裂解碎片	无

推测裂解规律

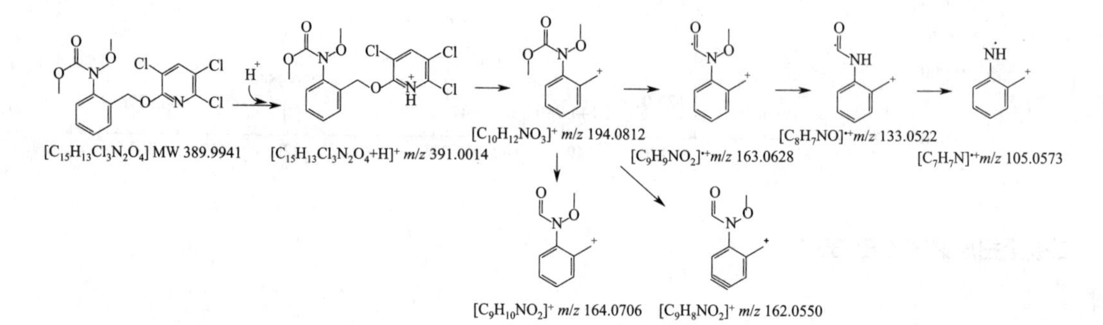

提取离子流色谱图

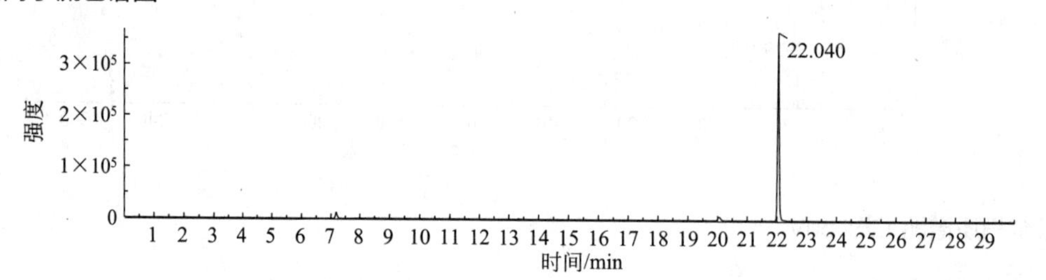

一级质谱图

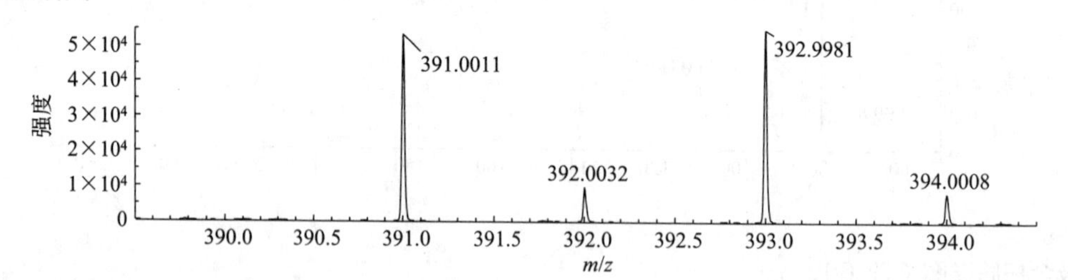

二级全扫质谱图 CE: (35±15)V

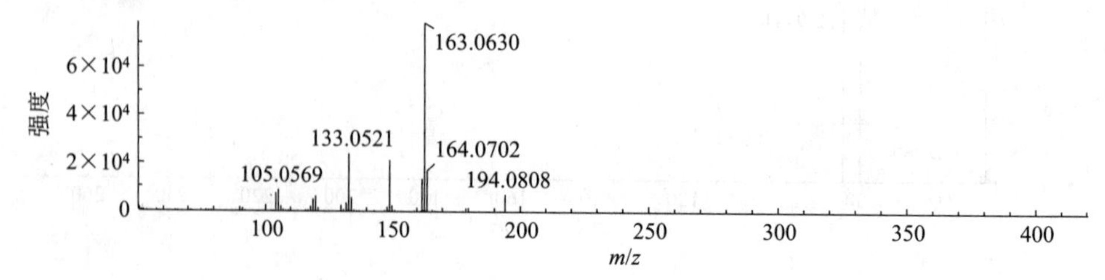

二级全扫质谱图 CE: 10V

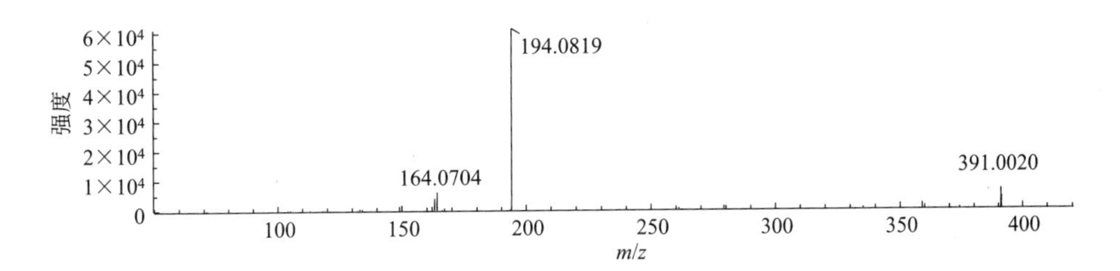

二级全扫质谱图 CE: 20V

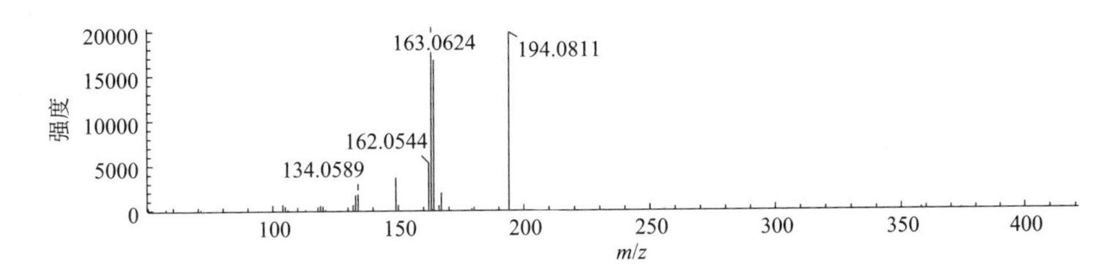

二级全扫质谱图 CE: 35V

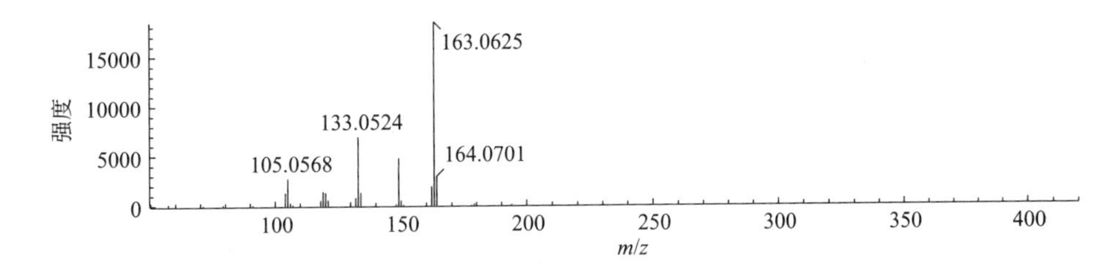

二级全扫质谱图 CE: 50V

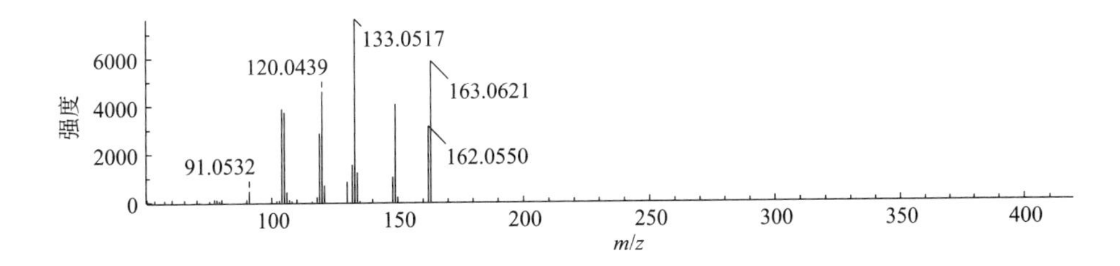

二级全扫质谱图 CE: 60V

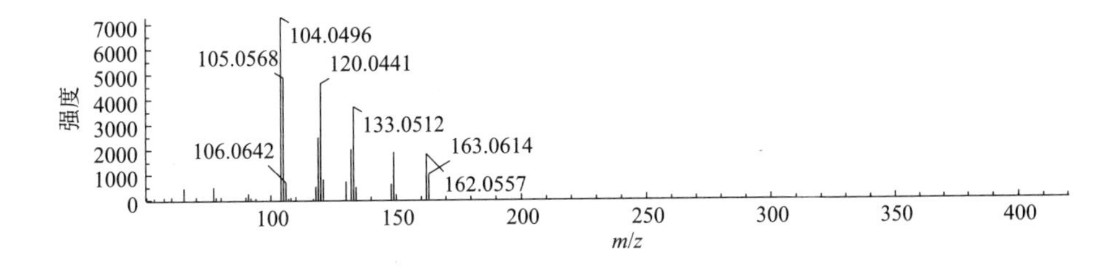

Tricyclazole
三环唑

CAS 号	41814-78-2	保留时间	5.40min
分子式	$C_9H_7N_3S$	加合方式	$[M+H]^+$
分子量	189.0361	源内裂解碎片	无

推测裂解规律（裂解路径已经 MS^3 确认）

$[C_9H_7N_3S]$ MW 189.0361 → $[C_9H_7N_3S+H]^+$ m/z 190.0433 → $[C_8H_7N_2S]^+$ m/z 163.0324 → $[C_7H_6NS]^+$ m/z 136.0216 → $[C_6H_5S]^+$ m/z 109.0106

$[C_7H_6NS]^+$ → $[C_6H_6N]^+$ m/z 92.0495 → $[C_5H_5]^+$ m/z 65.0386

$[C_6H_5S]^+$ → $[C_5H_5]^+$ m/z 65.0386

提取离子流色谱图

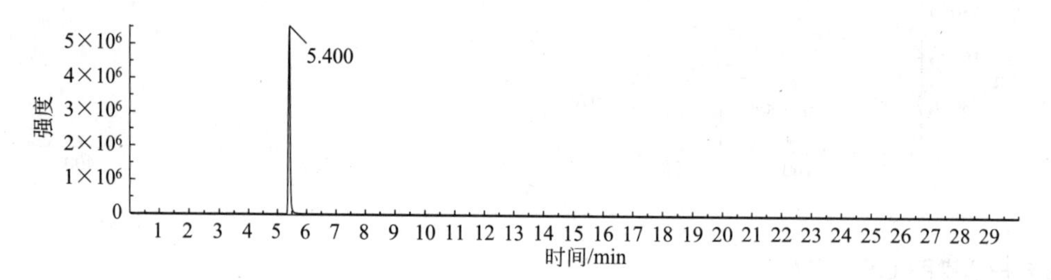

一级质谱图

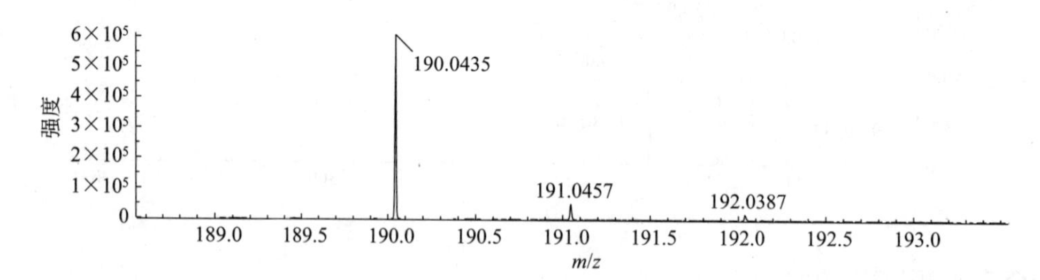

二级全扫质谱图 CE: (35±15)V

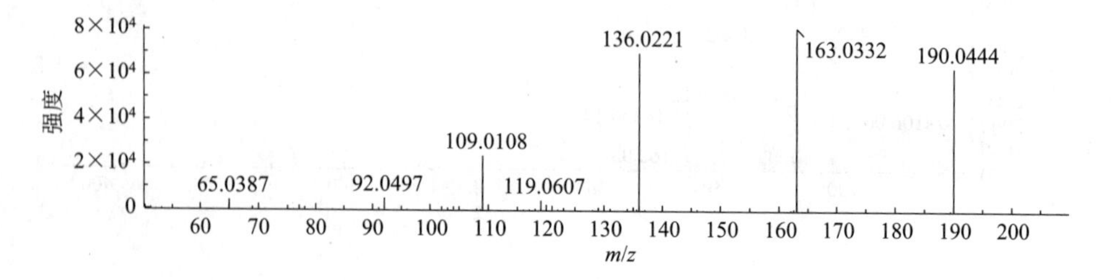

二级全扫质谱图 CE: 10V

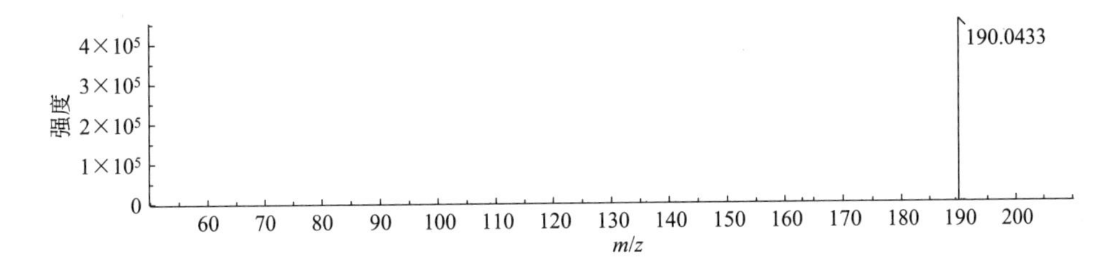

二级全扫质谱图 CE: 20V

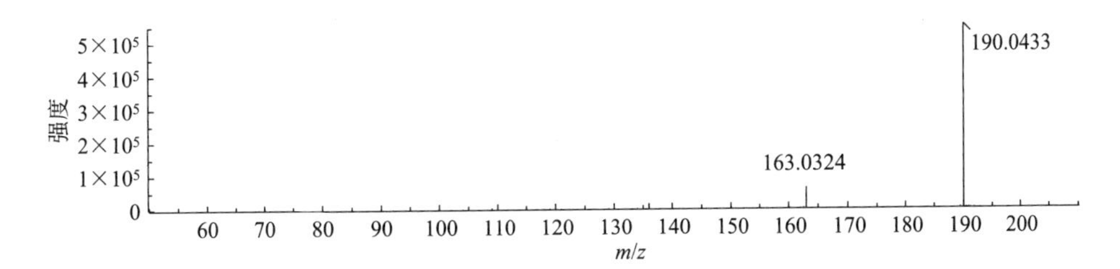

二级全扫质谱图 CE: 35V

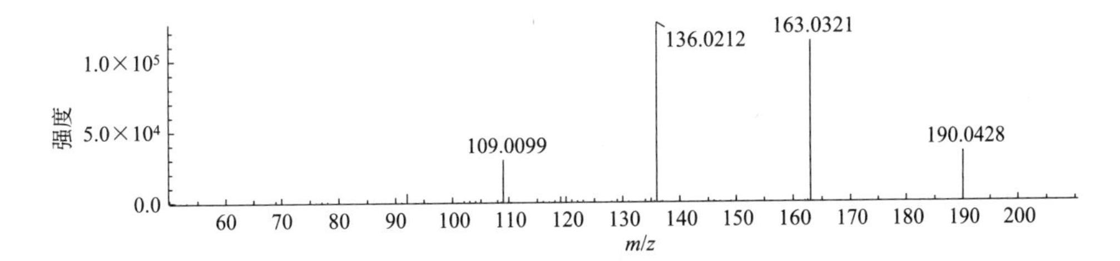

二级全扫质谱图 CE: 50V

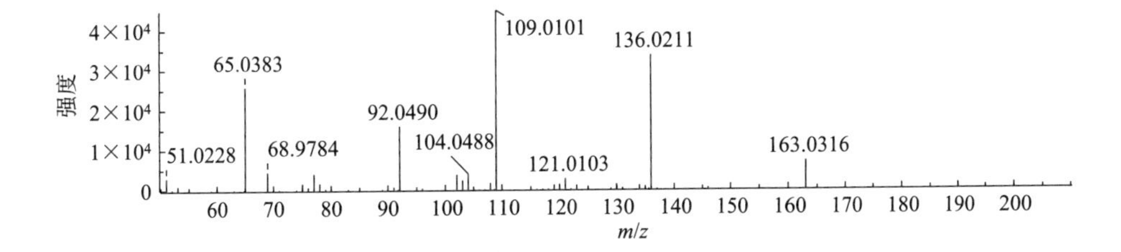

二级全扫质谱图 CE: 60V

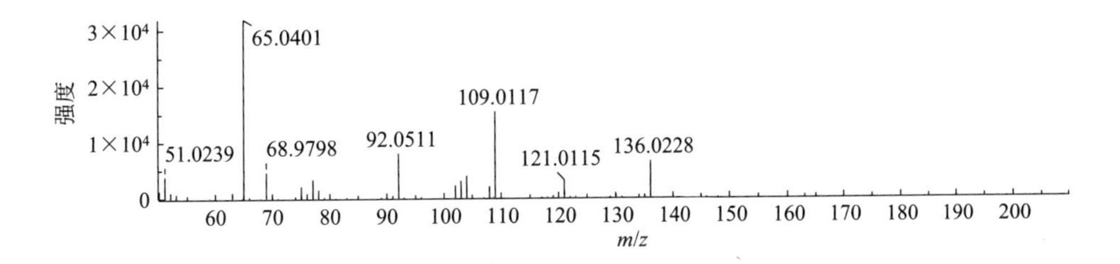

Trifloxystrobin
肟菌酯

CAS 号	141517-21-7	保留时间	21. 34min
分子式	$C_{20}H_{19}F_3N_2O_4$	加合方式	$[M+H]^+$
分子量	408. 1297	源内裂解碎片	无

推测裂解规律

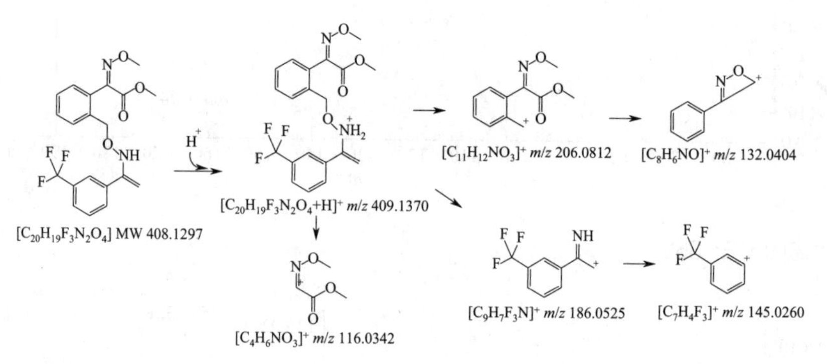

提取离子流色谱图

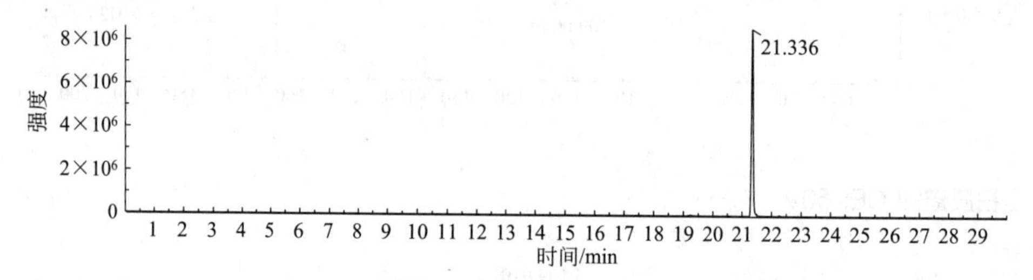

一级质谱图

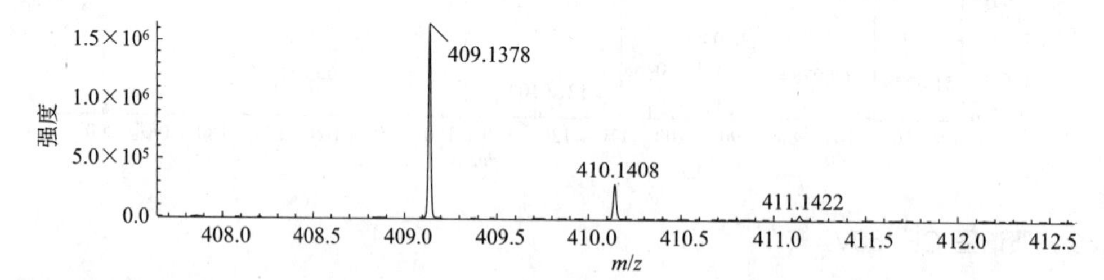

二级全扫质谱图 CE: (35±15)V

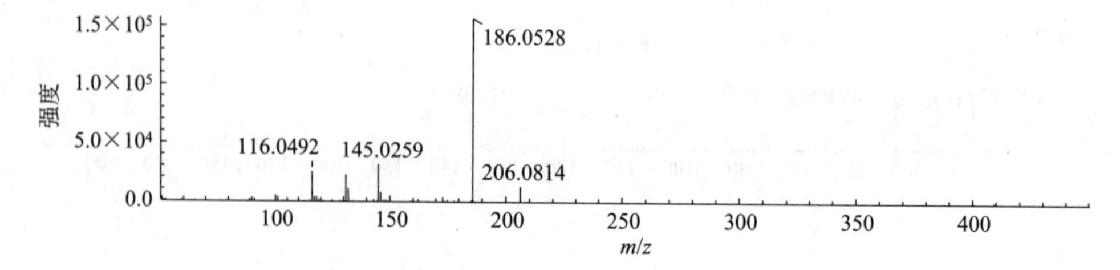

二级全扫质谱图 CE: 10V

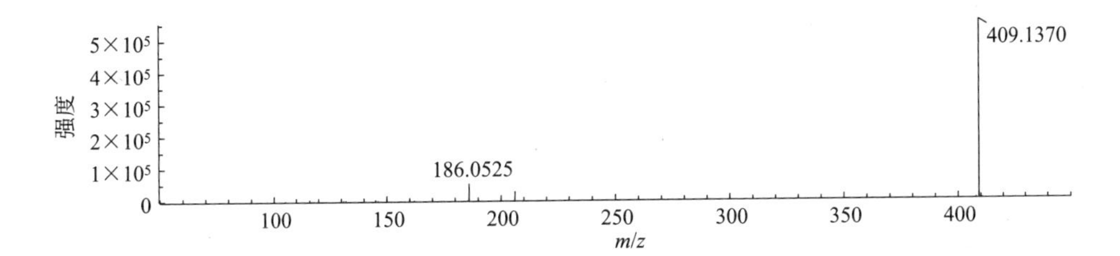

二级全扫质谱图 CE: 20V

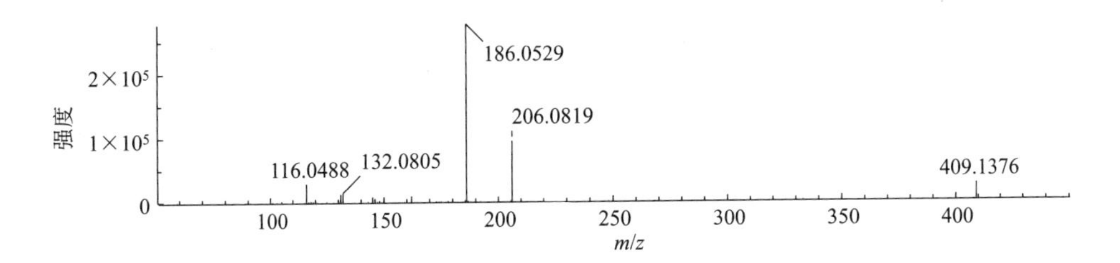

二级全扫质谱图 CE: 35V

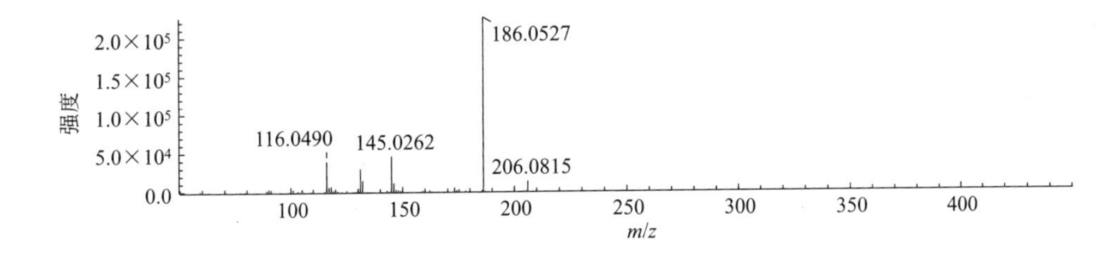

二级全扫质谱图 CE: 50V

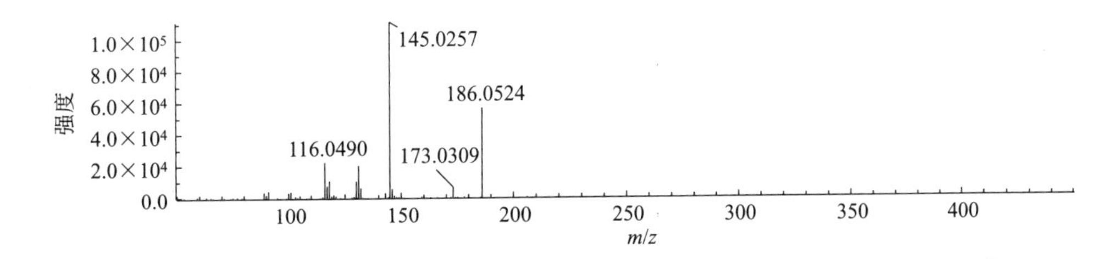

二级全扫质谱图 CE: 60V

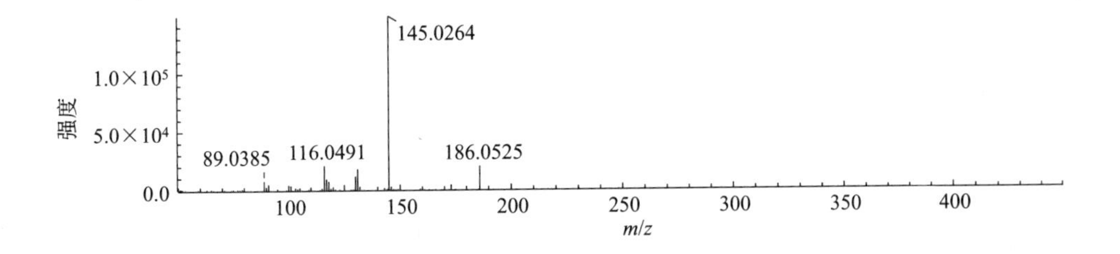

Triflumizole

氟菌唑

CAS 号	68694-11-1	保留时间	21.27min
分子式	$C_{15}H_{15}ClF_3N_3O$	加合方式	$[M+H]^+$
分子量	345.0856	源内裂解碎片	无

推测裂解规律

$[C_{15}H_{15}ClF_3N_3O]$ MW 345.0856

$[C_{15}H_{15}ClF_3N_3O+H]^+$ m/z 346.0928

$[C_{12}H_{12}ClF_3N_3O+H]^+$ m/z 278.0554

$[C_8H_4ClF_3N]^+$ m/z 205.9979

$[C_7H_3ClF_3]^+$ m/z 178.9870

$[C_3H_4N_2+H]^+$ m/z 69.0447

$[C_4H_9O]^+$ m/z 73.0648

$[C_4H_7]^+$ m/z 55.0542

提取离子流色谱图

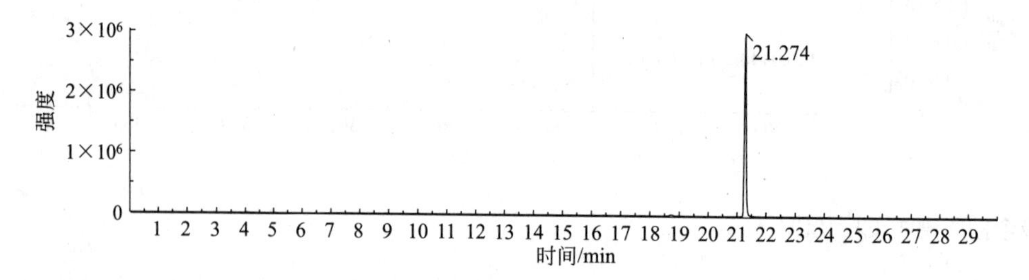

一级质谱图

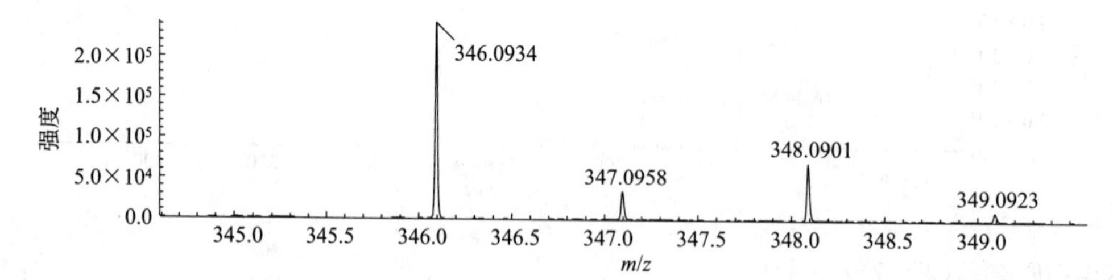

二级全扫质谱图 CE: (35±15)V

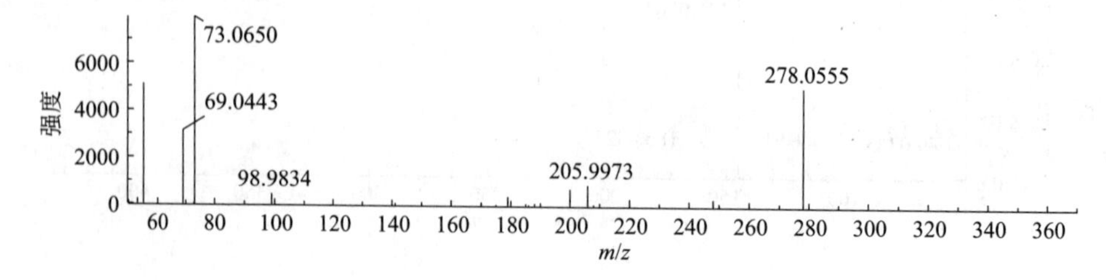

二级全扫质谱图 CE: 10V

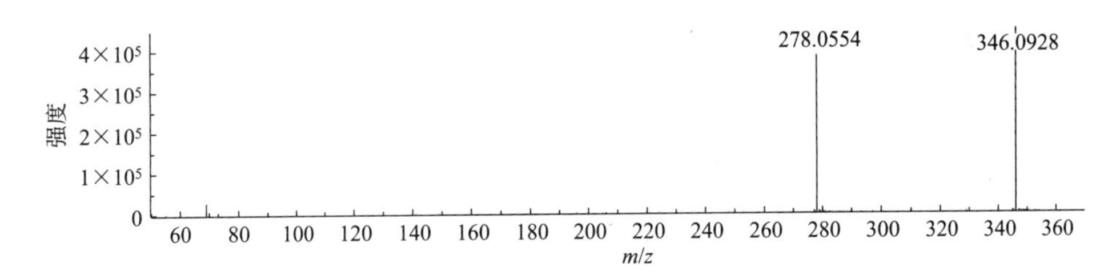

二级全扫质谱图 CE: 20V

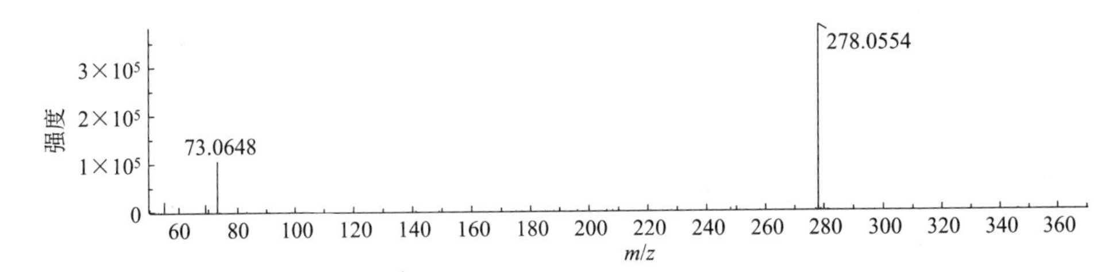

二级全扫质谱图 CE: 35V

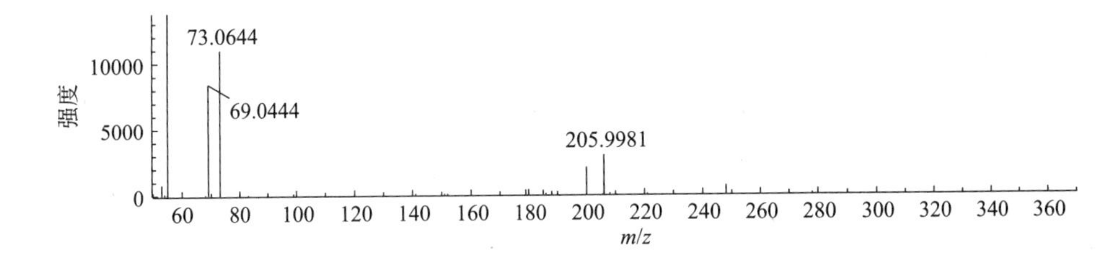

二级全扫质谱图 CE: 50V

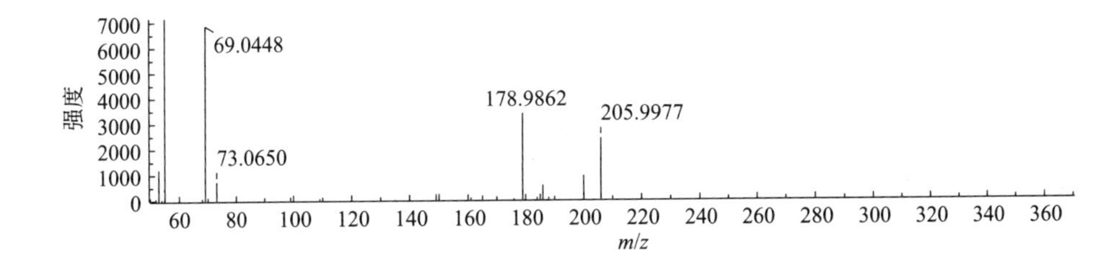

二级全扫质谱图 CE: 60V

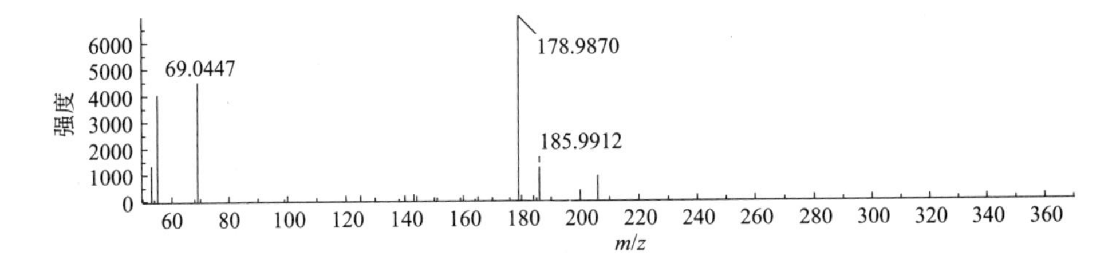

Triflumuron

杀铃脲

CAS 号	64628-44-0	保留时间	20. 36min
分子式	$C_{15}H_{10}ClF_3N_2O_3$	加合方式	$[M+H]^+$
分子量	358. 0332	源内裂解碎片	无

推测裂解规律

$[C_{15}H_{10}ClF_3N_2O_3]$ MW 358.0332

$[C_{15}H_{10}ClF_3N_2O_3+H]^+$ m/z 359.0405

$[C_7H_6ClNO]^+$ m/z 156.0211

$[C_7H_4ClO]^+$ m/z 138.9945

$[C_6H_4Cl]^+$ m/z 110.9996

$[C_4H_3]^+$ m/z 51.0229

提取离子流色谱图

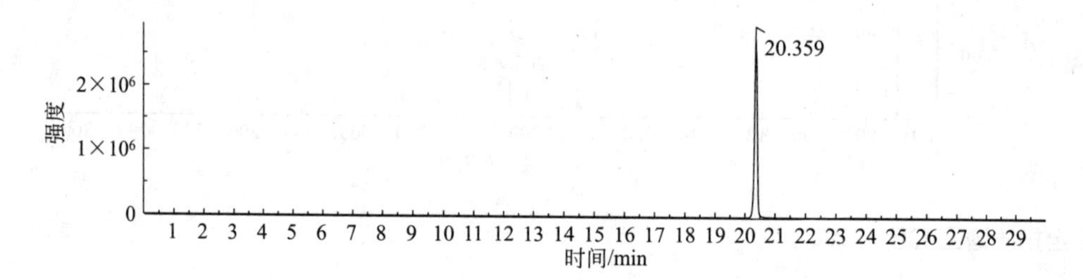

一级质谱图

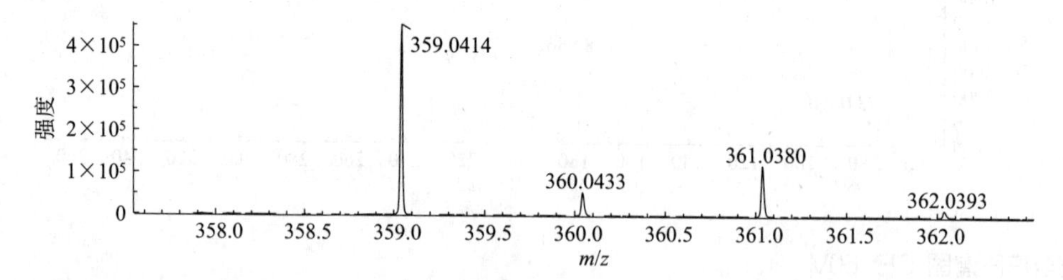

二级全扫质谱图 CE: (35±15)V

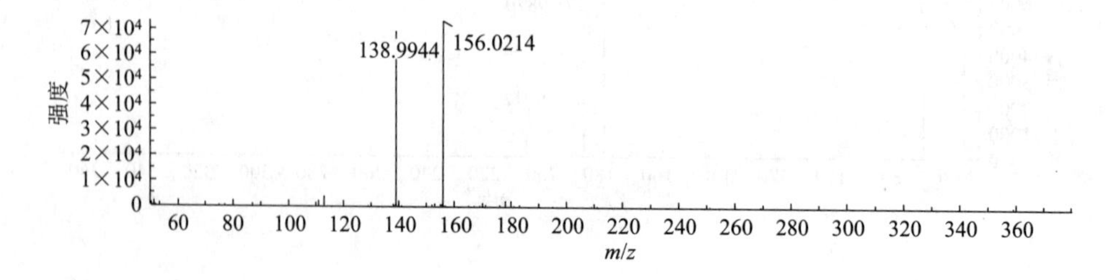

二级全扫质谱图 CE: 10V

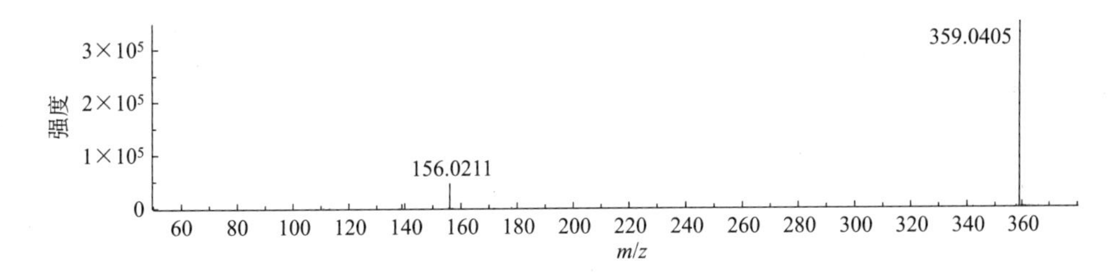

二级全扫质谱图 CE: 20V

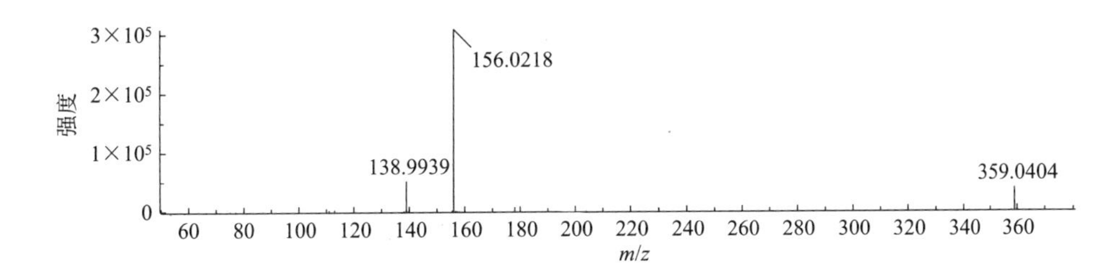

二级全扫质谱图 CE: 35V

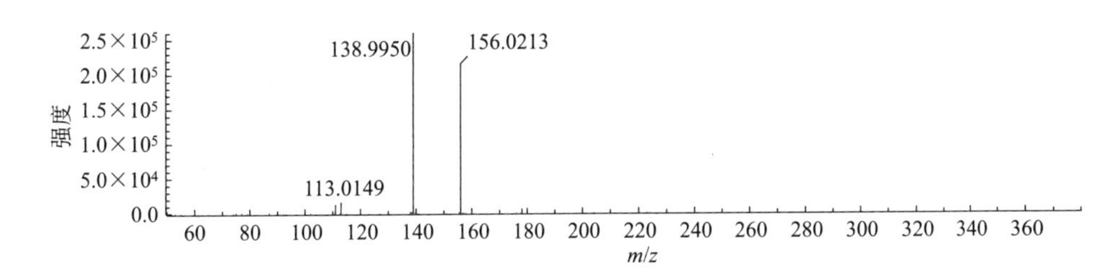

二级全扫质谱图 CE: 50V

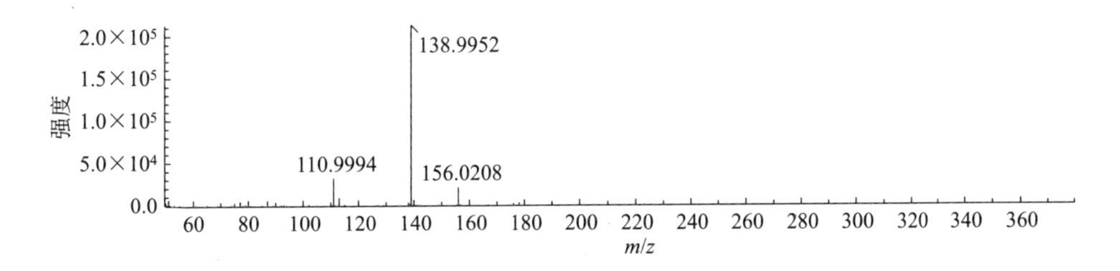

二级全扫质谱图 CE: 60V

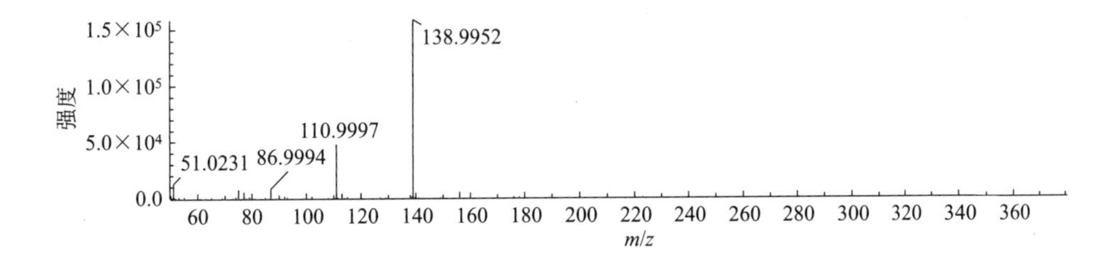

Triflusulfuron-methyl
氟胺磺隆

CAS 号	126535-15-7	保留时间	13.64min
分子式	$C_{17}H_{19}F_3N_6O_6S$	加合方式	$[M+H]^+$
分子量	492.1039	源内裂解碎片	无

推测裂解规律

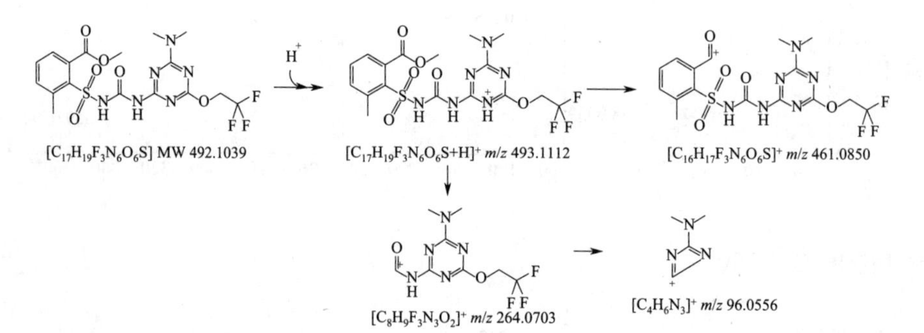

提取离子流色谱图

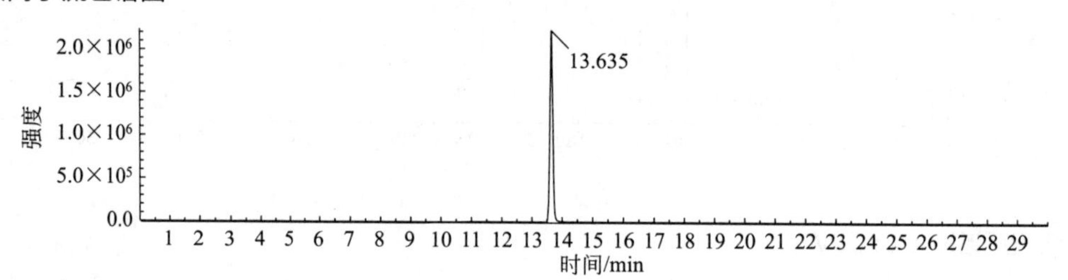

一级质谱图

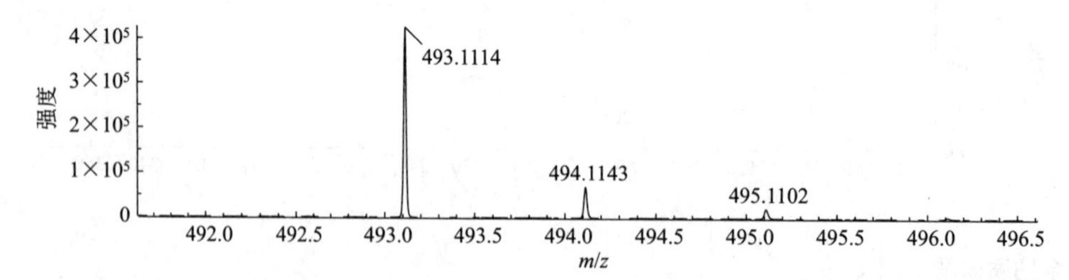

二级全扫质谱图 CE: (35±15)V

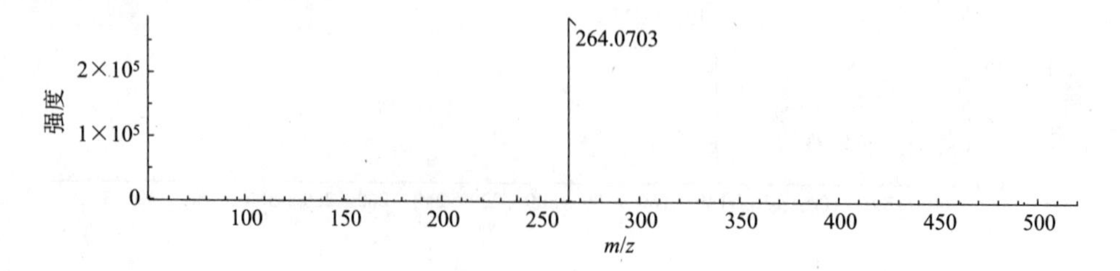

二级全扫质谱图 CE: 10V

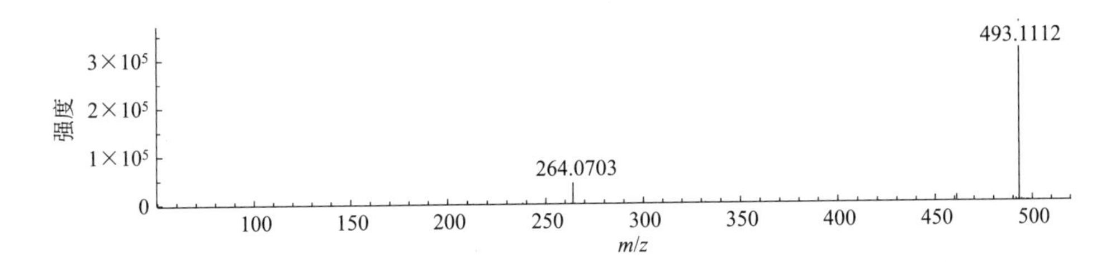

二级全扫质谱图 CE: 20V

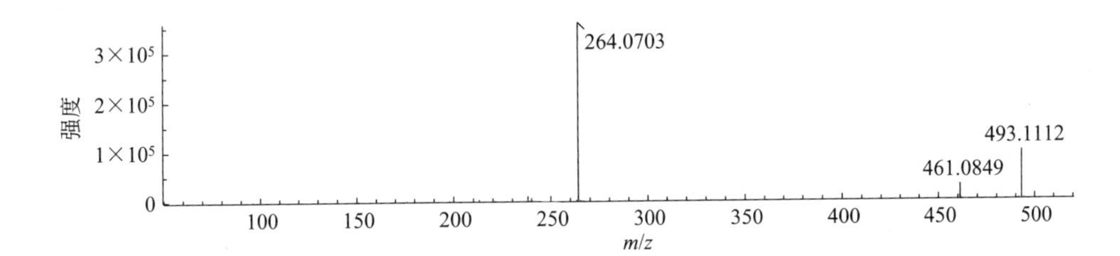

二级全扫质谱图 CE: 35V

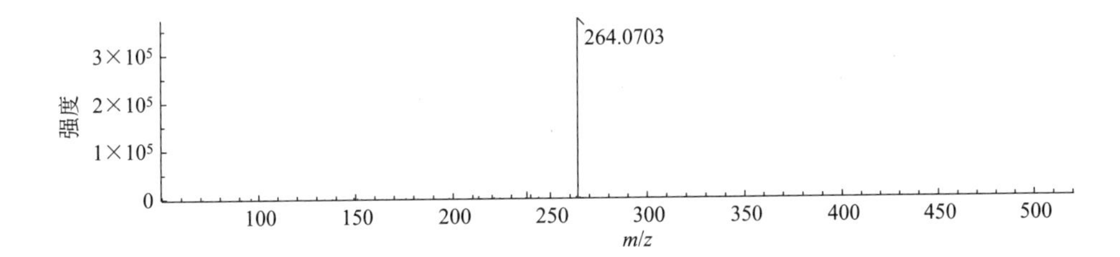

二级全扫质谱图 CE: 50V

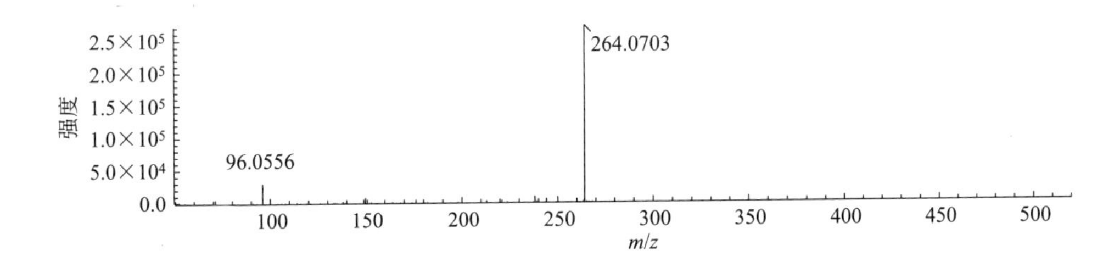

二级全扫质谱图 CE: 60V

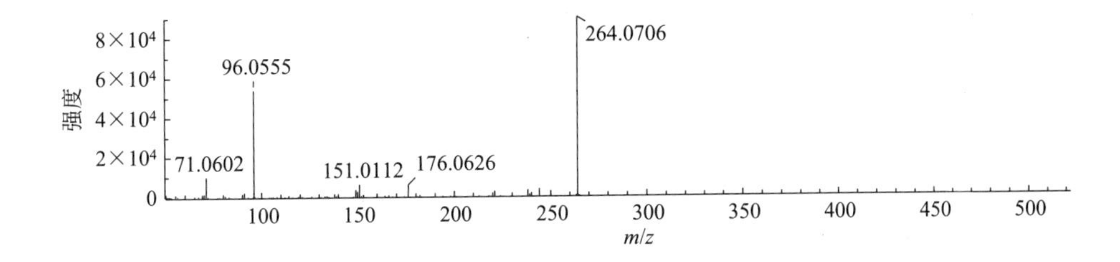

Triticonazole
灭菌唑

CAS 号	131983-72-7	保留时间	15.83min
分子式	$C_{17}H_{20}ClN_3O$	加合方式	$[M+H]^+$
分子量	317.1295	源内裂解碎片	无

推测裂解规律

$[C_{17}H_{20}ClN_3O]$ MW 317.1295

H^+

$[C_{17}H_{20}ClN_3O+H]^+$ m/z 318.1368

$[C_7H_6Cl]^+$ m/z 125.0152

$[C_2H_3N_3+H]^+$ m/z 70.0400

提取离子流色谱图

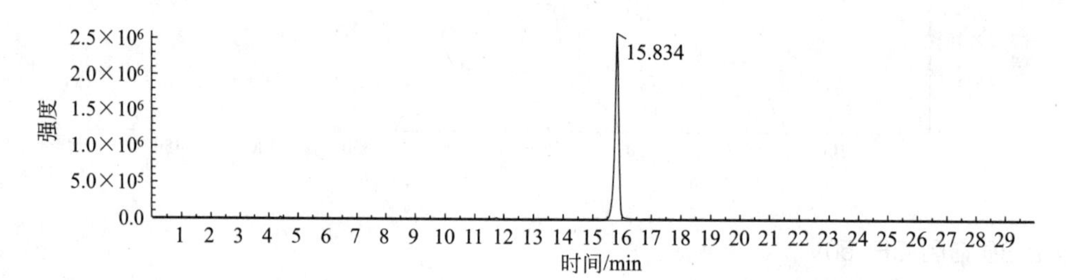

一级质谱图

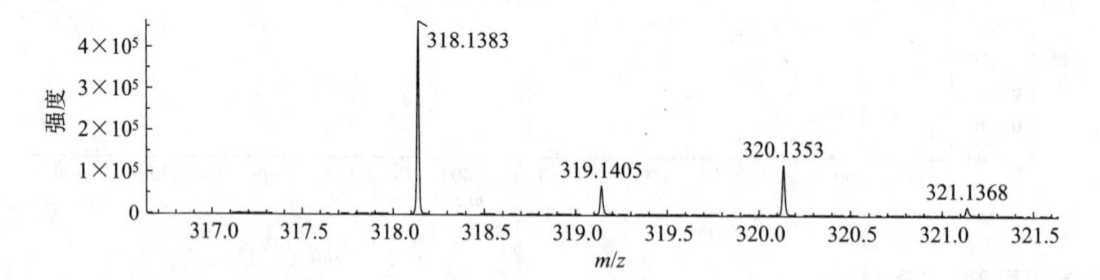

二级全扫质谱图 CE: (35±15)V

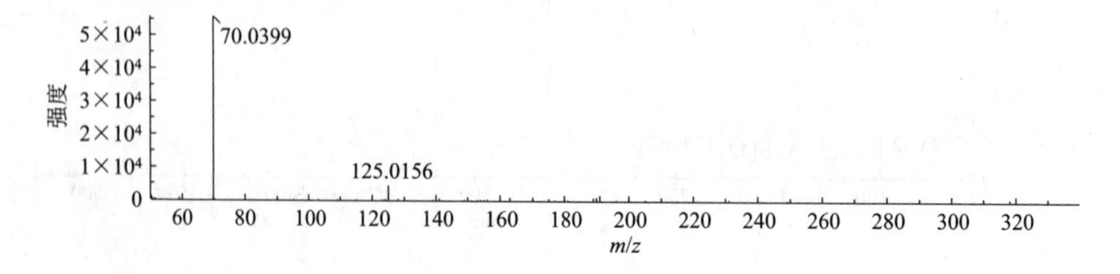

二级全扫质谱图 CE: 10V

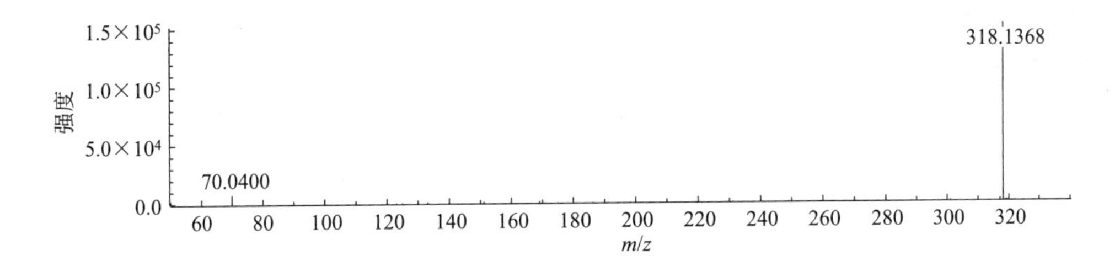

二级全扫质谱图 CE: 20V

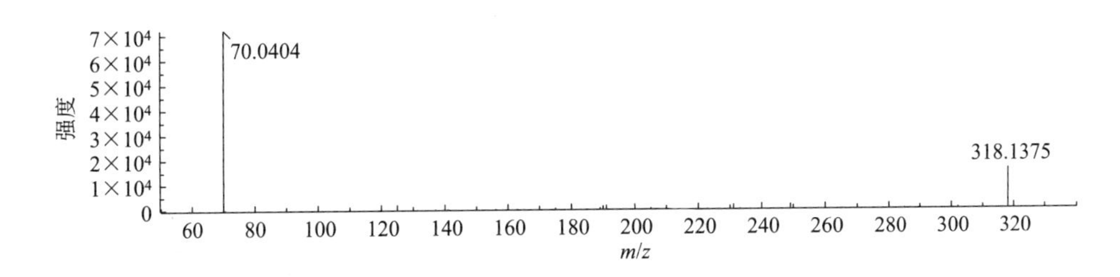

二级全扫质谱图 CE: 35V

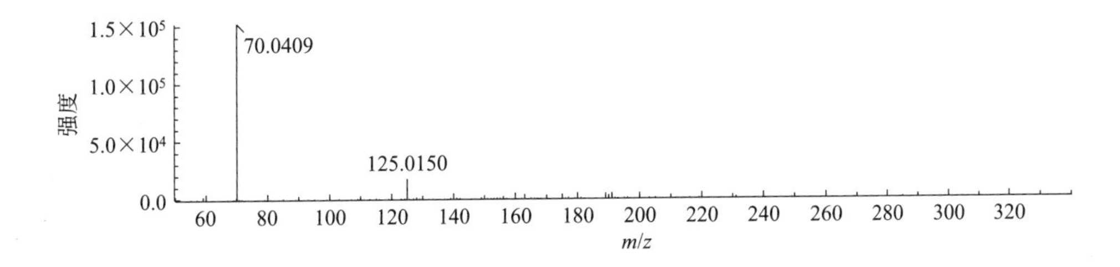

二级全扫质谱图 CE: 50V

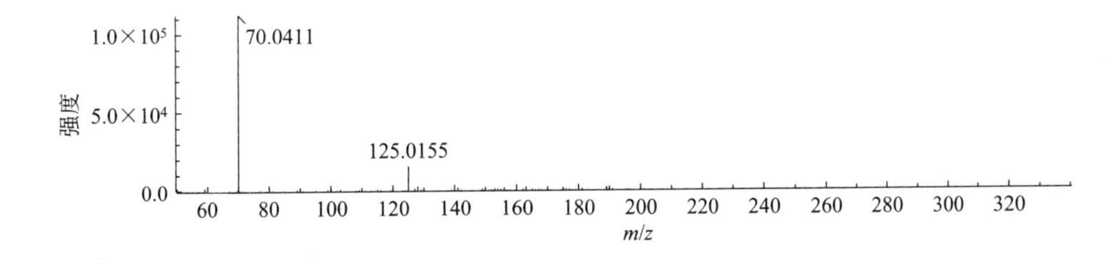

二级全扫质谱图 CE: 60V

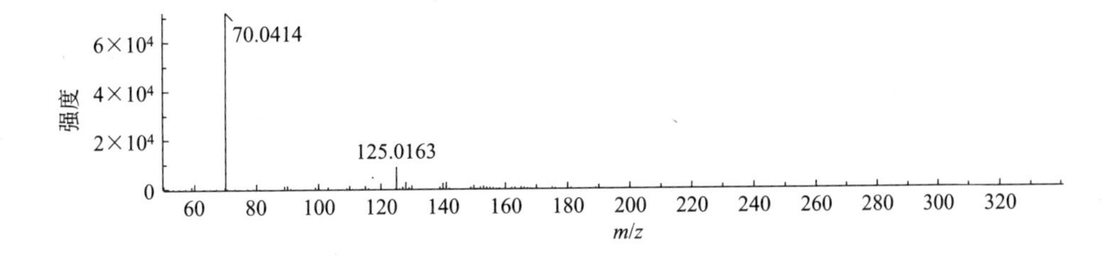

Tritosulfuron
三氟甲磺隆

CAS 号	142469-14-5	保留时间	8.74min
分子式	$C_{13}H_9F_6N_5O_4S$	加合方式	$[M+H]^+$
分子量	445.0279	源内裂解碎片	无

推测裂解规律

$[C_{13}H_9F_6N_5O_4S]$ MW 445.0279

H^+

$[C_{13}H_9F_6N_5O_4S+H]^+$ *m/z* 446.0352

$[C_6H_4F_3N_4O_2]^+$ *m/z* 221.0281

$[C_7H_4F_3]^+$ *m/z* 145.0260

$[C_5H_5F_3N_4O+H]^+$ *m/z* 195.0488

提取离子流色谱图

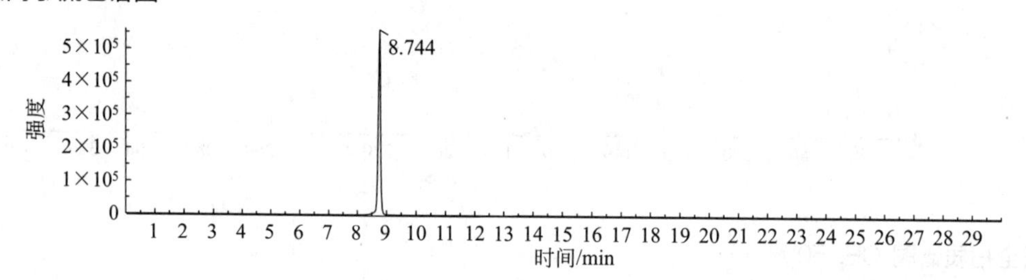

一级质谱图

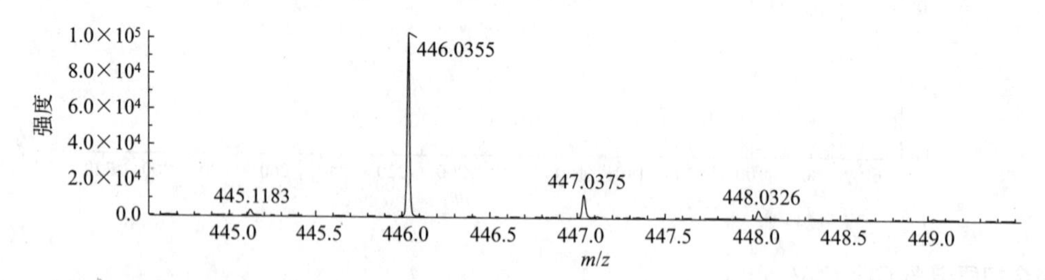

二级全扫质谱图 CE: (35±15)V

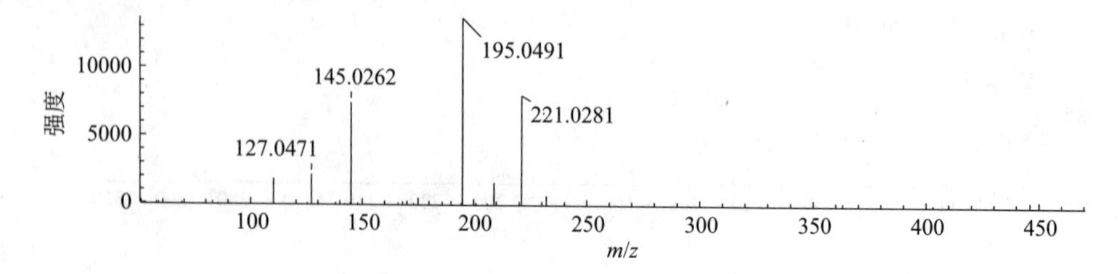

二级全扫质谱图 CE: 10V

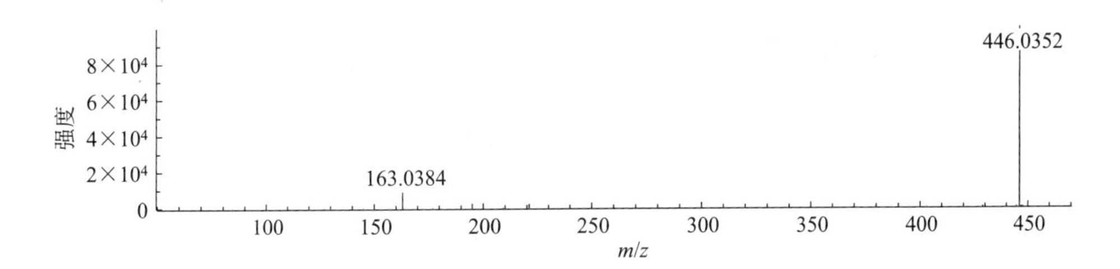

二级全扫质谱图 CE: 20V

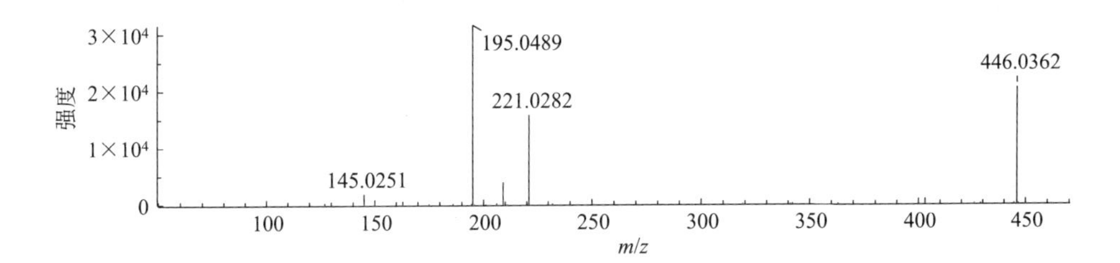

二级全扫质谱图 CE: 35V

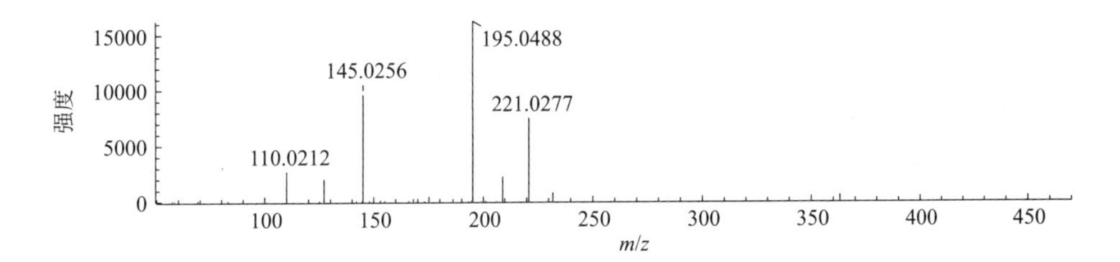

二级全扫质谱图 CE: 50V

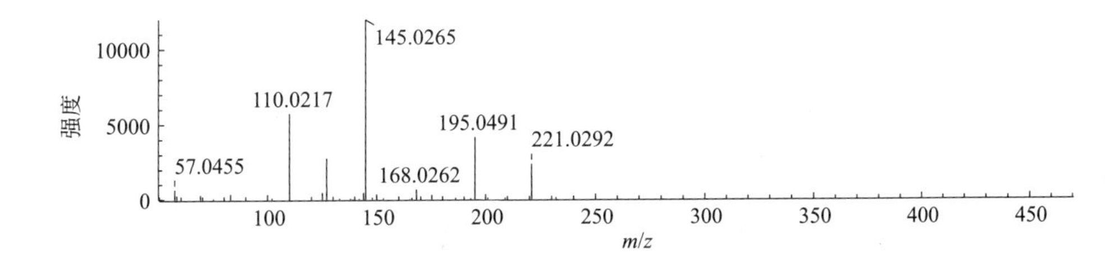

二级全扫质谱图 CE: 60V

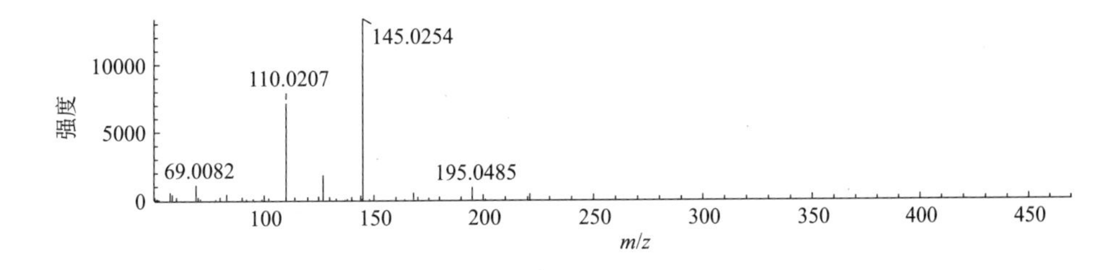

Uniconazole

烯效唑

CAS 号	83657-22-1	保留时间	16. 24min
分子式	$C_{15}H_{18}ClN_3O$	加合方式	$[M+H]^+$
分子量	291. 1138	源内裂解碎片	无

推测裂解规律

$[C_{15}H_{18}ClN_3O]$ MW 291.1138 → H^+ → $[C_{15}H_{18}ClN_3O+H]^+$ *m/z* 292.1211 → $[C_7H_6Cl]^+$ *m/z* 125.0152; $[C_2H_3N_3+H]^+$ *m/z* 70.0400

提取离子流色谱图

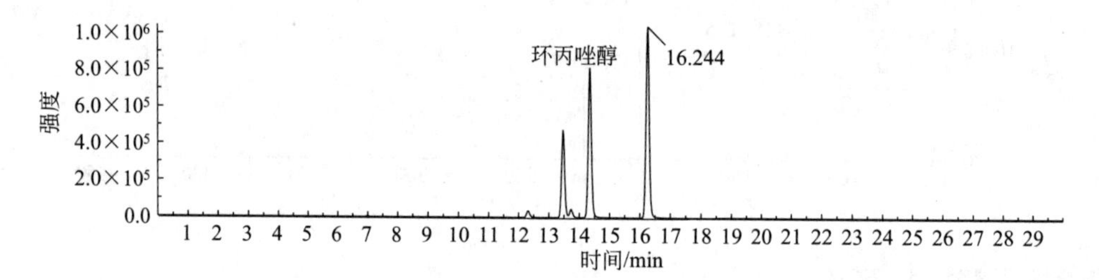

一级质谱图

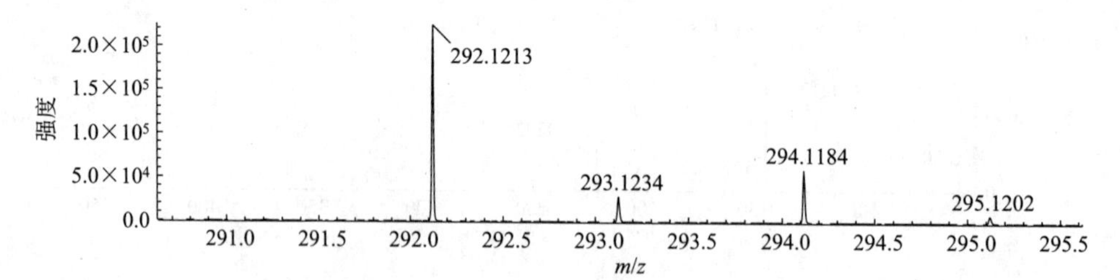

二级全扫质谱图 CE: (35±15)V

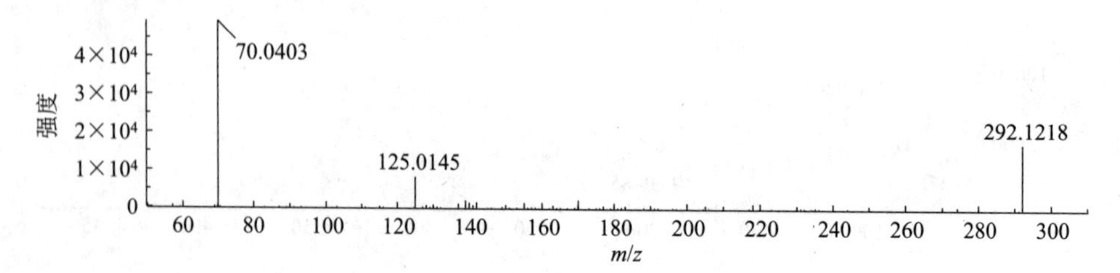

二级全扫质谱图 CE: 10V

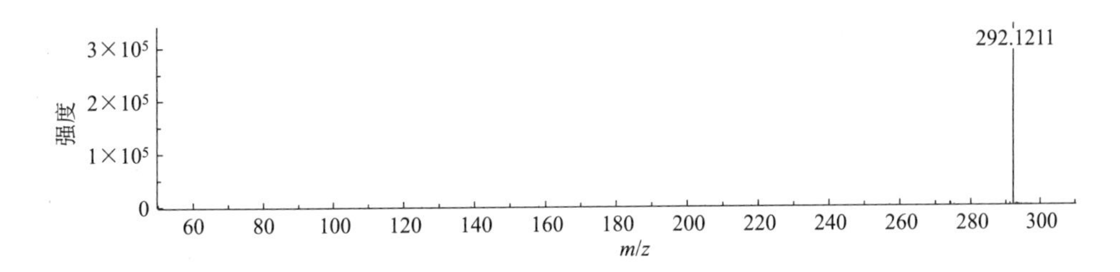

二级全扫质谱图 CE: 20V

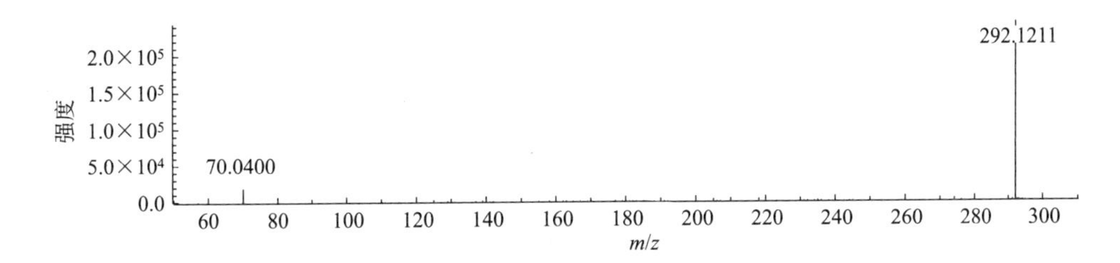

二级全扫质谱图 CE: 35V

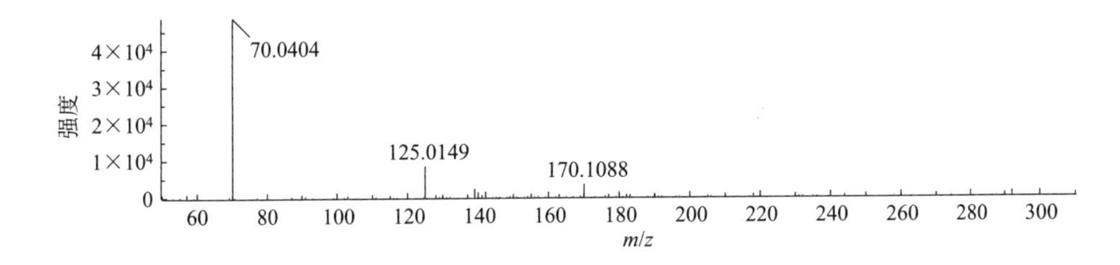

二级全扫质谱图 CE: 50V

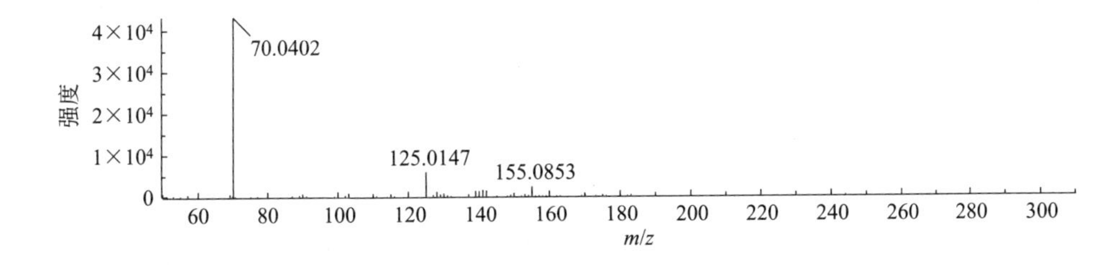

二级全扫质谱图 CE: 60V

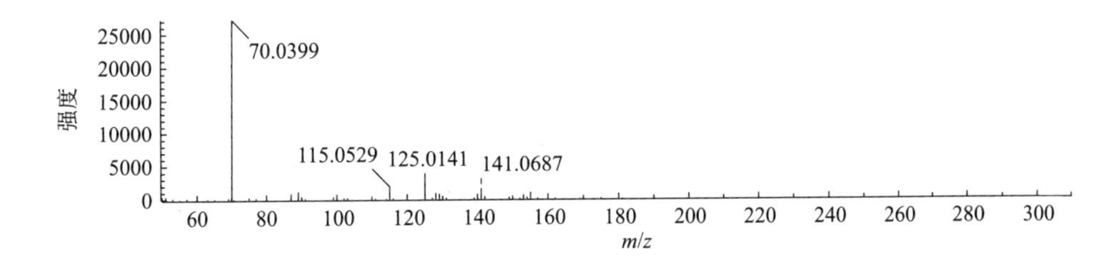

Vamidothion

蚜灭磷

CAS 号	2275-23-2	保留时间	4.60min
分子式	$C_8H_{18}NO_4PS_2$	加合方式	$[M+H]^+$
分子量	287.0415	源内裂解碎片	无

推测裂解规律

$[C_8H_{18}NO_4PS_2]$ MW 287.0415

$[C_8H_{18}NO_4PS_2+H]^+$ *m/z* 288.0488

$[C_6H_{12}NOS]^+$ *m/z* 146.0634

$[C_4H_7NO+H]^+$ *m/z* 86.0600

$[C_2H_4NOS]^+$ *m/z* 58.0287

$[C_4H_7NOS+H]^+$ *m/z* 118.0321

提取离子流色谱图

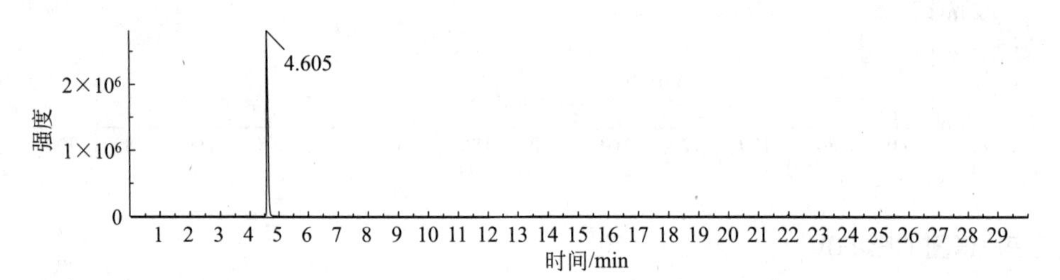

一级质谱图

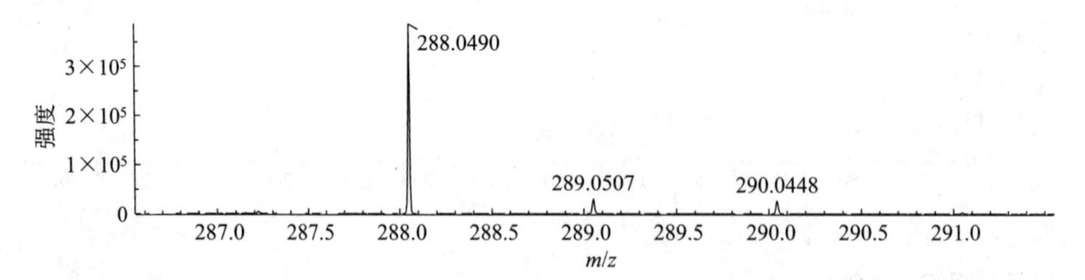

二级全扫质谱图 CE: (35±15)V

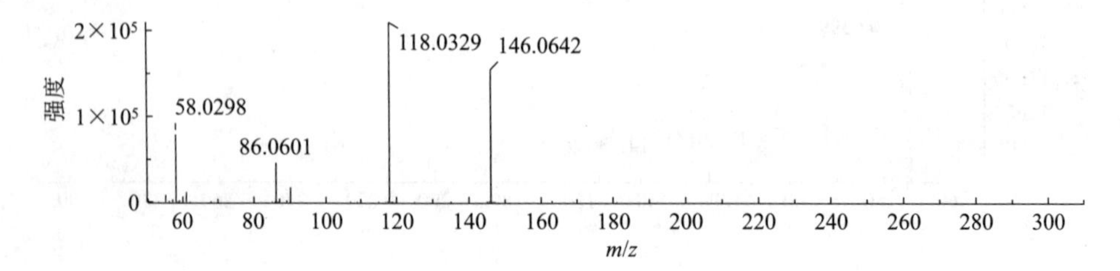

二级全扫质谱图 CE: 10V

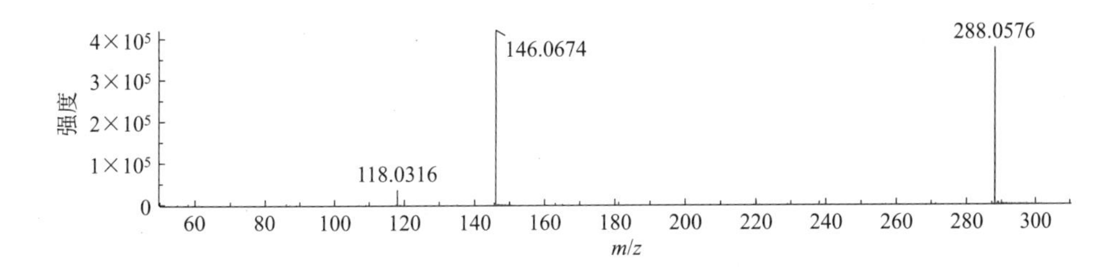

二级全扫质谱图 CE: 20V

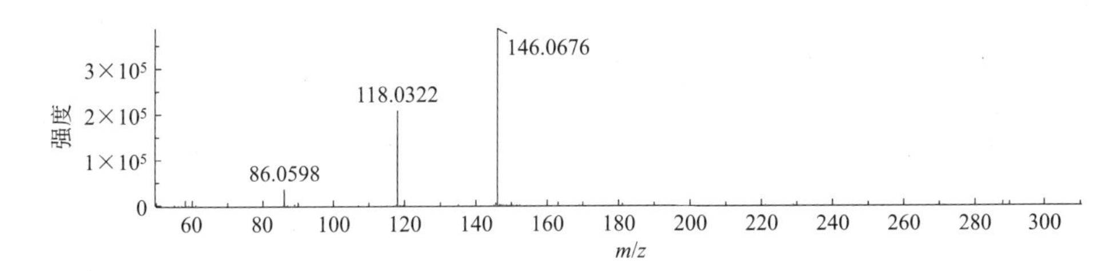

二级全扫质谱图 CE: 35V

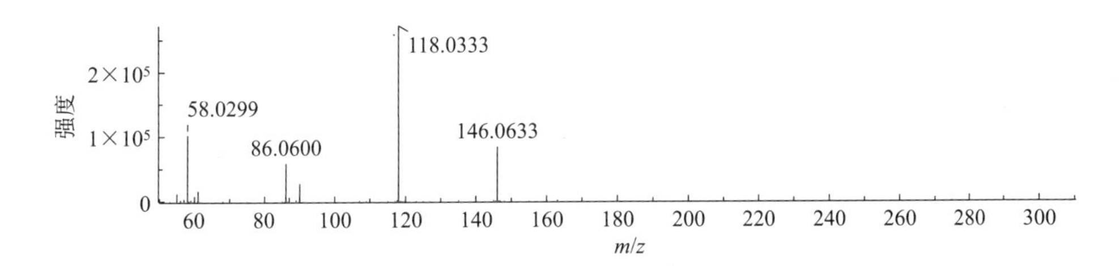

二级全扫质谱图 CE: 50V

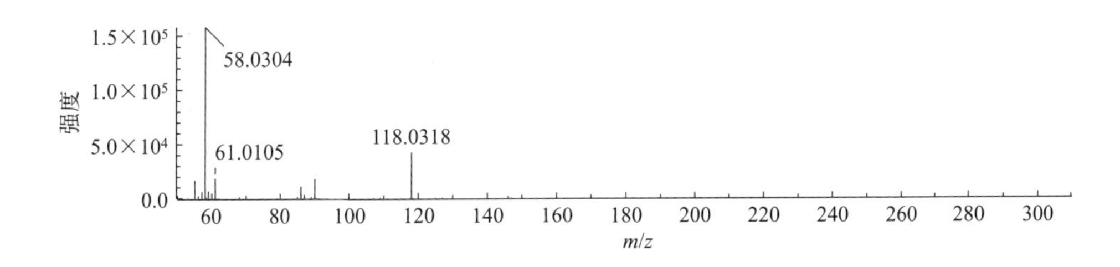

二级全扫质谱图 CE: 60V

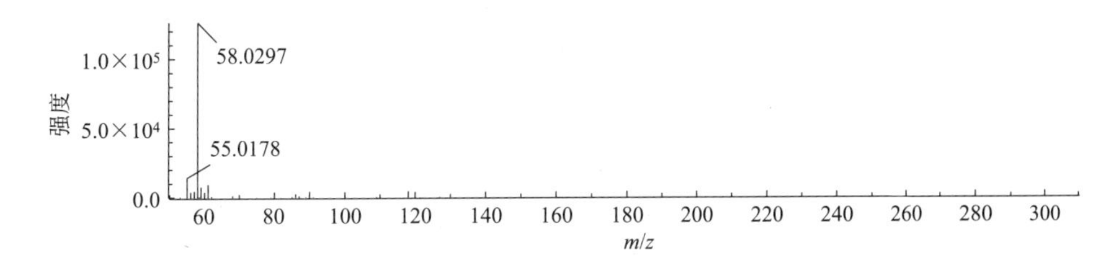

Zoxamide
苯酰菌胺

CAS 号	156052-68-5	保留时间	18.59min
分子式	$C_{14}H_{16}Cl_3NO_2$	加合方式	$[M+H]^+$
分子量	335.0247	源内裂解碎片	无

推测裂解规律

$[C_{14}H_{16}Cl_3NO_2]$ MW 335.0247 → $[C_{14}H_{16}Cl_3NO_2+H]^+$ *m/z* 336.0319 → $[C_8H_7Cl_2NO+H]^+$ *m/z* 203.9978 → $[C_8H_5Cl_2O]^+$ *m/z* 186.9712 → $[C_7H_5Cl_2]^+$ *m/z* 158.9763

$[C_7H_5Cl_2]^+$ *m/z* 158.9763 → $[C_5H_4Cl]^+$ *m/z* 98.9996

$[C_7H_5Cl_2]^+$ *m/z* 158.9763 → $[C_7H_4Cl]^+$ *m/z* 122.9996

提取离子流色谱图

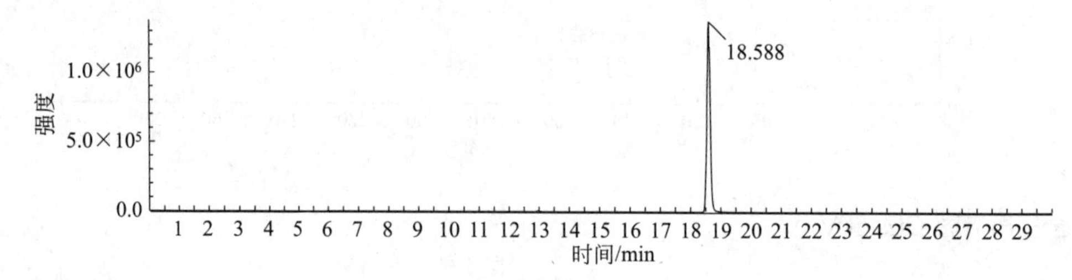

一级质谱图

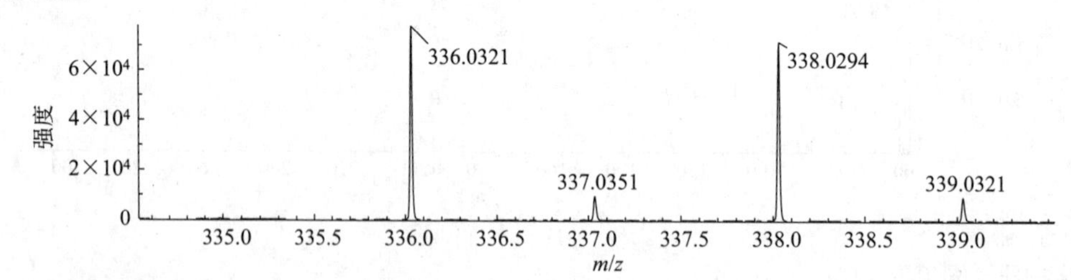

二级全扫质谱图 CE: (35±15)V

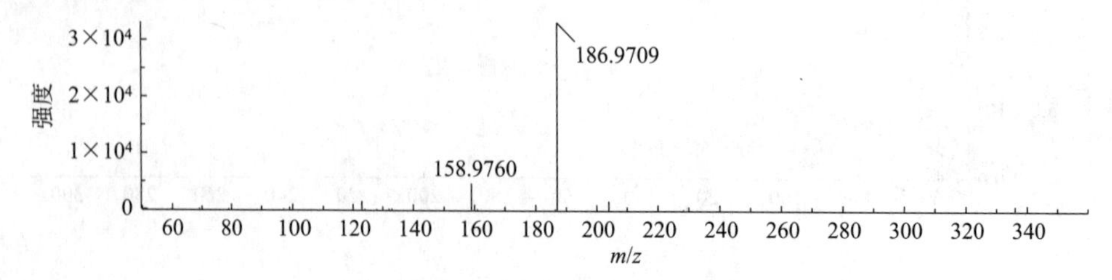

二级全扫质谱图 CE: 10V

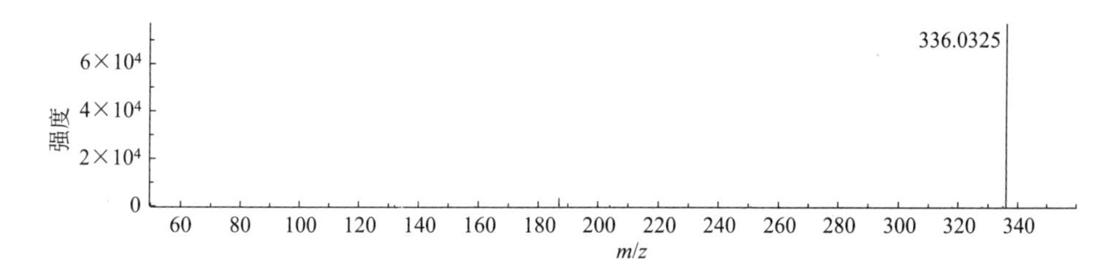

二级全扫质谱图 CE: 20V

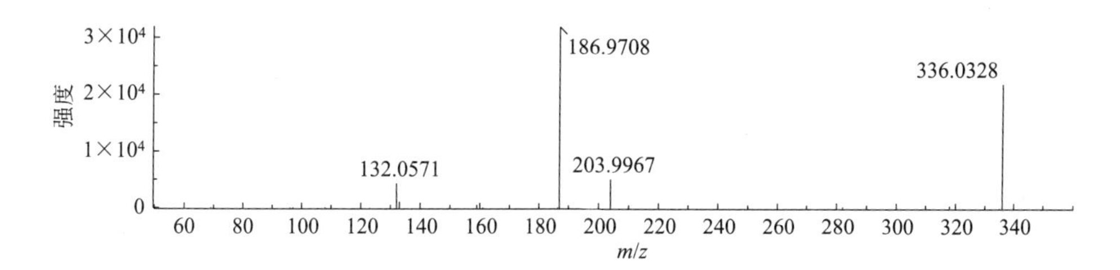

二级全扫质谱图 CE: 35V

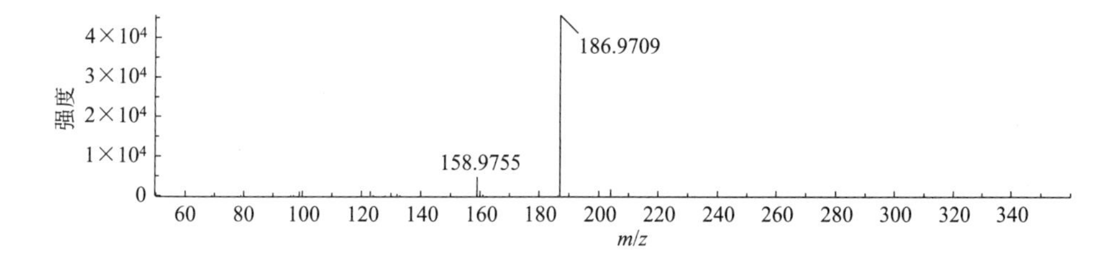

二级全扫质谱图 CE: 50V

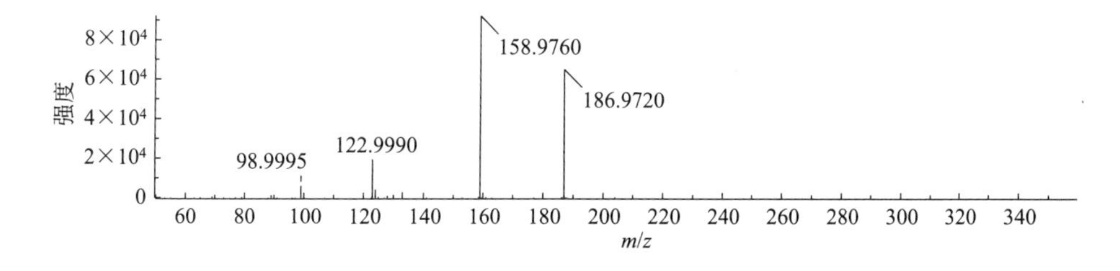

二级全扫质谱图 CE: 60V

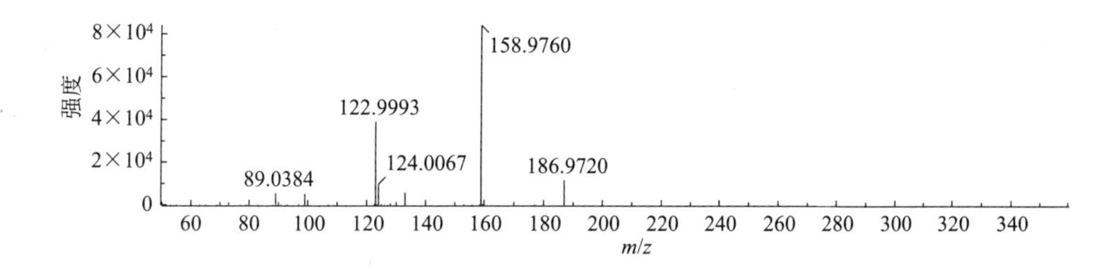

参考文献

[1] Niessen W M A，Correa C R A. Interpretation of MS-MS Mass Spectra of Drugs and Pesticides-Wiley Series on Mass Spectrometry [M]. Hoboken：Wiley，2017.

[2] 王光辉，熊少祥．有机质谱解析 [M]. 北京：化学工业出版社，2005.

[3] McLafferty F W，Tureek F. Interpretation of Mass Spectra [M]. 4th Edition. Sausalito：University Science Books，1993.

[4] Edward P L，Hunter，Sharon G Lias. Evaluated Gas Phase Basicities and Proton Affinities of Molecules—An Update [J]. Journal of Physical and Chemical Reference Data，1998，27 (3)：413-656.

[5] Zeying He，Yaping Xu，Lu Wang，et al. Wide-scope screening and quantification of 50 pesticides in wine by liquid chromatography/quadrupole time-of-flight mass spectrometry combined with liquid chromatography/quadrupole linear ion trap mass spectrometry [J]. Food Chemistry，2016，196：1248-1255.

[6] Zeying He，Yaping Xu，Yanwei Zhang，et al. On the use of in-source fragmentation in ultrahigh-performance liquid chromatography-electrospray ionization-high-resolution mass spectrometry for pesticide residue analysis [J]. Journal of Agricultural and Food Chemistry，2019，67 (38)：10800-10812.

[7] Wright P，Alex A，Pullen F. Predicting collision-induced dissociation mass spectra：understanding the role of the mobile proton in small molecule fragmentation [J]. Rapid Communications in Mass Spectrometry，2016，30：1163-1175.

[8] Leeming M G，White J M，O' Hair R A J，et al. Mobile proton triggered radical fragmentation of nitroarginine containing peptides [J]. Journal of the American Society for Mass Spectrometry，2014，25 (3)：427-438.

[9] 庞国芳，等．液相色谱-四极杆-飞行时间质谱图集 [M]. 北京：化学工业出版社，2014.

[10] 钱建钦．内酰胺类抗生素及其杂质的质谱裂解规律研究和毒性预测与评价 [D]. 北京：北京协和医学院，2014.

[11] 欧阳永中．电子轰击和电喷雾电离源有机质谱裂解规律的量子化学解析 [D]. 长沙：中南大学，2010.

化合物中文名称索引

E

F

G

H

J

K

L

M

N

P

Q

R

S

T

W

X

CAS 登录号索引